BIOLOGY

7th Edition

Raven · Johnson · Losos · Singer

생명과학

생명과학교재연구회

BIOLOGY

Mc Graw Hill

녹 문 당

Biology, 7/e

Korean Language Edition Copyright © 2008 by McGraw-Hill Korea, Inc. All rights reserved. No part of this publication may be reproduced or distributed in any form or by any means, or stored in a database or retrieval system, without prior written permission of the publisher.

1 2 3 4 5 6 7 8 9 10 NMD 20 09 08 07 06

Original: Biology, 7/e
By Peter Raven
ISBN 0-07-243731-6

This book is exclusively distributed in Nok Moon Dang Publishing Co.

When ordering this title, please use ISBN 978-89-88684-59-7

Printed in Korea

머리말

오늘날 생물학도들은 날로 방대해져 가는 생물학 지식을 접하고 있다. 이와 함께 일반생물학 교재들도 그 부피가 커져서 백과사전 식으로 되어가고 있는 바, 이러한 책을 강의 교재로 사용하기에는 적당하지 않다. 그러나 이와 같이 부피가 큰 책을 생물학도들이 재미있게 읽고, 생물학 전공 교수가 생물학에 입문했을 때와 유사한 동기 유발이 일어난다면 성공적이라고 할 수 있다. 이를 위하여 저자들은 학생들이 쉽게 읽을 수 있도록 이 책을 저술하였다.

이 책의 원저는 1982년부터 생물학 강의에 알맞도록 저술되기 시작하여, 지난 20여 년 동안 많은 변화를 거듭하였는바, 이는 생물학이 그만큼 변화해 왔음을 뜻한다. 특히, 일반생물학 책들 속에는 갈수록 분자생물학적 내용이 확대되고 있는데, 세포생물학과 발생학 분야에서 더욱 그러하다. 이 책은 일반생물학 강의를 담당한 교수들의 피드백을 통해 진화를 거듭해온 책이다. 이 피드백을 통하여 최신의 주제를 다루고, 명료한 문장으로 설명하며, 훌륭한 삽화를 곁들이고자 노력하였다.

이 책은 생물학을 근본적으로 진화적 관점에서 설명하고 있다. 20여 년 전, 대부분의 일반생물학 교재에서는 진화개념을 일부 장에만 국한시켜 설명하였으나, 오늘날 진화개념은 생물학 전 분야에 걸친 중심개념이 되었기 때문이다. 가령, 이 책에는 유전체에 관한 장을 새로이 추가하였는데, 아울러 유전체와 발생학적 조절 기작이 어떻게 진화해 왔는가를 설명하는 :진화-발생의 장도 추가하였으며, DNA 수준에서의 계통과 진화를 설명하는 내용도 들어있다. 이로서 생물학적 문제와 접근을 여러 가지 차원에서 통합하고자 하였으며, 이를 통하여 학생들에게 생물학을 통합적으로 이해시키고자 하였다.

대부분 일반생물학 책들은 세포와 유전학에 중점을 두고, 이 분야에 대한 내용을 책의 앞쪽 절반에 걸쳐 설명한다. 이 책도 이와 같은 통례를 따랐는데, 특히 세포생물학과 유전학에 관한 내용을 최신의 것으로, 이해하기 쉽게 설명하였다. 가령, 세포의 통신에 대한 장을 처음 추가하였으며, 최신 토픽인 ATP 합성효소의 구조, 소형 RNAs, RNA 편집 등에 대한 내용도 추가되어 있다.

따라서 이 책은 최신의 생물학적 주제를 다루었으며, 진화적 개념을 바탕에 깔고 쉽게 이해할 수 있도록 저술하였다. 이 책이 교수들이 강의하는데, 그리고 학생들이 학습하는데 성공적인 교재가 되기를 기원한다.

역 자

차 례

Part I 생명체의 기원

Chap. 1 | 생물과학적 성질

1.1 생물학은 생명을 연구하는 과학이다 3
생명체의 구성 3

1.2 과학자는 관찰 내용을 일반화한다 6
과학의 본질 6
과학의 성립 7

1.3 다윈의 진화론을 통해 본 과학적 방법 8
찰스 다윈 8
다윈의 근거 9
자연선택 가설의 창안 10
다윈 이후의 진화론 : 추가적 증거 12

Chap. 2 | 분자의 성질

2.1 원자는 자연계의 기본 물질이다 15
원자 15

2.2 화학결합 18
이온결합 18
공유결합 19

2.3 물 19
물의 이온화 21

Chap. 3 | 생물체의 화학적 구성

3.1 분자 25
탄소 : 생물체내 분자의 기본 골격 25

3.2 단백질은 세포의 화학반응을 수행한다 29
단백질의 여러 가지 기능 29
아미노산 : 단백질의 기본 단위 31
단백질의 구조 31

3.3 유전정보를 저장하고 운반하는 핵산 36
정보 분자 36

3.4 지질 38
인지질과 막 38
지방과 기타 지질 40
지방은 에너지 저장 분자이다 41

3.5 탄수화물 41
당 41
탄수화물의 운반과 저장 43
구조 다당류 44

Chap. 4 | 생명의 기원과 초기 역사

4.1 유기물의 기원 47
밀러-유리의 실험 47

4.2 세포의 기원 49
액적의 중요성 49

4.3 원시 세포의 진화 50
원시 세포 50
최초의 진핵세포 50

Part Ⅱ 세포생물학

Chap. 5 | 세포의 구조

5.1 원핵세포와 진핵세포 59
원핵생물 59
5.2 진핵세포의 구조 62
핵 62
내막계 64
리보솜 69
DNA가 들어있는 세포소기관 70
세포 골격 71

Chap. 6 | 생체막

6.1 생체막의 구조 75
인지질 이중층 75
6.2 막 단백질과 막의 성질 76
유동모자이크 모델 76
막 단백질의 종류 78
막 단백질의 구조 79
6.3 수동수송 81
확산 81
촉진확산 81
삼투 82
6.4 세포내 섭취를 통한 대량 수송 84
대량 이동 84
6.5 능동수송 86

Chap. 7 | 세포간 상호작용

7.1 세포간 화학적 신호전달 89
세포 신호의 유형 89
7.2 세포의 내부와 표면에 있는 단백질이 신호를 받는다 92
세포 내 수용체 92
세포 표면 수용체 93
7.3 정보의 세포 안으로의 이동 95
세포 내 신호의 발생 95
신호의 증폭: 단백질 kinase 연쇄반응 97
7.4 세포간 상호작용을 중개하는 세포 표면 단백질 99
세포 정체성의 발현 99
세포간 부착 101

Chap. 8 | 에너지와 대사

8.1 열역학 법칙 105
생물체 내의 에너지 흐름 105
열역학 법칙 107
자유에너지 108
활성화에너지 109
8.2 생체 촉매로서의 효소 109
효소 109
효소의 작용 110
효소의 형태 변화 111
효소의 작용에 영향주는 요인 112
8.3 ATP의 기능 114
ATP 114

Chap. 9 | 세포의 에너지 획득

9.1 화학결합 속의 에너지 획득 117
화학에너지를 이용하여 대사를 진행시키기 117
9.2 세포호흡은 음식물 분자를 산화시킨다 119
포도당 이화의 개요 119
1단계: 해당과정(Glycolysis) 121
2단계 : 피루브산의 산화 123
3단계 : 크랩스회로(krebs cycle) 124
전자를 거두어 에너지를 수확하기 126
4단계 : 전자전달연쇄 127
유기호흡의 산출 129
유기호흡의 조절 130
9.3 단백질과 지방의 이화작용 131
포도당만이 에너지원은 아니다 131
9.4 무기 대사 133
발효 133

Chap. 10 | 광합성

10.1 광합성이란 무엇인가 135
염록체 135
10.2 빛으로부터의 에너지 획득 137
광계를 구성하는 색소 139
광계가 빛을 화학에너지로 전환시키는 방법 141
두 광계의 가동 143
10.3 유기물 분자 합성 145
캘빈회로 145

Chap. 11 | 세포분열

11.1 원핵세포는 진핵세포보다 훨씬 단순하게 분열한다 151
원핵세포의 분열 151
11.2 진핵세포의 염색체 154
염색체의 발견 154
염색체 수 154
진핵세포 염색체의 구조 154
11.3 유사분열 156
세포 주기 156
간기: 유사분열의 준비 157
유사분열(그림 11.11) 158
세포질분열 160
11.4 세포 주기의 조절 161
세포 주기의 일반적 조절 161
암과 세포 증식의 조절 162

Part Ⅲ 유전과 분자생물학

Chap. 12 | 유성생식과 감수분열

12.1 이배체로부터 반수체를 만드는 감수분열 167
감수분열의 발견 167
12.2 감수분열의 특징 170
감수분열 170
12.3 감수분열과 2번의 핵분열 172
전기 172
중기 I 173
감수분열의 완결 174

Chap. 13 | 유전 양상

13.1 멘델은 유전적 미스터리를 해결하다 177
멘델과 완두콩 177
멘델의 발견 내용 179
실험 결과에 대한 멘델의 해석 181
멘델의 법칙에 따르지 않는 유전 183
13.2 멘델의 법칙과 인류 유전 185
복대립인자 : ABO 혈액형 185
단백질의 간단한 변화로 생기는 유전 질환 186
유전자 치료 187
유망한 매개체 188
13.3 염색체와 유전자 188
염색체 : 멘델 유전의 운반체 188
유전자 재조합 190
인류 염색체 192
염색체 수변화로 인한 인류의 기형 194

Chap. 14 | DNA : 유전물질

14.1 유전물질이란 무엇인가? 199
햄멀링의 실험 : 유전정보는 핵 속에 있다 199
그리피스의 형질전환 실험 200
에이버리의 실험 201
14.2 DNA의 구조 202
핵산의 화학적 성질 202
DNA의 3차원적 구조 203
14.3 DNA 복제 205

메셀슨-스탈의 실험: DNA 복제는 반보존적 이다 205
복제 과정(Origin of Replication) 207
진핵세포의 DNA 복제 212

Chap. 15 | 유전자의 활동

15.1 중심 원리 215
세포는 RNA를 이용하여 단백질을 만든다 215

15.2 유전자와 유전암호 217
유전암호 217

15.3 전사와 번역 219
원핵생물에서의 전사 219
진핵세포에서의 전사 221
번역 223

15.4 진핵세포 유전자 전사물은 이어맞추어진다 226
인트론의 발견 226
원핵세포와 진핵세포의 유전자 발현의 차이 229

Chap. 16 | 유전자 기술

16.1 DNA 조작과 유전자 클론 231
DNA 조작 연구자의 도구함 231
숙주/매개체 체제 233
매개체를 이용하여 유전자를 운반하기 234

16.2 유전공학 236
유전공학 실험의 4단계 236
유전자 클론으로 작업하기 240

16.3 생물공학과 과학 혁명 244
의학적 응용 244
농업적 적용 245

Chap. 17 | 게놈

17.1 게놈의 유전자지도와 물리지도 249
게놈 지도(genome map) 249

17.2 게놈의 서열판독과 물리지도 251
서열판독 251

17.3 생물이 복잡해지는 데 더 많은 유전자가 필요한 것은 아니다 253
인간 유전체 프로젝트(인간 게놈 프로젝트) 253
게놈 지리 254

Chap. 18 | 유전자 발현의 조절

18.1 조절단백질은 DNA를 풀지 않고 해독한다 257
DNA 나선을 해독하는 방법 257
네 가지 중요한 DNA 결합 모티프 258

18.2 원핵생물은 전사 개시의 조절로 유전자를 조절한다 260
원핵생물의 유전자 조절 260

18.3 진핵세포의 전사 조절 265
전사 수준에서의 조절 265
유전자 발현에 대한 염색질 구조의 영향 267

Chap. 19 | 발생의 세포학적 기작

19.1 척추동물의 발생 275
곤충의 발생 278
식물의 발생 280
선충류의 발생 282

19.2 다세포생물의 공통적 기본 발생 282
세포 이동과 유도 282
결정 284
기본형 형성 285
체절결정 유전자(Homeotic Genes) 289
예정된 세포 사멸 291

19.3 노화 292
노화 이론 292

Chap. 20 | 암 생물학 및 세포 기술

20.1 재조합에 의한 유전자 위치 변화 295

유전자 운반 295
상호재조합 299

20.2 돌연변이 300
돌연변이의 종류 300
DNA 회복 296

20.3 암과 성장조절유전자의 돌연변이 303
암이란 무엇인가? 303
암의 원인 304
발암물질은 흔하다 306
암의 시작을 막기 312

20.4 생식 클로닝 314
클로닝의 도전 314

20.5 임상 클로닝 316
줄기세포 316
치료 클로닝 319

Part IV 진화

Chap. 21 | 집단 내 유전자

21.1 자연집단의 유전적 다양성 323
유전적 변이 323
유전적 변이 수준의 측정 323

21.2 대립인자 빈도의 변화 324
하디-바인베르크의 법칙 324
진화적 변화의 다섯 가지 요인 326
적응도의 측정 329
자연선택과 집단내 변이의 유지 330

21.3 자연선택의 작용 331
자연선택의 유형 331
거피의 색깔에 대한 선택 333

Chap. 22 | 진화의 증거

22.1 자연선택의 작용 337
핀치새의 부리 337
회색가지나방의 공업암화 339
인위선택 340

22.2 화석적 증거 341
화석 기록 341
말의 진화 343

22.3 그 외의 진화적 증거 344
해부학적 기록 344
분자적 기록 346
수렴신화와 생물지리학적 기록 347

Chap. 23 | 종 분화

23.1 종 350
종의 본질 350

23.2 생식적 격리 351
전접합 격리 기작(Prezygotic Isolating Mechanisms) 351
후접합 격리 기작(Postzygotic Isolating Mechanisms) 352

23.3 종의 형성 353
생식적 격리 353
지리적 격리 355

23.4 적응방산 357
하와이의 초파리 357
핀치새 358
빅토리아 호의 민물돔 359

Part V 생명의 다양성

Chap. 24 | 분류와 계통

24.1 명명 363
생물의 분류 363
24.2 계통과 진화적 관계 364
계통분류 364
24.3 생물의 분류 366
생물의 계 366
고세균도메인 366
세균도메인 368
진핵도메인 368
바이러스 369

Chap. 25 | 바이러스

25.1 바이러스란 무엇인가 373
바이러스의 본질 373
25.2 박테리오파아지의 생식 회로 375
박테리오파아지 375
세포의 형질전환과 파지전환 376
25.3 HIV 377
AIDS 377
25.4 바이러스와 질병 379
병원성 바이러스 379
프리온과 비로이드 381

Chap. 26 | 원핵생물

26.1 원핵생물 383
원핵생물의 분포 383
26.2 원핵생물의 구조와 대사 384
원핵생물의 다양성 384
26.3 원핵생물의 구조 386
원핵세포의 표면 386
세포 내부 388
원핵생물의 변이 388
원핵생물의 대사 389
26.4 해로운 세균과 유익한 세균 391
인체 병원균(표 26.1) 391
유익한 원핵생물 393

Chap. 27 | 원생생물

27.1 진핵생물의 기원 395
내부 공생 395
27.2 원생생물계 397
원생생물의 일반적 특징 397
27.3 원생생물의 분류 399
유글레나계통(Euglenozoa) 399
포낭충계통(Alveolata) 400
Stramenopila계통 및 홍조식물계통 (Rhodophyta) 402
녹조식물계통(chlorophyta) 404
입금편모충계통(choano flagellida) 및 기타 원생생물 405

Chap. 28 | 식물의 다양성

28.1 식물의 특징 409
식물의 진화적 기원 409
식물의 생활사 410
28.2 비관다발식물 411
이끼, 우산이끼 및 뿔이끼 411
28.3 무종자 관다발식물 413
관다발식물의 특징 413
무종자 관다발식물 415
28.4 종자식물 418
겉씨식물 418
속씨식물 421

Chap. 29 | 균 류

29.1 균류의 특징 425
균류의 두드러진 특징 425
균류의 몸 426
균류의 생식 427
균류의 영양 섭취와 대사 427
29.2 균류의 분류 428

계통적 관계 428
항아리균문(Chytridiomycota) 429
접합균문(Zygomycota) 430
담자균문(Basidiomycota) 430
자낭균문(Ascomycota) 431

29.3 공생 균류 433
지의류 433
균근 434
내생식물(Endophytes) 435
동물과의 상리공생 435
기생성 및 병원성 균류 435

Chap. 30 | 동물의 다양성

30.1 동물의 특징 437
동물의 일반적 특징 437

30.2 동물의 분류 438
동물의 전통적 분류 438

30.3 동물의 체제 442
다섯 가지 주요 체제의 변화 442

Chap. 31 | 무체강 무척추동물

31.1 측생동물(Parazoa) 449
해면(The sponges) 450

31.2 무체강동물(Acoelomates) 456
좌우대칭 무체강동물 (Bilaterian Acoelomates) 456

31.3 의체강동물(Pseudocoelomates) 460
의체강동물의 특징과 종류 460

Chap. 32 | 체강 무척추동물

32.1 연체동물 463
연체동물의 체제 463
연체동물문의 주요 강 466

32.2 환형동물과 체절제 468
체절 468
환형동물문의 주요 강 470

32.3 촉수동물 472
촉수동물의 종류 472

32.4 절지동물문(phylum Arthropoda) 474
절지동물의 체제 474
갑각아문(subphylum Crustacea) 478
십각목 갑각류(Decapod Crustaceans) 479
거미강(class Arachnida) 480
순각강(Chilopoda)와 배각강(Diplopoda) : 지네류(Centipedes)와 노래기류 (millipedes) 481
곤충강(class Insecta) 482

32.5 극피동물문(phylum Echinodermata) 486
극피동물의 체제 486
극피동물의 주요 강 489

Chap. 33 | 척추동물

33.1 내부 골격 491
척색동물문(phylum Chordata) 491

33.2 척추가 없는 척색동물 493
피낭류 493

33.3 척추동물 495
척추동물의 특징 495
어류 496
양서류 503
파충류 507
파충류의 역사 509
조류 513
조류의 역사 515
포유류 516
포유류의 역사와 종류 519

33.4 영장류의 진화 521
영장류 521
오스트랄로피테쿠스인 (Australopithecines) 524
Homo 속(사람속) 525

Part Ⅵ 식물형태와 기능

Chap. 34 | 식물의 형태

34.1 분열조직의 활동 533
- 분열조직 533
- 식물체의 구성 535
- 1기생장과 2기생장 537

34.2 식물의 세 가지 기본조직 537
- 표피조직 537
- 기본조직 537
- 관다발조직 539

34.3 뿌리 541
- 뿌리의 구조 541
- 뿌리의 변형 545

34.4 줄기 546
- 줄기의 구조 546
- 줄기의 변형 549

34.5 잎 550
- 잎의 외부 구조 550
- 잎의 변형 552

Chap. 35 | 식물의 발생

35.1 식물의 배 555
- 뿌리-줄기 축의 형성 555
- 3가지 조직계의 확립 557

35.2 종자 559
- 종자의 형성 559

35.3 과 실 560
- 과실의 형성 560

35.4 발 아 561
- 발아 기작 561

Chap. 36 | 식물체 내의 수송

36.1 물과 무기질 565
- 물과 무기질의 이동 565
- 물과 무기질의 흡수 565
- 물과 무기질의 이동 566

36.2 당과 호르몬의 수송 570
- 체관부의 물질 수송 570

Chap. 37 | 식물의 감각

37.1 빛에 대한 식물의 반응 573
- 광형태형성 573
- 굴광성 574

37.2 중력에 대한 반응 575
- 굴지성 575

37.3 접촉에 대한 식물의 반응 576
- 굴촉성과 감촉성 576
- 팽압 운동 577

37.4 물과 온도가 미치는 식물의 반응 579
- 휴면 579

37.5 호르몬과 환경 580
- 식물 호르몬 580

Chap. 38 | 식물의 생식

38.1 생식에 대한 환경의 영향 591
- 식물의 변태 591
- 개화에 이르는 경로 593

38.2 꽃 597
- 꽃의 진화 597
- 속씨식물의 배우자 형성 599
- 수분 601
- 자가수분 603
- 수정 606

38.3 무성생식 606

38.4 식물의 수명 607

Part Ⅶ 동물형태와 기능

Chap. 39 | 동물의 몸과 운동

39.1 척추동물의 조직과 기관 611
몸의 조직화 611
39.2 상피조직 613
상피조직의 특징 613
39.3 결합조직 615
결합조직의 특징 615
연골 617
39.4 근육조직 620
근육조직의 종류 620
신경조직 622
39.5 운동과 기관계의 협동 623
골격계 623
관절 624
39.6 근육 운동 625
근 수축 625

Chap. 40 | 소 화

40.1 동물의 소화계 635
소화계의 종류 635
척추동물의 소화계 636
40.2 입에서부터 위까지 637
입과 이 637
식도 및 위 639
40.3 소장과 대장 641
소 장 641
대 장 644
척추동물 소화계의 변이 644
40.4 소화의 신경 및 호르몬 조절과 보조 기관 646
소화관의 신경 및 호르몬 조절 646
보조 기관의 영양소 가공 및 배치 기능 648
40.5 동물의 음식에너지와 필수영양소 649
음식에너지와 에너지 소비 649
필수영양소 650

Chap. 41 | 순환과 호흡

41.1 순환계 653
개방혈관계와 폐쇄혈관계 653
혈액 655
혈관의 특징 657
41.2 척추동물의 순환계와 호흡계 660
몸의 크기와 순환 및 호흡 적응 660
41.3 심장혈관계와 심장 회로 663
심장 회로 663
혈류와 혈압 665
41.4 호흡과 기체 확산 속도 667
호흡 효율의 최대화 667
41.5 포유동물의 호흡 673
호흡 기작 673
헤모글로빈과 기체 운반 677

Chap. 42 | 신경계

42.1 원핵생물 683
뉴런의 구조 683
42.2 신경 충격 685
휴지막전위 685
차등전위는 활동전위를 만든다 687
42.3 시냅스 691
시냅스의 구조 691
신경전달물질과 그 기능 692
42.4 중추신경계 697
척추동물 뇌의 진화 697
사람의 전뇌 699
척수 703
42.5 말초신경계 705
말초신경계의 구성 요소 705
자율신경계 705

Chap. 43 | 감각계

43.1 감각수용기 709
감각수용기의 종류와 작용 709

43.2 기계수용기 및 화학수용기 712
온도 감각과 압력 감각 712
근 수축과 혈압의 감지 713
맛, 냄새 및 몸의 자세의 감지 714
43.3 청각 수용기 719
귀와 청각 719
43.4 광수용기 722
눈의 진화 722
척추동물의 광수용기 723
척추동물 망막에서의 시각 형성 과정 726
43.5 열, 전기, 자력을 이용한 일부 척추동물의 정위 727
감각 경험의 다양성 727

Chap. 44 | 내분비계

44.1 화학전달 물질을 통한 조절 729
조절 분자의 종류 729
내분비선과 호르몬 730
측분비 조절 733
44.2 지용성 호르몬과 극성 호르몬의 작용 방식 734
세포 안으로 들어가는 호르몬 734
세포 안으로 들어가지 않는 호르몬 735
44.3 시상하부와 뇌하수체 738
뇌하수체 후엽 738
뇌하수체 전엽 738
44.4 여러 기능을 조절하는 호르몬을 분비하는 내분비선 742
갑상선 및 부갑상선 742
부신 745
이자 747
기타의 내분비선 747

Chap. 45 | 면역계

45.1 몸의 일반적 방어 751
피부 751
이차 방어선인 세포적 공격 752
염증 반응 754
45.2 특이적 면역 방어와 항원 755
면역반응: 3차 방어선 755
특이 면역계의 세포들 756
면역반응의 개시 757
45.3 T세포의 활동 759
T세포와 세포성 면역반응 759
45.4 B세포의 활동 761
B세포와 체액성 면역반응 761
항체 763
진단을 위한 항체 767
면역계의 진화 769
45.5 면역계의 파괴 771
T세포의 파괴: AIDS 771
항원 불연속변이 772
자가면역과 알레르기 773

Chap. 46 | 체내 환경의 유지

46.1 몸의 조절계와 항상성 777
항상성의 필요성 777
길항적 반응기와 양성 피드백 780
46.2 세포외액의 농도 781
삼투성과 삼투 균형 781
삼투조절 기관 783
척추동물 신장의 진화 784
암모니아, 요소 및 요산 788
46.3 신장의 기능과 네프론 790
포유동물의 신장 790
포유동물 네프론에서의 수송 과정 792
삼투조절 기능의 호르몬 조절 794

Chap. 47 | 성과 생식

47.1 유성생식 전략과 무성생식 전략 797
유성생식과 무성생식 797
성에 대한 새로운 접근 798
47.2 척추동물의 체내수정과 발생 799
수정과 발생 799
어류와 양서류 800
파충류와 조류 801
포유동물 802
47.3 남성과 여성의 생식기관 803
남성 생식기관의 구조와 기능 803
여성 생식기계의 구조와 기능 807
피임 811

Chap. 48 | 척추동물의 발생

48.1 발생의 개시 : 수정 815
수정 815

48.2 난할과 포배 형성 817
난할 양상 817

48.3 낭배 형성 및 배엽 형성 820
낭배 형성 과정 820

48.4 몸의 기본 구조 형성 823
신경관형성과 발생 과정 823
발생 중 세포들의 통신 825
배 발생과 척추동물의 진화 827
배 외막 828

48.5 사람의 발생 829
첫 3개월 829
둘째 및 셋째 3개월 833
출산과 출생 후 발생 833

Part Ⅷ 생태학과 행동학

Chap. 49 | 행동생물학

49.1 선천적 행동 839
행동 연구에의 접근 839
행동 유전학 841

49.2 학습과 행동 843
비연관학습과 조건지우기 843
행동의 발달 844
동물의 인시 847
이동 행동 849

49.3 동물의 통신 851
구애행동 851
사회적 집단에서의 통신 852

49.4 행동의 진화 855
행동생태학 855
섭식 행동 855
세력권 행동 856
생식전략 857
생식적 경쟁과 성적 선택 858
교배 양식 860

49.5 사회적 행동의 진화 862
이타적 행동과 집단 생활 862
사회 체제의 진화 864

Chap. 50 | 개체군 생태학

50.1 환 경 867
환경에 대한 도전 867

50.2 개체군 869
개체군 분포범위 869
개체군 내 개체들의 공간 점유 양상 870
다개체군 872

50.3 개체군 동태와 연령 분포 873
개체군통계학 873

50.4 생활사 및 생식과 생존 860
생식 손실 860

50.5 개체군 생장과 환경 878
개체군 생장 878
개체군을 조절하는 요인들 880

50.6 인 구 883
지수적 생장의 도래 883

Chap. 51 | 군집 생태학

51.1 생물 군집 887
군집의 개념 887

51.2 종간 경쟁과 생태적 지위 889
기본지위와 실제지위 889
가우스와 경쟁배타의 원리 890
자원분배 891

종간경쟁의 탐지 892

51.3 포 식 893
초식동물에 대한 식물의 방어 893
포식자에 대한 동물의 방어 894
의태 895

51.4 군집 내 종들의 상호작용 896
공진화와 공생 896
편리공생 897
상리공생 897
기생 898
생태적 과정에서의 상호작용 899

51.5 생태적 천이 901
천이 901
교란 903

Chap. 52 | 생태계의 동태

52.1 생태계 내의 화학물질 순환 905
물의 순환 905
탄소 순환 907
질소 순환 908
인 순환 909

52.2 생태계 내의 에너지 흐름 910
영양 단계 910
먹이사슬의 에너지 912
생태 피라미드 913

52.3 영양단계 사이의 상호작용 914
영양 연쇄반응 914

52.4 생물 다양성과 생태계 안정성 915
종 다양성 효과 915
종 다양성의 원인 916
생물지리학적 양상과 종 다양성 917
섬 생물지리학 918

Chap. 53 | 생물권

53.1 기후와 생태계의 특징 919
태양과 대기 순환의 영향 919
대기 순환, 강수량 및 기후 921

53.2 생물군계 923
주요 생물군계 923

53.3 수계 생태계 926
대양의 순환 양상 926
해양 생태계 928
담수 서식처 930

53.4 생물권에 대한 인간의 위협 932
오염 932
산성 강수 933
열대우림의 파괴 934
오존 구멍 935
이산화탄소와 지구온난화 936

Part I
생명체의 기원

01
생물학의 과학적 성질

02
분자의 성질

03
생물체의 화학적 구성

04
생명의 기원과 초기 역사

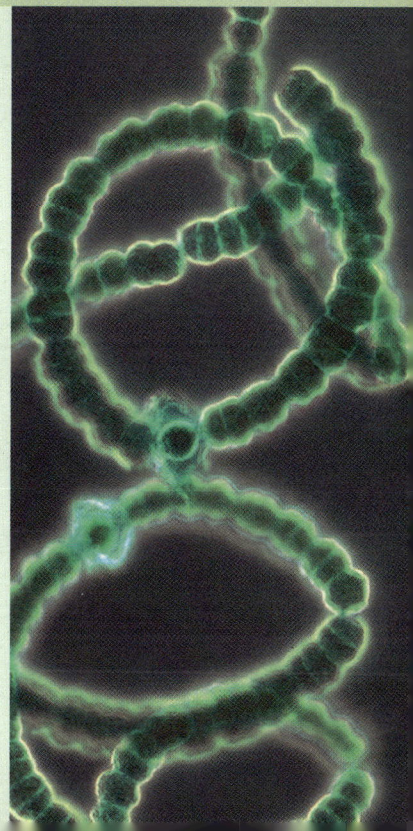

CHAPTER 01

생물학의 과학적 성질

생물의 본질을 탐구하기 위한 여행을 시작해 보자. 약 180년 전, 영국의 박물학자 찰스 다윈도 비글호(H.M.S. Beagle)에 승선하여 이와 유사한 여행을 시작하였다. 5년 동안의 여행을 통하여 다윈은 자연선택에 의한 진화라는 이론을 개발하였는데, 이 이론은 그 후 생물학의 골격이 되었다. 다윈의 여행은 우리가 생물학 탐구를 시작하는 데 알맞은 시작점이라고 볼 수 있다. 시작하기 전에 우선 생물학이 무엇인지 생각해 보자.

1.1 생물학은 생명을 연구하는 과학이다

생명체의 구성

생물학은 생물을 탐구하는 학문이다. 생물은 형태적으로 매우 다양하며 생물학자들은 여러 가지 방식으로 생물을 연구한다. 고릴라와 함께 지내기도 하고, 화석을 수집하는가 하면, 고래의 소리를 듣기도 한다. 또, 유전 물질 속에 저장된 정보를 읽기도 하고, 벌새가 매초당 날개를 몇 번 휘젓는지를 세기도 한다.

그림 1.1 | 남아메리카 남부해안을 항해하고 있는 다윈의 비글호
영국의 유명한 박물학자 찰스 다윈은 22세 되던 해인 1831년 비글호를 타고 항해를 시작하였다.

생물의 특성

"살아 있다"는 것은 무엇을 두고 하는 말인가? 물을 마시고 있는 말은 살아 있다고 하고, 자동차는 살아 있다고 하지 않는다. 어떻게 그와 같이 구별할 수 있는가? 자동차도 움직일 수 있으므로, 움직이는 것은 살아 있는 것이라고 말할 수 없다. 생명을 규정하는 특징은 무엇일까? 모든 생물체는 다음과 같은 기본적 특징을 공유한다.

1. **세포에 의한 구성.** 모든 생물체는 1개 이상의 세포로 구성되어 있다. 대개 너무 작아서 볼 수는 없지만 세포는 생물의 기본적 활동을 수행한다. 각 세포는 세포막에 의하여 주변과 격리되어 있다.
2. **복잡한 체제.** 모든 생명체는 고도로 복잡한 체제를 지닌다. 우리의 몸은 여러 가지 세포로 이루어져 있으며, 각 세포는 매우 복잡한 분자적 구조물을 간직한다.
3. **감수성.** 모든 생명체는 자극에 대하여 반응한다. 식물은 광원을 향하여 자라며, 우리가 어두운 곳에 들어갈 때 눈의 동공이 확장된다.
4. **생장, 발생 및 생식.** 모든 생명체는 생장하고 생식할 수 있으며, 모두 자손에게 넘겨줄 수 있는 유전 물질을 간직한다.
5. **에너지 이용.** 모든 생명체는 에너지를 획득하여 이를 여러 가지 활동에 이용한다. 우리 몸의 근육은 음식으로부터 얻는 에너지를 통하여 힘을 얻는다.
6. **진화적 적응.** 모든 생물체는 다른 생물체나 환경과 상호작용하여 생존에 영향을 받는다. 그 결과, 생물은 환경에 적응하도록 진화한다.
7. **항상성.** 모든 생물은 체내 환경을 주변 환경과는 달리 일정한 상태로 유지하는데, 이를 항상성(homeostasis)이라고 한다.

계층 구조

생물세계는 계층구조를 이루고 있다. 즉, 하나의 수준 위에는 다른 높은 수준이 있다.

세포적 수준. 세포적 수준에서 물질은 기본 요소인 원자들이 결합하여 분자(molecules)를 이룬다(그림 1.2). 복잡한 생물학적 분자들은 조립되어 막으로 둘러싸인 세포내 세포소기관(organelles)을 이룬다. 세포(cells)는 생명의 기본 단위이다. 많은 생물체가 세균처럼 단 1개의 세포로 이루어져 있다. 모든 동물과 식물, 대부분의 균류와 조류는 1개 이상의 세포로 구성된 다세포 생물이다.

생물체 수준. 세포들은 세 단계로 체계화된다. 가장 기본적 수준은 조직(tissue)으로서, 하나의 기능적 단위를 이루는 유사한 세포들의 집단이다. 여러 가지 조직들은 다시 모여서 하나의 구조적, 기능적 단위인 기관(organ)을 이룬다. 우리의 뇌는 신경세포와 여러 가지 결합조직으로 구성되어 있다. 세 번째 수준으로서, 기관들은 모여서 기관계(organ system)를 이룬다. 예를 들어, 신경계는 감각기관들, 뇌, 척수, 신경으로 구성된다.

개체군 수준. 생물계에서 개개의 생물체들은 여러 계층구조를 이루며 조직화된다. 가장 기본적 수준은 동일 장소에 서식하는 동일 종 개체들의 모임인 개체군(population)이다. 개체군들은 모여서 하나의 종(species)을 이룬다. 한 장소의 종들은 다시 모여서 생물군집(biological community)을 이룬다. 최종적으로, 생물군집들은 물리적 환경과 함께 생태계(ecosystem)를 이룬다.

그림 1.2 | 생물체의 체계적 구성.
생물은 작고 단순한 수준부터 크고 복잡한 수준까지 고도로 체계화되어 있다.

1.2 과학자는 관찰 내용을 일반화한다

과학의 본질

생물학은 우리의 일상 생활이나 미래의 생활에 심대하게 영향을 주므로 매우 중요한 학문 분야이다. 많은 생물학자들이 인구 문제나, 암 또는 AIDS 같은 질병 등과 같이 우리의 삶에 중대한 문제들을 연구하고 있다. 생물학자들이 얻어내는 지식은 자연자원의 효율적인 이용, 질병의 예방과 치료, 우리와 후손의 삶의 질 증진 등에 필수적으로 이용된다.

생물학은 우리가 사는 세상의 본질을 설명하는 자연과학 중에서 가장 성공적인 분야이다. 생물학을 이해하기 위해서는 먼저 과학의 본질을 이해해야 한다. 과학자가 이용하는 기본적인 도구는 사고이므로 과학의 본질을 이해하기 위하여 과학자는 어떻게 사고하는지를 알아보자. 과학자는 두 가지 방식의 추론, 즉 연역적(deductive) 추론과 귀납적(inductive) 추론을 한다.

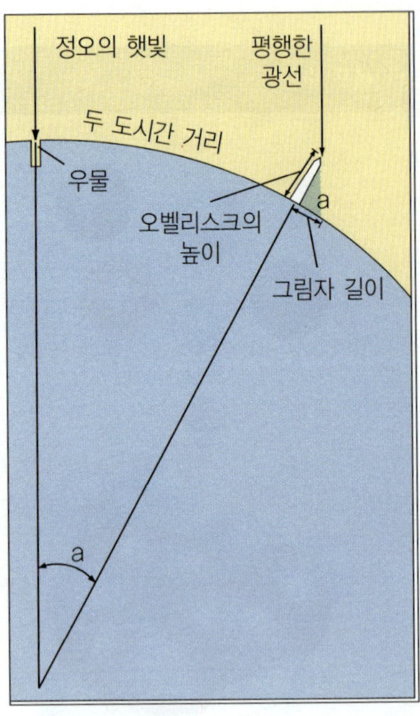

그림 1.3 | 연역적 추론을 통한 에라토스테네스의 지구 원둘레를 측정. 1. 이집트의 시에네의 한 깊은 우물에 햇빛이 수직으로 쪼이는 어느 날 에라토스테네스는 이곳에서 800 km 떨어진 알렉산드리아의 오벨리스크의 그림자 길이를 측정하였다. 2. 그림자 길이와 오벨리스크 높이는 삼각형의 두 변을 이룬다. 유클리드 기하학을 이용하여 에라토스테네스는 각 a는 7°12′ 으로서 정확히 원(360°)의 1/50 임을 계산하였다. 3. 만약 a가 원의 1/50이라면 오벨리스크와 시에네의 우물 사이의 거리는 지구 원둘레의 1/50이 되어야 한다. 4. 에라토스테네스는 알레산드리아에서 시에네까지 가는 데는 낙타를 타고 50일 걸린다는 것을 알고 있었다. 낙타는 하루에 18.5 km를 여행한다고 가정하여, 그는 오벨리스크와 우물 사이의 거리는 925 km라고 계산하였다. 5. 그래서 에라토스테네스는 지구 원둘레가 50×925 = 46,250 km라고 추론하였다. 실제로는 오벨리스크와 우물 사이의 거리는 800 km이므로 계산된 지구 원둘레는 50×800 = 40,000 km이다. 오늘날 정확히 알려진 지구 원둘레는 40,075 km이다.

연역적 추론

연역적 추론은 특정 결과를 예측하는 일반적 원리에 적용된다. 일반적 사실로부터 특수한 원리로 논리가 전개된다. 2200년 전에 이미 그리스의 에라토스테네스(Eratosthenes)는 유클리드 기하학과 연역적 추론을 이용하여 지구의 원둘레 길이를 정확하게 계산하였다(그림 1.3). 이는 수학적, 철학적 추론으로서 모든 분야의 지식에서 일반적 사고의 유효성을 검증하는 데 이용된다. 생물학자는 연역적 추론을 통하여 한 표본의 특징들을 보고 해당 종을 알아낸다.

귀납적 추론

귀납적 추론에서는 특수 사실로부터 일반적 원리로 논리가 전개된다. 즉, 특수한 관찰 내용을 이용하여 일반적 과학적 원리를 이끌어낸다. 고양이가 털을 가지고 있고, 개도 털을 가지고 있으며, 우리가 관찰한 다른 포유류도 털을 가지고 있다면 모든 포유류는 털을 가진다고 결론지을 수 있다. 귀납적 추론은 검증 가능한 일반화를 이끌어낸다.

웹스터 사전을 보면 과학이란 어떤 원리를 알아내기 위하여 수행된 관찰이나 실험으로부터 이끌어낸 체계화된 지식이라고 정의되어 있다. 달리 표현하면, 과학자는 관찰로부터 원리를 찾아낸다. 즉, 특수 사례를 면밀하게 조사하여 일반적 원리를 발견한다. 귀납적 추론은 1600년대에 유럽에서 처음으로 중요하게 취급되었는데, 이 당시 프랜시스 베이컨이나 아이삭 뉴턴 등이 특정 실험 결과를 이용하여 일반적 원리를 이끌어내기 시작하였다. 만약 손에 든 사과를 놓으면 어떻게 되는가? 사과는 땅에 떨어진다. 뉴턴은 이 특수 발견 사실을 이용하여 모든 물체는 지구 중심을 향하여 떨어진다는 일반적 원리를 이끌어냈다.

과학의 성립

과학자는 여러 가지 일반 원리로부터 진리를 찾아낼 때, 여러 가지 대체 안을 체계적으로 검증한다. 만약 이 안들이 실험적 관찰 사실과 불일치하면 진리가 아닌 것으로 본다. 면밀한 관찰을 통하여 과학자는 가설(hypothesis)을 세운다. 가설이란 진리일 것으로 보이는 하나의 명제이다. 아직 부정되지 않은 채 사실과 일치하는 가설은 존속되며, 장래에 새로운 관점으로 볼 때 부정확한 것임이 알려질 경우 폐기될 수 있다.

가설의 검증

가설의 검증을 실험(experiment)이라고 한다. 어떤 방이 어둡다고 가정해 보자. 왜 어두운가에 대하여 여러 가지 가설을 세울 수 있다. 첫 번째 가설로서 전등의 스위치가 꺼져 있어서 방에 빛이 없기 때문이라고 말할 수 있다. 대체 가설로서, 전구의 필라멘트가 끊어져서 방에 빛이 없기 때문이라고 할 수도 있다. 다른 대체 가설로서, 눈이 나빠지고 있기 때문이라고 할 수도 있다. 실험을 통하여 이 가설들을 검증한다. 가령 전등 스위치를 조작해 보아도 어둡다면 첫 번째 가설을 폐기한다. 가설의 폐기 과정이 남은 가설의 진리성을 입증하지는 못한다.

이 검증 과정을 통하여 존속되는 가설들을 만나게 된다. 새로운 관찰이 이루어지면서 수정되는 가설도 생긴다. 다른 과학과 마찬가지로 생물학은 새로운 지식이 나타나고 과거의 지식이 사라지면서 항상 변화한다.

대조군의 확립

우리는 흔히 여러 가지 요인, 즉 변수(variable)에 의해 영향받는 과정을 접하게 된다. 한 가지 변수에 관련된 대체 가설을 검증하려 할 때 다른 변수는 일정하게 유지시켜야 한다. 이는 두 가지 대응실험을 수행하여 이루어진다. 첫째 실험에서 한 가지 변수에 변화를 준다. 둘째 실험에서는 이 변수에 변화를 주지 않는 것인데, 이를 대조실험(control experiment)이라고 한다. 이때 이 두 가지 실험에서 다른 모든 변수는 동일하게 해 준다. 실험과학에서 실험 과정에 영향을 끼치는 여러 변수로부터 특정 변수를 독립시키는 대조실험을 설계하는 것이 매우 중요하다.

예측

성공적인 과학적 가설에는 유효성뿐만 아니라 유용성이 필요하다. 예측을 불러일으키는 가설이 가장 유용한 가설인데, 이는 예측이 가설의 유효성을 검증하는 방법을 제공하기 때문이다. 만약 실험이 예측과 상반되는 결과를 낳는다면 해당 가설은 폐기되어야 한다. 반면, 예측이 실험 결과와 일치된다면 그 가설은 지지된다. 가설이 만드는 예측이 실험을 통하여 지지될수록 해당 가설의 유효성은 커진다. 가령 아인슈타인의 상대성 가설은 이를 무효화시키는 실험을 고안한 사람이 없었기 때문에 처음에는 잠정적으로만 수용되었다. 이 가설은 하나의 명확한 예측을 일으킨다. 태양은 그 옆을 통과하는 광선의 경로를 휘게 할 것이다. 개기일식 때 이 예측은 검증되었는데, 뒤쪽에 있는 별에서 발사된 광선은 실제로 휘어졌다. 따라서 상대성 가설은 현재 강하게 지지되고 있다.

이론의 탄생

과학자들은 이론(theory)이라는 용어를 두 가지로 사용한다. 하나는 흔히 일반 원리에 토대를 둔, 어떤 자연현상에 대한 제안 설명을 말한다. 뉴턴이 처음 제안한 원리를 우리는 "중력의 이론"이라고 한다. 이 이론들은 대개 전에는 서로 상관이 없는 것으로 알려졌던 서로 다른 현상들을 설명하는 개념들을 함께 통합시킨다. 뉴턴의 중력의 이론은 물체가 땅으로 떨어지는 현상과 태양 주위의 천체 궤도를 함께 설명하는 이론이 되고 있다. "이론"이라는 용어는 과학적 추론과 실험적 근거로 지지되는 상호 연관된 개념들의 실체를 의미하는 데도 이용된다. 이때 하나의 이론은 지식의 실체를 구성하는 필수 불가결한 골격을 제공한다. 예를 들어, 물리학에서 양자 이론은 우주의 본질에 대한 일련의 지식들을 통합하고, 실험적 사실들을 설명하며, 추가적 질문과 실험을 인도하는 역할을 한다.

과학자에게 이론들은 가장 확실하게 알려져 있는 견고한 과학적 토대이다. 반면, 일반인들에게는 이론이란 그 반대로 지식의 부족이나 추측을 의미하게 된다. 이러한 차이는 흔히 혼동으로부터 생기는데, 이 책에서는 이론은 수용되는 일반적 원리 또는 지식의 실체란 뜻으로 사용될 것이다.

과학 밖의 비판론자들처럼 진화를 "단순한 이론"이라고 말하는 것은 잘못된 것이다. 진화가 진행되어 왔다는 가설은 이미 수용되고 있는 과학적 사실로서, 여러 근거에 의해 지지되고 있다. 현대의 진화론은 복잡한 지식의 실체로서 이 이론은 진화에 대한 설명을 뛰어넘어 생물학 전반의 영역으로 확산되어 있고 생물학을 하나의 과학으로 융합시키는 골격 개념이 되고 있다.

1.3 다윈의 진화론을 통해 본 과학적 방법

찰스 다윈

다윈의 진화론은 지구상의 생물들이 어떻게 변화해 왔으며 어떻게 다양한 형태를 갖게 되었는지를 설명해 준다. 이 유명한 이론은 한 과학자가 어떻게 하나의 가설을 세우고 하나의 과학적 이론이 어떻게 발전하여 수용되는지를 설명하는 좋은 예가 되고 있다.

찰스 다윈(Charles Robert Darwin, 1809~1882)은 영국의 자연과학자로서 30년간의 연구와 관찰 끝에 불멸의 저서 「종의 기원」을 발표하였고, 이 책은 인간

그림 1.4 | 찰스 다윈.
사망하기 1년 전인 1881년에 촬영된 이 사진은 다윈의 최후 사진이다.

의 사상을 획기적으로 변화시키는 계기가 되었다.

다윈 시대에 대부분의 사람들은 생물과 개체의 다양성은 창조자의 직접적인 영향력으로 생겨났다고 믿고 있었다(오늘날도 그렇게 믿는 사람이 많다). 종은 특별히 고안되고 불변한다고 믿었다. 이러한 관점과는 반대로 과거의 여러 철학자들은 생명체는 변화해 왔다고 보았다. 다윈은 이 변화 과정에 대한 논리적 설명으로서 자연선택(natural selection)이라는 개념을 제안하여 대중의 관심을 불러일으켰다.

다윈의 책은 통념적 지식과는 크게 다른 결론을 제시하였다. 비록 그의 이론이 신성불가침의 창조자의 존재에 대하여 도전한 것은 아니지만, 다윈은 자연의 법칙이 시간에 따른 변화, 즉 진화(evolution)를 일으켰다고 주장하였다. 당시의 대부분의 사람들은 성경의 내용을 그대로 믿고 있었으며 신이 창조한 대로 세계가 변화하지 않는다고 보고 있었다.

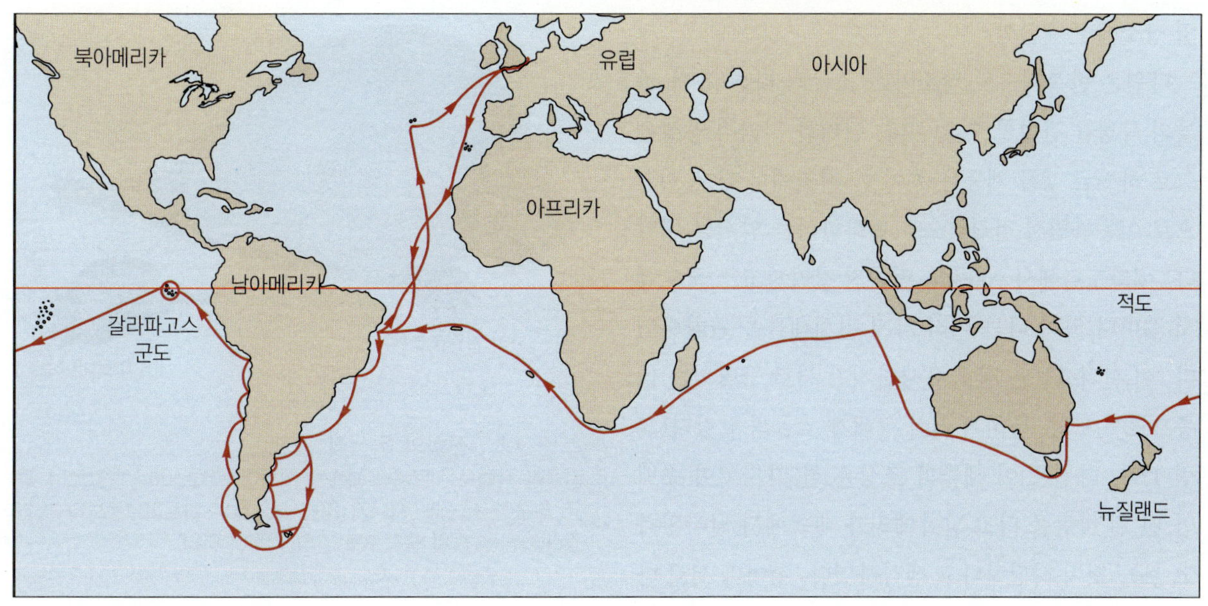

그림 1.5 | 비글호의 5년간의 여행.
비글호의 5년간의 여행. 대부분의 시간을 남아메리카의 해안과 연안의 섬을 탐사하는 데 보냈다. 갈라파고스 군도에서의 다윈의 동물에 대한 연구는 자연선택을 통한 진화 개념을 탄생시키는 핵심적 역할을 하였다.

다윈과 그의 이론에 대한 이야기는 그가 22살인 1831년부터 시작된다. 캠브리지 대학의 지도 교수에 의하여 그는 5년간의 항해에 나서는 비글호에 승선하는 과학자로 추천되었다(그림 1.5). 이 여행 동안에 다윈은 대륙과 섬의 여러 가지 동식물을 연구하는 기회를 가졌다. 그는 열대우림의 생물 다양성을 탐사하고 남아메리카 남단의 파타고니아에서 멸종한 거대한 포유동물의 화석을 관찰했으며, 갈라파고스 군도에서 주목할 만한 생물체들을 접하게 되었다. 이러한 기회는 지구상의 생명체의 본질에 대한 그의 생각을 발전시키는 데 중요한 구실을 하였다.

27세가 되어 여행에서 돌아온 뒤부터 다윈은 장기간의 연구와 사고를 하게 된다. 처음 10년 동안 그는 산호초의 형성, 남아메리카의 지질 등에 관한 여러 가지 중요한 책들을 저술한다. 그는 또 8년에 걸쳐 따개비의 분류에 관한 연구를 하였다. 1842년 다윈과 그의 가족은 런던을 벗어나 캔트(Kent) 주의 시골인 다운(Down)으로 이사하여, 이곳에서 40년 동안 살면서 연구하고 저술한다.

다윈의 근거

다윈 시대에 진화론의 수용을 방해하는 장애물 중 하나는 지구는 불과 수천 년밖에 안 되었다는 잘못된 지식이었다. 다윈은 비글호에서 위대한 지질학자 라이엘(Charles Lyell, 1797~1875)의 저서 「지질학 원리」(1830)를 읽었다.

다윈이 관찰한 것

비글호가 출항할 때만 해도 다윈은 종은 불변하는 것이라고 굳게 믿고 있었다. 이 생각은 여행에서 돌아온 뒤 2년 또는 3년까지도 거의 변하지 않고 있었다. 그러나 5년간의 여행 도중 그가 관찰한 현상들은 궁극적 결론을 도출하는 데 중요한 단서가 되었다. 가령 남아메리카의 화석 층에서 그는 오늘날 동일 장소에서 살고 있는 것과 비슷한 절멸한 아르마딜로를 발견하였다(그림 1.6). 옛 생물이 다른 것으로 변화하지 않는다면 왜 서로 유사한 화석생물과 현존생물이 동일 장소에 존재할까?

다윈은 반복적으로 장소마다 조금씩 다른 유사 종들의 특징을 관찰할 수 있었다. 이러한 지리적 양상은 그로 하여금 생물 계통은 종이 한 지역에서 다른 지역으로 이동하면서 점진적으로 변화한다는 암시를 주었다. 에콰도르에서 900 km 떨어진 갈라파고스 군도에서 섬마다 차이 나는 여러 가지 핀치새들을 관찰하였다. 이 핀치새들은 서로 유사하지만 서로 구별되는 14종으로서 모양, 특히 부리의 형태가 조금씩 달랐다(그림 1.7). 다윈은 이 새들의 조상은 한 가지이며 수백만 년 전 바람을 타고 남아메리카 대륙에서 날아왔다고 보는 것이 타당하다고 생각하였다. 섬마다 서로 다른 먹이를 먹으면서 종은 점차 변화(진화)했을 것이다.

다윈은 이 화산섬의 동식물이 인근의 남아메리카의 것들과 유사하다는 사실을 염두에 두었다. 만약 이 동식물 각각이 갈라파고스 군도에서 독립적으로 창조되었다면, 왜 아프리카나 다른 곳의 유사한 기후를 가진 곳의 동식물과 유사하지 않을까? 왜 그 대신에 인근의 남아메리카의 동식물과 유사한 것일까?

자연선택 가설의 창안

진화 결과를 관찰하는 것과 그 과정을 이해하는 것은 별개의 일이다. 다윈의 중요한 업적은 자연선택으로 진화가 일어난다는 가설을 창안한 것이다.

그림 1.6 | 진화의 화석적 근거.
멸종한 글립토돈트(glyptodont)는 체중이 2,000 kg이나 나갔으며, 평균 체중이 4.5 kg에 지나지 않는 오늘날의 아르마딜로보다 훨씬 컸다(그림은 동일 축척으로 그려진 것이 아님).

다윈과 맬서스

다윈의 통찰을 발전시킨 중요한 요소 하나는 토마스 맬서스의 저술 「인구론」(1798)이다. 맬서스는 사람이나 동식물 개체군의 수는 기하급수적으로 증가하지만 사람이 식량을 생산하는 속도는 산술급수적이라고 하였다. 기하급수적 증가는(geometric progression) 2, 6, 18, 58과 같은 속도의 증가를 말하며(이 경우 각 수는 전보다 3배로 증가함), 산술급수적 증가(arithmetic progression)는 2, 4, 6, 8과 같은 속도의 증가(각 수는 전보다 2가 추가됨)를 말한다(그림 1.8). 개체군은 기하급수적으로 증가하므로 만약 생식이 자유로이 이루어진다면 모든 동식물은 짧은 시

대형땅핀치새(씨앗)

선인장핀치새(선인장 열매 및 꽃)

초식성핀치새(새순)

딱다구리핀치새(곤충)

그림 1.7 | 네 가지 핀치새와 이들의 먹이.
갈라파고스 군도에서 다윈은 부리와 먹이가 다른 14종의 핀치새를 관찰하였다. 위의 네 종의 먹이는 크게 차이 나며, 다윈은 부리 형태의 차이는 해당 서식처마다 다른 먹이의 섭취 능력을 개발시킨 진화적 적응을 나타낸다고 보았다.

간 내에 지구 표면을 뒤덮을 것이다. 그러나 사망률이 개체군 크기를 제한하므로 시간이 지나도 종의 개체군은 대개 일정하게 유지된다.

맬서스의 이론에 착안하여 다윈은 비록 모든 생물은 실제 생존하는 것보다 훨씬 많은 자손을 생산할 능력이 있지만 그 일부만이 생존하여 자손을 낳는 것을 알았다. 다윈은 신체적, 행동적 또는 기타 우월성을 가진 개체가 그렇지 못한 것보다 생존할 가능성이 크다고 보았다. 생존함으로써 해당 형질을 자손에게 물려줄 기회를 가지게 된다. 집단 내에서 이 우수 형질들의 빈도가 증가하면서 전반적으로 집단의 본질은 점차 변하게 된다. 다윈은 이 과정을 선택(selection)이라고 하였다. 이 선택의 원동력은 흔히 적자생존(survival of the fittest)이라고 부르고 있다.

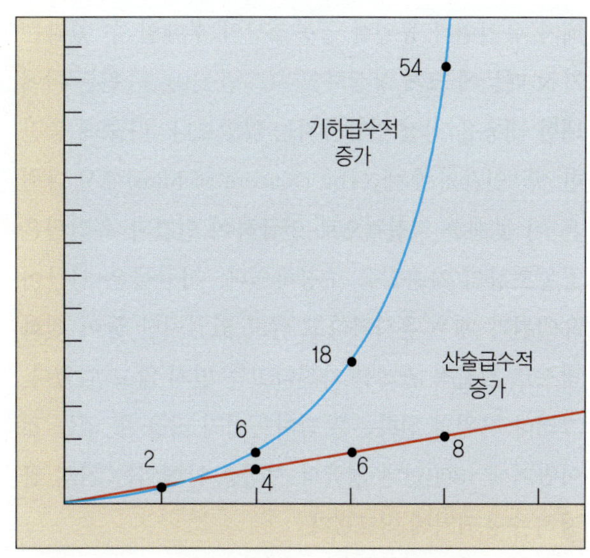

그림 1.8 | 기하급수적 증가와 산술급수적 증가.
기하급수는 일정 비율(예를들면 2배, 3배)로 증가하지만 산술급수는 일정한 차이(예를 들면 1이나 2 또는 3의 추가)로 증가한다. 맬서스는 인구의 증가는 기하급수적 곡선을 그리지만 식량 생산은 단지 산술급수적 곡선을 그린다고 주장했다.

자연선택

다윈은 사육동물에 대하여 잘 알고 있었으며 종의 기원도 비둘기 육종에 관한 이야기부터 시작된다. 육종가들은 비둘기나 개 등의 특정 변이를 선택하여 특정 형질을 개량하는데, 다윈은 이를 인위선택(artificial selection)이라고 불렀다. 다윈은 또 개량된 사육동물의 품종 간 차이가 야생동물에서의 차이보다 큰 것을 주목하였다. 가령 사육 비둘기의 품종 간 변이는 전 세계의 수백 종의 야생 비둘기 사이의 변이보다 훨씬 컸다. 다윈은 인간이 이와 같이 인위선택을 일으키는 것처럼 자연도 이와 유사한 선택을 일으킨다고 생각하였으며, 이를 자연선택(natural selection)이라고 불렀다.

다윈의 원고와 월리스

다윈은 1842년에 자연선택에 의한 진화를 주장하는 원고 초안을 작성하였다. 이 원고를 일부 절친한 과학자들에게 보여준 다음, 그는 이 원고를 서랍 속에 넣어 둔 채 16년 동안 다른 연구를 수행하였다. 이 원고를 출판하지 않고 방치해 둔 이유를 지금도 아무도 모른다. 일부 역사가들은 다윈이 그의 진화론에 대한 대중적 비판을 야기하는 것을 두려워했다고 보고 있다.

다윈으로 하여금 그의 가설을 인쇄하도록 자극한 것은 그가 1858년에 받은 한 에세이이다. 말레이시아에서 살고 있던 알프레드 월리스(1823~1913)라는 영국의 젊은 자연과학자가 그의 에세이를 다윈에게 보냈는데, 그 속에는 다윈의 것과 매우 유사한, 그러나 그 내용이 훨씬 간추려져 있는, 내용이 들어 있었다. 월리스도 다윈과 마찬가지로 맬서스 책의 영향을 크게 받았다. 다윈의 연구를 잘 알고 있던 맬서스의 동료들은 맬서스에게 다윈과 연락하도록 조언하였던 것이다. 월리스의 에세이를 받고 난 뒤, 다윈은 런던의 한 세미나에서 맬서스와 공동의 이름으로 진화론을 발표하였다. 그런 다음 다윈은 그의 책을 완성하여 출판하였다.

다윈의 가설 출간

다윈의 책은 1859년 11월에 출간되었으며, 즉시 큰 반향을 불러일으켰다. 많은 사람들이 인간이라는 존재가 유인원과 동일한 공동조상의 후예일 수 있다는 가정 때문에 크게 상심하였다(그림 1.9). 다윈은 이에 대한 내용을 직접 언급하지는 않았으나 나중에 출간한 책 「인간의 후예」(The Descent of Man)에서 다윈은 이 문제를 직접적으로 언급하여 인간과 유인원은 공동조상의 자손임을 주장하였다. 사람들은 인간이 유인원과 매우 흡사하다고 알고 있었지만 둘이 진화적으로 직접적 관계를 가진다고는 믿지 않고 있었다. 그러나 다윈의 진화론은 받아들이지 않을 수 없는 것이었기에 1860년대 영국의 지식층 안에서는 거의 완전히 수용되기에 이르렀다.

그림 1.9 | 다윈이 그의 원숭이 조상을 만나다. 1874년에 인쇄된 이 그림처럼 당시에 다윈은 흔히 비우호적으로 묘사되었다.

다윈 이후의 진화론 : 추가적 증거

다윈의 사망 이후 그의 진화론을 지지하는 많은 추가적 근거들이 생겨났고 더욱 강해졌다. 또, 진화가 어떻게 작용하는가에 대한 지식도 크게 발전하였다. 이러한 발전이 다윈 이론의 기본 골격을 변화시키지는 못하고 있으며, 진화 기작에 대한 많은 설명이 출현하였다.

화석 기록

다윈은 화석 기록이 생물 집단 사이의 중간 고리를 알려줄 것이라고 예측하였다. 가령, 이 중간 고리로부터 어류와 양서류가, 또 파충류와 조류가 갈라져 나왔다고 예측하였다. 오늘날의 현미경적 크기의 화석의 발견으로 볼 때 지구상의 생명의 역사는 25억 년 전으로 거슬러 올라간다. 그 외의 화석 발견은 다윈의 예측을 지지하며 생물이 오랜 시간을 두고 단순한 것으로부터 어떻게 복잡한 것으로 진화했는지를 알려준다. 특히, 척추동물의 경우, 화석 기록이 풍부하여 눈으로 직접 볼 수 있는 진화적 행진으로서, 형태의 점진적 변화 과정을 나타내준다.

지구의 나이

다윈 시대에 일부 물리학자들은 지구의 나이가 불과 수천 년이라고 하였다. 모든 현존하는 생물은 하나의 공동조상으로부터 점진적으로 진화했다고 다윈은 보았고 이와 같은 점진적 진화를 위해서는 그보다 훨씬 더 긴 시간에 소요되기 때문에, 다윈은 이러한 지구 나이 추정에 내하여 몹시 당혹해 했었다. 방사성 물질의 연대 측정을 통하여 오늘날 알려진 지구 나이는 실제로 45억 년으로서, 당시 물리학자들의 지구 나이 측정은 매우 잘못된 것이었다.

유전 기작

다윈은 유전학 분야에서 심한 비판을 받았다. 당시에 유전자 개념을 가지거나 유전이 어떻게 이루어지는지 아는 사람이 없었으며, 다윈도 진화가 어떻게 일어나는지를 완벽히 설명할 수는 없었다. 유전학이 과학으로서 확립된 것은 「종의 기원」이 저술된 지 40년 뒤인 20세기 초에 이르렀을 때였다. 과학자들이 유전 법칙을 이해하기 시작했을 때 다윈의 이론이 지니고 있던 유전학적 문제는 저절로 풀려졌다. 유전학은 생물의 새로운 변이가 나타나는 방식을 말끔히 설명할 수 있게 된 것이다.

비교해부학

동물에 대한 비교학적 연구는 다윈의 이론에 대한 강력한 근거를 제공한다. 가령, 여러 가지 척추동물에서 동일한 골격이 존재함으로써 진화적 과거를 말해준다. 포유동물의 앞다리는 모두 동일한 기본 배열을 가진 뼈로 이루어져 있으며, 진화적으로 변화된 방식에 따라 박쥐에서는 날개로 되고, 돌고래에서는 지느러미가 되었으며, 말에서는 다리가 되었다(그림 1.10). 이 척추동물들에서 이 뼈들은 동일한 진화적 기원을 가진다는 뜻으로서 상동적(homologous)이라고 말한다. 이와는 반대로, 상사적(analogous)인 구조는 새의 날개와 나비의 날개처럼 유사한 구조와 기능을 가지고 있으나 진화적 기원이 다른 경우이다.

분자적 증거

분자적 수준에서도 진화적 양상이 드러난다. 여러 가지 동식물의 게놈을 비교해 보면 생물군 사이의 유연관계를 명확히 알아낼 수 있다. 오랜 시간에 걸친 진화적 변화는 DNA 안의 유전적 변화의 축적으로 남기 마련이다. 유연관계가 먼 생물들 사이에는 진화적 차이가 많기 마련이고 유연관계가 가까운 생물들 사이에는 동일한 DNA 부위가 많을 것이다. 그러므로 고릴라는 화석 기록으로 볼 때 600만 년 내지 800만 년 전에 인간 계통과 갈라졌다고 보는데, 이의 게놈은 인간 게놈과는 1.6%가 차이 난다. 반면 사람과 침팬지는 500만 년 전에 분화되었다고 보며, DNA는 1.2%의 차이를 나타낸다. 이와 같은 차이는 단백질인 헤모글로빈에서도 명백히 나타난다(그림 1.11). 헤모글로빈 베타 사슬의 146개 아미노산 조성에서 사람과 마카크원숭이 사이는 그 차이가 적고 개같이 사람과 유연관계가 먼 다른 포유동물과 사람은 차이가 크다.

분자시계 시토크롬 ⓒ에서 나타나는 것처럼 하나의 공동조상으로부터 두 가지 생물이 분화된 뒤 시간이 지날수록 뉴클레오디드 서열의 차이는 점점 커진다(그림 1.12). 시토크롬 ⓒ 유전자는 산화적 물질대사를 하는 생물에 필수적인 유전자로서 일정한 속도로 변화가 축적된 것으로 나타나고 있는데 이러한 일

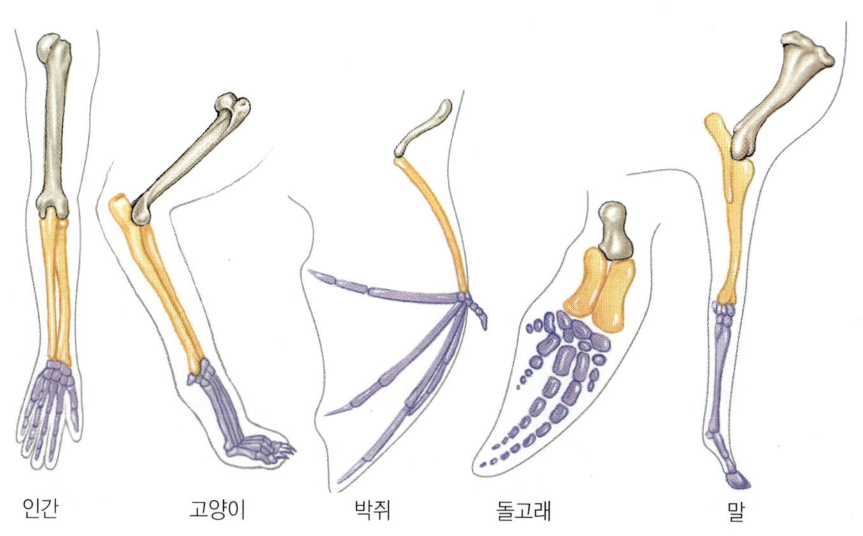

그림 1.10 | 척추동물 다리의 상동성.
이들 다섯 가지 척추동물의 앞다리는 뼈들의 상대적 크기와 배열이 각 동물의 삶의 방식에 관련되어 변화되었음을 나타낸다.

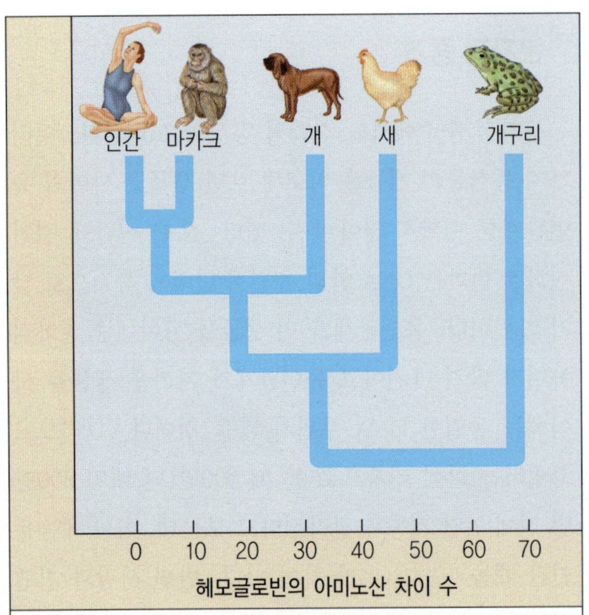

그림 1.11 | **분자는 진화 양상을 반영한다.**
인간과 유연관계가 먼 척추동물은 헤모글로빈의 아미노산 차이도 크다.

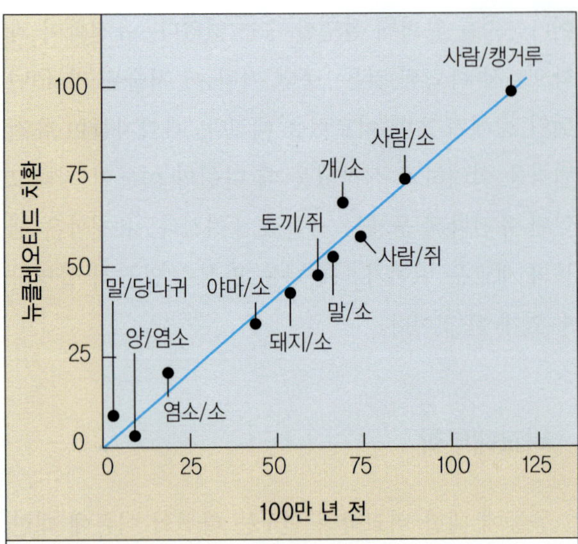

그림 1.12 | **시토크롬 ⓒ의 분자 시계.**
화석 기록을 토대로 각 쌍의 동물이 분화되고 난 뒤의 시간과 시토크롬 ⓒ유전자의 뉴클레오티드 차이를 함께 점찍어 보면 그 결과 직선이 형성되는데, 이는 이 유전자가 일정한 속도로 진화했음을 알려준다.

정 속도의 분자적 변화를 분자시계(molecular clock)라고 부르기도 한다. 단백질의 종류마다 변화의 속도는 다르지만 모든 단백질은 시간에 따라 변화된 양상을 나타낸다.

계통수 헤모글로빈 단백질을 만드는 유전자와 같은 일부 유전자의 서열이 여러 생물에서 규명되어 있고, 이들의 뉴클레오티드 변화를 추적하여 진화 과정을 밝힐 수 있다. 계통수(phylogenetic tree)는 후손 파생 양상을 나타낸 그림으로서, 해당 유전자의 진화적 역사를 나타낸다. 분자 계통수는 화석 기록을 토대로 그린 계통수와 잘 일치한다.

CHAPTER 02

분자의 성질

140억 년 전 거대한 폭발과 함께 우주의 탄생이 일어났다. 이 폭발과 함께 항성의 형성이 시작되었고, 약 45억 년 전에 지구도 태어났다. 약 25억 년 전부터 지구상에 생명체가 등장하였다. 생명의 기원을 이해하기 위해서는 그 전에 일어났던 분자의 진화를 알아둘 필요가 있다. 따라서 지구상의 생명체의 진화를 알아보기 전에 물리학적, 화학적 지식을 갖추어야 한다. 우리 자신이 하나의 화학적 기계 장치로서, 우리 자신의 기원을 알아보기 전에 화학적 성질을 먼저 이해해야 한다.

2.1 원자는 자연계의 기본 물질이다

원자

우주 안의 질량을 가지고 공간을 점유하는 모든 것을 물질(matter)이라고 한다. 모든 물질은 매우 작은 입자인 원자(atom)로 구성되어 있다. 원자는 매우 작아서 연구하기 어렵기 때문에 20세기 초에 이르러서야 과학자들은 원자의 형태에 대한 실험을 시작하게 되었다.

원자의 구조

원자와 같은 작은 물체는 간접적으로만 관찰할 수 있다. 1913년 덴마크의 물리학자 닐스 보어는 모든 원자는 중심부 주변을 도는 전자(electron)라는 작은 입자의 궤도 구름을 가진다고 제안하였다. 각 원자의 중심부에는 두 가지 입자, 즉 양성자(proton)과 중성자(neutron)로 이루어진 작은 핵이 위치한다(그림 2.1).

원자핵 안에는 양성자와 중성자가 어떤 힘에 의하여 집결되어 있다. 양성자는 양전하(+)를 띠고 전자는 음전하(−)를 띤다. 하나의 원자는 특징적으로 양성자와 동일한 수의 전자를 가진다. 한 원자가 가지는 양성자의 수를 원자번호(atomic number)라고 한다. 핵 주변을 도는 전자의 수는 화학적 활동에 이용되기 때문에 원자번호는 간접적으로 원자의 화학적 성질을 결정한다. 중성자는 그 이름이 암시하는 것처럼 전하를 띠지 않는다.

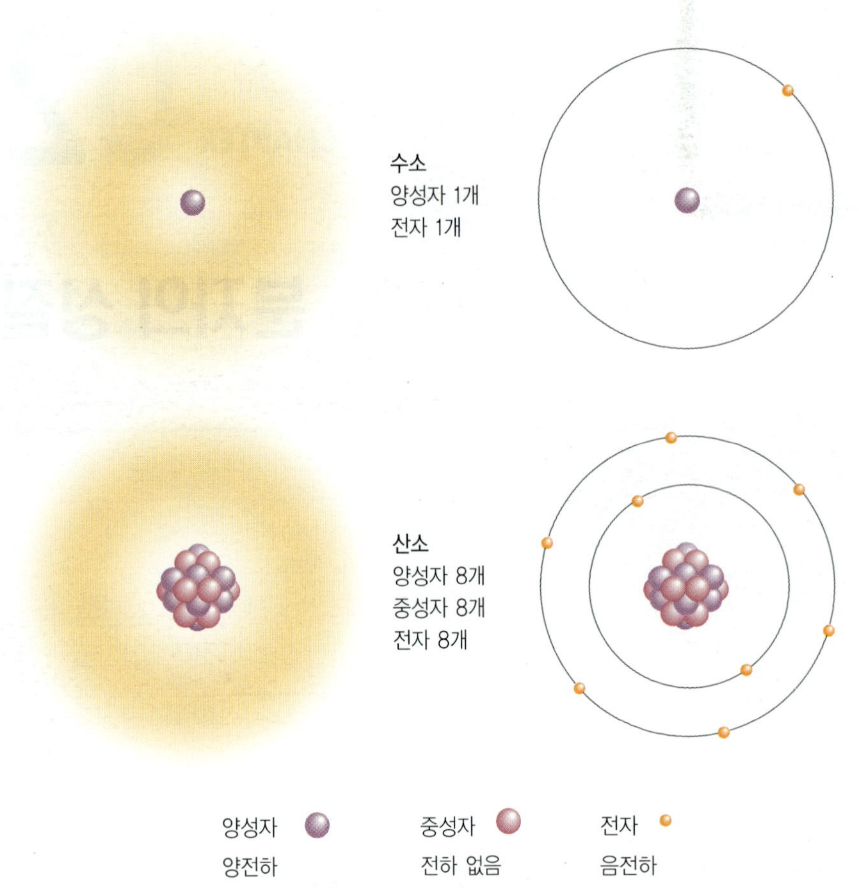

그림 2.1 | 원자의 기본 구조.
모든 원자는 양성자와 중성자로 이루어진 원자핵을 가진다. 가장 작은 원자인 수소는 그 예외로서, 하나의 양성자를 가지고 중성자는 없다. 산소는 8개의 양성자와 8개의 중성자를 가진다. 전자는 상대적으로 먼 거리에서 원자핵 주변을 돈다

원자의 질량

질량(mass)이란 물질의 양을 나타내며, 중량(weight)은 물질에 가해지는 중력의 크기를 나타낸다. 그러므로, 하나의 물체는 지구에 있건 달에 있건 그 질량은 일정하지만 중량은 중력의 크기 때문에 달보다는 지구에서 더 크다. 한 원자의 질량(atomic mass)은 그 원자의 양성자와 중성자의 질량을 합한 것과 같다. 지구상에 존재하는 원자가 가지는 양성자의 수는 1부터 92이며, 중성자 수는 146까지이다. 원자와 그 입자의 질량은 달톤(dalton)이라는 단위로 측정된다. 1g은 6.02×10^{23}달톤에 해당한다.

양성자 1개의 질량은 약 1달톤이며(정확히는 1.009 달톤이다), 중성자 1개의 질량도 1달톤이다(정확히는 1.007달톤). 이와는 달리 전자의 질량은 1/1840달톤으로서 원자의 질량에서 차지하는 비율은 무시할 정도이다.

동위원소

동일한 원자번호(즉 동일한 양성자 수)를 가진 원자들은 동일한 화학적 성질을 가지며 동일한 원소에 속한다고 말한다. 하나의 원소는 화학적 방법으로 분해하여 다른 물질로 변화시킬 수 없는 물질이다. 그러나 한 원소에 속하는 모든 원자들은 동일한 수의 양성자를 가지는 반면, 중성자의 수는 다를 수 있다. 한 원소에서 중성자의 수가 다른 원자들을 그 원소의 동위원소(isotope)라고 한다. 자연계의 원소들은 대개 여러 가지 동위원소들이 혼합된 상태로 존재한다. 예를 들어, 탄소(C)는 세 가지 동위원소를 가지는데 모두 6개의 양성자를 가진다(그림 2.2). 자연계에 존재하는 탄소의 99% 이상이 6개의 중성자를 가지는 동위원소이다. 이 동위원소의 질량은 12달톤이므로, 이 동위원소를 C-12라고 부르고 ^{12}C로 표시한다. 탄소의 나머지 동위원소는 7개의 중성자를 가지는 C-13이다. 탄소의 가장 드문 동위원소는 C-14이다. 다른 두 가지 동위원소와는 달리 C-14는 불안정하여 이의 원자핵이 그보다 원자번호가 작은 원소로 분해되기 쉽다. 이 원자핵 분해는 많은 양의 에너지를 방출하는데, 방사성 붕괴라고 하며, 이와

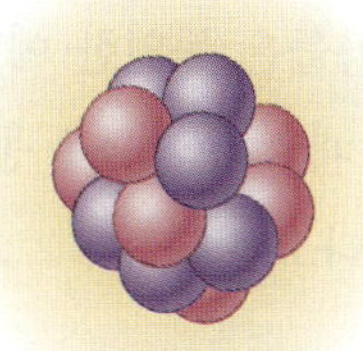

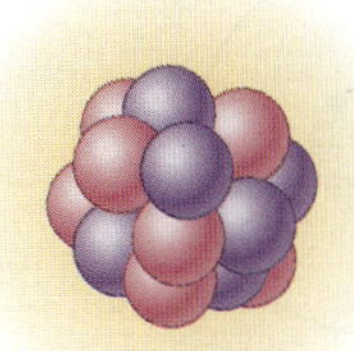

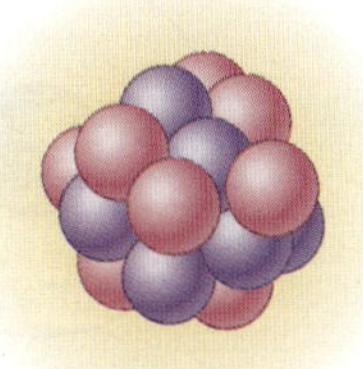

그림 2.2 | **탄소의 세 가지 가장 흔한 동위원소.** 한 원소의 동위원소는 중성자의 수가 다르다.

탄소-12
양성자 6개
중성자 6개
전자 6개

탄소-13
양성자 6개
중성자 7개
전자 6개

탄소-14
양성자 6개
중성자 8개
전자 6개

같은 방식으로 붕괴되는 동위원소를 방사성 동위원소(radioactive isotope)라고 한다.

일부 방사성 동위원소는 불안정성이 커서 쉽게 붕괴된다. 방사성 동위원소의 붕괴 소요 시간은 보통 반감기(half-life)로 표시되는데, 이는 한 표본 내의 원자들의 절반이 붕괴되는 데 걸리는 시간을 말한다. 가령 C-14의 반감기는 5,600년이다. C-14 1g이 함유되어 있는 탄소 표본이 5,600년 뒤에는 0.5g의 C-14를 함유하게 되며 11,200년 뒤에는 0.25g, 16,800년 뒤에는 0.125g을 함유하게 된다. 생물 표본이나 암석 표본 속의 동위원소의 비율을 조사하면 이 물질이 형성된 연대를 정확히 알아낼 수 있다.

전자

원자핵의 양전하는 핵 주위의 궤도에 위치한 전자의 음전하와 균형을 이루고 있다. 따라서 똑같은 수의 양성자와 전자를 가진 원자는 전기적으로 중성이고 전하를 띠지 않는다. 이들을 중성원자(neutral atoms)라 한다. 전자는 양전하를 띤 원자핵이 끌어당기므로 궤도를 이탈하지 않은 채 핵 주위를 돈다. 때로는 어떤 힘이 작용하여 전자를 이탈시키므로 원자는 1개 또는 그 이상의 전자를 소실할 수 있으며, 그 반대로 전자가 추가될 수도 있다. 전자의 수와 양성자의 수가 다른 원자를 이온(ion)이라고 하며 이온은 전하를 띤다. 전자보다 많은 수의 양성자를 가져서 양전하를 띠는 이온을 양이온(cation)이라고 하고, 전자가 양성자보다 많아 음전하를 띠는 이온을 음이온(anion)이라고 한다. 전자 하나를 잃은 나트륨원자(Na)는 나트륨이온(Na^+)이 된다

모든 원자는 에너지를 가진다. 전자는 양전하를 띤 원자핵에 의해 끌어당겨지므로 전자가 궤도에 위치하기 위해서는 일을 해야 하며, 위치에너지(potential energy)를 가진다. 이 에너지는 핵의 인력에 대항하므로 전자가 바깥쪽 궤도로 이동하려면 에너지가 필요하고, 그 결과 전자는 더 큰 위치에너지를 가지게 된다. 전자가 원자핵에 가까운 궤도로 이동하면 그 반대

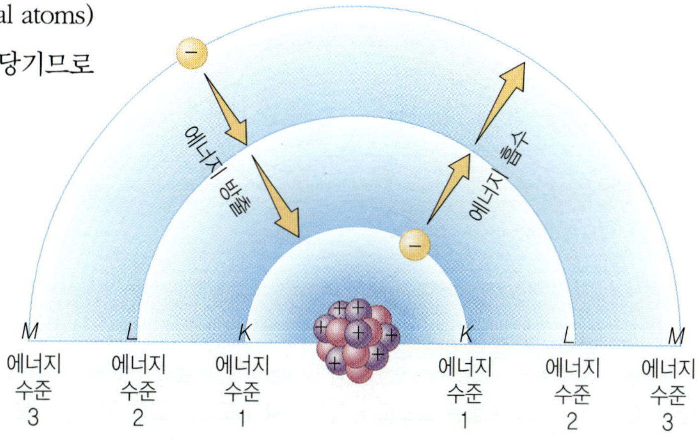

그림 2.3 | **원자의 에너지 수준.** 전자가 에너지를 흡수하면 그보다 높은 에너지 수준(바깥쪽 전자껍질)으로 이동한다. 전자가 에너지를 잃으면 원자핵에 가까운 낮은 에너지 수준(안쪽 전자껍질)으로 들어간다.

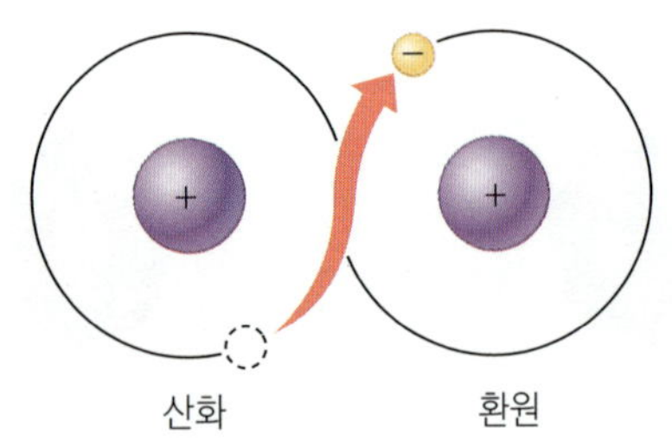

그림 2.4 | 산화와 환원
산화는 전자를 잃는 것이며, 환원은 전자를 얻는 것이다.

의 효과가 나타나서 에너지는 방출되고 전자의 위치에너지는 줄어든다(그림 2.3).

생물체 내 화학반응에서는 전자는 하나의 원자로부터 다른 원자로 이동하기도 한다. 이 경우 전자는 위치에너지를 간직한다. 화학에너지는 활성전자에 저장되고, 이 활성전자가 한 원자에서 다른 원자로 이동한다. 이와 같은 전자의 방출이 산화(oxidation)이고, 그 반대로 전자의 수용이 환원(reduction)이다(그림 2.4).

하나의 전자가 가지는 에너지량은 그 전자의 원자핵과의 거리와 비례하므로 원자핵으로부터의 거리가 동일한 전자들은 동일한 에너지를 가지고 있다고 볼 수 있다. 이때 이 전자들은 동일한 에너지 수준(energy level)에 있다고 한다.

2.2 화학결합

이온결합

원자들이 에너지에 의하여 안정된 상태로 결합된 것을 분자(molecule)라고 한다. 이때 에너지는 접착제처럼 여러 원자들을 결합시킨다. 두 원자를 결합시키는 힘을 화학결합(chemical bond)이라고 한다. 이 결합은 서로 반대되는 전하를 띤 원자들이 서로 유인될 때(이온결합)(ionic bonds), 두 개의 원자가 전자를 공유하려고 할 때(공유결합)(covalent bonds) 또는 원자들이 다른 방식으로 상호작용할 때 생긴다. 그러면 먼저 이온결합부터 알아보자.

소금, 즉 염화나트륨(NaCl)은 이온결합으로 이루

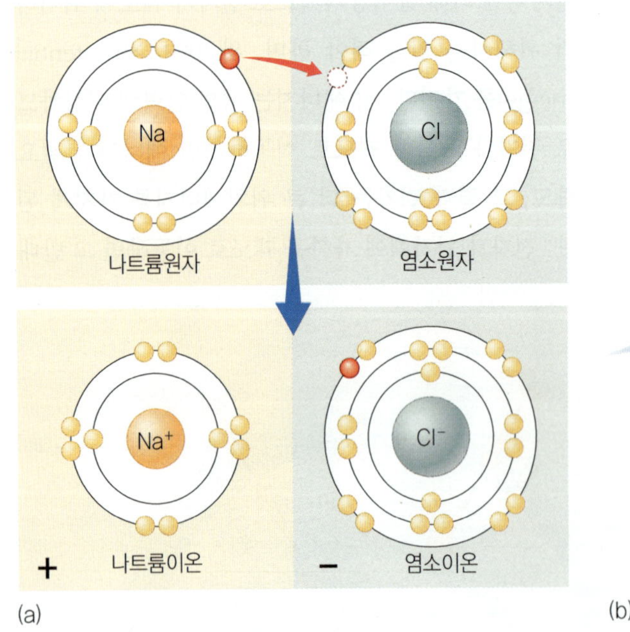

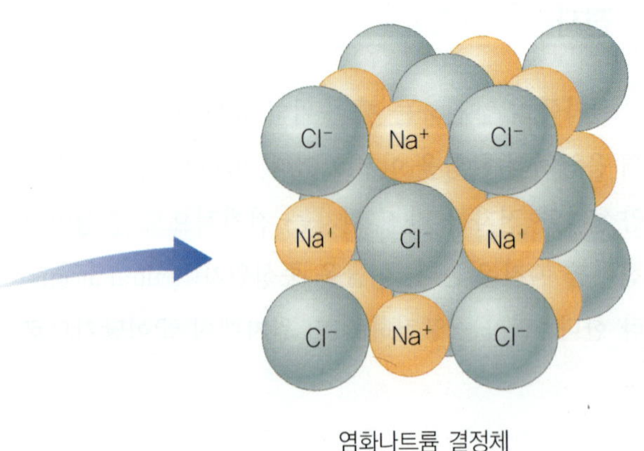

그림 2.5 | 염화나트륨의 이온결합.
(a) 나트륨원자가 전자 1개를 염소원자에게 넘겨주면 나트륨원자는 양전하를 띤 나트륨이온으로 되고, 염소원자는 음전하를 띤 염소이온이 된다. (b) 염화나트륨은 고도로 규칙적인 격자 모양의 결정 구조를 이룬다.

어진 화합물이다(그림 2.5). 나트륨은 11개의 전자를 가지는데, 이 중 2개는 안쪽 궤도에, 8개는 그 다음의 궤도에, 그리고 1개는 최외각(원자가) 궤도에 위치한다. 이 최외각의 원자가 전자(valence electrons)는 짝을 이루지 않고 자유로우므로 다른 전자와 결합하고자 하는 경향을 가진다. 염소원자는 17개의 전자를 가지는데, 이 중 2개의 전자는 안쪽 궤도에, 8개는 그 다음 궤도에, 그리고 7개는 최외각 궤도에 위치한다. 나트륨이 최외각 궤도에 있는 전자 1개를 내놓고, 염소는 전자 1개를 받아 최외각 궤도를 8개의 전자로 채우려고 한다. 나트륨의 최외각 전자가 염소의 최외각 전자 궤도로 이동하면 안정된 화합물인 염화나트륨이 생긴다. 이때 나트륨은 전자를 1개 잃었으므로 양전하를 띠고(Na^+), 염소는 전자 하나를 받아들였으므로 음전하를 띤다(Cl^-). 이온들은 반대전하를 띤 주변의 이온들에 의해 전기적으로 끌어당겨지므로 나트륨과 염소의 커다란 이온결합체인 결정이 생긴다. 이 때문에 소금은 결정 상태로 존재하게 된다. 소금을 물 속에 넣으면 물분자의 전기적 인력 때문에 소금 결정을 이루는 이온결합력이 약해져서 물에 녹게 된다.

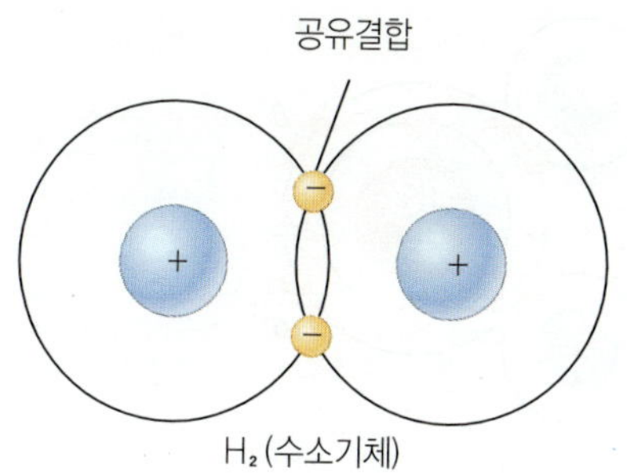

그림 2.6 수소기체.
수소기체는 2개의 수소원자로 이루어진 분자로서, 각 원자는 다른 원자와 전자를 공유한다.

공유결합

공유결합(covalent bond)은 두 원자가 전자를 서로 공유하고자 할 때 생긴다. 우리 몸을 구성하는 원자들은 대부분 공유결합으로 연결되어 있다. 분자 내에서 원자들이 전자를 공유하는 이유는 무엇일까? 모든 원자는 최외각 전자 궤도를 짝수로 완전히 채우려고 하고, 생물체 내의 원자들은 수소를 제외하고 대개 최외각에 8개의 전자를 가지고 있다. 이 최외각 궤도에 전자가 7개뿐인 원자는 최외각 궤도에 전자 1개만 가진 원자와 전자를 공유하여 각 원자의 최외각 궤도는 일시적으로 8개의 전자를 가지게 된다. 마찬가지로 최외각 궤도에 6개의 전자를 가지는 원자는 최외각에 2개의 전자를 가지는 원자와 전자를 공유하거나 최외각에 1개의 전자를 가지는 원자 2개와 전자를 공유하고자 한다.

탄소원자는 최외각에 4개의 전자를 가지므로 4개의 공유결합으로 최외각에 전자를 가득 채우려고 한다. 4개의 공유결합이 생기는 방법은 여러 가지이므로 탄소원자는 여러 종류의 분자를 만들 수 있다. 생물체 내에서 공유결합이 분자를 구성하는 역할을 하기에 적합한 두 가지 특징은, 첫째 강한 결합이므로 많은 에너지를 간직하기 때문이고, 둘째 방향성이 강해서 단순히 주변의 원자끼리 끌어당기는 것이 아니라 특정 원자와 원자 사이에 일어나는 결합이라는 점이다.

2.3 물

우리의 몸은 그 2/3가 물로 이루어져 있고, 모든 생물은 물이 없이는 살아갈 수 없으며, 생물체 내의 화학반응에는 물의 존재가 필수적이다. 물(H_2O)의 구조는 간단하여(그림 2.7) 산소원자 1개와 수소원자 2개가 공유결합으로 연결된 것이다. 산소원자가 수소원자보다 공유 전자를 더 강하게 끌어당기므로 물은 극성을 띠며 수소결합(hydrogen bonds)이 가능하다. 물의 수소결합으로 막이나 단백질의 구조가 결정된다(그림 2.8).

물분자의 수소원자와 다른 물분자의 산소원자 사이에 약한 수소결합이 생기면 액체 상태의 물에서는 수소결합의 격자가 생긴다. 각 수소결합은 아주 약하고

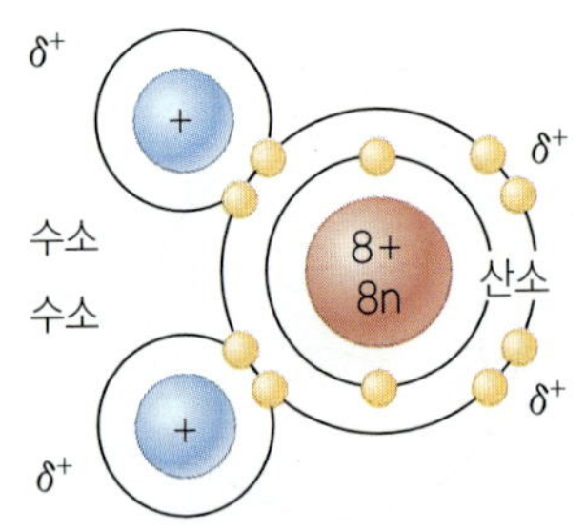

그림 2.7 | **물분자의 구조.**
각각의 물분자는 산소원자 1개와 수소원자 2개로 구성되어 있다. 산소원자는 2개의 수소원자 각각의 전자를 공유한다.

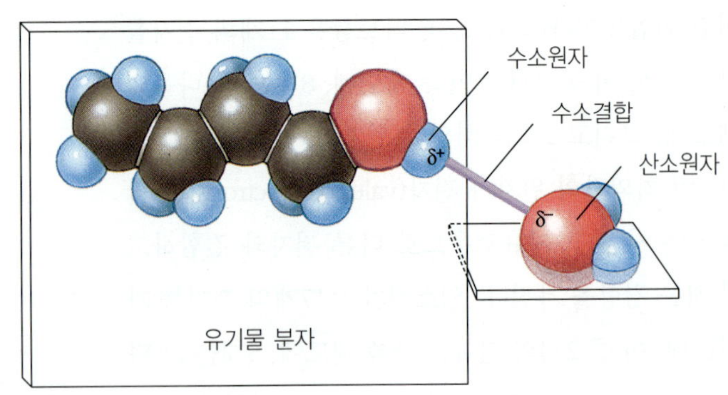

그림 2.8 | **수소결합의 구조.**
유기물 분자의 극성 말단이 물분자와 작용하는 모습을 보이고 있다. 이 결합은 수소원자를 사이에 두고 일어나므로 수소결합이라고 한다.

순간적이어서 하나의 결합은 겨우 천억 분의 1초 동안 유지된다. 그러나 티끌 모아 태산이 되듯이 수많은 수소결합이 모인 효과는 엄청나서 수소결합은 물의 여러 가지 중요한 물리적 특성을 나타낸다(표 2.1).

열의 저장. 물질의 온도는 그 구성 분자들의 움직이는 정도를 나타내는 지표가 된다. 많은 수소결합이 물분자들을 서로 연결하므로 액체 상태의 물의 구조가 깨지고 온도가 올라가는 데는 많은 열에너지가 필요하다. 즉, 물은 1g의 물질이 1℃ 온도 변화를 일으키기 위해 흡수되거나 방출되는 열의 양을 나타내는 비열(specific heat)이 높다. 따라서 물은 대부분의 다른 물질보다 온도 변화가 느리다. 그러므로 물 때문에 사람의 체온이 어느 정도 일정하게 유지되는 것이다. 온도가 충분히 낮아지면 수소결합의 격자는 결정과 비슷한 구조로 되는데, 이것이 바로 얼음이다. 얼음은 물보다 밀도가 낮으므로 빙산은 물 위에 뜨게 된다.

높은 기화열(heat of vaporization). 온도가 충분히 올라가면 물 속의 수소결합은 많이 끊어지고 액체는 기체로 변한다. 이 과정에는 많은 열에너지가 필요하다. 물 1g이 피부에서 증발할 때, 우리 몸에서 586cal의 열이 제거되는데, 이는 물 586g의 온도를 1°C 낮추는 데 필요한 에너지와 같다.

응집력. 물분자는 극성이 매우 커서 다른 극성 분자들을 끌어당기므로 접착체처럼 극성 분자들을 서로 연결시킨다. 이때 다른 극성 분자가 물분자일 경우 끌어당기는 힘을 응집력(cohesion)이라고 한다. 또, 이때 다른 극성 분자가 물 외의 다른 물질일 경우 끌어당기는 힘을 부착력(adhesion)이라고 한다. 표면장

표 2.1 물의 성질

성질	설명	이용
높은 비열	수소결합이 끊어질 때 열을 흡수하고, 연결될 때 열을 방출하므로 온도 변화가 적다.	물은 생물체와 환경의 온도를 안정시킨다.
얼음의 낮은 밀도	얼음 결정에서 물분자는 수소결합 때문에 상대적으로 멀리 떨어져 배열된다.	얼음은 물보다 밀도가 낮으므로 호수의 물이 완전히 다 얼지는 않는다.
높은 기화열	많은 수소결합이 끊어져야 물이 수증기로 된다.	물의 증발로 신체 표면의 온도가 내려간다.
응집력	수소결합이 물분자들을 서로 끌어당긴다.	잎은 뿌리에서 물을 끌어올리고 종자는 물을 흡수해 부풀고 발아하게 한다.
용해성	극성인 물분자는 이온이나 극성 화합물을 끌어당겨 용해시킨다.	여러 종류의 분자들이 세포 내에서 자유롭게 이동하며 다양한 화학작용을 일으킬 수 있게 된다.

력은 물의 응집력 때문에 생기며 좁은 유리관에서 물이 상승하는 모세관현상은 물의 부착력 때문이다. 물은 수소결합을 형성할 수 있는 어떤 물질에도 잘 달라붙는 부착력 때문에 극성 분자를 가지고 있는 어떤 물질이든지 물에 담그면 젖는다. 그러나 기름 같은 비극성 분자로 이루어진 물질 등은 물에 젖지 않는다.

높은 극성. 물분자는 용액 상태에서 수소결합이 최대로 많이 일어나려는 경향이 있다. 극성 분자들은 수소결합으로 물분자를 잘 끌어당긴다. 극성 분자를 친수성(hydrophilic) 분자라고 한다. 물분자들은 전하를 띤 물질 가까이에 모여든다. 예로, 설탕은 약간 극성을 띤 수산기(OH)를 가진 분자들로 구성되어 있으므로, 설탕결정이 물에 들어가면 물분자는 설탕의 개개의 수산기와 수소결합을 이루게 되므로 설탕결정은 빠르게 용해된다.

기름 같은 비극성 분자는 물과의 사이에 수소결합이 생기지 않으며 물에 녹지 않는다. 물 속에 비극성 분자가 있으면 물분자와의 접촉을 피해 비극성 분자들은 서로 함께 모인다. 따라서 비극성 분자들은 소수성(hydrophobic)이다.

물의 이온화

물분자 안의 공유결합이 저절로 끊어지는 경우가 있다. 순수한 물은 25℃에서 5억 5천만 개의 물분자 중 1개에서 이런 일이 일어난다. 이 경우 양성자 1개(수소원자의 핵)가 물분자에서 유리된다. 유리된 양성자는 산소와 공유결합시 공유하던 음전하의 전자가 없으므로 양전하의 수소이온(H^+)이 된다. 물분자의 나머지는 공유결합시 공유하던 전자가 남아 있어서 음전하의 수산이온(OH^-)이 된다. 이처럼 저절로 이온이 만들어지는 과정을 이온화(ionization)라고 한다. 이 과정을 간단한 화학식으로 나타내면 다음과 같다.

$$H_2O \rightarrow OH^- + H^+$$

물 수산이온 수소이온

25℃ 물 $1l$에는 1/10,000,000(10^{-7})몰의 수소이온이 들어있는데, 1몰(mole)은 1분자내 모든 원자들의 원자량의 합과 동일한 그램질량을 갖는 화합물의 양으로서 H^+ 이온 1몰은 1그램이다(어떤 물질 1몰에는 항상 6.02×10^{23}개의 분자가 들어 있다). 따라서 순수한 물 속의 수소이온 몰농도(molar concentration)는

$$[H^+] = \frac{1}{10,000,000} \text{ mole/liter}$$

pH

용액의 수소이온 농도를 편리하게 나타내는 방법이 pH 척도(pH scale)이다(그림 2.9). pH는 용액의 수소

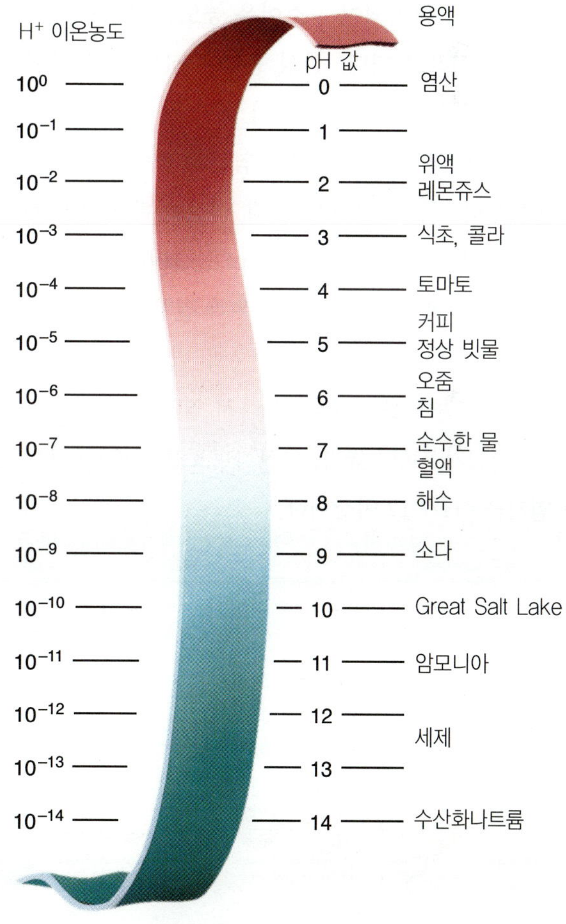

그림 2.9 | pH 척도.
용액의 pH 값은 용액 속의 수소이온 농도를 나타내는데 로그값이므로 1의 차이는 수소이온 농도 10배의 변화를 나타낸다. 따라서 레몬쥬스는 토마토보다 100배 더 산성이고 바닷물은 순수한 물보다 10 배 더 알칼리성이다.

이온 농도를 음의 로그값으로 나타낸 것이다.

$$pH = -\log [H^+]$$

수소이온 농도의 로그값이 단순히 몰 농도의 지수이므로, pH는 지수에 −1을 곱한 값이다. 순수한 물의 수소이온 농도가 1*l*당 10^{-7}몰이므로 이 물의 pH는 7이다. 물이 해리될 때 수소이온이 생기는 만큼 수산이온도 생기므로, 물이 해리되면 같은 양의 H^+와 OH^-가 생긴다고 할 수 있다. 따라서 pH 7은 중성을 나타낸다.

pH 지수가 로그값이므로 pH 1의 차이는 10배의 수소이온 농도 변화를 뜻한다. 즉 pH 4인 용액은 pH 5보다 수소이온 농도가 10배 많다.

산. 물에 해리되어 수소이온 농도를 증가시키는 물질을 산이라고 한다. 산성 용액은 pH가 7 이하이다. 강한 산성일수록 수소이온이 많고 pH가 더 낮다. 가령 사람의 위에서 분비되는 염산은 물에서 완전히 이온화된다. 즉 1*l*당 10^{-1}몰의 염산이 해리되어 1*l*당 10^{-1}몰의 수소이온이 생기고 pH는 1이다.

염기. 물에 녹을 때 수소이온과 결합하는 물질을 염기라고 한다. 염기는 수소이온과 결합하므로 용액의 수소이온 농도를 낮춘다. 따라서 염기성(알칼리성) 용액은 pH가 7보다 높다. 수산화나트륨(NaOH) 같은 강염기는 pH가 12 이상이다.

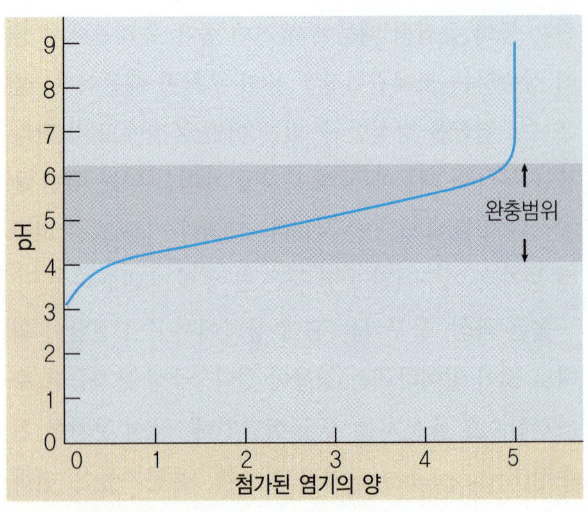

그림 2.10 | pH 변화를 억제하는 완충액.
용액에 염기를 가하면 산의 일부를 중화해서 pH가 올라간다. 곡선이 오른쪽으로 갈수록 염기성이 강하고 pH도 높아진다. 완충액은 좁은 pH 범위에서 아주 천천히 pH를 변화시키는데, 이 범위를 완충범위라고 한다.

완충액

살아 있는 세포의 내부와 세포를 둘러싸는 용액의 pH는 거의 7에 가깝다. 대사를 조절하는 단백질들은 pH 변화에 매우 민감하여 pH가 조금만 변해도 구조가 변하고 활성이 떨어진다. 그래서 세포는 일정한 pH 수준을 유지하는 것이 중요하다. 사람의 혈액은 pH 7.4인데, 7.0으로 낮아지거나 7.8로 높아지면 수분 내에 죽게 된다.

그런데 생물의 화학반응으로 세포 안에는 산과 염기가 계속 생긴다. 더구나 많은 동물은 산성이나 염기

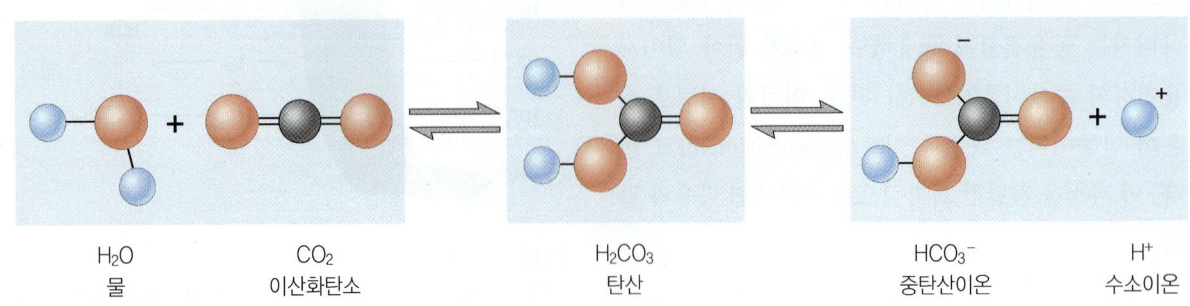

그림 2.11 | 완충액의 형성.
이산화탄소와 물이 결합하여 탄산을 만들고, 탄산은 물 속에서 해리되어 수소이온을 내놓는다.

성 물질을 먹는다. 예를 들어 콜라는 산성이다. 생물은 어떻게 pH를 일정하게 유지할까? 세포에는 완충액이 있어서 수소이온과 수산이온의 농도 변화를 억제한다(그림 2.10).

완충액(buffer)는 수소이온의 저장고로 작용하는 물질로서, 수소이온 농도가 낮아지면 용액으로 수소이온을 내놓고 수소이온 농도가 높아지면 용액에서 수소이온을 제거한다. 생물체 내에서 대부분의 완충액은 짝을 이루어 하나는 산으로, 다른 하나는 염기로 작용한다. 사람의 혈액에서 주요 완충액으로는 탄산(산)과 중탄산염(염기)으로 구성된 산 – 염기 쌍이다. 이산화탄소와 물이 만나서 탄산(H_2CO_3)이 된 다음 이것이 해리되어 중탄산이온(HCO_3^-)과 수소이온(H^+)을 만든다(그림 2.11). 산이나 다른 물질이 혈액에 H^+을 방출하면 HCO_3^-가 염기로 작용하여 H_2CO_3를 만들어 과잉의 H^+를 제거한다. 마찬가지로, 염기성 물질이 혈액에서 H^+를 제거하면 H_2CO_3가 해리되어 혈액에 H^+를 내놓는다. 즉 H_2CO_3와 HCO_3^-의 상호전환 반응으로 혈액의 pH가 일정하게 유지되는 것이다.

이산화탄소와 물의 상호작용은 매우 중요한데, 대기 중의 상당히 많은 탄소가 탄산의 형태로 물에 녹아 들어온다.

CHAPTER 03

생물체의 화학적 구성

분자는 작아서 우리가 눈으로 볼 수 없다. 그러나 어떤 분자는 수천 개의 원자로 구성되어 있기도 하고, 분자들이 길게 사슬처럼 연결되어 있기도 한다. 이 거대분자들은 생물체가 합성하는 물질들이다. 생물이 만들어내는 거대분자들은 네 가지로 구분되며, 이들이 생물의 몸을 구성하는 화학적 기본 단위가 된다.

3.1 분자

탄소 : 생물체 내 분자의 기본 골격

생물체 내 분자 형성의 기본 골격은 탄소원자이며, 여기에 다른 탄소나 산소, 질소, 황, 수소 등이 결합하여 분자를 만든다. 탄소는 4개의 원자가전자(valence electrons)를 가지므로 4개의 공유결합을 형성할 수 있으며, 탄소가 함유된 분자는 곧은 사슬이나, 가지 친 모양 또는 고리 모양으로 될 수 있다.

탄소와 수소만으로 이루어진 생체 분자를 탄화수소(hydrocarbon)라고 한다. 탄소와 수소 사이에 형성된 공유결합은 많은 에너지를 함유하는 결합이다. 프로판 가스는 3개의 탄소원자와 8개의 수소원자가 결합한 탄화수소이다. 탄소 수소 공유결합은 많은 에너지를 함유하므로 탄화수소는 훌륭한 연료가 된다. 휘발유도 많은 탄화수소를 함유한다.

```
  H   H   H
  |   |   |
H-C - C - C-H
  |   |   |
  H   H   H
```

작용기

탄화수소는 비극성 물질이다. 세포가 만들어내는 물질 중에는 탄소와 수소 외에도 다른 원자를 함유하는 분자들이 있다. 이 기타의 원자들을 함유하는 분자들은 양전하 또는 음전하를 띠는 극성 물질이다. 이들은 C−H 골격에 작용기(functional groups)라는 특수한 원자집단이 부착되어 생긴다. 가령, 산소원자에 수소원자가 결합된 작용기를 수산기라고 한다.

작용기는 어디에 부착되어 있건 일정한 화학적 특

성을 가진다. 예를 들어, 수산기는 극성이고 이의 산소원자 때문에 전기적으로 음성을 띠며 전자를 끌어당긴다(그림 3.1).

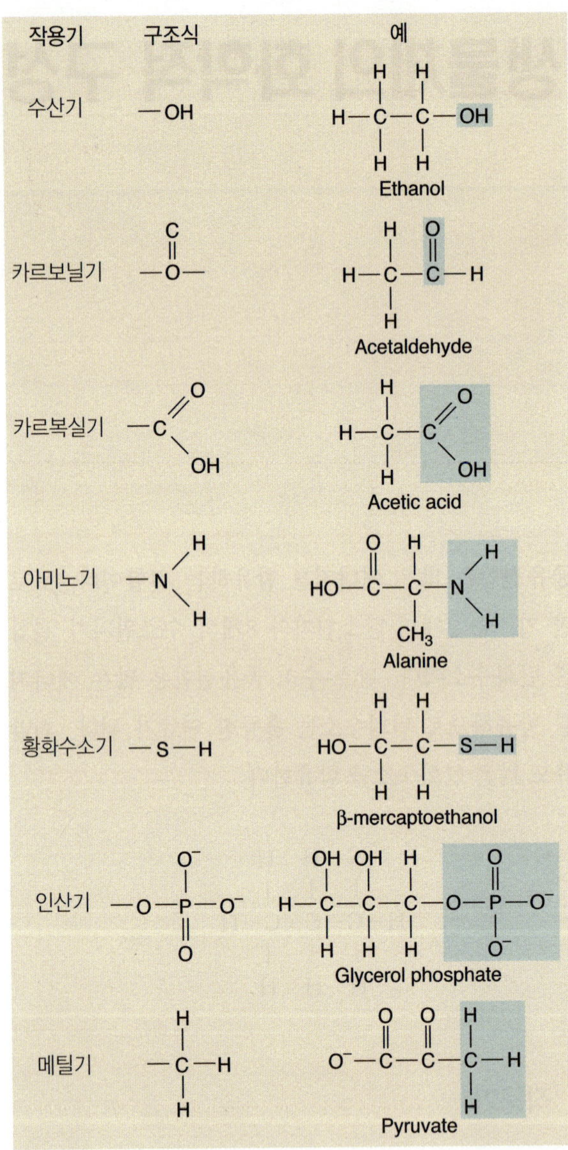

그림 3.1 | 기본적인 작용기.
이 작용기들은 화학반응시에 하나의 단위로 작용하는 경향이 있으며 일정한 화학적 성질을 띤다. 가령 아미노기는 이를 가지는 분자를 염기성으로, 카르복실기는 이를 가지는 분자를 산성으로 만든다.

거대분자의 조립

생체 내의 분자 중에는 작고 단순하여 단지 1개 또는 소수의 작용기만을 가지는 것도 있다. 그러나 어떤 것은 크고 복잡한데, 이들을 거대분자라고 한다. 생체 내의 거대분자는 네 가지로 구분되는데, 이들은 단백질, 핵산, 지질, 탄수화물이다(표 3.1). 대개의 경우 이 거대분자들은 중합체(polymer)이다. 하나의 중합체는 수많은 화학적 소단위가 길게 연결되어 만들어진 것이다. 가령, 녹말과 같은 탄수화물은 단당류로 이루어진 중합체이며, 단백질은 아미노산으로 이루어진 중합체이고, 핵산은 뉴클레오티드로 이루어진 중합체이다(표 3.2).

네 가지 종류의 거대분자들은 서로 다른 소단위로 이루어져 있지만, 이들은 모두 동일한 방식으로 조립된다. 즉, 2개의 소단위 사이에 공유결합이 생길 때 —OH기가 한쪽 소단위에서 제거되고 수소원자(H)가 다른 쪽 소단위에서 제거된다(그림 3.2). 그 결과 물분자가 빠져나오는 셈이 되므로, 이와 같은 중합반응을 탈수합성(dehydration synthesis)이라고 한다. 거대분자에 하나의 소단위가 결합할 때마다 물분자 1개가 빠져나온다. 이 반응이나 다른 생화학반응이 일어나기 위해서는 반응물질이 서로 가까이 접촉해 있어야 하고 이를 촉매하는 효소가 있어야 한다. 세포는 탈수 과정과는 정반대로 거대분자를 소단위로 분해하기도 한다. 이때는 물분자가 첨가되므로 가수분해(hydrolysis)라고 한다.

표 3.1 거대분자의 종류 및 기능

거대분자	단위	기능	예
단백질 			
작용	아미노산	촉매 ; 수송	헤모글로빈
구조	아미노산	지지	털 ; 비단
핵산 			
DNA	뉴클레오티드	유전자 암호	염색체
RNA	뉴클레오티드	유전자 발현에 필요	mRNA
지질 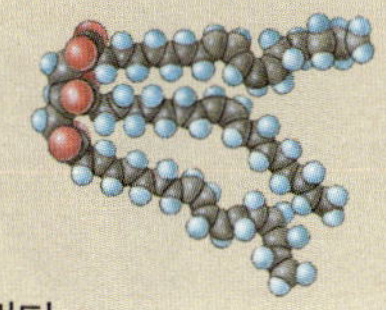			
지방	글리세롤 및 3개의 지방산	에너지 저장	버터, 옥수수기름, 비누
인지질	글리세롤, 2개의 지방산, 인산 및 극성 R기	세포막	레시틴
프로스타글란딘	2개의 비극성 꼬리를 가지는 5개의 탄소고리	화학전달물질	프로스타글란딘 E
스테로이드	4개의 탄소고리	세포막 ; 호르몬	콜레스테롤 ; 에스트로겐
테르펜	긴 탄소사슬	색소 ; 구조적 기능	카로틴 ; rubber
탄수화물 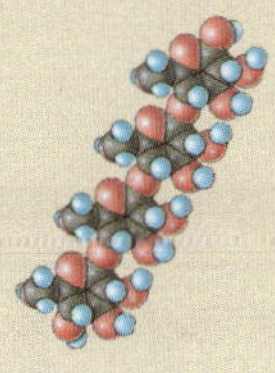			
전분, 글리코겐	포도당	에너지 저장	감자
셀룰로오스	포도당	세포벽	종이
키틴	변형된 포도당	구조적 지지	게의 외골격

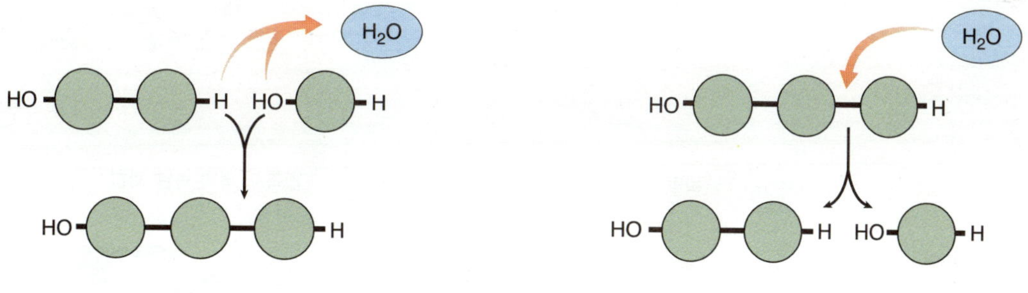

H_2O

HO-●-●-H HO-●-H → HO-●-●-●-H

(a) 탈수결합

H_2O

HO-●-●-●-H → HO-●-●-H HO-●-H

(b) 가수분해

그림 3.2 | 거대분자의 형성과 분해.
(a) 생체 거대분자들은 소단위가 연결되어 생긴 중합체이다. 탈수합성에 의해 소단위 사이에 공유결합이 생기는데, 이때 각 결합마다 1개의 물분자가 빠져나온다. (b) 소단위 사이에서 이 결합이 깨지는 데는 물분자가 다시 들어가야 하는데, 이 과정을 가수분해라고 한다.

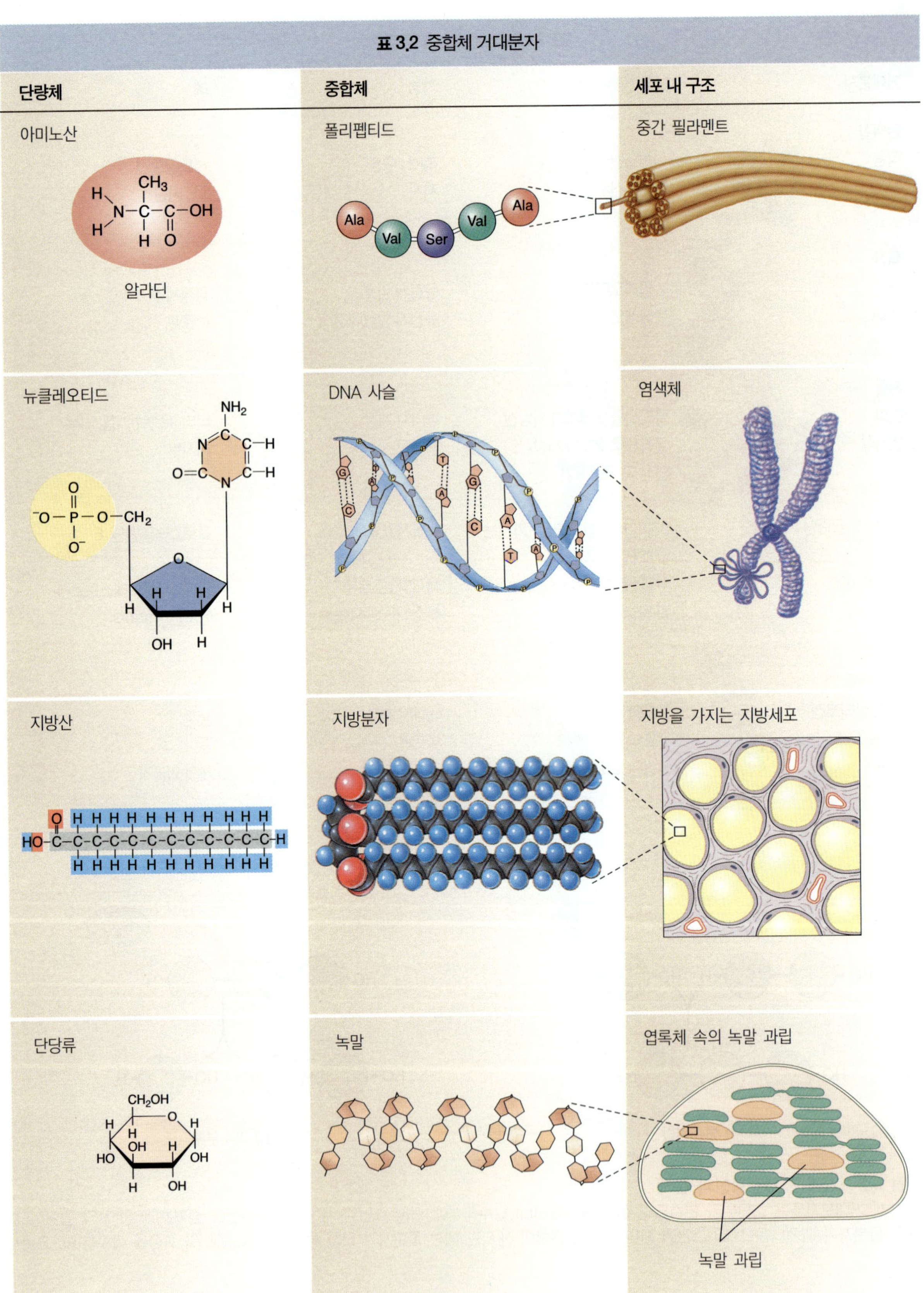

표 3.2 중합체 거대분자

단량체	중합체	세포 내 구조
아미노산 (알라닌)	폴리펩티드	중간 필라멘트
뉴클레오티드	DNA 사슬	염색체
지방산	지방분자	지방을 가지는 지방세포
단당류	녹말	엽록체 속의 녹말 과립

3.2 단백질은 세포의 화학반응을 수행한다

단백질의 여러 가지 기능

살아 있는 생물체 내의 단백질은 구조나 기능적으로 매우 다양하다. 이들은 기능적으로 7가지로 구분할 수 있다(표 3.3).

1. **효소 촉매.** 효소는 생체 촉매로서 특정 화학반응을 촉진한다. 이 성질 때문에 효소의 등장은 생물 진화에 가장 중요한 사건의 하나였다. 효소는 구형 단백질로서 3차원적인 형태를 가진다.
2. **방어.** 일부 구형 단백질은 외부 미생물이나 암세포를 인식할 수 있는 구조를 가지고 있다. 이 세포들의 표면 수용체는 호르몬이나 면역계의 핵심을 이루고 있다.

표 3.3 거대분자의 종류 및 기능

기능	단백질의 분류	단백질의 예	기능의 예
효소 촉매	효소	가수분해효소	다당류의 분해
		단백질 분해효소	단백질의 분해
		중합효소	핵산의 합성
		키나아제	당과 단백질의 인산화
방어	면역 글로불린	항체	외부 단백질의 표지
	독소	뱀독	신경 기능을 억제
	세포 표면 항원	MHC 단백질	자기 인식
수송	순환 운반체	헤모글로빈	혈액 내 산소와 이산화탄소 운반
		미오글로빈	근육 내 산소와 이산화탄소 운반
		시토크롬	전자 수송
	막 운반체	나트륨-칼륨 펌프	막을 자극함
		양자 펌프	화학삼투
		포도당 운반체	세포 안으로 당을 운반
지지	섬유	콜라겐	연골을 형성
		케라틴	털과 손톱을 형성
		피브린	혈액응고 물질 형성
운동	근육	액틴	근섬유 수축
		미오신	근섬유 수축
조절	삼투 단백질	혈청 알부민	혈액의 삼투 농도 유지
	유전자 조절물질	lac 억제인자	전사 조절
	호르몬	인슐린	혈당치 조절
		바소프레신	신장의 수분 보유력 증진
		옥시토신	자궁 수축과 모유 생산 조절
저장	이온 결합	페리틴	철의 저장(특히 지라에서)
		카제인	모유에 이온 저장
		칼모듈린	칼슘이온과 결합

그림 3.3 | 지지.
기능을 가지는 단백질. (a) 공작새 깃털을 이루는 케라틴. (b) 혈병을 이루는 피브린(3000×). (c) 장 조직에서 추출한 테니스 라켓 줄: 콜라겐. (d) 거미줄 성분인 실크. (e) 머리털 성분인 케라틴.

3. **수송.** 여러 가지 구형 단백질은 특별한 소형 분자나 이온을 운반한다. 가령 운반 단백질인 헤모글로빈이나 미오글로빈은 산소를 운반한다.
4. **지지.** 단백질 섬유는 구조적 기능을 나타낸다(그림 3.3). 이 섬유의 예로는 모발 속의 케라틴, 혈병 속의 피브린, 피부, 인대, 건, 뼈 속의 콜라겐 등이 있다.
5 **운동.** 근육은 액틴과 미오신의 두 가지 단백질 필라멘트의 작용으로 수축한다. 수축 단백질은 또 세포의 세포골격에서 중요한 역할을 한다.
6. **조절.** 작은 단백질인 호르몬은 동물의 세포 간 전달자 역할을 한다. 단백질은 또 발생 도중 유전자의 작동을 개시 또는 정지시키는 등, 조절적 역할도 한다.
7. **저장.** 칼슘과 철은 특수 저장 단백질과 이온 상태로 결합되어 저장된다.

아미노산 : 단백질의 기본 단위

단백질은 복잡하고 변화 가능한 분자들이지만, 단지 20가지의 아미노산으로 조립된 중합체이다. 아미노산은 지구상에서 처음으로 형성된 분자라고 보고 있으며, 지구 초기의 해양에 여러 가지 아미노산이 함유되어 있었을 것으로 본다.

아미노산 구조

하나의 아미노산(amino acid)은 1개의 아미노기($-NH_2$)와 1개의 카르복실기($-COOH$), 1개의 수소원자를 가지며, 이들 모두 중심부의 탄소원자에 결합되어 있다.

$$\begin{array}{c} R \\ | \\ H_2N-C-COOH \\ | \\ H \end{array}$$

각 아미노산은 독특한 특징을 가지는데 이 특징은 R로 표시된 측쇄(side group)에 의해 결정된다. 가령, 이 측쇄가 $-CH_2OH$일 경우 이 아미노산(세린)은 극성을 띠며, 측쇄가 $-CH_3$일 경우 이 아미노산(알라닌)은 비극성이다. 20가지 아미노산은 이들의 측쇄에 따라 5가지로 구분된다.

1. 류신과 같은 비극성 아미노산은 흔히 $-CH_2$ 또는 $-CH_3$를 함유하는 R기를 가진다.
2. 트레오닌과 같은 전하를 띠지 않는 극성 아미노산은 R기에 산소나 $-H$를 가진다.
3. 글루탐산 등의 전하를 띠는 아미노산은 R기에 산이나 염기를 가진다.
4. 페닐알라닌과 같은 방향성 아미노산은 R기에 하나의 유기 탄소고리를 가진다.
5. 특수 기능을 가진 아미노산은 독특한 특성을 가진다. 메티오닌은 대개 폴리펩티드 사슬에서 맨 앞에 나타나며, 프롤린은 폴리펩티드를 꼬이게 만들고, 시스테인은 폴리펩티드들을 서로 연결시킨다.

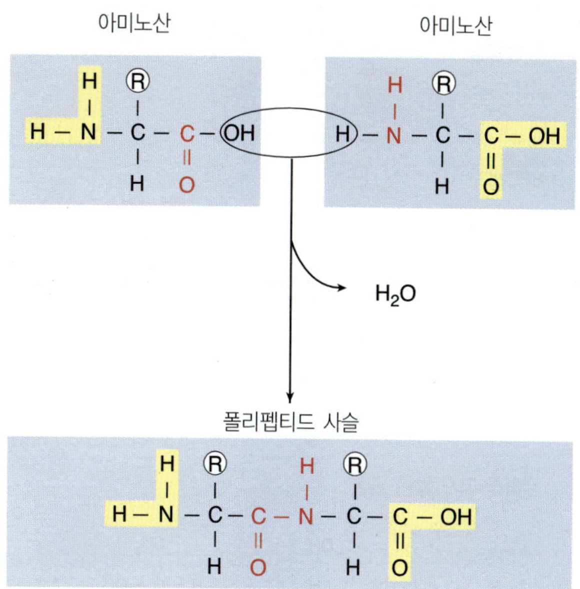

그림 3.4 | 펩티드결합.
한쪽 아미노산의 아미노기와 다른 쪽 아미노산의 카르복실기가 만나 펩티드결합을 이룬다. 이 결합의 부분적 이중결합 특성 때문에 펩티드 사슬은 이 결합 주위에서 자유롭게 회전할 수 없다.

각 아미노산은 측쇄의 화학적 성질에 의하여 단백질의 형상에 영향을 준다.

단백질은 아미노산의 중합체이다

R기의 존재 외에 각 아미노산은 이온화되면 아미노기가 양전하를 띠고(NH_3^+), 카르복실기는 음전하를 띠게 된다(COO^-). 한 쌍의 아미노산에서 아미노기와 카르복실기는 중합반응을 할 수 있는데, 이때 물을 소실하고 공유결합을 형성한다. 이와 같이 두 아미노산을 결합시키는 공유결합을 펩티드결합(peptide bond)이라고 한다(그림 3.4). 이 결합으로 연결된 아미노산은 N－C결합 주변에서 회전할 수 없는데, 이는 펩티드결합이 부분적으로 이중결합의 특징을 가지기 때문이다.

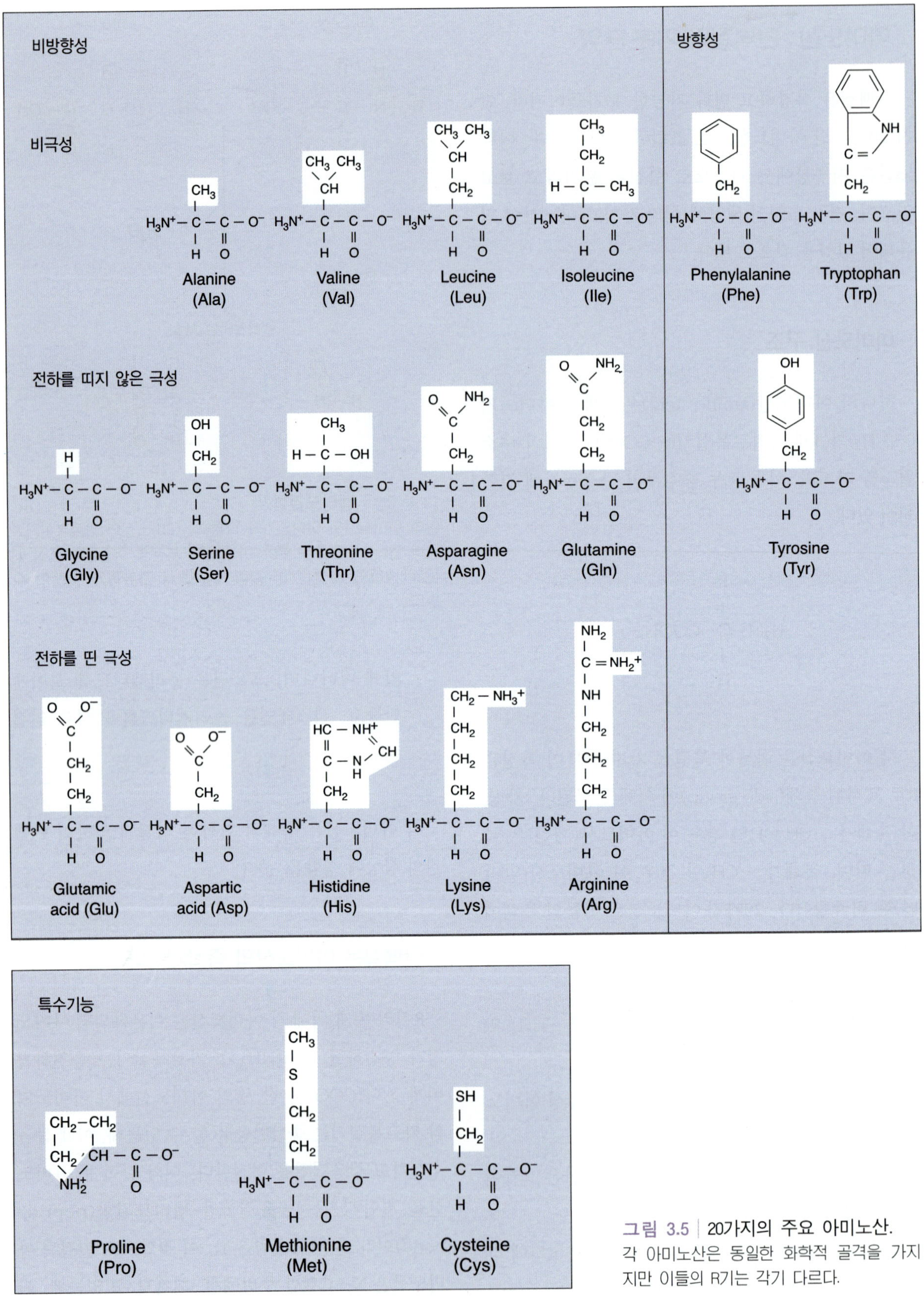

비방향성

비극성

Alanine (Ala) Valine (Val) Leucine (Leu) Isoleucine (Ile)

전하를 띠지 않은 극성

Glycine (Gly) Serine (Ser) Threonine (Thr) Asparagine (Asn) Glutamine (Gln)

전하를 띤 극성

Glutamic acid (Glu) Aspartic acid (Asp) Histidine (His) Lysine (Lys) Arginine (Arg)

방향성

Phenylalanine (Phe) Tryptophan (Trp)

Tyrosine (Tyr)

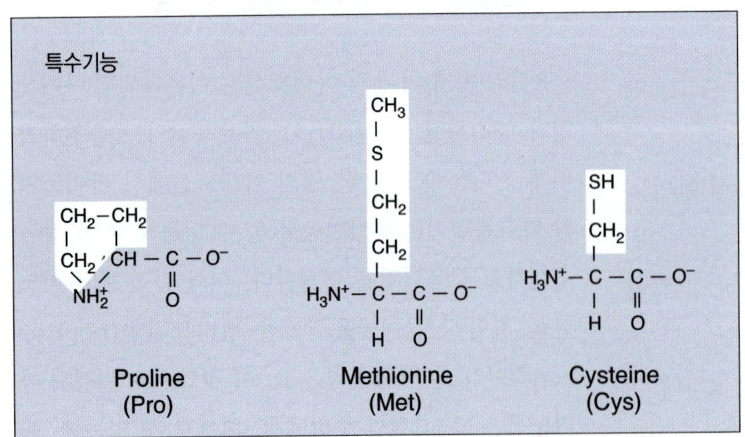

그림 3.5 | 20가지의 주요 아미노산. 각 아미노산은 동일한 화학적 골격을 가지지만 이들의 R기는 각기 다르다.

다수의 아미노산이 펩티드결합으로 연결되어 생긴 분자를 폴리펩티드(polypeptide)라고 하는데, 하나의 단백질은 1개 이상의 폴리펩티드로 구성될 수가 있다. 각 단백질은 특정한 아미노산 서열로 이루어져 있다는 사실이 알려진 것은 1950년대로서 생거(Frederick Sanger)가 밝혀냈다. 생거는 인슐린의 아미노산 서열을 밝혀내는 데 성공했다. 자연계에는 많은 종류의 아미노산이 존재하지만, 단백질에는 주로 20가지 아미노산만 공통적으로 나타난다(그림 3.5).

단백질의 구조

단백질의 형태는 그 기능과 밀접한 관련을 가지고 있다. 단백질은 복잡한 모양으로 접힌 긴 아미노산 사슬로 이루어져 있다. 단백질의 형태를 연구하는 방법 중 한 가지는 X선으로 조사하는 것인데, X선 회절로 단백질 내 각 원자의 위치를 3차원적으로 나타낼 수 있다. 이 방법으로 처음 조사된 단백질이 미오글로빈이고, 그 다음으로 연구된 것이 헤모글로빈이다. 그 후 많은 단백질들이 연구되었으며, 그 결과 알려진 일반 원리로는 모든 단백질에서 안쪽에 위치한 아미노산은 비극성인 것들인 류신, 발린, 페닐알라닌 등이라는 점이다. 이는 물이 단백질의 소수성 부위를 안쪽으로 밀어넣기 때문이다(그림 3.6). 그 결과 비극성 아미노산들은 안쪽에서 서로 뭉쳐 있게 된다. 전하를 띠는 극성 아미노산들은 단백질의 표면 부위에 위치한다.

단백질의 구조는 전통적으로 네 가지의 수준으로 설명되어 왔다. 즉, 1차, 2차, 3차, 4차 구조이다, 그러나 단백질의 구조에 대한 지식이 증가하면서 두 가지 추가적 구조들이 분자생물학자들에 의해 구별되고 있는데, 이는 모티프(motif)와 도메인(domain)이다(그림 3.7).

1차 구조(Primary Structure). 단백질의 1차 구조는 한 단백질의 아미노산 서열(배열 순서)을 말한다. 이 서열은 이 단백질을 만드는 유전자의 뉴클레오티드 서열이 결정한다. 단백질을 구성하는 아미노산의 종류는 20가지뿐이지만, 이의 서열 조합은 매우 다양하므로 단백질의 종류는 이론적으로 무한정하게 많을 수 있다. 가령, 한 단백질의 아미노산 수가 100개 일

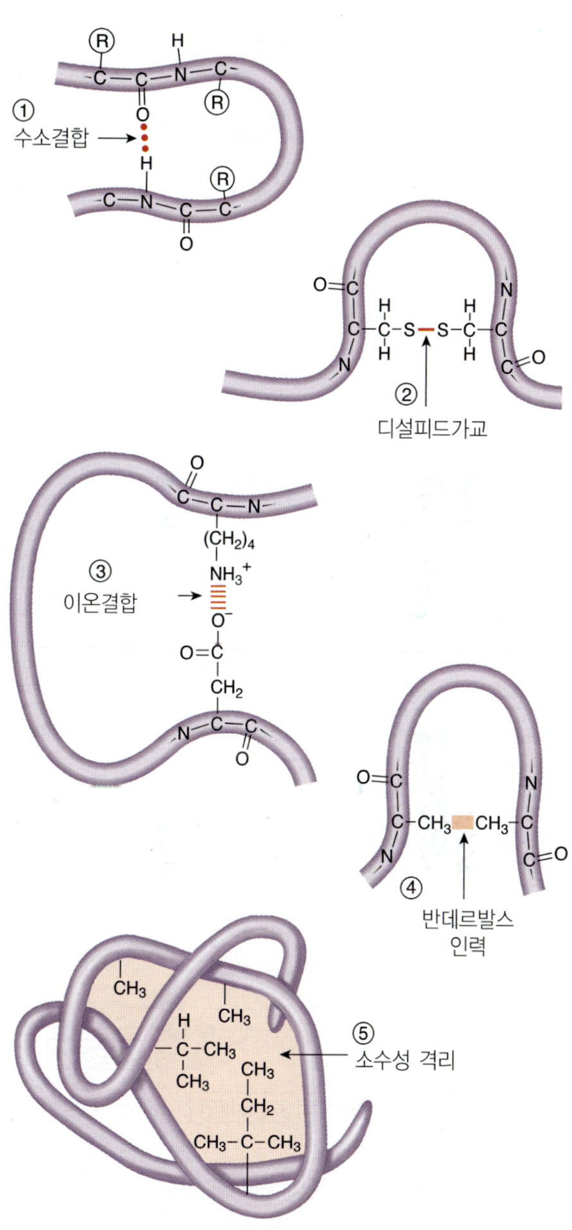

그림 3.6 | 단백질의 모양을 결정하는 상호작용. 단백질 내에서 아미노산들을 연결시키는 결합 외에 여러 가지 힘과 상호작용이 단백질의 모양을 결정한다. (1) 수소결합이 서로 다른 아미노산 사이에 생길 수 있다. (2) 디설피드 가교는 상당히 강한 결합으로서 두 시스테인 측쇄 사이에 생길 수 있다. (3) 이온결합도 존재한다. (4) 반데르발스 인력은 약한 힘으로서 반대로 극성화된 전자 구름으로 인하여 원자 사이에 생긴다. (5) 물과 상호작용할 때 단백질의 극성화된 부위는 단백질의 바깥쪽으로 향하고 소수성 부위는 안쪽으로 뭉치는 경향이 있다.

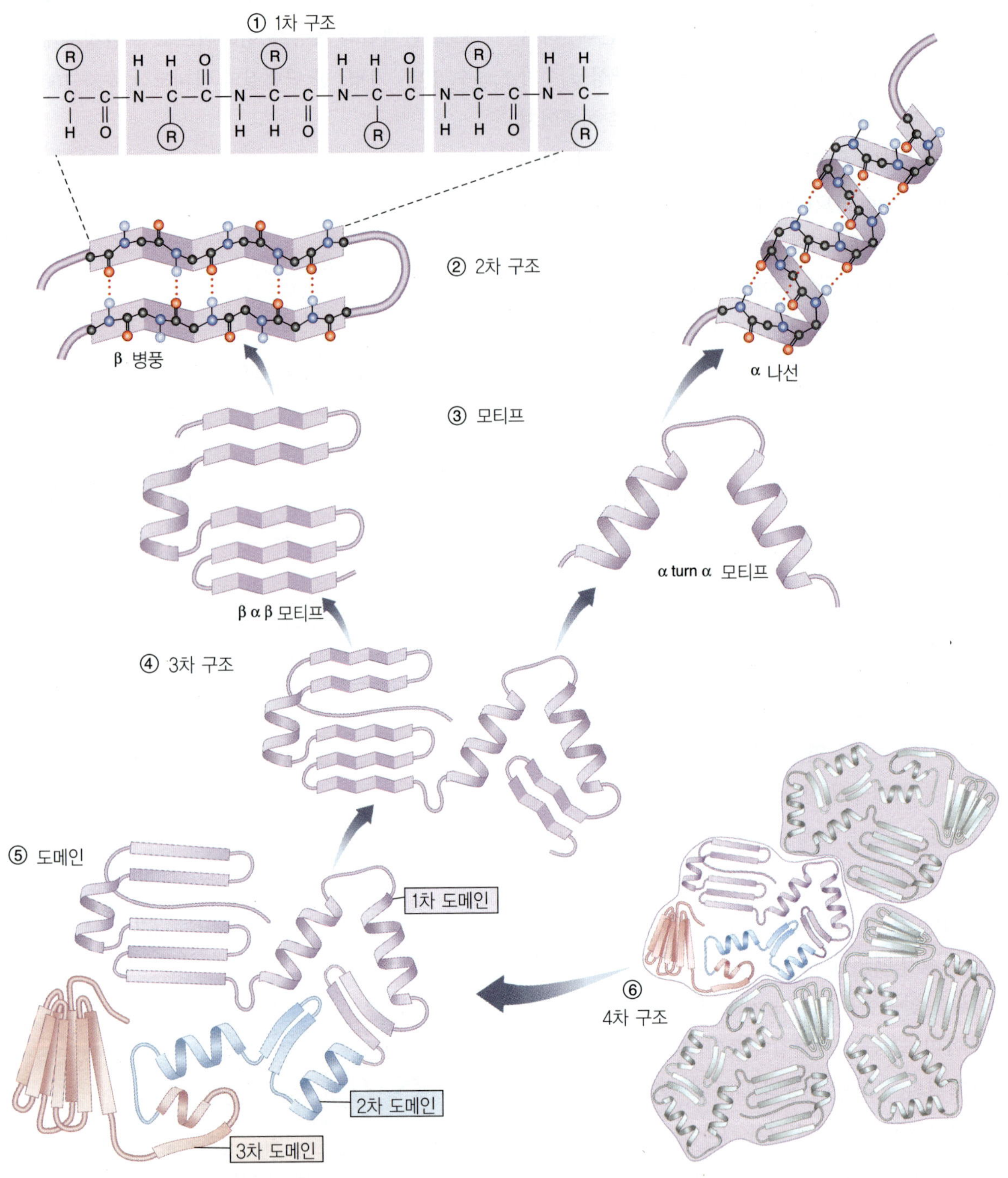

그림 3.7 | **여섯 가지 수준의 단백질 구조.**
(1) 단백질의 아미노산 서열을 1차 구조라고 한다. (2) 인접한 아미노산 사이에 수소결합이 생겨서 ***β***병풍 구조를 만들거나 코일 모양의 ***α***나선 구조를 만든다. 이와 같은 접힘과 나선은 단백질의 2차 구조를 이룬다. (3) 2차 구조를 이룬 단위가 다시 연결되거나, 접혀서 모티프를 형성한다. (4) 구형 단백질은 그 자체가 더욱 접혀서 3차원적인 3차 구조를 이루는데, (5) 여러 개의 3차 구조가 연결되어 하나의 단백질 도메인을 이룬다. (6) 많은 단백질은 다른 폴리펩티드 사슬들을 끌어 모아서 단백질의 4차 구조를 이룬다.

경우, 그 서열 조합은 20^{100}가지가 가능하다.

2차 구조(Secondary Structure). 단백질 내에서 측쇄 외에도 펩티드 사슬들도 물과 상호작용할 때 비극성 측쇄들이 단백질의 안쪽으로 향하는 경향을 상쇄할 만큼 강한 수소결합을 이룬다. 두 가지의 수소결합이 생기는데, 하나는 단일 사슬 내에서 한 아미노산과 그보다 뒤쪽으로 떨어져 있는 아미노산 사이에 수소결합이 생겨서 α나선이라는 코일을 만드는 것이다. 다른 하나는 수소결합이 2개의 사슬 사이에 생기는 경우이다. 이렇게 2개의 사슬이 평행하게 결합될 때 병풍 모양을 이루는 경우가 많은데, 이를 β병풍 구조라고 한다. 이와 같이 수소결합에 의하여 나선 모양이나 병풍 모양이 생길 때, 이를 2차 구조라고 한다.

모티프. 2차 구조 요소들은 모티프(motifs, 또는 초2차 구조)라는 특징적인 방식으로 연합할 수 있다. 한 가지 흔한 모티프는 βαβ모티프이다. 흔한 모티프 중 다른 한 가지는 β원통(β barrel)인데, 이는 β병풍이 빙돌려가며 배열해 원통 모양을 만드는 경우이다. 세 번째로 α turn α 모티프는 여러 가지 단백질이 DNA 이중나선과 결합하는 데 이용된다.

3차 구조(Tertiary Structure). 여러 가지 모티프를 일으키고 비극성 측쇄를 안쪽으로 들어가게 만드는, 구형 단백질의 최종적 접힌 모양을 단백질의 3차 구조라고 한다. 단백질은 처음 소수성 부위의 격리로 인해 3차 구조로 된다. 전하를 띤 측쇄 사이의 이온결합은 일부 부위를 서로 당기게 만들고, 디설피드 결합(두 시스테인의 측쇄 사이에서 생김)은 특정 부위 사이를 단단히 붙잡아 준다. 단백질의 3차 구조는 이의 1차 구조, 즉 측쇄의 화학적 성질에 의해 결정된다.

한번 3차원 형태로 접힌 단백질의 안정성은 그 내부가 빈틈없이 짜 맞추어진 정도에 의해 달라진다. 안쪽에서 두 개의 비극성 사슬이 인접해 있으면 반데르발스 힘에 의하여 서로 당겨진다. 이 힘은 매우 약하지만 여러 개가 모이면 강해진다. 이 힘은 가까운 거리에서만 유효한데, 단백질 내부는 빈틈이 없으므로 이 힘이 작용한다. 돌연변이로 단백질 내부의 한 비극성 아미노산이 다른 비극성 아미노산으로 치환되면(가령 알라닌이 류신으로), 그 단백질의 안정성은 떨어지게 된다. 류신은 알라닌보다 커서 내부 공간에 정확히 맞추어지지 않기 때문이다.

도메인. 우리 몸의 여러 단백질은 엑손이라는 기능적 유전자 조각에 암호화되어 있다. 단백질 내에서 하나의 엑손이 생산하는 부분은 약 100~200 아미노산 길이이고, 이 부분의 사슬은 구조적으로 독립된 도메인(domain)이라는 단위로 접혀져 있다. 폴리펩티드 사슬이 접힐 때 각 도메인은 독립적으로 접혀지게 된다. 한 단백질의 도메인들은 흔히 독자적인 기능을 나타내기도 하는데, 가령 효소에서 한 도메인은 보조인자(cofactor)와 결합하고, 다른 도메인은 기질과 결합한다.

4차 구조(Quaternary Structure). 2개 이상의 폴리펩티드가 연합하여 하나의 기능적인 단백질을 이룰 때 각각의 폴리펩티드는 그 단백질의 소단위가 된다. 소단위는 동일한 것이 아닐 수도 있다. 가령 헤모글로빈은 2개의 α사슬과 2개의 β사슬로 구성되어 있다. 한 단백질의 소단위(폴리펩티드) 배열을 그 단백질의 4차 구조(quaternary structure)라고 한다. 소단위들로 구성된 단백질에서 소단위 사이의 접촉면은 대개 비극성이고 소단위 활동에 대한 정보를 전달하는 중요한 역할을 한다.

단백질의 여러 아미노산 중에서 하나만 그 성질이 바뀌어도 해당 단백질에 심대한 영향을 끼친다. 겸형적혈구 헤모글로빈은 β사슬에서 1개의 아미노산이 원래 극성인 글루탐산으로부터 비극성인 발린으로 교체된 경우이다. 단백질 표면에 비극성 아미노산이 위치함으로써 끈적끈적한 부분을 형성하고 나아가 헤모글로빈 분자끼리 달라붙게 만들어서 길고 비기능적인 사슬을 만들어서 적혈구가 낫 모양으로 되게 한다.

3.3 유전정보를 저장하고 운반하는 핵산

정보 분자

세포가 활동하기 위해서는 많은 종류의 단백질이 생산되어야 한다. 정확한 단백질을 만드는 능력은 세대 사이에 전달된다. 핵산은 세포의 정보 저장 수단으로서 컴퓨터에서 정보를 저장하는 디스크와 같다. 핵산에는 두 가지가 있는데, 하나는 DNA(deoxyribonucleic acid)이고, 다른 하나는 RNA(ribonucleic acid)이다. DNA가 단백질을 조립하는 데 이용하는 정보를 암호화하는 방식은 글자로 정보를 기호화하는 방식과 유사하다. 거대분자 중 유일하게, 핵산은 자신을 정확하게 복제하는 데 필요한 주형으로 작용할 수 있어서 복제품을 후손에게 넘겨줄 수 있다. 이 때문에 DNA는 흔히 유전물질이라고 일컬어진다. 세포는 다른 유형의 핵산인 RNA를 이용하여 DNA가 암호화한 정보를 읽고 단백질 합성을 일으킨다. RNA는 구조적으로 DNA와 유사하며 DNA 부위의 전사된 복제품과 같다. 이 전사 복제품은 세포질로 나가서 단백질의 아미노산 서열을 규정하는 청사진 역할을 한다.

핵산의 구조

핵산(nucleic acid)은 뉴클레오티드(nucleotide)라는 소단위가 반복된 중합체이다. 각 뉴클레오티드는 3개의 구성요소로 되어 있는데, 이들은 5탄당(RNA에

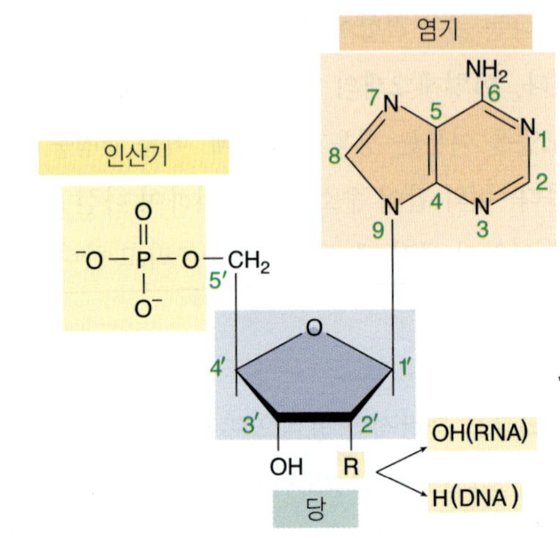

그림 3.8 | 핵산의 구조.

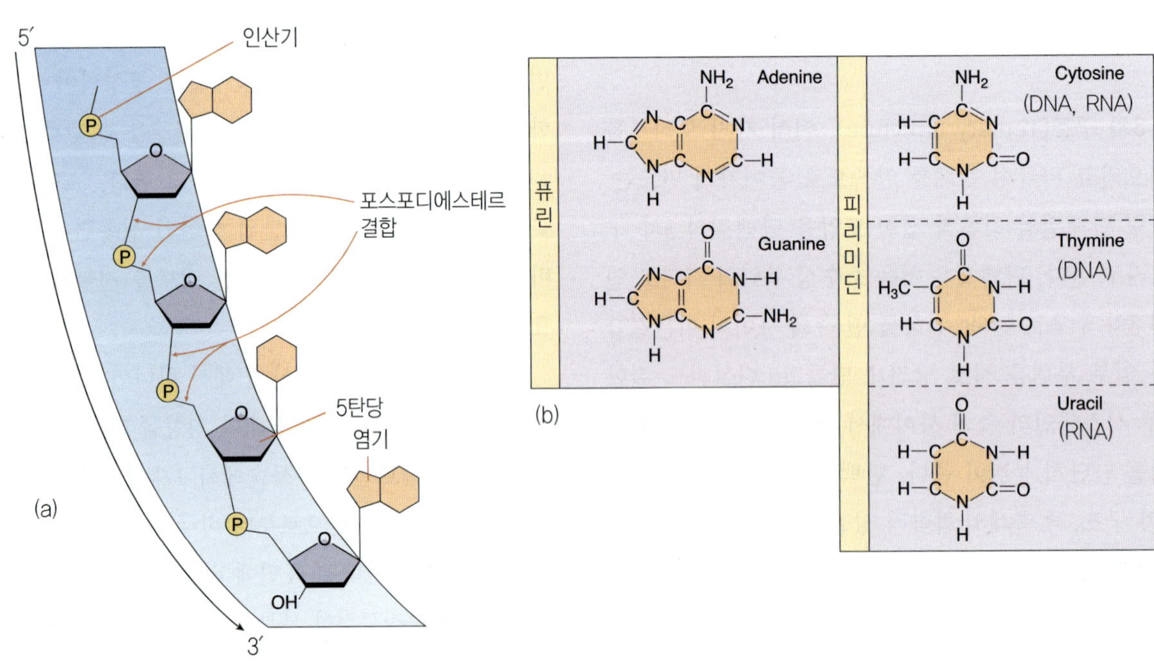

그림 3.9 | 핵산과 염기의 구조.
(a) 하나의 핵산에서 뉴클레오티드들은 인산디에스테르 결합으로 서로 연결되어 있다. (b) 염기에는 퓨린과 피리미딘이 있다. DNA에 있는 티민은 RNA에서 우라실로 교체되어 있다.

서 리보스, DNA에서 디옥시리보스), 인산기($-PO_4$), 그리고 유기 질소성 염기이다(그림 3.8). 핵산 중합체가 형성될 때 한쪽 뉴클레오티드의 인산기가 다른 쪽 뉴클레오티드의 수산기와 인산디에스테르 결합을 이루고 물이 빠져나온다(그림 3.9).

뉴클레오티드에는 퓨린(purine)과 피리미딘(pyrimidine)이라는 두 가지 유형의 유기 염기가 나타난다. 퓨린은 아데닌(A)과 구아닌(G)으로서 크고 이중고리로 된 분자이다. 피리미딘에는 시토신(C, DNA와 RNA 모두에 들어 있음), 티민(T, DNA에만 들어 있음), 우라실(U, RNA에만 들어 있음)이 있고, 크기가 더 작고 1개의 고리를 가지는 분자이다.

DNA

생물은 단백질의 아미노산 서열을 규정하는 정보를 DNA의 뉴클레오티드 서열로서 암호화한다. 이는 마치 글자의 순서가 문장 속에 정보를 기호화하는 것과 유사하다. 한글에서 자음과 모음은 20가지가 넘지만 DNA 분자의 암호는 4개로서, 가령 CGCTTACG와 같다.

DNA분자는 단백질처럼 단일 사슬이 아니라 이중의 사슬이다. 2개의 DNA 중합체가 철로처럼 마주 보면서 꼬여 나선 모양을 이루므로 이를 이중나선(double helix)이라고 한다. DNA의 두 사슬 사이에는 염기가 서로 마주 보면서 수소결합을 이루고 있다(그림 3.10). 이 염기 짝짓기는 엄격해서 아데닌은 티민(DNA에서) 또는 우라실(RNA에서)과만 결합하고, 시토신은 구아닌과만 결합한다. 그래서 염기 짝짓기에 참여하는 염기는 서로 상보적(complementary)이라고 한다.

RNA

RNA는 DNA와 비슷하지만 두 가지 차이점이 있다. 첫째, RNA 분자는 5탄당으로서 리보스를 함유한다. 리보스에서 2번 탄소에는 수산기가 붙어 있다. DNA는 이 수산기가 수소원자로 대치된 디옥시리보

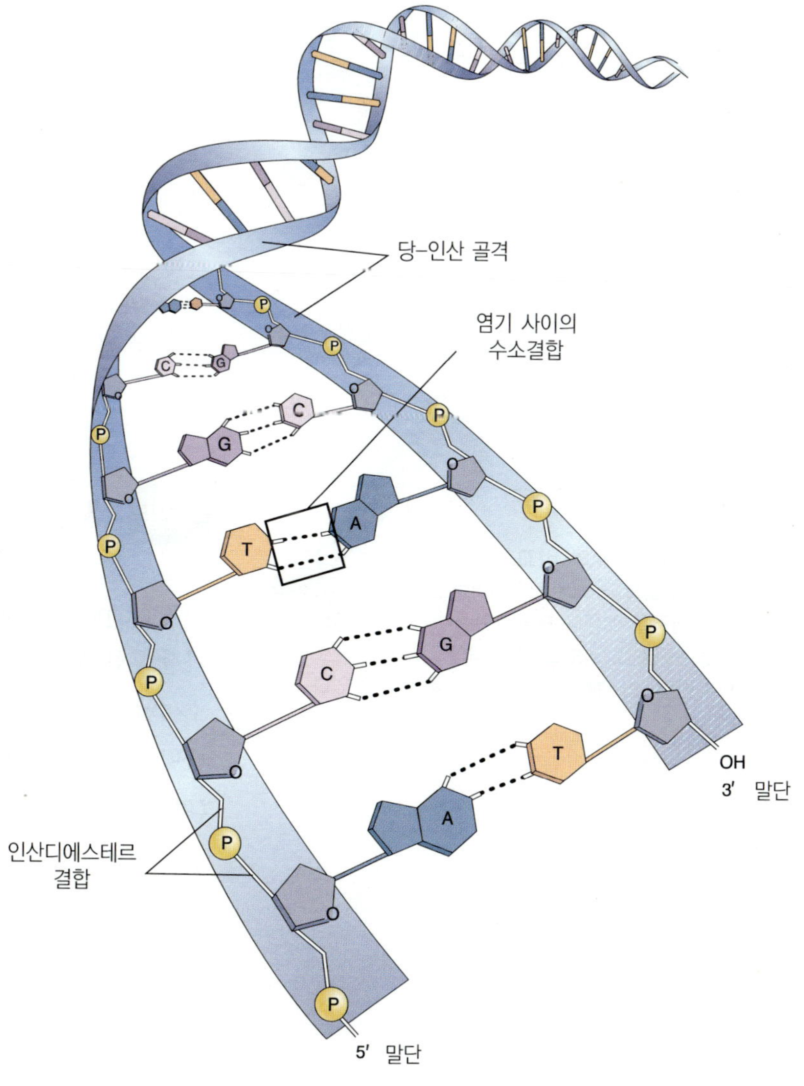

그림 3.10 | DNA의 구조.
DNA 두 사슬의 유기염기들이 수소결합으로 연결되어 이중나선구조를 이룬다.

스를 가진다. 둘째, RNA 분자는 DNA의 티민 자리에 우라실이 위치한다. 우라실은 티민과 동일한 구조로 이루어져 있지만 탄소들 중 하나에서 메틸기($-CH_3$)가 결여되어 있다.

DNA는 특별한 경우를 제외하고는 항상 이중나선으로 존재하지만 RNA는 항상 단일 나선으로 존재한다(그림 3.11). RNA는 5탄당의 2번 탄소에 부착된 수산기 때문에 이중나선을 이룰 수 없다.

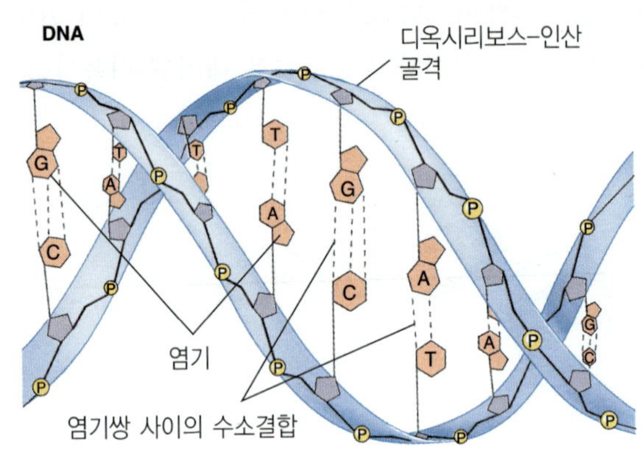

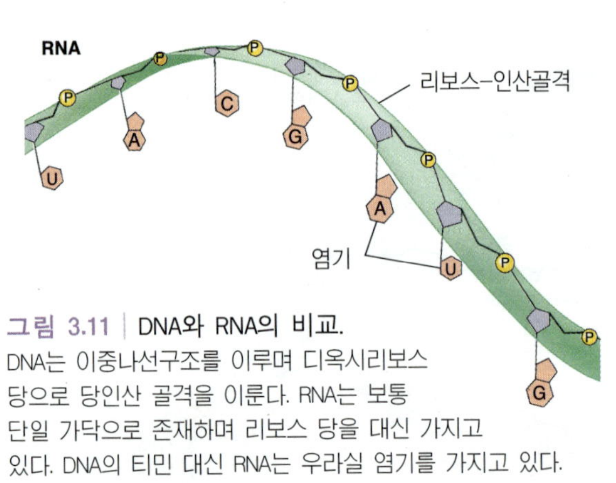

그림 3.11 | DNA와 RNA의 비교.
DNA는 이중나선구조를 이루며 디옥시리보스 당으로 당인산 골격을 이룬다. RNA는 보통 단일 가닥으로 존재하며 리보스 당을 대신 가지고 있다. DNA의 티민 대신 RNA는 우라실 염기를 가지고 있다.

ATP

염기는 DNA나 RNA의 소단위 역할을 할 뿐만 아니라 세포에서 다른 중요한 역할을 한다. 가령 아데닌은 세포에서 에너지를 운반하는 ATP(adenosine triphosphate)의 중요한 구성 요소이다(그림 3.12). 아데닌은 또한 전자를 전달하는 NAD^+이나 FAD에도 나타난다.

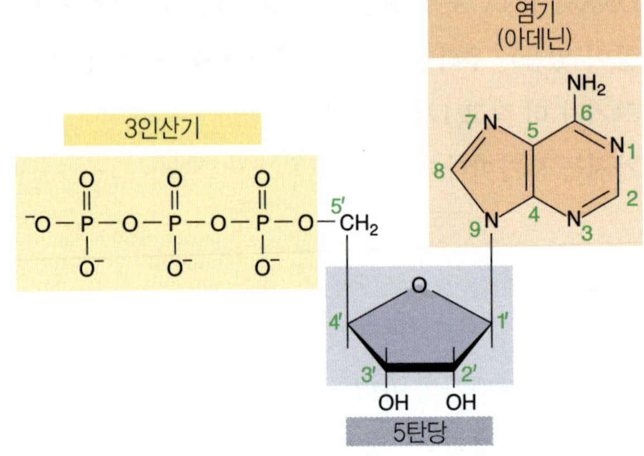

그림 3.12 | ATP의 구조.
아데노신 3인산(ATP : Adenosine triphosphate)은 아데닌, 오탄당 그리고 3개의 인산기로 이루어져 있으며 에너지 전달에 관여한다.

3.4 지질

지질(lipids)은 물에 녹지 않는다는 특징을 가지며, 가장 흔한 것은 지방과 기름이다. 지질은 비극성인 탄소-수소 결합(C−H)의 비율이 높다. 긴 지질 사슬은 단백질처럼 접혀질 수가 없으며, 물에 들어가면 극성(친수성) 부위는 물 쪽으로 향하고 비극성(소수성) 부위는 서로 뭉친다.

인지질과 막

인지질(phospholipid)이라는 복잡한 지질 분자는 생체막의 핵심 성분이므로 세포에서 매우 중요한 분자이다. 각 인지질은 다음과 같이 3가지 소단위로 이

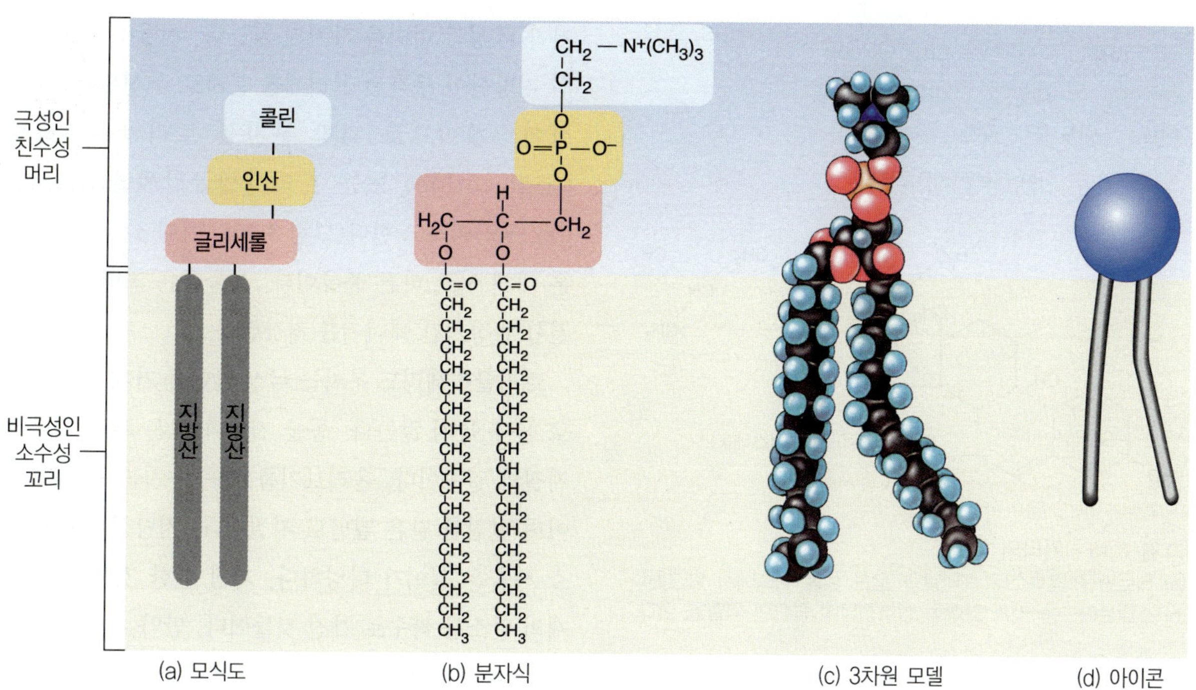

그림 3.13 | 인지질.
인지질의 일종인 포스파티딜콜린으로서 모식도(a), 분자식(b), 3차원 모델(C), 그리고 아이콘(d)을 나타낸다.

루어져 있다.

1. 글리세롤(glycerol) : 3탄당 알코올로서 각 탄소에는 수산기가 붙어 있다. 글리세롤은 인지질 분자의 골격이 된다.
2. 지방산(fatty acids) : $-CH_2$기의 긴 사슬(탄화수소 사슬)로 이루어져 있으며 말단에 카르복실기($-COOH$)를 가진다. 인지질에서 2개의 지방산이 글리세롤 골격에 부착되어 있다.
3. 인산기(phosphate group) : 글리세롤의 한쪽 끝에 부착되어 있다. 인산기에는 대개 콜린, 에타놀아민, 또는 아미노산인 세린과 같은 전하를 띤 유기물 분자가 붙어 있다.

인지질 분자는 모식적으로 극성인 머리(인산기)와 비극성인 2개의 긴 꼬리를 가지는 모양으로 나타낸다(그림 3.13). 물 속에서 비극성인 인지질의 꼬리들은 물과 떨어져 안쪽으로 모여서 구형인 미셀(micelle)을 이룬다. 인지질 분자들은 또 꼬리를 서로 마주 보면서 두 층을 이루기도 하는데, 이를 지질 이중층이라고 한다(그림 3.14). 지질 이중층은 생체막의 기본 골격이 된다.

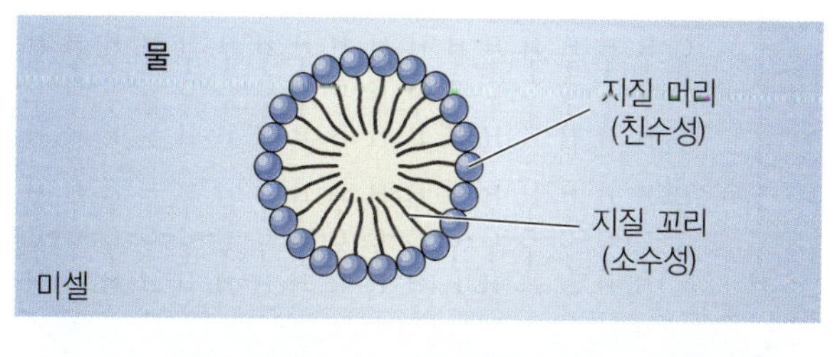

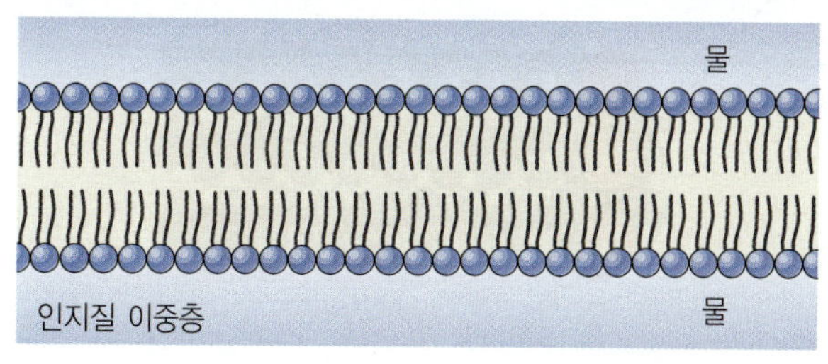

그림 3.14 | 지질은 물 속에서 자발적으로 미셀(micelle)이나 지질 이중층을 형성한다.
지질분자는 물 속에서 극성인 머리(친수성)는 극성인 물과 접하여 바깥쪽으로 배열하며, 비극성인 꼬리(소수성)는 물과 떨어져 안쪽으로 모인다. 이들은 물방울 모양의 미셀을 형성하거나 이중층으로 배열한다.

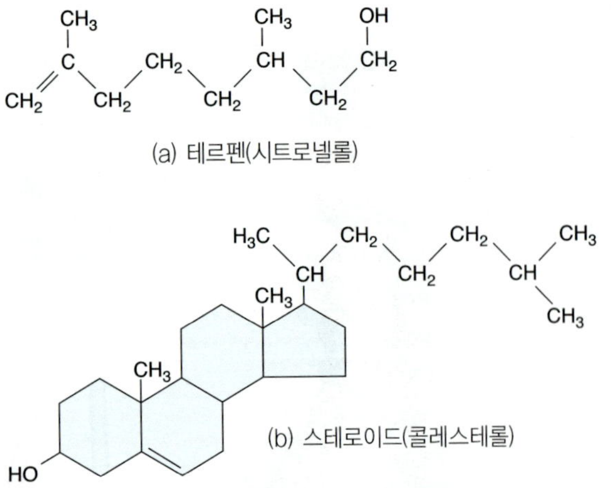

(a) 테르펜(시트로넬롤)

(b) 스테로이드(콜레스테롤)

그림 3.15 | 기타의 지질.
(a) 테르펜은 엽록소나 레티날과 같은 생물 색소에서 발견된다.
(b) 스테로이드는 막과 화학적 신호전달에 중요한 역할을 한다.

지방과 기타 지질

지방은 지질의 일종이지만 인지질과는 달리 그 분자가 극성인 머리를 가지지 않는다. 지방(fats)은 3개의 지방산이 부착된 글리세롤 분자로 구성된다. 지방산이 3개이므로 지방 분자를 트리글리세리드(triglyceride) 또는 트리아실글리세롤(triacylglycerol)이라고 한다(그림 3.16). 이때 3개의 지방산은 대개 서로 다른 종류이다. 생물들은 지방의 C−H 결합에 장기간 에너지를 저장한다.

트리글리세리드 분자는 극성 말단을 가지지 않으므로 물에 녹지 않는다. 동물 지방과 같은 저장 지방은 지질의 일종이다. 올리브기름, 옥수수기름 등도 지질이며 벌집과 같은 밀납도 지질이다. 지방산의 탄화수소 사슬은 길이가 다양하다. 가장 흔한 것은 14~20개의 탄소를 짝수로 가진 것들이다. 만약 지방산 사슬의 내부 탄소원자들 모두가 2개의 수소원자와 결합되어 있다면 이 지방산이 포화(saturated)되었다고 한다. 이는 수소의 수가 최대라는 뜻이다(그림 3.16). 그러나 만약 탄소와 탄소 사이에 이중결합이 나타나

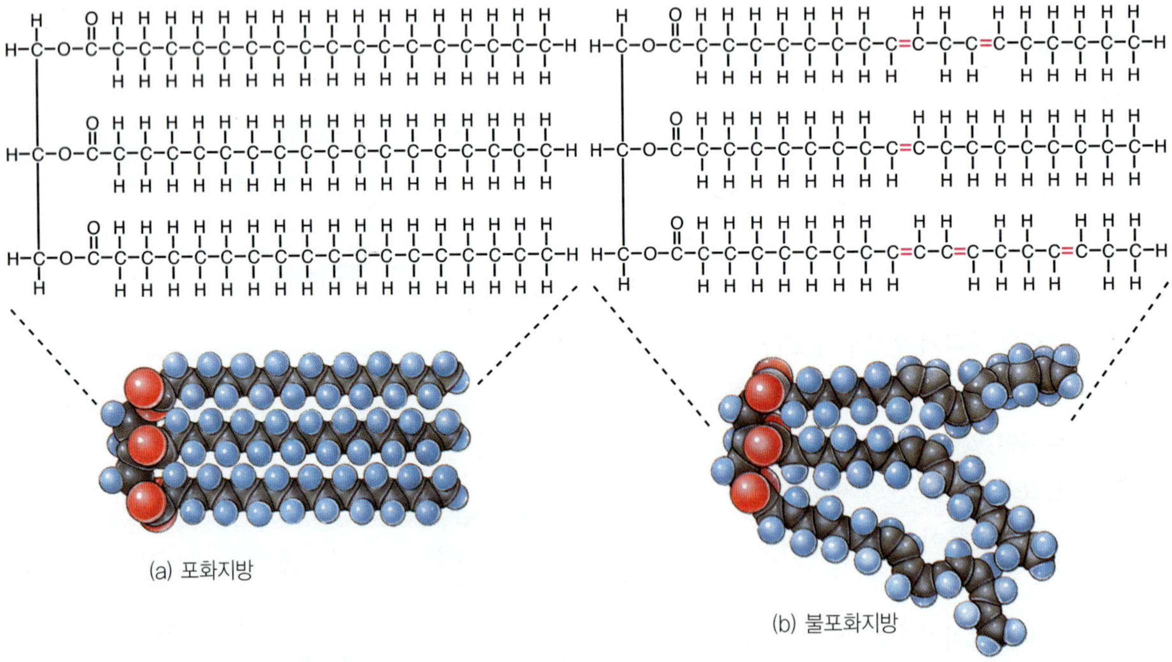

(a) 포화지방

(b) 불포화지방

그림 3.16 | 포화지방과 불포화지방.
(a) 포화지방은 3개의 포화된 지방산 사슬을 가지고 있는데, 이는 탄소사슬들이 이중결합을 이루고 있지 않으므로 최대의 수소원자가 탄소사슬에 부착되어 있음을 뜻한다. 세 지방산 사슬들은 서로 가깝게 밀집되어 있으므로 포화지방은 움직이지 않는 고체 형태를 이룬다. 많은 동물지방이 이에 속한다.
(b) 불포화지방은 3개의 불포화지방산 사슬을 가지고 있으며, 탄소사슬들은 하나 이상의 이중결합을 이루고 있으므로, 결합할 수 있는 최대의 수소원자보다 적은 수의 수소원자가 탄소사슬에 부착한다. 이중결합에 의해 지방산사슬들은 비틀려서 서로 가깝게 배열할 수 없으므로 실온에서 액체 상태의 기름을 이룬다. 식물성 지방이 이에 속한다.

면 이 지방산은 불포화(unsaturated)되었다고 말한다. 이 이중결합이 많을수록, 즉 불포화도가 높을수록, 지방의 녹는점(융점)이 낮다. 이처럼 불포화도가 높은 지방은 보통 상온에서 액체 상태이므로 기름(oil)이라고 한다. 반면 대부분의 포화지방은 버터와 같이 상온에서 고체 상태이다. 생물은 지방 외에 여러 가지 지질을 간직한다(그림 3.15).

지방은 에너지 저장 분자이다

대부분의 지방은 40개 이상의 탄소원자를 함유한다. 탄소의 수에 대한 C−H(에너지를 저장하는)의 비율이 탄수화물의 경우보다 두 배 이상이므로 지방은 에너지 저장에 효율적인 분자들이다. 평균적으로 지방은 약 9kcal/g의 에너지를 낸다.

동물로부터 생긴 모든 지방은 포화지방이지만(일부 어류 기름은 예외), 대부분의 식물성 지방은 불포화되어 있다(그림 3.16). 그러나 예외적으로 열대지방의 식물성 기름(야자기름, 코코넛기름 등)은 상온에서 액체 상태이면서도 포화되어 있다. 액체 상태의 기름에 수소를 부착시켜서 지방으로 전환시킬 수 있다. 땅콩버터도 인위적으로 수소를 첨가하여 흐르지 않도록 고체화시킨 것이다. 그러나 인위적으로 수소를 첨가하여 만든 불포화지방은 건강상 이익을 제거하는 꼴이 되는데, 이는 C−H 결합이 포화지방산과 마찬가지로 많기 때문이다. 그러므로 옥수수기름에 수소를 첨가하여 만든 마가린이나 버터나 건강에 좋을 것은 없다.

생물이 과량의 탄수화물을 섭취하면 이 탄수화물은 녹말, 글리코겐 또는 지방으로 전환된다. 사람들이 나이 들면서 체중이 증가하는 것은 나이에 따라 에너지 소모량이 줄어들지만 먹는 양은 그대로 지속하기 때문이다.

3.5 탄수화물

당

탄수화물(carbohydrates)이란 탄소, 수소, 산소가 1 : 2 : 1로 함유된 분자를 말한다. 이들은 분자식으로 $(CH_2O)n$과 같이 표시한다.

단당류

탄수화물 중에서 가장 간단한 것은 단당류(monosaccharides)이다. 단당류는 최소 3개의 탄소를 가지는 것도 있지만, 에너지 저장에서 중심적 역할을 하는 것은 6탄당이다(그림 3.17). 6탄당의 구조식은 $C_6H_{12}O_6$ 또는 $(CH_2O)_6$와 같이 나타낸다. 6탄당은 직선상의 사슬형으로 존재할 수도 있지만, 용액 상태에서는 거의 항상 고리 모양의 분자를 형성한다. 6탄당 중에서 에너지 저장에 가장 중요한 것은 포도당(glucose)이다(그림 3.18).

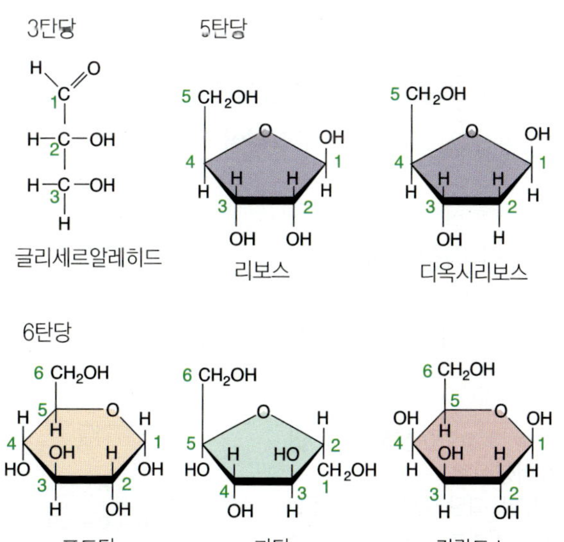

그림 3.17 | 단당류.
최소 3개의 탄소원자로 이루어진 단당류는 큰 분자를 이루는 기본물질이 된다. 5탄당인 리보스와 디옥시리보스는 핵산의 구성분이고, 6탄당인 포도당은 커다란 에너지 저장 분자의 구성분이다. 단당류는 관습적으로 더 산화된 끝의 탄소원자부터 번호를 붙인다.

그림 3.18 | 포도당 분자의 구조.
포도당은 선상의 분자이지만 용액 상태에서는 고리 모양으로 된다. 고리 모양의 구조는 여러 가지 방식으로 나타낼 수가 있다. 두꺼운 선은 앞쪽(독자 쪽)으로 돌출한 부분임을 나타낸다.

이당류

2개의 단당류가 공유결합으로 연결된 것을 이당류(disaccharides)라고 한다(그림 3.19). 이당류는 대개 당의 수송에 중요한 역할을 한다.

다당류

다당류(polysaccharides)는 단당류 소단위로 하여 형성된 거대분자이다. 전분은 식물이 에너지를 저장하는 데 이용하는 다당류로서, 포도당으로만 구성되어 있다. 셀룰로오스는 식물체를 구성하는 다당류로서, 역시 포도당으로만 구성되어 있다.

맥아당

설탕

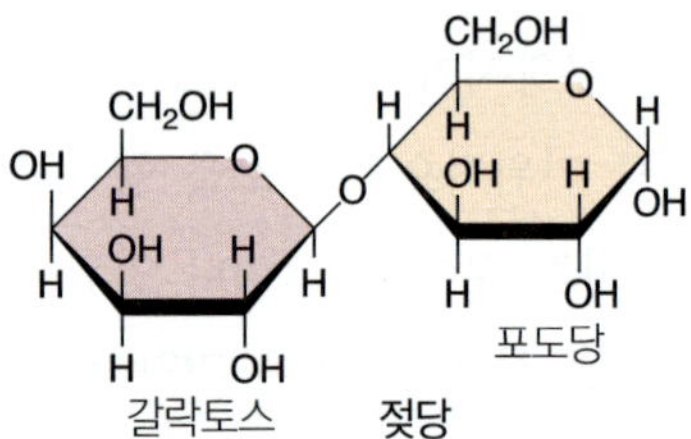

그림 3.19 | 이당류.
이당류는 단당류 2개가 공유결합으로 연결된 것이다.

당의 이성질체

분자식이 $C_6H_{12}O_6$인 것은 포도당만은 아니다.

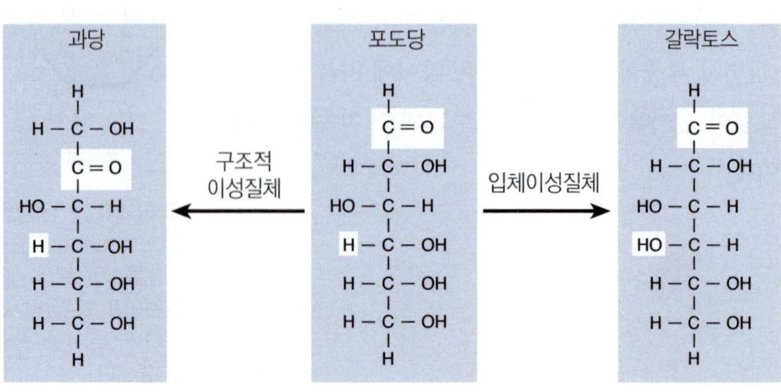

그림 3.20 | 이성질체 및 입체이성질체.
포도당, 과당, 갈락토스는 동일한 분자식을 가지는 이성질체이다. 포도당과 이의 구조적 이성질체인 과당은 동일한 화학기가 서로 다른 탄소에 부착되어 있다. 그러나 포도당의 입체이성질체인 갈락토스는 화학기의 위치가 동일하지만 그 방향이 다르다.

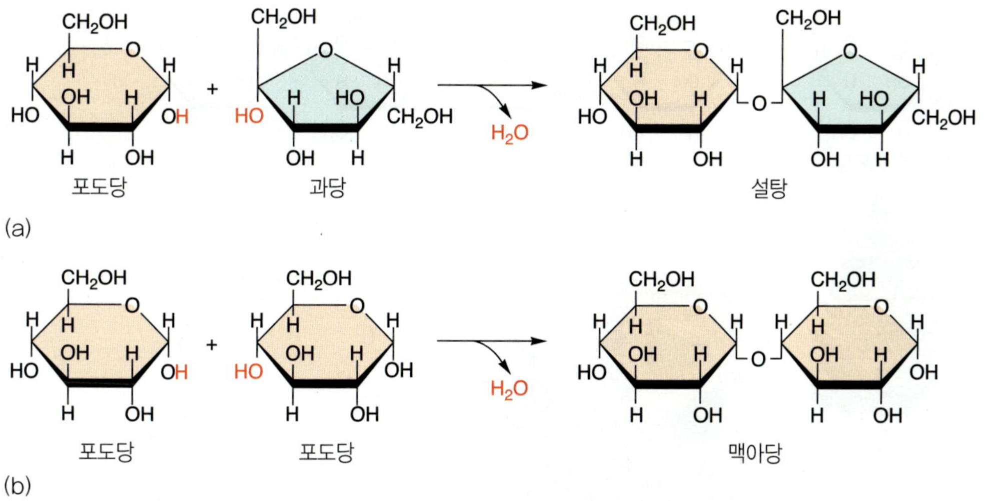

(a)

(b)

그림 3.21 | 이당류의 생성.
생물체 내 한 부위에서 다른 부위로 포도당을 운반하는 데 일부 이당류가 이용된다. 사탕수수에서 발견되는 설탕이 그 한 예이다. 곡물 낟알에 들어 있는 맥아당은 저장에 이용된다.

과당(fructose)이나 갈락토스(galactose)도 이와 동일한 분자식을 가진다(그림 3.20). 이들은 이성질체(isomers)라 한다.이들은 분자식은 동일하지만 3차원적인 구조가 다르고 이러한 구조적 차이 때문에 이성질체의 기능적 차이가 나타난다. 예로 과당에서는 이중결합의 산소가 말단이 아닌 안쪽의 탄소에 부착되어 있다. 과당은 포도당보다 더 달다. 이들 과당과 포도당은 구조적 이성질체(structural isomers)라고 한다.

과당과는 달리 갈락토스는 포도당과 동일한 결합 구조를 가진다. 갈락토스와 포도당은 수산기 1개의 방향이 서로 다른데, 마치 서로 거울을 앞에 놓고 보는 모습과 같다. 이와 같이 입체적 모양이 다른 이성질체를 입체이성질체(stereoisomer)라고 한다.

탄수화물의 운반과 저장

이당류의 운반

대부분의 생물은 몸 안에서 당류를 운반한다. 사람은 혈액을 통하여 단당류인 포도당의 상태로 당을 운반한다. 그러나 식물이나 여러 생물에서는 포도당이 다른 운반형으로 전환된 다음 운반된다. 운반형 당은 이당류인데, 이당류는 포도당을 이용하는 효소가 분해하지 못하므로 효율적인 포도당 저장소의 역할을 한다. 이당류를 분해하는 효소는 포도당이 이용되는 장소인 조직 내에만 분포한다.

운반형 당은 이를 구성하는 단당류의 종류에 따라 다르다. 포도당이 구조적 이성질체인 과당과 결합하여 만든 이당류는 설탕(sucrose)이다(그림 3.21). 설탕은 대부분의 식물에서 운반형 당이다. 포도당이 이의 입체이성질체인 갈락토스와 결합하여 만든 이당류는 젖당(lactose)이다. 포유동물은 새끼에게 젖당을 통하여 에너지를 공급한다. 젖당을 분해하는 효소는 락타제(lactase)인데, 이 효소가 어른에서는 그 농도가 크게 떨어진다.

다당류의 저장

생물은 단당류에 함유된 대사에너지를 맥아당(maltose)과 같은 이당류로 전환시켜 저장한 다음, 이당류를 다시 불용성인 다당류로 전환시켜서 저장기관에 저장한다. 포도당으로부터 만들어진 식물성 다당류는 녹말(starch)이다. 가장 간단한 구조를 가지는 녹말은 아밀로스(amylose)인데, 이 분자는 수백 개의

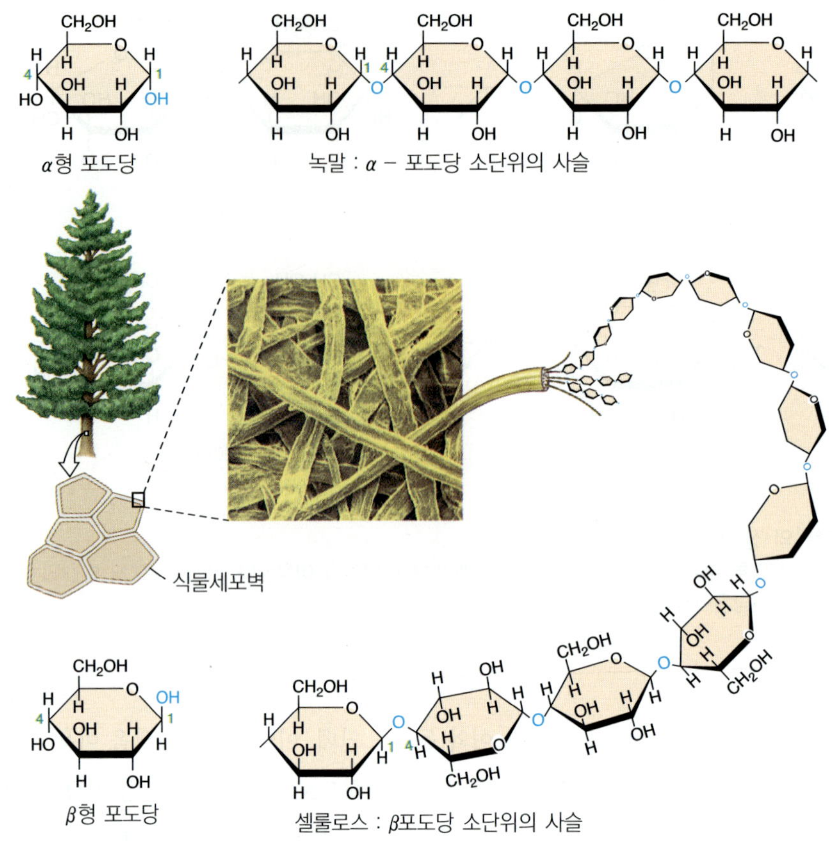

그림 3.22 | 포도당의 중합체.
녹말 사슬은 α포도당으로 구성되어 있고, 셀룰로스는 β포도당으로 구성되어 있다. 셀룰로스 섬유는 매우 강하고 대사과정에서 잘 분해되지 않는다.

포도당 분자로 구성되어 있는, 길고 가지가 없는 사슬이다. 긴 아밀로스 사슬은 물 속에서는 코일을 이루는데, 이 때문에 불용성이다. 감자의 녹말 속에는 아밀로스가 약 20%를 차지한다. 대부분의 식물 녹말은 더 복잡한, 아밀로펙틴(amylopectin)이라는 아밀로스 변이체이다(감자에서 80%를 차지함). 펙틴은 가지가 있는 다당류로서, 짧고 선상인 아밀로스 가지를 가진다.

동물에서 녹말에 해당되는 분자는 글리코겐(glycogen)이다. 아밀로펙틴처럼 글리코겐도 불용성이며 아밀로스 가지를 가진다.

구조 다당류

셀룰로스

일부 다당류는 세포의 구조적 물질이 된다. 2개의 포도당이 결합하기 위해서는 이 두 분자가 동일한 형태여야 한다. 포도당은 두 가지 방식으로 고리형으로 될 수 있는데, 고리가 닫히는 부위의 탄소에 부착된 수산기가 아래쪽에 있을 경우 알파(α)형이고, 위쪽에 있을 경우 베타(β)형이다. 녹말에 들어 있는 모든 포도당은 α포도당이다. β포도당으로만 이루어진 다당류는 식물 세포벽의 성분인 셀룰로스이다(그림 3.22). 대부분의 생물은 셀룰로스를 분해하는 효소를 가지지 않는다. 소와 같은 일부 동물은 소화관에 사는 세균을 이용하여 셀룰로스를 분해한다.

키틴

절지동물과 여러 균류의 구조적 구성 물질은 키틴(chitin)이다. 키틴은 셀룰로스의 변형된 형태로서 포도당 단위에 질소기가 부착되어 있다. 키틴은 단백질과 결합하여 갑각류나 곤충의 단단한 외골격을 형성한다(그림 3.23). 키틴을 소화하여 주요 영양원으로 삼는 생물은 드물지만, 대부분의 생물은 이를 분해하는 효소인 키티나제(chitinase)를 균류 감염을 막기 위해 이용하는 것 같다.

그림 3.23 | 키틴
셀룰로스의 변형된 형태로 알려진 키틴은 가재 같은 많은 무척추동물의 외골격을 이루는 주요 구조적 요소이다.

CHAPTER 04

생명의 기원과 초기 역사

많은 과학자들이 지구상에서 생명체가 어떻게 생겨났는가에 대하여 설명하고자 하지만 아직 확실하게 알려진 바는 없다. 가장 오래 전의 생명체의 흔적은 25억 년 전의 것이다. 생명의 기원은 물리적 사건과 화학적 과정에 의하여 시작되었다.

4.1 유기물의 기원

밀러-유리의 실험

초기 지구에 어떤 유기물 분자가 생겨났는지를 알아보기 위한 첫 시도는 1953년에 밀러(Stanley L. Miller)와 유리(Harold C. Urey)에 의해 수행되었다. 그들은 환원성 대기 아래에 있는 원시 대양의 조건을 실험실적으로 만들었다.

밀러와 유리는 그 실험을 수행하기 위하여 실험 장치(그림 4.1)에 (1) 환원성 대기를 모방하여 수소를 풍부히 넣고 산소는 넣지 않았다. (2) 이 대기를 물 위에 놓이게 했다. (3) 이 혼합물을 100°C 이하의 온도에 놓아두었다. (4) 번개를 모방한 불꽃 방전을 일으켰다.

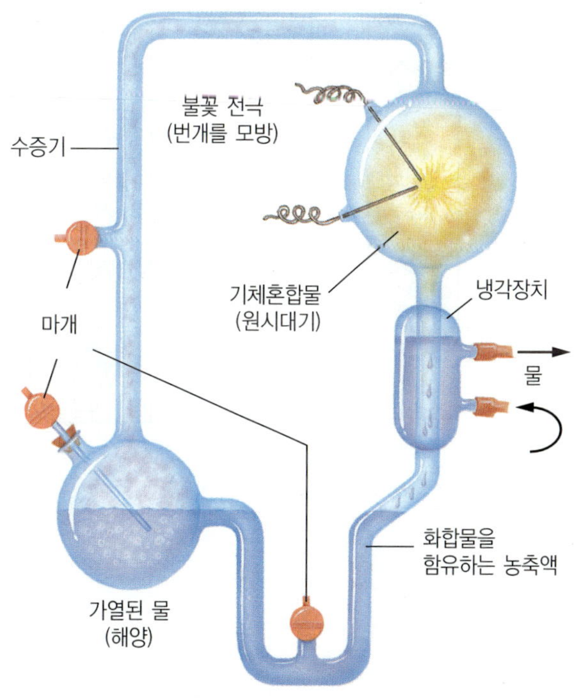

그림 4.1 | 밀러-유리의 실험.
위쪽 플라스크에 기체혼합물(원시대기)을 넣고 전기방전을 시킨 후 냉각시킨다. 이때 생성된 물방울은 가열된 물(해양)이 담긴 플라스크로 보내진다. 위쪽 플라스크에서 생성된 화합물 분자들은 물방울에 녹아 두 번째 플라스크로 보내져 분석된다.

1주일이 지나지 않아, 원래 메탄가스(CH_4) 상태로 있던 탄소의 15%가 다른 간단한 탄소화합물로 전환되었다. 이 화합물은 포름알데히드(CH_2O)와 시안화수소(HCN)였다(그림 4.2). 이 두 화합물은 다시 결합하여 포름산(HCOOH)과 요소(NH_2CONH_2), 그리고 C−C 결합이 들어 있는 글리신이나 알라닌과 같은 아미노산을 만들었다.

그 후 과학자들은 유사한 실험을 통하여 30가지 이상의 탄소화합물을 밝혀냈다. 아미노산은 단백질의 재료이고, 단백질은 생물체 구성의 가장 중요한 분자이다. 그 외에도, HCN은 아데닌으로 전환되었는데, 아데닌은 DNA와 RNA에서 발견되는 염기이다. 그러므로 생명체를 이루는 데 필요한 재료 분자는 초기 지구의 대기 속에서 이미 만들어져 있었다고 볼 수 있다.

화학적 진화의 경로

생명의 기원을 연구하는 생물학자들 사이에 흔한

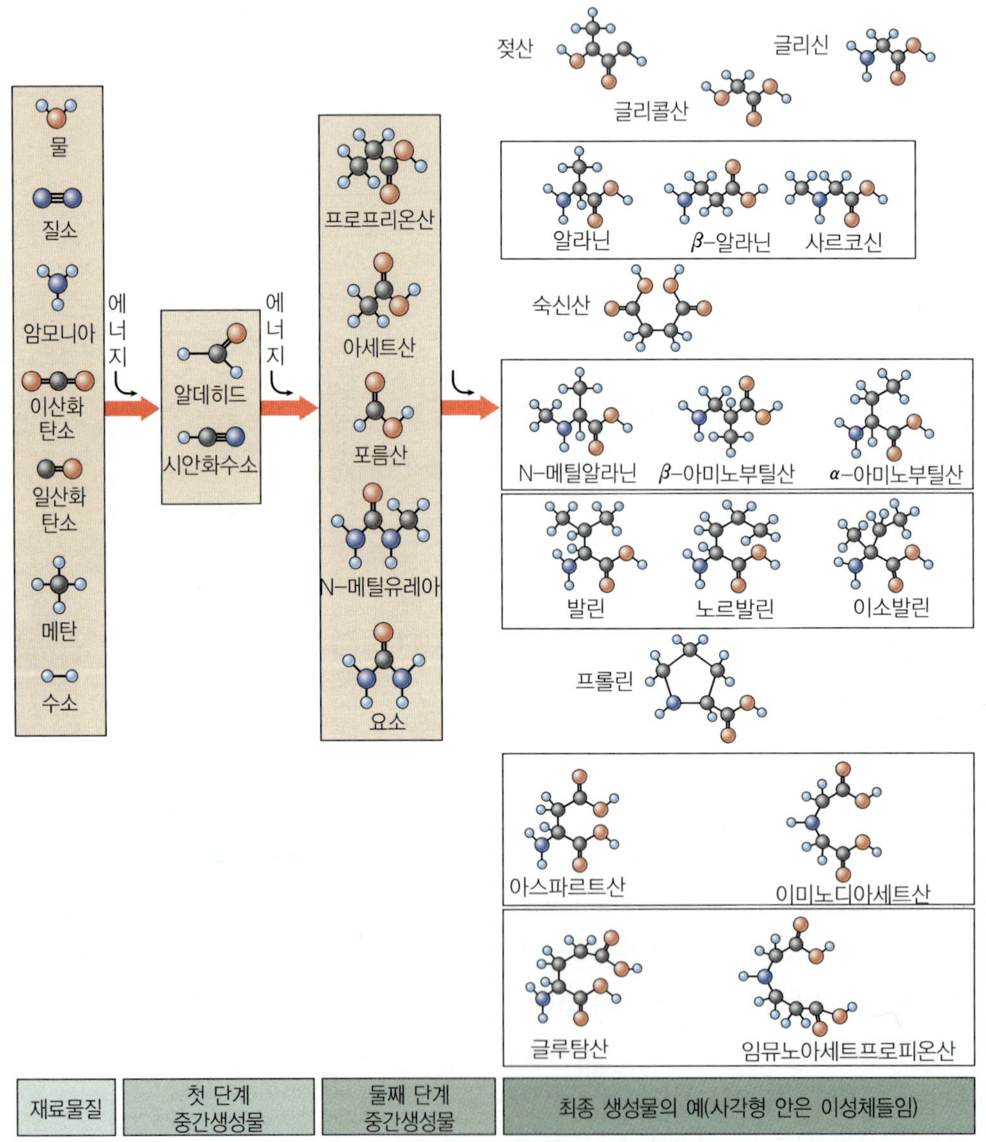

그림 4.2 | **밀러-유리 실험의 결과**
원래의 혼합물에는 산소를 제외한 일곱 가지의 간단한 기체분자들이 들어 있었다. 각 단계마다 복잡해진 분자들이 발견되었는데, 처음에 알데히드, 그 다음에 간단한 산, 그런 다음 더 복잡한 산들이 생겨났다. 최종 산물 중에는 구조적 이성질체들이 나타났다. 대개의 경우 이성질체들 중에서 한 가지만 오늘날의 생물체 내에 나타난다.

논란은 RNA와 단백질 중에서 어느 것이 먼저 생겨났느냐이다.

RNA가 먼저 생겼다는 학자들은 유전분자가 없이는 다른 분자가 생길 수 없다는 주장이다. 일부 학자는 효소처럼 행동하는 RNA 분자인 리보자임(ribozyme)을 발견하였다. 최근에는 리보솜에 함유된 RNA가 아미노산을 결합시켜 단백질을 만드는 화학반응을 촉매하는 것을 보여주었다. 만약 RNA가 유전정보를 전달하고 효소처럼 작용할 수 있다면 단백질은 필요하지 않았을 것이다.

단백질이 먼저 생겼다고 주장하는 사람들은 효소 없이는 복제될 수 있는 것이 아무 것도 없다고 주장한다. 뉴클레오티드는 복잡해서 우연히 생길 수 없다고 본다. 뉴클레오티드보다는 간단한 단백질이 무생물적 요소로부터 합성되기가 더 쉬운 것은 사실이지만 적당한 조건에서 실험실적으로 형성될 수 있다. 일부 학자는 실험적으로 복제 가능한, 뉴클레오티드 비슷한 분자를 합성하였다. 이들은 나아가 복제도 하고 "실수"도 하는 분자도 합성해냈는데, 이 돌연변이의 모방은 진화의 과정을 열어주는 요소가 된다.

일부 학자들은 단백질과 핵산이 동시에 생겼다고 본다. RNA는 복잡하고 불안정하므로, 이 이론은 단백질-핵산(PNA)이 생명의 토대였다고 본다. PNA(protein-nucleic acid)는 안정하고 단순하여 우연히 생길 수 있고, 자기복제도 한다.

4.2 세포의 기원

세포는 액체 주머니와 같다. 어떤 액체가 들어 있느냐는 세포에 따라 다르며 주변 환경에 따라 달라진다. 초기 세포는 묽은 원시 수프(primordial soup) 속에 떠 있었을 것이며, 그 내부는 특수 유기물 분자로 농축되어 있었을 것이다.

액적의 중요성

이 "액체 주머니"가 어떻게 간단한 유기물 분자들로부터 진화했을까? "해양의 주변" 시나리오를 주장하는 과학자들은 진화 단계에서 액적(bubble)이 중요한 역할을 했다고 본다. 액적은 속이 텅빈 구형의 구조물이다. 일부 소수성 부위를 가진 분자들은 우연히 물 속에서 액적을 만들 수 있다. 액적구조는 이 분자들의 소수성 부위를 물과 차단한다. 바닷가에서 파도가 치면 거품이 일어난다. 원시 바다의 주변 해안은 자외선이나 이온화 방사선이 쪼이고 메탄이나 다른 간단한 유기 분자를 포함한 공기와 접하고 있는 매우 거품이 이는 곳이었을 것이다.

오파린의 가설. 최초의 액적 가설은 러시아의 화학자 오파린(Alexander Oparin)에 의해 제기되었다. 1930년대 중반에 오파린은 오늘날의 대기 상태로는 생명이 생겨날 수 없으며, 원시 지구는 오늘날과 달랐다고 했다. 그의 가설은 1차 자연발생설(primary abiogenesis)로서, 원시 지구에서는 비생명 물질로부터 생명체가 생겨날 수 있었다는 주장이다. 영국의 유전학자 홀데인(J.B.S. Haldane)도 독립적으로 이와 유사한 주장을 하였다.

오파린은 세포가 진화하기 위해서는 화학적 복잡성과 농도를 증대시키고, 내용물을 주변 환경으로부터 막에 의하여 분리시키는 수단이 있었을 것으로 보았다. 그는 이 구조를 원시생명체(protobiont)라고 했다.

오파린의 가설은 1938년에 영문으로 출판되었으나 상당한 기간 동안 과학자들은 이를 무시하였다. 그러나 시카고 대학의 천문학자인 유리(Harold Urey)는 오파린의 생각을 주목하였다. 그는 대학원생이던 밀러(Stanley Miller)에게 오파린의 가설을 검증할 수 있는 실험을 하도록 지시하였다. 이들의 실험 결과로 오파린의 가설은 널리 수용되기에 이르렀다.

액적 가설. 액적 가설의 여러 가지 변형이 여러 과학자들에 의해 생겨났다. 이들이 말한 액적은 마이크로스피어(microsphere), 원시세포(protocell), 원시생명체(protobiont), 미셀(micelle), 리포솜(liposome), 코아세르베이트(coacervate) 등, 액적의 성분(지질 또는 단백질)과 생성 방법에 따라 여러 가지로 불렀다. 모두 속이 텅 비고 여러 가지 세포적 특성을 보인다. 예를 들어 코아세르베이트(coacervates)라는 지질 액적은 세포막과 비슷하게 2층의 외부 경계막을 가진다. 코아세르베이트는 외부로부터 지질 분자를 흡수하면서 커지며, 출아와 비슷한 방법으로 돌출부를 내고, 세균처럼 이분열로 분열한다. 또한 아미노산을 흡수하여 산-염기 반응을 촉진시키고 포도당 분해도 한다.

액적 시나리오. 생명의 기원 이전에 액적을 비롯한 화학적 진화가 있었다고 보는 것은 어렵지 않다. 원시 해양에는 이러한 액적들이 수없이 많았을 것이다. 일부는 우연히 성장촉진 반응을 촉매하는 측쇄를 가진 아미노산을 간직하게 되었을 것이다. 수백만 년 이상 주변으로부터 분자와 에너지를 포집할 수 있는 이 복잡한 액적들은 오래 존속할 수 있었을 것이며, 생장과 분열을 통하여 원래의 액적과 동일한 액적을 생산하였을 것이다. 이때 어버이 액적에서 자손 액적으로 새로운 능력, 즉 유전 능력을 전달할 수 있는 방법이 개발되었을 때 생명은 드디어 시작되었을 것이다.

4.3 원시 세포의 진화

원시 세포

오래된 암석에서 발견된 화석을 보면 간단한 생명체로부터 복잡한 생명체로 발전하였음을 알 수 있다.

미세화석

고생물학자들은 25억 년 전의 암석에서 미생물의 화석인 미세화석을 발견하였다(그림 4.3). 미세화석(microfossils)은 대개 작고(직경 1~2μm) 내부 구조가 거의 보이지 않으며, 오늘날의 세균과 비슷한 모양이다. 이보다 오래된, 35억 년 전의 것이라고 주장되었던 여러 미생물 화석은 생명체가 아닌 광물적 구조물인 것으로 판명되었다. 화석 기록에 의하면 진핵세포(eukaryotes)는 15억 년 전 이후에 등장한 것으로 보인다. 그러므로 약 10억 년 동안 원핵세포(prokaryotes)만 존재했었다.

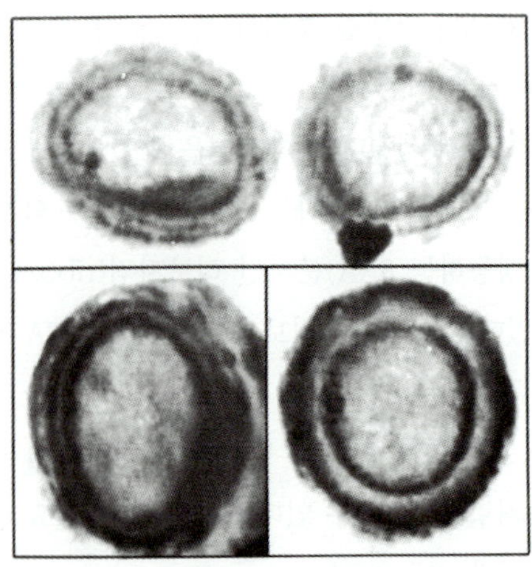

그림 4.3 | 원핵세포 화석의 횡단면.
오스트레일리아에서 발견된 이 미세화석들은 고대의 남세균들이다. 이 전자현미경 사진에서 세포벽이 뚜렷이 보인다.

원시 원핵세포 : 고세균

오늘날의 생물들은 현재와 같은 비교적 온화한 지구에 적응되어 있다. 그러나 오늘날에도 특수한 환경에서 특이한 형태와 대사를 나타내는 잔존생물을 발견할 수 있다. 흑해의 무산소 해저층, 온천의 뜨거운 물, 심해 온천에서 산소 없이 고온 상태에서 살아가는 원핵생물을 발견할 수 있다. 이들 특별한 원핵생물을 고세균(archaebacteria)이라고 하는데, 그 중 한 가지가 메탄생성균(metanogen)이다. 메탄생성균은 오늘날 존재하는 고세균 중에서 가장 원시 원핵생물이며, 산소가 없는 환경에서만 살 수 있는 혐기성 세균(anaerobic bacteria)이다. 메탄생성균은 이산화탄소

그림 4.4 | 메탄생성균.
이 고세균(*Methanosarcina barkeri*)은 대사활동의 결과 메탄가스를 만들어내므로 메탄생성균이라고 한다.

와 수소원자를 메탄 가스(CH_4)로 전환시킨다(그림 4.4). 비록 원시적이지만, 메탄생성균은 다른 원핵세포처럼 DNA, 지질 세포막, 세포벽을 가지며, ATP를 토대로 한 대사를 한다.

특수한 세포 구조

세포벽과 막 구조가 자세히 조사된 후 메탄생성균은 다른 모든 원핵생물과는 다르다는 것이 알려졌다. 고세균의 세포벽에는 단백질이 함유된 탄수화물인 펩티도글리칸(peptidoglycan)이 없다. 고세균의 세포막에는 또한 다른 생물에서는 발견되지 않는 특수한 지질이 들어 있고, 고세균의 대사 역시 다른 생물과 뚜렷한 차이를 보인다.

지구의 최초 생명체

그 외의 고세균으로는 사해와 같은 염분 농도가 매우 높은 곳에서 사는 호염세균(extreme halophiles)이나 심해 화산 같은 곳에 사는 호열세균(extreme thermophiles)이 있다. 호열세균은 끓는 물에서도 살 수 있으므로, 미생물학자들은 호열세균이 지구 최초 생물의 잔존생물로 보고 있다.

*Methanococcus*라는 메탄을 생성하는 심해에 사는 고세균이 있는데, 이 원핵생물은 88°C의 온도와 해수면보다 245배나 높은 압력에서 서식한다. 1996년에 분자생물학자들은 *Methanococcus*의 전체 뉴클레오티드 서열을 알아냈다. 이 세균은 단지 1,739,933개의 뉴클레오티드로 이루어진 1,700개의 유전자를 가지고 있다. 이 뉴클레오티드 서열은 다른 생물의 DNA 서열과는 매우 다르다는 것이 밝혀졌다. 다른 원핵생물과의 비교 결과 고세균은 생명이 시작된 지 얼마 되지 않는 20억 년 전에 다른 원핵생물과 갈라졌다는 것이 밝혀졌다.

세균

원핵생물의 둘째의 주요 그룹인 세균(bacteria)은 튼튼한 세포벽과 간단한 유전자 구조를 가지고 있다. 오늘날 살고 있는 대부분의 원핵생물은 세균이다. 이 그룹에 속하는 것들 중에는 빛에너지를 이용하고 이 에너지를 화학에너지로 전환하도록 진화한 광합성 세균들이 있다.

생명의 역사에서 중요한 광합성 세균 중 한 가지 유형은 남조류(blue-green algae)라고도 하는 남세균(cyanobacteria)이다(그림 4.5). 남세균은 오늘날 식물과 조류에서 가장 흔한 엽록소와 청색이나 적색의 색소를 가진다. 남세균은 광합성의 결과로서 산소를 생산하며, 20억 년 전 처음 등장한 뒤 지구 대기의 산소 농도가 1% 이하에서 오늘날의 21%로 증가하는 데 결정적 역할을 하였다. 산소 농도가 증가하면서 대기 바깥층의 오존 농도도 함께 증가하였다. 두꺼워진 오존층은 태양으로부터 오는 자외선을 차단하게 되었다. 자외선은 단백질과 핵산을 파괴한다.

최초의 진핵세포

15억 년 이전의 화석은 대부분 직경 0.5~2μm이며 6μm를 넘는 것이 없다. 이 단순한 세포들은 크고

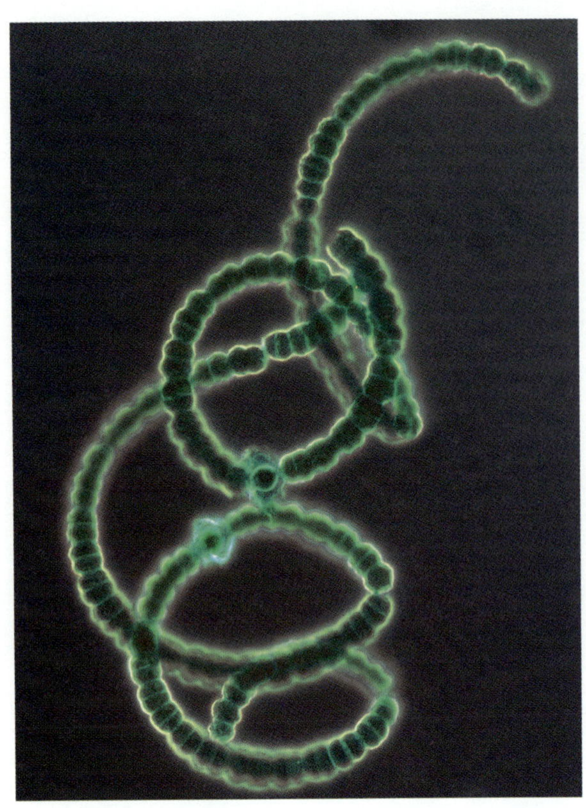

그림 4.5 | 현생 남세균.
다세포생물은 아니지만, 이 세균은 모여서 기다란 사슬을 형성할 수 있다.

복잡한 진핵세포로 진화하게 된다. 약 15억 년 전의 암석에서 이전의 것과는 뚜렷이 다른 세포가 나타난다. 이때 직경 10μm 이상인 세포들이 급격히 증가하였다. 이 세포들은 원핵세포보다 크고 내부 막계를 가지며 두꺼운 세포벽을 가지는 진핵세포들이다. 14억 년 전의 일부 화석 세포는 직경 60μm이다.

핵과 소포체의 기원

여러 원핵세포에서는 외부막이 세포 안쪽으로 접혀 들어가 있다. 진핵세포에서 망상의 내부막인 소포체(ER)와 소포체의 막이 확장되어 핵을 둘러싼 핵막은 이 구조물에서 진화한 것으로 보인다(그림 4.6).

미토콘드리아와 엽록체의 기원

다른 세포의 안에서 살면서 숙주세포의 특수 기능을 수행하는 세균을 내부 공생세균(endosymbiotic bacteria)이라고 한다. 내부공생설에 의하면 원핵생물들 사이의 공생 관계를 통하여 진핵세포가 진화하였다고 한다. 에너지를 생산하는 세균이 크기가 큰 세균 속에서 잔류하여 결국 미토콘드리아가 되었다. 이와 유사하게, 광합성 세균이 다른 세균 안으로 들어가서 엽록체가 되었다(그림 4.7). 편모를 가진 세균은 편모가 없는 세균과의 공생을 통하여 커다란 이동력이 큰 세포로 되었다. 내부공생설은 현재 널리 수용되고 있다. 미토콘드리아, 엽록체, 중심립은 자체의 DNA를 가지며, 이 DNA는 크기와 특징상 세균의 DNA와 매우 유사한 점 등은 내부공생설이 지지되는 근거가 된다.

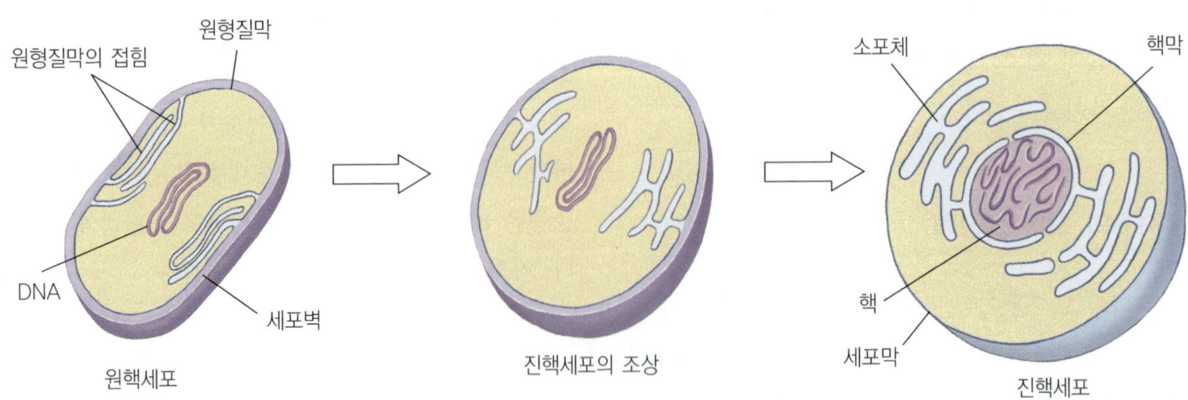

그림 4.6 | 핵과 소포체의 기원.
많은 원핵세포는 원형질막이 내부로 접혀 들어간 구조물을 가지고 있다. 진핵세포의 내부막계인 소포체와 핵막은 이로부터 진화한 것으로 보인다.

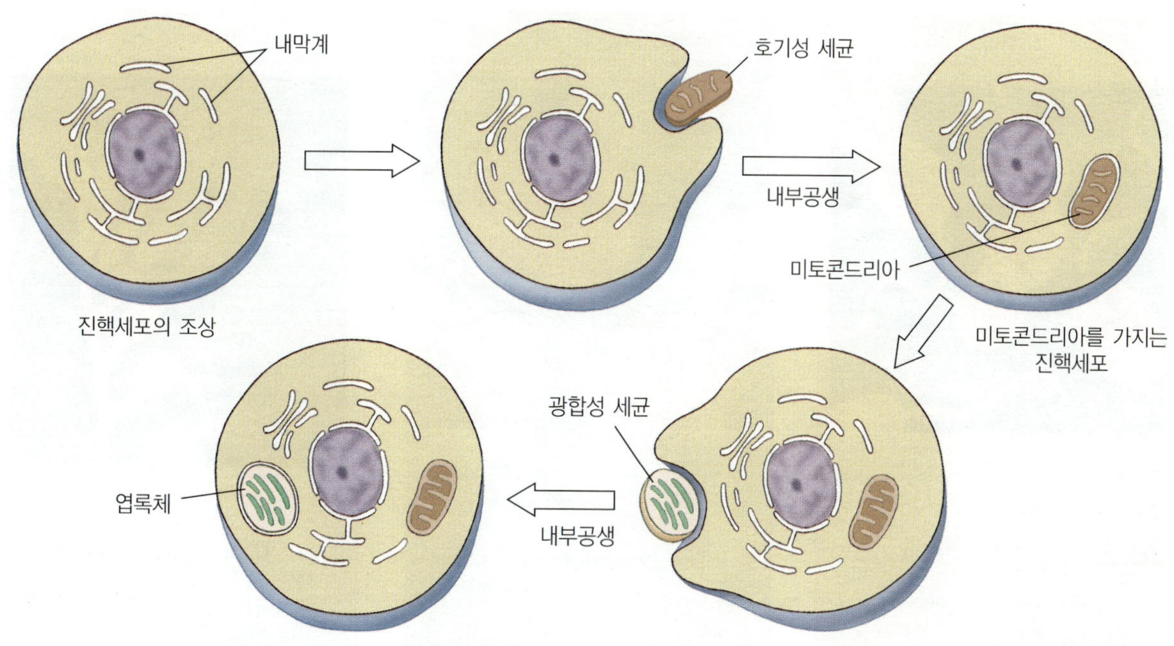

그림 4.7 | **내부공생설.**
이미 내부막계를 가지는 원시 진핵세포가 호기성 세균을 삼켰는데, 이 삼켜진 세균이 미토콘드리아로 진화하였다. 엽록체도 이와 유사하게 광합성 세균으로부터 생겨났다.

유성생식

대부분의 진핵세포는 유성생식(sexual reproduction)을 한다. 유성생식의 장점은 빈번하게 유전자 재조합을 일으키고, 이는 다시 진화의 재료인 변이를 일으킨다는 점이다. 감수분열과 유성생식은 진핵생물의 커다란 다양성을 가져다주었다.

다세포성

다양성은 다세포성(multicellularity)의 발달로 더욱 증진되었다. 일부 단세포성 진핵세포들은 서로 모여 군체를 이루며 살게 되었다. 군체의 각 구성원들은 점차 서로 다른 임무를 갖게 되어, 군체는 결국 하나의 개체로서의 특성을 갖게 되었다. 진핵생물에서 다세포화는 여러 차례 일어났다. 다세포성의 장점은 세포의 분화이다.

생물의 다양성

오늘날 지구상의 막대한 생물 다양성으로 인해 생물학자들은 이들을 유사한 것끼리 구분하는 분류학이라는 분야를 발전시켜 왔다. 현생의 생물들은 크게 3개의 도메인(domain)으로 구분되고 있으며, 이들은 다시 6개의 계(kingdom)로 세분되고 있다(그림 4.8, 4.9).

세균도메인

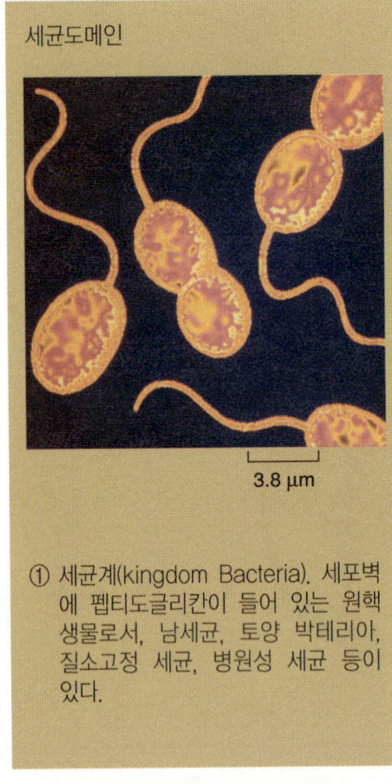

① 세균계(kingdom Bacteria). 세포벽에 펩티도글리칸이 들어 있는 원핵생물로서, 남세균, 토양 박테리아, 질소고정 세균, 병원성 세균 등이 있다.

고세균도메인

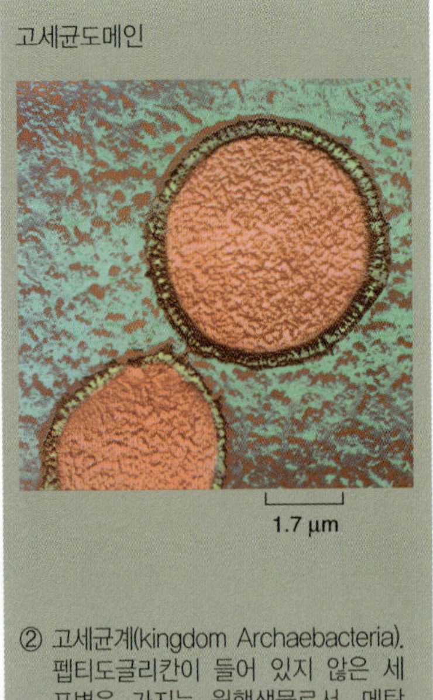

② 고세균계(kingdom Archaebacteria). 펩티도글리칸이 들어 있지 않은 세포벽을 가지는 원핵생물로서, 메탄생성균, 극호염세균, 호열세균이 포함된다.

진핵생물도메인

③ 원생생물계(kingdom Protista). 진핵생물로서, 주로 단세포성이며(일부 조류는 다세포성임), 광합성을 하거나 종속영양생물로서, 아메바나 짚신벌레 등이 이에 속한다.

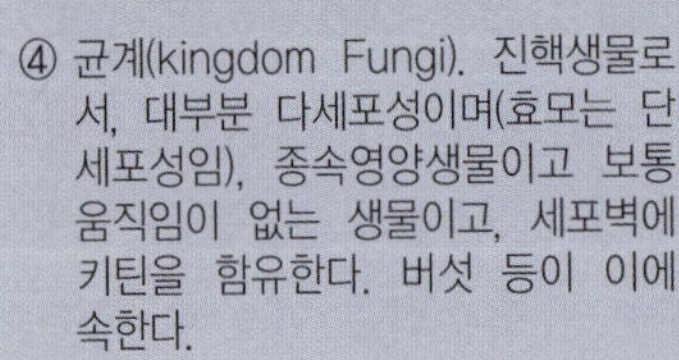

④ 균계(kingdom Fungi). 진핵생물로서, 대부분 다세포성이며(효모는 단세포성임), 종속영양생물이고 보통 움직임이 없는 생물이고, 세포벽에 키틴을 함유한다. 버섯 등이 이에 속한다.

⑤ 식물계(kingdom Plantae). 진핵생물로서 다세포성이고, 움직임이 없으며, 대개 육상에 사는 광합성 생물이다. 나무, 풀, 이끼 등이 이에 속한다.

⑥ 동물계(kingdom Animalia). 진핵생물로서 다세포성이며 움직이고 종속영양생물이다. 동물들이 이에 속한다.

그림 4.8 | 생물의 세 가지 도메인.

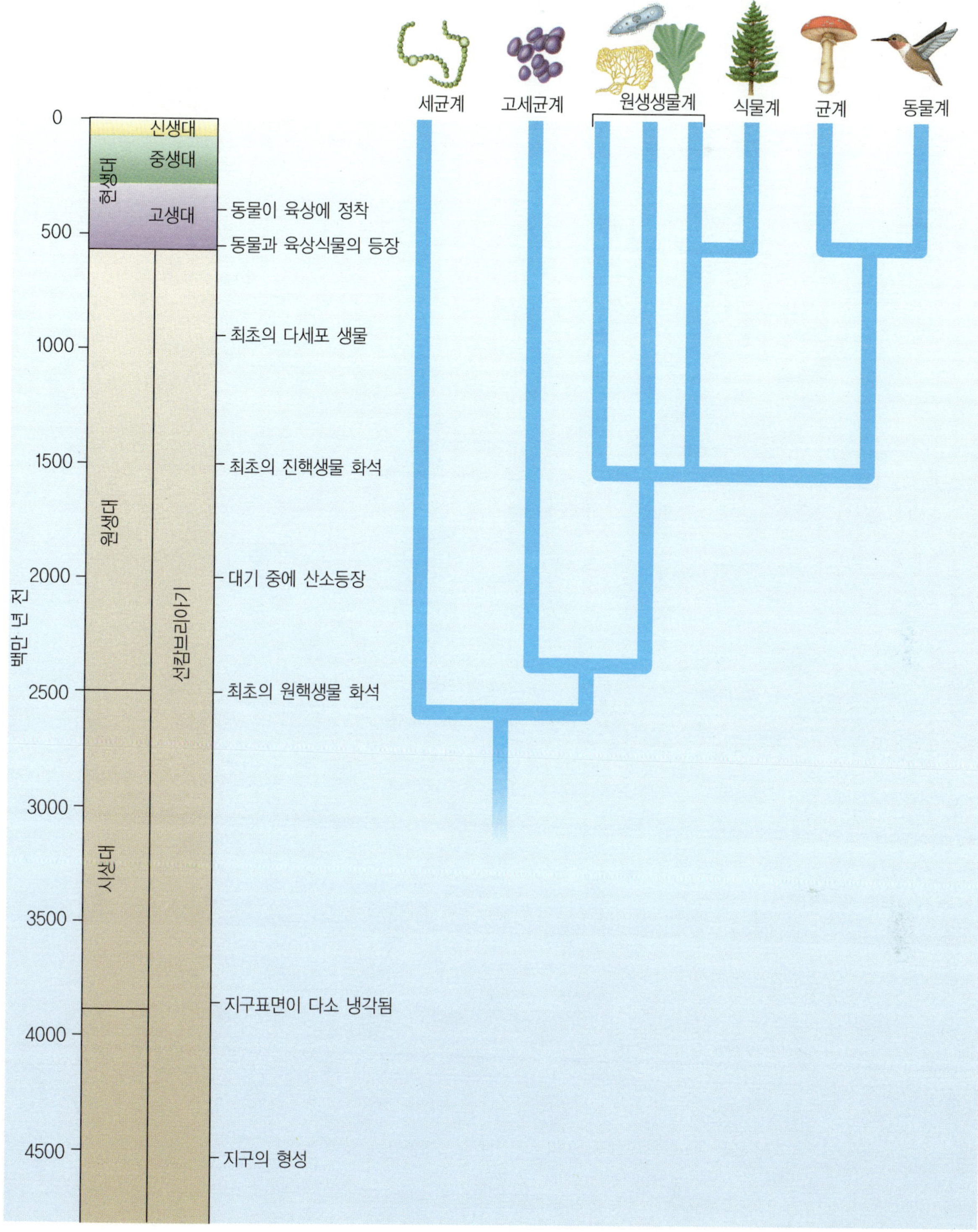

그림 4.9 | 지질시대표 및 계의 진화.

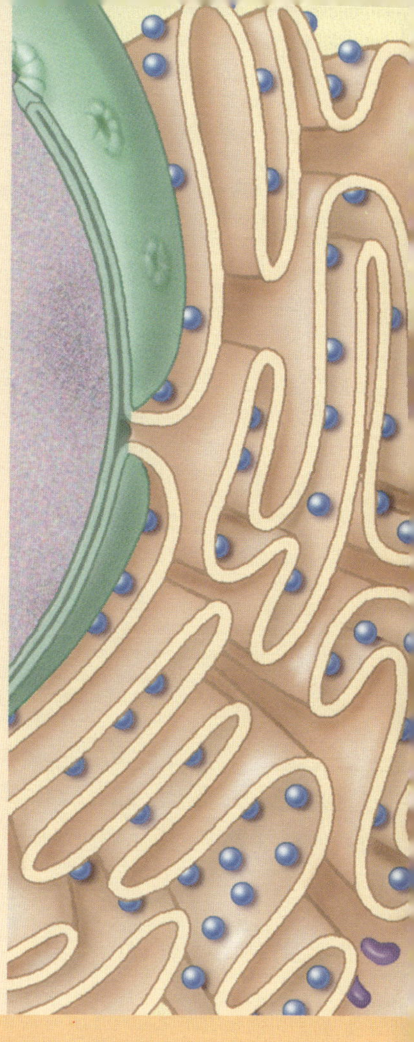

Part Ⅱ
세포생물학

05
세포의 구조

06
생체막

07
세포간 상호작용

08
에너지와 대사

09
세포의 에너지 획득

10
광합성

11
세포분열

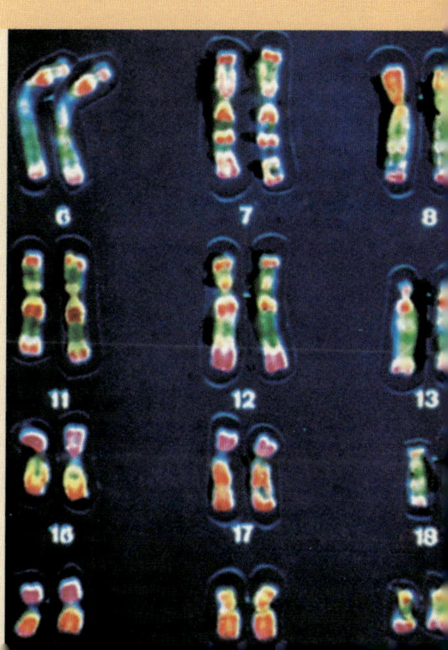

CHAPTER 05

세포의 구조

모든 생물은 세포로 이루어져 있다. 일부 생물의 몸은 하나의 세포로 구성되어 있어서 맨눈으로 보이지 않지만 사람과 같은 큰 생물은 많은 세포로 구성된다. 이 장에서는 세포의 내부 구조를 자세히 알아보고자 한다.

5.1 원핵세포와 진핵세포

원핵생물

원핵생물은 단순한 생물이다. 원핵세포는 작고 단단한 세포벽 안에 원형질막이 있고, 다시 그 안에 세포질이 있다(그림 5.1). 원핵생물은 광합성을 통하여 빛에너지를 흡수하며, 죽은 생물을 분해하여 그 구성물질을 재순환시키기도 하고, 질병을 일으키기도 하며, 여러 가지 중요한 산업 공정에 이용되기도 한다.

단단한 세포벽

대부분의 원핵세포는 단단한 세포벽(cell wall)으로 둘러싸여 있다. 세균의 세포벽은 펩티도글리칸(peptidoglycan)으로 구성되어 있는데, 펩티도글리칸은 탄수화물 기질이 짧은 폴리펩티드에 의해 교차 결합된 물질이다. 고세균의 세포벽은 여러 가지 화학적

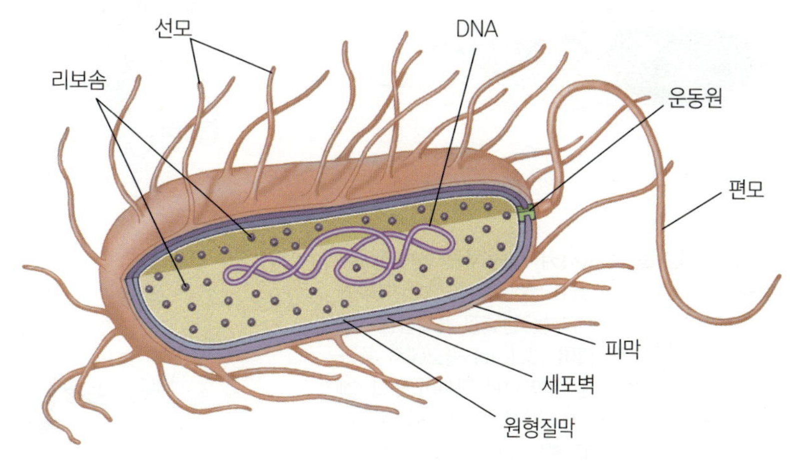

그림 5.1 | 원핵세포의 구조.

조성을 가지지만 모두 펩티도글리칸은 들어 있지 않다. 세포벽은 세포를 보호하고 그 형태를 유지시키며, 과다한 물의 침투를 막는다. 식물, 균류, 대부분의 원생생물도 세포벽을 가지는데, 이들의 세포벽은 화학적 구조가 서로 다르고 펩티도글리칸이 없다. 일부 예외를 제외하고, 모든 세균은 그람 염색으로 세포벽이 염색되는 방식에 따라 두 가지 유형으로 구분할 수 있다. 덴마크의 미생물학자 그람(Hans Christian Gram)은 일부 병원성 세균의 존재를 찾아내는 방법을 개발했다. 그람 양성(Gram-positive) 세균은 그람 염색으로 보라색으로 염색되는 두꺼운 한 층의 세포벽을 가지며, 광학현미경으로는 자주색으로 보인다. 이보다 복잡한 세포벽을 가지는 세균들이 있는데, 이 세균들의 세포벽은 여러 층이고 그람 염색 방법으로 자주색으로 염색되지 않으며, 그 대신 염색액과 같은 붉은색을 띠는데, 이런 성질을 그람 음성(Gram-negative)이라고 한다.

항생물질에 대한 세균의 감수성은 흔히 세포벽의 구조에 의해 결정된다. 가령, 페니실린과 반코마이신은 세균 세포벽의 탄수화물 사슬들을 고정시키는 펩티드 단위들의 교차 결합을 방해한다. 그 결과 세포벽을 통하여 물이 자유로이 안으로 들어와서 세포가 터져 죽게 된다. 많은 세균의 세포벽은 긴 다당류 사슬로 덮여 있다. 이 다당류는 세균으로 하여금 치아, 피부 등에 부착할 수 있게 해 준다. 여러 병원성 세균은 다당류로 된 젤리 모양의 보호 피막을 만든다.

구조

일부 원핵생물은 편모(flagellum)를 이용하여 움직인다. 이 편모는 단백질 섬유인데 종에 따라 세포당 1개 또는 그 이상을 가지거나 전혀 없기도 한다. 세균은 편모를 스크류처럼 회전시켜 매초 세포 직경의 최대 20배 거리까지 헤엄칠 수 있다(그림 5.2).

원핵세포의 전자현미경 사진을 보면 내부에 핵도 없고 내부 지지구조도 없다. 따라서 세포의 강도는 주로 세포벽에 의해 생긴다(그림 5.1). 원핵세포의 세포막은 진핵세포의 세포소기관이 하는 몇 가지 기능을 수행한다. 가령, 원핵세포가 분열하기 전에 간단한 고리 모양인 DNA가 복제된다. 복제 결과로 생긴 2개의 DNA 분자는 세포막의 서로 다른 지점에 부착하여 딸세포가 그 중 하나의 DNA를 가지도록 한다. 또한, 남세균이나 *Prochloron*과 같은 일부 광합성 세균(그림 5.3)은 심하게 겹쳐진 세포막을 가진다. 이 겹쳐진 세

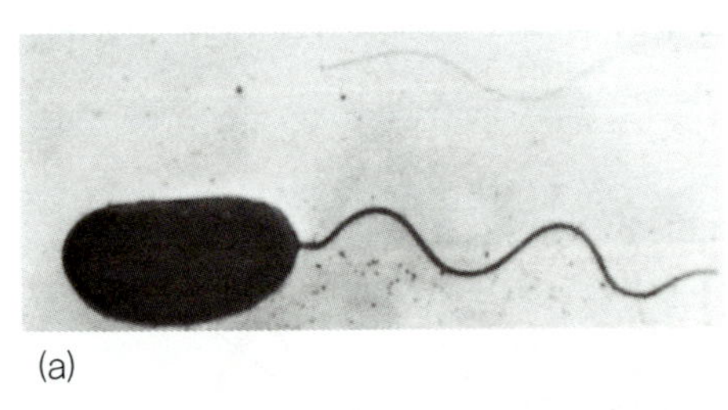
(a)

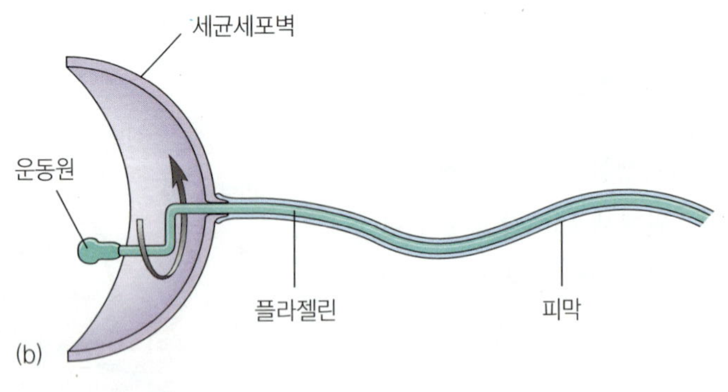

(b)

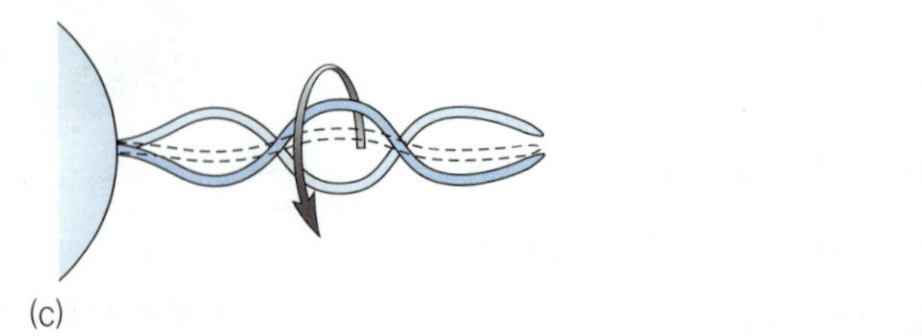
(c)

그림 5.2 | **편모를 회전시켜 헤엄치는 원핵생물.** (a) 콜레라를 일으키는 *Vibrio cholerae.* 사진의 위쪽에 보이는 피막이 벗겨진 중심부는 단백질 플라젤린으로 된 1개의 결정으로 구성되어 있다. (b) 편모에서 플라젤린 중심부는 신축성 있는 피막으로 감싸여 있다. (c) 우리가 *Vibrio* 세포의 안에서 편모를 터빈처럼 돌린다면 편모의 아래쪽으로 회전하는 파동이 생길 것이다. 그 결과 세포는 앞으로 전진한다.

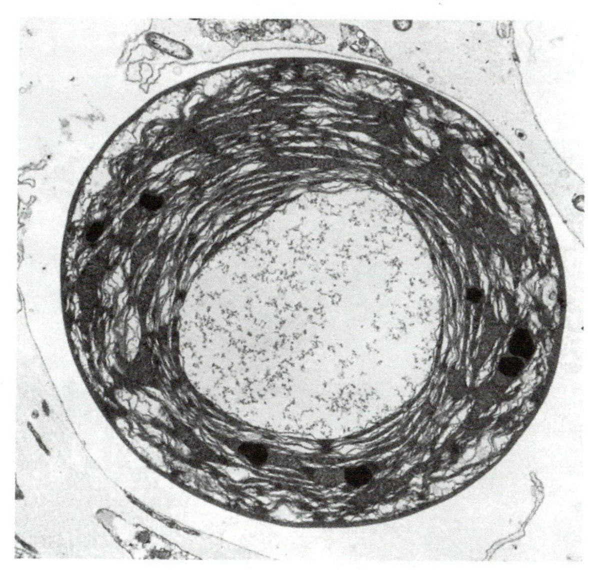

그림 5.3 | 광합성 세균세포의 전자현미경 사진.
이 *Prochloron* 세포에서 광합성 세포막이 심하게 안쪽으로 접혀져 들어간 것을 볼 수 있다(14,500×).

포막에는 광합성과 관련된 색소가 있다.

원핵세포에는 막으로 둘러싸인 세포소기관이 없으므로 DNA, 효소, 기타 세포질 내용물은 세포의 전체 부위에 흩어져 있다.

진핵세포

진핵세포(그림 5.4, 5.5)는 원핵세포보다 훨씬 복잡하다. 진핵세포의 가장 큰 특징은 내막계(endomembrane system)와 세포소기관(organelles)에 의하여 세포 내부가 구획되어 있다는 점이다. 식물세포는 흔히 막으로 둘러싸인 커다란 중심 액포(central vacuole)을 가지는데, 이는 단백질, 색소, 노폐물 등을 저장한다. 식

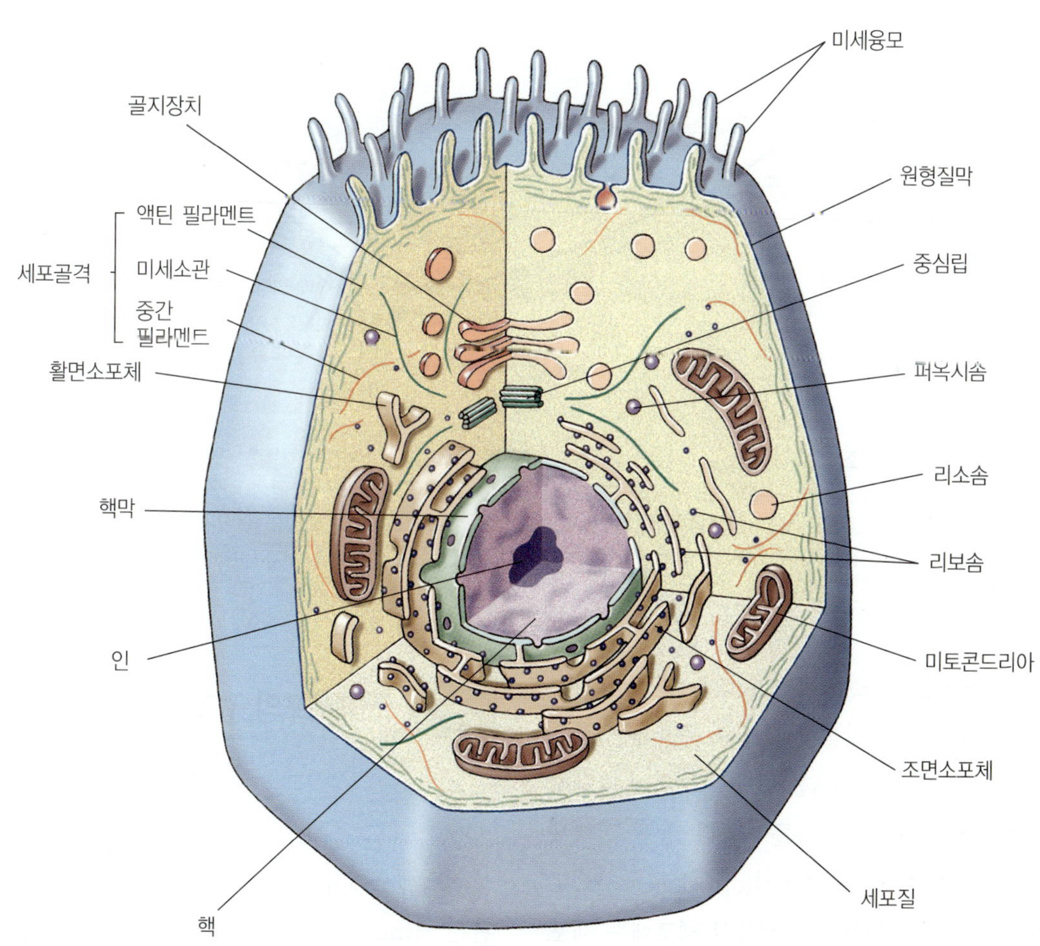

그림 5.4 | 동물세포의 구조.
동물세포는 원형질막에 둘러싸여 있고, 세포질이라는 반유동성 기질 내에 세포골격, 여러 세포소기관들과 내부 구조물들이 분포되어 있다. 일부 동물세포들은 미세융모라는 손가락 모양의 돌기들을 가지고 있으며, 많은 원생생물세포들 같은 진핵세포들은 세포운동을 돕는 편모나 많은 다양한 기능들을 가지고 있는 섬모를 가지고 있다.

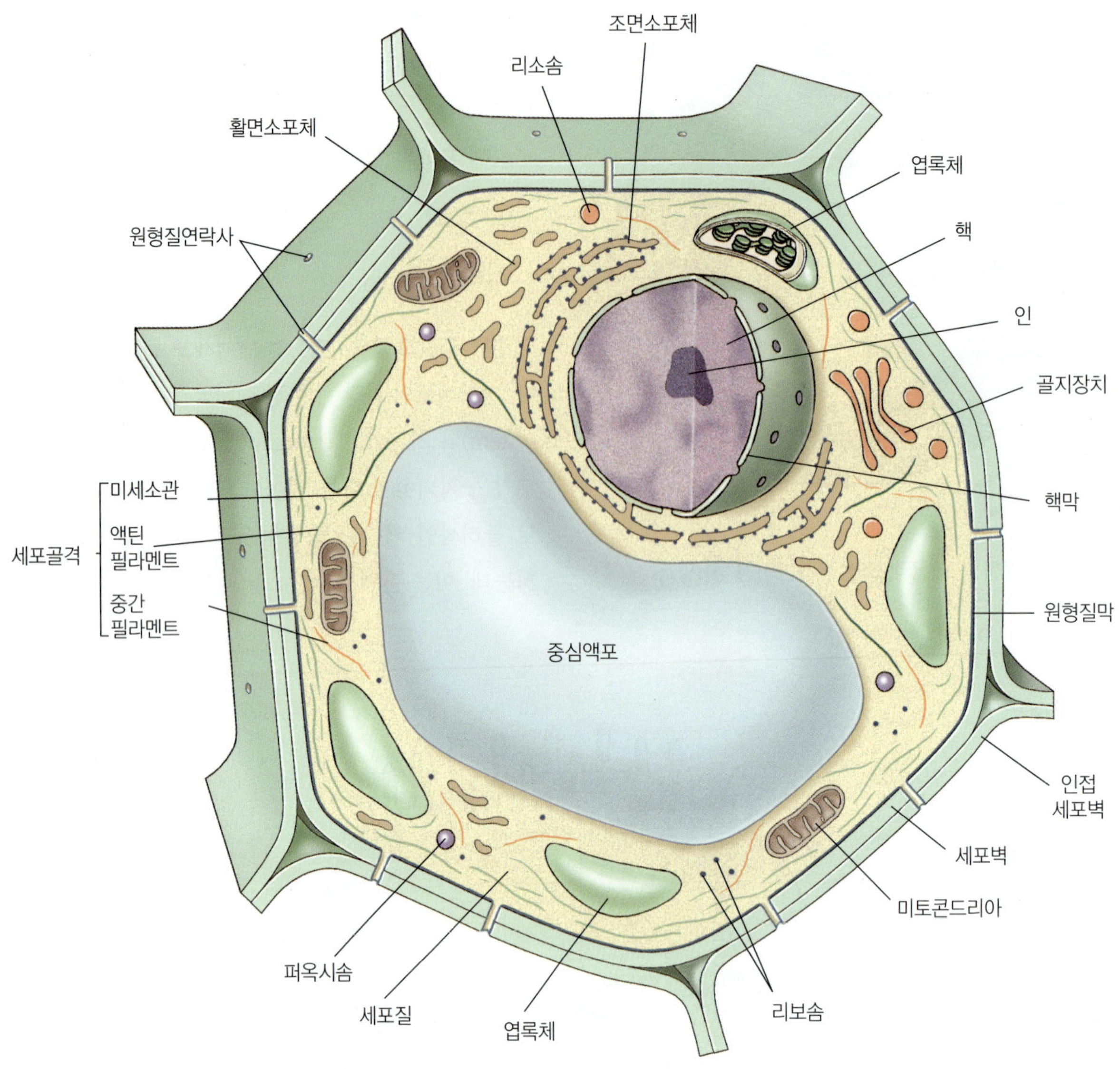

그림 5.5 | 식물세포의 구조.
대부분의 성숙한 식물세포들은 세포 내부의 큰 구역을 차지하고 있는 커다란 중심액포와 광합성이 일어나는 엽록체라는 세포소기관을 가지고 있다. 식물, 균류 그리고 일부 원생생물세포들은 세포벽을 가지고 있는데, 그 조성은 집단마다 다르다. 식물세포들은 원형질 연락사를 통해 세포질 연결을 이루고 있고, 일부 식물 종들의 정자는 편모를 가지고 있지만, 다른 식물이나 균류세포들은 편모나 중심립을 가지고 있지 않다.

물세포나 동물세포나 모두 소낭(vesicle)들을 가지는데, 이는 여러 가지 물질을 저장하고 운반하는 작은 주머니이다. 핵 안에서 DNA는 단백질 주위에 단단히 감겨서 염색체(chromosome)를 이룬다. 모든 진핵세포는 단백질로 이루어진 세포골격(cytoskeleton)으로 지탱된다. 동물이나 일부 원생생물의 세포에는 세포벽이 없으나, 균류, 식물, 그리고 다수의 원생생물의 세포는 세포벽을 가진다.

5.2 진핵세포의 구조

핵

진핵세포에서 가장 크고 가장 잘 보이는 세포소기관은 핵(nucleus)이다. 핵은 대략적으로 구형이며, 동물세포에서는 세포의 중앙부에 위치한다. 일부 세포에서는 섬세한 그물 모양의 세포질 필라멘트가 핵을 일정한 장소에 붙잡아 두고 있다. 대부분의 진핵세포

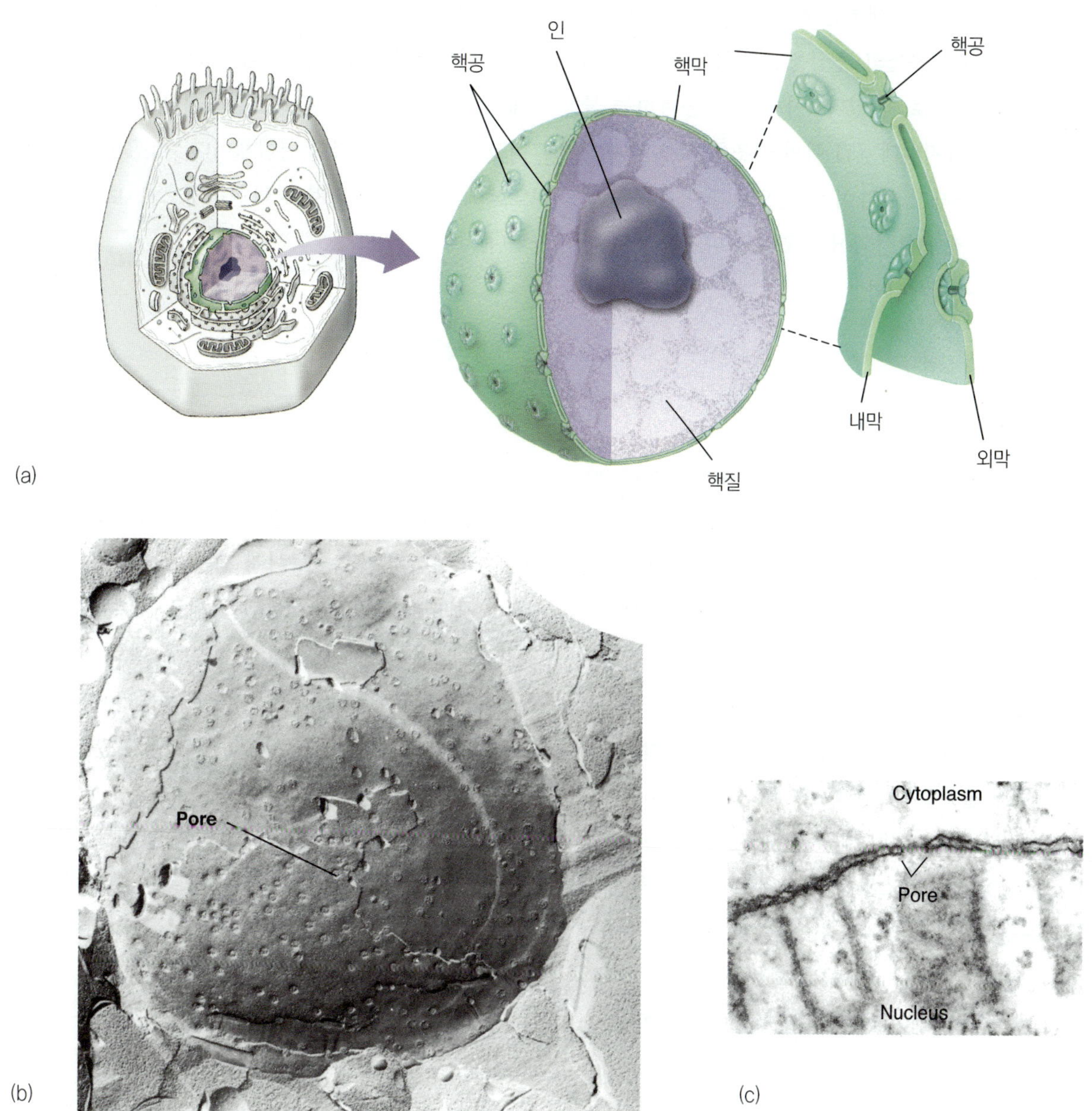

그림 5.6 | **핵.**
(a) 핵은 이중막으로 된 핵막으로 둘러싸인다. 횡단해 보면 각각의 핵공은 두 막을 통하여 나 있다. 핵공 안의 검은 물질은 단백질인데, 이 단백질은 핵공을 통한 물질 통과를 조절한다. (b) 핵의 냉각 파쇄 전자현미경 사진으로서 핵공이 보인다(9500×). (c) 핵막의 전자현미경 사진으로서 핵공이 보인다.

는 1개의 핵을 가지지만, 균류나 일부 진핵세포는 여러 개의 핵을 가지기도 한다. 핵은 인(nucleolus)이라는 어둡게 염색되는 부위를 가지기도 하는데, 이 부위는 리보솜 RNA(rRNA)가 활발하게 합성되는 장소이다.

핵막

핵은 두 층의 인지질 이중막으로 싸여있다(그림 5.6). 핵막(neclear envelope)의 외막은 세포질의 소포체막과 연결되어 있다. 핵막의 표면에 흩어져 나 있는 분화구 모양의 작은 함입부는 핵공(nuclear pore)이다. 핵공은 핵막의 내막과 외막을 50~80nm 간격을 두고 붙잡아둔다. 핵공은 비어 있는 것이 아니라 핵 안팎으로의 분자들의 출입을 조절하는 문지기 역할을 하는 단백질로 차 있다. 이 핵공을 통과하는 물질은 주로 두 가지인데, (1) 핵의 구조를 이루거나 핵내 활동을 촉매하기 위하여 핵 안으로 들어가는 단백질, (2) 핵 안에서 형성되어 세포질로 나가는 RNA나 단백질-RNA 복합체이다.

염색체

세포가 분열할 때를 제외하고는 염색체(chromosome)는 실 모양으로 흩어져서, DNA가 단백질과 결합하여 복합체를 이룬 염색사(chromatin) 상태로 존재한다. 이와 같이 개방된 상태의 염색사는 단백질이 DNA의 특정 뉴클레오티드 서열에 부착하여 유전자 발현을 조절할 수 있게 한다. 이렇게 단백질이 접근하지 않으면 DNA는 매일 세포의 활동을 통제할 수 없다. 세포가 활동할 때 염색체는 히스톤(histone)이라는 단백질과 결합되어 있다. 세포가 정상적으로 기능을 할 때 DNA는 히스톤 덩어리 주변에 느슨하게 감겨서 뉴클레오솜(nucleosome)을 형성한다. 뉴클레오솜은 줄에 줄줄이 달려 있는 염주와 같은 모양이다(그림 5.7). 염색체가 더 풀어져 있으면 효소가 DNA의 복제품인 RNA를 만들 수 있게 된다. 이 RNA 복제품은 단백질 합성을 일으킨다. 세포가 분열을 준비할 때 DNA는 히스톤 주변에 조밀하게 감겨서 뭉친 덩어리를 이루는데, 이것이 염색체이다. 세포가 분열한 뒤 염색체는 다시 풀어져 광학현미경으로 보이지 않게 된다.

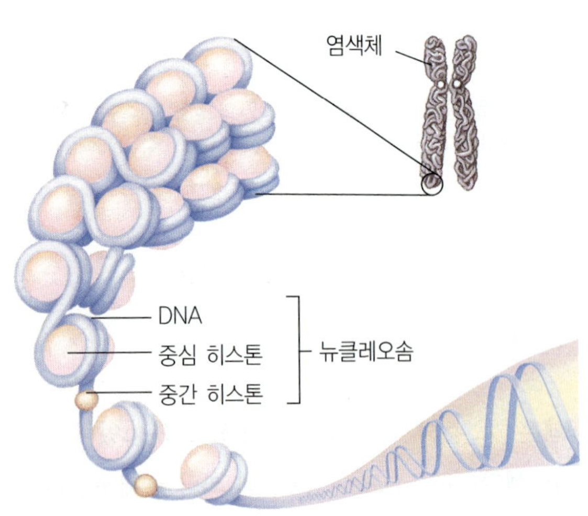

그림 5.7 | 뉴클레오솜.
각 뉴클레오솜은 히스톤 단백질 뭉치 주변에 DNA가 단단히 감겨 있는 부위이다.

내막계

소포체

진핵세포의 내부는 막으로 채워져 있는데, 너무 얇아 광학현미경으로는 보이지 않는다(표 5.1). 이 내막계(endomembrane system)는 세포 내부를 여러 구획으로 나누는 칸막이 역할도 하고 물질의 통로 역할도 하며, 지질과 일부 단백질을 합성하는 표면의 역할도 한다.

세포에서 가장 큰 내막계는 소포체(ER, endoplasmic retuculum)이다. 세포막과 같이, 소포체 막은 단백질이 묻혀 있는 지질 이중층으로 되어 있다. 진핵세포 내 구획 중에서 가장 큰 두 가지는 소포체 내강(cisternal space)과 소포체 바깥 부분인 세포기질(cytosol)이다.

조면소포체. 단백질을 합성하는 소포체의 표면 부위는 리보솜이 조밀하게 부착되어 있다. 리보솜(ribosome)은 단백질과 RNA가 결합되어 형성된 분자이다. 이 리보솜이 많이 부착된 소포체 부위는 사포처럼 표면이 거칠어서 조면소포체(rough ER)라고 한다(그림 5.8).

조면소포체 표면에서 합성된 단백질은 세포 밖으로 나가거나, 리소솜이나 액포로 가거나 원형질막에 삽입되기도 한다. 밖으로 방출될 단백질은 특수한 아미노산 서열인 신호 서열(signal sequence)을 가진다. 자유 리보솜(막에 부착되지 않은)에 의해 새로운 단백질이 만들어질 때, 점점 길어지는 폴리펩티드의 신호 서열은 리보솜과 부분적으로 완성된 단백질을 소포체

표 5.1 진핵세포의 구조물과 그 기능

구조물		설명	기능
세포벽		셀룰로스나 키틴으로 된 바깥 층.	보호 및 지지.
세포골격		단백질 필라멘트의 망상 구조.	구조적 지탱 및 세포 운동.
편모(섬모)		미세소관 쌍이 9+2 배열을 이룸.	액체 속에서 움직이고 이동함.
원형질막		지질 2중층에 단백질이 묻혀 있음.	세포 안팎으로의 물질 통과를 조절, 세포간 인식.
소포체(ER)		망상의 내막 구조.	구획 및 소낭 형성, 단백질과 지질 합성
핵		염색체가 들어 있고, 2층의 막으로 쌓임.	세포의 조절 중심, 단백질 합성 지시.
골지장치		편평한 소낭이 쌓임.	세포 밖으로 나갈 단백질을 포장.
리소솜		골지장치에서 기원, 가수분해 효소 함유.	낡은 세포소기관 소화, 세포 사멸.
미소체		산화효소 등을 함유.	특정 화학반응을 격리시킴.
미토콘드리아		2층의 막으로 된 세균 모양의 요소.	대사의 장소.
엽록체		엽록소가 함유된 막을 가진 세균 모양의 요소.	광합성이 일어나는 장소.
염색체		DNA가 단백질과 결합하여 긴 섬유를 이룸.	유전정보를 함유.
인		rRNA 합성을 일으키는 유전자가 있는 장소.	리보솜을 합성.
리보솜		단백질과 RNA로 이루어짐.	단백질 합성 장소.

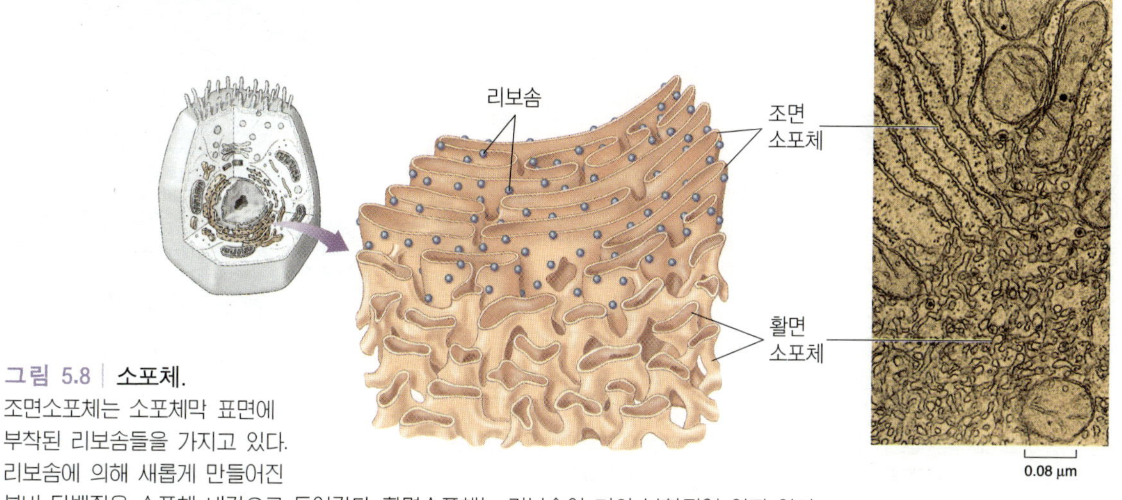

그림 5.8 | **소포체.**
조면소포체는 소포체막 표면에 부착된 리보솜들을 가지고 있다. 리보솜에 의해 새롭게 만들어진 분비 단백질은 소포체 내강으로 들어간다. 활면소포체는 리보솜이 거의 부착되어 있지 않다.

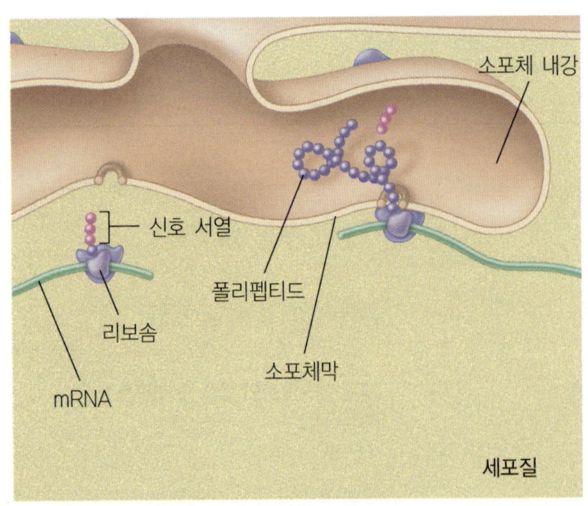

그림 5.9 | 세포 내에서 단백질을 인도하는 신호 서열.
분비단백질의 소수성 아미노산 서열(신호 서열)이 단백질과 리보솜을 소포체 막에 부착시킨다. 단백질은 합성되면서 소포체 내강으로 들어가고, 신호 서열은 떨어져 나간다.

표면의 도킹 부위(docking site)에 운반하는 인식 인자(recognition factor)에 부착한다. 조립된 단백질은 소포체 내강으로 들어가고, 여기에서 다시 소낭으로 싸여 골지장치로 들어간다(그림 5.9). 그런 뒤, 소낭으로 싸인 단백질은 원형질막 안쪽에 부착한 다음, 세포 밖으로 방출된다.

활면소포체. 리보솜이 거의 붙어 있지 않은 소포체 부위를 활면소포체(smooth ER)라고 한다. 활면소포체의 막 속에는 여러 효소들이 들어 있다. 이 효소들은 여러 가지 탄수화물과 지질의 합성을 촉매한다. 정소, 장, 뇌에서와 같이 지질 합성이 왕성한 세포에서는 활면소포체가 특히 많다. 간에서 활면소포체의 효소들은 암페타민, 모르핀, 코데인, 페노바비톨 등의 약물의 독성 해독에 관여한다.

원형질막은 안쪽으로 혹처럼 자라서 소낭을 형성하기도 하는데, 이 과정을 세포 내 섭취(endocytosis)라고 한다. 그런 다음, 일부는 세포질로 가서 활면소포체와 융합하며, 어떤 것은 2차 리소솜이나 내부 소낭을 형성하기도 한다.

골지장치

세포의 내막계는 여러 곳에서 골지체(Golgi body)라는 납작한 막의 중첩 부위가 나타난다. 하나의 세포 내에서 골지체의 수는 원생생물에서 한 개에서 몇 개, 동물 세포에서 20여 개, 식물세포에선 수백 개에 이른다. 골지체는 특히 분비 물질을 생산하는 선세포에 많다. 골지체들을 모두 합하여 골지장치(Golgi apparatus)라고 한다(그림 5.10).

골지장치는 세포의 한 장소에서 합성된 다음 다른

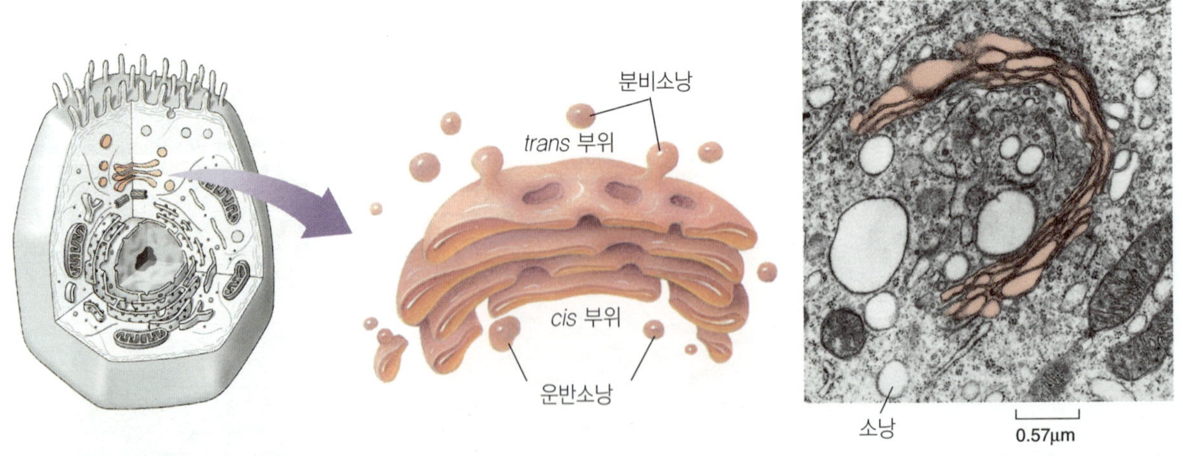

그림 5.10 | 골지장치.
골지장치는 매끈하고 오목한 막 구조물로서 세포의 중심부에 위치한다. 골지장치는 운반소낭에 싸여 들어온 물질을 cis 부위에서 받아들여 가공한 다음 trans 부위에서 분비소낭으로 감싸서 물질을 내보낸다. 이 소낭에 들어 있는 물질은 세포 밖으로 방출되거나 세포 안의 다른 곳으로 배달된다.

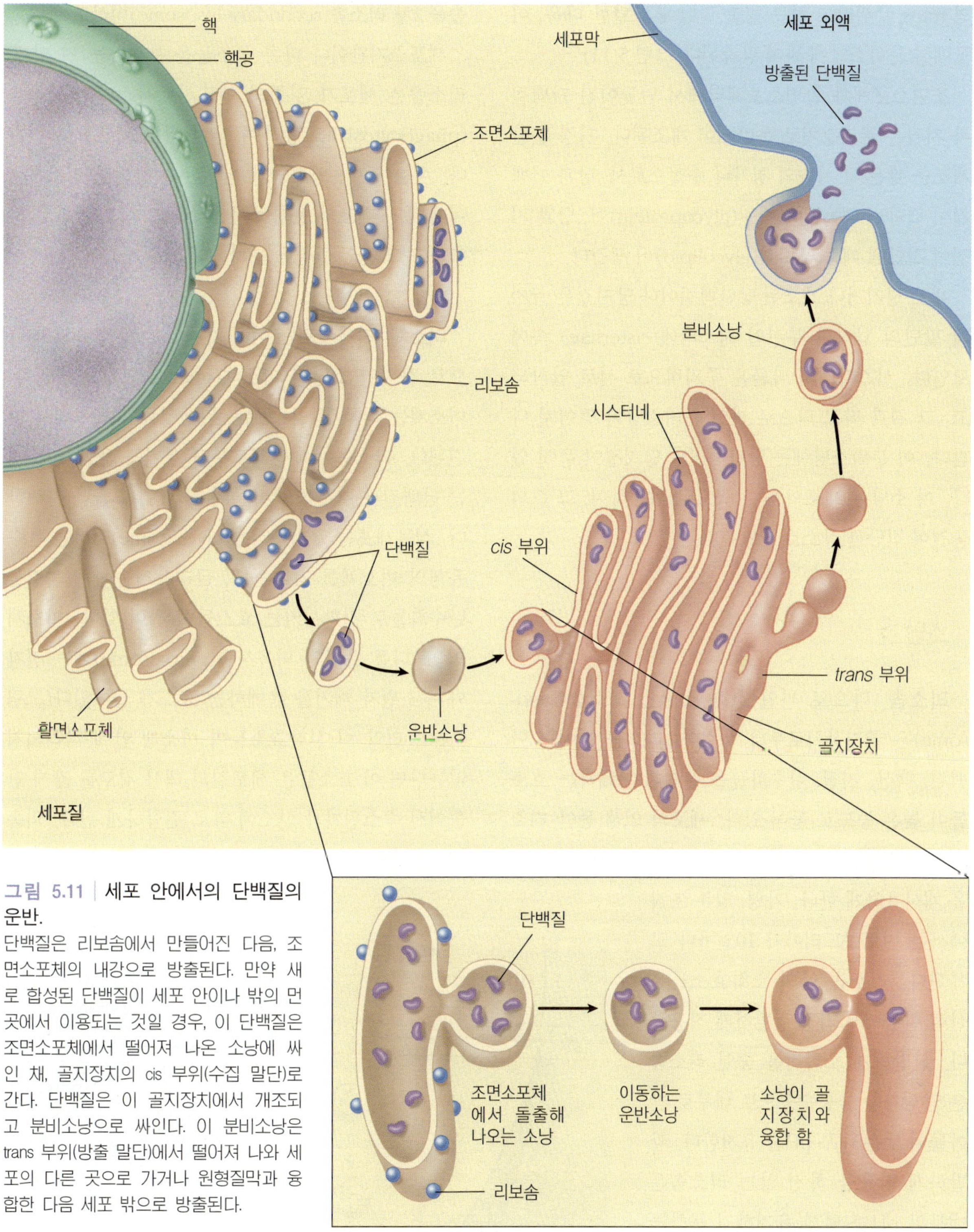

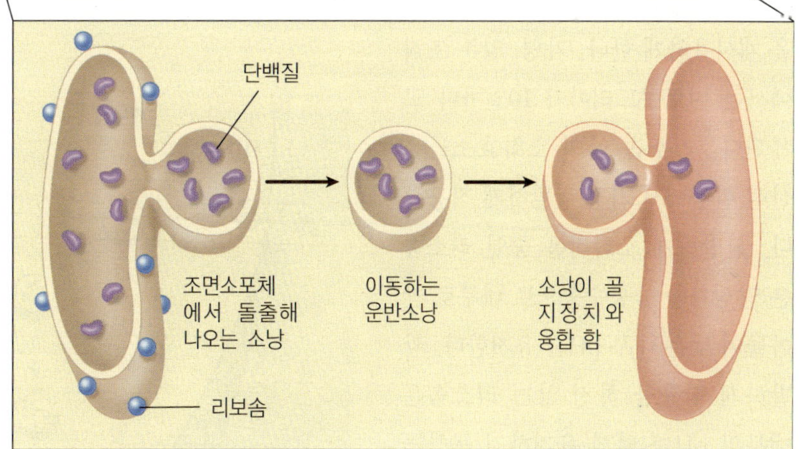

그림 5.11 | **세포 안에서의 단백질의 운반.**
단백질은 리보솜에서 만들어진 다음, 조면소포체의 내강으로 방출된다. 만약 새로 합성된 단백질이 세포 안이나 밖의 먼 곳에서 이용되는 것일 경우, 이 단백질은 조면소포체에서 떨어져 나온 소낭에 싸인 채, 골지장치의 cis 부위(수집 말단)로 간다. 단백질은 이 골지장치에서 개조되고 분비소낭으로 싸인다. 이 분비소낭은 trans 부위(방출 말단)에서 떨어져 나와 세포의 다른 곳으로 가거나 원형질막과 융합한 다음 세포 밖으로 방출된다.

장소에서 이용될 분자들을 수집, 포장, 재배치하는 기능을 한다. 골지체는 앞뒤가 있으며, 양쪽의 막 성분이 다르다. 앞쪽은 수집 말단으로서 cis 부위라고 하며, 보통 소포체 근처에 위치한다. 소포체에서 운반소낭에 든 채 소포로부터 떨어져 나온 물질은 cis 부위로 이동한다. 이 소낭은 cis 부위와 융합하여 내용물이 골지장치의 내강으로 들어간다. 소포체에서 합성된 이 물질은 골지장치의 통로를 따라 이동하여 뒤쪽의 trans 부위라고 하는 방출 말단에 도달한 다음, 이 곳에서 분비소낭에 싸여 방출된다(그림 5.11).

조면소포체와 활면소포체막에서 만들어진 단백질과 지질은 골지장치로 운반되어 개조된다. 가장 흔한 개조는 짧은 당 사슬의 첨가나 수정으로서, 당과 단백질이 결합될 때는 당단백질(glycoprotein)이, 당과 지질이 결합될 때는 당지질(glycolipid)이 생긴다.

새로 생기거나 개조된 당단백질이나 당지질은 골지체 말단의 납작한 부위인 시스터네(cisternae) 속에 모인다. 시스터네의 막들은 주기적으로 서로 압착되고, 그 결과 작고 막으로 싸인 분비소낭이 떨어져 나간다. 이 분비소낭에는 당단백질과 당지질이 들어 있다. 이 소낭은 세포의 다른 곳으로 이동하여, 그 속의 물질이 적당한 장소로 배달된다.

소낭

리소솜. 막으로 싸인 소화 소낭인 리소솜(lysosome)은 골지장치로부터 생긴다. 리소솜 안에는 단백질, 핵산, 지질, 탄수화물을 신속히 분해하는 효소들이 높은 농도로 들어 있다. 세포의 일생 동안 리소솜의 효소들은 낡은 세포소기관을 분해하여 그 성분을 재사용하게 한다. 가령, 일부 조직에서는 미토콘드리아가 10일마다 교체된다. 리소솜 안의 소화효소들은 산성 환경에서 가장 활발하게 작용한다. 활발하게 소화작용 중인 리소솜은 양성자를 능동수송으로 내부로 받아들여 낮은 내부 pH를 유지한다. 활발하게 작용을 하지 않는 리소솜은 내부의 pH를 낮게 유지하지 못하는데, 이런 리소솜을 1차 리소솜(primary lysosome)이라고 한다. 1차 리소솜이 식포나 다른 세포소기관과 융합하면 리소솜의 양성자 펌프는 활성화되고 이의 pH가 낮아지며 가수분해효소들이 활성화되는데, 이런 리소솜을 2차 리소솜(secondary lysosome)이라고 한다.

세포소기관이나 다른 구조물을 분해하는 일 외에, 리소솜은 세포가 일종의 엔도시토시스인 식균작용(phagocytosis)을 통하여 삼킨 외부 세포를 제거한다. 예를 들어, 백혈구가 병원균을 삼키면 리소솜은 이때 생긴 식포와 융합하여 효소들을 식포 안으로 방출하고 그 안의 물질을 분해한다(그림 5.12).

미소체. 진핵세포는 여러 가지 효소를 함유하고 막으로 감싸인 소낭인 미소체(microbody)를 가진다. 미소체는 식물, 동물, 균류, 원생생물의 세포에서 발견된다. 리소솜이 내막계로부터 생기는 반면, 미소체는 단백질과 지질을 받아들여 자라며, 그들을 분해한다. 식물세포는 글리옥시솜(glyoxisome)이라는 특수 유형의 미소체를 가지는데, 글리옥시솜에는 지질을 탄수화물로 전환시키는 효소들이 들어 있다. 미소체의 또 다른 유형인 퍼옥시솜(peroxisome)에는 전자와 수소원자 제거를 촉매하는 효소가 들어있다(그림 5.13). 만약 이 산화효소들이 미소체 안에 격리되지 않는다면 이 효소들은 세포질의 대사 경로를 짧게 만들어서 수소원자가 산소에 바로 결합하게 된다. 퍼옥시솜이라는 명칭은 미소체 안의 산화효소의 작용으로

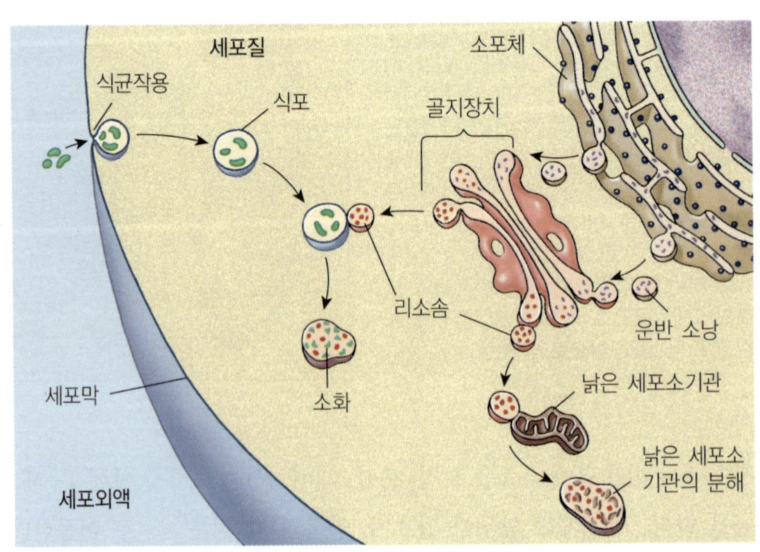

그림 5.12 | 리소솜.
리소솜에는 가수분해효소들이 들어 있어서, 세포 안으로 들어오는 입자나 다른 세포를 소화하고 낡은 세포소기관을 분해한다.

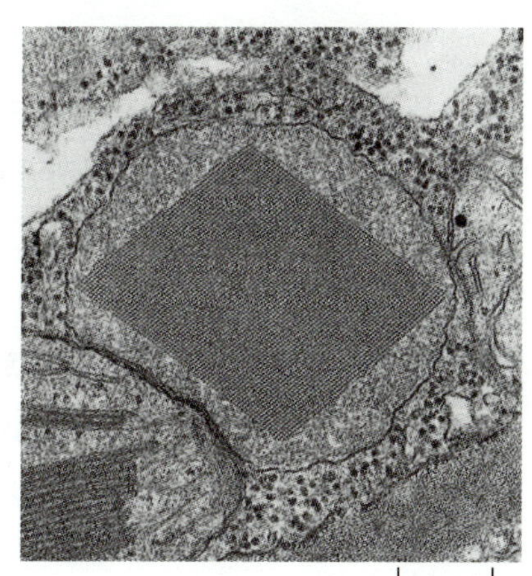

그림 5.13 | 퍼옥시솜.
퍼옥시솜은 구형의 세포소기관으로서 크고 다이아몬드 모양인 단백질로 구성된 결정체를 함유한다. 이들은 소화효소와 해독작용을 하는 효소를 포함하고 있으며 부산물로 과산화수소가 생산된다.

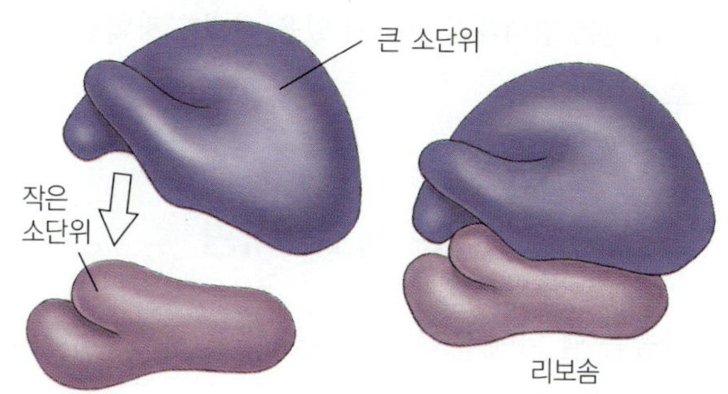

그림 5.14 | 리보솜.
리보솜은 rRNA와 단백질로 이루어진 큰 소단위와 작은 소단위로 구성된다. 각 소단위는 인에서 합성된 다음 핵공을 통해 세포질로 빠져나온다. 세포질 내에서 그들은 조립되어 mRNA를 해독하여 단백질을 합성한다.

생긴 부산물인 과산화수소(hydrogen peroxide)를 칭한다. 과산화수소는 격렬하게 반응하는, 세포에 해로운 물질이다. 퍼옥시솜에 들어 있는 또 다른 효소인 catalase는 과산화수소를 물과 산소로 분해한다.

리보솜

만약 방사성 아미노산을 세포 안에 넣으면 방사능은 핵이 아니라 세포질에서 새로 생기는 단백질에 나타나게 된다. 또, 이때 생기는 단백질은 리보솜(ribosome)에서 만들어지는 것을 알 수 있다. 리보솜은 rRNA라는 특수 유형의 RNA와 여러 가지 단백질의 복합체이다. 리보솜은 세포에서 가장 복잡한 조립체 분자인데, 각 리보솜은 2개의 소단위로 구성되어 있다(그림 5.14). 이 두 소단위는 mRNA에 부착할 때만 둘이 서로 부착하여 기능적인 리보솜을 형성한다.

세포질에서 작용하는 단백질들은 유리된 리보솜에 의해 만들어지는 반면, 세포 밖으로 방출되거나 세포막을 이룰 단백질들은 조면소포체에 부착된 리보솜에 의해 조립된다.

인

세포가 다량의 단백질을 합성할 때 이 세포들은 먼저 다량의 리보솜을 만들어야 한다. 이를 촉진하기 위하여 rRNA를 만드는 유전자 수백 벌이 염색체에 모여 있다. 리보솜을 만들 때 rRNA 유전자 집단, 이 유전자가 만든 RNA, 그리고 리보솜 단백질은 핵 안에 집결한다. 핵 안에서 리보솜이 조립되는 이 부위는 검게 염색되는데, 이 부위가 인(nucleolus)이다(그림

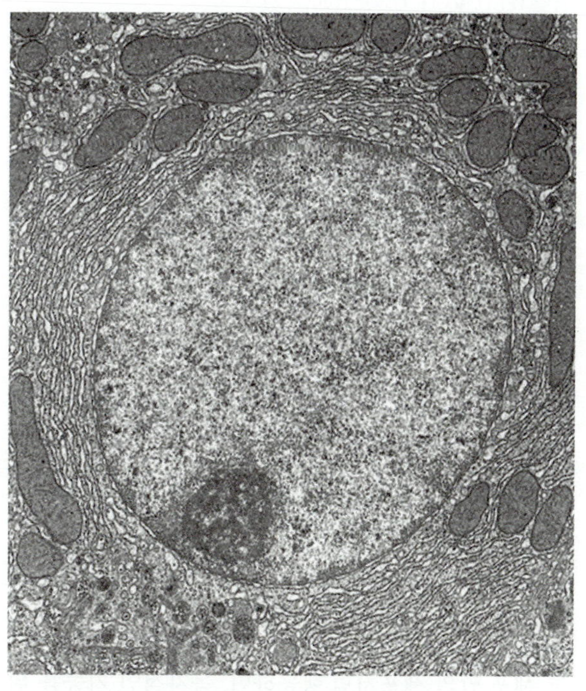

그림 5.15 | 인.
쥐의 간세포를 6000배로 확대하여 그 중앙부를 나타낸 사진이다. 핵 안에서 아래쪽에 검게 나타난 부분이 인이다.

5.15). 인은 염색체가 풀어져 있을 때에도 광학현미경으로 볼 수 있다.

DNA가 들어있는 세포소기관

다음은 핵 외에 DNA를 가지는 다른 세포소기관에 대한 설명이다.

미토콘드리아

미토콘드리아(mitochondria)는 원통형 또는 소시지 모양의 세포소기관으로서 세균만 한 크기이고, 모든 종류의 진핵세포에서 발견된다(그림 5.16). 미토콘드리아는 2개의 막으로 싸여 있다. 외막은 평탄하고 내막은 안으로 접혀져서 크리스테(cristae)를 이룬다. 크리스테는 미토콘드리아를 두 구획으로 나누는데 하나는 기질(matrix)로서 내막의 안쪽 부위를 말한다. 바깥쪽 공간은 막간 간격(intermembrane space)이라고 하며, 2개의 막 사이의 공간을 말한다. 내막의 표면이나 막 속에는 거대분자의 에너지를 ATP에 저장하는 산화적 물질대사를 수행하는 단백질이 위치한다.

미토콘드리아는 자체적인 DNA를 가진다. 이 DNA에는 산화적 물질대사에 필수적인 단백질을 생산하는 몇 가지 유전자가 들어 있다. 이 유전자들 모두는 RNA로 복사되며 미토콘드리아 안의 단백질을 만드는 데 이용된다. 이 과정에서 미토콘드리아는 자체의 DNA가 만드는 작은 RNA 분자와 리보솜 구성요소를 이용한다. 그러므로 여러 가지 면으로 미토콘드리아는 세포 안의 세포처럼 행동하며, 독자적인 기능을 위한 단백질을 만드는 유전정보를 가진다. 그러나 미토콘드리아는 완전히 자립적이지는 못한데, 이는 산화적 물질대사에 이용되는 효소들을 생산하는 대부분의 유전자들은 핵 속에 있기 때문이다.

진핵세포는 세포분열을 할 때마다 새로운 미토콘드리아를 만들지는 못한다. 그 대신 미토콘드리아 자신이 둘로 분열하여 그 수를 배가시킨 다음 새로운 세포로 나뉘어 들어간다. 미토콘드리아 분열에 필요한 구성 요소 대부분은 핵 속의 유전자에 의해 지령을 받으며 세포질의 리보솜에 의해 단백질로 번역된다. 따라서 미토콘드리아의 복제는 핵의 관여 없이는 불가능하며, 미토콘드리아는 세포 밖에서 자랄 수가 없다.

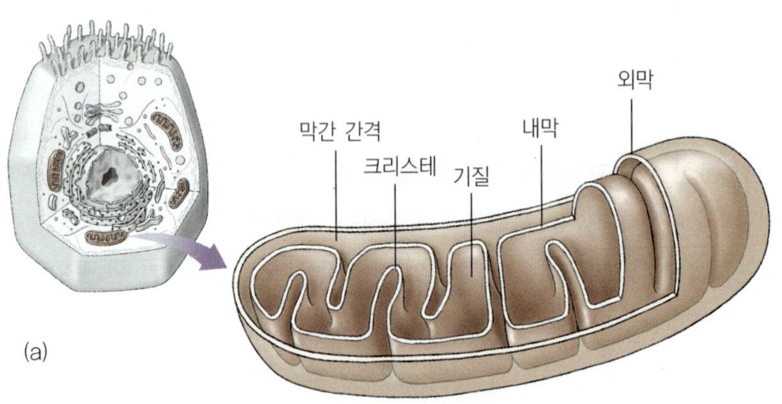

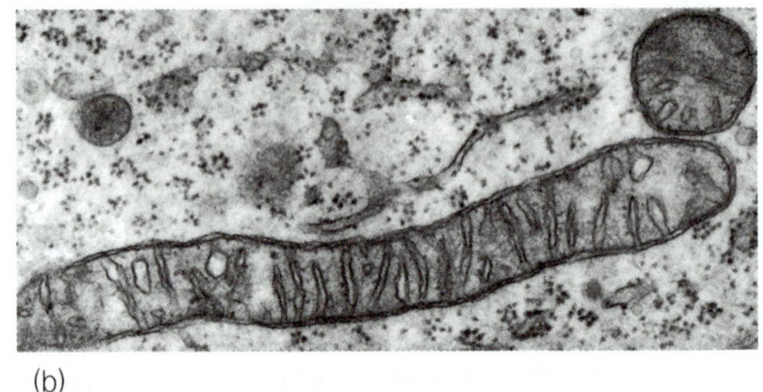

그림 5.16 | 미토콘드리아.
(a) 미토콘드리아의 내막은 안쪽으로 접혀 들어가 크리스테를 이루어 산화적 물질대사를 위한 표면적이 크게 확대되어 있다. (b) 미토콘드리아의 종단면과 횡단면(70,000×).

엽록체

광합성을 하는 식물과 다른 진핵생물은 1~수백 개의 엽록체(chloroplast)를 가진다. 엽록체는 광합성 색소인 엽록소(chlorophyll)을 함유한다. 엽록체는 미토콘드리아처럼 2개의 막으로 싸여 있다(그림 5.17). 그러나 엽록체는 미토콘드리아보다 크고 복잡하다. 내막과 외막 외에도 엽록체에는 내막의 안쪽에

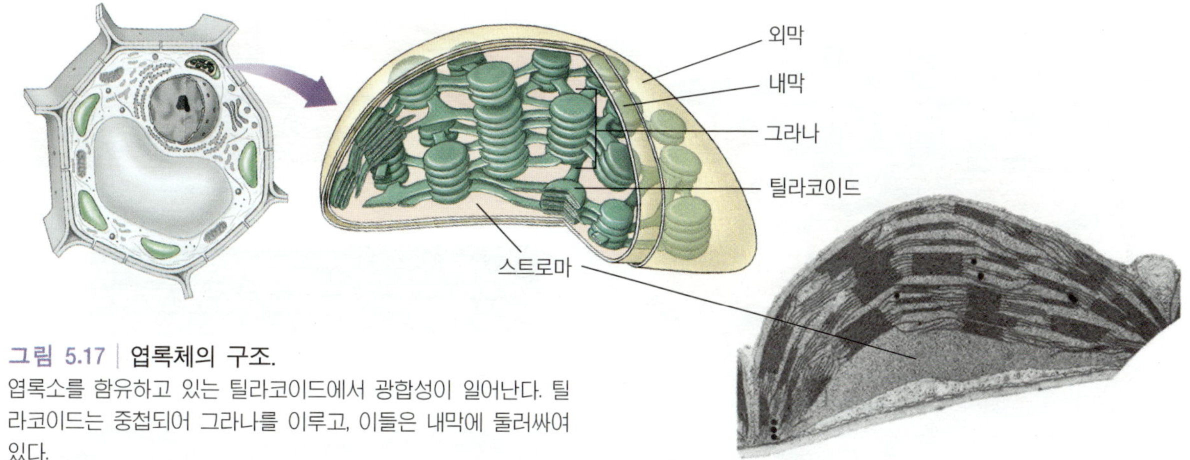

그림 5.17 | 엽록체의 구조.
엽록소를 함유하고 있는 틸라코이드에서 광합성이 일어난다. 틸라코이드는 중첩되어 그라나를 이루고, 이들은 내막에 둘러싸여 있다.

그라나(grana)라는 중첩된 막상 구조물이 있다. 하나의 엽록체는 백 개 이상의 그라나를 가지기도 하는데, 각 그라나는 몇 개에서 수십 개의 원반 모양의 틸라코이드(thylacoids)를 가진다. 틸라코이드 표면에는 빛을 포획하는 광합성 색소들이 있다. 틸라코이드 주변의 액체 기질은 스트로마(stroma)라고 한다.

미토콘드리아처럼 엽록체도 자체의 DNA를 가지지만 역시 엽록체 구성 성분을 만드는 유전자는 대부분 핵 속에 있다. 그러나 광합성 과정에 이용되는 일부 요소들은 완전히 엽록체 안에서 합성된다.

식물에서 DNA를 함유하는 세포소기관인 백색체(leucoplast)는 색소나 복잡한 내부 구조를 가지지 않는다. 뿌리세포 등에서 백색체는 녹말 저장 장소의 역할을 한다. 녹말을 저장하는 백색체는 때때로 녹말체(amyloplast)라고 부르기도 한다. 엽록체, 백색체, 녹말체(amyloplast)를 합하여 색소체(plastids)라고 부른다. 모든 색소체는 이전의 색소체가 분열하여 생긴다.

세포 골격

모든 진핵세포의 세포질에는 단백질 섬유들이 얽혀 있어서 세포의 형태가 유지되고 세포소기관이 특정 장소에 고정되어 있다. 이러한 섬유들을 세포골격(cytoskeleton)이라고 하는데, 새로 생겼다가 없어지기를 반복한다. 각각의 섬유는 단백질 소단위들이 화학적인 중합반응(polymerization)으로 연결되어 이루어진다. 진핵세포는 다음 3가지 세포골격을 가지는데, 각각을 이루는 소단위가 다르다.

1. **액틴 필라멘트.** 액틴 필라멘트(actin filament)는 직경 약 7nm로 이루어진 긴 섬유이다. 각 필라멘트는 2개의 단백질 사슬이 느슨하게 꼬여 있다(그림 5.18). 사슬을 이루고 있는 각 소단위는 구형 단백질인 액틴(actin)이다. 액틴 분자는 자발적으로 이 필라멘트로 조립되는데, 시험관 안에서도 그렇게 될 수 있다. 세포는 스위치처럼 작용하는 다른 단백질을 통하여 액틴의 중합반응속도를 조절한다. 액틴 필라멘트는 수축, 기는 운동, 분열시 잘록해짐, 세포 팽창 등의 세포 운동을 일으킨다.
2. **미세소관.** 미세소관(microtubule)은 직경 약 25 nm의 속이 텅 빈 관으로서, 각각 13개의 단백질 원시필라멘트(protofilament)로 구성되어 있다(그림 5.18). α튜불린과 β튜불린의 두 소단위의 이합체로 구성된 구형 단백질은 중합되어 13개의 원시필라멘트를 형성한다. 원시필라멘트는 옆으로 배열하여 미세소관이 원통형이 되게 한다. 많은 세포에서 미세소관은 세포의 중심부에서 시작하여 주변부로 자란다. 미세소관의 수명은 분열하지 않는 동물세포에서 10분, 분열하는 동물세포에서 20초 정도이다. 미세소관의 말단은 +(세포 주변) 또는 −(세포 중심부 쪽)로 표

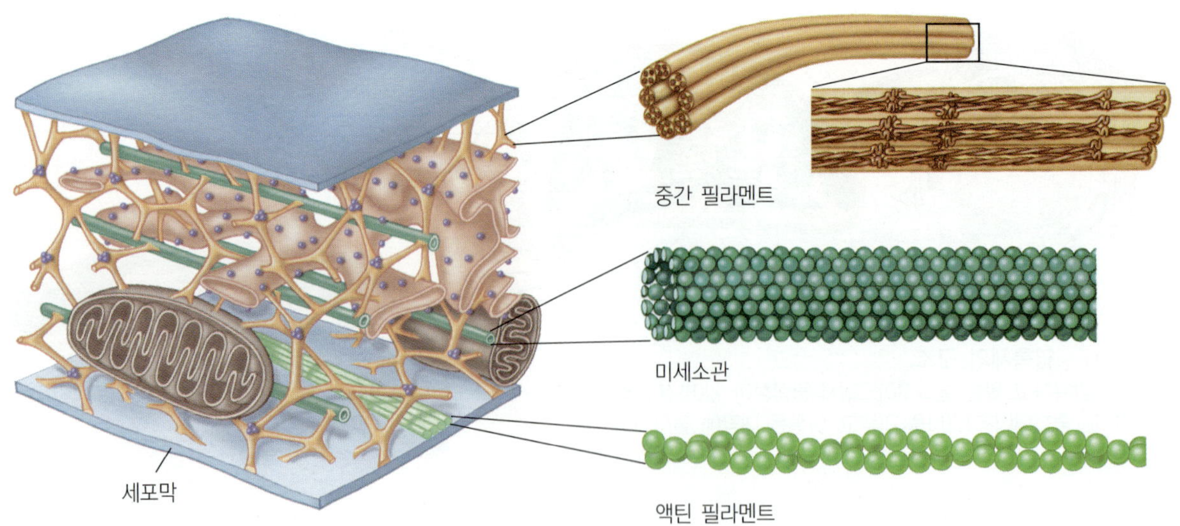

그림 5.18 | **세포골격을 이루는 분자들.**
액틴 필라멘트는 두 줄의 섬유상 단백질 액틴이 서로 꼬여 있고, 대개 다발을 이루고 있다. 이들은 원형질막 아래 다발을 이루며 집중적으로 분포하여 수축 기능을 갖는다. 미세소관은 튜불린 단백질 소단위가 옆으로 배열하여 관을 이루고 있다. 이들은 세포구조를 안정시키고 분열하지 않는 세포 내에서 물질이동과 물질대사에 관여한다. 중간 필라멘트는 중첩된 단백질 사량체로 구성되어 있으며, 밧줄 모양의 구조는 세포에 미치는 커다란 기계적 힘을 분산시킨다.

시한다. 미세소관은 세포 운동을 촉진시키는 것 외에 세포 내 물질의 이동도 일으킨다. 특수 운동 단백질은 세포소기관을 미세소관 통로를 따라 움직이게 한다. 단백질 키네신(kinesin)은 세포소기관을 +말단 쪽으로, 다이닌(dynein)은 −말단 쪽으로 움직이게 한다.

3. **중간 필라멘트.** 동물세포의 세포골격 중 가장 오래 지속되는 것은 단단하고 섬유상이며 서로 꼬인 단백질 구조물이다. 이 섬유들은 직경 8~10 nm로서, 액틴 필라멘트와 미세소관의 중간 크기이다. 중간 필라멘트(intermediate filaments)는 한번 생기면 안정되고 대개 분해되지 않는다. 중간 필라멘트는 그 종류가 여러 가지로서, 가장 흔한 종류는 비멘틴(vimentin)이라는 단백질로 이루어져 있으며, 여러 가지 세포에서 구조적 안정성을 부여한다. 케라틴(keratin)은 상피세포에서 발견되기도 하고 머리털이나 손톱을 이루는 요소이다. 신경세포의 중간 필라멘트는 신경 필라멘트(neurofilament)라고 한다.

중심립

중심립(centrioles)은 동물세포와 대부분의 원생생물에서 발견된다. 중심립은 쌍으로 존재하며, 핵막 근처에서 대개 서로 직각을 이루고 있다(그림 5.19). 동물세포에서 중심립 쌍을 둘러싸는 주변 부위를 중심체(centrosome)라고 한다. 중심립은 동물세포의 미세소관이 조립되는 것을 돕는다. 식물과 균류에서는 중심립이 없다.

세포 내에서 움직이는 물질

액틴 필라멘트와 미세소관은 흔히 협동적으로 작용한다. 가령, 분열하는 세포에서 복제된 염색체들은 점점 짧아지는 미세소관에 부착되어 있기 때문에 양쪽으로 이동하게 된다. 그런 다음 동물세포에서는 액틴 다발이 세포를 잘록하게 하여 나누어지게 한다. 근육세포 역시 액틴 필라멘트를 이용하여 수축한다.

세포골격은 세포의 형태를 이루고 움직임을 일으킬 뿐만 아니라, 일부 효소나 거대분자를 세포질의 일정

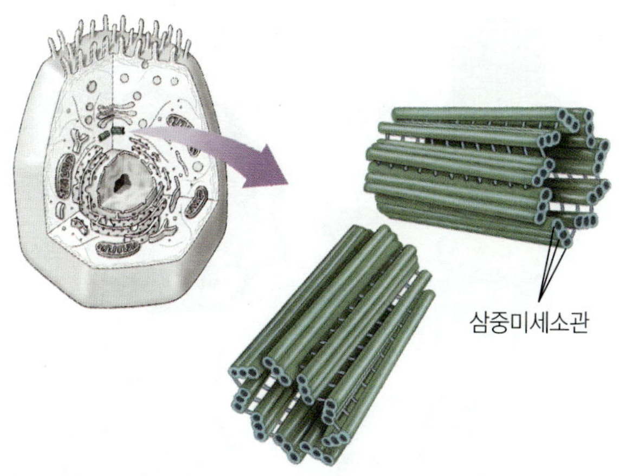

그림 5.19 | 중심립.
각 중심립은 9개의 삼중미세소관으로 구성되어 있다.

지역에 붙잡아 두는 역할도 한다. 그래서 대사에 관여하는 많은 효소들은 액틴 필라멘트에 부착한다. 리보솜도 마찬가지이다. 세포골격은 소포체처럼 효소를 움직이게 하거나 붙잡아두어서 세포의 활동을 조정한다.

세포 내 분자 모터. 모든 진핵세포는 세포질 내에서 물질을 한 곳에서 다른 곳으로 움직여야 한다. 대부분의 세포는 내막계를 세포 내 고속도로처럼 이용한다.

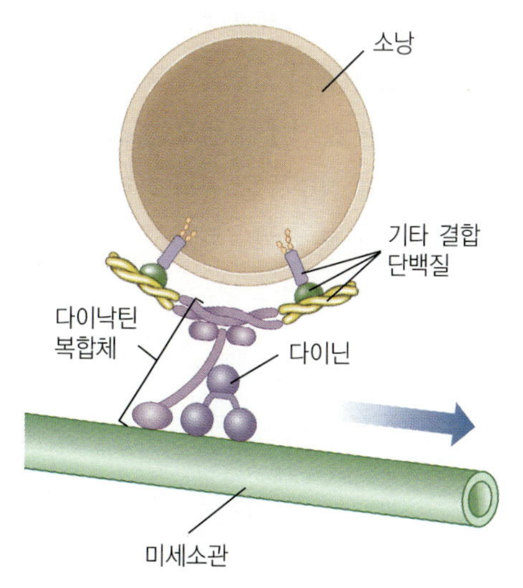

그림 5.20 | 분자 모터.
세포 내에서 수송되는 소낭은 다이낙틴 복합체와 같은 연결분자와 함께 미세소관을 따라 움직이는 다이닌과 같은 운동분자에 부착한다.

골지장치는 물질을 소낭에 포장하며 소낭은 소포체 채널을 따라 다른 곳까지 이동한다. 그러나 이 고속도로는 짧은 거리까지만 효율적이다. 세포가 신경의 축색돌기처럼 먼 곳까지 물질을 이동시키고자 할 때 채널을 통한 이동은 너무 느리게 된다. 이와 같은 경우 진핵세포는 미세소관 트랙을 따라 달리는 고속 이동 수단을 가지고 있다.

여기에는 네 가지 요소가 요구되는데, 이는 (1) 운반될 소낭이나 다른 세포소기관, (2) 에너지를 이용해 움직이게 하는 운동 분자, (3) 소낭과 운동 분자를 연결하는 연결분자, (4) 철로 위의 기차처럼 소낭이 타고 갈 미세소관이다(그림 5.20). 가령, 소포체 막 안에 묻혀 있는 키넥틴(kinectin)이라는 단백질은 ER 소낭을 운동 단백질인 키네신(kinesin)에 결합시킨다. 크기가 매우 작은 이 단백질은 수송 소낭을 미세소관 트랙을 따라 끌어당긴다. 키네신은 ATP를 이용하여 세포 주변으로 이동하며, 이때 미세소관을 따라 소낭을 끌어당긴다. 그 외의 소낭 단백질들로서 다이낙틴 복합체라는 것이 있는데, 이는 소낭을 운동 단백질인 다이닌(dynein)에 부착시킨다(그림 5.20). 다이닌은 반대 방향으로, 즉 세포의 중심부를 향하여 움직인다. 따라서 특정 운반 소낭과 그 내용물의 행선지는 소낭의 막 안에 묻혀있는 연결 단백질(linking protein)의 성격에 따라 결정된다.

세포운동

근본적으로 모든 세포운동은 액틴 필라멘트나 미세소관 또는 이 두 가지 모두와 관련되어 있다. 중간 필라멘트는 세포 내 건(tendon)처럼 작용하여 세포의 과도한 신장을 막고, 액틴 필라멘트는 세포의 형태를 결정하는 역할을 한다. 액틴 필라멘트는 쉽사리 형성되고 분해될 수 있으므로 세포의 형태를 신속하게 변경할 수 있게 한다.

기는 세포. 세포질 내의 액틴 필라멘트의 배열에 따라 세포는 길 수 있다. 기는 것은 중요한 세포현상으로서 염증, 혈액응고, 상처 치료, 암의 확산을 일으키는 장본인이다. 백혈구는 특히 이 기능을 잘 나타낸다. 골수에서 생산되는 백혈구는 순환계로 방출된 다음 모세혈관을 빠져 기어나와 조직으로 가서 병원균을 죽인다.

기는 세포의 앞쪽 부분에서 액틴 필라멘트가 신속히 중합되고 이 때문에 앞으로 돌출하는 힘이 생겨서 세포가 전진하게 된다. 이 돌출부위는 그 속으로 미세소관이 중합되어 안정화되는데 세포의 전체적 전진 운동은 미오신 모터가 액틴 필라멘트를 따라 수축하여 세포의 내용물이 앞쪽으로 당겨지면서 완성된다. 세포가 기는 것은 이와 같은 작용이 지속적으로 일어날 때 생긴다. 세포 표면의 수용체는 세포 밖의 표지물(marker)을 탐지하여 특정 방향으로 뻗어가도록 자극하여 세포가 특정 목표물을 향하여 움직이도록 한다.

편모와 섬모. 진핵세포의 편모는 원핵세포의 것과는 근본적으로 달라서, 2개의 중심 미세소관 주변에 9개의 미세소관 쌍이 배열한 9+2 구조를 이룬다(그림 5.21). 미세소관 쌍이 운동 단백질인 다이닌으로 이루어진 팔을 이용하여 인접 미세소관을 따라 미끄러지면서 진핵세포 편모는 회전하는 것이 아니라 파동을 일으킨다. 면밀하게 조사해 보면 각 편모는 세포 내부에서 외부로 나온 돌출부로서 세포질을 가지며 세포막으로 둘러싸여 있다. 편모의 미세소관은 기저체(basal body)에서 생긴다.

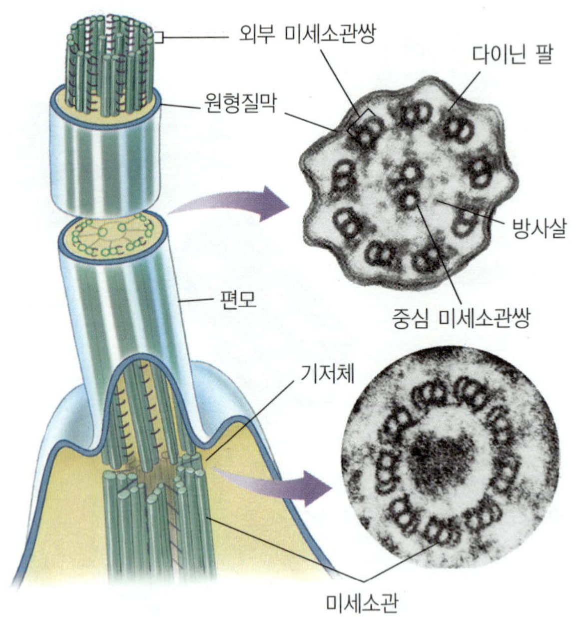

그림 5.21 | **편모와 섬모의 구조.**
진핵세포의 편모는 기저체에서 생긴다. 편모는 중앙의 2개의 미세소관이 다이닌 팔이 부착된 9쌍의 외부 미세소관에 방사살로 연결되어 있다. 기저체는 짧은 단백질 조각으로 연결된 9개의 삼중미세소관으로 구성되어 있다. 섬모는 편모와 유사하나 보통 길이가 짧다.

편모의 복잡한 미세소관 장치는 진핵세포 역사의 초기에 진화하였다. 비록 많은 다세포 및 단세포 진핵생물이 오늘날 편모를 가지지 않고 움직이지 못하지만, 9+2 구조와 유사한 배열이 섬모에서도 나타나고 있다. 섬모는 짧은 세포 돌출물로서, 그 수는 편모의 수보다 훨씬 많다. 많은 다세포생물에서 섬모는 액체 속에서 헤엄친다는 원래의 기능으로부터 크게 벗어나 있다. 가령 척추동물 조직에서 섬모는 조직 표면에서 물을 움직이게 한다. 척추동물 귀의 감각세포도 감각수용에 관여하는 섬모를 가지고 있다.

CHAPTER 06

생체막

세포의 가장 중요한 활동 중의 하나는 주변 환경과 지속적으로 주고받는 상호작용을 수행하는 것으로서, 이 활동 없이는 생명체는 살아갈 수 없다. 세포가 지질의 막으로 싸여 있고, 수용성 물질이 이 막을 통과할 수는 없지만, 막은 단백질 통로를 가지고 있어서 특별한 물질들이 막 안팎으로 드나들 수 있게 하고 세포가 주변 환경과 정보를 교환할 수 있도록 한다.

6.1 생체막의 구조

인지질 이중층

모든 세포를 둘러싸고 있는 막은 단지 지질 두 분자 두께의 막으로 종이 한 장 두께의 1/10,000에도 못 미친다. 세포막을 이루는 지질층은 인지질(phospholipid) 분자로 구성된다(그림 6.1).

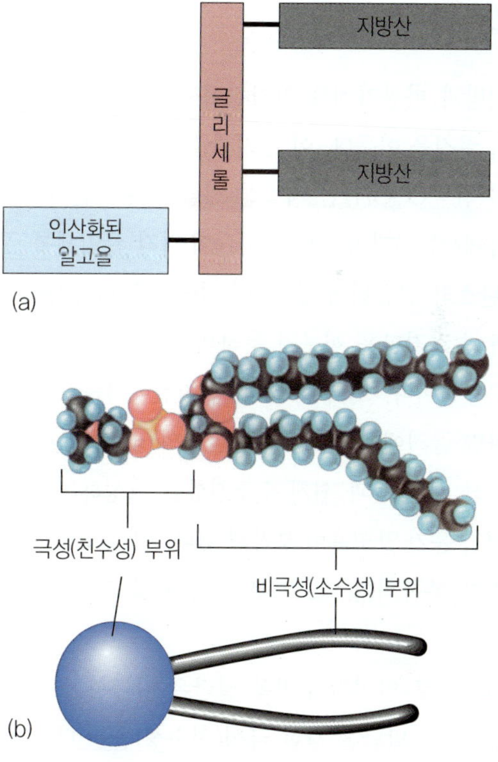

그림 6.1 | 인지질의 구조.
(a) 인지질은 트리아실글리세롤과 유사하지만, 글리세롤 골격에 2개의 지방산만 부착하고 골격의 세 번째 위치에는 인산화된 알코올이 부착해 있다. (b) 인산화된 알코올은 보통 2개의 지방산 사슬과는 반대 방향으로 뻗어 있어서, 인지질은 흔히 극성인 두부와 비극성인 꼬리를 가지는 것으로 묘사된다.

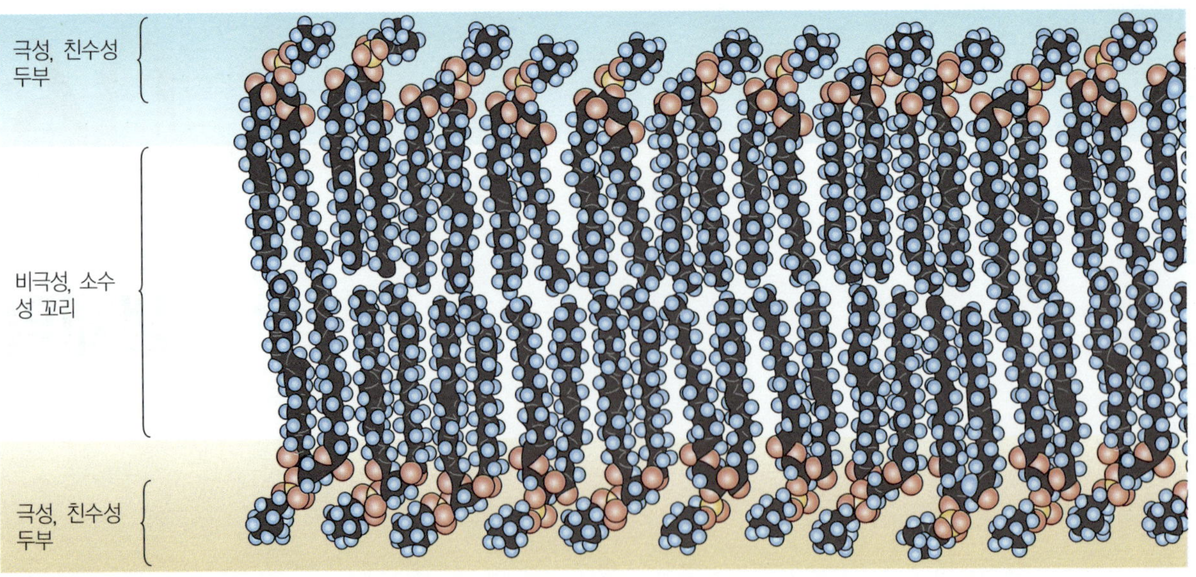

그림 6.2 | 인지질 이중층.
원형질막은 비극성 꼬리 부분이 안쪽에 모여 있는 인지질 이중층 구조로 되어 있다. 이 인지질 꼬리들은 서로 약한 결합을 이루고 있으므로, 막은 유동성을 갖는다. 개개의 인지질 분자들은 막 속에서 이동할 수 있다.

인지질

지방과 마찬가지로 인지질에서도 3탄당인 글리세롤이 골격을 이룬다. 이 글리세롤 골격에 말단이 카르복실기(−COOH)인 지방산 사슬이 부착한다. 지방 분자에서는 3개의 지방산 사슬이 각각 글리세롤 골격의 탄소와 결합되어 있다. 이 사슬들은 비극성이므로 물과 수소결합을 이루지 못하며, 따라서 지방분자는 비수용성이다. 이와는 달리, 인지질에서는 2개의 지방산만 골격에 부착해 있다. 골격의 세번째 탄소에는 지방산 대신 물과 쉽게 수소결합을 형성하는 고도로 극성인 유기 알코올이 부착해 있다. 이 알코올에는 인산기가 부착되어 있으므로 이 분자를 인지질이라고 한다.

그러므로 인지질의 한쪽 말단은 비극성(소수성)인 반면, 다른 말단은 강한 극성(친수성)을 띤다. 2개의 비극성 지방산은 동일한 방향으로 나란히 뻗고, 극성인 알코올은 그 반대 방향을 향한다. 이런 구조 때문에 인지질은 흔히 극성 두부와 비극성 꼬리를 가진 형상으로 표현된다(그림 6.1b)

인지질의 이중층 형성

인지질 분자들을 물에 넣으면 어떻게 될까? 극성인 물 분자들은 인지질의 기다란 비극성 꼬리를 멀리하므로 인지질의 비극성 꼬리들은 서로 모여서 가급적 물과 접촉하지 않으려고 하며, 친수성인 두부가 물과 접촉하게 된다. 그 결과 꼬리들이 서로 마주보는 2개의 층이 생기는데, 이것이 인지질 이중층(phospholipid bilayer)이다(그림 6.2). 이 이중층은 자연적으로 만들어진다.

지질 이중층은 수용성인 물질이 통과할 수 없다. 지질 이중층은 주로 인지질 분자로 이루어져 있지만, 모든 세포에는 이 지질 이중층 속에 단백질이 묻혀 있어서 막의 관문 역할을 한다.

6.2 막 단백질과 막의 성질

유동모자이크 모델

원형질막은 지질과 구형 단백질로 이루어져 있다.

1972년 싱거(S, Singer)와 니콜슨(G.J. Nicolson)은 구형 단백질이 지질 이중층 안에 묻혀 있으며, 이 단백질의 비극성 부위가 이중층의 비극성 내부와 접하고 있고 극성 부위가 막의 표면 밖으로 돌출되어 있다고 제안하였는데, 이것이 유동모자이크 모델(fluid mosaic model)이다. 호수 위의 보트처럼 유동적인 지질 이중층에 단백질이 떠 있는 것이다(그림 6.3).

세포막의 성분

진핵세포에는 여러 가지 막이 있으며 모두 동일하지는 않으나 기본적인 특징을 공유한다. 세포막은 다음의 네 가지 구성 성분으로 되어 있다(표 6.1).

1. **인지질 이중층.** 모든 세포막은 이층이며 인지질로 구성된다. 다른 구성 요소들은 이 이중층 안에 묻혀 있다.
2. **막 관통 단백질.** 막의 주요 성분인 단백질은 지질 이중층 안이나 위에 떠 있다. 이 단백질은 막 안팎으로 물질과 정보의 통로를 만든다. 이 단백질들은 대개 한 곳에 고정되어 있는 것이 아니라 이리저리 움직인다. 어떤 막에는 단백질이 많고, 어떤 막에는 드물다.
3. **내부 단백질 망.** 세포 내 단백질은 막을 지탱한다. 가령, 적혈구의 특징적인 오목한 모양은 스펙트린이라는 단백질의 골격이 세포골격의 액틴 필라멘트를 세포막 안의 단백질과 연결하기 때문에 생긴다.
4. **세포 표면 표지.** 막은 소포체에서 조립되고 골지장치로 운반된 다음 원형질막으로 수송된다. 소포체는 막 단백질과 지질에 당분자 사슬을 부착시켜서 막 표면으로 돌출하는 글리코칼릭스(glycocalyx)라는 당코팅을 만든다. 세포의 종류마다 이 당단백질이나 당지질이 다르며, 따라서 세포의 인식표 역할을 한다.

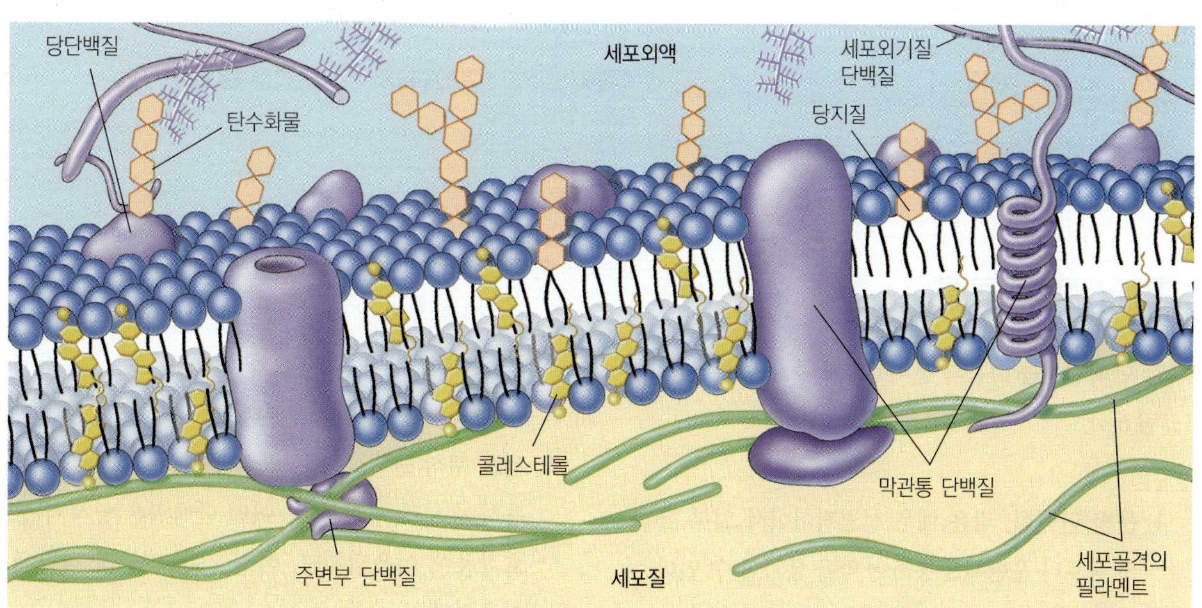

그림 6.3 | 세포막의 유동모자이크 모델.
여러 종류의 단백질들이 동물세포의 원형질막을 관통하여 돌출되어 있고, 단백질의 비극성 부위는 막의 비극성 내부와 접하고 있다. 막 단백질은 통로, 수용체 그리고 세포 표면 표지 등의 세 가지 중요한 기능을 가지고 있다. 탄수화물 사슬은 종종 이들 단백질 외부 돌출 부위나 막 인지질층에 결합하여 특정 세포를 나타내는 식별 인식표로서 작용한다.

표 6.1 세포막의 성분

구성요소	구성	기능	작용 방식	예
인지질 이중층	인지질 분자	투과 장벽 제공, 단백질의 기질	이중층의 비극성 내부로부터 수용성 분자를 밀어냄	세포의 이중층은 포도당과 같은 수용성 분자에 대하여 불투과성임
막 관통 단백질	운반체	막을 횡단하여 분자를 능동적으로 또는 수동적으로 수송함	형태 변화를 통하여 분자를 통과시킴	포도당을 수송하는 글리코포린 운반체, 나트륨-칼륨 펌프
	통로	분자의 수동적 수송	터널을 형성	신경세포의 나트륨 통로와 칼륨 통로
	수용체	세포 안으로 정보전달	신호분자가 수용체 단백질의 세포 표면 부위에 결합하면 수용체 단백질의 형태를 바꿈	특수 수용체가 펩티드 호르몬이나 신경전달물질과 결합
내부 단백질 망	스펙트린	세포의 형태를 결정	막 아래쪽에서 지지 골격을 형성하고 막과 세포골격에 고정함	적혈구
	클라스린	단백질을 특정 위치, 특히 수용체 중개 세포 내 흡입에서 세포막 외부에 고정시킴	단백질이 홈을 감싸고 특정 분자에 결합하는 것을 촉진함	홈 안에 저농도의 지질단백질 수용체를 위치시킴
세포 표면 표지	당단백질	자기 인식	개체에 특징적인 단백질/탄수화물 사슬의 모양을 만듦	면역계에 의해 조직적합성 복합체 단백질의 인식
	당지질	조직 인식	조직에 특징적인 지질/탄수화물 사슬의 형태를 만듦	A, B, O 혈액형 표지

막 단백질의 종류

막 단백질에는 다음과 같이 6가지 주요 종류가 있다(그림 6.4).

1. **운반 단백질.** 막은 매우 선별적이어서 일부 물질만 통로나 운반체를 통하여 막을 통과할 수 있다.
2. **효소.** 세포막의 안쪽 표면에는 효소들이 있고 여기에서 여러 화학반응이 일어난다.
3. **세포 표면 수용체.** 막은 화학적 신호에 민감하며, 막 표면의 수용체 단백질로 이 신호를 탐지한다.
4. **세포 표면 인식표.** 막은 세포 표면 표지를 가지는데, 이를 통하여 다른 세포와 구별된다. 거의 모든 종류의 세포는 자신의 인식표, 즉 특징적인 표면 단백질 구성을 가진다.
5. **세포 부착 단백질.** 세포들은 특수한 단백질을 이용하여 서로 부착한다. 어떤 단백질은 일시적 상호작용에 이용되지만, 어떤 것은 영구적 결합에 이용된다.
6. **세포골격에의 부착.** 다른 세포와 상호작용하는 표면 단백질은 대개 연결 단백질에 의해 세포골격에 고정되어 있다.

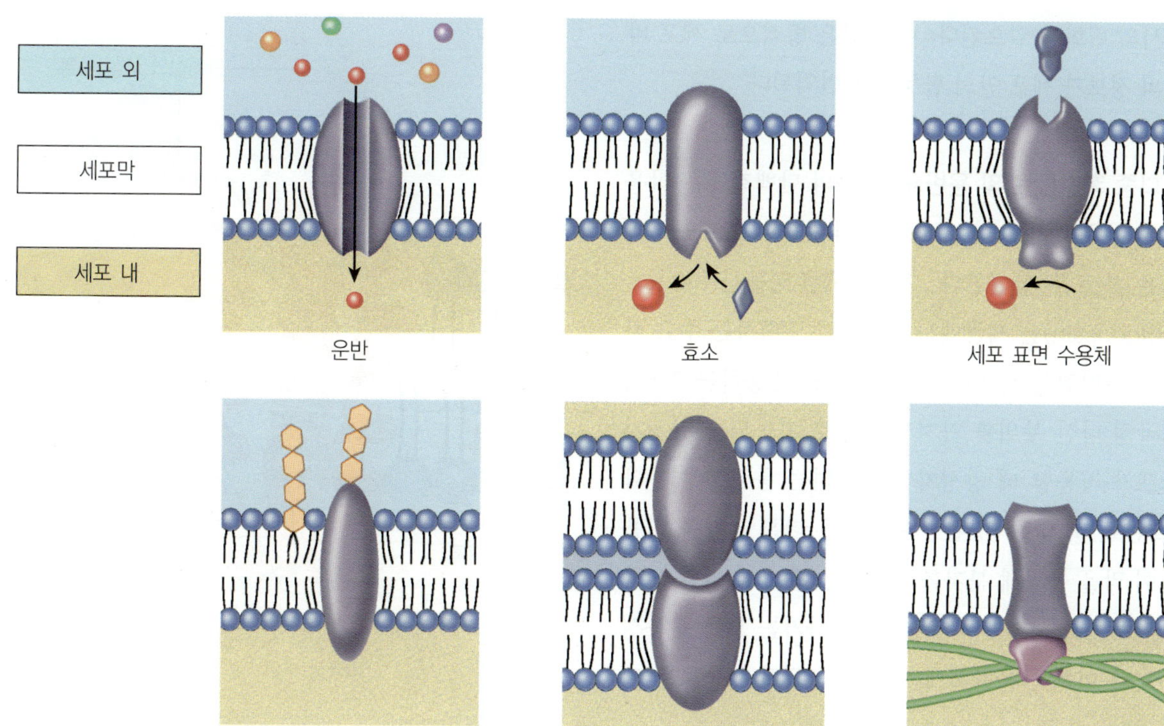

그림 6.4 | 세포막 단백질의 기능.
막 단백질은 운반체, 효소, 세포 표면 수용체, 세포 표면 표지로 작용하고 세포 - 세포 부착이나 세포골격을 지탱하는 데도 도움을 준다.

막 단백질의 구조

이중층 안의 고정 단백질

많은 막 단백질들은 인지질과 결합하는 특수 분자를 통해 막 표면에 부착되어 있으며, 이를 통해 단백질은 막에 고정된다. 부두에 매인 배처럼 이 단백질들은 표면에서 이리저리 움직일 수 있다. 이 고정 분자들은 변형된 지질로서, 이 지질은 (1) 지질 이중층의 안쪽에 들어가 있는 비극성 부위를 가지며, (2) 단백질과 직접 연결된 화학결합 도메인을 가진다.

반면에 다른 단백질들은 실제로 지질 이중층을 가로지른다. 지질 이중층을 관통하는 단백질 부위는 비극성 아미노산 나선이나 β병풍으로 되어 있다(그림 6.5). 물은 비극성 아미노산을 회피하므로 단백질의 비극성 부위는 지질 이중층 안쪽에 붙잡혀 있다. 비록 극성인 단백질의 양쪽 말단은 막의 내외로 돌출해 있지만 단백질 자체는 비극성 부위에 의해 막에 붙잡혀 있다.

막 관통 단백질

세포막은 여러 가지 막 관통 단백질(transmembrane proteins)을 가지는데 지질 이중층을 관통하는 방식에 차이가 있다.

단일 횡단 고정 단백질. 막 안에 단백질을 고정시키는 데는 하나의 비극성 부위로도 충분하다. 가령, 이런 종류의 연결 단백질은 세포골격의 스펙트린을 세포막의 안쪽에 부착시킨다(그림 6.6). 세포 외 신호를 받는 수용체 기능을 하는 여러 단백질들 역시 막을 한 번만 관통하는 단일 횡단 고정 단백질을 가진다. 세포 표면 밖으로 돌출하는 수용체 부위는 특정 호르몬 등에 결합하여 세포 안쪽에 있는 단백질의 다른 쪽 말단에서의 변화를 일으킨다. 이와 같은 방식으로 세포 바깥의 정보가 세포 안의 활동으로 번역된다.

다중 횡단통로 및 운반체. 기타의 단백질들은 막을 여러 번 통과하는 나선 사슬 부위가 모여 도넛구멍과 같은 통로를 형성한다, 가령, 세균로돕신(bacteriorhodopsin)은 세균에서 광합성을 수행하는 주요 막 관통 단백질이다. 이 단백질은 막을 관통하는 7개의 비극성 나선 부위를 가져서 빛으로 가동되는 양성자 펌프가 작동할 때 양성자가 통과하는 통로를 이룬다(그림 6.7). 다른 막 관통 단백질은 다른 기작을 이용하여 막을 통과해 분자를 수송하는 운반체 역할을 한다. 세포로 들어가거나 세포에서 나가는 모든 수용성 분자나 이온은 운반체에 의해 수송되거나 통로를 지나간다.

원통. 일부 막 관통 단백질은 α나선 대신에 β병풍 모양으로 된 커다란 비극성 부위를 가진다. 이들은 특징적인 모티프를 이루는 데 원을 그리며 접혀 원통 모양으로 배열된다. 이것이 양쪽 말단이 열려 있는 소위 β원통(barrel)인데, 이는 일부 세균의 외막 안에서 발견되는 포린(porin) 계열 단백질의 일반적 특징으로서, 여기에서 분자들의 막 통과를 허용한다(그림 6.8).

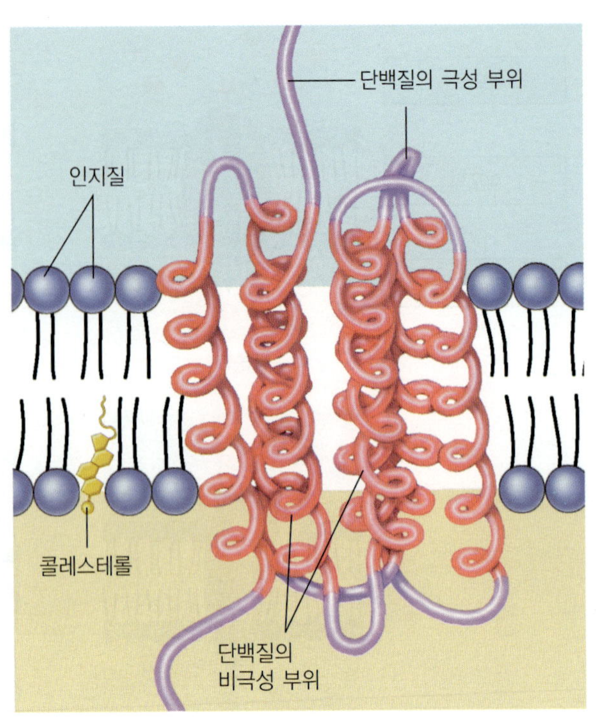

그림 6.5 | 비극성 부위가 단백질을 막 안에 고정시키는 방식.
비극성 아미노산으로 된 나선 부위(적색)가 막의 비극성 지질 내부에 접하고 있는 반면, 단백질의 극성 부위(자주색)는 이중층 밖으로 돌출해 있다. 이 단백질은 안팎으로 움직이지 못한다.

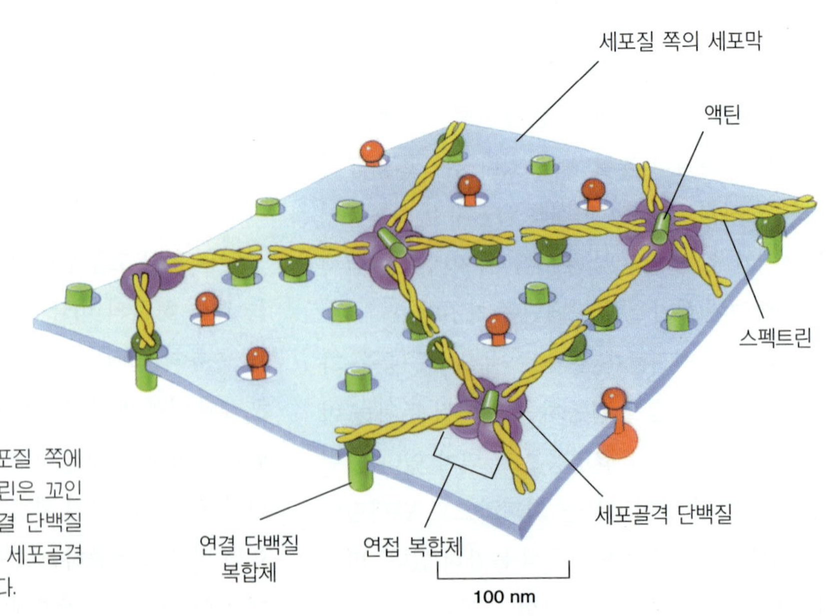

그림 6.6 | 연결 단백질.
스펙트린이 적혈구 세포막의 세포질 쪽에 고정된 망처럼 뻗어 있다. 스펙트린은 꼬인 이합체로 나타나 있으며 특수 연결 단백질에 의해 막에 부착되어 있다. 이 세포골격 단백질 망은 세포의 탄력을 만든다.

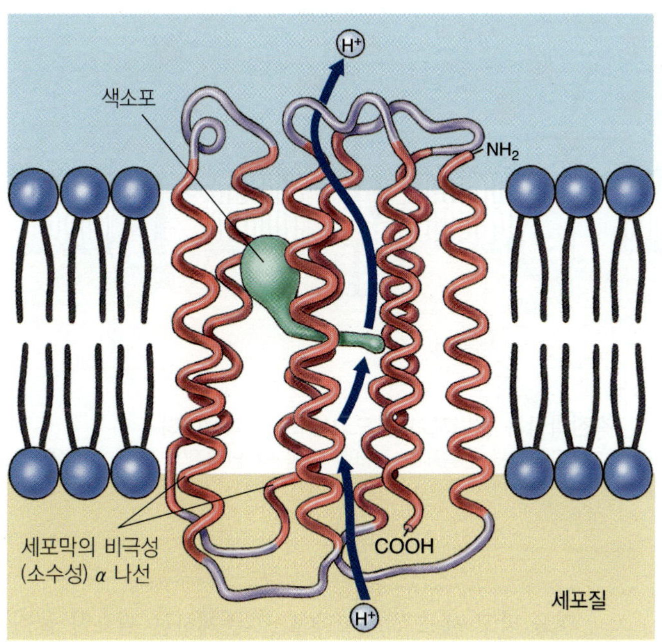

그림 6.7 | **통로 단백질.**
이 막 관통 단백질은 세균 *Halobacterium halobium*에서 광합성을 일으킨다. 이 단백질은 소수성 나선으로 7번 막을 관통한다. 나선 부위는 이중층의 통로를 형성하며, 이를 통하여 양성자가 색소포(retinal chromophore)에 의해 퍼내진다.

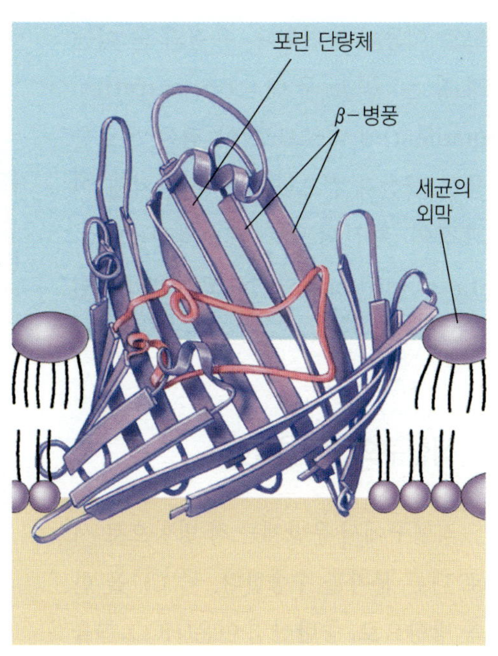

그림 6.9 | **원통 단백질.**
세균의 막 관통 단백질인 포린(porin)은 세균의 외막에 커다란 원통 모양의 구멍을 만든다. 16개의 β병풍이 서로 평행하게 배열하여 원통을 형성한다. 이 원통은 물이나 다른 물질이 막을 통과하게 만든다.

6.3 수동수송

확산

물질이 농도가 높은 곳에서 낮은 곳으로 퍼져 나가는 것을 확산(diffusion)이라고 한다. 확산은 모든 부위의 농도가 동일해질 때가지 지속된다.

막의 선택적 수송

세포가 필요로 하는 분자 중에서 다수는 극성이어서 인지질 이중층을 통과하지 못한다. 이 분자들은 원형질막에 있는 특수한 통로를 통해 확산하여 세포 안으로 들어갈 수 있다. 통로의 안쪽 면은 극성을 띤다. 분자의 유형마다 이를 통과시키는 통로가 따로 있다. 각 통로는 해당 유형의 분자에 대해 선택적이므로 세포는 선택적 투과성(selectively permeable)을 가진다고 말한다.

통로를 통한 이온의 확산

이온은 물과 같은 극성 분자와 쉽게 상호작용을 하지만 인지질 이중층으로부터는 반발된다. 따라서 세포 안팎을 막 내 운반 단백질의 도움 없이는 통과할 수 없다. 이온통로(ion channel)는 막을 관통하는 수화된 내부를 가지고 있다. 이온은 이 통로를 통해 확산될 수 있다. 두 가지 조건이 이온의 순 이동 방향을 결정하는데, 그것은 막 양쪽의 상대적 농도와 전압이다. 통로의 종류마다 특정 이온에 특이적이다. 이온통로는 신경계의 신호전달에 필수적인 역할을 한다.

촉진확산

운반체는 이온이나 당, 아미노산 등의 용질을 세포막을 지나 수송한다. 운반체는 통로처럼 용질의 종류에 따라 특이성이 있으며 양쪽 방향으로 물질을 수송한다. 그러나 통로와는 달리 용질과 결합하여 수송하므로 이동이 촉진된다. 용질의 순 이동 방향은 농도구배(concentration gradient)에 따르므로 이 점은 통로를 통한 확산과 같으나 운반체에 의해 이 과정이 촉진되므로 촉진확산(facilitated diffusion)이라고 한다(그림 6.9).

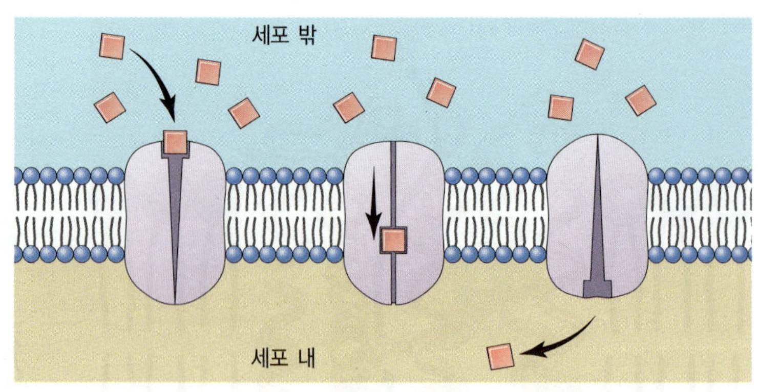

그림 6.9 | 촉진확산은 운반체가 일으키는 수송 과정이다.
분자가 세포의 바깥쪽에서 수용체에 결합한 다음 막 단백질에 의해 원형질막을 통과한다.

적혈구의 촉진확산

적혈구에서 운반체는 각 방향으로 서로 다른 분자를 수송한다. 즉 Cl^-을 한쪽 방향으로, 중탄산염 이온(HCO_3^-)을 반대쪽 방향으로 수송한다. 이 운반체는 혈액의 CO_2 수송에 중요하다.

적혈구에서 두 번째로 중요한 촉진확산 운반체는 포도당 운반체이다. 적혈구는 세포 내 포도당 농도를 낮게 유지하기 위해 적혈구 내로 들어오는 포도당 분자에 재빨리 인산기를 부착시켜서 이를 막 밖으로 나가지 못하는 하전된 인산포도당으로 전환시킨다. 이는 인산화되지 않은 포도당의 농도차를 크게 만들어 포도당이 세포 안으로 자꾸 들어오게 한다. 세포 안으로 포도당을 수송하는 포도당 운반체는 막 안에 통로를 형성하는 것이 아니라 막 관통 단백질이 포도당과 결합한 다음 그 모양을 변화시켜서 이중막을 통해 포도당을 끌어들인다.

운반체를 통한 수송 능력의 포화

운반체를 통한 수송의 특징은 그 속도가 포화될 수 있다는 점이다. 즉, 물질의 농도차가 점차 증가하면 수송 속도도 어느 정도까지는 증가하지만 그 정도를 넘어가면 증가하지 않는다. 그 이유는 막 속의 운반체의 수가 한정되어 있기 때문이다. 이와는 달리 단순한 확산에 의해 막을 통과하는 물질은 이러한 포화 현상을 보이지 않는다.

촉진확산은 불필요한 물질이 세포 안에 축적되는 것을 막고 세포 밖에 고농도로 존재하는 필요한 물질을 세포 안으로 들여오는 기능을 한다. 촉진확산의 세 가지 특징은 다음과 같다.

1. **특이성**. 하나의 운반체는 특정 분자나 이온만을 수송한다.
2. **수동성**. 물질의 순 이동 방향은 세포 안팎의 상대적 농도차에 의해 결정된다. 물질은 항상 높은 농도에서 낮은 농도로 이동한다.
3. **포화성**. 모든 운반체가 이용되고 있으면 농도차가 증가해도 수송 속도는 증가하지 않는다.

삼투

세포질에 있는 당, 아미노산 등의 분자와 이온들은 물에 녹아 있으므로 수용액이다. 이 중에서 물이 가장 많으므로 물은 용매(solvent)가 되며, 물에 녹아 있는 물질은 용질(solute)이 된다.

농도구배에 따른 분자의 확산

물과 용질은 높은 농도 구역에서 낮은 농도 구역으로 확산한다. 두 구역이 막으로 차단되면 이 막을 통과할 수 있는 용질과 그렇지 못한 용질로 구분된다. 대부분의 용질은 지질에 녹지 않으므로 막의 지질 이중층을 통과하지 못한다.

물도 지질 이중층을 쉽사리 통과하지 못한다. 물의 흐름은 aquaporin에 의해 촉진되는데, 이는 물의 통과를 위한 특수한 통로이다. 세포보다 용질 농도가 낮은 저장액 샘물에 양서류의 알을 넣어도 알은 부풀지 않는다. 그러나 만약 aquaporin mRNA를 알속에 주입하면 통로 단백질이 합성되고 물이 알 속으로 확산하여 알이 부풀게 된다.

용해된 용질은 물분자와 상호작용을 해서 하전된 용질분자 주변에 수막을 형성한다. 막이 용질 농도가 다른 두 용액을 차단하면 막 양쪽에 물분자의 농도차가 생긴다. 용질 농도가 높은 쪽은 더 많은 물분자와 수막을 형성한다. 그 결과 자유 물분자는 물의 농도차를 따라 용질 농도가 높은 쪽으로 이동한다. 물이 확산에 의해 막을 통과하여 이동하는 것을 삼투(osmosis)라고 한다.

용액의 모든 용질 농도는 그 용액의 삼투 농도(osmotic concentration)를 결정한다. 만약 두 용액이 서로 다른 삼투 농도를 가지면 높은 농도를 가진 용액이 고삼투성(hyperosmotic)이고, 낮은 농도를 가진 용액이 저삼투성(hypoosmotic)이다. 두 용액의 삼투 농도가 동일하면 이 용액들은 등삼투성(isosmotic)이다.

세포에서 원형질막은 두 개의 수용액을 경계 짓는다. 이 막을 통한 물의 순 확산 방향은 양쪽 용액의 삼투 농도에 의해 결정된다. 가령, 세포질이 세포외액에 비해 저삼투성이라면 물은 용질의 농도가 높은 세포 밖으로 빠져나간다. 이러한 물의 소실로 세포는 세포질과 세포외액의 삼투 농도가 동일해질 때까지 쭈그러든다.

삼투압

세포질이 세포외액에 비해 고삼투성일 경우 세포외액에서 물이 세포질로 들어와 세포가 부풀게 된다. 이때 세포질이 세포막을 미는 힘, 즉 수압(hydrostatic pressure)이 증가한다. 반면, 삼투압(osmotic pressure), 즉 막을 통한 물의 삼투 이동을 정지시키

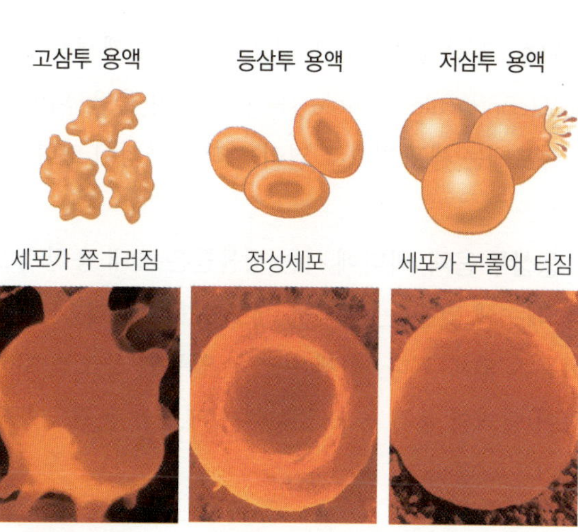

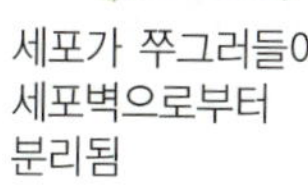

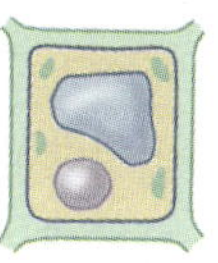

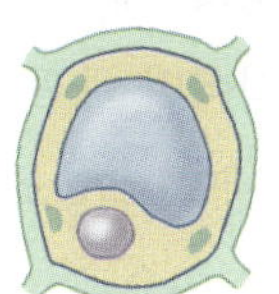

그림 6.10 | 용질이 삼투압을 형성하는 방식.
고삼투성 용액 내에서 세포 내 물은 용질 농도가 높은 세포 밖으로 빠져나가고 세포는 쭈그러든다. 등삼투성 용액내에서는 원형질막을 사이에 두고 양쪽의 용질 농도가 같으므로 물은 세포 안팎으로 같은 속도로 확산된다. 그러므로 세포 크기는 변하지 않는다. 저삼투성용액 내에서는 세포 내 용질 농도가 더 높으므로 물은 세포내로 이동한다. 세포는 폐쇄된 구조이므로 물의 유입으로 세포가 터질 때까지 원형질막에 압력이 미치게 되는데, 이를 수압이라 한다. 수압은 물의 유입을 막는 힘인 삼투압과 균형을 이루게 되는데, 식물세포는 강한 세포벽을 가지고 있으므로 수압을 견디는 적합한 삼투압으로 세포가 터지는 것을 막을 수 있으나 동물세포는 부풀어 터지게 된다.

는 데 필요한 압력도 작용한다(그림 6.10). 만약 막이 충분히 튼튼하다면 세포는 삼투압과 수압이 균형을 이루는 평형에 도달하게 된다. 그러나 이러한 상태에서 세포막은 높은 내부 압력을 견디지 못하고 부풀어 터지고 만다.

삼투 균형의 유지

생물은 주변 환경에 대하여 고삼투성으로서, 이로서 생기는 문제를 여러 가지 방법으로 해결하고 있다.

방출. 짚신벌레와 같은 일부 단세포 진핵생물은 수축포(contractile vacuoles)를 이용하여 물을 퍼낸다. 수축포에는 세포 밖으로 열리는 작은 구멍이 있다.

등삼투 용액. 바다에 사는 생물들은 체내 용질 농도를 해수에 맞춘다. 따라서 세포 안팎으로의 물의 순이동은 없게 된다. 혈액은 높은 알부민 농도를 유지하여 혈액의 용질 농도를 높여서 세포의 용질 농도와 균형을 이룬다.

팽압. 대부분의 식물세포는 주변 환경에 비해 고삼투성이며 액포에 높은 농도의 용질을 간직한다. 그 결과 팽압(turgor pressure)이라고 하는 내부 수압이 세포벽 쪽으로 세포막을 강하게 밀어서 세포를 팽팽하게 만든다. 대부분의 녹색식물은 팽압을 이용하여 몸의 형태를 유지하며 따라서 물이 충분하지 않으면 시든다.

6.4 세포 내 섭취를 통한 대량 수송

대량 이동

세포 내 섭취

세포가 생장을 위해 필요로 하는 물질들은 대부분 크고 극성인 분자들이어서 지질 이중층이 만드는 소수성 장벽을 통과할 수 없다. 이 물질들을 세포 안으로 통과시키는 방법 하나가 세포 내 섭취(endocytosis)로서, 원형질막이 먹이 과립을 감싸는 것이다. 세포가 이용하는 세포내 섭취에는 세 가지가 있는데, 이는 식세포작용(phagocytosis), 음세포작용(pinocytosis), 그리고 수용체 중개 세포내 섭취(receptor-mediated endocytosis)이다(그림 6.11).

식세포작용과 음세포작용. 만약 세포가 섭취하는 물질이 생물체나 유기물 조각처럼 과립성이라면 이 과정을 식세포작용이라고 한다. 만약 섭취하는 물질이 액체일 경우에는 이 과정을 음세포작용이라고 한다. 음세포작용은 동물세포에서 흔하다. 예를 들어, 포유류 난자세포는 주변 세포들로부터 "양육" 되는데, 인접 세포들은 성숙 중인 난자세포가 음세포작용을 통해 섭취할 수 있는 영양물질을 분비한다. 실제로 모든 진핵세포는 이런 식의 세포 내 섭취작용을 하여 소낭에 입자나 세포외액을 포획하여 소화한다. 세포 내 섭취작용 속도는 세포의 종류에 따라 큰 차이가 있다. 백혈구의 일부 종류는 시간당 자기체적의 25%까지 섭취한다.

수용체 중개 세포 내 섭취. 특별한 분자들은 수용체 중개 세포 내 섭취로 세포 안으로 수송된다. 수송될 분자는 먼저 세포막에 있는 특수 수용체와 결합한다. 수송 과정은 특이해서 수용체와 형태가 들어맞는 것만 수송된다. 특정 종류의 세포의 막은 특징적인 수용체 집단을 가진다.

수용체 분자의 막 안쪽에 있는 부분은 단백질 클라스린(clathrin)으로 감싸인 오목한 홈 안에 묻혀 있다. 각 홈은 분자적인 쥐덫처럼 작용하여 바깥쪽을 오므려 닫아서 분자를 감싼 내부 소낭을 만든다(그림 6.11c). 이때 표적 분자가 막 안에 묻혀 있는 수용체와 결합해야 이 과정이 촉발된다. 이 과정은 매우 특이적이고 신속하다.

이 과정으로 섭취되는 분자 한 가지는 LDL(low-density lipoprotein)이다. LDL 분자는 세포 안으로 콜레스테롤을 들여온다. 콜레스테롤은 막의 견고성을 결정하는 데 중요한 역할을 한다. 유전 질환인 고콜레스테롤증(hypercholesterolemia)에서 수용체는 꼬리가 없어서 클라스린으로 감싸인 홈으로 포집되지 않으므로 세포가 콜레스테롤을 섭취하지 못한다. 콜레스테롤은 혈류 안에 머물면서 동맥벽에 달라붙고 심장 질환을 일으킨다.

세포 내 섭취 자체는 물질을 직접 세포질 안으로 들여오지는 않는다. 안으로 들어온 물질은 여전히 소낭의 막에 의하여 세포질과 차단된 상태이다.

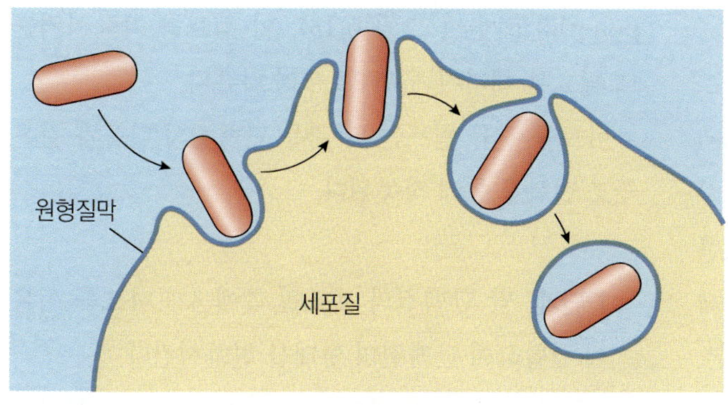

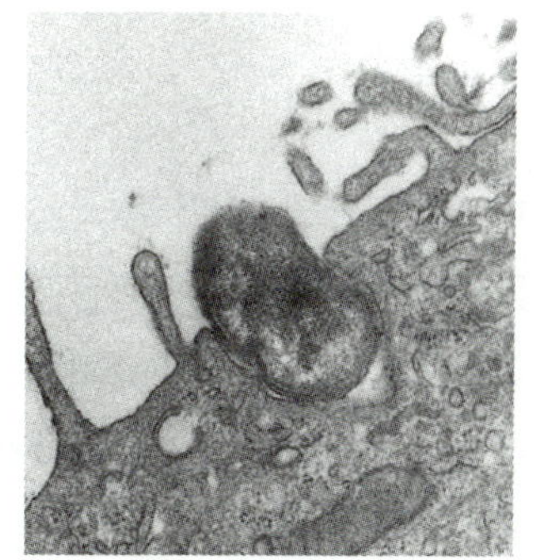

(a) 식세포작용

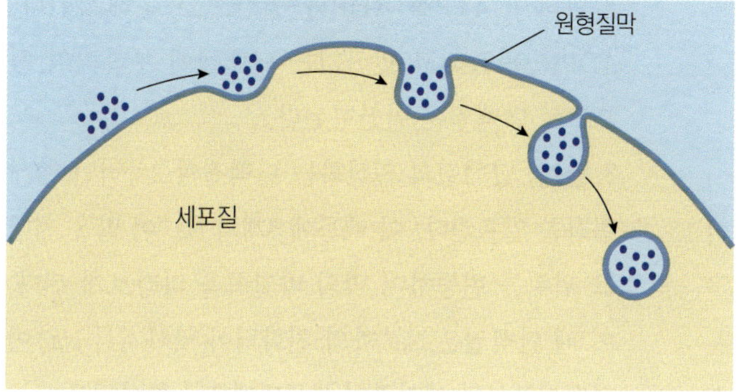

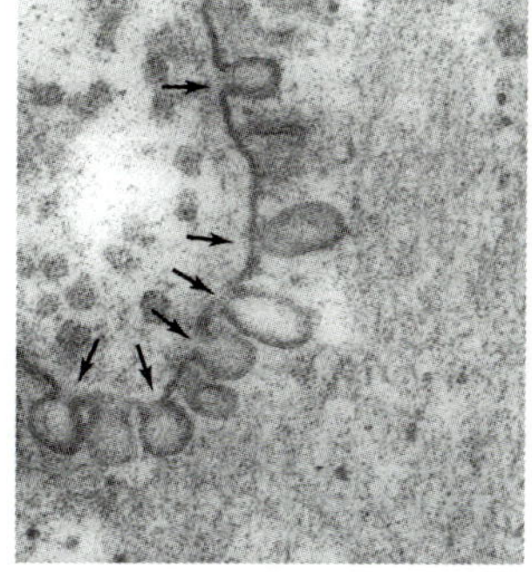

(b) 음세포작용

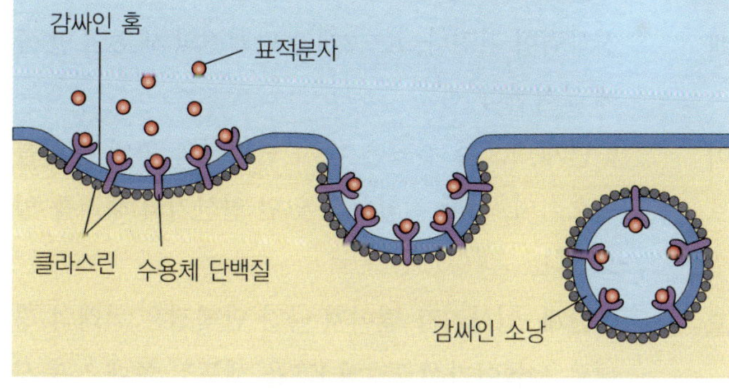

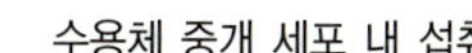
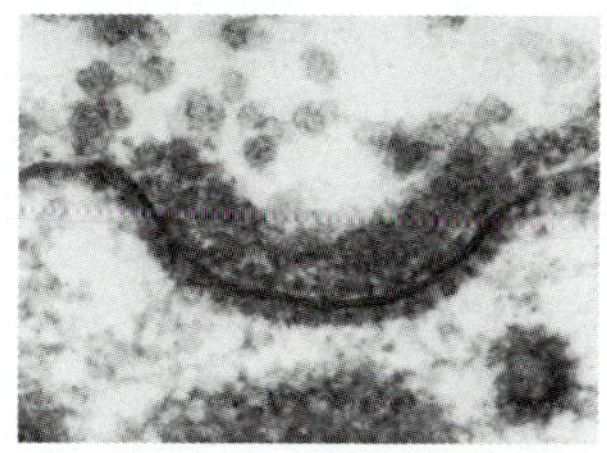
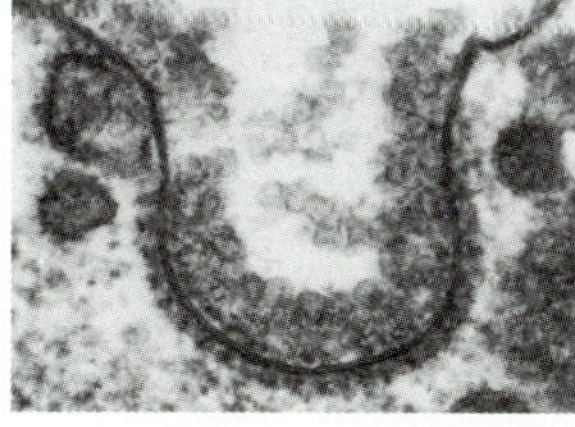

(c) 수용체 중개 세포 내 섭취

그림 6.11 | **세포 내 섭취.**
(a) 식세포작용과 (b) 음세포작용은 세포 내 섭취 형태들이다.
(c) 수용체 중개 세포 내 섭취과정에서 세포들은 클라스린 단백질로 감싸인 홈을 가지고 있다. 적합한 표적분자가 원형질막 내의 수용체 단백질에 결합하면 클라스린은 세포내 섭취과정을 시작한다.
(a) 쥐의 복막세포에 의한 세균 *Rickettsia tsutsugamushi*의 식세포작용
(b) 평활근 내 음세포작용
(c) 단백질층으로 덮인 발생 중인 난자세포의 원형질막에 나타난 홈(80,000×)

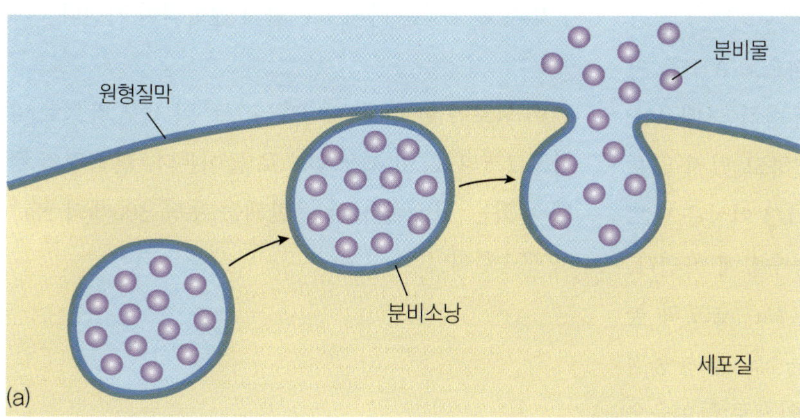

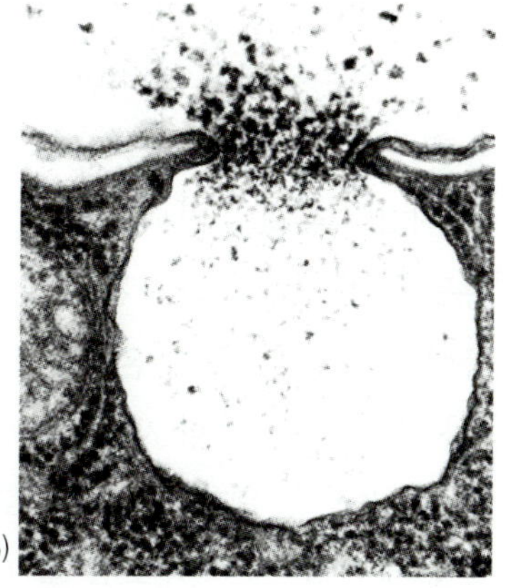

그림 6.12 | **세포 외 배출.**
(a) 단백질 등의 분자는 작은 소낭에 싸여 세포 밖으로 분비된다. (b) 세포외 배출의 전자현미경 사진. 소낭의 막은 원형질막과 융합하여 그 내용물을 세포 표면으로 방출한다.

세포 외 배출

세포 내 섭취의 반대 과정이 세포 외 배출(exocytosis)이다(그림 6.12). 식물세포에서 세포외 배출은 세포벽을 구성하는 데 필요한 물질을 밖으로 내보내는 중요한 수단이다. 원생생물 중에서 수축포의 활동은 일종의 세포 외 배출이다. 동물세포에서 세포외 배출은 호르몬, 신경전달물질, 소화효소 등을 분비하는 기작이다.

6.5 능동수송

확산, 촉진확산, 삼투는 농도구배에 따라 물질을 이동시키는 수동수송 과정이다. 그러나 세포는 농도구배를 거슬러 막을 통과해 물질을 이동시킬 수 있다. 이 과정에는 에너지가 필요하며, 따라서 능동수송(active transport)이라고 한다. 촉진확산처럼 능동수송에는 막 안에 있는 고도로 선택적인 단백질 운반체가 관여한다. 이 운반체는 수송물질과 결합한다.

능동수송은 세포의 가장 중요한 기능 중의 하나이다. 능동수송을 통하여 세포는 세포질 안에 세포 밖보다 더 높은 농도로 존재하는 물질을 추가적으로 흡수할 수 있다. 능동수송이 없으면 간세포는 혈장에서 포도당을 흡수하여 축적할 수가 없다.

나트륨-칼륨 펌프

능동수송에서는 직접적이나 간접적으로 ATP를 이용한다. 농도구배를 거슬러 이온을 운반하는 데 ATP가 직접 이용되는 경우를 보자. 분열하고 있지 않은 동물세포가 소비하는 모든 에너지의 1/3 이상은 나트륨이온(Na^+)과 칼륨이온(K^+)의 능동수송에 쓰인다. 동물세포는 주변보다 세포 내에 낮은 Na^+ 농도와 높은 K^+ 농도를 유지한다. 이 농도차는 Na^+을 능동적으로 세포 밖으로 퍼내고 K^+을 세포 안으로 들여옴으로써 유지된다. 세포막을 통해 이 두 이온을 수송하는 단백질을 나트륨-칼륨 펌프(sodium-potassium pump)라고 한다(그림 6.13). 이 펌프를 가동시키는 데 필요한 에너지는 ATP로부터 나온다.

나트륨-칼륨 펌프는 막 관통 단백질의 다음과 같은 구조 변화를 통해 작동된다.

1 단계. 막 단백질의 세포질 쪽에 3개 나트륨 이온이 결합하여 단백질의 형태를 변화시킨다.

2 단계. 새로운 형태를 가진 단백질은 ATP 분자와 결합하여 ATP를 ADP와 인산으로 분해시킨다. ADP는 방출되고 인산기는 단백질에 부착되어 있으므로 단백질은 인산화된다.

3 단계. 단백질의 인산화는 단백질의 2차적인 형태 변화를 일으킨다. 이 때문에 3개의 Na^+이 막을 지나 그 위치를 변동하여 막의 바깥쪽을 바라보게 된다. 이 때 단백질은 Na^+과의 친화력이 낮아져서 Na^+이 단백질로부터 해리하여 세포외액으로 확산된다.

4 단계. 새로운 형태를 가진 단백질은 이제 K^+과의 친화력이 커진다. K^+ 2개가 단백질의 세포 표면 쪽에 부착한다.

5 단계. K^+의 결합은 다시 단백질의 형태 변화를 일으키며, 이때 결합하고 있던 인산기의 해리를 일으킨다.

6 단계. 인산기가 떨어져 나간 단백질은 원래의 형태로 되돌아가서 2개의 K^+을 세포질 쪽에 노출시킨다. 이 형태 변화로 K^+과의 친화력이 낮아져서 2개의 K^+은 해리되고 세포 안으로 확산된다. 그러면서 단백질은 다시 Na^+과의 친화력이 커진다.

이 회로가 한 번 돌 때 3개의 Na^+이 세포 밖으로 나가고 2개의 K^+이 세포 안으로 들어온다. 단백질의 형태 변화는 신속해서 각 운반체는 초당 300개의 Na^+을 수송한다.

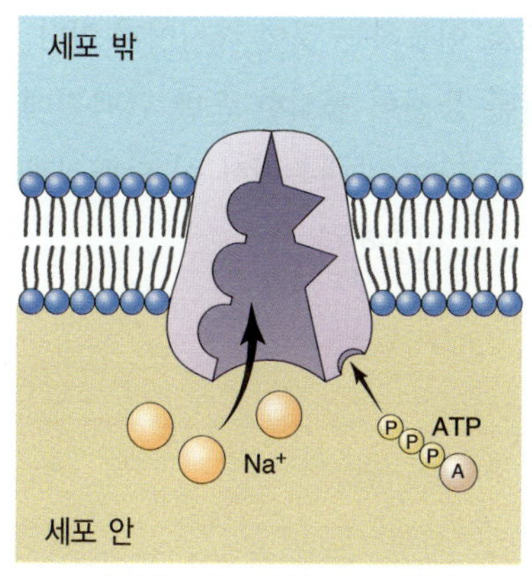

1. 막 단백질이 세포 내 나트륨이온과 결합

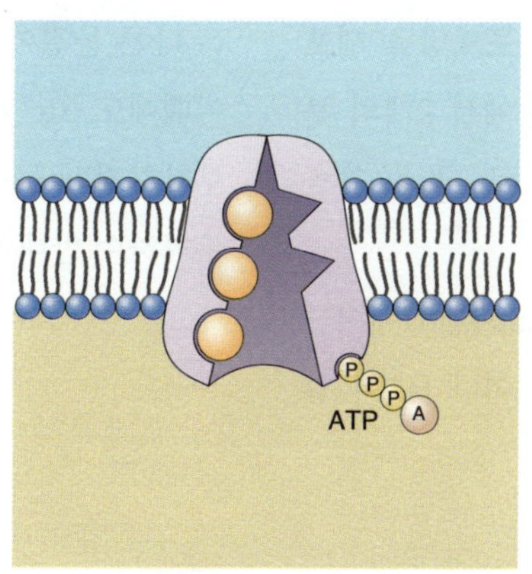

2. ATP가 나트륨이온과 결합한 단백질을 인산화시킴

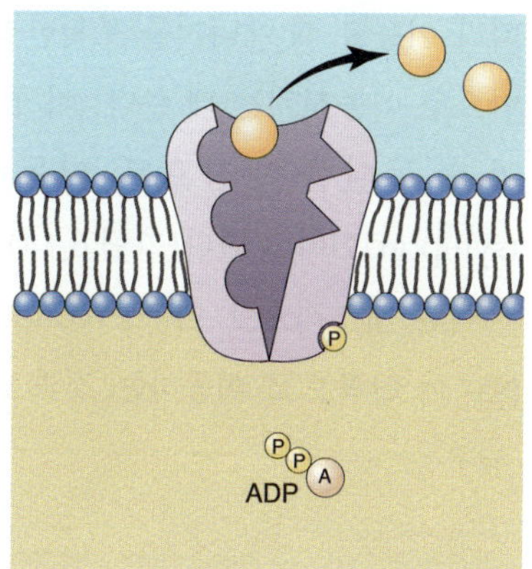

3. 인산화는 단백질의 형태 변화를 일으켜서 나트륨이온이 떨어져 나감

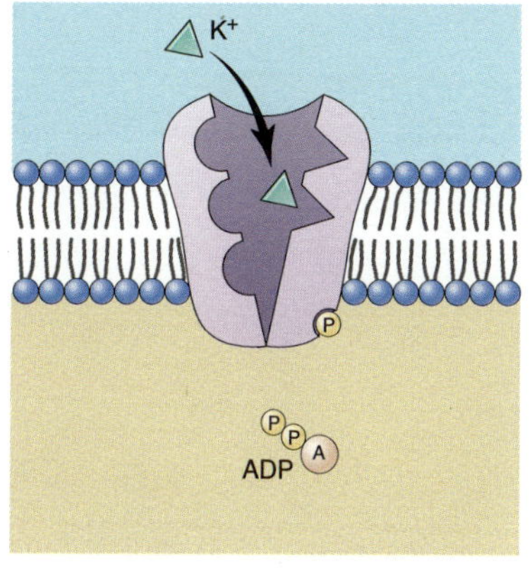

4. 세포외 칼륨이온이 노출된 부위에 결합

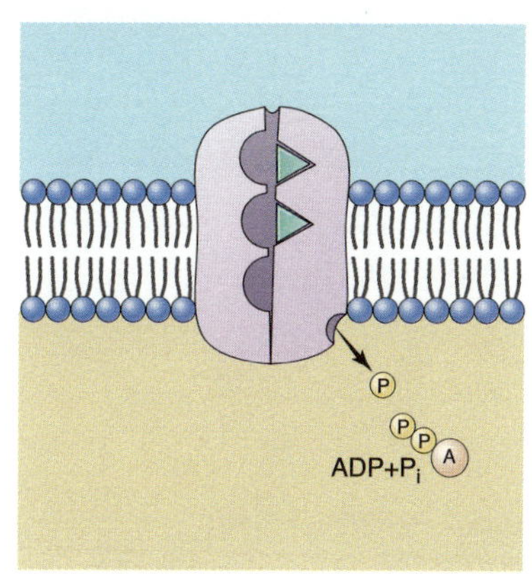

5. 칼륨이온의 결합은 단백질의 탈인산을 일으킴

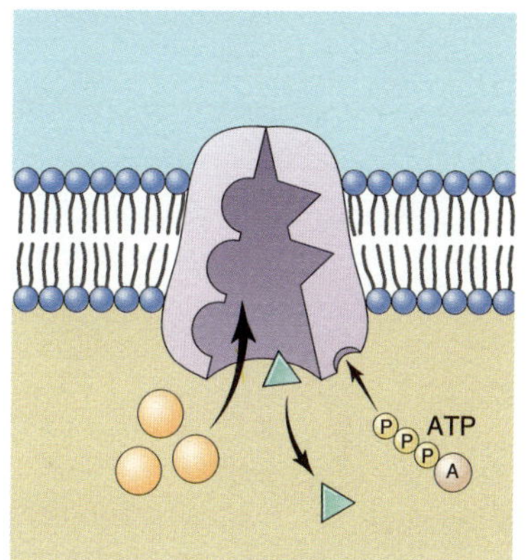

6. 탈인산으로 단백질은 원래의 형태로 되돌아가서 길륨이온이 세포 안으로 들어감

그림 6.13 | 나트륨-칼륨 펌프.

공수송(coupled transport)

일부 분자는 다른 분자의 농도구배에 의해 저장된 에너지를 이용하여 농도구배를 거슬러서 이동한다. 이 과정에서 하나의 분자가 농도구배를 따라 이동할 때 방출되는 에너지가 포획되어 다른 분자가 농도구배를 거슬러 이동하는 데 쓰인다.

가령, 동물 세포막을 통과하는 포도당 수송에는 두 가지 이유로 에너지가 필요하다. 첫째, 포도당은 크고 극성인 분자여서 혼자서 막을 통과할 수 없고, 둘째, 세포 안의 포도당 농도는 흔히 세포 밖보다 높다. 포도당 운반체는 나트륨－칼륨 펌프가 만든 Na^+ 농도구배를 에너지원으로 이용한다. 이때 포도당과 Na^+이 운반 단백질에 부착하고 Na^+이 농도구배를

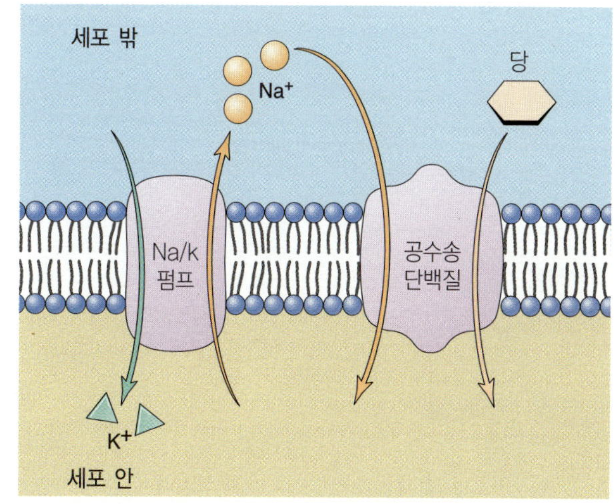

그림 6.14 | 공수송.
나트륨이온이 농도구배를 따라 세포 내부로 수송될 때 포도당 분자도 같이 내부로 수송된다. 나트륨이온의 농도구배의 힘이 너무 크므로 포도당 분자는 농도구배에 역행해 운반된다.

따라 이동할 때 에너지를 포획한 다음 포도당을 세포 안으로 이동시키는 데 쓴다. 이 공수송에서 2개의 분자가 동일한 방향으로 이동하므로 공동수송(symport)이라고 한다(그림 6.14).

이와 대조적으로 역수송(countertransport)에서는 Na^{+}이 안쪽으로 이동하는 것과 Ca^{++}이나 H^{+}과 같은 다른 물질이 밖으로 이동하는 것이 짝지어져 있다. 이때에도 Na^{+}과 다른 물질이 동일한 운반 단백질에 부착하지만 둘은 서로 막의 반대쪽에서 이 단백질과 부착하여 반대 방향으로 이동한다.

CHAPTER 07

세포 간 상호작용

다세포생물의 세포들은 서로 신호를 주고받는다. 여러 가지 화학적 신호를 주고받으면서 세포간 활동 등을 조정하여 신체는 통합된 기능을 나타내게 된다. 세포간 통신이 이루어지는 것은 다세포 생물의 특징이다. 이 장에서는 세포들이 어떻게 상호작용 하는지 자세히 알아보자.

그림 7.1 | 서로 밀접하게 접하고 있는 감나무 세포들
모든 세포들은 기능이 무엇이든지 주변 세포들을 포함한 그들의 주변 환경과 상호작용을 하고 있다.

7.1 세포간 화학적 신호전달

세포 신호의 유형

세포들은 서로 신호를 전달하여 영향을 주며, 펩티드나 대형 단백질, 아미노산, 뉴클레오티드, 스테로이드나 다른 지질 등, 여러 가지를 신호분자로 이용한다. 기체도 신호로 이용되는데, 일산화질소(NO)는 수컷의 발기뿐만 아니라(비아그라는 NO 방출을 자극한다), 여러 가지 역할을 한다. 어떤 분자들은 신호세포의 표면에 부착하고, 어떤 분자는 세포막 밖으로 분비된다.

세포의 주변 환경에는 수백 가지의 화학적 신호가 있을 수 있다. 그러나 각 세포는 일부 신호에만 반응하고 나머지는 무시한다. 세포는 어떻게 반응해야 할 신호를 선별할까? 수용체 단백질(receptor proteins)은 세포 표면이나 안에 있으며 특정 신호분자에 맞는 3차원적 형태를 가지고 있다. 하나의 신호분자가 이에 맞는 수용체 단백질에 접근하면 결합한다, 이 결합은 수용체 단백질의 변화를 일으키고 결국 세포의 반응을 일으킨다.

세포의 통신에는 신호 발생 세포와 반응세포 사이의 거리에 따라 네 가지 기작으로 구분된다. 이 네 가지 기작 외에도 일부 세포는 자신에게 신호를 보내는 자가분비 신호발생(autocrine signaling)을 하며, 이는 발생 과정의 변화를 강화하는 데 중요한 역할을 하는 것으로 판단된다.

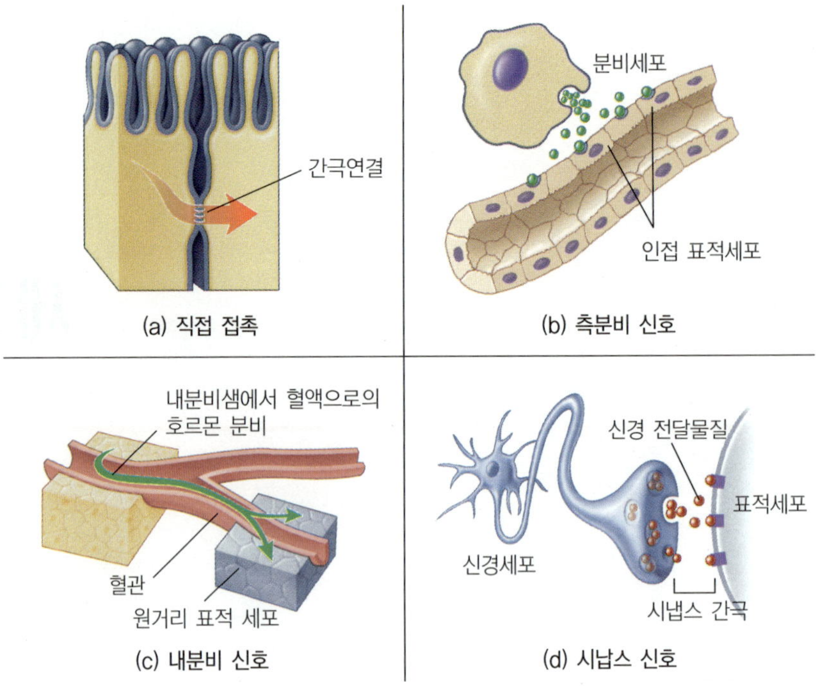

(a) 직접 접촉 (b) 측분비 신호 (c) 내분비 신호 (d) 시냅스 신호

그림 7.2 | 네 가지 세포 신호.
세포들은 여러 방법으로 통신을 한다.
(a) 두 세포가 직접 접촉하여 간극 연결을 통해 신호를 전달한다.
(b) 측분비 신호는 한 세포의 분비물질이 인접 세포에만 영향을 준다.
(c) 내분비 신호에서는 호르몬이 생물체의 순환계로 방출되어 표적세포까지 운반된다.
(d) 화학적 시냅스 신호는 신호물질인 신경전달물질이 뉴런에서 방출되어 시냅스 간극을 거쳐 표적세포로 전달된다.

직접 접촉

세포들이 서로 인접해 있을 때 한 세포의 세포막의 일부 분자가 인접 세포의 세포막에 있는 수용체에 의해 인식될 수 있다. 발생 초기에 세포 간의 일부 중요한 상호작용은 세포 표면 사이의 직접 접촉(direct contact)에 의해 일어난다(그림 7.2a).

측분비 신호

세포가 방출한 신호분자는 세포외액을 통해 다른 세포로 확산될 수 있다. 만약 이 분자들이 인접 세포에 의해 받아들여지고 세포 외 효소에 의해 파괴되거나 다른 방식으로 세포외액에서 신속히 제거되면 이 영향이 인접 세포에만 국한된다. 이처럼 단시간 동안만 잔류하여 국부적 효과만 나타내는 신호를 측분비 신호(paracrine signal)라고 한다(그림 7.2b). 측분비 신호 발생은 직접 접촉과 마찬가지로 발생 초기에 중요한 역할을 하며 인접 세포 집단의 활동을 조절한다.

내분비 신호

만약 방출된 신호분자가 세포외액에 잔류하면 순환계 안으로 들어가서 몸 전체로 이동할 수 있다. 이처럼 오래 잔존하여 방출세포로부터 먼 거리에 있는 세포에 영향을 줄 수 있는 신호분자를 호르몬(hormones)이라고 하며, 이러한 유형의 세포 간 통신을 내분비 신호(endocrine signaling)라고 한다(그림 7.2c).

시냅스 신호

동물에서 신경계 세포들은 먼 거리에 있는 세포들과 신속한 통신을 할 수 있게 한다. 이들의 신호 분자인 신경전달물질(neurotransmitter)은 호르몬처럼 순환계를 통해 원거리의 세포로 여행하는 것이 아니라 표적세포 가까이에 있는 긴 섬유 모양의 신경세포 연장부 끝에서 신경전달물질을 방출한다. 한 뉴런과 이의 표적세포의 연합을 화학적 시냅스(chemical synapse)라고 하며, 이런 유형의 세포 간 통신을 시냅스 신호(synaptic signaling)라고 한다(그림 7.2d).

표 7.1 세포 통신 기작

기작	구조	기능	예
세포내 수용체	세포외 신호 결합부위가 없음	지용성, 비극성 소형 분자로부터 신호를 받음	NO 수용체, 스테로이드 호르몬, 비타민 D, 갑상선 호르몬수용체
세포표면 수용체			
화학이온통로	중앙부에 통로를 형성하는 복수 횡단 막 관통 단백질	화학적으로 자극받아 개폐되는 분자적 관문	뉴런
효소 수용체	단일 횡단 막 관통 단백질	세포 외에서 신호와 결합 ; 세포 내 반응을 촉매함	단백질 kinase의 인산화
G단백질 결합 수용체	G단백질과 세포질 내 결합 부위를 가지는 7회 왕복 막 관통 단백질	수용체에 신호가 부착하면 GTP가 G단백질에 결합함 ; GTP가 부착한 G단백질은 세포 내에서 신호를 전달함	펩티드 호르몬, 눈의 간상세포
물리적 접촉			
표면 표지	다양함 ; 세포막의 내부 단백질 또는 당지질	세포의 인식표	MHC 복합체, 혈액형, 항체
밀착 연접	밀착하여 누출을 방지하며, 세포 주변을 밀봉하는 섬유상 단백질	세포들을 서로 연접시켜서 물질이 세포를 통과하지만 세포 사이로 나가지는 못함	장 상피세포 사이의 연접
데스모솜	카데린을 통해 인접 세포와 세포골격의 중간 필라멘트를 연결	고착연접 ; 세포들을 연결시킴	상피
접착 연접	막관통 섬유상 단백질	고착연접 ; 세포 외 기질과 세포골격을 연결함	피부와 같은 고도의 기계적 압박을 받는 조직
간극 연결	6개의 막 관통 코넥슨 단백질이 세포들을 연결하는 하나의 구멍을 형성	교류 연접 ; 한 조직 내 세포들 사이에 작은 분자들의 이동을 허용	심장근과 같은 활성조직
원형질연락사	식물의 인접한 세포벽 사이의 간극을 연결하는 세포질 연결	식물세포 사이의 교류연접	식물조직

7.2 세포의 내부와 표면에 있는 단백질이 신호를 받는다

세포 내 수용체

모든 세포의 신호전달 경로는 일부 공통적 요소를 공유하는데, 여기에는 한 세포에서 다른 세포로 가는 화학적 신호, 표적세포 위나 안에서 신호를 받아들이는 수용체가 포함된다. 표 7.1은 수용체의 유형을 요약한 것이다.

여러 가지 세포 신호는 지용성이거나 크기가 매우 작아서 표적세포의 막을 통과하여 안으로 들어갈 수 있다. 어떤 것은 세포질에 있는 단백질 수용체와 결합하고, 어떤 것은 핵막을 통과하여 핵 내 수용체에 결합하기도 한다. 이 세포 내 수용체(intracellular receptors)(그림 7.3)는 그 종류에 따라 여러 가지 반응을 일으킨다.

유전자 조절인자처럼 작용하는 수용체

일부 세포 내 수용체는 유전자 발현의 조절 인자처럼 작용한다. 이들 중에는 코르티졸, 에스트로겐, 프로게스테론과 같은 스테로이드 호르몬의 수용체도 있고, 비타민 D나 갑상선 호르몬과 같은 작은 지용성 신호분자의 수용체도 있다. 이 수용체들은 모두 유사한 구조를 가지며 이들을 만드는 유전자들은 공통조상 유전자로부터 내려온 진화적 후손일 가능성이 크다. 이들은 구조적 유사성이 크므로 모두 세포 내 수용체 집단(intracellular receptor superfamily)의 일원들이다.

이 수용체들은 DNA와의 결합 부위를 가진다. 불활성인 상태에서는 수용체는 억제인자 단백질이 결합 부위를 점유하고 있으므로 DNA와 결합하지 못한다. 신호분자가 수용체의 또 다른 부위에 결합하면 억제인자가 방출되고 DNA 결합 부위는 노출된다(그림 7.4). 그러면 수용체는 DNA의 특정 뉴클레오티드 서열에 결합하여 보통 조절 부위에 인접해 있는 특정 유

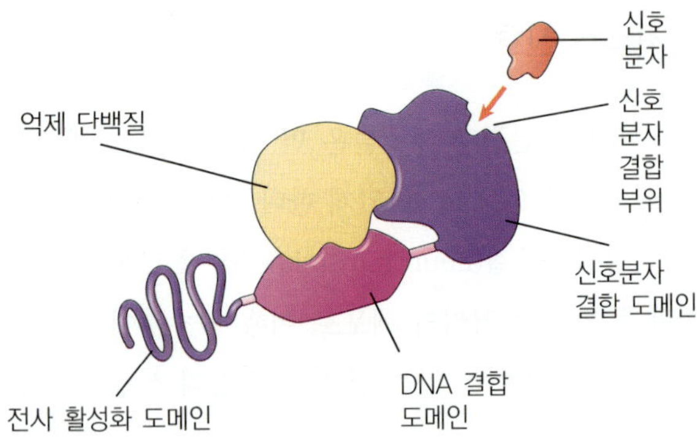

그림 7.3 | 유전자를 조절하는 세포 내 수용체의 기본 구조. 이들 수용체들은 세포 내에 위치하고 있으며, 스테로이드 호르몬, 비타민 D, 갑상선 호르몬 등의 신호분자들의 수용체로서 작용한다.

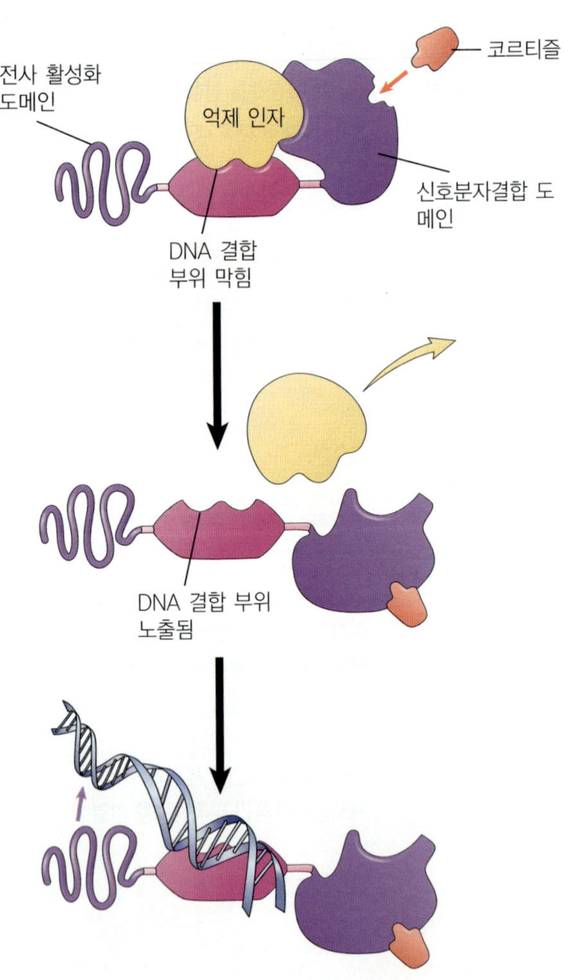

그림 7.4 | 세포내 수용체가 유전자 전사를 조절하는 방식. 스테로이드 호르몬인 코르티졸이 DNA 조절단백질에 부착하면 억제인자가 떨어져 나가고 조절단백질의 DNA 결합부위가 노출된다. 그러면 DNA는 이 부위에 부착하여 수용체의 전사활성화 도메인 위에 특정 뉴클레오티드 서열이 위치하고, 전사가 시작된다.

전자를 활성화시킨다.

세포 내 수용체가 인식하는 지용성 신호분자는 수용성 신호분자보다 혈액에 오래 잔류하는 경향이 있다. 대부분의 수용성 호르몬은 수분 내에, 그리고 신경전달물질은 몇 초 또는 1,000분의 몇 초 내에 분해된다. 반면 스테로이드 호르몬은 수시간 동안 지속된다.

지용성 신호분자에 대한 표적세포의 반응은 세포의 특성에 따라 매우 다양하다. 이는 동일한 세포 내 수용체를 가지는 서로 다른 표적세포에서도 그러한데, 이는 두 가지 이유 때문이다. 첫째, 표적 DNA에서 수용체에 대한 결합 부위가 세포 유형마다 달라서 신호분자-수용체 복합체가 DNA에 결합할 때 영향을 받는 유전자가 다르다. 둘째, 대부분의 진핵세포 유전자는 복잡한 조절을 받는다. 하나의 진핵세포 유전자를 읽는데 보통 여러 가지 조절단백질이 관여한다. 따라서 세포내 수용체는 조직에 따라 여러 가지 신호와 상호작용한다. 조직마다 다르게 작용하는 세포 특이적 조절에 의하여 DNA와 결합할 때 세포 내 수용체가 만드는 효과는 여러 가지이다.

효소처럼 작용하는 수용체

효소처럼 작용하는 세포 내 수용체의 예로는 NO(일산화질소)에 대한 수용체이다. 작은 기체 분자인 NO는 세포에서 생산되어 세포 밖으로 쉽게 확산하여 인접 세포로 가서 효소인 guanylyl cyclase에 결합한다. NO의 결합으로 활성화된 효소는 cGMP의 합성을 촉매하는데, cGMP는 평활근세포의 이완과 같은 세포 특이적 반응을 일으키는 세포 내 전령 분자이다.

NO는 최근에야 척추동물에서 신호분자로 인식되었다. 그러나 이미 이의 여러 가지 역할이 기록되어 있다. 가령 뇌가 혈관 벽을 둘러싸고 있는 평활근을 이완시키는 신경 신호를 보낼 때 근육 부근의 신경세포에 의해 방출된 신호분자 아세틸콜린은 근육세포와 직접 작용하지 않는다. 그 대신 인접 상피세포로 하여금 NO를 생산하게 하고, NO는 다시 평활근의 이완을 일으켜서 혈관이 확장하고 혈류의 증가를 일으킨다.

세포 표면 수용체

대부분의 신호분자는 수용성인데, 이들은 신경전달물질, 펩티드 호르몬, 발생 중 성장인자로서 작용하는 단백질 등이 포함된다. 수용성 신호는 세포막을 통과해 확산할 수 없다. 그러므로 세포의 반응을 일으키려면 세포 표면의 수용체에 결합해야 한다. 이 세포 표면 수용체(cell surface receptors)(그림 7.5)는 세포 외 신호를 세포 내 신호로 전환한다. 대부분의 세포 수용체는 세포 표면 수용체이며 또 대부분은 세 가지 수용체 집단, 즉 화학관문이온통로, 효소 수용체, G단백질결합 수용체 중 한 가지이다.

화학관문이온통로

화학관문이온통로(chemically gated ion channels)는 이온이 통과하는 수용체 단백질이다. 여러 가지 신경전달물질에 결합하는 수용체 단백질은 동일한 기본 구조를 가진다(그림 7.5a). 각각은 다중 횡단 막 관통 단백질로서 아미노산 사슬이 세포막 안팎으로 여러 번 왕복해 뻗어 있다. 단백질의 중심부에는 구멍이 있어서 세포외액과 세포질을 연결한다. 이 구멍은 이온이 통과할 만큼 커서 이 단백질은 이온통로(ion channel)처럼 기능을 나타낸다. 이 통로는 화학적으로 개방되어 있다고 말하는데, 이는 신경전달물질처럼 여기에 결합하는 화학물질에만 개방되어 있기 때문이다. 화학관문이온통로가 개방되어 있을 때 막을 통과하는 이온(나트륨, 칼륨, 칼슘, 염소이온 등)의 유형은 통로의 특수 형태나 전하의 구조에 따라 다르다.

효소 수용체

여러 세포 표면 수용체는 효소처럼 작용하거나 효소와 직접 결합되어 있다(그림 7.5b). 신호분자가 수용체에 결합하면 효소를 활성화시킨다. 대부분의 경

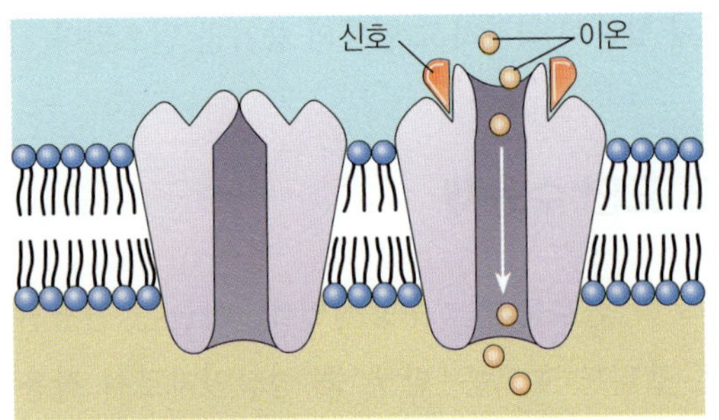

(a) 화학관문이온통로

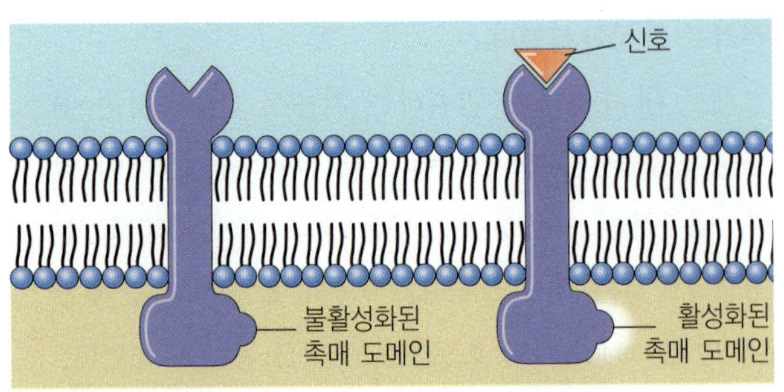

(b) 효소 수용체

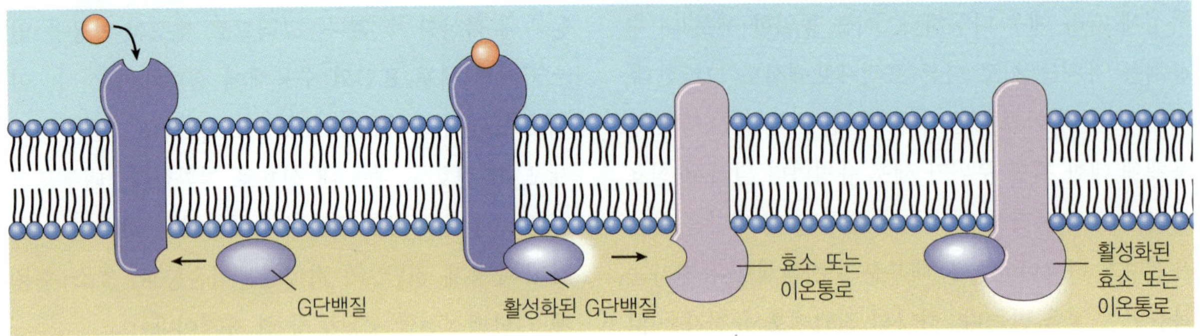

(c) G 단백질결합 수용체

그림 7.5 | 세포 표면 수용체들.
(a) 화학관문이온통로는 다중 횡단 막 관통 단백질로서 원형질막에 구멍을 만든다. 이 구멍은 화학적 신호에 의해 개폐된다. (b) 효소 수용체는 단일 횡단 막 관통 단백질로서 이 수용체가 세포 바깥쪽 표면에서 신호와 결합하면 효소의 세포질 쪽 촉매 부위가 세포 안쪽에서의 효소 활동을 일으킨다. (c) G단백질결합 수용체는 세포 바깥쪽에서는 신호와 결합하고 세포 안쪽에서는 G단백질과 결합한다. 그러면 G단백질은 효소나 이온통로를 활성화시켜서 신호가 세포 안쪽으로 이동하도록 중개한다.

우 이 효소들은 단백질 kinase, 즉 단백질에 인산기를 부착시키는 효소이다. 이들은 단일 횡단 막 관통 단백질이며 신호분자와 결합하는 부위는 세포의 바깥쪽에 있고, 효소 기능을 수행하는 부위는 세포질 쪽에 노출되어 있다.

G단백질결합 수용체

이 수용체는 G단백질 또는 GTP 결합 단백질(guanosine triphosphate-binding protein)(그림 7.5c)이라는 보조 단백질의 도움으로 원형질막의 이온통로나 효소에 간접적으로 작용한다. 이 경우의 수용체는 G단백질을 이용하여 막 표면에서 세포 내부로 신호가 전달되는 것을 중개한다.

G단백질결합 수용체의 작용 방식. G단백질은 세포질에서 신호확산을 일으키는 중개물질이다. 이들은 세포 표면 수용체와 세포질 내 신호전달 경로를 임시로 연결하는 역할을 한다. 중요한 것은 이 신호가 비교적 단시간만 지속된다는 것이다. 신호가 도달하면 세포질 쪽에서 G단백질과 결합하고 있는 G단백질결합 수용체(G-protein-linked receptor)로 다가간다. 신호분자가 수용체와 결합하면 G단백질결합 수용체는 형태가 변한다. 수용체의 형태 변화는 G단백질의 변형을 일으켜서 GTP와 결합하게 된다. G단백질은 이때 수용체로부터 이탈되어 확산되어 나온다. GTP가 부착된 활성화된 G단백질 복합체는 그 후 여러 가지 과정이 일어나도록 한다. 그러나 이 활성화는 단시간만 지속되는데, 그 이유는 GTP가 비교적 짧은 시간 후에는(수초~수분) GDP+pi로 분해되기 때문이다. 이런 식으로 G단백질은 수많은 경로를 활성화시키지만 일시적으로만 그러한 작용을 한다. 하나의 경로가

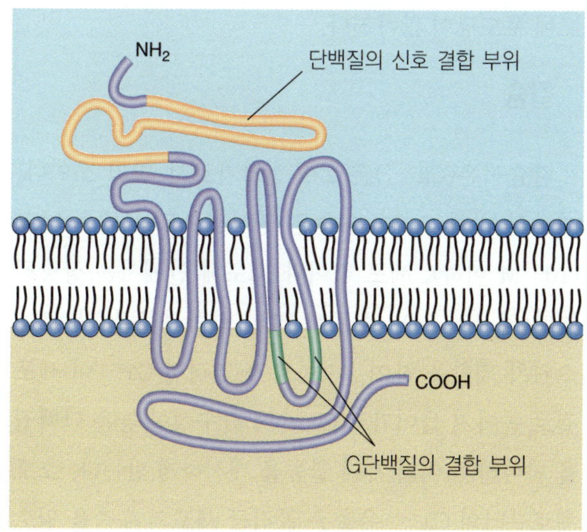

그림 7.6 | G단백질결합 수용체.
G단백질결합 수용체는 7회 횡단 막 관통 단백질이다.

지속되기 위해서는 지속적으로 외부 신호가 들어와야 한다. 외부 신호 유입 속도가 떨어지면 이 경로는 폐쇄된다.

과학자들은 100가지 이상의 G단백질결합 수용체를 동정해 왔는데, 이는 다른 어떤 종류의 세포 표면 수용체보다 더 많은 수이다. 이 수용체들은 수많은 분자신호를 중개하는데, 여기에 포함된 것으로는 펩티드 호르몬, 신경전달물질, 지방산, 아미노산 등이 있다. 그러나 매우 다양한 특이성을 가지고 있음에도 불구하고 모든 G단백질결합 수용체들은 7차례 막을 횡단하는 단백질이다(그림 7.6).

G단백질결합 수용체의 진화적 기원. 세포막을 7번 횡단하는 공통적 구조적 모티프는 여러 곳에서 나타나는데, 빛에 의해 활성화되는 척추동물 눈의 로돕신 단백질과 같은 감각 수용체나 세균로돕신(bacteriorhodopsin) 양성자 펌프(세균 광합성에서 중요한 역할을 함), 효모의 교배인자(mating factor) 단백질을 인식하는 수용체, 기타 여러 가지 감각 수용체에서 볼 수 있다. 척추동물 로돕신은 실제로 하나의 G단백질결합 수용체로서 G단백질을 이용하지만, 세균로돕신은 그렇지 않다. 이 두 가지 외에도 여러 가지 G단백질결합 수용체에서 7회 횡단 모티프가 나타나는 것은 이 모티프가 매우 오래된 것이며, G단백질결합 수용체가 단세포 조상의 감각 수용체로부터 진화한 것임을 암시한다.

7.3 정보의 세포 안으로의 이동

세포 내 신호의 발생

일부 효소 수용체와 대부분의 G단백질결합 수용체들은 신호분자의 정보를 표적세포 내로 운반하고, 다른 물질들을 이용하여 그 정보들을 세포질 내에서 중계한다. 이 다른 물질을 2차 전달자(second messenger)라 부르는데 작은 분자나 이온들로서, 단백질과 결합하여 그 모양을 변화시킴으로써 이 단백질의 행동을 변화시킨다. 가장 널리 이용되는 두 가지 2차 전달자는 cAMP(cyclic adenosine monophosphate)와 칼슘이온이다.

cAMP

지금까지 확인된 모든 동물세포들은 cAMP를 2차 전달자로 이용한다. cAMP가 어떻게 전달자 역할을 하는지 알아보기 위하여 호르몬인 에피네프린이 근세포의 β-아드레날린성 수용체라고 하는 G단백질결합 수용체에 결합할 때 어떤 일이 일어나는지 알아보자(그림 7.7). 에피네프린이 이 수용체와 결합하면 G단백질을 활성화시키고, G단백질은 다시 효소 adenylyl cyclase를 자극하여 세포 안에서 다량의 cAMP를 생산하게 한다(그림 7.8a). 그런 다음 cAMP는 효소 α − kinase에 결합하여 이를 활성화시키고 α − kinase는 특정 단백질에 인산을 첨가시킨다. 이 인산화의 영향은 단백질의 종류나 세포의 종류에 따라 다르다. 근세포에서 α − kinase에 의해 인산화되고 활성화된 효소는 글리코겐을 포도당으로 분해시키며 포도당으로부터 글리코겐이 합성되는 것을 억제한다. 따라서 근세

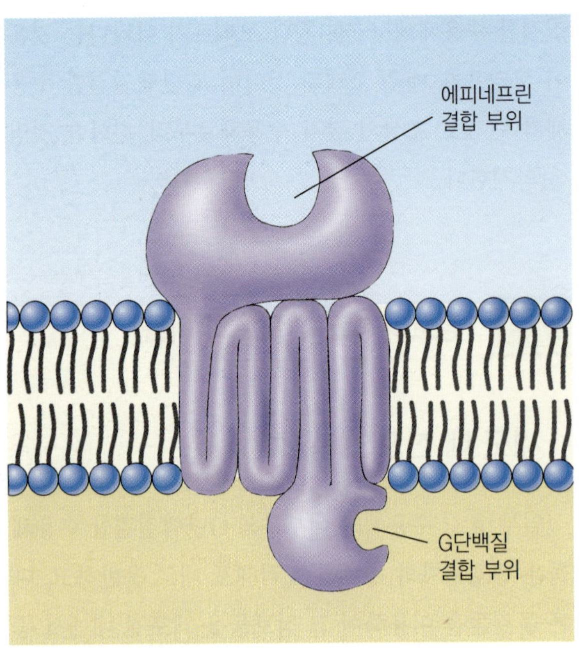

그림 7.7 | β-아드레날린성 수용체의 구조.
이 수용체는 일종의 G단백질결합 분자로서, 세포 외 신호분자와 결합하면 세포 안에서의 cAMP의 다량 생산을 자극하고, cAMP는 세포 내 변화를 일으킨다.

포에 포도당이 많아진다.

칼슘

칼슘이온(Ca^{++})은 2차 전달자로서 널리 쓰인다. 세포질 내의 Ca^{++} 수준은 정상적으로는 매우 낮고 (10^{-7}M 이하), 세포 밖이나 소포체 안에서는 상당히 높다(약 10^{-3}M). 소포체 막의 화학관문칼슘통로는 스위치 역할을 하여, 이 통로가 열리면 Ca^{++}이 세포질로 쏟아져 들어가고 Ca^{++}에 감수성이 높은 단백질을 자극하여 여러 가지 활동을 개시하게 만든다. 소포체로부터의 Ca^{++} 유출은 골격근 세포의 수축을 일으키고 내분비세포의 호르몬 분비를 일으킨다.

관문 Ca^{++} 통로는 G단백질결합 수용체에 의해 열린다. 이 수용체는 다른 세포로부터 오는 신호에 반응하여 G단백질을 활성화시키고, 활성화된 G단백질은 효소 phospholipase C를 활성화시킨다. 이 효소는 원형질막의 인지질로부터 IP_3(inositol trispho-

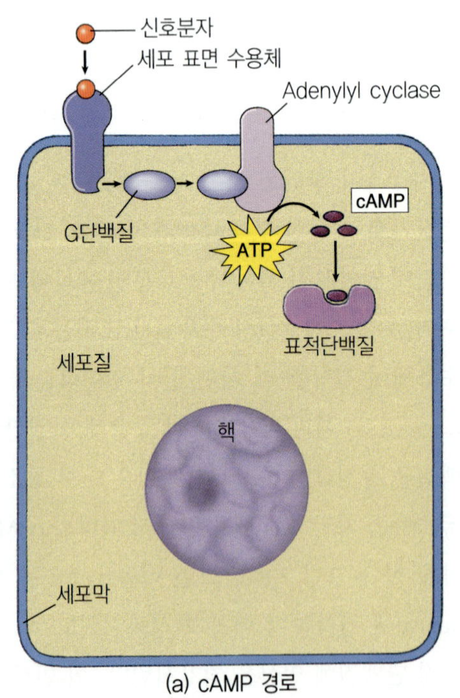

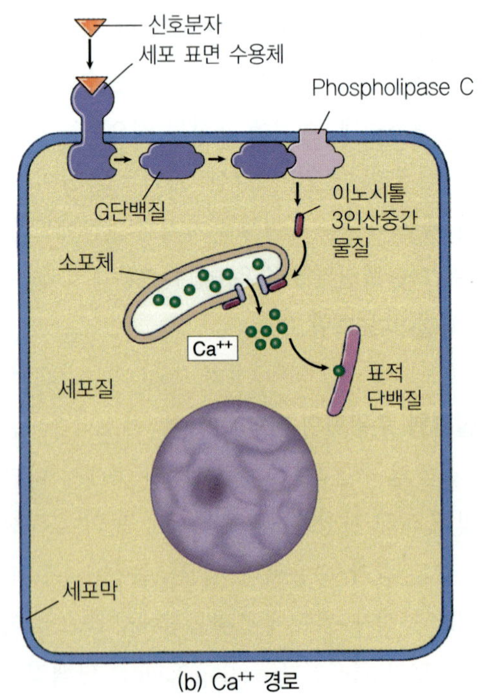

그림 7.8 | 2차 전달자의 작용.
(a) cAMP 경로. 세포 외 수용체가 신호분자와 결합하면 G단백질을 통하여 막 결합 효소인 adenylyl cyclase를 활성화시킨다. 이 효소는 cAMP의 합성을 촉매하고, cAMP는 표적 단백질에 결합하여 세포 내 변화를 일으킨다. (b) 칼슘(Ca^{++}) 경로. 세포 외 수용체가 신호분자와 결합하면 G단백질을 통하여 효소 phospholipase C를 활성화시킨다. 이 효소는 이노시톨 3인산의 생산을 자극하고, 이노시톨 3인산은 소포체막의 칼슘 통로에 부착하여 이 통로를 열리게 한다. 칼슘이온은 세포질 안으로 방출되어 세포의 변화를 일으킨다.

sphate)의 합성을 촉매한다. IP_3 분자는 세포질을 통과하고 소포체로 확산되어 Ca^{++} 통로에 결합한다. 이 결합으로 통로가 열리고 Ca^{++}이 소포체로부터 세포질로 흘러나오게 된다(그림 7.8b)

Ca^{++}은 칼모듈린(calmodulin)에 결합하여 일부 세포반응을 일으킨다. 칼모듈린은 148개의 아미노산으로 된 세포질 단백질로서 4개의 Ca^{++} 결합 부위를 가진다(그림 7.9). 4개의 Ca^{++}이 칼모듈린에 결합하면 칼모듈린/Ca^{++} 복합체는 다른 단백질에 결합하여 이 단백질을 활성화시킨다.

신호의 증폭: 단백질 kinase 연쇄반응

효소결합 수용체나 G단백질결합 수용체는 세포 표면에서 신호를 받지만 표적세포의 반응이 세포 표면에서 일어나는 일은 거의 없다. 대부분의 경우 신호는 2차 전달자에 의해 세포질이나 핵으로 릴레이 되어 1개 또는 그 이상의 효소나 유전자의 활동에 영향을 준다. 그러나 대부분의 신호분자는 증폭되지 않으면 농도가 낮아서 세포질을 통과하여 확산하는 데 많은 시간이 소요된다. 따라서 효소결합 수용체나 G단백질결합 수용체는 신호가 핵으로 릴레이될 때 연쇄적인 단백질 전달자들을 이용하여 신호를 증폭한다.

신호가 어떻게 증폭될까? 이는 릴레이 경주에서 한 주자가 5명의 다음 주자에게 바통을 넘기는 것과 같다. 한 신호가 세포 표면에서 세포질이나 핵으로 넘겨질 때 이와 유사한 과정이 일어난다. 첫째, 수용체는 대개 단백질을 인산화시킴으로써 1단계 단백질을 활성화시킨다. 이때 수용체는 인산기 하나를 단백질에 직접 부착시키거나 G단백질을 활성화시켜서 G단백질로 하여금 인산화를 일으키는 제2의 단백질을 활성화시킨다. 한번 활성화되면 이들 1단계 단백질은 다시 많은 수의 2단계 단백질을 활성화시킨다(그림 7.10). 그러므로 1개의 세포 표면 수용체는 연쇄적으로 많은 수의 단백질 kinase를 자극하여 신호를 증폭함으로서 세포 안의 강력한 반응을 일으킨다.

이러한 종류의 연쇄반응은 수용체가 자극된 후에 흔히 일어난다. 여기에는 여러 가지 단백질이 관여하기도 하지만 흔히 G단백질, phospholipase C, IP_3, 칼슘, 때때로 단백질 kinase가 관여한다. 비록 각 수용체-자극 신호 변환이 일부 동일한 중간 분자를 이용하기도 하지만, 궁극적으로는 특정 표적들을 활성화시켜서 독특하고 특수한 세포반응을 일으킨다.

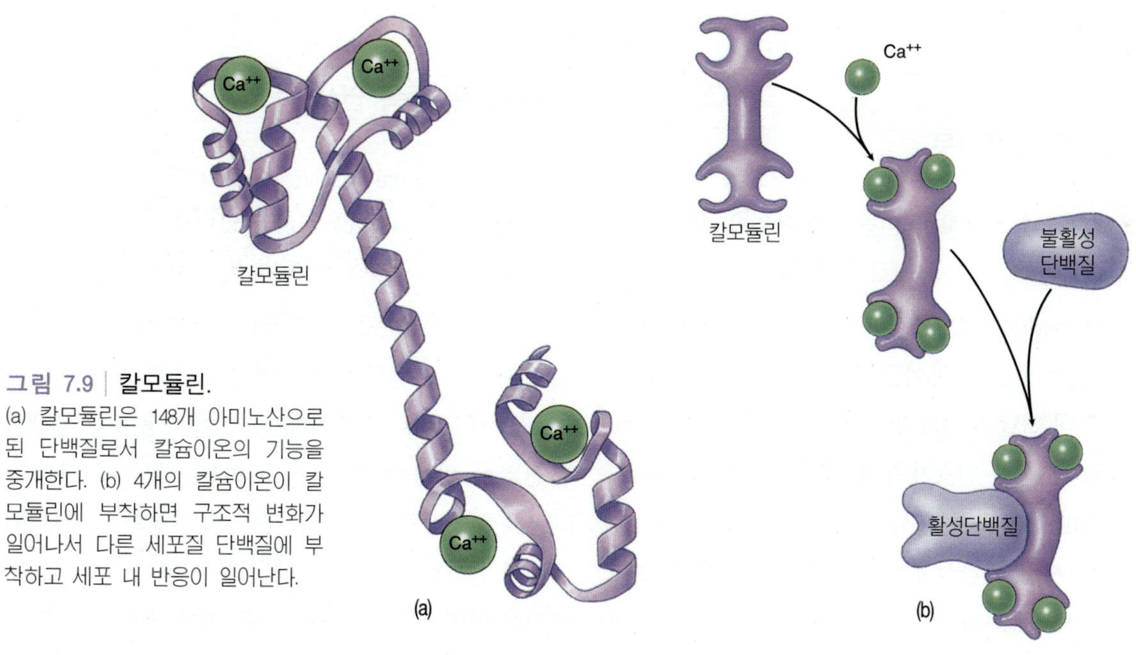

그림 7.9 | 칼모듈린. (a) 칼모듈린은 148개 아미노산으로 된 단백질로서 칼슘이온의 기능을 중개한다. (b) 4개의 칼슘이온이 칼모듈린에 부착하면 구조적 변화가 일어나서 다른 세포질 단백질에 부착하고 세포 내 반응이 일어난다.

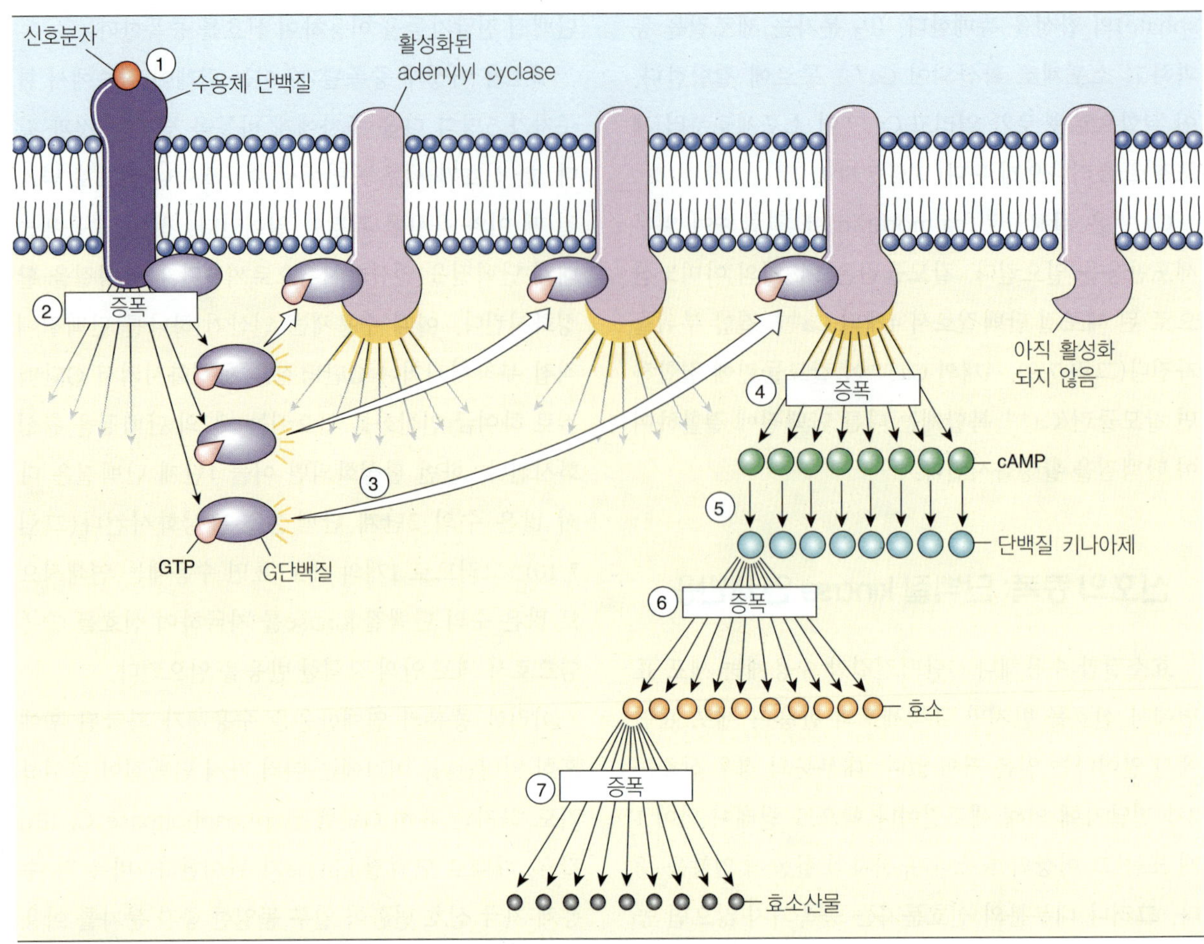

그림 7.10 | **신호 증폭.**
세포 신호전달 과정의 여러 단계에서 증폭이 일어나 결국 세포의 커다란 반응을 일으킨다. 가령 1개의 세포 표면 수용체(1)는 여러 G단백질 분자들(2)을 활성화시키고, G단백질 각각은 adenylyl cyclase(3) 한 분자씩을 활성화시켜서 다량의 cAMP(4) 생산을 일으킨다. 각 cAMP 분자는 다시 단백질 키나아제(5) 한 분자씩을 활성화시키며, 단백질 키나아제는 특정 효소(6) 여러 분자를 인산화시켜서 활성화시킨다. 효소 각각은 다시 여러 화학반응(7)을 촉매한다. 처음 10^{-10}M의 신호분자로 시작하여, 1개의 세포 표면 수용체는 10^{-6}M의 최종 산물의 생산을 일으키므로 1만 배 증폭된 셈이다.

시각 증폭 연쇄반응

시각에서 1개의 광활성화 로돕신(일종의 G단백질 결합 수용체임)은 첫 단계에서 수백 개의 G단백질 트랜스듀신(trasducin)을 활성화시킨다. 2단계에서 각 트렌스듀신은 효소로 하여금 수천 개의 cyclic GMP라는 세포 내 전달 분자의 변환을 일으킨다. 1초도 안 되어 1개의 로돕신 신호가 두 단계를 통하여 10^5개의 cyclic GMP 분자를 변환시키는 것이다(그림 7.11). 이 때문에 사람의 간상세포는 단 5개의 광자까지도 감지할 만큼 예민하다.

세포분열 증폭 연쇄반응

신호 증폭(signal amplification)의 일반적 원리는 여러 가지 유형의 세포나 여러 가지 수용체에서 나타나지만 증폭이 일어나는 특수 기작은 여러 가지이다. 가령 세포분열은 세포 밖으로부터 오는 여러 가지 신호의 통합으로 조절된다. 여기에 관련된 한 가지 수용체는 단백질 kinase처럼 작용한다. 이 수용체는 성장촉진신호에 반응하여 ras라고 하는 세포 내 단백질 kinase를 인산화시키고, ras는 5개 이상의 단계로 된 일련의 인산화 연쇄반응을 활성화시킨다. 만약 ras 단백질이 어떤 이유로 과잉활성을 띠면 세포는 마치 지

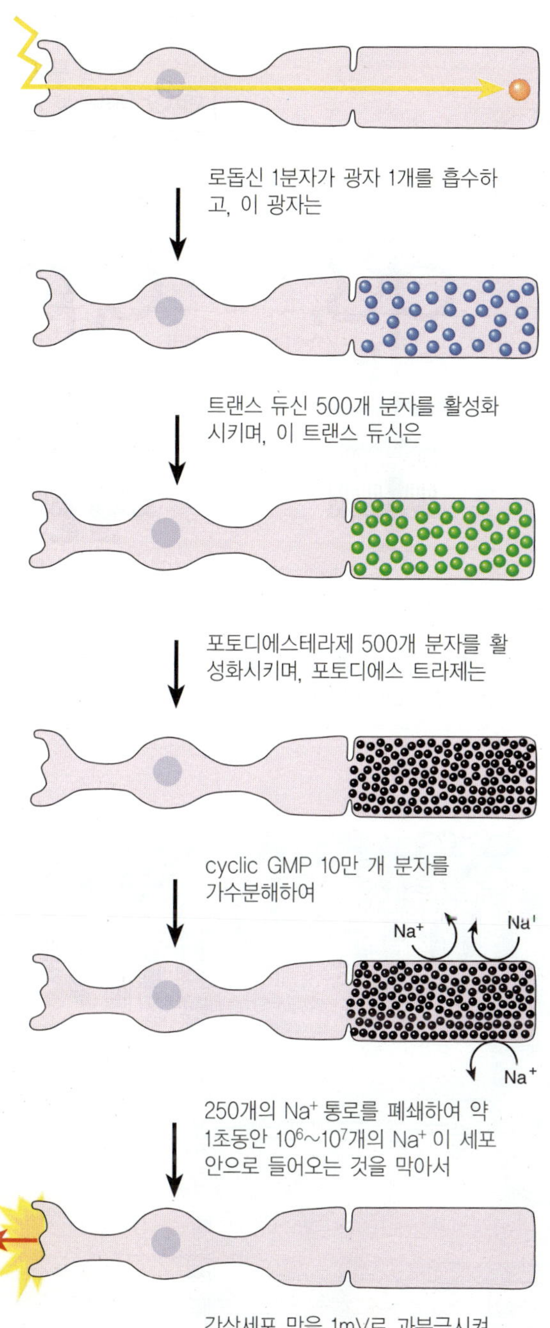

그림 7.11 | 시각에서의 신호 증폭의 역할.
척추동물의 빛을 감지하는 간상세포에서 1개의 로돕신색소분자가 1개의 광지에 의해 활성화되면 최종적으로 10만 개의 cyclic GMP 분자를 가수분해하게 된다. 이는 간상세포막에 변화를 일으켜 생물체 내에서 시각반응을 일으킨다.

속적으로 분열하도록 자극받은 것처럼 행동한다. ras 단백질은 암세포에서 처음 발견되었다. ras를 만드는 유전자가 돌연변이를 일으키면 이를 과잉 활성화시키고 통제 불가능한 세포 증식이 일어난다. 사람의 암 중 1/3 정도는 ras 유전자에서 이러한 돌연변이를 가진다.

7.4 세포간 상호작용을 중개하는 세포 표면 단백질

세포 정체성의 발현

다세포생물에서는 고도로 특수화된 세포집단, 즉 조직(tissues)이 발생한다. 한 조직 안의 각 세포는 해당 조직의 기능을 수행한다. 생물이 발생하면서 세포는 자신의 유전자 발현(gene expression)을 조절하여 특수한 정체성을 갖게 되며 특수 기능을 일으키는 특수 유전자 집단의 활동을 개시시킨다. 어떻게 세포는 자신이 처한 위치나 소속된 조직을 인식할까?

조직 특이적 표지

일련의 유전자들은 세포를 특정 유형의 것으로 구별시키도록 표면을 표지하는 기능을 수행한다. 세포들이 접촉할 때 세포는 다른 세포의 표면 표지를 읽고 이에 반응한다. 동일 조직의 세포들이 서로 인식할 때, 흔히 세포 표면 사이의 연결을 형성하여 협동적 기능을 수행하도록 반응한다.

당지질. 대부분의 조직 특이적 세포 표면 표지들은 당지질이다. 적혈구 표면의 당지질은 A, B, O 혈액형의 차이를 만든다.

MHC 단백질. 세포 표면 표지의 한 가지 중요한 기능은 면역계에서의 "자기"와 "비자기"의 인식이다. 척추동물의 면역계는 MHC(major histocompatibility complex) 유전자가 만드는 특정 표지들을 이용하여 자기와 비자기를 구별한다. 이 유전자들은 개체에 독특한 세포 표면 단백질을 만든다. MHC 단백질이나 기타 자기식별 표지는 세포막 안의 단일 횡단 단백질

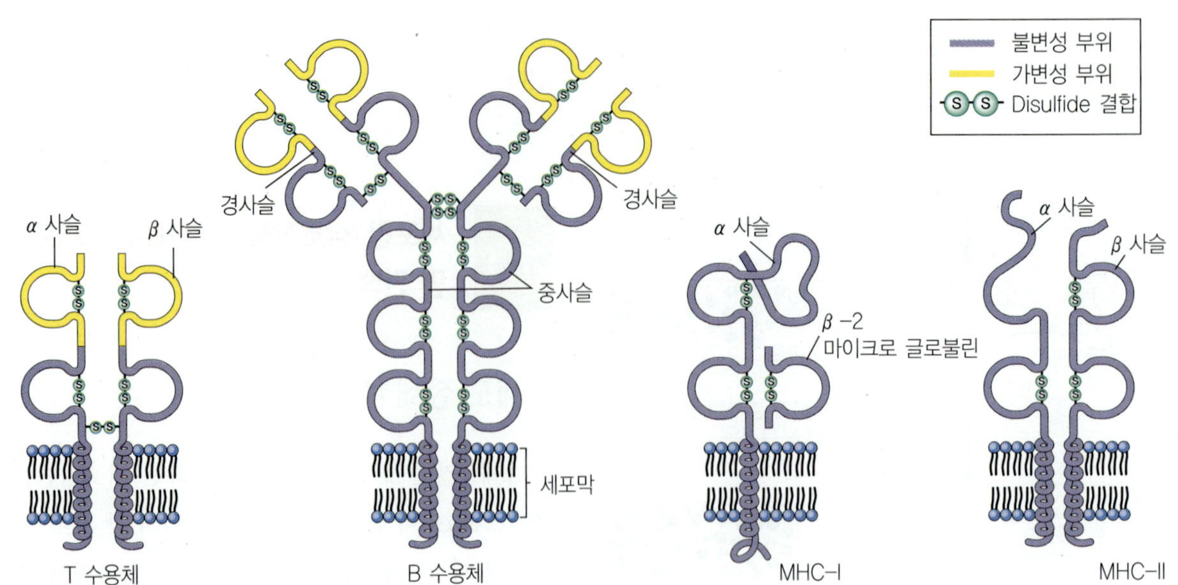

그림 7.12 | **세포 표면 표지 단백질 면역글로불린 집단의 구조.**
T 세포 수용체와 B 세포 수용체는 외부 세포 표지를 인식하고 결합하여 면역반응의 중개를 돕는다. MHC 항원은 세포들에 '자기' 표지를 하여 면역계는 세균과 바이러스나 MHC 항원의 차이가 나는 이식 조직과 같은 침입자만 공격한다.

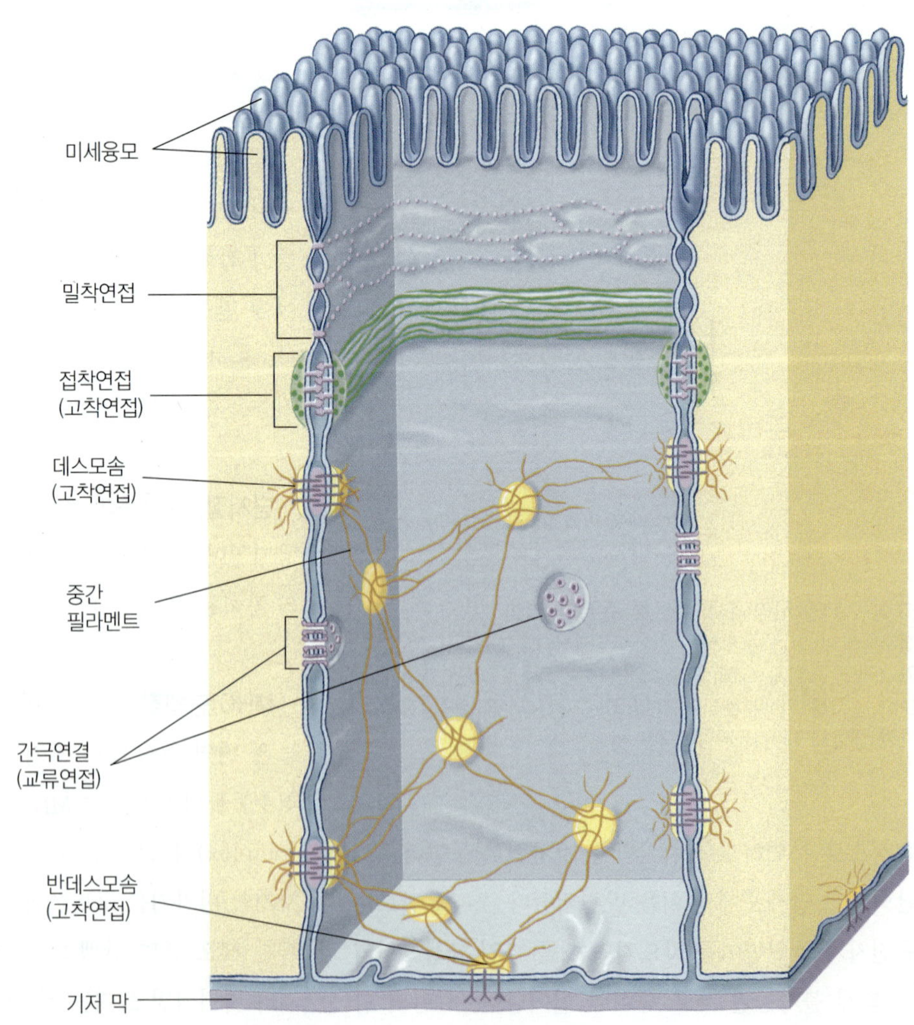

그림 7.13 |
세포연접의 여러 가지 유형.
장 상피세포에서 일반적 세포 연접의 상대적 구조와 위치를 보여주고 있다.

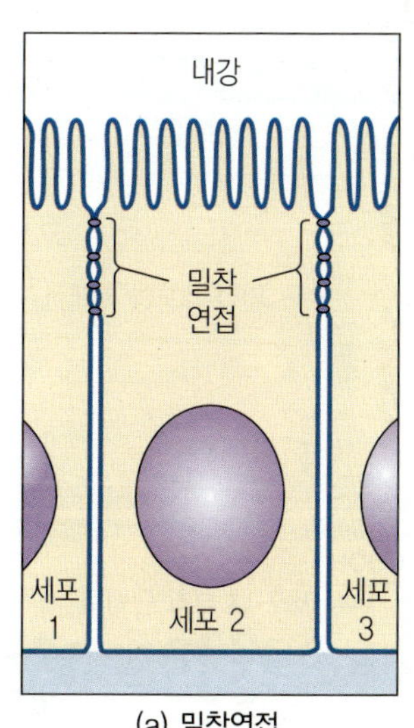

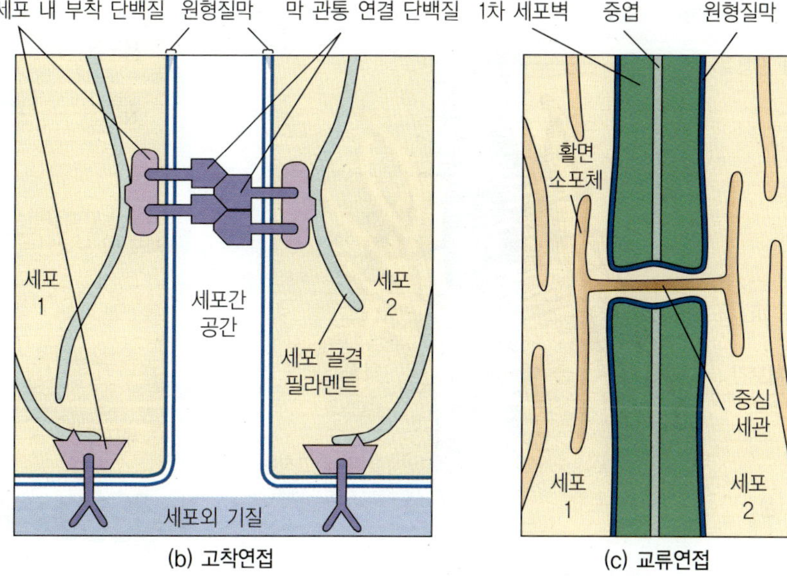

그림 7.14 | 세포연접의 세 가지 유형.

로서 이들 중 다수는 immunoglobulin계열이다(그림 7.12). 면역계의 세포들은 지속적으로 다른 세포들을 검색하여 비자기 표지를 가진 세포를 파괴한다.

세포 간 부착

다세포생물에서 세포 사이의 물리적 접촉이 단순한 접촉은 아니다. 집단을 이루는 세포들은 다른 세포와 맞대어 세포연접(cell juction)이라는 연결을 이루고 있다(그림 7.13). 세포 사이의 물리적 연결의 성질은 조직의 성질을 결정한다. 실제로 한 조직의 적절한 기능은 각 세포들의 배열에 의존된다. 못이나 시멘트 없이 가옥이 만들어질 수 없듯이 조직도 적절한 세포연접 없이는 형성될 수 없다. 세포연접은 기능에 따라 밀착연접(tight juction), 고착연접(anchoring junction), 그리고 교류연접(communicating junction)의 세 가지로 구분된다(그림 7.14).

밀착연접

밀착연접(tight junctions)은 인접 세포들의 원형질막을 연결하여 세포 사이에 작은 분자들이 누출되는 것을 막는다. 이로 인해 세포들이 판처럼 잇대어 기관 내에서 하나의 벽처럼 작용하게 된다.

세포로 된 벽 형성. 동물의 소화관 벽을 이루는 세포들은 1개 세포 두께의 벽을 이루어 배열되어 있다. 이 벽의 한쪽 면은 소화관 쪽을 향하고 다른 쪽 면은 혈관이 분포하는 세포외 공간을 접하고 있다. 밀착연접은 벽 안의 각 세포를 허리띠를 죄듯이 둘러싸고 있다. 인접 세포 사이에서 생기는 이 연접은 매우 조밀해서 누출이 일어날 만한 공간도 생기지 않는다. 그러므로 소화관에서 흡수된 영양물질은 직접 세포를 통과하여 혈액으로 들어가게 된다.

벽의 구획. 소화관 벽의 세포들 사이의 밀착연접은 또 세포막을 여러 구획으로 나눈다. 소화관 쪽을 향한 막의 운반단백질은 영양물질을 세포질 쪽으로 운반한다. 세포의 반대쪽 막 안에 있는 단백질은 이 영양물질을 세포질로부터 세포외액으로 운반하고, 이곳에서 혈액으로 들어간다. 벽을 통해 영양물질을 적절히 흡수하기 위해서는 이 단백질들이 유동성막의 정확한 위치에 있어야 한다. 밀착연접은 단백질들을 분리시켜서 세포의 한쪽 면 막에서 다른쪽 면 막으로 이동하

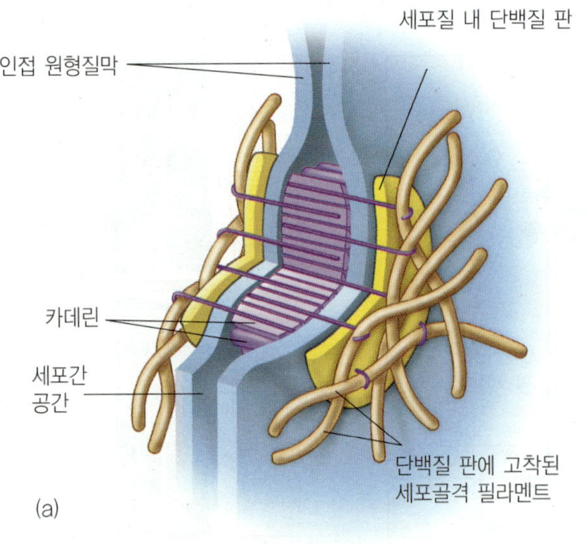

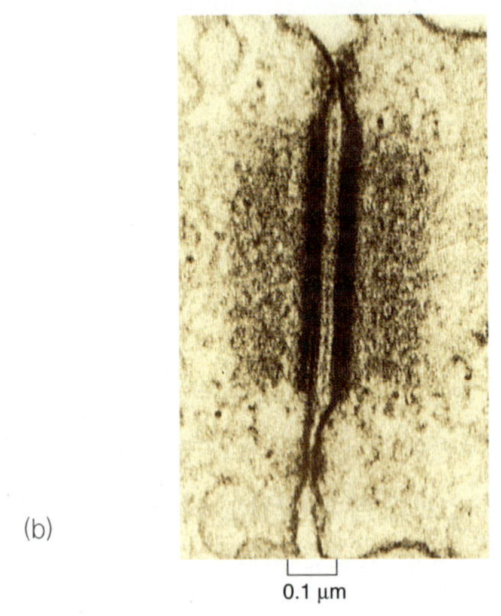

그림 7.15 | 데스모솜.
(a) 카데린 단백질은 인접 세포 사이의 고착연접을 만든다. (b) 데스모솜은 인접 세포들을 고착시킨다.

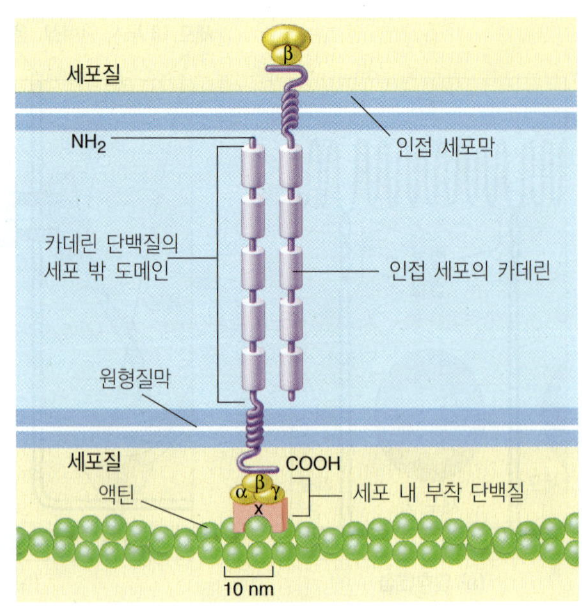

그림 7.16 | 카데린으로 중개된 연접.
카데린 분자는 세포골격의 액틴에 고착되고 막을 통과하여 인접 세포의 카데린과 상호작용한다.

지 못하게 한다. 만약 실험적으로 밀착연접을 교란하면 그 이동이 일어난다.

고착연접

고착연접(anchoring junctions)은 한 세포의 세포골격을 다른 세포의 세포골격이나 세포 외 기질에 부착시킨다. 이 연접은 근육이나 피부와 같이 기계적 압박을 받는 조직에 가장 흔하다.

카데린과 중간 필라멘트 : 데스모솜. 데스모솜(desmosome)이라는 고착연접은 인접 세포들의 세포골격을 연결한다(그림 7.15). 그러나 반데스모솜(hemidesmosome)은 상피세포를 기저막에 고착시킨다. 카데린(cadherin)이라는 단백질은 대부분 단일 횡단 막 관통 당단백질인데, 중요한 연결을 일으킨다. 여러 가지 부착 단백질은 세포질 쪽의 카데린의 짧은 말단을 세포골격의 중간 필라멘트에 연결시킨다. 카데린의 다른 쪽 말단은 원형질막 바깥쪽으로 돌출하여 인접 세포의 카데린 돌출부와 연결하여 세포들을 서로 묶어놓는다. 중간 필라멘트에 묶여진 단백질 사이의 연결은 자유 유동하는 막 단백질 사이의 연결보다 더 튼튼하다.

카데린과 액틴 필라멘트. 카데린은 또 카데린 중개 연접으로 세포의 액틴 그물을 연결시킨다(그림 7.16). 이때 카데린은 중간 필라멘트를 연결할 때보다 덜 안정된 연결을 이룬다. 여러 가지 조직에서 많은 종류의 액틴-결합 카데린이 나타난다. 척추동물 발생 도중에 배에서의 뉴런의 이동은 원형질막에서 나타나는 카데린의 유형의 변화와 연관되어 있다. 이는 유전자 조절에 의한 카데린 발현의 변화로 이동 세포들이 목적지로 움직여 갈 수 있다는 것을 말해준다.

인테그린 중개 연결. 접착연접(adherens junction)이라는 고착연접은 한 세포의 액틴 필라멘트를 인접 세포의 액틴 필라멘트나 세포 외 기질과 연결시킨다. 이 연접의 연결 단백질은 세포 외 기질의 단백질 성분에 연결되는 인테그린(integrin)이라는 세포 표면 수용체 집단 중의 한 종류이다. 인테그린은 여러 종류가 있으며, 각각은 모양이 약간씩 다른 결합 도메인을 가진다. 주어진 세포가 결합하는 기질의 정확한 성분은 원형질막 속의 인테그린의 조성에 따라 달라진다.

교류연접

여러 세포들은 교류연접(communicating junction)이라는 직접적 연결로 인접 세포와 소통한다. 이 연접에서 화학물질이나 전기 신호가 한 세포에서 인접 세포로 직접 전달된다. 교류연접은 두 세포들의 세포질을 직접 연결하여 작은 분자나 이온이 직접 통과하도록 만든다. 동물에서 직접 소통 통로는 간극연결(gap junction)이라고 하고 식물에서는 원형질연락사(plasmodesmata)라고 한다.

동물에서의 간극연결. 간극연결은 코넥슨(connexon)이라는 구조물로 구성되어 있는데, 이는 6개의 막 관통 단백질 복합체이다(그림 7.17). 코넥슨의 단백질들은 원형으로 배열하여 통로를 만들고 세포 표면으로부터 수nm 돌출되어 있다. 간극연결은 두 세포의 코넥슨들이 완벽하게 연합될 때 형성되며 두 세포의 막을 통하는 통로를 만든다. 간극연결은 단당류나 아미노산과 같은 작은 물질이 세포 사이를 통과할 수 있을 만큼 큰 통로가 되지만 단백질과 같은 큰 분자가 통과할 만큼 크지는 않다. 코넥슨은 두 세포의 원형질막을 약4nm의 간격으로 묶어놓는데, 이는 밀착연접의 지질 이중층 사이의 직접적 부착과는 크게 다르다.

간극연결 통로는 동적인 구조로서 Ca^{++}이나 H^{+}

인접 원형질막
세포 사이에 개방된 통로를 형성하는 2개의 인접 코넥슨
2~4nm 틈
통로 (직경 1.5nm)
코넥슨
세포간 공간

그림 7.17 | **간극연결.**
간극연결의 코넥슨은 인접 세포의 세포질을 연결하는 길을 만든다. 간극연결은 심장조직에서처럼 신속한 소통이 필요한 소형 분자나 이온의 통과를 쉽게 하는 반면, 단백질과 같은 대형 분자의 통과는 허용하지 않는다.

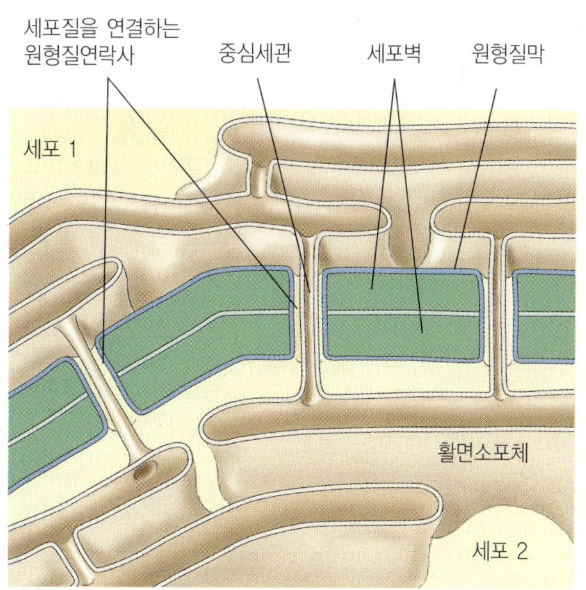

그림 7.18 | **원형질연락사.**
식물세포는 원형질연락사라는 세포벽의 특수 개구부를 통해 서로 교류할 수 있다. 인접 세포의 세포질들은 이곳에서 서로 연결되어 있다.

등의 여러 가지 인자에 반응하여 열고 닫힐 수 있다. 이와 같은 개폐는 적어도 한 가지 중요한 기능을 한다. 만약 한 세포가 손상을 받으면 원형질막은 흔히 세포 내용물을 누출하게 된다. 세포 바깥쪽의 높은 농도의 이온들(Ca^{++} 등)은 손상된 세포로 흘러들어가 간극연결 통로를 폐쇄시킨다. 이는 그 세포를 격리시켜서 다른 세포로 손상이 확대되는 것을 막는다.

식물의 원형질연락사. 식물에서 세포벽은 세포들을 서로 분리시킨다. 세포 간 연접은 세포벽의 구멍이나 빈틈 사이에서만 나타나는데, 여기에서 인접 세포의 원형질막이 서로 연결될 수 있다. 연결된 원형질막을 통과해 생기는 세포질 연결을 원형질연락사(그림 7.18)라고 한다. 고등식물 안의 대부분의 살아 있는 세포는 이 연접으로 인접 세포들과 연결되어 있다. 원형질연락사는 구조는 더 복잡하지만 동물세포의 간극연결과 비슷한 기능을 나타낸다. 간극연결과는 달리 원형질연락사는 원형질막으로 둘러싸여 있으며, 두 세포의 소포체를 연결하는 중심세관이 들어 있다.

CHAPTER 08

에너지와 대사

생명이란 지속적으로 에너지가 유통되는 체제라고 볼 수 있다. 생명체 내에서 일어나는 성장, 생식, 체내 조절 등에는 모두 지속적인 에너지 공급이 필요하다. 에너지 공급이 없으면 생명 활동은 중지되고 만다. 그러므로 생물 에너지를 모르고는 생명을 이해할 수는 없다. 이 장에서는 에너지가 무엇이며, 생물체가 어떻게 이를 얻고 저장하며 이용하는지 알아본다.

8.1 열역학 법칙

생물체 내의 에너지 흐름

에너지란 일을 할 수 있는 능력이라고 정의할 수 있다. 에너지는 운동에너지(kinetic energy)와 위치에너지(potential energy)의 두 가지 형태로 존재한다고

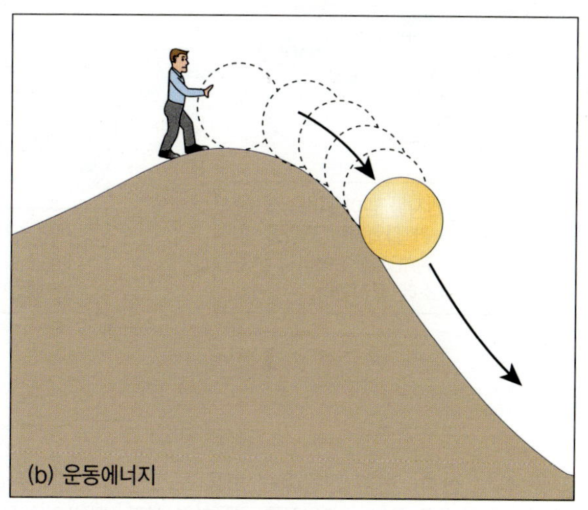

그림 8.1 | 위치에너지와 운동에너지.
(a) 운동을 할 수 있으나 운동하지 않고 있는 물체는 위치에너지를 가지고 있다. (b) 움직이는 물체는 운동에너지를 가진다.

볼 수 있다(그림 8.1). 언덕 위에 있는 바위는 위치에너지를 가지는데, 밑으로 굴러 내려올 때 위치에너지의 일부는 운동에너지로 변한다. 생물체가 하는 일의 대부분은 위치에너지를 운동에너지로 전환시키는 일과 관련되어 있다.

에너지는 여러 가지 형태가 있는데, 기계에너지, 열에너지, 소리에너지, 전기에너지, 빛에너지, 전파에너지 등이다. 에너지를 측정하는 가장 편리한 방법은 열로 나타내는 것인데, 이는 모든 에너지가 열로 전환될 수 있기 때문이다. 실제로 에너지를 연구하는 학문을 열역학(thermodynamics)이라고 한다. 생물학에서 가장 흔히 이용되는 열의 단위는 kcal이다. 1kcal는 1,000cal이며, 1cal는 물 1g을 1°C 높이는 데 필요한 열에너지이다.

산화－환원

에너지는 태양으로부터 생물계 안으로 흐른다. 태양은 지구에 매년 약 13×10^{23}cal의 에너지를 공급한다. 식물, 조류, 일부 세균은 광합성을 통해 이 에너지를 포획한다. 광합성을 통해 빛에너지로부터 포획된 에너지는 작은 분자인 물과 이산화탄소를 더 복잡한 분자인 당으로 만드는 데 이용된다. 이 에너지는 당 분자의 원자 사이에 생긴 공유결합에 들어 있는 위치에너지로 저장된다. 공유결합의 강도는 이를 분해하는 데 드는 에너지량으로 측정된다. 가령 1몰(6.023×10^{23})의 C－H 결합을 분해하는 데는 98.8kcal가 든다.

화학반응에서 화학결합에 저장된 에너지는 새로운 결합으로 전환될 수 있다. 어떤 반응에서는 전자가 한 원자나 분자에서 다른 원자나 분자로 이동한다. 한 원자나 분자가 전자를 잃을 때 이를 산화되었다고 하고 이 과정을 산화(oxidation)라고 한다. 이는 생물계에서 전자를 강하게 끌어당기는 산소가 가장 흔한 전자 수용체 역할을 하기 때문이다. 반대로 원자나 분자가 전자를 얻는 과정을 환원(reduction)이라고 한다. 산화와 환원은 항상 함께 일어난다. 그러므로 이러한 종류의 화학반응을 산화－환원 반응(oxidation-reduction reactions)이라고 한다(그림 8.2). 산화－환원 반응을 통해 에너지는 한 분자에서 다른 분자로

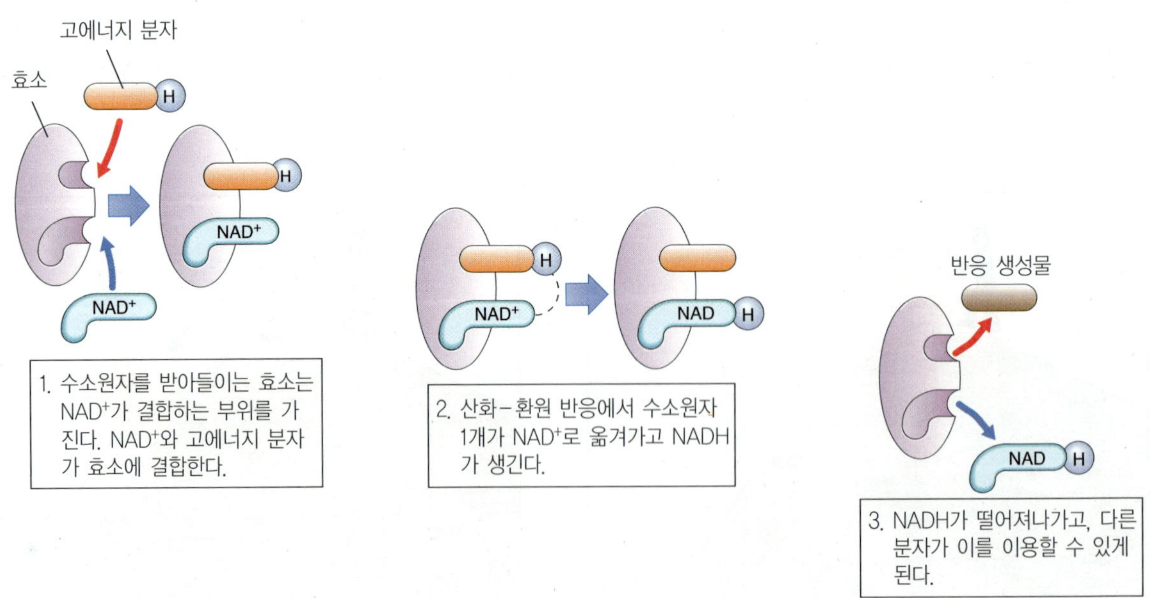

그림 8.2 | 산화－환원 반응에는 보통 보조인자가 관여한다.
세포는 NAD^+라고 하는 보조인자를 이용하여 산화－환원 반응을 수행한다. 에너지를 가진 전자는 보통 양성자와 짝을 이루어 수소원자를 이룬다. 에너지를 가진 전자를 획득한 분자는 환원되었다고 하고, 전자를 잃은 분자는 산화되었다고 한다. NAD^+는 수소 원자를 떼어내어 고에너지 분자를 산화시키고(그림 1→2→3), 다른 분자에 수소원자를 주어 이 분자를 환원시킨다(그림 3→2→1).

옮겨간다. 그러므로 한 분자의 환원형은 산화형보다 높은 에너지 수준을 가진다(그림 8.3). 생물이 전자를 끌어들여 분자 내에 에너지를 저장하는 능력을 환원력(reducing power)이라고 한다.

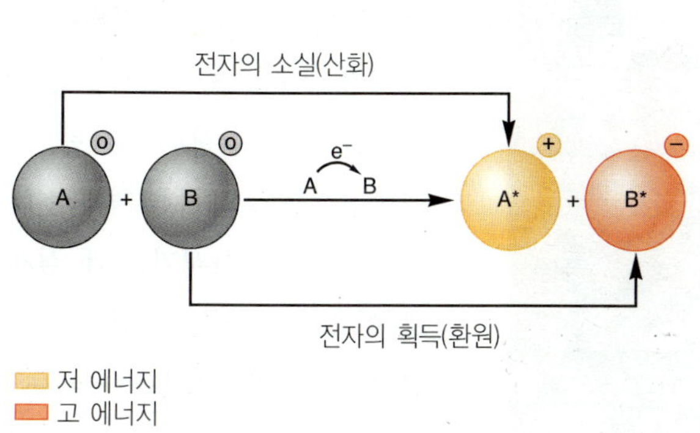

그림 8.3 | 산화-환원 반응.
산화는 전자를 잃는 것이고 환원은 전자를 얻는 것이다.
A분자가 전자를 잃고 산화될 때 에너지를 잃고,B분자는 전자를 얻어 환원될 때 에너지도 얻는다.

하나의 전자가 가지는 에너지량은 이 전사가 핵으로부터 얼마나 떨어져 있는가와 핵이 얼마나 강하게 이 전자를 끌어당기는가에 따라 결정된다. 일반적으로 핵에 근접한 전자는 에너지 수준이 낮다. 빛은 선자에 에너지를 주어 전자가 더 높은 에너지 수준으로 되게 할 수 있다. 이 전자가 한 원자에서 떨어져 나와(산화) 다른 원자로 이동할 때(환원) 전자에 추가된 에너지도 함께 이동하며, 이 전자는 이를 받은 원자의 핵 주위를 더 높은 에너지 궤도에서 돌게 된다. 추가된 에너지는 화학적 위치에너지로 저장되며, 나중에 전자가 원래 에너지 궤도로 복귀할 때 원자에서 방출된다.

열역학 법칙

달리기, 생각하기, 책읽기 등의 모든 활동에서 에너지의 변화가 일어난다.

열역학 제1법칙

열역학 제1법칙(The First Law of Thermodynamics)은 우주의 에너지량과 관련되어 있다. 에너지는 한 상태에서 다른 상태로 전환될 수 있으나 전체적인 에너지량은 변화하지 않는다. 사자가 기린을 포식하는 과정은 에너지를 얻는 과정이다. 태양에너지를 고정하거나 새로운 에너지를 만드는 대신, 사자는 기린의 조직 안에 저장된 위치에너지를 자신의 몸속으로 이동시킨다. 생물체 내에서 이러한 화학적 위치에너지는 다른 분자로 전환되거나 다른 화학결합에 저장될 수 있다. 또한 이 위치에너지는 빛, 전기 등과 같은 다른 형태의 에너지로 전환될 수 있다. 에너지 전환이 일어나는 과정에서 에너지의 일부는 열(hcat)로 소실된다. 에너지는 생물계에서 한 방향으로 계속 흘러가며, 태양에서 온 새로운 에너지가 열로 소실된 에너지량을 계속 보충한나.

열은 오직 두 지역에 온도 차이가 있는 곳에서만 일을 하는 데 쓰일 수 있다. 세포는 심한 온도 차를 유지하기에는 너무 작기 때문에 세포에서 열에너지를 이용하기는 불가능하다. 따라서 비록 우주의 에너지 총량은 일정하게 유지되더라도 그것이 점진적으로 열로 방출되는 만큼 일을 할 수 있는 에너지는 줄어든다.

열역학 제2법칙

열역학 제2법칙(The Second Law of Thermodynamics)은 위치에너지가 열이나 불규칙한 분자운동으로 바뀌는 것과 관련되어 있다. 이 법칙은 우주의 무질서(엔트로피, entropy)는 계속 증가한다고 설명한다. 질서보다는 무질서가 더 쉽게 일어난다. 가령, 쌓아놓 무질서는 저절로 일어난다.

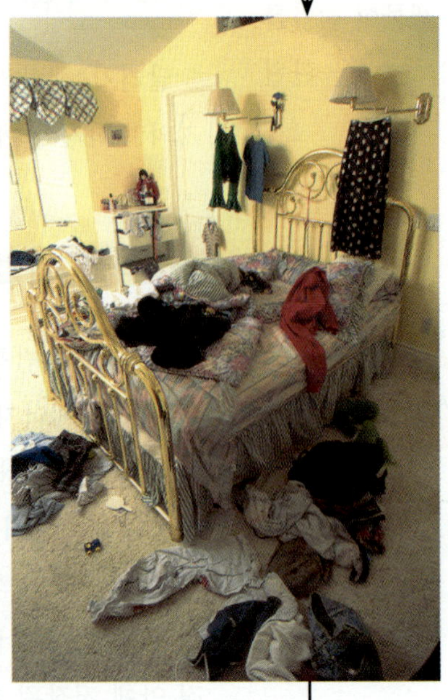

정돈하는 데는 에너지가 필요하다.

그림 8.4 | 엔트로피.
시간이 지나면서 이 어린이의 방은 더 무질서해져서 정돈하는 데 노력이 요구된다.

은 벽돌 더미가 무너지는 일이 벽돌들이 자발적으로 쌓아 올려져 더미가 되는 것보다 더 쉽게 일어난다. 일반적으로 에너지의 변화는 더 규칙적이고 덜 안정된 상태로부터 덜 규칙적이고 더 안정적인 상태로 일어난다(그림 8.4).

엔트로피

엔트로피(entropy)는 계의 무질서의 척도이며, 따라서 열역학 제2법칙은 "엔트로피의 증가"라고 할 수 있다. 우주가 100억 년 전에 형성될 때 최대의 위치에너지를 가지고 있었다. 그 후 우주는 점차 무질서 상태로 되었고 모든 에너지 전환은 우주의 엔트로피 양을 증가시켰다.

자유에너지

분자 내에서 원자들이 서로 연결되어 있는 화학결합을 파괴하는 데는 에너지가 소요된다. 열에너지는 원자운동을 증가시키기 때문에 원자들을 서로 떨어지게 하기 쉽다. 화학결합이나 열은 분자에 중요한 영향을 주는데, 전자는 무질서를 감소시키고 후자는 무질서를 증가시킨다. 이를 합산한 영향력, 즉 화학결합을 끊고 다른 형태의 화학결합으로 전환시키는 데 실제로 이용할 수 있는 에너지를 그 분자의 자유에너지(free energy)라고 한다. 일반적으로 자유에너지는 일을 하는 데 이용될 수 있는 에너지를 뜻한다. 압력과 용적이 일정한 한 세포의 어떤 분자 내에서 자유에너지는 G로 표시하는데, G는 한 분자의 화학결합에 포함되어 있는 에너지(엔탈피라고 하고 H로 표시함)에서 무질서 때문에 이용할 수 없는 에너지(엔트로피라고 하고 S로 표시함)와 절대온도 T를 곱한 것을 뺀 값이다.

즉, $G = H - TS$이다.

화학반응은 반응물질의 일부 화학결합을 끊고 반응생성물의 새로운 화학결합을 형성한다. 그 결과 반응은 자유에너지의 변화를 일으킨다. 대부분의 생물학 반응처럼 한 화학반응이 일정한 온도, 압력, 용적 하에서 일어날 때 자유에너지 변화량(ΔG)는

$\Delta G = \Delta H - T\Delta S$이다

자유에너지 변화량 ΔG는 화학반응의 기본적 특성이다. 어떤 반응에서는 ΔG가 양이다, 즉 반응생성물이 반응물질보다 더 많은 자유에너지를 함유하며, 결합에너지(H)가 높고 무질서(S)가 낮다. 이런 반응은 에너지 유입이 필요하므로 저절로 일어나지 않는다. 에너지 유입이 필요한 반응을 자유에너지 증가반응

(endergonic reaction)이라고 한다. 이와 반대로 ΔG가 음인 반응도 있다. 이 반응에서는 반응생성물이 반응물질보다 더 적은 자유에너지를 가진다. 이런 반응은 저절로 일어나기 쉽다. 이런 반응에서는 남은 자유에너지가 열의 형태로 방출되므로 자유에너지 감소반응(exergonic reaction)이라고 한다(그림 8.5).

활성화에너지

만약 자유에너지를 방출하는 모든 화학반응이 저절로 일어난다면 왜 이런 반응들이 이미 일어나지 않았을까? 한 가지 이유는 거의 모든 반응은 반응이 시작되는 데 에너지가 필요하기 때문이다. 새로운 화학결합을 형성할 수 있게 되기 전에 이미 존재하는 결합이 먼저 파괴되어야 하는데, 이때 에너지가 필요하다. 기존의 화학결합을 흐트러뜨리고 새로운 반응을 개시하는데 필요한 추가적 에너지를 활성화에너지(activation energy)라고 한다(그림 8.6a).

자유에너지 감소반응의 속도는 반응이 시작되는 데 필요한 활성화에너지에 따라 다르다. 많은 활성화에너지가 필요한 반응은 그렇지 않은 반응보다 더 느리게 일어나기 쉽다. 그러나 활성화에너지는 일정하지 않다. 반응 개시에 필요한 활성화에너지를 낮추어 화학결합에 영향을 주는 물질을 촉매(catalyst)라고 하며, 그 과정을 촉매작용(catalysis)이라고 한다(그림 8.6b).

촉매는 열역학 법칙을 교란시키지는 못한다. 가령 자유에너지 증가반응을 저절로 일어나게 하지는 못한다. 촉매는 활성화에너지를 감소시켜서 반응이 앞으로 또는 역으로 빨리 진행되도록 한다. 즉, 촉매는 반응물질이 반응생성물로 전환되는 비율을 바꾸지는 못하며 반응의 속도를 빠르게 할 뿐이다.

8.2 생체 촉매로서의 효소

효소

생화학반응의 조절은 촉매작용이 일어나는 지점의 통제를 통해 일어난다. 그러므로 생명활동은 촉매에 의해 조절된다. 생물체 내에서 대부분의 촉매작용을 수행하는 물질은 효소(enzyme)라는 단백질이다. 효

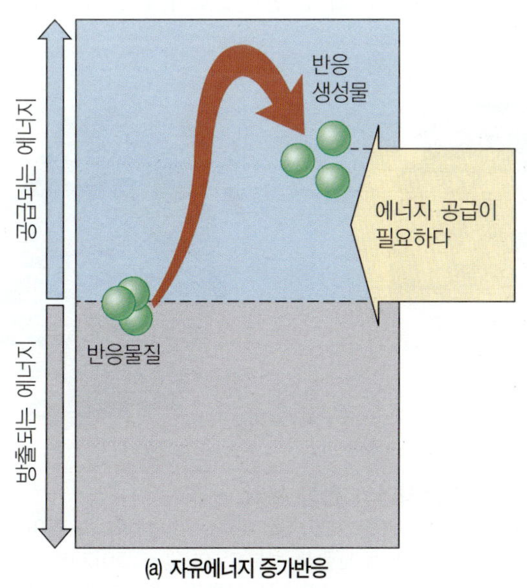

(a) 자유에너지 증가반응

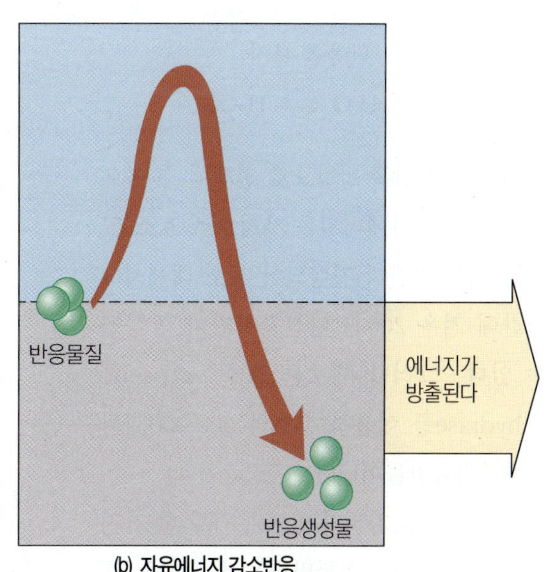

(b) 자유에너지 감소반응

그림 8.5 | 화학반응에서의 에너지.
(a) 자유에너지 증가반응에서 반응생성물은 반응물질보다 더 많은 에너지를 함유하며, 추가적 에너지가 공급되어야 반응이 진행된다.
(b) 자유에너지 감소반응에서는 반응생성물이 반응물질보다 적은 에너지를 함유하며, 여분의 에너지는 방출된다.

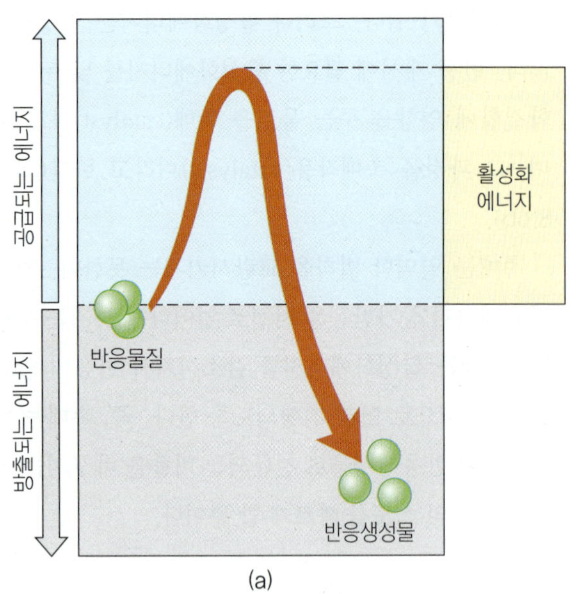

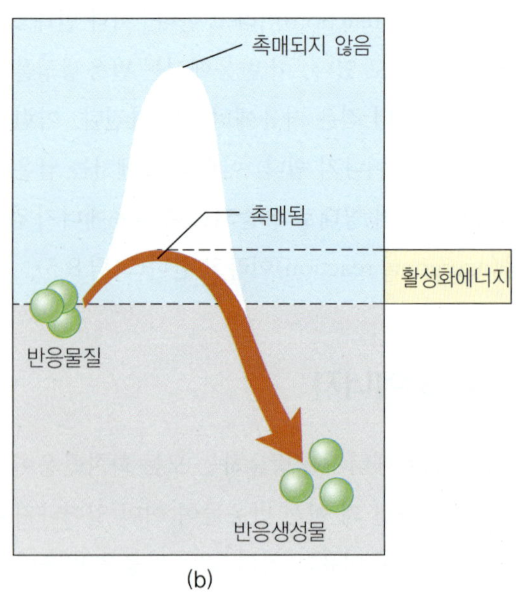

그림 8.6 | 활성화에너지와 촉매작용.
(a) 기존 화학결합을 불안정하게 만드는 데는 에너지가 공급되어야 하므로 자유에너지 감소반응은 반드시 신속히 진행되는 것은 아니다. (b) 촉매는 반응을 개시시키는 데 필요한 활성화에너지의 양을 낮추어서 특정 반응을 촉진한다. 촉매는 반응물질이나 반응생성물의 자유에너지를 변화시키지 않으므로 반응으로 생기는 자유에너지의 변화량은 똑같다.

소의 독특한 3차원적 형태는 기질(substrate)과의 일시적 결합을 이루게 한다. 효소는 2개의 기질을 정확한 방향에 놓이게 하거나 기질의 특정 화학결합에 압력을 가하여 새로운 결합이 형성되는 데 필요한 활성화에너지를 낮춘다. 화학반응에서 효소 자신은 변화하거나 소모되지 않으므로 효소는 소량만 필요하며 계속 재사용될 수 있다. 이산화탄소와 물이 반응하여 탄산을 형성하는 반응을 보자.

$$CO_2 + H_2O \rightleftarrows H_2CO_3$$

이 반응은 양쪽 방향으로 진행될 수 있으나 많은 활성화에너지를 가지므로 효소 없이는 매우 천천히 진행되어 세포 내에서 1시간에 겨우 200개 탄산분자만이 형성될 수 있다. 그러나 세포는 효소 carbonic anhydrase를 이용하여 초당 600,000개의 탄산분자를만들어낸다.

효소는 수천 가지가 있으며 각각 한 가지 또는 소수의 특정 화학반응을 촉매한다. 효소는 특정 화학반응을 촉진시켜서 대사과정을 결정한다. 세포의 종류마다 효소의 종류는 다르다. 그러므로 적혈구 안에서 일어나는 화학반응은 신경세포 안에서 일어나는 화학반응과는 다르다.

효소의 작용

대부분의 효소는 구형 단백질로서 활성 부위(active

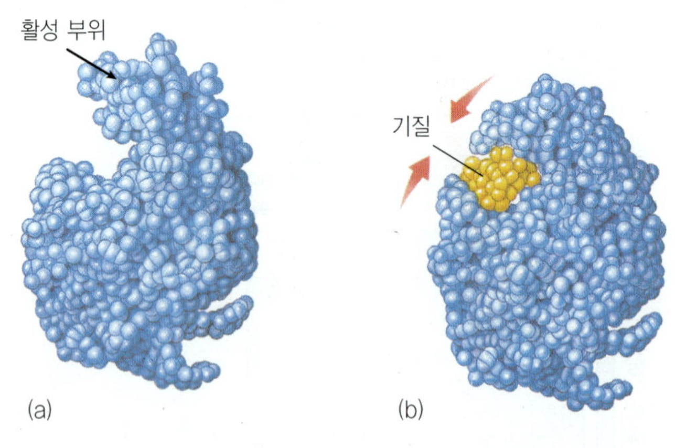

그림 8.7 | 효소 라이소자임의 활성 부위.
(a) 홈으로 된 활성 부위는 세균 세포벽을 이루는 다당류와 꼭 들어맞는 형태로 되어 있다. (b) 이 다당류(노란색 부분)가 이 홈에 들어가면 효소의 형태는 약간 변하고 이 기질을 더 조밀하게 감싼다. 이 유도된 밀착은 효소의 글루탐산으로 하여금 기질의 인접한 두 당 분자 사이의 결합 옆에 위치하도록 하여 글루탐산이 기질의 당 사이의 결합으로부터 전자를 빼내어 결합이 끊어지도록 만든다.

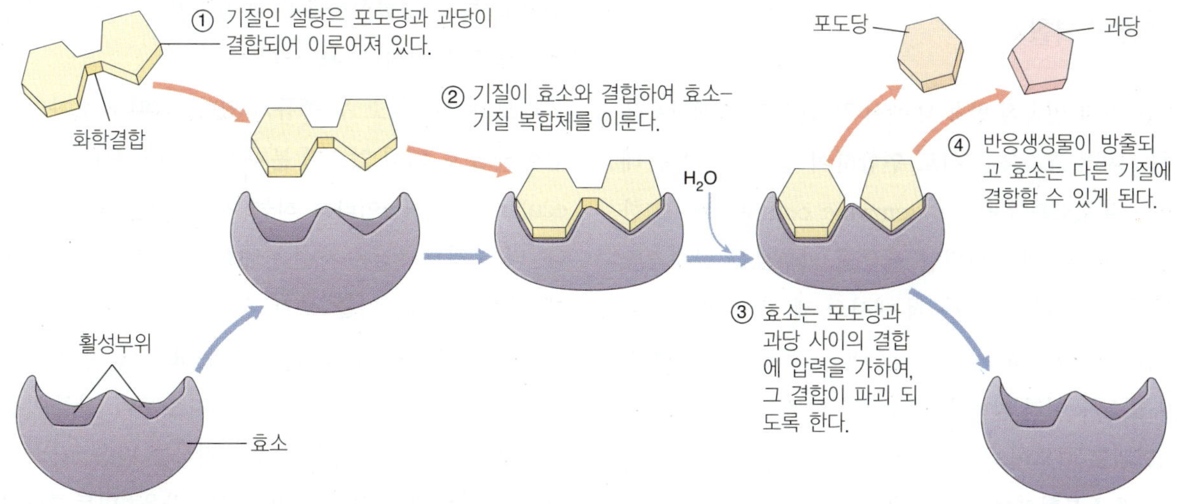

그림 8.8 | 한 효소의 순환적 촉매작용.
효소는 스스로를 변화시키지 않으면서 화학작용속도를 증가시킨다.
① 기질인 설탕이 효소의 활성부위에 결합하여
② 효소-기질 복합체를 이룬다. 이는 효소의 모양을 변화시켜 설탕분자와 더 밀착되게 된다.
③ 활성부위에 있는 아미노산 잔기는 설탕을 이루는 포도당과 과당사이의 결합에 근접하게 되고, 결합을 파괴한다.
④ 효소는 반응 생성물인 포도당과 과당분자를 방출하고, 다른 설탕 분자와 다시 결합하여 촉매과정을 다시 반복한다.
이는 E+S↔[ES]↔E+P로 나타낼 수 있다.(E=효소, S=기질, ES=효소-기질복합체, P=생성물)

site)라고 하는 1개 이상의 홈이 나 있다(그림 8.7). 기질은 이 활성 부위에 부착하여 효소-기질 복합체(enzyme-substrate complex)를 이룬다(그림 8.8). 이 복합체 안에서 촉매작용이 일어나려면 기질 분자는 활성부위에 꼭 들이맞아야 한다. 촉매작용이 일어날 때 효소가 기질의 특정 화학결합을 압박하거나 변형시켜서 그 결합을 끊는 데 필요한 활성화에너지를 낮춘다. 기질의 화학 결합이 끊어지거나 새로운 결합이 생기면 기질은 반응생성물로 전환되면서 효소로부터 빠져나온다.

기질이 효소에 결합하면 효소는 그 형태가 약간 변형되어 기질과 효소가 서로 맞물리게 된다(induced fit). 이와 같은 상호작용은 다른 기질의 결합을 촉진시키기도 하는데, 이런 경우 기질 하나는 다른 기질을 받아들이도록 효소를 활성화시킨다.

효소의 형태 변화

대부분의 효소는 세포 내에서 어떤 구조물에도 부착하지 않고 떠다니지만, 어떤 효소는 세포막이나 세포 내 소기관의 주요 부분으로서의 기능을 하기도 한다.

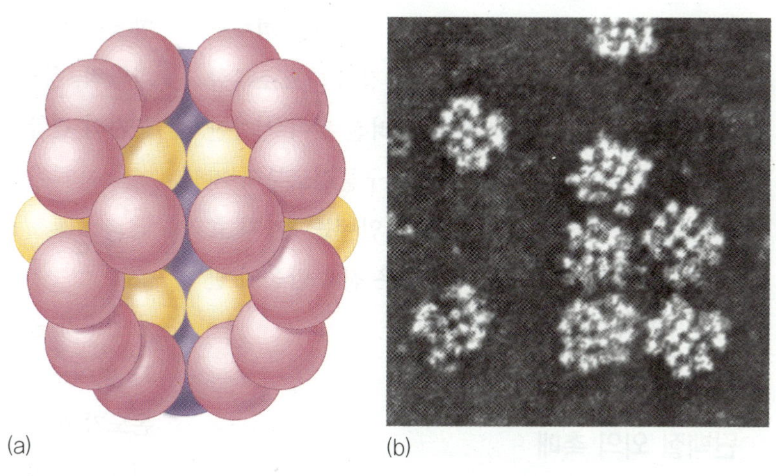

그림 8.9 | 효소 피루브산 탈수소효소.
(a)는 이 효소의 모형이고 (b)는 전자현미경 사진(200,000×)이다.
피루브산의 산화작용을 수행하는 이 효소는 가장 복잡한 효소 중 하나이다. 이들은 60개의 단백질 소단위로 이루어져 있다.

다효소복합체

한 가지 연속적 반응 내에서 각 단계의 촉매작용을 하는 여러 효소들은 서로 연합하여 집단을 이루는데 이를 다효소복합체(mul-tienzyme complex)라고 한다. 그림 8.9에서 나타난 세균의 피루브산 탈수소효소 다효소복합체는 산화적 대사의 세 가지 연속적 반응을 수행하는 효소들로 구성된다. 각 복합체는 세 가지 효소가 여러 벌씩 들어있어서 전부 60개의 단백질 소단위로 이루어져 있다.

다효소복합체는 촉매 효율에서 다음과 같은 이점을 제공한다.

1. 효소반응 속도는 효소가 기질과 접촉하는 빈도에 의해 제약을 받는다. 만약 다효소복합체 안에서 연속적 반응이 일어나면 한 반응의 생성물은 다른 곳으로 방출되지 않고 다음 효소로 전달될 수 있다.
2. 반응물질이 연속적 반응을 따라 이동하는 동안 복합체를 이탈하지 않으므로 불필요한 부수적 반응이 일어나지 않는다.
3. 다효소복합체 내에서 일어나는 모든 반응은 하나의 단위로서 조절될 수 있다.

크렙스회로 안으로 들어오는 것을 조절하는 피루브산 탈수소효소 외에 몇 가지 주요 과정이 다효소복합체에 의해 촉매된다. 한 가지 잘 알려진 것이 지방산 합성효소 복합체인데, 이는 2−C 선구물질로부터 지방산의 합성을 촉매한다. 이 복합체 안에는 7가지 효소가 들어 있으며 반응 중간 생성물은 전체 반응이 일어나는 동안 복합체에 부착되어 있다.

단백질 외의 촉매

RNA 분자가 관여하는 일부 반응은 효소가 아닌 RNA 자체에 의해 촉매된다는 사실이 최근에 알려졌다. 리보자임(ribozyme)이라고 하는 RNA 촉매는 효소처럼 특정 생화학반응을 촉진시키고 기질에 대한 매우 높은 특이성을 나타낸다.

리보자임은 최소 두 종류가 있다. 어떤 리보자임은 접힌 구조로 되어 있으며 분자 내 촉매작용(intramolecular catalysis)이라고 하는 자신의 반응을 촉매한다. 다른 리보자임은 자신은 변화됨이 없이 다른 물질에 작용하는데, 이를 분자 간 촉매작용(intermolecular catalysis)이라고 한다. 작은 RNA 분자가 관여하는 세포 내 반응 중에는 유전자로부터 만들어진 RNA로부터 불필요한 부분을 제거하는 반응, 단백질 합성을 위한 리보솜을 준비시키는 반응, 미토콘드리아 내에서 DNA의 복제를 촉진시키는 반응 등이 있다. 이러한 반응에서 RNA 촉매작용이 일어나는지 활발히 연구되고 있다. 특히 광합성에서는 효소와 RNA가 중요한 촉매 역할을 하는 것으로 보인다.

RNA가 촉매기능도 가진다는 사실은 단백질이 먼저냐, 핵산이 먼저 생겨났느냐에 관한 중요한 대답을 알려준다. 결론적으로, RNA가 먼저 진화되어 최초의 단백질을 만드는 데 촉매작용을 했을 것으로 보고 있다.

효소의 작용에 영향을 주는 요인

효소의 촉매작용 속도는 기질과 효소의 농도에 영향을 받는다. 또 효소의 3차원적 형태를 변화시키는 화학적, 물리적 요인, 즉 온도, pH, 염의 농도, 조절 분자의 결합 등은 효소의 활성화에 영향을 준다.

온도

온도가 올라가면 분자의 움직임이 빨라지므로 촉매가 없어도 반응이 빨라진다. 효소의 촉매반응에서도 온도가 올라가면 반응이 빨라지지만 어느 한계, 즉 최적온도(optimum temperature)까지만 빨라진다(그림 8.10a). 이 온도 아래에서는 효소의 형태를 결정하는 수소결합이나 소수성 상호작용이 최적 촉매작용을 일으킬 만큼 효소 형태를 변화시키지는 못한다. 최적

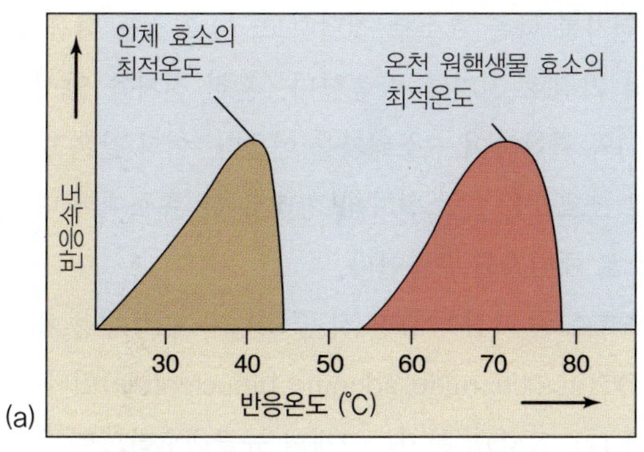

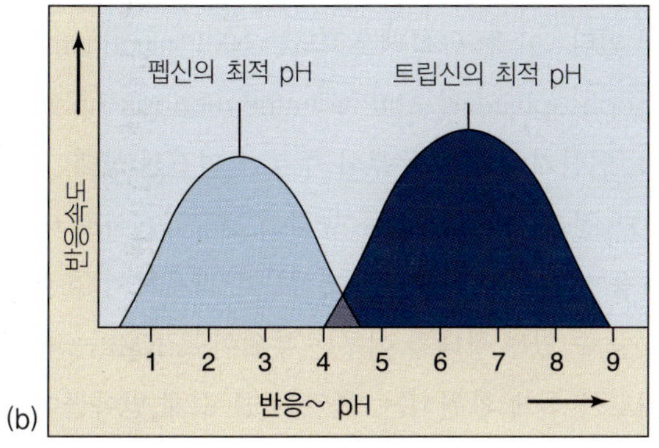

그림 8.10 | 온도(a)와 pH(b)에 대한 효소의 민감성.
효소활동은 온도와 pH의 영향을 받는다. 트립신 같은 대부분의 인체 내 효소들은 약 40℃ 온도와 pH6-8 사이에서 최적기능을 나타낸다.

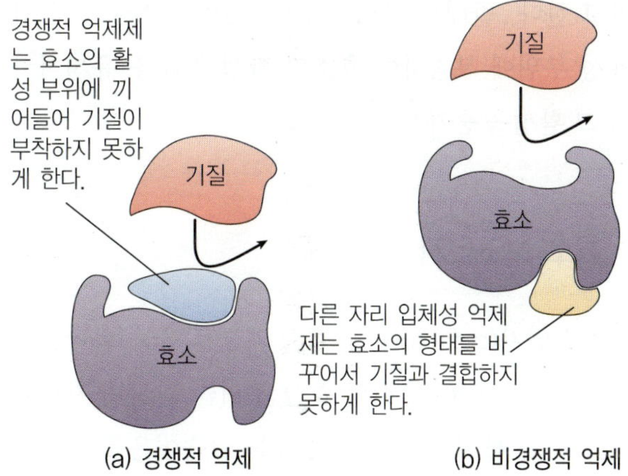

그림 8.11 | 효소의 경쟁적 억제와 비경쟁적 억제.
(a) 경쟁적 억제에서 억제제는 효소의 활성 부위에 끼어든다.
(b) 비경쟁적 억제에서 억제제는 효소의 활성 부위가 아닌 곳에 부착하여 효소의 형태변화를 일으키고, 더 이상 효소가 기질과 결합할 수 없게 만든다.

온도 이상에서는 그 힘이 너무 약하여 효소 내 원자들의 불규칙한 운동의 증가 때문에 효소의 형태를 유지할 수 없다. 이러한 고온 상태에서 효소는 변성된다. 대부분의 인체 효소의 최적온도는 35~40℃ 사이이다. 온천에 사는 원핵생물의 효소는 더 안정적이어서 최적온도가 70℃ 또는 그 이상이다.

pH

반대전하를 띤 아미노산 잔기들 사이의 이온 상호작용은 효소들도 함께 묶어 놓는다. 이 작용은 효소가 용해되어 있는 용액의 수소이온 농도에 민감하다. 따라서 대부분의 효소들은 최적 pH(optimum pH)를 가지는데 보통 pH 6~8 사이이다. 강산성 환경에서도 기능을 나타내는 효소는 수소이온 농도가 높은 상태에서도 3차원적 구조를 유지하는 효소들이다. 가령 펩신은 pH 2에서 단백질을 분해한다(그림 8.10b).

억제제 및 촉진제

효소 활성은 효소에 부착하여 그 구조를 변화시키는 물질에 민감하다. 세포는 이 물질을 통하여 특정한 시기에 어떤 효소를 활성화시키고 불활성화시킬지를 조절할 수 있다. 이런 식으로 세포는 발생 중 효율성을 증대시키고 세포특성의 변화를 조절한다. 효소에 결합하여 그 활성을 감소시키는 물질을 억제제(inhibitor)라고 한다. 흔히 생화학 경로의 최종 생성물은 그 경로의 초기 반응의 억제제로 작용하는데, 이를 피드백 억제(feedback inhibition)라고 한다.

효소 억제는 두 가지 방식으로 일어난다. 경쟁적 억제(competitive inhibition)는 동일한 활성 부위에 부착하기 위해 억제제가 기질과 경쟁하는 경우이다. 비경쟁적 억제(noncompetitive inhibition)는 활성 부위가 아닌 다른 부위에서 효소에 부착하여 효소가 기질에 부착하지 못하게 한다(그림 8.11). 대부분의 비경쟁적 억제제는 효소의 다른 자리 입체성 부위(allosteric site)라는 특정 부위에 부착한다. 이 부위는 화학적 스위치처럼 작용한다. 다른 자리 입체성 부위에 부착하여 효소 활성을 감소시키는 물질을 다른 자리 입체성 억제제(allosteric inhibitor)(그림 8.11b)

라고 한다. 반대로 활성제(activator)는 다른 자리 입체성 부위에 부착하여 효소의 활성 형태를 유지시켜서 그 활성을 증가시킨다.

효소 보조인자

보조인자(cofactors)는 효소 기능을 돕는 화학물질이다. 가령, 여러 효소의 활성 부위는 기질 분자로부터 전자를 빼내는 데 도움을 주는 금속이온을 함유한다. 단백질 분해효소인 carboxypeptidase와 같은 효소는 아연을 함유한다. 보조인자가 단백질이 아닌 유기물분자일 경우 이를 조효소(coenzyme)라고 한다. 비타민은 대개 조효소의 한 부분이다.

효소로 촉매되는 수많은 산화-환원 반응에서 효소의 활성 부위에서 전자 수용체 역할을 하는 조효소로 전자가 쌍을 이루어 이동한다. 그런 다음, 조효소는 전자를 다른 효소로 전달하고, 이 효소는 다음 반응의 기질로 전자를 방출한다. 흔히 전자는 양성자(H^+)와 결합하여 수소원자를 이룬다. 이와 같은 방식으로 조효소는 수소원자의 형태로 한 효소에서 다른 효소로 에너지를 수송한다.

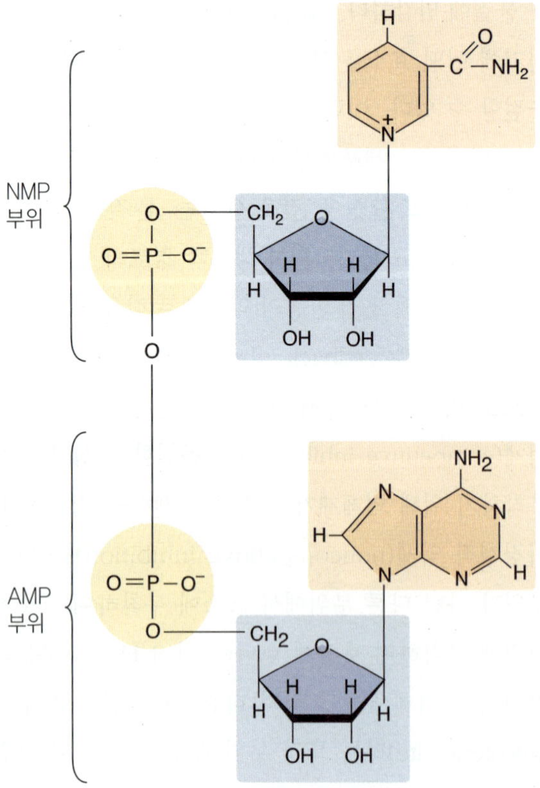

조효소 중 가장 중요한 것 중 하나가 수소 수용 체인 NAD^+(nicotinamide adenine dinucleotide)이다(그림 8.12). NAD^+ 분자는 2개의 뉴클레오티드로 구성되어 있다. 이 두 뉴클레오티드는 NMP(nicotinamide monophosphate)와 AMP(adenine monophosphate)로서, 인산기에 의해 두부와 두부가 연결된 상태이다. NAD^+ 분자 안에서 이 두 뉴클레오티드는 서로 다른 기능을 나타낸다. AMP는 핵심부로 작용하여 효소가 인식할 수 있는 형태를 이루는 부위이고, NMP는 활성 부위로서 쉽게 환원되는, 즉 전자를 쉽게 받아들이는 부위이다.

NAD^+이 1개의 전자와 1개의 수소원자를(실제로는 2개의 전자와 1개의 양성자) 효소의 활성 부위로부터 받아들이면 NADH로 환원된다. 그러면 NADH 분자는 에너지를 가지는 2개의 전자와 양성자 1개를 가지게 되고 다른 분자에 이를 제공하여 그 분자를 환원시킬 수 있다. 에너지를 함유하는 분자의 산화(세포에 에너지를 제공하는)는 분자들로부터 전자를 떼어내어 NAD^+에 전달하는 과정을 포함한다.

그림 8.12 | NAD^+의 화학적 구조.
중요한 조효소로서 2개의 뉴클레오티드인 NMP와 AMP가 결합되어 이루어져 있다.

8.3 ATP의 기능

ATP

모든 세포가 이용하는 가장 중요한 에너지 화폐는 ATP(adenosine triphosphate)이다. 세포는 ATP를 이용하여 에너지가 소모되는 거의 모든 활동을 수행한다.

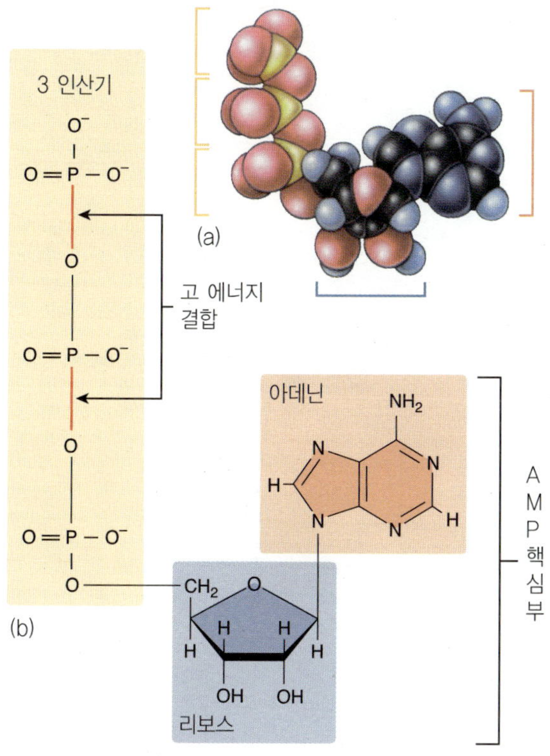

그림 8.13 | ATP 분자.
(a)는 모형이고 (b)는 구조식이다.
NAD^+처럼 ATP도 AMP핵심부를 가지고 있다. 그러나 ATP에서는 AMP인산기 끝에 또다른 뉴클레오티드가 아니라 2개의 인산기가 부착된다.

ATP 분자의 구조

ATP 분자는 세 가지 구성 요소로 이루어진 일종의 뉴클레오티드이다(그림 8.13). 첫째 구성 요소는 5탄당인 리보오스로서 이는 다른 두 소단위가 부착하는 골격의 역할을 한다. 두 번째 구성 요소는 아데닌으로서 2개의 탄소-질소 고리를 가진 유기물 분자이다. 고리에서 질소원자 각각은 비공유 전자쌍을 가지며, 약하게 수소이온을 끌어당긴다. 그러므로 아데닌은 화학적으로 염기로서 작용한다. 세 번째 구성요소는 3개의 인산이 결합된 3인산기이다.

ATP가 에너지를 저장하는 방법

ATP 내에서 에너지를 저장하는 부위는 3인산기이다. 인산기들은 강한 음전하를 띠므로 서로 강하게 밀어낸다. 이 때문에 인산을 연결하는 공유결합은 불안정하다.

ATP 안에서 인산들을 묶어놓는 불안정한 공유결합은 낮은 활성화에너지를 가지므로 쉽게 파괴될 수 있는데, 파괴될 때 다량의 에너지를 전달할 수 있다. ATP가 관여하는 대부분의 반응에서 가장 바깥쪽의 고에너지 인산결합만 가수분해되어 떨어져 나간다. 이때 ATP는 ADP(adenosine diphosphate)로 되면서 7.3kcal의 에너지가 방출된다. 떨어져 나온 인산기는 보통 일시적으로 다른 중간 분자에 부착한다. 이 분자가 탈인산화되면 인산기는 무기인산(Pi)으로서 방출된다.

ATP는 어떻게 에너지 소비반응을 일으키는가

세포는 ATP를 이용하여 자유에너지 증가반응을 가동시킨다. 이런 반응은 저절로 진행되지 않는데, 이는 반응 생성물이 반응물질보다 더 많은 자유에너지를 간직하기 때문이다. 그러나 만약 ATP가 분해되어 다른 반응에서 소모되는 에너지보다 더 많은 에너지를 방출하면 두 반응이 함께 진행되어 ATP의 가수분해로 나온 에너지가 다른 반응에 필요한 에너지로 쓰일 수 있다. 이 두 반응을 합하면 전체적으로는 자유에너지 감소반응이 되므로, 이 두 반응은 저절로 일어날 수 있다. 거의 대부분의 자유에너지 증가반응은 ATP 분해로부터 나오는 에너지보다 더 적은 에너지가 요구되므로 ATP는 세포가 필요로 하는 대부분의 에너지를 제공한다.

ATP 내의 인산기들은 불안정하므로 ATP는 장기간의 에너지 저장 분자로서 이용되지는 못한다. ATP보다 지방이나 탄수화물이 이 기능을 더 훌륭하게 수행한다.

CHAPTER 09

세포의 에너지 획득

생명은 에너지로 유지된다. 생물이 하는 모든 활동에는 에너지가 요구된다. 이 장에서는 세포가 유기물 분자로부터 화학에너지를 뽑아내어 ATP를 만드는 과정을 알아본다.

9.1 화학결합 속의 에너지 획득

화학에너지를 이용하여 대사를 진행시키기

광합성생물은 빛에너지를 화학에너지로 전환시키는 독립영양생물(autotrophs)이다. 독립영양생물이 만든 에너지를 이용하여 사는 다른 생물들은 종속영양생물(heterotrophs)이다. 지구상에 사는 적어도 95%의 생물 종류는 종속영양생물이다.

세포 호흡

화학결합 속의 에너지는 전자의 위치에너지로 존재한다. 세포는 이 결합을 부수어 에너지를 얻으면서 전자를 한 분자에서 다른 분자로 넘겨준다. 전자는 이동할 때마다 간직한 에너지 일부를 잃으며, 이 에너지 일부는 ATP를 만들거나 다른 화학결합을 만드는 데 쓰이고, 나머지는 열로서 소실된다. 이 과정의 끝에서 원래의 화학결합으로부터 나온 고에너지 전자는 에너지 대부분을 잃고 최종 전자수용체로 옮겨 간다. 이 수용체 분사가 산소일 경우 이 과정을 유기호흡(aerobic respiration)이라고 하고, 최종 전자수용체가 산소가 아닌 다른 무기물일 경우 무기호흡(anaerobic respiration)이라고 하며, 유기물일 경우 발효(fermentation)라고 한다.

화학적으로 보면 세포 내에서의 탄수화물의 이화작용과 아궁이에서 장작이 타는 것은 차이가 없다. 두 가지 경우 모두 반응물질은 탄수화물과 산소이며, 반응생성물은 이산화탄소, 물, 그리고 에너지이다.

$C_6H_{12}O_6 + 6\ O_2 \rightarrow 6\ CO_2 + 6\ H_2O +$ 에너지(열 또는 ATP)

이 반응에서 자유에너지 변화량은 세포 내 조건에서 포도당 한 분자당 −720kcal이다(전통적으로는 −686 kcal로 나타내는데, 이는 상온에서 1기압일 때를 기준으로 한 것이다). 이 자유에너지 변화는 주로 6개의 C—H 결합이 파괴되면서 생긴 것이다. 이때 음의 부호를 붙이는 것은 반응생성물이 반응물질보다 더 적은 자유에너지를 가지는 것을 뜻한다. 포도당이 세포 밖에서 탈 때 나오는 에너지는 열로서 방출된다. 이 열은 세포가 쓸 수 없다.

자유에너지 증가반응을 촉매하는 효소는 그 표면에 2개의 결합 부위를 가지는데, 하나는 반응물질이, 다른 하나는 ATP가 결합하는 부위이다. ATP 결합 부위는 ATP 분자를 분해하여 7kcal의 화학에너지를 방출시킨다. 이 에너지는 반응물질을 자유에너지 증가반응이 일어나도록 밀어 올린다.

ATP 분자가 분해되어 에너지 요구반응이 추진될 때 반응의 두 부분, 즉 ATP 분해와 자유에너지 증가반응은 함께 일어난다. 어떤 경우 두 부분이 동일 효소의 표면에서 일어나기도 하며, ATP로부터 나온 고에너지 인산이 자유에너지 증가반응을 촉매하는 단백질에 가서 부착하여 이를 활성화시키기도 한다.

ATP 합성효소

세포는 ATP를 널리 사용하므로 다량 합성해야 한다. 지방이나 당을 분해하는 효소들이 일부 ATP를 직접 만들기도 하지만 세포가 생산하는 대부분의 ATP는 ATP 합성효소(ATP synthase)에 의해 만들어진다. ATP 합성효소는 원핵생물의 원형질막이나 미토콘드리아와 엽록체의 내막에서 막을 경계로 형성된 양성자 농도구배의 저장된 에너지를 이용하여 ATP 합성을 촉매한다. 이 양성자 농도구배는 산화—환원 반응에서 나오는 에너지를 이용하여 막을 통해 양성자를 퍼내기 때문에 생긴 것이다. 이 반응을 추진하는 전자들은 이화작용에서 고에너지 분자가 분해될 때 나오거나 광합성에서 엽록소가 빛을 흡수할 때 생긴다.

ATP 합성효소는 ATP를 합성할 때 놀랄 만한 분자적 기작을 이용한다(그림 9.2). 이 효소는 막 내에 묻혀있으며 양성자가 농도구배를 따라 이동할 수 있는 통로가 된다. 양성자가 이 통로를 통과할 때 그들이

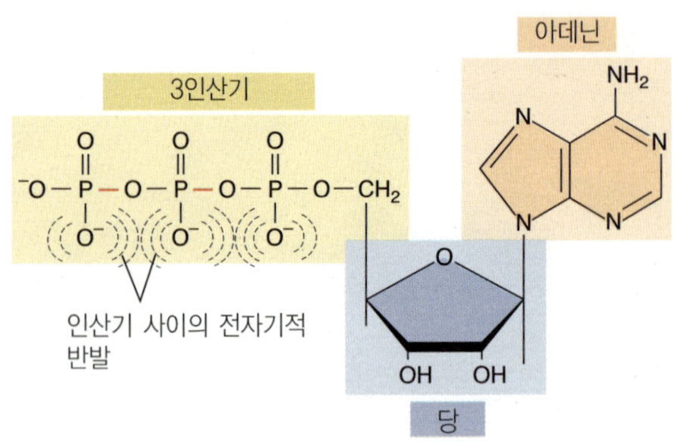

그림 9.1 | ATP 분자의 구조.

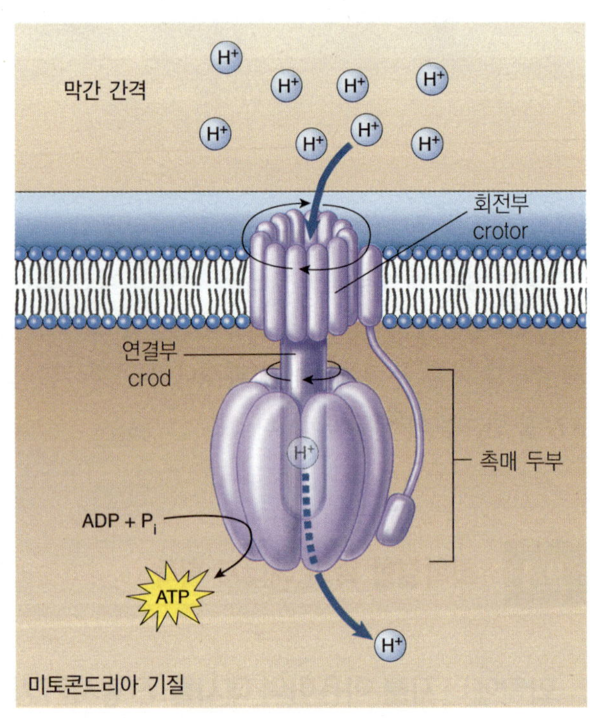

그림 9.2 | ATP 합성효소의 작용.
양성자는 농도구배가 낮은 쪽으로 막을 통과해 이동한다. 이때 방출된 에너지로 연결부와 회전부를 회전시키고, 이 기계적 에너지는 화학에너지로 전환되어 ATP를 합성하게 된다.

내는 에너지는 이 효소의 일부분을 회전시킨다. 이 회전의 기계적 에너지는 ATP의 세 번째 인산을 붙이는 화학에너지로 전환된다. 그러므로 ATP의 합성은 양성자 농도구배에 의해 돌아가는 작은 모터에 의해 이루어진다.

9.2 세포호흡은 음식물 분자를 산화시킨다

포도당 이화의 개요

세포는 두 가지 방식으로 유기물 분자의 이화작용으로부터 ATP를 얻는다.

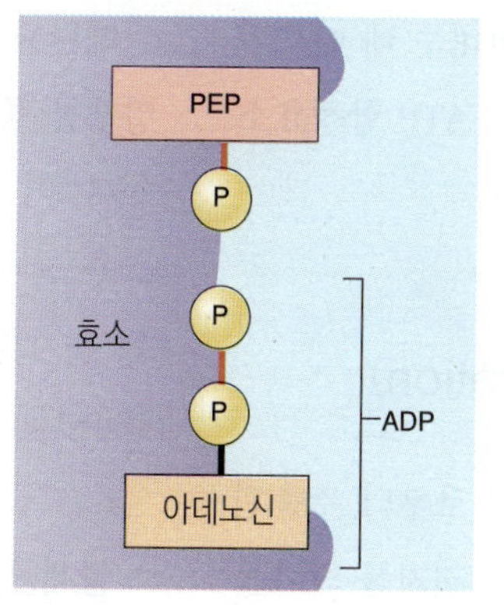

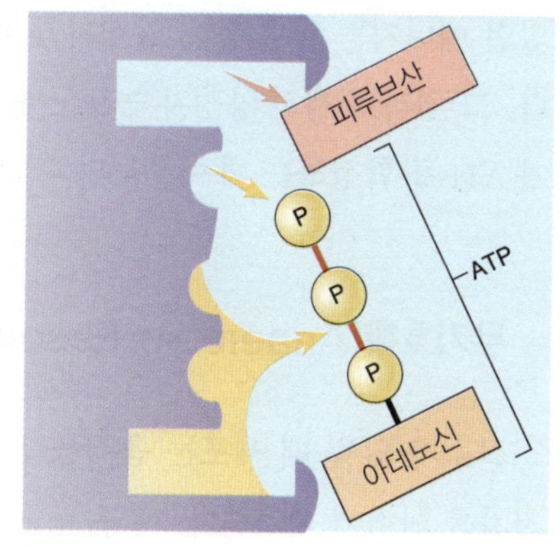

그림 9.3 | 기질수준 인산화.
포스포에놀피루브산(PEP)과 같은 일부 분자들은 ATP에서와 유사한 고에너지 인산결합을 가진다. PEP의 인산기가 효소 활동에 의하여 ADP로 넘겨지면 ATP가 생긴다.

1. 기질수준 인산화(substrate-level phosphorylation)에서는 인산기를 가지는 중간 물질에서 인산기가 직접 ADP로 옮겨가면서 ATP가 생긴다(그림 9.3). 해당과정에서 포도당의 화학결합은 반응 도중 여기저기로 위치를 변동하면서 ATP를 만드는 데 필요한 에너지를 낸다.
2. 유기호흡(aerobic respiration)에서는 유기물로부터 빼낸 전자 때문에 생긴 양성자 농도구배로 ATP 합성효소가 작동되어 ATP가 합성된다. 이때 에너지가 고갈된 전자는 산소 기체에 넘겨진다.

대부분의 생물에서 이 두 과정이 함께 돌아간다. 산소가 있을 때 포도당으로부터 ATP를 만들 에너지를 얻기 위하여 세포는 네 가지 단계로 일어나는 복잡한 효소 촉매반응을 수행한다. 하나는 해당과정에서 나타나는 기질수준 인산화이고, 나머지 3개 단계는 해당과정의 최종생성물을 산화시켜 유기호흡을 수행하는 것이다.

해당과정

1단계 : 해당과정(Glycolysis). 첫 단계는 10개의 반응으로 이루어진 해당과정이라는 생화학 경로로서 기질수준 인산화반응에 의해 ATP가 생성된다. 이 반응들을 촉매하는 효소들은 세포질 내에 있으며 막이나 세포소기관에 부착되어 있지는 않다. 이 경로에서 2개의 ATP가 소비되고 기질수준 인산화로 4개의 ATP가 생성되므로, 합산하면 포도당 1분자당 2개의 ATP가 생긴다. 추가로, 포도당의 화학결합에서 4개의 전자가 추출되어 NADH로 가서 유기호흡에 의해 ATP를 만드는 데 이용될 수 있다. 해당과정이 끝나면 2개의 피루브산이 생기며, 피루브산에는 아직 많은 에너지가 들어있다.

유기호흡

2단계 : 피루브산 산화(Pyruvate Oxidation). 해당과정의 최종 생성물인 피루브산이 이산화탄소와 acetyl-CoA라는 2-탄소분자로 전환된다. 피루브산 각 분자가 전환될 때 NAD^+ 한 분자가 NADH로 환원되는데, 이 NADH는 ATP를 만드는 데 쓸 수 있는 전자를 함유한다.

3단계 : 크랩스회로(Krebs Cycle). 이 단계에서는 acetyl-CoA가 크랩스회로(시트르산회로)라는 9개 반응으로 된 회로 안으로 들어간다. 크랩스회로에서 기질수준 인산화로 2개의 ATP 분자가 나오며 다수의 전자가 NAD^+이 NADH로 환원되면서 제거된다.

4단계 : 전자전달 연쇄(Electron Transport Chain). 이 단계에서 NADH에 의해 운반되는 고에너지 전자는 일련의 전자 운반체들로 넘겨지면서 전자가 가지고 있던 에너지는 막을 통해 양성자를 퍼내는 데 이용된다. 그 결과로 생긴 양성자 농도구배는 ATP 합성효소가 ATP를 합성하는 데 이용된다.

무기호흡(Anaerobic Respiration)

산소가 있을 때 세포는 음식물 분자로부터 추출된 전자를 산소에 넘겨준다. 일부 생물은 전자를 받아들일 산소가 없을 때에도 전자를 수용하는 무기물 분자를 이용하여 혐기적으로 호흡한다. 예를 들어 여러 원핵생물들은 황, 질산염, 또는 다른 무기화합물을 산소 대신 전자수용체로 이용한다.

메탄생성균(Methanogens). 무기호흡을 하는 종속영양생물 중에는 호열성 세균과 같은 원시적 고세균이 있다. 이 중에서 메탄생성균(metanogen)은 이산화탄소를 전자수용체로 이용하며, 다른 생물에 의해 생산된 유기물 분자로부터 나온 수소와 함께 이산화탄소를 메탄(CH_4)으로 환원시킨다.

황세균(Sulfur Bacteria). 황세균은 무기 황산염을 황화수소(H_2S)로 환원시키는 과정에서 에너지를 얻는다. 수소원자는 다른 생물이 생산한 유기물 분자로부터 얻는다. 이 세균들은 메탄생성균과 같은 과정을 가지는 것으로 생각되지만, 이들은 산화제로서(전자를 수용) 이산화탄소 대신 SO_4를 이용한다.

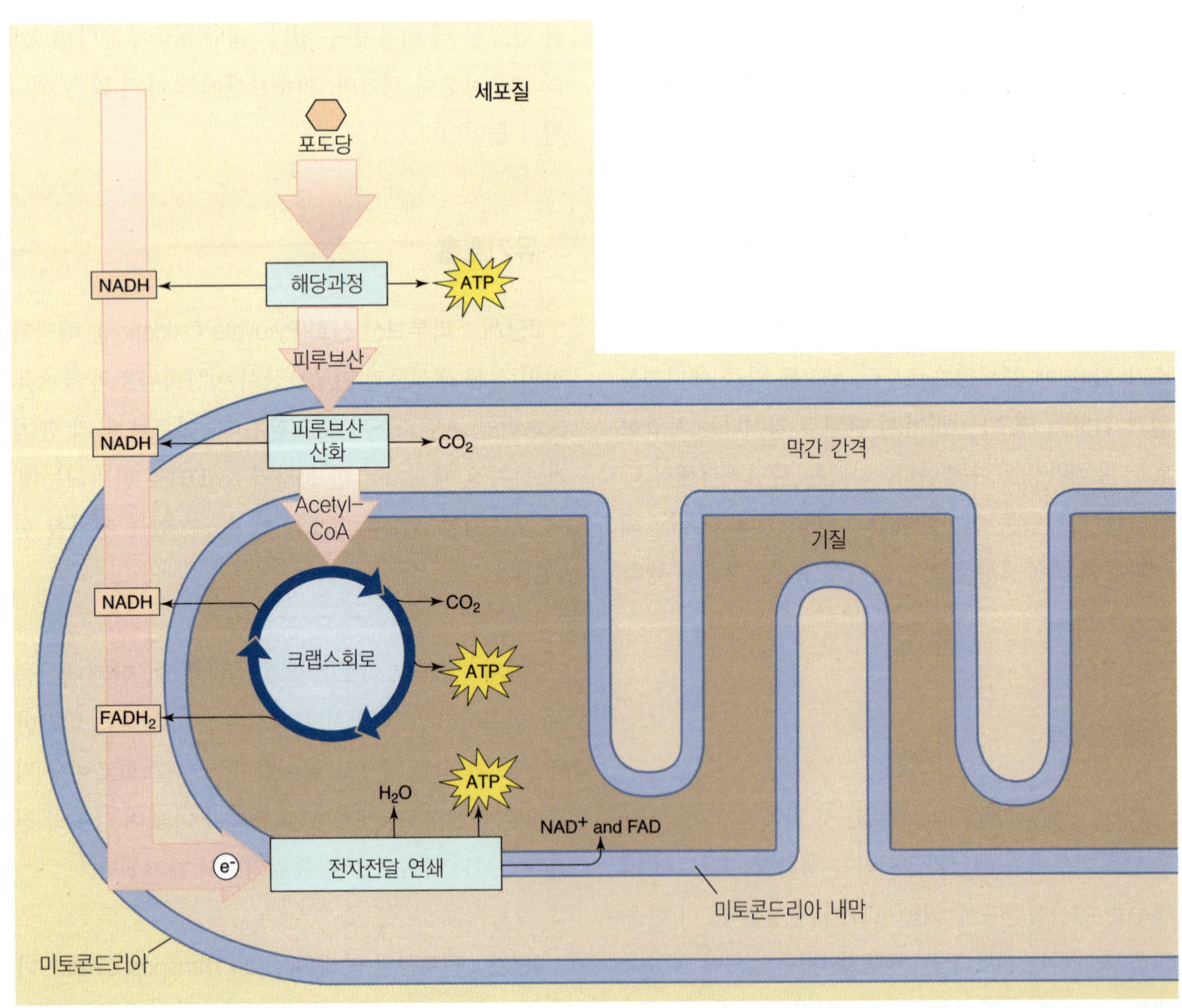

그림 9.4 | 유기호흡의 개요.

광합성의 진화 과정에서 황산염을 환원시키는 생물은 H_2S가 풍부한 환경을 조성하였을 것이다. 초기 광합성에서는 빛에너지를 이용하여 H_2S로부터 수소를 얻었을 것이다.

1단계 : 해당과정(Glycolysis)

원시적 생물의 대사는 포도당에 초점이 맞추어져 있다. 해당과정은 세포질 내에서 일어나는 연쇄적인 10개 반응으로서 이 반응을 통하여 포도당이 3-탄소 분자인 피루브산 2개로 전환된다(그림 9.5).

가공

해당과정의 첫 단계는 5개의 연쇄반응으로 이루어져 있는데, 이 단계에서 포도당 1분자가 3-탄소 화합물인 글리세르알데히드 3-인산(G3P) 2분자로 전환된다. 이 반응에는 ATP의 소비가 요구되므로 에너지 요구 과정이다.

A단계 : 포도당 가공. 포도당을 가공하는 3단계 반응에서 포도당이 2개의 3-탄소 인산화 분자로 쪼개질 수 있는 분자로 변화된다. 이 중 2개 반응은 ATP 분해를 요구하므로 세포는 이 단계에서 ATP 2분자를 필요로 한다.

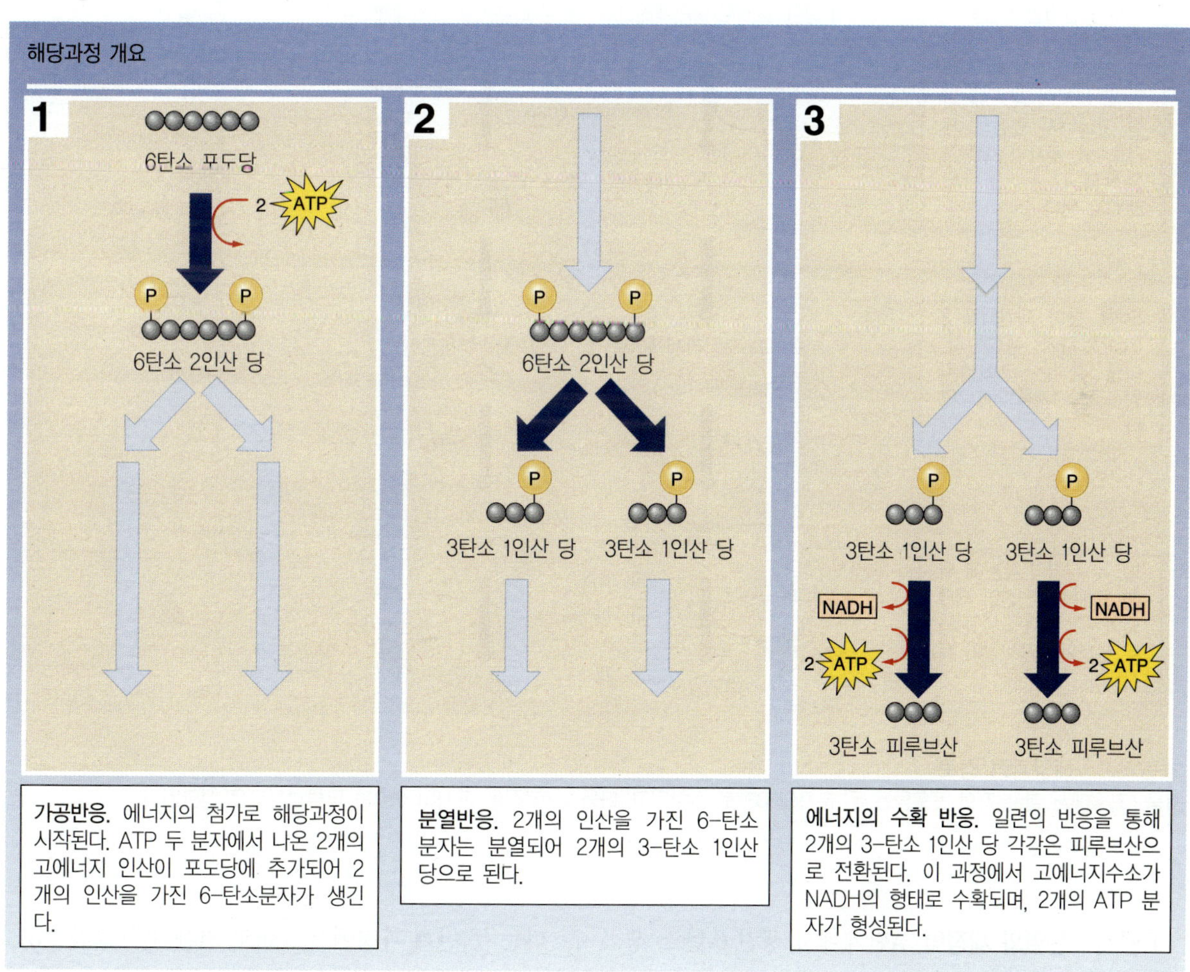

그림 9.5 | 해당과정의 작용.

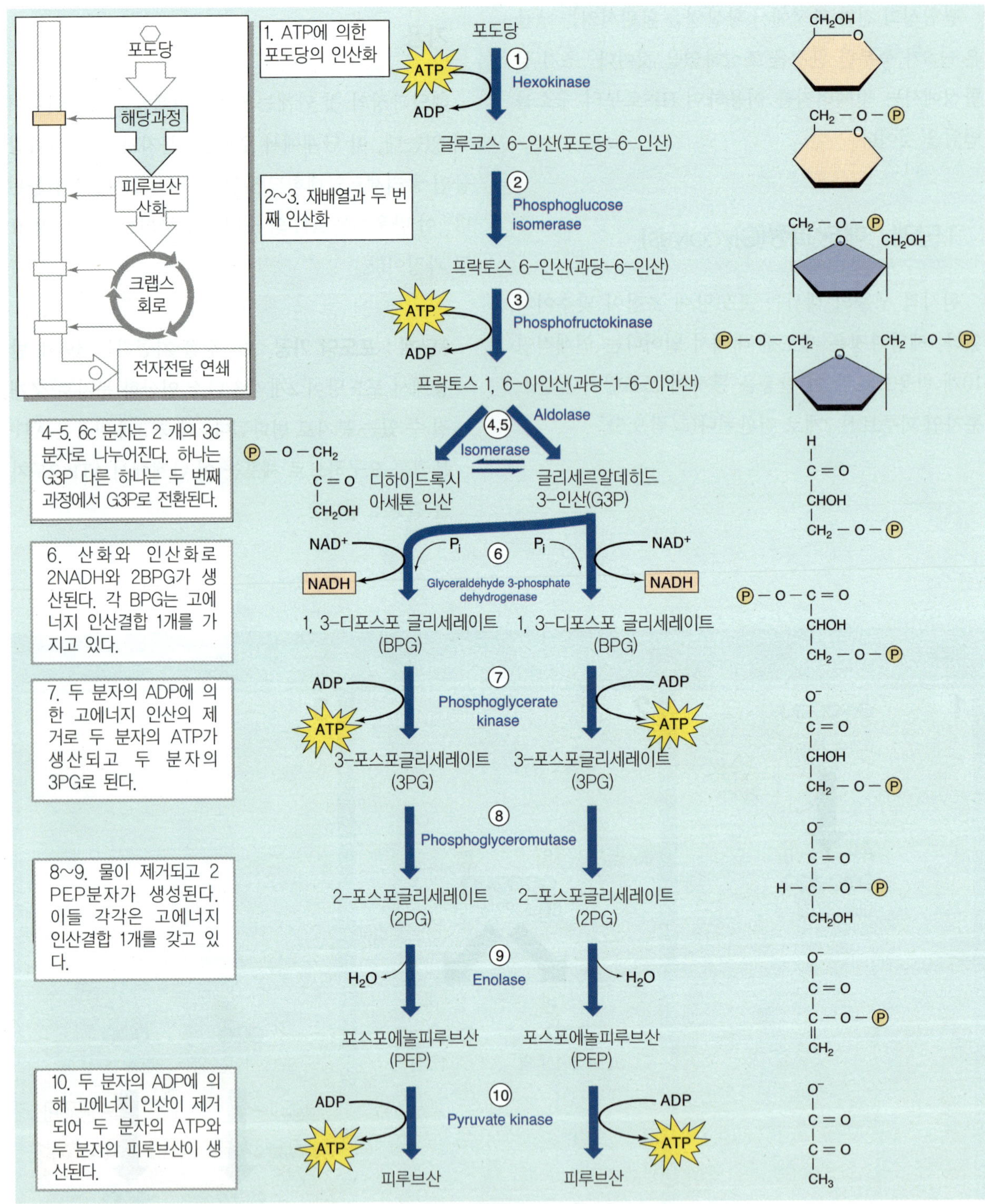

그림 9.6 | 해당과정 경로

처음 5과정에서 한 분자의 포도당은 두 분자의 G3P로 전환되고, 다음의 5과정을 거치며 G3P는 피루브산으로 전환된다.

B단계 : 분열와 재정렬. A단계에서 생긴 6-탄소 생성물은 나머지 2개의 반응 중 첫째 반응에서 2개의 3-탄소분자로 분열된다. 하나는 G3P이고 다른 하나는 두 번째 과정에서 G3P로 전환된다(그림 9.6).

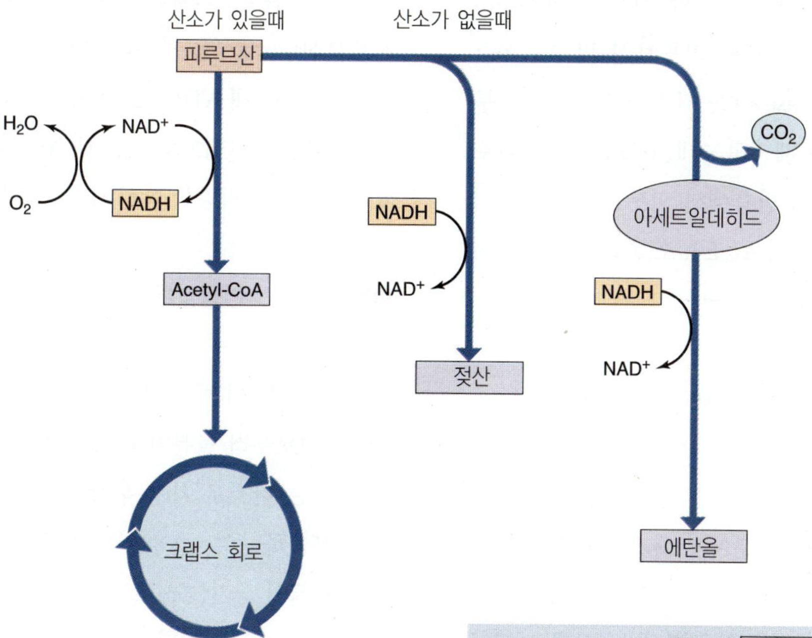

그림 9.7 | 해당과정의 생성물인 피루브산의 운명.
산소가 있으면 피루브산은 산화되어 acetyl-CoA로 되고, acetyl-CoA는 크랩스회로로 들어간다. 산소가 없으면 피루브산은 환원되어 해당과정에서 나온 전자를 받아들이며, 이 전자는 NADH에 의해 운반된다. 근육에서처럼 피루브산이 직접 환원되면 최종 생성물은 젖산이 된다. 효모에서와 같이 피루브산에서 맨 처음 CO_2가 빠져나온 뒤에 남은 아세트알데히드가 환원되면 최종 생성물은 에탄올이 된다.

2단계 : 피루브산의 산화

진핵세포에서 피루브산은 미토콘드리아 안으로 들어가서 추가 에너지를 방출하게 된다. 세포는 두 가지 단계를 통해 피루브산으로부터 에너지를 추출하는데, 첫째는 피루브산을 산화시켜서 acetyl-CoA를 만들고, 크랩스회로를 통해 acetyl-CoA를 산화시킨다.

Acetyl-CoA의 생성

피루브산은 한 번의 탈카르복시화 반응으로 3개의 탄소 중 1개가 CO_2의 형태로 떨어져 나간다(그림 9.8). 그 결과 2-C인 아세틸기 조각이 생기고, 한 쌍의 전자와 수소가 생성되어 NAD^+를 NADH로 환원시킨다. 이 반응은 복잡하고 3개의 중간 단계가 있으며 미

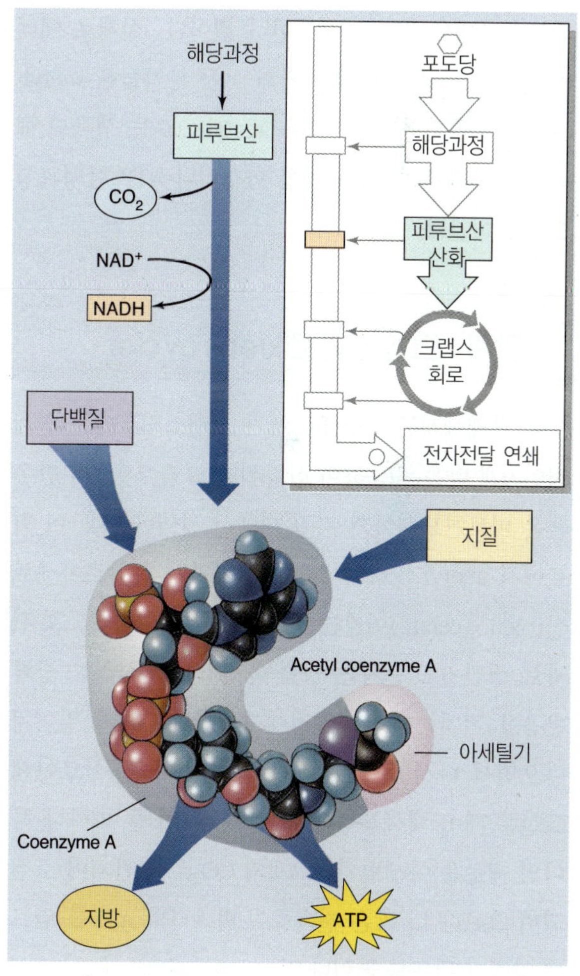

그림 9.8 | 피루브산의 산화.
피루브산은 산화되어 acetyl-CoA가 되어 크랩스회로로 들어가게 된다. 이때 NAD^+이 NADH로 환원되어 중요한 에너지 공급원이 된다. 이화작용으로 에너지를 생산하는 거의 모든 물질은 acetyl-CoA로 전환된 후 지방합성이나 ATP 생산을 위해 쓰이게 된다.

토콘드리아 안에서 다효소복합체(multienzyme complex)에 의해 촉매된다. 피루브산 탈수소효소(pyruvate dehydrogenase)라는 다효소복합체는 피루브산으로부터 CO_2를 제거하는데, 60개의 소단위로 구성된 복합체이다. 이 반응에서 피루브산에서 떨어져 나온 아세틸기는 CoA(조효소 A)와 결합하여 acetyl-CoA라는 화합물을 만든다.

피루브산 + NAD^+ + CoA → acetyl-CoA + NADH + CO_2

이 반응에서 NADH 한 분자가 생기는데 이는 나중에 ATP를 만드는데 쓰인다. Acetyl-CoA는 여러 가지 대사과정에서 생기는 중요한 물질이다. 실제로 에너지 생산을 위해 이화되는 거의 모든 분자들은 acetyl-CoA로 전환된다. 그런 다음 acetyl-CoA는 생물의 에너지 요구 수준에 따라 지방 합성이나 ATP 합성과정으로 들어간다.

3단계 : 크랩스회로(krebs cycle)

이 단계에서는 acetyl-CoA가 크랩스회로라는 연쇄적인 9개 반응을 통하여 산화된다(그림 9.9). 이 반응들은 미토콘드리아의 기질 내에서 일어나는데, 이 회로에서 acetyl-CoA의 2-C 아세틸기가 옥살로아세트산(oxaloacetate)이라는 4-C 분자와 결합한다. 그 결과로 생긴 6-C 분자는 일련의 전자를 생산하는 산화반응을 거치는데, 그 과정에서 2개의 CO_2가 떨어져 나오면서 다시 옥살로아세트산이 된다. 옥살로아세트산은 계속 재사용된다. 회로가 한 번 돌 때마다 하나의 새로운 아세틸기가 2개의 CO_2로 전환되어 소실되며 그보다 더 많은 전자들이 빠져나와 ATP를 만드는 양성자 펌프를 돌린다.

크랩스회로의 각 반응

반응 1 : 농축. Acetyl-CoA로부터 나온 2-C 기가 4-C 분자인 옥살로아세트산과 결합하여 6-C 분자인 시트르산(citrate)을 만든다. 이 농축반응은 비가역적이며, 세포 내 ATP 농도가 높으면 억제되고 낮으면 촉진된다. 그러므로 세포 내 ATP 농도가 높으면 acetyl-CoA는 지방산 합성 과정으로 들어간다.

반응 2 및 3 : 이성질체화. 산화반응이 시작되기 전에 시트르산의 수산기(−OH)의 위치 변화가 선행되어야 한다. 이는 두 단계를 거쳐서 이루어지는데, 탄소 1개로부터 물분자 하나가 제거되고 물분자는 다시 다른 탄소로 가서 부착된다. 그 결과 하나의 −H기와 하나의 −OH기의 위치 변동이 생긴다. 이렇게 해서 생기는 시트르산의 이성질체가 이소시트르산(isocitrate)이다.

반응 4 : 최초의 산화. 첫 에너지 산출 단계로서, 이소시트르산이 산화적 탈카르복시화 반응을 한다. 처음, 이소시트르산이 산화되어 한 쌍의 전자를 내어 NAD^+을 NADH로 환원시킨다. 그런 다음 산화된 중간물질이 탈카르복시화되어 중심 탄소가 쪼개져 나와 CO_2를 형성하고 5-C 분자인 α-케토글루타르산(α−ketoglutarate)을 생성한다.

반응 5 : 두 번째의 산화. α−케토글루타르산이 다효소복합체에 의해 탈카르복시화된다. CO_2 제거 뒤에 남는 succinyl기가 CoA에 결합하여 succinyl-CoA를 형성한다. 이 과정에서 2개의 전자가 나오고, 이 전자는 NAD^+을 NADH로 환원시킨다.

반응 6 : 기질수준 인산화. 4-C의 succinyl기와 CoA의 결합은 고에너지 결합이다. 해당과정에서 일어나는 것과.유사한 공역반응을 통하여 이 결합은 분열되고, 이때 방출된 에너지는 GDP의 인산화를 일으켜서 GTP를 만든다. GTP는 쉽사리 ATP로 전환되며, 4-C 분자인 숙신산(succinate)이 남는다.

반응 7: 세 번째의 산화. 숙신산은 산화되어 푸마르

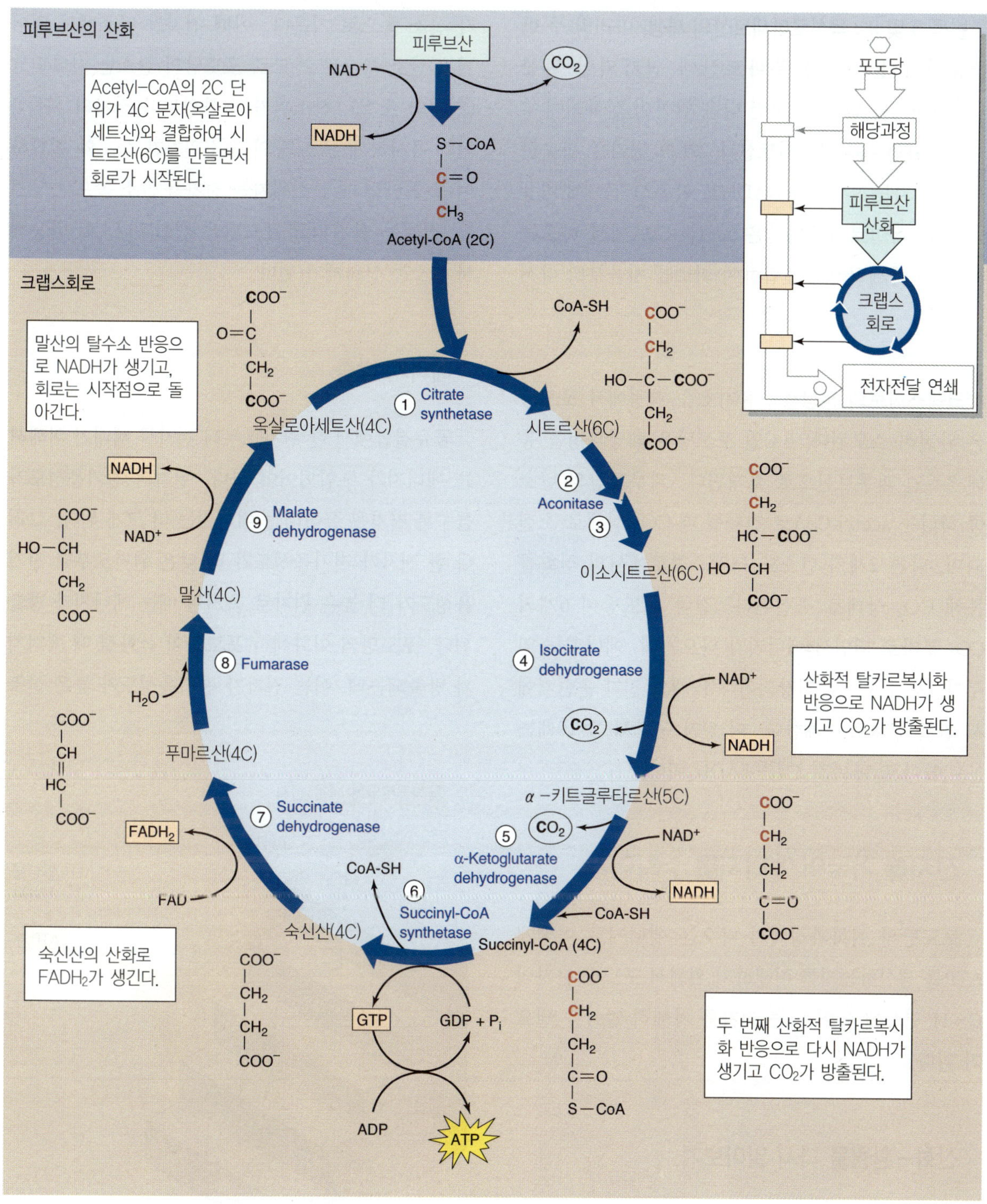

그림 9.9 | 크랩스회로.
이 일련의 반응들은 미토콘트리아 기질 내에서 일어난다. 1분자의 포도당이 완전히 분해되기 위해선 해당과정과 피루브산 산화로 만들어진 두 분자의 acetyl-CoA가 크랩스회로를 따라 돌아야 한다.

산(fumarate)으로 된다. 이 반응에서 생기는 자유 에너지 변화량은 NAD^+을 환원시키기에는 충분하지 않다. 그 대신 FAD(flavin adenine dinucleotide)가 전자수용체가 된다. NAD^+과는 달리 FAD는 미토콘드리아 안에서 자유로이 확산되지 못하며 미토콘드리아 내막의 주요부를 이룬다. FAD의 환원형인 $FADH_2$는 막 내에 있는 전자전달 연쇄에만 전자를 줄 수 있다.

반응 8 및 9 : 옥살로아세트산의 재생. 마지막 두 반응에서 물분자가 푸마르산에 첨가되어 말산(malate)를 만든다. 그런 다음 말산이 산화되어 4-C 분자인 옥살로아세트산과 2개의 전자를 방출한다. 전자는 NAD^+을 NADH로 환원시키는 데 이용된다. 옥살로아세트산은 acetyl-CoA에서 나오는 2-C인 아세틸기와 결합하여 회로를 처음부터 다시 돈다.

크랩스회로의 생성물 : 유기호흡 과정에서 포도당은 완전히 소모된다. 6-C인 포도당은 해당과정을 통해 3-C인 피루브산으로 쪼개진다. 피루브산의 탄소 중 하나는 acetyl-CoA로 전환될 때 CO_2 상태로 소실되며, 다른 2개의 탄소도 크랩스회로에서의 산화를 통해 CO_2 상태로 소실된다. 결국 포도당이 6개의 CO_2 분자로 되면서 에너지가 나오는데, 에너지는 일부가 4개의 ATP로 저장되거나 12개의 전자 운반체에서 환원 상태로 존재한다. 이 전자 운반체 중 10개는 NADH이고, 나머지 2개는 $FADH_2$이다.

전자를 거두어 에너지를 수확하기

포도당의 이화과정에서 나오는 에너지로 어떻게 ATP를 생산하는지를 이해하기 위해서 포도당 분자의 C−H 결합에 들어 있는 전자를 자세히 알아볼 필요가 있다.

산화−환원을 다시 알아보기

포도당의 이화는 일종의 산화−환원 반응이다. 포도당의 C−H 결합 속의 공유성 전자들은 C원자와 H원자가 거의 동등하게 공유하는데, 이는 탄소 핵과 수소 핵이 원자가전자(valence electrons)에 대한 거의 동일한 친화력을 가지기 때문이다. 그러나 포도당의 탄소원자가 산소와 반응하여 이산화탄소를 만들 때 새로운 공유결합에서의 전자는 다른 위치로 이동한다. 즉 CO_2에서는 산소의 전기음성도가 크므로 전자가 산소 쪽으로 기운다. 이때 전자가 탄소에서 멀어지고 산소 쪽으로 가므로 포도당의 탄소는 산화되고(전자의 소실), 산소원자는 환원된다(전자의 획득). 이와 유사하게, 포도당의 수소원자가 산소와 결합하여 물을 만들 때 산소원자는 전자를 산소 쪽으로 당겨서, 산소는 환원되고 포도당은 산화된다. 이 반응에서 산소는 산화제가 된다.

에너지 방출

공유결합에서 한 원자로부터 전자를 빼내기 위해서는 에너지가 투입되어야 한다. 원자의 전기음성도가 클수록 전자를 끌어내는 에너지는 더 크게 된다. 그러나 한 전자가 전기음성도가 더 낮은 원자로부터 전기음성도가 더 높은 원자로 옮겨질 때는 에너지가 방출된다. 포도당의 이화에서 포도당이 산화될 때 에너지가 방출되는데, 이는 전자가 전기음성도가 높은 산소

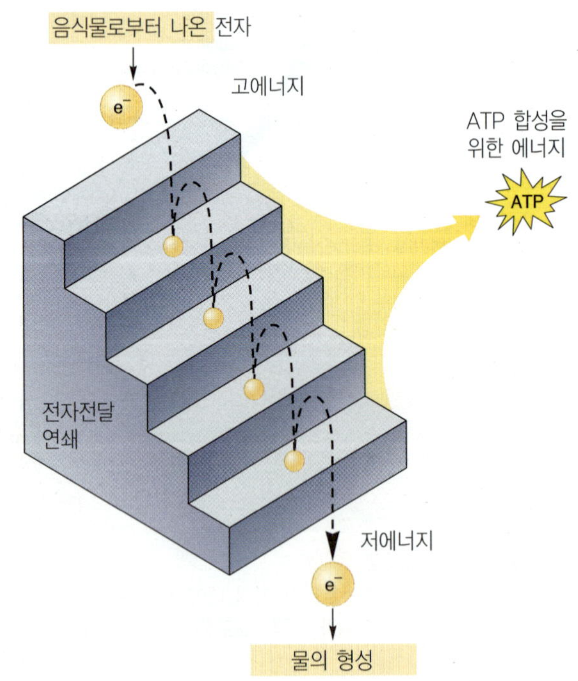

그림 9.10 | 전자전달이 작용하는 방식.
전자가 고에너지 수준에서 저에너지 수준으로 전달될 때 ATP가 합성된다. 전자는 에너지를 한번에 순간적으로 방출하는 것이 아니라, 저에너지 수준으로 옮겨갈 때마다 저장된 에너지를 방출하며, 가장 낮은 에너지 수준(가장 큰 전기음성도를 갖는)의 전자 수용체로 전달된다.

쪽으로 더 가깝게 재배치되기 때문이다(그림 9.10).

포도당은 많은 C−H 결합을 가지므로 고에너지 물질이다. 산화−환원의 각도로 보면 포도당은 원자로부터 멀리 떨어져 있는 많은 전자를 함유하는데, 이 전자들은 모두 산소 쪽으로 접근할 잠재력이 큰 것들이다.

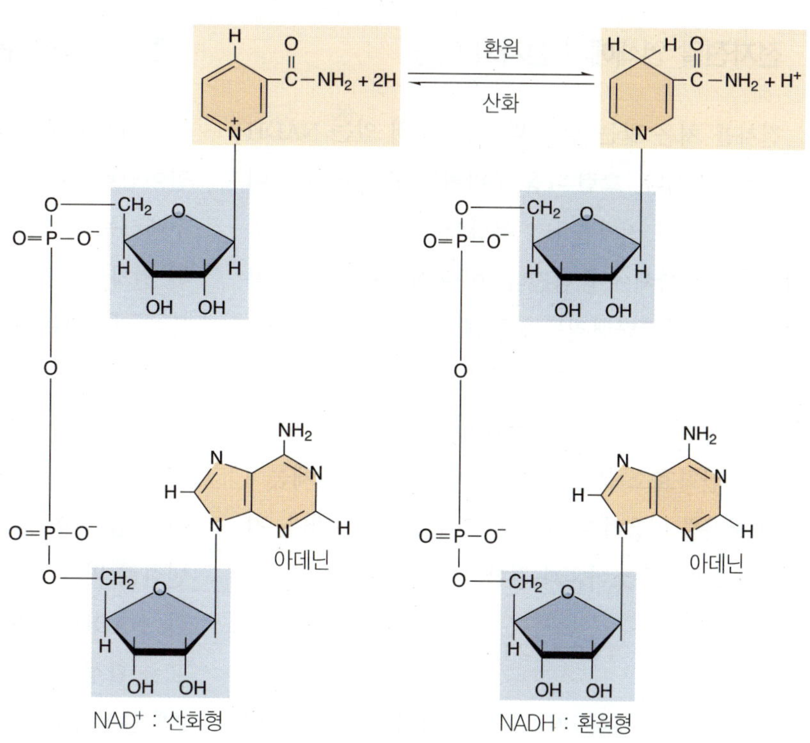

그림 9.11 | NAD$^+$와 NADH.
이들 디뉴클레오티드는 세포호흡 동안 전자 운반체로 작용한다. NAD$^+$는 거대분자들의 이화작용에서 생긴 전자를 받아 NADH로 환원된다.

전자의 이동과 에너지 수확

유류 탱크에 저장된 휘발유를 한꺼번에 태울 때나 조금씩 천천히 연소시킬 때 나오는 에너지량은 동일하다. 그러나 한꺼번에 연소될 때 나오는 다량의 에너지는 이용할 수가 없다. 자동차를 움직이게 하거나 공장을 가동시키면서 조금씩 연소시키면 이 에너지는 이용할 수 있다. 생물체 내에서의 포도당 산화도 이와 마찬가지이다. 만약 모든 수소가 한꺼번에 산소에 넘겨져서 한 번에 다량의 에너지를 방출하면, 이 에너지는 거의 이용할 수가 없다. 그 대신 세포는 단계별로 조금씩 연소시키면서 C−H 결합에 들어 있는 6개의 수소를 해당과정과 크렙스회로를 통해 차례차례 꺼내 연소시킨다. 이때 수소는 NAD$^+$으로 넘겨진다. NAD$^+$은 매우 가변성인 전자 수용체로서 전자를 운반한다(그림 9.11).

효소는 포도당에서 2개의 수소를 빼낸다. 이 말은 2개의 전자와 2개의 양성자를 빼낸다는 것을 의미하며, 2개의 전자와 양성자 2개 중 1개가 NAD$^+$에 넘겨진다. 나머지 양성자 1개는 수소이온(H^+)의 상태로 주변 매질로 방출된다.

NADH에 의해 포획된 에너지는 한꺼번에 수확되지 않고, 즉 전자가 즉시 산소에 넘겨지지 않고 전자전달 연쇄(electron transport chain)로 넘겨진다. 이 연쇄는 대개 단백질인 일련의 분자들로 구성되어 있는데 모두 미토콘드리아의 내막 속에 들어 있다. NADH는 이 연쇄의 첫 단계로 전자를 전달한다. 이 연쇄의 맨 마지막 단계에서 전자는 산소에 넘겨진다. 이 산소는 수소이온과 결합하여 물이 된다. 전자전달 연쇄의 각 단계에서 전자는 전기음성도가 더 큰 운반체로 옮겨간다. 그러므로 전자는 에너지 수준이 낮은 단계로 이동한다.

4단계 : 전자전달 연쇄

유기호흡의 처음 3단계 동안 형성된 NADH와 $FADH_2$는 각각 한 쌍의 전자를 간직한다. NADH는 전자를 미토콘드리아의 내막으로 운반하여 여기에서 전자전달 연쇄에 넘겨준다.

전자전달 연쇄에서 전자의 이동

전자를 처음 받는 것은 막 안에 묻혀 있는 NADH 탈수소효소이다. 그런 다음 우비퀴논(ubiquinone)이라는 운반체가 전자를 bc_1 복합체라고 하는 단백질-시토크롬 복합체에게 넘긴다. 이 복합체는 다른 전자전달 연쇄 내 막단백질들과 함께 양성자 펌프로 작동하여 양성자를 막 밖으로 퍼낸다(그림 9.12). 그런 다음 전자는 다른 운반체인 cytochrome c에 의하여 시토크롬 산화효소 복합체에 넘겨진다. 이 복합체는 4개의 전자를 이용하여 산소 한 분자를 환원시킨다. 각 산소는 2개의 수소이온과 결합하여 물을 만든다.

$$O_2 + 4\,H^+ + 4\,e^- \rightarrow 2\,H_2O$$

NADH는 전자를 전자전달연쇄의 첫 단백질인 NADH 탈수소효소(NADH dehydrogenase)에 제공하는 반면, 미토콘드리아 내막에 있는 $FADH_2$는 전자를 다음 단계에서 우비퀴논에 넘겨준다.

충분한 전자 수용체(산소)가 있어야 산화적 호흡이 가능하다.

전기화학적 구배의 형성

진핵세포에서 호기성 대사는 미토콘드리아 안에서 일어난다. 미토콘드리아의 기질에는 크랩스회로를 수행하는 효소들이 들어 있다. 산화적 호흡으로 추출된 전자들이 전자전달 연쇄를 따라 이동하면서 전자들이 방출하는 에너지는 기질 바깥의 내막과 외막 사이의 공간인 막간 간격으로 양성자를 운반하는 데 쓰인다. 미토콘드리아 내막에 있는 세 가지 막 관통 단백질이 이 수송을 담당한다(그림 9.12). 여기된 전자의 흐름은 이 펌프 단백질의 모양을 변화시키고, 이 변화로 막을 통과하여 양성자의 수송이 일어나게 된다. NADH에 의해 제공된 전자는 이들 3개 양성자 펌프를 활성화시키지만, $FADH_2$에 의해 제공된 전자는 2개 양성자 펌프만 활성화시킬 수 있다.

ATP의 생산 : 화학삼투

막간 간격의 양성자 농도가 기질에서의 농도보다 높아지면 기질은 약간 음전하를 띠게 된다. 이 내부음

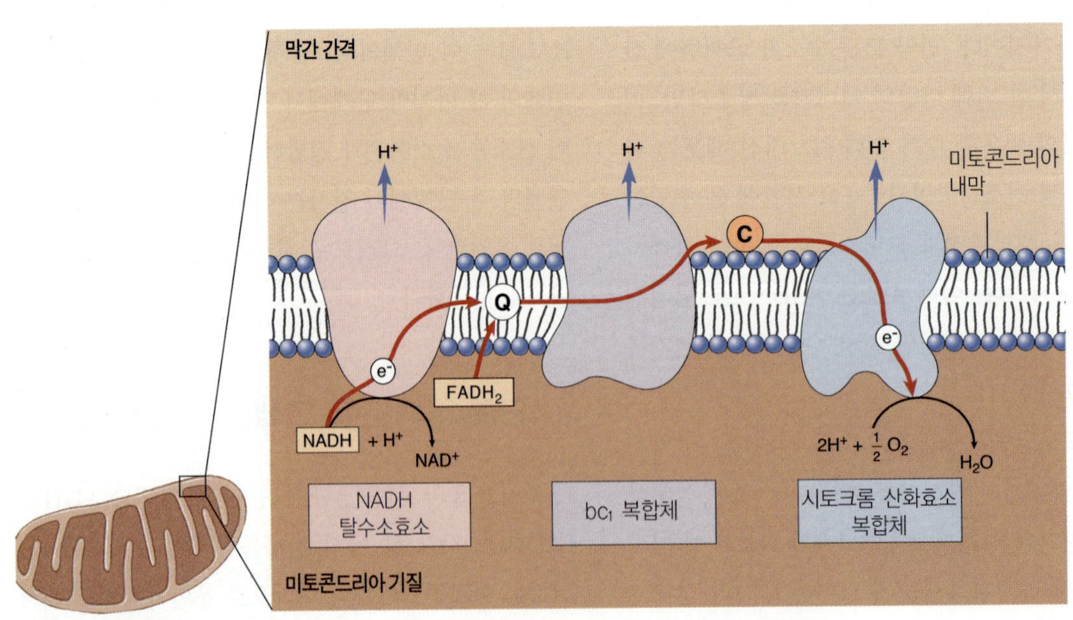

그림 9.12 | 전자전달 연쇄.
이화작용으로 추출된 고에너지 전자는 전자전달 운반체(우비퀴논: Q, 시토크롬 c:C)에 의해 차례차례 막단백질을 따라 운반된다(붉은 화살표). 세 막단백질들은 이 전자에너지를 이용하여 양자를 막간 간격으로 펌프질(푸른화살표)해 내보낸다. 전자는 최종적으로 산소에 전달되어 물을 형성한다.

극화는 양으로 하전된 양성자를 끌어당겨서 기질 안으로 다시 들어오도록 유도한다. 바깥의 높은 농도는 확산에 의해 양성자를 안으로 들어가게 하는데, 막은 이온에 대한 투과성이 낮으므로 대부분의 양성자는 ATP 합성효소를 통과하여 들어가게 되는데, 이 효소는 농도구배 에너지를 이용하여 ADP와 Pi로부터 ATP의 합성을 촉매한다. 그러므로 원래 포도당에 간직되어 있던 대부분의 에너지는 결국 미토콘드리아 내막에서의 양성자 농도구배를 이루는 데 쓰인다. 그리고 이 농도구배는 ATP 합성에 쓰이고, ATP는 촉진 확산에 의하여 세포의 여러 곳으로 수송된다. ATP의 화학적 형성은 삼투와 유사한 확산압에 의하여 일어나므로 이 과정을 화학삼투(chemiosmosis)라고 한다(그림 9.13).

즉, 전자전달 연쇄는 유기호흡으로 추출된 전자를 이용하여 다량의 양성자를 미토콘드리아 내막을 통해 퍼내고, 이 양성자가 ATP 합성효소를 통과하여 기질 쪽으로 다시 들어가면서 화학삼투에 의한 ATP 합성이 일어나는 것이다(그림 9.14).

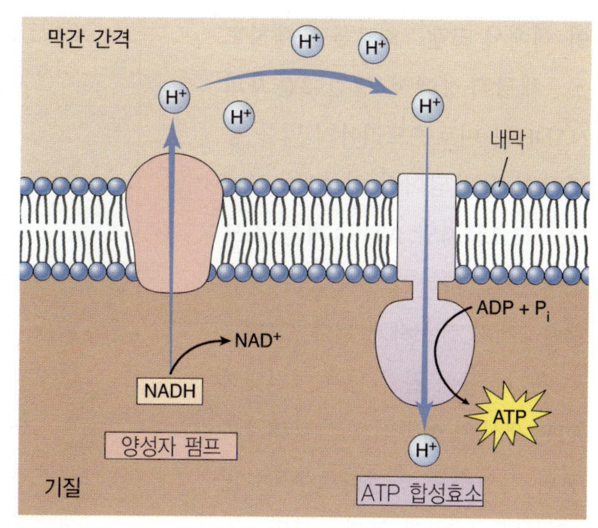

그림 9.13 | 화학삼투.
NADH는 거대분자 이화작용으로 생긴 고에너지 전자를 양성자 펌프로 운반한다. 양성자 펌프는 에너지를 이용하여 미토콘드리아의 기질로부터 양성자를 퍼낸다. 그 결과 막간 간격의 양성자 농도는 높아져서 양성자가 확산으로 기질로 다시 되돌아오게 된다. 대부분의 양성자는 ATP 합성효소를 통해 되돌아오면서 ATP의 생산을 일으킨다.

유기호흡의 산출

이론적 산출

화학삼투 모델은 전자전달 연쇄에 의해 활성화된 각 양성자 펌프에서 1개의 ATP가 생긴다는 것을 말해준다. NADH에서 나온 전자들이 3개의 펌프를 가동하고, $FADH_2$에서 나온 전자들은 2개의 펌프를 가동시키므로 각각 3개, 2개의 ATP 생산을 예상할 수 있다. 그러나 진핵세포는 세포질에서 해당과정을 수행하고 미토콘드리

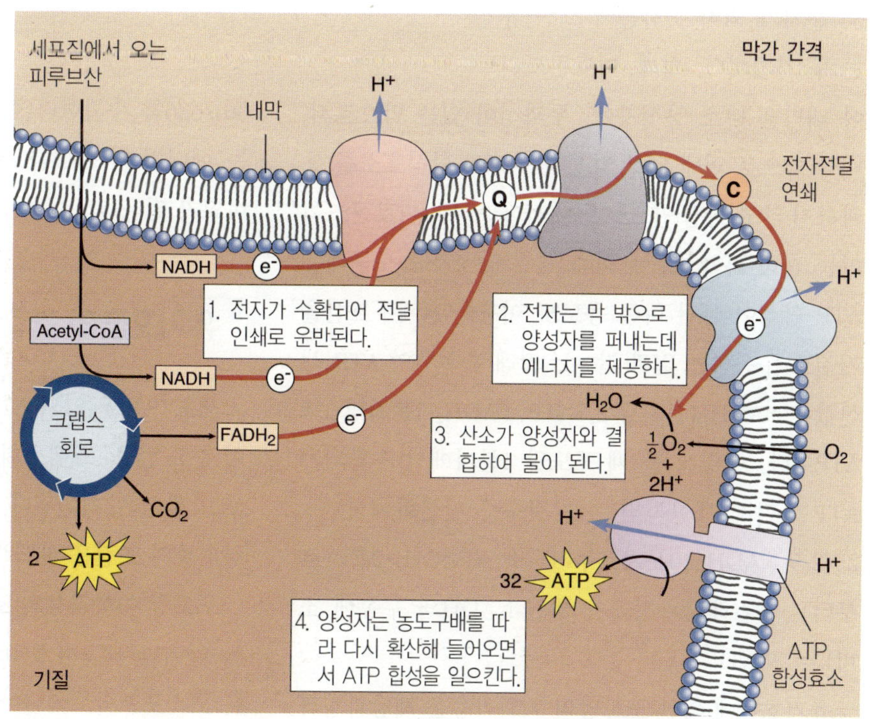

그림 9.14 | 크랩스회로와 전자전달 연쇄를 통한 ATP 생성.
이 과정은 해당작용의 생성물인 피루브산에서 시작되어 ATP 합성으로 끝나게 된다.

아 내에서 크랩스회로를 수행하므로, 해당과정에서 생긴 2분자의 NADH는 미토콘드리아의 막을 통과하여 운반되어야 하는데, 이때 NADH 1분자당 ATP 1개를 소모해야 한다. 따라서 전체 ATP 생산량은 2개가 감소하게 된다. 그러므로 유기호흡의 결과 생기는 전체적 ATP 생산은 이론적으로 4(해당과정의 기질수준 인산화로부터) + 30(NADH 10개 분자로부터) + 4($FADH_2$ 2분자로부터) − 2 (해당과정에서 생긴 NADH의 수송으로 소모) = 36 ATP 분자가 된다 (그림 9.15).

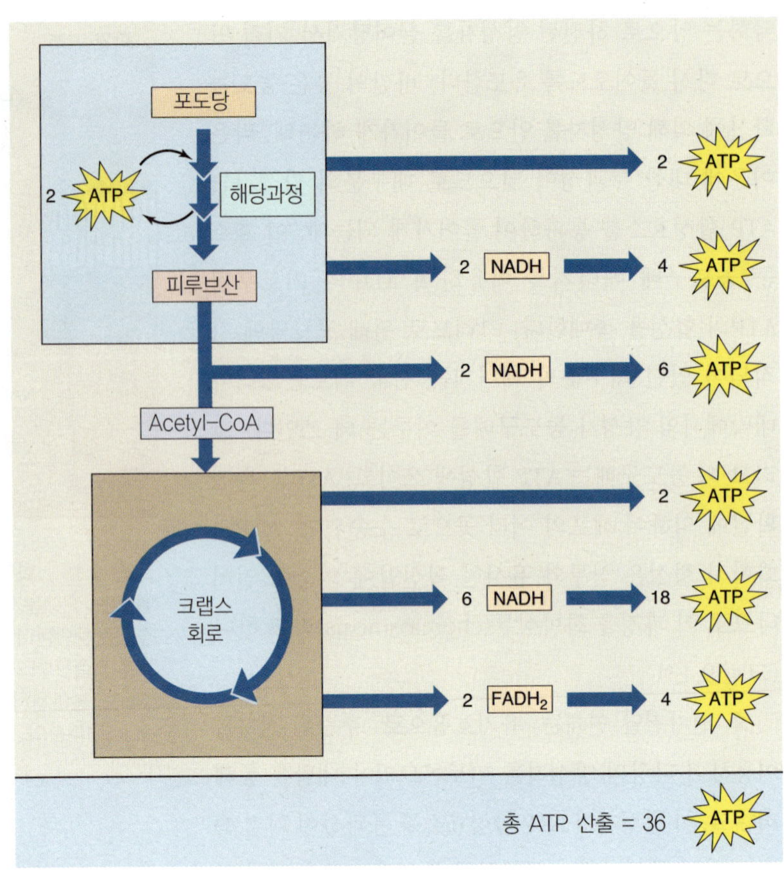

그림 9.15 | 이론적인 ATP 산출.
이론적으로 포도당 1분자의 유기호흡으로 총 36분자의 ATP를 산출한다.

실제적 산출

그러나 진핵세포의 유기호흡으로 생기는 ATP 양은 실제적으로는 36 분자가 되지 못하는데 그 이유는 두 가지이다. 첫째, 미토콘드리아 내막은 다소 양성자에 투과성이 있는 막으로서, 내막 밖으로 퍼낸 일부 양성자가 ATP 합성효소를 통과하지 않고 직접 안으로 들어간다. 둘째, 미토콘드리아는 흔히 화학삼투에 의해 생긴 양성자 농도구배를 ATP 합성이 아닌 다른 용도로 이용한다(피루브산을 기질로 수송하는 일과 같은). 그래서 실제의 ATP 생산값은 NADH 1분자당 2.5ATP, $FADH_2$ 1분자당 1.5 ATP이다. 이렇게 볼 때 포도당 1분자에서 수확되는 ATP를 다시 계산하면, 4(기질수준 인산화에서) + 25(2.5 NADH 10분자로부터) + 3($FADH_2$ 2분자로부터) − 2(해당과정에서 생긴 NADH의 수송에 소비) = 30ATP가 된다.

유기호흡에 의한 포도당의 이화작용은 해당과정과는 달리 상당히 효율적이다. 진핵생물의 유기호흡은 포도당이 간직하고 있는 에너지의 32% = (7.3× 30)/686를 수확한다(이는 자동차가 가솔린이 간직하는 에너지 약 25%를 유용에너지로 전환시키는 것과 비교가 된다).

유기호흡의 조절

세포가 많은 양의 ATP를 가지고 있을 때, 해당과정의 주요 반응, 크랩스회로 및 지방산 분해는 억제되어 ATP 합성은 지연된다. ATP 농도에 의한 이 생화학 경로들의 조절은 피드백 억제의 한 예이다.

포도당 이화작용의 조절은 이화 경로의 2개 지점에서 일어난다(그림 9.16). 해당과정에서의 조절 지점은 포스포프락토키나아제로서 이 효소는 프락토스 인산이 프락토스이인산(fructose bisphosphate)으로 전환되는 것을 촉매한다. 이는 해당과정에서 처음으

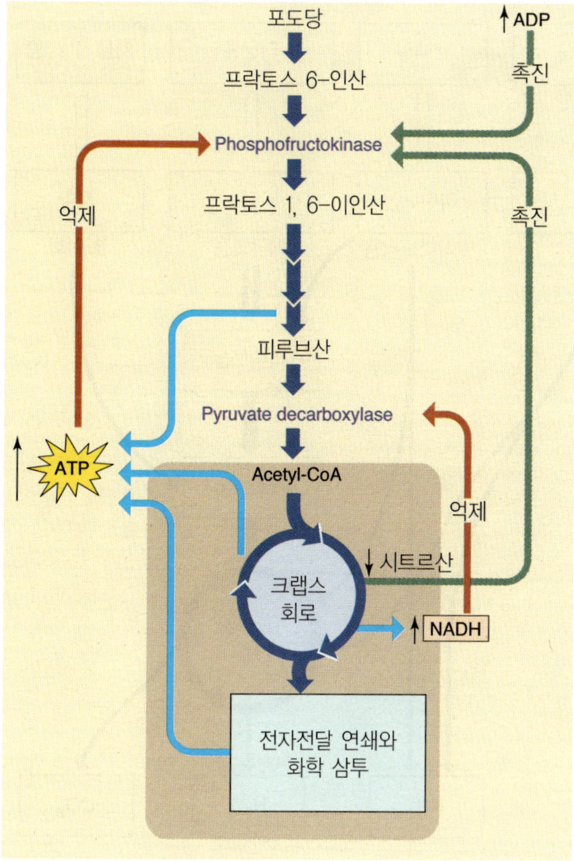

포도당
↑ADP
프락토스 6-인산
촉진
Phosphofructokinase
억제
프락토스 1, 6-이인산
촉진
피루브산
Pyruvate decarboxylase
ATP
Acetyl-CoA
억제
↓시트르산
크렙스
회로
↑NADH
전자전달 연쇄와
화학 삼투

그림 9.16 | 포도당 이화작용의 조절.
ADP와 ATP의 상대적 양이 해당작용과 크렙스회로의 두 지점에서 이화작용을 조절한다.

로 가역적 반응이 일어나기 어려운 반응이다. ATP에 비해 ADP의 농도가 높으면 이는 포스포프락토키나아제를 자극하여 더 많은 당이 이화 경로에 들어가도록 하며, 시트르산의 농도가 낮아도 그렇다. 피루브산 산화에서의 주요 조절지점은 피루브산 탈카르복시화효소에 의해 크렙스회로가 시작되는 지점이다. 이 효소는 높은 NADH 농도에 의해 억제된다.

크렙스회로에서의 다른 조절 지점은 효소 시트르산 합성효소이다. 이 효소는 옥살로아세트산과 acetyl-CoA를 시트르산으로 전환시킨다. 높은 ATP 농도는 시트르산 합성효소를 억제한다.

9.3 단백질과 지방의 이화작용

포도당만이 에너지원은 아니다

단백질의 세포 내 호흡

단백질은 맨 처음 아미노산으로 분해된 다음, 탈아미노작용(deamination)을 통하여 각 아미노산으로부터 질소를 함유하는 아미노기가 제거된다. 일련의 반응으로 남아 있는 탄소 사슬이 해당과정이나 크렙스회로로 들어갈 수 있는 분자로 전환된다. 가령 알라닌은 피루브산으로, 글루탐산은 α-케토글루타르산으로, 그리고 아스파르트산은 옥살로아세트산으로 전환된다(그림 9.18).

지방의 세포 내 호흡

지방은 지방산과 글리세롤로 분해된다. 지방산의 꼬리는 특징적으로 16개 이상의 CH_2 결합을 가지며, 여기에 포함된 많은 수소원자는 많은 에너지를 제공한다. 지방산은 미토콘드리아의 기질 내에서 산화된다. 여기에서 효소들은 각 지방산의 말단으로부터 2-C인 아세틸기를 계속 빼낸다(그림 9.19). 각 아세틸기는 조효소 A와 결합하여 acetyl-CoA를 만든다. 이 과정을 β산화(β oxidation)라고 한다.

지방산의 이화작용으로 얼마나 많은 ATP가 생길까? 가상적인 6-C 지방산과 30개의 ATP를 내는 6-C 포도당을 비교해 보자. β산화가 두 번 진행되면 지방산이 3개의 acetyl-CoA으로 전환된다. 각각의 산화에는 1개의 ATP가 필요하며 NADH 한 분자와 $FADH_2$ 한 분자가 생긴다. 이 분자들은 합쳐서 4개의 ATP를 만들어낸다(NADH가 2.5개, $FADH_2$가 1.5개). 크렙스회로에서의 acetyl-CoA의 산화는 ATP 10분자를 만든다. 따라서 6-C 지방산이 만들어내는 ATP는 8(두 번의 β산화에서) − 2(두 번의 반응 개시에 소요되는 에너지) + 30(3개의 acetyl-CoA의 산화로부터) = 36 ATP이다. 그러므로 6-C 지방산의 호흡은 포도당 호흡보다 20% 더 많은 ATP를 생산한다. 더욱이, 동일한 크기의 지방산은 포도당보다 무게가 2/3 미만이므로 지방산 1g은 포도당 1g보다 두 배 이상의 열량을 가진다. 그러므로 지방은 동물에서 에너지를 저장하는 분자의 역할을 한다.

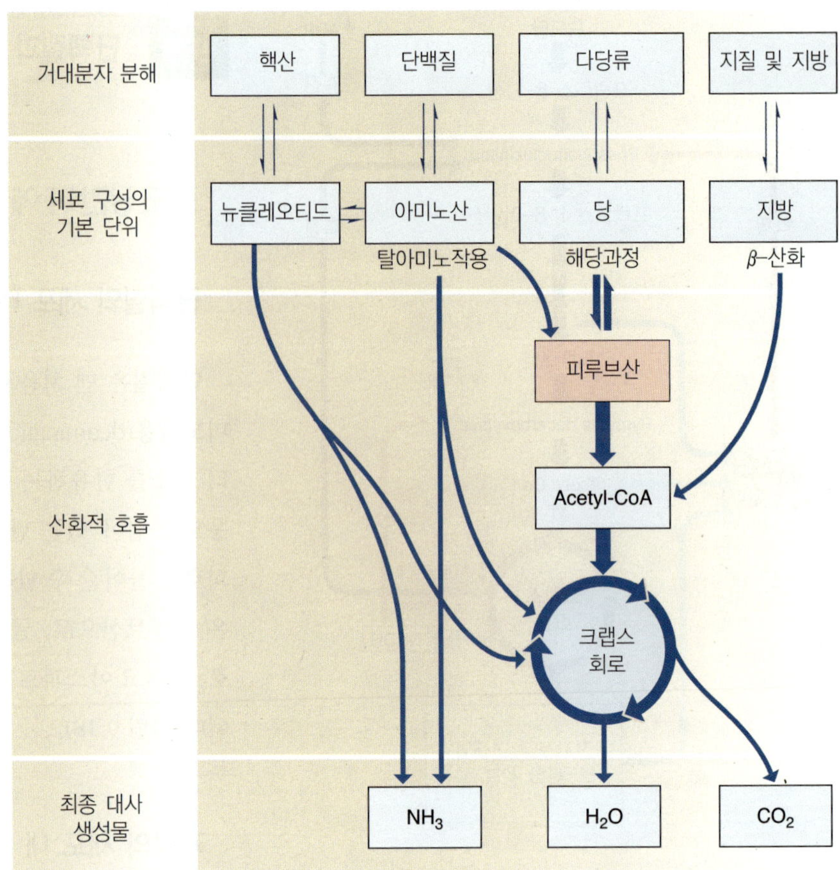

그림 9.17 | 세포가 화학적 에너지를 뽑아내는 방식.
모든 진핵생물과 많은 원핵생물은 유기물 분자를 산화하여 에너지를 얻는다. 거대분자를 그 구성단위로 분해하는 첫단계로는 극소의 에너지만을 얻는다. 두 번째 단계는 산화적 또는 유기호흡단계로 주로 고에너지 전자형태로 에너지를 추출하게 되며, 물과 이산화탄소를 생산한다.

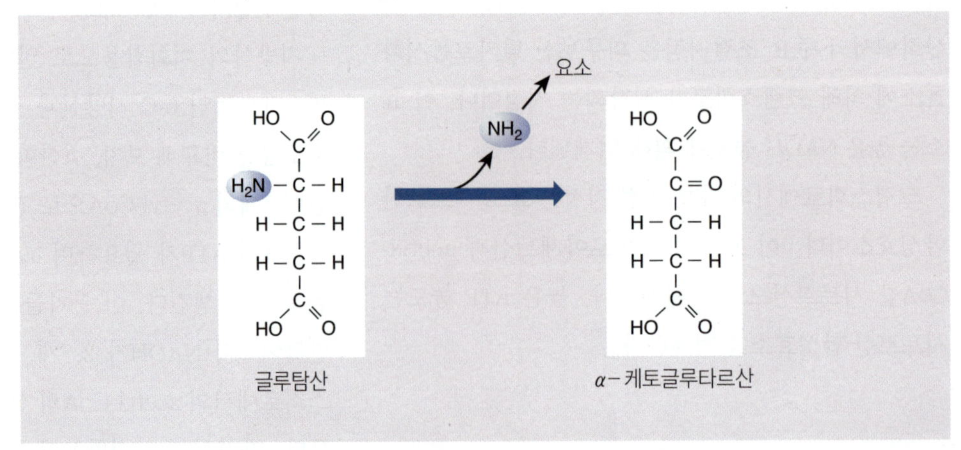

그림 9.18 | 탈아미노 작용.
단백질이 아미노산으로 분해된 뒤 아미노산으로부터 아미노기가 제거된다. 아미노기가 제거된 분자는 해당과정이나 크랩스회로로 들어간다.

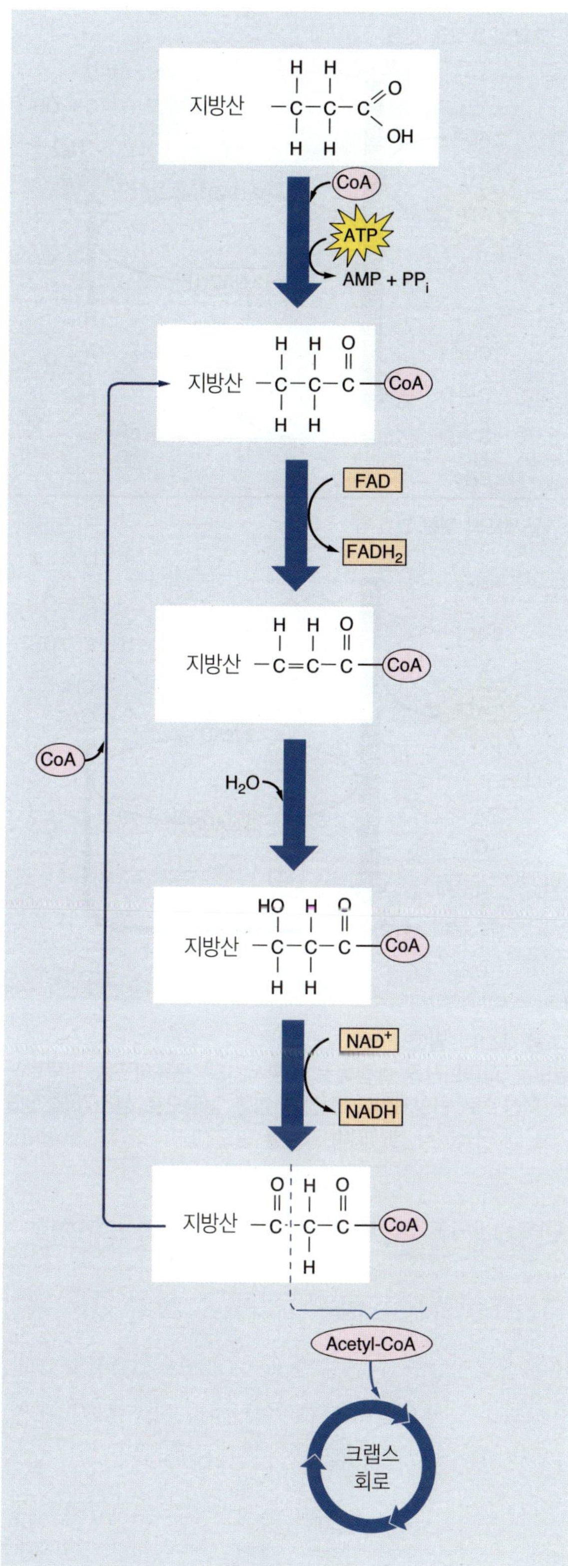

그림 9.19 | β산화.
β산화라는 일련의 과정을 통해 지방산 꼬리의 마지막 2개의 탄소가 보조효소 A와 결합 acetyl-CoA를 형성하여 크랩스회로로 들어간다. 탄소가 2개 짧아진 지방산은 다시 회로로 돌아가고 모든 탄소가 acetyl-CoA로 바뀔 때까지 반복한다. 매 β산화과정을 돌 때마다 1분자의 ATP를 소진하고 1분자의 $FADH_2$와 NADH를 생산한다.

9.4 무기 대사

발효

산소가 없으면 세포는 해당과정만으로 ATP를 만들어내야 한다. 이러한 조건에서 해당과정으로 만들어진 수소원자는 NAD^+을 재이용하는 발효과정을 통하여 유기물 분자에게 넘겨진다. 세균은 12가지 이상의 발효를 수행하는데, 모두 유기물 분자를 이용하여 NADH로부터 수소원자를 수용하고 NAD^+을 재이용한다.

유기물 분자 → 환원된 유기물 분자
+ NADH　　　　+ NAD^+

환원된 유기물 분자는 대개 아세트산, 부티르산, 프로피온산, 젖산 등의 유기산이거나 알코올이다.

에탄올 발효

진핵세포는 몇 가지 발효만 할 수 있다. 그 중 한 가지는 효모에서 일어나는데, NADH로부터 수소를 받아들이는 분자가 해당과정의 최종 생성물인 피루브산이다. 효모의 효소는 탈카르복시화 작용으로 피루브산의 말단 CO_2기를 떼어내어 2-C인 아세트알데히드를 만든다. 방출된 CO_2는 효모로 빵을 만들 때 빵을 부풀게 한다. 아세트알데히드는 NADH로부터 수소원자를 받아서 NAD^+과 에탄올을 만든다(그림 9.20). 에탄올은 발효의 부산물로서 효모에게는 독성을 나타내는 물질이어서, 에탄올의 농도가 12% 정도 되면 효모가 죽기 시작한다. 따라서 자연 발효된 포도주는 에탄올 농도가 12%를 넘지 않는다.

젖산 발효

대부분의 동물세포는 탈카르복시화 작용 없이 NAD^+을 재생시킨다. 가령, 근육세포는 젖산 탈수소효소를 이용하여 NADH로부터 수소원자를 떼내어 피루브산으로 옮겨다 준다. 이 반응은 피루브산을 젖산으로 전환시키고 NADH로부터 NAD^+을 재생시킨다. 그러므로 이 반응은 대사 회로를 폐쇄시켜서 포도당이 있는 한 해당과정을 계속 진행시킨다. 순환하는 혈액은 근육으로부터 과다한 젖산을 제거하지만, 제거속도보다 생산 속도가 더 빠르면 축적되는 젖산은 근육 기능을 방해하고 근육 피로를 일으킨다.

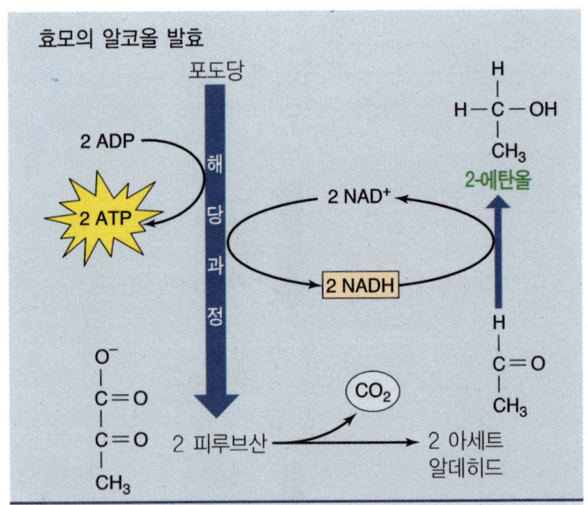

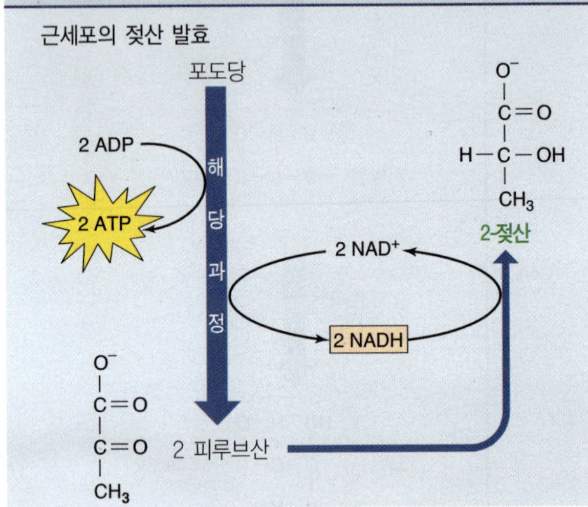

그림 9.20 | 발효
효모는 피루브산을 에탄올로 변환시킨다. 근육세포는 피루브산을 젖산으로 변환시킨다. 젖산은 심한 운동으로 산소가 소진되었을 때 근육에서 생산되며 고통을 일으킨다.

CHAPTER 10

광합성

지구 표면의 풍부한 생물의 다양성은 광합성 없이는 존속될 수 없다. 우리가 숨쉬는 공기 중의 모든 산소는 전에 물분자를 구성하던 물질로서 광합성에 의해 공기 중으로 방출된 것이다. 따라서 광합성은 매우 중요한 생명 현상이다. 이 장에서는 광합성을 통하여 광합성생물이 햇빛으로부터 어떻게 에너지를 포획하여 유기물 분자를 만들어내는지를 알아본다.

그림 10.1 | 에너지의 포획.
8월의 태양아래 왕성하게 자라는 해바라기는 광합성을 통해 광에너지를 포획하여 화학에너지로 전환시킨다.

10.1 광합성이란 무엇인가

엽록체

매일 지구에 도달하는 태양의 복사에너지는 히로시마에 투하된 원자폭탄의 100만 배에 해당하고, 그 중에서 약 1%만 광합성에 의해 화학에너지로 고정된다. 광합성은 주로 식물의 잎에서 일어난다. 식물의 잎 세포는 광합성을 수행하는 엽록체라고 하는 세포소기관을 가지고 있다(그림 10.2). 광합성은 3개의 단계를 거치는데, (1) 태양으로부터 오는 에너지의 포획, (2) 이 에너지를 이용하여 ATP를 만들고 NADPH를 환원시키는 일, (3) ATP와 NADPH를 이용하여 공기 중의 CO_2로부터 유기물 분자를 합성하는 일이다. 처음의 두 단계는 빛이 있을 때 일어나므로 광의존성 반응(light-dependent reactions)이라고 한다. 세 번째 단계는 CO_2로부터 유기물 분자를 만드는 단계로서 캘빈회로(calvin cycle)라는 과정 속에서 일어난다. ATP와 NADPH가 있는 한 캘빈회로는 빛의 유무에 관계없이 일어나는데, 빛이 없어도 일어나므로 광비의존성 반응(light-independent reactions)이라고 한다. 광합성 과정을 다음 식으로 간단히 요약할 수 있다.

$$6CO_2 + 12H_2O + \text{빛} \rightarrow C_6H_{12}O_6 + 6H_2O + 6O_2$$

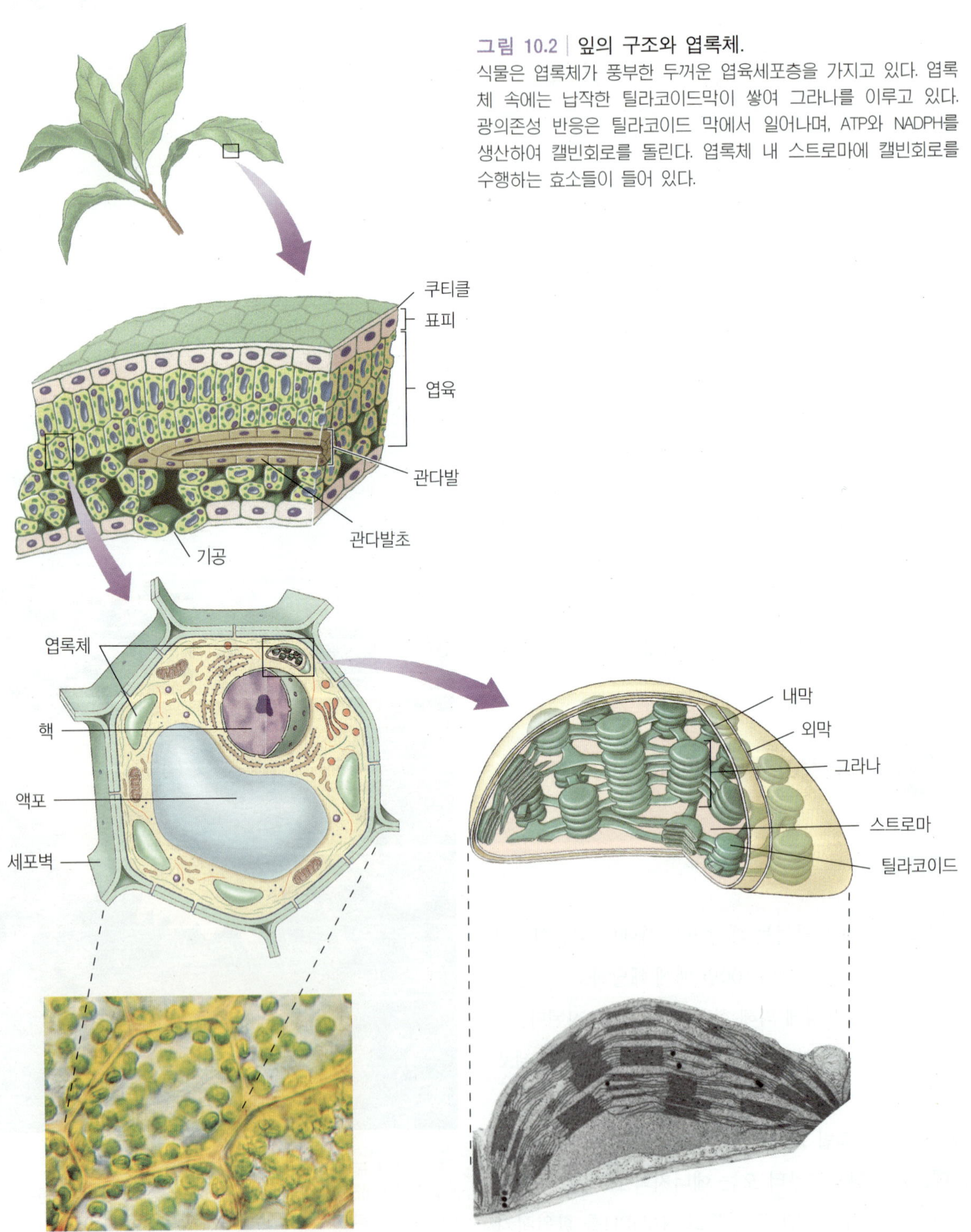

그림 10.2 | **잎의 구조와 엽록체.** 식물은 엽록체가 풍부한 두꺼운 엽육세포층을 가지고 있다. 엽록체 속에는 납작한 틸라코이드막이 쌓여 그라나를 이루고 있다. 광의존성 반응은 틸라코이드 막에서 일어나며, ATP와 NADPH를 생산하여 캘빈회로를 돌린다. 엽록체 내 스트로마에 캘빈회로를 수행하는 효소들이 들어 있다.

엽록체 내부

엽록체 내부의 막들은 틸라코이드(thylakoids)라고 하는 평평한 주머니로 구성되어 있는데, 틸라코이드가 차곡차곡 쌓여 그라나(grana)를 형성한다. 틸라코이드막계를 둘러싸는 것은 스트로마(stroma)라고 하는 반 액체성 물질이다. 스트로마에는 ATP로부터 나오는 에너지를 이용하여 CO_2로부터 유기물을 합성하는 데 필요한 효소들이 들어 있다. 틸라코이드막 안에는 광합성 색소들이 모여 광계(photosystem)를 형성한다.

광계 안에 있는 각 색소 분자는 광자를 포획할 수 있는 능력이 있다. 이 색소 분자들은 격자 모양의 단백질에 의해 서로 가깝게 놓여 있다. 적당한 파장의 빛이 광계 안의 색소에 쪼이면, 그 결과로 생기는 여기 상태가 한 엽록소 분자로부터 다른 엽록소 분자로 전달된다. 이때 여기된 전자가 전달되는 것이 아니라 그 에너지가 전달된다. 이는 마치 당구공이 에너지를 다음 공으로 전달하는 것과 유사하다.

결국 에너지는 막결합 단백질과 접촉하고 있는 하나의 핵심 엽록소 분자에 도달하게 된다. 에너지는 여기된 전자 상태로 이 단백질에 전달되고, 이 단백질은 이 전자를 일련의 다른 막단백질에 전달하며, 막단백질은 에너지를 이용하여 ATP와 NADPH를 만들고 유기물 분자를 합성한다. 그러므로 광계는 일종의 커다란 안테나처럼 작용하여 많은 개개의 색소 분자들이 포획한 빛에너지를 수집하는 것이다.

10.2 빛으로부터의 에너지 획득

빛은 광자(photon)라고 하는 에너지 다발로 구성되어 있다. 빛이 우리의 손에 쪼이면 광자들이 손에 부딪치는 것과 같다. 햇빛에는 여러 가지 에너지 수준의 광자들이 있는데, 우리는 그 중에서 일부만 볼 수 있다. 광자들 중에서 많은 에너지를 가지는 것으로는 X선이나 자외선을 들 수 있다. 이와는 달리 전파 등은 소량의 에너지를 가진다. 일반적으로 고에너지 광자는 저에너지 광자보다 더 짧은 파장을 가진다. 사람의 눈은 중간 정도의 에너지 수준을 가진 가시광선이라는 광자들만 인지한다(그림 10.3). 그러나 식물은 가시광선 중에서 주로 청자색과 적색 빛을 흡수하고 나

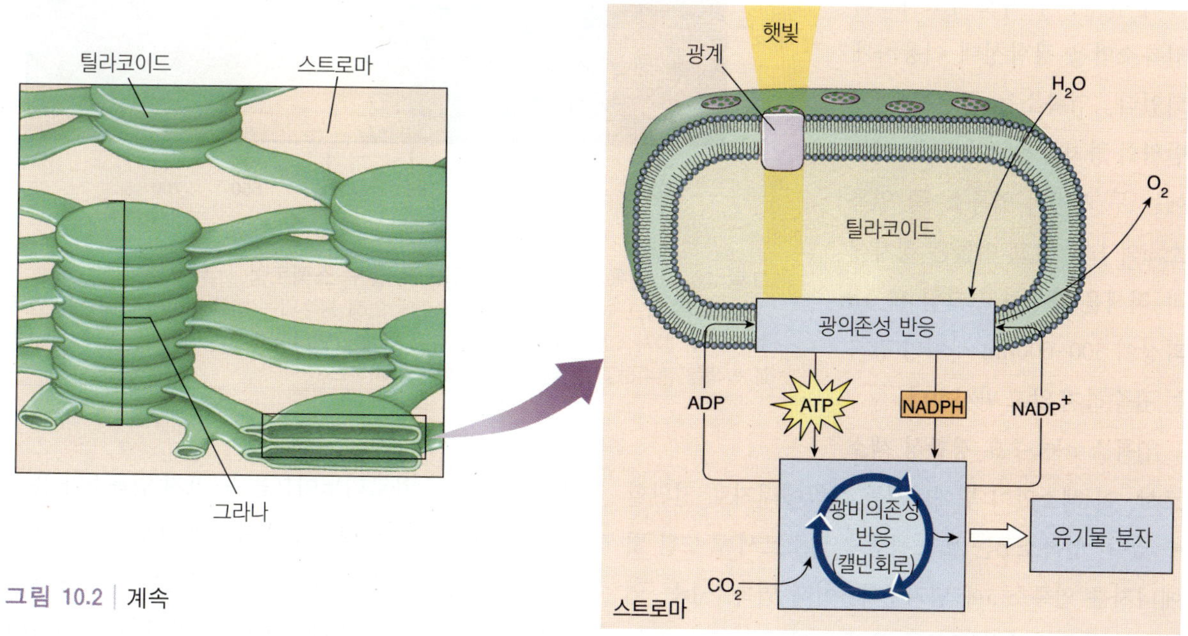

그림 10.2 | 계속

머지 파장은 반사하는데, 그 결과 식물이 녹색으로 보인다.

식물의 잎이나 사람의 눈은 어떻게 광자를 선택적으로 흡수할까? 전자들은 원자핵 주변에서 에너지 수준이 다른 궤도를 돈다. 원자는 빛을 흡수하면 전자를 높은 에너지 단계로 밀어 올린다. 전자를 밀어 올리는 데는 원자마다 다른 양의 에너지가 필요하다. 이는 사다리마다 계단 사이의 폭이 다른 것과 같다. 특정 원자는 전자를 한 궤도에서 다른 궤도로 밀어 올리는 데 적합한 양의 에너지를 가지는 특정 광자만을 흡수할 수 있다.

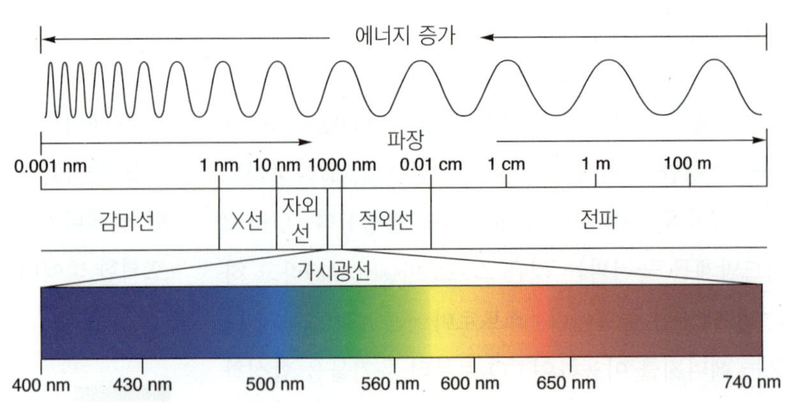

그림 10.3 | 전자기 스펙트럼.
빛은 편리를 위해 파동으로 나타내는 전자파에너지이다. 빛의 파장이 짧을수록 에너지는 크다. 가시광선은 400~740nm의 파장을 갖고 전자파 스펙트럼의 작은 부분만을 차지하고 있다.

색소

가시광선을 잘 흡수하는 분자를 색소(pigment)라고 한다. 생물들은 여러 가지 색소들을 진화시켜 왔는데, 녹색식물은 단 두 가지 유형, 즉 카로티노이드와 엽록소만을 광합성에 이용하게 되었다. 엽록소는 좁은 에너지 범위의 광자들을 흡수한다. 식물에는 두 가지의 엽록소, 즉 엽록소 a와 b가 있고 이들은 청자색과 적색을 흡수하고(그림 10.4), 파장이 500~600nm 사이의 광자는 흡수하지 않고 반사한다.

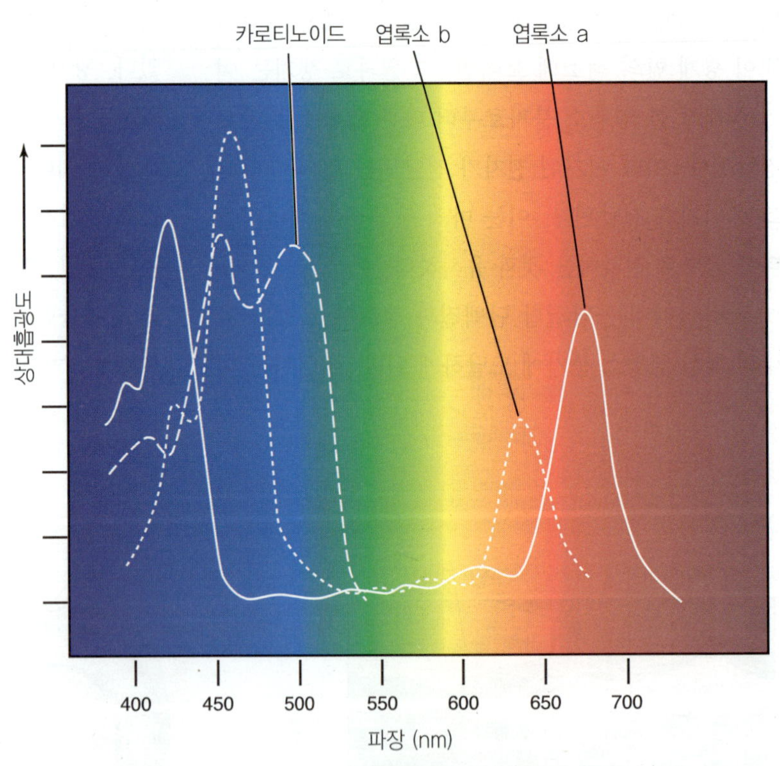

그림 10.4 | 엽록소와 카로티노이드의 흡수 스펙트럼.
그림의 상승피크 부위는 각 광합성 색소에 의해 흡수되는 빛의 파장을 나타낸다. 엽록소는 주로 청자색과 적색 빛을 흡수하고 녹색을 반사하며, 카로티노이드는 주로 청색과 녹색을 흡수하고 주황색과 황색 빛은 반사한다.

엽록소 a는 주요 광합성 색소로서, 이 색소만이 빛에너지를 화학에너지로 전환할 수 있다. 엽록소 b는 보조 광흡수 색소로서 흡수한 빛에너지를 엽록소 a에 넘겨준다. 이때 엽록소 b는 엽록소 a가 흡수하지 못하는 파장의 광자를 흡수한다. 보조 색소로서 카로티노이드는 두 가지 엽록소가 흡수하지 못하는 파장의 빛을 흡수하여 광합성을 돕는다.

엽록소는 포르피린이라는 고리 구조를 가지는 색소이다. 이 고리 구조 속에는 단일 결합과 이중 결합이 교대로 나 있다. 고리의 중심에는 마그네슘 원자가 들어 있다. 이 색소 분자에 의해 흡수된 광자들은 고리 안의 전자를 여기시킨다. 고리의 바깥쪽에 부착된 작은 기가 엽록소의 종류에 따라 다르고 빛의 흡수 성질을 결정한다(그림 10.5). 정확한 흡수 스펙트럼은 또 엽록소와 결합된 특수 단백질에 따라 영향을 받는다.

카로티노이드는 단일 결합과 이중 결합이 교대로 나 있는 사슬로 연결된 탄소 고리들로 구성되어 있다. 카로티노이드는 넓은 범위의 에너지를 가지는 광자들을 흡수할 수 있다. 그러나 에너지를 항상 효율적으로 전달하지는 못한다. 카로티노이드 중 전형적인 것인 β카로텐은 2개의 탄소 고리가 단일 결합과 이중 결합이 교대로 나 있는 18개의 탄소원자 사슬로 연결되어 있는 구조이다. β카로텐이 분해되면 2개의 비타민 A 분자가 만들어지고, 비타민 A가 산화되면 척추동물의 시각에 관련된 색소인 레티날이 만들어진다.

광계를 구성하는 색소

광합성의 광의존성 반응은 막 내에서 일어난다. 광합성 세균에서는 원형질막 자체가 광합성 막이 된다. 식물과 조류에서는 엽록체의 막에서 광합성이 일어난다. 광의존성 반응은 4개의 단계로 일어난다.

1. **1차 광 작용.** 빛의 광자가 색소에 의해 포획되며, 그 결과 색소 안의 전자가 여기된다.

2. **전하 분리.** 이 여기에너지는 반응중심(reaction center)이라는 특수 엽록소로 전달된다. 반응중심은 여기된 전자를 수용체 분자에 전달한다.

3. **전자 수송.** 여기된 전자는 광합성 막 안에 묻혀 있는 전자 운반 분자들을 따라 수송된다. 이 분

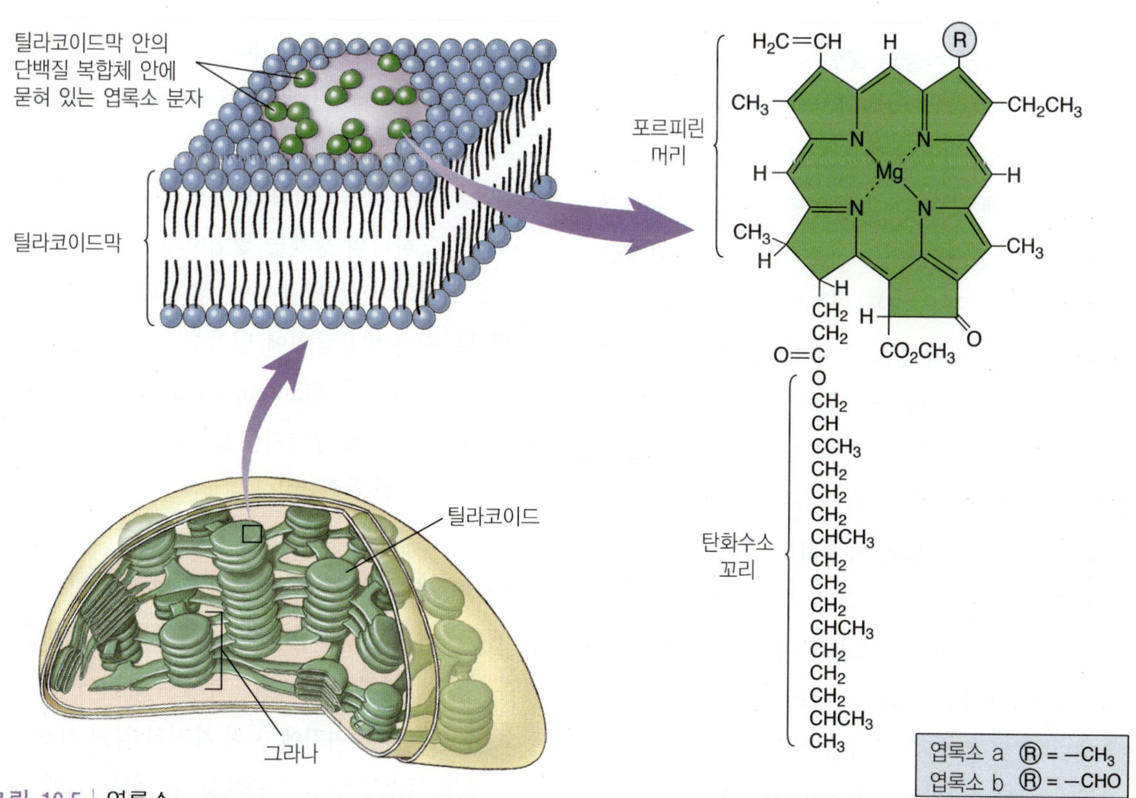

그림 10.5 | 엽록소.
엽록소 분자는 포르피린 머리와 탄화수소 꼬리로 이루어져 있다. 소수성 꼬리 부위는 틸라코이드막에 묻혀 있는 단백질의 소수성 부위에 엽록소 분자를 고정시킨다. 두 엽록소 분자의 다른 점은 엽록소 a의 $-CH_3$기(메틸기)가 엽록소 b에서는 $-CHO$기(알데히드기)로 대체되어 있다.

자들 중 일부는 막을 횡단하여 양성자를 운반하여 양성자 농도구배를 만든다. 전자는 수용체에 전달된다.

4. **화학삼투**. 막의 한쪽에 몰려 있는 양성자들은 ATP 합성효소를 통해 막을 통과하여 다시 되돌아오면서 화학삼투적 작용으로 ATP를 합성한다.

광계의 발견

어떻게 색소가 빛을 흡수하는지를 연구하는 한 가지 방법은 빛의 조사 강도에 따른 광합성 생산량을 조사하는 일이다. 식물에서 빛의 강도가 약할 때는 광합성량이 일직선으로 증가하지만 빛의 강도가 강해지면 증가율이 감소하고 결국은 포화된다. 포화는 식물의 빛을 흡수하는 모든 능력이 이용되어 더 이상 가동시킬 능력이 없기 때문에 일어나며, 이때 빛을 더 쪼여주어도 광합성량은 증가하지 않는다.

포화 상태에서는 식물의 모든 색소 분자가 이용되고 있다고 볼 수 있다. 1932년, 에머슨(R. Emerson)과 아놀드(W. Arnold)는 엽록소 분자의 수와 광합성량을 측정하고자 하였다. 그들은 클로렐라에 순간적인 빛을 쪼인 다음, 발생되는 산소의 양으로 광합성량을 측정하였다. 그들은 모든 엽록소 분자들이 광자를 흡수할 때까지는 빛의 강도가 증가함에 따라 광합성량이 증가할 것으로 기대했다. 그러나 뜻밖에도 포화는 너무 일찍 일어나 엽록소 분자 2,500개당 산소분자 1개만 발생하였다(그림 10.6). 그래서 그들은 각각의 색소들이 독립적으로 빛을 흡수하는 것이 아니라, 엽록소와 보조 색소 집단이 단위가 되어 빛을 흡수한다고 결론지었다. 이 빛에너지 흡수집단을 광계(photosystems)라고 한다. 하나의 광계를 구성하는 수백 개의 색소 분자 중 하나가 빛을 흡수하면 이 색소 분자는 여기에너지를 낮은 에너지 수준에 있는 색소 분자에 전달한다. 광계의 반응중심은 에너지 수용부로서 작용하여 여기에너지를 모은다. 포화는 각각의 색소 분자가 아닌 이 반응중심이 포화되는 것이다.

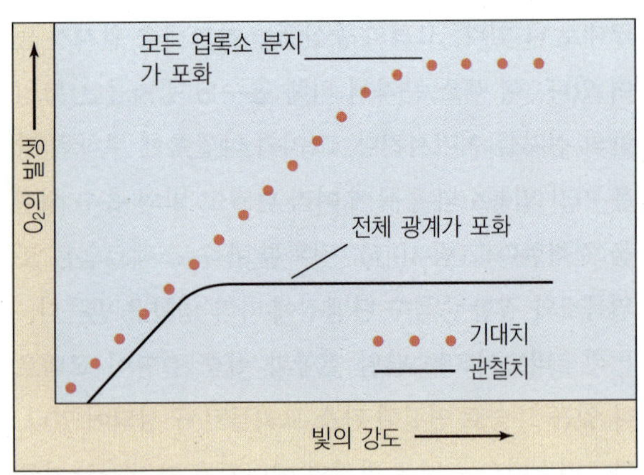

그림 10.6 | 에머슨과 아놀드의 실험 결과.
포화가 되면 빛의 강도가 증가하여도 광합성량의 증가는 일어나지 않는다.

광계의 구성

엽록체 내에서 빛은 광계에 의해 흡수된다. 각 광계는 엽록소 a, 보조 색소, 관련 단백질로 구성된다. 볼록 렌즈가 빛을 한 지점에 모으는 것과 같이, 광계는 색소 분자가 모은 여기에너지를 반응중심 엽록소라는 특정 엽록소에 집결시킨다. 이 분자는 그 에너지를 광계 밖으로 전달하여 ATP와 분자 합성을 일으킨다.

그러므로 하나의 광계는 밀접하게 연관된 두 가지 요소로 구성되어 있다. 하나는 광자를 수집하여 포획된 빛에너지를 반응중심에 넘겨주는 수백 개의 색소 세포로 구성된 집광체(antenna complex)이고, 다른 하나는 광계 밖으로 에너지를 보내는 1개 이상의 엽록소 a로 구성된 반응중심이다.

집광체. 집광체는 빛으로부터 광자를 포획한다(그림 10.7). 엽록체에서 집광체는 그물처럼 짜여지고 단백질 기질에 의해 틸라코이드막에 부착되어 있는 엽록소 분자들이다. 여기에 여러 가지의 양의 카로티노이드 보조 색소들이 함께 존재할 수 있다. 단백질 기질은 골격과 같은 역할을 하여 각각의 색소 분자들을 에너지 전달에 알맞은 위치에 놓이도록 묶어둔다. 광자의 흡수로부터 생기는 여기에너지는 한 색소 분자로부터 인접 색소 분자로 넘겨지면서 반응중심까지 간다. 전달이 끝나면 각 분자의 여기되었던 전자는 광자가 흡수되기 전의 상태인 저에너지 수준으로 되돌아간다. 결과적으로, 색소 분자 사이에 전달되는 것은 전자가 아니라 에너지인 셈이다. 집광체는 여러 전자로부터 에너지를 수집하여 반응중심으로 보낸다.

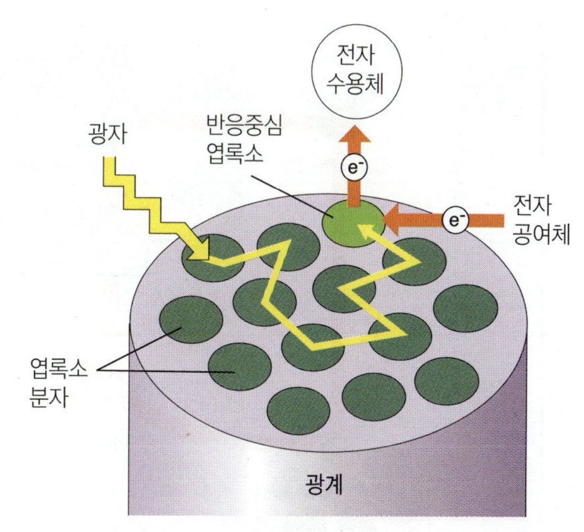

그림 10.7 | 집광체의 작용 방식.
적당한 파장의 빛이 광계 안의 어떤 색소 분자에 도달하면 빛은 흡수되고, 여기에너지는 색소 분자들에 의하여 반응중심으로 전달된다. 반응중심은 에너지를 여기전자 상태로 수용체로 보낸다.

반응중심. 반응중심은 막 관통 단백질-색소 복합체이다. 자주색 광합성 세균의 반응중심에서 한 쌍의 엽록소 a가 광자에너지를 모아 여기된 전자를 바로 인접해 있는 전자 수용체(electron acceptor)로 전달한다. 여기에서는 앞의 색소-색소 간에 에너지가 전달되는 것과는 달리, 전자 자신이 전달된다.

반응중심 엽록소의 한 전자에 에너지를 가함으로써 빛은 강력한 전자 공여체(electron donor)를 만든다(그림 10.8). 엽록소는 에너지가 가해진 전자를 1차 수용체인 퀴논 분자에 전달하여 퀴논을 환원시켜서 이를 다시 강력한 전자 공여체로 만든다. 그러면 다른 약한 전자 공여체는 저에너지 전자를 엽록소에 주어서 엽록소를 본래의 상태로 되돌려놓는다. 식물의 엽록체에서 물은 이 약한 전자 공여체 역할을 한다. 물이 이와 같은 방법으로 산화되면 산소는 2개의 양성자와 함께 방출된다.

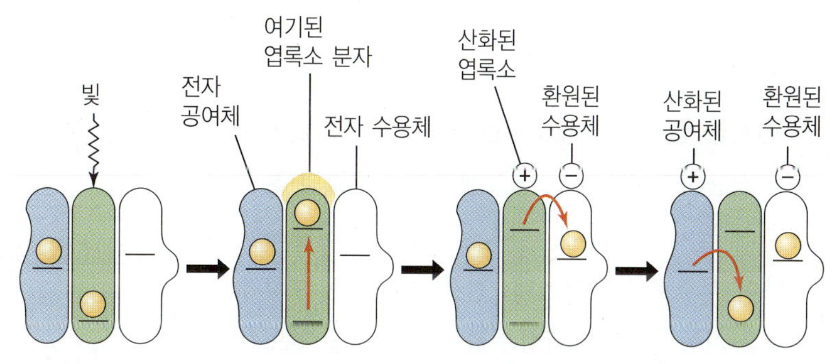

그림 10.8 | 빛에너지의 화학에너지로의 전환.
반응중심 엽록소는 빛으로 여기된 전자를 1차 전자 수용체에 넘겨준다. 산화된 엽록소는 전자구멍을 메우기 위해 다른 전자 공여체를 산화시킨다.

광계가 빛을 화학에너지로 전환시키는 방법

세균의 단일 광계

광합성 색소의 배열은 20억 년 전, 오늘날 살고 있는 황세균과 유사한 세균에서 생겨났을 것으로 보고 있다. 세균의 광계 안에서는 두 단계의 과정이 일어난다.

1. 전자가 양성자와 결합하여 수소를 만든다. 이와 같은 세균에서 광계에 의해 870nm에서 최대 흡수율로 광자를 흡수한 결과는 전자전달 연쇄를 따라 에너지를 가진 전자의 이동이 일어나고 결국 이 전자는 양성자와 결합하여 수소원자를 만든다. 황세균에서 전자는 황화수소에서 나오며 부산물로 원소 상태의 황과 양성자가 남는다. 진화한 세균과 조류 및 식물에서는 전자는 물에서 나오며 부산물로서 산소와 양성자가 생긴다.

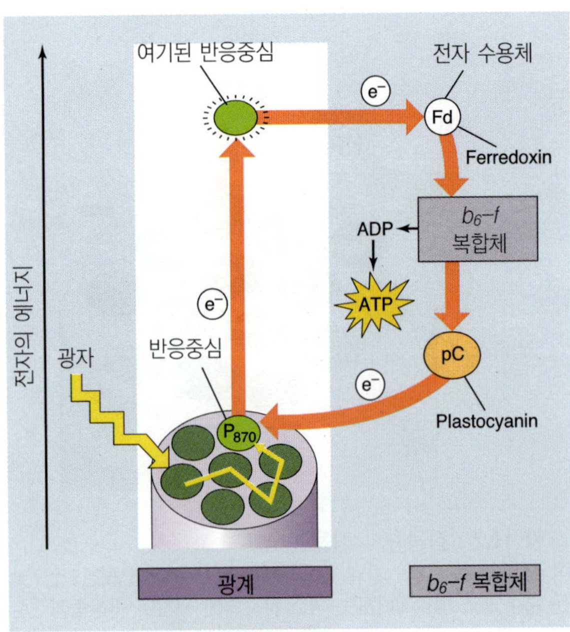

그림 10.9 | 황세균에서의 전자 경로.
빛으로 여기된 전자는 반응중심(P_{870})에서 방출되고, 하나의 회로를 돌아서 원래의 방출된 광계로 되돌아온다.

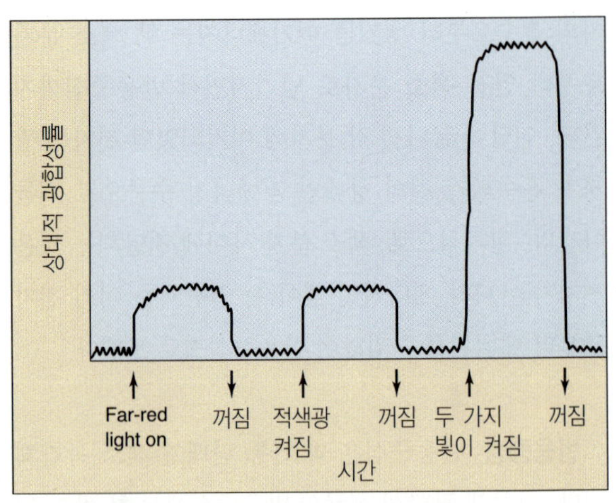

그림 10.10 | 증진 효과.
파장이 다른 적색광과 근적외선광을 같이 사용했을 때 광합성률은 각각의 광선의 광합성률의 합보다 크다. 이는 서로 다른 최적 광파장을 가진 두 광화학계에 의해 광합성이 수행된다는 중요한 증거가 된다.

2. **전자는 엽록소로 재순환한다.** 황세균의 광계가 다시 작용하기 전에 반응중심에서 방출되었던 전자가 다시 돌아와야 한다. 이때 전자는 전자 전달계를 통하여 색소로 돌아오는데, 전자의 이동은 양성자 펌프를 가동시키고 화학삼투성 ATP 합성을 일으킨다. 이 경로를 통과하는 전자 3개당 ATP 한 분자가 생산된다. 전체적으로 볼 때(그림 10.9) 전자의 경로는 하나의 원을 이룬다. 그러므로 ATP 형성을 일으키는 전자전달 과정을 순환성 광인산화반응(cyclic photophosphorylation)이라고 한다. 여기서 알아두어야 할 것은 P_{870} 반응중심을 떠나는 전자는 고에너지 전자이고, 되돌아오는 전자는 광자를 흡수하기 전만큼의 에너지를 가지고 있다는 점이다.

10억 년 이상의 기간 동안 순환성 광인산화반응은 유일한 광의존성 반응이었다. 이 반응은 에너지 생산을 위한 것이었고 생합성을 위한 것은 아니었다. 대부분의 광합성생물은 대기 중의 이산화탄소를 탄수화물로 전환시킨다. 이산화탄소보다는 탄수화물 분자들이 더 환원되어 있으므로(더 많은 수소원자 포함) 환원력의 재료(수소)가 공급되어야 한다. 순환성 광인산화반응으로는 이런 반응을 일으키지 못한다. 황화수소에서 뽑아낸 수소원자는 양성자로 이용되고 탄소와 결합할 수는 없다. 그러므로 이 과정만을 이용하는 세균은 다른 곳에서 수소를 얻어내야 한다.

두 개의 광계를 이용하는 식물

황세균이 등장한 후에, 다른 종류의 세균이 진화하여 순환성 광인산화반응의 한계를 간단히 극복하는 방법을 개발하였다. 즉 엽록소 a의 배열을 달리한 더 강력한 제2의 광계를 제1 광계와 연합시키는 것이다. 이 제2의 광계를 광계 II(photosystem II)라고 하는데, 엽록소 a가 다른 방식으로 배열하여 원래의 광계(광계 I)(photosystem I)보다 더 짧은 파장의 고에너지 광자를 흡수하게 되었다.

원시적인 광계에서와 같이 에너지는 집광체 내에서 한 색소에서 다른 색소로 전달되어 반응중심으로 모인다. 광계 II에서 색소의 최대 흡광도는 680nm 파장에서 나타나므로 반응중심 색소는 P_{680}이라고 한다. 광계 I의 색소는 700nm에서 최대 흡광도를 나타내므로 반응중심 색소를 P_{700}이라고 한다. 이 두 광계가 함께 작동하여 비순환전자 전달이 일어난다.

파장이 다른 두 가지 광선(적색광과 근적외선광)을 이용하여 광합성률을 측정하면 두 가지 파장 각각의 광합성률을 합한 것보다 더 크다(그림 10.10). 이를 증진효과(enhancement effect)라고 하는데, 이는 두 광계가 중단되지 않고 연속적으로 이어지기 때문이다.

2개의 광계를 이용함으로써 환원력의 문제는 두 광계의 에너지를 얻어서 해결되었다. 이 과정을 나타내는 모식도(그림 10.11)를 보면 전자에 에너지를 주입하는 두 가지 단계가 있는데, 각각은 각 광계에서 촉매된다. 전자와 강한 결합을 이루고 있는 물(산화환원 전위 +820mV)에서 나온 전자는 약한 결합을 이루는 NADPH(산화환원 전위 −320mV)로 최종 전달된다.

두 광계의 가동

식물은 광계 II와 I을 연속적으로 이용하여 ATP와 NADPH를 생산하는데, 이 두 단계가 일어나는 과정을 비순환성 광인산화반응(noncyclic photophosphorylation)이라고 한다. 이는 광계에서 방출된 전자가 다시 광계로 되돌아오지 않고 NADPH에서 끝나기 때문에 붙여진 명칭이다. 그 대신 물의 분해로 나온 전자로 보충된다. 광계 II에 의해 형성된 고에너지 전자는 ATP 합성에 이용된 다음 광계 I로 넘겨지고 NADPH를 생산한다. 물에서 나온 한 쌍의 전자마다 NADPH 1분자와 1분자보다 약간 많은 ATP가 생산된다.

광계 Ⅱ

광계 Ⅱ의 반응중심인 P_{680}은 자주색 세균의 반응중심과 매우 유사하다. 이 광계는 열 가지 이상의 막관통 단백질 소단위로 구성된다. 빛을 포획하는 집광체

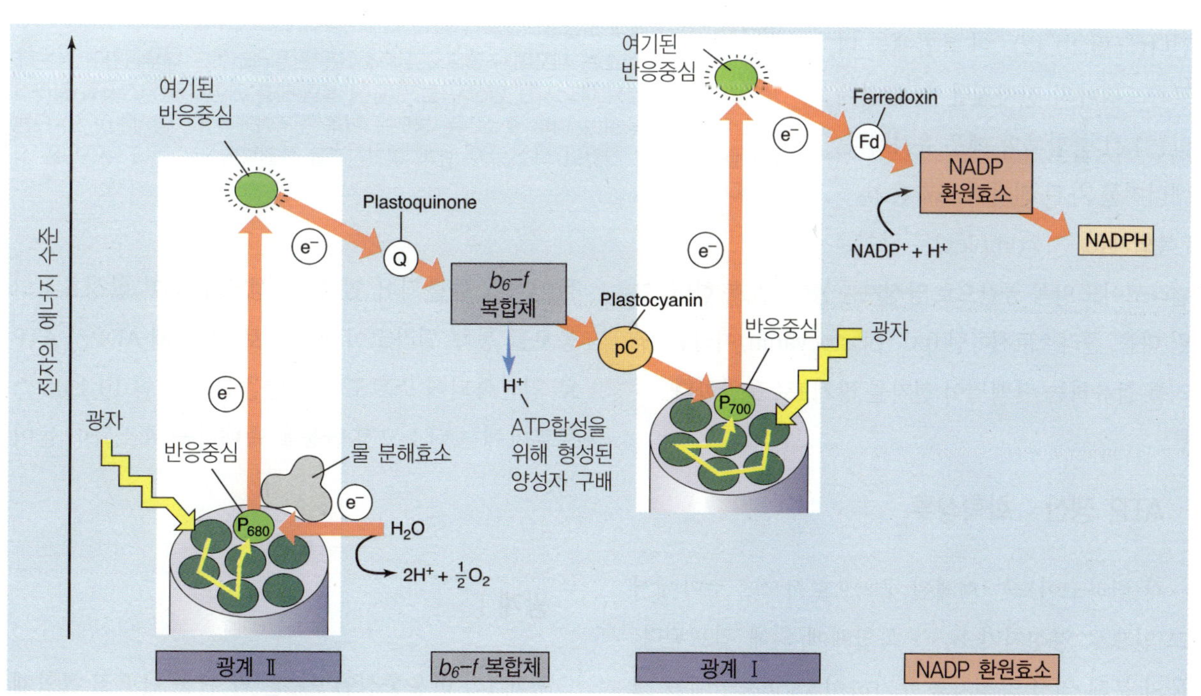

그림 10.11 | 광계 Ⅰ과 광계 Ⅱ의 Z 모식도.
두 광계는 연속적으로 작용한다. 우선 빛의 광자가 광계 Ⅱ에서 고에너지 전자를 방출시킨다. 그 전자는 막의 양성자 펌프를 가동시키고 화학삼투작용에 의해 ATP 한 분자를 만들어 낸다. 전자는 시토크롬사슬을 따라 광계 I로 들어간다. 광계 I이 다시 빛의 광자를 흡수하면 고에너지 전자가 방출되어 NADPH를 만드는 데 사용된다.

는 약 250개의 엽록소 a 분자와 보조 색소로 구성된다. 광계 II에서 2개 물 분자의 산소원자들은 반응중심의 한 효소 안에 묻혀 있는 망간 원자들에 결합한다. 이 효소는 물을 분해하여 얻은 전자로 반응중심의 여기된 전자가 떠난 자리를 메운다. 2개의 물분자로부터 4개의 전자가 나올 때마다 1분자의 O_2가 방출된다.

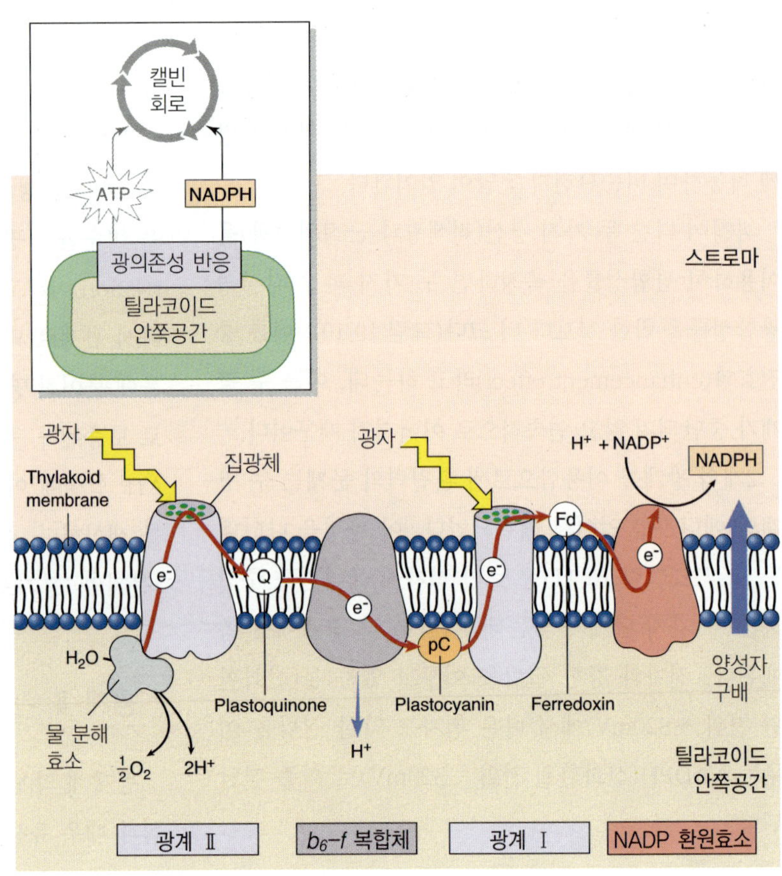

그림 10.12 | 광합성의 전자 전달계.
광계 II에서 광자가 색소 분자에 흡수되면 색소의 전자가 여기된다. 이 전자는 효소에 의해 물이 분해될 때 양성자와 함께 얻어지며 막에 있는 시토크롬 전자 운반체들을 따라 이동한다(적색 화살표).
물이 분해되면, 산소는 세포에서 방출되고 수소이온은 틸라코이드 내부공간에 남는다. 광자에 의해 공급된 에너지는 양성자 펌프(b_6–f 복합체)를 가동시켜 양성자를 틸라코이드 내부로 수송하여 내부 수소이온 농도는 더욱 증가하게 된다. 광계 I이 또 다른 광자를 흡수하면 그것의 색소는 두 번째 여기전자를 환원복합체로 보내 NADPH를 생산한다.

광계 I로의 경로

광계 II를 떠나는 전자들의 1차 수용체는 퀴논 분자이다. 그 결과로 환원된 퀴논(플라스토퀴논, Q)는 강력한 전자 공여체로서, 여기된 전자를 틸라코이드막 안에 묻혀 있는 b_6–f 복합체(b_6–f complex)라는 양성자 펌프로 넘긴다(그림 10.12). 이 복합체는 미토콘드리아의 전자전달 연쇄 안에 있는 bc1 복합체와 매우 유사하다. 에너지를 가진 전자의 도착은 b_6–f 복합체(b_6–f complex)로 하여금 틸라코이드 안쪽 공간으로 양성자를 들어오도록 한다. 그런 다음, 플라스토시아닌 (pC, plastocyanin)이라는 구리를 함유하는 단백질이 전자를 광계 I로 운반한다.

ATP 생산 : 화학삼투

각 틸라코이드는 폐쇄된 구획으로서 스트로마에서 그 안으로 양성자가 b_6–f 복합체에 의해 펌프된다. 물의 분해 역시 양성자를 추가하여 그 농도구배를 크게 한다. 틸라코이드막은 양성자에 대하여 불투과성이므로 ATP 합성효소가 만드는 통로를 통해서만 되돌아 갈 수 있다. 이 통로는 틸라코이드막 바깥쪽에 돌기처럼 돌출되어 있다. 양성자가 ATP 합성효소의 통로를 통해 틸라코이드 밖으로 나올 때 ADP가 ATP로 인산화되어 스트로마로 방출된다(그림 10.13). 스트로마에는 탄소고정 반응을 촉매하는 효소들이 들어 있다.

광계 I

광계 I의 반응중심인 P_{700}은 막 관통 단백질 복합체로서 적어도 13개의 단백질 소단위로 구성되어 있다. 130개의 엽록소 a 분자들과 보조 색소 분자들로 구성된 집광체에 의해 에너지가 포획되어 광계 I로 들어간

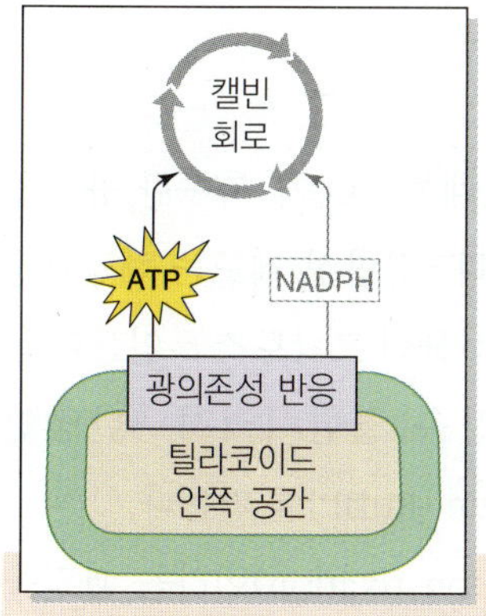

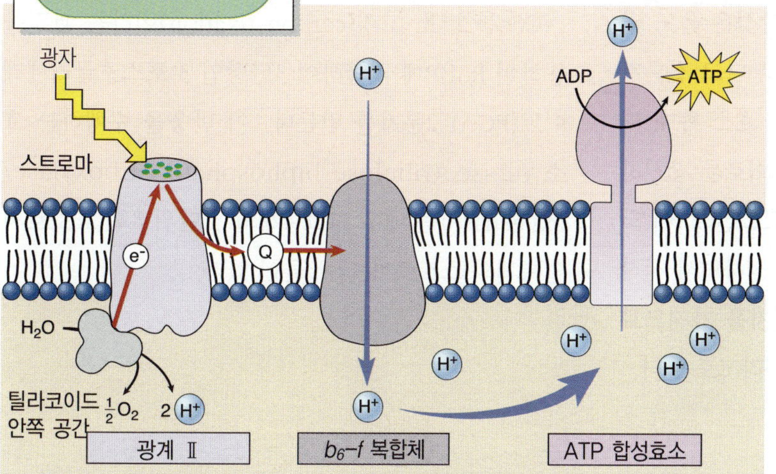

그림 10.13 | 엽록체 안의 화학삼투. 틸라코이드막 안의 b_6-f 복합체는 양성자 펌프로 막 내부로 양성자를 들여온다. 양성자가 ATP 합성효소를 통해 틸라코이드 밖으로 다시 확산되어 나갈 때 막 바깥 표면에서 ATP가 생성된다.

다. 광계 I은 플라스토시아닌으로부터 전자를 받아 없어진 전자를 보충한다. 이때 도착한 전자는 가지고 있던 에너지의 절반 정도만 보유하고 있는 상태이다. 그러므로 광계 I에 의한 빛의 광자 흡수는 반응중심을 떠나는 전자를 매우 높은 에너지 수준으로 만든다. 광계 II와는 달리 광계 I은 전자 수용체로서 퀴논에 의존하지 않고, 전자를 철-황 단백질인 페레독신(Fd, ferredoxin)에 전달한다.

NADPH 형성

광계 I은 틸라코이드 막의 바깥쪽 면에 있는 페레독신에 전자를 넘긴다. 환원된 페레독신은 높은 전위를 가진 전자를 가진다. 2개의 환원된 페레독신으로부터 2개의 전자가 $NADP^+$으로 넘겨져서 NADPH가 생긴다. 이 반응은 막에 결합된 효소 NADP 환원효소에 의해 촉매된다. 이 반응은 막의 스트로마 쪽 면에서 일어나고, NADPH 형성에 양성자 하나가 들어가므로 전자전달 과정에 형성되는 양성자구배를 더욱 커지게 한다.

ATP의 추가적 생산

비순환성 광인산화반응에서 물로부터 나온 전자 하나가 NADPH로 가면서 NADPH 1분자와 1분자보다 약간 많은 ATP가 생산된다. 그러나 나중에 알게 되겠지만 유기물 분자를 만드는 데는 이보다 더 많은 에너지가 소요된다. 즉, 탄소를 고정하는 데 NADPH당 1.5개의 ATP 분자가 소요된다. 추가적인 ATP를 만들기 위하여 많은 종의 식물들은 광계 I의 회로를 단축시켜 광합성을 순환적 광인산화로 돌려서 광계 I을 떠나는 여기된 전자가 NADPH 대신 ATP를 만드는 데 쓰인다. 에너지를 가진 전자가 $NADP^+$으로 가는 것이 아니라, 단순히 b_6−f 복합체로 되돌아가는 것이다. b_6−f 복합체는 양성자 펌프로 작용해 양성자 농도구배를 더 크게 만든다. 이런 식물에서 순환성 광인산화반응과 비순환성 광인산화반응의 비율은 유기물 분자를 만드는 데 쓰이는 ATP와 NADPH의 상대적 양을 결정한다.

10.3 유기물 분자 합성

캘빈회로

광합성은 이산화탄소로부터 유기물 분자를 만드는 과정이다. 유기물 분자는 많은 C−H 결합을 가지며 이산화탄소에 비해 고도로 환원된 상태이다. 유기물을 만들기 위해 세포는 광의존성 반응으로 형성된 재료를 이용한다.

1. **에너지.** ATP가 자유에너지 증가반응을 가동시킨다.

2. **환원력**. NADPH(광계 I에서 나온)가 수소와 전자를 내어 탄소원자와 결합하게 한다. 광합성에서 포획된 빛에너지의 대부분은 당의 고에너지 C−H 결합 속으로 들어간다.

캘빈회로의 발견

100여 년 전 블랙만(Blackman)은 광합성은 온도 의존성으로 볼 때 효소 촉매반응들이 포함된다고 결론지었다. 이 반응들은 크렙스회로와 유사한 효소 촉매 과정으로 된 회로를 이룬다. 이 반응들의 회로를 발견자의 이름을 따서 캘빈회로(Calvin cycle)라고 한다. 이 회로는 CO_2가 RuBP와 결합하여 PGA를 형성하면서 시작된다(그림 10.14). PGA는 3개의 탄소원자를 가지므로 이 과정을 C_3 광합성(C_3 photosynthesis)이라고도 한다.

탄소 고정

캘빈회로의 핵심적 단계는 CO_2가 특수한 유기물 분자에 부착하는 단계이다. 광합성 세포는 해당과정에 나타나는 2개의 중간 산물인 프락토스 6-인산과 글리세르알데히드 3-인산을 결합시켜서 5탄당인 ribulose 1,5-bisphosphate (RuBP)를 만든다.

CO_2는 탄소 고정(carbon fixation)이라는 과정을 통하여 RuBP에 결합하여 3탄당인 3-포스포글리세레이트(PGA) 2분자를 만든다. 이 반응을 수행하는 효소 rubisco(ribulose biphosphate carboxylase/oxygenase)는 매우 크고 4개의 소단위로된 효소로서 엽록체의 스트로마 안에 들어 있다.

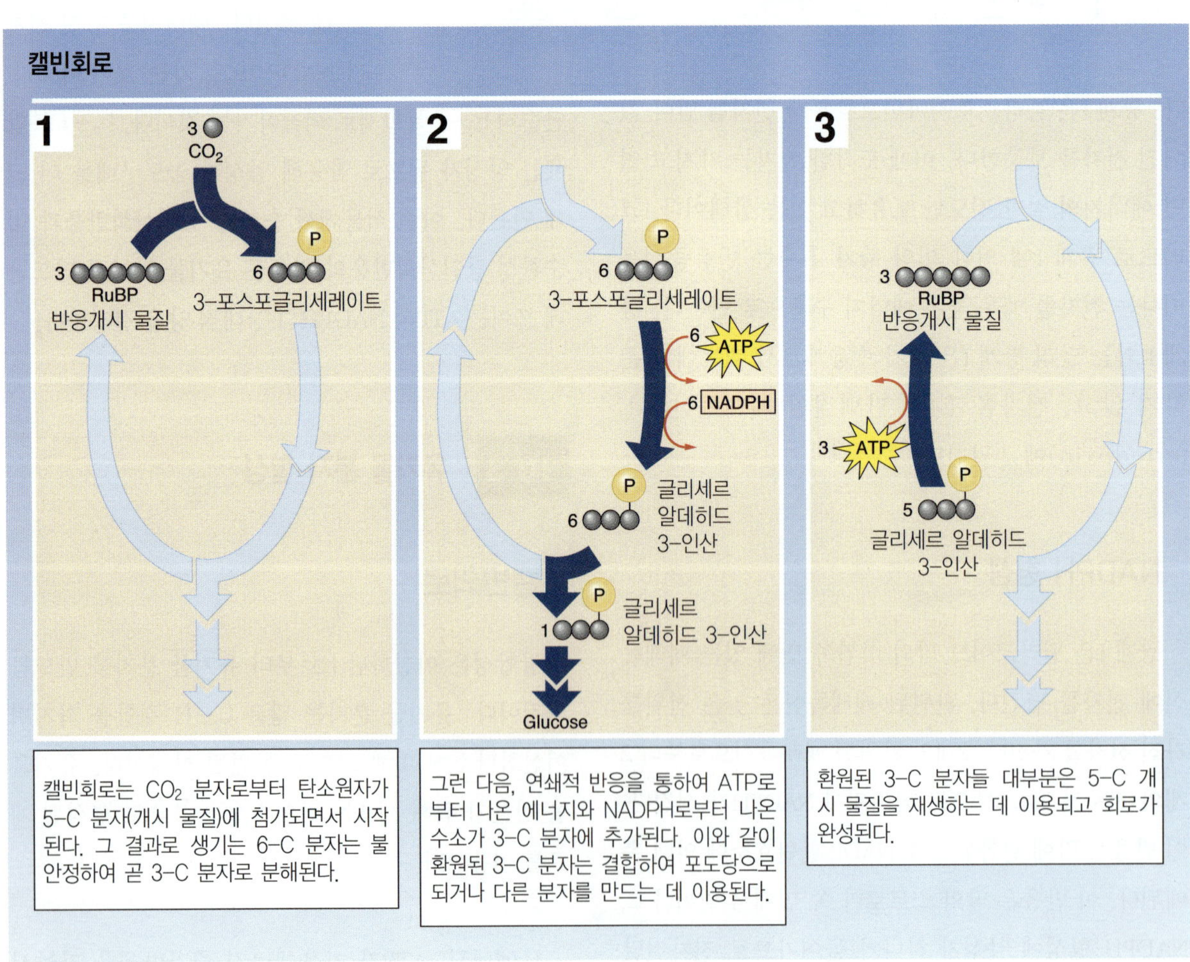

그림 10.14 | 캘빈회로의 작용.

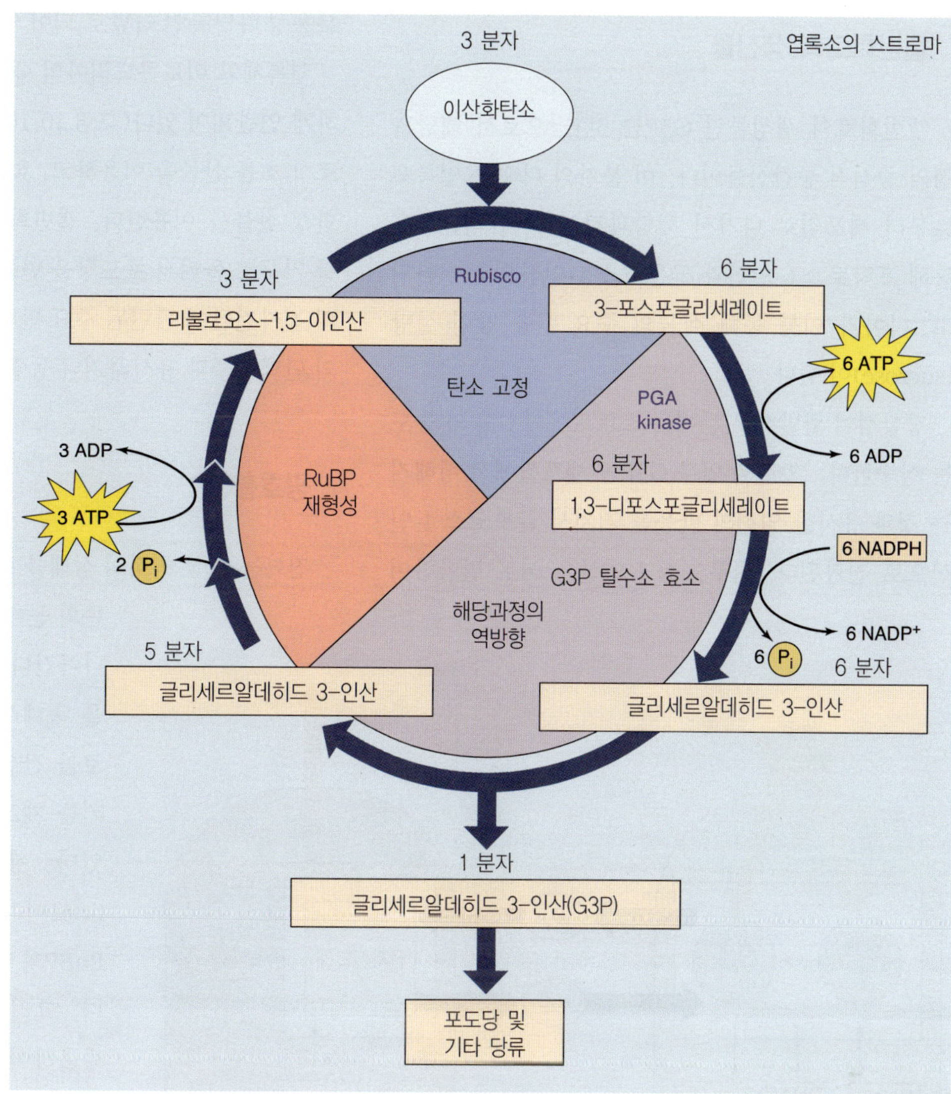

그림 10.15 | **캘빈회로.**
CO_2 3분자가 캘빈회로에서 1분자의 G3P를 만든다. 이때 광의존성 반응으로 생긴 NADPH와 ATP에 저장된 에너지가 필요하다. 이 과정은 엽록체 스트로마에서 일어난다.

캘빈회로의 반응들

연속적인 반응에서 rubisco에 의해 3분자의 CO_2가 고정되어 PGA 6분자가 만들어진다 (총 18개의 탄소원자가 들어 있으며, 3개는 CO_2로부터, 15개는 RuBP로부터 온 것이다). 그런 다음 이 18개의 탄소원자들은 반응 회로를 돌면서 첫 단계에서 소모된 RuBP 3분자를 다시 만든다(탄소 15개 함유). 남는 것은 글리세르알데히드 3-인산 1분자이다(탄소원자 3개 함유). 캘빈회로를 식으로 표시하면 다음과 같다.

$3CO_2$ + 9ATP + 6NADPH + 물 →

글리세르알데히드 3-인산 + $8P_i$ +9ADP + $6NADP^+$

회로를 3번 돌 때마다 이산화탄소 3분자가 들어가고, 글리세르알데히드 3-인산(G3P) 1분자가 생산되며, 3분자의 RuBP가 재생된다(그림 10.15).

캘빈회로의 효소들 중 rubisco를 포함한 5가지는 빛으로 활성화된다. 즉, 이 효소들은 빛이 있을 때 효율적으로 기능을 나타낸다. 빛은 또 3-C 중간산물이 캘빈회로를 위하여 엽록체막을 통과하여 수송되는 것을 촉진한다. 또한, 빛은 Mg^{++}이 스트로마 안으로 들어가는 것을 촉진하고, Mg^{++}은 나아가 rubisco를 활성화시킨다.

캘빈회로의 생산물

캘빈회로의 생성물인 G3P는 3탄당으로서 해당과정의 중심적 중간산물이다. 이 분자의 다수는 엽록체로부터 세포질로 나가서 해당과정의 여러 역반응을 통해 프락토스 6-인산과 글루코스 1-인산으로 전환되고, 나아가 이를 통해 식물의 주요 수송 당인 설탕(sucrose)이 된다.

광합성이 활발한 시간에는 스트로마의 G3P의 농도는 상승한다. 그 결과 일부 G3P는 세포질에서 행해지는 것과 유사한 일련의 반응을 거쳐서 글루코스 1-인산으로 전환된다. 글루코스 1-인산은 서로 결합하여 불용성 다당류인 녹말로 되어 저장된다.

엽록체와 미토콘드리아의 에너지 포획 대사는 밀접하게 연관되어 있다(그림 10.16). 광합성은 개시 물질로서 호흡 산물을 이용하고, 호흡은 개시 물질로서 광합성 산물을 이용한다. 캘빈회로는 해당과정의 일부를 거꾸로 돌려서 포도당을 만들기도 한다. 또한 식물의 전자전달에 관련된 주요 단백질들은 미토콘드리아의 단백질들과 유사하거나 동일하다.

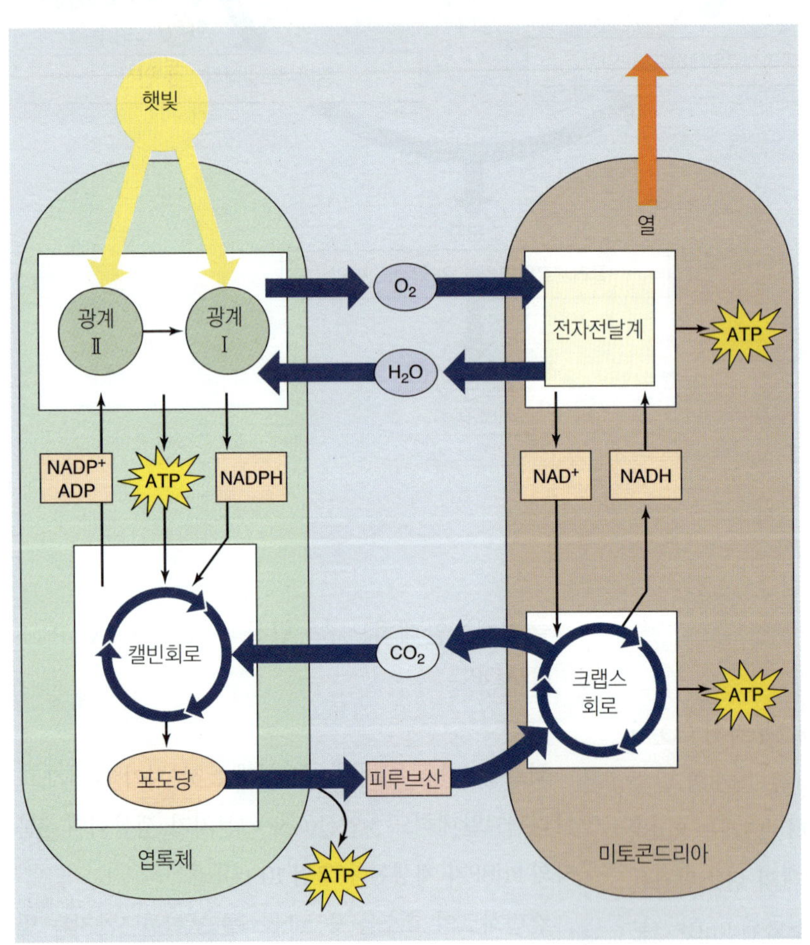

그림 10.16 | 엽록체와 미토콘드리아의 작용.
식물세포에서는 엽록체와 미토콘드리아 사이에 물과 산소가 순환되며 포도당과 CO_2도 순환된다. 엽록체를 가진 세포는 외부 CO_2와 물을 이용해 포도당과 산소를 생산하고, 동물세포 등의 엽록체가 없는 세포들은 외부 포도당과 산소를 이용하여 CO_2와 물을 생산한다.

광호흡

진화는 항상 최적의 상태를 만드는 것은 아니고, 기존의 문제를 해결하는 방향으로 나아간다. 광합성의 탄소 고정을 촉매하는 rubisco는 캘빈회로를 간섭하여 RuBP를 산화시키는 제2의 효소활성을 가지고 있다. 광호흡(photorespirqtion)이라는 이 과정에서 O_2가 RuBP와 반응하여 CO_2를 방출한다. 그러므로 광호흡은 CO_2를 방출하여 캘빈회로에 의한 CO_2의 탄수화물로의 전환을 원상태로 돌린다.

RuBp의 카르복시화 작용과 산화는 rubisco의 동일한 활성 부위에서 촉매되며 CO_2와 O_2는 이 부위에서 서로 경쟁한다. 25°C의 정상 조건에서 카르복시화 반응률은 산화 반응률의 4배인데, 이는 광합성으로 고정된 탄소의 20%가 광호흡으로 소실됨을 뜻한다. 이 소실률은 온도 증가에 따라 커지는데, 이는 뜨겁고 건조한 조건에서는 잎의 기공(stomata)이 수분 소실을 막기 위하여 폐쇄되기 때문이다. 이렇게 기공이 폐쇄되면 CO_2의 공급도 차단되어 광합성으로 생성된 O_2가 잎을 빠져나가지 못한다(그림 10.17). 그 결과 잎 속에서 CO_2 농도는 낮아지고, O_2 농도는 높아져서 광호흡이 일어나기 쉬워진다.

C_3 광합성(캘빈회로)만을 이용하여 탄소를 고정하는 식물은 C_3 식물이라고 한다. C_3 광합성에서 RuBP는 rubisco의 작용으로 3-C 화합물을 형성한다. C_4 광합성(C_4 photosynthesis)을 이용하는 식물에서는 효소 PEP carboxylase의 작용으로 포스포에놀피루브산(PEP)이 카르복시화되어 4-C 화합물을 형성한다. 이 효소는 산화작용을 하지 않으므로 광호흡이 일어나지 않는다. 더욱이, PEP carboxylase는 rubisco보다 CO_2에 대한 친화력이 훨씬 크다. C_4 경로에서 4-C 화합물은 더 개조되는데, 항상 탈카르복시화 과정만 일어난다. 이때 방출된 CO_2는 rubisco와 작용해 캘빈회로를 들어가게 된다. 유기화합물은 CO_2를 공여하므로 O_2에 대한 CO_2의 유효농도는 상승하고 광호흡이 최소화된다.

광호흡으로 인한 탄소 고정량의 감소는 무시할 만한 정도가 아니다. C_3 식물은 이 때문에 광합성으로 고정한 탄소의 25~50%를 잃는데, 그 비율은 온도에 따라 다르다. 열대 기후에서, 특히 기온이 보통 28℃를 넘는 지역에서는 그 문제가 심각하여 열대 농업에 큰 영향을 끼친다.

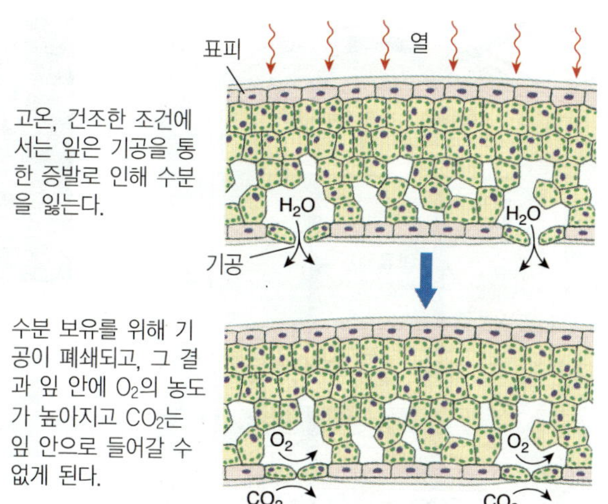

그림 10.17 | **광호흡이 일어나기 쉬운 조건.** 고온건조한 환경에서는 수분을 보존하기 위해 기공이 닫히게 된다. 이는 CO_2가 잎으로 들어오고 O_2가 나가는 것 또한 방해하게 되어 고농도 O_2/저농도 CO_2의 광호흡이 일어나기 쉬운 조건을 만들게 된다.

C_4 경로

난대성 기후에 적응된 식물은 C_4 경로를 이용하여 고정된 탄소의 상당량을 잃어버리는 문제를 해결하는 두 가지 주요 방법을 진화시켰다. 한 가지는 식물이 엽육세포에서 C_4 광합성을 하고 관다발초 세포에서 캘빈회로를 진행시키는 것이다. 그 결과 CO_2의 국부적 농도가 높아져서 rubisco의 카르복시화 반응이 일어나기 쉽게 된다. 이 C_4 식물들로는 옥수수, 사탕수수 등이 있다. C_4 경로에서 3-C 대사산물인 포스포에놀피루브산은 카르복시화되어 4-C 분자인 옥살로아세트산(oxaloacetate)을 형성하며, 옥살로아세트산은 CO_2 고정의 첫 산물이다(그림 10.18a). C_4 식물에서 옥살로아세트산은 다시 중간산물인 말산(malate)으로 전환되고, 말산은 인접한 관다발초 세포로 수송된다. 관다발초 세포 안에서 말산은 피루브산으로 되면서 CO_2를 방출한다. 관다발초 세포는 CO_2에 대하여 불투과성이므로 CO_2는 그 속에 남아 농축된다. 피루브산은 엽육세포로 되돌아가서, 그곳에서 ATP 한 분자 속의 고에너지 결합 중 2개가 분열하여 피루브산을 포스포에놀피루브산으로 되돌려 놓으면서 회로를 마친다.

C_4 식물에서 캘빈회로를 수행하는 효소들은 관다발초 세포 안에 들어 있는데, 여기에서 높아진 CO_2 농도는 광호흡을 감소시킨다. 각 CO_2 분자는 2개의 고에너지 ATP 결합을 소모하면서 관다발초 세포로 수송되고 포도당 1분자를 만들기 위해서는 6개 탄소가 고정되어야 하므로 포도당 한 분자를 만드는 데 12개의 ATP가 추가적으로 필요하다. C_4 광합성에서 포도당을 만드는 에너지 소비는 C_3 광합성의 경우보다 거의 두 배에 달하여, ATP 30개 분자 대 18개 분자이다. 그럼에도 불구하고 C_4 광합성은 열대성 기후에서 유리하며, 그렇지 않으면 고정된 탄소의 절반 이상이 광

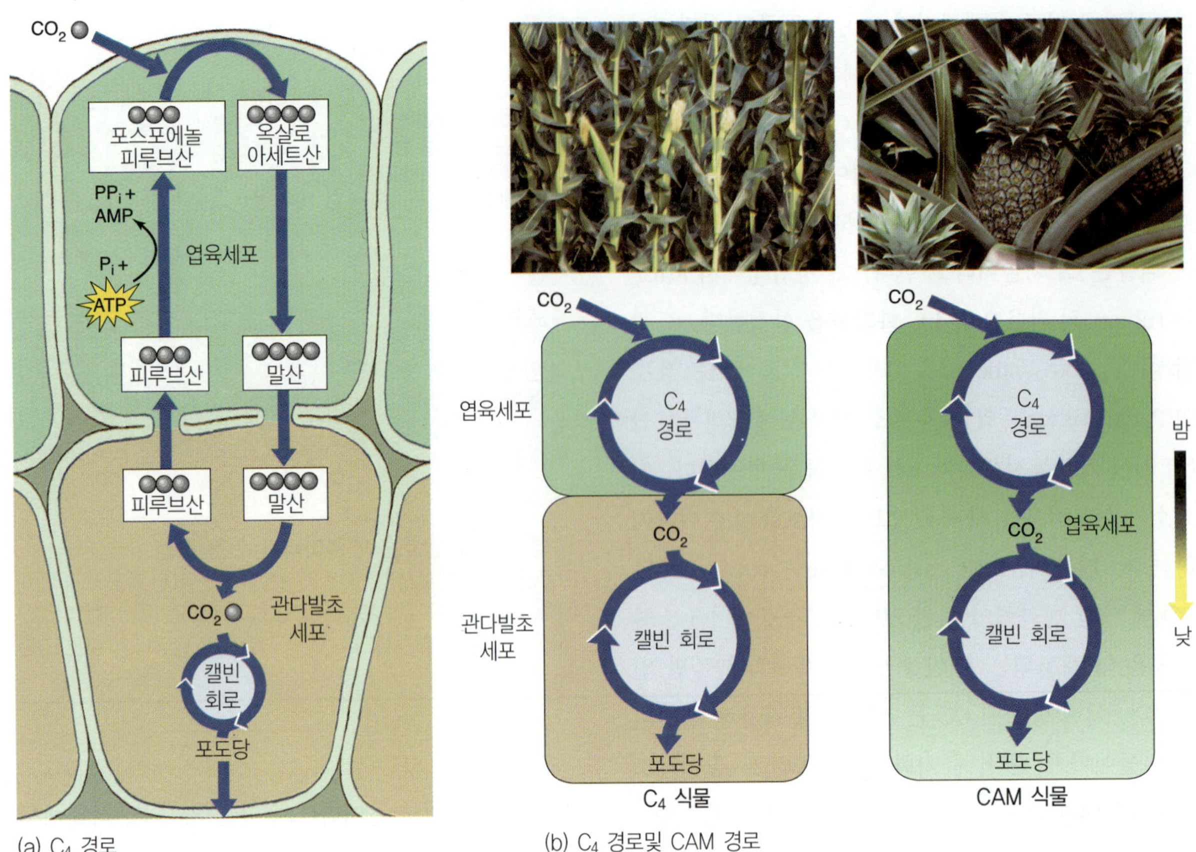

(a) C_4 경로

(b) C_4 경로및 CAM 경로

그림 10.18 | C_4 식물의 탄소 고정.
(a) 이 과정은 처음 만들어지는 분자인 옥살로아세트산이 4개의 탄소를 가지므로 C_4 경로라고 한다. (b) C_4 식물과 CAM 식물의 비교. C_4 식물과 CAM 식물은 C_4 경로와 C_3 경로를 모두 이용한다. C_4 식물에서 두 경로는 공간적으로 구분되어 있는데, C_4 경로는 잎의 엽육세포에서 일어나고 C_3 경로는 관다발초 세포에서 일어난다. CAM 식물에서는 두 경로가 시간적으로 구분되어 있다. 즉, 밤에는 C_4 경로를, 그리고 낮에는 C_3 경로를 이용한다.

호흡으로 소실될 것이다.

다육식물유기산 경로

열대 지역에서 선인장, 파인애플 등의 여러 가지 다육식물은 광호흡을 감소시키는 제2의 전략을 채택하고 있다. 이 식물들의 탄소고정 양식을 다육식물유기산 대사(CAM)라고 하는데, 이는 이 대사가 처음 발견된 식물이 속하는 과인 돌나물과(crassulaceae)에서 따온 이름이다. 이 식물들에서 기공은 낮에 닫히고 밤에 열린다. 이런 기공 개폐 양상은 다른 식물들과는 반대인 것이다. CAM 식물은 기공을 밤에 열어 C_4 경로를 이용하여 CO_2를 유기화합물로 고정한다. 이 유기화합물은 밤 동안에 축적되고, 낮에는 탈카르복시화 되어 높은 농도의 CO_2를 만든다. 낮에는 이 고농도의 CO_2가 캘빈회로를 돌려서 광호흡을 최소화시킨다. CAM 식물은 C_4식물과 마찬가지로 C_4 경로와 C_3 경로 두 가지를 모두 이용한다. CAM 식물은 동일 세포가 밤에 C_4 경로를 이용하고, 낮에 C_3 경로를 이용한다는 점에서 C_4 식물과 다르다. C_4 식물에서는 두 가지 경로가 서로 다른 세포에서 일어난다(그림 10.18b)

CHAPTER 11

세포분열

모든 생물 종은 생장하고 생식한다. 미세한 것에서부터 거대한 것에 이르기까지, 모든 종은 자신과 유사한 자손을 생산하며 유전정보를 넘겨준다. 세포 증식의 기작과 생물학적 중요성은 생물의 진화 과정을 통하여 크게 변화되어 왔다. 진핵세포에서는 이 과정이 복잡하여 염색체 복제와 이의 딸세포로의 분리가 포함된다. 암의 원인에 대하여 우리가 알고 있는 것 중 상당수는 세포의 분열 과정과 관련되어 있다.

11.1 원핵세포는 진핵세포보다 훨씬 단순하게 분열한다

원핵세포의 분열

원핵세포나 진핵세포는 모두 세포의 분열 결과로 어버이세포와 동일한 유전정보를 지닌 2개의 딸세포를 만들어낸다. 원핵세포와 진핵세포의 분열 과정이 크게 다르지만 그 근본 과정은 동일하여, 모두 유전정보의 복제와 분리, 그리고 세포 내용물의 분리가 일어난다. 원핵세포의 분리는 이분열(binary fission)을 통하여 일어나는데, 이 과정을 알아보자.

대부분의 원핵세포는 단 1개의 환상의 DNA 분자로 이루어진 게놈을 가진다. 원핵세포의 DNA가 단순하다고는 하지만, 실제로 대장균의 DNA 분자는 세포 자체의 길이보다 500배나 길다. 비록 핵은 없으나 DNA가 조밀하게 엉켜서 주변 세포질과는 구별되는 핵양체(nucleoid)를 이룬다.

여러 해 동안 대장균에서는 DNA가 막에 부착해 있기 때문에 세포가 길어지고 막도 생장하면서 DNA가 수동적으로 분리된다고 믿고 있었다. 그러나 최근에는 DNA가 능동적으로 분리되고 신장된 세포를 절반으로 구획하는 격벽이 형성된다는 복잡한 양상이 알려지고 있다. 이 과정에는 염색체의 특수 구역과 여러 단백질의 관여가 필요하다.

원핵세포의 이분열은 특수 부위(복제 기점)에서의 DNA 복제부터 시작되는데, 이때 환상의 DNA 주위를 양방향으로 복제가 진행되며 특정 부위에서 종결된다(그림 11.1). 세포는 성장하여 길어지며 새로이 복제된 DNA 분자는 세포 길이의 1/4과 3/4으로 능동적으로 구획된다. 이 과정은 복제 기점 부근의 서열이 필요하며, 이 서열이 막에 부착되는 결과를 낳는다. 세포

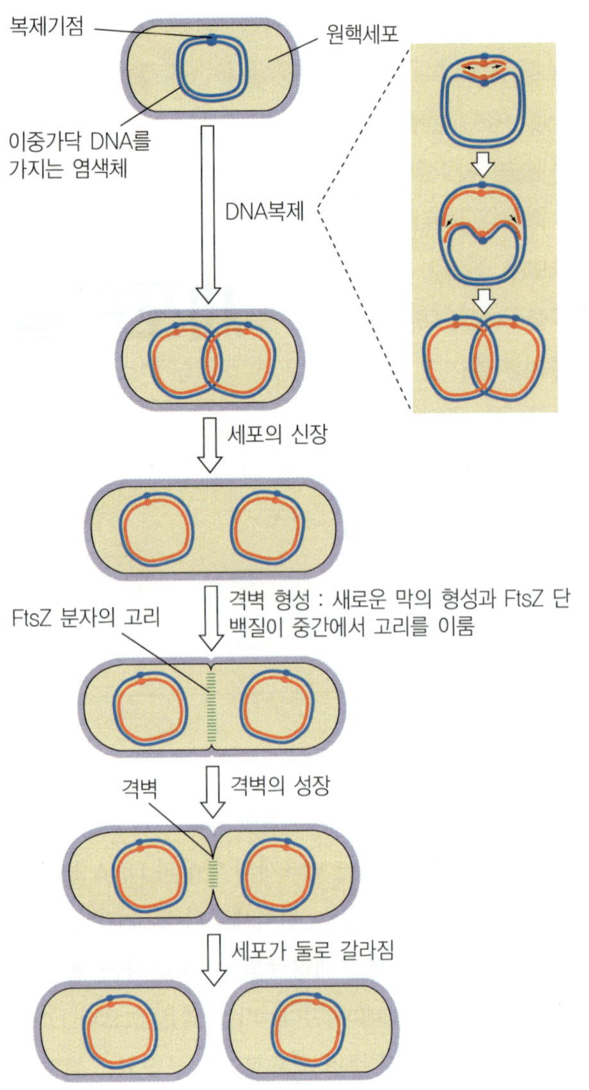

그림 11.1 | **이분열.**
원핵세포가 분열하기 전에 DNA 분자는 복제된다. 이중 가닥의 환상 DNA(청색)의 복제는 복제 기점이라고 하는 특정 부위에서 시작된다. 복제 효소들은 이 부위로부터 양쪽 방향으로 움직이면서 새로운 DNA 이중 가닥 복제물(적색)을 만든다. 이 효소들은 종결 지점에 도달할 때까지 활동을 계속한다. DNA가 복제된 후 세포는 신장되고 DNA는 나뉘어진다. 그런 다음 격벽 형성이 시작되는데, 이 때 새로운 막 물질이 자라기 시작하며 세포의 중간 부위에서 하나의 격벽이 형성되는데, FtsZ라는 단백질은 이 과정을 촉진한다. 격벽이 생기면 세포는 둘로 갈라져서 2개의 딸세포가 생긴다.

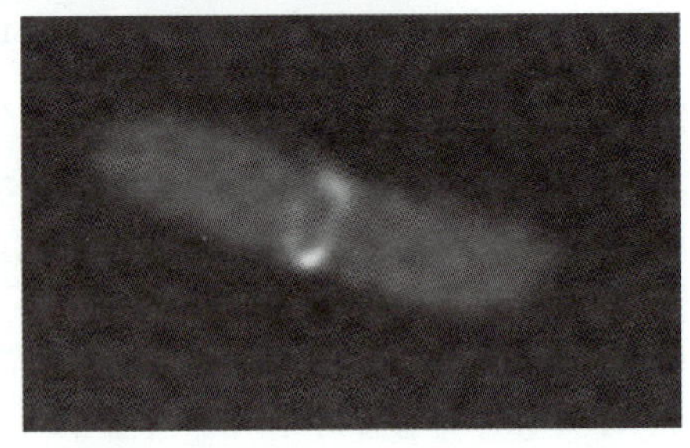

그림 11.2 | **FtsZ 단백질.**
분열하는 대장균(*E.coli*)에서 FtsZ 단백질이 형광을 발휘하고 있다. 이 단백질은 세포의 중간 부위에 모여서 고리 모양을 이루는데, 이 부위에서 이 단백질은 격벽 형성과 세포분열을 촉진한다. FtsZ 단백질의 돌연변이체 대장균은 분열하지 못한다.

자신은 새로운 막과 격벽이라는 세포 물질의 생장으로 분할이 이루어진다(그림 11.1).

격벽 형성 부위는 보통 세포의 중간 지점이며 FtsZ 분자로 구성된 고리가 형성되면서 시작된다(그림 11.2). 그런 다음 막 내에 들어 있는 단백질을 비롯한 여러 가지 다른 단백질의 축적이 일어난다. 격벽 형성에 관한 정확한 기작은 알려지지 않았으나, 격벽은 세포 안쪽으로 자라서 나중에 세포는 새로운 세포들로 갈라지게 된다.

FtsZ 단백질은 여러 가지 면으로 흥미롭다. 이 단백질은 진화적으로 고도로 보존적이며, 고세균을 비롯한 거의 모든 원핵생물에서 발견된다. 이 단백질은 진핵세포의 튜불린(tubulin)과 약간 유사성이 있으며, 미세섬유나 고리를 형성할 수 있다. 오늘날의 3-D 크리스탈도 역시 튜불린과의 유사성을 보인다. 흥미롭게도 진핵세포 분열시 나타나는 방추사가 이 원핵세포성 전구체와 관련되어 있어 보인다(그림 11.3).

진핵세포는 진화를 통하여 막으로 둘러싸인 핵 안에 여러 개의 염색체로 구성된 복잡한 게놈을 갖게 되었다. 이 염색체들 속에는 더 많은 DNA가 들어 있어서 포장의 문제가 생기게 되었는데, DNA가 단백질과 결합되고 기능적으로 독립된 염색체로 구획됨으로써

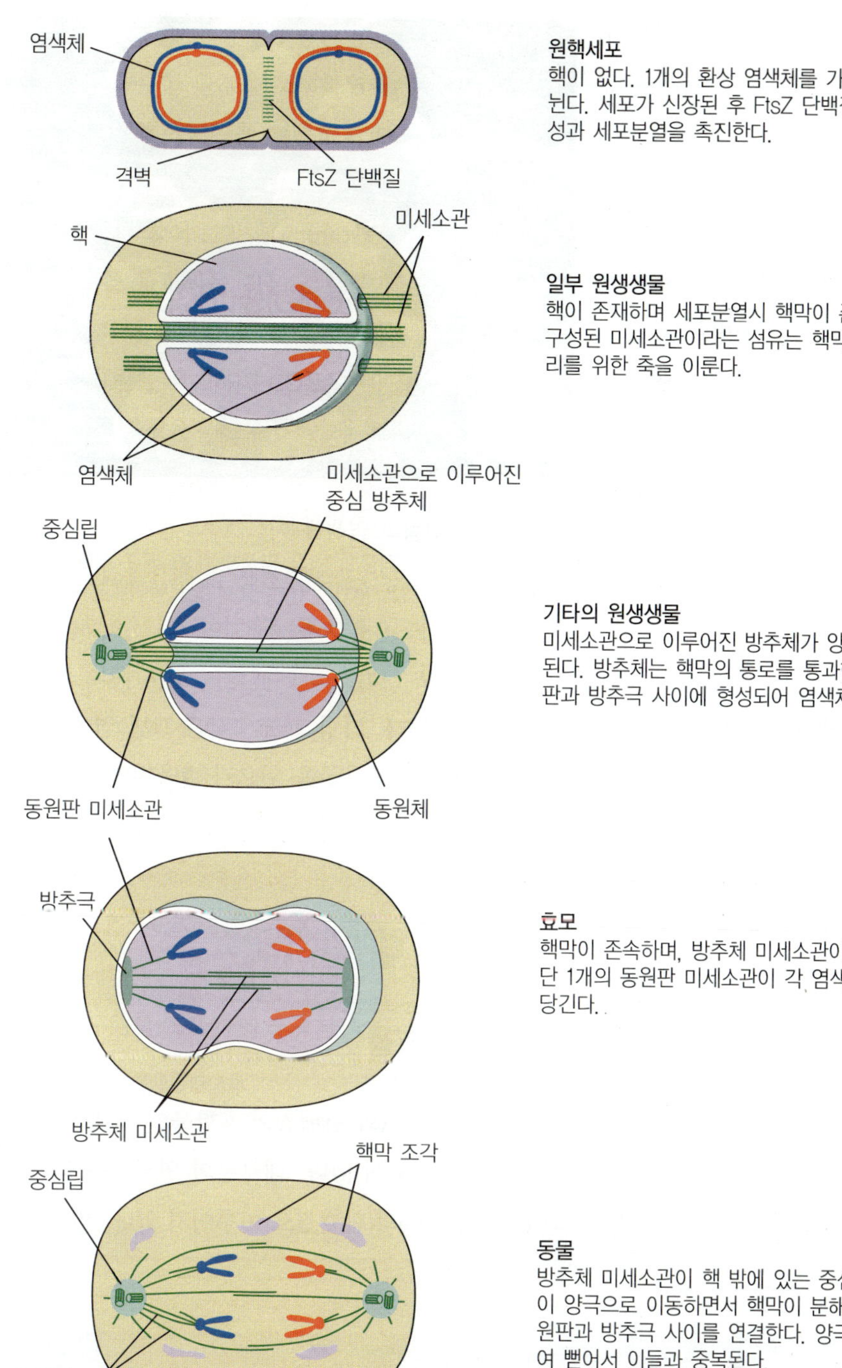

원핵세포
핵이 없다. 1개의 환상 염색체를 가진다. DNA는 복제된 후 세포 내에서 나뉜다. 세포가 신장된 후 FtsZ 단백질은 모여서 고리 모양을 이루며 격벽 형성과 세포분열을 촉진한다.

일부 원생생물
핵이 존재하며 세포분열시 핵막이 존속된다. 염색체는 선상이다. 튜불린으로 구성된 미세소관이라는 섬유는 핵막의 통로를 통과하며 복제된 염색체의 분리를 위한 축을 이룬다.

기타의 원생생물
미세소관으로 이루어진 방추체가 양극에 있는 두 쌍의 중심립 사이에 형성된다. 방추체는 핵막의 통로를 통과한다. 동원판 미세소관이 염색체의 동원판과 방추극 사이에 형성되어 염색체를 양극으로 잡아당긴다.

효모
핵막이 존속하며, 방추체 미세소관이 양쪽 방추극 사이의 핵 안에 형성된다. 단 1개의 동원판 미세소관이 각 염색체에 부착하여 염색체를 양극으로 잡아당긴다.

동물
방추체 미세소관이 핵 밖에 있는 중심립 사이에 형성되기 시작한다. 중심립이 양극으로 이동하면서 핵막이 분해되고, 동원판 미세소관이 염색체의 동원판과 방추극 사이를 연결한다. 양극의 미세소관은 세포의 중심부를 향하여 뻗어서 이들과 중복된다.

그림 11.3 | 여러 생물에서 세포분열 중 나타나는 단백질의 비교.
원핵세포 단백질인 FtsZ는 진핵세포의 튜불린과 유사한 구조를 나타낸다. 튜불린은 미세소관을 이루는 단백질이며, 미세소관은 진핵세포의 분열에서 중요한 역할을 하는 섬유이다.

DNA 정돈의 문제가 해결되었다. 이로 인해 다시 게놈의 복제와 세포분열시 정확한 분리라는 새로운 문제가 나타났다. 염색체의 분리를 수행하기 위해 진화된 과정이 유사분열이다.

11.2 진핵세포의 염색체

염색체의 발견

염색체는 1882년 독일의 발생학자 플레밍(Walther Flemming)이 신속히 분열하는 도롱뇽 유생의 세포를 관찰하다가 처음으로 발견하였다. 플레밍은 광학현미경을 통하여 세포를 관찰할 때 분열하는 듯이 보이는 핵 안에서 미세한 섬유를 보고 이 분열을 유사분열(mitosis)이라고 불렀다. 그리스어 mitos는 실을 뜻한다.

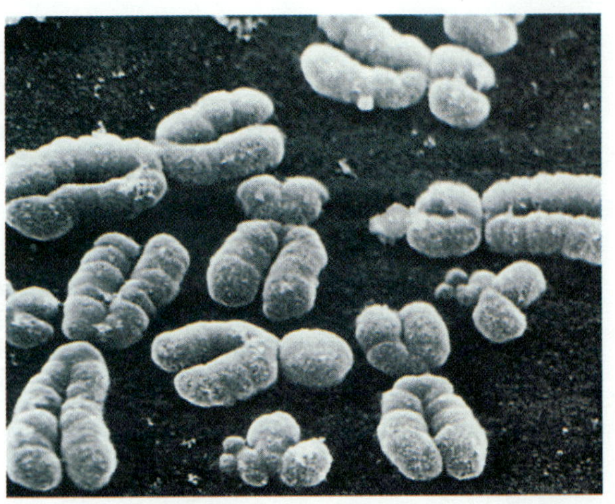

그림 11.4 | 사람의 염색체.
이 사진은 핵분열 직전의 인간 염색체를 950배로 확대하여 촬영한 것이다. 각 DNA 분자는 이미 복제되어 동원체로 연결되어 있다.

염색체 수

염색체는 모든 진핵세포에서 발견되는데, 그 수는 종마다 큰 차이를 보인다. 어떤 생물은 단 한 쌍의 염색체를 가지는가 하면 일부 양치식물은 500쌍을 가지기도 한다(표 11.1). 대부분의 진핵생물의 염색체 수는 10에서 50 사이이다. 사람의 세포는 46개, 즉 23쌍의 염색체를 가진다(그림 11.4). 각 염색체에는 수백에서 수천 개의 유전자가 들어 있다. 단 1개의 염색체만 결실되어도(1염색체성) 대개의 경우 발생 과정 중에 사망하게 된다. 또한 염색체 1개가 추가되어도(3염색체성) 정상적으로 발생하기 어렵다. 일부 작은 염색체를 제외한 대부분의 염색체의 3염색체성은 치명적인 결과를 낳는다. 가령 크기가 작은 21번 염색체의 3염색체성은 다운증후군을 일으켜 발육지연과 정신박약을 일으킨다.

진핵세포 염색체의 구조

염색질의 조성

염색체는 DNA와 단백질의 혼합물인 염색질(chromatin)로 구성되어 있다. 대부분의 염색체는 약 40%의 DNA와 60%의 단백질로 이루어져 있다. 염색체는

표 11.1 일부 진핵생물의 염색체 수

생물군	염색체 수	생물군	염색체 수	생물군	염색체 수
균류		**식물**		**척추동물**	
붉은빵곰팡이(반수체)	7	*Haplopappus gracilis*	2	주머니쥐	22
Saccharomyces(효모)	16	완두콩	14	개구리	26
		옥수수	20	집쥐	40
곤충		빵밀	42	사람	46
모기	6	사탕수수	80	침팬지	48
초파리	8	속새류	216	말	64
꿀벌	32	나도고사리	1,262	닭	78
누에	56			개	78

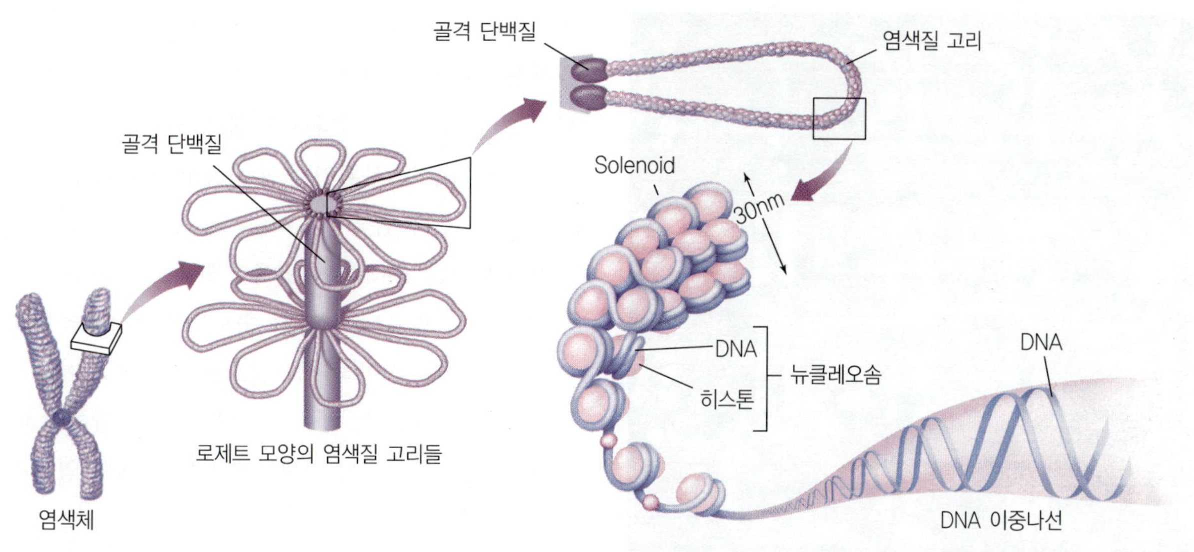

그림 11.5 | 진핵세포 염색체의 구조.
뉴클레오티드들은 모여서 기다란 DNA 이중나선을 이룬다. DNA 이중나선은 히스톤 단백질 주위에 조밀하게 감긴다. DNA로 감겨진 히스톤을 뉴클레오솜이라고 한다. 뉴클레오솜은 더 감겨서 Solenoid을 이룬다. 이 Solenoid은 고리형 도메인을 이룬다. 이 고리들은 다시 골격단백질 주위에 방사상의 로제트를 이룬다. 염색체의 최종구조는 알려져 있지 않다. 여기 설명된 배열은 많은 가능성 중 하나이다.

RNA 합성 장소이기 때문에 염색체에는 상당한 양의 RNA도 결합되어 있다. 염색체 안의 DNA는 긴 이중나선의 섬유로서 중간에서 끊이지지 않은 상태로 연결되어 있다. 사람의 염색체는 평균 약 1억4000만 (1.4×10^8)개의 뉴클레오티드를 간직한다. 하나의 뉴클레오티드가 하나의 단어라고 보고 한 페이지에 500 단어가 수록되어 있다면, 1개의 염색체가 가지는 유전정보의 양은 1,000페이지의 책 280권의 분량이다. 1개의 염색체에 들어 있는 DNA를 곧게 편다면 약 5cm 길이가 된다. 그러나 DNA는 꼬여서 작은 공간을 차지하도록 뭉쳐 있다.

염색체의 꼬임

기다란 DNA 섬유가 어떻게 조밀하게 꼬일까? 진핵세포의 DNA를 전자현미경으로 보면 가느다란 실에 연결된 염주 알들처럼 보인다(그림 11.5). 매 200 뉴클레오티드마다 DNA 이중나선은 8개의 히스톤 단백질 덩어리 주변을 감아서 하나의 단위를 형성하는데 이를 뉴클레오솜(nucleosome)이라고 한다. 음전하를 띠는 대부분의 단백질들과는 달리, 히스톤은 양전하를 띠는데 이는 히스톤에 염기성 아미노산인 아르기닌과 라이신 함량이 높기 때문이다. 따라서 히스톤은 DNA의 음전하를 띠는 인산기와 강하게 결합하며 히스톤 덩어리는 DNA의 꼬임을 일으키는 '자성체' 역할을 한다.

뉴클레오솜은 더욱 꼬여서 코일(솔레노이드)을 형성한다. 코일은 30nm 두께로서 간기 염색질의 기본 구조이다.

유전학자들은 이질염색질(heterochromatin)이라는 발현되지 않는 염색질과 진정염색질(euchromatin)이라는 발현되는 염색질을 구별한다. 유사분열 동안 코일 안의 염색질은 골격 단백질 주위에서 더 고차적인 배열을 하게 된다. 이와 같은 조밀화에 대한 정확한 기작은 아직 명확히 알려지지는 않은 상태이다.

염색체 핵형

염색체는 종마다 크게 다르고 때로는 동일 종의 개체 간에도 차이를 나타낸다. 염색체의 차이는 크기, 염색 성질, 동원체의 위치, 동원체를 중심으로 양쪽 염색체 팔의 상대적 길이, 협착 부위에서 나타난다. 한 개

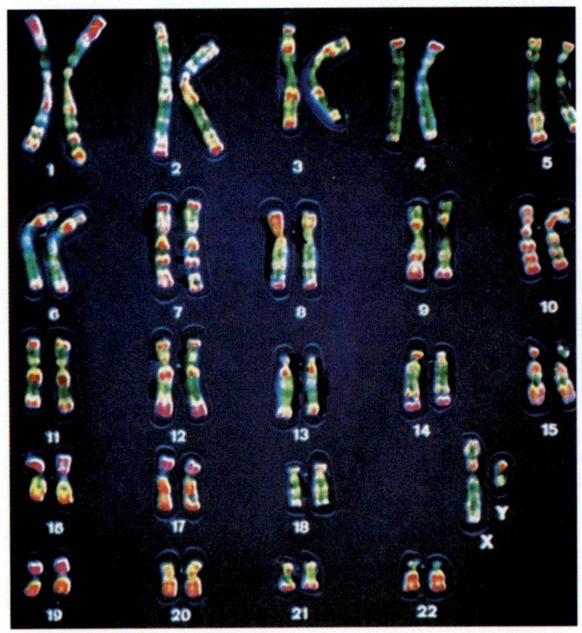

그림 11.6 | 사람의 핵형.
23쌍의 염색체는 각기 크기나 동원체의 위치가 다르다. 이 그림에서 염색체는 특수하게 염색된 것으로서, 이 염색 성질을 바탕으로 각 염색체를 명백히 구별할 수 있다.

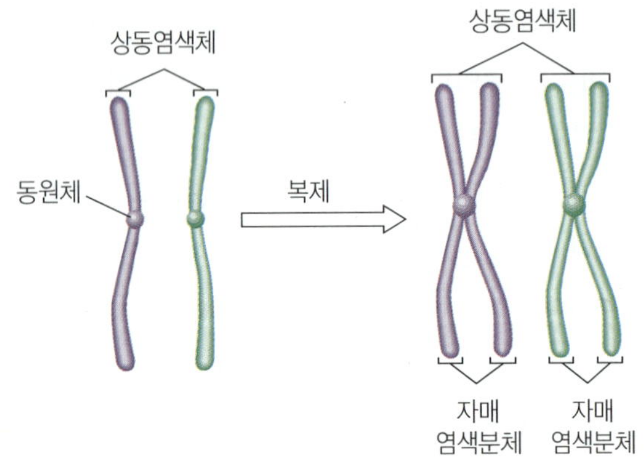

그림 11.7 | 상동염색체와 자매염색분체의 차이.
상동염색체는 동일염색체 쌍을 말한다. 자매염색분체는 DNA 복제 후 동원체 부위에서 서로 부착되어 있는 한 염색체의 복제품을 말한다.

체의 염색체들을 배열해 놓은 것을 핵형(karyotype)이라고 한다. 그림 11.6은 사람의 핵형이다. 그 생물을 규정하는 1벌의 염색체들을 반수체(n, haploid)라고 하며 사람이나 많은 생물체들이 이를 쌍으로 가지고 있다. 이배체(2n, diploid) 사람은 23쌍, 46개의 염색체를 가지고 있다. 한 쌍의 염색체 각각을 상동염색체(homologous chromosome)라고 한다.

핵형에서 보는 것과 같은 염색체 모양은 세포분열 도중 짧은 시기에만 나타난다. 복제하기 전에 각 염색체는 밀도가 높은 부위인 동원체(centromere)를 가진다. 복제 후, 각 염색체는 하나의 동원체를 공유하는 것처럼 보이는 2개의 자매염색분체(sister chromatid)를 가진다(그림 11.7). 분자 수준에서 볼 때 동원체 DNA가 뒤늦게 복제되지는 않으므로 실제로 이들이 동원체를 공유하지는 않을 것이다. 분열에 들어갈 때 사람의 세포는 92개의 염색분체로 된 46개의 염색체를 가진다.

11.3 유사분열

세포 주기

진핵세포의 게놈이 원핵세포의 게놈보다 커지고 복잡해지면서 세포가 분열하는 동안 딸세포로 복제된 게놈이 나누어지는 과정도 크게 변화하게 되었다. 이 분열 과정을 세포 주기(cell-cycle)라고 하고 모식적으로 5개의 기로 구분한다(그림 11.8).

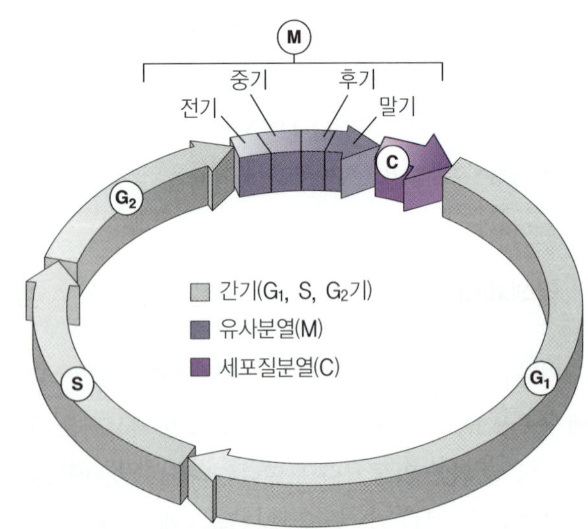

그림 11.8 | 세포 주기.
위 그림은 배양 중인 사람의 세포에서 22시간 주기를 나타낸다. G_1은 세포의 1차 생장기, S는 게놈의 복제품이 합성되는 시기, G_2는 2차 생장기를 나타낸다.

5개의 주기

G_1기는 세포의 1차 생장기이다. 여러 생물에서 이 시기는 세포 생활주기의 주요 부분을 차지한다. S기는 게놈의 복제품을 합성하는 시기이다. G_2기는 2차 생장기로서, 게놈의 분리를 준비하는 시기이며, 이 시기에 미토콘드리아나 기타 세포소기관이 복제되고, 염색체가 농축되며 미세소관이 조립된다. G_1, S, G_2기는 합쳐서 간기(interphase)를 이룬다. 간기는 세포 주기 중 세포분열 사이의 시기이다.

M기(mitosis)는 미세소관 장치가 생겨서 염색체에 부착하며 자매염색분체가 분리되는 시기이다. 유사분열은 복제된 게놈이 분리되는 과정이다. 유사분열은 연속적으로 일어나지만 편의상 전기, 중기, 후기, 말기로 구분된다.

C기(cytokinesis)는 세포질이 분열하여 2개의 딸세포가 생기는 시기이다. 동물세포에서는 세포가 나뉘어질 때 잘록해지는 부위에 액틴 고리가 위치하도록 미세소관 방추체가 돕는다. 식물세포처럼 세포벽을 가지는 세포에서는 중간에 세포판이 생긴다.

세포 주기의 지속 시간

세포 주기가 한 번 도는데 걸리는 시간은 생물마다 크게 다르다. 동물의 생장 중인 배아세포는 20분 내에 한 번의 주기를 마친다. 초파리 배아세포의 핵은 8분마다 한 번씩 분열하는 것으로 알려져 있는데, 이러한 세포들은 세포의 성장 없이 DNA가 복제되자마자 핵이 분열한다. 이때 세포 주기의 절반은 S기가, 나머지 절반은 M기가 차지하며 G_1기나 G_2기가 차지하는 시간은 없다. 그러나 성숙한 세포는 성장 시간이 필요하므로, 성숙 세포의 주기는 대개 배아 조직의 세포 주기보다 길다. 분열하는 포유류 세포는 전형적으로 약 24시간 동안에 세포 주기가 완결되지만 사람의 간세포와 같은 일부 세포는 1년 이상 걸린다. 세포 주기 동안 M기는 단지 1시간 정도만 소요된다.

생물이나 조직의 세포 주기 길이의 차이는 G_1기의 차이 때문에 생긴다. 흔히 세포는 DNA 복제 전의 G_1기에 주기를 정지하여 G_0기라는 휴지 상태로 들어가기도 한다. 이 상태가 수일 또는 수년간 지속되다가 세포분열이 다시 진행되기도 한다. 어느 시기가 되면 동물체의 대부분의 세포들은 G_0기 상태로 들어간다. 근육세포나 신경세포 등은 영구적으로 이 G_0 상태에 머무르며, 간세포 등은 상처를 받았을 때 생기는 물질에 반응하여 G_1기를 재개한다.

간기 : 유사분열의 준비

간기, 즉 G_1, S, G_2기에 일어나는 일들은 유사분열이 성공적으로 일어나는데 매우 중요하다. G_1기 동안에 세포의 주요 성장이 일어난다. S기 동안에는 각 염색체는 복제되어 2개의 자매염색분체로 된 다음 동원체 부위에서 서로 부착된 채 머무른다. 동원체(centromere)는 염색체가 협착된 부분으로서 동원판(kinetochore)이라는 단백질판이 결합하는 특수 DNA 서열이 위치한다. 동원판은 미세소관이라는 섬유가 부착하는 부위이다(그림 11.9). 각 염색체마다

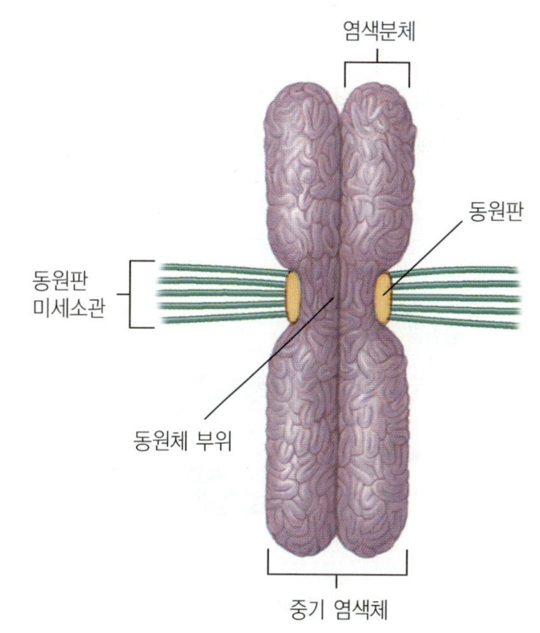

그림 11.9 | 동원판.
중기 염색체에서 동원판 미세소관은 동원체의 단백질에 부착되어 있다.

동원체는 특정 부위에 위치한다.

세포는 간기를 통하여 계속 성장한다. 간기 중 G_1기와 G_2기는 활발히 성장하는 시기로서, 이 시기에 단백질이 합성되고 세포소기관이 생산된다. 세포의 DNA 복제는 S기에만 일어난다.

염색체는 S기에 복제된 뒤 풀어진 채 남아 있으므로 광학현미경으로 염색체가 보이지 않는다. G_2기가 되면 염색체들은 염색체 응축(condensation)이 시작되면서 단단히 꼬이게 된다. G_2기에는 또 세포는 염색체를 세포의 양극으로 이동시키는 데 쓰일 장치들을 조립하기 시작한다. 동물세포에서는 미세소관 형성 중심인 한 쌍의 중심립(centrioles)이 복제된다. 모든 진핵세포들은 미세소관의 재료인 튜불린을 합성한다.

유사분열

전기 : 유사분열 장치의 형성

전기(prophase)에서 처음으로 광학현미경으로 염색체가 보인다. 염색체의 응축은 전기 내내 진행된다. rRNA 유전자를 간직하는 염색체 부위가 응축되면서 리보솜 RNA 합성도 정지한다.

방추 장치의 조립. 나중에 자매염색분체의 분리에 이용될 미세소관 장치의 조립은 전기 동안 지속된다. 동물세포에서 G_2기에 형성된 두 쌍의 중심립은 전기 초기에 분리되기 시작하면서 각 쌍의 사이에 방추사라는 미세소관이 연결된다. 중심립이 양극에 도달할 즈음에 이들 사이에 방추장치라는 미세소관 다리가 형성된다. 식물세포에서는 중심립이 없지만 양극 사이에 이와 유사한 미세소관 섬유의 다리가 형성된다.

방추장치가 형성되는 동안 핵막이 분해되고 소포체가 이의 구성 성분들을 재흡수한다. 방추장치가 생기는 방향은 세포의 분열 면을 결정하는데, 이는 방추장치의 형성 방향과 직각이 되게 분열 면이 생기기 때문이다.

동물세포의 유사분열에서, 중심립은 양극에 도달한 후 원형질막을 향하여 미세소관 줄기들을 방사상으로 뻗게 되는데, 이와 같은 미세소관 배열을 성상체(aster)라고 한다. 성상체의 기능은 아직 완전히 알려지지는 않았지만, 아마도 막에 의지해 중심립을 떠받치고 방추체가 수축할 때 미세소관 부착점을 단단히 고정시키는 역할을 하는 것으로 여겨진다. 단단한 세포벽을 가지는 식물세포는 성상체를 가지지 않는다.

자매염색분체를 양극과 연결시킴. 전기가 진행되면서 제2의 미세소관 집단이 양극으로부터 동원체 쪽으로 자라나기 시작한다. 이 미세소관은 각 자매염색분체의 동원판과 방추체 양극 사이에 연결된다. 이 연결은 유사분열 과정에서 매우 중요하며, 미세소관 부

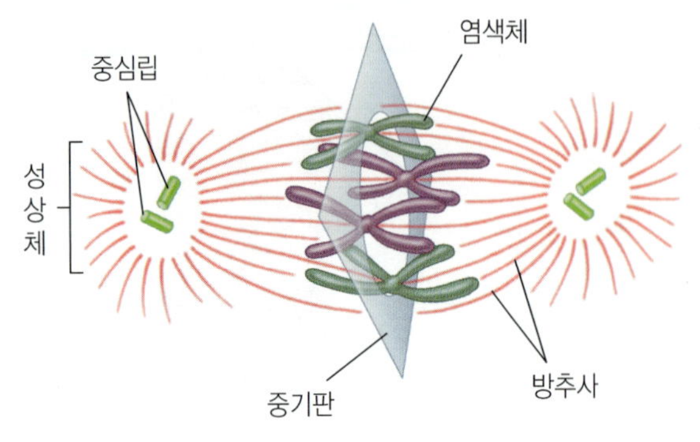

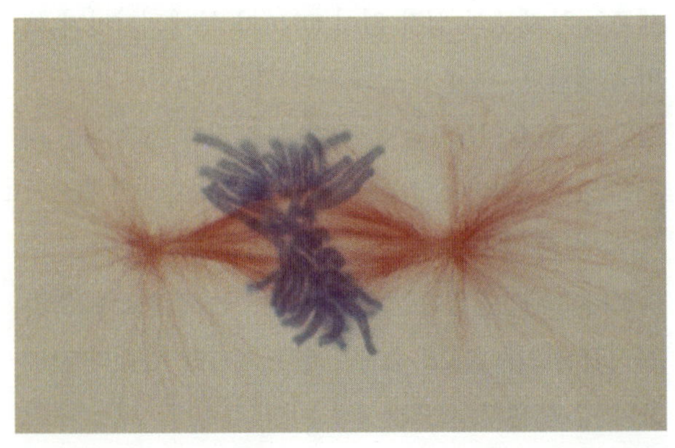

그림 11.10 | 중기.
중기에서 염색체들은 방추체 중심부에 고리 모양으로 배열한다.

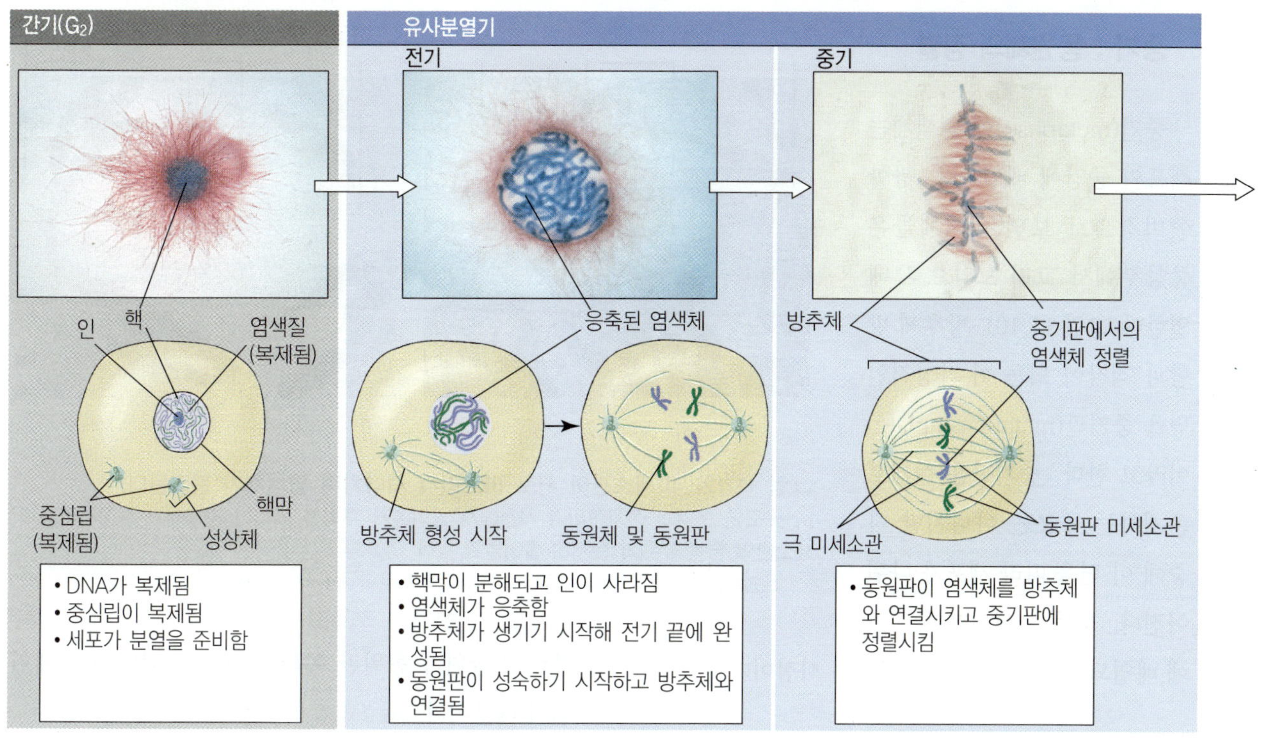

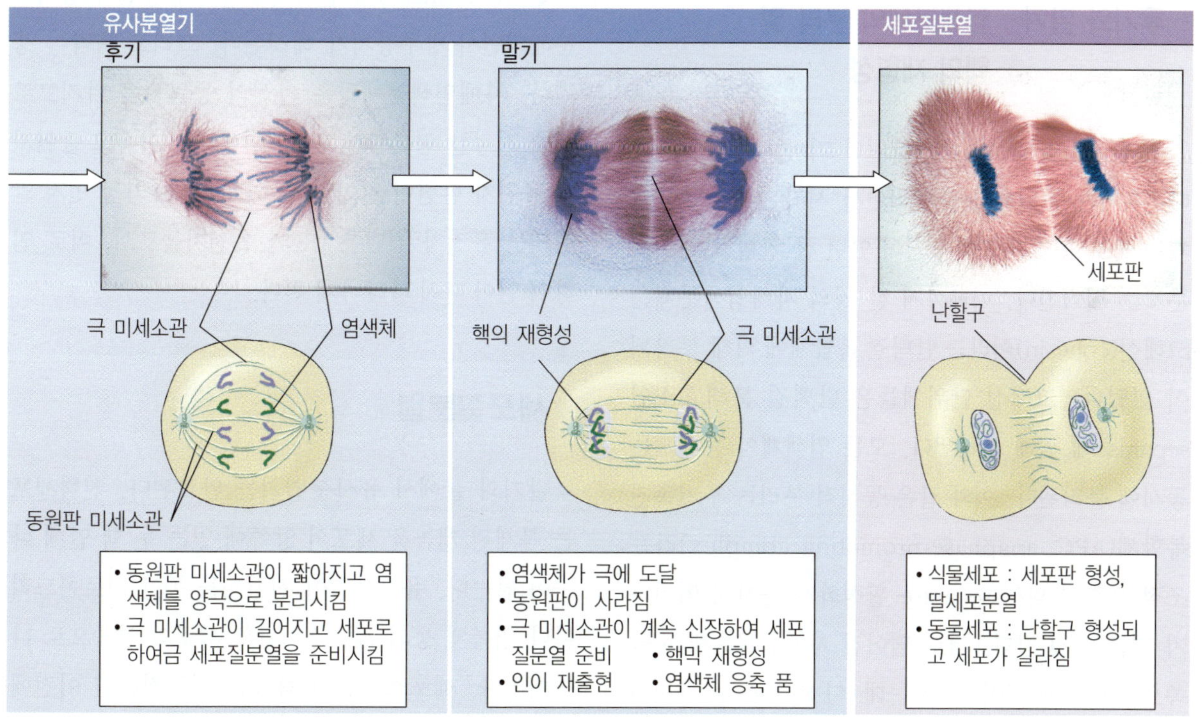

그림 11.11 | 식물(사진)과 동물(그림)의 유사분열과 세포질분열.
사진에서 청색은 아프리카 나리꽃(*Haemanthus katharinae*)의 염색체, 적색은 미세소관을 나타낸다. 유사분열은 4단계인 전기, 중기, 후기, 말기를 거치며 세포질분열이 그 뒤에 일어난다.

착에 어떠한 착오가 있을 경우 재난이 일어난다. 가령, 동원체의 양쪽이 모두 한 쪽 극과 연결되면 자매 염색분체의 분리가 실패하게 되고, 이 둘이 동일한 딸 세포로 들어가게 된다.

중기 : 동원체의 정렬

중기(metaphse)에 염색체는 세포의 중앙에 배열한다. 광학현미경으로 보면 염색체들은 중앙부에서 고리 모양으로 배열한다(그림 11.10). 방추체 방향과 직각이 되는 이 가상적인 면을 중기판(metaphase plate)이라고 한다. 중기판은 실제로 존재하는 구조는 아니지만 나중에 이 면을 따라 세포가 나뉘어진다. 모든 염색체가 중기판에 배열되었을 때가 중기가 끝나는 시점이다.

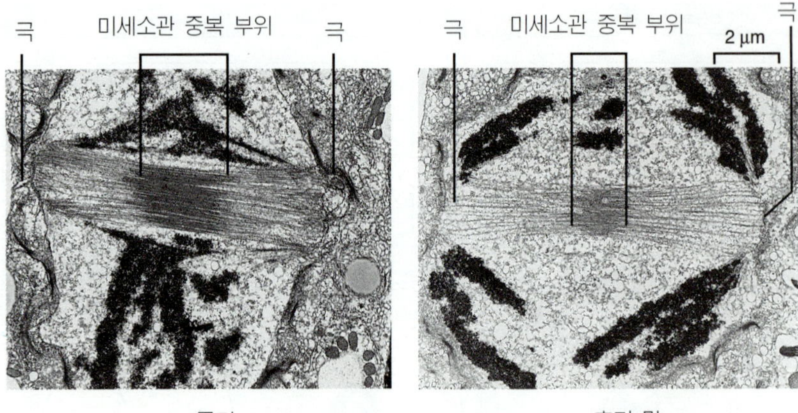

그림 11.12 | 미세소관이 서로 미끄러져 지나치며 염색체가 분리된다.
이 규조류 분열의 전자현미경 사진에서 중기에서 후기를 거치며 방추체가 신장하면서 미세소관의 중복 부위가 현저히 줄어들고 있다.

후기와 말기 : 염색분체의 분리 및 핵의 재형성

후기(anaphase)는 유사분열의 기 중에서 가장 짧다. 후기는 동원체가 분열되면서 시작된다. 각 동원체는 둘로 분열되고 부착되어 있던 한 쌍의 자매염색분체는 떨어진다. 이때까지 한 쌍의 자매염색분체는 코헤신(cohesin)이라는 단백질 복합체에 의해 부착되어 있었다. 코헤신 단위체들은 단백질 분해효소인 separase에 의해 분리된다. 모든 염색체의 동원체는 동시에 분리된다. 이와 같은 동시적 분리는 후기촉진복합체(APC, anaphase-promoting complex)라는 조절 요소에 의해 separase 활성화가 동시에 일어나기 때문인 것 같다. 서로 떨어진 자매염색분체는 극쪽으로 빠르게 끌어당겨지는데, 이 과정에 두 가지의 이동이 동시에 일어난다. 하나는 양극을 연결하는 방추사가 길어지면서 양극을 반대 방향으로 멀어지게 하는 양극이격 이동이다(그림 11.12). 이때 자연히 염색체도 서로 이격된다. 둘째의 이동은 동원체의 극쪽 이동인데, 이는 동원체와 극 사이에 연결된 미세소관이 짧아지기 때문에 일어난다. 이 단축 현상은 수축이 아니며 미세소관도 두꺼워지지는 않는다. 그 대신 튜불린 소단위가 동원판 쪽의 미세소관 말단에서 제거되기 때문이다.

말기(telophase)에서 미세소관이 튜불린 단량체로 분해되면서 방추장치가 해리된다. 그리고 핵막이 생긴다. 자매염색분체들은 자신의 동원체를 가지므로 이제 진정한 염색체가 된다. 염색체는 이윽고 풀어져서 유전자 발현이 일어날 수 있게 된다. 가장 먼저 발현되는 유전자 집단은 rRNA 유전자들로서, 이로 인하여 인이 다시 나타나게 된다.

세포질분열

말기의 끝에서 유사분열기는 완료된다. 진핵세포는 복제된 게놈을 세포의 양쪽에 있는 두 핵 안에 나누어 담는다. 유사분열이 진행되는 동안 미토콘드리아나 엽록체 등의 세포소기관도 세포의 양쪽으로 나누어진다. 세포소기관의 복제는 세포질분열 이전에 일어나는데, 대개 S기와 G_2기에 복제된다. 세포질분열(cytokinesis)이 일어나야 세포의 분열이 끝난다.

동물세포나 세포벽이 없는 모든 진핵세포에서 세포질분열은 액틴 필라멘트에 의하여 일어난다. 세포의 중간부가 잘록해지면서 난할구(cleavage furrow)가 만들어지고 마침내 세포가 둘로 나뉘어진다(그림 11.13).

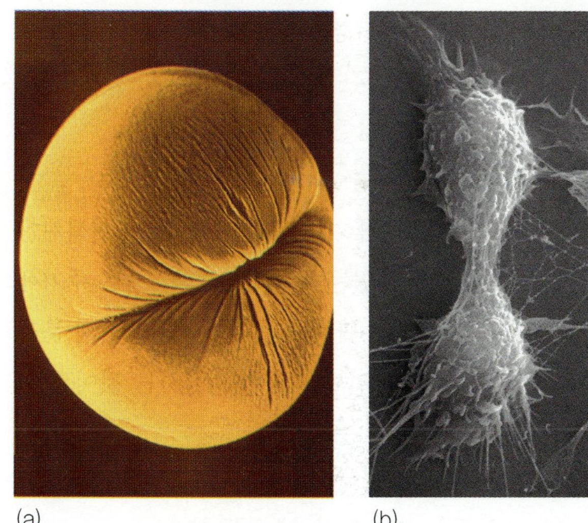

그림 11.13 | 동물세포의 세포질분열.
(a) 분열하는 성게 난자에서 생기는 난할구(30×). (b) 세포질분열의 완결.

식물세포의 세포벽은 너무 단단해서 액틴 필라멘트에 의해 세포가 잘록해질 수가 없다. 그 대신 세포 내부에 세포판(cell plate)이라는 막 구조물이 생겨서 세포를 둘로 가른다(그림 11.14). 새로운 막에 셀룰로오스가 첨가되어 새로운 세포벽이 형성된다. 딸세포 사이의 공간은 중엽(middle lamella)이라고 하며 펙틴으로 채워진다.

균류와 일부 원생생물에서는 핵막이 분해되지 않으므로 유사분열시의 모든 과정은 핵 안에서 일어난다.

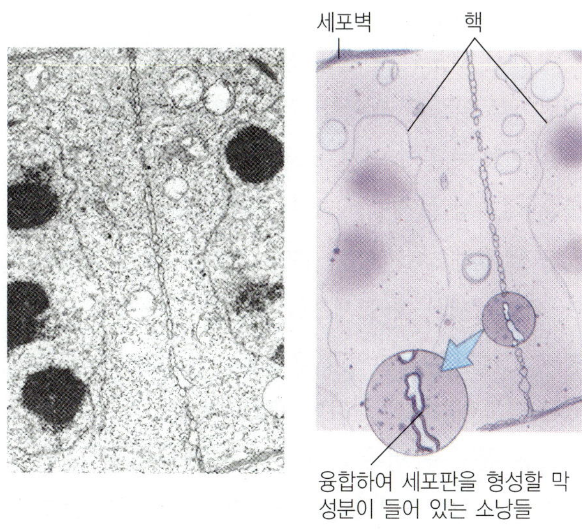

그림 11.14 | 식물세포의 세포질분열.
딸핵 사이에서 세포판이 형성된다.

유사분열이 완료된 후에야 핵이 둘로 분열하며, 그런 뒤 세포질분열 동안 핵이 딸세포로 나뉘어 들어간다.

11.4 세포 주기의 조절

세포 주기의 일반적 조절

세포 주기의 조절에 관한 지식은 지난 20년 동안 많이 발전되었다. 두 가지 개념에 초점을 맞추어 보자. 첫째는 세포주기에는 역행할 수 없는 두 시기가 있는데 즉, 유전물질의 복제와 자매염색분체의 분리이다. 둘째는 세포 주기는 확인점(checkpoint)이라는 특수 지점에서 정지될 수 있다. 확인점들 중 어느 지점에서라도 그 과정의 정확도가 검사되어 오류가 있을 경우 정지될 수 있다. 이 때문에 전 과정에서 높은 신뢰도를 유지할 수 있게 된다.

조절 체제의 구성

세포는 내부 상태를 평가하고 외부 신호를 받아들

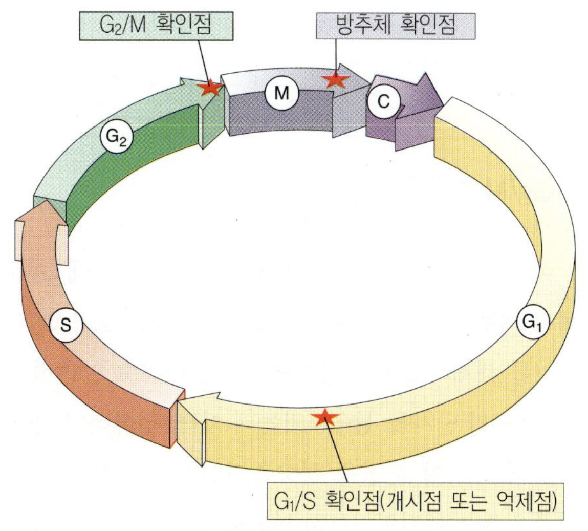

그림 11.15 | 세포 주기의 조절.
세포 주기의 세 가지 주요 확인점을 통과하기 전에 조건이 적당한지 검사하기 위하여 세포는 중앙 집중화된 조절 체제를 이용한다.

이기 위하여 세 가지 주요 확인점을 이용하는데, 이는 G_1/S, G_2/M, 그리고 중기의 끝 시기이다(방추체 확인점)(그림 11.15). 이 3개의 확인점의 통과는 효소 소단위와 사이클린(cyclin)이라는 단백질로 구성된 효소 키나아제(kinase)에 의해 조절된다. 이 효소를 사이클린의존 키나아제(cyclin-dependent kinases, Cdk's)라고 한다. 사이클린은 유사분열과 함께 주기적으로 생산되고 분해되지만 Cdk's의 활동으로 세포 주기가 일어난다.

G_1/S 확인점

G_1/S 확인점은 세포가 분열 여부를 결정하는 첫 번째 확인점이다. 이 확인점은 외부 신호가 세포 주기에 영향을 주는 첫 번째 지점이다. 이 시기에 성장인자들이 세포 주기에 영향을 주며, 이때 세포분열이 세포 성장이나 영양과 결부된다. 세포 주기의 유전적 분석이 잘 이루어진 효모에서는 이 확인점을 개시점(start)이라고 하며, 동물에서는 억제점(R point)이라고 한다. 세포가 일단 게놈복제를 시작하면 분열까지 진행된다. 이 확인점에서 내려지는 결정은 성장인자와 같은 외부 신호와 영양상태와 같은 내부 신호에 의존된다. 또 게놈의 완전성에도 영향을 받는다. DNA의 손상이 일어나거나 영양 부족이 나타나면 이 지점에서 세포 주기가 정지된다.

G_2/M 확인점

이 확인점에서 활성을 나타내는 Cdk's는 원래 G_2기에서 세포 주기가 정지한 개구리의 난모세포가 G_2기 정지를 해제하도록 주입하는 물질군이라고 알려졌었다. 개구리 난자를 성숙시키는데 이는 정상적인 과정이었으므로 이 물질을 성숙촉진인자라고 불렀는데, 지금은 M기촉진인자(M-phase-promoting factor : MPF)라는 이름으로 불린다.

이 확인점을 통과하면 유사분열이 진행된다. 이 확인점은 DNA 복제를 검사하며, 만약 DNA 복제가 정확히 이루어지지 않았을 경우 세포 주기를 정지시킨다.

방추체 확인점

방추체 확인점은 후기에 들어갈 때 모든 염색체가 방추사와 연결되어 있는지를 검사한다. 세포 주기에서 제2의 불가역적인 단계는 후기에서의 염색체 분리이며, 염색체가 중기판에 적당히 정렬하는 것이 핵심적 사항이다.

암과 세포 증식의 조절

억제되지 않고 계속 증식하는 세포집단을 암이라고 한다. 암은 근본적으로 세포분열과 관련된, 즉 세포분열이 억제되지 않아서 생기는 질병이다. 암 학자들은 p53이라는 유전자가 발암과 깊은 관련이 있음을 확인하고 있는데, 이 유전자는 G_1 확인점에서 핵심적인 역할을 한다. 이 유전자의 산물인 p53 단백질은 DNA의 건강성을 감시한다. 만약 p53 단백질이 손상된 DNA를 발견하면, 이 단백질은 세포분열을 정지시키고 특수 효소로 하여금 이 손상을 치료하도록 자극한다. DNA가 치료되면 p53은 세포분열이 지속되도록 한다. DNA 손상이 치료 불가능한 것일 경우 p53은 세포자살(apoptosis) 프로그램을 활성화시켜서 세포의 사멸을 유도한다.

손상된 세포의 분열을 정지시킴으로서, p53은 돌연변이를 일으킨 세포가 많이 생기는 것을 막으므로 이 유전자는 종양 억제 유전자로 취급되었다. 과학자들은 대개의 암세포에 p53이 없거나 손상되어 있는 것을 발견하였다. 이는 p53이 없거나 비정상이어서 G_1 확인점에서 이 암세포들의 분열이 정지하지 않고 계속 진행되기 때문이다(그림 11.16). 암세포가 들어있는 페트리접시에 건강한 p53 단백질을 넣으면 암세포들은 분열을 멈추고 죽는다. 과학자들은 흡연이 p53 유전자의 돌연변이를 일으킨다는 사실도 보고하였다.

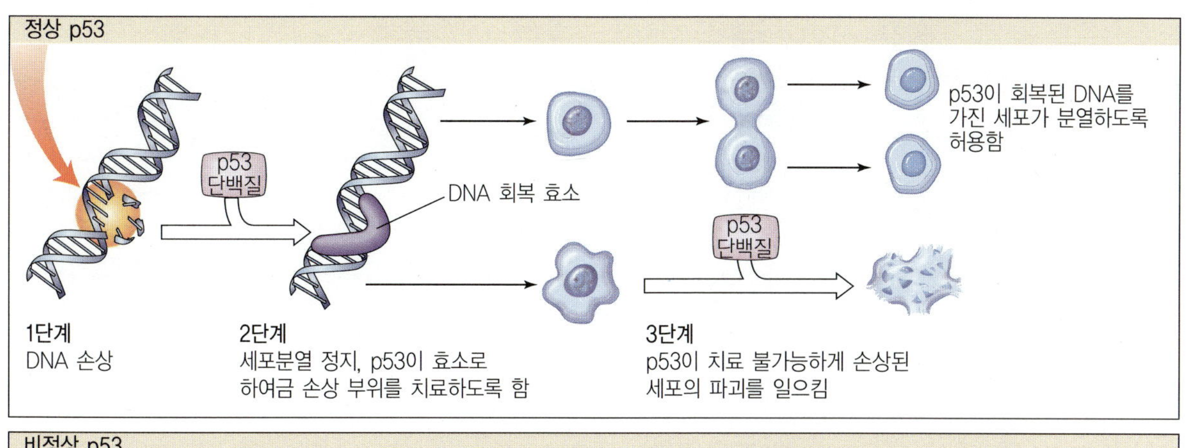

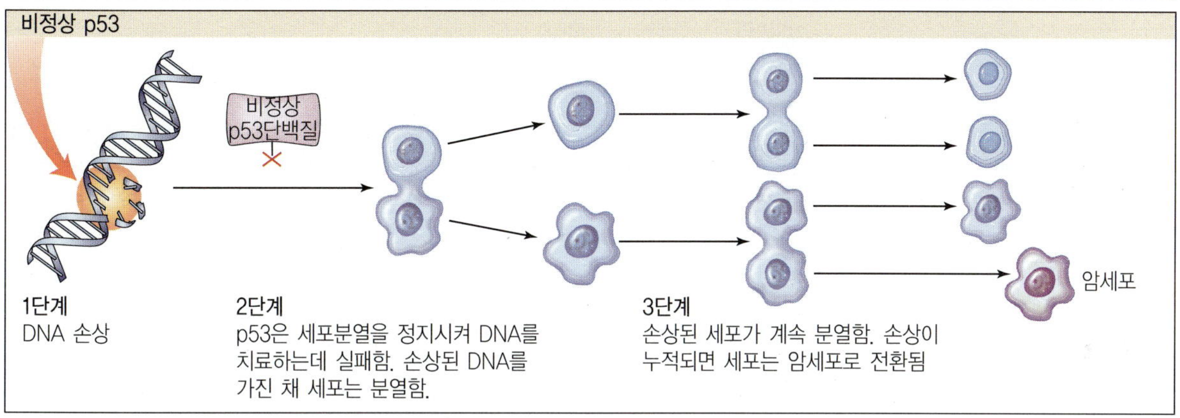

그림 11.16 | 세포분열과 p53 단백질.

정상적인 p53 단백질은 DNA를 감시하면서 치료 불가능하게 손상된 DNA를 가진 세포를 사멸시킨다. 비정상적인 p53 단백질은 세포분열을 정지시켜 DNA 치료를 하게 하지 못하므로, 손상된 세포가 계속 증식하여 암세포로 된다.

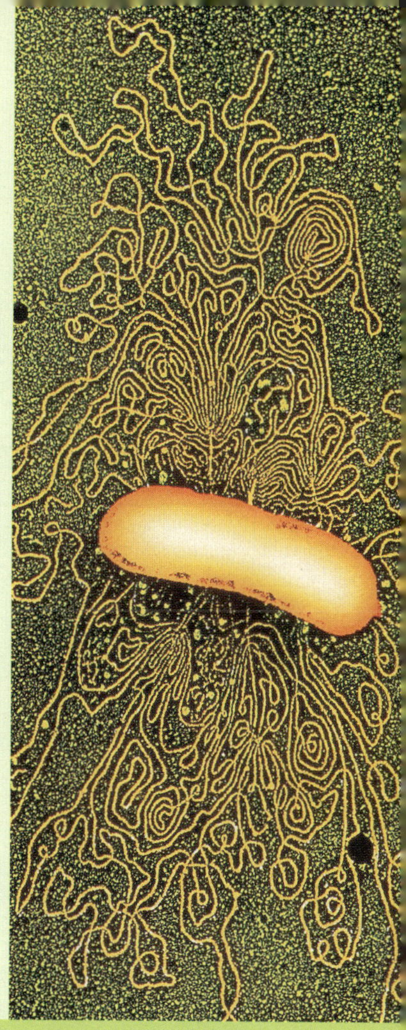

Part Ⅲ
유전과 분자 생물학

12
유성생식과 감수분열

13
유전 양상

14
DNA : 유전물질

15
유전자의 활동

16
유전자 기술

17
게놈

18
유전자 발현의 조절

19
발생의 세포학적 기작

20
암 생물학 및 세포 기술

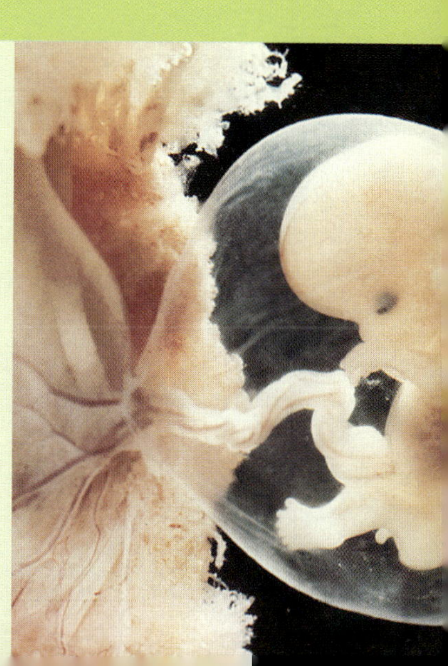

CHAPTER 12

유성생식과 감수분열

대부분의 동식물은 유성생식을 한다. 이성의 배우자들이 융합하여 하나의 수정란을 만들고, 이 수정란은 유사분열로 계속 분열하여 결국 100조 개의 세포로 된 어른이 된다. 배우자는 감수분열이라는 특수한 세포분열로 생긴다. 감수분열은 유사분열보다 훨씬 복잡하다. 감수분열은 진화의 기본 재료가 되는 엄청난 유전적 다양성을 만드는 장본인이다.

12.1 이배체로부터 반수체를 만드는 감수분열

감수분열의 발견

플레밍이 1882년에 염색체를 발견한 지 수년 뒤에 벨기에의 세포학자 베네덴(van Beneden)은 회충 *Ascaris*에서 세포마다 염색체의 수가 다른 것을 보고 놀랐다. 그는 회충에서 배우자(gamete, 난자와 정자)는 2개의 염색체를 가지는 반면, 체세포는 4개의 염색체를 가지고 있는 것을 발견했던 것이다.

그림 12.1 | 감수분열 중인 식물세포.
Spiderwort(*Tradescantia*)의 화분세포는 감수분열의 여러 단계를 보여주고 있다(600×).

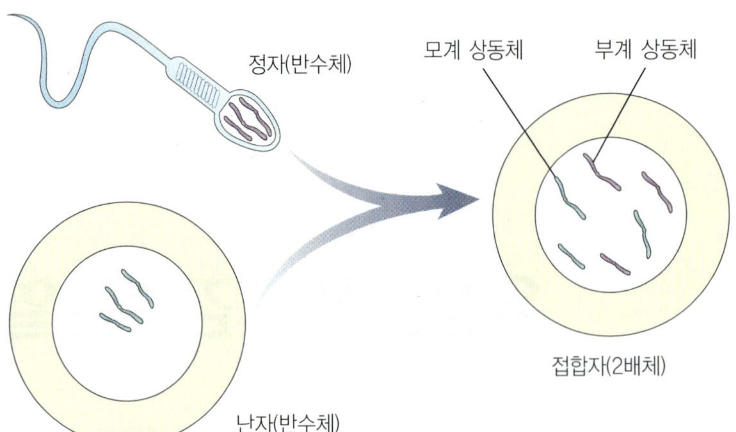

그림 12.2 | 2배체 세포에는 양쪽 어버이로부터 받은 염색체들이 들어 있다.

수정

1887년 베네덴은 다른 세포의 염색체의 절반을 가지고 있는 난자와 정자는 융합하여 하나의 세포인 접합자(zygote)를 만든다고 제안하였다. 접합자는 2벌의 염색체를 가진다. 두 배우자가 융합하여 하나의 새로운 세포를 만드는 것을 수정(fertilization) 또는 배우자합체(syngamy)이라고 한다.

감수분열

배우자 형성에는 염색체 수가 절반으로 줄어드는 어떤 기작이 있어야 된다는 것을 옛날의 과학자들도 알고 있었다. 그렇지 않으면 염색체 수는 수정할 때마다 두 배로 증가하여, 사람의 경우 10세대가 지나면 염색체 수는 47,000개나 되기 때문이다. 그러나 실제로는 배우자를 만들 때 염색체 수가 절반으로 감소하므로 세대가 지나도 염색체 수는 일정하게 유지되는데, 이와 같이 염색체 수가 줄어드는 분열을 감수분열(meiosis)이라고 한다.

유성생활주기

감수분열과 수정은 함께 하나의 생식주기를 이룬다. 성체의 체세포에는 2벌의 염색체가 있는데, 이를 2배체(diploid) 세포라고 하며, 배우자에 있는 한 벌의 염색체를 반수체(haploid)라고 한다. 감수분열과 수정이 교대로 돌아가면서 이루어지는 생식을 유성생식(sexual reproduction)이라고 한다. 유성생식으로 자손은 양쪽의 어버이로부터 염색체를 물려받는다(그림 12.2). 예를 들어, 우리는 아버지로부터 정자를 통해 23개의 염색체를, 어머니로부터 난자를 통해 23개의 염색체를 물려받는다.

유성생식을 하는 모든 생물의 생활주기는 2배체와 반수체의 염색체 수를 번갈아 가지는 양상을 따르지만, 약간의 변이도 있다. 많은 조류들이 생활주기의 대부분을 반수체 상태로 보내며, 접합자는 감수분열하여 반수체를 만들고 반수체는 유사분열을 한다(그림 12.3a). 대부분의 동물에서는 2배체 상태가 우세하여, 접합자는 처음에 유사분열을 하여 2배체 세포를 만들고, 생활주기의 후기에 이 2배체 세포의 일부가 감수분열하여 반수체의 배우자를 만든다(그림 12.3b). 일부 식물과 일부 조류에서는 다세포성 반수체 시기와 다세포성 2배체 시기 사이를 교대로 보낸다(그림 12.3c).

생식계통세포

동물에서 1개의 2배체 접합자가 유사분열을 통해 성체를 이루는 모든 세포를 만든다. 배우자로 될 운명을 가지지 않은 세포들을 체세포(somatic cells)라고 한다. 감수분열을 하여 배우자를 만들 세포들은 발생

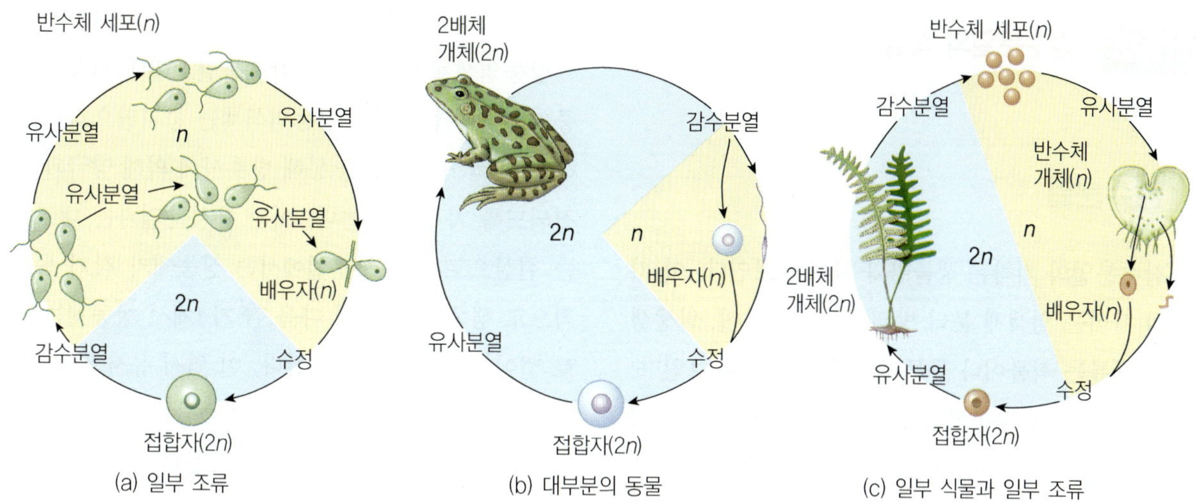

그림 12.3 유성생활주기의 세 가지 유형.
유성생식에서 반수체와 2배체가 교대로 나타난다.

초기에 체세포와는 격리되어 한쪽에 모아지는데, 이 세포들을 생식계통세포(germ-line cells)라고 한다. 체세포나 생식계통세포는 모두 2배체이지만, 체세포는 유사분열을 하여 유전적으로 동일한 2배체 딸세포를 만들고 생식계통세포는 감수분열을 하여 반수체 배우자를 만든다(그림 12.4).

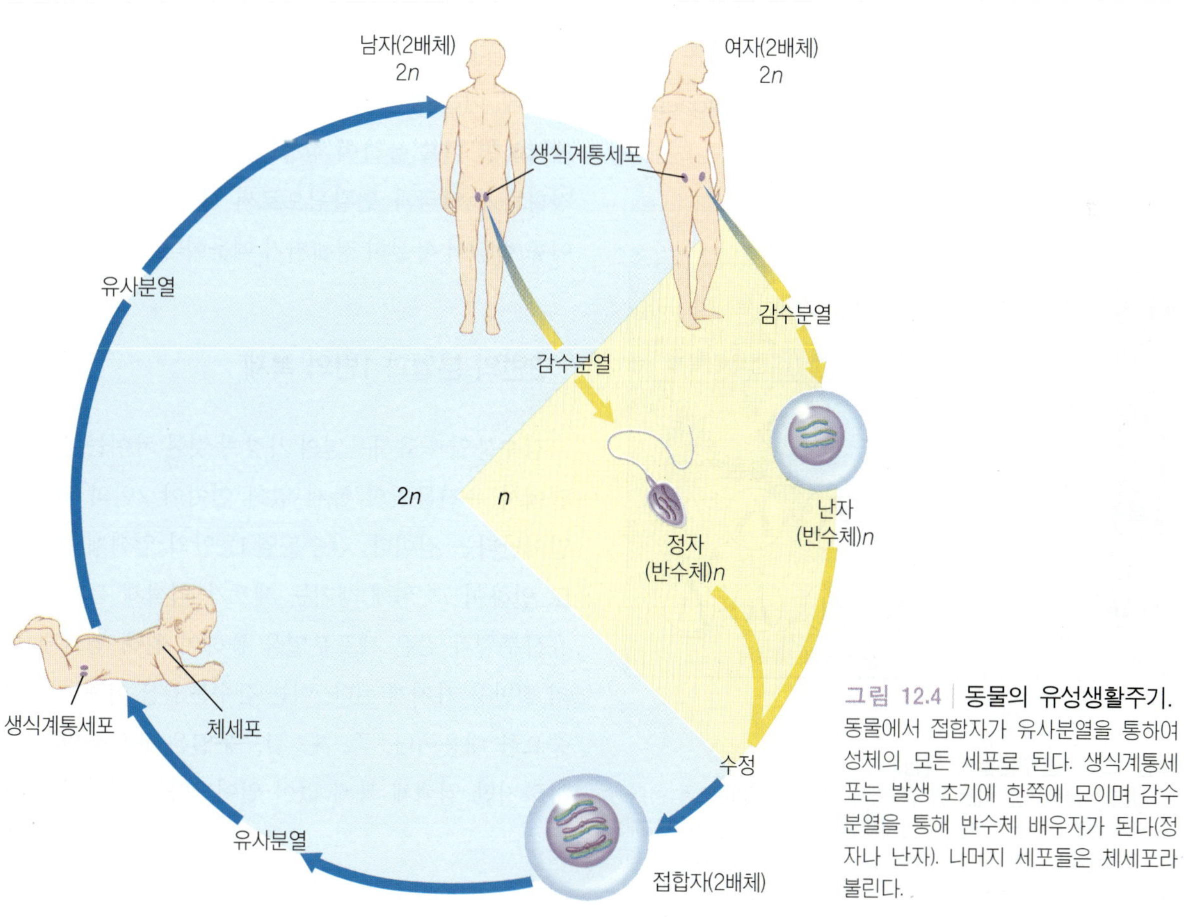

그림 12.4 동물의 유성생활주기.
동물에서 접합자가 유사분열을 통하여 성체의 모든 세포로 된다. 생식계통세포는 발생 초기에 한쪽에 모이며 감수분열을 통해 반수체 배우자가 된다(정자나 난자). 나머지 세포들은 체세포라 불린다.

12.2 감수분열의 특징

감수분열

감수분열의 기작은 생물마다 차이를 보인다. 이 기작의 차이는 염색체 분리 방식에서 뚜렷하며, 원생생물과 균류는 식물이나 동물의 경우와 차이를 보인다. 2배체 생물의 감수분열은 2개의 라운드, 즉 감수분열 I(meiosis I)과 감수분열 II(meiosis II)로 구성된다.

상동염색체의 짝짓기

유사분열과 감수분열의 차이를 구별하기 위해서는 이 두 가지 분열과정에서 나타나는 염색체의 행동을 이해해야 한다. 가장 중요한 차이는 감수분열의 전기 I의 염색체 행동에서 나타나는데, 이때 상동염색체가 상대 짝(상동체)을 찾아서 접합(synapsis)이라는 짝짓기를 한다(그림 12.5). 이 접합에 관하여 여러 방면으로 많은 연구가 이루어졌으나 아직도 그 지식은 완전하지 못하다. 접합시에 접합사 복합체(synaptonemal complex)라는 정교한 구조가 나타난다(그림 12.7).

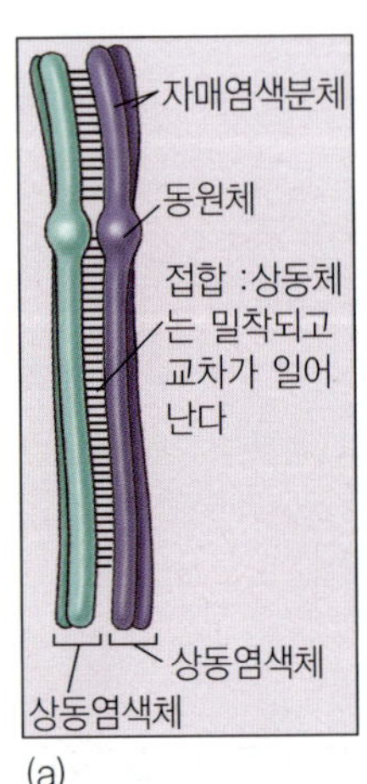

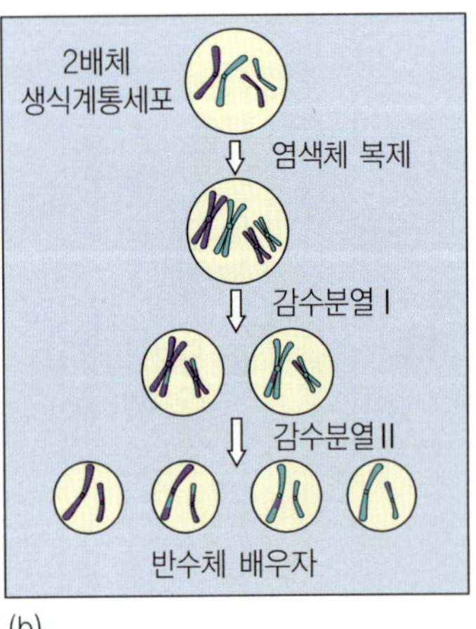

그림 12.5 | 감수분열의 특징.
(a) 접합은 상동체를 서로 밀착시켜서 교차가 일어나도록 한다. (b) 감수분열 I의 감수분열과 염색체 복제 생략으로 반수체 배우자가 생긴다. 이로 인해 생활주기가 계속 진행되는 동안 염색체는 수적으로 안정된다.

상동염색체들의 밀착은 감수분열 I 내내 지속된다. 중기 I에서 짝을 이룬 상동염색체는 중기판으로 이동하고 각 짝이 동원판을 통해 방추사에 의해 양극과 연결되도록 자세를 잡는다. 이는 유사분열과는 대조되는 현상으로서, 유사분열에서는 상동체가 각기 독립적으로 행동한다. 그런 다음, 후기 I에서 상동체는 서로 멀어져 양극으로 이동한다. 이 역시 유사분열과는 차이 나는 현상으로서, 유사분열에서는 상동체가 아닌 자매염색분체가 양극으로 이동한다. 이때 염색분체의 수는 감소되지 않지만 염색체의 수는 감소된다(동원체의 수로서 염색체의 수를 센다는 것을 명심하자).

전기 I에서 염색체가 밀접하게 연합하고 있는 동안 감수분열의 또 다른 특징적 과정이 일어나는데, 그것은 세포학적으로는 교차(crossing over)라고 하고, 유전학적으로 유전자 재조합이라고 하는 현상이다. 이 과정을 통하여 상동체 사이에 염색체 부위를 교환한다. 교차가 일어나는 부위를 키아스마타(chiasmata)라고 한다. 후기 I까지 상동 염색체 짝은 계속 밀착해 있는데, 이는 상동체의 정확한 분리를 위해 중요하다. 왜냐하면 이를 통하여 상동 염색체의 동원체가 각각 정확하게 양극과 연결됨으로써 각 상동염색체 짝의 이동 방향이 확실히 정해지기 때문이다.

2번의 분열과 1번의 복제

감수분열과 유사분열의 가장 뚜렷한 차이는 감수분열에서 유전물질의 복제 없이 연이어 2번의 분열이 일어난다는 점이다. 감수분열 I동안의 염색체 행동으로 인하여 그 뒤에 생기는 세포가 염색체 복제 없이 유사분열과 같은 세포분열을 통하여 원래 염색체 수의 절반을 가지게 된다. 이는 감수분열을 이해하는 데 중요한 내용이다. 즉, 제2 감수분열은 유사분열과 유사하지만 염색체 복제 없이 일어난다는 점이다(그림 12.6).

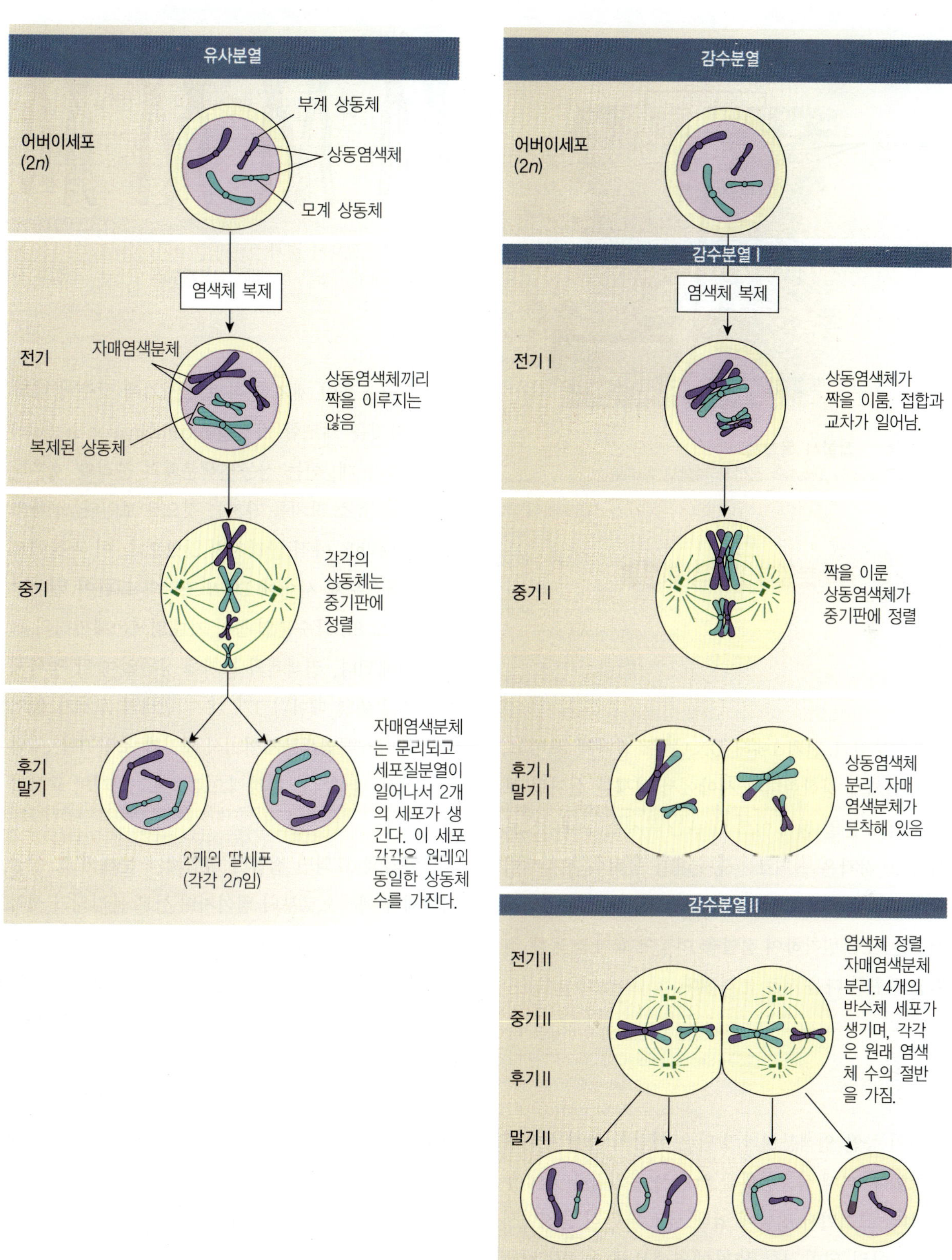

그림 12.6 | **감수분열과 유사분열의 비교.**
감수분열에서 두 번의 핵분열이 일어나지만 그 사이에 DNA 복제는 일어나지 않는다. 그로 인해 생기는 4개의 딸세포는 각각 원래 염색체 수의 절반을 가진다. 감수분열의 전기 I에 교차가 일어난다. 유사분열에서는 DNA가 복제된 후 한 번의 핵분열이 일어난다. 그로 인해 2개의 딸세포가 생기는데, 각각은 원래와 동일한 염색체 수를 가진다.

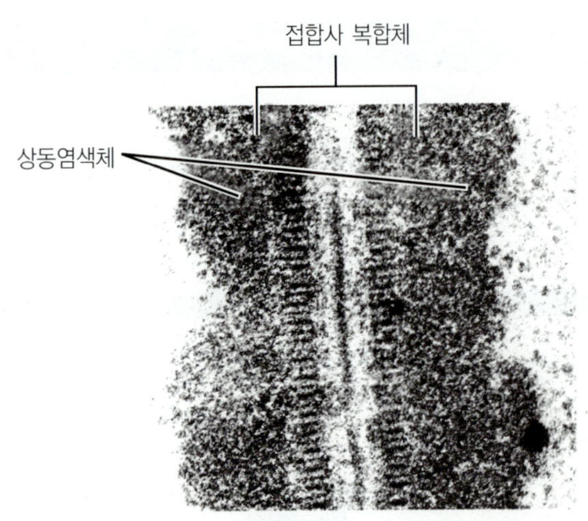

그림 12.7 | 접합사 복합체.
자낭균류 *Neotiella rutilans*의 접합사 복합체 일부분.

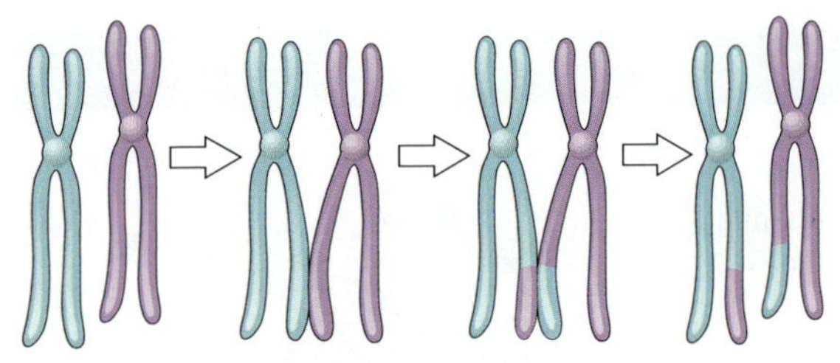

그림 12.8 | 교차의 결과.
교차가 일어나는 동안 비자매염색분체끼리 절편을 교환할 수 있다.

12.3 감수분열과 2번의 핵분열

전기 I

감수분열의 전기 I에서 DNA는 조밀하게 꼬이고, 각 염색체가 광학현미경 시야에서 섬세한 실처럼 보인다. 감수분열 전에 이미 DNA는 복제된 상태이므로 이 실들 각각은 실제로는 동원체를 통하여 부착되어 있는 2개의 자매염색분체이다. 전기 I에서 상동염색체들은 서로 밀착하여 접합을 이루어 교차를 통해 절편을 교환한 다음 서로 분리된다.

접합

전기 동안 염색분체의 말단은 핵막의 특정 부위에 부착한다. 이때 상동염색체 짝은 서로 인접한 곳에 부착한다. 그러면서 접합에 의해 서로 나란히 줄지어서는데, 이런 밀착결합을 자매염색분체 응집(sister chromatid cohesion)이라고 한다.

교차

전기 I 동안에 형성된 접합사 복합체와 함께 다른 종류의 구조물이 재조합 과정의 시기에 맞추어 나타난다. 이것을 재조합 소결절(recombination nodule)이라고 하는데, 이는 상동염색분체의 분리와 재부착에 필요한 효소 장치를 가지는 것으로 보인다. 교차의 자세한 내막은 아직 알려지지 않았으나, 이 과정에서 비자매염색분체 사이에 DNA 조각의 교환이 일어난다(그림 12.8). 감수분열 동안 자매염색분체끼리의 교차는 억제된다. 염색체의 크기에 상관없이 각 염색체 팔은 감수분열 때마다 1개 내지 수개의 교차가 일어나도록 비자매염색분체끼리의 교차가 조절된다. 사람의 염색체 팔에서는 특징적으로 2 또는 3개의 교차가 일어난다.

교차가 완료되면 접합사 복합체가 분해되고, 상동염색체가 핵막으로부터 떨어지며 서로 분리되기 시작한다. 이 시기 각 염색체 한 쌍은 4개의 염색분체로 이루어진다(각각 2개의 염색분체를 가지는 2개의 상동염색체). 이 4개의 염색분체는 두 가지 방식으로 붙잡혀 있으므로 완전히 분리되지는 않는다. 첫째는 각 상동염색체의 2개의 자매염색분체(최근의 DNA 복제로 생긴)가 공통의 동원체에 의해 서로 부착되어 있기 때문이고, 둘째는 짝을 이룬 상동체가 교차가 일어난 지점에서 서로 부착되어 있기 때문이다.

키아스마 형성

교차의 모습은 흔히 광학현미경 하에서 염색체가 키아스마(chiasma)라는 X자 모양으로 보인다. 하나의 키아스마는 비자매염색분체 사이에서 생긴 하나의 교

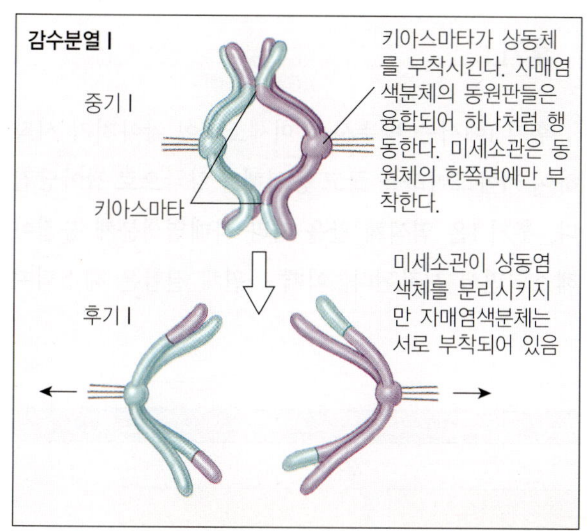

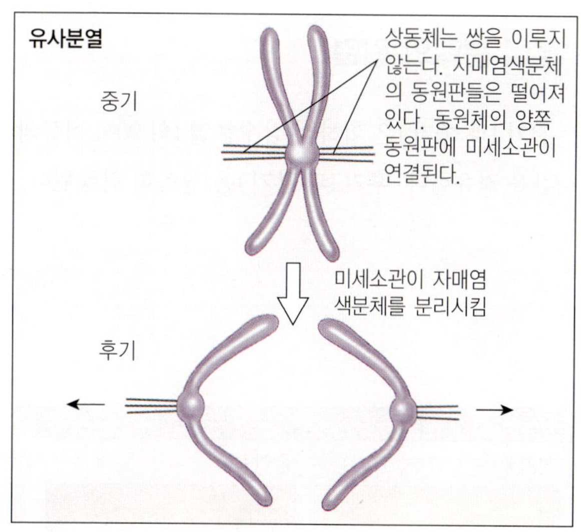

그림 12.9 | **교차의 결과로 생긴 키아스마타는 중기 I에서의 염색체 정렬 방식에 영향을 준다.** 중기 I에서 키아스마타는 상동염색체를 서로 부착하게 만든다. 그 결과 방추체 미세소관은 각 동원체의 한쪽 면에만 연결된다. 감수분열 I의 말기에 미세소관이 짧아지고 키아스마타가 끊어지며, 상동체가 서로 분리되지만 자매염색분체은 아직 동원체 부위에서 부착해 있다. 이와는 달리, 유사분열에서는 미세소관이 동원체의 양쪽에 연결되고 미세소관이 짧아지면서 자매염색분체가 분리되어 양극으로 끌려간다.

차로서, 자매염색분체 사이의 응집 때문에 안정적으로 유지된다. 키아스마의 존재는 2개의 염색분체(각각은 상동체의 것)가 절편을 교환함을 보여준다. 키아스마는 중기 I이 되기 전에 점점 염색체 팔의 끝 부분으로 이동해 간다.

중기 I

중기 I에 유사분열의 경우처럼 핵막이 사라지고 미세소관이 방추체를 형성한다. 전기 I에 키아스마타(키아스마의 복수형)가 염색체의 말단 쪽으로 이동하여, 중기 I에 말단 키아스마타(terminal chiasmata) 상태를 이룬다. 말단 키아스마타는 중기 I에 두 상동염색체를 붙잡아두므로 동원체의 바깥쪽 동원판만 양극에서 나온 방추체 미세소관과 연결된다(그림 12.9). 이는 유사분열의 경우와는 차이 나는 현상으로서, 유사분열에서는 동원체 양쪽의 동원판이 미세소관과 연결된다.

그런 다음, 각 상동체는 중기판에 정렬한다. 방추축을 중심으로 각 상동체의 방향은 무작위적이다. 즉, 한 쌍의 상동염색체 중에서 모계의 상동체와 부계의 상동체가 향하는 극방향이 무작위적이다(그림 12.10과 12.11).

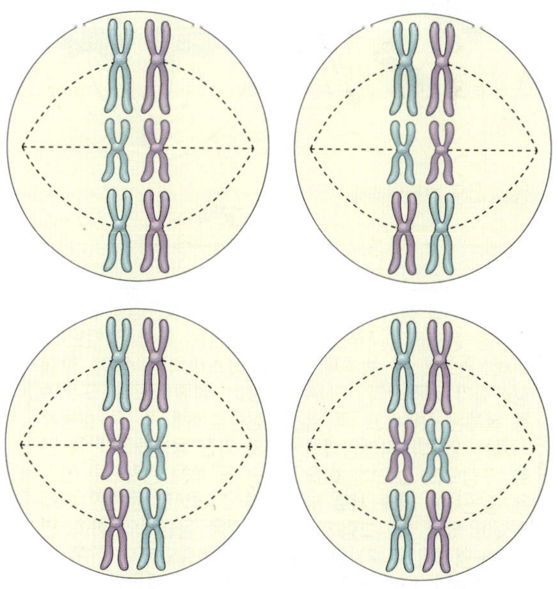

그림 12.10 | **중기판에서의 염색체 방향의 무작위성.** 상동염색체의 방향은 무작위적이어서 위의 그림과 같이 상동염색체가 세 쌍일 경우 방향의 조합은 8(=2^3)가지이다. 위 그림에서는 그 중 네 가지만 나타낸 것이다. 따라서 배우자의 염색체 조합은 매우 다양해질 수 있다.

감수분열의 완결

전기 I과 중기 I은 합하여 감수분열 I의 90% 이상의 시간을 점유한다. 후기 I과 말기 I은 신속히 진행된다.

후기 I

후기 I에서는 방추사의 미세소관이 짧아지기 시작하여 키아스마타를 끊고 동원체를 양극으로 잡아당긴다. 후기 I은 염색체 팔을 따라 자매염색분체 응집이 해소되면서 시작된다. 이때 동원체 결합은 해소되지

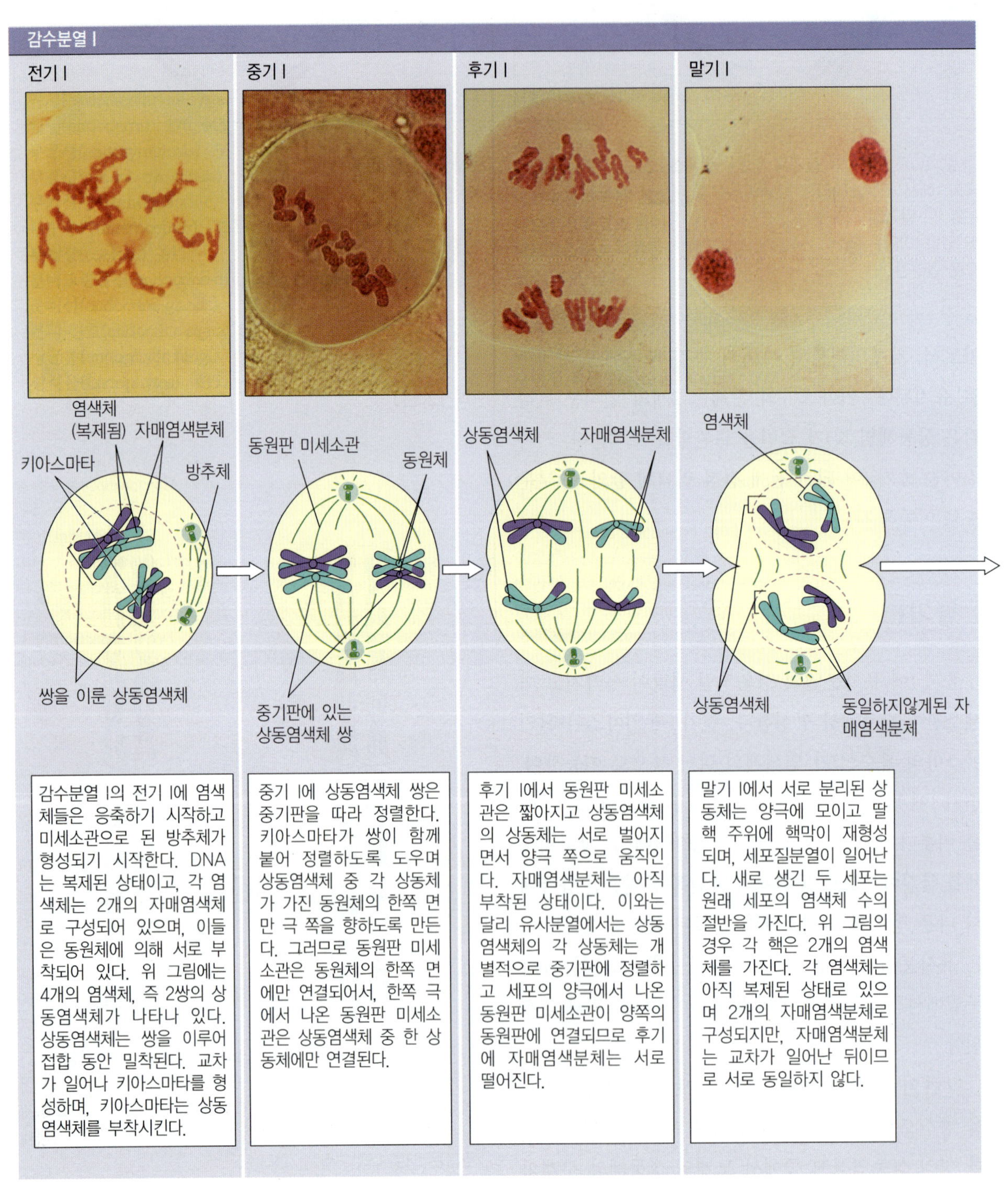

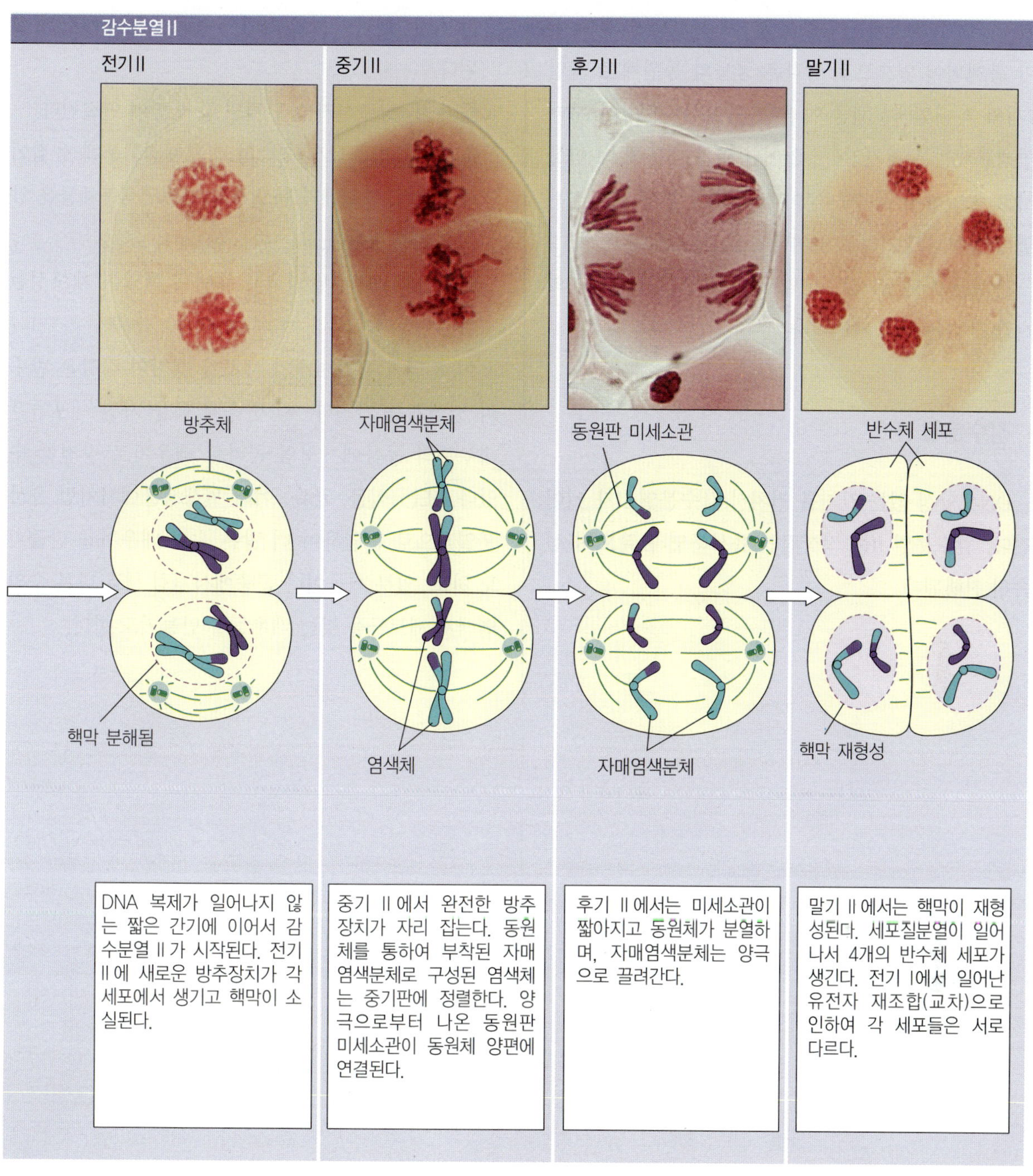

그림 12.11 | 감수분열의 단계.
식물(위)과 동물(아래)의 감수분열을 나타낸다.

않는다. 이 응집의 해소 결과 상동체는 서로 분리된다. 각 동원체는 양극으로 이동하는데, 동원체를 통해 묶인 자매염색분체들은 함께 이동한다. 방추사가 완전히 짧아지면 양극에는 완전한 1벌의 반수체가 집결한다. 중기판에 모였던 상동염색체가 향하는 극방향은 무작위적이므로 양극에 모이는 염색체의 기원(모계 또는 부계)도 무작위적이다.

말기 I

염색체들이 2개 집단으로 완전히 나누어지면서 말기 I이 시작된다. 딸핵 주위에 핵막이 다시 생긴다. 딸핵 안의 각 염색체는 감수분열 I이 시작되기 전에 이미 복제되어 있으므로 각각은 공동의 동원체로 묶인 2개의 자매염색분체를 가진다. 중요한 것은 이 자매염색분체들은 전기 I에서 일어난 교차 때문에 더 이상 서로 동일하지 않다는 점이다. 말기 I 후에 세포질분열이 일어나기도 하고 일어나지 않기도 한다.

간기를 보낸 뒤 감수분열 II가 일어나는데, 간기의 시간 간격은 여러 가지이다.

감수분열 II

DNA 합성 없는 간기를 거쳐서 감수분열 II가 이어진다. 감수분열 II는 정상적인 유사분열과 같으며 신속히 진행된다.

전기 II. 핵막이 소실되면서 새로운 방추체가 형성된다.

중기 II. 방추사가 동원체의 양쪽 면에 연결된다.

후기 II. 방추사가 수축하고 자매염색분체 응집이 해소되며, 동원체가 분열하고 자매염색분체들은 양극으로 움직이다.

말기 II. 4벌의 딸염색체 주변에 핵막이 재형성된다.

이 분열의 결과 4개의 세포가 생기며 각각은 반수의 염색체를 가진다. 이 반수체 핵을 가진 세포들은 대부분의 동물에서처럼 곧바로 배우자로 발전할 수 있다. 또는 식물, 균류, 여러 원생생물에서처럼 유사분열적으로 분열하여 더 많은 수의 배우자를 만들기도 하고, 일부 식물이나 곤충에서처럼 서로 다른 수의 염색체 세트들을 갖는 개체들을 만들기도 한다.

CHAPTER 13

유전 양상

모든 생물은 진화의 산물이다. 모든 생물들은 진화적 역사를 공유하고 있으나 사람만이 자신들의 기원에 대하여 궁금하게 생각한다. 왜 사람은 지역마다 생김새가 다른가? 왜 한 가족의 구성원들은 다른 사람보다 더 닮았는가? 이 장에서 유전에 관한 사실을 알아보자.

13.1 멘델이 유전적 미스터리를 해결하다

멘델과 완두콩

유전에 관한 정량적 연구를 처음 한 사람은 오스트리아의 수도승 멘델(Gregor Mendel)이었다. 1822년에 농부의 아들로 태어난 그는 수도원에서 교육을 받고 난 뒤 과학과 수학을 공부하기 위하여 비엔나 대학에 입학했으나, 이 대학에서의 교사 자격증 시험에는 낙방했다. 그는 수도원으로 돌아와 남은 여생을 보내다가 수도원장이 되었다. 수도원의 정원에서 멘델은 식물의 교배에 관한 여러 가지 실험을 했는데, 이 실험 결과는 유전에 관한 우리들의 관점을 완전히 바꾸어 놓았다.

그림 13.1 | 멘델(Gregor Johann Mendel). 오스트리아 브룬의 수도원 정원에서 멘델은 완두콩 변이체들을 교배시켜 변이체간의 차이점들이 유전되는 방식을 연구하였다. 유사한 실험은 이전에도 행해져 왔으나 그 결과를 정량하여 그 중요성을 밝혀낸 사람은 그가 처음이었다.

멘델이 완두를 이용한 이유

멘델은 실험 재료로서 완두를 이용하였는데, 그 이전의 유전 연구자들도 흔히 완두를 이용하였다. 완두를 선택한 것은 여러 가지 이유로 잘 한 일이었다. 첫째, 그 이전의 연구자들이 여러 가지 변이체를 교배시켜 잡종을 만들어왔기 때문에 자손들 사이에서 형질분리를 관찰할 수 있다는 것을 알고 있었다. 둘째, 육종에 이용할 수 있는 여러 가지 순종 변이체를 구할 수 있었다. 멘델은 처음 32가지 변이를 실험하였으며, 추가적 연구를 통하여 쉽게 구별되는 7가지 형질을 골라냈다. 셋째, 완두는 작고 잘 자라며, 세대 길이가 짧다. 그러므로 연구자는 주어진 공간에서 많은 식물체를, 1년에 여러 세대를 기를 수 있는 것이다.

그림 13.2 | 멘델이 실험한 수도원의 정원.

넷째 장점은 자웅 생식기관이 한 꽃 안에 감싸여 있다는 점이다(그림 13.3). 나아가 대개의 다른 현화식물과는 달리, 완두에서는 한 꽃 안에 두 가지 생식기관에서 나온 배우자들끼리 수정하여 자손을 만들 수 있다. 즉 자가수정(self-fertilization)이 가능한 것이다. 그러나 자가수분이 일어나기 전에 연구자가 미리 수술을 제거한 다음, 다른 꽃의 수술로부터 화분을 옮겨주어 타가수정(cross-fertilization)이 일어나게 할 수도 있다.

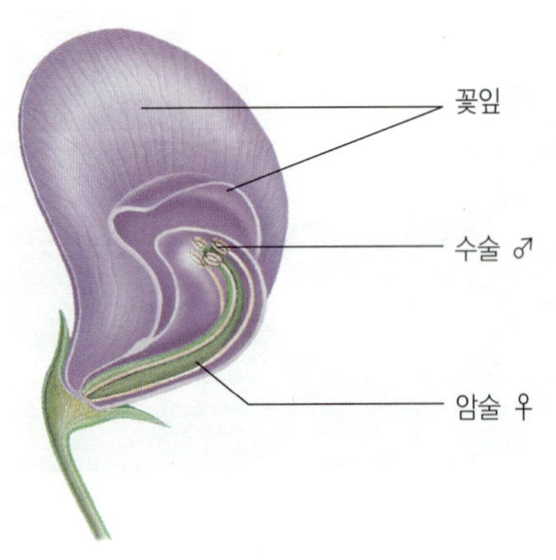

그림 13.3 | 완두꽃의 구조.
완두꽃에서 꽃잎은 수술과 암술을 완전히 감싼다. 그러므로 자가수분이 일어나는 것을 확실히 할 수 있다.

멘델의 실험 설계

멘델은 몇 가지 특정한 형질변화에만 초점을 맞춰

그림 13.4 | 멘델의 실험 방법.
멘델은 흰꽃의 꽃잎을 열고 수술에서 화분을 채취한 다음, 수술을 제거한 자주색 꽃의 암술머리에 묻혀서 타가수정이 일어나게 하였다. 그렇게 하여 생긴 완두씨는 모두 흰꽃 수컷과 자주색꽃 암컷 사이의 자손이다. 멘델은 이 씨를 심어서 생긴 완두를 관찰하였는데, 모두 자주색 꽃이 피었다.

관찰하였다. 멘델은 대개 다음의 3단계로 실험을 하였다.

1. 각 품종을 여러 세대에 걸쳐 자가수분시켜서 순종(pure-breeding)을 얻어냈다. 가령 흰 꽃과 흰 꽃을 교배시키면 몇 세대를 거치든지 흰 꽃만을 만들어낸다.
2. 그런 다음 흰 꽃과 자주색 꽃처럼 대립되는 형질을 가지는 두 품종을 교배시켰다. 그는 또 암수 역할하는 꽃을 바꾸어서 하는 상반교잡(reciprocal cross)도 시켰다(그림 13.4).
3. 마지막으로 그는 이들 교배를 통해서 얻어진 잡종끼리 여러 세대를 거쳐 자가수분시키면서, 그 결과로 나온 자손에서 각 형질을 나타내는 자손의 수를 헤아렸다.

멘델의 발견 내용

멘델은 여러 형질을 이용한 실험을 통하여 유사한 결과를 반복적으로 얻어냈다. 그러면 꽃의 색깔을 이용하여 멘델의 실험을 결과를 알아보자.

F_1 세대

꽃 색의 경우, 멘델이 흰색과 자주색을 교배했을 때 나온 첫 세대의 자손, 즉 F_1 세대(first filial generation)는 모두 자주색이었고, 이의 대립되는 형질인 흰색은 나타나지 않았다. 멘델은 F_1에서 나타나는 형질을 우성(dominant), 나타나지 않는 형질을 열성(recessive)이라고 하였다. 완두꽃의 경우 자주색은 우성이고 흰색은 열성인 셈이다. 멘델은 그 외에 여러

표 13.1 멘델이 연구한 일곱 가지 형질

형질			세대	
우성	×	열성	우성 : 열성	비율
자주색 꽃	×	흰 꽃	705 : 224	3.15 : 1
노란 씨	×	녹색 씨	6022 : 2001	3.01 : 1
둥근 씨	×	주름진 씨	5474 : 1850	2.96 : 1
녹색 꼬투리	×	노란 꼬투리	428 : 152	2.82 : 1
곧은 꼬투리	×	잘록한 꼬투리	882 : 299	2.95 : 1
축화	×	정단화	651 : 207	3.14 : 1
큰 키	×	작은 키	787 : 277	2.84 : 1

형질에서 우성과 열성의 대립형질을 구별하였다.

F_2 세대

멘델은 F_1 식물이 성숙하여 자가수분된 후 그 종자를 심어 제2 세대의 자손들, 즉 F_2(second filial generation)세대에서 어떻게 형질이 나타나는지를 알아보았다. 그 결과 F_2의 일부 개체가 열성인 흰색 꽃을 가지는 것을 발견하였다. F_1에서 나타나지 않던 형질이 F_2에서 나타난 것이다. 이때, 멘델은 F_2 자손의 형질의 수를 헤아렸다. 총 929개의 F_2 개체 중에서 705개(75.9%)가 자주색 꽃을 피웠고 224개(24.1%)가 흰색 꽃을 피웠다. 멘델은 여섯 가지 형질에 대한 추가적 실험을 통하여 다음의 통계적 결과를 얻어냈다. 즉, F_2의 3/4은 우성형질을 가지며 1/4은 열성형질을 가진다. 즉 F_2에서 우성 : 열성의 비율은 항상 3 : 1에 가까운 비율로 나타난 것이다.

감추어진 1 : 2 : 1 비율

멘델은 F_2 완두가 그 다음 세대에 형질을 어떻게 물려주는지를 알아보는 실험에 들어갔다. 그는 열성인 1/4은 자가수정시킬 때 항상 열성형질만을 가지는 자손을 만드는 순수 열성임을 발견하였다. 이와는 달리 F_2의 자주색 꽃 완두는 1/3만이 순수 우성이고 2/3는 그렇지 않다는 것을 알아냈다. 이 2/3 완두는 자가수정으로 F_3에서 자주색 : 흰색의 비율이 3 : 1인 자손의 집단을 만들어냈다. 즉 멘델은 F_2 세대의 3 : 1 비율은 실제적으로는 1 : 2 : 1임을 알아낸 것이다. 즉, 1/4은 순수 우성인 완두이고, 1/2은 비순수 우성이며, 1/4이 순수 열성이었던 것이다.

멘델의 유전 모델

멘델은 실험을 통하여 유전에 대한 네 가지 사실을 알아낼 수 있었다. (1) 그가 실험한 식물은 중간형질의 자손을 만들지 않는다. (2) 두 가지 대립되는 형질

그림 13.5 | 완두씨의 주름진 형질과 둥근 형질.

쌍 중에서 하나는 F_2에서는 나타나지만 F_1잡종에서는 나타나지 않는다. 그러므로 F_1에서 나타나지 않는 형질은 사라진 것이 아니라 잠재되어 있는 것으로서, 발현되지 않을 뿐이다. (3) 대립되는 형질 쌍은 특정 교배로 후손에서 분리된다. (4) 이 대립되는 형질은 F_2에서 우성 3/4, 열성 1/4의 비율로 발현된다. 특징적인 이 3 : 1의 분리를 흔히 멘델의 비율(Mendelian ratio)이라고 한다.

이 결과들을 설명하기 위하여 멘델은 간단한 모델을 제안하였는데, 이는 과학사에서 단순한 추정과 명료한 예측을 낳는 모델로서 유명하게 되었다. 이 모델은 다섯 가지 요소를 가지고 있다.

1. 어버이는 생리적 형질을 자손에게 직접 전달하는 것이 아니라, 형질에 관한 정보(멘델은 "인자"라고 함)를 전달한다.
2. 개체는 동일한 형질 또는 두 가지 대립형질을 지령하는 2개의 인자를 물려받는다. 오늘날, 우리는 이 인자들이 염색체 상에 있고, 개체는 2배체이므로 각 형질에 대한 두 가지 인자를 가지고 있다는 것을 알고 있다.

표 13.2 사람의 우성형질과 열성형질

열성형질	표현형	우성형질	표현형
백화증	멜라닌 색소 결핍	모발중지	손가락 가운데 마디에 털이 남
알캅톤뇨증	호모겐틴산 대사 불능	단지증	손가락이 짧음
적녹 색맹	적색과 녹색 파장 구별 불능	헌팅턴 무도병	중년기부터 신경계 퇴화
낭포성 섬유증	비정상적인 샘 분비로 간 기능 퇴화 및 폐 기능 저하	PTC 민감증	페닐치오카바마이드의 맛을 보면 쓰다고 느낌
Duchenne 근육 위축증	유년기에 근육 쇠약	굴지증	새끼손가락을 펴지 못함
혈우병	혈병 형성 불능	고콜레스테롤 증	높은 혈중 콜레스테롤 수치를 나타내며, 심장질환의 위험이 있음
겸형적혈구 빈혈증	헤모글로빈 결함으로 적혈구가 휘어지고 서로 부착함	다지증	손가락이나 발가락이 6개임

3. 한 인자의 모든 복제품이 동일하지는 않다. 오늘날, 한 인자의 대립적인 유형을 대립인자(allele)라고 한다. 동일한 대립인자를 가진 두 반수체 배우자가 만나서 접합자를 만들 경우 이 접합자에서 발생하는 자손은 동형접합(homozygous)이고, 서로 다른 대립인자를 가진 배우자가 만나서 만든 접합자 자손은 이형접합(heterozygous)이다. 멘델이 말한 인자를 오늘날 유전자(gene)라고 한다. 염색체상에서 한 유전자의 위치를 유전자좌(locus)라고 한다.
4. 각 대립인자는 서로 영향을 주지 않는다. 즉, 둘이 섞이거나 서로에게 변화를 일으키지 않는다. 따라서 개체가 성숙하여 배우자를 만들 때 각 유전자의 대립인자들은 무작위적으로 배우자로 분리해 들어간다.
5. 개체 내에 어떤 대립인자가 있다고 해서 이 인자가 꼭 발현되는 것은 아니다. 이형접합자 개체에서 한쪽 대립인자(우성)만 발현되며, 다른 쪽 대립인자(열성)는 발현되지 않는다. 인자의 존재와 이의 발현을 구별하기 위하여 오늘날 유전학자들은 유전자형(genotype)과 표현형(phenotype)을 구별한다. 전자는 한 개체가 가지는 대립인자 전체를 말하고, 후자는 그 개체의 물리적 외형을 말한다. 인자형은 설계도에 해당되고, 표현형은 이 설계도의 가시적 생산물이다.

위의 다섯 가지 요소들을 합하여 멘델의 유전 모델을 이룬다(표 13.2).

실험 결과에 대한 멘델의 해석

멘델은 그의 결과를 해석하는 데 기호를 이용하였다. 완두꽃의 자주색처럼 우성인 대립인자를 대문자 P로 표시하고, 열성 대립인자를 소문자 p로 표시 해보자. 그러면 순수 우성인 개체(우성 동형접합자)는 2개의 우성 대립인자를 가지므로 *PP*로 표시하고, 순수 열성인 개체(열성 동형접합자)는 *pp*로, 그리고 비순수 우성인 개체(이형접합자)는 *Pp*로 표시할 수 있다.

멘델이 자주색 순종 완두(*PP*)와 흰색 순종 완두(*pp*)를 교배시켜서 생산된 F_1 완두는 모두 자주색이었다. 이는 F_1의 자손의 인자형은 모두 *Pp*뿐이고, 이 경우 우성인 자주색만 표현형으로 나타나기 때문이다. 이러한 인자 조합은 푸네트 정방형(Punnett square)이라는 표로 나타내어 그 결과를 예측할 수 있다(그림 13.6).

F_1 개체들끼리 자가수정시키면 그 자손인 F_2에서는 어떤 결과가 생길까? 이 결과도 푸네트표로 예측할 수 있다.

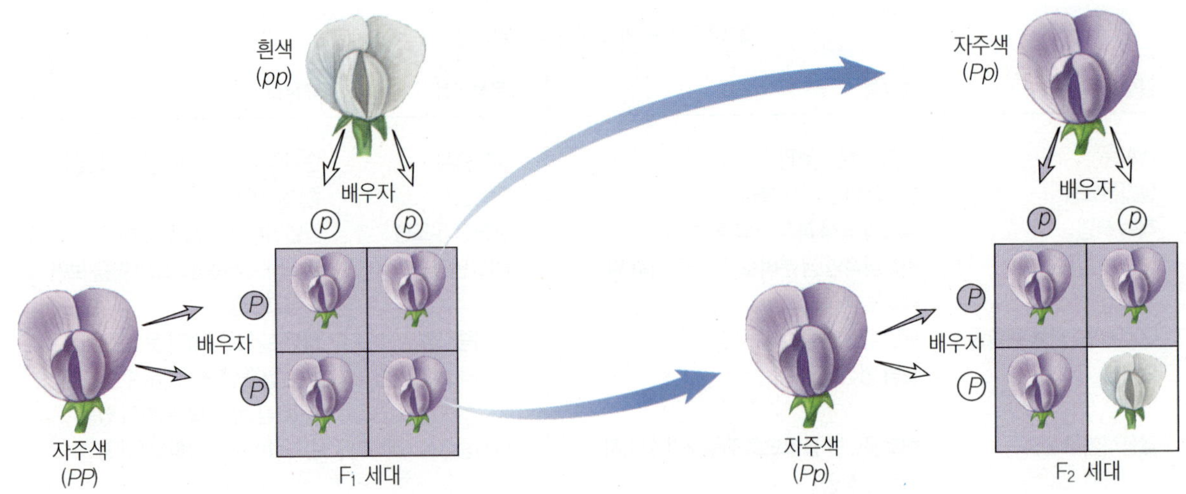

그림 13.6 | **꽃의 색깔이 다른 완두 사이의 교배.**
첫 교배로 얻어진 F_1세대는 모두 자주색 꽃을 가진 이형접합자(*Pp*)이다. 이들 이형접합자끼리 교배를 시키거나 자가수분시키면 세 종류의 F_2 자손이 가능하다. 즉, *PP*동형접합자(자주색 꽃), *Pp*이형접합자(자주색 꽃), *pp*동형접합자(흰색 꽃)이다. 그러므로 F_2세대 우성형질 대 열성형질 표현형 비율은 3 : 1 유전자형 비율은 1 : 2 : 1이 된다(1*PP* : 2*Pp* : 1*pp*).

멘델의 제 1 유전법칙(분리의 법칙)

멘델의 모델은 교배 결과를 정확하게 예측할 수 있게 하고, 관찰 결과를 해석하는 데 유용한 방법이다. 이 유전 방식으로 발현되는 형질을 멘델 형질이라고 한다. 멘델의 제1 법칙은 분리의 법칙(law of segregation)이라고도 하는데, 이형접합개체에서 한 형질의 대립인자들은 서로 분리되어 있고 개별적으로 행동한다는 것이다.

검정교배(Testcross)

멘델은 F_2에서 자주색 꽃을 가지는 개체가 동형접합자(*PP*)인지, 아니면 이형접합자(*Pp*)인지 어떻게 알았을까? 이는 표현형을 보고는 알 수 없으며, 열성 동형접합자와 교배시켜 보면 알 수 있다. 자주색 꽃을 가지는 개체는 *PP*이거나 *Pp*이다. 이 각각의 개체를 열성 동형접합자인 *pp* 개체(흰색 꽃)와 교배시킬 때 나온 자손이 어떤 형질 비율로 나타나는가를 보면 된다. 자주색 꽃의 완두가 *PP*라면 *pp*완두와 교배시킬 때 그 자손은 모두 *Pp*만 나온다. 즉 모든 자손은 자주색 꽃을 가진다. 반면, 자주색 꽃의 완두가 *Pp*라면 (*Pp*×*pp*), 그 자손의 절반은 자주색 꽃(*Pp*)을, 그리고 나머지 절반은 흰색 꽃(*pp*)을 가진다.

멘델의 제 2유전법칙(독립의 법칙)

멘델은 꽃의 색깔과 종자의 모양과 같은 두 가지 유전자 쌍이 어떻게 유전되는지를 연구하였다. 예를 들어, 둥글고 노란색 종자를 가진 동형접합자를 주름지고 녹색인 종자를 가진 동형접합자와 교배시켜서, 두 가지 형질에 대한 이형접합자를 만들었다. 이런 F_1 개체를 양성잡종(dihybrid)이라고 한다.

멘델은 양성잡종 개체를 자가수분시켰다. 만약 종자의 모양에 관련된 대립인자와 종자의 색깔에 관련된 대립인자의 분리가 독립적이라면, 다음 세대에서 각 대립인자의 비율은 서로 독립적으로 나타날 것이다. 그러므로 F_2에서 주름지고 녹색인 종자가 나타날 비율은 주름진 종자의 비율(1/4)과 녹색 종자의 비율(1/4)을 곱한 값인 1/16이 된다.

멘델은 양성잡종의 동종 교배로 나온 F_2 자손에서 표현형의 빈도가 푸네트표 분석으로 예상한 것과 같이 9 : 3 : 3 : 1로 나타나는 것을 확인하였다(그림 13.7). 그는 한 형질의 유전이 다른 형질의 유전에 영

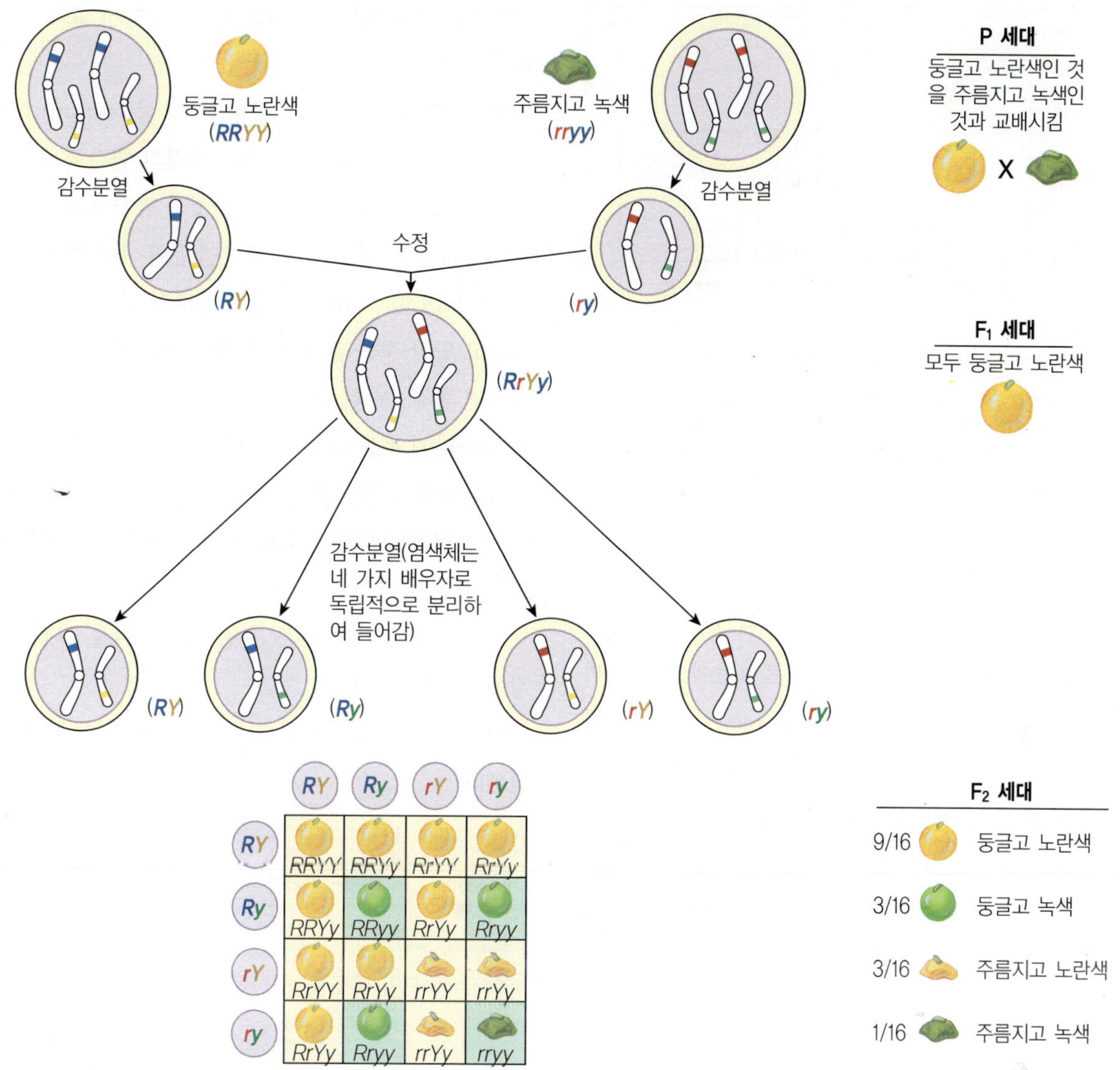

그림 13.7 | 양성잡종 교배의 분석.
이 푸네트표에서 둥글고 노란색 씨와 주름지고 녹색의 씨앗을 갖는 식물을 교배했을 때 표현형은 9 : 3 : 3 : 1 비율을 보여준다. 이런 양성잡종 실험으로 멘델은 독립의 법칙을 창안하였다.

향을 주지 않는다고 결론지었는데, 이를 멘델의 제2 법칙 또는 독립의 법칙(law of independent assortment)이라고 한다. 현재 우리는 이 법칙은 서로 다른 염색체에 위치한 유전자끼리만 적용된다는 것을 알고 있다. 즉 다른 염색체에 위치한 유전자들은 서로 독립적으로 유전된다.

멘델의 법칙에 따르지 않는 유전

멘델의 연구 결과는 그가 죽은 지 16년이 지난 1900년에야 세상에 알려지게 되었다. 그 후 많은 학자들이 멘델의 유전 방식을 조사하였으나, 그와 같이 명료하게 잘 들어맞지 않는 경우가 많은 것을 발견하였다. 대개는 유전자형의 발현이 뚜렷하게 나타나지 않았으며, 대부분의 표현형은 여러 유전자의 작용으로 나타나며, 우열의 관계가 뚜렷하지 않은 경우도 많은 것을 발견하였다.

키나 체중과 같은 형질은 여러 유전자가 작용하여 표현되는 다인자 유전형질이다. 이렇게 여러 유전자가 관여할 경우 개인마다의 표현형의 차이는 연속변

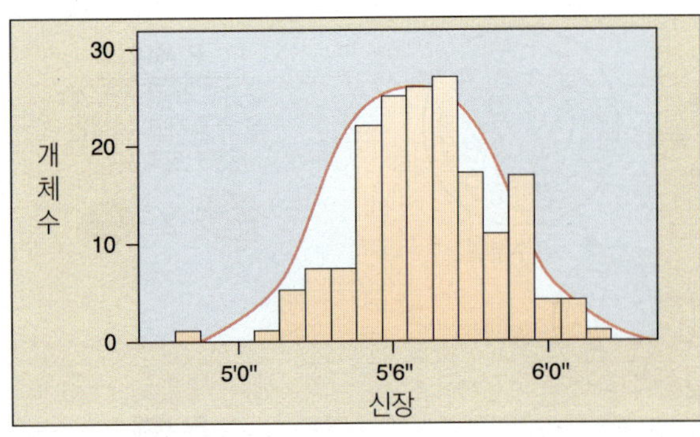

그림 13.8 | 신장은 연속변이 형질이다.
1914년 코네티컷 농업학교 학생들의 신장분포를 보여준다. 많은 유전자가 신장에 영향을 주며, 각각 독립적으로 분리되는 경향이 있기 때문에 다양한 대립인자 조합의 영향으로 신장은 연속적인 분포를 형성하는데 극단은 드물고 평균키 주위에 몰려 분포하게 된다.

이(continuous variation)를 나타낸다(그림 13.8).

흔히 유전자는 한 가지 이상의 표현형에 영향을 끼치는데, 이런 유전자를 다형질발현(pleiotropic) 인자라고 한다. 프랑스의 쿠에노(Cuenot)는 쥐의 우성형질인 노란 털을 연구하면서, 노란 쥐 순종을 얻고자 하였으나 실패하였다. 노란 털 대립인자의 동형접합자는 치사라는 다형질발현 효과를 냈기 때문이다. 겸형적혈구 유전자는 적혈구의 형태에만 영향을 주는 것이 아니라 빈혈, 신장질환 등 여러 가지 효과를 나타낸다.

일부 대립인자 쌍은 불완전 우성(incomplete dominance)을 나타내어, 부모 형질의 중간적 표현형이 나타나는 경우가 있다. 나팔꽃의 빨간색과 흰색을 교배시키면 F_1 자손은 그 중간인 분홍색의 꽃을 가진다(그림 13.9). 그렇다고 해서 멘델의 연구 결과가 틀렸다고 말할 수는 없다. F_1의 분홍색 나팔꽃끼리 교배시키면 빨강, 분홍, 흰색이 1 : 2 : 1의 비율로 그 자손이 나타나기 때문이다.

유전자의 표현은 환경의 영향을 받기도 한다. 가령 어떤 유전자는 열에 민감하다. 북극 여우는 날씨가 따뜻할 때만 털에 색소를 만든다.

하나의 유전자가 다른 유전자의 발현을 간섭하는 경우도 있다(상위성).

안토시아닌 색소는 두 단계 생화학과정을 거쳐 생산된다.

$$\text{개시물질 (무색)} \xrightarrow{\text{효소 I}} \text{중간물질 (무색)} \xrightarrow{\text{효소 II}} \text{안토시아닌 (자주색)}$$

안토시아닌 색소를 생산하기 위해서는 식물은 각 효소의 우성대립인자들을 각각 적어도 하나씩은 가지고 있어야 한다. 무작위적 조합으로 예상되는 16개 유전자 형 중 9개는 두 유전자의 우성 대립인자들을 적어도 하나씩은 가지고 있으므로 자주색 자손을 생산한다. 나머지 7개 유전자형은 두 유전자 중 하나나 두 유전자 모두에서 우성 대립인자를 가지고 있지 않으므로 이들은 색을 나타내지 않는다. 따라서 표현형의 비율은 9 : 7이 된다. 효소 I이 기능을 나타내지 못하므로 효소 II도 기능을 나타낼 수 없게 되는 이런 경우가 상위(epistasis)이다.

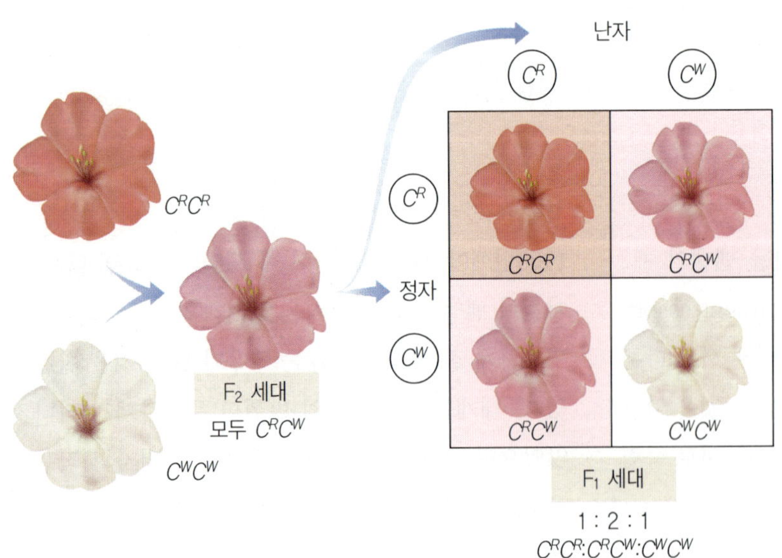

그림 13.9 | 불완전 우성.
일본산 분꽃 교배에서 빨간 꽃(C^RC^R)과 흰 꽃(C^WC^W)는 어느 대립인자도 우성이 아니므로 이형접합체는 분홍색 꽃(C^RC^W)을 갖는다. 만일 이형접합체 둘을 교배하면 자손들의 표현형은 1:2:1(빨강:분홍:흰색)으로 나타난다.

13.2 멘델의 법칙과 인류 유전

복대립인자 : ABO 혈액형

집단 내에서 대부분의 유전자들은 여러 대립인자를 가지는데, 그 중 어느 하나도 우성을 띠지 않는 경우, 이 대립인자들을 공우성(codominant)을 가진다고 한다. 공우성은 각 대립인자가 각각 자신의 발현력을 가지고 있으므로 불완전우성과는 다르다. 인간에서 공우성 대립인자가 1개 이상 나타나는 경우가 ABO 혈액형이다. 이 유전자는 적혈구 세포 표면의 지질에 당 분자를 부착시키는 효소를 지령한다. 이 효소를 지령하는 유전자를 I로 표시하며, 세 가지 대립인자가 있다. 즉, I^B(갈락토스를 부착시킴), I^A(갈락토사민을 부착시킴), 그리고 i(아무런 당도 부착시키지 않음)이다.

I 유전자의 세 가지 대립인자 중 2개의 조합이 개인마다 다르게 나타난다. I^A와 I^B 대립인자를 가지는 이형접합자인 사람은 두 가지 당을 적혈구막에 부착시킨다. 두 대립인자가 동시에 발현되므로 공우성이다. i는 아무 당도 만들어내지 못하므로 I^A와 I^B는 i에 대하여 우성이다. 세 가지 대립인자의 조합으로 네 가지 표현형이 생긴다(그림 13.10).

1. 갈락토사민만 부착시키는 A형 : 이들은 I^AI^A 또는 I^Ai 이다.
2. 갈락토스만 부착시키는 B형 : 이들은 I^BI^B 또는 I^Bi 이다.
3. 두 가지 당을 모두 부착시키는 AB형: 이들은 I^AI^B이다.
4. 아무런 당도 부착시키지 않는 O형 : 이들은 ii 동형접합자이다.

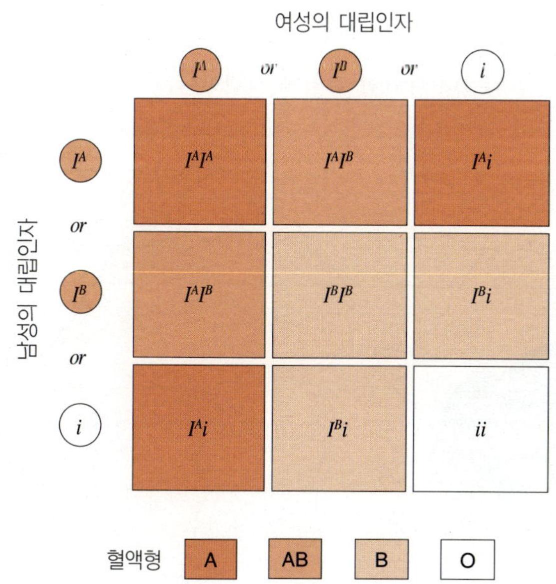

그림 13.10 | ABO 혈액형을 만드는 복대립유전자.
세 가지 I유전자 대립인자의 다른 조합이 네 가지 혈액형을 나타낸다.
A형(동형접합체 I^AI^A나 이형접합체 I^Ai)
B형(동형접합체 I^BI^B나 이형접합체 I^Bi)
AB형(이형접합체 I^AI^B)
O형(동형접합체 ii)

이 네 가지 세포 표면 표현형을 ABO 혈액형(ABO blood groups)이라고 한다. 한 개인의 면역계는 이 네 가지 표현형을 구별할 수가 있다. 만약 A형인 사람이 B형 혈액을 수혈받으면, 이 사람의 면역계는 B형 적혈구가 "외래의" 항원(갈락토스)을 가지고 있다고 인식하여 수혈해 준 사람의 적혈구를 공격하여 응집시킨다. AB형 혈액을 수혈받아도 마찬가지이다. 그러나 O형 혈액을 수혈받으면 면역적 공격이 일어나지 않는다(O형의 적혈구막에 갈락토스 항원이 없으므로). 이와 같은 이치로 AB형은 모든 혈액형의 혈액을 수혈받을 수 있다.

Rh 혈액형

인간 적혈구의 다른 세포 표면 표지로는 Rh 혈액형(Rh blood group) 항원이 있는데, 이는 rhesus 원숭이에서 처음 발견되었기 때문에 그 이름이 유래하였다. 성인의 약 85%는 적혈구에 Rh 세포 표면 표지를 가지므로 Rh 양성이라고 한다. Rh 음성인 사람은 열성 동형접합자여서 이 세포 표면 표지가 없다.

만약 Rh 음성인 사람이 Rh 양성 혈액에 노출되면 혈액의 Rh 항원은 외부 침입자로 인식되어 Rh 음성인 사람 면역계의 항체 생산을 진행시킨다. 이 경우는

Rh 음성인 여자가 Rh 양성인 아이를 낳을 때(아버지가 Rh 양성임) 가장 흔히 일어난다. 출생시 태아의 일부 적혈구가 태반을 통하여 모체의 혈류로 들어가서 항 Rh 항체 생산을 유도한다. 그 후 다시 Rh 양성인 태아를 임신하면 모체의 항체는 태반을 통하여 태아의 몸속으로 들어가서 태아 혈액의 응집을 일으켜서 치명적 결과를 낳는다.

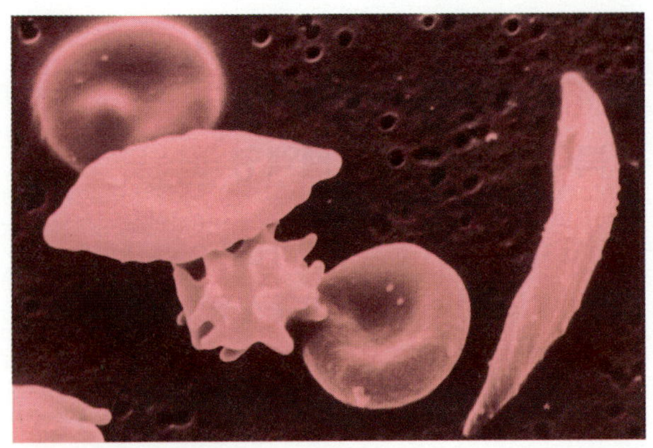

그림 13.11 | 겸형적혈구 빈혈증
사진에서 2개의 겸형적혈구가 보인다.
겸형적혈구 형질을 동형접합으로 갖는 개인은 낫형이나 부정형 적혈구를 갖는다.

단백질의 간단한 변화로 생기는 유전 질환

단백질 내에서 1개의 아미노산 변화로도 의학적으로 심각한 표현형을 낳을 수 있다. 겸형적혈구 빈혈증(sickle cell anemia)은 헤모글로빈 결함으로 생기는 질환이다. 결함을 가진 헤모글로빈 분자가 서로 달라붙어 막대 모양의 구조를 만들어 적혈구의 형태를 낫 모양으로 바꾸는데(그림 13.11), 겸형적혈구를 가지는 사람은 질병을 일으켜 일찍 사망한다. 겸형적혈구에선 574개 아미노산으로 된 β글로빈 단백질에서 1개의 아미노산, 즉 글루탐산이 발린으로 치환된 상태이다. 이 아미노산은 산소 결합 부위에 있지는 않지만 단백질의 기능에 큰 영향을 끼치는 것이다. 단백질 표면에서 전하를 띤 아미노산이 비극성 아미노산으로 교체됨으로서, 이 단백질을 점착성으로 만드는 것이다. 이러한 점착성은 물 속에서 비극성 아미노산들이 서로 뭉치기 때문에 생긴다.

겸형적혈구 인자에 대하여 이형접합자인 사람은 정상 환경에서는 정상인과 구별되지 않으나 산소 운반능력이 떨어진다. 겸형적혈구 인자는 특히 아프리카에 흔하다. 아프리카 일부 지역에서 인구의 45%까지 이형접합자이고 6%가 동형접합자이다. 이형접합자는 말라리아 병원충에 대한 저항력이 크다. 따라서 말라리아가 빈발하는 중앙아프리카에서 겸형적혈구 인자의 빈도가 높다(그림 13.12).

빈혈증을 일으키는 원인에는 그 외에도 여러 가지가 있다. 실제로 헤모글로빈에서 700가지 이상의 구조적 변형이 발견되었다. 세계 인구의 7%가 유전적인 헤모글로빈 질환을 가지는 것으로 추정되고 있다.

인류 유전자 돌연변이 데이터베이스에는 여러 가지 질환 대립인자가 수록되어 있는데(28,000개 대립인자), 이의 약 60%가 1개의 염기 치환에 의한 것이며, 23%는 20개 미만의 염기 삽입 또는 결실 때문이다. 나머지는 더 복잡한 변화에 기인한다.

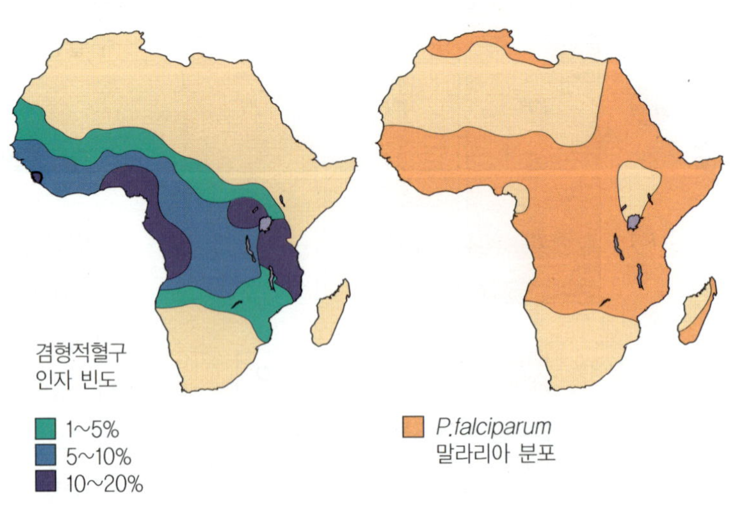

그림 13.12 | 겸형적혈구 인자의 빈도와 말라리아의 분포.
중앙아프리카에서 겸형적혈구 빈혈증의 분포는 말라리아 발생지역과 거의 일치한다. 이것은 우연이 아니다. 겸형적혈구 대립인자가 이형접합일 때 그 환자는 말라리아에 대한 내성을 갖는다.

유전자 치료

특정 유전자가 결여된 사람에게 건강한 유전자를 넣어주는 방법이 지난 40년 동안 모색되었다.

초기 성공 사례

1990년 효소 adenosine deaminase를 제대로 합성해내지 못하는 결함 유전자를 가지는 두 소녀가 치료되었다. 유전자 전달 치료(gene transfer therapy)라는 과정을 통하여 과학자들은 해당 유전자를 분리하여 두 소녀로부터 빼낸 골수 세포에 주입하였다. 이렇게 유전적으로 변화시킨 골수 세포를 증식시킨 다음 이 세포들을 다시 두 소녀의 몸 속에 주입하여 건강을 되찾게 하였다. 이렇게 하여 최초로 유전자 치료에 의하여 유전 질환이 치료되었다.

포낭섬유증 치료를 위한 시도

포낭섬유증(cystic fibrosis) 유전자 cf가 1989년에 분리되었다. 5년 후인 1994년, 연구자들은 건강한 cf 유전자를 결함유전자를 가진 생쥐에게 주입하여 생쥐를 치료하였다. 연구자들은 cf 유전자를 바이러스에 주입, 쥐의 폐에 감염시켜 유전자를 폐세포로 옮기도록 하였다. 이처럼 매개체로 선택된 바이러스는 adenovirus였고, 이 바이러스는 감기를 일으키고 폐세포에 감염력이 크다. 이 때 합병증을 피하기 위해 쥐의 면역계는 무력화시켰다.

쥐를 대상으로 한 이 실험에 고무되어 1995년에 여러 실험실에서 건강한 cf 유전자를 아데노바이러스를 매개로 환자에 주입하여 사람의 포낭섬유증을 치료하기 위한 시도가 이루어졌다. 8주 동안 이 방법은 성공적인 것처럼 보였으나, 그 후 재난이 닥쳤다. 유전적으로 변형된 환자의 폐 세포가 환자 자신의 면역계로부터 공격을 받은 것이다. 그 결과 건강한 cf 유전자가 소멸되고 말았다.

매개체에 관한 문제

그 외의 초기 유전자 치료 시도 역시 실패를 거듭하였다. 그러나 이 시도들의 문제점은 이미 예견할 수 있는 것이었다. 아데노바이러스는 감기를 일으키는데, 감기 걸려보지 않은 사람이 있는가? 그러므로 모든 사람은 아데노바이러스에 대한 항체를 가지고 있다(그림 13.13).

1995년에 노벨상 수상자인 미국 국립보건원(NIH)의 바무스(Harold Varmus)는 유전자 치료에 대한 설득력 있는 논평을 했는데, 이 논평에는 세 가지 문제점이 명확히 나타나 있다. (1) 흔히 이용되는 매개체인 아데노바이러스는 강한 면역 반응을 일으켜서 주입되는 유전자의 거부반응을 일으킨다. (2) 드물기는 하지만 Adenovirus의 감염은 환자를 사망하게 할 정도로 심한 면역반응을 일으킨다. (3) 아데노바이러스가 세포에 감염될 때, 이 바이러스는 자신의 DNA를 사람 염색체에 끼워 넣는다. 불행하게도 끼워 넣는 장소가 임의적이어서 돌연변이를 일으킬 수 있으며, 이 돌연변이로 인하여 암도 생길 수 있다.

결국 바무스는 적당한 매개체를 찾을 때까지 유전

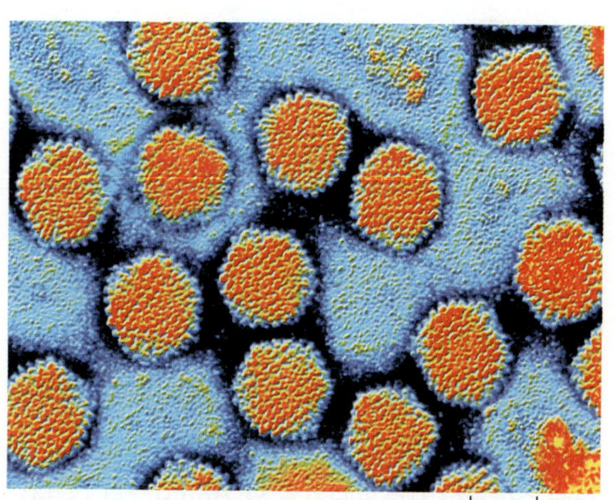

그림 13.13 | 아데노바이러스.
200,000배로 확대된 이 바이러스는 일반 감기를 일으키는 병원체로서, 전에 유전자 치료에 이용된 적이 있다. 그러나 이를 건강한 유전자를 운반하는 매개체로 이용하는 데 문제가 발생했는데, 이들이 숙주의 면역계에 의해 공격을 받고 심각한 면역반응을 일으키거나 숙주의 DNA 속으로 무작위적으로 끼어들어가 돌연변이를 일으키기 때문이다.

자 치료를 중단할 것을 요구하였다.

유망한 매개체

수년 후 연구자들은 더 유용한 매개체를 발견하였는데, 이 유전자 운반체는 AAV(adeno-associated virus)라는 작은 파보바이러스(parvovirus)로서, 단지 2개의 유전자만을 가지고 있고 복제할 때 아데노바이러스를 필요로 한다. 매개체를 만들기 위하여 연구자들은 이 두 유전자를 제거하였다. 남은 껍질은 여전히 감염력이 있고 사람의 유전자를 환자에 운반할 수 있다. 더욱이 AAV는 아데노바이러스보다 사람의 DNA에 끼어드는 경우가 훨씬 적으므로, 암 유발 돌연변이를 일으키는 일이 드물며, 심한 면역반응을 일으키지도 않아서 감염된 AAV가 면역계에 의해 제거되지도 않는다.

AAV 매개체를 이용한 성공

1999년, AAV로 rhesus 원숭이의 빈혈이 치료되었다. 사람과 마찬가지로 원숭이의 적혈구는 erythropoietin(EPO)이라는 단백질에 의해 생산이 촉진된다. 빈혈증을 가진 사람(적혈구 수가 적은 사람)은 정규적으로 EPO를 주입받아야 한다. EPO 유전자를 운반하는 AAV를 이용하여 과학자들은 적혈구 수를 크게 늘려서 원숭이의 빈혈을 치료하였다.

AAV를 이용한 유사한 실험으로 망막의 퇴화를 일으켜 눈을 멀게 하는 개의 유전 질환을 치료하였다. 이 개는 망막에 있는 단백질의 돌연변이형을 만드는 결함 유전자 때문에 눈이 멀게 되는 것이었다. 필요한 유전자를 가지는 AAV를 망막 뒤의 액체로 차 있는 부위에 주입하여 시력을 되찾게 된 것이다(그림 13.14).

사람에 대한 임상적 시도는 현재 다시 진행 중에 있다. 2000년, 과학자들은 사우스다코타의 35살 먹은 남자에게 유전자를 주입하여 근육위축증에 대한 첫 유전자 치료 실험을 수행하였다.

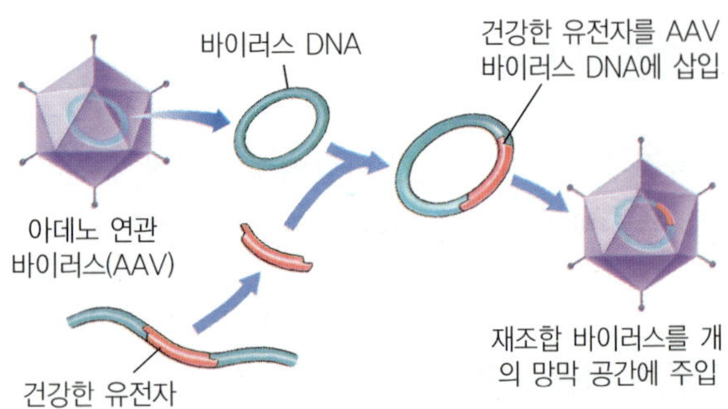

그림 13.14 | 개의 망막 퇴화를 치료하기 위한 AAV의 이용.
건강한 망막 유전자를 AAV DNA에 주입하고, 이것을 다시 망막 퇴화증을 가진 개의 망막 공간에 주입하였다. 건강한 유전자의 발현으로 개는 치료되었다.

13.3 염색체와 유전자

염색체 : 멘델 유전의 운반체

진핵세포가 분열할 때 염색체만 규칙적으로 분리하는 것은 아니다. 중심립, 미토콘드리아, 엽록체도 그러하다. 그러므로 20세기 초만 해도 염색체가 유전정보를 운반하는 운반체라는 사실이 명확하게 알려져 있지 않았다.

유전의 염색체설

유전에서 염색체가 중심적 역할을 한다는 제안을 한 사람은 1900년 독일의 유전학자 코렌스(Karl Correns)였다. 그는 멘델의 법칙을 재발견한 사람 중의 하나이다. 1902년, 미국의 서튼(Walter Sutton)은 감수분열시의 염색체가 쌍을 이루는 것을 보고 유전의 염색체설(chromosomal theory of inheritance)을 확립하게 되었다.

서튼의 설을 뒷받침하는 몇 가지 근거가 있다. 하나는, 증식은 처음 정자와 난자 단지 두 세포의 결합으로 시작된다는 것이다. 멘델의 모델이 정확하다면 이들 두 배우자들은 똑같은 유전적 기여를 할 것이 틀림없다. 그러나 정자에는 세포질이 거의 없으므로 유전물질은 배우자의 핵 속에 있는 물질임이 틀림없다. 더욱이 2배체 개체들은 각 상동염색체쌍의 2벌 염색체들을 모두 가지는 반면에 배우자는 1벌만 가지고 있다. 이는 2배체 개체들은 2벌의 유전자를 가지고 있고 배우자들은 1벌의 유전자들을 가지고 있다는 멘델의 모델과 일치한다. 마지막으로 감수분열 동안 염색체가 분리되는데, 각 상동염색체쌍은 다른 쌍들과 독립적으로 중기판에 배열하고 분리된다. 이는 멘델의 모델에서 유전자들의 두 가지 특성인 분리와 독립의 법칙과 일치한다.

염색체설의 문제점

그러나 연구자들은 곧 이 설에 대한 한 가지 문제점을 지적하였다. 만약 멘델의 형질이 염색체에 있는 유전자에 의해 결정되며, 만약 멘델 형질의 독립 분리가 감수분열에서 염색체의 독립 분리를 반영한다면, 왜 어떤 종의 생물에서 독립적으로 분리하는 형질의 수가, 흔히 그 생물이 가지는 염색체쌍의 수를 훨씬 능가하는가? 이 문제 때문에 초기의 학자들은 서튼의 설을 믿는데 주저하고 있었다.

모건의 흰눈 초파리

1910년, 초파리를 연구하던 모건(T. H. Morgan)은 초파리의 흰 눈 돌연변이체를 발견하였다(그림 13.15). 모건은, 곧 이 새로운 형질이 멘델의 방식대로 유전되는지를 알아보기 위한 실험을 하였다. 그는 먼저 돌연변이체 수컷을 정상 암컷과 교배시켜서 눈의 붉은색과 흰색 중에서 어느 것이 우성인지를 알아보았는데, F_1 자손 중 모두가 붉은 눈을 가졌다. 계속된 실험에서 F_1의 붉은 눈 초파리끼리 교배를 시켰다. 그랬더니 F_2 자손 4,252개체 중 782개체(18%)가 흰 눈을 가졌다. 비록 붉은색과 흰색의 비율이 3 : 1을 넘지만, 이 교배 결과로 눈의 색깔이 분리된다는 것은 확실하였다. 그러나 이상하게도 멘델의 이론으로는 예상치 못했던 결과인, F_2의 흰 눈 초파리는 모조리 수컷이었다.

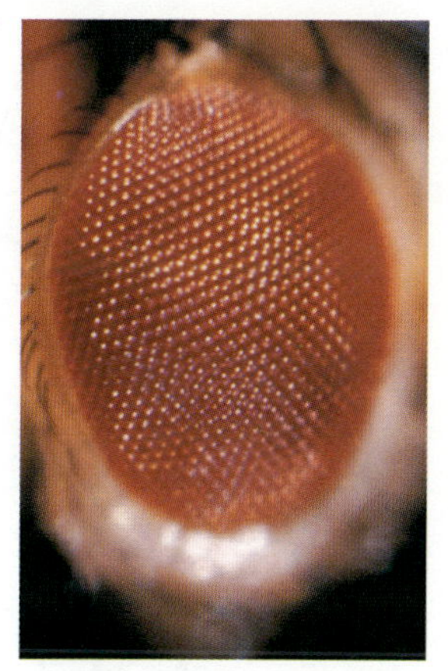

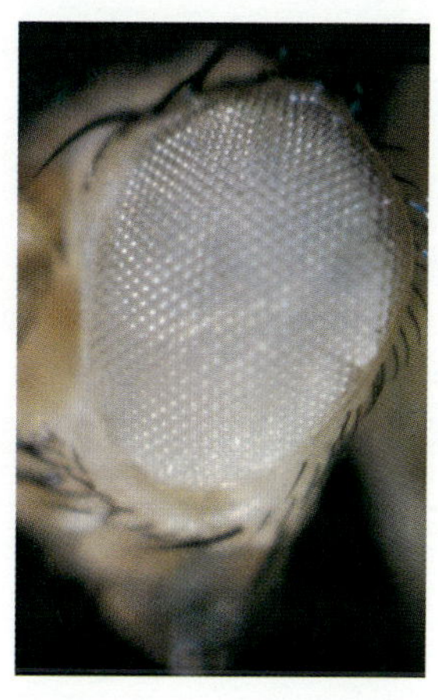

그림 13.15 | 초파리(*Drosophila*)의 붉은 눈(정상)과 흰 눈(돌연변이).
흰눈결함은 유전적이고 X 염색체상의 유전자의 돌연변이로 생긴다. 이 돌연변이연구로 모건은 유전자가 염색체상에 있다는 것을 최초로 증명하였다.

아마도 흰 눈을 가진 암컷은 존재하지 않으며, 이런 암컷은 생존하지 못하는 것으로 생각되었다. 이 생각을 검증하기 위하여 모건은 F_1 암컷을 원래의 흰 눈 수컷과 검정교배를 시켰다. 그 결과 흰 눈과 붉은 눈의 암컷과 수컷이 1 : 1 : 1 : 1의 비율로 나왔다. 이는 멘델의 이론과 부합되는 결과이다. 그러므로 암컷도 흰눈을 가질 수 있는 것이다. 그러면 왜 원래의 교배에서는 흰 눈 암컷이 나타나지 않았던 것일까?

성 연관

초파리에서 한 개체의 성을 결정하는 것은 X 염색체(X chromosome)의 수이다. X 염색체를 2개 가지는 개체는 암컷이고 1개만 가지는 개체는 수컷이다. 수컷에서 하나뿐인 X 염색체는 감수분열시 형태가 다른 짝인 Y 염색체(Y chromosome)와 짝을 이룬다. 그러므로 암컷은 X 배우자만 만들고 수컷은 X 와 Y 배우자 두 가지를 만든다. X 정자가 난자와 수정을 하면 XX 접합자가 생겨서 암컷이 되고, Y 정자가 난자와 수정하면 XY 접합자가 생겨서 수컷으로 된다.

모건의 실험에서 나타난 특이 현상은 흰 눈을 만드는 유전자가 X 염색체상에 위치하기 때문에 일어난

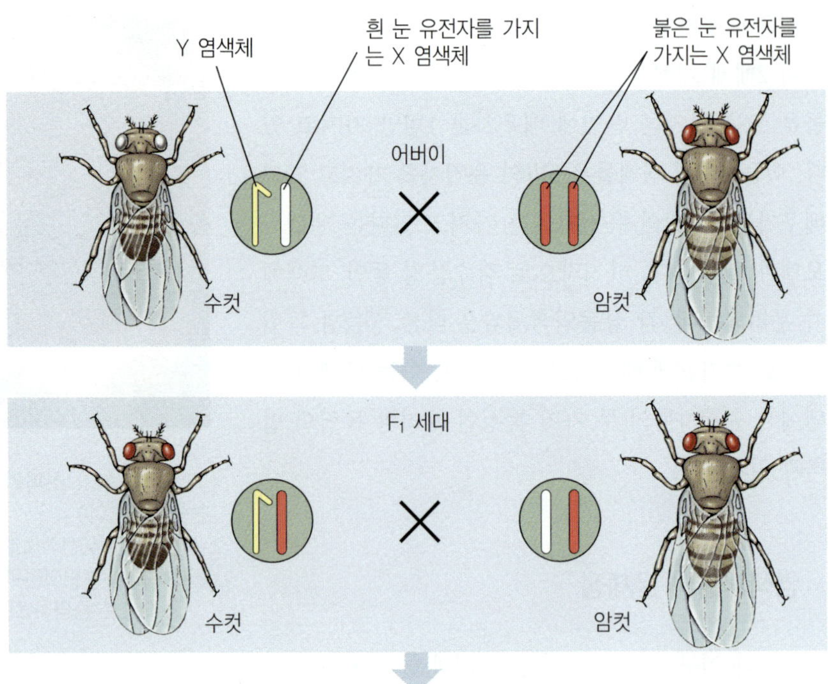

그림 13.16 | 초파리의 성 연관에 대한 염색체적 토대를 설명하는 모건의 실험.
흰 눈 수컷 돌연변이체를 정상인 붉은 눈 암컷과 교배시켰을 때 나온 F_1 자손들은 모두 붉은 눈을 가졌다. F_2에서는 모든 흰 눈을 가지는 초파리는 수컷이었다.

것이다(초파리의 Y 염색체에는 실제로 기능적인 유전자가 거의 없다). X 염색체에 있는 유전자에 의해 결정되는 형질은 성 연관(sex-linked) 형질이라고 한다. 흰눈 형질이 열성이므로 모건의 실험 결과는 멘델식의 염색체 분리가 정상적으로 일어난 결과임을 말해준다(그림 13.16).

모건의 실험은 멘델의 형질을 결정하는 유전자가 염색체에 있다는 서튼의 제안에 대한 첫 번째 명확한 증거가 되므로 유전학의 역사에서 가장 중요한 것 중 하나가 된다. 즉, X 염색체가 독립적으로 분리하므로 눈 색깔과 같은 멘델 형질도 독립적으로 분리하는 것이다.

유전자 재조합

과학자들은 왜 독립적으로 분리하는 유전자의 수가 염색체 수보다 많은지를 설명하고자 하였다. 실제로 각 염색체는 1개 이상의 유전자를 가지는데, 어떻게 동일 염색체에 있는 유전자들이 독립적으로 분리하겠는가? 1903년, 네델란드의 유전학자 드프리스(Hugo de Vries)는 상동염색체들이 감수분열시 절편을 교환한다고 가정할 때만 설명될 수 있다고 제안하였다. 1909년, 프랑스의 세포학자 장상(F.A. Janssens)은 이 가정을 증명하는 증거를 제시하였다. 양서류의 감수분열 동안에 일어나는 키아스마를 연구하던 장상은 각 키아스마에 4개의 염색분체가 관여하고 있으며,

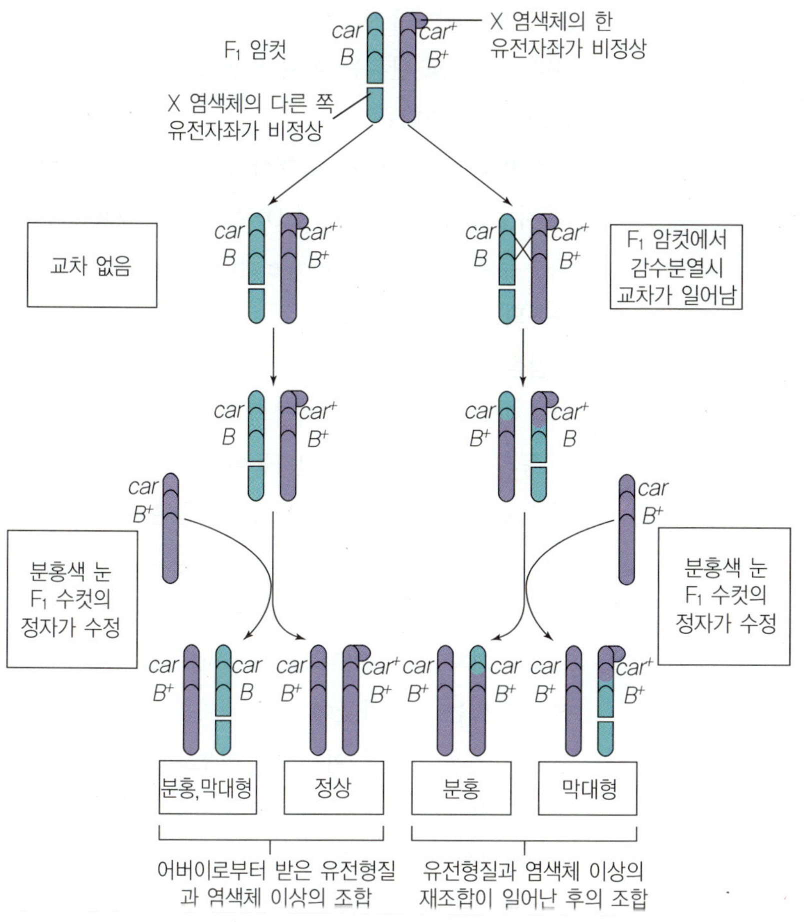

그림 13.17 | 교차시 염색체 팔이 물리적으로 교환되는 것을 증명하는 스턴의 실험.

스턴은 현미경상으로 볼 수 있는 물리적 특징을 가지고 있는 염색체상의 열성인 분홍색 눈 인자와 우성인 막대형 눈 인자의 교차를 관찰하였다. 이들 유전자들이 교차로 인해 재조합이 일어날 때마다 염색체도 재조합이 일어나므로 유전자 재조합은 염색체팔의 물리적 교환으로 생긴다는 것을 알 수 있다.
대립인자 중 "+" 표시는 그 유전자의 가장 흔한 대립인자인 야생형을 나타낸다.

이 중 2개는 서로 교차를 일으키고 다른 2개는 그렇지 않음을 주목하였다. 그는 이 염색분체의 교차가 모계와 부계 상동체 사이에서 염색체 팔이 교환하는 것이라고 보았다.

교차

그 후의 실험들로 장상의 주장은 옳다는 것이 밝혀졌다. 이 실험들 중에서 1931년에 미국의 유전학자 스턴(Curt Stern)이 수행한 것이 있는데(그림 13.17), 그는 X 염색체의 양 말단이 비정상인 것이 눈으로 보이는 초파리 계통에서 두 가지 성 연관의 눈 형질을 연구하였다. 그는 먼저 많은 초파리를 조사하여 두 가지 눈 형질에 관하여 교환이 일어난 개체를 구별하였다. 그런 다음 X 염색체의 팔이 교환되었지를 알아보기 위하여 이 초파리들의 염색체를 조사하였다. 스턴은 모든 눈 형질을 교환한 개체들은 비정상 말단이 교환된 염색체를 가지는 것을 발견하였다. 이 결론은 눈 색깔과 같은 형질의 교환은 염색체 팔의 교환, 즉 교차(crossing over) 때문이라는 것을 알려준다. 교차는 유전자의 새로운 조합, 즉 유전자 재조합(genetic recombination)을 만들어 낸다.

그러므로 하나의 염색체상에서 두 가지 서로 다른 유전자들이 서로 멀리 떨어져 있으면 가까이 접근해 있을 때보다 이 두 유전자 사이에서 교차가 생길 가능성은 크다. 두 유전자가 동일 염색체에 있어도 둘이 서로 멀리 떨어져 있으면 독립 분리할 수 있는 것이다.

재조합을 이용하여 유전자 지도 만들기

멘델은 그가 연구한 형질의 유전자가 서로 다른 염색체에 위치하거나 서로 멀리 떨어져 있었기 때문에 독립 분리 현상을 발견할 수 있었다(그림 13.18). 두 유전자 사이에서의 교차는 이 유전자들이 가까이 위치할 때보다 멀리 떨어져 있을 때 더 흔하게 일어나므로, 교차의 빈도를 이용하여 유전자들의 상대적 위치를 알아낼 수 있다. 교배 실험에서 두 유전자의 교환

그림 13.18 | 멘델이 연구한 완두의 일곱 가지 유전자의 염색체상의 위치.
꼬투리 모양 유전자는 두 염색체에서 보이는데 둘 중 어느 유전자가 멘델이 사용한 표현형과 유사한지 유전학자들이 확신할 수 없기 때문이다. 5번 염색체상의 키 유전자와 꼬투리 형태 유전자는 서로 가까이 위치하므로 양성잡종 교배에서 서로 분리되기가 어렵다. 멘델은 이 두 가지 형질을 양성잡종 교배 실험에 이용하지 않았다.

이 나타나는 자손의 비율은 이 두 유전자의 교차 빈도로 볼 수 있다. 따라서 이러한 교배 실험의 결과로 유전자 지도(genetic map)를 만들 수 있는데, 이는 재조합의 빈도를 보고 유전자 사이의 거리를 환산한 것이다. 평균적으로 배우자의 1%에서 교차가 나타날 것으로 예측되는 유전자간 거리를 한 "지도 단위"라고 한다. 이 지도 단위는 현재는 센티모르간(centimorgan)이라고 한다.

유전자 지도 외에도, 유전학자들은 여러 가지 물리적 지도를 만드는데, 가령 DNA 제한 분해효소가 자르는 부위, PCR(polymerase chain reaction)에 의해 증폭되는 부위 등이 있다.

삼점 교배. 유전자 지도를 만들 때 연구자들은 동일 염색체상에 위치한 3개 이상의 유전자 사이의 재조합을 동시에 조사한다. 유전자들이 서로 가까이 위치하여 독립적으로 분리하지 않으면 이들은 서로 연관되었다(linked)고 말한다. 3개의 연관된 유전자를 포함하는 교배를 삼점 교배(three-point cross)라고 한다. 모건의 제자 스터트반트(Sturtevant)는 초파리의 X 염색체에 있는 유전자들에 의해 생기는 형질에 대하여 모건이 얻은 자료를 이용하여 최초로 유전자 지도를 만들었다(그리 13.19). 편의상 한 유전자의 가장 흔한 대립인자를 야생형(wild type)이라고 하고 +로 표시하며, 다른 대립인자들은 특정 문자로 표시한다.

인류 염색체

사람의 체세포는 46개의 염색체를 가진다. 통상적으로 사람의 염색체들은 일곱 가지 집단으로 구분되는데(A부터 G까지), 각 집단은 크기와 모양 등으로 나뉜다. 염색체 사이의 차이는 핵형으로 배열해 놓을 때 가장 뚜렷이 나타난다(그림 13.20). 차별 염색법으로 염색체의 각 부위를 차이 나게 염색시키면 더 명확히 식별할 수 있다. 각 염색체는 항상 일정한 색깔 밴드 양상을 나타낸다.

그림 13.19 | 최초의 유전자 지도.
이 초파리(*Drosophila*) X 염색체 지도는 모건의 제자인 스터트반트가 1913년에 만든 것이다. 그는 상대적 재조합 빈도를 조사하여 성 연관을 나타내는 다섯 가지 열성형질의 상대적 위치를 표시하였다. 재조합 빈도가 높을수록 두 유전자는 더 멀리 떨어져 있다.

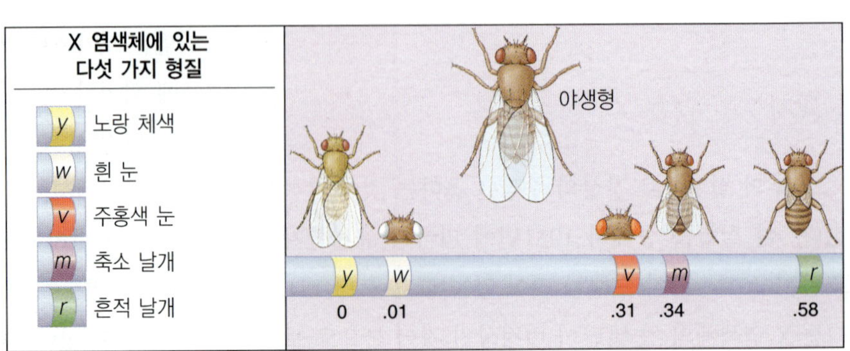

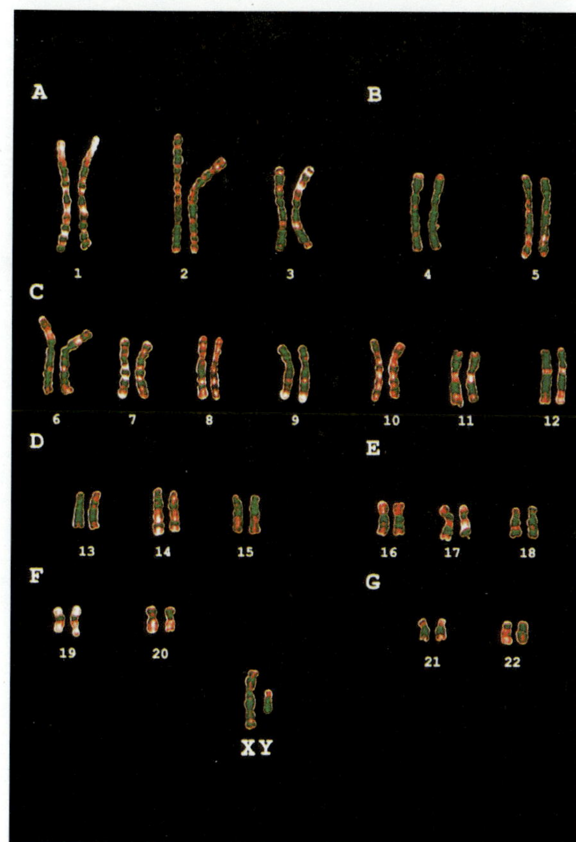

그림 13.20 | 사람의 핵형.
이 핵형은 채색된 밴드 양상을 보여주며, A군부터 G군까지 정렬되어 있다.

사람의 성염색체

사람의 23쌍의 염색체 중 22쌍은 남녀 모두 동일하게 가지는 상염색체(autosomes)이다. 나머지 한 쌍은 성염색체(sex chromosome)로서, 이 두 성염색체는 여자에서는 동일하고(XX) 남자에서는 다르다(XY). 남자의 Y 염색체는 고도로 응축되어 있다. Y 염색체의 유전자들은 거의 발현되지 않으므로 남자에게는 하나뿐인 X 염색체상의 열성 대립인자들은 Y 염색체에서 활동적인 짝을 가지지 않는다. Y 염색체에 있는 일부 활동성 유전자들은 남자로서의 기질을 나타내게 하므로, 적어도 1개의 Y 염색체를 가지는 사람은 남자이다.

다른 생물에서의 성염색체

성염색체의 구조와 수는 생물마다 다르다(표 13.3). 초파리는 사람이나 대부분의 척추동물처럼 수컷이 XY이고 암컷이 XX이다. 그러나 새에서는 수컷이 ZZ이고 암컷은 ZW이다. 메뚜기와 같은 일부 곤충에서는 Y 염색체가 없고, 암컷은 XX이며 수컷은 XO이다(O는 염색체 1개가 없음을 뜻한다).

표 13.3 일부 생물의 성 결정

생물의 종류	암컷	수컷
사람과 초파리	XX	XY
조류	ZW	ZZ
메뚜기	XX	XO
꿀벌	2배체	반수체

성 결정

사람에서 Y 염색체에 SRY라는 남자의 성징을 발현시키는 특수 유전자가 있다. 이 유전자는 발생 초기에 발현되며 남성 생식기와 2차 성 기관을 발육시키며, 이 유전자의 작용이 없으면 여자가 된다.

어류나 일부 파충류에서는 환경적 요인이 성 결정 유전자의 발현을 변화시킴으로써, 성체의 성을 결정한다.

바소체

X 염색체가 남자에서는 1개뿐이고 여자에서는 2개이지만, 여자의 세포는 X 염색체의 유전자들이 만드는 단백질을 두 배로 합성하지는 않는다. 그 대신 여자의 X 염색체 중 1개는 발생 초기의 성 결정이 이루어진 직후 불활성화된다. 2개의 X 염색체 중 어느 것이 불활성화 될지는 무작위적이다. 만약 한 여자가 성 연관 형질을 이형접합으로 가진다면 이 여자의 세포 중 일부는 한 대립인자를 발현시키고, 다른 세포는 다

른 대립인자를 발현시킨다. 불활성 상태인 고도로 응축된 X 염색체는 핵막에 부착된 채 검게 염색되어 바소체(barr body)로 나타난다.

X 염색체와 Y 염색체는 왜 그토록 다른가?

사람의 X 염색체는 약 1,000개의 유전자를 함유한다. 생물학자들은 여자가 X 염색체와 상염색체를 2벌로 가지는 이유는 유전자 손상이나 복제 실수를 복구할 수 있도록 하기 위함이라고 추측한다.

세포가 어떻게 DNA 한 가닥에서 나타나는 1개 또는 소수의 뉴클레오티드의 돌연변이를 탐지하고 복구할까? DNA 두 가닥 중에서 정상인 것과 변형된 것을 어떻게 구별할까? 세포는 두 가닥을 비교하여 구별하고 복구하는데, 그 방법은 다음과 같다.

세포가 DNA 이중나선에서 한쪽 사슬에 문제가 나타나면 해당 부위의 양쪽 사슬 전체를 잘라낸 다음 복구한다. 세포는 어느 쪽 사슬이 올바른 것인지를 고려하지 않고 양쪽 사슬 모두를 제거하는 것이다. 이때 잘라내어 없어진 빈 부위는 다른 염색체의 해당 부위에 존재하는 서열을 복사해서 채우는데, 이 과정을 유전자전환(gene conversion)이라고 한다. 이와 같은 모든 짜깁기는 염색체가 감수분열 초기에 쌍으로 밀접하게 짝지어져 있을 때 일어난다.

대부분의 생물학자들은 DNA 복구의 필요성이 성이 생긴 이유로 보고 있다. 감수분열을 하지 않는 무성생식 생물은 돌연변이로 일어나는 손상이 계속 누적되어 결국 종이 멸종하게 된다.

암컷과 달리 수컷은 X 염색체가 1개뿐이다. Y 염색체는 X 염색체보다 훨씬 작다. 생물학자들은 Y 염색체에는 소수의 활동적 유전자만 존재한다고 생각해 왔다. 감수분열시 짝지을 Y 염색체가 없으므로 돌연변이 누적으로 대부분의 유전자들이 마모되어 쓸만한 것은 일부만 남아 있다고 생각하였다. 그러나 2003년 6월 연구자들은 Y 염색체 전체의 유전자 서열을 보고하였는데, 이전에 생각해 왔던 것과는 달리, Y 염색체에는 78개나 되는 활동적 유전자들이 있었던 것이다. 그 중 하나는 남성의 발생과 관련된 것이고, 나머지 대부분은 정자 생산이나 수정 능력과 관련된 것이었다. 일부는 성과 관계없는 것도 있었는데, 그 중 하나는 리보솜의 구성 요소를 만드는 것이었으므로, 남성의 리보솜은 여성의 것과는 약간 다름을 알려준다.

이런 유전자들을 모두 고려하여, 유전학자들은 남자와 여자는 게놈의 1~2%가 차이 나며, 이는 남자와 침팬지 수컷의 차이, 또는 여자와 침팬지 암컷의 차이와 같은 정도라는 결론을 내렸다.

Y 염색체는 작으므로 X 염색체의 끝 부분하고만 짝지을 수 있다. 그러므로 감수분열시 X 염색체와 Y 염색체 사이에 밀접한 짝짓기는 일어날 수 없다. X와 Y의 밀접한 짝짓기가 일어나지 않도록 진화가 일어난 이유가 있다. 밀접한 짝짓기는 유전자의 교환을 허용하므로 Y 염색체에 있는 남성 결정 유전자들이 X 염색체로 흘러들어가 모든 사람을 남성으로 만들 것이다.

한 가지 미스터리가 남는다. Y 염색체가 X 염색체와 짝짓기를 하지 못한다면 돌연변이 축적을 막는 복구 작업 없이 어떻게 존속할 수 있으며, 왜 이미 수컷의 절멸을 일으키지 않았을까? 이 대답은 Y 염색체의 서열을 보면 알 수 있다. Y 염색체의 활동적 유전자 78개 대부분은 8개의 palindrome(앞 뒤 어느 쪽부터 읽어도 똑같은 경우, 예 : madam) 속에 있는데, 이 부위는 똑같은 DNA 서열이 반대 방향으로 반복되어 있어서 거꾸로 휘어져서 머리핀 모양처럼 될 수 있으므로 감수분열시 손상된 X 염색체의 복구가 일어나듯이 돌연변이는 palindrome의 다른 팔에 저장된 손상되지 않은 서열에 의해 복구될 수 있다.

염색체 수 변화로 인한 인류의 기형

감수분열시 상동체나 자매염색분체가 적절히 분리되지 못하는 것을 염색체 불분리(nondisjunction)라고 한다. 그 결과 배우자의 염색체 수가 1개 많거나 적게 되는 현상을 이수성(aneuploidy)이라고 한다.

상염색체의 불분리

상염색체 1개가 없는 것을 일염색체성(mono-somy)라고 하는데, 일염색체성인 사람은 발생과정 중 생존하지 못한다. 상염색체 1개가 추가된 삼염색체성(trisomy)인 사람도 대부분 생존하지 못한다. 임상적 자료에 의하면 자연유산은 염색체 이수성으로 인한 경우가 35%에 이른다고 한다. 그러나 크기가 가장 작은 다섯 가지 염색체(13, 15, 18, 21, 22번)는 삼염색체성이 되어도 생존할 수 있다. 13, 15, 18번 염색체의 삼염색체성은 발생상 심각한 결함을 일으켜서, 신생아는 수개월 이내에 사망한다. 이와는 달리 21번과 22번의 삼염색체성인 사람은 성인이 될 때까지 생존할 수 있다. 이런 사람은 골격계 발육이 지연되어 키가 작고 근육 발육이 빈약하다. 정신적 발육도 영향 받아서 모두 저능아로 된다.

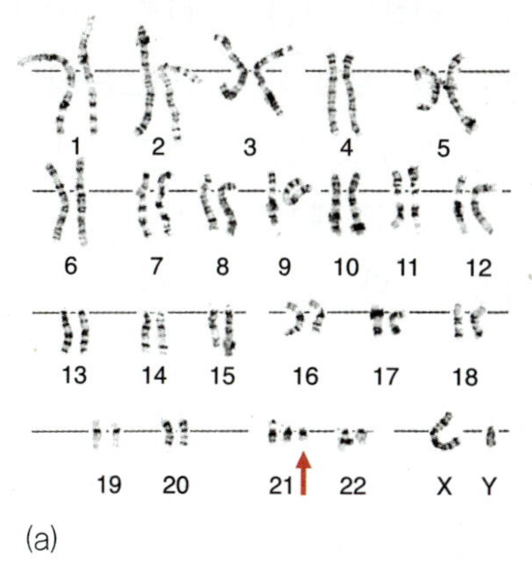

(a)

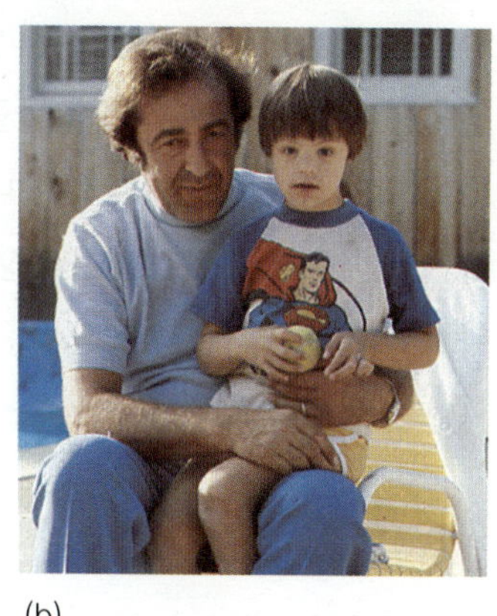

(b)

그림 13.21 | 다운증후군.
(a) 다운증후군은 21번 염색체의 삼염색체성에 기인한다. (b) 다운증후군 아이.

다운증후군. 21번 염색체의 3염색체성(그림 13.21a)은 1866년 J.L. Down에 의해 처음 기록되었다. 대략 신생아 750명당 1명의 비율로 나타나며, 인종에 따라 빈도의 차이가 나타나며, 침팬지나 다른 영장류에서도 나타난다. 사람에서 이 유전질환은 21번 염색체의 일부 특정 부위가 3벌이 되기 때문에 나타난다. 다운증후군인 사람의 97%가 21번 염색체 전체가 3벌이고, 3%는 해당 염색체의 중요한 부분이 전좌를 일으켜 다른 염색체에 부착되어서 생기는 전좌 다운증후군(translocation Down syndrome)이다.

일부 연구자들은 다운증후군을 일으키는 유전자가 암이나 알츠하이머병 유전자 일부와 유사하거나 동일하다고 의심한다. 이런 의심을 가지는 이유는 사람의 암 유발 유전자 중 한 가지와 알츠하이머 유전자가 다운증후군과 관련된 21번 염색체 부위에 있기 때문이다. 더욱이 다운증후군 아이는 암에 잘 걸리며, 백혈병의 경우 발병률이 정상 아이보다 11배나 높다.

사람의 다운증후군은 거의 예외 없이 난자 형성시 21번 염색체의 불분리 때문에 일어난다. 이 염색체의 불분리는 왜 일어나는지 아직 모르고 있지만, 그 빈도는 암과 같이 모체의 나이에 따라 증가한다(그림 13.22). 모체의 나이 20 미만에서 다운증후군 아이를 낳을 위험은 약 1/1,700이지만 20~30세에서는 1/1,400, 30~35세에서는 1/750, 45세가 되면 1/16이나 된다.

염색체 불분리는 남자보다 여자에서 흔한데, 그 이유는 여자의 모든 난자는 태어날 때 이미 감수분열 I의 전기에 있기 때문이다. 여자가 가임기가 될 때 난

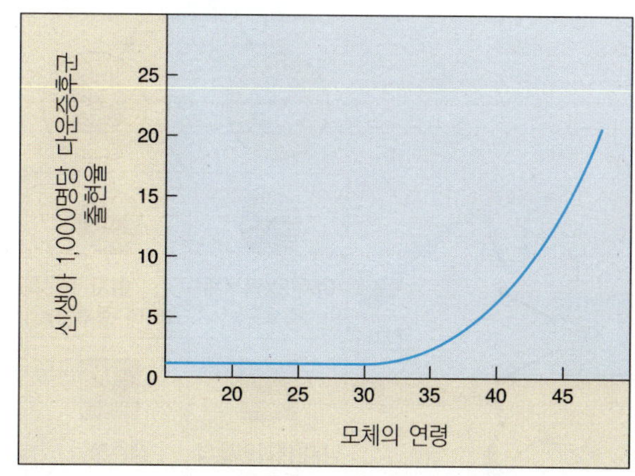

그림 13.22 | 모체의 연령과 다운증후군 출현의 상관관계.
여성이 나이가 들어감에 따라 다운증후군 아이를 출산할 확률이 증가한다. 35세가 넘은 여성에서는 다운증후군 아이의 출생 빈도가 급격히 증가한다.

자들은 여자의 나이만큼 늙은 상태이다. 이와는 달리 남자는 매일 새로운 정자를 만들어낸다. 그러므로 여자에서 염색체 불분리뿐만 아니라 여러 가지 문제가 생겨서 배우자에 축적될 가능성이 크다. 이 때문에 남자보다 여자의 나이는 출산에 큰 영향을 끼친다.

성염색체의 불분리

성염색체 1개의 추가 또는 감소는 보통 상염색체의 경우 같은 발생상의 심각한 기형을 나타내지 않는다. 비록 몇 가지 비정상적인 특징을 나타내기는 하지만 해당 개인은 어른이 될 때까지 자란다.

X 염색체. 감수분열시 X 염색체가 분리되지 않으면 어떤 배우자는 2개의 X 염색체를 가지게 되고(XX), 다른 배우자는 X 염색체를 1개도 가지지 않는 O 배우자가 된다(그림 13.23). 만약 XX 배우자가 X 배우자와 결합하여 XXX인 접합자를 만들면, 이 사람은 여자가 되고 기능적인 X와 2개의 바소체를 갖게 된다. 이 여자는 불임이지만 다른 형질은 대개 정상이다. 만약 XX 배우자가 Y 배우자와 결합하면 XXY인 클라인펠터증후군(Klinefelter syndrome)인 사람을 만드는데(빈도는 남자 신생아의 1/500), 이 사람은 남성이면서 여러 여성적 형질을 가지며 대개 정신적 능력도 떨어진다. 만약 O 배우자가 X 배우자와 결합하면 XO 접합자가 생겨서 터너증후군(Turner syndrome)을 만드는데, 이 사람은 불임성인 여자이고 키가 작으며 성적 기관이 발육하지 못한다. 터너증후군은 여자 신생아 1/5,000의 비율로 나타난다.

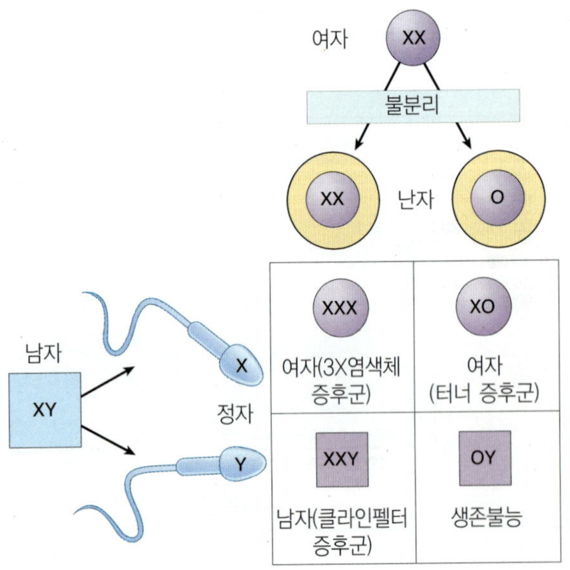

그림 13.23 | 성염색체의 불분리로 생기는 유전적 비정상. 여성배우자 생산시 불분리가 일어나면 클라인펠터증후군 남자(XXY)와 3X 염색체증후군 여자(XXX)가 발생한다. X 염색체가 없는 배우자는 터너증후군 여자(XO)와 생존불능의 남자(OY)를 만든다.

Y 염색체. 감수분열시 Y 염색체가 분리하지 못하여 YY 배우자를 만들고, 이것이 X 배우자와 결합하여 XYY를 만들면 이 접합자는 불임인 남자이고 외모는 정상적인 야콥증후군(Jacob syndrome)인 사람을 만든다. 빈도는 남자 신생아에서 1/1,000이다.

유전상담

비록 대부분의 유전 질환은 아직 치료되지 않고 있지만, 치료가 성공적으로 이루어지는 경우도 있다. 치료가 불가능한 경우 출산을 피하는 것도 한 방법이다. 모체가 유전적 결함을 가진 아이를 출산할 가능성이 있는지를 알아내고 초기 태아의 유전적 상태를 평가하는 것을 유전상담(genetic counseling)이라고 한다.

만약 유전적 결함이 열성 대립인자에 의한 것이라면 부모가 이 열성 대립인자를 가지고 있을 가능성을 알아내는 한 가지 방법은 가계도 분석이다. 친척 중 한 사람이 열성 유전질환을 가지고 있다면 그 사람의 인척들은 이 인자를 이형접합으로 가지고 있을 가능성이 높다. 한 쌍의 부부에서 양쪽 가계의 가계도 분석 결과, 두 사람이 모두 이 인자를 이형접합으로 가지고 있을 가능성이 높다면 임신은 위험하다.

임신부의 나이가 35세 이상일 때에도 임신이 위험한 경우이다. 임신이 위험하다고 판단되면 양수검사(amniocentesis)를 한다. 이는 임신 4개월에 양수를 채취하여 양수에 떠 있는 태아세포를 배양하는 것이데, 이때 초음파를 이용하여 주사기로 정확히 양수를 채취하고 태아의 비정상 징후도 조사한다. 최근에 의

사들은 장막융모(chorionic villi) 채취를 흔히 하는데, 이 방법은 장막(태반의 막) 세포를 채취하는 것으로서, 이 방법은 임신 초기(임신 8주까지)에도 적용할 수 있다. 위의 두 가지 방법을 통하여 세포를 배양하고, 배양세포의 특징을 본다. 첫째, 핵형 분석으로 이수성이 있는지, 염색체들이 정상인지를 본다. 둘째, 유전 질환과 관련된 비정상적인 효소 활성이 있는지를 본다. 가령 페닐케톤뇨증에서는 페닐알라닌을 분해하는 효소가 없다.

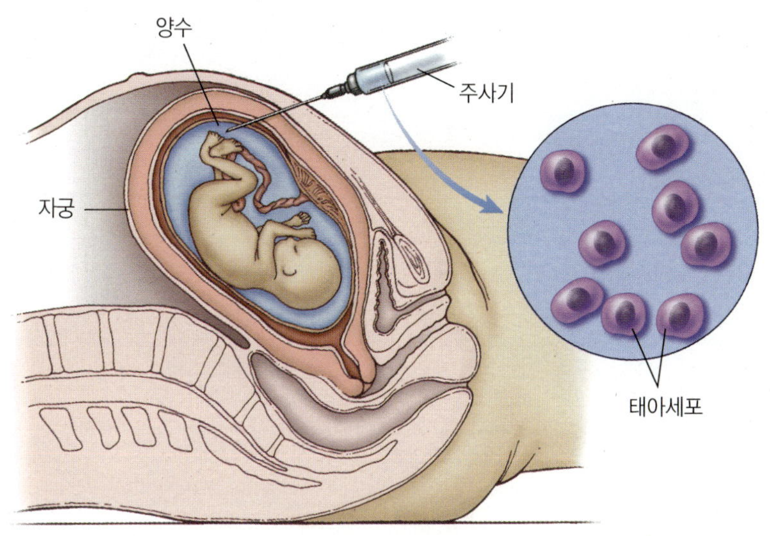

그림 13.24 | 양수검사.
바늘이 양막 내로 삽입된다. 그리고 태아로부터 유리된 일부 세포가 포함된 양수액 시료는 주사기 내로 들어간다. 태아세포를 배양하여 그 핵형과 대사기능을 검사한다.

CHAPTER 14

DNA : 유전물질

이 장에서는 DNA와 유전의 분자적 기작을 이해하도록 유도한 과거의 일련의 실험들을 소개하고자 한다. 이 실험들은 과학사적으로 중요한 것들이었으며, 새로운 중요한 의문을 낳게 하는 과학적 속성을 지닌 것들이었다. 이러한 의문들을 해결하는 과정을 통하여, 오늘날 유전에 관한 새로운 지식들이 명료해졌다.

14.1 유전물질이란 무엇인가?

헴멀링의 실험 : 유전정보는 핵 속에 있다

덴마크의 생물학자 헴멀링(J. Hammerling)은 1930년대에 베를린의 막스플랑크 해양생물연구소에서 연구한 사람이었다. 그는 키가 5cm까지 자라는 단세포 녹조류 *Acetabularia*를 실험 재료로 선택하였다. 이 녹조류는 뿌리, 줄기, 우산의 세 부분으로 구분되며, 핵은 뿌리 부위에 위치한다. 그는 *Acetabularia*의 우산을 자르면 새로운 우산이 재생하지만, 뿌리를 잘라내면 줄기에서 뿌리가 재생하지 않았기 때문에 유전정보는 뿌리에 있다고 가설을 세웠다.

그림 14.1 | 헴멀링의 *Acetabularia* 이식 실험. 햄멀링은 *Acetabularia* 한 종의 줄기를 다른 종의 뿌리에 접목하였다. 매 경우에 우산의 모양은 줄기보다는 핵이 들어 있는 뿌리에 의해 정해졌다.

헴멀링은 그의 가설을 검증하기 위해 *Acetabularia mediterranea*와 *A. crenulata* 두 종의 개체들을 선정

하여 실험하였다. *Acetabularia mediterranea*는 원반 모양의 우산을 가지며, *A. crenulata*는 꽃 모양의 우산을 가진다. 그는 *A. crenulata*의 줄기를 잘라내어 *A. mediterranea*의 뿌리에 접목하였다(그림 14.1). 이때 새로 재생된 우산은 *A. crenulata*의 것과 똑같지는 않지만 다소 유사하였다. 헴멀링은 다시 재생된 우산을 잘라내어 다시 2차로 재생이 되도록 했다. 2차로 재생된 우산은 *A. mediterranea*의 원반 모양과 정확히 동일하였으며, 그 후에 다시 재생된 것도 그러하였다. 이 실험은 우산의 형태를 규정하는 정보는 세포의 뿌리에 있으며, 이 정보는 뿌리에서 줄기를 따라 우산으로 전달된다는 그의 가설을 지지하는 것이었다.

이 실험에서 처음에 재생된 꽃과 유사한 모양의 우산은 다소 중간 형태를 띤 것이었다. 헴멀링은 이 원래의 *A. crenulata*의 것과 유사한 우산은 이식된 줄기에 남아 있던 정보에 의해 형성된 것이라고 생각하였다. 반면, 그 후 재생된 우산은 *A. mediterranea*의 뿌리에서 생긴 새로운 정보를 이용하여 재생되었다고 보았다.

그리피스의 형질전환 실험

생물학자들은 염색체를 조사하기 시작하였을 때 염색체가 두 종류의 거대분자로 이루어져 있음을 알게 되었는데, 이 두 종류의 거대분자는 단백질과 DNA이다. 이 두 거대분자는 모두 유전자 역할을 할 수 있는 조건을 갖추고 있다. 단백질의 아미노산 서열이나 DNA의 뉴클레오티드 서열 모두 유전정보를 저장할 수 있다고 생각되었다. 이 두 물질 중 어느 것이 유전물질인지는 실험을 통하여 명백히 드러났다. 염색체에서 DNA와 단백질을 따로 분리해 낸 다음 그 중 어느 것이 다른 생물의 유전형질을 바꿀 수 있는지 알아본 것이었다.

1928년 영국의 미생물학자 그리피스(F. Griffith)는 병원성 세균으로 실험을 하던 중에 예기치 못한 일련의 결과를 관찰하게 되었다. 독성이 강한 *Streptococcus pneumoniae*를 쥐에 감염시키면 쥐는 죽게 된다. 그러나 독성이 강한 종류에서 다당류 외피가 제거된 돌연변이 *S. pneumoniae*로 다시 쥐를 감염시켰더

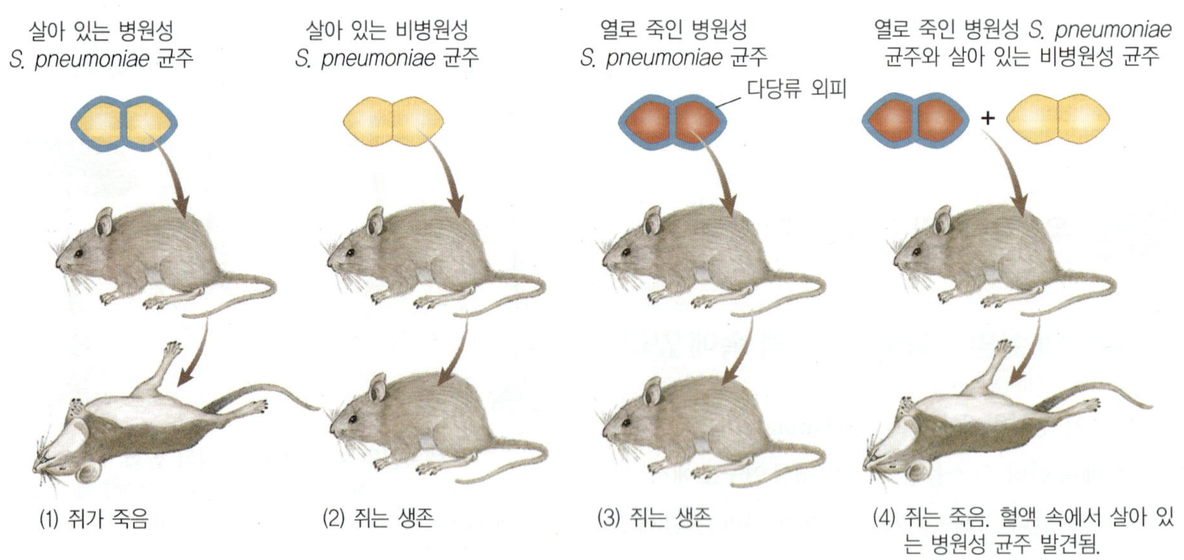

그림 14.2 | 그리피스의 형질전환 발견.
(1) 세균 *Streptococcus pneumoniae*의 병원성 균주를 쥐에 주입하면 쥐는 죽는다. 세균세포는 세균이 합성한 다당류 외피로 싸여 있다. (2) 살아 있으나 외피가 없는 세균을 쥐에 주입하면 쥐는 발병하지 않는다. 외피 자체는 병의 원인이 아니다. (3) 다당류 외피를 가진 죽은 세균을 쥐에 주입해도 쥐는 발병하지 않는다. (4) 그러나 다당류 외피를 가진 죽은 세균과 외피가 없는 살아 있는 세균을 함께 주입하면 쥐는 발병하여 죽게 되고, 외피를 가진 병원성 세균이 출현한다. 이는 죽은 세포에 의하여 살아 있는 세포가 형질전환된 것으로서, 다당류 외피를 만드는 유전정보가 죽은 세포로부터 살아 있는 세포로 옮겨간 것이다.

니 발병하지 않았다. 다당류 외피가 쥐를 감염시키는 데 절대적으로 필요한 요소였던 것이다. 이 세균의 병원성 균주는 S형이라고 하는데, 이는 이 세균이 배양접시에서 매끄러운(smooth) 콜로니를 형성하기 때문에 붙여진 이름이다.

돌연변이가 일어난 세균에는 다당류 외피를 만드는 데 필요한 효소가 결핍되어 있는데, 이 균주는 배양접시에서 거친(rough) 콜로니를 형성하므로 R형이라고 한다. 다당류 외피 자체가 독성을 나타내는 것인지를 알기 위하여 그리피스는 독성이 있는 S형 죽은 것과 살아 있으나 외피가 없는 R형을 섞어 쥐에 주사하였다(그림 14.2). 이들은 따로 주사하면 모두 효과가 없었던 것이다. 예기치 않게도 쥐는 병에 걸려 죽었고 독성이 있으면서 살아 있는 S형 균이 죽은 쥐의 혈액에서 검출되었다. 다당류 외피를 만드는 정보가 죽은 S형으로부터 외피가 없는 R형으로 옮겨가서 외피가 없는 R형이 독성을 가진 S형으로 영구적으로 전환된 것이다. 이렇게 세포와 세포 사이에 유전물질이 전달되어 수용제세포의 유전자 구성을 바꾸는 것을 형질전환(transformation)이라 한다.

에이버리의 실험

*Streptococcus*를 형질전환시킨 물질이 무엇인지 1944년까지는 밝혀지지 않았다. 에이버리(O. Avery)는 형질전환을 일으킨 물질의 정체를 분석했다. 그는 우선 그리피스가 이용했던 죽은 S형과 살아 있는 R형의 혼합물을 준비했다. 그 다음, 이 혼합물로부터 가능한 한 최대로 단백질을 제거하여 남은 물질의 순도가 99.98%가 되게 하였는데, 거의 모든 단백질을 제거하였음에도 불구하고 형질전환 능력은 사라지지 않았다. 더욱이, 형질전환을 일으키는 물질의 성질이 다음과 같은 점에서 DNA와 유사하였다.

1. 정제된 혼합물을 화학적으로 분석했을 때 원소의 배열이 DNA와 매우 유사하였다.
2. 초원심분리에서 형질전환 물질은 DNA와 같은 위치에 머물렀다.
3. 정제된 형질전환 물질로부터 지질이나 단백질을 제거해도 그 활성이 줄어들지 않았다.
4. 단백질 분해효소나 RNA 분해효소는 이 형질전환 물질의 활성에 영향을 주지 못했다.
5. 형질전환 물질은 DNase(DNA 분해효소)에 의해 그 활성을 잃었다.

에이버리는 핵산이 세균의 형질전환을 일으키는 물질이라고 결론지었다.

허시-체이스의 실험

에니버리의 실험은 처음에는 그 진가를 인정받지 못했는데, 그 당시 대부분의 생물학자들이 유전자는 단백질로 이루어져 있다고 생각했기 때문이다. 1952년 허시(A. Hershey)와 체이스(M. Chase)는 세균에 감염하는 바이러스, 즉 박테리오파지(bacteriophage)

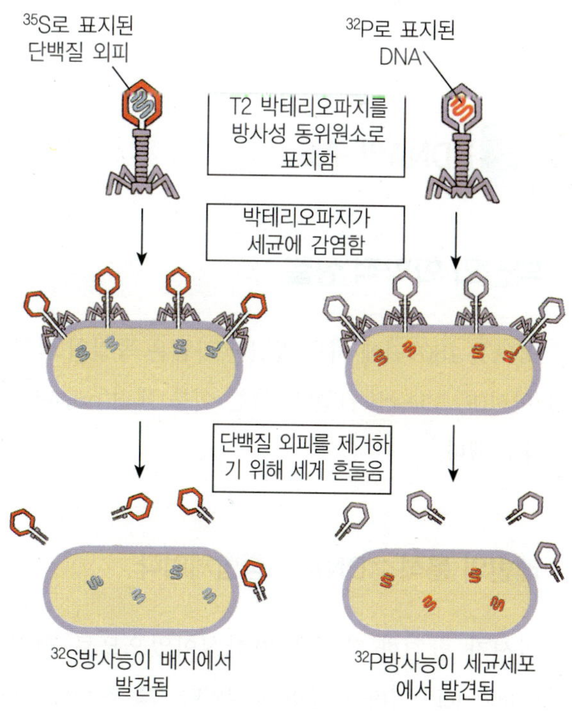

그림 14.3 | 허시-체이스의 실험.
^{35}S 방사능은 감염된 세균세포로 들어가지 않았으나 ^{32}P 방사능은 들어갔다. 이는 바이러스의 단백질이 아니라 DNA가 새로운 바이러스의 생산을 지시함을 알려준다.

의 유전자를 조사하였다. 박테리오파지는 세균 표면에 부착하여 유전자를 세균 안으로 들여보낸다. 세균 속에서 성장한 박테리오파지 자손들은 다른 세포에 감염하기 위해 빠져나온다. 박테리오파지는 간단한 구조로 이루어져 있다. 즉 DNA와 이를 둘러싸고 있는 단백질 외피가 전부이다.

허시와 체이스는 박테리오파지의 DNA와 단백질을 방사성 동위원소로 표지하였다. 한쪽 박테리오파지 집단은 ^{32}P가 들어 있는 DNA를 가지도록 만들고, 다른 쪽 박테리오파지 집단은 박테리오파지의 단백질 외피에 ^{35}S가 들어가도록 했다. 이 두 가지 박테리오파지를 서로 섞어서 세균에 감염시켰다. 수분 후 그들은 용액을 세게 흔들어 세균 표면에 붙은 박테리오파지의 단백질 외피들을 떨어지게 하였다. 이 과정에서 거의 모든 ^{35}S가 세균으로부터 제거되었으나 ^{32}P는 세균세포내에서 발견되었고(그림 14.3), 그 후 감염된 세균으로부터 복제 후 방출되는 박테리오파지내에서도 발견되었다. 따라서 세균 내로 주입되어 새로운 바이러스세대를 지정하는 유전정보물질은 DNA이지 단백질이 아님을 알 수 있다.

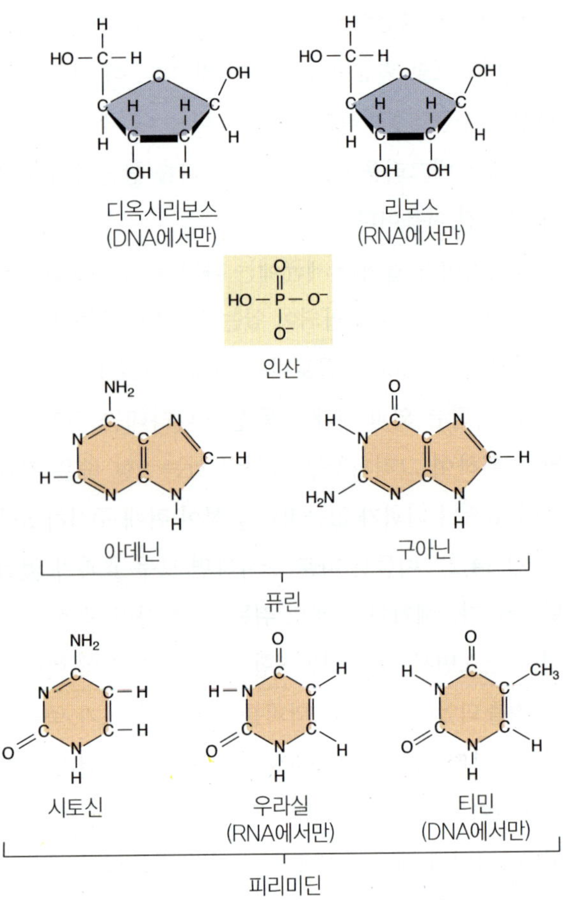

그림 14.4 | DNA와 RNA의 뉴클레오티드 구성 소단위. DNA와 RNA의 뉴클레오티드 소단위들은 세 가지 요소로 구성되어 있다. 5탄당(DNA는 디옥시리보스, RNA는 리보스), 인산기 그리고 질소염기(퓨린이나 피리미딘)이다.

14.2 DNA의 구조

핵산의 화학적 성질

DNA를 1869년에 처음 발견한 사람은 독일의 화학자 미셔(F. Miescher)였다. 그는 이를 핵질(nuclein)이라고 했다.

레빈의 분석 : DNA는 중합체이다

미셔가 발견한 핵질은 약산성이었으므로 핵산(nucleic acid)이라고 불리게 되었다. 그 후 50년 동안 이 물질의 기능에 대해 알려진 바가 없었다. 1920년대에 핵산의 기본 구조가 생화학자 레빈(P. A. Levene)에 의해 알려졌는데, 그는 DNA 분자가 세 가지 성분, 즉 5탄당, 인산기(PO_4), 질소 염기를 함유하는 것을 알아냈다(그림 14.4). 염기는 퓨린(아데닌 및 구아닌)이거나 피리미딘(티민 및 시토신)이고, RNA에서는 티민 대신 우라실을 가진다. 레빈은 세 가지 구성 요소가 반복되어 DNA나 RNA를 형성한다고 결

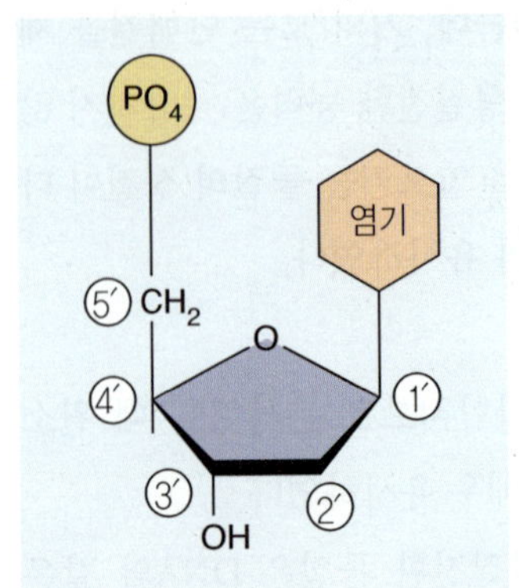

그림 14.5 | 뉴클레오티드의 탄소원자의 번호. 뉴클레오티드내 5탄당의 탄소원자는 산소원자를 중심으로 시계방향으로 1~5까지 번호를 매긴다. "′" 표시는 탄소가 염기가 아니라 5탄당에 속해 있음을 표시한다.

표 14.1 샤가프가 분석한 DNA 뉴클레오티드 염기조성(mole percent)

생물	A	T	G	C
Escherichia coli (K12)	26.0	23.9	24.9	25.2
Mycobacterium tuberculosis	15.1	14.6	24.9	35.4
효모	31.3	32.9	18.7	17.1
청어	27.8	27.5	22.2	22.6
쥐	28.6	28.4	21.4	21.5
사람	30.9	29.4	19.9	19.8

론지었다. 각 단위는 인산기에 부착된 당과 염기로 이루어진 뉴클레오티드라고 명명되었다. 그림 14.5와 같이 5탄당의 탄소는 시계 방향으로 1번(1′)에서 5′번(5′)까지 있다. 인산기는 5′ 탄소에 부착하고 염기는 1 탄소에 부착한다. 또, 자유 수산기(−OH)가 3탄소에 부착한다.

5인산기와 3수산기는 서로 화학적 반응이 일어나는 부위이므로 이 두 부위는 DNA와 RNA가 길다란 뉴클레오티드 사슬을 형성하도록 만든다. 한 뉴클레오티드의 인산기와 다른 뉴클레오티드의 수산기 사이에 탈수결합으로 공유결합이 생기는데, 이 결합을 포스포디에스테르 결합(phosphodiester bond)이라고 한다(그림 14.6). 이 반응으로 생기는 2개 단위 중합체는 아직 한쪽 말단에 자유 5인산기와 다른 쪽 말단에 3수산기를 가지므로, 다시 다른 뉴클레오티드와 결합할 수 있다. 이런 식으로 수천 개의 뉴클레오티드가 서로 연결되어 긴 사슬을 이루게 된다. DNA와 RNA는 방향성이 있어서 보통 5′에서 3′ 방향으로 염기 서열을 표시한다.

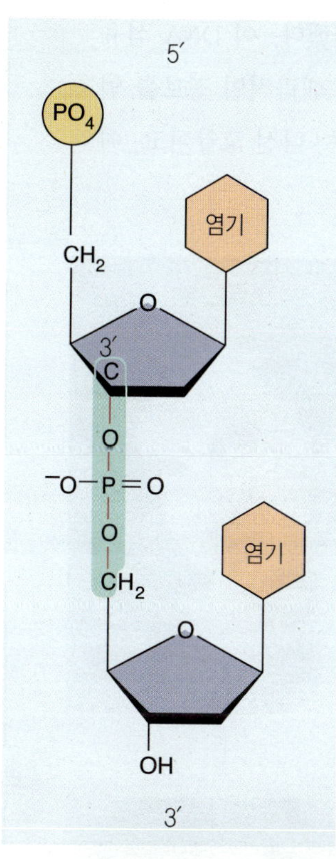

그림 14.6 | 포스포디에스테르 결합.

샤가프의 분석

DNA를 이루는 네 가지 뉴클레오티드의 비율은 동일하지 않다. 샤가프(E. Chagaff)의 연구에 의하면 DNA의 뉴클레오티드 조성은 DNA의 출처에 따라 다름을 발견했다(표 14.1). 샤가프는 DNA 이중나선에서의 규칙성을 발견했는데, DNA에 있는 아데닌(A)의 양은 언제나 티민(T)의 양과 동일하고, 구아닌(G)의 양은 언제나 시토신(C)의 양과 동일하다. 이 발견을 통상적으로 샤가프의 법칙(Chargaff's rule)이라고 하며, 다음과 같이 요약된다.

1. A의 양은 항상 T의 양과 동일하고, G의 양은 항상 C의 양과 동일하다. 즉, A=T이고 G=C이다.
2. 퓨린(A 및 G)의 비율과 피리미딘(C 및 T)의 비율은 항상 동일하다.

DNA의 3차원적 구조

프랭클린의 X선 회절 연구

샤가프의 연구 결과는 영국의 화학자 프랭클린(R.

Franklin)가 수행한 DNA의 X선 회절 분석을 통해 명료해졌다. X선 회절에서 하나의 분자를 X선 빔으로 쪼여서 각 X선이 원자와 부딪치면 그 경로가 굴절하거나 회절하는데, 이때의 회절 양상을 필름에 담을 수 있다. 이 회절은 마치 수면에 던진 돌이 만드는 물결과 유사하다(그림 14.7b). 이를 다시 분석하면 해당 분자의 3차원적 구조에 대한 정보를 얻을 수 있다.

X선 회절은 규칙적인 결정성 배열을 가진 물질에서 가장 잘 나타난다. 그러나 당시에 천연 DNA의 완전한 결정체를 얻기 어려웠으므로 프랭클린은 섬유상의 DNA를 이용해야 했다. 프랭클린은 규칙적 배열을 가진 DNA를 만들 수 있는 영국의 생화학자 윌킨스(M. Wilkins)의 연구실에서 연구했다. 이 DNA 섬유를 이용하여 프랭클린은 DNA 회절에 대한 대략적인 정보를 얻을 수 있었다. 이 정보에 의하면 DNA 분자는 나선 모양이고, 이의 직경이 약 2nm이며, 나선이 한 바퀴 도는 데 필요한 직선거리는 3.4nm였다(그림 14.7c).

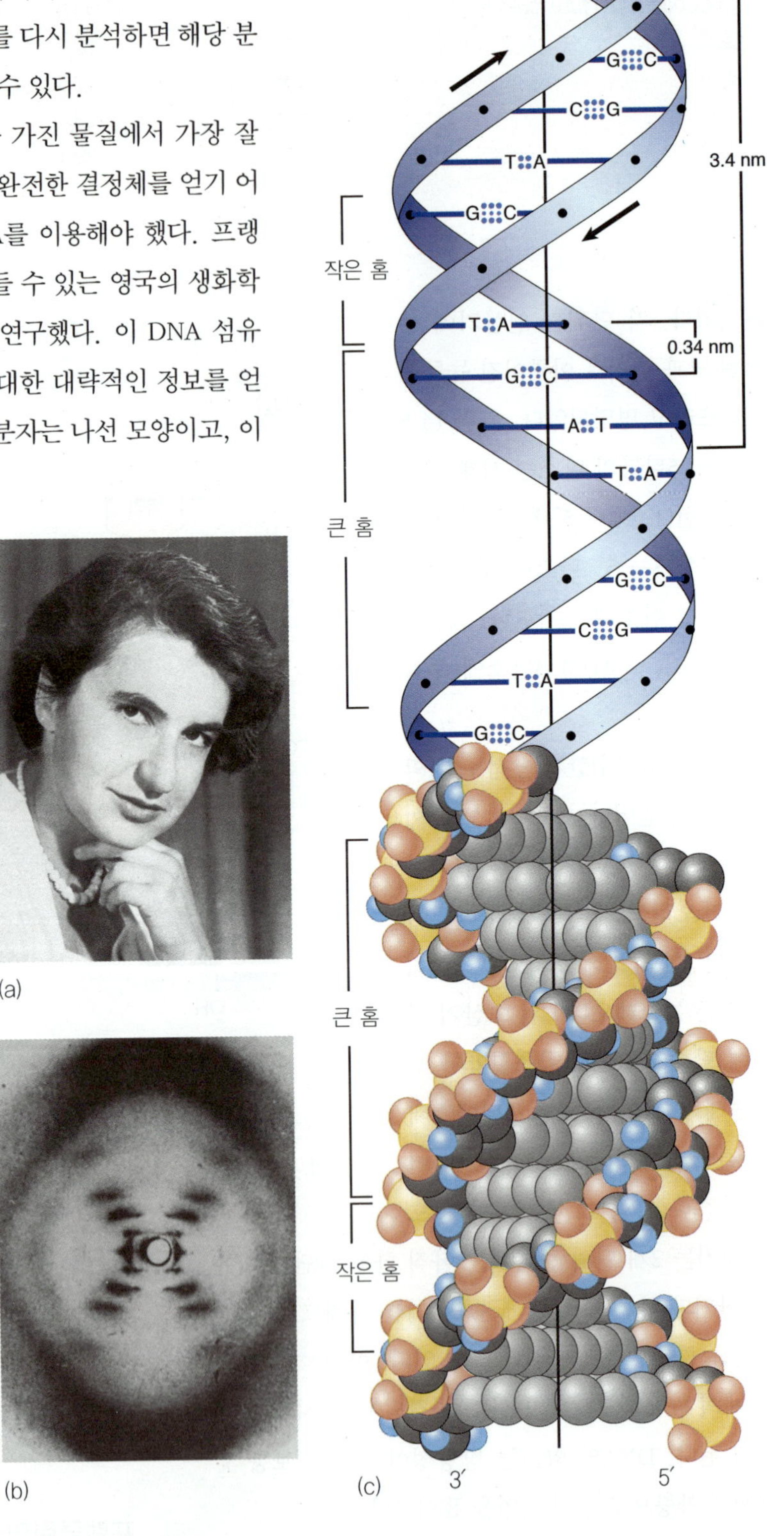

그림 14.7 | 프랭클린의 X선 회절 양상.
(a) 프랭클린. (b) 프랭클린이 1953년에 만든 DNA 섬유의 X선 회절 사진. (c) 프랭클린의 X선 회절연구는 DNA 이중나선의 여러 치수 정보를 밝혀내었다.

왓슨과 크릭의 이중나선 모델

프랭클린의 연구 정보를 비공식적으로 알게된 왓슨(J. Watson)과 크릭(F. Crick)은 이를 참조해 DNA 분자구조를 추론해 내었다. 그들이 내린 결론에 의하면 DNA는 두 줄의 뉴클레오티드 사슬이 서로 꼬여 이중나선을 이루고 있다는 것이다. 두 나선을 붙잡아 주는 것은 염기 사이의 수소결합으로서 A와 T 사이에 2개의 수소결합이, G와 C 사이에 3개의 수소결합이 생긴다(그림 14.8b). 이때 수소결합은 고리 2개가 있는 퓨린과 고리 1개의 피리미딘 사이에 생기므로 각 염기쌍의 직경은 항상 일정하다. 그러므로 한 쪽 사슬의 어느 부위

그림 14.8 | DNA 이중나선.
(a) 왓슨(왼쪽)과 크릭은 샤가프의 법칙과 프랭클린의 회절연구로부터 1953년, DNA구조를 추론해 내었다. (b) DNA 이중나선에서 두 가지 염기쌍만 가능하며, A-T 염기쌍은 2개의 수소결합을, G-C 염기쌍은 3개의 수소결합을 이룬다.

(a)

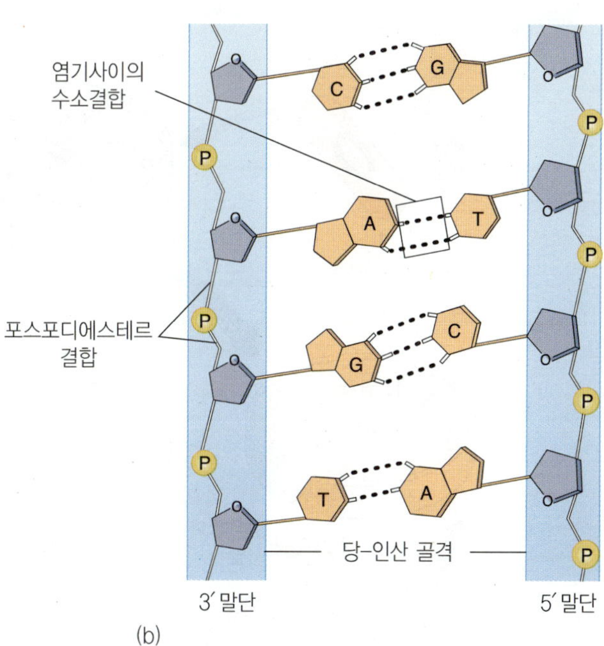

(b)

가 ATTGCAT라면 이에 대응하는 다른 쪽 사슬의 해당 부위는 TAACGTA가 된다. 이러한 염기 대응을 상보적(complementary)이라고 한다. 그러므로 한쪽 사슬의 염기 서열을 알면 다른 쪽 사슬의 염기 서열도 저절로 알 수 있으며, 양 사슬의 방향은 서로 역방향이다.

14.3 DNA 복제

메셀슨-스탈의 실험: DNA 복제는 반보존적이다

1958년 캘리포니아 기술연구소의 메셀슨(M. Meselson)과 스탈(F. Stahl)은 질소 동위원소 중 무거운 ^{15}N이 들어 있는 배지에서 세균을 배양하여 세균 DNA의 염기에 ^{15}N이 삽입되도록 했다(그림 14.10). 수세대가 지난 뒤 이 세균의 DNA 밀도는 가벼운 질소 동위원소 ^{14}N이 들어 있는 일반 배지에서 배양된 세균의 DNA 밀도보다 컸다. 메셀슨과 스탈은 ^{15}N 배지의 세균을 ^{14}N 배지로 옮긴 후 시간차를 두고 배지의 DNA를 모았다.

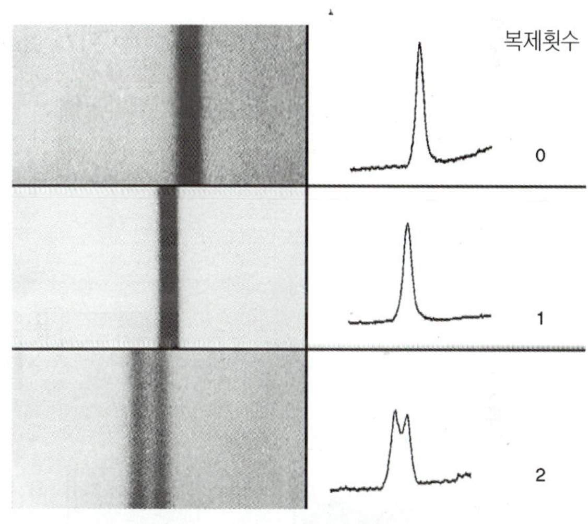

그림 14.9 | 메셀슨-스탈 실험의 결과.
이 DNA 밴드들은 농도구배 원심분리 실험으로 얻어진 것이다. 0세대에서는 모든 DNA가 무겁고, 한 차례 복제 후 모든 DNA는 중간적 밀도를 가지며, 두 차례 복제한 뒤에는 DNA가 중간적 밀도이거나 가벼운 것이었다.

그들은 염화세슘 용액에 각각의 DNA를 용해시켜 초원심분리로 각각 다른 밀도를 가진 DNA 가닥을 따로 분리시킬 수 있었다. 각각의 DNA 사슬은 원심분리로 생긴 염화세슘 밀도 차이에 따라 나누어지는 것이다. ^{15}N 사슬은 ^{14}N 사슬보다 무거우므로 튜브의 아래쪽에 위치하게 된다. 배지를 옮긴 직후에 채취했던

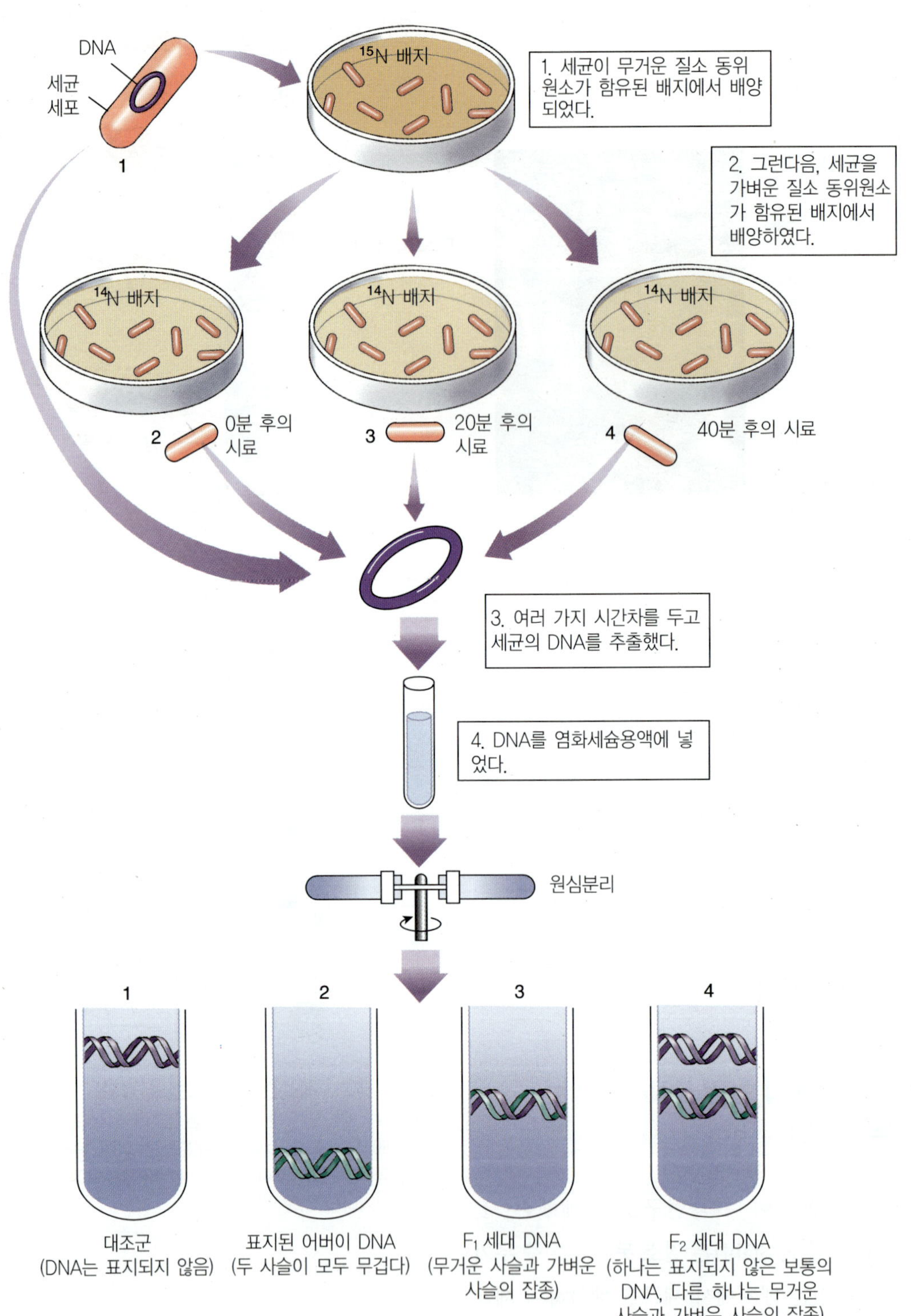

그림 14.10 | **반보존적 복제를 증명하는 메셀슨-스탈의 실험.**
무거운 질소 동위원소(^{15}N)가 포함된 배지에서 여러 세대동안 자란 세균세포들을 보통의 가벼운 질소 동위원소(^{14}N)가 포함된 배지로 옮겼다. 그후 여러 시간차를 두고 시료들을 채취하여 염화세슘용액에 용해시켜 원심분리시켰을때, F_1세대 세균들은 ^{14}N-DNA와 ^{15}N-DNA의 중간밀도에 해당하는 부위에 단일띠를 형성하여 DNA 두가닥중 한가닥만 ^{15}N를 포함하고 있음을 시사하였다. ^{14}N배지에서 2세대가 지난후에는 두 가지 띠가 나타나는데 하나는 중간밀도(한가닥이 ^{15}N 포함)에, 다른 하나는 낮은 밀도(두가닥 모두 ^{15}N 포함 안함)에 해당하는 부위에 나타난다. 메셀슨과 스탈은 DNA 이중가닥의 복제는 사슬이 풀리고, 각 주형사슬에 새로운 짝이 조립됨으로써 이루어진다고 결론지었다.

DNA는 모두 높은 밀도 위치에 모였다. 그러나 ^{14}N 배지에서 한 번 복제가 이루어진 후 채취한 세균의 DNA는 ^{14}N-DNA와 ^{15}N-DNA의 중간 부위로 위치하였다. 복제가 두 번 완료된 뒤에는 두 가지 종류의 DNA 밀도가 관찰되었는데, 하나는 ^{14}N-DNA와 ^{15}N-DNA의 중간 위치였고, 다른 하나는 ^{14}N-DNA와 동일한 위치였다.

메셀슨과 스탈은 실험 결과를 다음과 같이 해석하였다. 한 차례의 전사가 이루어진 후 채취한 DNA 이중나선은 어버이 DNA로부터 온 한 가닥의 무거운 ^{15}N-DNA와 한 가닥의 새로 만들어진 가벼운 ^{14}N-DNA로 만들어진 혼합체이다. 이 혼합체 이중나선이 다시 복사되면 이 중 무거운 DNA 가닥은 다시 가벼운 DNA 가닥과 혼합체를 이루고, 다른 가벼운 DNA 한 가닥은 새로 만들어지는 가벼운 DNA 한 가닥과 짝을 이루어 가벼운 DNA 이중나선을 만들게 된다. 따라서 DNA는 반보존적(semiconservative) 방식으로 복제되는 것이다.

복제 과정(Origin of Replication)

DNA 복제는 지난 40년 동안 *E. coli*(대장균)에서 자세히 분석되었다. 많은 연구자들이 생화학, 유전학, 현미경, 분자생물학 등의 여러 연구 수단으로 이에 대하여 연구하였다.

복제 개시점

*E. coli*에서 DNA 복제는 OriC라는 특수 지점에서 시작되고, terminus라는 다른 특수 지점에서 끝난다. OriC의 염기 서열은 복제 개시와 관련된 단백질이 결합하는 부위이며 반복된 뉴클레오티드로 구성되는데, 이 지점은 A, T가 많아서 복제 개시 때 쉽게 해독되는 부위이다(A와 T는 수소결합이 2개만 형성되므로). 복제 개시 후 복제는 양쪽 방향으로 진행된다(그림 14.11).

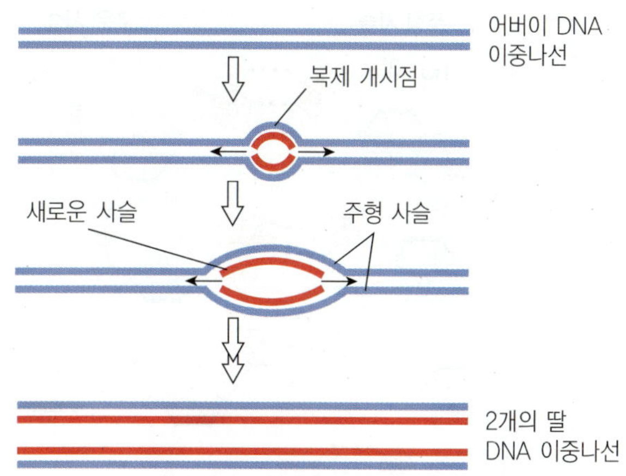

그림 14.11 | 복제의 개시점.
복제 개시점부위에서 DNA 이중가닥이 열리고 각 사슬을 주형으로 새로운 사슬이 만들어진다.

중합효소

*E. coli*에서 처음 분리된 핵산 합성효소인 중합효소(polymerase)를 DNA 중합효소 I(pol I)라고 한다. 처음에는 이 효소가 복제시 DNA 합성 전체를 책임지는 것으로 여겨졌으나, pol I 활성을 가지지 않는 돌연변이체가 발견되었는데, 이 돌연변이체는 여전히 중합효소 활성을 가지고 있었다. 그 후 추가적으로 두 가지 중합효소가 분리되어 각각을 pol II, pol III라고 명명되었다. 이 세 가지 효소는 폴리뉴클레오티드 사슬 합성 능력이 있는 등, 여러 가지 공통적인 특징을 가진다. 이 활성은 예측되지 않았던 몇 가지 특징을 가진다. 첫째, 모든 DNA 중합효소는 시발체(primer)를 필요로 한다. 시발체는 상보적 사슬과 수소결합으로 연결된 짧은 가닥의 DNA나 RNA이다. 그러므로 DNA 중합효소는 독자적으로 새로운 DNA 사슬 합성을 시작할 수 없고, 사전에 시발체가 있어야 한다. 둘째, 이 효소들은 DNA를 5′→3′ 의 한쪽 방향으로만 합성할 수 있다(그림 14.12). DNA 중합효소의 활동은 새로운 뉴클레오티드를 시발체의 3′ OH 말단에 부착시키는 일이다. 흥미롭게도 이 효소들은 또 뉴클레오티드를 제거할 수도 있으므로, 핵산가수분해효소(nuclease)라고도 부른다. 핵산가수분해효소는 핵산내부가수분해효소(endonuclease, DNA 내부를 자

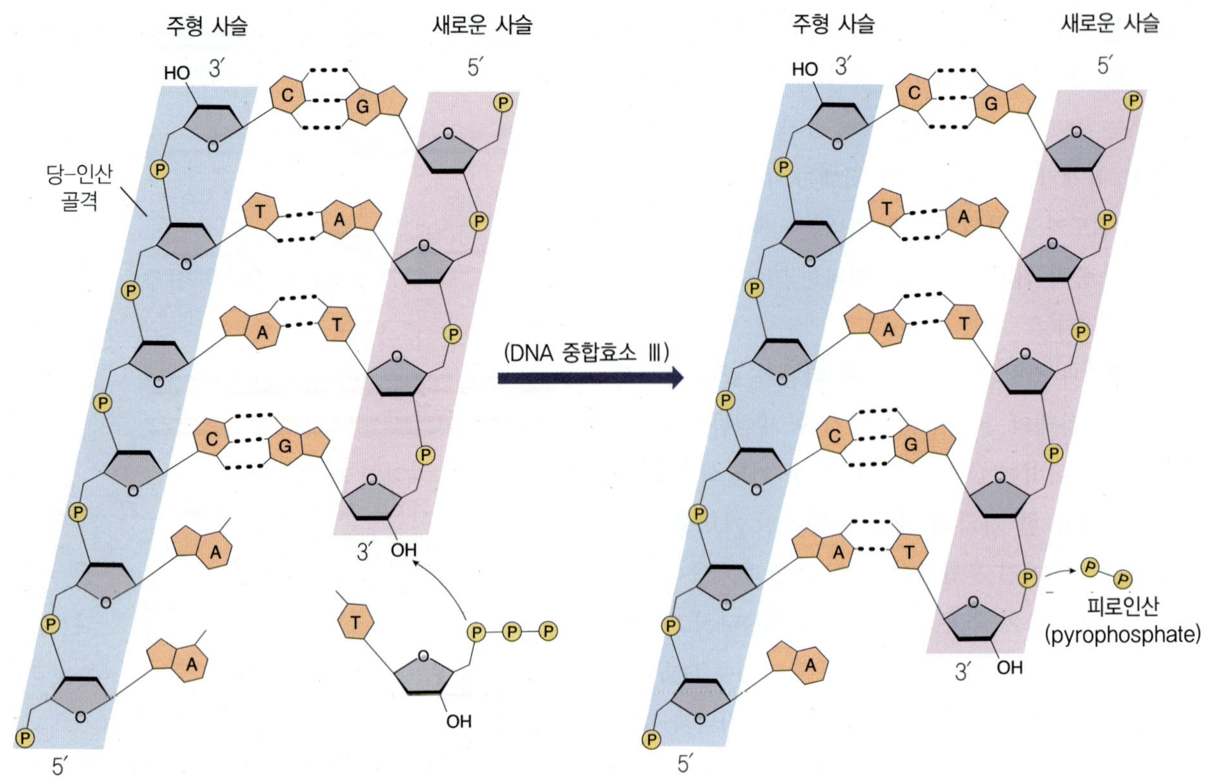

그림 14.12 | DNA 복제시 뉴클레오티드의 추가.
DNA 중합효소 Ⅲ가 다른 효소와 함께 DNA 상보 사슬에 뉴클레오티드를 첨가하여 사슬이 늘어나는 것을 촉매한다. 하나의 뉴클레오티드가 첨가될 때 2개의 인산이 피로인산으로 떨어져 나온다.

름)와 핵산말단가수분해효소(exonuclease, DNA 말단부를 깎아냄)로 구분된다. 이 효소들은 각각 교정기능(proofreading function)이라고 불리는 3′→5′ 핵산말단가수분해효소 작용을 한다. 이 작용을 통해 잘못 짝지어진 염기가 제거될 수 있어서 DNA 복제의 정확성을 높인다.

여러 해 동안 세 가지 중합효소가 *E. coli*의 DNA 중합효소 전부인 것으로 생각되었으나, 최근에 여러 가지 새로운 중합효소가 발견되었다.

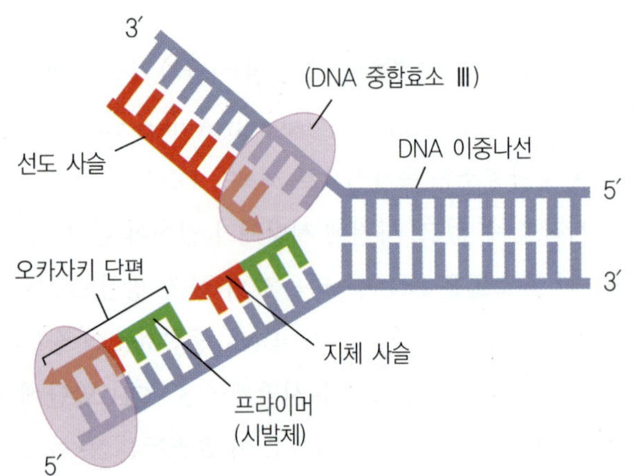

그림 14.13 | 선도 사슬과 지체 사슬의 합성.
DNA 중합효소 Ⅲ은 선도 사슬을 연속 사슬로 만들어낸다. 그러나 지체 사슬은 오카자키 단편(각각의 시발체에서 시작됨)이란 조각들로 합성된다.

선도 사슬과 지체 사슬

3′→5′ 방향의 사슬은 3′ 말단에 상보적인 시발체를 부착시켜서 5′→3′ 방향의 연속적 사슬로 늘어나는데, 이 사슬을 선도 사슬(leading strand)이라고 한다. 다른 쪽 사슬을 지체 사슬(lagging strand)라고 하는데, 짧은 5′→3′ 가닥으로 복제되면서 뒤쪽 말단 쪽으로 사슬을 채워 나간다. 사슬이 더 열리면서 복제는 계속되지만 전체 사슬은 불연속적인 방식으로 복제된다. 지체 사슬에서 새로 합성된 짧은 DNA 가닥을 오카자키 단편(Okazaki fragment)이라고 한다(그림 14.13).

기타 효소의 활동

DNA 복제에는 DNA 중합효소 외에 여러 가지 다른 효소들의 활동이 필요하다. 첫째, 선도 사슬에서 복제가 시작되려면 시발체 합성에 필요한 효소가 있어야 한다. 지체 사슬에서의 지속적인 시발(priming)에 필요한 효소도 있어야 한다. 이러한 활동에 필요한 효소를 DNA 시발효소(primase)라고 하는데, 이 효소는 DNA 주형에 상보적인 짧은 RNA 시발체를 만든다. RNA 중합효소는 합성이 시작될 때 시발체를 필요로 하지 않으므로 시발체는 RNA이며, 따라서 DNA 시발효소는 실제로는 RNA 중합효소임을 알 수 있다. 둘째, 중합효소보다 앞서 이중나선을 여는 효소가 필요하다. 이 효소가 DNA helicase인데, 이 효소는 ATP의 가수분해로 생기는 에너지를 DNA 사슬을 여는 데 쓴다. 셋째, 이중나선을 열 때 생기는 사슬의 꼬임을 제거하는 효소가 필요하다. 이는 마치 새끼줄의 두 가닥을 양쪽으로 벌릴 때 양쪽에서 더 심한 꼬임이 생기는 것과 같은 현상이나. 이 현상을 해소하는 효소가 DNA gyrase로서, 일종의 topoisomerase이다. 넷째, 풀린 단일 가닥은 액체 환경에서는 고도로 소수성

표 14.2 *E.coli*의 DNA 복제 효소들

단백질	역할	크기 (kd)	세포당 분자의 수
Helicase	DNA 이중나선을 품	300	20
Primase	RNA 시발체를 합성	60	50
단일가닥 결합 단백질	단일 가닥 부위 안정화	74	300
DNA gyrase	비틀림을 해소	400	250
DNA 중합효소 III	DNA 합성	약 900	20
DNA 중합효소 I	시발체 제거, 빈곳 메움	103	300
DNA 연결효소	DNA 조각 연결, DNA 복구	74	200

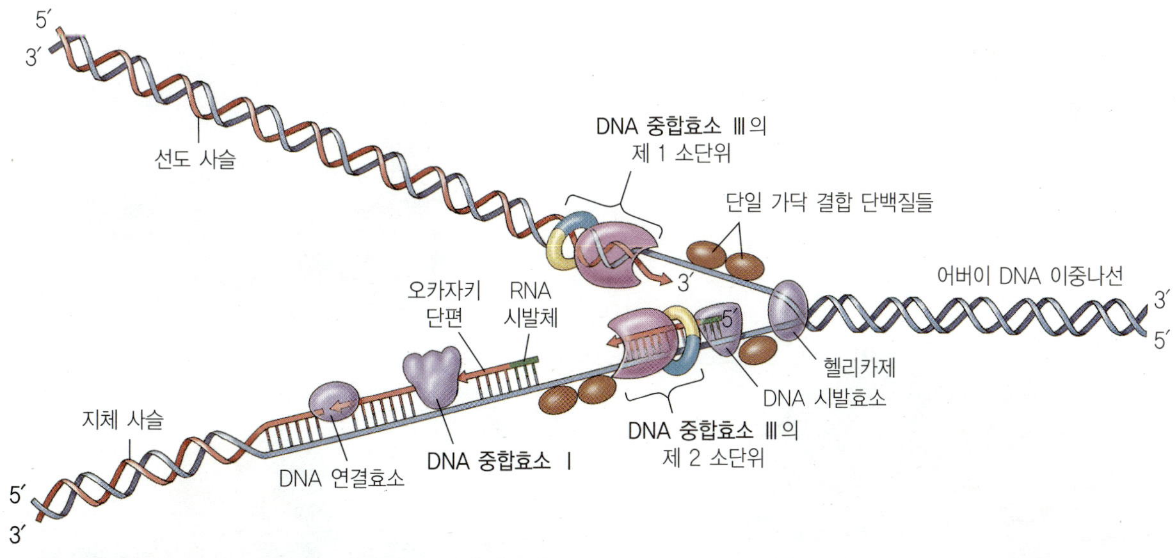

그림 14.14 | DNA 복제 분기점.
헬리카제가 이중나선의 각 사슬을 분리시키고, 단일 가닥 결합 단백질들이 단일 가닥 부위를 안정화시킨다. 복제는 두 가지 기작으로 일어난다. (1) 연속적 합성: 시발효소가 짧은 RNA 시발체를 부착시키고, DNA 중합효소 III가 선도 사슬의 3′ 말단에 뉴클레오티드를 부착시킨다. 그런 다음 DNA 중합효소 I이 RNA 시발체를 DNA 뉴클레오티드로 교체시킨다. (2) 불연속적 합성: 시발효소가 짧은 RNA 시발체(녹색)를 지체 사슬의 5′ 말단 앞에 부착시킨다. 그런 다음 DNA 중합효소 III가 빈 곳이 채워질 때까지 시발체에 뉴클레오티드를 부착시킨다. DNA 중합효소 I은 시발체를 DNA 뉴클레오티드로 교체시키고 DNA 연결효소가 지체 사슬에 짧은 뉴클레오티드 조각을 부착시킨다.

인 염기가 물에 노출되므로 이중나선만큼 안정적이지는 못하다. 이 문제를 해결하기 위하여 DNA가 풀릴 때마다 노출된 단일 가닥은 단일 가닥 결합 단백질(single-strand binding protein : ssb)에 의해 감싸져야 한다. 다섯째, 선도 사슬과 지체 사슬의 오카자키 단편에 있는 시발체들을 제거하고 지체 사슬의 단편들을 서로 연결할 필요가 있다. 이 두 가지 일은 각각 DNA pol I과 DNA 연결효소(ligase)에 의해 수행된다. DNA pol I은 3′→5′ 핵산말단가수분해효소 역할로 시발체를 제거하고 여기에 DNA를 채워 넣으며, 반면 DNA 연결효소는 인접 오카자키 단편들 사이에 포스포디에스테르 결합을 일으킨다. 복제에 관여하는 여러 가지 효소가 표 14.2에 요약되어 있다.

복제 기점

복제 기점(replication fork)은 DNA 이중나선이 열리고 복제가 활발하게 일어나는 지점이다. 그림 14.14은 복제 분기점에서 활동하는 모든 단백질들을 모식적으로 나타내고 있다. 이 단백질들은 모두 협동적으로 작용하여 전체 과정이 원만하게 진행된다.

중합효소의 역할

세포분열시 세 가지 기본적인 DNA 중합효소가 모두 필요한 것은 아니다. Pol III와 pol I은 중요하지만 pol II는 복제가 아니라 주로 DNA 복구시 작용하는 것으로 여겨지고 있다. DNA pol I은 단 1개의 단백질로 이루어져 있으며, 복제 분기점에서의 주요 중합효소는 아니다. DNA pol I의 역할은 DNA 합성에 필요한 반복적 DNA 시발체를 제거하는 일이다. 복제 분기점에서 발견되는 중합효소는 pol III로서, 이는 크고 여러 소단위로 구성된 효소이다. 이 효소의 주요 촉매 소단위 부위를 α소단위라고 하는데, 이 소단위는 다른 2개의 단백질과 함께 효소의 촉매 핵심부위를 형성한다. 핵심 부위는 DNA를 합성할 수 있으나 이의

그림 14.15 | DNA 중합효소 III 복합체.
(a) 열 가지 단백질 사슬을 가지는 복합체. DNA 이중나선의 각 사슬은 동시에 복제되어야 하므로 단백질은 이합체를 이룬다. 촉매 작용을 하는 α소단위, 교정 작용을 하는 ε소단위, 그리고 "활주 집게"인 β_2소단위(노랑 및 청색)는 문자로 표시되어 있다. (b) "활주 집게" 단위들은 DNA 주형을 둘러싸고, 이를 촉매 소단위를 따라 움직이게 한다(c).

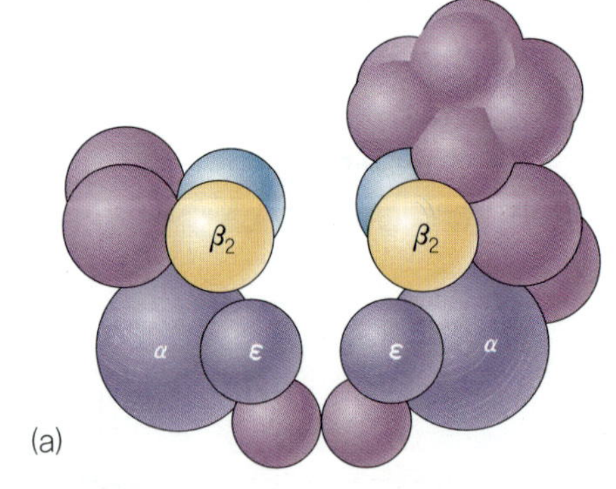

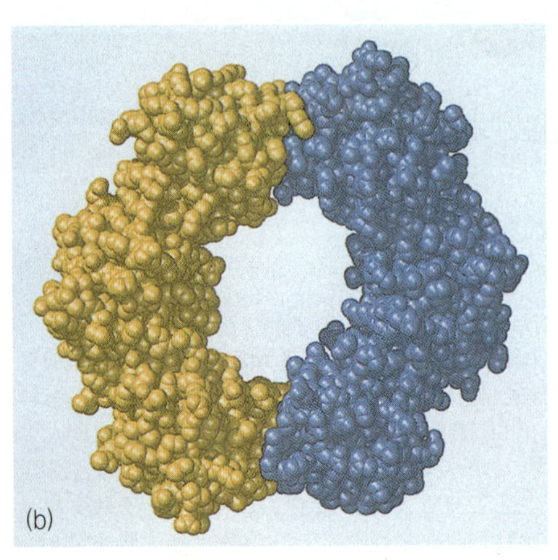

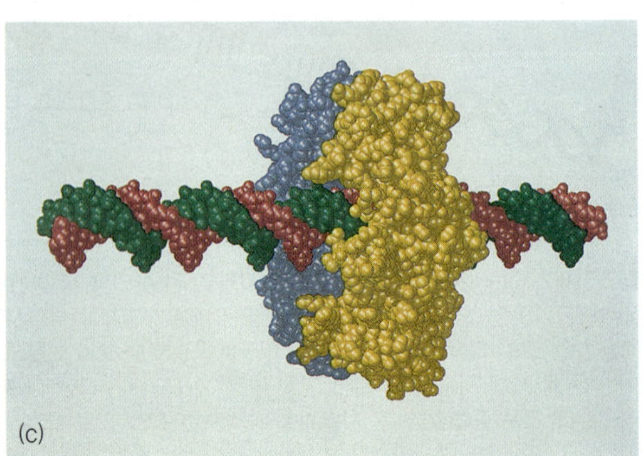

주형에 길게 부착된 채 머무를 수는 없는데, 이 성질을 공정요구성(processivity)이라고 한다. β소단위가 부착되면 핵심 부위의 공정요구성이 급격히 증가된다. β소단위의 구조는 특이하며 활주 집게(sliding clamp)라고 불린다. 이 소단위는 주형 사슬 주변에 고리를 형성하여 주형에 촉매 핵심부위를 붙잡아준다(그림 14.15). Pol III 효소 전체는 커다란 단백질 복합체로서 적어도 일곱 가지의 단백질로 구성되어 있다.

복제 단위

그러므로 *E. coli*에서의 복제는 거대분자들이 모인 집단이 하나의 복제 소기관을 이루어 수행하는데, 이런 집단을 레플리솜(replisome)라고 한다. 이 복제 집단은 2개의 주요 구성 요소를 가지는데, 그것은 프리모솜(primosome), 그리고 2개의 DNA pol III(각 사슬에서 1개씩)로 이루어진 복합체이다. 프리모솜은 시발효소와 헬리카제, 그리고 여러 가지 보조 단백질로 구성된다(그림 14.14). 2개의 pol III로 이루어진 복합체는 2개의 합성 핵심 소단위를 가지는데, 각각은 자체의 β소단위와 전체 복합체를 붙잡아주는 여러 가지 다른 단백질을 가진다. 레플리솜과 복제 분기점에서 발견되는 pol III는 14개 이상의 단백질로 만들어진다(그림 14.15a). 레플리솜 안의 2개의 pol III는 선도 사슬이나 지체 사슬 모두에서 동시에 활동한다. 지체 사슬에서 지속적인 시발(priming)이 필요하므로 프리모솜 복합체는 복제 분기점에서 전체 레플리솜의 한 부분이 될 필요가 있다. 어떻게 두 사슬이 같은 방향으로 합성될까? 한 가지 모델은 지체 사슬에서 루프가 형성되어서 중합효소들이 같은 방향으로 움직일 수 있다는 것이다(그림 14.16).

복제 단계

복제는 연속적인 과정이지만 편의상 몇 가지 단계로 구분할 수 있다.

개시(initiation). 복제는 항상 동일한 장소, 즉 OriC에서 시작된다. 개시는 복잡한 과정으로서 개시 단백질에 의한 OriC 안의 특수 부위의 인식부터 시작된다. 그런 다음 이 개시 단백질에 OriC 안의 나선을 푸는데 필요한 다른 단백질들이 부착된다. 다음에 프리모솜이 열린 DNA 사슬들 위에 조립되고, 전체 레플리솜 복합체가 조립되어 복제 분기점이 완성된다. 복제는

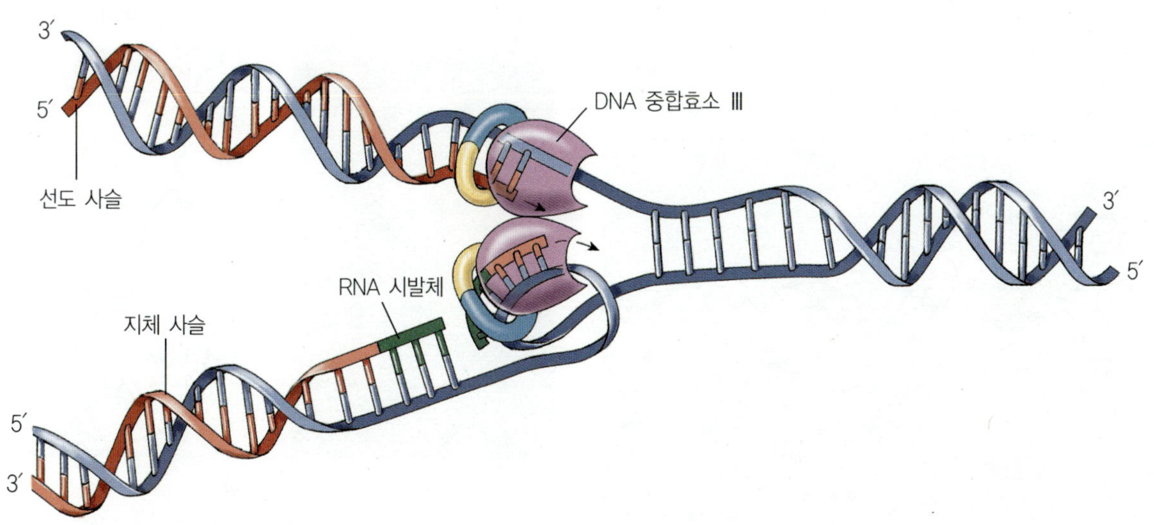

그림 14.16 | DNA 중합효소 III의 작용.
지체 사슬 위의 DNA는 접혀져서 이합체인 DNA 중합효소 III가 어버이 DNA 이중나선의 양쪽 나선을 동시에 복제하도록 한다. 이는 완성된 오카자키 단편의 3′ 말단을 다음 단편의 시작점 가까이에 오게 한다.

양방향으로 이루어져서 2개의 복제 기점이 서로 반대 방향으로 진행된다.

신장(elongation). 복제에 소요되는 대부분의 시간은 신장 시기에 소모되는데, 이 시기에 pol Ⅲ가 연속적으로 새로운 뉴클레오티드를 추가시킨다. 이 과정은 선도 사슬에서는 간단한데, 이는 단 1개의 시발체만 있으면 되기 때문이다. 지체 사슬에서는 이 과정은 상당히 복잡하다. 나선이 열리면서 새로운 시발체가 합성되고 pol Ⅲ는 주형에서 떨어져 나와 새로운 주형에서 다시 작업해야 한다. 이 복합체가 전진하면서 5′→3′ 핵산말단가수분해효소 작용을 하는 pol Ⅰ에 의해 시발체가 제거되고, 사슬들은 다시 DNA 연결효소에 의해 봉합된다. *E. coli*에서 합성은 환상 염색체에서 양방향으로 진행되므로 결국 2개의 새로운 DNA 분자가 생긴다.

그림 14.17 | 사람 염색체 1개의 DNA.
이 염색체는 결합 단백질들을 모두 제거하고 본 모습이다. 사진의 아래쪽에 나타난 검은 물질이 잔존 골격 단백질이다.

종결(termination). 자세한 종결 과정은 아직 분명하지 않지만, 환상 염색체에서 대략적으로 OriC의 반대쪽에 종결 지점이 있는 것으로 알려져 있다. 복제 과정에서 사슬들이 서로 감기지 않도록 해야 하는데, 이에는 DNA gyrase와 같은 topoisomerase가 필요하다.

진핵세포의 DNA 복제

진핵세포는 원핵세포와는 달리 DNA의 양이 훨씬 많고 DNA가 감겨 있는 방식도 다르다(그림 14.17). 진핵세포는 보통 여러 개의 염색체를 가진다. 따라서 복제 개시점이 한 곳이라면 복제에 많은 시간이 걸릴 것이다. 그러나 진핵세포에서는 각 염색체당 복제 개시점이 여러 개, 즉 복제단위(replicon)가 여러 개다(그림 14.18). 이 복제 개시점은 *E. coli*의 OriC처럼 특정 서열로 된 것만이 아니라 염색사의 구조에 따라서도 생기는 것으로 보인다. 또 복제 개시점의 수는

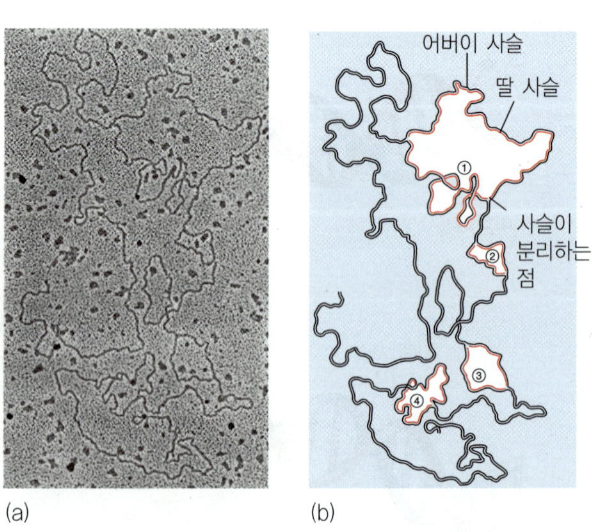

그림 14.18 | 진핵세포 염색체는 많은 복제 분기점을 가진다.
각각 2개의 복제 분기점을 가진 4개의 복제 단위가 보인다. (a)는 전자현미경 사진이고 (b)는 이의 모식도이다.

발생 단계에 따라 달라서 세포분열이 신속할 때는 복제 개시점의 수도 많다.

비록 효소 명칭 등, 세부 내용이 차이가 나지만 진핵세포의 복제 분기점은 *E. coli*의 것과 상당히 유사하다. 진핵세포에서의 주요 중합효소는 DNA 중합효소 α라고 한다. 진핵세포에도 "활주 집게"가 존재하지만, 이는 따로 PCNA(Proliferating Cell Nuclear Antigen)라고 부른다. 이 명칭은 PCNA가 처음에는 증식세포의 항체 유도 단백질이라고 알려졌었기 때문이다. 진핵세포의 프리모솜의 세부 구성은 *E. coli*의 것과는 다르지만 그 역할은 동일하다. 또한, *E. coli*의 복제 분기점에서 나타나는 모든 요소들이 역시 진핵세포에서도 나타난다.

CHAPTER 15

유전자의 활동

우리 몸의 모든 세포는 우리가 지느러미가 아닌 팔을 갖도록 하고, 깃털이 아닌 털을 갖도록 하며, 하나가 아닌 두 개의 눈을 갖도록 하는 유전 정보를 지닌다. 우리의 눈의 색, 손톱의 모양이나 기타 어버이로부터 물려받는 모든 형질에 대한 정보는 DNA 분자 속에 저장되어 있다(그림 15.1). 유전의 핵심은 세포가 DNA에 저장된 정보를 이용하여 특정 단백질을 생산하는 능력이다. 이런 의미에서 단백질은 유전의 도구라고 할 만하다. 이 장에서는 DNA의 정보로부터 단백질이 어떻게 합성되는지 알아본다.

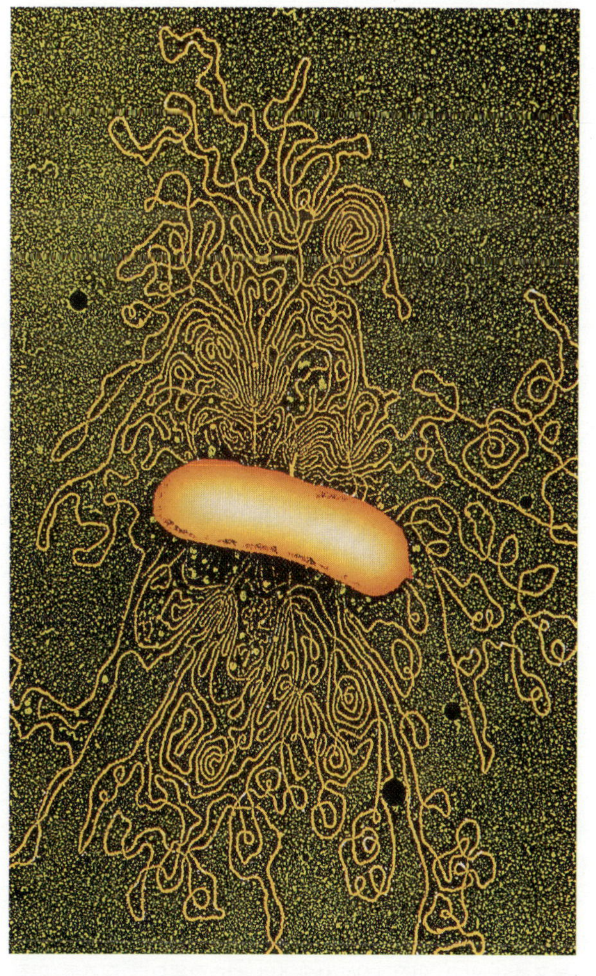

그림 15.1 | *E.coli* 염색체의 풀어진 모습.

15.1 중심 원리

세포는 RNA를 이용하여 단백질을 만든다

진핵세포가 어떻게 DNA를 이용하여 특정 단백질 합성을 일으키는지를 알기 위해서는 먼저 세포의 어느 곳에서 단백질이 만들어지는지를 알아야 한다. 이는 방사능으로 표지된 아미노산이 들어 있는 배지에 세포를 넣어보면 알 수 있다. 세포는 방사능으로 표지된 아

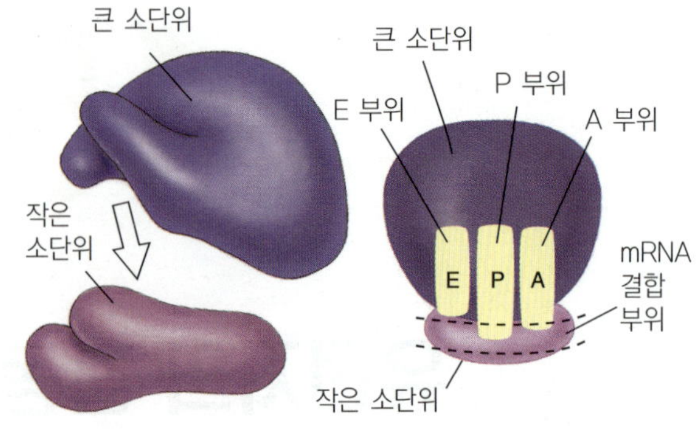

그림 15.2 | 리보솜의 구성.
작은 소단위는 큰 소단위 표면의 함입부에 맞추어진다. 리보솜의 A,P,E 부위는 단백질 합성에 핵심 역할을 한다.

미노산을 흡수하여 이를 이용하여 단백질을 합성할 것이다. 그런 다음 세포의 어느 곳에서 방사능으로 표지된 단백질이 처음 생기는지를 보면 되는데, 실제로 리보솜(ribosomes)에서 처음 발견된다(그림 15.2). 리보솜은 복잡하고 2개의 소단위로 되어 있는데, 하나는 작은 소단위(원핵세포에서 30S, 진핵세포에서 40S)이고, 다른 하나는 큰 소단위(원핵세포에서 40S, 진핵세포에서 60S)이다. 각 소단위는 RNA와 단백질로 구성되어 있다. 작은 소단위는 20개 이상의 단백질과 한 가닥의 RNA로 이루어져 있으며, 큰 소단위는 30개 이상의 단백질과 두 가닥의 RNA로 이루어져 있다(그림 15.3). 최근에 원핵세포에서 이 소단위들과 전체 리보솜의 3차원적 구조가 알려졌다. 이들의 구조는 RNA는 주로 촉매작용을 하고, 단백질은 구조적 역할을 한다는 기존의 생각을 지지하고 있다. 단백질 합성에는 리보솜의 3개 부위가 관여하는데, 각각 P, A, E 부위라고 한다.

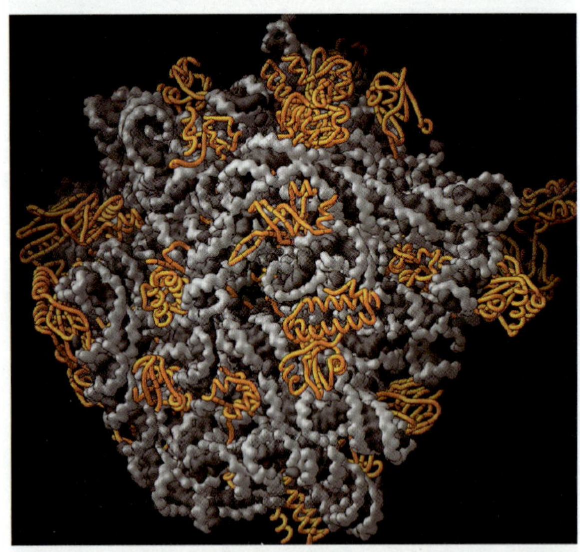

그림 15.3 | 리보솜은 매우 복잡한 기계같다.
24Å 해상력으로 나타낸 원핵세포 리보솜 큰 소단위의 원자구조로 회색이 RNA, 금색이 단백질이다. RNA는 불규칙한 모양으로 꼬인 채 3차원 퍼즐처럼 서로 꼭 맞추어져 있다. 단백질 합성시 펩티드 결합을 형성하는 화학작용은 내부 깊은 곳에서 RNA에 의해 일어난다. 활성부위에는 단백질이 없지만 표면에 풍부하게 분포하고 있고, 인접 RNA 사슬과의 상호작용으로 구조를 안정시킨다.

RNA의 종류

리보솜에서 발견된 RNA는 rRNA(ribosomal RNA)이다. 폴리펩티드가 합성되는 동안 rRNA는 폴리펩티드가 조립되는 장소 역할을 한다. 세포 속에는 rRNA 외에도 두 가지의 다른 RNA가 있다. 그 중 하나는 tRNA(transfer RNA)로서 폴리펩티드 합성을 위하여 아미노산을 리보솜으로 운반하고 폴리펩티드 사슬의 정확한 위치에 아미노산이 부착하도록 한다(그림 15.4). 사람의 세포에는 45가지의 tRNA가 있다. 다른

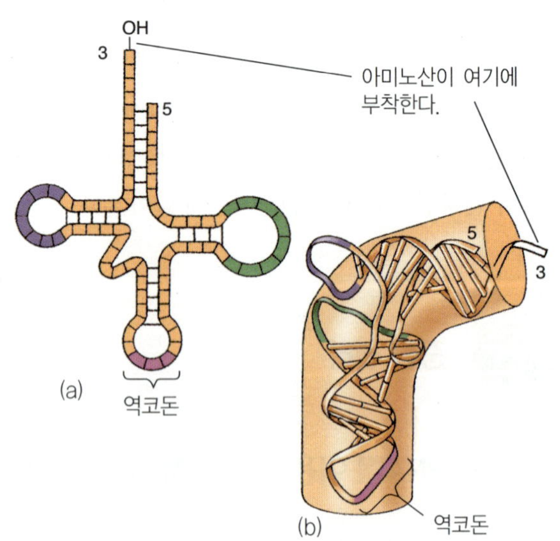

그림 15.4 | tRNA의 구조.
(a) 이 2차원적인 tRNA 구조에서 3개 고리가 펼쳐져 있다. 이 고리 중 2개는 폴리펩티드 합성 도중 리보솜과 결합하고, 하나는 안티코돈 서열을 포함하는데 mRNA의 3개 염기 서열과 상보적이다. 아미노산은 자유로운 단일 가닥 부위인 –OH 말단에 부착한다. (b) tRNA의 3차원적 구조로서, 고리가 접혀 있다.

하나는 mRNA(messenger RNA)로서, DNA로부터 전사되며 리보솜으로 가서 폴리펩티드 사슬을 이룰 아미노산들을 지정한다.

중심원리

모든 생물은 유전자를 읽고 발현하는 데 동일한 기본 기작을 이용한다. 이 기작은 모든 생명체에 공통적이므로 중심원리(central dogma)라고 부르는데, 이는 정보가 유전자(DNA)로부터 RNA로 복사되고, RNA는 아미노산 사슬의 서열에 따른 조립을 지시한다는 뜻으로서(그림 15.5) 간략히 다음과 같이 표시한다.

DNA → RNA → 단백질

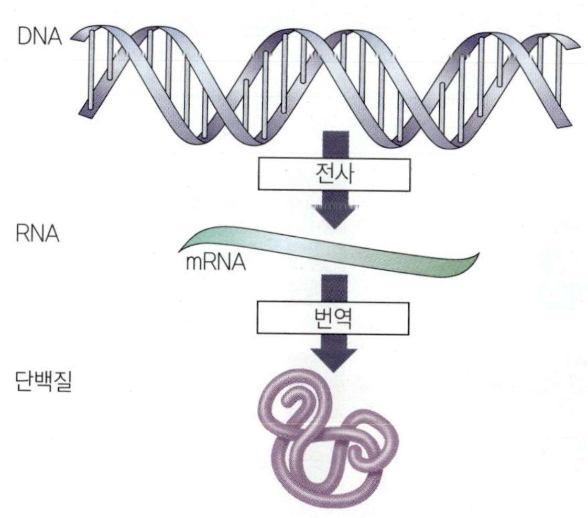

그림 15.5 | 유전자 발현의 중심원리.
DNA는 전사되어 mRNA를 만들고 mRNA는 번역되어 단백질을 생산한다.

전사(요약)

중심원리의 첫 단계는 DNA에서 RNA로의 정보의 전달인데, 이는 유전자로부터 복사된 mRNA가 생기면서 일어난다. 유전자의 DNA 서열이 RNA 서열로 옮겨지는 것을 전사(transcription)라고 한다. 전사는 RNA 중합효소(RNA polymerase)가 해당 유전자의 앞에 위치한 촉진유전자(promoter)에 결합하면서 시작된다. 이곳에서 부터 RNA 중합효소는 사슬을 따라 움직여서 유전자에 도달하고, 각 DNA 뉴클레오티드를 만나면서 상보적인 RNA 뉴클레오티드를 붙여서 mRNA 사슬이 점점 길어지게 한다.

RNA 중합효소는 유전자의 끝 부분에 있는 정지 신호에 도달하면 DNA로부터 떨어져 나오고, 새로 조립된 RNA 사슬이 방출된다.

번역(요약)

중심원리의 두 번째 단계는 RNA의 정보가 단백질로 전달되는 것인데, 이는 리보솜에 의해 폴리펩티드가 합성될 때 mRNA의 정보를 이용하여 아미노산 서열이 결정되는 일로서, 이 과정을 번역(translation)이라고 한다. 번역은 리보솜 안의 rRNA 분자가 mRNA의 개시 서열을 인식하고, 이에 부착하면서 시작된다. 그런 다음 리보솜은 mRNA를 따라 한 번에 3개의 뉴클레오티드씩 이동한다. 이 3개 단위의 뉴클레오티드는 점점 길어지는 폴리펩티드 사슬에 추가되는 아미노산을 지정하는 암호 문자와 같다. 리보솜이 정지 신호를 만나면 mRNA에서 떨어져 나오고 완성된 폴리펩티드를 방출시킨다.

중심원리의 두 단계를 통하여 한 유전자의 정보가 나타나는데, 이 과정을 유전자 발현(gene expression)이라고 한다.

15.2 유전자와 유전암호

유전암호

유전자 발현에서의 근본적인 문제는 한 DNA 분자의 뉴클레오티드 순서가 어떻게 한 폴리펩티드의 아미노산 순서를 결정하느냐이다. 이에 대한 대답은 1961년 크릭의 실험에 의해 밝혀졌다.

암호는 3개 문자 단위로 되어 있다

크릭과 그의 동료들은 유전암호는 코돈(codon)이라는 일련의 정보 단위로 되어 있으며, 하나의 코돈이 하나의 아미노산에 해당함을 밝혔다. 크릭은 하나의 코돈이 2개의 뉴클레오티드 단위로 되어 있다면, 네 가지 뉴클레오티드(A, T, G, C)로는 16가지(4^2) 코돈밖에 만들지 못하며, 이 수로는 20여 가지 아미노산을 모두 암호화할 수 없다고 했다. 3개의 뉴클레오티드가 하나의 코돈이 될 경우는 64가지(4^3) 코돈을 만들 수 있으므로 20여 가지 아미노산을 암호화하기에 충분하다고 하였다.

크릭은 화학물질을 이용하여 바이러스 DNA에서 중간의 뉴클레오티드 1개, 2개, 또는 3개를 떼어낸 다음, 떼어낸 자리 이후의 유전자 부위가 제대로 전사되는지를 보았다. 1개 또는 2개의 뉴클레오티드를 떼어냈을 때 그 이후의 전사는 전혀 엉뚱하게 이루어지는 넌센스(nonsense) 전사였다. 뉴클레오티드 3개를 떼어냈을 때는 그 후의 전사가 정상적으로 이루어졌다. 뉴클레오티드를 1개, 2개, 또는 3개를 첨가했을 때도 그 영향이 유사하였다. 그러므로 크릭은 유전암호는 3개 뉴클레오티드 단위, 즉 3중자(triplet code)로 되어 있으며, 3중자만큼씩 읽혀진다고 결론내렸다.

유전암호의 해독

1961년 니렌버그(M. Nirenberg)는 우라실만으로 이루어진(UUUUU---) mRNA가 실험관 내에서 페닐알라닌으로만 이루어진 폴리펩티드를 합성해 내는 것을 발견하였다. 그러므로 UUU는 페닐알라닌의 유전

표 15.1 유전암호

첫 문자	둘째 문자: U		C		A		G		셋째 문자
U	UUU	Phenylalanine	UCU	Seine	UAU	Tyrosine	UGU	Cysteine	U
	UUC		UCC		UAC		UGC		C
	UUA	Leucine	UCA		UAA	Stop	UGA	Stop	A
	UUG		UCG		UAG	Stop	UGG	Tryptophan	G
C	CUU	Leucine	CCU	Proline	CAU	Histidine	CGU	Arginine	U
	CUC		CCC		CAC		CGC		C
	CUA		CCA		CAA	Glutamine	CGA		A
	CUG		CCG		CAG		CGG		G
A	AUU	Iosleucine	ACU	Threonine	AAU	Asparagine	AGU	Serine	U
	AUC		ACC		AAC		AGC		C
	AUA		ACA		AAA	Lysine	AGA	Arginine	A
	AUG	Methionine; Start	ACG		AAG		AGG		G
G	GUU	Valine	GCU	Alanine	GAU	Aspartate	GGU	Glycine	U
	GUC		GCC		GAC		GGC		C
	GUA		GCA		GAA	Glutamate	GGA		A
	GUG		GCG		GAG		GGG		G

하나의 코돈은 3개의 뉴클레오타드로 구성된다. 예로 ACU는 트레오닌의 암호이다. mRNA의 각 코돈은 tRNA의 해당 안티코돈에 의해 인식된다. 일부 tRNA 분자는 mRNA의 하나 이상 코돈을 인식하지만 항상 같은 아미노산을 암호화한다. 사실 대부분의 아미노산이 하나 이상 코돈에 의해 지정된다. 예로 4개의 코돈(ACU, ACC, ACA, ACG)이 트레오닌을 지정하고 있다.

암호이다. 1964년 니렌버그와 레더(P. Leder)는 3중자 결합 분석법(triplet binding assay)을 개발하여 어느 3중자가 어떤 방사성 아미노산(tRNA와 결합된)과 결합하는지를 알아보았다. 64가지 3중자 중에서 47가지는 뚜렷한 결과를 보였다. 코라나(H.G. Khorana)는 인위적인 mRNA를 만들어 나머지 17가지 3중자를 해독하였다. 이와 같은 방법으로 64가지 3중자가 모두 해독되었다(표 15.1). 이 유전암호는 거의 모든 생물에서 공통적이다. 가령 암호 AGA는 사람, 세균, 식물 할 것 없이 모두 공통적으로 알기닌(arginine)아미노산을 만든다. 이는 모든 생물은 공통조상을 가짐을 뜻한다. 그러나 예외는 있다. 1979년에 포유동물의 미토콘드리아 게놈의 유전암호는 다름이 발견되었다. 즉 미토콘드리아 게놈에서 UGA(정지코돈)는 트립토판을 만들며, AUA(이소류신)는 메티오닌을 만들며 AGA나 AGG는 아르기닌이 아니라 정지코돈이다. 엽록체나 섬모충류에서도 이와 유사한 경우가 발견되었다.

15.3 전사와 번역

원핵생물에서의 전사

RNA 중합효소

원핵생물의 RNA 중합효소는 매우 크고 복잡하며, 5개의 소단위로 구성되어 있다. 이 5개 소단위는 조절단백질과 결합하는 2개의 α소단위, DNA 주형과 결합하는 1개의 β'소단위, RNA 뉴클레오시드와 결합하는 β소단위, 그리고 촉진유전자를 인식하고 합성을 개시시키는 σ소단위이다. 2개의 DNA 사슬 중에서 1개만이 전사되는데, 이 사슬을 주형 사슬(template strand)이라고 한다. 이때 전사된 RNA 서열은 주형 사슬과 상보적이다. 전사되지 않는 DNA 사슬은 암호 사슬(coding strand)이라고 한다. 이는 전사된 RNA와 똑같은 서열을 가지고 있으나 U자리에 T를 가지고 있다. 암호 사슬을 sense(+) 사슬, 주형 사슬을 antisense(−) 사슬이라고도 한다.

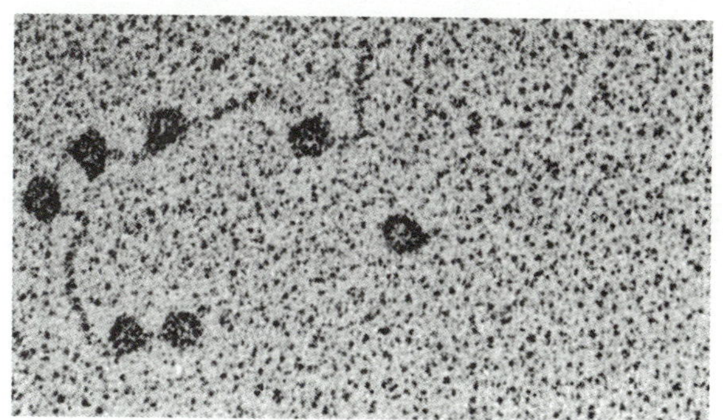

그림 15.6 | RNA 중합효소.
박테리오파지 DNA의 몇 개의 촉진유전자 부위에 RNA 중합효소 분자(크고 검은 점)들이 부착되어 있는 모습을 찍은 전자현미경 사진이다.

원핵생물에서 RNA 중합효소는 RNA 사슬의 3′ 말단에 리보뉴클레오티드를 부착시킨다. 시발체는 필요하지 않으며 합성은 5′→3′의 방향으로 진행된다.

촉진유전자

전사는 DNA 주형 사슬상에 있는 촉진유전자(promoter)라고 하는 RNA 중합효소 결합 부위에서 시작된다. 촉진유전자는 중합효소에 의해 전사되지 않는 짧은 서열이다. 종류가 다른 촉진유전자라고 해도 그 유사성이 매우 큰데, 가령 세균의 촉진유전자에서 두 종류의 6 염기 서열이 흔한데, 이는 −35 서열이라고 하는 TTGACA 서열이 전사가 개시되는 지점으로부터 35개 뉴클레오티드 앞쪽에 위치하며, −10 서열이라고 하는 TATAAT 서열은 개시 지점의 10 뉴클레오티드 앞쪽에 위치한다.

세균의 촉진유전자들은 그 효율성에서 큰 차이를 보인다. 강력한 촉진유전자는 자주 전사를 일으켜서 일부 세균에서는 매 2초마다 전사가 일어나도록 한다. 약한 촉진유전자는 매 10분마다 한 번 전사를 일으킨다.

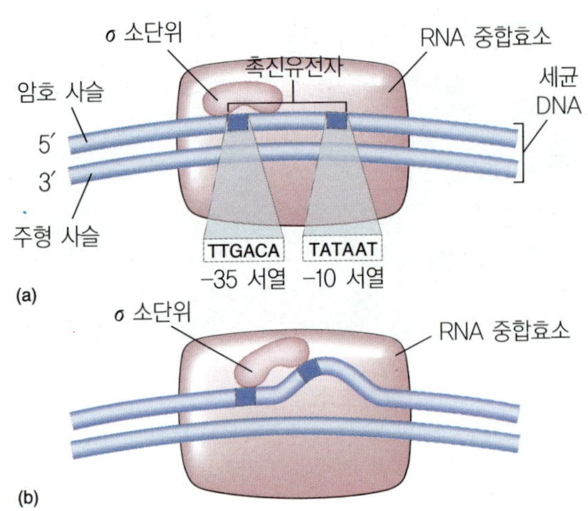

그림 15.7 | **σ 소단위에 의한 전사의 개시.**
(a) RNA 중합효소의 σ소단위가 촉진유전자를 인식하여 이에 결합할 때까지 DNA를 따라 미끄러져 간다. (b) 결합하자마자 σ소단위는 −10 서열에서 DNA 이중나선을 풀기 시작하여 전사를 위해 주형 사슬을 노출시킨다.

개시(initiation)

RNA 중합효소가 촉진유전자와 결합하는 것이 유전자 전사의 첫 단계이다. 원핵생물에서 σ(시그마)라고 하는 RNA 중합효소 소단위가 촉진유전자의 −10 서열을 인식하고, 그곳에 RNA 중합효소를 결합시킨다. 이 소단위는 DNA 이중나선이 풀리지 않고도 −10 서열을 찾아낼 수 있다.

RNA 중합효소는 촉진유전자에 한번 부착하면 DNA 나선을 풀기 시작한다(그림 15.7). 세균의 RNA 중합효소는 약 17 염기쌍 길이의 조각(DNA 나선이 두 번 도는 길이)을 푸는 것으로 측정되었다. 이렇게 하여 RNA 사슬이 조립되는 단계가 이루어진다.

신장(elongation)

원핵세포에서 RNA 사슬의 전사는 보통 ATP나 GTP로 시작된다. 이들 중 하나가 5′ 말단을 형성하고 리보뉴클레오티드가 첨가되면서 5′→3′의 방향으로 자란다. DNA 합성과는 달리 시발체는 필요하지 않다. RNA 중합효소, DNA, 자라는 RNA 전사물이 있는 부위는 DNA 이중나선이 풀어져 물방울처럼 부풀어 있으므로 전사방울(transcription bubble)이라고 한다(그림 15.8). 이 방울 안에 새로 합성된 RNA 사슬의 첫 12개 염기는 일시적으로 주형 DNA 사슬과 나선을 형성한다. 이 부위는 RNA의 3′ 말단의 위치를 안정화시켜서 다가오는 리보뉴클레오티드와 작용할 수 있게 한다. RNA−DNA 혼합나선은 하나의 뉴클레오티드가 부착할 때마다 회전하므로 RNA의 3′ 말단이 촉매 부위에 머무르게 된다.

전사방울은 초당 50 뉴클레오티드의 일정한 속도로 세균 DNA를 따라 이동한다. 전사방울이 지나간 뒤 전사를 마친 DNA 부위는 다시 감긴다.

DNA 중합효소와는 달리 RNA 중합효소는 교정 기능이 없다. 그러므로 전사는 복제보다 더 많은 복사 착오를 일으킨다. 그러나 이 착오는 자손에게 전달되지 않는다. 대부분의 유전자들은 여러 번 전사되므로 몇 개의 잘못된 복사물이 유해하지는 않다.

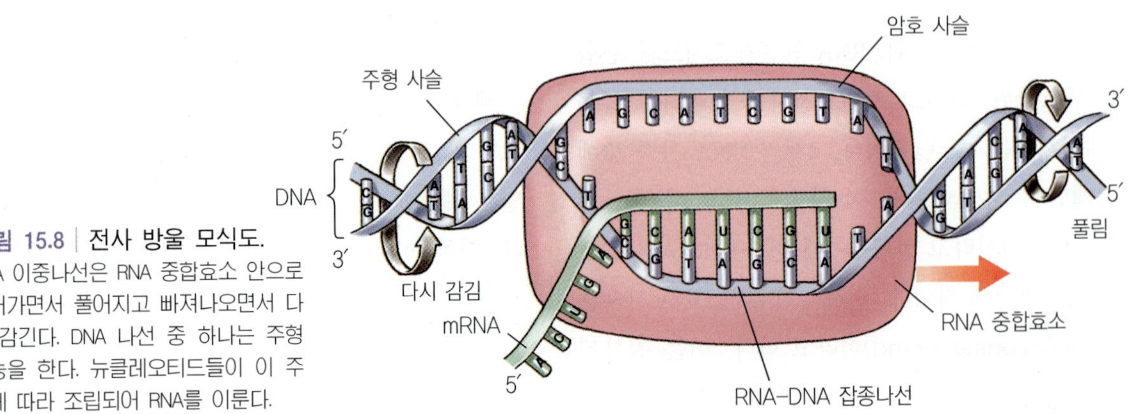

그림 15.8 | **전사 방울 모식도.**
DNA 이중나선은 RNA 중합효소 안으로 들어가면서 풀어지고 빠져나오면서 다시 감긴다. DNA 나선 중 하나는 주형 기능을 한다. 뉴클레오티드들이 이 주형에 따라 조립되어 RNA를 이룬다.

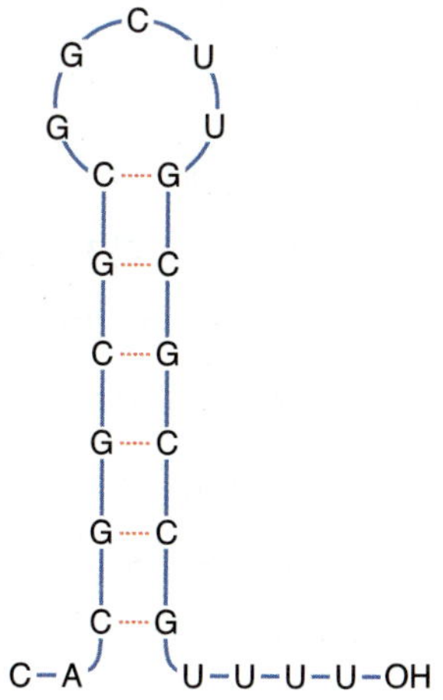

그림 15.9 | GC 머리핀.
이 구조는 유전자 전사를 종결시킨다.

종결(termination)

세균의 유전자 말단에 있는 정지 서열은 포스포디에스테르 결합 형성을 중지시키고, 전사방울 안의 RNA-DNA 잡종나선은 해리되며, RNA 중합효소는 DNA를 방출하고, 전사방울 안의 DNA는 다시 감긴다. 가장 간단한 정지신호는 일련의 G−C 염기쌍 뒤에 일련의 A−T 염기쌍이 오는 것이다. 이 정지 부위에서의 RNA 전사물은 GC 머리핀(그림 15.9)을 형성하고, 그 뒤에 4개 이상의 U 리보뉴클레오티드가 따라온다. 이 구조가 어떻게 전사를 종결시킬까? 이 머리핀은 RNA 중합효소로 하여금 중합효소가 이것을 합성한 뒤 곧바로 정지하여 UUUU에 위치하도록 한다. U와 DNA의 A의 염기쌍은 4종류의 염기쌍 중 가장 약하므로 4개의 U와 4개의 A의 결합은 다른 어느 염기 사이의 4개 결합보다 약하여 오래 정지하고 있을 때 잡종 사슬이 지탱될 수 없다. 그래서 전사방울 안에서 RNA 사슬이 DNA로부터 해리되고, 전사는 멈추게 된다. 여러 가지 단백질 인자들이 머리핀 고리가 유전자의 전사를 종결시키는 데 협력한다.

진핵세포에서의 전사

RNA 중합효소에 의해 전사가 이루어지는 기본 기작은 진핵세포에서도 마찬가지이다. 그러나 이 과정의 세부 내용은 원핵세포의 과정과는 다른데, 다음은 이 다른 점을 설명한 것이다.

복수의 RNA 중합효소

원핵세포에서는 RNA 중합효소가 한 가지뿐이지만 진핵세포에서는 세 가지이다. RNA 중합효소 I은 rRNA를 전사하고, 이 효소에 특유한 촉진유전자를 인식한다. RNA 중합효소 II는 mRNA와 일부 작은 핵 내 RNA를 전사한다. RNA 중합효소 III는 tRNA와 일부 작은 RNA를 전사한다. 이 효소도 또 특유한 촉진유전자 구조를 가진다.

이들 세 효소들이 진핵세포 핵에서의 모든 유전자 전사를 함께 수행한다.

촉진유전자(promoter)

세 가지 중합효소의 활동이 조절되는 방식 중의 하나는 이들의 촉진유전자의 구조적 차이에 의해 결정된다. RNA pol I의 촉진유전자는 전에 생물학자들을 혼란스럽게 했는데, 그 이유는 생물 종들 간의 rRNA 유전자를 비교했을 때 유사성이 보이지 않았기 때문이다. 오늘날 이 촉진유전자들은 종마다 특유한 것으로 보고 있다.

RNA pol II 촉진유전자는 세 가지 촉진유전자 중에서 가장 복잡한데, 아마도 이 효소에 의해 전사되는 유전자들이 매우 다양하기 때문인 것 같다. "핵심 촉진유전자(core promoter)"는 소위 TATA 박스(TATA box)를 가지는데, 이는 세균의 −10 서열과 유사하다. 그 외의 보존적인 요소들이 전부는 아니지만 RNA pol II로 전사되는 여러 유전자에서 발견되고 있다. 그 중 하나인 CAAT 박스는 대부분의 유전자들에서 발견되는 제2 핵심 촉진유전자를 이룬다. 일반적인 전사 인자들은 이 부위에서 결합하여 개시 복합체를 이룬다. 각 유전자에 특이한 전단부 요소들은 조절 요소들로서 조직이나 발생 단계마다 특유한 유전자 발현을 조절하는 전사 인자들이 부착하는 장소이다.

RNA pol Ⅲ의 촉진유전자들은 과거에 유전자 발현을 연구하는 생물학자들을 놀라게 한 바 있다. 조절 부위를 조사하는 데 흔히 쓰인 기술은 유전자의 5′ 말단에서 순차적으로 뉴클레오티드를 제거하면서 언제 이 결실이 특정 전사를 멈추는가를 알아보는 것이었다. 이 이치는 원핵세포에서 유전자의 5′ 말단에서 조절 부위를 발견한 경험에 근거한 것이었다. tRNA 유전자의 경우 5′ 결실은 유전자 발현에 아무런 영향도 주지 않는다. 촉진유전자는 유전자 내부에 있는 것이 발견되었다.

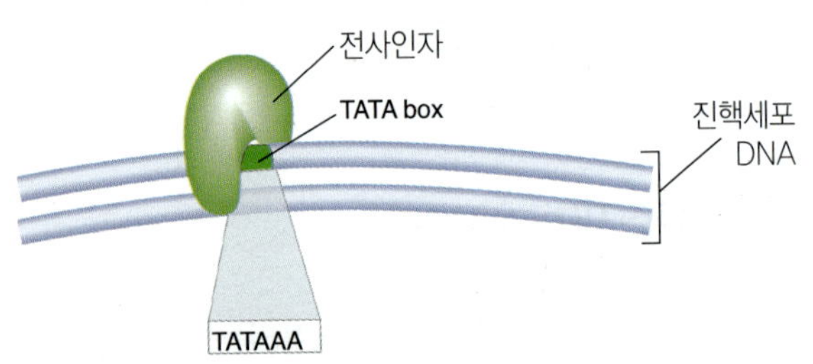

1. 전사인자가 핵심 촉진유전자 부위인 TATA 박스 서열을 인식하고 여기에 결합한다.

2. 다른 전사인자가 참여하고 개시복합체가 형성되기 시작한다.

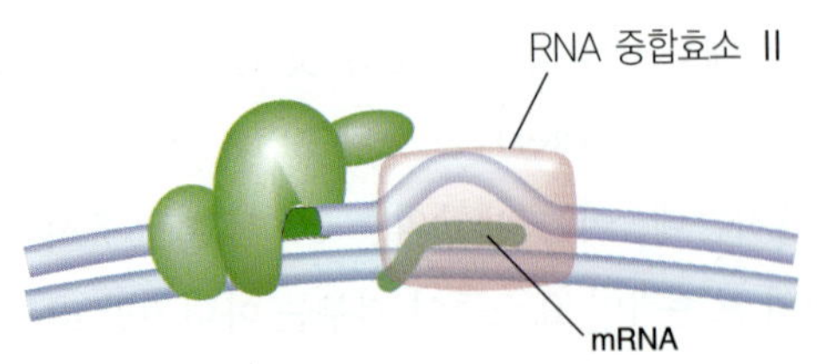

3. RNA 중합효소 II가 전사인자 및 DNA와 결합하여 개시복합체를 형성하면 전사가 시작된다.

그림 15.10 | **진핵세포의 개시복합체.**
원핵세포에서는 RNA 중합효소가 촉진유전자를 인식하고 이에 결합하지만, 진핵세포에서는 RNA 중합효소II가 DNA에 부착하기 전에 전사인자들이 촉진유전자에 부착해야 한다. 촉진유전자에 전사 인자들과 RNA 중합효소II가 결합한 것을 개시복합체라고 한다.

개시

RNA pol II 촉진유전자에서의 전사의 개시는 원핵세포의 개시와 유사하지만 더 복잡하다. 중합효소가 단순히 촉진유전자를 인식하고 결합하는 대신, 전사인자들이 촉진유전자에서 작용하며 RNA pol II와 개시복합체(initiation complex)를 형성한다(그림 15.10). 이에 관한 사항은 나중에 유전자 발현의 조절을 설명할 때 더 자세히 언급할 것이다.

전사 후 개조

핵 안에서의 전사가 일어난 뒤 mRNA가 세포질로 빠져나가기까지 RNA 전사물은 많은 개조가 일어난다.

5′ cap. 진핵세포 mRNA 전사물의 5′ 말단은 특수한 구조를 가진다. 이 전사물의 첫째 염기는 보통 A 또는 G인데, 여기에 GTP가 5′ PO_4기에 결합되어 개조가 일어나는데, 이 부위를 5′ cap이라고 한다(그림 15.11). 이 예외적인 5′–5′ 결합은 이 cap 구조에서만 발견된다. 또 GTP의 G는 메틸기가 부착하여 개조되는데, 그래서 흔히 메틸–G cap이라고 한다. cap은 전사가 진행되는 도중에 첨가된다. 이 cap은 mRNA의 5′ 말단이 분해되지 않도록 보호하며 번역의 개시에도 관여한다.

3′ poly-A 꼬리. 원핵생물과 진핵생물의 전사의 주요 차이를 보면, 진핵세포에서는 전사물의 말단이 mRNA의 말단이 아니라는 점이다. 진핵세포의 전사물은 특수 부위(AAUAAA)의 아래쪽이 절단되는데, 이 특수 부위가 전사의 종결 지점은 아니다. 절단된 후 3′ poly-A 꼬리라고 하는 일련의 아데닌 잔기가 RNA 중합효소 II가 아닌 다른 한 효소에 의해 추가된다. 아데닌을 부착시키는 효소를 poly-A 중합효소라고 한다. Poly-A 꼬리는 mRNA가 분해되지 않도록 보호하고 안정화시키는 역할을 한다.

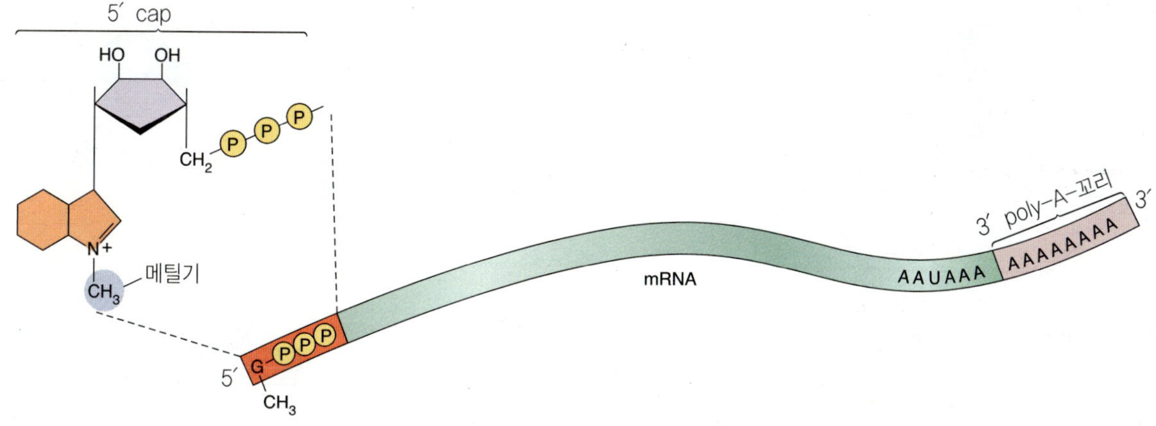

그림 15.11 | 전사 후 개조.
진핵세포 mRNA 분자는 핵 내에서 메틸화된 GTP가 전사물의 5′ 말단에 첨가되어 5′cap를 이루고, 기다란 아데닌 잔기 사슬이 전사물의 3′ 말단에 첨가되어 poly-A 꼬리를 이룬다.

번역

원핵세포에서 번역은 mRNA의 첫 부위가 리보솜의 rRNA에 부착하면서 시작된다. mRNA가 리보솜 위에 놓이면 이의 코돈 하나가 폴리펩티드 생산 부위에 노출된다. 상보적인 3개의 뉴클레오티드 서열인 역코돈을 가진 tRNA 분자는 mRNA의 노출된 코돈과 결합한다.

tRNA는 특정 아미노산을 운반하므로 이 아미노산만 폴리펩티드에 부착된다. mRNA가 리보솜을 따라 움직이면서 연속적으로 mRNA의 코돈이 노출되고 일련의 tRNA가 노출되는 코돈과 결합한다. 각각의 tRNA는 아미노산을 운반하여 폴리펩티드 말단에 부착시킨다(그림 15.12). tRNA는 약 45종류가 있다. 64종류가 아니고 45종류인 이유는 일부 tRNA에서 역코돈의 세 번째 염기가 불안정하여 코돈 1개 이상을 인식하기 때문이다. 특정 아미노산이 특정 tRNA와 결합하는 것은 활성화 효소(activating enzymes)들에 의해 일어난다.

활성화 효소

특정 아미노산에 특정 tRNA가 부착하는 것은 aminoacyl-tRNA synthetase라는 활성화 효소의 작용

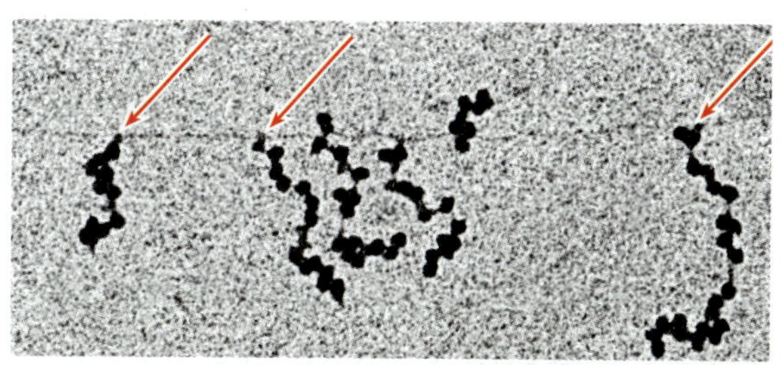

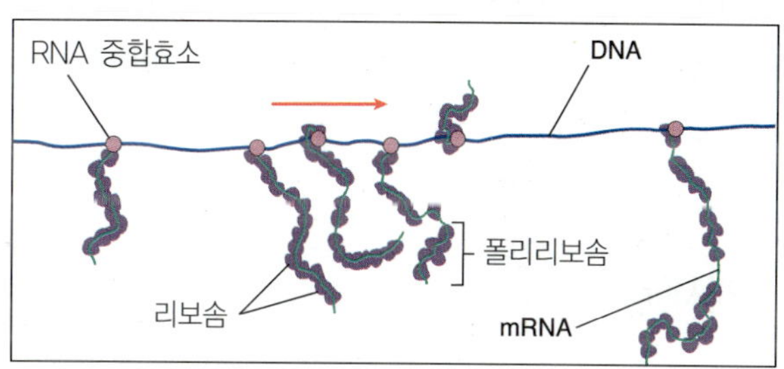

그림 15.12 | 번역이 진행되고 있는 모습.
세균 *E. coli*에서 번역이 이루어지고 있는 모습을 찍은 전자현미경 사진(위)이다. 화살표는 RNA 중합효소를 가리킨다.
세균은 핵이 없어 DNA와 세포질 사이에 막이 없으므로, 유전자 전사가 이루어지는 모든 단계를 볼 수 있다. DNA에 매달려 있는 mRNA로부터 일련의 리보솜들이 폴리펩티드들을 조립하고 있다. 이들 리보솜 집단을 때로 폴리리보솜이라 부른다.

때문인데, 이 효소의 종류는 아미노산의 종류만큼 많다(그림 15.13). 이 효소들은 tRNA의 특정 역코돈과 해당 아미노산을 인식한다(표 15.1).

개시신호와 정지신호

64가지 코돈 중에서 세 가지, 즉 UAA, UAG, UGA

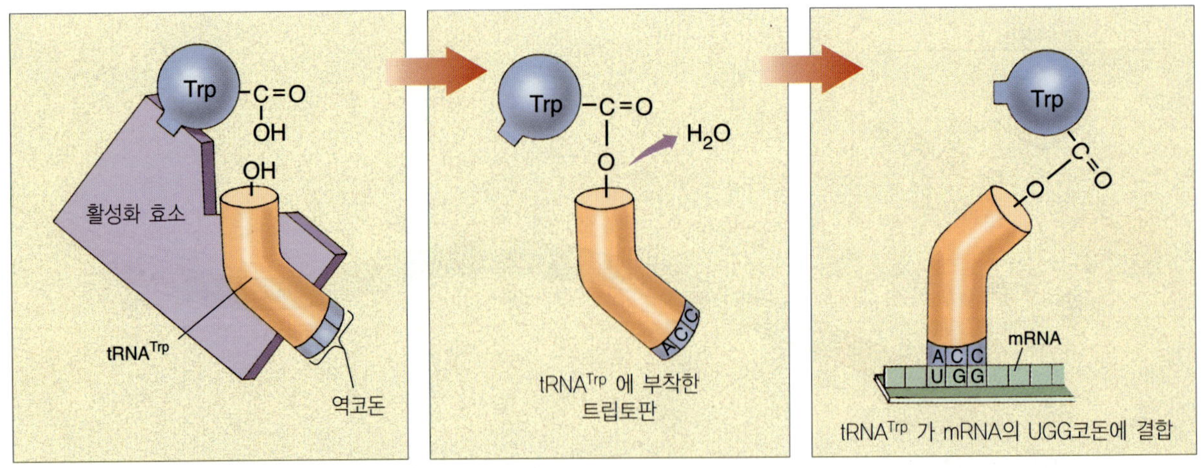

그림 15.13 | 유전암호를 읽는 활성화 효소.
각 종의 활성화 효소는 트립토판 등의 아미노산을 인식하고 결합시킨다. 이 효소는 또 해당 아미노산에 특이한 역코돈(예, 트립토판의 ACC)을 가진 tRNA를 인식하고 결합시킨다. 이와 같이 활성화 효소는 tRNA와 해당 아미노산을 결합시킨다.

에 대한 상보적 역코돈을 가진 tRNA는 존재하지 않는다. 이 코돈들을 넌센스 코돈(nonsense codon)이라고 하며 mRNA의 정지신호로 작용하며 폴리펩티드의 끝이라는 표시이다. mRNA의 개시신호는 AUG로서 아미노산인 메티오닌에 해당하는 암호이기도 하다. 리보솜은 mRNA에서 처음 만나는 AUG를 번역의 시작신호로 이용한다.

개시(initiation)

원핵생물에서 폴리펩티드 합성은 개시복합체(initiation complex)의 형성부터 시작된다. 첫째, N-formylmethionine이라는 개조된 메티오닌을 지니는 tRNA(tRNA^{fMet})가 리보솜의 작은 소단위에 부착한다. 개시인자(initiation factors)라는 단백질이 리보솜의 P (peptidyl) 부위에 tRNA^{fMet}를 놓이게 하고 여기에서 펩티드 결합이 형성되게 된다. 이 부근에서 2개의 다른 부위가 형성되는데, 하나는 아미노산을 운반하는 tRNA가 연속적으로 부착하는 A 부위(aminoacyl site)이고, 다른 하나는 빈 tRNA가 리보솜에서 방출되는 자리인 E 부위(exit site)이다(그림 15.14). 이 개시복합체는 또다른 개시인자에 의해 mRNA상의 역코돈

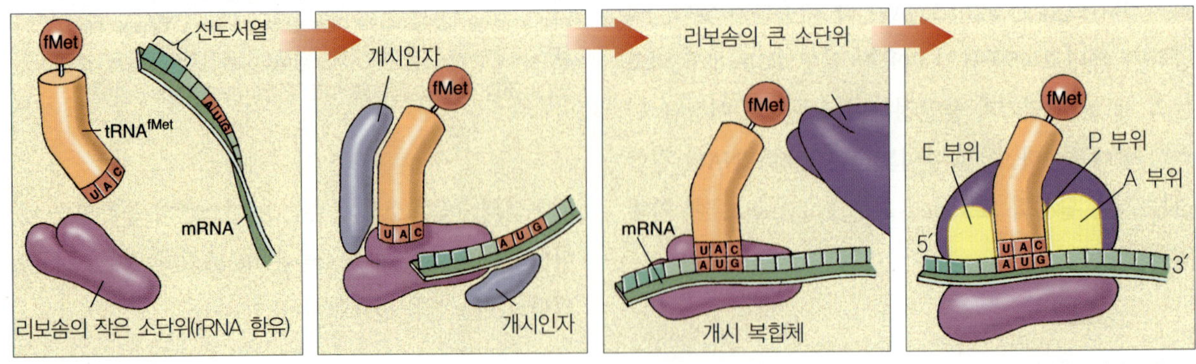

그림 15.14 | 개시복합체의 형성.
원핵세포에서 개시인자라고 하는 단백질들이 리보솜의 작은 소단위와 tRNA^{fMet}를 mRNA의 시작 부위에 오게 한다. tRNA^{fMet}가 mRNA의 첫 AUG 코돈에 오면 리보솜의 큰 소단위가 결합하여 P, A, E 부위를 형성하고, 여기에 연속적으로 tRNA가 리보솜에 결합하여 폴리펩티드 합성이 시작된다.

AUG에 부착한다. 정확히 3개 뉴클레오티드가 코돈으로서 읽혀져야 하므로 mRNA가 적당한 위치를 잡는 것은 매우 중요하다. 더욱이 이 복합체는 mRNA의 시작점에 결합해야 하는데, 그렇게 되어야 모든 전사된 유전자가 번역될 수 있다. 원핵세포에서는 각 mRNA의 시작점은 리보솜의 rRNA 중 하나에 상보적인 선도서열(leader sequence)에 의해 표지된다. 이 상보성은 mRNA가 시작점부터 읽히도록 한다. 원핵세포는 흔히 하나의 mRNA 전사물 안에 여러 개의 유전자를 가진다(polycistronic mRNA). 그러나 각각의 진핵세포 유전자는 하나의 분리된 mRNA(monocistronic mRNA)로 전사된다.

진핵세포의 개시는 두 가지 면에서 원핵세포와는 다르다. 첫째, 개시 아미노산이 N-formylmethionine이 아니라 메티오닌이다. 둘째, 개시복합체가 원핵세포의 것보다 훨씬 복잡하여 9개 이상의 단백질 인자를 가진다.

신장(elongation)

개시복합체가 형성된 후 리보솜의 큰 소단위가 결합하고 mRNA의 AUG 코돈의 인접 코돈이 열려서 다른 아미노산을 운반하는 tRNA와 작용하게 된다. 해당 역코돈을 가진 tRNA가 나타나면 신장인자(elongation factors)라는 단백질들이 tRNA가 A 부위에서 노출된 mRNA 코돈과 결합하도록 돕는다. 두 번째 tRNA가 리보솜에 부착하면 이는 항상 운반한 아미노산을 최초의 메티오닌 옆에 놓이게 하는데, 이때는 아직 메티오닌은 tRNA에 부착된 상태이다. 이 두 아미노산들은 화학적 작용을 하는데, 리보솜의 큰 소단위에 의해 촉매되며, 이 큰 소단위는 최초의 메티오닌을 tRNA에서 방출시키며, 그 대신 펩티드 결합으로 2번째 아미노산에 부착시킨다.

전위(translocation)

전위 과정에서(그림 15.15) 리보솜은 mRNA에서 5′→3′ 방향으로 3개 뉴클레오티드만큼 이동(전위)하는데, 이때 다른 신장인자들의 도움을 받는다. 이 이동은 최초의 tRNA를 E 부위로 옮겨서 리보솜으로부터 방출시키고, 자라는 폴리펩티드 사슬을 P 부위로 옮기며, A 부위에서 mRNA의 다음 코돈을 노출시킨다. tRNA가 코돈이 나타나는 것을 인식하면 이는 A 부위에서 코돈과 결합하며 해당 아미노산을 폴리펩티드 사슬 옆에 오도록 한다. 그런 다음 폴리펩티드 사슬은 새로운 아미노산으로 옮겨가며 전체 과정이 반복된다.

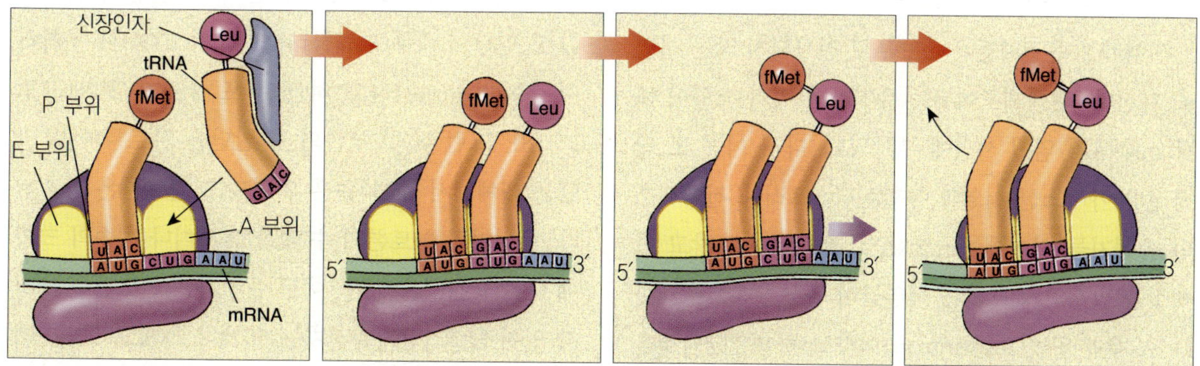

그림 15.15 | 전위.
원핵세포에서 최초의 tRNA[fMet](진핵세포에서는 tRNA[Met])가 P 부위를 차지하고, 노출된 mRNA 코돈에 상보적인 역코돈을 가진 tRNA가 A 부위에 결합한다. 리보솜이 mRNA를 따라 3개 뉴클레오티드만큼 이동하면 fMet는 들어오는 아미노산(그림에서는 Leu)에 전달된다. 빈 tRNA[fMet]는 E 부위로 이동하여 리보솜을 빠져나가며, 길어지고 있는 폴리펩티드 사슬은 P 부위로 이동하고, A 부위는 다시 노출되어 다음 아미노산을 운반하는 tRNA와 결합할 준비를 한다.

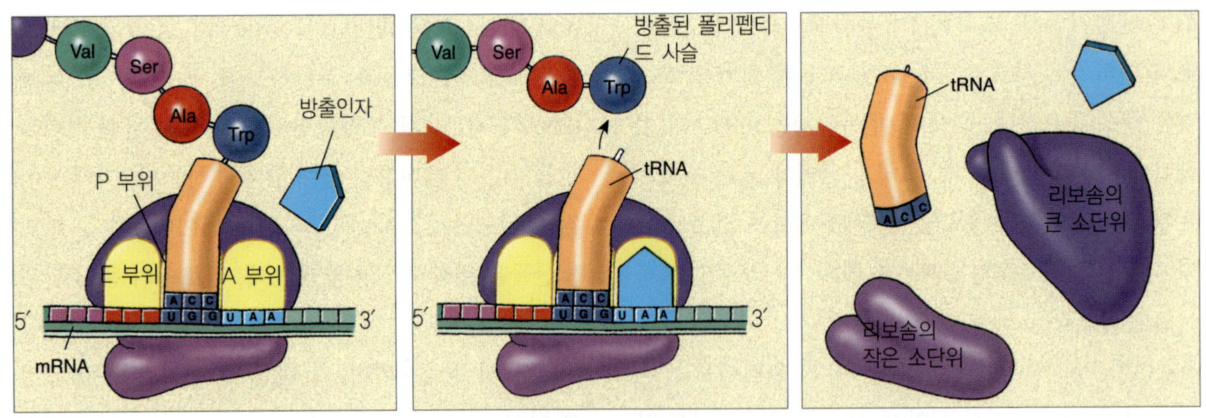

그림 15.16 | **단백질 합성의 종결.**
UAA 넌센스 코돈 같은 3개의 종결 코돈에 상보적인 역코돈을 가진 tRNA는 없다. 리보솜이 종결 코돈을 만나면 전위를 중단한다. 특수 방출인자가 폴리펩티드와 P 위치의 tRNA를 연결하는 공유결합을 끊어서 폴리펩티드 사슬을 방출시킨다.

종결(termination)

하나의 폴리펩티드 사슬을 종결시키는 넌센스 코돈이 노출될 때까지 신장은 지속된다(그림 15.16). 넌센스 코돈은 tRNA와 결합하지 않고 방출인자(release factors)들에 의해 인식된다, 방출인자는 단백질로서 새로 생긴 폴리펩티드를 리보솜으로부터 방출시킨다.

15.4 진핵세포 유전자 전사물은 이어맞추어진다

인트론의 발견

진핵세포 유전자들은 mRNA로 전사되지 않는 서열을 가진다. 원핵세포에서는 유전자의 염기 서열이 해당 mRNA의 염기 서열에 부합되고, 다시 이는 또 단백질의 아미노산 서열과 부합된다. 그러나 진핵세포의 유전자들 사이에는 mRNA로 전사되지도 않고 단백질을 합성하지도 않는 서열들이 들어 있다. 이러한 DNA 부분을 인트론(intron)이라고 하며, 단백질을 합성하는 부분을 엑손(exon)이라고 한다(그림 15.17). 그러므로 진핵세포 유전자의 기본 구조는 원핵세포의 것과는 다르다. 사람에서 게놈의 1~1.5%만이 엑손이며 24%는 인트론이다. 인트론 사이에 엑손이 간간이 박혀 있는 셈이다.

RNA 이어맞추기(RNA splicing)

전사의 산물, 즉 1차 전사물은 캡형성(capping) 및 poly-A 꼬리반응과 더불어, 잘려지고 다시 이어져서 성숙한 mRNA가 된다. 이 과정을 RNA 이어맞추기(splicing)라고 하며, mRNA가 세포질로 나오기 전에 핵 안에서 일어난다. 인트론/엑손 연접부는 snRNPs(snurps)라고 하는 작은 핵내 리보핵단백질에 의해 인식된다. 이 snurps는 그런 다음 함께 모여서 더 큰 복합체인 연결복합체(spliceosome)를 형성하는데 이는 인트론을 제거하거나 이어맞추기를 한다. 이어맞추기 기작으로서 인트론의 5′ 말단이 잘리고 이 5′ 말단이 내부 A 뉴클레오티드의 2′ OH에 부착하여 올가미(lariat)라고 하는 루프 구조가 된다(그림 15.18). 그런 뒤 첫 엑손의 3′ 말단은 인트론의 3′ 말단을 대체해서 두 엑손은 연결되고 인트론은 방출된다. 유전자당 인트론의 수 및 인트론이나 엑손의 크기에 대한 규칙성은 없다. 어떤 유전자는 인트론을 가지고 있지 않고 어떤 유전자는 50개나 가지고 있다. 엑손의 크기는 몇 개~7500개 뉴클레오티드로서 인트론의 크기도 이 정도로 다양하다.

진핵세포에서 인트론이 어떻게 또 왜 생겼는지에 대한 이론은 여러 가지이다. 그 이론 중 하나는 엑손

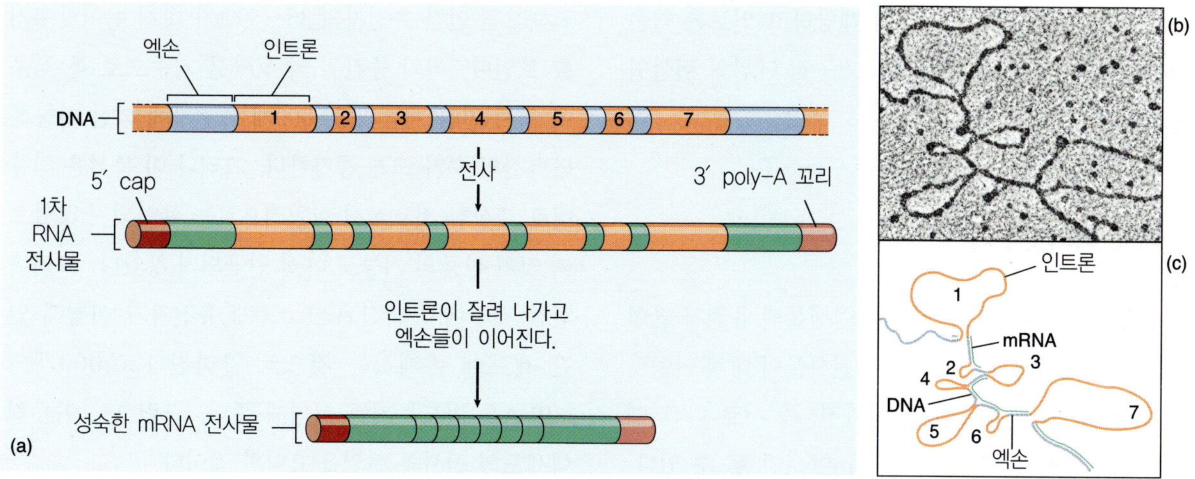

그림 15.17 | 진핵세포의 난알부민 유전자가 조각나고 있음.
(a) 난알부민 유전자와 이의 1차 RNA 전사물은 리보솜이 단백질 합성에 이용하는 mRNA에는 들어있지 않은 7개 조각을 간직한다. 효소가 이 조각(인트론)을 잘라내고 남은 조각들(엑손)을 잇는다. (b) 가공된 RNA를 DNA와 잡종화시키면 DNA 서열 안의 인트론을 직접 볼 수 있다. 이 전자현미경 사진에서의 7개 고리들은 7개의 인트론을 나타내며, (C)는 이의 모식도이다.

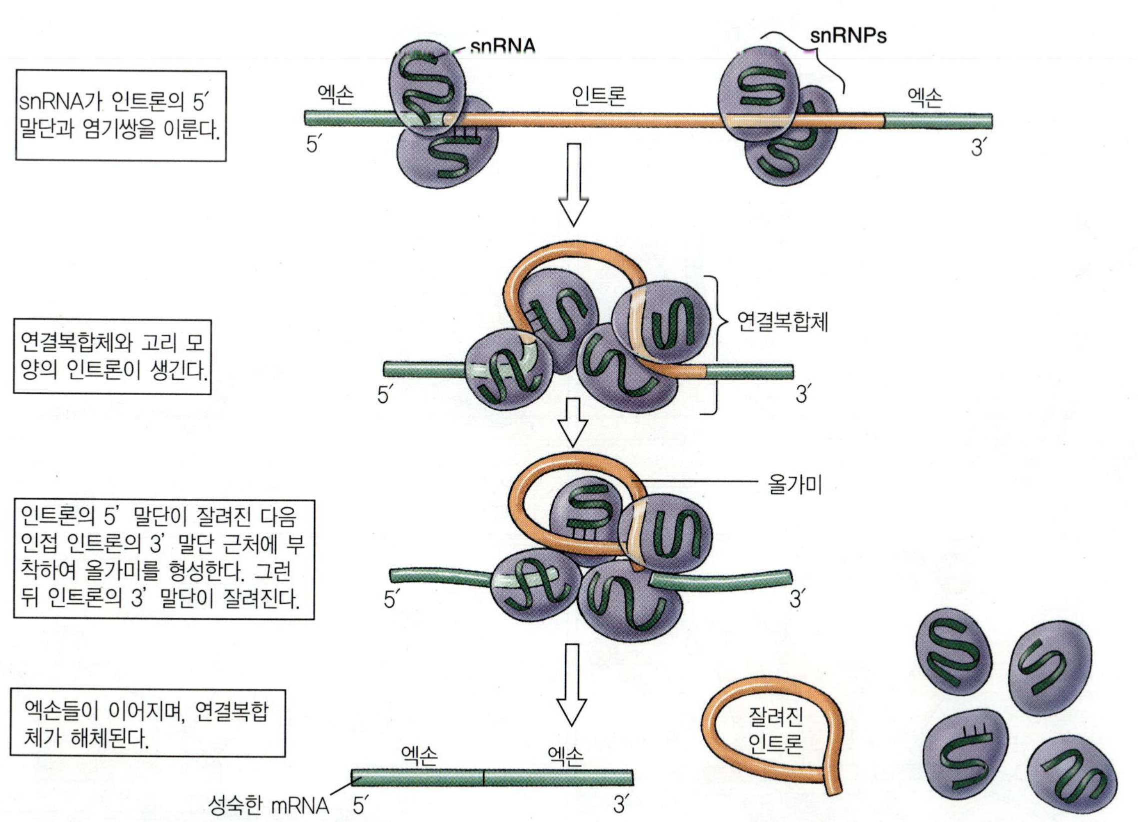

그림 15.18 | RNA를 가공하는 연결복합체.
snRNPs라고 하는 입자는 인트론의 5′ 말단과 작용하는 snRNA를 가진다. 여러 개의 snRNPs가 모여서 하나의 연결복합체를 형성한다. 인트론이 루프를 형성할 때 5′ 말단이 잘려지고 인트론의 3′ 말단 근처에 연결된다. 인트론은 잘려져 나가며 엑손은 함께 이어진다. 그런 뒤 연결복합체는 해체되고 성숙한 mRNA를 방출한다.

은 단백질의 기능적 도메인에 해당하고 인트론-엑손 배열은 오랜 진화기간 동안 이 기능적 단위의 뒤섞임을 나타낸다는 것이다.

대체 이어맞추기

이어맞추기 과정으로 인해 진핵생물의 유전자 발현이 훨씬 복잡해졌다. 1개의 1차 전사물이 대체 이어맞추기(alternative splicing)라는 과정, 즉 서로 다른 엑손들의 연결에 의해 서로 다른 mRNA가 될 수 있다. 최근에 알려지고 있는 인간 게놈과 mRNA 서열을 비교해보면 인간 유전자의 35~59%가 대체 이어맞추기를 보인다. 이의 중간치 약 40%를 기준으로 볼 경우 이 역시 인간 게놈의 30,000개 유전자에 의한 가능한 단백질의 수가 크게 증가한다. 그러나 이 분석은 컴퓨터로 계산한 것으로서 실험적으로는 확인되지 않았으며 잇기 산물의 기능도 아직 연구되지 않았다. 그러나 인간 게놈에서 발견된 30,000개 유전자가 어떻게 인간 세포에 존재하는 것으로 알려진 120,000개의 mRNA를 만드는지를 설명해 준다. 그림 15.19는 진핵세포의 전사와 번역을 요약한 것이다.

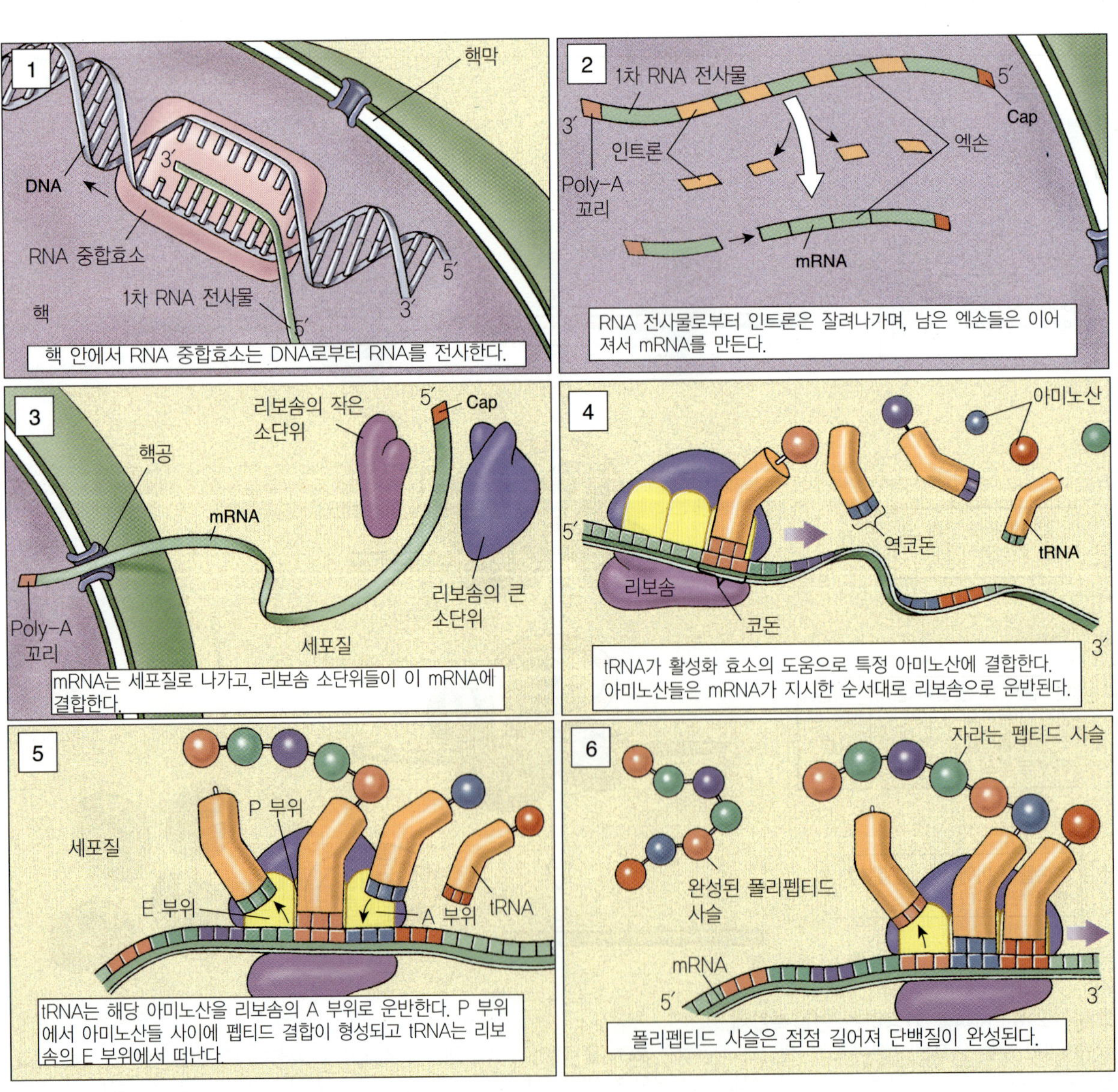

그림 15.19 | 진핵세포 유전자 발현의 개요.

원핵세포와 진핵세포의 유전자 발현의 차이

1. 대부분의 진핵세포 유전자는 인트론을 가진다. 고세균의 일부 유전자를 제외한 대부분의 원핵세포는 인트론을 가지지 않는다(그림 15.20).
2. 원핵세포의 각 mRNA에는 대개 여러 유전자의 전사물이 포함되어 있다. 원핵생물은 기능이 서로 연관된 유전자들을 동일한 mRNA에 위치시켜서 이들의 기능을 조절한다. 진핵세포 mRNA는 1개 이상의 유전자 전사물이 포함되는 경우가 드물다. 진핵세포 유전자 발현의 조절은 다른 방식으로 이루어진다.
3. 진핵세포는 핵을 가지므로 이들의 mRNA는 완벽하게 형성되어 핵막을 통과해 나온 후 번역된다. 핵이 없는 원핵세포에서는 흔히 전사가 끝나기도 전에 mRNA의 번역이 시작된다.
4. 원핵세포에서 번역은 특수한 뉴클레오티드 서열에 의해 선도되는 AUG 코돈에서 시작된다. 진핵세포에서는 mRNA가 전사된 후 5′ 선도 말단에서 개조가 일어나는데 5′ cap, 즉 메틸화된 guanosine triphosphate가 첨가된다. cap은 보통 첫 AUG에서 mRNA를 리보솜의 작은 소단위에 결합시켜서 번역을 개시하게 한다.
5. 진핵세포 mRNA는 번역되기 전에 개조되는데, 인트론이 잘려나가고, 남은 엑손이 함께 이어지며, 5′ cap이 첨가되고, 약 200개 아데닌 뉴클레오티드로 구성된 3′ poly-A 말단이 첨가된다. 이 개조는 세포 내 효소에 의한 mRNA의 분해를 지연시킬 수 있다.
6. 진핵세포 리보솜은 원핵세포의 것보다 더 크다.

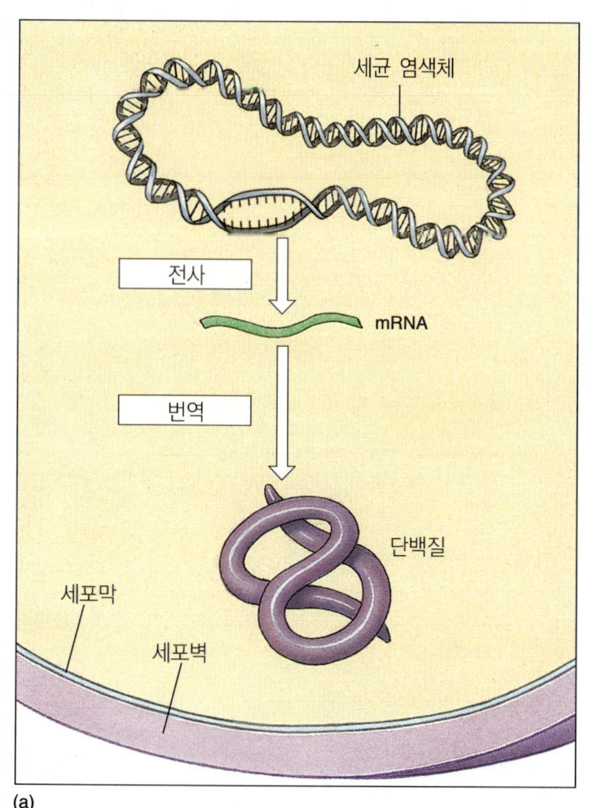

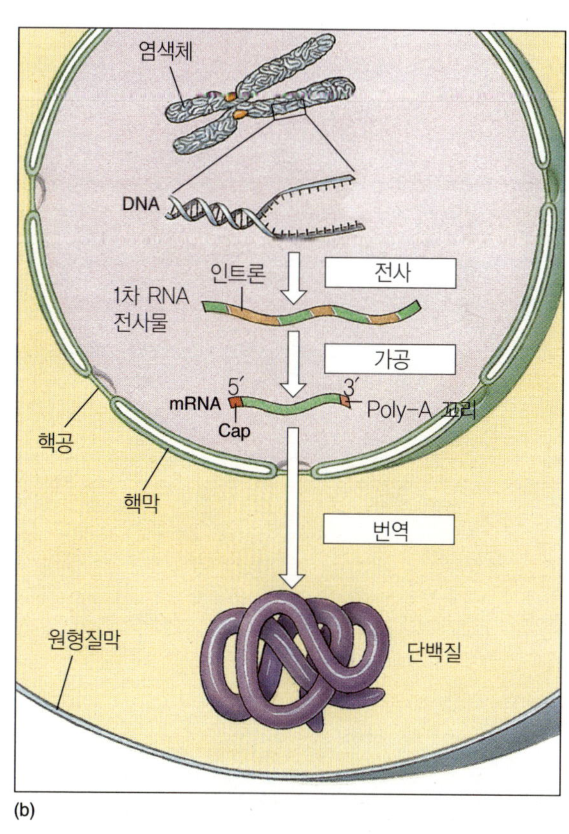

그림 15.20 | 원핵세포(a)와 진핵세포(b)의 유전자 발현 비교

(a) 원핵세포 유전자는 mRNA로 전사된 후 즉시 번역된다. 그러므로 DNA 뉴클레오티드 서열은 합성된 폴리펩티드 아미노산 서열과 정확히 부합된다.

(b) 진핵세포 유전자는 이와 다르다. 폴리펩티드 아미노산을 지정하지 않는 인트론이란 긴 뉴클레오티드 서열을 포함하고 있다. 1차 RNA전사물에서 인트론이 제거되고, 5′ cap과 3′ poly-A 꼬리가 첨가된 mRNA는 폴리펩티드 합성을 지시한다.

CHAPTER 16

유전자 기술

최근 DNA를 연구하고 조작하는 새로운 기술들이 크게 발전하였다. 이 기술들을 이용하여 생물학자들은 직접 생물의 유전적 운명을 바꿀 수 있게 되었다. 이 장에서는 이 기술들에 대하여 알아보고 어떻게 응용되는지 탐구해 보자. 생물학의 일부 분야는 우리들 미래의 삶에도 큰 영향을 줄 것이다.

16.1 DNA 조작과 유전자 클론

DNA 조작 연구자의 도구함

클로닝과 DNA 조작에 필요한 기술의 발전은 최초의 재조합 DNA가 만들어진 1975년부터 시작되었다. 이 기술을 이해하려면 먼저 DNA를 직접 다루는 데 필요한 도구를 이해해야 한다.

DNA 조작에 가장 기본적으로 필요한 것 중 하나는 관련 효소들이다. 분자생물학자들의 도구함에는 이 효소들로 가득 차 있다. DNA를 변화시키는 효소들이 갈수록 다양하게 분리되어 왔으므로 이 도구함은 매우 복잡해진 상태이다. 이 효소들은 모두 자연계에 이미 존재하던 것들로서, 조작 기술은 모두 세포가 자연적으로 하는 행동을 모방하는 것에 불과하다.

제한 핵산중간분해효소

분자생물학적 혁명을 촉진시킨 효소는 DNA의 특정 부위를 자를 수 있는 제한 핵산중간가수분해효소(restriction endonuclease)이다. 핵산분해효소(nuclease)는 DNA를 분해하는 효소이고, 대다수는 최초의 제한효소가 분리되기 전에 알려져 있었다. 그러나 제한 핵산중간분해효소는 이와는 다른데, 이 효소가 DNA를 특정 부위에서 자를 수 있기 때문이다. 이 작용은 분자생물학자들이 오랫동안 관찰해 온 것으로서, 왜 박테리오파지가 일부 세포에는 감염하고 다른 세포에는 감염하지 못하는지를 밝히는 연구를 하게 만들었다. 이 작용의 근본 원리는 효소가 특정 서열을 가진 DNA를 자르는 것이다. 숙주세포는 해당 부위의 DNA를 메틸화시켜서 잘라지는 것을 피할 수 있다. 현재 제한 핵산중간가수분해효소는 수백 가지가 분리되어 있다.

DNA의 특수 부위를 절단할 수 있는 능력은 두 가지

면에서 중요하다. 첫째, 이로써 물리적 지도 제작을 할 수 있고, 둘째, 재조합 분자를 만들 수 있다. 물리적 지도는 DNA 분자를 식별하고 작업하는 데 매우 중요한 자료가 된다. 재조합 분자를 만드는 능력은 더 중요한데, 그 이유는 DNA의 클로닝과 조작 과정의 여러 단계가 원천이 다른 DNA들을 연결시키는 일이 필수적이기 때문이다.

제한효소가 재조합 분자를 만드는 원리는 효소 자체의 성격을 보면 알 수 있다. 제한효소에는 제1유형과 제2유형의 두 가지가 있다. 제1유형은 DNA 이중나선을 단순히 자르며 DNA 클로닝과 조작에는 별로 이용되지 않는다. 재조합 분자를 만드는 데는 제2유형 효소가 이용된다. 제2유형 효소들은 4~12개 염기 범위의 특정 DNA 서열을 인식하고, 이 서열 안의 특정 염기에서 DNA를 절단한다. 제2유형 효소의 작용 부위는 이분염색체 대칭(dyad symmetry)을 나타내는 부위이다. 이는 한쪽 사슬에서 5′→3′ 방향으로 보거나 상보적 사슬에서 반대쪽 방향, 즉 5′→3′ 방향으로 보거나 동일하게 읽히는 경우이다. 이러한 서열이 있을 때 양쪽 사슬의 동일 염기에서 DNA를 자르는 것은 점착성 말단(sticky ends)을 만들게 된다. 이 점착성 말단은 원천이 다른 DNA들을 서로 쉽게 연결할 수 있게 한다(그림 16.1).

연결효소(ligase)

제2유형 제한효소로 절단된 DNA의 양쪽 말단은 상보적 서열을 가지므로 이중나선을 형성할 수 있다. 그러나 2개의 절편이 하나의 안정된 DNA가 되려면 두 분자를 연결시키는 효소가 있어야 한다. DNA 연결효소(DNA ligase)는 DNA 뉴클레오티드의 인산기와 인접 수산기 사이의 포스포디에스테르 결합을 촉매한다. 적당한 결합이 이루어지려면 양쪽 사슬에 빈

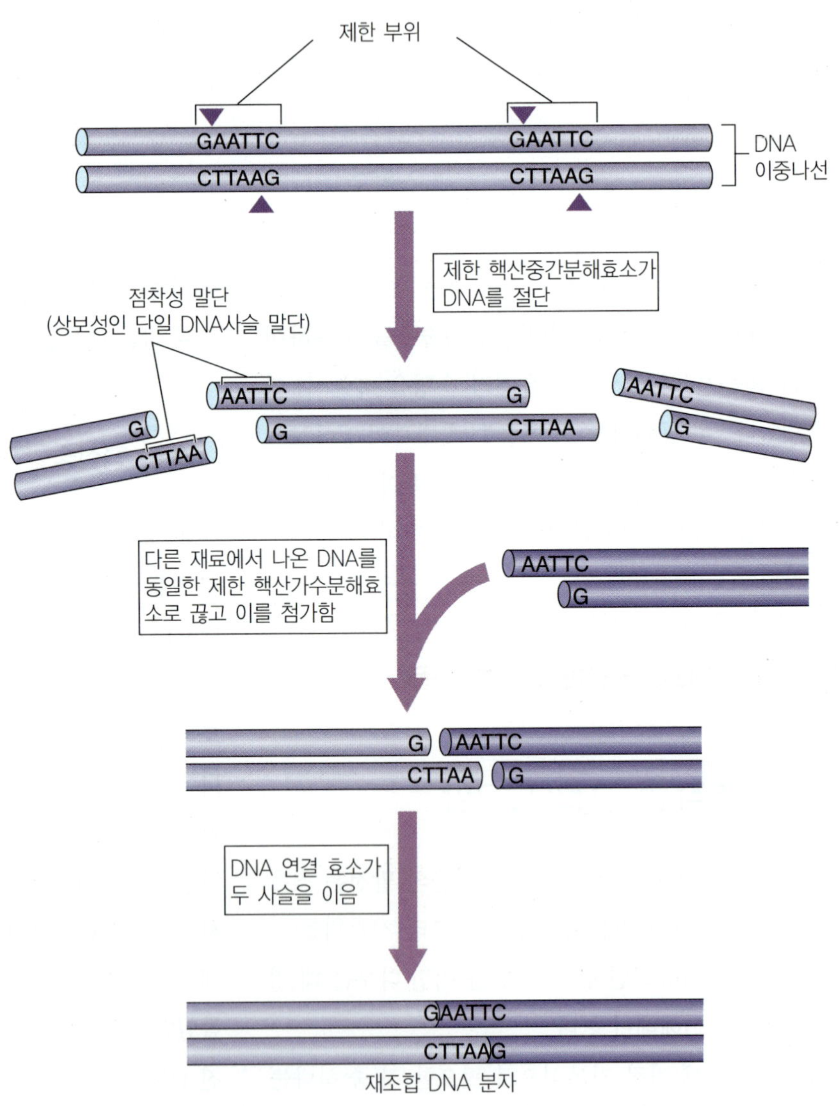

그림 16.1 | 다수의 제한 핵산중간분해효소들은 점착성 말단을 가진 DNA 절편을 만든다.
제한 핵산중간분해효소 EcoRI는 항상 GAATTC 서열의 G와 A 사이를 절단한다. 2개의 사슬에서 동일한 서열이 나타나므로 두 사슬이 함께 절단된다. 그러나 2개의 서열은 서로 반대 방향으로 되어 있다. 따라서 단일사슬 말단들은 서로 상보적이므로 "점착성"인 말단을 이룬다.

틈(gap)이 없어야 한다. 연결효소의 작용은 이 빈틈을 봉합하는 일이다. 이는 DNA 복제 도중의 지체사슬에서 나타나는 오카자키 절편을 연결시키는 것과 같은 효소이다.

숙주/매개체 체제

실험관 내에서 짧은 DNA 서열을 합성할 수는 있으나 커다란 서열을 복제하기 위해서는 세포 속에서 재조합 DNA를 증식할 수 있어야 한다. 그러므로 분자생물학자들은 다량의 재조합 DNA를 만들기 위한 공장으로 세포를 이용한다. 숙주세포에서 DNA를 증식하기 위해서는 숙주 안으로 들어가서 복제할 수 있는 매개체(vector)가 필요하다. 일반적인 클로닝에 가장 다루기 쉽고 흔히 쓰이는 숙주는 *E. coli*이다. 또, 현재 포유류 조직배양 세포, 효모, 곤충 세포 등도 진핵세포 DNA 클로닝에 흔히 쓰이고 있다.

가장 흔히 이용되는 매개체는 플라스미드(plasmid)와 파지(phage)이다. 플라스미드는 작고 세포에 없어도 괜찮은 염색체 외 DNA이고, 파지는 세균에 감염하는 바이러스이다.

플라스미드(plasmids)

작은 환상의 염색체인 플라스미드 매개체는 비교적 작은 DNA 조각(최대 약 10kb)을 클론하는 데 이용된다. 플라스미드는 (1) *E. coli* 내에서 염색체와는 독립적으로 복제될 수 있도록 복제개시점을 가지고 있어야 하고, (2) 선택표지(selectable marker)를 가져야 하는데 보통 항생제 내성을 이용한다. 선택표지는 플라스미드의 존재를 쉽게 알아볼 수 있게 한다. 표지를 가지는 세포는 항생제 함유 배지에서 생존할 것이고, 플라스미드가 없는 세포는 살지 못할 것이다. 그림 16.1의 기술로 DNA 절편을 플라스미드의 MCS(multiple cloning site)라는 부위에 삽입한다. 이 부위는 여러 가지 독특한 제한 지점을 가지는데, 플라스미드가 제한효소로 잘려지면 선상의 플라스미드가 만들어진다. 그런 다음 원하는 DNA를 이 지점에 끼어 넣은 뒤 플라스미드 DNA를 세포 안에 넣는다.

그런 다음, 삽입된 DNA의 존재가 확인되어야 하는데, 이는 다른 유전자의 불활성화를 선별(screening)하면 된다. 가령, 삽입된 DNA가 있으면 LacZ′ 유전자의 불활성화가 생긴다. 이는 X-gal(LacZ′에 의해 만들어지는 효소의 기질임)을 함유하는 배지에 세포를 접종하고 관찰하면 된다. 활성을 가진 LacZ′ 유전자를 가진 세포는 효소를 생산하여 이 배지에서 청색을 띨 것이고, 그렇지 못한 세포는 흰색을 띤다(그림 16.2a). 이때 모든 세포들이 생존하므로 이는 선택(selection)이 아니라 선별(screenining)이다. 선택과 선별은 상황에 따라 달리 쓰인다. 선택은 원하는 표현형만 생존하므로 매우 드문 경우에 이용된다. 선별은 실험 대상의 모든 세포들이 보존되지만, 연구자가 두 가지 표현형을 구별할 수 있는 능력에 의해 제약을 받는다. 즉, 생존세포만 조사되는 것이 아니라 모든 세포들이 조사된다.

파지(phages)

파지 매개체는 플라스미드보다 크고, 최대 40kb를 삽입할 수 있다. 가장 흔히 이용되는 파지 매개체는 파지 람브다(lambda)이다. 람브다 매개체는 오늘날 cDNA 라이브러리(연구대상 DNA에 상보적인 DNA 조각 모음)에 주로 이용되고 있다. 람브다는 큰 절편을 클로닝하는 데 유용한 반면, 플리스미드에는 필요 없는 두 가지 필수 요건이 필요하다. 첫째, 람브다는 복제에 필요한 살아있는 세포가 있어야 한다. 세포를 람브다로 감염시킨 후 람브다를 회수하는 데 필요하다. 둘째, 람브다의 게놈은 선상이므로 게놈의 중간 부위를 제거하고 삽입 DNA로 대체해야 한다. 즉, 람브다의 두 팔이 삽입 DNA로 연결된 뒤 실험관 내에서 파지의 두부 안으로 들어가며, 그런 뒤 *E. coli*로의 감염에 이용된다. 삽입된 DNA를 가지지 않는 2개의 팔은 파지의 두부로 들어가지 못한다. 팔들만으로는 증식되지 않을 것이므로 이는 일종의 재조합 파지의

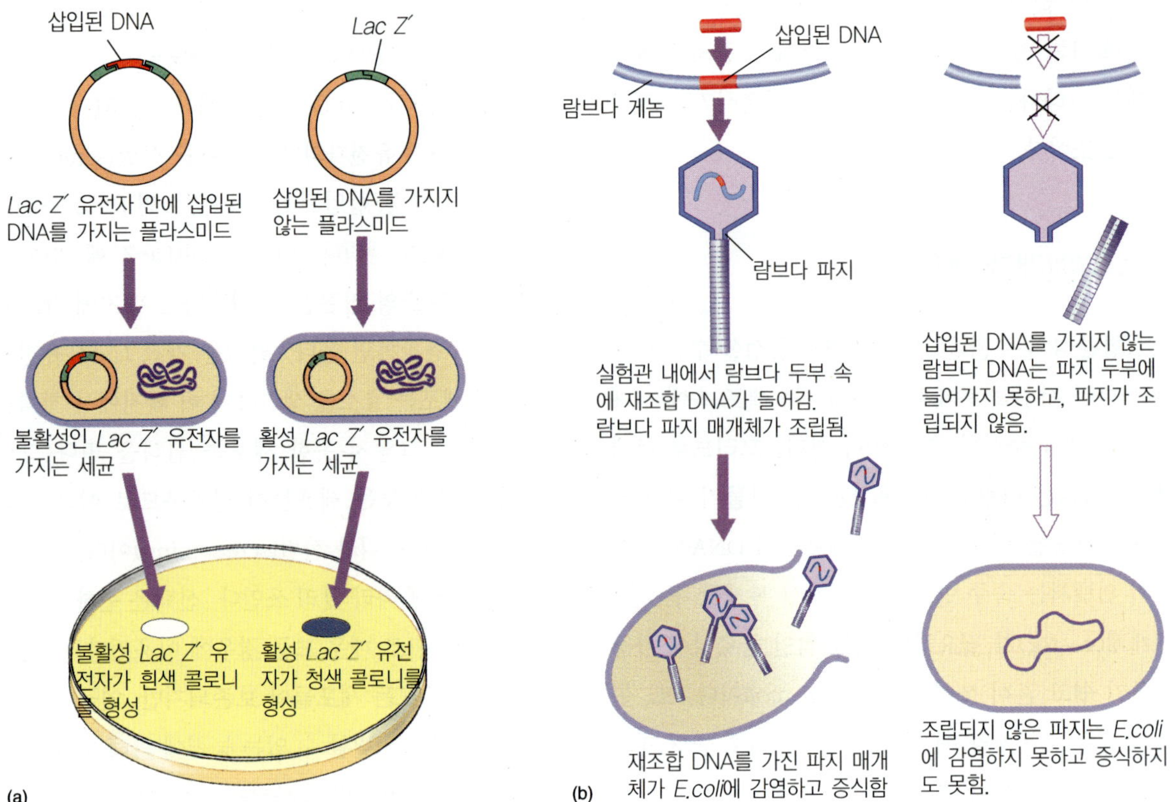

그림 16.2 | 플라스미드 매개체와 파지 매개체를 이용하기.
(a) 세균을 X-gal이 들어 있는 배지에 넣을 때 청색을 만들지 못하는 것과 같은 숙주의 표현형을 관찰하여 재조합 플라스미드를 가진 세균을 선별할 수 있다. (b) 실험관 내에서 파지가 조립되고 숙주에 감염되며 숙주 내에서 증식할 수 있는 능력을 보고 재조합 DNA를 가진 파지 매개체를 선택할 수 있다.

선택에 해당된다(그림 16.2b).

매개체를 이용하여 유전자를 운반하기

키메라는 머리는 사자이고 몸은 염소이며 꼬리는 뱀인 신화적 상징물이다. 비록 자연계에 이런 존재는 없지만 생물학자들은 유전공학을 통하여 키메라를 만들어왔다.

pSC101 만들기

처음 만들어진 키메라 하나는 1973년에 미국의 유전학자 코헨(S. Cohen)과 보이어(H. Boyer)가 내성 운반인자라는 세균 플라스미드로부터 만든 것이었다. 그들은 EcoRI라는 제한 핵산중간가수분해효소를 이용했는데, 이 효소는 *E. coli*로부터 얻었으며 플라스미드를 조각내는 데 이용되었다. 조각 하나는 9000 뉴클레오티드 길이였고, 플라스미드를 복제하는 데 필요한 복제개시점과 항생제 테트라사이클린에 내성을 발휘하는 유전자(tet^R)를 간직하였다. 절편의 양쪽 끝은 동일한 제한 핵산중간가수분해효소로 잘렸으므로 연결되어 환상인 작은 플라스미드(pSC101)을 만들었다.

pSC101을 이용하여 재조합 DNA 만들기

코헨과 보이어는 또 EcoRI을 이용하여 아프리카산 *Xenopus laevis*에서 분리한 rRNA를 만드는 DNA를 절단하였다. 그런 다음, *Xenopus* DNA 조각과 EcoRI으로 다시 자른 pSC101 플라스미드를 섞어서

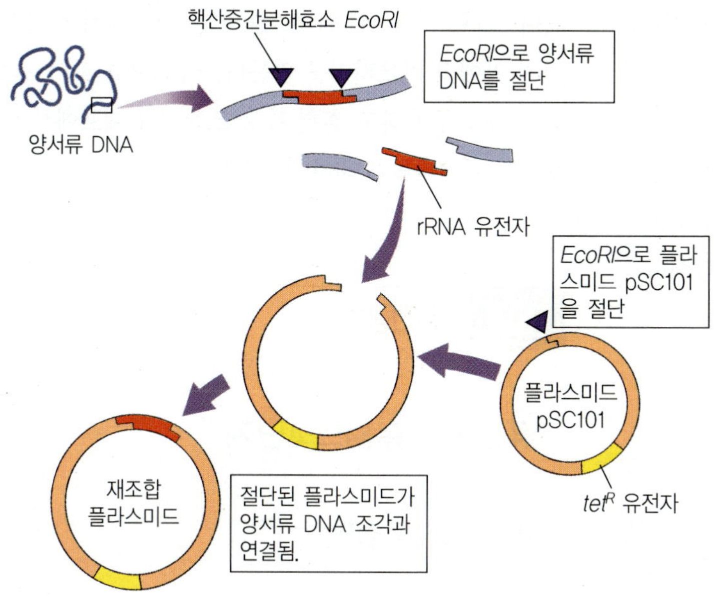

그림 16.3 | 최초의 유전공학 실험.
코헨과 보이어가 pSC101에 rRNA를 만드는 양서류 유전자를 삽입한 실험 과정을 보여준다. EcoRI 효소에 의해 tet^R 유전자를 포함하고 있는 플라스미드가 절단된다. 양서류 DNA도 EcoRI로 절단하므로 서로 쌍을 이룰 수 있는 상보 서열이 만들어지고, 따라서 양서류 rRNA 합성유전자가 pSC101 플라스미드 내로 삽입된다.

세균세포가 혼합물의 DNA를 받아들이게 하였다(그림 16.3). 일부 세균세포는 즉시 테트라사이클린에 내성을 갖게 되었는데, 이는 항생제 내성 유전자를 가지는 pSC101 플라스미드가 들어갔음을 뜻한다. 나아가, 일부 pSC101을 가지는 세균은, 또 개구리 rRNA를 생산하기 시작했다. 코헨과 보이어는 양서류 rRNA 유전자가 pSC101 플라스미드에 삽입되어 세균 속으로 들어갔다고 결론 내렸다. 다시 말하면, EcoRI로 절단하여 생긴 pSC101의 양쪽 말단이 역시 EcoRI로 절단된 rRNA 유전자를 함유하는 개구리 DNA의 양쪽 말단과 연결되었다. 개구리 rRNA 유전자를 가지는 pSC101 플라스미드는 진정한 키메라로서 자연계에 존재한 적이 없는 완전히 새로운 게놈이다. 이것이 일종의 재조합 DNA(recombinant DNA), 즉 서로 다른 게놈 조각을 실험실 내에서 연결시켜 만든 새로운 조합이다.

DNA 라이브러리

특정 유전자나 DNA 서열을 매개체에 집어 넣기 위해서는 먼저 해당 서열을 가지는 DNA 자원을 보유해야 한다. 이 자원은 한 생물의 모든 DNA 내용을 나타내는 DNA 절편 모임인데, 이를 DNA 라이브러리(DNA library)라고 한다(그림 16.4).

게놈 라이브러리

가장 간단한 DNA 라이브러리는 게놈 라이브러리(genomic library)로서 매개체로 전체 게놈을 나타낸다. 이 전체 게놈은 무작위적으로 조각내어지는데 각 절편은 매개체에 삽입되어 숙주 안에 삽입되어진다. 게놈 라이브러리를 만드는 것은 생각보다는 어려운데, 이는 진정으로 무작위적인 DNA 조각을 만들기는 어렵기 때문이다. 가장 좋은 방법은 수압절단(hydrodynamic shear forces)인데, 이는 주사기를 통해 DNA를 통과시켜 만든다. 그런 다음, 무작위적 절편 말단에 작은 합성연

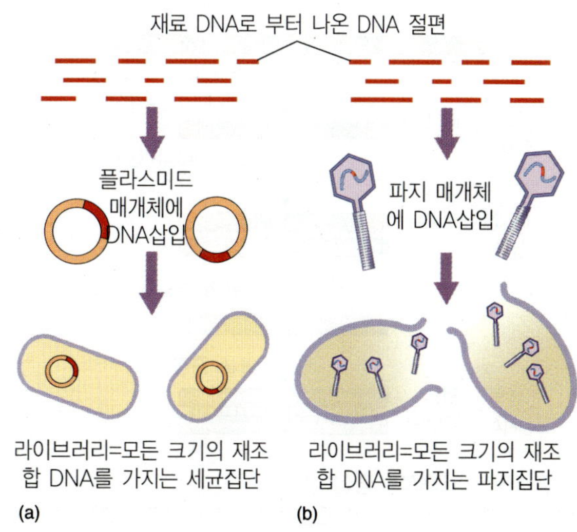

그림 16.4 | 라이브러리 만들기.
플라스미드 매개체(a)나 파지 매개체(b)를 이용하여 DNA 라이브러리를 만들 수 있다.

결자 서열(synthetic linker sequence)를 첨가한다. 이 연결자 속에는 매개체에 들어갈 삽입부를 연결하는 데 사용될 수 있는 제한 지점이 들어 있다. 게놈 라이브러리는 삽입부가 크므로 보통 람브다 파지 안에 만든다. 하나의 게놈 라이브러리는 전체 게놈을 포괄하는 무작위적 삽입부를 가지는 파지들의 집합이다.

cDNA 라이브러리

발현되는 모든 유전자에만 국한시켜 실험을 할 경우가 있다. 이는 전체 게놈보다 적은 양의 DNA이다. 이러한 유전자 발현 라이브러리는 역전사효소(reverse transcriptase)를 이용하여 만들 수 있다. 역전사효소는 retrovirus라는 바이러스에서 분리된 효소이다. Retrovirus는 생활주기 도중에 RNA 게놈으로부터 DNA 복사물을 만든다. 이 효소를 이용하여 mRNA로부터 DNA를 만드는데, 이러한 DNA를 cDNA라고 한다(그림 16.5). 하나의 cDNA 라이브러리는 발현되는 유전자로부터 mRNA를 분리한 다음, 역전사효소를 이용하여 이 mRNA로부터 cDNA를 만든다. 그런 다음, 이 cDNA를 이용하여 대개 람브다 파지 안에 라이브러리를 만든다. 이 cDNA 라이브러리는 매우 유용하고 흔히 특정 조직이나 세포에서 발현되는 유전자들에 대하여 만든다.

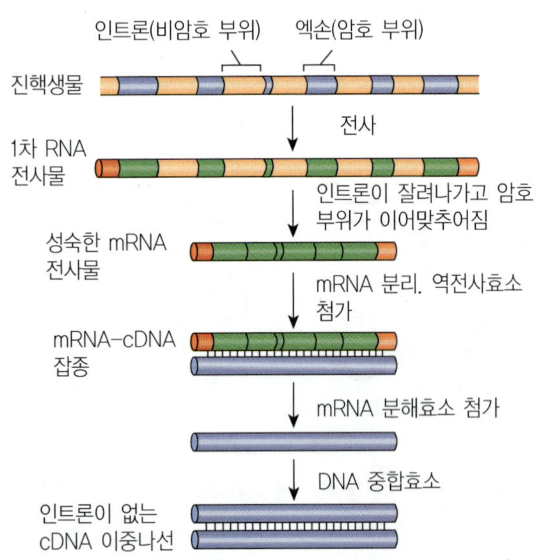

그림 16.5 | cDNA의 형성.
성숙한 mRNA 전사물이 세포질로부터 분리되고, 역전사효소에 의해 이 mRNA에 상보적인 DNA 사슬이 만들어진다. 이 새로운 DNA 사슬을 주형으로 하여 DNA 중합효소가 상보적인 DNA 사슬을 조립한다. 이를 cDNA라 하는데 인트론이 제거된 mRNA로부터 만들어진 이중나선 DNA이다.

16.2 유전공학

유전공학 실험의 4단계

1단계 DNA 절단

제한 핵산중간가수분해효소를 이용하여 재료 DNA를 절편으로 조각낸다. 재료 DNA 안에는 핵산중간가수분해효소가 인식하는 서열이 여러 번 나타나기 쉬우므로 절단으로 인하여 다수의 서로 다른 절편들이 생기게 된다. 절편들은 그림 16.6의 과정처럼 겔 전기영동(gel electrophoresis)으로 크기별로 분리시킨다.

2단계 재조합 DNA 만들기

DNA 절편들을 플라스미드나 바이러스 매개체에 삽입시키는데, 이때 매개체는 재료 DNA에서처럼 제한 핵산중간가수분해효소로 미리 절단해 놓는다.

3단계 클로닝

플라스미드나 바이러스는 DNA 절편을 세포 안으로 옮기는 매개체 역할을 한다. 숙주는 대개 세균이다(그림 16.7). 각 세포가 증식하면서 모두 절편을 가지는 매개체를 간직하는 세포들(클론)로 된다. 각 클론을 따로 관리하고 모두는 재료 DNA에 대한 하나의 클론 라이브러리가 된다.

4단계 선별

원하는 유전자가 들어 있는 특정 DNA 절편을 가지

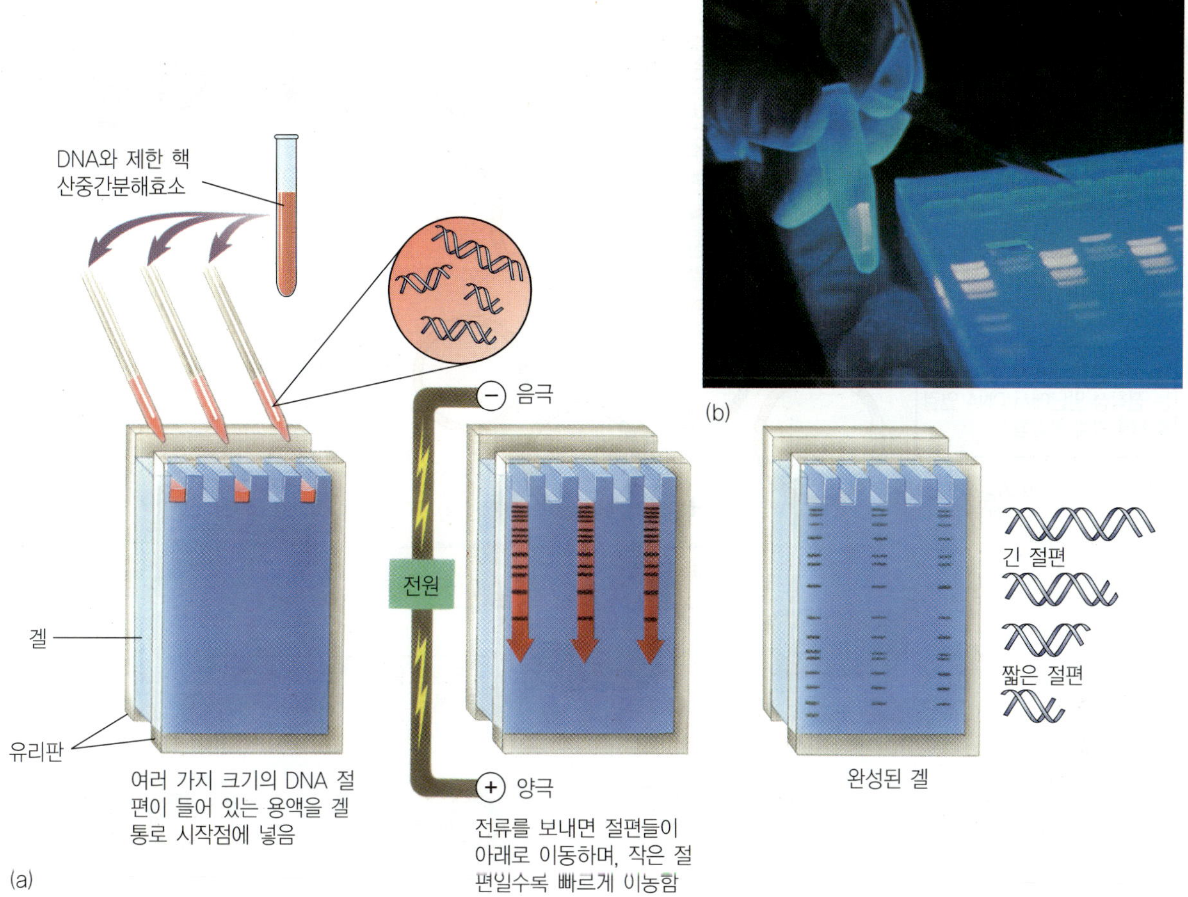

그림 16.6 | 겔 전기영동.
(a) 제한 핵산중간분해효소로 DNA를 절단한 뒤 DNA 절편을 겔에 올려놓고 전기를 흘린다. DNA 절편들은 겔을 따라 이동하는데 작은 것일수록 빠르게(멀리) 이동한다. 절편들은 ethidium bromide로 염색하면 자외선을 쬘 때 형광 띠를 만드므로 절편들을 쉽게 볼 수 있다. (b) 이 사진에서는 추가적인 분석을 위해 겔로부터 DNA 띠 하나를 잘라내어 시험관 안에 넣었는데, 그것이 빛나고 있는 모습이 보인다.

는 클론은 클론 라이브러리로부터 식별된다. 이 단계는 유전공학 실험에서 가장 도전적인 과정이므로 더 자세히 알아보기로 한다.

4-I. **클론의 예비적 선별.** 처음에 매개체가 없는 클론이나 재료 DNA의 조각이 들어 있지 않은 매개체를 가진 클론을 제거한다. 첫 번째 부류의 클론은 특정 항생제에 대한 내성을 보이는 유전자를 가진 매개체를 선별함으로써 제거할 수 있다. 그림 16.8a에서 유전자 amp^R을 플라스미드에 넣고 엠피실린(ampicillin)에 내성을 나타내도록 한다. 클론들을 항생제가 함유된 배지에 넣어 노출시키면 매개체를 함유하는 클론만 증식하게 된다. 이는 플라스미드를 가지는 세포에 대한 유전적 선택의 한 예가 된다. 삽입 DNA 절편이 없는 매개체를 가지는 클론을 제거하는 한 가지 방법은 항생제 내성 유전자와 더불어 β-갈락토시다아제를 생산하는 데 필요한 lacZ′를 가지는 매개체를 이용하는 것이다. 이 효소는 세포가 당인 X-gal을 이용할 수 있게 한다. X-gal 대사 결과 청색반응이 나타나므로 매개체가 이 유전자를 가지는 세포는 X-gal이 있으면 청색을 띤다(그림 16.9b). 그러나 인식 서열이 lacZ′ 유전자 안에 있는 제한 핵산중간가수분해효소를 이용하면 이 유전자는 재조합 형성 도중에 방해될 것이며, 그 세포는 X-gal 대사를 할 수 없을 것이

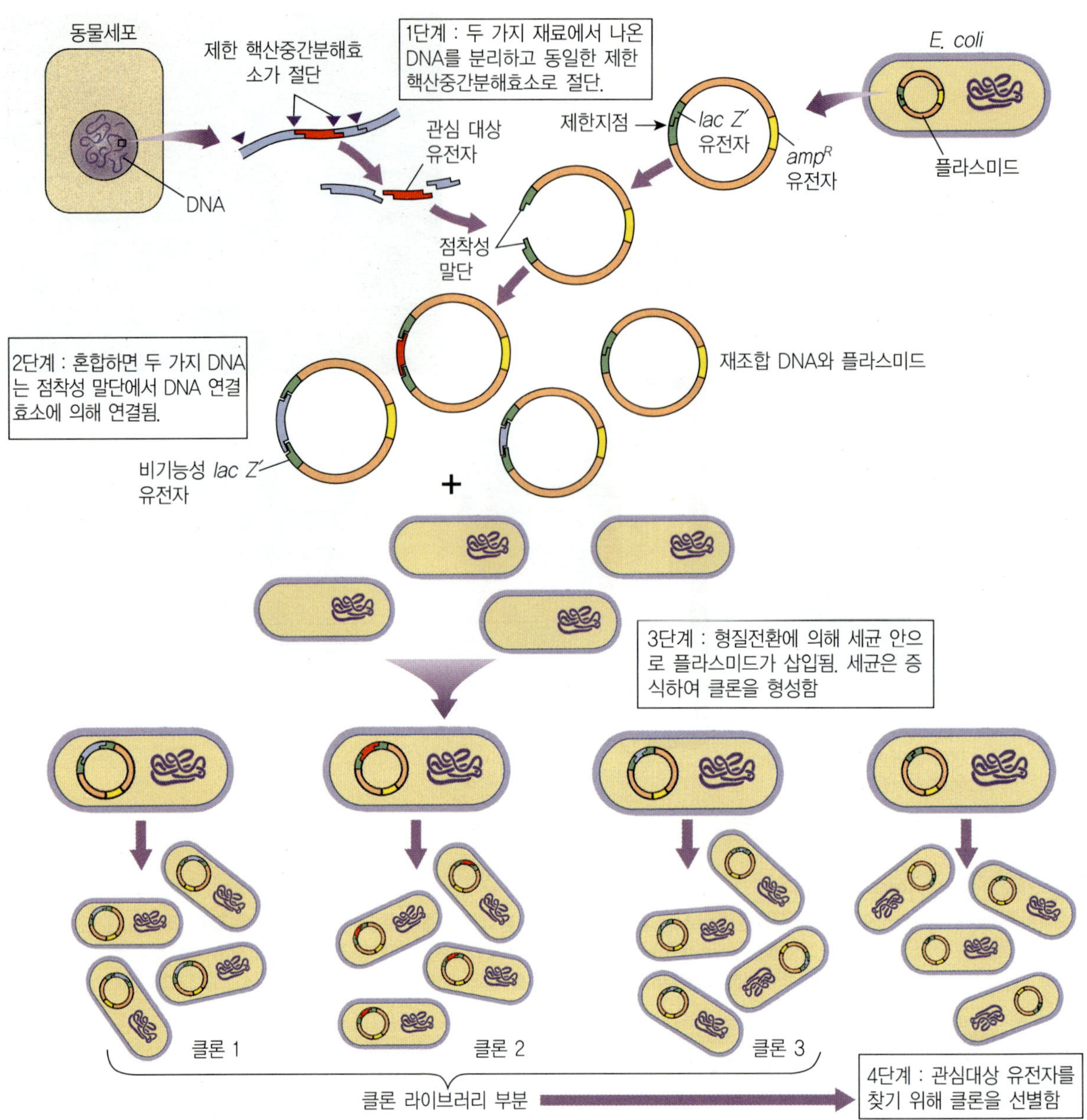

그림 16.7 | **유전공학 실험의 단계.**
관심유전자를 포함하는 DNA와 플라스미드 DNA가 같은 제한 핵산중간가수분해효소에 의해 절단된다. 플라스미드에 들어 있는 amp^R과 lac Z′ 유전자는 클론선별에 이용된다(4단계). 2단계에서 절단된 두 DNA 들이 함께 혼합되면 점착성 말단에서 쌍을 이룬다. 3단계에서 재조합 DNA가 세균세포로 삽입되고 증식하여 클론들을 형성한다. 4단계에서 관심유전자를 가진 세균 클론들이 선별된다.

다. 그러므로 재료 DNA 조각이 들어 있는 매개체를 가진 세포는 X-gal이 있어도 색을 띠지 않게 된다. 이는 유전자 선별의 한 예가 된다. 삽입 유전자를 가지거나 가지지 않는 모든 세포들이 생존하므로 이는 선택이 아니다. 대개 특정 표현형의 존재 여부를 토대로 선별이 이루어진다(여기서는 X-gal에 대한 청색반응).

항생제가 들어 있으나 X-gal에 의해 청색으로 변하지 않는 배지에서 자랄 수 있는 세포들은 재료 DNA 조각을 가진 매개체를 가지고 있다고 본다. 재료 DNA의 특정 절편을 가진 세포의 식별은 클론 선별의 다음 단계이다.

4-II. 관심대상 유전자 찾기. 클론 라이브러리는 수십~수천 개의 재료 DNA 절편을 가질 수 있다. 이 절편 중 다수는 서로 동일할 것이며, 따라서 전체 재료

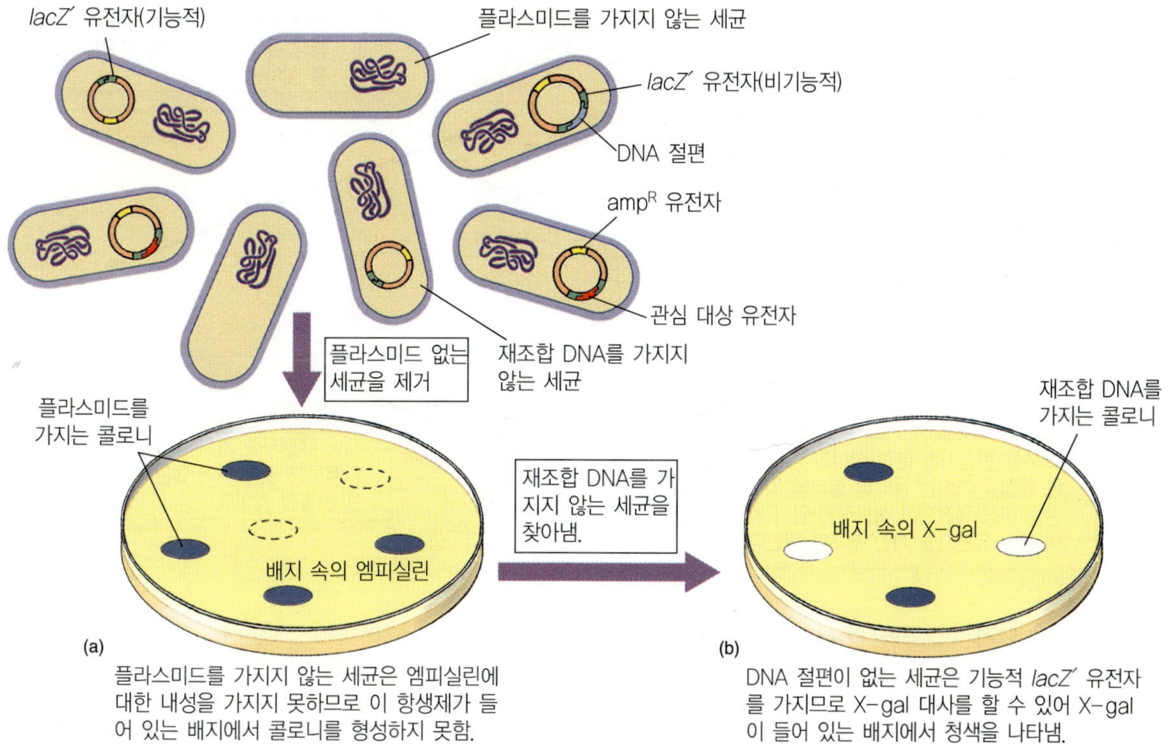

그림 16.8 | 4-I 단계 : 재조합 클론을 찾아내기.
엠피실린 내성 유전자(amp^R)를 가지는 재조합 플라스미드로 세균이 형질전환된다. 따라서 엠피실린를 함유하는 배지에서 선택을 할 수 있다. 이 플라스미드는 젖당 대사에 관여하는 효소인 β-갈락토시다제를 만드는 lacZ′ 유전자도 가지고 있다. X-gal이라는 인공적 기질이 이 효소에 의해 분해되어 청색을 나타낸다. (a) amp^{R}의 선택 : 형질전환되어 플라스미드를 가지는 세균만 엠피실린 속에서 살 수 있을 것이다. (b) β-갈락토시다제 활성의 선별 : 삽입된 DNA가 lacZ′ 유전자를 저해하고 β-갈락토시다제를 비기능적으로 만들도록 플라스미드가 만들어 졌다. 따라서 X-gal을 함유하는 배지에 접종할 때 DNA 삽입이 없는 플라스미드를 가지는 세균은 청색을 나타내며, 반면 삽입이 있는 플라스미드를 가지는 세균은 흰색으로 남을 것이다.

게놈의 완벽한 라이브러리를 만들기 위해서는 수십만 개의 클론이 필요할 수도 있다. 가령, 완벽한 초파리 라이브러리는 40,000가지의 클론을 포함하며 20kb(kilobases) 길이의 조각으로 구성된 완벽한 인간 라이브러리는 백만 개의 클론이 필요할 것이다. 이러한 방대한 라이브러리에서 특정 유전자가 들어 있는 절편을 가지는 클론을 찾는 것은 정교함이 요구되는 일이다.

특정 유전자를 찾기 위해 클론 라이브러리를 선별하는 가장 일반적인 과정은 잡종화(hybridization)이다(그림 16.9). 이 방법에서 클론화된 유전자들은 다른 핵산에 있는 상보적 서열과 염기쌍을 형성한다. 상보적 핵산은 관심 대상 유전자의 존재를 탐색하는 데 쓰이므로 탐침(probe)이라고 한다. 관심 대상 유전자의 뉴클레오티드 서열 중 적어도 일부분은 탐침을 만들기 위해 알고 있어야 한다.

이 선별 방법에서 삽입 유전자를 가지는 세균 콜로니를 한천에 배양한다. 필터로 배양접시 위를 눌러서 각 콜로니의 일부 세포가 필터에 묻도록 한다. 그런 다음 필터를 세균 DNA를 변성시키고 방사능으로 표지된 탐침을 가지는 용액으로 처리한다. 탐침은 세균 DNA의 상보적 단일 가닥과 잡종을 이룬다.

이 필터를 사진 필름 위에 놓으면 방사능을 띠는 부위가 필름에 노출된다(방사선 자동사진법). 관심 대상 유전자를 가지는 콜로니만 방사성 탐침과 잡종을 이루어 필름에 방사능을 방출한다. 필름의 형상을 원래의 배양접시와 비교한 다음 해당 유전자를 함유하는 콜로니를 찾아낸다.

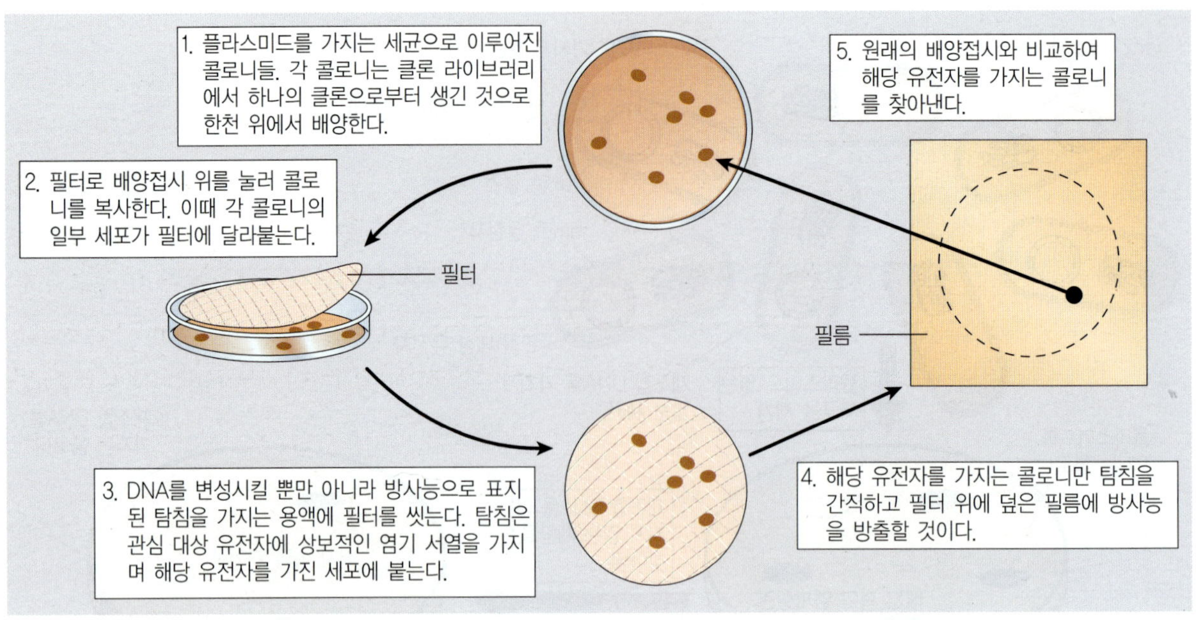

그림 16.9 | 4-II 단계 : 잡종화시켜서 관심 대상 유전자를 찾아내기.
(1) 이 세균 배양접시 위의 각 콜로니는 한 개의 세포로부터 생긴 수백만 개의 클론을 나타낸다. 어떤 클론에 특정 유전자가 있는지를 시험하기 위해서는 그 유전자에 상보적인 DNA 서열을 포함한 탐침과 잡종을 이루는 DNA를 가지는 세포로 된 클론을 찾아내야 한다. (2) 필터를 배양 접시 위에 눌러서 각 콜로니의 일부 세포가 필터에 묻게 한다. (3) 필터를 방사능으로 표지된 탐침이 들어 있고 DNA를 변성시키는 용액으로 씻는다. (4) 탐침과 잡종을 이룬 DNA를 함유하는, 즉 관심 대상 유전자가 들어 있는, 콜로니만 자기방사법으로 필름에 나타날 것이다. (5) 필름을 원래의 배양접시와 비교하여 해당 유전자를 가지는 콜로니를 찾아낸다.

유전자 클론으로 작업하기

PCR(중합효소 연쇄반응)

DNA 절편 라이브러리 안에서 특정 유전자가 식별되면 마지막으로 해야 할 일은 이것을 복사하는 일이다. 복사하는 방법 하나는 식별된 절편을 세균에 삽입하는 것인데, 세균은 분열을 거듭하여 수백만 개로 된다. 이보다 더 직접적인 방법은 DNA 중합효소를 이용하여 해당 유전자 서열을 PCR(polymerase chain reaction)을 통해 복사하는 일이다(그림 16.10). 멀리스(K. Mullis)는 1983년 Cetus 회사의 화학연구자로 있을 때 PCR을 개발하였는데, 이 업적으로 그는 1993년에 노벨 화학상을 받았다. PCR은 특정 서열을 증폭하거나 클론된 DNA에 대한 시발체(primer)로서 핵산내부가수분해효소 인식 서열 같은 서열을 추가한다. PCR에는 3개 과정이 있다.

1단계 변성. 충분한 양의 시발체(전형적으로 20~30 뉴클레오티드의 합성 서열)를 증폭시킬 DNA 절편과 섞는다. 이 시발체와 절편 혼합물을 약 98°C로 가열한다. 이 온도에서 DNA 절편 이중나선은 단일가닥으로 해리한다.

2단계 시발체 끼워 넣기(Annealing of Primers). 용액을 약 60°C로 식힌다. 식으면서 DNA 단일가닥은 다시 이중나선으로 된다. 그러나 시발체가 충분히 많으므로 각 절편 사슬은 상보적 시발체와 염기쌍을 이루며 증폭시킬 부위 옆에 위치하고 절편의 나머지 부분은 단일가닥인 채 남는다.

3단계 시발체 확장. 열에 매우 안정적인 DNA 중합효소인 Taq 중합효소(호열성 세균 *Thermus aquaticus*로부터 추출됨)와 네 가지 뉴클레오티드를 함께 첨가한다. 중합효소는 시발체를 이용하여 DNA를 복제하는 것처럼 절편의 나머지 부분을 복사한다. 이것

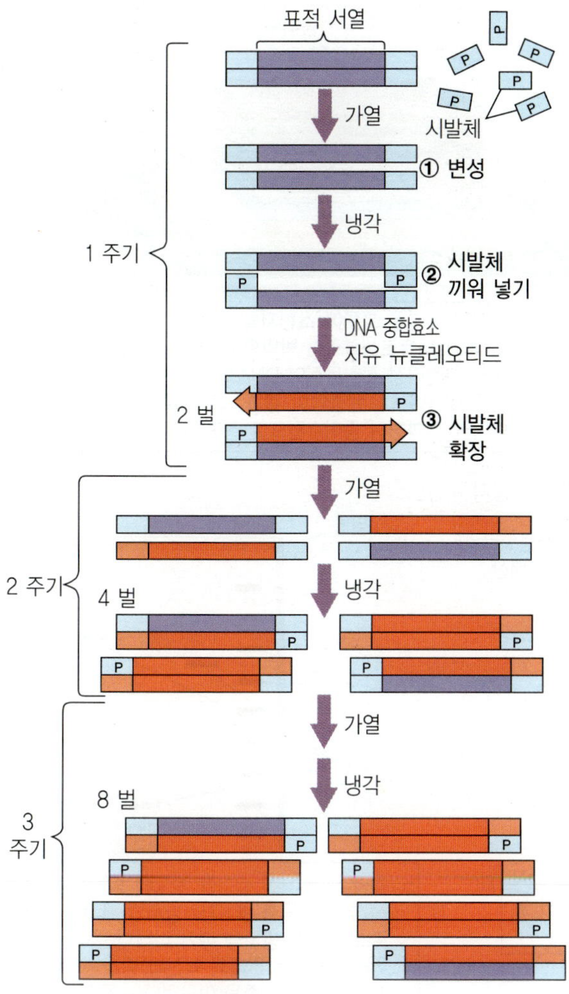

그림 16.10 | PCR.(중합효소 연쇄반응)
(1) 변성 : 시발체와 증폭시킬 DNA 조각이 들어 있는 용액을 가열하여 DNA가 단일가닥으로 풀어지게 한다. (2) 시발체 끼어 넣기 : 용액을 냉각시키면 시발체가 증폭시킬 부위 옆에 DNA의 상보적인 서열에 가서 결합한다. (3) 시발체 확장 : DNA 중합효소가 각 사슬의 나머지 부분을 시발체 부위부터 복제한다.
1~3까지 단계가 복제된 사슬에서 반복되어 매번 진행될 때마다 복사물의 수는 배가 되며 분석을 위한 충분한 양의 DNA 조각의 복사물을 얻을 때까지 반복된다.

이 끝나면 시발체는 전체 단일가닥 절편의 상보적 복사물로 길어진다. 양쪽 DNA 사슬이 복제되므로 원래 절편의 2개 복사물이 생긴다.

위의 1~3 단계를 반복하면 2개의 복사물이 4개로 된다. 가열 과정이 중합효소에 해롭지 않으므로 중합효소를 더 넣어줄 필요는 없다. 각각의 가열과 냉각 과정(1~2분)으로 DNA는 두 배씩 증가한다. 이 과정을 20번 반복하면 1개의 절편이 1백만 개(2^{20}) 이상으로 증가한다. 수 시간 안에 1,000억 개 복사물이 만들어질 수 있다.

PCR은 현재 완전히 기계화되어 있는데, 작은 DNA 샘플을 연구할 수 있게 하므로 과학과 의학에 여러 가지 혁명적 결과를 가져다주었다. 범죄 수사에서 작은 혈흔이나 모발 1개의 모낭으로부터 DNA 지문(DNA fingerprint)를 만들 수 있다. 산부인과에서는 의사가 초기 태아 시기에 유전적 결함을 탐지할 수 있다. PCR은 또 링컨과 같은 역사적인 인물이나 현재 절멸한 종의 DNA도 조사할 수 있게 한다.

DNA 식별하기 : 서던흡입법

하나의 유전자가 클론되면 이것을 다른 샘플 속의 동일 유전자나 유사 유전자를 동정하는 데 탐침으로 이용할 수 있다(그림 16.11). 서던흡입법(Southern blotting)이라는 이 과정에서 샘플에서 나온 DNA를 제한 핵산중간가수분해효소로 자르고, 절편들을 겔 전기영동으로 분리한다. 겔의 pH를 알칼리로 만들어서 각 DNA 조각의 이중나선을 변성시켜 단일나선으로 만든 다음, 겔을 니트로셀룰로스 박막으로 흡입하고 일부 DNA 사슬을 박막으로 옮긴다. 그런 다음, 특정 유전자에 해당되는 정제된 단일나선 DNA로 이루어진 탐침을 박막 위에 붓는다. 탐침 서열에 상보적인 뉴클레오티드 서열을 가지는 절편이 있으면 이는 탐침과 잡종을 이루게 된다(그림 16.12). 만약 탐침이 ^{32}P로 표지되어 있으면 박막은 탐침과 상보적 절편 사이에 잡종이 형성된 부위에서 방사능 띠를 나타낸다.

DNA의 차이를 알아내기 : RFLP 분석

연구자들은 대개 특정 유전자를 찾아내기보다는 특정 유전자를 표지로 이용하여 특정 개체를 구별하고자 하는 경우가 있다. 이를 위한 한 가지 방법은 RFLP(제한 단편길이 다형성 : restriction fragment length polymorphism) 분석을 하는 것이다(그림 16.13). 제한 핵산중간분해효소의 인식 부위 안이나

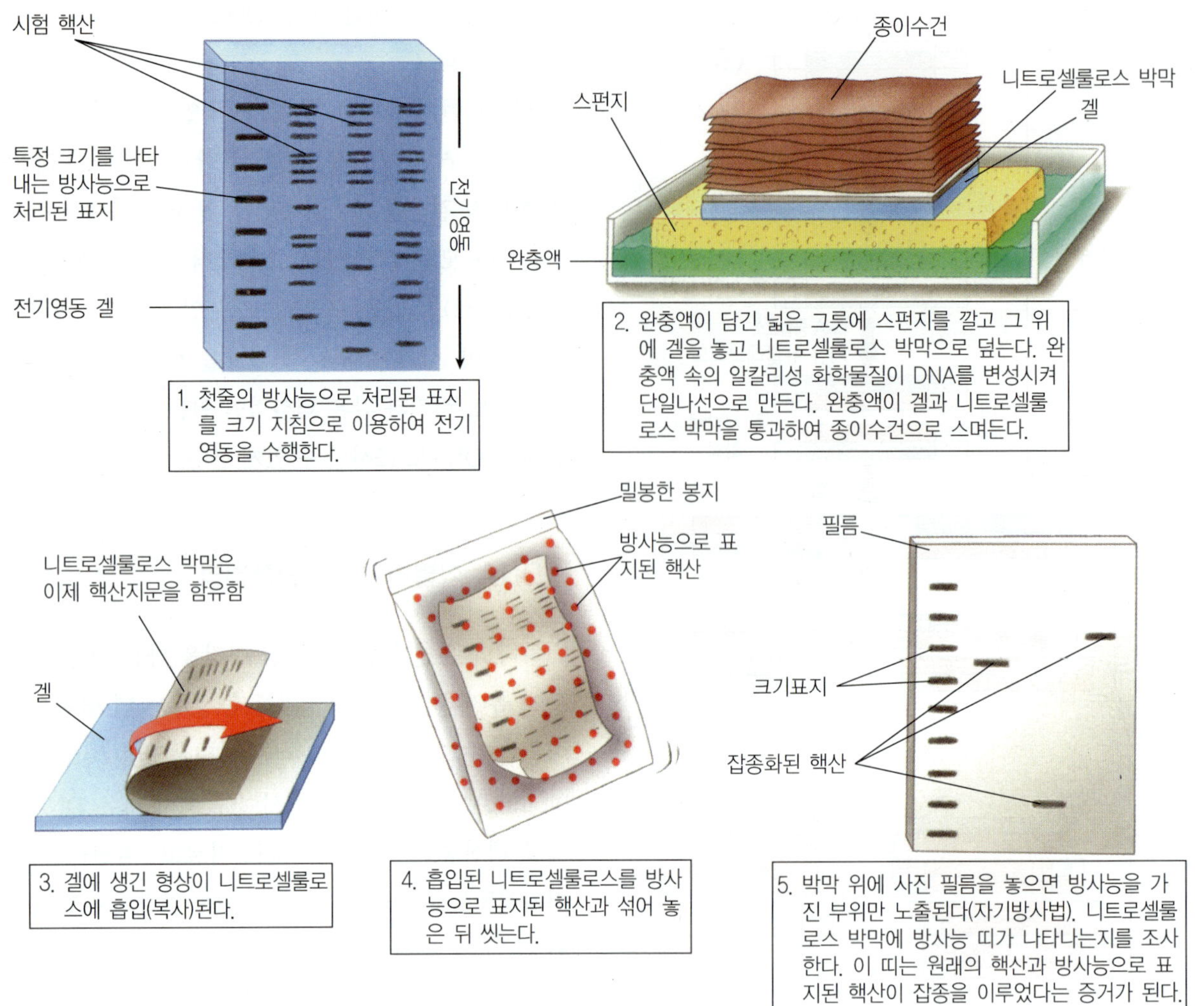

그림 16.11 | 서던흡입법의 과정.
E·M. Southern이 1975년에 이 방법을 개발하였다. 서던은 유사한 크기를 가진 많은 조각들을 포함하고 있는 복잡한 시료에서 관심 있는 DNA 조각을 찾을 수 있도록 이 방법을 개발했다. DNA는 겔에서 분리된 후 니트로셀룰로스 박막 같은 고형배지로 옮겨진다. 그리고 관심유전자의 방사능 단일가닥 복사물과 섞어 놓으면 상보서열을 가진 조각이 위치한 부위에서 잡종을 이룬다. 이 방사능 띠의 위치로 관심조각을 분리할 수 있다.

사이에 나타나는 점돌연변이, 서열 반복, 전이인자는 이 효소가 만드는 DNA 절편의 길이를 바꿀 것이다. 서로 다른 개체로부터 나온 DNA는 제한 지점이나 두 지점 사이의 거리가 동일하게 배열된 경우는 드물 것이므로, 집단은 제한 절편 형상에 대하여 다형적이라고 말한다. 특정 제한 핵산중간분해효소로 하나의 DNA 샘플을 자르고, 전기영동 겔 위에서 절편을 나누고 방사성 탐침으로 겔 위의 절편을 동정함으로써, 각 DNA 부위에 독특한 띠(band)의 양상을 찾을 수 있다. 이것이 범죄 수사에 이용되는 DNA 지문이다. RFLP는 또 유전 질환의 위험이 있는 특정 집단을 구별하기 위한 표지로 이용되기도 한다. 이 기술에는 PCR 기술보다 더 많은 양의 DNA가 필요하지만 신뢰성이 크다. PCR은 작은 샘플로 비교하는 데 유용하다.

DNA 지문 채취(DNA fingerprinting)

서로 다른 사람이 동일한 RFLP 분석 결과를 내는 일은 드물다. 그러므로 DNA 지문(DNA fingerprint)은 범죄 수사에 이용된다. 그림 16.14는 1987년 성폭행 사건에서 검찰이 제시한 DNA 지문이다. 이 DNA

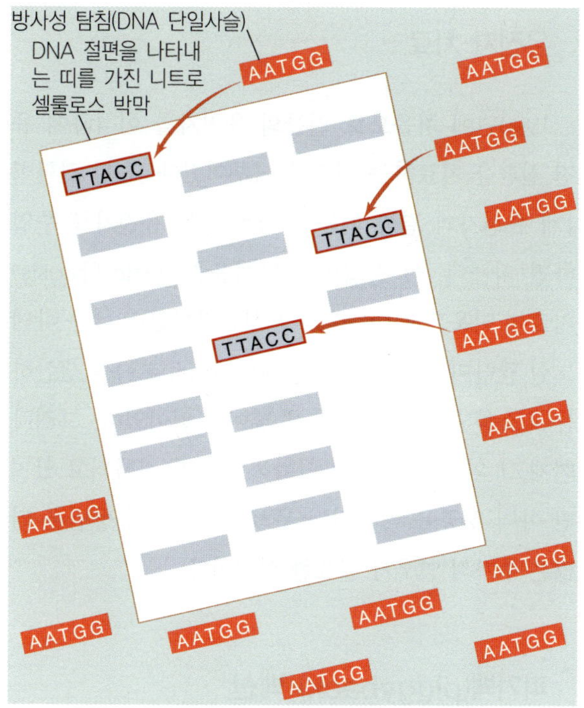

그림 16.12 | 서던흡입법에서의 잡종화 단계.
DNA 단일가닥이나 관심유전자에 상보적인 mRNA로 된 탐침(보통 수백 개 뉴클레오티드 길이)을 DNA 절편들이 들어 있는 니트로셀룰로스 박막 위에 붓는다. 탐침과 상보적인 뉴클레오티드 서열을 가지는 모든 DNA 절편들은 탐침과 결합할 것이다.

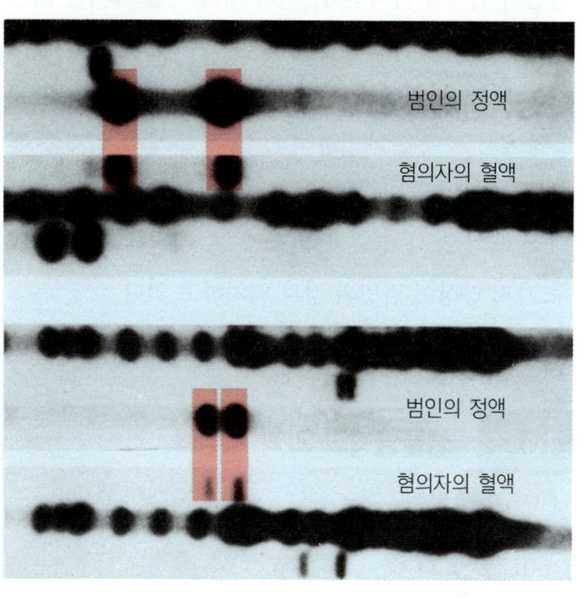

그림 16.14 | 1987년에 미국에서 성폭행 사건의 범인 검거의 증거가 된 2개의 DNA 지문.
희생자에게서 채취된 성폭행자 정액과 혐의자의 DNA가 분리되어 2개의 DNA 탐침을 이용해 조사되었다. 어두운 선은 많은 띠를 가지고 있는 대조군이다. 두 경우에서 혐의자 DNA와 성폭행자 정액 내 DNA 사이에 명백한 일치가 보인다.

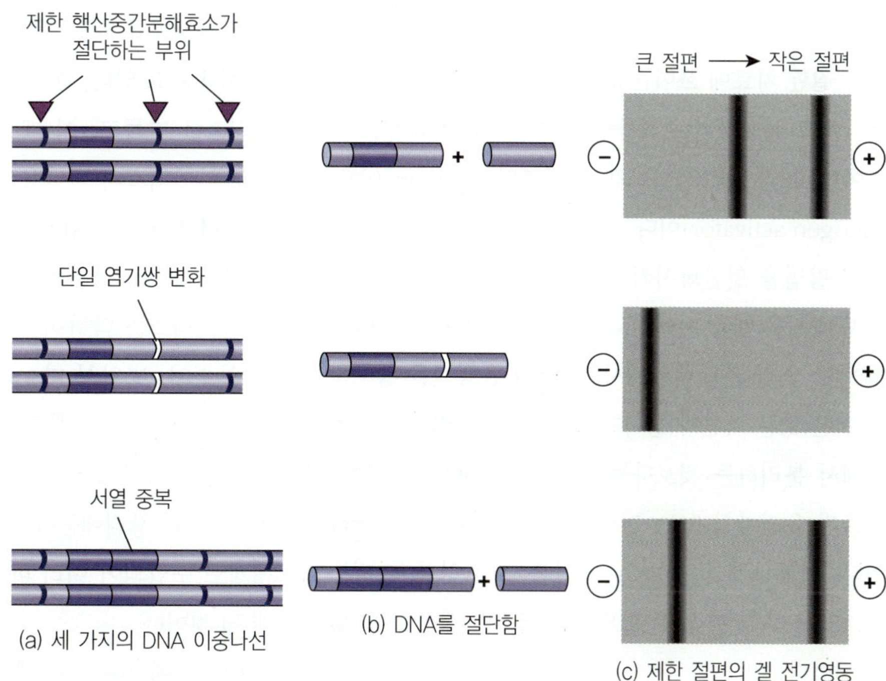

그림 16.13 | 제한단편길이 다형성(RPLP) 분석법.
(a) 한쪽에서는 단일 염기쌍 치환이 일어나고 다른 쪽에서는 서열 중복이 일어나서 3개의 DNA 샘플은 제한 부위가 다르다. (b) 이 샘플들을 제한 핵산중간분해효소로 절단하면 크기와 수가 다른 절편들이 생긴다. (c) 겔 전기영동으로 절편들을 분리하면 서로 다른 띠 양상이 생긴다.

지문은 방사선 자동사진, X선 필름 위의 평행인 띠로 이루어져 있다. 각 띠는 DNA 제한 핵산중간분해효소 절편의 위치를 나타낸다. 여러 개의 띠를 가지는 굵은 줄은 표준화된 대조군을 나타낸다. 제한 절편을 동정하는 데는 두 가지 탐침이 이용된다. 희생자의 질 내용물에서 정액을 채취하여 DNA를 분석하여 제한 핵산중간분해효소의 양상을 본다. 이를 성폭행 혐의자의 정액의 조사 결과와 비교해 본 것인데, 혐의자의 두 가지 양상이 범인의 것과 일치하고 있다.

16.3 생물공학과 과학 혁명

의학적 응용

약물 제조

유전공학의 가장 중요한 상업적 응용은 의학적으로 중요한 단백질을 만드는 유전자를 세균에 주입하는 것이었다. 세균은 쉽사리 대량 증식시킬 수 있으므로 재조합 유전자를 가지는 세균은 많은 양의 단백질을 합성할 수 있다. 이 방법은 인슐린, 인터페론, 성장호르몬을 생산하는 데 이용되어 왔다. 이 방법으로 현재 생산되고 있는 의학적으로 중요한 단백질은 고혈압과 신장 질환 치료에 쓰이는 atrial peptides와 혈병을 용해시키고 심장마비나 뇌졸중을 예방하고 치료하는 데 쓰이는 조직 플라스미노겐 활성화인자(tissue plasminogen activator)이다.

이 방법을 일반화시키는 데 생기는 문제점은 원하는 단백질을 세균 단백질로부터 분리하기가 어렵다는 점이다. 혼합된 단백질에서 한 가지 단백질을 정제하는 것은 많은 시간과 경비가 소요된다. 그러나 동물조직에서 분리하는 것보다는 쉽다. 최근에 연구자들은 클론된 유전자의 RNA 전사물을 생산하는 데 성공하였다. 시험관에서 이 RNA, 리보솜, 보조인자, 아미노산, tRNA, ATP를 넣고 필요한 단백질만 생산할 수 있게 되었다.

유전자 치료

1990년에 처음으로 인간의 유전자를 이식하여 유전 질환을 치료하는 시도가 이루어졌다. 유전 질환이 1개 유전자의 결함 때문일 경우 정상 유전자를 주입하면 되는데, 이 방법이 포낭섬유증(cystic fibrosis) 치료에 이용되고 있다. 가장 성공적이었던 예는 아데노신 탈아미노효소(adenosine deaminase)를 생산하는 효소를 두 소녀의 골수에 넣어준 일이었다. 그러나 현재 그 외의 여러 가지 의학적 시도가 진행되고 있지만 아직 성공을 거두지는 못하고 있다. 이 방법은 더 많은 추가적 연구가 필요한 실정이다.

피기백(piggyback) 백신

유전공학이 잠재적으로 중요한 분야는 헤르페스나 간염들을 일으키는 바이러스에 대항하는 소단위(subunit) 백신을 생산하는 일이다. *Herpes simplex* 바이러스나 B형 간염 바이러스의 단백질-다당류 피막 부위를 만드는 유전자를 우두(vaccinia) 바이러스 게놈의 절편에 끼워 넣는다(그림 16.15). 우두 바이러스는 200여 년 전에 제너가 우두 백신을 만들 때 이용한 바이러스로서 오늘날에는 헤르페스나 간염 바이러스의 피막 유전자를 배양 포유류 세포에 옮겨 넣는 매개체로 이용되고 있다. 이 세포들은 여러 벌의 재조합 바이러스를 만들고, 이 재조합 바이러스는 헤르페스나 간염 바이러스의 피막을 가진다. 이 재조합 바이러스를 쥐나 토끼에 주입하면, 감염된 동물의 면역계는 재조합 바이러스의 피막에 대항하는 항체를 만든다. 우두 바이러스는 약하여 이 방법으로 만든 백신은 해롭지 않으며, 병원성 바이러스의 작은 DNA 절편만이 재조합 바이러스를 통해 옮겨진다. 이 방법의 가장 큰 매력은 바이러스 질환의 성질에 영향을 받지 않는다는 점이다. 장래에는 유사한 재조합 바이러스가 사람에게도 주입되어 여러 바이러스 질병을 다스릴 수 있게 될 것이다.

1995년에 처음으로 새로운 종류의 DNA 백신(DNA

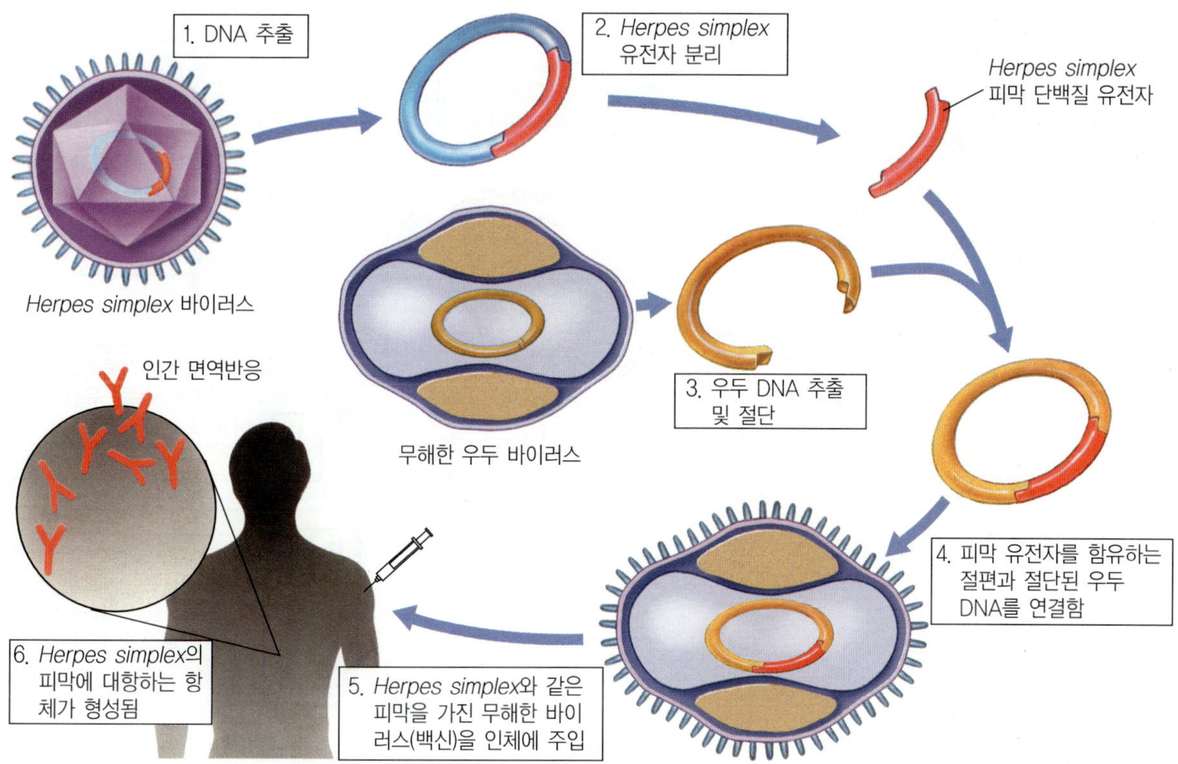

그림 16.15 | *Herpes simplex*를 예방하기 위한 소단위 백신을 만드는 방법.

vaccine)을 시험하기 시작했다. 이는 항체에 의존하지 않고 제2의 면역 방어 수단인 세포성 면역반응을 이용하는 것인데, 이 면역반응에서 킬러 T세포라는 혈액세포가 감염된 세포를 공격한다. 감염된 세포들은 외부 단백질 절편이 외막에 부착할 때 T 세포가 이를 탐색하여 공격하고 파괴한다.

농업적 적용

유전공학의 다른 한 가지 주요 영역은 주요 작물의 유전자 조작이다. 식물에서는 재조합 DNA를 운반할 적당한 매개체를 찾아내는 일이 어려웠다. 식물세포는 많은 플라스미드를 가지지 않으므로 매개체 선정이 어려웠다. 가장 성공적인 결과는 식물세균 *Agrobacterium tumefaciens*의 Ti 플라스미드(tumor-inducing plasmid)인데, 이 세균은 토마토, 담배, 콩 등의 광엽식물에 감염한다. Ti 플라스미드의 일부분은 식물 DNA에 끼어 들어가는데, 연구자는 다른 유전자를 플라스미드의 이 부위에 부착시키는 데 성공하였다(그림 16.16). 이 방법으로 여러 식물의 특징이 변화되었다. 원하는 형질 변화는 질병, 서리, 다른 스트레스에 대한 저항성, 영양적 균형과 단백질 함량, 제초제에 대한 내성 등이다. 불행하게도 *Agrobacterium*은 일반적으로 옥수수, 쌀, 밀 등에 감염하지 않아서 이 작물들에는 다른 방법이 이용되고 있다.

최근에 유전적 조작으로 만들어진 과일은 Calgene의 "Flavr Savr" 토마토인데, 이 토마토는 미국 농무성에 의해 판매를 목적으로 개량된 것이다. 이 토마토는 세포로 하여금 에틸렌을 생산시키는 유전자를 억제한다. 에틸렌은 과일 성숙을 촉진하는 호르몬 기능을 한다. Flavr Savr 토마토에서는 에틸렌 생산이 억제되어 과일 성숙이 지연되므로 토마토가 시장으로 수송되는 동안 너무 익거나 썩는 것을 막는다.

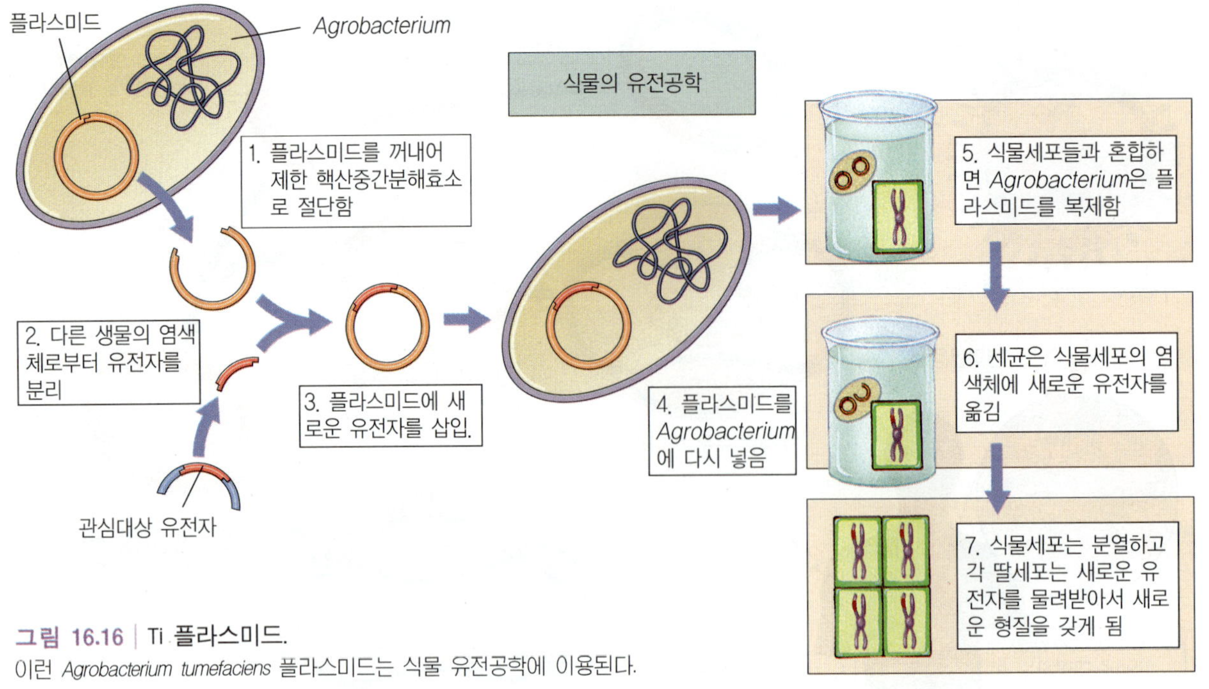

그림 16.16 | Ti 플라스미드.
이런 *Agrobacterium tumefaciens* 플라스미드는 식물 유전공학에 이용된다.

질소고정

유전공학의 오랜 숙원 중의 하나는 콩과식물에서 질소고정을 하는 유전자를 다른 작물에 옮기는 일이었다. 이 nif 유전자(nif genes)는 뿌리에 공생하는 세균에서 발견된다. 이 세균은 대기 질소기체의 강력한 3중 결합을 끊고, N_2를 NH_3로 전환시켜서 아미노산이나 다른 질소 함유 분자를 합성하는 데 이용한다. 다른 식물은 이런 세균을 가지지 않으므로 질소고정을 하지 못하고 토양에서 질소를 흡수해야 한다. 1987년에 세계적으로 6,000만 톤의 질소비료가 사용되어 많은 농업 비용이 소모되었다. 그러나 질소고정 유전자를 세균에서 작물에 옮겨 넣는 일은 이 유전자가 진핵세포에서는 기능을 발휘하지 못하여(산소에 의해 nitrogenase가 파괴되므로) 어려운 것으로 판명되었다. 연구자들은 현재 식물에서도 유전자가 기능을 발휘하는 다른 질소고정세균을 찾고 있다.

제초제 내성

제초제 glyphosate는 강력한 생물 분해성 제초제로서 대부분의 식물을 사멸시킨다. Glyphosate는 식물이 방향성 아미노산을 합성하는 데 필요한 EPSP 합성효소를 억제한다. 사람은 방향성 아미노산을 만들지 못하고 음식으로부터 섭취하므로 이 제초제의 영향을 받지 않는다. Glyphosate에 내성인 식물을 만들기 위해 농학자들은 EPSP 합성효소 유전자 복사본을 식물에 삽입하기 위해 Ti 플라스미드를 이용하였다. 유전공학적으로 만든 이 식물은 정상 EPSP 합성효소 수준의 20배를 생산하여 단백질을 합성하고 glyphosate가 있어도 살 수 있다. 최근의 실험에서 식물체의 것과는 1개 뉴클레오티드 차이가 나는 세균형 EPSP 합성효소 유전자가 Ti 플라스미드를 통해 식물체 내로 삽입되었다. 이 식물체에서 세균형 효소는 glyphosate에 의해 저해되지 않았다.

Glyphosate는 다양한 식물에 적용되는 제초제이므로 농부들은 여러 가지 제초제를 쓸 필요가 없다. 더욱이 이 제초제는 다른 제초제와는 달리 환경에서 쉽사리 분해된다.

해충에 대한 내성

유전공학자들은 해충에 대한 내성을 가져서 살충제가 필요없는 식물을 만들고자 시도하고 있다. 이 시도는 식물을 먹는 곤충에게는 해롭지만 다른 생물에게는 해롭지 않은 단백질을 만드는 유전자를 작물에 삽입시키는 일이다. 이러한 살충성 단백질은 토양세균인 *Bacillus thuringiensis*에서 발견되었다. 해충이 이 단백질을 먹으면 유충의 위 속에 있는 효소는 이 단백질을 곤충 특이적 독소로 전환시켜서 유충을 죽게 한다. 이 효소는 다른 동물에서는 발견되지 않으므로 이 단백질이 다른 동물에게는 해를 주지 않는다. 과학자들은 Ti 플라스미드를 이용하여 이 단백질을 만드는 유전자를 토마토와 담배에 옮겨 넣었는데, 이 형질전환된 식물들(transgenic plants)은 실제로 해충의 공격을 받지 않았다.

식물 유전공학의 희망적 전망

지난 십수 년간 유전적으로 개조된 옥수수, 면화, 콩의 재배는 미국에서 흔한 일이 되었다. 1999년 미국의 콩 경작지 72000만 에이커 중 절반 이상이 제초제 내성을 가지도록 개조된 종자로 재배되었으며, 이로 인해 생산단가나 소매단가가 낮아졌다.

식물 유전공학의 희망은 소비자에게 직접 이익을 주도록 원하는 형질을 가진 개조된 식물을 만드는 일이다. 최근에는 영양적으로 개선된 쌀이 나왔다. 개발도상국에서 많은 사람들이 비타민이나 무기질이 빈약한 음식을 먹고 산다. 세계적으로 가장 결핍되고 있는 미량영양소는 철과 비타민 A이다. 쌀이 주식인 개발도상국에서 이 두 미량영양소의 결핍이 심각하다. 최근에 스위스의 생물공학자 포트리쿠스(I. Potrykus) 등이 이 문제 해결의 실마리를 풀었다. 포트리쿠스는 쌀이 주식인 사람들의 철 결핍이 왜 생기는지에 대한 의문을 품었다.

1. **빈약한 철.** 쌀의 단백질은 보통 소량의 철만을 함유한다. 이 문제를 해결하기 위해 콩의 페리틴(ferritin) 유전자가 쌀에 이식되었다(그림 16.17). 페리틴은 예외적으로 높은 철 함량을 가진 단백질이므로 이 유전자의 첨가는 쌀의 철 함량을 크게 증가시켰다.

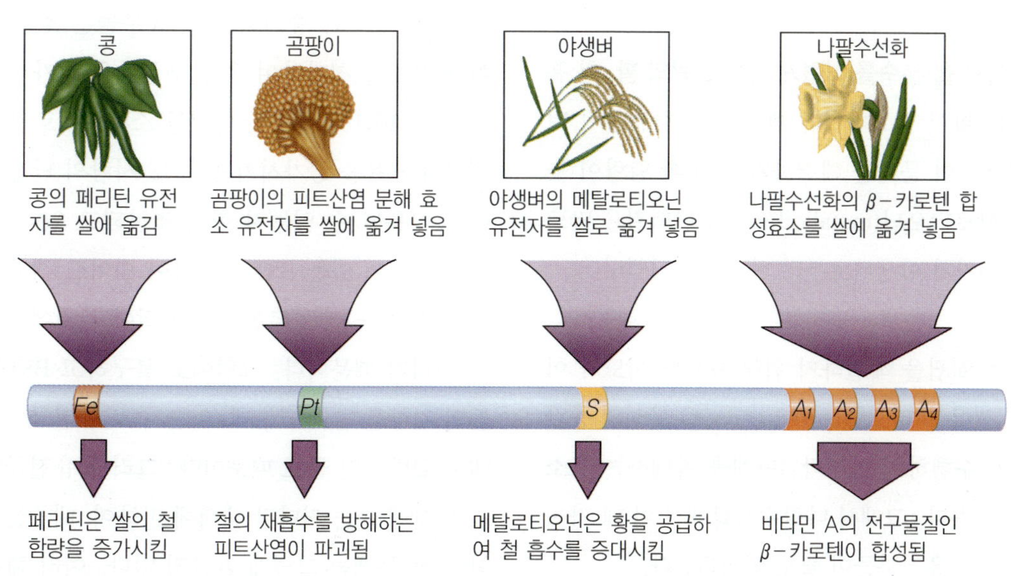

그림 16.17 | 유전자 도입 쌀.
스위스 생물공학자 포트리쿠스에 의해 개발된 형질전환된 벼는 주로 쌀을 소비하는 개발도상국 국민들의 철과 비타민 A의 심각한 결핍을 해결하고, 영양을 증진시키는 데 밝은 전망을 주고 있다.

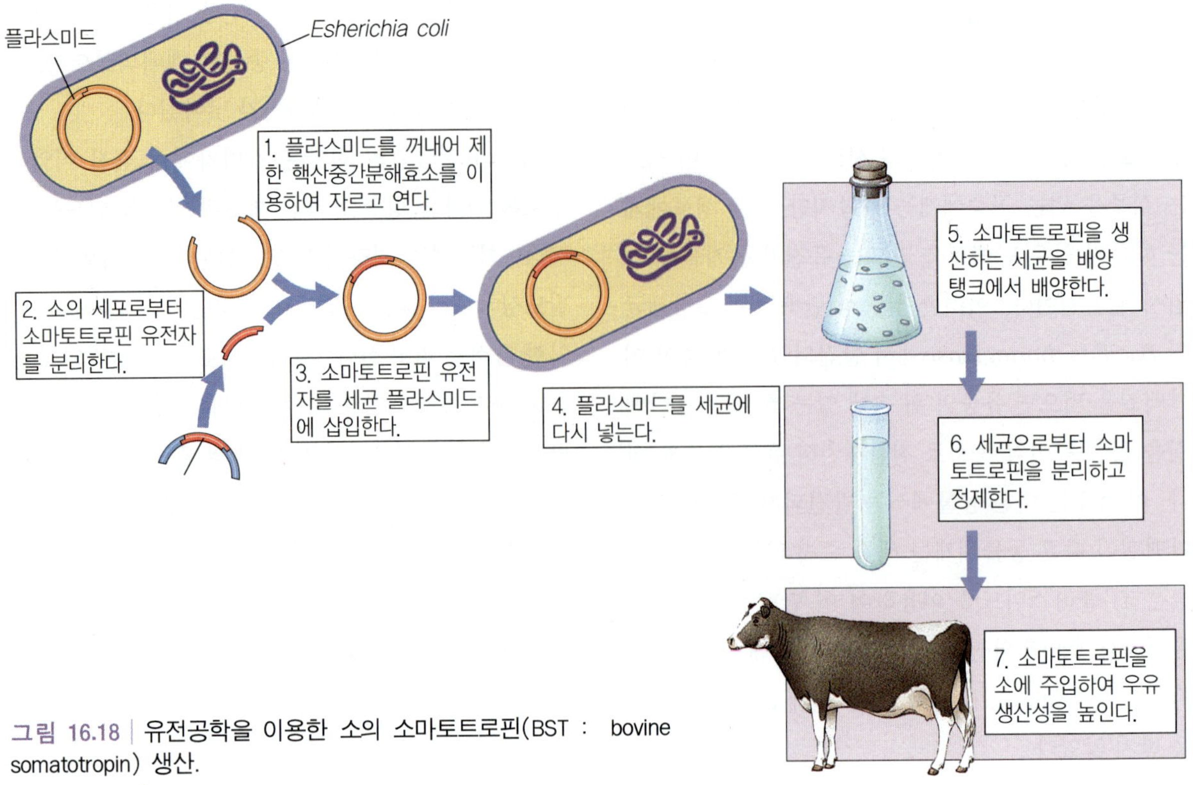

그림 16.18 | 유전공학을 이용한 소의 소마토트로핀(BST : bovine somatotropin) 생산.

2. **장에서의 철 흡수 저해.** 쌀 속에는 피트산염(phytate)이라는 화학물질의 농도가 매우 높은데, 피트산염은 장에서의 철 흡수를 방해한다. 이 문제를 해결하기 위해 피트산염을 파괴하는 효소를 만드는 유전자가 균류로부터 쌀로 이식되었다.
3. **효율적인 철 흡수를 어렵게 하는 소량의 황.** 철 흡수에는 황이 필요하지만 쌀에는 황 함유량이 너무 적다. 이 문제를 해결하기 위해 황 함량이 높은 메탈로티오닌(metallothionin) 단백질을 만드는 유전자가 야생벼로부터 벼로 이식되었다.

비타민 A 결핍을 해결하기 위해 유사한 시도가 이루어졌다. 쌀은 β-카로텐(provitamin A) 합성의 중간 과정까지만 수행하며 마지막 4단계를 촉매하는 효소를 가지지 않는다. 그래서 나팔수선화에서 이 네 가지 효소를 만드는 유전자들이 쌀로 이식되었다.

가축

처음 성공적으로 클론된 것은 성장호르몬 소마토트로핀(somatotropin)을 만드는 유전자이다. 1994년, 재조합 BST(bovine somatotropin)의 상업적 이용이 연방정부로부터 승인되었고, 농부들은 소의 먹이에 이 호르몬을 첨가하여 우유 생산량을 증가시키고 있다(그림 16.18). 유전공학적인 소마토트로핀이 소나 돼지의 근육을 증가시키는지, 또 사람의 난장이 치료에도 이용될 수 있는지 현재 조사되고 있다. 우유나 고기에 들어 있는 BST를 사람이 먹어도 해를 주지는 않는데, 이는 이 호르몬이 단백질이고 위에서 소화되어 버리기 때문이다. 그럼에도 불구하고 BST는 대중들의 저항을 받고 있는데, 이는 주로 유전공학 기술에 대한 일반적인 공포 때문이다. 그러나 유전공학이 우리의 삶에 주는 커다란 혜택에 비하여, 대중들이 의심할 만한 문제는 그렇게 흔하지 않다. 여러 해에 걸친 선택을 통한 육종보다는 간단한 유전공학적 방법으로 그 과정이 단축되고 있다.

CHAPTER 17

게놈

지도는 특정 위치를 찾게 해 준다. 게놈 지도도 이와 유사한 기능을 하지만, 다른 지도와는 달리 선상으로 표시되어 있다. 게놈은 세포핵 하나에 있는 DNA 총량을 말한다. 거의 1세기 동안 유전학자들은 유전자들을 하나씩 확인하고 그 위치를 밝혀냈다. DNA 서열 규명 기술을 통하여 자세한 지도가 만들어질 수 있게 되었다. 약 100가지 생물의 게놈 서열이 규명되었다. 이제는 게놈이 어떻게 생물체로 하여금 기능을 나타내도록 하는지를 이해해야 할 때가 왔다.

17.1 게놈의 유전자지도와 물리지도

게놈 지도(genome map)

유전자지도를 만드는 것은 새로운 것은 아니지만 전체 게놈의 지도를 만드는 것은 최근에 수행되고 있는 방대한 작업이다. 게놈 지도가 어떻게 만들어지는지 이해하기 위해서는 먼저 두 가지 유형의 게놈 지도를 알아야 한다. 유전자지도(genetic map)는 연관 지도로서, 재조합 빈도를 토대로 염색체상에서의 유전자들의 상대적 위치를 나타낸 것이다. 물리지도(physical map)는 특정 DNA 서열 안의 표식(landmarks)의 상대적 위치를 나타내는 모식도이다.

이 표식이란 제한효소가 DNA를 절단하는 특정 부위 등을 말한다.

유전자지도

최초의 유전자지도는 1911년에 스터트반트(Sturtevant)가 초파리의 5개 유전자를 지도로 표시한 것이었다. 유전자지도에서 거리는 cM(센티모건)으로 표시한다. 1cM은 재조합 빈도 0.01%를 나타낸다. 오늘날 초파리 게놈상의 13,744개의 유전자지도가 만들어져 있다. 연관 지도는 한 유전자의 DNA 염기 서열을 모르고도 만들 수 있다. 유전자지도에는 몇 가지 단점도 있다. 형질 사이의 재조합 빈도를 토대로 만들어진 유전자 간의 거리는 염색체상에서 물리적 거리와 직접 일치하지는 않는다. 유전자들 사이의 DNA 입체 구조는 여러 가지이고 재조합 빈도에 영향을 준다. 또한, 모든 유전자들이 뚜렷한 표현형을 나타내지는 않는다.

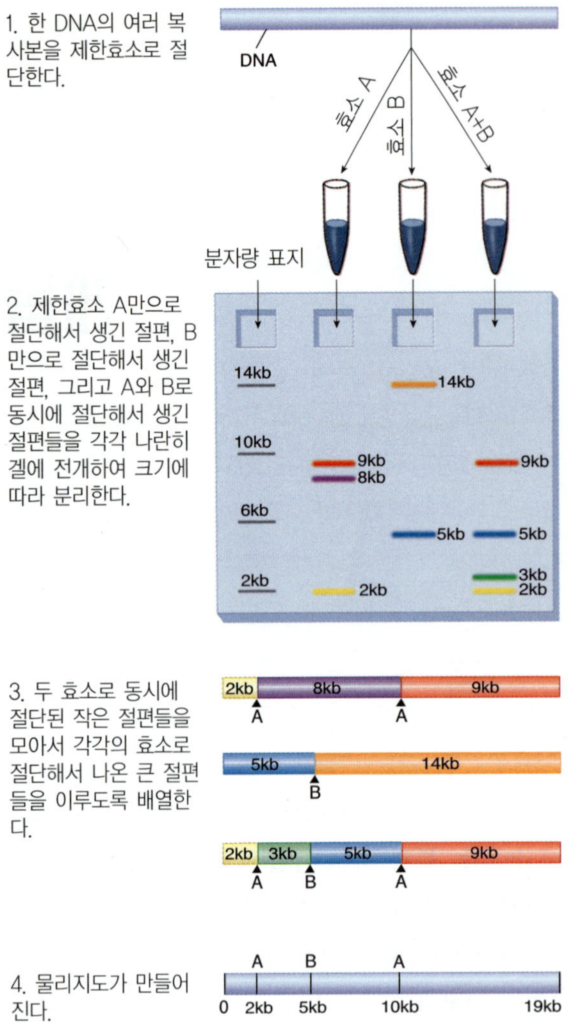

1. 한 DNA의 여러 복사본을 제한효소로 절단한다.

2. 제한효소 A만으로 절단해서 생긴 절편, B만으로 절단해서 생긴 절편, 그리고 A와 B로 동시에 절단해서 생긴 절편들을 각각 나란히 겔에 전개하여 크기에 따라 분리한다.

3. 두 효소로 동시에 절단된 작은 절편들을 모아서 각각의 효소로 절단해서 나온 큰 절편들을 이루도록 배열한다.

4. 물리지도가 만들어진다.

그림 17.1 | 제한효소를 이용하여 물리지도 만들기. 두 가지 제한효소 각각에 의해 만들어진 DNA 조각의 크기를 두 효소를 함께 작용시켰을 때 만들어진 조각과 크기를 비교하여 효소에 의해 DNA가 절단된 부위의 위치를 추론할 수 있다.

물리지도

물리지도에서의 표식 사이의 거리는 염기쌍 단위로 측정된다(1000개 염기쌍이 1kb이다). 물리지도를 만드는데 DNA 조각의 DNA 서열을 알아야 할 필요는 없다. 첫 물리지도는 게놈 DNA를 여러 가지 제한효소로 절단한 다음 크기와 중복 부위를 기준으로 이어붙이는 방법으로 만들어졌다(그림 17.1). 각 제한효소는 특정 DNA 서열만을 인식하고 절단한다.

집단 내에서 동일 DNA 부위(상동 DNA)는 개체마다 염기쌍 조성이 약간씩 차이 난다. 서로 다른 개체의 상동 DNA를 제한효소로 절단하면 여러 가지 길이의 절편이 생길 수 있다. 이 절편들을 제한 단편길이 다형(RFLP, restriction fragment length polymorphism)이라고 한다. RFLP가 유전형질과 함께 분리할 때, 유전자지도(유전형질로 나타냄)와 물리지도(특정 RFLP로 나타냄)를 서로 연관지을 수 있다.

커다란 게놈의 물리지도를 만드는 데는 여러 실험실의 노력이 필요하다. 두 연구 집단이 각각 클론되었으나 서열은 아직 모르는 하나의 DNA 절편을 연구한다고 가정해 보자. 두 연구 집단의 클론이 중복된 DNA 서열을 가지고 있는지 어떻게 알 수 있겠는가? 첫째, 모두가 동일한 표식(landmark)을 이용한다면 서로 도움을 줄 것이다. 둘째, 만약 이 표식이나 표지(tag)가 공유하는 데이터베이스에 상세히 기술되어 있어서 연구자들이 DNA 클론을 우편으로 주고받을 필요가 없다면 서로 도움을 줄 것이다. 동일 종에서 나온 클론된 DNA를 연구하는 집단은 서열표지부위(STS, sequenced-tagged site)를 이용하는 것이 좋다. 하나의 STS는 한 클론의 100~500 염기쌍이다. 클론 자체는 표지보다 훨씬 길고, 이 DNA 절편의 서열을 모두 밝히는 데 긴 시간이 소요된다. 클론은 단 하나의 DNA 복사본으로부터 나온 것이어서 STS가 게놈 안에서 유일해야 할 필요가 있다. STS를 토대로 PCR(polymerase chain reaction) 시발체를 디자인할 수 있다. 표식의 일부 서열을 한번 알게 되면 PCR을 이용하여 클론된 DNA 조각이 이 STS를 가지는지 알아낼 수가 있다. 각각의 알려진 STS의 PCR 증폭을 위해 시발체를 디자인한다. 이 시발체를 이용하여 이 STS가 들어 있는 서열을 증폭할 수 있다. 시발체 확장으로 만들어진 절편을 겔 전기영동으로 분리하고 ethidium bromide로 염색해서 크기별로 절편을 구별한다. 각 절편의 STS를 구별하고 중복시켜 보아서 절편들을 서로 이어서 물리지도를 만든다. 인간 게놈 내에 STS의 밀도가 높고 하나의 DNA 클론 안의 STS를 동정하기가 상대적으로 쉽기 때문에 1990년대 중반에 3.2gigabase되는 게놈의 방대한 물리적 지도를 만드는 것이 가능했다(그림 17.2).

1단계 : 특정 STS를 인식하는 시발체를 이용하여 PCR로 클론된 DNA 절편을 증폭한다. STS당 2개의 시발체를 이용하여 이중나선 클론의 양 방향으로 확장이 일어나도록 한다.

STS 1 STS 2 STS 3 STS 4

클론 A

클론 B

클론 C

클론 D

시발체 =

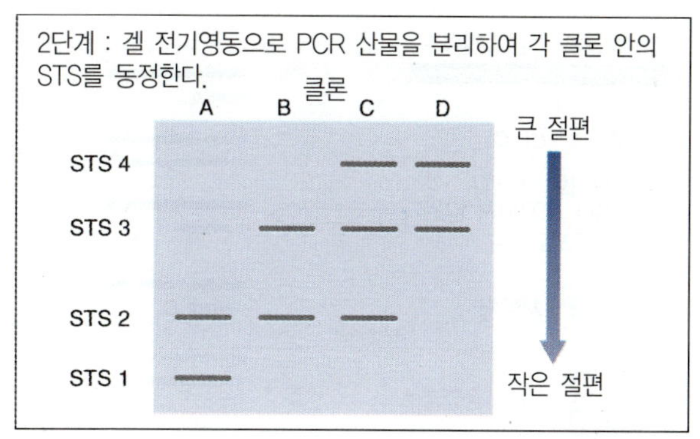

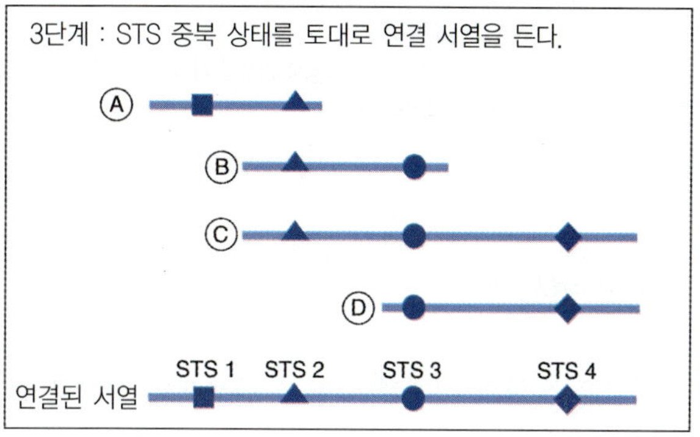

그림 17.2 | 서열표지부위로 물리지도 만들기.
인간 게놈에서 STS라는 표식의 존재는 인간 게놈 전체의 서열규명에 토대가 되는 방대한 물리지도 제작을 가능하게 하였다. (1) 클론된 DNA 절편에 특정 STS를 인식하는 시발체를 첨가하고, PCR로 DNA를 증폭한다. (2) 겔 위에서 PCR 결과물을 크기에 따라 분리하고, 각 클론에 들어 있는 STS를 동정한다. (3) 클론된 DNA 절편들을 STS 중복을 토대로 연결한다.

17.2 게놈의 서열판독과 물리지도

서열판독

궁극적인 물리지도는 전체 게놈의 염기 서열을 나타낸 것이다. 사람의 것과 같이 진핵세포의 커다란 게놈을 일일이 기계적으로 판독하기는 불가능하다. 자동 서열판독기는 사람이 1년 이상 걸려서 해야 할 일을 수시간 내에 처리해 준다.

자동 서열판독기

자동 서열판독기(automated sequencer)는 500 bp 길이까지의 DNA 절편의 서열을 정확하게 판독한다. 그러나 어쩌다가 착오가 날 경우가 있으므로 5~10개 복사본을 읽어서 오차를 줄인다.

형광으로 표지된 A, C, T, G와 표지되지 않은 뉴클레오티드를 섞어 서열판독을 할 DNA 복사본을 여러 벌 만든다. 서로 다른색으로 형광 표지된 뉴클레오티드는 3′ 부위에 OH기가 없어서 더이상의 다른 뉴클레오티드가 여기에 결합하지 못한다. 따라서 DNA가 복제되면서 표지된 뉴클레오티드가 무작위적으로 끼어 들어가서 여러 가지 길이의 DNA 서열이 생기게 된다. 이 표지된 DNA는 사이 간격이 0.5mm 이하인 2개의 수직 유리판 사이에 부어넣은 겔의 96개 구멍(wells) 중 하나로 들어간다. 각 구멍은 서로 다른 표지된 DNA 집단이 들어 있다. 그런 다음 DNA를 크기에 따라 분리하는데, 짧은 서열이 레이저 빔 탐지기를 먼저 통과하게 되며 탐지기는 색깔 정보를 컴퓨터에 보내고 컴퓨터는 데이터를 서열로 판독한다. 만약 가장 짧은 띠가 표지된 A로 끝나면 이는 탐지기를 처음으로 지나가게 되며 A는 첫 번째 염기로 기록된다. 만약 표지된 G가 가장 큰 띠에서 발견되면 이는 마지막 염기로 기록된다(그림 17.3).

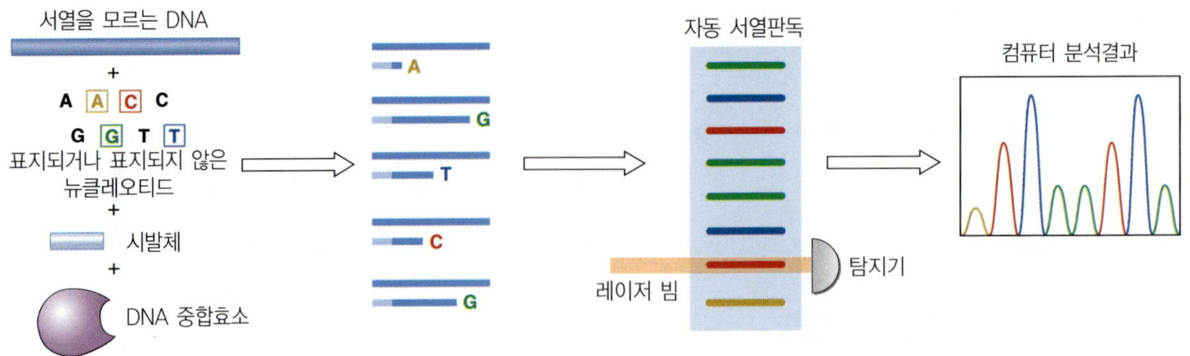

그림 17.3 DNA 서열판독.
DNA가 복제되면서 형광표지된 뉴클레오티드가 무작위적으로 끼어들어 복제를 멈추고 여러 길이의 서열을 만들어 낸다. 자동 서열판독기로 염기쌍 서열을 판독한다.

인공 염색체

새로운 유형의 매개체인 인공 염색체의 개발로 큰 DNA 절편도 클론할 수 있게 되었다. 이 새로운 매개체의 첫세대는 YAC라고 하는 효모 인공 염색체(yeast artificial chromosome)이다. 이 인공 염색체는 효모에서 복제개시점과 효모 동원체 서열에 외부 DNA를 첨가하여 만들어진 것이다. 이 복제개시점은 인공 염색체가 나머지 게놈과는 독립적으로 복제할 수 있게 하며, 동원체 서열은 유사분열시 안정되게 만든다. YAC는 큰 DNA 조각을 클론하는 데 유용하지만 배열이 흐트러지거나 DNA가 결실되는 등의 단점이 있다. 이런 어려움이 있지만 YAC는 제한효소로 YAC DNA를 분해하여 물리지도 만드는 데 일찍부터 이용되었다.

현재 큰 범위의 서열판독에 가장 흔히 이용되고 있는 인공 염색체는 *E. coli*에서 만들어졌다. 이 인공 염색체는 세균 인공 염색체(bacterial artificial chromosome), 즉 BAC라고 한다. BAC는 세균 플라스미드에 커다란 DNA 조각을 끼워넣어 만든 것으로서 마치 제2의 세균 염색체처럼 행동하게 만든 것이다. BAC 매개체는 100~200kb 사이의 DNA 삽입을 받아들인다.

전체 게놈을 이용한 서열판독

단계적 서열판독(clone-by-clone sequencing). BAC 안의 커다란 삽입부를 클론하면 전체 게놈을 분석하기 쉽다. 가장 흔히 이용되는 방법은 먼저 물리지도를 만든 다음, 이를 이용하여 BAC 클론 부위를 배치하고 후에 서열판독을 하는 것이다. 염색체의 큰 부위를 정렬하는 데는 클론 사이의 중복 부위를 찾는 것이 필요하다. 이렇게 하기 위해서는 각 BAC 클론의 제한 지도를 만들거나 클론 사이에서 STS를 찾아야 한다. 만약 2개의 BAC 클론이 동일한 STS를 가진다면 이는 그들이 중복되었음을 뜻한다.

많은 BAC 클론들이 일단 정렬되면 이는 이어 맞춘 연결 DNA, 즉 contig(contiguous stretch of DNA)가 된다. 그런 다음, 각각의 BAC 클론은 한 번에 500 염기쌍씩 서열을 판독하여 전체 contig의 서열을 만든다(그림 17.4a). 이와 같이 물리지도를 만든 다음 서열을 판독하는 것을 단계적 서열판독이라고 한다.

산탄식 서열판독(shotgun sequencing). 산탄식 서열판독 방법은 모든 클론된 절편들을 서열을 판독하고 컴퓨터를 이용하여 중복 부위를 찾아 잇는 것이다. 이 방법은 단계적 서열판독 방법보다 수고가 덜 들지만, 컴퓨터 용량이 커야 하고 중복 부위를 찾는 데 매우 효율적인 풀이법이 필요하다. 단계적 서열판독 방법과는 달리 산탄식 서열판독 방법은 서열을 게놈에 대한 다른 어떤 정보와도 연결시키지 않는다. 많은 연구자들이 두 가지 방법을 이용해 왔으며, 두 가지를

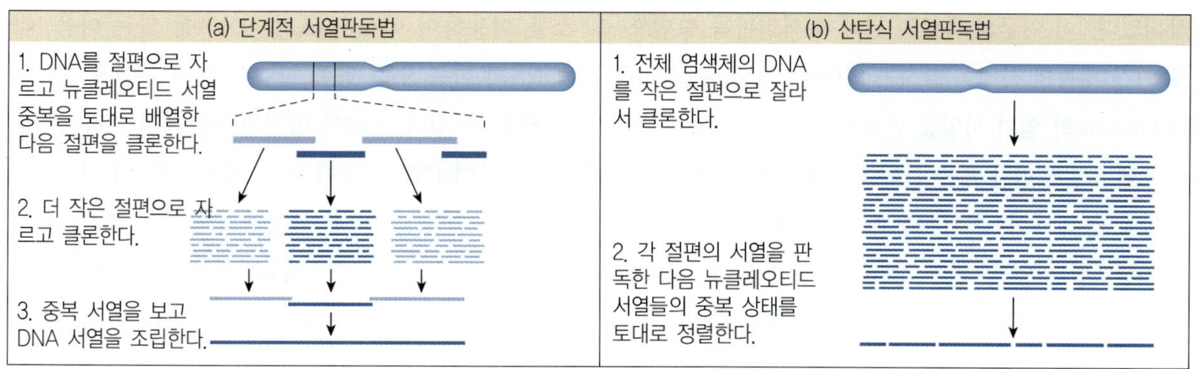

그림 17.4 | 서열판독 방법의 비교.
(a) 단계적 서열판독법은 최종 DNA 서열이 조립되기 전 여러 차례의 DNA 조각의 클론과 배열 과정이 포함된다.
(b) 산탄식 서열판독법은 전체 염색체를 절편으로 자르고, 클론한 후 컴퓨터를 이용해 중복된 뉴클레오티드 서열을 토대로 최종 DNA 서열을 조립하는 것이다.

혼합하는 것이 일반적인 방법이 되고 있다.

17.3 생물이 복잡해지는 데 더 많은 유전자가 필요한 것은 아니다

인간 게놈 프로젝트(인간 유전체 프로젝트)

유전체학(genomics)의 한 가지 특징은 연구 프로젝트가 방대하다는 점이다. 인간 게놈의 3.2gigabase (3,200,000,000 뉴클레오티드)의 지도를 제작하고 서열을 밝히는 일은 방대한 작업이다. 이는 1977년에 X174 바이러스의 5,375개 뉴클레오티드로 된 게놈을 수작업으로 밝힌 것과는 차원이 다르다. 인간 게놈 분석에서 한 가지 놀라운 사실은 한 생물의 복잡성은 이 생물이 가지는 유전자 수와 일치하지는 않는다는 점이다. 사람은 초파리보다 두 배 많은 유전자를 가지고 있지만, 쌀보다는 유전자 수가 적다(그림 17.5).

사람의 게놈을 밝히는 일은 연구자들 수백 명의 협동 연구가 필요하다. 이런 공동 연구의 하나가 인간 게놈 프로젝트로서, 1990년에 미국의 과학자들이 국제 인간 게놈 서열판독 협의체를 구성하면서부터 시

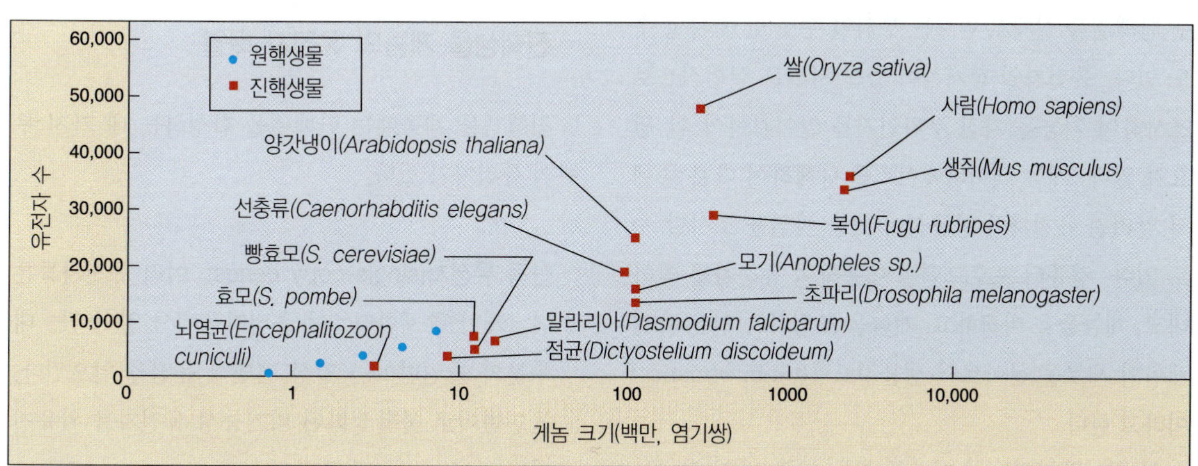

그림 17.5 | 게놈의 크기와 복잡도.
일반적으로 진핵생물 게놈이 원핵생물 게놈보다 더 크고, 더 많은 유전자를 가지고 있다. 생물체의 크기가 게놈의 크기를 결정하지는 않는다. 쥐의 게놈은 인간 게놈만큼 크고, 쌀의 게놈은 인간 게놈보다 더 많은 유전자를 가지고 있다.

작되었다. 이 연구의 목표는 단계적 서열판독 방법으로 인간 게놈의 서열을 밝히는 일이다. *Haemophilus influenzae*의 염기 서열을 판독한 벤터(C. Venter)는 1998년 5월에 인간 게놈 판독을 위한 개인 회사를 차렸음을 공표하여, 컨서시움과 경쟁 관계가 되었다. 2000년 6월 26일 두 연구 집단은 공동으로 그 결과를 발표하였다. 현재 서열의 미해독된 부분을 채워 넣고 있는 중이다.

게놈 지리

게놈 안의 유전자 찾기

하나의 게놈 서열을 판독하고 나면, 그 다음 해야 할 일은 그 게놈 안에서 어떤 부위가 어떤 유전자를 가지고 있으며, 그 유전자들이 하는 일이 무엇인지를 밝히는 일이다. 물리지도 안의 표지나 유전자지도의 정보를 이용하여 가시적 돌연변이가 일어난 일부 유전자의 서열을 찾아낼 수 있다. 뉴클레오티드 서열 자체의 정보 역시 유전자를 찾는 데 이용될 수 있다. 하나의 유전자는 ATG 같은 개시코돈으로 시작되고 중간에 정지코돈 없이 하나의 단백질을 지령할 만큼 길게 이어진 뉴클레오티드이다. 이와 같은 암호 부위를 개방 해독틀(ORF, open reading frame)이라고 한다. 이 서열 부위가 유전자들일 가능성이 크지만 기능하는 단백질을 실제로 만드는 부위일 수도 있고 아닐 수도 있다. 유전자일 잠재성이 있는 서열은 실험적으로 조사하여 기능을 가진 부위인지를 알아보아야 할 필요가 있다. 게놈 데이터베이스를 탐색하여 다른 종에서 알려진 유전자와 상동성이 있는 서열을 조사할 수도 있다. 컴퓨터 프로그램을 이용하여 유전자를 찾아내고, 게놈들을 비교하고, 게놈을 조립하는 일은 유전체학의 새로운 분야로서 생물정보학(bioinformatics)이라고 한다.

실제로 발현되는 유전자를 찾는 다른 방법 하나는 EST(expressed sequence tag)라는 일종의 STS를 이용하는 일이다. EST는 mRNA를 분리하고 역전사효소를 이용하여 이 mRNA의 cDNA를 만든 다음, 각 cDNA의 한쪽 또는 양쪽 말단의 염기 서열을 판독하여 만들 수 있다. STS와 마찬가지로 PCR 프라이머를 디자인하여 EST가 들어 있는 게놈 DNA나 cDNA의 복사본을 만들 수 있다. 게놈상의 물리적 표식으로서만 쓰이는 일부 STS와는 달리, EST는 전사하여 RNA를 만드는 기능적 유전자를 동정하는 데 쓸 수 있다. EST는 사람의 여러 가지 조직의 87,000가지 cDNA를 동정하는 데 이용되어 왔다. 이 cDNA 중 약 80%는 전에 알려지지 않은 것들이었다. 인간 게놈 안에 30,000개의 유전자가 있다고 하는데, 87,000가지 mRNA를 나타내는 87,000가지 cDNA를 어떻게 동정할 수 있었을까? 이 문제는 인간 게놈에 100,000개 유전자가 있다고 믿어온 게놈 연구자들에게 하나의 수수께끼이다. 이에 대한 대답은 엑손 사이에 인트론이 끼어 있는 진핵생물 유전자의 조절성에 있다. 전사 후 인트론은 제거되고 엑손들은 이어 맞추어진다. 일부 세포에서는 일부 이어 맞추어지는 부위를 건너뛰고 인트론과 함께 1개 이상의 엑손이 제거되는데, 이 과정을 대체이어맞추기(alternative splicing)라고 하며, 그 결과로 기능이 다른 단백질들이 만들어진다. 그러므로 인간 게놈에서의 추가적인 단백질의 복잡성은 유전자의 증가 때문이 아니라, 이미 존재하는 유전자 부위들의 새로운 이합집산 방식 때문인 것이다.

진핵생물 게놈의 유전자 배열

진핵생물 게놈에는 단백질을 합성하는 네 가지 부류의 유전자가 있다.

단독 유전자(single-copy genes). 여러 유전자들은 단 1개만 존재한다. 이 유전자들에서 일어나는 대부분의 돌연변이는 열성 멘델식 유전을 일으킨다. 돌연변이로 불활성화된 비기능성 유전자를 위유전자(pseudogene)라고 한다.

절편 중복(segmental duplications). 때때로 여러 유전자가 들어 있는 구역 전체가 한 염색체에서 다른 염색체로 복사되는 경우가 있다. 사람의 19번 염색체는 특히 이런 유전자 부위가 많은데 이 염색체에는 다른 16개 염색체에 있는 유전자 구역이 복사되어 있다.

다중유전자 집단(multigene families). 세포 내의 대부분의 유전자들은 다중유전자 집단의 일원으로서 존재한다. 다중유전자 집단은 서로 기능적으로 관련된, 그러나 분명히 서로 다른, 유전자들의 모임이다. 이 유전자들은 공동조상 유전자로부터 기원한 것으로 보이며, 감수분열시 부등교차로 유전자의 첨가와 결실을 통해 서로 다르게 된 것들이다.

반복 집단(tandem clusters). 동일한 유전자가 반복된 경우로서 동시에 전사될 때 많은 수의 mRNA가 한꺼번에 만들어진다. 가령, rRNA를 만드는 유전자는 수백 개로 반복되어 모여 있다.

진핵생물 유전체의 비암호화 DNA

인간 게놈의 특징 중 하나는 비암호화 DNA(단백질을 만들지 않는 DNA)가 매우 많다는 것이다. 인간 DNA의 약 1%만이 유전자로 활동하며, 나머지 99%는 우리 몸을 만드는 지령과 관계가 없다. 진정한 유전자는 비암호화 DNA 속에 집단으로 흩어져 박혀 있다. 비암호화 DNA는 다음과 같이 여섯 가지로 구분된다.

유전자 속의 비암호화 DNA. 사람의 유전자는 비암호화 DNA인 인트론 속에 들어 있는 단백질 지정 정보 조각인 엑손으로 이루어져 있다. 인간 게놈 중에서 인트론은 약 24%, 엑손은 1.5%도 안 된다.

구조적 DNA. 염색체의 어떤 부위는 고도로 응축되고, 조밀하게 꼬이고, 세포 주기 동안 전사되지 않은 채 잔류한다. 구성성 이질염색질(constitutive heterochromatin)이라고 하는 이 부위는 동원체 주위나 염색체 말단근처, 말단소체에 있다.

단순 반복 서열. 단순 반복 서열(simple sequence repeats : SSRs)은 염색체에 분산되어 있다. 단순 반복 서열은 CA나 CGG와 같은 1~3개의 뉴클레오티드로서 고장난 녹음기처럼 수천번씩 반복되어 있다. 단순 반복 서열은 DNA 복제 실수로 생길 수 있으며, 인간 게놈의 약 3%까지 이른다.

절편 중복. 10,000~300,000 염기쌍으로 된 부위가 중복되어 동일 염색체 안에서 이동하거나 비상동염색체로 이동하는 경우이다.

위유전자(pseudogenes). 위유전자는 돌연변이로 기능을 잃은 불활성 유전자이다.

전이성인자(transposable elements). 인간 게놈의 45%는 전이성인자라고 하는 이동성 DNA 조각들로 이루어져 있다. 전이성인자는 한 염색체의 한 부위에서 다른 부위로 도약할 수 있는 DNA 조각이다.

전이성인자는 어떻게 이런 묘기를 부릴까? 일부의 경우, 전이성인자가 복제되고, 복제된 DNA가 게놈내의 새로운 부위로 이동한다. 전이성인자는 복제 없이 잘려져서 게놈내 다른 곳에 가 낄 수도 있다.

사람의 염색체는 네 가지 전이성인자를 가진다. 인간 게놈의 21%가 LINE(long interspersed elements)으로 되어 있다. LINE은 약 6000 염기쌍 길이이고 자리바꿈(transposition)에 필요한 모든 장치를 구비하고 있다. LINE은 전사되는 LINE RNA의 cDNA 복사품을 만들 수 있는 역전사효소를 만든다. 그 결과 단백질을 만드는 것이 아니라 게놈으로 다시 끼어들 수 있는 이중나선 조각이 생긴다.

SINE(short interspersed elements)는 LINE과 유사하지만 LINE의 자리바꿈 장치를 이용하지 않고는 자리바꿈할 수 없다. ALu라고 하는 한 SINE 요소의 50만 개 이상의 복사본이 LINE 안에 들어 있으며, 인간 게놈의 10%를 차지한다. ALu는 마치 개에 붙은 벼룩처럼 가끔 LINE의 효소를 이용하여 다른 염색체 부위로 이동할 수 있다. ALu는 가끔 유전자 안으로도 끼어들어 유해한 돌연변이를 일으키기도 한다.

두 가지 다른 종류의 전이성인자가 또한 인간 게놈에서 발견되는데, 인간 게놈의 8%를 차지하는 것이 LTR(long terminal repeats)이라고 하는 역전이인자

(retrotransposons)이다. 비록 자리바꿈 기작은 LINE의 것과는 다르지만 LTR 역시 역전사효소를 이용하여 이중나선으로 복제되어 게놈 안으로 다시 들어갈 수 있다. 인간 게놈의 3%를 차지하는 것이 죽은 전이인자로서, 복제에 필요한 신호를 소실하고 더 이상 도약하지 못하는 요소들이다.

인간 게놈의 변이

인간 게놈 분석을 통하여 한 가지 확실해진 것은 인류 안에 엄청난 유전적 변이가 있다는 점이다. 이는 인간 게놈 내의 특정 종류의 변이, 즉 단일뉴클레오티드 다형(SNP : single nucleotide polymorphism)을 보면 사실로 나타난다. SNP는 개체 간에 단 하나의 뉴클레오티드가 다른 부위이다. 하나의 다형성으로 인식되기 위해서는 SNP가 적어도 집단 내 1%에서 나타나야 한다. 현재 국제 SNP 지도제작단은 게놈의 암호화 부위에서 50,000가지 SNP를, 비암호화 부위에서 140만 가지 SNP를 구별하였다.

이 SNP들을 이용하여 유전자들 간의 연합을 찾을 수 있다. 감수분열시 유전자 재조합은 매우 가까이 연관된 유전자들을 제외하고는 무작위적으로 일어난다. 유전자가 무작위적으로 재조합되지 않는 경향을 연관비평형(linkage disequilibrium)이라고 한다. 이러한 종류의 연합을 이용하여 유전자지도를 만들 수 있다. 여러 SNP는 연관비평형 상태에 있는 것으로 알려지고 있어서, 재조합으로 교환되지 않는 염색체 부위가 있는 것으로 판단되고 있다. 이런 부위는 질병의 유전적 근원을 파악하는 데 커다란 도움을 줄 것으로 판단된다.

CHAPTER 18

유전자 발현의 조절

오케스트라에서 모든 악기가 동시에 연주된다면 소음이 되고 만다. 마찬가지로, 한 생물의 모든 유전자가 동시에 발현되는 것이 아니라, 각각의 유전자는 특정 시기에 발현된다. 각 유전자는 언제 활동을 개시할지 통제를 받는다.

18.1 조절단백질은 DNA를 풀지 않고 해독한다

DNA 나선을 해독하는 방법

일부 단백질이 DNA의 특수 조절적 서열에 결합하는 능력은 유전자 조절의 기본 수단이 된다. 세포가 어떻게 유전자 발현을 조절하는가를 이해하려면 먼저 이와 같은 분자적 인식 과정을 알아야 한다.

주홈

지금까지는 단백질이 DNA 서열을 구별하기 위해서는 DNA 이중나선이 풀려서 염기쌍 사이의 수소결합이 노출되어야 한다고 생각되어 왔다. 그러나 단백질이 이중나선의 바깥 표면에 결합할 수 있으므로 이중나선이 풀려야 할 필요가 없다는 것이 알려졌다. DNA 이중나선은 2개의 나선상 홈이 있는데, 이 홈 중 하나는 다른 것보다 깊어서 주홈(major groove)이라고 하며, 여기에 뉴클레오티드의 소수성인 메틸기, 수소원자, 그리고 수소결합의 공여자와 수여자가 있다. 네 가지 염기쌍마다 이 화학기들이 만드는 형상이 달라서 단백질이 이의 조합을 보고 DNA의 특정 서열을 인식할 수 있다(그림 18.1).

DNA 결합 모티프

지금까지 30여 가지 조절단백질의 구조가 분석되었다. 각 단백질의 미세 구조는 독특하지만 DNA와 결합하는 부위는 변이가 크지 않은 작은 DNA 결합 모티프(DNA-binding motif)를 이루어, DNA 이중나선의 주홈에 결합할 수 있게 되어 있다.

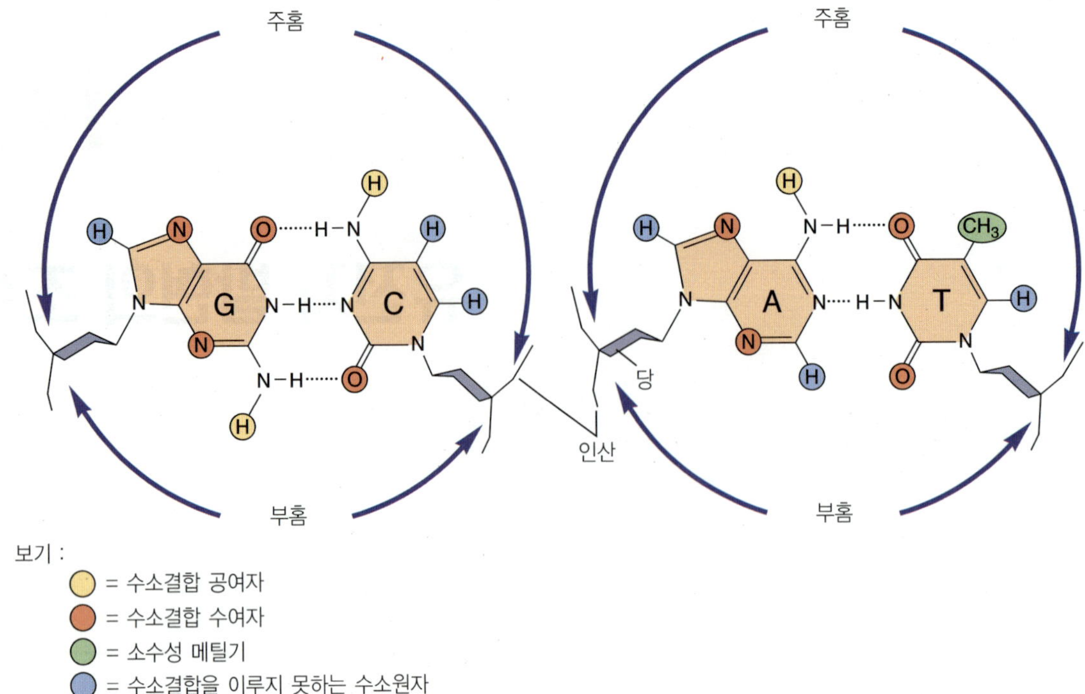

그림 18.1 | **DNA의 주홈을 판독하기.**
DNA 이중나선의 주홈을 보면 염기의 주변이 주홈 안으로 돌출되어 있다. 조절단백질은 주홈 안의 염기쌍 배열을 구별한다. 4개의 가능한 염기쌍 배열들은 각각 특유의 화학기들의 조합을 홈 안에 이루고 있다. 조절단백질들은 이 특징적인 형상에 의해 염기쌍 배열을 인식할 수 있다.

네 가지 중요한 DNA 결합 모티프

나선대나선 모티프

가장 흔한 DNA 결합 모티프는 나선대나선(helix-turn-helix) 구조로서 단백질의 2개의 나선 부위가 짧은 비나선 부위에 의해 연결되어 있다(그림 18.2). 이 나선대나선 모티프는 수많은 DNA 결합 단백질에서 발견되었다.

나선대나선 모티프 구조를 자세히 보면 이런 모티프를 가진 단백질이 어떻게 DNA의 주홈과 작용할 수 있는지 알게 된다. 모티프에서 이 나선 조각들 사이의 상호작용으로 나선들은 서로 대략 직각을 이루게 된다. 이 모티프가 DNA에 밀착되면 나선 조각 중 하나(인식나선이라고 함)가 DNA 분자의 주홈에 안착하고, 다른 나선은 DNA 분자 바깥쪽에 접하게 되어 인식나선의 적절한 위치 선정을 돕는다. 나선대나선 모

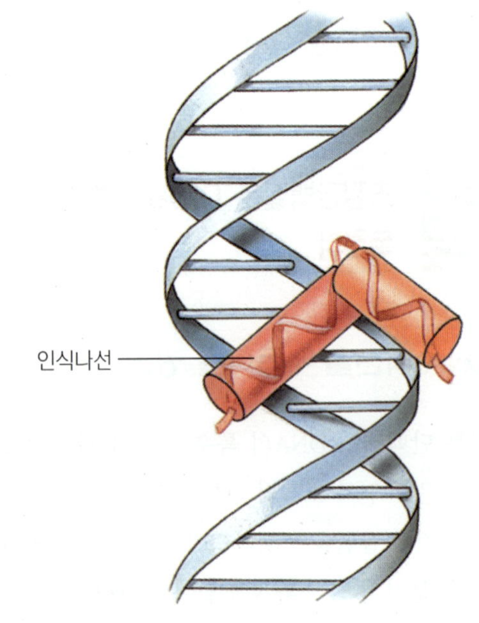

그림 18.2 | **나선대나선 모티프.**
모티프 중의 한 나선 부위인 인식나선은 DNA의 주홈에 들어맞는다. 주홈에서 인식나선은 염기쌍의 주변에 접촉하여 DNA의 특정 염기 서열을 인식할 수 있게 된다.

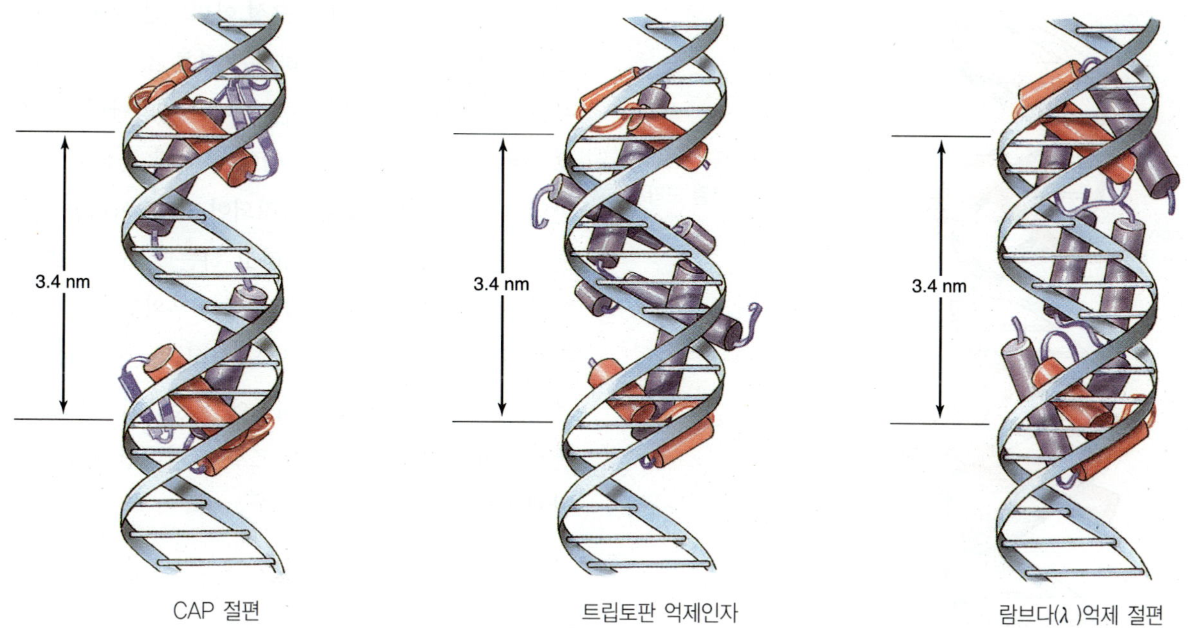

그림 18.3 | 나선대나선 결합 모티프의 작용 방식.
여기에 표시된 3개의 조절단백질(자주색)은 모두 한 쌍의 나선대나선 결합 모티프를 이용하여 DNA에 결합한다. 각각의 경우 2개의 모티프는 서로 DNA 나선이 한바퀴 도는 데 필요한 거리인 3.4nm의 거리로 분리되어 있다. 이 때문에 조절단백질이 두 인접 DNA 주홈 안으로 끼어들어 DNA와 강하게 결합할 수 있다.

티프에 의해 인식되는 대부분의 DNA 조절 서열은 대칭적인 쌍으로 나타난다. 이 서열들에 3.4nm 거리로 분리되어 있는 2개의 나선대나선 모티프를 가지는 단백질이 결합하게 되는 데, 이 거리는 DNA 나선이 한 바퀴 도는데 필요한 거리이다(그림 18.3). 2개의 단백질-DNA 결합 부위를 가지는 것은 단백질과 DNA의 접촉 부위를 2배로 증가시키며, 따라서 이들 사이에 생기는 결합을 강화시킨다.

호메오도메인 모티프

특정 종류의 나선대나선 모티프들은 여러 가지 진핵세포의 발생에 중요한 역할을 한다. 이 모티프들은 초파리에서 호메오 돌연변이(몸의 부위를 조립하는 방식을 변화시키는 돌연변이)를 규정하고자 하면서 발견되었다. 발생의 스위치 역할을 하는 유전자에 부착하여 주요 발생 단계를 개시시키는 조절단백질을 이 돌연변이 유전자가 만드는 것이 발견되었다. 50가지 이상의 이러한 조절단백질이 분석되었고, 이들은 모두 호메오도메인(homeodomain)이라는 거의 동일한 서열로 된 60개의 아미노산이 들어 있다(그림 18.4b). 호메오도메인의 중앙부에는 DNA와 결합하는 나선대나선 구조가 들어 있다.

아연집게 모티프

1개 이상의 아연원자를 이용하여 DNA와의 결합을 조정하는 DNA 결합 모티프가 있는데 이를 아연집게(zinc finger)라고 하며, 몇 가지 형태로 존재한다. 한 가지 형태는 아연원자가 α나선 조각을 β병풍에 연결시켜서 나선 조각이 DNA의 주홈에 꼭 들어맞도록 하는 형태이다. 이러한 종류의 모티프는 흔히 집단으로 나타나며, 병풍이 나선 조각들의 간격을 만들어서 각 나선이 주홈에 접촉하게 된다. 아연집게가 더 많이 집결합수록 단백질은 더 강하게 DNA에 결합하게 된다. 병풍의 자리가 다른 나선 조각으로 대치된 아연집게 모티프도 있다.

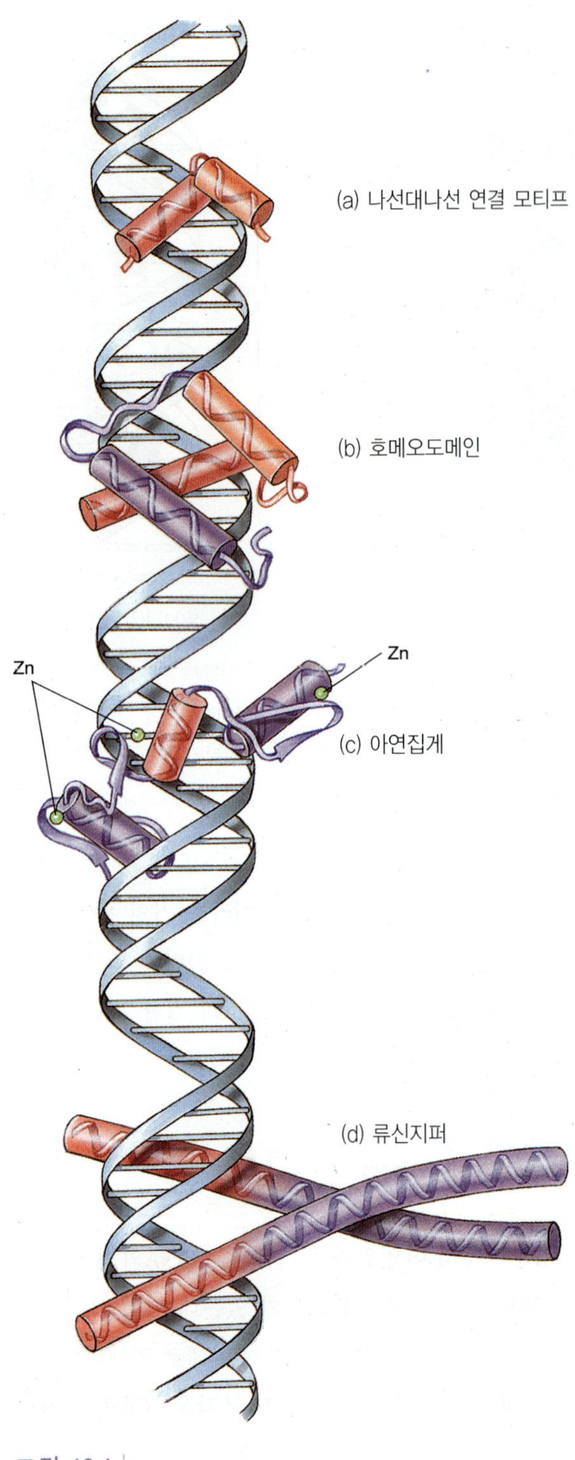

그림 18.4 | 주요 DNA 결합 모티프.

류신지퍼 모티프

2개의 서로 다른 단백질 소단위가 협력하여 하나의 DNA 결합 부위를 만드는 DNA 결합 모티프도 있다. 이 모티프는 여러 개의 소수성 아미노산(보통, 류신)들을 가지는 소단위들 중 하나가 다른 소단위의 이와 유사한 부위와 상호작용하는 곳에서 나타난다. 이 상호작용은 2개의 소단위를 해당 부위에 붙들어 두는 반면, 나머지 소단위들은 격리되어 있다. 이러한 구조를 류신지퍼(leucinezipper)라고 하는데, Y자 모양을 이루는 구조로서 Y의 두 팔은 나선 부위로서 DNA의 주홈에 들어맞는다(그림 18.4d). 이 두 소단위는 매우 다른 나선 부위들을 모티프에 제공할 수 있으므로 류신지퍼는 유전자 발현의 조절에 커다란 유동성을 갖게 한다.

18.2 원핵생물은 전사 개시의 조절로 유전자를 조절한다

대부분의 생물들은 전사의 개시를 조절함으로써 유전자 발현을 조절한다. 이는 단백질이 DNA의 조절 서열에 부착함으로써 이루어진다. 원핵생물과 진핵생물에서 유전자 조절 방식의 공통점도 있으나 크게 다른 점도 있다. 먼저 원핵생물의 유전자 조절 방식을 알아보자.

원핵생물의 유전자 조절

원핵생물이 흔히 접하는 환경의 변화는 흔히 유전자 발현의 변화를 일으킨다. 원핵생물이 환경 변화에 반응하는 방식은 관련된 유전자에 의해 만들어지는 단백질의 성질로 결정된다. 일반적으로 동화(분자의 합성) 경로와 관련된 단백질을 합성하는 유전자는 이화(분자의 분해) 경로에 관련된 단백질을 합성하는 유전자와는 반대로 반응한다. 한 세균이 환경에서 락토스(젖당) 같은 에너지를 내는 분자를 만나면, 이 분자를 이용하는 데 필요한 단백질을 만들기 시작한다. 그러나 락토스가 없으면 이 단백질을 만들 필요가 없어진다. 이때 락토스에 의해 단백질의 합성이 유도된다(induced)고 한다. 만약 환경에서 이용 가능한 어떤 분자가 아미노산 트립토판처럼 생합성 경로의 최종 산물일 경우 세균은 트립토판 합성에 필요한 단백질을 합성하지 않게 된다. 만약 트립토판이 고갈되면 세균은 트립토판을 만드는 데 필요한 단백질을 합성하게 된다. 세균이 생합성에 필요한 단백질을 만들지 않을 때 이를 억제(repression)라고 한다.

세균은 유도와 억제를 통해 인접 환경에 최적인 단백질을 생산하도록 조정작용을 하게 된다.

유도와 억제는 여러 가지 원핵생물 유전자 체제에서 발견된다. 이와 같은 조정을 일으키는 유전적 조절의 본질은 무엇일까? 조절이 전사의 개시의 수준에서 이루어질 것이라고만 보면 조절의 본질을 알 수 없다. 조절은 양성적이거나 음성적일 수 있다. 조절분자는 개시율을 증가시키거나(양성적), 감소시킨다(음성적). 표면적으로 보면 억제는 음성적이고 유도는 양성적인 것으로 보이지만, 실제로는 이 두 가지가 음성적 조절과 관련되어 있다.

두 가지 기작이 작용하기 위해서 락토스나 트립토판과 같은 주변 환경의 분자는 조절되어지는 유전자에 적절한 영향을 끼쳐야 한다. 유도의 경우 락토스는 음성적 조절분자가 조절 서열에 결합하는 것을 막는다. 반대로, 억제의 경우 트립토판은 음성적 조절 분자가 조절 서열에 결합하도록 만든다.

오페론

원핵생물의 유전자들은 대개 오페론으로 구성되어 있다. 오페론(operon)은 단일의 유전자 발현 단위를 이루는 복수의 유전자이다. 한 오페론의 유전자들은 동일 mRNA에 있으며 동일한 촉진유전자의 조절을 받는다. 세균에서 동일한 대사 경로와 관련된 유전자들은 이와 같은 방식으로 구성되어 있다. 예를 들어, 락토스 이용에 필요한 단백질들은 *lac* 오페론에 의해 만들어지고(그림 18.5), 트립토판 합성에 필요한 단백질들은 *trp* 오페론에 의해 만들어진다. 이 두 오페론은 음성적 조절 체제에 의해 조절된다.

억제인자

억제인자(repressor)는 DNA의 조절 부위에 결합하는 단백질로서 전사의 개시를 막거나 지연시킨다. 유도나 억제는 모두 억제분자에 의해 수행된다. 억제인자는 혼자서 활동하는 것이 아니라 특정 효과인자에 반응한다. 효과인자(effector)의 결합은 억제인자의 형상을 변화시켜서 억제인자가 DNA에 결합하는 것을 촉진시키거나 지연시킬 수가 있다. 이 억제단백질들은 DNA와 결합하는 활성 부위와 효과인자에 결합하는 조절 부위를 가지는 다른 자리입체성 단백질(allosteric proteins)들이다.

trp 오페론

trp 오페론에서 트립토판이 있으면 오페론이 억제되고 트립토판이 없으면 억제되지 않는다. 배지에 트립토판이 있으면 세균은 트립토판 억제인자의 작용을 통하여 *trp* 유전자의 전사 활동을 정지하는데, 이 트립토판 억제인자는 *trp* 촉진유전자 안에 있는 작동유전자(operator)에 결합하는 일종의 나선대나선 구조로 된 조절단백질이다(그림 18.6). 작동유전자에 억제인자가 결합하면 RNA 중합효소가 촉진유전자(promoter)에 결합하지 못하게 된다. 이 조절 기작의 핵심적 기능은 트립토판 억제인자가 먼저 2개의 트립토판 분자와 결합하지 못하면 DNA에 결합하지 못한다는 점이다. 트립토판이 억제인자에 결합하면 억제인자의 나선대나선 모티프 한 쌍의 방향을 변경시켜서 DNA의 인접한 주홈에 인식나선들이 들어맞게 만든다(그림 18.7).

그러므로 세균세포의 트립토판 합성은 트립토판이 주변 환경에 없어야 일어난다. 주변 환경에 트립토판이 없을 때 억제인자를 활성화시키지 못하고 억제인자는 RNA 중합효소가 *trp* 촉진유전자에 결합하는 것을 막지 못한다. *trp* 유전자는 전사되고 세포는 트립토판을 합성하게 된다. 반면, 트립토판이 주변에 있으면 이 트립토판은 억제인자에 결합하고, 이 억제인자

그림 18.5 | **대장균(*Escherichia coli*) 염색체의 *lac* 부위.**
lac 오페론은 촉진유전자, 작동유전자, 그리고 젖산 대사에 필요한 단백질들을 만드는 3개의 유전자로 구성되어 있다. 여기에 RNA 중합효소가 촉진유전자에 결합할지를 결정하는 데 영향을 주는 CAP(이화물질 활성화 단백질)이 부착하는 부위가 있다. 유전자 I은 억제단백질의 합성을 지령하는데, 억제단백질은 작동유전자에 부착하여 *lac* 유전자들의 전사를 막는다. 유전자 Z, Y, A는 젖산 대사에 관련된 2개의 효소와 투과효소(permease)의 합성을 지령한다.

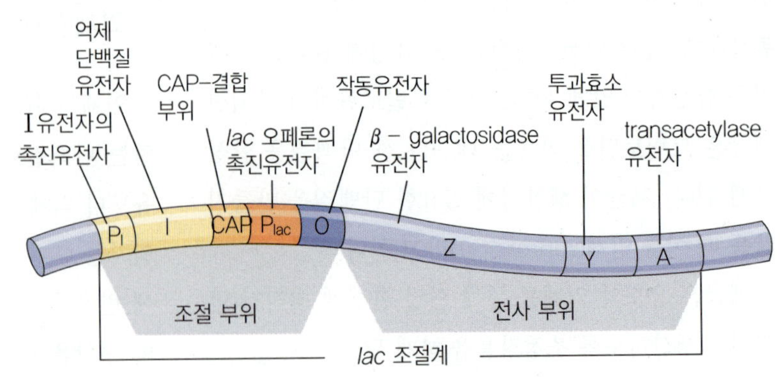

그림 18.6 | ***trp* 오페론이 조절되는 방식.**
트립토판 억제인자는 여기에 트립토판이 먼저 부착하지 않으면 촉진유전자 안에 있는 작동유전자에 결합하지 못한다. 그러므로 트립토판이 없을 때 촉진유전자가 기능을 발휘하고 RNA 중합효소는 오페론을 전사한다. 트립토판이 있으면 트립토판-억제인자 복합체는 작동유전자에 결합하여 RNA 중합효소가 전사의 개시를 일으키지 못하도록 막는다.

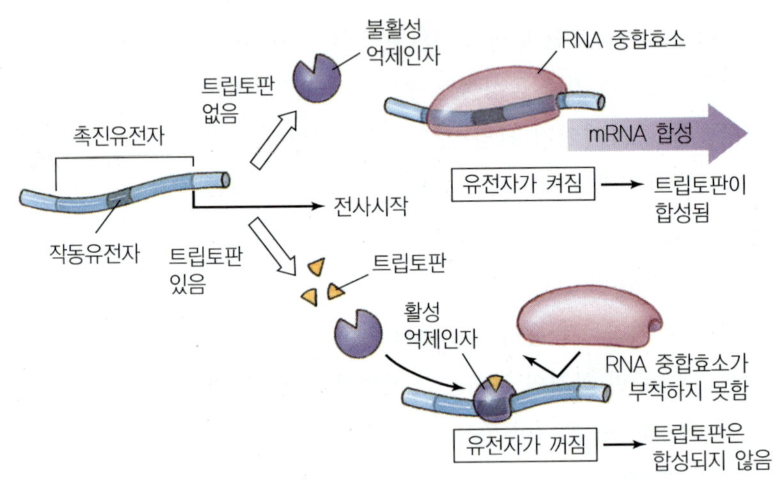

그림 18.7 | **트립토판 억제인자의 작용.**
트립토판이 억제인자에 결합하면 억제인자 안의 2개의 인식나선 사이가 벌어져서 억제인자가 두 인접 DNA 주홈 안으로 끼어 들어가게 된다.

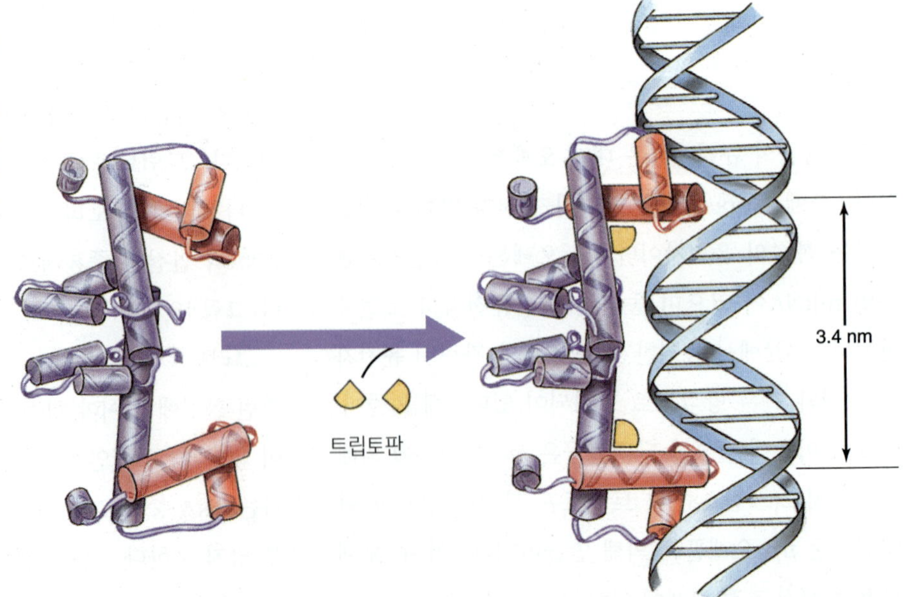

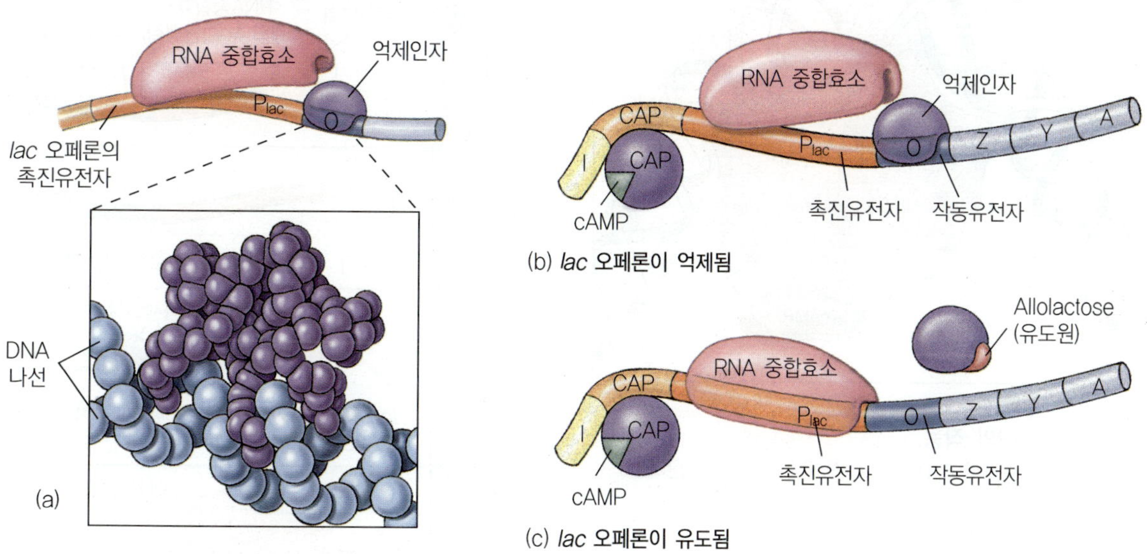

그림 18.8 | *lac* **억제인자의 활동.**
(a) *lac* 억제인자. 억제인자는 DNA 나선의 주홈을 채우므로 RNA 중합효소가 촉진유전자에 부착하지 못하여 전사가 차단된다. (b) 억제 단백질이 작동유전자 부위에 결합하면 *lac* 오페론은 꺼진다(억제). 촉진유전자 부위와 작동유전자 부위는 중복되므로 RNA 중합효소와 억제인자는 동시에 부착할 수 없다. (c) CAP이 결합될 때, 또 억제인자에 대한 allolactose의 결합이 그 형태를 바꾸어서 억제인자가 작동유전자 부위에 더 이상 머물지 못하고, RNA 중합효소의 기능을 더 이상 차단하지 못할 때 *lac* 오페론은 전사된다(유도).

는 *trp* 촉진유전자에 결합하여 *trp* 유전자의 전사가 일어나지 않는다.

lac 오페론

lac 오페론에 의해 만들어지는 효소는 젖산이 있을 때만 필요하다. 젖산이 없을 때는 *lac* 억제인자는 DNA에 결합하지만 젖산이 있을 때는 그렇지 못하다. 억제인자가 DNA에 결합하는 것은 젖산의 대사물질인 allolactose에 의해 중개된다. 젖산이 없을 때 이 오페론이 억제되지만, 젖산이 있을 때는 이 오페론에 의해 단백질의 합성이 유도된다. 젖산의 농도가 떨어지면 allolactose는 더 이상 억제인자에 결합하지 못하여 억제인자가 다시 DNA에 결합하게 된다(그림 18.8).

활성화인자는 스위치를 켠다

억제인자 외에 DNA와 결합하여 전사의 개시를 자극하는 단백질인 활성화인자(activator)라는 것이 있다. 이 다른자리입체성(allosteric) 단백질은 억제인자와 정 반대적 성질을 가진다. 효과인자 분자는 활성화인자가 오페론에 결합하는 것을 촉진시켜 전사를 승진시킨다.

활성화인자는 포도당 억제 형상과 다른 당이 있어도 포도당을 우선적으로 이용하게 하는 데 중요한 역할을 한다. 그 이름과는 달리 포도당 억제는 활성화인자 단백질인 CAP(*catabolite activator protein,* 이화물질활성화단백질)에 의해 중개되는데, CAP는 당의 이화작용에 필요한 단백질들을 만드는 오페론의 전사를 자극한다. CAP 단백질은 다른자리입체성 단백질로서 이의 결합은 한 효과인자(effector)에 의해 조절되는데, 이 경우의 효과인자는 cAMP이다(그림 18.9). 세포 안의 cAMP의 양은 포도당의 농도와 역의 관계에 있다. 그러므로 포도당 농도가 높으면 cAMP의 농도는 낮아진다(그림 18.10). CAP는 DNA에 결합하기 위해 cAMP에 결합해야 하므로, 이 경우 다른 이화적 오페론의 활동을 억제한다(포도당 억제).

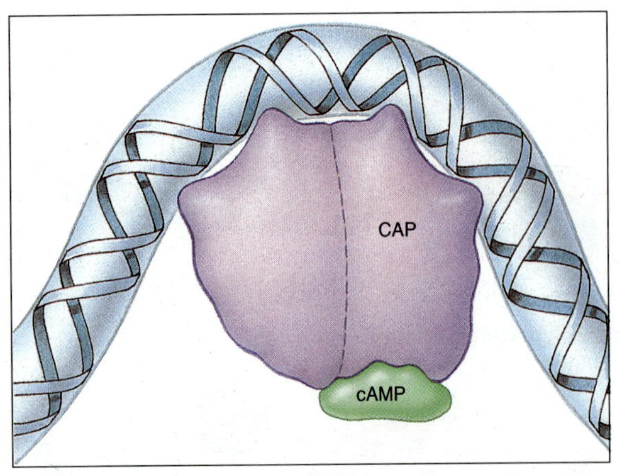

그림 18.9 | CAP의 작용.
CAP이 DNA에 결합하면 DNA는 CAP 주변에서 휘어진다. 이는 RNA 중합효소의 활성을 증가시킨다.

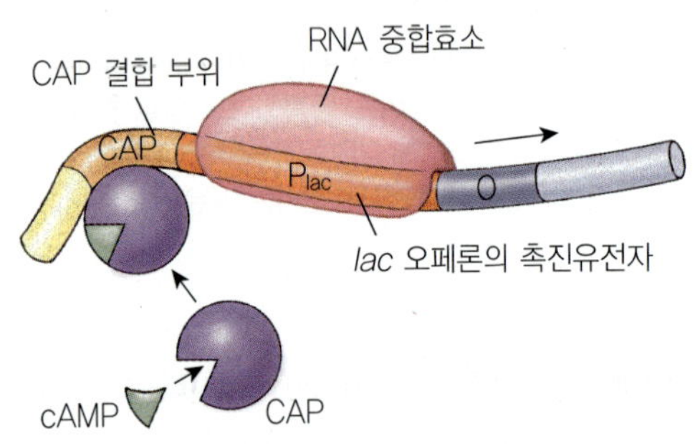

(a) 포도당 농도 낮으면 촉진유전자가 활성화됨

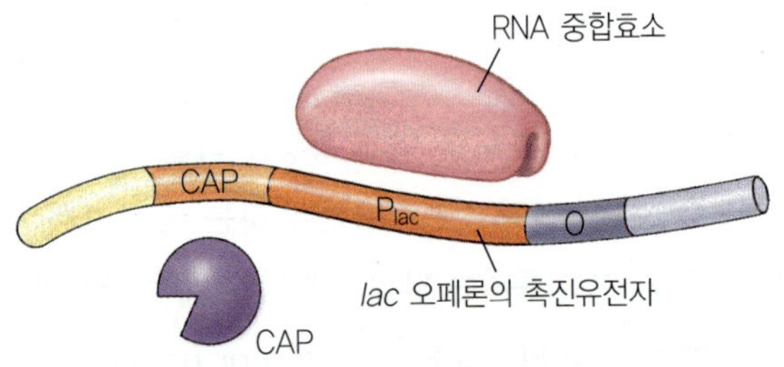

(b) 포도당 농도 높으면 촉진유전자는 활성화되지 않음

그림 18.10 | CAP 부위의 작용.
CAP 분자는 이 분자가 cAMP에 결합되어 있을 때만 CAP-결합부위에 부착할 수 있다. (a) 포도당 농도가 낮으면 cAMP가 많아지고 이 cAMP는 CAP에 부착한다. cAMP-CAP 복합체는 CAP 부위에 부착하여 DNA를 휘어지게 하며 RNA 중합효소가 촉진유전자에 접근하게 한다. (b) 포도당 농도가 높아지면 cAMP가 줄어들고 CAP은 촉진유전자를 활성화시키지 못한다.

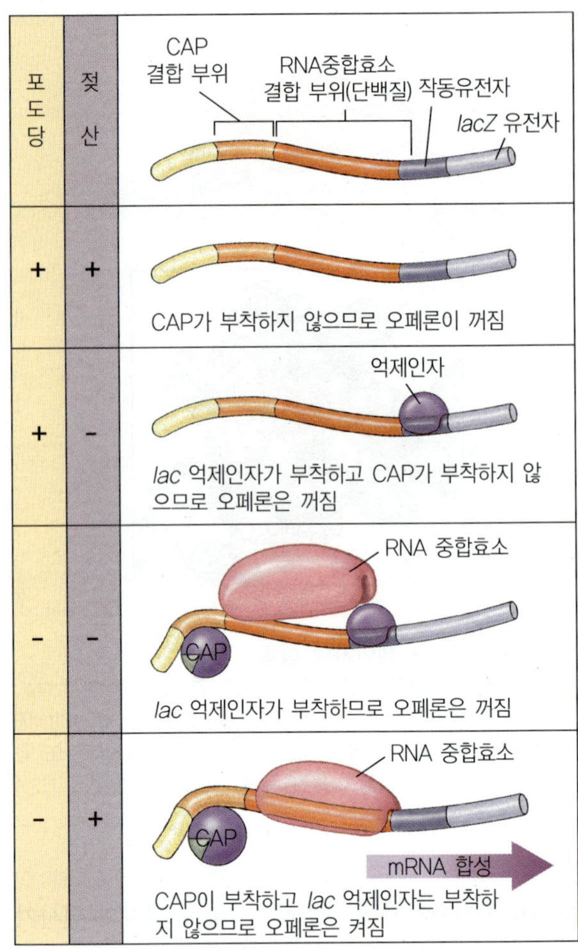

그림 18.11 | *lac* 오페론을 조절하는 두 가지 조절단백질.
lac 억제물질과 CAP는 함께 세포의 젖산 대사 효소들의 이용 요구에 민감하게 반응한다.

스위치의 조화

언급한 바와 같이 *lac* 오페론은 양성적 조절과 음성적 조절을 받는다(그림 18.11). 음성적 조절은 *lac* 억제인자단백질에 의해 일어나며 양성적 조절은 CAP에 의해 일어난다. 이 양성적 조절과 음성적 조절의 조화로 세포는 여러 가지 환경에서 젖산의 이용에 필요한 단백질들의 농도를 정교하게 조절할 수 있다. 젖산이 없으면 억제인자가 전사의 개시를 막으므로 이 단백질은 전혀 만들어지지 않는다. 젖산이 있으면 억제인자가 더 이상 DNA에 결합하지 않으므로 전사가 개시된다. 그러나 만약 포도당이 있으면 cAMP의 농도가 낮아지고 CAP은 *lac* 촉진유전자에 결합하지 못하게 된다. 전사는 일어나지만 그 수준은 매우 낮다. 포도당이 없으면 cAMP 농도가 높아지고 CAP는 *lac* 촉진유전자에 결합하여 최대의 전사가 일어나게 된다.

18.3 진핵세포의 전사 조절

전사 수준에서의 조절

진핵세포의 전사 조절은 원핵세포의 경우보다 훨씬 복잡하다. 첫째, 진핵세포의 DNA는 염색사로 짜여져 있어서 DNA와 단백질이 복잡하게 상호작용한다. 둘째, 진핵세포의 전사는 핵 내에서 일어나고 번역은 세포질에서 일어난다.

진핵세포의 전사인자

진핵세포의 전사에는 여러 가지의 단백질(인자)이 필요한데, 이들은 기본전사인자와 특수전사인자로 구분된다. 기본인자는 전사 장치의 조립과 RNA pol II를 촉진유전자에 갖다 주는 데 필요하다. 특수인자는 일부 유형의 세포에서 또는 특정 신호에 반응하여 전사의 수준을 증대시킨다.

기본전사인자. RNA pol II 주형(즉, 단백질을 암호화하는 유전자)의 전사가 개시되는 데는 RNA pol II 외의 것들이 필요하다. 또 개시가 원활해지기 위해서는 기본전사인자(basal transcription factor)들도 필요하다. 이 인자들은 전사가 일어나기 위해 필요한 것이지만 기본적 속도 이상으로 전사 속도를 증대시키지는 않는다. 이 기본전사인자들은 transcription factor RNA pol II에서 딴 글자 TFII에 글자를 붙여서 이름을 붙인다. 이 인자들 중에서 가장 중요한 것은 TFIID로서, 촉진유전자의 TATA box 서열을 인식하는 TATA-결합 단백질을 함유한다(그림 18.12). TFIID가 결합하면 TFIIE, TFIIF, TFIIA, TFIIB, TFIIH, 그리고 전사 관련 인자(TAFs, transcription-associated factors)라고 하는 보조인자들 집단이 뒤따라 결합하게 된다. 이들이 합쳐서 이루어진 개시복합체(그림 18.13)는 단 하나의 완전효소로 이루어진 세균의 RNA 중합효소보다 훨씬 복잡하다. 이 외에도 다른 차원에서의 더 큰 복잡성이 있다. 개시복합체는 기본적 수준에서 단백질 합성의 개시를 일으키지만, 다른 특이 인자들이 가담하지 않으면 높은 수준의 전사가 일어나지 않는다.

특이전사인자. 특이전사인자(specific transcription factors)는 조직 의존성 및 시간 의존성 방식으로 작용하여 높은 전사 수준을 자극한다. 이 인자들의 종류와 수는 대단하다. 이 인자들에 대한 연구 결과로 부각된 것은 활성화인자(activator)들이라고 하는 특이전사인자이다. 각 활성화인자 속에는 DNA-결합 도메인과 전사 장치와 작용하는 활성화 도메인이 있다. 단백질 안에서 이 도메인들은 근본적으로 독립되어 있어서

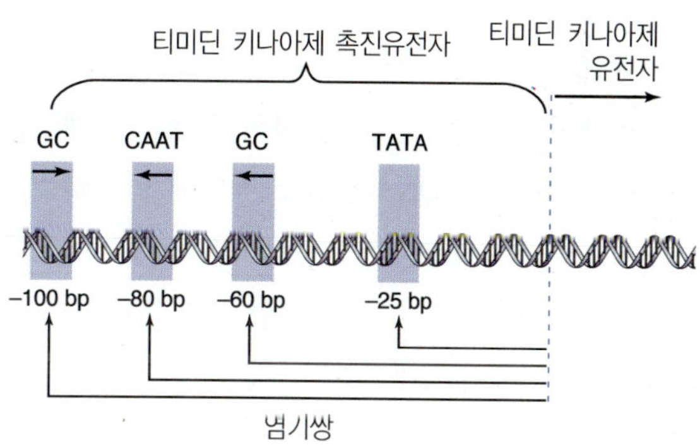

그림 18.12 | 진핵세포의 촉진유전자.
효소 티미딘 키나아제(thymidine kinase)를 만드는 유전자의 촉진유전자는 전사인자가 결합하는 TATA box와 전사장치의 다른 요소들의 결합을 유도하는 세 가지 다른 DNA 서열을 포함한다.

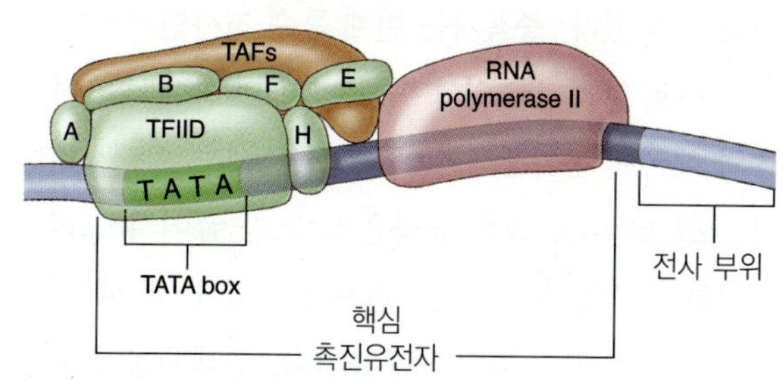

그림 18.13 | 진핵세포의 개시복합체의 형성.
기본전사인자 TFIID는 TATA box에 부착하고 여기에 다른 기본전사인자들인 TFIIE, TFIIF, TFIIA, TFIIB, TFIIH가 참여한다. 이 복합체에 여러 가지의 전사 관련 인자들(TAFs)이 결합하여 RNA pol II가 핵심 촉진유전자에 부착하도록 한다.

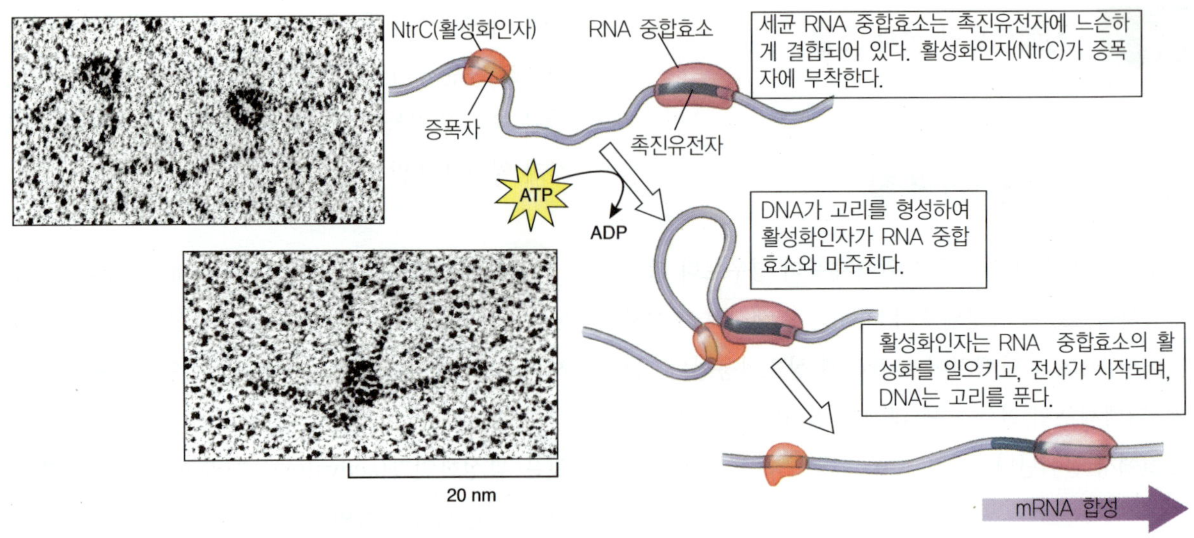

그림 18.14 | 증폭자의 활동.
세균 활성화인자 NtrC가 증폭자에 결합하면, DNA는 고리를 만들어 멀리 떨어져 있는 RNA 중합효소와 만나게 되고, 전사가 활성화된다. 이런 증폭자는 원핵생물에서는 드물지만, 진핵생물에서는 흔히 나타난다.

다른 활성화인자와 교환될 수가 있다. 도메인 교환 실험을 통해서 보면 한 활성화인자의 활성화 도메인은 다른 활성화인자의 DNA-결합 도메인에 이어맞추기 할 수 있다. 그 결과로 생기는 잡종 인자는 DNA-결합 도메인에서 기대되었던 DNA-결합 특이성을 보이고, 활성화 도메인에서 기대되었던 수준의 전사도 활성화한다.

증폭자

증폭자(enhancer)는 원래는 위치와 방향과 무관하게 작용하는, 고수준의 전사에 필요한 DNA 서열로 정의된 바 있다. 증폭자는 현재 특수 전사인자들의 결합 부위로 알려지고 있다. 증폭자가 먼 곳에 작용하는 능력 때문에 분자생물학자들은 처음에는 혼란스러웠다. 오늘날 이와 같은 능력은 DNA가 굽어져 고리를 형성하여 증폭자가 촉진유전자와 가깝게 될 때 일어나는 것으로 알려졌다(그림 18.14). 염색체상에서 두 부위의 거리는 물리적 거리로 볼 수는 없는데, 이는 DNA가 접혀서 증폭자나 활성화인자가 전사인자와 접촉할 수 있기 때문이다(그림 18.15).

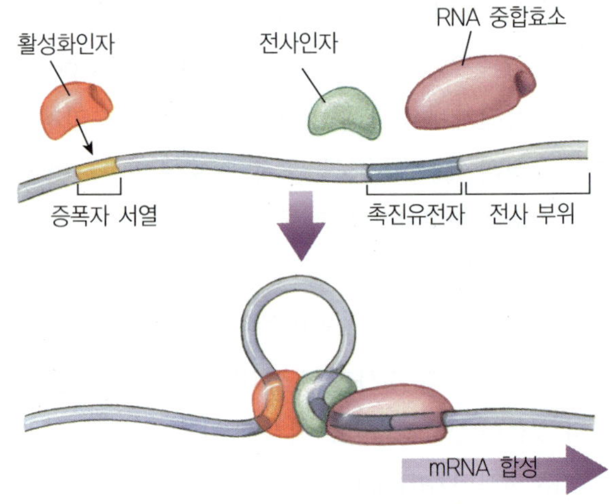

그림 18.15 | 증폭자의 작용 방식.
증폭자 부위는 조절되는 유전자로부터 멀리 떨어져 있다. 활성화인자(적색)가 증폭자에 결합하면 RNA 중합효소와 결합된 전사인자(녹색)는 활성화인자와 상호작용할 수 있게 되어서 전사가 활성화된다.

보조활성화인자와 매개체

전사인자의 활동을 중개하는 인자들도 있다. 이 보조활성화인자(coactivators)와 매개체(mediators)도 전사인자에 의한 전사의 활성화에 필요하다. 이들은 전사인자에 결합한 다음 다시 다른 전사 장치에 결합한다. 이 매개체들은 일부 전사인자의 기능에 필수적이지만, 모든 전사인자가 매개체를 필요로 하는 것은 아니다. 보조활성화인자의 수는 전사인자의 수보다 훨씬 적은데, 이는 동일한 보조활성화인자가 여러 전사인자에 의해 이용될 수 있기 때문이다.

전체적 작용. 이와 같은 매우 복잡한 내용을 어떻게 이해할 수 있을까? 비록 몇 가지 원리가 폭넓게 적용되고 있지만 거의 모든 진핵세포 유전자나 유전자집단은 하나의 독특한 면을 나타낸다. RNA pol II에 의해 전사되는 모든 유전자들은 개시복합체를 조립하는 데 동일한 기본 인자들이 필요하지만, 이 복합체의 조립과 궁극적인 전사 수준은 각기 전사복합체를 이루는 다른 특이 인자들에 의존한다(그림 18.16). 그러므로 진핵세포 촉진유전자들의 조성은 개시복합체에 필요한 것이 무엇인가 만을 고려할 때는 매우 단순하고, 전사에 영향을 주는 모든 인자들을 고려할 때는 매우 복잡하다.

유전자 발현에 대한 염색질 구조의 영향

진핵세포의 DNA는 먼저 뉴클레오솜으로 엮어지고 다시 더 고차적 염색질 구조를 이루는데(그림 18.17), 이러한 구조가 유전자 발현 조절과 관련되어 있다고

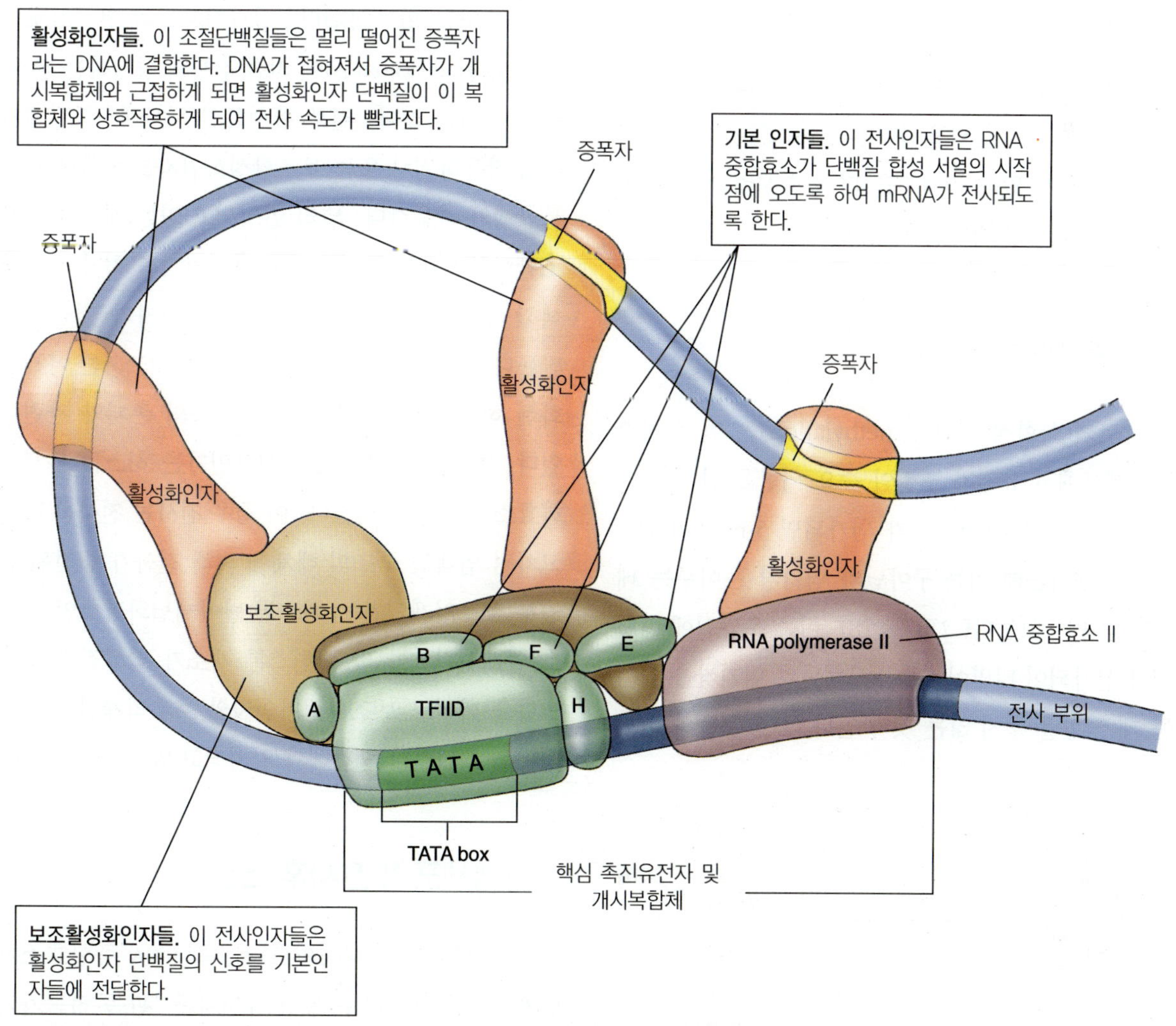

그림 18.16 | **전사복합체 안의 여러 가지 인자들의 상호작용.**
모든 특이 전사인자들은 촉진유전자로부터 격리되어 있는 증폭자 서열에 부착한다. 그러면 DNA가 고리를 이루어 이들 인자들을 개시복합체 가까이 데려가고, 개시복합체와 상호작용이 일어난다. 활성화인자라는 일부 전사인자들은 직접 RNA 중합효소 II나 개시복합체와 상호작용하는 반면, 다른 인자들은 보조활성화인자가 추가적으로 필요하다.

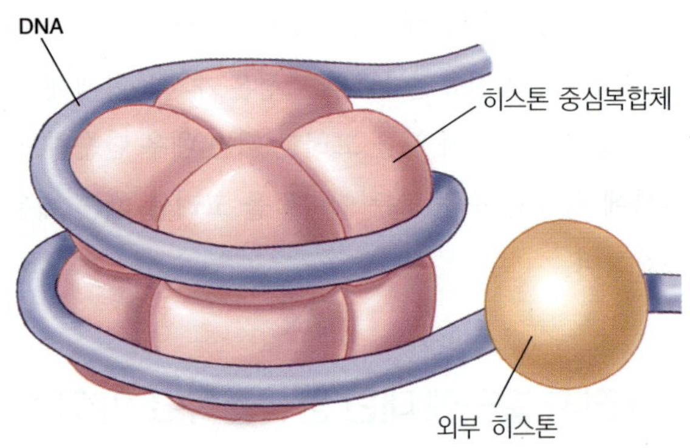

그림 18.17 | 뉴클레오솜.
DNA 이중나선이 8개의 히스톤으로 된 중심복합체에 감겨 있고, 뉴클레오솜 바깥에 1개의 히스톤이 DNA의 바깥쪽 부위에 부착해 있다.

보고 있다. 염색질은 가장 낮은 수준에서 보면 DNA와 히스톤 단백질이 뉴클레오솜으로 조립된 것이다. 이 뉴클레오솜은 촉진유전자에 전사인자와 RNA pol II가 결합하는 것을 막을 수 있다. 히스톤은 개조되어 촉진유전자가 있는 염색질을 더 농축시키고 단백질-DNA 상호작용을 방해할 수 있다.

DNA 메틸화

DNA의 화학적 메틸화(methylation)는 한때 척추동물세포에서 유전자 조절의 주요 역할을 한다고 여겨졌다. 시토신에 메틸기가 첨가되면 5-methylcytosine이 생기는데 이는 구아닌과 염기쌍을 이루는 데 영향을 주지 않는다(그림 18.18). 이는 우라실에 메틸기가 첨가되어 티민이 될 때, 아데닌과 염기쌍을 이루는 데 영향을 주지 않는 것과 같다. 포유동물의 여러

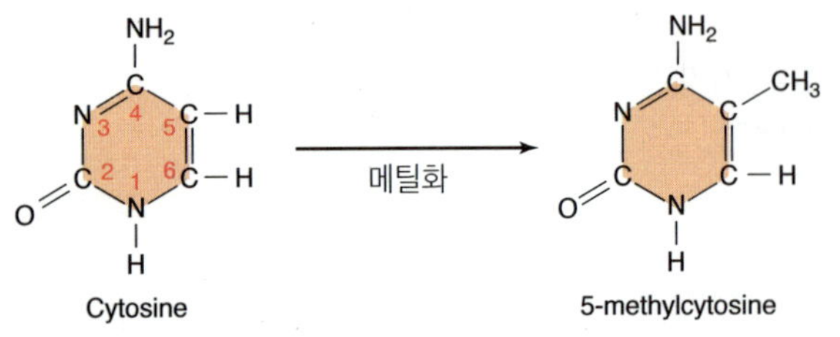

그림 18.18 | DNA 메틸화.
시토신이 메틸화되어 5-메틸시토신을 만들고 있다. 메틸기는 측면에 위치하므로 G-C 염기쌍의 수소결합을 방해하지는 않는다.

가지 불활성 유전자들은 메틸화되어 있고, 메틸화가 불활성화를 일으키는 것으로 생각되어 왔다. 그러나 이제는 메틸화가 직접적인 역할은 없고 불활성유전자의 우연한 전사를 막는 것으로 보고 있다. 척추동물 세포들은 5-methylcytosine 집단에 결합하는 단백질을 가지고 있어서 전사 활성화인자가 DNA에 접근되는 것을 막는다. 그러므로 메틸화는 유전자가 한번 불활성화되면 그 상태에 머물도록 해 준다.

염색질 구조 및 전사 활성화인자

원핵생물에서와 같이 모든 유전자 조절이 전사의 억제로 일어나는 것은 아니다. 일부의 경우 특정 유전자의 전사는 활성화된다. 전사인자들의 활성화도메인(activating domains)에 의한 전사의 활성화는 잘 알려져 있지는 않다. 일부 활성화인자는 개시복합체와 직접 작용하거나 또는 보조활성화인자를 통하여 개시복합체와 작용한다. 널리 인정되고 있는 것으로는 보조활성화인자가 아미노산에 아세틸기를 첨가하여 염색질 구조를 바꾸어 DNA에 전사인자가 접근하게 만든다는 것이다. 그러므로 전사되는 DNA는 아세틸화된 히스톤을 가지는 뉴클레오솜의 존재와 관련이 있다. 최근에 일부 보조활성화인자는 히스톤 아세틸화효소인 것이 알려졌다. 이 경우 전사는 전사를 막는 고차적 염색질 구조의 해체에 의해 전사가 증진된다. 일부 보조억제인자는 히스톤 탈아세틸화효소인 것으로 알려졌다. 이 점은 히스톤 개조가 염색질 구조에 영향을 끼치고 보조활성화인자와 보조억제인자가 이 영향을 조절한다는 견해와 일치되고 있다.

진핵세포의 전사후 조절

지금까지 전사 개시의 관점, 즉 RNA 중합효소가 언제 또 얼마나 자주 특정 유전자를 "판독"하는가와 관련하여 유전자 조절을 알아 보았다. 그러나 전사 후에도 여러 시기에서 유전자 조절이 일어난다. 일반적으로 이 전사후 조절 과정은 조절단백질과 소형 RNA

분자에 의한 1차 RNA 전사물의 특정 서열의 인식과 관련되어 있다.

소형 RNAs

소형 RNAs라고 하는 일단의 RNA 분자들이 유전자의 1차 전사물과 직접 작용함으로써 유전자 발현의 조절에 중요한 역할을 하는 것이 알려졌다. 소형 RNAs는 21~28 뉴클레오티드 길이의 짧은 RNA 조각이다. 이 소형 RNAs에 대한 처음 주목한 것은 1993년이었는데, 이때 선충류 *Caenorhabditis elegans*에서 아무런 단백질도 만들지 않는 작은 RNA의 존재가 보고되었다. 이 소형 RNAs가 선충류의 특정 유전자의 활동을 조절하는 것이 알려졌다.

그 후 여러 가지 생물에서 이와 유사한 소형 RNAs가 발견되었다. 이 소형 RNAs가 식물 *Arabidopsis thaliana*에서 초기 발생에 중요한 유전자 조절과 관련되어 있고, 효모에서는 게놈의 조밀하게 뭉쳐진 부위에 있는 유전자들을 불활성화시키는 작용인자로 알려졌다. 섬모충류 *Tetrahymena thermophila*에서는 발생 동안에 일어나는 DNA 덩어리의 소실이 소형 RNA에 의해 유도된다.

RNA 간섭. 소형 RNA 조각이 어떻게 유전자 발현을 조절할까? 첫 단서는 1998년에 나타났는데, 당시에 연구자들이 이중가닥으로 된 작은 RNA 조각을 선충류에 주입하였다. 이중가닥 RNA는 단일나선의 양쪽 끝 부위가 서로 상보적 뉴클레오티드 서열을 가지고 있어서 머리핀처럼 접힐 때 생긴다(그림 18.19). 이 이중가닥 RNA는 이중가닥 RNA를 만드는 유전자의 발현을 강하게 억제하였다. 이와 같은 식의 유전자 불활성화를 RNA 간섭(RNA interference)이라고 한다.

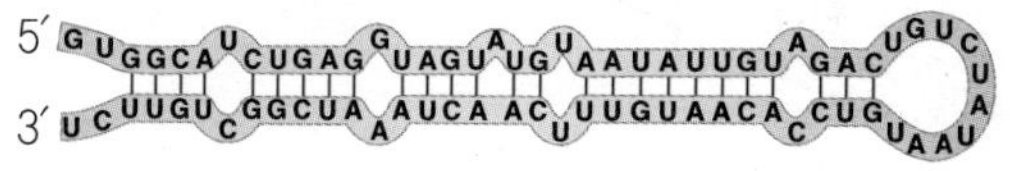

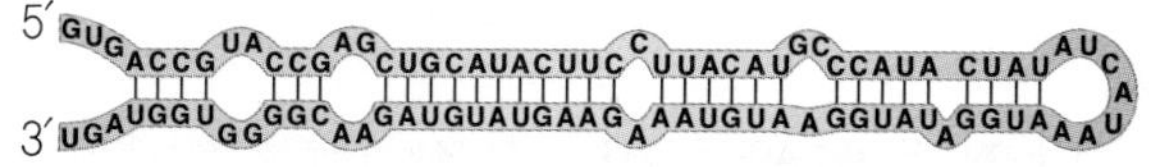

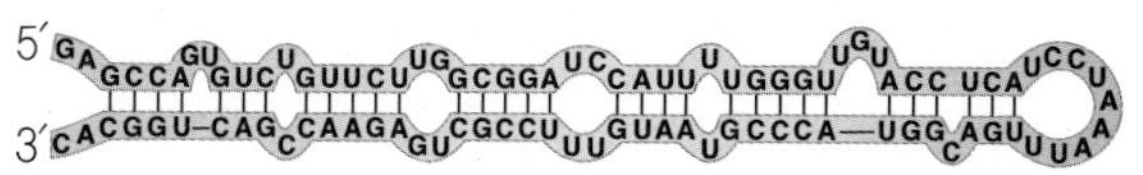

그림 18.19 | 이중나선 고리를 형성하는 소형 RNAs.
이 세 가지 RNA 분자는 왼쪽과 오른쪽 절반이 서로 상보적 서열로 되어 있으므로 접혀서 염기쌍을 형성하여 머리핀 모양을 만든다.

소형 RNAs가 유전자 발현을 조절하는 방식. 2001년에 연구자들은 세포 내에서 소형 RNA를 만드는 dicer라고 하는 효소를 식별해 냈는데, dicer는 이중가닥 RNA를 작은 조각으로 잘라낸다. dicer의 작용으로 두 가지 소형 RNA가 생기는데 그것은 miRNAs(microRNAs)와 siRNAs(small interfering RNAs)이다.

miRNAs는 mRNAs에 직접 부착하여 단백질 번역을 하지 못하도록 한다. 지금까지 100가지 이상의 miRNAs가 구별되었는데, 현재에도 이들의 기능이 무엇이며, 어떤 종에 어떤 miRNAs가 나타나는지를 연구하는 중이다.

siRNAs는 RNA 간섭의 주요 작용인자로서, 특정 mRNAs가 전사된 후 리보솜에 의해 번역되기 전에 이 mRNAs를 분해시킨다. 특정 유전자 전사물을 분해시키는 방식은 아직 모르고 있다. 지금까지의 연구 결과로 보면 dicer가 siRNAs를 RISC라고 하는 효소복합체에 운반하고 이 효소복합체는 상보적 서열을 가진 mRNA 분자를 분해시킨다(그림 18.20).

RNA 간섭은 후성적 변화(epigenetic change), 즉 DNA 서열의 변화 없이 한 세대에서 다음 세대로 전달되는 유전자 발현의 변화에 중요한 역할을 하는 것으로 나타나고 있다. 여러 가지의 경우에서 후성적 조절은 DNA 포장(packaging)의 변화 때문에 나타난다. 이미 알고 있듯이 DNA는 히스톤 단백질 주변에 감겨 뉴클레오솜을 이루며 뉴클레오솜 가닥은 다시 감겨서 염색질 섬유를 이룬다. siRNAs는 이 가닥이

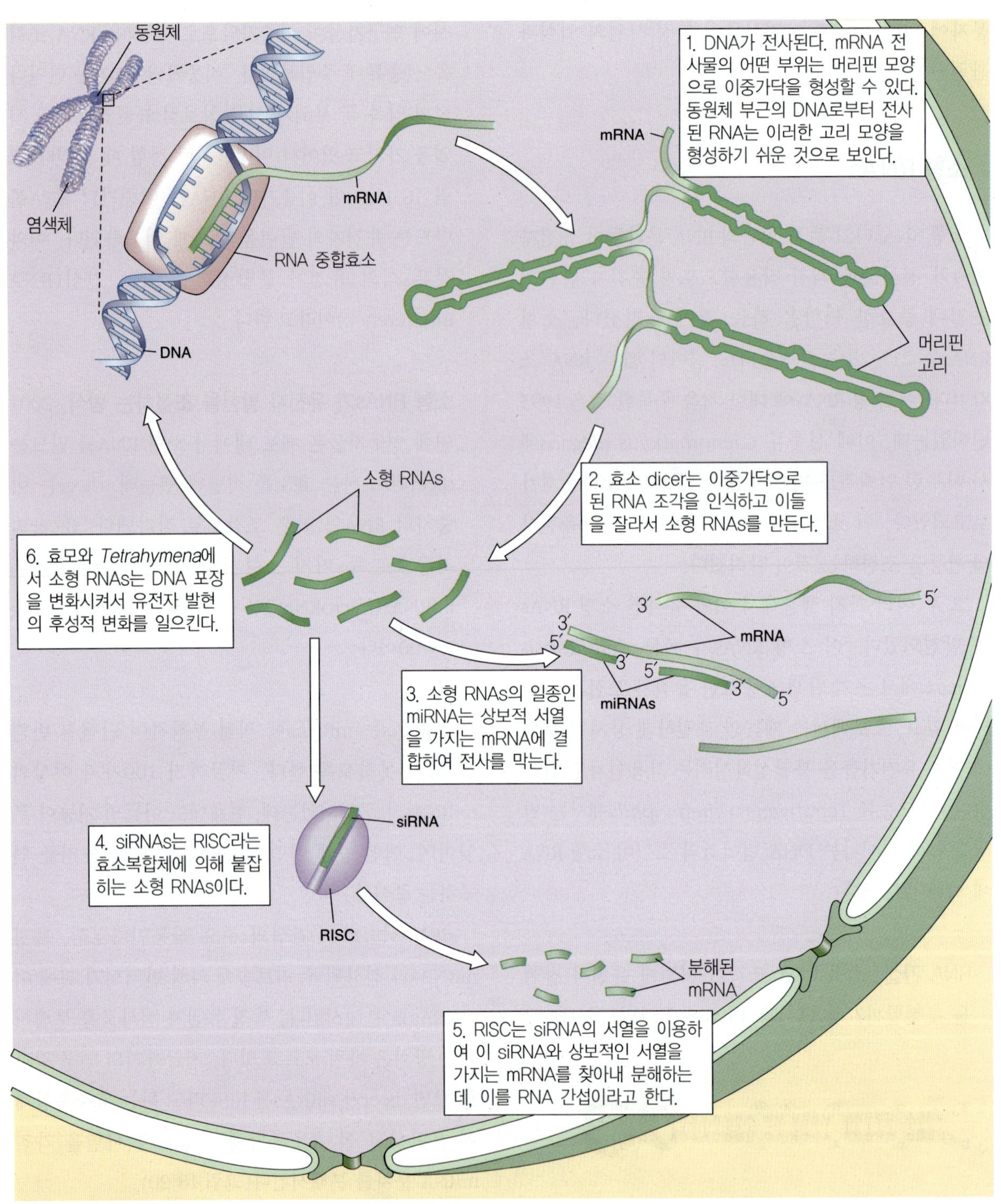

그림 18.20 | **소형 RNAs가 유전자 발현의 조절에 작용하는 방식.**
소형 RNAs는 한 RNA 전사물의 이중고리 머리핀 고리가 잘라질 때 생긴다. miRNA 및 siRNA의 두 가지 소형 RNA가 mRNA 전사물에 대한 작용(RNA 간섭)을 통하여 핵 안의 유전자 발현을 차단하는 것으로 보인다. 위의 모식도에서와 같이 소형 RNAs는 또 일부 생물에서 염색질 포장에도 영향을 주는 것으로 보인다.

감기는 방식을 변화시켜서 유전자 발현에 영향을 준다. 그러나 siRNAs가 염색질 모양을 변화시키는 방식은 아직 알려지지 않았다.

1차 전사물의 대체 이어맞추기

대부분의 진핵세포 유전자에는 기다란 인트론 속에 엑손이 군데군데 박혀 있다. RNA 중합효소에 의해 DNA로부터 복사된 mRNA 분자, 즉 1차 전사물(primary transcript)은 DNA의 충실한 복사물로서 그 속에 엑손도 복사되어 있고 인트론도 복사되어 있다. 이 1차 전사물이 번역되기 전에 약 90%를 차지하는 인트론은 RNA 이어맞추기(RNA splicing 또는 RNA processing) 과정을 통하여 제거된다. snRNPs(snurfs : small nuclear ribonucleoproteins)라고 하는 과립체가 RNA 이어맞추기에서 한 역할을 하는 것으로 보인다. 이 과립체는 핵 내에 잔류하며 단백질과 snRNA (small nuclear RNA)라는 특수 RNA로 구성되어 있다. snRNPs 중 한 가지는 인트론의 상보적 서열과 염기쌍을 이루어 인트론 5′ 말단에 결합할 수 있는 snRNA를 함유한다. 여러 개의 snRNPs가 연합하여 이어맞추기 복합체(spliceosome)라는 커다란 복합체를 형성하면 인트론은 고리를 형성하면서 떨어져 나온다.

RNA 이어맞추기는 엑손이 여러 가지 방식으로 이어 연결될 수 있으므로 유전자 발현의 잠재적인 조절 지점을 제공한다. 대체 이어맞추기는 곤충과 척추동물에서 흔한 일로서, 두 가지 또는 세 가지의 상이한 단백질이 한 유전자로부터 만들어질 수 있다. 또 발생 단계나 조직에 따라 이어맞추기 방식이 달라져서 유전자 발현의 조절이 나타나는 경우도 많다.

대체 이어맞추기는 사람에서 그 훌륭한 예를 찾아볼 수 있다. 갑상선은 대사 속도를 조절하는 호르몬을 생산한다. 뇌에 있는 시상하부는 체내 정보(가령 염의 균형)를 수집하고 호르몬을 방출하여 뇌하수체와 같은 다른 샘의 호르몬 방출을 조절한다. 이 두 기관은 두 가지 호르몬, 칼시토닌과 CGRP(calcitonin gene-related peptide)를 생산한다. 칼시토닌은 칼슘의 흡수량과 골격과 치아와 같은 조직에서의 칼슘 균형을 조절한다. CGRP는 여러 가지 신경 및 내분비 기능과 관련되어 있다. 이 두 호르몬은 매우 다른 생리적 목적으로 만들어지지만 동일한 전사물에 의해 만들어진다(그림 18.21). 두 가지 호르몬의 상대적 생산량은 1차 전사물의 성숙 과정을 조절하는 조직 특이적 인자들에 의해 결정된다. 이러한 능력은 유전자 산물의 발현을 조절하는 강력한 수단이 된다.

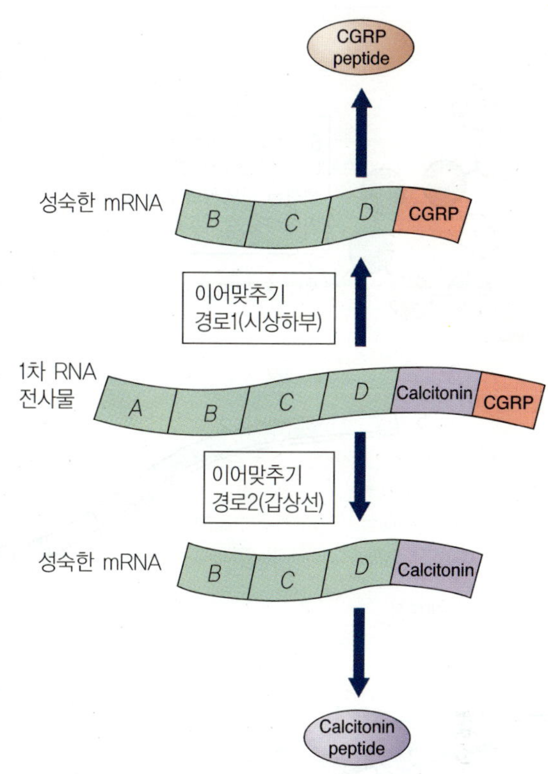

그림 18.21 | 이어맞추기 산물의 변화.
동일 유전자로부터 만들어진 동일한 전사물이 이어맞추기 방식의 변화로 전혀 다른 단백질 산물인 칼시토닌과 CGRP를 만든다.

RNA 편집

동일한 유전자로부터 여러 가지 전사물이 생기기 때문에 유전자 수보다 더 많은 종류의 단백질이 만들어지게 된다. 그런데 전사물의 편집 과정에서 다시 변화가 일어나기도 한다. 원생동물에서 일부 RNA 전사물에 우라실 잔기가 삽입되는 것이 처음 발견되었을 때 이는 비정상이라고 여겨졌다. 그 후 사람을 포함한 포유동물에서도 RNA 편집이 일어나는 것이 발견되었다. 이러한 경우 편집에서 한 염기의 화학적 변화로 염기쌍의 특성의 변화가 일어난다. 이러한 일은 시토

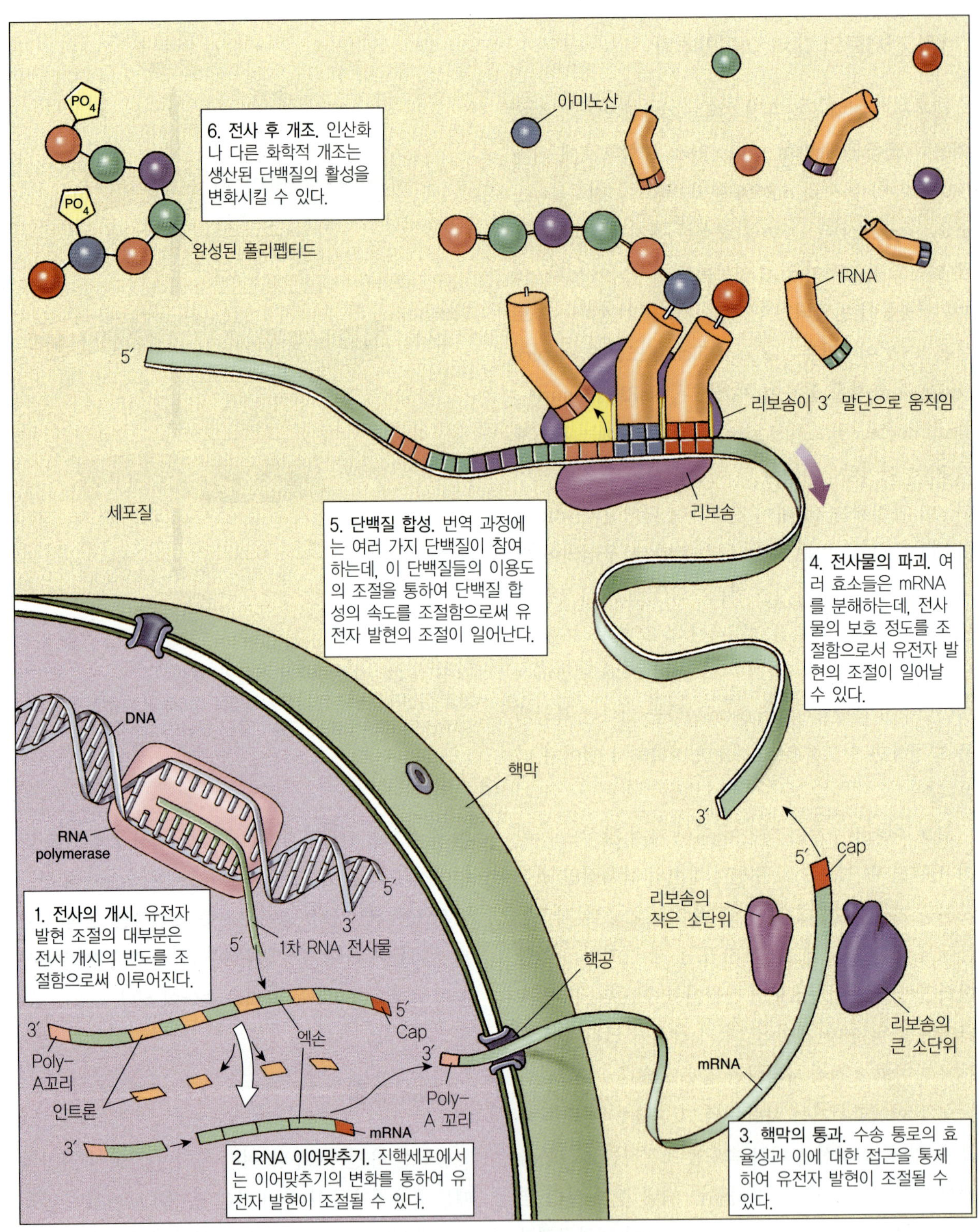

그림 18.22 | 진핵세포에서 유전자 발현의 조절이 일어날 수 있는 여섯 가지 수준.

신의 탈아미노화로 우라실이 생기거나 아데닌의 탈아미노화로 이노신이 될 때 생긴다(번역시 이노신은 G인 것처럼 행동한다).

사람에서 RNA 편집의 예는 콜레스테롤과 트리글리세리드의 수송과 관련된 단백질 apolipoprotein B에서 볼 수 있다. 이 단백질(ApoB)을 지령하는 유전자는 크고 복잡하여 50kb의 DNA상에 흩어져 있는 39개 인트론으로 구성되어 있다. 이 단백질은 두 가지 이소형(isoform)으로 존재하는데, 완전한 길이를 가지는 ApoB100 형과 잘려진 ApoB48 형이다. 잘려진 형은 mRNA에서 글루타민을 만드는 코돈이 정지 코돈으로 변화되어 생긴다. 나아가 이러한 편집은 조직 특이적 방식으로 일어난다. 즉, 편집된 형은 장에서만 나타나고 간은 완전한 형만 만들어낸다. 완전한 길이의 ApoB100은 콜레스테롤을 운반하는 LDL 과립의 한 부분이다. 혈청 내의 높은 LDL 농도는 죽상경화증(artherosclerosis)의 지표가 되는 것으로 알려졌다. 편집이 장 특이적 전사물의 농도에 영향을 주지는 않는 것으로 알려졌다.

RNA 편집은 사람의 뇌에 있는 마취제 수용체들에서도 발견되었다. 이 수용체들 중의 하나인 세로토닌(5-HT) 수용체는 여러 부위에서 편집되어 총 12가지의 상이한 이소형의 단백질을 만들어낸다.

가공된 전사물의 핵 밖으로의 수송

가공된 mRNA 전사물은 핵공을 통하여 핵 밖으로 나간다. 이 전사물이 핵막을 통과하는 것은 능동적인 과정으로서 이때 전사물이 핵공 안쪽에 있는 수용체에 의해 인식되어야 한다. poly-A 꼬리와 같은 전사물의 특정 부위가 이 인식에 중요한 역할을 한다. 전사물에 이어맞추기 효소가 부착되어 있으면 전사물은 핵공을 통과하지 못하므로 부분적으로만 가공된 전사물은 세포질로 나가지 못한다.

유전자 발현이 이 시점에서 조절될 것이라는 추정은 있지만 명확한 근거는 아직 없다. 평균적으로 전사된 유전자의 약 10%가 엑손 서열이고, 1차 전사물로서 만들어진 mRNA의 약 5%만이 세포질로 나간다. 이는 엑손이 만들어낸 1차 전사물의 약 절반은 핵 밖으로 나가지 못함을 뜻하는데, 이 mRNA의 사라짐이 선택적인지 아닌지는 아직 모른다.

번역될 mRNA의 선택

가공된 mRNA 전사물이 세포질내 리보솜에 의해 번역될 때 번역인자(translation factor)라는 단백질 복합체가 관여한다. 적어도 일부 경우에 유전자 발현은 이 인자들 중 한 가지 이상의 개조에 의해 조절된다. 그 외의 경우 번역억제단백질(translation repressor protein)이 전사물의 시작점에 부착하여 전사물이 리보솜에 부착하지 못하도록 함으로써 번역을 중단시킨다. 사람에서 페리틴(ferrtitin, 철 저장 단백질)의 생산은 aconitase라는 번역억제단백질에 의하여 중단된다. Aconitase는 페리틴 mRNA의 시작점에 있는 30개 뉴클레오티드 서열에 부착하여 안정적인 고리를 만들어서 리보솜이 이에 부착하지 못하게 한다. 세포가 철을 만나면 철이 aconitase에 결합하여 aconitase가 페리틴 mRNA로부터 해리하고, 자유로워진 mRNA는 번역되어 페리틴 생산이 100배로 증가한다.

mRNA 전사물의 선택적 분해

세포질 내에서의 mRNA 전사물의 안정성도 유전자 발현에 영향을 주는 요소이다. 반감기(half-life)가 약 3분인 원핵세포의 mRNA 전사물과는 달리, 진핵세포의 전사물은 매우 안정적이다. 가령 β–글로빈 유전자 전사물의 반감기는 10시간 이상이나 된다. 그러나 조절 단백질과 성장인자를 만드는 전사물은 이보다 훨씬 덜 안정적이어서 반감기가 1시간 미만이다. 무엇 때문에 이처럼 불안정적인 전사물이 생길까? 여러 경우에서 이 불안정적인 전사물들은 3′ 말단 근처에 mRNA를 분해하는 효소가 공격하기 쉬운 특정 서열을 가진다. 한 전사물의 3′ poly-A 꼬리 부근에 있는 A와 U는 꼬리의 제거를 촉진하여 mRNA를 불안정하게 만든다. 가령, 히스톤 전사물은 활발하게 DNA를 합성하는 세포에서 반감기가 약 1시간이며, 세포 주기의 다른 시기에서는 poly-A 꼬리가 소실되며 전사물은 몇 분 내에 분해된다. 다른 mRNA 전사물은 3′ 말단 근처에 핵산내부가수분해효소(endonuclease)

의 인식 부위인 서열을 가지는데, 이런 전사물은 신속히 분해된다. 여러 조절 유전자의 mRNA 전사물의 반감기가 짧은 것은 세포 내 조절단백질의 농도를 신속히 변화시킬 수 있으므로 이 유전자들의 기능에 매우 중요하다.

CHAPTER 19

발생의 세포학적 기작

앞 장에서 한 개의 세포에서 일어나는 유전자 발현을 알아보았다. 그러면 시야를 넓혀서 하나의 세포가 다세포생물로 되는 발생 과정을 탐구해 보자. 이 발생 과정 동안 내려지는 전사결정 양상에 따라 세포들은 다른 경로를 따라 발생하게 된다. 이 장에서는 다세포생물들이 발생이 정확하게 진행되도록 조절하는 기작에 대해 탐구해 보자.

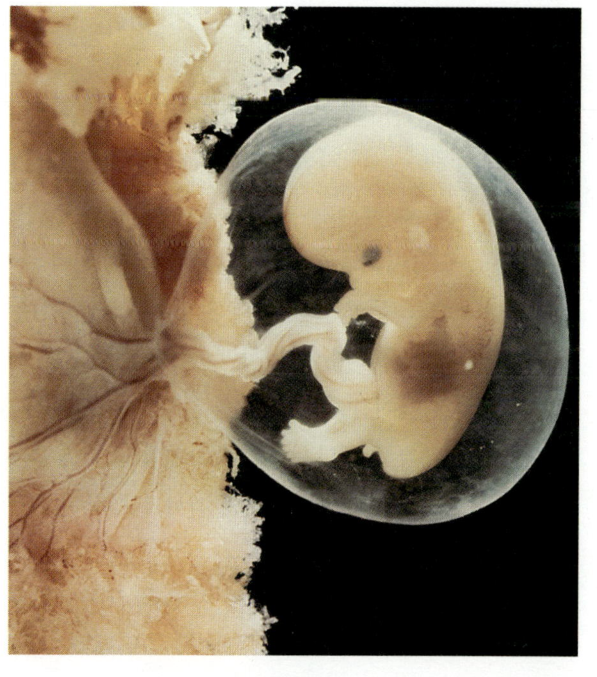

그림 19.1 | 9주일 된 사람의 태아.
이 9주 된 사람의 태아는 처음에 하나의 세포인 수정란 또는 접합자로 시작되었다. 접합자의 딸세포들은 분열을 계속하고 특수화되어 태아의 독특한 형태를 이루게 되었다.

19.1 척추동물의 발생

척추동물의 발생은 동적인 과정으로서 세포들은 신속히 분열하고, 서로 움직여서 몸의 기본적 형상을 이룬다(그림 19.1). 서로 다른 부위에서 특정 세포들이 기관을 이루고 몸의 크기와 형태가 출산 후 생존할 수 있을 정도로 된다

난할

척추동물은 하나의 수정란, 즉 접합자로부터 발생을 시작한다. 수정 후 1시간 내에 접합자는 신속한 분열을 시작하여 할구(blastomere)라는 분열할수록 작아지는 세포로 된다(그림 19.2). 초기의 세포분열을 난할(cleavage)이라고 하며, 배의 전체적 크기 증가가

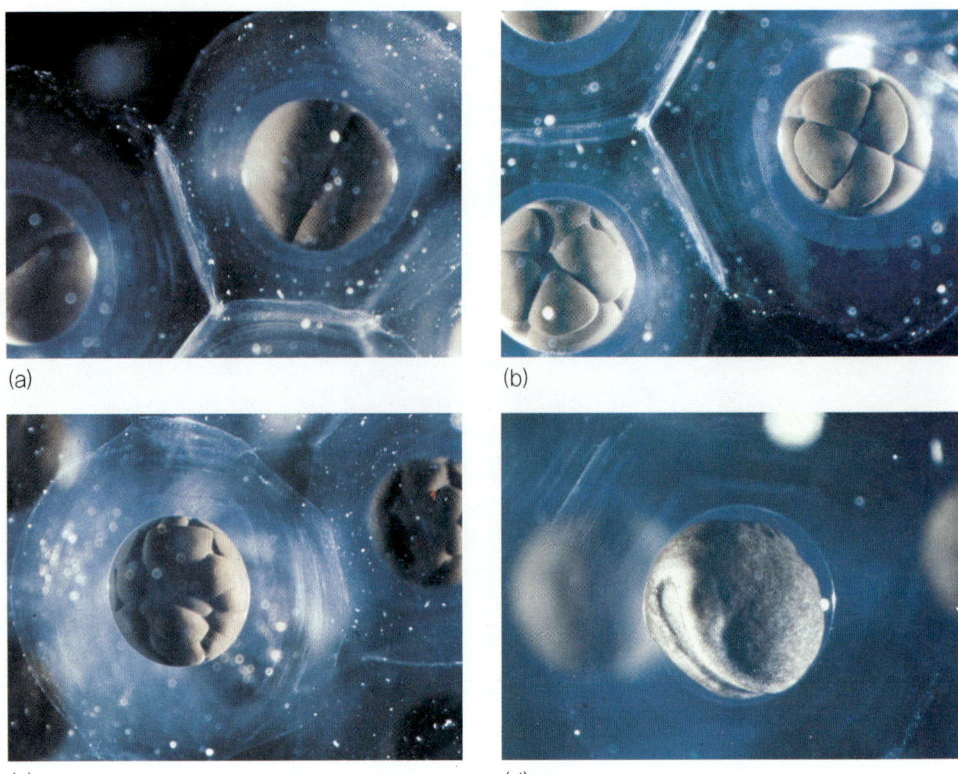

그림 19.2 | 개구리 배의 난할.
(a) 처음의 분열로 만들어진 (b) 세포군은 곧 팽창하여 (c) 세포 덩어리가 되며 (d) 내부로 함입하여 낭배, 그리고 나서 신경배를 이룬다.

일어나는 것이 아니라 접합자의 내용물이 단순히 딸세포로 분할된다. 접합자의 양쪽 말단을 각각 전통적으로 식물극(vegetal pole)과 동물극(animal pole)이라고 한다. 일반적으로 동물극의 할구들은 나중에 몸의 외부기관으로 되고, 식물극의 할구들은 내부기관이 된다. 배의 원래의 위-아래(등-배)의 방향은 수정시 정자가 난자로 들어간 자리에 의해 결정되는데, 이 자리는 나중에 복부에 해당된다. 약 12번의 난할 후 난할 속도는 느려지고 주요 유전자의 전사가 시작된다.

포배 형성

세포 덩어리의 맨 바깥쪽에 있는 할구들은 서로 조밀하게 밀착연접(tight junction)으로 맞붙어 있다(그림 19.3 a). 이 밀착연접으로 외부와 차단된 안쪽 할구들은 약 16세포기에 세포질로부터 세포 간 공간으로 Na^+을 펌프질하기 시작한다. 그 결과로 생기는 삼투압 차로 물이 세포 덩어리 중심부로 들어오게 되고 세포 간 공간이 커진다. 결국, 공간이 합쳐져서 하나의 커다란 강소를 이룬다. 이렇게 속이 빈 세포 덩어리를 포배(blastula)라고 하고, 포유동물에서는 배반포(blastocyst)라고 한다(그림 19.3b).

낭배 형성

포배의 일부 세포들은 안으로 밀려들어가 낭배(gastrula)를 형성한다. 세포들은 접착용 세포족(lamellipodia)을 뻗어서 인접 세포 위로 기며, 인접 세포들은 자신의 접착용 세포족을 형성함으로써 반응한다. 곧 한 층의 세포들이 수축하고 안으로 파고 들어가면서 함입을 시작한다. 낭배 형성(gastrulation)이라는 이 과정으로 척추동물 몸의 주축을 형성하고 포배가 좌우대칭이자 중심에 장이 있는 배로 전환된다. 이 시점부터 배는 3개의 배엽층(germ layers)을 가지게 된다. 함입으로 생긴 관 모양의 원시적인 장을 이루는 세포들을 내배엽(endoderm)이라고 하며, 나중에 위, 폐, 간 등과 같은 대부분의 내부기관으로 된다. 바깥에 남은 세포들은 외배엽(ectoderm)이 되고

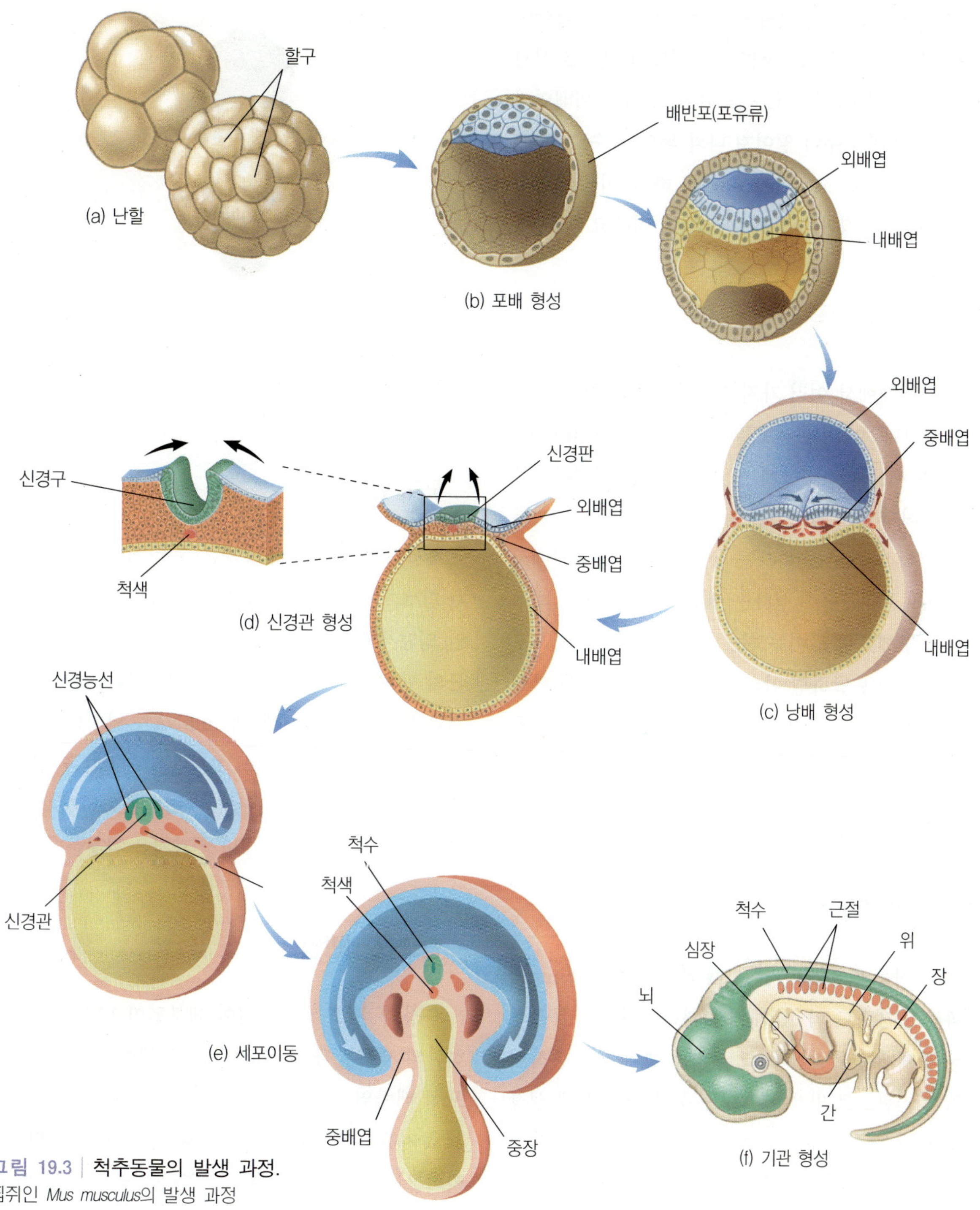

그림 19.3 | **척추동물의 발생 과정.** 집쥐인 *Mus musculus*의 발생 과정

나중에 피부나 신경계로 된다. 함입한 세포들로부터 떨어져 나와 장과 외벽 사이의 공간으로 들어가는 세포들은 중배엽(mesoderm)으로, 나중에 척색, 골격, 혈관, 결합조직, 근육으로 된다.

신경관 형성

낭배 형성이 완료된 직후 배의 등쪽 표면에 있는 외배엽 구역이 두꺼워지기 시작하는데, 이는 그 아래에 있는 척색의 존재에 의해 촉발된다. 외배엽 구역이 두꺼워지는 것은 일부 외배엽세포들의 신장에 의해 생긴다. 이 세포들은 한쪽 말단에서 액틴 필라멘트 다발이 수축하여 쐐기 모양으로 된다. 이 형태적 변화로 신경조직이 둥글게 말리면서 관을 이루고, 결국 외배엽의 나머지 부분으로부터 떨어져 나와 뇌와 척수로 된다. 이 관을 신경관(neural tube)이라고 하며, 이것이 형성되는 과정을 신경관 형성(neurulation)이라고 한다.

세포의 이동

다음 단계에서 여러 가지 세포들이 이동하여 조직을 형성한다. 이 이동 세포들 중에는 신경능선(neural crest)의 세포들도 있는데 이 신경능선은 신경관으로부터 떨어져 나와 감각기관 등 여러 가지 구조를 이룬다. 또, 체절(somites)이라는 근육조직 중심구역에서 이동하여 골격근을 형성하는 세포들이나 혈구와 배우체의 선구세포들도 이동하는 세포들이다. 이동 세포가 목적지에 도달하면 이의 표면에 있는 수용체 단백질이 목적지 조직의 세포 표면에 있는 단백질과 작용하여 이동 세포의 세포골격의 변화를 일으키고 움직임을 중단하게 만든다.

기관 형성과 성장

세포 이동과 집결이 끝날 때 배의 길이가 6mm에 불과하고 세포도 약 10^5개에 불과하지만 척추동물의 기본 몸체제는 확립된다. 그 후의 발생 과정을 통하여 조직이 기관으로 발생하고 배는 수백 배로 크게 성장한다.

곤충의 발생

곤충의 발생 경로는 척추동물의 경우와 차이가 있다. 곤충에서는 유충의 몸의 형태가 완전히 변하면서 성체로 변화한다. 이를 변태(metamorphosis)라 한다.

그림 19.4 | 노랑초파리 *Drosophila melanogaster*.
동물 발생연구에 가장 집중적으로 이용되는 동물중 하나이다.

모계 유전자

초파리 같은 곤충의 발생은 수정 전에 난자의 형성과 함께 시작된다. 초파리에서 알의 성숙을 돕는 세포인 영양세포(nurse cell)가 자신의 일부 mRNA를 인근의 난자의 끝으로 움직이게 한다(그림 19.5a). 그 결과 모계 유전자가 생산한 mRNA가 난자의 특정 위치에 가서 위치하게 되며, 수정란이 난할한 후 딸세포들은 서로 다른 모계 산물을 가진다. 따라서 접합자보다 모계 유전자가 초기 발생 과정을 결정한다.

합포성 배반엽

수정 후 세포질분열 없이 핵분열이 12번 일어나서 하나의 세포질 내에 약 6,000개의 핵이 생긴다. 이 합포성 배반엽(syncytial blastoderm) 안의 모든 핵은 서로 자유롭게 교류할 수 있으나 난자 내 핵의 위치에 따라 서로 다른 모계 산물의 영향을 받는다. 그런 다음 핵은 포배 표면에 고르게 퍼지며 이들 사이에 막이 자란다. 뒤따라 배의 접힘과 1차 조직의 발생이 일어나는데, 이 과정은 척추동물의 발생 과정과 유사하다. 수정 1일 이내에 생기는 원통형의 몸이 유충이다.

유충

유충은 즉시 섭식을 시작하면서 몸이 자란다. 그러

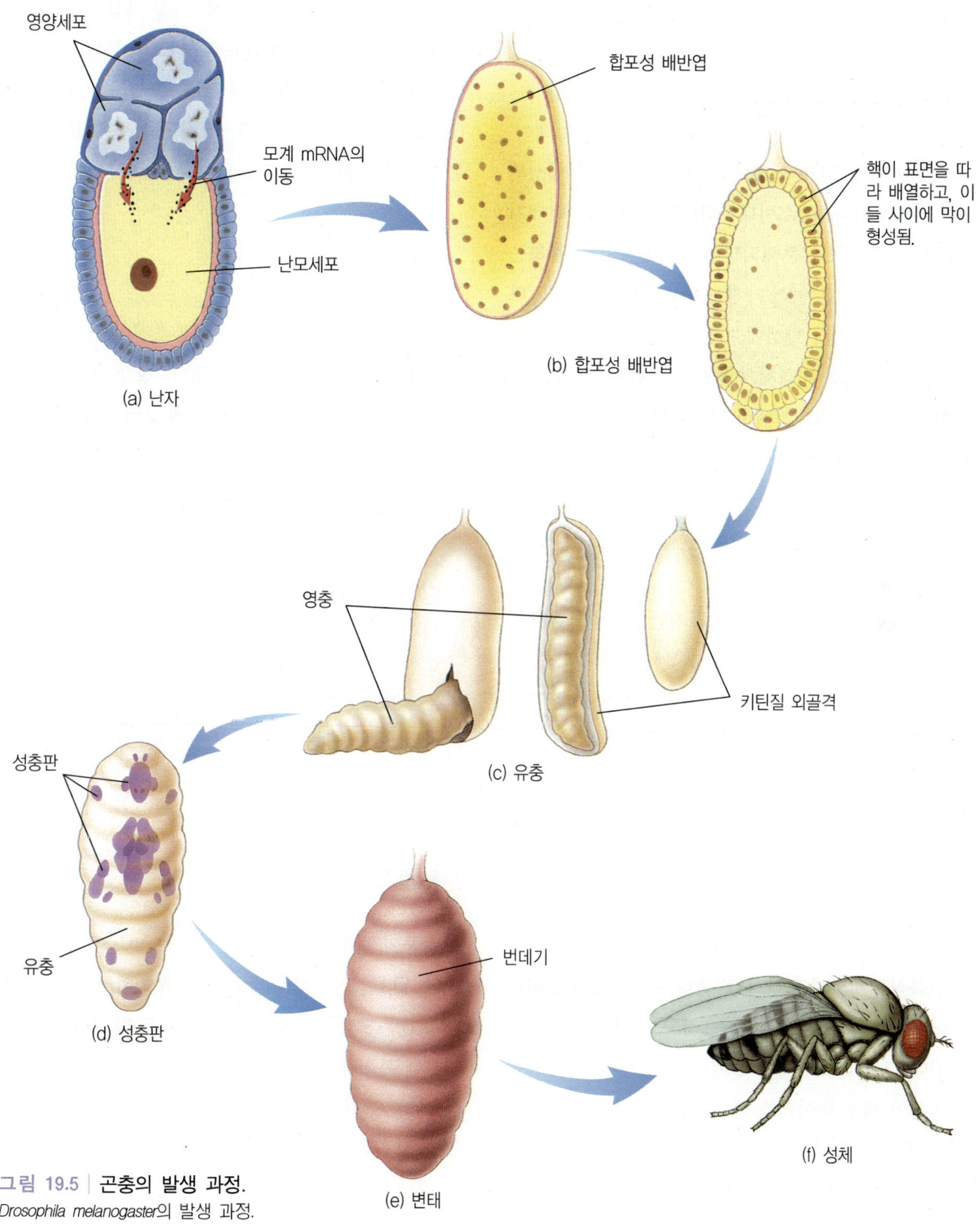

그림 19.5 | **곤충의 발생 과정.**
*Drosophila melanogaster*의 발생 과정.

나 키틴질의 외골격은 크게 팽창할 수는 없으므로 1일 이내에 외골격을 벗는다. 새로운 외골격이 단단해지기 전에 유충은 팽창한다. 4일 동안에 총 3번의 유충 단계를 거친다.

성충판

배가 성장하는 동안 성충판(imaginal disc)이라고 하는 약 12가지 세포집단들이 몸 안에 형성된다. 성충판들은 유충 시기에 아무런 역할도 하지 않으나 성체

시기에는 몸의 주요 부분을 형성한다.

변태(metamorphosis)

마지막 유충 단계가 지나면 단단한 외각이 형성되면서 번데기(pupa)로 변태한다(그림 19.5e). 번데기 안에서 유충세포는 분해되면서 영양물질을 방출하는데, 이 영양물질은 여러 가지 성충판(눈판, 날개판, 다리판 등)의 성장과 발생에 이용된다. 그런 뒤 성충판들은 서로 결합하여 성체의 몸을 조립한다. 초파리 유충이 번데기로, 번데기에서 다시 성체로 변태하는 데는 약 4일이 걸린다.

식물의 발생

동물세포는 발생 도중 이동하지만, 단단한 세포벽으로 싸인 식물세포는 이동하지 못하고 원래의 장소에 고정되어 있다. 그 대신 식물은 몸을 밖으로 불려가면서 발생하고, 분열조직(meristem)이라는 특수 세포집단에서 새로운 부위가 생긴다. 분열조직 세포가 계속 분열하면서 조직으로 분화될 세포들이 생긴다.

초기 세포분열

현화식물에서 수정란의 첫 분열은 중심에서 벗어나 일어나므로 딸세포 중 하나는 작고 조밀한 세포질을 가진다(그림 19.6). 나중에 배가 되는 이 세포는 계속 분열하여 세포 덩어리를 이룬다. 다른 하나의 딸세포 역시 계속 분열하여 배병(suspensor)이라는 길쭉한 구조를 이루는데, 배병은 배와 종자의 영양조직 사이를 연결한다. 이때 배는 뿌리-어린싹의 축을 형성한다. 배병 부근의 세포들은 나중에 뿌리가 되고, 축의 반대쪽의 세포들은 어린 싹이 된다.

조직 형성

식물의 배가 아직 세포 덩어리일 때 세 가지 기본 조직이 분화한다(그림 19.6b). 가장 바깥쪽의 세포들은 표피세포(epidermal cells)로 되고 내부의 세포들은 나중에 양분과 수분저장 기능을 하는 기본조직(ground tissue)으로 된다. 배의 중심부에 있는 세포들은 나중에 관다발조직(vascular tissue)으로 된다.

종자 형성

현화식물의 배는 세 가지 기본조직이 생긴 직후 1개 또는 2개의 자엽(cotyledon)을 발생시킨다. 이때 발생이 정지하고 배는 영양조직에 둘러싸이거나 자엽에 양분을 축적한다. 그 결과로 생기는 것이 종자인데, 종자는 건조나 기타 불량한 조건에 잘 견딘다.

발아(germination)

종자는 수분, 온도 등의 요인과 관련된 환경 변화에 반응하여 발아한다. 종자 안의 배는 발생을 다시 시작하여 신속히 자라는데, 뿌리는 아래쪽으로, 잎을 가지는 어린 줄기는 위쪽으로 뻗는다.

분열조직 발생

식물의 발생은 식물체를 이루는 바탕이 조립되는 동안 커다란 신축성을 발휘한다. 뿌리와 줄기 끝에 있는 정단분열조직(apical meristems)은 잎, 꽃과 기타의 식물체 부위를 이루는 데 필요한 많은 세포들을 만든다. 식물 조직에서 만들어지는 여러 가지 호르몬은 분열조직의 활동에 영향을 준다.

형태 형성(morphogenesis)

식물체의 형태는 대체로 세포가 삼투압에 의해 팽창하면서 일어나는 형태변화에 의해 결정된다(그림 19.6e). 식물의 생장조절 호르몬과 기타 인자는 원형질막 안의 미세소관 다발의 형성방향에 영향을 준다. 이 미세소관들은 세포벽이 생길 때 셀룰로스 침적을

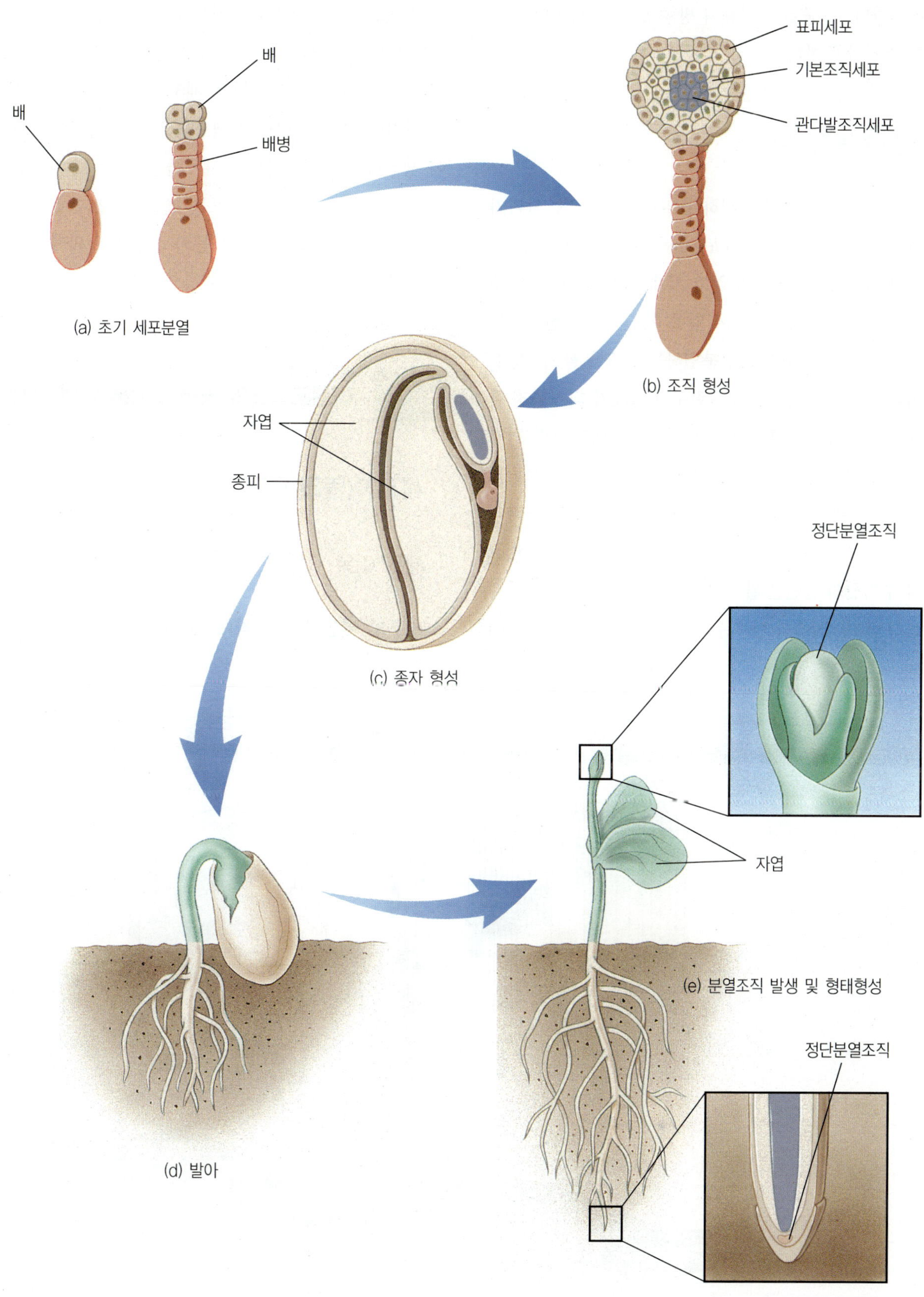

그림 19.6 | 식물의 발생 과정.
*Arabidopsis thaliana*의 발생 과정

조절한다. 셀룰로스 섬유의 방향 설정은 세포의 형태를 결정하게 한다.

선충류의 발생

발생 양상이 가장 완전하게 알려진 동물 중 하나가 선충류 *Caenorhabditis elegans*이다. 이 선충류는 길이가 약 1mm에 지나지 않고 체세포가 959개이며, 초파리와 거의 동일한 DNA 양을 가진다. 이 선충류는 몸이 투명하여 각 세포가 분열하는 모습을 볼 수 있다. 이를 보고 연구자들은 수정란부터 성체가 되기까지 각 세포의 활동을 관찰할 수 있다. 그림 19.7a처럼 난자가 둘로 분열하고 딸세포들은 계속 분열한다. 그림의 계통지도에서 각 수평선은 한 번의 세포분열을 나타내고, 수직선의 길이는 세포분열 사이의 시간을, 그리고 각 수직선의 말단은 완전히 분화된 세포를 뜻한다.

그림 19.7b에서 선충류의 주요 기관이 색으로 표현되어 있고, 이 색깔은 계통지도에 색깔로 표시된 세포 집단과 일치되어 있다. 쿠티클을 만드는 세포들 중 일부와 같은 분화된 세포들은 제8 세포분열이 일어난 뒤 생기며, 기타의 쿠티클 세포들은 제14 세포분열 후에 생긴다. 인두를 이루는 세포들은 제9~11 세포분열 후에 생기며 생식소 세포는 제17 분열 후에 생긴다. 정확히 302개의 세포가 몸의 신경계로 되며, 131개 세포는 생긴 지 몇 분 내에 사멸한다.

19.2 다세포생물의 공통적 기본 발생 기작

세포 이동과 유도

세포 이동

세포의 이동에는 부착(adhesion)과 부착의 상실

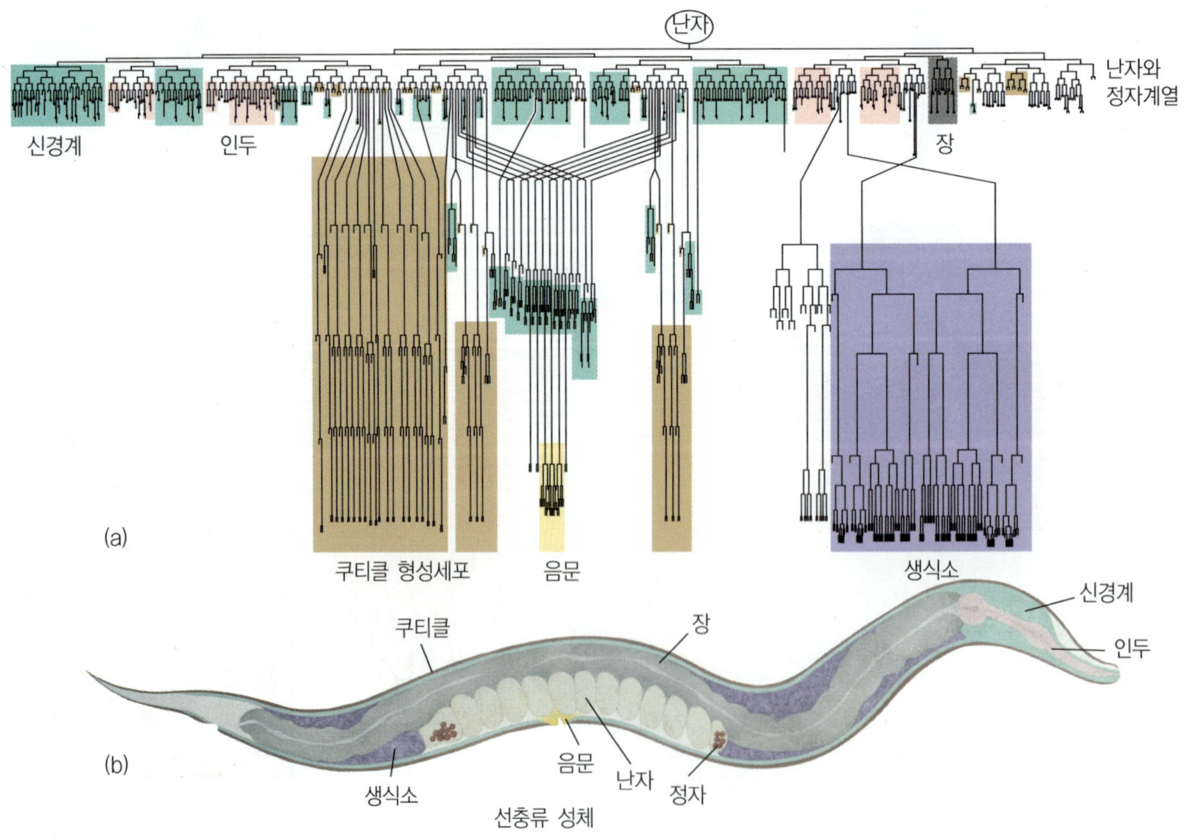

그림 19.7 | 선충류의 발생 계통도.
선충류 *C. elegans*의 발생을 지도로 나타내었다. 각 세포의 운명은 하나의 난자세포로부터 결정된다.
(a) 선 형태의 지도는 난자로부터 세포분열 횟수를 보여주고 있다. (b) 색깔로 성체에서의 세포들의 위치를 표시하였다.

(loss of adhesion)이 관여된다. 부착은 견인되는 세포에게 필요하지만 원래 접착된 세포들은 이 부착을 상실해야 그 위치를 떠날 수 있다. 세포 이동에는 역시 세포 간 상호작용과 세포와 기질의 상호작용이 관여한다. 세포 간 상호작용은 대개 카데린을 통해 매개되지만 세포와 기질 사이 상호작용은 인테그린-세포 외 기질(ECM, integrin-to-extracellular-matrix) 상호작용이 관여한다. 인테그린은 처음에는 ECM 분자인 fibronectin의 수용체인 것으로 알려져 있었다.

카데린은 커다란 유전자집단으로서, 사람에서 80종류 이상이 밝혀졌다. 초파리, 선충류, 사람의 게놈에서 카데린은 4개의 소집단으로 구분된다. 이 소집단은 다시 기능과 종의 분포에 따라 더 세분될 수 있다. 효모나 *Dictyostelium*에서는 카데린집단이 발견되지 않는데, 이는 카데린집단이 후생동물에만 있음을 알려준다. 이 단백질들은 모두 막 관통 단백질로서 공통적으로 카데린 도메인이라는 모티프를 가지는데, 이 도메인은 Ca^{++} 의존성 결합을 중개하는, 단백질의 세포막 외면 쪽에 있는 110개 아미노산 부위이다.

동일한 카데린을 가지는 세포들은 서로 부착하고 다른 카데린을 가지는 세포와는 부착하지 않는다. 만약 서로 다른 카데린을 가진 세포집단을 서로 해산시키고 다시 집결시키면, 세포들은 표면의 카데린의 성질에 따라 2개의 집단으로 다시 모인다. 다른 양의 동일 카데린을 가진 세포들로 실험을 하면 가장 많은 카데린을 가진 세포들은 세포 덩어리의 안쪽으로 들어가고 소수의 카데린을 가진 세포들은 바깥쪽에 머문다.

카데린의 작용 예는 척추동물 신경계의 발생에서도 찾아볼 수 있다. 신경 형성시에 신경 특이적인 카데린인 N-카데린이 신경외배엽에서 발현된다. N-카데린의 발현이 이 과정에 필수적이지는 않지만 장래의 신경세포와 외배엽의 구분에 관여한다. 신경 형성 후반기에 여러 다른 신경조직에서 많은 신경 특이적 카데린이 발현된다. 이 카데린들은 신경계의 서로 다른 구역의 구분에 관여한다.

결합조직 등의 일부 조직에서 조직의 부피 대부분을 차지하는 것은 세포들 사이의 공간 부위이다. 그러나 이 공간은 텅 빈 곳이 아니라 주변 세포들이 분비한 분자들로 채워져 있는데, 주로 단백질과 공유결합으로 결합된 기다란 다당류(proteoglycan) 사슬로 이루어진 기질로써, 그 안에 콜라겐, 엘라스틴, 피브로넥틴 등의 섬유상 단백질 사슬들이 묻혀 있다. 이동하는 세포들은 인테그린이라는 세포 표면 단백질이 이 분자들에 부착하면서 이동한다. 인테그린은 세포골격의 액틴 필라멘트에 부착되어 있고, 2개의 팔처럼 쌍을 이루어 세포 표면 밖으로 돌출되어 있다. 이 팔은 콜라겐이나 피브로넥틴과 같은 기질 성분을 붙잡아서 세포골격과 기질의 섬유 사이를 연결한다. 이와 같은 고착작용 외에, 이 결합은 세포골격의 성장을 변화시키고 세포가 기질 내에 물질을 분비하는 방식도 변화시키는 등 세포 안의 변화도 일으킨다.

그러므로 세포 이동은 주로 세포 부착 양상의 변화와 관련된다. 이동 세포는 움직이면서 계속 환경의 성질을 탐색하는 돌출부를 낸다. 여러 임시적인 접착으로 이쪽 저쪽으로 끌어당기면서, 세포는 글자 그대로 최종 목적지까지 길을 더듬어 간다.

유도

초파리에서 난할로 생긴 초기 세포들은 난자로부터 서로 다른 발생 신호(결정인자)를 받아서 각 세포는 서로 다른 발생 경로로 들어간다. 이런 발생 양상을 모자이크발생(mosaic development)이라고 한다. 이와 달리, 포유류에서는 모든 할구는 동일한 결정인자(determinants)를 받으며, 몸의 형태는 세포 간 상호작용에 의해 결정되는데, 이런 발생 양상을 조절발생(regulative development)이라고 한다.

초기 포배의 세포들을 분리시켜서 각각을 발생시켜 보면 세포 간 상호작용의 중요성을 알아볼 수 있다. 이 상태에서 동물극의 할구들은 외배엽적 특징을 발생시키고, 식물극 쪽 할구들은 내배엽적 특징을 발생시키지만, 중배엽적 특징을 발생시키는 세포는 없다. 그러나 만약 동물극과 식물극의 세포들을 서로 인접시키면 동물극 세포 일부가 중배엽으로 발생한다. 이

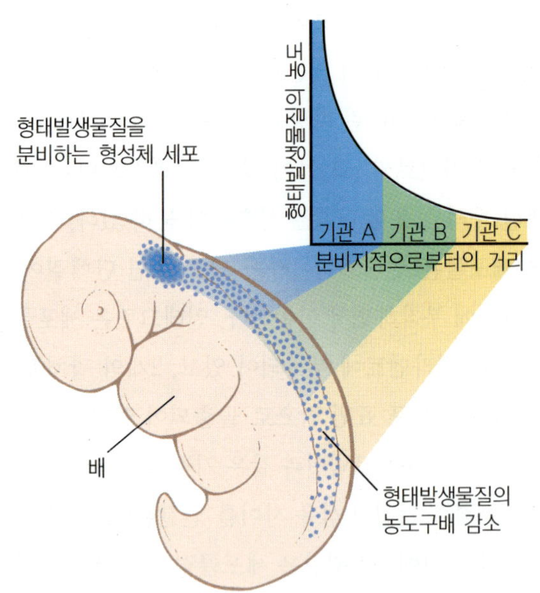

그림 19.8 | **형태발생물질의 농도구배를 일으키는 형성체.** 형성체 부위로부터 형대발생물질이 확산한다. 형태발생물질의 농도 차이는 서로 다른 기관의 발생을 자극한다.

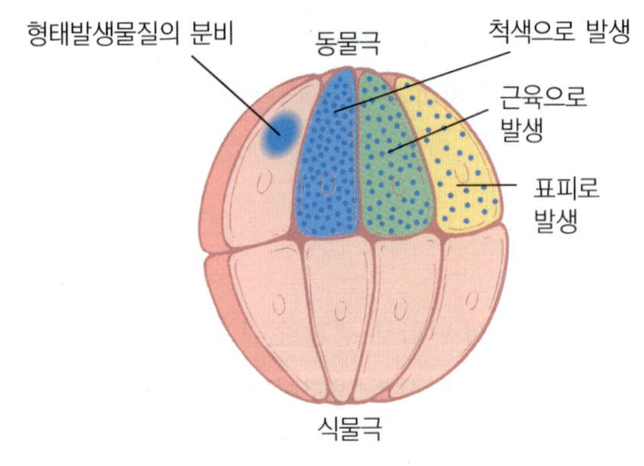

그림 19.9 | ***Xenopus* 초기 배의 세포들의 운명.** 개개 세포들의 운명은 형태발생물질의 농도에 따라 결정된다.

와 같은 두 가지 유형의 세포들의 상호작용이 세포의 발생 경로를 바꾸는 것이다. 인접 세포와의 상호작용으로 하나의 세포가 한 경로로부터 다른 경로로 바뀔 때 유도(induction)가 일어났다고 한다.

어떻게 세포가 인접 세포의 발생적 변화를 유도할까? 유도하는 세포는 세포 간 신호로 작용하는 단백질을 분비한다. 신호분자는 유전자 전사 양상의 돌발적 변화를 일으킬 수 있다.

어떤 경우에는 형성체(organizer)라고 하는 특정 세포집단이 다른 세포에게 위치에 관한 정보를 전달하는 확산성 신호분자를 만든다. 형성체는 주변 조직의 발생에 심대한 영향을 끼칠 수 있다. 봉화처럼 형성체는 주변 세포에게 형성체와의 거리를 알려준다. 특정 세포가 형성체와 인접해 있을수록 형태발생물질(morphogen), 즉 신호분자의 농도는 높다(그림 19.8). 비록 소수의 형태발생물질이 분리되었지만 이들은 발생 도중의 상대적 위치를 결정하는 기작의 하나로 판단되고 있다.

하나의 형태발생물질은 형성체와 이의 영향을 받는 세포 사이의 거리에 따라 상이한 효력을 낼 수 있다. 그러므로 형태발생물질의 하나인 액티빈(activin)의 농도가 낮으면 *Xenopus* 초기 배의 동물극 세포들이 표피로 발생하고, 농도가 약간 높으면 근육으로 발생하며, 더 높으면 척색을 형성하도록 유도한다(그림 19.9).

결정

척추동물의 난자는 그 내용물과 모양이 좌우대칭이어서 8세포기까지 모든 세포들은 동일하다. 이런 세포들을 분화전능(totipotent)하다고 하는데, 이는 각기 게놈의 모든 유전자들을 발현시킬 잠재력을 가졌다는 뜻이다. 이때 세포들을 서로 분리시키면 모두 완전한 성체로 발생할 수 있다. 반대로 8세포기에 있는 2개의 배의 세포들을 합쳐도 하나의 정상 개체가 생기는데, 서로 다른 유전 계열로부터 나온 세포들을 가지므로 이런 개체를 키메라(chimera)라고 한다. 척추동물의 세포들은 세포 간 상호작용의 결과로 8세포기 후에는 서로 달라지기 시작한다. 이 시점에서 세포의 발생적 운명에 영향을 주는 경로가 결정된다. 특정 세포가 특수한 발생 경로로 들어가는 것을 결정(determination)이라고 한다. 양서류 배에서 초기 낭배기에 장차 뇌 구역이 될 세포는 아직 결정되지 않는다. 만약 이 부위를 배의 다른 부위에 이식하면 새부위 세포처럼 발생하게 된다. 그러나 낭배 후기에는 결정이 일어나서 그 세포는 어디에 이식되든지 신경조직으로 발생한다. 결정은 분화(differentiation)와는 다르다. 분화는 발생 경로의 후기에 일어나는 세포 특수화이다. 세포들은 특정 조직으로 "분화" 되기 훨씬 전에 그 조직이 되도록 "결정" 되어 있다. 예를 들어 초파리의 눈 성충판의 세포들은 눈을 만들도록 완전히 결정되어 있으나, 이 세포들은 유생 발생의 대부분의 시기 동안 분화되지 않은 상태로 머문다.

결정의 기작

결정의 분자적 기작은 무엇일까? 유전자 조절단백질들이 세포가 발생적 변화를 일으키는 데 이용하는 도구가 된다. 이 조절단백질들을 만드는 유전자들이 활성화되면 이들의 영향 중 하나는 유전자 자신의 활성화를 강화하는 것이다. 이는 발생적 전환을 결정적으로 만들고 특정 발생 경로로 진입되는 일련의 사건들을 개시시킨다. 일련의 조절유전자들이 활성화되면 다른 인자들이 조절단백질과 상호작용하여 다른 유전자들을 활성화시킬 때까지는 세포는 실제 분화를 일으키지 않는다. 그럼에도 불구하고 개시 스위치가 일단 켜지면 그 세포는 장래의 발생 경로로 완전히 진입하게 된다.

흔히 하나의 세포가 특정 발생 경로로 완전히 진입하기 전에 먼저 부분적으로 진입하여 배에서의 그 위치를 반영하는 위치표지(positional label)를 가진다. 이 표지는 그 후의 몸의 발생 양상에 커다란 영향을 준다. 닭의 배에서 만약 다리 원기(나중에 넓적다리가 되는 부위)의 기부에 있는 조직이 이와 동일한 모양을 가진 날개 원기의 끝(나중에 날개 끝이 됨)에 이식되면, 이 조직은 넓적다리가 아니라 발가락 끝으로 발생한다. 이 조직은 다리로 이미 결정되었으나 아직 다리의 특정 부위가 되도록 진입되지는 않은 것이다. 그러므로 이 조직은 날개 원기의 끝에 있는 위치신호에 의해 말단부(다리 끝)를 형성하도록 영향받은 것이다.

결정은 불가역적인가?

최근까지 생물학자들은 결정은 비가역적이라고 생각했다. 1950년대와 1960년대에 거든(J. Gurdon)은 미세피펫으로 개구리의 알에서 핵을 제거하고, 그 대신 다른 개체의 체세포 핵을 그 자리에 이식하였다. 만약 발생이 상당히 진행된 배의 핵을 이식하면 그 난자는 올챙이까지는 발생하지만 성체가 되기 전에 죽었다.

여러 가지 핵 이식 실험이 실행되고 실패해 왔으나, 1984년 빌라드센(S. Willadsen)은 초기 배의 세포핵을 이용하여 양을 클로닝하는 데 성공하였다. 이 성공의 열쇠는 발생 초기의 세포를 이용하는 것이었다.

그러나 오늘날 이것이 완전한 성공의 열쇠는 못되는 것으로 알려졌다. 스코틀랜드의 유전학자 캠벨(K. Campbell)과 윌무트(I. Wilmut)는 난자와 수여핵은 세포 주기의 동일 단계에 있어야 한다고 설명하였다. 그들은 6년생 양의 유방세포를 채취하여 조직 배양한 다음 클로닝을 준비하면서 5일에 걸쳐 이 세포들이 섭취한 혈청 영양물의 농도를 줄여 나갔다. 세포의 굶김은 세포들이 세포 주기의 초기에서 멈추게 하였다. 또다른 준비 과정에서 양에서 채취한 난자의 핵을 제거하였다(그림 19.10).

1996년 1월, 그들은 유방세포들과 난자세포들을 외과적으로 융합하였다. 5개월이 약간 지난 1996년 7월에 한 마리의 양이 돌리(Dolly)라는 새끼 양을 출산하였는데, 이는 완전히 분화된 동물세포로부터 만들어진 최초의 클론이다. 돌리는 결정이 가역적임을, 즉 적절한 기술을 사용하면 완전히 분화된 세포의 운명이 바뀔 수 있음을 증명해 준다. 돌리 이후, 생쥐, 소, 돼지, 염소, 고양이, 토끼의 클론이 만들어졌다. 이들 모두 성체세포가 이용되었다. 그러나 그 성공률은 낮아서 3~5%만이 핵 이식으로 개체가 생겨났다.

기본형 형성

모든 동물은 위치 정보를 이용하여 몸의 기본형을

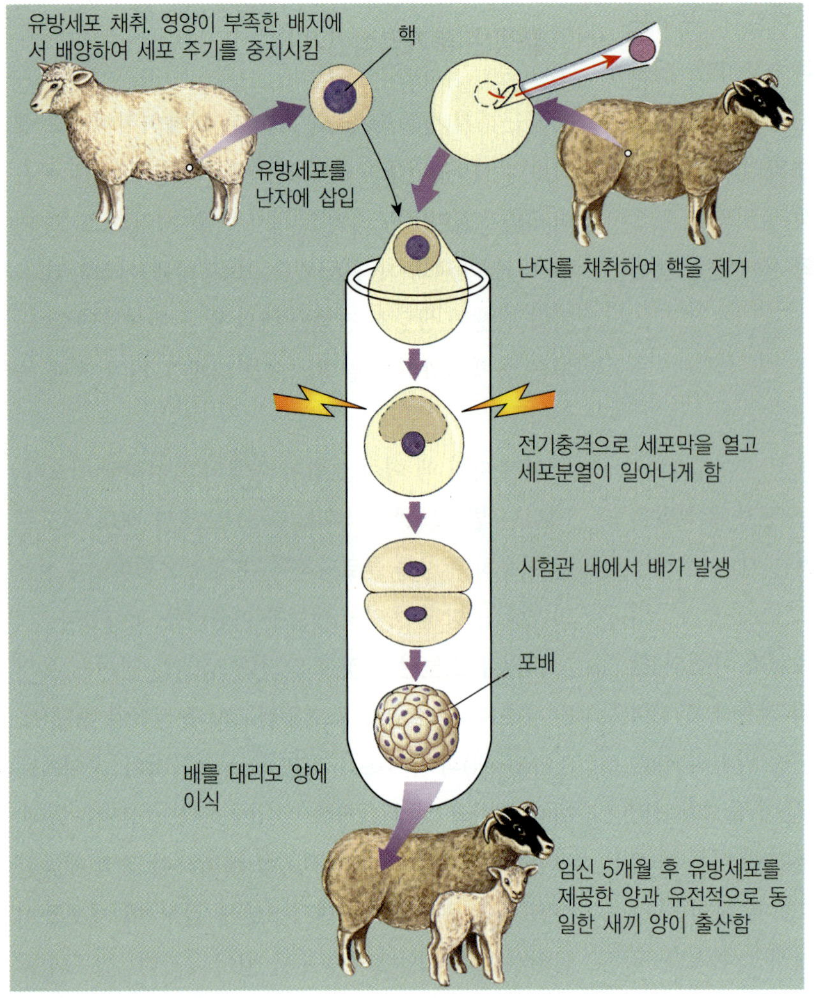

그림 19.10 | 결정이 가역적일 수 있다는 증거.
캠벨과 윌무트는 성체동물의 클로닝에 최초로 성공하였다. 이 실험은 분화된 성체세포가 모든 발생 과정을 일으킬 수 있다는 것을 보여준다.

결정하는 것 같다. 위치정보는 어떻게 표지되고 세포에 의해 읽히는 것일까? 이 의문을 풀기 위하여 초파리에서 기본형 형성에 위치표지가 어떻게 이용되는지 알아보자. 이 문제의 해결로 1995년에 노벨 생리의학상이 주어졌다(그림 19.11).

발생 초기에 배는 몸의 기본형(pattern)을 확립하여 앞뒤(A/P) 축과 등배(D/V) 축을 만든다. 기본형 형성은 원래 방사대칭으로 배열된 세포들에 직각으로 2개의 축을 만들어 몸의 기본 체제를 확립하고 좌우대칭이 된 것이라고 이해할 수 있다. 전구동물과 후구동물의 발생상의 차이가 연구자들로 하여금 상이한 종들 간의 기본형 형성은 근본적으로 다른 과정일 것이라고 생각하게 만들었다. 척추동물 중에서도 난자가 뚜렷한 극성을 가지는 *Xenopus*와 발생이 고도로 조절적이고 난자세포가 뚜렷한 극성을 가지지 않는 포유동물 사이에도 뚜렷한 차이가 있다.

초파리의 기본형 형성

축의 형성. 초기 기본형 형성에 대해서는 초파리에서 가장 잘 알려져 있다. 모계유전자로부터 시작되는 유전자 발현 순서는 초파리의 발생을 조절한다. 2개의 신호 발생 경로가 A/P 극성과 D/V 극성의 확립을 조절한다. A/P 축은 비코이드(bicoid) 단백질의 농도구배를 토대로 형성된다. 이 단백질 농도구배는 흥미로운 기작으로 생기는데, 여포세포가 전극(anterior pole)에 고착되는 모계의 *bicoid* mRNA를 제공한다. 그런 다음 이 공간적으로 구역화된 정보의 번역은 단백질의 앞-뒤 농도구배를 일으킨다. 뒤쪽을 결정하는 oskar(뒤쪽 결정 단백질) 역시 앞서 형성된 *oskar* mRNA의 구역화에 따라 구역마다 차이를 나타낸다. 이 두 mRNA의 구역화는 미세소관에의 부착에 의해 생긴다. 비코이드의 구역화에는 운동단백질 다이닌(dynein)이 필요하며, 반면 oskar의 구역화는 운동단백질 키네신(kinesin)에 의존한다. 비코이드 단백질의 작용은 접합자에서 발현되는 소위 간극유전자(gap gene)의 발현을 조절하는 것이다.

초파리의 등-배 축은 다른 기작의 조절을 받는데, 이 기작은 비코이드와 같은 구역화된 세포질 결정인자와 관계없다. 그 대신 핵의 한쪽 측면으로의 정보의 축적이 전사인자를 활성화시키고, 그 결과 방향성 번

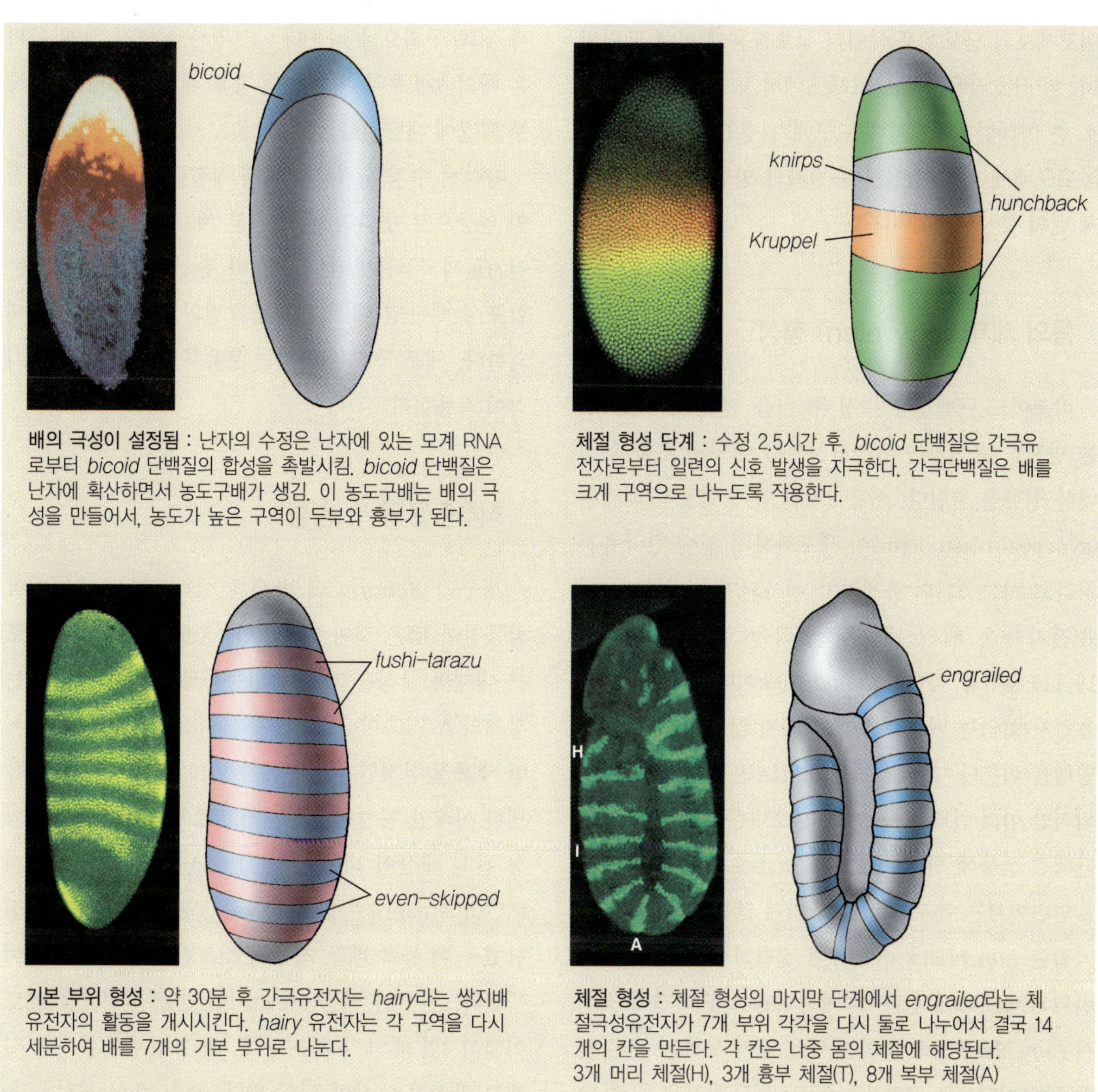

배의 극성이 설정됨 : 난자의 수정은 난자에 있는 모계 RNA로부터 *bicoid* 단백질의 합성을 촉발시킴. *bicoid* 단백질은 난자에 확산하면서 농도구배가 생김. 이 농도구배는 배의 극성을 만들어서, 농도가 높은 구역이 두부와 흉부가 된다.

체절 형성 단계 : 수정 2.5시간 후, *bicoid* 단백질은 간극유전자로부터 일련의 신호 발생을 자극한다. 간극단백질은 배를 크게 구역으로 나누도록 작용한다.

기본 부위 형성 : 약 30분 후 간극유전자는 *hairy*라는 쌍지배 유전자의 활동을 개시시킨다. *hairy* 유전자는 각 구역을 다시 세분하여 배를 7개의 기본 부위로 나눈다.

체절 형성 : 체절 형성의 마지막 단계에서 *engrailed*라는 체절극성유전자가 7개 부위 각각을 다시 둘로 나누어서 결국 14개의 칸을 만든다. 각 칸은 나중 몸의 체절에 해당된다. 3개 머리 체절(H), 3개 흉부 체절(T), 8개 복부 체절(A)

그림 19.11 | 초파리 초기 배의 몸의 구성.
1955년 노벨상 수상자인 Christian Nüsslein-Volhard와 Sean Carroll는 *Drosophila* 난자의 초기 발생 과정을 보여주었다. 이 시기 배의 기본 체절화 양상이 확립된다.

역과 난모세포의 해당 표면에서의 단백질 산물의 축적이 일어난다. *Gurken* mRNA는 핵의 한쪽 표면에 축적되며 번역되면 세포의 한쪽 측면의 막에 축적된다. 이 부분은 배의 등쪽면이 된다. 그러나 이는 *gurken*에 의해 직접 지정되지는 않고, *gurken* 신호가 위에 중첩된 여포세포로 하여금 등쪽으로 발생할 운명을 선택하도록 한다. 그런 다음 이 세포들은 신호를 만드는데, 이 신호로 인하여 전사인자인 *dorsal*이 복부 세포의 핵 안으로 운반된다. 이 전사인자는 복부와 등쪽의 단백질 농도구배를 만든다.

기작은 완전히 다르지만 A/P 및 D/V 극성 확립을 조절하는 공통점은 *gurken*과 *bicoid*가 모두 모계성 발현 유전자여서 장래의 배의 극성은 난모세포에서 모계 게놈으로부터 온 정보를 이용하여 설정된다는 것이다. 또 두 가지 모두 장래의 난모세포와 여포세포 사이의 상호작용과 관련되어 있다. 요약하면, 극성은 여포세포와 난모세포 사이의 상호작용에 의해 확립되며, 이 상호작용으로 난모세포에서 모계 정보를 토대로 한 형태발생물질의 농도구배가 생긴다. 그러면 이 농도구배에 따라 접합자 유전자의 발현이 일어나 실제 배의 형상이 이루어진다.

몸의 체제(body plan) 형성

비코이드 단백질은 수정 후 처음 전사되는 mRNA를 만드는 유전자를 활성화시켜서 배의 구조화에 심대한 영향을 끼친다. 처음 2시간 안에 합포성 배반엽(syncytial blastoderm)이 세포화하기 전에 간극유전자라고 하는 6개의 유전자가 전사되기 시작한다. 이 유전자들은 배의 대략적 구획을 설정한다(그림 19.11). 이 중 하나가 *hunchback*이다. *hunchback* 유전자가 없는 배는 흉부가 생기지 않아서 등이 굽은 형태를 이룬다. *hunchback* mRNA는 배 전체에 분포되지만 이의 번역은 *nanos*라는 또다른 모계 mRNA의 단백질 산물에 의해 조절된다. nanos 유전자가 없는 돌연변이체는 복부 체절이 생기지 않는다. *nanos* 단백질은 *hunchback* mRNA에 결합하여 이 mRNA가 번역되지 못하게 한다. 배에서 *nanos* 단백질이 적어서 *hunchback* mRNA의 번역을 막지 못하는 곳은 앞쪽 말단이다. 그 결과 *hunchback* 단백질은 주로 배의 전단부에서 만들어진다. 이 단백질이 후단부 쪽으로 확산하면서 흉부와 복부의 체절을 확립하는 제2의 형태발생물질 농도구배를 만든다.

다른 간극유전자들은 배의 더 뒤쪽 부위에서 활동한다. 이 유전자들은 또 11개 이상의 쌍지배유전자(pair-rule gene)들을 활성화시킨다(돌연변이가 생기면 이 유전자들은 하나 건너씩의 체절들을 변화시킨다). 쌍지배유전자 중 하나인 *hairy*는 7개의 단백질 띠를 만드는데, 이를 형광 표지로서 가시화시키면 줄무늬처럼 보인다. 이 띠들은 배를 7개 구역으로 나누는 경계를 이룬다. 마지막으로 16개 이상의 체절극성 유전자(segment polarity gene)들이 이 구역을 세분한다. 가령 *engrailed* 유전자는 7개 구역 각각을 앞쪽과 뒤쪽 구획으로 나눈다. 그 결과로 생긴 14개 구획은 배의 3개 두부 체절, 3개 흉부 체절, 그리고 8개 복부 체절에 해당된다.

따라서 수정 후 3시간 내에 체절유전자들의 협동적인 활동으로 초파리 배의 기본 체제가 생긴다. 이 유전자들과 기타 발생상 중요한 유전자들의 활성화는 합포성 배반엽 내 형태발생물질의 자유로운 확산에 의한다. 세포 구획을 가지는 포유류 배에서는 다른 기작이 작용한다.

척추동물의 축 형성

개구리 *Xenopus*의 발생은 생각보다는 초파리와 공통점이 많은 것이 밝혀졌다. *Xenopus*의 난모세포는 내재적 극성을 가지는데(동물극 및 식물극), 이는 장래의 A/P 축이나 D/V 축과 직접적인 관련은 없지만 세포질 결정인자의 존재를 의미한다. D/V 축은 유명한 시페만 형성체를 간직하므로 발생학자들에게 항상 관심 대상이 되어 왔다. 1920년대의 실험에서 시페만(Spemann)과 만골드(Mangold)는 배를 둘로 절단했을 때 등쪽 배는 정상적으로 발생하는 것을 보여주었다. 원구의 배순(dorsal lip)만을 이식했을 때도 이것이 2차 배의 축을 만든다. 이 형성체의 분자적 실체는 관심의 대상이 되어 왔다. D/V 축의 결정을 유도하는 최초의 요인은 수정과 연관되어 있다. 배의 정자 침입 지점의 반대쪽 측면은 나중에 등쪽이 된다. 난자는 정자 침입 지점으로부터 나오는 신호를 근거로 재구성된다. 난자는 회전하고 정자 침입 지점으로부터 퍼져나오는 미세소관들이 등쪽 결정인자가 식물극으로부터 정자 침입의 반대쪽으로 이동하게 만든다. 이는 궁극적으로 등쪽 표면에 형성체가 생기도록 만든다. 이를 뒤따라 형질전환성장인자 경로(transforming growth factor pathway)와 소위 *wnt* 경로가 생긴다. 이 경로들은 초파리에서의 dorsal 전사인자가 아래쪽으로 이동하는 양상과도 관련되어 있다.

포유동물 배는 명확한 세포질 결정인자가 없는 것으로 알려져 왔다. 포유류는 조절 발생의 한 예인데,

이의 발생은 세포 사이의 상호작용에 근거하여 전개된다. 그러나 이 경우에도 최근의 근거에 의하면 기본형 설정이 과거에 생각했던 것보다 일찍 일어난다. 생쥐의 배를 할구를 나누기, 극 쪽 세포질의 제거, 8세포기까지 할구의 제거 등, 발생을 방해하지 않는 여러 가지 방법으로 조작할 수 있다. 그러나 최근의 근거로는 정자 침입 부위는 배에 의해 "기억"되고 나중의 발생에 영향을 준다. 정자 침입 부위는 나중에 초기 발생 중 배의 배외세포(extraembryonic cells)로부터 나오는 신호에 의해 기부-말단부 축으로 번역된다. 이 모두가 이러한 발생적 차이는 계통의 진화적 차이를 반영하며, 그러나 소수의 기작이 여러 가지 상이한 방식으로 이용되어 왔음을 보여준다.

체절결정 유전자(Homeotic Genes)

체절결정 유전자들의 역할

몸의 기본 체제가 형성된 뒤 다음으로 이루어져야 할 것은 배의 체절의 정체성 확립이다. 체절의 정체성을 확립하는 유전자들은 호메오박스(homeobox) 함유 유전자들이다. 체절결정 유전자(homeotic genes)에 돌연변이가 생기면 몸의 부위들이 엉뚱한 곳에 생긴다. 가령 *bithorax*(이중흉부 유전자)에 돌연변이가 일어나면 초파리의 날개가 한 쌍 더 생기고(그림 19.12), *Antenna-pedia*(촉각다리 유전자)에서 돌연변이가 일어나면 다리가 머리의 촉각 부위에 생긴다. 1950년대 초에 유전학자 루이스(E. Lewis)는 *bithorax*를 포함한 몇 가지 체절결정 유전자들이 함께 제3 염색체에서 이중흉부 복합체(bithorax complex)라는 집단을 이루는 것을 발견하였다. 이 유전자들에서 돌연변이가 생기면 모두 흉부와 복부의 체절에 영향을 주며, 루이스는 이중흉부 복합체의 유전자들은 흉부의 뒤쪽 절반과 복부 전체의 발생을 조절한다고 결론지었다. 흥미로운 것은 이중흉부 복합체의 유전자들의 순서는 몸 부위의 순서대로라는 점이다. 이 유전자 집단의 앞쪽에 있는 유전자들은 흉부의 발생을 일으키고

그림 19.12 | 체절결정 유전자의 돌연변이.
초파리에서 이중흉부 유전자의 돌연변이로 흉부 체절이 하나 더 생겼다. 따라서 날개도 한 쌍이 더 있다.

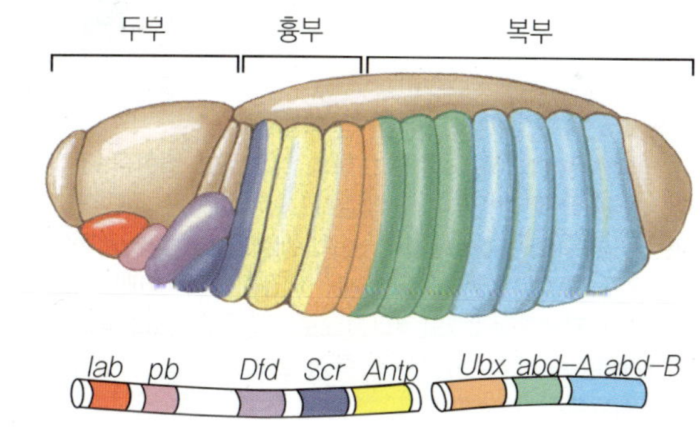

그림 19.13 | 초파리의 체절결정 유전자.
HOM 복합체 또는 체절결정 유전자 복합체라는 유전자들이 2개 집단으로 모여 있다. 앞쪽이 촉각다리 복합체이고 뒤쪽이 이중흉부 복합체이다.

중간의 것들은 복부의 앞쪽, 그리고 말단부의 유전자들은 복부 말단의 발생에 영향을 준다.

두 번째 체절결정 유전자집단인 촉각다리 복합체(antennapedia complex)는 1980년에 카우프만(T. Kaufmann)에 의해 발견되었다. 촉각다리 복합체는 초파리의 전단부를 지배하며, 그 속의 유전자 순서는 역시 체절의 순서와 같다(그림 19.13).

호메오박스

초파리의 체절결정 유전자들은 전형적으로 호메오

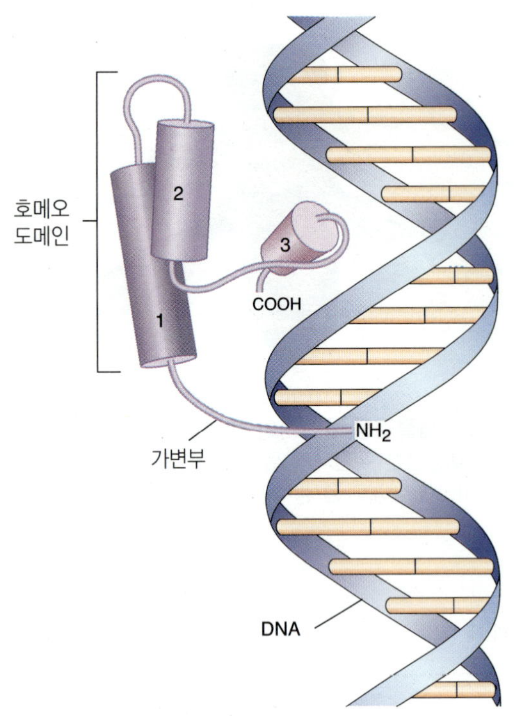

그림 19.14 | **호메오도메인 단백질.**
이 단백질은 DNA에 결합하여 특정 유전자의 발현을 조절한다. 단백질의 가변부는 단백질의 특수 활동을 결정한다. 이런 종류의 모든 단백질이 공통의 서열을 갖는 60개 아미노산으로 구성된 호메오도메인은 유전자들의 호메오박스 부위에서 지령하며 3개의 α나선으로 구성되어 있다. α나선 중 1개(3번)는 표적 유전자의 특정 DNA 서열을 인식하고 이에 결합한다.

박스(homeobox)를 가진다. 호메오박스는 180개 뉴클레오티드 서열로서 60개 아미노산으로 된, homeodomain이라는 DNA-결합 펩티드 도메인을 위한 암호 서열이다.(그림 19.14). Homeodomain을 간직하는 단백질은 전사인자로서의 기능을 하며 발생과 관련된 유전자들이 적당한 시기에 전사되도록 한다. *bicoid*나 *engrailed*와 같은 체절형성 유전자들도 호메오박스 서열을 가진다. 호메오박스는 기본형 형성을 일으키는 게놈의 부위와는 구별된다.

호메오박스를 가지는 유전자들의 진화

Hox 유전자(Hox genes), 즉 호메오박스를 가지는 유전자를 분석하기 위한 많은 연구가 수행되었다. 초파리의 이중흉부 복합체나 촉각다리 복합체는 1개 유전자 집단의 두 부위인 것이 분명해졌다. 척추동물에는 Hox 유전자 집단이 4개 있다. 초파리에서처럼 Hox 유전자 발현의 공간적 domains은 염색체에서의 이 유전자들의 순서와 관련되어 있다(그림 19.15). 척추동물에서의 4개 Hox 집단의 존재는 척추동물 계통에서 전체 게놈이 2번 중복되었다는 증거로 받아들여

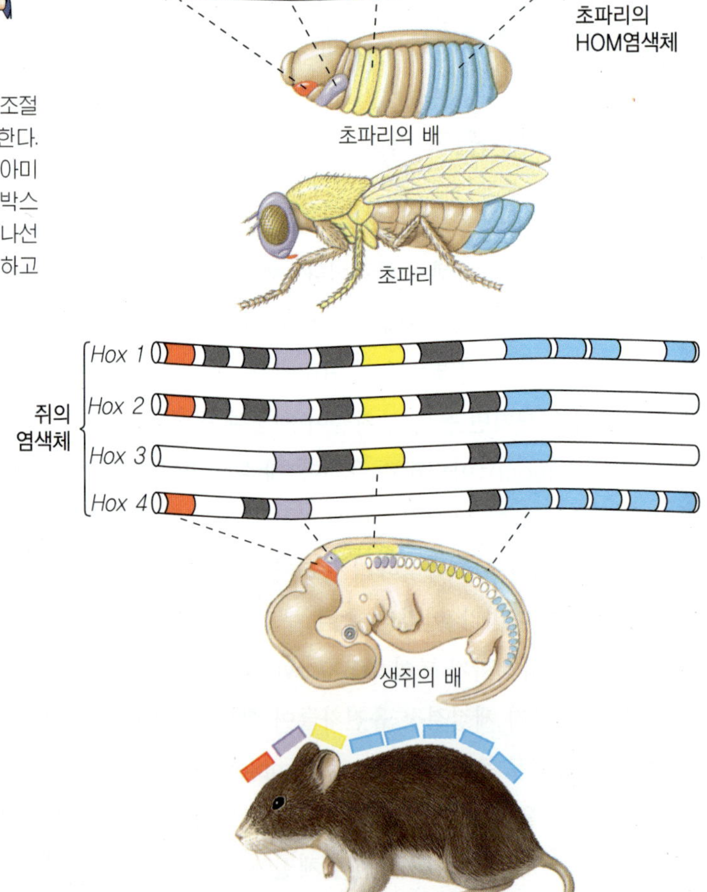

그림 19.15 | **초파리(*Drosophila melanogaster*)와 생쥐(*Mus musculus*)의 체절결정 유전자 집단의 비교.**
유사 유전자들인 초파리의 *HOM* 유전자들과 쥐의 *Hox* 유전자들은 몸의 앞뒤의 발생을 통제한다. 이 유전자들은 초파리에서는 1개의 염색체에 있고 포유동물에서는 4개의 염색체에 있다.

지고 있다. 이는 다시 언제 원래의 *Hox* 유전자집단이 생겨났느냐는 이슈를 낳았다. 이 의문을 풀기 위하여 연구자들은 더 원시적인 생물들에 관심을 두게 되었는데, 처음에는 원시 척색동물인 창고기 *Amphioxus* (현재는 *Branchiostoma*로 부름)에 관심을 두었다. 창고기에는 *Hox* 유전자집단이 1개뿐인 것을 보면 척추동물 계통에서 또는 적어도 척추동물의 *Hox* 집단에서 중복이 두 번 일어났음을 알려준다. 절지동물에서도 1개 유전자 집단이므로 좌우대칭 동물의 공통 조상은 1개의 *Hox* 집단을 가졌음을 암시한다.

예정된 세포 사멸

발생 중에 생긴 모든 세포가 생존하는 운명을 가진 것은 아니다. 예를 들어, 손가락 사이와 발가락 사이의 세포들은 죽는데, 그렇지 않으면 물갈퀴 모양의 손과 발이 된다. 척추동물의 배는 많은 뉴런을 만들어서 필요한 시냅스 연결을 모두 만드는 데 충분한 뉴런을 갖추지만, 이 뉴런 중 절반 이상이 신경계 발생 도중에 순서대로 죽는다. 상처로 인한 우연한 세포 사멸과는 달리, 이 세포들의 사멸은 계획되어 있고 실제로 적절한 발생을 위해 필요하다. 상처 때문에 죽는 세포들은 전형적으로 부풀고 터져서 세포 내용물을 세포 외액에 방출한다. 이러한 유형의 세포 사멸을 괴사(necrosis)라고 한다. 반면, 사멸이 예정된 세포는 세포자살(apoptosis)이라는 과정을 겪으면서 쭈그러들며, 그 잔존물이 주변 세포에 의해 흡수된다.

세포자살의 유전자 조절

발생적으로 조절되는 세포자살은 "사멸 프로그램"이 활성화될 때 일어난다. 선충류에서 똑같은 131개의 세포들이 예측할 수 있는 세포자살 양상으로 발생 도중 항상 죽는다. 3개 유전자가 이 과정을 지배하는데, 2개(*ced-3* 및 *ced-4*)는 사멸 프로그램 자체를 구성한다. 만약 둘 다 돌연변이가 일어나면 131개 세포는 죽지 않고 신경 조직과 다른 조직을 만든다. 제3의 유전자(*ced-9*)는 다른 두 유전자가 만드는 사멸 프로그램을 억제한다(그림 19.16a). 동일한 종류의 세포자살 프로그램이 인간세포에도 있는데, *bax* 유전자는

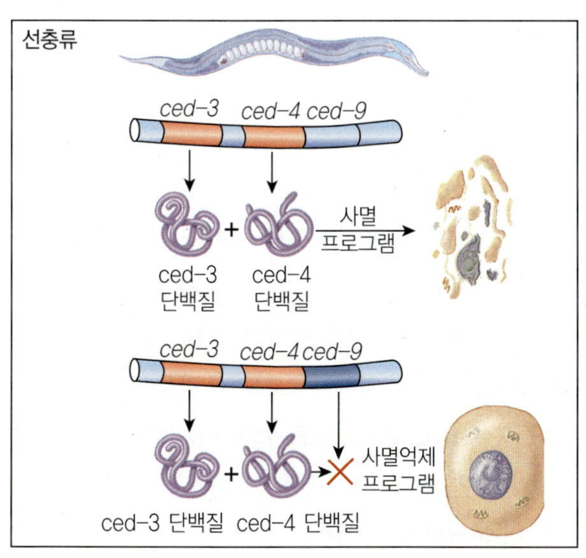

(a)

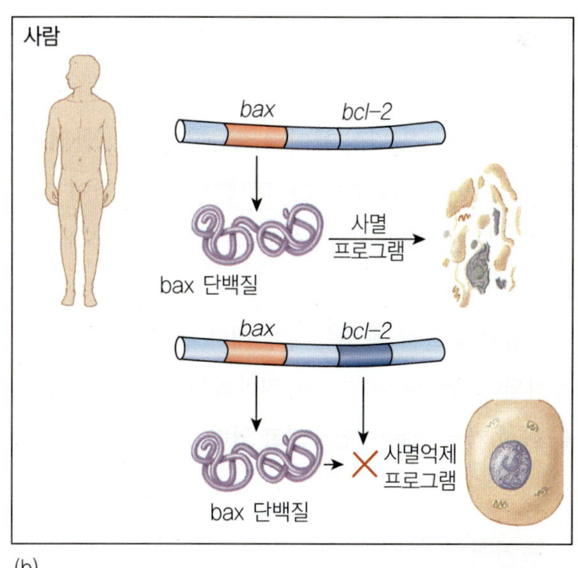

(b)

그림 19.16 | 예정된 세포 사멸. 세포자살은 모든 동물의 정상 발생을 위해 필요하다.
(a) 선충류에서 2개의 유전자 *ced-3*와 *ced-4*는 131개 특정 세포의 계획된 세포 사멸을 일으키는 단백질을 만든다. 다른 세포에서는 유전자 *ced-9*가 *ced-3*와 *ced-4*의 사멸 프로그램을 억제한다. (b) 사람에서는 *bax* 유전자 산물이 일부 세포에서 세포 사멸 프로그램을 일으키고, 다른 세포에서는 bcl-2 유전자가 이 프로그램을 억제한다.

세포 사멸 프로그램을 만들고, *bcl*-2라는 발암 유전자는 이를 억제한다(그림 19.16b). 세포자살의 기작은 동물의 진화 과정에서 고도로 보존적이었던 것으로 보인다. *bcl*-2에 의해 만들어지는 단백질은 *ced*-9가 만드는 단백질과 아미노산 서열이 25% 동일하다. 만약 사람의 *bcl*-2 유전자의 복사물이 결함있는 *ced*-9 유전자를 가지는 선충류에 이식되면 bcl-2는 *ced*-3와 *ced*-4의 사멸 프로그램을 억제한다.

어떻게 *bax*가 세포를 죽일까? *bax* 단백질은 미토콘드리아의 투과 구멍에 부착하여 미토콘드리아의 투과성을 증가시켜서 사포자살을 일으키는 것으로 보인다. *bcl*-2은 어떻게 세포자살을 막을까? 한 가지 제안은 이것이 자유 라디칼(free radical : 세포를 심각하게 손상시키는 고도로 반응성이 강한 원자들 집단)에 의한 손상을 막는다는 것이다. 자유 라디칼을 파괴하는 단백질이나 기타 분자들을 산화방지제(antioxidant)라고 한다. 산화방지제는 거의 *bcl*-2만큼 세포자살을 막는 데 효과적이다.

19.3 노화

노화 이론

사람은 결국은 나이 들어서 죽는다. 가장 "안전한" 나이는 사춘기 전후로서 10~15세에 사망 위험이 가장 낮다. 사춘기 이후에 사망률은 급격히 증가한다(그림 19.17).

사람과 동물이 왜 늙는지에 대한 여러 가지 이론이 제시되어 왔으나 한 가지로 일반화된 이론은 없고, 다음 다섯 가지 이론이 연구되고 있다.

돌연변이 축적 가설

가장 오래된 노화 이론은 세포가 나이들수록 돌연변이를 축적하여 결국 치사에 이른다는 것이다. 체세포 돌연변이는 나이들면서 실제로 축적된다. 가령 세포가 나이들면서 변경된 염기인 8-hydroxyguanine이 축적되는데, 이 염기는 구아닌에 OH기가 첨가된 것이다. 그러나 이 돌연변이가 노화를 일으킨다는 직접적인 증거는 없다. 히로시마와 나가사키 생존자들이 많은 돌연변이 부담을 갖고 있으나 노화 증진이 나타나지는 않았다.

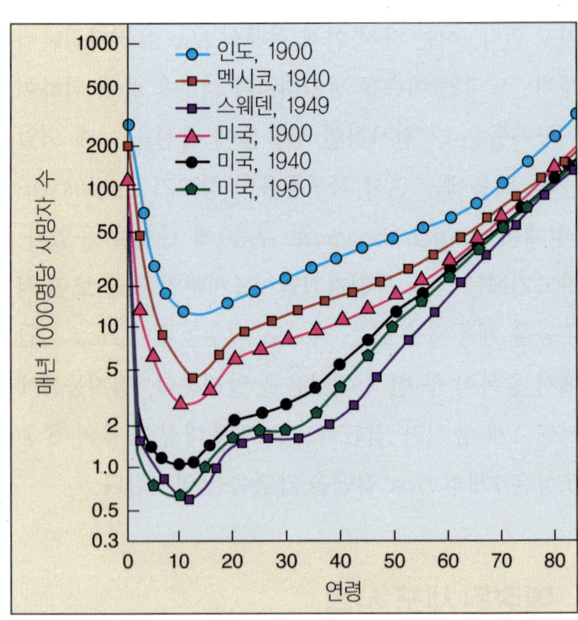

그림 19.17 | 곰퍼쯔 곡선.
인간집단에 따라 사망률은 사춘기 이전에 25배의 차이를 보이나 후기에는 거의 같은 곡선을 이룬다.

말단소체 가설

1961년에 수행된 실험에서 헤이플릭(L. Hayflick)은 섬유아세포(fibroblast)가 조직 배양에서 일정한 수만큼만 분열하는 것을 증명하였다(그림 19.18). 세포집단이 50번 분열한 뒤 모두 분열을 중지하는데, DNA 복제 바로 전에 세포 주기가 중지되었다. 만약 세포가 20번 분열한 뒤 냉동시켰다가 녹이면 다시 30번을 더 분열한 뒤 정지한다.

1986년, 쿠크(H. Cooke)는 염색체 말단의 여분의 DNA 길이를 보고 이 "헤이플릭 한계"를 설명하였다. 염색체의 말단소체(telomere)는 TTAGGG 서열이 반복된 부위로서 체세포가 늙을수록 이 부분이 짧아지

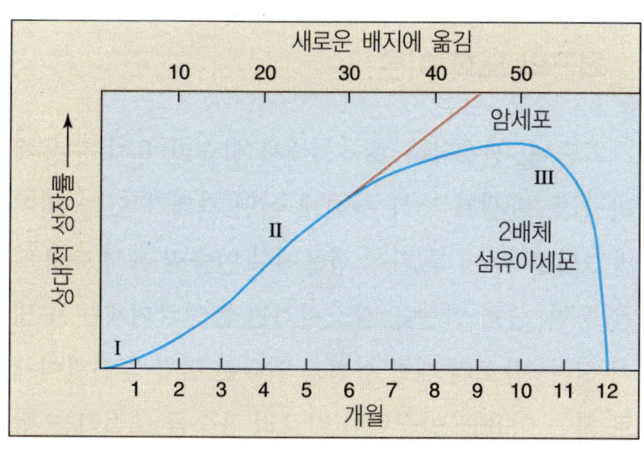

그림 19.18 | 헤이플릭의 실험.
섬유아세포는 약 50번 분열하면 성장을 멈춘다. I기와 II기에 성장이 빠르지만, III기에는 느려진다. 그러나 암세포는 느려지지 않는다.

는 것을 보고 쿠크는 DNA 복제가 한 번 일어날 때마다 말단소체 끝의 100개 염기쌍이 떨어져 나간다고 했다. 복제가 50번 일어나고 나면 말단소체 끝이 완전히 닳아 없어지고, 세포는 노화하여 더 이상 증식하지 못한다. 암세포에서는 말단소체 단축 현상이 일어나지 않는다.

1998년에 쿠크의 가설을 뒷받침하는 연구보고가 나타났다. 연구자들은 유전공학을 이용하여 telomerase(말단소체 끝의 TTAGGG를 만드는 효소)의 발현을 일으키는 유전자를 사람의 배양세포에 넣었다. 그 결과 염색체에 말단소체 끝이 새로이 추가되었고, 이렇게 인위적으로 말단소체가 길어진 세포는 50번 분열 뒤에도 노화하지 않고 다시 20번을 더 분열하였다.

마모-손상 가설

세포는 시간이 지나면서 마모되고 손상이 축적되어, 결국 더 이상 기능을 나타내지 못하게 된다고 보는 것이 일반적인 관점이다. 마모-손상 가설(wearand tear hypothesis)에 의하면 노화에는 유전적인 설계가 있는 것이 아니라 단지 통계적인 현상에 의한 것으로서, 세포가 나이들수록 마모되고 손상이 축적된다는 것이다.

늙은 세포는 손상을 축적한다는 근거가 있다. 가장 흥미로운 근거는 자유 라디칼에 관한 것인데, 자유 라디칼은 호기성 대사의 부산물로 생기지만 대부분은 특정 효소에 의해 제거된다. 자유 라디칼은 화학적으로 매우 반응력이 강하여 상당히 세포 파괴적이다. 자유 라디칼의 가장 해로운 작용 중 하나는 포도당을 단백질에 부착시키는 당부착(glycation)이다. 가장 흔하게 당부착이 일어나는 단백질은 관절의 결합조직의 중요 구성 요소인 콜라겐과 엘라스틴이다. 이 단백질들에 당부착이 일어나면, 서로 교차결합이 일어나서 관절 결합조직의 탄력이 떨어지고, 다른 노화의 특징적 증상이 생긴다.

유전자 시계 가설

노화의 일정 부분은 적어도 유전자의 활동으로 일어난다는 것은 의심할 바 없다. 유전자가 발생을 조절하는 것처럼 노화의 속도도 조절한다. 일부 유전자는 수명을 늘린다. 가령, 100살 이상인 사람은 C150T라는 미토콘드리아 DNA의 돌연변이를 가질 확률이 다섯 배 이상이다.

어떤 유전자는 조로를 일으킨다. 1996년에 워너 증후군(Werner' s syndrome)을 일으키는 유전자가 발견되었는데, 이는 어린 나이에 늙게 되는 질환으로서 10만 명당 1명꼴로 나타난다. 이 질환은 1904년에 워너(O. Werner)가 조로를 보이는 독일 가족을 처음 보고함으로서 알려졌다. 워너 증후군은 사춘기에 나타나며 보통 50세 이전에 심장마비나 희귀성 결합조직 암으로 사망하게 된다. 제8 염색체의 단완(shortarm)에 위치하는 해당 유전자는 DNA 회복에 관여하는 헬리카제(helicase)에 영향을주는 것으로 보인다. 이 유전자는 1,432개 아미노산으로 된 단백질을 만드는데, 네 가지 돌연변이 대립인자가 확인되었다. 헬리카제는 DNA가 복제, 회복, 전사될 때 DNA 이중나선을 푸는데 필요하다. 워너 증후군 환자에서 특정 암의 발병률이 높은 것을 보고, 연구자들은 돌연변이가 일어난 헬리카제가 암억제유전자의 활동을 활성화시키지 못하는 것으로 생각하게 되었다.

다른 동물의 노화 연구 결과는 유전자가 노화 속도를 조절한다는 가설을 강하게 뒷받침하고 있다. 초파리의 *Indy*(I' m not dead yet)라는 유전자 돌연변이는 보통 37일인 초파리 수명을 평균 70일로 두 배 늘린다. 연구자들은 *Indy* 유전자의 DNA와 인간 게놈 프로젝트 서열을 비교한 결과 *Indy* 유전자는 사람의 dicarboxylate cotransporter라는 유전자와 50% 유사하다는 것을 발견하였다. 사람의 dicarboxylate cotransporter는 크렙스회로에서 생기는 dicarboxylic acid를 막 통과해서 가공이 일어나는 곳까지 운반하는 단백질이다. *Indy* 돌연변이 초파리에서는 dicarboxylic acid의 운반이 줄어들고, 이는 먹이로부터 얻는 대사에너지가 적다는 것을 뜻한다. 즉, Indy 돌연변이는 유전적으로 칼로리 제한이 일어나는 것과 같다. 선충류 *Caenorhabditis elegans*를 굶기면 수명이 늘어나는 것으로 알려졌으나, 이는 굶는 불쾌감을 고려하지 않은 것이다. 사실상 *Indy* 돌연변이를 가지는 초파리는 심각한 영양상태에 빠지고, 평상시 같은 먹이 섭취와 활동적인 생활을 하는 초파리가 더 오래산다.

최근의 노화 이론

최근에, 선충류나 초파리에서 인슐린 유사 수용체의 신호 발생과 노화 사이에 어떤 관계가 있는 것이 발견되었다. 이 두 가지 생물에서 인슐린 유사 수용체를 통한 신호 발생을 감소시키는 돌연변이체는 수명이 길다. 칼로리 제한 실험을 인슐린 결핍 돌연변이체로 하는 이유는 인슐린이 칼로리 흡수를 조절하는 복잡한 경로에 관련되어 있기 때문이다. 초파리에서 그 영향은 암컷에만 해당되는데, 이는 생식력과 수명 사이의 절충이 이 경로와 관련되어 있음을 암시한다.

이 두 가지 체제에 대한 연구에서 활동일 주기에서 나타나는 것 같은 시계처럼 규칙적인 기작이 있다는 유전적 근거는 아직 발견되지 않았다. 수명을 늘리거나 줄이는 여러 가지 유전자는 확인되었으나 이 유전자들은 인슐린의 경우처럼 어떤 직접적인 특정 기작이 있는 것 같지 않다. 염색체의 말단소체 단축은 DNA 복제와는 관계가 있으나 노화 프로그램과의 직접적인 관계가 있다고 말할 수는 없다. 오늘날 몸의 크기와 수명, 그리고 생식력과 수명 사이의 절충이 노화의 유전학적 연구의 핵심이 되고 있다.

CHAPTER 20

암 생물학 및 세포 기술

지난 10여 년간 암을 일으키는 분자적 원인에 대한 지식은 놀라울 정도로 발전하였다. 암은 성장조절 유전자의 손상으로 일어난다. 이 손상은 재조합에 의한 위치 변화로 생길 수도 있고, 이보다 더 흔하게는 돌연변이에 의한 화학적 변화로 생긴다. 이 장에서는 이 두 과정을 개략적으로 알아보고 암에 관련된 지식을 탐구해 본 다음, 이에 관련된 세포공학의 발전에 대해 알아본다.

20.1 재조합에 의한 유전자 위치 변화

유전자 운반

두 가지 재조합 과정이 유전자를 변화시키는데, 이는 유전자 전달(gene tranfer)과 상호 재조합(reciprocal recombination)이다. 먼저 유전자 전달에 대하여 알아보자.

유전자는 염색체의 일정한 위치에 고정되어 있지 않고, 돌아다닐 수 있다. 일부 유전자는 플라스미드(plasmid)라는 작은 환상의 염색체 밖의 DNA 조각을 이루어 돌아다닌다. 플라스미드는 자신과 대응하는 염기 서열이 있는 부위에서 주 게놈에 끼어들거나 빠져나올 수 있다. 플라스미드는 주로 원핵생물에서 나타나며 주 게놈 DNA는 이들 DNA 조각과 쉽게 작용할 수 있다. 세균의 DNA 중 약 5%는 플라스미드 DNA이다. 어떤 플라스미드는 매우 작아서 단지 1개 또는 몇 개의 유전자만을 가지지만, 어떤 플라스미드는 상당히 복잡하고 많은 유전자를 가진다. 어떤 유전자는 전이인자(transposon)의 한 부분으로 움직이는데, 전이인자는 원핵생물이나 진핵생물 게놈의 한 부위에서 다른 부위로 무작위적으로 도약한다.

플라스미드에 의한 유전자 전달은 1947년에 레더버그와 테이텀(Lederberg and Tatum)에 의해 발견되었다. 3년 후 메클린토크(McClintock)에 의해 전이인자가 발견되었다. 기존의 연구자들은 유전자가 한 곳에 고정되어 있다고 믿고 있었기 때문에 게놈 내에서 무작위적으로 위치를 바꾸는 전이인자의 존재를 쉽사리 받아들이지 않았다.

중합효소는 플라스미드에 복제개시점이 있을 경우 복제할 수 있는데, 대개는 주 게놈에서 세포분열 당 한번 복제하도록 하는 조절이 이 플라스미드의 복제에서는 나타나지 않는다.

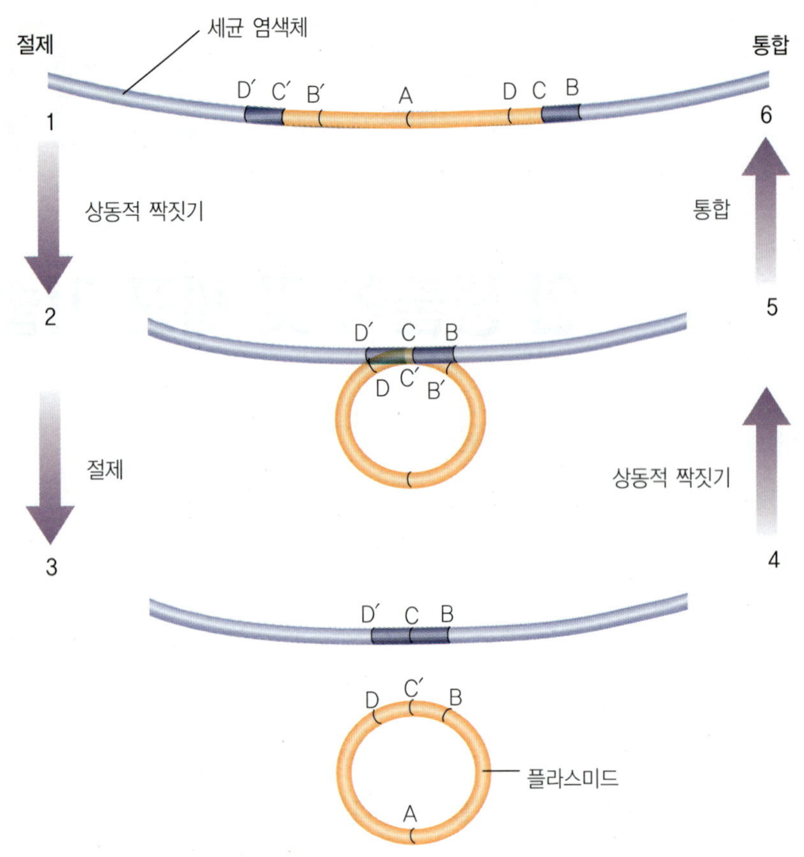

그림 20.1 | **플라스미드의 절제 및 삽입.**
세균 게놈에서 두 염기 서열의 말단이 동일하므로(D′, C′ B′와 D, C, B) 두 말단이 쌍을 이룰 수 있다. 1~3단계는 이 쌍을 이룬 동안에 사슬들이 교환되는 과정을 보여준다. 그 결과 고리의 절제가 일어나고 하나의 DNA 고리, 즉 플라스미드가 떨어져 나온다. 4~6단계는 플라스미드 자신이 세균 게놈 안으로 통합될 때의 과정을 보여준다.

통합

재조합으로 만들어진 플라스미드는 떨어져 나올 때와 같은 방식으로 다시 주 게놈 안으로 끼어들어갈 수 있다. 흔히 원래 교환이 있었던 플라스미드 DNA 부분을 인식 부위(recognition site)라고 하는데, 이 부위가 주 게놈상의 대응 서열과 정렬한다. 만약 정렬 부위에서 재조합이 일어나면 플라스미드는 그 게놈에 통합된다(그림 20.1의 4~6단계). 통합은 공유 서열이 있는 곳이면 어디에서든 일어날 수 있으므로, 플라스미드는 원래 나왔던 곳이 아닌 다른 부위에서도 주 게놈에 끼어들 수가 있다. 만약 플라스미드가 새로운 부위로 통합되면 유전자들을 새로운 부위에 전달한 셈이 된다.

플라스미드의 생성

플라스미드가 어떻게 생기는지를 이해하기 위하여 동일한 두 벌의 뉴클레오티드 서열을 가진 세균 DNA가 있다고 가정해보자. 이 두 벌은 서로 염기쌍을 이루어 일시적인 고리를 형성할 수 있다(이중의 이중나선). 모든 세포는 이러한 이중의 이중나선이 상호교환(reciprocal exchange)을 할 수 있게 하는 재조합효소를 가지고 있으므로, 사슬을 교환할 수 있다. 이 교환의 결과 이 고리가 나머지 DNA로부터 떨어져 나와 플라스미드가 될 수 있다(그림 20.1, 1~3단계). 이 중복 서열들 사이에 있는 유전자(그림 20.1의 A유전자)는 플라스미드 안으로 옮겨질 수 있다.

상호교환으로 한번 플라스미드가 만들어지면 DNA

접합에 의한 유전자 전달

레더버그와 테이텀이 발견한 내용 중에서 한 가지 놀라운 것은 플라스미드가 한 세균에서 다른 세균으로 옮겨갈 수 있다는 것이다. 그들이 연구한 플라스미드는 *E. coli* 게놈의 한 부분이었으며, F라는 이름을 붙였다. F는 fertility factor에서 딴 이름으로, 이는 자신의 DNA에 통합된 플라스미드를 가진 세포만 플라

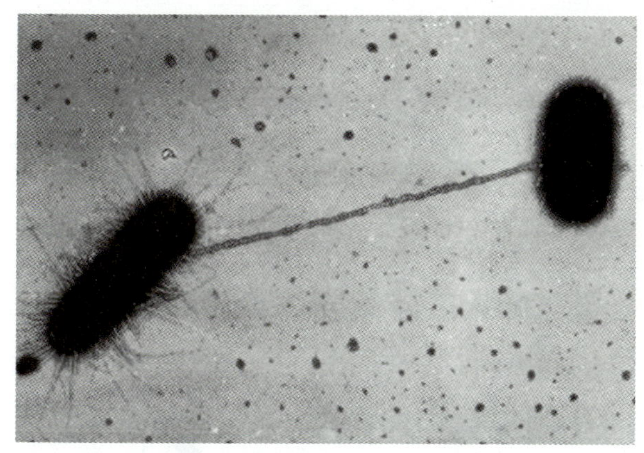

그림 20.2 | 선모에 의한 접촉.
F^+세포의 선모가 F^-세포에 연결된 다음, 두 세포를 가까이 끌어당기면 DNA 전달이 일어나게 된다.

스미드 공여자 역할을 할 수 있기 때문이다. 이 세균 세포들을 Hfr 세포라고 한다(high frequency recombination에서 온 이름임). F 플라스미드는 DNA 복제개시점과 다른 세포로의 전달을 촉진하는 몇 개의 유전자를 가지고 있다. 이 유전자들은 세균세포의 표면에서 조립되어 선모(pilus)라고 하는 속이 빈 관을 형성하는 단백질 소단위들을 만든다.

한 세포(F^+)의 선모가 F 플라스미드를 가지지 않고, 선모가 없는 다른 세포(F^-)의 표면에 접촉하면 선모는 두 세포를 가까이 잡아당겨서 DNA가 교환될 수 있게 된다(그림 20.2). 먼저, F 플라스미드가 F^+ 세포의 선모가 만든 접합다리 바로 아래 안쪽 부위에 결합한다. 그런 다음 회전환복제(rolling-circle replication)라는 과정으로 F 플라스미드는 결합 지점에서 자신의 DNA를 복제하기 시작한다. 복제가 일어나면서 플라스미드의 단일 사슬이 다른 세포로 건너간다. 그곳에서 상보적 사슬이 추가되고 새로운 안정된 F 플라스미드가 생긴다(그림 20.3). 이와 같은 식으로 유전자는 한 세균에서 다른 세균으로 건너간다. 이와 같은 세균 사이의 유전자 전달을 접합(conjugation)이라고 한다.

F 플라스미드가 세포질에 있지 않고 세균 유전체에 통합된 HFr 세포에서 F 플라스미드는 여전히 유전자 전달을 일으킬 수 있다. 이 경우 통합된 F 부위가 선모 아래에 부착하여 세균 유전체의 복제를 시작하여 새로 복제된 부분을 수여세포에 전달한다. 전달은 마치 세균 유전체가 F 플라스미드의 한 부분인 것처럼 진행된다. 이 현상의 연구를 통하여 연구자들은 세균 유전체 안의 서로 다른 유전자들의 위치를 알아낼 수가 있다(그림 20.4).

자리바꿈에 의한 유전자 전달

전이인자(transposon, 그림 20.5)는 유전체의 한 부위에서 다른 부위로 움직일 수 있는 작은 DNA 조각이다. 전이인자는 한 부위에서 여러 세대를 보낸 뒤

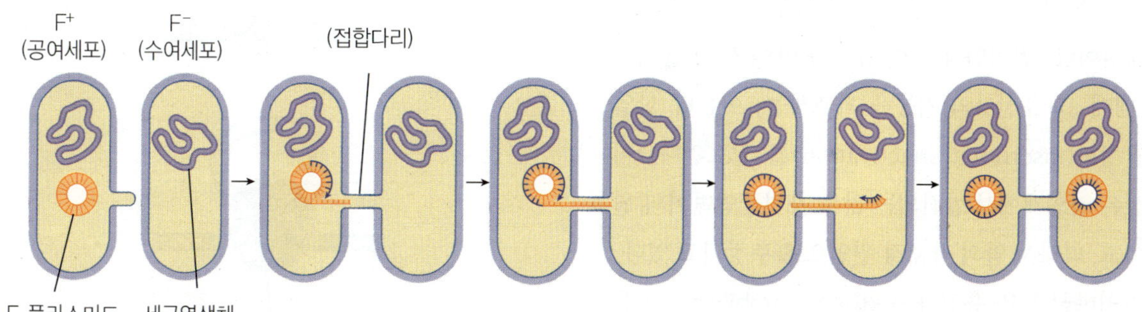

그림 20.3 | 세균 사이의 유전자 전달.
공여세포(F^+)는 수여세포(F^-)에는 없는 F 플라스미드를 가진다. F 플라스미드는 자신의 DNA를 복제하면서 단일 사슬을 접합다리를 통해 전달한다. 플라스미드의 남아 있는 사슬은 대체 사슬을 만들 주형 역할을 한다. 단일 사슬은 수여세포로 들어가서 주형으로 작용하여 이중가닥 플라스미드를 조립한다. 이 과정이 완료되면 두 세포는 완전한 한 벌의 플라스미드를 가진다.

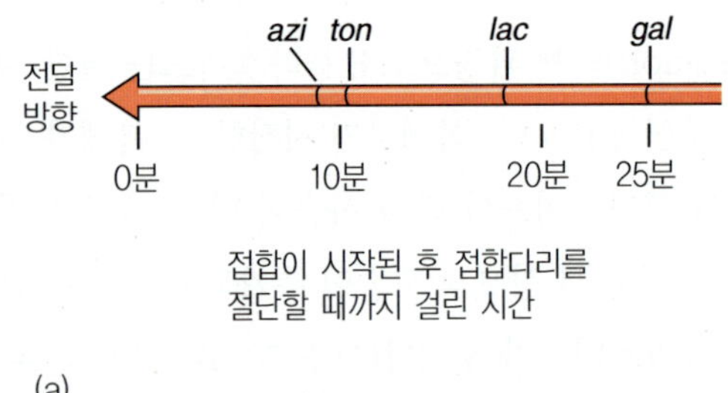

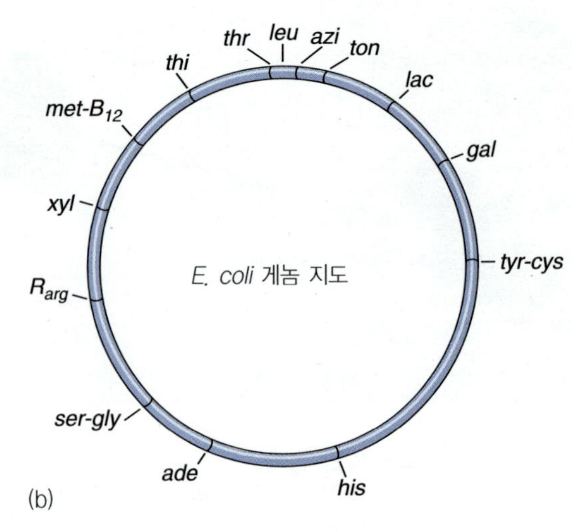

그림 20.4 | ***E. coli* 염색체의 접합지도.**
혼합기 속에서 세포 현탁액을 빠르게 휘저으면 *E. coli*의 접합다리를 끊을 수 있다. 접합이 시작된 후 여러 가지 시간간격으로 접합다리를 끊으면 세균 게놈의 여러 가지 유전자들의 위치를 알아낼 수 있다. (a) 유전자가 복제개시점에 가까울수록 접합이 시작된 후 곧 휘저어야 유전자 전달이 차단된다. (b) 이 방법을 이용하여 만든 *E. coli* 게놈지도.

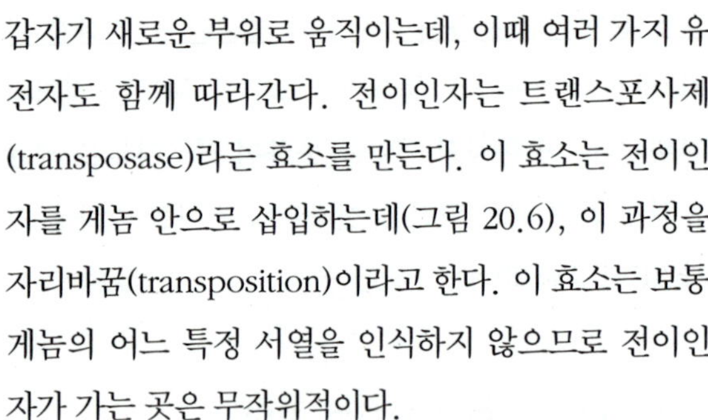

갑자기 새로운 부위로 움직이는데, 이때 여러 가지 유전자도 함께 따라간다. 전이인자는 트랜스포사제(transposase)라는 효소를 만든다. 이 효소는 전이인자를 게놈 안으로 삽입하는데(그림 20.6), 이 과정을 자리바꿈(transposition)이라고 한다. 이 효소는 보통 게놈의 어느 특정 서열을 인식하지 않으므로 전이인자가 가는 곳은 무작위적이다.

어느 한 전이인자의 이동은 비교적 드물어서 세포 100,000세대당 한 번 꼴로 일어난다. 이 발생률은 낮지만 그래도 돌연변이 발생률보다는 10배 크다. 더욱이 대부분의 세포들은 많은 전이인자를 가진다. 그러므로 오랜 시간을 두고 볼 때 자리바꿈은 엄청난 진화적 영향력을 준다.

이 진화적 영향을 실감하는 한 방법은 돌연변이를 통해서이다. 전이인자가 한 유전자 안에 끼어 들어가면 대개 그 유전자의 기능을 파괴하는, 이른바 삽입불활성화(insertional inactivation)를 일으킨다. 이 현상은 자연계에서 발견되는 많은 자연돌연변이의 원인이고, 따라서 암의 잠재적 원인으로 추정되고 있다.

자리바꿈은 또 유전자 동원(gene mobilization)을 촉진한다. 유전자 동원이란 게놈의 여러 곳에 있는 유전자들을 한곳에 모으는 것을 말한다. 가령, 세균에서 여러 가지 유전자가 세균으로 하여금 페니실린 등의 항생제에 내성을 갖게 하는 효소들을 만드는데, 이 유

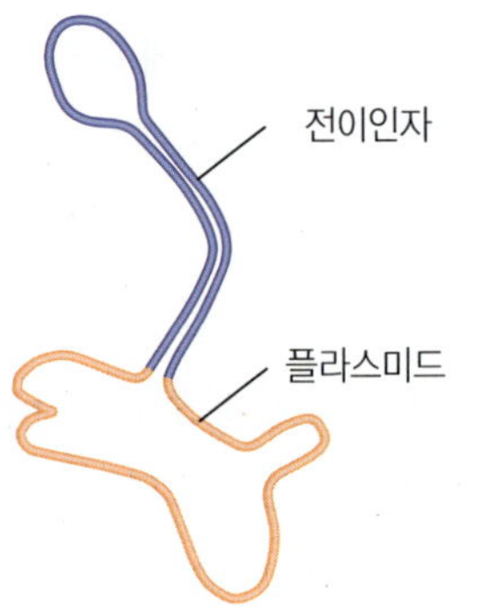

그림 20.5 | **전이인자.**
전이인자는 양쪽 말단이 역으로 반복되는 똑같은 뉴클레오티드 서열을 가지므로 막대사탕과 비슷한 특징적인 줄기-고리 구조를 이룬다.

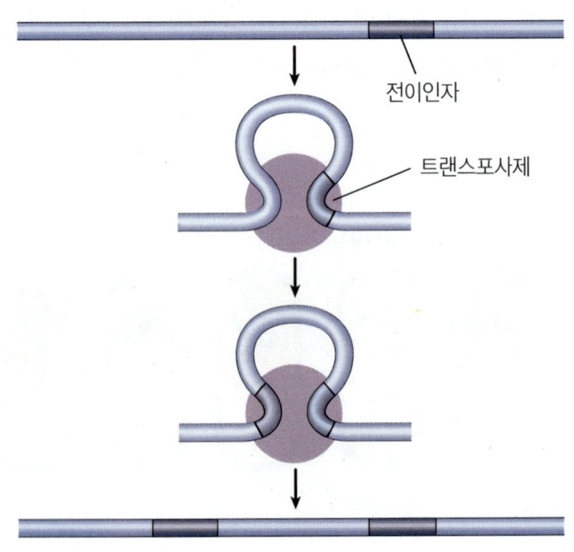

그림 20.6 | **자리바꿈.**
트랜스포사제는 어느 특정 DNA 서열을 인식하지는 않고 전이인자를 무작위적인 위치로 끼워 넣는다. 일부 전이인자는 이동할 때 자신의 복사본을 남기고 간다.

전자들의 다수가 플라스미드에 있다. 세균이 여러 가지 항생물질에 동시에 노출되면 여러 가지 내성 유전자를 갖는 플라스미드를 선호하게 된다. 따라서 자리바꿈으로 여러 플라스미드에 있는 항생물질 내성 유전자들을 한 플라스미드에 모아서 신속하게 이 내성전달인자(RTFs, resistence transfer factors)라는 합성 플라스미드를 만든다. RTFs를 가지는 세균은 그러므로 여러 가지 항생물질로 처리해도 살아남을 수 있다. RTFs는 일부 항생제 내성세균의 치료를 어렵게 하는 원인으로 추정되고 있다.

상호재조합

유전자 재조합의 두 번째 주요 기작인 진핵세포의 상호재조합에서는 두 상동염색체가 감수분열 과정에서 자신의 전부 또는 일부를 교환한다.

교차

교차는 감수분열 전기 I에서 일어나는데, 이때 두 상동염색체가 접합사 복합체에서 나란히 정렬한다. 이 시기에 상동체는 한 군데 또는 여러 군데에서 DNA 사슬을 교환한다. 이 사슬 교환은 새로운 대립인자 조합을 가진 염색체를 만든다.

기린이 한 염색체의 두 유전자좌에 목의 길이와 다리의 길이를 지령하는 유전자를 가진다고 가정해 보자. 또, 목 길이 유전자좌에 열성 돌연변이가 일어나고 여러 세대가 지난 뒤에 어느 개체가 변이된 "긴 목" 대립인자를 동형접합으로 가지게 되었으며, 이와 유사하게 다리길이 유전자좌의 열성 돌연변이로 변이된 "긴 다리" 대립인자를 동형접합으로 갖는 개체가 나타났다고 가정해 보자.

이 두 돌연변이가 한 개체에서 함께 일어날 가능성은 두 돌연변이 확률을 서로 곱한 값과 같으므로, 두 돌연변이가 동시에 동일 개체에서 나타날 가능성은 거의 없다. 만약 동일 개체에서 두 돌연변이가 우연히 일어나는 것이 긴 목과 긴 다리를 가지는 기린을 만드는 유일한 길이라면 이와 같은 개체가 나타날 가능성은 매우 낮다. 그러나 재조합 때문에 두 유전자 사이의 교차로 한 번의 감수분열에서 양쪽 변이 대립인자가 모두 들어 있는 염색체를 만들 수 있다. 유전자 조합을 신속히 개편하는 이런 능력 때문에 재조합은 자연변이를 만드는 데 매우 중요한 요인이 된다.

부등교차

상호재조합은 짝짓기가 일어날 수 있을 만큼 유사한 서열을 가지는 두 상동염색체의 어느 부위에서든 일어날 수 있다. 한 서열의 여러 복사본이 한 염색체의 서로 다른 위치에 존재할 때 짝짓기 실수가 때때로 나타난다. 이런 경우, 서열의 복사본 하나가 상동 복사본 대신에 다른 복사본 중 하나와 대응하게 될 수도 있다. 이러한 잘못된 배열은 어긋난 짝짓기를 일으켜서 작은 결실과 틀이동(frameshift) 돌연변이를 일으킨다. 만약 짝짓기 부위에서 교차가 일어나면 두 상동체가 동일하지 않은 길이의 조각을 교환하므로 부등교차(unequal crossing over)가 일어난다.

부등교차에서 한쪽 염색체는 다중 복사 서열을 여벌로 얻고, 다른 염색체는 이를 잃는다(그림 20.7). 이 과정은 한 특정 유전자의 수백 개 복사본이 한 염색체에 줄지어 배열하도록 만들 수 있다.

대부분의 진핵생물의 게놈은 염색체에 흩어져 있는

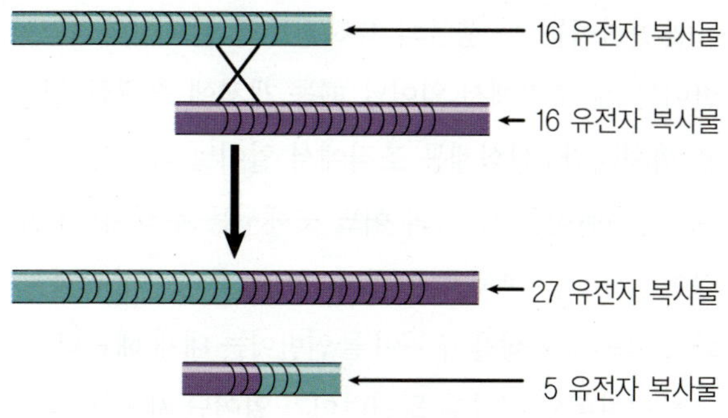

그림 20.7 | 부등교차.
반복된 서열로 인해 잘못 짝을 이루고 이 부위에서 교차가 일어나면, 그 결과로 생긴 염색체 하나는 소수의 유전자를 가지고 다른 염색체는 많은 유전자를 가지게 된다.

여러 벌의 전이인자를 가지므로, 서로 다른 위치에 있는 전이인자 복사본 사이의 부등교차는 진핵생물의 유전자 구성에 심대한 영향을 끼쳤다.

유전자 전환

접합사 복합체 안에서 짝을 짓는 두 상동체가 동일하지 않으므로, 한쪽 상동체의 일부 뉴클레오티드는 다른 상동체의 해당 부분과 상보적이지 않다. 이런 짝짓지 못하는 뉴클레오티드 쌍을 잘못짝짓기쌍(mismatch pairs)이라고 한다.

세포의 착오 수정 기작은 잘못짝짓기쌍을 탐지할 수 있다. 만약 감수분열 때 이 잘못된 짝짓기가 탐지되면 DNA 복제시 새로운 DNA 사슬을 검열하는 효소가 이를 수정한다. 한쪽 상동체의 잘못짝짓기된 뉴클레오티드가 절제되고 다른 상동체와 상보적인 뉴클레오티드로 교체된다. 그런 다음 첫 번째 상동체의 염기쌍 형성 상대가 교체되어 동일한 서열을 가진 두 염색체를 만든다. 이 착오 교정은 잘못짝짓기 서열 중 하나를 다른 것으로 전환시키므로 이 과정을 유전자 전환(gene conversion)이라고 한다.

20.2 돌연변이

돌연변이의 종류

돌연변이는 한 생물의 유전정보의 변화이다. 돌연변이는 체 조직에서 일어날 때는 개체에 중대한 영향을 끼치지만, 생식계통 조직에서 일어날 때만 유전된다. 돌연변이는 DNA의 어느 곳에서든 무작위적으로 일어날 수 있기 때문에 컴퓨터 프로그램의 무작위적 변화가 작동에 손상을 주듯이 돌연변이는 대개 해롭다.

돌연변이의 영향은 돌연변이가 일어난 세포의 종류에 따라 크게 달라진다. 배 발생 동안에 배우자를 형성하도록 운명지어진 세포들(생식계통 세포)이 체세포로 될 세포들로부터 분리되는 시기가 있다. 돌연변이가 생식계통 세포에서 일어날 때만 이 돌연변이가 다음 세대로 전달된다.

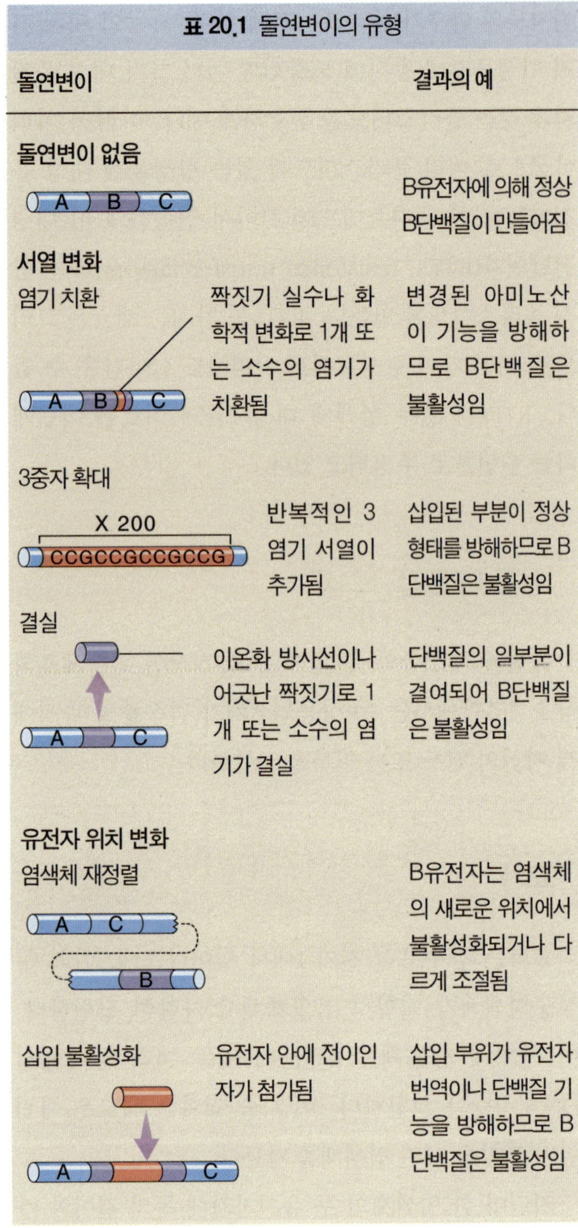

표 20.1 돌연변이의 유형

돌연변이		결과의 예
돌연변이 없음		B유전자에 의해 정상 B단백질이 만들어짐
서열 변화		
염기 치환	짝짓기 실수나 화학적 변화로 1개 또는 소수의 염기가 치환됨	변경된 아미노산이 기능을 방해하므로 B단백질은 불활성임
3중자 확대	반복적인 3 염기 서열이 추가됨	삽입된 부분이 정상 형태를 방해하므로 B 단백질은 불활성임
결실	이온화 방사선이나 어긋난 짝짓기로 1개 또는 소수의 염기가 결실	단백질의 일부분이 결여되어 B단백질은 불활성임
유전자 위치 변화		
염색체 재정렬		B유전자는 염색체의 새로운 위치에서 불활성화되거나 다르게 조절됨
삽입 불활성화	유전자 안에 전이인자가 첨가됨	삽입 부위가 유전자 번역이나 단백질 기능을 방해하므로 B 단백질은 불활성임

생식계통 조직에서의 돌연변이는 진화적 변화의 재료가 되기 때문에 생물학적 중요성이 매우 크다. 체세포에서는 돌연변이가 일어난 세포의 딸세포들이 모두 돌연변이 인자를 가지므로 생물체에 커다란 영향을 끼칠 수 있다. 돌연변이는 DNA 뉴클레오티드의 서열에 변화를 일으켜 유전정보 자체를 바꾸거나, 또는 유전자 위치를 변화시키는 방식으로 영향을 미친다. 표 20.1에서 돌연변이 원인과 유형에 대해 설

명하였다.

DNA 서열을 바꾸는 돌연변이

돌연변이에 의한 DNA 변화는 적어도 다음과 같은 5가지 방식으로 일어난다.

1. **염기 치환.** 우연한 짝짓기 실수나 중합효소 실수가 DNA 복제 동안에 나타날 수 있다. 이러한 변화는 대개 한 개 또는 소수의 염기쌍 수준에서 일어나는데, 이를 점돌연변이라고 한다.
2. **화학적 변화.** 화학적 돌연변이원에 의하여 하나의 염기가 화학적으로 변화될 수 있는데, 이것도 점돌연변이이다.
3. **DNA 절단.** 이온화 방사선은 DNA 이중나선을 끊어서 짧은 조각의 결실을 일으킬 수 있다.
4. **어긋난 짝짓기.** 어긋난 짝짓기(slipped mispairing)로 결실이 생길 수 있다. 하나의 염색체상에 어떤 서열이 한 벌 이상 있을 때, 셔츠의 단추가 잘못 끼워진 것처럼 잘못된 짝이 이루어진다. 이 실수가 만드는 고리는 가끔 세포의 회복효소에 의해 절제되어 짧은 결실이 생긴다. 여러 가지 이런 결실은 코돈의 중간에서 시작되거나 끝나서 판독 틀이 한 개 또는 두 개의 염기만큼 밀려나게 된다. 이 틀이동 돌연변이(frameshift mutation)는 유전자가 잘못된 3염기 단위로 읽혀지게 만들어 유전정보를 왜곡시킨다.
5. **3중자 확대.** 하나의 유전자 안에서 3염기 서열이 여러 번 반복되면 반복의 수가 확대될 수 있다. 그러므로 CAG 반복이 확대되면 그로 인해 생기는 돌연변이 단백질 안에 polyglutamine 부위를 만든다. 사람의 질병 15가지 이상이 하나의 유전자 안에서의 3중자 확대와 관련되어 있다.

유전자 위치 변화로 생기는 돌연변이

염색체상의 위치는 그 유전자가 전사될지를 결정하는 중요한 요인이다. 어떤 유전자는 다른 위치에 있으면 전사되지만, 염색체의 단단히 감긴 부위 근처에 있으면 전사되지 못한다. 여러 염색체 부위의 전사는 이와 같은 식으로 조절되고, 특정 단백질의 결합은 염색체 부위의 감기는 정도를 조절하여, RNA 중합효소가 그 부위 유전자에 작용할지를 결정한다.

염색체 재정렬. 염색체는 유전자의 위치에 중요한 영향을 주는 몇 가지 물리적 변화를 한다. 이 변화는 크게 두 가지로 구분되는데, 이는 한 염색체의 일부 조각이 다른 염색체에 가서 붙는 전좌(translocation)와 염색체의 한 부분이 거꾸로 뒤집히는 역위(inversion)이다. 전좌는 대개 유전자 발현에 심대한 영향을 준다. 반면, 역위는 보통 유전자 발현을 변화시키지는 않지만 감수분열에서 중대한 문제를 일으킨다(그림 20.8).

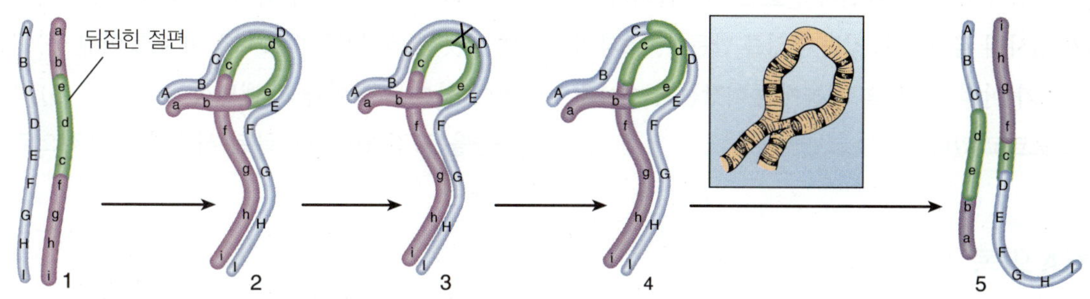

그림 20.8 | 역위의 결과.
(1) 한 염색체의 조각이 뒤집히면, (2) 감수분열 때 안쪽의 고리를 형성하면서 쌍을 이룬다. (3) 감수분열 때 이 뒤집힌 조각 안에서 교차가 일어나면 생존불능의 배우자를 만들게 되며, 어떤 유전자는 소실되고 어떤 유전자는 중복된다. (4 및 5) 교차는 4가닥의 염색체 단계에서 일어나지만 명확한 설명을 위해 두 가닥만 보여주고 있다.

다른 염색체 변화로는 한 개체가 가지는 유전자 벌수를 변화시키는 것이 있다. 그 중에서 중복(duplication)은 염색체 조각이 중복되는 것이고, 결실(deletion)은 염색체 부분이 떨어져 나가는 경우이며, 이수성(aneuploidy)은 염색체 전체가 새로 추가되거나 없어지는 경우, 그리고 배수성(polyploidy)은 염색체들 세트가 추가되는 경우이다.

삽입 불활성화. 전이인자는 새로운 위치로 끼어들어갈 때 무작위적으로 그 위치를 정한다. 그러므로 어떤 전이인자는 유전자 중간으로 들어가 이 유전자를 불활성화시킨다. 이렇게 해서 만들어진 단백질은 그 속에 무의미한 커다란 덩어리를 가지게 되고 구조가 손상된다. 이러한 돌연변이를 삽입 불활성화(insertional inactivation)라고 하며, 자연계에 흔하다. 어떤 돌연변이는 전이인자가 유전자 발현을 일으키는 촉진유전자를 포함하고 있어서 인접 유전자의 조절에 영향을 주는 경우도 있다.

여러 가지 사람의 유전 질환은 전좌 때문에 생긴다. 가령 *Alu*라는 사람의 전이인자는 X 연관 혈우병을 일으키는데, 이 경우는 응고인자 IX에 끼어들어가 이곳에 미성숙 정지 코돈을 위치시키기 때문에 생긴다. *Alu*가 저밀도 지방단백질 (LDL) 수용체를 만드는 유전자에 끼어 들어가면 유전적인 고콜레스테롤증이 생긴다. 한 가지 흥미로운 예로서, 초파리의 전이인자 *Mariner*는 사람의 다리 근육과 신경의 위축을 일으키는 신경성 질환도 일으킨다. 이 전이인자는 사람의 17번 염색체의 *CMT*라는 유전자 안으로 끼어들어가 염색체가 쉽사리 끊어질 수 있는 부위를 만든다. 초파리 전이인자가 어떻게 사람의 게놈에 들어갔는지는 아직 아무도 모르고 있다.

DNA 회복

DNA 복제 동안 수많은 실수가 일어나고, DNA 손상을 일으키는 수많은 인자가 있음을 감안할 때 DNA 회복체제가 진화되어 온 것은 놀라운 일이 아니다.

이 체제는 여러 방법을 이용하여 세포의 유전정보를 지키기 위해 작용한다.

잘못된 짝짓기의 회복

*E. coli*에서 처음 발견된 잘못된 짝짓기의 회복(mismatch repair)은 현재는 대부분의 생물에서도 발견되고 있다. 이 회복 체제는 DNA 복제시 나타난 착오를 수정한다. 교정작용이 이루어지고는 있지만 DNA 중합효소는 그 착오율이 비교적 높다. 잘못된 짝짓기의 회복 체제는 매우 높은 돌연변이율을 가진 *E. coli* 균주에서 처음 확인되었다. 소수의 유전자들이 높은 돌연변이율과 관련된 것으로 밝혀졌다. 이 유전자들을 *Mut*라고 하는데 이로 인해 잘못된 짝짓기 회복활동을 알게 되었다.

잘못된 짝짓기 회복체제(mismatch repair system)는 돌연변이 위치를 알아내는 영리한 전략을 이용한다. 세포 내의 특정 효소가 DNA의 GATC 서열을 인식하고 아데닌에 메틸기(CH_3)를 추가한다. 여러 잘못된 짝짓기 회복체제의 돌연변이체는 이 아데닌에 메틸기를 추가시키지 못하는 것으로 밝혀졌는데, 이를 *dam* 돌연변이(deficient in adenine methylation)라고 한다. GATC 서열의 메틸화는 DNA 복제 후 어버이 사슬, 즉 GATC가 메틸화된 사슬을 구별할 수 있도록 해 준다. 얼마 후, 메틸화효소(methylase)가 새로운 딸 사슬의 GATC 서열의 아데닌을 메틸화시킨다. 그러나 이렇게 하기 전에 세포의 잘못된 짝짓기 회복 효소가 (1) 복제 실수의 위치를 찾아내며(두 사슬 사이의 잘못된 염기결합으로 나선이 뒤틀어진 곳), (2) 어버이 사슬을 찾아내고(메틸화된 사슬), (3) 반대쪽 사슬을 교정하여 메틸화된 사슬과 상보적으로 되게 한다.

특수 회복 체제

세포에는 여러 가지 특정 DNA 손상을 담당하는 회복 체제들이 있다. 이 중 하나가 UVR 광회복계(UVR

photorepair system)로서 자외선으로 생긴 손상을 고친다. 자외선의 에너지는 티민에 흡수되어 인접 티민끼리 cyclobutane 결합이 생긴다. 이로 인해 생기는 티민 이합체는 복제될 수 없으므로, 티민 이합체는 돌연변이를 유도한다. 이 손상은 가시광선의 광자를 흡수하여 이 에너지로 cyclobutane 결합을 끊는 효소에 의해 복구된다.

또 다른 특수 회복 체제는 DNA에 티민 대신에 우라실이 나타나면 이를 복구한다. 효소 uracil-N-glycosylase는 DNA 사슬을 교란하지 않은 채 뉴클레오티드 염기로부터 우라실 측기(side group)를 잘라낸다. 그 결과 염기가 없는 뉴클레오티드를 가지는 apyrmidine(AP) 부위가 남게 된다. 그런 다음 특정 핵산가수분해효소가 이 AP 부위를 인식하고 해당 비정상 뉴클레오티드를 제거한다. 그 결과로 생긴 염기 한 개 빈자리는 회복 중합효소에 의해 복구된다.

절제 회복

DNA 복제 착오와 DNA의 화학적 손상은 절제 회복(excision repair)으로도 복구될 수 있다. 이는 비특이성 회복 체제로서 여러 가지 DNA 손상을 회복시킨다. 절제 회복은 두 단계로 이루어지는데, (1) DNA의 손상된 부위가 인식되고 제거되며, (2) 회복 중합효소가 빈자리를 새로 합성된 DNA로 채운다. *E. coli*에서 이 절제 회복 과정은 UVR 광회복계에 의해 조절된다. 해당 단백질들을 만드는 유전자들은 높은 UV 민감성 때문에 확인되었는데, uvr A, B, C, D로 이름 붙여졌다.

이 비특이적 체제는 손상된 염기로 인한 나선의 왜곡에 반응하므로 절제회복은 다양한 DNA 손상을 다룬다.

복제 후 회복

복제 후 회복(post-replication repair)은 DNA에서 이중나선이 끊어졌을 때 관여하는 유일한 회복 체제이다. 이러한 종류의 손상을 회복하는 데는 손상된 DNA와 동일한 서열을 가진 제2의 완전한 DNA 이중나선이 필요하다. 원핵생물은 DNA 복제시를 제외하고는 한 가닥의 DNA만 가지므로 원핵생물에서의 이러한 유형의 회복은 복제시에만 가능하다. 진핵생물에서는 이 과정을 재조합 회복(recombinational repair)이라고 하며 두 염색체가 밀접하게 짝을 이루는 감수분열 I의 전기에 일어난다.

20.3 암과 성장조절유전자의 돌연변이

암이란 무엇인가?

암(cancer)은 일종의 세포 성장 질환이다. 암은 정상 세포가 통제되지 않고 침투성인 방식으로 성장하기 시작하면서 생긴다(그림 20.9). 그 결과 크기가 계속 커지는 종양(tumor)이라는 세포집단이 생긴다.

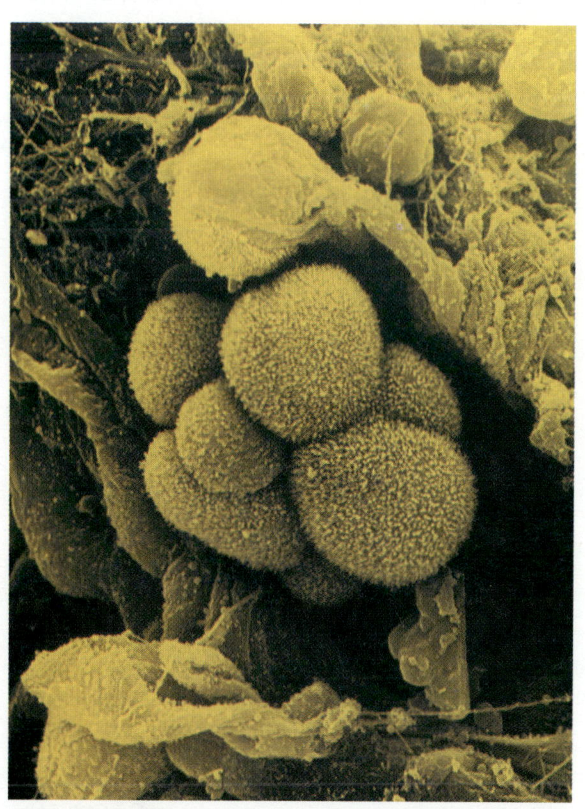

그림 20.9 | 폐암 세포.
이 세포들은 폐의 폐포 안에 있는 종양에서 나온 것이다(530×).

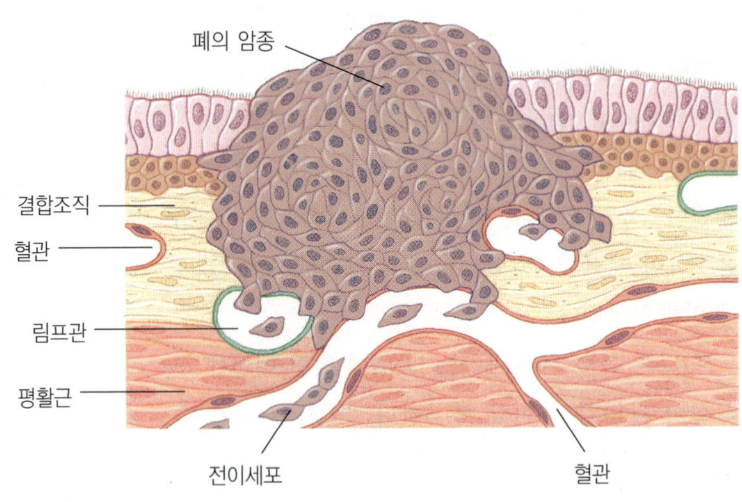

그림 20.10 | 암의 구조.
이 세포 덩어리는 폐의 안쪽 면을 이루는 상피세포에서 생기는 암종(암 종양)이다. 세포 덩어리가 자라면서 주변 조직으로 침투하고 결국 림프관과 혈관으로 침입한다. 림프관과 혈관은 전이성 암세포를 몸 전체로 운반하여 새로운 암조직을 형성한다.

종양을 떠나 몸 전체로 퍼져가서 새로운 종양을 만드는 것을 전이(metastases)라고 한다(그림 20.10). 암은 가장 치명적인 질병 중의 하나이다. 1999년에 태어난 아이 중에서 1/3은 일생 중 어느 시기에 암에 걸릴 것이며, 남자 아이의 1/4과 여자 아이의 1/3은 암으로 사망하게 될 것이다. 2002년에 미국인 550,000만 명이 암으로 사망하였다.

많은 연구자들이 암의 원인을 알아내고자 노력하고 있다. 과학자들은 지난 20년 동안 분자생물학적 기술을 이용하여 많은 진전을 이루어 왔고 대략적인 윤곽이 나타나고 있다. 현재 알려진 바로는 암은 체조직의 유전자 이상으로서, 유전자 손상으로 세포증식을 통제하지 못하여 생긴다. 세포분열 주기는 일단의 단백질들에 의해 조절된다. 암은 이 단백질들을 만드는 유전자들의 돌연변이로 생긴다.

암은 DNA 돌연변이를 일으키는 화학물질에 의해 생기기도 하고, 어떤 경우에는 세포증식의 정상적 조절을 방해하는 바이러스에 의해서도 생긴다. 그러나 그 원인이 어떤 것이든 모든 암은 특징적으로 성장과 분열이 통제되지 않는다. 암 계열 세포에서는 세포분열이 결코 정지하지 않는다. 암세포는 암을 가진 개체가 죽지 않는 한 죽지 않는다.

암의 원인

암은 거의 모든 조직에서 일어날 수 있으므로 암의 종류도 매우 많다. 결합조직, 뼈, 근육의 세포에서 생기는 종양을 육종(sarcoma)이라고 하고, 피부 등의

표 20.2 2002년 미국에서의 암 발생율

암의 유형	발생 수	사망자 수	암 사망 비율(%)
폐	169,400	154,900	28
대장 및 직장	148,300	56,600	10
백혈병/임파선암	91,700	47,500	9
유방	205,000	40,000	7
전립선	189,000	30,200	5
이자	30,300	29,700	5
난소	23,300	13,900	3
간	16,600	14,100	3
신경계/눈	19,200	13,300	2
위	13,100	12,600	2
방광	56,500	12,600	2
신장	31,800	11,600	2
자궁경부/자궁	52,300	10,700	2
구강	28,900	7,400	1
악성 피부암	53,600	7,400	1
육종(결합조직)	10,400	5,800	1
기타 암	145,500	87,200	16

상피조직에서 생기는 종양을 암종(carcinoma)이라고 한다. 미국에서 가장 많은 사망자를 내는 암 3가지는 폐암, 대장 및 직장암, 그리고 유방암이다(표 20.2).

과거부터 일부 연구자들은 강력한 돌연변이원인 특정 화학물질이 암과 관련되어 있다는 화학적 암발생설(chemical carcinogenesis theory)을 제안하였다. 암을 일으키는 물질을 발암물질(carcinogen)이라고 한다. 어떤 물질이 돌연변이원인지를 검사하는 가장 간단하고 효율적인 방법은 에임즈 검사(Ames test)로서(그림 20.11), 이 방법을 고안한 에임즈(Bruce Ames)의 이름을 땄다. 이 방법은 히스티딘 합성 유전자에 결함 있는 세균 *Salmonella* 균주를 이용한다. 이 세균은 히스티딘을 만들지 못하므로 히스티딘이 없는 배지에서는 살지 못하며, 히스티딘 합성 능력을 회복시키는 역돌연변이를 가진 세균만 히스티딘 없는 배지에서 살 수 있다. 그러므로 히스티딘 없는 배지에서 자라는 세균 콜로니의 수가 역돌연변이의 수라고 볼 수 있다. 이 검사에서 역돌연변이를 일으키는 화학물질 대부분은 발암성이다. 이 검사의 정확도를 높이기 위하여 세균 균주의 DNA 회복 체제를 파괴한다.

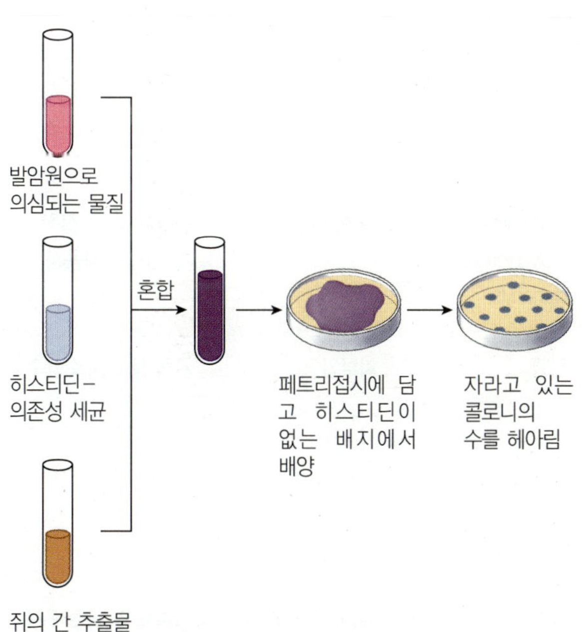

그림 20.11 | 에임즈 검사.
이 검사는 돌연변이 때문에 배지에 히스티딘이 들어있어야 살 수 있는 세균 *Salmonella*의 한 균주를 이용한다. 만약 어떤 잠재 발암물질이 돌연변이원일 경우 이 물질은 위의 돌연변이를 되돌릴 수 있다. 쥐의 간 추출물이 추가되는데, 이는 이 추출물에 발암물질을 돌연변이원으로 전환시킬 수 있는 효소가 들어 있기 때문이다. 발암물질의 돌연변이 유발성은 히스티딘이 결핍된 배지에서 자라는 세균 콜로니의 수를 세어서 정량할 수 있다.

일부 종양은 화학물질로 일어난다.

화학적 암발생론은 1761년 영국의 의사 힐(J. Hill)에 의해 나왔는데, 그는 심한 코담배 사용자의 코에 암이 생긴 것을 보고 담배가 이 암을 일으킨다고 제안하였다. 1775년에 런던의 외과의사 포트(P. Pott)는 굴뚝 청소부에 음낭암이 흔한 것을 보고 검댕과 타르가 이 암을 일으킨다고 주장하였다. 여러 가지 이와 유사한 발견들은 화학물질의 작용으로 암이 생긴다는 가설을 낳게 하였다.

화학물질이 암을 일으킨다는 증거

화학적 암발생설에 대해 1915년 일본의 의사 야마기와(K. Yamagiwa)가 처음 실험을 하였다. 그는 콜타르 추출물을 137마리의 토끼 피부에 3개월 동안 2~3일마다 묻힌 다음, 어떻게 되는지를 검사했다. 일 년 후 7마리의 토끼에서 콜타르 묻힌 부위에 암이 생겼다.

그러면 타르가 실제로 사람의 암도 일으킬까? 1949년 미국의 의사 와인더(E. Winder)와 영국의 피부과 의사 돌(R. Doll)은 각각 폐암이 흡연과 강력하게 관련이 있다고 보고하였다. 와인더는 684명의 폐암 환자와 600명의 대조군을 조사하여 흡연을 한 적이 있는지를 물었다. 암 발생률은 비흡연자보다 심한 흡연자에서 40배 높았다. 돌의 연구는 더 신빙성이 있었다. 그는 많은 의사들을 면접하여 흡연하는지를 묻고는 누가 폐암에 걸리는지를 기다렸다. 실제로 흡연한 사람이 폐암에 잘 걸렸다. 그 후 축적되어 온 증거들은 담배 속의 타르와 다른 화학물질들이 암의 원인임을 확신시키고 있다.

발암물질은 흔하다.

지난 50년 동안의 조사에서 수백 가지 합성 화학물질이 실험실 동물에 암을 일으킬 수 있음이 증명되었다. 이 중에는 트리클로로에틸렌, 석면, 벤젠, 염화비닐, 비소, 아릴아마이드, 철사그물 비슷한 화학적 구조를 가지는 석유화합물 등이 있다. 사람들은 일터에서 이러한 화학물질들을 매일 접한다(표 20.3). 이와 같은 화학물질들의 공통적 특징은 이들이 모두 돌연변이원이고 DNA의 변화를 일으킬 수 있는 물질이라는 것이다.

암과 세포 주기

세포 주기와 이의 조절에 대하여 배운바 있다. 세포 주기에는 여러 가지 조절 요소들이 복잡하게 상호작용하므로 이 조절계에 영향을주는 돌연변이가 일어나면 통제되지 않는 세포 성장, 즉 암을 일으킬 수 있는 것은 이상스러운 일이 아니다. 두 가지 일반적인 유전자가 이 돌연변이의 영향을 받는데, 이들은 원시암유전자와 종양억제유전자이다(표 20.4).

암유전자

정상 세포로 들어가서 이 세포로 하여금 암세포로 되게 하는 유전자를 암유전자(oncogene)라고 한다. 암유전자는 원래 한 세포에서 분리된 DNA가 다른 세포로 들어가는 감염(transfection) 과정에서 발견되었다. 감염 실험에서, 종양에서 추출된 세포로부터 분리된 DNA는 정상 세포가 암세포로 전환되게 만든다. 여러 가지 종양에서 이 동일한 유전자의 돌연변이형이 분리되었다. 이 유전자의 돌연변이가 일어나지 않은 정상 형이 원시암유전자(proto-oncogene), 즉 돌연변이를 통하여 종양 형성 암유전자로 될 수 있는 유전자이다. 그 후의 연구로 이 유전자들은 모두 세포 생장을 일으키는 외부 신호를 해석하는 데 필요한 단백질을 만든다는 것이 밝혀졌다(그림 20.12). 11장에

표 20.3 작업장에서의 화학적 발암물질

화학물질	골수성 백혈병	노출 위험이 있는 근로자
일반적 노출		
벤젠	골수성 백혈병	페인트공, 염료 취급자, 가구의 칠 전문가
디젤 배기가스	폐암	철도 노동자, 트럭운전사, 광부
미네랄유	피부암	금속 기계공
농약	폐암	농약 살포자
담배 타르	폐암	흡연자
드문 노출		
석면	Mesothelioma, 폐암	브레이크 수리공, 절연작업공
합성 광섬유	폐암	절연작업공, 배관절연작업공
머리 염색약	방광암	미용사 및 이발사
페인트	폐암	페인트공
염화비페닐 (Polychlorinated biphenyls)	간암, 피부암	윤활제, 잉크, 접착제, 살충제 사용자
검댕	피부암	굴뚝 청소부, 소방수
희귀한 노출		
비소	폐암, 피부암	살충제 및 제초제 사용자, 피혁작업자, 유류 정제공
포름알데히드	비암	종이 및 섬유 취급자

표 20.4 사람의 암과 관련된 일부 유전자

유전자	생성물	암
암유전자		
성장인자나 이의 수용체를 만드는 유전자		
erb-B	표피 성장인자의 수용체	아교모세포종(일종의 뇌암), 유방암
erb-B2	일종의 성장인자 수용체(neu라고도 하는 유전자)	유방암, 난소암, 타선암
PDGF	혈소판에서 나온 성장인자	신경아교종(일종의 뇌암)
RET	일종의 성장인자 수용체	갑상선암
세포 내 신호전달 경로에서 세포질 중개물질을 만드는 유전자		
K-ras	단백질키나아제	폐암, 대장암, 난소암, 췌장암
N-ras	단백질키나아제	백혈병
성장촉진 유전자의 전사를 활성화하는 전사인자를 만드는 유전자		
c-myc	전사인자	폐암, 유방암, 위암, 백혈병
L-myc	전사인자	폐암
N-myc	전사인자	신경모세포종
신경모세포종 기타 단백질을 만드는 유전자		
bcl-2	세포자살을 막는 단백질	낭포성B세포림프종
bcl-1	세포주기 시계를 자극하는 Cyclin D1(PRAD1)	유방암, 두부 및 경부암
MDM2	p53 종양 억제 단백질의 길항 단백질	여러 가지 육종(결합조직암)
종양억제유전자		
세포질 단백질을 만드는 유전자		
APC	신호전달 경로의 단계	대장암, 위암
DPC4	세포분열을 억제하는 신호전달 경로의 중개물질	췌장암
NF-1	세포분열을 자극하는 단백질인 Ras의 억제인자	신경섬유종, 골수성 백혈병
NF-2	Ras의 억제인자	수막종(뇌암), 시반세포종
핵단백질을 만드는 유전자		
MTS1	세포주기 시계를 늦추는 p16단백질	여러 가지 암
p53	G_1 확인점에서 세포분열을 멈추는 p53 단백질	여러 가지 암
Rb	세포분열의 마스터 브레이크인 Rb단백질	망막모세포종, 유방암, 골암, 방광암
세포 내 위치가 알려지지 않은 단백질을 만드는 유전자		
BRCA1	?	유방암, 난소암
BRCA2	?	유방암
VHL	?	신장세포암

서 보았듯이 이 신호들은 세포가 G_0을 떠나 G_1 확인점을 통과하는 데 필요하다. 원시암유전자의 돌연변이는 이 신호들을 증폭하여 세포 주기를 가속시킨다.

만약 한 성장인자 수용체의 돌연변이가 일어나서

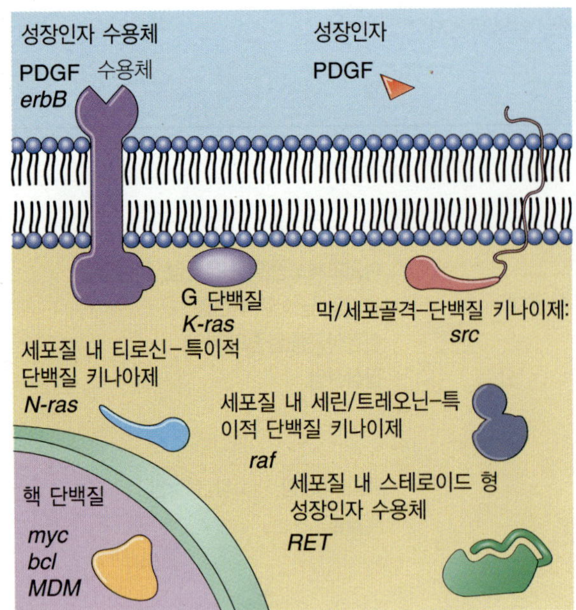

그림 20.12 | 암유전자의 주요 종류.
원시암유전자의 주요 종류를 나타내었다. 원시암유전자는 돌연변이로 변화되면 암유전자로 된다.

성장인자에 대한 결합 여부와 관계없이 항상 켜진 상태라면 수용체를 만드는 유전자는 암유전자로서 작용할 것이다. 이와 유사하게, 세포표면에서 핵으로 신호를 운반하는 데 필요한 단백질들을 만드는 모든 유전자들은 돌연변이가 일어나 신호를 크게 증폭하여 신호 경로 유전자를 암유전자로 전환할 수 있다.

암유전자는 정상적인 "분열" 신호가 없는 상태에서 그 효력을 내므로 우성 대립인자로서 유전될 것이다. 즉, 암유전자는 돌연변이 암유전자에 대하여 이형접합성인 세포에서도 암 유발효과를 발휘할 것이다.

염색체 이상은 원시암유전자의 활성화를 일으킬 수 있다. 원시암유전자 부근에 강한 증폭자(enhancer)를 이동시키는 재정렬은 과다 발현이나 원시암유전자가 정상적으로 발현되지 않는 조직에서도 발현되게 만들 수 있다. 이는 만성 골수성 백혈병에서 처음 발견되었는데, 이 질병에서는 9번 염색체와 22번 염색체 사이에 유전정보가 교환되어 필라델피아 염색체라는 비정상적인 염색체가 만들어진다. 염색체 한 부분의 전좌는 원시암유전자 *c-ABL*을 포함하는 키메라 유전자를 만들어 *c-ABL*이 발현되어 백혈병이 생기게 만든다.

가장 널리 연구된 암유전자는 *myc*와 *ras*이다. *myc*의 발현은 세포분열의 확인점들을 조절하는 핵심 요소들인 사이클린과 사이클린의존 단백질 키나아제(Cdk's)의 생산을 자극한다.

ras 유전자 산물은 EGF와 같은 여러 가지 성장인자에 대한 세포적 반응에 관여하는데, EGF는 정상적으로 세포증식을 개시시키는 세포 간 신호이다. EGF가 상피세포의 원형질막에 있는 특정 수용체 단백질에 결합하면 세포질 쪽으로 돌출해 있는 수용체 부분은 Ras 단백질이 GTP에 결합하도록 자극한다. Ras 단백질/GTP 복합체는 다시 Raf라는 단백질을 원형질막의 안쪽 면으로 끌어모아 활성화시키고, Raf는 세포질 키나아제를 활성화시켜서 세포 내 신호전달 체제를 자극한다. 마지막 단계는 세포 증식을 촉발하는 전사인자의 활성화이다. 암을 일으키는 *ras* 안의 돌연변이는 세포증식을 개시시키는 데 필요한 EGF의 양을 크게 감소시킨다.

종양억제유전자

첫 번째 부류의 암 유도 돌연변이가 세포분열의 "악셀러레이터를 밟으면", 두 번째 부류의 암 유도 돌연변이는 "브레이크를 제거"한다. 건강한 세포에서는 사이클린이 Cdk's에 결합하지 못하게 하는 단백질에 의해 세포분열이 정상적으로 중지된다. 이 단백질들을 만드는 유전자들을 종양억제유전자(tumor-suppressor genes)라고 한다. 이들의 돌연변이 대립인자는 유전적으로 열성이다.

처음 발견된 종양억제유전자 한 가지는 Rb 유전자이다. Rb의 역할은 전사인자 E2F에 결합하여 그 활동을 막는 일이다. 전사인자 E2F는 여러 가지 세포주기 특이적 유전자의 발현에 필요하다. 정상 세포주기 과정에 사이클린 의존 키나아제의 활동은 *Rb*를 인산화시키는 일이다. 인산화된 Rb는 E2F에 결합하지 못하므로, 이는 억제로부터 E2F를 풀어주고 세포 주기가 진행되도록 한다.

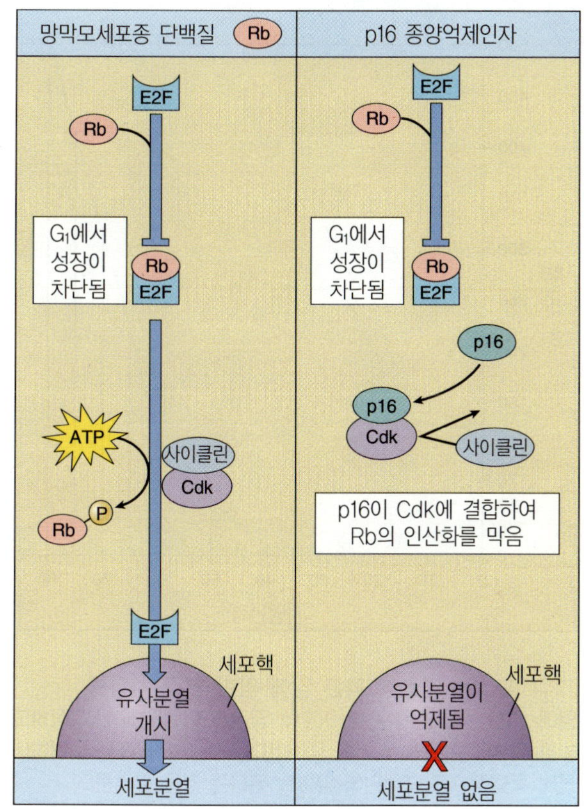

그림 20.13 | 종양억제유전자 Rb와 p16에 의한 세포분열 차단.

망막모세포종 단백질 Rb(retinoblastoma protein)는 핵 안에서 유전자를 활성화시키는 전사인자 E2F에 결합하여 이 인자가 유사분열을 개시시키는 것을 막는다. Cdk가 사이클린과 작용하여 Rb를 인산화시켜서 E2F를 방출하면 G_1 확인점은 통과된다. p16 종양억제단백질은 Cdk에 결합하여 Cdk가 Rb를 인산화하는 네 쓰이지 못하도록 함으로써 Rb의 억제작용을 강화한다.

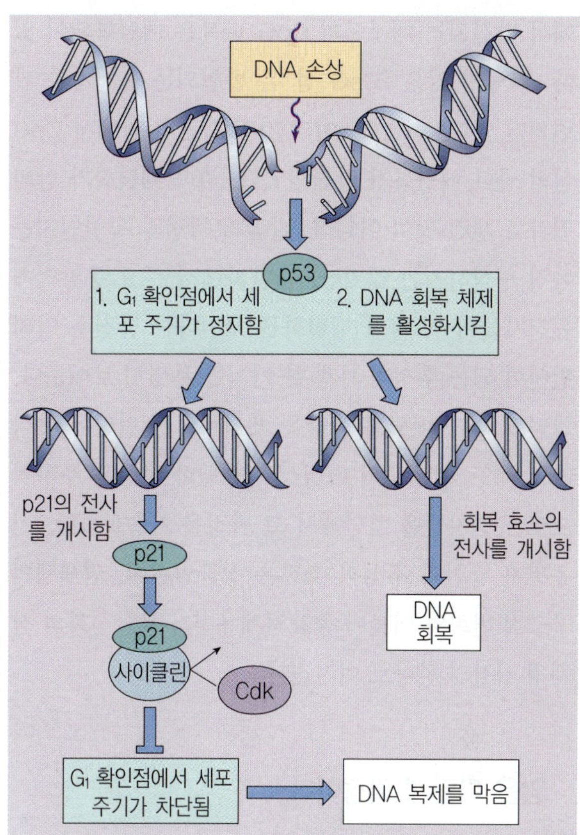

그림 20.14 | 세포주기 조절에서의 종양억제유전자 p53의 역할.

p53 단백질은 G_1 확인점에서 DNA 손상을 조사한다. 만약 DNA가 손상되면 p53은 DNA 회복 체제를 활성화하여 G_1 확인점에서 세포 주기를(DNA 복제 전에) 정지시킨다. 이는 손상이 회복될 시간 여유를 준다. p53은 p21의 전사를 유도하여 세포 주기를 전지시킨다. p21 단백질은 그런 다음 사이클린에 결합하여 Cdk와 복합체를 이루는 것을 막는다.

돌연변이로 정상적인 Rb의 기능상실은 세포 주기 통제의 상실을 가져온다(그림 20.13). 그러나 통제가 제거되려면 정상적으로 기능을 하는 양쪽의 Rb 복사본들이 없어져야 할 것이므로 Rb의 암 유도 돌연변이 대립인자는 유전적으로 열성이다.

다른 한 가지 잘 알려진 종양억제유전자는 p53인데, 이 유전자는 사람의 여러 가지 암에서 돌연변이가 일어난 채 발견된다. p53의 역할은 G_1과 G_2기에 DNA 손상을 감지하는 신호들을 통합하는 일이다(그림 20.14). 중요한 DNA 손상이 감지되면 p53은 손상된 세포를 제거하기 위하여 세포자살을 유도한다. p53의 소실은 제거되어야 했을 돌연변이의 축적을 일으키고, 따라서 암성 성장으로 전환되는 것을 막지 못한다. 반복적인 흡연이 폐암을 일으키는 이유 중의 하나는 p53의 돌연변이를 유도하기 때문이다. 실제로 모든 암의 거의 절반이 p53 유전자의 돌연변이와 관련되어 있다.

암의 후성적 원인

염색질 구조와 유전자 발현 조절 사이의 관계에 대한 최근 연구는 악성 형질전환 과정을 규명하는 데 희망을 안겨주고 있다. 메틸화와 히스톤의 탈아세틸화도 암과 관계 있다. 포유동물 DNA의 메틸화는 대부분 시토신 다음에 구아닌이 오는 DNA 서열 부위(CpG 반복 부위라고 함)의 시토신에 일어난다. 사람에서 발견되는 대부분의 CpG 반복은 메틸화되어 있다. 그렇지 않은 "CpG 섬"은 발현되는 유전자와 관련되어 있다. 최근에, 여러 가지 사람의 암에서 CpG 섬의 과다 메틸화가 발견되었다. 과다 메틸화가 암의 결과로 생긴 것이 아니라, 발암의 직접적 원인인지는 아직 명백하지는 않지만, 암환자에서 주요 종양억제 유전자들이 이 과다 메틸화를 보인다는 발견은 암의 원인이 되는 후성적 과정 한 가지를 분명히 보여준다. 그리고 과다 메틸화가 암을 개시시키는 원인이 아니라고 해도, 암세포의 비정상적 메틸화 양상은 추가적으로 유전자들을 차단해서 그 과정을 가속화한다. 이 유전자 발현의 후성적 조절은 점돌연변이, 염색체의 구조적 변화와 더불어 종양억제유전자 불활성화의 잠재적 기작의 하나로 여겨진다.

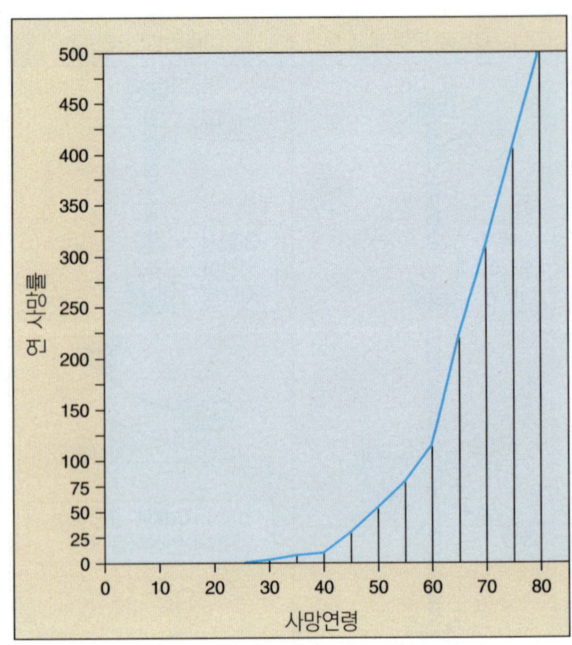

그림 20.16 | 연령에 따른 암에 의한 연간 사망률.
암에 의한 사망률은 40세 이후에 급격하게 증가하기 시작하고 60세 이후에는 더욱 급격히 증가한다. 이는 여러 가지 돌연변이들이 독립적으로 축적되어 암으로 된다는 것을 알려준다.

암은 다단계 과정이다

세포는 여러 확인점에서 증식을 통제하며, 이 통제들이 모두 불활성화되어야 암이 시작된다. 그러므로 대부분의 암의 유도는 여러 유전자(통상 4~6개, 그림 20.15)의 돌연변이와 관련되어 있다. 암을 연구하는데 이용된 여러 조직배양세포 계열에서는 대부분의 통제가 이미 불활성화된 상태여서 한두 개 유전자의 돌연변이만으로 이 세포 계열은 암으로 된다. 여러 가지 조절유전자의 불활성화가 있어야 암이 생긴다는 것은 왜 대부분의 암이 40세 이상의 사람에게 나타나는지를 설명해 준다(그림 20.16). 나이든 사람에서 각각의 세포는 여러 돌연변이를 축적할 시간을 더 많이 가졌기 때문이다. 연구자들은 1994년에 PCR(poly-merase chain reaction)을 이용하여 암에 걸리지 않은 사람 63명의 혈액세포의 암 관련 유전자 돌연변이를 조사하였는데, 나이 20세 이하인 사람보다 60세 이상인 사람에서 돌연변이가 13배 많았다.

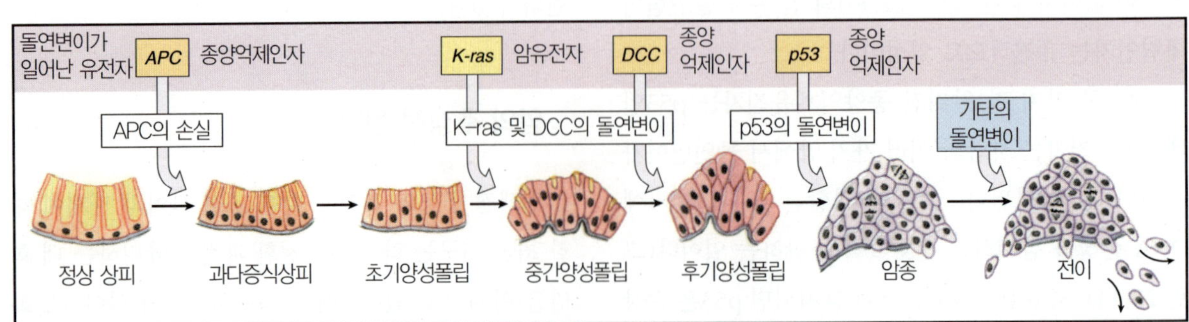

그림 20.15 | 대장암을 일으키는 돌연변이의 진전.
직장 내부를 둘러싼 상피세포의 6단계 변화의 마지막 단계로 치명적 전이가 일어난다. 이 중 한 단계는 원시암유전자의 돌연변이로 일어나게 되며 종양억제인자의 불활성화를 일으키는 돌연변이로 이 중 세 단계 변화가 일어나게 된다.

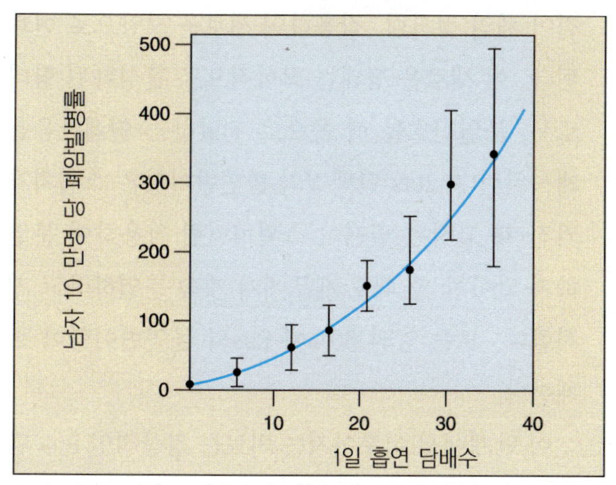

그림 20.17 | 흡연량과 폐암 발생률.
일일 흡연량에 따라 폐암 발생률이 증가하는 것을 명백히 보여준다.

흡연과 암

암을 예방하는 가장 분명한 방법은 돌연변이 위험을 최소화하는 일이다. 돌연변이원에 노출되는 것을 막는 것은 곧 암 발생을 줄이는 길이 된다.

미국에서 모든 암의 약 1/3은 흡연으로 생긴다. 특히 폐암은 흡연과 뚜렷한 관계를 가지며, 흡연량과 폐암 발생률은 밀접한 관계가 있다(그림 20.17). 하루에 두 갑 이상의 담배를 피는 사람은 비흡연자보다 폐암 발생률이 적어도 40배가 된다. 보험회사는 담배 1개비당 수명을 10.7분 줄인다고 계산하고 있다.

담배연기 속에는 3,000가지 화학적 성분이 들어 있다. 그 중에 염화비닐, 벤조피렌(BP), 니트로소노르니코틴 등은 강력한 돌연변이원이다. 돌연변이원을 폐 안에 넣는 것은 폐의 상피세포유전자에 손상을 가한다. 이 유전자 중에서 세포증식을 조절하는 유전자에 돌연변이가 일어나면 폐암이 일어난다. 이 과정은 담배타르에서 담배연기로 방출되는 벤조피렌의 경우 분명히 밝혀졌다. 폐의 상피세포는 벤조피렌(BP)을 흡수하여 이를 화학적으로 변화시켜 유도체를 만든다. 이 유도체인 벤조피렌디오레폭시드는 직접 종양억제유전자 p53에 결합하여 이 유전자를 돌연변이를 통해 불활성형으로 변화시킨다. p53에 의해 만들어지는 단백질은 세포 주기의 G_1 확인점을 감독하며 통제되지 않는 세포증식을 막는 몸의 주요 기작 중 하나이다. 폐의 상피세포에 있는 p53의 파괴는 폐암의 개시를 촉진하는데, 폐암의 70% 이상에서 p53의 불활성형이 발견된다.

암의 치료

잠재적 암 치료법이 여러 가지 방면에서 개발되고 있다. 이 중에서 8가지를 설명하고자 한다(그림 20.18). 어떤 치료 방법은 세포 안에서 암의 시작을 막고, 어떤 치료 방법은 암세포 밖에서 작용하여 종양이 성장하거나 확산되는 것을 막는다.

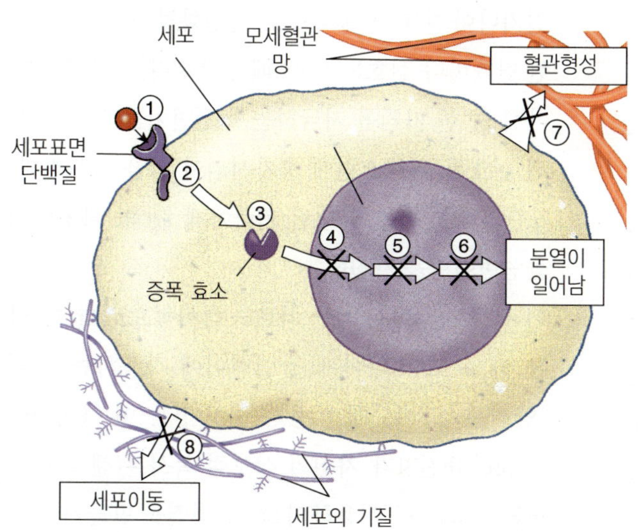

그림 20.18 | 암 치료의 잠재적 표적들.
새로운 분자적 치료방법은 발암 과정의 8가지 단계를 표적으로 둔다. (1) 세포 표면에서 성장인자가 세포에게 분열하라는 신호를 낸다. (2) 세포 바로 안에서 릴레이스위치 단백질이 분열신호를 전달한다. (3) 세포질에서 효소가 신호를 증폭한다. (4) 핵 내에서 DNA 복제를 막는 "브레이크"가 해제된다. (5) 단백질은 복제된 DNA가 손상된 것이 아닌지 확인한다. (6) 다른 단백질이 염색체 말단부를 재건하여 DNA는 복제할 수 있게 된다. (7) 새로운 종양이 성장을 증진시키는 혈관 형성을 촉진한다. (8) 일부 암세포가 세포외 기질로부터 떨어져 나가 몸의 다른 곳으로 침투한다.

암의 시작을 막기

여러 가지 치료 방법은 잠재적인 암세포 안에서 작용하며, 여러 가지 단계에서 세포가 "분열할까?"라는 결정 과정에 초점을 맞춘다.

1. **분열 신호를 받기**. 첫 단계 결정 과정은 "분열신호"를 받는 것인데, 이 분열신호는 보통 인접 세포에서 방출되는 성장인자라는 작은 단백질이다. 성장인자는 세포 표면에 있는 단백질 수용체가 받는다. 세포 표면에 있는 수용체의 수를 증가시키는 돌연변이는 분열신호를 증폭하여 암을 유도한다. 가령, 유방암의 20% 이상은 표피 성장인자의 수용체와 관련된 HER2라는 단백질을 과다 생산하는 것으로 밝혀졌다.

이 결정 과정 단계에서의 치료는 암세포를 공격하는 사람의 면역계를 이용하는 것이다. 유전공학적으로 만든 단일클론 항체(monoclonal antibodies)라는 특수 단백질 분자가 치료물질이다. 단일클론 항체는 HER2를 찾아내고 이에 부착하도록 고안된다. 붉은 깃발을 흔드는 것처럼 단일클론 항체의 존재는 HER2 세포를 면역계가 공격하도록 부른다. 유방암세포는 HER2를 과다 생산하므로 이 세포는 우선적으로 사멸된다. 제약회사 Genentech는 최근에 herceptin이라는 단일클론 항체를 만들어 임상실험에서 좋은 성과를 내었다. 다른 시험에서 단일클론 항체 C225는 표피 성장인자 수용체에 작용하도록 만들어졌는데 진행된 대장암의 치료에 성공적이었으며, C225의 임상적 시도가 시작되었다.

2. **릴레이 스위치**. 둘째 단계의 분열 결정 과정은 신호가 세포 안(세포질)으로 들어가는 것이다. 이는 정상 세포에서 릴레이 스위치처럼 작용하는 Ras라는 단백질에 의해 이루어진다. 성장인자 EGF가 수용체에 결합하면 인근의 Ras 단백질이 "엉덩이를 걷어 채인 것처럼" 작용하여 새로운 모양으로 변화된다. 이 새로운 형태는 화학적으로 활성화된 형태로서, 분열신호를 핵 쪽으로 전달하는 연쇄반응을 개시시킨다. Ras 단백질의 돌연변이형은 스위치가 켜진 채 고정된 릴레이 스위치처럼 작용하여 분열하지 말아야 할 때도 세포에게 계속 분열하라고 지시한다. 모든 암의 30%에 Ras의 돌연변이형이 존재한다.

이 단계에서 이루어지는 치료는 정상적인 Ras 단백질이 만들어질 때 불활성이라는 점을 이용한다. Ras 단백질은 효소 farnesyl transferase에 의해 개조된 뒤에야 릴레이 스위치처럼 기능하기 시작한다. 동물 실험에서 farnesyl transferase 억제인자는 종양의 위축을 일으키고 새로운 종양 형성을 막는다.

3. **신호를 증폭하기**. 결정 과정의 세 번째 단계는 세포질 안에서 신호를 증폭하는 것이다. TV 신호가 먼 거리에서 수신되기 위해서는 증폭되어야 하는 것처럼, 분열신호가 핵에 도달하기 위해서는 증폭되어야 한다. 세포는 이 신호를 증폭하기 위해서 영리한 계략을 쓴다. Ras는 "켜짐" 상태일 때 효소 단백질 키나아제를 활성화한다. 이 단백질 키나아제는 다른 단백질 키나아제를 활성화하고, 후자는 다시 다른 단백질 키나아제를 활성화시킨다. 즉 활성화된 하나의 단백질 키나아제는 수많은 다른 단백질키나아제를 연쇄적으로 활성화하며, 릴레이의 한 단계마다 신호는 1,000배 증폭된다. 단백질키나아제 중 한 가지를 자극하는 돌연변이는 이미 증폭된 신호를 위험스럽게 증가시켜서 암을 유도한다. 모든 암의 5%는 단백질 키나아제 Src의 과잉활성 돌연변이형을 가진다.

이 결정 단계에서 하는 치료는 특이적으로 Src나 다른 암 유도 키나아제 돌연변이에 작용하는 소위 "안티센스 RNA"를 이용하는 것이다. 이 아이디어는 Src 유전자가 자신의 상보적 복사본(센스 RNA 또는 mRNA)을 이용하여 Src 단백질을 만들기 때문에 센스 RNA의 거울상 상보적 복사본(안티센스 RNA)이 여기에 부착하여 Src 단백질 합성하는 데 이용되지 못하도록 막아 놓는 것이다. 이 접근 방법은 희망적이다. 조직배양에서 안티센스 RNA는 암세포 성장을 억제하고, 어떤 것은 실험동물에 이식한 사람의 종양을 성장하지 못하게 한다. 인간에 임상적 시도가 진행 중이다.

4. 브레이크를 풀기. 분열 결정 과정의 네 번째 단계는 세포가 분열을 억제하는 데 이용하는 브레이크를 제거하는 것이다. 건강한 세포에서 이 브레이크는 종양억제 단백질 Rb로서, E2F라는 전사인자 단백질의 활동을 차단한다. E2F는 자유로운 상태에서는 세포로 하여금 자신의 DNA를 복제하게 만든다. Rb가 억제되어 E2F가 해방되면, 정상 세포분열의 시작이 자극된다. Rb를 파괴하는 돌연변이는 E2F를 해방시켜서 중단 없는 세포분열을 일으킨다. 모든 암의 40%에서 결함형의 Rb가 발견된다.

이 단계에서 가능한 치료는 현재 모색되고 있다. 주로 E2F를 억제할 수 있는 약품 개발에 초점을 두고 있다. E2F 유전자를 파괴한 생쥐를 이용하여 이러한 약품의 개발 노력이 진행되고 있다.

5. 모든 준비가 이루어졌음을 확인하기. 세포분열 결정 과정의 마지막 단계는 세포가 자신의 DNA가 손상되지 않았고 분열 준비가 되었음을 확인하는 데 이용하는 기작이다. 건강한 세포에서 이 일은 종양억제 단백질 p53이 수행하는데, 이 단백질은 DNA의 신뢰성을 검사한다. p53은 손상된 DNA나 외래 DNA를 탐지하면 세포분열을 중단시키고 세포의 DNA 회복 체제를 활성화시킨다. 만약 손상이 적당한 시간 내에 복구되지 않으면 p53은 세포사멸 기작의 가동을 일으킨다. 이와 같은 방식으로 암을 일으키는 돌연변이나 다른 돌연변이가 치료되거나 이를 가지는 세포가 제거된다. 만약 돌연변이에 의해 p53 자신이 파괴되면 차후의 손상은 회복되지 않고 누적된다. 이런 손상 중에는 암을 일으키는 돌연변이도 있다. 모든 암의 약 50%는 작용 불능의 p53을 가진다. 폐암의 70~80%는 불활성인 돌연변이형 p53을 가진다.

돌연변이형 p53을 가지는 암에서 아데노바이러스를 이용한 치료 방법이 연구되고 있다. 아데노바이러스는 숙주세포에서 자라기 위해서는 자신의 유전자 *E1B* 산물을 이용하여 숙주세포의 p53을 차단함으로써 아데노바이러스 DNA의 복제가 일어나게 해야 한다. 이는 *E1B*가 없는 돌연변이형 아데노바이러스는 건강한 세포 안에서는 자랄 수 없는 반면, 결함 있는 p53을 가지는 암세포 안에서는 자라고 이 암세포를 죽일 수 있음을 의미한다. 사람의 대장암 세포와 폐암 세포를 면역계가 없는 생쥐에 넣어 종양을 일으키게 만든 다음, *E1B*가 없는 아데노바이러스로 처리하면 종양의 60%는 간단히 사라지고 다시 나타나지 않는다. 초기 단계의 임상적 시도가 추천되고 있다.

6. 연료 비우기. 세포분열은 DNA의 복제로 시작된다. 건강한 세포에서 다른 종양억제인자는 텔로메라제(telomerase)라는 효소의 생산을 억제하여 DNA 복제에 필요한 "연료통 비워놓기"를 한다. 이 효소가 없으면 세포의 염색체는 텔로미어(telomere)라는 말단부로부터 물질의 소실이 일어난다. 염색체가 복제될 때마다 더 많은 말단 물질이 소실된다. 약 30번 분열하고 나면 물질의 소실이 너무 커서 복제가 불가능해진다. 사람 성인의 조직에 있는 세포들은 25번 이상 분열한다. 암은 나머지 다섯 번의 분열만으로는 오래 지탱할 수 없으므로, 텔로메라제를 억제하는 것은 암 진행을 막는 매우 효과적인 자연 브레이크가 된다. 거의 모든 암은 텔로메라제 억제인자를 파괴시키는 돌연변이와 관련되어 있을 것으로 추정되고 있다. 그러므로 이 억제를 다시 가동시킴으로써 암을 차단할 수 있을 것으로 본다. 텔로메라제를 억제하는 암 치료방법의 임상적 시도가 시작되는 단계이다.

암의 확산을 차단하기

7. 종양의 성장. 세포가 한 번 암세포로 되면 점점 커가는 종양을 형성한다. 종양이 커지면 혈액으로부터 더 많은 양분을 필요로 한다. 이 양분 공급을 원활하게 하기 위하여 종양은 주변 조직에 물질을 흘려서 작은 혈관형성을 촉진한다. 이 과정을 억제하는 화학물질을 혈관형성 억제인자라고 한다. 생쥐에서 두 가지 혈관형성 억제인자 안지오스타틴과 엔도스타틴이 종양을 줄어들게 하였다.

8. 전이. 만약 암성 종양이 단순히 생긴 곳에서 계속 자란다면 외과적으로 제거하기가 수월해진다. 불행하게도 많은 암성 종양은 나중에 전이를 한다. 이 과정에는 다음과 같은 요소들이 관련되어 있다. (1) 금속이온을 필요로 하며 세포–기질 연결부를 끊는 단백질가수분해효소, (2) 여러 가지 비암성 세포의 이동도 촉진하는 피브로넥틴과 같은 세포외 기질 성분, 그리고 (3) 필요한 GTP를 제공하여 세포 이동을 촉진하는 GTP 가수분해효소인 RhoC이다. 전이가 일어나기 위해서는 이 요소들 모두가 필요하며, 앞으로의 항암 치료를 위한 표적이 된다.

20.4 생식 클로닝

클로닝의 도전

유전공학이 의학의 한 영역인 생식의학에는 별 영향을 주지 못하고 있었으나, 이제는 상업적 동물의 클로닝(복제)에 커다란 진전을 이루고 있다. 가축을 개량하는 데 유전공학이 이용되기가 어려운 것은 충분한 수의 동물을 얻기 어렵기 때문인데 유전적 육종으로 개량된 개체는 자손을 매우 느리게 만들어내기 때문이다. 따라서 원하는 혈통의 유전적 복제품을 많이 만들어내고자 하였고, 성체 동물은 클론하기가 불가능하다고 여겨 왔으나, 이제는 이것이 가능하게 되었다.

복제 양

성체세포를 이용하여 동물을 클론하고자 한 과거의 시도는 실패를 거듭했으나 가축의 세포 주기를 연구하던 스코틀랜드의 유전학자 캠벨(K. Campbell)에 의해 중요한 진전이 이루어졌다. 캠벨은 "아마도 난자와 공여핵은 세포 주기의 동일 단계에 있어야 할 것이다"라고 생각하였다. 이는 중요한 통찰이었다. 퍼스트(N. First)는 1994년에 그리고 생식생물학자 윌무트(I. Wilmut)와 함께 연구하던 캠벨은 1995년에 세포를 굶겨서 세포 주기의 G_1 확인점에서 세포를 정지시켜서 발생이 진행된 배로부터 가축을 클로닝하는데 성공하였다. 그러므로 두 개의 굶긴 세포는 세포주기의 동일 지점에 위치하게 된 것이다.

그 뒤 윌무트는 59년 전에 시페만이 제안한 뒤 연구자들이 하지 않던 중요한 실험을 하였다. 그는 성체의 분화세포에서 핵을 추출해 핵을 제거한 난자 안에 집어넣어서 그로 인해 생기는 배가 대리모 안에서 발생하게 만들었다.

윌무트는 6살 된 양의 유방에서 세포를 꺼냈다(그림 20.19). 이 클론은 나중에 가수 Dolly Parton의 이름을 따서 Dolly라고 이름 붙였다. 이 세포를 조직배양하고, 일부는 나중에 클론이 6살짜리 양과 유전적으로 동일하다는 것을 증명하기 위해 유전자 지문 채취를 할 수 있도록 냉동시켜 두었다.

클로닝을 준비할 때 윌무트는 5일 동안 유방세포가 보존되고 있는 혈청의 농도를 줄였다. 이와 동시에 다른 양에서 얻은 난자의 핵을 미세피펫으로 조심스럽게 제거했다. 그런 다음 1996년 1월에 유방세포를 난자세포 안에 삽입하였다. 윌무트는 전기 충격을 주어 두 세포를 둘러싸고 있는 원형질막에서 누출이 일어나도록 만들어서, 유방세포의 내용물이 난자세포로 들어가게 했다. 이 전기 충격은 또 세포 주기가 개시되어 세포분열이 일어나게 만든다.

6일 후 277개의 실험 샘플 중 30개에서 배가 난할을 하여 속이 빈 포배로 되었으며, 이 중 29개의 배를 대리모 양에 이식하였다. 약 5개월 후인 1997년 7월

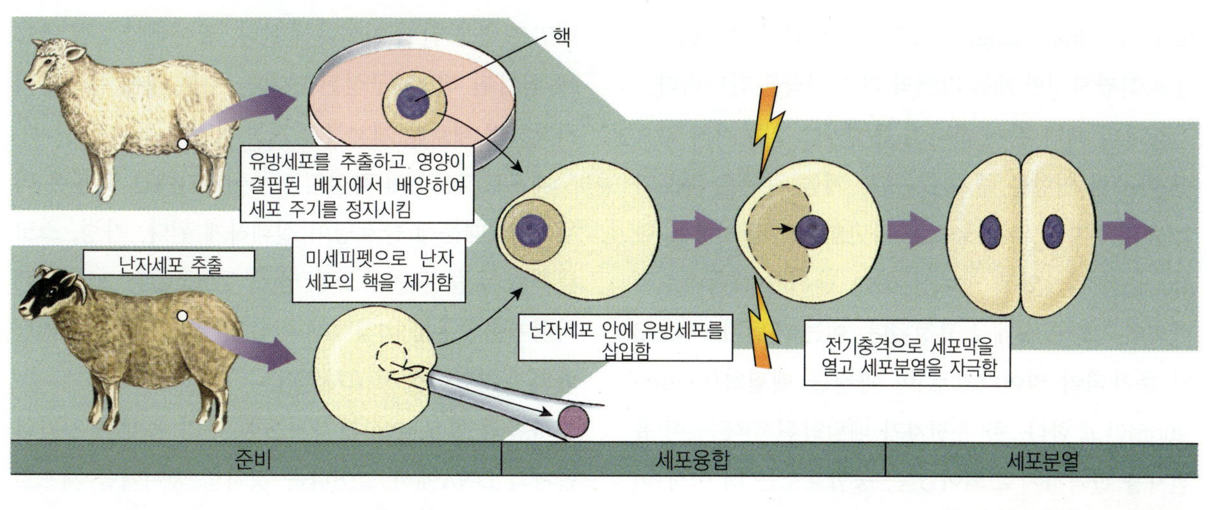

그림 20.19 | 복제양 클로닝.
윌무트는 유방세포의 핵과 핵이 제거된 난자세포를 결합하여 양의 복제에 성공하였고 양의 이름을 돌리라 붙였다. 돌리는 정상 성체로 자라 건강한 새끼를 낳았으며 2003년에 폐 질환으로 사망하였다.

5일에 대리모 양 한 마리가 새끼 양을 낳았는데, 이 새끼 양의 이름이 돌리로서, 분화된 동물세포로부터 만들어진 최초의 클론이었다.

그 후, 연구자들에 의해 이와 같은 클로닝의 효율이 크게 증진되었다. 그러나 불행하게도 클론된 동물에서 문제가 흔히 나타났다.

생식 클로닝에서 나타난 문제

1997년 돌리의 탄생 이후 과학자들은 양, 생쥐, 소, 염소, 돼지 등을 성공적으로 클론했다. 그러나 이식된 배 중 끝까지 살아남는 비율은 낮아서 대부분은 임신 후기에 사망하였다. 태어난 개체도 출생 후 얼마 안 가서 사망하였다. 대부분은 크기가 너무 큰 거대자손증후군(large offspring syndrome)상태였다. 일부 살아남은 개체들도 성체로 되는 과정에서 비정상적인 모습을 보였다.

게놈 각인의 중요성

무엇이 잘못된 것일까? 사람의 난자나 정자는 성숙하면서 이들의 DNA가 어버이 암컷이나 수컷에 의해 조건이 갖추어지는데, 이 과정을 재프로그래밍(reprogramming)이라고 하는데, DNA에 화학적 변화가 일어나 DNA 서열을 변화시키지 않으면서 특정 유전자 발현시기를 바꾸는 것이다. 이는 게놈 각인

(genomic imprinting) 과정으로 일어난다. 자세한 내용은 복잡하지만 게놈 각인의 기본 기작은 간단하다.

하나의 책과 같이 하나의 유전자는 읽혀지지 않으면 아무런 영향을 주지 않는다. 게놈 각인은 세포가 특정 유전자를 읽는 능력을 차단함으로써 작용을 한다. 유전자는 일부 시토신 DNA 단위가 화학적으로 바뀌어 "끄기" 상태로 고정된다. 이는 메틸기($-CH_3$)가 추가되어 일어나므로 이 과정을 메틸화(methylation)라고 한다. 한 유전자가 메틸화된 뒤에는 이 유전자를 판독하기로 되어 있는 중합효소는 더 이상 이를 인식하지 못하여, 이 유전자는 읽히지 않게 된다.

게놈 각인은 "켜기" 위치에 유전자를 고정하여 영원히 활성화시킬 수도 있다. 이 과정에도 메틸화를 이용하지만 이때 차단되는 것은 유전자가 아니라, 정상적으로는 유전자가 판독되는 것을 막는 DNA 서열이 차단되는 것이다.

왜 클로닝이 실패하는가

사람의 정상적 발생은 정확한 게놈 각인에 따라 이루어진다. DNA의 이 화학적 재프로그래밍은 성인의 생식 조직에서 일어나며, 정자는 수개월, 난자는 수년이 걸린다.

이와는 달리 클로닝을 할 때 공여 DNA의 재프로그래밍은 수분 안에 일어나야 한다. 공여핵이 무핵 난자에 첨가된 뒤, 재구성된 난자는 수분 내에 분열하기 시작하며 새로운 개체를 만드는 과정에 들어간다.

재프로그래밍이 적절히 이루어지기에는 몇 분은 너무 짧기 때문에 클로닝이 실패하게 된다. 가령, 스코틀랜드 로슬린 연구소의 영(L. Young)은 2001년에 거대자손증후군의 양에서 여러 유전자가 적절히 메틸화되지 않았음을 보고하였다.

사람의 클로닝은 과학자들이 우리 몸에서 정자나 난자의 DNA에서 일어나는 것처럼 공여핵을 재프로그래밍하는 방법을 찾기까지는 어려울 것이다. 이 재프로그래밍는 무핵 난자에 공여핵이 첨가된 후 세포분열의 개시를 연기하는 방법을 찾는 것처럼 간단한 것일 수도 있고, 이보다 훨씬 복잡한 과정인 것으로 판명될 수도 있을 것이다.

20.5 임상 클로닝

줄기세포

배의 줄기세포

1981년 생쥐의 줄기세포가 다능(pluripotent)임이

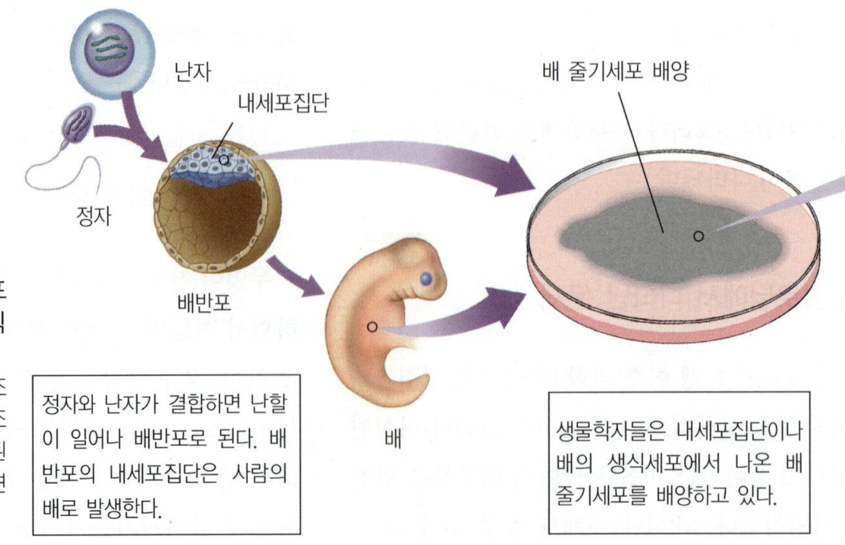

그림 20.20 | 배 줄기세포를 이용하여 손상된 조직을 복구하기.
배 줄기세포는 몸의 어떤 조직으로도 발생할 수 있다. 조직을 배양하여 성인의 손상된 조직을 회복시키는 방법이 연구되고 있다.

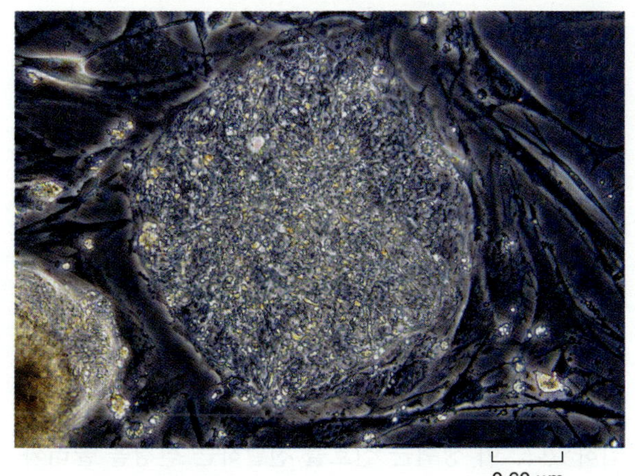

그림 20.21 | 사람의 배 줄기세포(20×).
6일 된 배반포에서 추출한 줄기세포는 배지에 옮겨져 계속 유지될 수 있다. 이 덩어리는 사람의 분화되지 않은 배 줄기세포 집단으로서 섬유아세포(길다란 세포)로 둘러싸여 있다.

처음 발견되었다. 즉 이 줄기세포들이 어떤 조직으로도 될 수있고, 심지어 성체로도 될 수 있다. 이 발견으로 줄기세포 연구의 시대가 열렸다. 1998년 위스컨신 대학의 톰슨(J. Thomson)은 사람의 배 줄기세포를 분리하였다.

배 줄기세포(embryonic stem cell)란 무엇일까? 정자에 의해 수정된 난자는 난할을 시작하여 5~6일 후 배반포(blastocyst)라고 하는 수백 개의 세포로 이루어진 작은 공 모양의 배로 된다. 배반포는 보호 역할을 하는 바깥층(나중에 태반으로 됨)이 배 줄기세포(embryonic stem cell)라는 내세포 집단을 둘러싸고 있는 모양이다(그림 20.21). 배 줄기세포 각각은 스스로 발생하여 하나의 개체로 될 수 있는 능력을 가지고 있다. 가령 소의 육종에서 육종가들은 이 줄기세포들을 분리하여 여러 클론을 만드는 데 이용한다.

배 줄기세포는 어떤 조직으로도 발생할 수 있기 때문에, 손상된 조직을 복구할 수 있는 가능성을 열어 놓았다(그림 20.20). 생쥐에서 이미 실험이 성공적으로 이루어졌다. 생쥐의 배 줄기세포에서 자라 나온 심근세포들이 살아 있는 생쥐의 심장조직과 성공적으로 통합되었다. 이는 심장마비 환자의 손상된 심근이 줄기세포를 이용하여 회복될 수 있음을 알려준다. 또 생쥐를 이용한 실험에서 손상된 척수 신경이 부분적으로 복구되어, 척수 손상도 치료될 수 있음을 예고해 주었다. 생쥐의 뇌에서 점진적으로 소실되면서 파킨슨병을 일으키는 도파민을 만드는 뉴런도 배 줄기세포를 이용해 성공적으로 대체되었다.

쥐를 이용한 이러한 실험은 조직 손상으로 일어나는 여러 가지 사람의 질병도 배 줄기세포를 이용하여 치료될 수 있다는 희망을 주고 있다. 그러나 산부인과 병원에서 시험관 내 수정 과정은 모체 내에 이식할 수 있는 것보다 더 많은 배를 만들어내며, 이렇게 남아 버리는 배에서 배 줄기세포가 분리되므로 윤리적인 문제가 생기고 있다. 생명은 수정 때부터 시작된다

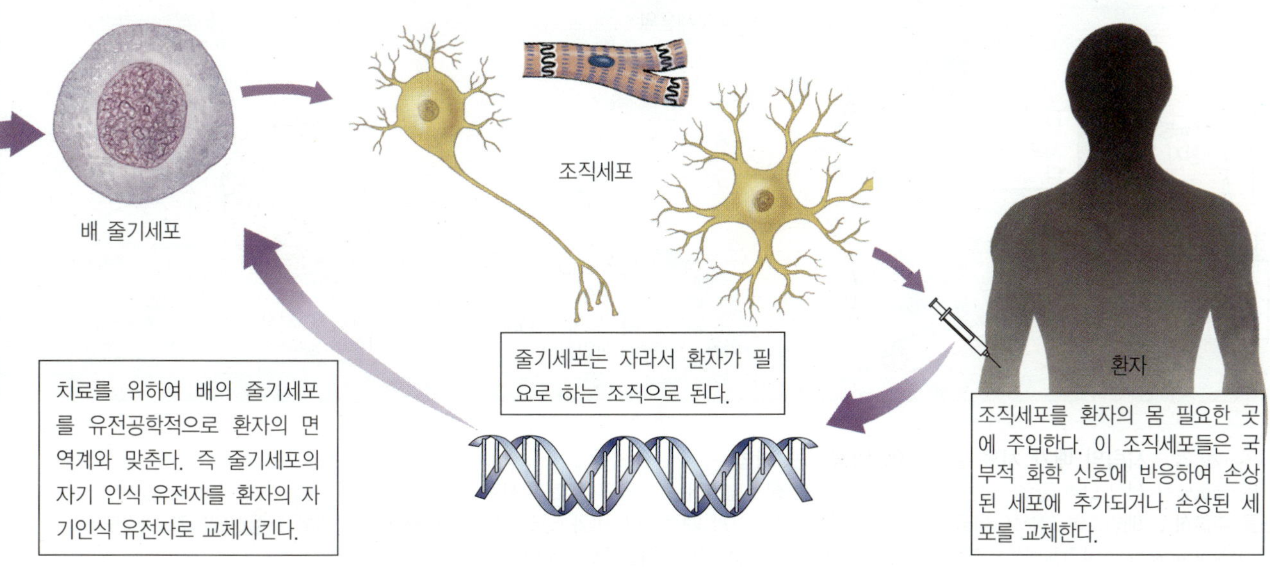

고 믿는 사람들이 있기 때문이다.

두 번째 문제는 쥐에서 행해진 모든 성공적 실험은 쥐의 면역계를 불능으로 만든 상태에서 이루어졌고, 면역계가 정상적으로 가동한다면 이식된 줄기세포를 외부침입자로 거부할 것이다. 이 문제는 줄기세포 치료를 위해 해결되어야 한다.

조직특이성 성인 줄기세포

배에서 나온 줄기세포를 이용함으로써 생기는 윤리적 문제를 회피할 수 있는 새로운 실험 결과가 나왔다. 척추동물이 어떻게 발생하는지 잠시 설명해 보자. 배의 줄기세포는 각기 다른 발생 경로를 걷기 시작한다. 어떤 것은 신경조직으로 되도록 운명지어지고 이 결정이 내려진 뒤에는 다른 종류의 세포로 될 수는 없다. 따라서 이때의 세포를 신경 줄기세포라고 한다. 어떤 세포는 혈액으로 되고 어떤 것은 근육이 된다. 각각의 주요 조직은 조직특이성 줄기세포(tissue-specific stem cell)에서 나온다. 여기에 주안점이 있다. 즉, 발생이 진행되는 동안 조직특이성 줄기세포가 존속하고 이는 성체 때까지도 계속 존속한다는 점이다. 배의 줄기세포를 이용하지 않고, 이 성체의 줄기세포를 이용하면 윤리적 문제가 생기지 않는다.

조직특이성 줄기세포의 이식

1999년 하버드 의과대학의 스나이더(E. Snyder)는 조직특이성 줄기세포를 이용하여 소멸된 뇌 조직을 회복할 수 있음을 보여주었다. 그는 신경 줄기세포(모든 종류의 신경세포로 될 수 있는 배 줄기세포의 바로 다음 단계 후손)를 다발성경화증(MS, multiple sclerosis)과 유사한 질병을 가진 신생 생쥐의 뇌에 주입하였다. 이 생쥐는 신호를 전달하는 신경을 둘러싸는 미엘린 층을 유지하는 세포들이 결핍되어 있었다. 주입된 줄기세포는 뇌 전체로 이동하여 스스로 없어진 종류의 세포로 전환되었다. 그런 다음, 새로운 세포들은 없어진 미엘린 층을 만들어 이 질병을 치료하기 시작하였다. 여러 생쥐가 이와 같은 방법으로 완전히 회복되었다.

이와 같은 접근은 사람에게도 적용될 수 있다. 실제로 사람에서 혈액 줄기세포는 이미 암 환자의 골수파괴 치료를 마친 후 골수를 다시 채우는 데 통상적으로 이용되고 있다. 다른 조직특이성 줄기세포의 이용으로까지 확대하는 데 생기는 문제점은 필요한 종류의 조직특이성 줄기세포를 찾아내는 일이 항상 가능하지는 않다는 점이다,

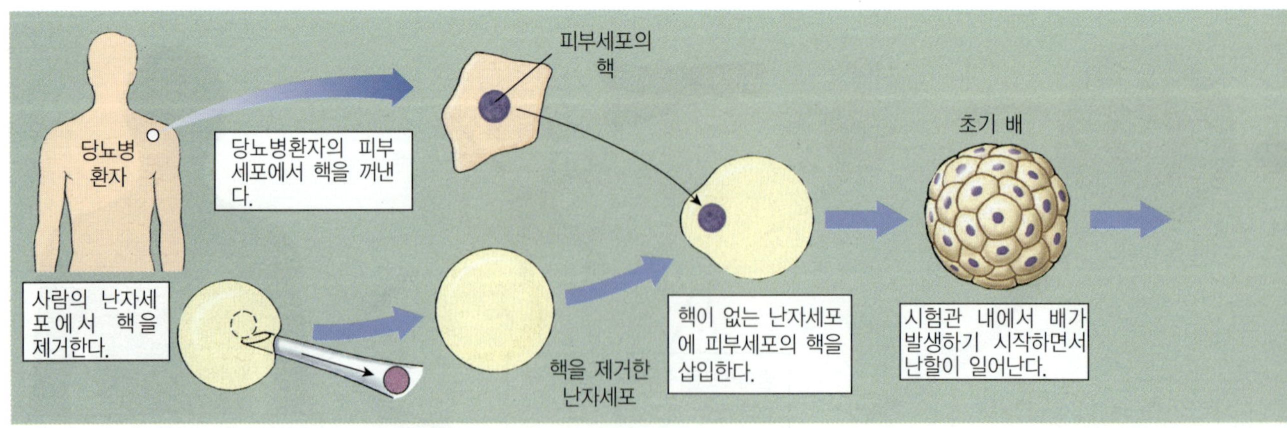

그림 20.22 | 사람의 배가 치료 클로닝에 이용되는 방법.
치료 클로닝은 생식 DNA 클로닝과는 다르다. 이는 치료 클로닝에서는 처음의 서로 유사한 단계를 거친 뒤, 배를 파괴하여 배 줄기세포를 추출하고, 배양하여 DNA를 제공한 개체의 조직에 추가하기 때문이다. 이와 달리 생식 클로닝에서는 배를 저장하였다가 대리모에 이식하여 끝까지 자라게 한다. 후자의 과정은 복제양 돌리를 클로닝하는 데 이용된 방법이다.

치료 클로닝

과학자들은 외과적으로 배의 줄기세포를 이식하여 쥐의 파손된 조직을 복구하는 데 주목할 만한 성과를 달성하였다. 손상된 조직을 복구하는 기본 전략은 배의 줄기세포를 외과적으로 손상된 곳에 옮겨 넣어, 이곳에서 줄기세포가 건강한 교체세포를 생성하는 것이다. 생쥐의 심장근으로 이식된 줄기세포는 심장근 세포로 발생하여 심장마비로 죽은 세포를 교체하였다. 쥐의 배 줄기세포는 인슐린을 분비하는 이자세포로 유도되기도 하였다. 그러나 이 새로운 세포는 정상 세포가 생산하는 인슐린의 2% 정도만 생산하였으므로, 연구해야 할 것이 아직은 많으나 이식된 배 줄기세포는 제1형 당뇨병 치료의 길을 열어 놓은 것은 분명하다.

이러한 줄기세포 연구의 발전은 모두 생쥐 계통에서 면역계의 기능을 무력화한 상태에서 이루어진 것이다. 이 경우 생쥐는 이식된 조직을 거부하지 않는다. 그러나 정상적 면역계를 가진 사람은 단순히 다른 사람에게서 나온 것이기 때문에 이식되는 줄기세포를 받아들이지 않게 될 것이다.

2001년 초에 록펠러 대학의 연구팀은 이 중대한 문제에 대한 한 가지 방안을 제시하였다. 첫째, 그들은 피부세포를 분리하였다. 그런 다음 돌리를 만들 때와 동일한 과정으로 이 세포로부터 배를 만들어냈다. 피부세포에서 핵을 추출하여 핵이 이미 제거된 난자에 집어넣고 피부세포의 핵을 가진 난자를 배양하여 120세포로 된 배를 만들었다. 이 배를 파괴하여 각 세포를 손상된 조직에 이식할 배 줄기세포로 이용하였다.

치료 클로닝(therapeutic cloning)이라고 하는 이 과정을 이용하여, 연구자들은 쥐의 꼬리에서 나온 세포를 파킨슨병으로 없어진 뇌의 도파민 생산 세포로 전환시키는 데 성공하였다(그림 20.22).

치료 클로닝은 심장마비, 신경 손상, 당뇨병, 파킨슨병에 의해 손상된 사람의 조직을 복구하는 데 줄기세포를 이용하기 전에 반드시 해결해야 하는 문제, 즉 면역 수용의 문제를 해결하는 길을 열어 놓았다. 치료 클로닝에서 줄기세포는 동일한 몸의 조직에서 클론된 것이므로 면역계는 자기로 인식하여 거부반응을 나타내지 않는다.

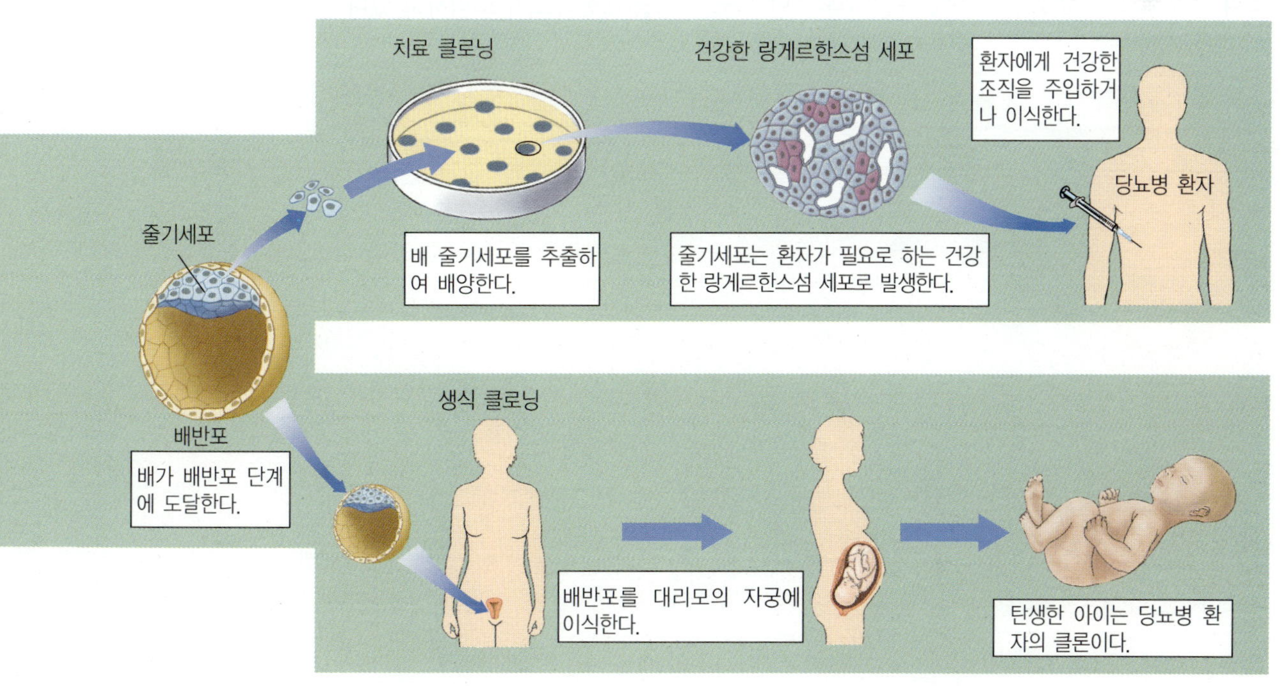

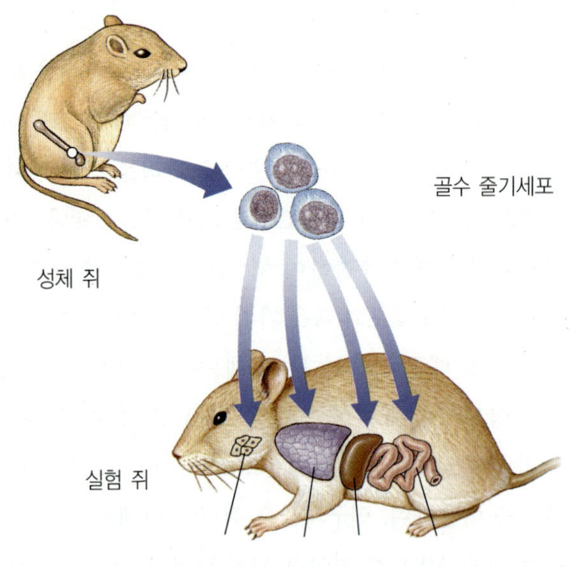

그림 20.23 | **전분화능 줄기세포.**
2001년 5월에 생쥐의 골수에서 나온 1개의 세포가 실험 생쥐에서 분열하고 퍼져서 폐, 간, 장, 피부의 세포로 되었다는 주장이 있었다.

그러나 두 가지 중요한 문제가 아직 해결되지 않았다. 첫째는 적절한 게놈 각인을 이루는 수단을 찾아내야 하는 것이고, 둘째는 연구자들이 난자의 유사분열 장치를 보존하는 방법을 알아내야 한다는 점이다. 최초의 부분적으로 성공적인, 성인의 피부로부터 나온 사람 배의 클로닝이 2001년 11월에 보고되었을 때, 이 클론된 세포들은 줄기세포를 만들 만큼 충분히 오래 살지는 못하였다. 실제로 지금까지 성공적으로 클론된 영장류는 없다. 첫 번째 단계에서부터 세포는 적절히 분열하지 않는다. 왜 그럴까? 난자 안의 염색체들은 방추체 형성시 분자적 운동원의 작용을 하는 단백질을 가진다. 사람이나 영장류에서 이 단백질은 염색체에 단단히 결합되어 있어서 클로닝의 첫 단계인 DNA 제거시 이들도 함께 따라 나와서 정상적인 배반포 형성을 어렵게 한다.

만약 줄기세포를 배로부터 얻지 않는다면 사람의 치료 클로닝으로 야기되는 윤리적 문제는 피할 수 있다. 가령, 성인의 몸 어느 곳에서 전분화능(pluripotent) 줄기세포를 찾아낸다고 가정해 보자. 2001년에 생쥐의 골수에서 이런 세포를 발견했다고 주장하는 연구자들이 있었다. 이들은 생쥐의 골수에서 나온 하나의 줄기세포를 골수가 파괴된 개체의 골수에 이식하였다. 11개월 후 원래의 줄기세포는 여러 세포로 분열하여 몸 전체로 이동하여 새로운 골격, 혈액, 폐, 식도, 위, 장, 간, 피부세포를 형성하였다(그림 20.23). 골수 줄기세포는 전분화능 성체 줄기세포의 특성을 나타낸 것이다. 여러 실험실에서 이 연구 결과를 재현하고자 노력하고 있다.

Part Ⅳ
진화

21
집단 내 유전자

22
진화의 증거

23
종 분화

CHAPTER 21

집단 내 유전자

일란성 쌍둥이가 아닌 한 정확히 동일한 두 사람은 없다. 흔히 한 개체의 특정 형질이 그 개체의 생존과 생식에 중요한 경우가 있다. 이 때문에 진화가 일어난다. 이 형질에 영향주는 유전적 변이는 자연선택의 재료가 되며, 자연 집단에는 이러한 변이가 풍부하다. 이 장에서는 자연집단에서의 유전적 변이를 알아보고 집단 내 대립인자의 빈도를 변화시키는 진화적 힘을 탐구해 본다.

21.1 자연집단의 유전적 다양성

유전적 변이

진화라는 용어는 자연과학이나 사회과학 분야에서 널리 쓰인다. 다윈은 진화설을 처음 제안한 사람은 아니지만, 그는 처음으로 자연선택(natural selection)이라는 진화의 기작을 제안하였다. 자연선택과는 대조적인 진화 기작으로서 라마르크(Lamarck)가 제안한 획득형질(acquired characteristics)의 유전에 의한 진화가 있다. 획득형질의 유전이란, 한 개체가 일생 중에 얻은 형질이 다음 대의 자손에게 유전된다는 뜻이다. 라마르크에 의하면 기린의 조상은 짧은 목을 가졌으나 나뭇잎을 먹기 위하여 목을 길게 뻗는 반복적 행동으로 한 개체의 목이 길어지고, 길어진 목이 유전형질로서 다음 대에 전달되는 과정을 통하여 기린의 목은 오늘날처럼 길어졌다는 것이다(그림 21.1a). 이와는 달리 다윈은 변이는 경험에 의해 생기는 것이 아니라, 개체들 사이에 이미 존재하는 유전적 차이 때문에 나타난다고 하였다(그림 21.1b).

한 종 내에서의 진화는 한 집단의 유전적 조성의 변화를 일으키는 과정에 의해 일어날 수 있다. 그러므로 집단유전학(population genetics), 즉 집단내 유전자의 특성에 대한 연구를 모르고는 진화를 깊게 이해할 수 없다.

유전적 변이 수준의 측정

자연집단은 엄청난 유전적 변이를 가진다. 변이는 보통 어느 정도나 될까?

1. 혈액형 유전자. 화학적 분석으로 보면 사람에서

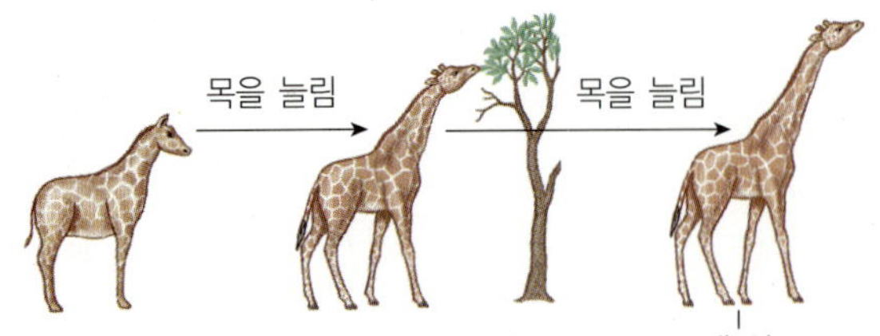

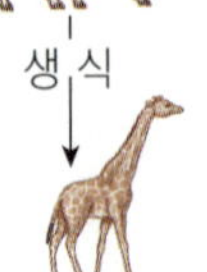

(a) 라마르크의 이론 : 변이는 획득된 것이다.

(b) 다윈의 생각 : 변이는 유전된 것이다.

그림 21.1 | 기린의 목이 길게 진화된 방식에 대한 두 가지 생각.

ABO 혈액형 외에도 30개 이상의 혈액형 유전자가 있다고 한다. 이 유전자들 중 적어도 1/3은 인류집단에서 여러 가지 대립인자를 가진다. 이 외에도 45가지의 변이성 유전자들이 혈액형과는 관계없이 혈구와 혈장의 단백질들을 만든다.

2. **효소와 관련된 유전자.** 특정 효소를 만드는 유전자의 변이적 대립인자는 이 유전자로부터 만들어지는 변이 단백질이 전기장에서 얼마나 빨리 이동하는지를 측정하여(전기영동) 알아볼 수 있다. 효소를 만드는 유전자좌에는 엄청난 변이가 존재한다. 사람의 효소 유전자좌의 약 5%가 이형접합적(heterozygous)이다. 이 말은 만약 어떤 한 개인을 무작위적으로 지정하여 어떤 한 효소 유전자를 지정해서 보면 이 유전자가 이형접합자일 확률이 5%라는 뜻이다.

효소의 다형

한 집단의 여러 유전자좌는 1개 이상의 대립인자를 가지는데, 그 빈도가 돌연변이만으로 나타날 수 있는 것보다도 훨씬 크다. 돌연변이로 설명할 수 있는 것보다도 더 많은 변이를 가지는 유전자좌를 다형적(polymorphic)이라고 한다. 대부분의 생물집단은 절반 이상의 효소 유전자좌가 다형적이다. 즉 그 유전자좌에서 2개 이상의 대립인자가 각각 5% 이상의 빈도로 나타난다. 이형접합성(heterozygosity), 즉 무작위적으로 선택한 개체 내 무작위적으로 선택한 유전자가 이형접합일 가능성은 초파리와 다른 무척추동물에서 15%, 척추동물에서 5~8%, 이계교배(outcross)를 하는 식물에서 8%이다. 이렇게 높은 변이 수준은 진화의 충분한 재료가 된다.

1989년 마틴 크라이트만(M. Kreitman)은 노랑초파리 11개체 각각의 ADH 유전자 서열을 밝혀냈다. 그는 43개 부위가 변이를 나타내는 것을 발견하였는데, 이 중에서 단 1개 부위만이 단백질 전기영동으로 추적되는 것이었다. 그러므로 전기영동으로 찾아낼 수 있는 변이보다 훨씬 많은 변이가 존재하는 것이다.

21.2 대립인자 빈도의 변화

하디-바인베르크의 법칙

집단 내에 왜 유전적 변이가 유지되는지는 1908년 하디(Hardy)와 바인베르크(Weinberg)의 연구에 의해 이해할 수 있게 되었다. 하디와 바인베르크는 큰 집단 내에서 교배가 자유롭게 이루어지고, 대립인자의 빈도를 변화시킬 힘이 작용하지 않는다면 원래의 대립인자 빈도는 세대가 거듭되어도 일정하게 유지된

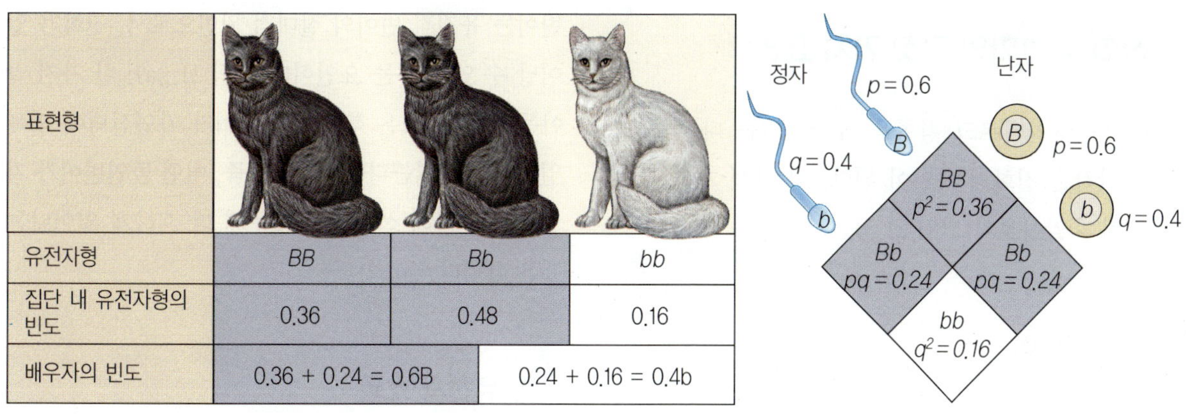

표현형			
유전자형	*BB*	*Bb*	*bb*
집단 내 유전자형의 빈도	0.36	0.48	0.16
배우자의 빈도	0.36 + 0.24 = 0.6B		0.24 + 0.16 = 0.4b

그림 21.2 | 하디-바인베르크 평형.
이들의 빈도를 변화시키는 인자가 없다면 세대가 지나도 배우자, 유전자형, 표현형의 빈도는 일정하게 유지된다.

다고 지적했다. 대립인자의 빈도가 변하지 않으므로 평형을 유지하게 되는데, 이 평형을 하디-바인베르크 평형이라고 한다. 하디-바인베르크 평형을 유지하는 집단은 진화하지 않는 집단이다. 하디와 바인베르크는 이어지는 다음 세대의 대립인자 빈도를 분석하여 이러한 결론에 도달하였다.

빈도는 전체 개체들 중에서 어떤 특정 개체들의 비율을 뜻한다. 100마리의 고양이로 이루어진 집단이 84마리의 검은 고양이와 16마리의 흰 고양이로 구성되어 있다면, 두 고양이의 바율은 0.84 대 0.16이 된다. 빈도가 더 높은 것을 p로 나타내고 낮은 것을 q로 나타낼 때 $p+q$는 항상 1이다.

하디-바인베르크 평형을 하나의 공식으로 나타낼 수 있다. 한 유전자가 대립인자 B(빈도 p)와 b(빈도 q)로 구성되어 있을 경우 다음과 같은 공식이 성립된다.

$$(p + q)^2 = p^2 + 2pq + q^2$$

위에서 p^2은 B를 동형접합으로 가지는 개체(BB), pq는 이형접합자 개체(Bb), 그리고 q^2는 b를 동형접합으로 가지는 개체(bb)를 나타낸다. 이 공식으로 대립인자의 빈도(allele frequencies)를 쉽게 구할 수 있다. 가령, 앞의 100마리의 고양이 집단에서 흰색이 열성형질이라면 열성인자 2개를 가지는(q^2) 고양이는 16마리이다. 즉 $q^2 = 0.16$이므로 유전자 빈도 $q = 0.4$이다. $p+q=1$이므로 $p = 1 - q$, 즉 $p = 1 - 0.4 = 0.6$이 된다. 따라서 $p^2 = 0.36$으로서, 100마리 중 36마리가 BB 동형접합자임을 알 수 있다. 이형접합자 $2pq = 2 \times 0.6 \times 0.4 = 0.48$로서, 48마리가 이형접합자($Bb$)라는 뜻이다(그림 21.3).

하디-바인베르크 평형(Hardy-Weinberg equilibrium)은 특별한 조건이 성립되어야 이루어질 수 있는데, 그 조건은 적어도 다음의 다섯 가지이다.

1. 집단의 크기가 매우 크다.
2. 교배가 무작위적으로 이루어진다.
3. 돌연변이가 일어나지 않는다.
4. 유전자가 외부에서 집단 내로 들어오지 않는다.
5. 선택이 없다(모든 대립인자가 동일한 비율로 유전된다).

위의 조건 중에서 한 가지라도 성립되지 못하면 하디-바인베르크 평형은 깨지고 만다. 하디-바인베르크 평형이 깨진다는 것은 진화가 일어남을 말한다. 그러면 자연 집단에서 위의 조건이 성립될 수 있을까? 즉, 진화가 일어나지 않은 채 집단이 지속될 수 있을까?

진화적 변화의 다섯 가지 요인

하디-바인베르크 평형을 유지시키는 다섯 가지 조건 각각은 진화의 요인이 된다. 이 다섯 가지 요인에 대하여 알아보자(그림 21.3).

1. 돌연변이

한 대립인자가 다른 대립인자로 되는 돌연변이는 집단의 특정 대립인자의 비율을 변화시키게 된다. 일반적으로 돌연변이율은 매우 낮아서 보통 대립인자의 비율에 큰 영향을 주지는 않는다. 평균적으로 볼 때 하나의 유전자는 100,000번의 세포분열당 1번의 빈도로 돌연변이가 일어난다. 그럼에도 불구하고 돌연변이는 유전적 변이의 절대적 원인으로서, 진화가 일어날 수 있게 하는 요인이다(그림 21.3a). 한 가지 알아두어야 할 것은 특정 돌연변이가 자연선택에 의해 일어나지는 않는다는 점이다. 즉, 어떤 돌연변이가 자연선택에 의해 선택되기 때문에 더 흔하게 일어나는 것은 아니다.

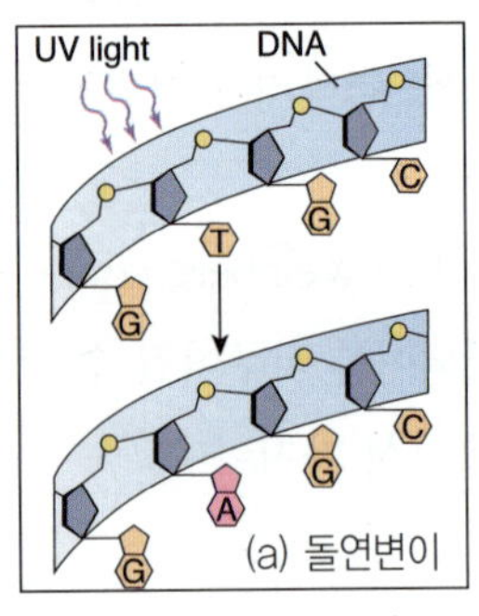

(a) 돌연변이

(b) 유전자 흐름

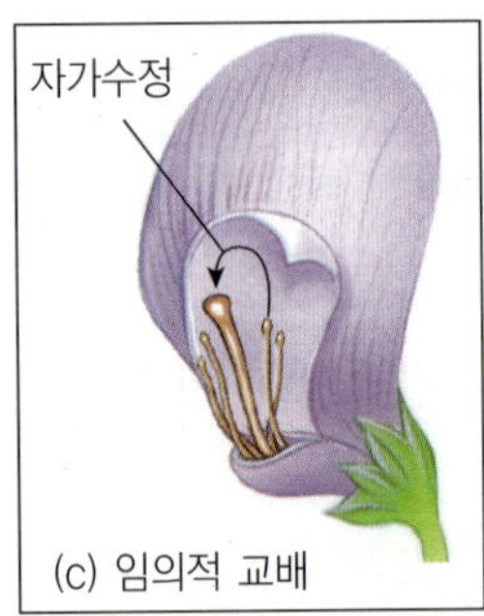

(c) 임의적 교배

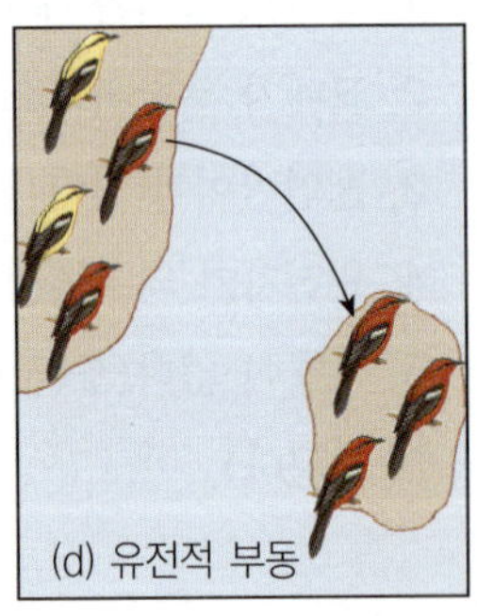
(d) 유전적 부동

(e) 선택

그림 21.3 | 진화적 변화의 다섯 가지 요인.

2. 유전자 흐름

유전자 흐름(gene flow)이란 한 집단에서 다른 집단으로 대립인자가 이동함을 말한다. 집단 사이에 개체들이 교배를 하면 유전자는 이동하며, 동물이 한 장소에서 다른 장소로 이동할 때에도 유전자는 이동하는 셈이다. 만약 새로 들어온 개체가 기존의 개체들과는 다른 유전자를 가진다면, 그리고 전입한 집단의 개체들과 교배한다면 집단의 유전적 평형을 파괴하게 된다. 식물의 화분은 흔히 곤충이나 새에 의하여 먼 곳까지 이동할 수 있다. 식물의 종자는 바람이나 동물에 의하여 새로운 집단으로 이동할 수 있다.

3. 비임의적 교배

어떤 유전자형을 가지는 개체들은 흔히 다른 개체들보다도 자신과 유사한 유전자형을 가지는 개체와 교배를 한다. 이와 같은 선택적 교배의 극단적인 것이 근친교배(inbreeding)이다. 근친교배는 동형접합자의 비율을 높여서 하디-바인베르크 평형을 깬다. 이 때문에 자가수분을 하는식물 집단은 동형접합자의 비율이 높다.

4. 유전적 부동

소집단에서 대립인자의 빈도는 우연히 크게 변할 수 있다. 한 유전자의 대립인자는 집단 내에서 소수의 개체만 가질 수 있고, 그 인자를 가지는 개체가 생식을 못하거나 죽을 경우 이 대립인자가 사라질 수도 있다. 이처럼 소집단에서는 대립인자의 빈도가 무작위

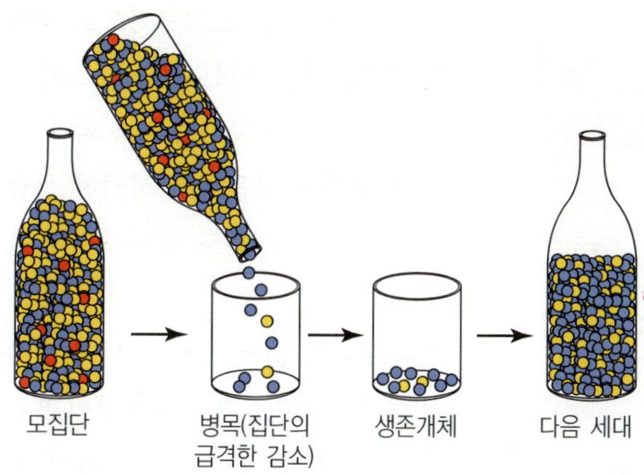

그림 21.4 | **유전적 부동 : 병목현상.**
부모집단은 거의 같은 수의 파란색과 노란색 개체를 가지고 있고, 적은 수의 빨간 개체를 포함하고 있다. 전염병이나 자연 재앙등의 우연한 사건으로 소수의 개체만이 남아 다음 세대를 이루면, 병목현상으로 이처럼 대부분이 파란색인 집단이 된다

적으로 변하여 마치 빈도가 표류하는 것처럼 보이므로 유전적 부동(genetic drift)이라고 한다. 격리된 소집단은 유전적 부동으로 모집단과 매우 다른 유전자 빈도를 가질 수 있다. 따라서 유전적 평형이 이루어지려면 집단이 매우 커야 된다.

하나 또는 소수의 개체들이 모집단으로부터 격리된 곳으로 이주하여 진화의 결과 유전적 내용이 크게 다른 집단으로 되는 것을 창시자 효과(founder effect)라고 한다. 창시자 효과는 갈라파고스 군도와 같은 격리된 지역에서 생물을 신속히 진화시키는 중요한 요인이 된다.

생물이 한 장소에서 다른 장소로 이주하지 않더라도 홍수, 가뭄, 지진 등의 자연 재앙으로 집단의 크기가 갑자기 감소될 수 있다. 이때 생존한 개체들은 매우 작은 집단을 구성하게 되며, 이 소집단은 원래의 모집단보다 유전적 다양성이 크게 감소된 상태이다. 이와 같은 개체수 감소로 인한 유전적 다양성 감소를 병목현상(bottleneck effect)이라고 한다(그림 21.4).

한 유전자에서 두 가지 대립인자(*B*와 *b*)만을 동일한 빈도($p = q = 0.5$)로 가지는 집단이 있다고 가정해보자. 커다란 집단에서 유전자형의 빈도는 $BB = 0.25$, $Bb = 0.50$, $bb = 0.25$이다. 만약 이 중에서 소수의 개체만이 생식하여 다음 세대를 만든다면 이 유전자형의 빈도는 우연히 크게 변할 수 있다. 가령 4개체가 다음 세대를 이루며, 우연히 이들이 2개체가 Bb이고 2개체가 *BB*여서 $p = 0.75$이고, $q = 0.25$라고 가정해보자. 이와 같은 방식으로 이어서 실험을 100차례 반복한다면, 두 대립인자 중 하나는 우연히 사라질 수가 있는데, 통계적으로 볼 때 100세대의 집단 중에서 8개 집단에서 이렇게 한쪽 대립인자의 완전 소실이 나타날 수 있다. 한번 소실된 대립인자는 돌연변이로 다시 나타나지 않는 한 집단 내에 다시는 나타나지 않게 된다.

설악산에서 산양은 과거에는 많았으나 오늘날 소수만 살고 있는데, 이 소수집단이 커져서 원래의 집단만한 크기로 증가한다고 하더라도 유전적 내용은 원래의 집단과는 이미 달라진 상태이고, 유전적 다양성도 크게 떨어진 상태이다. 유전적 다양성 감소는 진화의 재료가 되는 변이가 줄어들었음을 뜻하며, 근친교배가 일어날 뿐만 아니라, 환경이 변화할 때 적응적으로 진화하지 못하여 조만간 집단이 절멸하게 될 운명에 있음을 뜻한다.

5. 자연선택

자연집단에서 어떤 개체는 다른 개체보다 더 많은 자손을 남기는데, 표현형과 행동이 이에 영향을 준다. 이 과정과 결과를 자연선택(natural selection)이라고 한다. 이때 환경 조건이 선택될 개체를 결정한다. 자연선택이 일어나고 진화적 변화가 생기기 위해서는 세 가지 조건이 부합되어야 한다.

1. **개체 사이에 변이가 존재해야 한다.** 자연선택은 어떤 형질을 가지는 개체들을 다른 형질을 가지는 개체들보다 더 선호함으로써 작용한다. 만약 변이가 존재하지 않는다면 자연선택은 작동하지 않는다.

2. **개체 사이의 변이는 다음 세대의 자손의 수적 차이를 일으켜야 한다.** 표현형과 행동 때문에 일부 개

그림 21.5 | 미국 뉴멕시코의 사막에 사는 생쥐의 두 가지 체색형.
용암이 굳은 검은색 암석이 사막에 둘러싸여 있는 곳에서, 주위 환경과 일치하는 털색을 가진 주머니쥐들이 선택받게 된다.

체는 다른 개체들보다 더 성공적으로 자손을 생산한다.

3. **변이는 유전되어야 한다.** 자연선택이 진화적 변화를 일으키기 위해서는 선택된 차이가 유전적 근거를 가져야 한다. 그러나 모든 변이가 유전적 근거를 가지는 것은 아니다. 유전적으로 동일한 개체들도 환경이 다를 경우 표현형적으로 차이가 나기도 한다. 이와 같은 환경적 영향은 자연계에서 흔한 일이다. 가령, 습기 있는 토양에서 부화한 새끼 거북은 건조한 곳에서 부화한 것들보다 큰 패각을 가진다. 표현형적으로 차이 나는 개체들이 유전적으로는 다르지 않다면 자손의 수적 차이는 다음 세대 집단의 유전적 조성을 변화시키지 못할 것이며, 진화적 변화도 일어나지 않을 것이다.

포식자 회피 선택. 미국의 남서부 사막의 한가운데에는 과거에 용암이 흘러서 검은색 암석으로 굳어진 곳이 있고, 주변은 흰색 모래이다. 이 화산암에서 사는 도마뱀, 설치류, 여러 가지 곤충의 집단은 검은색을 띤다. 반면, 주변의 모래에 사는 집단은 밝은 색을 띤다. 이와 같은 색깔의 차이는 포식이 만들어낸 결과이다(그림 21.5).

기후 조건이 만들어낸 선택. 어류 *Fundulus heteroclitus*는 북아메리카 동쪽 연안을 따라 분포한다. 이 어류에서 피루브산을 젖산으로 전환시키는 효소인 젖산탈수소효소를 만드는 유전자의 대립인자 빈도는 지리적으로 큰 차이를 보인다. 생화학적 연구 결과 이 대립인자들에 의해 만들어지는 효소들은 온도에 따라 기능적 차이를 보인다. 가령, 북쪽에 흔한 효소는 남쪽에 흔한 효소보다 저온에서 촉매작용이 더 활발하다. 그리고 저온에서 북쪽형 대립인자를 가지는 개체들은 다른 대립인자를 가지는 개체들보다 유영 속도가 빠르고 생존률이 높다(그림 21.6).

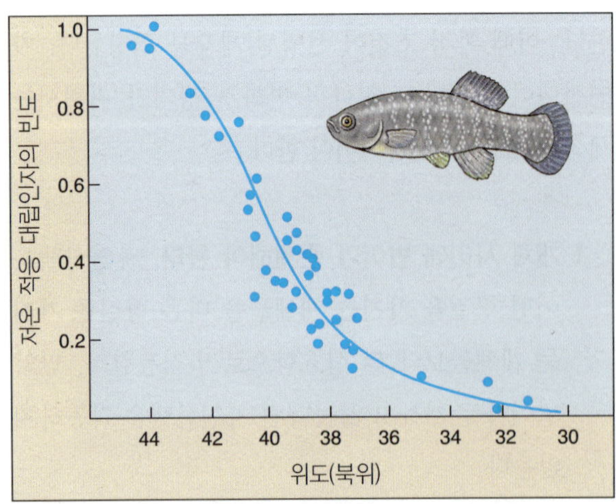

그림 21.6 | 기후 조건에 맞추는 선택.
어류 *Fundulus heteroclitus*에서 젖산탈수소효소의 저온-적응 대립인자의 빈도는 위도가 낮아질수록 감소한다.

살충제 내성의 선택. 살충제의 광범위한 사용은 500종 이상의 해충에서 살충제 내성의 신속한 진화를 일으켰다. 가령, 집파리에서 pen 유전자에 있는 내성 대립인자는 살충제 흡수를 감소시키고, 반면 kdr 및 dld-r 유전자에 있는 대립인자는 표적 부위를 감소시켜서 살충제의 결합 능력을 감소시킨다. 기타의 대립인자들은 살충제 분자를 식별하고 해독하는 효소의 능력을 증폭시킨다.

단 하나의 유전자가 내성을 일으키기도 한다. 명아주 일종인 *Amaranthus hybridus*는 제초제 트리아진가 되는데, 이 차이는 매우 큰 것이므로 자연선택에 의하여 녹색 표현형이 신속히 선택된다. 만약 체색이 유전적 바탕을 가질 경우 녹색 두꺼비는 세대를 거듭하면서 크게 증가하고 갈색 표현형은 도태되어 사라지게 된다.

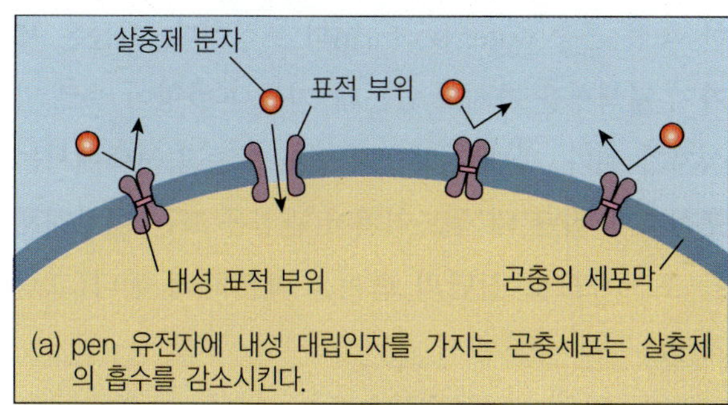

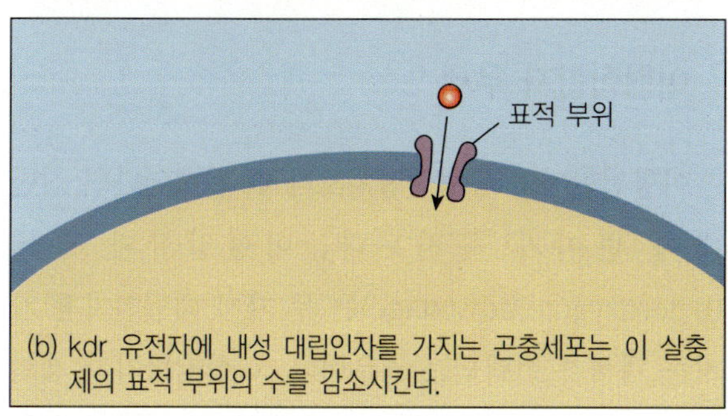

그림 21.7 | **살충제 내성에 대한 선택.**
pen이나 kdr 같은 유전자에 있는 내성 대립인자는 곤충들이 살충제에 대한 내성을 증진시키도록 한다. 이들 내성 대립인자를 가지고 있는 곤충들은 선택을 통해 더욱 일반화된다.

(triazine)에 대한 내성을 갖게 된 28종의 잡초 중 하나이다. 트리아진은 엽록체 막의 단백질에 결합하여 광합성을 억제한다. 이 단백질을 만드는 유전자에서 단 하나의 아미노산 치환이 일어나 식물의 광합성 능력을 감소시키는 트리아진의 능력을 소멸시켰다(그림 21.7).

적응도의 측정

진화학자들은 생식적 성과를 통하여 적응도(fitness)를 측정하는데, 이는 다음 세대에 살아남은 자손의 수이다. 적응도는 상대적인 개념으로서, 가장 적응도가 높은 표현형은 가장 많은 자손을 남긴 표현형이다. 가령, 두꺼비에서 녹색과 갈색의 두 표현형이 있다고 하고, 녹색 개체가 다음 세대에 평균 4마리의 자손을 남기고 갈색 개체가 2.5마리의 자손을 남긴다고 하자. 통상적으로 가장 적응적인 표현형의 적응도를 1로 나타낸다. 그러면 갈색 표현형의 적응도는 2.5/4.0 = 0.625가 된다. 따라서 적응도 차이는 0.375

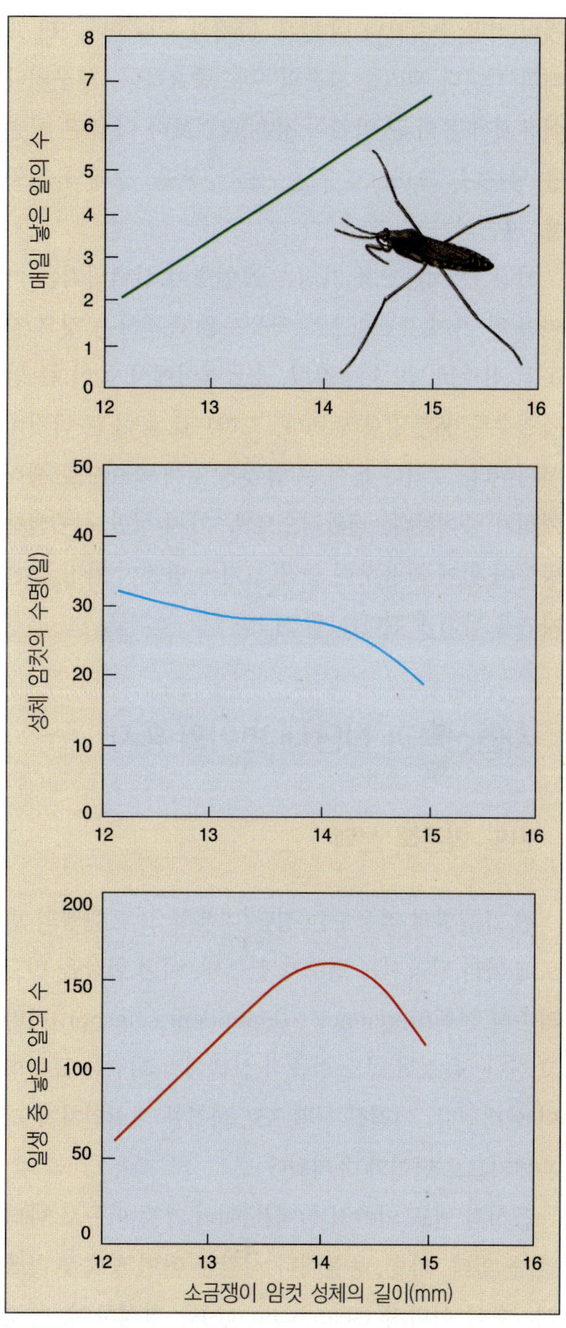

그림 21.8 | **소금쟁이의 몸 크기와 산란.**
몸 크기가 큰 소금쟁이 암컷은 매일 더 많은 수의 알을 낳지만 생존기간이 짧다. 결과적으로 중간 크기의 암컷이 일생 동안 가장 많은 자손을 생산하고, 따라서 적응도가 가장 높다.

적응도의 요소

선택을 흔히 적자생존(survival of the fittest)이라고 규정하지만, 생존률의 차이가 적응도의 모든 요소는 아니다. 생존율의 차이가 없을 경우에도 만약 일부 개체들이 다른 개체들보다 이성을 더 잘 유혹한다면 선택이 작용하게 된다. 여러 육상동물들은 몸이 큰 수컷이 작은 수컷보다 더 많은 암컷과 교배한다. 또, 교배할 때마다 생기는 자손의 수도 중요하다. 개구리나 어류에서 몸이 큰 암컷이 작은 암컷보다 더 많은 자손을 낳는다. 그러므로 적응도는 생존율, 교배의 성공률, 자손의 수의 조합이다.

가장 큰 적응도를 가지는 표현형이 선택되기는 하지만 한 가지 요소만으로 적응도를 측정하는 것은 잘못된 결과를 낳는다. 가령, 소금쟁이에서 몸이 큰 암컷일수록 많은 알을 낳는다. 그러므로 몸이 큰 암컷이 선택된다. 그러나 몸이 큰 암컷은 일찍 죽으므로 생식기회가 줄어든다. 결과적으로 두 가지 상반되는 선택 방향이 함께 작용하여 중간 크기의 암컷이 가장 많은 자손을 남기게 된다(그림 21.8).

자연선택과 집단 내 변이의 유지

빈도 의존적 선택

한 표현형의 적응도는 집단 내에서 그 표현형의 빈도에 따라 달라지는 경우가 있는데, 이런 현상을 빈도 의존적 선택(frequency－dependent selection)이라고 한다. 음성적 빈도 의존적 선택에서 희귀한 표현형이 선택된다. 이러한 선택으로 희귀한 대립인자가 더 흔해지므로 변이가 유지된다.

음성적 빈도 의존적 선택은 여러 가지 이유로 나타날 수 있다. 가령, 동물이나 사람은 어떤 형태를 찾을 때 “수색 이미지”(search image)를 형성하여, 특정 물체를 특히 쉽게 골라낸다. 그 결과 포식자는 흔한 피식자 표현형에 대하여 수색 이미지를 만들기 때문에 희귀한 형은 드물게 포식된다. 한 예가 어류에 의한 특정 곤충 water boatman의 포식이다. 이들은 세 가지 체색형을 가지고 있는데, 가장 흔한형이 주로 피식자가 된다. 반대로 양성적 빈도 의존적 선택에서는 포식자가 집단 내 두드러져서 관심을 끄는 이형개체를 포식하므로 집단의 변이를 제거하게 된다(그림 21.9).

이형접합자 우세

이형접합자가 동형접합자보다 더 선택된다면 집단 내에 변이가 유지된다. 이형접합자 우세(heterozygote advantage)는 두 가지 대립인자를 가지는 개체가 선택되는 경우이다. 이형접합자 우세의 예로서 가장 잘 알려진 것은 겸형적혈구 빈혈증이다. 이 질환은 사람의 헤모글로빈에 영향을 준다. 겸형적혈구 빈혈증을 가진 사람은 심한 빈혈과 비정상적인 낫 모양의 적혈구를 가진다.

중앙아프리카 인류집단에서 겸형적혈구 인자(S)의 평균적 빈도는 약 0.12이다. 하디－바인베르크 법칙으로 계산하면 중앙아프리카 사람 5명 중 1명이 S인

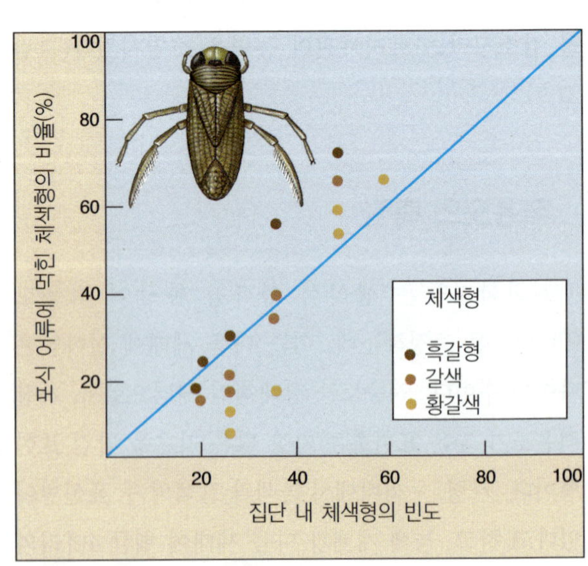

그림 21.9 | 빈도의존성 선택.
포식자는 흔히 가장 흔한 피식자에 대한 수색 이미지를 형성한다. Water boatman에서 세 가지 체색형이 있을 때 가장 흔한 것이 어류에 의해 주로 포식되고 흔하지 않은 체색형은 드물게 포식된다(음성적 빈도 의존적 선택)

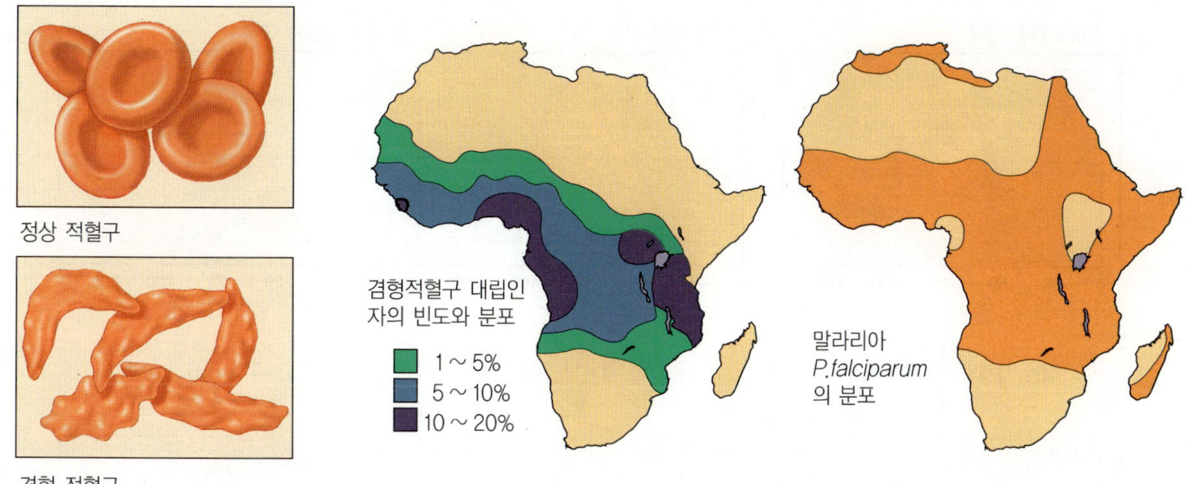

그림 21.10 | **겸형적혈구 인자의 빈도와 *Plasmodium falciparum* 말라리아의 분포.**
(a) 겸형적혈구 대립인자를 동형접합으로 가지고 있는 사람의 적혈구는 혈액 내 산소 농도가 내려가면 겸형적혈구 형태로 변해 손상된다.
(b) 아프리카에서 겸형적혈구 세포 대립인자의 분포는 *P. falciparum* 말라리아의 분포와 거의 일치한다.

자를 이형접합으로 보유하며, 100명 중 1명은 이 인자를 동형접합으로 보유하는 겸형적혈구 빈혈증 환자이다. 겸형적혈구 빈혈증 환자는 생식 연령에 도달하기 전에 사망하므로 자손을 만들지 못한다. 그럼에도 불구하고 왜 S 인자는 소멸되지 않고 잔존할까? 이는 S 인자를 이형접합으로 보유하는 사람은 말라리아에 잘 걸리지 않기 때문이다. 말라리아를 일으키는 병원충 *Plasmodium falciparum*이 적혈구에 침입하면 적혈구 내의 산소 농도를 낮추고, 그 결과 이형접합자인 사람에서 적혈구가 낫 모양으로 변한다. 이런 세포는 지라에서 신속히 제거되는데 이때 그 속에 들어 있는 병원충도 함께 제거된다(그림 21.10).

그 결과 말라리아가 빈발하는 지역에서 S 인자 이형접합자인 사람은 적응적으로 우세하다. 미국의 흑인들은 약 15세대 동안 말라리아가 없는 지역에서 살아왔는데, 이들은 S 인자를 거의 가지지 않아서 아프리카가 기원인 미국의 흑인 375명 중 1명만이 겸형적혈구 빈혈증 환자로 나타나고 있다. 말라리아가 없는 지역에서 S 인자가 도태되고 있는 것이다.

21.3 자연선택의 작용

자연선택의 유형

대부분의 형질은 1개 이상의 유전자의 지배를 받는데, 유전자들 사이의 상호작용은 매우 복잡하다. 이를테면, 사람의 키는 여러 유전자들의 대립인자들이 작용하여 결정된다. 이 경우 자연선택은 관련된 모든 유전자들에 작용한다.

분단성 선택

분단성 선택(disruptive selection)은 자연선택이 중간적 형질을 제거하는 방향으로 작용하는 경우이다. 명확한 예 하나는 아프리카의 씨깨기새 *Pyronestes ostrinus*이다. 이 새의 집단 중에는 부리가 큰 것과 작은 것은 흔하지만 중간 크기의 개체는 매우 드물다. 이 새는 종자를 먹고 사는데, 먹는 씨앗은 큰 것과 작은 것 두 가지여서, 부리가 큰 새는 큰 씨앗을 먹고 부리가 작은 새는 작은 씨앗을 먹고 산다. 부리가 중간 크기인 새는 큰 씨앗을 깨지 못하고 작은 씨앗을 다루는

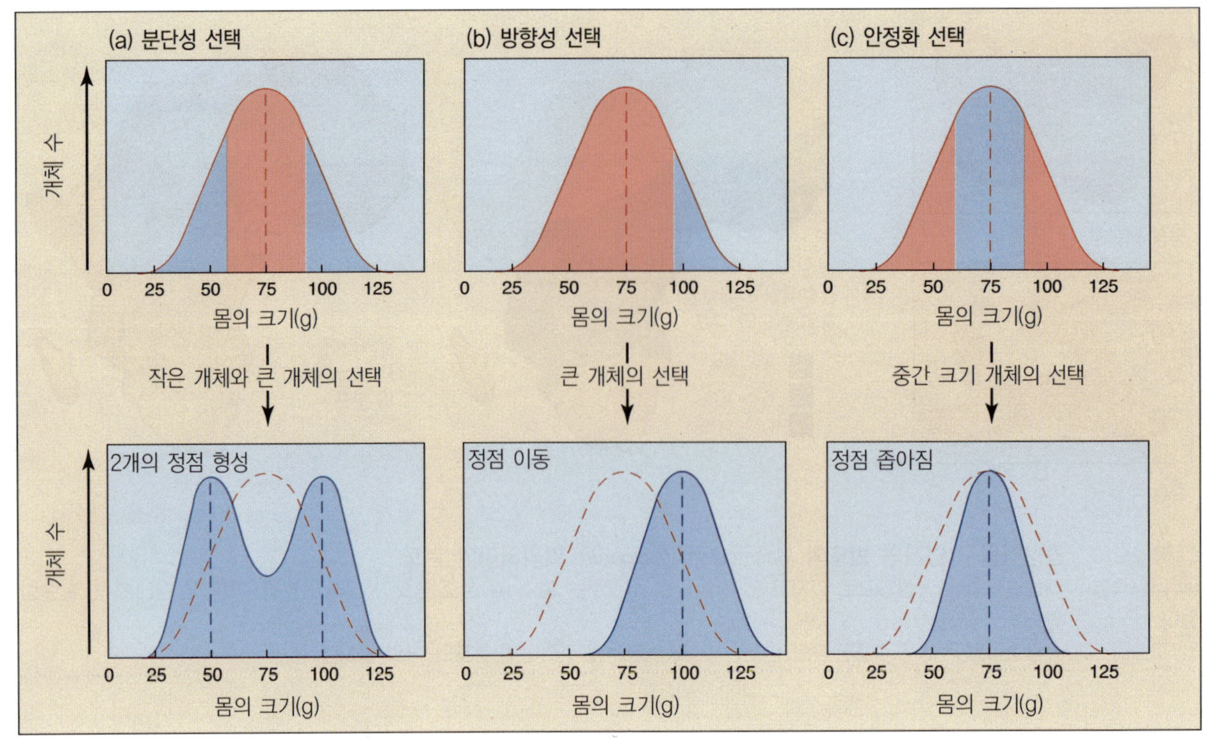

그림 21.11 | 자연선택의 세 가지 종류.
위쪽은 선택이 일어나기 전, 아래쪽은 선택이 일어난 후, 유전적으로 형질변이가 일어난 집단의 모습을 보여주고 있다.
(a) 분단성 선택에 있어서는 어떤 형질의 표현형 중에서 중간 형은 도태되고, 극단적인 형태가 선택된다.
(b) 방향성 선택에 있어서는 한쪽의 극단적 형질을 가진 개체들이 선택된다.
(c) 안정화 선택에 있어서는 중간 형태의 표현형을 갖는 개체들이 선택되며 극단적인 양쪽의 표현형은 도태된다.

그림 21.12 | 씨깨기새의 큰 부리와 작은 부리를 만든 분단성 선택.
아프리카 씨깨기새의 부리 크기의 차이는 분단성 선택의 결과이다.

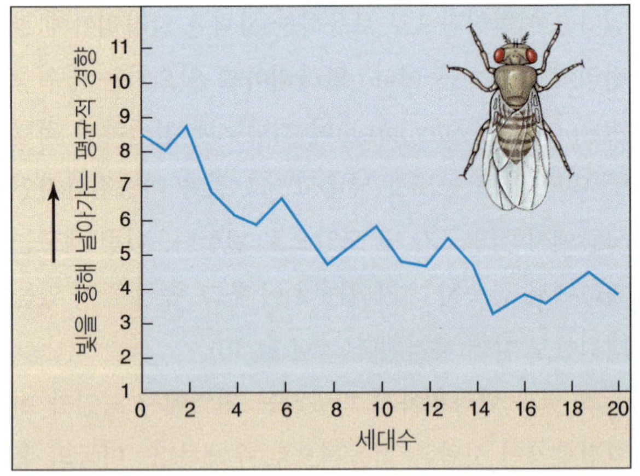

그림 21.13 | 초파리의 음성 굴광성을 만든 방향성 선택.
빛을 향해 날아가는 초파리를 제거하고 빛을 피하는 개체만을 부모로 선택하여 다음 세대를 생산하게 했다. 20세대가 반복된 후 커다란 진화적 변화가 이루어졌다.

데도 서툴다(그림 21.11a).

방향성 선택

자연선택이 여러 표현형 중에서 한쪽의 극단적인 표현형을 제거하는 방향으로 작용하면, 이 극단적 형질을 만드는 유전자는 점점 드물어진다. 이런 종류의 자연선택을 방향성 선택(directional selection)이라고 한다. 초파리 집단을 이용한 실험에서 빛을 향해 날아가는 개체를 솎아내고 빛을 피하는 개체를 골라서 생식하게 만들기를 20세대 지속하였다. 이 인위선택의 결과 빛을 향해 날아가는 개체가 드물게 되었다(그림 21.11b).

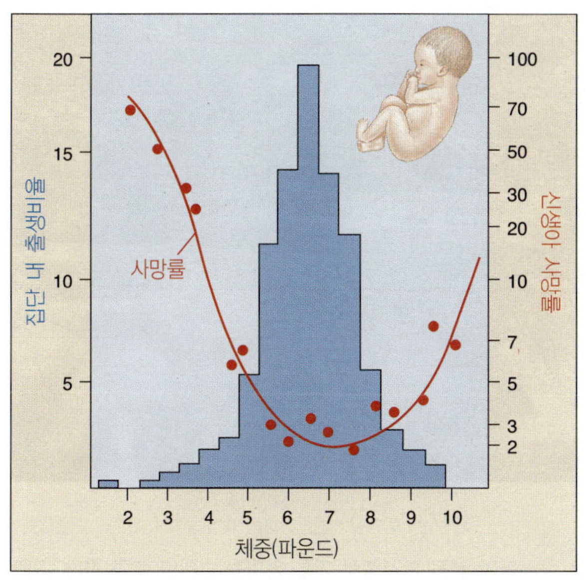

그림 21.14 | 사람의 신생아 체중에 대한 안정화 선택. 태어날 때 중간 체중을 가진 신생아의 사망률이 가장 낮다; 더 크거나 작은 신생아는 7~8파운드의 가장 흔한 체중을 가진 신생아보다 사망률이 더 높다.

안정화 선택

자연선택이 양쪽 극단적인 형질을 도태시키는 방향으로 작용하면 결과적으로 중간적 형질의 빈도가 높아지는데, 이러한 선택의 유형을 안정화 선택(stabilizing selection)이라고 한다(그림 21.11c). 이 예는 많은데, 사람의 신생아에서 체중이 평균인 경우 출생시 사망률이 낮은 반면 체중이 너무 작거나 너무 큰 아이는 사망률이 높다(그림 21.14). 새에서 알의 크기가 중간적인 경우에 부화율이 가장 높다.

거피의 색깔에 대한 선택

고생물학자가 수천 만 년 전의 공룡 화석을 연구하듯이, 진화를 연구할 때 흔히 과거에 일어났던 역사적 사건을 주목하게 된다. 이런 점에서 볼 때 진화학은 실험보다는 관찰에 중점을 두는 역사학이나 천문학과 유사하다. 그럼에도 불구하고 진화학은 완전히 관찰에만 의존하는 과학은 아니다. 다윈은 진화가 매우 완만하게 일어난다고 했다. 그러나 최근의 여러 연구에 의하면 어떤 경우에는 진화가 매우 신속히 일어날 수 있음을 보여주고 있고, 그 과정을 실험적으로 검증할 수 있게 되었다. 한 가지 예는 거피(*Poecilia reticulata*)를 대상으로 한 실험실과 야외에서의 실험 결과이다.

환경에 따른 거피의 차이

거피(guppy)는 흔한 수족관 어류로서 색깔이 화려하고 증식이 잘된다. 자연계에서는 남아메리카 북동부의 계류에서 서식한다. 원산지에서 계류를 따라 작은 폭포가 있는데, 거피를 비롯한 일부 어류는 폭포의 위쪽(상류)에서도 서식한다. 이곳에서 사는 점박이송사리(*Rivulus hartii*)는 비오는 날 밤에 물 밖으로 나와 축축한 낙엽 위를 꿈틀거리며 폭포 위쪽의 상류로 올라갈 수 있다. 거피는 그렇게 하지는 못하지만 상류

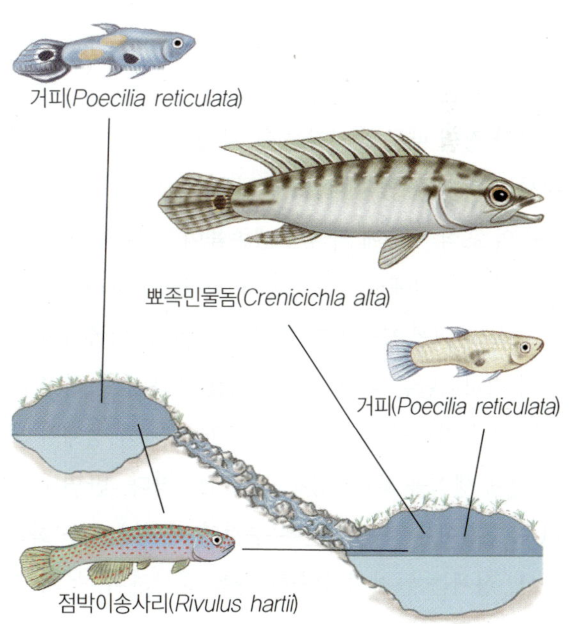

그림 21.15 | 거피의 보호색의 진화
포식자 뾰족민물돔의 포식률이 높은 폭포 아래 웅덩이에 사는 수컷 거피는 체색이 단조로우나, 포식자가 없는 윗 웅덩이의 수컷 거피는 체색이 더 화려하고 암컷의 눈을 끈다. 점박이송사리도 포식자이지만, 거피를 드물게만 포식한다.

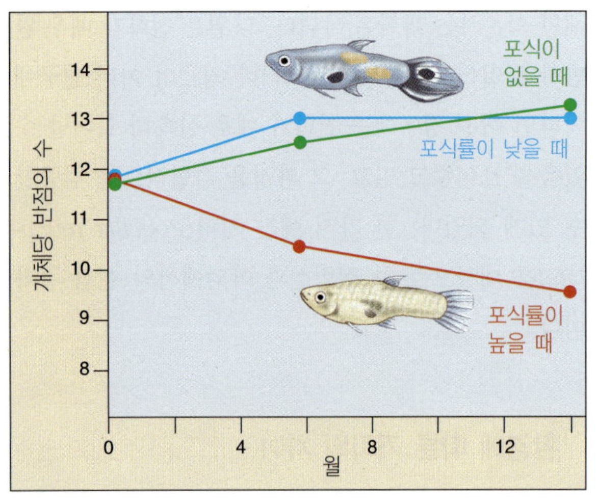

그림 21.16 | 반점 수의 진화적 변화.
포식이 없거나 포식률이 낮은 환경에서 기른 거피는 반점의 수가 많고, 포식률이 높은 환경에서 기른 거피는 반점의 수가 적다. 야외 실험에서도 이와 동일한 현상을 보인다.

로 거슬러 헤엄쳐 올라갈 수 있다. 홍수가 나는 계절에 강물은 둑의 옆으로 물이 넘쳐흘러 계곡을 따라 흐른다. 이때 거피는 폭포 옆으로 흐르는 물길을 따라 상류로 올라갈 수 있다. 이와는 달리 다른 어류는 이렇게 이동하지 못하여 폭포 아래쪽 웅덩이에서만 사는데, 그 중 하나가 뾰족민물돔(*Crenicichla alta*)로서 이 종은 거피나 다른 어류를 왕성하게 포식하는 육식성 어류이다.

분산 장벽 때문에 거피는 두 가지의 매우 다른 환경에서 서식할 수 있다. 폭포 아래쪽 웅덩이에는 뾰족민물돔의 포식 때문에 거피의 생존율이 낮다. 반면 폭포 위쪽의 웅덩이에서는 포식자가 점박이송사리뿐인데, 이 종은 거피를 드물게만 포식한다. 폭포 위쪽과 아래쪽의 거피집단은 여러 가지 차이를 나타낸다. 폭포 아래쪽에서 거피의 체색은 단조롭고, 완전히 성체가 되기 전에 생식을 하며, 성체의 크기도 작다. 반면 폭포 위쪽 웅덩이에 사는 집단은 수컷의 체색이 매우 화려하고, 성체는 완전히 성숙한 다음 생식하며, 몸의 크기도 크다(그림 21.15).

이러한 차이는 자연선택의 기능을 알려준다. 포식률이 낮은 환경에서는 수컷이 화려한 체색으로 암컷을 유혹한다. 더욱이 큰 수컷은 영역을 방어하고 교배하는 데 유리하여 많은 자손을 생산할 수 있다. 그러므로 포식자가 없는 곳에서는 크고 화려한 수컷이 선택된다. 그러나 폭포 아래쪽에서는 다른 형질이 선택된다. 화려한 수컷은 포식자에게 발각되기 쉽고 포식 때문에 수명도 짧다. 그러므로 개체들의 체색은 단조롭고 이른 나이에 생식하게 되었다.

실험

거피 두 집단의 차이는 포식률의 차이에 따른 진화적 반응을 나타내는 것이라고 볼 수 있지만, 이와는 다른 설명도 가능하다. 가령 몸이 큰 거피만 폭포 위쪽으로 기어 올라갈 수 있다고 볼 수도 있다. 그래서 새로운 집단이 개척자 효과로 폭포 아래쪽 집단과는 다르게 빨리 진화했다고 볼 수 있다.

실험실 실험. 여러 가설을 검증하는 데는 대조 실험이 필요하다. 산타바바라 캘리포니아 대학 교수 엔들러(J. Endler)는 온실에 큰 웅덩이를 만들어 실험을 하였다. 그는 2,000마리의 거피를 10개의 웅덩이에 똑같이 나누어 넣었다. 6개월 후 이 웅덩이 중 4개에 뾰족민물돔을 추가적으로 넣고, 다른 4개에 점박이송사리를, 그리고 나머지 2개의 웅덩이는 포식자를 넣지 않고 거피만 살게 하였다. 거피 10세대에 해당되는

14개월 후 집단들을 비교하였다. 점박이송사리를 넣은 웅덩이와 포식자가 없는 웅덩이는 뚜렷한 차이가 없이, 거피가 크고 화려하였다. 반면, 뾰족민물돔을 넣은 웅덩이에서는 거피가 작고 색깔이 단조로웠다. 이 결과는 포식이 신속한 진화를 일으킴을 알려준다.

야외 실험. 엔들러 등은 현장으로 가서 폭포 아래쪽에는 거피가 살고 폭포 위쪽에는 거피가 없는 계류 두 곳을 찾아냈다. 그들은 거피를 폭포 위쪽으로 이식한 다음 수년마다 한번 씩 가서 집단을 확인하였다. 포식률이 높은 곳에서 거피를 이식하였음에도 불구하고 폭포 위쪽으로 이식된 집단은 원래의 집단과는 다르게 몸이 크고 화려한 색깔을 가지도록 변화하였다(그림 21.16). 실험실 내 연구를 통해서 두 집단 간 변이는 유전적 차이 때문임이 드러났다. 이 결과는 진화적 변화가 불과 12년 이내에 일어날 수도 있음을 증명하는 것이며, 자연선택에 의한 진화설을 강력하게 뒷받침한다.

CHAPTER 22

진화의 증거

다윈이 자연선택에 의한 진화설을 제안했을 때 그 근거가 많지는 않았다. 그래서 그는 자연계에서 관찰되는 것과 논리적 추론, 그리고 가축 육종에서의 인위선택의 결과에 의존하였다. 그 후 오늘날까지 그의 이론에 대한 근거는 충분히 축적되었다. 그래서 자연선택이 진화를 일으킨다는 증거와 화석 기록을 통하여 진화가 일어났다는 증거가 축적되었을 뿐만 아니라, 해부학, 분자생물학, 생물지리학 등의 여러 분야에서 진화적 사실이 드러나고 있다.

22.1 자연선택의 작용

우리가 과거로 돌아가 볼 수는 없지만 오늘날의 근거로 볼 때 자연선택은 진화적 변화의 한 요인임이 분명하다. 이 근거는 야외 및 실험실에서 발견되고 있다.

핀치새의 부리

핀치새는 자연선택에 의한 진화의 한 고전적인 예이다. 다윈이 1835년에 갈라파고스 군도를 방문했을 때 그는 3개 섬에서 31마리의 핀치새를 채집했다. 그는 새에 대한 전문가는 아니었으므로 표본을 동정하는데 어려움을 느꼈다.

부리의 중요성

다윈이 영국으로 돌아오고 나서 조류학자 굴드(J. Gould)는 다윈이 채집한 핀치새들이 부리만 빼놓고는 모두 서로 유사하고 또 서로 유연관계가 깊지만 동일 종이 아님을 알아냈다. 현재 핀치새는 모두 14종이 있음이 밝혀졌다. 큰 부리를 가진 땅핀치새는 종자를 부리로 부수어 먹고살며, 가느다란 부리를 가진 핀치새는 곤충을 먹고산다(그림 22.1). 꽃이나 새순을 먹는 새도 있고, 곤충을 먹는 것, 날카로운 부리를 가지는 것 중에는 바다새에 달라붙어 흡혈을 하는 종도 있다. 가장 주목되는 것은 도구를 사용하는 핀치새로서, 딱따구리핀치새는 부리로 작은 나뭇가지나 선인장 가시를 잘 다듬은 다음 썩은 나무에 가서 이것을 이용하여 곤충의 애벌레를 파먹는다.

핀치새 14종의 부리와 이들의 먹이 사이의 밀접한 연관성은 다윈으로 하여금 자연선택이 그와 같이 만들

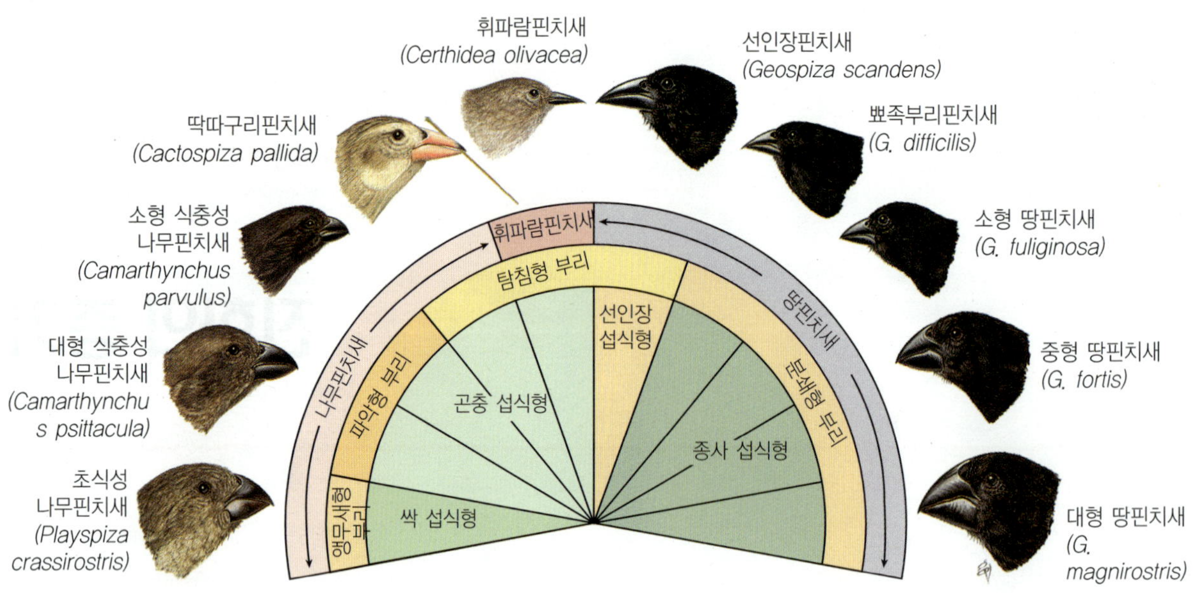

그림 22.1 | 핀치새.
갈라파고스 군도 안의 산타크루스 섬에 10종의 핀치새가 산다. 이 종들은 부리와 섭식 습성에서 차이를 보인다. 이러한 차이는 다른 작은 새들이 없는 서식처에서 새로운 종으로 진화할 때 생겼을 것이다. 여러 종의 부리는 육지에 사는 여러 새과의 다른 새들과 유사성을 보인다. 가령 딱따구리핀치새는 선인장 가시를 이용하여 나무 틈이나 썩은 나무에서 먹이를 찾는다. 핀치새들은 모두 공동조상으로부터 생겨난 것들이다.

었다고 생각하게 만들었다.

면밀한 조사

다윈의 관찰은 부리의 크기와 형태의 차이는 해당 종이 서로 다른 먹이원에 적응하면서 진화했음을 알려준다. 그러면 이 가설을 검증할 수는 없을까? 프린스턴 대학의 그랜트 부부는 1973년부터 갈라파고스 군도의 중앙부에 위치한 작은 Daphne Major 섬에서 중형 땅핀치새 *Geospiza fortis*를 대상으로 연구하였다. 이 새는 주로 비가 많이 오는 해에 식물들이 다량으로 생산하는 작은 종자를 먹고 산다. 크고 마른 종자는 쉽게 부수지 못하므로 비가 적게 와서 작은 종자가 드문 계절에만 큰 종자를 먹는다.

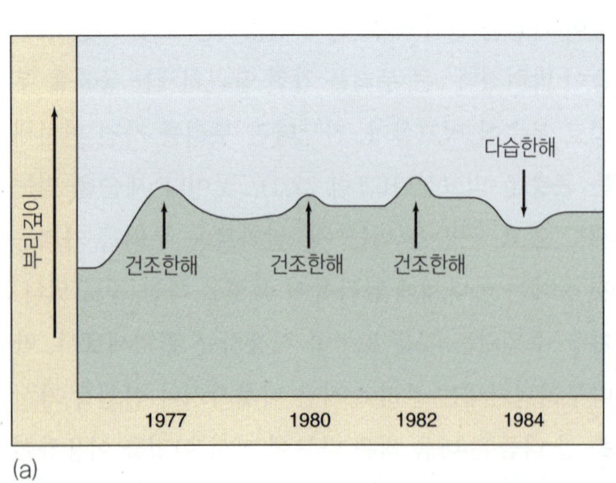

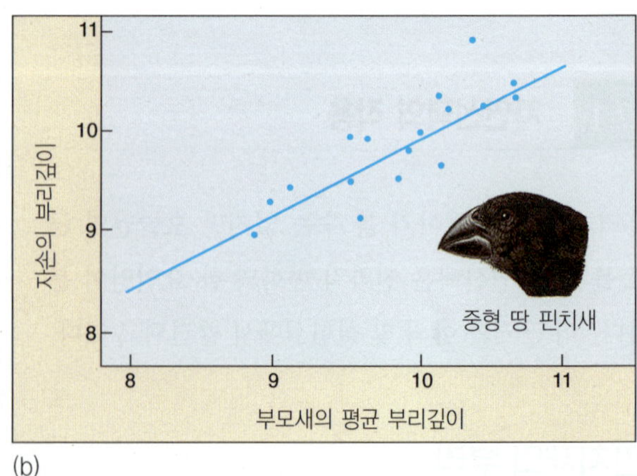

그림 22.2 | *Geospiza fortis*의 부리 크기가 자연선택에 의해 변한다는 증거.
(a) 크고 단단한 종자만 먹어야 하는 건조한 해에는 부리 크기가 평균적으로 커지고, 작은 종자 생산량이 큰 다습한 해에는 부리 크기가 평균적으로 줄어든다. (b) 부리 깊이는 어미로부터 자손으로 유전된다.

그랜트 부부는 매년 이 핀치새 여러 마리의 부리 기부의 위-아래 폭(부리깊이)을 측정하였다. 그 결과 그랜트 부부는 이 핀치새 집단에서 부리 깊이의 변이가 클 뿐만 아니라 그 평균치가 해마다 변하는 것을 알게 되었다. 가물었을 때 식물이 만들어내는 종자가 적고, 작은 종자는 금방 소비되어 나중에는 큰 종자만 남았다. 그 결과 부리가 큰 핀치새가 큰 종자를 잘 부수므로 살아남기 쉬워졌다. 결국 이듬해에 평균적 부리 깊이는 커졌고, 그러나 습기 많은 계절에는 다시 작아졌다(그림 22.2).

이와 같은 부리 측정치의 변화는 자연선택을 반영하는 것일까? 부리 깊이의 변화가 유전자 빈도의 변화를 반영하는 것은 아닐 가능성도 있다. 즉 큰 종자를 다루면서 일시적으로 부리가 커질 수도 있는 것이다. 이러한 개연성을 배제하기 위하여 그랜트 부부는 여러 해 동안 어미새의 부리 크기와 이 자손의 부리 크기 사이의 관계를 조사하였다. 그 결과 부리의 깊이는 환경조건과 관계없이 한 세대에서 다음 세대로 충실하게 대물림되는 것을 알게 되었다. 이는 개체 간의 부리 크기 차이는 유전적 차이 때문임을 말해주며, 따라서 부리 깊이가 해마다 변하는 것은 자연선택에 의한 진화적 변화가 일어남을 나타낸다.

회색가지나방의 공업암화

환경이 변하면 자연선택은 대개 새로운 형질을 선택한다. 그 한 가지 예가 회색가지나방 *Biston betularia*이다. 이 나방의 체색은 연한 회색에서부터 완전히 검은색까지 여러 가지이다. 체색은 한 유전자의 대립형질의 차이 때문임이 밝혀졌다. 이 나방에서 검은색이 우성이지만, 1850년 이전까지는 검은색 나방이 매우 드물었다. 그 뒤 공업지역에서 검은색 나방의 빈도가 높아져서 거의 100%에 이르렀다. 생물학자들은 곧 이 현상을 주목하였고, 이와 함께 매연에 의하여 나무의 수피도 검은색으로 된 것을 알게 되었다. 매연은 나무줄기 표면에 붙어사는 밝은 색의 지의류도 죽이는 것을 알게 되었다.

암화에 대한 선택

1896년, 아마츄어 나방 채집가인 터트(J. W. Tutt)는 지의류가 없어서 검은색을 띠는 나무줄기에 앉아 있는 연한 회색인 개체는 포식자인 새의 눈에 띄어 잘 잡혀 먹히고, 검은색 나방은 보호색으로 새의 눈에 띄지 않기 때문이라고 제안하였다(그림 22.3). 1950년대에 생태학자 케틀웰(B. Kettlewell)은 터트의 가설을 검증하고자 했다. 케틀웰은 동일한 수의 검은색과 회색 나방을 날개 아래쪽에 페인트로 표지를 한 다음, 심하게 오염된 버밍험 근처의 숲과 오염되지 않은 도셋 부근의 숲에 각각 날려 보냈다. 며칠 뒤, 그는 다시 두 숲에서 회색가지나방을 채집하였다.

케틀웰이 오염된 숲에서 채집한 나방을 조사한 결과 회색 나방 중에서 19%, 검은색 나방 중에서 40%가

그림 22.3 | 공업암화를 설명하는 터트의 가설. (위) 오염되지 않은 나무에 앉은 검은색의 나방 *Biston betularia* 변이체는 포식자 눈에 잘 띄게 되고, (아래) 공업화로 오염되어 검게 수피가 변한 나무에서는 더 잘 눈에 띄게된다.

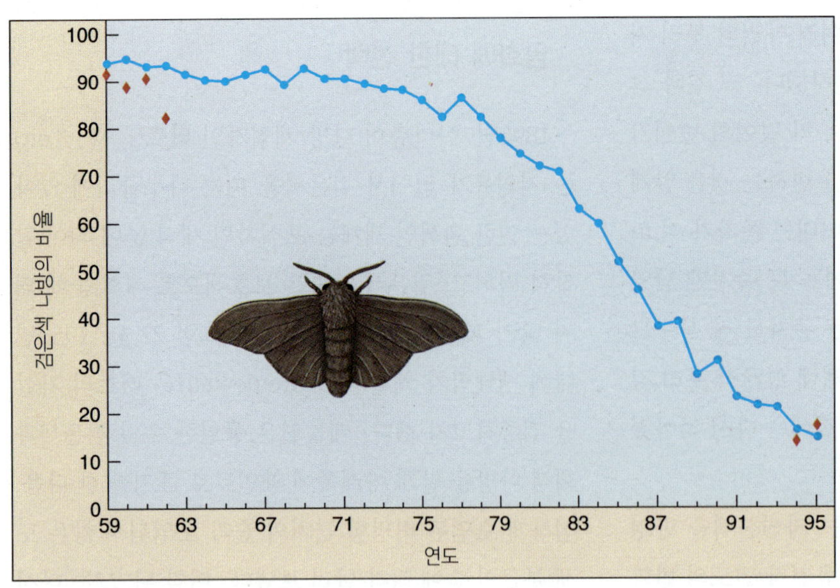

그림 22.4 | 암화의 도태.
1959년부터 1995년 사이에 영국 리버풀 근교에서 회색가지나방*Biston betularia*의 검은색 개체들의 빈도를 조사한 결과이다. 붉은 마름모꼴 점은 1959~1962년과 1994~1995년 사이 미국 디트로이트 근교에서의 조사 결과이다.

표지하여 날려 보낸 것이었다. 이는 수피가 검은 오염된 숲에서 검은색 나방의 생존율이 훨씬 높았음을 알려준다. 오염되지 않은 도셋 숲에서는 회색 나방 중에서 12.5%가, 그리고 검은색 나방 중에서 6%가 표지를 하여 날려 보낸 뒤 재포획된 것들이었다. 이는 수피가 밝은 오염되지 않은 곳에서는 회색 나방의 생존율이 높았음을 나타낸다. 케틀웰은 실제로 나무줄기에 두 가지 색깔의 나방을 가까이 붙여 놓고 새가 어떤 나방을 잡아먹는지를 관찰하였다. 결과적으로 주위 배경색과 동일한 것은 살아남고 배경색과 다른 나방은 쉽사리 새에 의해 잡혀 먹히는 것을 관찰하고 촬영하였다. 그 후 그의 연구 결과는 다른 연구자들의 여러 확인 실험을 통해 증명되었다.

20세기 후반기에 선진국들은 대기오염 방지를 위한 노력을 해 왔다. 무엇보다도 대기오염의 주범이었던 이산화황과 부유 먼지의 배출에 대한 각종 규제가 내려졌다. 그 결과 대기오염은 크게 줄어들었고, 나방의 체색에 대한 자연선택의 방향도 바뀌게 되었다. 영국의 리버풀 근교에서 1959년부터 1995년까지 검은색 회색가지나방의 빈도를 조사한 바에 의하면 1959년에 93%이던 것이 1995년에는 15%로 크게 떨어졌다(그림 22.4). 이와 같은 현상은 미국에서도 나타났는데, 디트로이트 부근에서 1959~1961년 사이에 검은색 회색가지나방의 빈도는 89%였으나 1994년에는 15% 뿐이었다. 이는 리버풀에서와 거의 동일한 현상으로서, 검은색 나방에 대한 도태가 일어나고 있음을 알 수 있다.

인위선택

문명화된 이후 사람은 여러 가지 동식물에 대하여 선택을 가해왔다. 실험실에서, 농업적으로, 그리고 가축화 과정에서 이루어지는 인위선택은 뚜렷한 선택의 결과를 가져다주고 있다. 인위선택이 성공적으로 이루어지고 있음은 선택이 효과적인 진화적 과정임을 알려준다.

실험실 내 실험

유전학자들은 노랑초파리(*Drosophila melanogaster*)를 이용하여 몸의 크기, 눈의 색, 성장률, 행동 등에 대한 선택 실험을 해 왔는데, 그 결과는 항상 강하고 예측 가능한 진화적 반응으로 나타났다. 과학자들은 초파리의 강모 수에 대한 선택 실험을 한 적이 있다. 실험을 시작할 때 초파리 복부의 강모는 평균 9.5개였다. 매 세대마다 강모 수가 가장 많은 20%만 선발하여 생식을 시킨 결과 86세대가 지난 후에는 평균 강모 수가 40개로 네 배가 많아졌다. 또 다른 실험에서 강모 수가 가장 적은 개체나 가장 많은 개체를 선택한 실험에서 35세대가 지났을 때 강모 수는 뚜렷이 줄거나 늘어 원래 집단의 강모 수 범위와 겹치지 않게 되었다(그림 22.5).

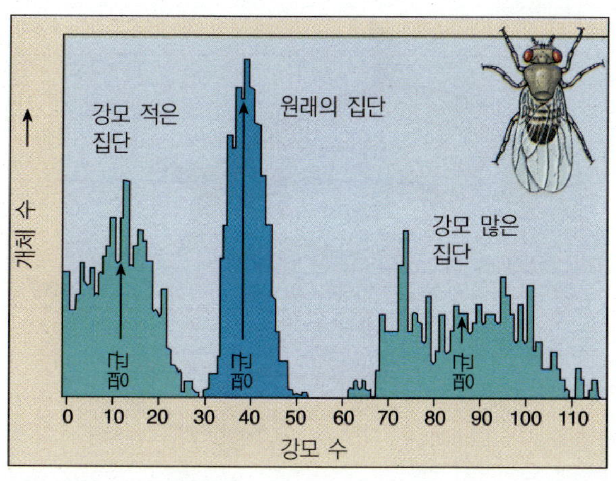

그림 22.5 | 실험실 내 인위선택.
초파리(*Drosophila*)의 적은 강모와 많은 강모 형질을 35세대 동안 선택한 결과이다. 각 집단의 평균 강모수는 35세대후 크게 변화하였을 뿐만 아니라 두 실험집단의 개체들은 원래 집단의 범위 밖에 위치하게 되었다.

그림 22.6 | 개의 품종.
이들 개들사이의 차이점은 개과의 어느 야생종과의 차이보다 크다.

농업과 가축

소, 돼지 등의 가축이나 옥수수, 딸기 등의 각종 작물과 이들의 야생형 조상을 비교하면 큰 차이를 보인다. 현재 개, 고양이, 비둘기, 기타 가축의 다양한 품종은 인위선택으로 만들어진 것들이다(그림 22.6). 어떤 경우에는 특별한 용도로 품종이 개량되었다. 그레이하운드는 잘 달리도록 다리가 길고 뒷부분이 유선형으로 개량되었다. 반면 닥스훈트는 다리가 짧아서 굴속으로 들어가 오소리를 잡도록 개량된 것이다.

가축화로 의도하지 않았던 선택이 나타나기도 한다. 러시아에서는 은여우를 매 세대마다 유순한 개체를 선택하여 40년 만에 사람이 애완용으로 데리고 다닐 수 있게 만들었다. 이 은여우가 하는 행동은 애완용 개의 행동과 다르지 않다. 그런데, 이렇게 변한 것은 행동뿐이 아니다. 색깔도 달라지고 꼬리도 말리고 짧아졌다. 이런 형질의 유전자가 유순한 행동을 일으키는 유전자와 연관되어 있는 것 같다.

닥스훈드, 그레이하운드, 치와와 등이 만약 화석동물로서 따로 발견된다면 사람들은 이들을 전혀 다른 종으로 취급할 것이다. 이들의 외형적 차이는 개과 동물 중에서 속 간의 차이만큼 크기 때문이다.

22.2 화석적 증거

화석 기록

진화가 일어났다는 가장 직접적인 근거는 화석 기록에서 발견된다. 화석 기록은 오늘날 다윈 시대보다 훨씬 잘 알려져 있다. 암석 속에 화석이 형성되려면 몇 가지 조건이 갖추어져야 한다. 생물이 퇴적층에 매몰되어야 하고, 골격이나 단단한 부위가 무기질화되어야 하며, 주변 퇴적층이 단단하게 암석화되어야 한다. 그러므로 과거에 살았던 생물의 극히 일부만 화석으로 남아 발견된다. 그럼에도 불구하고 진화의 근거가 될 만한 화석은 충분하다.

화석 연대 측정과 진화

화석이 나타난 암석의 연대를 측정하여 그 속의 화석 형성 연대를 측정할 수 있다. 다윈 시대에는 지층의 위치를 보고 상대적으로 화석의 연대를 측정하였다. 오늘날은 방사능반감기로 암석의 절대적 연대를 측정한다. 용암이 식을 때 만들어지는 화성암 등의 암석은 우라늄-238과 같은 방사능 원소를 함유한다. 이

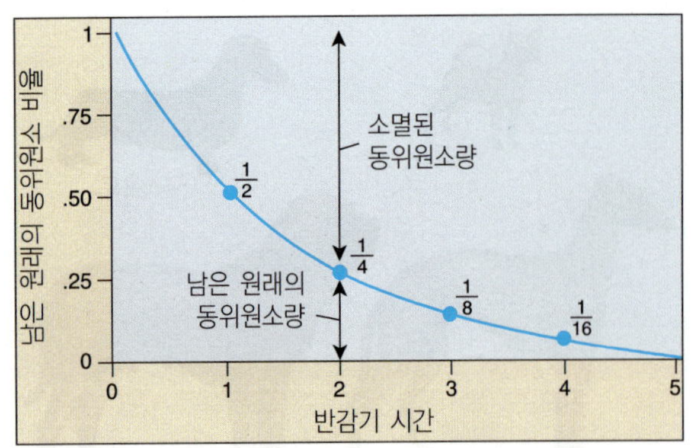

그림 22.7 | 방사능 소멸.
방사능 원소는 일정률로 소멸되며, 이를 반감기라 한다. 반감기 후에 원래 방사능 동위원소량의 반이 비방사능 동위원소로 변형된다.

런 동위원소들은 일정한 속도로 비방사능 형으로 변화된다. 가령 U^{238}의 반감기(원래의 방사능이 절반으로 줄어드는데 걸리는 시간)가 45억 년이다. 암석이 한번 형성되면 더 이상의 방사능 동위원소가 들어가지 못한다. 그러므로 방사능 동위원소의 비율을 측정하면 암석이 형성된 연대를 알아낼 수 있다(그림 22.7).

화석을 연대에 따라 배열하면 대개 이 배열이 연속적인 진화적 변화의 근거가 된다(그림 22.8). 그러나 가끔 화석 기록에 계통 사이를 이어주는 연결 고리가 발견되지 않는 경우가 있다. 다윈 시대에는 이러한 결실된 연결 고리가 많았으나, 그 후 크게 줄어 오늘날에는 특히 척추동물에서 그 기록이 거의 완벽해졌다. 가령, 최근에 네 다리를 가진 수중 포유동물의 화석이 발견되어 고래나 돌고래가 육상 발굽을 가진 포유동물 조상에서 기원했음이 밝혀졌다(그림 22.9). 또, 다리를 가진 뱀이 발견되어, 이들이 도마뱀과 같은 조상

그림 22.9 | 고래의 "연결 고리".
최근에 발견된 *Ambulocetus, Rodhocetus, Pakicetus*는 고래와 이들의 발굽을 가진 조상 포유류 사이의 빈 연결 고리를 채워주고 있다. 이 화석들은 4,500~5,500만 년 전의 에오세의 것이다. *Pakicetus*의 형태는 중간형태를 가지는 것이 모든 특성에서 중간형질을 갖는 것은 아니며, 일부 형질이 진화한 후 다른 형질들이 진화함을 보여주고 있다. 고래진화의 경우에 두개골이 먼저 변화하고 다리의 진화가 뒤따른다.

그림 22.8 | 화석 기록으로 나타난 생물의 역사.

으로부터 진화된 것임이 밝혀졌다.

말의 진화

가장 잘 알려진 화석 기록은 말의 진화에 대한 것이다. 오늘날의 말과(Equidae)에는 말, 얼룩말, 당나귀 등이 포함되는데, 이들은 모두 몸집이 크고, 다리가 길며, 잘 달려서 넓은 초원에서 살기에 알맞게 되어 있다. 이들은 모두 1개의 속 *Equus*에 속하지만, 그 조상이 약 5,500만 년 전 에오세에 출현한 뒤 34개 속이 등장했었다.

최초의 말

말과의 최초의 동물은 *Hyracotherium* 속의 종으로서 오늘날의 말과는 전혀 다른 모습이었다. 작은 몸, 짧은 다리, 넓적한 발바닥을 가진(그림 22.10) 이 동물은 숲 속에 살았다.

몸의 크기. 최초의 말은 개보다 작은 크기였다. 그 후 3,000만 년 동안 몸의 크기는 거의 변하지 않았으나, 그 후 여러 가지 계통이 신속히 분화되면서 몸도 커졌다. 그러나 몸이 더 작아진 계통도 있었다(그림 22.11).

발가락의 축소. 오늘날 말의 발가락은 한 개뿐이다.

그림 22.10 | 말의 조상인 *Hyracotherium Sandrae*. 고양이만 한 크기였다.

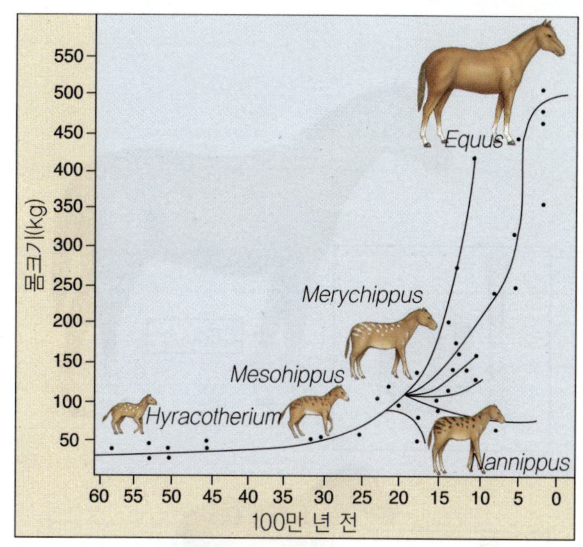

그림 22.11 | 말의 몸의 크기 진화. 선은 진화적 관계를 보여주며, 대부분이 몸크기가 증가하는 쪽으로 변화하지만, 일부 감소하는 변화도 나타난다.

반면 *Hyracotherium*은 앞다리에 4개, 뒷다리에 3개의 발가락을 가지고 있었다. 이들의 발바닥은 오늘날의 개나 고양의 것과 거의 유사했다. 화석을 보면, 시간이 지나면서 발이 변화하는데, 가운데 발가락이 길어지고, 발굽이 생기며, 주위의 다른 발가락이 퇴화되는 모습을 보인다(그림 22.12). 몸의 크기 증가와 발가락의 변화는 말의 여러 계통에서 나타났다. 이와 동시에 다리의 길이와 골격 구조도 변화하여 먼 거리를 고속으로 달릴 수 있게 되었다.

이의 크기와 형태. *Hyracotherium*의 이는 작고 단순한 형태였다. 시간이 지나면서 이는 길어지고 어금니와 앞어금니가 복잡한 융기를 갖게 되었다(그림 22.12). 이로서 거친 풀을 씹기에 알맞은 이가 되었다. 두개골도 계속되는 저작행위를 지탱할 수 있도록 두개골을 강화시키는 형태로 변화하였다. 이와 같은 변화는 모두 지구 전반의 기후 변화에 대한 적응으로 볼 수 있다. 특히 마이오세 후기와 올리고세 전기에(약 2,000~2,500만 년 전) 북아메리카에 초원이 넓게 발달하였다.

Equus

Pliohippus

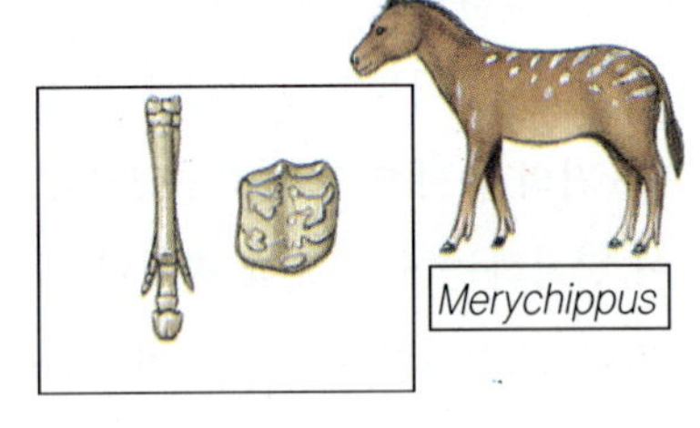

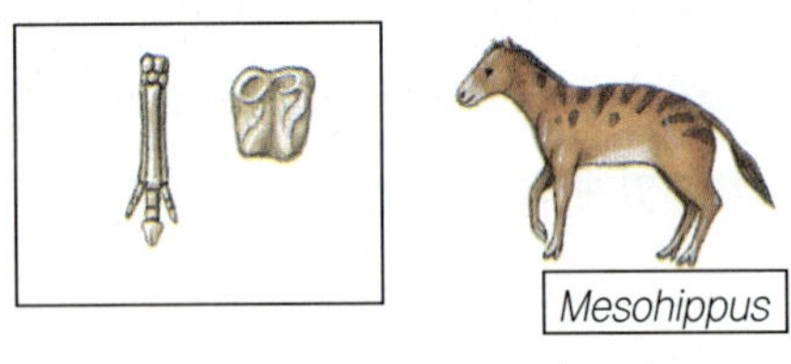

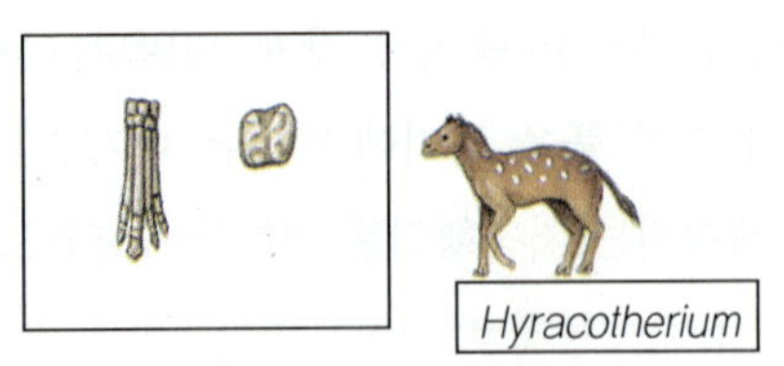

그림 22.12 | 말의 진화적 경향.
5종의 대표종들은 시간이 지남에 따라 말의 몸 크기가 증가함을 보여주고 있다. 또한 발가락의 수도 감소하여 현대말은 단일 발굽을 갖게되며, 어금니의 크기도 증가하고 모양이 복잡해진다. 그림 22.11은 모든 진화적 변화가 이 경향을 따르지는 않는 것을 보여준다.

진화적 경향

말의 진화는 일정한 방향으로 일어났다고 여겼었다. 어떤 사람은 이러한 말의 진화가 한 가지 방향과 일정한 속도로 진화가 일어나는 예라고 보았다. 그러나 오늘날 진화적 변화는 이렇게 단순하지 않다는 것이 일반적 견해다. 진화의 속도는 일정하지 않아서 어떤 때는 변화가 거의 없다가 어떤 때는 신속한 변화를 보인다. 또, 변화가 일어날때는 말의 진화계통수상 여러계통에서 흔히 동시에 변화가 일어난다. 마지막으로 진화가 일정 방향으로 일어날때 조차도, 일부계통에서는 몸크기 축소 같은 예외적 변화가 일어난다.

오늘날의 말은 다양하지 못하여 1개의 속뿐이다. 말의 종류가 가장 다양했던 마이오세에는 북아메리카에서만 13개 속이 살았다. 이들은 몸의 크기와 다른 특징이 서로 달랐으며, 서로 다른 환경에서 살았으며, 먹이도 달랐던 것으로 추측된다.

22.3 그 외의 진화적 증거

해부학적 기록

생물학적 연구의 결과로 발견된 여러 가지 사실들은 진화의 결과로서 이를 보지 않으면 의미가 없어진다.

상동

척추동물이 진화하면서 원래 동일했던 골격이 서로 다른 용도로 쓰이게 된 경우가 있다. 가령 척추동물의 앞다리는 각기 모양과 기능은 다르지만 모두 공동조상의 동일 신체부위에서 기원한 상동적(homologous) 구조이다(그림 22.13). 모양이 이렇게 크게 다른 구조물이 동일한 골격으로 이루어져야 하는 까닭은 진화 말고는 달리 설명할 길이 없다.

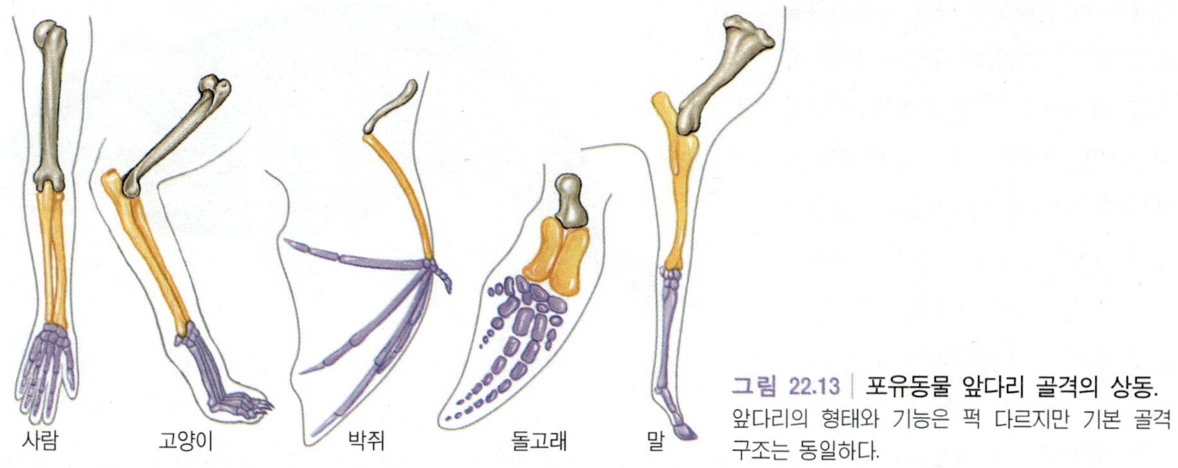

그림 22.13 | **포유동물 앞다리 골격의 상동.** 앞다리의 형태와 기능은 퍽 다르지만 기본 골격 구조는 동일하다.

발생

여러 가지 척추동물의 배는 발생 초기에는 서로 유사하지만 발생이 진행되면서 점점 달라진다. 발생 초기에 사람과 어류의 배는 인두낭(pharyngeal pouches)을 가지는데, 이는 나중에 사람에서는 여러 가지 샘과 관으로 발생하고 어류에서는 아가미틈으로 변화한다. 발생이 진행되면서 사람의 태아는 기다란 꼬리를 가지지만, 나중에 퇴화하여 흔적으로만 남는다. 태아는 또 발생 5개월째에 섬세한 털을 가진다. 이러한 사실은 사람의 발생과정은 진화해왔으며, 조상의 발생 양상이 새로운 유전정보에 의하여 수정되었음을 알려준다.

불완전한 구조

자연선택은 집단내에 존재하는 변이에만 작용하므로 일부 동물이 환경에 완벽하게 적응하지는 못하는 모습이 발견될 수도 있다. 가령, 긴 목을 가지는 대부분의 동물은 유연성을 증가시키기 위해 여러 개의 목뼈를 가진다. 거위는 25개, 공룡 시대에 긴 목을 가졌던 플레시오사우르스는 76개의 목뼈를 가졌다. 반면, 거의 모든 포유동물은 단 7개의 목뼈만 가지는데, 기린도 마찬가지다. 척추의 수적 변이가 없었기 때문에 자연선택은 척추의 길이를 증가시켜 기린의 목을 길게 만들었다.

불완전한 설계의 좋은 예는 척추동물의 눈에서 발견되는데, 광수용기가 뒤쪽을 바라보고 있다(그림 22.14a). 그 결과, 신경섬유가 뇌를 향하여 뒤쪽으로 뻗지 못하고 앞쪽으로 뻗어서 빛의 통과를 방해한다.

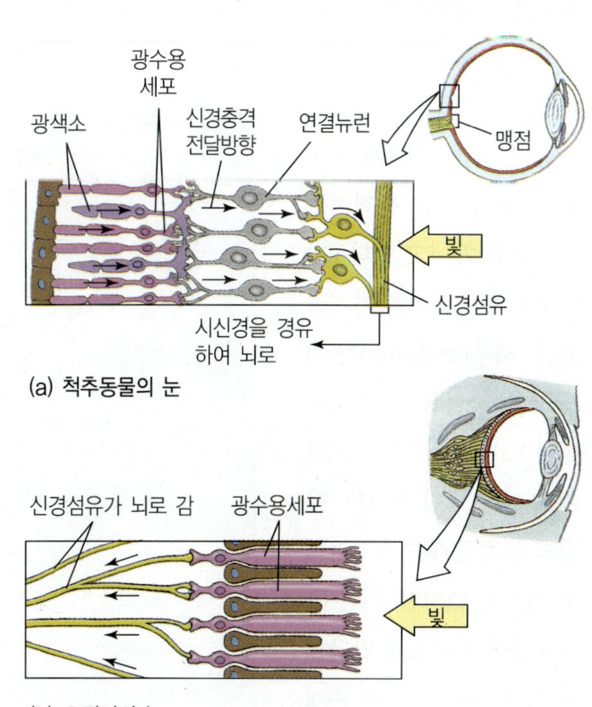

그림 22.14 | **척추동물과 연체동물의 눈.**
(a) 척추동물의 광수용기는 뒤쪽을 향하고 있어, 신경섬유가 광수용기 앞을 지나가게 된다. 또 이 신경섬유들이 다발을 이루어 눈을 빠져나가는 곳에 맹점이 생기게 된다.
(b) 연체동물의 광수용기는 앞쪽을 향하고 있으므로 이런 문제들이 생기지 않는다.

더욱이 이 신경섬유 다발은 시신경을 형성하여 눈 뒤쪽의 구멍을 통해 밖으로 나가므로 이곳에 맹점이 생긴다. 반면, 연체동물의 눈은 이보다 훨씬 훌륭하게 설계되어 있다. 광수용기가 앞쪽을 향하고 시신경이 뒤쪽으로 나가므로 빛의 진입을 방해하지도 않고 맹점이 생기지도 않는다(그림 22.14b). 이러한 예를 보면, 자연선택은 땜장이처럼 작용하는 것을 알 수 있다. 즉, 완전히 새로운 것을 만들지는 못하고 기존의 것을 계속 수선하고 개조하는 것이다.

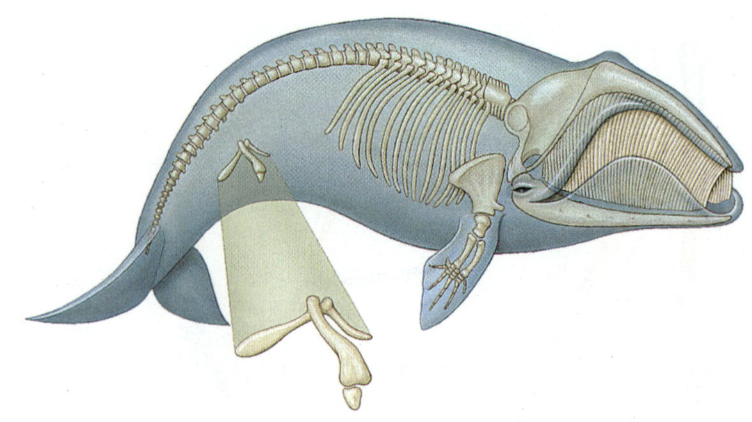

그림 22.15 | 흔적 구조.
고래의 골반뼈는 다른 포유동물의 것과 유사하지만 잘 발달되어 있지 않고 아무런 기능도 나타내지 못한다.

흔적 구조

많은 생물이 뚜렷한 기능이 없으나 조상이 가졌을 것으로 추정되는 구조물과 유사한 흔적 구조(vestigial structures)를 가지고 있다. 사람의 귀는 다른 포유동물과 같이 귀를 움직이는 근육들을 가지고 있다. 비단뱀은 뒷다리뼈를 가지고 있다. 해우(manatee)는 지느러미에 발톱을 가지고 있다. 고래는 골반뼈를 가지고 있다(그림 22.15). 사람의 충수돌기는 흔적적이고 기능이 없지만, 다른 초식동물에서는 크게 발달되어 있다. 흔적 구조의 존재를 진화적 잔존물로 보지 않고 달리 이해하기는 어렵다.

분자적 기록

진화적 기록은 세포 속의 DNA에도 들어 있다. 조상 종이 2개 이상의 후손 종으로 분화할 당시에 이들 후손 종은 서로 유사한 DNA를 가진다. 그런데 후손

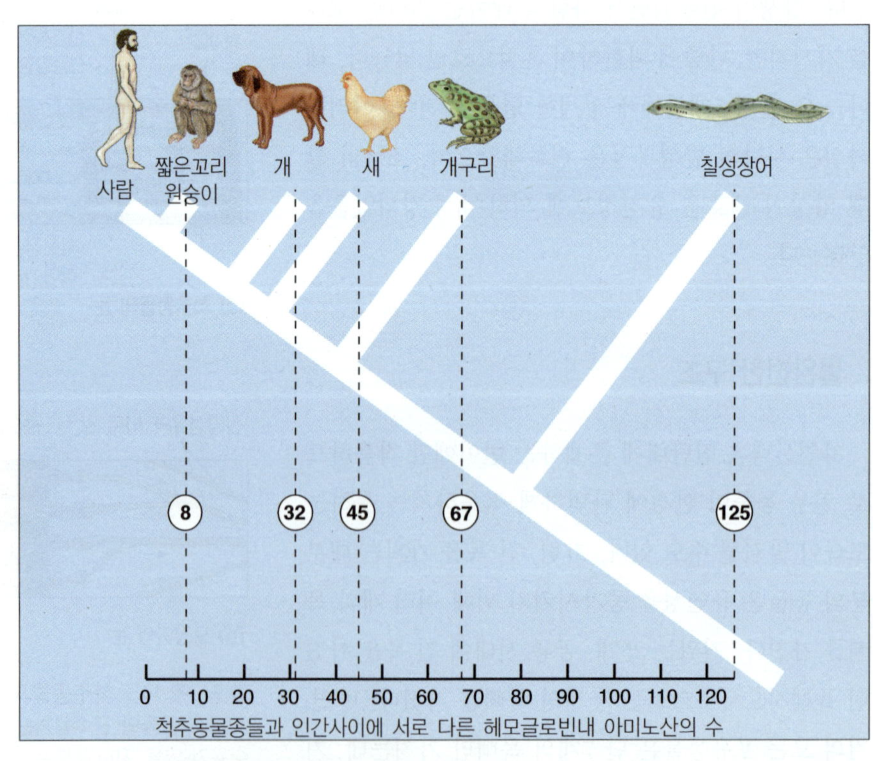

그림 22.16 | 사람과 다른 동물의 헤모글로빈의 아미노산 차이.
화석기록을 토대로 만든 진화계통수(흰선)에서 보듯이 사람과 진화적 거리가 멀수록 헤모글로빈 폴리펩티드내 서로 다른 아미노산의 수가 많다.

종들이 각기 진화하면서 DNA의 차이는 점점 커진다. 그러므로 유연관계가 먼 종들 사이일수록 DNA의 차이는 크다고 보아야 한다.

이 가설을 검증하기 위하여 DNA 외의 다른 자료를 이용하여 밝혀진 진화적 관계를 고려할 필요가 있다. 화석 기록을 이용하면 특정 생물군이 언제 지구상에 출현했는지를 알 수 있다. 또 화석과 현생종의 해부학적 구조의 비교를 통해서 이 종들이 어느 정도 가까운 관계를 가지는지 알 수 있다.

유전적 유사도와 화석을 토대로 만든 진화적 관계를 비교하면 이 두 가지가 잘 들어맞는 것을 볼 수 있다. 가령, 사람과 다른 동물의 헤모글로빈을 비교해보면 유연관계가 깊을수록 서로 유사하다. 헤모글로빈 β사슬의 146개 아미노산을 보면 침팬지, 고릴라, 오랑우탄 등은 사람의 것과 큰 차이가 없고, 개 등의 다른 동물의 β사슬은 사람의 사슬과 차이가 크다(그림 22.16). DNA를 토대로 조사해 보아도 결과는 다르지 않다.

수렴진화와 생물지리학적 기록

지리적으로 멀리 떨어진 곳에 사는 생물들이 서로 매우 유사한 모습을 보이는 경우가 있다. 그리고 이러한 차이가 우연적으로 생긴 것이라고 보기 어렵고, 자연선택이 유사한 환경에 사는 생물들로 하여금 동일한 진화적 적응을 일으켰다고 보아야 할 경우가 많다. 이 경우 자연선택이 서로 다른 생물을 유사한 표현형이 생기도록 작용하였으므로 이러한 진화를 수렴진화(convergent evolution)라고 한다.

생태적 지위	태반 포유류	오스트레일리아 유대류
굴착성	두더지	주머니 두더지
개미 포식자	작은 개미삽기	수머니 개미삽기
야행성 곤충 포식자	메뚜기쥐	주머니 쥐
수상 생활자	여우원숭이	커스커스
비행동물	날다람쥐	주머니 날다람쥐
접근 포식자	삵	테스마니아 고양이
추적 포식자	늑대	테스마니아 늑대

그림 22.17 | 유대류와 포유류의 수렴진화.
오스트레일리아의 유대류는 생태적으로 유사한 다른 지역에 살고 있는 태반포유류를 닮아있다. 이 유대류들은 오스트레일리아가 다른 대륙으로부터 분리된 후 격리되어 진화해 왔다.

유대류와 포유류의 수렴

가장 잘 알려진 수렴진화의 예는 유대류와 태반포유류 사이에서 찾아볼 수 있다. 이 두 계통은 격리된 대륙에서 독립적으로 살아왔다. 오스트레일리아는 7000만 년 전에 다른 대륙으로부터 떨어졌고, 당시는 유대류는 출현했으나 다른 태반포유류는 출현하지 않은 때였다. 그 결과 오스트레일리아의 태반포유류는 박쥐와 몇몇 설치류 뿐이고 다른 대륙에서 포유류가 우점하고 있음에도 오스트레일리아에서는 유대류가 우점하고 있다. 유대류는 태반포유류와는 근본적으로 다름에도 불구하고 다른 대륙에 사는 태반포유류와 겉모양이 매우 유사하다(그림 22.17). 이는 유사한 환경에서 유사한 선택압때문에 서로 다른 격리된 지역들에서 유사한 형태가 진화해 온 수렴진화의 결과이다.

CHAPTER 23

종 분화

다윈은 「종의 기원」을 저술했지만 실제로는 어떻게 새로운 종이 생기는지를 설명하지는 않았다. 그의 주장은 하나의 종이 환경변화에 적응하여 어떻게 진화해 가는가에 관한 것이었다. 하나의 종에서 여러 새로운 종이 생기는 과정을 종분화(speciation)라고 한다. 적응이 종분화과정의 일부이기는 하지만 필연적이지는 않다. 이 장에서는 종이 어떻게 형성 되는지 알아본다.

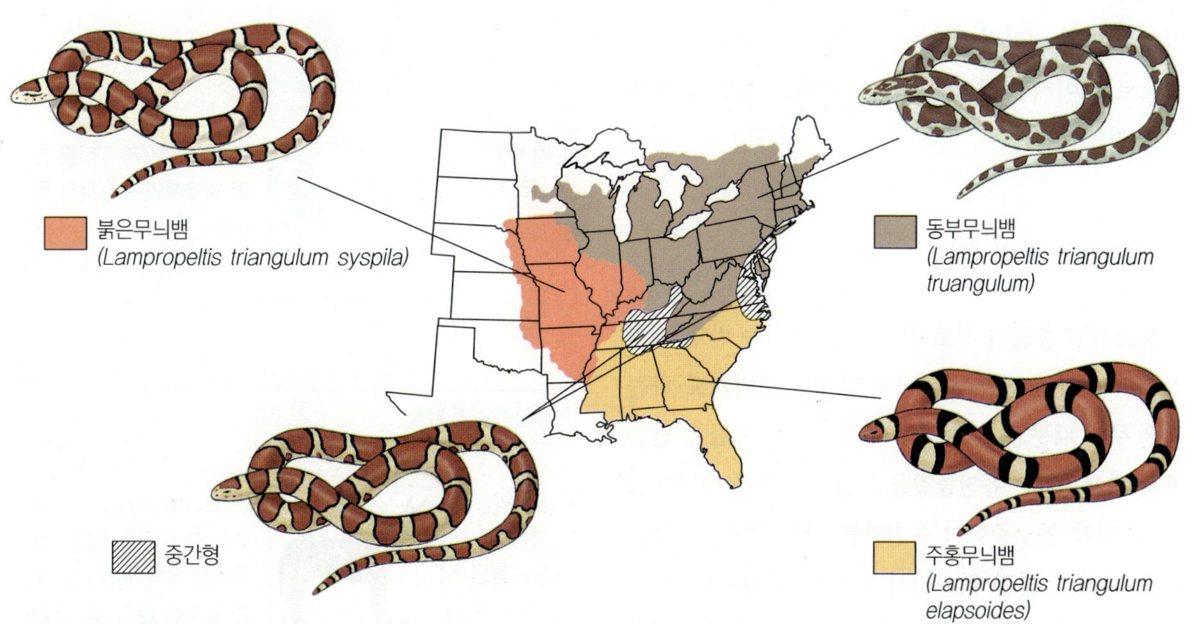

그림 23.1 | 무늬뱀 *Lampropeltis triangulum*의 지리적 변이.
이들은 한 종의 서로 다른 아종이다. 아종들은 형태적으로 서로 매우 다르지만, 중간형질을 나타내는 집단에 의해 새로 연관된다.

23.1 종

종의 본질

하나의 종에서 새로운 종이 어떻게 생기는지 알아보기 전에 종이란 무엇인지를 먼저 알아야 한다. 종의 정의에 대해선 많은 연구와 토론이 행해지고 있지만, 종이란 개념으로 두 가지 현상을 설명할 수 있어야 한다. 즉, 같은 지역에 함께 사는 종들 간의 차별성, 또 다른 지역에 사는 같은 종의 집단들 간의 연관성이다. 하나의 숲 속에 여러 종의 새가 살지만(동소성:sympatric) 이들은 형태적으로 차이가 나고, 서식처가 다르며, 행동도 다르다. 이는 새뿐만이 아니라 다른 동물에서도 마찬가지이다. 때로는 두 종이 우리가 구별할 수 없을 정도로 유사하지만 짝을 부르는 울음소리나 발산하는 화학물질을 분석 해 보면 분명히 서로 다른 종임이 들어나기도 한다.

한 종의 서로 다른 지역에 사는 집단들은 서로 차이가 날 수 있다. 이러한 집단은 아종(subspecies)이나 변종(varieties)으로 분류된다. 두 집단이 서로 인접해 있으면 집단의 접촉 부위의 개체들이 두 집단의 특성을 통합적으로 나타내기도 한다(그림 23.1). 즉, 지리적으로 멀리 떨어진 같은 종의 집단들은 서로 별개의 종으로 보이지만 중간형질을 나타내는 집단에 의해 서로 연관된다.

생물학적 종의 개념

동소적인 종들이 서로 큰 차이를 보이는 반면 지리적으로 격리된 집단들 사이에 잡종이 생기기도 하는 것은 무엇 때문일까? 하나의 가능성은 각 종들은 같은 종의 개체들과만 유전물질을 교환하기 때문이라는 것이다. 만약 동소종들이 유전자를 교환한다면 이들은 서로 차이가 점점 없어져서 공통의 유전자풀(gene pool)을 공유하게 된다. 그러므로 동소종들이 유전자를 교환하지 못하는 것은 두 종이 계속 서로 구별되게

표 23.1 생식적 격리 기작

Mechanism		Description
전전합 격리 기작		
지리적 격리		종들이 서로 다른 지역에 서식하며, 보통 강이나 산맥과 같은 물리적 장벽에 의해 격리되어 있다.
생태적 격리		종들이 같은 지역에 분포하지만 서식처가 다르고 서로 만나는 경우가 드물다.
일시적 격리		종들의 생식 계절이 다르거나, 하루 중 생식 시간이 다르다.
행동적 격리		종들이 짝짓기 행동에서 서로 다르다.
기계적 격리	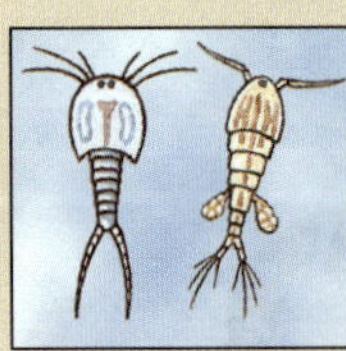	구조적 차이로 교미를 하지 못한다.
배우자 융합 차단	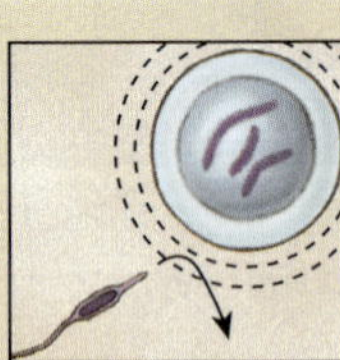	한 종의 배우자가 다른 종의 배우자와 수정하지 못한다.
후접합 격리 기작		
잡종의 생존불능 또는 불임		잡종의 배가 발생하지 못하기도 하고, 잡종 성체가 생존하지 못하거나 불임, 또는 감소된 번식력을 갖는다.

해 준다. 반대로 격리되어 있지만 유전자 확산을 통해 유전자를 공유하는 두 집단은 계속 동일종으로 통합되게 된다.

이를 근거로 만든 생물학자 마이어(Ernst Mayer)의 생물학적 종의 개념(biological species concept)에 의하면 종은 그 구성원들이 자연상태에서 상호 교배하며 다른 그룹과 생식적으로 독립된 집단이다. 달리 말하면 종은 개체들이 서로 교배하여 생식력 있는 자손을 만드는 집단이며, 하나의 종은 다른 종과 생식적으로 격리되어 있다.

생식적 격리는 어떻게 일어날까? 상호 교배하지 못하거나 생식력 있는 자손을 만들지 못하는 개체들이나 집단들은 서로 다른 종에 속한다. 표 23.1은 성공적인 생식을 막는 장애가 만들어지는 단계를 요약한 것이다. 이러한 장애를 생식적 격리 기작(reproducticve isolating mechanism)이라고 한다. 생식적 격리 기작은 전접합 격리 기작과 후접합 격리 기작으로 구분된다.

23.2 생식적 격리

어떻게 종들은 그들의 고유성을 유지할까? 생식적 격리 기작 중에서 전접합 격리기작은 두 집단 사이에 접합자 형성을 막는 기작이고, 후접합 격리 기작은 접합자가 형성된 후에 이 접합자의 기능을 막는 기작이다.

전접합 격리 기작(Prezygotic Isolating Mechanisms)

생태적 격리

두 종이 동일한 지역에 분포할지라도 서로 다른 환경에 서식하여 개체들이 서로 만나지 못하여 잡종을 형성하지 못하는 경우가 많다. 가령, 인도에서 사자와 호랑이의 분포 범위는 150년 전까지는 중복되어 있었다. 그러나 자연계에서 이들의 잡종이 발견되었다는 기록은 없다. 사자는 노출된 초원에서 집단을 이루어 사냥하면서 살고, 호랑이는 숲에서 단독으로 사냥한다(그림 23.2). 두 종의 이러한 생태적, 행동적 차이 때문에 두 종의 개체들은 거의 서로 접촉할 수가 없었다.

그림 23.2 | 호랑이와 사자는 생태적으로 격리되어 있다: 인도에서 사자와 호랑이의 영역은 서로 겹친다. 그러나 야생에서 이들 사이의 교배는 일어나지 않는데, 서로 다른 서식지역을 가지기 때문이다. 사자는 넓은 초원에서 사는 반면 호랑이는 산림에서 홀로 사는 동물이다. 이 티글리온 같은 잡종은 우리안에서는 성공적으로 생산되지만, 야생에서는 만들어지지 않는다.

다른 예로서, 두꺼비 두 종 *Bufo woodhousei*와 *B. americanus*의 분포는 일부 지역에서 중복되어 있다. 두 종이 생존력 있는 잡종을 만들 수 있지만, 이들은 생식 장소가 서로 다르기 때문에 교배하지 않는다. *B. woodhousei*는 계류에서 생식하고, *B. americanus*는 빗물이 고인 웅덩이에서 생식을 한다.

행동적 격리

새에서와 같이 같은 곳에 사는 서로 유사한 종이 흔히 매우 다른 짝짓기 행동을 보이기도 한다(그림 23.3). 동소적 종들은 여러 가지 이유로 다른 종과 교배하지 않는다. 동물들은 여러 가지 방법으로 의사소통을 한다. 새의 경우 종마다 시각적 신호의 차이가 뚜렷하다. 다른 동물들은 다른 종류의 신호를 이용하여 의사소통을 한다. 개구리, 곤충 등은 소리를 이용하여 이성을 유인한다. 동소적인 종에서 이러한 신호의 차이는 뚜렷하다(그림 23.4).

어떤 동물은 페로몬(pheromone)이라는 화학적 신

그림 23.3 | 새에서 구애 의식의 차이는 흔히 생식적 격리의 이유가 된다.
갈라파고스 군도의 푸른발부비새는 정교한 구애행동 후에만 짝을 선택한다. 이 종의 수컷은 두 다리를 교대로 높이 들어올려 암컷을 유혹한다. 이 행동은 다른 두 종의 부비새의 행동과는 크게 다르다.

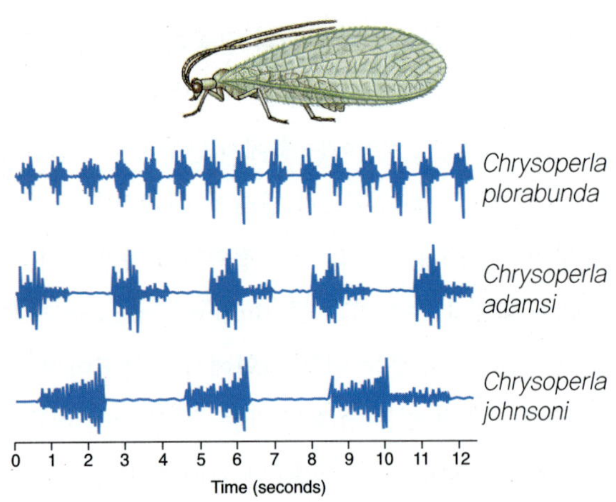

그림 23.4 | 풀잠자리 3 동소종의 구애소리의 차이.
풀잠자리는 복부를 진동시켜 내는 소리로 짝을 유인한다. 동소종들이 내는 소리는 매우 다르다. 나뭇가지 같은 단단한 표면을 통해 전달되는 구애소리를 감지하는 암컷은 이종의 소리를 구별할 수 있고, 동종의 소리에만 반응한다.

호를 이용하여 통신한다. 나방의 페로몬 이용은 특히 잘 연구되어 있다. 교배시기에 나방 암컷은 페로몬을 분비하고 수컷은 먼 거리에서도 이를 감지할 수 있다. 동소적 종들 사이에서 이 페로몬은 서로 다르다. 수컷은 동종의 암컷이 내는 페로몬에만 반응한다. 일부 어류는 전기를 이용하여 통신한다.

기타의 전접합 격리 기작

일시적 격리. 미국 남동부 지역에는 길가에 두 종의 야생 상추 *Lactuca graminifolia*와 *L. canadensis*가 함께 자란다. 실험적으로 이 두 종의 잡종을 만들 수 있고, 잡종은 훌륭한 생식력을 가진다. 그러나 자연계에서는 잡종이 생기는 일은 드문데, 그 이유는 *L. graminifolia*는 이른 봄에 개화하고 *L. canadensis*는 여름에 개화하기 때문이다. 그러나 어쩌다가 개화 시기가 겹치는 경우가 있는데, 그때 잡종이 생기기도 한다.

양서류에서도 생식 시기가 달라서 종간 잡종이 생기지 않는 예가 있다. 미국 동부에는 5종의 *Rana* 속 개구리가 함께 분포하는데, 이들의 생식 시기는 서로 다르다.

기계적 격리. 서로 유연관계가 깊은 종들 사이에도 구조적 차이 때문에 교배하지 못하는 예가 많다. 곤충과 갑각류에서 수컷의 생식기 구조는 종마다 큰 차이를 나타내므로 분류의 중요한 기준이 된다. 식물에서도 꽃의 구조는 종마다 달라서 수분이 이루어지지 않는 예가 많다. 꽃의 구조 때문에 일부 곤충은 특정 종의 식물만 찾는다.

배우자 융합의 차단. 물 속에다 배우자를 직접 방출하는 동물에서 서로 다른 종의 난자와 정자는 서로 유인되지 않는다. 많은 육상 동물의 경우 한 종의 정자가 다른 종의 암컷 생식관 내에서는 제 기능을 발휘하지 못하기 때문에 수정이 일어나지 못한다. 식물에서는 이종 간 잡종에서는 화분관의 생장이 방해받기도 한다. 식물과 동물 모두 교배가 성공적으로 이루어졌다 하더라도 격리 기작에 의해 배우자들의 결합이 방해된다.

후접합 격리 기작(Postzygotic Isolating Mechanisms)

만약 잡종의 교배가 일어나고 접합자가 생산된다고 하더라도 여러 가지 요인들이 접합자가 정상적으로 발생하지 못하도록 한다. 동물은 복잡한 과정을 거쳐서 발생한다. 잡종 개체는 두 종으로부터 물려받은 유

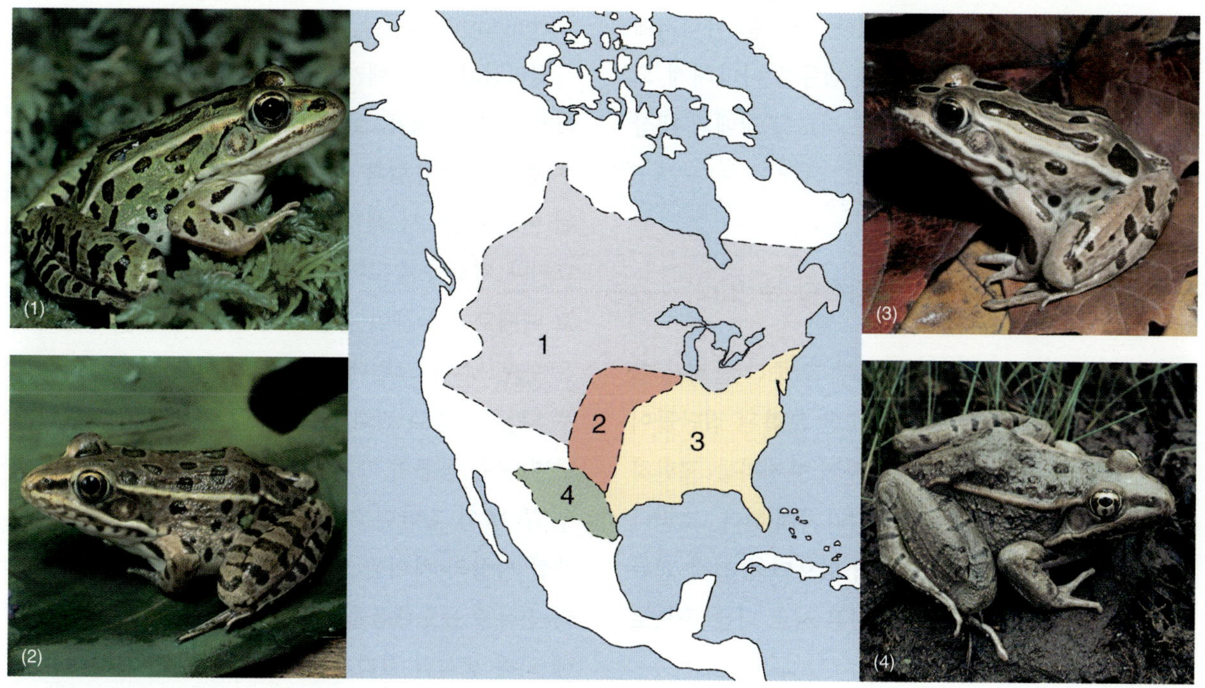

그림 23.5 | 범개구리의 후접합 격리.
위 그림에 나타난 숫자는 지리적 분포를 나타낸다. (1) *Rana pipiens*, (2) *R. blairi*, (3) *R. sphenocephalus*, (4) *R. berlandieri*. 이 4종은 겉모양이 서로 흡사하다. 그러나 실험실에서 이들 간의 잡종은 결함을 가진 배를 생산함을 발견했다. 또 각 종은 짝짓기 울음소리도 다름이 밝혀졌다. 따라서 이 종들은 전접합 격리 기작과 후접합 격리 기작을 모두 가지고 있음을 알 수 있다.

전적 내용이 서로 달라서 배 발생 과정에서 정상적인 기능을 발휘하지 못한다. 가령, 양과 염소 사이의 교잡으로 생긴 배는 발생 초기 단계에서 죽는다.

미국 동부지역의 범개구리들은(*Rana pipiens* 복합군) 유사한 종들이 섞여 있는데, 과거에 오랫동안 단일 종으로 취급되었다(그림 23.5). 그러나 면밀한 조사 결과, 이들은 서로 비슷해 보이지만 수정란이 발생할 때 일어나는 문제 때문에 종들 사이의 교배는 거의 성공하지 못하는 것으로 밝혀졌다. 실험실 내에서도 잡종이 생산되지 못하였다.

이처럼 유사한 종들이 교잡 실험의 결과 다른 종으로 밝혀지는 예는 식물에서 흔하다. 때로는 잡종 배를 발생 초기단계에 꺼내서 인공 배지에서 그들의 결점이나 약한 생존력을 보완할 여분의 양분과 첨가제를 공급하여 키우면 정상적 발생을 마친다.

잡종 배가 생존하더라도 어버이보다 생존력이 약하면 자연계에서 소멸된다. 또, 암말과 수당나귀 사이에서 나온 노새의 경우처럼 잡종 개체가 생존력이 강하더라도 불임성이면 다음 세대로 이어지지 못한다. 잡종 개체는 생식기관의 발생이 비정상이거나 어버이로부터 온 염색체들이 제대로 짝짓기를 하지 못하거나 또는 다른 이유 때문에 불임이 된다.

23.3 종의 형성

조상 종이 어떻게 여러 후손 종으로 갈라질까? 생식적 격리가 어떻게 진행되어 새로운 종이 생기는지 알아보자.

생식적 격리

대부분의 생식적 격리 기작은 원래 생식적 격리가 아닌 다른 이유 때문에 생긴다. 가령, 새로운 서식처에 정착하는 집단은 그 서식처에 살기에 알맞도록 진화한다. 그 결과 이 집단의 개체들은 조상 집단의 개체들과 만나지 못하게 될 수 있다. 새로운 서식처에 사는 집단은 새로운 표현형이나 행동을 나타내게 되어 두 집단이 만난다고 하더라도 서로를 교배의 대상으로 인식하지 못하게 된다.

자연선택은 격리 기작을 강화할 수 있다.

종의 형성은 연속적 과정으로서 그 중간 단계가 발견되기도 한다. 만약 부분적으로만 분화된 집단들이 서로 만나면 이들은 서로 교배하여 유전자를 교환하므로 이들 사이의 차이는 점점 사라지게 된다. 그러나 두 집단이 생식적으로 격리되어 있으면 유전적 교류가 이루어지지 않으므로 두 집단은 서로 다른 종으로 남게 된다.

두 집단의 생식적 격리가 불완전하여 때때로 교잡이 이루어지는 경우가 있다. 만약 잡종 개체가 부분적으로 불임이거나 어버이보다 환경에 대한 적응력이 떨어지면 자연선택은 이 잡종 개체들의 도태를 일으키고 교잡을 막는 방향으로 작용한다. 자연선택은 계속적으로 두 집단의 전접합 격리 기작을 발전시켜서 완전한 생식적 격리를 일으킨다. 이 과정을 강화(reinforcement)라고 한다.

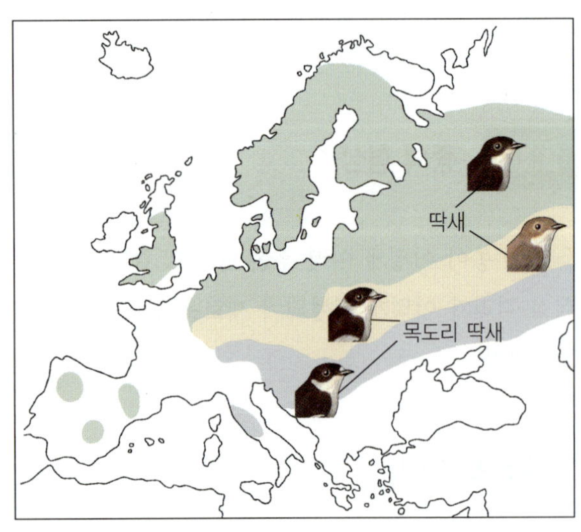

그림 23.6 | 유럽 딱새의 격리강화.
딱새와 목도리딱새의 이소적 집단들은 서로 매우 유사하다. 그러나 두 집단이 동소적인 곳(노란색 부위)에서는 색깔의 차이가 뚜렷하여 동종의 개체들과만 교배하며 잡종을 만드는 것을 피한다.

격리강화의 한 예는 딱새(pied flycatchers)와 목도리딱새(collared flycatchers)에서 찾아볼 수 있다. 이 두 종은 동부유럽과 중부유럽으로 지리적으로 격리된 이소종들로서 색깔이 매우 유사하다(그림 23.6). 그러나 체코와 슬로바키아에서 두 종의 분포가 겹치고 때때로 교잡하여 잡종을 만드는데, 잡종의 번식력은 매우 낮다. 그런데, 이 지역에서 두 종은 서로 매우 다른 색깔로 진화하여 각 종은 서로를 정확하게 구별하며, 동종의 개체들과만 교배하려 한다. 이 경우 두 종의 집단이 서로 접촉하게 되자 자연선택은 색깔 양상의 차이를 일으켰고, 그 결과 전접합 격리의 진화를 유도했음을 알려준다. 이와 같이 자연선택에 의해 생식적 격리가 유도될 수 있다. 그러나 이런 격리강화는 드물게 일어난다.

우연한 변화와 생식적 격리

종분화는 우연히 일어날 수도 있다. 소집단에서의 유전적 부동(genetic drift), 창시자 효과와 병목현상은 형질의 변화를 일으키고 생식적 격리를 유도할 수 있다. 예를 들면, 하와이 제도에서 유연관계가 깊은 초파리 종들이 매우 다른 구애(courtship) 행동을 나타낸다. 몇마리의 초파리가(아마도 생식 가능한 암초파리가 한 마리밖에 없는)폭풍에 의해 새로운 섬으로 이주했을 때, 창시자 효과가 일어났을 것이다. 이러한 창시자 효과로 이주자의 구애행동은 모집단의 것과 크게 다르게 변화되었을 것이며, 시간이 흐르면서 유전적 부동으로 두집단은 분기 되었을 것이다. 이 같은 우연한 분기(divergence)는 생식적 격리를 일으킬 수 있는 형질의 발달에 영향을 미쳐 종분화가 일어났을 것이다.

적응과 종분화

적응과 종분화는 서로 연관되어 있는 것 같다. 종이 다른 환경에 적응하면서 생식적 격리를 유도하는 여

그림 23.7 | **카리브 지역의** ***Anolis*** **도마뱀 두 종의 목덜미.**
수컷은 목덜미를 사용하여 영역과시와 구애행동을 한다. 목덜미는 같은 종을 인식하는데도 사용된다. 어떤 목덜미는 개활지에서 쉽게 눈에 띄고 다른 것은 어두운 곳에 있을 때 더 뚜렷이 보인다.

러 가지 차이가 축적된다. 가령 만약 파리 한 집단은 습한 환경에 적응하고 다른 집단은 건조한 환경에 적응해 가면, 두 집단은 여러 가지 생리적 감각적 형질의 차이가 나는 방향으로 진화하게 될 것이다. 이러한 차이는 생태적, 행동적 격리를 부추기고, 나아가 이 두 집단의 잡종 개체는 양쪽 환경 모두에 적응하지 못하게 될 것이다.

자연선택은 교배행동에 직접 작용할 수 있다. *Anolis*속의 수도마뱀은 목 아래의 화려한 피부를 크게 부풀려서 암컷을 유인하고 교미한다(그림 23.7). 한 도마뱀이 다른 도마뱀 목덜미를 보게 되는 능력은 목덜미의 색깔뿐만 아니라 도마뱀이 사는 환경에 좌우된다. 밝은 색 목덜미는 어두운 숲에서 빛을 반사하는 데 효과적이고, 어두운 색 목덜미는 개활지에서 뚜렷이 보인다. 그 결과, 두 종의 도마뱀이 새로운 서식처를 점유하면 눈에 잘 띄지 않는 목덜미를 가진 수컷은 암컷을 유인하지 못하므로 자연선택은 목덜미 색깔의 진화적 변화를 일으킬 것이다. 그리고 도마뱀들은 동종과 이종을 목덜미색으로 구분한다. 이렇게 교배행동에서의 적응적 변화가 종분화의 원인이 될 수 있다.

(a)
(b)
(c)

그림 23.8 | **집단은 여러 이유로 지리적으로 격리될 수 있다.**
(a) 하나 또는 소수의 개체가 먼거리의 격리된 지역으로 이동하여 정착한다. (b) 지리적 장벽이 생겨서 조상 집단이 두 격리 집단으로 갈라진다. (c) 중간 집단이 절멸하면 남은 양쪽 집단들은 서로 격리된 상태로 된다.

지리적 격리

종분화는 2개의 과정을 통해 일어난다. 첫째는 하나의 집단이 갈라지는 것이고, 둘째는 갈라진 집단 사이에 생식적 격리가 일어나는 과정이다. 그러나 집단간에 유전자 확산으로 유전자 부동이나 자연선택으로 일어난 집단간 차이를 없애려는 동질화 효과가 끊임없이 작용하므로 이런 종분화 과정이 일어나기는 쉽지 않다. 하지만 유전자 확산은 집단들이 접촉할때만 일어나는데, 집단들은 여러가지 이유로 격리될 수 있다.(그림 23.8).

이소적 종분화(Allopatric speciation)

마이어(E. Myre)는 집단이 지리적으로 격리되는 것은, 즉 이소적(allopatric)으로 되는 것은 상당한 차

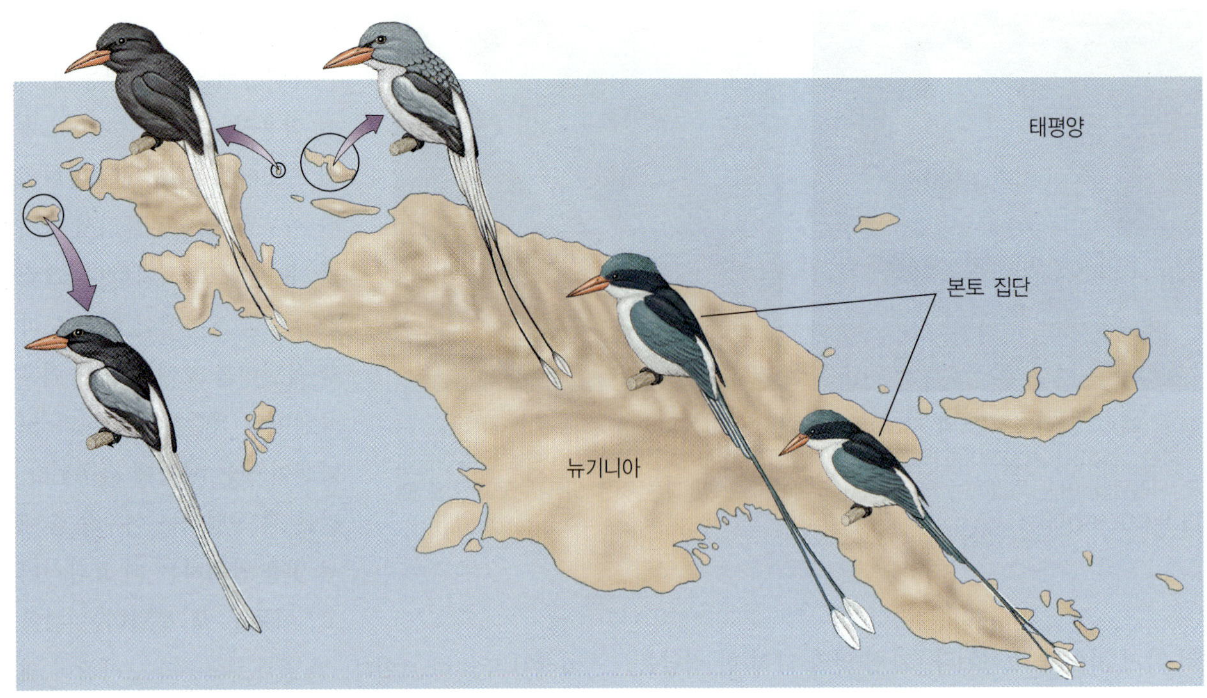

그림 23.9 | 뉴기니아 파푸아물총새의 표현형적 분화.
격리된 섬에 사는 집단들은 꼬리깃털구조, 길이, 우모색, 부리크기 등에서 서로 뚜렷이 다르지만, 본토에 사는 개체들은 서로 유사하다.

이점을 갖도록 진화될 가능성이 크고 종분화로 이어진다고 했다. 그는 여러 가지 동물의 분포 상황을 보고 이와 같은 결론을 내렸는데, 한 가지 예는 뉴기니아의 파푸아물총새 *Tanysiptera hydrocharis*의 경우이다. 이 종은 지형과 기후에 변화가 많음에도 불구하고 뉴기니아 본토에서는 집단 간에 형태적 차이가 거의 없다. 그러나 인접 도서에 격리된 집단들은 서로 크게 다른 모습을 보인다(그림 23.9). 그 외의 여러 가지 예들을 보면 종분화는 이소성에서 일어날 수 있음을 알려준다. 그러면, 종분화가 일어나려면 반드시 집단의 지리적 격리가 선행되어야 하는가?

동소적 종분화(Sympatric Speciation)

한 종이 지리적 격리 없이 두 종으로 갈라질 수 있는지에 대하여 오랫동안 생물학자들은 논쟁을 거듭해왔다. 결론적으로 말하면 동소적 종분화는 순간적으로 또는 여러 세대에 걸쳐 일어날 수 있는 것이다.

배수성에 의한 순간적인 종분화. 한 종의 일부 개체들이 다른 개체들과 생식적 격리가 일어나면 동소적 종분화가 일어날 수 있다. 이와 같은 개체의 변화는 많은 경우 돌연변이에 의한 것인데, 대개의 경우 돌연변이는 해로운 다형질발현성(pleiotropic) 부작용으로 해당 개체는 생존하기 어렵다. 그러나 예외가 있는데 식물에서 흔히 볼 수 있는 배수성(polyploidy)이다. 배수체 개체는 두 벌 이상의 염색체를 가진다. 배수체는 두 가지 방식으로 생긴다. 동질배수성(autopolyploidy)에서는 모든 염색체들이 동일종으로부터 나온다. 이 경우는 감수분열에서의 착오로 해당 개체가 4배체로 되는 것이다. 4배체 개체는 자가수분을 하거나 다른 4배체 개체와 교잡하여 건강한 자손을 만들 수 있으나 정상적인 이배체 개체와는 교잡할 수 없다. 그 이유는 이배체와 교잡해서 나온 자손은 3배체가 되므로 감수분열시 염색체 짝짓기가 이루어지기 어려워서 불임성이 되기 때문이다.

배수체로 인한 종분화는 이질배수성(allopolyploidy)에 의해서 더 흔하게 일어나는데 이 이질배수성은 서로 다른 두 종이 교잡할 때 생긴다. 그 결과로 생긴 자손은 각 종의 염색체 한 개씩만을 가지므로 감수분열시 염색체 짝짓기가 이루어지지 않아서 대개 불임성으로 되지만, 생식 능력 외에는 건강하고 무성적으로 번식하게 되고 여러 가지 과정을 거쳐 나중에 유성생식 능력을 갖게 되는 경우도 있다. 가령, 만약 이러한 개체의 염색체들이 우연히 두 배로 증가하면, 그 결과로 생기는 4배체는 염색체 짝짓기의 문제가 사라지므로 생식 능력을 갖추게 되어, 새로운 종이 된다.

약 260,000종의 식물의 약1/2이 배수체의 과정을 겪은 것으로 추정되고 있으며, 여기에는 밀, 면화, 담배, 사탕수수, 바나나, 감자 등의 여러 가지 작물도 해당된다. 배수성으로 인한 종분화는 곤충, 어류, 도롱뇽 등의 동물에서도 찾아볼 수 있다.

분단성 선택에 의한 동소적 종분화. 일부 학자들은 동소적 종분화가 일시에 일어나지 않고 분단성 선택에 의해 여러 세대에 걸쳐 일어날 수도 있다고 보고 있다. 분단성 선택은 한 집단을 두 가지 표현형을 가지는 두 집단으로 갈라놓는다. 만약 선택압이 강하다면 이 두 표현형 집단은 여러 세대를 거치는 동안 각기 새로운 종으로 분화될 수 있다. 그러나 이들이 새로운 종으로 분화되려면 그전에 생식적 격리 기작이 진화되어야 한다. 그 이유는 동소적인 두 집단이 서로 교잡하여 두 집단 사이의 차이가 희석될 가능성이 크기 때문이다. 따라서 대부분 생물학자들은 이런 형태의 종분화는 드물다고 보고 있다.

그러나 최근에 동소적 종분화라고 볼 수밖에 없는 예가 발견되고 있다. 가령, 카메룬에 있는 Lake Barombi Mbo는 호수내에서 격리과정이 일어날 수 없는 작고 생태적으로 균일한 화산 분화구 호수인데, 그럼에도 불구하고 이 호수에는 유연관계가 매우 깊은 11종의 민물돔(cichlids)이 서식한다. 이 종들은 호수 밖의 다른 어느 종보다도 이들 끼리 더 진화적으로 가까우므로, 동소적 종분화로 인해 원래 1종이었을 조상종이 분화되었다고 볼 수밖에 없다.

23.4 적응방산

서로 다른 서식환경에 적응하여 하나의 조상종에서 서로 밀접히 연관된 여러 종들이 진화하게 되는데, 이를 적응방산(adaptive radiation)이라 한다. 적응방산은 원양의 섬에서 흔히 일어나는데, 이곳에서 이주자는 많은 자원과 비어 있는 생태적 환경을 만나게 된다. 적응방산이 일어나려면 종분화와 다른 서식환경에의 적응이 일어나야 한다.

적응방산의 고전적 모델은 한 종이 군도의 여러 섬에 정착하는 경우이다. 각각의 섬에서 집단들의 이소적 종분화가 일어나고, 새로 분화된 종이 인접 섬으로 이주하여 다시 정착하기를 반복하면 각 섬에 여러 종이 서식하게 된다(그림 23.10). 종들이 서로 다른 섬의 다른 환경에 있는 이소적 단계나 두 종이 동소적이 된 후 새로운 환경에 적응이 일어나게 된다. 후자의 경우에 이 적응과정은 다른 종들과 이용 자원에 대한 경쟁을 최소화하기 위해 일어나게 된다. 이 과정을 형질대치(character displacement)라 한다. 적응방산은 동소적 종분화가 반복되어, 여러 다른 서식환경에 적응된 일단의 종들이 만들어지면서 일어날 수도 있다.

하와이의 초파리

전 세계 초파리(*Drosophila*) 종의 1/3 이상은 하와

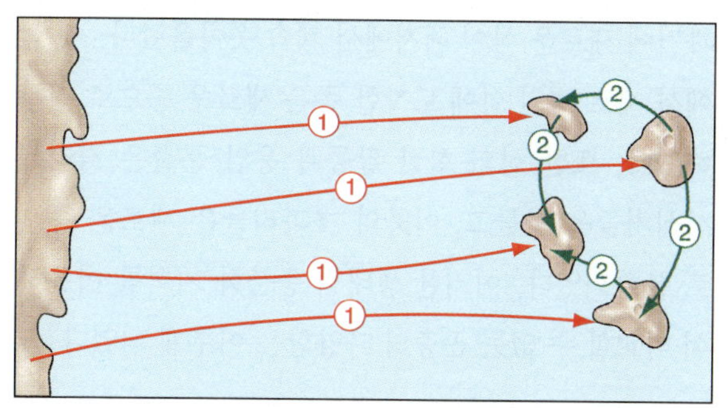

그림 23.10 | 군도에서의 적응방산의 고전적 모델. (1) 조상 종이 군도의 섬에 도착하고, 이어서 집단들은 이소적 종분화를 진행한다. (2) 새로 분화된 종의 일부는 인접한 섬으로 이주하여 2종 이상의 그 지역군집을 이룬다. 생태학적 종분화는 (1)번의 종들이 이소적일 때와 (2)번의 종들의 이주 후 종들 간의 생태적 상호작용의 결과로 일어날 수 있다.

(a)

(b)

그림 23.11 | 하와이의 초파리.
(a) *Drosophila heteroneura*, (b) *Drosophila digressa*.
하와이에서 진화환 몇 백 종의 초파리는 유전적으로 거의 동일하지만 모습은 매우 변화가 심하다.

이 제도에 서식한다. 하와이의 초파리들은 형태와 행동적으로 커다란 다양성을 보인다(그림 23.11). 조상종이 처음 이 제도에 도착했을 때 다른 곤충이 없었기 때문에 대부분의 서식처가 비어 있었을 것이다. 그 결과 조상 종으로부터 분화된 여러 후손 종들은 여러 가지 생태적 지위를 차지하도록 진화하였다. 어떤 종은 포식자로, 기생충으로, 초식동물로 되고, 어떤 것은 낙엽을 먹는 것, 꿀을 먹는 것 등으로 진화되었다. 애벌레는 썩은 나무줄기, 과일, 수피, 잎, 뿌리에 살거나 수액을 먹고 사는 것 등 다양하다. 초파리만큼 다양한 종을 세계 어디에서도 찾아보기 힘들다.

하와이에는 초파리 외에 *Scaptomyza* 속의 파리도 300종이나 된다. *Scaptomyza*속과 초파리(*Drosophila*) 속은 유연관계가 깊어서 학자들은 하와이섬에 사는 이 두 속의 800종 모두가 한 조상으로부터 나온 것이라고 보고 있다. 하와이에서의 이들의 높은 다양성은 이 제도의 지질학적 역사와도 관계 깊다. 이곳에서는 과거에 새로운 섬이 해저에서 계속 솟아올랐다. 옛 섬에서 새로 생긴 섬에 도착한 종은 새로운 종으로 진화하였다. 또한 섬의 화산 활동과 용암 분출은 격리된 서식처들을 만들고, 이곳의 초파리들은 새로운 종으로 분화되었다. 이러한 생태적 종분화 기회를 이용하여 비교할 수 없는 곤충의 다양함을 이루게 되었다.

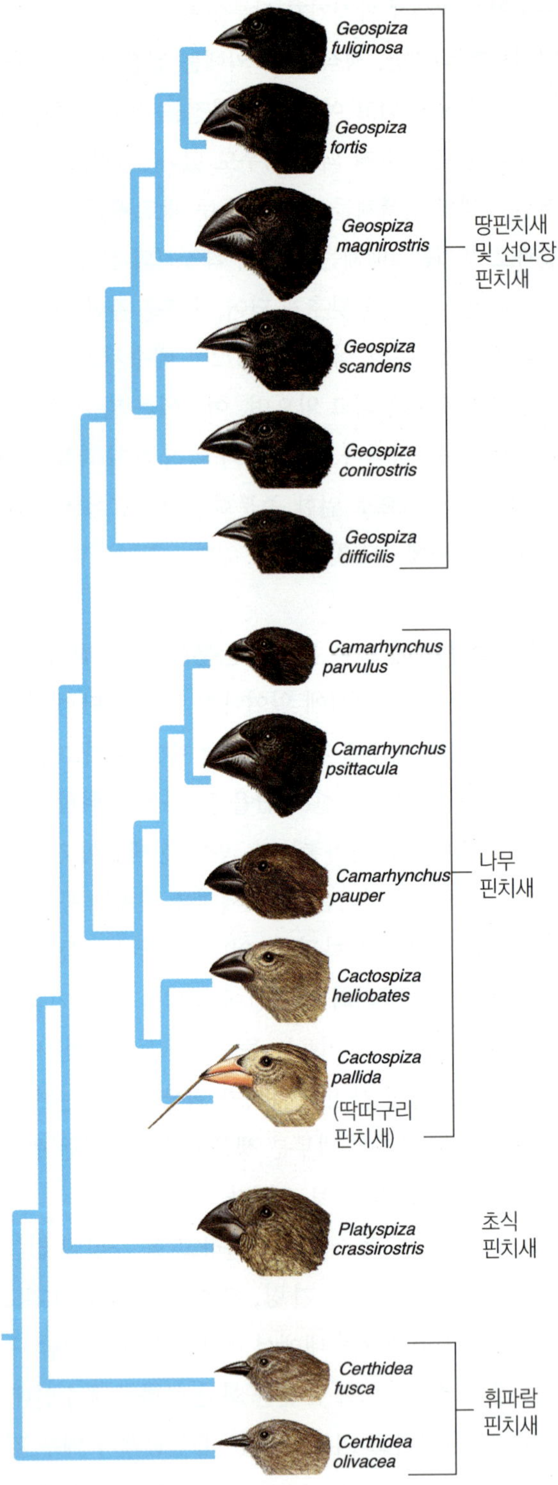

그림 23.12 | 핀치새의 진화적 계통수.
계통수의 밑부분에 위치한 것은 휘파람핀치새가 갈라파고스섬에서 진화한 최초의 생태종이라는 것을 시사한다.

핀치새

갈라파고스의 핀치새(*Geospiza*)는 다른 육상 조류보다 먼저 이 섬에 이주해 왔을 것이며, 이주 당시에 여러 가지 서식처가 비어 있었을 것이다. 조상 집단이 여러 가지 비어 있는 생태적 틈새를 점유하여 새로운 방식으로 살아가면서 다양한 선택의 압력을 받게 되었을 것이다. 이런 환경적 요인과 또, 갈라파고스는 격리되어 있는 여러 섬으로 구성되어 있으므로 핀치새는 다양한 종으로 진화되었다. 현재 갈라파고스에 서식하고 있는 핀치새는 14종인데, 다양한 서식처에서 살고 있다. 이들은 다음과 같이 4개 집단으로 구분할 수 있다(그림 23.12).

1. **땅핀치새**. 땅핀치새는 6종으로 구성된다. 이들은 대부분 종자를 먹고 사는데, 부리의 크기는 각 종이 먹는 종자의 크기와 연관되어 있다. 어떤 종은 주로 선인장 꽃과 열매를 먹고 사는데, 이 종은 더 길고 크고 뾰족한 부리를 가지고 있다.
2. **나무핀치새**. 곤충을 먹고사는 핀치새는 5종이다. 이 중 4종은 곤충을 포식하는 데 알맞은 부리를 가지고 있다. 딱따구리핀치새는 끌 모양의 부리를 가지고 있는데, 이 종은 부리에 나뭇가지나 선인장 가시를 물고 나무 틈에 사는 곤충을 꺼내 먹는다.
3. **휘파람핀치새**. 이 부류의 핀치새는 육지의 박새나 작은 새들처럼 끊임없이 나뭇잎이나 가지 위로 날아다니면서 곤충을 찾는다. 이들의 부리는 가늘고 뾰족하다.
4. **초식핀치새**. 이 핀치새는 육중한 모양의 부리를 가지며, 나뭇가지에 생기는 새순을 떼어 먹는다.

최근에 과학자들은 핀치새들의 진화적 역사를 알아보기 위하여 DNA를 조사하였다. 그 결과로 만든 계통수에서 가장 밑 부분에 위치한 것이 휘파람핀치새였으므로 이 종류가 섬에 처음 정착한 후 최초로 진화한 종류라는 것을 시사한다.

빅토리아호의 민물돔

동아프리카에 있는 빅토리아 호는 얕은 담수호로서 스위스만 한 크기로 넓다. 이 호수에는 최근까지 300종 이상의 민물돔이 서식하고 있었다. 이 민물돔 종들은 비교적 최근에 신속히 진화한 것으로 보인다. 이 어류들의 시토크롬 b 유전자의 서열을 조사한 결과, 민물돔이 처음 빅토리아호에 들어온 것은(나일강으

그림 23.13 | 빅토리아 호의 민물돔.
이들은 여러 다양한 서식처에 적응하기 위해 진화하였다.
목구멍 안에 제2의 턱이 위치하여 원래의 턱은 여러 가지로 변화될 수 있었다.

로부터) 20만 년밖에 안 되는 것으로 알려졌다. 호수 수면의 극적인 변화는 종의 형성을 촉진했다. 과거에 호수 수면이 상승하여 물이 넘치면서 새로운 서식지가 생겼다. 여러 종은 이 호수가 14,000년 전에 마르면서 여러 개의 작은 호수에 고립되어 분화된 것으로 보인다.

민물돔은 길이 5~25cm 사이의 작은 어류로서 종마다 수컷의 체색이 다르다. 이들은 생태적, 형태적으로도 매우 다양하다. 펄을 먹는 것, 조류를 뜯어먹는 것, 잎을 씹는 것, 달팽이를 먹는 것, 동물플랑크톤을 먹는 것, 곤충을 포식하는 것, 새우를 먹는 것, 어류를 먹는 것 등 섭식 특성도 제각각이다. 다른 어류의 비늘을 재빨리 뜯어먹고 사는 종도 있다. 민물돔은 또한 가지 특이한 형질을 가지는데, 이는 제2의 기능적 턱이 목구멍 안에 또 있다는 것이다(그림 23.13). 이 턱은 먹은 먹이를 다루므로 원래의 턱은 다른 기능을 갖도록 분화할 수 있게 되었다.

그러나 최근에 민물돔은 그 다양성이 크게 감소하였다. 1950년대에 빅토리아 호의 우간다 쪽에서 나일 농어를 방류하였다. 이 어류는 포식성 어류로서 민물돔을 보는 대로 포식하여 현재 빅토리아호에 살던 민물돔 중에서 70% 이상이 멸종하고 말았다.

Part V

생명의 다양성

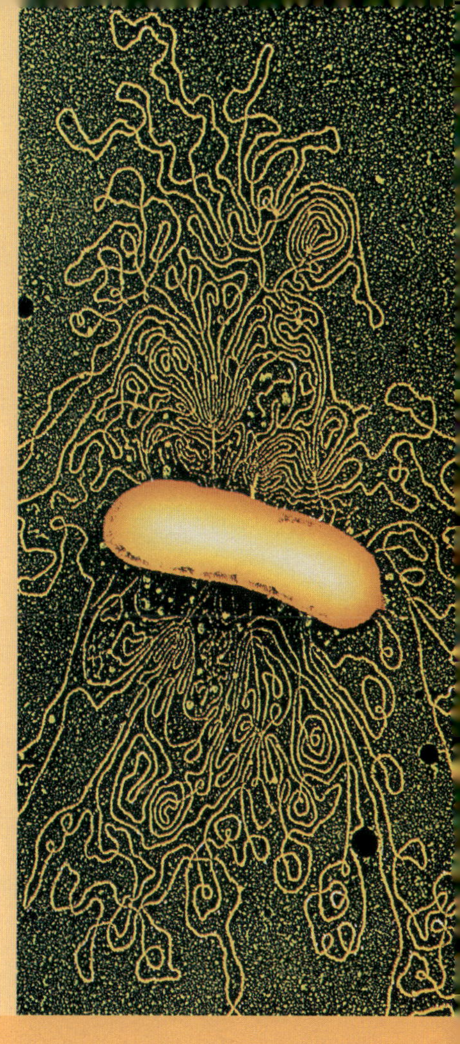

24
분류와 계통

25
바이러스

26
원핵생물

27
원생생물

28
식물의 다양성

29
균 류

30
동물의 다양싱

31
무체강 무척추동물

32
체강 무척추동물

33
척추동물

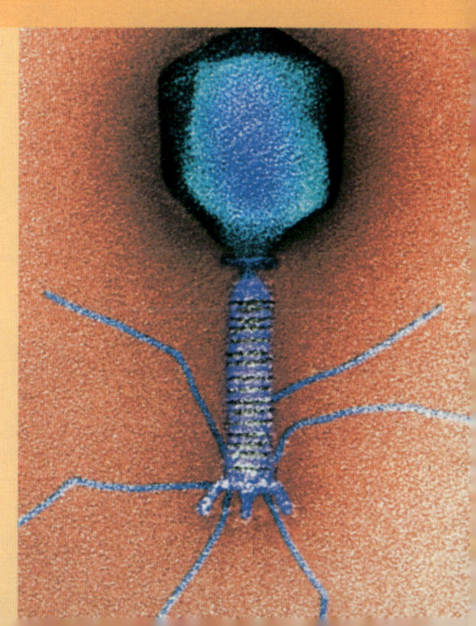

CHAPTER 24

분류와 계통

모든 생물은 세포로 구성되고, ATP를 이용하여 대사와 에너지 전달을 하며, DNA에 유전 정보를 저장한다. 그러나 생물은 커다란 다양성을 가진다. 생물학자들은 오래 전부터 공유형질을 기초로 생물들을 구분하고자 하였다. 오늘날에는 분자의 서열에 대한 자료를 이용하여 생물이나 생물 집단 사이의 유연관계가 파악되고 계통수가 만들어지고 있다.

24.1 명명

생물의 분류

생물을 처음 분류한 사람은 2,000년 전 그리스 철학자 아리스토텔레스이다. 그는 생물체들을 식물과 동물로 분류하였다. 그리스와 로마인들은 이를 다시 개, 말, 오크나무 등의 기본 단위로 나누어 속(genera)이라 부르기 시작했고, 중세시대 이후 이들의 이름은 그 당시 학자들이 사용하던 라틴어로 체계적으로 명명되었다. 그래서 고양이는 *Felis*속으로, 말은 *Equus*속으로 분류되었다. 1700년대 중반이 되자 생물학자들은 생물의 특정 종류를 언급할 때 종(species)이라는 구분 단위를 쓰기 시작하였다. 이때 종의 이름은 속의 이름에 묘사적인 용어들을 덧붙이는 다명식으로 표기하였으므로 이름이 복잡하였다. 1750년대 스웨덴 생물학자 린네(Carolus Linnaeus)는 꿀벌의 이름을 *Apis mellifera*로 표기하는 것과 같이, 처음으로 이명식 종명을 쓰기 시작하였으며, 이 방식은 오늘날까지 이어오고 있다.

분류학(taxonomy)은 생물의 분류에 관한 학문이다. 분류 체계상 특정 단계 생물집단을 분류군(taxon)이라고 한다. 전세계 분류학자들 사이의 협정으로 한 생물체의 이름은 세계적으로 한 가지뿐이며 모두 라틴어로 표기한다. 종명의 첫 단어는 속명을 나타내며 항상 첫 자는 대문자로 표기한다. 이명식 표기에서 둘째 단어는 종명이다. 두 단어를 합하여 종의 학명(scientific name)이라고 하며 이탤릭체로 표기한다.

분류 계급

린네 이후 생물학자들은 생물들을 여러 가지 계급으로 구분하였다. 유사한 속들을 합하여 과(family)로,

유사한 과들을 합하여 목(order), 또 유사한 목들은 강(class), 강들은 다시 문(phylum)으로, 문들은 계(kingdom)로 묶었다. 현재 생물학자들은 6계의 계를 인정하고 있는데, 이 중 2개 계(Archaebacteria 및 Bacteria)는 원핵생물이고, 1개 계(Protista)는 대부분 단세포진핵생물이며, 3개 계(Fungi, Plantae, Animalia)는 다세포생물이다.

최근에는 계보다 상위의 분류계급을 쓰기도 하는데, 그것은 도메인(domain)이다. 현재 인정되고 있는 것은 3개 도메인이다.

24.2 계통과 진화적 관계

계통분류

생물의 진화적 관계를 연구하는 분야가 계통분류학(systematics)이다. 종 사이의 유사성과 차이를 바탕으로 나타낸 계통의 진화적 관계가 계통수(phylogeny)이다. 계통수는 어떤 종들이 서로 어떤 유연관계를 가지며, 종들은 어떤 순서로 진화했는지 등에 대한 가설을 제시한다.

분지론(Cladistics)

원래 서로 달랐던 두 종 이상의 생물이 유사한 서식처에 살며 유사한 자연선택을 겪어서 형태적으로 유사하게 진화하는 수렴진화의 경우 이들의 유연관계는 멀지만 서로 가까운 종으로 분류되기도 한다. 이럴 경우 분류는 진화적 계통을 정확히 반영하지 못한다. 이런 이유 때문에 대부분의 분류학자들은 유사성만으로 계통진화적 가설을 세우지는 않으며, 그 대신 공동조상으로부터 내려온 유사성을 따로 구별하여 조상형질(원시형질 : ancestral)이라고 하고 한 종 집단 내에서만 나타나는 유사성을 파생형질(derived)이라고 한다.

분지론(cladistics)에서는 진화적 관계를 설정하는데 공동으로 소유하는 파생형질을 분류의 중요한 형질로 취급하고 조상형질은 무시한다. 이 방법을 적용하기 위하여 분류학자들은 먼저 연구하고자 하는 종들의 여러 가지 형질에 대한 자료를 수집한다. 이 형질은 형태, 생리, 행동, DNA 등 모든 종류의 형질이다. 각 형질은 종이나 분류군마다 형질상태(character state)가 차이 난다. 즉, 척추동물에서 털이라는 형질은 "털이 있다"와 "털이 없다"라는 형질상태로 구분될 수 있다. 각 분류군의 형질상태를 파악한 후에는 형질의 극성(polarity)을 정해야 한다. 극성을 정한다는 것은 한 형질의 형질상태 중에서 어느 것이 조상형질이고 어느 것이 파생형질인지를 밝히는 일이다. 털은 어류, 양서류, 파충류 등의 대부분의 하등 척추동물에서 나타나지 않는 형질이므로 "털이 있다"가 파생형질이고, "털이 없다"가 조상형질임을 알 수 있다.

화석을 이용하여 형질의 극성을 파악할 수도 있다. 화석종에만 나타나고 현생종에는 없는 형질상태는 조상형질(원시형질)임이 틀림없다. 극성을 정하는 일이 항상 쉬운 일은 아니다. 그래서 외군 비교(outgroup comparison) 방법이 흔히 이용된다. 외군(outgroup)이란 연구 대상 분류군에는 속하지 않으나 유연관계가 깊은 인접 분류군을 말한다. 연구 대상 분류군보다 하등인 외군이 가지는 형질은 조상형질로 취급하고, 이 외군은 소유하지 않으나 연구대상 분류군이 소유하는 형질은 파생형질이다.

모든 형질의 극성이 결정되면 이를 이용하여 분지도(cladogram)를 작성한다. 분지도는 진화적 과정을 나타내는 가설적 그래프이다. 분지도는 공동파생형질(synapomorphy)을 토대로 작성한다. 파생형질을 공동으로 소유하는 것은 하나의 분지(clade)에 속한다. 분지도(그림 24.1)에서 각 분지는 자신의 공동파생형질을 가진다. 가령, 이 분지도에서 포유동물이라는 한 분지는 털의 소유라는 공동파생형질에 의하여 구별된다.

분지도에는 조상 종이나 조상 분류군이 표시되지 않지만 두 분지가 갈라지는 분지점은 가설적인 조상종으로 본다. 그래서 두 종이 얼마나 가까운지를 알아

형질과 동물의 종류	턱	폐	양막	털	꼬리소실	직립보행
칠성장어	0	0	0	0	0	0
상어	1	0	0	0	0	0
도롱뇽	1	1	0	0	0	0
도마뱀	1	1	1	0	0	0
호랑이	1	1	1	1	0	0
고릴라	1	1	1	1	1	0
사람	1	1	1	1	1	1

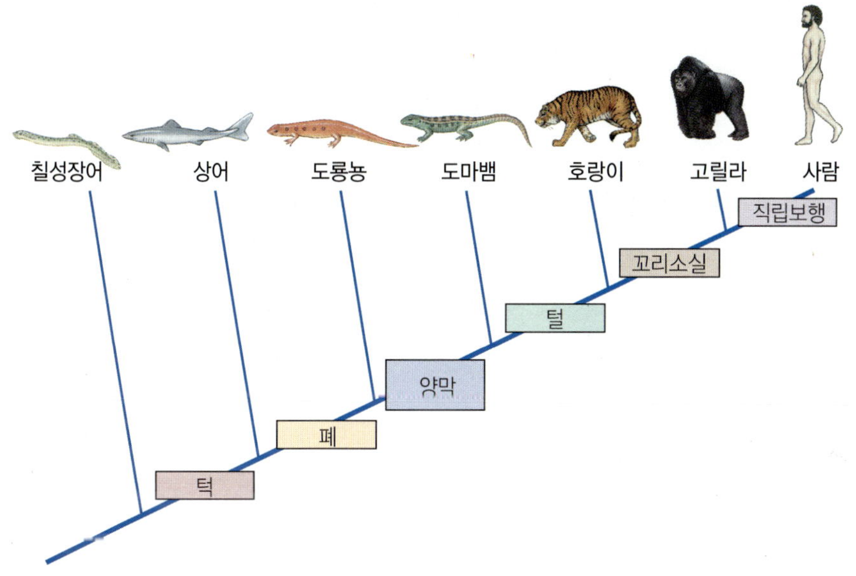

그림 24.1 | 분지도.

위 : 일곱 척추동물군의 형태학적 특징을 표로 만들었다.
"1"은 그 파생형질이 존재함.
"0"은 그 파생형질이 존재하지 않음.

아래 : 파생형질의 존재에 따른 생물체 간의 관계를 도식화하였다.
분지점 사이의 파생형질은 분지점 위의 모든 생물체는 가지고 있지만 분지점 아래 생물체는 가지고 있지 않다. 외군(칠성장어)은 모든 파생형질을 가지고 있지 않다.

보려면 이 두 종이 얼마나 최근에 공동조상에서 갈라져 나왔는지를 보면 된다. 가령, 사람과 고릴라는 가까운 유연관계를 가지는데, 이는 가장 최근에 공동조상에서 갈라져 나왔기 때문이다.

그러나 실제예에서는 계통분류 연구가 그렇게 단순하지는 않다. 어떤 경우엔 공동파생형질이 독립적으로 진화하여, 가까운 진화적 관계를 갖는 것처럼 잘못된 신호를 보낼수도 있고, 한 분지내 종들이 조상 상태로 돌아가듯 파생형질이 없어지기도 한다. 그런 특성을 성인적 상동(homoplasies)라고 한다. 예로 꼬리가 없는 것은 사람과 고릴라 뿐만 아니라, 개구리도 함께 묶는 공동파생형질이다. 그러나 개구리는 고릴라와 사람의 공동파생형질인 양막과 털이 없다. 이와 같이 형질 사이의 불일치가 생길 경우 분류학자는 단순성 원칙(principle of parsimony)을 적용한다. 단순성 원칙이란 최소의 진화적 사건이 포함된 가설을 진리에 가까운 것으로 선택한다는 뜻이다. 개구리와 도롱뇽을 하나의 분지로 묶을 경우 개구리에서 꼬리의 소실이라는 진화가 한 차례 일어났다고 볼 수 있다. 그러나 꼬리가 없다고 해서 개구리를 고릴라와 사람이 속하는 분지에 함께 묶으면 개구리에서 양막과 털의 소실이라는 두 차례의 진화가 일어났다고 보아야 한다. 따라서 개구리를 도롱뇽과 묶을 때 진화적 가설이 더 단순하며, 단순성 원칙에 의하면 이 가설이 더 합당하다. 그러므로 꼬리의 소실은 개구리의 진화 과정에서도 일어나고 유인원의 진화 과정에서도 일어난 homoplasy이다.

그림 24.2 | 생물의 두 가지 분류 체계.
(a) 세균계와 고세균계는 서로 뚜렷이 구분되어 다른 계로 분류되었다. (b) 도메인 단계에서도 이들 둘은 뚜렷이 구분된다.

24.3 생물의 분류

생물의 계

옛날에는 생물을 두 개의 계, 즉 식물계와 동물계로 구분하였다. 그러나 오늘날에는 대부분의 생물학자들이 생물을 6개의 계로 구분하는데, 이는 미국 일리노이 대학의 오이스(C. Woese)가 제안한 분류 체계이다(그림 24.2a). 이 분류 체계에서 4개의 계는 진핵생물이며, 이 중 식물계(plantae)와 동물계(animalia)는 생활주기 중 대부분을 다세포생물 상태로 보내는 유일한 생물계이다. 균계(fungi)는 다세포생물과 단세포 효모가 포함되어 있는데, 이들의 조상은 모두 다세포생물이었던 것으로 추정되고 있다. 이 3개의 계는 다음과 같은 차이가 있다. 식물은 주로 정착성이지만 일부는 이동성인 정자를 가진다. 대부분의 균류는 이동성 세포를 가지지 않는다. 동물은 이동력이 있다. 동물은 먹이를 섭취하고, 식물은 영양을 만들며, 균류는 세포 밖으로 효소를 분비하여 먹이를 소화한다. 이들은 서로 다른 단세포 조상에서 진화된 것 같다.

이 3개 계에 속하지 않는 진핵생물은 원생생물계(protista)에 속한다. 대부분의 원생생물은 단세포성이거나, 일부 조류에서와 같이 생활주기 도중에 단세포 시기를 가진다. 원생생물은 다계통군이다. 즉, 이 생물계는 모든 구성원이 최근에 한 조상에서 진화한 것이 아니다. 이를 달리 표현하면, 원생생물계는 여러 계통을 포함하며, 각 계통은 진화적 기원이 다르다. 일부 녹조류는 다른 원생생물 계통보다는 식물계와 깊은 유연관계를 가진다. 대부분의 분류학자들은 식물계의 범위를 확장하여 여기에 녹조류를 포함시켜야 한다고 보고 있다.

나머지 2개의 계, 즉 고세균계(Archaebacteria)와 세균계(Bacteria)는 원핵생물들로서 다른 생물들과는 큰 차이를 보인다. 고세균계는 다양한 구성원을 포함하는데, 여기에 메탄균, 극호열균이 포함된다.

도메인

고세균계에 대한 지식이 많아지면서, 생물학자들은 이 생물계가 다른 모든 생물들과는 매우 다르다는 것을 알게 되었다. 1996년에 처음으로 고세균과 세균의 게놈의 DNA서열이 비교되었는데, 그 차이가 매우 큰 것이 발견되었다. 고세균은 세균이 진핵생물과 다른 만큼이나 세균과 다르다. 그래서 생물학자들은 생물을 계보다 높은 단계의 3개의 도메인(domain), 즉 세균도메인(bacteria), 고세균도메인(archaea), 진핵도메인(eukarya)으로 구분한다(그림 24.2b).

고세균도메인

고세균은 매우 일찍 세균으로부터 분기된 것으로 보이며, 세균보다는 진핵생물에 더 가깝다(그림 24.3). 이러한 결론은 리보솜 RNA를 만드는 유전자들을 비교하여 내린 것이다. 게놈을 토대로 계통수를 그리면 여러 가지로 그릴수 있는데, 일부 계통수끼리

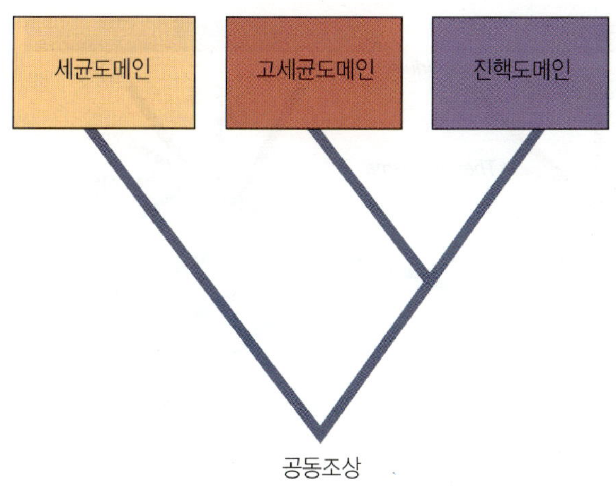

그림 24.3 | 3개 도메인의 진화적 관계.
초기 진화단계에서 세균도메인은 고세균도메인과 진핵도메인의 생물로부터 분기된 것으로 생각된다.

는 서로 불일치를 보인다. 이는 초기의 진화에서 미생물들의 유전정보 교환이 있었기 때문이고, 이 때문에 계통수 작성이 어렵다.

이탈리아의 한 화산에서 발견된 호열세균(*Thermotoga*)의 RNA 서열을 보면 이 종은 *Aquifex*라는 원시미생물과 가까운 세균도메인에 속한다. 그러나 DNA 서열을 보면 이와 일치하지 않는다. 현재로는 그림 24.3에 제시된 계통수가 수용되고 있다.

고세균은 매우 다양하지만 모두 공통된 주요 형질을 소유하고 있다(표 24.1). 이들의 세포벽에는 세균과는 달리 펩티도글리칸이 없다, 세포막의 지질은 다른 모든 생물의 것과는 구조가 다르며, 리보솜 RNA 서열도 독특하다. 고세균은 메탄균, 극한세균, 비극한세균으로 구분되고 있는데, 이 구분은 사는 환경이나 대사 경로의 차이에 근거를 둔 것이다.

메탄균(metanogen)은 수소기체(H_2)를 이용하여 이산화탄소(CO_2)를 메탄(CH_4)로 환원시켜서 에너지를 얻는다. 이들은 혐기성 생물이며, 미량의 산소도 이들에게 독으로 작용을 한다. 이들은 늪이나 포유동물의 장 내에서 서식한다. 메탄균은 매년 20억 톤의 메탄가스를 대기 중에 방출한다.

극한세균(extremophile)은 극한 환경에서 살 수 있는 세균이다. 이들은 몇 가지 유형으로 구분된다. 호열세균(thermophiles)은 온도가 60~80°C인 뜨거운 환경에서 산다. 여러 호열세균은 독립영양생물이며, 이들의 대사는 유황에 기초를 두고 있다. 일부 호열성 고세균은 심해 열수구 주변의 먹이그물에서 밑바닥을 구성한다. 고세균 *Sulfolobus*는 옐로스톤 국립공원의 70~75°C 되는 유황 온천에서 산다. 최근에 발견된 Pyrolobus fumarii는 최적온도가 106°C이고 113°C에서도 살 수 있다. 이 종은 고압멸균기 안에서도 잘 죽지 않는다. 호염세균(halophile)은 사해나 유타 주의 그레이트솔트호(Great Salt Lake)와 같은 매우 짠 곳에서 산다. 바다의 염분 농도가 약 3%인데, 이 고세균들은 15~20%의 염분 농도에서 산다. pH 내성 고세균은 산도가 매우 높거나(pH 0.7) 매우 낮은 환경(pH 11)에서 산다. 압력 내성 고세균은 적어도 300기압 이상 되는 심해에 사는데, 800기압도 견딜 수 있다.

비극한세균(nonextreme archaebacteria)은 세균이 사는 환경에서 산다. 고세균의 게놈이 잘 알려지면서 고세균에만 존재하는 DNA의 고유신호 서열

표 24.1 3개 도메인의 특징

특징	고세균도메인	세균도메인	진핵도메인
단백질 합성을 개시하는 아미노산	메티오닌	포르밀 메티오닌	메티오닌
인트론	일부 유전자에 있음	없음	있음
막으로 싸인 세포소기관	없음	없음	있음
막 지질 구조	분지됨	분지 없음	분지 없음
핵막	없음	없음	있음
RNA 중합 효소의 종류	여러 가지	1 가지	여러 가지
세포벽의 펩티도글리칸	없음	있음	없음
항생제 스트렙토마이신과 클로람페니콜에 대한 반응	성장이 저해되지 않음	성장이 저해됨	성장이 저해되지 않음

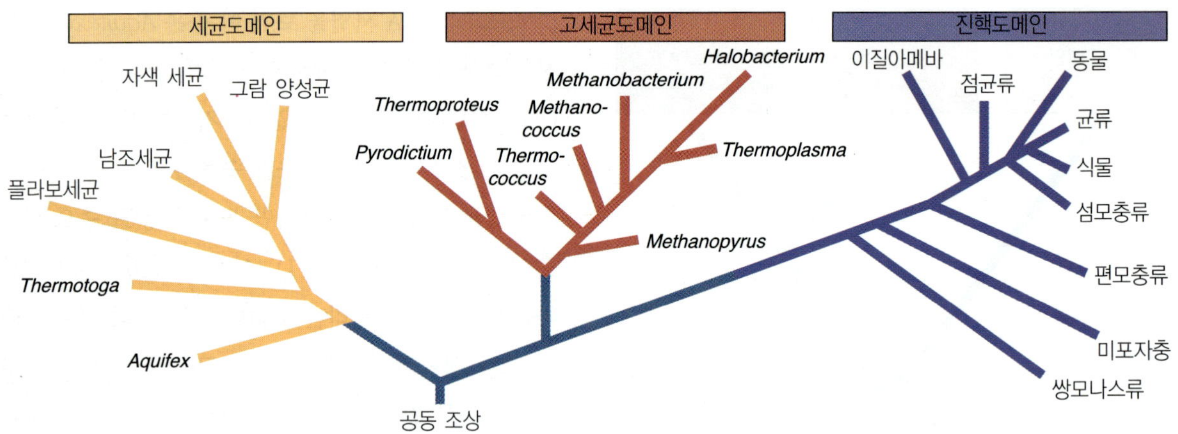

그림 24.4 | 생물의 계통수.
rRNA 분석에 의해 만들어진 계통수는 세 도메인 사이의 진화적 관계를 보여준다. 계통수의 기부는 세 도메인내의 중복된 유전자들을 조사해서 결정되는데, 공동조상 유전자 내에서 중복이 일어났었던 것으로 추정되기 때문이다. 고세균과 진핵생물은 세균보다 늦게 공동조상에서 분기했으며 이들은 세균보다 서로 더 밀접히 연관되어 있다.

(signature sequence)가 알려졌다. 최근에 발견된 *Nanoarchaeum equitens*는 이 고유 서열을 가지고 있기 때문에 고세균으로 분류되었다. 이 균은 아이슬란드에서 발견되었는데, 지금까지 알려진 것 중에서 가장 작은 게놈인 500염기쌍만을 가진 고세균이다.

세균도메인

세균은 지구상에서 가장 많은 생물이다. 우리의 입안에는 지구상의 동물보다 더 많은 수의 세균이 살고 있다. 생물권 내에서 세균은 중요한 역할을 한다. 이들은 공기로부터 다른 생물들이 이용하는 모든 질소를 추출해 내며 탄소와 유황의 순환에 중요한 역할을 한다. 지구상의 광합성의 상당량도 세균이 수행한다. 그러나 일부 세균들은 여러 가지 질병을 일으킨다.

세균은 여러 가지가 있는데, 이들 사이의 진화적 관계는 아직 확실하게 알려져 있지 않으나, 대개 12~15가지 부류로 구분된다(그림 24.4).

진핵도메인

진핵생물이 나타나기 전 적어도 10억 년 동안은 원핵생물이 지구를 우점했다. 진핵생물은 25억 년 전에 지구상에 등장했다.

진핵생물의 네 가지 계

최초의 진핵생물은 단세포 생물이었다. 오늘날에도 매우 다양한 단세포 생물이 서식하고 있는데 이들은 일부 다세포 생물과 함께 원생생물계를 구성한다. 원생생물은 단순한 단세포 아메바로부터 길이 20m가 넘는 다세포 갈조류에 이르기까지 매우 다양하다. 균류, 식물, 동물은 대부분 다세포 생물로서 원생생물계의 단세포 조상으로부터 각각 독자적인 진화적 계열을 이룬다.

내부 공생 및 진핵생물의 기원

진핵생물은 세포 안의 내부 막계가 여러 가지 기능적 구획을 만든다. 그러나 모든 세포 내 구획이 내부 막계로부터 생기는 것은 아니다. 약간의 예외를 제외하고는 진핵세포는 에너지를 생산하는 미토콘드리아를 소유한다. 미토콘드리아와 엽록체는 내부공생(endosymbiosis)이라는 과정을 통하여 원시 진핵세포 안으로 들어온 것으로 추정된다(그림 24.5). 이 두 세포소기관은 자신의 리보솜을 가지는데, 이 리보솜은 진핵세포의 것보다는 균류의 리보솜과 더 유사하다. 이들은 자신의 내막을 스스로 만들며, 독자적으로 분열하며 세균의 것과 유사한 염색체를 가진다. DNA

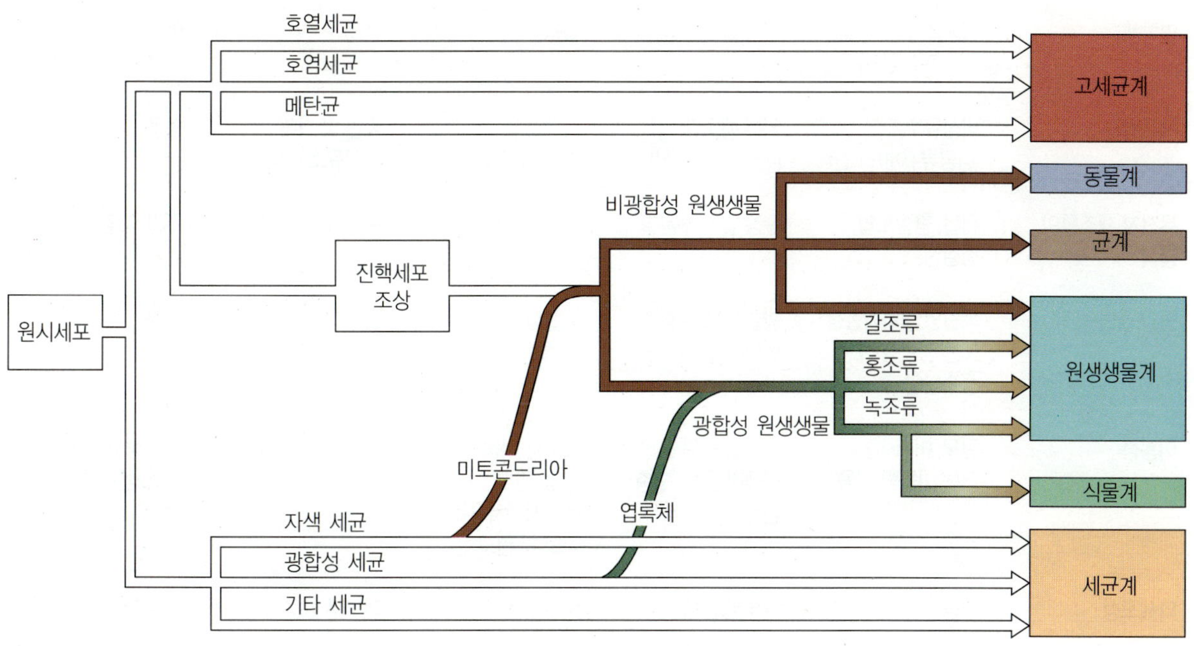

그림 24.5 | 6개 생물계의 진화적 관계. 색깔선은 공생 관계를 나타낸다.

서열을 조사한 결과 미토콘드리아는 진화 초기에 진핵세포와 결합한 자색 비유황 세균의 후손이고, 엽록체는 남조세균의 후손인 것으로 밝혀졌다.

진핵생물은 매우 다양하지만 이들은 원핵생물과는 달리 세포 내 구획화, 대부분 다세포성, 그리고 성의 구별 등의 특성을 가지고 있다(표 24.2).

바이러스

바이러스(viruses)는 단백질 외피 안에 DNA나 RNA가 들어있는 기생성 화학물질로 취급되고 있다. 이들은 독자적으로 생식하지 못하므로 생물체로 취급받지 못한다. 과거에는 바이러스를 무생명과 생명의 중간 단계의 존재로 보았으나, 일부 바이러스 유전자

표 24.2 6개 생물계의 특징

특징	고세균계 및 세균계	원생생물계	식물계	균계	동물계
세포 유형 핵막	원핵세포 없음	진핵세포 있음	진핵세포 있음	진핵세포 있음	진핵세포 있음
전사와 번역	동일 구획에 서 일어남	서로 다른 구획에서 일어남	서로 다른 구획에서 일어남	서로 다른 구획에서 일어남	서로 다른 구획에서 일어남
DNA와 결합한 히스톤 단백질	없음	있음	있음	있음	있음
세포 골격	없음	있음	있음	있음	있음
미토콘드리아	없음	있음(또는 없음)	있음	있음	있음

엽록체	없음(일부종류에선 광합성막)	있음(일부 종류)	있음	없음	없음
세포벽	비섬유소 (다당류+아미노산)	일부 생물에 있음 (여러 가지 유형)	섬유소 및 기타 다당류	키틴 및 기타 비섬유소 다당류	없음
유전자 재조합의 방식	접합, 형질도입, 형질전환	수정 및 감수분열	수정 및 감수분열	수정 및 감수분열	수정 및 감수분열
영양 섭취 방식	독립영양(화학합성 또는 광합성) 또는 종속영양	광합성 또는 종속 영양, 또는 둘 다	광합성 (엽록소 a 및 b)	흡수	섭취
이동성	편모, 미끄러짐 또는 이동력 없음	9+2 섬모 및 편모, 아메바 운동, 수축 섬유	대부분 이동력 없음, 일부 배우자에서 9+2 섬모 및 편모	이동력이 있거나 없음	9+2 섬모 및 편모, 수축 섬유
다세포성	없음	대부분 없음	모두 있음	대부분 있음	모두 있음
신경계	없음	일부에서 원시적 자극 전달 기작 있음	일부에서 원시적 자극 전달 기작을 가짐	없음	있음(해면동물 제외) 흔히 복잡함

와 진핵세포 유전자의 유사성 때문에 오늘날에는 생물에서 떨어져 나온 게놈 조각으로 보고 있다.

바이러스는 단순히 분자들의 복잡한 집합체로서, 단백질 외피에 소량의 핵산이 싸여 있다. 그러나 바이러스는 세포에 침입하여 이 세포의 유전 기구로 하여금 바이러스를 이루는 분자들을 만들게 한다. 바이러스는 모든 생물에 감염할 수 있다.

바이러스는 모양과 크기가 매우 다양하다. 가장 작은 것은 직경이 약 17nm이며 가장 큰 것은 1,000 nm(1㎛)정도이다(그림 24.6). 가장 큰 것도 광학현미경으로 거의 보이지 않을 정도이다. 바이러스는 이처럼 작아서 분자와 비교할 만하다. 수소원자의 직경은 0.1nm이고 큰 단백질은 수백nm이다.

생물학자들이 바이러스의 존재를 처음 의심하기 시작한 것은 19세기 말엽이다. 그러나 바이러스의 진정한 성질이 밝혀진 것은 1933년 생물학자 스탠리(W. Stanley)가 담배 모자이크 바이러스(TMV)를 추출하여 정제하고자 했을 때이다. 놀랍게도 정제된 TMV가 결정화되었다. 즉 TMV 바이러스가 생물이 아니라 화

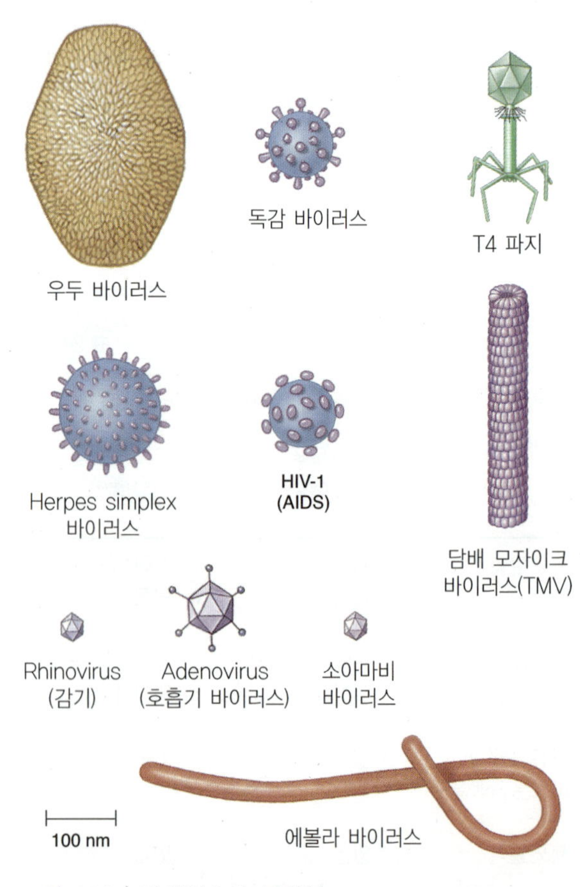

그림 24.6 | 바이러스의 다양성.
바이러스는 모양과 크기가 매우 다양하다.

학물질로서의 성질을 가지고 있었다. 스탠리는 TMV가 생물이 아니라 화학물질로 보는 것이 타당하다고 결론지었다.

그 후의 과학자들의 연구 결과 TMV는 두 가지 화학물질, 즉 단백질과 RNA의 혼합물임이 밝혀졌다. 그 후 학자들은 TMV의 단백질과 RNA를 분리하여 정제한 후 추출할 수 있었다. 그런 다음 과학자들은 두 가지 성분을 재조립하였는데, 재조립된 TMV 입자는 담배에 다시 감염할 수 있었다. 그러므로 이 입자가 바로 바이러스이며, 단순한 화학물질이 아님이 밝혀지게 되었다.

CHAPTER 25

바이러스

바이러스에서부터 생명의 다양성을 알아보자. 바이러스는 단백질로 싸인 유전 요소로서, 독자적으로 증식하지 못하므로 생물체로 취급되지는 않는다. 그러나 바이러스는 질병을 일으키는 성질 때문에 생물학적으로는 매우 중요하다. AIDS, 소아마비, 홍역 등은 바이러스에 의해 생기며 암을 발생시킬 수도 있다.

25.1 바이러스란 무엇인가

바이러스의 본질

바이러스의 구조

모든 바이러스는 공통된 기본 구조, 즉 단백질로 둘러싸인 핵산으로 되어 있다. 각각의 바이러스는 DNA나 RNA 중 한 가지 핵산을 가진다. 이 DNA나 RNA 게놈은 선상이거나 환상이며, 단일가닥이거나 이중가닥이다. 바이러스는 흔히 게놈(유전체)의 성질에 따라 분류된다.

거의 모든 바이러스는 핵산을 둘러싸는 단백질의 껍질, 즉 캡시드(capsid)을 가진다(그림 25.1). 캡시드는 한 가지 또는 여러 가지의 단백질로 구성된다. 일부 바이러스에서는 캡시드 안에 효소가 들어 있다. 여러 동물 바이러스는 캡시드 주위에 단백질, 지질, 당단백질 분자가 풍부한 외피(envelope)을 가진다. 외피의

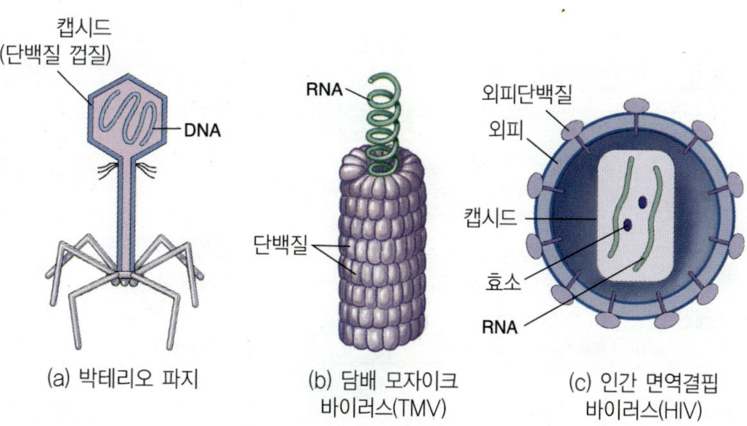

그림 25.1 | 박테리오파지, 식물바이러스 및 동물바이러스의 구조. (a) 박테리오파지. (b) 담배모자이크 바이러스(TMV)는 식물들을 감염시키며 2130개의 단백질 분자들이(자주색) 단일가닥 RNA(녹색) 주위를 원통형으로 감싸고 있다. RNA 골격은 바이러스의 모양을 결정하며, 그 주위에 촘촘하게 배열한 동일한 단백질분자들에 의해 보호되고 있다. (c) HIV에서는 두 가닥의 RNA가 캡시드 안에 들어 있고 단백질 외피로 둘러싸여 있다.

표 25.1 사람의 주요 바이러스 질병

질병	병원체	유전체	매개체 및 증상
수두	Varicella zoster	이중가닥 DNA	환자와의 접촉으로 전파됨. 1995년 백신이 만들어짐. 치료 방법은 없음. 치명적이지는 않음.
B형 간염	Hepadnavirus	이중가닥 DNA	체액을 통해 전염되고, 전염력 강함. 미국인 중 약 1%가 감염됨. 백신이 있으며 치료 방법 없음. 치명적일 수 있음.
헤르페스	Herpes simplex virus	이중가닥 DNA	열과 수포가 생김. 주로 타액을 통해 전염됨. 매우 흔하고 치료 방법 없음. 수년 동안 잠복할 수 있음
단구증가증	Epstein-Barr virus	이중가닥 DNA	타액을 통해 전파함. 증세가 수주일 지속되기도 함. 젊은 사람에 흔하고 치료 방법 없음. 치명적이지는 않음.
천연두	Variola virus	이중가닥 DNA	역사적으로 주요 사망 원인이었음. 1977년을 시점으로 사라짐. 전세계적 백신 접종으로 병이 완전히 퇴치됨.
AIDS	HIV	단일가닥 RNA(+)	면역계를 파괴함. 감염이나 암으로 사망하게 만듦. 2002년까지 세계적으로 4200만 명 이상 감염됨.
소아마비	Enterovirus	단일가닥 RNA (+)	중추신경계에 감염하여 마비를 일으킴. 1954년에 백신이 개발됨. 흔히 치명적
황열병	Flavivirus	단일가닥 RNA (+)	모기에 의해 전파됨. 치료하지 않으면 사망률이 60%까지 이름.
에볼라	Filovirus	단일가닥 RNA (–)	급성 출혈성 열병임. 결합조직에 침투하여 심한 출혈을 일으킴. 치료하지 않으면 사망률 50~90%에 이름. 중앙아프리카에 국한되어 발생
독감	Influenza viruses	단일가닥 RNA (–)	역사적으로 주요 사망 원인이었음. 아시아의 야생 오리, 닭, 돼지가 주요 보균체임. 1918~1919년의 18개월 동안에 2,200만명이 사망함. 오리는 독감바이러스의 영향을 받지 않으며, 체내에서 증식하는 동안 항원 유전자를 뒤섞어 새로운 균주가 만들어진다.
홍역	Paramyxo-viruses	단일가닥 RNA (–)	전염력이 매우 강함. 백신이 개발됨. 주로 어릴때 발병하며 그때는 심각하지 않으나 어른일 때 발병시 더 위험하다.
SARS	Coronavirus	단일가닥 RNA (–)	최근에 생긴 급성 호흡기 질병임. 노인에게 특히 치명적임.
폐렴	Influenza virus	단일가닥 RNA (–)	급성 폐 질병임. 치료하지 않으면 치명적임.
광견병	Rhabdovirus	단일가닥 RNA (–)	급성 뇌척수염을 일으키며 감염된 동물에 물려서 전파됨. 치료하지 않으면 치명적임.

물질 일부는 숙주 세포막으로부터 온 것이지만 바이러스 유전자가 생산한 것도 들어 있다.

바이러스는 거의 모든 생물체 내에 나타난다. 그러나 각 유형의 바이러스는 제한된 유형의 숙주 세포에서만 복제할 수 있다. 특정 바이러스에 적합한 세포들을 통틀어 그 바이러스의 숙주 범위(host range)라고 한다. 일부 바이러스는 감염된 세포를 파괴하지만 다른 바이러스는 질병이나 감염 흔적을 일으키지 않는다. 어떤 바이러스는 수년 동안 잠복하다가 감염 흔적을 나타내기도 한다. 한 가지 생물은 흔히 한 가지 이상의 바이러스를 가진다. 따라서 바이러스의 종류는 매우 많다고 볼 수 있다. 그러나 지금까지 수천 가지 바이러스만 기록되어 있다.

바이러스의 복제와 모양

컴퓨터 프로그램이 컴퓨터 안에 입력되어야 복제될 수 있는 것처럼 바이러스는 숙주 세포 안으로 들어가서 숙주 세포의 장치를 이용해야만 복제할 수 있다. 바이러스는 단백질 합성에 필요한 리보솜이나 효소를 가지지 않으므로 숙주 세포의 유전 장치를 이용하여 단백질을 합성한다.

대부분의 바이러스는 나선형(helical)이거나 등장성(isometric)이다. 나선형인 것은 담배모자이크 바이러스처럼 전체적으로 막대 또는 섬유 모양이다. 등장성인 것은 대략 구형으로 나타난다. 지금까지 알려진 등장성 바이러스의 구조 패턴은 정20면체(icosahedron)로서 20개의 등변삼각형이 모인 것이다. 정20면체는 면으로 외각을 만들 때 내부 용적을 최대로 만들 수 있는 수학적 설계이다.

바이러스 게놈(유전체)의 구조

바이러스의 게놈은 매우 다양하다(표 25.1). 독감, 홍역, AIDS를 일으키는 바이러스 등은 RNA 게놈을 가지며, 천연두나 헤르페스를 일으키는 바이러스는 DNA 게놈을 가진다. 어떤 바이러스의 핵산은 단일가닥이고 어떤 것은 이중가닥이다. 단일가닥RNA 바이러스에서 게놈은 바이러스 단백질을 합성하는 데 이용되는 mRNA와 동일한 염기서열을 가져서 RNA가 mRNA와 같은 역할을 하기도 하는데, 이런 바이러스를 양성 사슬 바이러스라고 한다. 또, 게놈이 바이러스 mRNA의 상보적 염기를 가지기도 하는데 이런 바이러스를 음성 사슬 바이러스라고 한다.

25.2 박테리오파아지의 생식 회로

박테리오파아지

박테리오파아지(bacteriophage)는 세균에 감염하는 바이러스이다. 이들은 구조적, 기능적으로 다양하지만 공통적으로 세균을 숙주로 삼으며, 줄여서 파아지(phage)라고도 한다. 박테리오파아지는 크고 복잡하며 비교적 다량의 DNA와 단백질을 가진다. 이떤 종류는 T 계열(T1, T2 등)로 명명하며, 다른 이름을 붙이기도 한다. 형태적인 예를 보면, T3, T7 파아지는 정20면체에다 짧은 꼬리를 가진다. 반면 T 짝수 계열(T2, T4 등)은 정20면체머리, 주로 세 가지 단백질로 된 캡시드, 깃과 긴 수염들이 달린 목, 긴 꼬리, 그리고 복잡한 기저판을 가진다(그림 25.2).

용균회로

T4가 세균에 감염할 때 수염에 의해 머리 쪽에 올려져 있던 파지의 꼬리섬유 중 적어도 하나는 숙주세균 세포벽의 지방단백질에 부착한다. 파아지는 다른 꼬리섬유를 이용하여 숙주 표면에 수직으로 선 다음 기저판을 숙주의 표면에 갖다 대고, 꼬리가 수축하며 꼬리관이 기저판 구멍을 통해 나와 세균세포벽에 구멍을 뚫는다. 그리고 대부분 DNA로 되어 있는 머리의 내용물을 숙주세포 세포질 속으로 주입한다.

바이러스가 감염한 숙주 안에서 복제를 한 다음 숙주세포를 죽일 경우, 이런 생식 주기를 용균회로(lytic

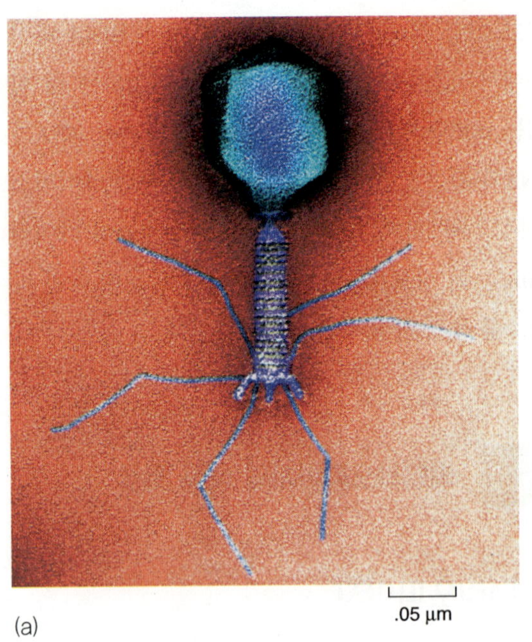

(a)

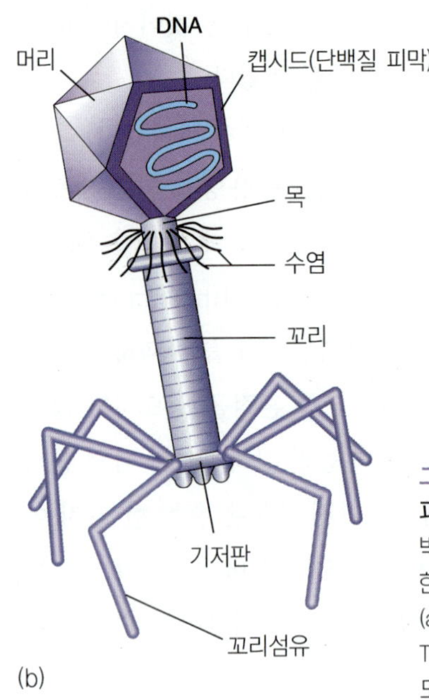

(b)

그림 25.2 | 박테리오파아지.
박테리오파아지는 복잡한 구조를 보인다. (a) 전자현미경 사진. (b) T4 박테리오파아지의 모식도.

cycle)라고 한다(그림 25.3). T 계열의 바이러스는 모두 독성 바이러스(virulent viruses)로서 이와 같이 감염한 세포를 용균시킨다.

용원회로

많은 박테리오파아지들은 숙주세포를 금방 죽이지 않고 숙주세포의 게놈에 자신의 핵산을 융합시킨다. 이렇게 숙주세포의 게놈에 융합된 바이러스 DNA를 프로파아지(prophage)라고 한다. 이런 파아지 중에는 대장균의 람브다(λ)파아지가 있다. 이 파아지는 잘 알려져 있고 48,502개의 염기서열이 이미 규명되어 있다. 람브다파아지의 발생과 성숙에는 적어도 23가지의 단백질이 관여하고 이 바이러스가 숙주세포 게놈에 융합되는 데 여러 효소들이 관여한다.

바이러스가 세포의 게놈으로 끼어들어 가는 것을 용원성(lysogeny)이라고 한다. 프로파아지는 후에 숙주의 게놈에서 빠져나와서 바이러스의 복제를 시작할 수 있다. 이와 같이 게놈 융합의 시기가 있는 생식 주기를 용원회로(lysogenic cycle)라고 하고, 이들 바이러스를 용원성 바이러스(lysogenic virus)라고 한다(그림 25.3).

세포의 형질전환과 파지전환

용원회로에서 게놈 융합시기 동안 흔히 바이러스 유전자가 발현된다. 숙주세포의 RNA 중합효소는 바이러스 유전자를 마치 숙주의 유전자인 것처럼 읽는다. 때로는 이 유전자들의 발현이 숙주세포에 중요한 영향을 끼친다. 외래 DNA의 유입에 의하여 한 세포의 게놈에서 유전적 변화가 일어나는 것을 형질전환(transformation)이라고 한다. 외래 DNA가 박테리오파아지의 의해 유입되어 일어나는 형질전환을 파아지전환(phage conversion)이라고 한다.

콜레라균의 파아지전환

파아지전환의 한 중요한 예는 사람에게 치사율 높은 질병을 일으키는 세균에서 찾아볼 수 있다. *Vibrio cholerae*는 보통 무해한 상태로 존재하지만 콜레라를 일으키는 독성을 띠기도 한다. 그러나 어떻게 비병원성 균주가 병원성 균주로 변화하는지는 모르고 있었으나, 최근에 박테리오파아지가 콜레라 독소를 만드는 유전자를 숙주세균에 끼워 넣는다는 사실이 알려졌다. 이 유전자 전달은 세균의 선모를 통하여 일어나

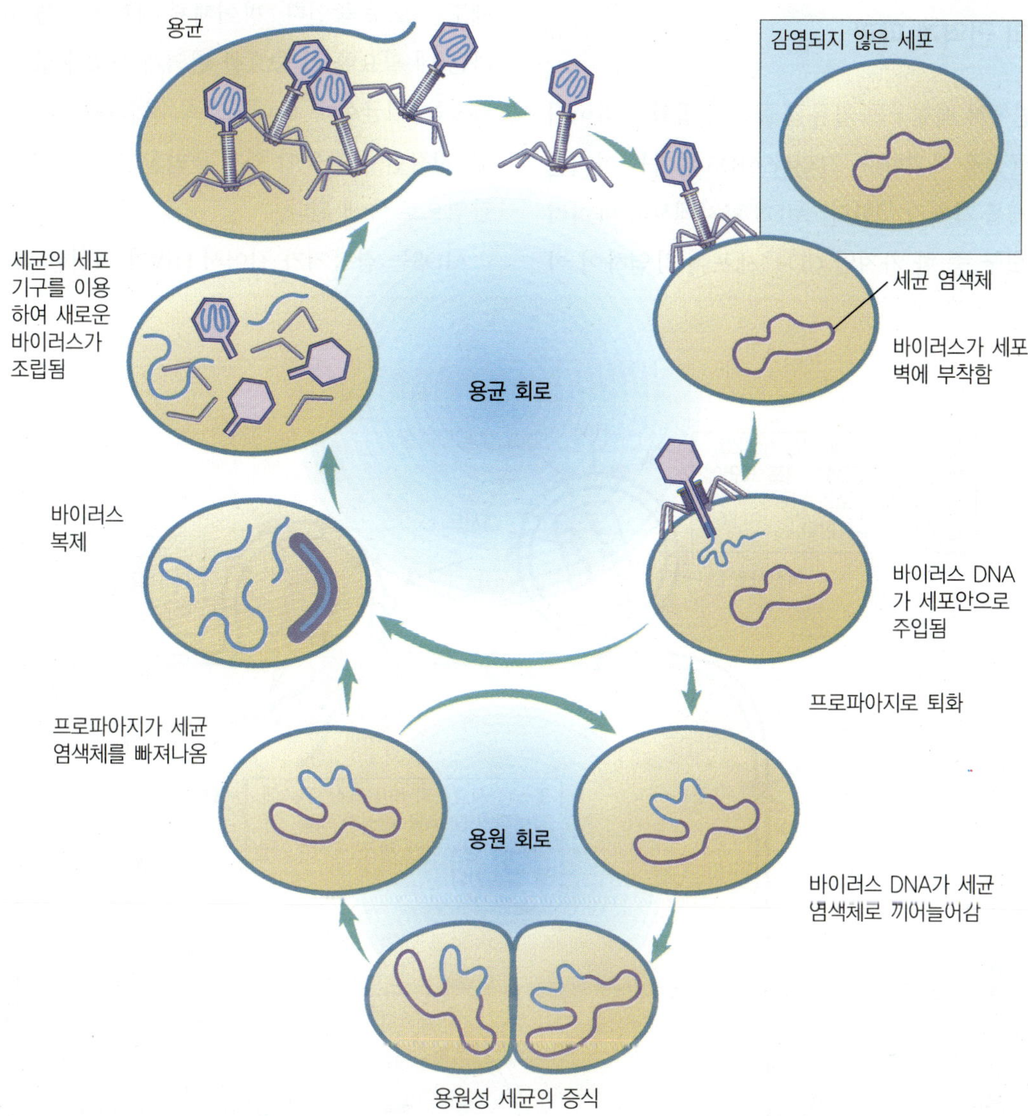

그림 25.3 | 박테리오파아지의 용균회로와 용원회로.
용균회로에서 박테리오파아지의 DNA는 숙주세균 세포의 세포질 내에서 자유롭게 존재하며 숙주세포 기구를 이용하여 새로운 바이러스를 만들고 숙주세포를 파괴한다. 용원회로에서 박테리오파아지의 DNA는 숙주세균의 커다란 환형의 DNA에 융합되어 숙주세균이 복제될 때 숙주DNA와 함께 복제된다. 이들은 용원성세균의 복제와 증식을 계속하거나 용균회로를 개시하여 숙주세포를 파괴한다.

며, 선모가 없는 돌연변이 세균은 박테리오파아지 감염에 내성을 가진다.

25.3 HIV

AIDS

동물에는 여러 가지 바이러스가 나타난다. AIDS (aquired immunodeficiency syndrome)를 일으키는 HIV(human immunodeficiency virus)를 통하여 동물바이러스가 어떻게 활동하는지 알아보자. HIV는 일종의 retrovirus로서 프랑스의 과학자들이 처음 발견하였다. 이 바이러스는 침팬지의 바이러스와 매우 유사하므로, 중앙아프리카에서 침팬지로부터 사람으로 숙주 확산이 이루어졌다고 보고 있다. HIV에 감염된 사람은 병원균들의 감염에 대한 저항력이 거의 없어서 대부분 사망하게 된다.

HIV의 면역계 파괴

정상인에서 백혈구는 혈류를 돌면서 침입한 바이러스나 세균들을 파괴한다. 그러나 AIDS 환자는 이러한 방어 체제를 가지지 못한다. AIDS 환자에서는 바이러스가 백혈구 중 한 가지인 CD4$^+$세포에 감염하여 이 세포를 모두 죽인다. 방어체제 세포들이 행동을 개시하는 데 필요한 이 중요한 면역계 세포가 없기 때문에 환자는 세균이나 바이러스의 침입을 막아내지 못하고, 건강한 사람들이 쉽게 물리칠 수 있는 병원균들의 감염으로 죽게 된다.

AIDS는 잠복기가 길어서 HIV가 침입한 뒤 8~10년

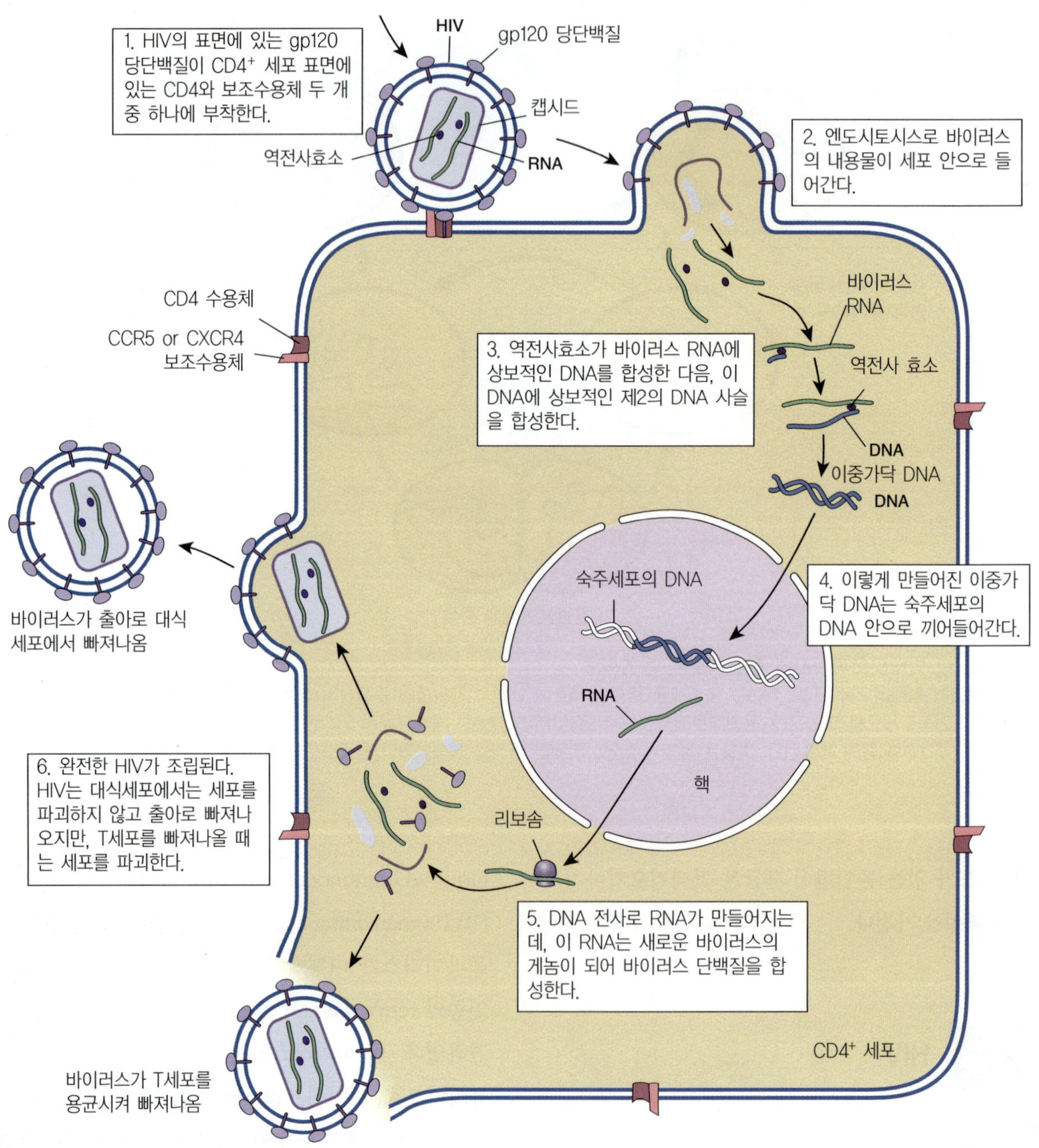

그림 25.4 | HIV 감염회로.
인간 숙주의 혈류에 침입한 HIV 입자들은 CD4수용체를 가진 백혈구 세포들을 공격한다. CD4수용체를 가진 세포들을 CD4$^+$세포라 부른다.

동안은 아무런 증상을 나타내지 않는다. 이 기간 동안 보균자는 전염력을 가지는데, 이 점 때문에 HIV확산을 억제하기가 어렵다.

HIV 감염회로

HIV가 사람에 감염하는 방식을 보면 동물바이러스가 어떻게 복제하는지를 알 수 있다(그림 25.4). 다른 대부분의 바이러스 감염이 유사한 과정을 거친다.

부착. HIV가 사람의 혈류로 들어오면 이 바이러스 입자는 몸 전체를 돌면서 $CD4^+$세포에만 감염한다. 다른 대부분의 바이러스도 특정 세포에만 감염한다. HIV가 특정 표적세포를 인식하는 방법은 표적세포의 특정 세포표면 당단백질 표지를 구별하기 때문이다. HIV도 표면에 gp120이라는 면역계 대식세포와 T세포 표면의 표지 단백질 CD4에 정확히 들어맞는 당단백질을 가지고 있다. 이 두 가지 세포 중 대식세포가 먼저 감염된다.

대식세포로의 침입. 대식세포의 CD4에 부착한 HIV는 CCR5라는 제2의 수용체가 있어야 숙주세포의 세포막 안으로 들어갈 수 있다. gp120이 CD4에 결합하면 모양이 변화하여 다시 CCR5와 결합할 수 있게 된다. 형태적인 변화가 일어난 후, 이 제2 수용체는 gp120-CD4 복합체를 세포막 안으로 통과시키고 세포내 섭취(endocytosis)를 통해 HIV 내용물이 세포 안으로 들어가게 한다.

복제. 대식세포 안으로 들어간 HIV는 캡시드 껍질을 벗어버리고, HIV의 RNA와 효소는 세포질 내에서 떠다닌다. 이때 효소는 역전사효소(reverse transcriptase)로서 바이러스 RNA에 상보적인 이중가닥 DNA를 합성하는데, 자주 실수로 새로운 돌연변이를 일으킨다. 이 이중가닥DNA는 숙주세포의 DNA로 끼어들어가서 숙주세포로 하여금 여러 바이러스 복제품을 만들게 한다. HIV는 대식세포를 파괴하거나 죽이지는 않는다. 그 대신 새로 만들어진 바이러스들은 세포외 배출(exocytosis)와 유사한 출아(budding)를 통하여 대식세포를 빠져나온다. 이와 같은 방식으로 HIV는 많은 바이러스를 만들면서 수년 동안 면역계를 파괴한다.

T세포로의 침입. 이 시기에 HIV는 계속 복제하고 돌연변이를 일으킨다. 이윽고, 우연히 gp120을 만드는 유전자가 변화되고, 이 새로운 gp120 단백질은 T 림프구 $CD4^+$ 세포 표면에 있는 다른 제2 수용체인 CXCR4와 더 잘 결합하게 된다. 이윽고 T 림프구들은 HIV로 감염되며, 새로 만들어진 바이러스가 T세포를 빠져나올 때 T세포를 파괴하므로 치명적 결과를 일으키게 된다. T세포가 급격히 감소하면서 면역 능력이 없어지고 AIDS는 발병하는 것이다.

25.4 바이러스와 질병

병원성 바이러스

사람은 수천 년 동안 바이러스 질병을 겪어왔다. 이 중에는 독감, 천연두, 간염, 황열병, 소아마비, AIDS, SARS(그림 25.5) 등이 있다. 또 바이러스는 암도 일으킨다. 바이러스는 또, 농림업과 자연생태계에도 커다란 손실을 일으킨다.

독감

인류 역사상 가장 치명적인 바이러스는 독감바이러스였을 것이다. 1918~1919년 사이의 18개월 동안에 미국과 유럽에서 2,200만 명이 독감으로 사망하였다.

독감바이러스 형. 독감 바이러스는 동물성 RNA 바이러스이다. 이 바이러스는 두 가지 단백질로 이루어진 못이 박힌 막대 모양이다. 독감바이러스는 캡시드 단백질을 토대로 세 가지 형으로 구분되는데, A형 독

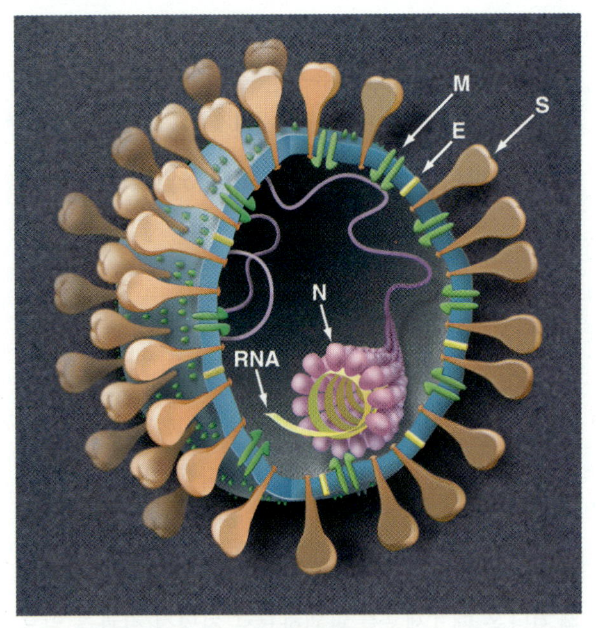

그림 25.5 | SARS 코로나바이러스.
SARS의 RNA 게놈의 29,751개 뉴클레오티드는 6가지 주요 유전자를 가지고 있다. RA 및 RB, 복제효소. S, 스파이크 단백질. E, 외피 당단백질. M, 막 당단백질. N, 캡시드 단백질.

감바이러스는 사람의 심한 독감 증세를 일으키며 포유류와 조류에도 나타난다. B형과 C형 바이러스는 사람에만 감염하고 심각한 건강상의 문제를 일으키지는 않는다.

독감바이러스의 아형. 독감바이러스를 스파이크(못) 단백질의 차이에 따라 아형(subtype)으로 구분한다. 이 단백질 중에서 헤마글루티닌(H)은 바이러스가 세포 안으로 들어가는 데 필요하다. 다른 단백질 뉴라미니다제(N)는 바이러스가 복제된 후 숙주로부터 빠져나오는 데 필요한 단백질이다. H 분자에는 바이러스 RNA가 부정확하게 복제되는 동안 돌연변이가 잘 일어나는 과열점(hotspots)이 있다. 바이러스 세대당 10만 개 바이러스 중 하나에서 이 스파이크 단백질에서 점돌연변이가 일어난다. 이 고도로 변화가 심한 H 분자의 부위는 숙주의 항체가 대응하는 주요 표적이며, 이 표적 부위의 가변성은 바이러스의 증식 능력을 증진하고 백신 제조를 어렵게 한다. H와 N 분자에서의 계속되는 변화 때문에 바이러스의 아형마다 다른 백신이 요구된다. A형 독감바이러스는 현재 13가지의 H 아형과 9가지의 N 아형으로 분류되며, 각각에 대하여 특정 백신이 요구된다. 1968년에 번졌던 홍콩 독감을 일으킨 A형 바이러스는 3형 H 분자와 2형 N 분자를 가졌기 때문에 A(H3N2)라고 부른다.

재조합의 중요성. 독감바이러스에 대응하는 데 가장 큰 문제는 바이러스의 돌연변이가 아니라 바이러스의 재조합이다. 바이러스 유전자는 유전자 재조합으로 쉽게 새로운 H와 N 스파이크 단백질 조합을 만들어내므로 사람의 항체가 이를 인식하지를 못한다. 20세기에 세계적으로 번졌던 3대 유행성 독감은 이러한 H와 N의 재조합으로 생긴 바이러스 때문이었다. 1918년에 발생했던 살인독감 A(H1N1)은 4,000만 명의 목숨을 앗아갔다. 1957년의 아시아독감 A(H2N2)로 미국인 10만 명 이상이 목숨을 잃었다. 1968년의 홍콩독감 A(H3N2)는 미국에서만 5,000만 명이 감염되어70,000명이 사망하였다.

새로운 계통의 독감은 보통 극동지방에서 발생한다. 독감바이러스의 가장 일반적인 숙주는 오리, 닭, 돼지 등인데, 아시아에서는 이 가축들끼리 그리고 사람과 매우 가까이 사육된다. 돼지는 사람과 닭으로부터 동시에 바이러스를 받아서 다중 감염이 이루어지기 쉽다. 이 경우 바이러스 계통끼리 유전자 재조합으로 새로운 H 아형과 N 아형의 조합을 만든다. 가령 홍콩독감은 오리에서 기원한 A(H3N8)와 사람에서 기원한 A(H2N2)의 재조합으로 생긴 A(H3N2)로서, 사람에게 다시 들어와서 전혀 경험하지 못한 새로운 H-N 조합의 독감을 일으킨 것이다.

신생 바이러스

때때로 한 생물에서 기원한 바이러스가 다른 생물로 옮겨가서 숙주범위를 확장하는 경우가 있다. 이러한 숙주확장은 흔히 새로운 숙주에게 치명적인 결과를 낳는다. 가령 HIV는 침팬지에서 기원하였으며 비교적 최근에 인간에게 옮겨왔다. 독감바이러스는 본래 조류 바이러스이다. 아와 같이 한 생물에서 다른 생물로 옮겨가서 질병을 일으키는 바이러스를 신생바이러스(emerging virus)라고 한다. 오늘날 항공 교통의 발달로 신생 바이러스는 신속히 확산하고 있다.

1993년 미국 남서부에서 출혈성 질병을 일으키는 바이러스가 갑자기 나타났다. 이 바이러스는 곧 RNA 단일가닥을 가지며 본래 설치류에 기생하는 한타바이러스(hantavirus) 일종인 것이 밝혀졌다. 이 바이러스는 야생 쥐의 배설물을 통하여 사람에게 옮겨진 것으로 알려졌다.

신생 바이러스의 기원이 알려지지 않아서 이의 퇴치에 어려움을 겪는 경우도 있다. 이 신생 바이러스 중에서 가장 치명적인 것은 중앙아프리카에서 발생한 출혈열을 일으키는 섬유상 바이러스로서, 50% 이상의 사망률을 나타낸다. 그 중 하나가 에볼라바이러스(Ebola virus)(그림 25.6)인데, 중앙아프리카에서 감염자는 90% 이상의 사망률을 나타낸다. 에볼라바이러스의 자연계에서의 숙주는 아직 알려지지 않고 있다.

2003년에 전 세계를 놀라게 하였던 SARS(severe acute respiratory syndrome)는 코로나바이러스의 신생 종이 원인으로 폐렴과 유사한 호흡기 증상을 일으키고 8% 이상의 사망률을 나타내었다. SARS 코로나바이러스의 RNA 게놈 29,751개의 뉴클레오티드 서열이 규명되었다. SARS 바이러스는 중국에서 서식하는 사향고양이로부터 기원했을 것으로 보고 있다. SARS 바이러스가 자연 집단에 분포한다면 앞으로도 사람에게 나타날 가능성이 높다. SARS의 게놈을 조사한 결과 돌연변이율이 낮아서 백신을 만들면 효과가 있을 것으로 보고 있다.

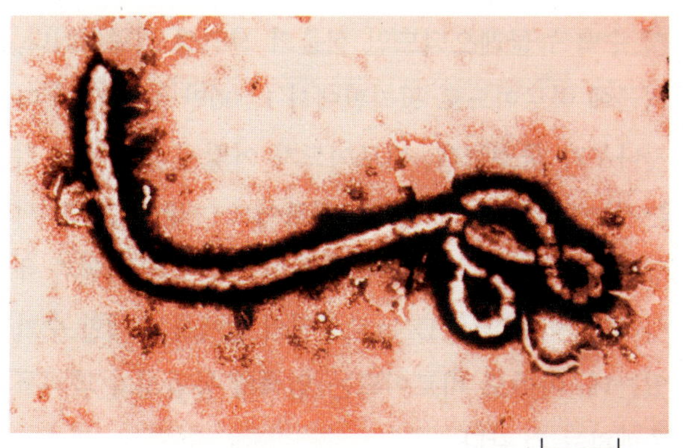

그림 25.6 | 에볼라바이러스.
90% 이상의 사망률을 가진 이 바이러스는 서부아프리카에서 간헐적으로 나타난다. 과학자들은 병의 전염을 막기 위해 자연계에서의 숙주를 발견하려고 애쓰고 있으나 아직 발견되지 않고 있다.

바이러스와 암

과학자들은 바이러스 감염과 암 발생과의 관계를 연구해 왔다. 만성 B형 간염과 간암과의 관계나 일부 파필로마바이러스와 자궁경부암과의 관계가 그 예이다. 사람의 암 중에서 15%는 바이러스에 의해 생긴다고 알려져 있다. 바이러스는 암을 일으키는 유전자의 발현을 자극하여 사람 세포의 생장 특성을 변화시킬 수 있다. 바이러스로 생기는 암은 단순히 감염의 문제가 아니라 세포내 유전자들과의 복잡한 상호작용과 여러 가지 과정이 관련되어 있다.

프리온과 비로이드

수십 년 동안 과학자들은 특이한 치명적 뇌 질환과 씨름해 왔다. 이 질병은 이상한 특징을 가지고 있는데, 감염된지 수년 또는 몇 십 년 정도가 지나야 환자로부터 증세가 나타난다. 환자의 뇌에는 뉴런이 죽으면서 수많은 작은 구멍이 생겨서 스펀지처럼 된다.

TSEs(transmissible spongiform encephalopathies)라는 이 질환은 양의 스크래피(scrapie), 소의 광우병 사람의 구루병과 크로이츠펠트야콥병을 일으킨다.

TSEs는 감염된 뇌 조직을 다른 동물의 뇌로 주입하면 전염될 수 있다. TSEs는 또 조직 이식이나 음식을 통해서도 전염된다. 구루병은 파푸아뉴기니의 식인 관습을 가진 포레 족에서 흔하다. 광우병은 1990년대에 영국에서 번졌는데, 이는 소가 소의 시체에서 나온 뼈가루를 첨가한 사료를 먹여 사육되었기 때문이다.

이단적 제안

1960년대에 영국의 연구자 올퍼(T. Apler)와 그리피스(J. Griffith)는 TSE 시료가 DNA나 RNA를 파괴할 수 있을 만큼의 방사선을 쬐어도 감염력을 잃지 않는 것을 주목하였다. 그들은 감염원이 단백질이라고 제안하였다. 그들은 단백질은 보통 한 가지 접힘(folding) 양상을 가지지만 때때로 잘못 접힌 다음 다른 단백질도 이와 같이 되도록 촉매하여 잘못 접힘이 연쇄반응처럼 확산된다고 생각하였다. 이 이단적 제안은 학계에서 거부되었다. DNA나 RNA만이 유전물질로 작용하여 한 세대에서 다음 세대로 정보를 전달하기 때문이다.

프루시너의 프리온

1970년대 초에 의사였던 프루시너(S. Prusiner)는 크로이츠펠트야콥병으로 죽은 환자로부터 자극받아

잘못 접힌
프리온
단백질
정상
프리온
단백질
뉴런

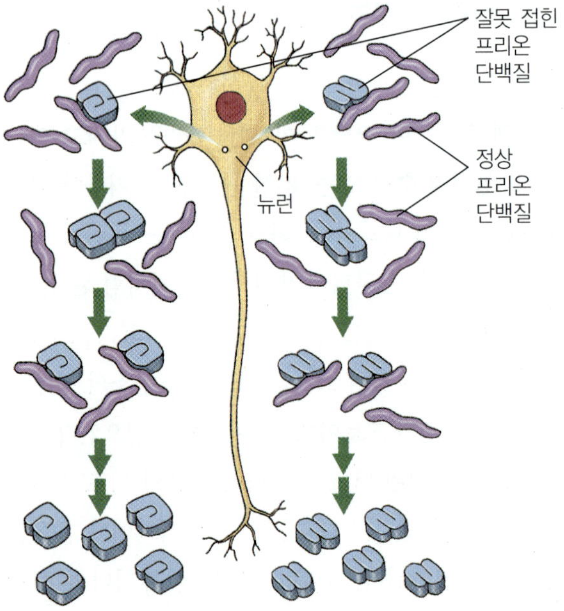

그림 25.7 | 프리온이 생기는 방식.
잘못 접힌 프리온은 단순히 접촉하기만 하여도 정상 프리온을 잘못 접히게 할 수 있다. 여러 형태의 잘못접힌 프리온(푸른색)이 정상 프리온 단백질(보라색)과 접촉하면 똑같은 방식으로 잘못 접힌 프리온 단백질이 만들어 진다.

TSEs에 대한 연구를 시작하였다. 그는 올퍼와 그리피스의 가설을 주목하였다. 그는 감염력이 있는 TSE 시료에서 핵산이나 바이러스를 찾을 수가 없었다. 올퍼와 그리피스가 그랬던 것처럼, 그는 감염원이 단백질이라고 보고 1982년에 이를 "proteinaceous infectious particle"의 약자인 프리온(prion)이라고 명명하였다.

프루시너는 계속 프리온 단백질을 분리하고자 노력하면서 20년 동안 프리온이 TSEs를 일으키는 주요 원인이라는 근거를 찾았다. 학계에서는 프루시너의 주장을 무시해 오다가 결국 프루시너의 실험 결과를 주목하기 시작하였다. 가령 프루시너가 여러 가지 비정상적 형상을 가진 프리온을 여러 가지 숙주에 주입했을 때, 이 숙주들은 동일한 비정상적 형상을 가진 프리온들을 만들어냈다(그림 25.7). 바이스만(C. Weissmann)은 유전공학적으로 프리온 단백질이 없게 만든 쥐가 TSE 감염에 면역을 일으키는 것을 보여주었다. 그러나 만약 프리온 단백질을 가지는 뇌 조직이 쥐에 이식되면 이식된 조직은 TSE로 감염되나 나머지 부위는 감염되지 않았다. 1997년 프루시너는 노벨 생리의학상을 받았다.

비로이드(Viroids)

비로이드는 작고 노출된 RNA 분자로서 크기가 단지 수백 뉴클레오티드인 식물의 전염성 질병원이다. 최근에 비로이드로 필리핀에서 1,000만 주 이상의 야자나무가 죽었는데, 비로이드가 어떻게 병을 일으키는지는 아직 모르고 있다. 비로이드 뉴클레오티드 서열은 리보솜 RNA 유전자 안에 있는 인트론 서열과 유사하다. 이 서열은 DNA로부터의 절제를 촉매할 수가 있는데, 아마도 비로이드는 염색체 통합성의 파괴를 촉매하는 것 같다.

CHAPTER 26

원핵생물

지구상에서 가장 단순한 생물체는 원핵생물로서, 생물학자들은 이들이 지구상에 처음 나타난 생물과 유사하다고 생각하고 있다. 너무작아 맨눈으로는 보이지 않는 원핵생물은 생물들 중에서 가장 풍부하다. 원핵생물은 생태계에서 중요한 역할을 하기 때문에, 이들 없이는 다른 생물들도 살아갈 수 없다. 또 원핵생물에 대한 연구는 유전학, 생태학, 질병에 대한 연구에 필요하다. 따라서 원핵생물을 이해하는 일은 필수적인 일이다.

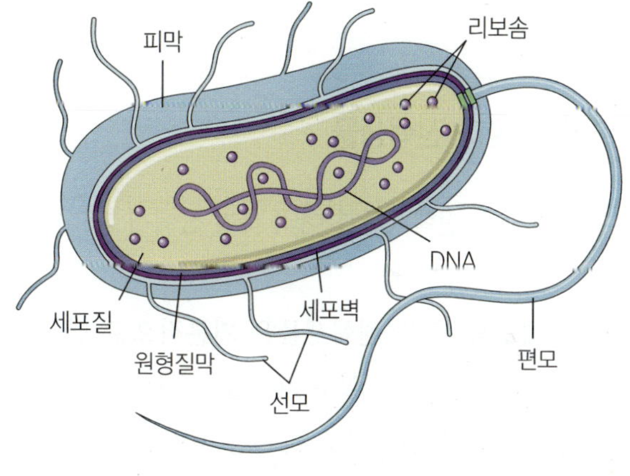

그림 26.1 | 원핵세포의 구조.
이 세균 같은 원핵세포는 작고 내부기관이 없다. 원형질막은 견고한 세포벽에 싸여 있으며 핵막이 없다. 편모와 함께 선모를 가지고 있는데, 이들 선모는 표면이나 다른 세포들에 부착을 돕는다.

26.1 원핵생물

원핵생물의 분포

현재 약 5,000종류의 원핵생물이 알려져 있지만 실제로는 이보다 훨씬 많은 종이 존재한다. 1970년대와 1980년대에는 새로운 유형의 원핵생물이 발견되어 원핵생물을 고세균과 세균의 두 가지 집단으로 나누게 되었다.

고세균과 세균은 지구상에서 가장 오래되고, 가장 단순하며, 가장 많은 생물들이다. 또 원핵세포로 구성되어 있는 유일한 생물들이다. 초기 광합성세균(남조세균)은 산소를 생산하여 지구의 대기를 변화시켰다. 세균은 다른 생물에 필요한 물질의 생산과 순환에 결정적으로 중요한 역할을 한다. 세균은 또 대기 중의 질소를 고정하는 유일한 생물들이다. 원핵생물은 지구상의 어느 곳에나 살고 있으며 온천이나 고염도 환경,

메탄가스나 황화수소 같은 독가스가 많은 공기 중에도 살고 있다.

원핵생물의 형태

원핵생물은 세 가지 기본 구조, 즉 곧고 막대 모양인 간균(bacillus), 구형인 구균(coccus), 나선형인 나선균(spirillum) 중 한 가지를 취한다. 나선균은 일반적으로 다른 세포와 결합하지 않고, 혼자서 헤엄쳐 다닌다. 세포벽 안의 복잡한 구조 때문에 이들은 나선형 몸체를 회전시켜 앞으로 나아가게 된다. 일부 간균과 구균은 군체를 형성하는데, 분열한 뒤 끝과 끝이 서로 부착하여 사슬을 형성한다. 일부 세균 군체는 자루 모양이나 길고 가지 친 섬유 구조, 또는 포자(spore)를 만드는 직립 구조를 만들기도 한다. 일부 섬유상 세균은 흔히 종축을 중심으로 회전하면서 미끄러지며 움직일 수 있다.

원핵생물과 진핵생물

원핵생물은 진핵생물과 여러 가지 점에서 다르다.

1. **단세포성**. 모든 원핵생물은 기본적으로 단세포이다(그림 26.1). 일부 세포들은 서로 부착하여 섬유형태를 이루기도 하지만 각각은 독립성을 유지한다. 남조세균(cyanobacteria)은 특히 이와 같은 모습을 잘 나타내지만 세포질이 서로 연결되지는 않는다.
2. **세포 크기**. 원핵세포의 크기는 매우 다양하다. 대부분의 원핵세포는 직경이 1㎛ 이내이다. 대부분의 진핵세포는 크기가 이의 10배를 넘는다.
3. **염색체**. 진핵세포는 핵막이 있고 그 안에 핵산과 단백질로 조성된 염색체가 있다. 그러나 원핵세포에는 핵막이 없고 염색체도 없다. 그 대신 원핵세포의 DNA는 환상이며 노출되어 있고 핵양체(nucleoid)라는 세포질 부위에 위치한다.
4. **세포분열 및 유전자 재조합**. 진핵생물의 세포분열은 유사분열에 의해 일어나며 미세소관으로 이루어진 방추체가 나타난다. 원핵생물의 세포분열은 주로 이분열에 의해 일어난다. 진정한 유성생식은 진핵생물에서만 일어나며 배우자합체와 감수분열을 한다. 원핵생물은 무성적 생식을 함에도 불구하고 유전물질을 전달하는 수단을 가진다. 이 수단은 진핵생물보다는 덜 규칙적이다.
5. **세포내 구획**. 진핵세포에서 세포호흡에 관여하는 효소들은 미토콘드리아 안에 있다. 원핵세포에서는 이 효소들이 세포막에 부착해 있다. 원핵세포의 세포질에는 내부 구획이나 세포골격이 없고, 리보솜 외에는 세포소기관도 없다.
6. **편모**. 원핵생물의 편모 구조는 단순하여, 플라젤린이라는 단일 단백질 섬유로 되어 있다. 진핵생물의 편모는 미세소관들이 9+2 구조로 되어 있다. 세균의 편모는 프로펠러처럼 도는 데 반하여, 진핵생물의 편모는 채찍처럼 움직인다.
7. **대사적 다양성**. 진핵생물은 단 한 가지의 광합성만 하며, 그 결과 산소를 방출한다. 광합성 세균은 여러 가지 유형의 혐기성이나 호기성 광합성을 하며, 그 산물로서 황, 황산염, 산소를 만든다. 원핵세포는 또 화학독립영양체인 것도 있는데, 무기물질의 화학결합에 저장된 에너지를 이용하여 탄수화물을 만들기도 한다. 진핵세포는 이와 같은 대사를 하지 못한다.

26.2 원핵생물의 구조와 대사

원핵생물의 다양성

원핵생물은 모양을 보고 쉽사리 분류되지는 않으며, 최근에 생화학적, 대사적 특징으로 분류하는 방식이 발전되었다. 과거에는 그람 염색과 같은 염색상의 차이로 분류했었다. 원핵생물을 분류하는 데 이용되는 주요 형질은 다음과 같다.

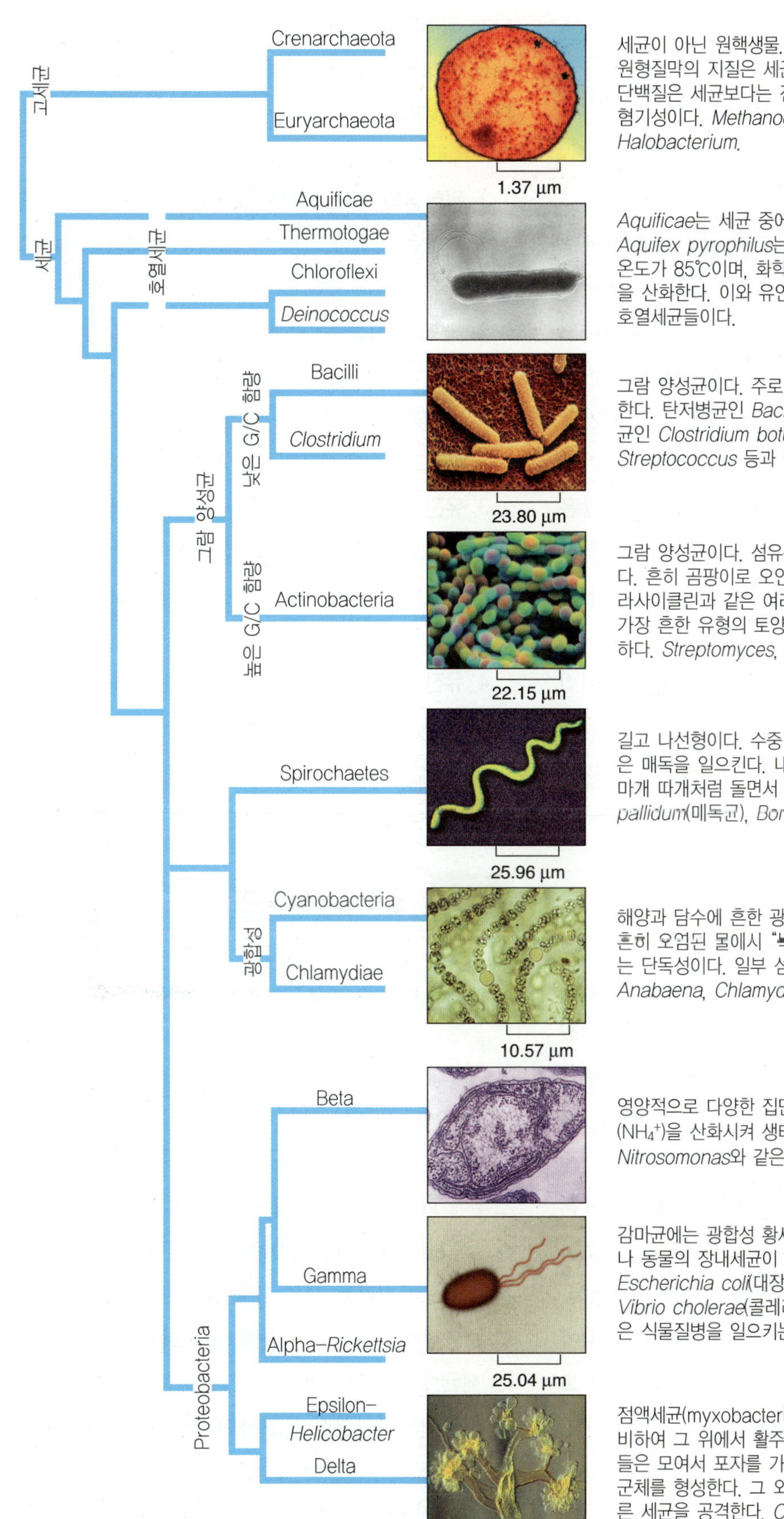

세균이 아닌 원핵생물. 세포벽에 펩티도글리칸이 없음. 원형질막의 지질은 세균의 것과 다름. RNA와 리보솜 단백질은 세균보다는 진핵생물의 것과 유사함. 대부분 혐기성이다. *Methanococcus, Thermoproteus, Halobacterium.*

*Aquificae*는 세균 중에서 가장 오래 전에 파생되었다. *Aquifex pyrophilus*는 막대 모양의 호열세균으로 최적 온도가 85℃이며, 화학독립영양생물이고, 수소와 유황을 산화한다. 이와 유연관계가 깊은 몇 가지 다른 문도 호열세균들이다.

그람 양성균이다. 주로 단독성이며, 다수가 포자를 형성한다. 탄저병균인 *Bacillus anthracis*, 보툴리누스중독균인 *Clostridium botulinum*, *Staphylococcus*, *Streptococcus* 등과 같이 인체의 질병을 일으킨다.

그람 양성균이다. 섬유상 분지를 만들고 포자를 형성한다. 흔히 곰팡이로 오인된다. 스트렙토마이신이나 테트라사이클린과 같은 여러 가지 항생물질을 만들어낸다. 가장 흔한 유형의 토양 세균이며, 치아의 플라그에도 흔하다. *Streptomyces, Actinomyces.*

길고 나선형이다. 수중 환경에 흔하다. 한 기생성세균은 매독을 일으킨다. 내부 필라멘트의 회전으로 코르크 마개 따개처럼 돌면서 움직인다. *Treponema pallidum*(매독균), *Borrelia burgdorferi*(라임병균).

해양과 담수에 흔한 광합성 세균이다. 색깔이 진하며, 흔히 오염된 물에서 "녹조" 현상을 일으킨다. 고체성 또는 단독성이다. 일부 섬유상인 것은 질소고정을 한다. *Anabaena, Chlamydia.*

영양적으로 다양한 집단이며, 그 중에는 암모늄 이온(NH_4^+)을 산화시켜 생태계 내에서 질소를 재순환하는 *Nitrosomonas*와 같은 토양 세균도 있다.

감마균에는 광합성 황세균, *Legionella* 같은 병원균이나 동물의 장내세균이 포함된다. 장내세균으로는 *Escherichia coli*(대장균), *Salmonella*(식중독균), *Vibrio cholerae*(콜레라균) 등이 있다. 슈도모나스는 많은 식물질병을 일으키는 흔한 토양균이다.

점액세균(myxobacteria)의 세포는 점액성 다당류를 분비하여 그 위에서 활주운동을 한다. 토양이 마르면 세포들은 모여서 포자를 가지는 자실체라는 직립성 다세포 군체를 형성한다. 그 외의 델타세균은 단독성으로서 다른 세균을 공격한다. *Chondromyces, Bdellovibrio.*

그림 26.2 | 원핵생물의 주요 분지.

1. 광합성 수행 여부
2. 운동성의 여부.
3. 포자 형성 또는 이분열의 여부.
4. 단세포, 군체형성 또는 섬유상 구조 여부

유전학적, 분자생물학적 접근의 발전으로 원핵생물의 분류는 진정한 진화적 관계를 반영할 수 있게 되었다. 분자생물학적 접근은 (1) 주요 단백질의 아미노산 서열 분석, (2) 구아닌과 시토신의 비율을 알아내어 핵산의 염기 서열을 분석, (3) 두 종의 단일 가닥 DNA를 섞어서 핵산을 잡종화시켜서 염기쌍이 만들어지는 비율을 알아내는 것(가까운 종일수록 더 많은 염기쌍을 이룬다), (4) 유전자와 RNA 서열, 특히 rRNA의 서열을 알아내는 일, (5) 전체 게놈 서열을 분석하는 일이 포함된다.

이와 같은 분자생물학적 자료를 토대로 만들어진 분류체계가 그림 26.2와 같으며, 이는 널리 수용되고 있다.

원핵생물의 종류

원핵생물의 내부 화학적 성질은 다양하다. 원핵생물은 여러 가지 환경에 적응해 왔다. 세균에 대해 우리가 알고 있는 것은 대부분 실험실 연구에서 알려진 것이다. 토양에 분포하는 원핵생물 중에 극히 일부만 실험실 내에서 배양될 수 있으므로 우리의 지식은 매우 한정되어 있다.

원핵생물은 두 계통으로 나뉘는데 세균과 고세균은 구조나 대사적으로 크게 다르다. 고세균은 지구 초기에 흔했을 극한 환경에만 분포하는 것으로 여겼었다. 그러나 유전적 조사를 통하여 이들이 극한 환경이 아닌 곳에도 분포하는 것이 알려졌다.세균에는 거의 모든 종의 원핵생물들이 포함된다.

고세균과 세균의 비교

고세균과 세균은 둘 다 원핵세포구조를 가지고 있다는 점에서는 비슷하지만 생화학적, 분자적 수준에서는 상당히 다르다. 이들의 네 가지 주요 차이점은 다음과 같다.

1. **원형질막**. 모든 원핵생물은 지질이중층인 원형질막을 가진다. 그러나 고세균과 세균의 원형질막은 지질의 종류에 있어서 크게 다르다.
2. **세포벽**. 이들 두 원핵생물 모두 원형질막을 덮는 세포벽을 가진다. 세균의 세포벽은 펩티도글리칸이라는 탄수화물-단백질 복합체로 이루어져 있다. 고세균의 세포벽에는 펩티도글리칸이 없다.
3. **유전자 번역 장치**. 세균의 리보솜 단백질과 RNA 중합효소는 진핵세포의 것과는 뚜렷이 다르다. 그러나 고세균의 리보솜 단백질과 RNA는 진핵세포의 것과 매우 유사하다.
4. **유전자**. 세균의 유전자는 인트론이 끼어 있지 않으나, 고세균의 일부 유전자에는 인트론이 들어 있다.

26.3 원핵생물의 구조

원핵세포의 표면

원핵세포의 세포벽은 세포의 형태를 유지하고 세포가 부풀거나 터지는 것을 막는 중요한 구조물이다. 세균의 세포벽은 보통 다당류 분자들이 폴리펩티드 연결부에 의해 서로 연결되어 망을 이루는 펩티도글리칸(peptidoglycan)으로 이루어져 있다. 일부 세균에서 펩티도글리칸은 세포 표면 주변에 두껍고 복잡한 망을 형성하고 펩티드 사슬에 의해 서로 얽혀있다. 다른 세균에서는 얇은 펩티도글리칸 층이 두 원형질막 사이에 샌드위치처럼 분포하며, 외막에는 다당류 사슬이 부착된 지질인 당지질 분자들이 분포하고 있다. 이 두 가지 유형의 세균은 그람 염색(gram stain)이라는 염색으로 구별된다. 그람 양성균(gram-positive)은 두꺼운 펩티도글리칸 벽을 가지며 자주색으로 염

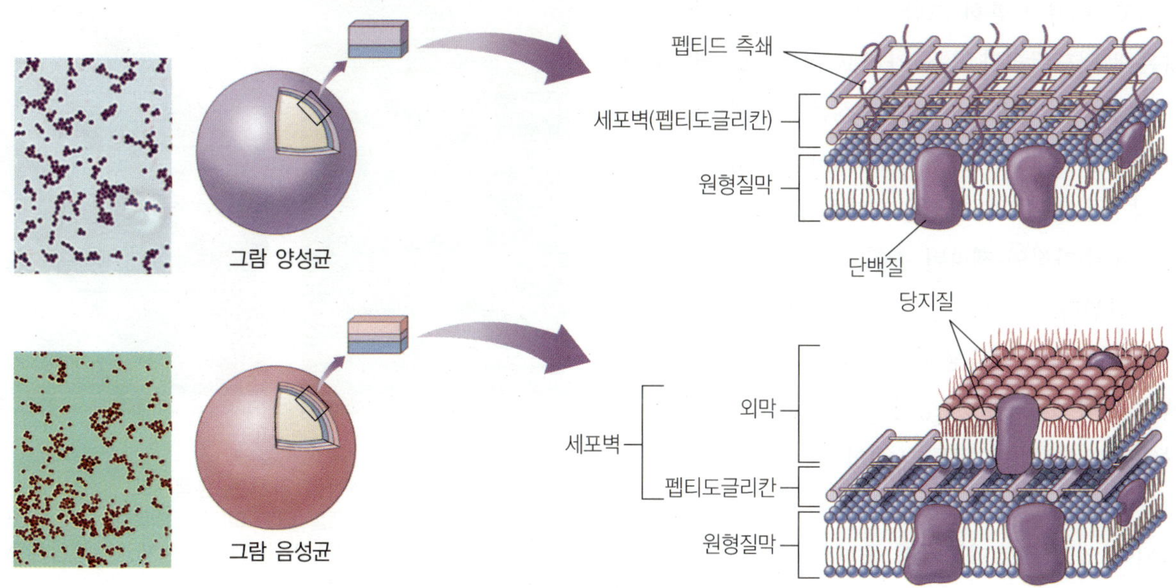

그림 26.3 | 그람 염색.
그람 양성균을 둘러싸는 펩티도글리칸 층은 그람 염색시 결정성인 자주색 염료를 흡수하여 세균이 자주색으로 나타난다(이 기술을 개발한 Hans Christian Gram에서 유래한 명칭임). 그람 음성균은 펩티도글리칸의 양이 적으므로(원형질막과 외막 사이에 위치함) 결정성 자주색 염료를 보유하지 못하여 바탕 색소(보통 사프라닌 염료임)인 적색을 나타낸다.

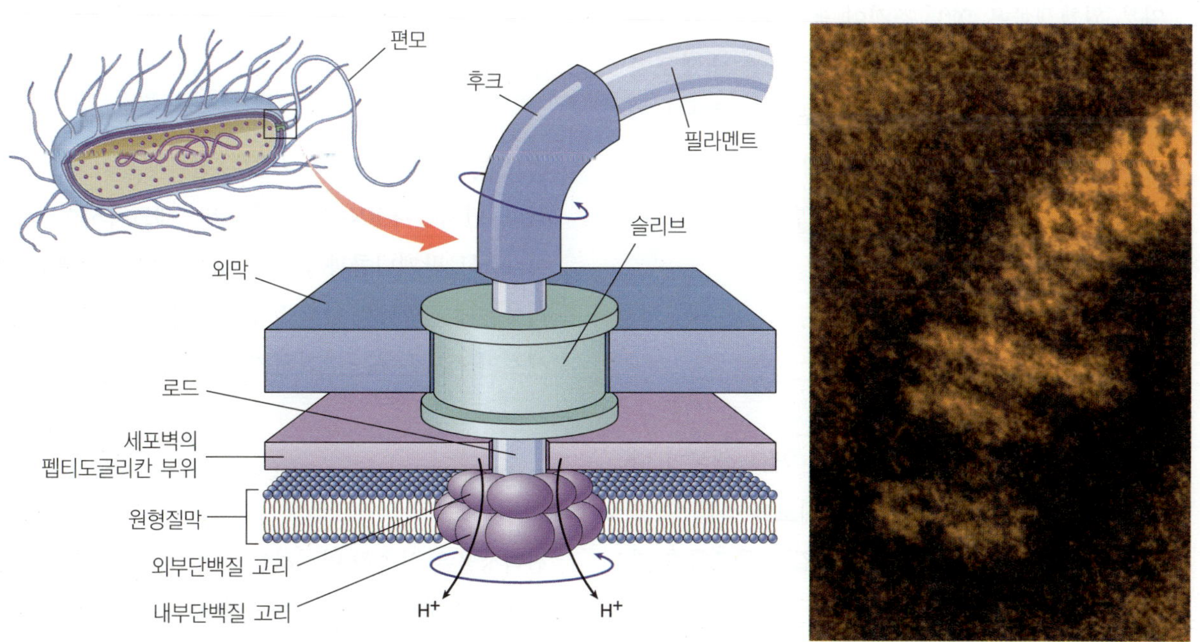

그림 26.4 | 그람 음성균의 편모 모터.
플라젤린이라는 단백질로 된 필라멘트는 단백질인 로드에 부착되고, 로드는 외막 안의 슬리브와 펩티도글리칸 층의 구멍을 뚫고 지나 세포벽과 원형질막 안에 고착된 베어링처럼 생긴 단백질 고리로 연결된다. 세포벽에 고정된 바깥쪽 고리와 연계해 로드에 고착된 내부 단백질 고리가 돌면 로드는 회전하게 된다. 내부 고리는 H^+ 이온 통로로서 양성자가 세포 안으로 이동되는 것을 이용하여 내부 고리를 움직이는 일종의 양성자 펌프이다.

색되고, 이보다 흔한 그람 음성균(gram-negative)은 얇은 펩티도글리칸 층을 가지고 적색으로 염색된다(그림 26.3). 외막층은 그람 음성균으로 하여금 여러 항생물질에 내성을 가지도록 하는데, 항생물질은 그람 양성균의 세포벽 합성을 저해한다. 일부 종류의 세균에서 추가적인 젤라틴 층인 피막(capsule)이 세포벽을 감싼다.

많은 종류의 원핵생물은 단단하고 나선형이며 단백질 플라젤린으로 구성된 편모(flagellum)를 가진다(그림 26.4). 이 편모는 길이가 3~12㎛이고 매우 가늘어서 두께가 10~20nm이다. 편모는 세포벽에 고착되어 있고 프로펠러처럼 돌면서 세포를 움직이게 한다.

선모(pilus) 역시 일부 원핵세포에 나타나는 머리털 모양의 구조물이다(그림 26.1). 선모는 편모보다 짧아서 수 ㎛ 길이이고 두께는 7.5~10nm이다. 선모는 원핵세포를 적당한 기질에 부착하고 유전정보를 교환하는 데 쓰인다.

일부 원핵생물은 영양 조건이 불량하면 유전체와 약간의 세포질을 두꺼운 벽으로 둘러싼 내생포자(endospore)를 형성한다. 이 내생포자는 열악한 환경에 대한 내성이 강하며, 특히 열에 매우 강하여 수십 년 또는 수백 년이 지난 뒤에도 발아하여 새로운 개체로 될 수 있다.

세포 내부

원핵세포의 가장 기본적인 특징은 세포 내부가 단순하다는 것이다. 원핵세포는 진핵세포에서 볼 수 있는 기능적인 구획은 없지만 다음과 같은 구조물을 가진다.

내막. 여러 원핵생물은 호흡이나 광합성의 기능을 나타내는 원형질막 함입부를 가진다(그림 26.5).

핵양체. 원핵세포는 핵이나 진핵세포에서 볼 수 있는 복잡한 염색체를 가지지 않는다. 그 대신 이중가닥으로 된 1개의 DNA 고리가 핵양체(nucleoid)라는 부위에 들어 있다. 여러 원핵세포는 또 작고 독립적으로 복제하는 플라스미드라는 고리 모양의 DNA를 가진다. 플라스미드에는 소수의 유전자만 들어 있으며, 이 유전자들은 대개 세포의 생존에 필수적인 것은 아니다.

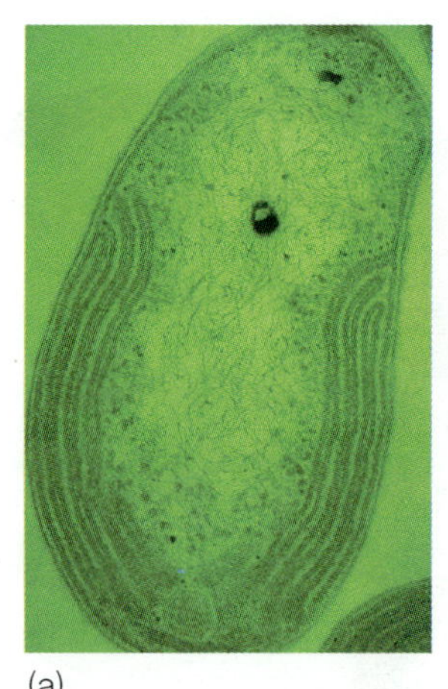

(a)

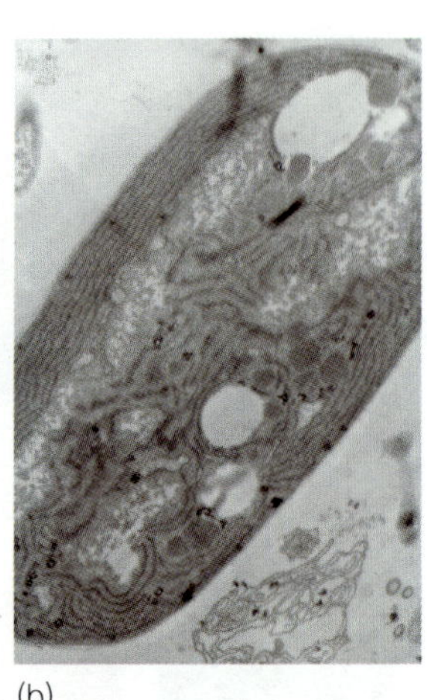

(b)

그림 26.5 | 복잡한 내막을 가지는 원핵세포.
(a) 이 호기성 세균은 세포질 내에 미토콘드리아에서 볼 수 있는 것 같은 확장된 호흡막을 가진다. (b) 이 남세균은 광합성 장소가 되는 틸라코이드 모양의 막을 가진다.

리보솜. 원핵생물의 리보솜은 진핵생물의 것보다 작고, 단백질과 RNA도 차이 난다. 테트라사이클린이나 클로람페니콜과 같은 항생물질은 원핵세포의 리보솜에 결합하여 단백질 합성을 차단하지만 진핵세포의 리보솜에는 결합하지 못한다.

원핵생물의 변이

원핵생물은 신속히 번식하므로 유전적 변이도 집단 사이에 신속히 확산된다. 돌연변이와 유전자 재조합의 두 가지 과정이 원핵생물의 변이를 일으킨다.

돌연변이

세균에서 돌연변이는 DNA 복제의 실수로 우연히 일어날 수 있다. 방사선, 자외선, 여러 가지 화학물질이 이런 실수를 증가시킬 수 있다. 대장균(*E. coli*)과 같은 전형적인 세균은 약 5,000개의 유전자를 가진다. 한 유전자가 100만 번 복제할 때마다 한 번 꼴로 돌연변이가 일어날 확률이 있다. 5,000개의 유전자를 가진 세균에서는 200개의 세균 중 하나는 어느 한 유전자에서 돌연변이가 나타날 확률을 가진다(그림 26.6). 흙 한 수저 속에는 대개 10억 개 이상의 세균이 들어 있으므로 이 중에는 500만 개의 돌연변이 세균이 들어 있는 셈이다.

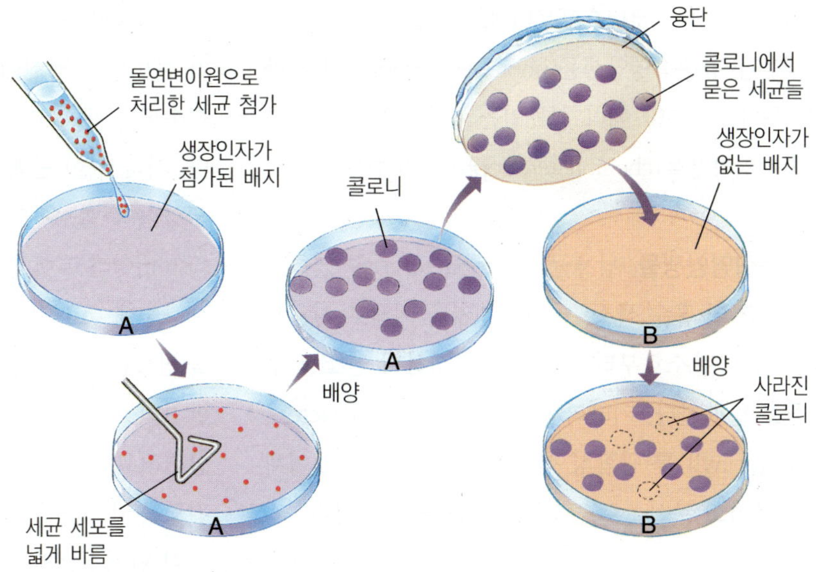

그림 26.6 | 세균내 돌연변이 사냥.
복제평판법을 이용하여 세균의 돌연변이를 탐색하고 콜로니의 유전적 특징을 연구할 수 있다. 한천 배지에서 자라는 세균 콜로니를 융단(벨벳) 원판을 눌러서 A에서 B로 옮긴다. 배지 A에는 특정 생장인자가 들어 있지만, 배지 B에는 이 생장인자가 들어 있지 않다. 돌연변이가 일어나지 않은 세균은 자신의 생장인자를 만들어내므로 배지에 생장인자가 들어 있지 않아도 잘 자라지만, 돌연변이로 생장인자를 만들어내지 못하는 세균은 생장인자가 첨가되지 않은 배지 B에서는 자라지 못한다. 그러므로 B에서 사라진 콜로니가 돌연변이 콜로니이다. 이 돌연변이 세균은 배지 A에 이미 살고 있었지만 탐색되지 않았던 것이다.

적당한 조건에서 *E. coli*는 20분마다 두 배로 늘어난다. 세균은 빨리 증식하므로 돌연변이는 집단 내에 신속히 확산하고 집단의 형질을 바꿀 수 있다. 새로운 환경에서 이와 같이 신속히 변화할 수 있는 원핵생물의 능력은 사람에게도 흔히 악영향을 준다. 최근에 질병을 일으키는 *Staphylococcus aureus*의 여러 가지 균주가 나타났는데, 이 균주들은 페니실린이나 다른 항생제에 대한 내성을 획득하여 이 균이 일으키는 질병이 잘 치료되지 않고 있다.

최근에 항균 비누가 널리 팔리고 있다. 그러나 이런 비누를 상용하면 돌연변이를 가진 세균이 살아남아 항생물질에 대한 면역을 가지게 된다. 결국 항균 비누는 세균 감염을 다스리기 어렵게 만든다.

유전자 재조합

원핵생물 집단의 유전자 변이의 다른 원천은 재조합이다. 재조합은 접합이나, 바이러스에 의해 한 세포에서 다른 세포로 유전자가 운반될 때 일어난다. 새로 생긴 항생물질 내성 유전자가 플라스미드에 의해 신속히 전달된 것이 *S. aureus*의 항생물질 내성 균주가 나타나게 된 주요 요인이다. 인간의 입장에서 보다 중요한 것은 장내 세균에 관한 것이다. 장내 세균 중에는 이질, 장티푸스 등의 여러 병원성 세균이 포함된다. 가끔 병원성인 세균 종에서 유전물질이 플라스미드에 의하여 *E. coli*에 운반되기도 한다. *E. coli*는 사람의 소화관 내에 매우 많으므로 이 세균이 유해한 형질을 획득하는 것은 사람에 큰 위협이 된다.

원핵생물의 대사

많은 원핵생물이 필요한 탄소를 CO_2로부터 얻는 독립영양생물(autotrophs)이다. 햇빛으로부터 에너지를 얻는 독립 영양생물을 광독립영양생물(photoautotrophs)이라 하며, 무기화합물로부터 에너지를 얻는 독립영양생물을 화학독립영양생물(chemoautotrophs)이라 한다. 일부 원핵생물은 필요로 하는 탄소의 일부를 유기물로부터 얻는 종속영양생물(heterotrophs)이다. 햇빛으로부터 에너지를 얻는 종속영양생물을 광종속영양생물(photoheterotrophs)이라 하고, 유기물로부터 에너지를 얻는 종속영양생물을 화학종속영양생물(chemoheterotrophs)이라 한다.

광독립영양생물. 남세균(cyanobacteria)은 엽록소 a를 주요 빛 흡수 색소로, 물을 전자 공여체로 이용하여, 이산화탄소로부터 유기물을 합성하며 산소를 부산물로 방출한다. 기타의 세균은 세균엽록소(bacteriochlorophyll)를 광합성 색소로, H_2S를 전자 공여체로 이용하고 부산물로 원소 상태의 황을 방출한다.

화학독립영양생물. 일부 원핵생물은 무기물을 산화하여 에너지를 얻는다. 가령 질화세균은 암모니아나 아질산염을 산화하여 에너지를 얻고 질산염을 배출하는데, 이 질산염은 식물이 흡수한다. 이 과정을 질화작용(nitrification)이라고 하는데, 식물은 질산염 형태로만 질소를 흡수할 수 있으므로 육상 생태계에서 매우 중요하다. 일부 원핵생물은 황, 수소기체, 또는 다른 무기물질을 산화한다. 수심 2,500m의 컴컴한 해저의 열수구에서는 전체 생태계가 H_2S를 산화하는 세균에 의지하여 지탱된다.

광종속영양생물. 비황자색세균은 빛을 에너지원으로 이용하지만 탄소는 다른 생물이 생산한 탄수화물이나 알코올과 같은 유기물로부터 얻는다.

화학종속영양생물. 대부분의 원핵생물은 유기물로부터 탄소와 에너지를 얻는다. 분해자와 대부분의 병원균이 이와 같은 세균들이다.

숙주에 감염하는 종속영양생물

1980년대에 병원균이자 그람 음성균의 하나인 *Yersinia*를 연구하던 연구자들은 이 균이 다량의 단백질을 분비하는 것을 발견하였다. 그람 음성균이 분비하는 대부분의 단백질들은 세균의 이중막을 통과할 수 있게 하는 특정 신호 서열을 가지고 있다. *Yersinia*가 분비한 단백질에는 그람 음성균의 이중막을 통해 수송되는 데 필요한 주요 신호 서열이 결여되어 있었다. 따라서 이 단백질들은 제3의 시스템에 의해 분비되었다고 볼 수 있는데, 연구자들은 이를 type III system이라고 했다.

나중에 더 많은 세균이 연구되면서 type III system을 만드는 유전자들이 다른 그람 음성동물병원균에서 발견되고 있으며, 유연관계가 먼 식물병원균에서도 발견되고 있다. 이 유전자들은 서로 비슷하며, 세균의 편모를 만드는 유전자와도 유사성을 나타내고 있다.

이 단백질들의 역할은 아직 확실히 알려져 있지는 않으나, 일부는 다른 병원성 단백질을 진핵세포 안에 옮기는 데 이용되는 것 같다. Type III 유전자와 편모 유전자 사이의 유사성 때문에 일부 과학자들은 운반 단백질이 숙주세포 안에 병원성 단백질을 집어넣는 편모 모양의 구조를 하고 있을 것으로 가정하고 있다. 진핵세포로 일단 들어온 병원성 단백질은 병원균에 대한 숙주의 반응을 결정할 수 있다. *Yersinia*에서 type III system에 의해 분비된 단백질들은 대식세포에 주입되고, 이 단백질들은 세균을 삼키라는 대식세포로 가는 신호를 차단한다. *Salmonella*와 *Shigella*는 type III 단백질을 이용하여 진핵세포의 세포질로 들어가므로, 숙주의 면역계로부터 보호된다. *E. coli*가 분비하는 단백질들은 인접한 장 세포의 세포골격을 바꾸어 세균 세포가 단단히 결합할 수 있는 혹을 만든다.

식물 병원성 세균

식물의 여러 가지 질병은 종속영양성 세균에 의해 일어난다. 거의 모든 식물은 1개 이상의 세균성 질병에 취약하다. 이 질병들의 증세는 여러가지이지만 대개 줄기, 잎, 꽃, 과실에 여러 가지 크기의 반점을 만든다. 배와 사과나무의 마름병은 잘 알려진 세균성 질병이다. 대부분의 식물 병원성 세균은 슈도모나스라는 막대 모양의 세균들이다.

26.4 해로운 세균과 유익한 세균

인체 병원균

폐결핵

폐결핵은 수천 년 동안 사람의 주요 사망 원인이었다. 폐결핵은 공기를 통하여 잘 전염된다. 오늘날 전 세계 인구의 약 1/3이 결핵균 *Mycobacterium tuberculosis*로 감염되어 있다(그림 26.7). 매년 800만 명이 새로 감염되며, 약 300만 명이 이 질병으로 사망한다. 1980년대 중반부터 미국에서 폐결핵이 급격히 증가했는데, 그 이유로는 가난, 인구 밀집, 노숙, 감금 등의 사회적 요인 때문이다. AIDS에 걸린 사람은 폐결핵에 걸릴 가능성이 높으므로 HIV 감염도 폐결핵의 증가 요인이 되고 있다. 폐결핵의 증가 외에도, 폐결핵치료제에 내성을 나타내는 균주들의 발생은 특히 우려를 자아내고 있다.

충치

우리가 보통 세균성이라고 생각하지 않는 병원균 중 하나는 치아의 필름에서 활동하는 세균이다. 이 필름을 플라그(plaque)라고 하는데, 플라그는 다당류 기질로 둘러싸인 세균으로 이루어져 있다. 플라그 속의 세균은 막대 모양의 세균이 섬유상으로 배열되어 있는데 이들은 여러 종의 *Actinomyces*이다. 플라그에는 그 외의 다른 종의 세균들도 존재한다. 충치(dental caries)는 이 플라그 속의 세균에 의해 생기며, 특히 칫솔이 닿기 어려운 곳에 잘 생긴다. 당분이 많은 음식은 특히 치아에 해로운데, 그 이유는 일부 세균은 당을 발효시켜 젖산을 만들어 입안의 pH를 낮추고 치아의 칼슘을 녹이기 때문이다. 이에서 칼슘이 녹아나오면 이의 나머지 연한 기질은 세균의 공격을 받기가 더 쉬워지고 이의 부식은 가속된다.

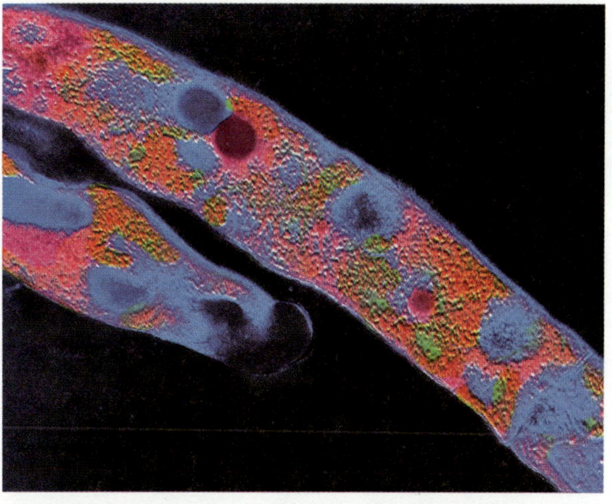

그림 26.7 | 결핵균 *Mycobacterium tuberculosis*.
이 그림은 사람의 폐결핵의 원인이 되는 막대형 세균을 보여주고 있다.

성병(Sexually Transmitted Diseases)

성적으로 전파되는 세균은 여러 가지가 있지만 그 중에서 다음의 세 가지가 특히 중요하다(그림 26.8).

임질. 임질(gonorrhea)은 임질균 *Neisseria gonorrhoeae*에 의해 생기며 체액 교환이 이루어지는 성행위나 성적 접촉에 의해 전염된다. 임질균은 목, 요도, 자궁경부, 직장에 감염되며, 눈이나 내부 장기로 전염될 수 있다. 치료하지 않으면 여성의 경우 골반염증을 일으키고 나팔관이 폐쇄되어 불임증을 유발할 수 있다.

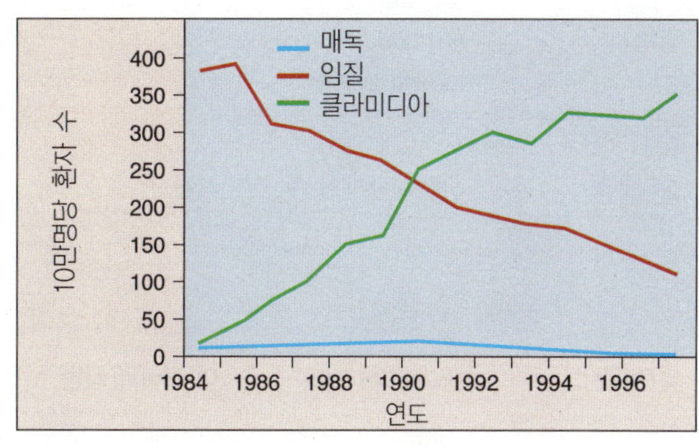

그림 26.8 | 미국에서의 세 가지 성병의 동향.
한 종류의 성병(임질) 발생건수가 감소할 때 다른 종류의 성병(클라미디아) 발생건수가 증가하는 이유가 무엇일까?

표 26.1 사람의 주요 세균성 질병

질병의 종류	병원균	매개체 및 보균처	증상
탄저병	*Bacillus anthracis*	동물	접촉이나 음식물 섭취로 전염되는 세균성 질병 간헐적 발생의 경우를 제외하면 드물다. 치명적일 수 있다.
보툴리누스 중독	*Clostridium botulinum*	부적절하게 조리된 음식	음식물 섭취나 상처를 통해 감염됨. 급성 독성중독을 일으킴. 치명적일 수 있다.
클라미디아	*Chlamydia trachomatis*	사람(성병)	요생식기에 감염되며 눈과 호흡기로 퍼질수 있다. 전 세계적으로 발생하며 지난 20년간 매우 보편화된 질병
콜레라	*Vibrio cholerae*	사람 배설물 플랑크톤	탈수로 죽음에까지 이를 수 있는 심한 설사를 일으킨다. 치료하지 않으면 치사율이 50%까지 이를 수 있다. 인구가 조밀하고 위생상태가 나쁜 시기에는 주요 사망 원인이었고, 1994년 르완다에서 10만 명 이상이 사망하였다.
충치	*treptococcus*	사람	치아 표면에 세균이 밀집하면 산을 분비하여 치아 에나멜층에 있는 무기질을 파괴한다. 당분 단독으로 충치를 일으키지는 않는다.
디프테리아	*Corynebacterium diphtheriale*	사람	점막의 급성 염증과 손상, 감염된 사람과의 접촉으로 전염된다. 백신 있음.
임질	*Neisseria gonorrhoeae*	사람만 발병	성병. 세계적으로 증가 추세. 보통 치명적이지 않다.
한센병(나병)	*Mycobacterium leprale*	사람, 야생 아르마딜로	피부의 만성적 감염. 세계적으로 1,000만에서 1,200만 명이 감염됨. 동남아시아에 특히 많다. 감염된 사람들과의 접촉을 통해 전염된다.
라임관절병	*Borrelia burgdorferi*	진드기, 사슴, 작은 설치류	감염된 진드기에 물려 전염됨. 상처가 생기고 이어 불쾌감, 발열, 피로, 통증, 목이 뻣뻣해짐, 두통 등이 뒤따른다.
소화성궤양	*Helicobacter pylori*	사람	처음에는 스트레스나 음식에 의해 발생하는 것으로 생각했다. 대부분 이 세균에 의한 것으로 보이며 항생제로 치료될 수 있다.
페스트	*Yersinia pestis*	야생 설치류에 기생하는 벼룩, 쥐와 다람쥐	14세기 유럽 인구의 4분의 1이 페스트로 사망하였다. 오늘날 미서부 야생 설치류들의 풍토병이다.
폐렴	*Streptococcus* *Mycoplasma,* *Chlamydia*	사람	폐의 급성감염. 치료하지 않으면 흔히 치명적임.
결핵	*Mycobacterium tuberculosis*	사람	폐, 림프, 뇌척수막의 급성세균 감염 발병률이 증가추세. 항생제에 내성을 갖는 새로운 균주 발생이 문제이다.
장티푸스	*Salmonella typhi*	사람	전세계적으로 발병하는 전신에 영향을 주는 세균성 질병이다. 미국에선 1년에 500건 이하의 발병건수가 보고이다. 오염된 물과 음식을 통해 전염된다. 여행객들을 위해 백신이 개발되어 있다.
발진티푸스	*Rickettsia typhi*	이, 쥐벼룩, 사람	역사적으로 인구가 조밀하고 위생상태가 나빴던 시기의 주요 사망 원인이었다. 감염된 이나 벼룩에 물려 사람에서 사람으로 전염된다. 치료하지 않으면 사망률이 70%에 이르기도 한다.

매독. 매독(Syphilis)은 스피로헤타 세균인 *Treponema pallidum*에 의해 발생하는데, 이 균은 성행위나 매독 상처에 직접 접촉하여 전파된다. 이 균은 모체로부터 태아로 전파되어 심장, 눈, 신경계에 손상을 주기도 한다. 매독균이 체내에 들어오면, 매독은 4개의 시기를 거치면서 진행된다. 1기에는 하감(chancre)이라고 하는 통증이 없는 작은 수포가 생긴다. 이 하감은 매독균이 감염된 지 약 3주일 후에 나타나는데, 이때 가장 전염력이 강하다. 2기에는 발진이 나타나고 입과 목 안에 수포가 나타난다. 3기에는 증상이 없고 수년간 지속될 수 있으며, 이 시기에는 전염력은 없으나 균이 체내 기관으로 침투한다. 4기에는 체내 손상이 중세로 나타나서, 심장 질환, 정신 박약, 신경 손상, 운동기능 상실, 실명 등이 나타난다.

클라미디아. 클라미디아(Chlamydia)는 조용한 성병이라고도 하는데, 병원균은 *Chlamydia trachomatis*이다. 이 세균은 예외적으로 세균성 특징과 바이러스성 특징을 동시에 나타내는데, 세균처럼 항생제에 반응을 하지만, 바이러스처럼 숙주에 의지하여 유전물질을 복제한다. 이 세균은 성행위를 통하여 전파되는데, 감염된 여성은 아무런 증세를 나타내지 않으므로 조용한 성병이라고도 한다. 이 때문에 1984년 이후 미국에서 감염자 수가 급증하고 있다. 감염된 여성은 불임을 초래할 수 있다.

최근에는 생식관에 감염한 클라미디아가 심장병을 일으키기도 하는 것이 알려졌다. 클라미디아는 심장근이 만드는 것과 유사한 펩티드를 생산한다. 면역계는 감염균을 퇴치하려 할때 이 펩티드를 인식하게 된다. 세균의 펩티드와 심장의 펩티드가 유사하므로 면역계는 혼란에 빠지고 T세포는 심장근 섬유를 공격하여 심장의 염증을 일으킨다.

유익한 원핵생물

원핵생물과 환경

지구상의 생물들은 생물과 물리적 환경 사이의 화학원소의 순환에 의지하고 산다. 원핵생물과 균류는 이 화학적 순환에 여러 가지 핵심적 역할을 담당한다.

분해. 우리 몸을 이루고 있는 탄소, 질소, 인, 황, 그리고 기타 원자들은 물리적 환경에서 온 것들이다. 원핵생물과 균류는 이 순환에서 분해를 담당하여 생물의 사체 속에 들어 있는 원자들을 환경으로 되돌려 보내는 분해자 역할을 한다.

고정. 어떤 원핵생물은 반대로 환경으로부터 원소들을 생물체로 되돌리는 고정 역할을 하는데, 광합성 원핵생물은 탄소 순환에 중요한 역할을 한다. 식물과 광합성 원핵생물이 CO_2로부터 만들어내는 유기화합물은 먹이연쇄를 따라 종속영양생물의 몸을 이룬다. 남세균은 광합성의 부산물로서 지구 대기의 산소를 만들었다.

원핵생물의 질소고정도 생태계에 매우 중요하다. 대기 중의 질소는 질소기체(N_2)의 형태로 존재한다. 이 기체의 두 질소원자 사이의 3중 공유결합은 깨지기 어렵다. 지구상의 생물 중에서 원핵생물만이 N_2를 환원하여 암모니아(NH_3)를 만들 수 있으며, 이 암모니아는 아미노산이나 다른 질소 함유 생물분자를 만드는 데 이용된다. 생물이 죽으면 다른 원핵생물(탈질소세균(denitrifiers))이 이 질소를 대기 중으로 되돌린다.

혐기성 환경에서 가장 중요한 질소고정 세균은 그람 양성균인 *Clostridium*속에 속한 균들이고, 물 속 환경에서의 주요 질소 고정세균은 *Anabaena*와 같은 남세균이다. 질소고정은 완전히 혐기성 과정이고 산소에 매우 민감하므로 남세균은 산소가 투과하지 못

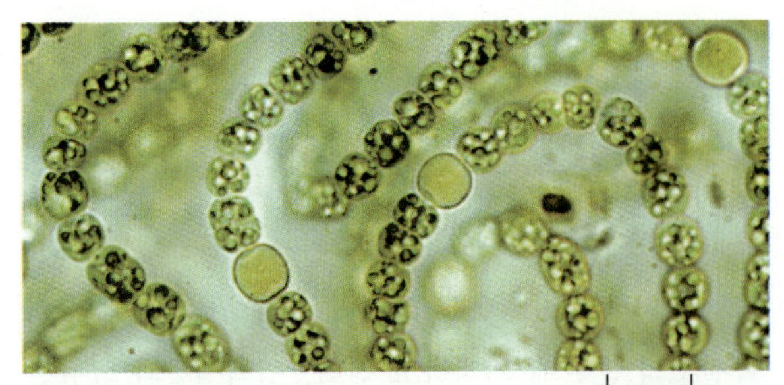

그림 26.9 | 질소고정을 하는 남세균 *Anabaena*.
사슬 모양으로 연결된 세포들 중 커다란 특수 이형세포가 질소고정을 담당한다.

하는 특수 세포인 이형세포(heterocyst)를 갖고 있다(그림 26.9). 토양에서 질소고정은 질소고정 세균이 군체를 이루며 공생하고 있는 식물의 뿌리에서 일어난다. 콩과식물의 뿌리에 공생하는 *Rhizobium*, 여러 관목의 뿌리에 공생하는 *Frankia* 등이 그 예이다.

공생성 원핵생물

여러 원핵생물은 진핵생물과 공생한다. 질소고정 세균이 식물의 뿌리에 공생하는 것은 상리공생(mutualism)으로서, 두 가지 생물이 모두 이익을 얻는다. 이때 세균은 식물에게 질소를 공급하고 식물은 세균에게 당과 기타 유기영양물을 공급한다.

여러 세균은 동물의 소화관 속에서 공생 관계를 유지하며 산다. 소나 기타 초식동물은 섬유소 분해효소를 만들지 못하므로 섬유소를 분해하지 못한다. 그러나 소의 혹위에 사는 세균은 이 효소를 만들어 섬유소를 분해하여 소가 분해산물을 이용하게 된다. 사람에게도 대장에 많은 세균이 살면서 여러 가지 비타민, 특히 사람이 합성하지 못하는 비타민 B_{12}와 K를 합성하여 사람이 이를 흡수할 수 있게 한다.

이외 어떤 세균은 식물과 동물 표면에 살며 세균에는 이익이 되나 식물과 동물은 이익도, 해도 입지 않는 편리공생(commensalism)을 하거나 병원성 세균처럼 세균에는 이익이 되나 다른 생물에는 해를 끼치는 기생(parasitism)을 하기도 한다.

CHAPTER 27

원생생물

그림 27.1 | *Volvox* 군체성 원생생물.
원생생물은 근본적으로 단세포로 이루어진 크고 다양한 생물군이다. 세 가지 진핵생물계가 이로부터 진화되었다.

지구상의 생명의 역사 중 절반 이상은 현미경적 크기의 생물체들이 그 주역이었다. 지구 초기에 20억년 동안 존재했던 생물 중에서 가장 큰 것이라고 해보았자 직경 6㎛도 넘지 않은 단세포 세균이었다. 25억 년 전에야 세균 외의 다른 생물이 나타났는데, 이 화석 생물은 세균보다는 훨씬 크고 세포 내에 막계를 가진 것이었다. 진핵세포라는 복잡한 세포의 등장은 생명체 진화의 중요한 전환점이 되었다(그림 27.1). 동물도 아니고, 식물도 아니며, 균류도 아닌 진핵세포들을 통칭하여 원생생물이라고 한다.

27.1 진핵생물의 기원

내부 공생

최초의 진핵생물에 대한 훌륭한 모델은 단세포 비광합성생물인 *Pelomyxa palustris*이다(그림 27.2). *Pelomyxa*의 세포는 세균 세포보다 크고 복잡한 내부 막계를 가진다. 이들은 일부 초기 화석 진핵세포와 유사하지만 다른 진핵세포와는 달리 미토콘드리아가 없고, 유사분열을 하는 징후도 발견되지 않았다. *Pelomyxa*의 핵은 잘록해져서 둘로 갈라진다. *Pelomyxa*에는 미토콘드리아가 없지만 세포 안에 두 종류의 세균이 살면서 미토콘드리아와 유사한 역할을 한다.

*Pelomyxa*의 기원에 대해서 알려진 것은 거의 없지만 여러 가지 특징을 보면 세균보다는 고세균과 훨씬 유사하다. 그래서 최초의 진핵생물은 비광합성 고세균의 후손이었을 것으로 보고 있다.

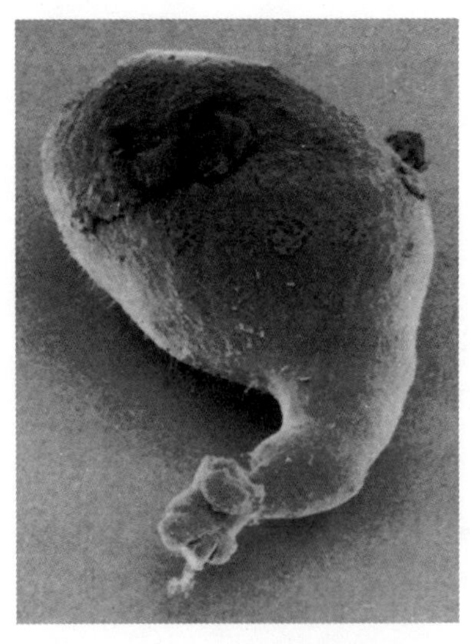

그림 27.2 | *Pelomyxa palustris.* 이 아메바 모양의 원생생물에는 미토콘드리아가 없고, 핵 내 유사분열도 나타나지 않는다. *Pelomyxa*는 진핵세포 진화의 초기 단계 모습을 나타낸다.

진핵생물의 미토콘드리아는 어디서 유래한 것일까? 대부분의 생물학자들은 내부공생설(endosymbiosis)을 수용하고 있다. 이 가설에 의하면 미토콘드리아의 조상은 공생하는 호기성 세균이었다는 주장이다(그림 27.3). 공생이란, 두 생물이 밀접한 연관을 맺고 사는 것을 말한다. 미토콘드리아는 길이가 1~3㎛로서, 이는 대부분의 세균과 같은 크기이다. 또, 미토콘드리아는 이중의 막으로 싸여 있는데, 이는 호기성 세균이 *Pelomyxa*와 유사한 진핵세포 조상에 의해 삼켜져서 미토콘드리아가 되었다는 설명과 부합된다.

오늘날 미토콘드리아와 가장 유사한 세균은 비황자색세균으로서, 이 세균은 산화적 대사를 할 수 있다. 미토콘드리아에서 매끈한 외막은 숙주세포의 소포체에서 기원한 것으로 추정된다. 내막은 여러 겹으로 접혀져 있는데, 이는 비황자색세균의 접혀진 세포막과 유사하다. 이 세포막 속에는 산화적 대사를 하는 단백질들이 들어 있다. 삼켜진 세균은 미토콘드리아의 내부 부분이 되었다.

*Pelomyxa*만이 미토콘드리아가 없는 원생생물은 아니다. *Giardia*도 미토콘드리아를 가지지 않는데, 수질 오염을 통하여 사람 사이에서 전파될 수 있다. 이들의 핵 속에서 미토콘드리아 유전자가 발견되었으므로 *Giardia*는 호기성 생물로부터 진화된 것이며, 초기의 원핵생물은 아님을 알려준다.

미토콘드리아가 진핵세포 안에 공생하였던 약 15억 년 동안 이들의 유전자 대부분은 숙주세포의 염색체 안으로 들어갔다. 미토콘드리아는 현재도 세균의 것과 유사한 환상의 독자적 게놈을 가진다. 이 게놈 속에는 산화적 대사에 필수적인 단백질을 만드는 유전자가 들어 있다. 이 유전자들은 미토콘드리아 안에서 전사되는데, 이때 크기와 구조가 세균의 것과 매우 유사한 미토콘드리아 안의 리보솜이 이용된다. 미토콘드리아는 세균처럼 이분열에 의하여 분열하며, 세균의 경우와 유사하게 자신의 DNA를 복제하고 분리한다. 그러나 핵 내 유전자가 이 과정을 주도하며 미토콘드리아는 진핵세포 밖에서는 자라지 못한다.

오늘날의 진핵세포에서 흔한 유사분열과 세포질분열 기작은 한꺼번에 진화한 것은 아니다. 오늘날의 일부 진핵세포에서 중간 단계의 기작을 가진 것도 있다. 가령, 균류와 일부 원생생물에서는 핵막이 소실되지 않은 채 핵 내에서 유사분열이 일어난다. 이 생물에서 유사분열이 끝나면 핵은 2개의 딸핵으로 분열하고, 그런 뒤에야 세포질이 분열한다. 대부분의 원생생물이나 식물, 동물에서는 유사분열시 핵막이 없어진다. 핵막 소실이 없이 일어나는 유사분열이 유사분열 진화의 중간 단계를 나타내는 것인지 또는 유사분열의 한 방식인지는 아직 확실하지 않다.

내부공생의 다른 예

여러 진핵세포는 미토콘드리아 외에 다른 내부공생 세균을 간직한다. 식물과 조류는 광합성 세균에서 기원한 엽록체를 가진다. 엽록체는 복잡한 내막계와 환

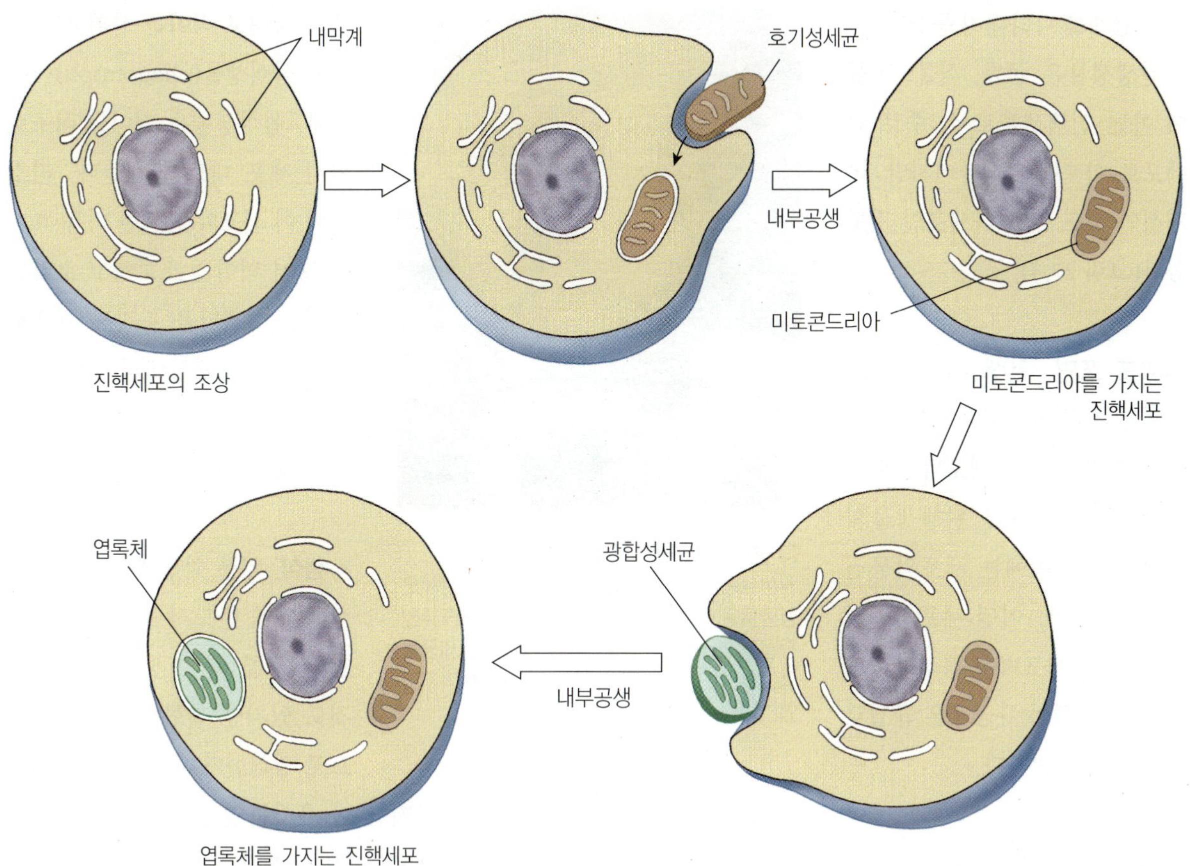

그림 27.3 | **내부공생설.**
과학자들은 이미 내막계를 가지고 있던 진핵세포의 조상세포가 호기성세균을 내부로 받아들여, 그것이 진핵세포의 미토콘드리아가 되었다고 생각한다. 마찬가지로 진핵세포에 의해 받아들여진 광합성세균은 엽록체가 되었다.

상의 DNA를 가진다. 중심립은 미세소관의 조립과 관계된 세포소기관으로서 여러 가지 면으로 스피로헤타 세균과 유사하며, 자신의 구조 단백질 합성에 관여하는 DNA는 세균의 것과 비슷하다. 미토콘드리아는 한 차례의 공생과정에 의해 생기게 되었다고 보지만, 엽록체는 그렇지 않다. 엽록체에는 생화학적으로 뚜렷하게 다른 세 가지 종류가 있는데, 각각은 서로 다른 세균 조상에서 기원한 것으로 보인다. 홍조류는 남세균의 것과 유사한 색소를 가지며, 식물과 녹색조류의 색소는 광합성세균인 *Prochloron*의 것과 매우 유사하고, 갈조류와 다른 광합성원생생물은 제3의 세균의 것과 유사하다. 이러한 엽록체의 다양성 때문에 진핵생물은 적어도 세 번의 서로 다른 시기에 내부공생에 의해 엽록체를 갖게 된것으로 믿어져 왔다. 그러나 근래 엽록체 DNA 염기 서열을 비교한 결과, 엽록체들은 한 조상세균에서 기원했으며 내부공생 과정 후 유전자들의 핵으로의 재배치, 소실, 변환에 의해 세 가지 서로 다른 엽록체가 생긴 것을 알게 되었다.

27.2 원생생물계

원생생물의 일반적 특징

원생생물은 진핵도메인의 4개 계 중에서 가장 다양한 생물군이다. 원생생물계(kingdom Protista)는 여러 가지 단세포성, 군체성 및 다세포성 생물을 포함한다. 그 계통이 서로 다른 생물들이지만 편의적으로 단세포성인 진핵생물은 모두 원생생물로 묶는다. 따라서 이들을 모두 하나의 원생생물계로 묶는 분류는 진화적 관계를 나타내지 못한다.

원생생물은 균류, 식물, 동물이 아닌 진핵생물로서, 주로 단세포로 이루어진 생물이지만, 군체성인 것도 많고 다세포인 것도 있다(그림 27.4).

세포 표면. 원생생물의 세포 표면은 여러 가지이다. 아메바와 같은 원생생물은 세포막만으로 되어 있으며, 다른 원생생물의 세포막 바깥쪽에는 세포외물질이 덮여 있다. 어떤 세포외물질은 튼튼한 세포벽을 형성하기도 한다. 규조류와 유공충은 규질로 된 외각을 분비한다.

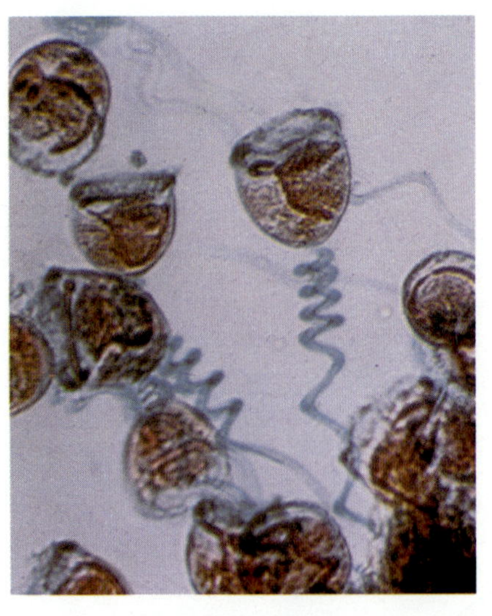

그림 27.4 | 단세포 원생생물.
원생생물계는 서로 다른 여러 그룹의 단세포 생물들을 모두 포함하고 있다. 섬모충류인 종벌레(*Vorticella*)는 종속영양생물로서, 세균을 먹이로 하고, 수축할 수 있는 자루를 가지고 있다.

운동 기관. 원생생물은 여러 가지 기작으로 이동한다. 많은 원생생물은 한 개 또는 여러 개의 편모를 휘저어 이동하며, 어떤 것은 먹이를 섭취하거나 움직이는 데 섬모를 이용하기도 한다.

아메바류는 위족(pseudopods)으로 움직인다. 위족에는 아메바처럼 크고 뭉툭한 엽상위족(lobopodia), 가늘고 가지처럼 갈라진 사상위족(filopodia), 가늘고 긴 위족 속에 미세소관 축이 들어 있는 유축위족(axopodia) 등이 있다.

포낭 형성. 여러 원생생물은 포낭(cyst)을 형성하여 그 속에서 잠복하면서 대사를 중지한 채 열악한 환경에서 견딘다. 척추동물에 기생하는 아메바가 형성하는 포낭은 위산에 내성은 크지만 건조나 고온에는 견디지 못한다.

영양 섭취. 원생생물은 화학독립영양생물 방식을 제외한 모든 방식을 이용하여 영양을 섭취한다. 어떤 것은 광합성영양생물(phototrophs)이고, 어떤 것은 종속영양생물이다. 종속영양원생생물 중 눈으로 보이는 입자 상태로 먹이를 섭취하는 생물을 섭식생물(phagotroph)이라 한다. 섭식생물은 먹이를 식포로 싸서 세포 내로 섭취한다. 리소솜이 이 식포와 융합한 다음 효소를 넣어 먹이를 소화하고 소화된 먹이는 식포막을 통과해 세포로 흡수된다. 용액상태의 먹이를 섭취하는 원생생물을 호삼투생물(osmotrophs)이라 한다.

생식. 일부 원생생물은 유성생식 시기를 반드시 보내거나 환경 압박이 클 때 유성생식을 하는 것도 있지만 전형적으로 무성적으로 생식한다. 무성생식 중에도 유사분열을 하지만 이 유사분열은 다세포생물의 유사분열과는 차이가 있다. 가령, 유사분열 중에도 핵막이 유지되며, 방추체가 핵 안에서 생긴다. 무성생식 중 하나는 2분열(binary fission)로서, 세포가 똑같은 크기의 2개로 갈라진다. 갈라질 때 딸세포가 모세포보다 훨씬 작고 분열 후 성체 크기로 자랄 때는 출아(budding)라고 한다. 일부 원생생물에서는 체절분열(schizogany)이라는 다분열이 일어나는데, 여러 번의 핵분열이 일어난 뒤에 분열이 일어나서 동시에 여러 개체가 생산된다.

섬모충류나 일부 편모류에서는 감수분열로 배우자 형성이 일어난다. 그러므로 이 원생생물들은 생활주기의 대부분이 이배체 시기이다. 포자를 형성하는 원생생물에서는 감수분열이 수정 후에 일어나며 만들어진 모든 개체들은 다음의 접합자가 만들어지기까지는 반수체이다. 조류에서는 반수체세포와 2배체세포가 유사분열을 하여 식물에서 보는 것과 유사한 세대 교번이 일어난다.

27.3 원생생물의 분류

지금까지 여섯 가지 단일계통적 그룹의 원생생물이 확인되었다. 그러나 이 중 어떤 그룹에도 속하지 않는 많은 원생생물들이 존재한다.

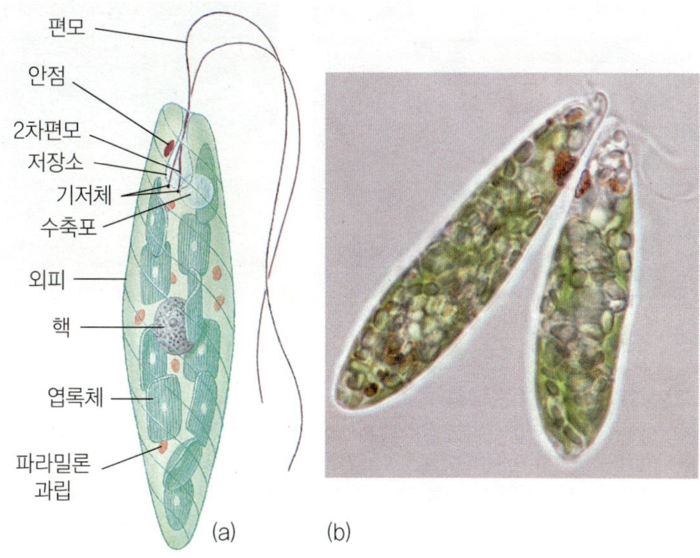

그림 27.5 | 유글레나류.
(a) 유글레나의 모식도. (b) 유글레나속(genus *Euglena*)의 현미경 사진. 파라밀론과립은 먹이 저장 부위이다.

유글레나계통(Euglenozoa)

유글레나류(Euglenoids)

유글레나류는 원생생물에서는 식물과 동물의 구분이 불가능함을 명백히 보여준다. 유글레나류에 속하는 약 40개 속 중 1/3은 엽록체를 가지는 독립영양생물이다. 그 외의 유글레나류는 엽록체가 없고 먹이를 외부에서 섭취하는 종속영양생물이다. 일부 엽록체를 갖는 유글레나류는 어두운 곳에서는 종속영양성으로 바뀌는데, 이때 엽록체는 작아지고 비기능적으로 된다. 그러나 다시 햇빛 속으로 나오면 몇 시간 안에 녹색으로 된다.

유글레나류의 길이는 10~500㎛이고 형태가 매우 다양하다. 원형질막 안에는 서로 연결된 단백질성 띠가 나선상으로 배열되어 있다. 이 외피(pellicle)는 신축적이므로 유글레나류는 모양을 변화시킬 수 있다.

이 유글레나문의 생식은 유사분열적 세포분열로 일어나며, 유성생식은 알려지지 않았다. 유사분열이 일어날 때 핵막은 그대로 존속된다.

유글레나속(genus *Euglena*)(그림 27.5)에서는 2개의 편모가 몸의 앞 끝에 있는 플라스크 모양의 저장소의 기부에 부착해 있다. 편모 2개의 길이는 다른데, 긴 것의 한 쪽 면에는 매우 미세한 짧은 털 모양의 돌기가 줄을 지어 나 있으며, 짧은 편모는 저장소 안에 있다. 수축포는 여분의 물을 몸의 각 부분에서 모아 저장소를 통해 방출하여 체내 삼투압을 조절한다. 안점은 빛에 민감하여 이들 광합성생물들이 빛을 향해 움직이도록 돕는다. 유글레나 안에는 수많은 엽록체가 들어 있다. 이 엽록체에는 식물이나 녹조류의 것처럼 엽록소 a와 b 및 카로티노이드가 들어 있다. 유글레나류의 엽록체는 구조는 약간 다르지만, 녹조류의 엽록체와 공동조상을 갖고 있는 것 같다. 즉, 녹조류를 섭취한 후 공생관계에 의해 유글레나류의 엽록체로 진화했다고 추측한다.

동원핵편모충류(Kinetoplastids)

동원핵이란 각 세포에 있는 독특한 단일 미토콘드리아를 말한다. 이 미토콘드리아는 작은 고리 및 큰 고리의 두 가지의 DNA를 가진다.

동원핵편모충류는 여러 차례 진화하며 기생생활을 하여 왔다. 트리파노소마는 아프리카에서 수면병을 일으키는 병원충(그림 27.6)이며, 그 외에 레이슈마니아증이나 샤가스병 등도 일으킨다. 샤가스병은 *Trypanosoma cruzi*가 일으키는 병으로서 미국 남부에서 아르헨티나까지 기생충에 감염된 작은 야생동물의 배설물과의 피부접촉으로 사람이나 다른 동물들에 전염된다. 이 병은 사람과 가축의 심장과 소화관에 심각한 질환을 일으키지만, 야생동물에서는 증세가 약

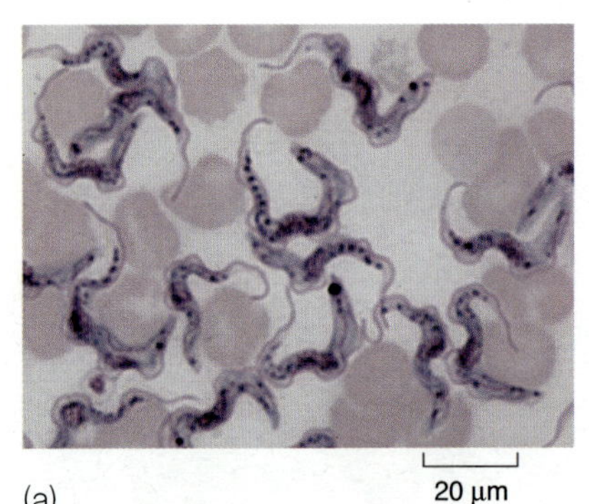

(a)

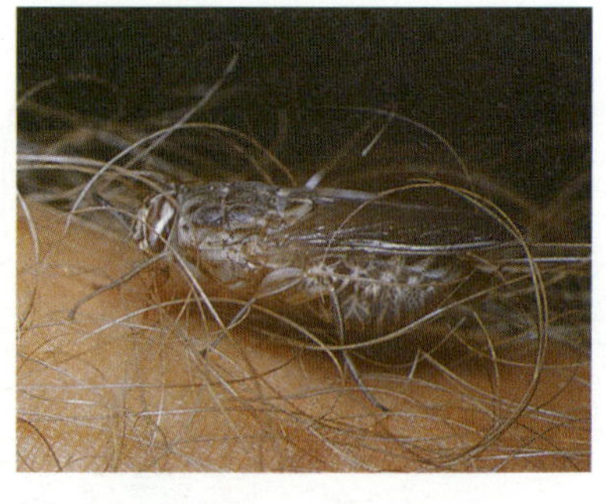
(b)

그림 27.6 | **동원핵편모충.**
(a) 적혈구 사이에 퍼져 있는 *Trypanosoma*(500×). 핵(검게 염색된 부위)과 편모, 모양을 변화시키며 구불구불 움직이는 트리파노소마가 보인다.
(b) 체체파리. 사람 팔에서 피를 빨고 있는 체체파리는 트리파노소마를 운반한다.

그림 27.7 | **쌍편모충류.**
대부분의 쌍편모충류의 특징인 두꺼운 섬유소 껍질이 없는 *Noctiluca*는 발광생물체로 열대바다의 반짝임의 원인이다. 다른 세 속의 쌍편모충류는 홈 속의 짧은 편모가 몸을 두르고 있고, 긴 편모는 몸으로 부터 돌출해 뻗어 있다.

한 것으로 알려졌다. 수면병을 일으키는 동원핵편모충은 체체파리가 옮긴다. 이들 병들은 동원핵편모충류의 독특한 성질 때문에 제어하기가 어려운데, 예를 들면, 수면병을 일으키는 체체파리가 옮기는 트리파노소마는 교묘한 유전적 조작에 의해 그들의 당단백 보호막의 성질을 계속 변화시킴으로써 숙주항체의 공격을 피한다.

포낭충계통(Alveolata)

포낭충류에는 쌍편모충류, 정단복합체충류, 섬모충류가 포함되는데, 이들은 모두 원형질막 아래에 포낭(alveoli)이라는 공간을 가진다.

쌍편모충류(Dinoflagellates)

대부분의 쌍편모충류는 단세포로 되어 있으며 광합성을 하고 2개의 편모를 가진다. 해수와 담수에 모두 살며 일부는 발광을 하여 열대의 밤바다에서 반짝이는 생물체이다. 쌍편모충류는 편모와 보호막을 가지며 생화학적 특징도 독특하여 원생생물의 다른 문과 직접적인 유연관계가 없는 것으로 보인다. 흔히, 규질로 뒤덮힌 섬유소 유사물질로 이루어진 판이 외각을 이루어 세포를 감싼다(그림 27.7). 이 외각판들의 접합부에 대개 홈이 있고 편모가 이 홈을 따라 나 있는데, 편모 중 하나는 옆으로 허리띠처럼 감기고, 다른 하나는 이와 수직으로 나 있다. 움직일 때 이 홈 속의 편모의 운동으로 쌍편모충류가 회전하게 된다. 대부분의 쌍편모충류는 엽록소 a와 b 그리고 카로티노이드를 가지는데, 이 점은 규조류나 갈조류와 비슷하다.

해안에서 흔히 일어나는 적조(red tide)는 대개 쌍편모충류가 폭발적으로 증식하여 일어나는 현상이다. 적조는 수산업에 막대한 피해를 준다.

쌍편모충류는 먹이가 없을 때 유성생식을 하기도 하지만 주로 무성생식으로 번식한다. 이들의 염색체는 진핵생물중 유일하게 히스톤 단백질과 복합체를 이루지 않는다.

정단복합체충류(Apicomplexes)

정단복합체충류는 포자를 형성하며 동물에 기생한다. 이들은 독특하게 세포의 한쪽 끝에 섬유, 미세소관, 액포 및 다른 세포소기관이 배열되어 정단복합체

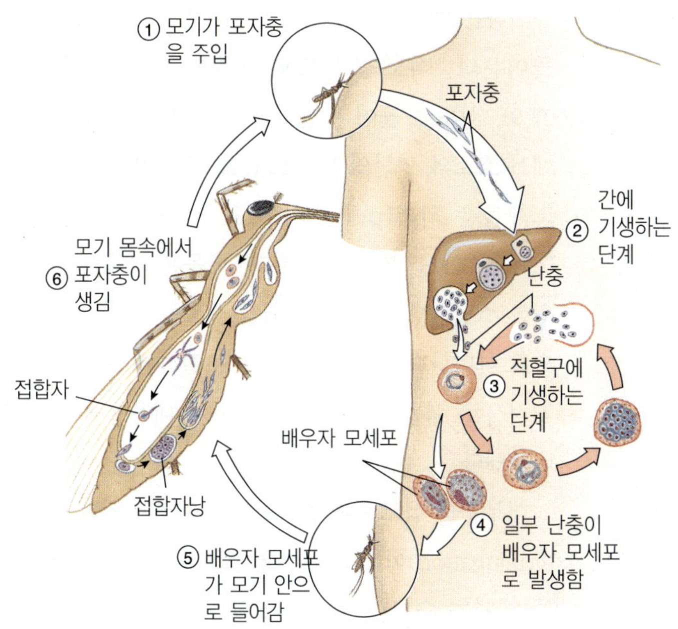

그림 27.8 | 말라리아원충(*Plasmodium*)의 생활사.
정단복합체인 말라리아원충은 말라리아를 일으킨다. 모기와 포유류 사이에서 교대로 일어나는 복잡한 생활주기를 갖는다.

(apical complex)라 불린다. 가장 잘 알려진 것은 말라리아원충 *Plasmodium*이다. 말라리아원충은 아메바운동으로 숙주의 적혈구 안으로 기어 들어간다. 다른 정단복합체충류와 마찬가지로 말라리아원충도 복잡한 생활주기를 가지는데, 숙주인 모기와 척추동물 사이에서 유성생식과 무성생식 시기를 가진다(그림 27.8).

*Plasmodium*은 미토콘드리아를 가지고 있지만, 저농도 O_2와 고농도 CO_2의 환경에서 잘 자라는 미호기성생물(microaerophil)이다.

말라리아 치료약으로서 오랫동안 키니네가 이용되어 왔으나, 이 약에 내성을 가지는 말라리아원충 계통이 나타났고, DDT에 내성을 갖는 모기와 함께 말라리아 퇴치에 어려움을 주고 있다. 또다른 정단복합체충류인 *Gregarine*은 절지동물, 환형동물, 연체동물의 장 표피에 정단복합체를 이용해 부착, 영양분을 얻는다. 흔히, 지렁이가 숙주가 된다.

섬모충류(Ciliates)

많은 수의 섬모를 가지고 있는 섬모충류는 길이가 10~3,000㎛로 단세포 종속영양생물이다. 이들의 섬모는 세포 주위에 종으로 배열하거나 나선상으로 배열한다. 섬모는 원형질막 안쪽에 있는 미세소관에 고착되어 있으며, 서로 협동적으로 움직인다. 일부 종류에서는 섬모들이 융합하여 막이나 가시, 막대를 이루어 입, 이, 발과 같은 특수한 기능을 한다. 섬모충류는 신축성 있고 질긴 외피(pellicle)를 가져서 몸을 압착하여 장애물 사이를 통과할 수 있다.

모든 섬모충류는 소핵과 대핵의 두 가지 핵을 가진다(그림 27.9). 대핵은 유사분열로 분열하고 생리적 기능에 필수적이다. 1930년대에 흔히 이용되는 실험 생물의 하나인 *Tetrahymena pyritormis*의 소핵을 실험석으로 제거했는데, 그 후손들은 오늘날까지도 무성생식을 계속하고 있다. 그러나 짚신벌레(*Paramecium*)는 소핵을 제거하면 결국은 죽는다. 짚신벌레의 소핵을 제거하면 약 700세대까지는 무성적으로 분열하지만, 유성생

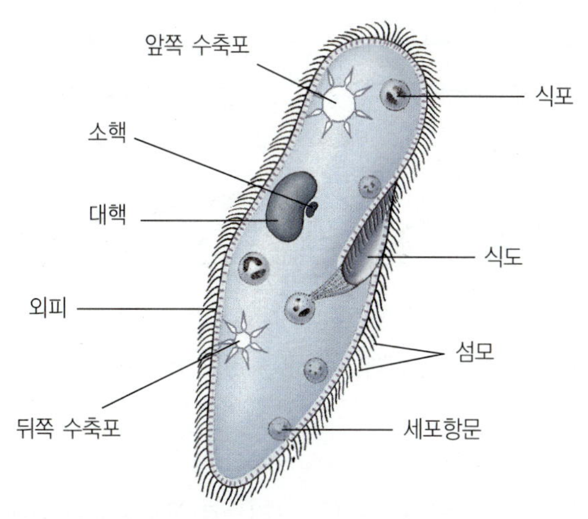

그림 27.9 | 짚신벌레(*Paramecium*).
이 익숙한 섬모충류는 섬모, 2개의 핵, 여러 특수한 세포소기관을 갖는다.

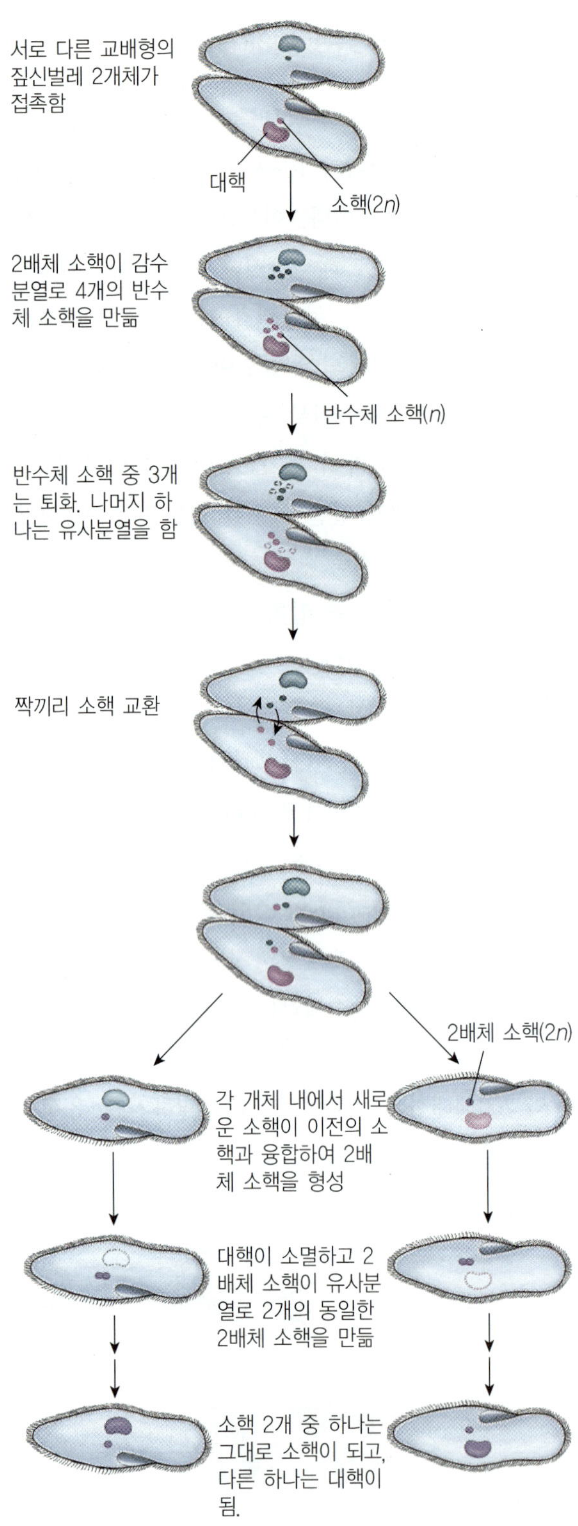

그림 27.10 | 짚신벌레(*Paramecium*)의 생활주기.

식을 하지 못하면 죽는다. 그러므로 섬모충류의 소핵은 유성생식에만 필요하다.

섬모충류는 음식을 섭취 소화하고 수분의 균형을 유지하는 액포를 가진다. 음식은 처음 식도(gullet)로 들어온다. 식도는 섬모로 내부가 덮여 있다(그림 27.9). 식도로 들어온 음식은 액포로 전달되고, 이곳에서 효소와 염산의 도움으로 소화가 일어난다. 후에 노폐물은 외피(pellicle)에 있는 특수구멍인 항문(cytoproct)을 통해 배출된다. 항문은 세포외 배출을 위한 소낭인데, 단단한 과립을 배출하기 위해 주기적으로 나타난다. 수분의 균형을 조절하는 수축포는 주기적으로 팽창과 수축을 반복하여 내용물을 외부로 내보낸다.

대부분의 섬모충류와 마찬가지로 짚신벌레는 접합(conjugation)이라는 유성생식을 한다. 접합을 할 때 두 개체는 수시간 동안 서로 부착한다(그림 27.10). 짚신벌레는 여러 가지 교배형이 있는데, 유전적으로 서로 다른 교배형 사이에서만 접합이 일어난다. 각 개체는 소핵의 감수분열로 여러 개의 반수체 소핵을 만들고, 접합하는 개체들은 소핵 하나를 둘 사이의 세포질다리를 통해 서로 교환한다. 상대로부터 받은 새로운 소핵은 이전부터 갖고 있던 소핵과 융합하여 2배체 소핵을 이룬다. 접합을 한 후 대핵은 소멸하고, 2배체 소핵이 유사분열을 하여 2개의 2배체 소핵을 만든다. 이 2개의 소핵 중 하나는 여러 차례 DNA 복제를 반복하여 새로운 대핵이 되고 다른 하나는 소핵이 된다. 이와 같은 유전물질의 완전한 분리는 섬모충류에만 있는 독특한 현상이다.

Stramenopila계통 및 홍조식물계통 (Rhodophyta)

Stramenopila

Stramenopila는 갈조류, 규조류 및 난균류(물곰팡이류)를 포함한다. 갈조류(brown algae)는 북구 해역에서 가장 많은 해조류이다(그림 27.11). 갈조류의 생활주기는 포자체(2배체)와 배우체(반수체)의 세대교번이 이루어지는 것이 특징이다. 일부 포자체 세포는 감수분열로 포자를 만든다. 이 포자들은 발아하여 유

그림 27.11 | 갈조류.
전 세계 해안의 비교적 얕은 물에 사는 거대한 다시마의 숲은 여러 생물체의 먹이와 서식처가 된다.

사분열을 통해 우리가 다시마라 하는 커다란 개체를 만든다. 배우체는 대개 작고 섬유상인 개체로서 폭이 수cm에 지나지 않는다.

Chrysophyta문에 속하는 규조류(diatoms)는 광합성 단세포생물로서 독특하게 규질로 이루어진 이중 패각을 가지는데, 뚜껑이 있는 작은 상자처럼 하나가 다른 패각 안으로 꼭맞추어진 형태이다(그림 27.12). 규조류의 엽록체에는 엽록소 a, c 및 카로티노이드가 들어 있는데, 이 점은 갈조류나 쌍편모충류와 같다. 규조류는 chrysolaminarin이라는 특징적인 탄수화물을 생산한다. 일부 규조류는 raphe라는 2개의 긴 홈을 이용하여 움직이는데, raphe에는 파동 섬유가 줄지어 있다. 정확한 기작은 아직 밝혀지지 않았지만 raphe에서 점액성 다당류줄기를 내뿜으며 나아간다.

난균류(oomycetes)는 기생성이거나 부생미생물(생물의 사체에서 나오는 유기물을 먹음)이다. 이들은 다른 원생생물과는 달리 가동성 포자인 유주자(zoospors)를 만든다. 이 포자는 크기가 다른 2개의 편모를 가지는데, 하나는 앞쪽을 향하고 다른 하나는 뒤쪽을 향한다. 유주자는 포자낭에서 무성적으로 만들어진다. 유성생식은 웅성 생식기관과 자성 생식기관을 만들어 배우자를 생산하여 수행된다. 대부분의 난균류는 물 속에서 발견되지만 일부는 육상에 살면서 식물의 병원체가 되는 것도 있다. 1845년과 1847년에 아일랜드에서 감자의 마름병을 일으킨 것도 난균류 *Phytophthora infestans*이다. 이 감자 마름병으로 생긴 기근 때문에 40만 명이 굶어 죽었으며, 수백만 명의 아일랜드 사람들이 미국이나 다른 나라로 이민을 하였다.

홍조식물문(Rhodophyta)

홍조류는 크기가 현미경적 크기로부터 갈조류에 버금가는 크기로 다양하다. 우리가 흔히 먹는 김도 홍조류이다. 홍조류의 다당류는 아이스크림이나 화장품의 원료로도 쓰인다. 홍조류에는 편모나 중심립이 없고, 부수적인 광합성색소인 피코에리트린, 피코시아

그림 27.12 | 규조류.
이들 여러 가지 방사대칭 규조류는 특이한 규질 이중패각을 갖는다.

닌, 알로피코시아닌을 가지는데, 이 색소들은 피코빌리솜 안에 배열되어 있다. 홍조류는 세대교번을 하면서 생식한다.

홍조류는 약 7,000종으로 구성되어 있는데, 이들의 기원은 아직 논란거리이다. 초기 진핵생물에서 기원설과 녹조류와 같은 조상에서 진화했다는 설이 고려되고 있다. 엽록체의 분자적 비교로는 홍조류와 녹조류가 한 숙주세포에 의해 남세균이 삼켜져서 생긴 단일의 세포 내 공생적 기원을 가짐을 나타낸다. 홍조류, 녹조류 및 다른 원생생물의 RNA 중합효소 II의 큰 소단위를 합성하는 핵 내 DNA를 비교하면 홍조류는 식물, 동물, 균류의 계통이 생기기 전에 나타났음을 알려준다. 그러므로 숙주세포와 공생 남세균의 진화적 경로가 일치하지 않는다. 홍조류로 된 숙주세포는 식물로 된 숙주세포와는 달랐던 것으로 보인다. 그러므로 상이한 숙주세포가 동일한 남세균을 삼켰다고 볼 수 있다.

녹조식물계통(Chlorophyta)

녹조류(green algae)는 그 다양성과 식물계의 조상이라는 점 때문에 특별한 관심을 받고 있다. 녹조류는 두 가지 계통이 있는데 여기서 논의할 녹조식물(chlorophyte)과 육상식물로 진화하는 Streptophyta이다.

녹조식물은 그 화석이 많이 남아 있는데, 화석 기록은 9억 년 전까지 거슬러 올라간다. 오늘날의 녹조식물은 육상식물과 매우 닮아 있다. 특히 엽록체는 생화학적으로 육상식물의 것과 유사하며, 엽록소 a, b 및 카로티노이드를 포함한다.

녹조류의 조상형으로 *Chlamydomonas*를 들 수 있다(그림 27.13). 클라미도모나스의 개체는 작아서 길이가 대개 25㎛ 이하이며 녹색이고 둥글며 전단부에 2개의 편모를 가진다. 이들은 편모를 반대 방향으로 움직여 신속히 이동한다. 각 개체는 하나의 안점을 가

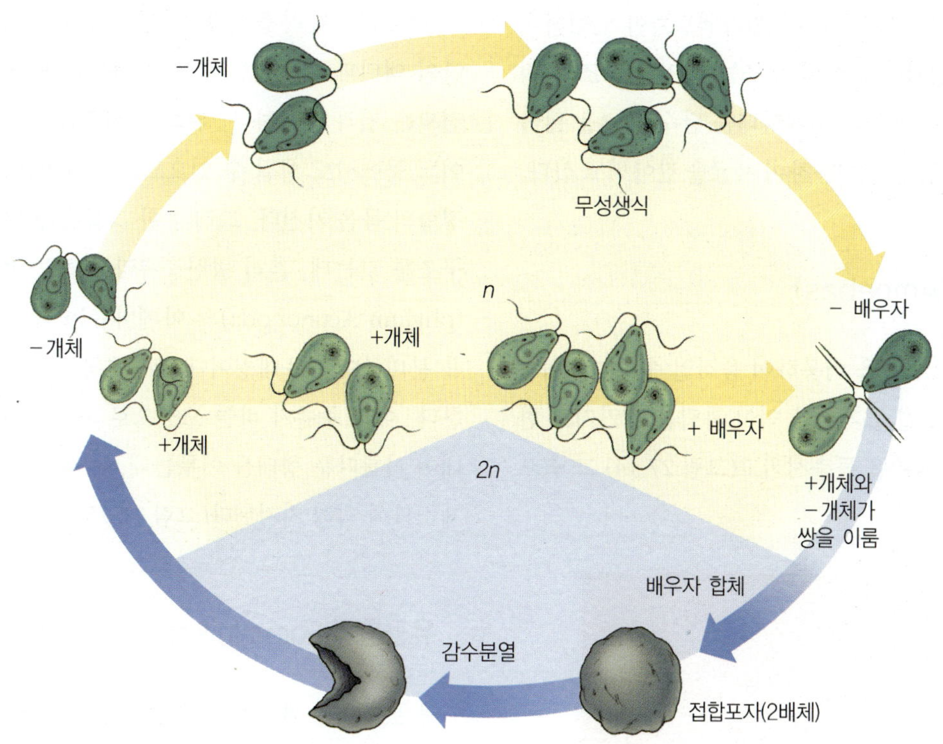

그림 27.13 | 녹조류 *Chlamydomonas*의 생활주기.
작고 2개의 편모를 가진 조류의 개개의 세포는 반수체로 무성생식을 한다. 어느 때 반수체세포는 배우자가 되어 서로 융합하여 접합자를 형성한다. 접합자는 두꺼운 벽이 발달하여 접합포자가 되는데, 이것이 전 생활주기 중 유일한 2배체 세포이다. 접합포자 내에서 감수분열이 일어나 4개의 반수체 개체를 방출한다. 이때 감수분열에 의한 분리로 2개의 +개체와 2개의 –개체가 생긴다. 비록 각 개체는 무성생식으로 분열하지만 배우자 합체는 +와 –개체 사이에서만 일어난다.

시는데, 안점에는 약 10만 개의 로돕신 분자가 들이 있다. 이 로돕신은 척추동물의 눈 속에 들어 있는 것과 동일한 색소로 빛을 인식하고 헤엄치는 방향을 결정한다. 대부분의 개체는 반수체이며, 유성생식과 무성생식을 한다(그림 27.13). 클라미도모나스와 같은 생물로부터 몇 가지 진화적 계통이 파생되었다. 최초로 생긴 것은 비운동성인 단세포 녹조류이다. 클라미도모나스는 사는 곳에 물이 마르면 편모를 접고 바닥에 가라앉아 비운동성으로 된다. 토양이나 수피에서 발견되는 클로렐라와 같은 조류는 이 점에서 클라미도모나스와 같으나 편모를 가지지는 않는다. 클로렐라는 토양뿐만 아니라 담수와 해수에 널리 분포하며, 무성생식으로만 번식한다.

다른 계통으로는 운동성이고 군체성인 조류이다. 이러한 녹조류에서 클라미도모나스와 유사한 세포들은 개체성을 유지한다. 대표적인 예가 볼복스(Volvox)인데(그림 27.1), 볼복스는 내부가 텅빈 구형으로 바깥쪽에 한 층으로 500~60,000개의 세포들이 배열하며, 각 세포는 2개의 편모를 가진다. 세포들 중 일부만 생식을 하는데, 일부 생식세포는 무성적으로 분열하여 안쪽으로 돌출해 들어가서 새로운 군체가 되어 초기에는 모체 군체 안에서 머문다. 나머지 생식세포들은 배우자를 만든다.

입금편모충계통(choano flagellida) 및 기타 원생생물

입금편모충류(Choanoflagellida)

입금편모충류는 해면이나 다른 모든 동물의 공동조상인 것으로 보인다. 입금편모충류는 1개의 편모를 가지며, 이 편모는 깔대기 모양의 수축성 동정(collar)

으로 둘러싸여 있다. 동정은 필라멘트들이 인접하여 이어져서 형성되는데 이런 구조는 해면의 구조와 정확히 일치한다. 이들의 군체형태는 담수 해면을 닮아 있다. 이들은 동정을 이용하여 세균을 잡아먹고 산다.

아메바류(Amoebas)

아메바류는 위족을 이용하여 움직일 수 있다. 위족은 흐르는 세포질 돌기로서 먹이 과립을 삼키기도 한다. 아메바는 위족을 돌출시키고(그림 27.14) 그 속으로 세포질이 흘러 들어간다. 이 운동에 관여하는 위족 안의 액틴과 미오신으로 된 미세섬유는 근육에서 발견되는 것과 유사하다. 위족은 세포 몸의 어느 방향, 어느 곳에서도 생길 수 있으므로 아메바는 진정한 무정형의 몸을 가진다. 그러나 한 그룹은 좀더 정형화된 구조를 갖는데, 흔히 방산충류라고 하는 방사판족류(phylum Actinopoda)의 아메바류는 규질의 외골격을 분비하여 좌우대칭이나 방사대칭의 일정형태를 이룬다. 여러 종류가 바늘 모양으로 외골격에서 위족을 내어 아름다운 형태를 이루는데, 이 세포질 돌기는 미세소관에 의해 지지된다(그림 27.15).

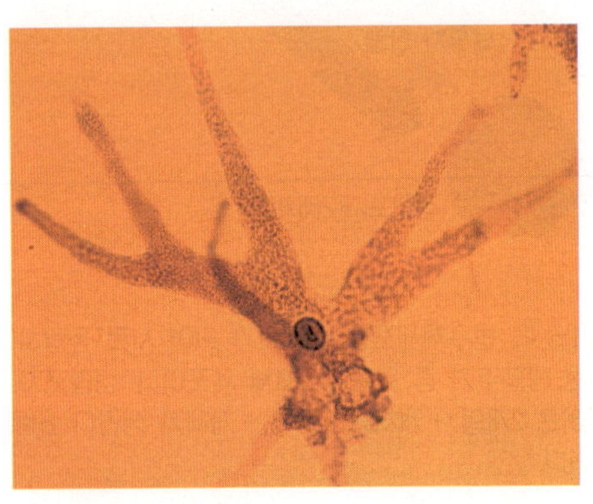

그림 27.14 | *Amoeba proteus.*
돌출부가 위족이다. 아메바는 세포질이 위족 속으로 흐르며 이동한다.

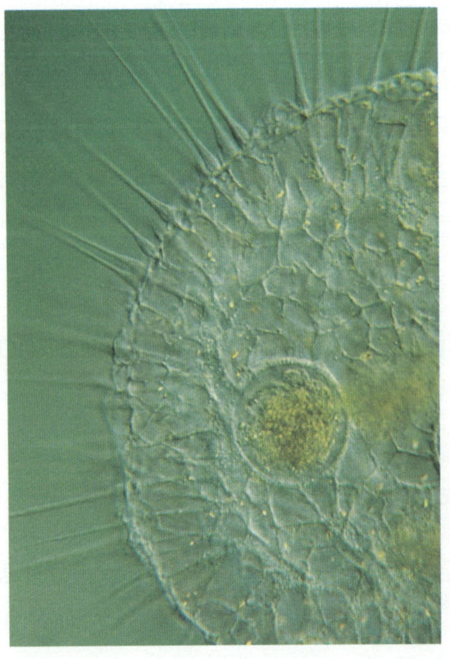

그림 27.15 | 바늘 모양의 위족을 내는 *Actinosphaerium.*

유공충류(Foraminifera)

유공충류는 해양성 종속영양원생생물로서 크기는 20㎛부터 수cm에 이른다. 조그만 달팽이를 닮은 이들의 패각에는 많은 구멍이 뚫려 있으며, 패각은 보통 무기질 과립을 포함하는 유기물질로 이루어져 있다. 이 무기물 과립은 탄산칼슘, 모래, 극피동물의 패각

그림 27.16 | 유공충류(foraminifera).
패각에 난 구멍을 통하여 가느다란 세포질 돌기인 다리가 뻗어 나온다(90×).

그림 27.17 | 도버의 흰색 절벽(White Cliffs of Dover)
석회석으로 된 이 절벽은 유공충류를 비롯한 원생생물의 패각 화석으로 이루어져 있다.

그림 27.18 | 변형체성 원생생물.
이 다핵성 변형체는 세균이나 유기물 과립을 찾아 이동한다.

판, 해면의 골침 등이다.

내부분의 유공충류는 모래 속에 살거나 다른 생물에 부착한다. 그러나 2개의 과는 자유유영 플랑크톤이다. 패각은 1개의 방으로 되어 있는 것도 있지만 대개는 여러 개의 방으로 되어 있고, 달팽이처럼 나선형인 경우도 있다. 패각에는 많은 구멍이 나 있는데, 이를 통하여 가느다란 세포질 도기인 다리(podia)가 나온다(그림 27.16). 다리는 유영, 패각 재료 수집, 섭식에 이용된다. 유공충류는 여러 가지 작은 생물을 먹고 산다. 유공충류의 생활주기는 매우 복잡하며, 반수체 세대와 2배체 세대가 교대로 일어난다.

그들의 패각은 2억 년 이상 동안 쌓여 화석기록을 제공해 준다. 유공충류의 패각들은 잘 보존되어 있고 그들 사이에 차이점이 커 유공충류는 중요한 지질학적 표지로 이용된다. 여러 유공충의 발생 양상을 보고 석유지층을 찾기도 하는데, 영국 남부의 유명한 White Cliff of Dover를 포함한 전 세계 석회암에는 유공충 패각이 풍부하게 들어 있다(그림 27.17).

점균류(slime molds)

점균류는 세 가지의 계통으로 이루어져 있다. 이 중 두 가지는 커다란 단세포이면서 다핵 세포질체로 된 변형체성 점균류(plasmodial slime molds)와 개개의 세포들이 연결되어 다세포성의 원시적 모델을 나타내는 세포성 점균류(cellular slime molds)이다.

변형체성 점균류는 세포벽이 없는 움직이는 점액 덩어리와 유사한 다핵성 세포질체인 변형체(plasmodium)로서 움직인다(그림 27.18). 이때를 섭식기(feeding phase)라고 하며, 변형체는 여러 가지 색깔을 나타낸다. 변형체 내의 세포질은 앞뒤로 흐르는데, 이 모습은 현미경을 통해 뚜렷이 보인다. 변형체는 옷감의 그물눈을 통과할 수 있고 단순히 장애물을 돌아가거나 통과해서 흐른다. 변형체는 움직이면서 세균,

그림 27.19 | 변형체성 점균류 *Arcyria*의 포자낭.
이 포자낭은 변형균류문(phylum Myxomycota)에서 발견된다.

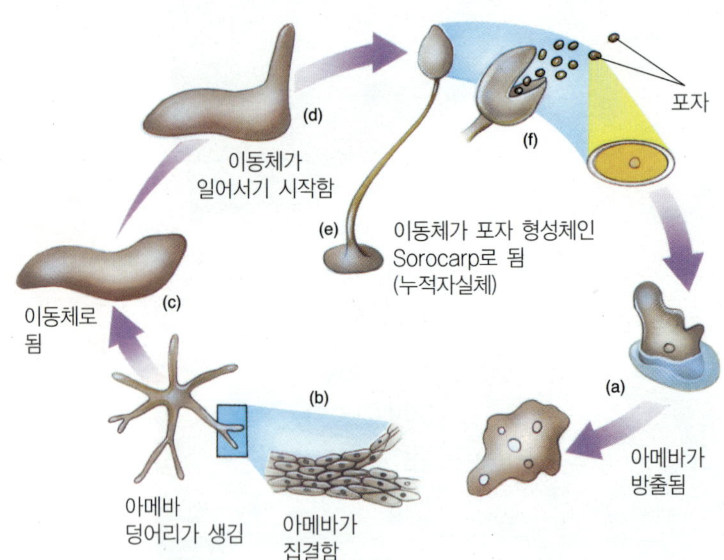

그림 27.20 | 세포성 점균류 *Dictyostelium discoideum*의 발생.
(a) 포자가 발아하여 아메바를 형성한다. 먹이가 모두 소모될 때까지 아메바는 섭식과 생식을 한다. (b) 아메바들은 한 장소로 집결한다. (c) 2~3mm 길이의 다핵성 이동체를 형성하여 빛을 향하여 이동한다. (d) 이동체는 움직임을 멈추고 누적자실체(sorocarp)라는 포자 형성체(e)로 분화한다. (f) 누적자실체의 두부 안에서 아메바들은 포자가 된다.

효모, 다른 유기물 소입자를 삼키고 소화한다. 다핵성 변형체 세포는 유사분열 늦은 후기나 말기에 핵막이 소실되면서 동시에 유사분열을 한다. 세포성 점균류에는 중심립이 없다.

먹이나 수분이 부족하면 변형체는 비교적 신속히 새로운 지역으로 이동한 다음, 움직임을 멈추고 포자를 만드는 덩어리를 형성하거나 분열하여 많은 작은 둔덕을 만든다. 각각의 둔덕은 포자를 형성하는 하나의 성숙한 포자낭(sporangium)을 만든다. 이 포자낭은 흔히 아름답고 형태적으로 매우 복잡하다(그림 27.19). 포자는 열악한 환경 조건에 매우 내성이 강하고 건조된 상태에서도 수년을 버틸 수 있다.

세포성 점균류는 발생 양상이 비교적 단순하기 때문에 세포분화 연구의 주요 대상이 되어 왔다(그림 27.20). 각각의 개체는 하나의 아메바처럼 행동하며 토양 속에서 움직이면서 세균을 잡아먹는다. 먹이가 부족해지면 개체들은 집합하여 이동성 있는 이동체(slug)를 형성한다. 일부 세포는 cAMP(cyclic adenosine monophosphate)를 내고 다른 세포들은 cAMP가 나오는 방향으로 이동하여 이동체를 형성한다. *Dictyostelium discoideum*에서 이 이동체는 형태형성과정을 진행하여 자루와 포자세포를 만든다. 포자들은 습기 많은 서식처에 떨어지면 다시 새로운 아메바를 이룬다.

CHAPTER 28

식물의 다양성

식물의 진화는 녹조류 조상의 육상 정복의 역사이다. 약 5억 년 동안 조류는 물 속에서만 살면서 생식하고 자외선을 피할 수 있었으나, 그 후 육상생활에 도전하면서 오늘날의 30만 종으로 분화하였다. 대부분의 식물은 광합성을 하면서 빛에너지를 화학결합에너지로 전환하고 모든 호기성 생물이 필요로 하는 산소를 만든다. 우리는 식량, 의복, 연료, 화학물질, 의약품 등을 식물로부터 얻는다. 이 장에서는 식물이 육상 환경에 적응하도록 만든 진화적 역사와 전략을 알아본다.

28.1 식물의 특징

식물의 진화적 기원

육상식물의 특징은 육상 환경에서 배를 보호할 수 있다는 것이다. 이끼류로부터 현화식물에 이르기까지 모든 육상식물 계통은 녹조류 한 종으로부터 이어져 내려왔다. 이 원시적인 조류가 무엇인지는 아직 확실하지 않으나, 이와 밀접한 유연관계를 가진 Charales는 오늘날 담수 호수에 서식한다. DNA 서열 자료는 하나의 종에서 모든 육상식물이 진화하였다는 주장과 일치한다.

육상식물은 다양하지만 모두 공통적인 특징을 가진다. 가령, 이들은 모두 배를 보호하는 장치를 가지며 다세포의 반수체와 2배체 시기를 가진다. 진화 과정에서 배의 보호가 더 완전하게 되고 반수체 시기가 짧아졌다. 육상식물은 통도체계의 유무를 기준으로 비교할 수 있다. 비관다발식물(nonvascular plants)은 관다발조직을 가지지 않으며, 관다발식물(vascular plants)은 물을 전도하는 물관부와 양분을 전도하는 체관부를 가진다. 육상식물은 다음과 같이 네 가지로 구분할 수 있다(그림 28.1).

- **비관다발 육상식물(nonvascular land plants)** : 최근에 한 조상종에서 분기된 단일계통적(monophyletic) 식물들이 아니며 이끼, 우산이끼, 뿔이끼의 3개 문이 포함된다.
- **무종자 관다발식물(seedless vascular plants)** : 2가지의 단일계통적 식물들이 포함되는데, (1) 석송, (2) 양치류, 속새이다. 양치류와 속새는 종자식물

그림 28.1 | 네 가지 육상식물군.
무종자 관다발식물들은 두 가지 서로 다른 기원을 가진 계통이 포함되므로 실제 5계통으로 나누어야 하지만, 단순화시키기 위해 4개의 그룹으로 묶었다.

과 가장 밀접한 유연관계를 가진다.

- **겉씨식물**(gymnosperms) : 배를 보호하는 종자를 가진다. 침엽수와 소철류가 이에 속한다.
- **속씨식물**(angiosperms) : 약 1억 5,000만 년 전에 등장했다. 꽃을 피워 수분매개자를 유인하며 종자를 둘러싸는 과실을 만들어 배를 보호하고 종자의 분산을 돕는다.

육상에의 적응

담수산 조상과는 달리 대부분의 육상식물은 이용할 수 있는 수분의 양이 제한되어 있다. 육상식물은 노출된 표면에 밀납성 쿠티클을 분비하여 건조(desiccation)를 막는다. 쿠티클(cuticle)은 불투과성이어서 수분 소실을 막는다. 그러나 쿠티클은 식물에게 필수적인 기체 교환도 막는데, 이 문제는 기공(stomata)을 통한 기체의 확산으로 해결하였다.

대형 육상식물이 번성하게 된 것은 두 가지 추가적 적응 때문이다. 잎의 진화로 광합성 면적을 넓혔고 관다발조직의 구조적 지지를 받는, 2배체 세대가 우점하게 된 것은 식물로 하여금 위로 곧게 뻗어 자랄 수 있도록 하여 나무의 진화가 가능하도록 하였다.

식물의 생활사

모든 식물은 배우자 융합과 감수분열 후 모두 유사분열을 한다. 그 결과, 감수분열 후에 배우자 융합을 하는 사람의 생활사와는 달리, 식물에서는 다세포성 반수체 개체와 다세포성 2배체 개체가 생긴다. 사람은 2배체 시기만 다세포성인 복상(diplontic) 생활주기를 가지며, 식물은 다세포성인 반수체 시기와 2배체 시기가 있는 단복상(haplodiplontic) 생활주기를 가진다(그림 28.2). 갈조류, 홍조류, 녹조류도 모두 단복상

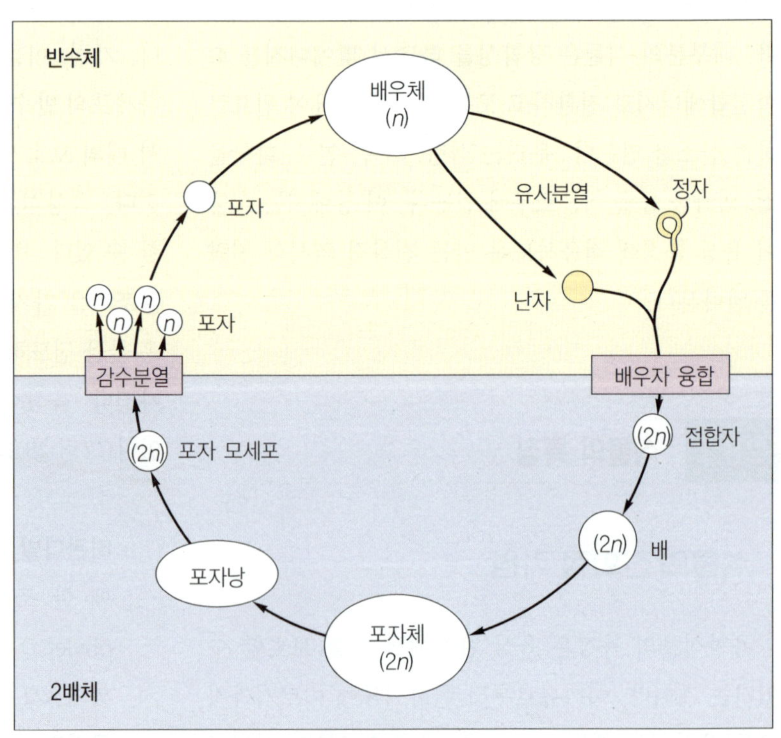

그림 28.2 | 식물의 일반적인 생활주기.
반수체 개체와 2배체 개체가 모두 다세포이다. 포자는 감수분열을 통해 만들어지고 배우자는 유사분열로 만들어진다.

생활사를 가진다. 사람은 감수분열을 통해 배우자를 만들지만 육상식물은 다세포성인 반수체 개체 안에서의 유사분열을 통하여 배우자를 만든다. 2배체 세대, 즉 포자체(sporophyte)와 반수체 세대, 즉 배우체(gametophyte)가 교대된다.

2배체인 포자체는 감수분열을 통해 반수체 포자(배우자가 아님)를 만든다. 감수분열은 포자낭(sporangia) 속에서 일어나는데, 여기에서 2배체 포자모세포(sporocyte)가 감수분열을 하여 각각 4개의 반수체 포자를 만든다. 포자(spores)는 유사분열로 분열하여 다세포성인 반수체 배우체를 만든다. 포자는 배우체 세대의 첫 세포들이다.

즉, 반수체 배우체는 유사분열로 만들어지고 배우자의 기원이 된다. 배우자들은 융합하여 2배체인 접합자를 만드는데, 이 접합자는 포자체 세대의 첫 세포이다. 접합자는 자라서 2배체 포자체로 되고, 포자체는 포자낭을 만들고 그 속에서 감수분열이 일어난다.

모든 식물이 단복상이지만 이끼류는 겉씨식물이나 속씨식물보다 생활주기의 훨씬 많은 부분을 반수체 세대로 보낸다. 이끼, 우산이끼, 양치류에서는 배우체가 광합성과 자유생활을 하며, 다른 식물에서는 배우체가 영양적으로 포자체에 의존한다. 우리가 보는 이끼는 대부분 배우체 조직이고, 포자체는 보통 작고 갈색 또는 노랑색의 구조로서 배우체의 조직에 부착되어 있다. 모든 관다발식물에서는 배우체가 포자체보다 작다. 종자식물에서 배우체는 영양적으로 포자체에 의존하며 포자체 조직으로 둘러싸여 있다. 우리가 보는 겉씨식물이나 속씨식물은 거의 모두 포자체이다.

포자체 세대는 매우 크게 자랄 수 있으나 배우체의 크기는 한정되어 있다. 우리가 보는 이끼는 배우체로서 이의 끝에서 배우자를 생산한다. 난자는 한 곳에 정체해 있고 정자가 물방울 안에서 난자 근처에 도달한다. 만약 이끼가 나무처럼 크다면 정자는 그 꼭대기까지 높게 헤엄쳐 올라가야 한다. 이와 달리 양치류 배우체는 숲의 바닥에서 발생하며, 여기에서 배우자들이 만난다. 양치류는 오스트레일리아에 특히 많은데, 반수체 포자가 땅에 떨어져서 배우체로 발생한다.

28.2 비관다발식물

이끼, 우산이끼 및 뿔이끼

약 24,700종으로 구성된 선태식물(bryophyte)은 단순하지만 여러 가지 육상 환경에 고도로 적응되어 있다. 선태류는 이끼류, 우산이끼류, 뿔이끼류의 3개 문으로 구성되어 있으며, 이들의 배우체는 광합성을 한다. 포자체는 배우체에 부착되어 있고 영양적으로 배우체에 의존한다. 선태류는 양치식물이나 다른 관다발식물처럼 유성생식에 물(빗물)이 필요하므로 열대나 온대의 습기 많은 곳에 흔하다.

대부분의 선태류는 작은데, 높이가 7cm를 넘는 것이 드물다. 배우체는 포자체보다 더 눈에 띄고, 어떤 종은 포자체가 완전히 배우체 조직 안에 감싸여 있다.

이끼(선태식물문, Bryophyta)

이끼류의 배우체는 작고 잎 모양의 구조로서 줄기 모양의 축을 따라 나선상으로 또는 교대로 나 있다(그림 28.3). 이 축은 가근(rhizoid)에 의하여 기질에 고정되어 있다. 각 가근은 물을 흡수하는 여러 세포로 구성되어 있다. 그러나 이 가근의 물 흡수는 관다발식

그림 28.3 | 이끼 *Polytrichum*(phylum Bryophyta). 잎 모양의 구조가 배우체이다. 황갈색 자루와 그 끝에 난 포자낭은 포자체이다.

물의 뿌리가 흡수하는 것만큼 효율적이지는 않다. 잎은 녹색의 편평한 엽신 중앙에 약간 두꺼운 중앙맥이 길이로 달리고 있는 겉모습을 제외하곤 관다발식물 잎과 거의 공통점이 없다. 중앙맥을 제외하고는 한 층의 세포로 되어 있고, 관다발이나 기공이 없으며 모든 세포가 반수체이다. 물은 배우체축 중앙의 특수세포를 따라 올라가며, 일부 이끼들은 영양분을 운반하는 특수세포들이 물운반세포들을 둘러싸고 있다.

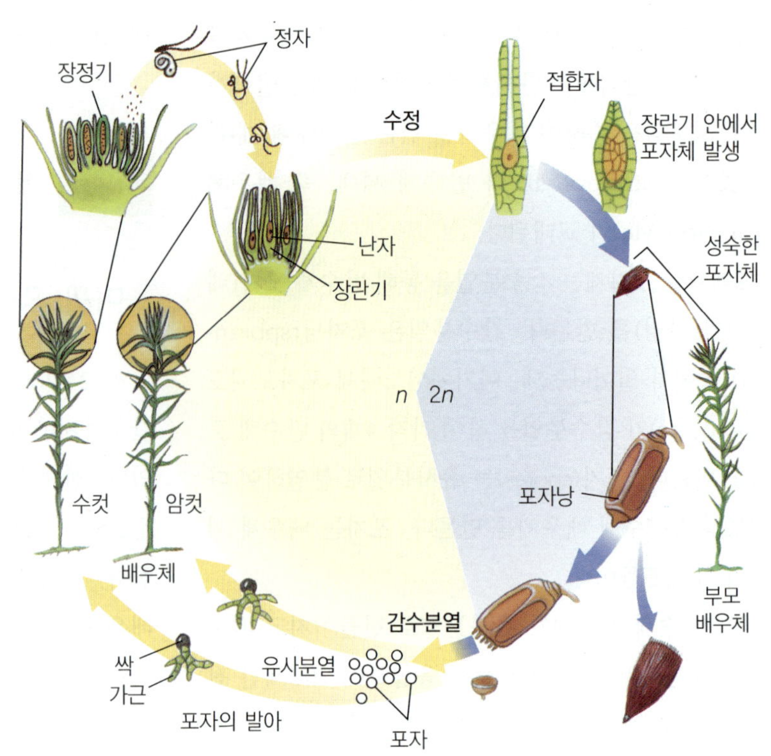

그림 28.4 | 이끼의 전형적인 생활사.
이끼의 생활사는 대부분 반수체 상태이다. 잎 모양 배우체는 광합성을 하지만 작은 포자체는 광합성을 하지 못하고 영양적으로 배우체에 의존한다. 물이 있어야 정자가 난자로 갈 수 있다.

배우체의 꼭대기에는 다세포로 된 배우자낭이 생긴다(그림 28.4). 장란기(archegonia : 암배우자낭)와 장정기(antheridia : 수배우자낭)가 동일한 배우체에 함께 생기기도 하고 다른 배우체에 생기기도 한다. 장란기의 아래쪽 팽대부에서 한 개의 난자가 만들어지지만 장정기에서는 수많은 정자가 만들어진다. 장정기에서 방출된 정자는 이슬이나 빗물로 생기는 수막을 따라 편모를 이용하여 헤엄쳐서 장란기에 도달한다. 하나의 정자가 난자와 결합하여 2배체 접합자를 만든다. 접합자는 유사분열로 분열하고 포자체로 발생하는데, 포자체는 꼭대기에 포자낭을 가진 가는 줄기 모양이다. 포자체가 발육하면서 이의 기부는 영양원인 배우체 조직에 묻힌다. 포자낭은 보통 원통형이거나 곤봉 모양이다. 포자낭 안의 포자모세포는 감수분열을 하여 각각 4개의 반수체인 포자를 만든다. 이끼가 성숙하면 대개 포자낭의 꼭대기가 터져서 포자가 방출된다. 적당한 장소에 내려앉은 포자는 발아하여 섬유 모양의 구조로 자라는데, 이것이 가지쳐서 가근과 위쪽으로 자랄 싹을 만든다. 각 싹은 새로운 배우체로 자란다,

북극과 남극에서는 이끼류가 가장 흔한 식물이지만, 종 다양성은 열대지방에서 가장 크다. 이끼류는 대개 대기오염에 약하여 도시 근처에서는 흔하지 않다.

우산이끼(태류문, Hepaticophyta)

우산이끼류는 대개 납작한 엽상의 배우체를 가진다. 엽상의 것들이 대표적인 우산이끼류로 알려져 있지만, 실제로는 전체 종의 20%만 이와 같은 모습이고(그림 28.5) 나머지 80%는 이끼류와 비슷하다. 배우체는 포복성이고 가근은 1개의 세포로 이루어진다.

일부 우산이끼류는 위로 솟고 가지 친 광합성 세포열이 들어 있는 공기 방을 가지는데, 각 방은 꼭대기에 기체 교환을 할 수 있도록 구멍이 나 있다. 이 구멍은 기공과는 달리 열린 채 고정되어 있다.

우산이끼류의 유성생식은 이끼류의 경우와 유사하다. 엽상의 우산이끼류는 우산 모양의 구조 안에 배우자낭을 형성한다. 무성생식은 배우체에서 방출되는 렌즈 모양의 조직 조각이 자라서 새로운 배우체를 형

그림 28.5 | 우산이끼 *Marchantia*(phylum Hepaticophyta).
납작하고 녹색이며 포복성 배우체의 표면에서 생기는 우산 모양의 구조 안에서 수정에 의하여 포자체가 생긴다.

그림 28.6 | 뿔이끼(phylum Anthocerotophyta).
보이는 것은 뿔이끼의 포자체이다. 다른 선태류의 포자체와는 달리 뿔이끼의 포자체는 광합성을 한다.

성할 때 일어난다.

뿔이끼(뿔이끼문, Anthocerotophyta)

뿔이끼류의 기원은 명확하지 않다. 이들은 맨 먼저 육상에 침투한 식물 중 하나로 보이지만, 가장 오래된 뿔이끼 포자 화석은 속씨식물이 등장한 6,500만 년 전부터 1억 4,500만 년 전 사이의 백악기의 것이다.

뿔이끼의 작은 포자체는 작은 녹색의 막대 모양으로서 보통 직경 2cm 이하인 얇은 막 모양의 배우체로부터 생긴다(그림 28.6). 포자체의 기부는 배우체 조직에 묻혀 있고 배우체로부터 영양의 일부를 얻는다. 그러나 포자체는 기공을 가지며 광합성을 하여 성장과 생식에 필요한 에너지의 대부분을 얻는다. 우산이끼의 세포들은 보통 단 1개의 엽록체를 가진다.

28.3 무종자 관다발식물

관다발식물의 특징

최초의 관다발식물은 Rhyniophyta문의 것으로서 약 4억 1,000만 년 전에 번성하였으나 지금은 절멸하였다. 기록된 것 중 최초의 육상 관다발식물인 *Cook-sonia*는 약 4억 2,000만 년 전 실루리아기 후기에 나타났다(그림 28.7). 이 식물은 높이가 수 cm에 불과했고 뿌리나 잎이 없었고, 1개의 축에서 가지들이 고르게 갈라져 있고 끝이 약간 팽창되어 있다. 이들은 동형포자(homosporous, 한 가지의 포자)를 만들었고, 포자낭은 가지의 꼭대기에 형성되었다. 그 뒤 나타난 원시 관다발식물들은 좀 더 복잡한 포자낭을 진화시켰고, 잎이 줄기의 돌기물로써 나타나기 시작했다.

*Cooksonia*나 그 뒤에 나타난 초기 식물들은 관다

그림 28.7 | 최초의 육상 관다발식물.
이 화석은 4억 1,000만 년 전의 식물이다. *Cooksonia*는 Rhyniophyta문에 속하며 절멸한 식물이다. 직립의 여러 가지로 갈라진 줄기는 높이가 몇 cm밖에 안 되고 끝에 포자낭을 가지고 있다. 개펄같은 습기찬 곳에서 살았던 듯하며 큐티클을 갖고 관다발식물의 특징인 포자를 생산했다.

표 28.1 일곱 가지 관다발식물 문

문	예	주요 특징	대략적인 종 수
종자식물			
속씨식물문	현화식물	이형포자성. 정자는 비이동성으로 화분관에 의해 난자로 유도됨. 종자는 과실로 싸임. 잎의 크기와 형태는 다양함. 약 14,000속.	250,000
구과식물문	침엽수	이형포자성. 정자는 비이동성으로 화분관에 의해 난자로 유도됨. 잎은 바늘 모양이거나 비늘 모양. 약 50속.	601
소철문	소철	이형포자성. 정자는 편모를 가지며 이동성이지만 난자 근처로 자라는 화분관 안에 있음. 깃털 모양의 잎을 가지는 야자나무 모양임. 2차 생장이 침엽수에 비해 느림. 10속. 구과속에 종자가 있음.	206
마황식물문	마황	이형포자성. 정자는 비이동성이며 화분관에 의해 난자로 유도됨. 물관부에 관을 가지는 유일한 겉씨식물임. 3속.	65
은행나무문	은행나무	이형포자성. 정자는 편모를 가지며 이동성이지만 화분관에 의하여 난자 근처로 유도됨. 1속. 낙엽송. 고르게 갈라진 잎맥을 가진 부채모양잎 육질의 고약한 냄새가 나는 바깥층이 종자를 싸고 있다.	1
무종자관다발식물			
양치식물문	양치류	주로 동형포자성. 정자는 이동성임. 수정에 외부의 물이 필요함. 포자체와 거의 모든 배우체가 광합성을 함. 약 365속. 잎은 성숙하면서 꼬인 것이 펴지며 대엽성	11,000
	속새	동형포자성. 정자는 이동성임. 수정에 외부의 물이 필요함. 줄기는 마디를 가지며 광합성을 하거나 하지 않음. 잎은 비늘 모양이고 윤생, 성숙시 광합성을 하지 않음. 1속.	15
	솔송	동형포자성. 정자는 이동성임. 수정에 외부의 물이 필요함. 뿌리와 줄기의 구별이 없음. 잎이 없음. 2속.	6
석송식물문	석송	동형포자성 또는 이형포자성. 정자는 이동성임. 수정에 외부의 물이 필요함. 잎은 소엽성. 약 12~13속.	1,150

발조직이라는 물과 양분의 통도 조직을 발생시켜 성공적으로 육상에 정착할 수 있었다. 그러나 포자체에는 관다발조직이 발달되었지만 배우체에는 없다. 큐티클과 기공의 존재는 관다발식물의 특징이다.

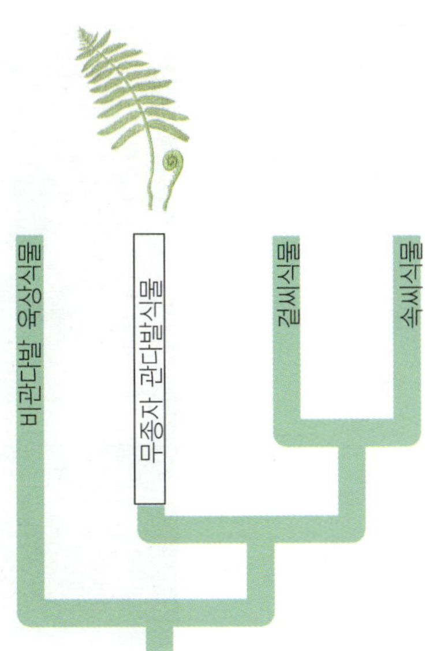

오늘날의 관다발식물은 세 가지 분지로 이루어져 있다. 이들은 (1) 석송류, (2) 양치류, (3) 종자식물이다. 솔송이나 속새는 독립된 문이자 선태류와 관다발식물의 중간적 식물로 오래 동안 여기어 왔다. 그러나 분자생물학적 조사 결과 이들은 양치류와 가까운 식물임이 드러났다.

오늘날 관다발식물은 7개 문으로 구분된다(표 28.1). 단복상 생활주기를 가지고 있지만 이들의 진화 과정에서 배우체는 축소되었다. 이와 함께 배우자낭도 축소되었다. 배우체의 크기와 복잡성의 감소와 함께 종자가 출현하였다. 종자는 내구성이 고도로 강한 구조물로서 가뭄으로부터 배를 보호한다. 또한 거의 모든 종자는 어린 식물에게 양분을 공급한다. 종자는 이형포자 식물(heterosporous, 두 가지 포자를 가지는 식물)에만 존재한다. 현화식물에서 열매는 종자를 보호하고, 종자를 퍼뜨릴 동물들을 유인하여 그 종의 영역을 넓힌다. 속씨식물에서 진화한 꽃은 수분매개자를 유인하여 유전적 다양성을 증진시킬 수 있는 광범위한 타화수정의 가능성을 높인다.

무종자 관다발식물

원시적인 관다발식물은 종자를 만들지 못했다. 현존하는 4개의 관다발식물문이 종자를 만들지 못한다. 관다발식물의 생식 전략과 복잡한 수송계에 대해 알아보자.

그림 28.8 | 석송.*Lycopodium clavatum*
비관다발식물인 선태식물류와 가장 밀접한 유연관계를 가진 관다발 식물문의 대표종이다.

석송(석송문, Lycophyta)

석송은 과거 초기 관다발식물의 잔존식물로서(그림 28.8), 모든 관다발식물의 자매군이다. 일부 속은 나무 모양이었으나 2억 7,000만 년 전에 절멸하였다. 오늘날의 석송류는 전 세계적으로 분포하지만 열대지방과 온대지방의 습한 곳에 많다. 현서종 12~13속 1,150종은 겉모습은 이끼 모양이지만 내부 구조나 생식 과정은 이끼류와는 다르다. 포자체는 잎 모양의 줄기를 가

그림 28.9 | 솔송.
잎과 뿌리가 없다.

진다. 이형포자성이거나 동형포자성이다.

솔송, 속새 및 양치류(양치식물문, Pterophyta)

솔송과 속새는 양치류와 유연 관계가 깊다. 이들은 모두 장정기와 장란기를 형성한다. 수정을 할 때 물이 필요하며, 이때 편모를 가지는 정자는 난자로 헤엄쳐 가서 융합한다.

솔송. 솔송은 열대 및 아열대지방에 분포하며 뿌리가 없고 고르게 가지 친 녹색의 줄기만 있다(그림 28.9). 배우체는 무색이고 직경이 2mm 미만이지만 길이는 18mm까지 자랄 수 있다. 솔송은 영양을 공급하는 균류와 기생적 결합을 이루고 있다.

속새. 속새류는 1속(*equisetum*) 15종으로 구성되며 모두 동형포자를 만들며, 대부분 습한 곳에 생육하고 대개 키가 1m를 넘지 않는다(그림 28.10). 속새의 포자체는 마디가 있고 맥(rib)이 있는 광합성을 하는 줄기를 가진다. 이 줄기는 절에 뿌리가 있는 지하 뿌리줄기에서 자라나온다. 각 절마다 광합성을 하지 않는 비늘 모양의 잎이 나온다. 줄기는 중심부가 비어 있는데, 맥의 표피세포에 규소가 들어 있으며 내부에는 두 가지의 수직적 관이 있다. 바깥쪽의 큰 관 속에는 공기가 들어 있고, 작은 안쪽 관 속에는 물이 들어 있다.

양치류. 양치류는 무종자 관다발식물 중에서 가장 큰 식물군으로서 현서종이 11,000종에 이른다. 화석 기록을 보면 양치류는 약 3억 5,000만 년 전 데본기에 출현하여, 그 후 5,000만 년 동안 다양해졌다. 오늘날 양치류는 전 세계적으로 분포하지만 전체 종의 75%가 열대지방에 분포한다.

포자체는 지름이 1cm 미만의 것으로부터 길이가 24m에 이르기까지 크기가 다양하며(그림 28.11) 배우체는 지름이 6mm가 되는 것이 드물 정도로 작다. 포자체나 배우체 모두 광합성을 한다. 이끼류와는 달리

그림 28.10 | 속새 *Equisetum telmateia.*
두 가지의 줄기를 만드는데, 하나는 녹색의 광합성을 하는 것이고, 다른 하나는 보통 연한 갈색으로 끝 부위에 포자를 생산하는 구과가 있다.

그림 28.11 | 말레이시아 숲의 목본성 양치류(phylum Pterophyta).
양치류는 무종자 관다발식물 중 가장 큰 식물군이다.

포자체가 크게 자라고 독립적이며 생활주기에서 더 큰 부분을 차지한다. 포자체는 또 관다발조직을 가지며 뿌리, 줄기, 잎이 잘 분화되어 있다. 배우체에는 관다발조직이 없다.

양치류의 포자체는 특징적으로 땅속에서 수평으로 자라는 뿌리줄기(rhizome)를 가지는데, 측면에서 뿌리가 나온다. 엽상체(fronds)라는 잎은 뿌리줄기 끝에서 단단히 말린 코일 모양으로 발생하여 펴지면서 팽창한다. 많은 엽상체가 고도로 갈라진 깃털 모양을 하고 있다.

어떤 양치류는 광합성과 비광합성 엽상체를 모두 가지고 있다.

대부분의 양치류는 동형포자성인데, 엽상체 아래면에 포자낭들이 모여 포자낭군을 형성하고 있다.

발생 중 이들 포자낭군은 흔히 투명한 우산 같은 덮개로 보호된다. 각 포자낭에 있는 2배체 포자모세포는 감수분열을 하여 반수체 포자를 생산하다.

성숙하면 포자낭이 터지면서 포자가 튀어 나와 적

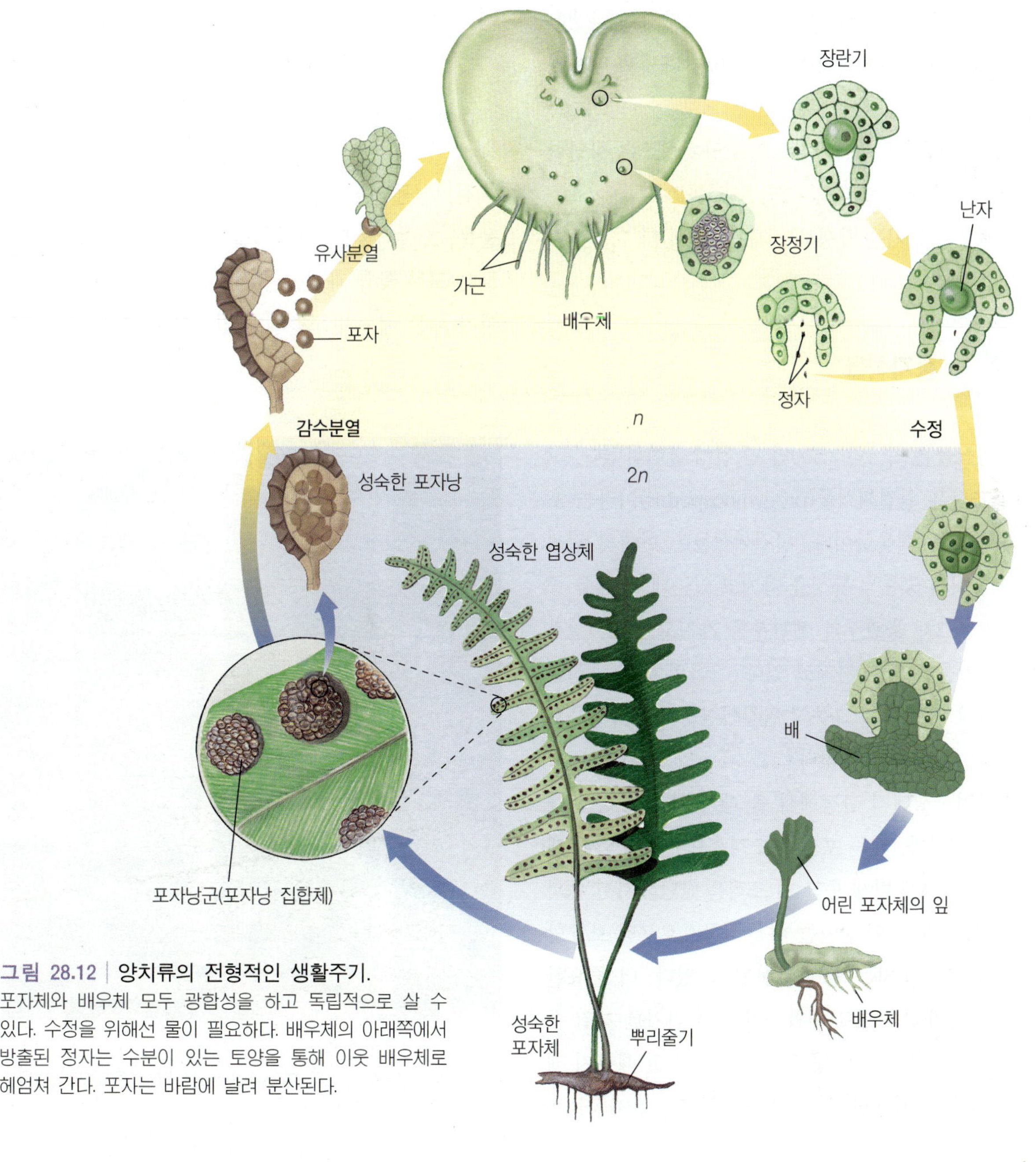

그림 28.12 | **양치류의 전형적인 생활주기.** 포자체와 배우체 모두 광합성을 하고 독립적으로 살 수 있다. 수정을 위해선 물이 필요하다. 배우체의 아래쪽에서 방출된 정자는 수분이 있는 토양을 통해 이웃 배우체로 헤엄쳐 간다. 포자는 바람에 날려 분산된다.

합한 습한 장소에 떨어지면 발아하여 배우체를 형성하는데, 배우체는 흔히 심장 모양이고, 중심부를 제외하고는 한층의 세포로 되어 있으며 가근으로 기질에 고정된다. 이 가근은 관다발조직이 없기 때문에 실제 뿌리는 아니다. 하지만, 토양으로부터 물과 양분의 전달을 돕는다.

플라스크 형태의 장란기와 구형의 장정기가 동일 배우체나 다른 배우체에서 만들어진다. 장정기에서 형성된 정자는 편모를 가지고 있고, 흔히 장란기에서 분비되는 화학신호에 반응하여 물이 있을 때 장란기로 헤엄쳐 간다. 1개의 정자는 1개의 난자와 결합하여 접합자를 만들고, 접합자는 새로운 포자체로 발생하여 생활주기를 완성한다(그림 28.12). 다세포 배우자낭은 아직 존재한다.

포자체 세대가 우세해짐으로써 양치식물은 상당한 높이까지 자랄 수 있다.

다세포 장란기는 발생하는 배를 보호한다.

28.4 종자식물

종자식물은 약 4억 2,500만 년 전에 출현하였다. 그들의 조상은 원겉씨식물(progymnosperms)이라는 포자를 만드는 식물들이다. 원겉씨식물은 현대의 겉씨식물과 여러 공통적 특성을 가지고 있는데, 둘레를 증가시키는 2차 물관부와 체관부를 가지고 있다. 일부 원겉씨식물은 잎도 가지고 있다. 그들의 생식 과정은 단순하며 어떤 특정 그룹의 원겉씨식물이 종자식물로 진화했는지는 확실치 않다.

진화적 · 생태적 관점에서 볼 때 종자의 형성은 중요한 발전이다. 배는 포자체 조직층으로 보호되어 배주를 형성한다. 발생 동안 이 조직은 단단해져서 종피를 이루게 된다. 이 종자는 배를 가뭄으로부터 보호할 뿐만 아니라 종자는 쉽게 분산될 수 있다. 더 중요한 것은 종자의 출현으로 생활주기 중 휴면기를 가질 수 있게 되었는데 생장에 좋은 환경조건이 될 때까지 배가 생존하며 기다릴 수 있게 된 것이다. 종자식물은 두 종류의 배우체, 즉 암배우체와 수배우체를 생산하는데 이들은 단지 몇 개의 세포로 이루어져 있다.

다세포 수배우체인 화분립은 바람이나 수분매개자에 의해 암배우체 내의 난자로 운반된다. 일부 종자식물에선 정자는 자라나는 화분관을 통해 난자로 운반되므로 물이 필요 없게 된다. 무종자식물과 대조적으로 정자만이 아닌 수배우체 전체가 암배우체로 이동하게 된다. 암배우체는 배주 내에서 발생한다.

속씨식물에서 배주는 2배체 포자체조직(과실로 발달하는 자방)에 완전히 감싸여 있다.

겉씨식물에서는 수분시기에는 배주는 포자체조직에 완전히 감싸여 있지 않다.

겉씨식물

겉씨식물은 4개의 문으로 구성된다, 이들은 구과식물문, 소철식물문, 마황식물문, 은행식물문이다. 이들은 모두 꽃과 과실을 맺지 않는다. 이들은 모두 종자가 되는 배주가 노출되어 있으며, 수분시 포자체의

그림 28.13 | 침엽수.
미국 플로리다주 소나무 *Pinus palustris*는 가장 큰 겉씨식물문인 구과식물문의 대표종이다.

조직으로 완전히 감싸여 있지 않다.

생식방법은 겉씨식물 내에서 조금씩 다르다.

소철류와 은행나무는 화분관 내에서 운반되기는 하지만, 운동성 정자를 가지고 있는 반면 침엽수류와 마황식물류는 편모가 없는 정자를 가지고 있다.

자성구과는 25g도 안 되는 작은 목질의 것에서 45kg이 넘는 굉장히 큰 것도 있다.

그림 28.14 | 소나무의 생활주기.
암·수배우체는 크기가 획기적으로 감소하였다. 웅성배우체(화분)는 보통 바람에 날려 퍼지며 정자를 생산한다. 화분관이 자라 정자를 자성구과의 난자에 운반한다. 배는 주피에 의해 보호되고, 주피는 종피로 발생한다.

침엽수(구과식물문, Coniferophyta)

가장 흔한 겉씨식물들로 소나무(그림 28.13), 전나무, 삼나무, 가문비나무 등이 이에 속한다.

미국 북서 캘리포니아와 남서 오레곤주가 원산지인 침엽수, 미국삼나무(*Sequoia sempervirens*)는 현존하는 관다발식물 중 가장 키가 커서 거의 100m를 자란다.

또, 캘리포니아주 White Mountains에 있는 소나무(*Pinus longaeva*)는 가장 오래된 수종으로, 어떤 표본은 4,900년 된 것도 있다. 침엽수는 온대의 좀더 기온이 낮은 곳에서 발견된다.

대표적 침엽수인 소나무는 현재 100종 이상이 존재하고 있으며 모두 북반구가 원산지이다. 소나무와 가문비나무는 방대한 침엽수 삼림을 이루어, 북극 툰드라지역에서 온대 낙엽수 삼림지대 그리고 남쪽 대초원지대까지 널리 분포하고 있다.

소나무는 2~5개씩 무리를 지어 있는 단단하고 바늘 같은 잎을 가지고 있다. 잎은 두꺼운 큐티클로 덮여 있고 함몰된 기공을 가지고 있는데, 이는 수분손실을 줄이려는 진화적 적응이다. 이들은 주로 토양의 표면이 연중 한때 동결하는 곳에 살고 있고, 그 시기에 뿌리는 물을 얻기가 어렵다. 따라서 이런 구조는 매우 중요하다.

잎과 다른 포자체 부위들은 수지도를 가지고 있는데, 주위 세포로부터 이곳으로 수지(resin)가 분비되어 곤충과 균류의 침입을 막는다. 소나무의 목재는 다른 나무에서 발견되는 단단한 세포가 없는 물관부로 주로 이루어져 있다.

두꺼운 수피는 화재나 영하의 기온을 견디기 위한 또다른 적응으로, 일부 구과는 실제 불에 의해 열려 종자를 방출하고 불에 탄 지역을 재건한다.

모든 종자식물은 두 가지 배우체를 생산하는 포자를 가진 이형포자성이다(그림 28.14).

웅성배우체(화분립)는 소포자에서 발생하는데, 소

포자는 보통 아래쪽에 위치한 가지 끝에 30~70개의 무리를 지어 발생하는 웅성구과(male cone)에서 만들어진다. 웅성구과는 보통 1~4cm 길이로 작고 종이 같은 인편(scale)이 나선형이나 윤생으로 배열해 있다. 각 인편 내에는 한 쌍의 소포자낭이 주머니 형태를 이루고 있다. 그 소포자낭 내에 있는 수많은 소포자 모세포는 감수분열을 하여 각각 4개의 소포자가 된다. 소포자는 4개의 세포로 된 화분립으로 발생하고, 화분립은 한 쌍의 기낭을 가지고 있어 방출시 공기 중을 떠다닐 수 있다. 1개의 웅성구과 무리는 1백만 개 이상의 화분립을 생산한다.

자성구과는 웅성구과와 같은 나무의 위쪽 가지에서 만들어진다. 자성구과는 웅성구과보다 크고 인편은 목질화되었다. 2개의 배주가 각 인편 기부에서 발생한다. 각 배주는 주심(nucellus)이라 불리는 대포자낭(megasporangium)을 가지고 있다. 주심은 주피(integument)라는 두꺼운 세포층으로 둘러싸여 있는데, 주피 한쪽 끝에 작은 구멍인 주공(micropyle)이 있다. 이 주피층 중 한 층이 나중 종피가 된다.

각 대포자 낭내의 하나의 대포자 모세포는 감수분열을 하여 열을 이룬 4개의 대포자가 된다. 그 중 3개는 퇴화하고, 나머지 하나는 거의 1년에 걸쳐 천천히 자성 배우체로 발생해 간다. 자성 배우체는 성숙시 수천 개의 세포로 이루어지게 되며 2~6개의 장란기가 주공 끝에 형성된다. 각 장란기는 맨눈으로도 볼 수 있는 커다란 1개의 난자를 갖게 된다. 자성구과는 보통 성숙하는 데 두 계절 이상이 소요된다. 처음 붉은 빛이나 자주빛을 띠다가 곧 녹색이 되며, 첫봄이 오면 인편은 벌어지게 된다. 이 벌어진 사이로 바람에 날려온 화분립이 내려앉고 주공에서 스며나오는 끈끈한 액체에 붙잡히게 된다. 화분립은 주공을 통해 주심으로 천천히 이동하고 인편은 곧 닫힌다. 그러나 장란기와 자성 배우체의 나머지 부분은 1년이 더 지나야 성숙하게 된다.

이 자성 배우체가 발생을 하는 동안, 주공의 바닥에 도착한 화분립에서 화분관이 나타나고, 주심을 통과해 장란기까지 자라 나간다. 이 동안 화분립 4개 세포 중 하나인 생식세포는 유사분열을 하고 두 세포 중 하나는 또 한 번 분열을 하여 이들이 정자가 된다. 이 2개의 정자를 가진 화분립이 성숙한 웅성배우체이다. 수분 후 약 15개월이 자나면 화분관은 드디어 장란기에 도달하고, 하나의 정자가 난자와 결합하여 접합자를 만든다. 다른 정자와 화분립 세포들은 퇴화한다. 접합자는 종자 내에서 배로 발생하고, 종자는 흩어지고 발아하여 어린 다음 세대의 포자체가 되고 나무로 자라게 된다.

소철류(소철문, Cycadophyta)

소철류는 열대와 아열대지방에 사는 느리게 자라는 겉씨식물류이다.

100종류가 알려져 있으며 대부분 야자나무를 닮았고, 15m 이상 자랄 수 있다(그림 28.15a).

그러나 현화식물인 야자수와 다르게 소철류는 구과를 만들며 소나무와 비슷한 생활주기를 갖는다.

자성구과는 잎의 기부 중앙에 발생하며 일부 종에서는 크기가 커서 45kg에 달하기도 한다.

정자는 화분관 내에서 형성되기는 하지만, 장란기까지 헤엄쳐 간다. 이들 정자는 현존 생물체 중 가장 큰 정자세포들이다.

마황류(마황식물문, Gnetophyta)

3개의 속 65종의 식물이 포함된다.

물관부에 관이 있는 유일한 겉씨식물이다. 3속의 식물은 서로 아주 다른 형태를 가지고 있다.

남서 아프리카 사막에 사는 *Welwitschia*(그림 28.15b)는 컵 모양 줄기가 점점 가늘어지며 뿌리로 연결되고 2개의 끈 모양의 가죽같이 질긴 잎은 바람에 뒤척일 때 끊어지므로 계속 기부에서 자라 나온다. 구과형 생식구조는 잎의 기부 쪽 줄기 가장자리를 따라서 분포하며 암·수식물이 분리되어 있다. 마황식물문의 반 이상을 차지하는 *Ephedra*속의 식물종은 호주를 제외한 모든 지역에서 발견되고, 멕시코나 미국

(a)

(b)

(c)

그림 28.15 | 겉씨식물의 종류.
(a) 소철. (b) 마황. (c) 은행나무.
(a) 아프리카 소철, *Encephalartos transvenosus*.
(b) *Welwitschia mirabilis*는 마황류 세 개 속 중 한 속의 대표종이다.
(c) *Ginkgo biloba*는 은행나무문 중에 현존하는 유일한 대표종이다.

의 불모지역에 흔하다.

관목 같고 속새를 닮은 줄기를 가지고 있는데, 마디가 있고 작고 비늘 같은 잎이 각 마디에 달려 있다.

암·수 생식구조는 같은 식물이나 다른 식물에서 만들어진다.

잘 알려진 종 *Gnetum*은 열대성 수종이며, 속씨식물과 유사한 넓은 잎을 가지고 있고 덩굴 형태이다.

은행나무(은행나무문, Ginkgophyta)

화석기록으로는 한때 은행나무문은 특히 북반구에 널리 분포했으나, 오늘날 *Ginkgo biloba* 한 종만이 남아 있다. 가을에 낙엽이 지며 부채 같은 잎을 가지고 있다(그림 28.15c). 정자는 편모를 가지고 있고, 암·수 생식구조가 서로 다른 나무에 분리되어 있는 자웅이주식물이다. 암나무의 종자를 둘러싸는 육질의 바깥층은 부티르산이 들어 있어 고약한 냄새가 난다. 공해에 내성이 강해 도시 거리에 많이 심는다.

속씨식물

약 250,000종으로 구성된 속씨식물은 수분시 배주가 2배체 조직으로 감싸여 있다. 종자는 심피에 싸여 있으며 심피는 나중에 과실로 발달하는데, 이는 속씨식물의 특징이다.

남태평양 뉴칼레도니아섬에서만 발견되는 *Amborella trichopoda*는 1억 3,500만 년 전 출현한 가장 초기 속씨식물계통의 마지막 남은 종으로 여겨지고 있다. 이들은 조사함으로써 초기 속씨식물에 대해 이해할 수 있다(그림 28.16).

그림 28.16 | 원시적인 속씨식물 *Amborella trichopoda*.
현존 식물 중 속씨식물 기원종과 가장 가까운 종으로 믿어진다.

외떡잎식물과 쌍떡잎식물

속씨식물은 외떡잎(단자엽)식물과 쌍떡잎(쌍자엽)식물로 구분된다. 이 중에서 쌍떡잎식물(175,000종)이 외떡잎식물(65,000종)보다 더 원시종으로 초기 쌍자엽류에서 단자엽류가 분화되었다. 이 두 가지 식물은 다음과 같이 여러 가지 면에서 서로 다르다.

첫째, 외떡잎식물의 종자는 1개의 떡잎을, 쌍떡잎식물은 종자는 2개의 떡잎을 가진다. 둘째, 외떡잎식물의 잎은 평행의 잎맥을 가지며, 쌍떡잎식물은 그물맥을 가진다. 셋째, 외떡잎식물은 측생분열조직을 가지는 경우가 드물지만 쌍떡잎식물은 이를 가진다. 넷째, 외떡잎식물의 꽃의 부위들의 수는 3개 또는 3의 배수이지만, 쌍떡잎식물에서는 4 또는 5이거나 4나 5의 배수이다.

쌍떡잎식물에는 목본식물이 많이 포함되어 있으나, 목본인 외떡잎식물은 매우 드물다.

또, 쌍자엽 식물은 1/6이 일년생 식물(annuals)이지만 일년생 단자엽식물은 거의 없고, 단자엽식물이 쌍자엽식물보다 땅속 저장기관을 갖는 경우가 더 많다.

꽃의 구조

꽃은 변형된 잎을 가진 변형된 줄기이다.

꽃들은 모두 공통의 특징을 가지고 있는데(그림 28.17), 꽃은 원기(primordium)로서 발생하여 병

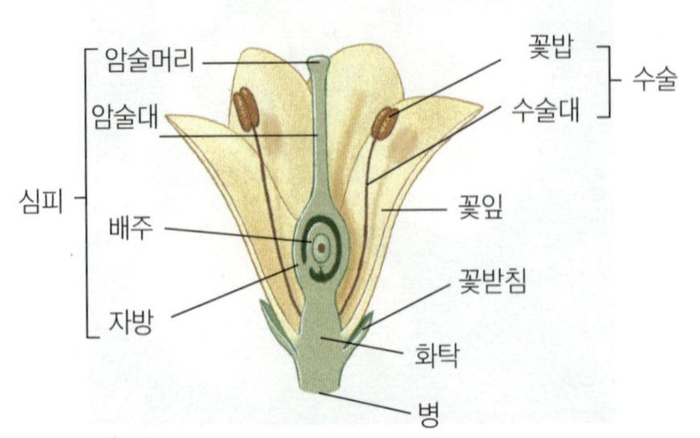

그림 28.17 | 속씨식물 꽃의 모식도.
자방은 성숙하여 과실이 되며 배주의 바깥층은 종피가 된다.

(pedicel)의 끝에서 꽃눈으로 발달한다. 병의 끝은 조금 팽창하여 화탁(receptacle)으로 되고 이곳에 꽃이 부착하게 된다. 꽃의 부위들은 보통 윤생으로 둥굴게 원을 그리며 부착되는데, 가장 바깥쪽은 꽃받침(sepal)으로 대부분의 꽃들은 3~5개의 꽃받침을 가지고 있다. 이들은 녹색이고 잎처럼 생겼으며 미성숙된 꽃을 보호하고, 일부 종에선 꽃이 피면 떨어진다. 그 안쪽이 꽃잎(petal)이며 색깔을 띠고 수분매개자를 유인하며 보통 3~5장의 꽃잎을 가진다. 꽃잎 안쪽에 수술(stamen)이 있으며 통틀어 수술군(androecium)이라 부른다. 각 수술은 화분이 들어 있는 꽃밥(anther)과 수술대(filament)로 이루어져 있다. 중앙에 하나 이상의 심피(carpel)로 이루어진 암술군(gynoecium)이 있다. 심피는 세 부분으로 나뉘며(그림 28.17), 팽창된 기부가 자방(ovary)으로서 하나에서 수백 개의 배주(ovules)가 들어 있으며 나중에 과실(fruit)이 된다. 심피 끝부위는 암술머리(stigma)로 끈끈하거나 털이 나 있어 화분립을 부착시킨다. 암술대(style)는 암술머리와 자방을 연결하는데 일부 꽃들은 짧거나 아예 없다.

많은 꽃들이 자방의 기부 쪽으로 꿀을 분비하는 꿀샘이 있어 nectaries을 가지고 있으며, 꿀은 설탕, 아미노산 등을 포함하고 곤충, 새, 다른 동물들을 유인한다.

속씨식물의 생활주기

꽃눈이 발생하는 동안 배주 속에 있는 1개의 대포자 모세포는 감수분열을 하여 4개의 대포자를 형성한다(그림 28.18).

대부분의 현화식물에서 이 중에 3개는 곧 퇴화하고 남은 1개의 대포자의 핵은 유사분열을 한다. 세포는 천천히 팽창하여 크기가 몇 배로 되고, 팽창하는 동안 각각의 딸핵은 두 번 분열하여 8개의 반수체 핵이 생기고 4개씩 두 그룹으로 배열한다. 동시에 배주의 2층의 주피(integuments)가 분화하여 종피(seed coat)로 되고, 이때 종피의 한쪽 끝에 작은 구멍인 주공(micropyle)이 생긴다. 각 그룹의 4개의 핵 중 1개씩

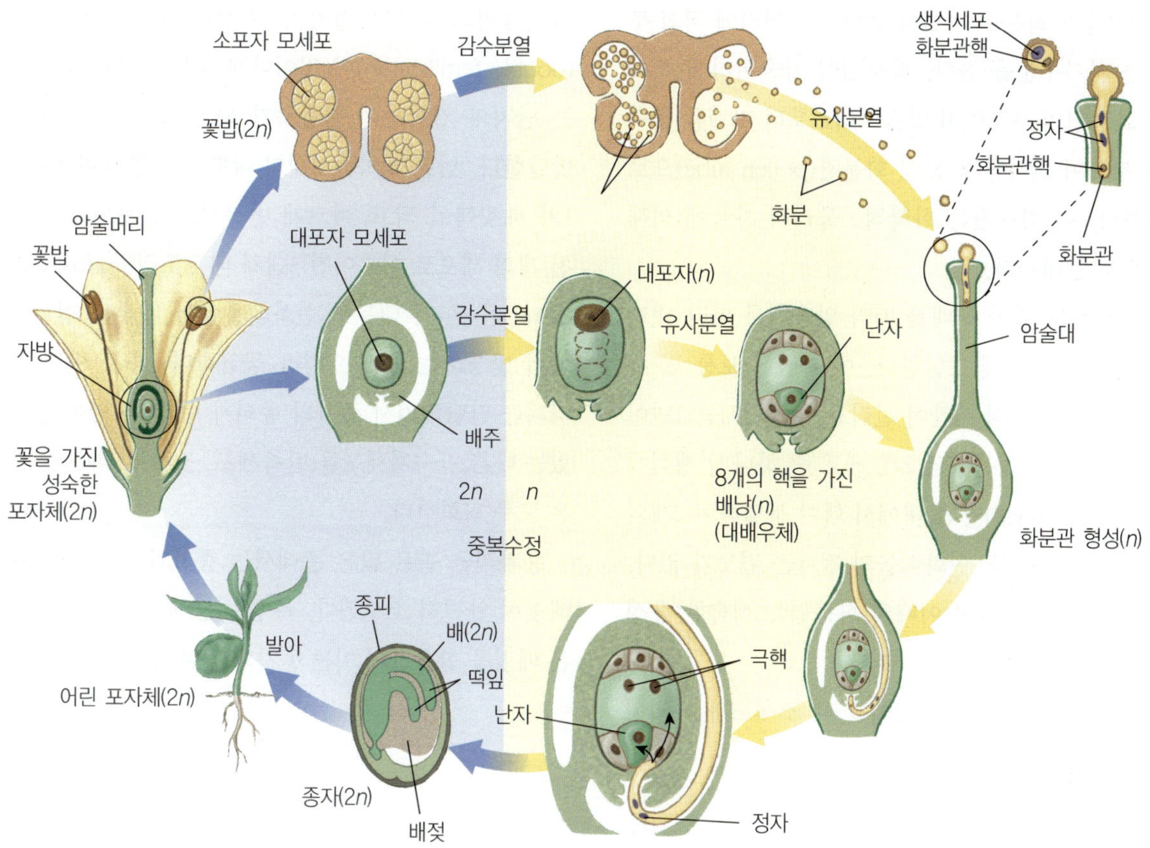

그림 28.18 | 속씨식물의 생활주기.
소나무와 같이 더 이상 수정에 외부물이 필요하지 않다. 대부분의 속씨식물에서는 동물에 의해 화분이 심피로 운반된다. 심피의 바깥 벽은 과실을 형성하고 자주 동물을 유인하여 종자를 퍼뜨리게 된다.

의 핵들이 중앙으로 이동하여 극핵(polar nuclei)이 되는데, 이들은 융합하여 2배체 핵을 이루거나 2개의 반수체 핵을 가진 1개 세포를 형성한다. 나머지 핵들 주위에도 세포벽이 형성된다. 주공에서 가까운 그룹의 1개의 세포가 난자(egg)가 되며, 다른 2개의 세포는 조세포(synergids)라 불린다. 반대쪽의 3개 세포들은 반족세포(antipodals)라 불리며, 별 기능을 하지 않고 파괴되어 사라진다. 이렇게 7개 세포 내에 8개의 핵을 가지고 있는 큰 주머니를 배낭(embryo sac)이라고 하며 자성배우체를 이룬다.

이 자성 배우체는 포자체에서 전적으로 양분을 얻는 다세포 반수체 개체이다.

자성배우체가 발생하는 동안 유사하지만 덜 복잡한 과정이 꽃밥(anther)에서 일어난다.

대부분의 꽃밥은 대개 4개의 방이 영양세포로 둘러싸여 있다. 이 방은 많은 2배체 소포자 모세포로 이루어져 있으며 각 모세포들은 감수분열을 하여 4개의 소포자를 만든다. 각 소포자의 핵이 한 번 분열한 후 각 소포자들은 분리되고 동시에 2층의 벽으로 각 소포자들을 둘러싼다. 꽃밥이 성숙하면 인접 방들의 벽이 분해되며 2개의 커다란 주머니가 생긴다. 이 시점에 2개의 핵을 가지고 있는 소포자들은 화분립(pollen grains)이 된다. 화분립의 바깥쪽 벽층은 화학물질을 포함하고 있고, 암술머리의 신호물질에 반응하여 웅성배우체의 발생을 완성한다. 화분립은 발아구(aperture)를 가지고 이를 통해 화분관이 자라난다.

수분(pollination)은 화분이 꽃밥에서 암술머리로 단순히 물리적으로 이동하는 것이다.

대부분 수분은 다른 식물의 꽃들 사이에서 곤충, 바람, 중력, 동물 등에 의해 일어난다. 그러나 속씨식물의 1/4가량은 화분이 자신의 꽃의 암술머리에 직접 부착하는 자가수분을 한다. 화분립이 암술머리에 부착하면 화분립의 세포질이 암술머리로부터 기질을 흡수하여 부풀며 발아구를 통해 화분관(pollen tube)으로 발생한다. 이 화분관은 화학적 · 물리적 자극에 의해 배낭으로 안내된다.

화학물질의 확산 구배를 따라 암술대를 따라 내려간 화분관은 주공에 도달한다. 이 과정은 보통 몇 시간에서 이틀 정도의 시간이 걸리고, 일부에서는 1년이 걸리기도 한다. 화분립의 2개 세포 중 하나인 생식세포는 화분립이나 화분관 내에서 핵이 분열하여 2개의 정자세포를 만든다. 현화식물의 정자는 편모가 없다. 화분관과 정자를 가진 이때의 화분립은 성숙한 웅성배우체를 이룬다.

화분관이 배낭 속으로 들어갈 때 조세포가 파괴된다. 그리고 2개의 정자가 수정을 하는 중복수정(double fertilization)이 일어나게 되는데, 1개의 정자는 난자와 결합하여 접합자가 되고 배포자체식물로 발달한다. 남은 정자와 2개의 극핵은 결합하여 3배체 1차 배젖핵이 되고, 빠르게 반복적으로 분열하여 몇 천 개의 세포로 이루어진 3배체 배젖조직(endosperm tissue)이 된다. 대부분 현화식물에서 배젖은 접합자에서 발생하는 배에 영양을 공급한다. 중복 수정 후 외피는 단단해져서 종자의 종피가 된다. 배낭에 남아 있는 다른 반수체세포들(반족세포, 조세포, 화분관핵)은 모두 퇴화한다.

콩과식물 같은 많은 종에서는 종자가 성숙할 즈음 배젖이 완전히 소모된다. 옥수수 등에서는 종자에 많은 배젖을 함유하며 이는 종자의 발아에 이용된다.

CHAPTER 29

균 류

균류는 생태계와 사람의 건강에 지대한 영향을 끼치며, 열대에서 툰드라까지, 육상이나 물속 등, 어디에나 흔하다. 버섯도 균류에 속하는데 매우 빨리 자라는 다세포생물이다. 빵과 맥주를 만드는 데 이용되는 효모도 균류에 속한다. 일부 균류는 동식물의 중요한 병원체가 된다. 이와 같이 다양한 균류의 종류와 그 생물학적 특징을 알아보자.

29.1 균류의 특징

균류의 두드러진 특징

균학자들은 약 150만 종의 균류가 있을 것이라고 추정한다. 오늘날 균류는 네 가지로 분류되고 있는데, 이들은 항아리균류, 접합균류, 담자균류, 그리고 자낭균류이다(그림 29.1). 균류는 다음과 같은 공통적 특

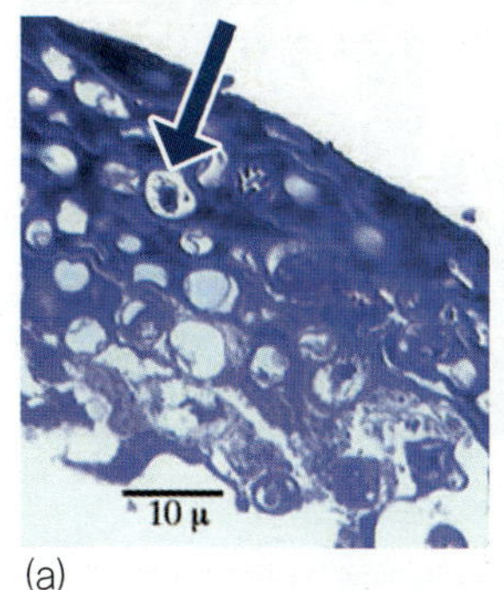

(a)

(b)

(c)

(d)

그림 29.1 | 네 가지 주요 균류의 예.
(a) 전 세계적으로 양서류 개체군을 쇠퇴시키고 있는 기생성 항아리균류 *Batrachochytrium dendrobatidis*(화살표). (b) 동물의 대변에서 자라는 *Pilobolus*(접합균류, 약 10mm 길이의 자루엔 포자가 들어 있는 주머니가 달려 있다). (c) 독버섯 *Amanita muscaria*(담자균류). (d) 코스타리카의 열대우림에서 사는 *Cookeina tricholoma*(자낭균류). 이 주발버섯에서 포자생성구조는 컵을 따라 나 있다. 버섯을 형성하는 담자균류에선 버섯갓 밑의 주름을 따라 분포한다. 눈으로 볼 수 있는 모든 균류의 구조는 섬유상 균사가 기질로 침투하여 기질과 서로 얽혀 만드는 균사망에서 자라난다.

징을 가지고 있다.

1. **종속영양성.** 균류는 기질에 소화효소를 분비하여 양분을 흡수한다. 따라서 균류는 실제로 먹이 속에서 산다.
2. **여러 가지 유형의 세포 소유.** 균류는 실 모양으로 생장한다(즉, 몸이 균사라는 길고 가느다란 섬유로 되어 있다). 균사세포는 형태가 여러 가지 이다. 일부 단세포성 균류는 편모를 가진다.
3. **2핵체기.** 여러 유성생식을 하는 균류는 2배체 핵을 만들기 전에 하나의 세포에 2개의 반수체 세포가 공존하는 2핵체기를 지낸다.
4. **세포벽에 키틴 함유.** 균류의 세포벽은 다당류와 키틴으로 조성되어 있다.
5. **핵 유사분열.** 균류의 유사분열은 동식물의 유사분열과 달리 핵막이 소실되지 않고 일어난다. 균류 유사분열은 핵 내에서 일어나며, 핵 안에 방추장치가 나타난다. 이러한 유사분열은 일부 원생생물에서도 볼 수 있다.

균류의 몸

균류는 단세포이거나(효모) 다세포이다. 균류의 균사(hypha)는 가느다란 섬유 모양의 세포이다. 균사는 직선상으로 연결되거나 가지 친 관 모양으로서, 그 속에 세포질과 여러 개의 핵이 들어 있다. 어떤 균사는 세포들이 사슬처럼 연결되고 각각의 사이가 격벽(septum)으로 구분되어 있다. 격벽은 생식세포들을 분리시키는 경우를 제외하고는 완전한 차단 구조가 아니어서 하나의 긴 세포로 취급되기도 한다. 균사 전체를 통하여 격벽의 구멍을 통과하면서 세포질이 자유로이 흐른다(그림 29.2). 이 흐름을 따라 합성된 단백질이 활발하게 자라고 있는 정단 부위로 운반된다. 균사들이 서로 연결되어 이룬 덩어리를 균사체(mycelium)라고 한다. 균사체는 매우 길게 길이로만 자라는데 이 균사체는 토양, 나무, 또는 다른 물질 속으로 자라서, 소화가 시작되고 균류의 모든 부위에서 물질대사가 활발해진다(그림 29.3).

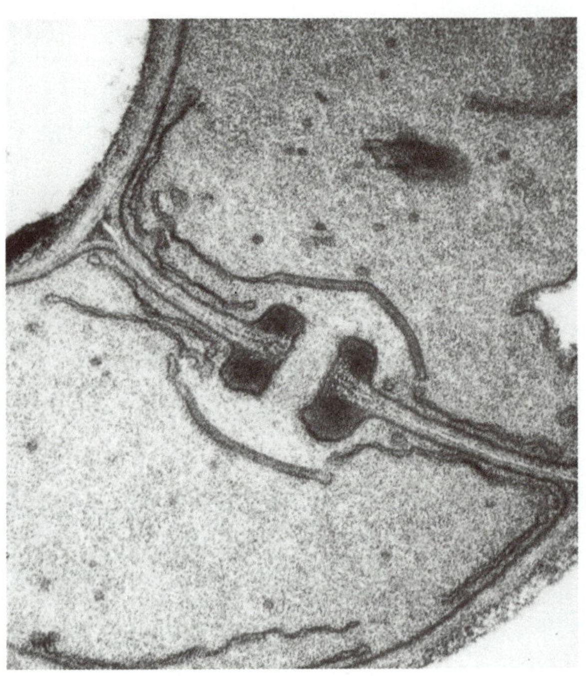

그림 29.2 | 격벽.
담자균류(*Inonotus tomentosus*)의 균사 격벽의 전자현미경 사진(4,5000×)으로서, 격벽의 구멍을 통해 세포질 유동이 일어난다.

그림 29.3 | 균사체.
균사로 이루어진 균사체가 나뭇잎을 통과해 자라고 있다.

네 가지 균류 중 두 가지에서 생활주기 중 어느 시

기가 되면 균사가 서로 얽혀 이루어진 생식구조가 만들어진다. 이 구조는 신속한 균사 확장으로 매우 빠르게 자란다. 이 때문에 생식의 준비가 갖추어진 버섯은 갑자기 나타난다.

균류의 세포벽은 다당류와 키틴으로 구성되어 있으며 셀룰로스가 없다. 키틴은 절지동물의 외골격을 만드는 것과 동일한 재료이다. 이 때문에 과학자들은 균류가 식물보다는 동물과 더 가깝다고 믿는다.

다세포성 균류의 유사분열은 다른 생물의 유사분열과 차이 난다. 세포 자체가 생식의 단위가 아니라 핵이 생식의 단위가 된다. 분열시 핵막이 소실되지 않고 방추장치가 핵 안에 나타난다. 중심립은 없으며, 방추판(spindle plaque)이라는 구조에서 유사분열 동안 미세소관의 형성을 조절한다.

이들 독특한 특성으로 미루어 볼 때 균류는 알려지지 않은 단세포 진핵생물에서 기원한 것으로 추측된다.

균류의 생식

균류의 세포(균사)는 1개, 2개, 또는 여러 개의 핵을 가진다. 균사가 하나의 핵을 가지는 경우를 단핵성(monokaryotic)이라고 하고, 2개의 핵을 가질 때 2핵성(dikaryotic)이라고 한다. 2핵성 세포에서 2개의 반수체 핵이 독립적으로 존재한다. 2핵성 균사는 각각의 유전체가 전사되므로 유전적으로 2배체적 특징을 가진다.

때때로 한 균사체의 공통 세포질 안에 여러 핵이 모여 있는 경우도 있다. 만약 2핵체성 또는 다핵체성 균사가 유전적으로 다른 2개의 개체로부터 기원된 핵을 가지고 있을 경우, 이 균사를 이형핵성(heterokaryotic)이라고 하고, 2개의 핵이 유전적으로 유사한 경우는 동형핵성(homokaryotic)이라고 한다. 이러한 구분은 균류의 생활사를 이해하는 데 중요하다.

많은 균류는 무성포자와 유성포자를 만들 수 있다. 하나의 균류가 유성생식을 할 때 두 교배형의 각 반수체 균사가 서로 융합한다. 대부분의 생물에서 두 반수체 세포가 융합하면 즉시 2배체 세포(2n)를 만든다. 그러나 두 가지 균류(담자균류 및 자낭균류)에서는 어버이 핵이 융합하여 2배체 핵을 만들기 전에 2핵체(1n+1n) 시기가 나타난다. 자낭균류에서 이 2핵체 단계가 일부 세포에서만 잠시 나타나지만, 담자균류에서는 이 시기가 생활사의 대부분을 차지한다.

그림 29.4 | 균류의 포자.
장미에 감염된 균류 포자의 전자현미경 사진.

균사의 세포질은 격벽의 구멍을 통과하여 흐르거나, 격벽 없이 자유로이 흐른다. 생식 구조가 생기면 이 구조는 구멍이 없는 완벽한 격벽으로 차단된다. 균류에서 포자는 가장 흔한 생식 수단이다. 포자는 무성적 또는 유성적 과정을 통하여 만들어질 수 있으며, 대개 바람에 의하여 분산된다. 포자가 적합한 장소에 착륙하면 발아하여 새로운 균사체로 자란다. 포자는 매우 작으므로(직경 2~75㎛) 오랫 동안 공기 중에 퍼진 채 머물 수 있다(그림 29.4). 일부 균류의 포자는 곤충이나 작은 동물에 의해 분산된다. 균류 중에서 항아리균류만이 편모를 가지며 원시적인 이동성 유주자(zoospore)를 만든다.

균류의 영양 섭취와 대사

모든 균류는 주위에 소화효소를 분비하여 물질을 분해한 다음 양분을 흡수하는 체외소화 방식을 취한다. 균사의 망상 체제는 이러한 흡수 면적을 극대화한

그림 29.5 | 포식성 균류.
버섯 *Pleurotus ostreatus*는 목재를 분해할 뿐 아니라 선충류를 마비시켜 질소원으로 섭취한다.

다. 여러 균류는 목재의 셀룰로스를 분해하여 그 결과로 나오는 포도당을 흡수한다. 균류는 식물 세포벽의 리그닌도 분해한다. 균류는 매우 다양한 유기물을 분해하여 양분을 흡수한다.

식용 버섯인 *Pleurotus ostreatus*의 균사체(그림 29.5)는 선충류를 마비시키는 물질을 분비하여 양분을 흡수하기도 한다. 이 선충류가 마비될 때 그 몸 안에 균사를 뻗어서 소화액을 분비하고 양분을 흡수한다. 이 균류는 흔히 살아 있는 나무 속이나 오래된 나무등걸에서 자라며 소화효소에 의해 식물벽의 셀룰로스와 리그닌을 분해하여 포도당을 얻는다. 따라서 이런 선충류의 흡수는 질소의 공급원이 된다.

어떤 균류는 적극적인 포식자로서 선충류나 작은 동물을 덫을 놓아 잡거나 투사물을 발사하여 잡는다.

사람은 상업적으로 균류의 대사 과정을 이용하기도 한다. 균류의 무기적 발효를 이용하여 술이나 치즈를 얻는다. 간장이나 된장도 균류의 대사를 이용하여 만드는 것들이다. 이러한 목적을 위하여 여러 가지 효모 균주가 선택되어 왔다. 가장 중요한 효모는 *Saccaromyces cerevisiae*로서, 사람은 이 효모를 유사 이래 계속 이용해 왔다. 항생물질도 균류를 이용하여 만든다.

일부 균류는 물이 있으면 어떤 종류의 탄소함유 화합물도 분해할 수 있다. 이 성질을 이용하여 오염된 토양이나 물을 정화하고 유류 오염도 정화할 수 있다.

29.2 균류의 분류

계통적 관계

분자 서열정보가 증가함에 따라 균류 계통을 이해하는 데 빠른 변화가 생기고 있다(그림 29.6, 표 29.1).

균류는 계통적으로 식물보다는 동물에 더 가깝다. 균계는 항아리균문, 접합균문, 담자균문, 자낭균문의 4개의 문으로 구분된다. 자낭균문과 담자균문은 단일계통적(monophyletic)이지만, 다른 두 문은 그렇지 않

표 29.1 균류

구분	예	주요 특징	대략적인 종 수
항아리균문	*Allomyces*	수생임. 편모를 가지며 유성생식시 반수체 배우자를 만들며, 무성생식시 2배체의 유주자를 만듦.	1,000
접합균문	*Rhizopus*, *Pilobolus*	격벽이 없는 다핵성 균사를 만듦(생식 구조 제외). 균사의 융합으로 접합포자낭에 접합자를 만듦. 발아 전에 접합포자낭에서 감수분열을 함, 무성생식이 흔함.	1,050
담자균문	Mushrooms toad stools, rusts.	유성생식시 담자포자가 담자기에 생김. 무성생식이 때때로 일어남.	22,000
자낭균문	Truffles, morels	유성생식시 자낭 안에 자낭포자가 생김. 무성생식이 흔함.	45,000

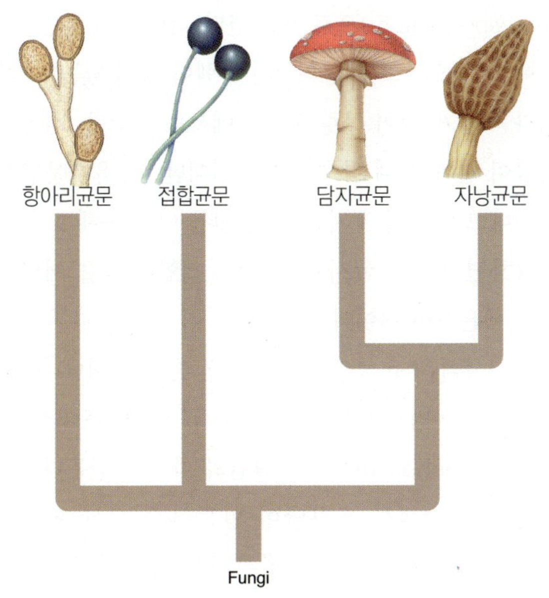

그림 29.6 | 균류의 네 가지 종류.
담자균문과 자낭균문은 단일계통적이지만 다른 두 문은 그렇지 않다.

다. 과거에는 점균류와 일부 다른 생물을 균류로 분류하였으나, 오늘날에는 균류가 아닌 원생생물로 분류되고 있다.

항아리균문(Chytridiomycota)

항아리균류는 물 속에서 살며 편모를 가진다. 이동성인 유주자(zoospore)는 항아리균류의 주요 특징이다(그림 29.7). 이 때문에 항아리균류는 균류 중에서 가장 원시적인 부류로 취급되며, 또 이들이 물 속에서 살기 때문에 균류가 물 속에서 기원했다고 본다. 항아리균의 세포벽에 있는 키틴은 모든 균류의 일관된 특성이다. 여러 유전자 분석을 토대로 많은 과학자들은 동물과 균류가 6억 7,000만 년 전 같은 조상에서 분기

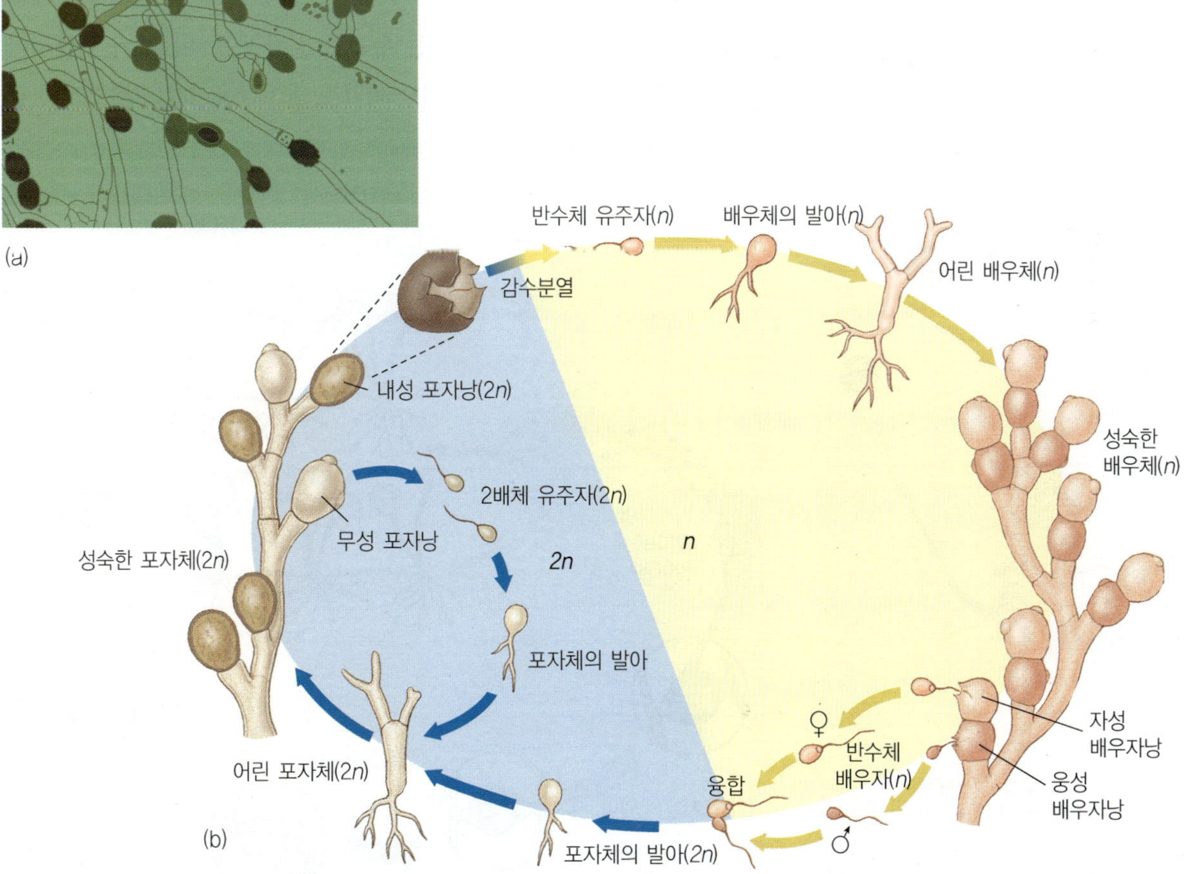

그림 29.7 | 토양에서 자라는 항아리균류 *Allomyces*.
(a) 구형인 포자낭은 유사분열로 2배체 유주자를 만들거나 감수분열로 반수체 유주자를 만들 수 있다. (b) *Allomyces*의 생활주기. 반수체와 2배체 다세포 시기가 있다(세대교번).

했다고 믿고 있다. 항아리균류는 생태계에서 중요한 역할을 한다.

접합균문(Zygomycota)

접합균류는 단지 1,050 기록 종이 포함되어 있으나 그들은 매우 다양하다. 과일이나 빵에 피는 곰팡이 중에는 접합균류가 많고(그림 29.8), 사람의 질병을 일으키는 병원체인 것도 있다. Glomales도 여기 속하는데, 이는 뿌리와의 내균근공생을 통해 육상식물의 진화를 가능하게 했고, 오늘날 식물이 다양성을 유지하는 데 일조를 하고 있다. 포자낭이나 배우자낭을 만들 때를 제외하고는, 접합균류의 균사에는 격벽이 없다. 유성생식은 배우자낭의 융합으로 일어나며, 배우자낭에는 많은 핵이 들어 있다(그림 29.8). 배우자낭은 완전한 격벽에 의하여 균사로부터 차단된다. 이 배우자낭은 서로 다른 교배형의 균사 사이에서 생기거나 단일균사에서 생긴다. 반수체 핵이 융합하면 2배체 접합자 핵이 생기고 융합이 일어난 부위는 접합포자낭(zygosporangium)으로 발달한다. 접합포자낭은, 그 속에 1개 또는 그 이상의 2배체 핵이 들어 있는데, 외피가 두껍게 되어 불량한 환경에서도 견딘다. 접합포자낭이 발아할 때 감수분열이 일어난 후, 유사분열이 일어나고 반수체 포자를 방출한다. 이 반수체 포자가 발아하면 반수체 균사가 나온다. 접합자 핵을 제외한 모든 핵은 반수체이다.

무성생식은 유성생식보다 훨씬 흔히 일어난다. 무성생식시 먹이의 표면에서 균사는 포자낭병(sporangiophores)이라는 직립의 자루를 만든다. 포자낭병의 끝에서 포자낭이 만들어지고 이 포자낭(sporangia)은 격벽에 의해 분리된다. 포자낭에서는 얇은 벽을 가진 반수체 포자가 만들어지고, 포자는 바람에 의해 날려서 새로운 영양원으로 분산된다.

담자균문(Basidiomycota)

담자균류에는 우리가 흔히 보는 버섯류가 포함되어 있으며 식물의 녹병균도 담자균류이다(그림 29.9). 담

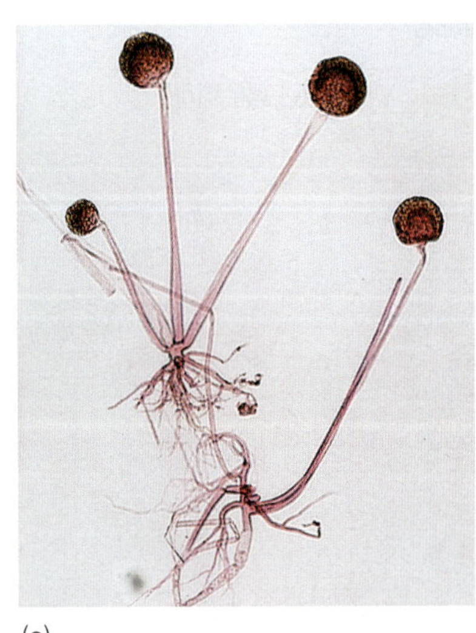

(a)

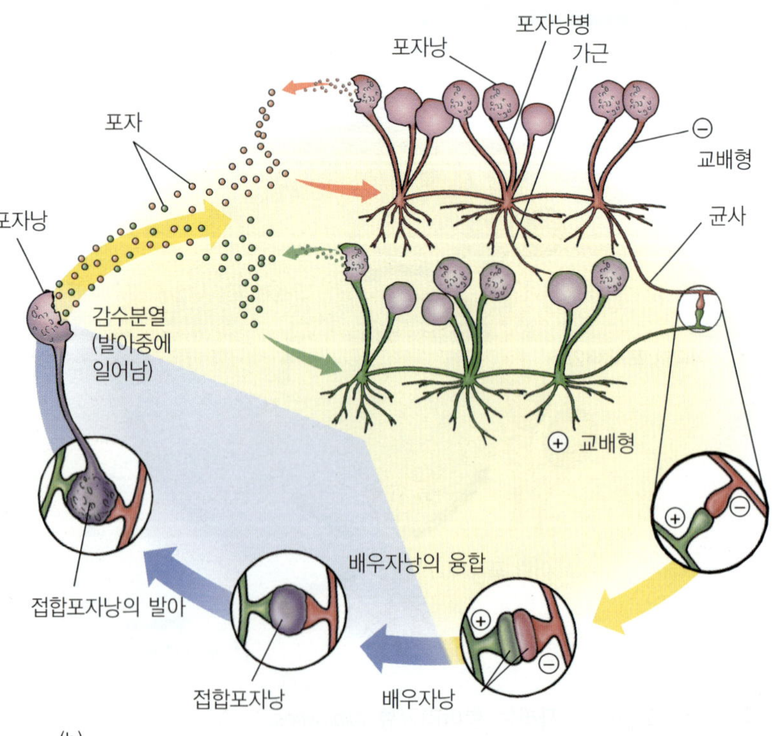

(b)

그림 29.8 | 접합균 *Rhizopus.* 이 균류는 흔히 빵이나 과일에 자란다. (a) 검고 구형인 포자낭이 약 1cm 높이의 균사 위에 생긴다. 뿌리 모양의 균사는 포자낭을 고정시킨다. (b) *Rhizopus*의 생활주기. 이 균의 특징인 접합포자낭 때문에 접합균이라는 이름이 붙었다.

(a)

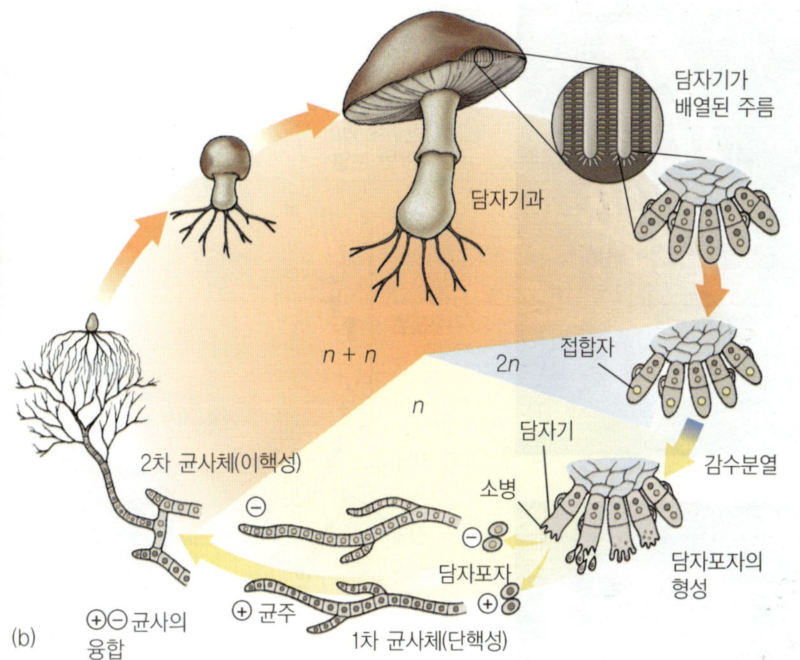

(b)

그림 29.9 | 담자균류.
(a) 독버섯의 일종 *Amanita phalloides*. (b) 담자균류의 생활주기. 담자기가 생식구조이다.

자균류는 특이한 유성생식 구조인 담자기(basidium)를 가지고 있다.

담자기 내에서 핵융합이 일어나서 생활주기 중 유일한 2배체 시기를 형성한다(그림 29.9b). 핵융합 후 곧 감수분열이 일어나고 이때 생긴 4개의 반수체는 담자포자(basidiospores)를 이룬다. 이 담자포자는 담자기 끝에서 가느다란 돌기로 떨어져 나온다.

이 포자가 발아하여 단핵성 균주를 이루는데, 초기엔 격벽이 없으나 단핵성 균주의 핵 사이에 마침내 격벽이 생겨 1차 균사체(primary mycelium)를 형성한다. 이어, 서로 다른 교배 형태의 단핵성 균주들이 서로 융합하여 이핵성 균사체를 이루는데, 이를 2차 균사체(secondary mycelium)라 한다. 이때 서로 다른 교배 형태의 균주에서 온 2개의 핵을 갖게 되므로 이 균사체는 이형핵성이다. 이 2차 균사체에서 담자기과(basidiocarps) 또는 버섯이 형성된다. 버섯갓 아래 주름에서는 많은 수의 포자가 만들어진다. 지름이 7.5cm 정도의 버섯갓에서는 시간당 4,000만 개의 포자가 생성되는 것으로 추정된다.

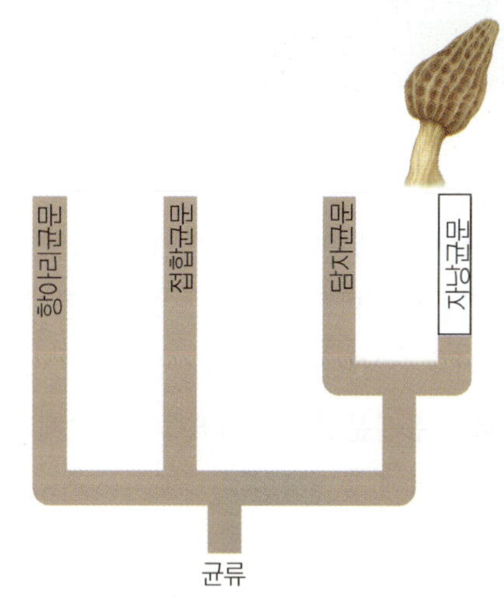

자낭균문(Ascomycota)

자낭균류는 모든 알려진 균류의 75%를 차지한다. 효모, 붉은빵곰팡이, 페니실린을 만들어내는 *Penicillium*, 식물의 병원균인 밤나무마름병균 등이 자낭균류에 속한다. 자낭균류는 현미경적으로 작은 주머니 모양의 자낭(ascus)이라는 생식구조를 가지고 있다. 자낭은 주발버섯 등에서 우리 눈에 보이는 부위에 해당하는, 촘촘하게 균사가 서로 얽혀 만든 자낭과(ascocarp)라는 구조 내에서 분화된다.

(a)

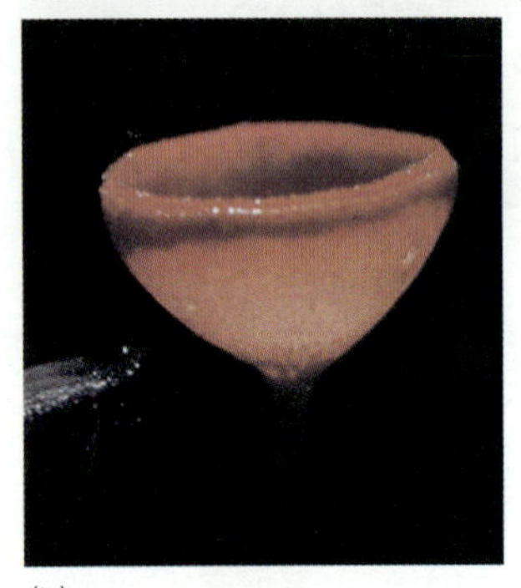
(b)

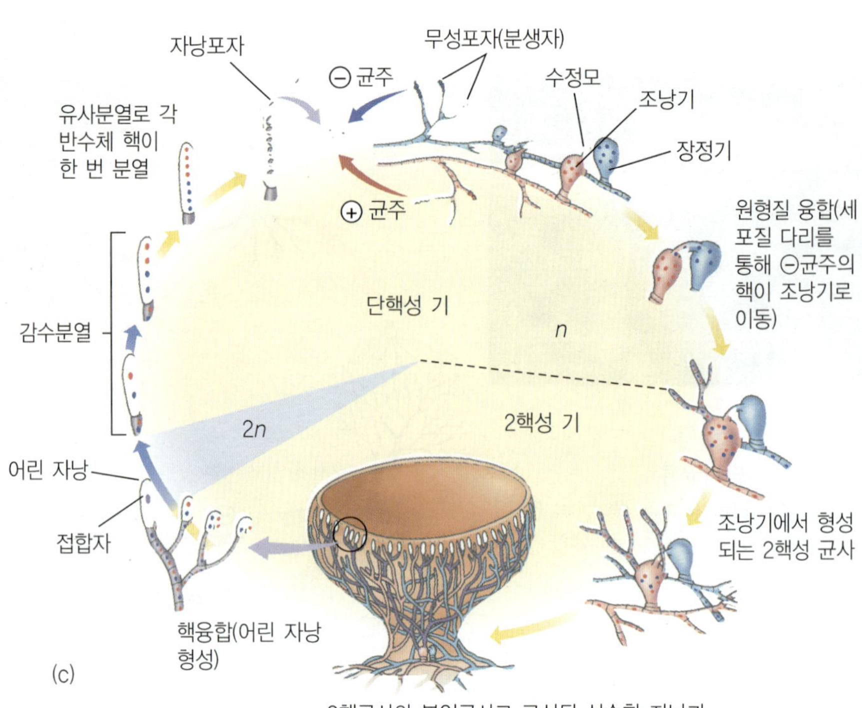

그림 29.10 | **자낭균류.**
(a) 자낭균류 *Morchella esculenta*는 식용 버섯의 일종이다. (b) 주발버섯. (c) 자낭균류의 생활주기. 반수체 자낭포자가 자낭 내에서 형성된다.

자낭 내에서는 핵융합이 일어나고 생활주기 중 유일하게 2배체 핵을 만든다(그림 29.10 c). 곧이어 감수분열이 일어나 4개의 반수체 딸핵이 만들어지고, 이들은 대개 다시 유사분열을 하여 8개의 반수체 핵이 만들어 지면서 벽에 둘러싸인 자낭포자(ascospores)가 된다.

많은 자낭균류에서 자낭은 성숙하면서 매우 팽창하고 마침내 터지면서 자낭포자는 30cm나 되는 먼 거리까지 날아가게 된다. 이는 자낭포자가 단지 10㎛ 길이밖에 안 되는 것을 감안할 때 놀라운 거리이다. 자낭균류에선 대개 무성생식으로 생식한다. 이는 분생자(conidia)라는 포자에 의해 일어나게 되는데 분생자는 분생자병(conidiophores)이라는 변환된 균사의 끝에서 격벽에 의해 떨어져 나와 새로운 먹이에서 빠르게 균체를 형성해 나간다. 많은 분생자가 여러 개의 핵을 가지고 있다.

자낭균류의 균사는 격벽에 의해 분리되어 있으나 격벽에는 구멍이 있어 세포질이 균사를 따라 이동한다. 자낭과 분생자를 분리하는 격벽은 처음에는 구멍이 있으나 나중에는 완전히 막혀 이들을 분리한다.

효모는 주로 출아를 통하여 무성적으로 번식한다(그림 29.11). 때때로 효모는 2개의 세포가 융합하여

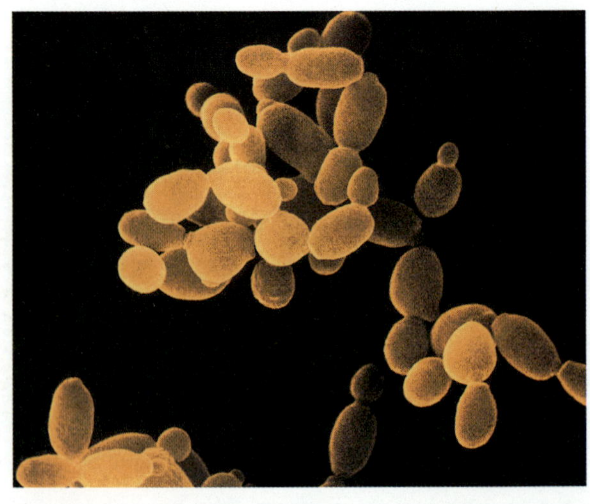

그림 29.11 | **효모의 출아** *Saccharomyces*(19,000×).
세포들은 함께 사슬을 만드는 경향이 있다. 이는 단일세포인 효모가 다세포 조상에서 파생되었다고 생각하게 한다.

2개의 핵을 가지는 하나의 세포로 된다. 이 세포는 자낭과 같은 기능을 하여 핵이 융합한 뒤 곧 감수분열을 한다. 그 결과로 생기는 자낭포자는 직접 새로운 효모세포와 같은 기능을 한다. 포도당을 분해하여 에탄올과 이산화탄소를 만드는 효모의 탄수화물 발효 능력을 이용하여 사람은 빵, 맥주, 포도주를 만든다. 산업적으로 이들을 만드는 데 가장 중요한 효모는 *Saccharomyces cerevisiae*이다.

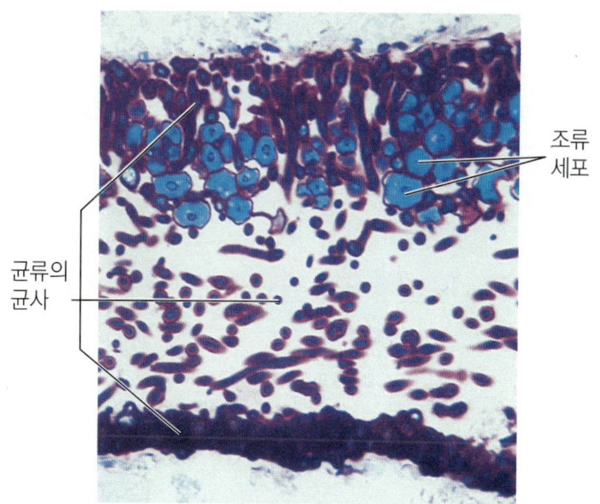

그림 29.13 | 지의류의 단면(250×).
균사가 지의류의 위쪽 보호층과 맨 아래층에 더 촘촘히 모여 있는 것을 볼 수 있다. 지의류의 위쪽 표면 근처에 있는 녹조류 세포는 탄수화물을 균류에 공급한다.

29.3 공생 균류

지의류

균류는 조류나 식물과 여러 가지 공생 관계를 맺고 있다. 지의류(lichen)(그림 29.12)는 균류와 광합성 생물의 공생체이다. 지의류 15,000종 중에서 20종을 제외한 모든 종이 자낭균류를 균류 공생체로 하고 있다. 지의류에서 눈으로 보이는 대부분의 부위가 균류이고, 균사 사이에 녹조류나 남세균 또는 두 가지 모두가 끼어 있다(그림 29.13). 특수화된 균사가 광합성 생물의 세포벽을 감싸거나 침투하여 균류가 필요로 하는 양분을 직접 운반해 간다. 균류가 세포벽을 침투할 때, 이들은 원형질막을 침투하지는 않는다. 균류는 생화학적 신호를 보내서 남세균이나 녹조류가 독립적으로 살 경우에는 만들지 않는 대사산물을 생산하도록 한다. 지의류 안의 균류는 그들의 광합성을 하는 동반자 없이는 정상적으로 자랄 수 없다. 따라서 균류는 그들의 공생 동반자를 강한 햇빛과 건조로부터 보호한다. 균류를 이들로부터 분리하면 매우 느리게 자란다. 이러한 공생 관계로 지의류는 황무지와 같은 극한적 환경에서도 자랄 수 있다. 이러한 환경에서 지의류는 흔히, 최초로 군체를 형성하며 암석을 부수어 다른 생물이 정착할 수 있는 토대를 만들어준다.

지의류는 태양광선의 파괴력으로부터 광합성 공생 동반자를 보호하기 위해 자주 강한 색의 색소를 갖는다. 이 색소는 추출되어 천연염료로 쓰이기도 한다. 지의류는 일반적으로 대기오염에 매우 민감하여, 오염된 도시나 그 근교에서는 살지 못한다. 이는 지의류의 비나 이슬에 용해되어 있는 물질을 흡수하는 능력 때문이다. 일부 지의류는 공기오염의 생물지표로 쓰이기도 한다.

(a) (b)

그림 29.12 | 지의류.
(a) 미국 플로리다 토양에서 자라는 *Cladina evansii*. (b) 파나마 산림의 나무 수피에서 자라는 *Rhizoplaca chryoleuca*

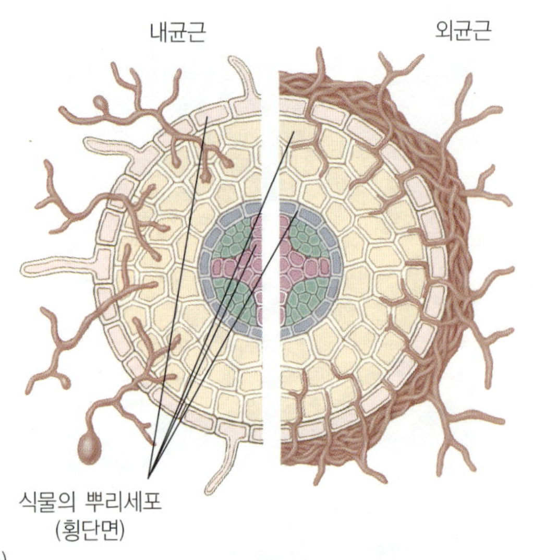

(a)

(b)

그림 29.14 | 내균근과 외균근.
(a) 내균근에서 균류의 균사는 식물의 뿌리세포 속으로 침투한다. 외균근에서는 균사가 뿌리세포를 침투하지 않고 세포 주위나 세포 사이로 자란다. (b) 소나무 뿌리의 외균근, 왼쪽에서 오른쪽으로, *Pisolithus*에 의해 형성된 황갈색 균근, *Rhizopogon*에 의한 흰색 균근, 균류와 결합되지 않은 소나무 뿌리

균근

모든 관다발식물종 중에서 약 90%는 뿌리에 상리공생하는 균류가 들어 있다. 이들 균류는 식물 뿌리무게의 약 15%를 이룬다. 이와 같은 종류의 공생 관계를 균근(mycorrhizae)이라고 한다. 균근 안에서 균류는 마치 식물 뿌리의 확장부처럼 역할을 하는데, 균사는 토양과의 접촉면을 늘려서 흡수표면적을 획기적으로 증가시킨다. 균류는 인산이나 다른 광물질이 토양에서 식물의 뿌리로 이동할 수 있도록 돕고, 식물은 균류에게 유기 탄소화합물을 공급한다.

여기에는 두 종류의 균근이 있는데(그림 29.14), 내균근은 균사가 식물 뿌리의 바깥층 세포에 침투하여 코일, 혹, 미세한 가지 형태를 이루고 있으며, 외균근은 균사가 뿌리의 세포벽을 둘러싸기는 하지만 침투하지는 않는다. 두 경우 모두 균사체가 토양 속으로 뻗어 있다. 하나의 뿌리가 여러 종류의 균류와 공생할 수도 있다.

내균근

내균근(arbuscular mycorrhizae)은 두 가지 균근 중에서 대부분을 차지한다. 내균근 내의 균류는 Glomales이며 접합균류에 속한다. Glomales는 200,000종 이상의 식물에 공생하지만, 버섯과는 달리 땅 위로 자실체를 만들지 않으므로 정확한 종의 수를 알기 어렵다. 가장 오래된 식물 화석도 내균근을 가지므로, 내균근은 식물의 육상 정착에 중요한 역할을 한 것으로 보인다. 그 당시 황폐하고 유기물질이 전혀 없는 토양에서 균근 관계를 이룬 식물들은 살아남을 수 있었다. 일부 비광합성식물도 내균근에 의지하여 살아가는데, 이 식물은 광합성 산물을 균류에 제공하지 못하므로 기생자라고 볼 수 있다.

이 경우 균류는 제3의 광합성 식물에도 균사체를 뻗어 3자 공생을 이룬다. 이때 기생식물은 균류로 부터 인산을 얻을 뿐만 아니라, 균류를 통해 광합성식물로부터 탄수화물도 전달받는다. 이런 관계는 외균근에서도 일어난다.

외균근

외균근(ectomycorrhizae)은 내균근보다 훨씬 적은 몇 천 종의 식물에 생긴다. 외균근의 균류는 주로 담자균류이지만 일부 자낭균류도 있다. 대부분의 외균근 식물들은 여러 외균근 균류와 공생한다. 이 결합의 종류에 따라 그 식물의 생리적 특성과 여러 환경에서 생존할 수 있는 능력이 영향을 받게 된다. 외균근의 균류는 5,000종 이상 알려져 있다. 외균근은 온대지역

의 소나무, 전나무, 너도밤나무, 버드나무 등 경제적으로 중요한 많은 수종에서 발견된다. 난과 식물은 전부 내균근과 공생한다.

내생식물(Endophytes)

내생균류(endophytic fungi)는 식물의 세포 간 공간에 사는데, 식물계 전체를 통해서 발견되며, 편리공생 또는 기생 관계이다. 그러나 일부 균류는 독성 화학물질을 만들어 초식동물로부터 식물을 보호한다는 증거가 나타나고 있다. 이 경우, 균류는 흔히 알칼로이드를 만든다.

식물체 내 균류가 숙주식물의 건강을 도모하는지를 알아보는 한 가지 방법은 동일한 균류가 들어 있는 식물과 들어 있지 않은 식물을 길러보는 것인데, 한 실험에서 보면 균류가 들어 있을 때 숙주식물의 진딧물에 대한 내성이 더 컸다.

동물과의 상리공생

여러 가지 균류-동물 상리공생이 알려져 있다. 반추동물은 소화관 속에 균류를 가진다. 반추동물은 먹이 속의 셀룰로스나 리그닌을 분해하지 못하지만, 소화관 속의 균류는 이들을 분해하여 숙주의 영양이 되는 물질로 만든다. 균류는 양분이 풍부한 서식 환경을 제공받는다.

신대륙의 leaf-cutter 개미는 나뭇잎을 잘라서 땅속의 방에 쌓고 그 위에 균류를 배양한다. 개미는 균류에게 먹이(나뭇잎)를 제공하고 병원균이나 포식자로부터 보호한다(그림 29.15). 균류는 개미의 먹이가 된다.

기생성 및 병원성 균류

동물 기생균 및 병원균

균류는 사람의 난치성 질병을 일으킬 수 있다. 동물과의 계통발생학상 가까운 관계 때문에 자주 치료가 어렵기 때문이다. 자낭균류 *Candida*는 사람의 질이나 구강에 감염하여 켄디다증을 일으킨다. 곰팡이 알레르기는 흔히 발견되는 질환이다. 개구리에 기생하는 항아리균류 *Batrachochytrium dendrobatidis* 때문에 전 세계적으로 개구리 개체군이 크게 쇠퇴하고 있음이 1998년에 알려졌다(그림 29.16). 항균제로 감염된 개구리를 씻으면 개구리는 치료되지만, 이 질병이 여러 대륙에서 동시에 발병하고 있다.

식물 기생균 및 병원균

식물 병원성 균류는 매우 다양하다. 상한 음식에 자라는 *Fusarium*은 vomitoxin을 비롯한 매우 유독한 독

그림 29.15 | 개미와 균류의 공생
균류를 기르는 개미.

그림 29.16 | 항아리균류(chytridiomycosis) 때문에 죽은 개구리.
개구리의 복부에서 항아리균에 의한 손상 부위가 보인다.

소를 만들어낸다. 가장 강력한 발암물질 중 하나인 아플라톡신(aflatoxin)은 옥수수, 땅콩 등에 자라는 *Aspergillus flavus*에 의해 만들어진다(그림 29.17). 아플라톡신은 신장과 신경도 손상한다.

덥고 습한 여름에는 특히 이 균류가 잘 자라며 단일 경작은 이 균류의 확산을 증진시키므로, 내성을 가진 농작물과 윤작을 함으로써 이 균류의 확산을 조절할 수 있다.

그림 29.17 | 옥수수에 자라는 *Aspergillus flavus*은 동물에 해로운 아플라톡신을 만들 수 있다.

CHAPTER 30

동물의 다양성

커다란 다양성을 지니고 있는 동물에 대하여 알아보자. 백만 종 이상의 동물이 기록되어 있으며, 수백 만 종이 앞으로 더 기록될 전망이다. 이와 같이 다양성이 큼에도 불구하고 모든 동물은 여러 가지 공통적 특징을 가지고 있다. 생물학자들은 오랫동안 동물군들의 진화적 관계에 대하여 논란을 거듭해 왔다.

30.1 동물의 특징

동물의 일반적 특징

동물은 지구상의 섭취자 또는 소비자이다. 즉, 이들은 모두 타가영양생물이며 자가영양생물인 식물, 조류나 다른 동물들을 섭취해 살아간다. 여러 가지 동물들은 먹이를 찾아 한 장소에서 다른 장소로 이동할 수 있다. 이들은 대부분 체내의 강소에서 먹이를 소화시킨 후 흡수한다.

다세포 타가영양생물. 무기물로부터 유기물을 합성할 수 있는 식물이나 조류 같은 자가영양생물과 다르게 모든 동물은 다른 생물을 섭취하여 에너지와 유기물을 얻는 타가영양생물이다. 초식동물은 자가영양생물을 소비하며, 육식동물은 다른 타가영양생물을, 분해자는 부패한 생물을 소비한다. 또, 모든 동물은 다세포생물이다. 한때 단순한 동물이라고 여겨졌고 원생동물이라고 불렀던 단세포 타가영양생물은 현재는 원생생물계에 속하는 것으로 인정되고 있는데, 매우 다양한 생물군인 이 생물들에 대해서는 제13장에서 설명하였다.

형태의 다양성. 동물의 대부분(99%)은 무척추동물로서, 이들은 등뼈가 없다. 약 1,000만의 현생종 중에서 단지 42,500종만이 척추동물에 속한다. 동물은 형태가 매우 다양하고 너무 작아서 맨눈으로 볼 수 없는 것으로부터 고래나 거대오징어에 이르기까지 크기도 여러 가지이다. 동물계는 약 35개의 문으로 구성되며 이 중 대부분은 바다에 산다. 적은 수의 문들이 육상에 서식하고, 훨씬 더 적은 수의 문들이 담수에 서식한다. 3개의 문, 즉 절지동물문(거미와 곤충 등), 연체동물문

(달팽이 등), 척색동물문(척추동물 등)이 육상을 우점한 동물들이다.

세포벽이 없음. 동물세포는 세포벽이 없고 신축성이 있는 점으로 보아 다세포생물 중에서 뚜렷이 구별된다. 동물 신체를 이루는 많은 세포들은 콜라겐 같은 구조단백질의 세포외 격자구조에 의해 서로 결합되어 있고, 다른 단백질들은 특유한 세포 간 접합을 형성한다. 나중에 배우겠지만 해면동물을 제외한 모든 동물의 세포는 체계적으로 모여 조직이라는 구조적 · 기능적 단위를 이룬다. 조직은 세포들의 집합체이며 특수화되어 특정 기능(예를 들어 상피조직이나 근육조직처럼)을 수행한다.

동물은 움직임과 관련된 특유한 두 가지 조직을 가지고 있는데, 움직임을 일으키는 근육조직과 세포 간에 신호를 전달하는 신경조직이다.

활발한 운동. 동물이 다른 생물계보다 더 신속하고 복잡한 방법으로 움직일 수 있는 능력은 이들이 가진 가장 뚜렷한 특징일 것이다. 이 특징은 또 이들의 세포의 신축성과, 또한 근육과 신경조직의 진화와 직접적으로 관련되어 있다. 동물이 가지는 운동 중에서 가장 주목할 만한 것은 비행으로서 이 능력은 곤충과 척추동물에서 잘 발달되어 있다. 척추동물 중에서 새와 박쥐는 가장 비행 능력이 큰 동물들이다. 육상 척추동물 중에서 날지 못했던 동물군은 양서류뿐이다.

유성생식. 대부분의 동물들은 유성생식을 한다. 움직이지 못하는 동물의 난자는 정자보다 훨씬 크다. 동물에서 감수분열을 통해 만들어진 세포는 직접적으로 배우자로서의 기능을 한다. 동물의 반수체세포는 식물이나 균류와는 달리, 처음에 유사분열로 분열하지 않고 서로 직접 결합하여 접합자를 이룬다. 그 결과, 몇 가지 예를 제외하고는 식물에서 볼 수 있는 반수체(배우체) 세대와 2배체(포자체) 세대 사이의 교체가 동물에는 없다.

배 발생. 대부분의 동물은 유사한 배 발생 과정을 거친다. 접합자는 처음에 난할이라는 일련의 유사분열을 거쳐서 속이 채워진 공 모양의 세포 덩어리, 즉 상실배(morula)로 되며, 그 다음에 속이 빈 포배(blastula)로 된다. 대부분의 경우, 포배는 한 지점에서 안으로 접혀져서 원구(blastopore)라는 열린 구멍을 가진 주머니 모양의 배로 된다. 이 단계의 배를 낭배(gastrula)라고 한다. 낭배를 이루는 세포들의 성장과 움직임은 동물 문마다 매우 다르며, 흔히 동물들 사이의 진화적 관계를 알려주는 단서가 된다.

30.2 동물의 분류

동물의 전통적 분류

동물계는 전통적으로 약 35개의 문으로 구분된다. 이 중에서 대표적 동물문을 골라 표 30.1에 설명하였다.

첫째 분화 : 조직

분류학자들은 전통적으로 동물계를 크게 두 가지 부류로 나눈다. 그 중 하나가 측생동물(Parazoa)로서 대칭성이 없고 조직이나 기관이 없다. 여기에는 해면동물문(Porifera)이 포함된다. 다른 하나는 진정후생동물(Eumetazoa)로서 특정 형태와 대칭성을 가지며 대개 조직들이 모여 기관과 기관계를 이루는 동물들이다.

둘째 분화 : 대칭성

진정후생동물은 다시 두 가지 주요 계통으로 나뉘는데, 이들은 발생 도중에 형성되어 성체의 조직으로 분화되는 배엽층의 성질에 따라 구분된다. 그 중 하나는 방사대칭동물(Radiata)로서 몸이 방사대칭이며, 외배엽과 내배엽의 두 배엽층을 가진다. 그 외의 모든 진정후생동물들은 좌우대칭동물(Bilateria)에 속하는

표 30.1 주요 동물 문

문	대표적인 예	주요 특징	대략적인 종 수
절지동물문	딱정벌레 및 기타 곤충류, 게, 거미	가장 성공적인 동물 문이다 ; 체절로 이루어진 몸을 키틴질의 외골격이 덮으며, 쌍을 이루고 마디가 있는 부속지를 가진다 ; 여러 곤충들은 날개를 가진다.	1,000,000
연체동물문	달팽이, 굴, 문어, 나새류	몸이 부드러운 진체강동물이며, 몸은 두부와 발, 내장괴, 외투강의 3부분으로 이루어진다 ; 패각을 가지는 것들이 많고, 대부분 치설을 가진다 ; 35,000종이 육상에 서식한다.	110,000
척색동물문	포유류, 어류, 파충류, 조류, 양서류	몸이 체절적인 진체강동물로서 척색을 가진다 ; 등쪽 신경색, 인두열, 생활사의 일부 시기에 꼬리를 가진다 ; 척추동물에서 척색은 발생 도중에 척주로 교체된다 ; 20,000종이 육상에 서식한다	56,000
편형동물문	플라나리아, 촌충, 간디스토마	체절이 없으며, 좌우대칭이다 ; 체강이나 소화강이 없으며, 소화강이 있을 경우 항문이 없다.	20,000
선형동물문	회충, 요충, 십이지장충, 필라리아	의체강동물이며, 체절이 없고 좌우대칭이다 ; 소화관이 원통형이고 입과 항문이 있다 ; 섬모가 없으며, 대부분 토양이나 물 속의 침전물에 많은 수가 산다 ; 일부는 기생성이다.	20,000
환형동물문	지렁이, 다모류, 갯지렁이, 거머리	진체강동물이고 체절을 가지며 좌우대칭이다 ; 소화관은 완전하다 ; 대개 체절마다 강모가 있으며, 이를 이용하여 바닥을 긴다.	12,000
자포동물문	해파리, 히드라, 산호, 말미잘	몸은 부드럽고 젤라틴 질이며 방사대칭이다 ; 입이 있으나 항문은 없다 ; 자포가 들어 있는 자세포로 무장한 촉수를 가진다 ; 거의 모두 바다에 산다.	10,000
극피동물문	불가사리, 해삼, 성게	방사대칭인 후구동물이다 ; 석회질 골판으로 된 내골격을 가진다 ; 몸은 5갈래 구조를 가지며, 관족이 있는 독특한 수관계를 가진다 ; 재생력이 강하고, 모두 바다에 산다.	6,000
해면동물문	해면	몸은 비대칭이고 뚜렷한 조직이나 기관이 없으며, 주머니 같은 몸체는 많은 구멍이 있는 2개의 층으로 되어 있다 ; 내부 벽은 동정세포라는 먹이를 걸러 잡는 세포로 싸여 있다 ; 대부분 해산이고 150종이 담수산이다.	5,150

표 30.2 주요 동물 문

문	대표적인 예	주요 특징	대략적인 종 수
태형동물문	이끼벌레	매우 작고 물 속에 살며 군체를 이루는 후구동물이다 ; 원형 또는 U자형의 섬모 촉수열을 외골격의 구멍을 통해 내밀어 먹이를 잡는다 ; 바다와 담수에 서식한다. 항문이 촉수관 외부에 있어 태형동물이라 불린다.	4,000
윤형동물문	윤충류	작은 수생 의체강동물로서 입 주위에 섬모관을 가져서 수레의 바퀴 모양을 이룬다 ; 대부분 담수에 서식한다.	2,000
다섯 가지 미소동물문	화살벌레, 관벌레, 별벌레아재비, 끈벌레 등	모악동물문. 화살벌레(arrow worms). 체강을 가진 후구동물. 좌우대칭. 눈이 크고, 강한 턱을 가짐. 반삭동물문. 별벌레아재비(acorn worms). 해산이고 등쪽 및 배쪽 신경색을 가짐. 유조동물문. 발톱벌레(velvet worms). 키틴질의 외골격을 가진 전구동물. 진화적 잔존생물임 유수동물문. 관벌레(tube worms). 심해에서 고착생물을 하며 긴 촉수를 가짐. 해저에 고착된 키틴질의 관 속에서 삶. 유형동물문. 끈벌레(ribbon worms). 무체강 좌우대칭동물로서, 길고 돌출성인 주둥이를 가짐.	980
완족동물문	개맛	촉수관을 2개의 패각안에 가짐. 3만 종 이상의 화석종이 알려짐.	300
유즐동물문	빗해파리	젤라틴 질로서 투명하고 대개 발광성인 해양동물임. 항문이 있는 완전한 소화관을 가짐. 8줄의 섬모 띠를 가지고 있고 섬모로 움직이는 가장 큰 동물	100
비벌레 동물문	비벌레	촉수관을 가진 관 모양의 벌레임. U자 모양의 장을 가짐.	12
동갑동물문	동갑동물	작고 좌우대칭이며 의체강을 가진 해양동물로 모래틈에 산다. 구기부에 신축성 있는 관이 있음. 1983년 발견된 후 최근 35동물문에 추가되었음.	6

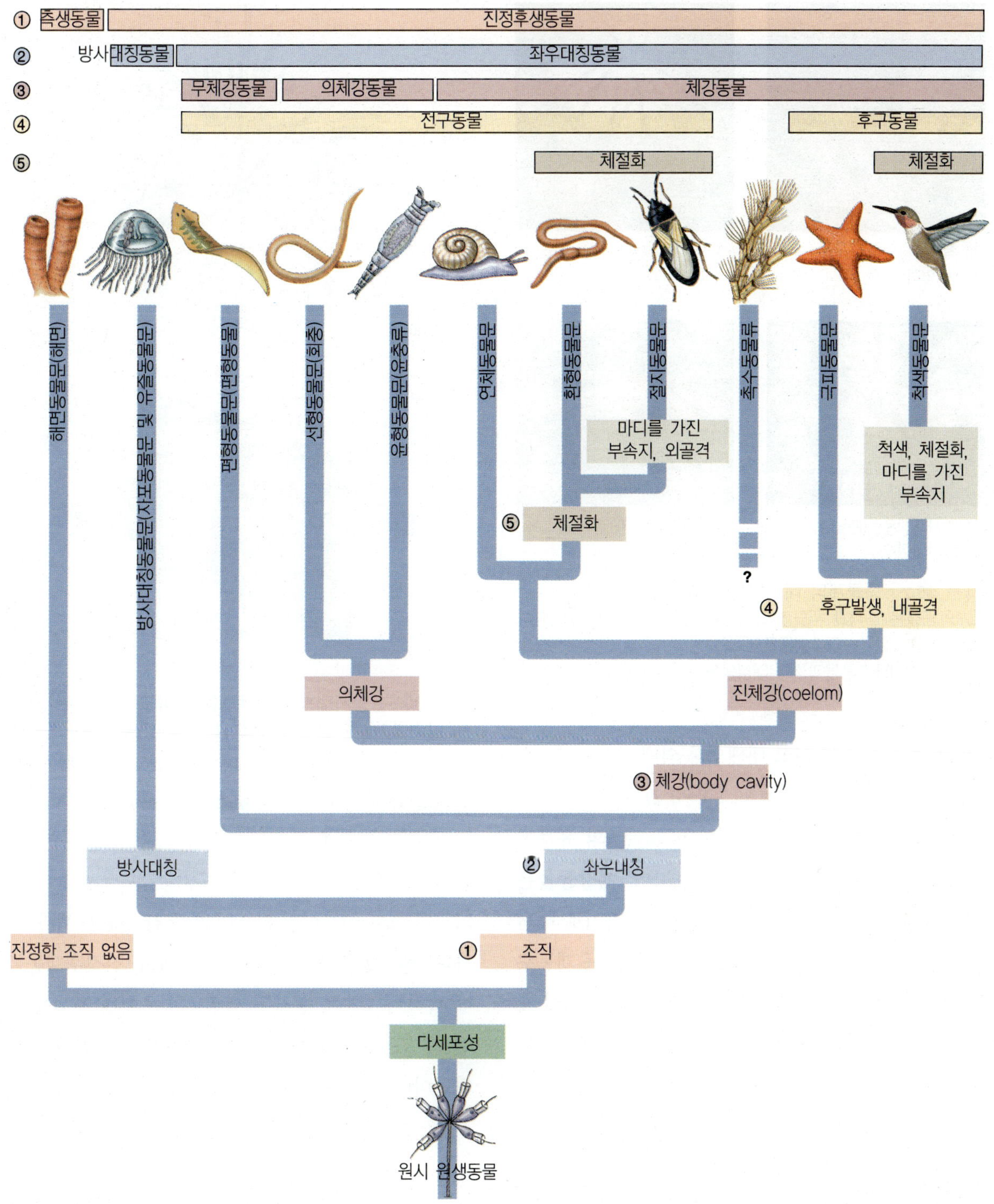

그림 30.1 | 주요 동물문의 계통.
①~⑤는 다섯 가지 주요 진화적 변화를 나타낸다. 각 분지는 동물 몸체제의 변천을 나타낸다. 다섯가지 주요 진화적 변화는 조직, 좌우대칭, 체강, 후구 발생 그리고 체절화 등이다.

(a) 측생동물(Parazoa) : 조직이 없다.

(b) 진정후생동물(Eumetazoa) : 조직이 있다.

(c) 방사대칭동물(Radiata) : 방사대칭

(d) 좌우대칭동물(Bilateria) : 좌우대칭

그림 30.2 | 동물계의 네 가지 주요 부류.
(a, b) 동물은 조직과 뚜렷한 대칭성이 없는 측생동물과 대칭성과 조직을 가진 진정후생동물로 구분된다. (c, d) 진정후생동물은 다시 방사대칭동물과 좌우대칭동물로 나뉘어진다.

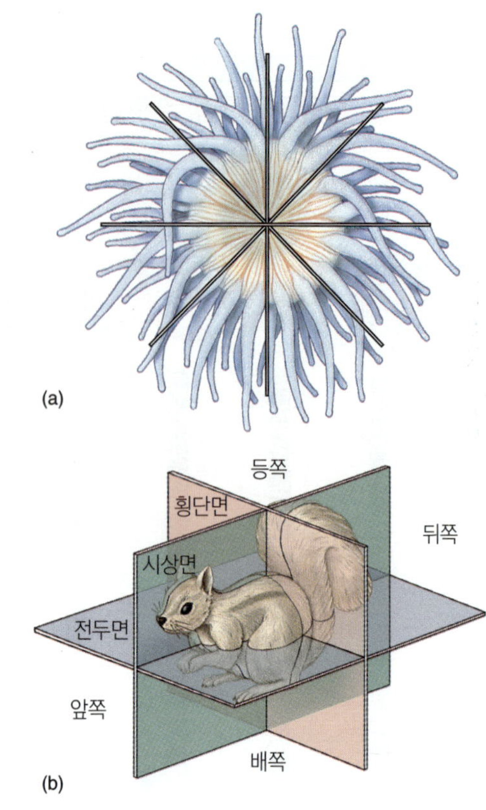

그림 30.3 | 방사대칭과 좌우대칭의 비교.
(a) 말미잘 같은 방사대칭동물들은 중심축을 통과하는 어떤 면에 의해서든 똑같은 두 부분으로 나뉘어질 수 있다.
(b) 다람쥐 같은 좌우대칭동물들은 한 면으로만 똑같이 나뉘어질 수 있다.

데, 이들은 3배엽성이고 내배엽과 외배엽 사이에 제3의 배엽인 중배엽을 가진다(그림 30.2).

좌우대칭동물은 다시 체강(body cavity)의 유무에 따라 무체강동물과 체강동물로 나뉘며, 체강동물은 다시 진체강(coelom)의 유무에 따라 두 가지로 나뉜다. 그림 30.1은 이와 같은 특징을 토대로 만든 계통수이다. 비록 분자생물학적 연구로 다른 분류 방식이 제시되고 있기는 하지만 현재까지는 아직 이와 같은 분류 방식이 이용되고 있다.

30.3 동물의 체제

다섯 가지 주요 체제의 변화

1. 조직의 진화

가장 단순한 동물인 측생동물은 조직이나 기관이 없다. 측생동물에 속하는 해면동물은 단순한 세포들의 집합으로 이루어져 있으며 세포 간 협동이 매우 약하다. 해면동물 외의 다른 동물은 모두 진정후생동물에 속하며 고도로 분화된 세포로 이루어진 조직을 가진다. 조직의 진화는 동물에서 일어난 첫 번째 체제 변화이다.

2. 좌우대칭의 진화

해면은 일정한 대칭성도 없으며 불규칙한 모양으로 성장한다. 그 외의 모든 동물은 일정한 형태와 대칭성을 가지고 있다. 대칭을 가진 동물은 방사대칭동물이거나 좌우대칭동물이다.

방사대칭. 대칭적인 몸은 해양동물인 자포동물문과 유즐동물문에서 처음 생겼다. 이 두 가지 동물문은 방사대칭동물로서 몸이 방사대칭(radial symmetry)을 나타낸다. 이 동물들은 몸의 중심축을 통과하는 모든 면이 거울을 통해 보는 것처럼 똑같은 두 부분으로 나뉜다(그림 30.3 a).

좌우대칭. 자포동물문과 유즐동물문 외의 모든 동물의 몸은 좌우대칭(bilateral symmetry)이다. 즉, 이들은 몸의 왼쪽 절반과 오른쪽 절반이 거울을 사이에 두고 서로 마주 보는 것과 같다(그림 30.3b). 좌우대칭동물을 볼 때 위쪽 절반을 배부(dorsal), 아래쪽 절반을 복부(ventral)라고 한다(그림 30.3). 또, 앞쪽을 전단(anterior), 뒤쪽을 후단(posterior)이라고 한다. 동물에서 좌우대칭은 몸의 서로 다른 부분이 각기 다른 방식으로 진화할 수 있게 하므로 주요 진화적 발전이었다. 또한, 좌우대칭동물은 방사대칭동물보다 이동성이 증가되었다. 따라서 먹이와 짝을 찾고, 포식자를 피하는 데 효율적이 되었다.

좌우대칭인 진정후생동물은 3개의 배엽을 만든다. 즉, 바깥쪽의 외배엽(ectoderm), 안쪽의 내배엽(endoderm), 그리고 외배엽과 내배엽 사이의 중배엽(mesoderm)이 그것이다. 일반적으로 몸의 바깥층과 신경계는 외배엽으로부터 발생하고, 소화기관과 장은 내배엽으로부터 발생하며, 골격과 근육은 중배엽으로부터 발생한다.

좌우대칭동물에서 신경계의 대부분은 종축을 따라 달리는 신경색의 형태로 되어 있다.

진화 초기에 신경세포들이 신체 전단부에 모여 전단부 감각기관으로부터 나머지 신경계로 충격을 전달하는 기능을 했던 것 같다. 이는 결국 뚜렷한 두부와 뇌 부위의 진화를 가져왔는데 이를 두화(cephalization)라 한다. 좀더 진화된 동물문에선 이들 기관의 특수화와 지배가 증가되었다.

3. 체강의 진화

몸에 기관들을 지탱하고, 물질들을 분배하며, 복잡한 상호발달 작용을 돕는 체강이 없으면, 효율적인 기관계의 진화가 일어날 수 없다. 체강이 있음으로써 소화관이 크고 길어질 수 있다. 이 길어진 소화관은 소화되지 않은 음식물을 저장, 효소에 더 오래 노출됨으로써 더 완벽하게 소화, 남은 음식물의 저장과 마지막 처리 과정들을 가능케 했다. 그러므로 동물들은 안전할 때 많은 음식물을 먹고, 소화 과정 동안 숨어 있을 수 있어 포식자에게 노출되는 기회를 줄일 수 있게 되었다. 또, 체강 안의 소화관은 더 신축성을 가지므로 몸이 자유롭게 움직일 수 있게 된다.

체강은 그 안에서 움직이는 체액을 순환계처럼 기능하도록 하여 몸의 한쪽에서 다른 쪽으로 물질이 신속히 이동할 수 있게 하며, 동물이 큰 몸을 가질 수 있는 길을 열어 놓았다. 또, 체강 속의 체액은 동물의 몸을 팽팽하게 만들어서, 근육이 수축할 때 압축되지 않도록 하여 근육에 의해 몸의 움직임이 일어나는 길을

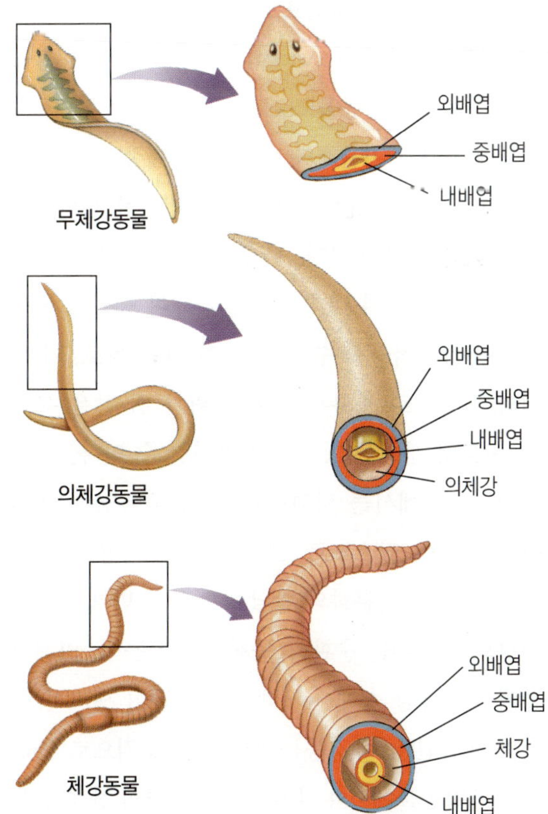

그림 30.4 | 좌우대칭동물의 세 가지 체제.
무체강동물은 소화관(내배엽)과 외배엽 사이에 체강이 없다. 의체강동물은 중배엽과 내배엽 사이에 의체강을 가진다. 체강동물은 중배엽으로 완전히 둘러싸인 체강을 가진다.

열어 놓았다. 체강은 또한 체액으로 차 있으므로 기관들은 주위 근육에 의해 압력을 받지 않고 제 기능을 발휘할 수 있다. 예를 들어, 동물이 움직일 때에도 이에 영향을 받지 않고 체강 속에 펼쳐 있는 장을 통해 먹이는 자유로이 통과할 수 있다. 체강은 또한 생식소가 팽창할 수 있는 공간을 제공하므로 많은 난자와 정자가 저장될 수 있다. 이 능력은 진화된 동물문에서 다양한 번식전략의 변환을 가능하게 했다. 많은 수의 배우자들은 저장된 후 어린 개체가 생존할 가능성이 높은 좋은 조건에서 방출될 수 있다.

체강의 종류. 좌우대칭동물에는 기본적으로 세 가지의 몸의 체제가 있다(그림 30.4). 무체강동물(acoelomates)은 체강을 가지지 않는다. 의체강동물(pseudocoelomates)은 중배엽과 내배엽 사이에 위치하는 의체강(pseudocoel)이라는 체강을 가진다. 세 번째 종류의 체강은 체강이 중배엽과 내배엽 사이에 있지 않고 완전히 중배엽으로 감싸여 있는 것으로서, 이러한 체강을 진체강(coelom)이라고 하며, 진체강을 가지는 동물을 체강동물(coelomates)이라고 한다. 체강동물에서 다른 기관계와 함께 장은 체강 안에 펼쳐져 있으며, 체강은 다시 중배엽에서 기원한 상피세포로 완전히 둘러싸여 있다. 이 체강동물 몸체제의 유리한 점은 중배엽과 내배엽이 접촉하여 발생기 동안 조직들이 상호작용할 수 있다는 것이다. 예로, 이 두 배엽의 접촉으로 소화관의 한 부위가 위 같은 복잡하고, 고도로 분화된 기관으로 발생할 수 있다.

의체강동물에서는 의체강에 의해 중배엽과 내배엽이 분리되어 있으므로, 조직 간 상호작용이 제한을 받고 결국 조직분화와 발달에 제약을 받게 된다.

체강의 발생에는 순환의 문제가 생기는데, 의체강동물에서는 체강 속에서 체액의 휘저음이 생겨서 이 문제가 해결된다. 체강동물에서 장은 조직으로 둘러싸여 무체강동물에서와 마찬가지로 확산의 장애가 생긴다. 체강동물에서 이 문제는 순환계(circulatory system)의 발달로 해결된다. 순환하는 체액, 즉 혈액은 산소와 양분을 조직으로 운반하고 노폐물과 이산화탄소를 제거한다. 혈액은 대개 1개 또는 그 이상의 심장의 수축에 의해 순환계를 따라 밀려 나간다. 개방순환계(open circulatory system)에서는 혈액이 혈관에서 혈동으로 가서 체액과 혼합된 다음, 다른 곳에서 다시 혈관 안으로 들어간다. 폐쇄순환계(closed circulatory system)에서는 혈액이 체액과 격리되어 있고 각자 서로 다르게 조절된다. 또한, 폐쇄순환계에서는 혈액이 개방순환계에서보다 더 신속하고 효율적으로 움직인다.

체강동물, 의체강동물, 무체강동물 사이의 진화적 관계는 분명하지 않다. 예를 들어, 무체강동물이 체강동물로 발전했을 수도 있다. 그러나 과학자들은 체강동물로부터 무체강동물이 생겨 나왔을 가능성도 배제하지는 않고 있다. 의체강동물에 속하는 문들은 두 가지 부류로 크게 구별되는데, 이 두 가지 사이에 밀접한 유연관계가 나타나지는 않고 있다.

4. 후구 발생의 진화

체강동물은 뚜렷이 다른 진화 계열을 나타내는 두 가지로 구분할 수 있다. 지금까지 우리가 알아본 모든 체강동물은 기본적으로 동일한 종류의 배를 가진다. 이 배는 포배(blastula)라고 하는 속이 빈 공 모양의 세포집단으로서 한쪽 부분이 안쪽으로 들어가서 2층으로 되며 원구(blastopore)를 통하여 바깥으로 열린다. 연체동물, 환형동물, 그리고 절지동물에서 입은 원구 부근이나 원구에서 생긴다. 이와 같은 발생 양상은 체강동물이 아닌 다른 동물에서도 볼 수 있다. 입이 이와 같은 방식으로 발생하는 동물을 전구동물(protostome)이라고 한다. 만약 이와 같은 동물이 뚜렷한 항문을 가진다면, 이 항문은 뒤에 배의 다른 부분에서 생긴다. 이와 같은 발생 양상이 여러 동물문을 통하여 널리 퍼져 있다는 사실은, 이것이 원래의 동물의 발생 양상이었을 것이며, 모든 진정후생동물의 공동조상의 특징이었을 것이라는 암시를 가져다준다.

두 번째의 뚜렷한 배 발생 양상은 극피동물, 척색동물, 그리고 이들과 연관된 일부 동물문에서 나타나는

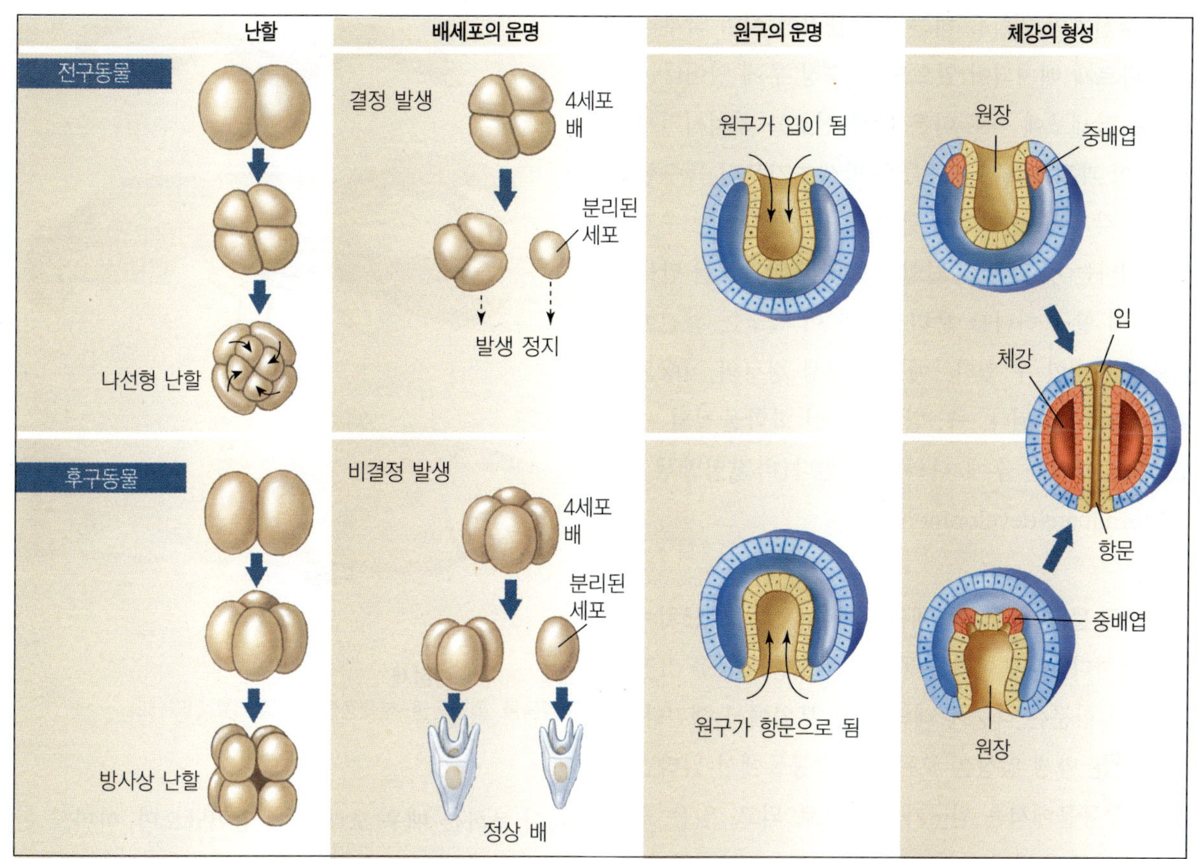

그림 30.5 | 전구동물과 후구동물의 배 발생.
전구동물에서 배세포는 나선형으로 난할을 하며 결정 발생을 한다. 원구는 나중에 입이 되며, 체강은 중배엽이 갈라져 생긴다. 후구동물에서는 배세포가 방사상으로 난할하며 비결정 발생을 한다. 원구는 나중에 항문이 되며 체강은 원장의 함입에 의하여 생긴다.

데, 의심할 여지 없이 이 동물들의 공동조상에서 생긴 것이라고 보아야 한다. 이 동물들에서 항문은 원구로부터 또는 원구 부근에서 생기며, 입은 그 뒤 포배의 다른 부위에서 생긴다. 이러한 동물들을 후구동물(deuterostome)이라고 한다. 후구동물들은 서로 유연관계를 가지며, 전구동물의 것과는 근본적으로 다른 공통적인 발생 양상을 공유한다.

난할. 배의 생장 동안에 일어나는 점진적인 세포분열을 난할(cleavage)이라고 한다. 배의 양극을 잇는 축을 기준으로 본 난할 양상은 세포가 어떻게 정렬할 것인가를 결정한다. 거의 모든 전구동물에서 각각의 새로운 세포는 배축에 대하여 비스듬한 각도로 생겨난다. 그 결과 새로운 세포는 이전에 생긴 세포 사이의 공간에 자리 잡는다. 따라서 분열하는 세포들이 배축 바깥쪽으로 나선을 이루면서 조밀하게 밀착하여 열을 지으므로 이러한 난할 양상을 나선형 난할(spiral cleavage)이라고 한다(그림 30.5 위). 후구동물에서는 세포들이 배축을 기준으로 평행으로 또 직각을 이루면서 분열한다. 그 결과 각 난할 때 생기는 세포 쌍은 서로 위와 아래로 위치하는데, 이와 같은 과정으로 세포들은 느슨하게 배열하게 된다. 따라서 세포들은 배축을 기준으로 방사상으로 배열하게 되므로 이러한 난할 양상을 방사상 난할(radial cleavage)이라고 한다(그림 30.5 아래).

배세포의 운명. 전구동물에서는 각 배세포가 장차 성체의 어떤 조직을 형성할 것인가 하는 발생 운명은 배세포가 처음 나타날 때 이미 결정되어 있다(결정발생 : determinate development). 난할이 시작되기전에 발생신호의 역할을 하는 화학물질이 이미 국부적으로 다르게 배치되어 있으므로, 수정 후에 일어나는 난할은 딸세포에 서로 다른 발생 신호를 배치시키게 된다. 이 과정으로 배세포들은 발생초기부터 특수한 운명을 갖게된다. 이와는 달리, 후구동물에서는 수정 후 일어나는 첫 몇 번의 난할은 동일한 딸세포를 만들며, 이때 할구 하나를 분리시키면 이 할구는 완전한 동물로 발생할 수 있다. 예정된 발생 경로의 이행은 뒤에 일어나게 된다. 즉, 발생신호인 화학물질의 서로 다른 배치는 후에 나타나게 된다(비결정발생 : indeterminate development).

원구의 운명. 전구동물에서 입은 원구나 그 근처에서 발생한다. 만약 이러한 동물이 뚜렷한 항문을 가진다면, 이 항문은 나중에 배의 다른 부위에서 생긴다. 이와 같은 발생 양상은 모든 무체강동물에서 나타난다. 후구동물에서는 원구가 항문으로 되고, 입은 포배에서 나중에 생기는 제2의 구멍으로부터 발생한다.

체강의 형성. 모든 체강동물에서 체강은 중배엽에서 기원한다. 전구동물에서 이는 단순하고 직접적으로 일어난다. 즉, 중배엽 안에서 체강이 확장될 때 세포들이 단순히 서로 분리되어 이동한다. 그러나 후구동물에서는 세포들이 대개 집단을 이루어 이동하여 새로 조직체를 만드는데, 체강은 낭배 내 중심관인 원장(archenteron)의 함입에 의해 생긴다. 이 관은 내배엽으로 둘러싸이며, 원구를 통해 바깥으로 열리고 결국 소화강으로 된다.

최초의 잘 보존된 동물화석은 약 6억 3,000만 년 전의 것으로서, 오스트레일리아의 에디아카라(Ediacara) 지층과 그 외 지역의 유사한 지층에서 발견된다. 이 화석들 중에서 다수는 현재에는 발견되지 않은 것들이다. 또, 이 오래된 암석 속에는 동물의 가장 발달된 진화 계열인 체강동물의 흔적이 간직되어 있으므로, 체강동물과 무체강동물의 갈라짐은 이미 그 전에 일어났음을 알려준다. 체강동물 중에서 후구동물은 전구동물로부터 갈라져 나왔음이 분명하다. 그러나 이 분화는 매우 오래 전에 일어났으며, 아마도 현재 살고 있는 동물과 밀접하게 가까운 동물군은 아니었을 것이다.

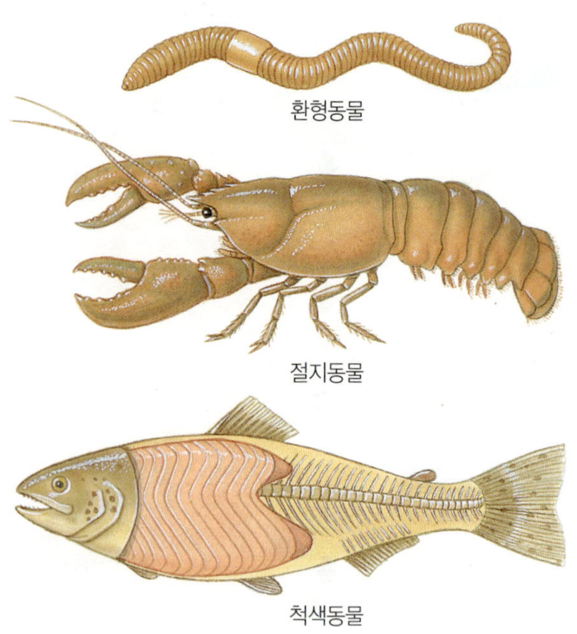

그림 30.6 | **체절제.**
환형동물, 절지동물, 척색동물은 체절제를 나타낸다.

5. 체절의 진화

동물의 초기 발생 도중에 체절은 중배엽에서 뚜렷하게 나타나며, 나중에 외배엽과 내배엽에서도 나타난다. 초기 배의 체절화는 다음과 같은 두 가지 장점을 가진다.

1. 환형동물과 다른 체절성 동물에서 각 체절은 완전한 성체 기관계를 발생시킬 수 있다. 체절 중 하나의 손상 때문에 동물이 치명적으로 되지는 않는다. 다른 체절이 그 체절의 기능을 대신하기 때문이다.
2. 각각의 체절이 자가적으로 움직일 때 동물의 이동이 훨씬 효율적으로 일어난다. 각 체절은 자가적인 골격성 단위를 이루므로 유체정압의 변화에 반응하여 각 체절은 자유자재로 수축하고 팽

창할 수 있다. 그러므로 긴 몸은 퍽 복잡한 방식으로 움직일 수 있다.

척추동물에서는 척추와 근육에서 체절제(segmentation)가 나타나며, 성체에서는 흔히 감추어진다. 진정한 체절제는 환형동물, 절지동물, 그리고 척색동물에서만 나타난다(그림 30.6).

CHAPTER 31

무체강 무척추동물

오랜 진화적 역사의 결과로 생긴 매우 다양한 동물들에 대해 탐구해 보기로 하자. 동물들은 대개 현미경 없이도 볼 수 있을 만큼 크고 흔하다. 이들은 모든 종류의 서식처에서 발견되며 놀랄 만큼 다양하다. 먼저, 동물계에서 가장 단순한 구성원인 해면, 해파리, 그리고 단순한 연형동물들에 대해 알아보자. 이들은 체강이 없으므로 무체강동물이라 불린다(그림 31.1). 동물의 몸의 주요 체제는 이 동물들에서 맨 먼저 진화했으며, 이들로부터 다른 모든 동물의 체제가 이어져 왔다. 그런 다음 환형동물, 연체동물, 절지동물, 극피동물, 척색동물을 탐구해 보자. 동물은 다양성이 매우 큼에도 불구하고 공통점이 많다는 것을 알게 될 것이다.

31.1 측생동물(Parazoa)

해면은, 조직과 기관이 없으며, 뚜렷한 대칭성도 없는 측생동물(Parazoa)이다. 그러나 해면은 다른 동물과 마찬가지로 복잡한 다세포성 동물이다. 해면동물의 몸은 여러 가지 뚜렷이 다른 유형의 세포들을 가지

그림 31.1 | 무체강 동물 : 해양 편형동물.
가장 초기에 진화한 무척추동물 중 하나인 해양 편형동물은 내부 기관은 갖고 있지만, 중배엽으로 둘러싸인 체강이 없다.

며, 이 세포들은 서로 밀접하게 협동하며, 활동하지는 않는다.

해면(The Sponges)

해면동물문(phylum Porifera)에 속하는 해면은 약 5,000종이 바다에 살며, 약 150종의 담수에 산다. 어떤 종은 직경이 수 mm로 작지만 직경이 2m를 넘는 종도 있다. 몇몇 작은 종들은 방사대칭을 이루지만 대부분은 대칭을 이루지 않는다. 많은 해면은 군체성이고 피각화되어 있는 것, 엽상의 곧게 서 있는것 등 여러 형태가 있다(그림 31.2). 유생은 자유 유영하지만 성체는 모두 고착성(sessile)이다.

그림 31.2 | 해면 *Aplysina longissima*. 이 아름답고 길쭉한 해면은 산호초의 비교적 깊은 곳에 서식한다. 위쪽에 크게 뚫려 있는 것이 대공이다.

해면은 여러 가지 유형의 세포를 가지지만(그림 31.3) 세포들 사이의 협동성은 약하여, 해면 자체가 젤라틴질의 기질에 묻혀 있는 세포집단이라고 볼 수 있다. 그러나 이 세포들은 기능적으로 분화되어 있고 서로를 인식한다.

해면의 몸에는 작고 많은 구멍이 나 있으며 이 구멍을 소공(pore)이라고 한다. 해면의 몸체벽은 3개의 층으로 되어 있다. 해면의 안쪽 벽은 동정세포(choanocyte)라는 편모를 가진 독특한 세포들이 덮고 있다. 동정세포의 편모가 움직이면 소공을 통해 몸의 안쪽으로 물이 들어가게 된다. 어떤 종류는 1cm^3 크기의 해면 조각이 하루에 20*l* 의 물을 통과시킨다. 해면은 여과섭식자(filter feeder)이다. 각 동정세포의 편모가 움직이면 동정(collor) 안쪽으로 물이 들어오고, 물 속의 먹이 입자(플랑크톤이나 작은 생물)가 동정에 부착한다. 세포는 나중에 동정에 부착된 먹이를 삼킨다. 소공을 통해 들어온 물은 대공(osculum)이라는 커다란 구멍을 통해 밖으로 나간다. 이때 먹이와 산소가 흡수되고 노폐물이 배출된다. 각 동정세포의 편모는 독립적으로 움직이며 이들이 만드는 압력이 모여 대공으로 물을 배출한다.

해면의 맨 바깥층에는 다른 동물의 상피세포 같은 납작한 세포로 구성된 상피층이 있다. 이 상피층의 부위들은 접촉하거나 적합한 화학자극에 노출되면 수축하여 소공이 닫히게 된다. 상피층과 동정세포층 사이는 젤라틴질의 단백질이 풍부한 기질로 구성되어 있고 이 부위를 중교(mesohyl)라고 한다. 중교에는 여러 가지 변형세포(amoeboid cells)가 있다. 많은 종류의 해면들이 기질 내에 골침(spicules)이라는 석회질 또는 규질의 미세한 침이 있거나, 해면질(spongin)이라는 단백질 섬유가 있다. 골침이나 해면질은 해면의 몸을 지탱한다.

해면의 생식. 해면을 망사로 꼭 짜면 세포가 흩어지는데, 이 세포들은 다시 모여 해면을 이룬다. 그러므로 해면은 단순히 조각으로 나뉘어 증식하는 무성생식을 함을 알 수 있다. 이 개개의 조각들은 보통 완전한 새로운 개체를 구성할 수 있다. 무성적 증식 외에도 해면은 난자와 정자를 만들 수 있다. 유생은 성체의 몸에서 초기 발생시기를 지내며, 여러 개의 외부편모 세포를 가지고 있고 자유로이 헤엄친다. 이 유생은 짧은 플랑크톤 시기를 거쳐서 적당한 기질에 부착하여 성체로 된다. 원생생물의 한 부류인 동정편모충류(choanoflagellates)는 해면의 동정세포와 매우 유사하므로 해면의 조상이었을 것이라고 판단된다. 비록 해면이 그보다 복잡한 다른 동물들의 직접적인 조상이라고 보기는 어렵지만, 동정편모충류는 모든 동물문의 조상이었을 것으로 여겨진다.

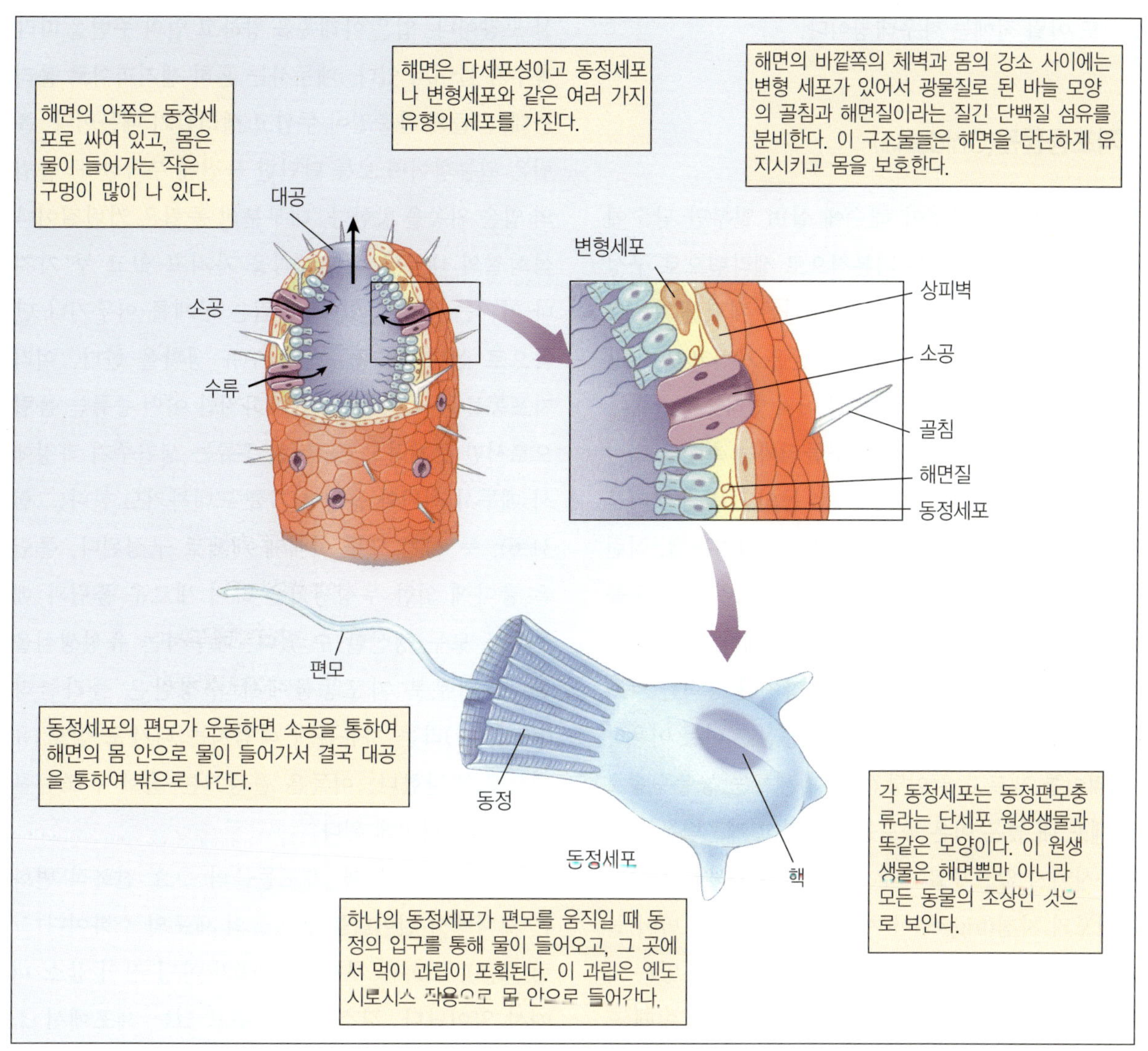

그림 31.3 | 해면동물문 : 해면.
해면은 여러 가지 뚜렷이 다른 유형의 세포로 구성되어 있다. 이들은 서로 협동하여 작용한다. 해면의 몸체는 대칭형을 이루고 있지 않고 어떤 체계화된 조직도 없다.

방사대칭동물(Radiata)

해면 외의 모든 동물들은 대칭성과 조직을 가지므로 진정후생동물(Eumetazoa)이라고 부른다. 진정후생동물의 구조는 해면의 구조보다 훨씬 복잡하다. 모든 진정후생동물은 배시기에 뚜렷한 두 개의 세포층을 형성한다. 이는 바깥층의 외배엽과 안쪽의 내배엽이다. 이 두 배엽은 몸의 기본적 체제로 되며, 많은 조직으로 분화된다. 보통 외배엽은 표피와 신경계로 되며, 내배엽에선 소화조직층인 위층(gastrodermis)이 발생된다. 표피와 위층 사이에 간충질(mesoglea)이라는 젤라틴층이 놓이고 대부분 진정후생동물에서 근육이 분포하게 된다. 해면에서는 이와 같은 배엽이 없다.

진정후생동물은 두 개의 주요 그룹으로 나뉜다. 그 중 방사대칭동물(Radiata)은 몸이 방사대칭을 이루고 2개의 문으로 이루어져 있다. 이 두 개의 문은 해파리, 히드라, 말미잘, 산호가 포함된 자포동물문과 빗해파리가 포함된 유즐동물문이다. 기타의 모든 진정후생동물들은 모두 좌우대칭동물(Bilateria)로서 몸이 기본적으로 좌우대칭이다. 성체시기에 방사대칭인 불가사리도 어릴 적에는 좌우대칭이다.

자포동물문(Cnidaria)

자포동물은 대부분이 해수에 살며 일부만 담수에 산다. 이 단순한 동물은 기본적으로 젤라틴으로 구성되어 있다. 그들은 해면과 상당히 다른 체제를 가지고 있는데, 비록 진정한 의미의 기관들은 가지고 있지 않지만 뚜렷한 조직들로 몸이 이루어져 있다.

자포동물은 육식성으로 입을 둘러싸는 촉수로 먹이를 직접 포획한다. 촉수와 때때로 몸의 표면에 자세포(cnidocytes)라는 독특한 쏘는 세포를 가지는데, 이런 세포는 다른 생물에서는 찾아볼 수 없으며, 자포동물이라는 명칭도 이 세포의 이름에서 유래한 것이다. 각각의 자세포 안에는 작살 모양의 작지만 강력한 자포(nematocyst)가 들어 있으며, 자포동물은 이를 이용하여 먹이를 찌르고 끌어당긴다. 자세포는 능동수송으로 세포 내 높은 이온 농도를 유지하고 세포벽은 물을 투과시키지 않으므로 높은 내부 삼투압을 유지한다. 자세포의 자침(trigger)이 자극을 받으면 세포벽이 물을 투과시키고 물은 쏟아져 들어오며 가시가 있는 자포를 발사하여 가시가 먹이를 관통하게 된다. 이때 흔히 독성 단백질 때문에 쏘인 느낌을 받게 된다.

자포동물의 몸의 형태는 메두사(해파리형)와 폴립(고착형)의 두 가지 형태가 있다(그림 31.4). 메두사는 물에서 부유하고 젤라틴질로 이루어지며 대개 우산 모양이다. 입은 아래쪽을 향하고 입의 주변을 따라 촉수가 늘어져 있다. 메두사는 흔히 젤리피쉬로 불리는데, 그들의 간충질이 두껍고 젤리같기 때문이다. 폴립은 원통형이며 보통 단단한 물질에 부착한다. 폴립의 입은 위쪽을 향한다. 대부분의 폴립은 키틴질이나 석회질의 내부나 외부골격을 가지고 있고 두 가지 다 가지는 경우도 있다. 폴립은 군체를 이루거나 단독으로 살며, 몇 종류만이 부유 생활을 한다. 여러 자포동물은 메두사로서 존재하지만 어떤 종류는 폴립으로서만 존재하고, 또 어떤 종류는 생활주기 과정에서 메두사 시기와 폴립 시기를 교대하기도 한다(그림 31.6). 두 시기 모두 이배체 개체로 구성된다. 폴립은 출아에 의한 무성생식을 하며 새로운 폴립과 메두사를 모두 생산할 수 있다. 메두사는 유성생식을 한다. 대부분 자포동물에서 수정란은 플라눌라(planulae)라는 자유롭게 헤엄치는 다세포 섬모 유생으로 발달한다. 이들은 플랑크톤 속에서 조류를 따라 넓게 퍼지게 된다.

해면과 비교할 때, 자포동물의 주요 진화적 변화는 체내에서 일어나는 음식물의 세포외 소화이다(그림 31.5). 소화는 개개 세포 내가 아닌 장의 강소 내에서 일어난다. 강소벽을 이루고 있는 세포에서 소화효소가 분비되어 음식물을 부분적으로 부순 후 세포의 식세포작용에 의해 음식물 조각이 삼켜진다.

이와 같이 세포 외에서 쪼개어 삼킨 후 세포 내에서 소화시키는 방식은 개개의 세포보다 큰 동물을 소화시킬 수 있게 되어 세포 내 소화만 하는 해면보다 크게 발전한 것이다. 또, 신경세포망이 자포동물의 근육수축을 조절하지만 중추신경 조절은 없다. 자포동물은 혈관 · 호흡계, 배설기관을 가지고 있지않다.

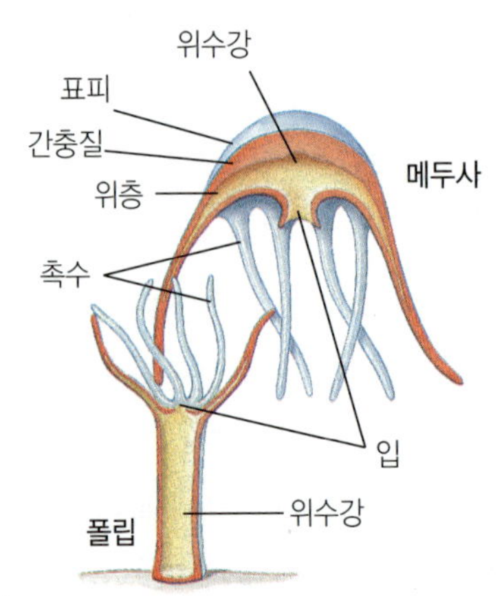

그림 31.4 | 자포동물의 두 가지 몸의 형태인 메두사와 폴립.
많은 자포동물에선 생활주기 중에 메두사와 폴립 시기가 교대로 일어난다. 그러나 산호류나 말미잘 등은 단지 폴립 시기만 가지며, 어떤 종류는 메두사 시기만 가진다. 이들 두 형태 모두 근본적으로 두 층의 세포층으로 이루어져 있으며, 젤리 같은 간충질층에 의해 두 층이 서로 분리되어 있다.

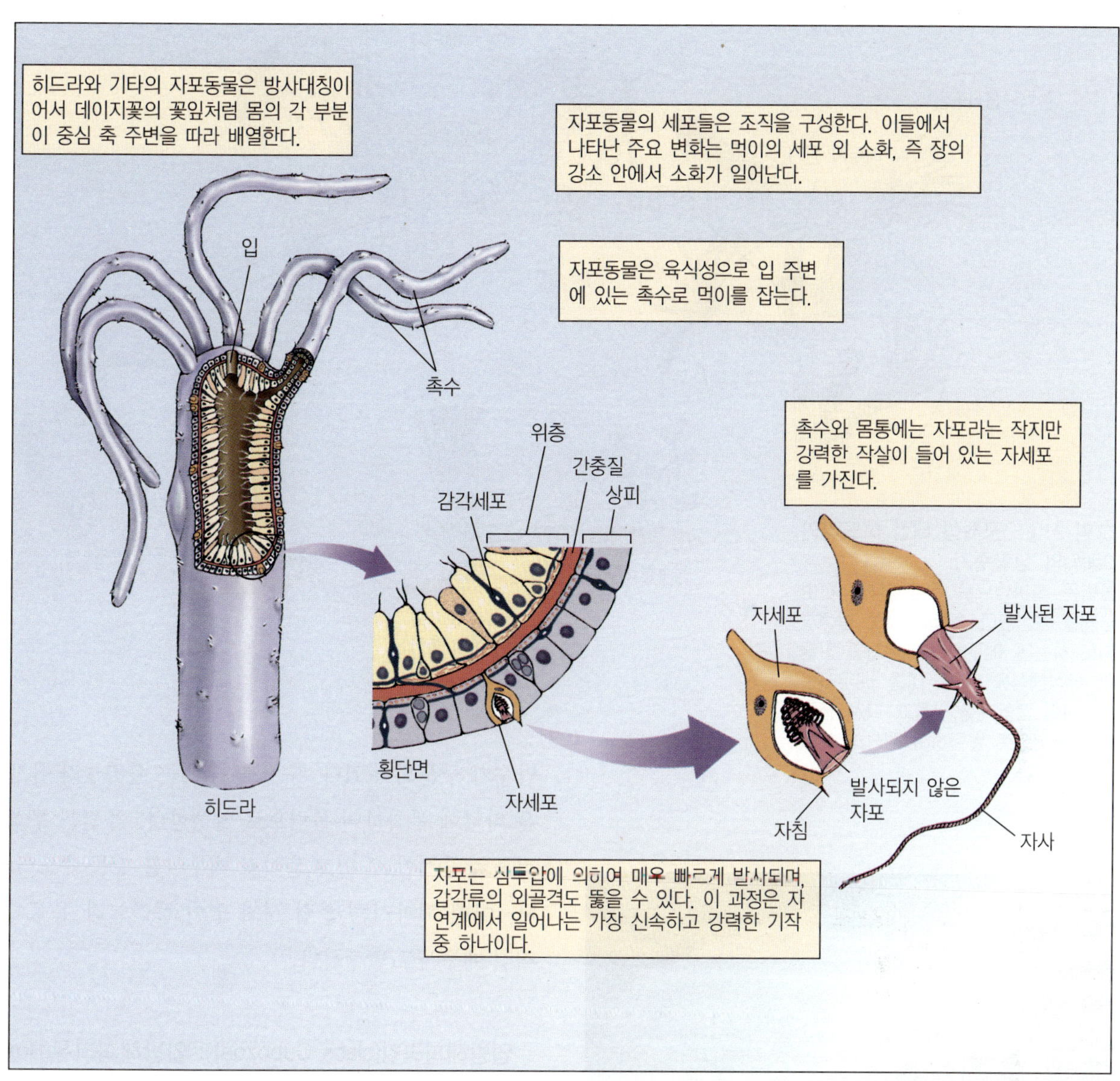

그림 31.5 | 자포동물문 : 자포동물.
히드라의 구조를 나타내고 있다. 히드라 같은 자포동물 세포들은 특수조직을 이루고 있다. 장의 내부는 세포의 소화를 위해 특수화되어 있다. 즉 개개 세포 내가 아니라 장의 강소 내에서 소화가 일어난다. 자포동물들은 방사대칭 동물로서 데이지꽃의 꽃잎처럼 각 신체 부위가 몸의 중심축 주위에 배열되어 있다.

자포동물의 강

자포동물은 4개의 강으로 구성된다.

히드라충강(class Hydrozoa) : **히드라**(Hydroids). 히드라류는 약 2,700종이 있으며, 생활주기에 폴립 시기와 메두사 시기를 모두 가지고 있다(그림 31.6). 대부분 해수산이고 군체성이다. 어떤 해수 히드라는 생물발광을 한다. 가장 잘 알려진 히드라류는 담수산인 히드라(*Hydra*)속에 속하는 것들로, 이 종류는 예외적으로 메두사 시기가 없고 단독 폴립으로 산다. 폴립히드라는 점액을 분비하여 주변을 미끄러지듯 움직일 수 있으며, 몸을 구부려 촉수로 기질에 몸을 부착한 후 재주넘듯이 새 장소로 이동할 수도 있다. 바닥에서 떨어지면 수면에 뜰 수도 있다.

해파리강(class Scyphozoa) : **해파리**(Jelly Fish). 해파리는 약 200종이 있으며 투명하거나 반투명의 해

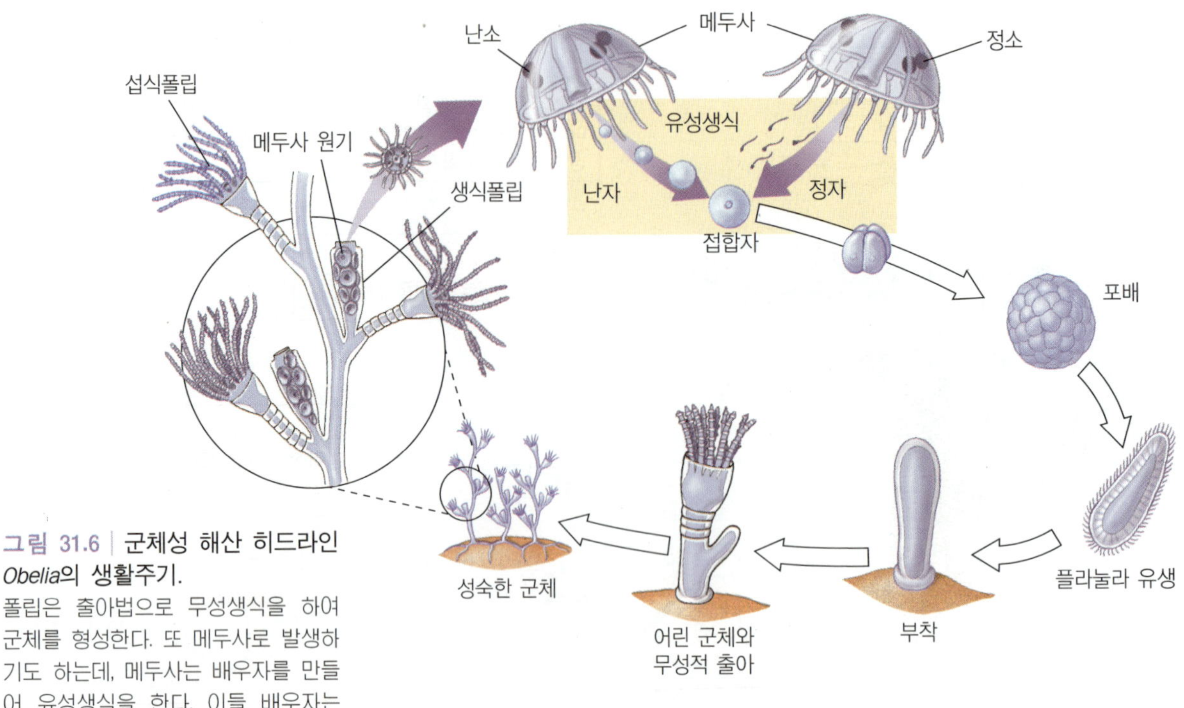

그림 31.6 | **군체성 해산 히드라인 *Obelia*의 생활주기.**
폴립은 출아법으로 무성생식을 하여 군체를 형성한다. 또 메두사로 발생하기도 하는데, 메두사는 배우자를 만들어 유성생식을 한다. 이들 배우자는 융합하여 접합자를 만들고, 다시 플라눌라 유생으로 발달하며 정착하여 폴립을 만든다.

그림 31.7 | 해파리강의 해파리 *Aurelia aurita*.

수 생물체로서 오렌지, 핑크, 블루 등의 강렬한 색을 띤다(그림 31.7). 이들은 대부분의 시간을 바다표면을 부유하며 보낸다. 이들은 폴립 시기보다는 더 크고 복잡한 메두사 시기가 주류를 이루는데, 메두사는 삿갓 모양이며 주변을 따라 촉수가 늘어져 있다. 폴립은 작아 눈에 띄지 않으며 구조가 단순하다. 해파리의 상피층에는 수많은 특수화한 상피근세포를 가지고 있으며 삿갓 주변을 따라 근육환을 이루고 있다. 각각 수축할 수 있는 상피근세포로 이루어진 근육환은 율동적으로 파동치며 해파리가 물 속을 나아가게 한다. 해파리는 암수가 구분되어 있다. 수정 후 생기는 플라눌라 유생은 바닥에 부착하여 폴립으로 발생한다. 폴립은 무성적으로 증식할 수 있고 출아로 메두사를 만들 수도 있다. 어떤 해파리는 폴립 시기 없이 플라눌라 유생이 직접 메두사로 발생한다.

입방해파리강(class Cubozoa) : **입방해파리류**(Box Jellyfish). 최근까지 입방해파리류는 해파리목으로 분류되었다. 입방해파리류는 상자 모양 메두사이며, 폴립 시기는 불명확하다. 입방해파리류는 크기가 대개 수 cm 길이로 작다. 촉수는 상자의 각 모서리에 나 있다(그림 31.8). 입방해파리류는 왕성하게 헤엄치며 어류를 포식한다. 일부종은 쏘이면 인간에게 치명적이다.

산호충강(class Anthozoa) : **말미잘과 산호**(Sea Anemones and Corals). 말미잘과 산호가 속한 산호충류는 자포동물 중에서 가장 많은 종을 포함하는 강으로서 약 6,200종이 속해 있고 단독생활을 하거나 군체생활을 하는 해양동물이다. 이들은 속이 빈 촉수가 관처럼 윗부분을 덮고 있는 식물 같은 몸체를 갖고 있으며 이들 촉수를 사용해 먹이를 섭취한다(그림

그림 31.8 | 입방 해파리강.
Class Cubozoa의 입방해파리 *Chironex fleckeri*.

그림 31.9 | 산호강의 말미잘.
고착성의 부드러운 몸체를 가진 말미잘.

31.9). 대부분의 산호충류는 얕은 바다에 살며, 공생성 조류와 함께 살고 있는데 이들은 광합성으로 그들 숙주에 영양을 공급한다. 산호충류의 수정란은 플라눌라 유생으로 발생하며, 이 유생은 바닥에 부착하여 폴립으로 되며, 메두사 시기는 없다.

말미잘은 열대 연안에 특히 많이 살며 부드러운 몸체를 가진 산호충류의 큰 집단이다. 이들은 건드리면 촉수들을 몸속으로 감추며 몸을 움츠린다. 이들은 근육이 발달한 비교적 복잡한 생물체로 내부체강은 여럿으로 나뉘어 있다. 지름은 수mm에서 10cm 정도이고 길이는 이의 두 배 정도 된다. 또다른 주요 산호충류인 산호의 많은 종류들은 단단한 탄산칼슘의 외골격을 분비한다. 이 외골격을 분비하지 않는 부드러운 산호류도 있다. 단단한 산호류는 산호초를 이루는데, 양분이 빈약한 열대해양에서도 공생성 조류의 도움으로 왕성하게 자란다.

유즐동물문(Ctenophora) : 빗해파리류 (Comb Jellies)

구형이나 리본 모양의 유즐동물은 빗해파리류라고도 하며, 90종이 기록되어 있다. 빗해파리류는 원양의 바다에 많으며 대개 수cm 길이로 작다. 이들은 먹이를 잡는 데 쓰이는 2개의 긴 촉수를 가진다. 빗해파리는 자포동물과 밀접히 연관되어 있는 투명한 동물이다. 하지만 자포동물보다 구조적으로 더 복잡하고 항문이 있어서 물과 다른 물질이 몸체를 완전히 통과할 수 있다. 이들은 섬모가 융합된 8개의 빗 모양판을 움직여 물 속에서 스스로 헤엄칠 수 있다.

이들은 섬모로 이동하는 가장 큰 동물이다(그림 31.10). 많은 유즐동물이 생물 발광체로 밤바다에서 밝게 반짝거린다.

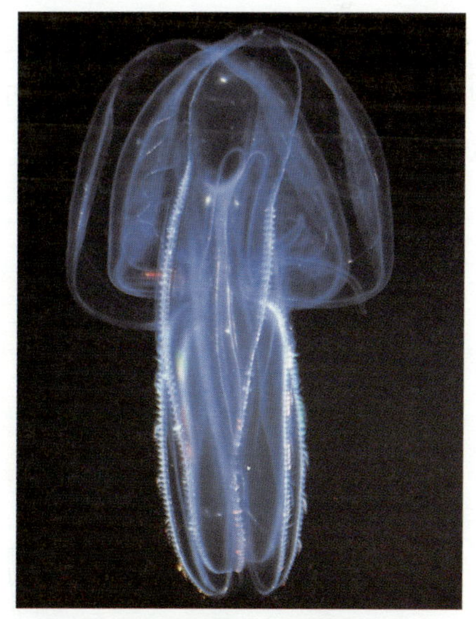

그림 31.10 | 빗해파리(유즐동물문).
기저부에 빗 모양 섬모판이 보인다.

31.2 무체강동물(Acoelomates)

좌우대칭 무체강동물 (Bilaterian Acoelomates)

좌우대칭은 동물로 하여금 고도로 분화된 몸을 갖추게 해 준다. 가장 간단한 좌우대칭동물은 무체강동물로서, 그들은 소화관 외에 다른 내부 강소를 가지고 있지 않다.

모든 좌우대칭 동물은 발생 과정 동안 3개의 배엽층을 가진다. 즉, 내배엽, 중배엽, 외배엽이다.

편형동물문(Phylum Platyhelminthes) : 편형동물(Flatworms)

무체강동물 중에서 가장 큰 문은 편형동물문(Platyhelminthes)으로서 약 20,000종을 포함한다. 편형동물은 좌우대칭동물 중에서 가장 단순한 동물이다.

몸속에 빈 곳이 없는 동물은 소화관을 제외하고는 몸속에 다른 공간이 없다. 편형동물은 몸이 연하고 테이프나 리본 조각처럼 등-배로 납작하다. 편형동물의 몸을 횡단해 보면 장이 조직과 기관으로 완전히 둘러싸여 있는 것을 볼 수 있다(그림 31.11).

비록 편형동물은 단순한 몸의 체제를 가지지만 이들은 전단부에 뚜렷한 두부를 가지며 기관들도 가진다. 편형동물의 크기는 1mm 이하로부터 일부 촌충에서처럼 수m에 이르는 것도 있다. 대부분의 종은 기생성이어서 여러 다른 동물의 몸속에서 산다(그림 31.12). 독립생활을 하는 편형동물도 있으며, 이들은 바다, 담수, 육상의 축축한 곳에 서식한다. 독립생활을 하는 편형동물은 육식성이거나 유기물 잔사를 먹고산다. 이들은 섬모상피세포를 이용하여 이리저리 이동하는데, 섬모상피세포는 주로 몸의 복부 쪽 표면에 집중되어 있다.

편형동물 중에서 소화강을 가지는 종류는 입은 있으나 항문은 없는 불완전한 장을 가진다. 이러한 동물은 먹이를 먹고, 소화하고, 노폐물을 방출하는 일을 동시에 할 수 없다. 그러므로 편형동물은 그 보다 발달된 동물과는 달리 먹이를 계속 먹을 수 없다. 장은 몸 전체에 가지를 뻗고 있으며 먹이의 소화와 운반을 한다. 장의 위쪽 끝의 근육이 수축하면서 강한 흡입력으로 먹이를 섭취하고 잘게 부순다. 장의 내벽을 이루는 세포들은 식세포작용으로 대부분의 먹이 과립을 삼키고 소화한다. 그러나 자포동물과 같이 일부 먹이 과립은 부분적으로 세포 외에서 소화한다. 기생성 편형동물인 촌충류에는 소화계가 없다. 이들은 체벽을 통해 먹이를 직접 흡수한다.

자포동물과는 달리 편형동물은 배설계를 가진다.

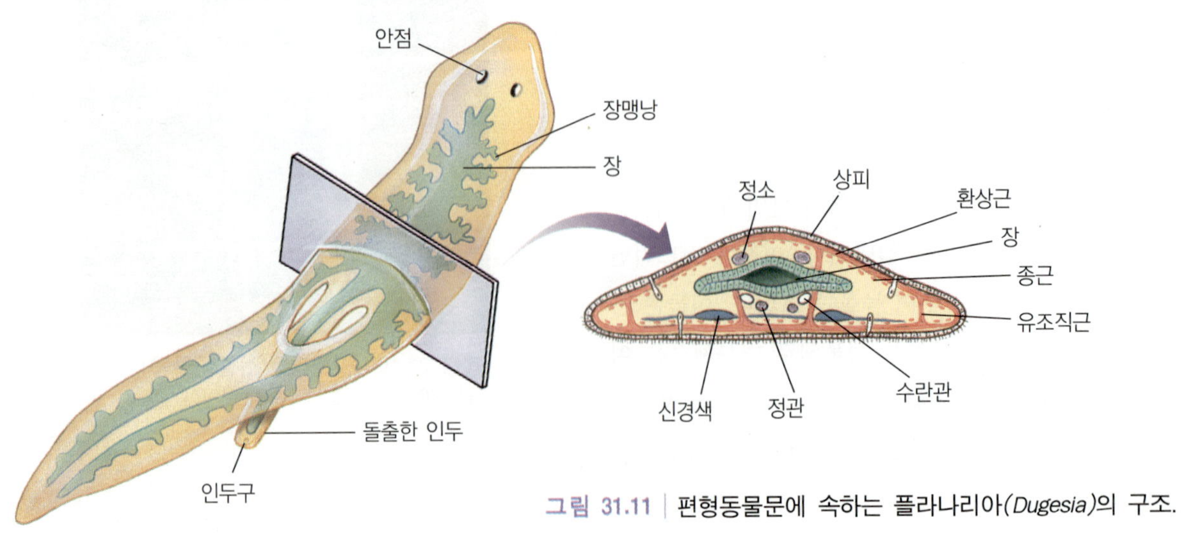

그림 31.11 | 편형동물문에 속하는 플라나리아(*Dugesia*)의 구조.

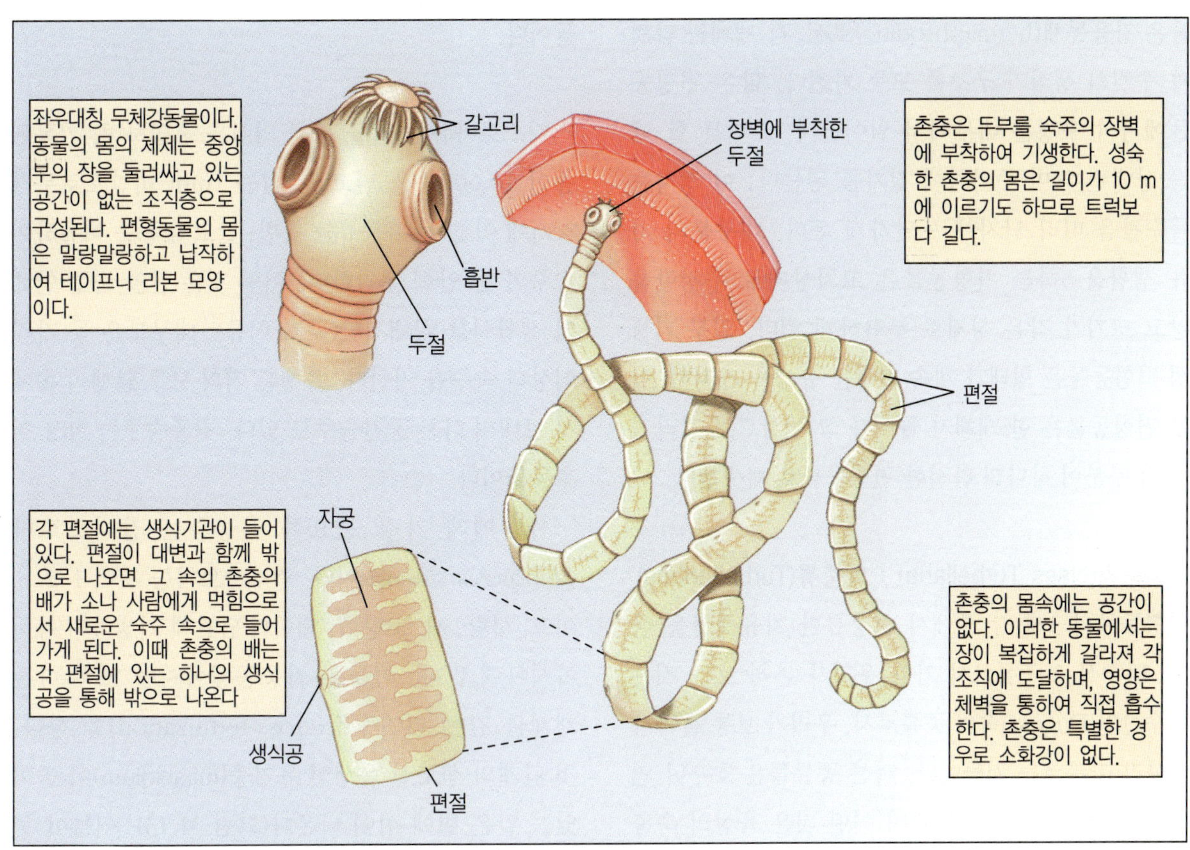

그림 31.12 | **편형동물문 : 편형동물.**
민촌충(*Taenia saginata*) 같은 무체강 편충류는 좌우대칭동물로 몸속 공간이 없다. 모든 좌우대칭동물은 3개의 배엽과 뚜렷한 두부를 가지고 있다.

이들의 배설계는 몸 전체를 통해 그물처럼 얽힌 미세한 소관으로 구성된다. 소관의 끝에는 불꽃세포(flame cell)가 있고 불꽃세포의 중심부에는 섬모 다발이 소관 쪽으로 나 있다. 이 섬모 다발은 물과 배설물질을 소관 안으로 이동시켜서 상피세포 사이에 위치한 구멍을 통하여 밖으로 나가게 한다. 불꽃세포는 섬모 다발이 움직이는 모습이 마치 불꽃이 움직이는 모습과 비슷하여 붙여진 명칭이다. 불꽃세포는 일차적으로 수분 균형을 유지하는 기능을 하며, 배설 기능은 이차적인 것이다. 편형동물의 대사적 노폐물의 대부분은 장속으로 직접 확산되고 입을 통하여 배출된다.

해면동물, 자포동물, 유즐동물과 같이 편형동물은 순환계를 가지지 않는다. 즉, 산소와 먹이 분자를 몸의 각 부위로 운반하는 혈관망이 없다. 그러므로 편형동물의 세포들은 산소와 먹이의 확산 거리 안에 있어야 한다. 편형동물의 몸은 얇고 소화강은 고도로 분지되어 이와 같은 요구에 맞도록 되어 있다.

편형동물의 신경계는 매우 단순하다. 자포동물과 같이 일부 원시적 편형동물의 신경계는 신경망으로만 되어 있다. 그러나 대부분의 편형동물은 간단한 중추신경계를 이루는 몸의 앞뒤로 달리는 신경색을 좌우에 가진다. 신경색은 신경에 의하여 횡으로 연결되어 있어서 신경계가 사다리 모양이다.

독립생활을 하는 편형동물은 두부의 측면을 따라 감각점이나 촉수를 가져서 이를 이용하여 먹이, 화학물질, 물의 흐름을 감지한다. 또 독립생활을 하는 편형동물은 두부에 안점을 가진다. 안점은 색소를 가지며 뒤집혀 있는 컵 모양으로서, 신경계와 연결된 빛을 감지하는 세포가 들어 있다. 안점은 편형동물로 하여금 밝음과 어두움을 구별할 수 있게 한다.

편형동물의 생식계는 복잡하다. 대부분의 편형동

물은 자웅동체(hermaphroditic)로서, 각 개체는 암컷과 수컷의 생식기 구조를 모두 가진다. 많은 편형동물에서의 수정은 내부에서 일어난다. 교미를 할 때는 상대편 교미 주머니에 정자를 넣는다. 이 정자는 특수관을 따라 난자에 도달하게 된다. 대부분의 자유 생활을 하는 편형동물은 고치상태로 수정란을 낳고 크기가 작은 성체로 부화하게 된다. 일부 기생성 편형동물은 형태가 계속 변하는 유생을 가지며, 일부 편형동물은 한 개체가 둘이나 그 이상으로 갈라지면 각 부분이 하나의 완전한 편형동물로 재생된다.

와충강(class Turbellaria) : **와충류**(Turbellarians). 편형동물의 3개 강 중에서 와충류만 자유생활을 한다. 담수산 와충류로서 가장 우리가 흔히 보는 것은 담수산인 *Dugesia*속의 종류로서, 우리가 보통 플라나리아라고 부르는 것들이다. 다른 종류들은 호수나 연못, 해수에 넓게 분포해 살며 어떤 것은 육상의 축축한 곳에서 산다.

흡충강(class Trematoda) : **디스토마류**(Flukes). 기생성 편형동물은 2개의 강으로 구분되며, 이 두 가지 편형동물들은 다른 동물의 체내에 서식하는 디스토마류(흡충강)와 촌충류(촌충강)이다. 이 두 가지 기생충들은 숙주의 소화 효소와 면역 방어에 대항하는 상피 층을 지니는데, 이 능력은 기생충으로서 살아가는 데 매우 중요한 특징이다. 그러나 독립생활을 하는 편형동물과는 달리, 기생성 편형동물은 성체 시기에 섬모를 가지지 않으며, 안점과 같은 감각 기관이 없는데, 이것들은 다른 동물에 기생할 때 소용 없는 것들이다.

디스토마류는 입을 통해 먹이를 흡입하며, 기록된 종이 10,000종을 넘고, 길이는 1mm 미만으로부터 8cm에 이른다. 흡충류는 흡반, 갈고리 등을 이용하여 숙주의 몸 안에 부착한다. 어떤 것은 단일 숙주 안에서 생활사를 끝내지만(주로 어류), 대부분은 두 가지 이상의 숙주를 거친다. 유생은 거의 모두 달팽이 속에서 보내며 다른 중간숙주도 있다. 최종숙주는 항상 척추동물이다.

사람에게 가장 중요한 흡충류는 간디스토마 *Clonorchis sinensis*이다. 간디스토마는 길이 1~2cm이고, 사람, 개, 고양이, 돼지의 담관에 기생하며 특히 아시아에 많다. 이들은 자웅동체이지만 보통 다른 개체들 간에 타가수정(cross-fertilization)을 한다. 첫 단계의 섬모상 유생인 유자충(miracidium)이 들어 있는 알은 변에 섞여 나온다(그림 31.13). 이들이 물 속에 들어가면 달팽이에 의해 먹히고 달팽이 내부에서 이 알은 배생식세포를 가진 주머니 모양의 포자포

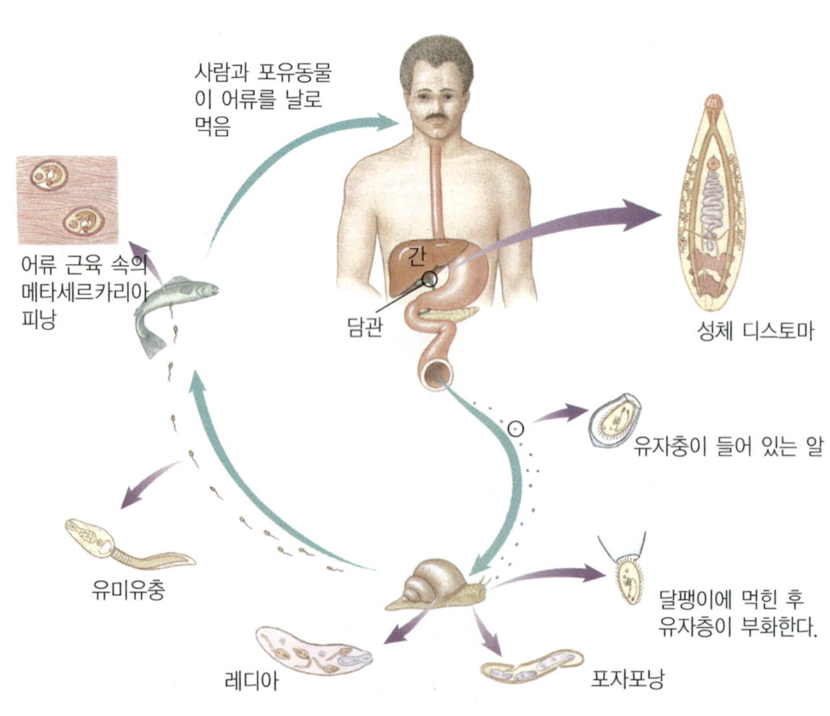

그림 31.13 | 사람의 간디스토마(*Clonorchis sinensis*)의 생활주기.

낭으로 변형된다. 포자포낭(sporocyst) 안에서 길쭉하고 섬모가 없는 유충인 레디아(redia)가 만들어진다. 이들 유충은 달팽이 안에서 계속 자라서 올챙이 모양의 다음 단계 유충인 유미유충(cercaria)으로 된다.

유미유충은 물 속으로 나와서 헤엄치다가 잉어과 어류의 근육 속이나 비늘 아래로 들어가서 꼬리를 잃고 피낭으로 싸인 메타세르카리아(metacercaria)로 변태한다. 만약 사람이나 포유동물이 이 물고기를 날로 먹으면 장 속에서 이 메타세르카리아가 피낭을 뚫고 나와 담관으로 이동하여 성숙한다. 간디스토마는 숙주의 몸 안에서 15~30년을 산다.

그 외의 중요한 디스토마류로는 Schistosoma속의 주혈흡충으로서, 열대 아시아, 아프리카, 라틴 아메리카, 중동에서 2억 명 이상의 인류를 괴롭히고 있다. *Schistosoma*속의 3종이 사람에 기생하여 주혈흡충증(schistosomiasis)을 일으키며, 매년 약 800,000명이 이 질병으로 사망한다.

촌충강(class Cestoda) : **촌충류**(Tapeworms). 디스토마류처럼 기생생활을 하는 촌충류는 특수한 말단 부착기관으로 숙주의 장벽에 부착하여 몸 표면으로 양분을 흡수한다. 촌충류는 소화강이 없고 소화효소도 없다. 대부분의 종이 척추동물 장에 기생하며 약 12종 정도가 인간에 기생한다. 몸은 끈처럼 납작하고 3부분으로 나뉜다. 부착기관이 있는 부위는 두절(scolex)이고, 그 뒤에 체절로 나뉘어 있지 않은 경부(neck)가 있으며 경부에 이어서 반복된 체절인 편절(proglottids)이 이어진다(그림 31.12). 두절에는 보통 여러 개의 흡반이 있고 추가적으로 갈고리가 나 있는 종도 있다. 각 편절은 하나의 완전한 자웅동체로서 암컷 및 수컷 생식기관이 들어 있다. 편절은 경부기부에서 계속 형성되고 성숙한 편절은 계속 뒤쪽으로 밀려나서 마침내 끝에 가까워지면 성숙한 난자를 생성한다. 이 난자는 수정되어 접합자가 되고 맨 끝 편절에 있는 접합자는 분화하기 시작해 이 편절은 배(embryo)로 가득차게 된다. 맨 끝 부분의 편절은 숙주에서 떨어져나가 숙주의 대변과 함께 밖으로 나간다. 껍질에 싸여있는 배는 구멍을 통해서 또는 벽을 찢고 편절에서 나와 식물잎이나 물 속 등에 있다가 다른 동물에 먹힌다.

민촌충 *Taenia saginata*는 소의 근육 속에서 유충시기를 보낸다. 이 유충이 사람의 몸 속으로 들어오면 성체로 된다. 이들은 4개의 흡반이 있는 두절로 숙주 장벽에 매달려 있다. 민촌충은 길이가 10m 이상이 되기도 한다. 사람의 변에 섞여 나와 야채에 오염된 편절은 체절이 터지면서 배들이 사방으로 흩어진다. 이것을 소들이 먹으면 장벽을 뚫고 혈관이나 림프관을 통해 근육조직으로 간다. 이 쇠고기를 날로 먹으면 감염이 된다.

그림 31.14 | 끈벌레 *Lineus* (유형동물문).
완전한 소화계를 가진 가장 단순한 동물이다.

유형동물문(phylum Nemertea) : 끈벌레류(Ribbon Worms)

유형동물의 계통 관계는 아직 잘 밝혀져 있지 않다(그림 31.14). 유형동물은 흔히 끈벌레라고 불리는데, 물 속 또는 축축한 곳에서 산다. 끈벌레는 약 900종이 알려져 있으며, 대부분 바다에서 산다. 이들은 납작한 몸체와 함께 원시체강인 액체로 가득 찬 주머니를 갖고 있다. 이 주머니는 먹이를 잡기 위해 긴 근육질의 관인 주둥이(proboscis)를 재빨리 내밀 때 수압을 제공한다. 끈벌레는 대개 커서 길이가 보통 10~20cm에 이르고, 몇 m가 되는 것도 있으며, 입과 항문이 있는 완전한 소화관(complete digestive system)을 가진다.

끈벌레는 관 속에 피가 흐르는 순환계를 갖고 있으며 진화된 동물의 많은 중요한 변화가 유형동물문에서 처음 나타난다.

31.3 의체강동물(Pseudocoelomates)

의체강동물의 특징과 종류

이미 설명한 바와 같이, 무체강동물을 제외한 모든 좌우대칭동물은 몸속에 체강을 가진다. 이들 중에서 7개 문은 의체강을 가진다. 모든 의체강동물에서 의체강은 유체 골격의 역할을 한다. 즉, 액체가 채워져 그 압력으로 단단함을 유지하는 것이다. 동물의 근육은 이 유체 골격을 의지해 작용할 수 있으므로 의체강동물의 움직임은 무체강동물보다 훨씬 효율적으로 일어나게 된다. 의체강동물은 뚜렷한 순환계를 가지지 않다. 순환 기능은 의체강 안에서 움직이는 체액이 담당한다.

선형동물문(phylum Nematoda) : 회충(Roundworms)

7개의 의체강동물문 중에서 선형동물문에는 약 20,000종이 포함되어 있다. 과학자들은 실제로는 이 기록된 종보다 100배나 더 많은 종이 있을 것으로 추산하고 있다. 이 문에 속하는 동물들은 지구의 어느 곳에서나 발견된다. 선형동물은 바다와 담수에 다양하고 많으며, 다수의 종이 동물과 식물에 기생한다(그림 31.15). 다수의 선형동물은 현미경적 크기로 작고 토양 속에 서식한다. 한 삽의 비옥한 토양 속에는 평균 1백만 마리의 선형동물이 들어 있기도 한다.

선형동물은 좌우대칭이고 원통형이며 체절이 없다. 이들은 신축성 있고 두꺼운 쿠티클로 덮이며, 쿠티클은 성장하면서 4번 탈피된다. 근육은 표피 안쪽에서 하나의 층을 이루며, 횡으로 몸을 둘러싸는 것이 아니라 몸의 길이를 따라 뻗어 있다. 이 종근들은 쿠티클과 의체강에 부착하여 유체골격을 형성한다. 선형동물은 몸을 옆으로 휘저으며 움직여 다닌다.

선형동물은 쿠티클을 통해 먹이의 섭취나 산소교환을 한다. 그러나 잘 발달된 소화계도 가지고 있다.

선형동물의 전단에 있는 입 부근에는 보통 16개의 곧게 선 털 모양의 감각기관이 있다. 입에는 대개 찌르는 기관인 침(stylet)을 가진다. 먹이는 인두

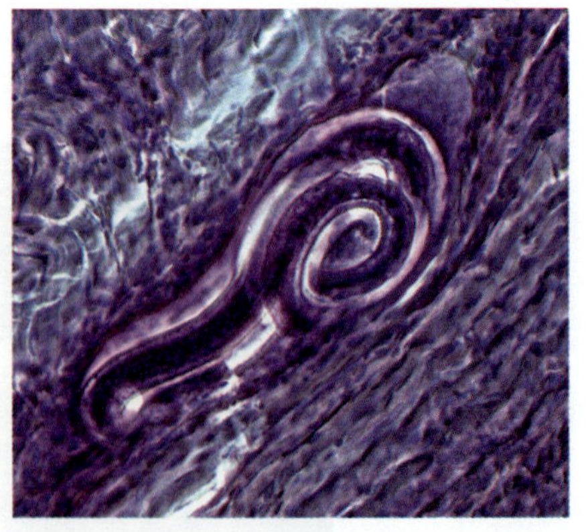

그림 31.15 | 돼지고기에서 피낭에 싸인 선형동물 *Trichinella*.
심각한 질병인 선모충병은 피낭이 들어 있는 익히지 않은 돼지고기를 먹을 때 감염된다.

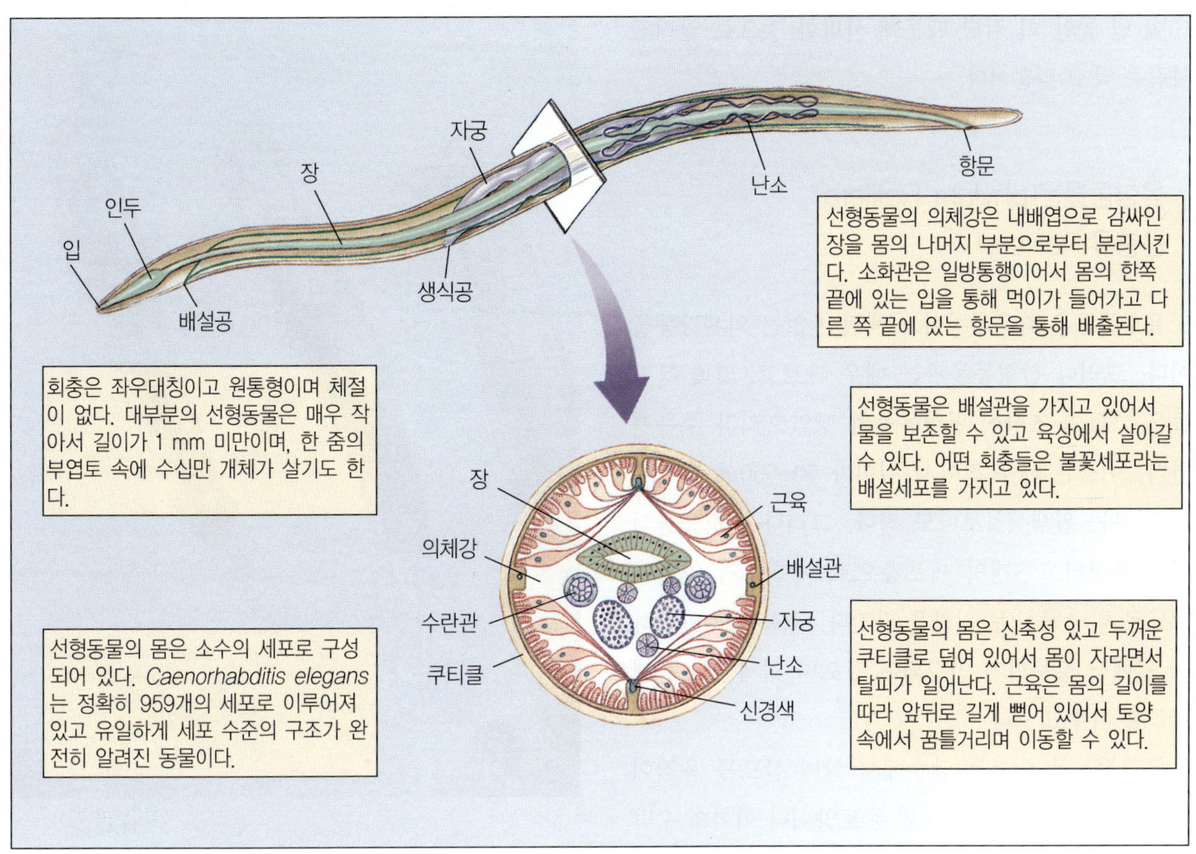

그림 31.16 | 선형동물문 : 회충.
선형동물인 회충은 장과 체벽 사이에 의체강을 가지고 있다. 이는 몸 전체에 영양분을 순환시키고 근육운동에 의해 기관들이 손상이 되는 것을 막는다.

(pharynx)라고 하는 근육성 방의 수축으로 생긴 흡입 작용에 의하여 입 안으로 들어가게 된다. 짧은 통로를 거쳐 인두로 들어간 먹이는 소화관의 나머지 부분으로 가서 부수어지고 소화된다. 장벽은 한층의 세포로 되어 있다. 먹이와 함께 들어간 물의 일부는 소화관의 말단 부근에서 재흡수되며, 소화되지 않은 물질은 항문을 통해 제거된다(그림 31.16).

선형동물은 편모나 섬모를 전혀 가지지 않으며, 정자에도 편모가 없다. 선형동물은 유성생식을 하며 보통 암수의 구별이 있다. 발생은 간단하고 성체를 이루는 세포의 수는 매우 적다. 이런 까닭에 선형동물은 유전과 발생의 연구에 매우 중요한 재료가 된다. 1mm 길이를 가진 *Caenorhabditis elegans*는 단 3일 만에 성숙하며, 몸은 투명하고 단지 959개의 세포로 구성된다. 이 종은 발생세포학적 구조가 완전히 알려진 유일한 동물이다. 선형동물은 원생생물이나 다른 작은 동물들을 사냥하며 많은 종들이 동물 몸 안에 기생한다.

약 50종의 선형동물이 인간에 기생한다. 온대지방에서 선형동물이 일으키는 가장 심각하고 흔한 질병은 선모충병(trichinosis)으로서 *Trichinella* 속의 종들이 일으킨다. 이 선형동물은 돼지의 소장에 기생하며, 수정한 암컷은 소장 벽을 파고 들어간 다음, 한 마리당 약 1,500마리의 새끼를 생산한다. 어린 개체는 림프관으로 들어간 다음, 몸 전체의 근육조직으로 들어가서 성숙하고 칼슘질의 피낭을 형성한다. *Trichinella*의 피낭이 들어 있는 돼지고기를 익히지 않고 사람이나 다른 동물이 먹으면 감염된다. 만약 감염 개체가 많으면 치명적인 결과를 초래하지만, 이와 같은 밀도 높은 감염은 흔하지 않다. 미국에서 지난

10여 년 동안 이 질병 때문에 사망한 것으로 알려진 사람은 약 20명뿐이다.

윤형동물문(phylum Rotifera): 윤충류(Rotifers)

윤형동물은 좌우대칭이고 체절이 없는 의체강동물이다. 그러나 선형동물과는 매우 다르고, 몇몇 특징들은 그들의 조상이 편형동물과 닮았으리라 추측케 한다. 이들은 매우 작아서 길이가 50~500㎛ 범위여서 일부는 원생생물보다도 작다. 그러나 윤형동물의 몸은 복잡하고 3개의 세포층으로 이루어져 있으며 고도로 발달된 내부 기관을 가진다. 소화관도 완전하게 입에서 항문까지 연결되어 있으며 의체강이 유체골격을 이루고 있다.

윤형동물은 대부분 담수에서 살며 섬모를 움직여 헤엄친다. 일부 종은 습기 많은 토양이나 이끼의 수막에도 산다. 약 1,800종이 기록되어 있다. 수명은 대부분 1~2주이지만 어떤 종은 건조되어 비활동성인 상태로 견딜 수 있다. 윤형동물은 잘 발달된 먹이수집 장치를 가지고 있다. 머리끝의 섬모관(corona)이라 불리는 특징적인 기관에서 먹이를 모아들인다(그림 31.17). 환상의 섬모로 먹이를 입 속으로 쓸어 넣으며 이 섬모를 이용해 움직이기도 한다. 이 섬모의 움직임 때문에 바퀴벌레라 불리기도 한다.

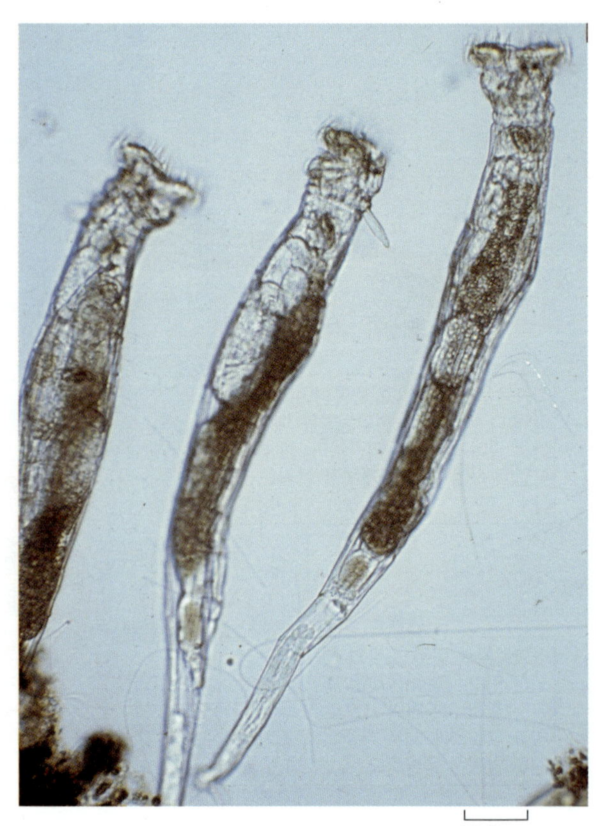

그림 31.17 | 윤형동물.
현미경적 크기의 윤충류는 일부 섬모를 지닌 원생생물보다 작다. 그러나 복잡한 내부기관을 가지고 있다.

CHAPTER 32

체강 무척추동물

무체강동물과 의체강동물도 성공적인 동물들이지만 대부분의 동물들은 진체강동물이다. 연체동물을 시작으로 체강동물에 대하여 알아보자. 이 체강동물에는 연체동물 외에도 환형동물, 절지동물, 극피동물 등 대부분의 고등동물들이 이에 속한다. 척색동물도 진체강동물에 속한다.

32.1 연체동물

연체동물의 체제

체강의 등장은 동물의 진화에서 중요한 발전이었다. 진체강동물은 몸 안에 복잡한 기관이나 조직을 발달시킬 수 있다. 이 새로운 체제는 몸의 구조를 다양하게 만들고, 무체강 동물보다 훨씬 큰 몸체를 가질 수 있게 했다.

연체동물(Mollusks)

진체강동물 중에서 연체동물문(phylum Mollusca)은 절지동물문을 제외하고는 가장 큰 동물문을 이루며 110,000종 이상이 포함된다. 연체동물은 매우 다양한 곳에서 서식하며, 여러 형태를 띠고 있다. 연체동물은 바다에서 진화하여 대부분의 종류들이 그곳에 남아 살았으나 일부는 담수와 육상으로 침투하였다.

연체동물은 사람의 중요한 식량 자원이 되기도 한다. 굴, 조개, 가리비, 오징어 등의 연체동물은 중요한 단백질원이다. 그러나 선박에 구멍을 뚫는 등 사람에게 피해를 주는 종류도 있다. 또 흡충류 등 기생충의 중간숙주로서의 역할도 한다.

연체동물의 크기는 현미경적인 크기에서 거대한 것까지 다양하다. 21m까지 자라고 무게가 250kg이나 되는 거대 오징어는 무척추동물 중 가장 크고 무거운 종류 중 하나이며 심해에 몇 백만 마리가 살고 있는 것으로 추정된다.

연체동물문에는 매우 다양한 종들이 속해 있지만 체강을 갖는 것이 특징이고 기본적인 구조는 [그림 32.1]에서 볼 수 있다.

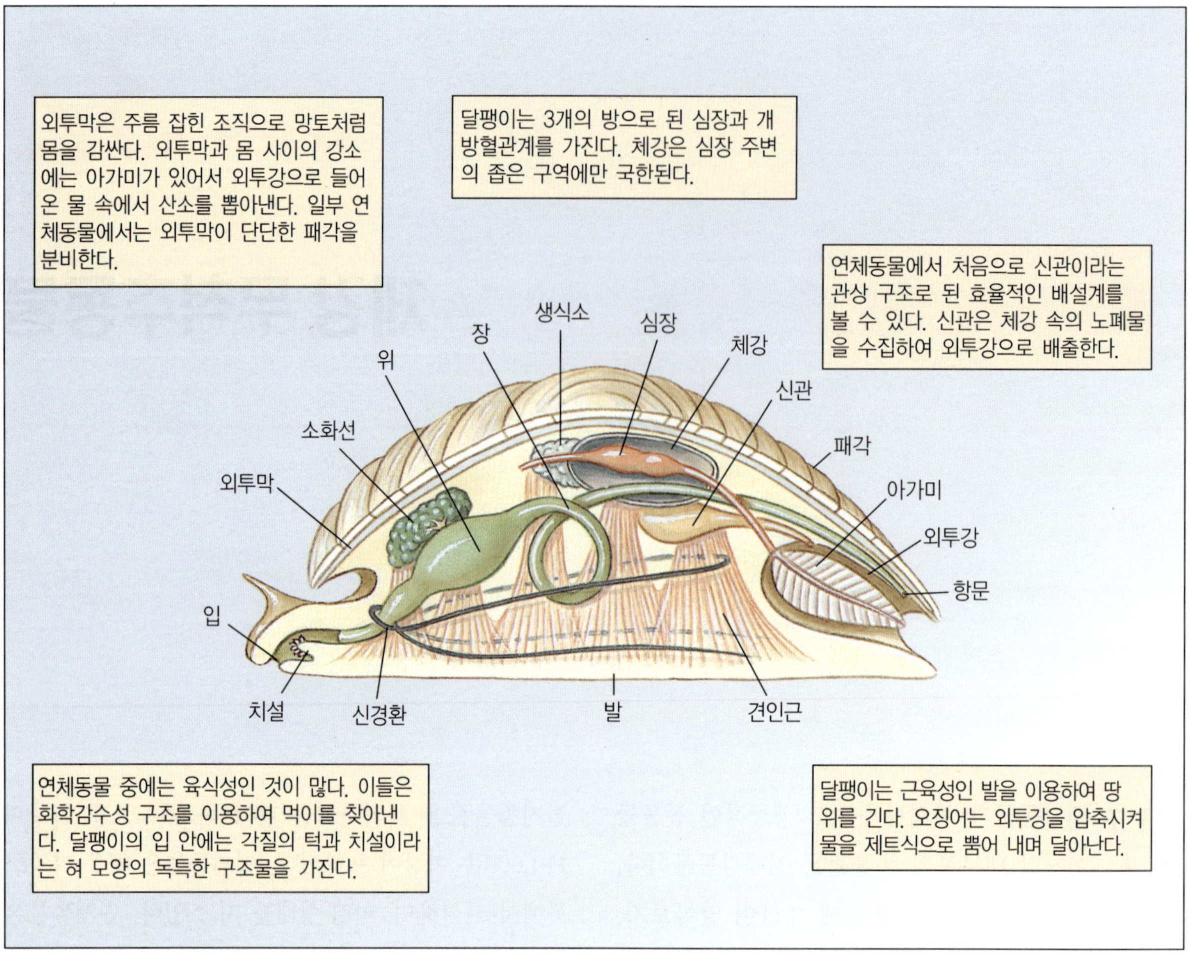

외투막은 주름 잡힌 조직으로 망토처럼 몸을 감싼다. 외투막과 몸 사이의 강소에는 아가미가 있어서 외투강으로 들어온 물 속에서 산소를 뽑아낸다. 일부 연체동물에서는 외투막이 단단한 패각을 분비한다.
달팽이는 3개의 방으로 된 심장과 개방혈관계를 가진다. 체강은 심장 주변의 좁은 구역에만 국한된다.
연체동물에서 처음으로 신관이라는 관상 구조로 된 효율적인 배설계를 볼 수 있다. 신관은 체강 속의 노폐물을 수집하여 외투강으로 배출한다.
생식소
장
심장
위
체강
신관
소화선
패각
외투막
아가미
외투강
항문
입
치설
신경환
발
견인근
연체동물 중에는 육식성인 것이 많다. 이들은 화학감수성 구조를 이용하여 먹이를 찾아낸다. 달팽이의 입 안에는 각질의 턱과 치설이라는 혀 모양의 독특한 구조물을 가진다.
달팽이는 근육성인 발을 이용하여 땅 위를 긴다. 오징어는 외투강을 압축시켜 물을 제트식으로 뿜어 내며 달아난다.

그림 32.1 | **연체동물문 : 연체동물.**
일반적인 연체동물의 몸구조에서 볼수 있듯이 체강은 중배엽으로 완전히 둘러싸여 있으며, 중배엽과 내배엽의 접촉으로 상호작용이 일어나 위와 같은 고도로 분화된 기관이 발생하게 되었다.

촉수
외투막 아가미 장
패각
발
치설
외투강
두족류
패각
장
아가미
외투강
외투막
발
이매패류
외투막
패각
아가미
외투강
치설
장
발
복족류
패각
장
외투막
외투강
치설
발
아가미
군부류
장
치설
아가미
가설적 조상

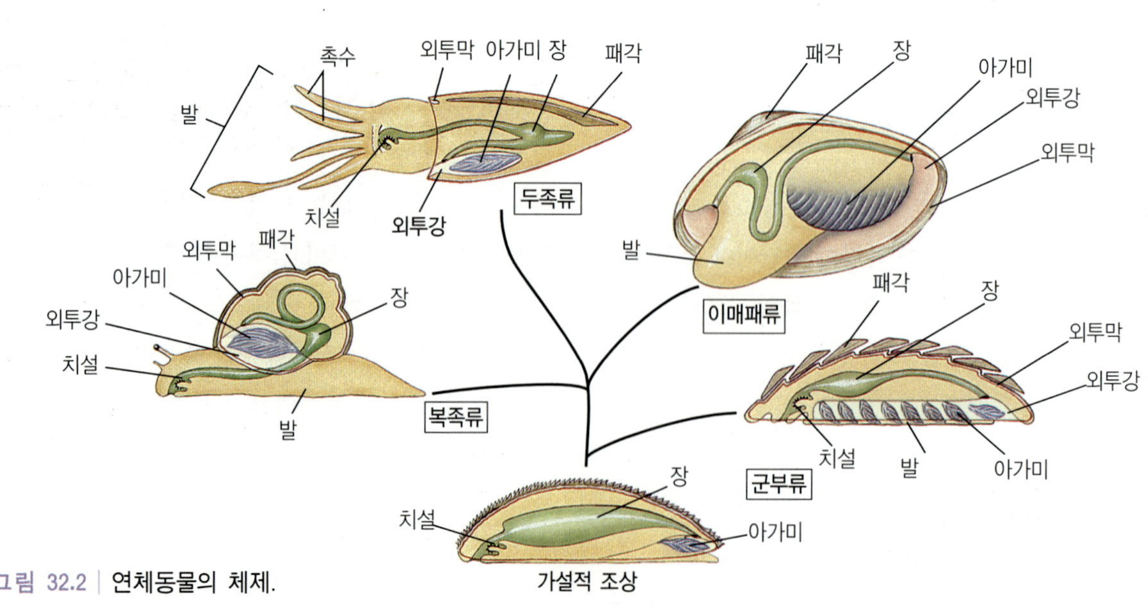

그림 32.2 | **연체동물의 체제.**

연체동물의 구조

기본적으로 연체동물은 좌우대칭 동물이다(그림 32.2). 연체동물의 내장괴(visceral mass) 안에는 소화, 배설, 생식기관이 모여 있다. 근육질의 발(foot)은 주요 이동기관이다. 분화된 두부는 몸의 앞쪽에 있다. 등쪽 체벽에서 주름이 생겨 내장괴와의 사이의 공간을 둘러싸는데, 이 주름을 외투막(mantle)이라고 하고 외투막으로 둘러싸인 공간을 외투강(mantle cavity)라고 한다. 몇몇 연체동물에서는 외투강이 허파로서 작용하고 다른 연체동물에서는 외투강 안에 아가미가 있다. 아가미는 외투막의 특수화한 부위로 혈관이 풍부한 섬유상 돌기들로 구성되어 있으며, 이 돌기들은 가스교환을 위해 표면적을 증가시켜서 전반적인 호흡능력을 증가시킨다. 연체동물의 아가미는 매우 효율적이라 외투강을 통과하는 물로부터 용해된 산소의 50% 이상을 추출한다. 대부분의 종에서는 외투막의 바깥쪽 표면에서 패각을 분비한다.

연체동물 패각의 바깥층은 단단하며 단백질이 풍부하고, 이것의 안쪽에는 칼슘이 많은 두 층이 있다. 중간층은 탄산칼슘의 결정으로 이루어져 있으며, 맨 안쪽 층은 진주층이다. 패각이 두 개인 이매패류(bivalve mollusks)의 진주층과 외투막 사이에 모래 등의 이물질이 끼어들어 가면 외투막은 패각물질을 분비하여 이 이물질을 매끄럽게 감싸므로 진주가 생긴다. 패각은 주로 보호작용을 하며 위험이 닥치면 패각 속으로 숨는다. 물 속에 사는 연체동물에서는 아가미에 있는 섬모작용으로 물은 끊임없이 외투강으로 들어왔다 나간다. 이때 물에서 산소를 취하며 이매패류 경우엔 먹이도 취하게 된다. 또 노폐물로 배출되며, 배우자가 만들어지면 이 수류를 타고 운반된다.

연체동물의 발은 근육성이고 이동, 부착, 먹이 포획 등에 적응되어 있다. 어떤 종류에서는 점액을 분비해 미끄러져 이동한다. 두족류인 오징어와 문어에서는 발이 갈라져 촉수라 불리는 팔이 되었다. 어떤 원양종에서는 발이 날개 모양 돌출부나 얇은 지느러미

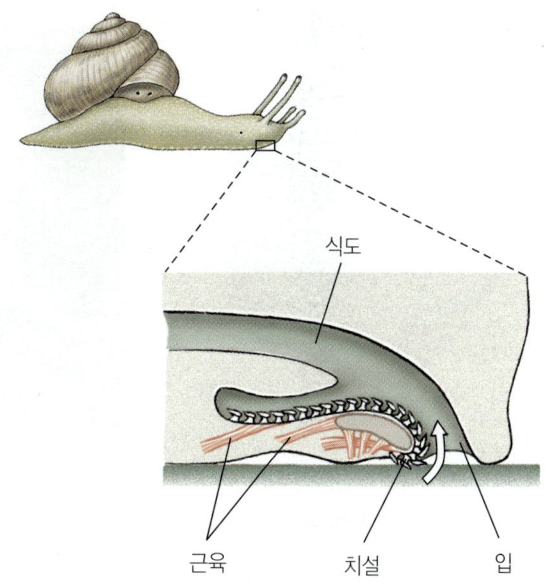

그림 32.3 | 달팽이의 치설의 구조.
치설은 뒤쪽으로 줄을 지어 뻗어 있으며 키틴질로 덮여 있다. 먹이를 먹을 때 치설은 먹이를 뒤쪽으로 긁어 들인다.

로 변형되어 자유롭게 헤엄쳐 다닌다.

이매패류를 제외한 연체동물의 가장 중요한 특징은 치설(radula)를 가진다는 점이다. 치설은 혀 모양의 기관으로서 일종의 섭식 기관이다. 치설의 표면에는 수많은 톱날 모양의 키틴질 이가 줄을 지어 나 있다(그림 32.3). 달팽이 같은 복족류는 치설을 이용하여 기질에 붙어 있는 조류나 다른 먹이를 갉아먹거나 다른 복족류는 다른 동물의 패각에 구멍을 내어 먹는다. 두족류를 제외한 모든 연체동물은 심장을 가지며 혈관은 개방혈관계로 되어 있다. 연체동물의 심장은 보통 3개의 방으로 이루어져 있는데, 이 중 2개는 아가미로부터 산소가 공급된 혈액을 받고 나머지 하나는 혈액을 조직으로 내보낸다. 연체동물에서는 작은 체강이 심장을 둘러싸고 있다.

질소 노폐물은 1개 또는 2개의 관상 구조인 신관(nephridium)에 의해 제거된다. 전형적인 신관은 섬모로 내벽이 둘러싸인 깔대기 모양 신구(nephrostome)에서 코일처럼 꼬인 관이 배설낭으로 연결되어 있고 다시 배출공으로 연결된 구조이다. 신관은 질소 노폐물을 체강으로부터 거두어들여 외투강으로 내보낸다. 그리고 아가미에서 계속적인 펌프작용으

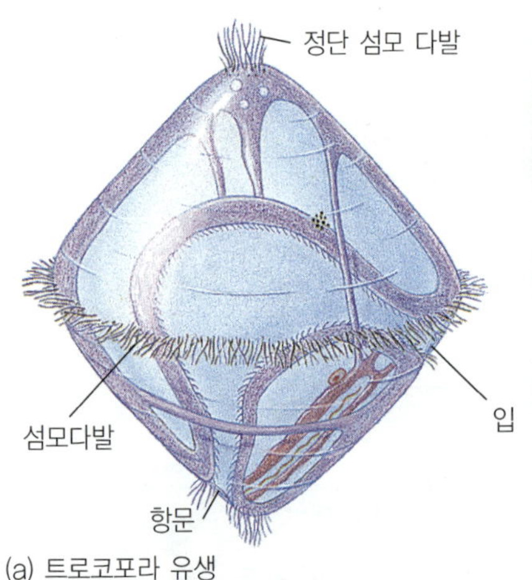

(a) 트로코포라 유생

(b) 벨리저 단계

그림 32.4 | 연체동물의 유생.
(a) 트로코포라 유생. (b) 벨리저 유생.
몇몇 환형동물이나 다른 문에 속한 동물들도 유사한 유생을 갖는다.

로 밖으로 배출된다. 당, 염류, 수분 등이 신관 벽에서 재흡수되어 삼투압의 균형을 유지한다.

환형동물, 두족류 척추동물 같은 폐쇄 혈관계를 가진 동물들은 신관의 코일처럼 꼬인 관이 모세혈관망에 둘러싸여 있다. 노폐물은 이 모세혈관들을 통해 순환계에서 신관으로 들어가 배설된다. 염류, 물 다른 필요한 물질들은 신관에서 재흡수되어 모세혈관으로 들어간다. 그러므로 체강동물의 배설계는 무체강 동물의 불꽃세포보다 훨씬 효율적이다. 연체동물은 최초로 효율적인 배설계를 발달시킨 동물들 중 하나이다. 척색동물 이외의 폐쇄순환계를 가진 체강동물들은 유사한 배설계를 가지고 있다.

연체동물의 생식

일부 이매패류와 여러 복족류는 자웅동체이지만, 대부분의 연체동물은 암수가 구분되어 있다. 자웅동체일지라도 보통 타가수정이 일어난다. 일부 바다민 달팽이나 굴 등은 한 계절에 여러 번 성전환을 할 수 있다. 대부분의 수생 연체동물은 체외수정을 한다. 그러나 복족류는 대개 수컷이 정자를 직접 암컷 몸 속에 넣는 체내수정을 한다. 이 체내수정은 복족류가 지상에 살 수 있게 되는 중요한 적응 중 하나이다.

다수의 해양 연체동물은 자유 유영하는 트로코포라(trochophore) 유생 시기를 보내는데(그림 32.4a), 이 유생은 갯지렁이류의 트로코포라 유생과 거의 동일하다. 트로코포라 유생은 몸 중앙을 둘러싸고 있는 섬모열에 의해 헤엄친다. 또, 대부분의 해양 달팽이류와 이매패류는 그 다음의 유생 단계인 벨리저(veliger) 유생을 가진다(그림 32.4b). 이 벨리저 유생은 시작 단계의 발, 패각, 외투막을 가진다. 트로코포라 유생과 벨리저 유생은 해류를 따라 이동하여 새로운 지역으로 분산될 수 있다.

연체동물문의 주요 강

연체동물문에는 7개의 강이 있으며 현존 연체동물과 화석의 연구로 일부 과학자들은 연체동물의 조상종은 등배로 납작하고 체절이 없으며 복부 표면으로 미끄러져 다녔고 키틴질의 쿠티클과 칼슘질의 비늘을 가지고 있었다고 추론한다.

다판강(class Polyplacophora) : 군부류(Chitons)

군부류는 해양성 동물로 등에 8개의 겹쳐진 패각이 배열해 있는 타원형 몸체를 가지고 있다. 몸은 체절로 나뉘어져 있지 않고, 넓고 편평한 발로 기어다니는데, 발은 아가미가 들어 있는 홈이나 외투강으로 둘러싸여 있다. 대부분의 군부류는 초식동물로서 얕은 바다의 암석지대에 살지만 7,000m 이상의 깊은 바다에 사는 종도 있다.

그림 32.5 | 복족류. 육상 달팽이(*Allogona townsendiana*)

복족강(class Gastropoda) : 달팽이, 민달팽이(Snails and Slugs)

달팽이, 민달팽이 등의 복족류는 약 40,000종이 기록되어 있다. 이들은 주로 해산이지만 담수산이나 육상에 서식하는 것도 있다(그림 32.5). 대부분 패각을 가지지만 나새류나 민달팽이처럼 패각을 소실한 것도 있다. 대부분 발로 기어다니며, 유영을 위해 변형된 것도 있다. 대부분의 복족류는 한 쌍의 촉수를 가지는데, 그 끝에 눈이 있다. 이 촉수는 발달된 복족류에서는 소실되어 있다. 입 안에는 각질의 턱과 치설이 있다.

복족류에서는 배 발생 도중에 비틀림(torsion)이 일어난다. 비틀림 과정에 외투강과 항문이 뒤쪽에서 입이 있는 앞쪽으로 이동한다. 비틀림은 유생의 몸 한쪽이 다른 쪽보다 신속히 자람으로써 일어난다. 내장괴가 120° 회전하면서 외투강이 두부 위로 올라가고 많은 내부구조들이 휘어진다. 다른 각도로 비틀림이 일어나는 종들도 있다. 패각이 나선형으로 감기는 나선화(coiling)는 비틀림과는 다른 과정으로 일어난다. 이 나선화로 인하여 대부분의 복족류에서 오른쪽의 아가미와 신관이 소실되어 복족류의 내장괴는 좌우 비대칭으로 된다.

복족류의 섭식 양식은 매우 다양하다. 일부는 포식성이고 어떤 것은 바위에 붙어 있는 조류를 갉아먹으며, 어떤 것은 죽은 생물체를 먹는 부식동물이다. 많은 종류가 초식성이라 몇몇 육상종은 정원이나 농작물에 피해를 준다. 포식성인 것은 치설을 이용하여 다른 복족류나 이매패류의 패각에 구멍을 내고 잡아먹는다. 나새류는 활동적인 포식자이다. 몇몇 종은 특별한 능력을 가지고 있는데, 그들이 포식한 자포동물 폴립에서 자포를 추출하여 소화관을 통해 아가미 표면에 배치하여 자신을 보호하는 데 이용한다. 나새류란 이름은 아가미가 등표면에 노출되어 있어 붙여진 이름이다.

육상 복족류에서는 외투강에 혈관이 많이 분포되어 폐의 역할을 한다. 이 폐는 공기 중의 산소를 흡수하는 데 용이하지만 물 속에서는 기능을 하지 못한다.

이매패강(class Bivalvia) : 조개류(Bivalves)

조개, 가리비, 굴 등이 이매패류에 속한다. 이매패류는 왼쪽과 오른쪽의 두 개의 패각이 인대로 등쪽에서 경첩처럼 연결되어 있다(그림 32.6). 그리고 한두 개의 커다란 폐각근이 두 패각을 열었다 닫았다 할 수 있다. 외투막은 패각과 인대를 분비하고 내부기관을 감싸며, 흔히 길게 확장하여 2개의 관을 만드는데, 이 두 관은 물이 들어오는 입수관과 물이 나가는 출수관이다.

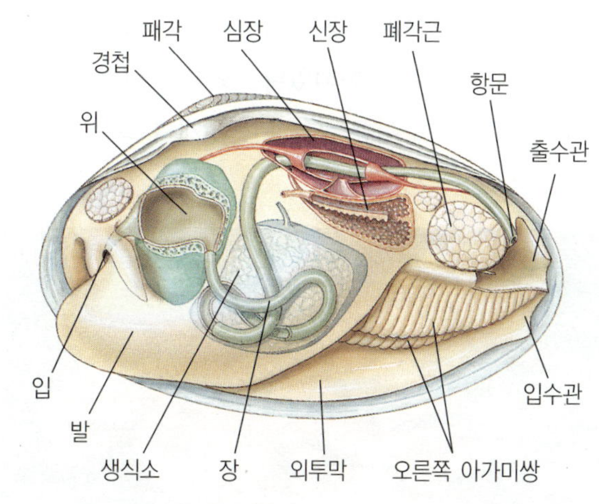

그림 32.6 | 대합조개의 구조.
내부기관과 발이 보인다. 이 대합조개 같은 이매패류는 물이 아가미를 통과할 때 먹이를 걸러 먹는다.

내장과 양 옆으로 복잡하게 접힌 아가미가 있다. 아가미는 혈관이 많이 분포한 여러 쌍의 섬유들로 되어 있는데, 아가미에 있는 섬모의 율동적 움직임으로 수류가 생긴다. 대부분의 이매패류는 고착성 여과섭식자(filter feeder)로서, 수류를 따라 몸 안으로 들어온 미세한 생물들을 걸러 먹는다.

이매패류는 복족류와 달리 뚜렷한 두부도 없고 치설도 없다(그림 32.2). 그러나 이들은 도끼 모양의 발을 가지고 있어서 모래나 진흙 속을 파고 들어가는 데 적응되어 있다. 이매패류는 주로 유생상태로 이곳에서 저곳으로 퍼져 나간다. 가리비 등의 일부 이매패류는 커다란 폐각근을 이용하여 패각을 세게 닫고 열면서 제트 식으로 헤엄칠 수 있다. 가리비의 몸 주변에는 촉수 비슷한 돌기들이 나 있고, 이 돌기 끝에는 눈이 있다.

이매패류는 약 10,000종이 기록되어 있으며, 대부분 해산이지만, 일부 담수산도 있다.

두족강(class Cephalopoda) : 문어, 오징어, 앵무조개(Octopuses, Squids, and Nautiluses)

두족류는 600종 이상이 기록되어 있다. 문어, 오징어, 앵무조개 등으로 구성된 두족류는 무척추동물 중에서 가장 지능이 높다. 이들은 물 속에서 활발하게 움직이며 육식성이다. 발은 흡반이나 갈고리를 가진 여러 개의 촉수로 진화되었다. 오징어류(십완류)는 10개의 촉수를, 문어류(팔완류)는 8개의 촉수를(그림 32.7), 그리고 앵무조개류는 80~90개의 촉수를 가진다. 촉수로 먹이를 잡은 두족류는 부리 모양의 강력한 턱으로 먹이를 물어뜯고 혀같이 치설을 움직여 먹이를 입 속으로 집어넣는다.

그림 32.7 | 두족류. 태평양 거대문어(*Octopus defleini*).

두족류는 고도로 발달된 신경계를 가진다. 또, 연체동물 중 유일하게 뇌를 가지고 있다. 눈은 매우 정교하여 척추동물의 눈과 유사한 구조를 가지고 있다. 다른 연체동물과는 달리 두족류는 폐쇄혈관계를 가진다.

두족류의 조상은 패각을 가지고 있었으나, 오늘날 앵무조개류를 제외하고는 외부 패각이 소실되어 있다. 두족류도 외투강 속으로 물이 들어와 출수관을 통해 배출된다. 이를 변형시켜 위험을 느낄 때 두족류는 물을 힘차게 내뿜으며 빠르게 달아난다.

대부분의 문어와 오징어류는 몸 색깔을 변화시켜 배경색에 맞추거나 서로간에 신호를 보낼 수 있다. 이때 상피 내에 묻혀 있는 색소포를 이용한다.

32.2 환형동물과 체절제

체절

진체강동물 중에서 몸의 체제의 한 가지 중요한 초기 변화는 체절화(segmentation), 즉 몸이 여러 개의 유사한 마디로 이루어지는 것이었다. 최초로 진화되어 나타난 체절적인 동물은 환형동물이었다(그림 32.8). 이 진보된 체강동물은 거의 동일한 몸마디가 기차의 화물칸처럼 연결되어 있었다. 이와 같은 체절화가 가져다주는 가장 큰 장점은 진화적 유연성이어서, 이미 존재하는 체절에서의 조그마한 변화가 상이한 기능을 가진 새로운 종류의 체절을 만들 수 있다. 그러므로 일부 체절은 생식을 담당하고, 어떤 체절은 섭식을, 또 어떤 체절은 노폐물을 제거하는 일을 담당하게 되었다.

환형동물문(phylum Annelida)

모든 환형동물(annelids) 중에서 약 2/3는 바다에 서식하며(약 8,000종), 나머지의 대부분(약 3,100종)이 지렁이 종류이다. 환형동물은 다음의 세 가지 특징을 가진다.

1. **반복된 체절.** 환형동물은 몸의 길이를 따라 고리 같은 체절이 줄줄이 연결된 것 같아서, 마치 도넛을 옆으로 쌓아 놓은 것처럼 보인다(그림 32.9). 각 체절은 내부적으로 격막(septa)에 의하여 앞 · 뒤의 체절과 격리되어 있다. 원통형의 각 체절은 배설기관, 운동기

그림 32.8 | 갯지렁이(*Nereis virens*).
다모강 갯지렁이류는 몸의 이동과 호흡에 쓰이는 깃털 모양 측각과 사냥을 위한 턱을 갖고 있다.

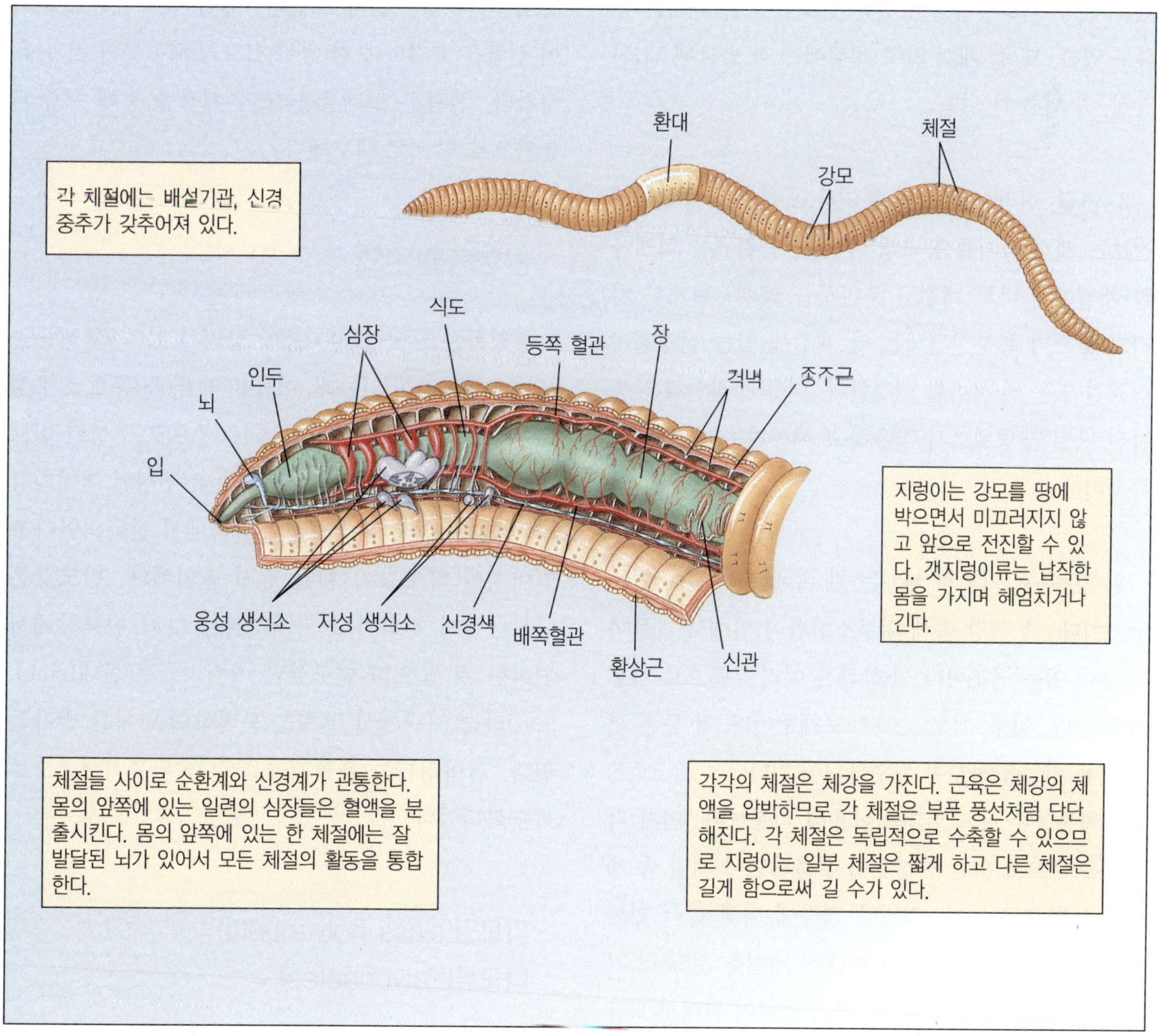

그림 32.9 | 환형동물문 : 환형동물.
해산 갯지렁이류와 지렁이류는 처음으로 체절구조를 발달시킨 생물체로 추정된다. 체절들은 격막에 의해 서로 분리되어 있다.

관들을 가지므로, 이 기관들이 몸을 따라 반복적으로 나 있는 모양이다. 각 체절의 체강 속의 체액은 유체골격을 형성하여 부풀린 풍선처럼 단단함을 유지하게 된다. 각 체절의 근육은 체강 속의 체액에 의지해 힘을 가할 수 있다. 체절들은 독립되어 있으므로, 각각은 독립적으로 팽창하거나 수축할 수 있다. 이와 같은 능력은 환형동물로 하여금 복잡한 방법으로 움직일 수 있게 한다. 가령, 지렁이가 평탄한 표면에서 기어갈 때 몸의 어떤 부분은 길게 되고 어떤 부분은 짧아진다.

2. **체절의 분화**. 환형동물의 앞쪽 체절들은 특수화된 감각기관을 가진다. 이 중에 빛을 감지하는 체절도 있는데, 수정체와 망막이 있는 정교한 눈을 가지는 종류도 있다. 또 한 개의 앞쪽 체절에는 잘 발달된 뇌 신경절, 즉 뇌를 가진다.

3. **연결**. 격막이 체절을 분리하고 있지만 물질이나 정보는 체절 사이를 통과해 다닌다. 순환계는 혈액을 한 체절에서 다른 체절로 운반하는 폐쇄순환계를 가지고 있으며 복부신경색은 각 체절에 있는 신경절과 신경절 또는 뇌 사이를 연결한다. 이들 신경연결은 통합된 단일 생명체로서 작용하고 행동하는 데 중요한 특성이다.

환형동물의 기본적 체제는 관 속에 관이 들어 있는 구조이다. 즉 체강 속에 내부소화관이 입에서 항문까지 뻗어 있는 구조이다. 소화관은 여러 부분으로 이루어져 있다. 인두, 식도 , 소낭, 모래주머니, 장 등은 서로 다른 기능을 하도록 특수화되어 있다.

환형동물은 유체골격을 이용해 이동한다. 먼저 각 체절을 두르고 있는 환상근이 수축하면서 체절 속 체강액을 밖으로 민다. 그러나 격막에 의해 갇혀 있는 체강액은 체절을 빠져나가는 대신 체절을 길고 더 가늘게 늘인다. 그 다음 종주근이 수축하여 원래의 모습으로 돌아가며 앞으로 나아간다. 많은 환형동물에서 각 체절은 키틴질의 강모(setae)를 가지고 있어 이동시 몸을 고정시킨다. 몇 개의 체절에 있는 강모를 뻗어 기질에 몸을 고정시키고 다른 체절들의 강모는 수축해 오므리고, 이런 식으로 한 부분씩 앞으로 나아가게 된다.

절지동물이나 대부분의 연체동물과는 달리 대부분의 환형동물은 폐쇄순환계를 가진다. 환형동물은 몸 표면을 통하여 기체 교환을 한다. 대부분이 아가미나 허파를 가지고 있지 않다. 그러나 체표면을 통해 들어온 산소는 혈관에 의해 몸 여러 곳으로 공급된다. 몸의 앞쪽 끝의 일부 혈관들은 확장되고 두꺼운 근육질로 되어 심장 역할을 하며 혈액을 펌프질해 보낸다. 지렁이는 양쪽 옆에 5개의 심장 역할을 하는 혈관들을 가지고 있어 등쪽 주혈관에서 복부 주혈관으로 피를 펌프질해 보낸다. 배설기는 신관으로서, 이 신관은 체절마다 한 쌍씩 있고 연체동물의 것과 유사하다. 신관은 노폐물을 모아 체강을 통해 특수배출관으로 밖으로 내보낸다.

환형동물문의 주요 강

환형동물은 약 12,000종이 알려져 있다. 환형동물에는 3개의 강이 있는데, 이들은 약 8,000종으로 구성된 다모강(갯지렁이류), 약 3,100종으로 구성된 빈모강(지렁이류), 그리고 약 500종으로 구성된 거머리강(거머리류)이다. 환형동물은 바다에서 진화되었다고 믿어지며 다모강이 제일 먼저 출현했다. 빈모강은 다모강에서 진화하고 거머리류는 다시 빈모강에서 진화한 것 같으며 빈모강과 거머리류는 환대(clitellum)라는 기관에서 고치를 분비하여 난자를 받아들인다. 거머리류는 흡혈기능을 갖는 외부기생충으로 특수화되었다.

다모강(class Polychaeta) : 다모류(Polychaetes)

갯지렁이류는 그 수가 많기 때문에 해양 먹이사슬에서 중요한 위치를 차지한다. 어떤 것은 모래 또는 단단한 개펄 속에 있는, 또는 점액을 분비하거나 탄산칼슘으로 만든 굴이나 관 속에서 일생 동안 산다. 관 속에서 사는 종류는 깃털 모양의 촉수를 밖으로 내밀어 물 속의 먹이를 걸러 먹는다. 헤엄치거나 기어다니거나 구멍을 뚫고 다니는 갯지렁이류도 많으며, 다수의 종이 포식성이다.

갯지렁이류는 잘 발달된 두부를 가지며, 여기에 여러 가지 특수화된 감각기관이 있다. 눈은 단순한 안점에서 커다란 자루눈까지 여러 가지이며 몸체는 기능과 구조가 서로 연관된 체절들이 모여 여러 구역으로 조직화되어 있다. 갯지렁이류의 특징 하나는 측각(parapodium)을 가진다는 점이다. 측각은 각 체절마다 쌍으로 있고 근육성이며 노처럼 생겼다. 측각에는 많은 빳빳한 강모가 나 있어서 이를 이용하여 헤엄치거나 굴을 파거나 기어다닌다. 측각은 체표면적을 증가시키므로 가스 교환에도 중요한 역할을 한다. 일부 굴이나 관 속에 사는 종류는 갈고리가 있는 측각으로 몸을 고정시킨다. 측각은 천천히 기어갈 때도 이용되고 빨리 기어가거나 헤엄칠 때는 몸을 파동쳐 움직인다. 표피엔 흔히 섬모세포가 있어 호흡과 먹이 조달을 돕는다.

갯지렁이류는 대개 자웅이체이며 체외수정을 한다. 다른 환형동물과 다르게 다모류는 생식소(gonads)가 없다. 배우자는 체강 내벽이나 격막에 있는 생식세포에서 직접 만들어진다. 수정의 결과 섬모상의 이동성 트로코포라 유생이 발생되고 오랫동안 플랑크톤으로 있다가 체절이 더해지기 시작하며 성체와 닮은 어린 개체로 변화한다.

빈모강(class Oligochaeta) : 지렁이류(Earthworms)

빈모류(지렁이류)의 몸은 100~175개의 체절로 이루어져 있으며 첫째 마디에 입이 있고 마지막 마디에 항문이 있다. 지렁이는 흙을 삼키면서 전진하며, 흙 속의 유기물을 흡수한다. 위 앞쪽의 모래주머니(gizzard)는 토양 입자의 도움을 받아 유기물질을 부순다. 지렁이 몸을 통과해 나온 물질은 굴밖에 쌓인다. 지렁이는 이와 같은 활동을 통하여 토양에 산소를 공급하고 토양을 기름지게 한다.

그림 32.10 | 지렁이의 교미.
두 마리가 몸의 전단부를 반대 방향으로 향하고 있다.

지렁이는 눈을 가지고 있지 않지만 몸 표면에 많은 광감응, 화학감응, 촉각감응 세포들을 가진다. 이들은 몸의 앞뒤 끝에 가까운 체절에 집중되어 있다. 지렁이는 두부가 발달되어 있지 않고 갯지렁이보다 훨씬 적은 수의 강모를 가지며 측각도 없다.

지렁이는 갯지렁이류와 달리 자웅동체이다. 그들이 교미(그림 32.10)를 할 때는 앞쪽 끝 부위를 서로 반대방향으로 향하고 배표면을 접촉한다. 지렁이류 몸에는 환대(clitellum)라는 두껍고 넓어진 부위가 있는데, 여기에서 분비된 점액으로 교미 때 서로 부착한다. 교미 중인 한 개체의 특수화된 체절에 있는 구멍으로부터 나온 정자세포는 상대편의 정자 수용낭(sperm receptacle)으로 들어간다. 이 과정은 양방향으로 동시에 일어난다. 2~3일이 지난 후 각 개체의 환대에서 키틴질의 층으로 둘러싸인 점액질의 고치(mucous cocoon)를 분비한다. 지렁이가 움직일 때 이것이 자성공(female pore)을 지나는 동안 난자를 받아들이고, 이어 몸 속을 움직이는 동안 저장된 정자도 받아들여서 고치 내에서 수정이 일어나게 된다. 고치는 지렁이의 몸 끝에서 토양 속으로 분리되어 나오고, 수정란에서 섭체와 유사한 어린 지렁이가 나온다.

거머리강(class Hirudinea) : 거머리류(Leeches)

거머리류는 주로 담수에 살고, 일부는 해산이거나 열대지방에서는 육상에 사는 것도 있다. 거머리류는 대개 등배로 납작하다. 이들은 자웅동체로서, 생식 시기에 환대를 발육시킨다. 자가수정을 하지는 못하므로 반드시 다른 개체와 교미하여 타가수정을 한다. 거머리의 체강은 몸 전체를 통하여 연결되어 있고 갯지렁이류나 지렁이류처럼 체절로 나뉘어져 있지 않다. 거머리는 몸의 한쪽 끝 또는 양 끝에 흡반을 가진다. 흡반이 두 개인 것은 기질에 흡반을 차례차례 부착하며 자벌레처럼 길 수 있다. 한 종류를 제외하고 거머리는 강모를 가지지 않는다.

일부 거머리류는 동물의 혈액을 흡혈한다. 여러 담수산 거머리류는 이와 같은 체외 기생충이다. 의학적으로 잘 알려진 거머리는 *Hirudo medicinalis*이다(그림 32.11). *Hirudo*속의 거머리는 칼날 모양의 키틴질의 턱을 이용하여 숙주의 피부를 절개한 다음, 상처에 항응고 물질을 분비하여 혈액 응고를 억제하고 흡혈한다.

오늘날 거머리는 수술 후 정맥의 기능 이상으로 생기는 여분의 혈액을 제거하는 데 이용된다.

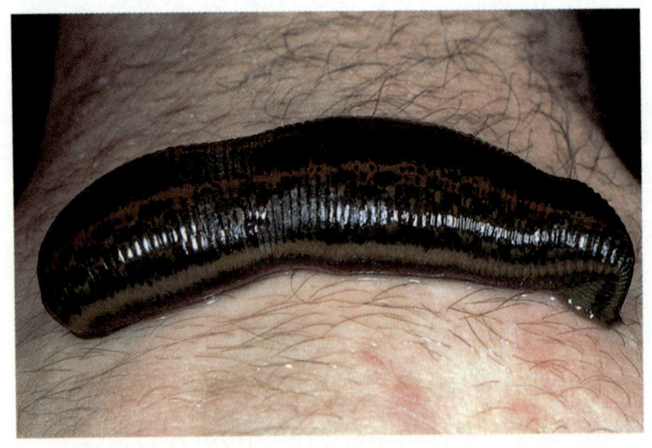

그림 32.11 | 거머리(*Hirudo medicinalis*).
거머리는 키틴질의 칼날 같은 턱을 이용하여 피부를 절개하고 항응고제를 분비하여 혈액의 응고를 막는다. 이 항응고제와 거머리 자체는 현대의학에 지대한 공헌을 하여 왔다.

32.3 촉수동물(Lophophorates)

촉수동물의 종류

3개 문의 해양동물, 즉 비벌레동물문, 태형동물문, 그리고 완족동물문은 촉수관(lophophore)이란 특징적 기관을 갖는다. 이들은 입 주변에 고리 모양 또는 U자형의 융기인 촉수관을 가지며 여기에 섬모상의 속이 빈 1줄 또는 2줄의 촉수를 가진다. 촉수동물의 체강은 촉수관이나 촉수까지 확장되어 있다. 촉수관은 기체 교환과 먹이 수집을 하는 기관이다. 촉수동물은 바닥에 부착하거나 느리게 움직인다. 촉수동물들은 대부분 후구동물처럼 방사상 난할을 하며, 비벌레동물문에선 입이 원구에서 발생되나, 다른 두 가지 태형동물문과 완족동물문에서는 원구 반대쪽 끝에서 발생된다. 세 가지 문에 속한 동물들의 서로 다른 점에도 불구하고 촉수관이란 특유한 기관을 가진 것은 이들이 공동조상에서 진화해 왔다는 것을 시사해 준다.

비벌레동물문(phylum Phoronida) : 추충류(Phoronids)

추충류는 피상적으로 갯지렁이류와 유사하지만, 갯지렁이류와는 여러 가지 면으로 다르다. 추충류는 키틴질의 관을 분비하여 그 관 속에서 산다(그림 32.12). 이들은 또 촉수를 뻗어서 먹이를 잡으며, 자극을 받으면 관 속으로 재빨리 몸을 움츠린다. 추충류는 U자형의 장을 가진다. 지금까지 기록된 종은 10여 종뿐이며, 길이는 수mm로부터 30cm에 이른다. 어떤 종은 모래 속에 묻혀 살고, 어떤 종은 암석에 단일개체나 군체로 부착하여 산다.

방사상 난할을 하고 전구동물처럼 항문이 이차적으로 원구 반대쪽에 발생한다.

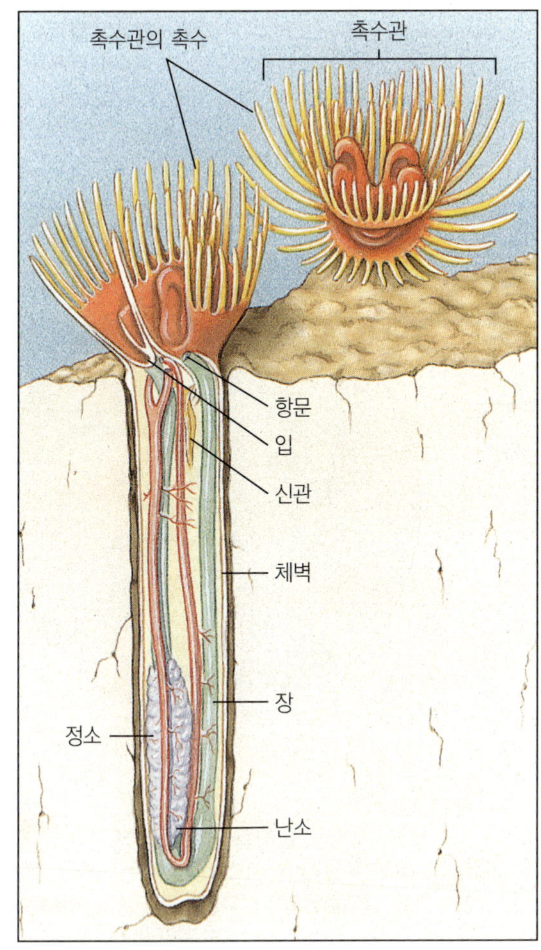

그림 32.12 | **추충류(비벌레 동물문)** *Phoronis.*
추충류는 키틴질의 관을 분비하여 그 속에서 산다. 촉수관은 두 줄의 촉수들이 평행으로 배열된 말편자 모양의 융기로 구성되어 있다. 자극을 받으면 관 속으로 몸을 움츠린다.

태형동물문(phylum Ectoprocta) : 태충류(Bryozoans)

태형동물은 보통 길이가 0.5mm 미만이며 군체성이어서, 바위 표면에 부착한 이끼나 지의류처럼 보인다(그림 32.13). 그래서 우리말로는 이끼벌레류라고 한다. Ectoprocta라는 말은 항문(proct)이 촉수관의 바깥쪽에 있기 때문에 붙여진 이름이다. 약 4,000종이 기록되어 있고 대부분 해산이나, 일부 담수산도 있다. 군체 속의 각각의 개체가 들어 있는 키틴질의 방을 개충(zoecium)이라고 하며, 각 개체는 방 사이에 뚫려 있는 구멍을 통해 화학적으로 소통되어 있다.

태형동물은 방사상 난할을 하며 후구동물처럼 입이 이차적으로 원구 반대쪽에 발생한다.

완족동물문(phylum Brachiopoda) : 완족류(Brachiopods)

완족동물은 외형적으로는 이매패류와 비슷하다(그림 32.14). 이들은 2개의 패각을 가지는데, 많은 종이 한 패각에서 돌출해 나온 자루에 의해 바위나 모래에 부착한다. 촉수관은 패각 안에 위치해 패각이 조금 열

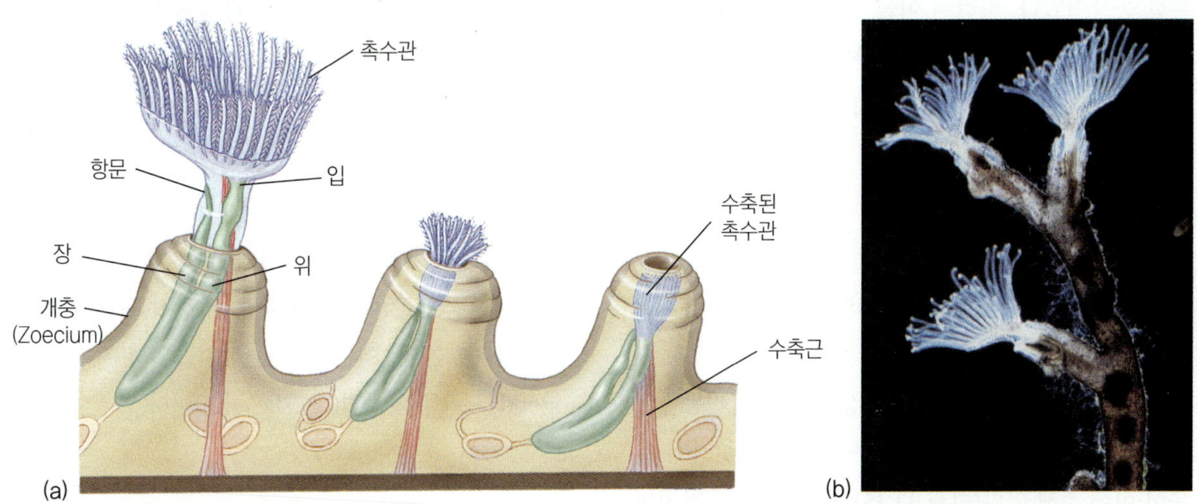

그림 32.13 | **태형동물(태형동물문).**
(a) 담수산 태형동물 *Plumatella*의 바위 아래쪽에 군체를 이룬 모습. 촉수동물의 특징인 촉수관을 바깥으로 뻗고 있다. 자극을 받으면 패각 속으로 들어가 버린다. (b) 담수산 태충류 *Plumatella repens.*

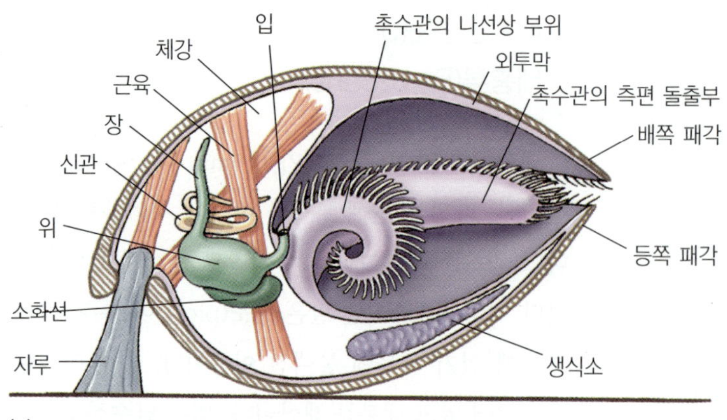

(a)

(b)

그림 32.14 | 완족류.(완족동물문). (a) 완족동물의 구조 촉수관이 두패각 안에 위치해 있다. (b) 완족동물의 일종 *Terebratolina septentrionalis*. 살짝 열려진 패각 사이로 촉수관이 보인다.

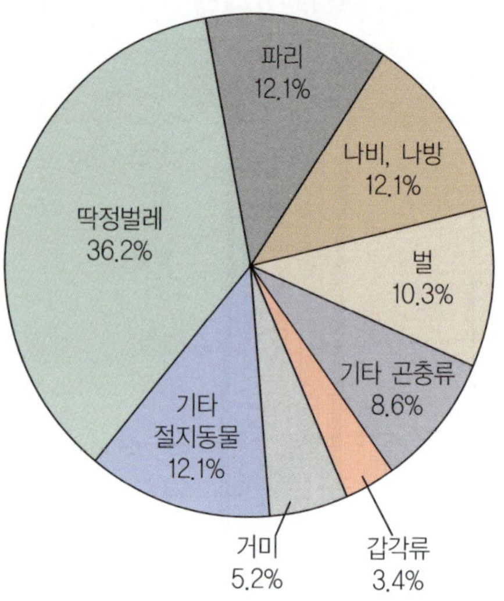

그림 32.15 | 절지동물의 다양성. 모든 기록된 동물 종의 약 2/3가 절지동물에 속한다. 절지동물의 약 80%가 곤충이고, 기록된 곤충종 중 약 반수가 딱정벌레류이다.

릴 때 작용하게 된다. 완족동물은 비록 현생종이 300여 종뿐이지만, 화석종은 30,000종 이상이 기록되어 있다. 몇 백만 년 동안 완족동물은 지구의 해양에서 흔한 동물이었다. 따라서 이들의 화석은 특정 시대나 퇴적물의 종류를 밝히는 데 표준화석으로 이용된다.

완족동물은 방사상 난할을 하고 후구동물처럼 입이 이차적으로 원구 반대쪽에서 발생한다.

32.4 절지동물문(phylum Arthropoda)

동물 중에서 생물학적으로 가장 성공한 절지동물은 지구상 모든 종의 2/3에 해당하는 100만 종 이상의 동물이 이에 속해 있다(그림 32.15). 곤충과 다른 절지동물(그림 32.16)은 지구상 어느 곳에나 많은 수가 살고 있으나 특히 육상에 많이 분포해 있다. 대다수가 몸길이 1mm 정도의 작은 동물들이며 성체 크기는 80㎛~3.6m에 걸쳐 있다. 이 중 특히 곤충은 인간생활의 여러 면에 영향을 미치는데 먹이를 위해 인간과 경쟁하고, 농작물의 수분(pollination) 과정에 중요한 역할을 하며 농작물에 큰 피해를 입히기도 한다.

절지동물의 체제

환형동물이 등장한 후 여러 가지로 발달된 동물의 체제가 나타났다. 절지동물에서 두 가지 체제적 변화가 더 나타났는데, 이는 마디를 가지는 부속지(jointed appendages)와 외골격(exoskeleton)이다.

절지동물

절지동물의 학명 Arthropoda는 그리스어 arthros

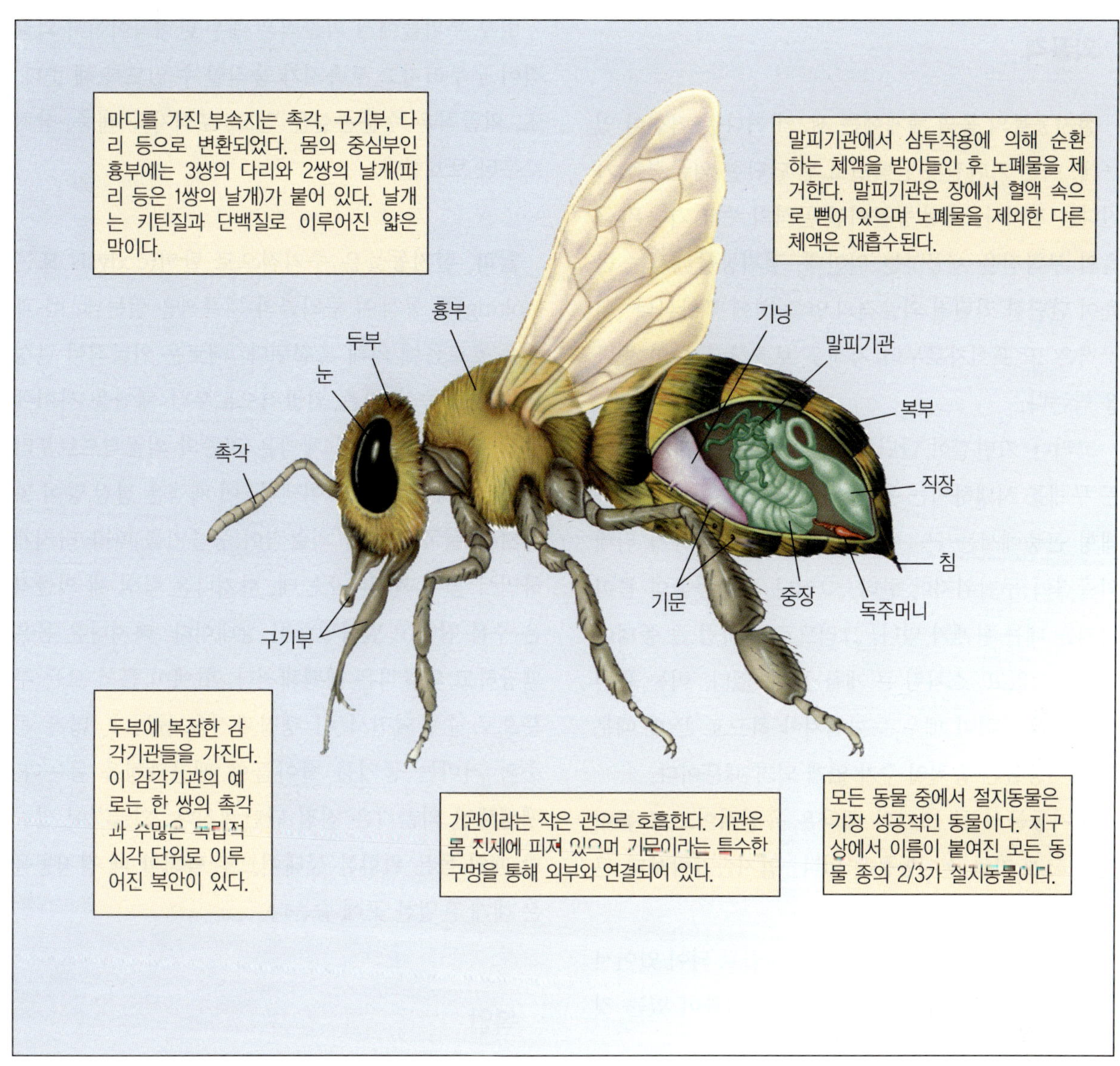

그림 32.16 | **절지동물문 : 절지동물.**
곤충과 다른 절지동물들은 체강, 체절로 나뉘어진 몸체, 마디가 있는 부속지를 가지고 있다. 곤충의 몸체는 세 부위(두부, 흉부, 복부)로 되어 있고, 각 부위는 실제로는 많은 수의 체절로 이루어져 있으나 발생 중에 융합된다. 모든 절지동물이 키틴질의 외골격을 갖는다. 곤충강에서는 날개가 진화되어 빠르게 날아다닐 수 있다.

(마디가 있는)와 *podes*(발)에서 유래한 것이다. 모든 절지동물은 마디로 된 부속지를 가진다. 부속지의 수는 고등한 종류일수록 감소한다. 부속지들은 촉각이나 구기부, 다리로 변환되었다. 그러나 곤충의 날개같은 몇몇 부속지는 다른 부속지와 상동기관이 아니다. 곤충의 날개는 별도로 진화되었다. 마디로 된 부속지의 중요성을 인식하기 위하여 우리 몸에서 마디가 없을 경우를 상상해 보자. 엉덩이, 무릎, 발목, 어깨, 팔꿈치, 손목 등의 관절이 없다고 가정해 보자. 부속지가 마디로 되어 있지 않으면 우리는 걸을 수도 없고, 물체를 쥘 수도 없다. 절지동물은 움직이기 위하여 다리나 날개처럼 마디로 된 부속지를, 환경을 감지하기 위하여 더듬이를, 먹이를 흡입하고 찢고 씹는 데 구기를 이용한다. 가령 전갈은 커다란 집게로 변형된 구기를 이용하여 먹이를 잡고 찢는다.

외골격

절지동물의 몸의 체제에는 제2의 커다란 혁신이 있는데, 이는 키틴질과 단백질로 된 단단한 외골격을 가진다는 점이다. 어떤 동물이건 골격의 주요 기능은 근육의 부착점을 제공하는 일인데, 절지동물에서는 근육이 단단한 키틴질 외골격의 안쪽 벽에 부착한다. 외골격은 또 포식자로부터 자신을 보호하고 물의 증발을 막는다.

그러나 키틴질이 단단하기는 하지만 깨지기 쉽고 큰 무게를 지탱하지는 못한다. 그 결과 소형 곤충보다 대형 곤충에서는 근육이 당기는 힘을 지탱하기 위해 외골격이 두꺼워져야 한다. 그러나 절지동물의 몸이 커지는 데는 한계가 있다. 그러므로 새처럼 큰 풍뎅이는 볼 수 없고, 소처럼 큰 게를 볼 수 없다. 이는 몸이 커지면 외골격이 매우 두꺼워져야 하므로 무게 때문에 절지동물은 움직일 수가 없게 되기 때문이다.

절지동물의 몸 크기의 제약은 유전적이므로 몸이 매우 크게 자란 절지동물은 없다. 엄지손가락보다 큰 것도 드물다.

절지동물의 몸도 환형동물처럼 체절로 되어 있어서 적어도 일부 절지동물은 환형동물과 연관이 있는 것이 확실하다.

절지동물의 일부 강에 속한 동물들은 몸이 많은 체절로 이루어져 있다. 다른 종류들은 체절들이 서로 융합되어 기능적 단위인 합체절(tagma)로 되어 두부나 흉부를 이룬다. 이 융합과정을 합체절화(tagmatization)라 하는데 절지동물 진화에 중심적 중요성을 가지고 있다. 대부분의 절지동물에서는 유충시기에 본래의 체절로 나뉜 모습을 볼 수 있다. 모든 절지동물은 뚜렷이 구분되는 두부를 가지고 있으며, 때로는 흉부와 융합되어 두흉부(cephalothorax)라는 합체절을 형성한다.

모든 절지동물의 몸은 키틴질의 외골격이나 쿠티클로 덮여 있는데, 이는 표피에서 분비되며, 표피와 융합되어 있다. 그리고 이 외골격에 부착되어 근육이 움직인다.

일부 부위들에서 외골격은 매우 탄력적이어서 외골격이 구부러지고 부속지가 움직일 수 있도록 해 준다. 또, 외골격은 수분손실을 막고, 포식자나 해충, 상처로부터 보호한다.

탈피. 절지동물은 주기적으로 탈피(ecdysis 또는 molting)를 통하여 쿠티클의 외골격을 벗는데, 이 과정은 호르몬에 의해 조절된다. 새로운 외골격이 완성되면 바깥쪽의 기존 외골격으로부터 체액을 사이에 두고 분리되는데, 이 체액은 기존의 외골격으로부터 키틴질과 단백질을 녹여낸다. 이 체액은 점점 양이 많아져서 결국 기존의 외골격이 등줄기를 따라 터지게 하면서 몸이 빠져나오는데, 빠져나온 몸의 새 외골격은 주름 잡히고 말랑말랑한 상태이다. 빠져나온 몸은 팽창하고 외골격은 팽팽해진다. 혈액이 몸의 모든 부분으로 순환되면서 이 팽창과정을 돕는다. 많은 곤충과 거미는 공기를 빨아들여 팽창과정을 돕는다. 팽팽해진 외골격은 점점 단단해진다. 외골격이 말랑할 때의 몸은 위험한 상태이므로 탈피할 때 절지동물은 대개 은밀한 곳에 숨는다.

복안

절지동물의 한 가지 중요한 특징은 대개 복안(compound eye)을 가진다는 점이다(그림 32.17). 복안은 수천 개의 개안(낱눈, ommatidium)으로 구성되어 있다. 각각의 개안은 하나의 렌즈를 가지며 8개의 망막세포와 빛을 감지하는 중심추인 망막간상체(rhabdom)의 복합체에 연결되어 있다.

일부 절지동물에서는 하나의 렌즈만 있는 단안(ocellum)을 가지며, 어떤 절지동물은 단안과 복안을 모두 가진다. 단안은 명암을 감지한다. 메뚜기, 잠자리 등과 같은 비행 곤충의 단안은 수평선을 감지하여 비행의 수평적 방향을 잡는다.

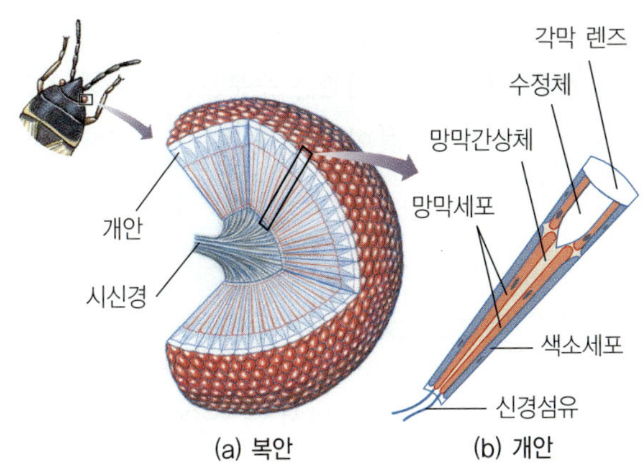

그림 32.17 | 복안.
곤충의 복안은 개안이라 불리는 많은 독립적인 시각 단위로 구성된 복잡한 구조를 하고 있다.

순환계

절지동물은 진화 과정에서 체강이 축소되어, 생식기관이나 일부 샘 주변에만 남아 있다. 환형동물처럼 관상소화관이 입에서 항문까지 뻗어 있다. 절지동물은 몸 안팎에 섬모가 없다. 절지동물은 개방순환계를 가진다. 혈액은 내부기관 사이의 빈 강소를 흐른다. 곤충의 심장은 관처럼 생겼으며 흉부와 복부의 등표면 가까이 위치한다(그림 32.18b). 심장이 수축하면 혈액은 몸의 앞쪽 두부로 분출되고, 심장이 이완하면 혈액은 심장의 뒤쪽에 있는 판막을 통하여 들어온다. 이때 혈액은 심장 안쪽으로 들어올 수만 있다. 그러므로 앞쪽으로 분출된 혈액은 점차 조직 사이를 흘러서 뒤쪽으로 간 후 한 방향으로만 열리는 판막을 통해 심장으로 돌아온다.

신경계

절지동물의 신경은 몸의 복부 표면을 따라 두 가닥으로 이어져 있으며 마디마다 신경절을 가진다. 몸의 앞쪽 끝에는 세 쌍의 등쪽 신경절이 합쳐져서 이루어진 뇌가 있다. 그러나 절지동물의 활동은 주로 복부쪽 신경절에 의해 통제된다. 그러므로 뇌가 제거되어도 섭식, 운동, 교미 등의 행동을 할 수 있다. 그러므로 절지동물의 뇌는 척추동물의 뇌와 기능적으로 다르게 여러 작용의 촉진자가 아니라 억제자로서 조절점의 역할을 하는 것 같다.

호흡계

곤충은 순환계보다는 호흡계에 의존하여 산소를 조직에 운반한다. 따라서 몸의 모든 부위에 호흡기가 뻗어 있다. 다른 동물과는 달리 절지동물은 하나의 호흡기만을 가지지는 않는다. 육상 절지동물의 호흡기는 많은 가지로 갈라지고 쿠티클로 감싸인 기관(tracheae)인 관으로 이루어져 있다.(그림 32.19) 이 기관들은 작은 기관세지(tracheole)로 갈라져 있으며, 이

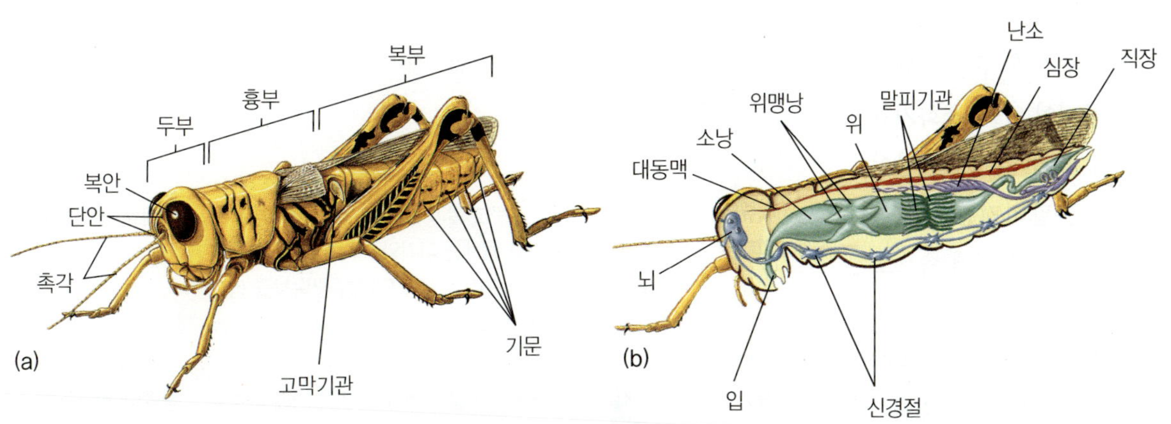

그림 32.18 | 메뚜기(메뚜기목)의 구조.
(a) 외부 구조. (b) 내부 구조. 절지동물 중 가장 수가 많은 곤충의 주요 구조를 보여주고 있다.

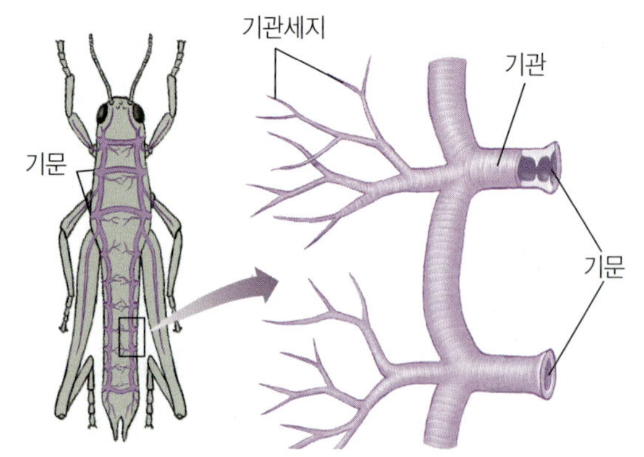

그림 32.19 | 기관과 기관세지.
기관과 기관세지는 기문에 의해 외부와 연결되어 있다. 이들은 육상곤충의 온몸으로 산소를 운반한다.

를 통하여 산소가 온몸으로 운반된다. 기관세지는 각각의 세포와 직접 맞닿아 있고 산소는 세포막을 통과하여 확산된다. 외골격에는 기관의 입구가 있는데, 이것이 기문(spiracle)으로서, 대부분의 곤충에서 판막에 의해 여닫을 수 있다. 기문을 닫아 수분손실을 막을 수 있는 능력은 절지동물이 육상에 살 수 있게 된 주요한 적응기작이었다.

배설계

절지동물에는 종류에 따라 여러 가지 배설계가 있으나, 그 중 대표적인 것이 육상곤충에서 진화된 말피기관(malpighian tubule)이다. 말피기관은 중장과 후장의 연접부에 부착되어 있는, 소화기관으로부터 뻗어나온 가는 관이다. 체액은 말피기관의 벽을 통과하여 주위의 혈액 속으로 드나들 수 있다. 체액이 말피기관을 통하여 후장으로 들어가면 질소 노폐물은 농축되어 요산이나 구아닌으로 되어 침전되고 배출된다. 그리고 체액 속에 있던 대부분의 수분이나 염류는 후장과 직장에서 재흡수된다. 말피기관은 수분보존을 위해 효율적 체제이고 절지동물이 육상에 사는 데 또다른 적응기작이 되었다.

갑각아문(subphylum Crustacea)

갑각류는 주로 수생동물로서 약 35,000종이 기록되어 있으며, 게, 새우, 따개비, 물벼룩 등이 포함된다(표 32.1). 대부분의 갑각류는 두 쌍의 촉각, 세 종류의 저작 부속지, 그리고 종류마다 수가 다른 다리를 가지고 있다. 제1촉각을 제외한 갑각류의 모든 부속지는 기본적으로 2갈래로 되어 있다. 모든 갑각류는 나우플리우스(nauplius) 유생 시기를 거치는데, 이 유생은 3쌍의 부속지를 가지고 여러 번의 변태 단계를 거쳐 성체가 된다(그림 32.20). 일부 갑각류, 특히 담수산 갑각류는 나우플리우스 시기를 알 속에서 보내고 성체의 모양이 되어 부화된다.

갑각류는 흉부와 복부에 부속지가 나 있다는 점에서 지네류와 노래기류와는 유사하지만 곤충류와는 다

표 32.1 전통분류법에 따른 절지동물문의 집단

집단	특성	종류
갑각류	구기부는 물고 씹을 수 있는 아래턱을 가진다. 부속지는 끝이 분지된 이지형(二枝型)이다	가재, 게, 새우, 따개비
거미류	구기부는 협각(집게나 독니)을 갖는다	거미, 응애, 진드기, 전갈
지네류와 노린재류	구기부는 물고 씹을 수 있는 아래턱을 갖는다. 몸체는 머리와 여러 체절로 이루어져 있으며 체절에 단지형 부속지를 쌍으로 갖는다.	지네류, 노래기류
곤충	구기부는 물고 씹을 수 있는 아래턱을 갖는다. 부속지는 단지형이다	풍뎅이, 벌, 파리, 메뚜기, 나비, 흰개미, 벼룩

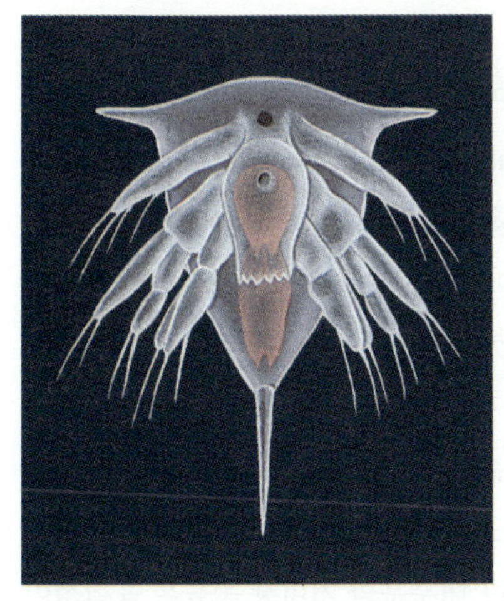

그림 32.20 | 갑각류의 나우플리우스 유생.
갑각류는 다양하지만 기본적으로 유사한 유생을 갖는다. 이 나우플리우스 유생은 갑각류 모든 종류에서 발견되는 중요한 공통적 특성이다.

르다. 이들은 절지동물 중 유일하게 두 쌍의 촉각을 가지고 있다. 아래턱(mandibles)은 진화하는 중에 한 쌍의 앞다리가 저작기능을 갖게 됨으로써 생긴 것 같다. 여러 갑각류는 복안을 가진다. 이들은 또 몸을 둘러싼 쿠티클에서 솟아난 많은 촉모를 가진다. 대형 갑각류는 다리의 기부 근처에 깃털 모양의 아가미를 가진다. 소형 갑각류에서는 기체 교환이 쿠티클의 얇은 부위나 몸 전체를 통하여 일어난다. 대부분의 갑각류가 자웅이체이며 교미방법이 다양하고, 어떤 종류는 알을 하나씩 또는 알주머니 상태로 부화할 때까지 몸에 지니고 다닌다.

십각목 갑각류(Decapod Crustaceans)

새우, 게, 가재 등이 십각류로서, 이 명칭은 10개의 다리를 가지고 있다는 뜻이다(그림 32.21). 십각류는 대개 외골격에 탄산칼슘이 추가되어 있다. 몸의 대다수의 체절은 융합하여 두흉부를 이루는데, 두흉부는 두부로부터 생긴 배갑으로 덮여 있다. 또 많은 십각류는 공통적으로 집게발을 가지고 있으며, 연체동물의 패각을 부수는 등 먹이를 잡는 데 이용한다. 바다가재나 민물가재의 복부 아래쪽에는 생식과 유영에 이용되는 유영지(swimmerets)가 줄지어 있다. 복부의 끝에는 복각(uropod)이라는 납작한 부속지가 있는데 일종의 겹으로 된 노처럼 생겼다. 이들은 또, 꼬리 마디인 미절(telson)을 가지고 있으며, 이들 복부를 민첩하게 움직여서 물 속을 재빠르고 힘차게 헤엄쳐 다닌다. 게는 가재류와 다르게 배갑이 훨씬 크고 넓으며

그림 32.22 | 담수갑각류.
알을 매달고 다니는 요각류는 해수와 담수에 풍부하게 많이 산다. 대부분이 몇 mm 정도의 길이를 갖고 플랑크톤의 중요 구성체이다.

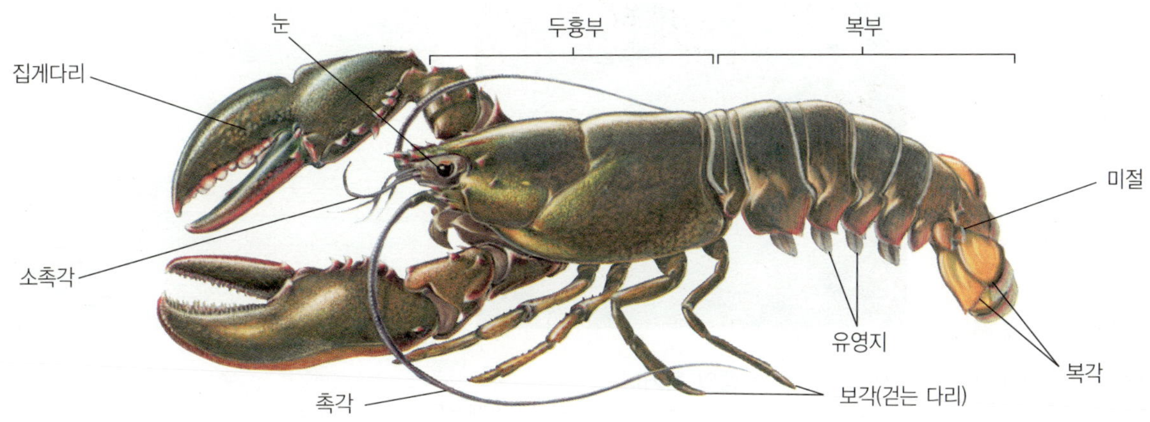

그림 32.21 | 바다가재(십각목 갑각류) *Homarus americanus.*

그림 32.23 | 먹이를 먹고있는 따개비 *Lepas amatifera.*
자루가 달린 따개비. 많은 다른 종들은 자루가 없다.

복부는 그 아래 파묻혀 있다.

대부분의 갑각류가 해양에 살고 많은 종이 담수에 몇몇 종이 육상에 산다. 등각목 갑각류 반 정도가 육상 갑각류로 어둡고 습기 많은 곳에 산다. 단각목 갯벼룩은 간조대에 살며 요각목 갑각류는 플랑크톤의 중요 구성분이다(그림 32.22). 만각목 따개비류는 성체시기에 고착생활을 하는 갑각류이다. 이들은 자유유영 하는 유생을 가지며 나중에 이 유생들은 머리를 바위나 다른 물체에 부착하고 깃털 모양 다리로 먹이를 입 속으로 몰아 넣는다(그림 32.23). 이 갑각류는 석회질의 판으로 싸여 있고 이 석회질판은 보통 기질에 직접 단단히 부착하게 된다. 대부분의 갑각류는 자웅이체이지만, 따개비류는 자웅동체이다. 그러나 일반적으로 타가수정을 한다.

거미강(class Arachnida)

절지동물의 3개 강 중에서 가장 큰 강은 주로 육상에 서식하는 거미강(class Arachnida)으로서 57,000여 기록종을 포함하며, 거미. 진드기, 응애, 전갈, 장님거미 등이 이에 속한다. 거미류는 한 쌍의 협각(chelicerae), 한 쌍의 각수(pedipalps), 4쌍의 보각(walking legs)을 가진다. 협각은 두툼한 기부와 흔히 독샘과 연결된 독니로 이루어진다. 이 구기부는 가장 전단부에 있는 부속지가 진화된 것이다. 그 다음의 부속지인 각수는 다리와 비슷하게 생겼지만 마디가 다리의 경우보다 한 마디 적다. 전갈의 각수는 큰 집게로 되어 있고, 수컷거미는 특수한 교미기관을 이루고 있다.

응애류를 제외한 대부분의 거미강 동물은 육식성이다. 응애류는 초식성이다. 대부분이 액체 상태 먹이만 먹을 수 있으므로 효소를 분비하여 먹이를 체외에서 소화시킨 후 근육질의 인두로 빨아들인다. 대부분이 육상에 살고 약 4,000종의 응애류와 1종의 거미만 담수에 살며 몇 종의 응애류는 바다에 산다. 많은 거미류가 서폐(book lungs)라는 독특한 호흡기관을 갖는다. 이는 하나의 방 안에 잎처럼 생긴 일련의 판들이 들어 있는 구조로 근육수축에 의해 공기가 이 방 안으로 들어오고 나간다. 서폐는 기관(tracheae)과 나란히 있거나 기관을 대신한다.

거미목(order Araneae) : 거미류(Spiders)

거미류는 약 35,000종이 기록되어 있다. 거미류는 육식동물로서, 거미줄을 이용하여 주로 곤충을 포식한

(a)

(b)

그림 32.24 | 두 종의 독거미.
(a) 검은과부거미 *Latrodectus mactans.* (b) 갈색은둔거미 *Loxosceles reclusa.*
두 종은 북아메리카 온대와 아열대지역에 흔히 살고 있다. 인간을 무는 경우는 드물다.

다. 거미줄은 액체성 단백질로부터 형성되며 꽁무니에 있는 실돌기에서 분비된다. 일부 거미류는 거미줄을 짓지 않고 돌아다니면서 사냥한다. 어떤 거미는 덮개가 있는 굴을 만들고 먹이가 지날 때 가두어 잡는다.

거미류는 협각과 연결된 독샘을 가지는데, 이를 이용하여 잡은 먹이를 마비시킨다.

검은과부거미와 갈색은둔거미(그림 32.24) 같은 종은 사람이나 큰 포유류에 독성을 갖는다.

진드기목(order Acari) : 응애류와 진드기류(Mites and Ticks)

진드기목에는 진드기류와 응애류가 포함된다. 현재 약 30,000종이 기록되어 있지만, 학자들은 실제로는 이보다 훨씬 많은 종이 존재하리라고 본다. 대부분의 응애류는 길이가 1mm 미만으로 작다. 이들은 대개 두흉부와 복부가 융합하여 난형인 몸을 이룬다. 호흡은 기관을 통하여 또는 외골격을 통해 직접적으로 이루어진다. 많은 응애류가 생활주기 동안 여러 단계를 거친다. 비활동성이고 8개의 다리를 가진 유생전단계 응애는 활동성인 6개 다리를 가진 유생이 되고, 다시 세 번의 8개 다리 가진 단계를 거쳐 마침내 성체 암수응애가 된다.

응애류와 진드기류의 구조와 서식처는 다양하다. 이들은 실제 모든 장소에 서식한다. 이들은 균류, 식물체 또는 동물을 먹고 산다. 포식자인 것도 있고 체내 또는 체외 기생충인 것도 있다. 진드기류는 흡혈성 체외기생충이다. 이들은 질병을 일으키는 바이러스, 세균, 원생동물을 전파하기도 한다.

순각강(Chilopoda)와 배각강(Diplopoda) : 지네류(Centipedes)와 노래기류(Millipedes)

지네류(class Chilopoda)와 노래기류(class Diplopoda)는 곤충처럼 기관으로 호흡하고 말피기관으로 배설을 한다. 이들은 두부와 그 뒤에 많은 체절로 이루어진 몸통을 가지는데, 체절에는 모두 다리가 나 있다. 지네류는 체절마다 1쌍씩의 다리가 나 있지만(그림 32.25), 노래기류는 체절마다 2쌍씩의 다리를 가진다(그림 32.26). 이는 노래기류의 각 체절이 진화하는 동안 2개의 체절이 융합한 합체절이기 때문이다.

지네류와 노래기류는 자웅이체이고 체내수정을 하며 알을 낳는다. 노래기류는 부화시 보통 3쌍의 다리를 갖고 있다. 여러 단계의 성장 시기를 거치면서 다

그림 32.25 | 지네 *Scolopendra*속.
지네류는 능동적 포식자이다.

그림 32.26 | 노래기 *Sigmoria*.
노래기류는 초식성이다.

리와 체절이 늘어난다. 그러나 전반적 형태가 변하지는 않는다. 지네류는 약 2,500종이 알려져 있으며 모두 육식성이고 주로 곤충을 포식한다. 몸통의 첫째 마디에 있는 부속지는 독니로 변형되어 있다. 지네류와는 달리, 노래기류는 대부분 초식성으로서, 주로 썩은 식물체를 먹고 산다. 이들은 건드리면 대개 몸을 둥글게 말아버린다. 각 체절의 등 부위가 복부 부위보다 길이가 훨씬 길기 때문이다. 노래기류는 10,000종 이상 기록되어 있다. 그러나 실제론 6배 이상의 종류가 있으리라 추정한다. 몸의 각 체절에는 한 쌍의 악취샘을 가지는데 몸 측면을 따라 열린 구멍을 통해 보호목적으로 액체를 내보낸다. 노래기류는 주로 어둡고 습한 곳에서 서식하므로, 낙엽 속, 썩은 나무 밑 등에서 흔히 볼 수 있다.

(a)

곤충강(class Insecta)

곤충강(class Insecta)은 종수나 개체수로 볼 때 가

(b)

(c)

(d)

(e)

(f)

그림 32.27 | 곤충의 다양성.
(a) 달나방 *Actias luna*(나비목). (b) 병정파리 *Ptecticus trivittatus*(파리목). (c) 바구미 *Anthonomus grandis*(딱정벌레목). (d) 가시 모양의 *Umbonia crassicornis*(매미목). (e) 메뚜기(메뚜기목). (f) 흰개미 *Macrotermes bellicosus*(흰개미목). 큰 것이 알을 낳는 여왕개미, 주위의 작은 개미가 생식성이 없는 일개미 왼쪽 아래 조금 큰 것이 생식성 수컷개미이다.

표 32.2 곤충강의 주요 목			
목	예	주요 특징	기록 종 수
딱정벌레목	풍뎅이, 무당벌레	날개 2쌍. 앞날개는 단단한 덮개로서 투명한 뒷날개를 덮어 보호함. 외골격이 단단함. 완전변태를 함. 물거나 씹는 구기.	350,000
파리목	파리	앞날개는 투명하고 비행에 쓰임. 뒷날개는 축소되어 둥근 평형기관으로 됨. 흡입하거나 찌르거나 핥는 구기를 가짐. 완전변태를 함.	120,000
나비목	나비, 나방	2쌍의 넓고 비늘이 있는 날개를 가짐. 관 모양의 흡입 구기를 가짐. 몸에 털이 나 있다. 완전변태를 함.	120,000
벌목	벌, 개미	대개 사회성임. 2쌍의 투명한 날개를 가짐. 두부가 움직이고 눈이 발달됨. 씹거나 흡입하는 구기를 가짐. 침을 가짐, 완전변태를 함.	100,000
노린재목 및 매미목	노린재 진딧물, 매미	흔히 흡혈성 일부는 초식성 2쌍의 날개를 가지거나 날개 없음. 찌르거나 흡입하는 구기를 가짐. 단순변태를 함.	60,000
메뚜기목	메뚜기	도약할 수 있음 날개는 2쌍이거나 없음. 물거나 씹는 구기를 가짐. 단순변태를 함. 몸이 큼.	20,000
잠자리목	잠자리	곤충 중 가장 원시목 중 하나 2쌍의 투명한 날개를 가짐. 크고 길고 가느다란 몸을 가짐. 씹는 구기를 가짐. 단순변태를 함.	5,000
흰개미목	흰개미	목재를 먹음. 날개는 2쌍이지만 일부 생활사 시기에는 날개 없음. 사회성임. 씹는 구기를 가짐. 단순변태를 함. 맡는 일의 분야에 따라 여러 타입의 몸체.	2,000
벼룩목	벼룩	몸이 작고 옆으로 납작하며 날개 없음. 다리를 이용하여 도약함. 찌르거나 흡입하는 구기를 가짐. 완전변태를 함.	1,200

장 큰 동물군이다. 미국과 캐나다에서만 90,000종이 알려져 있는데 실제는 125,000종에 이르리라 추정한다. 이들은 육상과 담수의 모든 서식지에 살고 있으며 해수에 사는 종들도 있다. 대부분의 곤충은 크기가 비교적 작아서 길이가 0.1mm에서 약 30cm의 범위이다(그림 32.27, 표 32.2).

외부 특징

곤충의 몸은 두부, 흉부, 복부의 3부위로 구성되어 있으며, 세 쌍의 다리가 흉부에 부착되어 있다. 촉각은 한 쌍이고, 날개는 한 쌍 또는 두 쌍이다. 구기는 기본 구조는 같으나 섭식습관에 따라 여러 가지로 변형되어 있다(그림 32.28). 대부분의 곤충은 복안을 가지며 많은 종이 단안도 함께 가진다. 흉부는 세 개 체절로 되어 있으며 각 체절마다 1쌍의 다리를 가진다. 그러나 모기나 파리의 유충은 다리가 없다(그림 32.29). 날개가 2쌍일 경우 각각 흉부의 3체절 중 둘째와 셋째 흉부 체절에 부착되어 있다. 1쌍일 경우엔 주로 가운데 체절에 부착되어 있다. 날개는 체벽이 주머니 모양 밖으로 자라면서 생긴다. 성체가 되면 시맥 외의 부분들은 단단해진다. 곤충의 날개는 다른 부속지와 상동기관이 아니다. 곤충은 기본적으로 두 쌍의 날개를 가지지만, 파리와 같은 일부 곤충에서는 둘째 날개가 1쌍의 평균곤(halteres)이라는 균형잡는 돌기로 변형되어 있다. 대부분의 곤충은 쉬고 있을 때 날개를 접지만, 잠자리류는 항상 날개를 펴고 있다. 딱정벌레류의 앞날개는 뒷날개를 덮고 있고 메뚜기나 귀뚜라미에선 앞날개는 몸을 보호하는 기능을 한다. 곤충 날개는 키틴질과 단백질의 얇은 막으로 되어 있으며 키틴질과 단백질로 이루어진 관이 시맥을 이루고 있다. 나비나 나방은

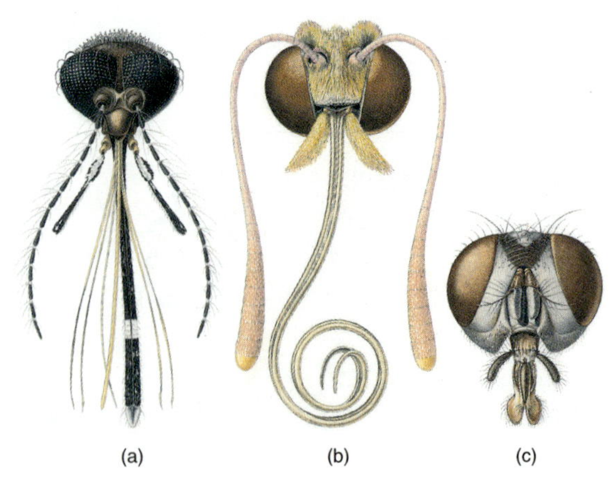

그림 32.28 | 세종류 곤충의 변환된 구기부.
(a) *Culex*, 모기에선 찌르는 구조로 (b) *Colias*, 나비에선 꽃의 꿀을 흡입하는 구조로 (c) *Musca domestica*, 집파리에선 액체를 핥아 먹는 구조로 구기부가 변환되었다.

그림 32.29 | *Culex pipiens* 모기의 유충 장구벌레.
수서생활을 하는 모기의 유충은 활발하게 활동한다. 이들은 물표면으로 내놓은 관을 통해 호흡을 한다.

그림 32.30 | *Parnassius imperator* 나비 날개의 비늘.
비늘에 따라 나비나 나방의 날개 무늬색이 결정된다.

날개가 비늘로 덮여 있어 밝은 색을 띤다(그림 32.30) 톡토기류는 날개가 진화된 적이 없으나 벼룩이나 이 같은 날개 없는 곤충은 날개를 가진 조상종에서 파생되었다.

내부기관

곤충의 내부 형태는 다른 절지동물과 많은 면에서 비슷하다. 소화관은 몸길이와 거의 비슷한 관으로 되어 있으며 약간 꼬여 있다. 그러나 노린재나 매미, 또 파리 같은 곤충들은 소화관이 매우 꼬여 있고 몸길이의 몇 배나 길다. 이런 긴 소화관은 고체보다 액체를 먹는 흡입 구기부를 가진 곤충에서 볼 수 있는데, 용해된 영양소와 액체를 흡수할 수 있는 기회를 늘리기 위해서이다. 또한 곤충의 소화효소는 고체보다는 액체에서 더 희석되고 효율이 떨어지므로 길이가 긴 장은 소화효소가 작용할 수 있는 시간을 늘려준다. 곤충의 소화관의 앞쪽과 뒤쪽 부위는 쿠티클로 덮여 있고 소화는 주로 위 또는 중장에서 일어나며, 말피기관을 통해 배설이 이루어진다. 소화효소는 중장의 내벽을 이루고 있는 세포에서 주로 분비되며 입 근처의 침샘에서도 일부 분비된다.

곤충은 온 몸에 걸쳐 기관(tracheae)이 뻗어 있으며, 많은 날개를 가진 곤충들에선 몸의 여러 부위에서 기관이 팽창하여 기낭(air sacs)을 이루고 있다. 기낭은 근육에 둘러싸여 있으며, 일종의 풀무처럼 작용하여 기관 깊숙이 공기를 밀어 넣는다. 흉부와 복부의 양옆에 최대 10쌍 정도의 기문(spiracles)이 위치하고 있으며 기문은 근육작용에 의해 여닫게 되어 있다. 기문을 닫는 것은 수분손실을 막기 위한 중요한 기작이다. 몇몇 기생종이나 수서생활을 하는 종은 기문은 막아져있고 기관이 표피 바로 아래를 달리고 있어서 확산에 의해 기체 교환이 일어난다.

곤충의 체강에는 지방체(fat body)라는 세포집단이 있다. 이 구조체는 몸체에 비해 크고 먹이 저장소로 쓰이며 척추동물의 간과 같은 작용을 한다. 이 구조체는 성체보다는 미성숙한 곤충에서 더 많이 눈에 띄는데 변태과정이 끝나면 완전히 고갈된다. 성체시기에 먹이를 먹지 않는 곤충은 지방체를 계속 유지하여 성체시기 동안 그 속에 저장된 먹이로 살아간다.

감각수용기

눈과 더불어 곤충은 여러 특수한 감각수용기를 가지고 있다.

곤충의 몸 전체에는 감각모(sensory hairs)가 분포되어 있는데, 감각모는 신경세포와 연결되어 있고 기계적, 화학적 자극을 감지한다. 이 감각모는 촉각과 다리에 특히 많다. 메뚜기, 귀뚜라미, 매미 등의 곤충은 고막기관(tympanal organs)을 이용하여 소리를 듣는다. 이 기관들은 얇은 막으로 구성된 쌍을 이룬 구조로 기관의 기낭과 연결되어 있다. 그 외의 여러 가지 곤충들은 감각모를 이용하여 소리를 감지한다. 가령 모기 수컷은 촉각에 난 감각모를 이용하여 암컷 날개가 진동하는 소리를 듣는다. 곤충에서 청각은 천적으로부터 피하거나 통신에 중요하다. 일부 곤충이 내는 소리는 사람이 들을 수도 있지만 대부분 부드럽고 높은 음역의 소리이기 때문에 사람이 듣지 못하고 곤충끼리만 들을 수 있는 소리도 많다. 수컷 귀뚜라미와 긴뿔메뚜기는 두 앞날개를 비벼 소리를 내며 짧은 뿔메뚜기는 뒷다리를 날개의 특정 부위에 비벼 소리를 낸다. 수컷 매미는 전단부 복부 체절의 아래에 있는 기낭의 막을 떨어 소리를 낸다.

대부분의 곤충은 소리 외에도 화학물질이나 페로몬(pheromones)이라는 혼합 화학물질을 이용하여 통신을 한다. 페로몬은 그 종류가 매우 다양하다. 이 화학적 통신은 교미를 위해 동종 개체의 유인이나 인식뿐만 아니라 개미의 경우처럼 다른 개체에게 이동로를 표시하는 데도 이용된다.

생활사

많은 곤충들은 발생 과정 동안 변태(metamorphosis)를 한다. 메뚜기처럼 단순변태를 하는 곤충에서 미성숙 단계의 곤충은 성체와 유사하고 탈피를 하면서 몸이 점점 커지고 발달하게 된다. 완전변태를 하는 곤충에서는 벌레 모양이고 활발하게 섭식하는 미성숙 단계를 유충(larva)이라고 한다. 유충은 휴지 시기인 번데기(pupa)로 되고, 번데기가 탈피하여 성충이 된다.

32.5 극피동물문(phylum Echinodermata)

연체동물, 환형동물, 절지동물들은 전구동물들이다. 극피동물은 후구동물이며 내골격도 극피동물에서 최초로 출현하였다.

극피동물의 체제

최초의 후구동물인 극피동물(echinoderms)은 6억 년 전에 나타났다. 극피동물의 극피(echinoderm)라는 말은 가시가 난 피부라는 뜻이고 이는 피부 바로 밑에 칼슘이 주성분인 단단한 골판으로 구성된 내골격(endoskeleton)을 일컫는 말이다(그림 32.32). 골판이 처음 형성될 때 각각의 골판이 살아 있는 조직으로 감싸이므로 진정한 내골격이라고 할 수 있으며 성체 시기에는 골판들이 융합하여 단단한 각을 이룬다. 또 다른 극피동물의 특징은 수관계(water-vascular system)의 발달인데, 이는 체액으로 채워져 있고, 중앙에 있는 환상의 관에서 5개의 관이 방사상으로 몸과 팔로 뻗어 있다. 이 체제는 움직임과 먹이섭식에 도움을 준다. 현재 지구상에는 약 6,000종의 극피동물이 서식하며 얕은 바다나 심해에 사는 이들의 거의 모두가 해저바닥에 살고 있다(그림 32.31). 불가사리, 성게, 해삼 등은 해안을 따라 가장 흔히 발견되는 극피동물이다. 성체의 크기는 지름이 몇 mm에서 1m가 넘는 것도 있다.

극피동물의 몸의 체제는 발생 도중에 근본적인 변화가 일어난다. 즉 모든 극피동물은 유생 시기에 좌우대칭이다가 성체 시기에 방사대칭으로 변한다. 극피동물 성체는 몸의 체제가 5개의 부위로 구성된다. 신경계는 중심 신경환(nerve ring)과 여기에 연결된 5개의 신경으로 구성된다. 그래서 극피동물은 복잡한 반응 양상을 나타낼 수 있으나 기능적 중추화를 일으키는 뇌가 없다.

내골격

극피동물은 몇 천 개의 신경감각세포로 되어 있는 섬세한 표피를 가지고 있다. 이 표피는 소골(ossicle)이라는 칼슘판으로 구성된 내골격을 덮고 있다. 불가사리나 해삼류에선 소골이 넓게 흩어져 있어서 체벽은 탄력성을 띤다. 성게류에선 소골은 융합되어 단단한 껍질을 이룬다. 많은 경우 이 칼슘판엔 가시가 나 있다. 극피동물의 또다른 중요한 특징은 가변성 콜라

(a) 불가사리

(b) 해삼

(c) 성게

그림 32.31 | 극피동물의 다양성.
(a) 불가사리, *Oreaster occidentalis*(class Asteroidea)
(b) 해삼, *Parastichopus Parvimensis*(class Holothuroidea)
(c) 성게(class Echinoidea).

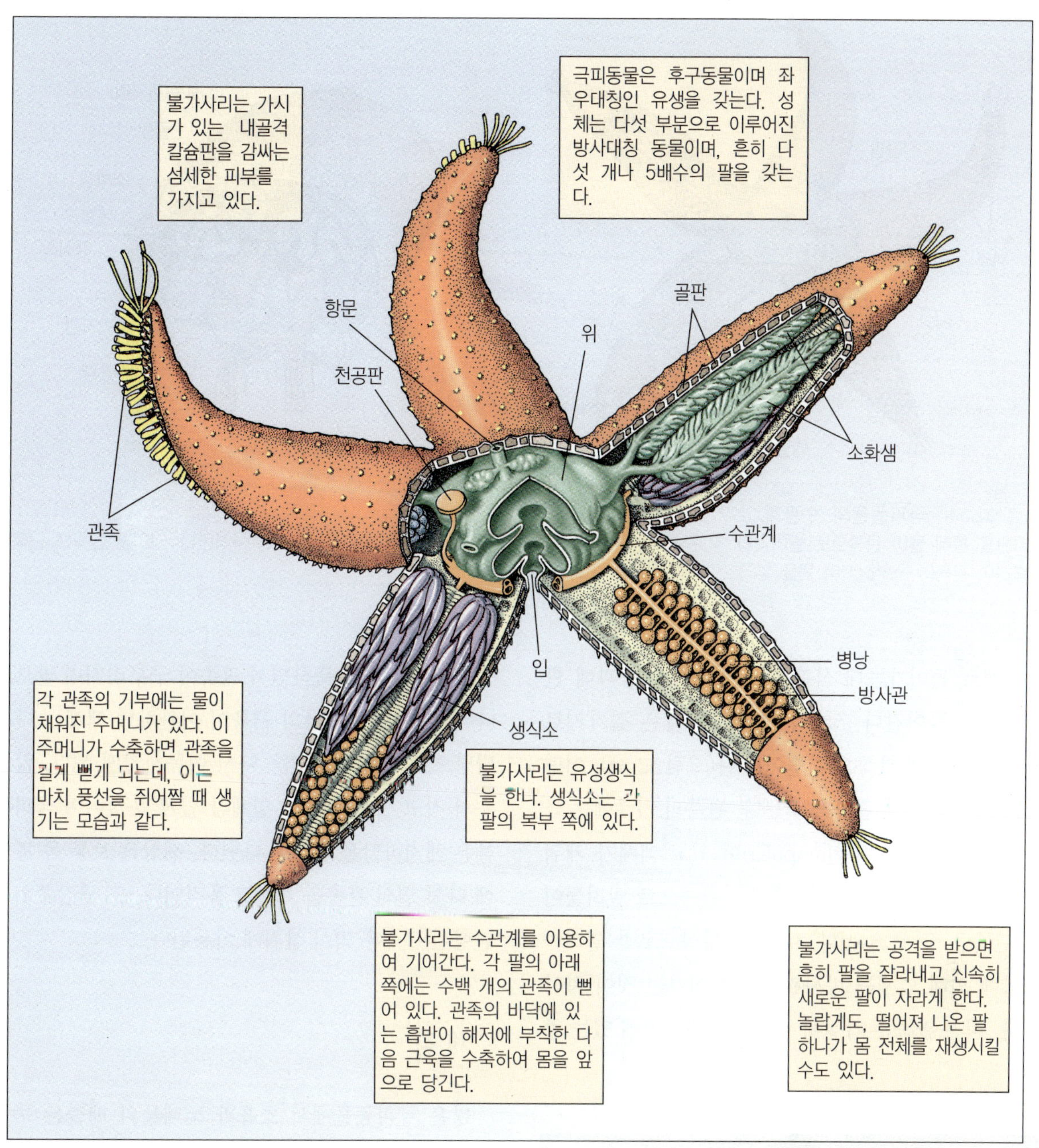

그림 32.32 | 극피동물문 : 극피동물.
불가사리 같은 극피동물은 후구동물의 발생 형태를 가진 체강동물이다. 섬세한 피부가 칼슘판으로 이루어진 내골격을 덮고 있다. 이 골판들은 흔히 융합되어 단단한 가시층을 이룬다

겐 조직의 존재인데 질기고 고무같이 탄력성 있는 것에서 약하고 액체상인 것으로 변동하며 신체부분을 재빠르게 자기절단하는 등의 극피동물의 특별한 능력을 담당한다. 특정 신체부위의 골판엔 구멍이 뚫려 있고 이 구멍을 통해 관족(tube feet)을 뻗는다.

수관계(water-vascular system)

극피동물의 수관계는 식도를 둘러싸고 있는 환상관(ring canal)에서 5개의 방사관(radial canals)이 몸의 5개의 부위로 뻗어 있다(그림 32.33). 물은 몸 표면에 있는 거름체처럼 생긴 천공판(madreporite)을 통해

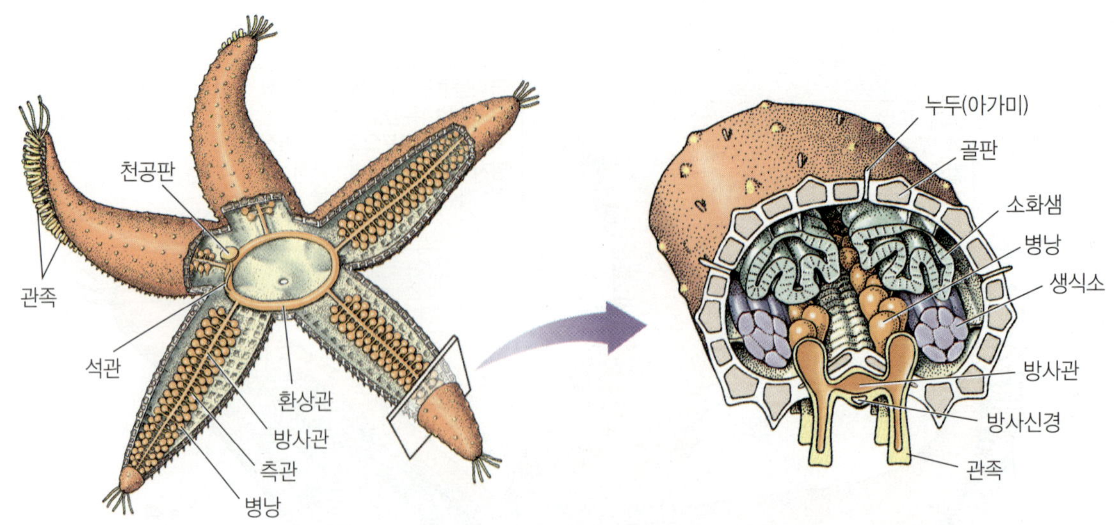

그림 32.33 | 극피동물의 수관계.
방사관을 통해 물이 관족으로 들어간다. 각 관족에 있는 병낭이 수축하면 관족이 쭉 펴지며 기질에 부착한다. 이어서 관족의 근육이 수축하여 관족이 구부러지며 몸을 앞쪽으로 끌어당기게 된다.

수관계로 들어가는데 석관(stone canal)을 통과해 환상관으로 들어간다. 5개의 방사관은 짧은 곁가지로 갈라져 속이 빈 관족으로 뻗어 있다(그림 32.34). 어떤 종에선 관족 끝에 흡반을 갖는다. 관족의 기부에는 근육질의 주머니인 병낭(ampulla)이 있고 액체가 채워져 있다. 병낭이 수축하면 액체는 관족으로 밀려들어가 관족을 쭉 뻗게 된다. 이때 한 방향으로만 열리는 판막에 의해 액체는 방사관으로 들어가는 것이 차단된다. 펴진 관족은 기질에 부착하고 관족벽에 있는 종주근이 그다음 수축하면서 관족이 구부러지며 앞으로 나아가게 된다. 병낭의 근육이 이완하며 액체는 다시 병낭으로 돌아오고 발을 다시 이동시키게 된다. 많은 수의 작고 약한 관족을 일체감 있게 움직이며 극피동물은 해저바닥을 움직여 다닌다. 해삼은 보통 몸 표면에 다섯 열의 관족을 가지고 움직인다. 또 구강주위의 변형된 관족은 먹이 섭취에 이용된다.

그림 32.34 | 관족.
Ludia magnifica, 불가사리의 흡반이 없는 관족.

체 강

많은 극피동물에서 호흡과 노폐물의 배출은 누두(papulae)라고 하는 체강의 작고 손가락 모양 돌기를 통해 일어난다(그림 32.33). 이들은 얇은 피부층으로 덮여 있으며 체벽을 통과해 돌출하여 아가미와 같은 기능을 한다.

생 식

많은 극피동물이 손실된 몸 부위를 재생할 수 있으며 불가사리나 거미불가사리류는 공격을 받으면 몸 부위를 자기절단할 수 있다. 몇몇 극피동물은 분할에 의해 무성생식을 하여 불가사리는 때론 잘라진 부위

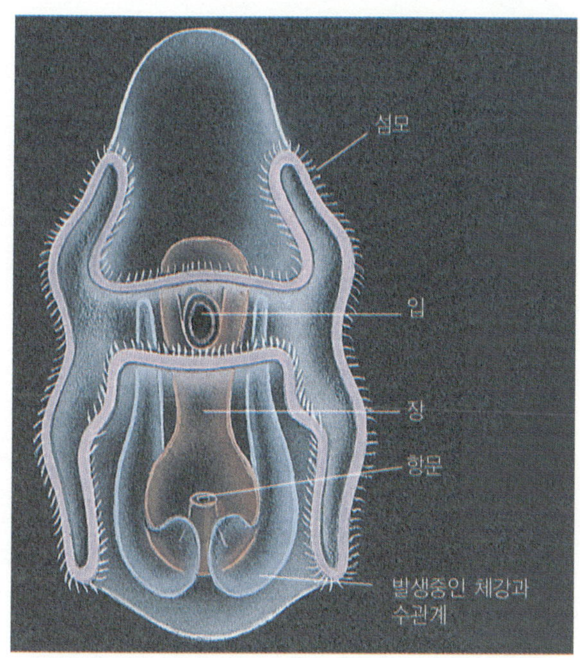

그림 32.35 | 극피동물의 유생.
띠를 이루고 있는 섬모를 이용해 유생은 움직인다. 좌우대칭 유생은 극피동물 조상종은 현생종 같은 방사대칭 동물이 아니었을 거라는 것을 시사하고 있다.

에서 완전한 성체를 재생하기도 한다. 열대산 거미불가사리는 정기적으로 똑같이 두 부분으로 나뉘어 각 부분에서 새로운 개체를 재생해 낸다. 많은 극피동물의 이런 재생 능력에도 불구하고 대부분의 극피동물은 유성생식이고 외부수정을 한다. 외부형태의 차이는 거의 없지만 암수가 구별되고, 수정란은 자유 유영의 좌우대칭 유생으로 발생한다(그림 32.35). 이 유생은 여러 단계의 변태과정을 거쳐 운동성이 적은 성체가 될 때까진 플랑크톤의 일부를 구성하며 널리 분산된다.

극피동물의 주요 강

현존하는 극피동물문에는 6개의 강이 있는데, 이들은 바다나리강(Crinoidea), 불가사리강(Asteroidea), 거미불가사리강(Ophiuroidea), 성게강(Echinoidea), 해삼강(Holothuroidea) 그리고 Seadaisies강이다.

모든 극피동물강은 근본적으로 5부위로 나뉜 몸체제를 갖고 있다. 해삼에서도 몸을 따라 달리고 있는 다섯 개의 방사상 홈을 가지고 있다.

불가사리강(class Asteroidea) : 불가사리류(Sea Stars). 불가사리류(그림 32.36)는 해양생태계에서 중요한 포식자이다. 이들은 조간대에서 흔하지만 수심 10km의 해저에도 분포한다. 현재 약 1,500종이 기록되어 있다. 불가사리의 몸은 중심반(central disc)과 여기에서 뻗어 나온 팔로 구성된다. 대부분의 불가사리류는 5개의 팔을 가지지만 어떤 종류는 그보다 훨씬 많은데, 이 경우 대개 5의 배수이다. 몸체는 다소 편평하고 유연성이 있으며 색소가 있는 표피로 덮여 있다.

거미불가사리강(class Ophiuroidea) : 거미불가사리류(Brittle Stars). 거미불가사리는(그림 32.37) 극피동물 중 가장 종의 수가 많은 약 2,000종이 기록되어 있으며, 주로 야행성이다. 불가사리와는 달리 거미불가사리는 가느다란 팔을 가진다. 이들은 불가사리류보다는 훨씬 행동이 민첩하며 팔을 옆으로 휘저어 이동한다. 거미불가사리는 불가사리처럼 기본적으로 5개의 팔을 가진다. 그러나 자세히 들여다보면 불가사리와 놀랍도록 다르다. 이들은 관족에 병낭이 없으며 흡반도 가지고 있지 않고, 관족은 몸의 이동이 아

그림 32.36 | 불가사리강.
우리에게 익숙한 불가사리가 포함되어 있다.

그림 32.37 | 거미불가사리강.
거미불가사리류는 해저 사이를 민첩하게 기어다닌다.

니라 먹이의 섭식을 위해 쓰인다.

성게강(class Echinoidea) : 성게류(Sea Urchins and Sand Dollars). 성게류는 팔을 가지지 않지만 다른 극피동물처럼 몸이 5개의 부위로 이루어져 있다. 5줄의 관족은 칼슘으로 된 골격판을 통해 돌출해 있다. 약 950종이 기록되어 있으며, 화석종은 약 5,000종이 기록되어 있다.

CHAPTER 33

척추동물

척색동물은 극피동물보다도 훨씬 발전된 내골격을 가진다. 극피동물의 내골격은 단단한 외각이 몸을 감싸고 그 안쪽에 근육이 부착한다는 점으로 볼 때 기능적으로 절지동물의 외골격과 유사하나. 척색동물은 이와는 매우 다른 내골격, 즉 진정한 내골격을 가진다. 척색동물문의 종들은 척색(notochord)이라는 신축성 있는 막대 모양의 물체를 가지는데, 이는 배의 등쪽에서 발생한다. 이 막대에 부착한 근육은 초기 척색동물로 하여금 등을 좌우로 움직여 물 속에서 헤엄칠 수 있게 하였다. 내부 물체에 근육의 부착이라는 이러한 중요한 진화적 발전은 척추동물로 가는 진화 경로를 시작하게 하였고 최초로 진정한 대형 동물의 출현을 유도하였다.

33.1 내부 골격

척색동물문(phylum Chordata)

척색동물의 일반적 특징

척색동물(척색동물문)은 후구동물이자 진체강동물로서 이와 유연관계가 가장 깊은 동물은 극피동물이다. 그러나 극피동물과 다르게 척색동물은 척색(notochord), 마디가 있는 부속지(jointed appendages), 몸의 체절화(segmentation) 등의 특징을 가지고 있다. 약 56,000종의 척색동물이 있으며 조류, 파충류, 양서류, 어류, 포유류 등이 이에 속한다. 척색동물이 갖는 4가지 형태적 특성은 이 동물문

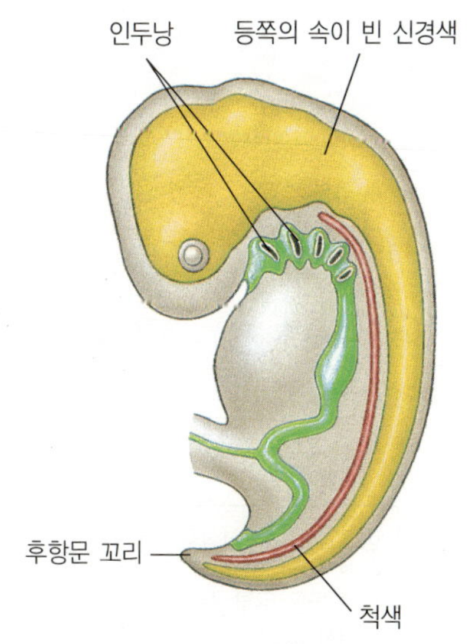

그림 33.1 | 척색동물의 배를 통해 볼 수 있는 네 가지 주요 특징.

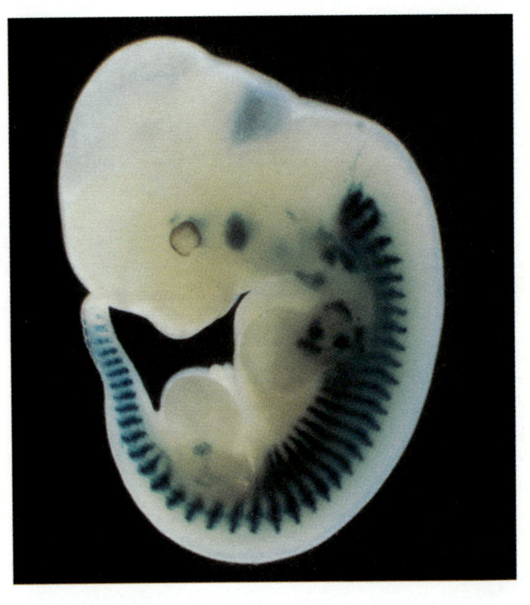

그림 33.2 | **쥐의 발생 11.5일째 배.** 중배엽은 이미 체절이라는 마디로 나뉘어 있다(검게 염색된 부위). 이는 모든 척색동물이 기본적으로 체절을 가지는 것을 반영한다.

의 진화에 중요한 역할을 하여 왔다(그림 33.1).

1. **척색(notochord).** 신축성 있는 막대 모양의 척색은 초기배의 원장의 등쪽편에서 형성되어 신경색 바로 아래 위치하게 된다. 발생의 어느 시기에 모든 척색동물에서 나타나게 되며 어떤 척색동물에선 생활주기 내내 존재하나 대부분의 척추동물에서처럼 신경색 주위에 형성되는 척주에 의해 대체되기도 한다.

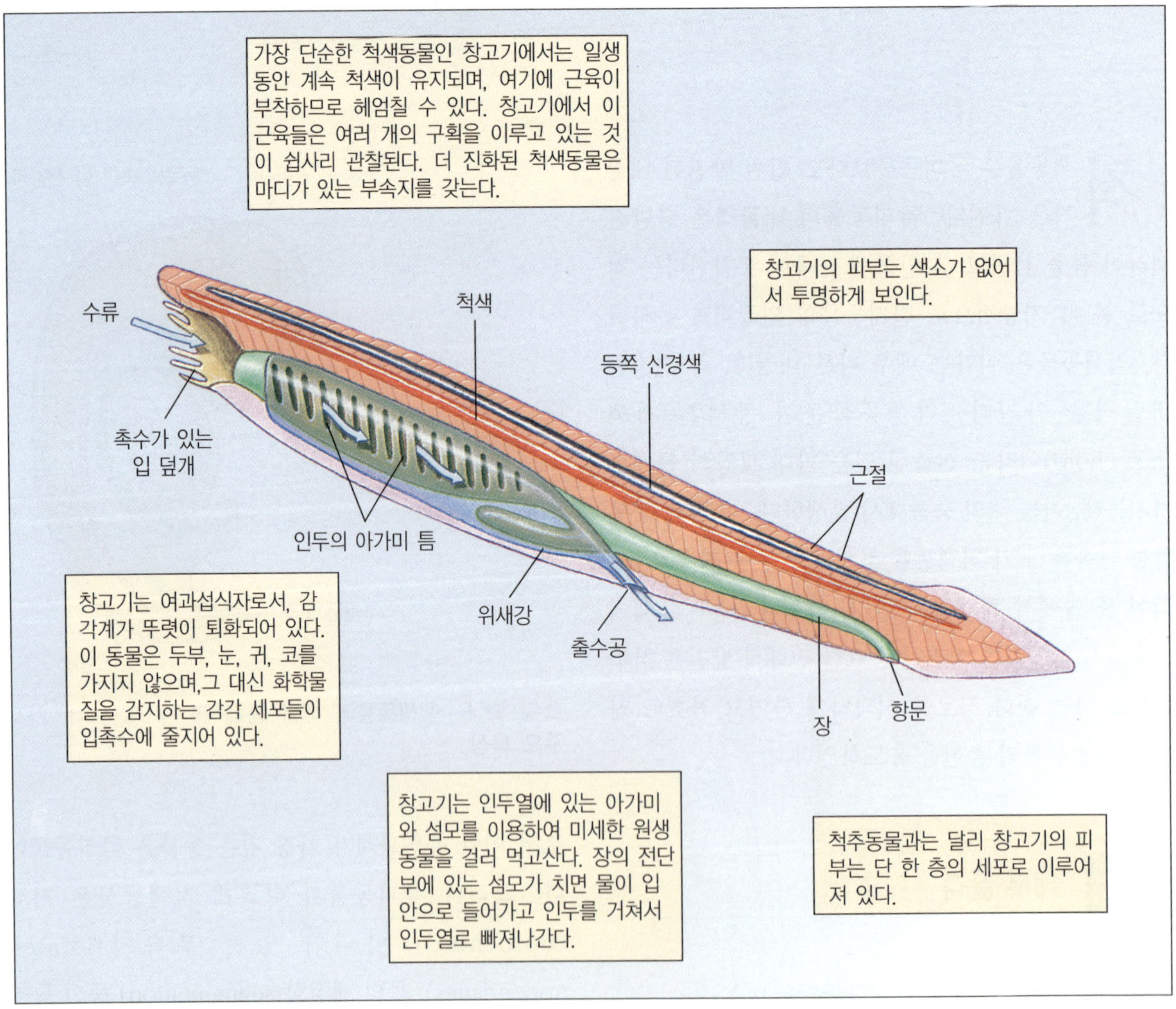

가장 단순한 척색동물인 창고기에서는 일생동안 계속 척색이 유지되며, 여기에 근육이 부착하므로 헤엄칠 수 있다. 창고기에서 이 근육들은 여러 개의 구획을 이루고 있는 것이 쉽사리 관찰된다. 더 진화된 척색동물은 마디가 있는 부속지를 갖는다.

창고기의 피부는 색소가 없어서 투명하게 보인다.

수류

척색

등쪽 신경색

촉수가 있는 입 덮개

근절

인두의 아가미 틈

위새강

출수공

장

항문

창고기는 여과섭식자로서, 감각계가 뚜렷이 퇴화되어 있다. 이 동물은 두부, 눈, 귀, 코를 가지지 않으며,그 대신 화학물질을 감지하는 감각 세포들이 입촉수에 줄지어 있다.

창고기는 인두열에 있는 아가미와 섬모를 이용하여 미세한 원생동물을 걸러 먹고산다. 장의 전단부에 있는 섬모가 치면 물이 입 안으로 들어가고 인두를 거쳐서 인두열로 빠져나간다.

척추동물과는 달리 창고기의 피부는 단 한 층의 세포로 이루어져 있다.

그림 33.3 | **척색동물문 : 척색동물.**
척추동물, 피낭류, 창고기는 척색동물(척색동물문)이다. 이들은 체강동물로서 신축성 있는 막대 모양의 척색은 근육수축의 지지대가 되어 빠른 측면 몸 운동을 가능케 한다. 척색동물은 또한 인두낭과 인두열(그들의 수생 조상과 일부종에선 현재의 서식처를 반영한다)을 가지고 있고 속이 빈 동쪽 신경색도 가지고 있다. 척추동물에서 척색은 배 발생 중 척주에 의해 대체된다.

2. **신경색(nerve cord).** 속이 빈 단일신경색이 등표면 바로 아래를 달리고 있다. 척추동물에선 등쪽 신경색은 뇌와 척수로 분화된다.
3. **인두열(pharyngeal slits).** 인두열은 구강과 식도를 연결하는 근육성 관인 인두(pharynx)와 외부를 연결시키고 있다. 육상 척추동물에선 실제 외부와 연결되어 있지 않으므로 인두낭(pharyngeal pouches)이라 하는데 모든 척추동물의 배는 인두낭을 갖고 있다. 아가미를 가진 동물에선 인두낭은 외부로 열린 인두열이 되고, 아가미가 없는 동물에선 사라진다. 모든 척추동물의 배가 이 구조를 갖고 있다는 것은 그들의 조상이 수서생활을 했다는 증거가 된다.
4. **꼬리.** 척색동물은 후항문 꼬리(postanal tail)를 가진다. 이 꼬리는 적어도 배 발생 시기 동안에는 항문 뒤쪽으로 연장되어 있다. 척색동물 외의 다른 동물들은 거의 모두 몸의 끝에 항문이 있다.

모든 척색동물은 생활사의 어떤 시기에 위의 4가지 특징들을 나타낸다. 예를 들어 사람은 배 시기에 인두낭, 신경색, 척색, 후항문 꼬리를 가진다.

그러나 사람모습을 갖추게 되면 신경색은 그대로 있으나 척색은 척주로 대체되고 한 쌍을 제외한 모든 인두낭은 소실되는데 이 남은 한 쌍의 인두낭은 목과 중이를 연결하는 유스타키오관이 된다. 후항문 꼬리는 퇴화하여 꼬리뼈를 형성한다.

이 외에도 척색동물은 근본적으로 다른 동물과 구별되는 많은 특징들을 갖고 있는데, 근육은 기본 몸체제형성에 영향을 주는 체절로 분할된 형태를 이루고 있다. 이 모습은 배 시기에 명백히 볼 수 있다(그림 33.2). 근육은 내골격에 붙어 작용하게 되며, 이 내골격이나 척색을 갖게 됨으로써 이 동물문의 특징이 된 엄청난 이동력을 가지게 되었다(그림 33.3).

33.2 척추가 없는 척색동물

피낭류

미색 동물아문(subphylum Urochordata)에 속하는 피낭류(tunicates)는 해양동물로서 멍게류라고도 하며, 약 1,250종이 기록되어 있다. 이들은 대부분 성체 시기에 고착생활을 하며, 유생만 척색과 신경색을 가진다. 성체엔 주요한 체강이나 체절화의 모습이 보이지 않는다(그림 33.4a.b). 대부분이 얕은 물에 살지만 깊은 곳에서 발견되는 종류도 있다. 일부 척색동물은 성체 시기에 군체생활을 한다. 인두내부는 섬모가 줄지어 있으며 섬모작용으로 물을 내부로 끌어들이면 그 속의 현미경적으로 작은 먹이 인자들이 내주(endostyle)에서 분비된 점막에 달라붙게 된다. 유생은 올챙이 모양이며, 이때 척색동물의 주요 특징을 나타낸다(그림 33.4c). 장이 별로 발달되지 않은 유생은 섭식하지 않고 수일 동안 헤엄치다가 적당한 장소에 흡반으로 부착한다.

피낭류는 성숙하며 고착성 여과섭식생활에 맞도록 매우 변화한다. 그래서 성체로선 진화적 관계를 유추하기 어렵다.

피낭류 성체는 피낭(tunic)이라는 질긴 주머니를 분비하여 몸을 둘러싸는데 이 피낭의 주성분은 동물에서는 찾아보기 어려운 셀룰로스로 구성되어 있다.

창고기

창고기(lancelet)는 두색동물아문(subphylum Cephalochordata)에 속하는 비늘이 없고, 길이가 수 cm 정도이며 얕은 곳에 사는 물고기 모양 해양 척색동물이다. 이 아문에는 약 23종이 기록되어 있으며 대부분 *Branchiostoma*속(과거에는 *amphioxus*속이었음)에 속한다. 창고기에서 척색은 등쪽 신경색을 따라 몸의 앞뒤로 뻗어 있으며 일생 동안 계속 유지된다. 창고기는 대부분의 시간을 모래나 펄 속에 묻혀 몸의

(a)

신경절하체관
입수관
신경절
인두
출수관
내주
아가미틈
장
피낭
생식관
생식소
위
심장
(b)

출수공(출수관)
입(입수관)
등쪽 신경색
아가미틈이
있는 인두
위
척색
(c)
심장

그림 33.4 | 피낭류(척색동물문, 미색동물아문).
(a) 붉은멍게(*Halocynthia aurantium*). (b) 피낭류 성체의 구조 모식도. (c) 피낭류의 유생의 구조 모식도. 올챙이 모양의 유생은 척색동물 조상의 모습이리라 추정한다.

앞부분만 밖으로 내밀고 지내며(그림 33.5), 드물게 헤엄친다. 근육은 일련의 뚜렷이 구분되는 구획으로 나뉘어 있으며 이들은 어류보다 더 많은 인두 아가미틈을 가진다. 표피엔 색소가 없고 한층의 세포층으로 되어 있다. 몸은 앞뒤가 뾰족하고, 두부가 뚜렷하지 않다. 색소가 있는 광수용체를 제외하고 감각구조도 없다. 창고기는 인두, 아가미틈, 입덮개에 나 있는 섬모로 수류를 일으켜서 작은 플랑크톤을 먹고산다. 이때 아가미틈은 물이 빠져나가는 통로의 역할을 한다.

입덮개는 앞쪽으로 돌출해 있으며 감각촉수를 가지고 있고 입주위에도 감각척수가 나 있다. 자웅이체이지만, 외형상 암수를 구별할 특징은 나타나지 않는다.

섬모에 의한 섭식방법, 한층의 표피, 배설계의 특징적 형태 등은 창고기가 어류가 아닌 척색동물의

그림 33.5 | 창고기 *Branchiostoma lanceolatum*(척색동물문, 두색동물아문).
자갈에 파묻혀서 전단부만 밖으로 내밀고 있다. 분할된 근육이 뚜렷이 보인다. 몸 측면을 따라 생식소가 있다.

원시종임을 보여준다. 근래 분자계통 분류학적 연구는 창고기가 척추동물의 가장 가까운 조상종임을 보여주고 있다.

33.3 척추동물

척추동물의 특징

척추동물아문(subphylum Vertebrata)에 속하는 척추동물(Vertebrates)은 척추를 가지는 척색동물을 말한다. 척추동물은 다음의 두 가지 점에서 피낭류나 창고기와는 다르다.

1. **척주(vertebral column).** 가장 초기 어류를 제외한 모든 척추동물에서 척색은 배발생 과정 동안 척주로 대체된다(그림 33.6). 경골성 또는 연골성 척추가 연결된 척주는 등쪽의 신경색을 둘러싸고 보호한다.
2. **두부(head).** 척추동물은 뚜렷이 구분되고 잘 분화된 두부를 가진다. 뇌는 경골이나 연골로 만들어진 두개골에 싸여 보호되고 있다. 따라서 척추동물은 때론 두개골이 있는 척색동물(craniate chordates)이라 불린다.

위와 같은 두 가지 주요 특징 외에도 척추동물은 다음과 같은 점에서 다른 척색동물과 다르다(그림 33.7)

1. **신경능선.** 신경능선(neural crest)이라고 하는 독특한 배 세포 집단이 여러 척추동물 구조의 발생을 일으킨다. 이 세포들은 신경판이 함입되고 잘록해지면서 신경관의 마루(crest) 위에서 발생한다. 그런 다음 신경능선 세포들은 여러 부위로 이동하여 여러 가지 구조의 발생에 참여한다.
2. **내부 기관.** 척추동물의 특징적인 내부 기관은 간, 신장, 내분비선 등이다. 모든 척추동물은 하나의 심장과 폐쇄순환계를 가진다. 순환 기능과 배설 기능은 다른 동물과 크게 다르다.
3. **내부 골격.** 대부분의 척추동물의 내골격은 연골이나 경골로 이루어져 있다. 연골이나 경골은 단백질인 콜라겐 섬유를 함유하는 특수화된 조직이다. 경골은 이와 함께 인산칼슘 염 결정을 함유한다. 구조적 물질로서 경골이 키틴보다 우월한 점은 부서지지 않고 단단하다는 점이다. 이와 같은 내골격 때문에 척추동물은 몸이 커질 수 있고 강한 운동력을 가질 수 있다.

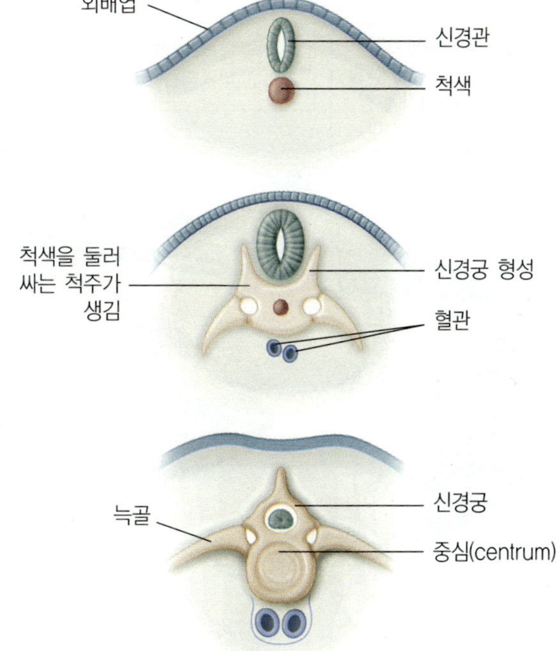

그림 33.6 | 배의 척추 발생.
동물 발생의 진화가 일어나는 동안 신축성 있는 척색은 연골이나 경골인 centrum에 의해 둘러싸이고 마침내 대체된다. 척추는 또한 혈도궁을 가지고 있는데 centrum 아래 있는 주요 혈관들을 보호한다. 신경관은 신경궁에 의해 보호된다. 척추는 헤엄치거나 움직일 때 근육의 힘이 작용하는 강하고 신축성 있는 지지대의 기능을 한다.

척추동물의 진화

최초의 척추동물은 4억 7,000만 년 전 바다에서 진화되어 나왔다. 이들은 꼬리지느러미 하나를 가진 턱이 없는 어류였다. 이들은 앞에 구멍이 나고 뒤에 한 개의 지느러미를 가진 납작한 핫도그 모양이었다. 그 후 턱을 가진 동물이 나타나자, 새로운 먹이를 자유로

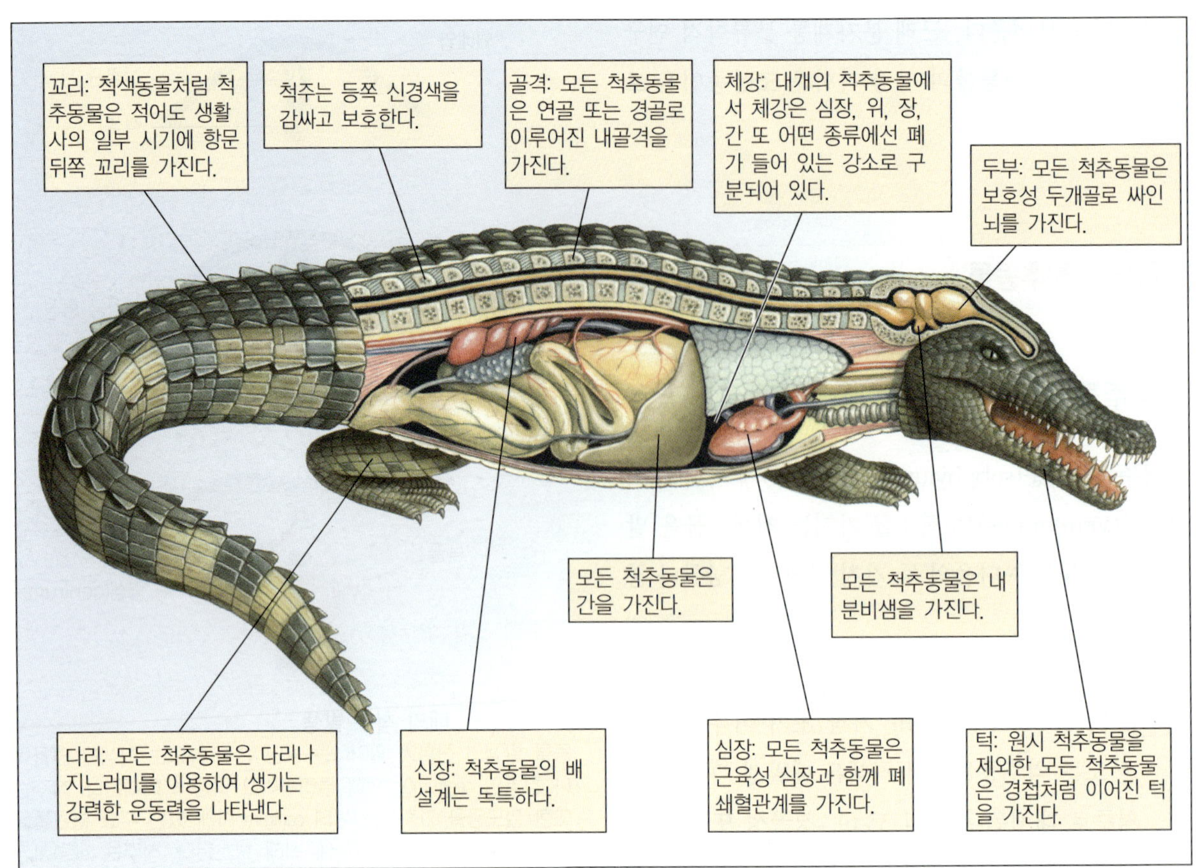

그림 33.7 | 척추동물의 주요 특징.
척추동물의 특징은 척주와 두개골과 함께 연골이나 경골로 이루어진 내골격을 갖는다는 것이다. 여러 다른 내부와 외부 형태상의 특징도 가지고 있다.

이 먹을 수 있게 되었고 바다를 우점하게 되었다. 이들의 후손인 양서류는 육상에 침투하였다. 약 3억 년 전 일부 양서류는 다시 파충류로 진화하였다. 그 후 5,000만 년이 지나기 전에 육상에서 살기에 더 알맞은 파충류가 육상을 우점하게 되었다.

파충류가 지표면에서 성공하면서 여러 가지 파충류가 진화되었는데, 크기는 닭보다 작은 것에서부터 트럭보다 큰 것까지 다양하게 되었다. 어떤 것은 날아다녔고 어떤 것은 헤엄을 쳤다. 이 파충류 중 어떤 계통은 새와 포유류로 진화하였다. 공룡과 포유류의 화석은 2억 2,000만 년 전의 지층에서 동시에 발견된다. 공룡은 1억 5,000만 년 이상 지표면을 우점하였다. 이 기간 동안 포유류는 가장 큰 것이 고양이만 했다. 6,500만 년 전에 공룡은 갑자기 사라지고 , 포유류와 조류가 그 자리를 차지하게 되면서 수효가 늘고 다양해졌다.

척추동물의 역사는 처음엔 바다, 그 다음엔 육지로 침투해 가는 과정이었다. 이 과정 동안 엄청난 진화적 발전이 있어 왔는데 근본적인 몸체제의 변화도 그 중 하나이다.

현생 척추동물은 주로 9개의 강으로 구성되어 있다. 이 중 5개 강은 물 속에 사는 어류이고, 나머지 4개 강이 육상에 사는 사족류(tetrapod)이다.

어류

척추동물의 절반 이상이 어류이다. 어류는 가장 다양하고 성공적인 척추동물군으로서(그림 33.8), 이들이 양서류에 의한 육상 침투의 기초를 제공하였다. 최초의 등뼈를 가진 동물은 캠브리아기(5억 4,500만 년

그림 33.8 | 어류.
어류는 가장 다양한 척추동물로서 다른 모든 종류의 척추동물을 합친 것보다 더 많은 종을 갖고 있다.

~4억 9,000만 년 전)의 원시바다에 나타난 어류였다. 이 어류는 몸을 꿈틀거리며 전진하고, 턱도 없고 이도 없었으며, 해저의 작은 먹이 파립을 흡입하였다. 대부분은 크기가 30cm 이하였으며, 아가미로 호흡하였으나 쌍을 이룬 지느러미나 척추가 없었고(일부는 원시 척추가 있었지만) 두부를 가지고 원시 꼬리로 물 속을 돌아다녔다. 이 최초의 어류는 진화적으로 크게 성공하여 오르도비스기의 약 5,000만 년 동안(4억 9,000만 년~4억 3,800만 년 전) 지구의 대양을 지배하였다. 이 시기가 끝날 때쯤엔 원시 지느러미와 몸을 보호할 경골갑주가 발달하였다. 그리고 턱을 가진 어류가 처음 시루리아기(4억 3,800만~4억 800만 년 전)에 나타났다. 이들의 출현으로 먹이섭식 방법이 새롭게 바뀌게 되었고 경골어류와 연골어류는 후에 나타나게 된다.

어류의 주요 특징

길이가 18m인 고래상어로부터 손톱만 한 크기의 민물돔에 이르기까지 어류의 크기, 모양, 색깔은 매우 다양하다. 그러나 어류는 공통적으로 다음과 같은 네 가지 중요한 특징을 가진다.

1. **척주.** 어류는 내골격을 가진다. 등쪽 신경색은 경골이나 연골로 이루어진 척추에 의해 둘러싸여 있고 뇌는 일종의 보호 상자, 즉 경골 또는 연골로 이루어진 두개골 안에 갇혀 있다. 예외적으로 무악류인 먹장어는 척추 대신 척색을 가지고 있고, 칠성장어는 척색과 함께 원시적인 연골척추가 척색을 둘러싸고 있다. 이들은 모두 연골로 된 골격과 두개골을 가지고 있다.
2. **턱과 쌍으로 된 부속지.** 무악어류를 제외한 다른 어류는 모두 턱과 쌍으로 된 부속지를 가지는데 이는 다른 모든 사족류에서도 나타나는 특징이다(그림 33.9). 턱의 존재는 크고 활동적인 피식자를 포식할 수 있게 만들었다. 연골어류와 경골어류는 두 쌍의 지느러미, 즉 한 쌍의 가슴지느러미와 한 쌍의 배지느러미를 가진다. 쌍으로 된 지느러미는 사족류의 네 다리의 선구체가 되었다.
3. **아가미.** 어류는 물 속에 살면서 물로부터 산소를 흡수하는 아가미를 가진다. 아가미는 풍부한 혈관을 가진, 섬세한 섬유상 조직으로 구성되어 있다. 이들은 인두 뒤쪽에 위치하고 있으며 아치형 연골로 지탱되고 있다. 입으로 들어간 물이 아가미를 통과할 때 산소 기체는 어류의 혈액으로 확산되어 들어간다.
4. **단일 환상 순환계.** 혈액은 심장에서 분출되어 아가미로 간다. 산소가 공급된 혈액은 아가미에서 몸의 나머지 부분으로 간 뒤 다시 심장으로 되돌아온다. 심장은 4개의 방으로 이루어진 근육질의 관상기관으로 차례차례 수축하게 된다.
5. **영양 요구.** 어류는 방향성 아미노산을 합성하지 못하므로, 이를 먹이로서 섭취해야 한다. 이러한 능력 결여는 모든 척추동물 후손으로 유전되어 내려왔다.

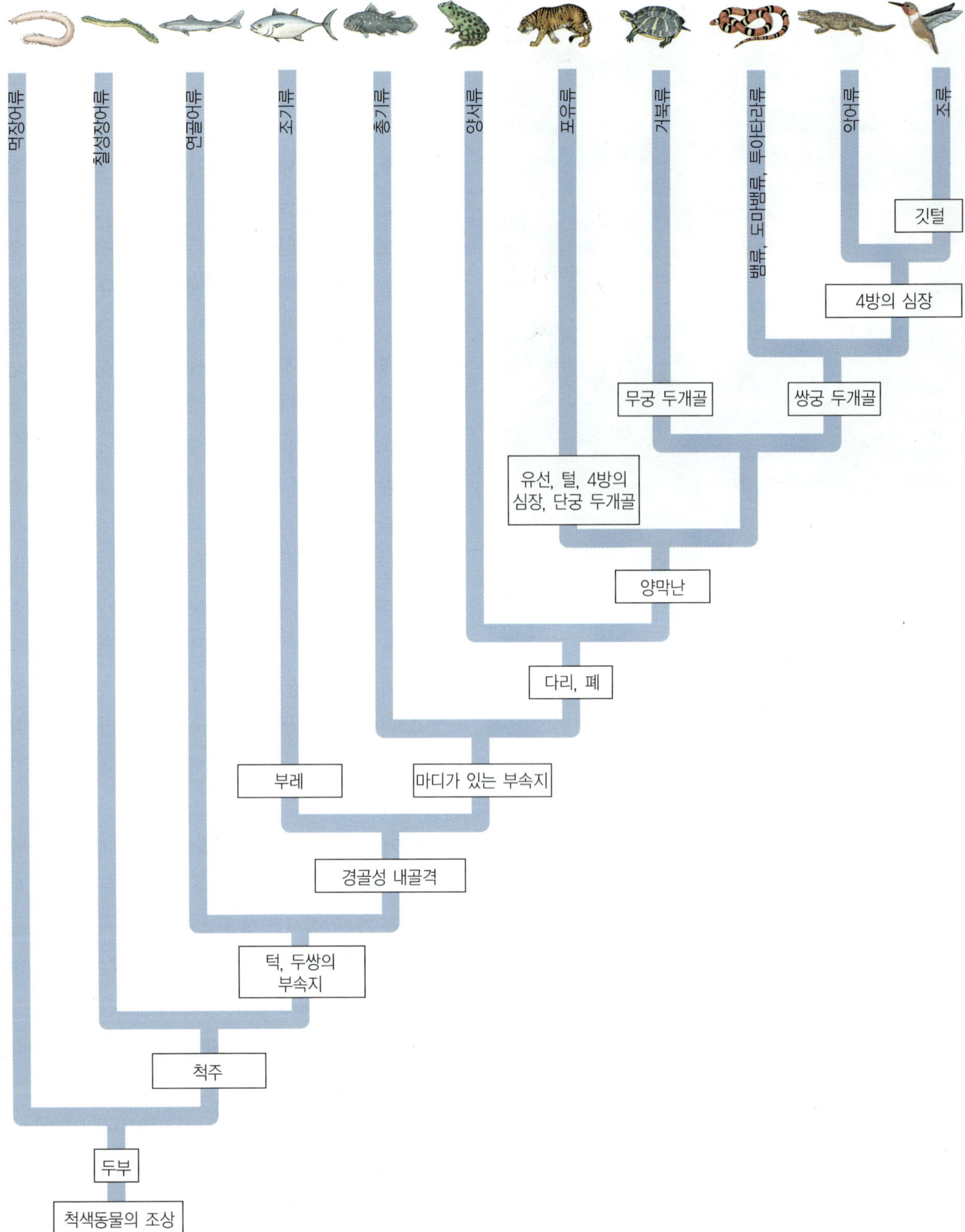

그림 33.9 | 척추동물의 계통수.
척추동물에서 주요 특징들의 진화 과정을 보여주고 있다. 조류와 악어류는 다른 어떤 현존하는 파충류계통보다 서로 유연관계가 깊다. 따라서 이들을 조룡아강으로 묶기도 한다. 일부 분류학자들은 조류를 파충류에 포함시켜야 한다고 말하기도 한다. 그러나 조류는 상당히 다른 형태와 생태를 갖고 있으므로, 이 책에서 파충류라하면 거북류, 뱀류, 도마뱀류, 투아타라류 그리고 악어류를 말한다.

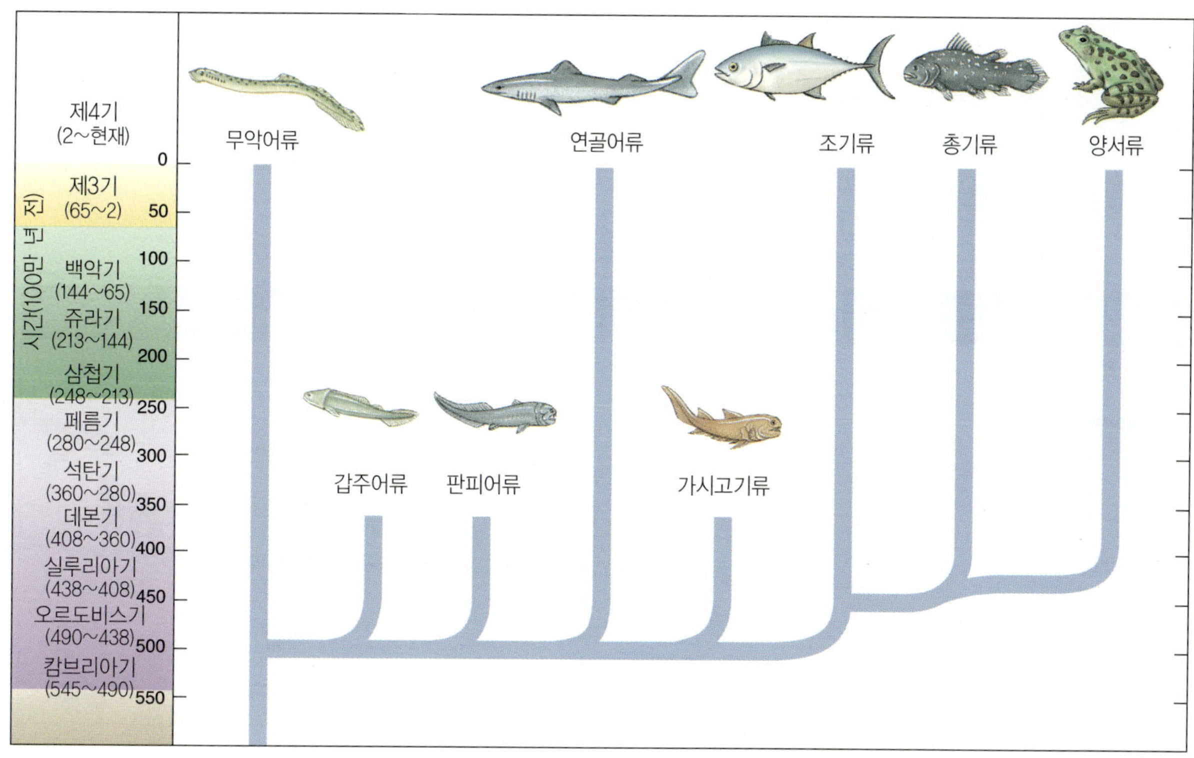

그림 33.10 | 어류의 진화.
여러 어류 사이의 또 어류와 양서류 사이의 진화적 관계를 보여주고 있다. 가시와 갑주를 가진 어류가 초기 바다를 지배했으나 지금 모두 멸종되었다.

표 33.1 어류의 주요 강

강	대표적인 예	주요 특징	현생종의 수
조기어강 (Actinopterygii)	조기류	척추동물 중에서 가장 다양한 부류임. 부레가 있고 골격이 경골임. 경골성 시느러미줄로 지탱되는 쌍으로 된 지느러미를 가짐.	30,000
육기어강 (Sarcopterygii)	총기류	대부분 절멸된 경골어류임. 양서류의 조상이며 쌍으로 된 엽상의 육질 지느러미를 가짐.	7
연골어강 (Chondrichthyes)	상어, 가오리	유선형 몸체를 가진 사냥꾼, 골격은 연골로 이루어지고 부레가 없으며, 체내수정을 함.	750
먹장어강 (Myxini)	먹장어	턱이나 쌍으로 된 부속지가 없다. 부생영양성. 대부분 눈이 없으나 후각은 매우 예민함.	30
다묵장어강 (Cephalaspidomorphi)	칠성장어	턱이 없는 어류로서 대부분 절멸됨. 쌍을 이룬 부속지가 없음. 기생성인 것과 그렇지 않은 것이 있음. 민물에 산란함.	35
판피어강 (Placodermi)	갑주어	턱이 있으며, 두부가 무거운 갑주로 싸임. 대개 몸집이 매우 컸음.	절멸됨
가시고기강 (Acanthodii)	가시고기류 (spiny fishes)	턱이 있으며, 모두 절멸함. 지느러미는 쌍으로 이루어지며 날카로운 가시로 지탱됨.	절멸됨

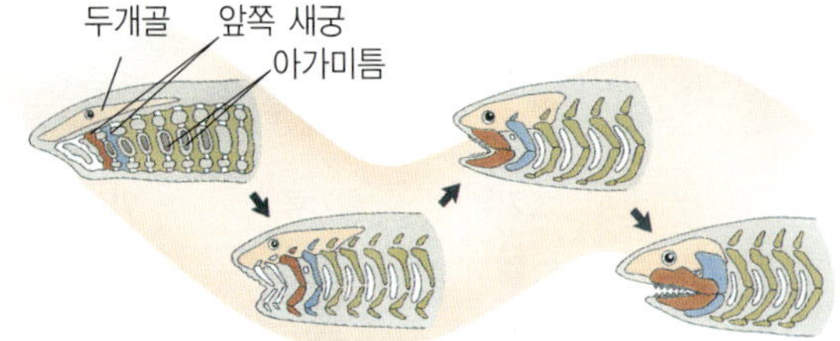

그림 33.11 | 턱의 진화.
턱은 턱이 없는 원시 어류의 앞쪽 새궁으로부터 진화되어 생겼다.

GEOLOGIC TIME SCALE	ERAS	PERIOD	EPOCH	MILLIONS OF YEARS AGO	BIOLOGICAL EVENTS
Cenozoic	Cenozoic	Quaternary	Recent	(.01-0)	Human civilization
Mesozoic			Pleistocene	(1.8-.01)	Ice ages; modern humans (genus *Homo*) appear
Paleozoic		Tertiary	Pliocene	(5-1.8)	Hominids appear; large carnivores
Precambrian			Miocene	(23-5)	Apes arise; climate cooler; plains and grasslands
			Oligocene	(36-23)	Monkeys appear; mild climate
			Eocene	(57-36)	Radiation of flowering plants; most modern mammalian orders represented
			Paleocene	(65-57)	Radiation of mammals, birds, and insects; tropical conditions
	MASS EXTINCTION				
	Mesozoic	Cretaceous		(144-65)	Flowering plants appear; climax of dinosaurs followed by extinction
		Jurassic		(213-144)	First birds; dinosaurs radiate; lush forests
	MASS EXTINCTION				
		Triassic		(248-213)	Conifers dominant; dinosaurs arise; first mammals
	MASS EXTINCTION (96% OF SPECIES DISAPPEAR)				
	Paleozoic	Permian		(280-248)	Radiation of reptiles; mammal-like reptiles arise
		Carboniferous		(360-280)	Forest of ferns and conifers; amphibians arise; insects radiate
	MASS EXTINCTION				
		Devonian		(408-360)	Sharks and bony fishes appear; lobe-finned fishes evolve
		Silurian		(438-408)	Jawless fishes diversify; first jawed fishes; colonization of land by plants and arthropods
	MASS EXTINCTION				
		Ordovician		(490-438)	First vertebrates (jawless fishes); first plants
		Cambrian		(545-490)	Cambrian explosion: nearly all the major animal body plans arise; earliest chordates
	Precambrian			600	Soft-bodied invertebrates and algae diversify
				900	Multicellular organisms appear
				1500	Oldest definite fossils of eukaryotes
				2500	Oldest definite fossils of prokaryotes
				4500	Formation of the Earth

그림 33.12 | 지질 시대 표.
척추동물은 캄브리아기 직후에 나타났으며, 이후 생물의 다양성을 증가시키는 데 큰 역할을 하였다.

최초의 어류들

최초의 어류는 갑주어류의 다섯 목에 속하는 종류들이었다. 이들은 두부만 경골로 덮여 있었고 내부골격은 연골로 이루어져 있었다. 이들은 해저 바닥에서 생활하며 납작한 두부 아래 있는 입은 턱이 없고, 눈은 위쪽 표면에 달려 있었다. 오르도비스기와 실루리아기에 번성했던 갑주어류는 데본기(4억 800만~3억 6,000만 년 전)말이 되면 거의 완전히 멸종하였다(그림 33.10). 단지 무악어류인 먹장어와 칠성장어만이 오늘날 생존하고 있다(표 33.1).

턱의 진화

어류의 진화는 주로 포식자로서 살아가기 위하여 잠재적인 피식자를 포획하는 데 가장 알맞도록, 그리고 물 속에서 피식자를 추적하는 데 알맞도록 이루어졌다.

근본적으로 중요한 진화적 발전은 4억 1,000만 년 전에 이룩되었는데, 이는 턱이 생긴 것이었다. 턱은 아가미틈이 열리도록 아가미틈 사이의 조직을 지탱하는 데 이용되는 연골로 이루어진 아가미활(새궁) 중에서 맨 앞쪽의 것이 진화하여 생긴 것이다(그림 33.11).

각각의 새궁은 V자 형태로 배열된 일련의 연골로 이루어져 있다. 맨 앞의 한 쌍의 새궁의 위와 아래가 융합하고 V자 꼭지점 부분이 경첩처럼 연결되어 원시턱이 생겨났다. 턱의 위쪽 반은 뒷부분을 제외하곤 두개골에 직접 부착되어 있지 않다. 이빨은 입의 내벽을 덮고 있는 피부의 비늘이 변형되어 턱에서 발생하였다.

초기의 턱을 가진 어류는 몸이 작고 방호용 가시들(spines)로 덮여 있었다. 데본기 초기에 번성했던 이 가시어류(acanthodians)는 갑주어류(ostracoderms)와 마찬가지로 연골로 이루어진 내부 골격을 가지고 있었으나 비늘은 경골로 이루어진 작은 골판이 들어 있었다. 가시어류는 포식자였고 갑주어보다 훨씬 헤엄을 잘 쳤으며 7쌍의 지느러미를 가지고 있었다. 이 지느러미들은 모두 단단한 가시가 있었다.

그 후, 데본기 중반이 되면 판피어류(placoderms)라고 부르는 턱을 가진 커다란 어류가 번성하게 되었다. 이 어류는 단단한 골판으로 뒤덮인 두부를 가지고 있었다. 이 판피어류의 턱은 가시어류보다 훨씬 발달하여 윗턱이 두개골에 융합되었고, 두개골은 어깨에 경첩모양 연결되었다. 판피어류는 대개 거대해서 어떤 것은 길이가 9m에 이르렀다.

활발한 유영자들의 출현

데본기 말, 지구의 지질학적 그리고 생물학적 역사 동안 일어난 여러 차례의 대절멸 중 하나를 겪으면서 이들 초기의 척추동물들은 모두 상어류와 경골어류로 대체되었다(그림 33.12). 상어류와 경골어류들은 4억 년 전 초기 데본기에 처음 출현하였다. 이들의 턱은 더욱 발달하여 턱 바로 뒤에 있는 새궁이 지지대로 변하여 아래턱의 뒷부분과 두개골의 뒷부분을 연결하게 된다. 이로써 이들은 입을 거의 360° 원만큼 크게 벌릴 수 있어 매우 효과적인 무기가 되었다. 이들 상어류와 경골어류가 원시어류들을 대체하게 된 주요 요인으로는 유영에 알맞은 몸 형태를 들 수 있다. 그들은 유선형의 몸체를 갖고 있었으며 쐐기형 머리로 물살을 가르고 꼬리쪽으로 갈수록 점점 좁아지는 몸체로 요동없이 물 속을 매끄럽게 헤엄쳐 다녔다. 더욱이 그들은 유영을 보조하도록 배열된 지느러미들을 가지고 있었으며 크고 효율적인 꼬리지느러미를 옆으로 휘저으며 앞으로 나가고 등지느러미와 배지느러미로 안정을 유지하며, 가슴지느러미와 뒷지느러미는 몸의 상승과 하강, 방향타, 브레이크의 역할을 하도록 발달되었다.

상어류

데본기를 이은 석탄기(3억 6,000만~2억 8,000만 년 전)에는 상어류가 바다를 지배하는 포식자가 되었다. 연골어강(class chondrichythes)에 속하는 상

그림 33.13 | 연골어류(연골어강).
이 푸른상어 같은 연골어류들은 주로 포식자 또는 부식동물이다.

어류는 원시어류처럼 연골로 이루어져 있으나 연골 바깥층에 탄산칼슘 입자가 침적되어 칼슘화된 골격을 가지고 있다. 이와 같이 유선형 몸체와 몇 쌍의 지느러미, 가볍고 강하면서도 탄력성 있는 골격은 상어를 우세한 유영자로 만들었다(그림 33.13).

상어는 이빨이 발달한 최초의 척추동물 중 하나이다. 피부의 단단한 비늘로부터 진화한 이빨은 인간의 치아처럼 턱 속에 고정되어 있지 않고 턱 위에 얹혀 있다. 상어의 입 속을 보면 이빨이 20열 정도 줄을 지어 배열해 있는데 앞쪽 이빨이 닳고 소실되면 바로 뒷열의 이빨이 앞으로 움직여 대체된다. 이런 식으로 항상 새롭고 날카로운 이빨을 사용하게 되는데 상어는 20,000개 이상의 이빨을 살아 있는 동안 사용할 수 있다. 상어는 피부에 작은 이빨 같은 비늘이 있어 사포처럼 거친데 이 비늘도 이빨처럼 일생을 두고 계속 교체된다. 연골어강의 생식방법은 어류 중 가장 발전되어 있다. 상어는 체내수정을 한다. 교미시기 동안 수컷은 파악기(claspers)라는 변환된 지느러미로 암컷을 붙잡고 파악기 내의 홈을 통해 암컷 속으로 정자를 집어넣는다. 어떤 종은 수정된 알을 산란하기도 하지만, 대부분의 상어류 알은 암컷 체내에서 발생하여 어린 새끼로 어미 몸에서 밖으로 나온다. 많은 초기 상어류는 페름기(2억 8,000만~2억 4,800만 년 전)말 대절멸기 동안 사라지고, 살아남은 종류들은 번성하여 중생대에 폭발적으로 다양화가 일어나게 되는데 대부분 현생종들은 이 시기에 나타났다. 오늘날 275종류의 상어가 살고 있다.

경골어류

경골어류에서는 신속하고 자유로운 유영이 다른 방식으로 해결되었다. 상어류처럼 체중의 감소를 통하여 속력을 얻는 대신, 경골어류는 경골로 이루어진 무거운 내부 골격을 갖게 되었다. 이러한 내부 골격은 매우 강하므로 매우 강한 근육이 끌어당길 수 있는 바탕이 된다. 어류 중 가장 성공한 종류인 경골어류는 30,000종 이상이 속해 있으며 원시 사족류의 조상인 총기류(육기어강)와 오늘날 대다수 어류들이 속한 조기류(조기어강)들이 이들로부터 진화되었다. 이들 경골어류들의 대단한 성공은 물속생활에 대한 몇 가지 중요한 적응의 결과이다. 경골어류는 부레(swim bladder)를 가짐으로써 물에서 뜰 수 있다(그림 33.14). 부레는 기체가 차 있는 주머니로서 경골어류는 그 속의 기체의 양을 조절하여 힘들이지 않고 물속에서 뜨고 가라앉을 수 있다. 이에 반하여 상어류는 몸이 물보다 밀도가 더 크므로 물 속에서 계속 움직이지 않으면 가라앉게 된다.

원시 경골어류에서 부레는 목 뒤에 인두와 연결된

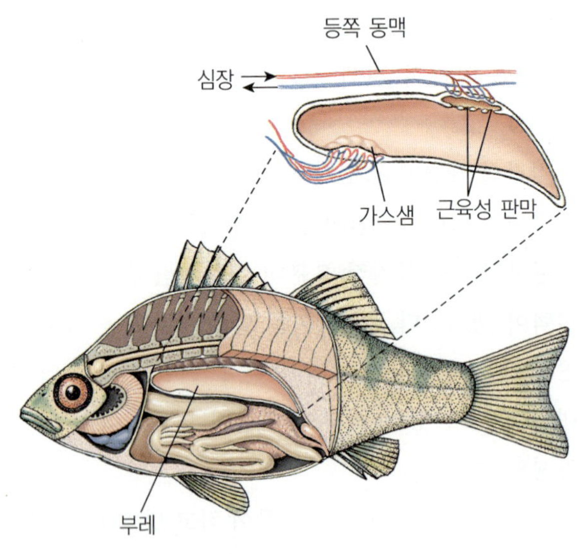

그림 33.14 | 부레의 모식도.
경골어류의 부레는 인두의 등쪽 돌기형태로 진화해 왔는데 물속에서 부력을 조절한다. 부레 속의 가스의 양을 조절하여 부력을 조절하게 되는데, 부력이 더 많이 요구될 때는 혈액에서 가스샘으로 들어간 가스가 부레로 분비된다. 부력을 감소시키려면 근육성 판막에 의해 가스는 부레에서 혈액으로 방출된다.

쌍을 이룬 기낭 형태이었다. 이들은 물 표면으로 나와 단순히 공기를 들이마심으로써 이 부레에 공기를 채우곤 했다. 오늘날 경골어류에서 부레는 독립기관으로서 주로 질소와 산소로 이루어진 가스의 양을 내부적으로 조절한다. 즉 더 많은 부력이 요구되면 혈액에서 특유의 가스샘에 의해 가스가 수집되고 여기서 부레 속으로 방출되며, 부력을 감소시키려면 근육성 판막에 의해 부레에서 혈액으로 가스를 되돌린다. 이때 여러 생리적 요소들이 이 혈액과 부레 사이의 가스 교환을 조절하게 된다. 이렇게 유영과 관련된 문제를 간단히 해결하게 된 것은 대단히 성공적인 것이 되었다.

부레 외에, 경골어류가 물 속에서 우점하도록 만든 특징은 여러 가지가 있다. 상어류에서도 그 전신이 발견되긴 하지만 이들은 완전히 발달된 측선계(lateral line system)를 가진다. 측선계는 어류 몸 표면 아래 길이로 달리고 있는 관 속에 일련의 감각기관이 들어 있고, 일련의 벽공에 의해 외부로 열려 있는 기관이다. 측선계는 수압의 변화를 감지함으로써 포식자와 피식자의 움직임을 감지할 수 있게 한다. 경골어류는 또 두부의 양 옆에 있는 아가미를 덮는 아가미덮개(operculum)라는 단단한 덮개판을 가진다. 경골어류는 아가미덮개를 움직여 물이 아가미로 통과하게 한다. 즉, 입이 열리고 아가미덮개가 닫히면 구강의 크기가 증가해 물은 입을 통해 밀려들어온다. 입이 닫히고 아가미 덮개가 열리면 구강의 크기가 감소해 물은 아가미를 통해 몸 밖으로 밀려나가게 된다. 매우 효율적인 풀무와 같은 아가미덮개를 이용하여 경골어류는 물 속에서 정지해 있으면서도 아가미에 물을 통과시킬 수 있다. 어항 속에서 금붕어가 가만히 정지해 있으면서 물을 뻐끔거리는 것은 바로 이러한 행동이다.

육상으로의 진출

총기류(lobe-finned fishes)는 최초의 경골어류가 나타난 직후인 3억 9,000만 년 전에 진화되어 나왔다. 오늘날 7종만 생존하고 있는데, 1종은 시알라칸트(coelacanth, 그림 33.15)이고, 6종은 폐어이다. 총기어류는 쌍으로 된 지느러미가 길고 근육성인 돌출부로서 중심부에 관절을 가진 골격이 있다. 오늘날 총기류는 드물지만 척추동물의 진화에서 중요한 역할을 담당하였다. 양서류는 이 총기류로부터 진화되었다.

그림 33.15 | 총기류(육기어강)인 현생 시알라칸트 *Latimeria chalumnae.*
1938년에 인도양에서 발견된 이 시알라칸트는 7000만 년 전에 멸종된 것으로 생각되고 있었다. 수심 100~200m에서 발견되었는데, 일부 개체는 3m 길이에 이른다. 이들은 가늘고 지방이 들어 찬 부레를 가지고 있다.

양서류

도롱뇽과 개구리는 축축한 피부를 가진 척추동물로서 어류의 직접적인 후손이다. 이들은 육상에서 걸었던 최초의 척추동물이며 매우 성공적이었던 양서류의 일부 생존자이다. 그러나 현생 양서류는 포유류보다 종수가 많다. 양서류는 육상 먹이사슬에서 중요한 역할을 담당하고 있다.

양서류의 특징

현생 양서류는 3개 목으로 구분되며(표 33.2), 개구리류와 두꺼비류로 구성된 무미목 22과 4,200종, 도롱뇽과 영원으로 구성된 유미목 9과 500종, 지렁이 모양인 무족목 6과 150종이다. 양서류는 다음과 같은

표 33.2 양서류의 목			
목	대표적인 예	주요 특징	현생종의 수
무미목 (Anura)	개구리, 두꺼비	꼬리가 없다. 두부는 크고 몸통과 융합되어 있다. 뒷다리가 도약하는 데 알맞도록 특수화되어 있다.	4200
유미목 (Urodela)	도롱뇽	몸이 가늘고, 꼬리가 길다. 다리가 몸에서 직각을 이루며 뻗어 있다.	500
무족목 (Apoda)	무족영원	열대성이고, 몸이 뱀 모양이다. 다리가 없다. 꼬리가 작거나 없다	150

주요 특징을 가진다.

1. **다리.** 개구리와 도롱뇽은 4개의 다리를 가지며 육상에서 비교적 능숙하게 걸어다닐 수 있다. 이 다리는 지느러미로부터 진화한 것으로서(그림 33.16), 육상에서의 생활에 대한 중요한 적응 중 하나이다. 무족류(caecilians)에서는 혈거생활에 적응하는 동안 다리가 소실되었다.
2. **피부 호흡.** 양서류는 모두 피부를 통하여 직접 호흡함으로써 허파의 기능을 보충한다. 피부는 축축한 상태로 유지되고 넓은 표면적을 제공한다. 이와 같은 방식의 호흡은 "표면적 : 부피"의 비율이 클 때만 효율적이다.
3. **폐.** 양서류 폐의 내부표면적은 파충류나 포유류

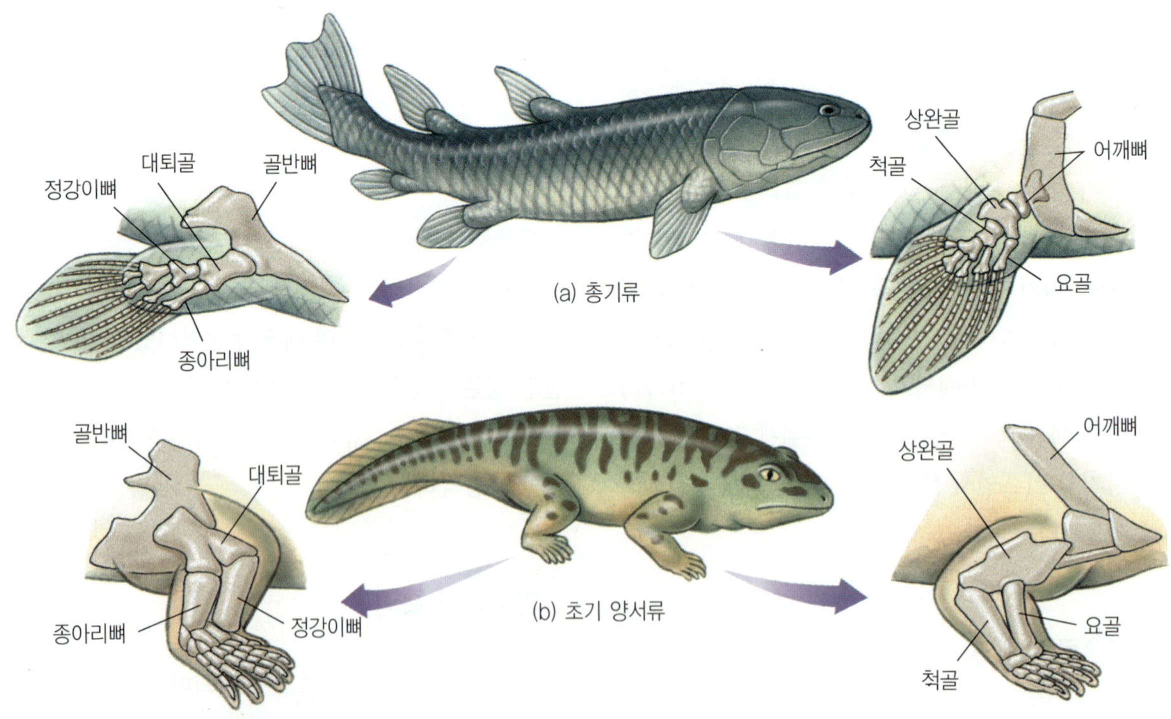

그림 33.16 | 원시 양서류와 총기류의 다리 비교.
(a) 총기류. 아마도 이들 중 일부가 육상으로 올라왔다. (b) 원시 양서류. 이들의 다리는 육상에서 총기류의 지느러미보다 더 기능이 좋았다.

의 폐보다 넓지 않지만, 대부분의 양서류는 한 쌍의 허파를 가진다.

4. **폐정맥.** 혈액이 허파를 통과한 뒤, 폐정맥이라는 2개의 커다란 정맥을 통하여 산소가 공급된 혈액이 심장으로 되돌아온 다음, 다시 분출된다. 그 결과 산소가 공급된 혈액은 허파에서 나올 때보다 높은 혈압으로 조직으로 가게 된다.
5. **불완전하게 구분된 심장.** 걷는 데 필요한 근육의 활동 때문에 양서류는 다량의 산소를 운반하기 위하여 심장은 개조되어야만 했다. 양서류에는 어류 심장의 첫 번째 방이 없으며 둘째 및 마지막방은 벽으로 구분되어 허파에서 오는 산소가 공급된 혈액과 몸의 다른 부분에서 심장으로 돌아오는 산소가 공급되지 않은 혈액이 섞이지 않도록 한다. 이로써 혈액 순환은 두 가지 경로, 즉 폐순환과 체순환으로 구분된다. 그러나 이 구분은 불완전한데, 그 이유는 셋째 방이 벽으로 나뉘어져 있지 않기 때문이다.

화석학자들은 양서류는 총기류에서 진화했으며 그들 중 멸종한 rhipidistian 어류가 직계 조상이라고 생각하고 있다. 척추동물이 성공적으로 육상생활로 옮겨가면서 몇 가지 중요한 적응 과정이 있었다.

1. 장소 이동뿐만 아니라 몸무게를 지탱할 다리가 필요하게 되었다(그림 33.16).
2. 공기 중의 산소를 얻기 위해 폐가 필요하게 되었다. 비록 아가미에게 닿는 산소의 양은 물 속보다 공기 중에서 더욱 많겠지만, 아가미를 지탱하기 위해선 물의 부력이 필요하므로 아가미는 공기 중에서 기능을 하지 못한다.
3. 심장은 새 호흡계를 최대로 이용하여 보행근육에 필요한 상당한 양의 산소를 공급할 수 있도록 새로운 구조로 개편되어야 했다.
4. 생식은 알의 건조를 막는 방법이 진화되기까지 물 속에서 행해져야 했다.
5. 가장 중요하게 몸의 건조를 막는 체계가 발달해야만 했다.

과거의 양서류

최초의 양서류 화석은 익티오스테가(*Ichthyostega*)로서 그린랜드의 3억 7,000만 년 된 암석에서 발견되었다. 그 당시 그린랜드는 북아메리카 대륙의 일부였고 적도 근처에 위치하고 있었다. 그 후 1억 년 동안의 모든 양서류 화석은 북아메리카에서 발견되었다. 그 후 아시아와 남부대륙이 북아메리카대륙과 합쳐져 거대한 판게아 대륙을 형성했을 때 양서류는 전 세계로 퍼져 나가게 되었다.

익티오스테가는 4개의 튼튼한 다리는 어깨뼈와 엉덩이뼈로 지지되고 흉곽으로 심장과 폐를 감싸고 있었다. 흉곽은 너무 단단해서 호흡작용을 위한 수축과 팽창을 할 수 없으므로 개구리가 하듯이 구강바닥을 내려 공기를 들여마시고 구강바닥을 올려 공기를 폐로 밀어보내는 식으로 산소를 얻었다.

양서류가 처음으로 흔해진 시기는 석탄기(3억 6,000만~2억 8,000만 년 전)이다. 석탄기 초기에서 14과가 알려져 있는데, 이들은 거의 모두 수생 또는 반수생이었다. 석탄기 후기에 북아메리카의 대부분은 열대 습지였으며, 이 시기에 34과가 번성하였고, 이때 반용류와 다른 초기 파충류도 함께 서식하고 있

그림 33.17 | 페름기의 육상 양서류 *Cacops.* 몸이 커다란 절멸한 양서류. 몸은 갑주에 덮여 있었다.

었다. 페름기 초에(2억 8,000만~2억 4,800만 년 전) 양서류 중에서 큰 변화가 일어났는데, 이는 습지를 떠나 보다 건조한 곳으로 이동한 것이었다. 이 육상 양서류들은 몸을 덮는 경골판과 갑주를 가졌으며 몸이 매우 컸다(그림 33.17). 큰 몸집과 완전히 경골판과 갑주로 싸인 피부는 이 양서류가 피부호흡을 하지 않았으며 수분손실을 막기 위해 수분이 통과하지 않는 가죽 같은 피부를 가졌음을 알려준다. 페름기 중기에 40과가 있었다. 이 중에서 약 25%만 반수생이었고 60%는 완전히 육상생활을 했으며, 15%는 반육상생활을 했다. 이 시기가 양서류 전성 시기였다.

페름기 후기에 수궁류(therapsids)라는 파충류가 흔해져 양서류의 자리를 대치하기 시작했다. 페름기 말에 있었던 대절멸 후에 수궁류는 육상을 우점하는 척추동물이 되었고, 대개 수생생활은 하는 양서류만 남았다. 그리하여 삼첩기(2억 4,800만~2억 1,300만 년 전)에는 육상에서 양서류가 자취를 감추었다. 삼첩기말에는 15과의 양서류만 남았고, 모두 수생 양서류였다. 그리고 이어지는 쥐라기(2억 1,300만~1억 4,400만 년 전)에서 양서류는 단지 2개 집단만 알려져 있다. 무미류(개구리와 두꺼비)와 유미류(도롱뇽과 영원)이다. 양서류의 시대는 끝난것이다.

현생 양서류

오늘날의 양서류는 쥐라기까지 살아남았던 2과의 양서류 후손들이다. 제3기 동안(6,500만~2백만 년 전) 이 축축한 피부를 가진 양서류는 여러 가지 습한 환경에 성공적으로 침투하였고, 현재 3목 37과 4,800종이 살고 있다.

(a)

(b)

(c)

그림 33.18 | 양서강.
(a) 붉은눈개구리 *Agalychnis callidryas*(무미목). (b) 범도롱뇽 *Ambystoma tigrinum*(유미목). (c) 무족영원 *Caecilia tentaculata*(무족목).

무미목(Anura). 꼬리가 없는 개구리류와 두꺼비류는 사막이나 산지에서 연못에 이르기까지 여러 환경에 살고 있다(그림 33.18a). 개구리류는 부드럽고 축축한 피부, 넓적한 몸, 그리고 긴 뒷다리를 가진다. 대부분의 개구리는 물 근처에 살지만 일부 열대 종은 나무에서 산다. 두꺼비는 건조하고 우툴두툴한 피부에다 짧은 다리를 가지며, 건조한 환경에 잘 적응하고 있다. 무미류 성체는 육식성이며, 여러 가지 무척추동물을 먹는다.

대부분의 개구리류와 두꺼비류는 물로 가서 알을 낳는다. 이들의 알은 외막이 없으므로 물이 없으면 금방 말라버린다. 알은 체외에서 수정되며 헤엄치는 올챙이로 부화된다. 올챙이는 미세 조류를 먹고 살며, 변태과정(metamorphosis)을 거쳐 성체로 된다.

유미목(Urodela). 도롱뇽은 몸과 꼬리가 길며 피부는 부드럽고 축축하다(그림 33.18b). 도롱뇽은 거의 모두 습기 많은 곳에서 살며 일부 종류는 완전히 물 속에서 산다.

도롱뇽은 물 속이나 축축한 곳에 알을 낳는다. 이들은 대개 체외수정을 한다. 무미류와는 달리 변태 없이 성체와 동일한 모양의 새끼가 알에서 부화되어 나온다.

무족목(Apoda). 무족영원은 열대지방에서 땅을 파고 사는 특이한 양서류이다(그림 33.18c). 이들은 다리가 없고 벌레 모양인데, 길이가 대개 30cm에 이르지만 1.3 m인 것도 있다. 이들은 눈이 작거나 없다. 비록 벌레 모양이지만 턱과 이가 있다. 그들은 벌레나 흙 속의 무척추동물을 먹고 산다. 수컷은 암컷의 몸 속에 정자를 직접 넣고 암컷은 어린 새끼를 낳는다.

파충류

양서류는 육상생활에 알맞도록 진화된 동물이다. 파충류는 육상생활에 적응하여 양서류에서 처음 나타난 변화를 발전시켰다. 다리는 체중을 효과적으로 지탱하도록 배열되어 있어 몸이 커지고 달릴 수 있게 되었다. 피부는 비늘이나 판으로 덮여 수분소실을 막게 되었고 폐와 심장은 좀더 효율적으로 변화되었으며 알은 방수성 막으로 싸이게 되었다. 파충류는 진정한 최초의 육상 척추동물이었다. 파충류는 현재 7,000종 이상이 살고 있다(표 33.3).

파충류의 주요 특징

모든 현생 파충류는 일정한 기본적 특징을 공유하고 있는데, 이 특징은 과거 양서류를 몰아내고 육상의 지배자가 될 때부터 가지고 있는 것이다. 이 특징들 중에서 중요한 것을 보면 다음과 같다.

1. **양막란.** 양서류는 알이 건조되는 것을 방지하기 위하여 물 속에 산란해야만 하므로 완전한 육상 동물이 될 수는 없었다. 대부분의 파충류는 방수성인 알을 산란하며, 이 알은 영양물질(난황)과 4개의 막, 즉 장막, 양막, 난황낭, 그리고 요막을 가진다(그림 33.19). 맨 바깥쪽 막인 장막(chorion)은 기공이 있는 난각 바로 아래 위치하고 있으며 호흡가스는 통과시키지만 알 속의 수분은 빠져나가지 못하게 한다. 양막(amnion)은 액체로 채워진 양막강에서 발생하는 배를 감싼다. 난황낭(yolk sac)은 난황으로부터 영양을 배의 장과 연결된 혈관을 통하여 배에 공급한다. 요막(allantois)은 배에서 배설되는 노폐물을 가두어 두는 주머니 역할을 한다.
2. **건조한 피부.** 양서류는 축축한 피부를 유지하도록 습기 많은 장소에서 살아야 한다. 파충류는 건조하고 수분이 통과하지 못하는 피부를 가지고 있다. 이들의 몸은 비늘이나 갑주로 둘러싸여 있어서 수분소실을 방지할 수 있다. 이 비늘들은 표피세포에 케라틴이 채워져서 발달되었다.
3. **흉부 호흡.** 양서류는 입 안의 공기를 삼켜 허파로

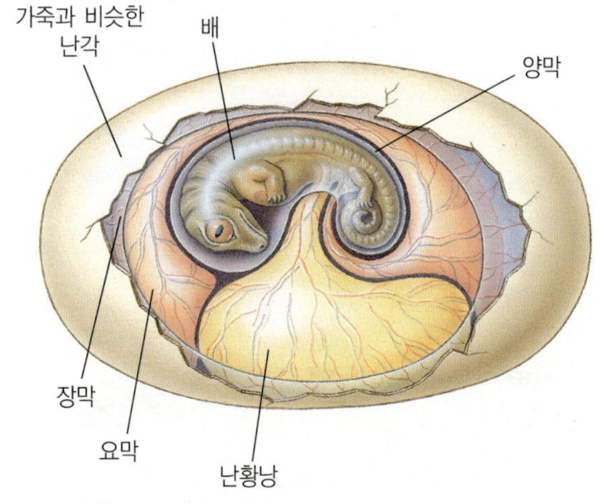

그림 33.19 | 파충류의 방수성 알.
방수성인 양막을 가진 알은 파충류로 하여금 육상의 다양한 서식처에서 살아갈 수 있게 하였다.

표 33.3 파충류의 목

목	대표적인 예	주요 특징	기록 종 수
Squamata, suborder Sauria 유린목, 도마뱀아목	도마뱀	다리가 몸에서 직각으로 뻗음. 항문은 횡으로 갈라진 틈 모양이다. 대부분 육상에 서식한다.	3,800
Squamata, suborder Serpentes 유린목, 뱀아목	뱀	다리가 없고 미끄러지듯 이동한다. 피부는 비늘을 가지며, 주기적으로 탈피한다. 대부분 육상에 서식한다.	3,000
Chelonia 거북목	거북, 바다거북	몸이 경골성 골판으로 싸이며, 여기에 척추와 갈비뼈가 융합되어 있다. 이가 없는 날카로운 각질성 부리를 가진다.	250
Crocodylia 악어목	악어류	고등 파충류로서 심장은 4개의 방으로 구분되며 소켓이 있는 이를 가진다. 항문은 종으로 갈라진 틈 모양이다. 조류와 유연 관계가 가장 깊다.	25
Rhynchocephalia 훼두목	투아타라	공룡 출현전에 대부분 사라진 한때 성공적이었던 집단의 유일한 생존자이다. 소켓 없이 융합된 쐐기 모양의 이를 가진다. 두부 앞쪽의 피부 속에 원시적인 제3의 눈이 있다.	2
Ornithischia 검룡목	검룡	새처럼 뒤쪽을 향한 2개의 골반뼈를 가진 공룡이다. 초식동물로서 거북의 것과 유사한 윗 부리를 가졌고 몸의 아래 쪽에 다리가 나 있었다.	절멸
Saurischia 용반목	티라노사우루스	도마뱀처럼 골반뼈 중 하나는 앞쪽을 향하고 다른 하나는 뒤쪽을 향하였다. 초식성인 것과 육식성인 것이 있었으며, 다리는 몸의 아래쪽에 나 있었다.	절멸
Pterosauria 익룡목	익룡	비행 파충류로서, 날개는 넷째 손가락과 몸 사이의 피부가 확장되어 이루어져 있었으며 날개 길이는 초기에 60cm, 후기에 8m에 이르렀다.	절멸
Plesiosauria 장경룡목	장경룡	해양 파충류로서 날카로운 이와 크고 노모양인 지느러미를 가졌다. 어떤 것은 몸통보다 두 배나 긴 뱀 모양의 목을 가지고 있었다.	절멸
Ichthyosauria 어룡목	어룡	유선형의 해양 파충류로서 오늘날의 상어류나 어류와 여러 가지로 유사한 몸을 가지고 있었다.	절멸

들여보낸다. 따라서 입안의 부피에 따라 호흡 능력이 제한된다. 파충류는 폐호흡을 발전시켜서 흉곽을 확장시키고 수축시켜 공기를 허파 속으로 들여보내고 배출시킬 수 있게 되었다.

파충류의 역사

2억 5,000만 년 동안 파충류는 육상을 지배하는 커다란 척추동물이었다. 4가지 주요 파충류들이 차례로 우점종이 되었는데 처음에 반용류(pelycosaurs)가 두각을 나타내기 시작했다. 길고 날카로운 이를 가진 반용류는 자기 몸 크기의 동물을 죽일 수 있는 최초의 육상동물이었다. 이들은 안와 뒤에 한 쌍의 일시적 측면두개구멍을 갖고 있는 단궁류(synapsids)로서 이 구멍에 턱 근육이 고정되어 힘 있게 상대를 물어뜯을 수 있는 강한 턱을 가지고 있었다. 이 눈 뒤의 구멍의 존재와 수효는 파충류분류의 중요 특성이다. 이들의 무게는 200kg이나 되었다. 반용류는 약 5,000만 년 동안 육지를 우점하며, 한때 모든 육상 척추동물의 최내 70%를 차지하였다. 약 2억 5,000만 년 전 반용류를 대체하여 나타난 수궁류(therapsids)는 포유류의 직접 조상이 되었는데, 고생물학자들은 이 동물이 내온동물이었을 것으로 생각하고 있다. 수궁류는 체온을 발생시키기 위하여 많은 연료가 필요했으며, 변온동물인 반용류보다 10배나 더 자주 먹이를 섭취해야만 했다. 이런 특성으로 당시의 길고 추운 겨울 동안 다른 척추동물보다 훨씬 활동적이었던 수궁류는 2,000만 년 동안 우점종이 되었고 1억 7,000만 년 전 멸종하였다.

2억 3,000만 년 전 기후가 온난해지자 수궁류는 다시 변온동물인 조치류(thecodonts)라는 파충류로 교체되었다. 조치류는 쌍궁류(diapsids)로서 최초로 두 발로 서서 걷게 된 동물이었다.이들은 삼첩기를 거치며 1억 5,000만 년 동안 생존하였다. 2억 2,000만 년 전 조치류에서 공룡이 진화하였다. 조치류와 다르게 그들의 다리는 몸체 바로 아래 위치하였고 몸무게를 떠받칠 수 있으므로 공룡은 민첩하고 빠르게 달릴 수 있었다. 이것은 중요한 몸체제의 발전이었다. 이들은 1억 5,000만 년 동안 육상을 지배했으며 6,500만 년 전

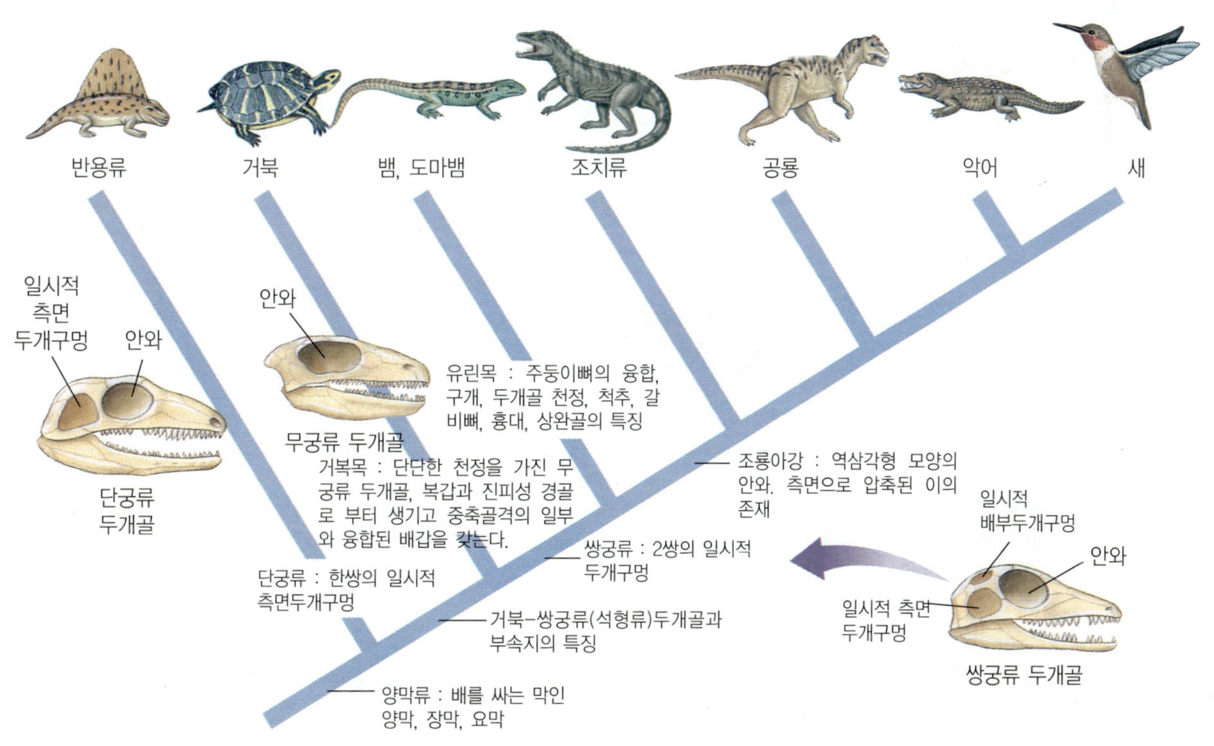

그림 33.20 | 양막류의 분기도.

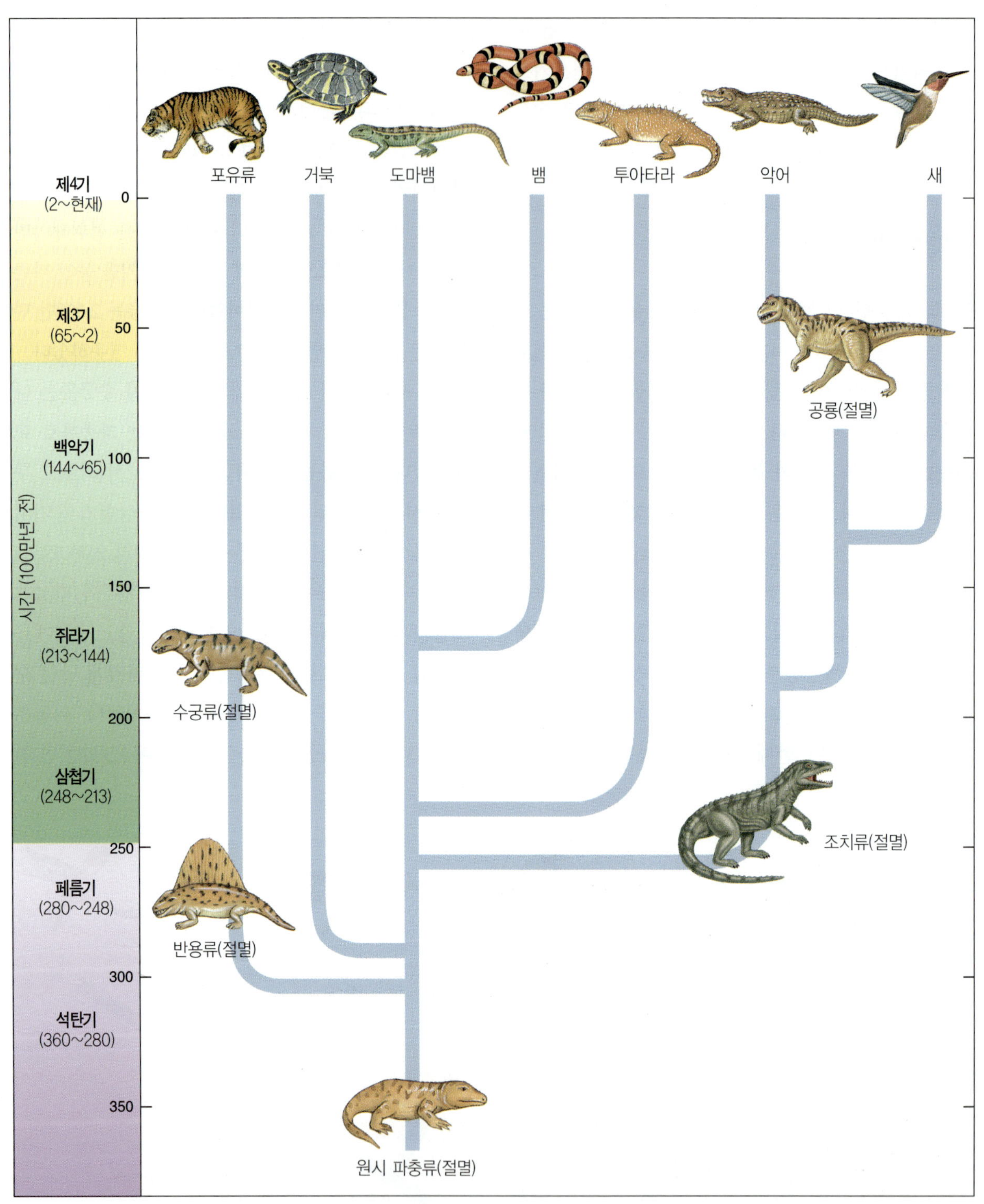

그림 33.21 | 파충류의 진화적 관계.
4개의 파충류목만이 현존하고 있다. 즉 거북류, 도바뱀과 뱀류, 투아타라류 그리고 악어류이다. 이 계통수는 이들 사이의 관계와 공룡, 조류, 포유류와 이들의 관계를 보여주고 있다.

갑자기 소행성의 영향으로 멸종되었다. 그림 33.20과 그림 33.21은 멸종한 파충류와 현존하는 파충류 사이의 진화관계를 요약해 놓았다.

현생 파충류의 종류

대부분의 파충류목은 절멸하였다. 과거에 살았던

16개 목 중에서 지금 남아 있는 것은 4개 목뿐이며, 약 7,000종이 살고 있다.

1. **거북목**(order Chelonia) : **거북류**(Turtles and Tortoises). 거북류는 현재 약 250종이 살고 있으며, 대부분 수생생활을 한다. 이들은 보호 골갑으로 몸이 감싸여 있기 때문에 다른 파충류와는 뚜렷이 구별된다. 거북류는 이가 없는 대신 날카로운 부리를 가지고 있다.

오늘날의 거북은 2억 년 전 처음 거북이 나타난 뒤에 거의 변하지 않은 모습을 가지고 있다. 거북류는 다른 현생 쌍궁 파충류와는 달리 두개골에 일시적 구멍이 생기지 않는 무궁류(anapsids)이다. 일부 종에서는 골갑이 단단한 골판으로 되어 있고, 일부 종은 질긴 가죽으로 덮여 있다. 골갑은 기본적으로 두 부위로 이루어져 있다. 등쪽의 것이 배갑(carapace)이고 복부 쪽의 것이 복갑(plastron)이다. 대부분의 거북류에서 척추와 늑골은 배갑의 안쪽 면에 융합되어 있다. 모든 근육은 골갑에 부착되어 있다.

대부분의 육상 거북은 골갑이 돔 형이고, 그 속에 머리와 다리를 움츠려 넣을 수 있지만, 물 속에 사는 거북류는 유선형이고 납작한 골갑을 가진다. 담수산 거북류는 물갈퀴를 가지며 바다거북의 앞다리는 노처럼 생겼다. 바다거북은 평생 바다에서 살지만 산란은 육지에 올라와서 한다. 대서양의 녹색거북은 섭식 장소인 브라질 해안에서 남대서양 중앙부에 있는 아센션 섬까지 2000km 이상의 거리를 헤엄쳐 가서 자신이 부화된 같은 해변의 모래 속에 알을 낳는다.

2. **훼두목**(order Rhynchocephalia) **투아타라류**(Tuataras) .오늘날 훼두목은 길이가 50cm 정도인 투아타라류 두 종뿐이다. 이 종들은 뉴질랜드 주변의 작은 섬들에 산다.

등줄기를 따라 나 있는 볏 같은 가시 때문에 투아타라란 이름을 갖게 되었다. 투아타라는 특이하게도 머리 위에 두정안(parietal eye)이라는 제3의 눈이 있다. 엷은 비늘로 덮여 있는 이 눈은 렌즈와 망막을 가지며 신경을 통해 뇌와 연결된다. 이 각안은 햇볕에 너무 노출되어 몸이 과열되지 않도록 하는 몸에 대한 경고 장치인 것으로 보인다. 다른 파충류와는 달리 투아타라는 추울 때 활발하게 활동한다. 이들은 낮에는 구멍 속에 있고 밤에 나와 곤충이나 작은 동물을 잡아먹는다.

3. **유린목**(order Squamata) **도마뱀과 뱀류**(Lizards and Snakes). 유린목에는(그림 33.23) 3개의 아목이 있는데, 이들은 약 3,800종으로 구성된 도마뱀아목(Sauria), 약 135종의 지렁이도마뱀아목

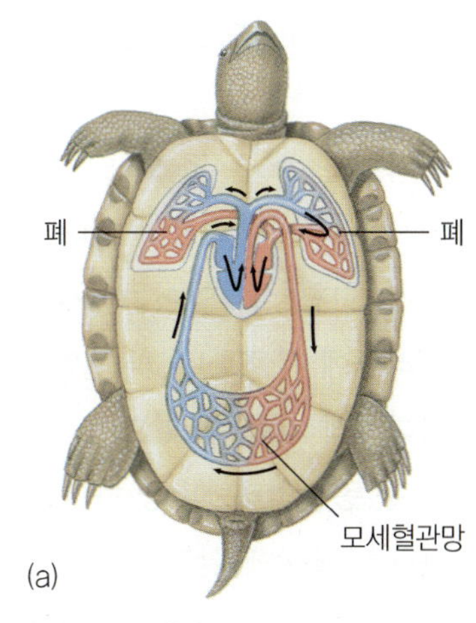

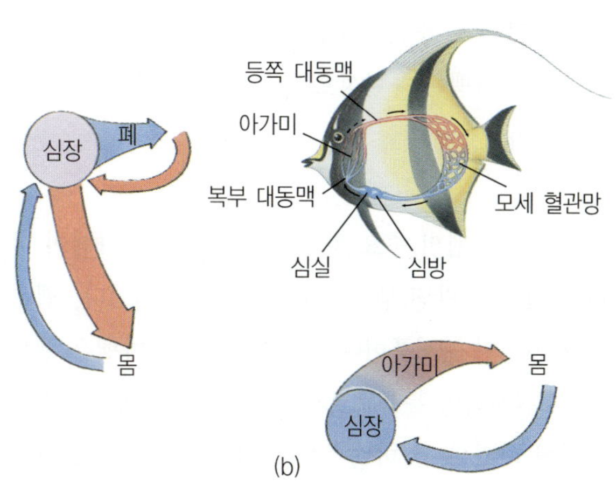

그림 34.22 | 파충류와 어류의 순환 비교. (a) 파충류에서 혈액은 폐를 떠난 뒤에 심장에서 다시 분출된다. 그러므로 몸의 나머지 부위로의 힘찬 순환이 이루어진다. (b) 어류에서는 혈액이 아가미로부터 직접 몸의 나머지 부위로 흐르므로 순환이 느리다.

(a)

(b)

그림 33.23 | **뱀목의 도마뱀(a)과 뱀(b).**
(a) 오스트레일리아 도마뱀 *Sphenomorophus* 일부 굴을 파는 도마뱀은 다리가 없다. 이 다리 없는 도마뱀의 한 계통에서 뱀이 진화했다.
(b) 민무늬 녹색뱀, *Liochlorophis vernalis*

(Amphisbaenia), 그리고 약 3,000종의 뱀아목(Serpentes)이다. 유린목의 파충류는 특징적으로 수컷이 2개의 생식기를 가지며 두개골과 직접 연결되지 않은 아래턱을 가진다. 턱과 두개골 사이에는 5개의 관절을 가진 가동성 경첩이 있어서 턱이 매우 유연하게 움직일 수 있다. 대부분의 뱀과 도마뱀은 육식성으로서, 곤충, 작은 동물을 먹는다.

도마뱀과 뱀의 주요 차이는 대부분의 도마뱀이 다리를 가지는 반면 뱀에는 다리가 없는 점이다. 뱀은 또 가동성인 눈꺼풀이나 외이가 없다. 도마뱀은 뱀보다 더 원시적인 동물들로서 불과 2,000만 년 전에 진화되어 나왔다. 도마뱀류에는 카멜레온, 남방도마뱀(gecko)도 포함되는데, 대부분 길이가 30cm 이하로

그림 33.24 | **악어.**
모든 다른 파충류가 3개의 방으로 된 심장을 갖는 데 비해 악어는 새나 포유류처럼 4개의 방으로 된 심장을 갖는다. 새처럼, 악어는 현존 파충류 중에서 가장 공룡과 밀접하게 연관되어 있다.

작다. 가장 큰 것은 인도네시아의 코모도도마뱀으로서 길이가 3m에 이르며, 체중이 100kg에 이른다.

북아메리카에 사는 단 두 종을 제외하고, 도마뱀은 독이 없다. 뱀도 마찬가지로 대부분 독이 없다. 뱀류 13과 중에서 4과만 독을 분비하는데, 이들은 코브라류, 바다뱀류, 살모사류, 그리고 일부 colubrids이다.

많은 도마뱁류가 꼬리를 끊고 다시 새로운 것을 재생할 수 있는 능력을 가지고 있다.

4. **악어목(order Crocodilia) 악어류(Crocodiles and Alligators)**. 악어목에는 25종이 있으며, 몸이 크고 주고 물 속에서 산다(그림 33.24). 악어목에는 crocodiles, alligators 외에 미국악어류와 유사한 카이만(caimans), 그리고 가비알(gavials)도 포함된다.

악어류(crocodiles)는 주로 야행성이고 아프리카, 아시아, 남아메리카의 열대, 아열대의 물 속 또는 물가에 산다. 미국악어는 플로리다 남부, 쿠바, 중앙아메리카에 분포한다. 나일악어와 하구악어는 몸집이 거대하게 자랄 수 있으며, 사람을 해친다. Alligators는 두 종뿐인데, 이 중 하나는 미국 남부에 살고 다른 하나는 중국에 살고 있지만 멸종위기종이다. 카이만은 alligator와 유사하며 중앙아메리카가 원산지이다.

가비알은 인도와 버마에 분포하고 어류를 포식하며 길고 가느다란 주둥이를 가진다.

모든 악어류는 육식성이다. 이들은 숨어서 먹이가 다가오기를 기다린다. 눈은 두부의 위쪽에 있고 콧구멍도 주둥이 끝의 위쪽에 있다. 이는 날카롭고 목이 매우 강하다. 입의 뒤쪽에는 판막이 있어서 물 속에서 먹이를 먹을 때 물이 기도로 들어가지 않게 한다.

여러 가지 면에서 악어류는 다른 파충류보다는 조류와 유사한다. 가령, 다른 파충류와는 달리 새끼를 양육하며 심장에는 4개의 방이 있는데, 이는 조류에서 볼 수 있는 특징이다. 대부분의 학자들은 악어가 새와 함께 공룡의 후예라고 보고 있다.

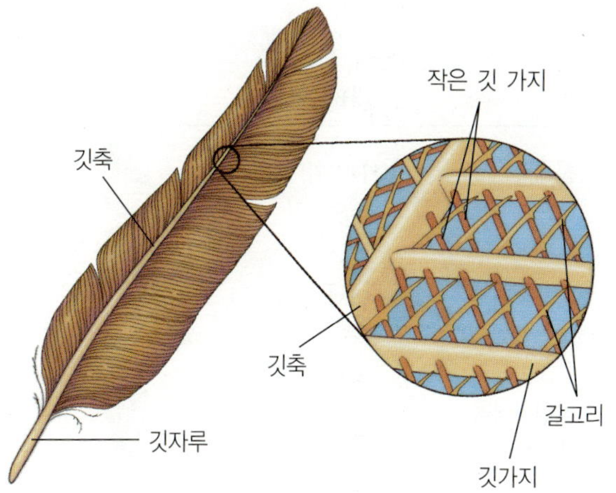

그림 33.25 | **깃털.**
깃털의 중심축에서 나온 깃가지에서 작은 깃가지가 뻗어 나온다. 인접한 깃가지에서 나온 작은 깃가지들은 미세한 갈고리를 이용하여 서로 연결된다.

다른 중요한 특징

파충류는 양막난을 낳기 때문에 체외수정을 할 수 없다. 대신 파충류 수컷은 암컷 몸속에 정자를 집어넣어 막들이 생기기 전 정자와 난자가 수정하는 체내수정을 한다. 파충류의 순환계는 어류와 양서류의 순환계보다 발달하여 더 효율적으로 몸에 산소를 공급한다(그림 33. 22)

파충류 심장 속에는 심방에서 심실을 가로질러 격막이 부분적으로 뻗어 있다. 이 격막은 부분적인 벽을 형성하여 산소가 풍부한 혈액과 산소가 부족한 혈액이 심실 내에서 섞이는 것을 줄여준다. 악어에서는 격막이 완전히 심실을 분리해 4개의 방을 가진 심장을 형성한다. 또 모든 현존하는 파충류는 주위 온도에 따라 체온이 오르내리는 변온동물(ectotherm)이다. 이들은 햇볕을 쪼이며 체온을 올리고 과열되는 것을 막기 위해 그늘로 피하는 등 행동으로 체온을 조절한다. 악어의 조상인 조치류는 현재의 악어처럼 변온동물이었다. 나중 조류로 진화되는 후기 공룡은 내부에서 열을 발생시켜 일정한 체온을 유지하는 내온동물이었다.

조류

단지 4가지 동물군만이 하늘을 나는 능력을 진화시켰다. 즉 곤충류, 익룡류, 조류, 박쥐류이다. 이 중 익룡은 활주 파충류에서 진화했으며 1억 3,000만 년 동안 존재하였고 공룡과 함께 멸종하였다. 조류가 성공한 것은 특유한 구조인 깃털을 발달시켰기 때문이다. 파충류 비늘에서 발달된 깃털은 날기에 이상적인 적응구조였는데, 손상되면 쉽게 대체되는 가벼운 비행기 날개 같았기 때문이다. 오늘날 조류는 모든 육상척추동물 중 가장 다양하고 성공한 동물군으로서 28목 166과 약 8,600종으로 구성되었다(표 33.4).

조류의 주요 특징

오늘날의 조류는 이를 가지지 않으며 흔적적인 꼬리를 가진다. 그러나 조류는 여러 가지 파충류적인 특징을 가지고 있다. 예를 들어 조류는 비록 가죽 같은 알 껍질이 아니라 단단한 알 껍질을 가지지만 파충류처럼 양막을 가진 알을 낳는다. 또 파충류의 비늘은 새의 발과 다리 아래부분에서 발견된다. 새만이 가지는 독특한 특징은 무엇일까? 무엇이 현생 파충류와 다른 점일까?

1. 깃털. 깃털은 파충류의 비늘이 변형되어 생긴 것

표 33.4 조류의 주요 목

목	대표적인 예	주요 특징	현생종의 수
참새목 Passeriformes	까마귀, 참새 찌르레기	 명금류이다. 잘 발달된 음성 기관을 가진다. 발은 나뭇가지에 앉기에 알맞다. 새끼를 기른다.	5,276 모든 새 종류의 60%이상을 포함한다
칼새목 Apodiformes	벌새, 칼새	 빠르게 비행한다. 다리가 짧고 몸이 작으며 날개 움직임이 매우 빠르다.	428
딱따구리목 Piciformes	딱따구리	 발은 파지형이다. 부리는 날카롭고 정 모양이며 나무를 부술 수 있다.	383
앵무새목 Psittaciformes	앵무새	 씨앗을 부수는 데 알맞는 크고 강한 부리를 가진다. 음성 기관이 잘 발달되어 있다.	340
도요목 Charadriiformes	갈매기, 깝짝도요	 물가에서 생활하고 기다란 다리를 가진다. 가느다란 부리를 가진다.	331
비둘기목 Columbiformes	비둘기	 나뭇가지에 앉기에 알맞은 발을 가진다. 몸은 통통하고 둥글다.	303
매목 Falconiformes	독수리, 매	 맹금류로서 시각이 발달되고 고기를 찢을 수 있는 끝이 날카로운 부리를 가진다. 주행성이다.	288
닭목 Galliformes	닭, 메추리	 대개 비행 능력이 약하다. 몸이 둥글다.	268
두루미목 Gruiformes	두루미	 다리가 길다. 습지에 살며, 몸의 형태가 여러 가지이다.	209
기러기목 Anseriformes	오리, 고니	 발가락에 물갈퀴가 있는 물새이다. 부리가 넓적하다.	150
올빼미목 Strigiformes	올빼미	 야행성 맹금류이다. 부리와 발가락이 강하다.	146
황새목 Ciconiiformes	왜가리	 섭금류이다. 다리가 길고 몸이 크다.	114
슴새목 Procellariformes	알바트로스	 해양조류 부리가 관 모양이다. 장시간 비행할 수 있다.	104
펭귄새목 Sphenisciformes	펭귄	 바다에 살고 날개가 헤엄치기에 알맞도록 변형되어 있다. 남반구에만 분포하고 단열성 깃털로 된 두꺼운 외피를 가지고 있다.	18
모아새목 Dinornithiformes	키위	 날지 못하며 작다. 원시적이며 뉴질랜드에만 분포한다.	2
타조목 Struthioniformes	타조	 날지 못하며 달리기에 알맞은 강한 다리를 가진다. 발가락이 2개이며, 몸이 매우 크다.	1

이다. 깃털은 비행과 체온 보호의 역할을 한다. 깃털은 유연하고 강하면서도 가벼우며(그림 33.25). follicle이라는 피부의 작은 구멍에서 발생한다. 전형적인 모습의 깃털은 follicle에서 깃축이 자라 나오고 양편으로 쌍을 이루며 우판이 발달한다. 성숙하면서 각각의 우판은 많은 깃가지를 형성하고, 이 깃가지들은 작은 깃가지들을 형성하며 미세한 작은 갈고리들로 서로 연결된다. 이렇게 해서 깃털은 잇단 표면과 튼튼하지만 탄력성 있는 모양을 갖추게 된다. 비늘처럼 깃털도 떨어지면 다시 생길 수 있다. 현생 동물들 중 조류만이 깃털을 가지고 있다.

2. **비행 골격**. 조류의 골격은 가늘고 속이 비어 있다. 여러 가지 골격은 융합되어 있어서 파충류의 골격보다 더 단단하다. 척추, 견갑골, 골반뼈의 융합된 부위는 비행할 때 근육을 고정시키는 뼈대를 형성한다. 활발하게 비행하는 힘은 조류의 체중의 30%까지 이르는 커다란 흉근으로부터 나온다. 이 근육은 흉골과 날개를 연결한다. 흉골은 매우 크고 근육 부착을 위한 뚜렷한 용골돌기를 가진다. 흉근은 또 소위 창사골(wishbone)을 이루는 융합된 쇄골에도 부착한다. 조류 외의 척추동물에서는 융합된 쇄골이나 용골돌기를 가진 흉골을 볼 수 없다.

조류는 포유류와 마찬가지로 항온동물이다. 이들은 대사를 통하여 충분한 열을 발생시켜서 높은 체온을 유지한다. 조류의 체온은 대부분의 포유류의 체온보다 훨씬 높다. 높은 체온은 신속한 대사를 일으키고 비행에 필요한 많은 에너지를 내는 데 필요하다.

조류의 역사

1억 5,000만 년 전의 최초의 조류로 알려진 시조새(*Archaeopteryx*)의 화석이 1862년 바바리아의 석회암 채석장에서 발견되었는데, 깃털 자국이 바위에 선명히 찍혀 있었다(그림 33.26). 이 새는 까마귀만 한 크기를 가졌고 골격이 두 다리로 걷는 소형의 육식성 공룡과 여러 가지 공통적인 특징을 가지고 있었다. 가령 이 새는 이와 긴 꼬리를 가지고 있었고 뼈들은 거의 서로 융합되어 있지 않았다. 오늘날의 조류가 속이 빈 뼈를 가지는 것과는 달리, 이 새의 뼈는 속이 차 있었다. 또한 오늘날의 새들이 날개근육을 고정시키는 데 쓰이는 커다란 흉골도 가지고 있지 않았다. 그리고 공룡처럼 앞다리를 가지고 있었다. 공룡에서 볼 수 있는 여러 가지 특징을 가지고 있었기 때문에 시조새의 여러 화석은 화석에서 깃털이 발견되기 전까지 비슷한 크기를 가진 소형 공룡인 *Compsognathus*로 분류되고 있었다. 시조새가 조류라고 볼 수 있는 특징은 날개와 꼬리에 깃털이 있다는 점이다. 그 외의 조류로서의 특징은 창사골을 가진다는 점이다. 조치류에는 창사골이 있지만 공룡에는 창사골이 없다.

그림 33.26 | 시조새 *Archaeopterx*.
까마귀만 한 크기의 초기 조류로서 이의 조상인 두 다리로 걷는 공룡과 밀접하게 연관되어 있는 시조새는 1억 5,000만 년 전 중유럽 산림에서 살았다. 깃털색은 알려져 있지 않다.

시조새와 *compsognathus*의 상당한 유사성 때문에 고생물학자들은 시조새는 공룡의 직계후손이라고 결론지었다. 실제 오늘날의 조류는 "깃털 달린 공룡"이라 불린다.

백악기 초기, 시조새가 나타난 지 단지 수백만 년이 지나서 여러 가지 조류가 진화해 나타났고 오늘날의 조류가 가지는 특징도 나타났다. 최근에 몽고, 스페인, 중국에서 발견된 여러 가지 새의 화석은 이를 가지고 있고 비행에 필요한 속이 빈 뼈와 흉골을 가지고 있다. 어떤 화석은 날지 못하고 잠수하는 특수한 새임을 나타내고 있다. 백악기에는 다양한 조류가 7,000만 년 동안 익룡과 공존하고 있었다. DNA 유사성 비교로 추정한 바에 따르면 가장 오래된 현생 조류는 칠면조 같은 날지 못하는 조류이고, 다음에 오리, 거위, 다른 수서 조류들이 백악기 초기에 진화하였다. 이어서 딱다구리, 앵무새, 올빼미 등이 나타났고 백악기 중기에는 오늘날 조류의 60%를 차지하는 참새류가 진화하였다. 좀더 특수한 맹금류, 플라멩고, 펭귄 등은 백악기 후기에야 나타났다. 이렇게 오늘날 이가 없는 조류의 대부분은 6,500만 년 전 백악기 말 익룡과 공룡이 사라지기 전 나타났었던 것으로 생각되어진다.

오늘날의 조류

조류는 발과 부리를 보면 여러 가지 사실을 알 수 있다. 예를 들어 올빼미와 같은 육식성 조류는 먹이를 붙잡는 구부러진 칼날발톱과 고기를 찢는 데 필요한 날카로운 부리를 가지고 있으며, 오리의 부리는 진흙 속을 뒤지기에 알맞도록 납작하며, 참새는 씨앗을 부수는 데 알맞도록 짧고 두툼한 부리를 가지고 있다. 조류는 다음과 같이 비행에 필요한 에너지를 얻기 위해 많은 적응기작을 갖고 있다.

1. **효율적인 호흡.** 비행근은 비행할 때 많은 산소를 소모한다. 새가 숨을 들이쉴 때 공기가 폐를 지나 등쪽에 있는 속이 빈 골격 안이나 골격 근처의 일련의 기낭으로 들어간 다음, 다시 폐로 들어간다. 이 공기는 내뱉기 전에 다시 앞쪽 기낭으로 들어간다. 공기는 항상 같은 방향으로 폐를 통과하고 혈액은 공기 흐름과 직각으로 폐를 지나가므로 기체 교환은 매우 효율적으로 이루어진다.
2. **효율적인 순환.** 비행에 필요한 에너지를 공급하는 대사작용을 활발히 하려면 매우 효율적인 순환계에 의해 폐로 들어온 산소가 빠르게 비행근으로 전달되어야 한다. 조류의 심장에서 심실은 격벽에 의해 완전히 2개의 방으로 나뉘어 있어서 폐에서 오는 산소가 풍부한 혈액과 신체에서 돌아오는 산소가 부족한 혈액이 섞이지 않는다. 따라서 비행근은 완전히 산소가 풍부한 혈액을 공급받게 된다. 조류는 심장이 매우 빠르게 박동한다. 벌새의 심장은 분당 600번 박동한다. 이에 비하여 날지 않는 큰 타조의 심박수는 분당 70회이다.
3. **내온성.** 조류는 포유동물처럼 내온동물이다. 조류가 진화해 온 공룡도 내온동물이었다. 새의 체온은 대부분의 포유동물보다 높아서 40~42℃를 유지한다. 또 깃털은 완벽하게 체온소실을 막아준다. 높은 체온은 비행근 내의 물질대사가 빠른 속도로 진행되어 근육을 빠르게 수축시키는 데 필요한 ATP를 공급하도록 한다.

포유류

척추동물의 5강 중 가장 적은 수의 종을 갖고 있는 포유류는 가장 몸집이 큰 육상 척추동물이다(그림 33.27). 현생 포유류는 약 4,500종이 있다. 이 중에서 3,200종은 쥐, 박쥐, 두더지 등의 설치류이다.

포유류는 2억 2,000만 년 전에 출현하여 공룡과 함께 나란히 진화했으며, 오늘날의 호랑이나 곰과는 전

그림 33.27 | 아프리카코끼리 *Loxodonta africana*(코끼리목).

혀 다른 모습이었다.

포유류의 주요 특징

포유류가 다른 척추동물과 구별되는 가장 중요한 특징은 털과 유선이 있는 점인데, 그 외에도 몇 가지 중요한 특징이 있다.

1. **털**. 모든 포유류는 털(hair)을 갖고 있다. 고래나 돌고래조차 주둥이에 감각강모를 갖고 있다. 털의 단열성으로 체온을 조절할 수 있는 능력은 변온동물인 파충류가 살 수 없는 추운기후에서도 포유류가 생존할 수 있게 했다. 그로 인해 공룡이 멸망했을 때 포유류는 살아남을 수 있었다. 포유류는 내온동물이며 통상 주위 환경보다 높은 체온을 유지한다. 털의 또다른 기능은 위장기능이다. 털의 색깔과 무늬는 보통 그들을 둘러싼 환경과 비슷하여 벵갈호랑이의 오렌지색과 검은색의 줄무늬는 그들이 사냥을 하는 키 큰 오렌지색과 갈색 풀숲에서는 눈에 띄지 않게 된다. 털은 또한 감각기관으로서의 기능을 갖고 있다. 개와 고양이의 수염은 접촉에 매우 민감한 뻣뻣한 털이다. 밤에 활동하거나 땅 속에서 활동하는 포유류는 수염으로 먹이의 위치를 알고 물체와 충돌하는 것을 피한다. 또 고슴도치와 호저는 자신을 보호하기 위해 길고 뾰족하며 뻣뻣한 털을 갖고 있다. 파충류 비늘이 변형되어 생긴 깃털과 다르게 포유류의 털은 완전히 다른 피부구조이다. 개개의 털은 피하모낭(hair follicle)에서 뻗어나온 길고 단백질이 풍부한 필라멘트로 주로 섬유 단백질인 케라틴으로 채워진 죽은 세포들로 구성되어 있다.
2. **유선**. 모든 포유류 암컷은 젖을 분비하는 유선(mammary glands)을 갖는다. 이가 없이 태어나는 새끼는 젖을 빨아 영양을 공급받는다. 새끼 고래도 마찬가지이다. 젖에는 지방, 당, 단백질이 풍부하고 빠른 성장에 필요한 무기질이 들어있으며 탈수를 막기 위해 95%가량이 물로 이루어져 있다. 젖은 고칼로리 식품인데 빠르게 자라는 새끼는 많은 에너지가 필요하기 때문에 중요하다.
3. **내온성**. 포유동물의 내온성은 밤낮 어느 때든지 또 어떤 혹독한 환경에서도 활동할 수 있게 된 중요한 적응기작이다. 단열작용을 하는 털 이외에도 4개의 방으로 이루어진 심장으로 인하여 혈액순환이 효율적으로 일어나고, 횡격막(diaphragm)이 발달하여 효율적인 호흡을 하게 됨으로써 대사율이 증가하고 내온성을 유지하게 되었다.
4. **태반**. 대부분의 포유류 새끼는 어미의 자궁 속에서 자라면서 태반을 통해 영양을 공급받는다. 태반은 임신한 모체의 자궁 속에 있는 특수 기관으로서 태아의 혈류와 모체의 혈류가 밀접하게 맞닿아 있는 부위이다(그림 33.28). 영양분과 물, 산소가 모체로부터 태아로 이동하고 노폐물은 모체 혈류로 전해져서 배출된다.
5. **이**. 파충류는 모든 이가 똑같은 동형치열(homodont dentition)을 갖지만 포유류는 식습

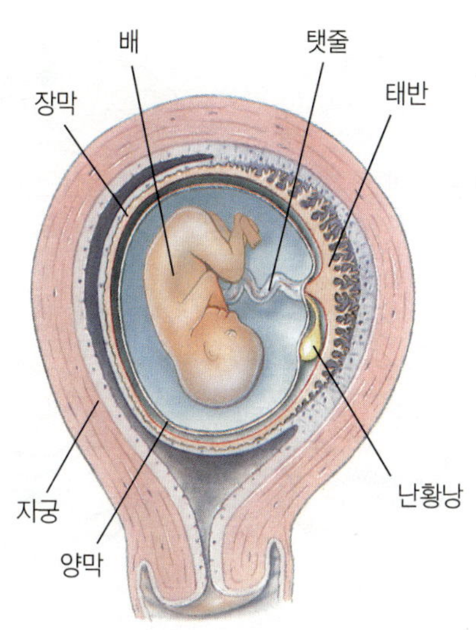

그림 33.28 | 태반.
태반은 포유류 중에 가장 큰 동물군인 태반포유류의 특징이다. 태반은 양막란의 막으로부터 진화되었다. 탯줄은 요막으로부터 진화된 것이다. 양막란의 맨 바깥층인 장막이 태반의 대부분을 형성하고 있다. 태반은 모체와 태아의 혈액이 섞이지 않도록 하면서 임시적인 배의 폐, 장, 신장의 역할을 한다.

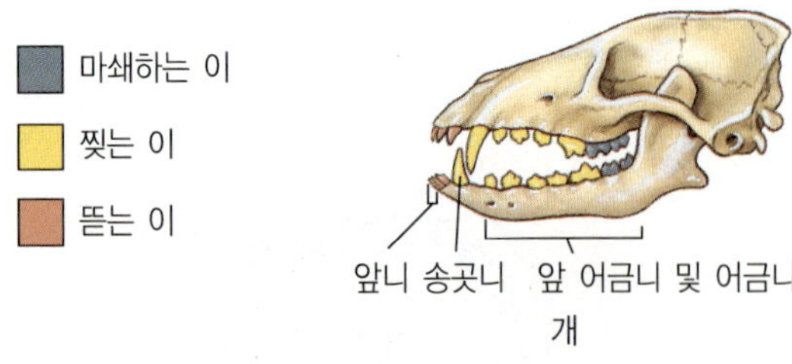

그림 33.29 | **포유류의 이의 분화.** 파충류의 이는 모두 동일하지만 포유류는 섭식 습성에 따라 분화된 여러 가지 종류의 이를 가진다. 개와 같은 육식동물에서 송곳니와 어금니는 먹이를 찢을 수 있다. 사슴과 같은 초식동물은 풀을 뜯는 앞니와 식물체를 마쇄하는 어금니를 가진다. 비버에서는 나뭇가지를 갉는 앞니가 잘 발달되어 있다. 코끼리에서는 앞니가 무기로 되었고 어금니가 식물체를 마쇄한다. 사람은 잡식성 동물로서 찢고, 뜯고, 마쇄하는 이들을 가진다.

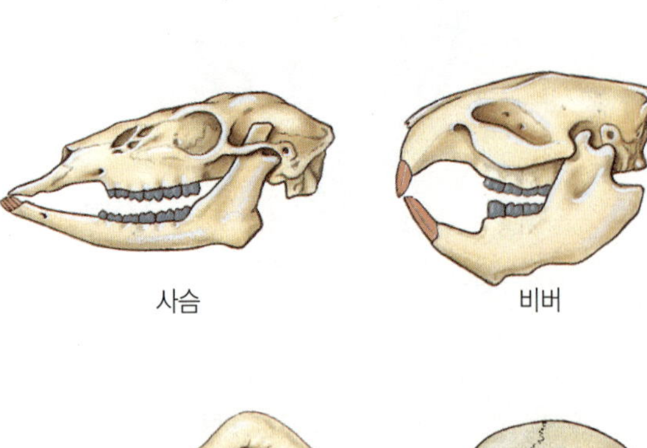

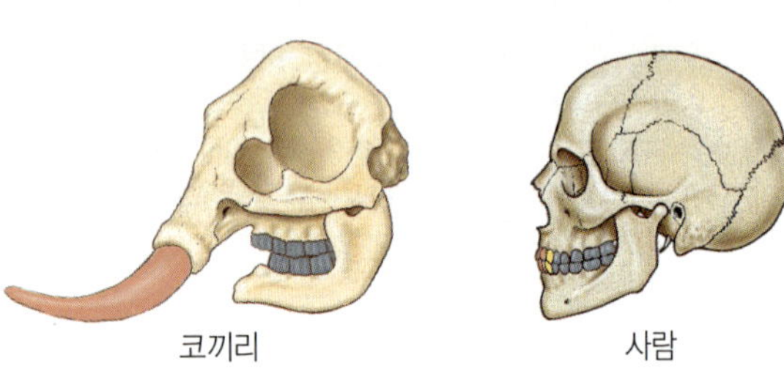

관에 맞도록 특수화된 여러 종류의 이를 갖는 이형치열(heterodont dentition)을 갖고 있다(그림 33.29). 개의 긴 송곳니는 먹이를 무는 데 적합하고 삼각형이고 날카로운 앞, 뒤 어금니로 고기덩어리를 찢는다. 반면에 사슴에는 송곳니가 없고 대신 아래턱에 있는 편평하고 끌 같은 모양의 앞니로 풀들을 뜯어서 커다란 어금니로 질긴 식물조직을 갈아부순다. 비버 같은 설치류는 긴 앞니로 나뭇가지 등을 갉는다. 이 앞니는 계속 자라는데 끝이 닳아도 새로운 앞니가 계속 자라 길이를 유지한다. 이같이 이를 보면 그 포유류의 식성을 알 수 있다.

표 33.5 일부 절멸한 포유류 군

동물군	설명
동굴곰	이 거대한 초식성 곰은 빙하기에 매우 많았으며 겨울에는 집단을 이루어 겨울잠을 잤다.
아일랜드 엘크	아일랜드산도 엘크도 아닌 *Megaloceros*라는 이 사슴은 지구상에 존재했던 사슴 중에서 가장 컸고 좌우 뿔의 길이가 4m에 이르렀다. 원시인이 프랑스의 동굴에 그렸던 그 사슴으로서 약 2,500년 전에 절멸하였다.
매머드	오늘날의 코끼리는 단 2종뿐이지만 코끼리 과는 제3기 후기에는 훨씬 다양하였다. 여러 매머드는 털이 나 있었고 추위에 적응되어 있었다.
거대 땅늘보	길이 6m에 이르는 땅늘보 *Megatherium*은 무게가 3톤이었고 오늘날의 코끼리만큼 컸다.
검치호	사자처럼 생긴 이 거대 호랑이는 입을 120°만큼이나 벌릴 수 있어서 윗턱의 거대한 한 쌍의 검치로 피식자에게 치명상을 주었다.

6. **식물체의 소화.** 대부분의 포유류는 초식성인데, 식물체의 주성분인 셀룰로오스의 분해효소를 가지고 있지 않다. 따라서 초식성 포유류는 몸속에 사는 공생세균을 이용하여 셀룰로오스를 분해한다. 소나 염소, 사슴, 기린 등은 4개의 방으로 된 위를 가지고 있다. 첫 번째 방이 가장 크고 셀룰로오스 분해세균이 다량 들어 있다. 이로 씹은 식물체가 첫 번째 방으로 내려가면 세균이 셀룰로오스를 공격한다. 그다음 나머지 방을 거치며 음식물은 더욱 소화 분해된다.
7. **발굽과 뿔.** 털을 이루는 단백질인 케라틴은 발톱, 발굽 등의 구조를 이루는 물질이기도 하다. 발굽은 말이나 소, 양, 영양 등의 발가락을 보호하고 충격을 흡수하는 케라틴 보호대로서 딱딱하고 각질을 이루고 있다. 소, 양, 영양 등의 뿔은 중심뼈를 케라틴 껍질이 싸고 있다. 이 중심뼈는 두개골에 붙어 있으며 떨어지지 않는다. 우리가 보는 뿔은 바깥 껍질로서 머리털 같은 케라틴 섬유가 모여 단단한 구조를 이룬 것이다. 사슴의 뿔은 케라틴이 아니라 뼈로 만들어져 있으며 수컷 사슴의 뿔은 매해 자라고 떨어진다.
8. **비행.** 박쥐는 힘찬 비행을 할 수 있는 유일한 포유류이다. 날개는 새처럼 앞다리가 변환된 것이다. 날개는 4개의 손가락뼈 위로 뻗어 있는 근육과 피부의 가죽 같은 막으로 되어 있고 막의 가장자리는 몸의 측면과 뒷다리에 부착되어 있다. 쉬는 동안 대부분의 박쥐는 발톱으로 거꾸로 매달려 있다. 설치류 다음으로 가장 큰 포유류목인 박쥐는 대부분의 새들이 이용할 수 없는 먹이인 야행성 곤충들을 어둠 속에서 초음파를 이용해 잡아 먹이로 이용함으로써 특히 성공한 동물군이 되었다.

포유류의 역사와 종류

포유류는 공룡이 사라지기 전에는 드물었으며 공룡시대 이후에 흔해졌다. 화석을 통하여 우리는 포유류의 진화적 역사에 대한 많은 것을 배워왔다. 최초의 포유류는 약 2억 2,000만 년 전, 삼첩기 중반 수궁류로부터 파생되어 나왔다. 당시의 포유류는 작은 쥐 모양으로서 숲에서 곤충을 잡아먹으면서 살았으며, 공룡이 우점했던 시기였으므로 매우 보잘것없는 존재였다. 화석으로 나타난 바로는 초기의 포유류는 커다란 안와를 가지고 있었는데, 이는 이들이 야행성이었음을 알려준다.

(a)

(b)

(c)

그림 33.30 | 오늘날의 포유류.
(a) 단공류의 하나인 가시두더지 *Tachyglossus aculeatus*. (b) 유대류에 속하는 캥거루. (c) 태반류에 속하는 사자 *Panthera leo*.

1억 5,500만 년 동안 공룡이 계속 번성하던 시기에 포유류는 몸체가 작은 식충성이나 초식성의 미미한 집단이었다. 그 당시에 단지 5개 포유류목만이 나타났으며, 당시의 화석도 드물다. 이는 포유류가 그때 흔하지 않았음을 나타내지만, 오늘날의 포유류가 속하는 2가지 부류가 그때 나타났다. 그 중 가장 원시적이자 수궁류의 직접적인 후손인 포유류는 원수 아강(subclass Prototheria)에 속하는 것들이다. 대부분의 원수류는 작고 오늘날의 쥐와 비슷했다. 모든 원수류는 그들의 조상인 수궁류가 그랬던 것처럼 난각을 가

표 33.6 포유류의 주요 목

목	대표적인 예	주요 특징	현생종의 수
설치목 Rodentia	쥐, 박쥐	작고 초식성이며, 끌 모양의 앞니를 가진다.	1,814
박쥐목 Chiroptera	박쥐	비행 포유류. 주로 열매 또는 곤충을 먹는다. 손가락이 길고 날개막이 얇다. 야행성이며 초음파 탐지 방법으로 날아다닌다.	986
식충목 Insectivora	두더지, 나무타기쥐	작고 땅을 판다. 곤충을 먹고, 가장 원시적인 태반포유류이다. 대부분의 시간을 땅속에서 보낸다.	390
유대목 Marsupialia	캥거루, 코알라	유대를 가진 포유류로서, 새끼가 유대 안에서 발생한다.	280
식육목 Carnivora	곰, 고양이, 개	육식성이다. 고기를 찢는 데 알맞은 이를 가진다. 오스트레일리아에는 원래 없었다.	240
영장목 Primates	유인원, 사람, 원숭이류	수상생활자이다. 뇌가 크고, 쌍안 시야를 가진다. 엄지손가락이 다른 손가락과 반대 방향으로 움직인다.	233
소목 Artiodactyla	소, 사슴 기린, 돼지	발굽을 가진 포유류이다. 2개 또는 4개의 발가락을 가진다. 대부분 초식성이다.	211
고래목 Cetacea	돌고래, 고래	해양성 포유류이다. 유선형의 몸을 가지며, 앞다리가 지느러미로 변형되어 있다. 뒷다리는 없다. 숨구멍이 머리위에 있다. 털은 주둥이 위에만 있다.	79
토끼목 Lagomorpha	토끼	설치류 모양이며 도약을 잘한다. 4개의 윗쪽 앞니를 가진다(설치류에서는 2개임). 뒷다리는 대개 앞다리 보다 길다. 도약에 적응되어 있다.	69
물개목 Pinnipedia	물개, 바다사자	해양성 육식동물이다. 주로 어류를 잡아먹는다. 다리는 유영에 맞게 변형되어 있다.	34
빈치목 Edentata	개미핥기, 아르마딜로	곤충섭식자이다. 대부분이 이가 없으나, 일부는 퇴화된, 쐐기 모양의 이를 가진다.	30
말목 Perissodactyla	말, 코뿔소, 얼룩말	1개 또는 3개의 발가락을 가진 발굽이 있는 포유류이다. 초식성으로서 저작에 알맞은 이를 가진다.	17
코끼리목 Proboscidea	코끼리	기다란 코를 가진 초식동물이다. 2개의 윗쪽 앞니가 길게 확장되어 있다. 현생 육상동물 중에서 가장 크다.	2

진 알을 낳았다.

또다른 포유류는 수아강(subclass Theria)에 속하는 것들인데 인간을 포함한 우리에게 익숙한 모든 포유류가 이에 속한다. 이들은 태생이며 유대류와 태반포유류가 있다.

6,500만 년 전 백악기 말에 공룡들과 많은 육상, 해상 동물들이 멸종되었다. 그러나 포유류는 살아남았다. 아마도 털의 내열성 때문인 것 같다. 제3기(6,500만~200만 년 전)에 포유류는 빠르게 다양화되어 한때 공룡에 의해 우점되었던 많은 생태적 역할을 담당하게 되었다(표 33.5). 1,500만 년 전 제3기 후반이 되면 포유류의 다양성은 최고조에 달한다. 그 당시 세계의 대부분은 열대성 기후조건을 갖고 있었다. 지난 1,500만 년 동안 기후는 점점 악화되어 열대성 기후지역은 감소하였고 전체 포유류 종의 수도 줄어들게 되었다. 94%를 차지하는 17목의 포유류가 태반류이고 원시 단공류와 유대류가 나머지 2개 목을 이루고 있다.

오늘날의 포유류

단공류. 오늘날 생존하고 있는 유일한 원수아강류는 단공류(monotremes)로서, 오리너구리, 두 종의 가시두더지(spiny anteater)가 이에 속한다(그림 33.30a). 오늘날 단공류만이 유일하게 난각이 있는 알을 낳는 포유류이다. 어깨뼈나 골반뼈를 보면 포유동물보다는 초기 파충류에 닮아 있다. 또, 파충류처럼 총배설강을 가지므로 오줌, 대변, 난자나 정자가 동일한 구멍을 통하여 나온다. 많은 파충류의 특징과 더불어 오리너구리는 포유류의 특징도 가지는데, 이는 털과 기능적인 유선이다. 암컷은 젖꼭지가 없지만 젖이 가슴에서 분비되어 털을 타고 떨어지며 알에서 부화한 새끼는 이를 혀로 핥아먹는다. 오리너구리는 오스트레일리아에서만 살며 주로 물 속에서 생활한다. 오리의 것과 유사한 부리를 가지며, 이 부리로 진흙을 휘저어 벌레를 잡아먹는다. 오스트레일리아와 뉴기니에 사는 가시두더지류는 매우 강하고 날카로운 발톱으로 흙을 파고 길고 부리같은 주둥이로 개미나 흰개미 등의 곤충을 잡아먹는다.

유대류. 캥거루, 주머니쥐, 코알라 등의 유대류(그림 33.30b)와 다른 포유류의 주요 다른점은 배발생 방법이다. 유대류(marsupials)의 수정란은 장막과 양막으로 둘러싸여 있고 난각이 없다. 초기발생기간의 대부분을 유대류 배는 알 속의 풍부한 난황에서 영양을 얻는다. 태어나기 직전 장막으로 부터 태반이 형성되고, 곧 수정 후 8일 만에 배 상태의 유대류가 태어난다. 그들은 작고 털도 없으며 유대 낭 속에 기어들어가 젖꼭지에 매달려 발생과정을 계속한다.

유대류는 태반포유류가 나타나기 직전인 약 1억 년 전에 진화되어 나왔다. 오늘날 유대류는 오스트레일리아와 남아메리카에 분포하며, 북아메리카에도 1종이 살고 있다.

태반포유류. 배의 전 발생기간 동안 태반을 형성하여 영양을 공급하는 포유류를 태반 포유류(placental mammals)라 부른다(그림 33.30c). 인간을 포함한 대부분의 포유류들이 이에 속하며 포유류 19목 중 17목이 태반 포유류이다(표 33.6). 이들은 1.5g 나무타기쥐부터 100톤의 고래까지 매우 다양하다. 배 발생 초기에 태반이 형성되며 모체 혈류와 태아 혈류 사이의 물질교환이 태반에서 효율적으로 일어난다. 태아 쪽 태반은 장막과 요막에서 형성되며 모체 쪽 태반은 자궁벽의 일부이다. 태반포유류에서는 상당한 기간의 발생이 진행된 후 어린 새끼가 태어난다.

33.4 영장류의 진화

영장류

영장류(primates)는 포유류로서 성공적으로 수상생활을 하고 벌레를 잡아먹도록 만든 두 가지 뚜렷한 특징을 가지고 있다.

그림 33.31 | 원원류에 속하는 안경원숭이. 아시아의 열대지방에 산다. 영장류의 특징인 파지형 손가락과 발가락 그리고 쌍안 시야를 갖고 있다.

1. **파지형 손가락과 발가락.** 나무타기쥐나 다람쥐의 뾰족한 발가락과는 달리 영장류의 손가락과 발가락은 파지형이어서 나뭇가지를 움켜잡고, 매달리고, 먹이를 붙잡고, 일부 영장류가 그러는 것처럼 도구를 이용할 수 있다. 여러 영장류에서 엄지손가락과 발가락은 다른 손가락과 발가락과 반대 방향으로 움직일 수 있고, 적어도 그들 중 일부는 손톱과 발톱을 갖는다.
2. **쌍안 시야.** 머리의 좌우에 위치하여 두 개의 시야가 중복되지 않는 나무타기쥐나 다람쥐의 눈과는 달리 영장류의 두 눈은 안면의 앞쪽으로 나 있다. 이 때문에 시야가 중복되는 쌍안 시야가 생기고 뇌가 거리를 정확하게 측정할 수 있게 되었는데 이는 나무를 타고 움직이는 동물에게 매우 중요한 특징이다.

다른 포유류도 쌍안 시야를 가지지만 영장류만이 쌍안 시야와 파지형 손을 동시에 가진다.

원원류의 진화

약 4,000만 년 전, 초기 영장류는 원원류(prosimians)와 진원류(anthropoids)의 두 가지 부류로 갈라졌다. 원원류(원시 원숭이류)는 다람쥐와 고양이를 합성해 놓은 것과 같은 모습이었고 북아메리카, 유럽, 아시아, 아프리카에 흔했다. 일부의 원원류만이 오늘날까지 잔존하고 있는데(그림 33.31), 여우원숭이, 로리스원숭이, 그리고 안경원숭이 등이다. 원원류는 파지형 손발가락과 쌍안 시야 외에, 예민한 시각을 가지는 커다란 눈을 가지고 있다. 대부분의 원원류는 야행성이고, 열매, 잎, 꽃을 먹으며, 여러 여우원숭이는 균형을 잡는 데 이용하는 기다란 꼬리를 가지고 있다.

진원류

진원류에는 원숭이, 유인원, 사람이 속한다. 진원류는 모두 주행성으로서 주로 열매와 잎을 먹는다. 진화 결과 주간의 활동에 대한 적응인 색각을 갖게 되었다. 뇌는 확대되어 감각이 발달하고 두개골도 커졌다. 진원류는 일부 주행성 원원류처럼 집단을 이루어 복잡한 사회생활을 한다. 진원류는 새끼를 오래 양육하는 경향이 있어서 어린 새끼들이 오랫동안 학습하고 뇌의 발달을 이루도록 한다.

약 3,000만 년 전 일부 진원류가 남아메리카로 이동하여 독립적으로 진화하였다. 그들의 후손이 신대륙원숭이류로서 쉽사리 구별할 수 있다. 즉, 모두 수상생활을 하고, 납작하고 옆으로 퍼진 코를 가지며, 대개 긴 파지형 꼬리로 물체를 쥔다.

약 2,500만 년 전, 아프리카에 남아 있던 진원류는 2개의 계통으로 갈라져, 하나는 구대륙원숭이류로 되고 다른 하나는 인원류(hominoids)로 되었다. 구대륙원숭이류는 적어도 3,000만 년 동안 신대륙원숭이류와는 독립적으로 진화하였으며, 여기에는 땅 위와 나무에서 생활하는 종들이 포함된다. 구대륙원숭이류 중에는 파지형 꼬리를 가지는 것이 없다. 이들의 콧구멍은 서로 가깝고 코는 아래쪽을 향하고 있다.

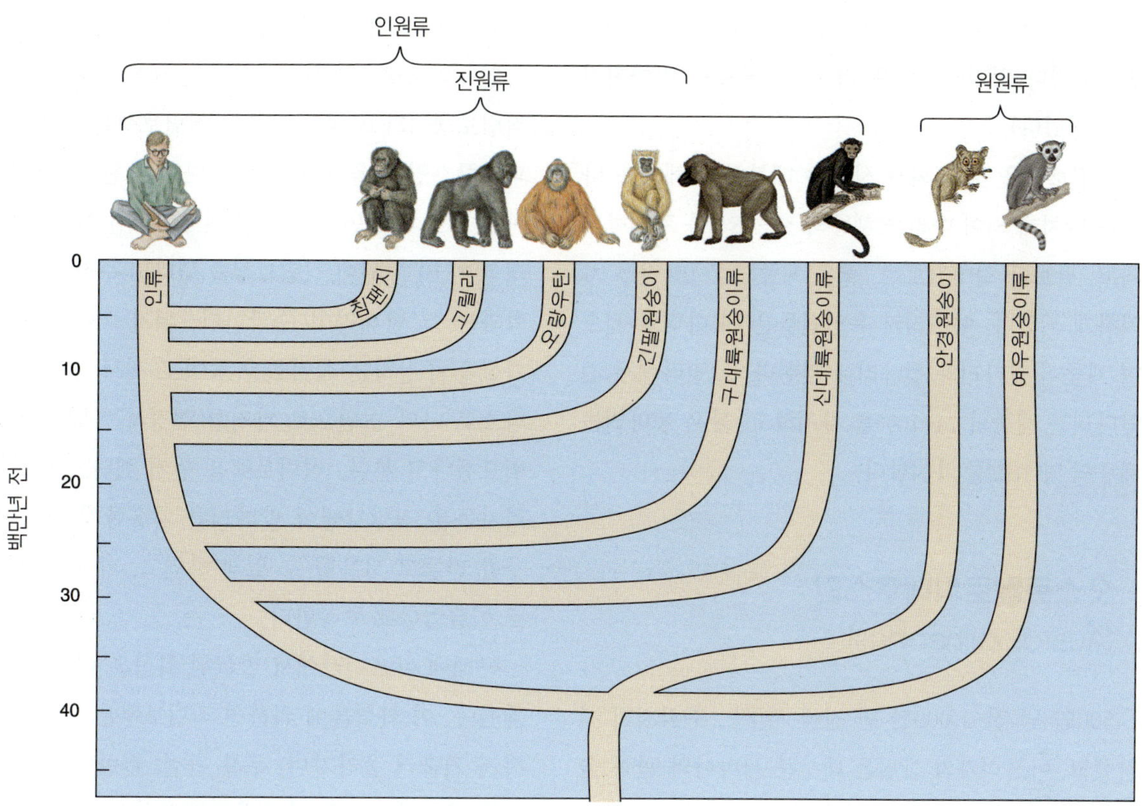

그림 33.32 | 영장류의 진화 계통수.
가장 원시 영장류는 원원류이고 가장 최근에 진화된 영장류는 인류이다.

일부는 오래 동안 앉아 있기에 알맞은 딱딱해진 피부 부위를 가지고 있다.

인원류는 유인원류와 인류(hominids)가 포함된다. 현존하는 유인원류에는 긴팔원숭이, 오랑우탄, 고릴라, 침팬지 등이 있다. 이들은 원숭이보다 커다란 뇌를 가지고 있으며 긴팔원숭이를 제외하고는 모두 원숭이보다 몸체도 크다. 이들은 꼬리가 없고 포유류 중 인간 다음으로 큰 적응력을 보여준다. 한때 아프리카와 아시아에 넓게 분포하던 유인원류는 현재 드물게 몇몇 지역에서만 살고 있다. 아메리카 대륙에선 발견된 적이 없다.

DNA 연구에 의하면 아시아 유인원류가 제일 먼저 진화하였고 1,500만 년 전 긴팔원숭이류, 1000만 년전 오랑우탄이 갈라져 나갔다(그림 33.32). 600만 년~1,000만 년 전 아프리카 유인원류가 진화하였고 800만 년 전 고릴라가 갈라져 나갔다. 곧이어 침팬지와 인간이 다른 진화의 길을 걷기 시작했다. 침팬지와 인간은 유전학상 많은 유사성을 보이고 있다.

유인원과 인류의 비교

유인원과 인류의 공동조상은 수상생활을 했던 것으로 보인다. 그 후의 인원류의 진화는 이동하는 방법의 차이에 따라 일어났다. 인류는 직립보행(bipedal)으로 되어 직립하였고, 유인원은 너클 보행(knuckle-walking)을 하는 방향으로 진화되어 체중을 손등으로 지탱하게 되었다(이와는 달리, 원숭이류는 손바닥을 이용한다).

직립보행과 관련된 해부학적 관점에서 사람은 유인원과 여러 가지로 다르다. 사람은 두 다리로 걸으므로 척주가 유인원의 것보다 더 휘어 있으며, 사람의 척수는 두개골의 뒤쪽이 아니라 아래쪽으로부터 뻗어나온다. 사람의 골반뼈는 넓은 대야 모양으로 되고 골격은 앞쪽으로 휘어 체중을 중심 쪽으로 이동시켜 다리 위에 얹게 하였다. 엉덩이, 무릎, 발은 모두 그 비율이 변화되었다(엄지발가락은 더 이상 옆으로 벌어지지 않게 되었다).

직립보행을 하게 되자 사람은 대부분의 체중을 다리가 받치게 되어 다리는 체중의 32~38%를 차지하게 되고, 팔보다 길어졌으며, 팔은 체중의 7~9%만을 차지하게 되었다. 아프리카 유인원들은 네 다리로 걸으며 체중이 앞다리와 뒷다리에 얹힌다. 고릴라에서 긴 앞다리는 체중의 14~16%를 차지하고, 짧은 뒷다리는 체중의 약 18%를 차지한다.

오스트랄로피테쿠스인 (Australopithecines)

500만 년 전~1,000만 년 전에 지구는 추워지기 시작했고, 아프리카의 삼림은 대부분 사바나와 관목 숲으로 변화되기 시작했다. 이와 같은 변화에 반응하여 새로운 종류의 직립보행하는 인원류가 진화되었다. 이들이 인간계통인 인류(hominids)이다.

인류에는 *Homo* 속의 3~7종, 그리고 이보다 더 오래되고 뇌가 작은 *Australopithecus*속의 7종 그리고 몇몇 더 오랜 계통이 포함된다. 화석을 근거로 한 모든 경우에 인류는 직립보행을 한다. 직립보행은 인류 진화의 증명서이다.

초기 오스트랄로피테쿠스인

오스트랄로피테쿠스인의 알려진 화석은 수백 개다. 이 화석들은 모두 남아프리카와 동아프리카에서 나온 것이지만(차드에서 발견된 표본 1개 제외) 이들은 아프리카의 넓은 지역에 분포했을 가능성이 크다. 이 화석들의 구조를 보면 오스트랄로피테쿠스류가 직립했음을 뚜렷이 알려준다. 이 초기 인류는 체중이 18 kg, 키는 1m 정도였다. 이들의 치아 구조는 뚜렷이 인류의 것이지만 뇌는 유인원의 것보다 크지는 않아서, 일반적으로 500cc 정도나 그 이하였다. 이와는 달리 Homo 속의 뇌는 보통 600cc 이상이며, 현대 *H.sapiens*의 뇌는 평균 1,350cc 이다.

인류의 진화 과정에서 가장 중요한 진화적 변화는 직립보행이라고 볼 수 있다. 직립보행은 오스트랄로피테쿠스인이 울창한 숲에서 나와 초원과 노출된 관목 숲으로 나오면서 시작된 것 같다. 한 학파는 사람의 뇌가 커진 뒤에 직립보행을 했다고 주장하고, 다른 학파는 그 반대라고 주장한다. 뇌가 처음 커졌다는 가설을 주장하는 학자들은 똑바로 서서 걸으면서 숲 밖으로 나와 초원으로 가기를 결정하는 데는 지능이 필요했다고 본다. 직립보행을 먼저 했다고 주장하는 학자들은 직립보행이 앞다리를 자유롭게 만들어 도구를 만들고 사용할 수 있게 하였고, 뇌 크기의 증가로 이끌었다고 주장한다.

근래에 아프리카에서 발굴된 화석은 이 논란을 잠재웠다. 이 화석들에 의하면 직립보행은 400만 년 전까지 거슬러 올라가며, 무릎 관절, 골반뼈, 다리뼈는 모두 직립의 근거를 나타내고 있다. 반면 실질적인 뇌 확대는 약 200만 년 전까지는 나타나지 않고 있다. 즉 직립이 뇌의 확대보다 먼저 일어났던 것이다.

초기 인류가 직립했다는 뚜렷한 근거는 동아프리카의 레톨리(Laetoli)에서 발견된 69개의 발자국이다. 하나는 크고 하나는 작은 두 개체가 나란히 27m를 걸었는데, 이 발자국은 370만 년 전의 화산재 속에 남은 것이다. 엄지발가락이 원숭이나 유인원처럼 바깥쪽으로 벌어져 있지 않아서 이들 발자국의 주인이 인류라는 걸 보여준다.

직립보행의 진화는 인류의 시작의 징표이다. 인류에서 직립보행이 진화된 원인은 아직 논란거리이다. 250만 년 전까지는 도구가 나타나지 않으므로, 도구 제작이 원인인 것 같지는 않다. 이와 다른 주장으로서, 직립보행이 신속하고 네 다리로 걷는 것보다 에너지 소모가 덜하다는 것이다. 직립 자세로 인해 인류는 나무에서 열매를 딸 수 있었고 키 큰 풀 위로 넘겨다 볼 수 있었으며, 태양 광선을 받는 몸의 면적을 줄일 수 있었으며 물을 건너다니기가 더 용이해졌고, 자유로워진 앞다리로 수컷이 암컷에게 음식을 더 많이 갖다줄 수 있어서 짝의 유대 관계가 더욱 깊어졌다는 것

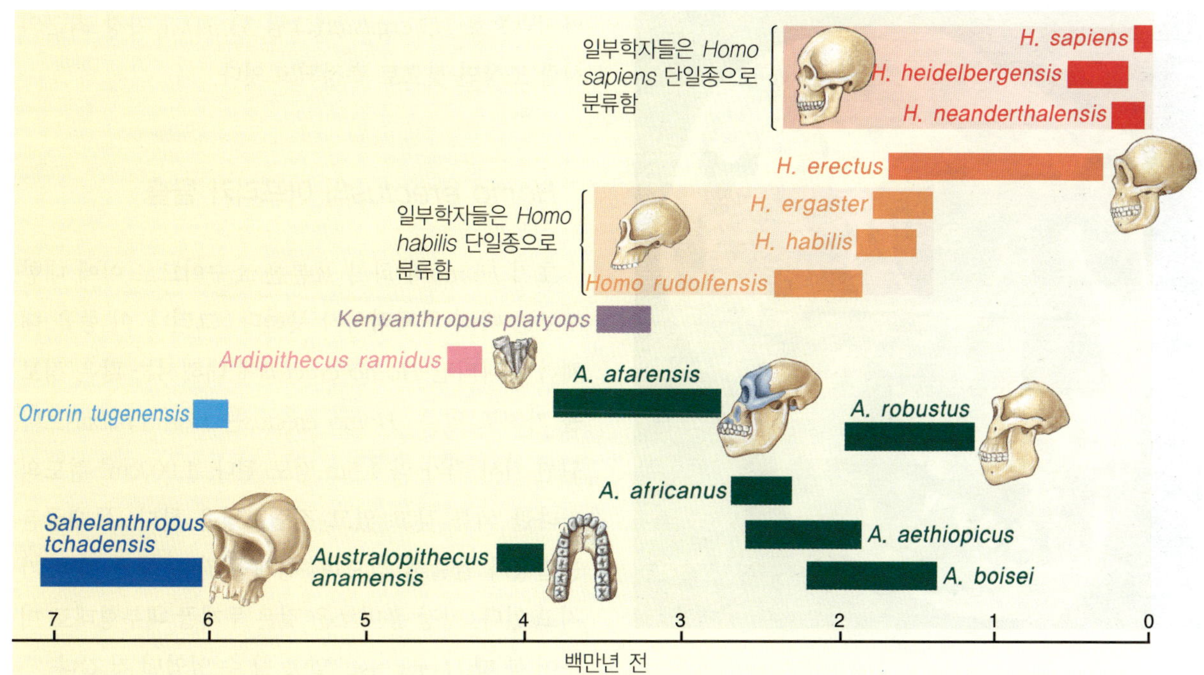

그림 33.33 | 인류의 진화적 계통수.
가장 널리 인정 받고 있는 이 계통수에서 수평막대는 그 종의 최초와 최후 출현시기를 표시하고 있다. 6종의 *Australopithecus*와 7종의 *Homo* 그리고 초기인류속에 속하는 4종이 포함된다 가장 오래된 인류인 *Sahelanthropus tchadensis*가 2002년 중앙아프리카 차드에서 발견되었다. 일부 과학자들은 이 600만~700만 년 전 화석이 인류인지 의문을 표시하고 있고, 침팬지와 인류의 공동조상일거라고 추측하고 있다.

이다. 이와 같은 모든 주장은 모두 완전하게 인정되지는 않고 있다. 인류 진화의 핵심 사건인 직립보행은 아직도 미스터리로 남아 있다.

인류 계통수에 대한 대립되는 관점

학자들마다 아프리카의 여러 가지 인류 화석을 특성 따라 분류하는 데 두 가지 철학적 접근을 취하고 있다. 한 학파는 여러 화석들에서 보이는 공통 형질을 주목하고 주요 특성을 공유하는 화석을 한 계통으로 통합하는 경향이 있다. 화석들 간의 차이는 한 계통 내에서의 변이 때문이라고 본다.

다른 학파는 인류 화석의 차이점에 더 중점을 둔다. 이들은 차이가 나는 화석들을 각기 다른 종으로 보는 경향이 있다. 가령 그림 33.33의 인류의 진화적 계통수에서 통합주의자들은 *Homo*속에 3종이 있는 것으로 보지만 세분주의자 등은 7종 이상으로 본다. 이 시점에서 어느 관점이 옳다고 말할 수는 없다. 화석 간의 차이가 종내 변이인지 종간 차이인지 결정하기 위해선 너 많은 화석의 조사가 요구된다.

Homo 속(사람속)

최초의 사람은 약 200만 년 전 오스트랄로피테쿠스에서 진화해 나왔다. 그 정확한 조상은 아직 확실히 규정되어 있지는 않으나 일반적으로 *A. afarensis*인 것으로 보고 있다. 지난 30년 동안 많은 초기 *Homo* 화석이 발견되었다. 최근에는 야외 탐사에 폭발적인 관심이 집중되었고 매년 새로운 발견 내용이 보고되었다. 그리하여 해가 갈수록 사람의 진화적 계통수 기저부의 그림이 점점 명확해지고 있다. 따라서 아래에 설명하는 내용은 해가 지나면 낡은 학설이 되고 말 것이며, 현재까지 알려진 과학적 지식일 뿐이다.

최초의 인류 Homo habilis

1960년대 초, *A. boisei*가 발굴된 장소와 가까운 곳에서 인류 골격이 석기들과 함께 흩어진 채 발견되었

그림 33.34 | 초기 *Homo.*
사춘기 초기 소년의 두개골로 160만 년 전의 *Homo ergaster*로서 키는 1.5m, 체중은 47kg 정도였다.

다. 비록 이 화석은 여러 조각으로 부수어져 있었지만 면밀하게 짜 맞춘 결과 두개골의 뇌 용적은 약 680 cm^3로 오스트랄로피테쿠스인의 400~550cm^3보다는 크다. 화석이 도구와 함께 있었으므로 이 초기 사람을 재주꾼이라는 뜻으로 *Homo habilis*라고 명명되었다. 1986년에 발견된 골격 조각에 의하면 *H. habilis*는 키가 작고 팔이 다리보다 길었으며 골격이 *Australopithecus*와 유사했다. 이 종이 오스트랄로피테쿠스인과 전반적으로 유사하므로 학자들은 처음에 이 화석을 사람으로 보는 데 의문을 표시했다.

초기 *Homo*는 얼마나 다양했는가?

초기 *Homo*의 화석은 매우 희귀하게 발견되었기 때문에 이 화석들을 모두 *H. habilis*로 보아야 하는지, 또는 3종 즉 *H. rudolfensis*, *H. habilis*, *H. ergaster*로 구분해야 하는지에 대해서는 활발한 논쟁이 이루어지고 있다. 다수의 학자들이 수긍하는 것처럼, 만약 3종으로 나누는 것이 수용된다면 *Homo*는 *H. rudolfensis*를 조상으로 하여 *H. habilis*가 나타나고 마지막으로 *H. ergaster*(그림 33.34)가 가장 최근의 사람 조상인 것으로 추정되고 있다.

*Homo erectus*의 아프리카 탈출

초기 *Homo*의 화석 표본은 소수이므로 이에 대한 정보는 아직 구체적이지 못하다. 그러나 이 종을 대체하여 나타난 *Homo erectus*에 대해서는 많은 정보를 가지고 있다. *Homo erectus*는 *Homo habilis*보다 훨씬 커서 키가 약 1.5m 정도 된다. 1,000cm^3 정도의 커다란 뇌를 갖고 있고 직립보행을 한다. 두개골은 눈썹뼈가 돌출해 있으며, 현대인 같은 둥근 턱을 가지고 있다. 가장 흥미로운 것은 두개골 내부형태로 미루어 볼 때 *H.erectus*는 말을 할 수 있었던 것 같다.

*Homo erectus*는 어디에서 유래했을까? 이 종은 아프리카에서 유래했다고 보는 것이 타당하다. 1976년에 동아프리카에서 완벽한 *H. erectus* 두개골이 발견되었다. 이 두개골은 150만 년 전의 것으로서, 자바원인이나 북경원인보다 100만 년 전의 것이다. *H. habilis*보다 훨씬 성공적이었던 *H. erectus*는 신속히 확산되어 아프리카에서 많은 수가 살게 되었으며 100만 년쯤 후에 아시아와 유럽으로 확산해 나갔다. 사회적인 존재였던 *H. erectus*는 20~50명 단위로 부족을 형성했으며, 흔히 동굴에서 거주했다. 그들은 큰 짐승 사냥을 잘 했으며, 사냥한 것을 돌과 뼈로 만든 도구로 처리하고 고기를 불에 구어 먹었다. 중국에서 이 골격들이 발견된 장소에는 말, 곰, 코끼리, 코뿔소의 뼈가 나왔다.

*Homo erectus*는 100만년 이상 생존했는데, 이는 인류의 어느 종보다도 오래 생존한 셈이다. 매우 적응력이 강했던 이 종은 현대인이 등장하면서 약 50만 년 전 아프리카에서 사라졌다. 흥미롭게도, 아시아에서는 이보다 더 오래, 약 25만 년 전까지 생존했다.

현대인으로 되기까지의 진화적 여행은 약 60만 년 전 아프리카에서 처음으로 현대인이 나타났을 때 마지막 단계로 접어들었다. 인류의 다양성에 초점을 맞추는 학자들은 현대인은 3종이 있었다고 생각한다,

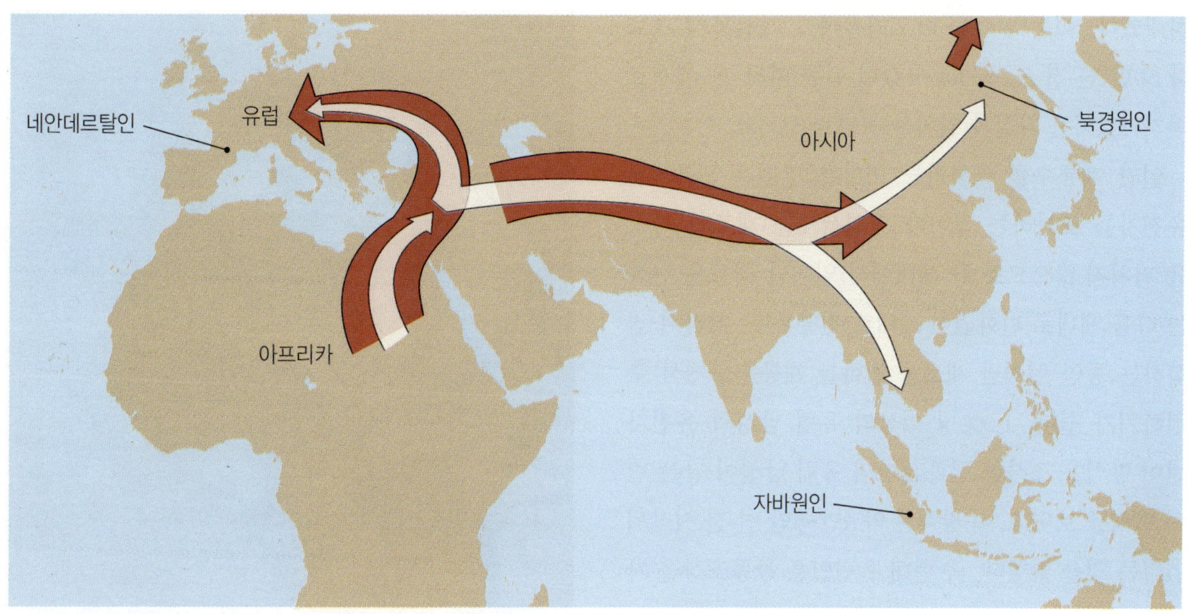

그림 33.35 | 반복된 아프리카 탈출.
아직도 논쟁중인 이론에 의하면 *Homo*속은 아프리카에서 유럽과 아시아로 반복적으로 퍼져 나갔다. 처음 *H.erectus*(흰화살표)가 자바와 중국까지 뻗어나갔으며, 이들은 그다음 *H.neanderthalensis*에 의해 대체되었고, 후에 *H. sapiens*(빨간화살표)는 다시 이 경로를 따라 이동하였다.

이들은 *H. heidelbergensis*, *H. neanderthalensis*, 그리고 *H. sapiens*이다. 일부 학자들은 이 3종을 *H. sapiens*로 통합한다.

가장 오래된 현대인 *H. heidelbergensis*는 에티오피아에서 60만 년 된 화석을 통해 알려졌다. 비록 이 종이 아프리카에서 *H. erectus*와 공존했지만 더 발전된 해부학적 특징을 가지고 있다(두개골의 정중선을 따라 달리는 용골, 안와 위쪽의 두툼한 융기, 그리고 큰 뇌를 가짐). 또한 이마와 비골은 *H. sapiens*의 것과 매우 유사하다.

약 13만 년 전, *H. erectus*가 희귀해지면서 새로운 인류 종이 아프리카로부터 유럽에 도착했다. *H. neanderthalensis*은 50만 년 전 조상 종에서 현대인으로 가는 계통으로부터 갈라져 나온 것 같다. 오늘날의 사람과 비교해 볼 때 네안데르탈인은 땅딸막하고 튼튼하게 생긴 모습이었다. 이들의 두개골은 육중하고 안면이 돌출했으며 눈썹 위쪽의 뼈가 돌출해 있고 뇌의 용적이 컸다.

제2의 아프리카 탈출

가장 오래된 *H. sapiens*의 화석은 에티오피아에서 발견된 13만 년 전의 것이다. 이스라엘에서 발견된 다른 화석은 10만~12만 년 전의 것이다. 아프리카와 중동 밖에서는 약 4만 년 이상 된 *H. sapiens* 화석은 아직 발견되지 않고 있다. 이는 *H. sapiens*가 아프리카에서 진화하여 유럽과 아시아로 이동했다는 것을 뜻한다. 이것이 "아프리카 탈출" 가설이다. 이와 반대되는 "여러 지역" 가설은 인류의 종족이 서로 다른 지역에서 *H. erectus*로부터 독립적으로 진화해 나왔다는 것이다.

최근, 사람의 미토콘드리아 DNA를 연구하는 학자들은 이 논쟁에 불을 지폈다. DNA는 시간이 지나면서 돌연변이가 생겨 축적되므로 가장 오래된 집단은 유전적 다양성이 가장 크다. 서로 다른 인종출신의 53명의 mDNA의 염기 서열을 비교한 과학자들은 *H.sapiens*는 약 17만 년 전 아프리카에서 기원했으며, 52,000년 전 아프리카 밖으로 진출하였다는 것을 밝혀내었다. 이는 인류는 아프리카에서 기원하여 그보다 50만 년 전 *H.erectus*가 갔던 길을 따라 온 세계로 퍼져나갔다는 가설과 일치한다(그림 33.35).

인간 계통수를 조사하는 또다른 방법은 Y염색체 유전자를 조사하는 것이다. Y염색체는 재조합 과정을 거치지 않으므로 한 세대에서 일어난 새로운 변화는 다음 세대로 변화없이 그대로 전달된다. 따라서 진화하는 동안 일어난 새로운 변화를 계통수상에서 추적하기가 쉽다. 1,000명 이상의 유럽 남성의 유전자 변이 방식을 조사한 결과 80%의 유럽 남성이 같은 변이 방식을 보였고, 이 방식은 약 4만~5만 년 전 시작되었다는 것을 밝혔다. 즉 현대 유럽인은 공동조상을 가지고 있으며 그들은 근래에 유럽으로 왔다는 것이다.

이 두 가지 증거를 토대로 할 때 "여러 지역" 발생 가설은 틀렸으며 우리는 공동의 뿌리를 가지고 있다는 것을 알 수 있다.

그림 33.36 | 크로마뇽인의 예술.
1995년 프랑스의 발롱퐁다르크 근처의 한 동굴에서 발견된 벽화이다.

네안데르탈인이 크로마뇽인으로 교체되다.

네안데르탈인(일부 학자들은 *H. neanderthalensis*로 분류하기도 한다)은 독일의 네안데르 계곡에서 이름을 딴 것인데, 이곳에서 화석이 발견된 것은 1856년이다. 아프리카 밖에서는 처음에는 드물게 살았으나 유럽과 아시아에서 점점 많아지다가 7만 년 전에는 흔히 볼 수 있게 되었다. 네안데르탈인은 긁개, 창촉, 손도끼 등의 다양한 도구를 만들었으며 굴이나 오두막에서 살았다. 네안데르탈인은 부상자나 환자를 돌보았고, 시체를 매장했으며, 매장할 때 음식, 무기, 꽃도 함께 묻어주었다. 죽은 자에 대한 이러한 배려는 그들이 사후 세계를 믿었다는 것을 암시한다. 이것이 현대인이 가지는 특징인 상징적 사고의 첫 사례이다.

*H. neanderthalensis*의 화석은 약 34,000년 전에 화석 기록에서 갑자기 사라지고, 크로마뇽인이라고 부르는(이 화석이 프랑스의 크로마뇽 계곡에서 처음 발견되었다) *H. sapiens* 화석으로 교체된다. 왜 갑자기 교체되었는지는 확실하지 않지만 이러한 교체는 전 유럽을 통하여 짧은 기간 내에 확연히 일어난 일이다. 크로마뇽인이 아프리카로부터 유래했다는 여러 증거가 있는데, 현대인의 특색을 가진 10만 년 전의 화석이 아프리카에서 발견되었기 때문이다. 크로마뇽인은 4만 년 전 중동에서 네안데르탈인을 완전히 교체하고 유럽으로 확산하는 동안 수천 년간 네안데르탈인과 공존했던 것 같다. 그러나 상호 교배는 일어나지 않았다.

크로마뇽인은 세련된 석기를 사용했고 뼈나 뿔로 도구를 만들기도 하였다. 이들은 복잡한 사회적 조직을 가졌고 언어를 사용했던 것으로 추정된다. 그들은 사냥하면서 살아갔다. 당시는 지금보다는 추웠으며(빙하기 말), 유럽은 많은 초식동물이 집단을 이루어 서식하던 초원지대였다. 크로마뇽인이 동굴 벽에 그린 정교한 그림은 유럽 전역을 통해 발견된다(그림 33.36).

현대인의 모습을 가진 인간은 시베리아로 확산하고, 빙하가 퇴조하고 시베리아와 알래스카 사이에 육상 가교가 아직 연결되어 있던 13,000년 전에는 북아메리카로 건너갔다. 1만 년 전 지구에는 약 500만 명의 사람이 살고 있었다.

*Homo sapiens*는 독특하다.

*H.sapiens*는 *Homo*속 중 유일하게 살아남은 종이다. *H.sapiens*의 잘 보존된 20개의 화석이 이스라엘의 나사렛 근처 동굴에서 발견되었다. 이들은 9만~10만년전 것으로 추정되며 두개골은 현대인의 모습과 크기를 보이고 있는데 높고 짧은 두개, 편평한 앞이마, 약간 돌출한 눈썹뼈 그리고 약 1,550cm^3의 두개 용적을 가지고 있다.

우리 인간은 동물이자 진화의 산물이다. 사람의 뇌의 크기는 점차 커지는 방향으로 진화하였고 다른 동물과는 여러 가지 차이점을 가지고 있다. 첫째, 사람은 도구를 효율적으로 만들고 사용할 수 있다. 이 능력은 다른 어떤 요소보다도 인간을 동물계에서 우점적 위치에 서게 만든 요소이다. 둘째, 개념적 사고를 할 수 있는 동물이다. 마지막으로, 사람은 상징적 언어를 사용하고, 단어를 이용하여 경험으로부터 얻은 개념을 형상화하고 다음 세대로 그 축적된 경험을 전달할 수 있다. 그러므로 사람은 다른 동물이 전혀 가지지 못하는 것, 즉 문화적 진화를 일으킨다. 사람은 환경의 요구에 따라 진화적으로 변화하는 것이 아니라 문화를 통하여 주변 환경을 변화시키고 개조하는 방법을 발견했다. 사람은 전에는 가능하지 않던 방법으로 생물학적 미래를 조절할 수 있으며, 놀라운 잠재력과 커다란 책임감을 동시에 지니고 있다.

Part Ⅵ
식물 형태와 기능

34
식물의 형태

35
식물의 발생

36
물체 내의 수송

37
식물의 감각

38
식물의 생식

CHAPTER 34

식물의 형태

선인장, 난, 나무 등은 크게 다르게 보이지만 이들의 구조는 기본적으로 공통성을 가지고 있다. 이 공통성은 식물의 형성, 생장, 생산, 양분의 운반, 그리고 발생조절 방식에서 찾아볼 수 있다. 이 장에서는 관나발식물이 이떻게 형성되는지에 대해 알아본다.

34.1 분열조직의 활동

분열조직

발아가 일어난 뒤의 식물체 발달은 분열조직의 활동에 의해 결정된다. 분열조직은 세포질이 조밀하고 큰 핵을 가지는 작은 세포들 집단이다. 분열조직에서 한 세포가 분열하여 둘로 되면 그 중 하나는 분열조직으로 남고 다른 하나는 분화되어 식물체를 이룬다. 분열조직의 세포는 마치 동물의 줄기세포와 같다.

반복된 세포분열과 정단분열조직(apical meristem)에 의해 만들어진 세포들의 신장으로 뿌리나 줄기의 신장이 일어난다. 일부 관다발식물에서는 측생분열조직(lateral meristem)이 부피 증대를 일으킨다.

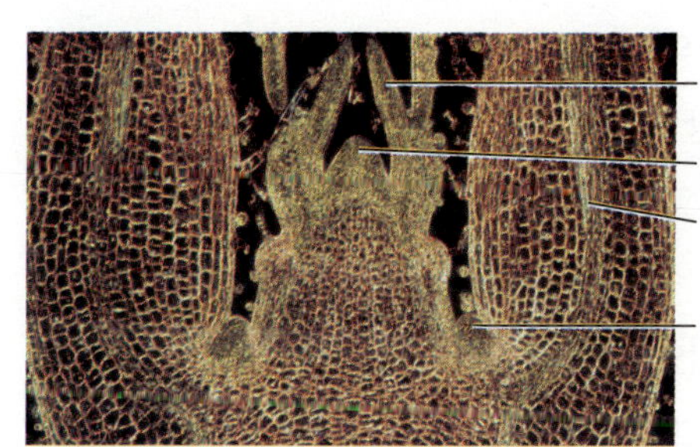

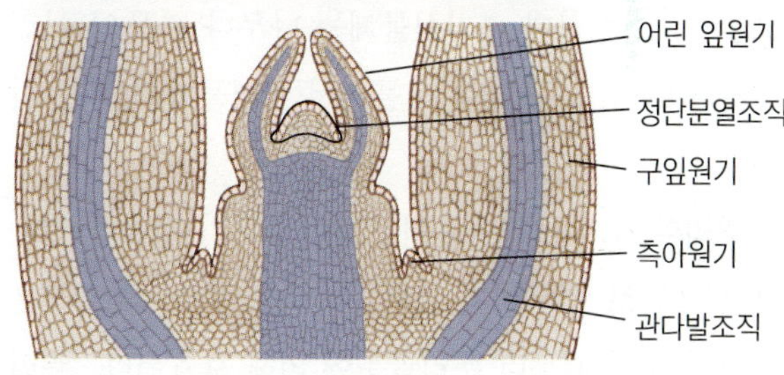

그림 34.1 | 줄기의 정단분열조직.
위 : 줄기 끝의 종단면. 아래 : 모식도.
어린 잎원기 사이에 정단분열조직이 있다.

정단분열조직

정단분열조직은 줄기 끝(그림 34.1)과 뿌리 끝의 뿌리골무 바로 뒤에(그림 34.2)에 위치한다. 1기생장으

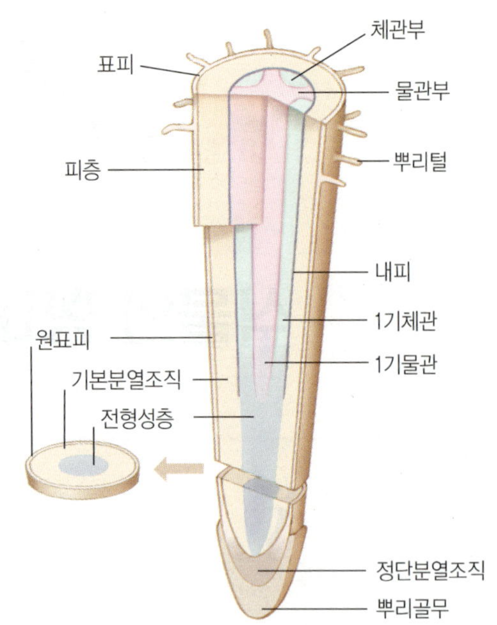

그림 34.2 | 뿌리의 정단분열조직.

그림 34.3 | 발생 중인 어린 식물(seedling).
(a) 단자엽식물인 옥수수에서는 자엽초가 줄기 끝을 햇빛에 도달하기 전까지 감싼다. (b) 쌍자엽식물인 콩에서는 줄기 끝이 아니라 구부러진 상배축이 토양을 밀고 올라온 후 곧게 펴진다.

로 생긴 식물의 조직을 1기조직(primary tissue)이라고 한다. 생장기 동안 정단분열조직의 세포들은 분열하여 계속 새로운 세포들을 어린 식물의 끝에 추가함으로써 어린 식물은 자란다. 식물에서의 1기생장은 정단분열조직에 의해 이루어진다. 뿌리와 줄기의 신장은 1기조직으로 이루어진 1기식물체(primary plant body)를 형성한다. 1기식물체는 나무나 관목의 어린 줄기와 뿌리, 또는 일부 식물에서는 식물체 전체를 이룬다.

뿌리와 줄기의 정단분열조직은 보호가 필요한 연약한 세포들로 이루어져 있다. 뿌리의 정단분열조직은 이것이 생길 때부터 뿌리골무에 의해 보호된다. 뿌리골무 세포는 뿌리의 분열조직이 만들며 뿌리가 땅속을 뚫고 들어가면서 벗겨지고 다시 생긴다. 여러 가지 적응적 기작이 발아 도중 줄기의 정단분열조직을 보호한다(그림 34.3). 어린 식물이 나올 때 상배축 또는 하배축(떡잎의 위쪽과 아래쪽에 있는 줄기 같은 조직)이 휘어서 줄기 끝이 받는 힘을 감소시킨다. 단자엽식물은 흔히 새로 생기는 줄기 주변에 보호성 관인 자엽초를 가진다. 발생 후기에 잎의 원기는 건조해지기 쉬운 줄기의 정단분열조직을 덮는다.

정단분열조직은 1기분열조직(primary meristem)이라고 하는 세 가지 유형의 배 조직계로 된다. 부분적으로 분화된 이 조직에서 세포분열이 지속되어 식물체의 1기 조직으로 발생한다. 세 가지 1기 분열조직은 표피를 형성하는 원표피(protoderm), 1기 관다발조직을 만드는 전형성층(procambium), 그리고 기본조직으로 분화하는 기본분열조직(ground meristem)이다. 속새나 옥수수와 같은 일부 식물에서는 줄기의 절간에서 개재분열조직(intercalary meristem)이 생겨서 절간 길이를 증가시킨다.

측생분열조직

여러 초본식물은 1기생장만 하지만 다른 식물은 2기생장(secondary growth)을 한다. 대부분의 나무와 일부 풀은 활동적인 측생분열조직을 가지는데, 이는 줄기와 뿌리 안의 분열성 조직으로 된 측면의 원통상 구조이다(그림 34.4). 2기생장은 초본식물에서도 부피생장을 일으키지만 이의 효과는 2개의 측생분열조직을 가지는 목본식물에서 두드러지게 나타난다. 목질 줄기의 수피 안에는 외수피의 코르크세포를 만드는 측생분열조직인 코르크형성층(cork cambium)이 있다. 수피의 바로 안쪽에는 2기관다발조직을 만드는

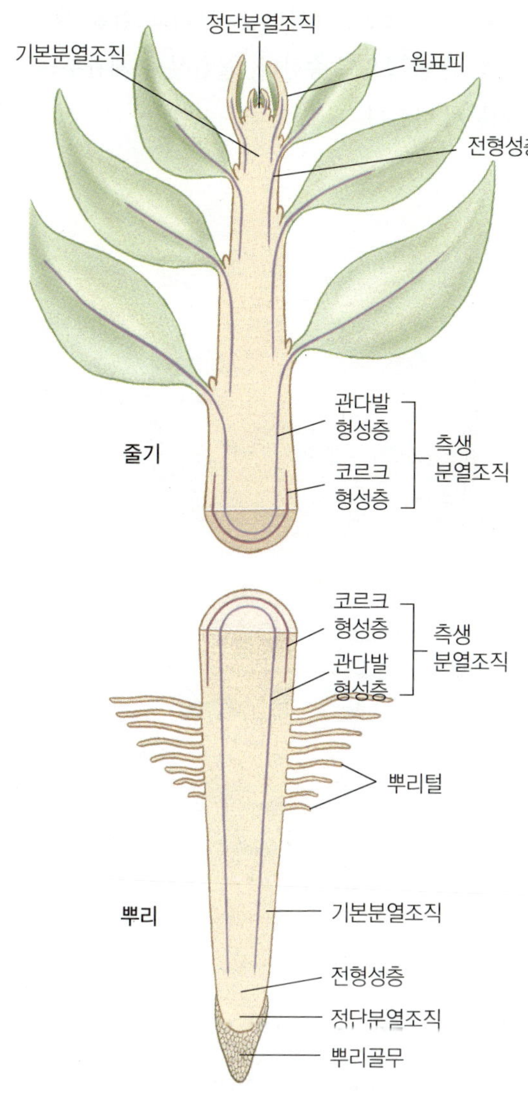

그림 34.4 | 정단분열조직과 측생분열조직.
정단분열조직은 줄기와 뿌리의 길이 생장이라는 1기생장을 이룬다. 일부식물에서는 측생분열조직에 의해 부피생장을 이루는데, 이를 2기생장이라 한다.

측생분열조직인 관다발형성층(vascular cambium)이 있다. 관다발형성층은 물관부와 체관부 사이에 생겨서 관다발 형성층 양쪽으로 2기관다발조직을 만든다. 2기물관부(secondary xylem)는 목재의 주요 구성분이다. 2기체관부(secondary phloem)는 목질부의 바깥 표면에 인접해 있다. 나무의 수피를 제거하면 체관부가 손상을 받아서 나무가 죽게 된다. 대부분의 줄기, 가지, 오래된 뿌리 부위 등과 같이 측생분열조직에서 생긴 조직들을 2기조직들(secondary tissues)이라고 하며 이들을 모두 합하여 2기식물체라고 한다.

식물체의 구성

1기 및 2기분열조직의 생장으로 식물체는 성숙한 포자체(2*n* 세대)가 된다. 식물체는 꼭 일정한 크기로 되는 것은 아니고, 잎, 줄기, 가지, 꽃 등의 크기나 수가 식물체마다 다르다. 식물체 부위의 모양과 구조의 발생은 비교적 일정하게 조절되지만 잎, 줄기, 뿌리의 일부 발생 양상은 유동적이다. 식물체가 자라면서 잎과 뿌리의 수, 위치, 크기 그리고 구조조차 자주 환경의 영향을 받는다.

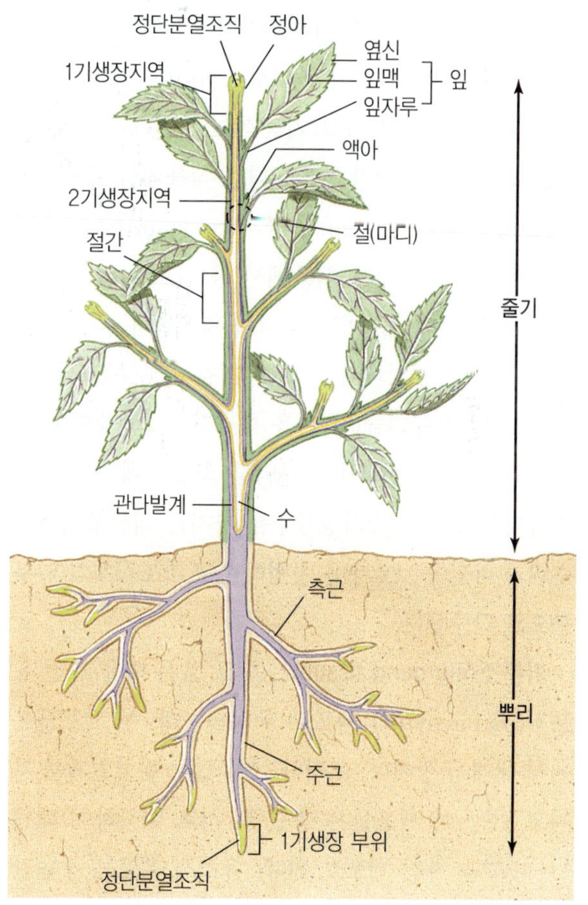

그림 34.5 | 식물체의 모식도.
뿌리와 줄기에서 가지를 뻗어 감에 따라 정단분열조직의 수가 증가한다.
관다발형성층과 코르크형성층에 의해 2기생장이 시작되면 줄기와 뿌리 둘레가 크게 증가하고 수피 형성이 일어난다.

관다발식물은 근계(root system)와 지상계(shoot system)로 구성된다(그림 34.5). 근계는 식물체를 고착시키고 토양 속으로 파고 들어가며 물과 이온을 흡수한다. 지상계는 줄기(stems)와 잎(leaves)으로 구성된다. 줄기는 광합성이 일어나는 주요한 부위인 잎이 달리는 골격이 된다. 잎의 배열, 크기, 다른 특징들은 식물체가 영양을 생산하는 데 매우 중요하다. 꽃이나 다른 생식기관, 궁극적으로는 열매와 종자는 줄기에서 만들어진다. 식물 줄기의 반복적 단위는 절간, 절, 잎, 액아로 구성된다. 액아는 1기 정단분열조직으로부터 생긴 정단분열조직으로서, 가지가 생기도록 하거나 손상된 본줄기를 대체한다. 액아는 1기줄기의 발생을 반복해서 일으키는 능력을 가진다. 식물체가 생식 단계로 되면 이 액아는 꽃이나 꽃줄기를 만든다.

식물체에는 세 가지 기본조직이 있는데, 이는 표피조직, 기본조직, 그리고 관다발조직이다. 세 가지 기본조직 각각은 독특하고 기능적으로 연관된 세포 유형을 가진다. 1기생장으로 끝나는 식물에서 표피조직계(dermal tissue system)는 표피(epidermis)로 구성된다. 이 조직은 대부분 식물에서 한 겹으로 된 세포들로서, 식물체의 바깥쪽 보호막을 형성한다. 식물체의 어린 노출된 부위에서 표피는 지질성인 쿠틴(cutin)층으로 덮여 큐티클(각피)을 형성한다. 사막의 다육식물과 같은 식물에서는 큐티클(cuticle)에 왁스층이 추가되기도 한다. 2기생장부를 가지는 식물체에서는 수피가 바깥쪽 보호층을 형성하며 표피조직계의 일부분으로 간주된다.

기본조직(ground tissue)은 주로 얇은 벽을 가진 유조직(parenchyma) 세포로 구성되는데, 이 세포들은 원래 대개 구형이다. 그러나 살아 있는 원형질체를 가지고 있는 이 세포들은 생긴 뒤 서로 밀착하여 대개 11~17면을 가진 세포로 된다. 유조직 세포는 수년간 살기도 하며, 저장, 광합성, 분비의 기능을 한다.

관다발조직(vascular tissue)에는 두 가지의 통도조직이 있는데, 이는 물과 용해된 무기질을 통과시키는 물관부(xylem)와 식물이 영양으로 이용하는 탄수화물(주로 설탕)을 통과시키는 체관부(phloem)이다. 체관부는 또 호르몬, 아미노산, 그리고 식물 생장에 필요한 다른 물질을 수송한다. 물관부와 체관부는 구조와 기능이 다르다.

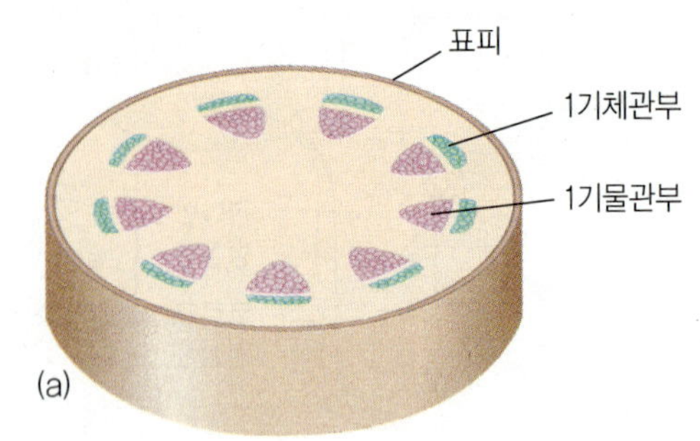

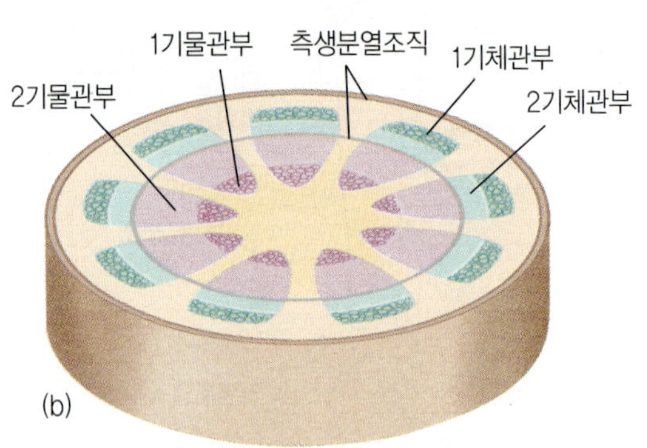

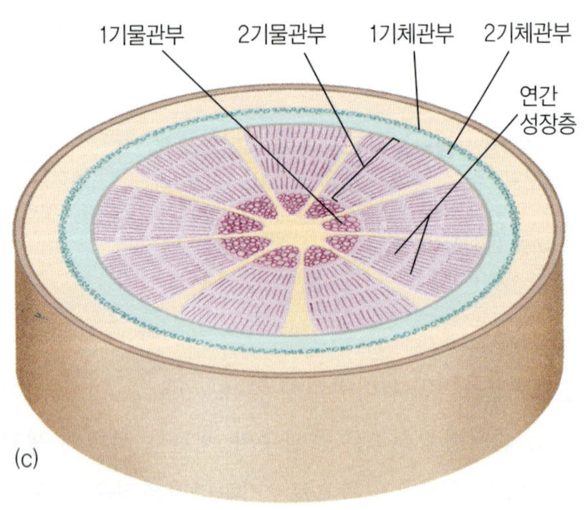

그림 34.6 | 2기생장.
(a) 쌍자엽식물의 줄기에서는 2기생장이 시작되기 전에 정단분열조직이 1기생장부를 만들며 1기조직이 계속 신장한다. (b) 2기생장이 시작되면서 측생분열조직은 2기조직을 만들고 줄기의 부피는 늘어난다. (c) 이 4년생 줄기에서 2기조직은 계속 옆으로 확장하여 줄기는 두꺼워지고 목질부가 된다.
여기서 측생분열조직은 원통형을 이루며 뿌리와 줄기의 위아래로 달리고 있다.

1기생장과 2기생장

1기생장은 식물의 기본 체제를 확립하는 데 중요한 역할을 한다. 어떤 식물들은 2기생장을 함으로써 직경이 늘어난다. 분열조직이 어떻게 고도로 분화된 조직으로 되는지 알아보자. 지금은 대부분 절멸한 초기의 관다발식물에서 1기분열조직에 의해 만들어진 관다발조직은 오늘날의 관다발식물과 같이 통도 기능을 하였으나 줄기, 잎, 뿌리의 분화는 없었다. 이 세 가지 기관의 존재는 최근 식물의 특징으로서 육상에서의 생존을 위해 특수화된 것이다.

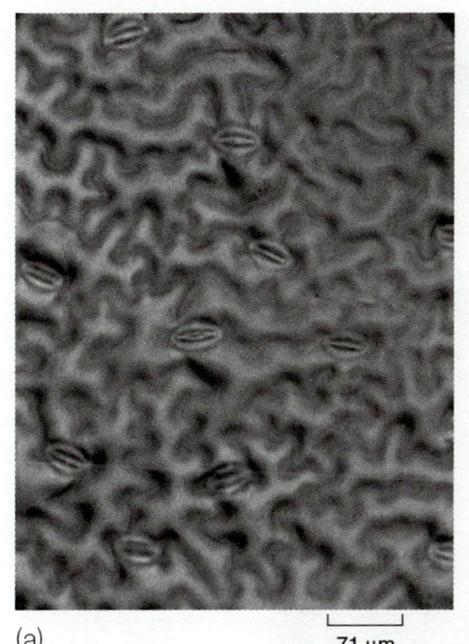

그림 34.7 | 쌍자엽식물과 단자엽식물의 잎의 표피.
(a) 쌍자엽식물인 콩의 잎에는 기공이 무작위적으로 분포한다. (b) 단자엽식물인 옥수수의 잎에서는 기공이 동일 간격을 두고 줄지어 있다. 세포 모양도 옥수수 잎에선 상자 모양이나 콩잎은 불규칙하다.

2기생장의 진화로 관다발식물은 두꺼운 줄기를 갖는 나무 모양의 식물을 발전시켰다(그림 34.6). 이 포자체 세대의 진화적 발달은 숲의 발달을 일으켰고 육상을 식물이 우점하게 만들었다. 화석 기록으로 볼 때 2기생장은 3억 8,000만 년 전 데본기 중반에 여러 가지 관다발식물 계열에서 독립적으로 진화하였다.

원시 식물에는 두 가지 유형의 통도 조직이 있었는데, 이 조직들은 관다발식물의 특징이 되었다. 체관요소(sieve-tube members)들은 탄수화물을 이것이 만들어진 곳이나 저장된 곳에서 먼 곳으로 운반한다. 물관 요소(vessel members)들과 가도관(tracheids)은 두꺼운 벽을 가진 세포들로서 물과 용해된 무기질들을 뿌리로부터 위쪽으로 운반한다. 이 두 가지 세포들은 길쭉하고 서로 연결되어 관을 형성한다, 체관 요소들은 체관조직의 특징이며, 물관 요소와 가도관은 물관조직의 특징이다. 1기조직에서 이 두 가지 조직은 특징적으로 동일한 관다발 안에서 서로 연접해 있다. 2기생장에서 체관부는 주변 쪽에 나타나고 매우 두꺼운 물관부가 중심 쪽으로 생긴다. 많은 관다발식물에서 뿌리와 줄기는 관다발조직과 2기생장이 다른 양상을 보인다.

34.2 식물의 세 가지 기본조직

표피조직

원표피에서 생기는 표피세포는 1기식물체의 모든 부위를 덮는다. 표피에는 공변세포(guard cell), 모상체(trichome), 뿌리털(root hair) 등의 여러 가지 분화된 세포 유형이 나타난다. 공변세포는 쌍으로 존재하고 기공(stoma) 주변을 감싸며(그림 34.7), 다른 표피세포와는 달리 엽록체를 가진다. 기공은 잎의 표피에 있지만 과일이나 줄기에 나타나기도 한다. 산소와 이산화탄소, 그리고 물은 수증기 상태로 기공을 통해서만 확산된다. 잎 표면의 1cm²에는 1,000~1백만 개 이상의 기공이 분포한다. 여러 식물에서 기공은 잎의 위쪽보다는 아래쪽 표면에 훨씬 많아서, 물의 손실을 줄인다. 어떤 식물은 잎의 아래쪽 표면에만 기공이

그림 34.8 | 모상체.
이 모상체는 토마토의 선상 모상체로서, 곤충을 막는 기름을 분비한다.

분포하며, 수련과 같은 식물에서는 위쪽 표면에만 분포한다.

공변세포는 비대칭적 세포분열에 의해 생긴다. 모상체는 털 모양의 표피 돌출부로서(그림 34.8), 흔히 줄기, 잎, 그리고 생식기관에 나타난다. 보송보송한 털이 난 잎은 모상체가 많은 잎이다. 모상체는 잎 표면의 온도를 낮추어주어 증발을 줄인다. 모상체의 모양은 여러 가지로서, 어떤 것은 한 개의 세포로 되어 있고, 어떤 것은 다세포로 되어 있다. 어떤 것은 분비선같이 끈적끈적하거나 독성 물질을 분비하여 초식동물이 먹는 것을 막는다.

뿌리털(root hairs)은 개개의 표피세포가 관 모양으로 확장된 것으로서 뿌리 끝 바로 뒤쪽에 위치한다. 뿌리털은 토양 입자와 직접 맞닿는 부위이며 뿌리의 표면적과 흡수 효율을 크게 증대시킨다. 뿌리가 자랄 때 오래된 뿌리 끝의 뿌리털은 없어지고 새로운 뿌리 끝에서 새로 생긴다. 물과 무기질의 흡수는 대부분 뿌리털에서 일어난다.

2기생장에서 코르크형성층은 나무줄기나 뿌리의 수피를 만든다. 이것은 나무축이 방사상으로 팽창해서 자랄 때, 균열을 일으키는 표피를 대체하게 된다.

기본조직

유조직

유조직(parenchyma) 세포는 식물에서 가장 흔한 종류의 세포로서, 커다란 액포와 얇은 세포벽을 가지며 성숙했을 때 평균 14면체를 가진다. 이 세포는 1기 조직에서 가장 많은 부분을 차지하고, 훨씬 적지만 2기 조직에도 나타난다(그림 34.9a). 대부분의 유조직 세포는 1차벽만을 가지는데, 1차벽은 아직 성숙 중인 세포에서 만들어지는 벽이다. 유조직 세포는 꿀이나 송진의 분비, 단백질이나 대사적 노폐물의 저장과 같은 특수 기능을 하도록 변화된 것도 있지만, 다른 세포들보다는 특수화가 덜 된 세포이다.

유조직 세포는 기능적인 핵을 가지고 있어서 분열 능력이 있으며, 흔히 양분과 물을 저장하고, 보통 성숙한 뒤에도 살아 있다. 선인장과 같은 일부 식물에서는 100년 이상 살기도 한다. 사과와 같은 과일 속의 세포들은 대부분 유조직 세포이다. 잎이나 초본성 줄기의 바깥부분에 있는 유조직 세포는 엽록체를 함유하는데, 이런 광합성 유조직을 엽록조직(chlorenchyma)이라고 한다.

후각조직

유조직 세포와 마찬가지로 **후각조직(collenchyma) 세포**는 살아 있는 원형질체를 가지며 여러 해 동안 살 수 있다. 이 세포들은 폭보다 길이가 약간 길고 세포벽의 두께는 여러 가지이다(그림 34.9b). 후각조직 세

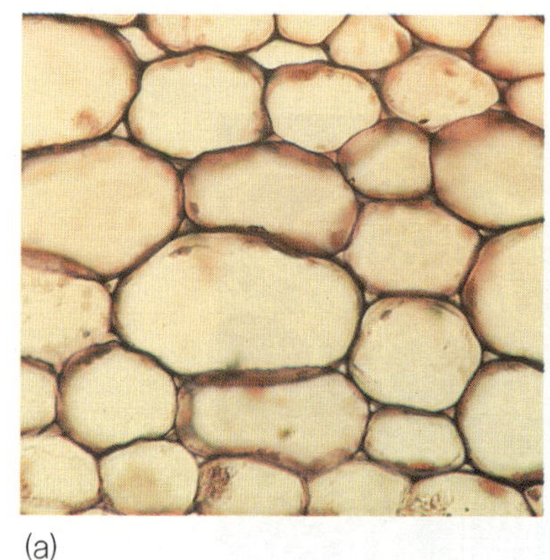
(a)

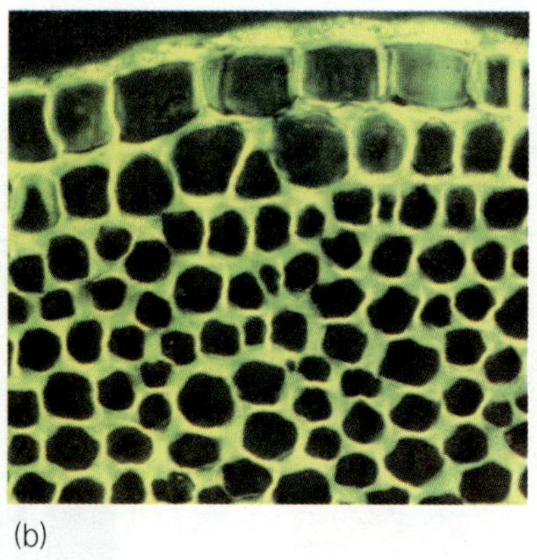
(b)

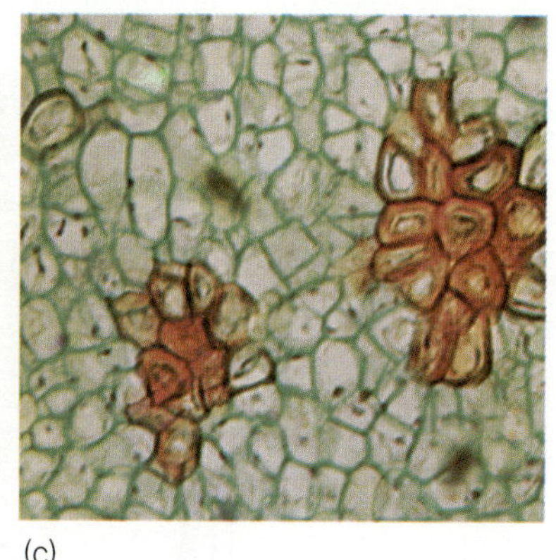
(c)

그림 34.9 | 세 가지 유형의 기본조직.
(a) 유조직. 단지 1차세포벽만 가지고 있다. (b) 후각조직. 측면 세포벽이 두꺼워진 것이 보인다(*Sambucus*, 엘더베리 어린가지). (c) 배의 후벽세포(석세포). 붉게 염색된 것들이 배의 석세포이고 그 주변은 유조직 세포들이다. 이들 후벽세포 덩어리가 배 과육의 까끌까끌한 느낌을 준다.

포는 비교적 신축성이 있으며 식물 기관의 지지 작용을 하고 부러지지 않고 휘어질 수 있게 한다. 이들은 줄기나 잎자루의 표피 안쪽이나 잎맥을 따라 연속적인 가닥이나 원통을 형성한다. 후각조직 가닥들은 2기생장이 일어나지 않는 줄기들을 지지하는 데 큰 부분을 차지한다. 우리가 셀러리를 먹을 때 나오는 긴 줄은 후각조직과 관다발로 구성되어 있다.

후벽조직

후벽조직(sclerenchyma) **세포**는 질기고 두꺼운 세포벽을 가지며, 보통 성숙했을 때 살아 있는 원형질체를 가지지 않는다. 이 세포의 2차벽에는 보통 리그닌(lignin)이 들어 있어 세포벽을 더 단단하게 만든다.

후벽조직은 두 가지 유형이 있는데, 이는 후벽섬유(fiber)와 후벽세포(sclereid)이다. 후벽섬유는 길고 가느다란 세포들로서 보통 집단으로 줄지어 있다. 가령 모시 베는 모시의 체관을 따라 나 있는 후벽섬유줄로 짠 것이다. 후벽세포는 모양이 다양하지만 흔히 주변으로 뻗어나가는 모양이다. 후벽세포는 단독으로 존재하거나 집단을 이루며, 길쭉한 형태가 아닌 별 모양 등의 여러 형태를 띠고 있다. 배를 먹을 때 입 안에서 까끌까끌한 감촉이 느껴지는 것은 배의 과육 속에 후벽세포(석세포) 집단이 분포해 있기 때문이다. 후벽섬유나 후벽세포는 조직을 단단하게 만든다.

관다발조직

물관부

물관부(xylem)는 식물의 주요 물 수송 조직으로서, 보통 속이 비고 원통형이며 죽은 세포인 물관요소(vessel members)가 끝과 끝이 연속적으로 연결되어 관을 이룬 물관(vessels)과 양 끝이 가늘어지며 서로 중복되어 있는 죽은 세포로 이루어진 가도관(tracheids)으로 구성된다(그림 34.10). 일부 식물에서는(속씨식물 제외) 가도관이 유일한 물 수송 세포이다. 물은 물관부를 통해 뿌리에서 줄기를 거쳐 잎까지 끊이지 않고 이동한다. 물이 잎에 도달하면 이의 대부분은 유조직 세포 바깥의 수막으로 들어간 다음, 수증기 형태로 세포 간 공간으로 확산하고 기공을 통하여 공기 중으로 나간다. 이 수증기의 확산을 증산(transpiration)이라고 한다. 물관은 물이나 용해된 무기질 질산염이나 인산 같은 무기이온들을 수송할 뿐만 아니라 식물체의 기계적 지지 작용도 한다.

1기물관부(primary xylem)는 전형성층에서 생기

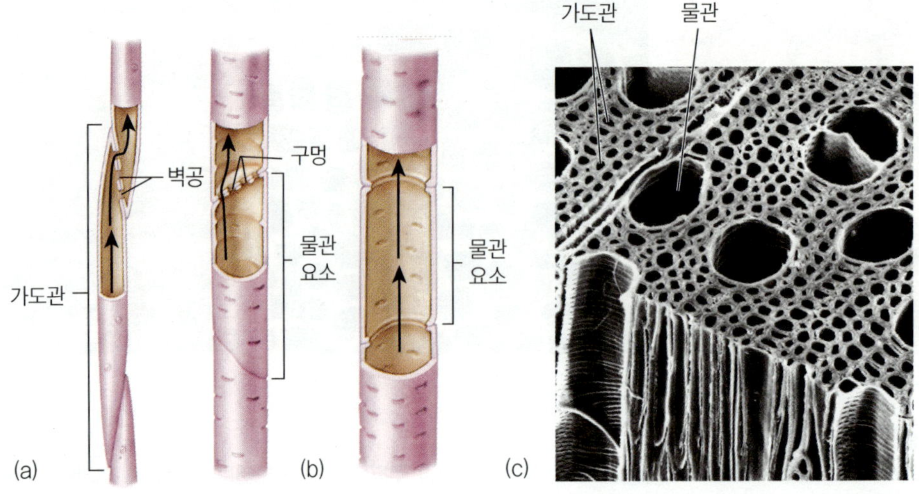

그림 34.10 | **가도관과 물관요소의 비교.**
(a) 가도관에서 물은 벽공을 통해 세포 사이를 지나간다. (b) 물관요소에서는 물이 천공판이나 세포벽 물질 조각들 사이로 지나다닌다. (c) 붉은단풍나무(*Acer rubrum*) 목재의 주사전자현미경 사진(350×). 목본 겉씨식물에서 가도관은 물 수송과 지지 역할을 한다. 대부분의 속씨식물에서는 가도관과 함께 물관을 가지고 있거나 물관만 가지고 있다. 이 두 가지 세포들은 물을 수송하고 섬유는 추가적으로 지지작용을 한다.

며, 전형성층은 정단분열조직에서 생긴다. 2기물관부(secondary xylem)는 측생분열조직인 관다발형성층에서 생긴다. 목재는 누적된 2기물관부이다.

물관요소는 거의 속씨식물에서만 발견된다. 원시 속씨식물에서 물관요소는 섬유와 유사한 경향이 있고 비교적 길다. 좀더 발달된 속씨식물에서는 물관요소가 더 짧고 폭이 넓어진다. 물관요소나 가도관은 두껍고 리그닌화된 2차벽을 가지며 성숙했을 때 살아 있는 원형질체를 가지지 않는다. 리그닌은 세포에 의해 분비되어 셀룰로스로 된 세포벽을 보강한 다음, 원형질체가 세포벽만을 남기고 죽는다. 식물체 내에서 연속적인 수류가 헛물관을 따라 흐를 때 작은 벽공을 통과한다. 이와는 달리 물관요소는 거의 완전히 개방되어 있거나 세포벽물질 조각들이 가로질러 있다.

물관은 중복되어 만들어진 가도관보다 더 효율적으로 물을 수송한다. 물관요소는 여러 식물 계통에서 각기 독립적으로 헛물관으로부터 진화되어 생겼다. 일부 원시적인 현화식물은 헛물관만을 가지지만 오늘날 대부분의 속씨식물은 물관을 가진다.

수송세포 외에 물관부에는 전형적으로 섬유와 유조직 세포가 있다. 유조직 세포는 보통 수평적으로 줄을 지어 만들어지는데, 방사조직(rays)이라 불리며 관다발 형성층의 방사조직 시원세포(ray initials)에서 만들어지고 측면적 수송과 양분저장의 기능을 한다. 시원세포는 분열조직세포의 또다른 이름이다. 섬유는 오크나무 같은 몇몇 목재에서 풍부하고, 이런 목재는 결이 촘촘하고 무겁다. 이들 섬유는 근래 종이의 주요 원료가 되고 있는데, 이전에는 체관부 섬유로 종이를 만들었다.

체관부

체관부(phloem)는 줄기와 뿌리의 바깥쪽 부위에 위치하며, 주요 양분 전도 조직이다. 체관부에서의 양분 전도는 길쭉한 두 가지 세포를 통해 일어난다. 하나는 체세포(sieve cells)이고 다른 하나는 체관요소(sieve-tube members)이다. 종자를 만들지 않는 관다발식물과 겉씨식물은 체세포만을 가지며, 대부분의 속씨식물은 체관요소를 가진다. 이 두 가지 세포 모두 체역(sieve areas)이라는 구멍이 모여 나 있는 부위를

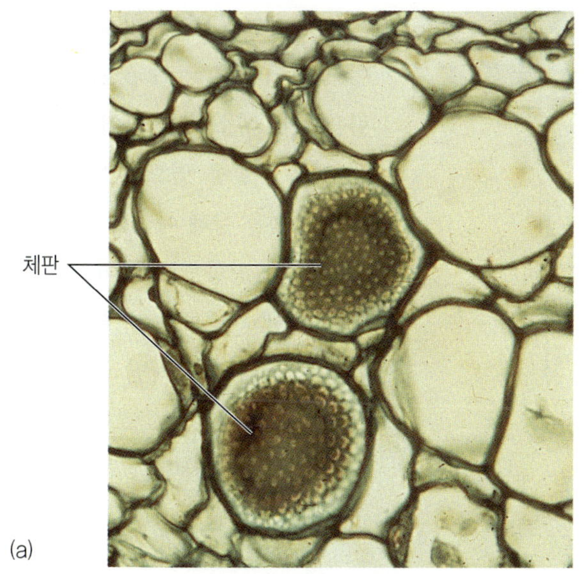

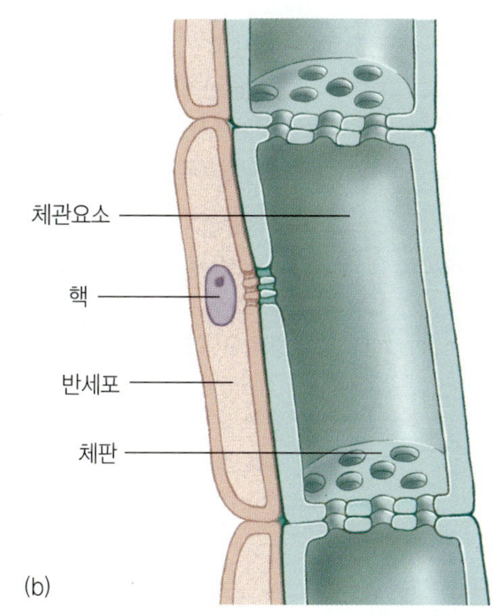

그림 34.11 | 체관요소.
(a) 호박 체관의 체판. 체판구멍을 통해 설탕과 호르몬이 이동한다. (b) 체관과 반세포. 체관요소 세포들은 체판으로 서로 연결되어 있다. 반세포는 체관요소 세포에 영양을 공급하며 체관요소 세포는 원형질막은 있으나 핵을 가지고 있지 않다.

가진다. 체역은 두 세포가 중복되는 양끝 부위에 더 흔하고 인접 체세포와 체관요소의 원형질체를 연결한다. 이 두 세포는 살아 있지만, 대부분의 체세포나 모든 체관요소에는 성숙했을 때 핵이 없다.

체관요소에서 어떤 체역은 큰 구멍들을 가지고 있어서 체판(sieve plates)이라고 한다(그림 34.11). 체관요소들은 끝과 끝이 연결되어 체관(sieve tubes)을 형성한다. 체세포는 체관요소보다 덜 분화되어 있고, 모든 체역의 구멍들은 직경이 대체적으로 동일하다. 진화적으로 볼 때, 체관요소는 체세포보다 더 발달되어 있고, 더 특수화되어 있으며, 더 효율적이다.

각 체관요소는 인접한 반세포(companion cell)라는 특수한 유조직 세포와 연합되어 있다. 반세포는 체관요소를 지탱하는 데 필요한 대사적 기능을 수행한다. 속씨식물에서 하나의 시원세포는 불균등하게 분열하여 하나의 체관요소세포와 그 반세포를 만든다. 반세포는 정상 유조직세포가 가지는 모든 요소들을 가지는데, 이 요소들 중에는 핵과 원형질연락사(plasmodesmata)가 포함된다. 원형질연락사는 체관요소세포와 그 반세포의 세포질을 서로 연결시킨다.

꽃이 없는 식물의 체세포는 단백세포라는 반세포와 같은 기능을 하는 세포를 가지고 있다.

체관부에는 흔히 섬유와 유조직세포가 풍부하게 분포되어 있다.

34.3 뿌 리

뿌리의 구조

식물의 뿌리, 줄기, 잎의 세 가지 기관에서는 세 가지 조직계가 나타난다. 발육 도중의 뿌리에서는 네 가지 부위가 공통적으로 나타나는데, 이는 뿌리골무(root cap), 분열대(zone of cell division), 신장대(zone of elongation), 그리고 성숙대(zone of maturation)이다(그림 34.12). 하지만 마지막 세 지대 사이의 경계는 분명하지 않다.

정단시원세포가 분열할 때 뿌리 끝의 딸세포들은 뿌리골무세포가 되고, 반대 방향의 분열세포들은 위의 세 지대를 거쳐 분화를 마치게 된다.

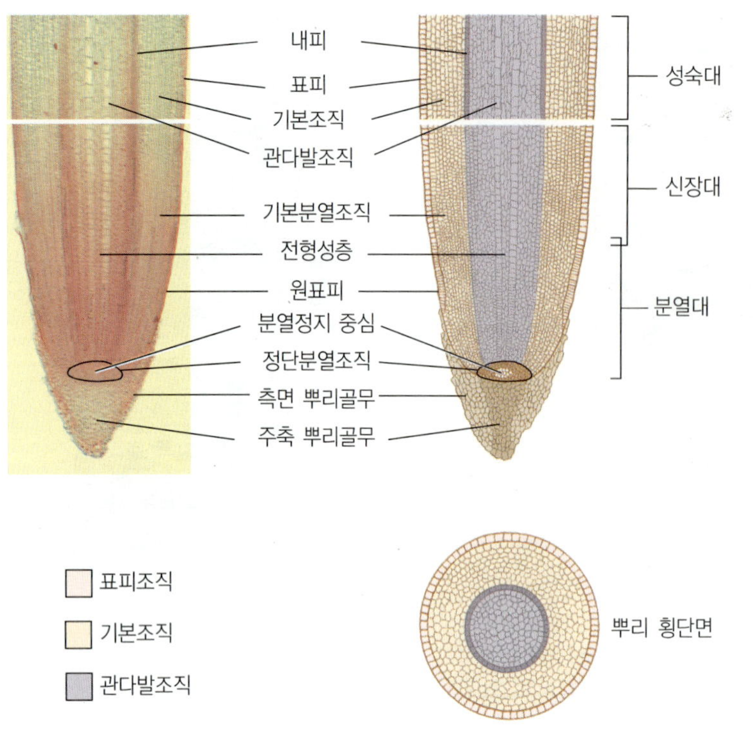

그림 34.12 | 옥수수 *Zea mays* 뿌리 끝의 구조.

뿌리골무

뿌리골무는 두 가지 세포로 구성되는데, 이는 안쪽의 주축세포(columella cells)와 바깥쪽 측면의 뿌리골무 세포(root cap cells)이다. 두 가지 세포들은 뿌리의 정단분열조직에 의해 계속 새로 생긴다. 뿌리골무의 주요 기능은 뿌리가 토양 속으로 뻗을 때 뿌리골무 뒤쪽의 연약한 조직을 보호하는 일이다. 바깥쪽 뿌리골무 세포 속의 골지체는 점액성 물질을 분비하는데, 이 물질은 세포벽을 통과해 외부로 분비된다. 뿌리골무 세포들은 평균 수명이 1주일 이내로서 안쪽으로부터 계속 새롭게 대체되며 점액질의 윤활유를 분비하여 뿌리가 토양을 뚫고 뻗어나가기 쉽게 한다. 이 점액성 물질은 콩과 식물 뿌리의 질소고정세균의 성장 배지가 되기도 한다. 뿌리에서 뿌리골무를 제거하면 새로이 다시 생긴다. 뿌리골무는 중력의 인지 기능(perception of gravity)도 있다. 주축세포는 고도로 특수화되어 있으며, 세포 주변 쪽으로 소포체가 있고 핵은 중앙부나 꼭지 부근에 있으며, 액포는 없다. 주축 세포 속에는 중력이 미치는 면에 모여 있는 녹말체(amyloplasts : 녹말 과립을 가진 색소체)가 들어 있다. 화분에 심은 식물을 옆으로 뉘이면 녹말체는 중력을 향해 아래쪽으로 모이고 뿌리는 그 방향으로 휘어진다. 뿌리가 중력에 반응하는 정확한 본질은 아직 명확하지 않지만 녹말체 속의 칼슘 이온이 생장 호르몬의 분포에 영향을 주는 것 같다.

분열대

정단분열조직은 뒤집힌 오목한 돔 모양으로서 뿌리골무로 보호되는 뿌리 끝 부위의 중앙에 있다. 분열대의 활동은 대부분 돔의 주변 쪽으로 일어나며, 여기에서 매 12~36시간마다 세포분열이 일어난다. 대부분의 세포는 입방형이며, 액포가 작고 핵은 중앙에 위치하고 상대적으로 크다. 이들 빠르게 분열하는 세포들은 정단분열조직의 딸세포들이다. 분열정지중심(quiescent center)은 정단분열조직 중앙부의 세포 집단으로서 아주 가끔 분열하는데, 이는 이 부위를 부풀고 있는 공으로 볼 때 중앙부보다 주변부가 신속히 분열해야 하는 점을 고려하면 이해된다. 정단분열조직의 딸세포들은 분열하여 세 가지 주요 조직, 즉 원표피, 전형성층, 기본 분열조직으로 된다.

신장대

신장대에서 1기분열조직에서 만들어진 세포는 폭보다 길이로 몇 배 자라고 폭은 약간만 증가한다. 작은 액포들은 서로 합쳐지고 커져서 세포 용적의 90% 이상을 차지하게 된다. 신장대 위에서는 세포의 크기는 더 이상 증가하지 않으며, 뿌리의 성숙 부위는 직경이 증가하는 것을 제외하고는 일생 동안 일정하게

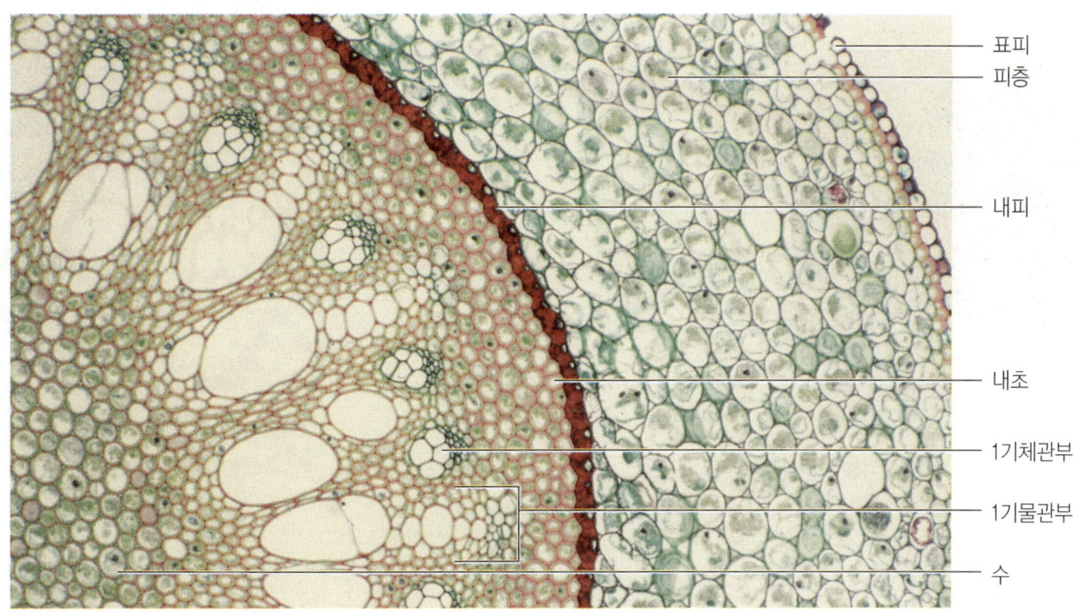

그림 34.13 | 어린 외떡잎식물(*Smilax*) 뿌리의 성숙대 횡단면(100×).

유지된다.

성숙대

신장대에서 길어진 세포들은 성숙대에서 특정 유형의 세포로 분화된다(그림 34.13). 뿌리의 표면세포들은 매우 얇은 쿠티클을 가지는 표피세포로 된다. 표피세포의 다수는 뿌리털(root hair)을 만든다. 뿌리털은 세포의 돌기로서 세포와 벽으로 분리되어 있지 않고 핵이 이동할 수도 있다. 뿌리털은 뿌리 표면적 $1cm^2$당 35,000개 이상인 경우도 있으며, 뿌리의 흡수 면적을 크게 증대시킨다. 뿌리털은 보통 수일 동안만 살아서 활동하며, 그 후에는 성숙대의 오래된 부위에서 벗겨 없어지며, 신장대 쪽으로 새로운 것이 만들어진다. 공기 중의 질소를 콩과식물에 유용한 형태로 고정시키는 공생 박테리아는 뿌리털을 통해 식물로 들어가 뿌리혹을 만들도록 지시한다.

표피의 바로 안쪽에 있는 기본 분열조직은 유조직 세포를 만든다. 이 조직을 피층(cortex)이라고 하는데 대개 여러 세포층 두께를 가지며 양분 저장의 기능을 한다. 피층의 안쪽 경계부는 단일 층으로 된 내피(endodermis)로 분화되는데(그림 34.13), 내피의 1차 벽에는 물을 통과시키지 않는 지방질 물질인 수베린(suberin)이 들어 있다. 수베린은 카스파리 띠(Casparian strips)라는 띠를 이룬다. 카스파리 띠는 뿌리 표면에 수직인 각각의 인접한 내피세포벽을 둘러싼다(그림 34.14). 이는 세포들 사이의 물질 수송을 차단하고, 뿌리 표면에 평행인 두 표면만이 뿌리 중심으로 물질이 수송되는 유일한 길이 되도록 한

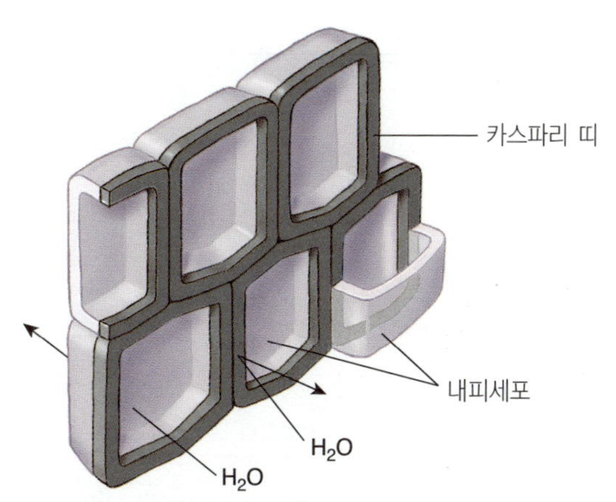

그림 34.14 | 카스파리 띠.
카스파리 띠는 물과 무기질이 세포벽 사이의 공간으로 통과하지 않고 원형질막을 통과하도록 하는 방수 띠이다.

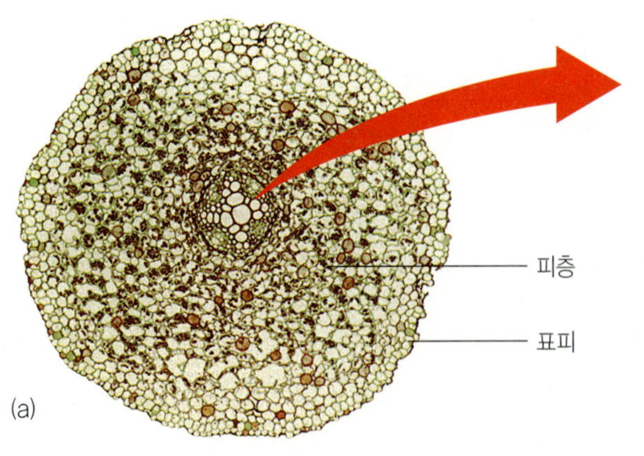

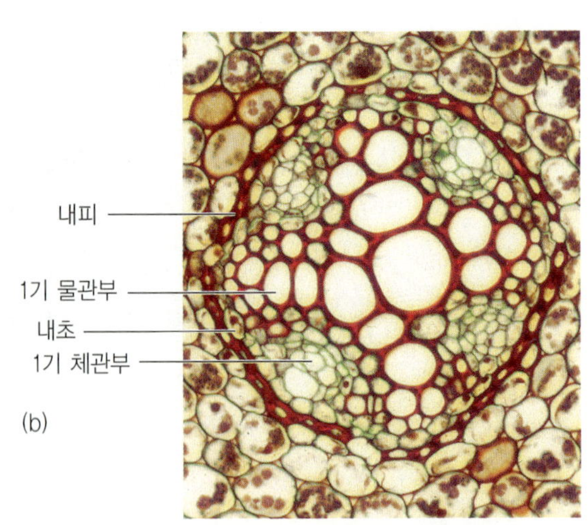

그림 34.15 | 어린 쌍떡잎식물뿌리의 성숙대 횡단면.
(a) 미나리아재비(*Ranunculus*)(40×). (b) 확대한 것(600×).

다. 원형질막은 통과되는 물질을 조절한다.

내피 안쪽의 모든 조직을 통틀어 중심주(stele)라고 한다. 내피 바로 안쪽에는 내초(pericycle)라는 유조직 세포들이 있다. 내초 세포는 성숙한 뒤에도 분열할 수 있다. 이 세포들은 곁뿌리(lateral roots)로 되기도 하며 쌍떡잎식물에서는 관다발형성층(vascular cambium)의 일부분으로 되기도 한다.

1기물관부의 물 전도 세포들은 어린 쌍떡잎식물의 뿌리 중앙부의 단단한 중심으로 분화한다. 횡단면을 보면 1차물관부의 중심은 흔히 별 모양인데, 2개에서 여러 개의 방사상의 팔이 내초 쪽을 향하고 있다(그림 34.15). 외떡잎식물의 뿌리에서는 1차물관부가 고리 모양으로 배열된 별개의 관다발 속에 있으며, 수(pith)라고 하는 뿌리중앙의 유조직 세포들을 둘러싼다. 양분을 전도하는 세포로 구성된 1기체관부(primary phloem)는 쌍떡잎식물과 외떡잎식물 모두 물관부와 인접하여 별개의 세포 집단으로 분화한다.

2기생장(secondary growth)을 하는 쌍떡잎식물에서는 내초의 일부와 체관부와 물관부 사이의 유조직 세포들은 뿌리의 관다발형성층으로 되어 안쪽에 2기 물관부를, 그리고 바깥쪽에 2기체관부를 만들기 시작한다. 결국, 2기조직은 동심원적인 원통형태를 이루게 된다. 1기체관부와 피층, 그리고 표피는 새로운 2기조직이 추가되면서 압착되고 벗겨져 나간다. 목본

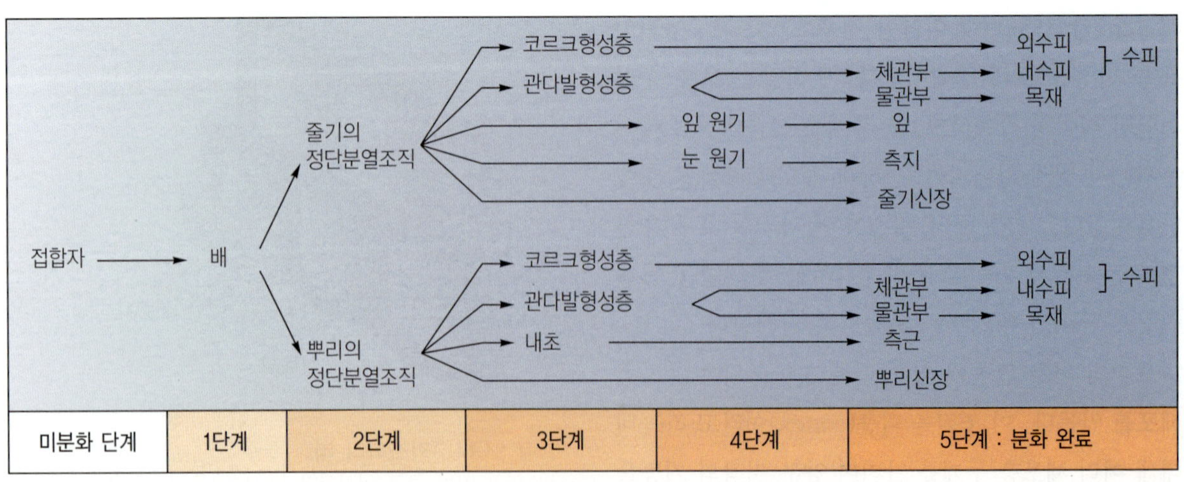

그림 34.16 | 식물 조직의 분화 단계.

식물의 내초에서 코르크형성층은 수피를 형성한다. 쌍떡잎식물 뿌리의 2기생장의 경우 중심주의 바깥쪽에 있는 모든 것은 소실되고 수피로 교체된다(그림 34.16).

(a)

(b)

뿌리의 변형

대부분의 식물은 하나의 큰 뿌리에 작은 뿌리가 가지 쳐 달린 원뿌리(taproot)나 직경이 비슷한 작은 뿌리들을 가지는 수염뿌리(fibrous root)를 가지고 있다. 그러나 일부 식물에서는 뿌리가 고착과 흡수 기능 외에 특수한 기능을 가지도록 변형되어 있다.

(c)

그림 34.17 | 변형된 뿌리 세 가지.
(a) 통기근은 물속 뿌리에서 올라온 스펀지 모양의 돌출부이다. (b) 25kg이 넘는 저수근. (c) 열대 무화과나무의 판근.

모든 뿌리가 뿌리에서만 나오는 것은 아니다. 뿌리가 아닌 줄기나 다른 부위에서 생기는 뿌리를 부정근(adventitious root)이라고 한다. 가령 담쟁이덩굴처럼 기어 올라가는 식물은 줄기에서 뿌리를 만든다. 이 뿌리는 담쟁이덩굴 줄기를 다른 나무 줄기나 벽에 고정시킨다. 다음은 변형된 뿌리의 기능을 적은 것이다.

지주근. 옥수수와 같은 일부 외떡잎식물은 줄기의 아래쪽에서 두꺼운 부정근을 만든다. 이 지주근(prop root)은 땅 쪽으로 자라서 식물체가 바람에 넘어지지 않게 한다.

기근. 착생란은 공기 중으로 뻗은 뿌리를 가진다. 일부 기근(aerial root)은 여러 세포층으로 된 표피를 가지는데, 이는 수분 소실을 감소시키기 위한 하나의 적응이다. 이 기근은 광합성을 하기도 한다.

통기근. 늪에 사는 일부 식물은 물 속의 뿌리로부터 통기근(pneumatophore)이라는 스폰지 모양의 돌기를 만든다(그림 34.17a). 통기근은 보통 물 위로 수 cm 솟아 있는데, 이는 물 속 뿌리가 산소를 흡수하기 쉽도록 한다.

수축근. 백합이나 민들레 등의 뿌리는 나선상으로 수축하여 매년 식물체를 땅속으로 더 깊이 끌어당겨서 안정된 온도에 접하도록 한다. 이 뿌리는 나선형으로 꼬이면서 원래 길이의 1/3로 수축하기도 한다.

기생근. 실새삼과 같은 식물의 엽록소가 없는 줄기는 기생근(haustoria)이라고 하는 쐐기 모양의 뿌리를 만들어 숙주식물을 침투한다. 이 기생근은 숙주의 관다발 조직에 닿게 되어 효과적인 기생생활이 이루어지게 한다.

저장근. 고구마 등의 뿌리의 물관은 중간 중간에 많은 여분의 유조직 세포를 만들어 다량의 탄수화물을 저장한다. 당근, 무 등은 줄기와 뿌리가 양분 저장의 기능을 한다. 이 뿌리를 횡단해 보면 다수의 2기생장

고리가 나타난다.

저수근. 호박과(cucurbitaceae)의 식물은, 특히 메마른 땅에 생육하는 종류에서, 50kg 이상이나 나가는 물을 저장하는 뿌리를 만들기도 한다(그림 34.17b).

판근. 일부 열대성 나무는 몸통 줄기의 기부 쪽에서 커다란 판근(buttress root)을 만들어 식물체를 지탱한다(그림 34.17c).

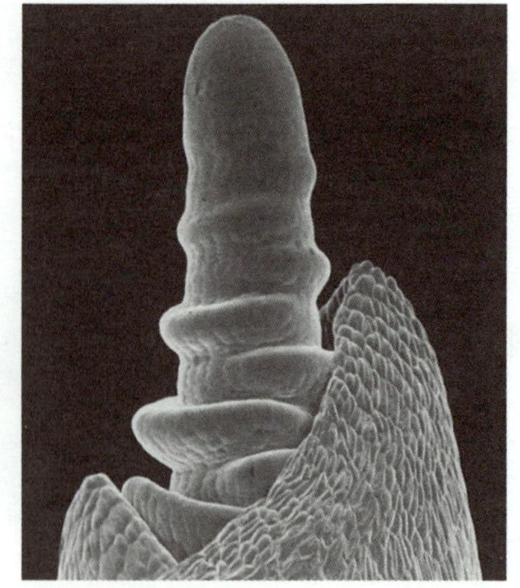

그림 34.19 | 줄기의 끝 부분. 밀(*Triticum*)의 정단 분열조직이다 (200×).

35.4 줄 기

줄기의 구조

외부 형태

줄기의 정단분열조직은 줄기조직을 만들며 간헐적으로 잎, 줄기, 또는 꽃으로 발생할 원기(primordia)를 만든다(그림 34.18). 줄기는 기관이 자라 나오는 축이 된다. 잎은 줄기 주위를 따라 나선상으로 배열하거나 마주 보고 쌍을 이루거나 원을 이룬다. 그 중에서 나선형 배열이 가장 흔한데, 그 이유는 아직 알려지지 않았는데, 이때 잎은 137.5° 의 각을 이루어 떨어져 있다. 이 잎 배열 양상을 잎차례(phyllotaxy)라고 하는데, 빛에 대한 잎의 노출을 최대화한다.

잎이 부착하는 부위를 절(node)이라고 하고, 두 절 사이의 줄기 부위를 절간(internode)이라고 한다. 잎은 대개 편평한 엽신(blade)을 가지며, 흔히 잎자루(petiole)를 가진다. 잎자루(엽병)가 없는 잎을 무병엽(sessile)이라고 한다. 잎자루와 줄기 사이의 각을 이루는 부위를 엽액(axil)이라고 한다. 각 엽액에서는 액아(axillary bud)가 만들어진다. 이 액아는 1기줄기의 정단분열조직이 만든 것으로서 이곳의 잎 원기를 포함하여 정아(terminal bud)라고 한다. 액아는 흔히 가지로 발달하거나 꽃으로 발생하게 될 분열조직을 형성한다.

외떡잎식물이나 초본성 쌍떡잎식물 줄기는 코르크 형성층을 만들지 않는다. 줄기는 보통 녹색이고 광합성을 하며 적어도 피층의 바깥쪽 세포는 엽록소를 가진다. 초본식물의 줄기는 보통 기공을 가지며 여러 가지 유형의 모상체를 가진다. 목본성 줄기는 여러 해 지속되므로 기본기관들 외에 특징적인 흔적들을 가지고 있다. 성장계절 동안 보통 정아에서 줄기가 자라고 대부분의 목본성 식물의 눈은 겨울에는 아린(bud scale)이라는 보호성 눈비늘을 갖는데, 눈이 팽창하면서 떨어져 아린자국(bud scale scars)을 남긴

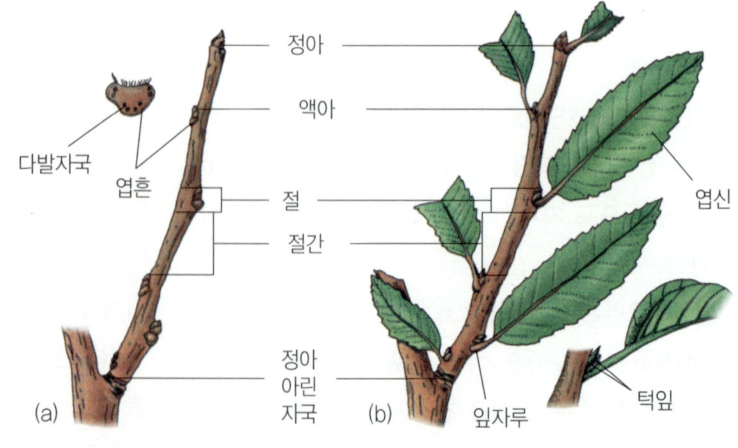

그림 34.18 | 나무의 가지.
(a) 겨울. (b) 여름.

다. 낙엽수의 잎은 가을에 떨어지며 엽흔(leaf scars)과 함께 관다발이 연결되어 있던 흔적인 다발자국(bundle scars)을 남긴다. 이 엽흔의 모양과 크기 그리고 다른 특징들을 보고 겨울에 식물들을 구분할 수 있다(그림 34.19).

내부 형태

줄기의 정단분열조직은 뿌리에서처럼 줄기의 길이를 자라게 하는 1기분열조직을 만든다. 정단분열조직에서는 세 가지 1기분열조직이 생긴다. 원표피는 표피로 되고, 기본분열조직은 유조직 세포를 만든다. 줄기 가운데의 유조직 세포는 수(pith)를 구성하고, 중앙부에서 떨어져 있는 유조직 세포는 피층을 만든다. 전형성층은 1기물관부와 1기체관부를 만드는데, 이것들은 기본조직으로 둘러싸인다. Trace라고 하는 물관부와 체관부 줄기는 주 물관부와 체관부에서 가지쳐서 잎, 꽃, 줄기로 들어간다. Trace의 형성으로 주 통도 조직에 간극(gap)이라는 공간을 남긴다. 쌍떡잎식물에서 관다발형성층(vascular cambium)이 1기물

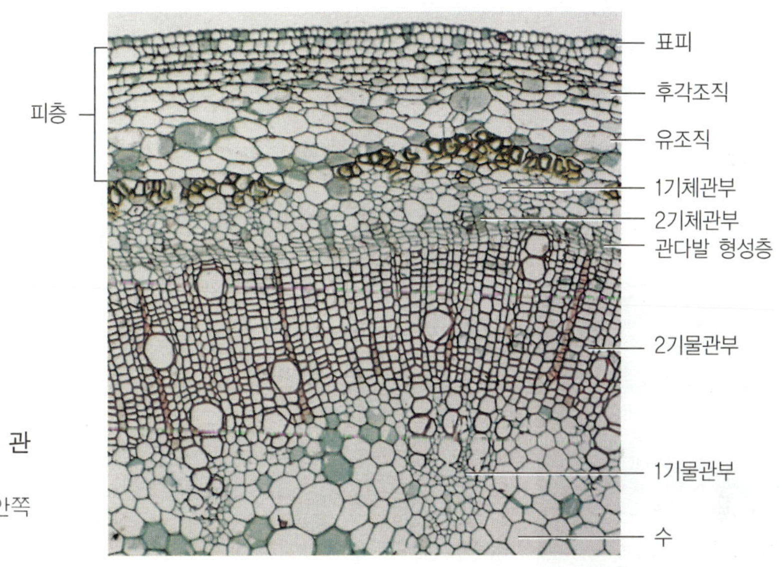

그림 34.20 | 아주까리(Ricirus)의 관다발형성층 분화 초기 단계.
피층의 바깥 부분은 후각조직으로 안쪽 부분은 유조직으로 이루어져 있다.

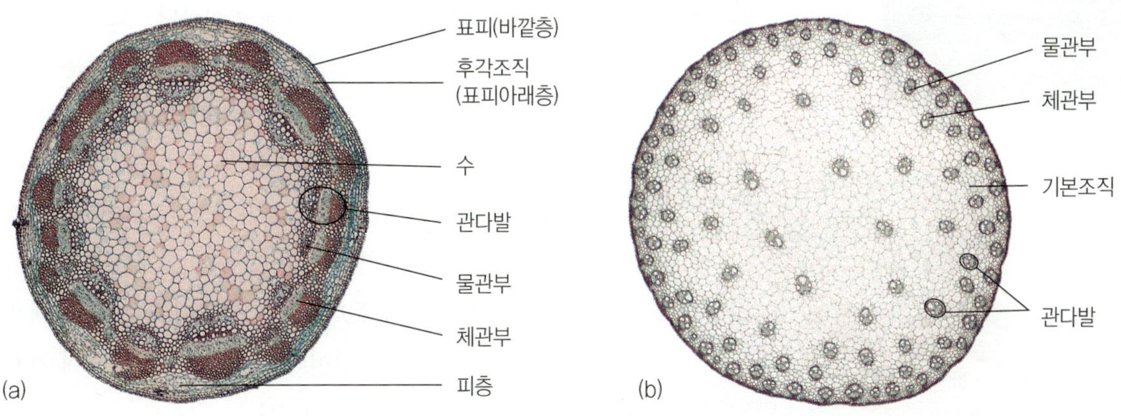

그림 34.21 | 줄기.
(a) 해바라기(쌍떡잎식물)(*Helianthus annuus*) 어린 줄기의 횡단면으로서, 관다발이 줄기 바깥쪽을 따라 배열되어 있다(10×). (b) 옥수수(외떡잎식물)(*Zea mays*)의 줄기에서는 관다발이 흩어져 있다(5×).

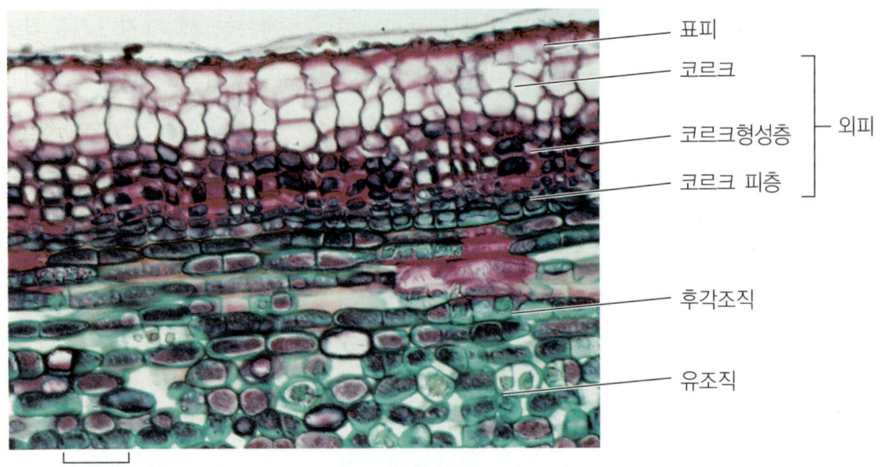

그림 34.22 | **외피의 단면.**
사시나무(*Populus* sp.) 외피의 발달 초기 단계이다.

관부와 1기체관부의 사이에서 생겨 환상의 1기관다발들을 연결시킨다(그림 34.20). 외떡잎식물에서는 관다발이 기본조직 속에 흩어져 있다. 외떡잎식물은 관다발형성층이 없어서 2기생장을 하지 못한다(그림 34.21).

관다발형성층의 세포들은 계속 분열하여 2기조직(secondary tissues)을 만든다(주로 2기물관부와 2기체관부). 나무에서는 물관부의 형성이 왕성하여 목부가 생기는데, 생장 조건에 따라 세포의 크기가 다르므로 나이테가 생긴다. 목본 쌍떡잎식물과 겉씨식물에서는 2기형성층인 코르크형성층이 피층 바깥쪽에서 생기는데(때론 표피나 체관부에 생긴다), 코르크형성층(cork cambium)에서 바깥쪽으로 상자 모양의 코르크 세포(cork cells)를, 그리고 안쪽으로는 유조직세포와 비슷한 코르크피층(phelloderm)을 만든다. 코르크형성층, 코르크, 코르크피층을 합하여 외피(periderm)라고 한다(그림 34.22). 코르크세포들이 생성되고 죽은 뒤 곧바로 수베린이 침착하며, 코르크조직은 외수피(outer bark)를 형성한다. 코르크 조직은 수베린이 수분에 불투과성 이므로 물과 양분이 표피로 전달되는 것을 차단하여 표피는 죽어 벗겨져 나간다. 어린 줄기에서는 기공을 통하여 줄기의 조직과 공기 사이에 기체 교환이 일어나지만, 코르크형성층이 코르크를 만들면서 기공 안쪽에 코르크화되지 않은 세포 더미를 만든다. 이 코르크화되지 않은 세포 집단을 피목(lenticels)이라고 하며, 이를 통하여 기체 교환이 일어난다(그림 34.23).

(a)

(b)

그림 34.23 | **피목.**
(a) 벚나무(*Prunus cerasifera*)의 피목. (b) 엘더베리 *Sambucus canadensis* 줄기 피목의 횡단면(30×).
피목은 작고 옅은 색의 돋아 올라온 부분으로 수없이 분포해 있다. 이를 통해 외부대기와 수피 바로 아래 살아 있는 조직과의 기체교환이 일어난다. 종마다 형태가 매우 다르므로 겨울에 낙엽수들을 구분하는 데 도움을 준다.

줄기의 변형

줄기는 대개 위로 곧게 자라지만 어떤 것은 영양번식(vegetative propagation) 등의 특수한 기능을 하도록 변형되어 있다. 다음의 변형된 줄기를 보면서 줄기는 절에 잎을 가지며, 절 사이에 절간이 있고, 잎의 엽액(axils)에 눈이 있으나, 뿌리는 잎이나, 절 또는 액아가 없음을 염두에 두자.

비늘줄기. 양파, 백합, 튤립은 부푼 땅속줄기를 가지는데, 이는 기부에 부정근을 가지는 커다란 눈이다(그림 34.24a). 대부분의 비늘줄기(bulb)는 작은 돌기 모양의 줄기에 부착된 다육엽으로 되어 있다. 양파에서는 다육엽이 땅 위의 길고 녹색인 잎의 종이처럼 얇은 비늘 모양의 잎 기부로 싸여 있다.

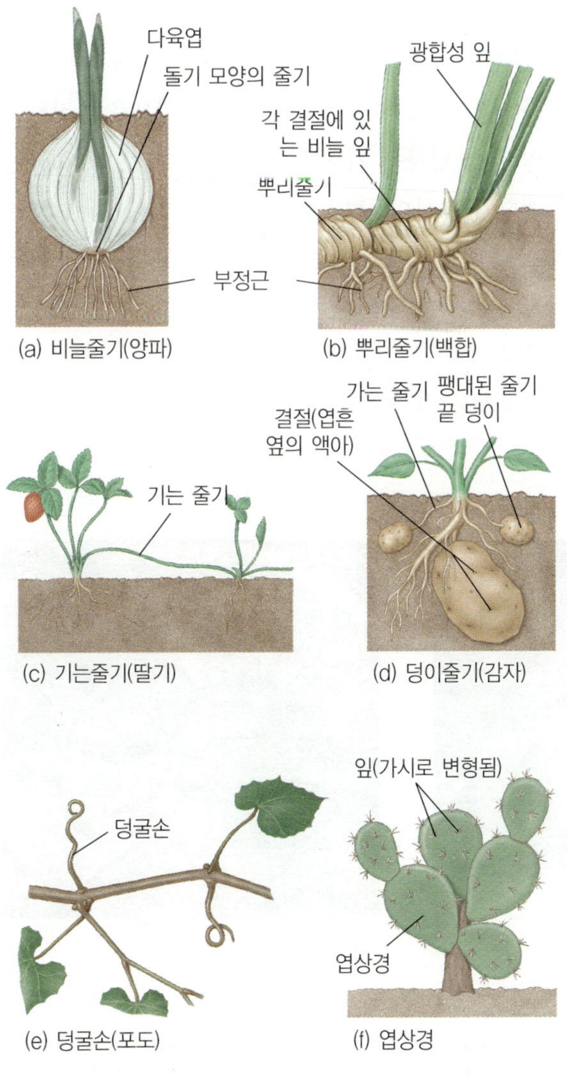

둥근줄기(구경). 글라디올러스 등의 식물은 둥근줄기(corm)를 만드는데, 겉으로는 비늘줄기와 비슷하다. 그러나 둥근줄기를 절반으로 자르면 다육엽이 나타나지 않는다. 둥근줄기는 약간의 얇고 갈색의 비기능적인 잎이 바깥쪽에 있으며, 그 아래쪽에 부정근이 있는 줄기로 구성되어 있다.

뿌리줄기. 고사리, 붓꽃과 같은 다년생 초본은 땅속에서 수평으로 자라는 뿌리줄기(rhizome)를 만든다(그림 34.24b). 각 절에는 액아를 가지는 비늘 모양의 잎이 있고, 이보다 큰 광합성 잎이 뿌리줄기 끝에서 생긴다. 뿌리줄기 전체를 따라 부정근이 주로 아래 표면에 생긴다.

기는줄기. 딸기는 긴 절간을 가지는 수평적 줄기를 만드는데, 이는 뿌리줄기와는 달리 보통 땅 표면을 따라 자란다. 여러 기는 줄기(runners)들은 한 식물로부터 방사상으로 뻗어 있다(그림 34.24c).

덩이줄기. 감자에서는 기는줄기 끝에 탄수화물이 축적되어 부풀면서 덩이줄기(tuber)가 된다. 덩이줄기가 성숙하면 기는줄기는 죽는다(그림 34.24d). 감자의 눈은 비늘 모양의 잎의 엽액에 생긴 액아이다. 감자가 생길 때 나타나는 비늘 모양의 잎은 곧 떨어져 나간다. 성숙한 감자에서 각 눈의 옆에 있는 작은 융기는 엽흔이다.

덩굴손. 포도나 담쟁이덩굴과 같은 기어 올라가는 식물은 덩굴손(tendril)이라는 변형된 줄기를 만든다. 덩굴손은 지지 물체를 휘감아 기어오르는 데 도움을 준다(그림 34.24e). 콩이나 호박 등의 덩굴손은 실제로는 변형된 잎이다.

엽상경. 선인장은 엽상경(cladophyll)이라는 편평하고 광합성을 하는 잎 모양의 줄기를 만든다(그림 34.24f). 선인장에서 잎은 가시로 변형되어 있다.

그림 34.24 | 줄기의 변형.

35.5 잎

잎의 외부 구조

정단분열조직에서 만든 원기(primordia)에서 만들어지는 잎은 식물이 살아가는 데 필수적이다. 육상식물에서는 광합성이 일어나는 주요한 부위인 잎은 주로 세포확장과 세포분열에 의해 자라게 되며 성숙하면 성장을 멈춘다. 잎은 배열, 형태, 크기, 내부구조 등이 서로 매우 다른데, 이것은 다른 환경에 적응한 결과이다. 잎이 처음 줄기 정단분열조직에서 만들어진 원기로 나타났을 때는 꼭 잎으로 발달하도록 정해진 것은 아니다. 원기가 제자리에 배치되고 처음 세포분열을 시작한 후 그 세포들은 잎 발달 과정으로 들어가게 된다.

잎은 형태적으로 두 가지로 구분되는데, 이 구분은 진화적 기원의 차이를 반영한다. 소엽(microphyll)은 줄기의 관다발로부터 가지 쳐 나올 때 간극(gap)을 남기지 않는 하나의 잎맥을 가지는 잎이다. 소엽은 대부분 작고 주로 석송문(phylum Lycophyta)에서 볼 수 있다. 대부분의 식물은 대엽(megaphyll)을 가진다. 대엽은 여러 잎맥을 가지며, 대엽의 통도조직은 줄기에 서 갈라질 때 줄기 관다발에 간극을 남긴다.

(a) (b)

그림 34.25 | 쌍떡잎식물(a)과 외떡잎식물(b)의 잎.
(a) 쌍떡잎식물의 잎은 망상의 잎맥을 가지고 있다(African violet).
(b) 외떡잎식물의 잎은 평행잎맥을 가지고 있다.(cabbage palmetto).

대부분의 쌍떡잎식물의 잎은 납작한 엽신과 가느다란 잎자루(엽병)를 가진다. 엽신이 납작해지는 것은 방사대칭으로부터 등-배(위-아래) 대칭으로의 전환을 반영한다. 잎자루 기부에는 한 쌍의 턱잎(stipule)이 존재하기도 한다. 턱잎은 잎 모양이거나 가시 또는 샘으로 변형되기도 하는데, 크기가 매우 다양하다. 턱잎의 발생은 잎의 다른 부위의 발생과는 별개로 일어난다.

초본식물이나 다른 외떡잎식물의 잎에는 보통 턱잎

(a)

(b)

(c)

그림 34.26 | 홑잎(a)과 겹입(b, c).
(a) 잎 가장자리가 깊은 열편을 이루고 있다. tulip tree(*Liriodendron tulipifera*). (b) 우상복엽(마가목류)(*Sorbus* sp.). 겹잎은 엽병이 가지에 부착된 부위에 1개의 측아를 가지고 있다. (c) 장상복엽(아메리카 담쟁이 덩쿨)(*Parthenocissus quinquefolia*).

그림 34.27 | **잎의 배열형.**
잎의 세 가지 공통적 배열 형태.
잎은 교대로 마주 보면서 또는 원형으로 배열한다.

이 없고 기부 쪽에서 줄기를 감싼다. 물관부와 체관부로 이루어진 잎맥(veins)은 엽신 전체에 분포한다. 대부분의 외떡잎식물에서는 잎맥이 서로 평행하고, 쌍떡잎식물에서는 보통 복잡하게 망상구조를 하고 있다(그림 34.25).

엽신의 형태는 여러 가지이다. 홑잎(simple leaves)에서는(그림 34.26a) 엽신이 나누어지지는 않으나 여러 크기의 치상돌기, 톱니, 열편 등을 가지고 있다. 겹잎(compound leaves)에서는 엽신이 여러 개의 소엽(leaflets)으로 나뉘어 있다. 소엽(leaflets)들이 한 축을 따라서 쌍으로 배열되어 있을 때 이 잎을 우상복엽(pinnately compound)(그림 34.26b)이라 하고, 엽병끝 한 점에서 방사상으로 소엽이 분포하면 장상복엽(palmately compound)(그림 34.26c)이라 한다.

홑잎이든 겹잎이든 잎은 번갈아(alternately) 배열되거나(호생엽), 마주 보면서(opposite) 쌍을 이룬다(대생엽). 드물게는 3개 또는 그 이상의 잎들이 원형(whorl)으로 배열하기도 한다(윤생엽)(그림 34.27).

잎의 내부 구조

잎의 전체 표면은 투명한 표피로 덮여 있으며, 대부분의 표피세포에는 엽록체가 없다. 표피는 납질(waxy)의 큐티클을 가지는데 그 두께는 여러 가지이다. 표피에는 샘이나 모상체가 나 있기도 한다. 잎의 하표피(때론 상표피)에는 수많은 기공이 나 있다(그림 34.28). 기공은 공변세포가 둘러싸고 있다.

상표피와 하표피 사이에는 엽육(mesophyll)이 있다. 엽육 속에는 여러 크기의 입맥(관나발)이 지나간다. 쌍떡잎식물의 잎에는 두 가지 뚜렷한 엽육층이 있다. 상표피 쪽에는 한 층 내지 여러 층의 빽빽하게 배열된 엽록조직세포(엽록체가 있는 유조식)층인 책상엽육조직(palisade mesophyll)이 있다(그림 34.29). 대부분의 잎은 또 책상엽육조직과 하표피 사이에는 느슨하게 배열된 세포로 이루어진 해면엽육조직(spongy meso-phyll)이 있다. 해면엽육조직 안의 세포 간 공간은 기공과 함께 기체 교환과 수증기의 통로 기능을 한다. 외떡잎식물 잎의 엽육은 책상엽육조직과 해면엽육조직으로 분화하지는 않고, 잎의 상표피와 하표피의 구분이 거의 없다.

잎의 해부학적 구조는 수분 손실 · 가스교환, 광합성 산물의 수송 등의 균형을 유지하기 위한 잎의 작용과 직접적

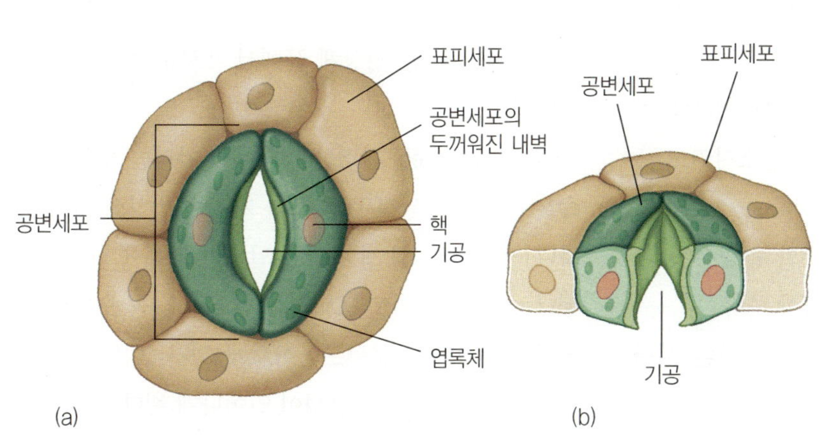

그림 34.28 | **기공.**
(a) 표면에서 본 형태. (b) 횡단면.

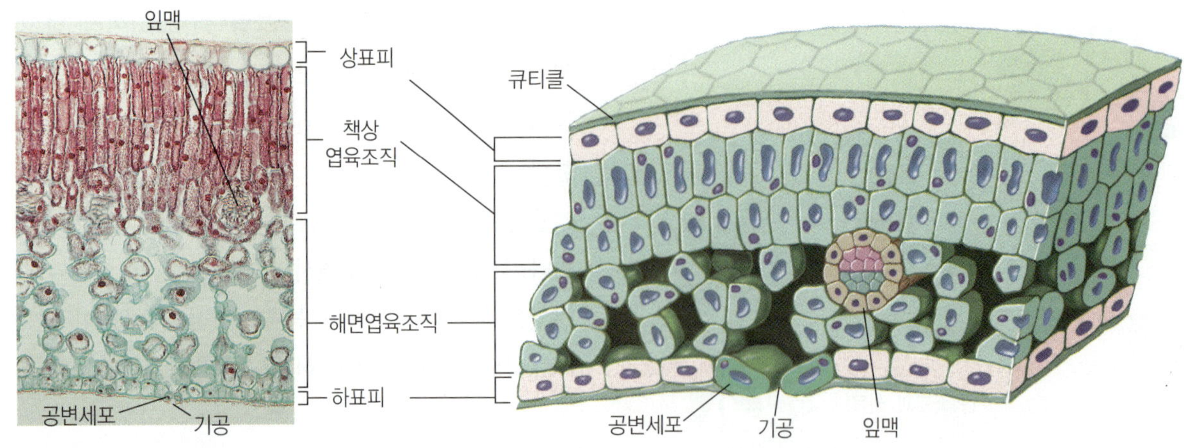

그림 34.29 | 잎의 횡단면.
책상엽육조직과 해면엽육조직, 관다발, 잎맥 그리고 기공을 감싸고 있는 쌍을 이룬 공변세포가 분포한 표피가 보인다.

으로 관련이 있다.

잎의 변형

식물은 특수 서식환경에 적응해 기관 변형을 일으켜 왔다. 특히 잎은 몇몇 주목할 만한 적응방법을 진화시켜 왔다.

다음 몇 가지 잎의 변형을 살펴보자.

꽃잎(포엽, Floral leaves). 포인세티아와 말채나무는 비교적 눈에 안 띄는 작고 녹색을 띠는 노란색 꽃을 가지고 있다. 그러나 두 식물이 모두 포엽(bracts)이라는 변형된 큰 잎을 가지고 있다(포인세티아는 주로 빨간색, 말채나무에선 흰색이나 분홍색). 이들 포엽은 실제 꽃들을 둘러싸고 눈길을 끄는 꽃잎(petals)과 같은 작용을 한다(그림 34.30).

가시(Spines). 많은 선인장의 잎은 가시로 변형되었다. 이는 잎 표면적을 줄여 수분손실을 감소시키고 포식자를 막는다. 이는 변형된 줄기인 honey locust의 경침(thorn)이나 단순히 표피나 피층의 돌출부인 나무딸기의 침(prickle)과 혼동하지 말아야 한다.

생식잎(Reproductive leaves). kalanchoë 같은 여러 식물들은 잎 가장자리에서 작지만 완벽한 소식물을 만들어낸다. 이 소식물은 잎에서 분리된 후 독립적으로 정상크기의 식물로 자랄 수 있다.

그림 34.30 |
말채나무 꽃에서 흰색 포엽(변형된 잎)이 중앙의 여러 실제 꽃들을 둘러싸고 있다. 이 꽃들은 꽃잎(petals)을 가지고 있지 않다.

walking fern은 엽상체 끝에서 새로운 소식물을 만들어낸다.

Window leaves. 건조한 지역에서 자라는 몇몇 식물 속은 다육질의 원뿔 모양 잎을 가지는데 잎 끝이 투명하다. 이들 잎은 대개 바람에 날리는 모래에 파묻히게 된다. 그러나 두꺼운 표피와 큐티클을 갖는 투명한 잎 끝을 통해 빛이 내부로 들어오게 된다. 이렇게 해서 지표면 아래에서도 광합성이 일어나게 된다.

음엽(Shade leaves). 음지에서 자라는 잎은 똑같은 유전자를 가진 잎이라도 직접적으로 더 많은 빛을 받는 잎보다 표면적은 더 크나 더 얇고 엽육조직을 더 적게 갖는다. 환경신호가 발생에 주요한 영향을 줄 수 있다.

벌레잡이 잎(Insectivorous leaves). 거의 200종의 현화식물들이 벌레잡이 잎을 가지고 있는 것으로 알려져 있다. 벌레잡이 잎을 가진 식물들은 흔히 필요로 하는 요소가 결핍되어 있거나 식물이 이용할 수 없는 형태로 그 요소들이 포함되어 있는 산성습지에 자란다. 이런 환경은 식물 성장에 필요한 충분한 물질대사를 식물이 유지할 수 없게 한다. 따라서 동물계로 부터 영양물질을 흡수 보충함으로써 그들의 필요를 채우게 된다.

CHAPTER 35

식물의 발생

식물의 수정란은 어떻게 식물체로 발생할까? 식물세포는 움직일 수 없기 때문에 각 세포 분열의 시기와 방향성은 조화를 이루어야 한다. 세포 특수화가 협동적으로 이루어지기 위해서 세포들은 서로 상대적인 위치에 대한 정보가 있어야 한다. 어린 식물이 땅 속에서 처음 나올 때 식물체의 일부분만 형성된 상태이다. 식물의 기관은 일생을 통하여 발생이 이루어진다.

35.1 식물의 배

뿌리-줄기 축의 형성

식물의 3차원적인 형태는 세포분열의 양과 양상의 조절에 의해 이루어진다. 첫 세포분열로 2가지 서로 다른 유형의 세포가 생기며 배 발생 초기에 있는 대부분의 세포들은 여러 가지 유형의 세포나 기관들로 될 수 있다. 발생이 진행되면서 다양한 잠재력을 가진 세포들은 주로 분열조직에 국한된다. 배 발생이 끝나고 종자가 휴면상태로 될 때까지 많은 분열조직이 형성된다. 발아 후 뿌리와 줄기의 정단분열조직은 세포의 추가를 계속한다. 가령 활발하게 생육하는 옥수수의 정단분열조직(apical meristems)은 12시간마다 분열하면서 매일 50만 개의 세포들을 만든다. 측생분열조직(lateral meristems)은 식물 둘레 길이를 증가시키며 줄기의 개재분열조직(intercalary meristems)은 길이 신장을 일으킨다.

배 발생 중 정단분열조직은 뿌리-줄기의 축을 형성하고, 3가지 기본 조직계, 즉 표피조직, 기본조직, 관다발조직이 형성된다. 이 조직들은 특정 기능을 가지도록 고도로 분화할 수 있는 여러 가지 유형의 세포들을 포함하고 있고, 뿌리-줄기 축 주위에 방사상으로 형성 된다.

배가 발생할 때 두 가지 중요한 변화가 생긴다. 첫 번째 변화는 배가 발아하는 동안 배를 지탱해 줄 양분 공급체제가 확립되는 것이다. 속씨식물에는 중복수정으로 배젖이 생기며, 겉씨식물에서는 대배우체가 양분 공급원이 된다. 두 번째 중요한 변화는 배주조직이 분화하여 배의 주변에 단단한 보호성 외피를 형성하는 것이다. 그런 다음 종자는 휴면 상태로 들어가 배 발생의 종결을 나타낸다. 수분, 온도, 빛 등의 환경 신호가

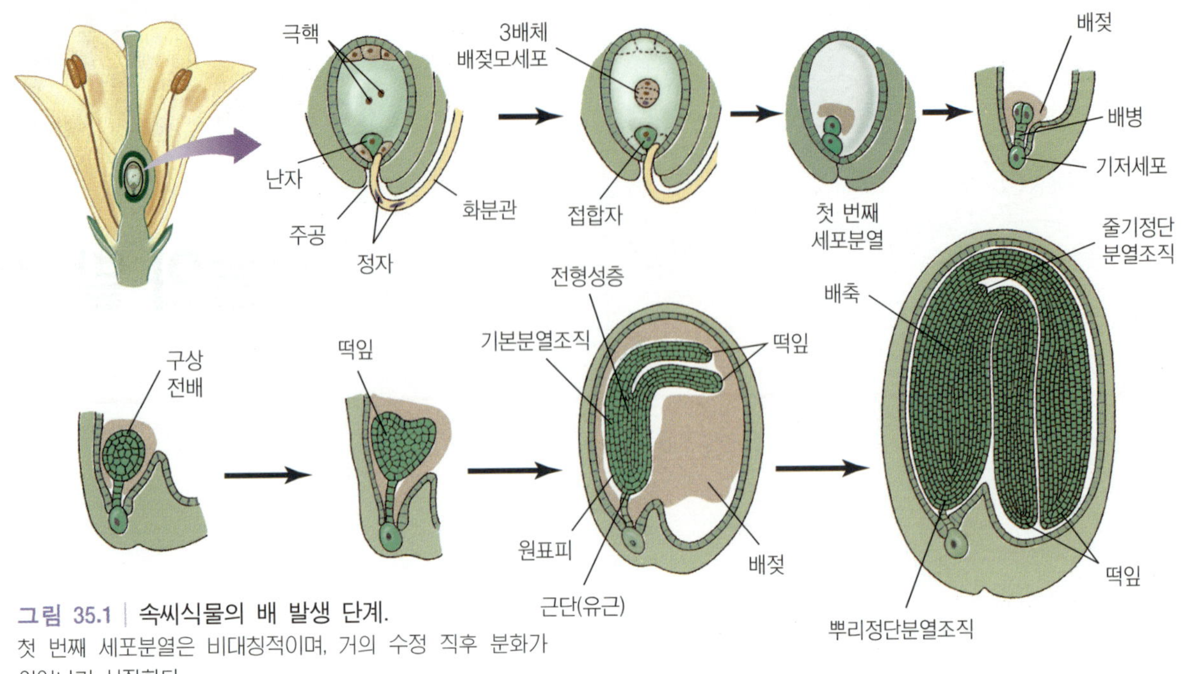

그림 35.1 | 속씨식물의 배 발생 단계.
첫 번째 세포분열은 비대칭적이며, 거의 수정 직후 분화가 일어나기 시작한다.

이 휴면을 깨고 발아를 일으키는 일련의 내부 활동을 촉진한다.

초기 세포분열과 그 양상

현화식물에서 접합자(수정란)의 최초 분열은 비대칭적이며 두 가지 운명을 가지는 세포들을 만들어낸다(그림 35.1). 딸세포 하나는 작고 조밀한 세포질을 가진다. 배로 될 이 세포는 계속 분열하여 세포 덩어리를 만든다. 다른 큰 딸세포는 계속 분열하여 배병(suspensor)이라는 긴 구조물을 만드는데, 배병은 배를 종자의 영양조직에 연결시켜 준다. 배병은 또 발생하는 배까지의 양분 통로가 된다. 이때 뿌리-줄기의 축도 형성된다. 배병 부근의 세포들은 뿌리가 되고, 축의 반대쪽 말단의 세포들은 나중에 줄기가 된다.

배 발생에서 비대칭을 이루는 기작을 연구하는 것은 어려운 일인데, 이는 접합자가 포자체 조직(배주

그림 35.2 | *Fucus* 접합자의 비대칭적 세포분열.
접합자내 물질의 불균등 분포는 팽창부를 만들고 그 곳에서 첫 번째 세포분열이 일어난다. 이 분열로 생긴 더 작은 세포는 분열을 계속하여 가근을 이루어 조류를 고착시킨다. 반면에 더 큰 세포는 분열하여 조류의 몸체인 엽상체를 만든다. 정자 침입 부위에 따라 가근세포 형성 부위가 결정되지만, 빛과 중력의 작용으로 가근이 아래쪽을 향하도록 변경될 수 있다. 칼슘의 작용으로 형성된 전류는 내부 전하물질들의 농도 구배를 만들고 가근이 형성될 부위의 세포벽을 약하게 한다. 또한 두 세포들의 운명은 세포벽 구성 요소들의 기억에 의해 이루어진다.

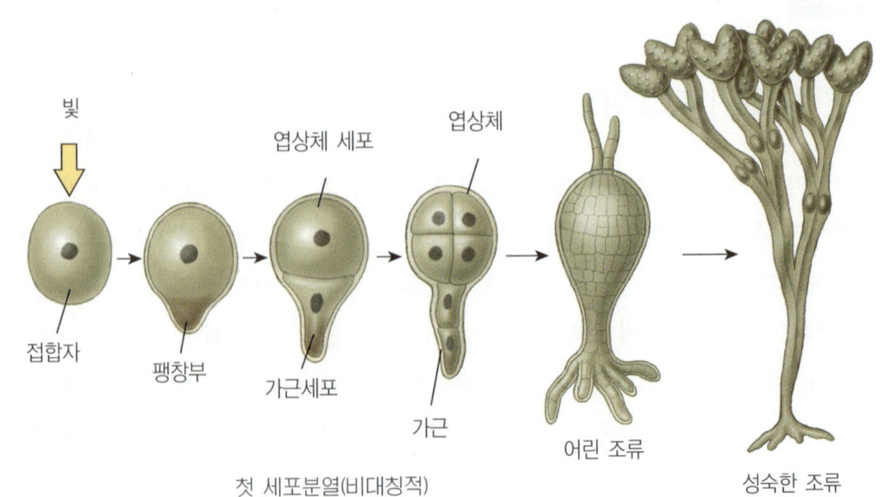

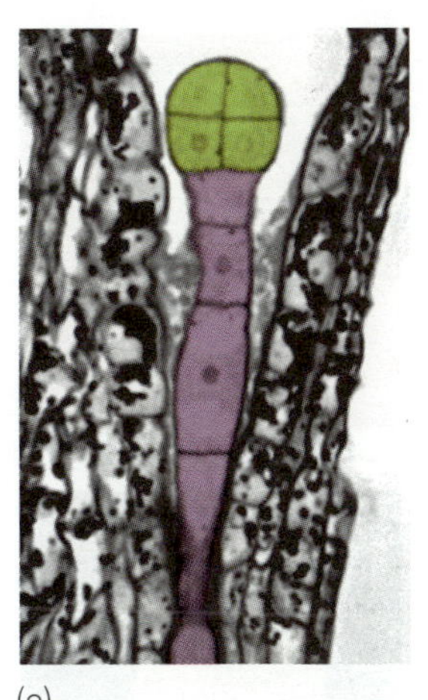
(a)
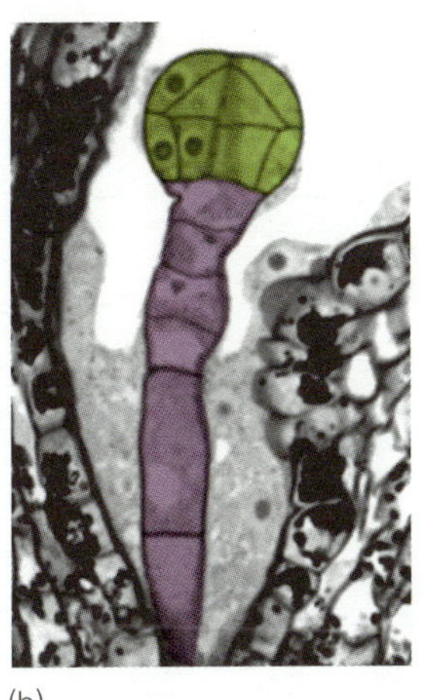
(b)
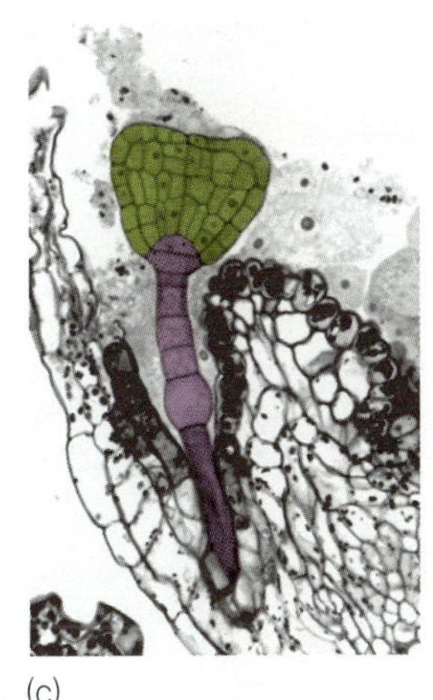
(c)
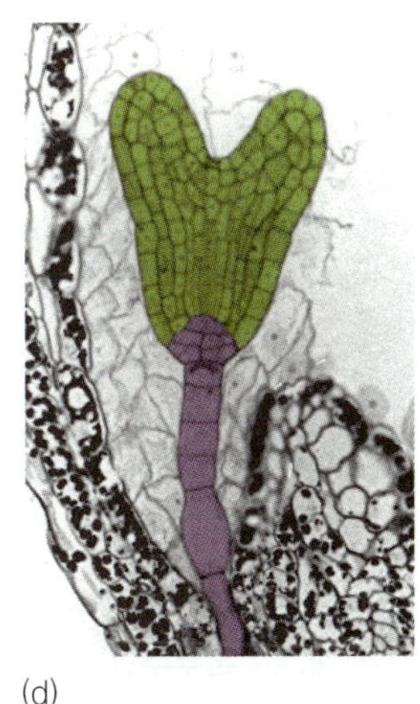
(d)

그림 35.3 | *Arabidopsis thaliana*의 초기 발생 단계.
(a) 초기의 세포분열로 배와 배병이 만들어진다. (b) 구상배 시기. (c, d) 심장형 시기.

및 심피)으로 둘러싸인 배우체 안에 묻혀 있기 때문이다. 한 가지 접근 방법은 갈조류 *Fucus*를 모델로 이용하는 일이다. 갈조류와 속씨식물은 진화적으로 크게 다르지만 초기 배 발생은 유사성을 보인다. *Fucus*에서는 수정 전에 난자가 방출되므로 접합자를 둘러싸는 조직이 없다. 접합자의 한 쪽 측면에서 팽창부가 생겨서 수직 축을 형성한다. 세포분열이 일어나고 원래의 팽창부는 두 세포 중에서 작은 세포로 된다. 작은 세포는 조류가 고착하는 데 이용하는 가근으로 되고, 큰 세포는 엽상체로 된다. 이 축은 정자 침입 지점에 의해 결정되지만 빛, 중력 등의 환경신호에 의해 변화될 수 있다(그림 35.2).

3가지 조직계의 확립

식물의 배가 아직 구상배 시기라고 하는 세포 덩어리일 때 3가지 기본 조직이 분화한다(그림 35.3). 원표피(protoderm)는 배의 바깥쪽 세포들로 이루어지며 나중에 표피조직(dermal tissue)으로 된다. 이 세포들은 거의 항상 표면에 수직이 되도록 분열하므로 계속 바깥쪽에 한 층의 세포층을 이룬다. 표피조직은 건조로부터 식물체를 보호하는 세포를 만든다. 기본분열조직(ground meristem)은 배의 내부가 되는데, 이 부분은 양분과 물의 저장 기능을 하게 될 기본조직세포(ground tissue)들로 이루어져 있다. 마지막으로 배의 핵심부에 있는 전형성층(procambium)은 나중에 관다발조직(vascular tissue)으로 된다.

뿌리와 줄기의 형성

뿌리–줄기 축은 구상배 시기에 확립된다. 줄기의 정단분열조직은 나중에 잎과 생식구조로 된다. 뿌리나 줄기의 정단분열조직의 형성은 독립적으로 조절된다. 애기장대(*Arabidopsis*)에서 *stm(shootmeristemless)* 돌연변이는 줄기를 만들지 못하지만 뿌리는 만든다(그림 35.4). *STM* 유전자는 하나의 호메오도메인

그림 35.4 | *STM* 유전자는 줄기 형성에 필요하다.
줄기 특이 유전자가 줄기의 정단분열조직의 형성을 일으킨다. Arabidopsis에서 *stm* 돌연변이는 정상적인 뿌리정단분열조직을 가지지만 두 떡잎사이에 줄기 정단분열조직을 만들지는 못한다.

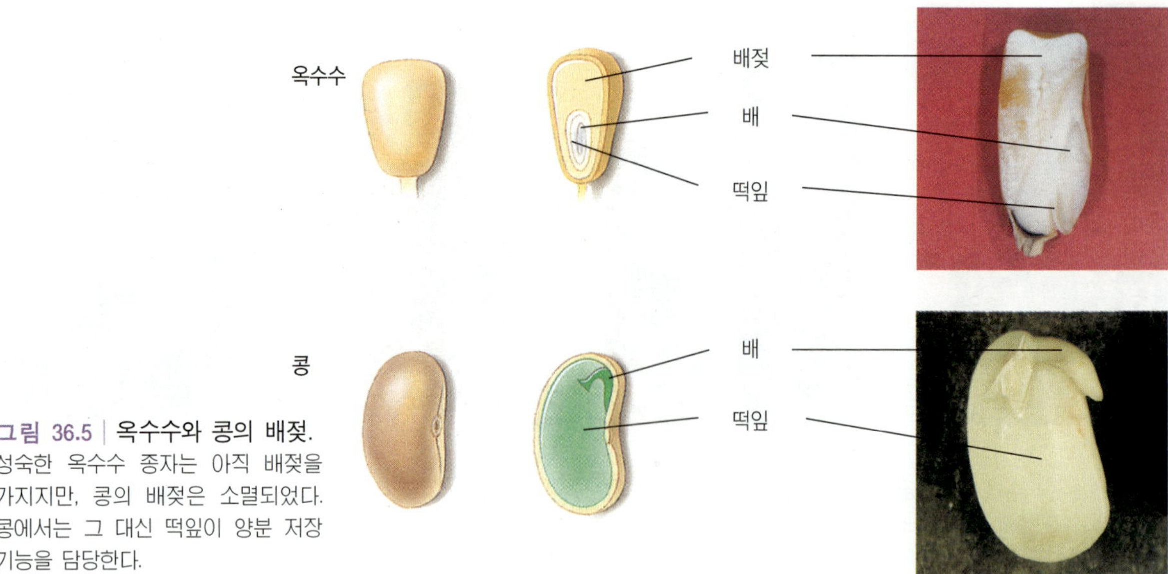

그림 36.5 | **옥수수와 콩의 배젖.** 성숙한 옥수수 종자는 아직 배젖을 가지지만, 콩의 배젖은 소멸되었다. 콩에서는 그 대신 떡잎이 양분 저장 기능을 담당한다.

부위를 가지며 동물의 몸체제 확립에 중요한 *Hox* 유전자와 공통적인 진화적 기원을 가진다. 그러나 동물과는 달리 *Hox* 유사 유전자는 식물의 몸체제를 조절하는 데 한정된 역할만을 한다. 식물의 체제 형성에는 다른 유전자 집단이 중요한 역할을 하는 것으로 밝혀졌다.

가령, 애기장대에서 뿌리 형성에 *MP(MONOPTEROUS)*가 필요하지만 이 유전자는 줄기 형성에는 관여하지 않는다. 이 뿌리 특이적 유전자는 *Hox* 계열 유전자는 아니다. *MP*는 옥신에 의해 활성화되는 전사인자를 만든다. *MP* 단백질은 옥신과 결합하므로 옥신반응인자(ARF : auxin response factor)라고 한다. MP는 한번 활성화되면 다른 유전자의 촉진유전자에 결합하여 전사를 유도한다. 옥신은 뿌리–줄기 축의 형성에 중요하다. 옥신은 식물의 발생과 기능을 조절하는 7가지 부류의 호르몬 중 하나이다.

형태형성

쌍떡잎식물에서 구상배 시기는 두 개의 돌출부를 가지는 심장형 배로 되고, 외떡잎식물에서는 하나의 돌출부를 가지는 공 모양의 배로 된다. 이 돌출부는 떡잎(최초의 잎)으로서 줄기정단분열조직이 아니라 배 세포에 의해 만들어진다. 이 과정을 형태형성(*morphogenesis*)이라고 하는데, 세포분열면과 세포분열률의 변화로 일어난다. 식물 세포는 움직이지 못한다. 식물체의 형태는 주로 세포분열면에 의해 결정된다. 또 세포가 생긴 뒤 삼투적으로 팽창하면서 일어나는 세포 모양의 변화에 의해 조절된다. 미세소관과 액틴이 세포판의 위치를 정하는 역할을 하며, 따라서 세포분열 방향을 결정한다. 식물 호르몬과 다른 인자들이 미세소관 다발의 방향에 영향을 준다. 이 미세소관들은 또 새로운 세포의 바깥쪽에 세포벽이 형성될 때 셀룰로스 침적을 유도한다. 이 과정은 세포의 최종적 모양을 결정한다. 가령, 세포가 6면체일 경우 6면 중 4면에 셀룰로스가 두껍게 보강되면 세포는 나머지 2면 쪽으로 자라게 된다.

양분 저장

배 발생 과정 동안 전분, 지질, 단백질이 만들어진다. 종자에는 저장 단백질이 풍부하므로 이 단백질을 만드는 유전자들이 식물 분자생물학자들의 첫 번째 복제 목표가 되었다. 속씨식물에서 포자체는 배병을 통하여 양분을 운반한다(겉씨식물에서는 배병은 배를 배우체의 영양원에 가까이 가도록 밀어내는 역할만 한다). 이는 배젖의 발생과 동시에 일어난다. 코코넛에서는 배젖이 액체인 유액으로 되어 있고, 옥수수에서는 배젖이 단단하다. 콩에서 배젖은 배 발생 동안 소모되고 양분은 두꺼운 떡잎에 저장된다(그림 35.5). 빛에 반응하여 광합성 장치가 갖추어지므로 자라는 포자체가 광합성을 할 때까지 종자가 발아를 돕는 양분을 저장하는 것은 매우 중요하다. 땅에 너무 깊이 묻힌 종자는 발아하여 토양 표면에 도달하고 햇빛을 만나기 전에 세포 호흡으로 저장 양분을 모두 소비해 버리고 만다.

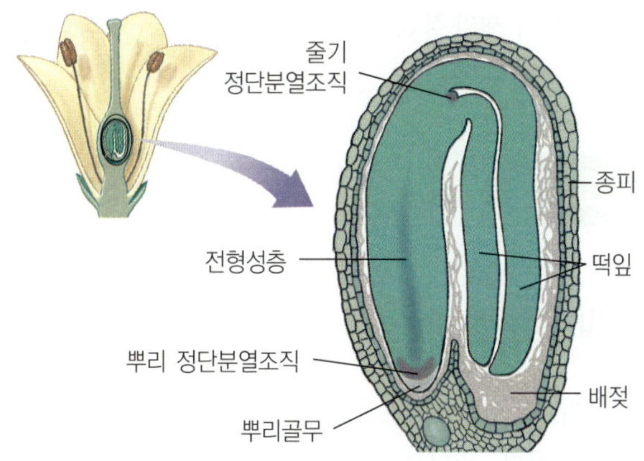

그림 35.6 | 성숙한 속씨식물의 배.
두 개의 떡잎이 휘어져 종자 안에 들어 있다. 일부 배에선 줄기 정단분열조직이 엽원기 형성을 개시하기도 한다.

35.2 종 자

종자의 형성

속씨식물의 배 발생 초기에 중대한 변화가 일어나는데, 이는 배가 발생을 정지하는 일이다. 여러 식물에서 분열조직과 떡잎이 분화한 직후 배의 발생이 정지한다. 배주의 바깥쪽 세포층인 외피는 비교적 불투과성인 종피(seed coat)로 발생하며, 종피는 휴면기배와 저장양분을 포함하고 있는 종자를 감싼다(그림 35.6). 종자는 배를 먼 곳으로 분산시키는 장치이며 배가 열악한 환경 조건에서도 생존할 수 있게 한다.

종자의 적응적 중요성

종자는 적어도 4가지 면에서 식물체 적응에 중요한 역활을 한다.

1. 종자는 불량한 조건에서 휴면 상태를 유지하여 양호한 조건이 생길 때까지 발생을 연기한다.
2. 종자는 발생의 가장 취약한 시기에 어린 식물체를 보호한다.
3. 종자는 어린 식물체가 광합성을 시작할 때까지 발생에 필요한 저장 양분을 간직한다.
4. 가장 중요한 점으로서, 종자는 분산에 적합하여 식물유전자가 새로운 서식처로 이주하는 것을 돕는다.

종피가 형성되면 배의 대부분의 대사활동은 정지한다. 성숙한 종자는 5~20%의 수분만을 보유한다. 이 상태에서 종자와 그 안의 어린 식물은 매우 안정되어 있다. 생장의 정지는 배의 점진적이고 심각한 건조와 이에 따른 대사 활동의 감소 때문이다. 수분과 산소가 배에 도달하지 않는 한 발아는 일어나지 않는다.

특별한 적응방식이 종자가 적당한 조건에서만 발아하도록 돕는다.

가령 종자가 단단한 솔방울 안에 들어 있어서 산불의 열로 솔방울이 열려져야 종자가 땅에 떨어지는 경우도 있다(그림 35.7). 이 경우 불이 꺼진 후 영양분이 풍부한 서식지에서 종자가 발아할 수 있게 된다. 또, 포

(a)

(b)

그림 35.7 | 일부 소나무에서는 산불이 종자의 발아를 유도한다.
(a) 소나무 솔방울이 단단하게 밀폐되어서 종자가 빠져나올 수가 없다. (b) 산불에 의한 높은 온도는 종자의 방출을 일으킨다.

유동물이나 새의 장을 통과해야만 발아하는 것도 있다.

35.3 과 실

과실의 형성

속씨식물 배의 생존은 과실의 발육과 종자의 발생에 의존한다. 종자를 함유하는 과실은 단순히 성숙한 자방(심피)이다. 종자 형성시 꽃의 자방은 발육하여 과실로 된다. 과실은 여러 가지 방법으로 형성되며 분산을 위해 적응되어 있다. 3층의 자방벽은 과실의 유형에 따라 그 운명이 뚜렷이 달라서, 어떤 것은 과육이 많고 어떤 것은 건조하거나 단단하다(그림 35.8). 과실로부터 종자가 방출되는 방식도 여러 가지이다.

과실의 분산

과실의 분산 방식은 여러 가지이다. 다육성 외피를 가지는 과실은 흔히 빛나는 검정이나 밝은 청색이나 적색 등을 등을 띠는데, 대개 새나 다른 척추동물에 의해 분산된다(그림 35.9a). 붉은 꽃처럼 붉은 과실은 많은 양분을 제공한다는 신호가 된다. 이 과실을 먹음으로서 동물은 종자를 다른 곳으로 운반하게 된다.

(1) **대과** 심피의 한쪽 가장자리를 따라 갈라지면서 종자가 방출된다(milkweed, larkspur).

(2) **콩과** 심피의 양쪽 가장자리를 따라 갈라진다. 종자는 심피 가장자리에 달려있다(콩, 완두).

(3) **익과** 과실의 바깥쪽 조직에서 날개가 생긴다(단풍나무). 갈라지지 않는다.

(4) **핵과** 단일의 종자가 단단한 과핵으로 싸여 있다(복숭아, 체리).

(5) **장과** 한 개 이상의 종자와 얇은 외피를 가진다(토마토, 포도, 고추).

(6) **밀감상 과일** 한 개 이상의 종자와 가죽 모양의 껍질을 가진다(오렌지).

(7) **집합과** 하나의 꽃의 여러 자방에서 생긴다(딸기).

(8) **복합과** 다발로 된 여러 꽃에서 생긴다(파인애플).

그림 35.8 | **과실의 종류.** 대과, 콩과, 익과는 건과의 예이고, 핵과, 장과, 밀감상과일은 단순 과육과실로 하나의 심피를 갖는 꽃에서 발생한다.
집합과와 복합과는 복합과육과실로 하나 이상의 자방을 갖는 꽃이나 하나 이상의 꽃에서 발생한다.

(a)

(b)

그림 35.9 | 동물에 의해 분산되는 과실.
(a) 새가 먹고 종자를 원거리로 운반하는 과실. (b) 가시가 동물의 몸에 부착하여 분산하는 과실.

그림 35.10 | 바람으로 분산하는 과실(민들레).

그림 35.11 | 물에 의해 분산하는 과실(야자).
파도에 떠다니며 먼 거리의 섬에도 옮겨간다.

갈고리 모양의 가시를 가진 과실은 북반구의 낙엽수림에 흔한데(그림 35.9b), 이런 과실은 포유동물에 의해 운반된다. 단풍나무 등의 과실은 날개를 가지고 있어서 바람에 의해 멀리 날아간다(그림 35.10). 난은 미세한 먼지 같은 종자를 만들며 바람에 날린다.

해변에 흔히 생육하는 코코넛 등의 과실은 물에 둥둥 띠시 분산한다(그림 35.11). 하와이에 분포하는 여러 식물은 북아메리카에서 이와 같은 식으로 분산하였다.

35.4 발 아

조건이 맞으면 배는 이전의 건조된 상태에서 빠져나와 양분을 이용하면서 생장하기 시작한다. 발아는 어린 뿌리가 종피를 뚫고 나오는 것이라고 할 수 있다. 발아가 이루어지면서 줄기는 광합성을 하게 되고 배 시기 이후의 생장과 발생이 진행된다.

발아 기작

발아는 종자가 수분을 흡수하고 대사를 다시 시작하면서 개시된다. 종자가 흡수하는 수분의 양은 엄청나서 종피를 부술 만큼 강한 힘이 생긴다. 이때 세포호흡에 산소가 필수적이므로 산소가 공급되어야 한다. 따라서 물 속에서 발아할 수 있는 종자는 드물며

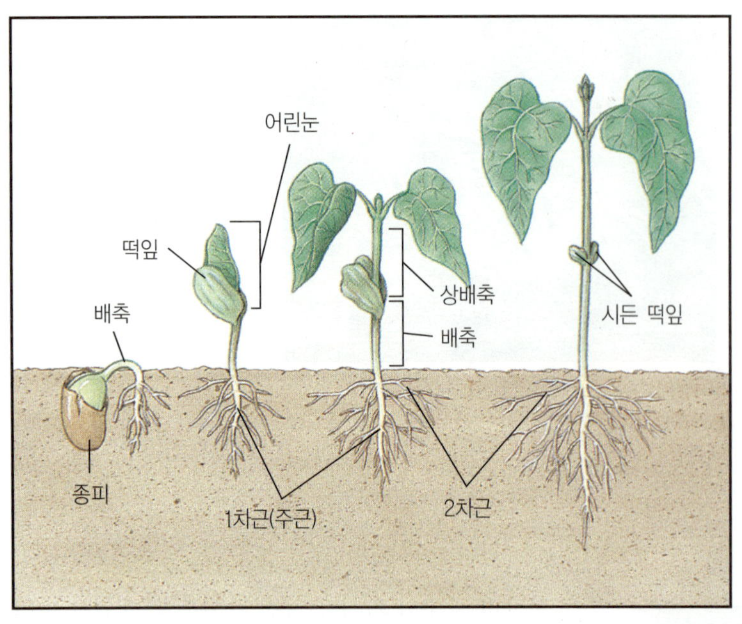

(a)

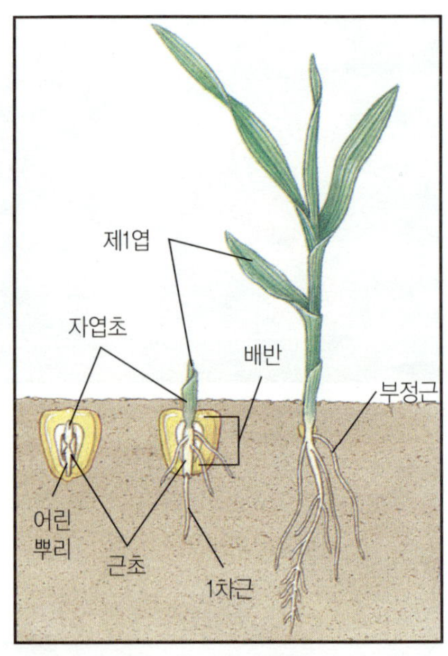

(b)

그림 36.12 | 줄기의 발생.
(a) 콩(*Phaseolus vulgaris*)(쌍떡잎식물). (b) 옥수수(*Zea mays*)(외떡잎식물).

벼와 같은 식물은 혐기성 조건에서 내성을 가지도록 진화하였다.

휴면 상태의 종자가 수분을 충분히 흡수하고 호흡을 할 수 있으며 단백질과 RNA를 합성할 수 있고, 정상적 대사를 수행할 수 있을지라도 환경으로부터 추가적인 신호를 받지 않으면 발아는 이루어지지 않는다. 이 신호는 정확한 파장과 강도의 빛, 일련의 저온 시기, 적당한 온도 등이다.

일부 종은 발아에 적합한 좁은 온도 범위를 가지지만 대개 발아는 넓은 온도 범위(5~30°C)에서 일어날 수 있다.

저장물질의 이용

발아는 모든 내부 및 외부 조건이 갖추어져야 일어난다. 발아와 어린 식물의 초기 생장은 단백질체와 녹말체(amyloplast)의 녹말 과립에 저장된 대사 저장물의 이용을 필요로 한다. 일부 종류의 종자에서는 지방과 기름도 중요한 저장 양분이다. 이러한 영양원은 발아 도중에 쉽사리 분해되어 세포 호흡을 통해 에너지를 내는 글리세롤, 지방산을 만들며, 포도당으로 전환될 수도 있다.

벼와 같은 곡식에서는 단일 떡잎이 배반(scutellum)이라는 구조로 변형되어 있다(그림 35.12b). 배반에 저장된 많은 양분은 발아 도중에 배젖에 앞서 소모된다. 나중에, 어린 식물이 형성될 때 배반은 배젖에서 배의 나머지 부분까지의 양분 통로의 역할을 한다. 이는 식물에서 호르몬이 발생을 조절하는 방식의 가장 좋은 예가 된다(그림 35.13). 배는 호르몬 일종인 지베렐린산을 생산하며, 지베렐린산은 호분(aleurone)이라는 배젖의 바깥층에 신호를 주어 α-아밀라제의 생산을 일으킨다. 이 효소는 배젖의 녹말을 당으로 분해하며, 이 당은 배반에 의해 배로 전달된다. 휴면 상태를 만드는데 중요한 호르몬인 아브시스산(abscisic acid)은 녹말 분해를 억제한다. 종자가 수분을 흡수하면 아브시스산 수준은 떨어진다.

발아 도중에 종자로부터 배의 뿌리와 줄기의 출현은 종마다 다양하다. 대부분의 식물에서 뿌리는 줄기가 나타나기 전에 나와서 어린 식물체를 토양에 고정한다(그림 35.12). 완두나 옥수수와 같은 식물에서 떡

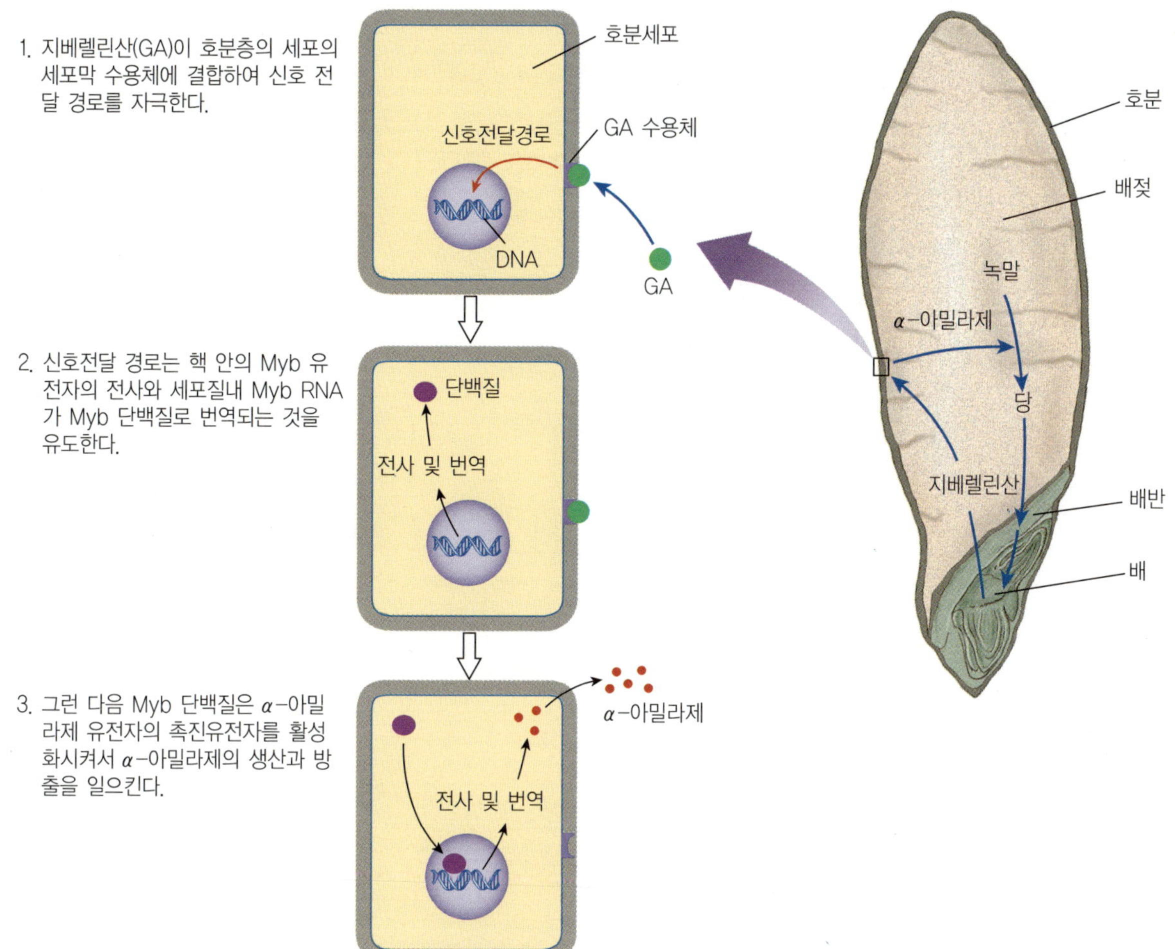

그림 35.13 | 어린 식물 생장의 호르몬 조절

잎은 땅 밑에 머물며, 콩, 양파, 무 등의 식물에서는 떡잎이 지상으로 나온다. 떡잎은 녹색으로 되거나 그렇지 않기도 하는데, 어린 식물의 양분이 된다. 종자가 발아하여 어린 식물이 확립되기까지는 식물의 생존에 매우 중요한 시기로서, 이때 어린 식물은 병이나 가뭄에 매우 취약하다.

CHAPTER 36

식물체 내의 수송

육상식물은 두 가지 주요 도전을 받는다. 이는 수분 균형의 유지와 수직 생장을 위한 구조적 지지를 받는 일이다. 관다발계는 수분, 무기질, 탄수화물을 원거리로 수송한다. 관다발조직의 2기 생장은 나무가 높게 자라도록 허용하고, 수분 균형은 초본식물이 곧게 서도록 만든다. 식물세포를 상자 속에 들어 있는 물이 채워진 풍선이라고 볼 경우, 만약 풍선이 터져서 물이 새면 풍선은 더 이상 지탱되지 못하고 상자는 붕괴된다.

36.1 물과 무기질

물과 무기질의 이동

물의 이동

뿌리로 들어간 물은 물관부로 간다(그림 36.1). 물관부로 들어간 물 분자와 무기질은 먼 거리를 여행한다. 수압으로 밀어올려지기도 하지만, 물의 상승력은 대부분 기공에서 증산작용(transpiration)으로 생기는 끄는 힘에 의해 생긴다. 이는 물 분자들이 서로 달라붙고(응집) 물관이나 헛물관벽에 달라붙기(부착) 때문에 가능하다. 그 결과로 안정적인 물기둥이 형성된다.

물은 주로 물관부를 통해 이동하지만 세포적 수준에서의 물의 움직임도 물의 수송에 중요한 역할을 한다. 뿌리의 카스파리 띠는 물이 세포를 통과해서 흐르도록 조종한다. 유조직세포에서 대부분의 물은 세포사이의 공간보다는 세포막을 통과하여 이동한다. 오랫동안 물은 삼투에 의해서만 원형질막을 통과해 움직인다고 생각되어 왔다. 그러나 현재는 삼투는 물통로(aquaporin)에 의해 촉진된다는 것이 알려져 있다. 이 수송 통로는 식물과 동물 모두에서 나타나는데, 식물에서는 액포나 원형질막에 존재한다. *Arabidopsis*에서 적어도 30가지의 유전자들이 물통로와 유사한 단백질을 지령한다. 물통로는 삼투 속도를 촉진하지만 물의 이동 방향을 변경시키지는 않는다. 물통로는 세포 내 물 균형을 유지하고 물이 물관부로 이동하는 데 중요하다.

물과 무기질의 흡수

식물은 뿌리털을 통하여 대부분의 물을 흡수한다.

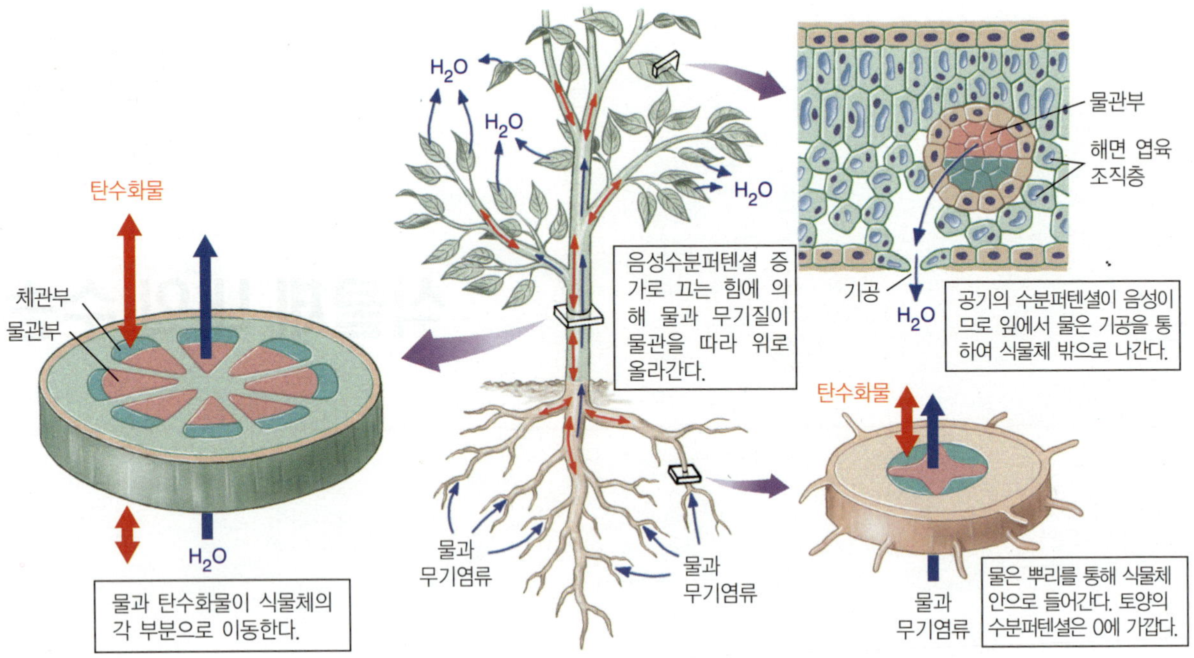

그림 36.1 | 식물체 내의 물과 광물질의 이동.

뿌리털 안의 용질 농도는 항상 주변 토양의 용질 농도보다 높기 때문에 물은 뿌리털 안으로 들어간다. 토양 수분의 무기질 이온의 농도는 보통 식물체 안보다 무척 낮으므로 무기질을 뿌리털 안으로 흡수하는 데는 에너지가 필요하다(ATP에 의해 공급됨). 뿌리털의 원형질막에는 단백질로 된 여러 가지 운반 통로가 있으며, 이 통로를 통하여 양성자 펌프가 특정 이온을 커다란 농도구배를 거슬러 수송한다. 이온이 뿌리털 안으로 들어오면 물관부를 통하여 식물체 전체로 수송된다.

무기질 이온들은 세포벽 사이 공간을 따라 들어가거나 원형질막을 직접 통과하여 안쪽으로 들어가서 내피에 도달한다. 내피세포벽 사이는 카스파리 띠에 의해 막혀 있으므로 이온과 물은 내피세포의 원형질막과 원형질을 통과하여 물관부로 간다. 이때 내피세포는 선택적으로 이온을 통과시켜 물관부로 가는 이온의 종류를 조절한다(그림 36.2).

잎에서의 증산작용은 물기둥을 끌어올리며 뿌리를 통한 물과 이온의 흡수를 간접적으로 돕는다. 그러나 습도가 높아지는 밤에는 증산이 일어나지 않을 수도 있다. 이 때에도 뿌리 안으로 이온의 능동수송은 계속된다. 그 결과 세포 안의 이온 농도가 높아지므로 증산작용이 없더라도 삼투에 의해 물이 뿌리털 안으로 들어오는 힘을 높이는데, 이 힘을 뿌리압(root pressure)이라고 한다. 어떤 조건에서는 뿌리압이 커서 식물의 줄기를 잘랐을 때 물이 계속 빠져나오는 것을 볼 수 있다. 뿌리압이 매우 크면 물이 잎을 통해 직접 빠져나오기도 하는데, 이 현상을 일액현상(guttation)이라고 한다(그림 36.3). 일액현상은 기공을 통해서 일어나는 것이 아니라 이런 경우에만 기능을 나타내는 작은 잎맥 끝에 위치한 특별한 세포들을 통해 일어난다. 뿌리압은 물을 높이 밀어 올릴 만큼 강하지는 않다.

물과 무기질의 이동

물관부를 통한 물과 무기질의 이동

물은 물분자 사이에 수소결합을 형성하여 응집하는 성질 때문에 신장강도를 가지고 있다. 잎 표면에서의 물의 증발은 전체 물기둥의 신장력을 일으킨다. 물기둥의 신장 강도는 물기둥의 직경에 반비례한다. 즉, 물기둥의 직경이 작을수록 신장 강도는 크다. 식물의 물관은 매우 가느다랗기 때문에 그 안의 응집력은 매

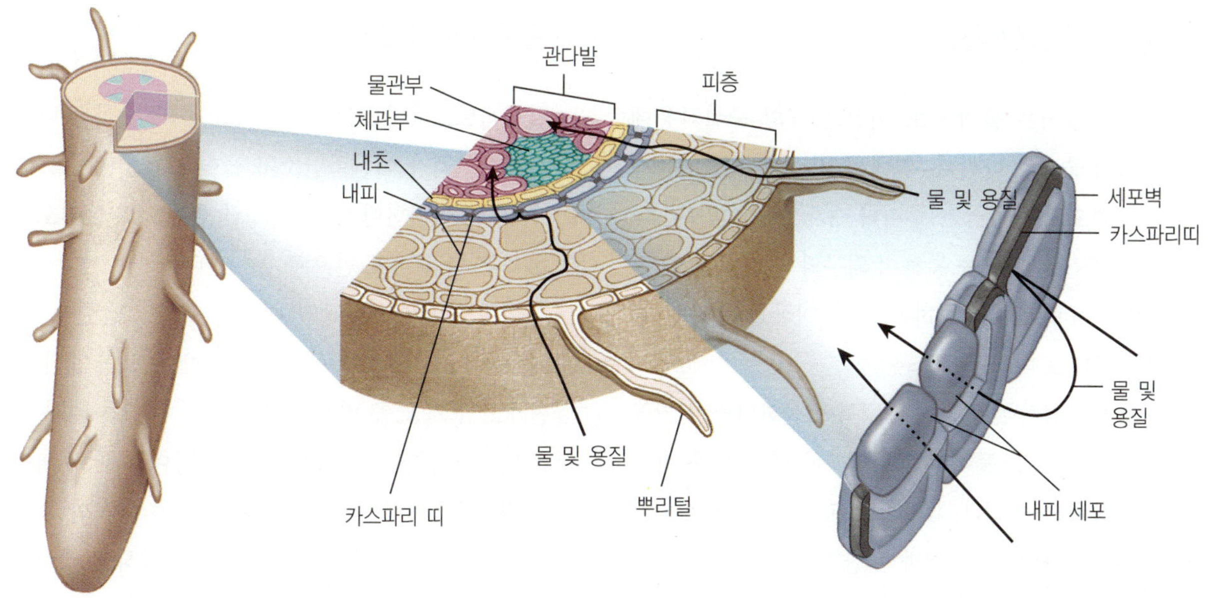

그림 36.2 | **뿌리에서의 무기질 수송 경로.**
무기질은 주로 뿌리털에 의해 흡수된다. 물은 피층을 통과할 때 세포벽을 따라 들어가거나 세포벽들 사이의 공간을 통해 들어가거나 세포를 직접 통과한다. 그러나 물이 내피에 도달하면 카스파리 띠 때문에 세포벽 사이 통로는 차단되고 내피세포의 원형질막, 원형질을 횡단하여 물관으로 들어가게 된다.

우 크다. 물은 또한 가도관이나 물관벽에 부착하여 긴 물기둥을 더욱 안정시킨다.

물기둥 안에 기포가 들어가면 물기둥은 생기지 못한다. 가도관이나 물관요소들은 벽에 있는 한 개 이상의 벽공으로 연결되어 있다. 기포는 일반적으로 이 구멍보다 크므로 이 구멍을 통과하지 못한다. 또 물의

그림 36.3 | **일액현상.**
초본식물에서 물은 잎가장자리의 특수세포군들을 통해 배출되기도 한다. 딸기(*Fragaria ananassa*)잎사귀 가장자리의 작은 물방울들이 보인다.

응집력은 매우 커서 기포는 탄력성이 없는 구형을 이루어 구멍을 통해 잘록해지면서 통과하지도 못한다. 따라서 생성된 기포는 발생한 물관부요소 속에만 들어 있게 되고 물은 기둥을 이루어 계속 상승할 수 있다.

식물이 필요로 하는 대부분의 무기질은 능동수송을 통해 뿌리로 들어간다. 이들은 그 후 뿌리를 떠나 물관부를 통해 식물의 물질대사가 활발한 부위로 재배치된다. 인, 칼륨, 질소, 철 등은 어느 계절 동안엔 물관부 내에서 많이 볼 수 있게 된다. 여러 식물에서 이러한 이온 농축 양상은 이들 필수영양소의 보존을 돕기 위함인데, 즉 이들 영양소들은 낙엽성의 늙은 잎이나 가지에서 생장이 활발한 곳으로 이동하여 보존되게 된다. 재배치되는 무기질은 일반적으로 물관부를 통해 위쪽으로 움직인다. 그러나 모든 무기질이 물관으로 다시 들어가 이동할 수 있는 것은 아니다. 필수영양소인 칼슘은 식물체 특정 부위에 한번 정착하면 다른 곳으로 수송되지 못한다.

잎에서의 증산작용

뿌리로 들어온 물의 90% 이상은 잎의 증산작용에 의해 대기 중으로 나간다. 잎에서 물은 축축한 엽육세포벽 표면으로부터 공기 주머니 속으로 들어간다. 이 세포 간 공간은 기공을 통하여 외부와 연결되어 있다. 엽육세포 표면에서 증발하는 물은 기공을 통과할 때 수증기 상태로 나간다.

광합성을 위하여는 공기 중에서 이산화탄소가 기공을 통하여 안으로 들어가야 한다. 이 때문에 두 가지 요건이 상충하게 된다. 대기 중으로 수분이 소실되는 것을 최소화해야 하는 것과 이산화탄소가 안으로 들어와야 하는 것이다. 기공이나 큐티클 같은 구조는 이들 요건을 맞추기 위해 진화되었다.

증산의 속도는 습도나 낮과 밤 등과 같은 기후 조건에 따라 달라진다. 해가 지면 증산 속도는 떨어진다. 햇빛은 물의 이동을 일으키는 위치에너지의 궁극적 원천이다. 즉, 햇빛의 온열효과로 증산작용이 일어나고 음압이 생겨서 물의 이동이 일어나게 된다.

증산 속도의 조절

일시적으로나마 기공을 닫으면 물의 소실을 막을 수 있다. 그러나 이산화탄소가 들어오려면 기공을 열어야 한다. 이산화탄소는 세포 간 공간으로 들어오면 물에 녹은 다음 세포 안으로 들어간다.

기공은 공변세포의 팽압 변화로 열리고 닫힌다. 공변세포는 다른 표피세포와는 달리 엽록체를 가진다. 공변세포의 기공 쪽 벽은 두껍고 다른 부위는 얇아서, 부풀게 되면 얇은 부위 쪽으로 팽창하여 기공이 열리게 된다. 이는 두 개의 길쭉한 풍선 끝을 잡고 안쪽 면을 따라 테이프를 붙인 다음 공기를 주입하면 테이프가 붙은 곳의 반대쪽으로 풍선이 부풀어가는 것과 마찬가지이다. 공변세포에는 공기가 아니라 물이 드나든다. 공변세포의 팽창은 칼륨이온(K^+)의 능동적 유입으로 생긴다. K^+의 농도가 증가하면 물이 삼투작용으로 유입되어 세포가 팽창하고 기공이 열린다(그림 36.4a). 공변세포부터 K^+이 수동적으로 빠져나가면 물도 따라서 빠져나가게 되고, 기공은 닫히게 된다(그림 36.4b). 일부종류에선 K^+이 공변세포를 들어가고 나갈때 Cl^-도 따라서 들어가고 나가며 전기적 중성을

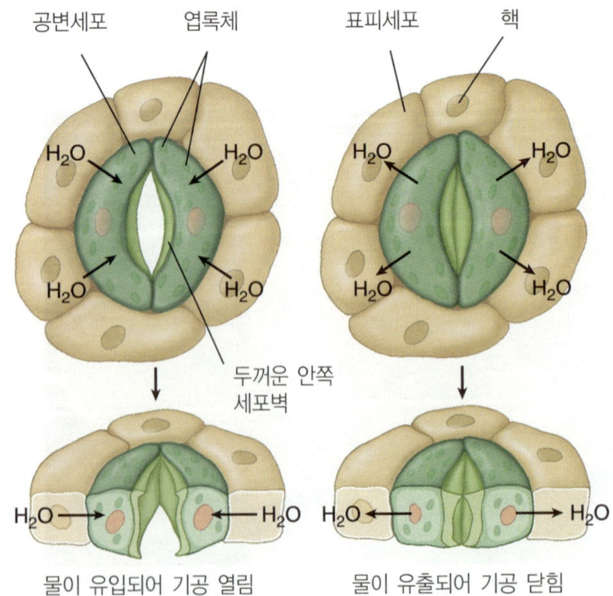

그림 36.4 | 기공의 개폐.
(a) 열린 기공. (b) 주위의 세포에서 칼륨이온이 공변세포 안으로 능동적으로 유입되면 물도 삼투해 들어가므로 공변세포의 팽압은 커진다. 팽압이 증가하면 공변세포가 팽창하면서 바깥쪽으로 휘어져서 기공이 열린다. (c) 칼륨이온이 수동적으로 공변세포에서 빠져나가면 공변세포는 물과 팽압을 잃고 기공은 닫힌다.

유지한다. 물이 부족하여 식물체가 시들면 공변세포는 팽압을 잃고 따라서 기공은 닫힌다.

많은 종류의 식물의 공변세포는 일정하게 아침에는 팽창하고 저녁에는 팽압을 잃는데, 공변세포가 팽창하면 기공이 열려 CO_2가 자유롭게 들어올 수 있고 광합성이 일어난다. 또 팽압을 잃어 기공이 닫히면 CO_2는 들어올 수 없지만 수분소실을 막을 수 있다.

CO_2 농도, 온도, 빛도 기공의 개방에 영향을 준다. 식물체 내 CO_2 농도가 높으면 공변세포는 팽압을 잃고 기공은 닫힌다. 이때 추가적인 CO_2는 필요 없는 상태고 기공이 폐쇄되므로 물이 보유된다. 기온이 30°~34°를 초과하면 증산작용이 크게 증가하게 되므로 이때에도 기공은 폐쇄된다. 어두울 때에도 CO_2 농도가 낮은 상태에서는 기공은 열린다. 건조한 곳에 사는 선인장 같은 다육식물은 CAM 광합성을 한다. 이들은 밤에 CO_2를 들여와 낮에 광합성을 한다. 이는 건조한 날씨에서 수분을 보존키 위해서다.

식물에서 수분 소실률을 조절하는 여러 가지 기작이 진화하였다. 건조시기에 휴면 상태로 되거나 잎을 떨어뜨리는 것도 그 기작이다. 주기적으로 심한 가뭄이 있는 지역에 낙엽수가 흔한 것도 이와 같은 이치이다. 겨울에 온도가 내려가 물이 어는 곳의 식물들도 대개 낙엽수이다.

홍수에 대한 식물의 반응

물이 너무 많아서 식물이 물에 잠기는 경우도 있다. 홍수는 토양의 산소를 고갈시키며 뿌리의 무기질과 탄수화물의 수송을 방해한다. 이때 흔히 비정상적 생장이 일어난다. 물에 잠긴 식물에서 호르몬 수준의 변화가 일어나는데, 에틸렌(유일한 기체 호르몬)이 증가하고 지베렐린과 시토키닌은 감소한다. 호르몬 변화는 비정상적 생장을 일으킨다. 홍수가 났을 때 흐르지 않는 정수는 산소가 부족하므로 흐르는 유수보다 더 식물에 해롭다.

담수에 대한 적응. 육상식물의 조상이었던 조류는 육상으로 진입하기 전에 해수 환경에서 담수 환경으로 이동하여 이곳에 먼저 적응했다. 이 적응에는 염류

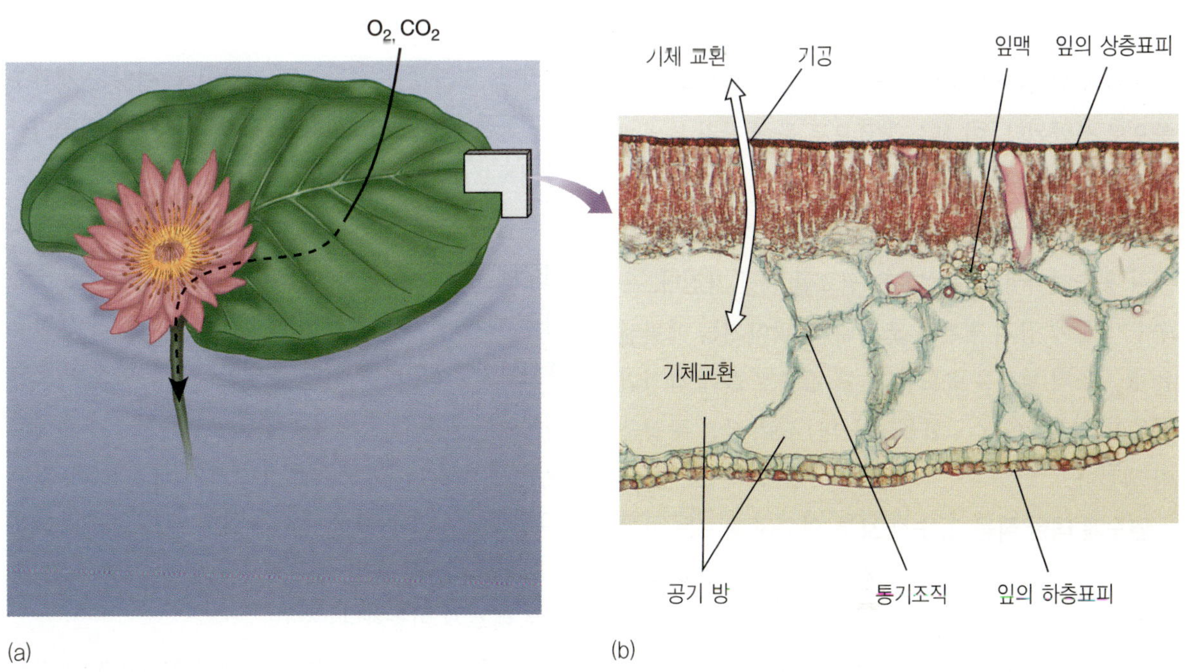

그림 36.5 | 통기조직.
통기조직은 수생식물의 기체 교환을 돕는다. (a) 수련은 수면 위쪽에서 산소를 모아서 물에 잠긴 부위로 수송한다. (b) 수련의 잎에 있는 커다란 공기 방은 부력을 크게 한다. 이 공기 방을 형성하는 특수 유조직을 통기조직이라 한다. 기체 교환은 잎의 위쪽에만 있는 기공을 통하여 일어난다.

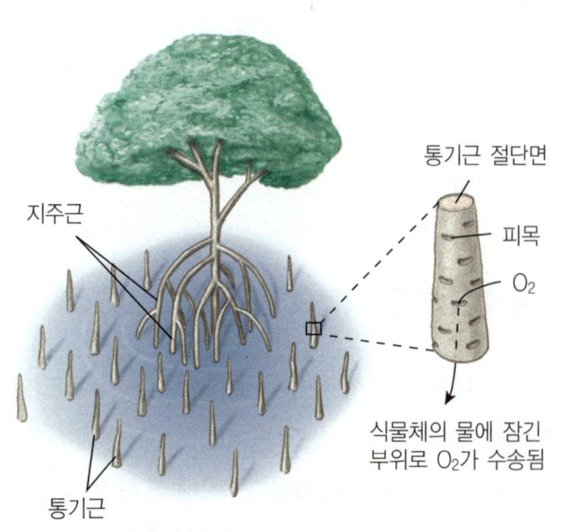

그림 36.6 | 망그로브의 산소 획득.
홍수로 늘상 물에 잠기는 망그로브는 물위로 솟은 통기근을 갖는다. 통기근은 커다란 피목을 가지며 이를 통하여 산소가 들어간다. 산소는 풍부한 통기조직을 거쳐 식물체 여러 부위로 가게 된다.

균형의 조절도 포함된다. 그 후 육상식물 중 다수는 다시 담수로 옮겨갔고, 자주 홍수가 일어나는 지역에 살고 있다. 이러한 식물들에서 가장 흔하게 일어난 적응은 커다란 공기 방을 가진 느슨한 유조직인 통기조직(aerenchyma)의 형성이다(그림 36.5). 통기조직은 수련이나 많은 수생식물에서 볼 수 있다. 수면 위의 식물체 부위로부터 산소가 통기조직을 통과하여 아래쪽으로 운반된다. 이 산소 공급으로 물에 잠긴 부위에서도 산화적호흡을 할 수 있게 된다.

일부 식물은 정상적으로 통기조직을 가지지만, 간헐적 홍수지역의 일부 식물은 필요할 때만 가진다. 옥수수가 물에 잠겨 혐기적 조건일 때 많아지는 에틸렌은 통기조직 형성을 유도한다. 또 홍수로 물에 잠기면 피목이 커지고(가스교환을 돕는다) 추가적인 부정근이 생긴다.

염수에 대한 적응. 홍수시 보통 염수에 잠기는 지역에 자라는 망그로브 같은 식물은 산소 공급뿐 아니라 염류 균형을 조절해야 하는 문제도 해결해야 한다. 염분은 능동수송으로 분비해 배출하거나 내부에서 희석해야 한다. 망그로브의 휘어진 지주근은 길고 스펀지 모양이며 공기로 채워진 뿌리에 연결되어 있는데, 이들은 펄 위로 솟아나 있다. 이 뿌리를 통기근이라고 하는데, 물 위로 솟는 부분에 산소가 들어가는 커다란 피목들이 나 있다(그림 36.6). 망그로브의 다육엽은 다량의 물을 함유하는데, 이 물은 식물체 내로 들어오는 염분을 희석한다. 이런 환경에서 자라는 여러 식물들은 또 다량의 염분을 분비하거나 뿌리에서의 염분 유입을 차단한다.

36.2 당과 호르몬의 수송

체관부의 물질 수송

잎과 다른 녹색 부위에서 만들어진 탄수화물의 대부분은 체관부를 통하여 다른 부분으로 가는데, 이 과정을 물질수송(translocation)라고 한다. 저장기관에 농축된 탄수화물은 대개 녹말의 형태로서 설탕과 같은 운송할 수 있는 분자로 전환되어 체관부를 통해 이동한다. 식물체 내에서 물질이 이동하는 것은 방사성 동위원소를 이용하여 추적할 수 있다. 방사성 이산화탄소($^{14}CO_2$)는 광합성의 결과 포도당 분자 속으로 들어간다. 포도당은 설탕으로 전환되고, 설탕은 체관부를 통해 수송된다. 설탕은 체관부를 따라 위쪽이나 아래쪽으로 갈 수 있다.

식물의 즙을 빨아먹고 사는 진딧물은 물질수송의 연구에 중요한 도구로 이용되어 왔다. 진딧물은 주둥이를 잎과 줄기의 체관세포에 찌르고 다량의 설탕을 흡입한다. 흡입하고 있는 진딧물을 주둥이를 자르고 제거하면 잘라진 주둥이를 통해 체관으로부터 액체가 계속 나오므로, 이 액체를 수집하여 분석할 수 있다(그림 36.7). 이 액체의 건조 물질 10~25%의 대부분은 설탕이다. 체관 속의 물질은 시간당 50~100cm의 속도로 빠르게 이동한다.

체관은 호르몬도 수송한다. 최근에 밝혀진 바로는 체관을 통해 mRNA도 이동하는데, mRNA는 원거리 세포 간 통신에 관여한다.

(a)

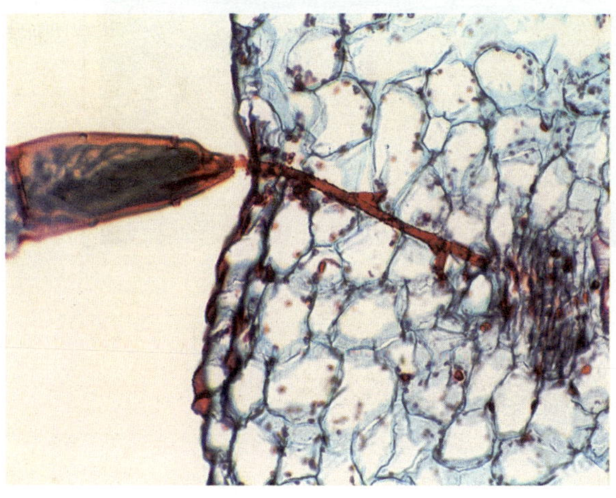

(b)

그림 36.7 | 체관의 즙을 먹는 진딧물 *Macrosiphon rosae*. (a) 진딧물은 체관 속에 주둥이를 찌르고 (b) 그 속의 풍부한 영양 물질을 흡입한다. 진딧물의 주둥이를 자르면 잘려진 주둥이를 통하여 체관액이 흘러나오므로 이를 수집하여 분석할 수 있다.

체관부 수송에 필요한 에너지

체관부를 통해 용액 속의 탄수화물의 이동을 설명하는 가장 널리 수용되고 있는 모델은 대량유동가설(mass-flow hypothesis)이다. 용해된 탄수화물은 공급원(source)으로부터 흘러나와서 수용부(sink)에서 방출되어 이용된다. 탄수화물 공급원은 잎의 엽육 같은 광합성조직이다. 뿌리의 피층과 같은 양분 저장 조직은 공급원도 될 수 있고 수용부도 될 수 있다. 뿌리와 줄기의 생장 말단과 발육하는 과실도 수용부이다. 체관적재(phloem loading)라는 과정을 통하여 탄수화물(대부분 설탕)은 공급원의 가장 가는 잎맥 안의 체관으로 들어간다. 이는 능동수송에 의해 이루어지므로 에너지가 요구된다. 체관에 인접한 반세포와 유조직 세포가 이 수송을 일으키는 ATP 에너지를 공급한다. 이때, 체관과 인접한 물관 세포 사이의 용질 농도차 때문에 물이 체관으로 삼투해 들어온다. 체관의 팽압이 증가하고, 이는 다시 체관계를 통해 액체를 흐르게 한다. 수용부에서 탄수화물은 능동적으로 제거된다. 물은 체관으로부터 삼투해 나가고 팽압은 감소한다. 이는 더 큰 양압을 갖는 공급원에서 더 큰 음압을 갖는 수용부로 대량유동이 일어나게 만든다(그림 36.8). 그런 다음, 수용부에 있는 물의 대부분은 다시 물관부로 확산해 돌아간다.

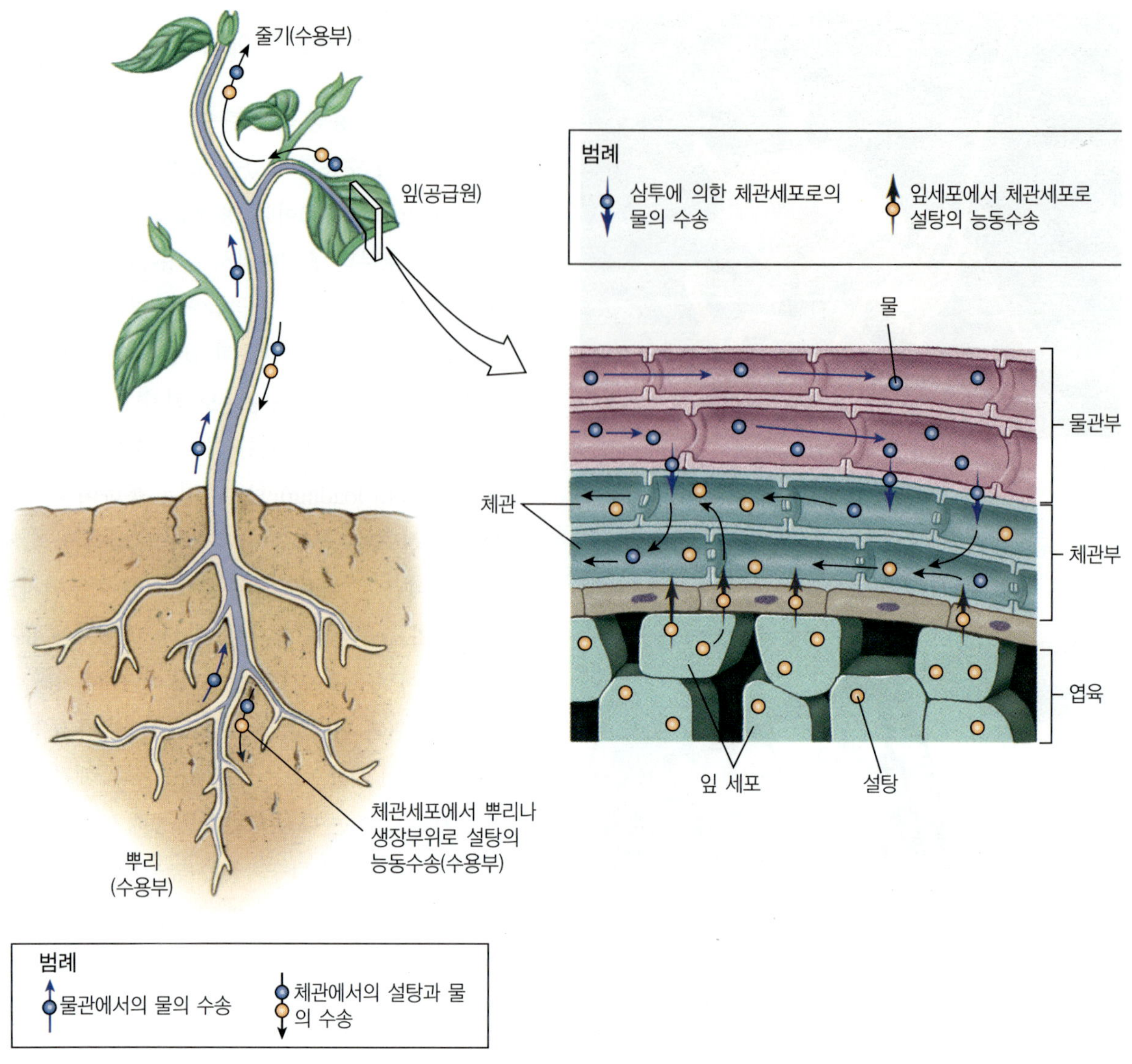

그림 36.8 | **대량유동 모식도.**
붉은 점은 설탕분자를, 청색 점은 물분자를 나타낸다. 설탕분자는 잎의 엽육 세포로부터 체관으로 이동한 후 대량유동으로 식물체의 다른 부위로 수송된다.

CHAPTER 37

식물의 감각

생물은 주변 환경을 감지하고 이에 반응한다. 식물도 마찬가지이다. 식물의 생존과 생장은 수분, 바람, 빛 등의 비생물적 요소에 큰 영향을 받는다. 이 장에서는 이러한 환경 요소를 어떻게 감지하고 이 신호를 어떻게 변화하여 생리, 생장, 발생을 최적화시키는지 알아본다. 또, 식물의 호르몬은 환경에 대한 반응을 일으키는데, 어떻게 작용하는지도 알아본다.

37.1 빛에 대한 식물의 반응

광형태형성

빛을 포함한 여러 환경 요소는 종자의 발아나 개화 등의 중요한 발생과정을 일으킨다. 광형태형성(photomorphogenesis)은 빛으로 촉발되는 방향성이 없는 발생이다. 굴광성(phototropism)은 광형태형성과는 달리 방향성이 있다. 이 두 가지는 식물이 부적합한 환경 조건에서 능동적으로 벗어나지 못하는 것을 보상하는 반응이다.

적색광 수용체

빛의 특정 파장은 생물학적 변화를 일으키는 광수용체 분자의 형태를 변화시킬 수 있다. 색소 함유 단백질인 피토크롬(phytochrome)은 상호 전환형인 P_r 및 P_{fr}로 존재한다. P_r형의 피토크롬은 적색광을 흡수하고 P_{fr}형의 피토크롬은 적외선을 흡수한다. P_r은 적광(660nm)의 광자를 흡수하면 즉시 P_{fr}로 전환되고, P_{fr}은 적외선(730nm)광자를 흡수하면 즉시 P_r로 전환된다. P_{fr}은 생물학적 활성을 가지며 P_r은 불활성이다. 즉, P_{fr}이 존재하면 피토크롬에 의해 영향을 받는 어떤 생물학적 반응이 일어난다. 대부분의 P_{fr}이 P_r로 교체되면 이 반응은 일어나지 않는다(그림 37.1). 피토크롬은 한 가지 분자뿐인 것처럼 언급했으나 실제로는 각각 기능이 다른 여러 가지가 있음이 확인되고 있다.

피토크롬의 존재는 1959년에 처음 확인되었다. 연구자들은 그 뒤 이 분자가 두 부분으로 이루어져 있음을 발견했는데, 이는 광을 감수하는 작은 부위와 단백질인 큰 부위이다. 단백질 요소는 신호 전환 경로를 개시시켜서 특정 굴성을 일으키도록 유도한다. 피토크롬은 모든 식물과 일부 녹조류에 존재한다.

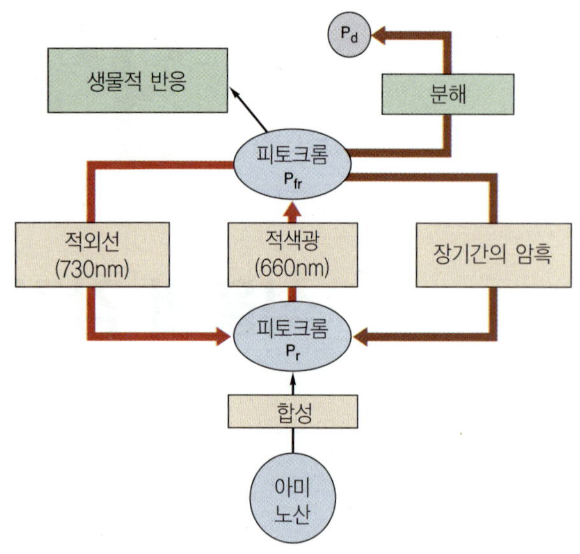

그림 37.1 | **피토크롬의 작용.**
피토크롬은 아미노산으로부터 P_r 형으로 합성된다. P_r은 적색광에 노출되면 활성형인 P_{fr}로 전환되어 식물은 반응을 일으킨다. P_{fr}은 적외선에 노출되면 다시 P_r로 전환되며, 빛이 없을 때에도 P_r로 전환되거나 분해된다. 분해산물을 P_d로 표시하였다.

적색광 반응

피토크롬은 식물의 여러 가지 생장 반응에 관여한다. 가령 종자의 발아는 적외선에 의해 억제되며 적색광에 의해 촉진된다. 엽록소는 적색광을 강하게 흡수하고 적외선은 흡수하지 않으므로 차양처럼 덮인 나무의 녹색 잎을 통과하여 종자 위로 내려오는 빛은 종자의 발아를 억제한다. 그 결과 겨울에 낙엽 진 나무 아래쪽 땅 위에 있는 종자는 낙엽이 분해되고 난 뒤의 봄에 발아하기 쉽게 되고 어린 식물은 직사광선에 노출되어 생존확률이 크게 증가한다.

황백화한(어둠 속에서 창백하고 가늘게 된) 어린 식물의 줄기는 길이만 삐죽 자라는데, 이는 적색광을 받지 못하기 때문이다. 이런 식물은 적색광에 노출되면 정상으로 된다. 이런 황화현상(etiolation)은 식물의 에너지 보존 전략으로서, 어둠 속에서 자라는 식물이 죽기 전에 빛을 찾아가도록 해준다. Arabidopsis의 탈황백화 돌연변이체(det2)는 황백화 반응이 약하여, 절간이 길게 되지 않으며, 어둠 속에서도 약간 초록색으로 된다. det2 돌연변이체는 브라시노스테로이드(brassinosteroid) 생합성에 필요한 효소에 결함이 있으므로 브라시노스테로이드가 식물이 피토크롬을 통하여 빛에 반응하는 데 중요한 역할을 하는 것으로 보인다.

적색광과 적외선은 또 식물의 공간 분포에도 신호를 보낸다. 식물이 서로 밀집해 있을수록 더 키가 크게 자라서 햇빛을 위해 경쟁하여 이기고자 한다. 식물은 인접한 식물로부터 반사되는 적외선의 양을 감지한다. 만약 줄기를 둘러싸서 빛을 차단하면 키가 커지는 신장 반응은 일어나지 않는다.

굴광성

굴광성(phototropism)은 줄기가 햇빛을 향해 자랄 때 여러 가지 분지 양상에 영향을 준다. 세포는 환경 신호를 인지하고, 생화학 경로로 변환하며, 궁극적으로 생장 반응을 변화시키므로, 굴성(tropism)은 특히 흥미를 이끈다. 굴광성 반응 중에는 식물의 줄기나 다른 부위가 청색 파장(460nm)의 광원을 향해 휘어지는 현상도 포함된다(그림 37.2). 일반적으로 줄기는 양성 굴광성을 나타내어 광원 쪽으로 자라고 뿌리는 빛에 반응하지 않거나 예외적인 경우에 약한 음성 굴광성 반응을 나타낸다. 줄기의 굴광성 반응은 식물이 빛에 더 많이 노출되게 하므로 적응적 가치를 지닌다. 각각의 잎도 굴광성 반응을 나타낸다. 잎의 위치는 광

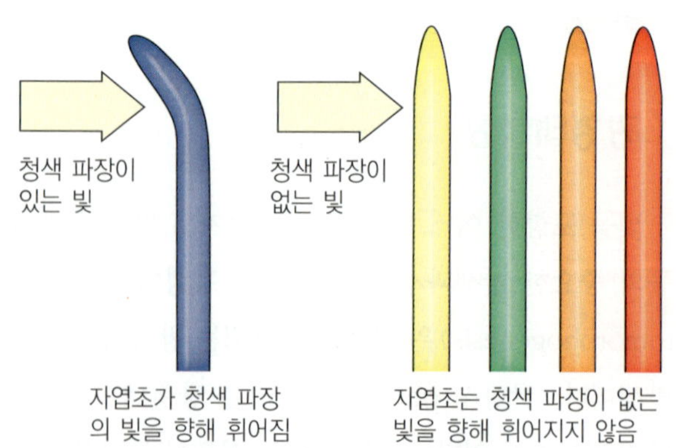

그림 37.2 | **굴광성.**
귀리의 자엽초는 청색 파장을 가진 빛을 향해 자란다. 색깔은 자엽초에 쪼이는 빛의 색(파장)을 나타낸다. 화살표는 빛이 쪼이는 방향을 나타낸다.

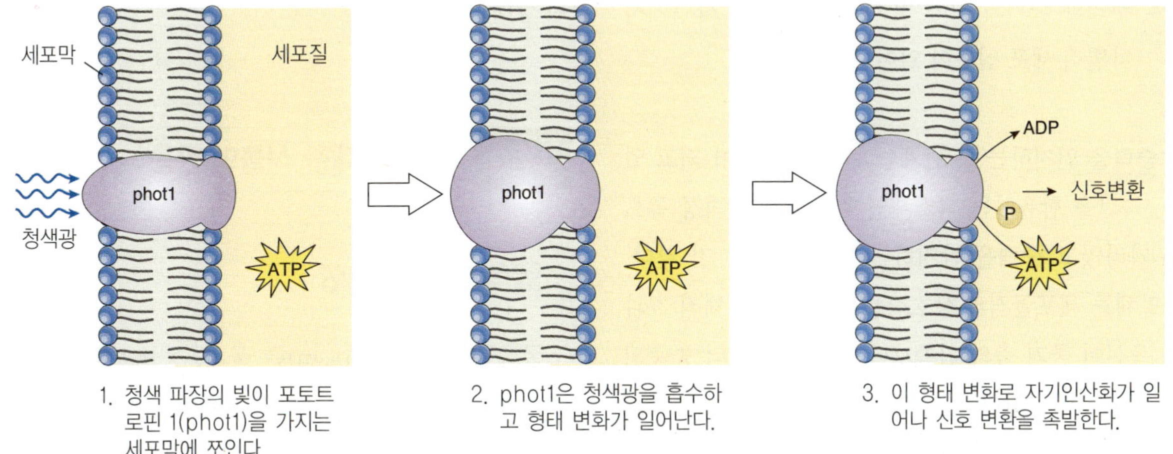

그림 37.3 | 청색광 수용체.
청색광은 phot1의 광 감지 부위를 활성화하고, 이는 다시 phot1의 키나아제 부위를 자극하여 자기인산화를 일으킨다. 이는 굴광성 생장을 일으키는 신호 변환 경로의 첫 단계이다.

합성 효율과 깊은 관련이 있다. 식물 호르몬 옥신은 식물의 굴광성 생장 반응과 관련이 있다.

최근에 알려진 청색광 수용체는 광 신호가 어떻게 굴광성 반응과 연결되는지를 알려주고 있다. 현재, 이 신호 변환의 초기 단계만 알려져 있다. 포토트로핀(phototropin)은 비굴광성 돌연변이체의 특징을 통해서 확인되었다. 청색광 수용체인 phot1(phototropin 1) 단백질은 2개의 광 감지 부위를 가지며 청색광에 반응하여 형태가 변하고, 이는 단백질의 다른 부위인 키나아제를 활성화시킨다. phot1과 이와 유사한 수용체인 phot2는 식물에만 있는 수용체 키나아제이다. 실제로 자기인산화 반응을 일으키는 phot1의 부위는 키나아제로서(그림 37.3), 자신에게 인산기를 붙인다. phot1 신호 변환 경로를 연구하면 왜 식물이 빛을 향해 자라는지를 알 수 있게 될 것이다.

37.2 중력에 대한 반응

굴지성

화분에 심어진 식물을 뒤집어 놓으면 줄기는 위쪽으로 휘어져 자란다. 이는 식물이 지구의 중력장에 반응하는 굴지성(gravitropism)의 예를 보여준다(그림 37.4). 왜 줄기는 음성 굴지성을 나타내고, 뿌리는 양성 굴지성을 나타낼까? 굴지성 반응에 옥신은 중요한 역할을 하지만, 이것만이 식물체 내에 굴지성 정보를 보내는 유일한 수단은 아니다. 우주선 스페이스 셔틀 안의 무중력 상태에서 중력과 전기 신호가 뿌리가 휘어지는 것에 어떤 역할을 하는지 실험하였다. 굴지성 반응을 일으키는 네 4단계가 있다.

1. 중력이 세포에 의해 인지된다.
2. 중력을 인지하는 세포 안에 신호가 생긴다.
3. 신호는 세포 내에서 또 세포 사이에서 변환된다.

그림 37.4 | 중력에 대한 식물의 반응.
이 식물(*Zebrina pendula*)은 7일 동안 수평으로 놓였다. 줄기가 음성 굴지성을 나타내고 있다.

4. 뿌리와 줄기의 위쪽 및 아래쪽의 세포 사이에서 차별적 세포 신장이 일어난다.

중력을 인지하는 첫 단계는 논란의 대상이 되고 있다. 녹말을 함유하는 색소체인 녹말체가 중력장 쪽으로 가라앉고 중력을 감지하는 데 관여하는 것 같다. 녹말체는 세포골격과 상호작용을 하지만 전체적 효과는 옥신이 줄기 축의 위쪽보다는 아래쪽에 더 농축되는 것으로 나타난다. 줄기의 아래쪽에 옥신이 농축되면 이 부위의 세포가 위쪽보다 더 자라게 된다. 그 결과 중력의 힘에 반대로 줄기가 위쪽으로 휘어지는 음성 굴지성이 나타난다. 이러한 호르몬 농도의 차이가 뿌리에서는 나타나지 않는다. 그럼에도 불구하고 수평으로 된 뿌리의 위쪽 면이 아래쪽 면보다 더 빠르게 자라서 뿌리가 아래쪽으로 향하게 되는데, 이를 양성 굴지성이라고 한다. 줄기에서는 중력 감지 세포가 내피에 있다. *Arabidopsis*에서 scarecrow 돌연변이체와 short root 돌연변이체에서는 정상적인 내피 발생이 이루어지지 않는데, 이런 돌연변이체는 정상적 중력 반응을 나타내지 못한다. 줄기에서 이 내피세포들은 녹말체가 있는 부위이기 때문이다.

뿌리에서 중력 감지 세포는 뿌리골무에 있으며, 비대칭적 생장을 하는 세포들은 뿌리골무에 접한 신장대의 말단부에 있다. 정보가 어떻게 이 거리까지 전달되는가는 흥미로운 문제이다. 옥신이 관여하는 것 같으나 옥신 수송이 억제되어도 말단 신장대에서 굴지성 반응은 여전히 나타난다.

열대우림의 숲에서 일부 식물의 뿌리가 정상적인 양성 굴지성 반응을 나타내지 않고 인접 식물의 줄기 위로 자라기도 한다. 이는 빗물이 숲을 덮고 있는 무성한 위쪽 나무 부위들을 통과하고 줄기를 따라 졸졸 흐르는 동안 영양소를 용해시킨다. 이러한 물은 뿌리에게는 영양소가 빈약한 토양보다 더 확실한 영양원이 되기 때문이다. 뿌리는 줄기보다 옥신에 더 민감하고 옥신은 실제로 뿌리의 아래쪽 면의 생장을 억제하여 양성 굴지성 반응을 일으킨다고 알려져 있다. 이 열대 식물에서는 뿌리의 옥신에 대한 민감성이 감소된 상태인 것 같다.

37.3 접촉에 대한 식물의 반응

굴촉성과 감촉성

굴촉성(thigmotropism)은 물체, 동물, 식물, 바람에 접촉한 식물이나 식물체의 부위가 방향성 성장 반응을 일으키는 것을 말한다(그림 37.5). 감촉성(thigmonasty)은 굴촉성과 매우 비슷하지만 성장 반응의 방향이 신호의 방향과 관계없이 동일하다. 하나의 덩굴손이 물체에 접촉하면 표피세포가 접촉을 인지하고 불균등한 생장을 일으켜서 물체의 주위에 덩굴손이 감기게 된다. 덩굴손 움직임에 옥신과 에틸렌이 관여하는 것 같으며, 이 호르몬들은 접촉자극이 없이도 휘감는 운동을 일으킨다. 으아리, 메꽃, 실새삼 등의 식물의 잎자루와 변형되지 않은 줄기는 다른 식물의 줄기나 단단한 물체를 휘감는다. 일부 식물의 덩굴손은 자극이 오는 방향을 향하여 감고(굴촉성 생장), 다른 식물의 덩굴손은 물체의 접촉 방향과 관계없이 항상 시계 방향으로 감는다.

가장 뚜렷한 접촉 반응은 파리지옥의 잎에 난 털이

그림 37.5 | 굴촉성.
줄기의 굴촉성 반응은 줄기로 하여금 접촉하는 물체 주변을 감게 만든다.

접촉으로 자극받을 때 나타나는 움직임이다. 파리지옥의 잎은 접촉 자극에 반응하여 오므려서 곤충을 잡아먹는데, 잎을 닫는 움직임은 0.3초 안에 일어날 수 있다. 만약 잎에 난 3개의 털 중 2개가 빠른 속도로 연속해서 접촉되거나 1개의 털이 두 번 접촉되면 전기적 신호(활동전위)가 잎을 통하여 이동하여 바깥쪽 세포의 확장을 일으키고, 그 결과 잎이 닫히게 된다. 이 때 바깥쪽 세포가 실제로 생장하여 이 반응이 일어난다. 전기적 신호에 반응하여 세포벽이 연해지고 세포 내의 물의 높은 압력(팽압)이 연해진 세포벽 쪽을 밀어서 세포가 팽창한다. 이 때 물은 다른 곳에서 운반되어 오는 것이 아니라 이미 세포 안에 있는 것이므로 이 생장 기작은 다른 팽압운동과는 다르다. 먹이가 잡히면 잎은 안쪽 세포의 생장으로 약 24시간 후에 펴진다. 이 생장 반응은 잎이 죽을 때까지 약 4번만 할 수 있는데, 이는 너무 많은 에너지가 소모되므로 에너지가 고갈되기 때문인 것 같다.

기타의 굴성

굴광성, 굴촉성, 굴지성은 가장 잘 알려진 굴성이지만, 그 외의 굴성도 있다. 이는 전기에 반응하는 굴전성(electrotropism), 화학물질에 반응하는 굴화성(chemotropism), 상처에 반응하는 굴상성(traumotropism), 온도에 반응하는 굴열성(thermotropism), 산소에 반응하는 굴기성(aerotropism), 어두움에 반응하는 굴암성(skototropism), 그리고 자장에 반응하는 굴자성(geomagnetotropism) 등이다.

팽압 운동

생장 반응으로 일어나는 운동이 아니라, 접촉에 의하여 특정 세포의 팽압의 가역적 변화로 일어나는 식물의 운동이 있다. 물이 세포 안으로 확산해 들어와서 생기는 압력이 팽압(turgor)이다. 팽압을 가지고 있는 세포에서 물이 빠져나가면 세포는 쭈그러들면서 식물의 운동이 일어나고, 반대로 물이 들어가면 다시 팽압을 회복하면서 식물의 운동이 생긴다.

콩과식물을 비롯한 여러 식물은 접촉이나 기타의 자극에 반응하여 잎이 움직인다. 자극에 노출된 후 잎의 방향의 변화는 대개 잎이나 소엽의 기부에 있는 엽침(pulvinus)의 신속한 팽압 변화 때문이다. 미모사

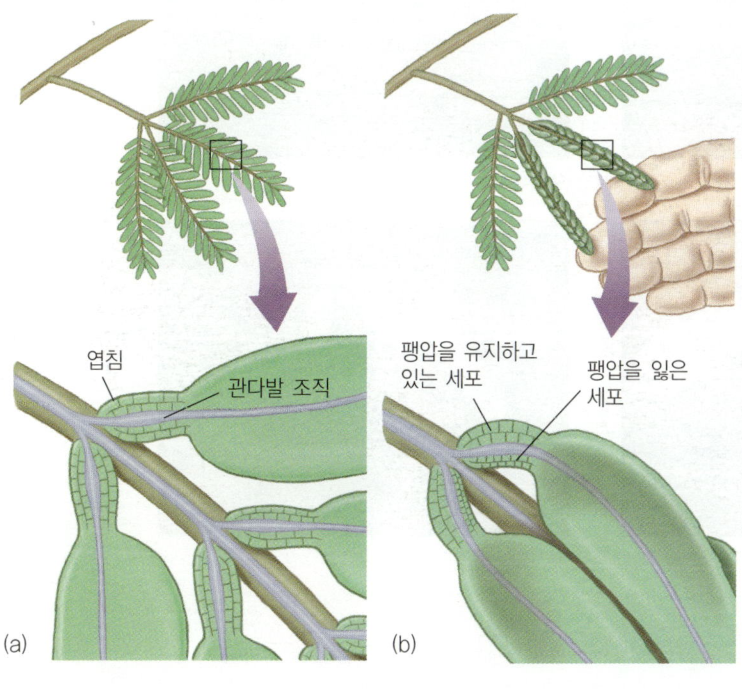

그림 37.6 | *Mimosa pudica*의 민감성. (a) 미모사의 잎은 여러 소엽으로 나뉘어 있다. 각 소엽의 기부에는 엽침이라는 팽창된 부위가 있다. (b) 자극이 주어지면 팽압이 변화하고 소엽이 접히게 된다. (c) 잎을 건드리면(중앙의 두잎) 팽압을 잃어서 접히게 된다.

와 같이 엽침을 가지는 잎이 바람, 열, 접촉 또는 강한 빛에 자극되면 전기신호가 생긴다. 전기신호는 화학적 신호로 전환되는데, 이때 칼륨이온과 물이 엽침의 한쪽 절반에 있는 세포들로부터 다른 쪽 절반의 세포간 공간으로 이동한다. 엽침의 한쪽 절반부에서의 팽압 소실로 잎은 접히게 된다. 잎의 움직임은 신속해서 접촉된지 1~2초 내에 접히고(그림 37.6), 물이 다시 원래의 세포로 확산해 들어가므로 15~20분 뒤에 잎은 다시 펴진다.

모든 팽압 운동이 접촉으로 자극되는 것은 아니고, 어떤 것은 빛으로 자극되기도 한다. 어떤 식물의 잎은 엽신이 햇빛을 향하여 직각이 되도록 방향을 바꾸어 광합성 효율을 최대화 시키는데, 이러한 방향 전환이 어떻게 이루어지는지는 아직 알려져 있지 않다.

팽압에 의한 가역적 변화의 가장 흔한 예는 잎과 꽃이 낮에는 피고 밤에는 오므라드는 것이다. 가령, 분꽃의 꽃은 오후 4시에 피고 달맞이꽃의 꽃잎은 밤에 핀다. 콩잎은 엽침이 팽압을 유지하는 낮에는 수평으로 자세를 잡지만 팽압을 잃는 밤에는 다소 수직으로 된다(그림 37.7). 이러한 움직임으로 야간에는 증산작용으로 인한 수분 소실을 줄이고, 낮에는 광합성을 위한 면적을 최대화한다. 이 경우 잎의 움직임은 내적 주기성 리듬과 깊은 관련이 있다.

일주 시계

잎은 어떻게 펴고 닫는 시간을 알까? 잎은 24시간(실제로는 22~23시간) 동안 주기적 변동을 일으키는 내생적 일주시계를 가지고 있다. 비록 더 짧거나 더 긴 주기가 존재하지만 지구의 주야 주기 때문에 일주기가 특히 흔하다. 활동 일주기에 대해 1729년에 처음 알아낸 사람은 프랑스 천문학자 장 드메랑(Jean de Mairan)인데, 그는 접촉 반응을 할 뿐만 아니라 밤에 잎을 닫는 민감한 식물을 연구하였다. 드메랑이 식물을 완전히 어두운 곳에 놓았을 때 이 식물은 마치 낮과 밤에 노출된 것처럼 닫고 열기를 계속하였다. 이

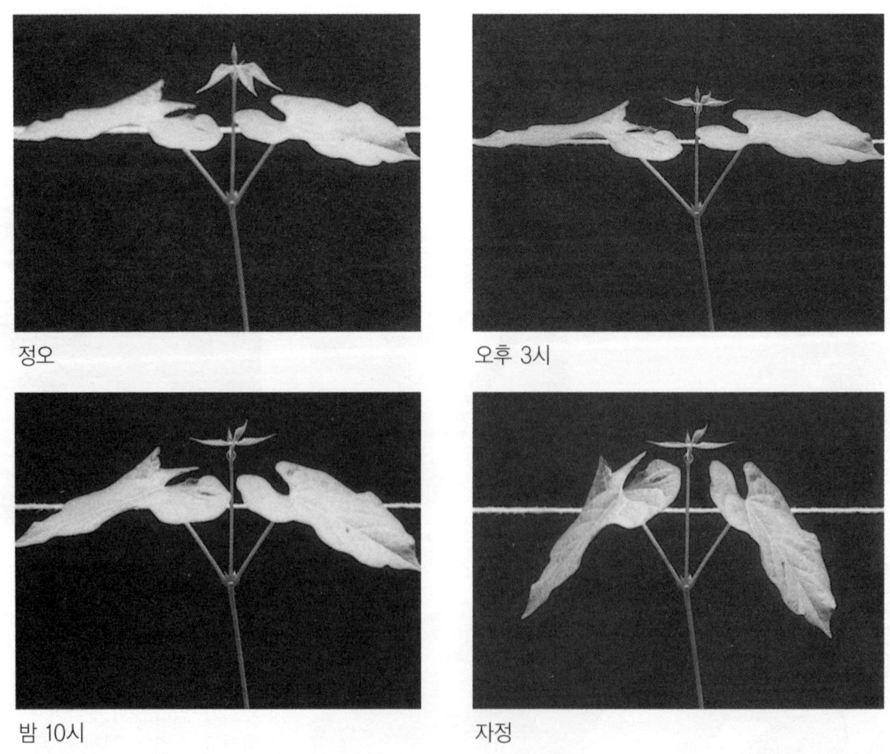

그림 37.7 | 콩잎의 운동.
콩과식물에서 엽신은 낮 동안엔 수평 방향으로 배열하고 밤에는 수직 방향으로 배열한다.

는 활동 일주기의 특징 중 하나이다. 일주기 운동은 외부 자극이 없이도 지속되며, 그 기간은 24시간이고, 재조정될 수 있다. 이 시계는 온도 차이를 극복할 수 있다. 이는 생화학 반응의 속도가 온도에 따라 크게 다르다는 점을 감안할 때 흥미로운 일이다.

37.4 물과 온도가 미치는 식물의 반응

휴면

생장 방향을 바꾸는 것만으로는 열악한 조건으로부터 식물이 보호되기는 충분하지 않은 경우가 많다. 생장을 정지하고 휴면에 들어가는 능력은 식물의 생존에 유리하다. 가장 좋은 예는 종자의 휴면이다. 환경적 신호가 식물의 휴면기를 개시시키거나 끝낸다. 이 신호 중에는 온도, 물, 빛이 포함된다.

온대지방에서 기온이 내려가고 물이 부족한 겨울에 식물은 휴면에 들어간다. 겨울에 활엽수의 눈은 휴면에 들어가고 정단분열조직은 비늘에 싸여 보호된다. 다년생 초본은 양분을 저장한 줄기나 뿌리로 땅 속에 남아 겨울을 보낸다. 일년생 식물을 비롯한 여러 식물은 종자로 겨울을 보낸다.

건조한 계절이 있는 기후를 가진 곳에서는 종자의 휴면이 주로 건조시기(주로 여름)에 일어나며, 강우가 발아를 자극한다. 비가 오면 발아하여 식물은 신속히 생장함으로서 비교적 짧은 기간 동안만 물을 이용할 수 있는 기후에 적응한다.

종자는 장기간 휴면 상태로 남을 수 있다. 콩과식물은 물과 산소가 투과하지 못하는 단단한 종자를 가진다. 이 식물들의 종자는 수십 년 이상을 버틴다. 수천 년 된 종자가 성공적으로 발아한 경우도 있다.

적당한 온도, 낮 길이, 물의 양이 주어지면, 땅속 줄기나 뿌리, 종자는 휴면 상태로부터 벗어나게 된다. 이에 대한 요구 조건은 종마다 다르다. 가령, 어떤 잡초의 종자는 다소 저온일 때 발아하고 고온에 의해 발아가 억제된다. 적도나 온난한 지역에서의 낮 길이의 차이는 휴면에 극적인 영향을 준다. 예를 들면, 온대 지방에서 나무의 휴면은 낮이 짧을 때 흔히 일어나지만 적도근처 열대지방에서는 드문 일이다.

극한 온도에 살아남기

때때로 온도는 급격히 변화하고 휴면이 불가능해진다. 식물은 극한온도에서 어떻게 살아남을까? 식물 세포막의 지질 구성을 살펴보면, 그 식물이 추위에 잘 견딜것인지 예측할 수 있다.

즉, 식물의 세포막지질이 불포화될수록 식물은 더 잘 추위에 견딘다.

이는 desaturase 효소가 불포화지질의 이중결합을 단일결합으로 바꾸기 때문이다. 이 과정을 통해 더 낮은 온도에서도 막의 유동성을 유지할 수 있게 된다. 포화지질은 더 높은 온도에서 굳게 된다. 이렇게 고도로 불포화된 막을 갖는 것만으론 얼음이 어는 온도에서 식물을 보호하기에 충분치 않다.

빙점에서 얼음결성이 형성되면 세포는 탈수로 죽게 된다. 물질대사에 충분한 물이 공급되지 않기 때문이다. 어떤 식물들은 과냉각(supercooling) 과정을 통해 −40°C의 낮은 온도에서도 살아남는다.

과냉각은 얼음결정 형성이 제한되고, 얼음결정이 세포 외 공간에 형성되어 세포기관들에 해를 끼치지 않게 될때 일어난다. 이때 세포들은 점진적인 탈수를 견디어 낼 수 있어야 한다.

온도가 내려갈 때 항결빙 단백질의 합성 같은 새로운 유전자 발현으로 추위나 결빙에 내성을 갖기도 한다. 이 단백질은 얼음결정이 생성되는 것을 막는다.

또, 자연계에서 잎 표면에서 발견되는 일부 세균들은 유전적으로 변환되어 얼음결정이 형성되는 것을 막는다. 이들 세균들을 잎에 뿌리면 농작물의 서리피해를 방지할 수도 있다. 높은 온도도 똑같이 식물에 해를 끼친다. 단백질이 변성되고 기능을 잃기 때문이다. 온도가 별안간 5~10°C가 오르면 열충격 단백질(heat shock proteins)이 생산된다. 이 단백질은 다른 단백질을 안정시켜 높은 온도에서 변성이 일어나지 않도록 한다. 어떤 경우엔 온도 증가에 의해 유도된 열충격 단백질이 추위 같은 다른 스트레스로부터도 식물을 보호할 수 있다.

37.5 호르몬과 환경

식물 호르몬

환경 신호에 대한 식물의 최초 반응은 주로 전기 신호에 의하지만 형태를 바꾸는 장기간의 반응은 복잡한 생리적 작용에 의한다. 여러 가지 내적 신호 경로에 식물 호르몬이 관여한다.

호르몬은 식물의 한 부위에서 극소량으로 만들어지는 화학물질로서 다른 부위로 운반되어 생리적, 발생적 반응을 일으킨다. 호르몬의 작용은 어떤 생리적 과정은 자극하고 다른 생리적 과정은 억제함으로써 일어난다.

동물에서는 호르몬이 보통 특정 부위에서 만들어진다. 식물에서는 호르몬이 특정 조직에서 만들어지는 것이 아니라 보통 또다른 기능을 수행하고 있는 조직에서 만들어진다. 주요 식물 호르몬은 7가지가 있는데, 이는 옥신, 사이토키닌, 지베렐린, 브라시노스테로이드, 올리고사카린, 에틸렌, 아브시스산이다(표 37.1).

옥신

옥신(auxin)은 처음 발견된 지 100년도 더 되는 식물 호르몬이다. 옥신은 식물 세포벽의 가소성을 증대시키고 줄기의 신장에 관여한다. 세포는 팽압의 변화에 반응하여 커질 수 있다. 이러한 확장이 일어나려면 세포벽은 가소성을 가져야 하는데, 옥신은 세포벽을 부드럽게 만드는 역할을 한다.

옥신의 발견. 찰스 다윈은 말년에 식물을 연구하였다. 1881년에 그와 그의 아들은 『식물이 움직이는 힘(The Power of Movement of Plants)』이라는 책을 출간하였다. 이 책을 보면 다윈은 빛에 대한 식물의 반응에 대한 조직적인 실험을 하였다.

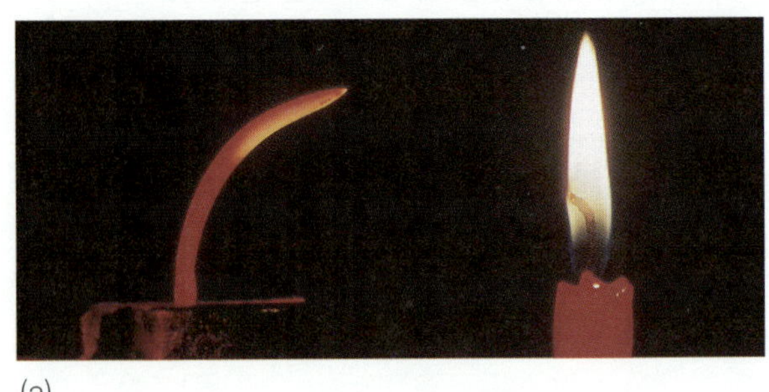

(a)

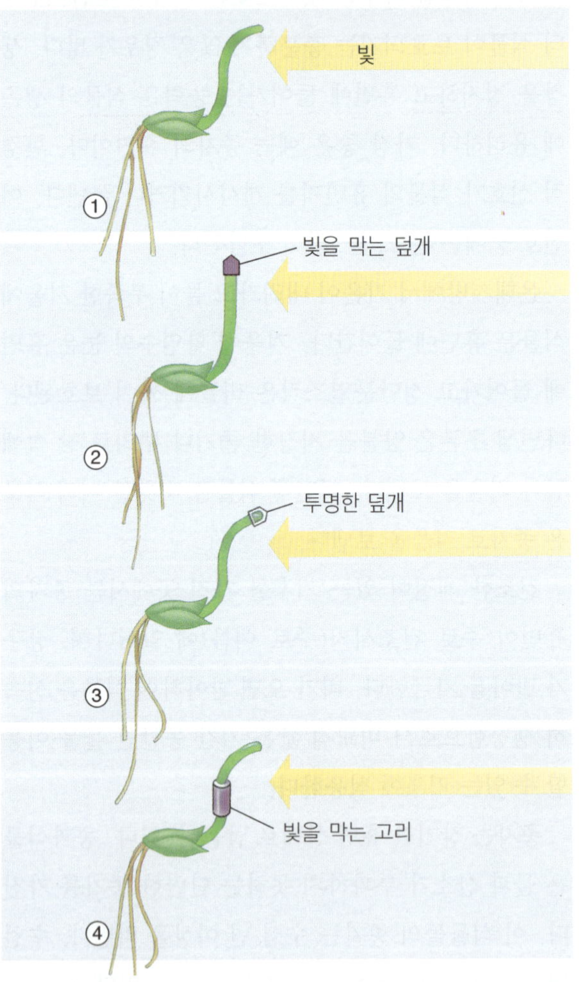

그림 37.8 | **다윈 부자의 실험.**
(a) 어린 잔디의 묘목은 정상적으로 빛을 향하여 휘어진다. (b) 이와 같은 휘어짐(1)은 묘목의 끝에 덮개를 씌워 빛을 차단하면 일어나지 않지만(2), 투명한 덮개를 씌울 경우에는 일어난다(3). 줄기 끝의 아래쪽을 고리 모양으로 감아서 빛을 차단해도 휘어진다(4). 이 실험으로 다윈은 빛에 반응해서 휘어짐을 일으키는 영향물질이 묘목 끝에서 실제 휘어짐이 일어나는 아래 부위로 내려오는 것이라고 결론지었다.

표 37.1 주요 식물 호르몬의 기능

호르몬	주요기능	식물체 내 생산 장소나 발견 장소
옥신 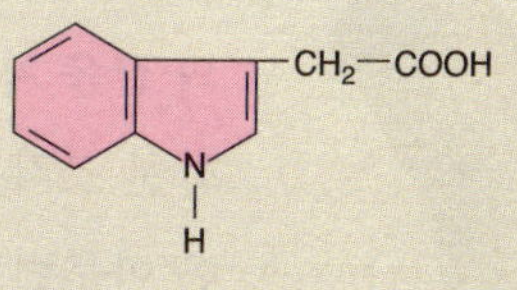	줄기의 신장과 생장을 촉진. 부정근 형성. 탈리의 억제. 세포분열 촉진(사이토키닌과 함께). 에틸렌 생산 유도. 측아 휴면의 촉진.	정단분열조직 및 식물의 미성숙 부위.
사이토키닌 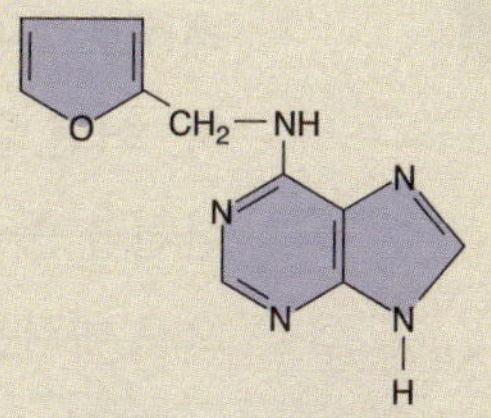	세포분열 자극(옥신이 있을 때만). 엽록체 발육의 촉진. 잎의 노화 지연. 눈 형성 촉진.	뿌리의 정단분열조직, 미성숙 과일.
지베렐린 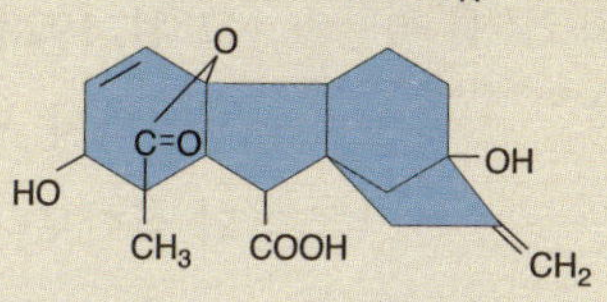	줄기 신장 촉진. 발아하는 종자의 효소 생산 자극.	뿌리와 줄기의 말단부, 어린 잎, 종자.
브라시노스테로이드 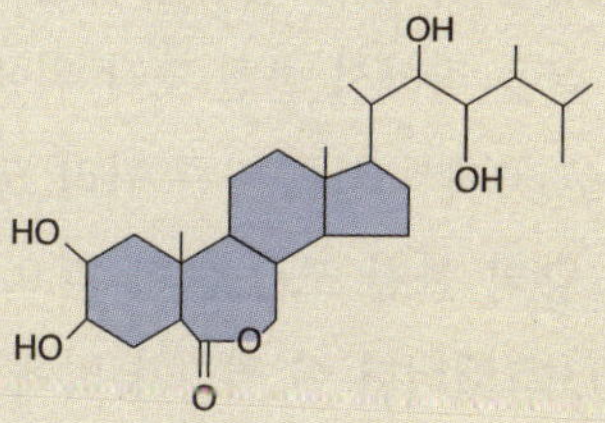	옥신과 지베렐린의 기능과 중복됨.	화분, 미성숙 종자, 줄기, 잎.
올리고사카린 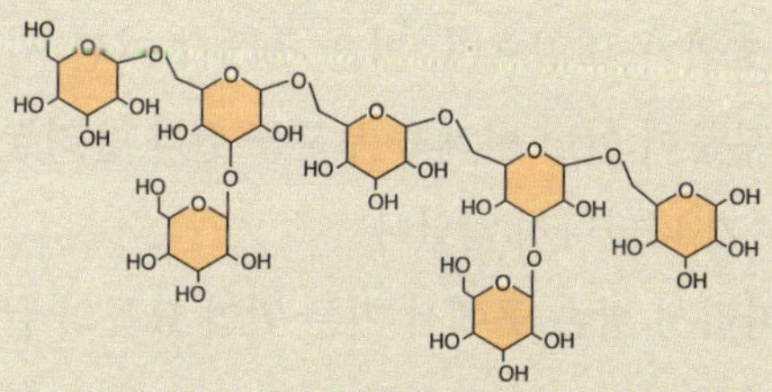	병원균 방어. 생식적 발육,	세포벽.
에틸렌 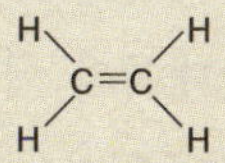	잎, 꽃, 과일이 지는 것을 조절. 과일 성숙 촉진.	뿌리, 줄기의 정단분열 조직, 잎의 절, 노화한 꽃, 익은 과일.
아브시스산 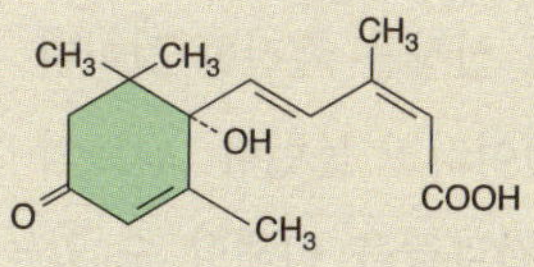	눈 생장의 억제. 기공 폐쇄 조절. 종자의휴면 조절. 다른 호르몬 영향의 억제.	잎, 과일, 뿌리골무, 종자.

다윈 부자는 빛이 주로 한 방향에서 쪼이면 묘목은 그 방향으로 휘어지는 것을 알고 있었다. 줄기의 끝을 얇은 유리관으로 덮으면 유리관이 없을 때와 마찬가지로 휘어졌다. 그러나 금속 포일로 덮어 빛을 가리면 줄기는 휘어지지 않았다(그림 37.8). 줄기 끝의 아래쪽을 감싸서 빛을 차단해도 줄기는 휘어졌다.

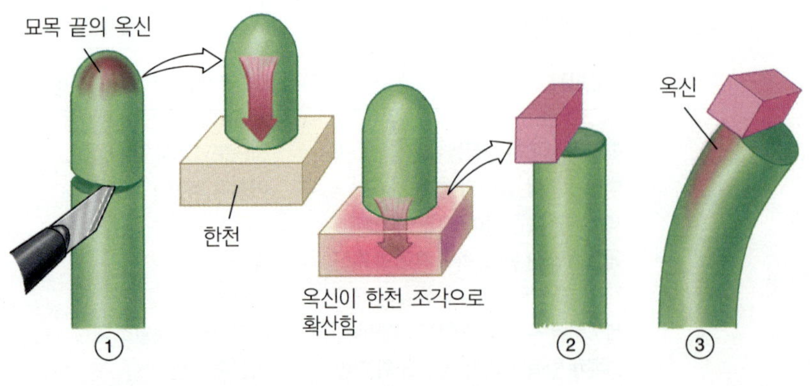

그림 37.9 | **웬트의 실험.**
(1) 웬트는 귀리 묘목의 끝을 제거하여 한천 조각 위에 올려놓았다. (2) 그런 다음 이 한천 조각을 끝을 자른 다른 귀리 묘목 위에 비스듬하게 올려놓았다. (3) 묘목은 한천 조각이 올려진 곳의 반대쪽으로 휘어졌다. 웬트는 그가 옥신이라 이름붙인 물질이 세포의 신장을 촉진하고, 그 물질은 빛과 반대쪽에 모인다고 결론지었다.

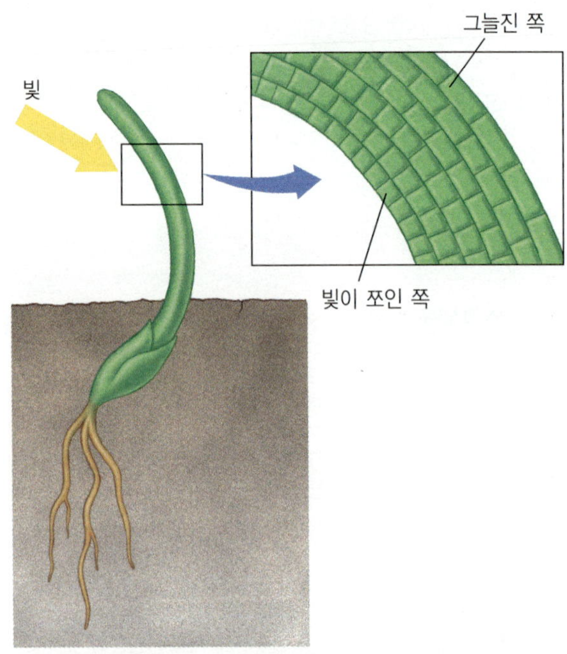

그림 37.10 | **옥신은 어두운 쪽의 세포 신장을 일으킨다.**
그늘 쪽의 식물세포는 더 많은 옥신을 갖고 빛이 쪼이는 쪽 세포보다 더 빨리 자란다. 그러므로 식물은 빛 쪽으로 구부러 진다.

이 실험 결과를 두고 다윈 부자는 한쪽 방향에서 줄기에 빛을 쪼이면 줄기의 꼭대기에서 아래로 내려온 "영향물질"에 반응하여 줄기는 빛을 향하여 휘어진다고 가설을 세웠다. 30년 동안 다윈 부자의 실험은 이 현상에 대한 유일한 설명으로 남아 있었다. 그러다가 덴마크의 식물생리학자 보이센-젠센(Boysen-Jensen)과 헝가리의 식물생리학자 파알(Paal)은 각각 독립적으로 줄기가 휘어지게 하는 물질이 화학물질임을 증명하였다. 그들은 발아하는 잔디 묘목의 끝을 자르고 그 사이에 작은 한천 조각을 끼워 놓으면 묘목은 아무런 일이 없는 것처럼 원래대로 자라는 것을 보여주었다. 어떤 물질이 묘목의 끝에서 한천을 통과하여 휘어지는 곳으로 내려온 것이다.

그 뒤, 1926년 네덜란드의 식물생리학자 웬트(Went)는 파알의 실험보다 한 단계 더 진전된 실험을 하였다. 웬트는 밝은 곳에서 기른 귀리 묘목의 끝을 잘라서 한천 조각 위에 놓았다. 그런 다음 어두운 곳에서 기른 다른 귀리 묘목의 끝을 잘라내고 대신 앞의 한천 조각을 한 옆으로 올려놓았다(그림 37.9). 그랬더니 이 귀리가 빛에 노출된 적이 없었음에도 불구하고 한천이 올려진 반대쪽으로 휘어졌다. 순수한 한천 조각을 이와 같이 올려놓았을 때는 아무런 효과가 없었으며, 밝은 곳에서 자란 귀리 묘목의 끝 부분이 아닌 아래쪽 부분을 잘라 올려놓아도 이런 효과가 나타나지 않았다.

따라서 밝은 곳에서 기른 귀리 묘목의 끝 부분에서 생겨서 한천으로 확산한 물질이 묘목을 휘어지게 한 것이다. 웬트는 또 이 화학물질은 이 물질이 확산한 부위의 세포가 반대쪽의 세포들보다 더 크게 자라도록 하는 것을 보여주었다(그림 37.10). 즉, 이 화학물질은 세포 신장을 촉진한 것이다. 그는 이 물질을 옥신(auxin)이라고 불렀다. 웬트의 실험은 다윈이 45년 전 얻은 결과들을 이해할 수 있는 근거를 제공했다. 빛과 반대쪽 줄기의 옥신 농도가 더 높으므로, 세포들이 빛이 비치는 쪽 세포보다 더 크게 자라고, 줄기는 빛 쪽으로 구부러지게 된다.

옥신의 영향. 옥신은 유리한 방향으로 식물을 환경에 적응하도록 하는 역할을 한다. 또, 옥신은 생장과 신장을 촉진하고 환경에 대해 식물이 더 잘 반응하도록 한다. 환경 신호는 식물체 내의 옥신 분포에 직접 영향을 준다. 어떻게 환경이, 특히 빛이, 이런 영향을 줄까? 이론적으로, 빛은 옥신을 파괴하고, 옥신에 대한 세포의 감수성을 줄이며, 옥신 분자가 빛이 쪼이는 쪽에서 그늘진 쪽으로 이동하게 할 수 있다.

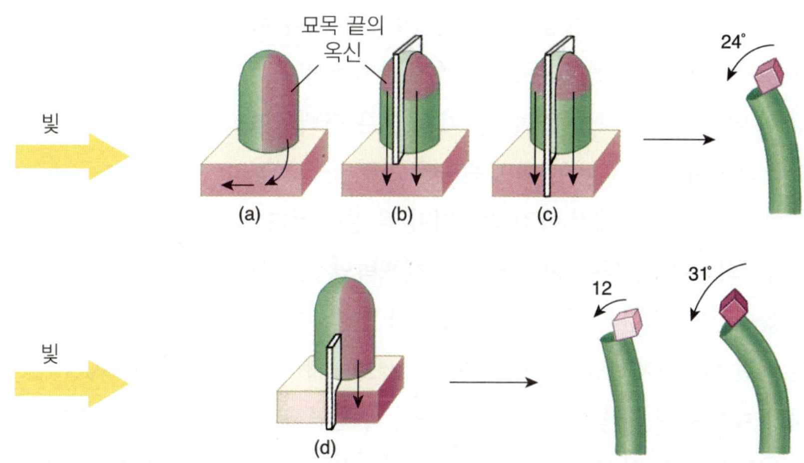

그림 37.11 | 브릭스의 실험(굴광성과 옥신).
이 실험의 기본 설계는 귀리 묘목의 끝을 한천 조각 위에 올려놓고 한쪽에서 빛을 쪼이고 후에 그 한천 조각을 끝이 잘린 묘목 위에 올려놓았을 때 휘어지는 각도를 보는 것이다. 이때 브릭스는 운모 박편을 여러 가지 방향으로 끼어 넣어서 옥신의 위치에 어떤 영향을 주는지를 알아보았다. (a)와 (b)를 어두운 곳에서 수행한 유사한 실험과 비교했을 때 옥신 생산은 빛과는 관계없다는 것을 알려주었으며, 모든 실험에서 약 24°의 휘어짐을 보였다. 운모 박편을 한천 조각 안으로 끼워 넣고(d) 빛을 쪼이면 빛의 반대쪽에 옥신이 배치되었다. 마지막으로 실험 (c)에서는 운모 박편이 옥신의 이동을 막으므로 한천 조각 양쪽이 모두 24°로 휘어지게 만들었다.

브릭스(Briggs)는 줄기 끝의 빛이 쪼이는 쪽과 그 반대쪽 사이를 운모 박편으로 수직으로 나누어놓았다(그림 37.11). 그는 한쪽에서 쪼이는 빛이 이러한 장애물을 가진 줄기를 휘어지게 하지는 못하는 것을 발견했다. 브릭스는 빛을 쪼인 식물을 검사하여 장애물의 양쪽의 옥신 수준이 동일한 것을 발견했다. 그래서 그는 정상적 식물에서 한쪽 방향에서 빛이 쪼이면 옥신이 빛이 쪼인 쪽에서 어두운 쪽으로 이동하며, 운모 장벽은 옥신의 이동을 차단하여 그 반응을 막는다고 결론지었다.

옥신의 영향은 여러 가지이다. 옥신은 관다발 형성층과 관다발조직의 활동을 촉진한다. 옥신은 또 화분 내에 다량 존재하며, 과일의 발육에 중요한 역할을 한다. 수정이 일어나지 않고 종자가 없으면 과일은 발육하지 않지만, 옥신을 처리하면 발육한다. 여러 종에서 수분은 옥신 방출을 촉진하여 수정 전에도 과일의 발육을 유도한다.

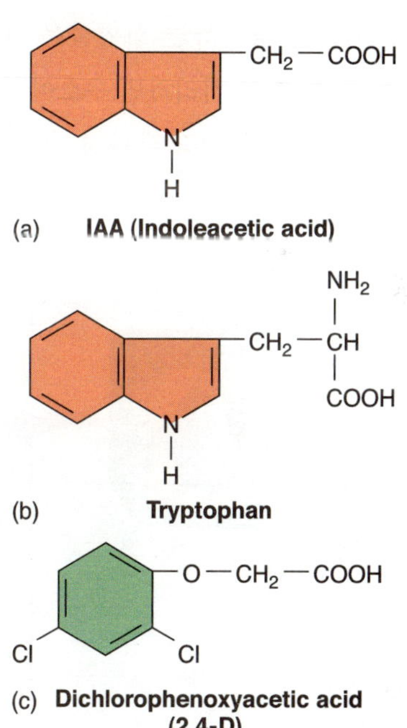

그림 37.12 | 옥신.
(a) 자연계에서 나타나는 주요 옥신인 IAA. (b) IAA의 원료인 것으로 판단되는 아미노산인 트립토판. (c) 제초제로 이용되는 합성 옥신인 2,4-D.

옥신의 작용. 옥신의 연구 역사가 오래 되었음에도 불구하고 그 작용에 대한 분자적 근거는 수수께끼이다. 가장 흔한 옥신인 인돌아세트산(indoleacetic acid, IAA)의 화학적 구조는 아미노산 트립토판의 구조와 유사하다(그림 37.12). 동물 호르몬과는 달리, 특정 신호가 특정 세포로 전달되지는 않는다. 옥신의 인지 부위는 여러 곳이다. 식물 호르몬 중에서 옥신은 독특하게 식물체의 아래쪽으로 수송된다. 애기장대

(*Arabidopsis*)에서 두 계통의 유전자들이 옥신 수송에 관여하는 것이 알려졌다. 예로 한 가지 단백질이 옥신의 위-아래 수송에 관여하며, 두 가지 다른 단백질이 뿌리 끝에서 중력에 대한 생장 반응을 조절하는 기능을 한다. 옥신에 대해선 아직 밝혀져야 될 일이 많다.

옥신의 하향적 영향 중의 하나는 세포벽의 가소성을 높이는 것이지만, 이는 2차 세포벽이 형성되지 않은 어린 세포벽에서만 그 작용을 한다. 세포벽이 가소성이 클수록 세포 생장시에 원형질체가 부풀면서 더 커지기가 쉽다. 산성생장가설(acid growth hypothesis)은 옥신과 세포벽 팽창을 연관시키는 모델이 된다(그림 37.13). 옥신은 이에 반응하는 세포로 하여금 세포질로부터 세포벽 공간으로 능동적으로 수소이온을 수송하게 한다. 이로써 pH가 내려가고, 세포벽 섬유 사이의 결합을 부수는 효소를 활성화한다. 이 가설은 여러 가지 면에서 실험적으로 뒷받침되고 있다. 세포벽의 산성화를 막는 완충제는 세포팽창을 막고 세포로부터 수소이온을 방출하는 화합물은 세포팽창을 일으킬 수 있다. 옥신을 처리하면 수소이온이 이동하는 것도 관찰되었다. 이 기작은 환경 신호에 대한 신속한 반응을 일으킨다. 파리지옥의 잎이 닫히는 것은 산성생장 반응과 관련된 것으로 보이는데, 이 경우 세포가 0.3초 만에 자라서 닫히게 된다.

합성 옥신. NAA(naphthalene acetic acid)나 IBA(indolebutyric acid)와 같은 합성 옥신은 농업과 원예에서 흔히 쓰인다. 이들의 가장 중요한 용도는 탈리(abscission)를 막는 것이다. 합성 옥신은 과일이 익기 전에 낙과하는 것을 막고, 개화와 결실을 촉진하며, 꺾꽂이에서 뿌리 형성을 유도한다.

합성 옥신은 잡초 제거에도 쓰인다. 제초제로 쓸때는 정상적 식물 내 IAA 농도보다 고농도로 뿌린다. 가장 중요한 합성 옥신 제초제는 2,4-D(2,4-dichlorophenoxyacetic acid)이다(그림 37.12c). 2,4-D는 넓은 잎을 가진 쌍떡잎식물을 골라 죽이므로 잔디밭 제초제로 쓰인다. 2,4-D와 유사한 제초제인 2,4,5-T(2,4,5-trichlorophenoxyacetic acid)는 광범위 제초제로서 잡초와 어린 목본 식물을 죽인다. 이 제초제는 월남전에서 미군이 고엽제로 이용하여, 악명을 남기고 있다.

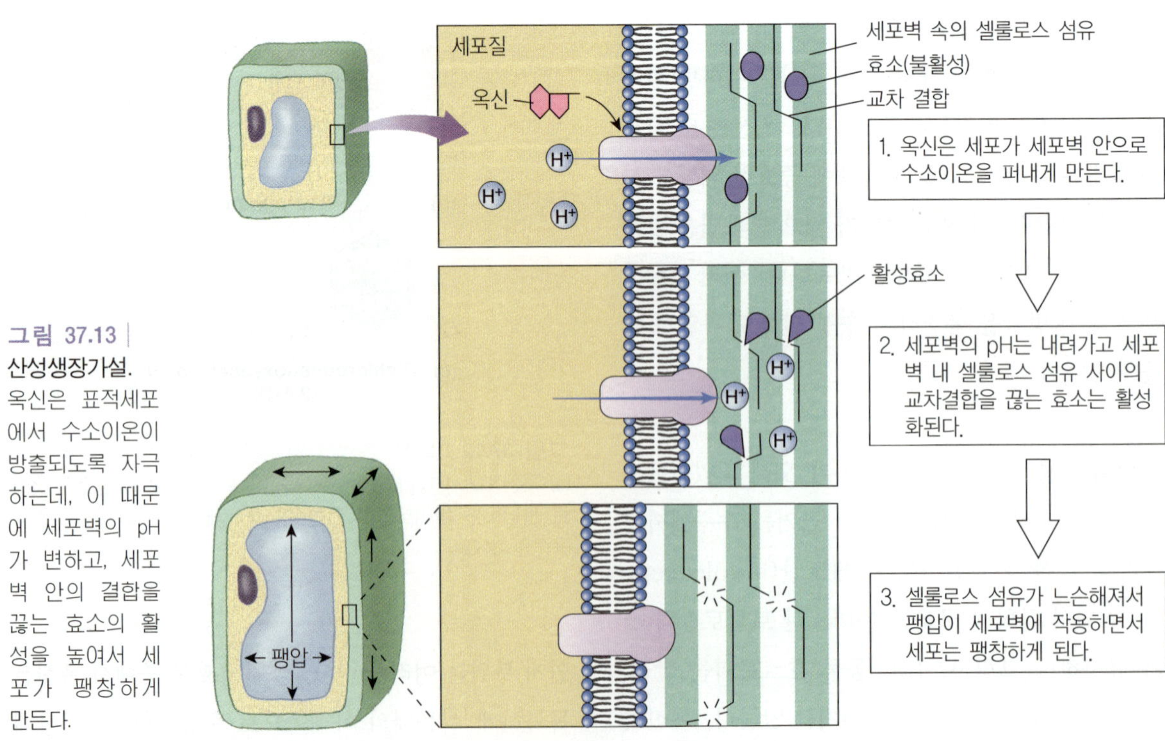

그림 37.13 | 산성생장가설. 옥신은 표적세포에서 수소이온이 방출되도록 자극하는데, 이 때문에 세포벽의 pH가 변하고, 세포벽 안의 결합을 끊는 효소의 활성을 높여서 세포가 팽창하게 만든다.

NH2

Adenine

CH2 — NH

Kinetin

CH2 — NH

6-Benzylamino purine (BAP)

그림 37.14 | 일부 사이토키닌.
흔히 이용되는 두 가지 합성 사이토키닌. 이들은 퓨린 염기인 아데닌과 유사하다.

사이토키닌

사이토키닌(cytokinins)은 자연계에서 나타나는 또 다른 식물 생장호르몬군이다. 1913년, 오스트리아의 하버란트(Haberlandt)는 감자의 잘린 괴경에서 유조직 세포를 분열조직으로 되게 만들고 코르크 형성층의 분화를 유도하는 등의 작용을 하는 화학물질이 관다발식물의 여러 조직에 존재하는 것을 증명하였다. 코코넛 milk는 배양 식물 조직에서 기관의 분화를 일으켰다. 그 후, 코코넛 milk 속의 기관 분화를 일으키는 물질은 사이토키닌임이 발견되었다.

사이토키닌은 옥신과 합작하여 식물의 세포분열과 분화를 일으킨다. 대부분의 사이토키닌은 뿌리의 정단분열조직에서 생산되어 식물 전체로 운반된다. 익어가는 과일도 사이토키닌의 중요한 합성 부위이다. 이끼에서 사이토키닌은 배우체의 생식눈의 형성을 일으킨다. 사이토키닌은 모든 식물에서 다른 호르몬과의 합동작용을 통하여 생장 양상을 조절하는 것같다.

사이토키닌은 퓨린계통 아데닌 유도체이다(그림 37.14). 자연계에서는 발견되지 않은 여러 가지 다른 화학물질들이 사이토키닌과 유사한 효능을 가진다. 사이토키닌은 곁눈이 가지로 생장하도록 촉진한다

(a)

(b)

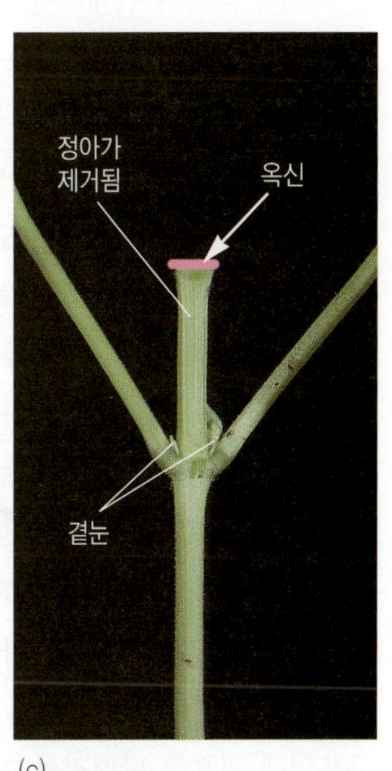

(c)

그림 37.15 | 곁눈 생장을 자극하는 사이토키닌.
(a) 식물의 정단분열조직이 온전하면 정아에서 나오는 옥신은 곁눈의 생장을 억제한다. (b) 정아를 제거하면 사이토키닌은 곁눈이 가지로 생장하도록 유도한다. (c) 정아를 제거하고 잘린 부위에 옥신을 발라주면 곁눈 생장이 억제된다.

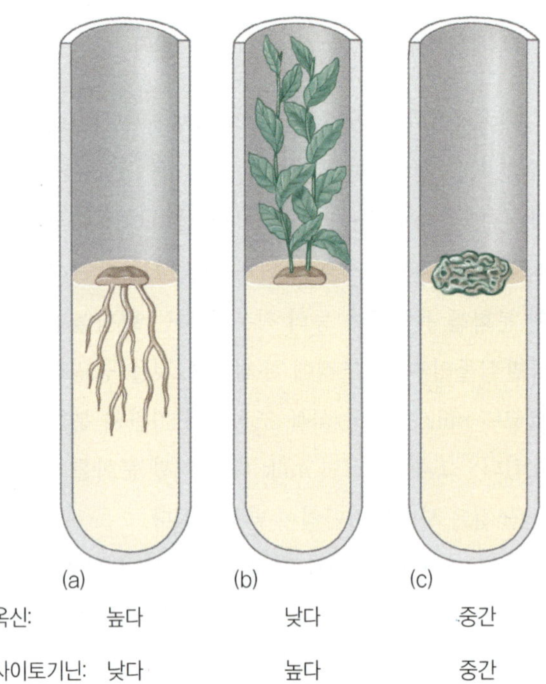

그림 37.16 | 사이토키닌과 옥신의 상대적인 양의 영향.
담배에서 옥신 : 사이토키닌의 비율이 높으면 뿌리의 발육이 일어나고(a), 사이토키닌 : 옥신의 비율의 높으면 줄기의 발육이 일어나며(b), 그 비율이 중간적일 경우에는 세포 분화가 일어나지 않는다.
배지에서 사이토키닌과 옥신의 비율에 따른 이런 발생 반응은 종 특이적이다.

(그림 37.15).

그러나 사이토키닌은 측근 형성을 억제하는데, 이는 옥신의 작용과 반대이다. 그러므로 사이토키닌과 옥신이 균형을 유지하며 다른 여러 가지 인자들과 함께 식물의 형태를 결정한다. 또, 떨어진 잎을 사이토키닌으로 처리하면 황화가 지연되므로, 사이토키닌은 항노화 호르몬으로서의 기능도 가진다.

식물 조직은 옥신과 사이토키닌의 상대적인 양에 따라 줄기, 뿌리, 또는 미분화 조직체를 만들 수 있다(그림 37.16). 과거의 세포 생장 실험에서 코코넛 milk는 필수적으로 이용되는 물질이었다. 나중에, 코코넛 milk 속에는 생장에 필요한 아미노산이나 다른 환원형 질소 화합물이 풍부할 뿐만 아니라 사이토키닌도 들어 있음이 밝혀졌다. 사이토키닌은 유사분열과 세포분열에 필수적인 물질인 것으로 보이며, 유사분열에 필요한 단백질의 합성이나 활성화를 촉진한다.

지베렐린

지베렐린(gibberellins)은 균류 *Gibberella fujikuroi*에서 나온 명칭으로서, 이 균류는 벼에 기생하면서 벼가 비정상적으로 키가 크게 만든다. 1920년대에 일본의 식물 병리학자 구로사와(Kurosawa)는 벼의 bakanae병을 연구하고 있었다. 그는 *Gibberella*를 배양하여 추출된 물질을 벼에 발랐더니 벼는 bakanae병을 얻게 되었다. 1939년에 일본의 화학자들은 이 물질을 분리하여 구조를 밝혔다. 그 후 이 물질은 자연계에 나타나는 100가지 이상의 식물 호르몬군으로서 지베렐린으로 통칭되었다. 이들 모두가 산성이고 약자로 GA(gibberellic acid)로 부른다. 지베렐린은 양치식물에서는 페로몬으로서의 기능도 한다. 양치식물에서 한 배우체에서 방출된 지베렐린과 유사한 화합물이 인접 배우체의 웅성 생식 구조의 발육을 촉발한다.

지베렐린은 줄기나 뿌리의 끝 부위에서 합성되며 줄기의 신장에 중요한 영향을 준다. 옥신이 함께 있을 경우 신장효과는 더 증진된다. 일부 왜소 돌연변이체에 지베렐린을 처리하면 정상 생장과 발육을 일으킨

그림 37.17 | 지베렐린의 영향.
이 빠른 주기를 갖는 겨자과 식물(*Brassica rapa*)은 지베렐린의 증가로 빨리 자라고 개화한다. 그러나 지베렐린을 생산하지 못하는 돌연변이체(왼쪽)는 왜소하다. 이 돌연변이체에 지베렐린을 처리하면 빨리 자란다. 그러나 지베렐린을 감지하지 못하는 돌연변이체는 지베렐린을 발라주어도 반응이 없다.

그림 37.18 | 지베렐린의 이용.
지베렐린으로 처리하여 포도 사이의 간격을 넓혀서 과일을 커지게 할 수 있다(오른쪽).

다(그림 37.17). 일부 왜소 돌연변이체는 지베렐린을 불충분하게 생산하며, 어떤 것은 지베렐린을 감지하는 능력이 없다.

지베렐린은 어린 곡류의 발아와 착근시 양분의 이용에 필요한 α-아밀라제나 다른 가수분해 효소의 생산을 자극하는 역할을 한다. 이 효소들을 합성하는 유전자의 전사는 어떻게 조절될까? GA는 호분 층의 가수분해 효소를 만드는 한 개 이상의 유전자의 전사를 작동시키는 배에서 나오는 신호이다. GA는 DNA-결합 단백질을 활성화시키며, 그 결과로 유전자의 전사를 일으킨다. 종자 발아의 초기에 DNA 합성은 일어나지 않지만 어린 뿌리가 종피를 뚫고 나올 때 DNA 합성은 중요하다.

지베렐린은 또 다른 여러 가지 식물 생장이나 발생 양상에 영향을 준다. 어떤 경우에는 GA가 종자 발아를 촉진한다. 지베렐린은 상업적으로 포도의 절간 길이를 늘려서 포도 꽃들 사이의 간격을 넓혀 포도가 더 크게 자랄 수 있는 공간을 만든다(그림 37.18).

브라시노스테로이드 및 올리고사카린

브라시노스테로이드. 브라시노스테로이드(brassinosteroid)가 알려진 것은 30년 전이지만, 이것이 식물 호르몬의 한 종류인 것으로 밝혀진 것은 최근의 일로서, Brassica의 화분에서 처음 발견되었기 때문에 그와 같은 이름이 붙여졌다. 전에 잘 알려지지 못한 중요한 이유는 다른 호르몬, 특히 옥신이나 지베렐린과 기능적으로 중복되기 때문이다. 브라시노스테로이드에 대한 분자유전학적 연구로 이 호르몬이 만들어지는 방식과 신호 변환 경로에서 어떤 기능을 하는지 이해하는 데 큰 진전이 있게 되었다. 이 호르몬은 동물의 스테로이드호르몬과 유사하다(그림 37.19). 이 호르몬 생합성 과정에 관여하는 효소를 만드는 유전자 중 하나는 테스토스테론과 그와 관련된 스테로이드 합성효소 것과 상당한 유사성을 가지고 있다. 이들은 동물과 식물이 분화되기 전부터 진화해 온 것으로 보인다.

Brassinolide

Cortisol

Testosterone

Estradiol

그림 37.19 | 브라시노스테로이드.
Brassinolide를 비롯한 브라시노스테로이드는 동물의 스테로이드 호르몬과 유사한 구조를 가진다. Cortisol, testosterone, estradiol은 동물 스테로이드 호르몬이다.

브라시노스테로이드의 생리적 영향 범위가 넓어서, 신장, 세포분열, 줄기의 휘어짐, 관다발조직의 발육, 노화 지연, 막의 분극화, 생식적 발육 등에 영향을 준다.

올리고사카린. 식물 세포벽에는 셀룰로스 외에도 올리고당이라는 여러 가지 복합 탄수화물이 들어 있다. 이 세포벽 구성 성분들은 구조적 성분일 뿐만 아니라 신호 분자로서의 기능도 한다. 올리고당류 중에서 호르몬과 같은 기능을 하는 것들을 올리고사카린(oligosaccharin)이라고 한다. 올리고사카린은 병원균이 분비한 효소에 의해 세포벽으로부터 방출될 수 있다. 이 탄수화물들은 방어반응 신호를 내는 것으로 보인다. 일부 올리고사카린은 완두 줄기의 옥신 자극에 의한 신장의 억제작용도 나타낸다. 이 분자들은 일반적인 식물 호르몬보다 낮은 농도에서도 활성을 나타낸다. 우리는 이미 옥신과 사이토키닌의 비율이 어떻게 배양식물의 기관 형성에 영향을 주는지 알아보았다. 올리고사카린도 담배 조직에서 뿌리 형성을 억제하고 꽃의 발생을 자극하여 형태 형성에 영향을 준다.

에틸렌

간단한 기체 상태의 탄화수소인 에틸렌(ethylene, H_2C-CH_2)은 식물 호르몬으로서의 역할이 알려지기 훨씬 전에 이미 식물의 낙엽을 일으킨다는 것이 알려져 있었다. 에틸렌은 식물의 대사 결과로 생기는 물질로서 미량으로 다른 식물 호르몬과 상호작용을 한다. 옥신이 줄기의 정단분열조직으로부터 아래쪽으로 운반될 때 이 옥신은 측아 주변의 조직에서의 에틸렌 생산을 자극하여 이의 생장을 지연시킨다. 에틸렌은 또 줄기와 뿌리의 신장을 억제한다. 에틸렌 수용체 한 가지가 알려졌는데, 이 수용체는 광합성 생물의 진화 과정의 초기에 진화되어 나왔으며 세균에서 발견된 환경감지 단백질과 공통된 특징을 가지고 있다.

에틸렌은 과일 성숙에 중요한 역할을 한다. 수분된 꽃과 발생하는 과일에서 상당한 양으로 만들어진 옥신은 에틸렌의 생산을 자극하고, 이 에틸렌은 과일을 빨리 익게 만든다. 복합 탄수화물들이 단당류로 분해되고 엽록소가 분해되며, 세포벽이 부드러워지고, 익은 과일의 향을 내는 휘발성 화합물이 만들어진다.

에틸렌이 식물 호르몬으로서 처음 알려지게 된 것은 익은 오렌지에서 나오는 기체가 설익은 바나나를 익게 만드는 것을 알게 된 뒤이다. 그 뒤 에틸렌이 상

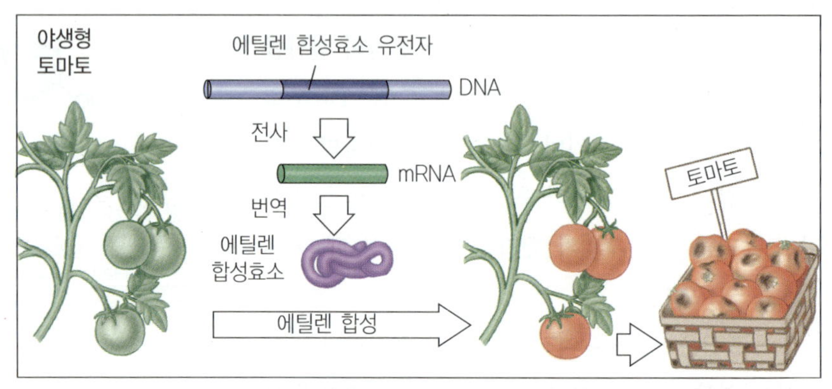

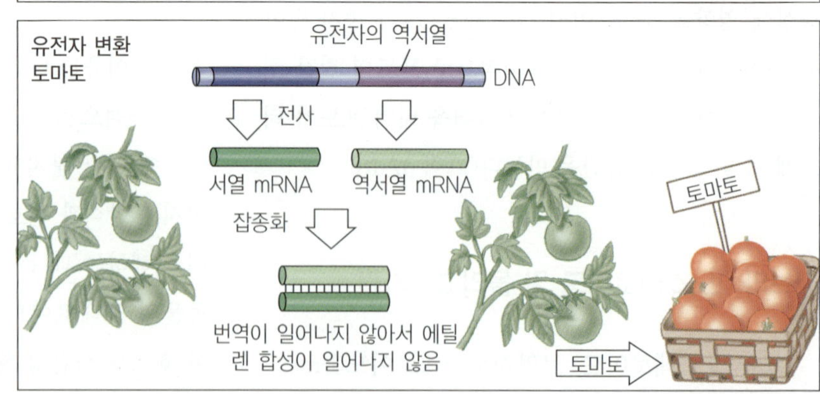

그림 37.20 | 과일 성숙의 유전자 조절.
역서열 유전자는 에틸렌 생합성 유전자 서열과 상보성 유전자 서열을 가지고 있다. 이들이 전사되면 역서열 mRNA와 서열 mRNA는 쌍을 이룬다. 이중가닥 mRNA는 기능 단백질로 번역 될수 없으므로 에틸렌이 합성되지 않는다. 따라서 과일은 익지 않는다. 익지 않은 상태로 수송된 유전자 변환 토마토는 후에 에틸렌에 노출시켜 익게된다.

업적으로 이용되었다. 가령, 토마토는 푸른색을 띤 상태로 수확한 다음 에틸렌을 처리하여 익게 만든다. 이산화탄소는 에틸렌과는 반대로 과일 익는 것을 지연시키므로 과일은 대개 이산화탄소가 채워진 용기 속에 넣어 유통된다. 또, 생물공학적으로 에틸렌 생합성에 관여하는 유전자 한 가지가 복제되고 이의 역서열 유전자(antisense copy)가 토마토 유전체에 삽입되었다(그림 37.20). 이 유전자 변환 토마토에서 에틸렌 합성 유전자 서열과 이의 역서열이 전사된다. 이 두 가지 mRNA 서열은 서로 짝을 이루므로 번역되지 못하며 에틸렌은 합성되지 않고 따라서 과일은 익지 않는다(그림 37.20). 익지 않은 초록색 토마토는 썩지 않고 수송될 수 있다. 나중에 먹을 때 에틸렌을 처리하면 토마토는 먹을 수 있도록 익는다.

에틸렌은 생태적으로도 중요한 역할을 한다. 식물이 오존이나 다른 독성 학학물질, 극한 온도, 가뭄, 병원균이나 초식동물 등의 환경 스트레스에 노출되면 에틸렌 합성이 촉진된다. 그 결과 환경 스트레스에 노출된 잎이나 과일은 빨리 떨어진다.

아브시스산

아브시스산(abscisic acid)은 주로 성숙한 녹색 잎, 과일, 뿌리골무에서 합성된다. 아브시스산은 겨울에도 남아 있는 휴면아(dormant bud)의 형성을 유도하는 것으로 보인다. 그 결과 잎의 원기가 눈의 비늘로 전환된다(그림 37.21a). 아브시스산은 에틸렌과 마찬가지로 휴면 상태인 측아의 생장을 억제하기도 한다. 아브시스산은 눈의 생장과 신장을 억제함으로써 지베렐린과 반대되는 작용을 하며, 노화를 촉진함으로써 옥신과 반대되는 작용을 한다. 아브시스산은 종자의

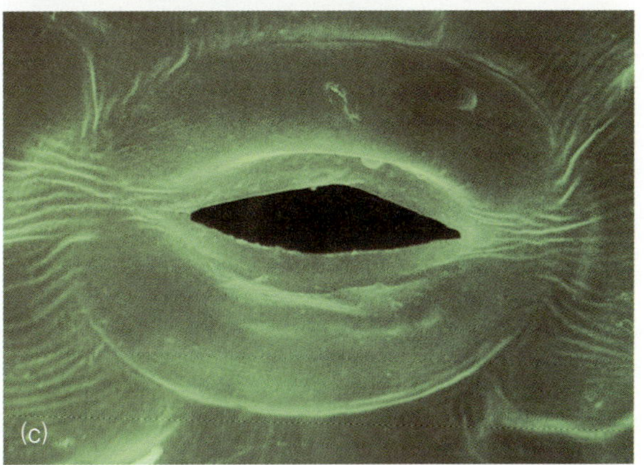

그림 37.21 | **아브시스산의 영향.**
(a) 아브시스산은 이 미국 참피나무의 겨울눈의 형성에 중요한 역할을 한다. 이들 눈은 겨울 동안 휴면 상태에 있으며, 아린이 눈을 보호하여 건조하지 않게 한다. (b) 아브시스산은 종자의 휴면에도 필요하다. 이 돌연변이체 옥수수는 아브시스산을 합성하지 못하여 자루에 붙은 상태에서 배가 발아하고 있다. (c) 아브시스산은 공변세포로 부터 칼륨이온 이동에 영향을 주어 기공 개폐에도 영향을 준다.

휴면에 역할을 하며 발아시에 지베렐린과 길항적인 작용을 한다. 배 발생시에 종자 내 아브시스산의 농도는 증가한다. 옥수수 자루에 붙은 낟알 상태일 때 아브시스산은 옥수수 배의 휴면을 유도하고 이삭발아(vivipary)라는 때 이른 발아를 억제한다(그림 37.21b). 아브시스산은 또 기공 개폐의 조절에 중요하다(그림 37.21c).

아브시스산은 모든 식물군에서 발견되며 초기 식물계 진화 이래로 생장조절 기능을 보여왔다.

식물이 가뭄 등의 스트레스를 받으면 아브시스산의 농도는 크게 증가한다. 아브시스산의 작용 기작이 더 확실히 알려지면 이 호르몬도 다른 식물 호르몬처럼 상업적으로 이용될 소지가 크다.

CHAPTER 38

식물의 생식

현화식물의 진화적 성공은 이들의 생식 전략과 연관되어 있다. 이 중에서 꽃의 진화와 발생은 가장 중요하다(그림 38.1). 이 장에서는 속씨식물의 생식 전략과 꽃과 과실이 그들 성공에 기여한 방식을 알아본다. 이는 부분적으로 식물의 배우자를 널리 분산시켜서 유전적 다양성을 확보해 준 동물과 식물 사이의 공진화에 관한 이야기이다. 그러나 안정적인 환경에서는 유전적으로 일정한 상태를 유지하는 것이 이로운데, 무성생식은 개체를 복제하여 전파시키는 전략이다.

그림 38.1 | 현화식물에서 생식적 성공. 독특한 생식계와 생식전략을 식물과 동물이 함께 진화시켜 왔고, 거의 25만 종의 현화식물들이 지구의 거친 환경에서 서식할 수 있게 되었다.

38.1 생식에 대한 환경의 영향

식물의 변태

세심한 조절 과정에 의해 꽃이 언제, 어디서 형성될지 결정된다. 식물들은 개화를 조절하는 외부와 내부 신호에 반응할 준비를 갖추고 있어야 한다. 식물이 생식할 능력이 갖추어지면 빛, 온도 등과 함께 내부의 촉진 신호와 억제 신호가 합작하여 개화 시기를 결정한

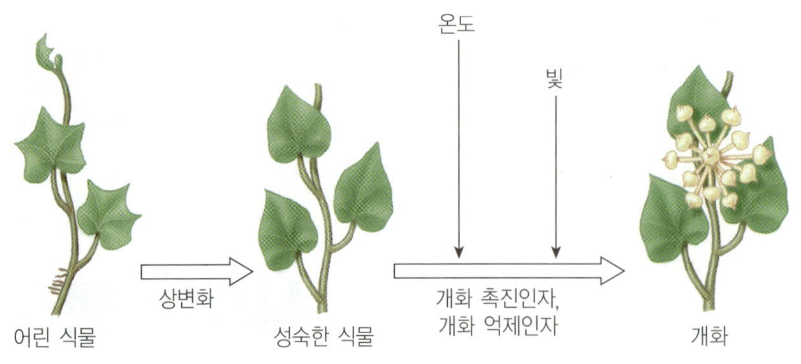

그림 38.2 | 개화의 개시에 관련된 요인들.
환경적 자극을 받고 내부적 과정을 거쳐 줄기 분열조직은 꽃을 피우게 된다.

다(그림 38.2). 개화 신호가 꽃 기관이 형성되는 장소를 결정하는 유전자를 작동시킨다.

일단 세포들이 특정 꽃 기관이 되는 지시를 받으면, 또 다른 발생 과정들이 이어져서 3차원적 구조를 가진 꽃이 만들어진다.

상 변화

식물은 발생적 변화를 거쳐서 생식적 성숙에 이른다. 동물과 마찬가지로 식물도 변태를 거쳐서 꽃의 형성이 이루어진다. 이때 식물은 분열조직에 의해 기본 구조에 새로운 구조가 추가된다. 대부분의 식물은 발아시에 꽃을 만들 능력이 없다. 내적 발생적 변화로 식물은 꽃 형성을 일으키는 내적, 외적 신호에 반응할 수 있는 수용능(competence)을 갖추는데, 이러한 변화를 상 변화(phase change)라고 한다. 상 변화는 형태적으로 뚜렷하거나 미세할 수 있다. 겨울의 떡갈나무를 보면, 아래쪽 잎은 아직 나뭇가지에 붙어 있고 위쪽의 잎은 떨어져서 없다(그림 38.3a). 아래쪽 가지는 어린 분열조직에 의해 생긴 것이다. 환경적 신호에 반응하여 낙엽이 지지 않았다는 것은 이 가지가 어린 것으로서 상 변화를 하지 않았음을 나타낸다. 담쟁이덩굴도 어린 시기와 성숙 시기의 생장에 뚜렷한 차이를 보인다(그림 38.3b). 어린 분열조직에 의해 만들어진 줄기조직은 벽에 부착할 수 있는 부정근을 만든다. 담쟁이덩굴로 덮인 벽돌집을 보면 맨 위쪽의 가지는 떨어져 있음을 볼 수 있는데 이는 성숙 생장기로 전환되어 부정근을 만들 능력을 상실했기 때문이다. 한 식물이 발생상 성숙 단계에 도달했더라도 생식구조를 만들 수도 있고 만들지 못하기도 한다. 개화를 일으키는 데 다른 요인이 필요

(a)

(b)

그림 38.3 | 상 변화.
(a) 이 떡갈나무의 아래쪽 가지는 어린 식물 시기에 있음을 나타내며 겨울에도 잎이 달려 있다. 아래쪽 잎은 탈리층을 형성할 수 없어 가을에 낙엽이 지지 않는다. 이러한 것들은 상변화가 아직 일어나지 않았음을 보여준다. (b) 어린 담쟁이덩굴(왼쪽)은 부정근을 만들고 호생엽 배열을 만든다. 성숙한 담쟁이덩굴(오른쪽)은 부정근을 만들지 못하고 잎의 형태가 다르며 잎의 배열이 나선상이다.

하다고 볼 수 있다.

일반적으로 실험적으로 상 변화를 유도하는 것보다는 성숙한 상태를 어린 상태로 전환시키는 것이 더 쉽다. 지베렐린으로 처리하거나 심한 가지치기를 하면 이러한 복귀돌연변이를 일으킬 수 있다. 완두와 애기장대(*Arabidopsis*)에서 유전적으로 개화가 억제되는 것을 볼 수 있다. 애기장대의 embryonic flower 돌연변이체는 거의 발아하자마자 개화를 하는데(그림 38.4), 이는 야생형 대립인자는 개화를 억제한다는 가설과 일치한다. 개화는 이탈 상태이고 개화를 지연시키는 기작이 진화되어 왔을 가능성이 있다. 이러한 개화 지연으로 식물은 생식에 이용할 수 있도록 더 많은 에너지를 저장할 수 있다.

그림 38.4 | Embryonic flower 유전자는 조기 개화를 막는다.
이 돌연변이체는 발아 하자마자 꽃을 피운다. 이는 뿌리 바로 위에 기형의 심피와 꽃구조를 가진 비 정상형태의 꽃이다.

어린 식물로부터 성숙 식물로의 전환이 유도되는 가장 좋은 예는 개화에 필요한 유전자의 과도 발현에서 볼 수 있다. 이 유전자는 LEAFY 유전자로서 애기장대에서 복제되었는데, 이 유전자의 촉진유전자가 바이러스 촉진유전자로 교체되어 높은 수준의 LEAFY 전사가 일어나게 되었다. 이 변환된 유전자가 배양된 사시나무 세포에 주입되었고, 사시나무가 재생되었다. 사시나무에서 LEAFY 유전자가 과도 발현될 때 개화는 몇년이 아니라 몇주일 후에 일어났다(그림 38.5). 상 변화가 일어나려면 충분한 신호와 이 신호를 인지할 능력이 있어야 한다. 어떤 식물에서는 줄기가 일정강도의 신호를 인지할 수용능을 갖추게 된다. 어떤 식물은 충분한 촉진 신호를 만들거나 억제 신호를 감소시키는 수용능을 갖춘다.

(a)

(b)

그림 38.5 | 개화 유전자의 과도 발현은 상 변화를 가속시킨다.
(a) 정상적인 사시나무는 수년이 지난 뒤에야 꽃을 피운다(상자 안을 보시오). (b) 애기장대(*Arabidopsis*)의 개화 유전자 LEAFY가 사시나무에 주입되었을 때 이 유전자의 과도 발현으로 신속한 개화가 이루어졌다(상자 안을 보시오).

개화에 이르는 경로

개화를 일으키는 세 가지 유전적으로 조절되는 경로가 있음이 알려졌는데, 이는 (1) 광의존성 경로 (2) 온도의존성 경로 (3) 자율적 경로이다. 환경이 개화를 촉진하거나 억제할 수 있으나 비교적 중립적인 경우도 있다. 가령, 빛은 온대지방에서는 긴 낮으로 이루어진 여름이 와서 생식에 적당한 조건이 갖추어졌다는 신호가 될 수 있다. 어떤 경우에는 식물이 빛에 의존하여 생식에 필요한 충분한 양의 설탕을 축적하지만 낮의 길이와는 상관없이 꽃을 피운다. 온도도 신호로 이용될 수 있다. 지베렐린은 개화를 위해 줄기나 종자가 저온 기간을 거쳐야 하는 춘화처리 경로와 관련되어 있다. 생식의 조절이 맨 처음 환경 조건이 일정한 열대기후에서 생겼다고 본다면, 식물이 온대지방으로 확산하면서 낮 길이와 온도에 의한 조절이 점차 진화되었다고 볼 수 있다. 개화 경로의 복잡성은 생리적으로 분석되어 왔다. 오늘날에는 개화 돌연변이체의 분석이 개화 경로의 분자적 기작을 이해하는 수단이 되고 있다.

광의존적 경로

개화는 광합성으로 축적된 많은 에너지가 요구된다. 그러므로 모든 식물의 개화에는 빛이 필요하지만, 이는 광 의존성 개화 경로인 광주기(photoperiodic)와는 다르다. 대부분의 식물에서의 발생과 생장 양상은 24시간 주기의 낮과 밤의 비율의 변화에 맞추어져 있다. 낮의 길이는 계절에 따라 달라지는데, 적도로부터 먼 곳일수록 낮 길이의 변이가 심하다. 낮 길이에 대한 식물의 개화 반응은 여러 가지 부류로 구분된다. 임계 길이보다 낮 길이가 짧아질 때 단일식물(short-day plants)의 개화는 개시된다(그림 38.6). 임계 길이보다 낮 길이가 길어지면 장일식물(long-day plants)의 개화가 개시된다. 장미, 금어초나 토마토 등의 열대지방 원산의 식물들은 낮 길이와 관계없이 충분한 빛을 받기만 하면 성숙했을 때 꽃을 피우는데,

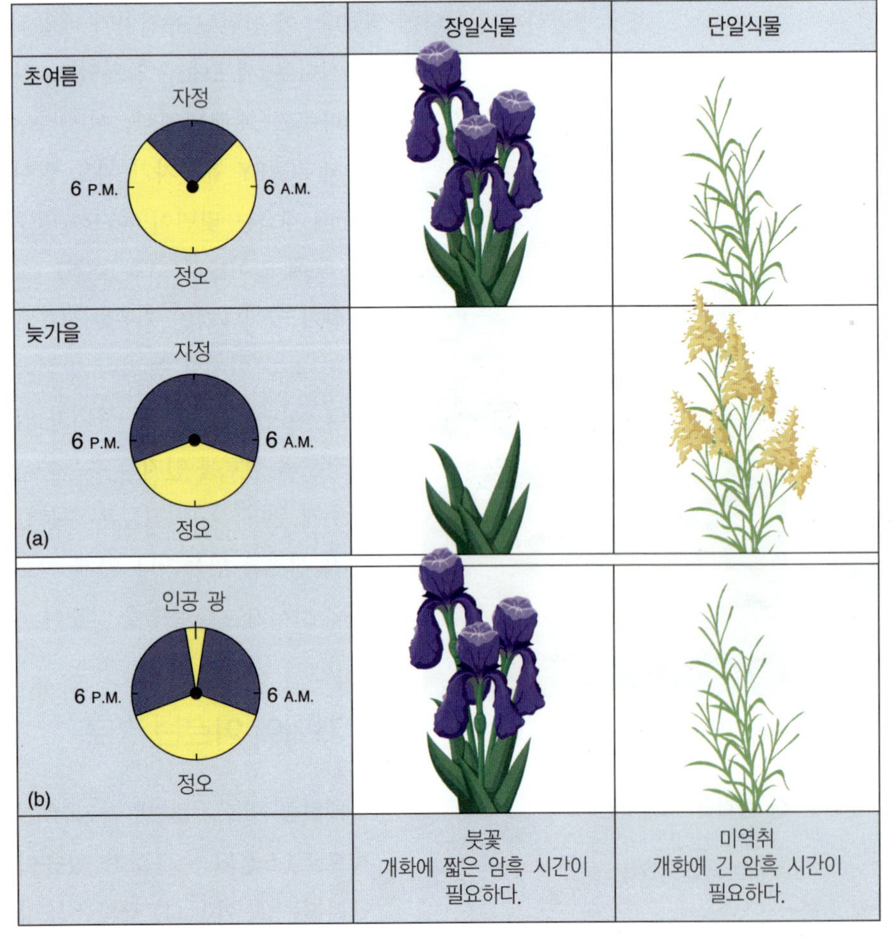

그림 38.6 | **낮의 길이와 개화 반응.**
(a) 붓꽃은 밤이 짧아지면 자극받아 봄에 개화하는 장일식물이다. 북반구에 분포하는 메역취는 밤이 길어지면 자극받아 가을에 개화하는 단일식물이다. (b) 빛을 쬐어 긴 겨울밤의 길이를 인위적으로 짧게 하면, 메역취는 개화하지 않지만 붓꽃은 개화한다. 비록 낮의 길이로 식물을 구분하고 있지만, 개화시기를 결정하는 것은 암흑기의 길이이다.

이러한 식물을 중일식물(day-neutral plants)이라고 한다. 담쟁이덩굴 등의 몇 가지 식물은 두 가지 기준 광주기를 가지는데, 낮이 너무 길어도 개화하지 않고 너무 짧아도 개화하지 않는다. 이렇게 일부 종에서는 장일과 단일 사이의 구분이 엄격하지만 다른 식물에서는 낮의 길이에 따라 단지 개화가 더 신속히 일어나거나 완만하게 일어난다. 다른 개화 경로에도 의존하는 이러한 식물들을 조건적 장일식물 또는 단일식물이라고 한다. 완두는 조건적 장일식물의 한 예이다. 장일식물이든 단일식물이든 생리적으로 중요한 것은 실제론 낮의 길이보다는 암흑기(밤)의 길이이다.

빛을 신호로 이용하면 비생물적 환경조건이 최적이고, 수분 매개체가 존재하고, 다른 식물과의 자원경쟁이 적을 때를 골라 꽃을 피울 수 있다. 예로, 숲 속에 있는 봄식물들은 잎사귀가 무성해져 광합성에 필요한 햇빛을 가리기 전에 꽃을 피운다.

중위도 지방에서 대부분의 장일식물은 봄이나 초여름에 개화하는데, 이런 식물로는 클로버, 붓꽃, 상추, 시금치 등이 있다. 단일식물은 보통 늦여름과 가을에 개화하며, 국화, 포인세티아, 미역취, 콩, 그리고 여러 잡초들이 그러하다. 낮 길이에 따른 이들 반응은 특정한 때에 꽃을 피우도록 상업적으로 이용된다. 예로 광주기가 조작된 온실에서 자란 포인세티아는 겨울 시즌에 맞추어 꽃을 피우게 된다(그림 38.7).

낮 길이에 따른 개화 반응은 식물의 지리적 분포도 결정한다.

광주기는 여러 가지 피토크롬과 청색광 감지 분자(cryptochrome)에 의해 인지된다. 광 수용 분자의 구조 변화는 개화로 이르는 일련의 작용을 촉발시킨다. 내적 시계로 조절되는 활동 일주기와 빛은 서로 연관되어 개화를 촉진 또는 억제한다.

적외선과 청색광에 반응하여 개화하는 조건적 장일식물인 애기장대를 통하여 낮의 길이가 어떻게 특정 개화 유전자에 영향을 주는지 알아볼 수 있다. 여기서 적색광은 개화를 억제한다. 유전자 CO(CONSTANS)는 낮이 길 때 발현된다. CO 유전자 산물이 없는 것은 낮이 짧을 때는 식물의 개화 시기를 변화시키지 못하지만 낮이 길 때는 개화를 지연시킨다. 낮이 길 때 청색광을 인지하는 크립토크롬에 의하여 이 유전자는 양성적으로 조절된다. 활성 크립토크롬은 적색광에 노출된 피토크롬 B에 의해 억제된 CO를 자유롭게 한다. 개화를 억제하는 유전자를 억제함으로써 개화가 촉진된다. CO는 다른 유전자들을 활성화시키는 일종의 전사인자로서, LEAFY 유전자의 발현을 일으킨다.

그림 38.7 | 개화 시기의 변화.
온실에서 광주기를 조작하여 단일식물인 포인세티아를 겨울 시즌에 맞추어 꽃피게 할 수 있다.
개화가 유도된 후에도 그 종 특유의 꽃을 피우기 위해선 많은 발생적 과정들이 일어나야 한다.

LEAFY 유전자는 분열조직에서 개화를 일으키도록 지시하는 핵심 유전자 중 하나이다.

개화호르몬은 존재하는가? 개화를 촉진하거나 억제하는 물질의 존재를 뒷받침하는 수많은 증거가 있다. 접목 실험은 이들 물질이 잎에서 줄기로 이동할 수 있음을 보여주었다. 그러나 여러 화학전달물질이 관여하고 그들의 복잡한 상호작용은 이들 연구를 어렵게 하여 오늘날까지 개화호르몬의 존재는 가설로만 남아 있다.

낮 길이에 대한 정보는 잎에서 수집되어 줄기 끝

으로 전달되는 것이 확실하며, 여러 경로를 따라 개화가 이루어지는 것을 볼 때, 여러 신호들이 잎과 줄기 사이의 의사소통을 촉진한다.

온도 의존성 경로

여러 종에서 저온은 개화를 일으키거나 촉진한다. 일부 식물은 개화하기 전에 춘화처리(vernalization)라는 일정 기간의 저온 처리가 필요하다. 이 현상은 러시아의 과학자 라이센코(Lysenko)가 들판에서 겨울밀이 썩는 문제를 해결하고자 하면서 발견하였다. 겨울밀은 저온 기간이 없으면 개화하지 않으므로 라이센코는 종자를 저온 처리하여 봄에 파종하였다. 이 발견은 과학적으로 중요하였지만, 라이센코는 단순히 환경을 변화시켜서 겨울밀을 봄밀로 전환시켰다는 잘못된 결론을 내렸다.

춘화처리는 발생 후기 단계에 있는 일부 종자나 식물에 필요하다. 애기장대나 완두의 돌연변이체의 분석에 의하면 춘화처리는 호르몬 지베렐린과 관련된 독립된 개화 경로이다. 이 경로에서도 억제작용이 개화를 일으킨다. 이 경로에서 유전자 산물 중 하나의 농도가 높으면 지베렐린에 의한 개화 촉진이 차단된다. 식물이 저온처리되면 이 유전자 산물이 줄어들고 지베렐린의 활성은 증가한다. 지베렐린은 LEAFY 유전자의 발현을 증진하는 것으로 알려졌다.

Wiegel에 의하면 지베렐린은 실제 LEAFY 유전자의 촉진 유전자에 결합하여 직접적으로 개화에 영향을 미친다.

자율적 경로

개화의 자율적 경로는 기본 영양물질 외의 외부 신호와는 독립적으로 일어난다. 이 경로가 최초로 진화했으리라 추측하고 있다. 중일식물은 대개 자율적 경로에 의존하는데, 이 경로에서는 식물이 측정하고 기억하게 한다. 예를 들면, 중일성인 담배는 개화 전까지 일정한 수의 절을 만든다. 만약 이 식물의 줄기를 여러 부위에서 잘라보면 액아는 자라서 잘린 줄기 부위와 똑같은 수의 절을 만든다(그림 38.8). 발생의 어떤 시점에서 줄기는 개화하도록 결정되어(determined) 있다(그림 38.9). 개화하는 담배의 위쪽 액아는 이식될 때 자신의 위치를 기억한다. 말단 줄기 끝부위는 4개의 절을 만든 후 꽃이 피도록 결정되어 있다.

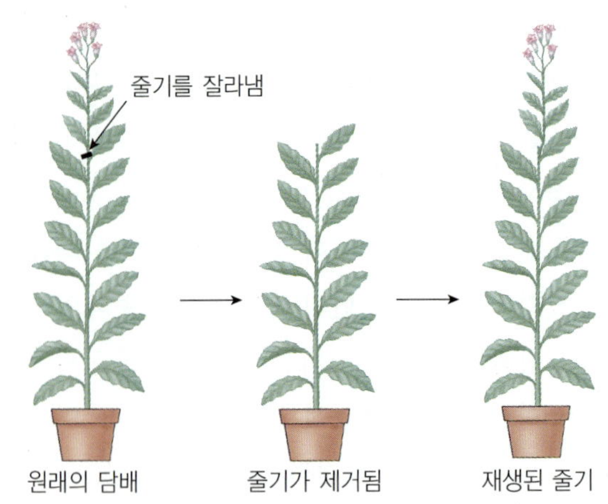

(a) 위쪽 액아가 정아우성에서 벗어남

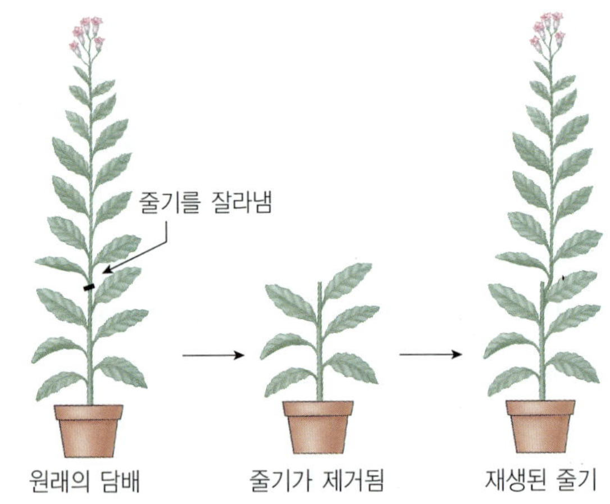

(b) 아래쪽 액아가 정아우성에서 벗어남

그림 38.8 | **"수를 세는" 식물.**
개화하는 중일성인 담배의 줄기를 제거하여 액아가 정아우성에서 벗어나면 원래 수만큼의 절이 재생된다.

줄기는 어떻게 자신의 위치를 알고 기억할까? 뿌리로부터 억제 신호가 나오는 것은 분명하다. 만약 밑바닥이 없는 화분을 자라고 있는 담배 식물 위에 올려놓고 흙을 채우기를 계속하면 부정근의 형성으로 개화

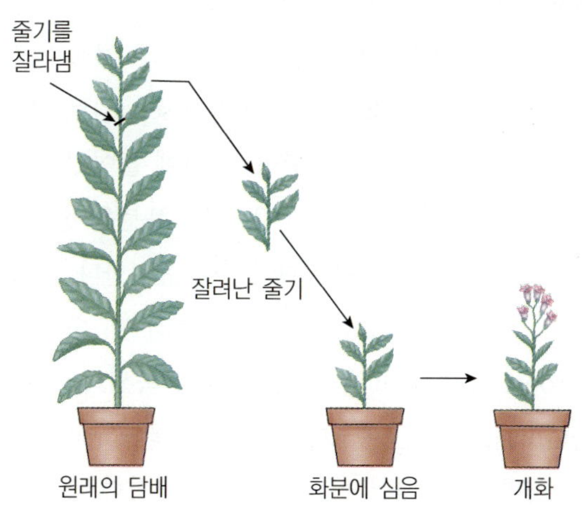

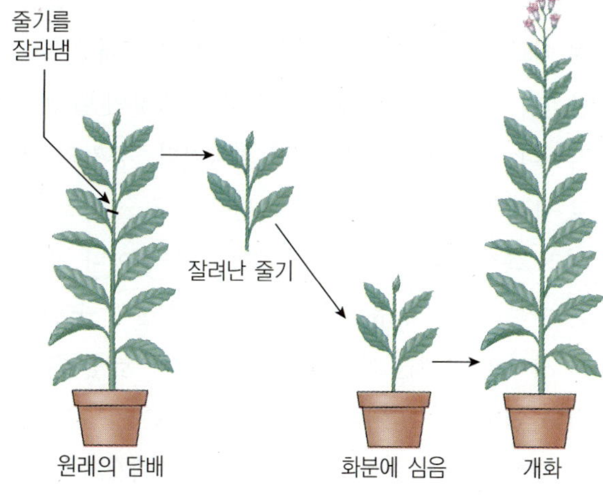

그림 38.9 | 식물의 "기억".
개화 과정의 어느 시점에서 줄기는 꽃을 만들기를 결정하는데, 이를 개화 결정이라고 한다. (a) 개화 결정이 이루어진 줄기는 화분에 옮겨 심을 때 그들의 위치를 기억한다. 즉, 원식물에서 자랐으면 만들었을 똑같은 수의 절을 만든 후 개화한다. (b) 아직 개화 결정이 이루어지지 않은 줄기는 남은 절의 수를 기억하지 못하여 처음부터 다시 수를 센다. 즉 묘목처럼 발생하여 꽃을 피운다.

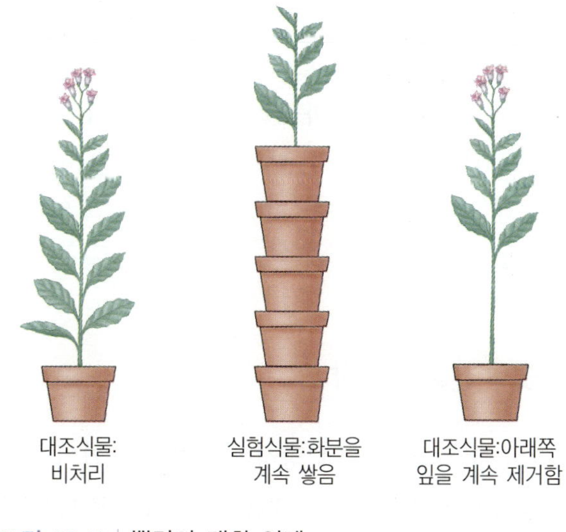

그림 38.10 | 뿌리의 개화 억제.
밑바닥이 없고 흙이 담긴 화분을 자라고 있는 담배 식물 위에 계속 쌓아 올리면 부정근이 생겨서 개화가 지연된다. 개화의 지연은 잎의 소실이 아니라 뿌리에 의해 일어난다. 이는 화분을 올려놓을 때 파묻히는 실험식물의 잎과 같은 위치의 잎을 같은 시기에 대조식물에서 제거해 보면 알 수 있다.

가 지연된다(그림 38.10). 잎을 제거한 대조 실험을 통해 보면 개화를 지연시키는 것은 잎의 소실이 아니라 뿌리의 추가이다. 자율적 경로나 다른 경로에서 개화 촉진과 억제 신호 사이의 균형이 개화의 시기를 조절한다.

환경을 변화시키고 운명이 바뀌는지를 알아봄으로써 기관 수준 또는 전체 식물체 수준에서 개화의 결정을 실험할 수 있다. 개화 결정과 분자적 변화는 어떤 상관 관계를 가질까? 애기장대에서 개화 결정은 LEAFY 유전자 발현의 증가와 관련되어 있고 제2의 개화 유전자 APETALA1이 발현되는 시기에 일어난다. 세 가지 개화 경로 모두가 LEAFY 수준의 증가와 연관되므로 개화 결정은 다양하게 경로들 간의 균형이 유지될 때 나타나게 된다.

38.2 꽃

꽃의 진화

속씨식물의 수분은 화분립과 배주 사이의 직접적인 접촉으로 일어나지는 않는다. 화분은 꽃밥 안에서 성숙하여 곤충, 새 등의 동물에 의하여 다른 꽃의 암술머리로 운반된다. 화분이 암술머리에 도달하면 발아하여 아래쪽으로 화분관이 자라서 정핵을 배낭으로 운반한다. 중복수정이 일어난 후 배와 배젖의 발생이 시작된다. 종자는 과일 안에서 성숙한다. 종자의 발아로 새로운 생활사가 다시 시작된다.

여러 속씨식물의 성공적인 수분은 곤충이나 새와 같은 수분매개자의 유인에 의존된다. 식물과 수분매개자 사이의 관계는 복잡한 경우가 많다. 둘 중 하나에서 돌연변이가 일어나면 식물의 생식은 차단된다. 만약 개화 시기가 올바르지 않으면 수분매개자를 이용하지 못한다. 만약 꽃이나 수분매개자의 형태가 바뀌면 수분에 물리적 장애가 될 수 있다. 그러므로 꽃의 형태는 수분매개자와 함께 진화되어 왔음이 틀림없다.

꽃의 진화적 특징

속씨식물의 다양성은 부분적으로 수분의 효율을 높이기 위한 꽃의 형태적 다양성의 진화 때문에 생겼다고 볼 수 있다. 꽃의 모든 기관은 잎으로부터 진화되었다고 생각되어진다. 원시적 속씨식물에서 이 기관들은 흔히 잎에서 볼 수 있는 나선상의 잎차례 배열을 유지하고 있다. 이들은 점점 4가지의 서로 구별되는 윤생체로 변화하였으며 완전화는 네 가지 윤생체(꽃받침, 꽃잎, 수술군, 암술군)을 가지며, 불완전화는 이

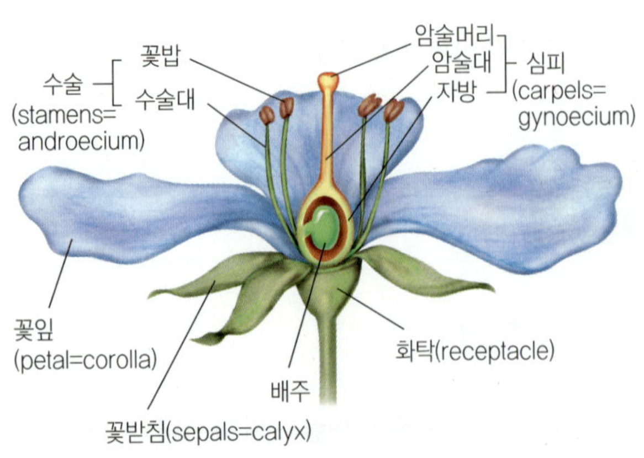

그림 38.11 | 속씨식물의 꽃 구조.
이 꽃은 완전화(complete flower)이다.

윤생체 중 한두 가지가 없다(그림 38.11).

완전화나 불완전화에서 꽃받침(calyx)은 보통 가장 바깥쪽 윤생체로 편평한 부속 꽃받침(sepals)로 나뉘어 있다. 꽃받침(sepals)은 꽃이 눈 안에 들어있을 때 이를 보호한다. 화관(corolla)은 꽃잎 부분을 총괄하여 부르는 이름으로서 수분매개자를 유인한다. 웅성 생식기인 수술(stamens)들을 합하여 수술군(androecium)이라고 한다. 대부분의 속씨식물에서 수술대(filaments)는 가느다랗고 끝에 꽃밥(anther)이 있다. 꽃밥에는 4개의 소포자낭이 들어 있다. 암술군(gynoecium)은 모든 자성 생식기를 통칭하는 말로서 대개 하나의 심피(carpel)로 또는 2개 이상의 심피가 융합되어 이루어져 있다. 이들은 각각 홑암술, 겹암술로 불리어지는데 토마토, 오렌지 등은 겹암술을 가지고 있고, 미나리아재비 등은 여러 개의 분리된 홑암술을 가지고 있다.

배주(ovules)는 씨앗으로 발생하는데, 암술의 아래 팽창된 부위에서 만들어진다. 자방(ovary)은 위로 가며 좁아져 가느다란 병목 같은 암술대(style)를 이루고 맨 꼭대기에 화분을 받아들이는 암술머리(stigma)를 가지고 있다. 때로 암술머리가 나뉘어져 있는데, 그 분지된 수는 몇 개의 심피가 그 암술을 이루고 있는지를 나타낸다.

꽃의 분화의 경향

오늘날 현화식물의 다양성을 가져온 두 가지 주요 진화적 경향이 있는데, 그것은 (1) 꽃의 서로 다른 부위가 함께 모이거나 융합해 왔으며, (2) 꽃의 부위들이 소실되거나 축소되어 왔다는 점이다(그림 38.12). 진화된 속씨식물에서 각 윤생체의 부분들의 수는 흔히 다수에서 소수로 감소되었다. 원시적 속씨식물에서 나선상으로 배열하였던 꽃의 부위들이 각 위치마다의 단일 윤생체로 진화되어 왔다. 꽃의 중심축은 짧아지고 윤생체들은 서로 근접해졌다. 어떤 경우에서 한 윤생체의 각 부위가 서로 융합하여 하나의 관을 이루는 경우도 있고, 서로 다른 윤생체들끼리 서로 융합

그림 38.12 | 꽃의 분화 경향.
이 야생 제라늄(*Geranium maculatum*)에서 꽃잎은 5개로, 그리고 수술은 10개로 감소되어 있다.

한 경우도 있다. 모든 윤생체가 소실되어 꽃받침, 꽃잎, 수술, 심피 등이 사라진 경우도 있다. 이와 같은 변형은 흔히 수분 기작과 관련되어 있다.

꽃의 다양성이 수분과 관련된 자연선택의 결과이지만 꽃의 형태에 대한 육종(인위선택)의 영향도 크다는 것을 알아야 한다. 사람은 자연 상태에서는 적응도가 낮은 형질들을 실용적인 또는 미학적인 이유로 선택해 왔다. 가령, 사람은 옥수수를 입맛에 맞도록 선택하여 왔으나 이 품종들은 조상형처럼 초식동물에 대한 보호기작을 가지고 있지 않고, 열매 분산방식도 상당히 다르다. 사람은 변형된 꽃잎을 가진 꽃 종자를 재배해 경제적 가치를 높였지만 이 품종들이 수분매개자를 성공적으로 유인할 수 있는 것은 아니다.

꽃의 진화는 구조적 대칭방식에도 영향을 주었다. 미나리아재비의 꽃과 같이 원시적인 꽃은 방사대칭이며, 많은 진화된 꽃은 대개 좌우대칭 구조를 가진다.

그림 38.13 | 난 꽃의 좌우대칭.
원시 꽃들이 보통 방사상 대칭인 반면, 난꽃(난초과) 같은 진화된 꽃들은 좌우대칭이 많다.

좌우대칭인 꽃은 금어초, 난, 박하, 완두, 제비꽃 등에서 볼 수 있다(그림 38.13). 이러한 꽃의 수분 방식은 매우 정교하고 발달되어 있다.

금어초에선 CYCLOIDIA 유전자가 꽃의 좌우대칭 구조를 조절하며, 이 유전자가 없으면 꽃은 좀더 방사대칭 형태를 띠게 된다.

속씨식물의 배우자 형성

생식의 성공은 꽃의 배낭과 화분립에서 발견되는 배우자(난자와 정자)의 융합에 달려 있다. 식물의 유성 생활사는 2배체 포자체 세대가 반수체 배우체 세대로 되는 세대교번으로 특징지을 수 있다. 속씨식물에서 배우체 세대는 매우 작고 어버이 포자체 조직 안에 완전히 묻혀 있다. 웅성 배우체, 즉 소배우체는 화분립(pollen grain)이고, 자성 배우체, 즉 대배우체는 배낭(embryo sac)이다. 화분립과 배낭은 꽃의 특수화된 개별 구조에서 만들어진다(그림 38.14). 속씨식물의 생식기관은 두 가지 점에서 동물의 것과는 다르다. 첫째, 속씨식물에서는 암수 구조가 보통 한 꽃에서 함께 나타난다. 둘째, 속씨식물의 생식 구조는 성체가 갖는 영구적인 부위가 아니다. 속씨식물의 꽃과 생식기관은 수분에 가장 알맞은 시기에 발생한다. 생식 구조가 한 번만 만들어지고 식물체가 죽는 경우도 있다. 속씨식물의 생식계열 세포들은 발생 초기에 구분되는 것이 아니라 나중에 형성된다.

화분의 형성

화분립은 꽃밥 안에 들어 있는 2개의 화분낭에서 생긴다. 각 화분낭은 특수한 방을 가지는데, 그 안에 소포자모세포(microspore mother cells)가 싸여 보호되고 있다. 소포자모세포는 감수분열로 4개의 반수체 소포자를 만든 다음, 곧 유사분열로 4개의 화분립을 만든다. 각 화분립 안에는 하나의 생식세포가 들어 있는데, 이 세포는 나중에 분열하여 2개의 정자세포를 만든다.

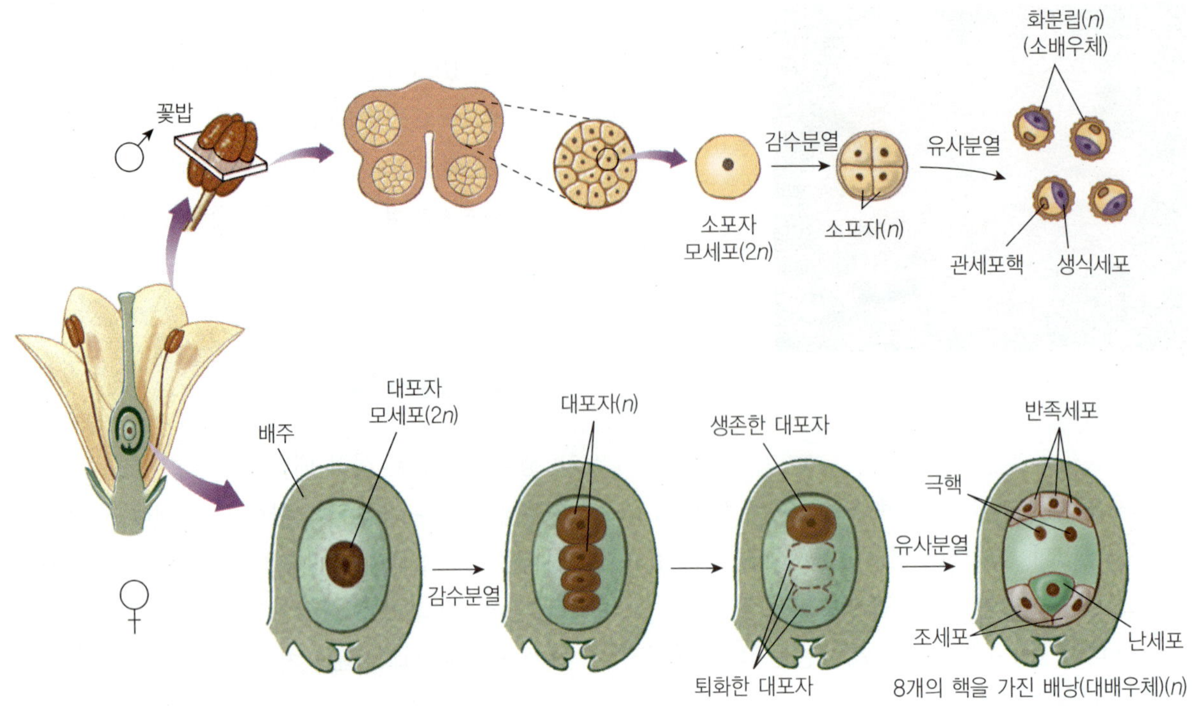

그림 38.14 | **화분립과 배낭의 형성.**
2배체 소포자모세포는 꽃밥 안에 있고 감수분열에 의해 4개의 반수체 소포자를 만든다. 각 소포자는 유사분열에 의해 화분립으로 된다. 화분립 안의 생식세포는 나중에 분열하여 2개의 정자세포를 만든다. 배주 안에서는 한 개의 2배체 대포자모세포가 감수분열을 하여 4개의 반수체 대포자를 만든다. 보통 대포자 중 하나만 생존하며 다른 3개은 퇴화한다. 생존한 대포자는 유사분열을 하여 8개의 핵을 가진 배낭을 만든다.

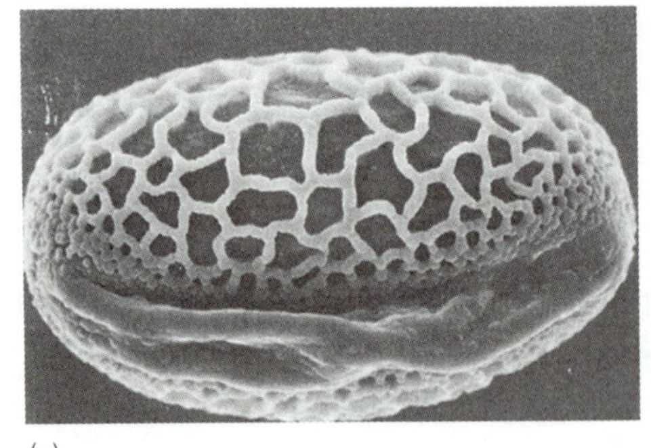
(a)

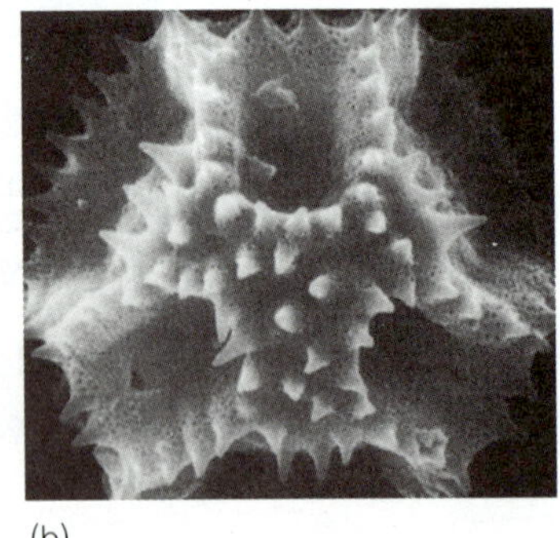
(b)

그림 38.15 | **화분립.**
(a) 백합의 일종 *Lilium candidum*의 화분립에서 한쪽 옆에 난 홈을 따라 화분관이 나오고 있다. (b) 해바라기 일종 *Hyoseris longiloba*에서 화분립에 3개의 구멍이 있는데, 이 구멍 중 하나에서 화분관이 자라 나온다.

화분립의 모양은 종마다 특이하다. 수정을 위해서는 화분립이 관을 만들고 이 관이 암술대를 뚫고 자방까지 들어가야 한다.

대부분의 화분립은 홈을 가지고 있고, 이곳에서 화분관이 자라 나온다. 어떤 화분립은 홈을 세 개나 가지고 있다(그림 38.15).

배낭의 형성

속씨식물의 꽃에서 난자는 배주 안에서 발육한다. 각 배주 안에는 하나의 대포자모세포가 들어 있다. 각 대포자모세포는 감수분열을 하여 4개의 반수체 대포자를 만든다. 그러나 대부분의 식물에서 이 대포자들 중 하나만 살아남고, 나머지는 배주에 의해 흡수된다. 혼자 남은 대포자는 유사분열을 반복하여 7개 세포로

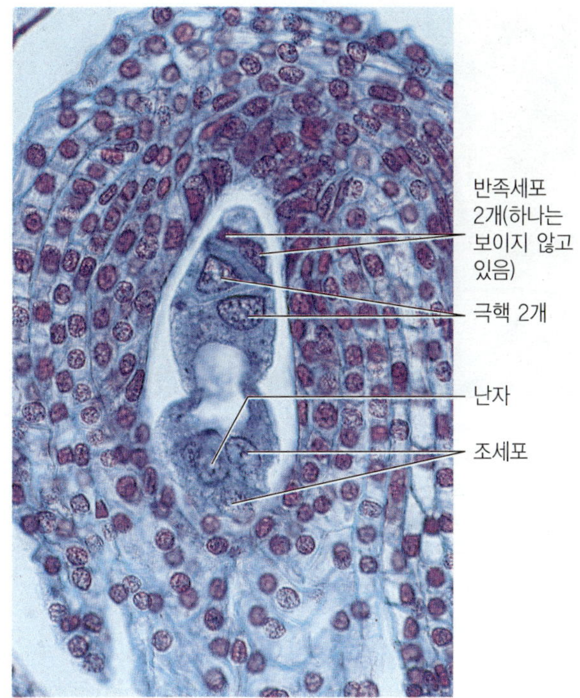

그림 38.16 | 백합의 성숙한 배낭.
반수체 대포자의 유사분열로 8개의 핵이 생산된다. 그 중 1개는 난자 속에, 2개는 극핵으로, 2개는 조세포 속에, 그리고 3개는 반족세포 속에 들어 있다.

된 배낭 안에 둘러싸인 8개의 반수체 핵을 만든다. 배낭 안에서 8개의 핵은 정확한 위치에 배열된다. 1개의 핵은 배낭의 입구에 있는 난자세포 안에 들어 있고, 2개의 핵은 배낭 중앙에 있는 한 개의 세포에 들어 있는데, 극핵이라고 한다. 다른 2개의 핵은 난세포 양쪽에 있는 조세포라는 세포 안에 들어 있으며, 나머지 3개의 핵은 반족세포라는 세포에 각각 들어 있다(그림 38.16). 화분립 속의 정자와 난자 및 극핵이 융합하는 첫 단계는 암술머리에서 화분이 발아하여 배낭 쪽으로 자라는 일이다.

수분

수분은 화분이 암술머리에 도달하는 과정이다. 화분은 바람이나 동물에 의하여 운반되거나 같은 꽃 안에서 생길 수도 있는데, 후자의 경우를 자가수분(self-pollination)이라고 한다.

원시적 종자식물의 수분

원시적인 종자식물은 바람에 의하여 수동적으로 수분이 이루어졌다. 오늘날의 침엽수처럼, 다량의 화분이 만들어지고 바람에 날려서 우연히 배주 근처에 도달하게 된다. 이러한 수분 체제가 원만히 작동되려면 같은 종의 식물들이 서로 가까이 자라야 한다. 대부분의 바람에 날리는 화분의 도달 거리는 100m가 안 된다. 이 거리는 곤충, 새 또는 다른 동물에 의해 운반되는 경우보다 훨씬 짧다.

동물에 의한 수분

특정 속씨식물종의 꽃을 찾는 매개자에 의해 화분이 식물 사이에 전달되는 것은 이 종이 진화적 성공을 거두는 데 중요한 역할을 하였다. 가장 초기의 속씨식물과 아마도 그들의 조상도 곤충에 의해 수분이 이루어졌던 것 같다. 곤충 수분매개자와 식물은 1억 년 이상 공진화해 왔다. 이러한 공진화는 꽃의 특수화를 증진하는 데 중요한 작용을 하였다. 꽃이 특수화되면서 꽃과 동물의 관계도 역시 특수화되어 왔다.

벌. 곤충이 수분하는 속씨식물의 가장 흔한 수분매

그림 38.17 | 뒝벌에 의한 수분.
뒝벌(*Bombus* sp.)이 박하과 좌우대칭의 진화된 꽃으로 파고들 때 암술머리가 벌의 등에 닿아 이전 꽃에서 날라온 화분을 취하게 된다.

개자는 벌이다(그림 38.17). 대부분의 다른 곤충과 마찬가지로 벌도 냄새로 밀원을 찾고 꽃이나 꽃 무더기의 형태나 색깔로 그 위치를 정한다. 벌이 찾는 꽃은 대개 청색이나 노란색이다. 이 꽃들은 대개 줄무늬나 점선으로 꿀의 위치를 표시한다. 어떤 벌은 성체나 때론 유충의 먹이가 되는 꿀을 얻기 위해 꽃을 찾지만, 약 20,000종이 되는 벌의 대부분은 화분을 얻기 위해 꽃을 찾는다. 화분은 벌의 유충의 먹이가 된다.

벌 중에서 수백 종만이 사회적 생활을 하며, 이런 벌들은 군거생활을 한다. 이 벌들은 매년 여러 세대를 생산하며 계절이 바뀜에 따라 꽃의 종류도 달라져야 한다. 또, 커다란 군거 집단을 유지하기 위해서는 주어진 시간에 한 종 이상의 꽃을 먹이원으로 삼아야 한다.

이러한 사회적 벌과 약 1,000종이 되는 기생벌을 제외한 나머지 18,000여 종의 벌은 단독생활을 한다. 온대지방의 단독생활을 하는 벌은 특징적으로 1년에 한 세대만을 생산한다. 대개 이들은 연중 불과 수주일만 성체로서 활동한다.

단독생활을 하는 벌은 대개 특정 식물군의 꽃만을 찾는다. 이와 같은 지속적인 관계는 시간이 감에 따라 꽃과 벌에 변형을 일으킬 수 있다. 가령, 꽃이 피는 시간과 벌이 활동하는 시간이 일치하며, 벌의 구기부가 관 모양의 꽃에 맞추어 길쭉해지고, 벌의 화분 수집 장치가 꽃밥에 적응된다.

이 같은 관계가 설립되면 꽃을 위해선 효율적인 수분기구가, 또 벌에는 지속적인 먹이공급원이 생기게 된다.

기타의 곤충. 나비가 잘 찾는 창포 등의 꽃은 나비가 앉을 수 있도록 납작한 "착륙 플랫폼"을 가진다. 이런 꽃들은 또 꿀이 담긴 길고 가느다란 관을 가지고 있어 길고 코일처럼 말린 주둥이를 갖고 있는 나비목 곤충들이 이용하기 쉽게 한다.

나방이 찾는 달맞이꽃 등의 꽃은 대개 흰색이나 노란색 등의 연한 색깔을 띠며, 향기가 강하여 밤에도 곤충이 쉽게 찾아오게 만든다.

그림 38.18 | 벌새와 꽃.
코스타리카 숲의 긴꼬리벌새는 *Heliconia imbricata*의 꽃에서 꿀을 얻는다. 벌새의 부리에 화분이 묻어 있는 것이 보인다. 이 벌새들은 그들 부리의 길이와 모양에 맞는 길고 굽어져 있는 꽃에서 주로 꿀을 얻는다.

새. 몇 가지 식물군은 새에 의하여 수분되는데, 아메리카의 벌새나 아프리카의 태양조가 그 예이다(그림 38.18). 이런 식물들은 새가 계속 찾아오도록 많은 양의 꿀을 생산한다. 몸이 작은 곤충들이 찾는 식물은 많은 꿀을 생산하는 것이 불리한데, 이는 한번에 많은 꿀을 얻은 곤충이 다른 꽃을 찾지 않아서 수분이 제대로 이루어지지 못하기 때문이다.

자외선은 곤충의 눈에 잘 보인다. 식물에서 노란색이나 오렌지색 색소로 흔히 발견되는 카로티노이드는 해바라기나 겨자 등의 꽃의 색깔을 만든다. 노란색 파장이나 자외선 파장의 빛을 카로티노이드는 반사하여 결과적으로 "벌자주색"이라는 독특한 색깔을 띤다. 이러한 노란색 꽃은 사람의 눈으로는 보이지 않는 독특한 표시로 곤충에는 뚜렷이 보인다. 이 표식은 과녁이나 선 형태를 띨 수 있다(그림 38.19).

빨강은 대부분의 곤충들에게는 뚜렷이 구분되는 색깔이 아니지만, 새에게는 매우 눈에 띄는 색이다. 대부분의 곤충들에게는 포인세티아의 붉은 윗쪽 잎사귀가 다른 잎처럼 보일 따름이다. 따라서 이 꽃은 많은 꿀을 생산하고 벌새를 유인하지만, 곤충들은 그냥 지나치고 만다. 새에 의해 전파되는 과일에서도 빨간색을 볼 수 있다. 박쥐나 작은 설치류도 수분에 도움을 줄 수 있다. 이때도 신호는 종 특이적이다.

(a) (b)

그림 38.19 | 벌의 눈에 보이는 꽃의 모습.
(a) *Ludwigia peruviana*의 노란 꽃을 찍은 정상적인 사진. (b) 자외선만 투과하는 필터를 이용해서 찍은 사진. 꽃잎의 바깥쪽 부분은 노랑과 자외선을 반사하여 '벌자주색'이란 색을 띤다. 꽃의 중앙부는 노랑색만 반사하므로 자외선만 투과하는 필터를 이용한 사진에서 어둡게 나타난다.
벌의 눈에는 꿀샘과 화분이 위치한 꽃 중앙부가 과녁의 흑점처럼 뚜렷이 보이게 된다.

이들 동물들은 종자와 과일을 전파하는 데 도움을 준다. 원숭이는 오렌지색과 노란색에 끌리므로, 이런 색 과일들을 전파하는 데 효과적일 수 있다.

풍매화

여러 속씨식물은 바람으로 수분된다. 이런 식물의 꽃은 작고 녹색을 띠며 냄새가 없고, 꽃잎이 축소되거나 없다. 이러한 꽃들은 대개 다수가 모여 있고 바람에 흔들리면서 화분을 뿌리는 숫꽃대(tassel)에 매달려 있다. 풍매화 식물은 수술을 가지는 꽃과 심피를 가지는 꽃이 구분되어 동일 그루에 있거나 다른 그루에 나 있다. 이렇게 꽃이 분리되어 있으면 바람에 방출된 화분이 다른 꽃에 도달하는 타화수정의 기회가 크게 증가한다. 일부 풍매화 목본식물은 잎이 돋아나서 화분 운반이 방해를 받기 전인 봄에 개화한다.

자가수분

앞에서 언급한 모든 수분 방식은 식물에 유익한 타화수정을 촉진하는 수분 방식이다. 그러나 특히 온대 지방에서는 자가수분을 하는 속씨식물도 있다. 자가수분을 하는 식물의 꽃은 대개 작고 눈에 잘 띄지 않는다. 타화수정이 식물을 위해 유전학적으로 중요한 것임에도 불구하고 자주 자가수분을 하는 속씨식물이 나타나는 근본 이유는 다음과 같다.

1. 자가수분은 수분매개 동물이 필요 없으므로 특정 환경에서 생태적으로 유리하다. 자가수분 식물은 동물을 유인하는 데 에너지를 소모하지 않으며 북극이나 고산과 같이 곤충이나 동물이 희귀한 곳에서도 자랄 수 있다.
2. 유전적으로 볼 때, 자가수분은 비교적 일정한 자손을 만든다. 이 때에도 감수분열은 일어나고 재조합이 일어나므로 자손은 어버이와 동일하지는 않다. 그러나 이 자손들은 특정 환경에 잘 적응된 개체들일 가능성이 높다. 정상적으로 타화수정을 하는 종은 자가수분시 유해한 열성인자들도 간직하므로 이러한 종의 자가수분은 많은 적응되지 못한 개체들을 생산하기 쉬우나, 일부 유전자 조합은 특정 환경에 고도로 유리할 수 있다. 이러한 환경에선 자가수분을 계속하는 것이 식물에 유리할 수 있다.

타화수정을 증진하는 요인들

타화수정은 모든 진핵생물의 적응과 진화에 매우 중요하다. 꽃은 흔히 암술과 수술을 모두 가지는데, 이는 자가수분의 가능성을 높인다. 타화수정을 증진하는 한 가지 전략은 암술과 수술을 격리시키는 것이다.

버드나무나 뽕나무를 비롯한 여러 현화식물에서 수꽃과 암꽃이 서로 다른 나무에서 생기는데, 이러한 식물을 자웅이주(dioecious) 식물이라고 한다. 이러한 식물은 자가수분을 할 수 없다. 떡갈나무, 옥수수, 호박 등의 식물에서는 암꽃과 수꽃이 같은 개체에서 생기는데, 이런 식물을 자웅동주(monoecious) 식물이라고 한다(그림 38.20). 자웅동주 식물에서는 암꽃과 수꽃이 서로 다른 시기에 성숙함으로써 타화수정의 기회를 크게 증가시킨다.

그림 38.20 | **자작나무의 꽃.** *Betula* sp. 자작나무는 자웅동주 식물로서, 기다란 노란 숫꽃대에 수꽃들이 달려 있고 암꽃들은 작은 갈색의 구과 모양 구조들이 모여 있다.

그림 38.21 | **풍매화.** 가느다란 실에 매달린 크고 노란색인 꽃밥에서 화분이 생산되어 바람에 실려간다. 나중에 이 꽃들은 길고 털이 많은 암술머리를 가진 암꽃 구조로 되어 바람에 날려온 화분이 달라붙기 적합한 구조가 된다. 여러 초본식물은 이와 같은 자웅이숙 식물이다.

하나의 꽃에 기능적인 암술과 수술이 같이 존재하는 식물에서도 이 기관들이 서로 다른 시기에 성숙하기도 하는데, 이런 식물을 자웅이숙(dichogamous) 식물이라고 한다. 만약 수술이 먼저 성숙하고, 암술머리가 성숙하기 전에 화분이 뿌려지면 이 꽃은 이 시기에 효과적으로 수꽃처럼 작용하게 된다. 수술이 화분을 뿌리고 난 뒤에 암술이 성숙하면 이 꽃은 암꽃과 같은 역할을 하게 된다(그림 38.21, 38.22).

(a) 수꽃시기의 꽃

(b) 암꽃시기의 꽃

그림 38.22 | ***Epilobium angustifolium*의 꽃에서 볼 수 있는 자웅이숙.** 처음 꽃밥에서 화분이 방출된다. 그 후 수술 위쪽으로 암술대가 길어지고 암술머리의 4개의 엽은 뒤로 말리며 수용상태가 된다. 결과적으로 꽃은 처음엔 수꽃 기능을 했고 이틀 후에는 암꽃 기능을 하게 되었다. 꽃은 가지를 따라 점차 위로 피어가므로, 가지 위쪽으로 옮겨가며 벌은 화분을 방출하는 수꽃 시기의 꽃과 만나 화분으로 덮이게 된다. 그 후 다른 식물의 아래쪽에 있는 이제는 암꽃시기인 꽃으로 옮겨가며 화분을 전달하게 된다.

따라서 타화수정률이 크게 증가하게 된다.

많은 꽃들은 이와 같이 암술과 수술이 서로 접촉하지 않도록 만들어져서 화분이 같은 꽃의 암술머리보다는 다른 꽃의 암술머리로 운반되기 쉽게 되어 있다. 수술과 암술이 동시에 성숙할 경우에도 유전적인 자가불화합성(self-incompatibility)으로 타화수정이 증진된다. 자가불화합성은 화분과 암술머리가 서로 유전적으로 가깝다고 인식되어 화분관이 생기지 못할 때 일어난다(그림 38.23). 자가불화합성은 S 유전자좌에 의하여 조절된다. S 유전자좌에는 화분과 암술머리 사이의 인식 반응을 조절하는 여러 대립인자들이 있다. 두 가지 유형의 자가불화합성이 알려져 있는데, 그 중 배우체 불화합성(gametophytic self-incompatibility)은 화분의 반수체 S 유전자좌와 암술머리의 2배체 S 유전자좌에 따라 달라진다. 만약 암술머리의 S 대립인자들 중 어느 하나가 화분의 S 대립인자와 일치하면 화분관은 배낭에 도달하기 전에 생장이 멈춘다. 페투니아는 배우체 불화합성을 가진다. 브로콜리에서 볼 수 있는 포자체 불화합성(sporo-

그림 38.23 | **자가수분이 유전적으로 통제되는 방식.**
(a) 배우체 불화합성은 반수체 화분의 유전자형에 의해 결정된다. (b) 포자체 불화합성은 반수체 화분의 유전자형이 아니라 2배체 어버이 화분의 유전자형을 인식한다. 두 가지 모두에서 여러 가지 대립인자를 가지는 S 유전자좌를 바탕으로 인식이 이루어진다. 배우체 불화합성에서는 화분관이 발아한 후에 차단이 일어나며, 포자체 불화합성은 화분관이 발아하지도 못한다.

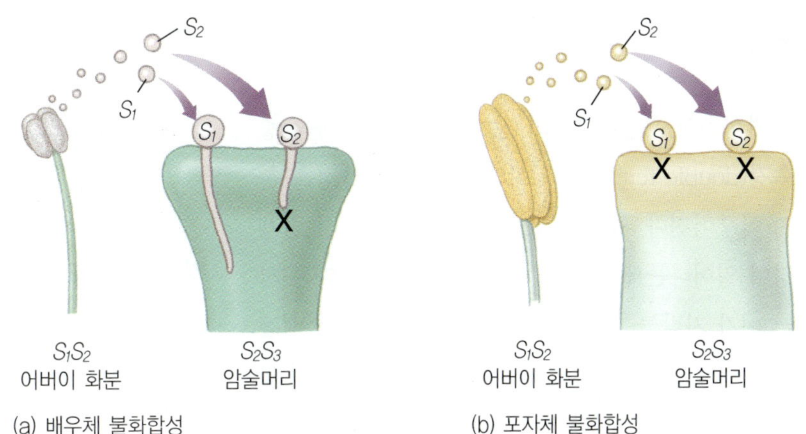

phytic self-incompatibility)에서는 어버이 화분의 두 가지 S 대립인자 모두가 중요하다. 만약 암술머리의 대립인자들이 어버이 화분의 S 대립인자들 중 하나와 일치하면 반수체 화분은 발아하지 않게 된다.

이들 인식체계의 분자적 · 생화학적 기반과 화분관의 성장을 차단하는 신호전달경로에 대해선 많은 연구가 이루어져 왔다. 이 화분 인식체계는 속씨식물의 공동조상에서부터 시작되었을 수 있다.

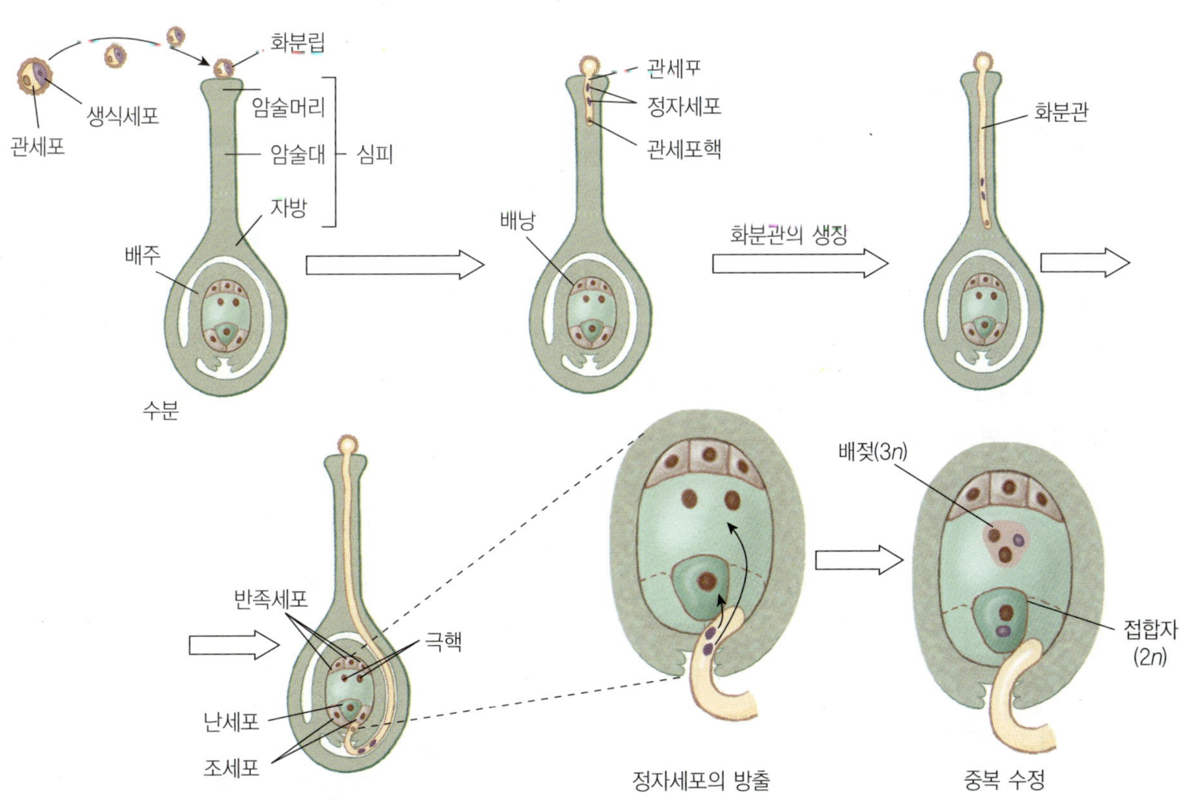

그림 38.24 | **화분관의 형성과 중복수정.**
화분이 암술머리에 앉으면, 화분관 세포는 배낭 쪽으로 자라면서 화분관을 형성한다. 화분관이 자라는 동안 생식세포는 분열하여 2개의 정자세포를 만든다. 화분관이 배낭에 도달하면, 조세포 중 하나로 들어가 정자세포들을 방출한다. 중복수정이란 과정에서 하나의 정자세포핵은 난자세포와 융합하여 이배체(2n)인 접합자를 만들고, 다른 정자세포핵은 2개의 극핵과 융합하여 3배체(3n) 배젖핵을 형성한다.

수정

속씨식물의 수정은 2개의 정자세포가 관여하는 중복수정(double fertilization)이라는 복잡한 과정을 통하여 이루어진다. 중복수정으로 두 가지 중요한 발생과정이 일어나는데 하나는 난자의 수정이고, 다른 하나는 배가 자라는 데 필요한 영양물질이 함유된 배젖의 형성이다. 화분립이 끈적끈적한 당 물질로 덮인 암술머리에 부착하면 화분립에서 화분관(pollen tube)이 자라기 시작하여 암술대를 따라 아래쪽으로 내려간다(그림 38.24). 화분관은 암술의 당 물질을 이용하여 생장하면서 자방의 배주까지 도달한다. 한편, 화분립의 관세포 안에 있는 생식세포는 분열하여 2개의 정자세포로 된다.

화분관은 결국 배주 안의 배낭까지 도달하는데, 이때 난세포 주위의 조세포 중 하나의 핵이 퇴화하면서 화분관은 이 세포 속으로 들어간다. 화분관의 끝이 터지면서 2개의 정자세포가 방출되는데, 그 중 하나는 난자와 융합하여 접합자를 만들고, 다른 하나는 배낭 중앙부에 있는 2개의 극핵과 융합하여 3배체의 1차 배젖핵을 만든다. 1차 배젖핵은 배젖으로 발육한다.

수정이 완료되면 세포들이 계속 분열하면서 배가 발생한다. 배는 보호조직으로 싸여 종자가 형성된다. 종자는 또 과육으로 둘러싸인다.

이 같은 전형적인 속씨식물 구조는 유전적 다양성 확보를 위해 먼 거리까지 종자를 전파시켜야 하는 필요성 때문에 진화되어 왔다.

38.3 무성생식

자가수분이 유전적 다양성을 감소시킨다면, 무성생식은 유전적으로 동일한 개체를 만들어낸다. 비교적 변화가 적은 환경에서 잘 적응하고 있는 개체는 감수분열 없이 유사분열만으로 증식하는 무성생식으로 더 잘 존속할 수 있다. 식물의 무성생식은 특히 원하는 형질을 가진 식물들을 번식시키기 위해 농업과 원예에서 이용되고 있다.

영양생식

영양생식(vegetative reproduction)으로 불리는 가장 흔한 형태의 무성생식에서, 새로운 개체는 단순히 부모개체의 일부에서 복제된다. 식물의 영양생식은 형태가 매우 다양하다.

기는줄기(Runners) 일부 식물은 토양 표면을 따라 자라는 길고 가느다란 줄기인 기는줄기로 생식을 한다. 예로 딸기는 기는줄기의 매 두 번째 절마다 잎, 꽃, 뿌리가 만들어진다. 매 두 번째 절의 기는줄기 끝이 두꺼워지면서 처음에 부정근이 생기고 그 다음 새로운 어린 싹이 생기며, 기는줄기는 계속 뻗어 나간다.

뿌리줄기(Rhizomes) 땅속 수평줄기인 근경은 잔디나 사초 속 식물의 주요 생식구조이다. 부모개체의 주변으로 뻗어나가며 매절에서 새로운 꽃 줄기가 자란다. 붓꽃 같은 많은 정원식물이나 잡초 등도 이런 식으로 번식해 나간다.

덩이줄기(tabers), 둥근줄기(corms), 비늘줄기(bulbs) 등은 저장과 생식을 위해 특수화된 줄기이다. 감자는 인공적으로 덩이줄기 조각으로 번식되는데, 덩이줄기 조각의 눈이 새로운 식물로 자란다.

뿌리순(suckers) 사과나무, 벚나무, 붉은 나무 딸기 등의 뿌리는 새로운 식물로 자라는 뿌리순을 만든다. 만일 민들레를 땅에서 뽑아 내려다가 뿌리가 잘라지면, 각 뿌리 조각에서 새로운 민들레가 자라 나오게 된다.

부정묘종(Adventitious plantlets) 일부식물에서는 잎에서 생식이 일어난다. “엄마식물(maternity plant)”이라 불리는 Kalanchoë daigremontiana는 수많은 묘종(plantlet)이 잎 가장자리 톱니부위에 위치한 분열조직에서 자라나온다. 이들은 성숙하면 땅에 떨어져 뿌리를 뻗고 새로운 개체로 자란다.

무수정생식(apomixis)

감귤류, 민들레, 잔디 등의 일부 식물은 배주 속의 2배체 세포를 복제하여 무성생식으로 종자속 배가 만들어질 수 있다. 이와 같은 무성생식을 무수정생식이라 한다.

이 종자는 부모세대와 유전적으로 동일한 개체를 발생시킨다.

38.4 식물의 수명

초본식물들은 생활주기의 길이에 따라 일년생 이년생, 다년생 식물로 구분하고, 목본식물은 일반적으로 다년생이다.

일년생 식물(Annual plants). 일년생 식물은 한 해의 생육기 동안만 자라고, 꽃을 피우고, 열매와 종자를 형성한다. 그리고 그 과정들이 끝나면 죽는다.

많은 농작물이 이에 속하며 대부분이 초본성이다.

이년생 식물(Biennial plants). 일년생 식물보다 드물고 생활주기를 완성하는 데 2년이 걸린다. 처음 해에는 광합성 산물을 지하 저장 기관에 저장하고, 두 번째 해에 지하에 저장된 에너지를 이용하여 줄기를 형성하고 꽃을 피운다. 모든 이년생 식물들이 죽기 전 단 한 번 꽃을 피운다. 당근, 양배추, 무우 등의 농작물이 이에 속하지만 대개 꽃이 피기 전 첫해에 수확된다.

다년생 식물(Perennial plants). 매년 생장을 계속하는 초본식물이나 목본식물들이 이에 속한다. 대부분의 관다발 식물들이 다년생 식물이며, 초본성 다년생 식물은 줄기가 2기 생장을 하는 경우가 드물고 매해 빠른 생장과 영양분 저장 후 줄기는 죽는다. 영양분은 흔히 뿌리나 지하 줄기에 저장된다.

나무나 관목들은 일반적으로 계속해서 꽃을 피우지만 예외도 있다. 대나무는 여러 해 동안 생식을 하지 않다가 꽃을 피운 후 노화하여 죽는다.

기관 노화. 노화(Senescence)는 기관이나 가지 또는 전체 식물의 죽음으로 이끄는 중요한 발달과정이다. 일년생이나 이년생 식물들은 전체 식물의 노화를 가져오지만, 어떤 식물이든 개개의 기관이 노화하여 소실될 수 있다. 잎이나 꽃잎이 떨어지는 과정을 탈리(abscission)라고 한다. 노화나 탈리의 이점은 식물이 더 이상 필요 없는 부위를 제거해 에너지 자원을 적절히 분배할 수 있다는 점이다.

탈리는 엽병 기부에 있는 탈리대(abscission zone)에서 변화가 일어나서 생기게 된다. 어린 잎은 호르몬(특히, 사이토키닌)을 생산하여 탈리대에 특수 세포층이 발생하는 것을 억제한다. 그러나 잎이 오래되면 호르몬 변화가 일어나고 2층의 세포층이 탈리대에서 분화하게 된다.

그 중에 보호층(protective layer)은 여러 세포 두께로 되어 있으며 엽병 기부의 줄기 쪽에서 발달한다.

이 세포들은 수분에 불투과적인 지방물질인 수베린(suberin)으로 채워져 있다.

분리층(seperation layer)은 엽신 쪽에서 발달하며 이 층의 세포들은 때때로 분열, 팽창하여 젤라틴질로 된다. 온도가 떨어지고, 낮이 짧아져 빛의 강도나 조사기간이 짧아지고, 여러 환경변화가 일어나면, 효소가 중앙 분리층세포 내에 있는 펙틴을 분해한다.

비나 바람에 잎은 줄기에서 쉽게 떨어져 나가고, 세균이나 다른 병원성 생물체로부터 보호하기 위해 봉합된 엽흔이 그 자리에 남게 된다.

탈리대가 발달하면, 잎의 녹색 엽록소가 분해되고, 이전에 녹색 색소에 가려져 있었던 카로티노이드 같은 노랑이나 오렌지 색소 등이 나타나게 된다. 동시에 수용성인 빨강이나 푸른색의 안토시아닌(anthocyanins)과 베타시아닌(betacyanins) 색소가 잎세포 내 액포에 쌓이게 된다. 이 모든 색소들이 가을의 여러 단풍잎 색깔들을 나타내게 된다.

Part Ⅶ
동물 형태와 기능

39
동물의 몸과 운동

40
소 화

41
순환과 호흡

42
신경계

43
감각계

44
내분비계

45
면역계

46
체내 환경의 유지

47
성과 생식

48
척추동물의 발생

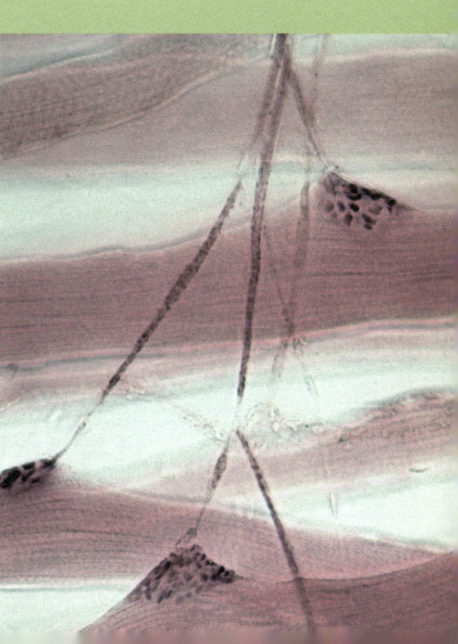

CHAPTER 39

동물의 몸과 운동

모든 척추동물의 몸은 동일한 기본 체제를 가지며, 같은 방식으로 작용하는 동일한 조직과 기관을 가진다. 이 장부터는 척추동물 몸의 구조와 기능에 대하여 알아본다. 나아가 근육, 골격, 신경계 등의 여러 기관계들이 어떻게 협동적으로 작용하여 몸의 복잡한 기능을 수행할 수 있게 되는지 알아본다.

39.1 척추동물의 조직과 기관

몸의 조직화

모든 척추동물의 몸은 동일한 기본 구조를 가진다. 즉, 관 속에 다른 관이 들어 있는 형태이다. 몸의 안쪽에 긴 관 모양의 소화관이 앞 끝에서 뒤쪽 끝으로 이어지고 있고, 이 소화관은 내부체강(coelom) 속에 뻗어 있다. 어류, 양서류, 대부분의 파충류에서는 이 체강이 두 개의 강소로 구분되어, 그 중 하나에는 심장이 들어 있고, 다른 하나에는 간, 위 및 장이 들어 있다. 포유류와 일부 파충류에서는 얇은 근육판인 횡격막이 흉강과 위, 장, 간이 들어 있는 복강(peritoneal cavity) 사이를 구분한다. 흉강(thoracic cavity)은 다시 심장이 들어 있는 위심강과 폐가 들어 있는 흉막강으로 구분된다(그림 39.1). 모든 척추동물의 몸은 연결된 뼈나 연골로 이루어진 내골격(internal skeleton)을 가진다. 경골성인 두개골은 뇌를 둘러싸고 척추는 등쪽 신경색, 즉 척수를 둘러싼다.

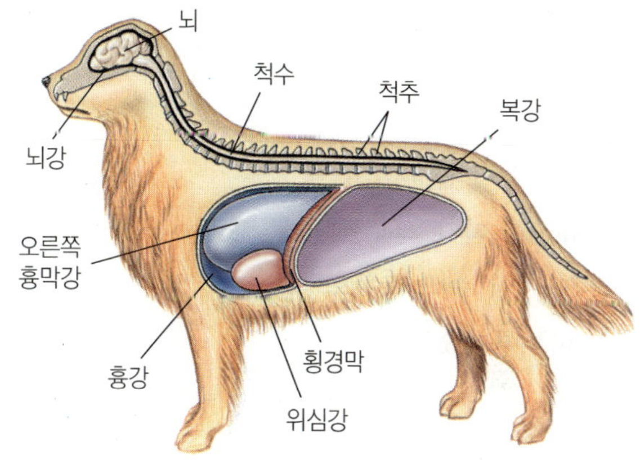

그림 39.1 | 몸의 조직화 단계.
모든 척추동물은 등쪽 중추신경계를 가지고 있다. 포유류와 일부 파충류에서는 횡격막에 의해 체강은 흉강과 복강으로 나뉘어 있다.

척추동물 몸의 조직화에는 네 가지 단계가 있는데, 이는 (1) 세포 단계, (2) 조직 단계, (3) 기관 단계, (4)

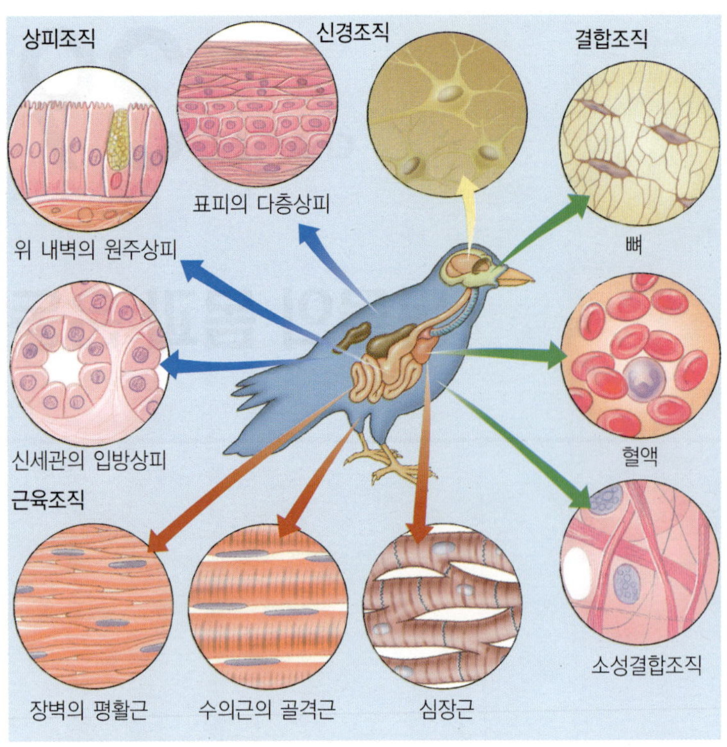

그림 39.2 | 척추동물의 조직.
상피조직은 청색 화살표로, 결합조직은 녹색 화살표로, 근육조직은 적색 화살표로, 그리고 신경조직은 노란색 화살표로 나타내었다.

피조직, 결합조직, 근육조직, 그리고 신경조직이다(그림 39.2).

기관 및 기관계

기관(organ)은 구조적, 기능적 단위인 여러 조직들로 이루어져 있다(그림 39.3). 가령, 심장은 하나의 기관으로서 심장근, 결합조직, 상피조직, 신경조직으로 이루어져 있다. 기관들이 모여서 기관계(organ system)를 이루는데, 이를테면 소화계(소화기관계)는 소화관, 간, 담낭, 이자로 구성된다. 이 기관들은 음식의 소화와 소화된 음식을 흡수하는 데 협동적으로 작용한다. 척추동물의 몸은 11가지의 주요 기관계를 가진다(표 39.1).

기관계 단계이다.

분류군에 따라 척추동물의 몸은 50에서 수백 종류의 세포로 이루어져 있다.

조직

구조와 기능이 유사한 세포들이 모여서 **조직**(tissue)을 이룬다. 발생 초기에 배세포들은 세 가지 기본 배 조직으로 분화되는데, 이는 안쪽부터 바깥쪽으로 내배엽(endoderm), 중배엽(mesoderm) 및 외배엽(ectoderm)이다. 이 배엽층은 다시 여러 가지 조직으로 분화된다. 성체의 몸에는 네 가지 주요 조직이 있으며, 이는 상

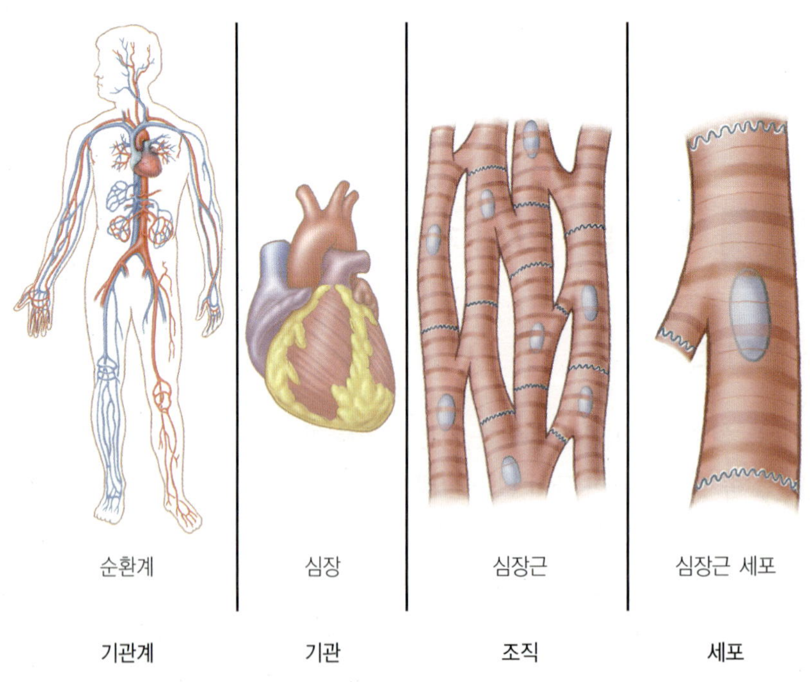

그림 39.3 | 몸의 조직화 단계.
구조와 기능이 유사한 세포들이 모여 조직을 이루고, 여러 조직들이 모여 기관을 이루며, 여러 기관들이 모여 함께 신체기능을 수행하는 기관계를 이룬다. 예로, 기관계 중 순환계는 심장과 혈관이란 기관으로 구성되어 있다.

표 39.1 척추동물의 주요 기관계

기관계	기능	구성
순환계	세포, 호흡 기체, 화학물질의 수송	심장, 혈관, 림프
소화계	섭취된 음식물에서 용해된 영양물질의 흡수	입, 식도, 위, 장, 간, 이자
내분비계	몸의 활동을 통합하고 조정함	뇌하수체, 부신, 갑상선 등 분비관이 없는 샘
피부계	몸을 감싸고 보호함	피부, 털, 손톱, 비늘, 깃털, 땀샘
림프/면역계	세포외액과 지방을 순환계로 수송, 미생물 감염과 암을 방어함	림프관, 림프절, 흉선, 편도선, 지라
근육계	몸의 움직임을 만듦	골격근, 심장근, 평활근
신경계	자극 수용, 정보 통합 및 신체반응 지시	신경, 감각기관, 뇌, 척수
생식계	생식을 수행함	정소, 난소 및 이에 부속된 생식 구조
호흡계	산소를 포획하고 기체들을 교환함	폐, 기관, 아가미 등
골격계	몸을 보호하고 지탱함	경골, 연골, 인대
비뇨/삼투조절계	혈류로부터 대사 노폐물을 제거함	신장, 방광 및 부속 관

39.2 상피조직

상피조직의 특징

상피(epithelium)는 몸의 표면을 덮으며, 세 가지 배엽 모두에서 생긴다. 외배엽으로부터 생긴 표피(epidermis)는 피부의 바깥 부위를 이룬다. 소화관의 안쪽 면은 내배엽으로부터 생긴 상피로 덮이고, 체강의 안쪽 면은 중배엽에서 생긴 상피로 덮인다.

몸의 모든 표면은 상피로 덮이므로 물질이 몸의 안팎으로 드나들기 위해서는 상피를 통과해야 한다. 상피막은 어떤 물질은 통과하지 못하도록 차단하고 어떤 물질은 통과를 용이하게 한다. 육상동물의 표피는 물과 공기 중의 병원체를 쉽사리 통과시키지 않지만, 소화관 벽의 상피는 소화물질을 쉽사리 통과시키며, 폐의 상피는 기체를 신속히 확산되도록 한다.

일부 상피는 배 발생 도중에 샘으로 변형된다. 모든 상피의 특징은 세포들이 서로 간격이 없이 단단히 결합되어 있다는 점이다. 그 결과 혈관이 상피세포들 사이로 통과하지 못한다. 그러므로 영양물질과 산소는 상피세포 안으로 확산해 들어간 다음 그 안쪽의 결합조직으로 들어가게 된다. 따라서 상피는 두꺼워질 수가 없으며, 대부분 하나 또는 몇 개 세포층의 두께를 가진다. 상피는 재생 능력이 크며, 지속적으로 교체된다. 표피는 2주일마다 교체되며 위 내벽의 상피는 2~3일마다 교체된다.

상피는 두 가지로 크게 구분되는데, 이는 단층상피와 다층상피이다. 이들 각각은 세포의 형태에 따라 다시 편평상피, 입방상피, 원주상피로 구분된다(표 39.2).

상피조직의 종류

단층상피(simple epithelial membranes)는 한 층의 세포들로 이루어져 있다. 단층편평상피(simple squamous epithelium)는 불규칙하고 납작한 모양의 모서리가 뾰족한 편평상피세포로 구성된다. 이러한 상피는 폐나 모세혈관을 이루며 얇고 민감한 성질 때문에 기체확산 같은 물질의 빠른 이동을 가능하게 한

표 39.2 상피조직

단층상피

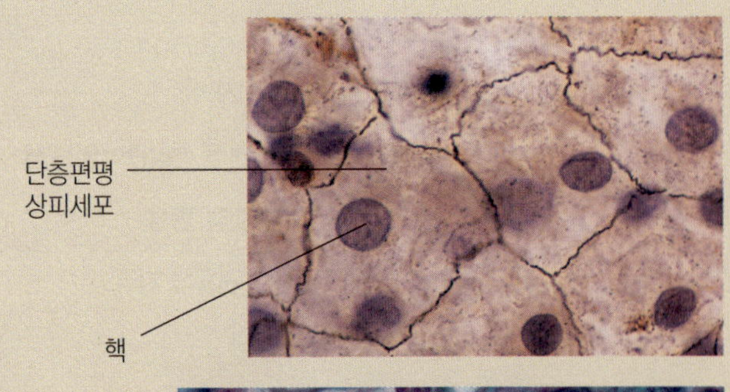

편평상피

주요 위치 : 폐의 내벽, 모세혈관벽 및 혈관벽.
기능 : 세포가 얇다. 확산이 쉽게 일어날 수 있도록 얇은 층을 형성함.
특징적 세포 유형 : 상피세포.

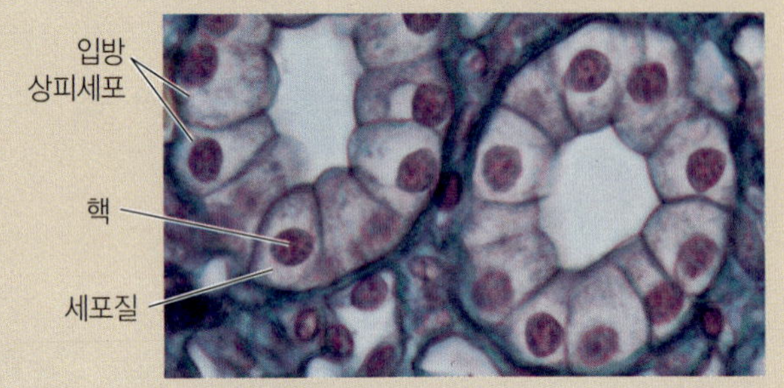

입방상피

주요 위치 : 일부 샘과 신세관의 내벽, 난소의 외벽.
기능 : 세포에 특수 운반 통로에 많다. 분비와 흡수 기능.
특징적 세포 유형 : 선세포.

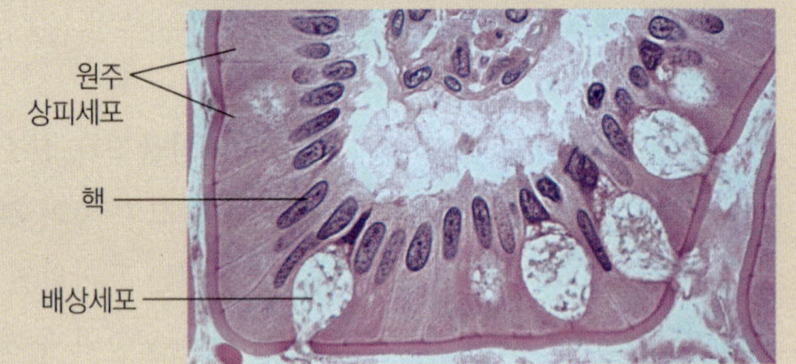

원주상피

주요 위치 : 위, 장 및 일부 호흡관 내벽.
기능 : 세포층이 두꺼우며 보호 기능, 분비 및 흡수 기능.
특징적 세포 유형 : 상피세포.

다층상피

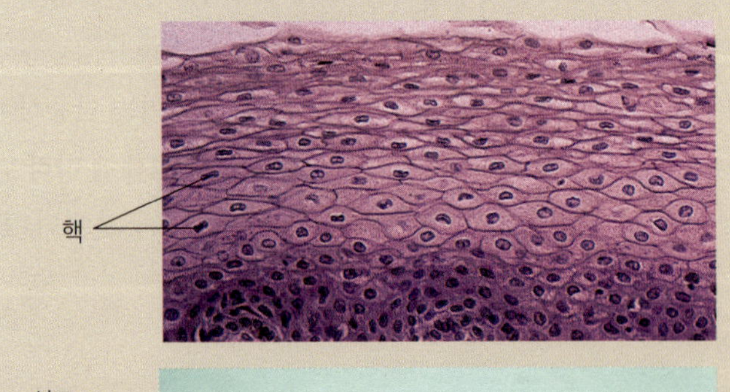

편평상피

주요 위치 : 피부 표면, 입의 내면.
기능 : 단단한 세포층을 이루며 보호 기능
특징적 세포 유형 : 상피세포.

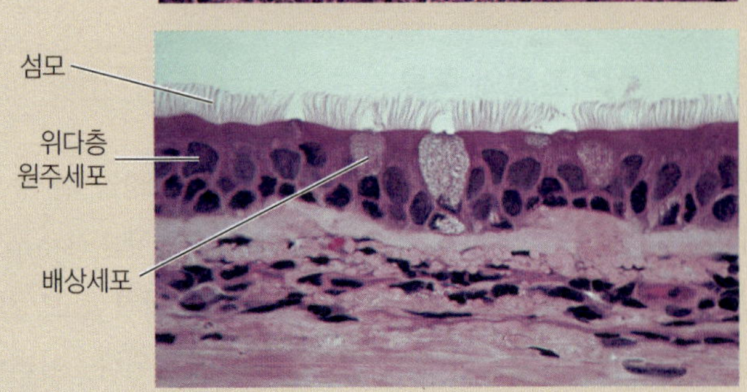

위다층원주상피

주요 위치 : 일부 호흡관의 내벽.
기능 : 점액을 분비하고 점액 이동을 일으키는 섬모들이 조밀하게 나 있으며 보호 기능
특징적 세포 유형 : 선세포, 섬모상피세포.

다. 단층입방상피(simple cuboidal epithelium)는 일부 분비샘의 작은 관 내부를 둘러싸며, 단층원주상피(simple columnar epithelium)는 호흡관이나 위장관에서 볼 수 있다. 점막의 원주상피세포들 사이에는 점액을 분비하는 배상세포(goblet cell)가 군데군데 끼어 있는 것을 볼 수 있다. 호흡관의 원주상피세포에는 내강 쪽 표면에 섬모들이 나 있어서, 이를 이용하여 점액을 목 쪽으로 운반한다. 소장의 원주상피세포는 흡수 면적을 넓히도록 표면에 손가락 모양의 미세융모(microvilli)가 나 있다.

다층상피(stratified epithelial membranes)는 여러 세포층으로 되어 있으며 가장 위쪽 층의 형태에 따라 구분된다. 가령, 표피는 다층편평상피(stratified squamous epithelium)로 이루어져 있다. 육상 척추동물에서는 상피의 바깥층이 죽은 편평세포와 그들 세포 내에 케라틴이라는 방수성인 단백질로 덮여서 각질화되어 있다(kera-tinized epithelium). 입술은 방수성의 케라틴이 없고 다층편평세포로만 덮여 있기 때문에 쉽게 마르고 갈라진다.

척추동물의 샘은 상피가 함입되어 생긴다. 외분비선(exocrine glands)에서 샘과 상피는 관으로 연결되는데, 분비샘에서 생산된 물질들이 관을 통해 상피 표면으로 운반되어 체외나 소화관 내부 등으로 분비된다. 그 예가 땀샘, 지방샘, 침샘, 이자샘 등이다. 내분비선(endocrine glands)은 관이 없는 샘으로서, 이의 분비물인 호르몬은 상피로 분비되지 않고 모세혈관으로 들어가 온몸으로 순환한다.

39.3 결합조직

결합조직의 특징

결합조직은 중배엽에서 생기고 그 형태가 여러 가지이며(표 39.3), 크게 일반결합조직(connective tissue proper)과 특수결합조직(special connective tissues)의 두 가지로 구분된다. 일반결합조직은 소성결합조직(loose connective tissue)과 조밀결합조직(dense connective tisse)으로 나뉘고, 특수결합조직은 연골, 뼈, 혈액을 포함한다. 이러한 다양한 조직들을 모두 결합조직으로 분류하는 것이 의아스럽기도 하지만, 이들은 공통된 구조적 특징을 가진다. 즉, 결합조직의 세포들은 서로 떨어져 있으므로 이 조직은 많은 세포외 기질(matrix)을 가진다. 뼈에서 세포 외 기질은 뼈를 단단하게 하는 무기물 결정체를 포함하고 있으며, 혈액에서는 혈장이 세포외 기질이다.

소성결합조직은 기본물질(ground substance)을 이루는 무정형의 단백질 물질 안에 흩어져 있는 세포들로 구성되어 있다. 이 젤라틴질의 물질은 느슨하게 흩어져 있는 단백질 섬유에 의해 강화되는데, 이러한 단백질 섬유에는 콜라겐(collagen), 조직을 탄력 있게 만드는 엘라스틴(elastin), 콜라겐 망을 형성하여 조직을 지지하는 레티큘린(reticulin)이 있다. 소성결합조직과 조밀결합조직이 발생하는 동안 세포외 기질을 만들고 분비하는 세포가 섬유아세포(fibroblast)이다. 섬유아세포는 섬유세포(fibrocyte)로 변형되어 성숙한 일반결합조직에서 기질을 지탱해 준다.

소성결합조직에는 다른 세포들도 들어 있는데, 이들은 히스타민과 헤파린을 만드는 비만세포(mast cell), 면역활동을 하는 대식세포(macrophage) 등이다. 양분 저장에 중요한 지방세포(adipose cell)도 소성결합조직에서 볼 수 있다. 피부 안쪽, 골수, 신장 주

그림 39.4 | 콜라겐 섬유.
각 섬유는 여러 콜라겐 가닥으로 되어 있다. 신장력이 강하다.

표 39.3 결합조직

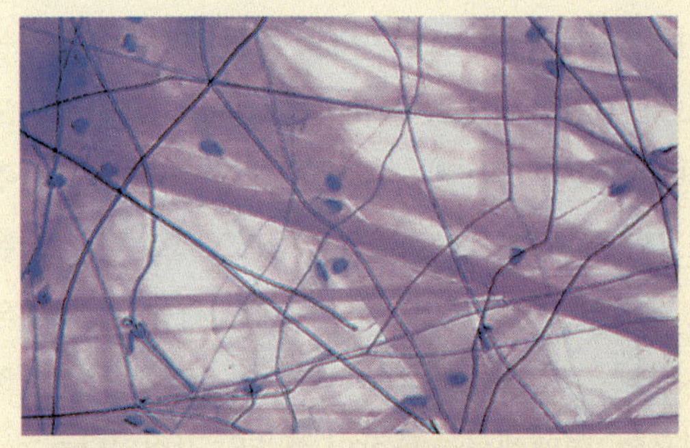

소성결합조직

주요 위치 : 피부 안쪽 및 기관들의 사이.
기능 : 지지, 격리, 영양물질 저장, 상피에 영양 공급.
전형적인 세포의 종류 : 섬유아세포, 대식세포, 비만세포, 지방세포.

조밀결합조직

주요 위치 : 힘줄, 신장, 간, 근육의 외막, 피부의 진피.
기능 : 탄력 있고 강한 연결부를 이룸.
전형적인 세포의 종류 : 섬유아세포.

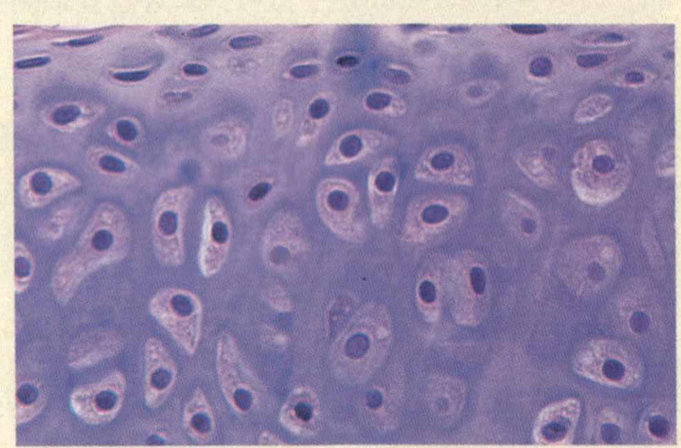

연골

주요 위치 : 추간판, 무릎이나 기타 관절, 귀, 코, 기관 고리.
기능 : 탄성 지지, 충격 흡수, 마찰 감소.
전형적인 세포의 종류 : 연골세포.

경골

주요 위치 : 대부분의 골격.
기능 : 내부 기관 보호, 근육이 부착하는 단단한 지지대 역할.
전형적인 세포의 종류 : 골세포.

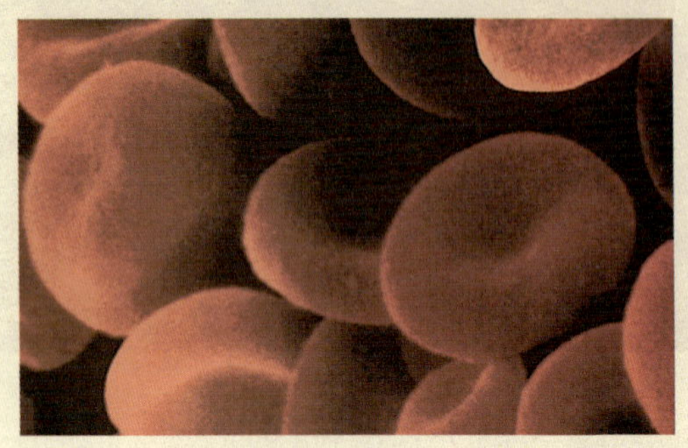

혈액

주요 위치 : 순환계.
기능 : 면역계의 통로 및 기관 사이의 1차적 소통 수단.
전형적인 세포의 종류 : 적혈구, 백혈구.

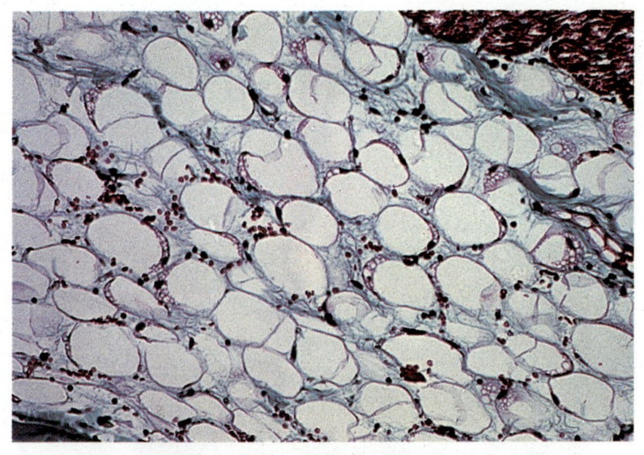

그림 39.5 | 지방조직.
지방조직의 소구체 안에 지방이 저장되어 있다.
소성결합조직의 일종으로 몸무게가 늘거나 줄 때 지방세포의 수가 아니라 크기가 늘거나 줄게 된다.

변, 여성의 엉덩이나 가슴과 같은 몸의 일부 부위에는 지방세포가 모여 지방조직을 형성한다(그림 39.5). 각 지방세포에는 지방(트리글리세리드) 유적이 들어 있다. 지방세포는 분열하지 못하므로 성인에서 지방 세포의 수는 일반적으로 고정되어 있다. 사람의 체중이 증가하면 이 세포의 크기가 커진다.

조밀결합조직에는 콜라겐 섬유들이 치밀하게 얽혀 있어 소성결합조직보다 강하다. 조밀결합조직은 두 가지가 있는데, 이는 규칙적 조밀결합조직(dense regular connective tissue)과 불규칙적 조밀결합조직(dense irregular connective tissue)이다. 규칙적 조밀결합조직은 콜라겐 섬유들이 밧줄가닥처럼 평행하게 배열되어 있는데, 이러한 구조는 근육과 골격을 연결하는 힘줄(tendon)과 골격과 골격을 연결하는 인대(ligament)에서 볼 수 있다. 반면, 불규칙적 조밀결합조직의 콜라겐 섬유는 각각의 방향이 불규칙하다. 이러한 결합조직은 신장과 부신의 피막(capsule)과 같은 기관의 단단한 외피를 만든다. 이 조직은 또 근육을 감싸는 근상막(epimysium), 신경을 감싸는 신경다발막(perineurium), 뼈를 감싸는 골막(periosteum)을 이룬다.

특수결합조직

연골, 뼈, 혈액 등의 특수결합조직은 각기 독특한 세포와 세포외 기질을 가진다.

연골

연골(cartilage)은(그림 39.6) 콘드로이틴(chondroitin)이라는 당단백질을 기본물질로 해서 형성되고 압력을 받는 부위를 따라 긴 콜라겐 섬유가 평행으로 배열된 특수화된 결합조직으로서, 단단하고 탄력

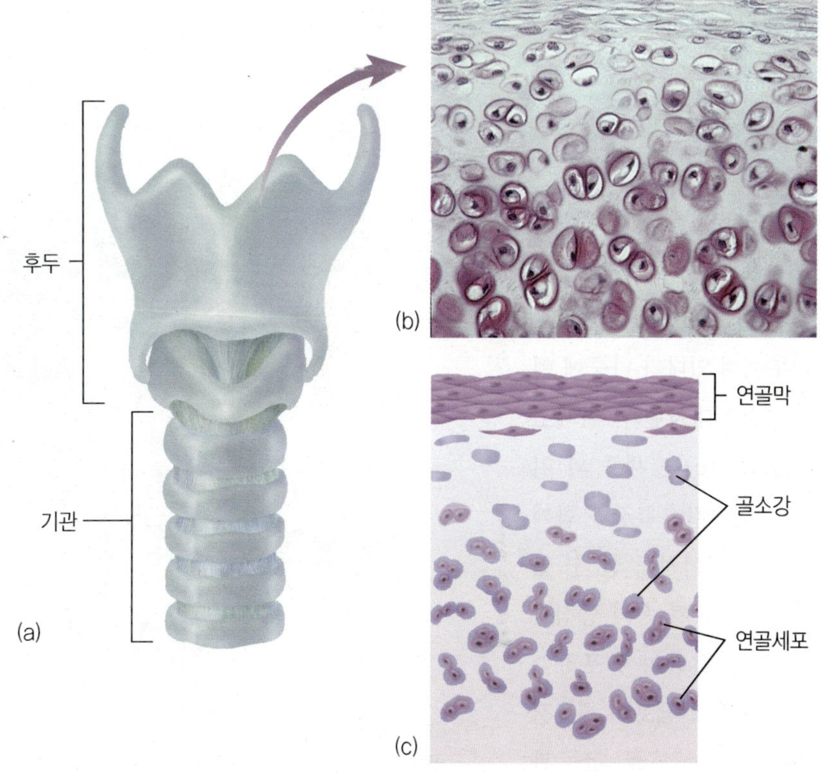

그림 39.6 | 연골.
(a) 후두와 기관. (b) 후두의 연골기질 내 골소강 안의 연골세포와 (c) 그 분포 모식도.
연골은 강하고 탄력 있는 조직으로서 사람의 후두, 기관지 그 외 여러 기관에서 발견된다.

이 매우 크나 늘어나지는 않는다. 연골어류의 골격은 연골로 이루어져 있으나, 대부분의 척추동물에서 연골은 뼈의 접촉 부위인 관절에 분포한다. 사람의 경우, 연골은 관절 외에 코의 끝, 귀, 척추의 추간판, 후두 등에서 볼 수 있다.

연골세포(chondrocyte)는 연골 기본물질 내의 골소강(lacuna)이라는 공간 속에 분포한다. 연골세포는 연골기질 안에 혈관이 분포하지 않아도 살아 있는데, 이는 산소와 양분이 확산으로 주변 혈관으로부터 연골 기본물질을 통해 들어오기 때문이다. 이런 확산은 연골기질이 수화되어 있고(hydrated), 뼈처럼 석회질화되어 있지 않기 때문에 가능하다.

뼈

태아의 발생 과정에서 척추동물의 지느러미, 팔, 다리의 뼈는 처음에는 연골로 이루어져 있다가 나중에 뼈(경골)로 대치된다. 골세포(osteocyte)는 세포 외 기질이 인산칼슘결정과 함께 단단히 굳어져도 살 수 있는데, 이는 뼈 속의 중심관을 따라 혈관이 분포하기 때문이다. 골세포의 세포질 돌기는 골소관(canaliculus)이라는 작은 관을 통해 인접한 골세포와 연결된다(그림 39.7). 이 세포질망을 통해 골세포는 중심관 내의 혈관과 소통하게 된다.

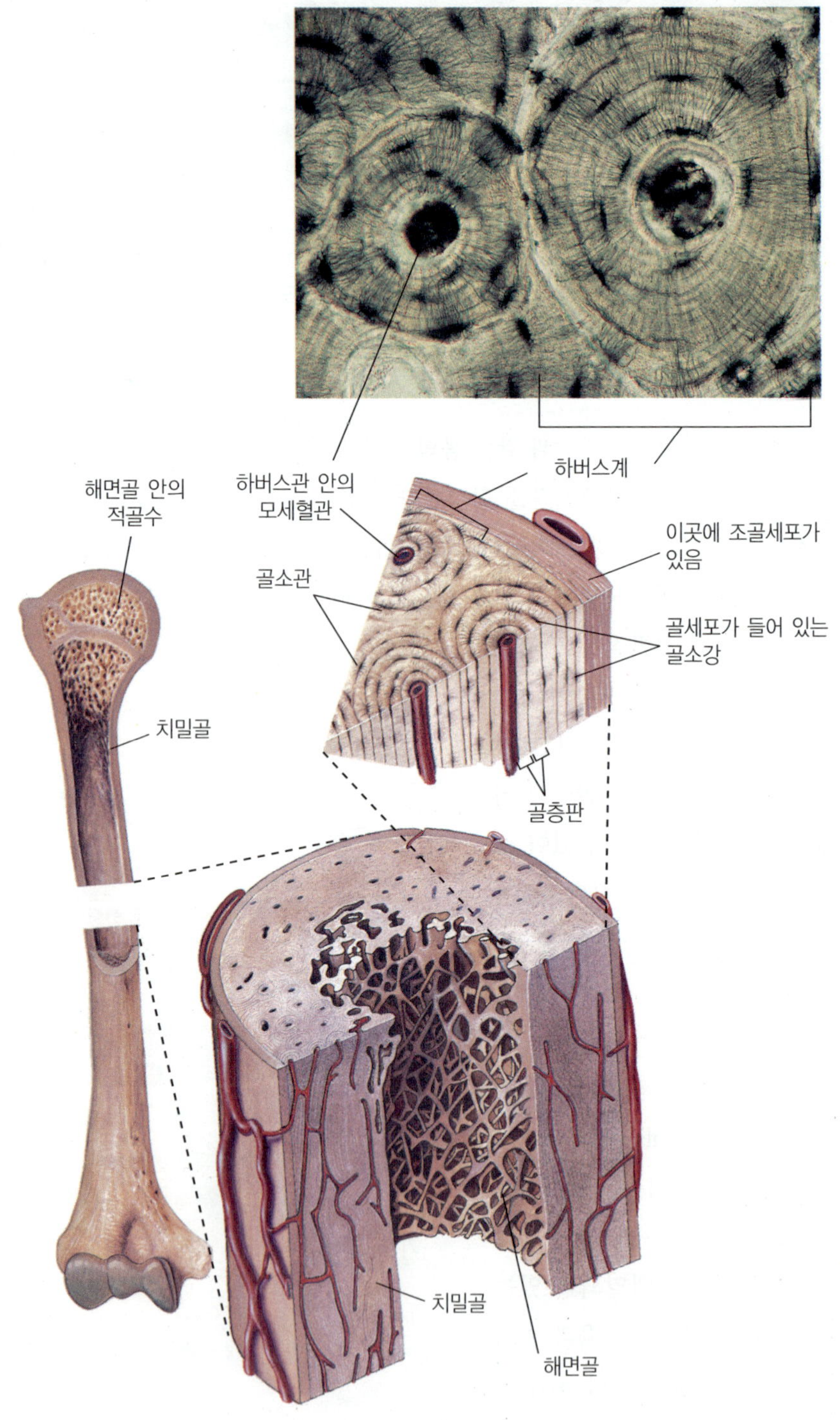

그림 39.7 | **뼈의 구조.**
골세포는 골소강 내에 위치한다. 뼈의 기질이 석회질화되어도 골세포는 중앙 하버스관 안의 혈관에서 영양공급을 받으므로 살아 있게 된다. 영양공급은 골소관이라는 가는 관을 통해 뻗어 있는 세포질 돌기망을 통해 골세포들 사이에 운반된다. 뼈의 치밀골 부위는 뼈에 강도를 주고 망상구조인 해면골 부위에선 대부분의 혈구세포가 만들어진다.

뼈의 구조

뼈의 세포 외 기질은 콜라겐 섬유와 바늘 모양의 인산칼슘 결정체인 수산화인회석(hydroxyapatite) 결정체로 이루어져 있다. 수산화인회석은 단단하지만 부서지기 쉽고, 콜라겐은 유연성이 있지만 약하다. 이 두 가지가 합쳐져서 뼈는 강하고 탄력을 갖게 된다.

뼈는 조골세포(osteoblast)에 의해 만들어지는데, 이 조골세포는 콜라겐을 함유하는 유기물 기질을 분비하며, 후에 이 기질에 인산칼슘이 침적된다. 인산칼슘이 침적된 후 조골세포는 골세포(osteocyte)로 되어 골소강(lacuna)이라는 공간 안에 위치하게 된다. 또다른 세포인 파골세포(osteoclast)는 뼈를 용해하여 물리적 압박에 반응하여 뼈의 형태를 개조하는 데 도움을 준다. 뼈는 동심원상의 얇은 골층판(lamella)으로 이루어져 있으며, 뼈의 길이를 따라 종으로 달리고 있는 하버스관(Harversian canal)을 둘러싸고 있다. 하버스관에는 신경과 혈관이 지나간다. 이들 하버스관과 이를 둘러싸고 있는 골층판, 그 사이에 분포하고 있는 골세포를 합쳐 뼈의 기본구조단위인 하버스계라 한다.

뼈는 두 가지 방식으로 형성된다. 두개골과 같은 편평한 뼈에서는 불규칙적 조밀결합조직망 안에 들어있는 조골세포가 연골을 먼저 만들지 않고 바로 뼈를 만든다. 긴 뼈에서는 뼈가 처음에 연골로서 만들어진 다음 석회질화가 일어나고 연골이 퇴화한다. 이 과정의 최종 단계에서 연골은 관절표면이나 긴 뼈의 경부(necks)에 위치한 성장판에만 남는다. 어린 아이는 성장판의 연골이 두꺼워지면서 부분적으로 뼈로 대체될 때 키가 크며, 성장판의 연골이 모두 뼈로 대체되면 성장이 멈추게 된다. 성인에서는 뼈의 끝 관절에만 연골이 남게 된다.

긴 뼈의 말단과 내부는 망상의 뼈인 해면골(spongy bone)로 이루어져 있다. 해면골의 공간에는 대부분의 적혈구가 만들어지는 골수가 들어 있다(그림 39.7). 해면골을 둘러싸고 더 조밀한 치밀골층(compact bone)이 있어 물리적 압박에 견딜수 있는 힘을 준다. 뼈의 석회질화된 기질은 체액과 조직의 필요에 따라 칼슘과 인산이온의 저장과 방출 기능을 한다. 골격계의 뼈는 몸을 지탱하고 보호하며, 근육수축에 의해 생산되는 힘의 지렛대 역할을 한다.

혈액

혈액은 많은 세포외 기질(혈장)을 가지는 결합조직이다. 혈액의 세포는 적혈구(erythrocyte)와 백혈구(leukocyte)이다(그림 39.8). 혈액에는 또 일종의 골수세포의 파편인 혈소판(thrombocyte)이 들어 있다.

포유동물의 적혈구는 성숙하는 도중에 핵, 미토콘드리아, 소포체를 소실하므로 대사적으로 비교적 비활동적이다. 각 적혈구 안에는 주요한 산소운반체인 약 3억 개의 헤모글로빈(hemoglobin) 분자가 들어 있다.

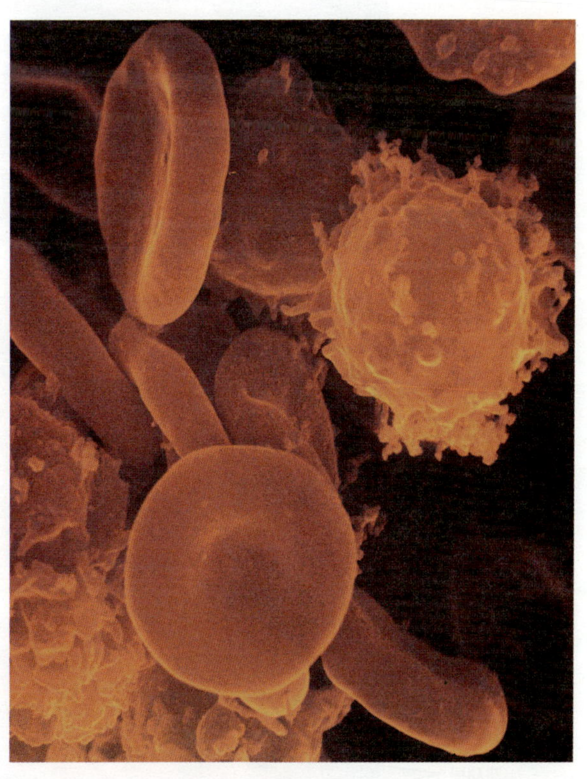

그림 39.8 | 백혈구와 적혈구(500×).
대체로 구형으로 수많은 돌기가 나 있는 불규칙한 표면을 갖는 것이 백혈구이고 편평하고 가운데가 오목한 구형의 세포가 적혈구이다.

백혈구는 여러 가지가 있으며, 이들을 모두 합한 수는 적혈구 수의 약 1천 분의 1에 지나지 않는다. 백혈구는 핵과 미토콘드리아를 가지지만, 붉은 색소체인 헤모글로빈을 가지지 않으므로 염색하지 않으면 현미경으로 관찰하기 어렵다.

혈장은 온몸을 돌아다닌다. 혈장은 순환하면서 양분, 노폐물, 열, 조절분자(호르몬)를 운반한다. 혈장에는 여러 가지 단백질과 나트륨, 칼슘 등의 무기염류가 들어 있다. 혈장 속의 단백질로는 간에서 만들어지는 혈액응고를 돕는 피브리노겐(fibrinogen)이나 혈액 삼투압의 균형을 유지하고 중요한 혈액완충제로 쓰이는 알부민(albumin), 림프구에서 만들어지는 면역작용에 필요한 항체(antibodies) 등이 있다.

39.4 근육조직

근육조직의 종류

근육세포는 척추동물의 운동원이다. 모든 진핵세포들이 세포운반에 관여하는 섬세한 필라멘트망을 가지고 있지만 근육세포 안에는 다른 세포에서보다 액틴 필라멘트와 미오신 필라멘트가 특히 많다. 척추동물은 세 가지의 근육을 가지는데, 이들은 평활근, 골격근, 그리고 심근이다(표 39.4). 골격근과 심근은 종단면을 현미경으로 볼 때 횡으로 무늬가 보이므로 횡문근(striated muscle)이라고도 한다. 골격근은 의지

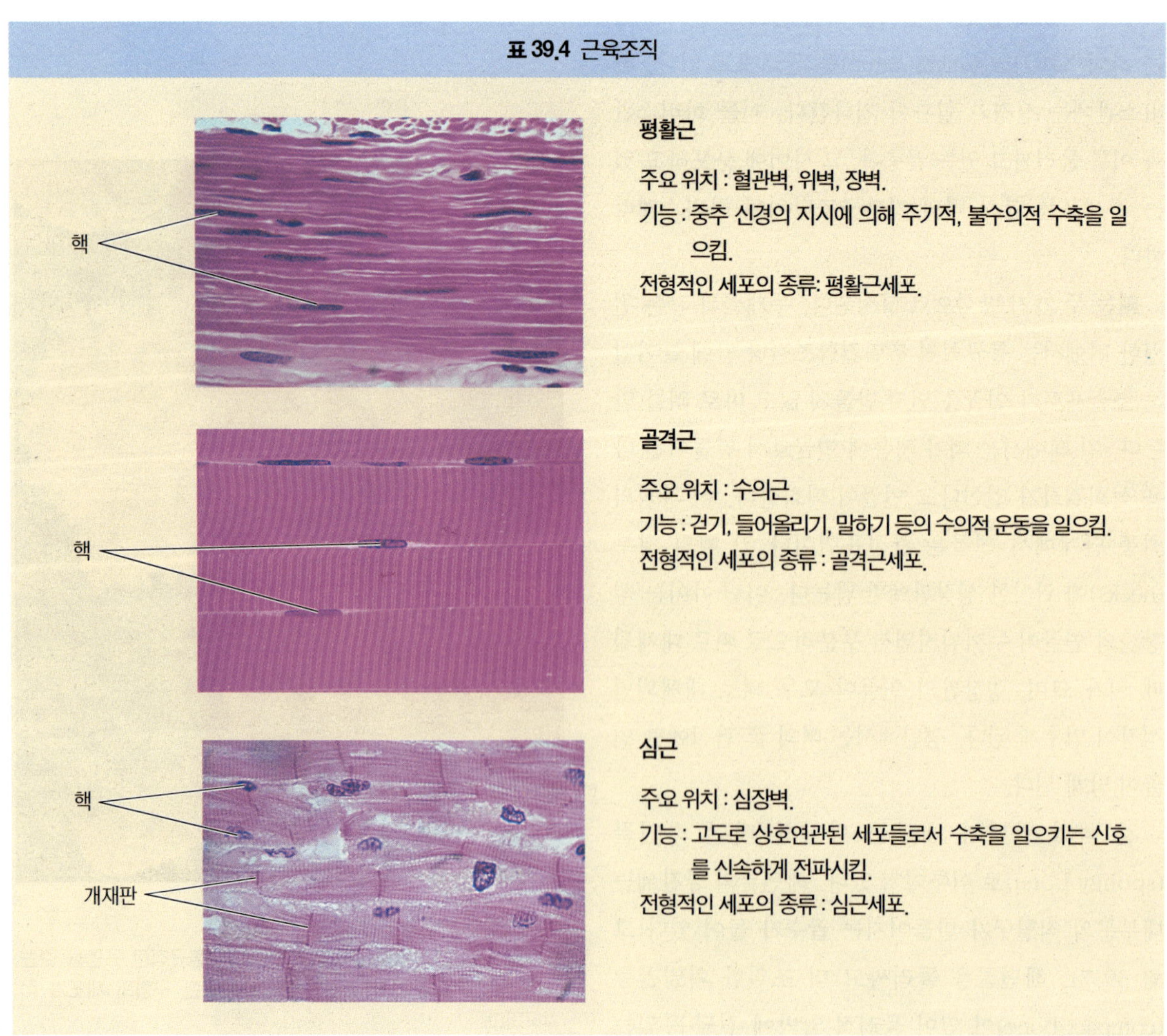

표 39.4 근육조직

평활근

주요 위치 : 혈관벽, 위벽, 장벽.
기능 : 중추 신경의 지시에 의해 주기적, 불수의적 수축을 일으킴.
전형적인 세포의 종류: 평활근세포.

골격근

주요 위치 : 수의근.
기능 : 걷기, 들어올리기, 말하기 등의 수의적 운동을 일으킴.
전형적인 세포의 종류 : 골격근세포.

심근

주요 위치 : 심장벽.
기능 : 고도로 상호연관된 세포들로서 수축을 일으키는 신호를 신속하게 전파시킴.
전형적인 세포의 종류 : 심근세포.

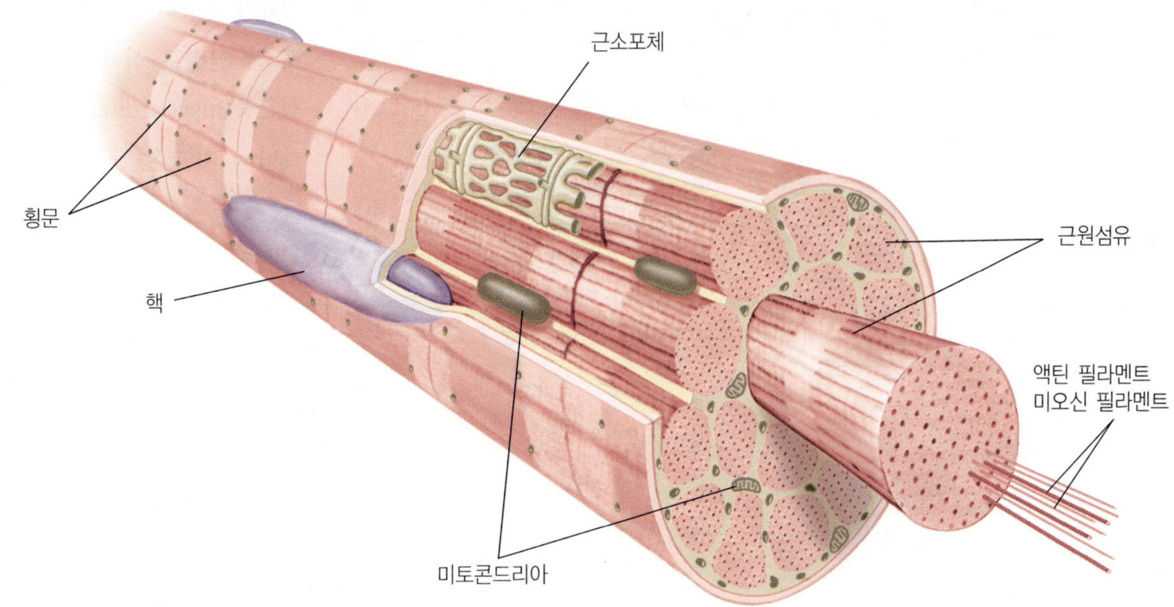

그림 39.9 | 근섬유(근육세포).
하나의 근섬유는 수많은 근원섬유로 이루어져 있고, 근원섬유는 액틴과 미오신의 근필라멘트로 이루어져 있다. 배 발생 시기에 여러 작은 세포들의 융합으로 이루어진 근섬유는 다핵세포이다. 근육세포는 변형된 소포체인 근소포체를 가지고 있다.

에 따라 조절되는 수의근이고 심근과 평활근은 불수의근이다.

평활근

척추동물에서 평활근은 내장기관에서 볼 수 있으므로 내장근(visceral muscle)이라고도 한다. 평활근 조직에서는 한 개의 핵을 가진 긴 방추형세포들이 판을 이루고 있다. 혈관내벽이나 눈의 홍채를 이루는 근육 조직들은 신경자극에 의해 세포가 수축하게 되고 한 판에 있는 모든 세포들이 한 단위로 수축한다. 반면에 내장벽을 이루는 평활근 조직에서는 세포 자체가 자발적으로 전기적 파동을 만들어 수축하며, 일정하고 느린 수축운동을 하게 된다. 이때 신경은 그 활동을 개시하는 것이 아니라 조절하게 된다.

골격근

골격근은 보통 힘줄을 통하여 골격에 부착하므로, 골격근이 수축할 때 관절에서 뼈의 움직임이 일어난다. 하나의 골격근은 매우 긴 수많은 근육세포로 이루어진다. 이들은 근섬유(muscle fibers)로 불리는데 서로 평행으로 놓여 있고 근육 끝의 힘줄 속까지 달리고 있다. 각 근섬유는 신경에 의해 자극받아 수축한다. 각 근섬유는 근원섬유(myofibril)에 의해 수축하는데(그림 39.9), 근원섬유 안에는 액틴 필라멘트와 미오신 필라멘트가 배열되어 있다. 각 근섬유는 발생 도중에 여러 세포의 끝과 끝이 서로 융합되어 만들어지므로, 성숙한 근섬유는 여러 개의 핵을 가진다.

심근

심장의 횡문근 세포는 골격근의 근섬유와는 매우 다르게 배열되어 있다. 근섬유들이 나란히 배열되어 있고, 길고 다핵인 대신에 짧고 단핵이며 서로 연결되어 있다. 이렇게 연결된 모습이 현미경상에서 어두운 선으로 나타나는데, 이 선을 개재판(intercalated disc)이라고 한다. 실제로 이 선은 인접 세포들을 연결하는 간극연결(gap junction)이다. 간극연결에는 작은 구멍이 있고, 이 구멍을 통하여 작은 물질이나

표 39.5 신경조직

감각뉴런

주요 위치 : 눈, 귀, 피부 표면.

기능 : 몸의 상태나 외부 환경에 대한 정보를 수집함. 감각 수용기로부터 충격을 중추신경계로 보냄

전형적인 세포의 종류 : 간상세포 및 추상세포, 근신장 수용기.

운동뉴런

주요 위치 : 뇌 및 척수.

기능 : 근육과 샘을 자극함. 중추신경계로부터 충격을 근육과 샘으로 전도함.

전형적인 세포의 종류 : 운동뉴런.

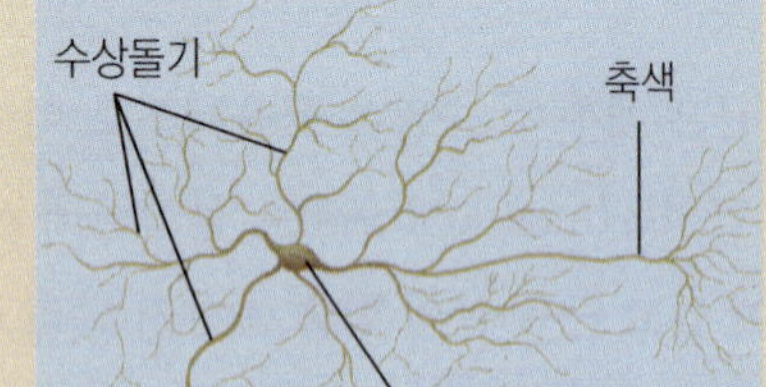

연합뉴런

주요 위치 : 뇌 및 척수.

기능 : 정보를 통합하고, 중추신경계 안의 뉴런 사이에서 충격을 전도함.

전형적인 세포의 종류 : 연합뉴런.

전류가 통한다. 이와 같은 세포 간 연결로 심근세포들은 심근층(myocardium)이라는 하나의 기능적 단위를 이룬다. 일부 특수 심근 세포들은 전기적 파동을 스스로 발생시키고 이 파동은 간극연결을 통하여 한 세포에서 다른 세포로 전달되어 심근층 내 모든 세포들이 함께 수축하도록 한다. 이때 파동률은 일반적으로 신경계에 의해 조절된다.

신경조직

신경세포는 뉴런과 이를 지지하는 신경교세포(neuroglia)로 구성되어 있다(표 39.5). 뉴런은 전기화학적 충격을 만들고 전도하는 세포이다. 뉴런은 대개 세포체, 수상돌기, 축색의 세 부위로 되어 있다(그림 39.10). 세포체에는 핵이 들어 있다. 수상돌기는 가늘고 여러 갈래로 갈라져 있으며 들어오는 자극을 받아 세포체로 전달한다. 축색은 한 가닥의 세포질 연장부로서 세포체로부터 생산된 충격을 외부로 전달한다. 일부 축색은 매우 길다. 가령 발의 근육을 통제하는 뉴런의 세포체는 척수에 있으므로, 축색은 발까지 약 1m에 이른다.

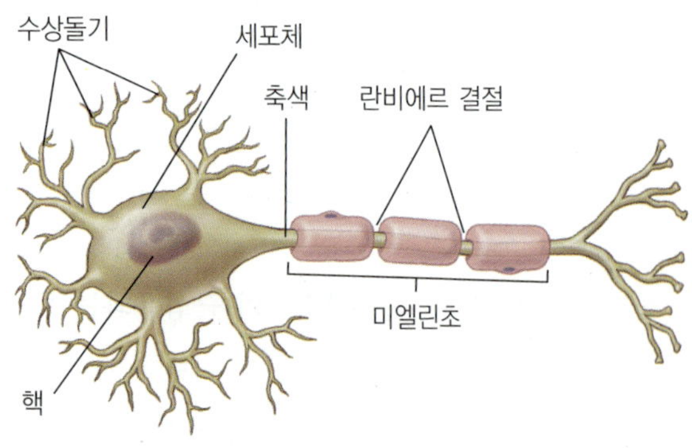

그림 39.10 | 뉴런.
수상돌기에서 받은 신경충격은 세포체로 보내지고 축색을 통해 외부로 전달된다. 일부 뉴런에선 빠른 신호전달을 위해 축색은 중간중간 간격을 두고 미엘린초로 감싸여 있다. 축색은 끝에서 여러 갈래로 갈라져 하나 이상의 세포에 도달하게 된다.

신경교세포는 전기충격을 전도하지는 않으며, 그 대신 뉴런을 지지하고 절연시키며 뉴런 내외의 이물질을 차단한다. 여러 뉴런에서 신경교세포는 축색을 감싸는 미엘린초(myelin sheath)를 이룬다. 한 축색을 감싸는 신경교세포들은 란비에르 결절(nodes of Ranvier)이라는 간격을 두고 서로 분리되어 있어 충격 전달을 가속화시킨다.

신경계는 뇌와 척수로 구성되는 중추신경계(CNS)와 신경 및 신경절(ganglia)로 구성되는 말초신경계(PNS)로 구분된다. 신경은 말초신경계의 축색들이 모여 다발을 이룬 것이다. 신경절은 뉴런의 세포체가 모인 부위이다.

39.5 운동과 기관계의 협동

골격계

골격계의 종류

동물의 운동은 골격계에 작용하는 근육의 힘으로 이루어진다. 동물계에서 골격계는 3가지가 있는데, 이는 유체정학적 골격, 외골격, 그리고 내골격이다.

유체정학적 골격(hydrostatic skeleton)은 지렁이나 해파리와 같은 말랑말랑한 몸을 가진 무척추동물에서 볼 수 있다. 이 경우, 액체로 채워진 내강이 근섬유로 싸여 있다. 근육이 수축할 때 내강의 액체는 움직이고 내강의 형태가 변한다. 지렁이에서 환근의 수축파가 앞쪽으로부터 시작해서 각 체절을 압축하므로 액체의 압력이 몸체를 앞으로 밀게 만든다. 그런 다음 종근의 수축으로 몸의 뒤쪽을 앞으로 당긴다(그림 39.11).

외골격(exoskeleton)은 몸의 바깥 부분을 단단하게 감싸고 있다. 갑각류와 곤충같은 절지동물은 다당류 키틴으로 된 외골격을 가진다(그림 39.12a). 외골격은 몸의 내부기관을 보호하고 근육의 부착 부위가 된다. 그러나 절지동물이 성장하기 위해서는 주기적으로 탈피를 해야 한다. 탈피하는 동안에는 포식자에게 잡혀 먹히기 쉽다. 몸이 큰 동물이 외골격을 가진다면 매우 두껍고 무거운 외골격을 가져야 하므로 외골격을 가지는 동물은 몸이 커질 수가 없다.

내골격(endoskeleton)은 척추동물과 극피동물에서 볼 수 있다. 척추동물의 내골격은 연골이나 경골로 이루어져 있다. 키틴과는 달리 경골은 세포를 가지며 성장할 수 있는 살아 있는 조직이고 재생될 수 있다(그림 39.12b).

척추동물의 내골격은 중축골격과 부속지 골격으로 나뉘어지는데 중축골격(axial skeleton)의 뼈들은 신체축을 형성하고 머리, 목, 가슴의 기관들을 보호하고 지지한다. 부속지 골격(appendicular skeleton)의 뼈

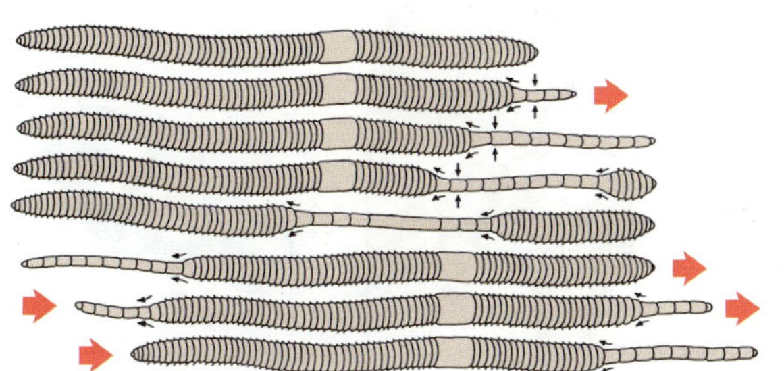

그림 39.11 | 지렁이의 이동.
지렁이의 유체정학적 골격은 근육을 이용해 체절강 내의 액체를 움직이고, 몸의 모양을 변화시킨다. 환근이 수축하며 내강의 액체를 압축하여 체절이 늘어나게 된다. 이 같은 수축파가 뒤쪽으로 진행하며 지렁이는 앞으로 나아가게 된다.

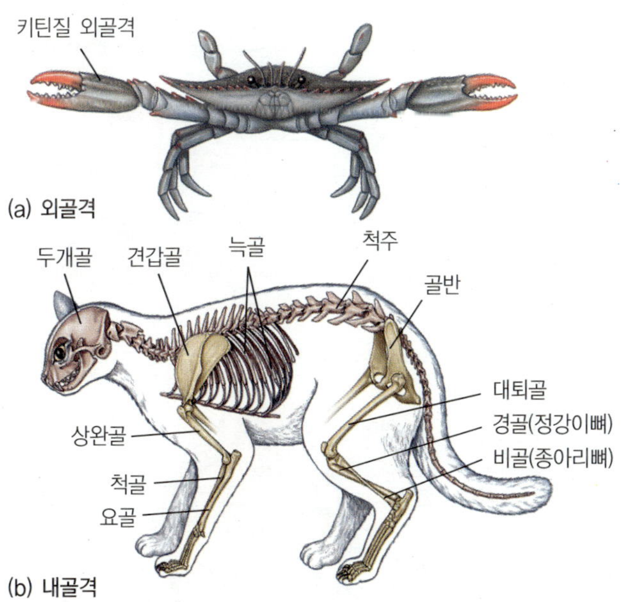

그림 39.12 | 외골격과 내골격.
(a) 게의 외골격.
게 같은 절지동물의 몸은 단단하고 딱딱한 외골격으로 덮여 있다.
(b) 고양이의 내골격.
고양이 같은 척추동물은 내골격을 가지고 있다. 분홍색으로 나타낸 것이 중축골격이고 노란색으로 나타낸 것이 부속지 골격이다.

들은 팔다리뼈들과 그들을 중축골격과 연결하는 흉대, 요대로 구성되어 있다.

관절

관절의 종류

골격의 움직임은 근육의 수축과 이완으로 일어난다. 골격근은 보통 힘줄을 통하여 뼈에 부착하므로 근육이 수축하면 이에 부착된 뼈가 움직인다. 이 움직임은 관절에서 일어나는데, 관절은 세 가지가 있다.

1. **부동관절**(immovable joints). 부동관절은 두개골의 봉합선(sutures)에서 볼 수 있다(그림 39.13a).
2. **미동관절**(slightly movable joints). 미동관절은 뼈가 연골에 의해 연결된 부위에서 볼 수 있다. 척추의 척추골들은 추간판(intervertebral discs)이라는 연골을 사이에 두고 서로 분리되어 있다. 이 연골관절(cartilaginous joints)은 척추가 휘어질 수 있게 하고 충격을 흡수한다(그림 39.13b).
3. **가동관절**(Freely movable joints). 가동관절은 여러 가지 관절에서 볼 수 있으며 뼈의 관절 끝이 윤활액으로 차 있는 활막(synovial capsule) 안에 들어 있으므로 활막관절이라고도 한다. 활막관절은 관절구조에 따라 움직이는 방향이 달라지는데, 예로, 손가락 관절은 경첩처럼 앞으로만 움직이는 데 반해 대퇴골과 골반뼈 사이 관절은 구와식 관절(ball-and-socket)이므로 여러 방향으로 움직일 수 있다. 뼈의 끝은 연골로 덮여 있고 활막은 관절뼈를 제자리에 위치하도록 잡고 있는 인대에 의해 보강되어 있다.

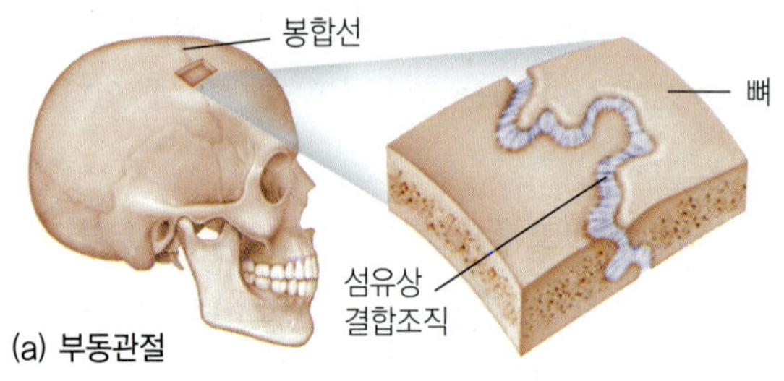

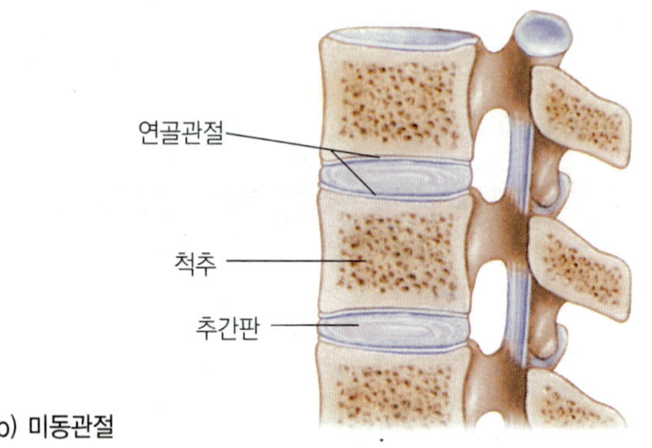

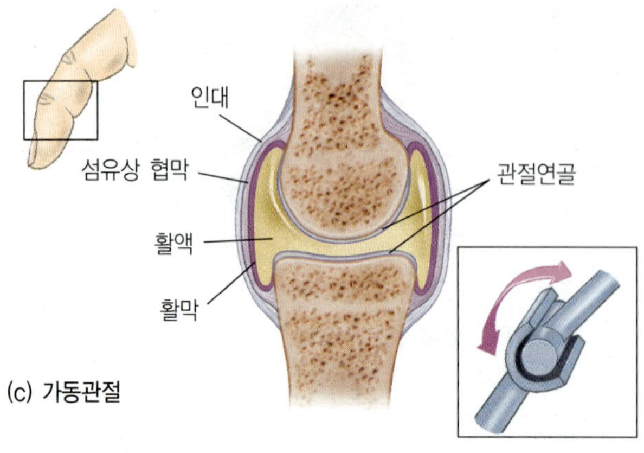

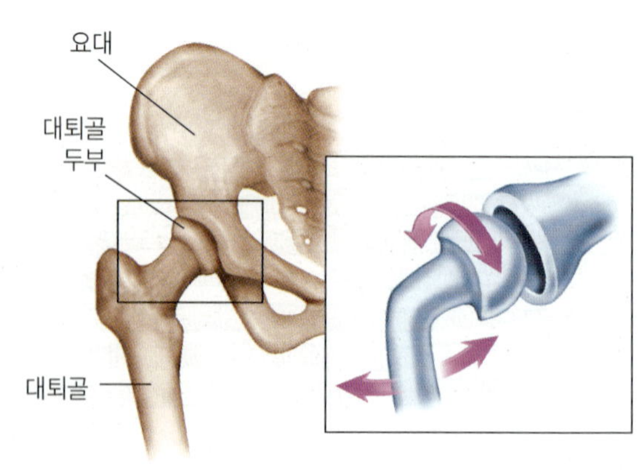

그림 39.13 | 세 가지 관절.
(a) 부동관절은 두개골의 봉합선이 포함되고
(b) 미동관절은 척추골 사이의 연골관절을 예로 들 수 있으며
(c) 가동관절은 손가락 관절이나 엉덩이 관절 같은 활막관절에서 볼 수 있다.

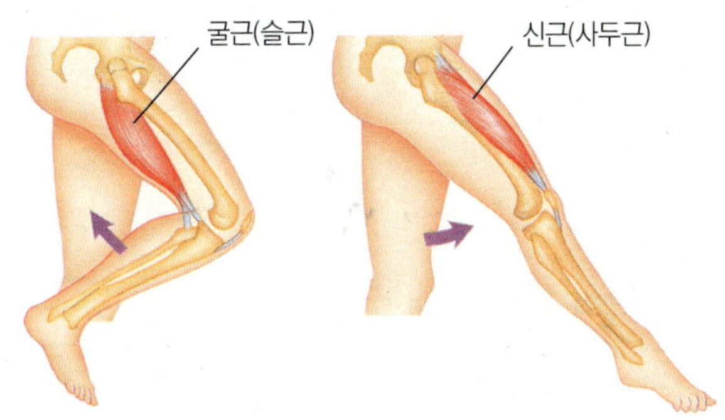

그림 39.14 | 다리의 굴근과 신근.
길항적 근육들이 내골격에 작용한다. 슬근(삼두근)은 무릎을 구부리게 하고, 사두근은 무릎을 펴게 한다.

골격근의 움직임

골격근의 양쪽 말단은 보통 서로 다른 뼈에 부착한다. 근육이 골격에 부착할 때 결합조직인 힘줄(tendon)을 통하여 부착한다. 근육의 한쪽 말단(기원부, origin)은 근육 수축시 비교적 정지 상태를 유지하고 다른 쪽 말단(착점, insertion)은 근육 수축시 움직이는 뼈에 부착한다. 예로, 상완의 이두근이 수축시 전완(근육의 착점) 부위가 어깨(근육의 기원부) 쪽으로 움직이게 된다.

관절에서 동일한 움직임을 일으키는 근육들을 상조근(synergists)이라고 한다. 가령, 사두근(앞 대퇴근)들은 상조근으로서, 모두 무릎 관절을 펴는 작용을 한다. 서로 반대의 움직임을 일으키는 근육들은 길항근(antagonist)이라고 한다. 가령, 관절을 구부리는 근육과 관절을 펴는 근육은 길항적 관계이다. 사람의 다리에서 슬근과 사두근은 이와 같은 관계로서, 슬근이 수축할 때 사두근은 이완한다(그림 39.14).

39.6 근육 운동

근 수축

활주 기작

각각의 골격근에는 수많은 근섬유(muscle fiber)가 들어 있으며, 각각의 근섬유에는 4~20개의 근원섬유(myofibril)가 들어 있다. 각각의 근원섬유는 다시 가는 근필라멘트(myofilament)와 두꺼운 근필라멘트로 구성된다(그림 39.15). 근섬유는 그 속의 근원섬유가 어두운 띠와 밝은 띠가 교대로 반복되어 있기 때문에 현미경상으로 횡으로 무늬가 나 있는 것처럼 보인다. 두꺼운 근 필라멘트들은 모여서 A대(A band)라는 어두운 띠를 형성하고, 가는 필라멘트만 있는 부위는 I대(I band)라는 밝은 띠를 이룬다.

근원섬유 안의 각 I대는 전자현미경으로 볼 때 Z선이라는 단백질 띠로 나누어져 있다. 가는 필라멘트가 이 Z선(Z line)을 이루는 단백질 띠에 부착되어 있다(그림 39.16). Z선과 Z선 사이를 근절(sarcomere)이라고 하며, 이 것이 근수축의 최소 단위이다.

가는 필라멘트는 A대 양옆에 있는 두꺼운 필라멘트 속으로 들어가 부분적으로 겹쳐 있다. 그러나 휴지기 근육에서는 A대 중앙까지 뻗어 있지는 않으므로 A대 중앙은 두꺼운 필라멘트와 가는 필라멘트가 겹쳐 있는 양 옆보다 밝은 H대(H band)를 이룬다.

근육이 수축할 때 A대의 양쪽에서 가는 필라멘트가 두꺼운 필라멘트 안쪽으로 미끄러져 들어간다. 그 결과 근 수축시 H대라고 하는 A대의 중심부는 좁아지며, 근절은 짧아진다. 근절이 짧아질 때 근필라멘트가 짧아지는 것이 아니라 대신 가는 필라멘트가 A대 안쪽으로 미끄러져 들어가면서 I대가 좁아지는 것이다. 이것이 근 수축의 활주 필라멘트 기작(sliding filament mechanism)이다(그림 39.17).

전자현미경 사진에는 두꺼운 필라멘트에서 가는 필라멘트로 뻗어 있는 횡단가교(cross bridge)가 보인다. 각각의 두꺼운 필라멘트는 여러 미오신(myosin) 단백질이 모여서 이루어져 있고, 각각의 미오신 분자는 두꺼운 필라멘트에서 돌출하는 두부를 가지는데(그림 39.18), 이 미오신 두부가 횡단가교를 형성한다. 각각의 가는 필라멘트는 이중나선을 형성하는 구형 단백질인 액틴(actin)으로 이루어져 있다(그림 39.19). 그러므로 분자적 수준에서 볼 때 하나의 근절은 그림 39.20a와 같은 모습이다.

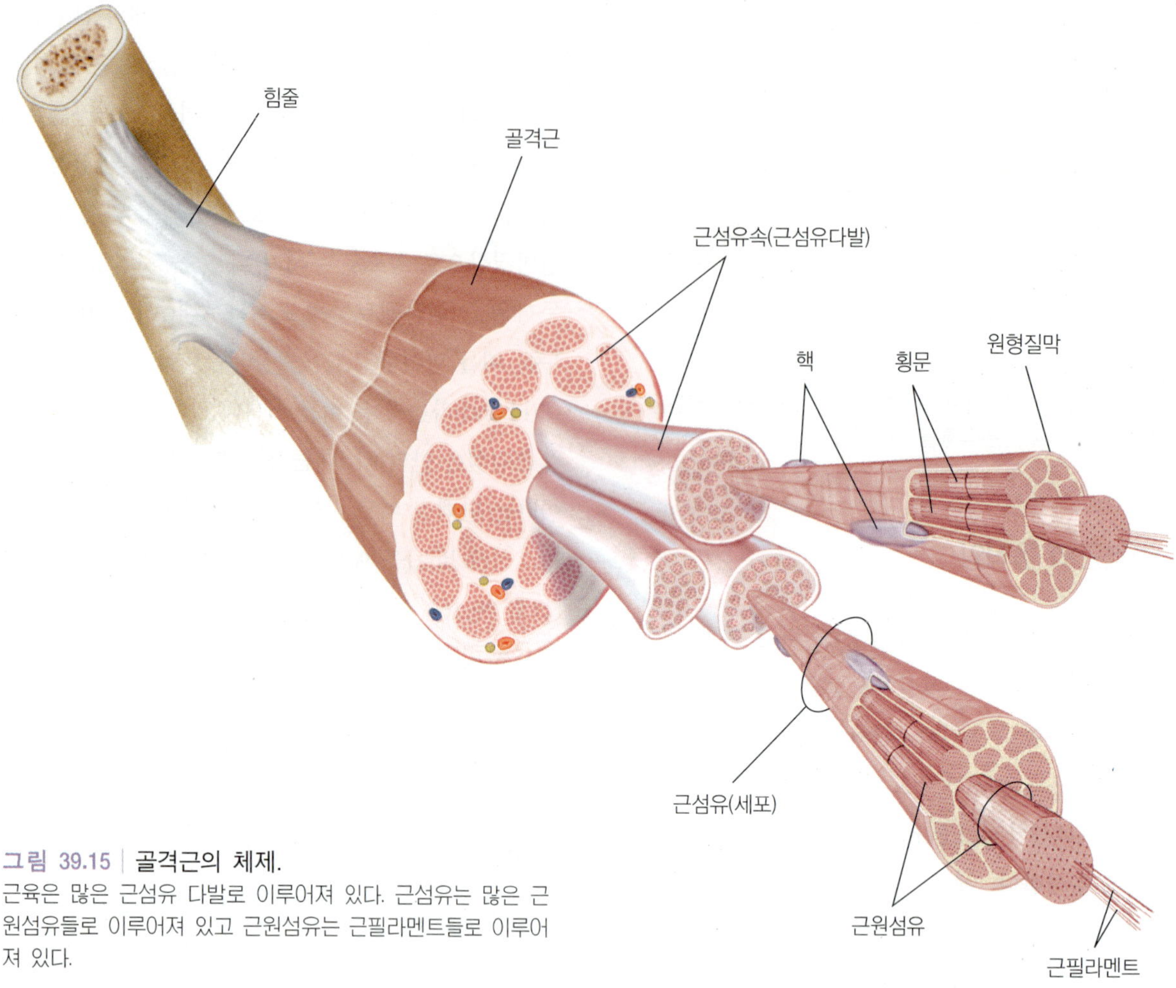

힘줄
골격근
근섬유속(근섬유다발)
핵
횡문
원형질막
근섬유(세포)
근원섬유
근필라멘트

그림 39.15 | **골격근의 체제.**
근육은 많은 근섬유 다발로 이루어져 있다. 근섬유는 많은 근원섬유들로 이루어져 있고 근원섬유는 근필라멘트들로 이루어져 있다.

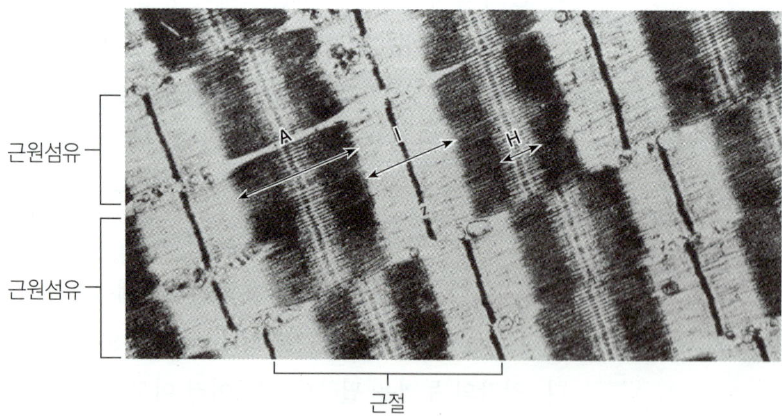

그림 39.16 | **골격근.**
근원섬유의 전자현미경 사진. Z선이 근절의 경계를 이룬다. 두꺼운 필라멘트는 A대를 이루고 가는 필라멘트는 I대를 이루며 A대 속으로 뻗어서 부분적으로 두꺼운 필라멘트와 겹쳐 분포한다. A대 중앙의 두꺼운 필라멘트와 가는 필라멘트가 겹쳐지지 않는 부위는 양 옆보다 밝게 보이며 H대라 부른다.

미오신 두부는 가는 필라멘트의 액틴과 결합하기 전에 효소 ATPase처럼 행동하여 ATP를 ADP와 Pi로 분해한다. 이 때문에 두부가 활성화되면서 액틴과 결합하여 횡단가교를 이룬다. 미오신 두부는 액틴에 일단 결합하면 형태적 변화가 일어나면서 필라멘트를 근절의 중앙 쪽으로 끌어당긴다(그림 39.20b). 미오신 두부가 다시 새로운 ATP 분자와 결합하면 액틴에서 떨어지고 근육 수축의 자극이 계속되는 동안 횡단가교 형성 회로(cross-bridge cycle)를 계속한다(그림 39.21).

동물이 죽으면 세포는 더 이상 ATP를 만들어내지 못하므로 횡단가교가 파괴되지 않는데, 이 때문에 시체의 근육이 딱딱해지는 사후강직

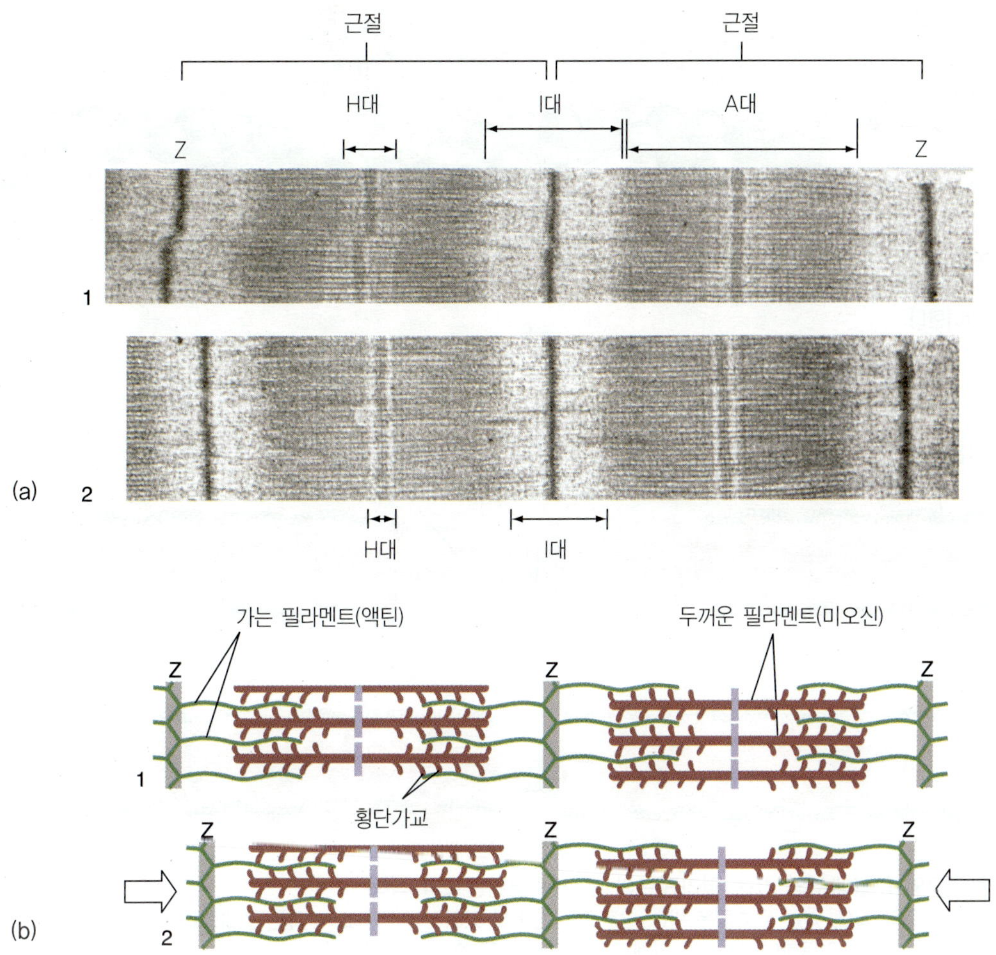

그림 39.17 | **근 수축의 활주 필라멘트 기작.**
전자현미경 사진(a)과 모식도(b). 가는 필라멘트가 근절 중앙부로 활주해 들어가면서 Z선은 서로 가까워진다. 이완된 근육(1) 및 약간 수축한 근육(2).

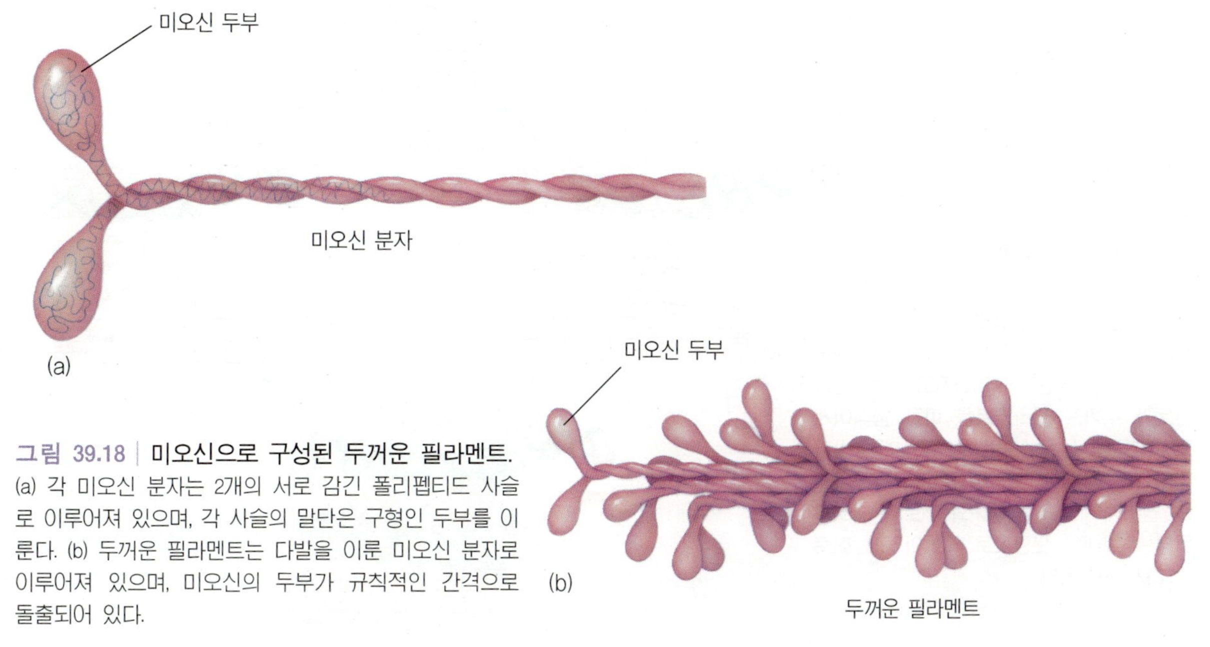

그림 39.18 | **미오신으로 구성된 두꺼운 필라멘트.**
(a) 각 미오신 분자는 2개의 서로 감긴 폴리펩티드 사슬로 이루어져 있으며, 각 사슬의 말단은 구형인 두부를 이룬다. (b) 두꺼운 필라멘트는 다발을 이룬 미오신 분자로 이루어져 있으며, 미오신의 두부가 규칙적인 간격으로 돌출되어 있다.

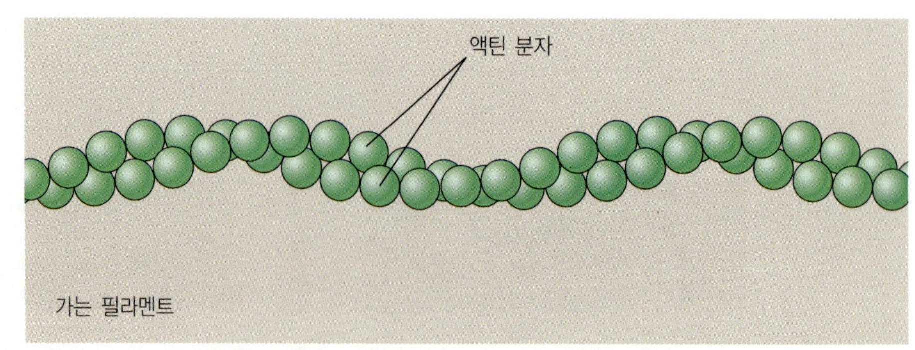

그림 39.19 | 구형의 액틴 단백질로 구성된 가는 필라멘트.
두 줄의 액틴 단백질이 나선형으로 꼬여 가는 필라멘트를 이룬다. 트로포미오신과 트로포닌 단백질이 액틴 단백질과 함께 근육 수축에 관여한다.

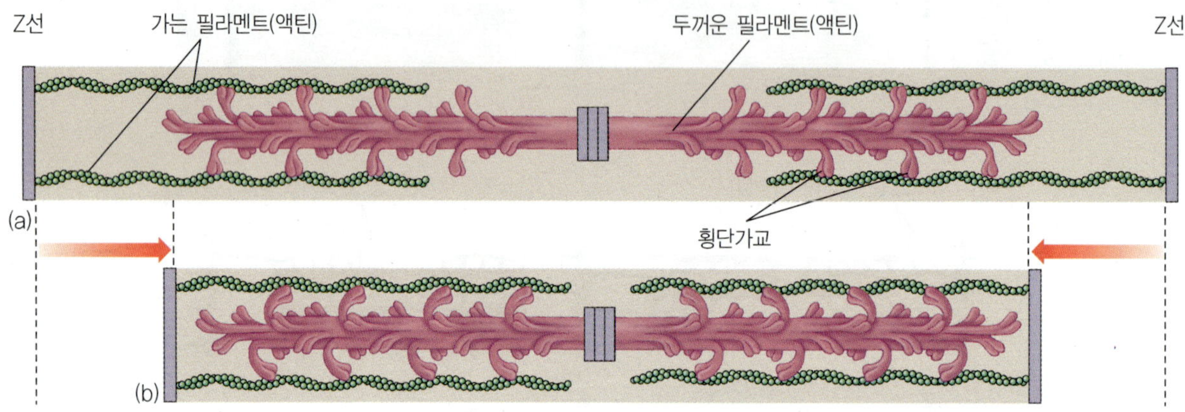

그림 39.20 | 횡문근의 근절에서의 가는 필라멘트와 두꺼운 필라멘트의 작용.
(a) 두꺼운 필라멘트의 양쪽 끝에 있는 두부들은 반대 방향으로 돌출해 있어서 횡단가교가 가는 필라멘트를 당기면, 근절의 양쪽 측면에 있는 Z선이 중앙부 쪽으로 이동한다. (b) 이 필라멘트들의 활주로 근 수축이 일어난다.

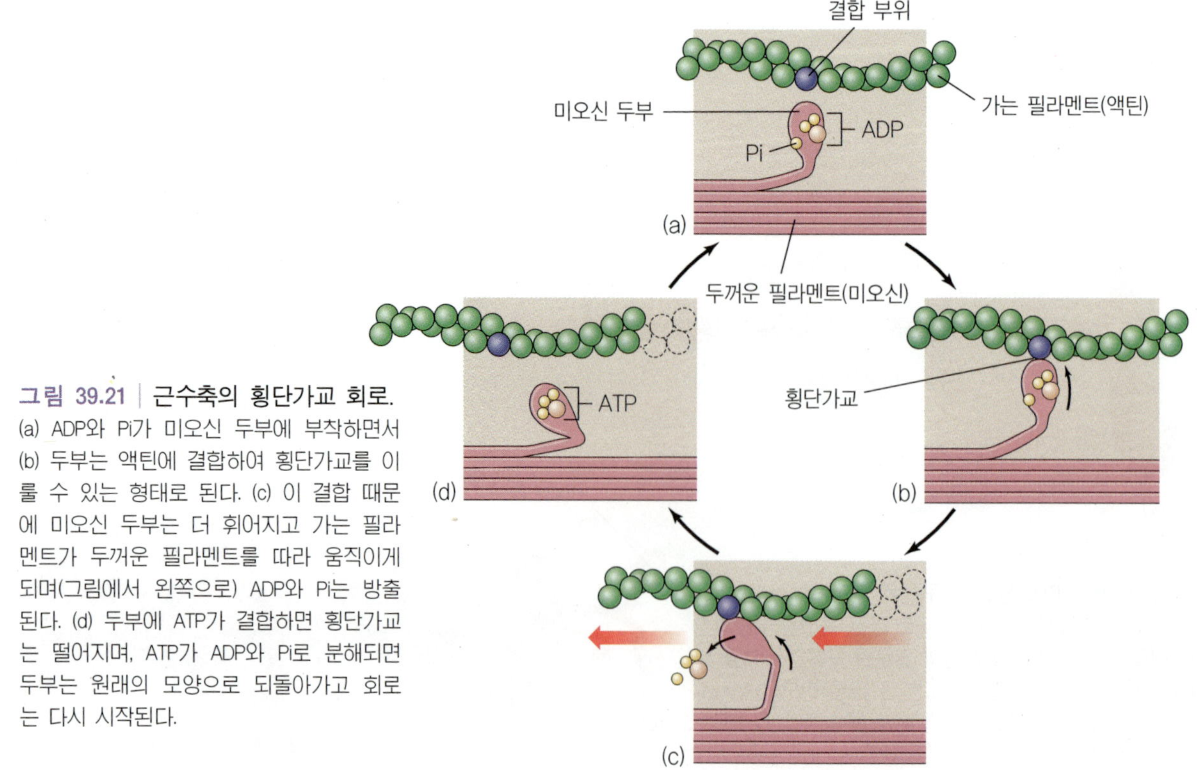

그림 39.21 | 근수축의 횡단가교 회로.
(a) ADP와 Pi가 미오신 두부에 부착하면서 (b) 두부는 액틴에 결합하여 횡단가교를 이룰 수 있는 형태로 된다. (c) 이 결합 때문에 미오신 두부는 더 휘어지고 가는 필라멘트가 두꺼운 필라멘트를 따라 움직이게 되며(그림에서 왼쪽으로) ADP와 Pi는 방출된다. (d) 두부에 ATP가 결합하면 횡단가교는 떨어지며, ATP가 ADP와 Pi로 분해되면 두부는 원래의 모양으로 되돌아가고 회로는 다시 시작된다.

(rigor mortis)을 일으키게 된다. 살아 있는 세포는 미오신 두부가 액틴으로부터 떨어지도록 항상 충분한 ATP를 가진다.

근 수축의 조절

Ca^{++}의 역할. 근육이 이완상태에 있을 때 미오신 두부는 ATP를 분해하면서 고개를 든 상태로 준비를 하지만 액틴과 결합하지는 못한다. 이는 액틴에 있는 미오신 두부 결합 부위가 트로포미오신(tropomyosin)이라는 단백질에 의해 차단되어 있기 때문이다. 그러므로 이완된 근육에서는 횡단가교가 생기지 않으며 필라멘트는 활주하지 못한다.

근육이 수축하기 위해서는 트로포미오신이 비켜나야 하는데, 이를 위해서는 트로포닌(troponin)이 필요하다. 트로포닌은 트로포미오신과 액틴을 결합시키는 조절단백질 복합체이다. 트로포닌과 트로포미오신의 상호 조절적 작용은 근세포질 안의 칼슘이온(Ca^{++}) 농도에 의해 조절된다.

근세포질의 Ca^{++} 농도가 낮으면 트로포미오신은 횡단가교 형성을 억제하고 근육은 이완된다(그림 39.22a). Ca^{++} 농도가 높아지면 Ca^{++}이 트로포닌에 결합하여 트로포닌-트로포미오신 복합체가 액틴에 있는 미오신 두부 결합 부위로부터 떨어져 나가게

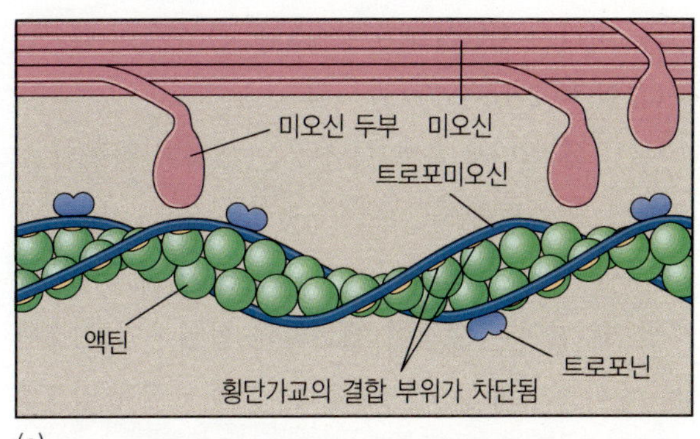

(a)

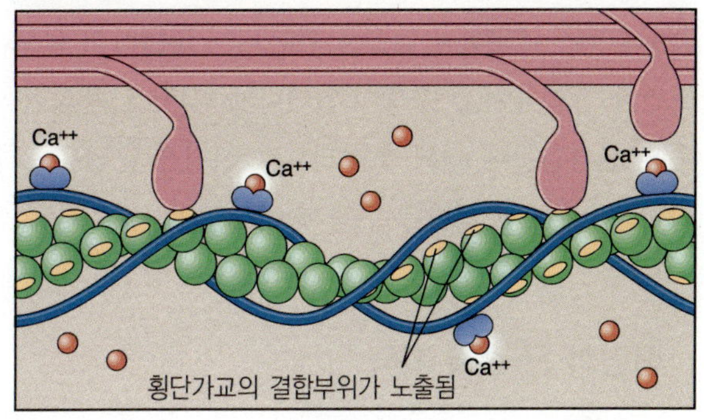

(b)

그림 39.22 | 칼슘이 횡문근 수축을 조절하는 방식.
(a) 근육이 휴지기에 있을 때 트로포미오신은 액틴에 있는 미오신 결합 부위를 차단한다. 미오신은 액틴과 횡단가교를 형성하지 못하기 때문에 근수축은 일어나지 못한다. (b) Ca^{++}이 트로포닌과 결합하면 Ca^{++}-트로포닌 복합체는 트로포미오신의 위치를 변화시켜 액틴의 미오신 결합 부위를 노출시켜서 횡단가교 형성이 일어나도록 함으로써 근 수축이 일어난다.

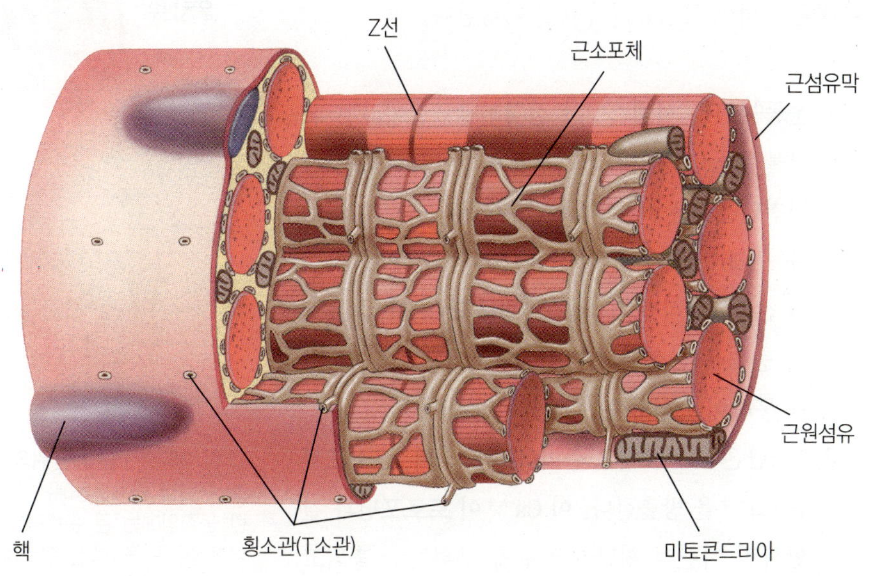

그림 39.23 | 근원섬유, 횡소관, 및 근소포체 사이의 관계.
충격이 근섬유와 시냅스를 이루고 있는 운동뉴런의 축색을 따라 근섬유막에 도달하면, 충격은 다시 횡소관을 따라 들어가서 Ca^{++}이 근소포체로부터 세포질로 방출되도록 자극한다. Ca^{++}은 근원섬유로 확산되어 수축이 일어나게 된다.

한다. 따라서 횡단가교가 형성되고 근 수축이 일어난다(그림 39.22b).

Ca^{++}은 어디서 올까? 근섬유는 일종의 변형된 소포체인 근소포체(SR, sarcoplasmic reticulum)에 Ca^{++}을 저장한다(그림 39.23). 근섬유가 자극되어 수축할 때 전기적 충격이 세포막의 함입부인 횡소관(trans-verse tubules : T소관)을 통해 근섬유 안으로 들어오면 SR에 들어 있는 Ca^{++}이 방출된다. 그런 다음 Ca^{++}은 근원섬유 안으로 확산되어 들어가서 트로포닌과 결합하여 근 수축이 일어나게 한다. 근육의 수축은 신경활동에 의해 조절되므로 신경은 근섬유 안의 Ca^{++} 분포에 영향을 주는 것이 틀림없다.

신경의 근 수축 자극

근수축은 운동뉴런에 의해 자극되어 일어난다. 골격근을 자극하는 운동뉴런은 심근이나 평활근의 경우와는 달리 체성운동뉴런(somatic motor neuron)이라고 한다. 체성운동뉴런의 축색은 신경세포체에서 뻗어 나와 가지를 쳐서 여러 근섬유와 시냅스를 이룬다. 하나의 축색은 많은 근섬유를 자극할 수 있고, 일부 동물에서는 하나의 근섬유는 1개 이상의 운동뉴런의 지배를 받는다. 사람에서는 각 근섬유는 한 축색의 한 가지와 단일시냅스를 이룬다.

체성운동뉴런이 전기화학적 충격을 전달할 때 다음 과정을 통하여 근섬유의 수축을 자극한다.

1. 운동뉴런은 시냅스에서 신경전달물질이라는 화학물질을 방출한다. 체성운동뉴런이 방출하는 신경전달물질은 아세틸콜린(acetylcholine, ACh)이다. ACh는 근섬유막에 작용하여 근섬유가 자신의 전기화학적 충격을 만들도록 자극한다.
2. 이 충격은 근섬유의 막을 따라 확산하여 T소관을 통하여 근섬유 안으로 들어간다.
3. T소관은 근소포체로 충격을 전달하며, 근소포체는 Ca^{++}을 방출한다. 이 Ca^{++}이 트로포닌과 결합하면 액틴의 횡단가교 결합 부위는 노출되고 근 수축이 일어난다.

신경 충격이 없으면 신경은 ACh 방출을 중단한다. 그러면 근섬유에서의 충격 생산이 중단되고 T소관이 더 이상 충격을 전달하지 않으면 Ca^{++}은 능동수송에 의하여 SR(근소포체) 안으로 다시 되돌아간다. 트로포닌은 더 이상 Ca^{++}과 결합하지 않게 되고 트로포미오신은 억제 위치로 되돌아가서 근육 이완이 일어나게 된다.

Ca^{++}의 방출로 운동뉴런에 의한 근섬유의 흥분이 근 수축과 연결되는 것을 흥분수축연관(excitation-contraction coupling)이라고 한다.

운동단위와 가입. 하나의 근섬유는 자극의 빈도에 따라 여러 가지 흥분 정도를 일으킬 수 있다. 근육 전체의 반응은 각 근섬유의 흥분 정도와 흥분된 근섬유의 수에 따라 달라진다. 한 운동뉴런과 이의 모든 축색가지와 연결되어 신경지배를 받는 근섬유들을 운동단위(motor unit)라고 한다(그림 39.24). 한 운동뉴런이 충격을 만들 때마다 그 운동단위의 모든 근섬유

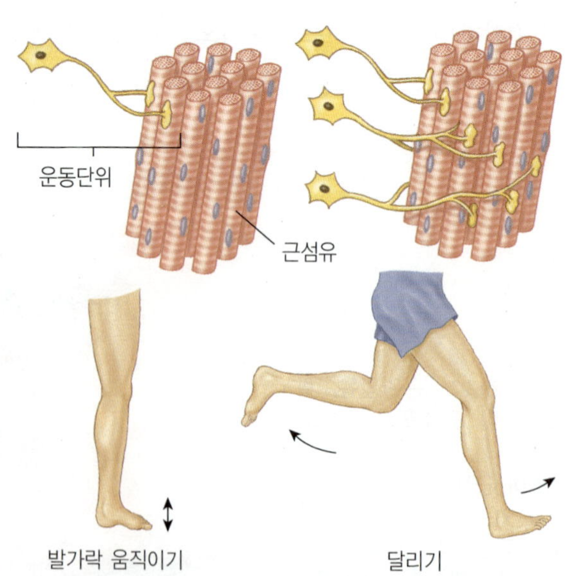

그림 39.24 | 운동단위의 수와 크기.
(a) 정밀한 근육운동에는 작은 운동단위들이 관여한다. (b) 커다란 움직임에는 큰 운동단위가 관여한다. 많은 운동단위들이 활성화될수록 근수축은 강력하다.

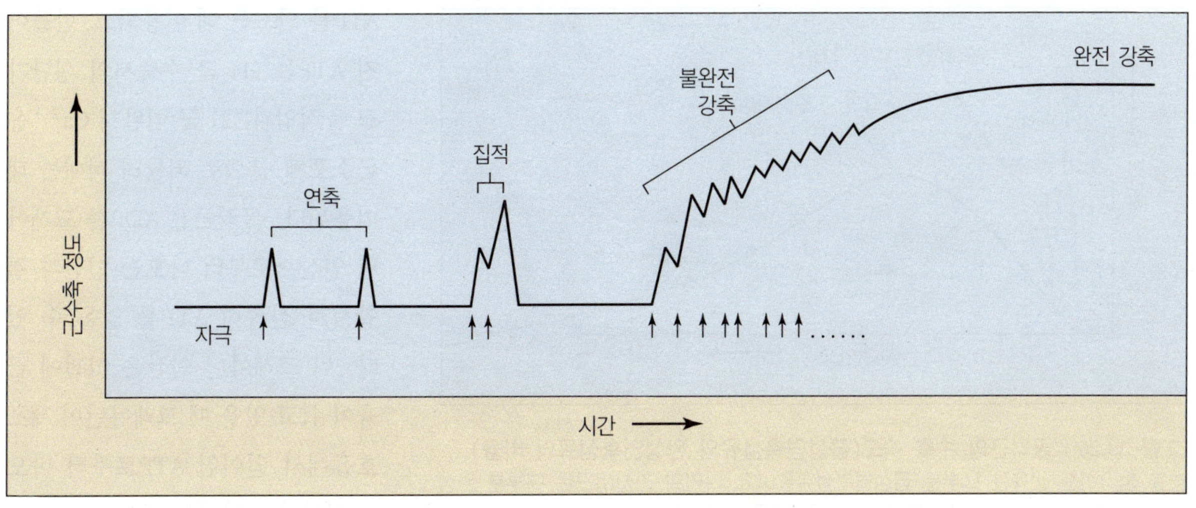

그림 39.25 | 집적.
근육 연축이 집적되어 지속적인 강축 수축이 생긴다. 이러한 양상은 근육이 전기충격으로 또는 자연상태에서 뉴런에 의해 자극받을 때 생긴다. 완만하고 지속적인 수축 상태인 강축은 신체근육 수축의 일반적인 형태이다.

들은 함께 수축한다. 정교한 조절이 필요한 근육은 작은 운동단위를 가진다(뉴런당 근섬유의 수가 적다). 가령 눈을 움직이는 근육에서는 운동뉴런당 근심유의 수가 몇 개 되지 않으며, 다리의 큰 근육에서는 그 수가 수백에서 수천 개에 이른다.

대부분의 근육은 여러 가지 크기의 운동단위를 가지며, 각 운동단위는 신경계에 의하여 선택적으로 활성화된다. 약한 근육 수축이 필요할 때는 소수의 운동단위만 활성화되고, 이보다 약간 더 강한 수축이 필요할 때는 추가적으로 약간 더 많은 운동단위가 활성화된다. 강한 수축을 일으키기 위하여 신경계가 많은 수의 큰 운동단위를 이용하는 것을 가입(recruitment)이라고 한다.

근섬유의 종류

근섬유 연축. 전기 충격에 의한 인위적인 자극을 통하여 골격근 하나를 분리하여 연구할 수 있다. 만약 하나의 근육을 단일 전기충격으로 자극하면 이 근육은 연축(twitch)이라는 신속한 수축과 이완을 하게 된다. 자극 전압을 높이면 연축의 강도는 최대로 된다. 만약 첫 전기충격에 이어 즉시 제2의 전기충격을 가하면 첫 번째 연축에 제2의 연축이 합쳐지는데, 이러한 누적적인 반응을 집적(summation)이라고 한다(그림 39.25).

만약 자극기를 이용하여 전기충격의 빈도를 자동적으로 빠르게 하면 연속적인 연축 사이의 이완기가 점점 짧아지고 근수축의 강도는 증가한다. 나중에는 자극의 특정 빈도에 이르면 연축 사이에 이완이 나타나지 않게 되어, 신체 내 정상적인 근 수축에서와 같이 수축은 완만하게 지속된다. 이러한 완만하게 지속되는 근 수축을 강축(tetanus)이라고 한다.

골격근 섬유는 수축 속도에 따라 제1형 섬유라고도 하는 완성연축섬유(slow-twitch fiber)와 제2형 섬유라고도 하는 급성연축섬유(fast-twitch fiber)로 구분된다. 가령 눈꺼풀을 움직이는 근육은 급성연축섬유의 비율이 높고 7.3msec만에 최대 강도에 이르며, 이와는 달리 다리의 가자미근은 완성연축섬유의 비율이 높아서 최대 강도에 이르는데 약 100msec가 걸린다(그림 39.26).

가자미근과 같은 근육은 피로하지 않은 채 오랜 시간 동안 수축할 수 있어야 한다. 이러한 근육은 완성연축섬유를 가지고 있어서 유기호흡 능력이 크고 피로에 대한 내성이 크다. 완성연축섬유에는 모세혈관

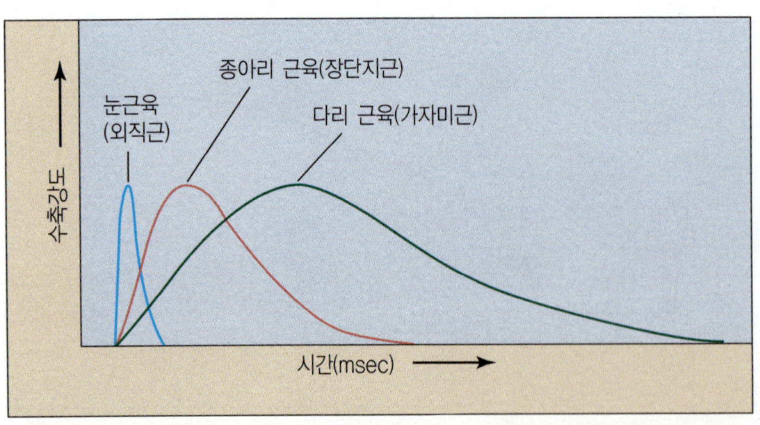

그림 39.26 | 골격근의 수축 속도(급성연축섬유와 완성연축섬유의 비율). 눈을 움직이는 근육은 대부분 급성연축섬유들이고, 다리의 가자미근은 대부분 완성연축섬유들로 이루어져 있다. 종아리 근육은 그들 중간 형태의 구성을 하고 있다. 종아리 근육이 급성과 완성연축섬유들이 혼합된 형태인지, 아니면 중간 형태의 섬유들로 구성되어 있는지 어떻게 알 수 있을까?

이 많이 뻗어 있고, 미토콘드리아와 유기호흡 효소가 많으며 미오글로빈(myoglobin) 색소 농도가 높다. 미오글로빈은 일종의 적색 색소로서 적혈구의 헤모글로빈과 유사하지만 산소에 대한 친화력이 높아서 완성연축섬유로의 산소 운반이 더 효율적이다. 완성연축섬유는 미오글로빈 농도가 높기 때문에 적색 섬유(red fibers)라고도 한다.

두꺼운 급성연축섬유는 완성연축섬유에 비해 모세혈관, 미토콘드리아, 미오글로빈이 적으며, 백색 섬유(white fibers)라고 한다. 급성연축섬유는 유기호흡에 적응되어 있으며 저장된 많은 글리코겐과 높은 농도의 해당과정 효소를 이용한다. 급성연축섬유는 신속하게 힘을 내는 데 알맞으며 웨이트 트레이닝을 하면 두껍고 더 강해질 수 있다. 닭고기에서 적색근과 백색근은 각각 주로 적색 섬유와 백색 섬유로 구성되어 있다.

인간은 이 외에 중간 형태의 근육섬유를 가지고 있는데, 이들은 급성연축섬유이면서 높은 산화능력을 갖고 있어 피로에 대한 내성이 크다.

휴식할 때와 운동할 때의 근육 대사. 휴식할 때 골격근은 에너지의 대부분을 지방산의 유기호흡으로부터 얻는다. 운동할 때는 근육 글리코겐과 혈당도 에너지원으로 이용된다. 세포호흡으로 얻어진 에너지는 ATP를 만드는 데 이용되고, 만들어진 ATP는 (1) 근 수축시의 횡단가교 움직임과 (2) 근 이완시 Ca^{++}을 근소포체 안으로 되돌려 퍼내는 데 이용된다. 골격근은 ADP를 크레아틴 인산으로부터 나오는 인산과 결합시켜 신속히 ATP를 얻을 수 있다. 이 크레아틴 인산은 이전에 근육이 쉬고 있을 때 크레아틴이 세포호흡에서 얻어진 ATP로부터 나오는 인산과 결합하여 생긴다.

골격근은 과격한 운동을 시작한 지 처음 45초 내지 90초 동안은 혐기적으로 호흡하는데, 이는 심장호흡계가 운동하는 근육에 산소 공급량을 충분히 증가시키는 데는 이만큼의 시간이 소요되기 때문이다. 만약 운동량이 보통 정도라면 운동한지 2분 후에는 유기호흡으로 에너지의 대부분을 공급한다.

운동의 약함, 보통, 과격함의 기준은 개인의 최대 호기성 운동 능력에 따라 다르다. 몸의 최대 산소 소모율(호기성호흡에 의한)을 최대산소흡수력 또는 유기호흡능력이라고 한다. 운동의 강도는 젖산 역치로도 나타낼 수 있다. 이는 무기호흡에 의해 혈액 내 젖산 수준이 크게 증가할 때의 최대산소흡수율이다. 가령, 평균적인 건강 정도를 가진 사람이 최대산소흡수력의 약 50~70%로 운동을 할 때 혈액 내 젖산의 양이 크게 증가한다.

근육피로 및 육체적 운동. 근육피로는 근육이 사용되어 힘을 내는 능력이 감소되는 것을 말한다. 피로의 원인은 완전히 밝혀지지는 않았다. 그러나 대부분의 경우 근육피로는 운동으로 생기는 젖산과 연관되어 있다. 젖산은 포도당의 무기호흡으로 생기고, 포도당은 근육 내 글리코겐이나 혈액에서 얻어진다. 따라서 젖산 생산이나 근육피로는 근육 내 글리코겐 고갈과도 관련되어 있다.

근육 글리코겐의 고갈과 젖산의 형성은 운동을 제

약하므로 근육 글리코겐을 저장하고 젖산을 효율적으로 제거하는 능력은 신체지구력을 증진시킨다. 운동선수는 지방산의 유기호흡으로 생기는 에너지의 비율이 높아서 저장된 근육 글리코겐의 고갈 속도가 느리다. 신체단련의 정도가 클수록 지방산의 유기호흡으로 에너지를 얻는 비율이 높다. 운동선수는 또 근육에 혈관 분포가 조밀하여 혈액 흐름이 증가되며 산소 운반과 젖산 제거 속도가 빠르다. 지구력을 단련한 선수는 일반인에 비하여 호기성 호흡능력이 크므로 운동선수는 많은 운동을 한 뒤에야 젖산이 생기고 글리코겐 고갈이 일어나서 근육피로가 나타난다.

지구력 단련으로 근육이 커지는 것은 아니다. 근육의 크기 증가는 역기 들어올리기처럼 높은 저항력에 대항하여 근육이 작용하도록 하는 고강도 운동을 빈번히 함으로써 생긴다. 이러한 운동으로 급성연축섬유(제2형 섬유)는 이의 근원섬유가 커지고 수가 많아짐으로써 두꺼워진다. 따라서 웨이트 트레이닝을 하면 골격근이 커지는데, 이는 세포분열에 의해 세포의 수가 많아지기 때문이기보다는 세포 크기가 커지는 과비대(hypertrophy) 때문이다.

CHAPTER 40

소 화

광합성 생물은 무기물로부터 필요한 유기물 분자를 만들어내므로 스스로 자급할 수 있는 독립영양생물이다. 그러나 동물은 종속영양생물로서 다른 생물체 내에 들어 있는 유기물 분자를 섭취해야 한다. 종속영양생물이 섭취한 분자들이 체내로 흡수되기 위해서는 작은 분자로 소화되어야 한다. 소화산물이 몸 안으로 들어가면 동물은 세포호흡을 통해 필요한 에너지를 만드는 데 이용하거나 조직을 구성하는 거대 분자를 조립한다. 이 장에서는 동물의 소화과정에 대하여 알아본다.

40.1 동물의 소화계

소화계의 종류

종속영양생물은 먹이원에 따라 3가지로 구분된다. 식물을 먹는 동물을 초식동물(herbivore)이라고 하고, 육류를 먹는 동물을 육식동물(carnivore)이라고 하며, 동물과 식물을 모두 먹는 동물을 잡식동물(omnivore)이라고 한다.

단세포생물이나 해면동물은 먹이를 세포 내에서 소화한다. 그 외의 동물은 먹이를 소화강 안의 세포 밖에서 소화하는데, 이 경우 소화효소가 소화강으로 방출된다. 자포동물이나 편형동물에서는 소화강에 입과 항문의 역할을 모두 하는 단 한 개의 개구부만 있다. 이런 종류의 소화계를 위수강(gastrovascular cavity)이라고 하며 세포들이 특수화 되지 않고 모든 세포가 모든 소화 과정에 관여한다(그림 40.1).

입과 항문이 분리되어 있고 소화관에 특수화가 나타나며 먹이는 한 방향으로만 지나간다. 이런 가장 원시적인 소화관은 선형동물에서 볼 수 있는데, 단순하게 상피막으로 싸인 관상의 장이다. 지렁이의 소화관은 국부적으로 특수화되어 있어서 각각 먹이의 섭취, 저장, 분쇄, 소화 그리고 흡수를 담당한다. 척추동물을 비롯한 모든 고등동물도 이와 유사한 특수화를 보인다(그림 40.2).

섭취한 먹이는 소화관의 특정 부위에 저장되거나 저작 또는 마쇄를 통한 물리적 분쇄가 일어난다. 그런 다음 화학적 소화가 일어나서 거대 분자가 가장 작은 구성단위로 분해된다. 화학적 소화는 가수분해 작용으로서, 그 결과 단당류, 아미노산, 지방산이 만들어진

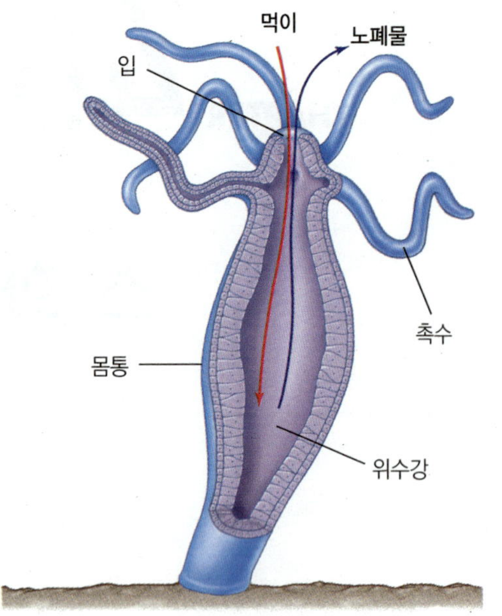

그림 40.1 | 히드라(자포동물문)의 위수강.
위수강에는 입과 항문의 역할을 하는 하나의 개구부가 있다. 부위마다 특수화되어 있지 않고 위수강 전체에서 세포 외 소화가 일어난다.

선형동물
입
인두
장
항문
지렁이
소낭
모래주머니
입
인두
장
항문
도롱뇽
위
장
총배설강
입
식도
간
이자
항문

그림 40.2 | 선형동물, 지렁이, 척추동물의 소화관.
먹이가 소화관을 따라 한 방향으로 움직여 가며, 각 부위마다 다른 기능을 하도록 특수화되어 있다.

다. 이 분해산물은 장의 상피를 통해 흡수되어 혈액으로 들어간다. 그리고 흡수되지 않은 분자들은 배설물이 되어 항문을 통해 배출된다.

척추동물의 소화계

척추동물의 소화계는 관상의 위장관과 부속 소화기관으로 구성된다(그림 40.3). 위장관의 시작 부위는 입과 인두이며, 인두는 구강과 비강의 공통 연결 통로이다. 인두는 근육성 관인 식도로 연결되고 식도는 1차적 소화가 일어나는 위와 연결된다. 위와 연결된 소장에서는 여러 가지 소화효소에 의해 소화가 일어나고, 소화산물은 섭취된 물의 대부분과 무기질과 함께 흡수되어 혈관으로 들어간다. 소화되지 않은 물질은 대장으로 내려가서 이곳에서 잔여 수분과 무기질이 흡수된다. 포유동물 외의 대부분의 척추동물에서는 대장에서 나가는 노폐물이 총배설강(cloaca)으로 들어간다(그림 40.2). 총배설강은 오줌과 생식계 산물도 모이는 곳이다. 포유동물에서는 요생식 산물은 대장에서 나오는 소화 노폐물과는 분리되는데, 소화 노폐물은 직장으로 들어가서 항문을 통해 배출된다.

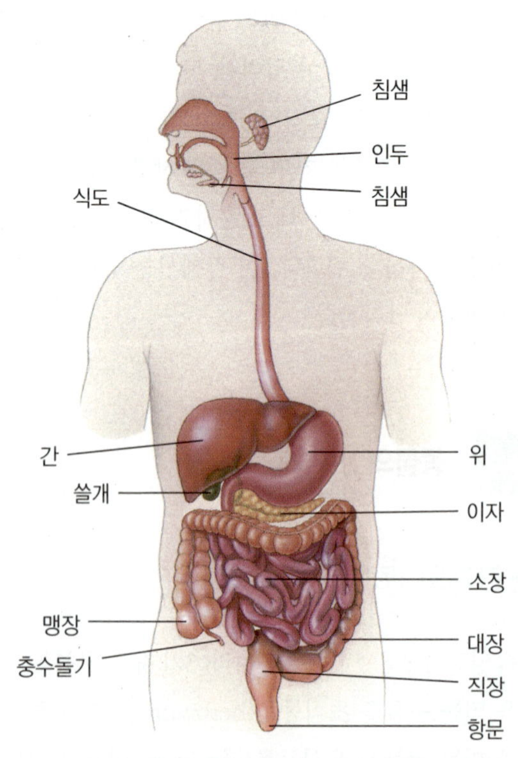

그림 40.3 | 사람의 소화계.
사람의 소화계는 식도, 위, 소장, 대장, 직장과 항문으로 이루어져 있고, 부속기관의 도움을 받고 있다.

일반적으로 육식동물은 장이 짧고 초식동물은 길다. 이는 초식동물이 소화되기 어려운 다량의 셀룰로스를 먹는 것과 관련되어 있다. 소와 같은 반추동물(ruminants)은 여러 개의 위를 가지며 세균의 도움을 받아서 셀룰로스를 소화한다. 토끼, 말 등의 다른 초식동물은 대장의 기부에 있는 맹장(cecum)에서 세균의 도움으로 셀룰로스를 소화한다.

부속 소화기관 중에는 담즙(bile, 지방을 유화시키는 녹색 용액)을 만드는 간, 담즙을 저장하는 담낭(쓸개)이 있다. 이자는 이자액(pancreatic juice)을 만드는데, 이자액에는 소화효소들과 중탄산염 완충액이 들어 있다. 담즙이나 이자액은 소장의 앞쪽으로 분비된다.

척추동물의 위장관은 특징적인 층상 구조를 가진다(그림 40.4). 가장 안쪽 층은 점막(mucosa)으로서 내강과 직접 접하는 상피이다. 그 다음의 조직층이 결합조직으로 이루어진 점막하조직(submucosa)이다. 점막하조직 다음에는 이중의 평활근층으로 이루어진 평활근층(muscularis)이다. 이 중 안쪽 층의 평활근은 환상으로 배열되어 있고, 바깥쪽 층의 평활근은 종으로 배열되어 있다. 소화관의 맨 바깥쪽에는 결합조직 층인 장막(serosa)이 있다.

서로 얽힌 신경들은 신경총(plexuses)을 이루어 점막하조직에 위치하고 있으며 위장활동을 조절한다.

혈관
신경
위장관 밖의 샘
점막
내강
점막하조직
장근막 신경총
환상근층
평활근층
종주근층
점막하 신경총
점막하 조직의 샘
결합조직층 **장막**

그림 40.4 | **위장관의 층상 구조.**
점막은 내강을 둘러싸는 상피로 되어 있고, 점막하조직은 결합조직으로 구성되어 있으며 평활근층은 평활근으로 이루어져 있다. 샘에서 관을 통해 위장관의 특정 부위로 물질의 분비가 일어난다.

40.2 입에서부터 위까지

입과 이

척추동물에서 소화계 특수화는 이들의 살아가는 방식을 반영한다. 어류는 아가미틈이 있는 커다란 인두를 가지며, 공기 호흡을 하는 척추동물은 작은 인두를 가진다. 여러 척추동물은 이빨이 있으며(그림 40.5) 먹이를 저작하여 잘게 부수고 액체 분비물과 섞는다. 이가 없는 새의 위는 두 개의 방으로 구분되어 있는데(그림 40.6), 그 중 하나인 모래주머니(gizzard)는 먹은 모래와 근육 운동으로 먹이를 마쇄한다.

척추동물의 이

육식 포유동물은 뾰족한 이를 가진다. 이러한 이는 자르고 찢기에 알맞다. 이와는 달리 풀을 먹는 초식동물은 소화하기 전에 식물 조직의 셀룰로스로 이루어

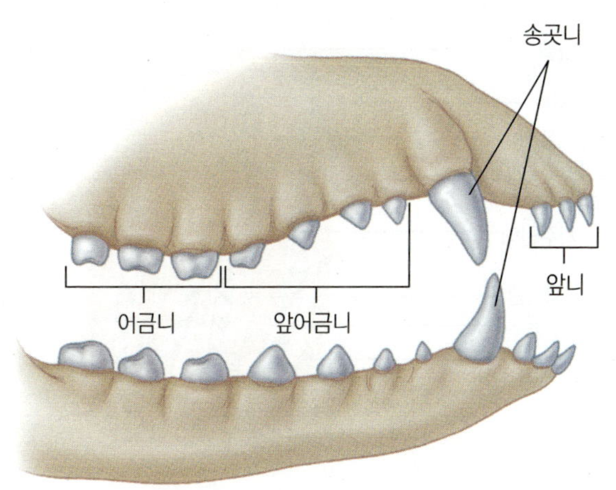

그림 40.5 | **척추동물의 일반적 치아 배열.**
척추동물이 초식동물인지, 육식동물인지 또는 잡식동물인지에 따라 치아의 변이가 일어난다.

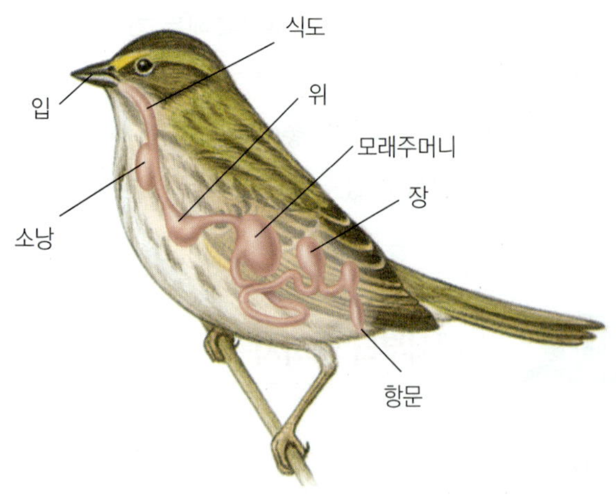

그림 40.6 | 조류의 소화관.
조류는 이가 없으나 모래를 삼켜 모래주머니라는 근육성 방에서 먹이를 잘게 부순다. 먹이는 소낭에 저장된다.

진 세포벽을 부수어야 한다. 이러한 동물은 씹는 면에 복잡한 융기가 있는 크고 편평한 이를 가진다.

사람의 이는 식물성 및 동물성 음식을 먹기에 알맞도록 분화되어 있다. 그래서 사람의 입 안에서 앞쪽에 있는 이는 육식동물의 것과 유사하고 안쪽에 있는 이는 초식동물의 이와 유사하다(그림 40.7). 위턱과 아래턱의 앞니 4개는 물어뜯는 데 이용된다. 앞니 양 옆에 있는 뾰족한 송곳니는 음식을 찢는 데 이용된다. 송곳니 뒤쪽에 있는 2개의 앞어금니와 3개의 어금니

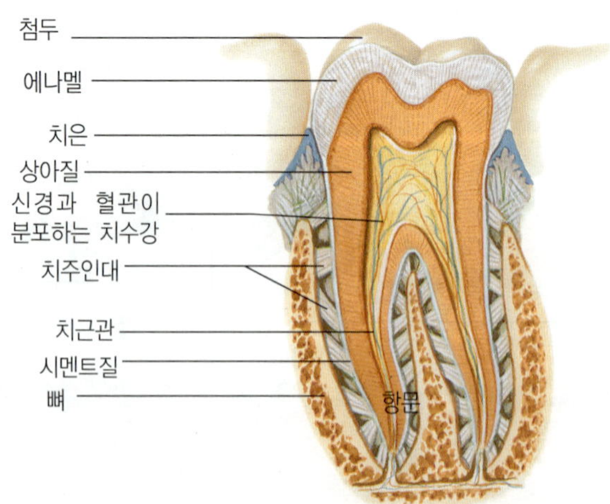

그림 40.7 | 사람의 이 구조.
각각의 이는 살아 있고, 중앙의 치수강에 신경과 혈관이 분포해 있다. 실제 저작이 일어나는 표면은 단단한 에나멜층으로서 이의 몸체를 이루는 부드러운 상아질을 덮고 있다.

는 표면이 납작하고 융기가 있어서 음식을 갈고 부수는데 이용된다. 어린 아이는 20개의 이를 가지지만 이 젖니들은 어릴 때 탈락하고 32개의 영구치로 교체된다.

입

사람의 입에는 3쌍의 침샘이 점막층에 있는 관을 통해 입안으로 침을 분비한다. 침은 음식을 축축하고 매끄럽게 만들어서 삼키기 좋게 만든다. 침에는 또 가수분해 효소인 타액 아밀라제가 들어 있어서 녹말을 이당류인 맥아당으로 분해한다. 그러나 사람은 음식을 오래 씹지는 않으므로 이 소화 작용은 매우 미미하다.

침샘의 분비 작용은 신경계의 조절을 받는다. 침은 입 안이 비어 있을 때 분당 약 0.5 ml의 속도로 지속적으로 분비된다. 입 안에 음식이 들어 있으면 침의 분비가 촉진되는데, 이는 입 안에 있는 미각 뉴런이 뇌에 충격을 전달하고 뇌는 다시 침샘을 자극하기 때문이다. 가장 강력한 자극은 산성 용액으로서, 가령 레몬주스는 침의 분비 속도를 8배 증가시킨다. 개에서는 음식을 보고, 듣고, 냄새 맡는 것이 침의 분비를 크게 촉진시키지만, 사람에게는 이러한 자극들은 음식에 대하여 생각하거나 말하는 것보다는 덜 효과적이다.

혀는 음식을 입 뒤로 운반한다. 포유동물에서 삼키는 과정은 연구개가 들어올려지고 인두의 뒤쪽 벽으로 밀착되면서 시작된다(그림 40.8). 연구개가 들어올려지면 비강이 막혀서 음식이 비강 쪽으로 들어가지 않는다. 인두에 대한 압박은 반사라는 자율적이고 불수의적인 반응을 일으킨다. 이 반사에서 인두에 대한 압박은 이의 벽에 있는 뉴런을 자극하고, 이 뉴런은 뇌의 연하중추(삼킴중추)에 충격을 전달한다. 이에 대한 반응으로, 뇌에서 뻗어 나오는 운동뉴런을 따라 전달된 전기충격은 후두(larynx)의 근육 운동을 일으켜서 후두가 들어올려지면서 후두가 기관으로 연결되는 개구부인 성문(glottis)을 후두개(epiglottis) 쪽으로 밀게 된다. 이러한 작용은 음식이 호흡관으로 들어가지 않고 식도로 내려가도록 한다.

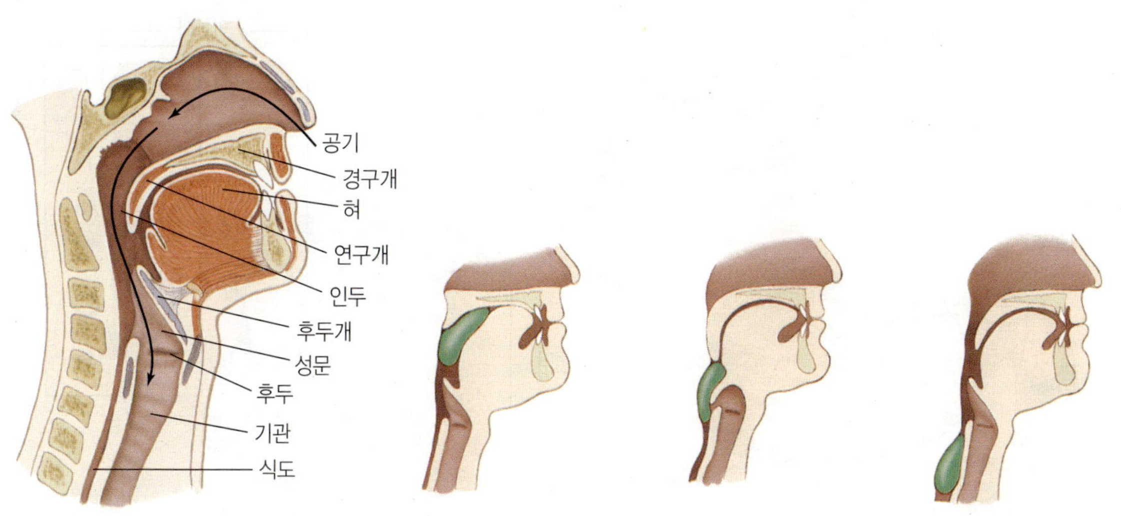

그림 40.8 | 사람의 인두, 구개 및 후두.
연구개가 들어올려지면서 인두로 들어간 음식은 비강으로 들어가지 않게 되며, 후두가 후두개 쪽으로 들어올려지면서 음식이 후두와 기관으로 들어가지 않도록 막는다.

식도 및 위

식도의 구조와 기능

식도는 인두와 위 사이의 근육성 관으로서, 성인의 경우 약 25cm의 길이이다. 식도의 위쪽 1/3은 수의적 조절이 이루어지는 골격근으로 싸여 있고 아래쪽 2/3는 불수의적인 평활근으로 싸여 있다. 연하 중추는 이 평활근의 연속적 수축 파동을 일으켜서 음식이 위로 내려가게 한다. 이 율동적인 근 수축 파동을 연동운동(peristalsis)이라고 하며, 사람이 물구나무서기를 해도 이 연동운동 때문에 음식은 위 속으로 들어간다.

여러 척추동물에서 식도로부터 위까지의 음식의 이동은 괄약근(sphincter), 즉 환상의 평활근의 고리로 조절되는데, 이 괄약근은 먹이의 접촉에 반응하여 열린다. 이 괄약근 때문에 위 속으로 들어간 먹이가 식도로 거슬러 나오지 않는다. 설치류와 말은 이 부위에 진정 괄약근을 가지고 있기 때문에 먹이를 토할 수 없으며 사람은 진정 괄약근을 가지지는 않는다.

보통 음식을 삼킬 때를 제외하고는 식도는 닫혀 있다.

위의 구조와 기능

주머니처럼 생긴 위의 내벽에는 많은 주름이 있으며, 위가 비어 있을 때는 주름이 접히고 음식으로 채워져 있을 때는 풍선처럼 펼쳐진다. 그래서 사람의 위가 비어 있을 때는 약50 ml의 용량을 가지지만 음식으로 채워지면 2~4 *l*로 팽창할 수 있다. 한꺼번에 많은 먹이를 먹는 육식동물은 위가 이보다 훨씬 더 팽창할 수 있다.

분비계

위에는 음식을 위액(gastric juice)과 뒤섞기 위한 추가적인 평활근 층이 있다. 위액은 점막의 위선에서 분비된다(그림 40.9). 이 외분비선에는 두 가지의 분비세포가 있는데, 하나는 염산(HCl)을 분비하는 벽세포(parietal cell)이고 다른 하나는 펩시노겐을 분비하는 주세포(chief cell)이다. 펩시노겐은 낮은 pH에서 활성을 가지는 약한 단백질 분해효소(프로테아제)이다. 활성화된 펩시노겐 분자는 분자 내 특정 부위에서 분해되어 더 강한 활성을 띠는 펩신(pepsin)으로 된다. 펩시노겐은 세포 밖에서 펩신으로 전환되므로, 이를

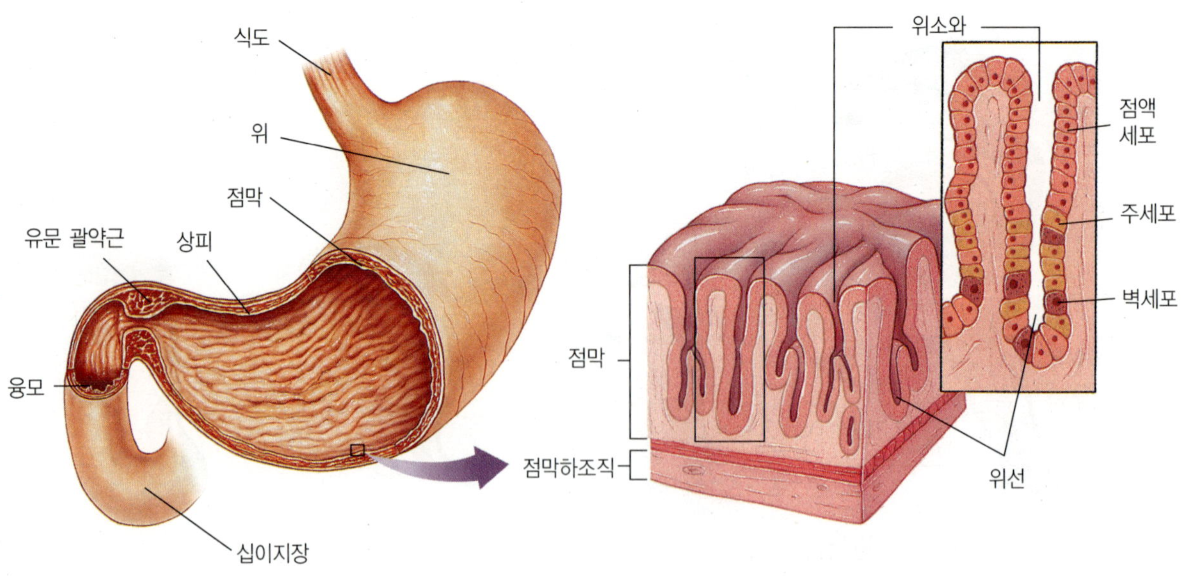

그림 40.9 | 위와 십이지장.
음식은 식도에서 위로 들어가고, 유문 괄약근이라는 평활근 부위는 십이지장으로 내려가는 것을 조절한다. 위선은 점액세포와 펩시노겐을 분비하는 주세포, 그리고 HCl을 분비하는 벽세포로 이루어져 있으며, 위선의 개구부인 위소와가 위 상피벽에 무수히 흩어져 있다.

분비하는 주세포가 펩신에 의해 소화되는 것을 막는다. 성인의 위에서는 단백질만 부분적으로 소화되고, 탄수화물이나 지방은 거의 소화되지 않는다.

벽세포는 HCl을 만드는 것 외에 장에서의 비타민 B_{12} 흡수에 필요한 폴리펩티드인 내인성인자도 분비한다. 이 비타민은 적혈구 생산에 필요하므로, 충분한 내인성인자(intrinsic factor)가 없는 사람들은 악성빈혈(pernicious anemia)을 일으키게 된다.

산의 작용

사람의 위는 매일 약 2 l 의 HCl과 다른 위액을 분비한다. 위액의 pH는 2이므로, pH 7.4인 혈액보다 산도가 250,000배 높다. 이렇게 낮은 산도 때문에 음식 속의 단백질이 변성되어 소화되기 쉽게 되고 펩신이 최대로 활성화된다. 펩신은 단백질을 짧은 폴리펩티드 사슬로 쪼갠다. 이렇게 부분적으로 소화된 음식과 위액의 혼합물을 유미(암죽 : chyme)라고 한다.

위 안의 산성 용액은 또 음식과 함께 들어온 대부분의 세균을 죽인다. 위에서 살아남은 일부 세균은 장으로 들어가 증식할 수 있다. 실제로 척추동물의 장에는 많은 세균이 살고 있으며, 대변 속에는 많은 세균이 들어 있다.

위궤양

위산이 과다 생산되면 위벽이 손상된다. 위 점막의 상피세포는 알칼리성인 점액의 층에 의해 보호를 받고, 이 세포들은 손상될 때 세포분열에 의해 신속히 새로운 세포로 대치되기 때문에(이 상피세포는 수명이 2~3일이다) 위궤양(gastric ulcers)이 쉽게 일어나는 것은 아니다. 위장관 궤양의 90% 이상은 십이지장궤양(duodenal ulcers)이다. 십이지장궤양은 과다한 양의 산성 유미가 십이지장으로 내려가서 알칼리성인 이자액으로 적절히 중화되지 못할 때 생긴다. 궤양은 또 세균 *Helicobacter pylori*의 감염으로 자가소화를 막는 점액 장벽이 약화될 때에도 일어나기 쉽다.

위에서 나가기

유미는 위에서 유문 괄약근(pyloric sphincter)을 통해(그림 40.9) 소장으로 들어간다. 소장에서 탄수화물, 지질, 단백질의 최종적 소화가 일어나며, 소화산물인 아미노산이나 포도당 등은 혈액 안으로 흡수된다. 유미 속의 물의 일부와 아스피린, 알코올 등의 일부 물질은 위에서 흡수된다.

40.3 소장과 대장

소 장

소장에서의 소화

소장에서의 소화 과정은 많은 시간이 소요된다. 소장의 길이는 살아 있는 사람에서는 약 4.5m이고 부검해서 보면 근육이 이완되어 6m에 이른다. 소장의 앞쪽 25cm 부위를 십이지장(duodenum)이라고 하며, 나머지 부분은 공장(jejunum)과 회장(ileum)으로 구분된다. 십이지장은 위로부터 산성인 유미를, 이자로부터 소화효소와 중탄산염을, 그리고 간과 쓸개로부터 담즙을 넘겨받는다. 이자액 속의 효소들은 큰 분자들을 작은 조각으로 분해하며, 이는 주로 십이지장과 공장에서 일어난다.

소장의 상피벽에는 융모(villus)라는 작은 손가락 모양의 돌기들이 있다(그림 40.10). 또, 융모벽을 이루는 각각의 상피세포에는 세포질이 돌출되어 생긴 많은 미세융모(microvillus)가 있다. 이 미세융모는 매우 작으므로 전자현미경으로만 정확히 볼 수 있으며, 광학현미경으로 보면 솔처럼 보이므로 소장의 안쪽 표면을 털연변부(brush border)라고 한다.

융모나 미세융모는 소장의 내면 면적을 크게 증대시키므로, 사람에서 이 소장 표면적은 300m^{2}나 된다. 많은 소화효소들이 상피세포의 원형질막 안에 들어 있으므로 미세융모는 소화에도 참여한다. 이 털연변부효소들 중에는 이당류인 젖당이나 설탕을 가수분해하는 효소가 있다. 많은 사람들이 어른이 되면 이중락다이제를 생산하는 능력을 소실하여 젖당을 소화

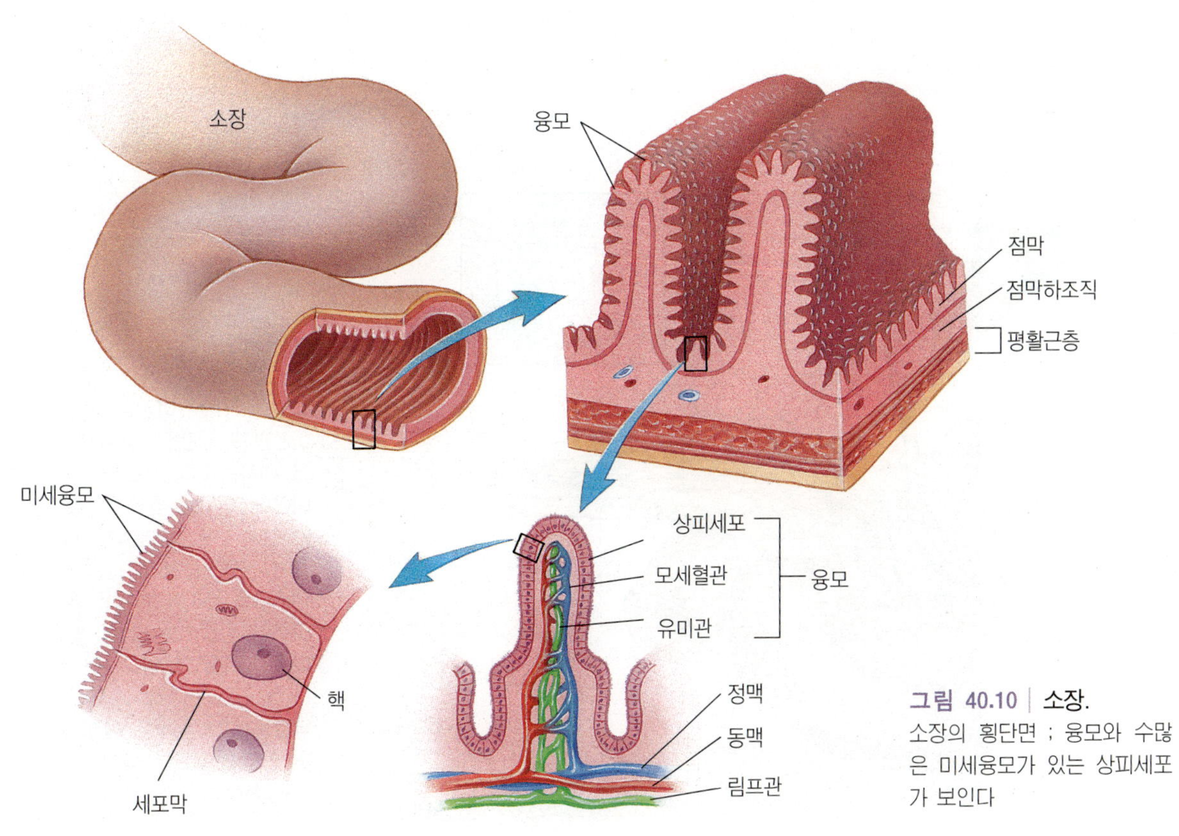

그림 40.10 | 소장. 소장의 횡단면 ; 융모와 수많은 미세융모가 있는 상피세포가 보인다

할 수 없게 되는데 이를 젖당 비내성(lactose intolerance)이라 한다. 이들 털연변부효소들은 십이지장으로 방출된 이자액 효소에 의해 시작된 소화과정을 완성한다.

소장 기능의 부수적 기관

이자에 의한 분비. 이자(그림 40.11)는 커다란 샘으로서 위와 소장의 경계부에 위치한다. 이자액은 이자관을 통하여 십이지장에 이자액을 분비한다. 따라서 이자는 외분비 기관의 기능을 한다. 이자액에는 단백질을 소화하는 트립신과 키모트립신, 녹말을 소화하는 이자아밀라제, 지방을 소화하는 리파제 등이 들어 있다. 이 효소들은 효소원(zymogen)이라는 불활성 효소 상태로 십이지장에 방출된 후 장의 털연변부효소에 의해 활성화된다. 이자 효소들은 단백질을 폴리펩티드로, 다당류를 작은 당류로, 지방을 지방산과 다른 산물로 분해한다. 이 분자들의 최종적 소화는 털연변부효소에 의해 이루어진다.

이자액에는 또 중탄산염이 들어 있다. 이 중탄산염은 위에서 생긴 HCl을 중화시켜서 십이지장 안의 유미를 약알칼리성으로 바꾼다. 이들 소화효소들과 중탄산염은 분비세포들이 무리지어 있는 선포(acini)에서 생산된다.

이자는 소화에서 외분비 기능을 할 뿐 아니라 내분비기관의 역할도 하여 혈액 안의 당과 다른 영양물질의 농도를 조절하는 여러 가지 호르몬을 분비한다. 이 호르몬들은 내분비세포의 집합체인 랑게르한스섬(islets of Langerhans)에서 만들어진다. 랑게르한스섬은 이자 전체에 흩어져 있다.

간과 쓸개. 간은 가장 큰 내부 기관이다(그림 40.3). 성인에서 간의 무게는 약 1.5kg이 되고 크기는 럭비공 만하다. 간의 주요 외분비 물질은 담즙이며, 담즙은 담즙색소와 담즙염의 혼합물이다. 담즙색소는 소화에 관여하는 물질이 아니라 간이 폐기된 적혈구를 파괴하면서 나오는 노폐물이다. 간으로부터의 담즙색소의 분비가 차단되면 이 색소는 혈액 내에 축적되어 조직이 노랗게 되는 황달(jaundice)이 일어난다.

담즙색소(bile pigments)와는 달리 담즙염(bile salts)은 지방의 소화에 중요한 역할을 한다. 지방은 물에 녹지 않으므로 유미 속에서 지방 방울 상태로 소장으로 들어간다. 담즙염은 부분적으로 지용성이자

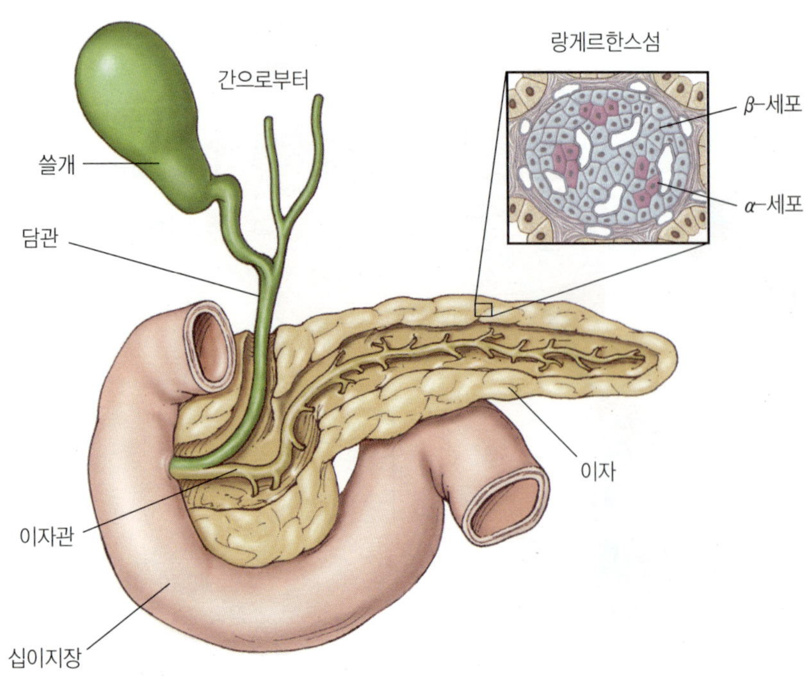

그림 40.11 | 이자. 이자관과 담관은 십이지장에 열린다. 이자는 이자관으로 이자액을 분비한다. 이자의 랑게르한스섬은 혈액 안에 호르몬을 분비하는데, α-세포는 글루카곤을, 그리고 β-세포는 인슐린을 분비한다. 간은 담즙을 분비하며, 담즙에는 담즙 색소(간에서 나온 노폐물)와 담즙염이 들어 있다. 담즙염은 지방 소화에 중요한 역할을 한다. 담즙은 쓸개에 저장되어 있다가 필요할 때 십이지장으로 나간다.

수용성이므로 비누처럼 작용하여 지방 액적을 작게 나누어 현탁액으로 만든다. 이 유화작용은 지방의 표면적을 넓히고 리파제의 작용 면적을 증대시켜서 소화가 신속히 일어나게 한다.

담즙은 간에서 만들어진 뒤 쓸개에 모인다. 십이지장에 도달한 지방이 많은 음식은 신경 및 내분비 반사를 자극하여 쓸개의 수축을 일으키고 담즙이 담관을 통해 십이지장으로 분비되게 한다. 담관이 담석(gallstone, 콜레스테롤이 결정화 되어 생긴 것)으로 막힐 경우 쓸개가 수축하면 우측 견갑골 아래쪽 부위에서 통증이 생긴다.

소장에서의 흡수

단백질과 탄수화물의 소화로 생긴 아미노산과 단당류는 소장의 털연변부를 통과하여 상피세포 안으로 들어간다(그림 40.12a). 이 소화산물은 다시 상피세포를 통과하여 융모 안의 모세혈관으로 들어간다. 혈액 속에 녹아들어 간 이 소화산물은 간문맥을 통해 간으로 운반된다. 간은 대부분의 소화산물을 받는 1차적 기관이다.

지방 소화산물은 다른 방식으로 흡수된다(그림 40.12b). 지방(트리글리세리드)이 분해되어 생긴 지방산과 모노글리세리드는 장의 상피세포가 흡수한 다음 다시 트리글리세리드로 조립한다. 이 트리글리세리드는 단백질과 결합하여 유미입자(chylomicron)라는 작은 입자로 된다. 이 유미입자는 간문맥으로 들어가는 것이 아니라 림프모세관으로 들어간 뒤, 목 근처의 정맥을 통해 혈액 속으로 들어간다. 지방이 많은 식사를 한 뒤 혈액을 채취해서 보면 유미입자 때문에 혈액이 뿌옇게 보인다.

매일 소장을 통과하는 액체는 대단히 많은 양으로서, 약 9 *l*에 이른다. 그러나 이 액체는 대부분 흡수된다. 이 중 약 8.5 *l*가 소장에서 흡수되고 350 m*l*가 대장에서 흡수된다. 그러므로 사람 소화관의 액체 흡수율은 99%에 이른다.

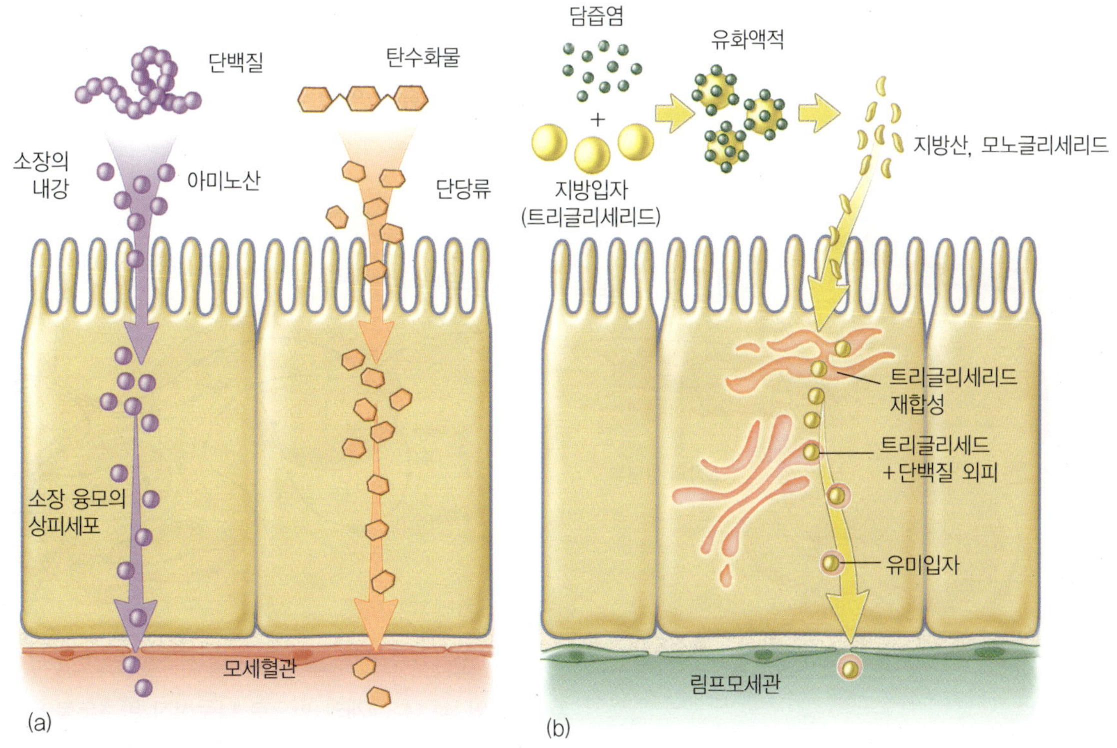

그림 40.12 | 소화산물의 흡수.
(a) 단당류와 아미노산은 모세혈관으로 운반된다. (b) 지방산과 모노글리세리드는 장 상피세포에서 흡수된 다음 트리글리세리드로 전환된다. 이 트리글리세리드는 단백질로 감싸여 유미입자라는 작은 물질로 된 다음 림프모세관으로 들어간다.

대 장

대장은 소장보다 훨씬 짧으며, 직경이 크고 소화관의 마지막 약 1m 부위를 차지한다. 소장과 대장이 만나는 부위는 맹장이며, 맹장에는 충수돌기가 달려 있다(그림 40.13). 대장은 소화를 하지 않는 곳이며, 약간의 수분 흡수를 할 뿐이다. 대장은 소장과는 달리 감겨 있지 않고 내면에 융모도 없다. 대장벽을 통하여 물, 나트륨, 비타민 K, 그리고 세균의 대사산물이 흡수되기는 하지만, 대장의 주요 기능은 노폐물의 농축이다. 이 노폐물 중에는 소화되지 않은 세균 파편이나 셀룰로스가 들어 있는데, 이 물질들이 농축되고 저장된다. 대장 속에는 여러 세균이 증식하는데, 과도한 세균은 대변 속에 섞여 몸 밖으로 배출된다. 대장 속의 세균에 의한 발효로 가스가 만들어지는데, 그 양은 매일 약 500ml이다. 사람의 대장은 비교적 섬유질이 많은 음식을 처리하도록 진화되어 왔으며, 섬유질이 적은 음식 섭취는 대장암을 일으키는 것으로 알려져 있다.

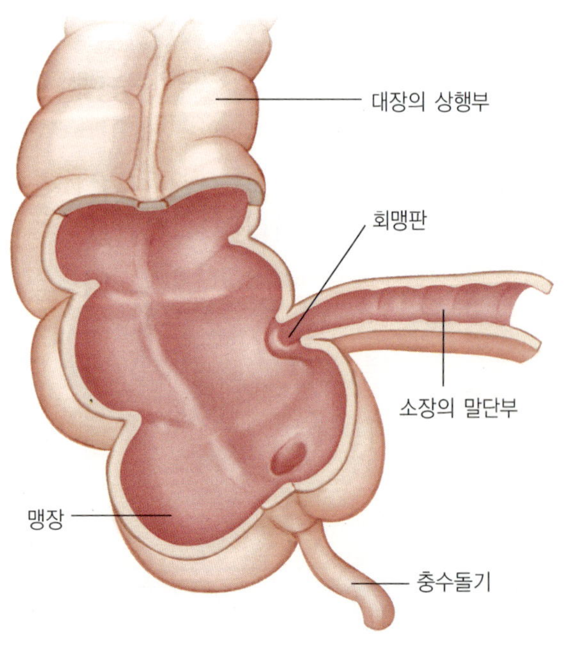

그림 40.13 | 사람의 소장과 대장의 연결 부위.
대장은 맹장에서 시작된다. 인간의 맹장은 다른 포유동물에 비해 작다. 흔적구조인 충수돌기가 맹장에서 돌출해 있다.

대변은 대장의 유문운동으로 짧은 관인 직장까지 내려가 항문을 통해 배출된다. 항문에는 두 개의 괄약근이 있다. 그 중 하나는 평활근으로 이루어져 있으며 직장 내면의 압력에 반응하여 불수의적으로 열리며, 다른 괄약근은 횡문근으로 구성되어 있고 대뇌에 의해 수의적으로 조절된다.

대개의 포유동물을 제외한 모든 척추동물에서 생식관과 요관은 소화관과 함께 총배설강(cloaca)으로 열린다. 일부 파충류와 조류에서는 총배설강에서 추가적으로 대변과 오줌으로부터 물의 흡수가 일어난다.

척추동물 소화계의 변이

대부분의 동물은 셀룰로스 소화에 필요한 효소를 만들어내지 못한다. 그러나 일부 동물의 소화관에는 셀룰로스를 숙주동물이 소화할 수 있는 물질로 전환시키는 세균이나 원생생물이 산다. 사람에서는 위장관에 사는 미생물이 영양적으로 큰 역할을 하지는 못하지만, 흰개미, 바퀴, 그리고 몇 가지 초식 포유동물에서는 미생물의 서식이 필수적으로서, 이 숙주와 공생 미생물 사이는 상리적 공생관계이다.

소, 사슴 등의 초식동물은 반추동물로서, 여러 방으

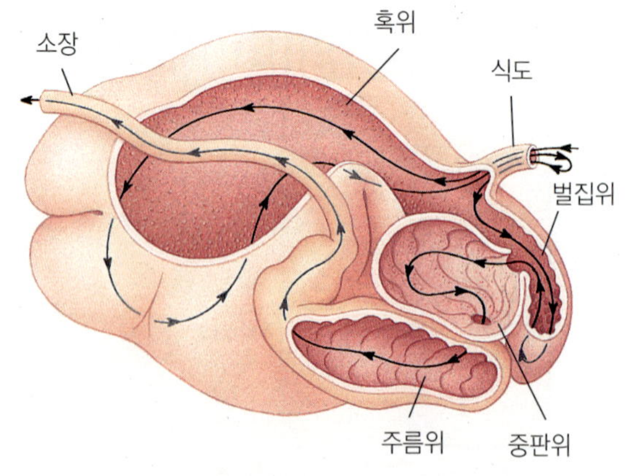

그림 40.14 | 4개의 방으로 나누어진 반추동물의 위.
소 같은 반추동물이 먹은 식물체는 혹위로 들어가 부분적으로 소화된다. 이 음식물은 토해내서 다시 씹은 다음 벌집위를 거쳐 뒤의 중판위와 주름위로 옮겨간다. 주름위만이 위액을 분비하며 인간의 위와 동일한 기능을 한다.

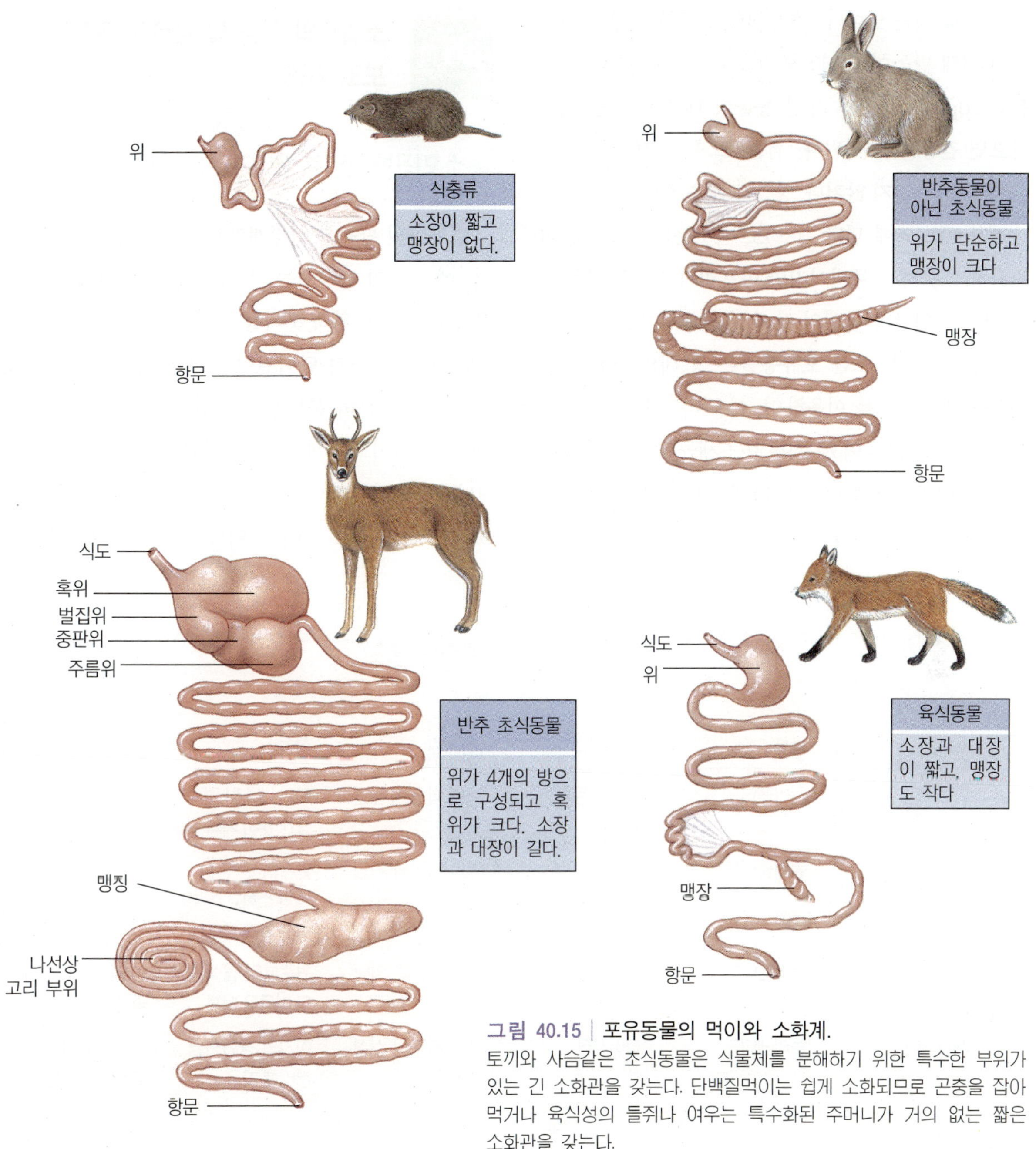

그림 40.15 | 포유동물의 먹이와 소화계. 토끼와 사슴같은 초식동물은 식물체를 분해하기 위한 특수한 부위가 있는 긴 소화관을 갖는다. 단백질먹이는 쉽게 소화되므로 곤충을 잡아먹거나 육식성의 들쥐나 여우는 특수화된 주머니가 거의 없는 짧은 소화관을 갖는다.

로 구분된 위를 가진다(그림 40.14). 첫 번째 부분은 혹위(rumen)와 그보다 작은 방인 벌집위(reticulum)로 구성되고, 두 번째 부위는 중판위(omasum)와 주름위(abomasum)로 구성된다. 혹위는 약 50갈론의 먹이를 담을 수 있으며 발효가 일어나는 장소로서, 그 속의 세균과 원생생물이 셀룰로스나 다른 분자를 단순한 화합물로 전환시킨다. 혹위에 들어간 먹이는 입으로 토해내서 씹은(반추) 다음 다시 삼켜서 벌집위로 넘기고, 다시 중판위, 주름위로 넘긴다. 주름위에서는 위액과 섞이므로 기능적으로 볼 때 주름위가 사람의 위와 동등하다.

설치류, 말, 사슴, 토끼 등의 동물에서는 셀룰로스의 소화가 맹장에 있는 미생물에 의해 이루어진다(그림 40.15). 맹장은 위를 지나 있으므로 먹이를 토해내는 일을 할 수 없다. 그러나 설치류나 토끼류는 셀룰로스를 소화하기 위한 다른 방법을 가지고 있는데, 이는 대변을 먹는 일이다. 이렇게 함으로써 맹장의 미생물에 의해 만들어진 영양물질을 흡수한다. 이러한 식분증(coprophagy)을 가진 동물이 대변을 먹는 것을 막으면 건강을 잃게 된다. 셀룰로스를 먹지 않는 동물은 맹장을 가지지 않거나 맹장이 매우 작다.

셀룰로스 외에 밀납(왁스)도 대부분의 육상동물이 소화하지 못하는 물질이지만 아프리카에서 벌집을 먹고 사는 새인 꿀앞잡이의 장에 사는 공생 세균은 이를 소화할 수 있다. 모든 포유동물은 장 내의 세균이 합성하는 비타민 K를 이용하며, 이 비타민 K는 혈액 응고에 필수적이다. 이 세균이 없는 새는 먹이로서 비타민 K를 섭취해야 한다. 항생제가 장기적으로 투여되는 사람도 비타민 K를 공급받아야 한다.

40.4 소화관의 신경 및 호르몬 조절과 보조 기관

소화관의 신경 및 호르몬 조절

위장관의 활동은 신경계와 내분비계의 통제를 받는다. 예를 들어 신경계는 시각, 후각, 음식의 섭취에 반응하여 타액과 위액 분비를 자극한다. 음식이 위에 도달하면 음식 속의 단백질이 위에서 나오는 가스트린이라는 호르몬의 분비를 자극하고, 가스트린은 위선에서의 펩시노겐과 HCl의 분비를 자극한다(그림 40.16). 분비된 HCl은 위액의 pH를 낮추는데, 낮은 pH는 다시 가스트린이 더 이상 분비되는 것을 억제한

표 40.1 소화와 관련된 호르몬과 효소

호르몬

호르몬	종류	분비 장소	자극원	작용	비고
가스트린	폴리펩티드	위의 유문부	위로의 음식 진입	위의 HCl 및 펩시노겐 분비 자극	분비 기관과 작용 기관이 동일함
콜레시스토키닌(CCK)	폴리펩티드	십이지장	십이지장의 지방 유미	쓸개의 수축과 이자의 소화효소 분비를 자극	구조적으로 가스트린과 유사함
위 억제 펩티드(GIP)	폴리펩티드	십이지장	십이지장의 지방 유미	위로부터 음식물의 이동을 억제	인슐린 분비도 자극함
세크레틴	폴리펩티드	십이지장	십이지장의 산성 유미	이자의 중탄산염 분비를 자극	최초로 발견된 호르몬임(1902년)

효소

분비 장소	효소	기질	소화 산물
침샘	아밀라아제	녹말, 글리코겐	이당류
위	펩신	단백질	짧은 펩티드
소장	펩티다아제	짧은 펩티드	아미노산
	누클레아제	DNA, RNA	당, 염기
	락타아제, 말타아제, 수크라아제	이당류	단당류
이자	리파아제	트리글리세리드	지방산, 글리세롤
	트립신, 키모트립신	단백질	펩티드
	DNase	DNA	뉴클레오티드
	RNase	RNA	뉴클레오티드

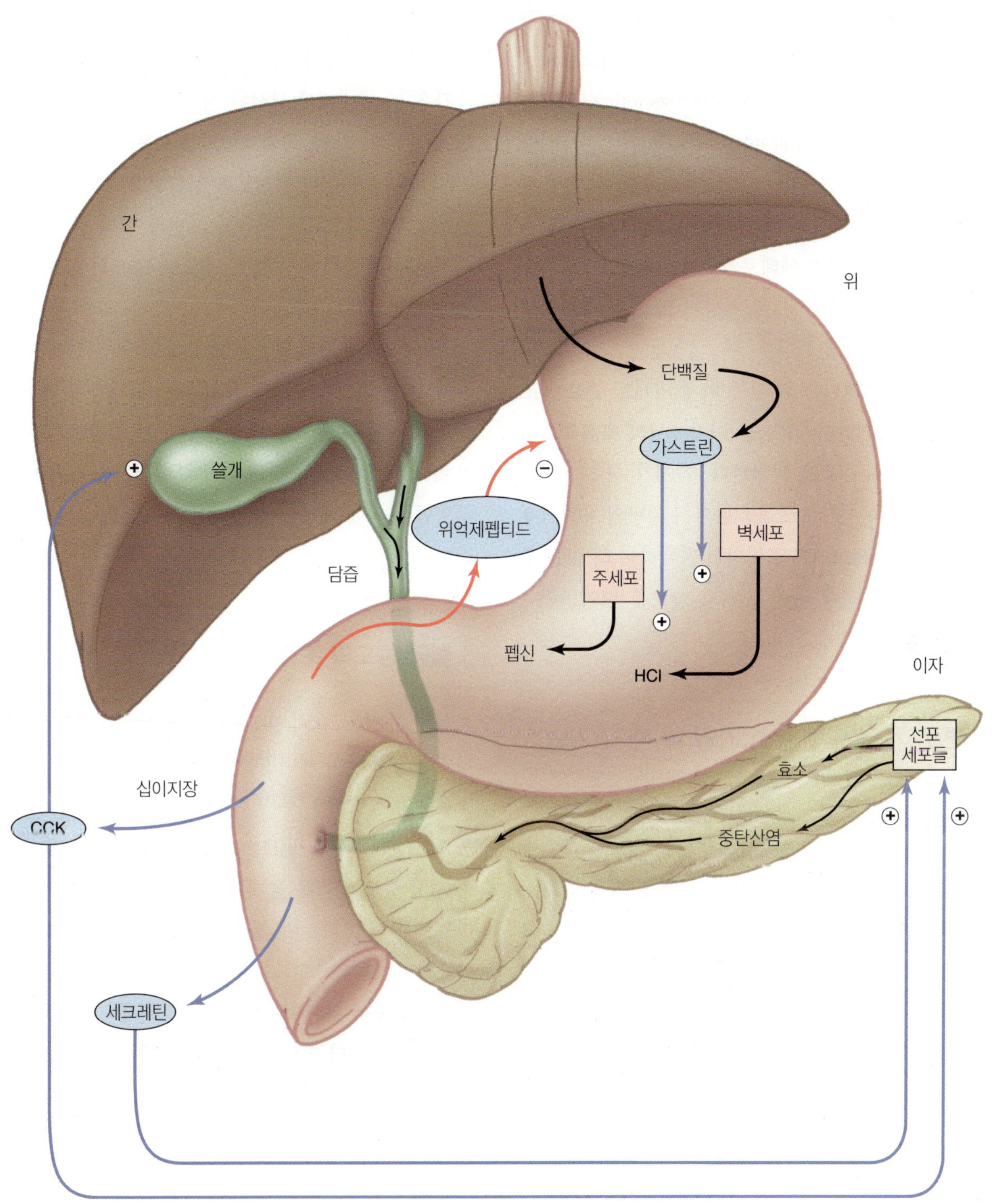

그림 40.16 | 위장관에 대한 호르몬 조절.
위의 점막에서 분비되는 가스트린은 펩시노겐과 HCl의 분비를 자극한다. 십이지장은 세 가지 호르몬, 즉 콜레시스토키닌(CCK), 세크레틴, 그리고 위 억제 펩티드를 분비한다.

다. 가스트린 분비의 억제는 위액에 방출되는 HCl의 양을 감소시키므로, 음성 피드백 회로가 생기는 셈이다.

유미가 위에서 십이지장으로 넘어가면 위의 수축은 억제되므로 새로 들어온 음식이 처리되기까지는 추가적으로 유미가 십이지장으로 넘어가지 못한다. 이와 같은 위 활동의 억제는 신경반사와 혈액으로 방출되는 십이지장호르몬들에 의해 촉진된다. 이 호르몬들을 통칭하여 엔테로가스트론(enterogastrones)이라고 한다. 주요 엔테로가스트론으로는 콜레시스토키닌(CCK, cholecystokinin), 세크레틴(secretin), 위억제펩티드(GIP, gastric inhibitory peptide)가 있다. 지방 함량이 많은 유미는 CCK와 GIP의 분비를 강하게 자극하고, 산도가 높은 유미는 주로 세크레틴의 방출을 자극한다. 이 세 가지 엔테로가스트론은 모두 위 활동과 위액 분비를 억제하므로 지방이 많은 음식은 위에 오래 머물러 있게 만든다.

CCK와 세크레틴은 위 활동 억제 외에도 중요한 조절 기능을 발휘한다. CCK는 이자에서의 소화효소의 분비와 쓸개의 수축을 자극한다. 쓸개가 수축하면 많은 담즙이 십이지장으로 흘러나와서 지방의 유화작용을 촉진한다. 세크레틴은 이자를 자극하여 더 많은 중탄산염이 방출되게 하여 유미의 산도를 떨어뜨린다(표 40.1).

보조 기관의 영양소 가공 및 배치 기능

간의 조절 기능

간문맥이 위나 소장으로부터 혈액을 직접 간으로 운반하므로 간은 위장관에서 흡수된 물질을 몸의 다른 곳으로 도달하기 전에 화학적으로 개조하는 곳이다. 가령, 알코올이나 약품은 간세포에서 물질대사가 이루어진다. 따라서 알코올이나 약품의 남용은 흔히 간의 손상을 일으킨다. 간은 또 독소, 농약 성분, 발암원 등의 독성 성분을 독성이 약한 물질로 전환시킨다.

간은 또 체내에서 생성된 여러 가지 화합물의 농도를 조절한다. 가령, 스테로이드 호르몬은 간에서 활성이 약하고 수용성이 커지도록 전환된다. 그런 다음 이 분자들은 담즙으로 들어가고 대변과 함께 몸 밖으로 제거되거나 혈액에 의해 신장으로 운반되어 오줌과 함께 제거된다.

간은 또 대부분의 혈장 단백질을 만든다. 혈액과 조직액 사이의 삼투 균형을 유지하는 데 혈장 단백질은 중요한 역할을 하므로 이의 총 농도는 일정한 수준으로 유지되어야 한다. 만약 혈장 단백질의 농도가 너무 낮으면 조직에 체액이 축적되어 부종(edema)을 일으킨다.

혈당 농도의 조절

뇌의 뉴런은 주로 혈장으로부터 얻은 포도당의 유기호흡을 통하여 에너지를 얻는다. 그러므로 혈액 내 포도당의 농도가 너무 떨어지지 않게 하는 것은 매우 중요하다. 또 당뇨병(diabetes mellitus) 환자 경우처럼 혈당 농도가 너무 높게 올라가면 조직 손상이 일어나므로 그 농도가 너무 올라가지 않게 하는 것도 매우 중요하다.

탄수화물이 많은 음식을 섭취한 뒤에 간과 골격근은 혈액으로부터 과도한 혈당을 다당류인 글리코겐으

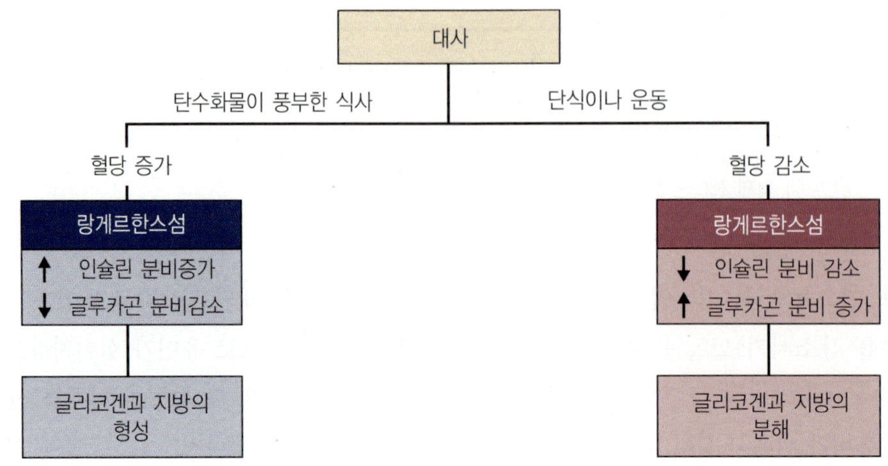

그림 40.17 | 인슐린과 글루카곤의 작용. 식사를 하면 이자의 β-세포에서 인슐린 분비가 증가하여 글리코겐과 지방의 축적이 촉진된다. 단식을 하거나 운동을 하면 이자의 α-세포에서 글루카곤 분비가 증진되고 인슐린 분비가 감소되어 글리코겐과 지방의 분해가 촉진된다.

로 전환시켜 저장하는데, 이 과정은 이자의 랑게르한스섬에 있는 β-세포가 분비하는 인슐린이 촉진한다(그림 40.17). 식간, 단식, 운동 도중과 같이 혈당 수준이 감소할 때 간은 포도당을 혈액 안으로 분비한다. 이 포도당은 부분적으로 간의 글리코겐이 포도당-6-인산으로 분해되어 얻어지는데(글리코겐 분해), 후에 인산기가 제거되고 포도당이 혈액안으로 분비된다. 골격근에는 이 인산기를 제거하는 효소가 없기 때문에 글리코겐을 축적하고 있더라도 혈액에 포도당을 분비하지 못한다. 간의 글리코겐이 분해되는 것은 랑게르한스섬의 α-세포가 분비하는 호르몬 글루카곤에 의해 촉진된다(그림 40.17).

단식이나 운동을 계속하면 간은 아미노산이나 젖산 등의 분자들을 포도당으로 전환시키는데, 이 과정을 글루코오스 신생합성(gluconeogenesis)이라고 한다. 글루코오스 신생합성에 이용된 아미노산은 근육 단백질로부터 나오는 것이므로, 단식을 계속하면 심한 근육 소모가 일어난다.

40.5 동물의 음식에너지와 필수영양소

음식에너지와 에너지 소비

음식을 먹는 것은 두 가지 기능을 제공한다. 즉 에너지원을 제공하는 일과 동물이 필요하지만 만들지 못하는 물질의 기본 재료를 제공하는 일이다. 동물이 쉬고 있을 때에도 대사를 위해서 에너지가 필요한데, 최소한의 에너지 소모율을 기초대사율(basal metabolic rate: BMR)이라고 한다. 기초대사율은 한 개체에서는 비교적 일정하며, 나이, 성별, 체격에 따라 달라진다.

만약 섭취한 에너지가 소모한 에너지보다 많으면 여분의 에너지는 글리코겐이나 지방으로 저장된다. 글리코겐의 저장 능력은 한계가 있으므로 과량의 에너지 섭취가 계속되면 모두 지방으로 전환되어 비만(obesity)을 일으킨다.

음식 섭취의 조절

유전적으로 비만인 생쥐의 순환계를 외과적으로 정상 생쥐의 순환계에 연결하면 체중을 잃게 되므로, 과학자들은 지방조직이 호르몬성인 포만인자(satiety factor, 식욕을 감퇴시키는 순환 화학물질)를 분비하는 것으로 보아왔다. 실제로 체중감소호르몬이 비만 생쥐로 들어갔다. 지방조직에서 분비된 포만인자가 최근에 식별되었다. 이 인자는 ob/ob 생쥐 계통에서 처음 발견된 한 유전자의 산물이다(ob는 "obese"에서 기원한 기호이며, ob/ob는 이 유전자의 동형접합자인 쥐를 말한다). ob 유전자는 생쥐와 사람에서 클론되었으며, 지방세포에서만 발현되는 것이 발견되었다. 포만인자로 추정되는 이 유전자의 단백질 산물을 렙틴(leptin)이라고 한다. ob 생쥐는 돌연변이형이자 비효과적인 렙틴을 생산하여 비만증에 걸린다. 이 생쥐에 정상 렙틴을 주입하면 과식을 중단하고 체중을 잃는다(그림 40.18).

사람을 대상으로 한 최근의 연구를 보면 마른 사람보다 비만한 사람에서 ob 유전자의 활성과 렙틴의 혈액 내 농도가 높고, 비만인이 생산한 렙틴이 정상인 것으로 나타났다. 그러므로 대부분의 비만증은 지방세포의 렙틴 생산의 감소 때문이 아니라 렙틴 활동에 대한 뇌의 감수성 감소 때문인 것으로 보인다. 이에

그림 40.18 | 호르몬 렙틴의 영향.
이 두 마리 생쥐는 일란성 쌍둥이인 비만 돌연변이 쥐이다. 오른쪽 생쥐는 렙틴이 주입된 지 2주일 만에 체중의 30%가 감소하였다.

대한 연구가 왕성하므로 의학적 및 상업적 응용 방안이 나올 것 같다.

필수영양소

동물들은 진화 과정에서 대사에 필요한 중요한 물질을 합성하는 능력을 잃었다. 건강에 꼭 필요하지만 동물이 스스로 합성하지 못하여 음식으로 섭취해야 하는 물질을 필수영양소(essential nutrients)라고 한다.

비타민(vitamins)은 필수영양소의 한 종류로서 미량으로 요구되는 유기물질이다. 이를테면 사람, 유인원, 원숭이류, 모르모트 등은 아스코르브산(비타민C)를 합성하는 능력을 소실하였다. 만약 충분한 양의 비타민C가 공급되지 않으면 결합조직이 퇴화하는 괴혈병에 걸리게 된다. 사람은 적어도 13가지의 비타민이 필요하다(표 40.2).

일부 필수영양소는 미량 이상의 양을 필요로 한다. 가령, 여러 척추동물은 20가지 아미노산 중에서 한 가지 이상의 아미노산을 합성하지 못한다. 이 필수 아미노산(essential amino acid)은 음식으로서 공급되어야 한다. 사람에게는 9가지 필수 아미노산이 있다.

모든 척추동물은 일부 불포화 지방산의 합성 능력

표 40.2 인간에게 필요한 주요 비타민

비타민	기능	주요 함유 식품	결핍 증상
비타민 A(레티놀)	시각 색소를 만들거나 상피 조직 유지에 이용됨	녹색 채소, 유제품, 간	야맹증, 거친 피부
B-복합체			
B_1	세포 호흡시 CO_2 제거에 필요한 조효소	육류, 곡류, 콩류	각기병, 심장 쇠약, 부종
B_2(리보플라빈)	조효소 FAD와 FMN의 부분	여러 가지 식품	피부의 염증과 쇠약, 눈의 작열감
B_3(니아신)	조효소 NAD^+ 및 $NADP^+$의 부분	간, 살코기, 곡류	펠라그라, 신경 염증, 정신 질환
B_5(판토텐산)	CoA의 부분	여러 가지 식품	드물게 피로, 신체 통합작용의 소실
B_6(피리독신)	아미노산 대사의 여러 과정의 조효소	곡류, 야채, 육류	빈혈증, 경련, 신경과민
B_{12}(시아노코발라민)	핵산 생산 과정의 조효소	적색 육류, 유제품	악성빈혈
비오틴	지방 합성과 아미노산 대사의 조효소	육류, 야채	드물게 우울증 및 구토증
엽산	아미노산 및 핵산 대사의 조효소	녹색 채소	빈혈증, 설사
비타민 C	콜라겐, 뼈와 이의 시멘트질, 혈관의 결합조직 형성에 중요 감염에 대한 저항력 유지	과일, 녹색 채소	괴혈병, 피부 및 혈관 약화
비타민 D(칼시페롤)	칼슘 흡수와 골격 형성증진	유제품, 대구 간유	구루병, 골격 기형
비타민 E(토코페롤)	지방산 및 세포막 산화 방지	마가린, 녹색 채소	드뭄
비타민 K	혈액 응고에 필수적	녹색 채소	심한 출혈

을 소실하여 이 지방산들을 음식으로서 섭취해야 한다. 척추동물은 합성할 수 있으나 다른 동물은 합성하지 못하는 영양소도 있다. 가령, 척추동물은 스테로이드 호르몬의 주요 성분인 콜레스테롤을 합성하지만 일부 육식성 곤충류는 이를 합성하지 못한다.

칼슘, 인 등의 필수무기질(essential minerals)과, 아연, 몰리브덴 등의 미량으로 요구되는 미량원소(trace elements)도 음식으로 섭취해야 한다. 동물은 미량원소를 식물체나 식물체를 먹는 동물로 부터 섭취한다.

CHAPTER 41

순환과 호흡

동물의 몸속에 있는 모든 세포는 필요한 에너지를 먹이 속의 분자들로부터 얻어야 한다. 도시에 사는 사람들이 음식을 시골의 농장으로부터 들여와야 하는 것처럼, 몸속의 세포들도 음식을 체외로부터 운반해 와야 한다. 동물에서 순환계는 혈액과 혈관을(트럭과 고속도로) 제공하고, 호흡계는 대사에 필요한 산소(음식을 요리할 연료)를 공급한다. 이 두 가지 계는 서로 기능적으로 맞물려 있으므로, 이 장에서는 이 두 계에 대하여 함께 알아본다.

41.1 순환계

개방혈관계와 폐쇄혈관계

단세포 원생생물은 산소와 영양소를 주위 물 속 환경으로부터 직접 확산을 통하여 얻는다. 히드라와 같은 자포동물이나 플라나리아와 같은 편형동물은 체벽이 두 개의 세포층 두께이다. 세포층 각각은 외부 환경과 위수강에 직접 접하고 있다(그림 41.1a). 히드라의 위수강은 체강으로부터 촉수까지 뻗어 있고, 플라나리아의 경우는 복잡하게 가지 쳐 있어서 각 세포에 직접 산소와 영양소가 공급될 수 있다. 그러나 이보다 큰 동물들은 여러 세포층 두께의 조직을 가지고 있어서 많은 세포가 체표나 소화강으로부터 멀리 떨어져 있으므로 주위 환경과 물질을 직접 교환할 수 없다. 그 대신 산소와 영양소는 순환계 안의 체액에 의해 운반된다.

순환계에는 개방순환계와 폐쇄순환계의 두 가지 종류가 있다. 연체동물이나 절지동물에서 볼 수 있는 개방순환계(open circulatory system)(그림 41.1b)에서는 순환액(혈액)과 조직의 세포외액(간질액 또는 림프) 사이의 구분이 없다. 그래서 이 액체를 혈림프(hemolymph)라고 한다. 곤충의 심장은 근육성인 관으로서 몸 안의 통로나 강소를 통해 혈림프를 뿜어낸다. 그런 다음 혈림프는 다시 중심 강소로 되돌아온다.

폐쇄혈관계(closed circulatory system)에서는 혈액이 항상 혈관을 통해서만 흐른 다음 심장으로 되돌아온다(그림 41.1c). 환형동물과 같은 일부 무척추동물과 모든 척추동물은 폐쇄혈관계를 가진다. 지렁이에서는 등쪽혈관이 수축하여 5개의 작은 연결 동맥으로 혈액을 펌프질해 보내면, 이들이 다시 심장처럼 수축하여 배쪽 혈관으로 혈액을 펌프질해 보내고 이

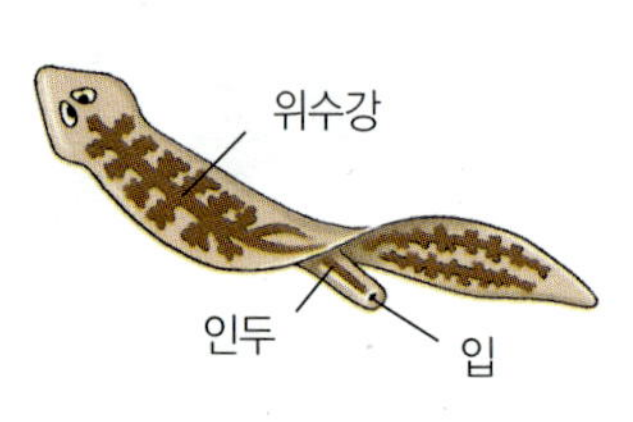

(a) 플라나리아 : 위수강

(b) 곤충 : 개방순환계

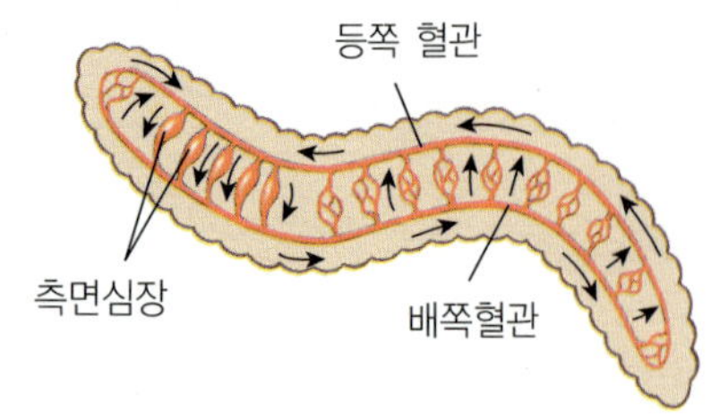

(c) 지렁이 : 폐쇄순환계

그림 41.1 | 동물계의 순환계.
(a) 플라나리아의 위수강은 소화계와 순환계의 역할을 한다. 영양분은 소화강에서 확산에 의해 조직세포로 직접 전달된다. (b) 곤충의 개방혈관계에서 관상의 심장에서 체강으로 혈림프가 분출된 다음, 혈관 안으로 되돌아온다. (c) 지렁이의 폐쇄혈관계에서는 심장에서 나간 혈액은 혈관을 통해서만 흐르다가 다시 심장으로 되돌아온다. 모든 척추동물 또한 폐쇄순환계를 가지고 있다.

들은 몸 뒤쪽으로 운반된 후 결국은 등쪽 혈관으로 되돌아온다. 각 동맥에서 갈라져 나간 더 작은 혈관을 통해 조직에 산소와 영양분을 공급하고 노폐물을 제거한다.

척추동물 순환계의 기능

척추동물의 순환계는 무척추동물의 것보다 더 정교하며, 심장혈관계에 의해 조직으로 산소와 영양소를 운반한다. 혈관은 관상의 그물을 이루어 혈액이 심장에서 모든 세포로 흐르게 한 다음 다시 심장으로 되돌아가게 한다. 동맥은 혈액을 심장 밖으로 운반하고, 정맥은 혈액을 심장으로 운반한다. 혈액은 동맥에서 모세혈관을 통과하여 정맥으로 간다.

모세혈관을 혈장이 통과할 때 혈압에 의하여 그 액체의 일부가 모세혈관 벽을 뚫고 나가게 하는데, 이와 같이 혈장으로부터 모세혈관 벽을 뚫고 나와 주변 조직으로 나가는 액체를 간질액(interstitial fluid)이라고 한다. 이 액체 중 일부는 직접 모세혈관 안으로 되돌아가고 일부는 혈관 주변의 결합조직에 위치한 림프관(lymph vessels) 안으로 들어간다. 림프관 안으로 들어간 이 액체를 림프(lymph)라고 하며, 특정 부위에서 다시 정맥으로 되돌아간다.

척추동물의 순환계는 3가지 주요 기능, 즉 수송, 조절, 보호의 기능을 한다.

1. **수송**. 세포 대사에 필수적인 모든 물질은 순환계에 의해 수송된다. 이러한 물질들은 다음과 같이 구분된다.

a. **호흡 물질**. 적혈구는 산소를 조직 세포로 수송한다. 폐나 아가미의 모세혈관에서 산소는 적혈구 안의 헤모글로빈 분자에 부착하고 유기호흡을 위해 세포로 수송된다. 세포호흡의 결과로 생기는 이산화탄소는 혈액에 의해 폐나 아가미로 수송된 다음 제거된다.

b. **영양 물질**. 소화계는 장벽을 통해 흡수되고 혈관 안으로 들어갈 수 있도록 음식을 영양물질 분자로 분해한다. 그런 다음 혈액은 이 흡수된 소화산물을 간을 통해 몸의 다른 부위로 운반한다,

c. **배설 물질**. 혈장 속의 대사노폐물, 여분의 물이나 이온, 그리고 여러 분자들이 신장의 모세혈관을 통해 여과되어 오줌으로 배출된다.

2. **조절**. 심장혈관계는 호르몬을 운반하고 체온조절에 관여한다.

a. **호르몬 운반**. 혈액은 내분비선으로부터 호르몬을 표적기관으로 운반한다.

b. **체온 조절**. 내온동물(endotherm)에서 체온은 주변의 온도와 관계없이 일정하게 유지되는데, 이는 부분적으로 피부 안쪽에 있는 혈관에 의해 수

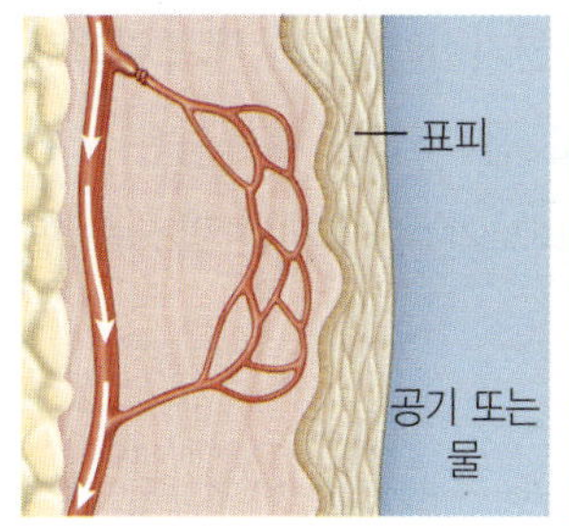

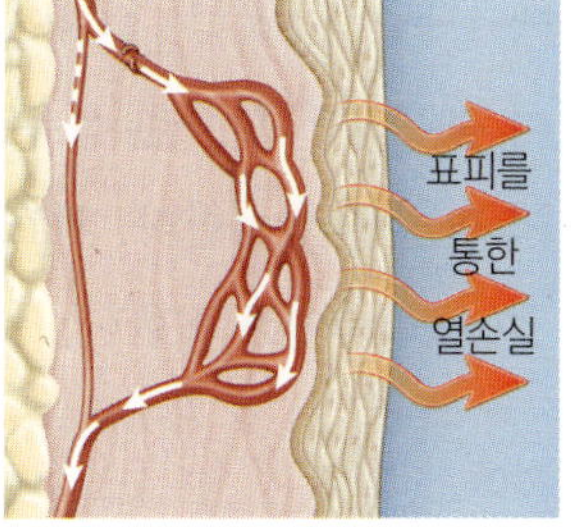

(a) 혈관수축　　(b) 혈관 확장

그림 41.2 | 열 손실의 조절.
몸 표면에서의 열 손실량은 몸 표면으로 흐르는 혈액의 양으로 조절된다. (a) 피부 혈관이 수축되면 혈류와 열 손실이 줄어든다. (b) 이 혈관이 확장하면 혈류와 열 손실량이 증가한다.

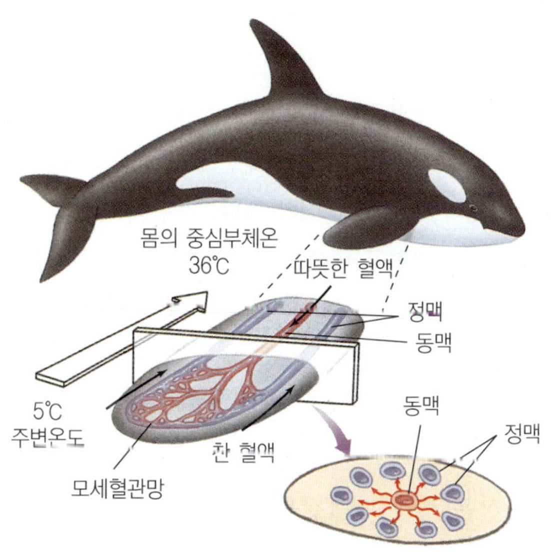

그림 41.3 | 역류 열교환.
식인고래와 같은 여러 해양동물은 역류 열교환을 통하여 차가운 물 속에서 열 손실을 줄인다.
체내에서 오는 동맥 속의 따뜻한 혈액은 몸 표면에서 돌아오는 정맥 속의 차가운 혈액에 열을 뺏긴다. 따뜻하게 데워진 정맥혈로 몸 중심부 온도는 차가운 물 속에서도 일정히 유지될 수 있으며 열을 빼앗겨 차가워진 동맥혈은 말단에 도달했을 때 열 손실이 적게 된다.

행된다. 주위 온도가 내려가면 피부 혈관이 수축하여 따뜻한 혈액이 혈관 깊숙이 들어가도록 하고, 주위 온도가 올라가면 혈관이 확장하여 방사열로 혈액의 온도가 내려가게 한다(그림 41.2).
일부 척추동물은 역류 열교환(countercurrent heat exchange)으로 추운 환경에서도 열을 유지한다. 역류 열교환은 몸의 깊은 안쪽으로부터 뻗어나온 따뜻한 혈액을 운반하는 혈관이 몸 표면으로부터 돌아오는 차가운 혈액을 운반하는 혈관 옆을 지나가는 것이다(그림 41.3). 그 결과 몸의 표면에서 오는 차가운 혈액이 따뜻하게 데워져서 몸의 안쪽으로 들어간다.

3. **보호**. 순환계는 상처, 몸 안으로 들어오는 외부 미생물이나 독소로부터 몸을 보호한다.
   a. **혈액 응고**. 혈액 응고는 혈관이 손상될 때 혈액의 손실을 막는다. 이 응고 기작에는 혈장의 단백질과 혈소판이라는 세포 조각들이 관여한다.
   b. **면역 방어**. 혈액 안의 백혈구는 여러 가지 질병원에 대항하여 면역을 일으킨다. 일부 백혈구는 식균작용을 하고, 어떤 것은 항체를 만들며, 어떤 것은 다른 기작을 통하여 몸을 보호한다.

혈액

혈액은 액체 성분인 혈장(plasma)과 혈장 안에 들어 있는 여러 가지 세포로 구성된다(그림 41.4). 혈소판은 완전한 세포는 아니고 골수에서 만들어진 세포 파편이다. 혈장은 혈구와 혈소판이 들어 있는 기질이다. 혈장에는 다음과 같은 용질들이 들어 있다.

1. **대사물질, 노폐물 및 호르몬**. 혈장 속에는 포도당, 아미노산, 비타민 등과 같이 세포가 이용하는 모든 대사물질들이 용해되어 있다. 혈장에는 또 세포의 활동을 조절하는 호르몬도 들어 있고 질소화합물이나 이산화탄소 등과 같은 노폐물도 용해되어 들어 있다. 혈액 속의 대부분의 이산화탄소는 중탄산염의 상태로 운반되어 혈액의 pH 하락을 막는다.
2. **이온**. 혈장은 묽은 염 용액이다. 혈장 내의 가장 흔한 이온은 나트륨, 염소, 중탄산염이며, 미량으로서 칼슘, 마그네슘, 구리, 칼륨, 아연 등이 들어 있다. 그러므로 혈장의 성분 조성은 생물체가 기원한 해수와 유사하지만, 그 전체 이온 농도는 해수보다 낮다.
3. **단백질**. 간은 대부분의 혈장 단백질을 만든다. 혈중에서 가장 흔한 것이 알부민(albumin)이며, 그

혈구	수명	기능
적혈구	120일	O_2와 CO_2 수송
중성백혈구	7시간	면역 방어
호에오신성백혈구	미상	기생충 방어
호염기성백혈구	미상	염증 반응
단핵백혈구	3일	면역감시 (조직 대식세포의 전구체)
B 림프구	미상	항체생산 (혈장세포의 전구체)
T 림프구	미상	세포면역 반응
혈소판	7~8일	혈액응고

그림 41.4 | 혈구의 종류.
적혈구와 혈소판을 제외한 나머지는 모두 백혈구이다.

외에 지질과 스테로이드 호르몬의 운반체 역할을 하는 α-글로불린(globulin)과 β-글로불린, 혈액 응고에 필요한 피브리노겐이 들어 있다. 혈관이 손상되면 혈소판은 응고인자(단백질)를 혈액 안에 방출한다. 이 응고인자가 있으면 피브리노겐이 불용성인 피브린 섬유로 전환되고, 피브린은 모여서 혈병을 형성한다. 피브리노겐이 제거된 혈장을 혈청(serum)이라고 한다.

혈구

적혈구는 산소 운반의 기능을 하고 백혈구는 면역 방어 기능을 하며 혈소판은 혈액 응고의 기능을 한다(그림 41.4).

적혈구. 혈액 1mm^3 속에는 약 500만 개의 적혈구가 들어 있다. 혈액 내에서 적혈구가 차지하는 용적 비율을 적혈구용적비(hematocrit)라고 하는데, 정상적으로 약 45%이다. 각 적혈구는 도넛 모양의 원반으로서 중앙부가 움푹 들어가 있다. 척추동물에서는 헤모글로빈이 적혈구 내에서만 발견되지만 무척추동물에서는 헤모글로빈이나 기타의 혈색소가 혈장 속에 퍼져 있다.

적혈구(erythrocytes)는 줄기세포(stem cell)라는 미분화 세포로부터 생긴다. 혈장 내 산소 수준이 떨어지면 신장은 혈장 단백질을 호르몬인 적혈구생성소(erythropoietin)로 전환시킨다. 이 적혈구생성소는 적혈구생산(erythropoiesis)이라는 과정을 통한 골수에서의 적혈구 생산을 자극한다. 다른 척추동물과는 달리, 포유동물에서는 성숙한 적혈구가 핵을 소실한다. 포유동물의 적혈구는 노쇠하면 지라, 골수, 간에 있는 식균세포에 의하여 혈액으로부터 제거된다. 이 손실은 골수에서 지속적인 적혈구 생성으로 보충된다.

백혈구. 사람의 혈액에서 적혈구 1,000개당 1 또는 2개의 백혈구가 들어 있다. 백혈구는 적혈구보다 크고 핵을 가진다. 백혈구는 혈액에만 들어 있지 않고 모세혈관 밖으로 나가 간질액(조직액) 속에도 들어 있다.

백혈구는 여러 종류가 있는데, 각각은 몸을 방어하는 데 특정 역할을 한다. 과립백혈구(granular leuko-

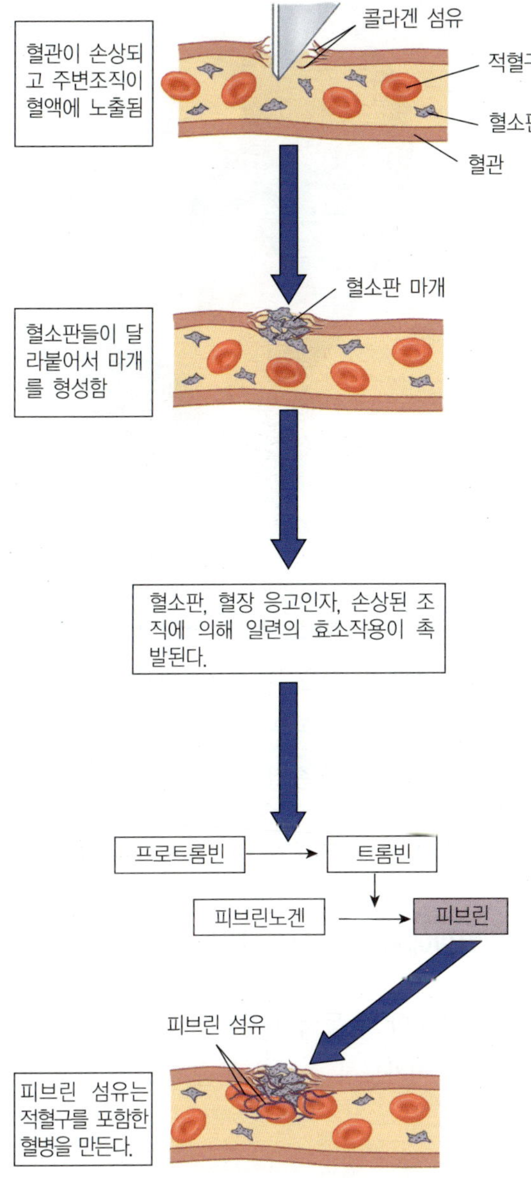

그림 41.5 | **혈병 형성 과정.**
피브린은 혈장 속 가용성 단백질인 피브리노겐으로부터 형성된다. 이 작용은 효소 트롬빈의 촉매작용으로 이루어지는데, 트롬빈은 비활성 효소인 프로트롬빈에서 만들어진다. 트롬빈의 활성화가 혈관손상시 혈병 형성을 위한 일련의 효소작용의 마지막 단계이다.

cyte)에는 세포질 안의 과립의 염색 성질에 따라 중성백혈구(neutrophil), 호에오신성백혈구(eosinophil), 호염기성백혈구(basophil)가 있다. 비과립백혈구(nongranular leukocytes)에는 단핵백혈구(monocyte)와 림프구(lymphocyte)가 있다. 중성백혈구는 가장 흔한 백혈구이고, 그 다음으로 흔한 것은 림프구, 단핵백혈구, 호에오신성백혈구, 호염기성백혈구의 순서이다.

혈소판. 골수에는 거핵세포(megakaryocyte)들이 있는데, 이 거핵세포의 세포질 조각이 떨어져 나와 혈소판이 된다. 혈소판(platelets)은 혈액으로 들어가서 혈액응고에 중요한 역할을 한다. 혈관이 파손되면 혈관벽의 평활근이 수축하여 혈관이 좁아지게 된다. 그런 다음 혈소판이 손상 부위에 모이고 서로 달라붙거나 또 주변 조직에 달라붙어서 혈병을 만든다. 이 혈병은 피브린(fibrin) 섬유로 강화되어 단단하게 된다(그림 41.5).

혈관의 특징

심장에서 나간 혈액은 동맥(artery)을 따라 나간다. 동맥에서 갈라져 나온 현미경적 크기의 작은 동맥을 소동맥(arteriole)이라고 한다. 소동맥을 통과한 혈액은 모세혈관(capillary), 소정맥(venule), 정맥(vein)을 통과하여 심장으로 간다.

동맥, 소동맥, 정맥, 소정맥은 모두 기본 구조가 동일하다(그림 41.6). 혈관의 가장 안쪽 면을 내피(endothelium)라고 하며, 내피의 바깥쪽을 덮고 있는 얇은 층이 탄성층이고, 그 다음으로 평활근층 및 결합조직층이 있다. 따라서 혈관벽은 두꺼워서 이를 경계로 혈액과 주변 조직 사이에 물질이 통과할 수 없다. 그러나 모세혈관벽은 내피층만으로 이루어져 있어서 분자와 이온이 내피세포를 통과하여 지나갈 수 있다. 그러므로 혈액이 모세혈관을 따라 지나갈 때 기체와 대사물질이 혈액과 간질액 또는 세포와의 사이에 교환될 수 있다.

동맥과 소동맥

큰 동맥의 벽에는 탄성 섬유의 양이 많아서 심장에서 다량의 혈액을 받은 후 제자리로 돌아갈 수 있다. 작은 동맥이나 소동맥은 대동맥보다 탄력이 약하며 그 대신 평활근층이 두꺼워 파열되는 것을 막는다.

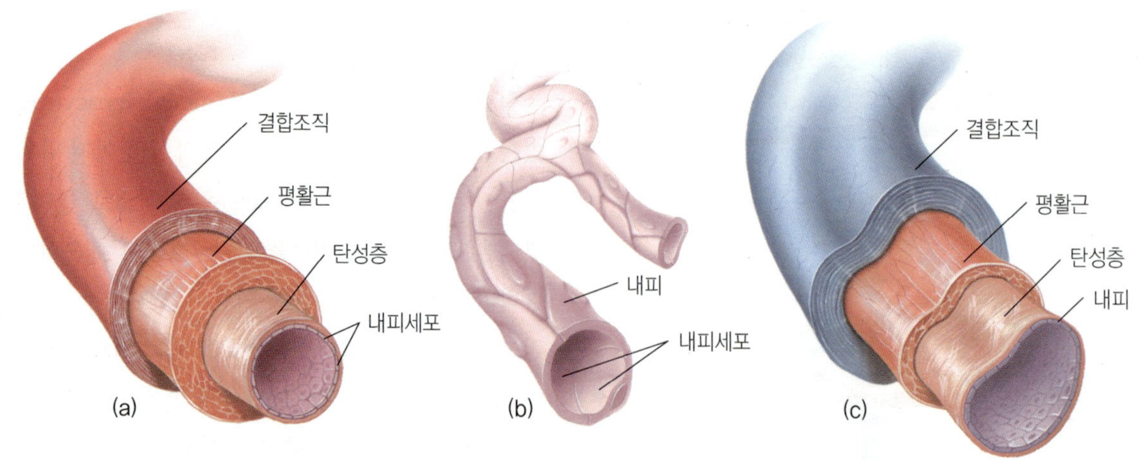

그림 41.6 | **혈관의 구조.**
동맥(a)과 정맥(c)은 동일한 조직층을 가지지만 모세혈관(b)은 한 층의 내피세포층만으로 구성되어 있다.

혈관은 좁을수록 혈류에 대한 저항은 크다. 혈관의 직경이 절반이 되면 혈류에 대한 저항은 16배 커진다. 그러므로 동맥 중에서 혈류에 대한 가장 큰 저항을 나타내는 것은 작은 동맥과 소동맥이다. 소동맥의 평활근층의 수축은 혈관수축(vasoconstriction)을 일으켜서 높은 혈류 저항과 혈류의 감소가 일어나고, 평활근층의 이완은 혈관확장(vasodilation)을 일으킨다(그림 41.2).

또한, 일부 기관을 통과하는 혈류는 혈액이 모세혈관으로 들어가는 부위에서 소동맥 주변의 평활근 고리에 의해 조절된다. 이 모세관전 괄약근(precapillary sphincters)(그림 41.7)은 특정 모세혈관망을 완전히 폐쇄할 수 있다. 가령, 피부의 모세관전 괄약근의 폐쇄는 추운 환경에서 열 손실을 막도록 혈관수축을 일으킨다.

모세혈관에서의 물질 교환

심장은 수축할 때 동맥의 저항을 뚫고 혈액이 모세혈관으로 들어가도록 충분한 분출 압력을 발생해야

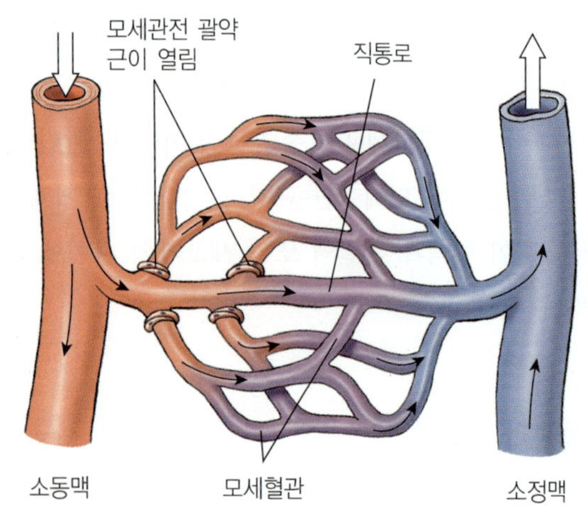

(a) 혈액이 모세혈관망으로 흐름

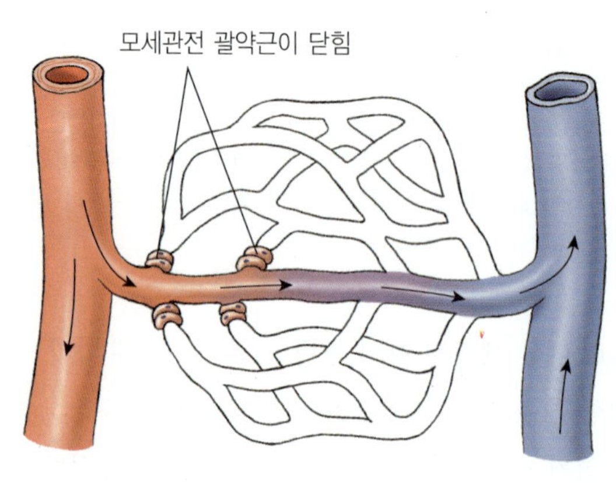

(b) 혈액이 모세혈관망으로 흐르지 않음

그림 41.7 | **소동맥과 소정맥 사이의 모세혈관망.**
(a) 혈액과 세포외액 사이의 물질과 가스교환의 대부분은 모세혈관에서 일어난다. 모세혈관으로의 혈액이동은 모세관전 괄약근에 의해 조절된다. (b) 괄약근의 수축으로 몸은 특정 조직의 모세혈관망의 혈액량을 제한하고, 따라서 이 조직의 물질과 가스 교환율을 조절한다.

한다. 몸 안의 모든 세포가 모세혈관으로부터 100㎛ 거리 이내에 있도록 엄청난 수의 모세혈관이 있으며 많은 분지를 이룬다. 평균적으로 모세혈관은 길이가 약 1mm이고 직경은 적혈구 직경(5-7㎛)보다 약간 큰 8㎛ 정도이다.

모세혈관 하나는 매우 가느다랗지만 그 수는 매우 많기 때문에 전체 모세혈관의 횡단 면적은 다른 어느 혈관의 횡단 면적보다 넓다. 그 결과 혈액과 주변 세포외액 사이의 물질 교환을 할 시간이 많게 된다. 혈액이 모세혈관의 말단에 도달할 때는 이미 산소와 영양물질의 일부를 방출하고 이산화탄소와 노폐물을 거두어들인 상태이다. 따라서 모세혈관망을 통과하여 정맥으로 들어갈 때는 혈압과 혈류 속도는 크게 낮아진 상태이다.

소정맥과 정맥

소정맥과 정맥은 동맥과 동일한 조직층으로 구성되지만 평활근층이 더 얇다. 정맥에서의 혈압은 동맥의 것보다 약 1/10에 지나지 않으므로 두꺼운 근육층이

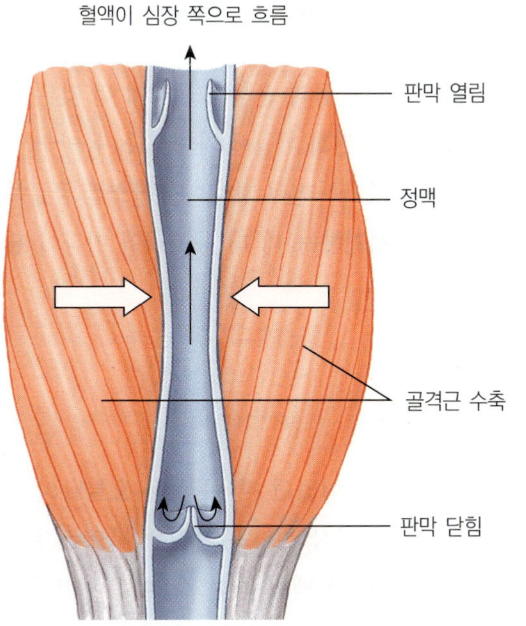

그림 41.8 | 정맥 내에서의 혈액의 일방통행.
정맥판막에 의해 혈액은 정맥을 통해 한 방향으로만 흘러 심장으로 되돌아간다.

필요없다. 심장혈관계 안의 대부분의 혈액은 정맥에 들어 있으며, 필요시 정맥은 확장하여 더 많은 혈액을 붙잡아 둘 수 있다.

정맥의 혈압은 낮으므로 혈압만으로는 혈액을 심장으로 되돌릴 수 없다. 정맥 주변의 골격근은 수축할 때 정맥 안의 혈액을 압축하여 혈액을 이동하게 할 수 있는데 이 작용을 정맥펌프(venous pump)라고 한다. 정맥 내에서 혈액은 한쪽 방향으로만(심장 쪽으로) 이동하는데 이는 정맥판막(venous valve) 때문이다(그림 41.8). 정맥에 혈액이 너무 많이 채워져 늘어나면 정맥판막은 더 이상 작용하지 못하게 될 수도 있다. 이 경우에는 혈액이 정맥 안에 괴어 있게 되는데, 이러한 상태를 정맥류(varicose vein)라고 한다.

림프계

심장혈관계는 폐쇄된 계이지만 혈장 속의 일부 물과 용질은 모세혈관벽을 뚫고 나가 간질액(조직액)을 이룬다. 이와 같은 여과작용은 혈압 때문에 일어나며, 이로서 조직 세포에 산소와 영양을 공급하게 된다. 모세혈관에서의 액체 대부분의 여과는 소동맥 말단에 인접한 부위에서 일어나는데, 이 부위는 혈압이 비교적 높다. 여과된 액체는 다시 소정맥 말단 근처에서 모세혈관 안으로 되돌아 들어가는데(그림 41.9), 이러한 액체의 복귀는 모세혈관 안의 용질 농도가 높기 때문에 삼투에 의해 일어난다. 대부분의 혈장 단백질은 크기가 크기 때문에 모세혈관에서 빠져나가지 못하는데, 이로 인해 간질액보다 모세혈관 안의 단백질 농도가 높게 된다. 이러한 단백질 농도 차는 삼투압을 일으키고 모세혈관 안으로의 물의 삼투를 일으킨다.

간질액은 혈압 때문에 혈관의 혈장액으로부터 빠져나온 액체이기 때문에 모세혈관의 혈압이 너무 높으면 조직에 너무 많은 간질액이 축적된다. 이와 같은 현상은 임신부에서 흔히 일어나는데, 이는 태아가 모체의 정맥을 압박하여 모세혈관의 혈압을 높이기 때문이다. 간질액이 너무 많아지면 조직이 부풀어오르는 부종(edema)이 생긴다. 혈장 단백질의 농도가 너

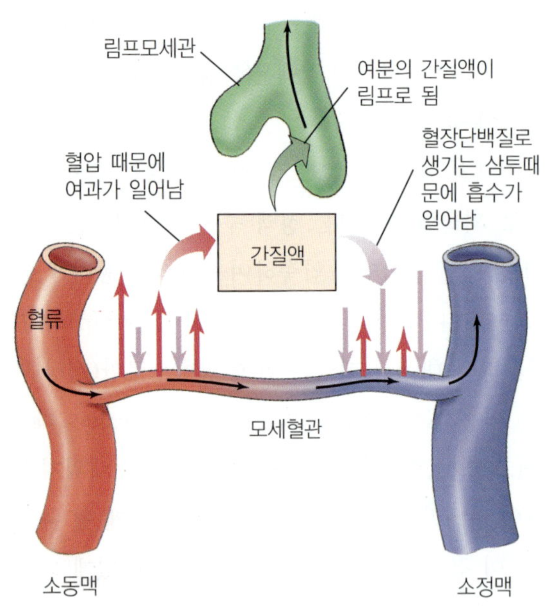

그림 41.9 | 모세혈관에서의 여과 작용.
혈장액이 모세혈관으로부터 여과되어 나와 간질액을 이룬다. 다량의 간질액이 혈장 내 높은 단백질 농도로 인한 삼투압에 의해 모세혈관으로 돌아간다. 여분의 간질액은 림프 모세관으로 들어가 결국 심장혈관계로 되돌아간다.

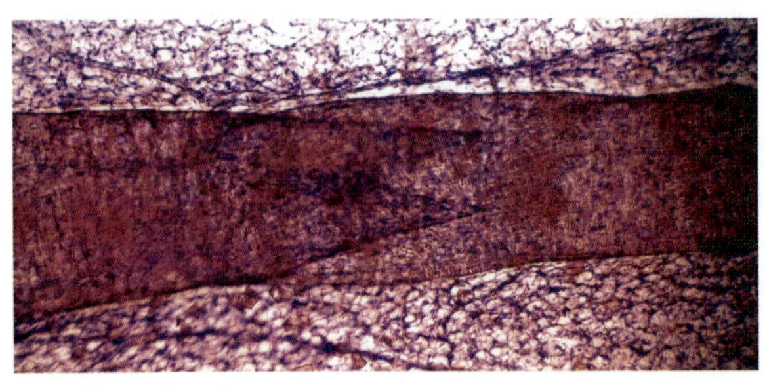

그림 41.10 | 림프관의 판막(25×).
위 그림에서 림프는 왼쪽에서 오른쪽으로 이동한다. 판막에 의해 림프는 한 방향으로만 이동한다.

무 낮아도 부종이 생긴다. 간질액은 모세혈관 안으로 되돌아가지 않고 조직에 계속 남는데, 이런 현상은 간의 질병 때문에 생기기도 한다. 간은 대부분의 혈장 단백질을 생산하기 때문이다.

정상 상태일 경우에도 모세혈관을 빠져나가는 액체의 양은 삼투로 다시 모세혈관 안으로 들어가는 액체의 양보다 많다. 그러나 이렇게 남아 있는 액체는 결국 림프계(lymphatic system)를 통하여 다시 심장혈관계로 되돌아간다. 림프계는 림프모세혈관, 림프관, 림프절, 지라 및 흉선같은 림프기관으로 구성된다. 조직에 있는 과량의 액체는 말단이 막혀 있으나 투과성이 큰 림프모세혈관 안으로 들어간다. 림프모세혈관 안으로 들어간 액체는 림프(lymph)라고 하는데 점점 더 큰 림프관으로 간다. 림프관은 정맥과 유사하며 일방통행을 일으키는 판막을 가진다(그림 41.10). 림프는 나중에 2개의 주요 림프관으로 간 다음 목 양쪽에 있는 정맥 안으로 들어간다.

포유동물에서의 림프의 이동은 림프관을 압축하는 골격근의 운동에 의해 일어난다. 어떤 경우에는 림프관이 율동적으로 수축하기도 한다. 여러 가지 어류, 모든 양서류와 파충류, 조류의 배와 일부 성체에서는 림프의 이동이 림프심장(lymph hearts)에 의해 추진된다.

림프가 림프절이나 림프기관을 통과할 때 식균세포의 활동에 의해 변화된다. 림프절과 림프기관 안에는 배아중심(germinal center)이라는 림프구가 활성화되고 증식되는 장소가 있다.

41.2 척추동물의 순환계와 호흡계

몸의 크기와 순환 및 호흡 적응

척추동물에서 큰 몸과 운동력을 갖게 된 것은 순환계 및 호흡계의 공진화 때문에 가능했다. 몸의 크기와 생리적 능력이 증가하면서 영양소와 산소를 공급하고 이산화탄소를 제거하는 데 더 효율적인 기작이 필요하게 되었다.

어류의 심장

척추동물의 조상이었던 척색동물은 오늘날의 창고기류처럼 단순한 관상 심장을 가졌을 것으로 추정된다. 이 심장은 복부 동맥의 특수화된 부위에 불과했고 다른 부위보다 근육이 발달했으며 단순한 연동파를 일으킬 수 있었다.

아가미가 발달되는 데는 더 효율적인 분출작용이 필

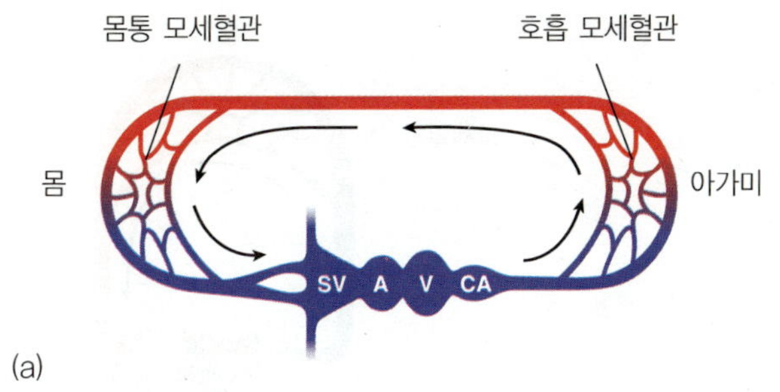

(a)

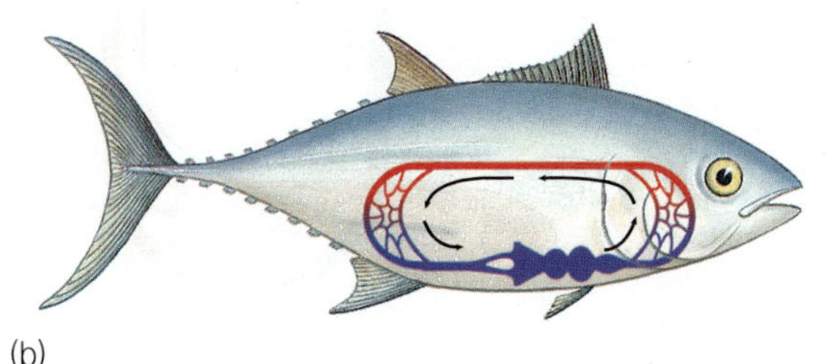

(b)

그림 41.11 | 어류의 심장과 순환.
(a) 어류 심장의 모식도(SV 정맥동, A 심방, V 심실, CA 동맥원추), (b) 어류의 순환 모식도. 산소가 많은 혈액을 적색으로, 산소가 적은 혈액을 청색으로 표시하였다. 심실에서 분출된 혈액은 아가미를 거쳐 몸으로 나간다.

요하게 되었고, 오늘날과 같은 어류의 심장이 진화되었다. 어류의 심장은 본질적으로 4개의 방이 정렬해 있는 관이나(그림 41.11a). 처음 2개의 방은 정맥동(sinus venosus)과 심방(atrium)으로서 혈액을 수집하는 방이고, 나머지 2개의 방은 심실(ventricle)과 동맥원추(conus arteriosus)로서 분출을 일으키는 방이다.

어류의 심장박동은 뒤쪽에서 시작하여 앞쪽으로 진행하므로, 정맥동이 가장 먼저 수축하고, 그 다음으로 심방, 심실, 동맥원추의 순서이다. 각 방의 위치는 척추동물이 진화하면서 변화되었지만 박동의 순서는 모든 척추동물에서 변하지 않고 동일하다. 어류에서는 수축을 일으키는 전기적 충격이 정맥동에서 시작되지만 다른 척추동물에서는 정맥동과 상동적인 구조에서 시작된다.

어류의 심장은 아가미 호흡에 알맞게 되어 있다. 가장 중요한 장점은 아가미를 통과하여 조직으로 가는 혈액이 완전히 산소화된다는 점이다. 혈액은 동맥원추를 떠난 뒤 아가미를 통과하여 몸으로 나갔다가 정맥을 통하여 심장으로 돌아온다(그림 41.11b). 그러나 이와같은 순서는 한 가지 중요한 제약을 지니고 있다. 아가미의 모세혈관을 통과하면서 혈액은 심장 수축으로 생긴 혈압의 상당 부분을 잃게 되므로 아가미를 통과한 뒤의 혈액은 완만하게 흐르게 되어서, 몸의 다른 부위에 산소를 전달하는 속도가 느리게 된다.

양서류와 파충류의 순환

양서류에서는 심장에서 분출된 혈액이 폐동맥을 거쳐 폐로 간 다음, 바로 몸의 조직으로 가지 않고 폐정맥을 거쳐서 심장으로 돌아온다. 이 때문에 두 가지 순환이 일어나는데, 하나는 심장과 폐 사이에 일어나는 폐순환(pulmonary circulation)이고, 다른 하나는 심장과 몸의 기타 부위 사이에 일어나는 체순환(systemic circulation)이다.

심장의 구조적 변화가 일어나지 않았다면 폐로부터 온 산소화된 혈액은 심장에서 몸의 기타 부위에서 온 산소가 없는 혈액과 혼합될 것이다. 그 결과 심장은 산소화된 혈액과 탈산소화된 혈액의 혼합물을 분출시킬 것이다. 양서류의 심장은 이 혼합을 감소하는 두 가지 구조적 특징을 가진다(그림 41.12). 첫째, 심방은 두 개의 방으로 나뉘어 있다. 즉 우심방은 체순환으로부터 오는 탈산소화된 혈액을 받고, 좌심방은 폐로부터 오는 산소화된 혈액을 받는다. 그러므로 이 두 가지 혈액은 심방에서 혼합되지 않는다. 또 이 두 가지 혈액이 한 개의 방으로 된 심실로 들어갈 때에도 심실벽에 오목하게 난 홈으로 만들어진 통로 때문에 거의 혼합되지 않는다. 동맥원추는 분리 벽에 의해 부분적으로 분리되어 있어서 탈산소화된 혈액이 폐동맥으로 유도되고, 산소화된 혈액은 대동맥으로 유도된다.

양서류는 심실이 한 개뿐이므로 폐순환과 체순환의 분리가 불완전하다. 그래서 물 속에 사는 양서류는 피부를 통하여 추가적으로 산소를 얻는데, 이런 호흡을 피부호흡(cutaneous respiration)이라고 한다.

파충류에서는 심장의 추가적인 진화로 혈액의 혼합이 더 줄어들게 되었다. 심방이 2개의 방으로 구분되어 있을 뿐만 아니라 심실도 격벽에 의하여 부분적으

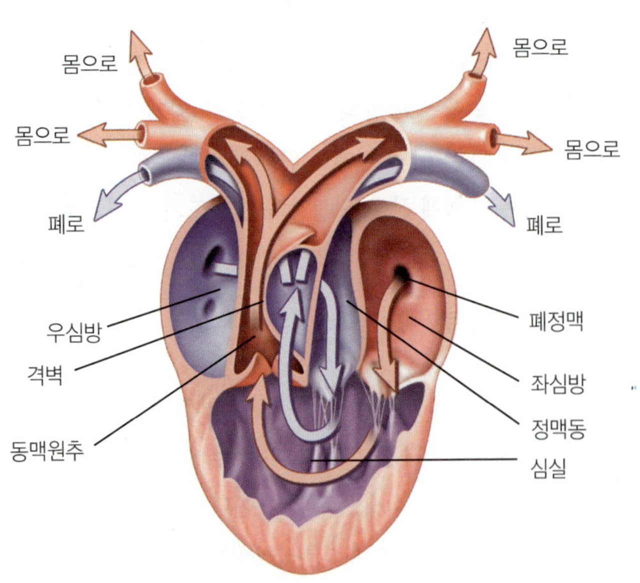

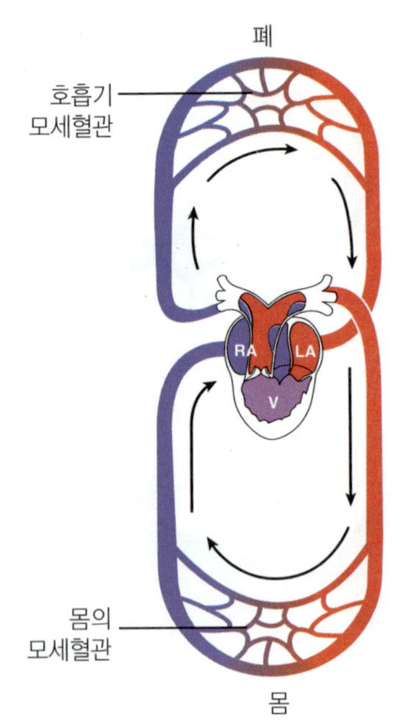

그림 41.12 | 양서류의 심장과 순환.
산소화된 혈액은 적색, 탈산소화된 혈액은 청색으로 표시하였다. RA : 우심방, LA : 좌심방, V : 심실.
(a) 개구리의 심장은 두 개의 심방과 한 개의 심실로 이루어져 있으며, 심실에서 폐와 몸으로 혈액이 분출된다.
(b) 이때 산소화된 혈액과 탈산소화된 혈액이 혼합될 가능성은 있지만, 실제 거의 혼합되지 않는다.

로 구분되어 있다. 악어류에서는 이 구분이 완벽하여 격벽에 의하여 두 개의 심실이 완전히 분리되어 있다. 파충류에서는 또 동맥원추가 대동맥에 합쳐져 있다.

포유류와 조류의 심장

포유류, 조류, 악어류는 2개의 심방과 2개의 심실로 된 심장을 가진다(그림 41.13). 우심방은 몸으로부터 탈산소화된 혈액을 받아서 우심실로 전달하고, 우심실은 혈액을 폐로 보낸다. 좌심방은 폐로부터 산소화된 혈액을 받아서 좌심실로 보내며, 좌심실은 산소화된 혈액을 몸으로 내보낸다. 이는 완전한 중복 순환(double circulation)이다. 양쪽 심방은 혈액을 받아서 동시에 수축하며, 양쪽 심실도 동시에 수축한다. 높은 대사 속도를 유지하는 데는 보다 효율적인 순환이 요구되었기 때문에 중복 순환은 항온성의 진화에 중요했던 것으로 판단된다.

순환계는 폐쇄되어 있으므로 심장이 한 번 박동할 때마다 체순환을 통해 움직이는 혈액과 폐순환을 통해 움직이는 혈액의 양은 동일해야 한다. 그러므로 좌심실과 우심실은 수축할 때마다 동일한 양의 혈액을 분출해야 한다. 만약 분출량이 다르면 한 순환계에 혈액이 축적되고 혈압이 증가하여 모세혈관에서의 여과가 증대되고 부종이 일어난다. 비록 두 심실이 분출하는 혈액의 양은 동일하지만 혈액을 분출하는 압력은 동일하지 않다. 저항이 높은 체순환으로 혈액을 분출하는 좌심실은 근육이 더 발달되어 있고 우심실보다 더 큰 압력으로 분출한다.

척추동물 심장의 진화 과정을 통하여 정맥동은 심장박동을 일으키는 충격을 발생하는 박동원으로서 역할을 하게 되었다. 정맥동은 어류에서는 크지만 양서류에서는 작고, 파충류에서는 더 작아져 있다. 포유류와 조류에서는 정맥동이 더 이상 독립된 방으로서 존재하지 않으나, 완전히 소실된 것은 아니어서, 그 조직의 일부가 우심방 벽에 남아 있다. 이 조직을 동방결절(sinoatrial node, SA node)이라고 하며, 심장박동의 근원 부위이다.

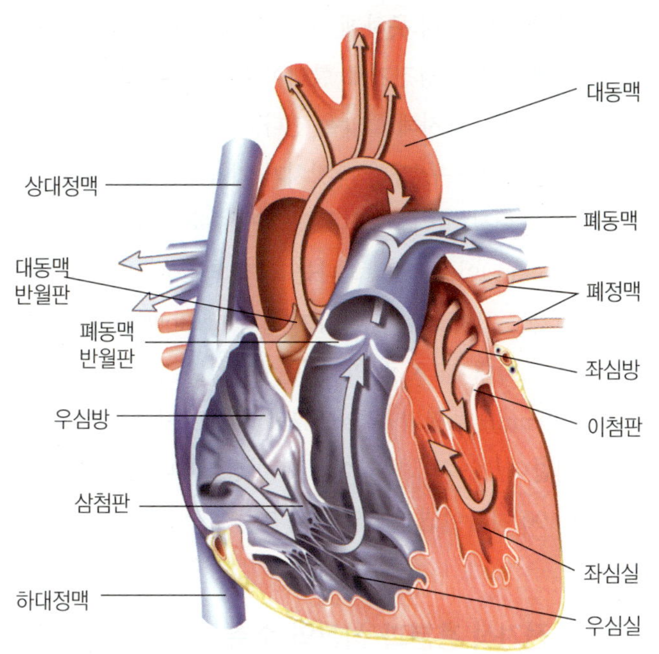

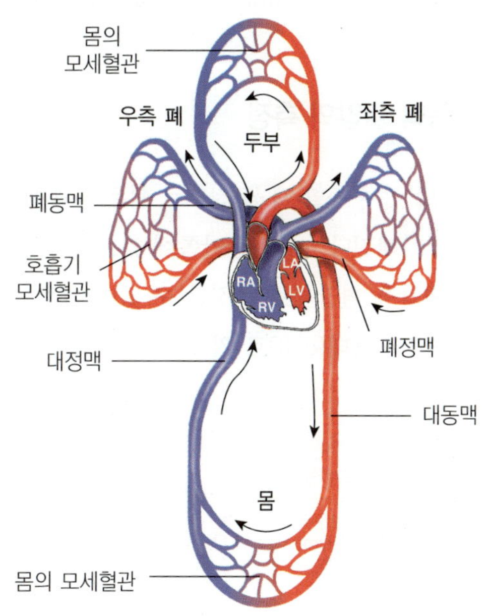

그림 41.13 | **포유류와 조류의 심장과 순환.**
RA : 우심방, LA : 좌심방, RV : 우심실, LV : 좌심실. (a) 4개의 방으로 이루어진 심장을 통한 혈액의 이동경로 (b) 심장의 오른쪽 부위는 탈산소화된 혈액을 받아 폐로 보내고, 왼쪽 부위는 산소화된 혈액을 받아 몸 전체로 보낸다. 이런 식으로 폐순환과 체순환은 완전 분리되어 있다.

41.3 심장혈관계와 심장 회로

심장 회로

심장에는 4개의 판막이 있다. 두 개는 방실판(AV 판, atrioventricular valve)으로서, 심방과 심실 사이에 있다. 오른쪽 방실판은 삼첨판(tricuspid valve)이고, 왼쪽 방실판은 이첨판(bicuspid valve)이다. 다른 두 판막은 반월판(semilunar valve)으로서, 그 중 하나는 우심실과 폐동맥의 경계부에 있고, 다른 하나는 좌심실과 대동맥의 경계부에 있다. 이 판막들은 심장이 확장기(diastole)와 수축기(systole)를 반복할 때 열리고 닫힌다. 이 판막들이 닫힐 때 "럽, 덥" 하는 소리가 청진기로 들린다.

심장이 이완할 때 혈액은 좌우의 심방으로 들어간다. 심방에 혈액이 들어가 압력이 커지면 방실판이 열려서 혈액은 심실로 들어간다. 쉬고 있는 사람의 경우 심실에 채워질 수 있는 혈액의 양 80 m*l* 중 약 80%가 이때 심실로 들어가고 나머지 20%의 혈액은 심방이 수축하면서 심실로 들어간다(심실 확장기).

짧은 지연이 있은 다음, 심실이 수축한다(심실수축기). 양쪽 심실이 수축하면 방실판은 닫히므로(이때 "럽" 하는 소리가 청진기로 들린다), 혈액은 심방으로 역류하지 못한다. 방실판이 닫힌 직후 반월판이 열리면서 혈액은 분출되어 동맥계로 나간다. 심실이 이완할 때 반월판은 닫히므로(이때 "덥" 하는 소리가 난다) 혈액은 심실 안으로 역류하지 못한다.

폐동맥(pulmonary arteries)은 좌우로 갈라져 산소가 없는 혈액을 좌우의 폐로 보낸다. 폐를 통과한 혈액은 폐정맥(pulmonary veins)을 거쳐 심장으로 돌아온다. 대동맥과 이의 분지들(체동맥)은 좌심실로부터 나온 산소가 많은 혈액을 온몸으로 보낸다. 대동맥(aorta)에서 맨 처음 분지되어 나오는 동맥이 심장근 자체로 가는 관상동맥(coronary artery)이다. 체동맥을 통해 몸의 각 기관으로 나간 혈액은 두 개의 대정맥을 통해 우심방으로 들어오는데, 하나는 몸의 위쪽에서 오는 혈액이 통과하는 상대정맥(superior vena cava)이고, 다른 하나는 몸의 아래쪽에서 오는 혈액이 통과하는 하대정맥(inferior vena cava)이다.

동맥 혈압의 측정

심실이 수축할 때 몸 전체로 뻗은 동맥에 커다란 압력이 가해진다. 이때 팔 안쪽에 있는 상완동맥에 생기는 혈압을 혈압계로 측정할 수 있다(그림 41.14). 혈압계의 가압대(cuff)로 위 팔을 단단히 감싸서 혈액이 아래 팔로 가지 못하게 한 다음 가압대를 천천히 느슨하게 하면서 청진기로 혈액이 아래 팔로 내려가기 시작할 때를 탐지해 혈압을 잰다.

혈압에는 두 가지 측정치가 기록되는데, 하나는 심실 수축시 생기는 최대 혈압인 수축기 혈압(systolic pressure)이고 다른 하나는 심장 박동과 박동 사이에 생기는 최저 혈압인 확장기 혈압(diastolic pressure)이다. 20대인 사람의 정상 혈압은 수축기 혈압 120mmHg, 확장기 혈압 75mmHg로서 120/75로 표시한다. 수축기 혈압이 150 이상이거나 확장기 혈압이 90 이상이면 고혈압으로 본다.

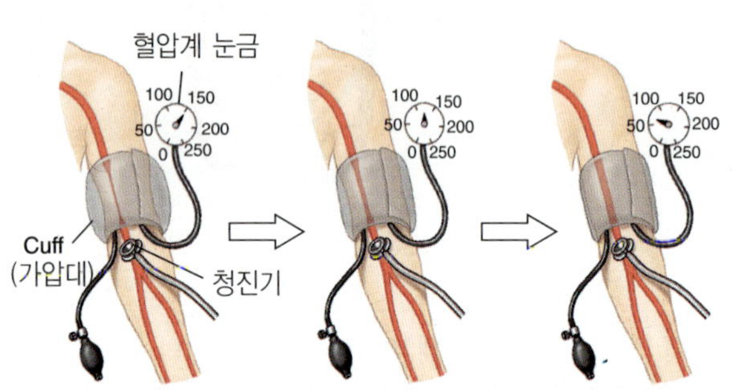

그림 41.14 | 혈압의 측정.
가압대를 꽉 조여 혈액이 아래 팔로 내려가지 못하게 한 다음, 가압대를 느슨하게 하면서 청진기를 이용하여 박동이 들리는 시점의 혈압계 눈금을 본다(수축기 혈압). 확장기 혈압은 박동 소리가 들리지 않게 될 때의 혈압이다.

전기적 흥분과 심장의 수축

다른 근육에서와 마찬가지로 심근의 수축도 막의 탈분극에 의해 자극된다. 골격근에서는 신경계에서 오는 신호만이 탈분극을 일으킬 수 있다. 그러나 심장은 특수한 자율성 탈분극 세포들을 가진다. 이 자율성 세포들 중의 한 종류가 정맥동으로부터 유래한 동방결절(SA node: sinoatrial node)로서(그림 41.15) 우심방 벽에 위치한다. 이 SA결절은 다른 자율성 심장

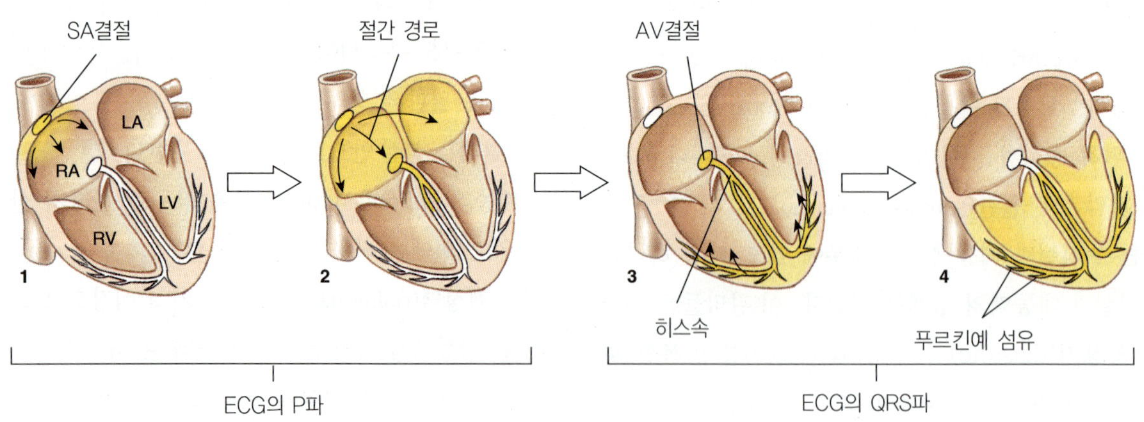

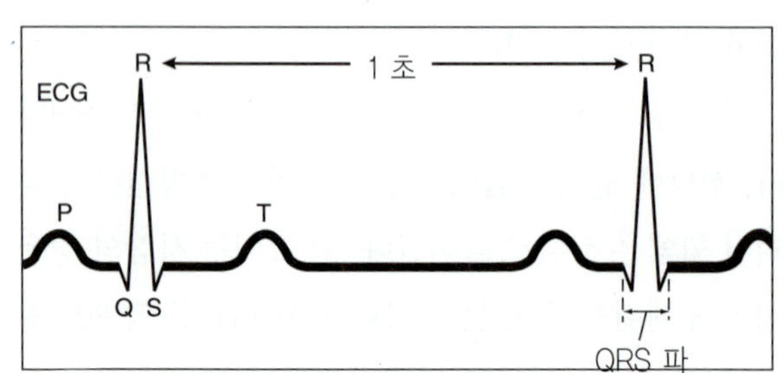

그림 41.15 | 심장의 전기적 흥분의 이동 경로.
탈분극파가 동방결절(SA node)에서 시작하여 심방의 근섬유를 따라 퍼져나가면서 심방의 근육을 수축하게 만든다(ECG에서 P파를 만듦). 이 탈분극파는 절간 경로를 따라 전도되어 SA결절에서 방실결절(AV node)로 가고, 여기에서 히스속에 의하여 격벽을 따라 심실로 간다. 푸르킨예 섬유는 탈분극을 좌우 심실 근육으로 전달한다(ECG에서 QRS파를 만듦). ECG의 T파는 심실의 재분극에 해당된다.

세포보다 더 빠른 속도로 탈분극을 만들어서 심장의 나머지 부위에 대한 박동원(pacemaker)으로 작용한다. 이 박동원에서 시작된 탈분극은 방간 경로(interatrial pathways) 및 절간 경로(internodal pathways)라는 두 가지 특수 전도 섬유를 따라 이동한다. 방간 경로는 탈분극 신호를 SA결절로부터 좌심방의 심근 섬유로 전달하고, 절간 경로는 우심방의 근육을 활성화하고 신호를 방실결절(AV node: atrioventricular node)로 전도한다. 활성화된 탈분극은 급속히 한 근섬유로부터 좌우 심방의 다른 근섬유로 확산한다. 탈분극의 급속 확산은 특수 전도 섬유가 있고 심근세포들이 간극연결(gap junction)로 연결되어 있기 때문에 일어날 수 있다.

심방과 심실 사이에는 결합조직층이 있어서 근섬유를 따라 한 방에서 다른 방으로 흥분이 확산되는 것을 차단한다. AV결절은 심방에서 심실로 탈분극이 전달되는 유일한 경로가 된다. AV결절의 섬유는 탈분극 신호의 전도 속도를 낮추어서 심실의 수축을 약 0.1초 지연시킨다. 이 지연 때문에 심방은 심실이 수축하기 전에 수축을 완료하여 혈액을 심실로 비워낼 수 있다.

탈분극파는 히스속(bundle of His)이라는 섬유 다발에 의해 AV결절로부터 신속히 양쪽 심실로 전도된다. 이 섬유들은 탈분극을 푸르킨예섬유(Purkinje fibers)로 전달하고, 푸르킨예섬유는 직접 좌우 심실의 심근 세포들을 자극하여 동시에 수축하도록 만든다.

심장에서의 전기적 활동의 확산은 몸 표면에서도 기록할 수 있는 전류를 발생한다. 심전도(ECG or EKG: electrocardiogram)는 심장 세포들이 심장 회로 동안 어떻게 탈분극하고 재분극하는지를 보여준다(그림 41.15). 탈분극은 심장 수축을, 그리고 재분극은 심장 이완을 일으킨다. 심전도에서 나타나는 최초의 정점 P는 심방의 탈분극으로 생기므로 심방 수축과 관련된다. 두번째 정점 QRS는 심실 탈분극으로 생기는데, 이때는 심실이 수축하여 혈액이 동맥으로 나갈 때이다. 마지막 정점 T는 심실 재분극으로 생기는데, 이 때는 심실이 확장할 때이다.

혈류와 혈압

심박출량

심박출량(cardiac output)은 각 심실에서 분당 분출되는 혈액의 양이며, 체순환 또는 폐순환을 통해 분당 이동하는 혈액의 양이다. 심박출량은 박동 속도에 박출량(심실이 한 번 박동할 때 나가는 혈액의 양)을 곱하여 측정한다. 가령 박동 속도가 분당 72회이고 박출량이 70m*l*라면 심박출량은 분당 5*l*가 되는데, 이는 쉬고 있는 사람의 평균 심박출량이다.

운동을 할 때에는 박동 속도와 박출량이 증가하므로 심박출량도 증가한다. 운동을 시작할 때 박동 속도는 분당 약 100회로 증가한다. 운동이 더 강렬해지면 골격근이 정맥을 더 압박하여 혈액은 더 빠르게 심장으로 되돌아간다.

운동 도중에 젊은 사람의 심박출량은 최대 약 25*l*까지 증가한다. 비록 심박출량은 이렇게 5배까지 증가하지만 모든 기관들이 5배의 혈액을 받는 것은 아니고, 어떤 기관은 더 많이 또 어떤 기관은 더 적게 받는다. 이는 소화계와 같이 어떤 기관의 소동맥은 수축하고, 운동하는 근육이나 심장과 같은 기관의 소동맥은 확장하기 때문이다.

혈압과 압력수용기 반사

동맥의 혈압은 두 가지 요인, 즉 심실이 분출하는 혈액의 양(심박출량)과 혈류에 대한 동맥계의 저항에 따라 달라진다. 그러므로 박동 속도나 혈액량의 증가, 혈관수축은 혈압을 높인다. 반대로 심장 박동이 느리고 탈수나 과다 출혈 등에 의해 혈액량이 감소할 때 혈압은 떨어진다.

동맥의 혈압은 대동맥궁과 목동맥에 있는 압력수용기(baroreceptor)에 의해 감지된다. 이 수용기들은 감각뉴런을 활성화시켜서 그 정보를 뇌간의 한 부위인 연수에 있는 심장혈관계 조절 중추(cardiovascular control centers)에 보낸다. 압력수용기가 혈압 하락을 감지하면 피부나 내장의 혈관으로 가는 뉴런을 자극하여 이 기관들의 소동맥이 수축하여 혈압이 오르도록 한다. 그러므로 이 압력수용기 반사는 음성 피드백 고리를 이루어 항상성을 회복하게 만든다.

혈액량 반사

혈액량의 조절은 4가지 호르몬과 관련되어 있는데, 이들은 (1) 항이뇨호르몬, (2) 알도스테론, (3) 심방나트륨배설호르몬(atrial natriuretic hormone), (4) 일산화질소이다.

항이뇨호르몬. 항이뇨호르몬(ADH)은 바소프레신(vasopressin)이라고도 하는데, 이 호르몬은 뇌하수체 후엽에서 혈장의 삼투 농도 증가에 반응하여 분비한다. 가령 탈수가 일어나면 혈액량이 감소하고 혈장이 농축된다. 이렇게 되면 뇌의 시상하부에 있는 삼투수용기가 자극된다. 삼투수용기는 갈증을 일으키고 뇌하수체 후엽에서의 ADH 분비를 자극한다. 또, ADH는 신장을 자극하여 오줌 생산을 줄여서 혈액에 더 많은 물이 남아 있도록 만든다.

알도스테론. 혈액량이 감소하면 기관을 통과하는 혈액량이 감소한다. 신장이 혈류 감소를 경험할 때마다 일부 신장 세포들은 레닌(renin)이라는 효소를 혈액 안으로 방출한다. 레닌은 혈액 단백질인 안지오텐신(angiotensin)을 활성화시킨다. 안지오텐신은 몸 전체의 혈관수축을 자극한다. 또 레닌은 부신피질을 자극하여 호르몬 알도스테론을 분비하게 만든다. 이 호르몬은 신장에 작용하여 Na^+ 보유와 혈액 내 수분 보유를 촉진한다. 이는 혈액량을 증가시킬 뿐만 아니라 혈액의 삼투성의 유지에도 도움을 준다. 알도스테론이 결핍된 동물은 혈액의 수분이 오줌으로 많이 빠져나가 혈압이 크게 떨어져서 죽게 된다.

심방나트륨배설호르몬. 몸이 과량의 Na^+를 제거하고자 할 때 부신은 소량의 알도스테론을 분비하므로 신장은 소량의 Na^+만 남아 있게 한다. 최근에 과학자들은 오줌으로의 Na^+ 배설은 다른 호르몬에 의해 촉진된다는 것을 알게 되었다. 놀랍게도, 이 호르몬은 심장의 우심방에서 분비된다. 심장도 일종의 내분비 기관인 셈이다. 이 호르몬은 심방나트륨배설호르몬(atrial natriuretic hormone)으로서 혈액량이 증가할 때 생기는 심방 팽창에 반응하여 분비된다. 이 호르몬의 작용은 음성 피드백 고리를 이루는데, 이는 이 호르몬이 Na^+과 물의 제거를 촉진하고, Na^+과 물의 제거는 혈액량과 혈압을 감소시키기 때문이다.

일산화질소. 일산화질소(NO)는 기체로서 척추동물에서 호르몬으로 작용하여 혈압과 혈류를 조절한다. 일산화질소는 일종의 측분비 호르몬으로서 한 세포에서 생산되어 인접 세포의 세포막을 뚫고 들어가서 그 활동을 변화시킨다. 1998년의 노벨 의학상은 이 신호전달 작용의 연구를 한 사람에게 수여되었다. 일산화질소 기체는 혈관의 내피세포에서 만들어져서 혈관의 세포층을 뚫고 안으로 들어가서, 이를 둘러싸고 있는 평활근을 이완시켜서 혈관이 확장되게 한다. 1세기가 넘도록 심장질환자에게 니트로글리세린을 처방하여 흉통을 진통시켜 왔지만, 오늘날에야 니트로글리세린이 일산화질소 기체를 방출함으로서 그 작용을 한다는 것을 알게 되었다.

심장혈관계 질환

심장혈관계 질환은 주요 사망 원인이 되고 있다. 미국에서 심장질환 사망자 중에서 가장 중요한 사인은 심장마비이다. 심장마비는 심근에 혈액이 충분히 공급되지 못하여 그 부위의 심근세포가 죽기 때문에 일어난다. 심장마비는 또 관상동맥에 혈액 응고가 생겨서 혈액 흐름이 차단됨으로써 일어나기도 한다. 이러한 혈관 막힘은 죽상경화증 때문에 일어나기도 한다. 협심증(angina pectoris)은 심장마비와 유사한 원인으로 일어난다. 협심증 환자는 흉통을 겪는데, 이 통증은 심장에서 나타나거나 왼쪽 팔이나 어깨에서 나타나기도 한다. 협심증은 심장으로의 혈액 공급이 불충분함을 알리는 경고 단계로서, 심근세포 사멸이 일어나기 전 단계이다.

뇌졸중(stroke)은 뇌에 혈액 공급이 차단되어 일어나며, 뇌로 가는 혈관이 터지거나 뇌동맥이 혈전 또는 죽상경화증으로 막힐 때에도 일어난다. 뇌졸중은 혈관 손상의 정도와 그 부위에 따라 병세가 다르다.

죽상경화증(atherosclerosis)은 동맥에 지방 물질이 축적되거나 비정상적인 양의 평활근, 콜레스테롤, 피브린 또는 여러 가지 세포 찌꺼기가 침적되어 일어난다. 이와 같은 물질들의 축적으로 혈액 흐름이 감소된다. 죽상경화증은 유전적 원인, 흡연, 고혈압, 혈액 내 높은 콜레스테롤 농도에 의해 촉진된다. 콜레스테롤이나 포화지방산이 많은 음식은 혈액의 콜레스테롤 농도를 높인다.

동맥경화증(arteriosclerosis)은 동맥이 단단하게 되는 것으로서 동맥벽에 칼슘이 침적되어 일어나며, 죽상경화증이 심할 때 나타나는 경향이 있다. 이와 같은 동맥의 탄력성 소실은 심장에 큰 부담을 준다.

41.4 호흡과 기체 확산 속도

호흡 효율의 최대화

내호흡과 외호흡

앞에서 설명한 순환계의 1차적 목적은 조직으로부터 또는 조직에 기체를 수집하고, 분배하며, 제거하는 일이다. 동물은 세포호흡이라는 생화학적 과정을 이용하여 먹이 분자로부터 에너지를 추출해내기 때문에 이는 필수적인 활동으로서, 이 과정에서 세포는 전자전달 연쇄에서의 최종 전자 수용체로서 산소가 필요하며 피루브산 산화나 크렙스 회로가 진행될 때 유기물의 산화로 이산화탄소가 만들어진다. 세포호흡은 세포 수준에서 산소가 이용되고 이산화탄소가 생산되는 것을 말하며, 일반적으로 말하는 호흡이란 몸의 수준에서 주변 환경으로부터 산소를 얻고 주변 환경에 이산화탄소를 배출하는 것을 말한다. 세포호흡은 흔히 내호흡(internal respiration)이라고 하고, 몸의 수준에서 기체를 교환하는 것을 외호흡(external respiration)이라고 한다. 내호흡과 외호흡 사이의 연결은 순환계가 맡아 한다.

무척추동물은 피부, 기관, 아가미 등 여러 가지 호흡기관을 가진다. 어류나 양서류 유생과 같은 일부 척추동물도 아가미로 호흡하지만 어떤 양서류는 일차 외호흡기관이나 보조 호흡기관으로 피부를 이용한다. 대부분의 양서류 성체, 파충류, 조류, 포유류는 폐로 외호흡을 한다. 수생동물이나 육상동물에서는 호흡기관 내에서 산소는 혈액으로 확산해 들어가고 이산화탄소는 혈액으로부터 확산되어 나온다. 그런 다음 혈액이 몸 전체로 운반된다. 조직에서는 기체의 확산 방향이 호흡기관의 경우와 반대가 된다.

동물에서의 기체 교환의 원리

호흡에서 기체는 원형질막을 통과하여 확산한다. 원형질막은 수분으로 둘러싸여 있으므로 기체 교환의 외부 환경은 항상 물이다. 척추동물에서 기체는 호흡기관의 상피세포를 덮고 있는 수분층 안으로 확산한다. 확산 과정은 수동적이어서 산소와 이산화탄소의 농도치에 의해서만 일어난다. 일반적으로, 두 부위의 확산 속도는 피크의 확산법칙(Fick' s Law of Diffusion)의 공식에 의해 결정된다.

$$R = D \times A \frac{\Delta p}{d}$$

이 공식에서,

R = 확산 속도, 즉 단위 시간당 확산하는 산소와 이산화탄소의 양

D = 확산 상수

A = 확산이 일어나는 부위의 면적

Δp = 생물 내부와 외부 환경 사이의 농도차(기체의 경우 분압의 차)

d = 확산이 일어나는 거리

동물의 진화 과정에서 일어난 호흡 기작의 주요 변

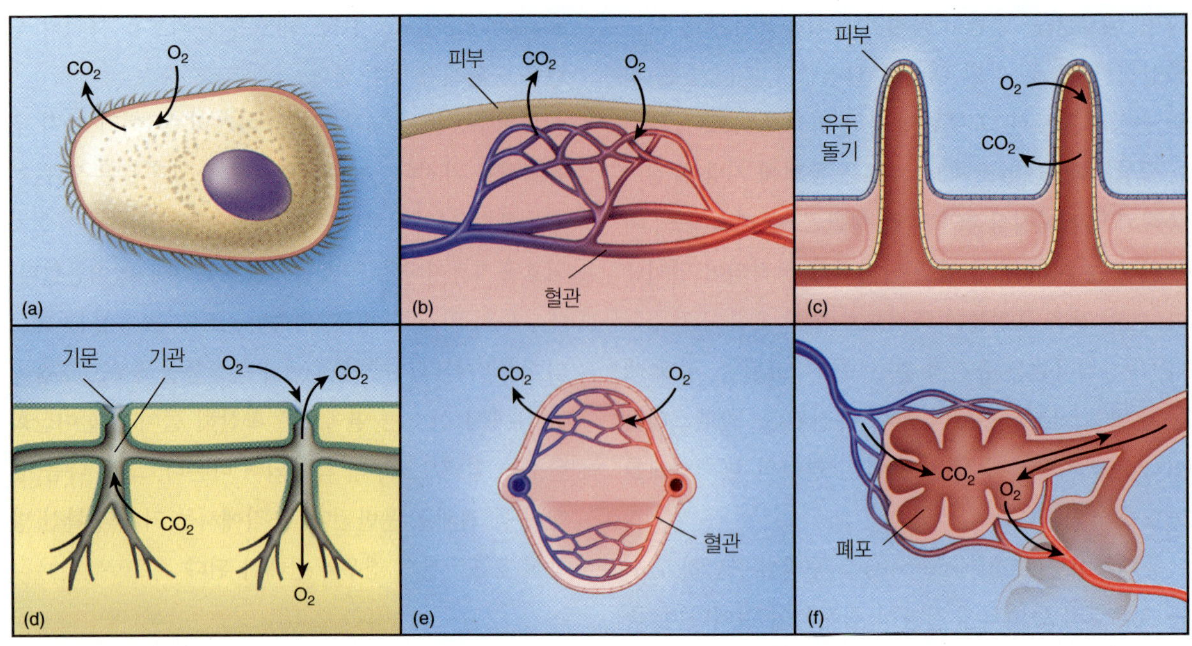

그림 41.16 | 기체 교환이 일어나는 여러 가지 방식.
(a) 단세포 생물에서의 직접 확산. (b) 양서류 등의 여러 동물에서 볼 수 있는 피부호흡. (c) 극피동물에서와 같이 유두돌기를 내어 호흡 면적을 증대한 경우. (d) 곤충의 기관계. (e) 어류의 아가미에서 볼 수 있는 표면적 증대와 역류 교환. (f) 포유동물 폐의 폐포.

화는 확산 속도(R)를 최대화하는 것이었다(그림 41.16). 피크의 법칙을 검토해 보면 자연선택은 다음과 같은 변화를 통하여 R을 최대화할 수 있음을 알 수 있다. 즉, (1) 표면적(A)의 증대, (2) 거리(d)의 감소, (3) 농도차(Δp)의 증대이다. 호흡계의 진화는 이 요인들 모두의 변화와 관련되어 있다.

확산 속도의 최대화

산화적 대사에 필요한 산소의 농도는 0.5mm 이상의 거리에서는 확산만으로는 충분히 얻을 수 없다. 이 제약 때문에 주변 환경에서 확산으로만 산소를 얻는 생물은 몸의 크기가 커질 수가 없다. 원생생물은 이렇게 확산만으로도 충분한 작은 크기를 가지고 있으나, (그림 41.16a) 다세포동물은 확산만으로는 안 된다.

대부분의 원시적 무척추동물은 특별한 호흡기관을 가지고 있지 않으나, 이들은 호흡기에서 물의 흐름을 증진시키는 수단을 가지고 있다. 이들 중 다수는 섬모를 쳐서 수류를 만들어 지속적으로 호흡기에 새로운 물이 접근하게 하여, 외부 산소 농도가 감소되지 않도록 한다. 이는 농도차를 최대화하여 확산 속도를 증대시키는 방법이다.

보다 발달된 무척추동물(연체동물, 절지동물, 극피동물)과 척추동물은 확산이 일어나는 부위의 표면적을 증대시킨 호흡기를 가지며, 외부 환경(물 또는 공기)을 체액에 가까이 접근시킨다(확산 거리 감소).

대기압과 분압. 건조한 공기는 질소 78.09%, 산소 20.95%, 아르곤 등의 불활성 기체 0.93%, 그리고 이산화탄소 0.03%로 구성되어 있다. 이 조성비는 표고 100km까지는 일정하다(그림 41.17).

지표면에서 대기권 외각까지 기체 기둥이 뻗어 있다고 가정해 보자. 이 기둥에서 모든 기체 분자는 중력의 영향을 받으므로 중량과 압력을 나타낸다. 이 기둥을 해수면에서 수은이 들어 있는 U자관의 한쪽 끝에 올려놓는다면 이 기체 기둥의 압력 때문에 수은이 눌려서 U자관의 반대쪽으로 올라오는데, 이때 올라오는 거리가 표준 상태에서 760mm이다(그림 41.17). 그래서 760mmHg의 압력을 1기압(one atmosphere of pressure)이라고 한다.

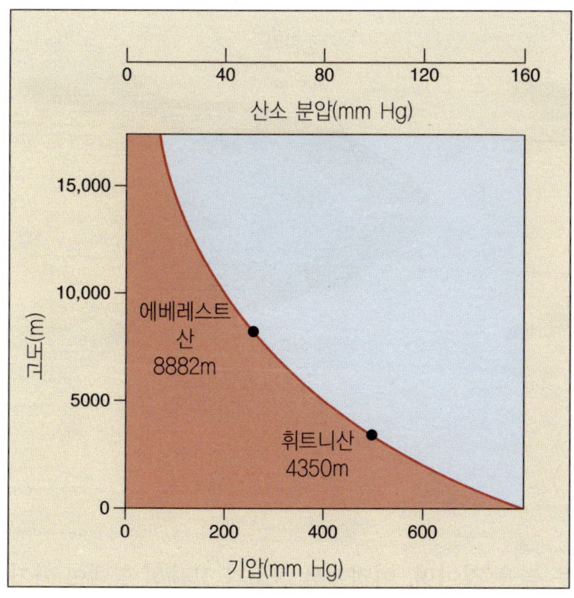

그림 41.17 | 기압과 고도와의 관계.
고도가 높은 곳에서 기압은 해수면보다 무척 낮다. 에베레스트 산 정상의 기압은 해수면의 단지 1/3 밖에 안 된다.

기압은 대기 중의 각 기체의 압력이 합산된 것이다. 전체 기체 중에서 한 기체가 기압을 나타내도록 기여하는 압력 할당분을 분압(partial pressure)이라고 하며, P_{N_2}, P_{O_2}, P_{CO_2}와 같이 표시한다. 기압은 대기 중에 존재하는 모든 기체의 분압을 합한 것과 같다. 건조한 공기에서 분압은 단순히 각 기체의 조성비에 기압을 곱한 것이다. 그러므로 해수면에서 N_2, O_2, CO_2의 분압은 다음과 같다.

P_{N_2} = 760 × 79.02% = 600.6mmHg
P_{O_2} = 760 × 20.95% = 159.2mmHg
P_{CO_2} = 760 × 0.03% = 0.2mmHg

사람은 해발 6,000m 이상의 표고에서는 계속 살아갈 수 없다. 이 고도에서도 대기의 20.95%가 산소이지만 기압은 380mmHg에 불과하므로 P_{O_2}는 80mmHg 뿐이며 이는 해수면 부근 산소량의 절반에 불과하다.

수생 척추동물의 아가미

아가미는 극피동물의 유두돌기처럼 간단하거나(그림 41.16c) 어류에서 볼 수 있는 것처럼 복잡하다(그림 41.16e). 아가미는 확산 표면적이 크게 증대된 구조이다. 외부아가미(external gill)는 몸 표면에 노출된 아가미로서, 척추동물의 경우 여러 어류와 양서류의 유생, 도롱뇽 일종인 아홀로틀과 같은 영구적 수생 양서류유생에서 볼 수 있다. 외부아가미의 약점으로는 이 아가미가 지속적으로 움직여야 하고 쉽게 손상될 수 있다는 점이다.

수생동물의 일반적인 아가미는 아가미방에 들어 있는 아가미로서, 이 경우 아가미는 정지해 있고 물이 밖에서 계속 움직여 들어온다. 갑각류의 경우 몸과 외골격 사이에 아가미방이 있으며, 이 속에 아가미가 들어 있고 방은 다리 아래쪽 표면으로 열려 있다. 다리를 움직이면 물이 아가미방으로 들어오면서 아가미 위에서 수류가 생긴다.

경골어류의 아가미. 경골어류의 아가미는 구강(buccal cavity)과 덮개방(opercular cavity) 사이에 위치한다(그림 41.18). 입이 열리고 닫히면서 구강이 열리거나 닫히며, 아가미덮개(operculum)의 개폐로 덮개방도 열리고 닫힌다. 이 두 개의 방이 펌프처럼 작용하여 물을 입에서 아가미덮개 쪽으로 이동시킨다.

다랑어와 같이 쉬지 않고 헤엄치는 어류는 움직이지 못하는 아가미덮개를 가진다. 이런 어류는 입을 부분적으로 열고 헤엄쳐서 물이 계속 아가미를 지나가게 한다. 그러나 대부분의 경골어류는 움직일 수 있는 아가미덮개를 가져서 물을 분출시킨다.

어류의 두부 양 옆에는 4개씩의 새궁(gill arch : 아가미활)이 있다. 각 새궁은 두 줄의 새사(gill filaments)로 이루어져 있고, 각 새사는 얇은 막상의 판, 즉 새엽(lamella)을 가진다(그림 41.19). 물은 새엽을 한쪽 방향으로만 지나간다. 각 새엽 안에서 혈액은 물과는 반대 방향으로 이동하는데, 이러한 움직임을 역류(countercurrent flow)라고 한다. 역류는 확산 경로에서의 산소 농도 구배를 증가시켜서(Δp의 증대) 혈액의 산소화를 극대화한다.

역류계의 이점은 그림 41.20a에서 설명되어 있다.

그림 41.18 | **경골어류의 호흡 방법.** 아가미는 구강과 덮개방 사이에 위치한다. 호흡은 두 단계로 일어난다. (a) 입 안의 구강 판막을 열고 턱을 아래로 낮추어 물이 구강 안으로 들어오게 하면서 덮개방을 막는다. (b) 구강 판막을 닫고 아가미덮개를 열면서 물이 아가미를 통과하여 밖으로 나가게 한다.

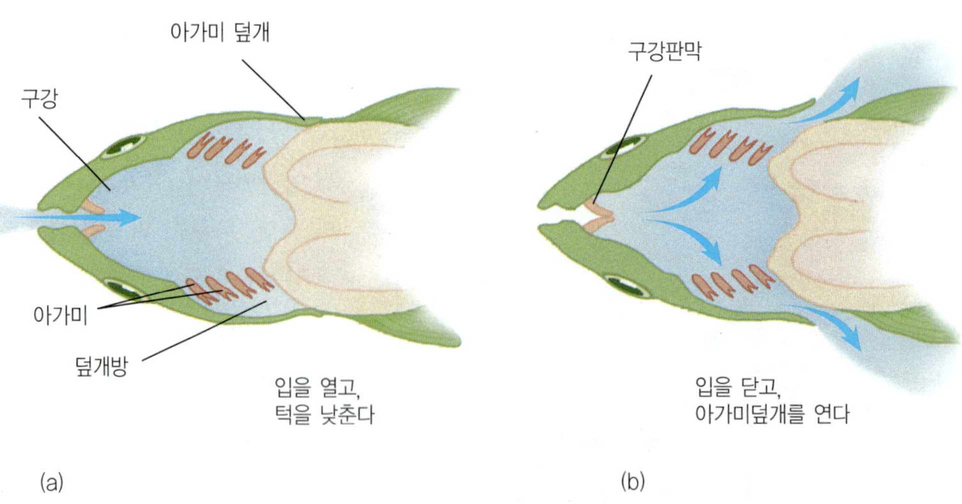

산소가 적은 혈액은 새엽의 뒤쪽으로 들어간 다음, 여기에서 반대 방향으로 새엽을 통과해 흐르면서 가지고 있던 산소 대부분을 잃은 물과 근접하게 된다. 그러나 이 물은 아직 이 부위에 있는 혈액보다는 높은 산소 농도를 가지므로 산소가 물에서 혈액으로 확산해 들어간다. 혈액이 새엽의 앞쪽으로 흐를 때 여전히 더 높은 산소 농도를 가지는 물 옆을 지나가므로 산소는 계속 물에서 혈액으로 확산한다. 그러므로 역류에 의해 혈액과 물 사이에 계속 농도 구배가 유지된다. 이로서 산소는 새엽 전체 부위에서 계속 확산해 들어가며, 아가미를 떠나는 혈액은 아가미로 들어오는 물과 거의 동일한 산소 농도를 가지게 된다.

이 개념은 혈액과 물이 같은 방향으로 흐르게 되면 동행류(concurrent flow)가 어떻게 될지를 알아보면 쉽게 이해할 수 있다. 산소 농도차는 각 새엽 앞에서 매우 높을 것이며, 여기에서 산소가 고갈된 혈액이 아가미로 들어오는 산소가 풍부한 물과 만나게 된다(그림 41.20b). 그러나 물의 산소가 혈액으로 들어가면서 산소 농도차는 급격히 하락하게 되며, 물과 혈액의 산소 농도가 유사해지면서 산소의 확산은 중단되고 만다.

공기 호흡을 하는 동물

수중 환경에서는 아가미가 높은 호흡 효율을 가지는 호흡기관이지만 다음과 같은 이유로 육상동물에게는 유용하지 못하다.

1. **공기는 물보다 부력이 작다.** 아가미의 섬세한 막 모양의 새엽은 구조적인 강도가 약하여 물 속에서만 지탱될 수 있다. 물 밖으로 나온 어류의 아가미들은 서로 달라붙어서 아가미의 확산 표면

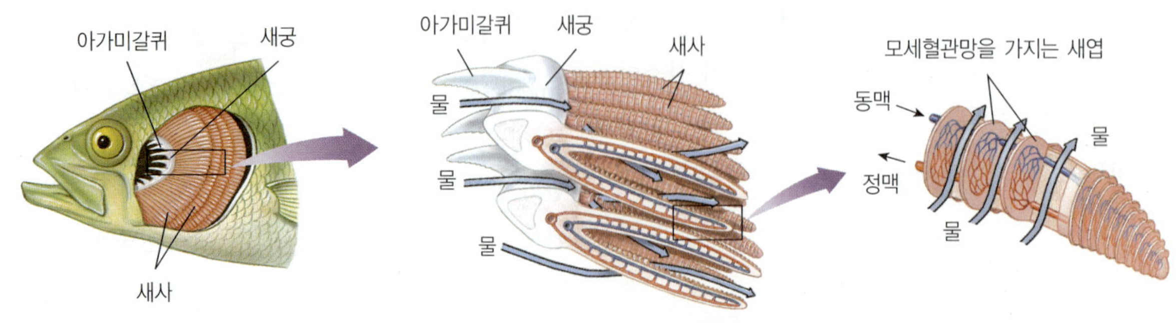

그림 41.19 | 어류 아가미의 구조.
물은 항상 혈류와는 반대의 방향으로 흐른다. 물은 새궁으로부터 새사로 지나간다. 새엽을 지나가는 물의 방향은 새엽을 통과하는 혈액의 방향과 항상 반대이다. 이와 같은 물과 혈액의 역류에 의해 아가미의 기능적 성공이 이루어졌다.

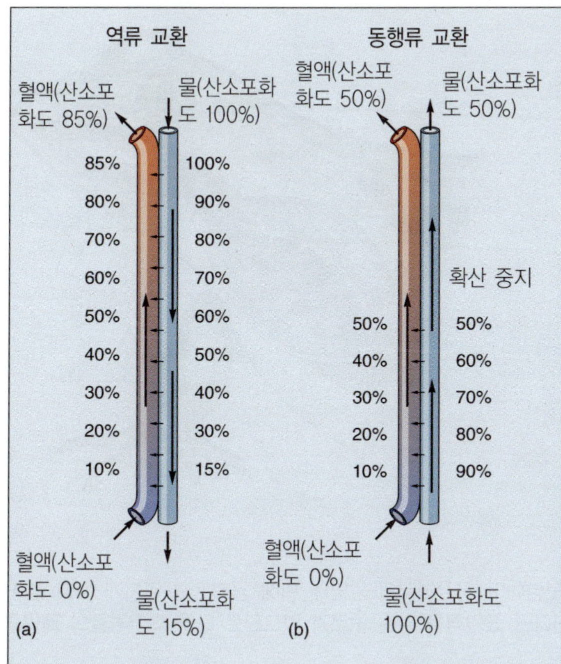

(a) 혈액과 물이 반대 방향으로 흐를 때 물과 혈액 사이의 원래의 산소 농도차는 크지 않지만 그 차이는 물에서 혈액으로 산소가 확산될 만큼 충분하다. 산소가 혈액으로 확산하고 혈액의 산소 농도가 증가하면서 혈액은 더 높은 산소 농도를 가진 물과 마주치게 된다. 모든 부위에서 물의 산소 농도는 혈액의 산소 농도보다 높으므로 산소의 확산은 계속 일어난다. (b) 혈액과 물이 동일한 방향으로 흐르면 처음에는 물에서 혈액 쪽으로 산소가 급속히 확산하지만 점점 그 속도는 느려져서 나중에는 물과 혈액의 산소 농도가 같아지게 된다.

그림 41.20 | 역류 교환.
이 과정은 자연계에서 알려진 가장 효율적인 혈액산화 기작이다.

적은 크게 줄어들고 만다.

2. **물은 공기 중으로 증발한다.** 대기는 수증기로 포화되는 일이 거의 없다. 따라서 공기로 둘러싸인 육상 생물은 계속 공기 중으로 수분을 잃게 된다. 아가미가 공기에 노출되면 엄청난 수분 손실 면적을 갖게 된다.

육상동물은 두 가지 주요 호흡기관을 이용하며, 두 가지는 모두 수분 증발을 감소시키기 위하여 어느 정도 호흡 효율을 희생한다. 그 중 하나는 곤충의 기관(trachea)이다(그림 41.16d). 기관은 공기로 채워진 많은 관으로 구성되어 있으며, 이 관들은 온 몸으로 뻗어 있다. 산소는 순환계의 도움 없이 이 통로에서 직접 세포로 확산한다. 곤충은 몸이 작고 표면적 대 체적의 비율이 높아서 외부 환경에서 세포로 공기가 직접 확산되는 것은 매우 효율적이다. 곤충은 체내 CO_2 농도가 어느 정도 이하일 때는 기문을 닫아서 수분 손실을 막는다.

다른 주요 호흡기관 하나는 폐(lung)이다. 폐는 가지 쳐진 관상 통로를 따라 공기를 이동시킴으로써 수분 증발을 최소화한다. 공기는 폐에 도달하기 전에 수증기로 포화되고 젖은 막 표면에서 기체 교환이 일어나므로 수분손실이 최소화된다. 조류를 제외한 모든 육상동물의 폐는 동일한 공기 풀(uniform pool)이 기체 교환 표면과 접촉한다. 물이 일방통행으로 흘러나가는 아가미에서와는 달리, 폐에서는 공기가 동일한 통로를 따라 두 방향으로 들어오고 나간다. 그러면 4가지 육상척추동물 폐의 구조와 기능을 알아보자.

양서류와 파충류의 호흡

양서류. 양서류의 폐는 장에서 갈라져 나간 주머니 모양이다(그림 41.21). 이 주머니의 내부는 굴곡이 있어서 표면적이 증대되어 있지만 다른 육상동물에 비해서는 표면적이 작다. 양서류의 폐는 구강 뒤쪽의 인두와 연결되어 있으며, 입구가 성문(glottis)라는 판막으로 조절된다.

양서류는 척추동물과는 다른 방식으로 호흡한다. 양서류는 기압보다도 큰 힘을 가해서 공기를 폐로 밀어 넣는다. 즉, 구강에 공기를 채우고 입과 코를 막은 다음, 구강의 아래 부위를 들어올려서 입 안의 공기를 폐로 밀어 넣는다. 이를 양압식 호흡(positive pressure breathing)이라고 한다. 사람의 경우는 인공호흡을 할 경우에나 이렇게 한다.

모든 다른 육상 척추동물은 폐를 넓혀서 공기가 그 안으로 들어오게 하므로 폐 안에 기압보다 낮은 압력이 생긴다(음압). 이를 음압식 호흡(negative pressure breathing)이라고 하며, 이는 아코디언에 바람을 넣는 방식이다. 파충류, 조류, 포유류에서 근육 수축으로 흉강을 확장시켜서 이와 같이 공기를 폐로 들어가게 한다.

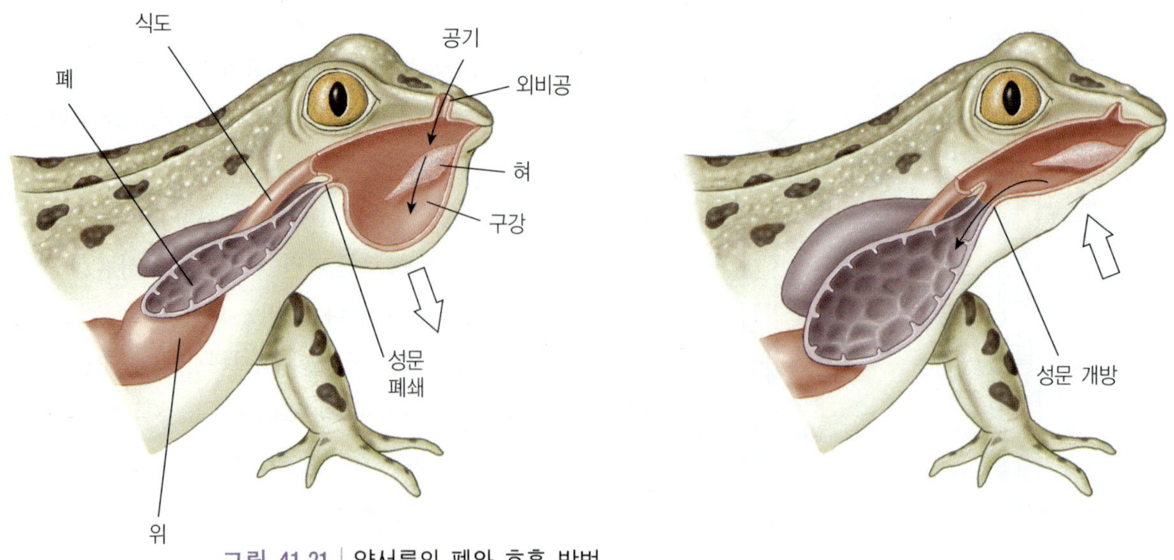

그림 41.21 | **양서류의 폐와 호흡 방법.**
개구리의 폐는 장에서 갈라져 나온 주머니 모양이며 구강에서의 양압에 의해 공기로 채워지게 된다. 양서류의 폐는 다른 육상 척추동물에서 보이는 커다란 표면적을 갖는 구조가 없으므로 다른 척추동물의 폐만큼 기체 교환에 효율적이지 않다.

양서류는 보조적으로 젖은 피부를 통하여 피부호흡을 한다. 대사 속도가 낮은 겨울에는 양서류에게 피부호흡은 폐호흡보다 더 중요한 작용을 한다.

파충류. 육상 파충류는 건조하고 질기며 비늘로 덮인 피부를 가진다. 이 피부로는 건조는 막지만 피부호흡은 불가능하다. 파충류는 근육 수축으로 흉곽을 확장시켜서 음압을 만들어 공기를 폐로 넣는다. 폐의 표면적은 양서류의 것보다 더 넓다. 피부호흡은 바다뱀과 같은 일부 파충류에서만 볼 수 있다.

포유동물의 호흡

조류나 포유류와 같은 항온동물은 체온을 유지하기 위해 높은 대사율을 가지며, 따라서 더 효율이 높은 호흡계가 필요하다.

포유류의 폐에는 수백만 개의 폐포(alveolus)가 있는데, 모여서 포도 모양을 이루는 작은 주머니이다(그림 41.22). 이 폐포 때문에 폐의 기체 교환 표면적은 막대하게 확장되어 있다. 입과 코로 들어온 공기는 인두(pharynx)를 거쳐 후두(larynx)로 가서 성문을 통과한 다음 C자 모양의 연골로 지탱되는 기관(trachea)으로 간다. 기관은 좌우 기관지(bronchus)로 갈라져서 폐로 들어간 다음 더 갈라져서 기관세지(bronchiole)로 된다. 기관세지는 공기를 끝이 막힌 폐포(alveolus)로 전달한다. 폐포는 모세혈관망으로 둘러싸여 있으며, 공기와 혈액 사이의 기체 교환은 이 폐포에서 이루어진다.

사람의 경우, 한 개의 폐에 약 3억 개의 폐포가 있으며, 확산이 일어날 수 있는 폐포의 전체 면적은 80m^{2}에 이르는데, 이는 몸 표면적의 약 42배이다.

조류의 호흡

조류의 호흡계는 독특한 구조를 가진다. 포유동물의 끝이 막힌 폐포와는 달리 새의 폐는 부기관지(parabronchus)라는 작은 기체 통로에서 기체 교환이 일어난다. 공기는 부기관지를 한쪽 방향으로만 통과한다. 다른 육상동물에서는 신선한 공기와 산소가 없는 공기가 폐에서 섞이지만, 조류에서는 신선한 공기만 폐의 부기관지로 들어가고 산소가 없는 공기는 다른 통로를 통해 폐에서 나간다.

공기가 부기관지를 일방통행으로 통과하는 것은 기낭의 작용 때문이다(그림 41.23a), 기낭은 앞쪽과 뒤쪽의 두 가지가 있다. 기낭은 팽창할 때 공기를 흡입

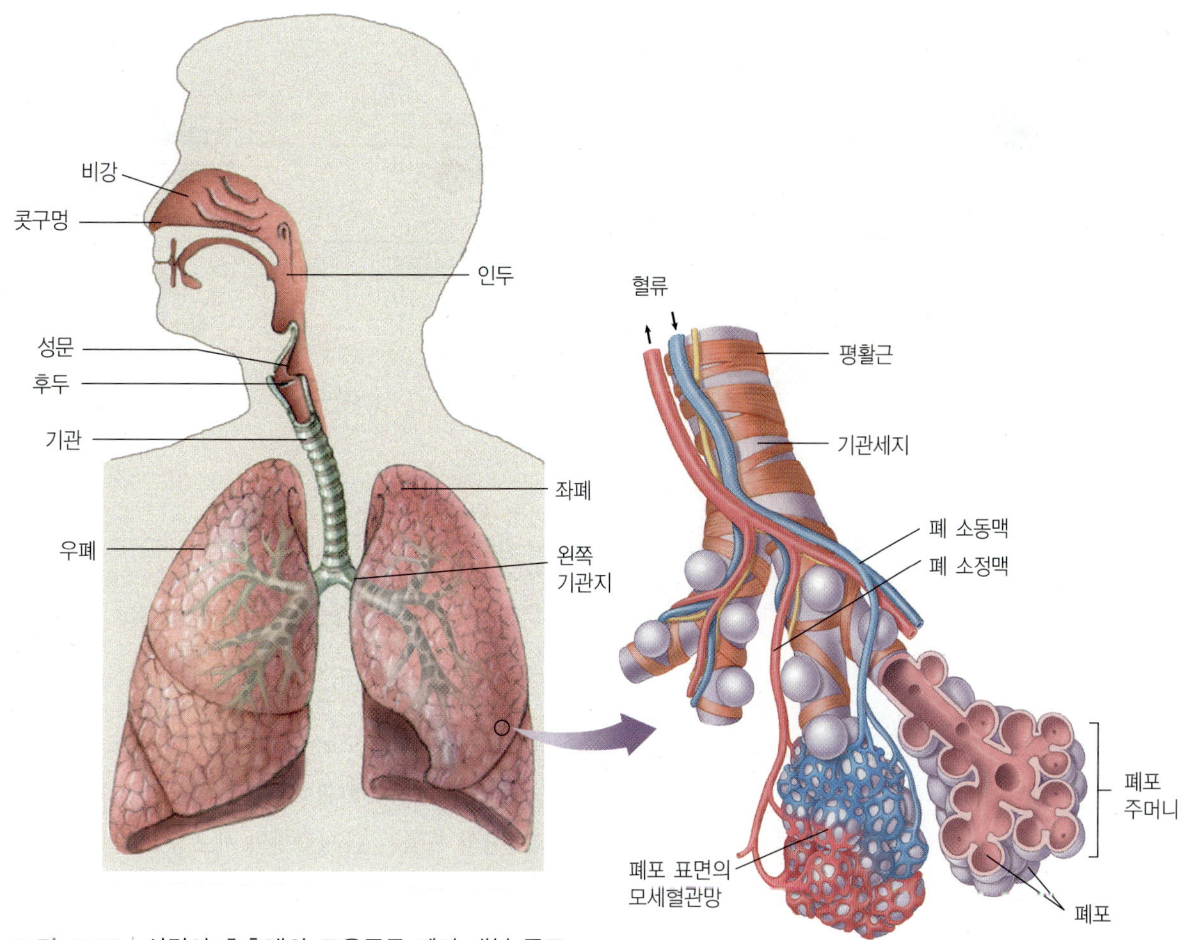

그림 41.22 | 사람의 호흡계와 포유동물 폐의 내부 구조.
포유동물의 폐는 수백만 개의 폐포가 기관세지 끝에 집단으로 모여 있기 때문에 커다란 표면적을 갖는다. 그러므로 혈액과의 기체 교환이 효율적으로 일어나게 된다.

하고, 수축할 때 공기를 폐 안으로 밀어 넣는다.

조류의 호흡은 두 가지 주기로 이루어진다(그림 41.23b). 각 주기는 흡기 시기와 호기 시기를 가지지만 한 주기에서 흡입한 공기는 밖으로 나가지 않고 제2주기로 간다. 들이쉴 때 앞쪽 기낭과 뒤쪽 기낭이 확장되면서 공기를 안으로 넣는다. 그러나 흡입한 공기는 뒤쪽 기낭으로만 들어가고, 앞쪽 기낭은 폐에서 나온 공기로 채워진다. 내쉴 때 앞쪽 기낭에 있던 공기는 몸 밖으로 밀려 나가며 뒤쪽 기낭에 있던 공기는 폐로 밀려 들어간다. 이 과정은 제2주기에서 반복되므로 폐를 통한 공기의 흐름은 일방통행이며 제2주기의 끝에 공기가 몸 밖으로 나간다.

이와 같은 공기의 일방통행은 부차적인 호흡 효율을 제공하는데, 폐를 통한 혈액의 흐름은 공기의 흐름에 대하여 90°의 각도를 이룬다. 이 대향류(cross-current flow)는 어류아가미에서 180°를 이루는 역류만큼 효율이 높지는 않지만 포유류의 폐보다는 공기로부터 산소를 추출하는 능력이 크다. 이와 같은 부기관지 안에서의 일방통행식 공기 흐름과 혈액의 대향류 덕분에 참새가 6,000m의 고도에서도 활동할 수 있는 반면, 비슷한 몸의 크기와 대사율을 가지는 생쥐는 이와 같은 고도에서 호흡하기 어렵다.

41.5 포유동물의 호흡

호흡 기작

포유동물에서 들이쉰 공기는 구강이나 비강을 통과하여 인두, 기관, 기관지, 기관세지를 거쳐 폐포에 도

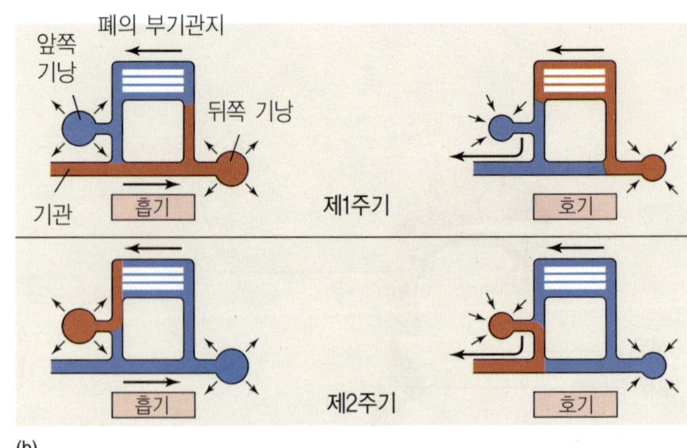

그림 41.23 | 조류의 호흡.
(a) 조류는 앞쪽과 뒤쪽의 기낭을 가진다. 이 기낭은 내부기관들 사이와 뼈 안으로 뻗어 있다. (b) 호흡은 두 가지 주기를 통해 이루어진다. 제1주기 : 들여마신 공기(적색으로 표시됨)가 기관으로부터 뒤쪽 기낭으로 들어간 다음 폐로 내뱉는다. 제2주기 : 폐로부터 공기가 앞쪽 기낭으로 들어간 다음 기관을 통해 밖으로 나간다. 폐를 통과하는 공기는 항상 뒤쪽에서 앞쪽으로(그림에서는 오른쪽에서 왼쪽으로) 간다.

착하여 기체 교환이 일어난다. 폐포는 세포 하나 두께의 상피로 구성되어 있고 역시 세포 한 개 두께의 벽

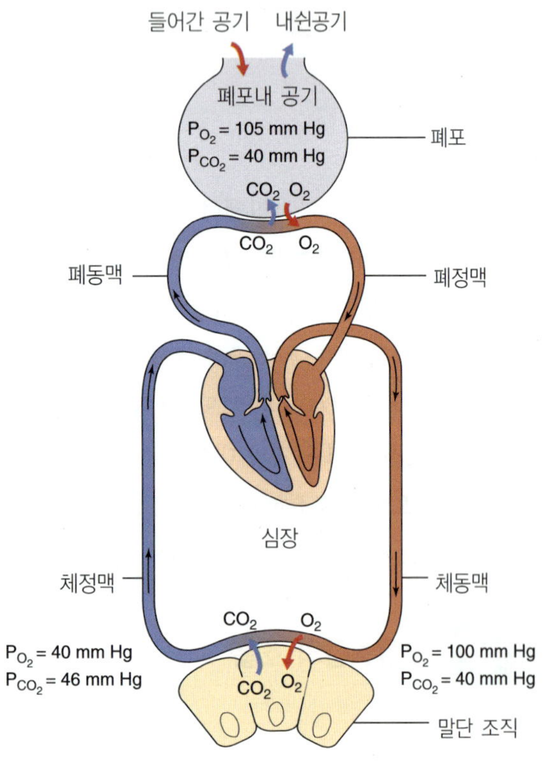

그림 41.24 | 폐의 모세혈관에서의 기체 교환과 체순환.
폐에서의 기체 교환으로 낮은 CO_2 농도를 갖는 산화된 혈액이 체동맥에 의해 운반된다. 조직에 산소를 공급하고 체정맥으로 들어온 혈액은 감소된 산소 농도와 증가된 CO_2 농도를 갖는다.

을 가지는 모세혈관으로 둘러싸여 있다. 모세혈관의 수는 폐포 한 개당 100개에 이른다. 폐포 안의 공기와 모세혈관의 혈액은 단지 2개의 세포층으로 분리되어 있으므로 공기와 혈액 사이의 간격은 0.5~1.5㎛에 지나지 않는다.

기체 교환을 마친 뒤 폐를 떠나는 혈액의 산소 분압(P_{O_2})은 약 100mmHg이다. 폐를 떠나는 혈액의 산소 분압과 폐포 내 공기의 산소 분압(약 105mmHg)이 근접하므로 폐는 완전하지는 않지만 매우 효율적인 호흡기관이라고 볼 수 있다. 체순환을 마치고 우심방으로 들어오는 혈액의 산소 분압은 약 40mmHg이다(그림 41.24).

폐의 바깥쪽은 장측흉막(visceral pleural membrane)이라는 얇은 막으로 덮여 있고 흉강 내벽은 체측흉막(parietal pleural membrane)으로 싸여 있으며, 이 두 막 사이의 공간은 흉막강(pleural cavity)이라고 한다. 흉막강은 정상적일 경우 매우 작고 체액으로 채워져 있다.

호흡의 기계적 원리

보일의 법칙(Boyle's law)에 따라서 일정량의 기체의 용적이 증가하면 그 압력은 감소한다. 흡기(들이쉴) 때 흉부의 용적은 증가하고 이에 따라 폐도 확장한다. 폐 안의 압력이 대기압보다 낮으면 공기는 폐 안으로 들어간다.

흉부의 용적은 외늑간근(external intercostal muscles)과 횡격막이라는 두 가지 근육의 수축으로 커진다. 쉬고 있으면서 숨을 들이쉴때는 횡격막(diaphragm)이 더 큰 역할을 한다. 들이쉴 때 늑골 사이에 있는 외늑간근이 수축하면 늑골이 들어 올려져 흉강이 확장한다(그림 41.25a). 흉강과 복강을 가로지르는 횡격막은 수축할 경우 아래쪽으로 내려와 더 평평하게 되므로 역시 흉강과 폐의 용적을 확대시킨다. 이때 횡격막이 아래쪽의 복부를 누르므로 숨을 들이쉴 때 그 압력으로 복부는 앞으로 돌출해 나온다. 한편 숨을 크게 들이쉴 때에는 늑간근과 흉골이나 흉곽에 있는 다른 근육들이 함께 수축하여 흉강과 폐가 더 크게 팽창한다.

흉곽과 폐는 탄성이 있어서 제자리로 되돌아가려 하므로 외늑간근과 횡격막이 이완하면 이들이 제자리로 돌아가면서 숨을 내쉬게 된다. 그러나 크게 숨을 내쉴 때는 복부근육이 수축하면서 복부기관들을 횡격막쪽으로 밀어 올리게 된다(그림 41.25b)

호흡량 측정

숨쉴 때 폐의 용적 변화를 나타내는 용어는 여러 가지이다. 일회호흡공기량(tidal volume)은 약 500ml이다. 즉 500ml의 공기가 들어가고 나간다. 일회호흡공기량 중에서 약 150ml는 관상 통로(기관, 기관지 및 기관세지)에 들어 있으므로 이만큼은 기체 교환을 하지 못한다. 이 해부학적으로 죽은 공간에 있는 공기는 흡기 때 신선한 공기와 섞인다. 이 점이 포유동물의 호흡이 조류의 호흡보다 효율성이 떨어지는 한 이유가 된다.

최대로 들이쉰 다음 최대로 내뱉을 수 있는 공기 양을 폐활량(vital capacity)이라고 한다. 폐활량은 젊은 남자에서 평균 4.6l이고 젊은 여자에서는 평균 3.1l

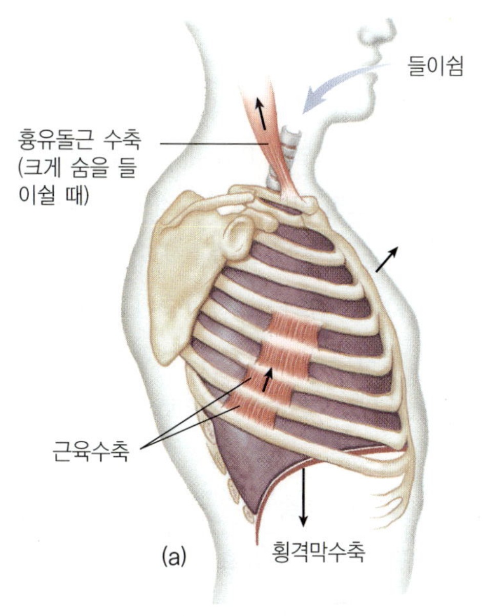

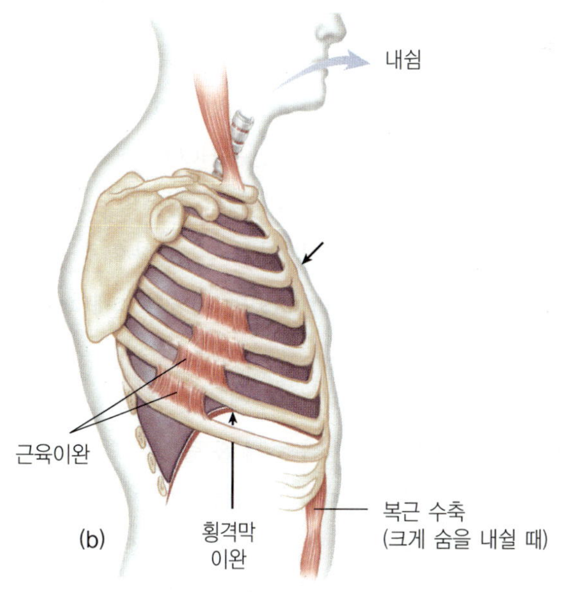

그림 41.25 | 사람의 호흡.
(a) 들이쉬기(흡기). 횡격막이 수축하고 흉강이 확장되므로 공기가 폐로 들어감. (b) 내쉼(호기). 횡격막과 흉강벽이 제자리로 돌아가면 흉강의 크기가 작아지면서 공기가 폐로부터 나간다. 크게 숨을 들이쉬고 내쉴 때는 부속호흡근과 복부근육이 더불어 각각 수축하게 된다.

이다. 폐활량이 너무 적으면 폐질환에 의해 폐포가 손상되었다고 의심할 수 있다.

호흡조절 기작

호흡은 뇌간의 한 부분인 연수(medulla oblongata)에 있는 호흡조절중추의 뉴런에 의해 시작된다. 이 뉴런들은 횡격막과 외늑간근에 충격을 보내 수축하도록 자극함으로써 숨을 들이쉬게 만든다(흡기). 이 뉴런들이 충격을 만드는 것을 중지하면 근육은 이완하고 숨을 내쉬게 된다(호기). 호흡 근육은 골격근이지만 이 근육들은 보통 자율신경의 지배를 받는다. 그러나 수의적으로 이 근육들을 멈추거나 움직여서 호흡을 정지시키거나 빠르게 할 수도 있다.

혈액 내 산소와 이산화탄소의 농도가 정상 수준이 되게 하기 위해서는 호흡의 적당한 속도와 깊이가 유지되어야 한다. 그러므로 호흡을 조절하는 뉴런은 혈액 내 P_{O_2}와 P_{CO_2}의 변화에 반응하여 항상성을 유지시킬 수 있어야 한다. 숨을 한참 동안 참은 뒤에는 숨을 가쁘게 쉬게 되는데, 이는 혈액 내 기체의 변화에 의해 유도되며, 이는 산소 농도의 하락보다는 P_{CO_2}의 증가 때문에 일어난다.

P_{CO_2}의 상승은 탄산(H_2CO_3)의 증가를 일으키는데, 탄산은 물과 이산화탄소로부터 만들어지며 혈액의 pH를 낮추는 작용을 한다(탄산은 HCO_3^-과 H^+로 해리하므로 H^+에 의해 pH가 내려감). 혈액의 pH 하락은 대동맥과 목동맥에 있는 말초화학수용기(peripheral chemoreceptors)인 대동맥소체(aortic bodies)와 목동맥소체(carotid bodies)에 있는 뉴런을 자극한다. 이 수용기들은 연수에 있는 호흡조절중추에 충격을 보내고, 이 중추는 호흡 증가를 일으킨다. 뇌도 화학수용기를 가지지만, 혈액은 뇌 안으로 들어갈 수 없기 때문에 이 화학수용기는 혈액의 H^+에 의해 자극받지 않는다. 그러나 잠시 후 혈액의 P_{CO_2} 증가는 뇌를 담고 있는 뇌척수액의 pH 하락을 일으키는데, 이는 CO_2가 혈뇌장벽(blood brain barrier)을 통과한 다음 뇌척수액의 물과 결합하여 탄산을 만들기

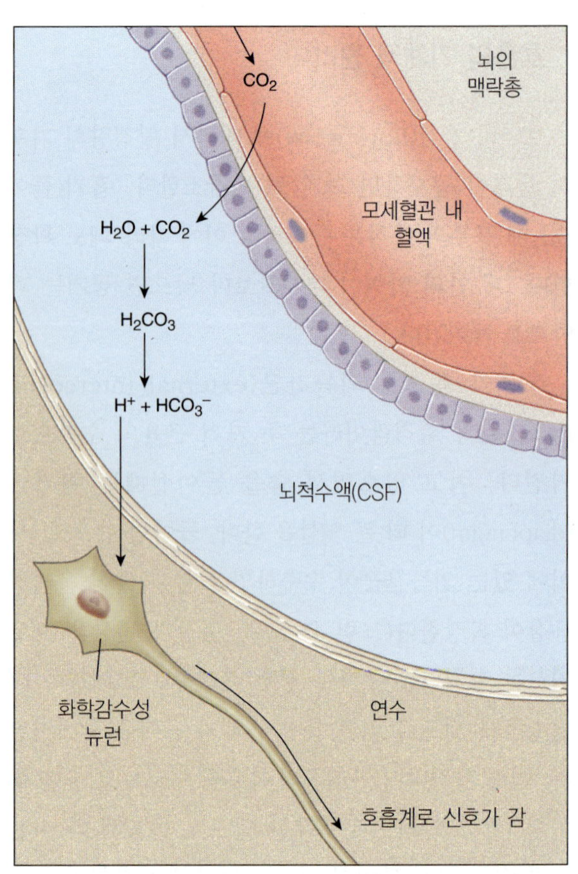

그림 41.26 | 뇌척수액에 대한 혈액 내 CO_2의 영향. 뇌척수액의 pH 변화는 뇌에 있는 화학감수성 뉴런에 의해 감지되고 호흡이 조절된다.

때문이다. 이 탄산에서 나온 H^+은 뇌에 있는 중추화학수용기를 자극한다(그림 41.26).

말초화학수용기는 혈액의 P_{CO_2}가 증가할 때 즉각적인 호흡 자극을 일으키지만, 이 즉각적인 자극은 호흡 증가량의 약 30%만 담당하고, 중추화학수용기(cental chemoreceptors)는 P_{CO_2}가 계속 상승된 상태일 경우 지속적인 호흡 증가를 유지시킨다. 호흡률 증가로 과량의 CO_2는 제거되고 pH는 정상으로 돌아간다(그림 41.27).

사람은 수의적으로 계속 숨을 몰아쉬는 과호흡 상태를 지속할 수 없다. 과호흡으로 인한 혈장 P_{CO_2}의 감소와 혈장과 뇌척수액의 pH 증가는 호흡을 일으키는 반사를 소멸시킨다. 이는 또 뇌혈관의 수축을 유발하여 현기증을 일으킨다. 과호흡을 한 사람은 숨을 오래 참을 수 있는데, 이는 CO_2 농도가 복귀되는 데 더

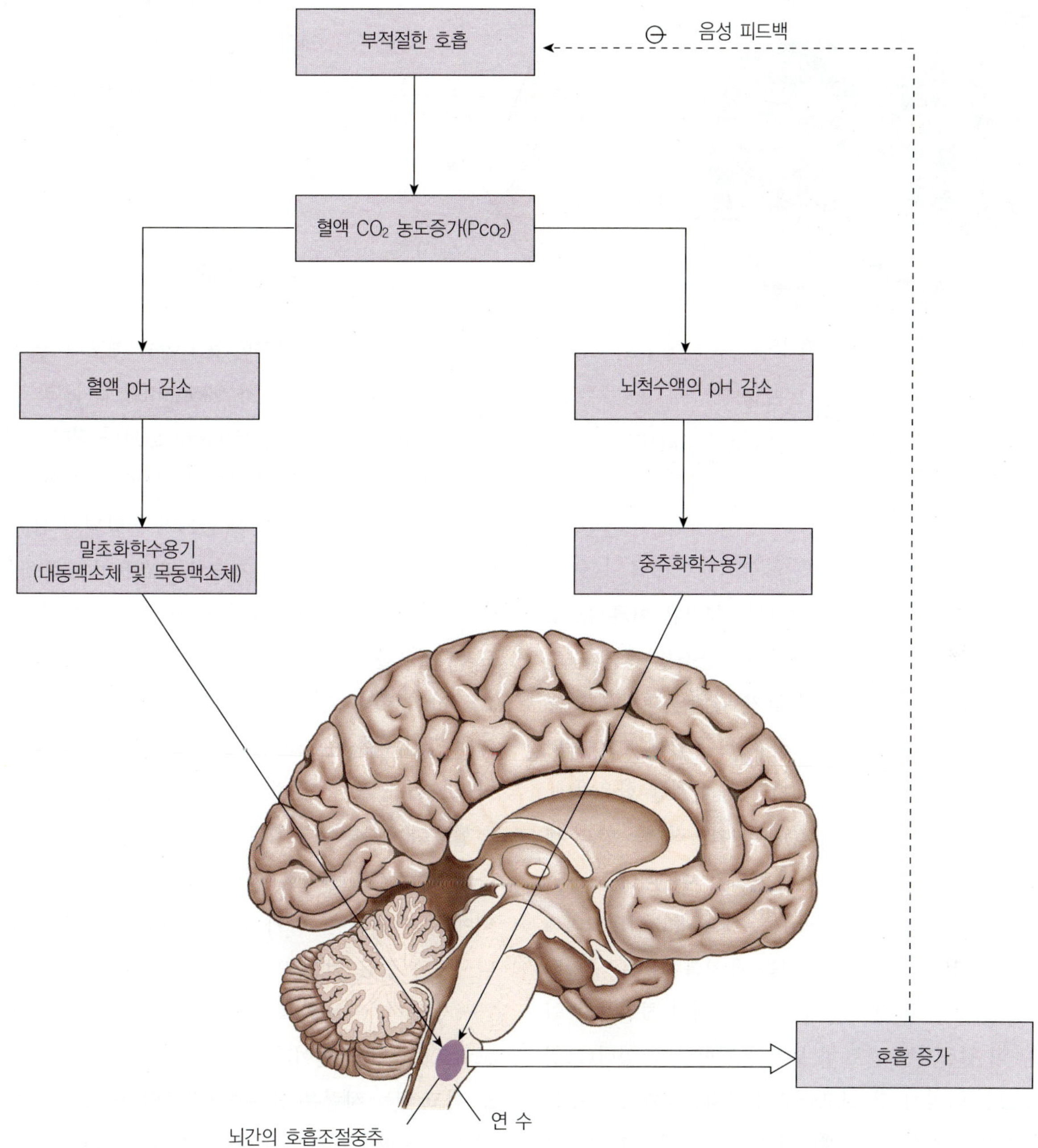

그림 41.27 | 화학수용기에 의한 호흡 조절.
부적절한 호흡으로 CO_2 농도가 증가할 때 말초 화학수용기와 중추화학수용기가 혈액과 뇌척수액의 pH 감소를 각각 감지한다. 이는 연수 내의 호흡조절중추를 자극하여 호흡증가가 일어난다. 그 결과 혈액 내의 CO_2 농도가 정상으로 돌아가고 음성 피드백 고리가 완성된다.

오래 걸리기 때문이지 과호흡이 혈액의 P_{O_2}를 증가시키기 때문은 아니다. 실제로 정상적인 폐를 가진 사람에서 P_{O_2}는 고산에 올라갔을 때만 중요한 호흡 자극 요인이 된다.

헤모글로빈과 기체 운반

혈액에 의한 산소와 이산화탄소의 운반은 생리적으로 중요한 과정이다. 혈장에 녹을 수 있는 산소의 양은 폐포에 있는 공기의 P_{O_2}에 따라 달라진다. 폐가 정

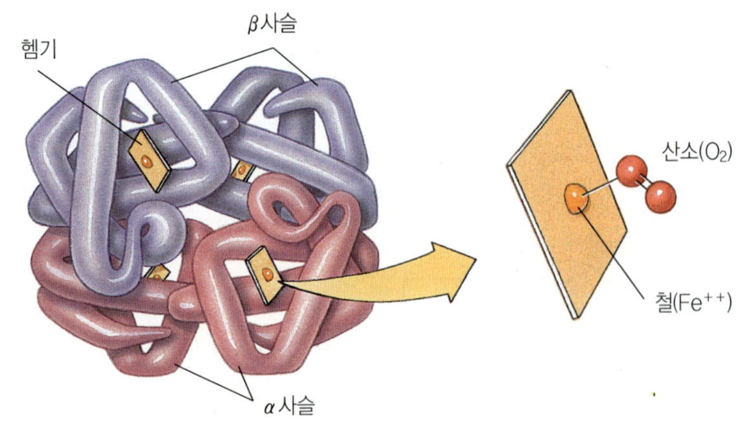

그림 41.28 | 헤모글로빈의 구조.
헤모글로빈은 4개의 폴리펩티드 사슬로(2개의 α사슬과 2개의 β사슬)이루어져 있다. 각 사슬은 한 개의 헴기를 가지고 있다. 헴기 중앙에 있는 한 개의 철원자에 한 개의 산소분자가 결합한다.

상적으로 활동할 때 폐를 떠나는 혈장은 이론적으로 볼 때 거의 공기의 P_{O_2}만큼의 용존산소를 가진다. 그러나 산소는 물에 잘 녹지 않기 때문에 혈장은 리터당 최대 약 3ml의 산소만 함유할 수 있다. 그럼에도 불구하고 혈액은 리터당 200ml의 산소를 함유한다. 이는 대부분의 산소가 혈장이 아니라 적혈구 안의 헤모글로빈 분자에 결합되어 운반되기 때문이다.

헤모글로빈(hemoglobin)은 4개의 폴리펩티드와 4개의 헴기(heme groups)라는 유기화합물로 구성된 단백질이다. 각 헴기의 중심에는 1개의 철원자가 있다. 이 철원자는 산소 한 분자와 결합할 수 있다(그림 41.28). 따라서 각 헤모글로빈 분자는 4개의 산소분자를 운반할 수 있다. 폐에서 산소와 결합한 헤모글로빈이 산화헤모글로빈(oxyhemoglobin)으로서, 토마토 쥬스와 같은 밝은 적색을 띤다. 몸의 다른 부위에서 혈액이 모세혈관을 통과할 때 산화헤모글로빈의 일부는 산소를 방출하여 디옥시헤모글로빈(deoxyhemoglobin)으로 된다. 디옥시헤모글로빈은 암적색을 띠며, 조직과 섞여 있을 때는 연한 푸른 빛을 띤다.

헤모글로빈은 환형동물, 연체동물, 극피동물, 편형동물 등의 여러 가지 무척추동물에서도 발견된다. 헤모시아닌(hemocyanin)과 같은 산소 운반체를 가지는 무척추동물도 있다. 헤모시아닌에서는 산소 결합 원자가 철이 아니라 구리이다. 헤모시아닌은 혈구에 있지 않고 체액(혈림프)에 녹아 있다.

산소의 운반

해수면 표고에서 폐포내 공기의 P_{O_2}는 약 105mmHg로서, 공기의 P_{O_2}(약 159mmHg)보다 적다. 이는 호흡기 안에서 신선한 공기와 신선하지 못한 공기가 혼합되기 때문이다. 폐 기능의 비효율성 때문에 혈장이 완전히 산소로 포화되지 못하므로, 폐포를 떠나는 혈액의 P_{O_2}는 이보다 약간 적은 100mmHg이다. 혈액 P_{O_2}가 100mmHg일 때 적혈구 안의 약 97%의 헤모글로빈은 산화헤모글로빈 상태이다(산화헤모글로빈 포화도 97%).

혈액이 체순환의 모세혈관을 지나면서 산소는 혈액을 떠나 조직으로 확산한다. 그 결과 조직을 떠나 정맥에 있는 혈액은 P_{O_2}가 40mmHg로 떨어진 상태이다. 이와 같은 낮은 P_{O_2}에서 헤모글로빈 포화도는 75%가 된다. 이 변화를 그래프로 나타낸 것을 산화헤모글로빈 해리곡선이라고 한다(그림 41.29). 그러므로 쉬고 있는 사람은 산화헤모글로빈 중 22%가 조직에 산소를 방출한 셈이 된다(97~75%). 달리 표현하면 약 1/5의 산소가 조직으로 넘겨지고, 나머지 4/5는 혈액에 남아 있다.

이와 같은 많은 잔여 산소 보유는 중요한 기능을 한다. 이렇게 함으로써 운동할 때나 쉬고 있을 때 혈액이 몸의 산소 요구에 부응할 수 있다. 운동할 때 근육의 가속화된 대사는 모세혈관으로부터 더 많은 산소를 가져가므로 정맥혈의 P_{O_2}는 더 감소한다. 가령 정맥혈의 P_{O_2}가 20mmHg로 감소할 경우 헤모글로빈 포화도는 35%가 된다(그림 41.29). 동맥혈은 아직 97%의 산화헤모글로빈을 간직하므로 하역되는 산소의 양

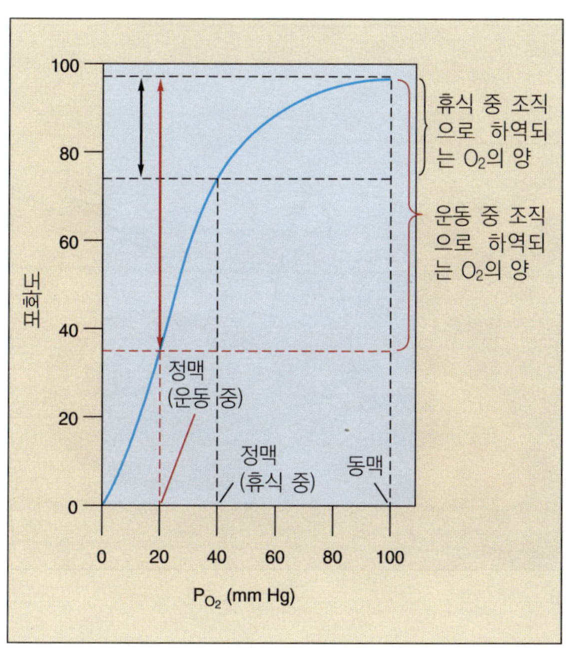

그림 41.29 | 산화헤모글로빈 해리곡선.
폐에서 헤모글로빈은 산소와 결합하고, 산소화된 혈액은 동맥에 의해 몸의 세포로 운반된다. 세포호흡을 위해 혈액으로부터 산소가 제거된 뒤 정맥으로 들어가는 혈액은 적은 양의 산소를 함유한다.

은 쉬고 있을 때의 22%보다 더 많은 62%가 된다(97-35%). 이와 함께, 산소 보유는 호흡이 억제되거나 심장이 멎을 때 4-5분 동안 생명 유지에 필요한 산소를 공급할 수 있도록 한다.

산소 운반은 다른 조건에 의해서도 영향을 받는다. 조직에서 생긴 CO_2는 물과 결합하여 탄산(H_2CO_3)으로 된다. 탄산은 해리하여 중탄산염과 H^+으로 되므로 혈액의 pH를 낮춘다. 이 반응은 주로 적혈구 안에서 일어나며, 적혈구 안에서 하락된 pH는 헤모글로빈의 산소 친화력을 감소시켜서 산소가 쉽게 떨어져 나가게 한다. 헤모글로빈의 산소 친화력에 대한 pH의 효과(보어 효과)는 헤모글로빈에 대한 H^+와 CO_2의 결합 때문에 생기며, 산화헤모글로빈 해리곡선이 오른쪽으로 밀려가는 모습으로 나타낸다(그림 41.30a). 온도 상승도 헤모글로빈의 산소 친화력에 대한 비슷한 영향을 끼친다(그림 41.30b). 골격근은 운동할 때 이산화탄소를 빨리 만들어내고, 활발하게 활동하는 근육은 열을 내므로 운동할 때 혈액은 하역되는 산소의 비율을 더 높인다.

이산화탄소의 운반

혈액 내 CO_2의 약 8%는 단순히 혈장에 녹아 있고, 20%는 헤모글로빈에 결합되어 있다(이때 CO_2는 헤모글로빈의 단백질 부위에 결합하고 헴의 철에는 결합하지 않으므로 산소와 경쟁하지는 않지만, 헤모글로빈의 모양을 변화시켜서 산소 친화력을 낮춘다). 나머

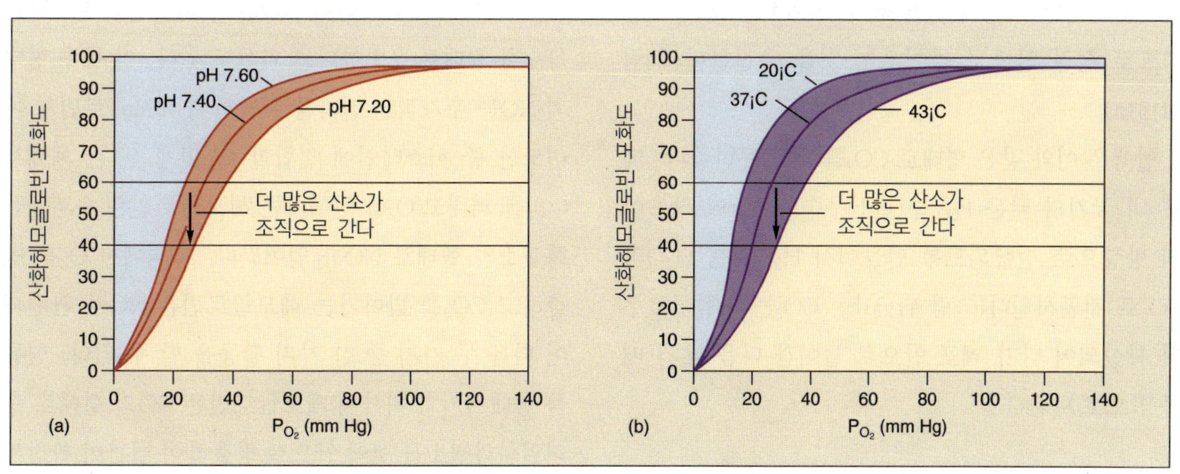

그림 41.30 | 산화헤모글로빈 해리곡선에 끼치는 pH와 온도의 영향.
혈액의 낮은 pH(a)와 높은 온도(b)는 산화헤모글로빈 해리곡선을 오른쪽으로 이동시키며 산소의 하역을 촉진한다. 위의 예에서 산화헤모글로빈의 포화도는 60%에서 40%로 낮아지면서 20% 더 많은 산소가 조직으로 하역된다.

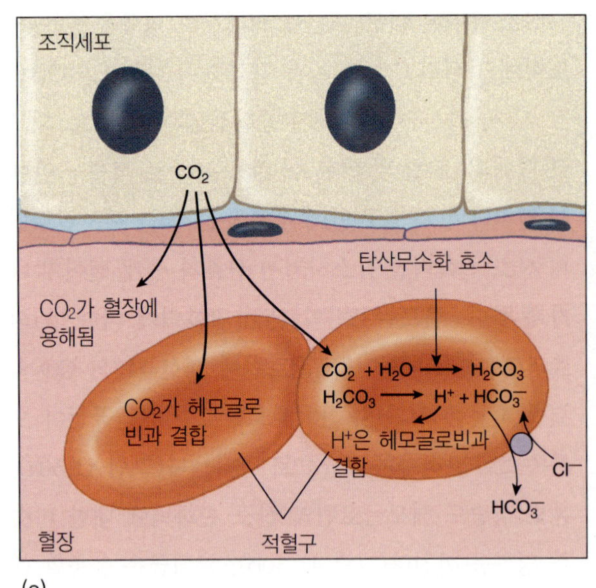

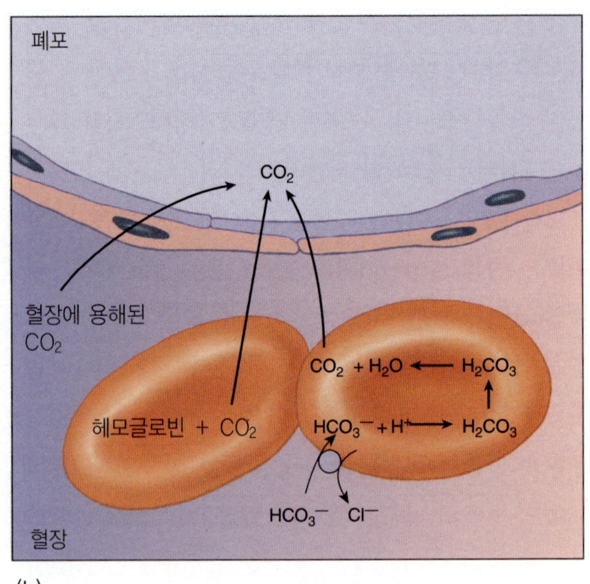

그림 41.31 | 혈액에 의한 이산화탄소의 운반.
(a) 혈류 안으로 들어감. 이산화탄소는 3가지 방법, 즉 혈장에 녹아서, 헤모글로빈의 단백질 부위에 결합하여, 탄산이나 중탄산염의 형태로 운반된다. (b) 혈류로부터 제거. 혈액이 폐의 모세혈관을 통과할 때 이 반응은 역전되므로, 이산화탄소가 형성된 다음 몸 밖으로 나간다.

지 72%의 CO_2는 적혈구 안으로 확산해 들어가며, 여기에서 탄산무수화효소가 CO_2와 물을 결합시켜 탄산(H_2CO_3)를 만든다. H_2CO_3는 중탄산염(HCO_3^-)과 H^+으로 해리한다. H^+은 디옥시헤모글로빈에 결합하고 중탄산염은 적혈구를 빠져나와 혈장으로 가는데, 이때 중탄산염 1분자와 염소이온 1분자의 교환을 일으키는 운반체가 작용한다. 이 반응으로 혈장에서 다량의 CO_2가 제거되어 주변 조직으로부터 CO_2가 추가적으로 혈장 안으로 들어오는 것을 촉진한다(그림 41.31a).

혈액은 이와 같은 형태로 CO_2를 폐로 운반한다. 폐포 내 공기의 낮은 P_{CO_2}는 탄산무수화효소의 작용이 역 방향으로 진행되도록 만들어서 H_2CO_3를 H_2O와 CO_2로 전환시킨다(그림 41.31b). CO_2는 적혈구로부터 확산되어 나가 폐포 안으로 들어간 다음 호기 때 몸 밖으로 나간다.

일산화질소의 운반

헤모글로빈은 또 일산화질소(NO) 기체를 붙잡아 두거나 방출하는 능력을 가진다. 일산화질소는 공기 중에서는 비록 유독한 기체이지만 몸 안에서는 중요한 생리적 역할을 수행하며 여러 가지 세포에 작용하여 그 모양과 기능을 변화시키기도 한다. 가령, 혈관에 NO가 있으면 이 기체가 혈관 근육을 이완시키기 때문에 혈관확장이 일어난다. 그 결과 혈액 흐름이나 혈압이 NO에 의해 조절된다.

최근에 헤모글로빈이 NO를 수퍼일산화질소라는 특수한 형태로 운반한다는 가설도 있다. 이 특수 형태의 NO는 추가적인 전자를 획득하여 헤모글로빈의 아미노산 중 시스테인에 결합할 수 있게 된다. 폐에서 CO_2를 퍼내고 O_2를 얻어가는 헤모글로빈은 수퍼일산화질소의 형태로 NO를 얻어간다. 조직에서 O_2를 방출하고 CO_2를 받아가는 헤모글로빈은 NO와 관련되어 다음 두 가지 중 한 가지 활동을 할 수 있다. 혈류를 증대시키기 위하여 헤모글로빈은 NO의 형태로 수퍼일산화질소를 혈액 안으로 방출하여 혈관이 확장되게 만들 수 있고 또는 헤모글로빈은 산소가 떨어진 채 비어 있는 자신의 철원자에 여분의 NO를 부착시킴으로써 혈관을 수축하게 만들수도 있다. 적혈구가 폐로 돌아오면 헤모글로빈은 갖고 있는 CO_2와 철원자에 부착되어 있는 보통 형태의 NO를 퍼낸다. 그런 다음 O_2와 수퍼일산화질소를 얻어갈 준비를 한다.

CHAPTER 42

신경계

해면동물을 제외한 모든 동물은 신경세포망을 이용하여 몸의 상태나 외부 환경에 대한 정보를 수집하여 이를 처리하고 통합한 다음 근육이나 분비샘에 명령을 내린다. 잠수함에서 각 방의 전화선이 함장이 있는 사령탑으로 연결되는 것처럼 뉴런이라는 신경세포 다발도 동물의 몸 각 부분과 명령 중추인 뇌와 척수를 연결한다. 동물은 잠수함처럼 기관들에서 일어나는 일이나 몸 밖에서 일어나는 일에 대한 정보를 명령 중추에 보내고, 명령 중추는 자료를 분석하여 분비샘이나 근육에 명령을 내린다.

42.1 원핵생물

뉴런의 구조

동물은 환경 자극에 대하여 반응할 수 있어야 한다. 파리가 파리채를 피하고, 가재는 촉각으로 먹이를 탐

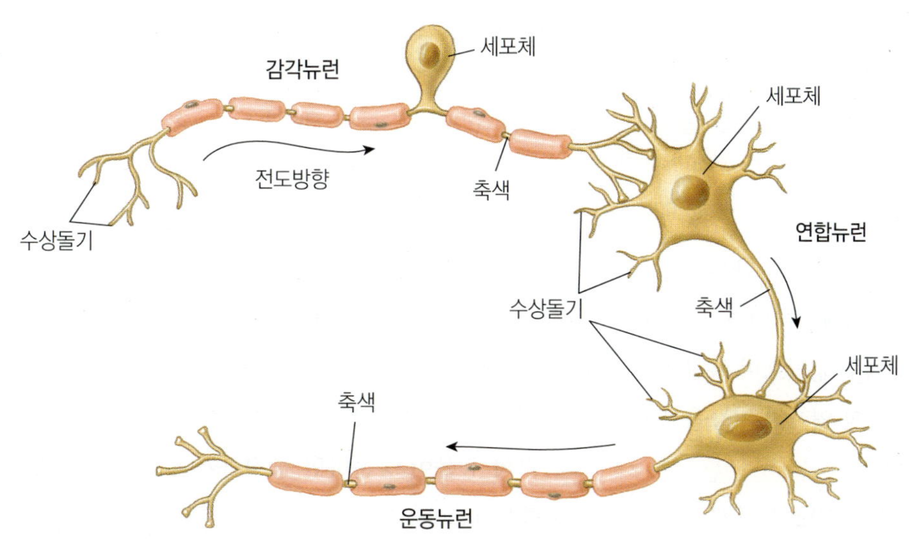

그림 42.1 | 뉴런의 세 가지.
- 감각뉴런은 주위 환경에 대한 정보를 뇌와 척수로 보낸다.
- 연합뉴런은 뇌와 척수에서 발견되며 감각뉴런과 운동뉴런을 연결한다.
- 운동뉴런은 충격이나 명령을 근육이나 선으로 전달한다.

peripheral nervous system)를 이룬다. 골격근이 수축하도록 자극하는 운동뉴런은 체성운동뉴런(somatic motor neurons)이고 평활근, 심근, 선의 활동을 조절하는 운동뉴런은 자율운동뉴런(autonomic motor neurons)이다. 자율운동뉴런은 교감신경(sympathetic)과 부교감신경(parasympathetic)으로 구분된다(그림 42.2).

뉴런은 모양이 여러 가지이지만 동일한 기능적 구조를 가진다(그림 42.3). **세포체**(cell body)는 핵이 있는 확대된 부위이다. 세포체에서 뻗어나간 1개 이상의 세포질 돌기가 **수상돌기**(dendrite)이다. 운동뉴런과 연합뉴런은 고도로 복잡하게 갈라진 수상돌기를

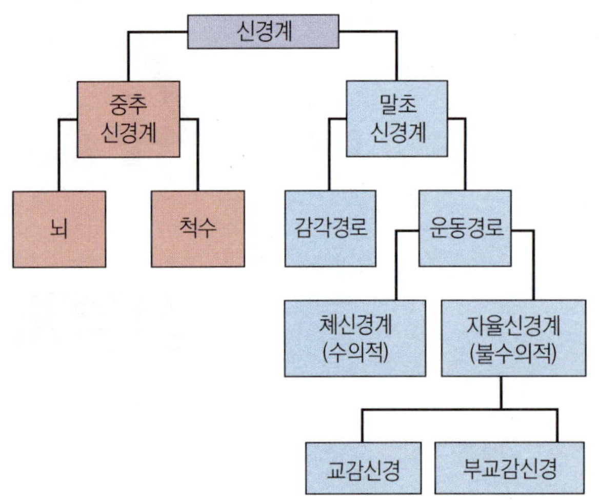

그림 42.2 | 척추동물 신경계의 구분.
크게 중추신경계와 말초신경계로 구분된다

지하고 그 쪽으로 나아간다. 이렇게 하기 위해서는 파리나 가재는 자극을 감지하는 감각수용기(sensory receptor)를 가져야 하며, 자극에 반응하는 운동반응기(motor effectors)를 가져야 한다. 대부분의 동물에서 감각수용기와 운동반응기는 신경계에 의하여 연결되어 있다.

신경계는 뉴런과 이의 지지세포로 구성되어 있다. 뉴런은 세 종류가 있다(그림 42.1). **감각뉴런**(sensory neuron)은 구심성 뉴런이라고도 하며 충격을 감각수용기로부터 **중추신경계**(CNS : central nervous system)로 전달한다. **운동뉴런**(motor neuron)은 원심성 뉴런이라고도 하며 충격을 중추신경계로부터 근육이나 선과 같은 반응기로 전달한다. **연합뉴런**(interneuron)은 연결뉴런이라고도 하며, 척추동물의 뇌와 척수에 있으며 복잡한 반사나 교육 및 기억과 같은 고도의 연합적 기능을 수행하도록 돕는다.

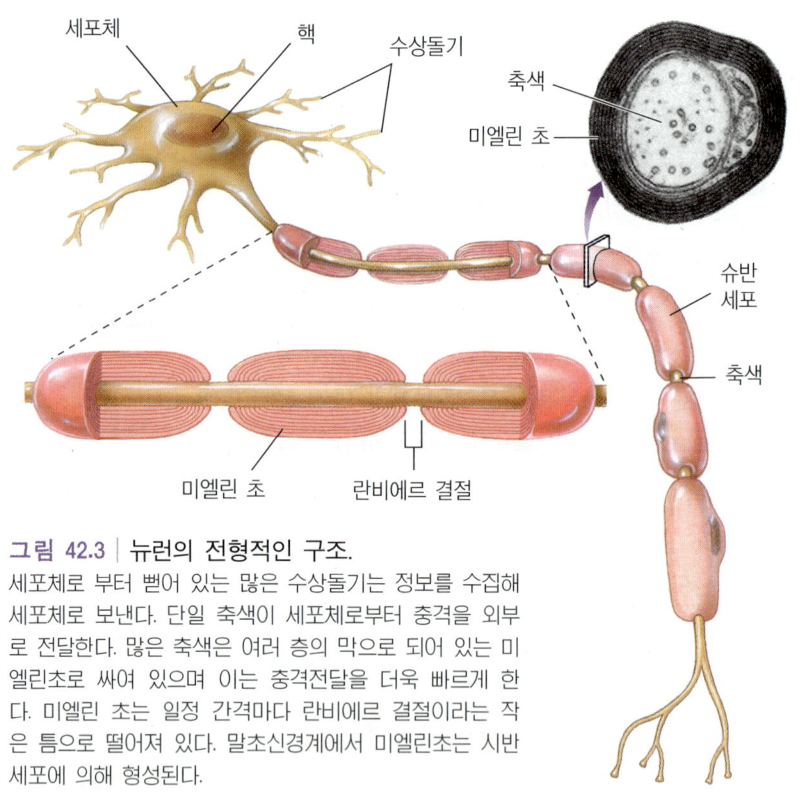

그림 42.3 | 뉴런의 전형적인 구조.
세포체로 부터 뻗어 있는 많은 수상돌기는 정보를 수집해 세포체로 보낸다. 단일 축색이 세포체로부터 충격을 외부로 전달한다. 많은 축색은 여러 층의 막으로 되어 있는 미엘린초로 싸여 있으며 이는 충격전달을 더욱 빠르게 한다. 미엘린 초는 일정 간격마다 란비에르 결절이라는 작은 틈으로 떨어져 있다. 말초신경계에서 미엘린초는 시반 세포에 의해 형성된다.

감각뉴런과 운동뉴런은 함께 **말초신경계**(PNS : 가져서 뉴런이 여러 출처로부터 동시에 정보를 받을 수 있게 한다. 어떤 뉴런은 수상돌기로부터 가시처럼 뻗은 확장부를 가져서 자극을 받는 면적을 넓힌다. 세포체는 수상돌기에 도달하는 정보들을 통합한다. 만약 막의 흥분이 충분하면 충격파가 일어나 세포체에서 **축색**(axon)을 따라 전도된다. 각 뉴런은 세포체에

서 뻗어나간 한 개의 축색만을 갖게 되며, 축색은 갈라져서 여러 개의 세포들을 자극하게 된다. 축색은 매우 길 수도 있는데, 우리의 발 근육을 조절하는 축색은 길이가 1m를 넘는다.

뉴런은 구조적, 기능적으로 신경교(neuroglia)라는 지지세포(supporting cell)들에 의해 지지된다. 이 지지세포들은 뉴런보다 10배 많고 10배 작으며 뉴런에 영양 공급, 노폐물 제거, 축색 내 충격이동의 유도, 면역 기능의 제공 등 여러 가지 기능을 한다. 척추동물에서 가장 중요한 두 가지 종류의 신경교는 시반세포(schwann cell)와 희소돌기아교세포(oligodendrocyte)로서, 이 세포들은 축색을 감싸는 미엘린초(myelin sheath)를 만든다. 시반세포는 PNS의 미엘린을 만들고 희소돌기아교세포는 CNS의 미엘린을 만든다. 발생 도중에 이 세포들은 축색을 여러 겹으로 둘러싸서 여러 층의 막으로 된 절연 피복인 미엘린초를 만든다(그림 42.4). 미엘린초를 가진 축색은 미엘린화되었다고 일컫는다. CNS에서 미엘린화된 축색은 백질(white matter)을 이루고 미엘린화되지 않은 수상돌기와 세포체는 회백질(gray matter)를 이룬다.

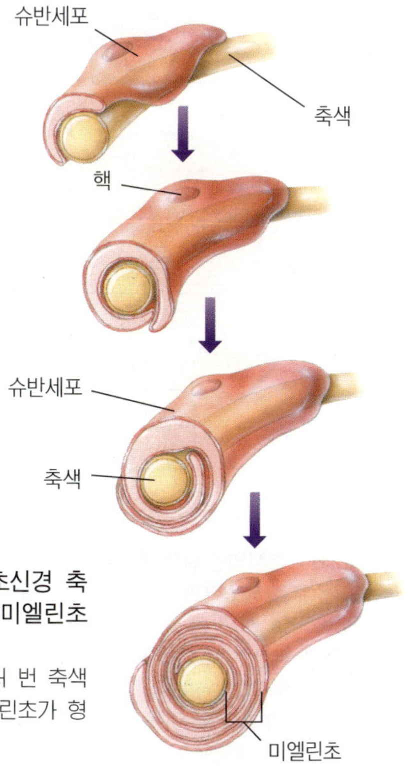

슈반세포

축색

핵

슈반세포

축색

미엘린초

그림 42.4 | **말초신경 축색을 둘러싸는 미엘린초의 형성.**
슈반세포막이 여러 번 축색을 둘러싸서 미엘린초가 형성된다.

PNS에서 미엘린화되거나 미엘린화되지 않은 축색들이 함께 다발로 묶여서 신경(nerve)을 형성한다.

미엘린초는 1~2㎛의 간격으로 떨어져 있는데, 이 부분을 란비에르 결절(node of Ranvier)이라고 한다(그림 42.3).

42.2 신경 충격

휴지막전위

뉴런은 한쪽 부위에서 다른 쪽 부위로 퍼져나가는 막의 일시적 투과성이나 전기적 성질의 변화에 따라 기능을 나타낸다. 뉴론의 구조는 이 막의 전기적 전위의 발생과 확산을 위한 기작을 제공한다. 뉴런의 독특한 기작은 주로 막의 특수한 운반단백질의 존재에 기인한다. 신경세포에서 전기신호가 어떻게 생기고 또 전달되는지 알아보기 전에 먼저 원형질막의 기본적 전기적 성질을 알아보자.

자동차 축전지나 전등은 두 극 사이에 전하가 분리되어 있다. 이것을 양극 사이의 전위차(potential difference) 또는 전압이라고 하며, 한쪽 극은 양극이고 다른 쪽 극은 음극이다. 이처럼 모든 세포막에는 전위차가 있다. 세포막의 세포질 쪽은 음극이고 세포외액 쪽은 양극을 띤다. 이 두 극 사이에 측정된 전위차를 막전위라고 한다. 뉴런이 자극되지 않으면 이 뉴런은 휴지막전위(resting membrane potential)를 유지한다. 세포는 매우 작으므로 막전위도 매우 작다. 자동차 축전지의 전위는 12V이지만 많은 척추동물 뉴런의 휴지막전위는 −40~−90mV(0.04~0.09V)이며, 평균 휴지막전위는 −70mV이다. 음의 부호를 쓰는 것은 세포 안쪽이 바깥쪽에 대하여 음극이기 때문이다.

세포 내부가 외부에 대하여 음극인 이유는 세 가지이다. (1) 단백질, 탄수화물, 핵산 등의 음전하를 띠는 분자들이 세포 외부보다 내부에 더 많기 때문이다. 이 분자들은 너무 커서 세포 외부로 확산하지 못하므로

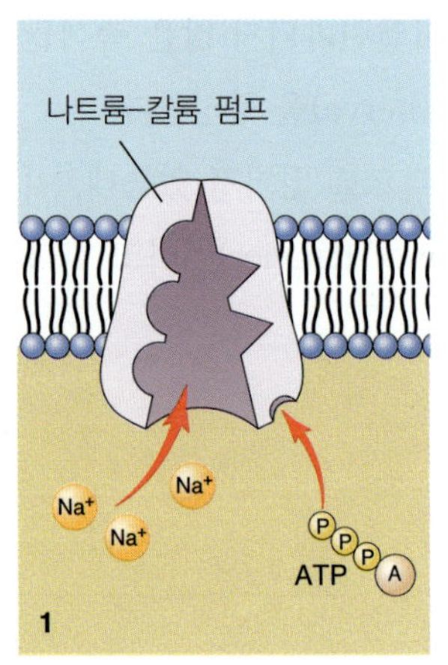

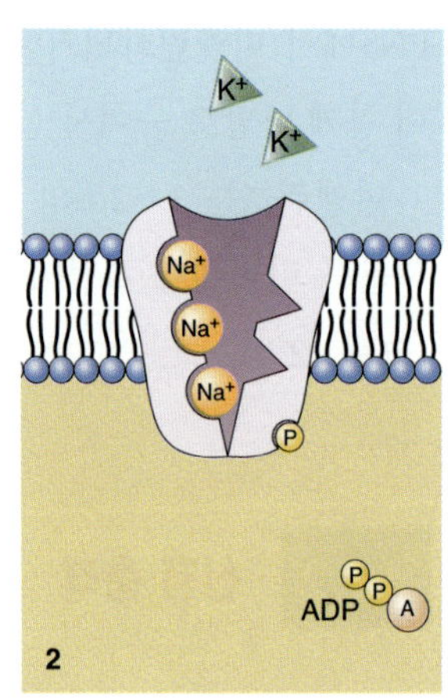

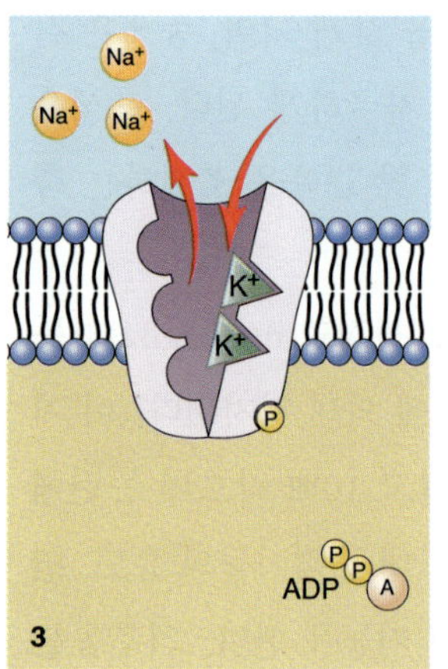

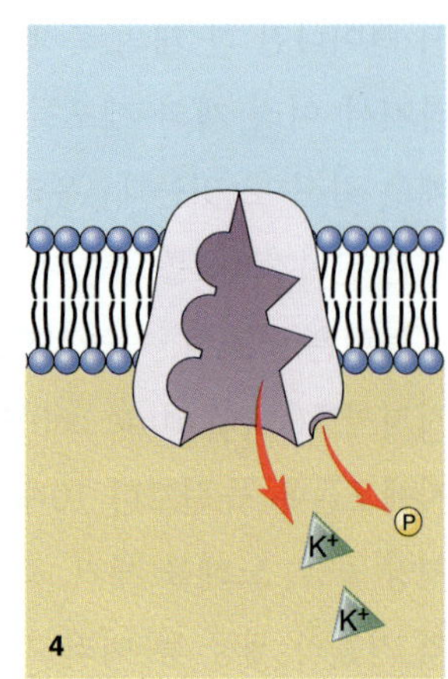

그림 42.5 | 나트륨-칼륨 펌프.
이 펌프는 3개의 Na^+을 세포 밖으로, 운반하는 동시에 2개의 K^+을 세포 안으로 운반한다. 이 펌프는 ATP의 에너지가 필요한 능동수송 운반체이다.

표 42.1 세포질과 세포외질의 이온 조성

이온	세포질 농도(mM)	세포외액의 농도(mM)	비율	평형전위
Na^+	15	150	10 : 1	+60
K^+	150	5	1 : 30	−90
Cl^-	7	110	15 : 1	−70

고정 음이온(fixed anions)이라고 한다. (2) 나트륨-칼륨(Na^+/K^+) 펌프는 2개의 K^+를 세포 내부로 운반할 때마다 3개의 Na^+를 세포 외부로 퍼낸다(그림 42.5). (3) 세포막에는 K^+누출통로가 Na^+누출통로보다 더 많다. 이온누출통로는 막 단백질로서 막에 구멍을 형성하여 특정 이온(Na^+이나 K^+ 같은)이 지속적으로 촉진확산을 통하여 통과하게 만든다. K^+누출통로가 더 많기 때문에 K^+이 세포 외부로 확산해 나가는 것이 Na^+이 세포 내부로 확산해 들어오기보다 더 쉽다. 다른 이온의 누출통로(leak channel)도 있지만, 이 누출통로들이 휴지막전위 형성에 기여하는 정도는 K^+이나 Na^+의 누출통로에 비하여 매우 미약하다.

그러면 막전위가 −70mV인 이유는 무엇일까? 이를 이해하기 위해서는 휴지막전위를 이루는 이온에 작용하는 두 가지 주요 힘에 대하여 알아보아야 한다. (1) 전기적 구배로 인해 이온은 반대 전하를 띠는 이

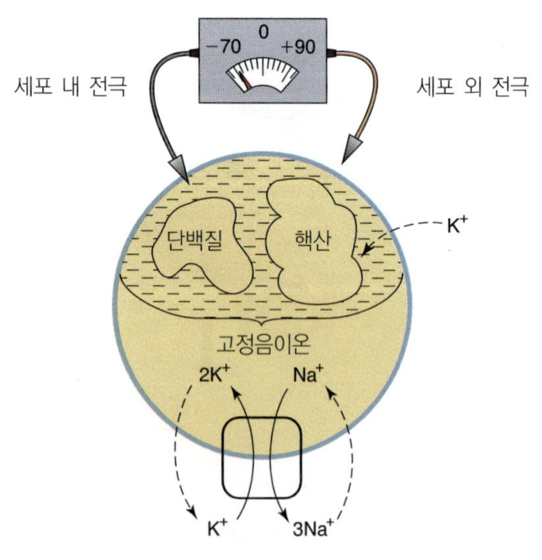

그림 42.6 | 휴지막전위의 형성.
고정음이온(주로 단백질과 핵산)은 세포외액의 양이온을 끌어당긴다. 만약 막이 K^+만 투과적이라면 막전위는 −90mV가 될 것이다. 그러나 약간의 Na^+이 세포 안으로 확산되어 들어가기 때문에 실제의 휴지막전위는 약 −70mV가 된다. 이는 K^+의 세포 밖으로의 확산과 균형을 이루지 못하므로 세포의 평형은 나트륨-칼륨 펌프의 작용으로 유지된다.

온에 유인된다. (2) 농도구배에 의해 이온은 농도가 높은 곳에서 낮은 곳으로 이동한다.

세포 외부의 양이온은 세포 내부의 고정 음이온에 이끌린다. 막전위를 형성하는 두 가지 주요 양이온은 Na^+과 K^+인데 막을 통한 전기적 구배는 양이온들이 세포 안으로 들어오게 한다. 반면에 나트륨-칼륨 펌프에 의해 형성된 농도구배는 K^+이 세포 외부로 나가도록 하고 Na^+이 세포 내부로 들어오게 한다. 그러므로 세포막은 다른 양이온보다 K^+에 대한 투과성이 더 큼에도 불구하고, K^+의 전기적 구배와 화학적 구배는 서로 반대로 작용하여 전체적인 K^+의 이동은 거의 없게 된다. Na^+은 전기적 구배와 화학적 구배가 모두 Na^+을 강하게 세포 내부로 이동하게 만든다. 그러나 세포 내부로의 Na^+ 이동도 최소화되는데 이는 Na^+ 누출통로가 없고 세포 안으로 확산되어 들어가는 적은 양의 Na^+조차 나트륨-칼륨 펌프에 의해 밖으로 퍼내어지기 때문이다. 결국, 고정음이온, 나트륨-칼륨 펌프, 막의 누출통로의 복합작용으로 뉴런의 전기화학적 평형(휴지막전위)은 $-70mV$가 유지된다.

어느 한 이온에 대한 전기적 화학적 힘이 균형을 이루는 시점을 평형전위(equilibrium potential)라고 한다(표 42.1). 어느 한 이온의 평형전위를 계산하기 위해서는 연구 대상의 세포막이 이 한 가지 이온에만 투과성이 있다고 가정해야 한다. 만약 K^+이 유일한 양이온이라고 볼 경우 이 세포의 휴지막전위는 K^+의 평형전위와 동일하며, 세포 안으로 들어오는 K^+과 세포 밖으로 나가는 K^+이 동일할 때의 전압으로서, 약 $-90mV$이다. $-80mV$에서는 K^+이 세포 외부로 빠져나가게 되고, $-100mV$에서는 K^+이 세포 안으로 들어오게 된다. 그러나 막은 다른 이온, 특히 Na^+에도 약간의 투과성을 보이는데, Na^+의 평형전위는 $+60mV$이다. Na^+이 세포 안으로 누출통로를 통해 들어가면 휴지막 전위는 음성을 덜 띠게 된다. 막전위가 -90 mV보다 음성을 덜 띠게 되면 K^+은 세포 밖으로 확산되어 나가게 되고, 이런 복합적 영향으로 인하여 휴지세포의 평형전위는 $-70mV$가 된다. 뉴런의 휴지막전위는 전압계로 측정할 수 있다(그림 42.6).

차등전위는 활동전위를 만든다.

차등전위(graded potential)

다른 세포들과 비교할 때 뉴런이 가지는 독특함은 휴지막전위를 만들고 유지하는 것이 아니라 자극에 반응하여 휴지막전위의 갑작스럽고 일시적인 교란이 생기는 것이다. 차등전위는 관문이온통로(gated ion channel)라는 특수 막운반 단백질의 활성화에 의해 생긴다. 이온누출통로는 항상 열려 있는 반면, 관문이온통로는 정상 휴지세포에서는 닫혀 있다. 감각수용기에서 관문이온통로는 빛이나 열 등의 감각 자극에 반응하여 열리고 수용기전위라는 차등전위가 생기게 한다. 대부분의 뉴런에서 수상돌기의 관문이온통로는 화학물질이 부착할 때 반응한다(그림 42.7). 이들은 화학관문이온통로(chemical-gated channels) 또는 리간드관문이온통로(ligand-gated channels)라고 한다. 리간드는 보다 큰 분자에 부착하여 그 기능을 조절하거나 기능이 나타나게 하는 화학기이다. 이 리간드가 일시적으로 막수용체 단백질이나 통로에 부착하면 단백질의 모양이 변화하여 이온통로가 열린다. 막

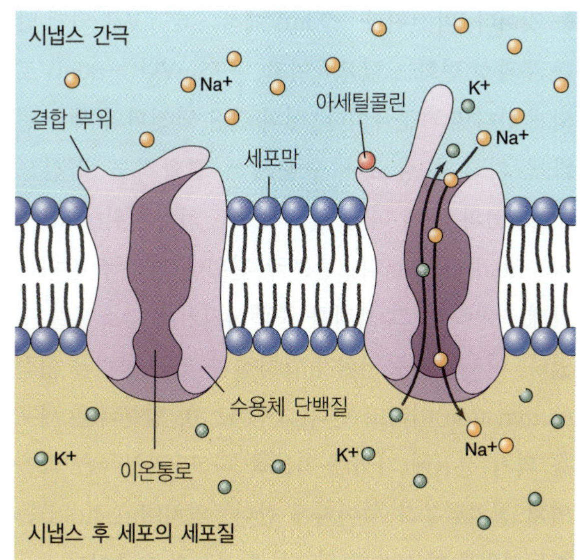

그림 42.7 | 이온통로를 열게 하는 아세틸콜린의 수용체 결합.
신경전달물질인 아세틸콜린이 수용체에 결합하면 화학관문 또는 리간드관문이온통로가 열리게 된다.

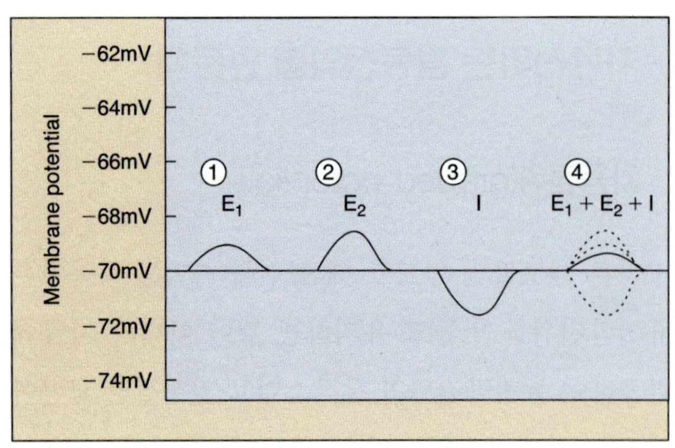

그림 42.8 | 차등전위.
차등전위는 화학관문통로나 리간드관문통로의 조절에 의해 만들어진다. (1) 약한 흥분 자극 E_1이 이보다 강한 자극인 E_2 (2)보다 작은 탈분극을 일으킨다. (3) 억제 자극 I는 과분극을 만든다. (4) 차등전위는 합해질 수 있으므로 이 3개의 자극이 가까이 일어날 경우 차등전위가 합해져서 극성 변화는 3개의 변화가 합해진 것과 같게 된다.

의 리간드관문통로는 호르몬, 신경전달물질과 같은 화학물질에 의해 활성화되거나 열려서 세포막의 투과성을 변화시킨다.

투과성 변화는 막전위의 탈분극이나 과분극으로 측정될 수 있다. 만약 세포막이 약간 탈분극되면 오실로스코프의 선이 약간 위로 올라가다가 곧 휴지막전위로 돌아간다. 탈분극은 막전위를 덜 음성으로(더 양성으로) 만들고, 과분극은 막전위를 더 음성으로 만드는 것이다. 막전위가 −70mV에서 −65mV로 되게 만든 투과성 변화는 탈분극이고, −75mV나 −80mV로 되게 한다면 과분극이다. 이와 같은 막전위의 작은 변화는 자극의 강도나 수용체에 결합하는 리간드(ligand)의 양에 따라 달라지므로 **차등전위**(graded potential)라고 한다. 탈분극 전위나 과분극 전위는 함께 작용하여 그 효과를 증폭시키거나 감소시킬 수 있다. 이러한 차등전위가 합쳐질 수 있는 능력을 **집적**(summation)이라고 한다(그림 42.8). 탈분극은 세포를 역치 전위에 가까이 가도록 하고, 과분극은 막을 역치 전위로부터 멀어지게 한다. 역치(threshold)는 활동전위를 만드는 데 필요한 탈분극의 수준이다.

활동전위의 생성

일정 수준의 탈분극에 도달하면(포유동물의 일부 축색의 경우 −55mV) 세포체로부터 축색이 뻗어 나오는 부위에서 신경충격, 즉 **활동전위**(action potential)가 생긴다. 역치나 역치 이상의 탈분극은 Na^+전압관문이온통로와 K^+전압관문이온통로 모두를 열게 한다(그림 42.9). 전압관문이온통로(voltage-gated ion channels)는 근세포나 뉴런에서 발견되는 다른 종류의 막 통로로서 문을 가지는 하나의 단백질이나 단백질들로 이루어져 있으며, 특정 수준의 막전위(보통 역치)에서 구멍을 열거나 닫는다. 달리 말하면, 뉴런의 축색이나 근섬유에서 전압관문은 막전위에 따라 열리거나 닫힌다. 뉴런이나 근세포가 자극되면 Na^+전압관문통로와 K^+전압관문통로는 열려서 막은 Na^+과 K^+을 투과시키지만 Na^+통로가 먼저 열린다. Na^+은 농도구배에 따라 세포 안으로 밀려 들어간다. 이 갑작스런 양전하의 유입으로 세포 내부의 음성은 감소되고 세포가 탈분극(depolarize)된다(휴지전위 때의 극성보다 높은 극성으로 된다). 약간의 지연이 있은 뒤 K^+전압관문통로도 열려서 K^+이 농도구배

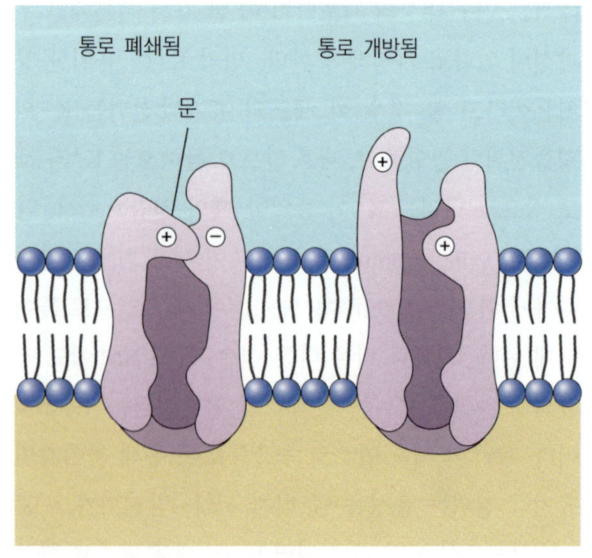

그림 42.9 | 전압관문이온통로.
뉴런과 근육세포에서 Na^+과 K^+을 위한 특수 막 통로는 휴지막전위에서는 닫혀 있고, 탈분극의 역치 수준에 도달하면 열리는 문을 가지고 있다.

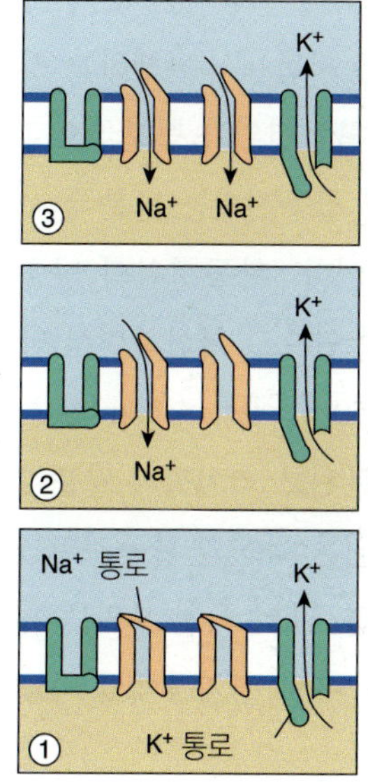

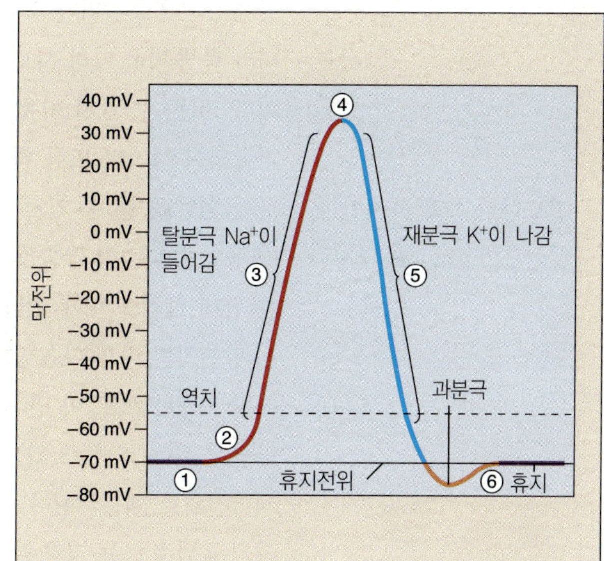

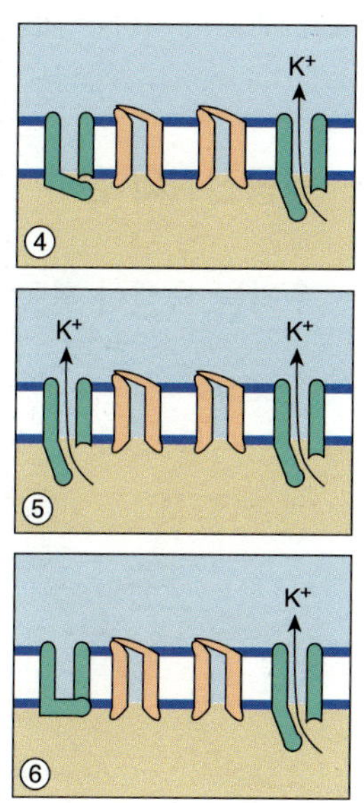

그림 42.10 | 활동전위.

(1) 휴지막전위에서 전압관문이온통로는 닫혀 있지만 약간의 K^+의 누출이 일어난다. (2) 자극에 반응하여 세포는 탈분극되기 시작하고, 한 번 역치에 도달하면 활동전위는 만들어진다. (3) Na^+ 전압관문이온통로가 열리므로 Na^+이 축색 안으로 확산되고 신속한 탈분극이 일어나게 된다(곡선의 상승기). (4) 곡선의 정점에서 Na^+통로는 닫히고 닫혀 있던 K^+전압관문이온통로가 열리기 시작한다. (5) K^+통로가 열린 상태에서 K^+이 축색 밖으로 확산되므로 재분극이 일어난다. (6) 막이 원래의 휴지전위로 되돌아가기 전에 과도 하강(undershoot)이 나타난다.

에 따라 세포 밖으로 빠져나온다. 유사하게 막은 Cl^-에 대한 투과성도 커져서 Cl^-은 세포 안으로 들어간다. 그러나 막전위에 대한 Cl^-의 영향은 K^+보다 훨씬 작다. 세포 내부는 다시 더 큰 음성으로 되어 세포는 과분극(hyperpolarize)된다(휴지전위 때의 극성 보다 낮은 극성으로 된다).

세포 안으로의 Na^+의 급속한 확산은 막전위를 Na^+의 평형전위(+60mV) 쪽으로 움직인다. 이때 양의 부호는 Na^+이 세포 안으로 유입되면서 막의 극성이 반대로 됨을 뜻한다. 활동전위를 오실로스코프로 기록하면 이 부위의 활동전위는 상승 곡선의 상승기(rising phase)로 나타난다(그림 42.10). Na^+통로는 너무 빨리 닫히고 거의 동시에 닫혀 있던 K^+통로가 열리기 시작하므로 막전위는 결코 +60mV에 도달하지 못한다. 그러므로 활동전위는 약 +30mV에서 정점을 이룬다. K^+통로가 열리면 K^+이 세포 밖으로 빠져나가고 세포막은 재분극된다. 오실로스코프로 보면 이 재분극은 활동전위의 하강기(falling phase)로 나타난다. 여러 경우에서 재분극으로 막전위가 짧은 시간 동안 휴지막전위보다 약간 더 음성으로 되는데 이는 열린 채 있는 K^+통로가 막전위를 끌어내리기 때문이다. 활동전위가 생기는 전체 과정은 수msec에 끝이 난다.

활동전위는 두 가지 뚜렷한 특징을 가진다. 첫째, 실무율(all-or-none law)을 따른다는 점으로서, 각 역치 탈분극은 Na^+전압관문이동통로 역치에서 완전히 개방되어 완전한 활동전위를 만들거나 아니면 전혀 만들지 못한다. 둘째, 활동전위들은 항상 독립된 과정으로서, 차등전위처럼 서로 누적되거나 간섭하지는 않는다. 이는 막이 활동전위를 만든 후 짧은 불응기에 들어가기 때문인데, 이 동안 Na^+전압관문이동통로는 다시 열릴 수 없다.

하나의 활동전위는 완전히 이온의 수동적 확산으로 생긴다. 그러나 각 활동전위 생성과정의 끝이 되면 세포질은 휴지기보다 약간 많은 Na^+과 약간 적은 K^+을 갖게 된다. 나트륨-칼륨 펌프의 지속적인 활동은 이 변화를 정상으로 바꾸어 놓는다. 따라서 활동전위를 만드는 데 능동수송이 필요하지는 않지만 이온 농도구배를 유지하는 데는 필요하다.

활동전위의 전파

우리는 축색이 활동전위를 전도한다고 말하지만, 실제로는 활동전위가 축색을 따라 이동하는 것이 아니라 축색 막을 따라 서로 다른 지점에서 발생하는 것이다. 이는 두 가지 이유, 즉 활동전위가 탈분극으로 자극되어 생기며 또한 하나의 활동전위는 탈분극 자극의 역할을 할 수 있기 때문이다. 활동전위의 상승기 동안에 Na^+이 급속히 축색 안으로 확산하면서 막은 반대 극성을 띠게 된다(−70mV에서 +30mV로). 이 양전하는 막의 다음 인접 부위를 역치까지 탈분극시킬 수 있으므로 이 인접 부위는 자신의 활동전위를 만들게 된다(그림 42.11). 한편, 막의 이전 부위는 휴지막전위로 재분극된다. 이는 마치 경기장에서 파도타기 응원을 하는 것과 같다.

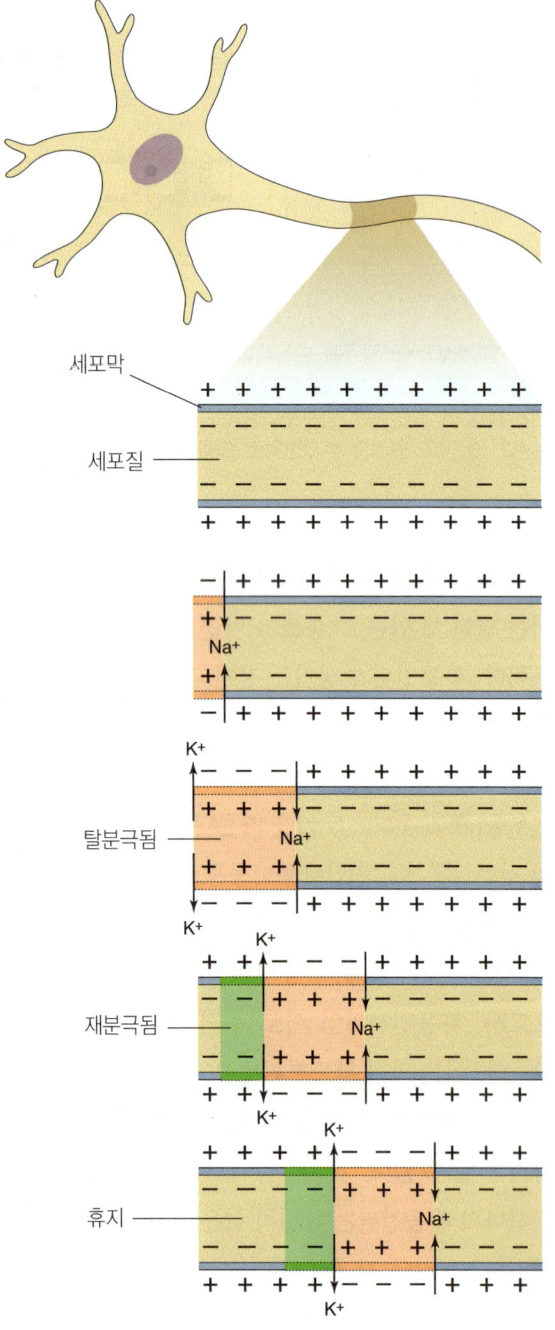

그림 42.11 | 미엘린화되지 않은 축색에서의 활동전위의 전파.
축색의 한 부위에서 활동전위가 발생하고 막의 극성이 바뀌게 되면 이것은 다음 부위의 탈분극 자극으로 작용하게 된다. 이런 식으로 활동전위는 축색막을 따라 생겨나게 된다.

도약전도

활동전위는 감소되지 않고 전도되므로, 축색 말단에 도달한 마지막 활동전위는 처음 시작할 때의 활동전위와 크기가 같다. 전도 속도는 축색의 직경이 크거나 축색이 미엘린화되어 있으면 빠르다(표 42.2). 미엘린화된 축색은 미엘린화되지 않은 축색보다 충격을 더 빨리 전도하는데, 이는 미엘린화된 축색에서는 활동전위가 란비에르결절에서만 생기기 때문이다. 하

표 42.2 일부 축색의 전도 속도

	축색직경 (μm)	미엘린	전도속도 (m/s)
오징어의 거대 축색	500	없음	25
사람 다리 근육의 큰 운동신경 축색	20	있음	120
사람 피부의 압각 수용기의 축색	10	있음	50
사람 피부의 온도 수용기의 축색	5	있음	20
사람 내부기관의 운동신경 축색	1	없음	2

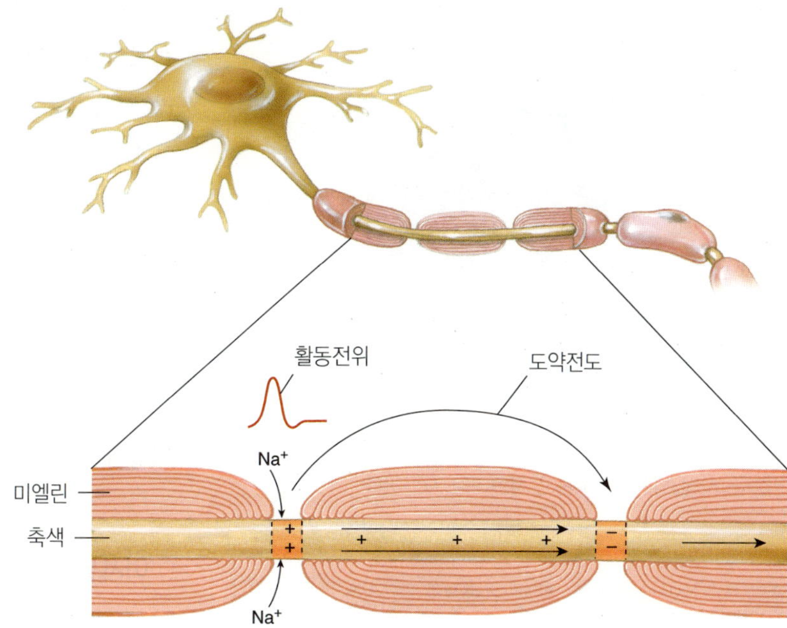

그림 42.12 | 미엘린화된 축색에서의 도약전도.
활동전위는 란비에르 결절에서만 만들어진다. 한 결절은 다음 결절을 탈분극시키므로 활동전위는 한 결절에서 생긴 후 건너뛰어 다음 결절에서 생기게 된다. 이런 식으로 미엘린화된 축색에서의 도약전도는 미엘린화되지 않은 축색에서의 전도보다 빠르게 일어난다.

나의 활동전위는 다음 부위의 탈분극 자극으로 작용하지만 한 결절에서의 탈분극은 다음 결절로 신속히 퍼져 전압관문통로를 열게 된다. 이처럼 충격은 한 결절에서 다음 결절로 도약하므로 이러한 전도를 **도약전도**(saltatory conduction)라고 한다(그림 42.12).

도약전도가 어떻게 신경전달을 빠르게 하는지 알아보기 위하여 파도타기 응원의 모습을 다시 연상해보자. 파도는 좌석에 앉아 있는 한 부분의 사람들이 일어서고 이 행동이 다음 부분의 사람들이 일어서도록 자극한다. 그러나 군데군데 사람들이 비어 있는 부분을 생략한다면 파도는 빨리 지나가게 된다.

이처럼 도약전도는 미엘린의 절연 부위를 건너뛰어 란비에르 결절 사이에 이루어지게 된다.

42.3 시냅스

시냅스의 구조

축색을 따라 내려간 활동전위는 마침내 축색과 축색 가지들의 말단에 도달한다. 이 가지들은 다른 뉴런들의 수상돌기나, 근육 또는 선세포와 연접부를 이룬다. 이와 같은 세포 간 연접부를 **시냅스**(synapse)라고 한다. 시냅스까지 활동전위를 전달하는 축색을 가지는 뉴런을 시냅스전 세포(presynaptic cell)라고 하고, 시냅스 반대쪽에서 신호를 받는 세포를 시냅스후 세포(postsynaptic cell)라고 한다. 신경계에는 두 가지 종류의 기본적 시냅스가 있는데, 이는 전기적 시냅스와 화학적 시냅스이다. 전기적 시냅스는 시냅스전 뉴런과 시냅스후 뉴런 사이에 생긴 간극연결(gap junction)에 의해 직접적인 세포질 연락이 있는 경우이다. 활동전위를 포함하여 막전위의 변화가 한 세포에서 다른 세포로 직접 빠르게 간극연결을 통해 전달된다. 전기적 시냅스는 무척추동물 신경계의 특징으로서 척추동물에서는 드물다.

척추동물의 시냅스는 대부분 화학적 시냅스이다. 전자현미경으로 보면 시냅스전 뉴런과 시냅스후 뉴런 사이는 좁은 간격을 두고 떨어져 있는데, 이 부위를 **시냅스간극**(synaptic cleft)이라고 한다(그림 42.13). 시냅스전 축색의 말단은 부풀어 있으며 많은 **시냅스 소포**(synaptic vesicle)을 가지는데, 이 소포 안에 화학물질인 **신경전달물질**(neurotransmitter)를 들어 있다. 활동전위가 축색 말단에 도달하면 Ca^{++} 전압관문통로가 열리도록 자극하고 급속히 Ca^{++}이 축색 안으

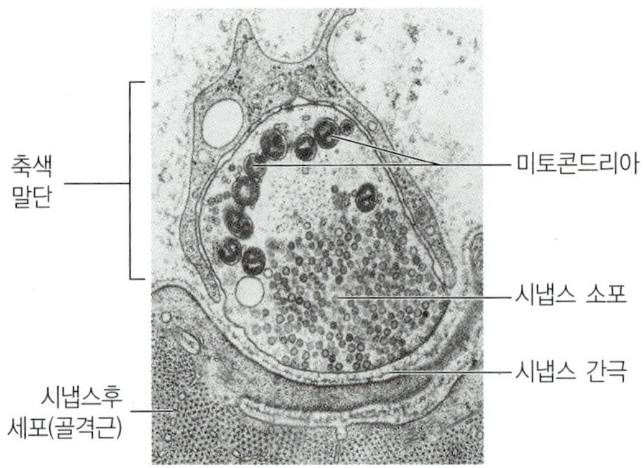

그림 42.13 | 시냅스간극
신경-근 시냅스를 보여주는 전자현미경 사진이다.

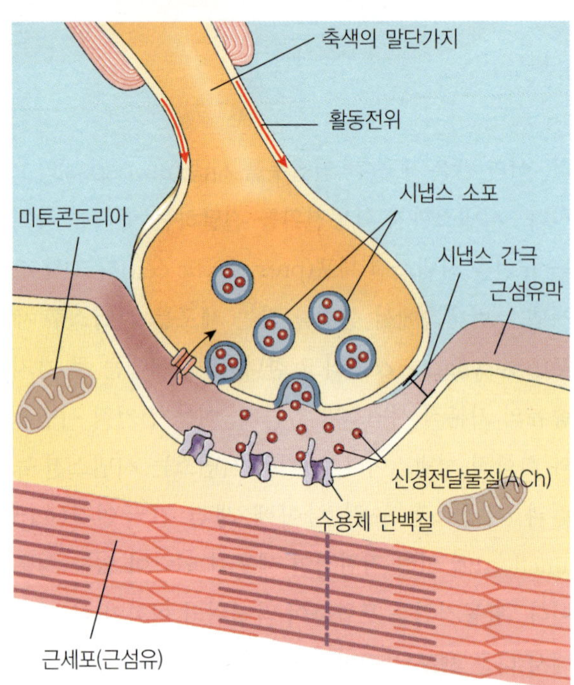

그림 42.14 | 신경전달물질의 방출.
축색의 말단에 도달한 활동전위는 Ca^{++}의 유입을 촉발하고, 이는 시냅스소포가 세포막에 융합하도록 만들면서 신경전달물질(위 그림의 경우 아세틸콜린)의 방출을 일으킨다. 이 신경전달물질은 시냅스 간극을 지나 확산하여 시냅스후 막의 화학관문수용체나 리간드관문수용체에 결합한다.

로 확산해 들어간다. 이와 같은 Ca^{++}의 진입은 시냅스소포의 막이 축색의 원형질막에 융합하게 만들고, 그 결과 세포외 배출(exocytosis)에 의해 시냅스소포의 내용물이 방출된다(그림 42.14). 시냅스전 축색의 활동전위 빈도가 높을수록 더 많은 소포들이 신경전달물질을 방출하게 된다. 방출된 신경전달물질은 시냅스간극의 반대 쪽으로 신속히 확산하여 시냅스후 세포의 원형질막에 있는 화학관문 수용체단백질이나 리간드관문 수용체단백질(receptor proteins)에 결합하게 된다. 신경전달물질은 여러 가지가 있으며, 이들의 작용 방식도 서로 다르다.

신경전달물질과 그 기능

아세틸콜린은 가장 먼저 발견된 신경전달물질이자 신경계가 널리 이용하는 신경전달물질이다.

아세틸콜린

아세틸콜린(ACh, acetylcholine)은 운동뉴런과 근섬유 사이의 시냅스를 통과하는 신경전달물질이다. 이런 시냅스를 신경근 접합부(neuromuscular junction)라고 한다(그림 42.15). 아세틸콜린은 시냅스후 막의 수용체 단백질에 결합하여 이 단백질의 이온통로를 열리게 한다(그림 42.7). 이런 이온통로의 관문은 탈분극에 대한 반응이 아니라 화학물질의 결

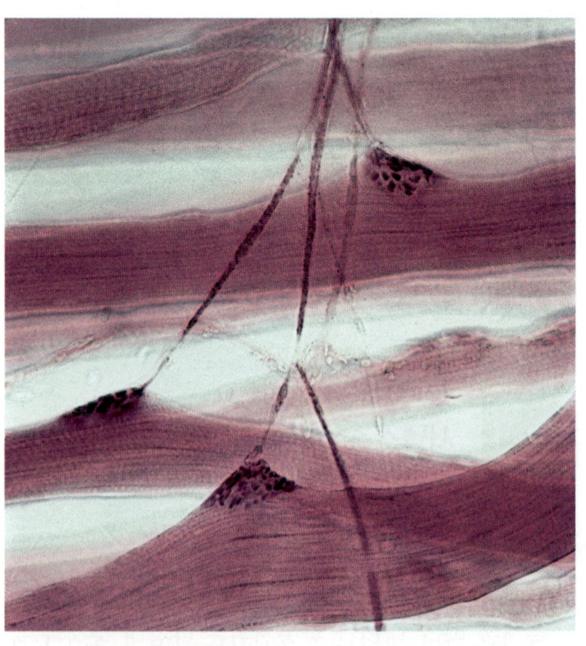

그림 42.15 | 신경근 연접.
축색들과 근섬유들 사이의 접촉 부위를 광학현미경으로 본 사진이다.

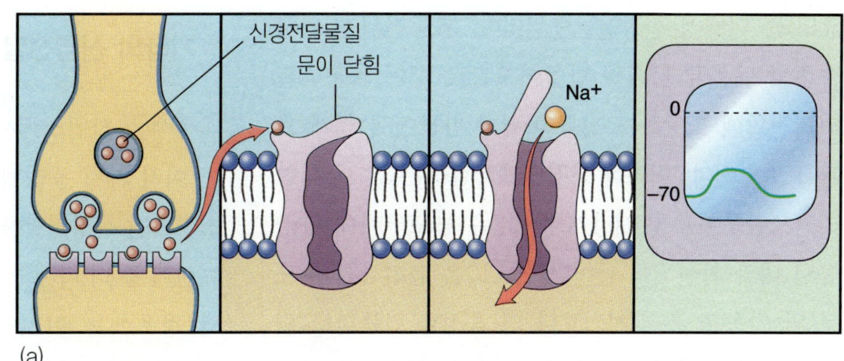

(a)

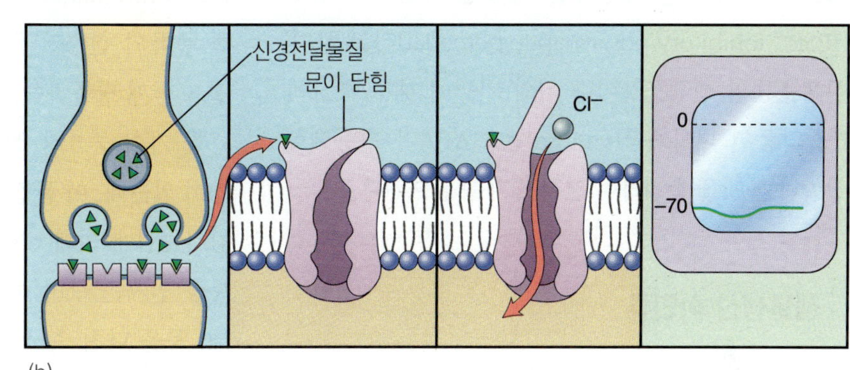

(b)

그림 42.16 | 신경전달물질의 종류와 작용 방식.
(a) 흥분성 신경전달물질은 탈분극이나 흥분성 시냅스후 전위(EPSP)를 일으킨다. (b) 억제성 신경전달물질은 과분극이나 억제성 시냅스후 전위(IPSP)를 일으킨다.

합에 반응하여 열리므로 리간드관문이라고 한다. 리간드관문통로가 열리면 시냅스후 세포 안으로 Na^+이 확산되어 들어가고 K^+이 확산되어 나온다. 이 두 이온은 동시에 움직이지만 전기화학적 구배상 더 유리한 Na^+의 세포 안으로의 이동이 더 빠르다. 그 결과 시냅스후 막의 해당 부위가 탈분극을 일으키는데(그림 42.16a) 이 탈분극을 흥분성 시냅스후 전위(EPSP : excitatory postsynaptic potential)라고 한다. 흥분성 시냅스후 전위가 충분히 커지면 Na^+과 K^+의 전압관문통로를 개방시켜 활동전위를 일으킨다. 지금 말하는 시냅스후 세포는 근세포이므로 이 세포가 만드는 활동전위는 근수축을 자극하게 된다.

아세틸콜린이 근수축을 자극한 뒤에는 근육이 이완되기 위하여 시냅스간극으로부터 아세틸콜린이 제거되어야 한다. 즉, 효과적인 조절자 역할을 하려면 신경전달물질이나 호르몬과 같은 분자들은 분비된 후 신속히 제거되어야 하는것이다. 아세틸콜린의 경우는 시냅스후 막에 있는 **아세틸콜린가수분해효소**(AChE : acetylcholinesterase)에 의해 신속히 제거된다. 신경가스나 살충제 파라티온은 AChE의 억제물질이어서, 인체 내에서 이 물질들은 심한 경련성 마비를 일으키거나 호흡근육이 마비될 경우에는 사망하게 만든다.

아세틸콜린이 운동뉴런과 골격근 세포 사이의 신경전달물질로 작용하지만, 여러 가지 뉴런은 아세틸콜린을 다른 뉴런과의 시냅스에서의 신경전달물질로 이용하기도 한다. 이 경우 시냅스후 막은 일반적으로 제2 뉴런의 수상돌기나 세포체막이다. 만들어진 EPSP는 수상돌기와 세포체를 통해 축색의 기부에 도달한 다음, EPSP 탈분극이 역치 수준을 넘으면 첫 전압관문통로를 열어서 활동전위를 만들게 된다.

글루탐산, 글리신 및 GABA

글루탐산(glutamate)은 척추동물의 CNS에서 주요 흥분성 신경전달물질로서 EPSP를 만들고 역치에 도달한 시냅스후 뉴런의 활동전위 생성을 자극한다. 정상적인 양의 글루탐산은 생리적 자극을 일으키지만 과다한 양은 헌팅턴병에서처럼 신경퇴화를 일으킨다.

글리신(glycine)과 GABA(gamma-aminobutyric

acid)는 억제성 신경전달물질이다. 활동전위는 역치 수준의 탈분극에 의해 만들어지므로 막의 과분극은 역치전위에 도달하는 것을 어렵게 만들어서 억제 효과를 일으킨다. 이러한 신경전달물질들은 Cl^-에 대한 리간드관문통로를 개방시켜 Cl^-은 농도구배에 따라 뉴런 내로 확산되어 들어간다. Cl^-은 음전하를 띠므로 막 안쪽을 휴지 시기보다 더 음성을 만든다(그림 42.16b). 이러한 과분극을 억제성 시냅스후 전위(IPSP : inhibitory postsynaptic potential)라고 하며, 신체운동의 신경조절이나 뇌의 기능에 매우 중요하다. 약품인 디아제팜(valium)은 GABA가 수용체에 결합하는 것을 촉진하여 진정 효과를 일으킨다.

생물생산 아민류

생물생산 아민류(biogenic amines)에는 호르몬인 에피네프린(아드레날린), 신경전달물질인 도파민, 노르에피네프린, 세로토닌이 있다. 에피네프린, 노르에피네프린 및 도파민은 아미노산 티로신으로부터 생기며 카테콜아민으로 분류된다. 세로토닌은 트립토판으로부터 생긴다.

도파민(dopamine)은 몸의 운동이나 다른 기능을 조절하는 뇌의 일부 구역에서 이용되는 중요한 신경전달물질이다. 도파민을 방출하는 특정 뉴런의 퇴화가 일어나면 파킨슨병의 근육 떨림이 생긴다. 뇌에서 도파민 방출 뉴런의 과다 활동은 정신분열증을 일으킨다.

노르에피네프린(norepinephrine)은 뇌의 뉴런과 특정 자율신경 뉴런에서 이용되며, 이런 부위에서 에피네프린의 작용과 상보적인 작용을 하는 신경전달물질로 활동한다.

세로토닌(serotonin)은 수면이나 여러 가지 정서 상태 조절과 관련된 신경전달물질이다. 세로토닌을 방출하는 뉴런의 활동 부족은 우울증의 한 원인이 된다. 항우울증 약품 플루옥세틴 등은 시냅스간극에서의 세로토닌 제거를 차단한다. 약품 LSD(lysergic acid diethylamide)는 뇌간의 솔기핵(raphe nuclei)에 있는 세로토닌 수용체를 차단한다.

기타의 신경전달물질

축색은 시냅스에서 **신경펩티드**(neuropeptides)라는 여러 가지 폴리펩티드도 방출한다. 신경펩티드는 전형적인 신경전달물질 기능을 나타내거나 시냅스후 뉴런에 좀 더 미세하게 장시간 작용하기도 한다. 후자의 경우에는 이러한 신경펩티드를 **신경조정물질**(neuromodulators)이라고도 한다. 한 축색은 보통 한 종류의 신경전달물질만 방출하지만, 신경조정물질을 함께 방출하는 것도 많이 있다.

한 가지 중요한 신경펩티드로는 P물질(substance P)이 있는데, 이 물질은 통증 자극에 의해 활성화되는 감각뉴런에 의해 CNS 시냅스에서 방출된다. 그러나 통증 인지는 주변 여건에 따라 매우 달라질 수 있는데, 몸을 다친 축구 선수가 경기가 끝나기 전까지는 통증을 전혀 느끼지 못할 수도 있다. 통증 인지 정도는 **엔케팔린**(enkephalins)과 **엔돌핀**(endorphins)이라는 신경펩티드의 영향에 따라 달라진다. 엔케팔린은 뇌에서 척수로 내려오는 축색에서 방출되며 통증 정보가 뇌로 가는 것을 억제한다. 엔돌핀은 뇌간의 뉴런에서 방출되며 역시 통증 인지를 억제한다. 아편이나 이의 유도체인 모르핀이나 헤로인은 엔케팔린이나 엔돌핀 수용체에 결합할 수 있는 유사한 화학적 구조를 가지므로 진통 효과를 나타낸다.

일산화질소(NO)는 최초로 알려진 신체 조절 작용을 하는 기체로서, 기체이기 때문에 막을 통과해 확산하므로 소포에 저장될 수 없다. 일산화질소는 필요할 때마다 아미노산 아르기닌으로부터 만들어진다. 일산화질소는 웃음가스라고도 하는 아질산(N_2O)과는 작용이 매우 다르다. 일산화질소는 시냅스전 축색에서 확산되어 나와 인접 세포의 지질막을 통과해 들어간다. 말초신경계에서 일산화질소는 위장관, 음경, 호흡기 통로, 뇌혈관에 분포된 뉴런에서 방출된다, 이 뉴런들은 자율성 뉴런으로서 표적기관에서 평활근 이완을 일으키는데, 이 때문에 음경의 해면조직이 혈액으로 채워져 발기를 일으킬 수 있다. 약품 실데나필(비아그라)는 음경에서의 일산화질소 방출을 촉진시켜 발기시간을 늘인다. 일산화질소는 뇌에서도 신경전달물질로서 방출되며, 학습과 기억의 과정에도 관련된다.

시냅스 통합

척추동물의 뇌와 척수의 시냅스후 뉴런의 활동은 많은 시냅스전 뉴런으로부터 오는 여러 가지 입력의 영향을 받는다. 가령, 척수의 한 운동뉴런은 시냅스전 축색에서 오는 50,000개의 시냅스와 접촉하기도 한다. 각 시냅스후 뉴런은 흥분시냅스와 억제시냅스를 함께 받아들인다. 이 시냅스들로부터 오는 EPSP(탈분극화)와 IPSP(과분극화)는 뉴런의 세포체에 도달할 때 서로 상호작용을 한다. EPSP들은 합쳐져서 막전위를 역치에 가깝게 상승시키고, 반면 IPSP들은 EPSP들의 탈분극 효과를 상쇄시키는데, 이러한 과정을 시냅스 통합(synaptic integration)이라고 한다(그림 42.17).

신경전달물질과 약물 중독

신경계의 일부 세포가 화학적으로 전달되는 신호를 생산하는 자극에 장시간 노출되면 이 세포들은 그 자극에 반응하는 능력을 잃게 되는데, 이 과정을 습관성(habituation)이라고 한다. 의자에 오래 앉아 있으면 나중에는 이 사실을 인지하지 못하게 된다. 만약 시냅스 안의 수용체단백질이 높은 농도의 신경전달물질 분자에 장시간 노출되면 이 신경세포는 막의 수용체 단백질의 수를 감소시키는데, 이러한 피드백은 세포 활동을 효율적으로 만드는 모든 뉴런의 정상적인 기능이다. 즉, 작업량에 맞추어 작업공장에서 도구의 수(수용체 단백질)를 조정하는 것이다.

코카인. 코카인은 비정상적으로 많은 양의 신경전달물질이 시냅스에 장시간 머무르게 한다. 코카인은 뇌의 쾌감경로(대뇌변연계)에 있는 신경세포들에 영향을 준다. 이 세포들은 도파민을 신경전달물질로 이용하여 쾌감정보를 전달한다. 방사능으로 표지된 코카인 분자를 이용하여 조사해 보면 코카인은 시냅스

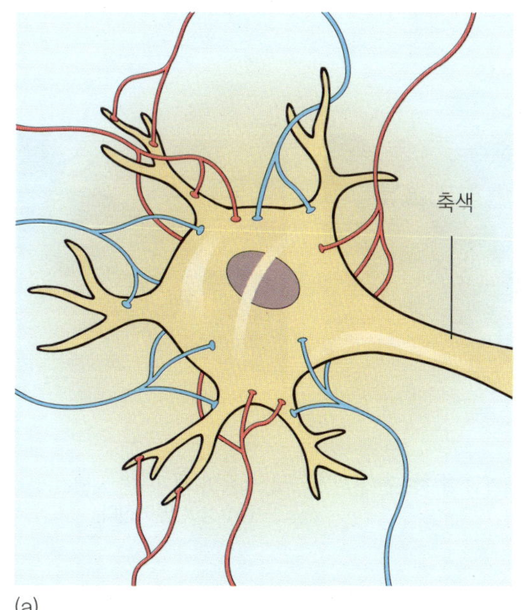

(a)

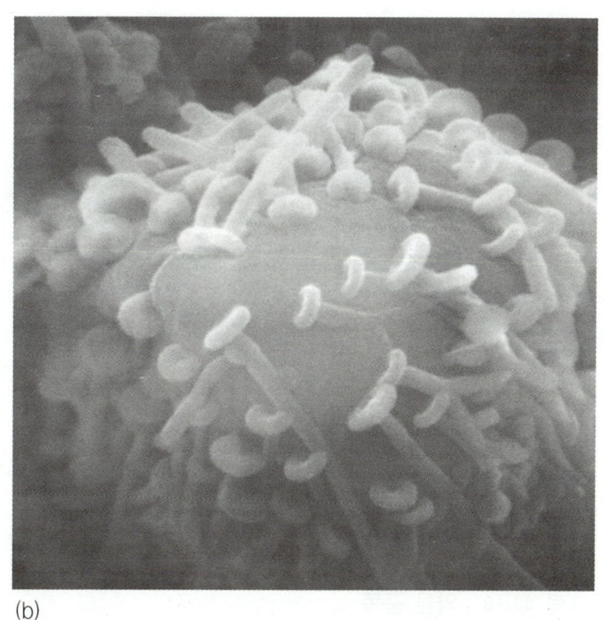

(b)

그림 42.17 | 뉴런의 세포체에서의 EPSP와 IPSP의 통합.
(a) 일부 축색에 의해 만들어지는 시냅스는 흥분성이고(청색), 어떤 축색의 시냅스는 억제성(적색)이다. 이들 들어오는 모든 정보가 합쳐져서 그 영향으로 시냅스후 세포의 축색 막이 활동전위를 만드는 데 필요한 충분한 탈분극이 이루어질지의 여부가 결정된다. (b) 수많은 시냅스를 가지는 신경세포체 사진(15,000×).

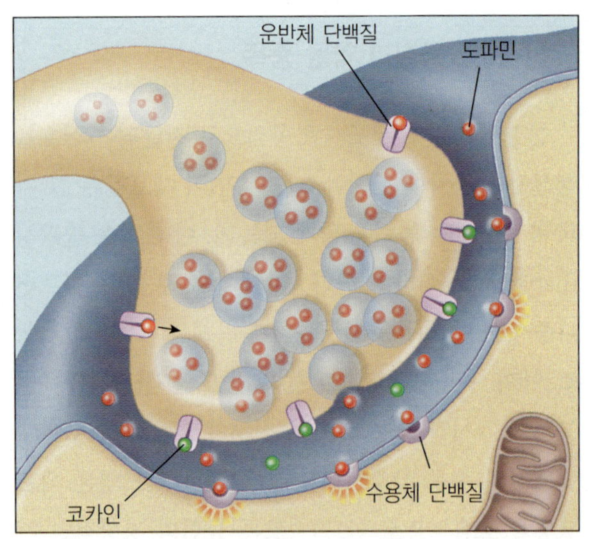

그림 42.18 | 코카인의 작용.
코카인이 도파민 운반체에 결합하면 신경전달물질은 시냅스에 오래 머물면서 계속 시냅스후 세포를 자극하게 된다. 그러므로 코카인은 쾌감을 증진시키게 된다.

전 막의 운반단백질에 단단히 결합한다. 정상적으로는 이 단백질들은 신경전달물질인 도파민을 활동 후에 제거한다. 하지만 운반단백질이 모두 코카인과 결합하여 도파민이 부착할 빈 곳이 없어지므로 도파민은 시냅스간극에 잔류하면서 수용체를 계속 자극하게 된다. 새로운 신호가 도달할 때마다 도파민은 계속 추가되어 쾌감 경로가 더욱 자주 작동된다(그림 42.18).

대뇌변연계의 신경세포에 있는 수용체 단백질이 고농도의 도파민 분자에 장시간 노출되면 신경세포는 수용체 단백질의 수를 낮추어서 신호의 크기를 줄여나간다. 표적의 수를 줄여서 고농도의 도파민 영향을 낮추는 것이다(그림 42.19). 따라서 코카인 이용자는 중독이 되고, 대뇌변연계의 정상적 활동 수준을 유지하기 위해서는 마약이 계속 필요하게 된다.

니코틴도 중독성 물질인가? 연구자들은 코카인의 중독성 연구와 유사하게 니코틴의 중독성도 연구하였다. 즉, 방사능으로 표지된 니코틴을 뇌에 주입하여 니코틴이 어떤 운반단백질에 결합하는지를 조사하였다. 놀랍게도 니코틴은 시냅스전 막의 단백질은 무시하고 시냅스후 세포의 특정 수용체에 직접 결합하였다. 정상적으로는 뇌에 니코틴이 존재하는 것이 아니므로 거기에 왜 수용체가 있는지 의아스럽다.

연구자들은 니코틴 수용체가 신경전달물질 아세틸콜린과 결합하는 수용체의 한 종류라는 것을 알아냈다. 니코틴은 초식 곤충의 중추신경계에 영향을 주므로 담배에서 2차적 화합물로서 진화된 물질이다. 니

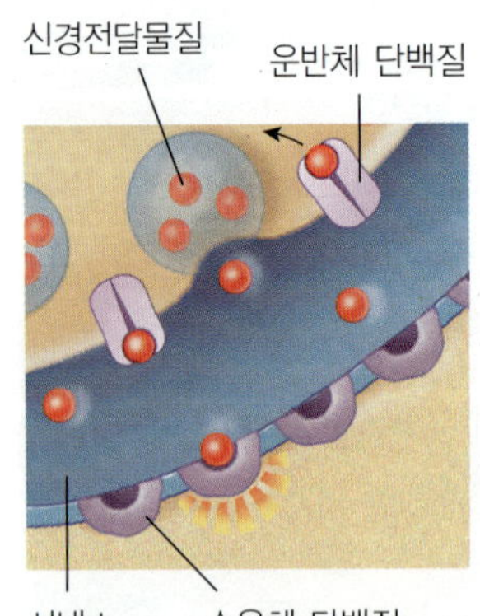

1. 정상적인 시냅스에서 신경전달물질이 재흡수된다.

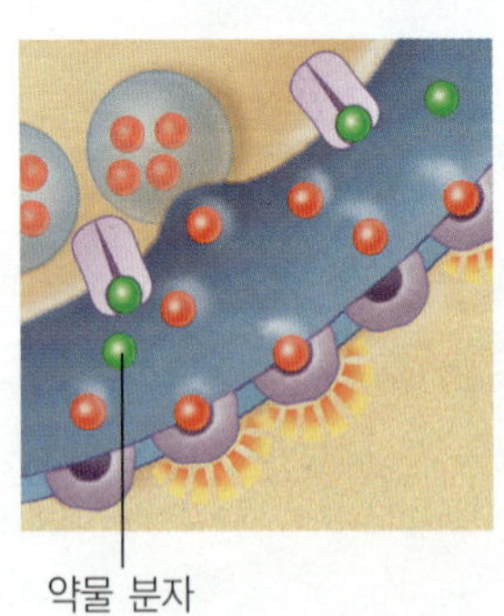

2. 약물분자는 재흡수를 막아서 시냅스후 막의 과도자극을 일으킨다.

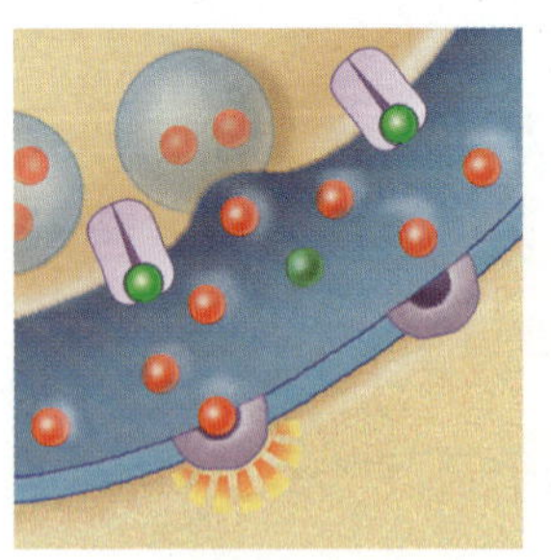

3. 수용체의 수가 감소한다.

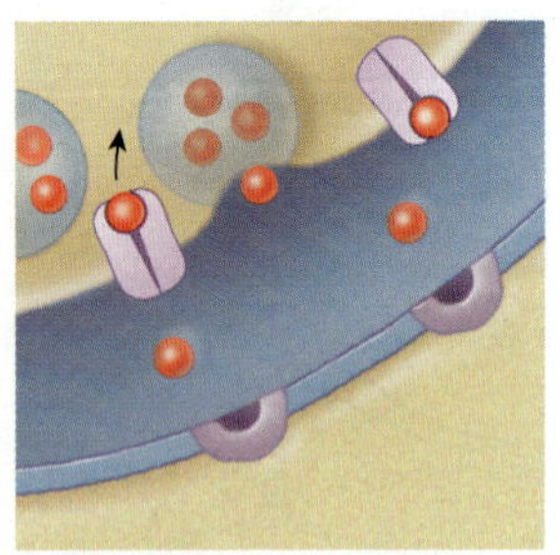

4. 약물이 제거되면 시냅스의 감수성이 떨어진다.

그림 42.19 | 약물 중독.
(1) 정상적인 시냅스에서는 작용 후의 신경전달물질이 운반체 분자에 결합하여 신속히 재흡수된다. (2) 약물 분자가 운반체에 결합하면 신경전달물질의 재흡수가 차단되어 시냅스후 세포는 잔류하는 신경전달물질에 의해 과도하게 자극된다. (3) 중추신경계는 시냅스후 막의 수용체 수를 감소시켜서 이에 대응하는데, 그 결과로 약물 중독이 생긴다. (4) 약물을 제거하면 정상적인 신경전달물질 흡수가 이루어지고 수용체의 수적 감소는 신경 경로를 덜 민감하게 만든다. 그래서 생리적으로 정상 기능이 유지되게 하기 위해서는 약물이 계속 필요하게 된다. 만일 약물이 영원히 제거된다면 신경계는 결국 다시 조정되어 원래 수용체의 수를 회복하게 될 것이다.

코틴이 사람의 일부 아세틸콜린 수용체에 결합할 수 있게 된 것은 자연의 한 가지 우연에 불과하다. 다른 종류의 아세틸콜린 수용체는 니코틴에 반응하지 않는다. 그러면 니코틴 결합 아세틸콜린 수용체의 정상적인 기능은 무엇일까? 이 수용체는 뇌의 가장 중요한 도구 중 하나임이 밝혀졌다. 뇌는 이 수용체를 이용하여 여러 다른 수용체들의 활동을 조정하여 여러 가지 행동의 감수성을 조율한다.

신경생물학자들은 흡연자의 뇌와 비흡연자의 뇌를 비교하여 니코틴 수용체의 수와 수용체를 만드는 RNA의 농도를 변화를 조사하였다. 그 결과, 뇌는 두 가지 방식으로 니코틴의 장기간 노출에 적응하는 것이 발견되었다. 즉, (1) 니코틴이 결합할 수 있는 수용체 단백질의 수를 줄이는 것과, (2) 니코틴 수용체의 활성화(즉 신경전달물질에 대한 감수성) 양상을 변화시키는 것이었다.

후자의 적응이 뇌 활동에 대한 흡연의 심대한 영향이다. 니코틴은 아세틸콜린, 도파민, 세로토닌 등의 여러 가지 신경전달물질이 시냅스간극에 방출되는 양상을 변화시킨다. 그 결과 뇌 안의 여러 가지 신경 경로에서 일어나는 활동 수준을 변화시킨다.

니코틴 중독은 만성적 니코틴 노출이 신경계로 하여금 생리적으로 적응하게 만들 때 생긴다. 뇌는 여러 가지 변화를 일으켜서 니코틴이 만드는 여러 가지 변화에 대응한다. 뇌의 여러 가지 수용체의 수와 감수성에 대한 조정이 이루어져서 활동의 적절한 균형을 유지한다.

금연을 하면 어떻게 될까? 이미 새로 만들어진 조절 체제는 적절한 신경 경로 활동의 균형을 위해서는 니코틴이 필요하게 된다. 이것이 니코틴 중독(addiction)이다.

42.4 중추신경계

척추동물 뇌의 진화

다세포동물 중에서 해면동물에는 신경이 없다. 가장 간단한 신경계는 자포동물에서 볼 수 있는데(그림 42.20), 모든 뉴런이 유사하고 서로 연결되어 그물 모양의 신경망을 이룬다. 이 신경에는 연합활동도 없고 조절 작용도 없다. 가장 간단한 연합 작용이 나타나는 신경계는 편형동물의 신경계이다. 편형동물에서는 몸을 따라 두 개의 신경색이 달리고, 이 신경색에서 말초신경이 근육으로 뻗어나간다. 두 신경색은 몸의 전단에서 수렴하여 확대된 신경조직체를 이루는데, 여기에 뉴런들을 연결시키는 연합뉴런이 있다. 이 신경조직체는 원시적인 뇌로서 이 때문에 자포동물보다는 복잡한 근육 반응의 조절이 가능하다.

지렁이에서는 중추신경계가 말초신경에 의해 몸의 모든 부위와 연결되어 있다. 절지동물에서는 복잡한 반응에 대한 중앙 통제가 신경색의 전단부에서 주로 이루어진다. 이 부위는 진화함에 따라 점차 많은 연합뉴런을 가지게 되었다.

5억 년 전에 살았던 무악어류의 뇌는 척추동물 뇌의 초기 진화 단계를 보여준다. 이 뇌는 비록 크기는 작지만 오늘날의 척추동물 뇌의 특징인 3개 부위로 이루어져 있었는데, 이 3개 부위는 후뇌, 중뇌, 전뇌이다(그림 42.21 및 표 42.3).

후뇌는 오늘날의 어류와 마찬가지로 이 원시 뇌에서 가장 주요 부분을 차지하였다. 소뇌, 뇌교(pons), 연수(medulla oblongata)로 구성된 후뇌는 척수의 연장부로 볼 수 있으며 주로 운동 반사를 조정한다. 척수의 위와 아래로 달리는 많은 축색들이 후뇌로 연결된다. 후뇌는 다시 근육으로부터 오는 감각신호들을 통합하고 운동 반응의 양상을 조정한다.

이와 같은 조정은 대부분은 소뇌(cerebellum)라고 하는 후뇌의 작은 연장 부위에서 이루어진다. 보다 발달된 척추동물에서는 소뇌는 신체운동을 조정하는 중

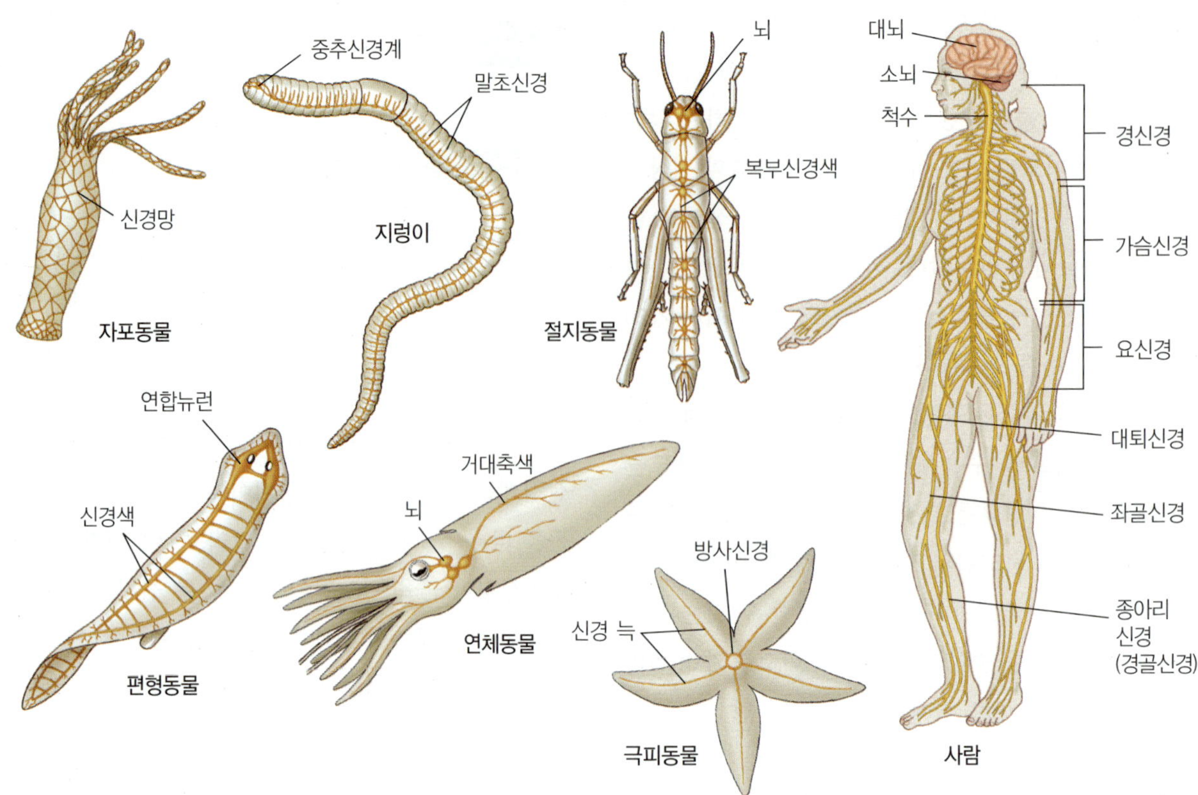

그림 42.20 | 신경계의 진화.
점점 정교하게 체계화되는 신경색을 보여준다. 복잡한 반응이 신경색 전단부로 집중되게 되는데 이 진화 과정을 두부 형성이라 한다.

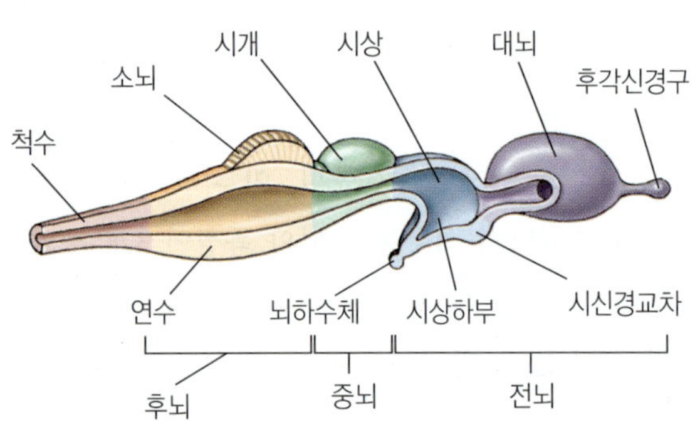

그림 45.21 | 원시 어류에서 볼 수 있는 척추동물 뇌의 기본 구조.
비율은 다르지만 척추동물처럼 원시 어류 뇌는 세 부분으로 나뉘어 있다. 후뇌는 어류 뇌의 가장 큰 부위를 차지하고 있다. 중뇌는 어류에서 주로 시각정보 처리에 관여하고, 전뇌는 후각정보를 처리한다. 육상 척추동물에서 전뇌는 신경정보 처리에서 훨씬 중심적 역할을 하게 된다.

추로서 중요 역할을 하며, 어류에서보다 크기도 커진다. 즉, 팔다리의 움직임과 위치, 해당 근육의 이완과 수축 상태, 몸의 자세 등에 대한 자료를 처리한다. 이 자료들은 소뇌에서 수집되고 종합되어 원심성 경로를 통해 명령이 내려진다.

어류에서는 뇌의 나머지 부분은 감각정보를 인지하고 처리한다. 중뇌는 주로 시엽(optic lobe)으로 구성되는데, 시엽은 시각정보를 받고 처리한다. 이에 반하여 전뇌는 후각정보를 처리한다. 어류의 뇌는 일생 동안 계속 커간다. 이와는 달리 다른 척추동물의 뇌는 어릴 때 뇌의 성장이 멈춘다. 사람의 뇌는 어릴 때 계속 성장하지만, 한번 발생이 정지되면 해마를 제외하고는 새로운 뉴런이 추가되지 않는다. 해마는 장기기억으로 남겨야 할 것과 잊어야 할 것을 조절한다.

전뇌의 발달

양서류부터 시작하여 감각정보의 처리는 전뇌에서 집중적으로 맡기 시작한다. 이 양상은 척추동물 뇌의

표 42.3 중추신경계의 구분	
주요부위	기능
척수	척수반사, 감각정보와 운동정보의 중계
뇌	
후뇌	
연수	감각핵, 망상체활성화계, 자율성 기능
뇌교	망상체 활성화계, 자율성 기능
소뇌	운동의 조정, 균형
중뇌	눈과 귀의 반사
전뇌	
간뇌	
시상	상향감각신경과 하향운동신경의 중계소 자율성 기능
시상하부	자율성 기능, 신경내분비 조절
종뇌 (대뇌)	
대뇌기저핵	운동 조절
뇌량	두 대뇌반구의 연결 및 정보 중계
해마	기억, 정서
대뇌피질	고도의 인식 기능, 감각 정보의 통합 및 해석, 운동명령의 체계화

발달 과정에서 주요 진화적 경향이 되었다(그림 42.22).

파충류, 양서류, 조류, 포유류의 전뇌는 기능이 뚜렷이 다른 두 가지의 요소로 구성되어 있다. 간뇌(diencephalon)는 시상과 시상하부로 구성된다. 시상(thalamus)은 들어오는 감각정보를 통합해서 대뇌로 보내는 중추이다. 시상하부(hypothalamus)는 기본적 본능과 정서에 관여하고 뇌하수체의 분비작용을 조절한다. 종뇌(단뇌)는 전뇌의 앞쪽에 위치하며 주로 연합활동을 관장한다. 포유동물에서는 종뇌를 대뇌(cerebrum)라고 한다.

대뇌의 확대

척추동물의 몸과 뇌의 크기 비율은 동물의 종류마다 크게 다르며, 포유동물의 뇌는 몸의 크기에 비하여 상대적으로 매우 큰 것을 알 수 있다. 사람의 뇌 무게는 약 1.4kg이다. 포유동물의 뇌 크기 증가는 주로 대뇌의 확대 때문이다. 포유동물의 대뇌는 연관, 연합, 학습의 중추이다. 대뇌는 시상에서 감각 자료를 받아 척수에 운동명령을 전달한다.

척추동물에서 중추신경계는 뇌와 척수로 구성된다(표 42.3). 이 두 부위는 대부분의 정보 처리가 이루어지는 곳으로서 주로 연합뉴런과 신경교로 이루어져 있다. 상향신경이 감각정보를 뇌로 전달하고, 하향신경에 의해 뇌로부터 신경충격이 척수의 운동뉴런과 연합뉴런에 전달되어 몸근육운동을 조절한다.

사람의 전뇌

사람의 대뇌는 매우 커서 뇌의 나머지 부분을 덮고 있는 것처럼 보인다. 대뇌는 좌우의 대뇌반구로 나뉘어 있으며, 이 두 반구는 뇌량(corpus callosum)으로 연결되어 있다(그림 42.23). 대뇌반구는 다시 전두엽(frontal lobes), 두정엽(parietal lobes), 측두엽(temporal lobes), 후두엽(occipital lobes)으로 구분된다.

각 대뇌반구는 몸의 반대쪽으로부터 감각 입력을 받고 그 쪽의 운동을 조절한다. 가령 오른쪽 손을 만지면 왼쪽 대뇌반구가 이를 인지하고, 오른쪽 손의 움직임을 지시한다. 뇌졸중으로 한쪽 대뇌반구가 손상되면 이의 반대쪽 반신에서 마비가 일어난다.

대뇌피질

대뇌 활동의 대부분은 표면에서 불과 수mm 두께 층인 회백질에서 일어나는데, 이 얇은 회백질 층을 대뇌피질(cerebral cortex)이라고 한다. 대뇌피질에는 신경세포가 조밀하게 들어차 있다. 사람에서 대뇌피질에는 100억 개 이상의 신경세포가 있으며, 이는 뇌 전체 뉴런의 약 10%에 해당된다. 대뇌피질 표면은 고도의 굴곡을 나타내는데, 사람에서 특히 심하며, 이러

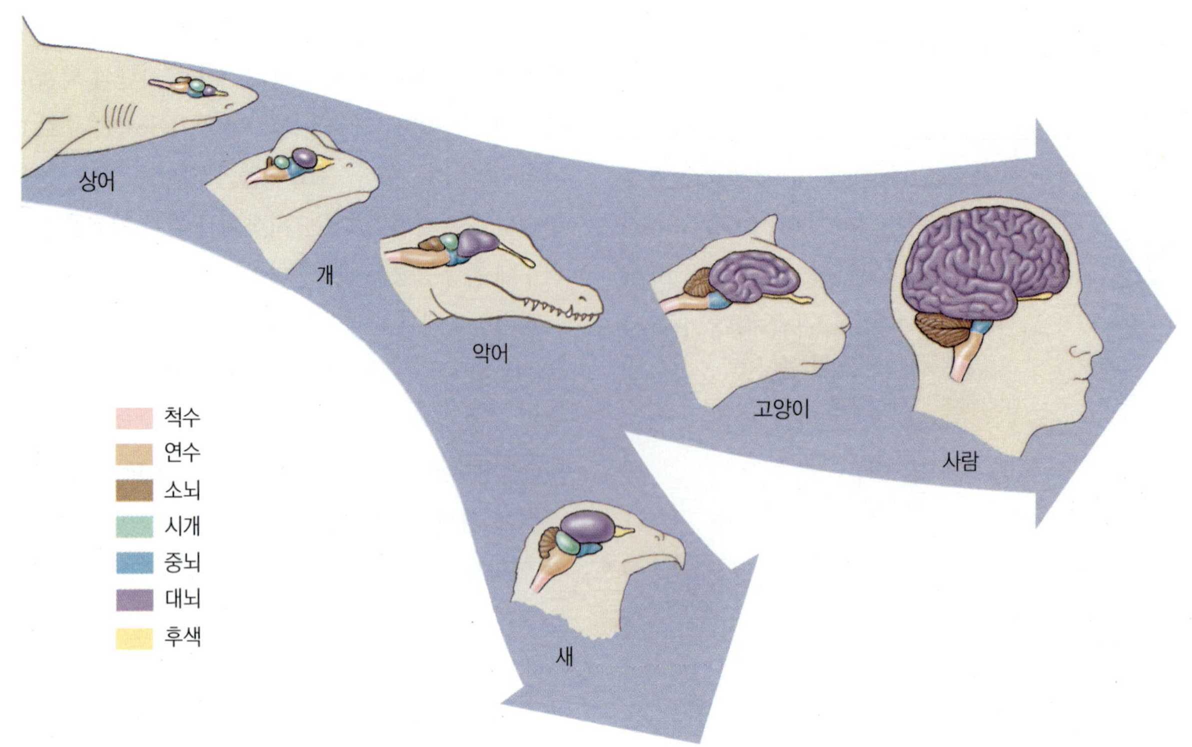

그림 42.22 | 척추동물 뇌의 진화.
척추동물의 진화에 따른 뇌의 각 부위의 상대적 크기 변화를 보여준다. 상어와 다른 어류에서는 후뇌가 우세하며 뇌의 나머지 부위는 주로 감각정보의 처리에 관여한다. 양서류와 파충류에서는 전뇌가 훨씬 크게 발달하고 있으며, 연합행동을 관장하는 대뇌도 크기가 더 크다. 파충류에서 진화한 조류에서 대뇌 발달은 더욱 뚜렷하다. 포유류에서 대뇌는 시개를 덮고 있고, 뇌의 가장 큰 부위를 차지한다. 대뇌 발달은 인간에서 가장 두드러지며, 나머지 뇌의 대부분을 둘러싸고 있다.

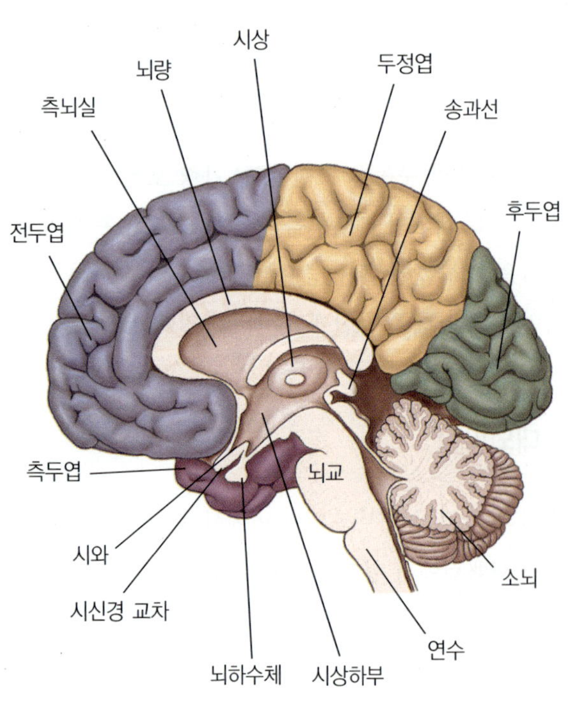

그림 42.23 | 사람의 뇌 단면.
두개의 뇌 반구를 연결시키는 섬유 다발인 뇌량이 뚜렷이 보인다.

한 굴곡은 피질의 표면적을 3배로 증가시킨다.

대뇌피질의 활동은 운동, 감각, 연활동 중의 하나이며, 각 부위는 특정 기능을 담당한다(그림 42.24). 주요 운동 피질은 전두엽(frontal lobes)의 뒤쪽 부위(중심구 바로 앞)에 있다. 이 표면의 각 지점은 몸의 특정 부위의 운동과 연관되어 있다(그림 42.25 오른쪽). 중심구 바로 뒤쪽에 있는 두정엽의 앞 쪽 끝에는 주요 체감각 피질이 놓여 있다. 이 부위의 각 지점은 몸 특정 부위의 피부와 근육에서 오는 감각뉴런으로부터 정보를 받는다(그림 42.25 왼쪽). 이들 주요 운동피질과 주요 체감각 피질의 넓은 부위가 손놀림과 언어활동에 필요한 손가락, 입술, 혀를 관장한다. 청각 피질은 측두엽 안에 있으며, 이 피질의 서로 다른 부위는 서로 다른 음역을 관장한다. 시각 피질은 후두엽 안에 있고 각 부위는 망막의 각 부분에서 오는 정보를 처리한다.

이들 운동 피질이나 감각 피질이 있지 않은 대뇌피

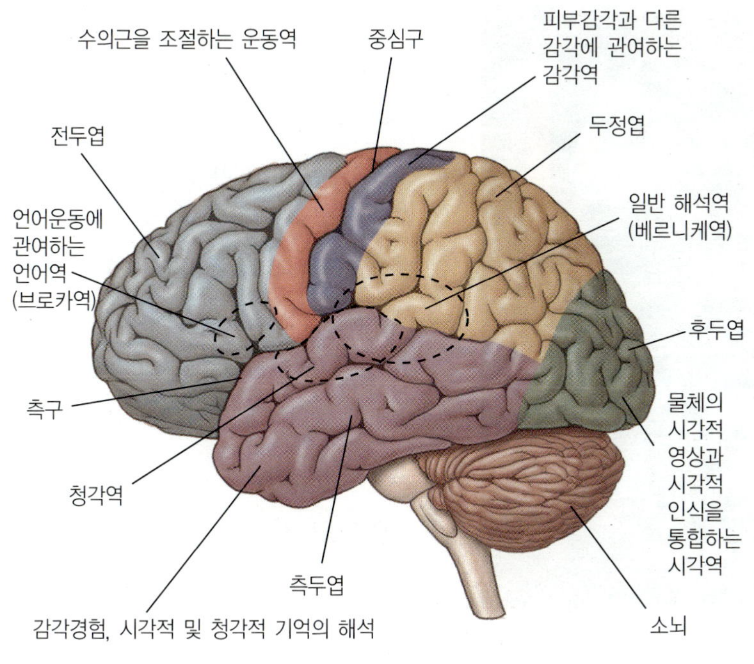

그림 42.24 | 대뇌의 부위와 기능.

질 부위는 연합피질(association cortex)이라고 한다. 연합피질은 고도의 정신적 활동을 담당하며 사람에서 매우 커서 대뇌피질 표면의 95%를 차지한다.

대뇌기저핵

대뇌의 백질부 안에 회백질의 섬이 깊이 묻혀 있는데, 이는 일부 세포체들과 이의 수상돌기들이 몇 개의 집단을 이루어 모여 있는 곳이다. 이 뉴런세포체 집단들을 모두 합하여 대뇌기저핵(basal ganglia)라고 하는데, 상향 신경으로부터 오는 감각정보와 대뇌피질이나 소뇌로부터 나가는 운동 명령을 받는 곳이다. 대

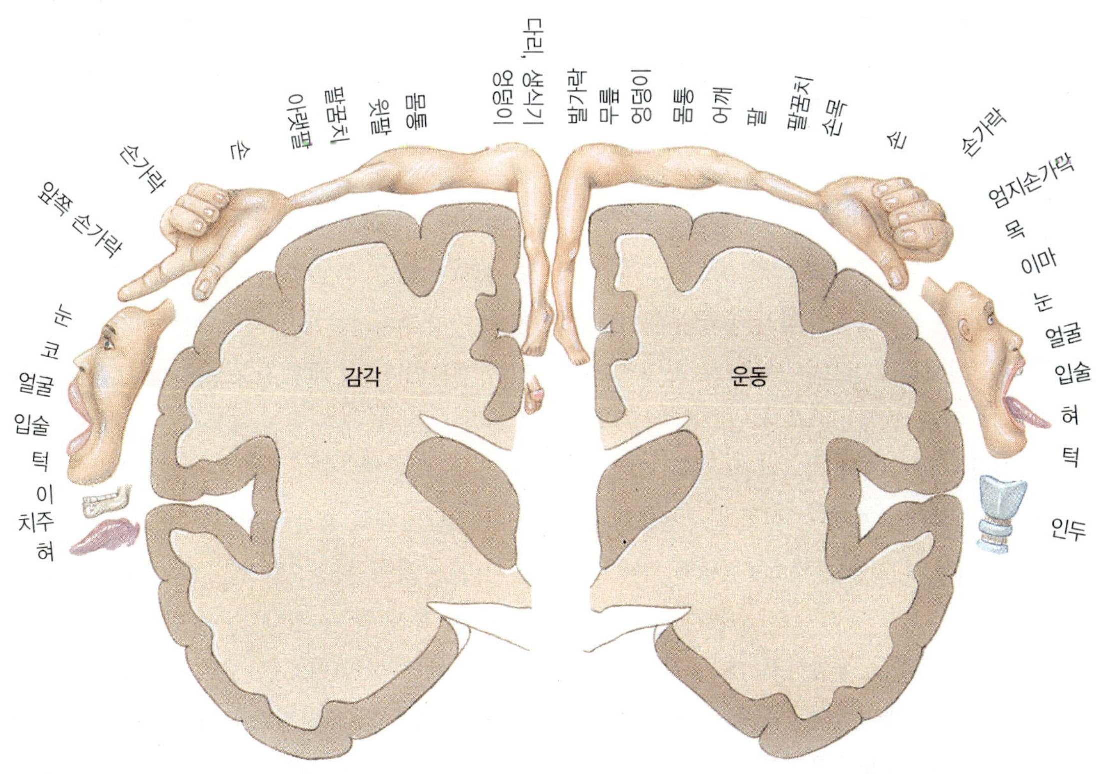

그림 42.25 | 1차 몸감각 피질(왼쪽)과 1차 운동 피질(오른쪽).
대뇌피질의 각 부위가 신체 각 부위와 연관되어 있다. 그들의 감각과 조절에 관여하는 대뇌피질 부위의 크기에 비례해 신체 부위가 그려져 있다. 예로 손의 감각과 운동 조절 부위는 넓은 부분을 차지하고 있다. 그러나 인두의 운동 조절 부위는 넓으나 감각에 관여하는 부위는 미미하다

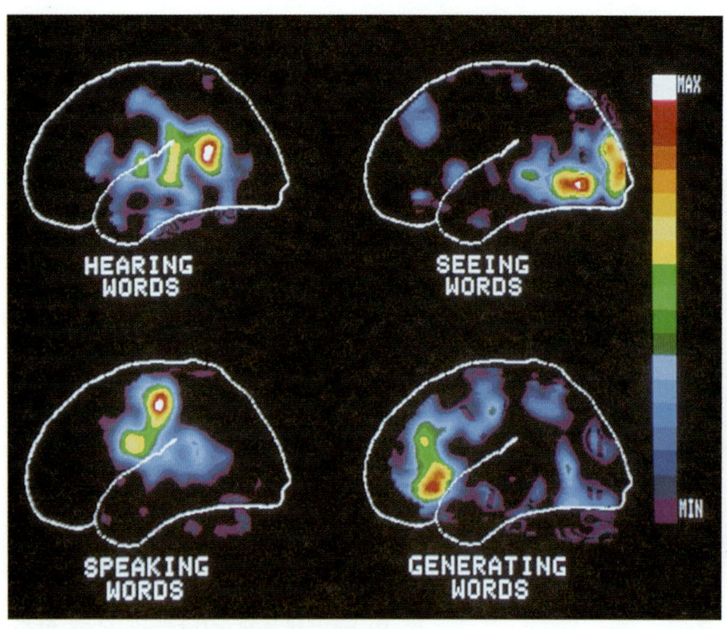

그림 42.26 | 여러 가지 언어활동을 조절하는 뇌의 부위들.
같은 단어를 듣고, 말없이 읽고, 큰 소리로 반복하고 또 먼저 것과 관계된 단어를 말할 때 뇌가 어떻게 반응하는가를 보여준다. 흰색, 붉은색, 노란색 부위는 활성이 가장 큰 부위이다.

뇌기저핵에서 나온 명령은 척수로 보내진 다음, 이곳에서 몸의 운동 조절에 가담한다. 대뇌기저핵의 특정 부위가 손상되면 파킨슨병의 특징인 근육 떨림이 생긴다.

시상과 시상하부

시상(thalamus)은 뇌의 1차적 감각 통합 부위이다. 시각적, 청각적, 신체감각 정보는 시상으로 보내지고, 시상에서 감각신경은 연합뉴런과 시냅스를 이룬다. 감각정보는 시상을 경유하여 대뇌피질의 후두엽, 측두엽, 두정엽으로 각각 중계된다. 이들 감각정보들은 시상 안의 각각 서로 다른 뉴런 세포체집단에 의해 다루어진다.

시상하부는 내장 활동을 통합하고, 체온, 배고픔과 포만감, 갈증, 그리고 대뇌변연계와 함께 여러 가지 정서 상태를 조절하는 데 도움을 준다. 시상하부는 또 뇌하수체를 통제하고, 뇌하수체는 여러 내분비선을 조절한다. 대뇌피질과도 연결되어 있고 뇌간의 여러 조절중추들과도 연결되어 있는 뇌하수체는 여러 가지 체내 자극과 감정에 대하여 신경적, 내분비적 반응을 조정하는 데 도움을 준다.

해마(hippocampus)와 편도체(amygdala)는 시상하부와 함께 대뇌변연계(limbic system)의 주요 구성 부분으로서, 정서적 반응에 관여하는 부위이다. 해마는 또 기억의 형성에도 중요한 부위라고 추정되고 있다.

언어와 기타 기능

각성과 수면. 뇌간에는 망상체(reticular formation)라는 뉴런 집단이 있다. 망상체의 한 부분인 망상체활성화계는 의식(지각)과 경계반응을 조절한다. 모든 감각 경로는 이 계로 들어가서 뇌로 오는 정보가 조사되고 중요한 자극이 구별된다. 망상체활성화계가 자극을 받아 각성되면 뇌의 여러 부위의 활동 수준이 증가된다. 망상체로부터 피질이나 뇌의 다른 부위로 가는 신경 경로는 마취제에 의해 억제될 수 있다.

망상체활성화계는 수면과 깨어 있는 상태 모두를 조절한다. 밝은 곳보다 어두운 곳에서 잠들기가 쉬운 것은 망상체활성화계를 자극하는 시각 자극이 거의 없기 때문이다. 이 계의 활동성은 세로토닌에 의해 감소된다. 세로토닌은 뇌의 활동성을 떨어뜨려 잠들게 한다.

수면은 지각의 상실이 아니라 오히려 활동적인 과정이라는 것이 뇌전도(EEG : electroencephalogram)를 통해 알 수 있다. 눈을 감은 채 쉬고 있으나 깨어 있는 사람의 EEG는 주로 8~13헤르츠(초당 주파수)의 크고 느린 파장으로 구성되는데, 이 파장을 알파파(alpha wave)라고 한다. 눈을 뜨고 경계하고 있을 때는 EEG 파장은 더 빠르고(13~30헤르츠의 베타파) 동시화되지 않은 더 여러 파장으로 나타나는데, 이는 여러 가지 감각 입력이 접수, 처리, 해석되기 때문이다.

세타파(theta waves)(4~7헤르츠)와 델타파(delta waves)(0.5~4 헤르츠)는 여러 가지 수면 단계에 보인다. 잠들기 시작하면서 처음 나타나는 EEG 변화는 파장의 완만화와 전체적 크기의 감소이다. 이 느린 파장의 수면은 여러 단계가 있지만 일반적 특징으로는 각성도, 골격근의 긴장도, 심장박동 속도, 혈압, 호흡 속도의 감소이다. REM(rapid eye movement) 수면시에는 EEG가 쉬고 있으나 깨어 있는 사람의 것과 비슷하고 심장박동 속도, 혈압, 호흡 속도는 모두 상승된 상태이다. 역설적으로 REM 수면 상태에 있는 사람은 깨우기는 어려우나 스스로 갑자기 잠에서 깨어나곤 한다. REM 수면시에 꿈을 꾸게 되는데 빠른 눈의 움직임은 깨어 있을 때의 눈의 추적 움직임과 유사하므로 꿈꾸는 사람은 꿈을 "관찰"한다는 것을 암시한다.

언어와 공간 인지. 두 대뇌반구는 구조적으로 비슷하지만 서로 다른 활동을 담당한다. 가장 잘 연구된 기능의 측면화의 예는 언어이다. 좌측 대뇌반구는 오른손잡이 사람 중 90%에서 그리고 왼손잡이 사람 중 2/3에서 우세적 언어 반구이다(우세적이라는 말은 대부분의 언어에 관련된 신경활동이 수행되는 대뇌반구를 말한다). 그 중 여러 다른 부위가 언어 조절을 한다(그림 42.26). 두정엽에 있는 베르니케역(그림 42.24)은 언어 이해와 사고를 말로 표현하는 데 중요하다. 얼굴운동 조절 피질 근처의 브로카역은 언어 소통에 필요한 운동 명령을 만드는 데 관여한다. 이 부위가 손상되면 실어증을 일으킨다. 베르니케역이 손상된 사람은 말은 빠르고 잘하지만, 그 의미가 없이 단어들을 마구 쏟아낸다.

언어의 우세 대뇌반구는 문장 형성에 필요한 것과 같이 연속적인 논리에 숙련되어 있으며 비우세적 대뇌반구는(대부분의 사람에서 우측 대뇌반구) 그림을 그리거나 퍼즐을 맞출 때 필요한 지각과 같은 공간적 논리에 숙련되어 있다.

기억과 학습. 뇌와 관련된 가장 큰 미스터리는 기억과 학습의 본질이다. 기억은 뇌의 어느 한 부분이 전담하지 않는다. 기억 중에서 단기기억과 장기기억은 근본적으로 차이난다. 짧은 시간 동안만 지속되는 단기기억은 전기 쇼크를 가하면 쉽사리 지워지지만, 이때 장기기억은 그대로 남는다. 따라서 단기기억은 일시적 신경 흥분의 형태로 전기적으로 저장된다는 것을 알려준다. 이와는 달리 장기기억은 뇌의 일부 신경 연결이 구조적으로 변화하여 형성된다. 측두엽의 두 부위인 해마와 편도체는 단기기억과 이를 장기기억으로 통합하는 데 관여한다. 이 부위들이 손상되면 최근의 사건을 장기기억으로 저장하지 못한다.

짧은 기간 동안에 집중적으로 이용되는 시냅스는 그 후에 또 이용될 때 더 효과적인 시냅스 전달을 한다. 이 현상을 장기강화(LTP, long-term potentiation)라고 한다. LTP 동안에 시냅스전 뉴런은 활동전위가 있을 때마다 신경전달물질을 더 많이 방출하고, 시냅스후 뉴런은 신경전달물질에 대한 민감성이 커진다. 이와 같은 시냅스 전달의 변화가 기억 저장과 연관되어 있을 것으로 추정되고 있다.

척수

척수는 뇌에서 척추를 따라 내려가는 일종의 신경 케이블이다(그림 42.27). 척수는 뇌척수막(meninges)으로 싸여 있고 다시 척주에 의해 둘러싸이고 보호받는다. 척수의 안쪽에는 두 구역이 있는데, 안쪽 구역은 회백질로서 주로 연결뉴런, 운동뉴런, 신경교세포의 세포체로 이루어져 있다. 바깥쪽 구역은 백질로서 축색의 케이블이 분포되어 있는데 등쪽 척주에는 감각 축색이, 그리고 복부 쪽 척주에는 운동축색이 달리고 있다. 여기에는 다른 신경세포의 수상돌기도 들어있다. 몸과 뇌로부터 오는 정보는 척수의 위아래로 달리므로 척수는 몸의 정보 고속도로라고 할 수 있다.

척수는 정보를 중계하는 일 외에, 근육의 갑작스런 불수의적 운동인 반사를 수행한다. 반사란 자극에 대한 신속한 운동 반응으로서, 감각뉴런이 정보를 척수에서 운동뉴런에 직접 전달하기 때문에 생긴다. 눈에

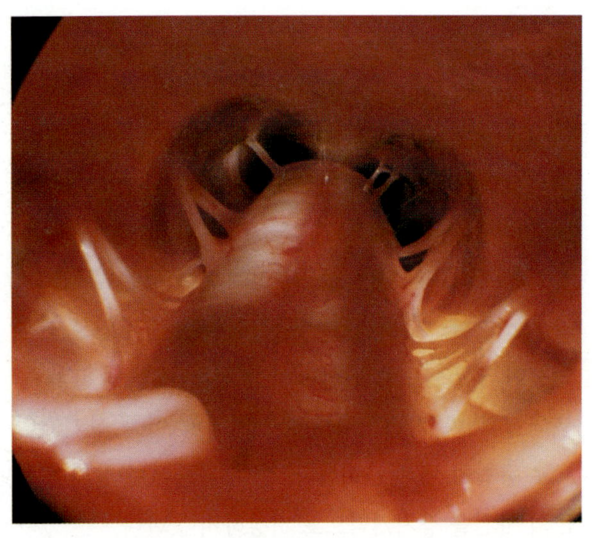

그림 42.27 | 사람의 척수.
척수로부터 쌍으로 된 척수신경이 뻗어나가는 것을 볼 수 있다. 척수신경과 뇌신경을 통해 중추신경계는 신체 나머지 부위와 소통을 하게 된다.

이물질이 접근하면 순간적으로 눈을 감는 것도 일종의 반사로서, 이 반사는 눈을 보호한다. 눈이 위험하다는 것을 대뇌가 인지하기 전에 반사가 일어나는 것이다. 많은 반사가 뇌에 전혀 도달하지 않고, 신경충격은 척수에서 바로 돌아가 운동반응을 나타낸다. 따라서, 반사는 매우 빠르게 일어난다. 무릎반사(그림 42.28)는 단일 시냅스 반사궁이다. 감각신경계세포는 척수에서 운동뉴런과 직접 시냅스를 만들고 운동뉴런의 축색은 바로 근육으로 뻗어 있다. 이 무릎반사는 근육신장반사(muscle stretch reflex)의 예도 되는데, 슬개골 인대를 고무봉으로 톡톡치면 근육이 잠깐 신장한다. 이때 근육 속에 파묻혀 있는 근육방추장치(muscle spindle apparatus)도 신장된다. 방추체의 신장은 감각뉴런은 활성화시키고, 척수에서 감각뉴런과 직접 시냅스를 이루고 있는 체성운동뉴런을 통해 활성전위가 골격근섬유로 전달되어 근육이 수축된다. 이 반사는 반사궁 내의 하나의 시냅스만이 관여되므로 척추동물 몸에서 가장 단순한 반사이다.

그러나 대부분의 반사는 감각뉴런과 운동뉴런 사이에 하나의 연결뉴런이 관여한다. 손에 뜨거운 물체가

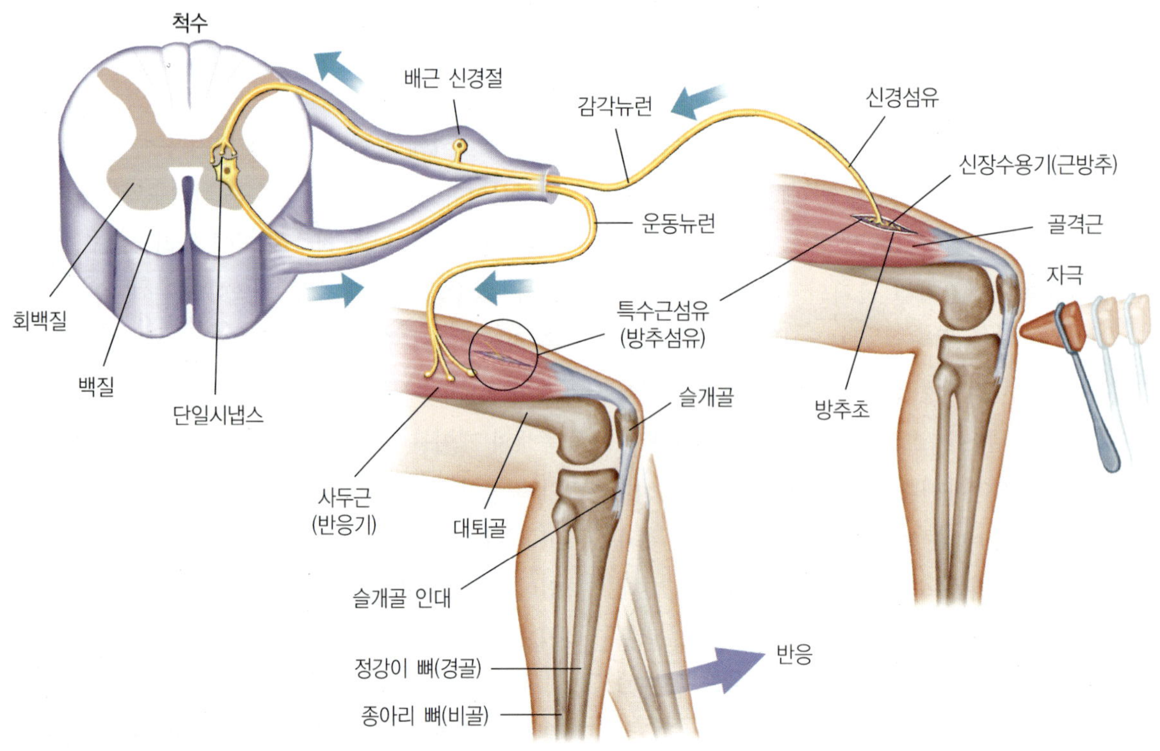

그림 42.28 | 무릎반사.
이는 가장 간단한 반사로서 감각뉴런과 운동뉴런만이 관여한다.

닿으면 얼른 손을 움츠리는 행동은 연결뉴런이 관여하는 반사이다.

42.5 말초신경계

말초신경계의 구성 요소

말초신경계는 신경과 신경절로 이루어진다. 신경은 케이블 모양의 축색 집단으로서(그림 42.29), 그 속에는 보통 감각뉴런과 운동뉴런이 들어 있다. 신경절은 중추신경계 밖의 뉴런의 세포체들이 모인 부위이다.

척수신경은 그 기부에서 감각신경과 운동신경으로 갈라져 나온다. 감각뉴런의 축색들은 척수의 등쪽 표면으로 들어가서 척수신경의 **배근**(dorsal root)을 이루고, 운동신경은 척수의 복부 쪽 표면에서 나와 척수신경의 **복근**(ventral root)을 이룬다. 감각뉴런들의 세포체는 각 단계의 척수 밖에서 함께 모여 **배근신경절**(dorsal root ganglia)을 이룬다. 반면, 체성운동뉴런들의 세포체는 척수 안에 들어있으므로 신경절을 이루지 않는다.

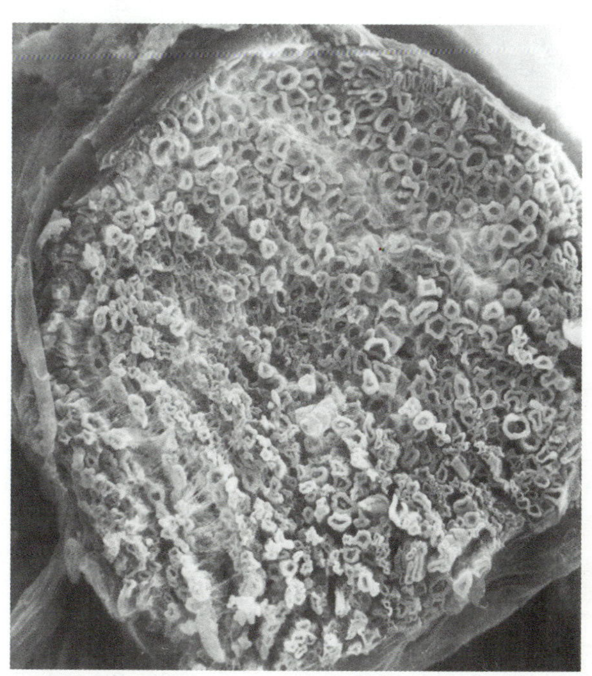

그림 42.29 | 말초신경계의 신경들.
개구리 신경의 횡단면이다(1600×). 신경은 축색 다발로서 결합조직으로 묶여 있다. 도넛처럼 보이는 많은 미엘린화된 축색이 보인다.

표 42.4 체성신경계와 자율신경계의 비교

특징	체성신경계	자율신경계
반응기	골격근	심근, 평활근, 위장관, 혈관, 기도, 외분비선
운동신경에 대한 영향	흥분	흥분 또는 억제
반응기세포의 신경 분포	항상 1개	2개
반응기까지의 뉴런의 수	1개	2개
신경전달물질	아세틸콜린	아세틸콜린, 노르에피네프린

체성운동뉴런은 골격근을 자극하여 수축시키고 자율 운동뉴런은 평활근, 심근, 샘과 같은 불수의적 반응기에 뻗어 있다(표 42.4). 골격근의 의식적 조절은 대뇌에서 나와 척수로 가는 축색의 활성화에 의해 이루어진다. 이 하향 축색의 일부는 척수의 운동뉴런을 직접 자극하는 반면, 어떤 축색은 연결뉴런을 활성화 시켜서 이 연결뉴런이 척수의 운동뉴런을 자극하게 한다. 그러나 특정 근육이 자극되어 수축할 때 이의 길항근은 억제되어야 한다. 예로 팔을 구부리기위해 굴근이 자극을 받는 동안 길항적인 신근은 억제되어야 한다. 하향 운동 축색은 길항근에 뻗어 있는 척수 운동뉴런의 과분극을 일으켜서 억제작용을 한다.

자율신경계

자율신경계는 교감신경과 부교감신경, 그리고 이 신경계를 조정하는 연수로 구성된다. 교감신경과 부교감신경은 서로 다르지만 몇 가지 특징을 공유한다.

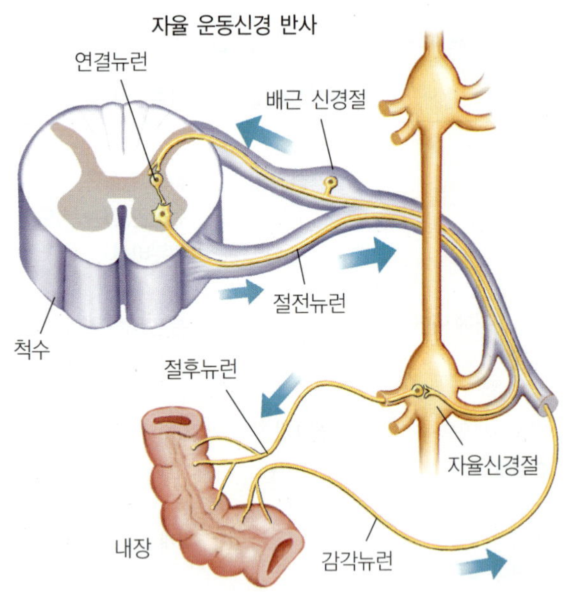

그림 42.30 | 자율신경 경로.
원심성 경로에는 두 개의 운동뉴런이 있다. 그 중 첫째 뉴런은 절전뉴런으로서 CNS에서 나와 자율신경절에서 시냅스를 이룬다. 둘째 뉴런은 절후뉴런으로서 신경절에서 나와 내장의 반응기(평활근, 심근, 분비샘)를 조절한다.

이 두 가지 신경에서 원심성 운동 경로는 2개의 뉴런으로 구성되는데, 첫 번째 뉴런의 세포체는 CNS에 있고 자율신경절로 축색을 뻗는다. 반면, 두 번째 뉴런의 세포체는 자율신경절에 있고 축색은 평활근, 심근 또는 선세포와 시냅스를 이룬다(그림 42.30). 첫 번째 뉴런을 절전뉴런(preganglionic neuron)이라고 하고 시냅스에서 항상 아세틸콜린을 방출한다. 두 번째 뉴런을 절후뉴런(postganglionic neuron)이라고 한다. 부교감신경의 절후뉴런은 시냅스에서 아세틸콜린을 방출하고, 교감신경의 절후뉴런은 노르에피네프린을 방출한다.

교감신경에서 절전뉴런은 척수의 흉부와 요추부에서 나온다(그림 42.31 왼쪽). 이 뉴런들의 축색들 대부분은 척수 바로 밖에 두 줄로 평행으로 달리고 있는 신경절에서 시냅스를 이룬다. 이 구조를 보통 교감신경절 연쇄(sympathetic chain of ganglia)라고 한다. 교감신경절 연쇄에는 절후뉴런의 세포체들이 있고, 여기에서 나오는 축색들은 여러 내장기관으로 뻗는다. 그러나 이 일반적 양상에서 벗어나는 예외들이 있다. 가장 중요한 예외는 일부 절전 교감 뉴런의 축색은 교감신경절에서 시냅스를 이루지 않고 교감신경절을 지

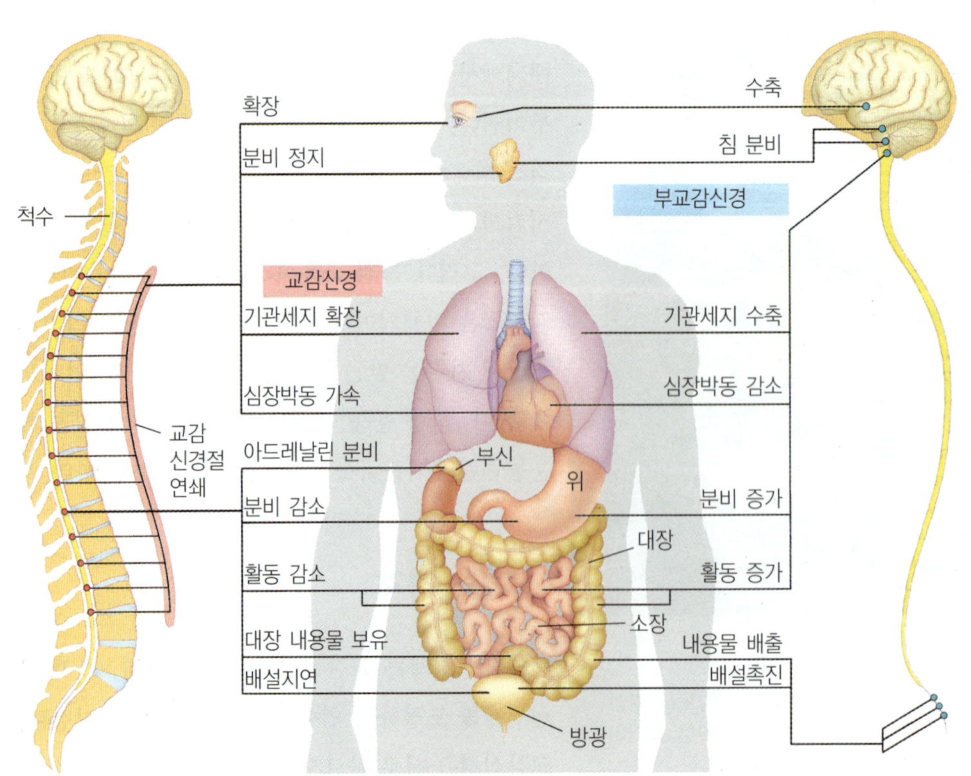

그림 42.31 | 자율신경계의 교감신경과 부교감신경.
교감신경의 절전뉴런은 척수의 흉부와 요추부에서 나오고, 부교감신경의 절전뉴런은 뇌와 척수의 천골부위에서 나온다. 교감신경의 신경절은 척수 가까이 위치하고 있는 반면, 부교감신경의 신경절은 작용하는 기관 가까이 위치하고 있다. 대부분의 내부기관들은 두 신경 모두의 지배를 받는다.

표 45.5 교감신경과 표적 조직		
표적 조직	**교감신경의 자극**	**부교감신경의 자극**
눈의 동공	확장	수축
샘		
침샘	혈관수축, 분비 감소	혈관확장, 분비 증가
위샘	분비 억제	위 활동 자극
간	포도당 분비 자극	포도당 분비 억제
땀샘	땀 분비	없음
위장관		
괄약근	강해짐	약해짐
소화관벽	운동성 감소	운동성 증가
쓸개	이완	수축
방광		
근육	이완	수축
괄약근	수축	이완
심근	박동 및 강도 증가	박동 감소
폐	기관세지 확장	기관세지 수축
혈관		
근육에서	확장	없음
피부에서	수축	없음
내장에서	수축	확장

그림 42.32 | 교감신경의 작용.
몸이 싸우거나 도망칠 준비를 하도록 교감신경이 활성화되고, 여러 신체기관과 샘, 그리고 신체작용에서 변화가 일어난다.

방출되고, 절후신경의 시냅스에서는 노르에피네프린이 방출된다. 에피네프린과 노르에피네프린은 몸으로 하여금 싸우거나 도망칠 준비를 하게 만들며(그림 42.32), 생리적 반응으로서 빠르고 강한 심장박동, 혈당 농도 증가, 근육과 심장으로의 혈류 증가, 기관세지 확장 등을 일으킨다(표 42.5).

이와 같은 반응들은 부교감신경에 의한 반응과는 길항적이다.

부교감신경의 절전뉴런은 뇌와

나쳐서 부신에서 끝난다. 부신은 바깥쪽의 피질과 안쪽의 수질로 구성된다. 부신수질은 교감신경과 연결되고 이에 반응하여 에피네프린(아드레날린)을 분비한다.

교감신경이 활성화되면 혈액 안으로 에피네프린이

척수의 천골 부위에서 나오기 때문에(그림 42.31 오른쪽), 부교감신경은 교감신경절 연쇄 같은 구조를 이루지 않고 그 대신 절전 축색(이 중 다수는 미주신경 안으로 달린다)이 내부 기관 부근이나 그 안에 있는 신경절에서 끝난다. 그런 다음 절후뉴런이 시냅스에서

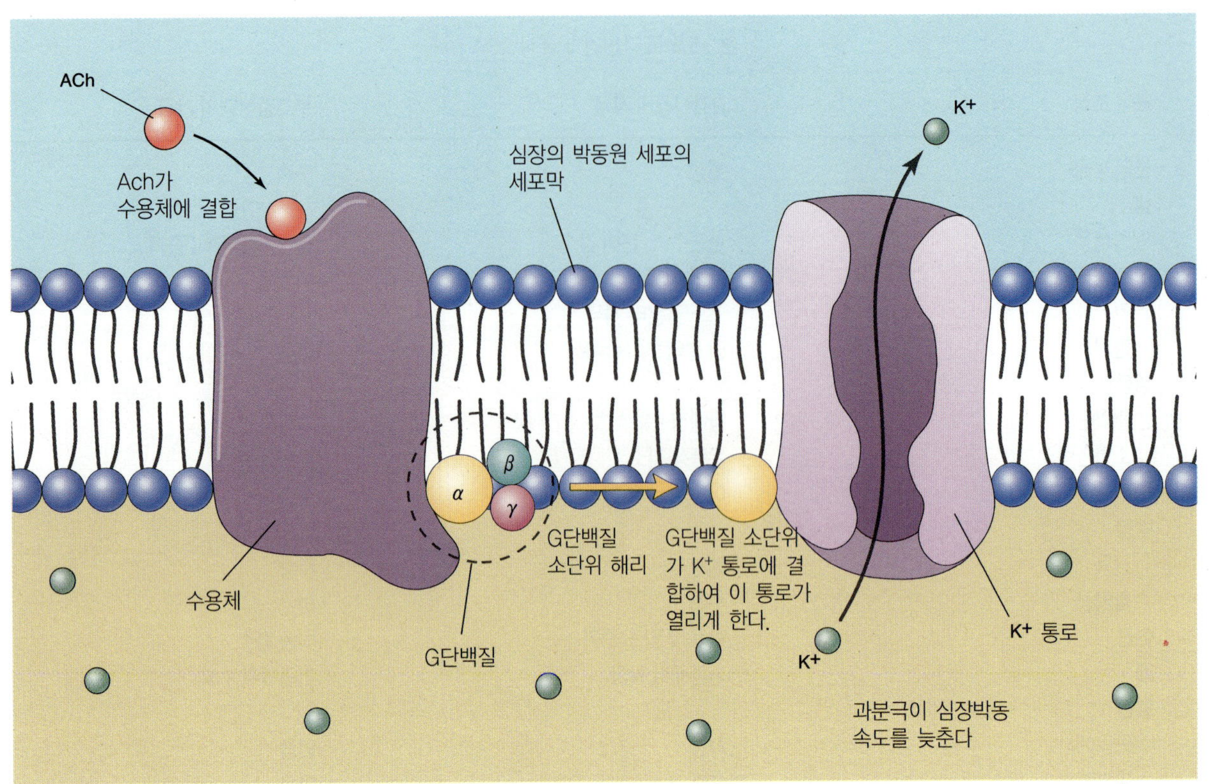

그림 42.33 | **부교감신경의 ACh 작용에 필요한 G단백질의 활동.**
ACh가 이의 수용체에 결합하면 G단백질 복합체의 해리가 일어나고 일부 요소가 방출된 다음 막 안에서 이동하여 이온통로를 이루는 다른 단백질에 결합한다. 그림은 심장에서의 ACH의 영향을 나타낸 것으로서, 심장에서 G단백질 요소들은 칼륨통로를 열리게 하여 칼륨이 밖으로 확산되어 과분극이 일어나게 함으로써 심장박동이 느려진다.

아세틸콜린을 방출하여 내부기관을 조절한다. 부교감신경은 심장박동을 느리게 하고, 소화기관의 분비작용과 활동을 증가시킨다.

G단백질이 자율신경에 세포 반응을 중개한다.

어떻게 ACh가 다른 곳에서 홍분 효과를 나타낼 때 심장에서는 심장박동 속도 완화라는 억제 효과를 나타낼 수 있을까? 심장박동원 세포에서의 이 억제 효과는 ACh가 칼륨통로를 열리게 하여 칼륨이 밖으로 빠져나가고 세포가 과분극되기 때문에 일어난다. 이러한 부교감신경에서 ACh 영향은 G단백질(G proteins)이라는 막 단백질 집단을 이용하여 간접적으로 만들어진다. 이온통로는 ACh의 수용체 단백질로부터 좀 떨어져 있으므로 G단백질은 이들 사이의 연결 고리의 역할을 하기 위해 필요하다.

G단백질에는 α, β, γ의 세 가지 소단위가 있으며 함께 결합되어 ACh의 수용체 단백질에 부착되어 있다. 부교감신경 말단에서 ACh가 방출되어 수용체에 결합하면 G단백질 소단위들은 해리된다(그림 42.33). G단백질의 특정 요소가 막 안에서 K^+통로로 이동하여 이 K^+통로가 열리게 하여 과분극을 만들고 따라서 심장이 느려지게 한다. 다른 기관에서는 G단백질은 이와 달리 홍분 효과가 일어나도록 한다. 가령 위로 뻗은 부교감신경은 위액 분비와 위 수축을 증진시킨다.

교감신경의 영향에도 G단백질이 관여한다. 교감신경 말단에서 나오는 노르에피네프린이나 부신수질에서 나오는 에피네프린은 표적세포를 활성화하는 데 G단백질이 필요하다. 이 점은 호르몬의 작용을 다룬 장에서 다시 알아볼 것이다.

CHAPTER 43

감각계

감각뉴런에서 중추신경계로 들어가는 모든 정보는 구심성 감각뉴런에 의해 활동전위 상태로 전달된다. 서로 다른 감각뉴런은 뇌의 서로 다른 부위로 연결된다. 감각 수용의 강도는 감각뉴런을 통해 들어가는 활동전위의 빈도에 의해 결정된다. 해뜨는 것을 보고, 관현악을 듣고 통증을 느끼는 것은 뇌에 의해 구별되는데, 이는 활동전위를 전달하는 감각뉴런의 종류와 충격의 빈도로 구별된다. 그러므로 만약 청각신경을 인위적으로 자극하면 뇌는 소리가 들린다고 인지하고, 시신경을 인위적으로 자극하면 뇌는 빛이 보인다고 인지한다.

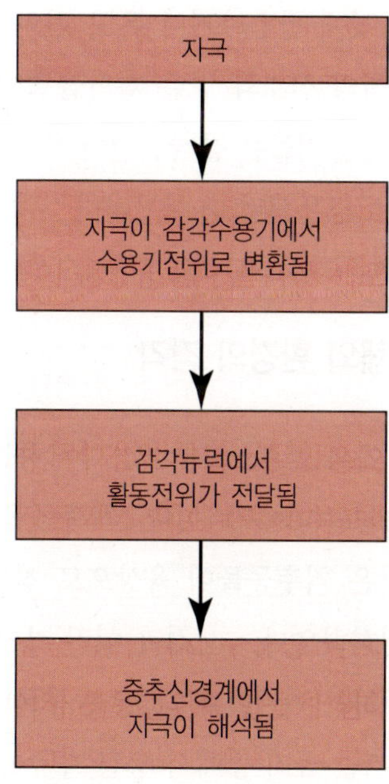

그림 43.1 | 감각 정보의 해석 경로.
감각자극은 수용기 전위로 변환되고, 감각뉴런에서 활동전위를 발생시킨다. 그리고 뇌로 전달되어 해석되게 된다.

43.1 감각수용기

감각수용기의 종류와 작용

감각정보는 네 가지 단계를 거쳐 중추신경계(CNS)로 운반되고 인지된다(그림 43.1).

1. **자극**. 감각뉴런이나 감각수용기에 물리적 자극이 가해진다.
2. **변환**. 자극 에너지가 감각뉴런의 수상돌기에서 차등전위로 변환된다.
3. **전달**. 감각뉴런의 축색이 활동전위를 구심성 경

로를 따라 중추신경계로 전도한다.

4. **해석.** 뇌는 구심성 자극에 의한 전기화학적 변화로 부터 감각 인지를 만들어낸다. 결국은 감각기관이 보고, 듣고, 만지고, 맛을 보고, 냄새를 맡는 것이 아니라 뇌가 그와 같이 하는 것이다.

감각수용기의 종류마다 이의 수상돌기를 가장 잘 활성화시키는 환경자극의 종류가 다르다. 환경자극은 크게 세 가지가 있는데, 이는 (1) 기계수용기(mechanoreceptor)를 자극하는 기계적인 힘, (2) 화학수용기(chemoreceptor)를 자극하는 화학물질. 그리고 (3) 눈의 광수용기(photoreceptor)와 같은 여러 가지 수용기를 자극하는 전자기 및 열에너지이다(표 43.1).

가장 단순한 감각수용기는 자유신경말단(free nerve endings)으로서, 이는 감각뉴런 막이 휘어지거나 신장되는 것에 반응하거나 온도 변화에 반응하고 또는 세포외액의 산소와 같은 화학물질에 반응한다. 그 외의 감각수용기들은 감각뉴런이 특수 상피세포와 연결되어 있는 경우처럼 더 복잡하다.

체내 및 체외 환경의 감각

외부 환경에서 생기는 자극을 감각하는 수용기가 **외부수용기**(exteroceptor)이다. 척추동물의 거의 모든 외부 감각은 척추동물이 육상으로 침투하기 전에 물 속에서 진화하였다. 그 결과 여러 가지 감각은 물 속에서 잘 통하는 자극들에 더 잘 반응한다. 가령, 포유동물의 듣기는 공기 중에서 생긴 자극이 물 속의 자극으로 전환되는데, 원래 물 속에서 진화된 것과 유사한 수용기를 이용한다.

내부수용기(interoceptor)는 몸 안에서 생기는 자극을 감지한다. 이 수용기는 근육의 길이와 장력, 팔다리의 자세, 통증, 혈액의 화학적 성질, 혈액의 양이나 혈압, 체온 등에 관련된 자극을 감지한다. 다수의 내부수용기들은 외부 환경을 탐지하는 수용기들보다 단순하고 원시적 감각수용기에 더 유사한 것으로 판단

표 43.1 환경자극의 종류

기계적 힘	화학물질	전자기와 열에너지
압력	맛	빛
중력	냄새	열
관성	습도	전기
소리		자기
접촉		
진동		

된다(표 43.2).

감각의 변환

감각세포의 막에는 자극관문 이온통로(stimulus-gated ion channel)가 있기 때문에 자극에 반응한다. 자극은 이 이온통로를 개방시키거나 폐쇄시킨다. 이때 감각자극은 수용기 세포의 막전위의 변화를 일으킨다. 대부분의 경우 감각자극은 수용기 세포의 탈분극을 일으킨다. 자극에 의해 감각수용기에서 일어나는 탈분극을 수용기전위(receptor potential)라고 한다(그림 43.2a).

수용기전위는 차등전위로서 감각자극이 클수록 탈분극의 정도는 커진다. 수용기전위의 크기는 자극원으로부터 거리가 멀수록 작아진다. 이는 작고 관계없는 자극이 감각뉴런의 세포체에 도달하는 것을 막는다. 만약 수용기전위나 수용기전위의 집적(summation)이 탈분극의 역치에 도달할 만큼 크면 활동전위가 만들어지고 감각뉴런의 축색을 따라 중추신경계까지 전도된다(그림 43.2b). 감각자극이 클수록 수용기전위의 탈분극은 커지고 활동전위의 빈도는 높아진다. 자극의 강도와 활동전위의 빈도 사이에는 일반적으로 지수적 관계가 성립되는데, 가령, 한 자극이 다른 자극보다 10배 클 경우 활동전위의 빈도는 2배 정도 높아진다.

따라서 뇌는 들어오는 신호의 빈도에 따라 자극의 강도를 인식하게 된다.

표 43.2 척추동물의 감각 변환

자극	수용기	위치	구조	변환과정
내부수용기				
온도	열수용기 및 냉수용기	피부, 시상하부	자유신경말단	온도변화로 막의 이온통로가 개방/폐쇄됨.
접촉	마이스너 소체, 모낭 수용기, 메르켈 세포, 루피니소체	피부 상피	탄성 피막 안의 신경말단	신속하거나 지속된 압력의 변화가 막을 변형시킴.
진동	파시니소체	피부 깊은 곳	탄성 피막 안의 신경말단	심한 압력 변화가 막을 변형시킴.
통증유발	통각수용기	몸 전체	신경말단	화학물질, 압력이나 온도 변화로 막의 이온통로가 개방/폐쇄됨.
근육 신장	신장수용기	근육	근방추를 싸고 있는 신경말단	근방추의 신장이 막을 변형시킴.
혈압	압력수용기	동맥	동맥벽의 얇은 부위에 있는 신경 말단	동맥벽의 신장이 막을 변형시킴
외부수용기				
중력	평형낭	내이의 바깥쪽 방들	이석 및 모세포	이석이 모세포를 변형시킴.
움직임	각두	내이의 반고리관	모세포 집단	액체 움직임이 모세포를 변형시킴.
	측선기관	어류의 몸 표면의 홈	모세포 집단	액체 움직임이 모세포를 변형시킴.
맛	미뢰 세포	입, 어류의 피부	화학수용기 : 미세융모를 가진 상피세포	화학물질이 막수용체와 결합.
냄새	후각뉴런	비강	화학수용기 : 섬모를 가진 뉴런	화학물질이 막수용체와 결합.
듣기	코르티기관	내이의 와우각	기저막과 덮개막 사이의 모세포	액체 안에서 음파가 털 모양 돌기들을 움직이게 하고 막을 변형시킴.
보기	간상세포와 원추세포	눈의 망막	광감지 색소	빛이 이온통로를 폐쇄하는 과정을 일으킴.
열	벽공기관	뱀의 얼굴	2개의 방에 있는 온도수용기	수용기가 표면과 방 안의 온도를 비교함.
전기	로렌찌니 관상기관	어류의 피부 속	비대칭적 이온통로 분포를 가진 폐쇄된 포낭	전기장이 막의 이온 분포를 변화시킴.
자력	알려지지 않음	알려지지 않음	알려지지 않음	자기장에서 편향이 신경 충격을 일으킴.

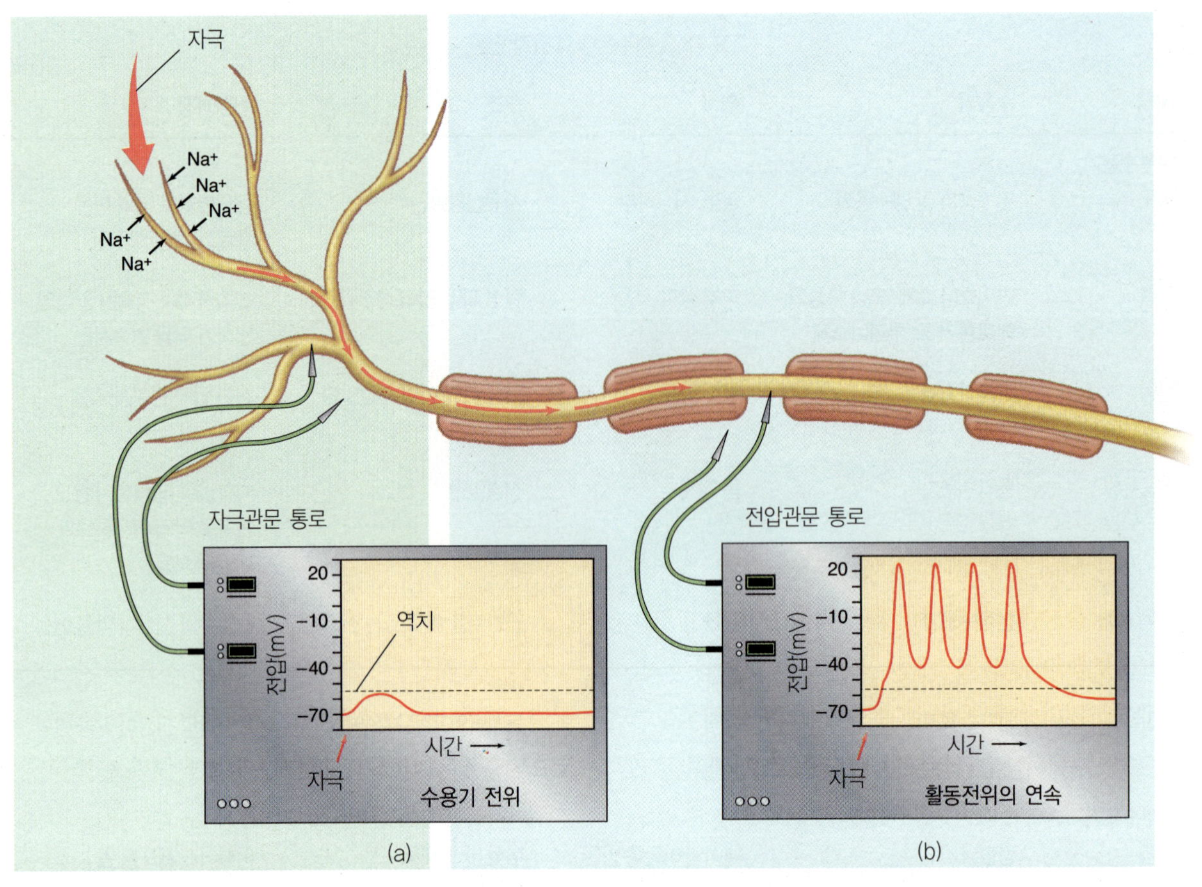

그림 43.2 | 감각 변환.
(a) 신경 말단의 탈분극은 수용기전위를 일으키고 이 전위가 축색으로 간다. (b) 충분히 큰 수용기전위에 반응하여 축색에서 활동전위가 생긴다.

43.2 기계수용기 및 화학수용기

온도 감각과 압력 감각

피부수용기(cutaneous receptors)는 내부수용기로 분류되지만 실제로는 체외 환경과 체내 환경의 경계에 있는 자극에 반응한다. 이 수용기들은 열, 냉온, 접촉, 압력, 통각에 따라 구조와 기능이 특수화되어 있다.

피부에는 두 가지 온도수용기(thermoreceptor)가 있는데, 이는 온도 변화를 감지하는 감각뉴런의 노출된 수상돌기 말단으로 이루어져 있다. 냉수용기(cold receptor)는 온도 하락으로 자극되고 온도 상승으로 억제되며, 온수용기(warm receptors)는 온도 상승으로 자극되고 온도 하락으로 억제된다. 냉각수용기는 피부의 바로 아래에 위치하지만 온각수용기는 이보다 깊은 진피 속에 있다. 뇌의 시상하부에도 온도수용기가 있는데, 이는 혈류의 온도를 탐지하여 몸 안의 온도에 대한 정보를 중추신경계에 제공한다.

조직 손상을 일으킬 가능성이 있는 자극은 통각으로 인지된다. 뇌가 통각으로 인지하는 충격을 전달하는 수용기를 통각수용기(nociceptor)라고 한다. 여러 가지 감각수용기가 과도하게 자극될 때에도 뇌는 역시 이를 통각으로 인지한다. 대부분의 통각수용기는 몸 전체, 특히 손상이 가장 잘 일어나기 쉬운 표면 부근에 나 있는 자유신경말단으로 이루어져 있다. 극한 온도, 강한 기계적 자극, 세포외액의 특정 화학물질에 따라 반응하는 통각수용기는 각각 다르다. 이들 감각세포의 역치 수준은 여러 가지로서, 어떤 통각수용기는 실제 조직 손상만을 감지하고 어떤 통각수용기는

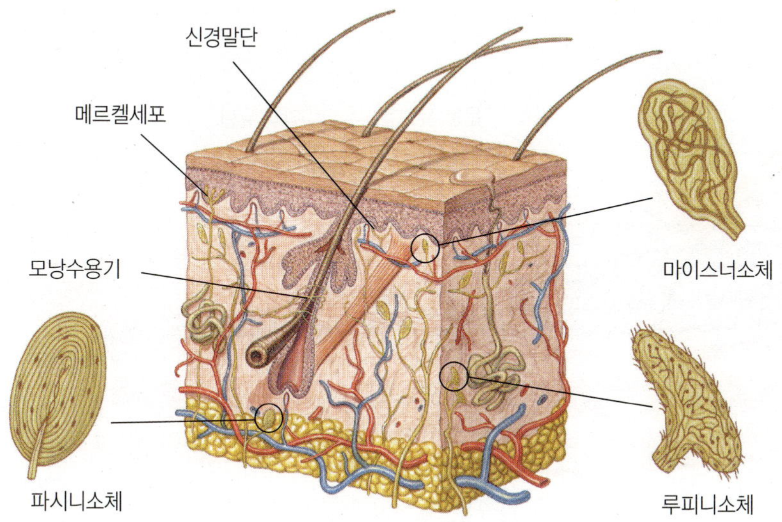

그림 43.3 | 인체 피부에서의 감각수용기.
피부수용기는 신경말단이나 감각수상돌기들이 다른 지지 구조들과 결합되어 있다.

손상이 일어나기 전에 이에 반응한다.

일부 기계수용기는 피부에 존재하고 어떤 것은 진피에, 또 어떤 것은 피하조직층에 있다(그림 43.3). 기계수용기(mechanoreceptor)에는 막에 가해지는 기계적 힘을 감지하는 이온통로를 가지는 감각세포들이 들어 있다. 이 이온통로는 막의 기계적 뒤틀림에 반응하여 열려서 감각뉴런으로 하여금 활동전위를 일으키게 하는 탈분극(수용기전위)을 만든다. 미세한 접촉에 반응하는 수용기는 손가락 끝이나 얼굴 등에 집중되어 있다. 이 수용기는 피부 자극의 위치를 정확히 탐지하는 데 이용되며, 일시성이거나 지속성이다.

간헐적으로 활성화되는 일시성 수용기에는 모낭수용기(hair follicle receptors)와 마이스너소체(Meissner's corpuscle)가 있는데, 이들은 손가락, 손바닥, 유두 등과 같이 털이 없는 몸 표면에 분포한다. 지속적으로 활성화되는 지속성 수용기에는 진피에 있는 루피니소체(Ruffini corpuscle)와 피부 표면 부근에 있는 메르켈세포(Merkel cell)가 있다. 이 수용기들은 접촉의 정도와 기간을 탐지한다.

피부 깊숙이 피하조직층에는 일시성 압각수용기인 파시니소체(Pacinian corpuscle)가 있다. 이 수용기들은 구심성 감각 축색의 말단으로 이루어져 있고 결합조직 세포층과 세포외액 층이 교대로 나 있는 소체로 둘러싸여 있다. 이 소체에 압박이 지속되면 탄성을 가진 capsule이 압박을 흡수하고 축색은 충격 만들기를 중단한다. 따라서 파시니소체는 진동하는 물체가 피부에 닿으면 압박의 시작과 중단만을 감지한다.

근 수축과 혈압의 감지

근육의 길이와 장력

경골어류를 제외한 모든 척추동물의 골격근 안에는 근섬유와 나란하게 감각신장수용기인 근방추가 있다(그림 43.4). 각각의 근방추는 여러 개의 가느다란 근섬유로 이루어져 있으며 하나의 감각뉴런의 지배를 받는다. 이 감각뉴런은 근육이 신장되고 따라서 근방추도 함께 신장될 때 활성화된다. 근방추는 힘줄이나 관절에 있는 다른 수용기와 함께 자기수용기(proprioceptor)라고 불리며, 몸 부위의 상대적 위치와 움직임에 대한 정보를 제공한다. 감각뉴런은 활동전위를 척수에 전도하는데, 척수에서 근육으로 가 닿는 체성운동뉴런과 시냅스를 이룬다. 무릎반사 같은 근육신장반사도 이런 경로로 일어나게 된다.

하나의 근육이 수축하면 이에 연결된 힘줄에 장력이 미치게 된다. 일종의 proprioceptor인 골지힘줄기관(Golgi tendon organ)은 이 장력을 감지한다.

그래서 장력이 너무 크면 그 근육을 지배하는 운

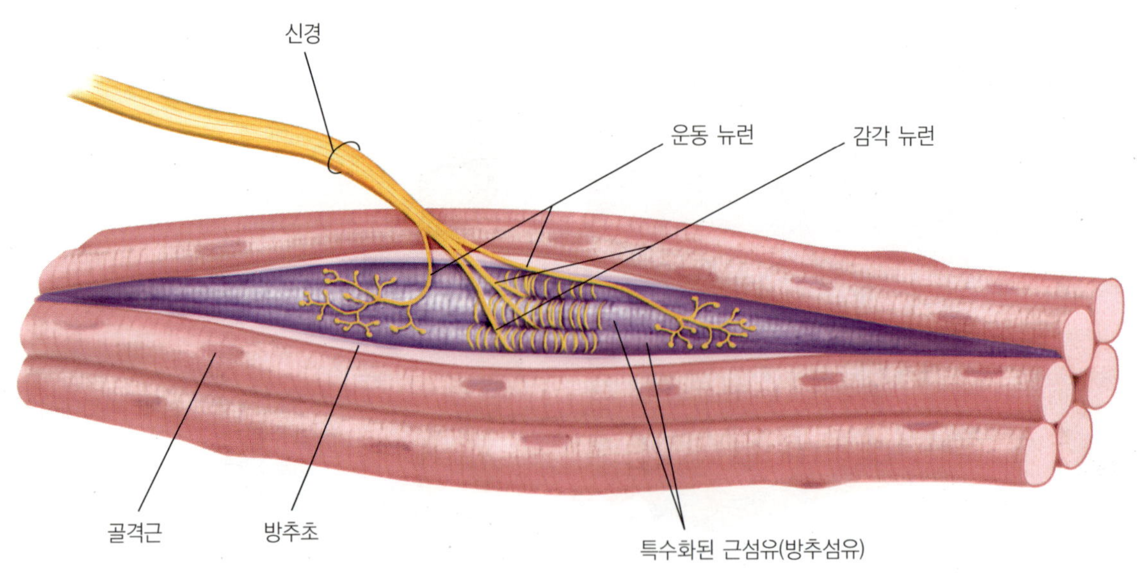

그림 43.4 | 근방추의 작용.
근방추는 골격근 안에 묻혀 있는 신장수용기이다. 근육의 신장은 방추섬유의 신장을 일으키고 그들을 싸고 있는 감각뉴런의 수상돌기 말단을 자극한다. 그 결과 감각뉴런은 충격을 CNS로 보내게 되고, CNS에서 연결뉴런과 시냅스를 이루거나 일부의 경우 운동뉴런과 시냅스를 이룬다.

동뉴런을 억제하는 반사를 일으킨다. 이 반사는 근육이 너무 강하게 수축함으로써 연결된 힘줄을 손상시키는 것을 막아준다.

혈압

혈압은 두 부위에서 감지한다. 하나는 뇌에 혈액을 공급하는 좌우 경동맥(carotid artery)의 팽대부인 경동맥동(carotid sinus)이고, 다른 하나는 심장에 인접한 대동맥궁(aortic arch)이다. 이 두 부위의 혈관벽에 있는 압력수용기(baroreceptor)라고 하는 고도로 분지된 구심성 감각뉴런 망이 혈관벽의 신장을 감지한다. 혈압이 떨어지면 압력수용기가 만드는 충격의 빈도가 감소한다. 중추신경계는 이에 반응하여 자율신경계의 교감신경을 자극하여 심장박동률과 혈관수축(vasoconstriction)을 증가시켜서 혈압을 상승시킨다. 혈압 상승은 압력수용기의 충격빈도를 증가시키고, 이는 반대로 교감신경의 활동을 감소시키고 부교감신경을 자극하여 심장박동률과 혈압을 낮춘다. 이렇게 해서 혈압의 항상성을 유지한다.

맛, 냄새 및 몸의 자세의 감지

화학수용기(chemoreceptor)인 일부 감각세포에는 세포외액의 특정 화학물질에 결합할 수 있는 막 단백질이 들어 있다. 이 화학적 상호작용에 반응하여 감각뉴런의 막은 탈분극되고 활동전위의 형성을 일으킨다. 화학수용기는 맛과 냄새의 감각에 이용되며 혈액과 뇌척수액의 화학적 조성을 탐지하는 데도 중요하다.

맛

구심성 뉴런과 연합해 있는 화학 감수성 상피세포의 집단인 미뢰(taste bud)는 척추동물에서 맛의 감각을 전달한다. 어류에서 미뢰는 몸 표면에 분산되어 있다. 미뢰는 척추동물에서 가장 예민한 화학수용기이다. 미뢰는 특히 아미노산에 예민한데, 가령 가물치는 두 가지 아미노산의 농도가 100ppb(물 10,000l 중 1g)이하일 때에도 이 아미노산들을 구별한다. 주변물의 맛을 알아내는 능력은 저서성 어류에 매우 중요하여 혼탁한 곳에서도 먹이의 존재를 탐지할 수 있게 한다.

모든 육상 척추동물의 미뢰는 혀와 구강 상피에 분포하는 유두(papillae) 안에 있다(그림 43.5). 미뢰는 양파 모양의 구조로서 50~100개의 미각세포로 이루어져 있으며, 각 미각세포는 미세융모라는 손가락 모양의 돌기들을 가진다. 이 미세융모는 미뢰 끝의 개구부인 미공 쪽으로 돌출되어 있다(그림 43.5c). 음식에서 나오는 화학물질은 침에 녹아 미공을 통하여 미각세포에 접촉하게 된다.

미뢰 안에서 짠맛과 신맛을 내는 화학물질은 이온통로에 직접 작용하고, 단맛과 쓴맛을 내는 화학물질은 표면 수용기 단백질에 결합하는데, 이 수용기 단백질은 G단백질이 세포 내부의 변화를 일으키도록 하여 결국 이온통로의 개방과 폐쇄가 일어난다. 이 이온통로의 변화는 미뢰에서 뇌로 뻗어 있는 감각뉴런에서 신호를 발생시킨다.

절지동물도 척추동물과 마찬가지로 미각 화학수용기를 가진다. 예를 들어, 파리는 발에 있는 감각모에 미각수용기를 가진다. 이 감각모에는 여러 종류의 화학수용기가 있는데, 이들로부터 오는 자극의 통합을 통하여 당, 염분과 여러 가지 맛을 탐지할 수 있다(그림 43.6).

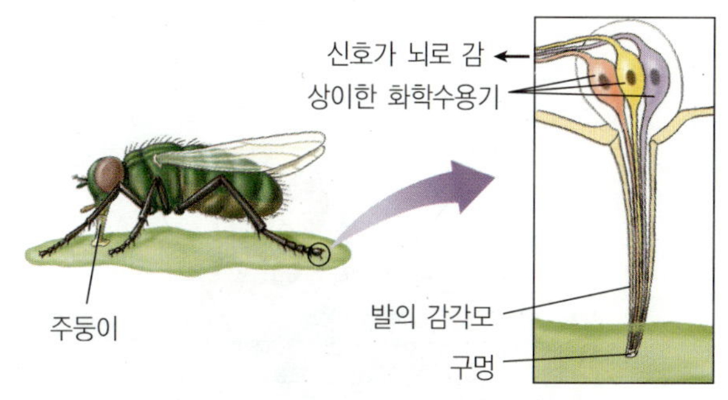

그림 43.6 | **다리로 냄새를 맡는 파리.**
금파리에서 화학수용기는 발에 있는 감각모 속에 들어 있다. 다른 화학수용기가 다른 종류의 음식물을 탐지한다. 파리가 음식에 내려앉으면 음식물의 맛을 본 후 주둥이를 뻗게 된다.

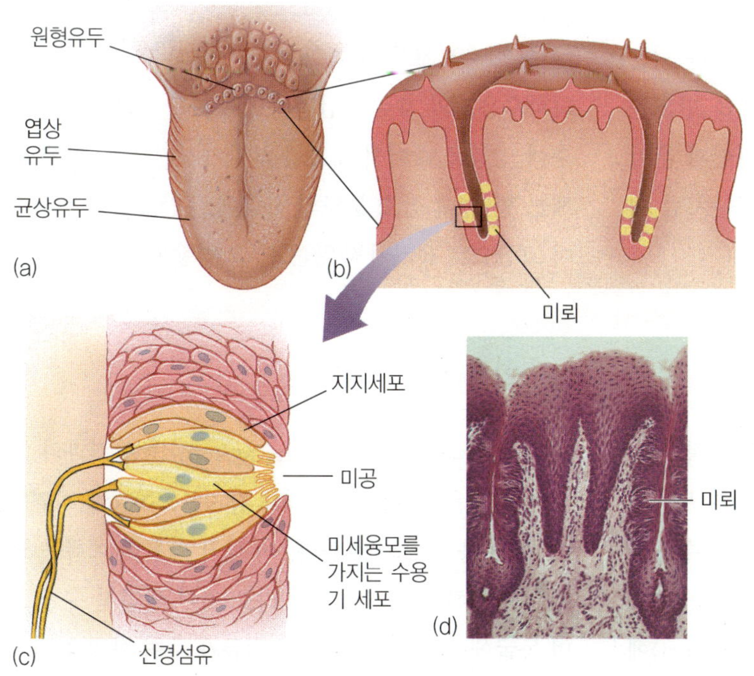

그림 43.5 | **맛.**
(a) 사람의 혀에는 미뢰를 가진 유두라는 돌기가 있다. 혀의 부위마다 미뢰의 종류가 다르다. (b) 유두 안에 미뢰들이 들어 있다. (c) 각각의 미뢰에는 화학감수성 수용기가 들어 있으며 이들은 미공을 통해 입 안으로 열려 있다. (d) 유두 안에 있는 미뢰의 현미경 사진.

냄새

육상 척추동물에서 냄새 감각, 즉 후각은 비강의 위쪽 부위에 위치한 화학수용기가 담당한다(그림 43.7). 끝 부위가 섬모 다발로 되어 있는 수상돌기를 가지는 이 수용기는 비강 점막 안으로 뻗어 있고, 축색은 직접 대뇌피질로 뻗어 있다. 물고기가 미각을 사용하여 주위의 화학적 환경을 감지하는 것과 같은 방식으로 육상 척추동물의 후각은 공기 중의 입자를 탐지하는데, 이 입자는 먼저 세포외액에 용해되어야 한다. 여러 포유동물에서 후각은 극도로 예민해서 한 개 냄새 분자만으로도 수용기를 흥분시킬 수 있다.

사람은 단지 네 가지 맛만을 구분할 수 있지만, 냄새는 수천 가지 냄

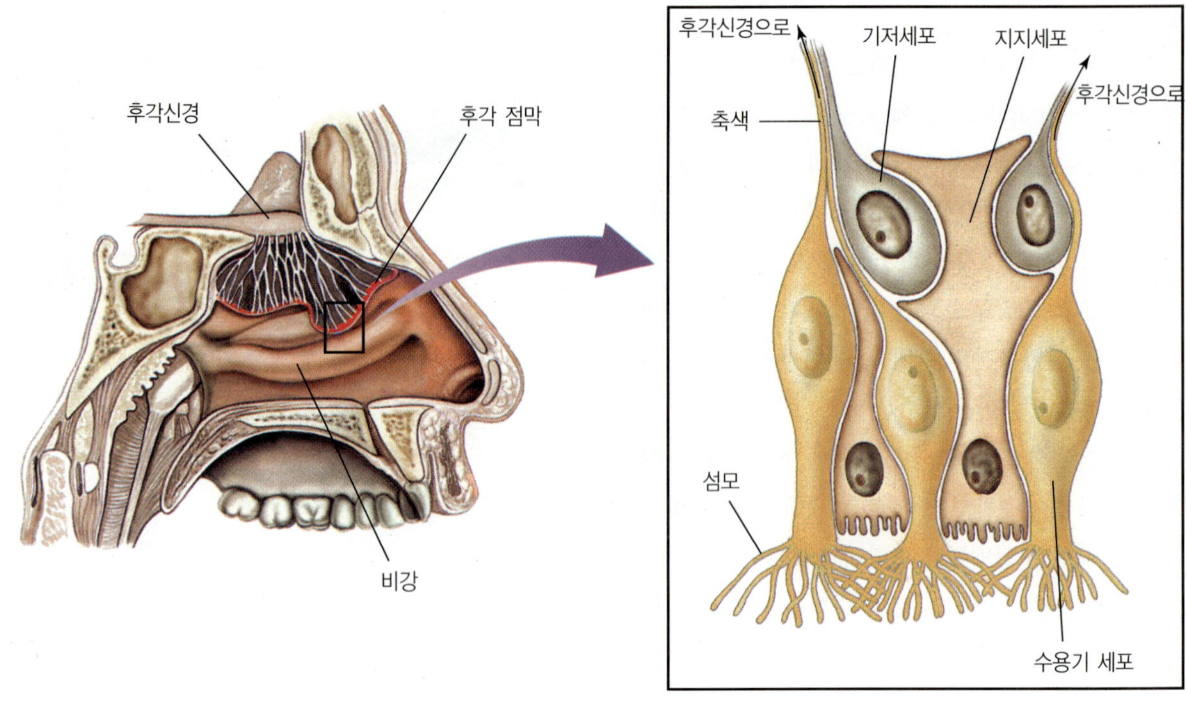

그림 43.7 | 사람의 후각기.
인간은 비강벽에 있는 후각뉴런(수용기세포)에 의해 냄새를 인지한다. 후각뉴런의 축색은 후각신경을 통해 뇌로 충격을 바로 전달한다. 기저세포는 새로운 후각뉴런을 만들어 죽거나 손상된 세포들을 대체하는데, 후각뉴런은 통상 1달 가량의 수명을 갖고 있다.

새를 구별할 수 있다. 연구에 의하면 천가지나 되는 서로 다른 유전자가 냄새 수용기 단백질을 만드는 데 관여한다. 특정한 냄새에 반응하는 일련의 후각 뉴런들은 뇌가 그 냄새를 인지하는 데 지문처럼 이용된다.

체내 화학수용기

몸 안의 감각수용기는 혈액과 체액의 화학적 변화를 탐지한다. 이 수용기 중의 하나가 대동맥과 목동맥 소체(aortic and carotid body)의 말초화학수용기(peripheral chemoreceptor)로서 이 수용기는 주로 혈장 pH를 감지하고, 뇌의 연수(medulla oblonga)에 있는 중추 화학수용기(central chemoreceptor)는 뇌척수액의 pH를 감지한다. 호흡 속도가 너무 느리면 혈장 CO_2 농도가 증가하여 탄산이 많아지고 혈액 pH가 떨어진다. 이산화탄소는 뇌척수액으로도 들어가서 pH를 낮추므로 중추 화학수용기를 자극하게 된다. 이 화학수용기의 자극은 간접적으로 뇌간의 호흡조절 중추에 영향을 주어서 호흡률을 증가시킨다. 대동맥 소체는 혈액 내 산소 농도의 하락에도 반응하지만 사람이 고산으로 올라가지 않는 한 그 영향은 크지 않다.

측선계

어류의 측선계(lateral line system)는 압력파와 저주파 진동을 일으키는 물체를 감지하도록 하는 "원거리 촉각"을 일으키게 한다. 이 감각 때문에 어류는 먹이를 탐지하고 동료들과 무리를 지어 헤엄칠 수 있으며 동굴에 사는 시력이 없는 어류가 주변 환경을 탐지할 수 있다. 측선계는 양서류의 유생에서도 발견되지만 변태하는 도중에 소실되며, 육상 척추동물에는 없다. 측선계의 감각은 청각을 보충하는데, 청각은 다른 감각기관에서 맡는다.

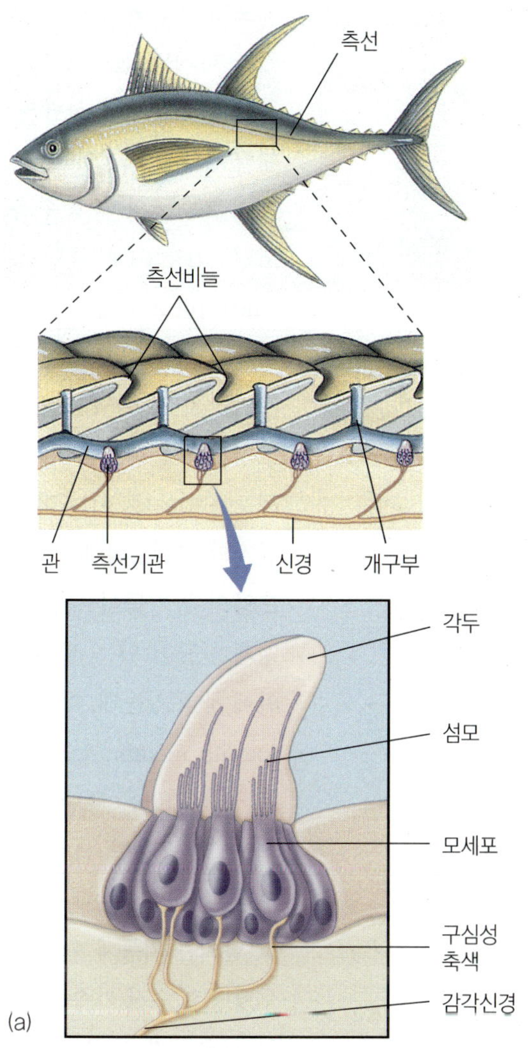

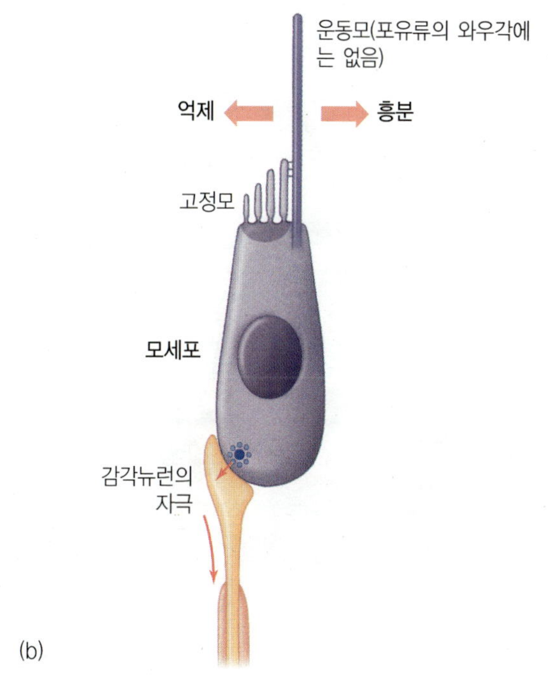

그림 43.8 | 측선계.
(a) 측선계는 어류의 피부 표면 아래에 몸길이를 따라 달리고 있는 관으로 구성된다. 이 관 안에는 젤라틴질의 각두 속으로 뻗어 있는 섬모를 가진 모세포를 포함한 감각구조가 들어 있다. 관 속에서 물을 통해 진달된 입력파가 섬모를 기울이면 모세포와 연결된 감각뉴런이 탈분극된다. (b) 모세포는 젤라틴 막 안으로 뻗어 있는 섬모를 가진 기계수용기이다. 측선계의 모세포는 여러 개의 짧은 고정모와 한 개의 긴 운동모를 가진다. 고정모가 운동모 쪽으로 구부러지면, 모세포는 화학전달물질을 방출하고, 이 물질은 감각뉴런을 탈분극시킨다. 고정모가 운동모와 반대 방향으로 구부러지면 억제 효과가 나타난다.

측선계는 어류의 피부에 있는 양 옆을 종으로 달리는 관 안에 있는 감각 구조물과 두부의 여러 관 안에 있는 감각 구조물로 이루어져 있다(그림 43.8a). 이 감각 구조물은 표면에 있는 머리털 모양의 돌기가 각두(cupula)라고 하는 젤라틴 막 속으로 돌출되어 있으므로 모세포(hair cell)라고 한다. 모세포는 뇌에 충격을 전달하는 감각뉴런과 연결되어 있다.

모세포는 고정모(stereocilia)라고 하는 유사한 길이를 가진 털 모양의 돌기들과 운동모(kinocilium)라고 하는 하나의 긴 돌기를 가진다(그림 43.8b). 주변에서 오는 진동은 각두(cupula)를 움직이고, 이는 다시 털을 휘게 만든다. 고정모가 운동모 쪽으로 휘어지면 해당 감각뉴런이 자극되어 수용기전위를 만들고, 그 결과 활동전위의 빈도가 증가하게 된다. 고정모가 반대쪽으로 휘면 감각뉴런의 활동은 억제된다.

중력과 각도 가속

대부분의 무척추동물은 평형낭(statocyst)을 이용하여 중력을 감지하고 자세를 잡는다. 평형낭은 대개 탄산칼슘 결정체가 들어 있는 젤라틴 막 안에 묻혀 있는 섬모를 가지는 모세포로 이루어져 있다. 평형석(statolith)이라고 하는 이 결정체는 젤라틴 막의 중량을 증가시켜서 동물의 자세가 변할 때 섬모를 휘게 만든다. 만약 동물이 오른쪽으로 기울면 평형석 막이 오른쪽 섬모를 휘게 만들어서 연합된 감각뉴런을 활성

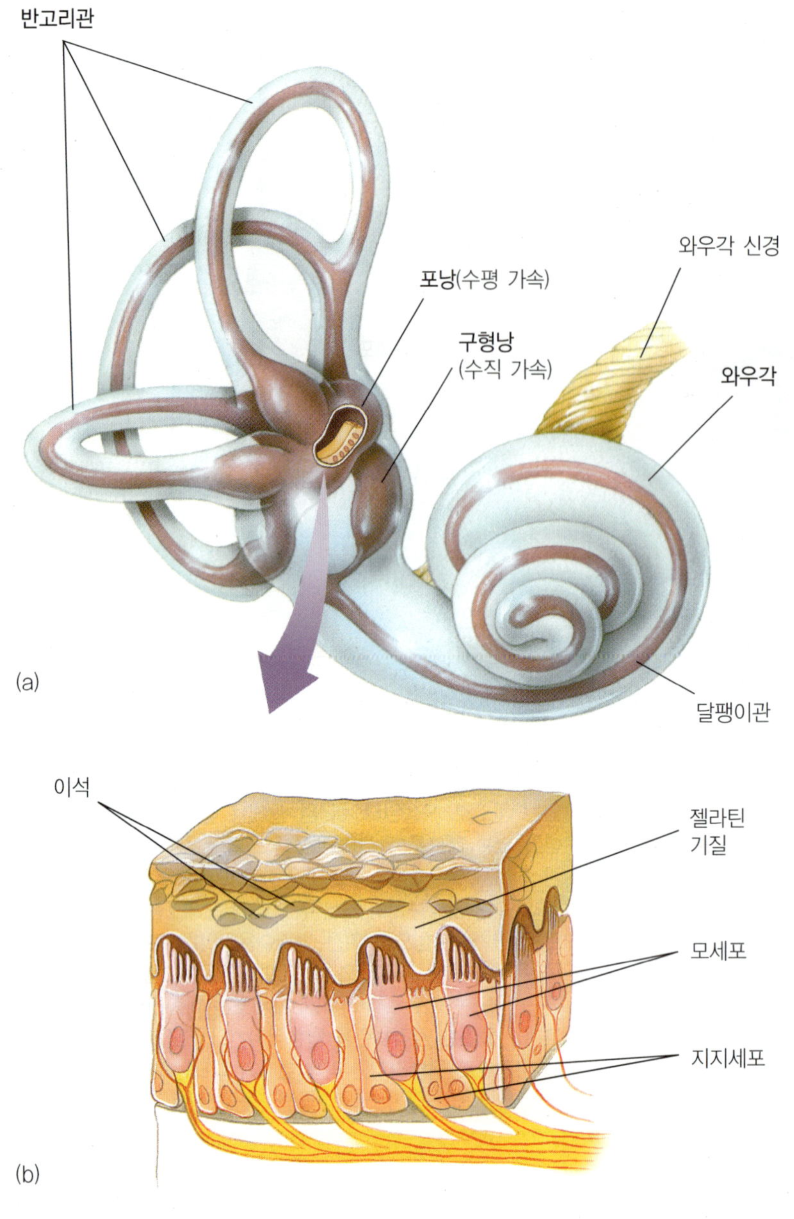

그림 43.9 | 포낭과 구형낭의 구조.
(a) 내이의 막질 미로 안에 있는 포낭과 구형낭의 상대적 위치. (b) 포낭과 구형낭의 단면. 모세포를 덮고 있는 젤라틴 기질 안에 이석이 묻혀 있는 것이 보인다.

화시킨다.

이와 유사한 구조물이 척추동물 내이의 막질인 미로(labyrinth)에서도 발견된다. 이 미로는 액체로 채워진 막질의 방과 관으로 이루어져 있으며 척추동물의 평형기관과 청각기관을 이룬다. 이 막질의 미로는 뼈와 외림프(perilymph)로 둘러싸여 있으며, 외림프는 이온 조성으로 볼 때 세포간질액과 유사하다. 막질의 방과 관을 채우고 있는 내림프는 이온조성에서 세포내액과 유사하다. 복잡하기는 하지만 전체적으로 매우 작은 구조물로서 사람의 경우 대략 완두콩 크기이다.

척추동물의 중력수용기는 포낭(utricle)과 구형낭(saccule)이라고 하는 2개의 막질 미로의 방으로 이루어져 있다(그림 43.9). 이 구조물 속에는 고정모와 운동모를 가지는 모세포가 있는데, 이는 어류의 측선계의 모세포와 유사하다. 털 모양의 돌기들이 탄산칼슘 결정체가 들이 있는 젤라틴질 막 안에 묻혀 있는데, 이를 이석막(otolith membrane)이라고 한다. 이석기관은 포낭과 구형낭에서 그 방향이 서로 다르며, 포낭은 수평 가속에 더 예민하고(달리는 자동차 안에서처럼) 구형낭은 수직 가속에 더 민감하다(승강기 안에서처럼). 이 두 가지의 경우 가속이 고정모를 휘게 만들어서 연합된 감각뉴런에서 활동전위가 일어나도록 한다.

포낭과 구형낭의 막질 미로는 세 개의 반고리관(semicircular canals)과 연결되어 있다. 이 3개의 반고리관은 서로 다른 방향으로 배열되어 있어서 모든 방향의 각도 가속(angular acceleration)을 감지할 수 있다(그림 43.10). 관들의 끝에는 ampullae라는 팽대된 방이 있으며, 이 팽대부 안쪽으로 또다른 모세포의 섬모가 뻗어 있다. 섬모의 끝은 각두(cupula)라는 돛 모양의 젤라틴질의 쐐기 안에 묻혀 있다. 각두는 각 반고리관의 내림프액 안으로 돌출되어 있다.

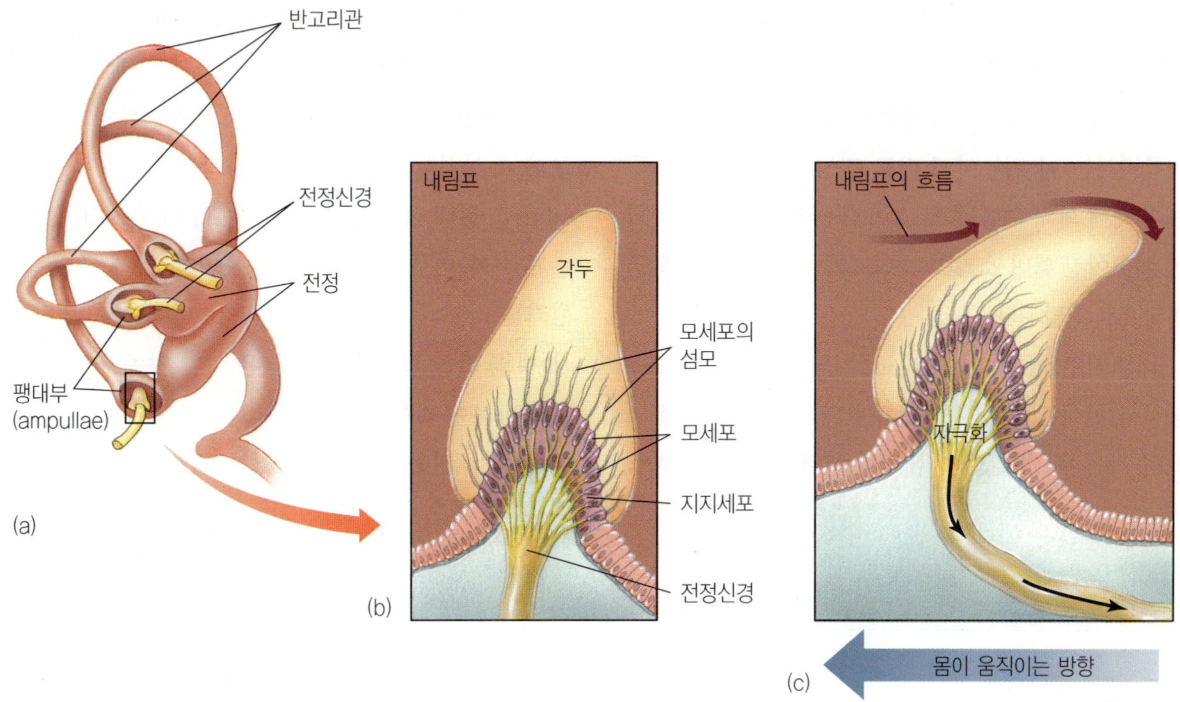

그림 43.10 | 반고리관의 구조.
(a) 내이 내에서의 반고리관의 상대적 위치. (b) 팽대부 하나의 단면. 모세포의 섬모가 각두 속으로 뻗어 있는 구조를 보인다. (c) 반고리관 안에서의 각도 가속이 각두를 휘게 하여 모세포를 자극한다.

머리가 회전할 때 반고리관 안의 액체가 각두를 밀어서 섬모가 휘게 되면 섬모가 구부러지는 방향에 따라 모세포가 탈분극되거나 과분극된다. 이것도 어류의 측선계에서 볼 수 있는 방식으로서 만약 고정모가 운동모 쪽으로 휘면 탈분극(수용기전위)이 일어나고, 연합감각뉴런에 활동전위가 발생된다.

포낭, 구형낭, 반고리관을 합하여 전정장치(vestibular apparatus)라고 한다. 포낭과 구형낭은 직선적 가속 감각을 담당하며, 반고리관은 각도가 있는 방향의 가속 감각을 맡는다.

뇌는 전정기관에서 오는 몸의 자세에 관한 정보를 이용하여 몸의 균형과 평형을 유지한다.

43.3 청각수용기

귀와 청각

어류는 측선계를 이용하여 물 속에서도 진동 압력파를 감지하고 육상 척추동물은 내이에 있는 유사한 모세포 기계수용기로 공기 중의 진동 압력파를 감지한다. 듣기는 공기 중보다는 물 속에서 더 잘 이루어지는데, 이는 물이 압력파를 더 잘 전달하기 때문이다. 그러나 듣기는 육상동물에서 환경 탐지, 동료와의 의사소통, 위험 요소의 탐지에 널리 이용되고 있다. 청각 자극은 화학적 자극보다 훨씬 빠르고 멀리 전파하며 청각수용기는 화학수용기보다 방향에 대한 정보를 더 잘 제공한다.

귀의 구조

어류는 측선계를 이용하여 물의 움직임과 비교적 가까운 물체에서 나오는 진동을 탐지하고, 청각계를 이용하여 원거리에서 오는 진동을 탐지한다. 어류의 청각계는 막질의 미로(포낭 및 구형낭)에 있는 이석기관(otolith organ)과 lagena라고 하는 매우 작은 막질 미로의 낭으로 구성되어 있다. 어류의 몸은 주로 물로 이루어져 있으므로 음파는 물에서처럼 몸을 통과해 쉽게 지나가 버린다. 그러므로 소리가 탐지되기 위해서는 밀도가 다른 물체가 있어야 하는데, 다수의 어류에서 이 기능은 이석에 의해 수행된다. 그러나 가물치 등의 어류에서는 이 기능이 소리로 진동하는 공기가 가득 찬 부레에 의해 수행된다. 그런 다음 작은 뼈가 연속되어 이루어진 웨버 소골(Weberian ossicles)에 의해 구형낭으로 전달된다.

육상 척추동물의 귀에서는 공기의 진동이 외이도를 통해 외이에 있는 고막에 도달한다. 고막의 진동은 3개의 작은 뼈(청소골)의 움직임을 일으킨다. 이 청소골(ossicles)은 망치뼈(malleus), 모루뼈(침골, incus) 및 등골(stapes)로서, 중이(middle ear)에 위치한다(그림 43.11a, b). 이 중이의 청소골은 어류의 웨버 소골과 유사하다. 중이는 유스타키오관(Eustachian tube)을 통해 목구멍과 연결되는데, 이 유스타키오관은 중이와 외부 사이의 기압을 동일하게 해 준다. 비행기를 타거나 고산지대에 올라갈 때 귀가 멍멍하다가 뻥 뚫리는 느낌이 드는 것은 고막 양쪽의 압력 동일화 때문에 일어난다.

등골의 진동은 신축성 있는 막인 난원창(oval

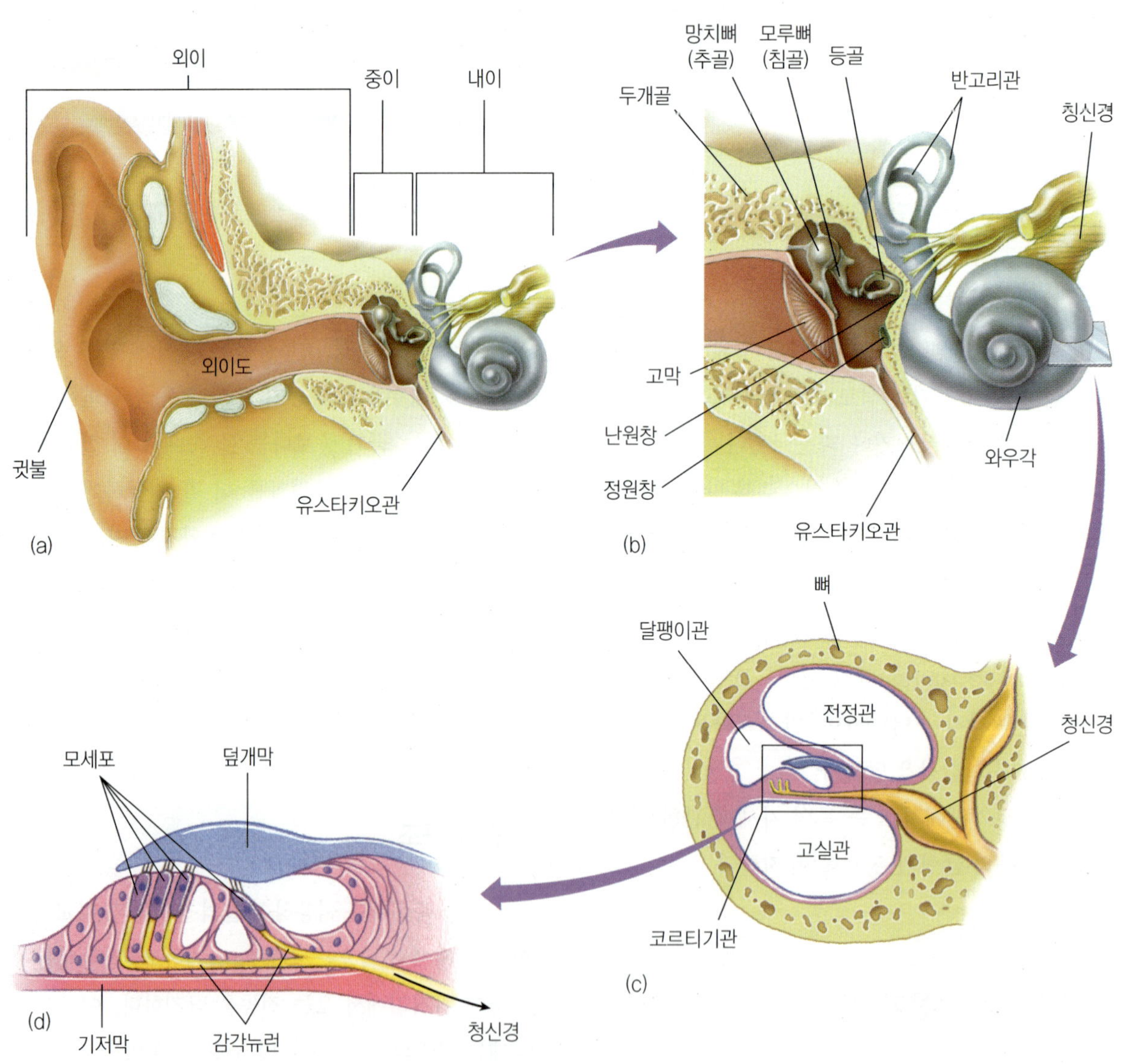

그림 43.11 | 사람 귀의 구조.
(a) 외이도를 통해 들어온 음파는 고막을 진동시키고, 이 진동은 (b) 중이에 있는 청소골을 움직이게 하며, 청소골(망치뼈, 모루뼈, 등골)의 움직임은 난원창이라는 막을 두드리게 된다. 난원창의 진동은 압력파를 일으키고, (c, d) 이 압력파는 와우각 안의 전정관과 고실관 속의 액체를 따라 전파된다.

window)의 진동을 일으키고, 이 진동은 다시 내이(innerear)로 전달된다. 난원창은 고막보다 직경이 작으므로 이의 진동은 단위 면적당 더 큰 힘을 일으켜서 내이로 전달된다. 내이는 와우각(cochlea)으로 이루어져 있으며, 이 와우각은 달팽이관(cochlear duct)이라는 막질의 미로가 들어 있는 골격 구조물이다. 달팽이관은 와우각의 중앙부에 위치한다. 달팽이관 위쪽에는 정전관(vestibular canal)이 있고 그 아래쪽에는 고실관(tympanic canal)이 있다(그림 43.11c). 이 3개의 방은 액체로 채워져 있다. 난원창은 위쪽 전정관으로 열려서 등골이 난원창을 진동시키면 액체의 압력파가 생긴다. 이 압력파는 아래쪽의 고실관 쪽으로 움직여 또다른 신축성 막인 정원창(round window)에 부딪치고, 또한 신축성 막인 정원창은 이 압력을 다시 중이강(middle ear cavity)으로 되돌려 전달한다.

와우각에서의 변환

난원창의 진동으로 생긴 압력파가 와우각을 통하여 정원창으로 전달될 때 달팽이관은 진동하게 된다. 달팽이관의 바닥을 기저막(basilar membrane)이라고 하며 매우 신축성이 있어 이때 압력파에 반응하여 진동한다. 기저막 표면에는 감각 모세포가 있으며, 이는 전정장치나 측선계와 유사하지만 운동모는 없다. 모세포의 섬모는 위쪽의 덮개막(tectorial membrane)이라는 젤라틴 막 안으로 뻗어 있다. 이 감각 장치를 코르티기관(organ of Corti)이라고 하며, 기저막, 감각뉴런과 연결된 모세포, 그리고 덮개막으로 구성된다(그림 43.11d).

기저막이 진동하면 모세포의 섬모는 덮개막과 상대적으로 기저막이 움직이는 것에 반응하여 휘어진다. 측선기관이나 전정장치에서와 마찬가지로 이 섬모들의 휘어짐은 모세포를 탈분극시킨다. 모세포는 다시 감각뉴런의 활동전위를 일으키고, 이 활동전위는 뇌로 가서 소리로 해석된다.

와우각 안에서의 주파수 구별

와우각의 기저막은 젤라틴질에 묻혀 있는 여러 가

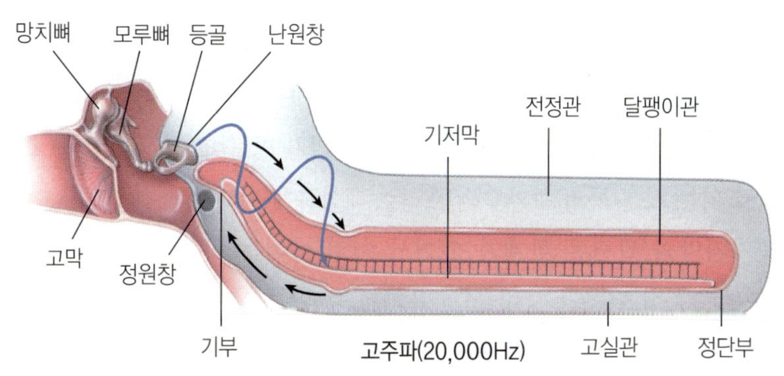

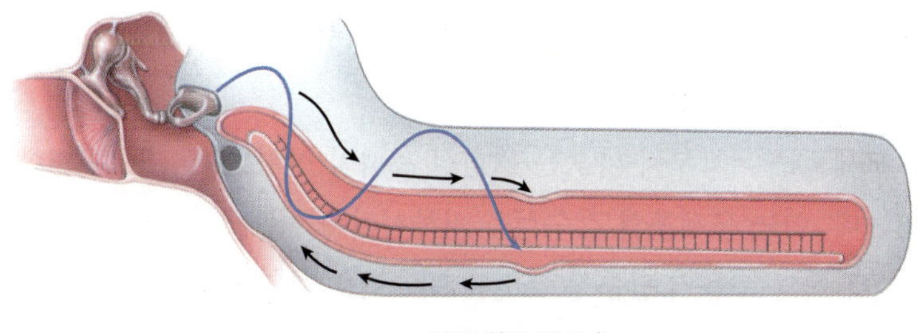

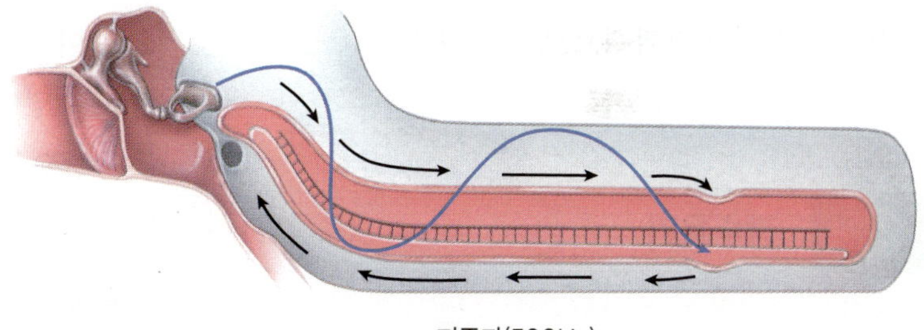

그림 43.12 | 와우각 안의 주파수 구별.
와우각을 펼친 모양이다. 기저막 내의 섬유들이 여러 주파수의 음파에 반응하여 진동하게 된다. 기저막의 부위마다 최대 진동을 일으키는 음파의 주파수가 다르다. 고주파(고음)은 기저막의 기부 쪽을 진동시키고, 저주파는 기저막의 정단부 쪽을 진동시킨다.

지 길이와 장력을 가진 탄성 섬유로 구성되어 있다. 와우각의 기부(난원창 부근)에서는 기저막의 섬유가 짧고 뻣뻣하다. 와우각의 말단(정단부)에서는 이 섬유들이 5배 길고 신축성은 100배 더 크다. 그러므로 기저막의 공명 주파수는 정단부에서보다 기부에서 더 높으며, 기부는 고음에 반응하고 정단부는 저음에 반응한다.

난원창으로부터 음파에너지가 와우각에 들어오면 이 음파는 위-아래로 움직이면서 기저막을 따라 이동한다. 그러나 이 파장은 그 에너지 대부분이 음파주파수 부근의 공명 주파수를 가진 기저막 부위에서 흡수되어 그 부위 기저막이 최대 편향을 일으키게 된다(그림 43.12). 그 결과 이 부위 모세포의 탈분극이 최대로 일어나고, 구심성 축색에 활동전위가 발생하는데 다른 부위보다 이 부위에서 더 많은 활동전위가 만들어지고 뇌는 이를 특정 주파수의 소리로 해석하게 된다.

기저막의 탄력은 한계가 있어서 어린 아이는 약 20~20,000헬츠(초당 사이클)의 음파를 들을 수 있고, 나이가 들면 고음은 점점 듣지 못하게 된다. 다른 척추동물은 20헬츠 이하나 20,000헬츠 이상의 소리도 들을 수 있다. 가령 개는 40,000헬츠의 소리도 들을 수 있다.

모세포는 뇌로부터 나오는 원심성 축색의 명령도 받는데, 이는 모세포의 감수성을 저하시킨다. 이 중추신경계의 수용기 감수성 조절은 시끄러운 환경에서 하나의 특정 청각신호(예로, 단일 소리)에 집중할 수 있는 능력을 증진시킨다. 즉, 원심성 축색에 의해 시끄러운 소리가 효과적으로 차단된다.

43.4 광수용기

눈의 진화

시각은 광수용기에 의한 빛에너지의 포획으로 시작된다. 빛은 직선으로 달리고 순간적으로 도달하므로 시각정보는 물체의 방향과 거리를 알아내는 데 이용

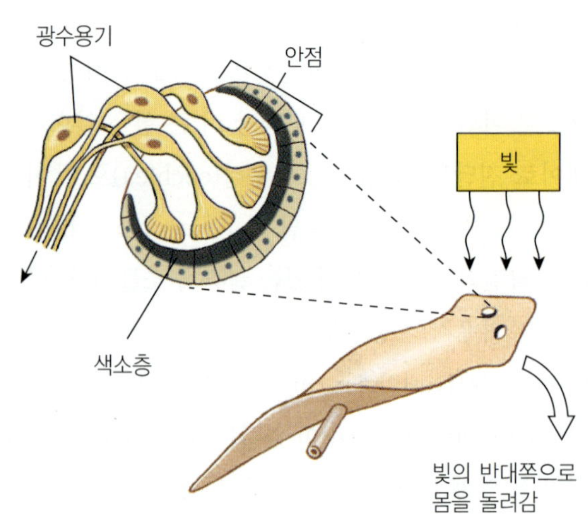

그림 43.13 | 편형동물의 안점.
안점의 한쪽 면에 배치된 색소층이 몸 뒤쪽에서 오는 빛을 차단하므로 안점은 빛이 오는 방향을 탐지할 수 있다. 그러므로 앞쪽에서 오는 빛은 쉽게 탐지되어 편형동물은 빛에서 몸을 돌려 피하는 반응을 하게 된다.

되며, 이만큼 자세한 정보를 제공하는 자극은 없다.

여러 무척추동물은 안점(eyespot) 안에 광수용기가 모여 있는 단순한 시각계를 가진다. 안점은 한쪽 면에 색소층이 있어서 광원의 방향을 감지할 수 있다. 편형동물의 안점에는 안쪽의 뒤쪽 면에 색소층이 있어서 전방에서 오는 빛에 의해서만 광수용 세포가 자극받을 수 있다(그림 43.13). 편형동물은 광수용 세포가 가장 적게 자극되는 방향으로 몸을 돌려 이동한다. 안점은 빛의 방향은 감지하지만 물체의 상을 맺지는 못한다. 환형동물, 연체동물, 절지동물, 척색동물은 상을 맺는, 잘 발달된 눈을 가진다. 이들의 눈은 구조적으론 아주 유사하지만, 각각 독립적으로 진화해 온 것으로 믿어진다(그림 43.14). 흥미롭게도, 이 동물들의 광수용기는 동일한 광 포획 분자를 이용한다.

척추동물 눈의 구조

사람의 눈은 전형적인 척추동물의 눈이다(그림 43.15). 눈의 백색 부위는 공막(sclera)으로서 질긴 결합조직이다. 빛은 투명한 각막(cornea)을 통과하여 눈 안으로 들어간다. 눈의 색깔이 있는 부위는 홍채

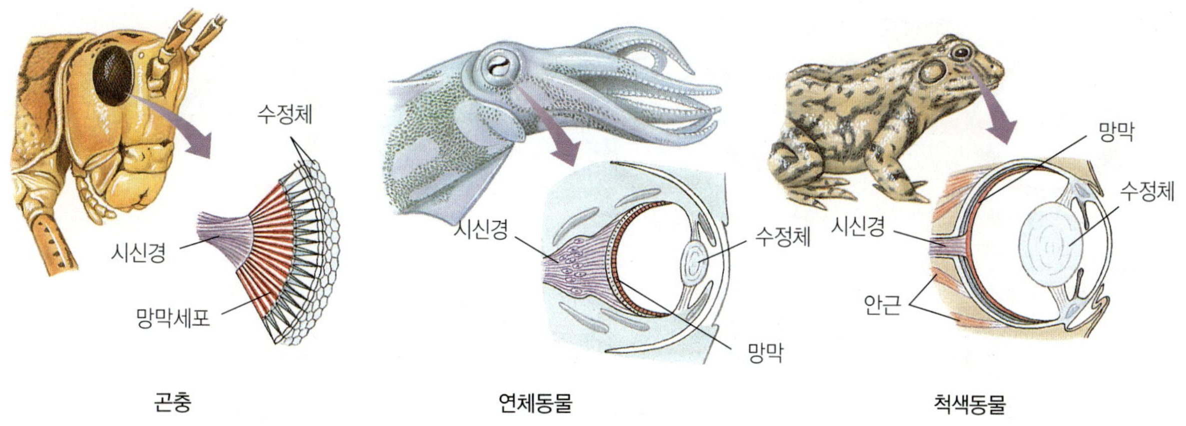

그림 43.14 | 3가지 동물문의 눈.
겉보기엔 비슷하지만, 이들의 눈은 구조적으로 아주 다르고 서로 상동기관이 아니다. 이들은 각각 독립적으로 진화되어 왔으며, 단순한 구조에서 복잡한 구조로 진화해 왔다.

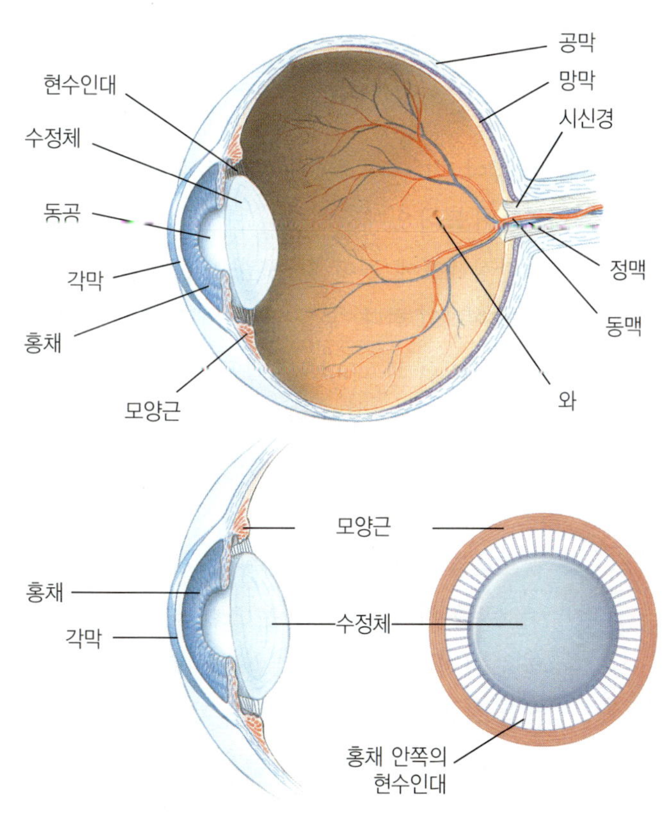

그림 43.15 | 사람 눈의 구조.
투명한 각막과 수정체는 눈 뒤쪽의 망막에 빛의 초점을 맞춘다. 망막에는 광수용기(간상세포와 원추세포)가 있다. 망막의 중앙 부위엔 와(fovea)가 있고 시각의 중심이 이곳에 맞추어진다. 모양근의 수축과 이완에 따라 수정체의 굴곡이 조정되어 초점이 맞추어진다.

(iris)로서, 밝은 빛에서는 홍채의 근육이 수축하여 동공(pupil)의 크기를 작게 한다. 빛이 동공을 통과하여 수정체에 도달하면 수정체(lens)는 눈 뒤쪽의 망막(retina)에 빛의 초점을 맞춘다. 현수인대(suspensory ligament)는 수정체를 모양근에 연결한다. 수정체의 모양은 현수인대의 장력에 영향을 받는다. 모양근이 수축하면 현수인대는 느슨해지고 수정체는 더 둥글게 되어서 가까운 곳을 볼 수 있게 된다. 먼 곳을 볼 때는 모양근이 이완하여 수정체로부터 떨어지면 현수인대가 당겨지고 수정체는 납작하게 되어 망막에 상이 맺히도록 한다. 원시와 근시는 망막에 상을 적절히 맺지 못한다(그림 43.16). 양서류와 어류의 수정체는 모양이 변하지 않으며, 그 대신 수정체가 카메라처럼 앞뒤로 움직여서 초점을 맞춘다.

척추동물의 광수용기

척추동물의 망막에는 두 가지의 광수용기, 즉 간상세포(rods)와 원추세포(cones)가 있다(그림 43.17). 간상세포는 어두울 때 흑백 시각을 일으키며, 원추세포는 정밀 시력과 색각

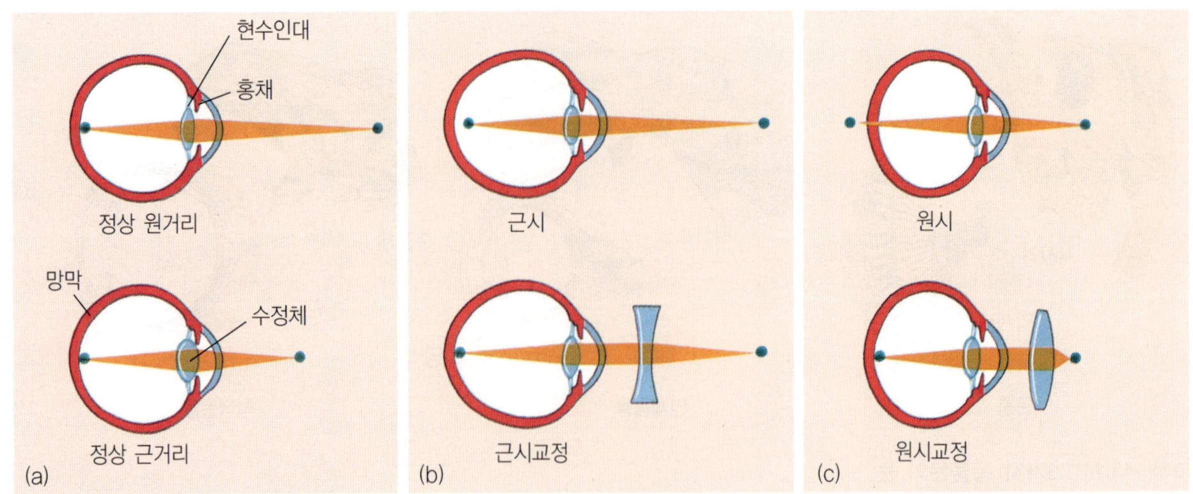

그림 43.16 | 사람 눈의 초점 맞추기.
(a) 정상 시력. 정상 시력을 가진 사람은 먼 거리나 가까운 거리의 물체를 볼 때, 수정체 굴곡을 변화시킴으로써 망막에 항상 상이 맺히도록 한다. (b) 근시. 근시안인 사람은 망막 앞에 초점이 오게 되므로 상이 희미하게 나타난다. (c) 원시. 원시안인 사람은 수정체와 망막 사이 거리가 너무 짧아서 초점이 망막 뒤에 맺혀진다.
교정렌즈는 빛이 눈에 들어올 때 빛의 각도를 조정하여 빛의 초점이 망막에 맺히도록 한다.

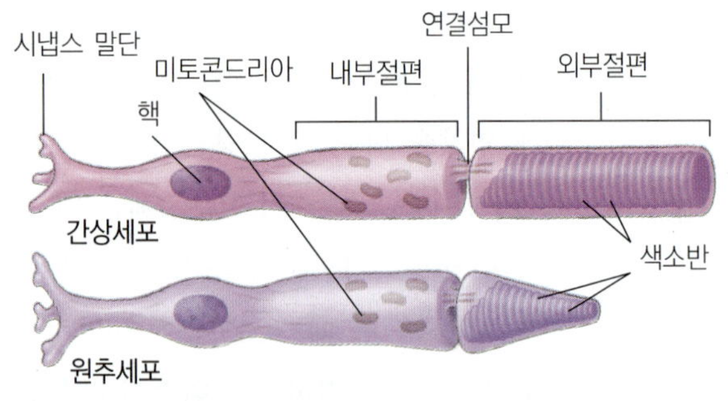

그림 43.17 | 간상세포와 원추세포.
간상세포와 원추세포에서 색소가 들어 있는 바깥쪽 부분은 나머지 부분과 분리된 채 섬모로 연결되어 있다.

을 맡는다. 사람의 망막에는 약 1억 개의 간상세포와 300만 개의 원추세포가 있다. 대부분의 원추세포는 와(fovea)라는 망막의 중앙 부위에 모여 있는데, 이 부위에 눈은 가장 선명한 상을 맺는다. 와에는 간상세포가 거의 없다.

간상세포와 원추세포의 세포학적 기본 구조는 동일하다. 미토콘드리아가 많은 내부절편은 신경전달 분자가 담긴 수많은 소포가 들어 있다. 이 내부절편은 가느다란 연결부를 통해 외부절편과 연결되어 있는데, 외부절편은 수백 개의 납작한 원반 모양의 색소반이 쌓여 있다. 이 색소반의 막에 광 포획 분자인 광색소들이 들어 있다.

간상세포에 들어 있는 광색소를 로돕신(rhodopsin)이라고 한다. 로돕신은 단백질인 옵신(opsin)이 시스레티날(cis-retinal)에 결합된 구조이며, 시스레티날은 비타민A로부터 만들어진다(그림 43.18). 비타민A는 식물의 광합성 색소인 카로틴으로부터 생긴다. 원추세포의 광색소인 포톱신(photopsin)은 구조적으로 로돕신과 매우 유사하다. 사람은 세 가지의 원추세포를 가지는데, 각각은 조금씩 다른 아미노산 서열을 가지는 단백질에 결합된 시스레티날로 구성된 포톱신을 가진다. 이러한 차이는 최대흡수역(absorption maximum), 즉 색소에 의해 최대로 흡수되는 전자기 스펙트럼 구역을 변화시킨다(그림 43.19). 로돕신 안의 시스레티날의 최대흡수역은 500 nm이며, 세 가지 원추세포 포톱신의 최대흡수역은 각각 420nm(청색을 흡수), 530nm(녹색을 흡수), 560nm(적색을 흡수)이다. 이 포톱신들의 광 흡수 성질의 차이 때문에 세 가지 원추세포의 색각의 차이를 일으키며, 따라서 각각의 원추색포를 청색, 녹색, 적색 원추세포라고 한다.

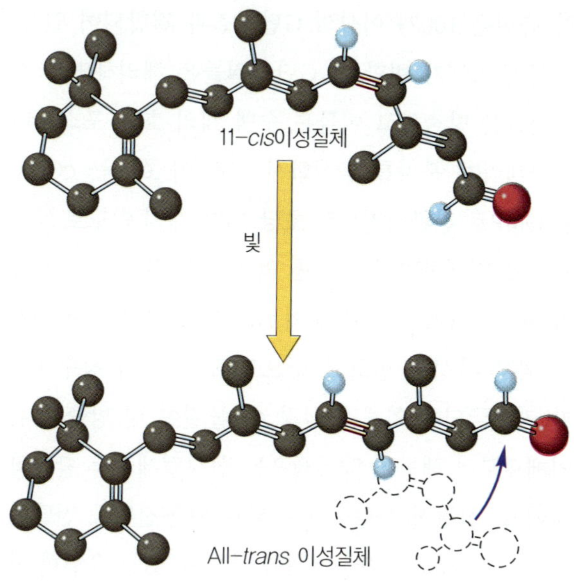

그림 43.18 | **빛의 흡수.**
광색소에 의해 빛이 흡수되면 빛을 포획하는 부위인 레티날의 11-*cis* 이성질체의 모양이 변한다. 즉, 말단의 선상 부위(오른쪽)가 한 이중결합(적색)을 기준으로 회전한다. 그 결과로 생기는 이성질체를 *all-trans* 레티날이라고 한다. 이와 같은 레티날의 형태 변화는 광수용기의 과분극을 일으키는 연쇄적 반응을 일으킨다.

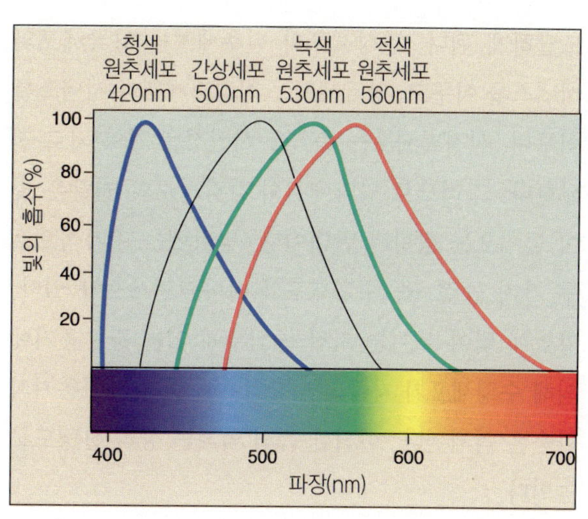

그림 43.19 | **색각.**
간상세포의 로돕신 안의 시스레티날의 최대흡수역은 500nm이다. 그러나 청색 원추세포의 최대흡수역은 420nm, 녹색 원추세포는 530nm, 그리고 적색 원추세포는 560nm이다. 뇌는 이 3가지 원추세포들의 활동을 조합하여 기타의 색깔을 인지한다.

대부분의 척추동물, 특히 주행성 동물은 여러 가지 곤충과 마찬가지로 색각을 가진다. 꿀벌은 근자외선의 빛을 볼 수 있다. 색각을 가지기 위해서는 여러 수용기 세포에 있는 한 가지 이상의 광색소가 있어야 하지만, 색각을 가지는 모든 동물이 사람이나 영장류처럼 세 가지 원추세포계를 가지는 것은 아니다. 가령, 어류, 거북, 조류는 네 가지 또는 다섯 가지 원추세포를 가지는데, 추가적 원추세포 때문에 이 동물들은 근자외선을 볼 수 있게 된다. 다람쥐를 비롯한 여러 포유동물은 두 가지 원추세포만을 가진다.

망막은 3층의 세포로 이루어져 있다(그림 43.20). 안구의 바깥쪽 면에 가장 근접해 있는 층은 원추세포와 간상세포로 구성되고, 그 다음 층에는 양극세포들이 있으며, 가장 안쪽에 있는 층에는 신경절세포들로 구성되어 있다. 그러므로 빛은 맨 먼저 신경절세포들을 통과한 다음, 양극세포를 거쳐서 광수용기에

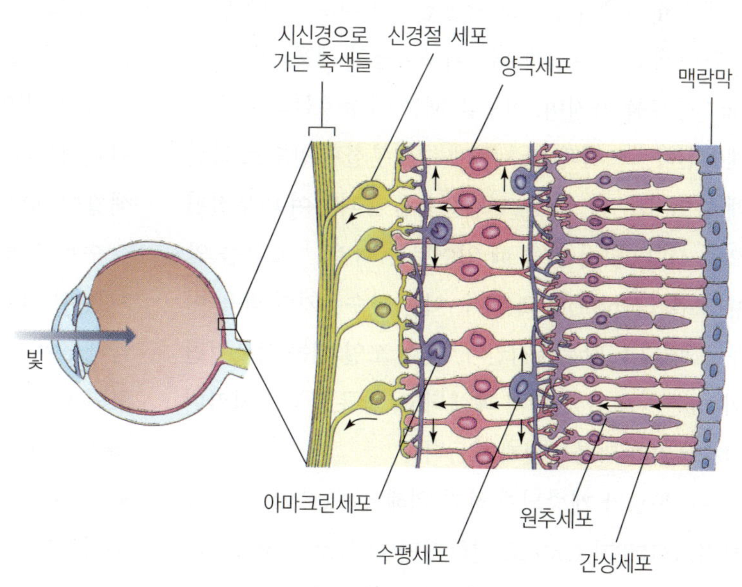

그림 43.20 | **망막의 구조.**
간상세포와 원추세포는 망막 뒤쪽에 위치하므로, 빛은 망막 내 다른 네 가지 세포를 통과하여 이들 세포에 도달하게 된다. 일단 광수용기들이 활성화되면 양극세포를 자극 하게 되고, 이들은 다시 신경절 세포를 자극한다. 따라서 망막에서 수용기 전위의 방향은 빛의 방향과 반대가 된다.

도달하게 된다. 간상세포와 원추세포는 양극세포와 시냅스를 이루고, 양극세포는 신경절세포와 시냅스를 이루며, 신경절세포는 충격을 시신경을 거쳐 뇌로 전달한다. 그러므로 망막에서의 감각정보의 전달은 빛이 들어오는 방향과 반대이다. 망막에는 추가적으로 두 가지 뉴런, 즉 수평세포와 아마크린세포가 있다. 망막에 빛이 쪼이는 지점 중심부에 있는 광수용기에 의해 수평세포가 자극되면 중심부 주변의 광수용기의 반응은 억제된다. 이러한 측면 억제는 상의 선명도를 높인다.

광수용기에서의 감각 변환

빛에너지가 신경 충격으로 변환되는 것은 감각 자극이 감지되는 보통의 방식과는 반대의 순서로 이루어진다. 이것은 어두움 속에서 광수용기가 양극세포를 과분극시키는 억제적 신경전달물질을 방출하기 때문이다. 그러므로 억제된 양극세포는 신경절세포에 흥분성 신경전달물질을 방출하지 않는다. 반면에 빛은 광수용기가 억제적 신경전달물질을 방출하는 것을 억제하고, 이 방식으로 양극세포와 나아가 신경절세포를 자극하게 되고 활동전위가 뇌로 전달된다.

간상세포와 원추세포는 외부절편의 세포막에 많은 Na^+ 통로를 가지며, 어두울 때는 이 통로들의 다수가 개방된다. 그 결과 Na^+은 계속 외부절편 안으로 확산해 들어가서 가느다란 연결섬유를 통과하여 내부절편으로 간다. 빛이 없을 때 일어나는 이 Na^+ 흐름을 암류(dark current)라고 하며, 이는 광수용기의 막을 어두울 때 다소 탈분극시킨다. 빛이 쪼일 때는 외부절편의 Na^+ 통로가 신속히 폐쇄되고, 암류를 감소시키며 광수용기가 과분극되게 만든다.

Na^+통로가 개방되게 하기 위해서는 cGMP가 필요하며, cGMP가 GMP로 전환되면 이 통로가 폐쇄된다는 것이 밝혀졌다. 빛이 어떻게 이러한 전환을 일으켜서 Na^+통로를 폐쇄시킬까? 광색소가 빛을 흡수할 때 시스레티날은 이성체화되어 옵신으로부터 해리된다. 이 해리의 결과 옵신 단백질의 모양은 변하게 된다. 각 옵신은 100개 이상의 G단백질과 결합되어 있다. 옵신의 형태가 변할 때 G단백질들은 해리하면서 소단위들을 방출하고 이들은 수백 개의 효소 포스포디에스테라제 분자를 활성화시킨다. 이 효소는 cGMP를 GMP로 전환시키므로 초당 1,000개의 속도로 Na^+ 통로를 폐쇄하면서 암류를 억제한다. 빛의 1개의 광자 흡수로 1백만 개 이상의 Na^+의 진입이 차단되나, K^+의 투과성은 변화가 없으므로 그 결과 광수용체가 과분극되어 억제적 신경전달물질이 덜 방출된다. 억제로부터 해방된 양극세포는 신경절세포를 활성화시키고, 신경절세포는 다시 뇌로 활동전위를 전달한다. 신경절세포는 활동전위를 만들 수 있는 유일한 망막뉴런이다.

척추동물 망막에서의 시각 형성 과정

신경절세포의 축색을 따라 전달되는 활동전위는 시상의 측면슬상핵이라는 구조물을 통해 대뇌피질의 후두엽으로 간다(그림 43.21). 이곳에서 뇌가 이 정보를 눈의 수용 영역에서의 특정 부위의 빛으로 해석한다. 하나의 신경절세포는 망막의 한 점의 시각정보를 점 대 점으로 뇌에 전달하고 뇌는 모든 점들을 종합하여 물체의 상을 이룬다. 또 각 신경절세포의 충격 빈도는 각 점의 빛의 세기에 대한 정보를 제공하고, 세 가지 원추세포와 연결된 신경절세포들의 상대적 활동으로 색깔에 대한 정보를 제공한다.

수용기, 양극세포, 신경절세포 사이의 관계는 망막의 부위마다 다르다. 와(fovea)에서 각 원추세포는 양극세포와 1 대 1로 연결되고, 각 양극세포는 신경절세포와 다시 1 대 1로 시냅스를 이룬다. 이 점 대 점 관계 때문에 와에서의 시각은 높은 정밀도를 나타낸다. 와 주변에서는 여러 간상세포들이 하나의 양극세포로 수렴하고, 여러 양극세포들이 다시 하나의 신경절세포로 수렴한다. 이러한 수렴으로 와 주변의 망막 부위는 와보다 희미한 빛에 더 민감하게 되지만 정밀도와 색각은 낮다. 이러한 이유로 밤하늘의 별을 보는 것처럼 희미하게 빛나는 물체를 볼 때 똑바로 보지 않고

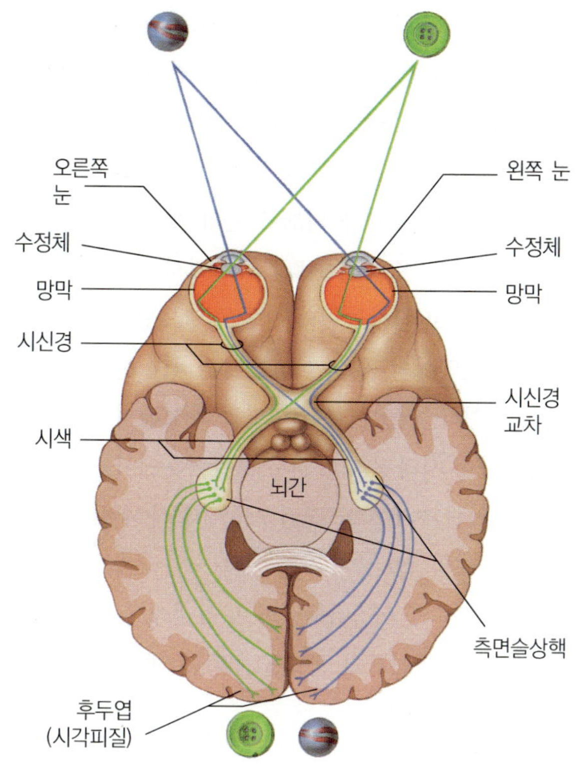

그림 43.21 | 시각정보의 이동 경로.
시신경의 활동전위는 망막으로부터 측면슬상핵으로 전달되고 다시 후두엽의 시각피질로 전달된다.
시신경섬유들은 망막 안쪽 면에서 시작해서 시신경교차를 거쳐 반대편으로도 뻗고 있다. 따라서 각 대뇌반구는 두 눈으로부터 모두 정보를 받는다.

약간 비껴 볼 때 더 잘 보이게 된다.

색맹(color blindness)은 유전적으로 한 가지 이상의 원추세포가 없을 때 생긴다. 정상 색각을 가지는 사람은 3색성이고, 두 가지 원추세포만 가지는 경우는 2색성이다. 가령 적색 원추세포를 가지지 않는 사람은 적색과 녹색을 분간하기 어렵다. 남자는 여자보다 색맹이 되기 쉬운데, 이는 해당 유전자가 X염색체에 있기 때문이다.

양안시

영장류나 대부분의 포식동물은 두 눈이 얼굴의 양 옆에 위치한다. 두 눈이 하나의 물체를 보도록 훈련되면 보는 각도 때문에 각각의 눈이 보는 상은 약간 다르게 된다. 이와 같은 상의 차이 때문에 양안시(binocular vision)가 생기며, 이로서 물체를 3차원적으로 보게 되고 물체의 깊이(원근)까지 볼 수 있게 된다.

반대로, 피식동물은 두 눈이 머리의 양 옆에 위치하여 양안시를 이루지 못하는 반면 보는 각도가 넓으며, 어떤 동물은 고개를 돌리지 않고 한꺼번에 360°를 볼 수 있다. 다수의 조류는 눈이 양 옆에 있고 각 망막에 두 개의 와가 있다. 그 중 한 개의 와는 정확한 전방 시각을 이루고(포유동물의 와처럼), 다른 한 개의 와는 정확한 측면 시각을 이룬다.

43.5 열, 전기, 자력을 이용한 일부 척추동물의 정위

감각 경험의 다양성

시각은 빛이 있는 환경에서 모든 척추동물이 이용하는 1차적 감각이지만 가시광선만이 척추동물이 주변 환경을 감지하는 데 이용하는 유일의 전자기적 스펙트럼은 아니다.

열

가시광선의 것보다 더 긴 파장을 가진 전자기 방사선은 광수용기가 감지하기에는 너무 낮은 에너지를 가진다. 적외선에서 나오는 방사선은 보통 우리가 방사열로 생각하는 것이다. 열은 물에 의해 쉽사리 흡수되므로 물 속에서 열은 환경 자극으로 작용하기 어렵다. 이와는 달리 공기 중에서는 열이 자극이 될 수 있다. 그러나 적외선을 감지할 수 있는 척추동물은 방울뱀뿐이다.

방울뱀은 머리 양쪽의 눈과 콧구멍 사이에 열을 감지하는 1쌍의 벽공기관(pit organ)을 가진다(그림 43.22). 각각의 벽공기관은 막으로 격리된 두 개의 방으로 이루어져 있다. 적외선이 이 막에 도달하여 막이 따뜻해지면, 막에 있는 열수용기가 자극받는다. 이 열

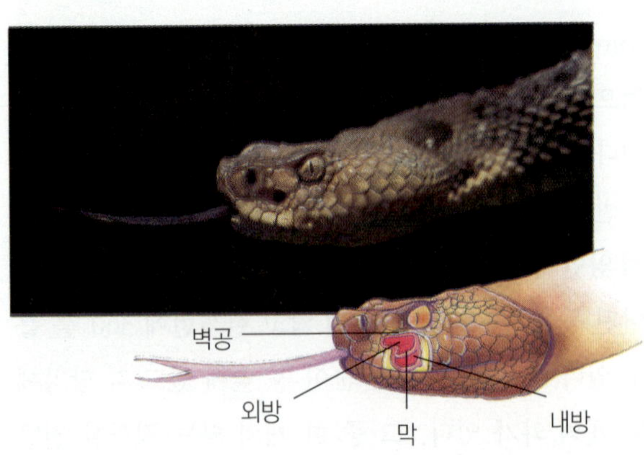

그림 43.22 | 열의 감지.
방울뱀의 눈과 콧구멍 사이의 오목한 부위에 벽공기관(pit organ)이 있다. 벽공기관은 막으로 분리된 2개의 방으로 이루어져 있다. Pit vipers로 알려진 뱀들은 적외선(열)을 감지하는 독특한 능력을 가지고 있다.

수용기의 본질은 아직 알려져 있지 않지만, 두 방에 뻗어 있는 온도 감지 뉴런으로 이루진 것 같다. 벽공기관은 양쪽에 있으므로 두 눈이 하듯이 입체적 정보를 제공하게 되고, 이 정보는 뇌의 다른 척추동물 시각중추에 해당하는 구조물에서 처리된다.

전기

공기와는 달리 물은 전기를 잘 전도한다. 모든 수생동물들은 근육 수축으로 전류를 발생하며, 많은 어류들이 이 전류를 감지할 수 있다. 전기어류는 특수 전기기관에서 전기를 발산하여 먹이나 짝의 위치를 파악하고 주변 환경에 대한 3차원적인 상을 만들 수 있다.

상어, 가오리 등의 판새어류는 로렌찌니 관상기관(the ampullae of Lorenzini)이라는 전기수용기를 가진다. 수용기 세포들은 젤리로 채워진 관을 통해 몸 표면의 구멍과 연결된 주머니 속에 들어 있다. 이 젤리는 양호한 전도체가 되므로 관의 개구부의 음전하가 기부에 있는 수용기를 탈분극시켜서 신경전달물질을 방출시키고 감각뉴런의 활동을 일으킨다. 이 때문에 상어는 먹이의 근육 수축으로 생기는 전기장을 감지할 수 있다. 경골어류에는 진화 과정에서 로렌찌니 관상기관이 사라졌지만 일부 경골어류에서는 로렌찌니 관상기관과 유사한 전기수용기가 다시 나타났다. 오리너구리의 전기수용기는 이와는 달리 독립적으로 진화된 것이다. 오리너구리의 부리에 있는 전기수용기는 어류나 갑각류가 근육을 수축할 때 생기는 전류를 감지할 수 있다.

자력

뱀장어, 상어, 꿀벌, 그리고 여러 조류는 지구의 자기장선을 따라 항해 하는 것으로 밝혀졌다. 일부 세균도 자력을 이용하여 방향을 정할 수 있다. 안보이게 가린 새장 속에 철새를 가두면, 매해 정해진 시기에 그들이 이동하던 방향을 따라 날아가려 한다. 그러나 만약 새를 자기장으로부터 차단된 새장에 가두어 두면 방향을 정확히 잡지 못한다. 이들 척추동물의 자기수용기에 대해선 많은 추측이 있어 왔지만, 그 기작에 대해선 거의 알려진 바가 없다.

CHAPTER 44

내분비계

척추동물의 조직과 기관은 협동하여 체내 환경의 항상성을 유지하고 생식 등과 같은 기능을 조절한다. 항상성은 몸의 모든 기관이 관련된 여러 조절 기작의 작용을 통하여 이루어진다. 두 가지 기관계가 체내 기관들의 조절에 관여하는데, 이는 신경계와 내분비계이다. 이 두 기관계는 조절 분자들을 방출하여 체내기관들을 조절하는데, 이들은 맨 처음 이 체내기관들의 세포 속이나 표면에 있는 수용체 단백질에 결합한다. 이 장에서는 이 조절분자들, 이 분자들을 만드는 세포나 샘, 그리고 이 분자들이 몸의 활동을 어떻게 조절하는지 알아본다.

44.1 화학전달 물질을 통한 조절

조절 분자의 종류

이미 알아본 바와 같이, 뉴런의 축색은 신경전달물질이라는 화학전달물질을 시냅스 간극으로 분비한다. 이 화학물질은 짧은 거리를 확산 시냅스후막에 도달한 다음 수용체 단백질에 결합하여 시냅스후 세포를 자극한다. 시냅스 전달은 일반적으로 이 신경전달물질을 받는 단 하나의 시냅스후 세포에만 영향을 미친다.

호르몬(hormone)은 내분비선(endocrine gland)이나 내분비 기능을 하는 기관에 의해 혈액 안으로 분비되는 조절 화학물질이다. 혈액은 호르몬을 몸의 모든 세포로 운반하지만 특정 표적세포(target cell)만이 특정 호르몬에 반응할 수 있다. 그러므로 신경전달물질과 호르몬의 차이는 조절 분자의 화학적 성질에 있는 것이 아니라 표적세포까지 운반되는 방식과 표적세포로부터의 거리에 있다. 가령 노르에피네프린은 교감신경 말단에서 신경전달물질로서 방출되기도 하고 부신에서 호르몬으로서 분비되기도 한다.

일부 특수 뉴런은 화학전달물질을 좁은 시냅스간극으로 분비하는 것이 아니라 혈액 안으로 방출한다. 이런 경우, 이 뉴런이 분비하는 화학물질을 신경호르몬(neurohormone)이라고 하기도 한다. 이러한 분자들을 고려하다 보면 신경계와 내분비계의 구별이 애매해지기도 한다. 실제로 뇌의 어떤 뉴런은 내분비 기능을 하는 호르몬을 분비한다.

어떤 화학 분자는 기관 내에 분비되어 그 기관 안에서 국부적 조절 인자로 작용하기도 한다. 이런 방식으

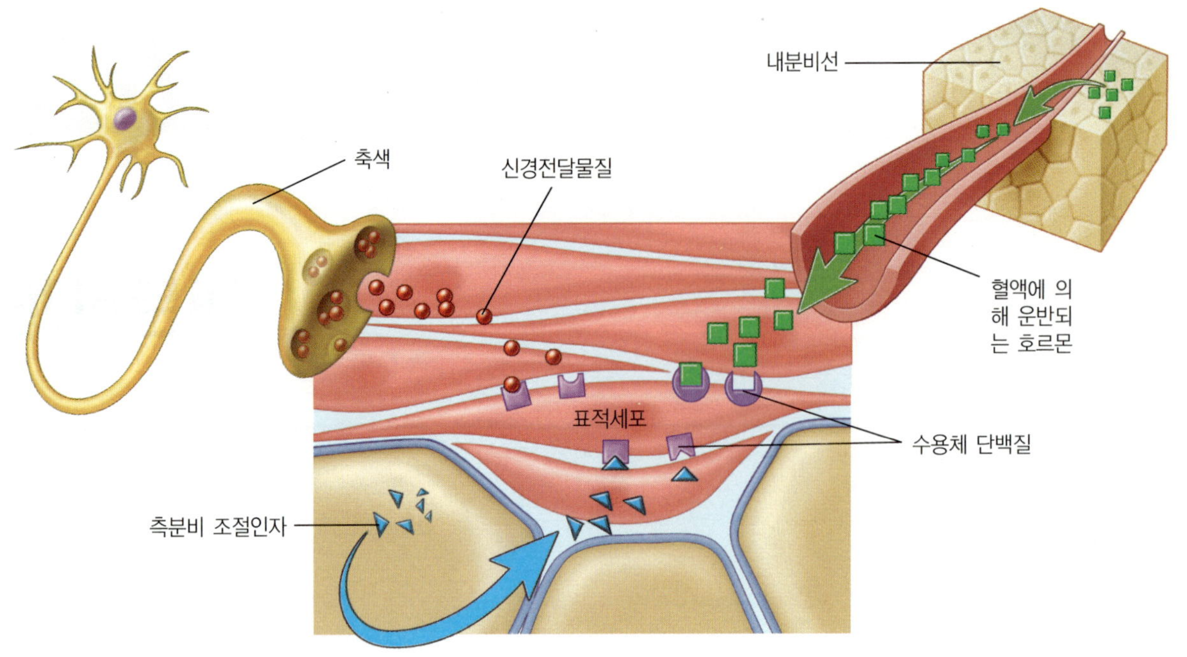

그림 44.1 | 화학전달물질의 종류.
기관의 기능은 신경적, 측분비적, 내분비적 조절인자의 영향을 받는다. 각 종류의 화학 조절 인자는 특수한 방식으로 표적 기관의 세포 표면 또는 안에 있는 수용체 단백질과 결합한다.

로 한 기관 내 세포들이 서로를 조절하게 되는데, 이러한 종류의 조절은 조절 분자가 혈액으로 운반되지는 않기에 내분비적인 것은 아니지만 호르몬과 유사한 방식으로 표적세포를 조절하므로 이러한 조절을 측분비(paracrine)라고 한다. 주변 환경에 방출되는 또 다른 형태의 화학전달물질을 페로몬(pheromone)이라고 한다. 이 전달물질은 한 동물 내 조절에 관여하는 것이 아니라 동물 사이의 의사소통에 이용된다(그림 44.1).

내분비선과 호르몬

내분비계에는(그림 44.2) 갑상선, 뇌하수체, 부신 등과 같은 내분비선으로만 기능하는 모든 기관과 다른 기능을 가지면서 호르몬을 분비하는 기관들이 포함된다(표 44.1). 내분비선 세포들은 화학적 신호를 주변의 모세혈관에 분비하는 반면, 외분비선은 그 생산물을 관으로 분비하여 운반한다.

내분비선에 의해 분비되는 호르몬은 화학적으로 다음의 4가지로 구분된다.

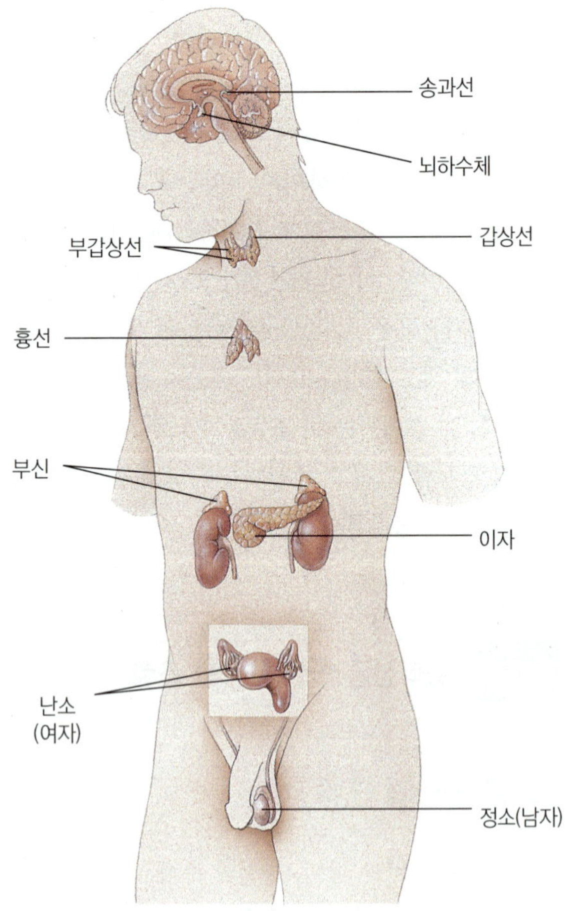

그림 44.2 | 사람의 내분비계.
주요한 내분비선을 보여주고 있다. 그러나 다른 많은 기관들이 그들의 일차적 기능 외에 호르몬 분비 기능을 가지고 있다.

표 44.1 주요 내분비선과 그 호르몬

내분비선과 호르몬	표적 조직	주요 작용	화학적 성질
뇌하수체 후엽			
항이뇨호르몬(ADH : antidiuretic hormone)	신장	수분 재흡수 자극, 수분 보유	펩티드(9 아미노산)
옥시토신(oxytocin)	자궁	수축을 자극	펩티드(9 아미노산)
	유선	모유 분비 자극	
뇌하수체 전엽			
성장호르몬(GH : growth hormone)	여러 기관	단백질 합성 증진과 지방 분해를 통한 성장의 자극	단백질
부신피질자극호르몬(ACTH : adrenocorticotropic hormone)	부신피질	코르티졸 등의 부신피질호르몬의 분비를 자극	펩티드(39 아미노산)
갑상선자극호르몬(TSH : thyroid-stimulating hormone)	갑상선	티록신 분비를 자극	당단백질
황체호르몬(LH : luteinizing hormone)	생식소	여성의 배란과 황체 형성을 자극, 남성에서 테스토스테론 분비를 자극	당단백질
여포자극호르몬(FSH : follicle-stimulating hormone)	생식소	남성의 정자 형성을 자극, 여성의 난소여포 발달을 자극	당단백질
프로락틴(PRL : prolactin)	유선	모유 생산을 자극	단백질
멜라닌세포자극호르몬(MSH : melanocyte-stimulating hormone)	피부	파충류와 양서류의 체색 변화를 자극, 포유동물에서는 기능 불명	2가지 펩티드 (13 아미노산 및 22 아미노산)
갑상선			
티록신(thyroxine, 갑상선호르몬)	대부분의 세포	대사 속도 촉진, 정상 성장과 발육에 필수적	요오드가 함유된 아미노산
칼시토닌(calcitonin)	뼈	골격에서의 칼슘 유출을 억제하여 혈액의 칼슘 농도를 낮춤	펩티드(32 아미노산)
부갑상선			
부갑상선호르몬(parathyroid hormone)	뼈, 신장, 소화관	뼈의 분해를 자극하여 혈액의 칼슘 농도를 상승시킴, 신장에서의 칼슘 재흡수를 자극. 비타민 D를 활성화시킴	펩티드(34 아미노산)
부신수질 에피네프린(아드레날린) 및 노르에피네프린(노르아드레날린)	평활근, 심근, 혈관	스트레스 반응을 일으킴. 심장박동, 혈압, 대사속도를 증가시킴. 혈관확장. 혈당 농도 상승. 지방의 이동성을 증가시킴.	아미노산 유도체
부신피질			
알도스테론(aldosterone)	신장 세관	Na^+와 K^+ 이온 균형 유지	스테로이드
코르티졸	여러 기관	장기간 스트레스에 대한 적응, 혈당 수준 증가, 지방이동성 증가	스테로이드
이자			
인슐린(insulin)	간, 골격근, 지방조직	혈당 수준 하락, 간에서의 글리코겐 저장 자극	펩티드 (51 아미노산)
글루카곤(glucagon)	간, 지방 조직	혈당 수준 증가, 간에서의 글리코겐 분해 자극	펩티드(29 아미노산)
난소			
에스트라디올(estradiol)	일반 조직	여성의 2차 성징 발현 자극	스테로이드
	여성 생식기계	사춘기에 생식기관 발육 자극, 자궁의 매달 임신준비를 자극	

표 44.1 주요 내분비선과 그 호르몬(계속)			
내분비선과 호르몬	**표적 조직**	**주요 작용**	**화학적 성질**
프로게스테론(progesterone)	자궁 유선	임신 준비를 완료시킴 발육을 자극	스테로이드
정소			
테스토스테론(testosterone)	여러 기관 남성 생식기관	남성의 2차 성징 발현을 자극 생식기관 발육을 자극, 정자형성 자극	스테로이드
송과선			
멜라토닌(melatonin)	생식소, 색소세포	기능이 잘 알려지지 않음. 일부 척추동물의 색소 형성에 영향을 줌. 일부 동물의 생체리듬 조절. 사람의 사춘기 개시에 영향을 줌.	아미노산 유도체

1. **폴리펩티드.** 약 100개 아미노산 이하의 짧은 사슬로 이루어져 있다. 인슐린과 항이뇨호르몬(ADH)이 그 예이다.
2. **당단백질(glycoprotein).** 100개보다 훨씬 많은 아미노산들로 구성된 폴리펩티드로서 여기에 탄수화물이 결합되어 있다. 여포자극호르몬(FSH)와 황체호르몬(LH)이 그 예이다.
3. **아민.** 아미노산 티로신과 트립토판으로부터 생기며 부신수질, 갑상선, 송과선에서 분비되는 호르몬이 이에 속한다.
4. **스테로이드.** 콜레스테롤로부터 생긴 지질로서 테스토스테론, 에스트라디올, 프로게스테론, 알도스테론, 코르티졸이 이에 속한다.

스테로이드 호르몬은 또 정소, 난소, 태반, 부신피질에서 분비되는 성 스테로이드(sex steroids)와 부신피질에서만 분비되는 코르티코스테로이드(corticosteroids)로 구분된다. 코르티코스테로이드에는 포도당 균형을 조절하는 코르티졸과 염류 균형을 조절하는 알도스테론이 포함된다.

부신수질에서 분비되는 카테콜아민(catecholamines)이라고 하는 아민 호르몬에는 에피네프린(아드레날린)과 노르에피네프린(노르아드레날린)이 포함된다. 이 호르몬들은 아미노산 티로신에서 기원한다. 갑상선에서 분비하는 티록신도 티로신으로부터 기원한다. 송과선은 이와 다른 아민 호르몬이자 트립토판으로부터 기원하는 멜라토닌을 분비한다.

호르몬들은 지방에 녹는 지용성 호르몬과 물에 녹는(극성인) 수용성 호르몬으로 구분된다. 지용성 호르몬(lipophilic hormone)에는 스테로이드 호르몬과 티록신이 포함되며, 기타의 모든 호르몬은 수용성 호르몬이다. 이 구분은 호르몬이 표적세포를 조절하는 방식을 이해하는 데 중요하다.

신경과 내분비선의 상호작용

내분비계는 그 자체만으로도 매우 중요한 조절계이지만 신경계와 상호작용하고 협동하여 다른 기관계의 활동을 조절하기도 한다. 여러 내분비선의 분비 활동은 신경계의 통제를 받는데, 이러한 내분비선으로는 부신수질, 뇌하수체 후엽, 송과선이 있다. 이 3개 선은 신경계를 구성하는 동일한 배 조직층인 신경 외배엽으로부터 기원한다. 그러나 내분비계의 신경적 조절을 수행하는 주요 부위는 뇌이다. 시상하부는 뇌하수체 전엽의 호르몬 분비를 조절하고, 뇌하수체 전엽은 또 다른 내분비선을 조절한다. 반면에 많은 호르몬들의 분비는 보통 신경계 조절을 받지 않는다. 가령, 이자에 의한 인슐린의 방출과 부신피질에 의한 알도스테론의 방출은 각각 주로 혈액 내의 포도당과 칼륨 농도의 증가에 의해 자극된다.

측분비 조절

측분비 조절은 여러 기관과 면역계의 여러 세포들에서 일어난다. 이 조절분자들 중 일부는 사이토카인(cytokines)이라고 알려져 있는데, 특히 이 분자들이 면역계의 세포들을 조절할 때 그렇게 부른다. 그 외의 측분비 조절인자들은 성장인자(growth factors)라고 하는데, 이는 특정 기관의 성장과 세포분열을 촉진하기 때문이다. 그 예로는 혈소판유래 성장인자, 표피생장인자, 인슐린유사 성장인자가 있는데, 이들은 표적세포의 세포분열과 증식을 자극한다. 신경 성장인자는 뉴로트로핀(neurotrophins)이라는 신경계 측분비 조절인자 집단에 속하는 조절분자이다.

신경전달물질처럼 작용할 수 있는 일산화질소는 혈관의 내피에서도 생산된다. 이 물질은 혈관의 평활근층으로 확산하여 혈관확장을 촉진하므로 일종의 측분비 소설인자이다. 혈관의 내피는 또 혈관수축을 자극하는 엔도텔린(endothelin)이나 혈관확장을 촉진하는 브라디키닌(bradykinin)을 포함한 다른 측분비 조절인자도 생산한다. 이 측분비 조절은 자율신경에 의한 혈관 조절에 보조적 기능을 한다.

가장 다양한 측분비 조절인자 집단은 프로스타글란딘(prostaglandins)이다. 프로스타글란딘은 20개 탄소 길이의 지방산이다. 이 분자는 전구 분자인 아라키돈산(arachidonic acid)으로부터 생기며, 아라키돈산은 호르몬이나 다른 자극에 의해 세포막의 인지질로부터 방출된다. 프로스타글란딘은 거의 모든 기관에서 생산되며 다음과 같은 여러 조절 기능에 관여한다.

1. **면역계**. 프로스타글란딘은 통증과 발열과 함께 여러 가지 염증 현상을 일으킨다. 프로스타글란딘 합성을 억제하는 약품은 이 증상을 완화시키는 역할을 한다.
2. **생식계**. 프로스타글란딘은 배우자 운반, 출산, 배란 등의 생식 기능을 조절한다. 과다한 프로스타글란딘 생산은 조산, 자궁내막증, 생리통을 일으킨다.
3. **소화계**. 위와 장에서 생산된 프로스타글란딘은 위액 분비를 억제하고 장 운동과 수분 흡수에 영향을 준다.
4. **호흡계**. 일부 프로스타글란딘 종류는 수축을 일으키는 반면, 어떤 종류의 프로스타글란딘은 폐의 혈관이나 기관지 평활근의 이완을 일으킨다.
5. **순환계**. 프로스타글란딘은 혈액응고 과정에서 혈소판이 적합하게 기능하는 데 필요하다.
6. **배설계**. 신수질에서 생산된 프로스타글란딘은 혈관확장을 일으켜 신장의 혈류를 증가시키고 오줌의 배설을 증가시킨다.

아스피린은 프로스타글란딘의 합성을 억제한다. 아스피린은 비스테로이드성 항염증 약품(nonsteroidal anti-inflammatory drugs: NSAIDs)으로 널리 이용된다. 인도메타신이나 이부프로펜도 NSAIDs에 속하는데, 이 약품들은 아라키돈산으로부터 프로스타글란딘이 만들어지는 데 필요한 효소 사이클로옥시게나제-2(cox-2)를 특이적으로 억제한다. 이 작용을 통하여 NSAIDs는 염증과 이에 수반된 통증을 억제한다. 불행하게도 NSAIDs는 소화관벽을 유지하는 데 도움을 주는 다른 유사한 효소인 cox-1도 억제하여 위 출혈이나 혈액응고 지연과 같은 부작용도 일으킨다. 새로 개발된 진통제인 셀레콕시브는 cox-2는 억제하지만 cox-1은 억제하지 않기 때문에 관절통 환자 등과 같은 지속적으로 진통제가 필요한 사람에게 혜택을 주고 있다.

44.2 지용성 호르몬과 극성 호르몬의 작용 방식

세포 안으로 들어가는 호르몬

이미 언급한 바와 같이 호르몬은 지용성인 것과 수용성인 것으로 구분할 수 있다. 모든 스테로이드 호르몬과 티록신은 지용성 호르몬으로 쉽사리 세포 안으로 들어가는데, 이는 원형질막이 주로 지질로 이루어져 있기 때문이다. 이와 달리 수용성 호르몬은 원형질막을 통과하지 못하며, 막 수용체를 통하여 표적세포를 조절한다.

스테로이드 호르몬은 그 자신이 지질이므로 지용성이고, 티록신은 극성 아미노산 티로신으로부터 만들어지는 동안 비극성으로 전환되기 때문에 지용성이다. 이 호르몬들은 수용성이 아니므로 혈장에 녹지 않으며, 혈액 내에서 단백질 운반체에 부착한 채 이동한다. 이 호르몬이 표적세포에 도달하면 운반체에서 떨어져 나와 원형질막을 통과해 표적세포 안으로 들어간다(그림 44.3). 그런 다음 일부 스테로이드 호르몬은 세포질 안의 특정 수용체에 결합하여 호르몬-수용체 복합체를 이루고 이 복합체가 핵 안으로 들어간다. 다른 스테로이드 호르몬은 수용체와 만나기 전에 직접 핵 안으로 들어간다.

지용성 호르몬이 결합하여 활성화된 호르몬 수용체는 DNA의 특정 부위에 결합할 수 있게 된다. 이 DNA 부위를 호르몬 반응요소라고 한다. 호르몬-수용체 복합체가 이 DNA 부위에 결합하면, 이 DNA 부위의 전사 수준은 크게 달라진다. 전사가 활성화되면 mRNA가 만들어지고, 이 mRNA는 특정 단백질 합성을 일으킨다. 이 단백질은 대개 표적세포의 대사를 변화시키는 작용을 한다.

갑상선호르몬의 작용 기작은 스테로이드호르몬의 작용 기작과 유사하다. 티록신은 4개의 요오드를 가지므로 흔히 T_4(tetraiodothyronine)로 나타낸다. 갑상선은 이와 유사한 3개의 요오드를 가지는 트리요도티

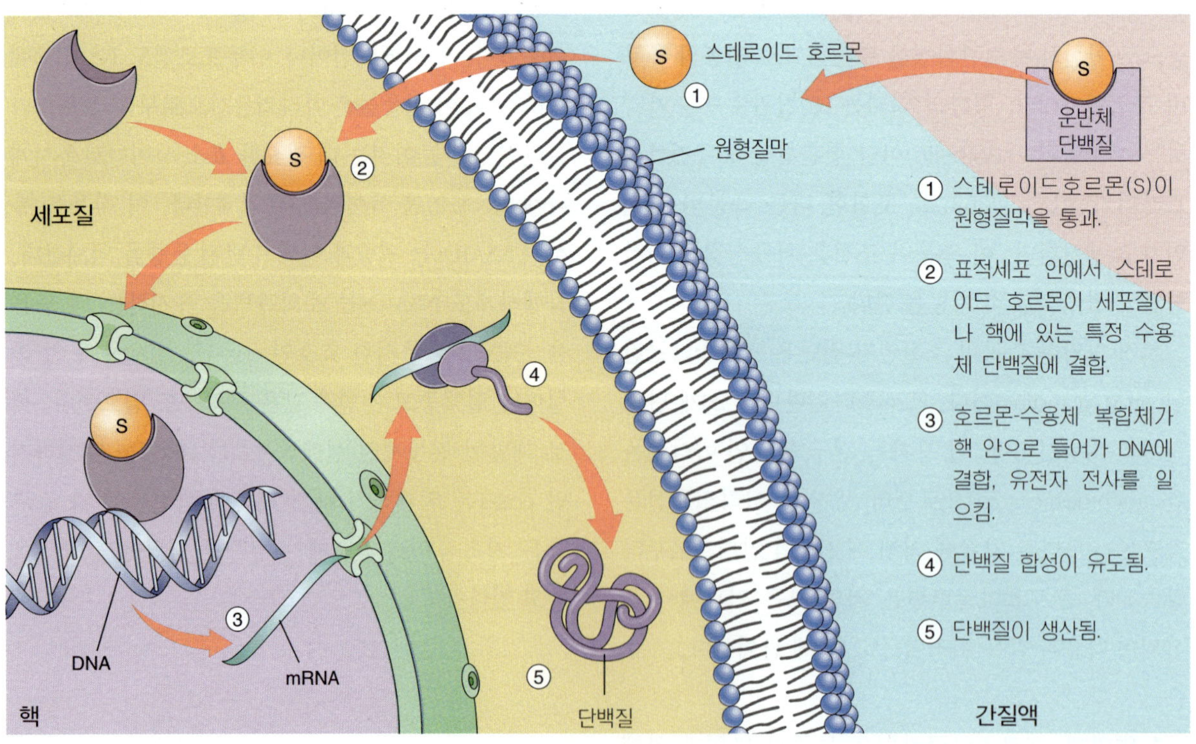

그림 44.3 | 스테로이드 호르몬의 작용 기작.
스테로이드 호르몬은 지용성으로서 원형질막을 쉽사리 통과하며, 세포질이나 핵 안의 수용체 단백질에 결합한다. 세포질 내 수용체에 결합할 경우 호르몬-수용체 복합체가 핵 안으로 이동한 다음, DNA의 특정 부위에 결합하여 mRNA 합성을 자극한다.

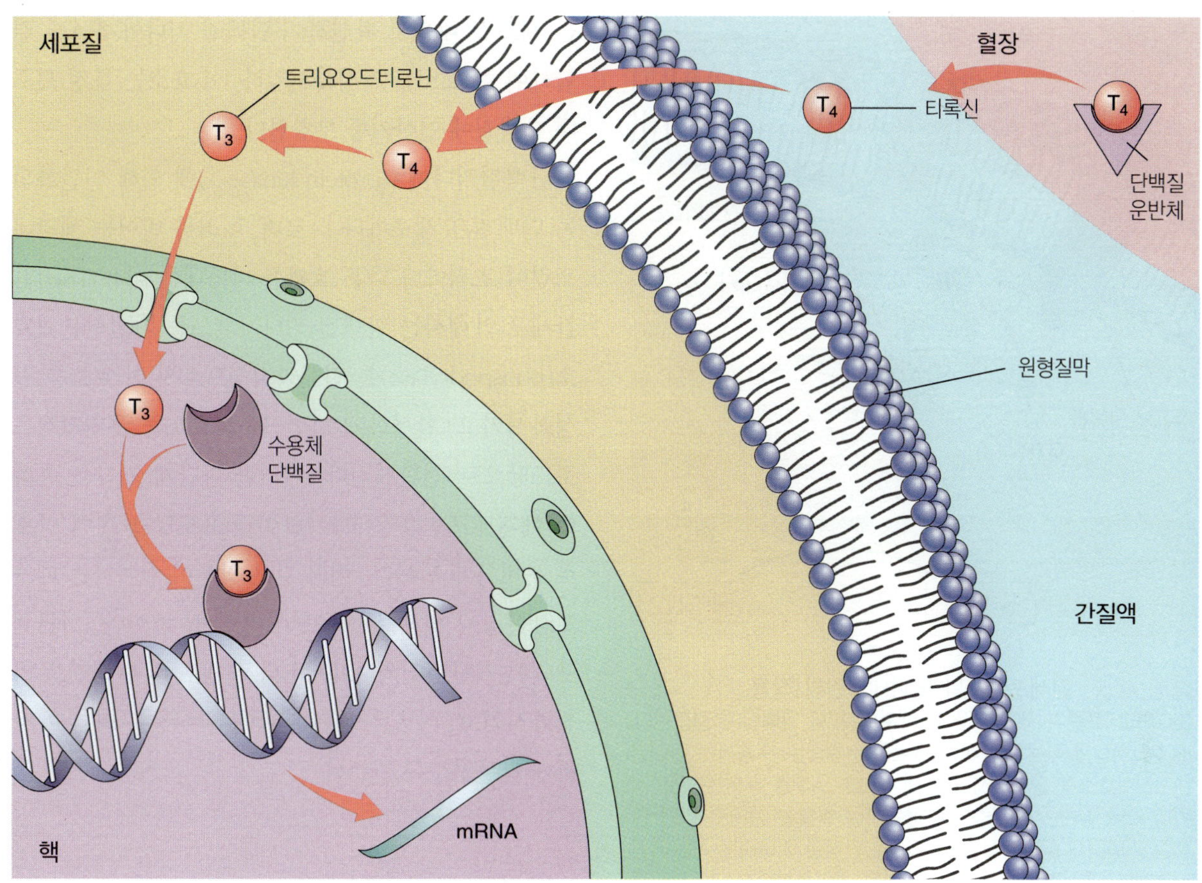

그림 44.4 | 티록신의 작용 기작.
지용성인 티록신은 4개의 요오드를 가진다. 티록신은 표적세포에 들어가면 3개의 요오드를 가지는 트리요오드티로닌으로 변한다. 이 호르몬은 핵 안으로 들어가서 핵 내 수용체에 결합한다. 그런 다음, 호르몬-수용체 복합체는 DNA에 결합하여 유전자 전사를 자극한다.

로닌(T_3)도 소량 분비한다. 이 두 호르몬은 표적세포 안으로 들어가지만, 세포 안으로 들어간 모든 T_4는 T_3로 전환된다(그림 44.4). 그러므로 T_3만이 핵 안으로 들어가서 핵 내 수용체 단백질에 결합하게 된다. 이 복합체는 다시 DNA에 있는 적합한 호르몬 반응 요소에 결합한다.

세포 안으로 들어가지 않는 호르몬

모든 펩티드 호르몬, 당단백질 호르몬, 그리고 카테콜아민 호르몬인 에피네프린과 노르에피네프린은 너무 크거나 너무 극성이 커서 원형질막을 통과하지 못한다. 이 호르몬들은 원형질막 표면에 있는 수용체 단백질에 결합하며, 세포 안으로는 들어가지 못한다. 그러므로 이 호르몬들의 영향이 발현되기 위해서는 2차전령이 필요하다. 여러 가지 분자들이 2차전령의 역할을 한다. 호르몬과 이의 수용체가 결합하면 원형질막내의 기작을 활성화시켜 표적세포의 세포질 안에 있는 2차전령의 농도가 상승한다.

수용성 호르몬과 수용체의 결합은 가역적이다. 호르몬은 수용체와 결합하여 2차전령 체계를 활성화시키고 나면 수용체로부터 해리하여 혈액 안으로 나와 다른 표적세포로 이동할 수 있다. 나중에는 효소가(주로 간에서) 이 호르몬을 불활성인 유도체로 전환시킴으로써 분해한다.

cAMP 2차전령계

에피네프린의 작용은 2차전령계의 한 예라고 할 수 있다. 에피네프린은 알파아드레날린 수용체와 베타아

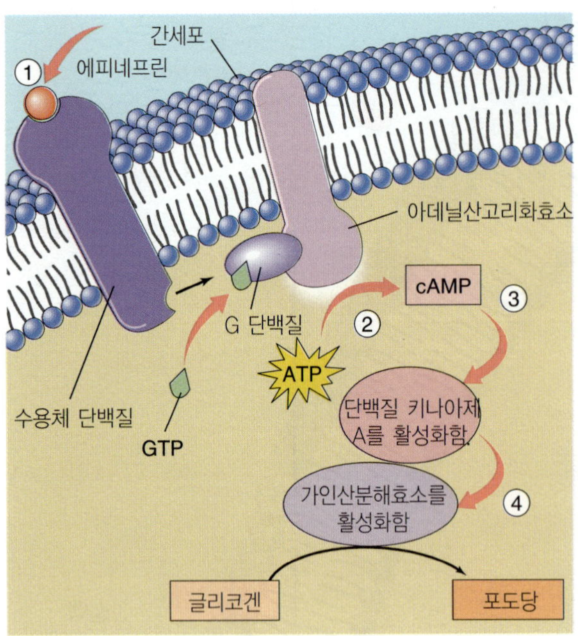

그림 44.5 | 간세포에서의 에피네프린의 작용.
(1) 에피네프린이 세포 표면의 특수 수용체 단백질에 결합한다. (2) G단백질의 작용을 통하여 호르몬이 결합된 수용체는 아데닐산고리화효소를 활성화시키고, 이 효소는 ATP를 cAMP로 전환시킨다. (3) cAMP는 2차전령으로 작용하여 불활성 상태로 있던 단백질 키나아제 A를 활성화시킨다. (4) 단백질 키나아제 A는 가인산분해효소를 활성화시키고, 활성화된 가인산분해효소는 글리코겐이 포도당으로 가수분해되는 것을 촉매한다.

드레날린 수용체라는 두 가지 수용체에 결합할 수 있다. 에프네프린과 이 두 수용체의 결합은 표적세포에서 다른 2차전령계를 활성화시킨다.

1960년대 초에 서더랜드(E. Sutherland)는 간세포의 원형질막에서 에피네프린이 β-아드레날린 수용체에 결합할 때 cAMP(cyclic AMP)가 2차전령 역할을 한다는 것을 보여주었다(그림 44.5).

β-아드레날린 수용체는 G단백질(G proteins)이라는 막 단백질에 결합되어 있다. 각 G단백질은 3개의 소단위로 구성되어 있는데, 이 수용체에 에피네프린이 결합하면 G단백질 소단위 중 하나가 다른 두 소단위로부터 분리된다. 그런 다음 이 소단위는 원형질막 안에서 확산하여 불활성 상태로 있는 막 내 효소인 아데닐산고리화효소(adenylyl cyclase)와 만나 이를 활성화시킨다. G단백질 소단위에 의해 활성화된 아데닐산고리화효소는 ATP로부터 cAMP를 만드는 것을 촉매한다. 원형질막의 안쪽 표면에서 만들어진 cAMP는 세포질 내에서 확산하여 단백질 키나아제 A에 결합하여 이 효소를 활성화시킨다. 이 효소는 특정 세포 내 단백질에 인산기를 부착한다.

단백질키나제A(protein kinase-A)에 의해 인산화되는 단백질은 세포마다 다르며, 이러한 변이는 에피네프린이 조직마다 다른 효과를 나타내는 이유가 된다. 간세포 안에서는 단백질 키나아제 A는 가인산분해효소(phosphorylase)를 인산화시킴으로써 이 효소를 활성화시키고, 활성화된 가인산분해효소는 글리코겐을 포도당으로 전환시킨다. 이러한 다단계 기작을 통하여 에피네프린은 간으로 하여금 포도당을 혈액 안으로 분비하게 만든다. 이와 같은 작용이 일어나는 때는 교감신경에 의해 부신수질이 자극될 때이다. 심근세포에서는 단백질기나제A가 다른 세포 내 단백질을 인산화시키고, 이 인산화된 단백질은 심장을 빠르고 강하게 박동하도록 만든다.

IP_3/CA^{++} 2차전령계

에피네프린이 α-아드레날린 수용체에 결합하면 아데닐산고리화효소가 활성화되거나 cAMP의 생산이 일어나지는 않는다. 그 대신 다른 종류의 G단백질을 통하여 다른 막결합 효소인 포스포리파아제C를 활성화시킨다(그림 44.6). 이 효소는 일부 막 인지질을 분해하여 2차전령인 IP_3(inositol triphosphate)를 만든다. IP_3는 원형질막에서 세포질로 확산하여 소포체 표면에 있는 수용체에 결합한다. 소포체의 기능 하나는 능동수송으로 세포질 내에 있는 Ca^{++}을 소포체 안으로 축적시키는 일이다. 다른 펌프는 세포질 내의 Ca^{++}를 세포 밖으로 퍼낸다. 이 두 기작으로 세포질의 Ca^{++} 농도는 매우 낮게 된다. 그 결과 세포질과 소포체 사이, 그리고 세포질과 세포외액 사이에는 커다란 칼슘 농도구배가 생긴다,

IP_3가 소포체의 수용체에 결합하면 소포체가 자극되어 저장하고 있던 Ca^{++}을 방출한다. 또 원형질막에 있는 칼슘통로도 열려서 Ca^{++}이 세포 안으로 확산하게 된다. 세포질 안으로 갑자기 들어온 Ca^{++}의 일부

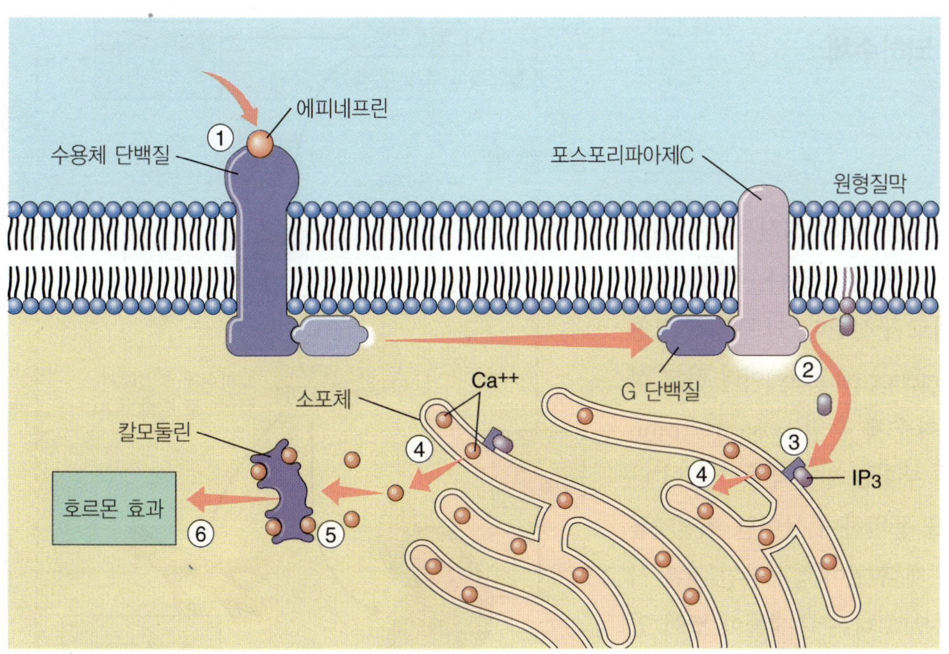

그림 44.6 | IP_3/CA^{++}2차전령계.
(1) 에피네프린이 세포 표면에 있는 특정 수용체 단백질에 결합한다. (2) G단백질의 작용을 통하여 호르몬이 결합된 수용체는 포스포리파아제C를 활성화시키고, 이는 막의 인지질을 IP_3로 전환시킨다. (3) IP_3는 세포질로 확산하여 소포체에 있는 수용체에 결합한다. (4) IP_3가 수용체에 결합하면 소포체는 Ca^{++}을 세포질 안으로 방출한다. (5) 방출된 Ca^{++}의 일부는 칼모둘린에 결합한다. (5) Ca^{++}/칼모둘린 복합체는 다른 세포 내 단백질을 활성화시켜서 결국 호르몬의 효과가 나타나게 한다.

는 칼모둘린이라는 단백질에 결합한다. 칼모둘린은 cAMP와 유사한 조절 기능을 가진다. 칼모둘린의 작용 중 한 가지는 다른 종류의 단백질 키나아제를 활성화시켜서 일부 세포 내 단백질들의 인산화를 일으키는 것이다.

다수의 2차전령계를 가짐으로서 생기는 이점은 무엇일까? 간세포에서의 에피네프린과 인슐린의 길항적 작용을 생각해 보자. 에피네프린은 cAMP를 2차전령으로 이용하여 글리코겐이 포도당으로 가수분해되는 것을 촉진하는 반면, 인슐린은 포도당으로부터 글리코겐이 합성되는 것을 자극한다. 분명히 인슐린은 cAMP를 2차전령으로 이용할 수 없다. 비록 인슐린의 정확한 작용 기작은 아직 분명하지 않으나 인슐린은 부분적으로는 IP_3/Ca^{++}2차전령계를 통하여 작용한다.

모든 크고 극성인 호르몬이 표적세포의 세포질 내에 있는 2차전령의 농도를 높여서 그 작용을 나타내는 것은 아니다. 어떤 것은 이온통로라는 막 단백질의 모양의 변화를 일으킨다. 만약 이 통로가 정상적으로 닫혀 있을 경우 그 모양의 변화는 개방을 일으켜서 특정 이온이 농도구배에 따라 세포 안으로 들어가거나 세포 밖으로 나갈 것이고, 이 이온통로가 정상적으로 열려 있는 것이라면 화학전달물질은 통로를 닫게 만들 것이다. 가령 일부 호르몬은 평활근 원형질막의 Ca^{++}통로 열게 하며, 어떤 호르몬은 닫게 만든다. 그 결과 근수축의 정도가 커지거나 약해진다.

이온통로의 모양 변화에 관한 분자적 기작은 2차전령을 활성화시키는 기작과 유사하다. 먼저 호르몬이 표적세포 표면의 수용체 단백질에 결합한다. 이 수용체 단백질은 G단백질을 이용하여 이온통로에 신호를 보내 모양이 변하게 만든다.

비록 G단백질은 여러 호르몬의 기능에서 중요한 역할을 하지만 호르몬의 모든 작용에 필요한 것은 아니다. G단백질이 관여하지 않는 경우 수용체 단백질이 이온통로이거나 효소나 이온통로에 직접 연결되어 있다.

44.3 시상하부와 뇌하수체

뇌하수체 후엽

뇌하수체(pituitary gland)는 뇌의 시신경교차 뒤쪽에서 시상하부에 자루를 통해 달려 있다. 현미경으로 보면 뇌하수체는 두 부위로 구성된다. 앞쪽은 샘 모양으로서 뇌하수체 전엽(anterior pituitary)이라 하고 섬유상인 뒤쪽 부위는 뇌하수체 후엽(posterior pituitary)이라고 한다. 이 두 부위는 발생학적 기원이 다르고 서로 다른 호르몬을 분비하며 상이한 조절계를 통하여 조절된다. 뇌하수체 후엽이 섬유상인 것은 시상하부에 있는 세포체로부터 나온 축색들이 뻗어 있기 때문이다.

뇌하수체 후엽의 내분비적 역할은 1912년에 알려졌는데, 이때 머리에 총을 맞은 한 사람이 30분마다 계속 오줌을 배설하였다. 총알은 뇌하수체에 박혀있었다. 그 후의 연구 결과 뇌하수체를 제거해도 이 증상이 나타난다는 것을 알게 되었다. 뇌하수체의 추출물은 신장으로 하여금 수분을 보유하게 만들었고, 1950년대에 연구자들은 뇌하수체 후엽에서 신장으로 하여금 수분을 보유하게 하는 펩티드인 항이뇨호르몬(ADH : antidiuretic hormone 또는 vasopressin)을 분리했다(그림 44.7). 술을 마시면 알코올이 ADH 분비를 억제하므로 자주 오줌을 누게 된다.

뇌하수체 후엽은 옥시토신(oxytocin)도 분비하는데, 옥시토신은 ADH와 마찬가지로 9개의 아미노산으로 구성된 펩티드이다. 옥시토신은 모유 분출 반사를 자극하는데, 유선과 관 주변의 평활근의 수축으로 모유의 분출을 일으킨다. 수유할 때 젖꼭지에 있는 감각수용기가 시상하부에 충격을 보내면 시상하부는 옥시토신 방출을 일으킨다. 옥시토신은 출산시 자궁을 수축시킨다. 수유하는 여성에서 옥시토신 분비는 출산 후에도 지속된다. 따라서 수유하는 여성은 수유하지 않는 여성보다 출산 후 자궁이 더 신속히 정상 크기로 복귀한다. 남자와 여자에서 옥시토신은 성적 쾌감을 비롯한 성적 반응을 조절하는 것으로 추정되고 있다.

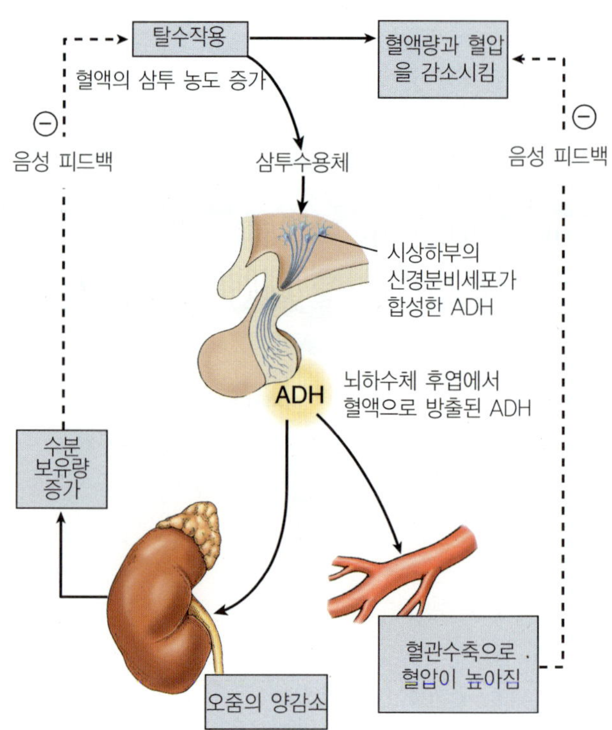

그림 44.7 | 항이뇨호르몬(ADH)의 영향.
혈액의 삼투 농도 증가는 뇌하수체 후엽을 자극하여 ADH를 분비하도록 하고 이는 신장의 수분 보유를 증진시킨다. 이들 작용은 음성 피드백 고리를 이루어 항상성을 유지시킨다.

ADH와 옥시토신은 시상하부에 있는 뉴런의 세포체에서 생산된다. 이 두 호르몬은 시상하부에서 뇌하수체 후엽으로 가는 축색 다발을 따라 수송되어 뇌하수체 후엽에 저장된다. ADH의 경우 혈장 삼투성 증가나 옥시토신의 경우 유아의 수유와 같은 적당한 자극에 반응하여 이 호르몬들은 뇌하수체 후엽에서 혈액 안으로 방출된다. 이 반사 조절은 신경과 내분비계가 관여되므로 ADH와 옥시토신은 신경내분비 반사(neuroendocrine reflexes)로 분비된다고 일컬어진다.

뇌하수체 전엽

뇌하수체 전엽은 발생 도중에 배의 입천장의 상피조직에서 기원하며 완전한 샘이다. 즉, 분비하는 호르몬을 직접 생산한다. 뇌하수체 전엽에서 분비되는 호르몬들은 대개 표적기관의 성장을 자극하거나 내분비선의 호르몬 생산과 분비를 자극한다. 그러므로 뇌하수체 전엽의 호르몬들은 자극호르몬(tropic hormones

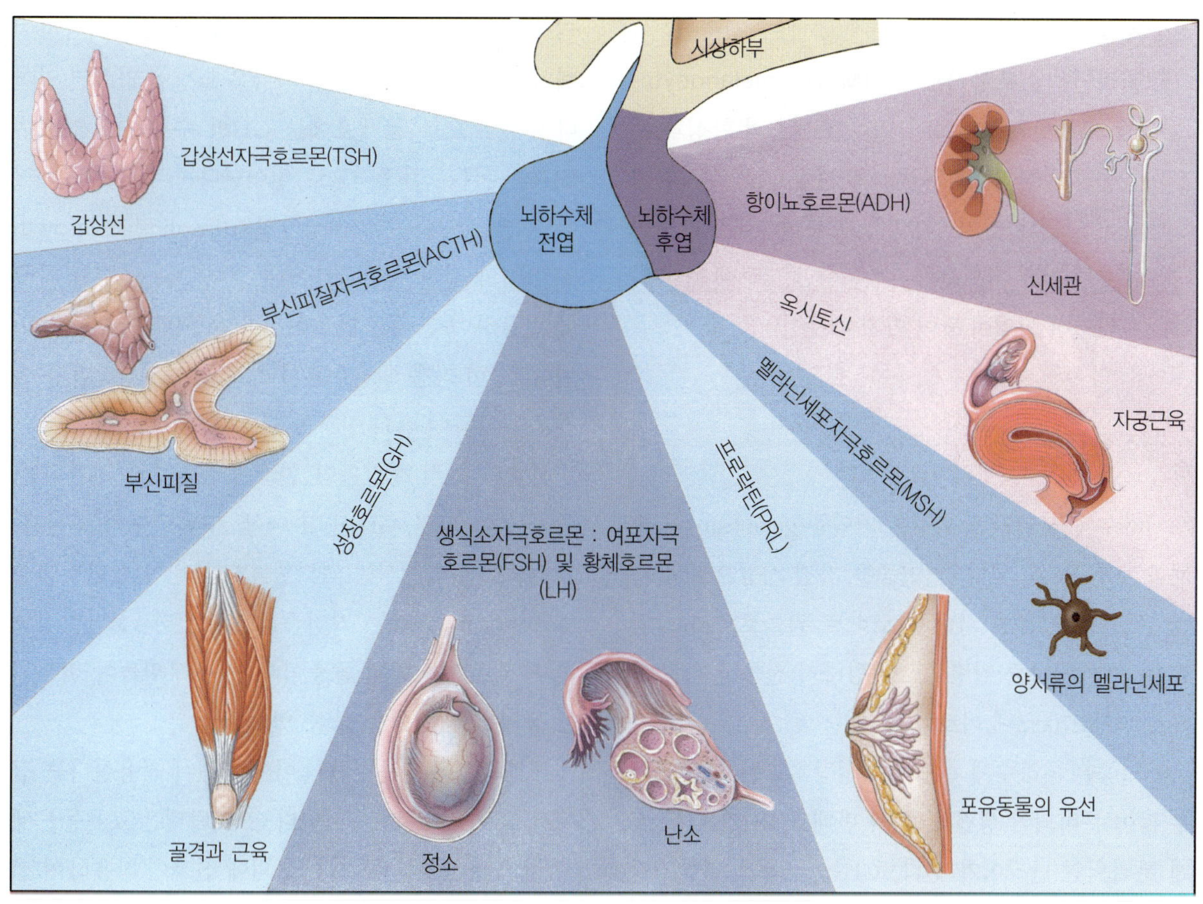

그림 44.8 | 뇌하수체 전엽과 후엽의 주요 호르몬.

또는 tropins)이라고 한다. 뇌하수체 전엽에서 생산되고 분비되는 호르몬들은 다음과 같은 것들이 있으며, 각기 상이한 종류의 세포에서 만들어진다(그림 44.8).

1. **성장호르몬**(GH : growth hormone **또는** somatotropin)은 근육, 뼈, 다른 조직의 성장을 자극하며 적당한 대사 조절에도 필요하다.
2. **부신피질자극호르몬**(ACTH : adrenocorticotropic hormone **또는** corticotropin)은 부신피질을 자극하여 포도당 항상성을 조절하는 코르티졸(사람에서)이나 코르티코스테론(다른 척추동물에서) 등의 코르티코스테로이드 호르몬의 생산을 자극한다.
3. **갑상선자극호르몬**(TSH : thyroid-stimulating hormone **또는** thyrotropin)은 갑상선을 자극하여 산화적 호흡을 자극하는 티록신 생산을 자극한다.
4. **황체호르몬**(LH : luteinizing hormone)은 여성의 월경주기에서 배란과 황체 형성에 필요하다. 이 호르몬은 또 정소를 자극하여 테스토스테론을 만들게 하는데, 테스토스테론은 정자 생산과 남성의 2차성징 발현에 필요하다.
5. **여포자극호르몬**(FSH : follicle-stimulating hormone)은 여성의 난소 여포 발육에 필요하고, 남성에서는 정자 발생에 필요하다. FSH와 LH는 생식소 대사를 자극하므로 생식샘자극호르몬(gonadotropin)이라고 한다.
6. **프로락틴**(PRL : prolactin)은 포유동물의 유선을 자극하여 젖을 생산하게 한다. 프로락틴은 또 척추동물의 신장 기능을 조절하고, 일부 조류에선 소낭유(반추에 의해 새끼에게 먹이는 영양액 : crop milk)의 생산을 조절하며 해수에서 담수로 회유하는 어류의 아가미에 작용하여 나트륨 유

지를 증진한다.

7. **멜라닌색소포자극호르몬**(MSH : melanocyte-stimulating hormone)은 멜라닌 색소의 합성과 분산을 자극한다. 포유동물에서는 이 호르몬의 기능이 알려져 있지 않으나, ACTH가 너무 많으면 피부를 검게 만드는데, 이는 이 호르몬에 MSH의 아미노산 서열이 들어 있기 때문이다.

성장호르몬

뇌하수체 전엽의 중요성은 거인증(gigantism)의 존재를 보면 알 수 있다. 거인증을 가진 사람으로서 가장 큰 키를 기록한 사람은 로버트 워들로로서(그림 44.9) 22살에 다른 질병으로 사망하기 전까지 계속 자라서 키가 270cm에 이르렀다.

거인증은 뇌하수체 전엽에서 성장호르몬(GH)이 너무 많이 분비되어 생긴다. 이와 반대로 GH가 너무 적게 분비되면 난장이가 된다. GH는 근육과 결합조직의 단백질 합성과 성장을 자극하며, 간접적으로는 뼈의 연골성인 골단 성장판에서의 세포분열을 자극하여 뼈의 신장을 촉진한다. 이 자극은 혈장이 없으면 일어나지 않으므로 골세포에는 GH의 수용체가 없으며 GH의 자극은 간접적으로 일어난다는 것을 알 수 있다. GH는 인슐린유사 성장인자(insulin-like growth factors)의 생산을 자극하는데, 이 인자는 GH의 자극에 반응하여 간에서 만들어진 다음 혈액 안으로 분비된다. 그런 다음 인슐린유사 성장인자는 성장판의 성장을 자극하여 뼈의 신장을 일으킨다.

그림 44.9 | 거인증.
정상인으로 태어난 워들로는 어린 아이일때 성장호르몬을 분비하는 뇌하수체 전엽에 종양이 생겨 22살에 사망하기까지 성장을 계속하였다.

사람의 골격 성장판이 연골에서 경골로 전환되면, 즉 어른이 되면, GH는 더 이상 키를 키우지 못한다. 그러므로 성인에서는 과다한 GH 분비가 선단비대증(acromegaly)이라는 거인증을 일으킨다. 선단비대증의 특징으로는 턱의 돌출이나 안면 부위들이 비후되는 등의 조직 기형을 들 수 있다.

프로락틴은 내분비선이 아닌 기관에 작용한다는 점에서 성장호르몬과 유사하다. 프로락틴은 포유동물에서 젖의 생산을 자극하는 것 외에 신장에 작용하여 전해질 균형에 영향을 주며, 어류의 아가미, 해양조류의 염선 등에도 영향을 준다.

성장호르몬이나 프로락틴과는 달리, 뇌하수체 전엽의 기타 호르몬은 특정 샘에 작용한다.

즉, TSH는 갑상선만을 자극하며 ACTH는 부신피질만을 자극한다.

뇌하수체 전엽에 대한 시상하부의 조절

뇌하수체 전엽은 후엽과는 달리 뇌에서 생겨난 것이 아니므로 시상하부와 축색으로 연결되어 있지 않다. 그럼에도 불구하고 호르몬의 생산과 분비가 시상하부의 조절을 받는다. 이 조절은 신경 축색을 통해서가 아니라 호르몬에 의해 이루어진다. 시상하부의 뉴런은 시상하부 기부의 모세혈관에 방출호르몬과 억제호르몬을 분비한다(그림 44.10). 이 모세혈관들은 작은 정맥으로 모아지고, 이 정맥은 뇌하수체의 자루 안에서 뇌하수체 전엽에 있는 제2의 모세혈관망으로 연결된다. 이 특이한 혈관계를 시상하부-뇌하수체 문맥

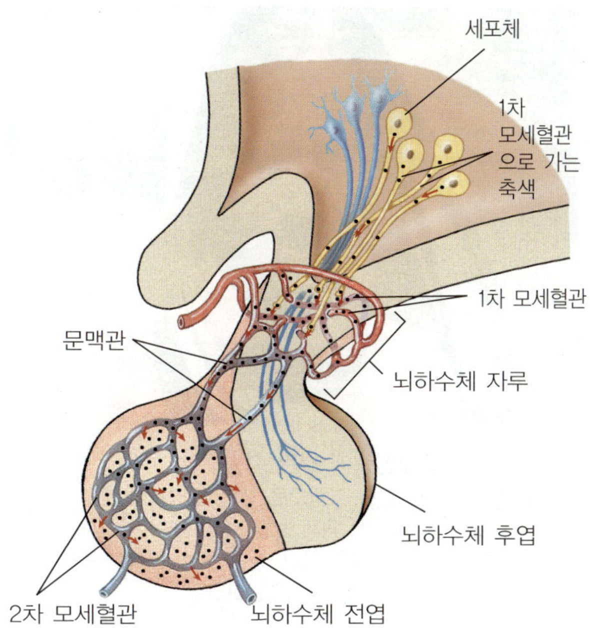

그림 44.10 | 뇌하수체 전엽에 대한 시상하부의 호르몬 조절.
시상하부에 있는 뉴런에서 호르몬을 분비하면 짧은 혈관에 의해 직접 뇌하수체 전엽으로 전달된다. 이들은 이곳에서 뇌하수체 전엽 호르몬 분비를 자극하거나 억제한다.

계라고 한다. 문맥계라고 칭하는 것은 첫 번째 모세혈관망에서 내려와 제2의 모세혈관망이 있기 때문이다.

시상하부-뇌하수체계에서 방출되는 호르몬은 특정 뇌하수체 전엽 호르몬의 분비를 조절한다. 갑상선자극호르몬방출호르몬(thyrotropin-releasing hormone: TRH)는 갑상선자극호르몬(TSH)의 방출을 자극한다. 코르티코트로핀방출호르몬(corticotropin-releasing hormone: CRH)는 ACTH의 방출을 자극하며, 생식샘자극호르몬방출호르몬(gonadotropin-releasing hormone: GnRH)는 FSH와 LH의 방출을 자극한다. 성장호르몬방출호르몬(growthhormone-releasing hormone: GHRH)도 있으며, 프로락틴 방출호르몬도 있을 것으로 추정되고 있다.

시상하부는 또 뇌하수체 전엽 호르몬의 방출을 억제하는 호르몬도 분비한다. 현재까지 3가지의 억제호르몬이 알려져 있는데, 이들은 소마토스타틴(somatostatin)이라고도 하는 성장호르몬억제호르몬(growth-hormone-inhibiting hormone: GHIH), 프로락틴억제호르몬(prolactin-inhibiting factor: PIF), 멜라닌세포자극호르몬억제호르몬(melanotropin-inhibiting hormone: MIH)이다.

뇌하수체 전엽의 음성 피드백 조절

시상하부 호르몬들은 뇌하수체 전엽의 분비를 조절하고, 뇌하수체 전엽 호르몬은 다른 내분비선의 분비를 조절하기 때문에 시상하부는 몸 전체 호르몬의 분비를 조절한다고 볼 수도 있다. 그러나 이 생각은 두 가지 이유로 잘못된 것이다. 첫째, 부신수질이나 이자와 같은 다수의 내분비기관은 이 조절계에 의해 조절되지 않는다. 둘째, 시상하부와 뇌하수체 전엽은 부분적으로 그들이 분비를 조절하는 호르몬에 의해 조절을 받는다. 대부분의 경우 이는 억제적 조절이다(그림 44.11). 이러한 종류의 조절계를 음성 피드백 억제라고 하며 표적세포 호르몬의 수준을 일정하게 유지시키는 작용을 한다.

갑상선의 호르몬 조절을 알아보자. 시상하부는 시

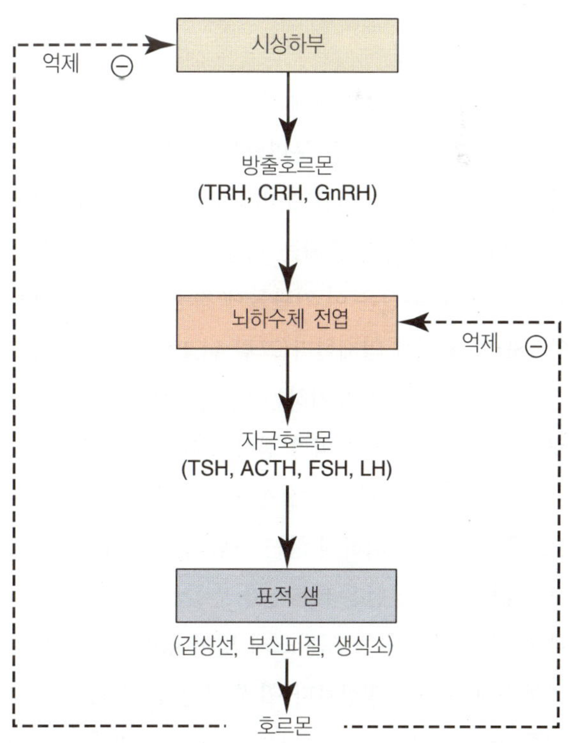

그림 44.11 | 음성 피드백 억제.
일부 내분비선에서 분비된 호르몬은 시상하부의 방출호르몬이나 뇌하수체 전엽의 자극호르몬의 분비를 억제하도록 피드백 한다.

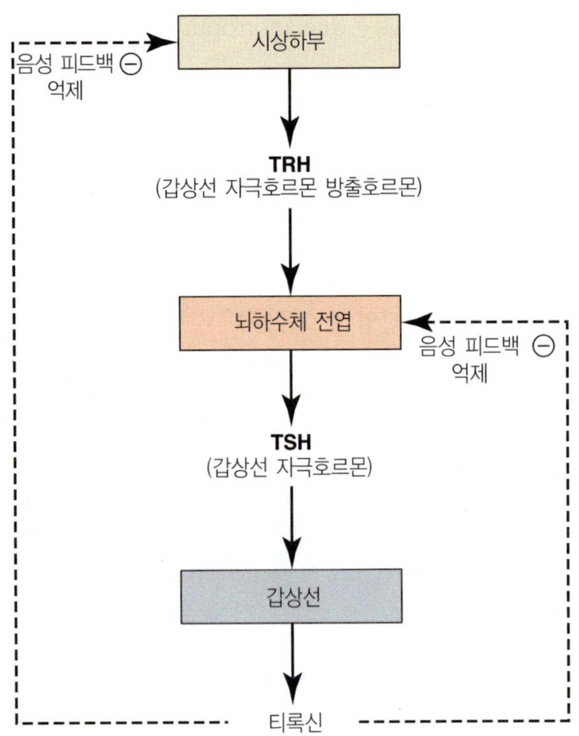

그림 44.12 | **티록신 분비의 조절.**
시상하부는 TRH를 분비하고, TRH는 뇌하수체 전엽이 TSH를 분비하도록 자극한다. TSH는 다시 갑상선을 자극하여 티록신을 분비하도록 하며, 티록신은 시상하부와 뇌하수체 전엽에 대하여 음성 피드백 억제 작용을 한다.

그림 44.13 | **갑상선종에 걸린 사람.**
갑상선종은 요오드 섭취 부족으로 생긴다. 티록신 분비가 줄어들면 TSH의 음성 피드백 억제가 줄어들어 TSH 분비가 증가하고 이는 갑상선을 자극하여 갑상선은 티록신 대사의 중간 생성물로 부풀게 되고 갑상선종이 나타난다.

상하부-뇌하수체 문맥계에 TRH를 분비하고, TRH는 뇌하수체 전엽이 TSH를 분비하도록 자극하며, TSH는 다시 갑상선이 티록신을 분비하도록 자극한다. 티록신의 여러 표적기관 중에는 시상하부와 뇌하수체 전엽도 있다. 티록신은 이 기관들에 작용하여 각각 TRH와 TSH의 분비를 억제한다(그림 44.12). 이 음성 피드백 억제는 항상성을 유지하는 데 필수적이며, 이로 인해 티록신의 수준이 거의 일정하게 유지되는 것이다.

음성 피드백 억제의 중요성을 알아보기 위하여 요오드를 충분히 섭취하지 않는 사람의 예를 보자. 요오드가 없으면 갑상선은 티록신을 만들지 못한다. 그 결과 혈액의 티록신 농도는 크게 떨어지고, 시상하부와 뇌하수체 전엽은 정상보다 훨씬 약한 음성 피드백 억제를 받는다. 이로 인해 TRH와 TSH의 분비가 증가된다. 높은 농도의 TSH는 갑상선을 자극하므로 갑상선은 티록신 대사 경로의 중간 생성물로 채워져 부풀어 오른다. 그러면서도 요오드가 없어서 최종 생산물인 티록신을 만들지 못한다. 결국 티록신에 의한 억제가 이루어지지 않아 갑상선이 부어오르는 갑상선종이 생긴다(그림 44.13). 요오드를 섭취하면 갑상선종의 크기는 줄어든다.

표적기관의 양성 피드백에 의한 시상하부와 뇌하수체 전엽의 조절은 흔하지 않은데, 이는 양성 피드백이 항상성을 유지하지 못하기 때문이다. 양성 피드백은 일정한 방향의 변화를 가속화한다. 양성 피드백은 출산시에 그 예를 볼 수 있다. 질, 자궁경부, 자궁의 신장은 옥시토신의 방출을 자극한다. 옥시토신은 자궁 수축을 강화시키고, 이로 인해 옥시토신의 방출이 더 자극된다.

44.4 여러 기능을 조절하는 호르몬을 분비하는 내분비선

갑상선 및 부갑상선

뇌하수체 전엽에 의해 조절되는 내분비선이나 다른 수단에 의해 조절되는 내분비선은 물질 대사, 전해질

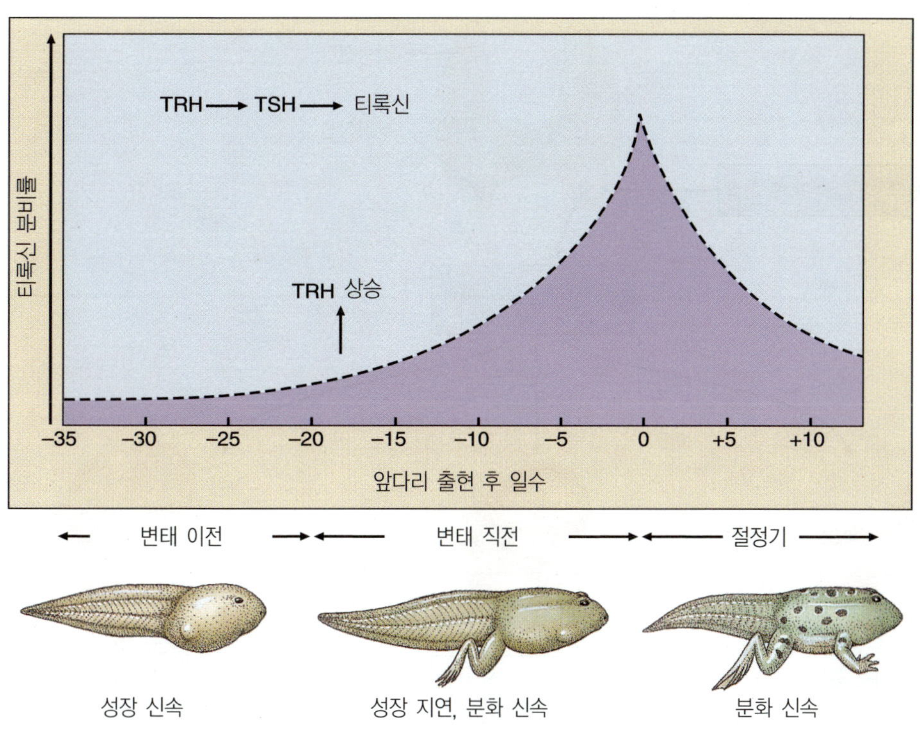

그림 44.14 | **티록신과 양서류의 변태.**
올챙이에서 시상하부는 TRH를 방출하고, TRH는 뇌하수체 전엽으로 하여금 TSH를 분비하게 만든다. 이 TSH는 갑상선에 작용하여 갑상선으로 하여금 티록신을 분비하게 한다. 그러면 뒷다리가 생기기 시작한다. 변태가 진행되면서 티록신은 최대 수준에 도달하고, 그 후 앞다리가 생기기 시작한다.

균형, 생식기능을 조절한다. 일부 주요 내분비선에 대하여 알아보자.

갑상선

갑상선(thyroid gland)은 목 앞쪽의 결후(Adam's apple) 바로 아래에 있다. 이미 설명한 바와 같이 갑상선은 티록신과 소량의 T_3(트리요오드티로닌)을 분비한다. 이 두 호르몬은 세포의 산화적 호흡을 자극해서 기초대사율을 유지시킨다. 어린 아이에서 이 갑상선호르몬은 성장과 중추신경계의 성숙도 자극한다. 활성이 약한 갑상선을 가진 어린이는 성장과 정신 발육이 늦는 크레틴병(cretinism)에 걸린다. 이 병은 성장호르몬 분비가 적어서 생기는 난장이와는 다르다.

갑상선 기능 저하인 사람은 경구로 티록신을 약품으로서 섭취할 수 있다. 티록신과 스테로이드 호르몬만 경구로 투입할 수 있는데(피임약처럼), 이는 이들이 비극성(지용성)이어서 소화되지 않은 채 장의 상피세포막을 통과할 수 있기 때문이다.

양서류에서는 갑상선이 독특한 추가적인 기능을 나타낸다. 즉 유생이 변태하여 성체로 되는데는 갑상선호르몬이 필요하며(그림 44.14), 올챙이에서 갑상선을 제거하면 개구리로 되지 못한다. 반대로 미성숙 올챙이에 갑상선 조각을 먹이면 너무 일찍 변태하여 미니 개구리로 된다.

갑상선은 또 칼시토닌도 분비한다. 칼시토닌은 혈액 내 칼슘 농도를 적당하게 유지시키는 역할을 하는 펩티드 호르몬이다. 혈액의 Ca^{++}농도가 너무 높으면 칼시토닌은 Ca^{++}이 뼈 속으로 유입되도록 자극하여 혈중 칼슘 농도를 낮춘다. 일부 척추동물에서는 칼시토닌이 중요한 생리적 작용을 하지만 사람에서는 그 중요성이 확실하지 않다. 칼슘의 항상성 유지에 더 중요한 역할을 하는 호르몬은 다음에 이야기하는 부갑상선에서 분비된다.

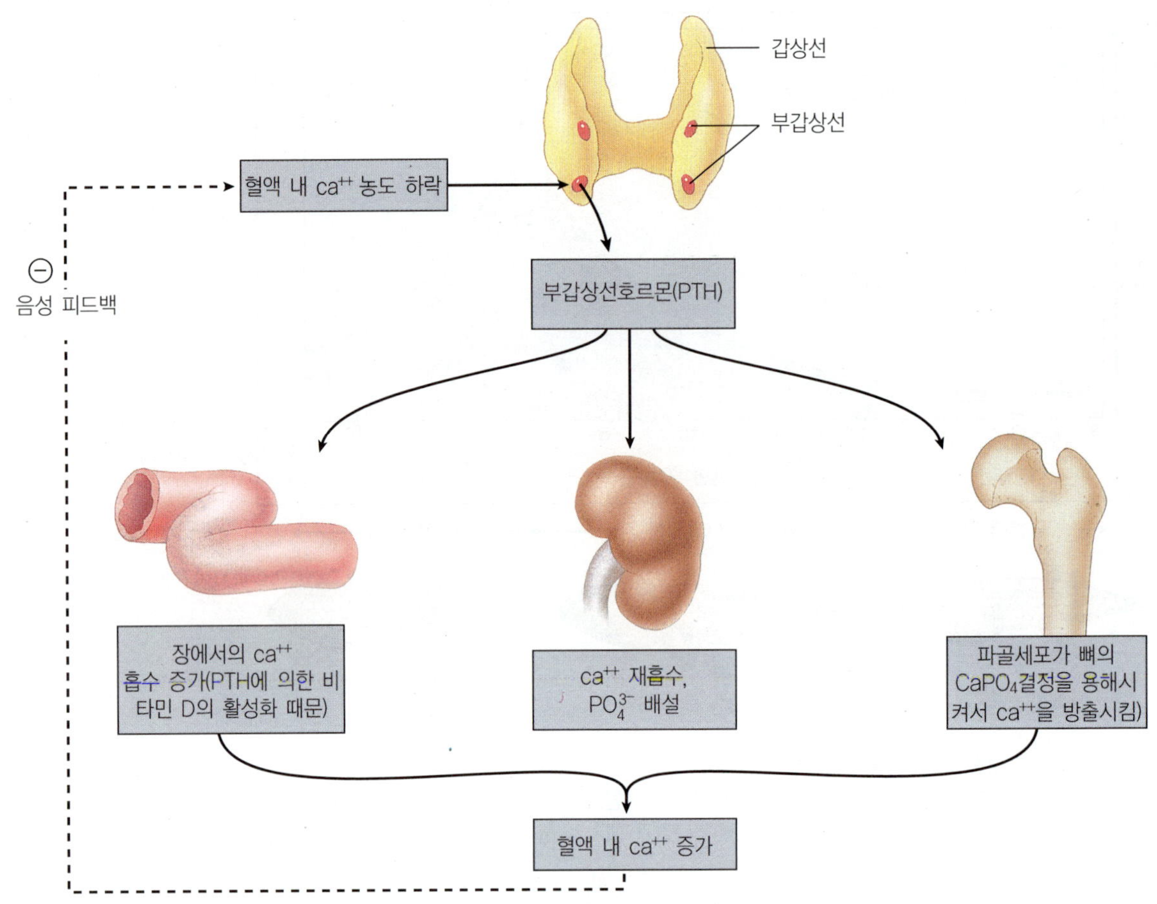

그림 44.15 | **부갑상선호르몬(PTH)의 혈중 Ca^{++} 농도의 조절.**
혈중 Ca^{++} 농도가 낮으면 부갑상선에서 부갑상선호르몬(PTH)이 방출된다. PTH는 직접 뼈의 분해와 신장에서의 Ca^{++} 재흡수를 자극한다. PTH는 활성형 비타민 D의 생산을 자극함으로서 간접적으로 장의 Ca^{++} 흡수를 촉진한다.

부갑상선과 칼슘 항상성

부갑상선은 갑상선에 부착된 4개의 작은 샘이다. 크기가 작기 때문에 20세기가 들어와서도 무시되다가 부갑상선의 내분비적 기능이 밝혀진 것은 개를 이용한 실험을 통해서이다. 개에서 부갑상선을 제거했을 때 혈중 Ca^{++} 농도가 정상 농도의 절반 이하로 떨어졌다. 부갑상선 추출물을 주입하면 Ca^{++} 농도는 정상으로 복귀했으나, 이 추출물을 너무 많이 주입하면 뼈 속의 인산칼슘 결정이 녹으면서 혈중 Ca^{++} 농도가 너무 높게 올라갔다. 그러므로 부갑상선은 뼈로부터 Ca^{++}의 방출을 자극하는 호르몬을 생산한다는 것이 분명해졌다.

부갑상선에서 생산되는 호르몬은 펩티드인 부갑상선호르몬(PTH : parathyroid hormone)이다. 이 호르몬은 사람이 생존하는데 반드시 필요한 두 가지 호르몬 중 하나이다(다른 하나는 알도스테론이다). PTH는 혈중 Ca^{++} 농도 감소에 반응하여 합성되고 방출된다. 혈중 Ca^{++} 농도가 너무 떨어지면 심한 근육 경련이 일어나므로 혈중 Ca^{++} 농도는 항상 조절되어야 한다. 또 적정한 혈중 Ca^{++} 농도는 근육, 심장, 신경계, 내분비계가 제 기능을 하는 데 중요하다.

PTH는 뼈의 파골세포(osteoclast)를 자극하여 인산칼슘 결정을 용해하고 Ca^{++}을 혈액에 방출하도록 한다(그림 44.15). PTH는 또 오줌으로부터 Ca^{++}을 재흡수하도록 신장을 자극하며, 장에서의 Ca^{++} 흡수에 필요한 비타민 D의 활성화를 유도한다.

비타민 D는 피부에서 자외선에 반응하여 콜레스테롤 유도체로부터 만들어진다. 피부에서 혈액 안으로 분비된 비타민 D는 실제로 일종의 불활성형 호르몬이다. 이 불활성형 비타민 D가 활성화되기 위해서는 2개의 수산기(−OH)가 부착되어야 한다. 수산기 2개 중 하나는 간에 있는 효소에 의해 부착되고, 다른 하나는 신장에 있는 효소에 의해 부착된다. 그런데 이 신장에 있는 효소의 활동은 PTH에 의해 자극된다. 1,25−디하이드록시 비타민 D로 알려진 비타민 D의 활성형은 장의 Ca^{++} 흡수를 자극하여 혈중 Ca^{++} 농도를 높이므로 뼈가 적당하게 무기화될 수 있게 된다. 그러므로 비타민 D가 부족한 음식은 뼈를 약하게 만들어서 구루병(골연화증)에 걸리게 된다.

부신

부신은 양쪽 신장의 바로 위에 있다(그림 44.16). 각각의 부신은 안쪽 층인 부신수질과 바깥층인 부신피질로 구성되어 있다.

부신수질

부신수질은 자율신경계의 교감신경의 축색으로부터 오는 신경 입력을 받으며, 이 축색의 자극으로 에피네프린과 노르에피네프린을 분비한다. 이 두 호르몬은 경계반응을 나타내도록 자극하여 몸이 투쟁 상태를 준비하도록 한다. 이 호르몬의 영향으로는 심장 박동 속도와 혈압의 상승, 기관세지 확장, 혈당 농도 증가, 피부나 소화기관으로의 혈류 감소를 들 수 있다. 호르몬으로서 분비된 에피네프린의 작용은 교감신경의 신경전달물질로서 방출되는 노르에피네프린의 활동을 보충한다.

부신피질

부신피질에서 나오는 호르몬은 모두 스테로이드로서, 코르티코스테로이드(corticosteroids)로 통칭된다. 부신피질에서 분비되는 코르티졸(하이드로코르티손이라고도 함)과 이와 연관된 스테로이드는 몸의 여러 가지 세포에 작용하여 포도당 항상성을 유지시킨다. 포유동물에서 이 호르몬들을 글루코코르티코이드라고도 하며, 이들의 분비는 주로 뇌하수체 전엽 호르몬인 ACTH에 의해 조절된다. 글루코코르티코이드는 근육의 단백질이 아미노산으로 분해되는 것을 자극하며, 이때 나온 아미노산은 혈액에 의해 간으로 운반된다. 이 호르몬들은 또 간을 자극하여 글루코오스신생합성(gluconeogenesis : 아미노산이 포도당으로 전환됨)에 필요한 효소를 생산하게 한다. 단백질에서 포도당이 만들어지는 것은 장기간의 단식이나 심한 운동을 할 때 중요하며, 이 과정이 없으면 혈당 농도가 위험한 수준에 이르게 된다.

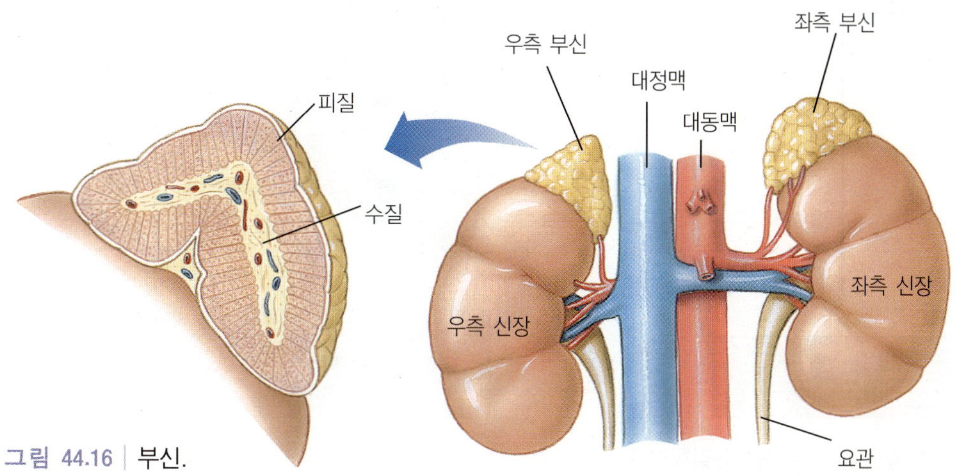

그림 44.16 | 부신.
내부 부신수질은 에피네프린과 노르에피네프린을 생산하여 스트레스에 대한 반응을 개시한다. 바깥쪽 부신피질은 스테로이드 호르몬을 생산하여 많은 대사작용에 영향을 미친다.

글루코코르티코이드는 포도당 대사를 조절하는 것 외에 일부 면역반응도 조절한다. 류마티스성 관절염 등의 면역성 질환을 가진 사람의 면역계의 억제를 위하여 의학적으로 글루코코르티코이드가 이용되고 있다. 프레드니손과 같은 코르티졸 유도체는 항염증 약품으로서 널리 이용되고 있다.

주요 코르티코스테로이드의 하나인 알도스테론은 두 가지 기능을 통하여 무기질 균형의 조절을 도우므로 무기질코르티코이드(mineralocorticoid)로 분류된다. 그 기능 중 하나는 오줌으로부터 Na^+을 재흡수하도록 신장을 자극하는 것이다. 나트륨은 주요 세포외용질로서 정상적인 혈액의 양과 혈압을 유지하는 데 필요하다. 알도스테론이 없으면 신장은 혈액으로부터 많은 양의 나트륨을 오줌으로 배출하며, 이에 따라 Cl^-과 수분도 빠져나간다. 그 결과 혈액의 양과 혈압이 감소한다.

알도스테론의 다른 기능은 신장으로 하여금 K^+을 오줌으로 배출하도록 자극하는 것이다. 그러므로 알도스테론 농도가 너무 낮으면 혈액의 K^+ 농도가 위험 수준으로 높아진다. 이와 같이 알도스테론이 필수적인 기능을 수행하므로 부신이 제거되거나 질병에 걸리면 치명적 상태로 된다. 부신피질에서의 알도스테론 분비는 주로 레닌–안지오텐신 체계의 산물인 안지오텐신 II에 의해 조절된다(46장).

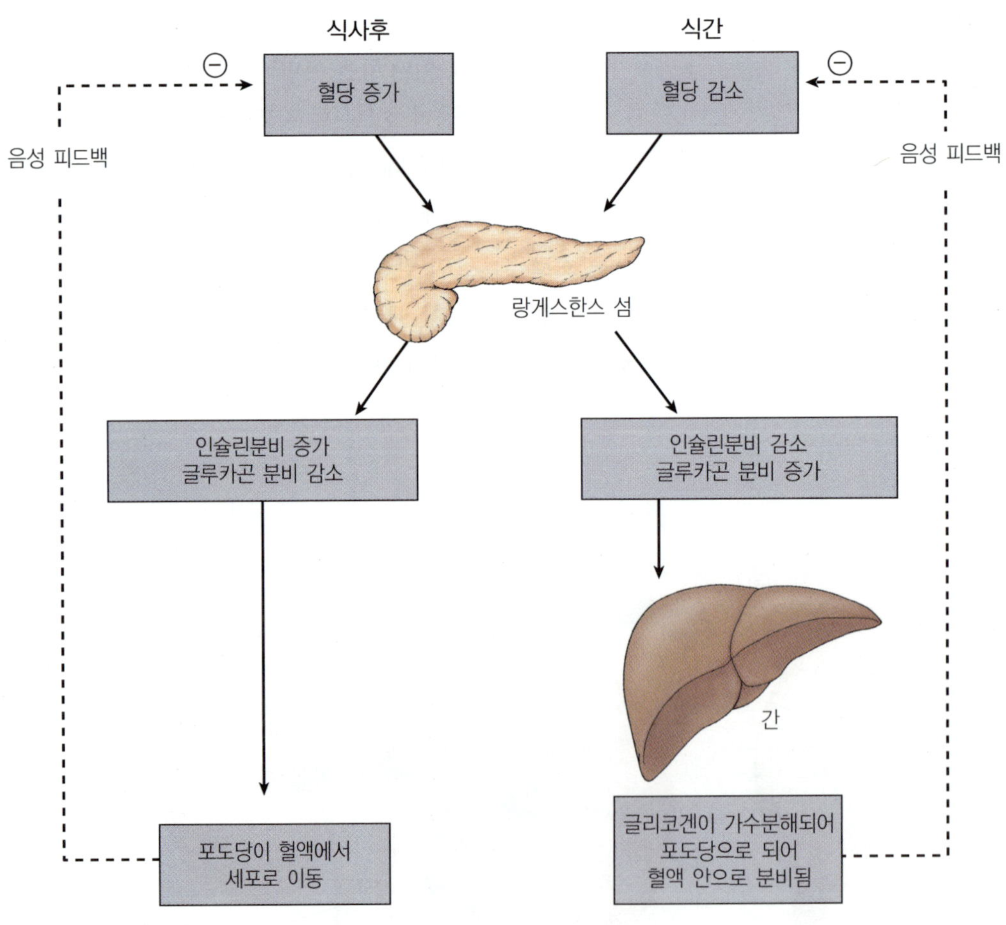

그림 44.17 | 혈당에 대한 인슐린과 글루카곤의 길항작용.
인슐린은 식사 후 골격근, 지방세포, 간으로의 혈당의 이동을 자극한다. 글루카곤은 식간에 간의 글리코겐이 가수분해되어 혈액으로 포도당이 분비되는 것을 자극한다. 이 길항작용으로 혈당 농도가 항상성을 유지한다.

이자

이자는 위의 옆에 위치하고 이자관을 통해 십이지장에 연결되어 있다. 이자는 이 관을 통해 중탄산염이온과 여러 가지 효소를 십이지장으로 분비한다. 이자는 오랜 동안 외분비선으로 취급되어 왔다. 그러나 1869년에 독일의 의학도인 랑게르한스는 이자 전체에 분포되어 있는 특수한 세포집단을 보고하였는데, 이 세포집단들이 랑게르한스섬(islets of Langerhans)이다. 그 후 이자를 제거하면 오줌에 포도당이 나타난다는 것이 발견되었는데, 이는 이자, 특히 랑게르한스섬이 당뇨병을 막는 호르몬을 분비한다는 것을 암시하였다.

이 호르몬은 인슐린(insulin)으로서, 랑게르한스섬의 β세포가 분비한다. 인슐린은 1922년에 처음 분리되었다. 당뇨병은 두 가지 형이 있다. 제1형(type I)은 인슐린의존성 당뇨병으로서 인슐린을 분비하는 β세포가 없어서 생긴다. 이런 환자는 인슐린을 주입해야만 치료된다(인슐린은 펩티드 호르몬이므로 경구 투여하면 소화되므로, 혈액 안으로 주입해야 한다). 그러나 대부분의 당뇨병은 제2형(type II)인 비인슐린의존성 당뇨병이다. 이 당뇨병 환자의 혈액 내 인슐린 농도는 정상이지만 세포들의 인슐린에 대한 감수성이 낮다. 이런 환자는 인슐린 주입이 필요 없고 음식과 운동으로 치료된다.

랑게르한스섬은 다른 호르몬도 분비하는데, 그것은 α세포에서 분비되는 글루카곤(glucagon)이다. 글루카곤은 인슐린과는 길항적으로 작용한다(그림 44.17). 사람이 탄수화물을 먹으면 혈당 농도가 상승한다. 혈당 농도 상승은 β세포의 인슐린 분비를 자극하고 α세포의 글루카곤 분비를 억제한다. 인슐린은 간과 근세포가 포도당을 수거하여 글리코겐으로 저장하도록 촉진하며 지방세포가 포도당을 수거하여 지방으로 저장하도록 촉진한다. 혈당 농도가 떨어지는 식간에 인슐린 분비는 감소하고 글루카곤 분비는 증가한다. 글루카곤은 간에 저장된 글리코겐과 지방조직에 저장된 지방의 가수분해를 촉진한다. 그 결과, 혈액 안으로 포도당과 지방산이 방출되어 세포가 이를 이용할 수 있게 된다.

기타의 내분비선

곤충의 탈피와 변태

곤충은 어릴 때 몸이 자라지만 외골격은 신축성이 없다. 이 문제점을 극복하기 위하여 곤충은 여러 번 탈피를 해야 한다(그림 44.18). 탈피할 때마다 몸은 크게 변형되기를 거듭하면서 성체로 되는데, 이 과정을 변태라고 한다. 곤충의 탈피와 변태는 호르몬의 영향을 받는다. 탈피하기 전에 뇌의 표면에 있는 신경분비세포는 작은 펩티드인 뇌호르몬(brain hormone)을 분

그림 44.18 | 탈피하는 매미.
이전 큐티클을 벗고 성체가 출현한다.

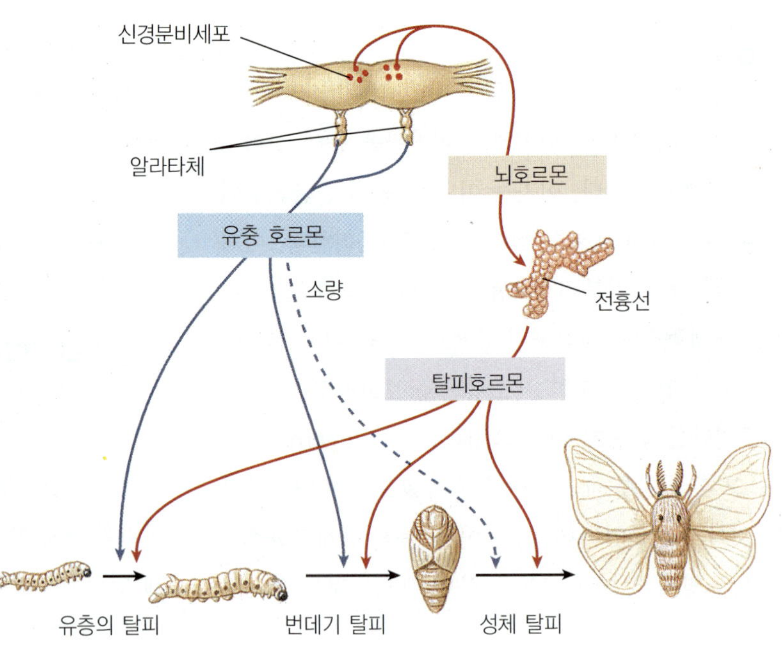

그림 44.19 | 누에의 변태에 대한 호르몬 조절.
전흉선에서 생산되는 탈피호르몬(엑디손)은 탈피 시기를 정하는 반면, 알라타체에서 생산되는 유충호르몬은 탈피의 결과를 결정한다. 유충호르몬의 농도가 너무 높으면 번데기와 성체의 형성이 억제된다. 그러므로 변태 후기에 알라타체는 많은 양의 유충호르몬을 생산하지 말아야 한다.

비하고, 이 뇌호르몬은 흉부에 있는 전흉선을 자극하여 탈피호르몬(molting hormone: 엑디손)을 생산하도록 한다(그림 44.19). 엑디손의 농도가 높아지면 생화학적, 행동적 변화가 일어나 탈피가 진행된다. 뇌 옆에는 한 쌍의 알라타체(corpora allata)라는 내분비선이 있는데, 알라타체는 유충호르몬(juvenile hormone)을 생산한다. 유충호르몬의 농도가 높으면 성체로의 변태가 억제되어 유충에서 유충으로의 탈피가 진행된다. 유충호르몬의 농도가 낮으면 탈피하면서 변태가 일어난다.

성적 성숙, 생물시계 및 면역 조절.

척추동물의 정소와 난소는 중요한 내분비선으로서, 스테로이드 성호르몬을 생산한다. 이 호르몬들 중에서 에스트로겐과 프로게스테론은 여성의 주요 성호르몬이고, 테스토스테론은 남성의 주요 성호르몬이다. 배 발생 도중에 테스토스테론 생산은 남성 생식기관의 발육에 매우 중요하다. 포유동물에서 성 스테로이드는 사춘기에 2차 성징 발현에 중요하다. 여성에서 성 스테로이드는 특히 성주기(sexual cycle)를 유지하는 데 중요하다. 난소에서 생산되는 에스트로겐과 프로게스테론은 월경주기와 난소주기의 조절 호르몬이다. 임신시에 태반의 에스트로겐 생산은 자궁 내벽을 유지시킨다.

송과선도 주요 내분비선의 하나로서 뇌 속에 있으며, 완두콩만 한 크기이고 솔방울 모양이다(그래서 송과선이라고 한다). 송과선은 멜라토닌을 분비한다. 멜라토닌의 작용 중 하나는 하등 척추동물에서 멜라닌 과립의 분산을 억제하여 피부를 희게 하는 것이다. 멜라토닌의 분비는 시상하부의 suprachiasmatic nucleus(SCN)의 작용으로 자극된다. SCN은 척추동물에서 여러 신체과정이 활동일주기(매 24시간마다 반복되는 것)에 맞추어 일어나도록 하는 주요 생물시계의 기능을 하는 것으로 알려져 있다.

SCN의 조절작용으로 송과선으로부터의 멜라토닌 분비가 낮 동안에는 감소하고 밤에는 증가한다. 이 같은 멜라토닌분비의 일주기는 수면/기상주기와 체온주기 같은 신체주기를 조절한다.

멜라토닌은 뚜렷한 번식기를 가지고 있는 일부 척추동물종의 생식생리작용 조절을 돕는다. 그러나 인간 생식에서의 멜라토닌의 역할은 확실치 않다.

여러 가지 호르몬들이 비내분비 기관에서 만들어진다. 흉선은 여러 척추동물에서 T세포라는 림프구를 생산하는 장소이며 포유동물에서는 T세포가 성숙하는 장소이다. 흉선은 또 면역계의 조절 기능을 하는 여러 가지 호르몬을 분비한다. 심장의 우심방은 심방나트륨배설호르몬(atrial natriuretic hormone)을 분비하는데, 이 호르몬은 신장이 오줌으로 염과 수분을 배설하도록 자극한다. 그러므로 이 호르몬은 알도스테론과는 길항적으로 작용한다. 신장은 적혈구 생성소(erythropoietin)을 분비하는데, 이 호르몬은 골수를 자극하여 적혈구를 생산하도록 한다. 간, 위, 소장 등의 다른 기관들도 호르몬을 분비하며, 피부도 비타민 D를 분비하므로 내분비 기능을 가진다.

내분비 교란 물질

표적세포는 호르몬에 매우 민감하므로 호르몬의 농도가 약간만 변해도 표적기관의 기능에 커다란 영향을 끼친다. 불행하게도 내분비계는 외부 환경에 대하여 충분한 보호를 받지 못하는 것이 밝혀지고 있다, 사람이 만든 일부 화학물질은 체내로 들어와서 정상 내분비 기능을 교란할 수 있다, 이러한 화학물질은 다른 목적으로 만들어졌으나 환경에 누출되어 오염을 일으킨다. 이 오염물질이 공기나 음식을 통해 인체 내로 유입된다. 호르몬의 기능을 방해하는 이런 화학물질을 내분비교란물질(endocrine-disrupting chemicals)이라고 한다.

수용체 단백질에 결합하여 호르몬 효과를 흉내 내는 물질을 호르몬유사물질(hormone agonist)이라고 한다. 또, 수용체 단백질에 결합하여 아무런 작용도 하지 않지만 호르몬이 결합하는 것을 차단하는 물질을 호르몬길항물질(hormone antagonist)라고 한다. 내분비교란물질은 혈액 안의 호르몬 단백질 운반체에 결합하여 호르몬의 작용을 방해하기도 한다. 지금까지 알려진 내분비교란물질은 생식호르몬, 갑상선 호르몬, 또 면역계 화학전달물질을 방해하는 것으로 알려졌다. 이러한 물질들의 영향이 치명적이지는 않지만 기형을 일으키거나 대사를 교란하거나 불임을 일으킨다.

CHAPTER 45

면역계

동물이 어떻게 자신의 몸을 방어하는지를 알아보고자 할 때 거북, 아르마딜로 등의 동물의 몸이 두꺼운 갑주로 덮여 있는 것을 생각하게 되는 것은 자연스런 일이다. 그러나 갑주는 척추동물이 접하는 가장 큰 위험 요소인 미생물이나 바이러스에 대해서는 보호 수단이 되지 못한다. 우리는 눈으로 보이지 않는 작은 공격자들 속에서 살고 있다. 우리가 살고 있는 것은 우리 몸이 이 공격자들에 대한 여러 가지 방어 수단을 가지고 있기 때문이다. 이 장에서는 이 방어 수단들에 대하여 알아보고자 한다.

45.1 몸의 일반적 방어

피부

척추동물이 감염으로부터 방어되는 것은 중세의 기사들이 도시를 방어하는 것과 유사하다. 성벽과 해자는 진입을 어렵게 하고, 순찰은 낯선 사람을 공격하며, 보초는 적절한 신분증을 제시하지 못하는 사람을 가려내어 순찰대에 넘긴다.

1. **성벽과 해자.** 척추동물의 몸의 가장 바깥층은 피부로서 미생물 침투에 대한 1차적 장벽이 된다. 호흡관, 소화관, 비뇨생식관의 점막도 중요한 장벽이다.
2. **순찰대.** 만약 1차 방어 체제가 뚫리면 우리 몸은 세포군단과 화학물질을 이용해 세포적 공격(celluar counterattack)을 가한다. 이 방어는 감염이 되면 매우 신속히 이루어진다.
3. **보초.** 마지막으로 몸의 이동성 세포는 혈류를 따라 돌아다니면서 세포의 표면을 조사한다. 이 이동 세포들은 면역계(immune system)를 이루는 세포들로서, 그 중 한 종류는 외래 세포를 죽이고, 다른 종류는 순찰대가 공격할 수 있도록 외래 세포나 바이러스에 표식을 한다.

감염 장벽으로서의 피부

피부는 척추동물의 몸에서 가장 큰 기관으로서 사람의 경우 체중의 15%를 차지한다. 피부는 침투 불가능한 장벽을 만들어 몸을 보호할 뿐 아니라, 표면에는 화학적 무기로 무장되어 있다. 기름샘과 땀샘은 피부 표면을 pH 3~5의 산성으로 만들어 미생물의 생장을 억제한다. 땀에는 효소 리소자임(lysozyme)이 들어 있어서 세균 세포벽을 소화한다. 피부는 또 증발에 의한 과다한 수분 소실을 막는다.

피부의 표피는 약 10~30개 세포 두께로서, 종이 한 장 두께와 같다. 맨 바깥층인 각질층(stratum corneum)의 세포들은 몸의 활동에 의하여 끊임없이 마모되고 새로운 세포로 대치된다. 새로운 세포는 표피의 제일 안쪽에 있는 기저층(stratum basale)에서 만들어지는데, 이곳에는 척추동물 몸에서 가장 활발히 분열하는 세포들이 위치하고 있다. 이 층에서 생긴 세포들은 계속 바깥쪽으로 이동하면서 넓은 중간층인 가시층(stratum spinosum)을 형성하고, 단백질인 케라틴을 만들어 피부가 단단하고 방수성으로 되게 한다. 이 세포들은 결국 각질층을 이루어 약 1개월 동안 지속된다. 건선(psoriasis)은 만성적 피부 질환으로서 이는 표피세포가 정상보다 약 8배 빠른 3~4일마다 교체되는 질병이다.

피부의 진피(dermis)는 표피(epidermis)보다 15~40배 두껍다. 진피는 피부 속에 위치한 혈관, 신경말단, 근육 등 여러 구조물들의 기질이 되며 표피를 구조적으로 지지한다. 나이가 들면 생기는 주름은 진피에서 생기며, 구두를 만드는 데 이용되는 가죽도 진피에서 나온다. 진피의 바로 안쪽에 있는 피하조직층(layer of subcutaneous tissue)은 충격을 흡수하고, 체온 손실을 막는 내열제 역할을 하는 지방세포들을 많이 포함하고 있다.

기타의 외부 표면

피부 외에도 소화관이나 호흡관, 또 비뇨생식관 표면도 미생물이나 바이러스로부터 몸을 보호한다. 침에는 리소자임이 있고, 위 속은 강한 산성 환경이며 장에서는 많은 소화효소들이 있기 때문에 미생물이 살 수 없다. 공기 중에도 많은 미생물이 있으나 기관지나 기관세지 안쪽을 싸고 있는 세포들은 미생물을 걸러내는 점액을 분비하여 미생물이 폐에 도달하는 것을 막는다. 호흡관의 섬모를 가진 세포들은 이 점액을 계속 후두 쪽으로 밀어낸다.

또한 질 분비물은 끈적끈적하고 산성을 띠며, 세균 공생자의 생장을 증진시킴으로써 외부 침입자를 막는다. 산성 오줌은 계속적으로 오줌관 속의 병원체들을 씻어낸다. 때로 병원체가 이들 방어체제를 침범하면 신체는 구토, 설사, 기침, 재채기 그리고 점액분비 같은 방어체제를 가동시켜서 병원체를 몰아낸다.

2차 방어선인 세포적 공격

척추동물의 표면 방어체제는 매우 효과적이지만, 때로는 방어선이 돌파되어 침입자가 침범하게 된다. 그러면 몸은 비특이적인 세포적 화학적 장치를 가동해서 몸을 방어하게 된다. 이를 2차 방어선이라 한다.

2차 방어체제는 모든 세균 감염에 대하여 비특이적으로, 즉 침입자의 정체를 가리지 않고 반응한다. 이 비특이적 면역반응을 하는 세포나 화학물질은 온몸을 돌아다니지만 이 면역계의 세포들을 수집하고 공급하는 중추가 있는데 이것이 림프계이다. 림프계는 림프모세관, 림프관, 림프절, 림프기관으로 구성된다(그림 45.1). 면역세포들은 온몸에 흩어져 감염체와 싸우게 되지만, 또한 림프절에 저장되어 체액이 이곳을 지날 때 외부 침입자를 제거한다.

침입 미생물을 죽이는 세포들

비특이적 방어체제에서 가장 중요한 것은 온몸을 돌아다니면서 침입 미생물을 공격하는 몇몇 백혈구들이다. 이들 백혈구는 세 가지 기본적 종류가 있는데, 침입 미생물을 죽이는 방식이 서로 차이난다.

대식세포(macrophage)는 크고 불규칙한 모양이며 식균작용(phagocytosis)으로 아메바처럼 세균을 포식한다(그림 45.2). 대식세포 안에서 막으로 둘러싸인 식포 안의 세균은 이 식포가 리소좀과 융합하면 리소좀의 효소들이 식포에 들어 있던 세균을 소화해 버린다. 대식세포는 바이러스나 세포 부스러기, 폐의 먼지 과립 등도 삼킨다. 대식세포는 세포외액을 계속 순찰하며 식균작용으로 간, 지라, 골수 구조의 일부인 특수 식균세포의 작용을 보충해 준다. 감염에 반응하여 단핵백혈구(monocyte : 미분화 백혈구)는 혈액에서 모세혈관을 뚫고 감염된 결합조직으로 가서 추가적인 대식세포로 변형된다.

중성백혈구(neutrophil)는 가장 많은 순환 백혈구로서, 대식세포처럼 감염조직으로 들어가서 식균작용으로 세균을 죽인다. 중성백혈구는 또한 화학물질을 방출하여 주위의 다른 세균과 자기 자신을 죽이기도 한다.

자연살생세포(natural killer cell)는 침입 미생물을 직접 공격하지는 않고, 바이러스로 감염된 세포들을 죽인다. 이들은 식균작용을 하는 것이 아니라, 단백질 천공소(perforin)을 방출하여 표적세포의 막에 구멍을 낸다(그림 45.3). 그런 다음 granzyme이라는 단백질을 구멍 안으로 넣어 세포 죽음을 일으킨다(세포 자살). 자연살생세포는 또 암세포가 종양으로 발전하기 전에 이 암세포를 공격한다. 이들 자연살생세포의 끊임없는 감시체제는 우리 몸이 암에 대항하는 가장 강력한 방어수단 중 하나이다.

림프절

흉선

지라

림프관

그림 45.1 | 림프계.
림프계는 림프관, 림프절 그리고 흉선과 지라 등의 림프기관으로 구성되어 있다.

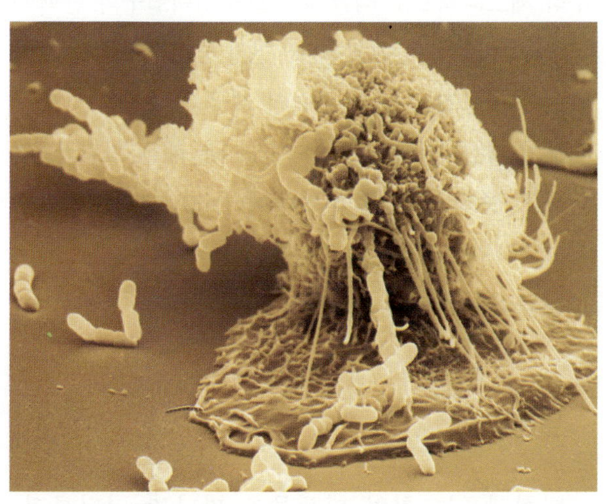

그림 45.2 | 활동 중인 대식세포.
대식세포가 길고 끈끈한 세포질 돌기를 내어 이 돌기에 부착한 세균세포들을 삼킨다(1800×).

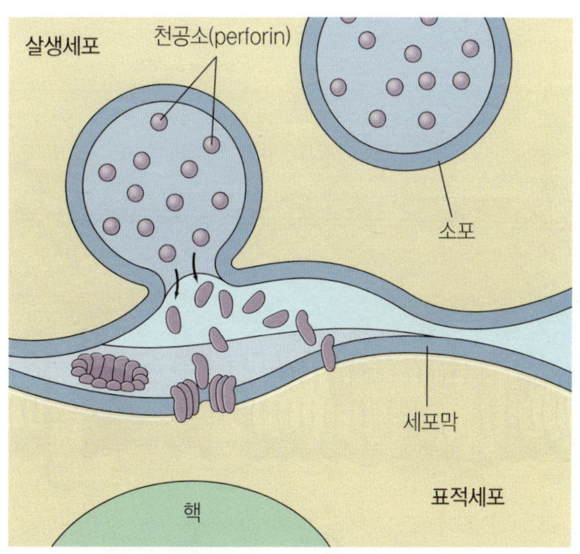

그림 45.3 | 자연살생세포가 표적세포를 죽이는 방식.
자연살생세포가 표적세포에 밀착한 다음 천공소(perforin)가 들어있는 소포를 원형질막 쪽으로 이동시켜 내용물을 표적세포 쪽 세포 간 공간 내로 쏟아낸다. 천공소 분자는 표적세포막을 파고들어 구멍을 만들고 그 구멍 속으로 체액이 들어가 세포는 파괴된다.

미생물을 죽이는 단백질

척추동물의 세포적 방어체계는 보체계(complement system)라는 화학적 방어 수단의 도움으로 더 완전하게 된다. 이 보체계는 약 20종의 단백질로 구성되어 있는데, 이 단백질들은 평상시에는 자유롭게 혈장을 돌아다니다가 세균이나 균류의 세포벽과 마주치면 방어활동을 개시한다. 보체계의 단백질들은 모여서 세포막공격복합체(membrane attack complex)를 형성하여 외래 세포의 원형질막에 자연살생세포가 만드는 것과 유사한 구멍을 낸다(그림 45.4). 그 결과 외래 세포 안으로 체액이 들어가 세포가 팽창하여 터지게 된다. 보체계의 단백질들은 침입 미생물에 항체가 결합하면 또한 결집하는데, 이에 대한 이야기는 나중에 나온다.

보체계의 단백질들은 몸의 다른 방어 수단의 효과를 증진시킨다. 어떤 단백질은 히스타민의 분비를 촉진하여 염증반응을 증폭시키고, 어떤 단백질은 식균세포(단핵백혈구와 중성백혈구)를 감염 부위로 유인하기도 하며, 어떤 단백질은 침입 미생물의 표면을 덮어 표면을 거칠게 만들어 식균세포가 더 쉽게 미생물에 달라 붙을 수 있도록 한다.

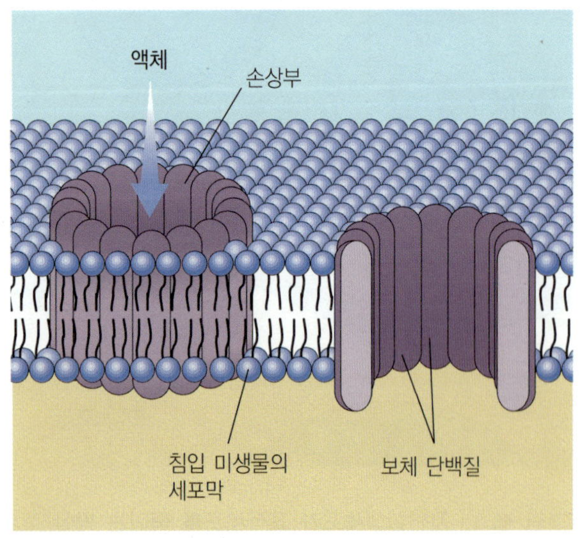

그림 45.4 | 보체가 세포막에 구멍을 내는 방식.
보체 단백질들은 자연살생세포가 만드는 것과 유사하게 막을 관통하는 구멍을 만든다. 그러나 보체 단백질들은 혈장 속에서 자유로이 돌아다니며 침입 미생물을 직접 공격한다.

몸의 방어에서 중요한 역할을 하는 단백질 중의 하나가 인터페론(interferon)이다. 인터페론은 알파, 베타, 감마 세 가지가 있다. 몸의 대부분의 세포들은 알파인터페론과 베타인터페론을 만든다. 이 단백질들은 바이러스 감염 부위 근처에 있는 정상 세포들을 감염으로부터 보호하는 전령의 역할을 한다. 비록 바이러스가 인접 세포로 침입할 수 있지만, 알파인터페론과 베타인터페론이 이 세포 안에서 바이러스 복제와 단백질 조립을 방해한다. 감마인터페론은 특정 림프구와 자연살생세포에 의해서만 생산된다. 이 세포들이 분비하는 감마인터페론은 감염이나 암에 대한 면역 방어의 한 수단이 된다.

염증반응

염증반응은 감염에 대한 국부적, 비특이적 반응이다. 감염되거나 손상된 세포들은 히스타민과 프로스타글란딘과 같은 화학적 경고물질을 방출하는데, 이러한 물질들은 국부적으로 혈관을 확장시켜서 감염 부위나 상처로 혈류량을 증가시키고 그 부위를 붉고 열이 나게 만든다. 이 물질들은 또 해당 부위의 모세혈관의 투과성을 높여서 부종(조직이 부풀어 오름)을 일으킨다. 모세혈관의 투과성이 높아지면 혈액으로부터 세포외액으로 식균세포들(중성백혈구와 단핵백혈구)이 이동하기 쉬워진다. 먼저 중성백혈구가 도착하여 화학물질을 내어 주변의 세균을 죽이는데(조직세포와 자신도 죽는다), 고름(pus)은 죽은 병원균, 조직세포, 중성백혈구의 혼합물이다. 그 뒤 단핵백혈구가 와서 대식세포로 된 다음 병원균과 죽은 세포 잔존물들을 삼킨다(그림 45.5).

열반응

대식세포는 침입 미생물을 만나면 인터루킨-1(interleukin-1)이라는 조절분자를 방출하는데, 이 물질이 혈액에 의해 뇌로 간다. 인터루킨-1과 세균 내

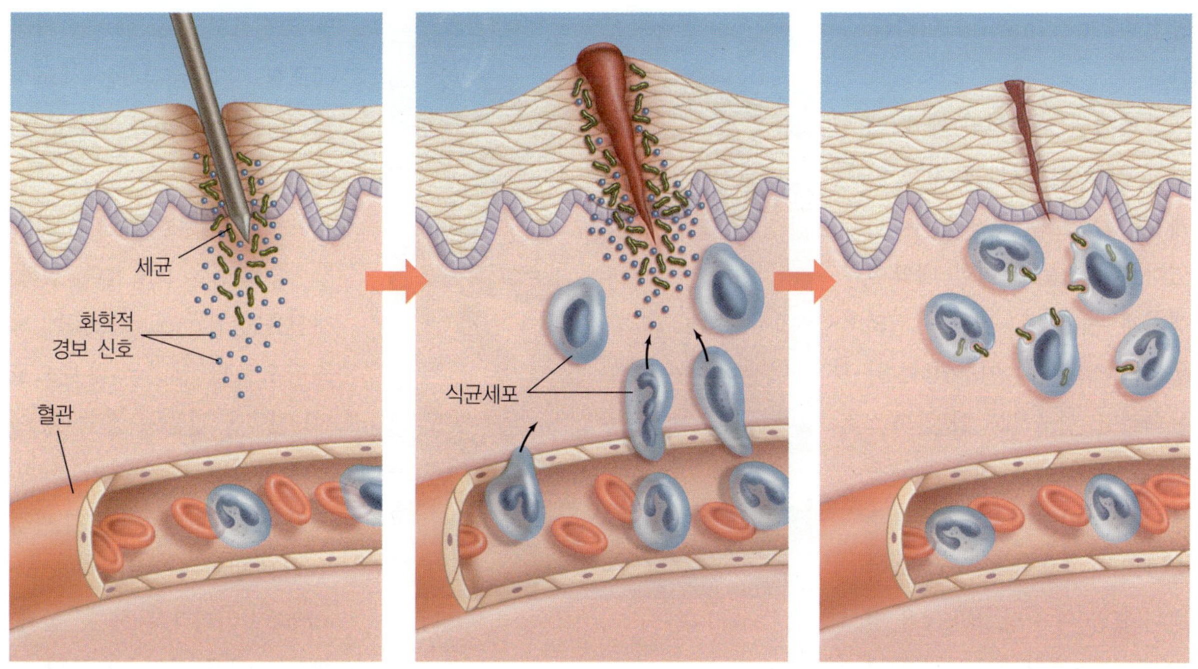

그림 45.5 | 국부적 염증반응.
미생물이 피부를 침입하면 히스타민이나 프로스타글란딘과 같은 화학적 경보신호가 주변 혈관을 확장시킨다. 그로 인한 혈류 증가로 부종을 일으키고 식세포들이 몰려들어 침입한 세균을 공격하고 삼키게 된다.

독소(endotoxin)와 같은 발열인(pyrogen)은 시상하부의 뉴런으로 하여금 체온을 정상보다 몇 도 높이게 한다. 즉, 열이 나도록 한다.

따뜻한 곳과 찬 곳을 오가며 체온을 조절하는 도마뱀을 이용한 실험 결과, 감염된 도마뱀은 따뜻한 곳으로 갔다. 이 도마뱀의 체온이 상승하는 것을 막으면 감염으로부터의 회복 속도가 느려졌다. 발열은 식세포작용을 자극하고 간과 지라에서 철을 저장하도록 하여 혈액 내 철 농도를 낮춘다. 세균은 자라기 위해서는 다량의 철이 필요하다. 그러나 체온이 너무 오르면 중요한 효소들을 변성시키므로 위험하다. 일반적으로 인간에게 39.4℃ 이상인 체온은 위험하며, 40.6℃ 이상이면 대개 치명적이다.

45.2 특이적 면역 방어와 항원

면역반응: 3차 방어선

병의 감염 없이 어린 시절을 보낸 사람은 거의 없을 것이다. 가령 10대가 되기 전에 대부분의 사람들은 수두를 앓는다. 이런 질병은 대개 어린 아이만 걸리는데, 그 이유는 한 번 앓으면 다시는 걸리지 않도록 면역이 생기기 때문이다. 특이적 면역 방어 기작은 이 면역성을 제공한다.

면역반응의 발견

1796년 영국의 시골 의사였던 에드워드 제너는 면역학의 태동이라고 할 수 있는 실험을 하였다. 당시 천연두는 흔하고 무서운 질병이었다. 그러나 제너는 우두에 걸렸던 소의 젖을 짜는 사람은 천연두에는 잘 걸리지 않는 것을 발견하였다. 제너는 우두가 천연두를 예방한다는 생각을 시험해 보고자 했다. 그는 사람들에게 우두를 접종했는데, 이 사람들은 대부분 천연두에 걸리지 않았다(그림 45.6).

천연두와 우두는 유사한 표면을 가진 서로 다른 바이러스에 의해 생긴다는 것이 오늘날에는 이미 알려져 있다. 이렇게 위험한 미생물에 대한 저항력을 만들기 위하여 위험하지 않은 미생물을 접종하는 것을 예방접종(vaccination)이라고 한다.

감염원에 노출되면 왜 병에 대한 저항력이 생기는지를 알게 된 것은 오랜 세월이 지나서였다. 이 의문에 대한 대답이 생기게 된 계기는 반세기 뒤의 루이 파스퇴르의 연구였다. 닭콜레라를 연구하고 있던 파스퇴르는 감염된 닭에서 세균을 분리해 배양하였다. 그는 2주일간의 휴가를 출발할 때 배양병이 선반 위에 방치된 것을 잊고 있었다. 휴가에서 돌아온 그는 이 "못쓰게 된" 배양액을 건강한 닭에게 주입하였는데, 이 닭은 약하게 앓고 난 뒤 회복되었다. 그리고 놀랍게도 이 닭에게 닭콜레라균을 감염시켰더니 콜레라에 걸리지 않았다.

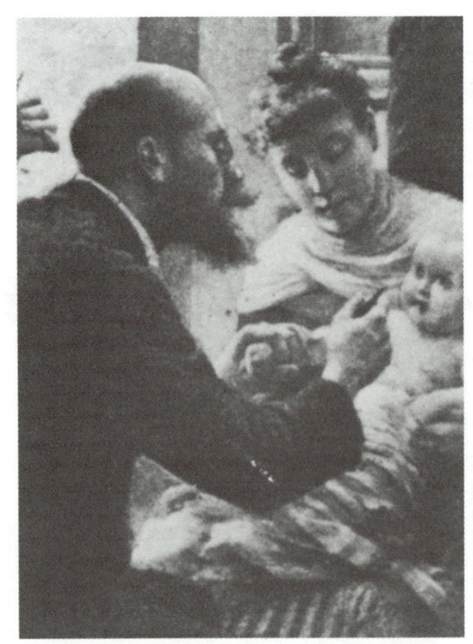

그림 45.6 | 면역학의 탄생.
1790년대에 에드워드 제너가 천연두를 예방하기 위해 우두를 접종하는 모습이다.

을 조절하고 특정 항원을 가진 세포를 직접 공격하는 세포성 면역(cell-mediated immunity)을 일으킨다.

특이적 면역반응은 두 가지 방식으로 몸을 보호한다. 첫째, 개인은 병원균(pathogen)에 노출됨으로써(질병을 앓음으로써) 면역을 얻을 수 있는데, 이를 후천성면역(acquired immunity)이라고 한다. 이 면역 과정을 다른 말로는 능동면역(active immunity)이라고 한다. 둘째, 개인은 다른 사람으로부터 항체를 얻어서 면역을 가질 수 있다. 이는 태어나기 전에 어머니가 태반을 통하여 아이에게 항체를 전해 주는 것으로서, 이런 방식의 면역을 수동면역(passive immunity)이라고 한다.

특이 면역의 핵심 개념

항원(antigen)이란 특이 면역반응을 일으키는 분자를 말한다. 항원은 단백질과 같이 크고 복잡한 분자들이며, 일반적으로 몸에 이물질이고 대개 병원균의 표면에 존재한다. 커다란 항원은 여러 부위로 이루어져 있으며, 각 부위는 서로 다른 특이 면역반응을 자극한다. 이 경우 서로 다른 부위를 항원결정기 부위(antigenic determinant sites)라고 하고, 각각 독립적인 항원 역할을 한다. 특수한 림프구들은 항원을 인식하고 항원이나 항원을 지닌 세포에 대한 면역반응을 유도하는 수용체 단백질을 그들 표면에 가지고 있다.

B세포라는 림프구는 항체(antibody)라는 단백질을 만들어서 항원에 반응한다. 항체 단백질은 혈액이나 체액 안으로 분비되어 체액성면역(humoral immunity)을 일으킨다. T세포라는 림프구는 항체를 분비하지는 않으나, 그 대신 다른 세포들의 면역반응

특이 면역계의 세포들

면역 방어 기작에는 백혈구의 활동이 관여한다. 백혈구에는 중성 백혈구, 호에오신성 백혈구, 호염기성 백혈구, 단핵 백혈구 등의 식균작용을 하고 2차 방어선을 이루는 것들과 식균작용을 하지는 않으나 특이 면역반응(3차 방어선)에 중요한 두 가지 림프구(T세포 및 B세포)가 포함된다(표 45.1). T세포는 세포성 면역반응을 유도하고, B세포는 체액성 면역반응을 유도한다.

T세포는 골수에서 만들어진 뒤 흉선으로 이동한다(T는 흉선 thymus의 첫 자에서 유래함). 여기에서 T세포는 미생물과 바이러스를 그들의 표면 항원을 이용하여 구별할 수 있는 능력을 갖춘다. 수천 만 개의 서로 다른 T세포들이 만들어지며 각각은 특정 항원을 인식하도록 특수화된다. 모든 침입자는 적어도 몇 개의 T세포에 의해 인식된다. T세포는 크게 네 가지로

표 45.1 면역계의 세포들

세포의 종류	기능
보조 T세포 (helper T cell)	면역반응의 사령관. 감염을 탐지하고 경보를 울리며 T세포와 B세포의 반응을 일으킴
기억 T세포 (Memory T cell)	예전에 마주친 적이 있는 항원에 빠르고 효과적인 반응을 일으킴
세포독성 T세포 (cytotoxic T cell)	몸의 감염된 세포를 탐지하여 죽임. 보조 T세포에 의해 활성화됨
억제성 T세포 (suppressor T cell)	감염이 저지된 뒤에 T세포와 B세포의 활동을 억제하여 방어 활동을 감소시킴.
B세포 (B cell)	형질세포의 선구체. 특정 외부 항원을 인식하도록 특수화됨.
중성 백혈구(neutrophil)	침입 세균을 삼키고 화학물질을 방출하여 인접 세균을 죽임.
형질세포 (plasma cell)	특정 외부 항원에 대하여 항체를 생산하는 생화학 공장인 활성화된 B세포
비만세포 (mast cell)	감염 부위에 백혈구가 접근하기 쉽게 하는 염증 반응의 시발자임. 히스타민을 분비하여 알레르기 반응을 일으킴
단핵 백혈구 (monocyte)	대식세포의 선구체
대식세포 (macrophage)	몸의 첫 방어 세포 계열임. B세포와 T세포에 항원을 제시하는 역할도 하며, 항체로 덮인 세포를 삼킴
자연살생세포 (natural killer cell)	몸의 감염된 세포를 찾아서 죽임. 자연살생세포는 광범위한 침입자에 의해 감염된 세포들을 찾아 죽이고, 살세포(killer cell)는 항체로 덮인 세포만 공격함

구별된다. 보조 T세포(T_H)는 면역반응을 개시하고 기억 T세포는 예전에 마주친 적이 있는 항원에 재빨리 반응하도록 하며, 세포독성 T세포(T_C)는 바이러스에 감염된 세포를 용해시키고, 억제성 T세포는 면역반응을 끝낸다.

T세포와는 달리, B세포는 흉선으로 가지 않고 골수에서 성숙을 마친다(B세포라는 명칭은 원래 bursa라고 하는 닭의 한 부위에서 규명되었기 때문에 생겼다). B세포는 골수에서 방출되어 혈액과 림프에서 순환한다. T세포처럼 각각의 B세포는 특정 외부 항원을 인식하도록 특수화되어 있다. B세포가 표적으로 삼는 항원을 만나면 신속히 분열하기 시작하고, 이의 딸세포들은 형질세포(plasma cell)와 기억세포(memory cell)로 분화한다. 각 형질세포는 항원에 달라붙어 표식을 하는 항체를 생산하는 작은 공장이다.

파스퇴르가 관찰한 면역은 항체와 항체를 생산하는 B세포가 존재하면서 얻어진 결과이다.

면역반응의 개시

3차 방어선이 어떻게 작동하는지를 이해하기 위하여 우리가 방금 독감에 걸렸다고 가정해 보자. 독감 바이러스가 수증기를 따라 호흡기로 들어왔다. 이 바이러스가 호흡기 점막에 부착되지 않고(1차 방어선), 또 대식세포에 먹히지도 않았다면(2차 방어선) 바이러스는 점막세포에 감염되고 세포를 죽인다.

이 시점에서 대식세포는 면역반응을 개시한다. 대식세포는 마주치는 모든 세포의 표면을 검사한다. 대부분의 척추동물 세포는 표면에 주조직적합성복합체(MHC :

표 45.2 면역계의 주요 세포 표면 단백질				
	면역 수용체		MHC 단백질	
세포의 종류	T 수용체	B 수용체	MHC-I	MHC-II
B 세포	−	+	+	+
$CD4^+$ T 세포	+	−	+	+
$CD8^+$ T 세포	+	−	+	−
대식세포	−	−	+	+

$CD4^+$ T세포에는 유도 T세포와 보조 T세포가 있으며, $CD8^+$ T 세포에는 세포독성 T세포와 억제성 T세포가 있다(+ : 존재함, − : 존재 않음).

major histocompatibility complex)라는 유전자 집단에 의해 생산되는 당단백질을 가진다. 이 당단백질들을 MHC 단백질이라고 하며, 사람의 경우에는 따로 인체백혈구항원(HLA : human leukocyte antigen)이라고 한다. MHC 단백질을 지령하는 유전자들은 고도로 다형적이다. 가령, 사람의 MHC 단백질들을 만드는 유전자들은 각기 약 170가지의 대립인자를 가진다. 따라서 동일한 대립인자 조합을 가지는 경우는 거의 없고 MHC 단백질은 지문처럼 개인마다 다르다. 그 결과 조직세포의 MHC 단백질은 자기 인식표 역할을 하여 개인의 면역계가 자신의 세포와 외래 세포를 구별할 수 있게 하는데, 이를 자기-비자기 인식(self-versus-nonself recognition)이라고 한다. T세포는 세포 표면에 있는 MHC 단백질을 이용하여 어떤 세포를 자기와 비자기로 구별할 수 있다.

바이러스와 같은 외래 입자가 몸에 감염되면 세포가 이를 삼키고 부분적으로 소화한다. 이 세포 안에서 바이러스 항원은 가공된 다음 세포막 표면으로 이동한다. 이 기능을 수행하는 세포를 항원제시세포(antigen-presenting cell)라고 한다. 가공된 항원은 막에서 MHC 단백질과 복합체를 이룬다. 이로써 T세포는 MHC 단백질과 결합한 항원을 인식할 수 있게 된다.

MHC 단백질은 두 가지 부류가 있다. MHC-I은 몸의 모든 핵을 가진 세포에 존재한다. 그러나 MHC-II는 대식세포, B세포, T세포의 한 부류인 $CD4^+$ T세포에만 존재한다(표 45.2). 이 세 가지 세포는 한 가지 면역반응에서 함께 활동하고, 이들의 MHC-II 표지는 이들이 서로를 인식할 수 있도록 한다. 감염된 세포를 파괴하는 세포독성 T림프구는 MHC-I 단백질과 결합된 항원과만 작용할 수 있다. 보조 T림프구는 MHC-II 단백질과 결합된 항원과만 작용을 한다. 이 제약들은 T세포 수용체와 결합된 단백질인 보조수용체(coreceptor)의 존재 때문에 생긴다. CD8이라는 보조수용체는 세포독성 T세포의 수용체에 결합되어 있다(따라서 이 세포들은 $CD8^+$라고 표시할 수 있다). CD8 보조수용체는 감염된 세포의 MHC-I 단백질과만 작용할 수 있다. CD4라는 보조수용체는 보조 T세포의 수용체에만 결합되어 있고(따라서 이 세포는 $CD4^+$로 표시된다), 다른 림프구의 MHC-II 단백질과만 작용한다.

몸 안에서 대식세포는 바이러스를 만나 이를 부분적으로 소화하고 항원을 막에 있는 MHC-II 단백질과 복합체를 이루어 제시한다. 이러한 MHC-II 단백질과 외래 항원의 조합은 보조 T세포의 표면에 있는 수용체와 작용하기 위해 필요하다. 동시에, 항원이나 항원제시세포와 마주친 대식세포는 화학적 경고신호 역할을 하는 인터루킨-1(interleukin-1)을 방출한다. 보조 T세포는 인터루킨-1에 반응하여 두 계통의 면역반응을 동시에 작동시키는데, 이 두 면역반응 계열이란 T세포에 의해 수행되는 세포성 면역반응과 B세포에 의해 수행되는 체액성 면역반응이다.

45.3 T세포의 활동

T세포와 세포성 면역반응

T세포에 의해 수행되는 세포성 면역반응은 비정상적이거나 바이러스에 감염된 세포를 죽여 바이러스 감염이나 암으로부터 몸을 보호한다.

일단 대식세포나 다른 항원제시세포에 의해 MHC 단백질에 결합된 외래 항원이 제시되기만 하면 보조 T세포에 의해 일련의 복잡한 반응들이 시작된다. 이 과정의 핵심 부분은 시토카인(cytokines) 혹은 림포카인(lymphokines : 림프구에 의해 분비될 경우)이라고 하는 조절분자의 분비이다.

한 가지 시토카인이 처음 발견되면 이 시토카인은 생물학적 활동에 따라 명칭을 부여한다(예 : B세포 자극인자). 그러나 각 시토카인은 여러 다른 작용을 하기 때문에 이러한 이름들은 잘못된 것이다. 그래서 과학자들은 번호가 붙은 인터루킨이라는 이름을 사용하기로 했다. 가령, 인터루킨-1은 대식세포가 분비하고 T세포계를 활성화시킬 수 있다. B세포 자극인자라는 명칭은 이제 인터루킨-4라는 이름으로 대체되었으며, T세포에 의해 분비되고 B세포의 증식과 복제에 필요하다. 인터루킨-2는 보조 T세포에 의해 방출되고 세포독성 T림프구의 활성화에 필요하다.

T세포 반응에서의 세포의 상호작용

대식세포가 외래 항원을 가공할 때 이들은 인터루킨-1(IL-1)을 분비하고, 이 인터루킨-1은 T세포의 분열과 증식을 자극한다(그림 45.7). 대식세포에 의해 제시된 항원으로 보조 T세포가 일단 활성화되면, 이

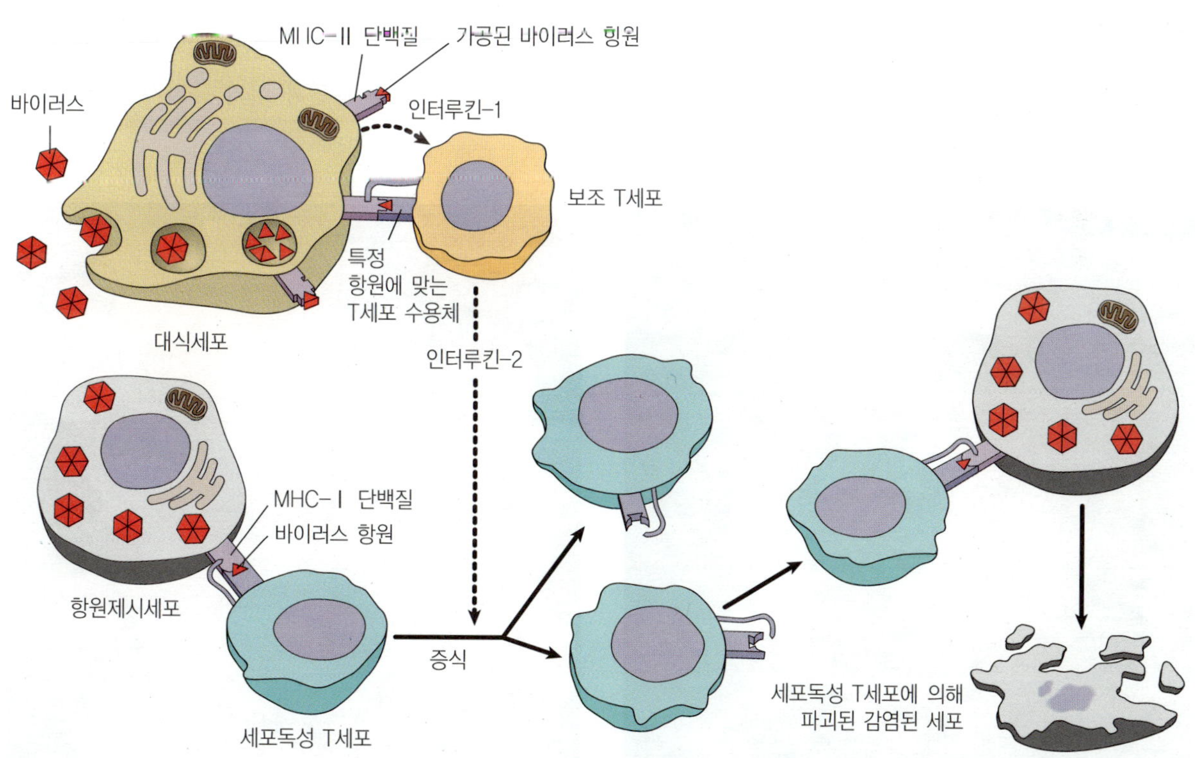

그림 45.7 | T세포의 면역 방어.
대식세포는 항원을 가공한 뒤 인터루킨-1을 방출하여 보조 T세포가 항원-MHC 단백질 복합체에 결합하도록 신호를 준다. 이는 보조 T세포가 인터루킨-2를 방출하도록 자극하며, 인터루킨-2는 세포독성 T세포의 증식을 자극한다. 또, 세포독성 T세포의 증식은 이 세포들이 항원제시세포에 의해 제시되는 항원과 들어맞는 수용체를 가져서 항원-MHC 단백질 복합체와 결합할 수 있게 될 때에도 자극된다. 항원으로 감염된 몸의 세포들은 세포독성 T세포에 의해 파괴된다. 감염이 완화될 때 억제성 T세포는 면역반응을 중단시킨다.

보조 T세포들은 대식세포군체 자극인자라는 시토카인과 감마인터페론을 분비하여 대식세포들의 활동성을 증진시킨다. 이와 함께, 보조 T세포는 인터루킨-2(IL-2)를 분비하고, 이 인터루킨-2는 그 항원에 특이적인 세포독성 T세포의 증식을 자극한다(인터루킨-2는 또 B세포를 자극한다). 세포독성 T세포는 감염된 세포가 MHC-I 단백질과 결합된 외래 항원을 나타낼 때만 이 세포를 파괴할 수 있다.

이식 거부 및 암의 감시와 T세포

세포독성 T세포는 바이러스에 감염된 세포인 것처럼 모든 외래 MHC-I도 공격하게 될 것이다. 그러므로 척추동물이 이식 조직에 대한 방어를 위해 면역계를 진화시켜 온 것은 아니더라도, 이들의 면역계는 이식된 조직을 공격하여 이식 거부반응을 나타낼 것이다. MHC 단백질이 매우 다형적임을 이미 언급했다. 그러나 이들의 유전적 바탕 때문에, 두 개인이 근친 관계가 깊을수록 MHC 단백질의 차이는 더 적을 것이고, 서로의 조직에 대한 내성이 더 클 것이다. 약품 사이클로스포린(cyclosporin)은 세포독성 T세포를 불활성화시켜서 이식 거부를 억제한다.

종양이 발달할 때 종양세포는 면역계에 의한 파괴를 자극할 수 있는 표면 항원을 나타낸다. 종양의 항원은 면역계를 활성화시키는데, 주로 세포독성 T세포와 자연살생세포에 의한 공격을 일으킨다(그림 45.8). 암에 대한 면역감시(immunological surveillance) 개념은 암과 투쟁하는 면역계의 역할을 설명하기 위하여 1970년대 초에 도입되었다.

유전공학적으로 처리된 세균에 의한 인간 인터페론의 다량 생산으로, 이 물질을 이용하여 암치료 실험을 할 수 있게 되었다. 지금까지 인터페론은 일부 림프종, 신장암, 흑색종, 유방암 등 특정 암치료의 보조적 처방으로 유용한 것으로 밝혀졌다.

세포독성 T세포와 B세포를 활성화시키는 인터루킨-2도 유전공학기술에 의해 현재 치료약품으로 이용되고 있다. 암환자로부터 특정 림프구를 꺼내어 IL-2로 처리한 다음 다시 환자에게 IL-2 및 감마인터페론과 함께 주입하였다. 과학자들은 또 암세포에서 독특하게 나타나는 특정 항원과 이의 유전자를 구별해서

(a)

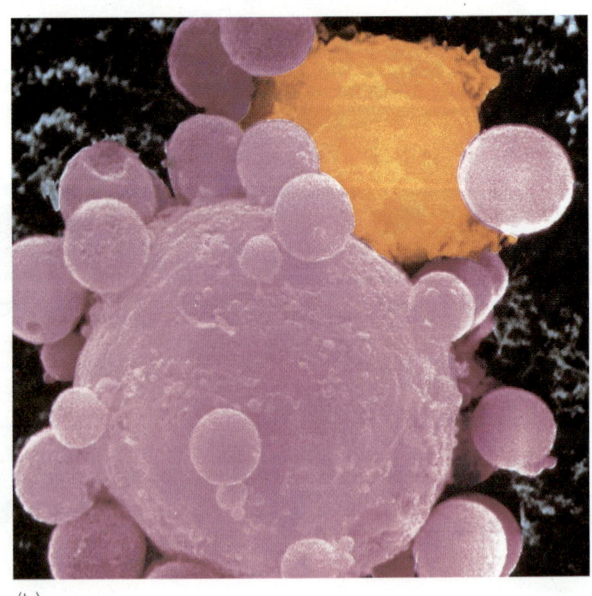

(b)

그림 45.8 | 암세포를 파괴하는 세포독성 T세포.
(a) 세포독성 T세포(주황색)가 암세포(분홍색)에 접근하고 있다. (b) 이 T세포는 암세포가 "비자기"임을 인식하고 이 암세포의 파괴를 일으키고 있다.

면역계가 암세포를 더 정확하게 조준하여 파괴하도록 하고자 노력하고 있다.

45.4 B세포의 활동

B세포와 체액성 면역반응

B세포 또한 인터루킨-1에 의해 활성화된 보조 T세포에 반응한다. B세포는 세포독성 T세포와 마찬가지로 표면에 각 B세포마다 특이한 수용체 단백질을 가진다. B세포는 세포독성 T세포가 감염된 세포를 인식하는 것처럼 침입한 미생물을 인식하지만, 세포독성 T세포와는 달리 스스로 공격하지는 않는다. 그 대신 병원균에 표지를 하여 파괴가 이루어질 수 있도록 한다. 면역반응의 초기에 B세포가 붙인 표지는 보체 단백질이 표지를 가진 세포들을 공격하게 한다. 그 후의 면역반응에서 B세포가 붙인 표지는 대식세포와 자연살생세포를 활성화시킨다.

B세포가 표지를 붙이는 방식은 간단하고 정확하다. 항원제시세포에 있는 항원-MHC 단백질 복합체에만 결합하는 T세포의 수용체와는 달리, B세포의 수용체는 가공되지 않은 자유로운 항원에 결합할 수 있다. B세포가 항원을 만나면 항원 입자가 세포 내 섭취(endocytosis)에 의해 B세포 안으로 들어가서 가공된다. 특정 항원을 인식할 수 있는 보조 T세포는 B세포에 있는 항원-MHC 단백질 복합체에 결합하고 인터루킨-2를 방출하며, 인터루킨-2는 B세포의 분열을 자극한다. 아울러, 가공되지 않은 자유로운 항원이 B세포 표면에 있는 항체에 부착한다. 이 항원 노출은 더 많은 B세포 증식을 촉발한다. B세포는 분열하여 오래 존속하는 기억 B세포와 단기간의 항체 생산 공장 역

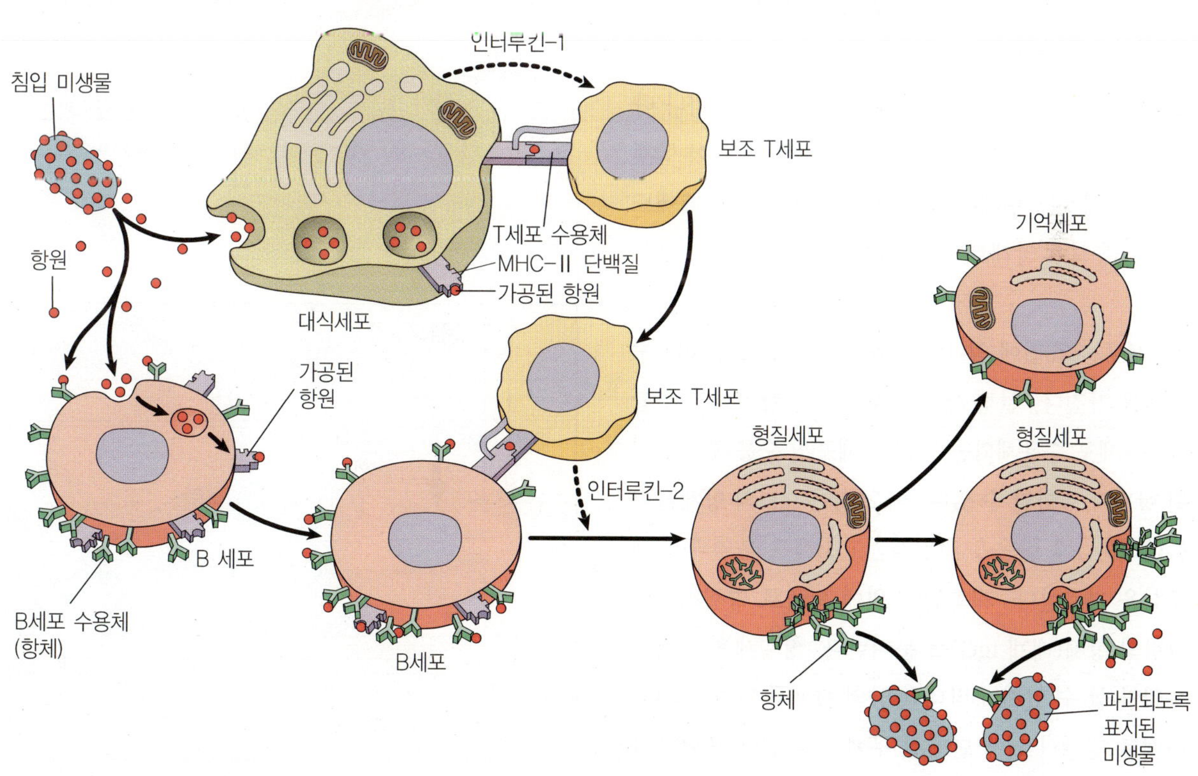

그림 45.9 | B세포의 면역 방어.
침입 과립은 B세포에 의해 포획되고, B세포는 보조 T세포와 작용하여 활성화된 다음 분열한다. 분열하는 B세포는 나중의 2차적 반응에 쓰이는 기억B 세포와 항체를 분비하는 형질세포를 만든다. 항체는 침입 미생물에 부착하여 대식세포가 파괴할 수 있도록 표지한다.

할을 하는 형질세포(plasma cell)를 만든다(그림 45.9). 항체는 혈장, 림프, 세포외액으로 방출된다. 보조 T세포는 세포성 면역반응이나 체액성 면역반응 모두에 필수적이다.

항체는 면역글로불린(immunoglobulin, 약자 Ig)으로 분류되는 단백질들로서 구조와 기능에 따라 구분된다. 면역글로불린의 종류는 다음과 같다(표 45.3).

1. **IgM**은 1차 반응시에 맨 처음 분비되는 항체이다. 이 항체는 림프구 표면에서 수용체 역할을 한다. 이 항체는 또 응집반응을 촉진한다(항원을 가지는 입자가 서로 뭉치게 만든다).
2. **IgG**는 혈장의 주요 항체로서 2차 반응시에 분비된다.
3. **IgD** 항체는 B세포 표면에서 항원의 수용체 역할을 한다.
4. **IgA**는 침이나 모유와 같은 체외 분비물 속의 주요 항체이다.
5. **IgE** 항체는 병원균 공격을 돕는 히스타민이나 다른 인자들의 방출을 촉진한다. 불행히도 이 항체가 때로는 무해한 항원이 체내에 들어올 때에도 반응하여 알레르기 증상을 일으킨다.

B세포는 표면에 약 100,000개의 IgM 또는 IgD 수용체를 가진다. 일정 세포가 제시하는 항원에만 결합하는 T세포 수용체와는 달리, B세포의 수용체는 독립된 항원과 결합할 수 있다. 이 결합은 IgM의 항체들이 분비되는 1차 반응을 촉진시키고 B세포 분열과 복제 증식을 자극한다. 계속된 항원에 노출로 형질세포는 다량의 항체(대개 IgG)를 분비한다. 형질세포는 비록 수일만 살 수 있지만 막대한 양의 항체를 만들어낸다. 실제로 혈장의 전체 단백질 무게의 약 20%를 항체가 차지한다. IgG 항체의 생산은 약 3주일 뒤에 정점을 이룬다(그림 45.10).

IgM 항체(그리고 이보다 적은 양의 IgG)가 세포 위의 항원에 결합하면 보체 단백질이 집합하게 된다. 이미 언급한 바와 같이, 이렇게 모인 단백질들은 감염된 세포의 세포막에 구멍을 만들어 액체가 세포 안으로 들어와 세포가 터지게 만든다. 이와는 달리 IgG 항체

표 45.3 다섯 가지 면역글로불린

종류	구조	기능
IgM	5합체	1차 면역반응에서 처음 분비되는 항체이며 응집반응을 촉진한다.
IgG	단위체	2차 면역반응에서 분비되며, 혈장에서 가장 흔한 형태의 항체이다.
IgD	단위체	B세포 표면에 존재하며 수용체 역할을 한다.
IgA	이합체	체외 분비물(젖, 눈물, 침, 점액)에 가장 많은 항체이다.
IgE	단위체	알레르기반응을 일으키는 히스타민 방출을 촉진한다.

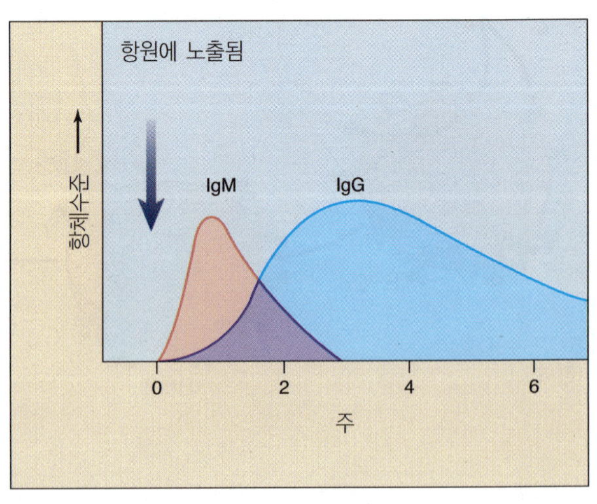

그림 45.10 | IgM 항체와 IgG 항체.
체액성 면역반응에서 처음 만들어지는 항체는 IgM 항체이다. 이 항체는 매우 효과적으로 보체계를 활성화시킨다. 이 항체의 생산은 1주일 뒤에 최고조에 이르며, 그 뒤에 IgG 항체의 생산이 이어진다.

가 세포 위의 항원과 결합하면 이 항체들은 대식세포의 식균작용을 자극하는 표지 역할을 한다. 일부 보체 단백질은 식세포들을 끌어들이므로 보체의 활성화는 일반적으로 식균작용의 증가를 일으킨다. 항체는 침입 병원균을 직접 죽이지는 않고 보체계를 활성화시키거나 병원균을 표지함으로써, 식세포의 공격을 유도하여 병원균의 파괴를 일으킨다는 것을 염두에 둘 필요가 있다.

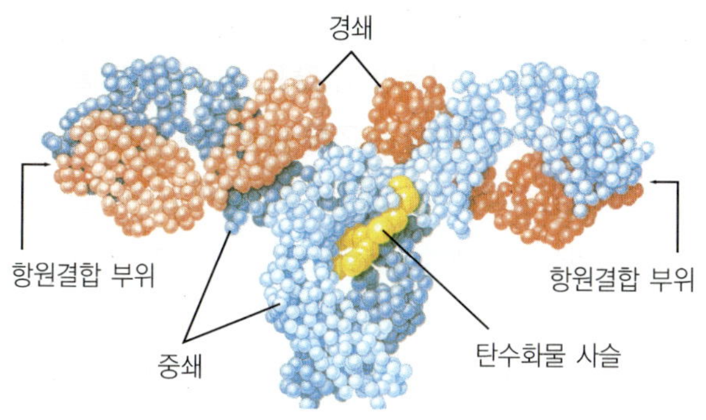

그림 45.11 | 항체 분자의 구조.
항체의 이 모형에서 각 아미노산이 작은 구로 표시되어 있다. 중쇄는 청색으로, 경쇄는 적색으로 나타내었다. 4개의 사슬이 서로 감기면서 Y자 모양을 이루며, 양 팔에 동일한 항원결합 부위가 있다. 줄기 부위는 항체가 특정 영역의 면역반응에 참여하도록 이끈다.

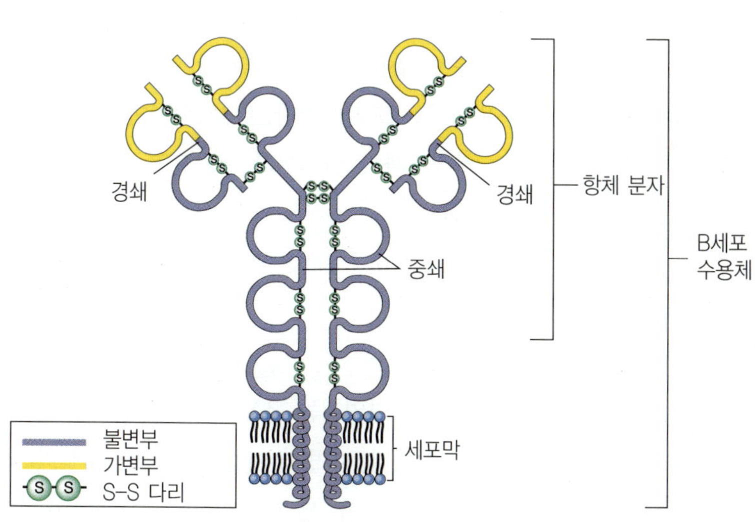

그림 45.12 | B세포 수용체 상태인 항체의 구조.
수용체 분자는 약 100개 아미노산의 도메인들(고리로 표시됨)로 특징지어진다. 각 도메인은 –S–S– 공유결합으로 연결되어 있다. 각 수용체는 하나의 불변부(자주색)와 하나의 가변부(노랑)를 가진다. 수용체는 두 가변부의 말단에서 항원과 결합한다.

항체

항체의 구조

항체는 경쇄(light chains)라는 2개의 동일한 짧은 폴리펩티드와 중쇄(heavy chains)라는 2개의 동일한 긴 폴리펩티드로 구성되어 있다(그림 45.11). 이 4개의 사슬은 이황화(-S-S-) 결합으로 묶여서 Y자 모양의 분자를 이룬다(그림 45.12).

여러 가지 항체 분자들의 아미노산 서열을 비교해 보면 항체의 항원에 대한 특이성은 Y의 두 팔에서 나타나며, 이곳은 다양한 아미노산 서열을 가지고 있다. Y의 줄기 부분 폴리펩티드의 아미노산 서열은 동일 종류의 면역글로불린 내에서는 일정하다. 특이성을 갖는 항체들의 아미노산 서열 변화는 주로 두 팔의 가변부에서 발견된다. 이곳에 항원이 부착되는 갈라진 틈(cleft)이 형성된다. 양 팔은 동일한 갈라진 틈을 가지며 따라서 동일한 항원에 부착한다.

동일한 가변 부위를 가진 항체들은 동일한 틈을 가지므로 동일한 항원을 인식하지만 줄기 부위는 다를 수 있다. 줄기는 중쇄의 불변부로 형성된다. 포유동물에서 다섯 가지의 다른 중쇄가 다섯 가지의 면역글로불린, 즉 IgM, IgG, IgA, IgD, IgE를 이룬다. IgM과 IgG는 이미 설명하였다.

IgE 항체는 비만세포(mast cell)에 결합하는데, IgE의 중쇄줄기가 비만세포의 원형질막에 있는 수용체에 삽입되어, B세포 수용체 기능을 하게 된다. 이 세포들이 항체의 팔에 의해 인식된 특이 항원과 만나면 히스타민을 방출하여 염증반응을 시작한다. 그 결과 혈관확장이 일어나고 모세혈관의 투과성이 커져서 림프구, 대식세포, 보체 단백질이 비만세포가 항원을 만난 곳으로 쉽게 도달하게 된다. IgE 항체는 알레르기 반응과 관련되어 있다.

IgA 항체는 모유, 점액, 침과 같은 분비물에 들어 있다. 모유 속의 이 항체는 아직 면역계가 완전히 발달되지 않은 유아에게 면역 방어를 제공하는 것으로 여겨진다.

항체의 다양성

척추동물의 면역계는 수백만 가지의 외래 비자기 분자들을 구별할 수 있다. 척추동물의 염색체는 수백 개의 수용체 암호 유전자만 가지고 있지만, 사람의 B 세포는 10^6~10^9가지의 항체 분자들을 만들 수 있다. 척추동물은 어떻게 이와 같은 막대한 종류의 항원 수용체를 만들 수 있을까?

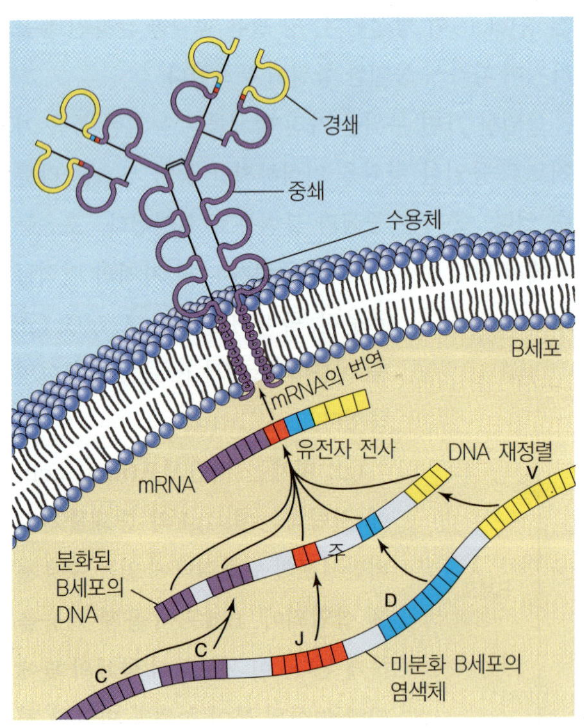

그림 45.13 | 림프구의 수용체 분자는 복합 유전자에 의해 만들어진다.
DNA의 서로 다른 부위들이 서로 다른 수용체 부위를 지령한다. C : 불변부(constant regions), J : 연결부(joining regions), D : 다양성부(diversity regions), V : 가변부(variable regions). 이 부위들이 모여 수용체를 지령하는 복합 유전자를 만든다. 서로 다른 방식의 체세포 DNA 조각 재정렬로 막대한 종류의 수용체 분자가 만들어질 수 있다.

B세포에서 수백만 가지의 면역 수용체 유전자는 각각 하나의 뉴클레오티드 서열로 존재하는 것이 아니며, 따라서 각 수용체 유전자가 유전될 필요는 없다. 그 대신 수용체 분자의 서로 다른 부분을 지령하는 셋이나 네 개의 DNA 조각들이 짜깁기하듯 조립된다. 하나의 항체가 조립될 때 서로 다른 DNA 서열들이 모여서 복합 유전자를 만드는데(그림 45.13), 이 과정을 체세포 DNA 재정렬(somatic DNA rearrangement)이라고 한다. 가령, DNA를 여러 가지 방식으로 조립하면 16,000가지의 중쇄와 약 1,200가지의 경쇄가 생길 수 있다(생쥐의 항체에서).

두 가지 다른 과정들이 더 많은 서열들을 만들어낸다. 첫째, DNA 조각들은 흔히 1~2개의 다른 뉴클레오티드와 연결되어 유전자 전사가 일어날 때 판독 틀이 바뀌면서 아미노산 서열이 완전히 다른 단백질이 만들어진다. 둘째, 림프구가 분열하면서 DNA 복제가 일어날 때 무작위적인 실수가 일어난다. 이 두 가지 돌연변이 과정은 아미노산 서열의 변화를 만드는데, 이 현상은 체세포의 하나인 B세포에서 일어나므로 체세포돌연변이(somatic mutation)라고 한다.

하나의 B세포는 성숙 과정에서 중쇄 유전자와 경쇄 유전자가 조합되므로 항체는 16,000가지 중쇄×1,200가지 경쇄 = 1,900만 가지의 조합이 생길 수 있다. 만약 체세포돌연변이까지 고려한다면 전체 조합은 2억 종류 이상이 생길 수 있다. 이 경우는 B세포와 이의 수용체만을 고려했지만, T세포의 수용체도 체세포 DNA 재정렬과 돌연변이가 생기므로 B세포의 것만큼 다양하다.

면역내성

성숙한 동물의 면역계는 정상적으로 자신의 조직에는 반응하지 않는다. 이렇게 자신의 세포를 거부하지 않고 수용하는 것을 면역내성(immunological tolerance)이라고 한다. 한편 배의 면역계는 외래 분자와 자기 분자 모두에 반응할 수 있다. 그러나 발생이 진행되면서 자신의 분자에 반응하는 능력이 소멸된다. 실제로, 만약 면역계가 발달되기 전에 외래 조직이 배에 들어가면, 그 뒤에 생기는 성체는 이 조직을 외래 조직으로 인식하지 않고 유사한 조직이 이식될 때 거부하지 않게 된다.

면역내성의 형성에는 두 가지 일반 기작이 있는데, 이는 클론결실(clonal deletion)과 클론억제(clonal suppression)이다. 하나의 배, 태아, 또는 신생아에서 조혈 줄기세포가 정상적으로 성숙할 때 자기 항원들에 대한 수용체를 가지는 림프구 클론들은 대부분은 제거되거나(클론결실) 억제된다(클론억제). 세포들은 이 항원을 매우 빈번하게 만나므로 자기 항원으로 구별할 줄 알게 된다. 만약 한 수용체가 빈번하게 활성화되면 세포는 자기 항원으로 인식하게 되고, 그 림프구는 제거되거나 억제되는 것으로 보인다. 그러므로 이 발생 기간에 살아남은 클론들은 자기 분자가 아닌 외래 분자에 대해서만 반응하는 것들이다.

때로는 면역내성이 파괴되어 B세포나 T세포가 자신의 조직 항원을 인식하는 일이 생긴다. 이러한 면역내성의 상실은 자가면역 질환을 일으킨다.

클론선택을 통한 능동면역

이미 알아본 바와 같이 B세포와 T세포는 세포 표면에 특정 항원을 인식하고 결합할 수 있는 수용체를 가진다. 특정 항원이 몸 안으로 들어오면 이 항원은 우연히 이에 맞는 수용체를 가진 특정 림프구와 마주 치고 면역반응이 일어나게 된다. 병원균이 몸에 처음 침입했을 때 침입자의 항원을 인식할 수 있는 수용체를 가진 B세포와 T세포는 소수뿐이다. 그러나 이 항원이 림프구 표면의 수용체에 결합하면 세포분열을 자극하여 클론(유전적으로 동일한 세포집단)을 만들어내는데, 이 과정을 클론선택(clonal selection)이라고 한다. 이 첫 조우에서 면역반응에 가담할 수 있는 세포가 소수에 불과하고, 처음의 면역반응은 비교적 약하므로 해당 개인은 병에 걸리게 되는데, 이를 1차 면역반응(primary immune response)이라고 한다(그림 45.14).

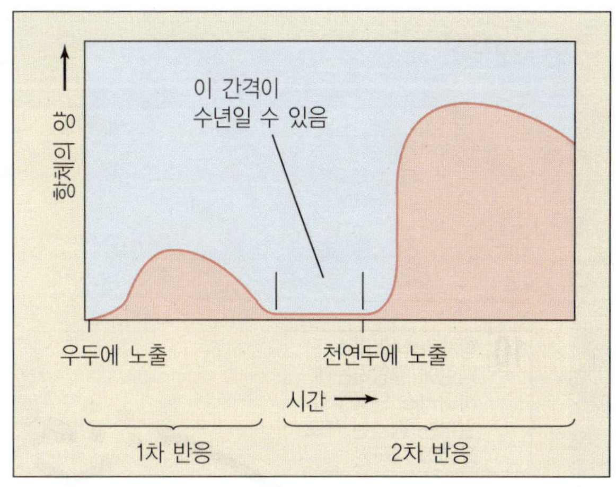

그림 45.14 | 능동면역의 형성.
제너의 환자가 천연두에 대한 면역을 갖게 된 것은 우두 접종이 우두의 항원뿐만 아니라, 천연두의 항원과도 결합할 수 있는 수용체를 가진 림프구 클론 형성을 자극했기 때문이다. 2차 노출은 면역계로 하여금 1차 때보다 훨씬 신속하게 다량의 항체를 만들도록 자극한다.

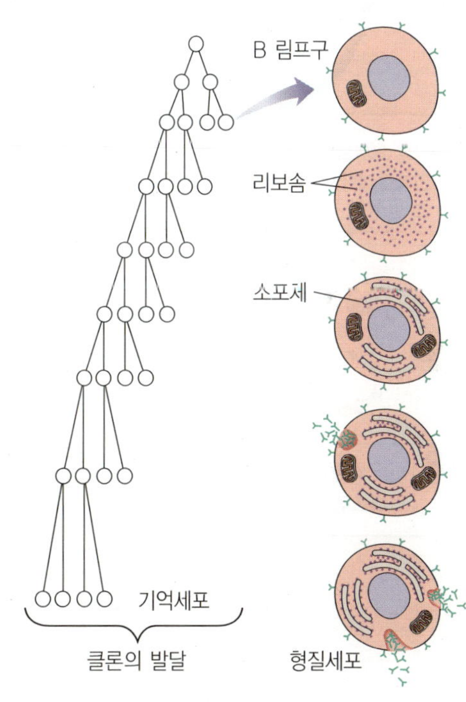

그림 45.15 | 능동면역의 클론선택 이론.
표면 수용체에 특이적으로 결합하는 항원과의 작용에 반응하여 B세포는 여러 차례 분열하여 B세포 클론을 만든다. 이 클론 중에서 어떤 B세포는 1차 면역반응을 위한 항체를 분비하는 형질세포로 되고, 어떤 것은 기억세포로 되어서 그 항원에 2차적으로 노출될 때 2차 면역반응이 일어날 수 있게 한다.

만약 1차 면역반응에 B세포가 관여한다면 일부 B세포는 형질세포가 되어 항체를 분비하고 나머지는

면역반응

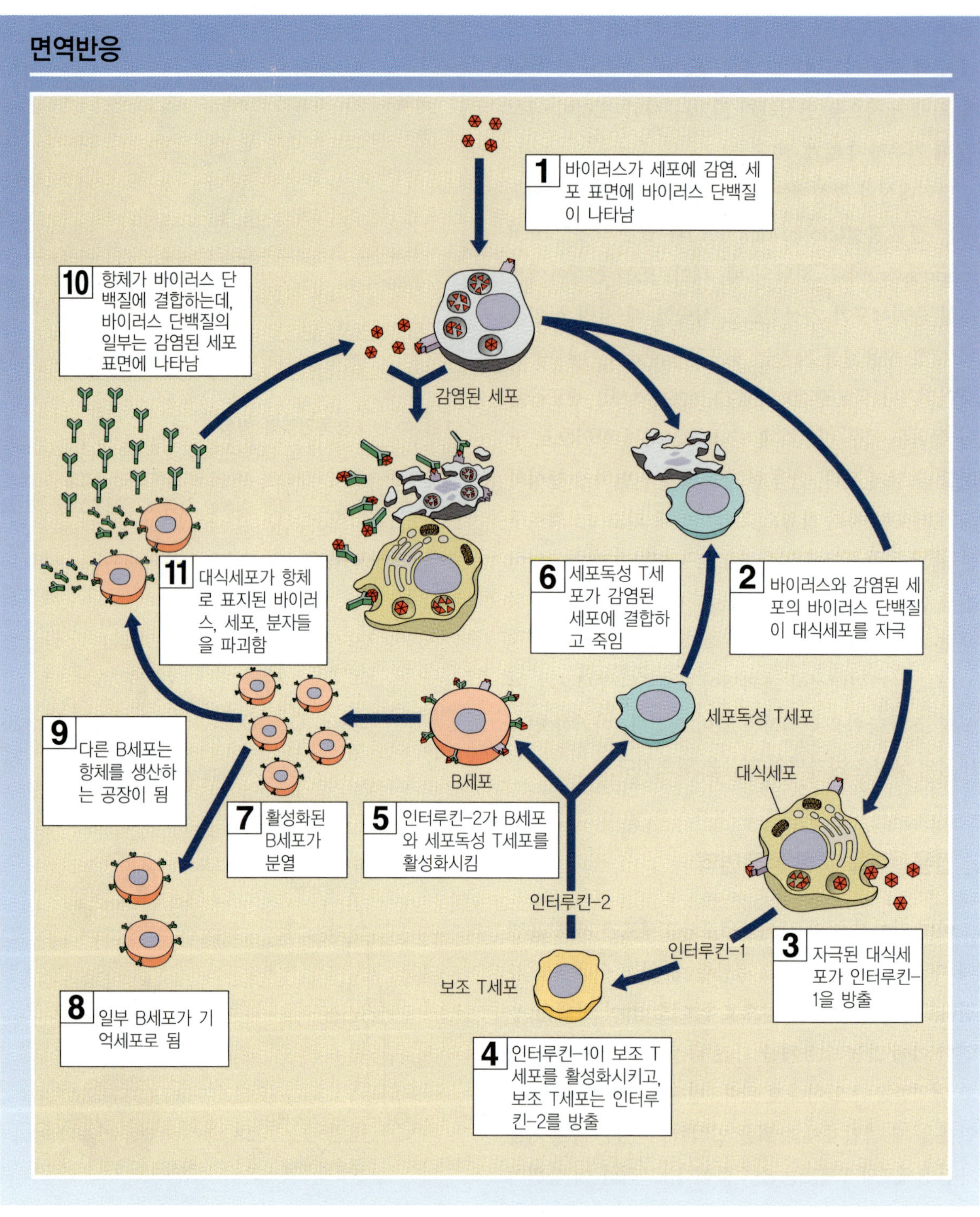

그림 45.16 | 특이적 면역반응 개요.

기억세포로 된다. 그 항원에 특이적인 기억세포의 클론이 1차 반응 후에 발생하므로 동일한 병원균의 2차 감염에 대한 면역반응은 더 신속하고 강력하다. 1차 감염의 결과 그 병원균을 인식할 수 있는 림프구의 커다란 클론이 생기게 되는 것이다(그림 45.15). 이와 같이 하나의 항원에 대한 중복 노출로 더욱 효율적인 반응을 나타내는 것을 2차 면역반응(secondary immune response)이라고 한다.

기억세포는 수십 년을 생존할 수 있기 때문에, 어릴 때 한 번 앓은 수두에 거의 다시는 걸리지 않게 되고 백신이 유효하게 된다. 백신은 1차 면역반응을 일으키게 하므로 실제 병원균이 몸에 침입할 때 신속하게 2차 면역반응을 일으켜 병의 감염을 막는다. 어린이의 질병을 일으키는 바이러스가 가지는 표면 항원은 해가 바뀌어도 거의 변하지 않으므로, 동일한 항체가 수십 년간 유효하게 된다(그림 45.16).

진단을 위한 항체

혈액형

사람의 혈액형은 적혈구 표면에 있는 항원의 종류로 결정된다. 적혈구 항원은 수혈할 때 피를 주는 사람과 받는 사람의 혈액형이 맞아야 하므로 의학적으로 중요하다. 적혈구 항원 형은 여러 가지 종류가 있지만 그 중에서 가장 중요한 혈액형은 ABO 혈액형(ABO systcm)이다. 적혈구 표면에 있는 항원을 기준으로 볼 때, 사람은 A형(A항원만 소유), B형(B항원만 소유), AB형(A항원과 B항원을 모두 가짐), O형(A, B항원 모두 없음) 중의 하나이다.

면역계는 자신의 적혈구 항원에 대해서는 내성을 가진다. 가령 A형인 사람은 항A항체를 만들지 않는다. 그러나 놀랍게도 B항원에 대해서는 항체를 만들며, 반대로 B형 혈액을 가진 사람은 A항원에 대한 항체를 만든다. 이것은 흔하게 존재하는 어떤 세균에 반응하여 만들어지는 항체가 A항원이나 B항원에 교차반응하는 사실 때문인 것으로 여겨지고 있다. 그러므로 A형인 사람은 이 세균에 노출되어 B항원과 반응할 수 있는 항체를 얻지만, A항원에 반응할 수 있는 항체는 만들어내지 않는다. AB형인 사람은 두 가지 항원에 대한 내성을 가지므로 항A항체나 항B항체를 생산하지 않는다. O형인 사람은 두 가지 항원에 대한 내성을 가지지 않으므로 혈장에 항A항체와 항B항체를 모두 가진다.

만약 A형 혈액을 슬라이드 위에서 B형 혈액에서 나온 혈청과 섞으면 혈청 속의 항A항체가 A형 적혈구들로 하여금 서로 뭉치게 만든다(응집, 그림 45.17). 이 실험은 맞지 않는 혈액형으로 수혈을 하여 염증과 기관 손상이 일어나는 것을 막는다.

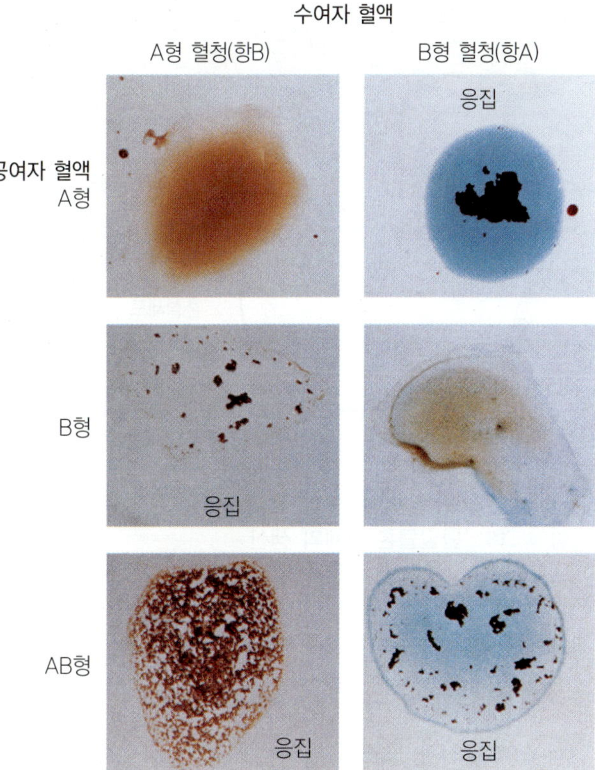

그림 45.17 | 혈액형 검사.
여러 혈액형의 혈액들이 ABO 항원들에 대한 항체를 가지는 혈청과 혼합될 때 적혈구의 응집이 일어난다. O형과 섞일 때는 응집이 일어나지 않는다.

Rh인자

대개의 적혈구에서 발견되는 다른 한 가지 항원형은 Rh인자이다(Rh는 이 항원이 처음 발견된 rhesus 원숭이에서 유래한 약자이다). 이 항원을 가지는 사람을 Rh양성(Rh-positive)이라고 하고, 이 항원을 가지지 않는 사람을 Rh음성(Rh-negative)이라고 한다. 사람에서 Rh양성 대립인자가 흔하고 Rh음성 대립인자에 대하여 우성이므로 Rh음성인 사람은 드물다. Rh음성인 산모가 Rh양성인 아이를 출산할 때 Rh인자는 매우 중요하게 된다.

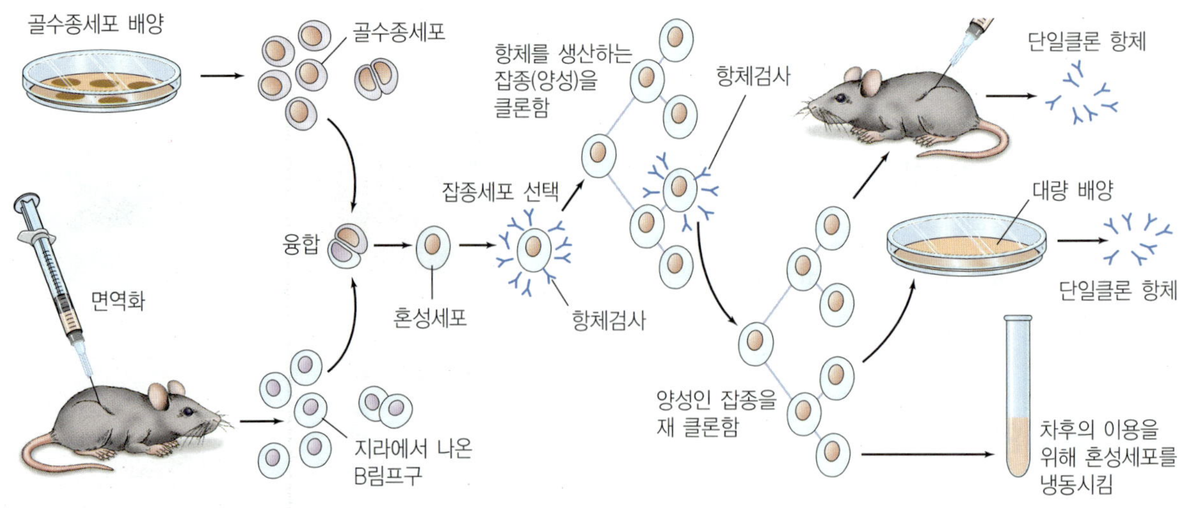

그림 45.18 | **단일클론 항체의 생산.**
이 항체는 하나의 B세포가 연속적으로 분열하여 나온 세포들이 만든 것이다. 따라서 모든 항체는 단일 항원 결정기 부위만 표적으로 삼게 된다. 이와 같은 항체는 여러 가지 연구나 임신 진단과 같은 임상적 적용에 이용된다.

태아의 혈액과 모체의 혈액은 태반을 사이에 두고 분리되어 있으므로 Rh음성인 산모는 임신 중에 태아의 Rh항원에 대개 노출되지 않는다. 그러나 출산시에는 여러 가지 정도의 노출이 일어나서, 모체의 면역계는 자극되어 Rh항원에 대한 항체를 만들게 된다. 만약 산모가 Rh인자에 대한 항체를 만들면, 이 항체는 다음 임신시에 태반을 통과하여 태아의 Rh양성 적혈구의 용혈을 일으키게 된다. 그 결과 태어나는 아이는 치사성 적혈모구증(erythroblastosis fatalis) 등의 질환으로 선천적 빈혈증을 앓게 된다.

치사성 적혈모구증은 Rh음성인 모체에 Rh양성인 아이가 태어난 지 72시간 내에 Rh인자에 대한 항체를 주사하면 예방할 수 있다. 이것은 일종의 수동면역으로서, 주입한 항체가 Rh항원을 불활성화시켜서 모체가 이에 대해 능동적으로 면역화되는 것을 막는다.

단일클론 항체

항체는 의학적 진단이나 연구를 위하여 상업적으로 만들어지고 있다. 과거에는 특정 항원을 화학적으로 정제한 다음 이 항원을 동물의 몸에 주입하여 항체를 얻어냈다. 그러나 항원은 여러 가지 항원 결정기 부위를 가지므로, 이 방법으로 얻은 항체는 다중클론성(polyclonal)인 것이어서 특이성이 서로 다른 여러 가지 B세포 클론의 형성을 자극하게 된다. 이는 특정 항원 부위에 대한 감수성을 감소시키고 유사 항원 분자들에 대한 교차반응을 가져온다.

이와는 달리 단일클론 항체(monoclonal antibody)는 한 가지 항원 결정기에 대해서만 특이성을 나타낸다. 단일클론 항체를 만들 때 동물(대개 생쥐)에 항원을 주입한 다음 이 동물을 죽인다. 그런 다음 이 동물의 지라에서 B림프구를 채취하여 수천 개의 배양 병에 나누어 담는다. 이 세포들은 암세포인 다발성 골수종세포와 교잡하지 않으면 곧 죽게 된다. B림프구와 암세포가 융합하면 잡종이 되고 이 잡종은 세포분열을 하여 혼성세포(hybridoma)라는 클론을 만든다. 각 혼성세포는 다량의 동일한 단일클론 항체들을 만들어낸다. 이 방법으로 만들어진 수천 개의 혼성세포 중에서 원하는 항체를 만들어내는 것을 대량 배양하고 나머지는 버린다(그림 45.18).

다량의 순수 단일클론 항체를 얻을 수 있음으로써 훨씬 더 민감한 임상적 시험이 발전하게 되었다. 가령 오늘날의 임신 진단은 항원으로서의 임신 호르몬(hCG)에 대해 만들어진 단일클론 항체로 덮인 입자

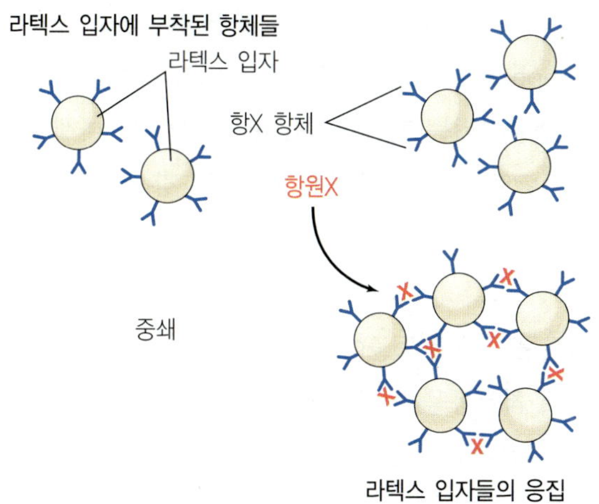

그림 45.19 | 단일클론 항체를 이용한 항원의 탐지.
여러 가지 임상시험(임신 진단 등)에서 단일클론 항체를 라텍스 입자에 부착시킨다. 이 입자들은 항원이 있으면 응집한다.

(라텍스 고무 또는 적혈구)를 이용한다. 이 입자들을 임산부로부터 나온 이 호르몬 항원을 가지는 시료와 섞으면 항원-항체반응이 일어나 입자들의 응집이 보이게 된다(그림 45.19).

면역계의 진화

모든 생물은 작은 생물이나 바이러스로부터 자신을 보호하는 기작을 가지고 있다. 세균은 제한 핵산중간가수분해효소(restriction endonuclease)를 이용하여 바이러스 침입을 방어한다. 이 효소들은 그 세균에 특징적인 DNA 메틸화 양상을 띠지 않는 외래 DNA를 분해한다.

다세포 생물들은 DNA만이 아닌 전체 바이러스, 세균 또는 곰팡이의 침입을 받으므로 몸을 방어하는 데 더 어려움을 겪게 된다.

무척추동물

무척추동물은 세포 표면을 "자기" 표지가 되는 단백질로 표식을 해서 이 문제를 해결한다. 무척추동물의 특수 아메바성세포가 이러한 자기 표지가 없는 침입 세포를 공격하고 삼킨다. 이 방법은 무척추동물의 매우 효과적인 감시 체제가 되지만 한 가지 약점이 있다. 즉, 자기 표지와 유사한 표면 단백질을 가지는 미생물이나 바이러스는 외래 물질로 인식하지 못한다는 점이다. 무척추동물은 이러한 모방 침입자에 대해 방어를 하지 못한다.

1882년 러시아의 동물학자 메치니코프는 무척추동물이 면역 방어 수단을 가진다는 것을 맨 처음 발견하였다. 그는 시실리의 백사장에서 수집한 작고 투명한 불가사리 유생을 장미 가시로 찔렀다. 다음날 아침 이 유생을 관찰했을 때 장미 가시의 표면을 덮고 있는 많은 세포들을 보았는데, 이 세포들은 식균작용으로 마치 장미 가시를 삼키려는듯 보였다(그림 45.20). 그는 이 세포성 면역반응(cellular immune response)의 발견으로 체액성 면역반응(humoral immune response)을 발견한 에를리히와 함께 1908년에 노벨생리의학상을 수상하였다. 무척추동물의 면역반응은 척추동물의 경우와 다음과 같은 여러 가지 공통점을 가진다.

식세포(phagocytes). 모든 동물은 침입 미생물을 공격하는 식세포를 가진다. 이 식세포는 순환계를 따라 돌거나 체액으로 채워진 체강 속에서 돌아다닌다. 순

그림 45.20 | 무척추동물의 세포성 면역반응의 발견.
러시아의 동물학자 메치니코프는 불가사리 유생을 장미 가시로 찔렀는데, 다음날 가시를 덮고 있는 작은 식세포들을 발견했다.

환계나 체강이 없는 해면과 같은 단순한 동물에서는 식세포가 간충질 안에서 돌아다닌다.

자기와 비자기의 구별. 자기 세포와 다른 개체의 세포를 구별하는 능력은 생물의 역사상 일찍이 진화한 것 같다. 가장 오래된 동물로 추정되는 해면은 다른 해면의 이식 조각을 곤충이나 불가사리가 하듯이 공격한다. 그러나 이런 동물들이 면역 기억을 나타낸다는 증거는 아직 없다. 분명한 것은 항체를 토대로 하는 체액성 면역은 척추동물의 출현까지는 나타나지 않았다는 점이다.

보체. 무척추동물에는 보체단백질이 없지만 많은 절지동물이 prophenyloxidase(proPO)계라는 보체와 유사한 비특이적 방어 수단을 가지고 있다. 이 proPO 방어 수단은 연속적인 효소반응으로 활성화되는데, 최종 단계의 효소반응은 불활성 상태로 존재하는 prophenyloxidase단백질을 활성형 phenyloxidase로 전환시키는 것이다. Phenyloxidase는 미생물을 죽이기도 하고 외래 물질을 피막으로 감싸는 데 도움을 주기도 한다.

림프구. 무척추동물에는 림프구가 없으나 지렁이와 일부 무척추동물은 림프구의 진화적 선구체라고 할 수 있는 림프구와 유사한 세포를 가진다.

항체. 모든 무척추동물은 항체의 조상이라고 할 수 있는 렉틴(lectin)이라는 단백질을 가진다. 렉틴은 세포 표면의 당분자에 결합하여 세포들이 서로 부착하게 한다. 성게, 연체동물, 환형동물, 곤충에서 분리된 렉틴은 침입 미생물에 표지를 붙여서 식균작용을 증진하는 것으로 나타난다. 척추동물 항체의 암호가 되

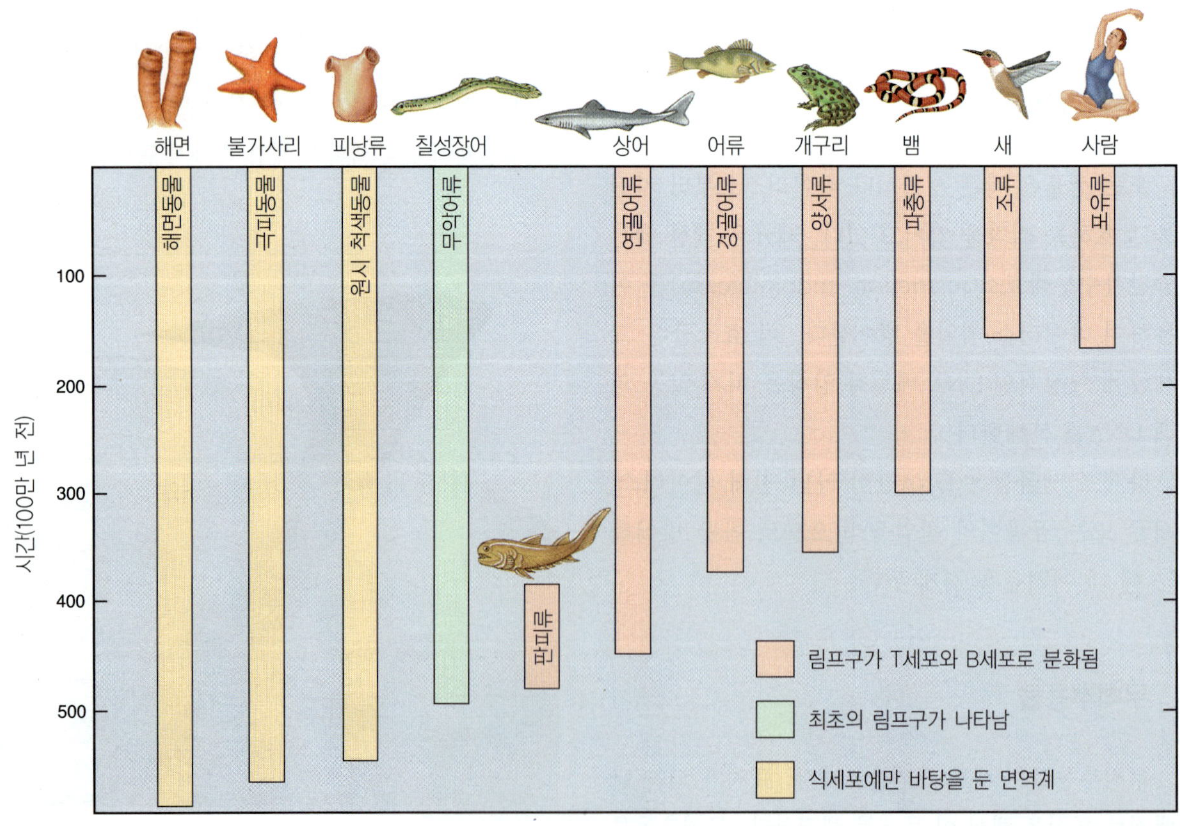

그림 45.21 | 면역계의 진화.
칠성장어는 림프구를 바탕으로한 면역계를 소유한 최초의 척추동물이다. 그러나 유악어류가 진화하기까지는 뚜렷한 B와 T세포는 나타나지 않았다. 상어류와 다른 연골어류가 나타날 즈음, 척추동물의 면역반응이 완전히 형성되었다.

는 유전자들은 면역글로불린 유전자집단이라는 아주 오래된 유전자집단의 일부이다. 이 집단의 단백질들은 모두 Ig홈(Ig fold)이라는 특징적인 인식구조를 가진다. 이 홈은 초기 동물들이 자기를 인식하는 데 이용하는 분자로 진화되었을 가능성이 높다. 미생물의 표면에 붙어서 식균작용을 촉진하는 곤충의 면역글로불린은 나방, 메뚜기, 파리에서도 보고되고 있다. 항체 면역반응은 이와 같은 원시적이고 덜 복잡한 체제로부터 진화된 것 같다.

척추동물

약 5억 년 전에 맨 처음 나타난 척추동물로 여겨지는 칠성장어는 림프구를 바탕으로 하는 면역계를 가진다. 그러나 척추동물 진화 과정 초기에 나타난 칠성장어는 고등 척추동물과는 달리 뚜렷한 B세포나 T세포를 가지지 않는다(그림 45.21).

유악어류의 출현과 더불어 현재 볼 수 있는 척추동물 면역계가 처음 나타났다. 유악어류 중에서 가장 오래된 현생어류는 4억 5,000만 년 전에 출현한 상어류이다. 상어가 출현할 즈음에 척추동물의 면역 방어 수단의 진화는 거의 종결되었다. 상어는 포유동물의 것과 거의 동일한 면역반응을 나타내는데, T림프구에 의한 세포성 면역과 B림프구에 의한 체액성면역으로 이루어져 있다. 상어와 포유동물의 체액성 면역과 세포성 면역은 차이점보다는 유사점이 훨씬 많다. 이들은 모두 T세포발달에 중요한 흉선과 B세포가 풍부한 지라를 가진다. 4억 5,000만 년간 진행된 진화 과정에서 항체분자는 크게 변하지 않았다. 상어와 사람의 항체분자의 아미노산 서열은 매우 유사하다. 가장 큰 차이는 게놈상에서의 항체 유전자의 배열이 약간 다르다는 점이다.

45.5 면역계의 파괴

T세포의 파괴 : AIDS

척추동물의 면역계를 파괴하는 한 가지 기작은 면역계 자체를 공격하는 일이다. 여러 보조 T세포와 유도 T세포는 $CD4^+$ T세포이다. 그러므로 $CD4^+$ T세포를 불활성화시키는 어떤 병원균이 있다면 이 병원균은 면역계를 어떤 외래항원에도 반응을 하지 못하게 하는 셈이다. 후천성면역결핍 증후군(AIDS : acquired immune deficiency syndrome)은 바로 이 때문에 일어나는 치명적인 질병이다. 인간 면역결핍 바이러스(HIV : human immunodeficiency virus)라고 하는 AIDS 레트로바이러스는 $CD4^+$ T세포의 직접 공격에 가담하는데, 이는 이 바이러스가 이 세포들에 결합되어 있는 CD4 보조수용체를 인식하기 때문이다.

$CD4^+$ T세포에 대한 HIV의 공격은 적어도 세 가지 방법으로 면역계를 불구로 만든다. 첫째 HIV로 감염된 세포는 이 바이러스가 복제되고 방출되면서 죽는데, 이 바이러스는 모든 $CD4^+$ T세포 집단이 파괴될 때까지 계속 $CD4^+$ T세포에 침입한다(그림 45.22). 정상인에서 $CD4^+$ T세포는 순환하는 T세포의 60~80%를 차지하는데, AIDS 환자에서는 $CD4^+$ T세포가 매우 희귀해진다(그림 45.23). 둘째, HIV는 감염된 $CD4^+$ T세포로 하여금 수용성 억제인자를 분비하게 만드는데, 이 인자는 다른 T세포가 HIV 항원에 반응하는 것을 차단한다. 마지막으로, HIV는 MHC 유전자의 전사를 차단하여 면역계가 감염된 $CD4^+$ T세포를 인식하고 파괴하는 것을 방해하므로 면역계의 잔존물로부터 감염된 세포들을 보호한다.

HIV 감염에 대한 이와 같은 반응들의 복합적 효과는 사람의 면역 방어 능력을 완전히 없애버리는 것이다. 감염에 무방비 상태이므로 보통의 흔한 감염도 치명적으로 된다. 암이 생길 때 암세포를 인식하고 파괴할 능력도 없으므로 암에 의해 흔히 사망한다. 실제로 AIDS는 처음 드문 종류의 암이 집단으로 발병함으로

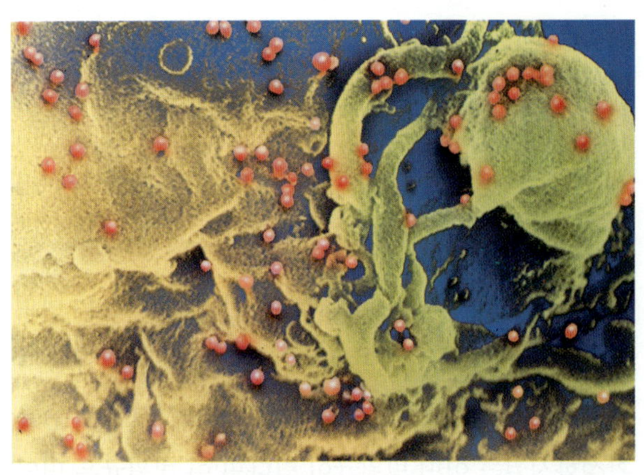

그림 45.22 | AIDS를 일으키는 바이러스 HIV.
감염된 $CD4^+$세포로부터 방출된 바이러스는 곧 이웃 $CD4^+$세포들을 차례로 감염시킨다. 전자현미경상 빨간색으로 표시된 각각의 바이러스는 아주 작아서 2억 개 정도가 모여도 점 하나의 크기밖에 안 된다.

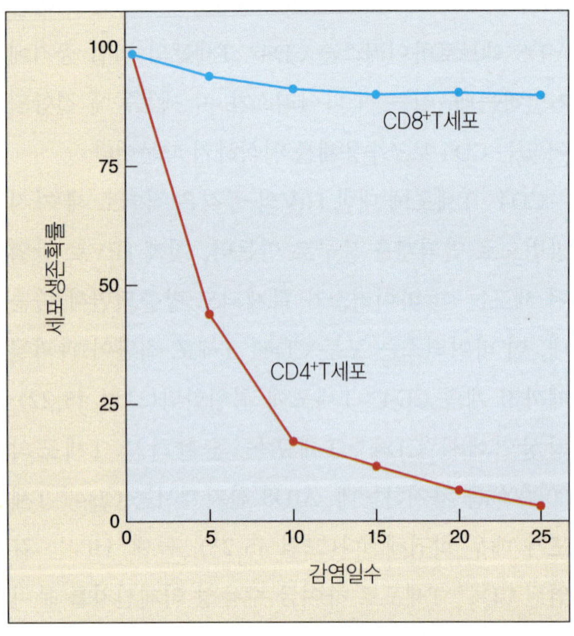

그림 45.23 | HIV에 노출된 뒤 배양 중인 T세포의 생존.
HIV 바이러스는 $CD8^+$T세포 수에는 별 영향을 끼치지 않는다. 그러나 $CD4^+$T세포의 수는 현저하게 감소시킨다.

써 병으로 인식되었다.

중앙아프리카의 침팬지로부터 사람에게 전파된 것으로 추정되는 HIV는, 비록 최근에 와서야 인간의 질병 매개체가 되었지만 이미 인류역사상 가장 심각한 병 중의 하나가 되었다(그림 45.24). AIDS에 의한 사망률은 100%로서, AIDS가 발병한 사람은 모두 치료 행위가 없을 경우 수년 이상을 살지 못한다. 그러나 이 질병은 내부 체액, 특히 정액이나 혈액을 통해서 전염되므로 전염성이 크다고 볼 수는 없다. HIV에 노출된 모든 사람이 이 질병에 걸리지는 않는다(이런 사람은 혈액 안에 항HIV 항체가 있는 것으로 판단된다).

아직 AIDS 증세를 완전히 보이지 않는 HIV 양성인 환자는 보다 효과적으로 약물 치료를 받을 수 있다. 최근까지 유일한 효과적 방법은 AZT와 같은 약물로 병의 진행을 늦추는 일이었다. AZT는 바이러스가 RNA로부터 DNA를 만드는 데 필요한 효소인 역전사효소의 활동을 억제한다. 그러나 최근에 새로운 약품이 개발되었는데, 이 약품은 바이러스의 조립에 필요한 단백질가수분해효소(protease)를 억제한다. 역전사효소억제제와 단백질가수분해효소억제제를 섞어 쓰면 HIV를 감소시키는 것으로 밝혀졌으나 약값이 매우 비싸다. AIDS에 대한 백신 개발에 대한 연구가 진행되고 있으나 HIV 균주마다 상이한 표면항원을 가지고 있어서 애를 먹고 있다. 또, 독감 바이러스와 마찬가지로 HIV는 높은 돌연변이율을 나타낸다.

항원 불연속변이

병원균이 면역계를 무력화시키는 또 다른 방식은 수시로 돌연변이를 일으켜 표면항원의 성질을 자꾸 변화시키는 경우이다. 독감을 일으키는 바이러스는 이 기작을 이용하므로 사람들은 주기적으로 이 바이러스의 상이한 균주에 대한 백신을 접종받아야 한다. 이와 같은 면역 공격 회피 방식을 항원 불연속변이(antigen shifting)라고 하며, 아프리카에서 수면병을 일으키는 원생생물인 트리파노소마에서 잘 알려져 있다. 트리파노소마는 표면 단백질을 지령하는 수천 가지 유전자를 가지고 있으며, 이 유전자 집단은 촉진유전자(promoter)가 없어서 한 단위로 전사되지 않는다. 필요한 촉진유전자는 그 집단 내에서 여기저기 옮겨다니는 전이성인자에 들어 있어서 한번 위치를 옮길 때마다 매번 다른 표면단백질 유전자 전사가 일어난다. 이런 일이 몇 주에 한 번 적어도 한 개의 트리파

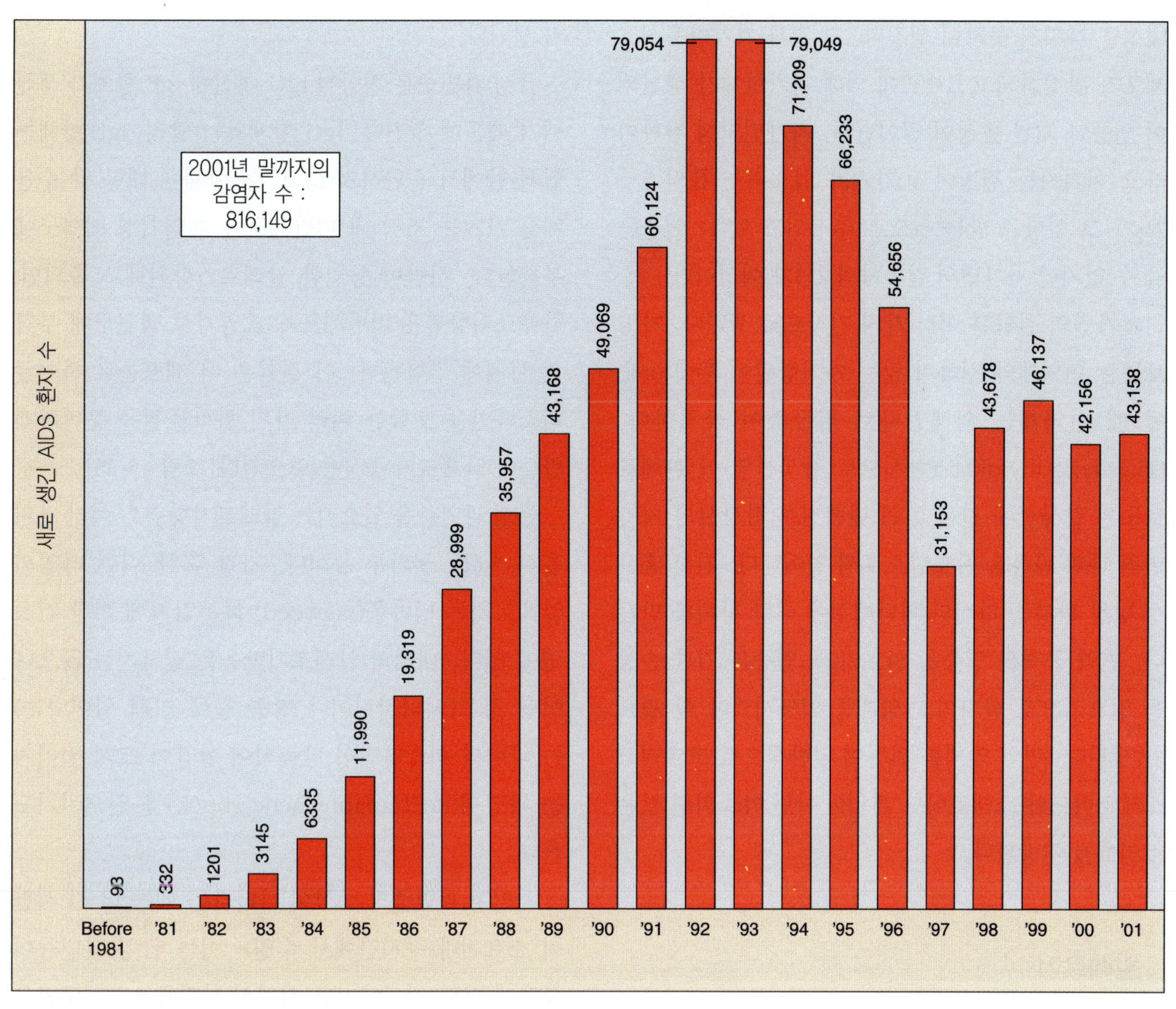

그림 45.24 | 미국에서의 AIDS 발병.
2001년 말 미국 내 전체 AIDS 환자 수는 816,149명에 달하고 467,910명이 사망했다. 그리고 세계적으로 1,400만 명이, 미국에서는 150만 명 이상이 더 HIV에 감염된 것으로 추산되고 있다. 1992년에 환자 수가 갑자기 늘어난 것은 AIDS 환자로 정의되는 범위가 늘어난 때문이다.

노소마 세포에서 일어나므로, 척추동물의 면역계는 트리파노소마 감염에 효과적으로 대응할 수가 없게 된다. 한 가지 트리파노소마의 표면단백질에 대한 항체가 충분히 만들어졌을 때에는, 이미 트리파노소마 집단에는 다른 종류의 표면 단백질이 생긴다. 이들은 면역계의 공격에 살아남아 다시 새로운 감염주기를 시작한다. 그러므로 수면병에 걸린 사람은 병에서 벗어나기가 힘들다.

말라리아 병원충인 원생동물 *Plasmodium*은 적혈구 속으로 들어가서 헤모글로빈을 먹는다. 이와 같은 식으로 손상된 적혈구는 정상적으로는 지라로 수송되어서 해체되고, 따라서 그 속의 병원충도 파괴될 것이다. 그러나 말라리아 병원충은 돌기 모양의 단백질을 분비하고, 이 단백질이 적혈구 표면에 돌출하여 혈관 내면에 적혈구를 고정시킨다. 수일 내에 감염된 사람의 면역계가 이 병원충에 대한 제어를 할 수 있게 될 즈음에 일부 병원충은 돌기 단백질을 변화시켜서 면역계가 감지하지 못하는 새로운 단백질이 생기고, 해당 병원충 계열이 살아남아 다시 새로운 감염주기를 시작한다.

자가면역과 알레르기

자가면역 질환

자가면역 질환은 면역계가 자기 항원을 인식하고

내성을 가지지 못하여 생긴다. 그 결과 자가반응성 T세포가 활성화되고 B세포에 의해 자가항체가 생산되어 염증과 기관 손상이 일어난다. 자가면역성 질환이라고 여겨지는 질병이 40가지가 넘으며 인류의 5~7%가 그 영향을 받는 것으로 추정되고 있다. 이유는 알 수 없지만 자가면역 질환자의 2/3가 여성이다.

자가면역 질환은 여러 가지 기작으로 생긴다. 가령 보통은 면역계와 접하지 않는 자기항원이 후에 노출될 때 면역계는 외래입자로 취급하여 공격한다. Hashimoto thyroiditis(하시모토 갑상선염)이 한예로 보통은 갑상선에 갇혀 있던 단백질이 갑상선의 자가면역 파괴 반응을 유도함으로써 일어난다. 전신 홍반성 낭창 환자는 자신의 핵단백질에 대한 항체를 만든다. 면역 공격은 염증을 일으키고, 염증은 기관 손상을 일으키므로 환자의 면역계를 억제시켜야 할 필요가 생긴다. 면역 억제를 위하여 일반적으로 코르티코스테로이드와 스테로이드 계열이 아닌 아스피린 같은 소염제를 처방한다.

알레르기

알레르기(allergy)는 흔히 과민증(hypersensitivity)이라고도 하는데, 항원에 대한 특정 종류의 비정상적 면역반응을 일컫는다. 이 경우의 항원을 따로 알레르기항원(allergen)이라고 한다. 알레르기에는 두 가지가 있는데 그 중 (1) 급성 과민증(immediate hypersensitivity)은 알레르기항원에 대한 B세포의 비정상적 반응으로 증세가 수초 내지 수분 내에 생기며, (2) 지연성 과민증(delayed hypersensitivity)은 T세포의 비정상적 반응으로 알레르기항원에 노출된 지 약 48시간 내에 증세가 생긴다.

급성 과민증은 정상적 IgG 대신에 IgE 항체가 생산되기 때문에 생긴다. IgG 항체와는 달리, IgE 항체는 혈액 안에서 순환하지 않고, 이 항체에 대한 막 수용체를 가지는 조직 내 비만세포나 호염기성 백혈구에 부착한다. 사람이 동일한 알레르기항원에 노출되면, 알레르기항원은 비만세포와 호염기성 백혈구에 부착된 항체에 결합한다. 이 결합은 이 세포들로 하여금 히스타민을 포함한 여러 가지 화학물질을 분비하게 만들어 알레르기 증상을 일으킨다(그림 45.25).

급성 과민증을 일으키는 알레르기항원은 여러 가지 음식, 벌침, 꽃가루 등이다. 가장 흔한 이런 타입의 알레르기는 넝마풀(ragweed) 화분입자에 의한 건초열이 있다. 대개의 알레르기반응은 심하지는 않으나 어떤 경우(페니실린이나 땅콩 등에 의해 일어나는)는 과량의 히스타민이 방출되어 혈압이 크게 떨어지는 과민성 쇼크(anaphylactic shock)를 일으키기도 한다.

지연성 과민증의 증상이 나타나는 데는 더 긴 시간이 소요된다(수시간에서 수일). 이는 급성 과민증이 항체에 의해 일어나지만 지연성 과민증은 T세포반응 때문에 일어나기 때문이다. 가장 잘 알려진 지연성 과

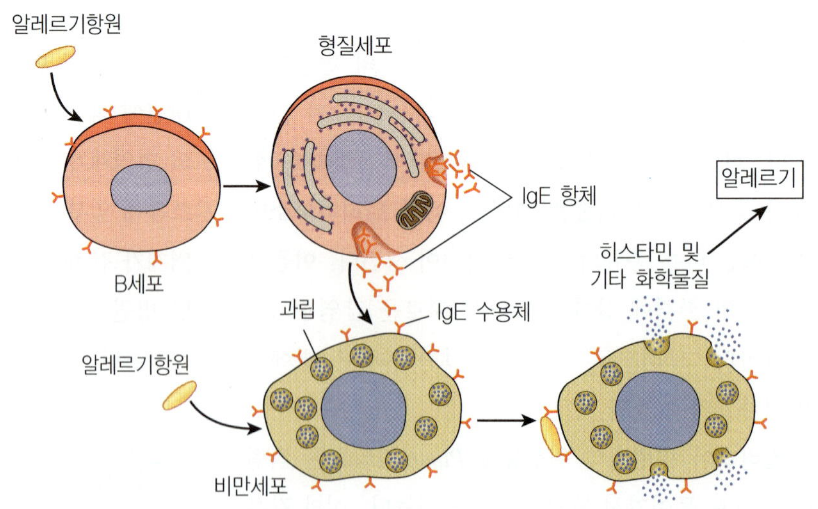

그림 45.25 | 알레르기반응.
이는 급성 과민증의 경우로서, B세포가 IgE 항체를 분비한다. 이 항체는 비만세포의 막에 부착하고 비만세포는 같은 알레르기항원에 다시 노출될 때 항원-항체결합에 반응하여 히스타민을 분비한다.

민증은 접촉성 피부염(contact dermatitis)로서, 덩굴 옻나무 등에 접촉하여 생긴다. 증상은 히스타민이 아니라 림포카인의 분비로 일어나므로 항히스타민제를 이용하면 별 소용이 없고, 현재로서는 코르티코스테로이드가 유일한 치료약이다.

loop)라는 조절계를 이용한다(그림 46.1). 체내 환경의 각 조건을 측정하는 감응기(sensor)는 항상 세포의 상태를 탐지하고, 이 정보를 설정점(set point: 그 조건에 적합한 조건값)을 가지고 있는 통합중추(integrating center)에 전달한다(보통 신경신호를 이용하여). 이 설정점은 자동온도조절장치의 온도설정과 유사하다. 체온, 혈당 농도, 힘줄의 신장력 등에도 설정점이 있다. 통합중추는 대개 뇌나 척수의 특정 구역이지만, 내분비선의 세포가 통합중추가 되는 경우도 있다. 통합중추는 여러 감응기로부터 정보를 받아서, 각 감응기로부터 온 입력정보의 상대적 강도를 측정한 다음에 조건 값이 설정점에서 벗어나는지를 판단한다. 한가지 조건에서 편차가 나면 통합중추는 특정 반응기(effector)의 활동을 증가시키거나 감소시키는 명령을 보낸다. 반응기는 일반적으로 근육이나 샘이며, 문제가 된 조건 값을 설정점 가까이로 변화시킨다.

방의 자동온도조절장치를 20℃에 맞추어 놓았다고 하자. 방의 온도가 설정점에서 너무 높게 올라가면 자동온도조절장치(통합중추)는 온도계(감응기)로부터 이 입력정보를 받아서 설정점과 너무 차이 나면 에어컨디셔너(반응기)로 신호를 보낸다.

사람의 경우 체온이 37℃의 설정점을 넘어가면 뇌의 한 부위에 있는 감응기가 이 편차를 감지한다. 뇌에 있는 통합중추를 통해 이 감응기는 반응기(땀샘 등)를 자극하여 체온을 낮춘다(그림 46.2). 반응기는 편차를 줄여서 몸의 설정점을 방어한다고 볼 수 있다. 반응기의 활동은 자신이 만든 결과의 영향을 받고, 이 조절은 역으로 이루어지는 음성적인 것이므로, 이와 같은 조절계를 음성 피드백 고리(negative feedback loop)라고 한다.

음성 피드백 고리의 본질은 다시 자동온도조절장치와 에어컨을 비교하면 분명해진다. 에어컨이 어느 정도 가동되면 실내 온도가 설정점 이하로 떨어져서 에어컨은 꺼진다. 반응기(에어컨)는 방의 온도가 올라가면 다시 켜지고, 가동될 때 음성적 변화를 만들어서(온도를 낮춤) 결과적으로는 다시 꺼진다. 이런 방식으로 일정성이 유지된다.

체온 조절

사람을 비롯한 여러 동물은 내온동
이다. 이들은 외부 온도와 관계없이 체
하게 유지할 수 있다. 우리의 혈액 온
어가면 뇌의 시상하부에 있는 뉴런은
감지한다. 시상하부는 운동뉴런을 통
거나 피부혈관은 확장시켜 열을 발산
내려가면 시상하부는 다시 몸을 떨게
을 수축시켜서 체온을 상승시킴으로써
시키기 위한 교정 작업을 한다.

변온동물(ectotherm)의 체온은 주변
다소 받는다. 그러나 많은 변온 척추동
체온의 항상성을 유지하고자 한다. 가령
부 상어류와 같은 일부 대형어류는 몸의
온보다도 훨씬 높은 온도로 유지할 수
양지쪽이나 그늘로 옮겨다니면서 행동
정한 체온을 유지하려고 한다.

대부분의 무척추동물은 체온의 생리
여 피드백 조절은 하지 않는다. 그 대신
온을 조정한다. 가령, 나비는 대개 일정
달해야 날 수 있다. 그러므로 차가운
을 가장 많이 받을 수 있도록 몸의 방향
방이나 여러 곤충들은 흉부의 비행근을
들기 위하여 몸을 떠는 반사를 이용한다

혈당 조절

우리가 탄수화물이 들어 있는 음식을
도당이 혈액 안으로 들어온다. 이는 혈액
농도를 일시적으로 높이고, 수시간 후에
래로 돌아간다. 무엇이 혈당 농도 상승에
까?

혈액의 포도당 농도는 이자의 랑게르한
감응기에 의해 항상 감시된다. 혈당 농도
랑게르한스섬은 인슐린을 분비하고, 인
내 포도당이 간, 근육, 지방조직으로 흡수

CHAPTER 46

체내 환경의 유지

최초의 척추동물은 바다에서 진화하였으며, 모든 척추동물의 생리를 보면 이 사실을 반영하고 있다. 척추동물 몸이 약 2/3는 물이다. 몸속 물의 양이 이보다 훨씬 줄어든다면 동물은 죽게 된다. 이 장에서는 동물이 너무 많거나 너무 적은 물을 몸에 간직하지 않는 여러 가지 기작을 알아본다. 이 기작들은 동물이 여러 가지 환경을 개척하여 사는 방식이나 몸의 조절계와 밀접하게 연관되어 있다.

46.1 몸의 조절계와 항상성

항상성의 필요성

동물의 몸이 진화하면서 세포의 특수화가 진행되어 왔다. 각 세포는 정밀한 기계로서 정확한 역할을 하도록 섬세하게 조율되어 있다. 세포 기능의 이와 같은 특수화는 온도, pH, 포도당과 산소의 농도 등과 같은 외부 조건이 좁은 범위 내에서 일정하게 유지될 때 가능하다.

항상성(homeostasis)이란, 체내 환경의 동적 불변성이라고 정의할 수 있다. "동적"이라는 말을 쓴 것은 엄밀하게 불변하는 것이 아니라, 좁은 범위 안에서 계속 오르락 내리락 변화하기 때문이다. 항상성은 생명

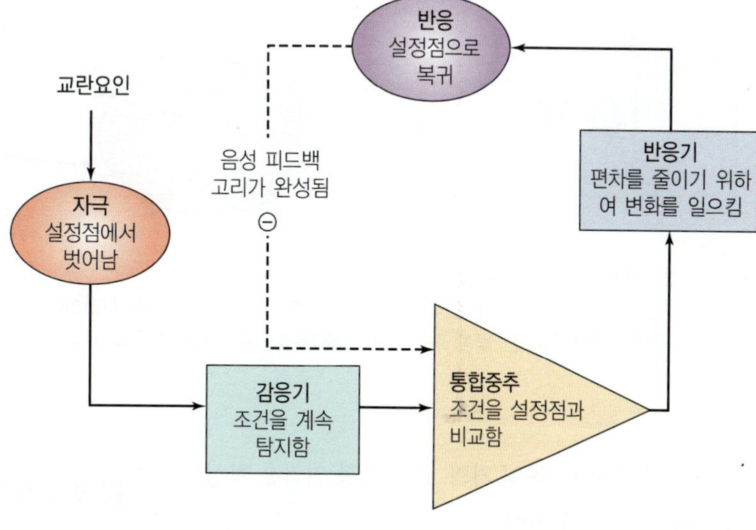

그림 46.1 | 음성 피드백 고리에 관한 일반화된 모식도.
음성 피드백 고리는 설정점으로 부터의 편차를 교정함으로써 내부 환경의 항상성 또는 동적 불변성을 유지한다.

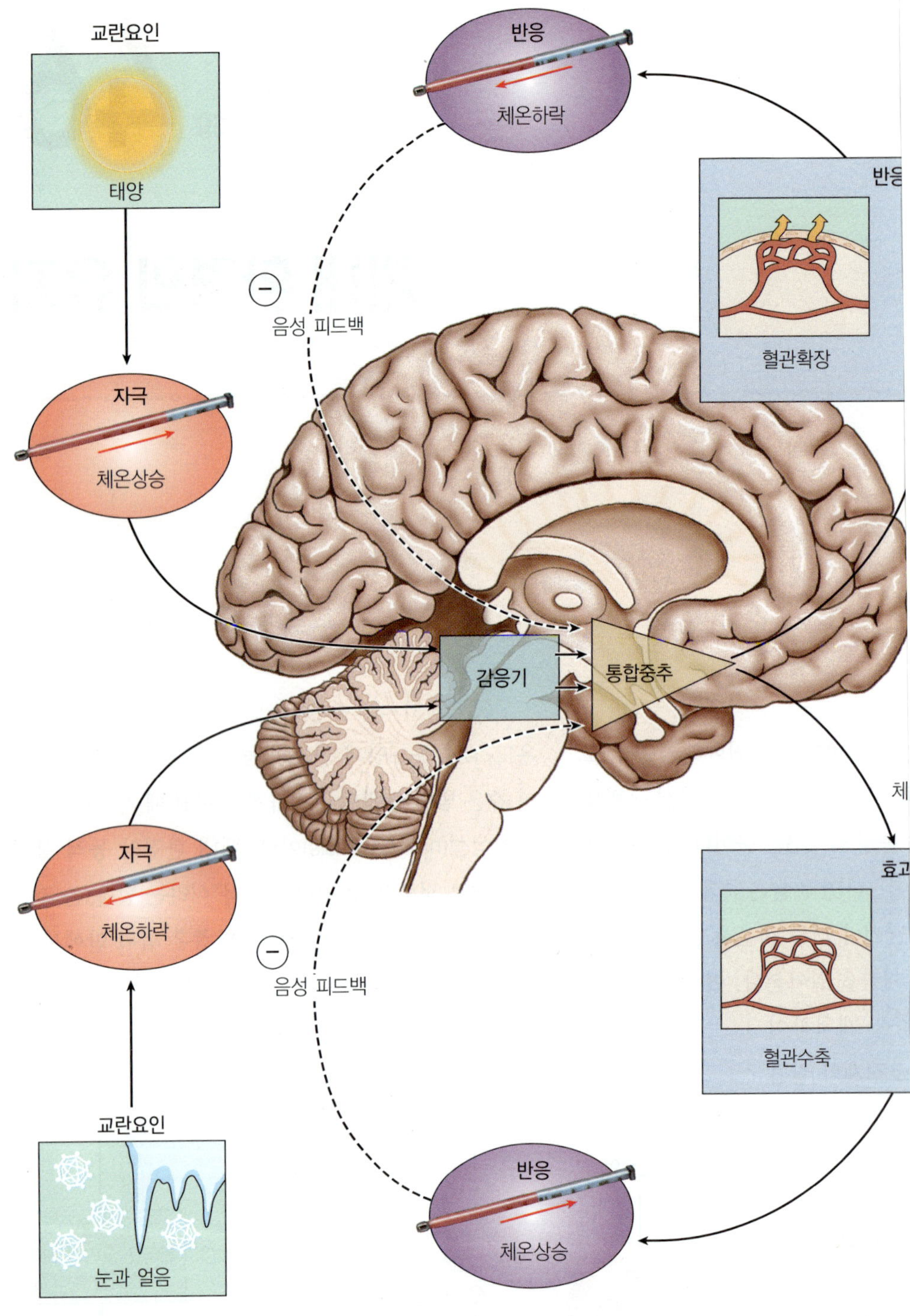

그림 46.2 | 음성 피드백 고리와 체온 조절.
체온의 상승과 저하는 뇌에 의해 지각된다. 뇌의 통합중추는 이 정보를 처리하여 표면혈관, 땀샘, 골격근 등으
다. 체온이 정상으로 돌아오면 음성 피드백에 의해 통합중추가 반응기들을 계속 자극하는 것을 막는다.

유지에 필수적이며, 몸의 거의 모든 조절 기작은 항상성 유지와 관련되어 있다.

음성 피드백 고리

체내 일정성(constancy)을 유ㅈ
동물의 몸은 음성 피드백 고리(n

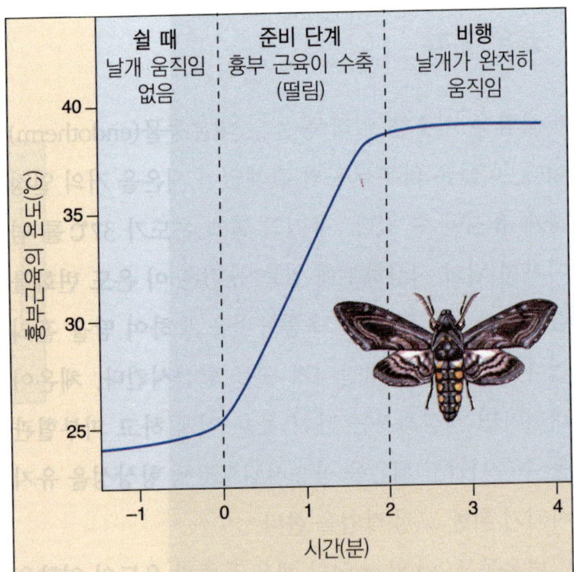

그림 46.3 | 곤충의 체온 조절.
스핑크스나방 같은 일부 곤충은 날기 전에 체온을 높이기 위하여 흉부근육을 수축한다.

한다. 이 경우 랑게르한스섬은 감응기이자 통합중추가 되며, 근육, 간, 지방세포는 반응기가 된다. 근육과 간은 포도당을 다당류인 글리코겐으로 전환시킬 수 있고, 지방세포는 포도당을 지방으로 전환시킬 수 있다. 이러한 작용은 혈당치를 낮추고(그림 46.4) 몸이 나중에 사용할 수 있는 형태로 에너지를 저장한다.

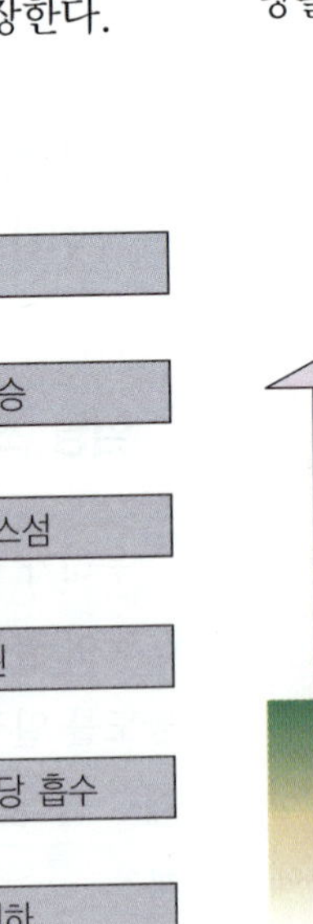

그림 46.4 | 혈당의 음성 피드백 조절.
식사 후의 혈당 농도 증가는 이자에 있는 랑게르한스섬의 인슐린 분비를 자극한다. 인슐린은 포도당이 골격근이나 다른 조직으로 들어가도록 촉진하여 혈당 농도를 낮춘다.

길항적 반응기와 양성 피드백

항상성을 유지시키는 음성 피드백 기작은 더 섬세한 조절을 위하여 흔히 서로 반대로 작용한다. 어떤 경우에는 몸은 양성 피드백 기작을 이용하여 변화를 동일 방향으로 가속화시킨다.

길항적 반응기

대부분의 체내 환경 요소는 여러 가지 반응기에 의해 조절되는데, 이 반응기들은 대개 길항적으로 작용한다. 길항적 반응기에 의한 조절은 "밀고 당기기"(push-pull)로 표현하는데, 이는 한 반응기의 활동 증진이 한 길항적 반응기의 활동 억제를 동반하는 경우이다. 이는 한 반응기의 활동만으로 하는 조절보다 더 정교한 조절을 일으킨다.

가령, 실내 온도는 단순히 에어컨을 켜고 끄는 것만으로 유지되거나 히터를 켜고 끄는 것만으로 유지될 수 있다. 그러나 보다 안정적인 온도는 자동온도조절장치를 이용하여 에어컨과 히터를 함께 조절할 때 이루어질 수 있다(그림 46.5). 이와 유사하게 체온과 혈당을 조절할 때 길항적 반응기들이 관여한다. 가령 인

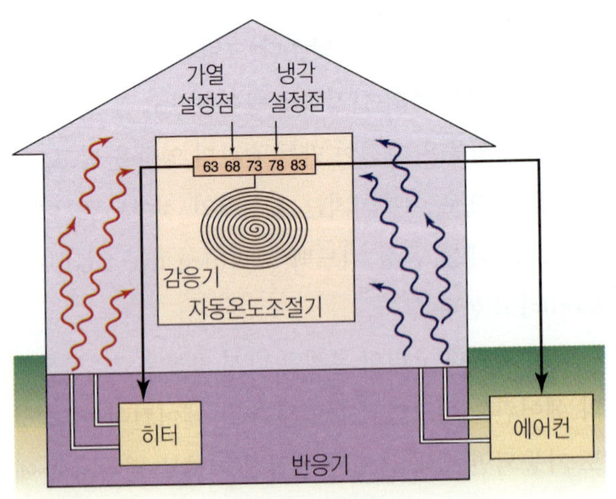

그림 46.5 | 실내 온도는 길항적 반응기들에 의해서 유지된다.
자동온도조절기가 실내의 낮은 온도를 감지하면 히터는 켜지고, 에어컨은 꺼진다. 실내온도가 너무 높으면, 에어컨이 작동하고, 히터는 꺼지게 된다.

슐린은 식후에 혈당 농도를 낮추지만 다른 호르몬들은 식간에 혈당 농도를 높이는 작용을 한다. 이와 마찬가지로 심장 박동도 길항적 반응기들에 의해 조절된다. 교감신경 섬유의 자극은 심장 박동을 증가시키고, 부교감신경 섬유의 자극은 심장 박동을 늦춘다.

양성 피드백 고리

한 가지 교란을 증폭시키는 피드백 고리를 양성 피드백 고리(positive feedback loop)라고 한다. 양성 피드백 고리에서 교란은 반응기로 하여금 설정점과의 편차가 더 커지도록 움직이게 한다. 그러므로 양성 피드백이 있는 체계는 고도로 불안정하여 폭발을 일으키는 뇌관과 유사하며, 항상성 유지에 도움이 되지 않는다. 그럼에도 불구하고 이 체계는 일부 생리적 기작에 중요한 요소가 된다. 가령, 혈액 응고에는 양성 피드백이 나타나는데, 한 가지 응고인자는 다른 인자를 활성화시켜서 연쇄적인 반응으로 빠른 응고가 일어나게 한다. 양성 피드백은 출산시 자궁 수축에도 작용한다(그림 46.6). 태아에 의한 자궁 신장은 수축을 자극하고, 수축은 더욱 큰 신장을 일으키는데, 이런 순환은 태아가 자궁 밖으로 나올 때까지 계속된다. 대부분의 양성 피드백 계는 항상성을 유지시키는 고차원적 기작의 한 부분으로 작용한다. 혈액 응고는 출혈을 중지시키고 따라서 혈액의 양을 일정하게 유지시키고, 태아 배출은 자궁의 수축을 감소시킨다.

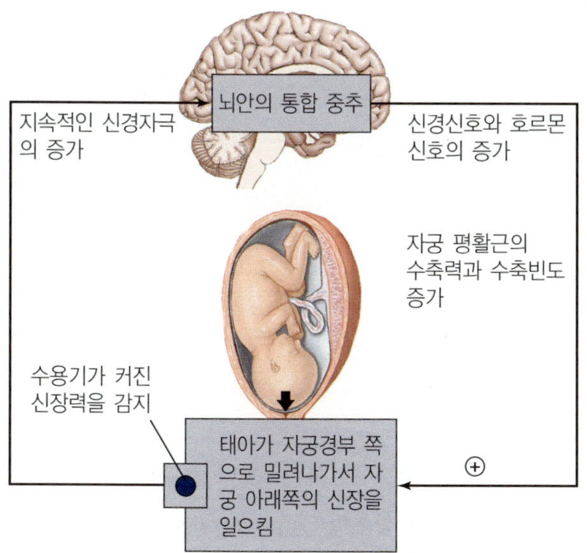

그림 46.6 | 출산시의 양성 피드백.
척추동물 체내에서 일어나는 양성 피드백 중 한 예이다.

46.2 세포외액의 농도

삼투성과 삼투 균형

동물의 몸 안의 물은 세포 내 구획과 세포 외 구획에 분포한다(그림 46.7). 삼투 균형을 유지하기 위하여 세포 외 구획은 환경으로부터 물을 얻을 수 있어야 하고 여분의 물을 환경으로 배출할 수 있어야 한다. 무기 이온 역시 항상성을 유지하기 위해 세포외액과 외부 환경 사이에 교환되어야 한다, 물과 전해질의 이와 같은 교환은 특수화된 상피세포를 통해 일어나는데, 대부분의 척추동물에서는 신장의 여과 과정을 통해 일어난다.

대부분의 척추동물은 세포외액의 총 용질 농도와 특정 무기 이온의 농도에 대한 항상성을 유지한다. 나트륨이온(Na^+)은 세포외액의 주요 양이온이고 염소이온(Cl^-)은 주요 음이온이다. 2가 양이온인 칼슘(Ca^{++})과 마그네슘(Mg^{++}) 역시 중요한 기능을 하며 적당한 농도로 유지되어야 한다.

삼투성과 삼투압

삼투는 막을 통한 물의 확산이며, 항상 묽은 용액(낮은 용질 농도)에서 덜 묽은 용액(높은 용질 농도) 쪽으로 일어난다. 한 용액의 전체 용질 농도는 이 용액의 삼투 행동을 결정하므로 물 1kg당 총 용질의 몰수를 그 용액의 삼투성(osmolality)이라고 한다. 동일한 삼투성을 가지는 용액들을 등삼투성(isosmotic)이라고 하고, 삼투성이 더 낮거나 높은 경우는 각각 저삼투성(hypoosmotic), 고삼투성(hyperosmotic)이라고 한다.

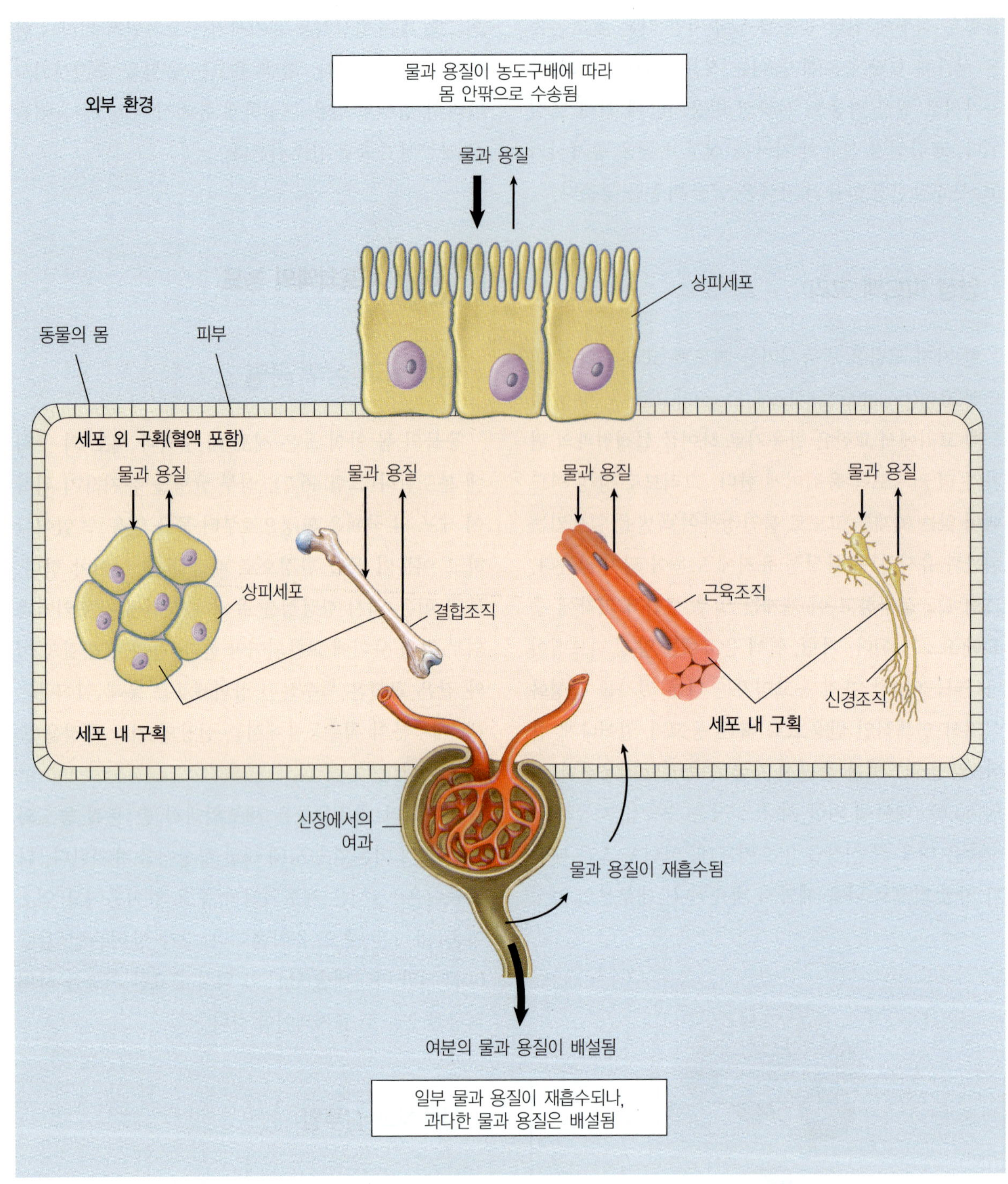

그림 46.7 | **세포 내 구획, 세포 외 구획과 외부 환경과의 상호작용.**
물은 주변 환경으로부터 들어오거나 주변 환경으로 빠져나갈 수 있다. 세포외액과 환경 사이의 물과 용질의 교환은 수송 상피를 통해 일어나며, 물과 용질은 신장에 의해 혈액으로부터 여과될 수 있다. 전반적으로 볼 때 몸 안팎을 드나드는 물과 용질의 양은 항상성 유지를 위해 균형이 맞추어져야 한다.

만약 한 용액이 다른 용액보다 고삼투성이고 두 용액이 반투성 막으로 분리되어 있다면, 물은 삼투에 의해 더 묽은 용액에서 고삼투성인 용액으로 이동한다. 이 경우 고삼투성 용액을 다른 용액에 대하여 고장성(hypertonic)이라고도 하며, 보다 높은 삼투압을 가진다. 한 용액의 삼투압(osmotic pressure)은 삼투를 통해 물을 당기는 힘이다. 세포질보다 높은 삼투압을 가지는 고장액에 들어 있는 동물세포는 주변 용액으로 물을 잃고 쭈그러든다. 반대로 동물세포를 저장성(hypotonic) 용액에 넣으면 물을 얻어서 팽창한다.

만약 세포를 등삼투성 용액에 넣으면 물의 순이동은 일어나지 않는다. 이 경우 등삼투성 용액을 등장액(isotonic)이라고도 한다.

삼투순응동물 및 삼투조절동물

대부분의 해양 무척추동물은 삼투순응동물(osmoconformers)로서 체액의 삼투성이 해수의 삼투성과 동일하다(마그네슘 등의 일부 용질의 농도는 동일하지 않음). 세포외액이 해수와 등장성이므로 삼투구배가 없고 물이 몸 안팎으로 이동하지 않는다. 그러므로 삼투순응동물은 환경과 삼투 평형을 유지한다. 척추동물 중에는 원시적 어류인 먹장어만이 엄격한 의미의 삼투순응동물이다. 연골어류인 상어류는 혈액 내 NaCl 농도가 해수보다 낮지만 전체적으로 해수와 등장성이다. 총 삼투성의 차이는 혈장 내에 높은 농도의 요소를 보유함으로써 상쇄된다.

기타의 모든 척추동물은 삼투조절동물(osmoregulators)이다. 즉, 주변 환경과 농도가 다름에도 불구하고 혈액의 삼투성을 비교적 일정하게 유지한다. 비교적 일정한 체액 삼투성 유지는 척추동물이 광범위한 생태적 환경에서 살 수 있게 된 바탕이 되었다. 그러나 이러한 일정성을 유지하기 위해서는 계속적인 조절이 요구된다.

담수 척추동물의 체액은 주변의 물보다 훨씬 높은 용질 농도를 가진다. 즉, 이들은 주변 환경보다 고장성이다. 이들의 더 높은 삼투압 때문에 물이 몸 안으로 들어오게 된다. 따라서 이 동물들은 물이 몸 안으로 들어오는 것을 가급적 막아야 하며 들어온 과다한 물을 배출해야 한다. 또, 이 동물들은 주변 환경으로 무기 이온을 잃기가 쉬우므로 능동적으로 이 이온들을 몸 안으로 다시 들여와야 한다.

이와는 달리 대부분의 해양 척추동물은 주변 환경에 대하여 저장성이며, 체액은 해수에 비하여 1/3 정도의 삼투성을 가진다. 그러므로 이런 동물들은 삼투에 의한 수분 소실의 위험이 있어서 탈수를 막아야 한다. 이들은 해수를 마시고 신장과 아가미를 통하여 과다한 이온을 제거하여 이 문제를 해결한다.

육상 척추동물의 체액은 주변 공기보다 높은 농도의 물을 가진다. 그러므로 피부나 폐를 통한 증발로 물을 잃기 쉽다. 모든 파충류, 조류, 포유류 그리고 육상에 사는 동안 양서류는 이 문제에 직면한다. 이 척추동물들은 물의 보유를 돕는 요/삼투조절계를 가진다.

삼투조절 기관

동물은 수분 균형을 유지하기 위한 여러 가지 기작을 진화시켜 왔다. 여러 동물에서 몸으로부터의 물과 염분의 제거는 배설계에서의 대사 노폐물의 제거와 더불어 일어난다. 원생생물은 이를 위하여 수축포를 이용한다. 다른 다세포동물은 배설 세뇨관계를 이용하여 액체와 노폐물을 배출한다.

편형동물에서는 이 세뇨관을 원신관(protonephridium)이라고 하는데, 원신관은 몸 전체를 통해 가지를 치고 끝에 전구 모양의 불꽃세포(flame cell)로 이루어져 있다(그림 46.8). 불꽃세포 안의 섬모는

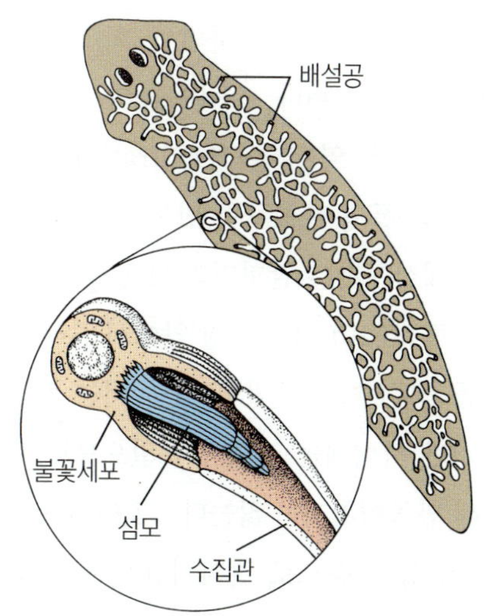

그림 46.8 | **편형동물의 원신관.**
그물처럼 뻗은 세뇨관들, 전구 모양의 불꽃세포, 그리고 배설공이 원신관을 이룬다. 불꽃세포 안쪽의 섬모가 움직여 몸으로부터 체액을 빨아들인다. 그리고 배설물은 배설공을 통해 몸 밖으로 배출된다.

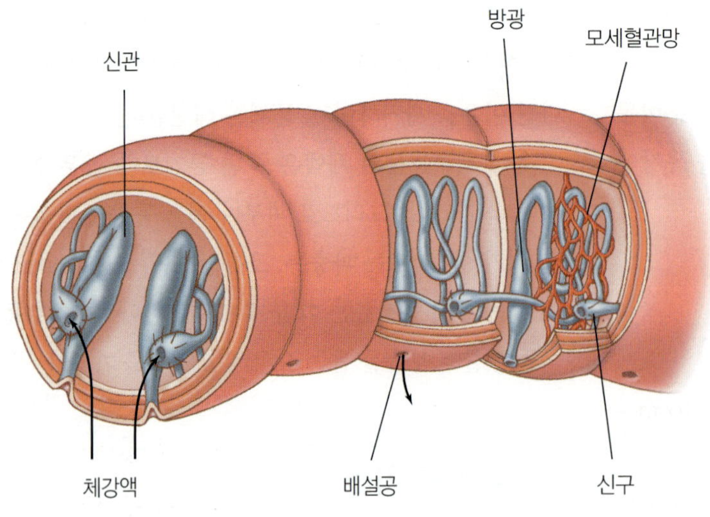

그림 46.9 | **환형동물의 신관.**
환형동물 같은 대부분의 무척추동물은 신관을 가지고 있다. 체강액에서 걸러진 여과물은 깔대기 모양의 신구를 통해 신관으로 들어간다. NaCl은 이 신관으로부터 재흡수되고 남겨진 체액인 오줌은 배설공을 통해 외부로 배출된다.

몸으로부터 체액을 빨아들인다. 물과 대사물질은 재흡수되고 배설 물질은 배설공을 통하여 몸 밖으로 배출된다.

지렁이에서는 이 세뇨관을 신관(nephridium)이라고 한다(그림 46.9). 신관은 깔대기 모양의 신구(nephrostomes)를 통하여 체강에서 체액을 빨아들인다. 이때 체강액은 압력에 의해 작은 구멍을 통과하게 되므로 어느 크기 이상의 분자들은 제거된다. 이 걸러진 체액은 신관을 통과하면서 그 속의 NaCl은 능동수송으로 재흡수된다. 연체동물의 신장이나 갑각류의 배설기관 역시 여과(filtration)와 재흡수(reabsorption)를 통해 오줌을 만든다.

곤충의 배설기관은 말피기관(Malpighian tubules)으로서(그림 46.10) 이는 후장 앞에서 갈라져 나온 소화관의 돌출부이다. 이 말피기관에서는 체강의 혈액과 말피기관 사이에는 압력차가 없으므로 오줌이 여과에 의해 만들어지지는 않는다. 그 대신 노폐물 분자와 K^+이 능동 수송으로 말피기관 안으로 분비된다. K^+의 분비는 삼투 구배를 만들고, 이는 물이 삼투에 의해 체내의 개방순환계로부터 말피기관 안으로 들어가게 만든다. 그런 다음 대부분의 물과 K^+은 후장의 상피를 통해 재흡수되고, 작은 분자들과 노폐물만 변과 함께 직장으로부터 배출된다. 그래서 말피기관은 매우 효율적인 수분보존 수단이다.

척추동물의 신장은 말피기관과는 달리 압력으로 혈액을 여과한다. 여과물질에는 노폐물이나 물과 더불어 포도당, 아미노산, 비타민 등의 분자들이 포함되어 있다. 이 분자들과 대부분의 물은 세뇨관에서 혈액 안으로 재흡수되고 노폐물만 남는다. 그리고 추가 노폐물이 세뇨관에 의해 여과물질에 더해지고 최종적으로 생산된 오줌이 몸에서 배출된다.

척추동물의 신장이 혈장으로부터 거의 모든 물질을 여과하고는 에너지를 이용하여 다시 재흡수하는 것이 불합리하게 보인다. 그러나 척추동물의 종류마다 재흡수하는 물질이 각기 다르도록 진화해 왔으므로 이러한 선택적 재흡수는 커다란 유연성을 가져다준다. 이러한 유연성은 척추동물이 다양한 환경을 개척해 살도록 해 준 주요 요인이었다.

척추동물 신장의 진화

신장은 복잡한 기관으로서 네프론(nephron)이라는 수천 개의 반복적인 단위로 이루어져 있으며, 각 네프론은 휘어진 관 구조를 이룬다(그림 46.11). 각 네프론의 말단에서 혈압은 혈장액을 사구체라고 하는 여과장치를 통과하도록 밀어낸다. 사구체는 혈구, 단백질, 기타 거대분자들은 혈액 안에 남겨놓고 물, 작은 분자, 노폐물은 네프론의 구부러진 관 안으로 들어가게 한다. 여과액이 네프론의 관을 통과하면서 그 속의 유용한 영양물질, 이온은 능동수송과 수동수송을 통하여 재흡수되고 물과 대사 노폐물은 오줌으로 남는다.

모든 척추동물의 신장은 기본 설계가 동일하지만 일부 개조가 나타난다. 원래의 사구체 여과액은 혈액

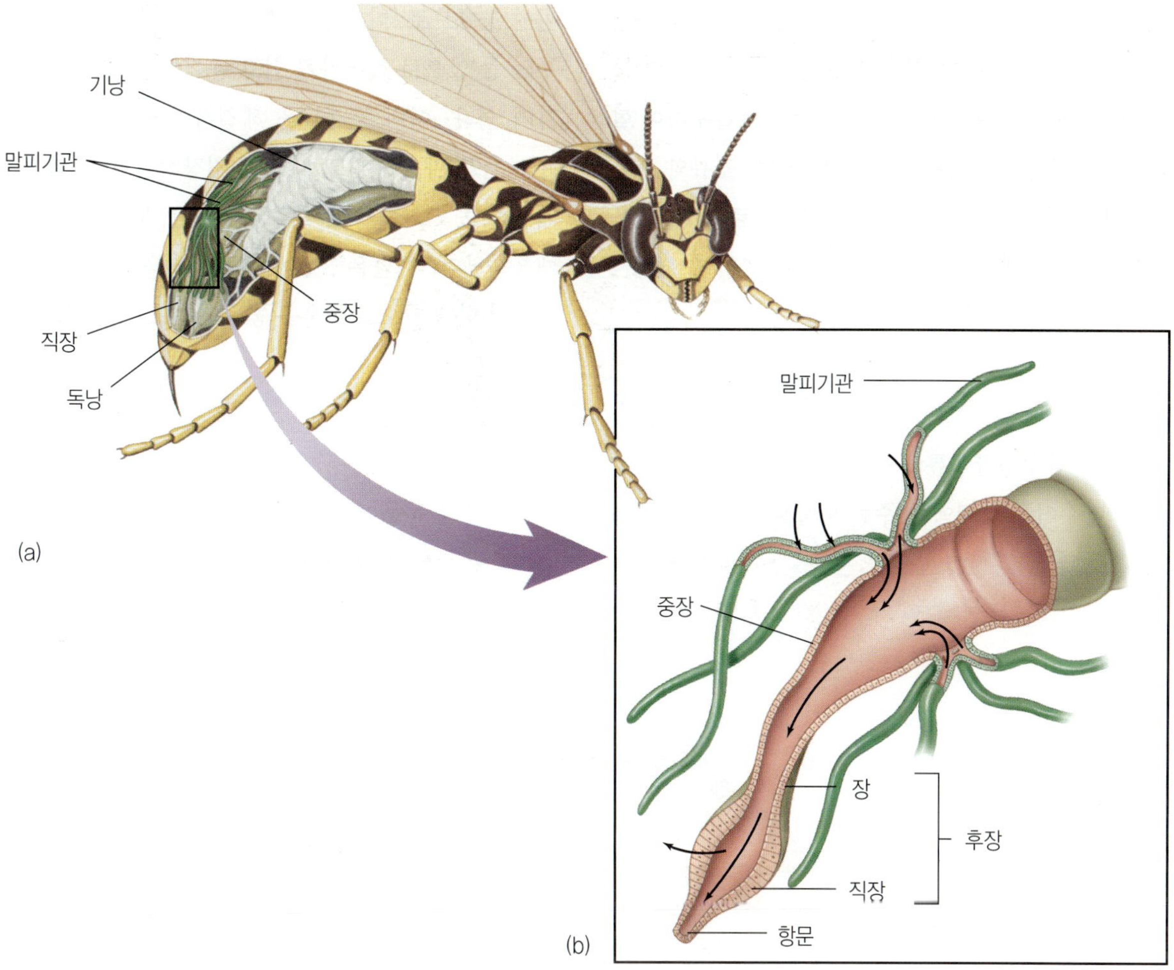

그림 46.10 | 곤충의 말피기관.
(a) 말피기관은 소화관의 돌출부로서 체내순환계로부터 물과 노폐물을 수집한다. (b) K^+이 이 말피기관 안으로 분비되면 물도 삼투작용으로 말피기관 안으로 들어온다. 이 물은 대부분 후장벽을 통하여 재흡수된다.

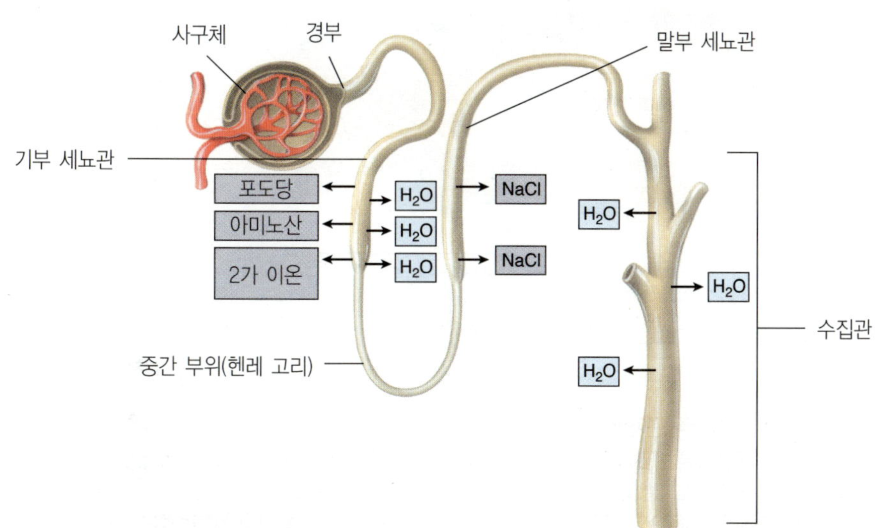

그림 46.11 | 척추동물 네프론의 구조.
네프론 세뇨관은 척추동물 신장의 기본 구조이다. 당, 아미노산, 물, 주요 1가 이온과 2가 이온은 세뇨관의 기부에서 재흡수되며, 물, Na^+, Cl^-과 같은 1가 이온은 헨레 고리에서 재흡수된다. 세뇨관의 말부와 수집관에서도 호르몬 영향으로 물과 1가 이온이 재흡수된다.

과 등장성이므로 모든 척추동물은 이온과 물을 동일한 비율로 재흡수하여 혈액과 등장성인 오줌을 만들 수 있다. 또는 상대적으로 수분을 적게 재흡수하여 혈액보다 저장성인 오줌을 만들 수도 있다. 조류와 포유동물만이 사구체 여과액에서 상대적으로 많은 물을 재흡수하여 혈액보다 고장성인 오줌을 만들 수 있다.

담수어류

신장은 담수경골어류에서 처음 진화한 것으로 추정된다. 담수어류의 체액은 주변의 물보다 삼투 농도가 훨씬 높으므로, 이 동물들에서는 물이 주변 환경으로부터 몸 안으로 들어가기 쉽고 용질이 몸에서 빠져나가기 쉽다. 이런 문제들을 해결하기 위하여 담수어류는 물을 마시지 않고, 다량의 저장성인 묽은 오줌을 배설한다. 또, 이들은 네프론의 관을 통하여 이온을 재흡수한다. 이들은 또, 아가미 표면을 통하여 주변 물에서 혈액 안으로 이온을 능동수송으로 얻는다.

해양경골어류

대부분의 동물이 처음 해양에서 진화해 온 것으로

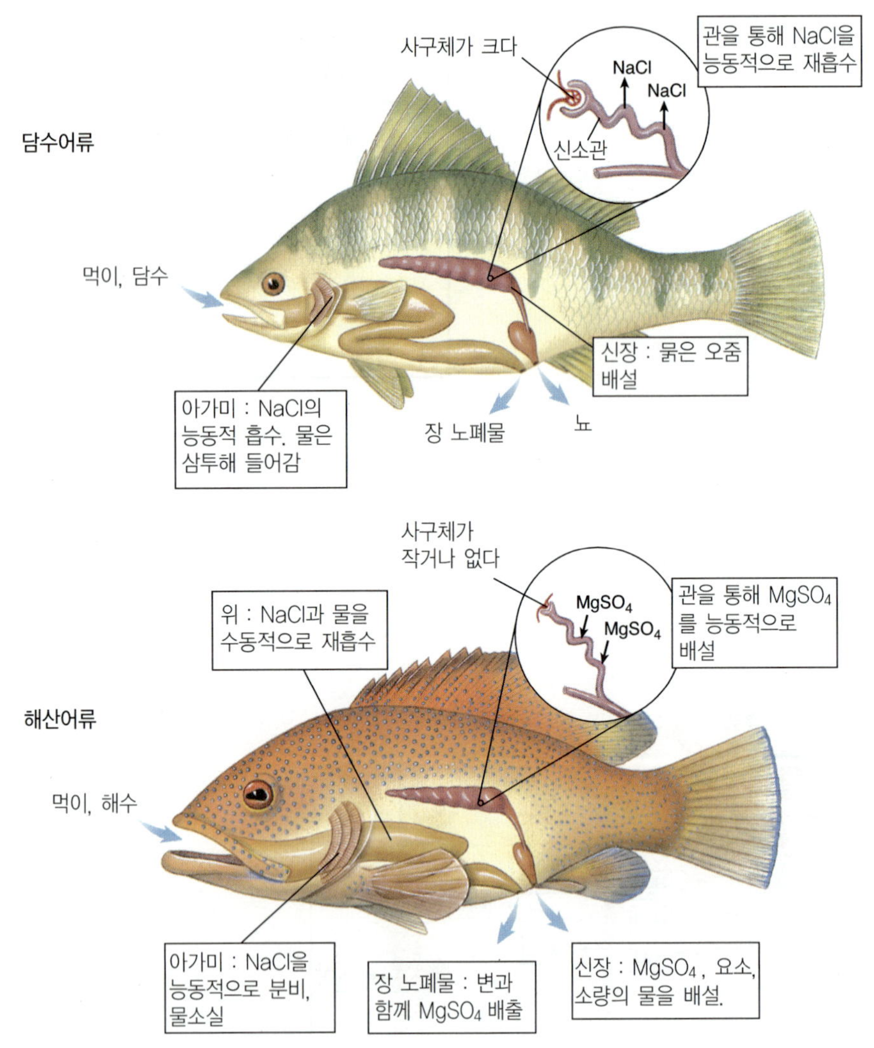

그림 46.12 | **담수경골어류와 해양경골어류의 삼투 문제의 차이.**
담수어류는 주변 환경에 비하여 고장성이지만 해양어류는 해수에 비하여 저장성이다. 담수어류는 몸 안으로 물이 들어오고 이온이 빠져나가는 것을 보상하기 위하여 묽은 오줌을 배설하고, 물을 마시지 않으며 네프론 세뇨관을 통해 이온을 재흡수한다. 해양어류는 물의 삼투적 소실을 보상하기 위하여 해수를 마시고, 능동수송으로 과다한 이온을 아가미와 신장을 통하여 제거한다.

보이지만, 해양경골어류는 담수어류 조상으로부터 진화한 것으로 추정된다. 담수에서 바다로 서식처를 옮기면서 몸의 체액은 해수보다 저장액이 되므로 심각한 문제에 직면하게 되었다. 물은 삼투압에 의해 아가미를 통해 빠져나가고, 오줌으로도 물이 소실된다. 이런 지속적인 수분 소실을 보상하기 위하여 해양어류는 다량의 해수를 마신다(그림 46.12 아래).

해양어류가 마시는 해수 속의 2가 양이온(주로 Ca^{++}과 Mg^{++})들은 소화관 속에 잔류하여 항문을 통해 배출된다. 그러나 약간의 2가 이온들은 K^+, Na^+, Cl^-처럼 혈액안으로 흡수된다. 이 1가 이온들 대부분은 아가미 표면을 통하여 능동수송으로 혈액 밖으로 내보내고, 혈액 안으로 들어온 2가 이온들은 네프론의 세뇨관으로 분비되어 오줌으로 배출된다. 이런 두 가지 방식으로 그들이 마신 해수로부터 들어온 이온들이 배출된다. 해양어류가 배설하는 오줌은 체액과 등장성으로서, 담수어류의 오줌보다는 고장성이지만, 조류나 포유류의 오줌보다는 저장성이다.

연골어류

상어나 가오리 등의 연골어류는 해수 환경에 살면서 생기는 삼투 문제를 경골어류와는 다른 방식으로 해결한다. 해수에 대하여 저장성인 체액을 가지는 것이 아니라, 네프론 세뇨관에서 요소를 재흡수하여 다른 포유동물보다 100배나 높은 혈중 요소 농도를 유지한다. 이 고농도의 요소는 혈액을 주변 해수와 거의 등장성으로 만든다. 따라서 물의 소실이 일어나지 않는다. 그러므로 연골어류는 해수를 마시거나 아가미나 신장을 통하여 다량의 이온을 배출할 필요가 없다. 연골어류의 효소와 조직은 높은 요소 농도에 견딜 수 있도록 진화되어 있다.

양서류와 파충류

양서류의 신장은 담수어류의 신장과 같으며, 매우 묽은 오줌을 배설한다. 이 때문에 생기는 Na^+ 손실은 주위의 물에서 피부를 통하여 능동수송으로 Na^+를 다시 흡수하여 보충한다.

파충류는 여러 가지 환경에서 산다. 담수 속에 사는 것들의 신장은 담수어류나 양서류의 신장과 유사하다. 바다거북, 바다뱀 등의 해양파충류는 담수에 사는 파충류의 것과 유사한 신장을 가지지만 이들과는 반대의 문제에 접하게 된다. 즉, 물이 빠져나가고 염분이 들어오는 문제이다. 해양파충류는 해양경골어류처럼 해수를 마시고 등장성인 오줌을 배설한다. 해양경골어류는 아가미를 통하여 과다한 염분을 배출하지만 해양파충류는 코나 눈 부근에 있는 염류샘(salt gland)을 통하여 과다한 염분을 제거한다.

육상파충류의 신장은 네프론 세뇨관을 통하여 많은 물과 염분을 재흡수하여 건조한 환경에서 혈액량을 유지한다. 어류나 양서류와 마찬가지로 이들도 혈장보다 높은 농도의 오줌을 만들지는 않는다. 그러나 이들은 실제로는 오줌을 배설하지 않고 총배설강에 비워낸 다음, 여기에서 추가적으로 물을 재흡수하고 나머지를 변과 함께 배출한다.

포유류와 조류

포유류와 조류는 체액보다 높은 삼투 농도를 가진 오줌을 만들 수 있는 유일한 척추동물들이다. 이 때문에 이 동물들은 소량의 물과 함께 노폐물을 배설할 수 있어서 몸 안에 더 많은 물을 보유할 수 있다. 사람의 신장은 혈장보다 4.2배나 높은 농도의 오줌을 생산하지만, 일부 다른 포유동물은 이보다 더 효율적으로 물을 보유한다. 가령, 낙타나 주머니쥐(*Perognathus*속)는 혈장보다 각각 8배, 22배 높은 농도의 오줌을 만든다. 캥거루쥐는 물을 마시지 않아도 될 만큼의 효율적인 신장을 가지며, 음식과 유기세포호흡에서 나오는 물만으로 충분하다.

고장성 오줌의 생산은 포유류와 조류에만 있는 네프론의 헨레 고리 부위에서 이루어진다(그림 46.11). 신수질 속으로 깊이 뻗어 있는 네프론의 긴 헨레 고리에서 주변 고장성 환경으로 더 많은 물이 흡수된

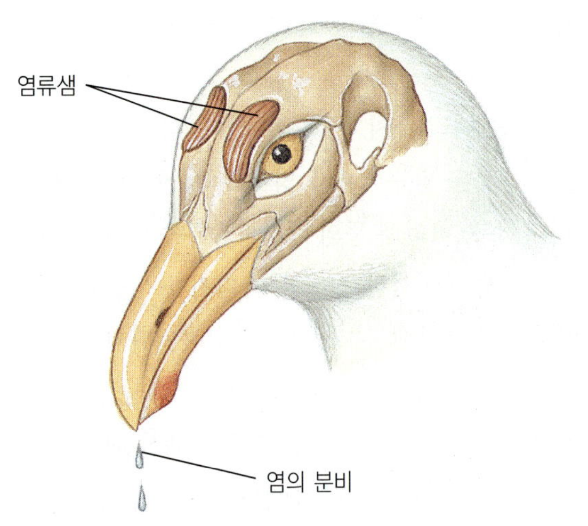

그림 46.13 | 해양조류의 염 분비.
해양조류는 해수를 마신 다음 염류샘을 통해 염을 배설한다.

다. 따라서 더 농축된 오줌이 만들어지게 된다. 대부분의 포유류는 짧은 헨레 고리를 가진 네프론과 긴 헨레 고리를 가진 네프론을 모두 가지고 있다(그림 46.15). 조류의 신장은 헨레 고리가 비교적 짧아서 포유동물처럼 농도가 높은 오줌을 만들지 못하여 기껏해야 혈장보다 두 배 정도 농도가 높은 오줌을 만든다. 해양조류는 이와 같은 물의 소실을 해결하기 위하여 해수를 마시고 과다한 염은 눈 부근에 있는 염류샘을 통해 배설한다(그림 46.13). 이들 약간 고장액인 오줌은 배설강에 모여 필요시 추가적으로 배설강 벽을 통해 물이 흡수된 후 변과 함께 반고체형의 흰색 배설물로 배출된다.

암모니아, 요소 및 요산

아미노산과 핵산은 질소를 함유하는 분자들이다. 동물이 이 분자들의 이화작용으로 에너지를 얻거나, 이 분자들이 탄수화물이나 지질로 전환될 때 몸 밖으로 배출해야만 하는 질소를 함유하는 부산물인 질소 노폐물(nitrogenous wastes)이 생긴다(그림 46.14).

아미노산이나 핵산 대사의 첫 단계는 간에서 이들로부터 아미노기($-NH_2$)를 제거하고 이를 H^+와 결합시켜 암모니아(NH_3)를 만드는 일이다. 암모니아(ammonia)는 세포에 상당한 독성을 나타내므로 묽은

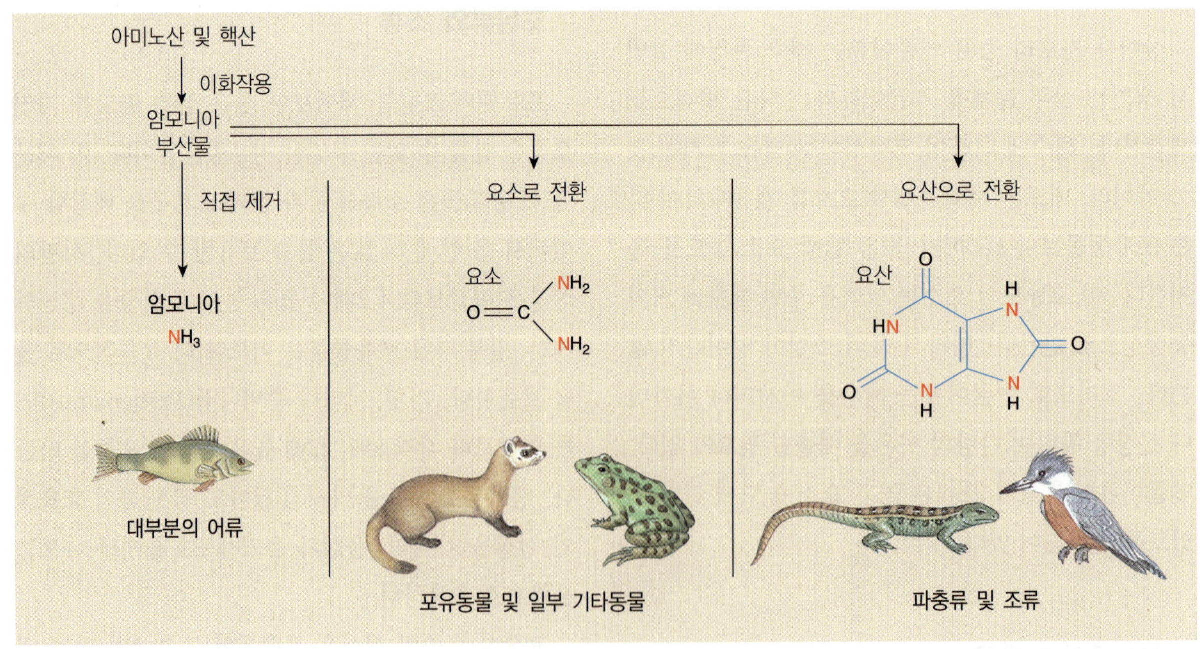

그림 46.14 | 질소 노폐물.
아미노산과 핵산의 대사로 부산물인 암모니아가 생기는데 암모니아는 유독하므로 경골어류는 이를 아가미를 통해 제거한다. 포유동물은 암모니아를 독성이 약한 요소로 전환시킨다. 새와 육상 파충류는 암모니아를 요소 대신 불용성인 요산으로 전환시킨다.

농도로 있을 때만 안전하다. 경골어류나 올챙이에게는 암모니아 배설이 문제가 되지 않는데, 이는 이 동물들이 암모니아를 대부분은 아가미를 통한 확산으로, 또 소량은 매우 묽은 오줌 상태로 배출하기 때문이다. 연골어류, 양서류 성체, 포유동물에서는 질소노폐물이 독성이 덜한 요소(urea)의 형태로 배설된다. 요소는 수용성이므로 오줌으로 다량 배설될 수 있으며, 간에서 만들어져서 혈액을 통해 신장까지 운반된 다음, 오줌으로 배설된다.

파충류, 조류, 곤충은 질소노폐물을 요산(uric acid)의 형태로 배설하는데, 요산은 물에 약간만 녹는다. 낮은 용해성 때문에 요산은 침전되고 소량의 물과 함께 배설될 수 있다. 요산은 구아노(guano)라는 새의 배설물 속의 하얀 물질을 형성한다. 이 동물들의 요산 합성 능력은 중요한데, 그 이유는 이들의 알이 껍질로 싸여 있고 배가 자라면서 알 속에 질소노폐물이 쌓이기 때문이다. 요산은 만들어지면서 결정화되고 침전되기 때문에 배의 발생에 영향을 주지 않는다.

포유동물도 약간의 요산을 만들지만, 이 요산은 아미노산이 아닌, 퓨린 뉴클레오티드가 분해하여 생기는 노폐물이다. 대부분의 포유동물은 우리카아제(uricase)를 가지는데, 이 효소는 요산을 수용성이 더 큰 알란토인(allantoin)으로 전환한다. 사람, 유인원, 달마시안만 이 효소를 가지지 않으므로 요산을 배설해야 한다. 사람에서 관절에 요산이 너무 축적되면 통풍(gout)이 생긴다.

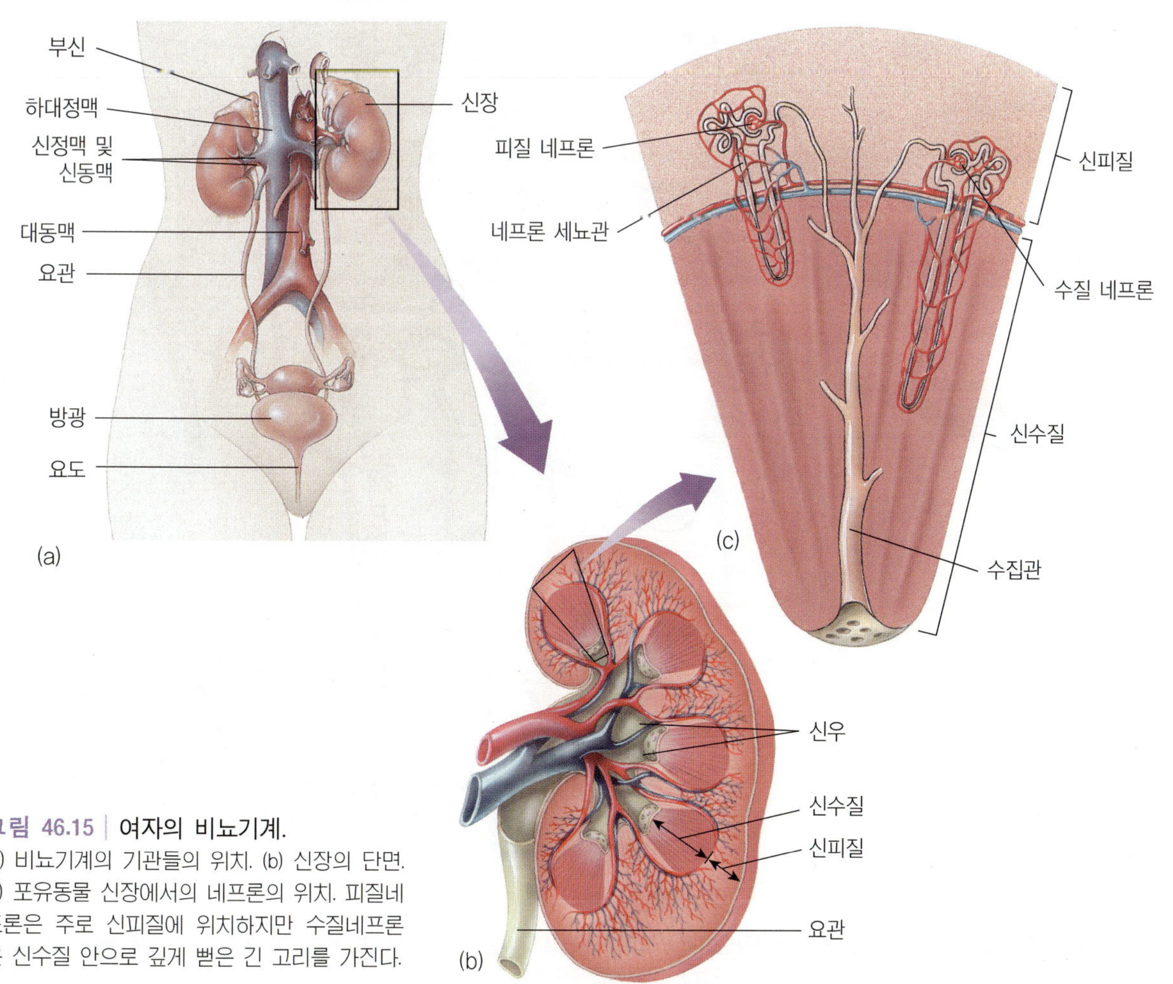

그림 46.15 | 여자의 비뇨기계.
(a) 비뇨기계의 기관들의 위치. (b) 신장의 단면. (c) 포유동물 신장에서의 네프론의 위치. 피질네프론은 주로 신피질에 위치하지만 수질네프론은 신수질 안으로 깊게 뻗은 긴 고리를 가진다.

46.3 신장의 기능과 네프론

포유동물의 신장

사람의 신장은 주먹만 한 크기의 기관으로 등쪽 아래에 있다. 신장은 신동맥으로부터 혈액을 받아 오줌을 만든다. 신장으로부터 나온 오줌은 요관(ureter)을 통하여 방광(urinary bladder)으로 간다. 신장 안의 요관 입구는 깔대기 모양의 신우이다. 신우는 다시 신장조직으로부터 오줌을 받는 컵 모양의 돌출부와 연결되어 있다. 신장조직은 바깥쪽의 신피질(renal cortex)과 안쪽의 신수질(renal medulla)로 구분되어 있다(그림 46.15).

네프론의 구조 및 여과

현미경적 수준에서 볼 때 각 신장은 약 1백만 개의 네프론을 가진다. 포유류의 신장에는 긴 헨레 고리가 수질 안으로 깊숙이 뻗어 있는 수질네프론(juxtamedullary nephrons)과 짧은 헨레 고리를 가지는 피질네프론(cortical nephrons)이 뒤섞여 있다.

각 네프론은 긴 세뇨관과 작은 혈관들로 구성되어 있다. 처음, 혈액이 구심성소동맥(afferent arteriole)을 따라 신피질에 있는 모세혈관망 덩어리인 사구체(glomerulus)로 들어온다(그림 46.16). 여기에서 혈

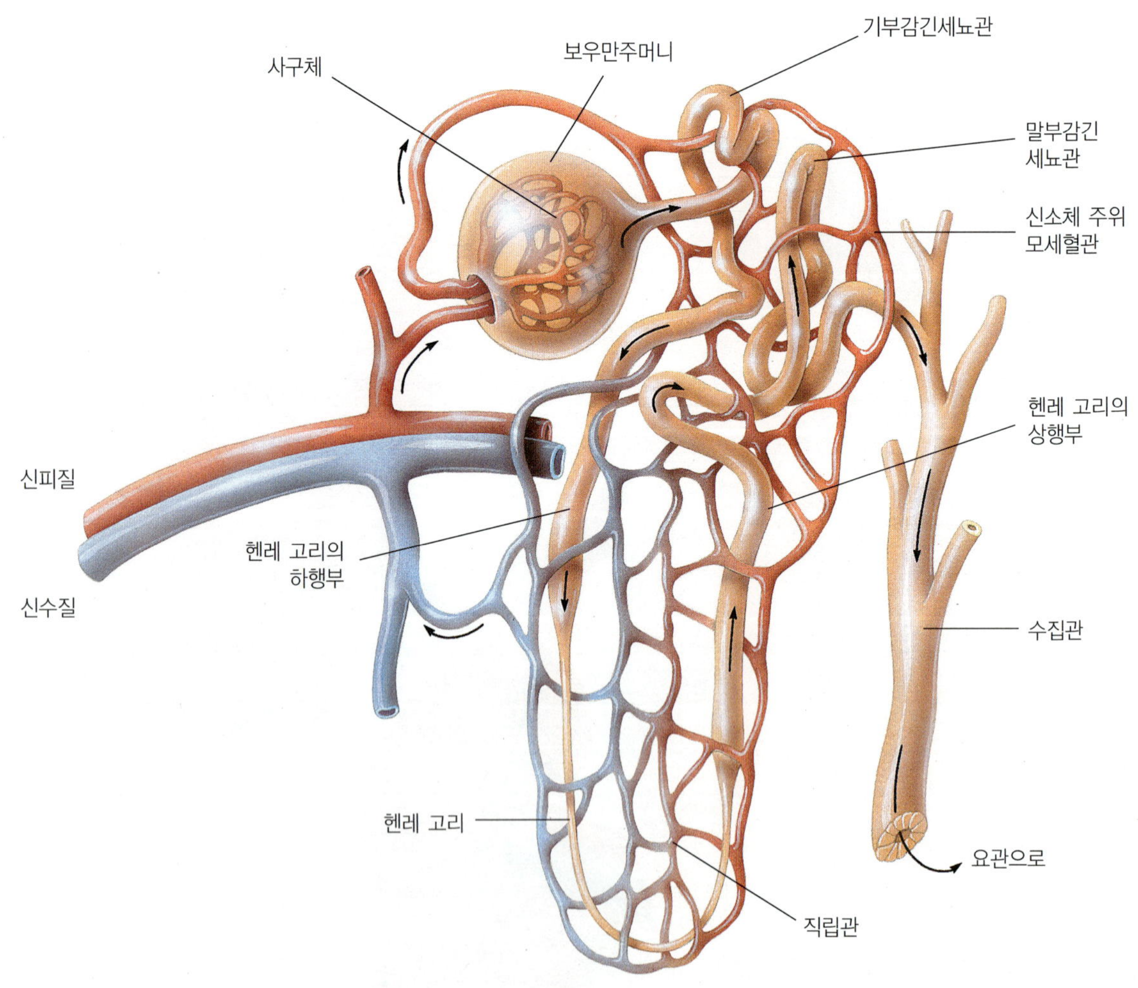

그림 46.16 | 포유동물 신장의 네프론.
네프론 세뇨관은 피질 부위에서 신소체 주위 모세혈관에 둘러싸여 있다. 수질 부위에선 직립관 신장부들이 헨레 고리를 둘러싸고 있다. 이들 모세혈관망들은 여과액에서 재흡수된 분자들과 이온들을 운반한다.

압의 힘에 의해 혈액이 모세혈관벽을 통과하여 여과된다. 혈구와 단백질은 너무 커서 이 사구체 여과액 안으로 들어갈 수 없다. 그러나 여기에서 물과 용해된 분자로 구성된 다량의 혈장은 혈관계를 떠난다. 여과액은 곧 네프론 세뇨관의 시작 부분인 보우만주머니로 들어간다. 보우만주머니(Bowman's capsule)는 사구체를 감싸고 틈과 같은 구멍이 있어서 사구체 여과액은 네프론 세뇨관 안으로 들어갈 수 있다.

여과액은 보우만주머니 안으로 들어간 뒤 피질부에 위치한 기부감긴세뇨관(proximal convoluted tubule)으로 들어간다. 그 후 피질 네프론에서는 여과액이 수질부로 약간만 뻗은 헨레 고리를 따라 내려간 후 다시 피질쪽으로 올라온다. 수질네프론 경우엔 헨레 고리를 따라 수질 쪽으로 깊숙이 내려간 후, 여과액이 다시 피질부로 되돌아온다. 물의 재흡수는 피질네프론보다는 수질네프론에서 더 많이 일어난다. 포유류와 조류만이 헨레 고리(loop of Henle)를 가지므로 오줌을 농축시킬 수 있다. 여과액은 헨레 고리를 떠나 피질의 말부감긴세뇨관(distal convoluted tubule)으로 간 다음 다시 수집관(collecting duct)으로 간다. 수집관은 수질 쪽으로 다시 내려가서 다른 수집관과 합쳐져서 신우로 연결된다. 사구체에서 여과되지 않은 혈액 성분은 원심성소동맥(efferent arteriole)을 거쳐서 세뇨관 주위를 감싸는 신소체, 주위 모세혈관(peritubular capillaries)으로 간다. 이 모세혈관은 재흡수와 분비 과정에 필요하다.

재흡수와 분비

사구체 여과액으로 들어간 대부분의 물과 용해된 용질은 혈액 안으로 되돌아간다(그림 46.17). 사람의 경우 매일 약 2000 *l* 의 혈액이 신장을 통과하고, 180 *l*의 물이 혈액을 떠나 사구체 여과액으로 들어간다. 우리 몸의 혈액은 약 5 *l* 뿐이고, 오줌은 매일 1~2 *l* 만 만들어지므로 혈액은 하루에 여러 차례 여과되고, 대부분의 여과된 물은 재흡수된다는 것을 알 수 있다.

포도당, 아미노산, 기타 몸에 필요한 분자들의 재흡수는 능동수송 운반체와 2차 능동수송 운반체(공수송 운반체: cotransport carriers)에 의해 이루어진다. 운반체에 의한 수송에서 최대 수송률은 운반체가 포화될 때 이루어진다. 신장의 포도당 운반체에서 포화는 혈액의 포도당 농도(따라서 사구체 여과액의 포도당 농도가)가 혈액 100m*l*당 약 180m*l* 일 때 이루어진다. 만약 어떤 사람의 혈당 농도가 이보다 높으면 여과액 속에 운반되지 않고 남은 포도당이 오줌으로 배출된다. 따라서 당뇨병 진단이 내려지게 된다.

외래 분자와 노폐물도 모세혈관막과 세뇨관을 통해 여과액으로 분비된다. 이 과정은 재흡수와 비슷하지만 그 방향은 반대이다. 일부 분비물질은 오줌으로 매우 신속히 제거된다. 이와 같은 신속한 제거 때문에

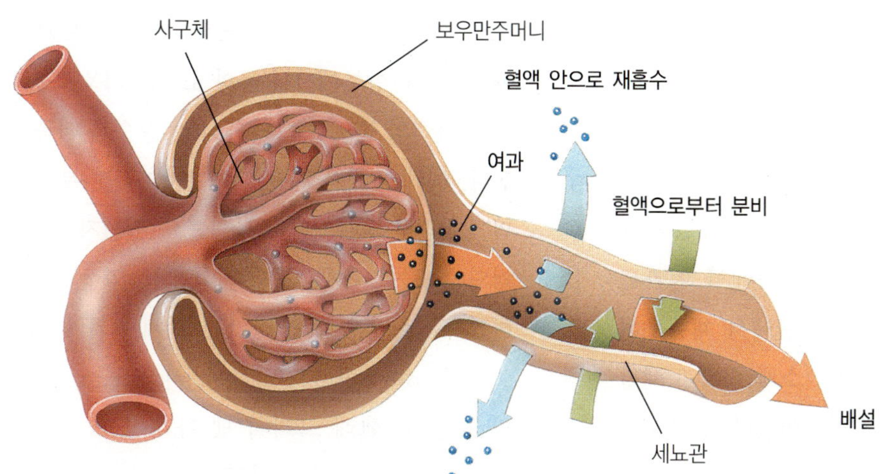

그림 46.17 | 신장의 네 가지 기능.
여과에 의해 사구체를 통해 들어오거나 분비에 의해 신소체 주위 모세혈관에서 세뇨관으로 들어간 분자들은 오줌으로 된다. 여과액으로 들어간 분자들은 재흡수를 통해 세뇨관에서 신소체 주위 모세혈관으로 들어가거나, 배설에 의해 세뇨관, 요관 그리고 방광을 거쳐 몸 밖으로 제거된다.

페니실린을 하루에 여러 번 다량을 투여해야 한다.

배설

신장의 주요 기능은 여러 가지 해로운 물질과 질소 노폐물을 제거하는 일이다. 오줌에는 혈액에서 제거된 여분의 K^+, H^+와 다른 이온들도 들어 있다. 일반적으로 높은 오줌의 H^+ 농도(pH 5~7)는 혈액의 산-염기 균형(pH 7.35~7.45)을 유지하는 데 도움을 준다. 나아가, 오줌으로 물을 배설하는 것은 혈액의 양과 혈압 유지에 기여한다. 많은 오줌이 배설되면 혈액의 양이 줄어든다.

신장 기능의 목적은 그러므로 항상성 유지이다. 신장은 체내 환경의 일정성을 유지하는 데 주역으로 작용한다. 질병으로 신장 기능이 방해되면 혈액 내 질소 노폐물 농도가 높아지고 전해질과 산-염기 균형이 교란되며 혈압 조절이 이루어지지 않는다.

포유동물 네프론에서의 수송 과정

이미 언급한 바와 같이 사람에서 매일 약 180 *l* 의 등장성 사구체 여과액이 보우만주머니로 들어간다. 세뇨관을 통과한 뒤 이 여과액은 재흡수되지 않으면 오줌으로 빠져나갈 것이다. 그러나 물은 삼투에 의해서만 세포막을 통과할 수 있고, 삼투는 두 등장액 사이에서는 일어나지 않는다. 그러므로 사구체 여과액과 혈액 사이에 삼투 농도구배를 일으켜 재흡수가 일어나도록 하는 어떤 기작이 필요하다.

기부 감긴 세뇨관

여과액 속의 거의 모든 영양물질은 기부 감긴 세뇨관에서 재흡수된다. 또, 보우만주머니에서 여과된 NaCl과 물의 2/3도 기부 감긴 세뇨관에서 재흡수된다. 이 재흡수는 여과액으로부터 신소체 주위 모세혈관으로의 Na^+의 능동수송으로 이루어진다. Cl^-은 전기적 유인력에 의하여 수동적으로 Na^+을 따라 재흡수되고, 물은 삼투작용으로 이 두 이온을 따라간다. 이때 NaCl과 물은 같은 비율로 여과액에서 재흡수되므로 세뇨관 속에 남아 있는 여과액은 여전히 혈장과 등장액이다.

NaCl과 물의 최초의 재흡수가 일어난 뒤에는 원래의 여과액의 1/3만 세뇨관에 남게 되지만 아직도 여과액은 매우 많은 양이다(하루 여과액 180 *l* 중 60 *l* 에 해당됨). 따라서 이 남은 여과액도 대부분 재흡수되어야 한다. 수집관 주변 신수질의 세포간액은 고장성이기 때문에 이 여과액 속의 물은 주로 수집관 벽을 통해 재흡수되고, 뒤에 남은 고장액의 오줌은 밖으로 배출된다.

헨레 고리

그러므로 세뇨관 여과액 속의 대부분의 물이 재흡수되려면 신수질이 고장성으로 되어야 이루어질 수 있다. 신수질이 높은 고장성을 띨수록 삼투 농도구배는 더 커지고, 더 많은 물이 수집관을 떠나게 된다. 신수질을 고장성으로 만드는 것은 헨레 고리로서 다음과 같은 방식으로 이루어진다(그림 46.18).

1. 헨레 고리의 하향부는 물이 투과할 수 있다. 따라서 여과액이 고장성 신수질로 내려가면서 물은 삼투에 의해 빠져나간다. 이 물은 직립관의 혈관 속으로 들어가 일반순환계로 들어간다.
2. 헨레 고리의 상향부에서 능동수송으로 NaCl을 밖으로 추방함으로서, 주변 조직의 삼투 농도가 높아지므로 하향부에서의 물의 소실은 더욱 촉진되어 여과액의 농도는 고리를 내려 갈수록 더욱 커진다. 헨레 고리가 길수록 하향부와 상향부 사이의 상호작용이 일어나는 부위는 더 길어지고 여과액의 농도는 더욱 커지게 된다. 사람의 신장에서 헨레 고리 안으로 들어가는 여과액의 농도는 300milliosmolal(mOsm)로서, 이 농도는 신수질의 가장 긴 헨레 고리의 맨 아래에서는 1,200 milliosmolal 이상으로 커진다.

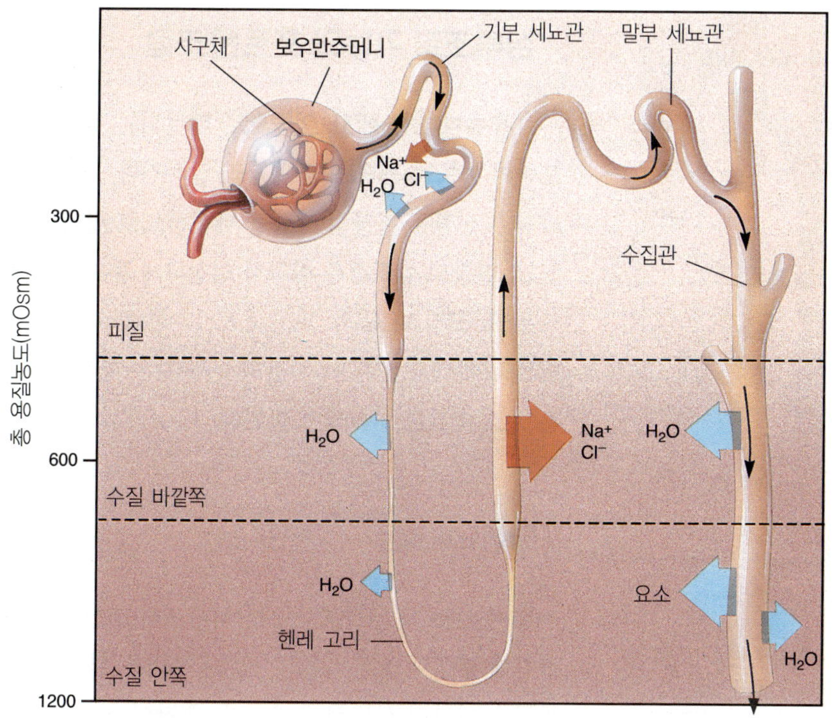

그림 46.18 | 포유동물 신장에서의 염과 물의 재흡수. 기부 세뇨관 밖으로의 Na^+의 능동수송은 Cl^-과 물의 수동수송을 이끈다. 헨레 고리의 상향부로부터의 능동수송에 의한 NaCl의 방출은 하향부와 수집관으로부터 물의 재흡수에 필요한 삼투 농도구배를 만든다. 피질에서 수질까지 삼투몰 농도의 변화는 왼쪽에 수치로 표시하였다.

3. 헨레 고리의 상향부는 능동수송으로 Na^+을 배출하고 Cl^-는 따라 나간다. 상향부에서 NaCl을 추방하는 기작은 기부 세뇨관에서 NaCl을 추방하는 방식과는 다르다. 가장 중요한 차이는 상향부는 물에 대한 투과성이 없다는 점이다. Na^+이 빠져나가면서 상향부의 여과액은 피질 쪽으로 가면서 점점 저장성으로 되고, 주변 조직은 점점 고장성으로 된다.
4. 상향부 밖으로 퍼내진 NaCl은 주변 세포간질액으로부터 재흡수되어 직립관의 고리 안으로 들어가므로 NaCl은 수질을 떠나는 혈액으로부터 수질로 들어오는 혈액으로 확산되어 갈 수 있다. 따라서 직립관은 어류의 아가미에서 볼 수 있는 것과 같은 역류교환의 기능을 한다. 신수질의 경우 혈관들 사이에서의 NaCl의 확산은 다량의 NaCl을 세포간질액에 머물게 하여 고장성으로 만든다.

헨레 고리의 상향부와 하향부의 여과액은 서로 반대 방향으로 흐르므로, 고장성 신수질을 만드는 헨레 고리의 작용을 역류증폭계(countercurrent multiplier system)라고 한다. 신수질의 높은 용질 농도는 주로 역류증폭계에 의한 NaCl 농축으로 생기지만 요소 역시 수질의 총 삼투성에 기여를 한다. 이는 헨레고리 하향부와 수집관이 요소에 대하여 투과적이고, 요소는 확산으로 네프론의 이 부위들을 떠나기 때문이다.

말부 감긴 세뇨관 및 수집관

NaCl은 상향부 밖으로 퍼내지기 때문에 말부 감긴 세뇨관에 도달하여 신피질의 수집관 안으로 들어가는 여과액은 저장성이다(농도가 100mOsm에 불과함). 이 두 부위에서의 NaCl의 재흡수는 몸의 요구에 따라 달라지며 알도스테론의 조절을 받는다. ADH와 알도스테론은 말부 감긴 세뇨관과 수집관에 영향을 주는데, 이때 알도스테론의 영향이 더 크다. 이 묽은 액체가 들어 있는 수집관은 이제 수질로 들어간다. 신수질의 고장성 세포간질액 때문에 강한 삼투 농도구배가 생겨서 수집관 밖으로 끌려나온 물은 주변의 혈관으로 들어가게 된다.

보통 삼투 농도구배는 일정하지만 말부 감긴 세뇨관과 수집관의 물에 대한 투과성은 항이뇨호르몬

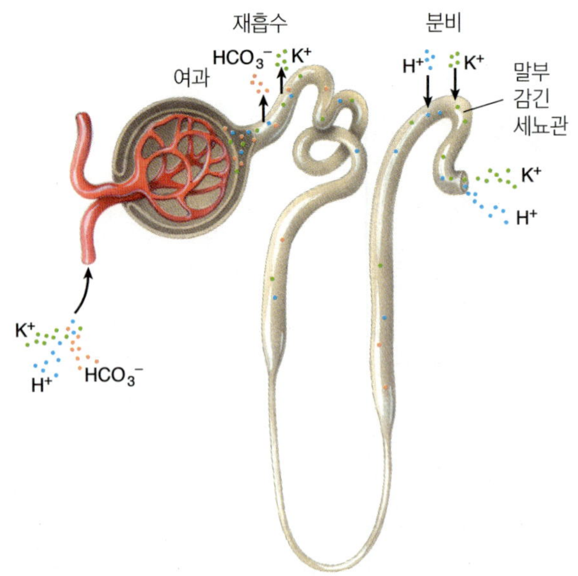

그림 46.19 | 염 균형의 조절.
네프론은 오줌으로 배출되는 K^+, H^+, HCO_3^-의 양을 조절한다. K^+은 기부 세뇨관에서 완전히 재흡수되어 호르몬으로 조절되는 양 만큼 말부 세뇨관 안으로 분비된다. HCO_3^-는 여과되지만 정상적으로는 완전히 재흡수된다. H^+은 여과되지만 말부 세뇨관 안으로 분비되기도 하므로 최종적인 오줌은 산성을 띤다.

(antidiuretic hormone : ADH 또는 바소프레신)의 조절을 받는다. 동물이 수분을 보유할 필요가 있을 때 뇌하수체 후엽은 더 많은 ADH를 분비하고, 이 호르몬은 수집관 세포막의 물 통로의 수를 증가시킨다. 따라서 수집관에서의 물의 재흡수가 촉진되고 오줌의 양이 적어져서 고장성 오줌을 배설하게 된다.

신장은 수분 균형의 조절과 아울러 재흡수와 분비를 통해 혈액의 전해질 균형도 조절한다. 가령, 신장은 기부 세뇨관에서 K^+을 재흡수하고 항상성 유지에 필요한 만큼의 K^+을 말부 감긴 세뇨관으로 분비한다(그림 46.19). 신장은 또, H^+를 오줌으로 배설하고 중탄산염(HCO_3^-)을 재흡수하여 산-염기 균형을 유지한다.

삼투조절 기능의 호르몬 조절

포유류와 조류에서 오줌으로 배설되는 물의 양과 오줌의 농도는 몸의 요구에 따라 달라진다. 물을 많이 마시면 신장은 저장성 오줌을 배설하므로 혈액의 양, 혈압, 혈장의 삼투성은 비교적 일정하게 유지된다. 신장은 또 혈장의 K^+와 Na^+ 농도 및 혈액 pH를 좁은 범위 내에서 조절한다. 신장의 이와 같은 항상성 기능은 주로 호르몬에 의해 조절된다.

항이뇨호르몬

항이뇨호르몬(ADH)는 시상하부에서 생산되어 뇌하수체 후엽에서 분비된다. ADH 분비를 위한 1차적 자극은 혈장의 삼투성 증가이다. 혈장의 삼투성은 사람이 탈수되거나 짠 음식을 많이 먹으면 증가한다. 시상하부에 있는 삼투수용기는 혈액의 삼투성 증가에 반응하여 시상하부에 있는 통합중추에 더 많은 신경 신호를 보낸다. 이는 다시 갈증을 일으키고 ADH 분비를 증가시킨다(그림 46.20).

ADH는 신장의 말부 감긴 세뇨관과 수집관 벽의 물

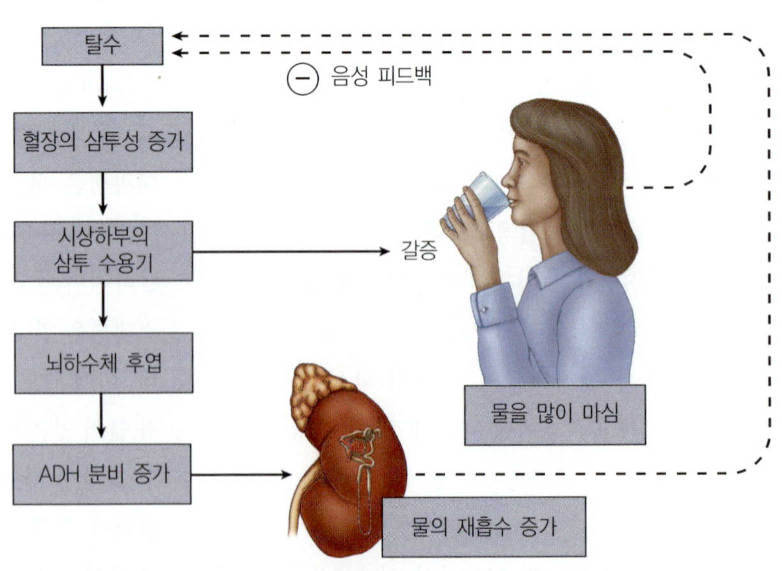

그림 46.20 | 항이뇨호르몬과 신장에서의 물의 재흡수.
이들 작용은 음성 피드백 고리를 완성하며, 혈액량과 혈액삼투성의 항상성을 유지하도록 돕는다.

에 대한 투과성을 높인다. 이는 이들 관의 상피에 있는 세포 내 소포(intracellular vesicles)의 막 안에 물 통로가 있고, ADH가 원형질막과 이 소포막의 융합을 자극하기 때문이다.

신수질의 세포외액은 수집관 안의 여과액보다 고장액이므로 물은 삼투에 의해 여과액을 떠나 혈액 안으로 재흡수된다. 최대 ADH 분비 상태에서 한 사람은 하루에 매우 고도로 농축된 오줌 600ml만을 배설한다. 뇌하수체 손상으로 ADH를 분비하지 않는 사람은 diabetes insipidus라는 질환을 가지게 되는데 다량의 묽은 오줌을 배설한다. 이런 사람은 심한 탈수증과 저혈압으로 위험하게 된다.

알도스테론과 심방나트륨배설호르몬

Na^+은 혈장의 주요 용질이다. 그러므로 혈액내 Na^+ 농도가 떨어지면 혈액의 삼투성이 떨어진다. 이러한 삼투성 하락은 ADH 분비를 억제하여 수집관 안에 더 많은 수분이 남아 있게 하여 오줌으로 나가게 한다. 그 결과 혈액량과 혈압이 감소한다. 세포외 Na^+ 감소는 더 많은 물이 삼투작용에 의해 세포 안으로 들어오게 한다. 이는 혈장 삼투압의 하락을 어느 정도 상쇄하게 된다. 그러나 혈액량과 혈압은 더욱 감소하게 된다. 만약 Na^+ 결핍이 심하면 혈액량이 크게 감소하고 혈압은 위험한 수준까지 떨어진다. 이 때문에 생명 유지에 염분이 필요하다.

혈액 Na^+ 농도의 하락은 정상적으로는 부신피질에서 분비되는 알도스테론의 영향으로 신장에 의해 보충된다. 알도스테론은 말부 감긴 세뇨관과 수집관을 자극하여 Na^+의 재흡수를 촉진하고 오줌으로의 Na^+ 배설을 감소시킨다. 실제로 최대 알도스테론 분비 상태에서는 오줌 속에 Na^+이 완전히 제거될 수 있다. Na^+ 재흡수는 Cl^-과 물의 재흡수를 동반하므로 알도스테론은 염분과 물의 보유를 촉진하는 순효과를 나타낸다. 그러므로 이 호르몬은 혈액량, 삼투성, 혈압을 유지하는 데 도움을 준다.

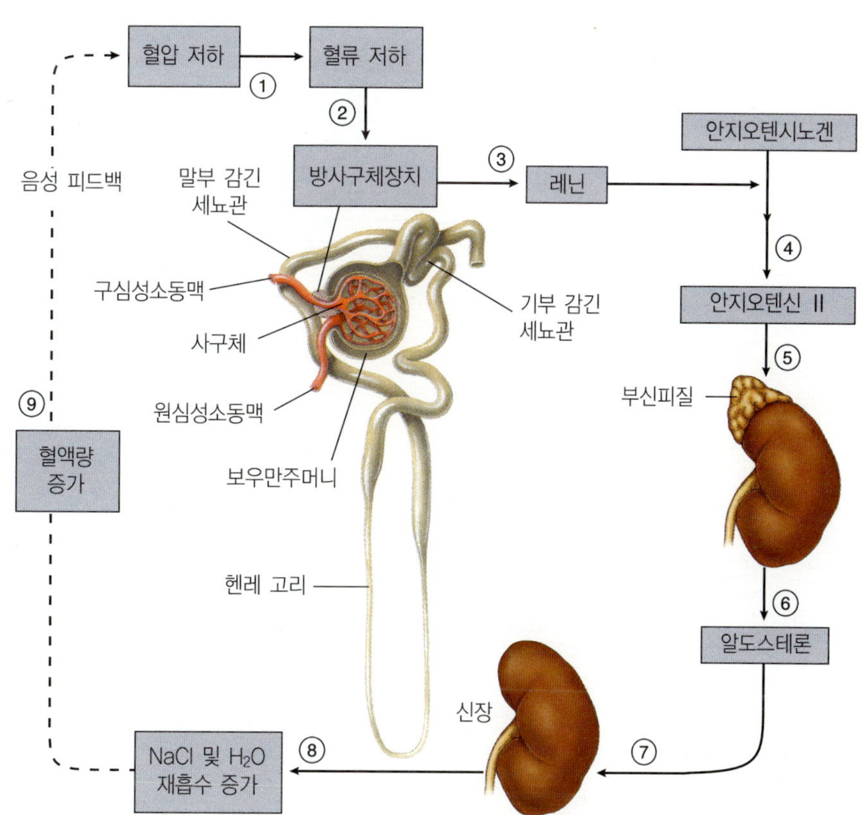

그림 46.21 | **혈액량 감소와 레닌-안지오텐신-알도스테론 계.**
(1) 혈액량 감소와 혈액내 Na^+ 농도 감소는 혈압을 감소시킨다. (2) 방사구체 장치를 지나는 혈액량의 감소는 안지오텐시노겐으로부터 (3) 안지오텐신 I이 만들어지도록 촉매하는 레닌이 혈액 안으로 방출되도록 자극한다(3). (4) 안지오텐신 I은 활성형인 안지오텐신 II로 전환된다. (5) 안지오텐신 II는 혈관 수축을 자극하고 (6) 부신피질에서의 알도스테론의 방출을 자극한다 (7). 알도스테론은 말부 감긴 세뇨관에서의 Na^+ 재흡수를 자극한다. (8) Na^+ 재흡수 증가는 Cl^-과 물의 재흡수를 수반하고, (9) 혈액량 증가를 일으킨다. 혈액량 증가는 또, 심방나트륨배설호르몬의 방출을 촉발하고, 이 호르몬은 알도스테론 방출을 억제한다. 이 두 계는 함께 작용하여 항상성을 유지시킨다.

혈액 내 Na^+의 감소에 반응하여 알도스테론이 분비되는 것은 간접적이다. 혈액 Na^+의 감소는 혈액량 감소를 일으키므로 방사구체 장치라는 세포집단을 통과하는 혈류가 감소하게 된다. 방사구체 장치(juxtaglomerular apparatus)는 말부 감긴 세뇨관과 구심성 소동맥 사이에 위치한다(그림 46.21). 방사구체 장치는 혈류감소에 대한 반응으로 혈액 안으로 레닌(renin)이라는 효소를 분비하며, 레닌은 단백질 안지오텐시노겐(angiotensinogen)으로부터 폴리펩티드 안지오텐신 I(angiotensin I)의 생산을 촉매한다. 안지오텐신 I은 다른 효소에 의해 안지오텐신 II로 전환되고, 안지오텐신 II는 혈관이 수축하고 부신피질이 알도스테론을 분비하도록 자극한다. 그러므로 혈액량과 혈압의 항상성은 이 레닌-안지오텐신-알도스테론 계의 활성화에 의해 유지될 수 있다.

알도스테론은 Na^+ 재흡수를 자극함과 아울러 K^+이 말부 감긴 세뇨관과 수집관으로 분비되도록 자극한다. 그 결과 알도스테론은 혈액 내 K^+ 농도를 낮추어서 혈액 내 K^+ 농도가 일정하게 유지되도록 돕는다. 알도스테론을 만드는 능력이 없는 사람은 염분과 물이 오줌으로 너무 많이 빠져 나가고 혈액 안에 K^+이 농축되어 치료되지 않으면 사망하게 된다.

염분과 물의 보존을 촉진하는 알도스테론의 작용은 심방나트륨배설호르몬(ANH : atrial natriuretic hormone)의 작용과 반대이다. 후자의 호르몬은 혈액량 증가로 심방이 신장되는 것에 반응하여 우심방에서 분비된다. 이 상태에서는 부신피질에서의 알도스테론 분비는 감소하게 되고, ANH 분비는 증가하세 되므로 오줌으로의 염분과 물의 배설이 촉진되고 혈액량의 감소가 일어난다.

CHAPTER 47

성과 생식

고양이가 발정기에 날카롭게 울어대고, 개구리가 논에서 우는 것은 모두 생식을 위한 행동이다. 이와 같은 소리 내는 행동이나 일부 동물이 특징적인 화려한 색깔을 가지는 것은 짝을 유인하기 위한 것이다. 성에 관한 것만큼 우리의 생각을 끈질기게 사로잡는 주제는 거의 없을 것이다. 이 장에서는 사람을 포함하여 척추동물의 성과 생식에 대하여 알아본다.

(a)

(b)

그림 47.1 | 자웅동체 및 자성선숙.
(a) 투구농어(*Hypoplectrus* 속)는 심해어로서 자웅동체이다. 한 번의 짝짓기 동안 한 물고기가 4번이나 성역할을 바꿀 수 있는데, 수정될 알을 낳거나, 상대방이 낳은 알을 수정시키거나 하는 과정을 번갈아 한다. 수컷 역할을 하는 개체는 가만히 있는 암컷 역할을 하는 개체 주위를 돌면서 위로 떠오르는 알을 수정시킨다. (b) 청머리노래기(*Thalassoma bifasciatium*)는 때로는 암컷이 수컷으로 되는 자성선숙을 하는 어류로서 암컷들 사이에서 몸이 큰 수컷(성전환을 한 암컷)이 보인다.

47.1 유성생식 전략과 무성생식 전략

유성생식과 무성생식

사람을 비롯한 대부분의 동물은 유성생식을 한다. 유성생식은 새로운 개체가 2개의 생식세포, 즉 정자(sperm)와 난자(egg)라는 배우자(gamete)의 융합에 의해 생기는 것을 말한다. 정자와 난자의 융합으로 수정된 난자, 즉 접합자(zygote)가 생기고, 이 접합자는 유사분열로 새로운 다세포생물을 만든다. 접합자와 이것이 유사분열로 만드는 세포들은 2배체로서 각 세포는 상동인 염색체 한 벌씩을 가진다. 생식소(정소와 난소)에서 감수분열로 만들어지는 배우자는 반수체이다.

원생생물과 일부 동물은 무성생식을 한다. 무성생식에서는 하나의 어버이 세포로부터 유사분열에 의해 유전적으로 동일한 세포들이 만들어진다. 원생생물에서는 하나의 생물이 분열(fission)하여 각각의 동일한 개체가 된다. 자포동물은 흔히 출아법(budding)으로 생식하는데, 이는 어버이의 몸 일부가 떨어져 나와 새로운 개체로 되는 생식 방식이다. 새로운 개체는 분리되어 나가거나 어버이 몸에 붙은 채 군체를 형성한다.

성에 대한 새로운 접근

무성생식의 일종인 단성생식(parthenogenesis)은 절지동물의 여러 종에서 흔하다. 단성생식에서는 암컷의 미수정란으로 자손을 만든다. 일부 종은 완전히 단성생식만을 하며(모두 암컷), 어떤 종은 세대에 따라 유성생식과 단성생식을 번갈아 한다. 가령 꿀벌에서 여왕벌은 한 번만 교미하여 정자를 저장한다. 이 여왕벌은 저장한 정자의 방출을 조절할 수 있다. 정자를 방출하지 않은 채 만든 알은 단성생식적으로 발생하여 모두 수펄이 되고, 정자를 방출하여 수정된 알은 발생하여 모두 암컷인 여왕벌과 일벌이 된다.

1958년에 러시아의 생물학자 다렙스키는 척추동물의 한 가지 특이한 생식 양식을 처음 보고하였다. 그는 *Lacerta*속 도롱뇽의 어떤 집단이 모두 암컷만으로 이루어진 것을 보고, 이 도롱뇽들은 수정되지 않고도 발생하는 알을 만든다고 제안하였다. 달리 말하면, 이들은 일종의 단성생식으로서 정자 없이 무성생식을 할 수 있다는 것이었다. 다른 도롱뇽 속의 집단들도 단성생식을 한다는 사실이 그 후에 밝혀졌다.

또 다른 생식 전략의 변이 한 가지는 자웅동체 생식(hermaphroditism)으로서, 한 개체가 정소와 난소를 모두 가지면서 정자와 난자를 모두 생산하는 것이다(그림 47.1a). 촌충은 모두 자웅동체성으로서 자신의 알을 수정시킬 수 있는데, 촌충은 다른 개체를 만나기 어렵기 때문에 이는 유용한 생식 전략이다. 그러나 대부분의 자웅동체성 동물은 생식하기 위해서는 다른 개체가 필요하다.

일부 심해어류도 자웅동체이다. 여러 종의 어류가 연속 자웅동체성(sequential hermaphroditism) 과정으로 성을 바꿀 수 있다. 가령 산호초에 사는 어류 중에는 자성선숙(protogyny)과 웅성선숙(protandry)이 나타나기도 한다. 자성선숙은 암컷으로 태어나서 수컷으로 되는 경우이고, 웅성선숙은 수컷으로 태어나서 암컷이 되는 경우이다. 자성선숙을 하는 어류에서(그림 47.1b) 성 전환은 사회적 조절로 일어나는 것 같다. 이 어류들은 흔히 큰 집단을 이루어 사는데, 하나 또는 소수의 우세 수컷만 성공적으로 생식할 수 있다. 이 수컷이 제거되면 가장 큰 암컷이 재빨리 성 전환을 하여 우세 수컷이 된다.

성 결정

앞에서 언급한 어류나 일부 파충류에서는 환경 변화가 동물의 성을 변화시킬 수가 있다. 포유동물에서는 배 발생 초기에 성이 결정된다. 사람에서 남자와 여자의 생식계는 임신 40일까지는 유사하다. 이 시기에 정자나 난자가 될 세포들은 난황낭에서 배 생식소로 이동한다. 이때 생식소는 난소로 될 수도 있고 정소로 될 수도 있다. 즉, 배 생식소는 미분화 상태에 있다. 만약 배가 남자이면 Y 염색체를 가져서 이 염색체 속의 유전자가 미분화 생식소를 정소로 전환시키게 되고, Y 염색체가 없는 여자이면 해당 유전자가 없으므로 생식소는 난소가 된다. 성 결정에 관련된 중요한 유전자는 *SRY*인 것으로 알려져 있다(*SRY*는 sex determining region of the Y chromosome을 뜻한다)(그림 47.2). SRY 유전자는 척추동물이 진화하는 과정에서 고도로 잘 보존되어 온 것으로 나타난다.

배에서 한 번 정소가 형성되면 정소는 테스토스테론과 남성 외부 생식기와 보조 생식기관의 발육을 증

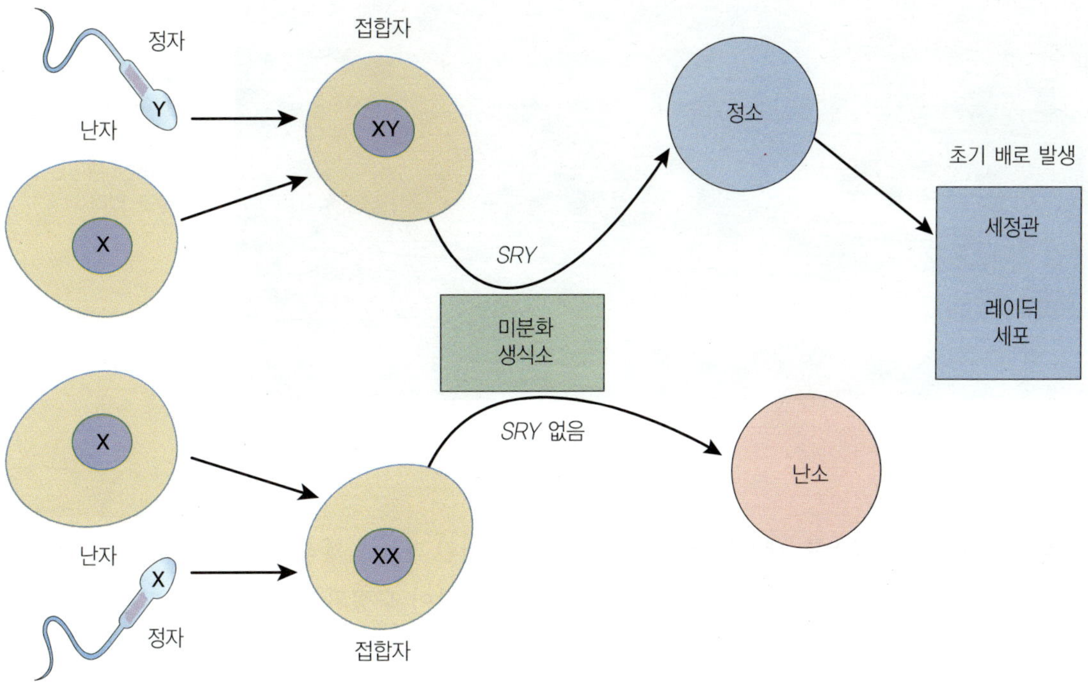

그림 47.2 | 포유동물의 성 결정.
포유동물의 Y 염색체에서 성 결정 부위를 SRY로 표시하였다. Y 염색체와 *SRY*가 존재할 때 정소가 생기며, 이 두 가지가 없으면 난소가 생긴다.

진시키는 호르몬을 분비한다. 만약, 배에 *SRY* 유전자가 없으면 배는 여성 외부 생식기와 보조 생식기관을 발육시킨다. 즉, 모든 포유동물의 배는 기능적인 *SRY* 유전자가 없으면 암컷으로 발생한다.

47.2 척추동물의 체내수정과 발생

수정과 발생

척추동물의 유성생식은 척추동물이 육상으로 진입하기 전에 바다에서 진화되었다. 대부분의 해양 경골어류의 암컷은 알을 무더기로 낳아 방출한다. 수컷은 일반적으로 알이 있는 물 속에 정자를 방출하여 수정이 일어나게 된다. 이 과정을 체외수정(external fertilization)이라고 한다.

해수는 배우자들에게 냉혹한 환경은 아니지만, 배우자들을 신속히 분산하게 만들어버리므로 암컷과 수컷의 배우자 방출은 동시에 이루어져야 한다. 그래서 대부분의 해양 어류는 난자와 정자를 일정한 짧은 시기 동안에 방출한다. 어떤 종은 일 년에 한 번만 생식하고 어떤 종은 이보다 빈번하게 생식한다. 해양에서는 생물들이 생식을 동시화하기 위한 신호로 이용할 수 있는 계절적 단서가 적지만, 가장 널리 이용되는 신호로서 월주기가 있다. 매월 한 번씩 달은 지구에 더 가까워지고, 이때 인력으로 사리가 생긴다. 여러 해양 생물들은 조류 변화를 감지하여 달주기에 맞추어 배우자를 만들고 방출한다.

척추동물이 육상에서 살기 시작한 뒤 이들은 건조라는 새로운 위험에 부딪쳤다. 육상에서 배우자는 다른 개체 부근에 그냥 방출될 수가 없다. 따라서 육상 척추동물은 체내수정(internal fertilization), 즉 수컷 배우자가 암컷의 생식관에 직접 전달되도록 강력한 선택적 진화를 하게 되었다. 체내수정을 하는 척추동물은 배와 태아의 발생을 위해 다음과 같은 세 가지 전략을 이용한다.

그림 47.3 | 태생 어류. 레몬상어의 새끼는 어미의 몸속에서 발생을 마치고, 작지만 어미와 똑같은 성체로서 밖으로 나온다. 사진에서 갓 태어난 새끼는 아직 탯줄을 달고 있다.

1. **난생**(oviparity)은 경골어류, 대부분의 파충류, 일부 연골어류와 양서류, 소수의 포유류 그리고 모든 조류에서 볼 수 있다. 알은 체내에서 수정된 후 산란되어 어미의 몸 밖에서 발생을 마친다.
2. **난태생**(ovoviviparity)은 일부 경골어류, 연골어류, 많은 파충류에서 볼 수 있다. 수정란은 어미의 몸속에 잔류하여 발생을 마치지만 배는 난황에서 양분을 얻는다. 완전히 발생을 마친 어린 개체는 부화하여 어미 밖으로 방출된다.
3. **태생**(viviparity)는 대부분의 연골어류, 일부 양서류와 파충류, 그리고 거의 모든 포유동물에서 볼 수 있다. 어린 개체는 어미 몸속에서 발생하면서 난황에서 양분을 얻는 것이 아니라, 어미의 혈액으로부터 직접 얻는다(그림 47.3).

어류와 양서류

대부분의 어류와 양서류는 다른 척추동물과는 달리 체외수정으로 생식한다.

어류

대부분의 경골어류의 수정은 체외수정이며, 알은 짧은 기간 동안만 배를 발생시킬 만큼의 난황을 가진다. 난황이 소모되면 어린 새끼는 주변의 물에서 먹이를 찾아야 한다. 발생은 신속하게 이루어지며, 살아남은 어린 개체는 빨리 성숙한다. 한 번의 교미에 수천 개의 알이 수정되지만 대다수는 미생물 감염이나 포식으로 죽고 소수만 살아남아 성숙한다.

대부분의 연골어류는 체내수정을 한다. 수컷은 변형된 뒷지느러미를 이용하여 암컷 몸속으로 정자를 전달한다. 새끼의 발생은 일반적으로 태생이다.

양서류

양서류는 육상 환경에 완전히 적응하지 못한 채 육상에 침투하였으며, 이들의 생활사는 아직 물과 밀접한 관련을 맺는다. 대부분의 양서류에서 수정은 체외수정이다. 암컷이나 수컷의 배우자는 총배설강을 통해 나온다. 개구리와 두꺼비의 수컷은 암컷을 껴안고 암컷이 알을 물 속에 방출할 때 동시에 알 위에 정자를 뿌린다(그림 47.4). 비록 대부분의 양서류 알은 물속에서 발생하지만 일부 재미있는 예외가 있다(그림 47.5). 가령, 개구리 두 종에서는 알이 울음주머니와 위 속에서 발생하고, 어린 개구리는 아버지나 어머니의 입을 통해 밖으로 나온다.

양서류의 발생에 소요되는 시간은 어류의 경우보다 길다. 그러나 양서류의 알은 특별히 더 많은 난황을 함유하지는 않는다. 그 대신 발생 과정이 배 시기, 유생 시기, 성체 시기로 구분되어 있다. 배는 알 속에서 발생하면서 난황으로부터 양분을 얻는다. 알에서 부화한 뒤 수생생활을 하는 유생은 자유 유영하면서 먹

그림 47.4 | 개구리의 체외수정.
수컷이 암컷을 껴안으면 암컷은 많은 수의 알을 방출하며, 수컷은 그 위에 정자를 뿌린다.

그림 47.5 | 개구리의 유생이 자라는 여러 가지 방식.
(a) 독침개구리의 수컷은 등에다 올챙이를 붙이고 다닌다. (b) 수리남개구리의 암컷은 등에 특수한 육아낭을 가지는데, 그 속에서 알이 발생하여 새끼 개구리가 나온다. (c) 남아메리카의 피그미유대개구리의 암컷은 등에 있는 주머니에 올챙이를 넣고 다닌다. (d) 다윈개구리의 올챙이는 수컷의 울음주머니 안에서 자라 새끼 개구리로 된 다음 입을 통해 나온다.

이를 얻는다. 유생은 신속히 크기가 커지는데, 일부 올챙이는 수주일 동안에 연필끝 정도의 크기에서 금붕어만 한 크기로 자라기도 한다. 유생이 충분한 크기에 도달하면 변태하여 육상생활하는 성체로 된다.

파충류와 조류

대부분의 파충류와 모든 조류는 난생이다. 알이 체내에서 수정된 뒤 산란되어 어미 몸 밖에서 발생을 마친다. 파충류 수컷은 음경을 암컷의 생식관에 삽입하여 정자를 주입한다(그림 47.6). 대부분의 난생 파충류는 알을 낳은 후 돌보지 않는다. 이 알은 가죽같이 질긴 난각으로 둘러싸여 있는데, 이 난각은 알이 수란관을 지나오면서 만들어진 것이다. 난태생인 파충류는 어미의 몸 속에서 알이 배로 발생한다. 일부 파충류는 태생이다.

대부분의 조류 수컷은 음경을 가지지 않지만 모든 조류는 체내수정을 한다. 그러나 고니, 타조 등을 포함한 대부분의 조류에서 수컷의 총배설강은 확장되어 음경의 기능을 한다. 알이 수란관을 통과하면서 샘에서 알부민 단백질과 단단한 칼슘실의 난각이 분비되는데, 이는 파충류와 다른 점이다. 오늘날의 파충류는

그림 47.6 | 수컷이 암컷에게 정자를 전달하기.
교미는 육상생활에 적응된 생식 형태로서, 거북이 같은 파충류는 이 같은 형태의 생식을 하는 최초의 육상 척추동물이다.

그림 47.7 | 알을 품는 벼슬펭귄.
암수가 알품기를 교대하면서 의식행동을 하고 있다.

변온동물(poikilotherms)이지만 조류는 항온동물(homeotherms)이다. 따라서 대부분의 조류는 알을 낳은 뒤 품어서 따뜻하게 한다(그림 47.7). 알에서 부화한 어린 개체는 발생이 아직 완전하지 않으므로 내버려두면 살 수 없고, 어미가 먹이를 주고 보육해야 한다.

파충류나 조류의 난각을 가진 알은 이 동물들이 육상생활에 적응할 수 있게 만든 가장 중요한 특징이다. 이러한 알들은 양막이라는 막으로 둘러싸인 액체로 채워진 공간 안에서 배가 발생하므로 양막란(amniotic egg)이라고 한다. 양막은 배 외막, 즉 배세포로부터 형성되나 배 바깥에 위치하는 막이다. 양막란의 다른 배 외막으로는 난각 안쪽을 싸는 장막(chorion), 난황낭, 그리고 요막(allantois)이 있다. 이 배 외막들은 난각과 함께 알이 건조에 견딜 수 있게 해 준다. 어류나 양서류의 알은 한 가지 배 외막, 즉 난황낭만을 가지고 있으므로 물 속에 알을 낳을 필요가 있다.

포유동물

일부 포유류는 일 년에 한 번만 계절적 생식을 하고, 어떤 종류는 빈번히 생식을 한다. 후자의 경우 암컷은 일반적으로 생식주기를 돌고, 수컷은 지속적인 생식행동을 한다. 암컷은 생식주기 동안 배란 과정을 통하여 난소에서 성숙한 난자를 주기적으로 방출한다. 대부분의 포유동물 암컷은 배란 시기에만 수컷의 접근을 허용하는데, 이 성적 수용 시기를 발정(estrus)이라고 하고, 따라서 생식주기를 발정주기(estrous cycle)라고 한다. 암컷은 임신이 될 때까지 주기를 반복한다.

포유동물의 발정주기에서 뇌하수체 전엽에 의한 여포자극호르몬(FSH)과 황체형성호로몬(LH)의 분비에 변화가 일어나고, 이는 난세포 발육과 난소에서의 호르몬 분비의 변화를 일으킨다. 사람과 유인원은 다른 포유동물의 발정주기와 유사한 월경주기를 가진다. 그러나 발정주기를 가지는 다른 포유동물과는 달리 여자와 유인원의 암컷은 내벽이 탈락될 때 월경이라는 출혈을 하고, 생식주기 동안 어느 때고 교미를 할 수 있다.

토끼와 고양이는 다른 포유동물과는 달리 배란이 유도된다. 주기적 양상으로 배란하는 대신 암컷은 반사적인 LH 분비 자극으로 교미 후에만 배란한다. 이 때문에 이 동물들은 매우 높은 번식력을 보인다.

가장 원시적인 포유류인 단공류(monotremes)는 난생이다. 단공류는 둥지나 특수한 주머니 속에서 알을 부화시킨다(그림 47.8a). 부화한 새끼는 어미의 피부에 있는 젖샘에서 젖꼭지가 없으므로 어미 피부를 핥아 젖을 얻는다. 기타의 포유류는 태생으로서 새끼를 양육하는 방식에 따라 두 가지로 구분된다. 유대류는 발생이 끝나지 않은 태아의 상태로 태어난다. 태아는 어미의 유대 속으로 들어가 발생을 마치는데, 그 속에서 젖샘의 젖꼭지로 양분을 얻는다(그림 47.8b). 태반포유류(그림 47.8c)는 어미의 자궁 속에서 오랫동안 발생을 계속하면서 태반을 통해 양분을 받는다. 태반은 배 외막(장막)과 모체의 자궁 내벽에서 기원한 것이다. 태아와 모체의 혈관이 태반에 매우 근접해 있기 때문에 태아는 양분을 모체의 혈액으로부터 확산을 통해 얻는다.

(a)

(b)

(c)

그림 47.8 | 포유류의 생식.
(a) 오리너구리와 같은 단공류는 둥지에 알을 낳는다. (b) 캥거루와 같은 유대류는 작은 태아를 낳는데, 이 태아는 주머니 속에서 발생을 마친다. (c) 태반포유류는 새끼가 오랫동안 어미 자궁 속에서 자란 다음 태어난다.

47.3 남성과 여성의 생식기관

남성 생식기관의 구조와 기능

사람의 남성 생식기계의 구조는 전형적인 포유동물 수컷의 생식기계를 나타낸다(그림 47.9). 사람의 배에서 정소가 생기면 임신 43~50일경에 세정관이 발육을 시작한다. 세정관(seminiferous tubules)은 정자가 만들어지는 장소이다. 약 9~10주에 세정관 사이의 간조직에 있는 레이딕세포는 테스토스테론을 분비하기 시작한다. 배 발생 시기의 테스토스테론 분비는 미분화 조직들을 남성 외부 생식기인 음경(penis)과 음낭(scrotum)으로 발육시킨다. 테스토스테론이 없으면 이 구조들은 여성 외부 생식기로 발육한다.

그림 47.9 | 남성 생식기계.
음경과 음낭은 외부 생식기이고 정소는 생식소이다. 다른 기관은 보조생식기이며 정액의 생산과 사정을 돕는다.

성인에서 정소는 주로 고노로 감긴 세정관으로 구성되어 있다(그림 47.10). 정소는 원래 복강 안에서 만들어지지만 출생 직전에 복부 밖으로 나와 음낭으로 들어간다. 음낭은 정소를 체온보다 약간 낮은 약 34℃로 유지시켜 준다. 이러한 낮은 온도는 사람의 정상적 정자 발생에 필요하다.

정자 생산

세정관의 벽은 감수분열에 의해 정자가 되는 생식세포(정원세포: spermatogonia)와 지지세포인 세르톨리세포(Sertoli cell)로 구성되어 있다. 세정관의 바깥쪽 표면 부근에 있는 생식세포는 2배체인 반면, 세정관의 내강 쪽에 있는 발생 중인 배우자세포는 반수체이다. 1개의 정원세포는 유사분열로 2개의 딸세포가 되고 그 중 하나는 감수분열로 정자를 만들고, 다른 하나는 정원세포로 남는다. 이런 식으로 정원세포는 절대 소진되지 않는다. 성인남자는 매일 1억~2억 개의 정자를 생산하는데, 거의 일생 동안 생산을 계속할 수 있다.

감수분열을 시작하는 2배체 딸세포를 제1정모세포(primary spermatocyte)라고 한다. 사람에서 이 세포는 23쌍의 상동염색체를 가지며, 각 염색체는 복제되어 2개의 염색분체를 가진다. 첫 감수분열로 상동염색체 쌍이 분리되어 2개의 반수체인 제2정모세포(secondary spermatocytes)를 만든다, 그러나 이때 여전히 각 염색체는 2개의 복제된 염색분체로 이루어져 있다. 이 세포들 각각은 두 번째 감수분열로 염색분체들이 분리되면서 2개의 반수체인 정세포(sper-matid)를 만든다. 그러므로 각각의 제1정모세포로부터 4개의 반수체 정세포가 생긴다(그림 47.10). 이 세포들은 세정관의 생식상피를 이룬다.

생식상피 외에, 세정관 벽에는 세르톨리세포라는 비생식세포가 있다. 세르톨리세포는 발생 중인 정자에 양분을 공급하고 정자 형성에 필요한 물질을 분비한다. 이 세포는 또 정세포의 여분의 세포질을 삼켜서 정세포가 정자(spermatozoa)로 전환되는 것을 돕는다.

정자는 비교적 간단한 세포로서 두부, 몸통, 꼬리로 구성되어 있다(그림 47.11). 두부는 핵을 둘러싸고 앞쪽에 첨체(acrosome)라는 소포를 가진다. 첨체는 골지 복합체로부터 생긴다. 첨체에는 난자를 둘러싸고 있는 보호층을 뚫는 효소가 들어 있다. 몸통과 꼬리는 정자를 전진시키는 역할을 한다. 꼬리 안에는 편모가 있으며, 몸통 안에는 편모의 기저체 역할을 하는 중심립과 편모 활동에 필요한 에너지를 생산하는 미토콘드리아가 있다.

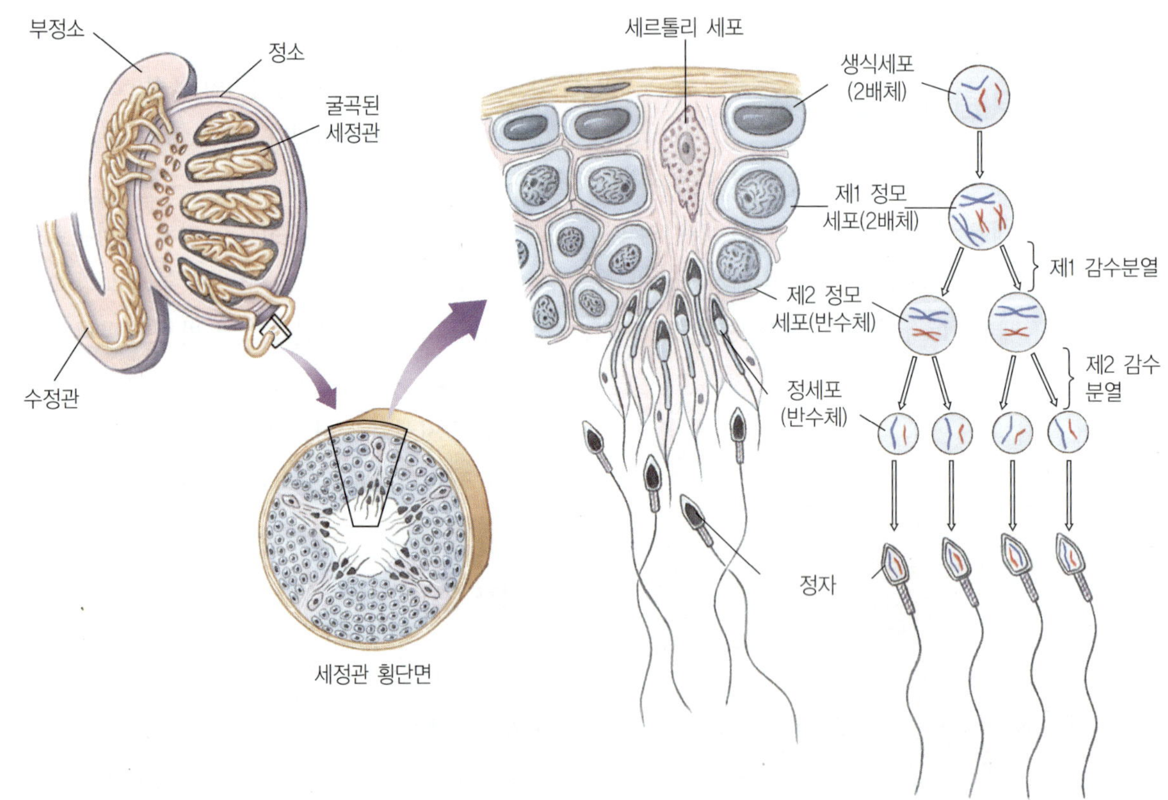

그림 47.10 | 정소와 정자 형성.
왼쪽 : 정소 안의 세정관은 정자형성의 장소이다. 세정관 안의 생식세포는 감수분열을 통하여 정자가 된다. 오른쪽 : 세르톨리세포는 세정관벽 안의 비생식세포이다. 이 세포는 정세포가 정자로 되는 것을 돕는 등, 여러 가지 방식으로 정자 형성을 돕는다. 제1정모세포는 2배체이다. 제1감수분열의 결과 상동염색체가 분리되고 반수체인 2개의 제2 정모세포가 생긴다. 제2감수분열로 자매염색분체가 분리되고 반수체인 4개의 반수체 정세포가 생긴다.

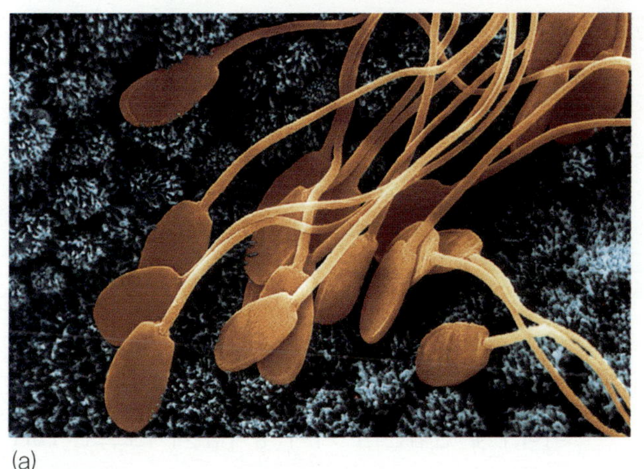

(a)

중심립 몸통

첨체

미토콘드리아

핵

두부

편모

꼬리

(b)

그림 47.11 | 사람의 정자.
(a) 주사전자현미경 사진. (b) 정자세포의 모식도.

남성 보조 생식기관

정자는 세정관 안에서 만들어진 후 길고 꼬인 부정소(epididymis)로 간다(그림 47.12). 정자는 부정소에 도착해서는 이동력이 없고, 그곳에서 적어도 18시간이 지나야 이동력이 생긴다. 정자는 부정소로부터 다른 긴 관인 수정관(vas deferens)으로 들어가는데, 수정관은 복강으로 들어간다.

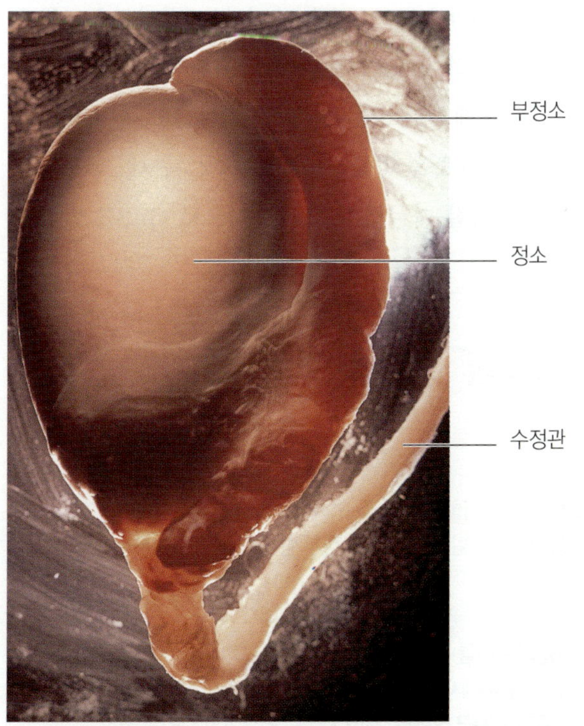

그림 47.12 | 사람의 정소 사진.
정소 안에서 정자가 만들어진다. 정소를 받치고 있는 매우 꼬여 있는 통로는 부정소로 정자가 이곳에서 성숙을 마친다. 성숙한 정자는 부정소에서 뻗어나간 긴 관인 수정관에 모인다.

양쪽 정소에서 뻗어 나온 수정관은 정낭(seminal vesicle)이라는 한 쌍의 샘에서 나오는 관과 합류한다. 정낭은 정액의 약 60%를 차지하는 과당이 풍부한 액체를 만든다. 이 부위부터 수정관은 사정관(ejaculatory duct)을 이루어 방광 기부에 있는 전립선(prostate gland)으로 들어간다. 사람에서 전립선은 대략 골프공 크기만 하고 해면체로 되어 있으며 전립선에서 정액의 30% 가량을 생산한다. 따라서 정액은 정소와 정낭 그리고 전립선에서 만들어진 것들로 이루어져 있다. 전립선 안에서 사정관은 방광에서 나오는 요도와 합류한다. 요도는 음경을 통해 정액을 몸 밖으로 운반한다. 완두콩 크기의 한 쌍의 쿠퍼샘에서 분비된 액은 요도내벽을 둘러싸고 교미전 음경 끝의 윤활유 역할을 한다.

음경에는 요도 외에 배부쪽에 두 줄의 발기조직인 해면체(corpora cavernosa)와 복부쪽에 한 줄의 요도해면체(corpus spongiosum)가 있다(그림 47.13). 음경의 발기는 자율신경계의 부교감신경의 뉴런에 의해 이루어진다. 이 뉴런에서 방출되는 일산화질소로 음경의 소동맥이 확장하여 발기조직이 혈액 충만으로

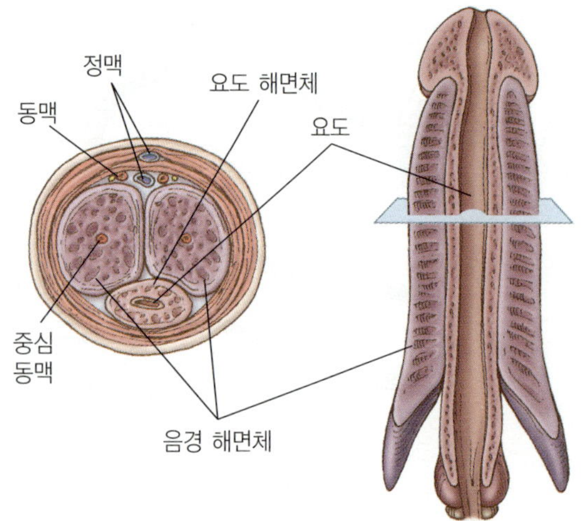

그림 47.13 | 음경의 횡단면(좌)와 종단면(우). 요도는 요도 해면체로 둘러싸여 있다.

부풀어오른다. 발기조직의 증가된 압력은 정맥을 압축하여 피가 음경으로 모이게 되고 나갈수 없게 된다. 약품 실데나필(비아그라)은 음경의 일산화질소의 활동을 촉진하여 발기를 지속시킨다. 해마와 같은 일부 포유동물은 음경 안에 뼈가 들어 있다.

발기와 계속된 성적 자극으로 사정(ejaculation)이 일어나게 된다. 사정으로 음경에서 배출되는 정액은 약 2~5ml로서, 이 속에 평균 3억 개의 정자가 들어 있다. 하나의 정자가 먼 거리를 여행하여 난자에 도달할 가능성은 매우 낮고, 여러 정자의 첨체가 난자와 작용해야 그 중 하나가 난자를 뚫고 들어갈 수 있기 때문에 수정이 성공하려면 이와 같이 많은 정자가 한꺼번에 배출되어야 한다. 정액 1ml당 2,000만 개 이하의 정자를 생산하는 남자는 일반적으로 불임인 사람으로 취급한다. 정자는 정액의 약 1%를 차지한다.

남성 생식의 호르몬 조절

뇌하수체 전엽은 두 가지 생식샘 자극호르몬 FSH와 LH를 분비한다. 이 호르몬들은 여성 생식에서의 그들 기능을 토대로 명칭이 붙여졌지만 남성 생식기능의 조절에도 관여한다(표 47.1). 남성에서 FSH는 세르톨리세포를 자극하여 정자 발육을 촉진하게 하고, LH는 레이딕세포를 자극하여 테스토스테론을 분비하게 한다.

FSH와 LH분비는 음성 피드백 억제원리에 의해 조절된다(그림 47.14). 시상하부의 호르몬인 생식샘자극호르몬 방출호르몬(GnRH)은 뇌하수체 전엽을 자극하여 FSH와 LH를 분비하게 한다. FSH는 세르톨리세포가 억제호르몬(inhibin)이라는 펩티드호르몬을 방출하게 하여 FSH 분비가 억제된다. 이와 유사하게, LH는 테스토스테론 분비를 자극하고, 테스토스테론은 LH 방출을 억제하도록 피드백하는데, 뇌하수체 전엽을 직접 자극하거나 간접적으로 GnRH 방출을

표 47.1 포유동물의 생식 호르몬

남성	
여포자극호르몬(FSH)	정자 형성을 자극
황체형성호르몬(LH)	레이딕세포가 테스토스테론을 분비하도록 자극
테스토스테론	남성의 2차 성징, 보조 생식기관의 발현과 유지 및 정자 형성을 자극
여성	
여포자극호르몬(FSH)	여포 성숙과 에스트라디올의 분비를 자극
황체형성호르몬(LH)	배란, 여포의 황체로의 전환, 황체에서의 에스트라디올과 프로게스테론 분비를 자극
에스트라디올	여성 2차 성징의 발현과 유지를 자극, 임신을 위한 자궁의 월주기적 준비를 촉진
프로게스테론	자궁의 임신 준비를 완료시키고, 여성 2차 성징의 유지를 도움
옥시토신	자궁 수축과 모유 분출 반사를 자극
프로락틴	모유 생산을 자극

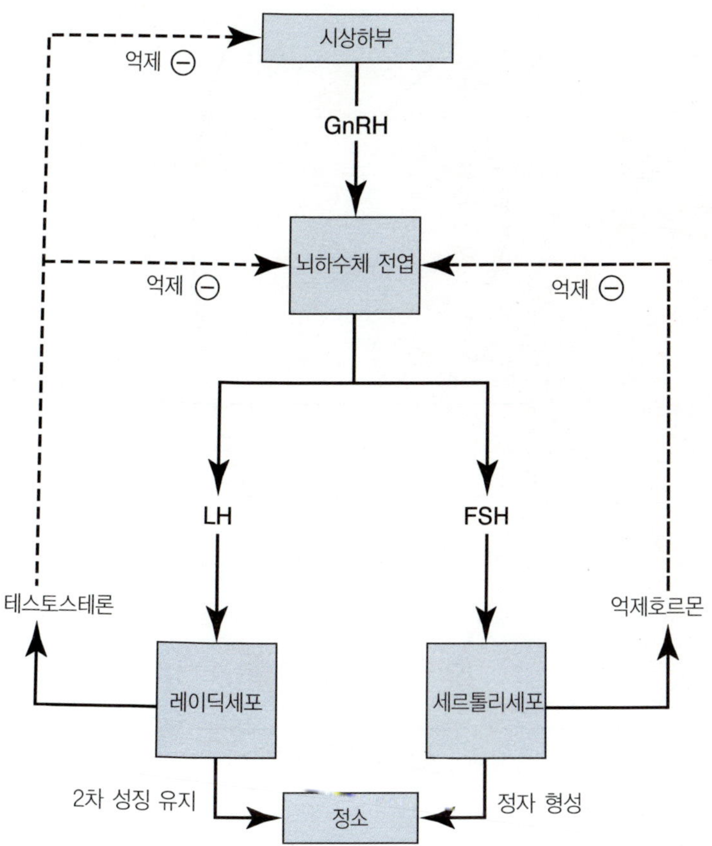

그림 47.14 | 정소와 뇌하수체 전엽 사이의 호르몬 작용.
LH는 레이딕세포를 자극하여 테스토스테론을 분비하게 하고, FSH는 세정관의 세르톨리세포를 자극하여 억제호르몬을 분비하게 한다. 테스토스테론과 억제호르몬은 각각 다시 LH와 FSH의 분비에 대한 음성 피드백 억제를 한다.

감소시켜서 이루어진다. 음성 피드백 억제의 중요성은 정소를 제거하면 들어나는데, 테스토스테론과 억제호르몬이 없으면 뇌하수체 전엽에서의 FSH와 LH의 분비는 크게 증가한다.

여성 생식기계의 구조와 기능

정소와는 달리 난소(그림 47.15)는 매우 느리게 발육한다. 테스토스테론이 분비되지 않는 여성의 배는 남성의 음경과 음낭을 만든 배의 똑같은 구조로부터 음핵(clitoris)과 대음순(labia majora)을 만든다. 그러므로 음핵과 음경, 그리고 대음순과 음낭은 상동 구조(homologous structures)이다. 음핵에는 음경처럼 해면체가 들어 있어서 발기될 수 있다. 난소는 현미경적 구조인 여포가 들어 있는데, 각각의 여포(ovarian follicles)는 1개의 난세포와 작은 과립막세포들로 이루어져 있다. 여포는 난소의 기능적 단위이다.

사춘기에 과립막세포들은 주요 여성성호르몬인 에스트라디올(에스트로겐이라고도 함)을 분비한다. 에스트라디올은 월경주기를 개시하게 하며, 여성 2차 성징(female secondary sexual characteristics)의 형성을 자극한다. 에스트라디올과 프로게스테론은 나팔관, 자궁, 질 등의 여성의 보조 생식기관을 유지하도록 돕는다.

여성의 보조 생식기관

나팔관(수란관)은 난자를 난소로부터 자궁으로 운반한다. 사람에서 자궁은 근육성인 배 모양의 기관이며, 자궁경부는 질과 연결된다(그림 47.16a). 자궁내막은 단순 원주상피의 막이다. 자궁내막의 표면은 월경 때에 벗겨져 나가고, 그 안쪽 부위가 새로운 표면을 만든다.

영장류 외의 포유동물은 더 복잡한 여성 생식관을 가지는데, 자궁 부분이 나뉘어져 자궁뿔을 형성한다(그림 47.16b, c). 개, 고양이, 소 등은 하나의 자궁경부

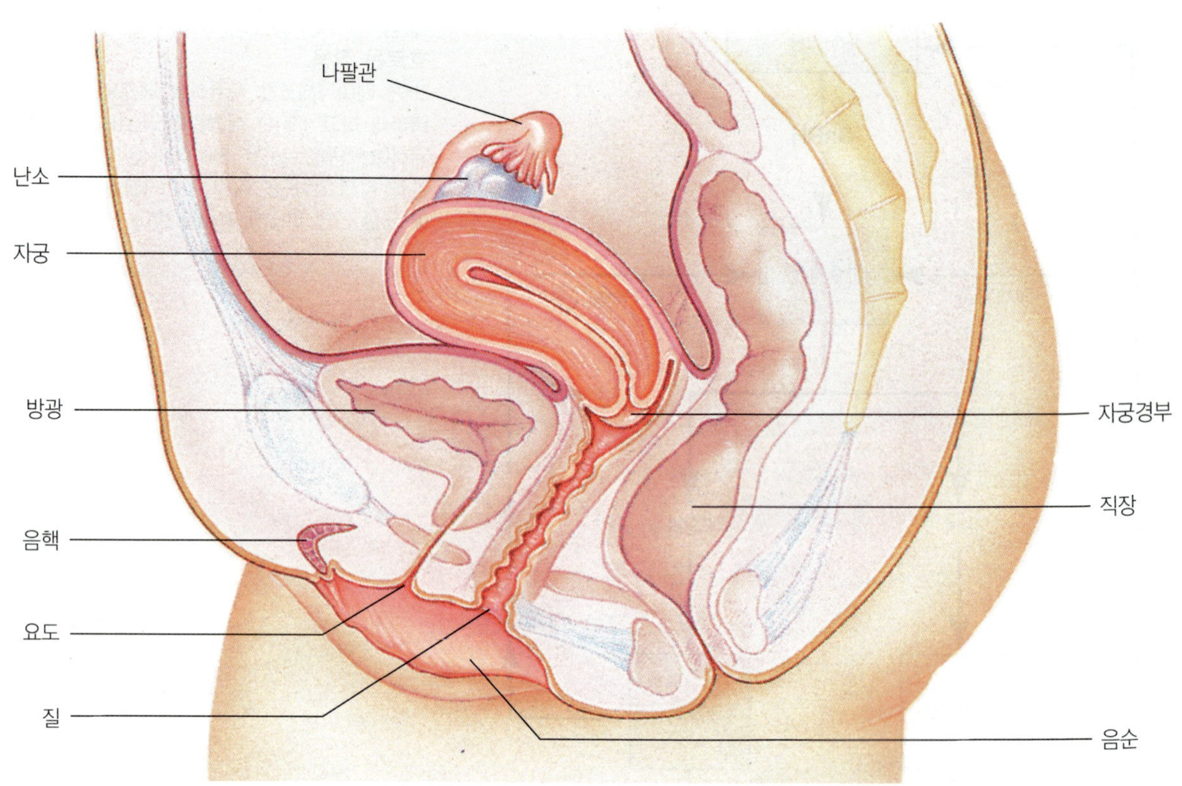

그림 47.15 | 여성 생식기계의 구성.
생식소인 난소에서 배란된 난자는 나팔관으로 들어간다. 난자가 수정이 되면 자궁 속에서 배의 발육이 이루어진다.

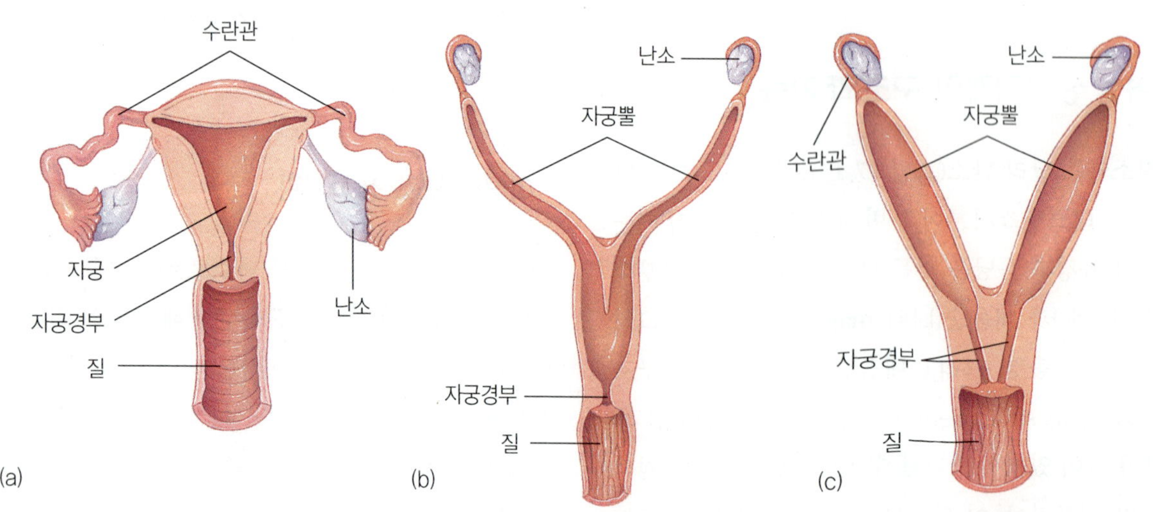

그림 47.16 | 포유류의 자궁 비교.
(a) 사람과 다른 영장류. (b) 고양이, 개 및 소. (c) 쥐와 토끼.

를 가지지만 격벽으로 구분된 2개의 자궁뿔을 가진다. 유대류의 암컷은 완전히 분리된 2개의 자궁뿔과 2개의 자궁경부, 2개의 질을 가지며 수컷은 2개의 질에 동시에 삽입 할 수 있는 둘로 갈라진 음경을 가진다.

월경 주기와 발정 주기

출생시 여성의 난소는 약 1백만 개의 여포를 가지며, 각 여포는 감수분열을 시작하여 제1감수분열 전기에서 발생을 멈추고 있는 1개의 난자를 가진다. 이 시기의 난자를 제1난모세포(primary oocytes)라고 한다. 이 제1 난모세포를 가지는 여포 중 일부는 각 배란주기에 발생이 자극된다. 사람의 월경주기는 약 1개월 지속되고(평균 28일), 난소의 활동을 기준으로 여포기와 황체기로 구분된다. 이 두 기는 배란을 경계로 구분된다(그림 47.20).

여포기

각 여포기에 여러 여포가 FSH의 자극으로 성숙하지만, 이 중 1개만 완전히 성숙하여 그라프 여포(Graafian follicle: 삼차 여포)가 되어 배란을 하게 된다. 이 여포는 난소 표면에 얇은 막으로된 수포를 형성한다. 여포기에 그라프 여포 안의 제1난모세포는 제1 감수분열을 끝마친다. 그러나 크기가 같은 2개의 딸세포를 만드는 대신 하나의 큰 딸세포인 제2난모세포(secondary oocyte)(그림 47.17)와 하나의 작은 딸세포인 극체(polar body)를 만든다. 제2난모세포는 제1난모세포의 거의 모든 세포질을 물려받아(불균등 세포질 분열) 난모세포가 수정이 되었을 때 초기배로 발달할 가능성을 증가시킨다. 극체는 퇴화하여 없어진다. 그런 다음 제2난모세포는 제2감수분열을 시작하지만 그 진행은 중기 II에서 정지한다. 이 상태로 배란시 난소에서 방출되며 나팔관에서 수정이 되어야 제2감수분열을 완료한다.

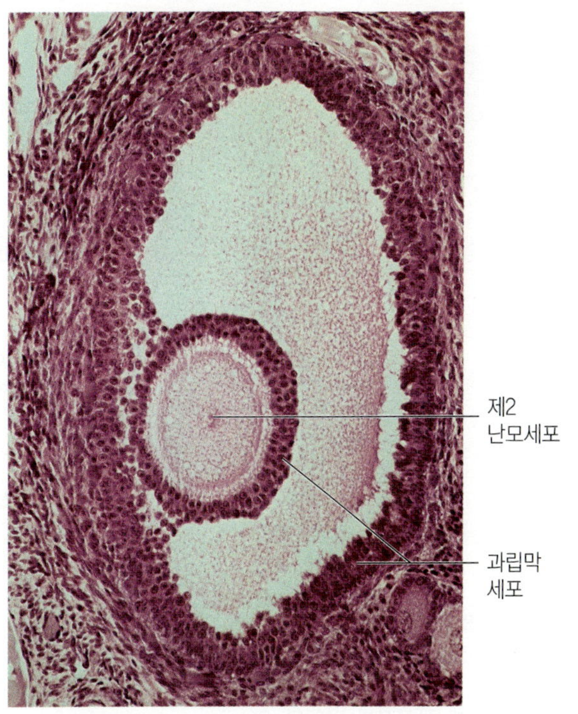

그림 47.17 | 고양이 난소의 성숙한 그라프 여포(Graafian follicle)(50×).
제2 난모세포를 둘러싸고 있는 과립막세포 고리가 보인다. 이 고리는 배란될 때 난세포 주위에 계속 남으며 정자는 난자의 세포막에 도달하기 위해서는 이 고리를 뚫고 들어가야 한다.

배란

여포기 동안의 혈액 내 에스트라디올 농도의 증가는 주기중기에 뇌하수체 전엽이 LH를 분비하도록 자극한다. 갑작스런 LH 분비는 배란을 일으키는데, 이 때 성숙한 그라프 여포가 터져서 그 속의 제2 난모세포가 방출된다. 방출된 난모세포는 나팔관의 개구부인 난관채(fimbriae) 부근의 복강으로 들어간다. 나팔관 내면의 섬모상피세포는 난모세포를 끌어당기고 자궁 쪽으로 밀어낸다. 난모세포는 수정되지 않으면 배란 후 1일 이내에 퇴화한다. 만약 수정되면 난모세포는 제2감수분열을 마치고 성숙한 난자와 제2극체를 만든다(그림 47.18). 난핵과 정핵의 융합으로 2배체 접합자가 만들어진다. 수정은 정상적으로는 나팔관의 위쪽 1/3 부위에서 일어나며, 사람에서 접합자는 자궁까지 도달하는 데 약 3일 걸리고, 그런 뒤 자궁내막에 착상하는 데 2~3일이 걸린다(그림 47.19).

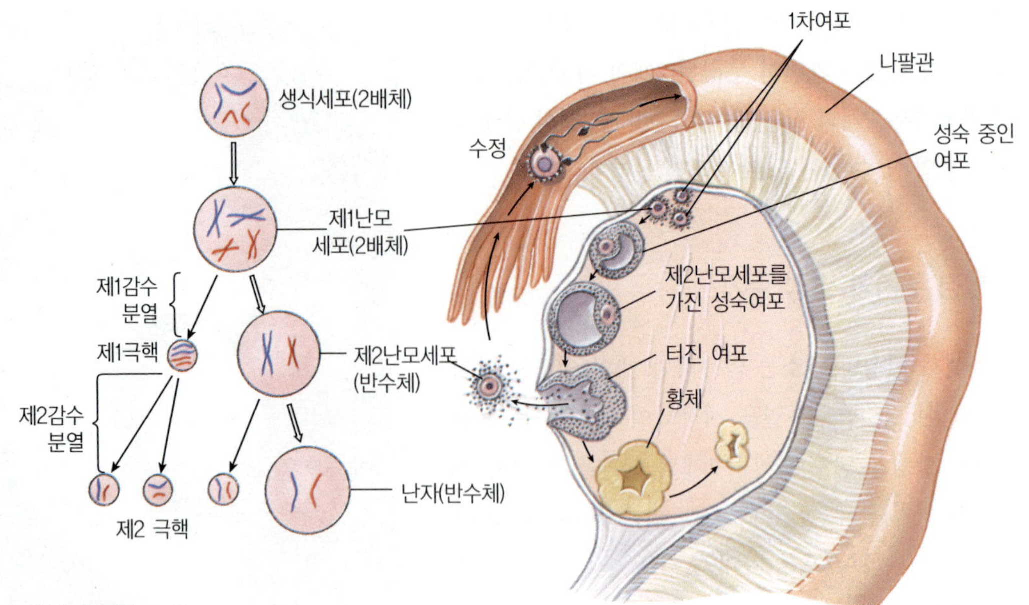

그림 47.18 | **난자 형성과 감수분열.**
제1 난모세포는 2배체이다. 제1 감수분열이 끝날 때 생기는 극체는 퇴화되고 제2 난모세포는 배란시 방출된다. 제2 난모세포는 수정되면 제2 감수분열을 마치고 하나의 제2 극체와 하나의 반수체 난자를 만든다. 반수체 난자와 반수체 정자는 융합하여 2배체 접합자를 만든다.

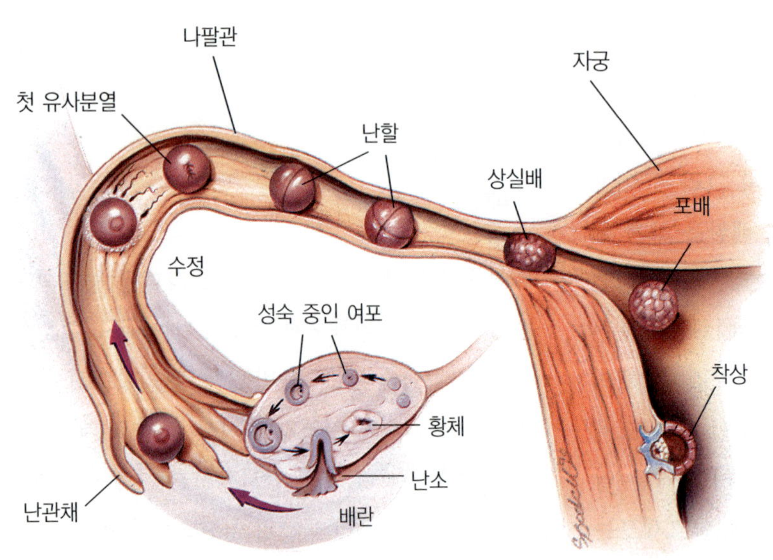

그림 47.19 | **난자의 여행.**
여포 안에서 생산되고 배란으로 방출된 난자는 나팔관으로 들어가 이 관 벽의 섬모 움직임으로 이동한다. 질에서 위쪽으로 헤엄쳐 오는 정자는 나팔관 안에서 난자를 수정시킨다. 그 결과 생기는 접합자는 나팔관에서 이동하는 동안 여러 번 유사분열을 하여 자궁에 도달할 때는 포배로 발생한 상태이다. 포배는 자궁벽 안에 착상한 다음 발생을 계속한다.

황체기

배란 후, LH의 자극은 그라프 여포가 황체(corpus luteum)로 되게 한다. 이 때문에 월경주기의 후반부를 황체기(luteal phase)라고 한다. 황체는 에스트라디올과 프로게스테론을 분비한다. 황체기에 이 두 호르몬의 높은 혈중 농도는 뇌하수체 전엽에서의 FSH와 LH 분비를 음성 피드백으로 억제한다. 황체기 동안의 이 억제는 주기중기에 에스트라디올이 LH 분비를 자극하여 배란을 일으키는 것과는 반대가 된다. 배란 후 FSH와 LH 분비에 대한 에스트라디올과 프로게스테론의 억제 효과는 자연적 피임기작으로 작용하여, 추가적인 여포의 발육과 배란을 막는다.

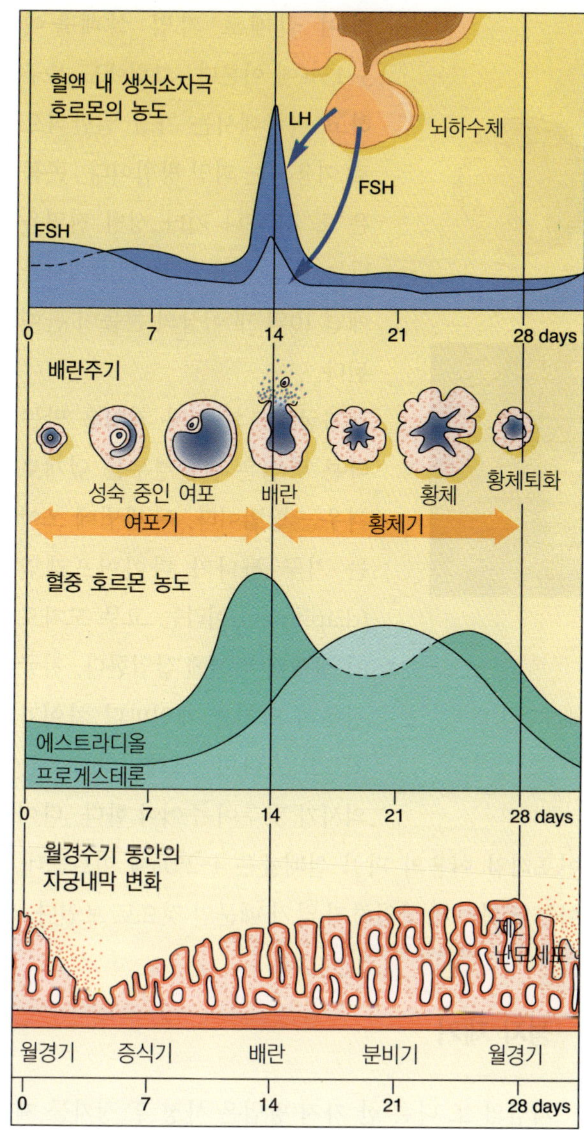

그림 47.20 | 사람의 월경주기.
증식기 동안에 자궁내막의 성숙과 비후화는 에스트라디올에 의해 자극된다. 에스트라디올과 프로게스테론은 분비기에 자궁내막을 유지시키고 조절한다. 이 두 호르몬의 감소는 월경을 촉발하여 두껍게 형성되었던 자궁내막 조직의 탈락을 일으킨다.

배란주기의 여포기 동안에 과립막세포들은 에스트라디올을 점점 더 많이 분비하여 자궁내막의 발육을 자극하므로 이 시기를 자궁내막의 증식기(proliferative phase)라고 한다(그림 47.20). 황체기 동안에 에스트라디올과 프로게스테론의 합동작용으로 자궁내막의 혈관과 선조직이 더 발달하고, 글리코겐이 많이 축적된다. 자궁내막의 선조직 발달과 기능 때문에 이 시기를 분비기(secretory phase)라고 한다.

수정이 일어나지 않으면 LH와 FSH가 감소하기 때문에 황체는 퇴화한다. 이는 황체의 지속에 필요한 LH의 분비가 에스트라디올과 프로게스테론의 분비로 억제되기 때문이다. 여러 포유동물에서 황체의 퇴화는 프로스타글란딘일 것으로 추정되는 일종의 측분비 조절물질인 황체용해소(luteolysin)의 도움을 받는다. 황체의 소멸은 황체기 말에 에스트라디올과 프로게스테론의 혈중 농도가 갑작스럽게 하락하는 결과를 낳는다. 그 결과 자궁내막이 떨어져 나감과 함께 출혈을 동반한다. 이 과정을 월경(menstruation)이라고 하며, 월경이 일어나는 이 시기를 월경기(menstrual phase)라고 한다.

그러나 만약 배란된 난모세포가 수정되면 작은 배에 의하여 황체의 퇴화와 월경이 차단된다. 이 차단은 배의 장막에서 생산되는 LH와 유사한 호르몬인 인간 장막생식소자극호르몬(hCG : human chorionic gonadotropin)에 의해 일어난다. hCG는 황체를 유지시켜서 에스트라디올과 프로게스테론 농도를 높게 유지하고 따라서 월경을 막는다. hCG는 모체에서 나오는 것이 아니라, 배의 장막에서 나오므로 모든 임신 진단에 이용되는 호르몬이다.

발정주기를 가지는 포유동물에서는 월경이 없다. 비록 이 동물에서 자궁내막 세포의 주기적인 탈락이 있지만, 이 과정에서 출혈이 일어나지는 않는다. 발정주기는 4개의 기로 구분되는데, 이는 발정전기(proestrus), 발정기(estrus), 발정후기(metestrus), 그리고 diestrus(발정간기)로서, 월경주기에 자궁내막에서 일어나는 증식기, 중기, 분비기, 월경기에 해당된다.

피임

대부분의 척추동물에서 교미는 오로지 생식과 관련되며, 암컷은 임신 가능한 시기에만 성적 수용성을 나타낸다. 그러나 사람과 일부 유인원에서는 생식주기 전반에 걸쳐 성적인 수용성을 가져서 성적 관계가 지속될 수 있고, 이는 성행위의 2차적인 기능인 짝 사이의 유대와 정서적인 관계를 강화시킨다.

모든 사람이 성행위를 할 때마다 임신을 원하지는

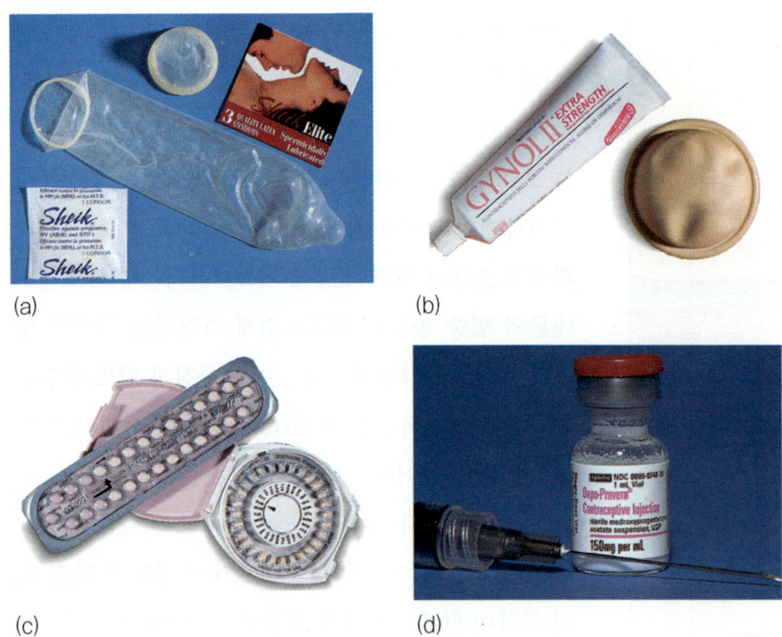

그림 47.21 | 네 가지 피임 방법.
(a) 콘돔. (b) 다이어프레임과 살정 젤리. (c) 경구 피임약. (d) 데포프로베라(주사 피임약).

않는다. 그러나 성행위는 정서적인 유대를 위해 중요하고도 필요한 부분일 수 있다. 여기에서 성적 접촉을 하면서 임신은 피해야 하는 딜레마가 생긴다. 이 문제 해결을 위한 접근이 피임(contraception) 또는 출산 조절이다. 피임 방법은 여러 가지가 있다(그림 47.21).

금욕

임신을 피하는데 가장 간단하고 가장 믿을 수 있는 방법은 성행위를 하지 않는 것이다. 이 방법은 가장 확실한 방법이지만 또 가장 어려운 방법이다.

정자 차단

정자가 자궁에 도달하지 못하면 수정은 일어나지 않는다. 정자 전달을 막는 한 가지 방법은 콘돔을 이용하는 것이다. 많은 남자들이 성적 쾌감을 방해한다는 이유로 콘돔 사용을 싫어한다. 원래 이 방법은 이용하기 쉽고 신뢰성이 크지만 부정확한 사용으로 인하여 실제로 피임 실패율이 3~15%에 이른다. 그럼에도 불구하고 미국에서는 가장 일반적으로 이용되는 피임 방법이다. 콘돔은 또 AIDS나 기타 성병 전염을 막는 데도 이용된다. 미국에서는 매년 10억 개 이상의 콘돔이 판매된다.

자궁으로의 정자 진입을 막는 다른 방법은 자궁경부를 덮개로 씌우는 방법이다. 이 방법에 쓰이는 기구 하나가 다이어프레임(diaphragm)이라는 고무 모자로서 성행위 직전에 삽입한다. 자궁경부의 크기는 개인마다 차이가 있으므로 다이어프레임의 크기는 의사가 맞추어 주어야 한다. 다이어프레임 이용의 피임 실패율은 4~25%에 이르는데, 이는 정확하게 삽입하지 않기 때문인 것으로 보인다.

정자 제거

피임의 또 다른 한 가지 방법은 사정 후 정자를 제거하는 것이다. 이는 성행위 직후 질을 씻는 주수법(douche)이다. 그러나 실제로는 이 방법을 위하여 신속하게 행동하기는 어렵고 실패율도 40%에 이른다. 이 방법 대신 사정된 정자를 살정제로 사멸시키는 방법도 있다. 살정제는 성행위 직전에 주입하며, 피임 실패율은 10~25%이다.

배란 억제

1960년대 이후 미국에서 널리 이용되는 방법은 여자가 피임약을 날마다 복용하는 일이다. 이 피임약에는 유사 프로게스테론이 들어 있거나 어떤 것은 에스트로겐도 함께 들어 있다. 에스트라디올과 프로게스테론은 배란주기의 황체기에 음성 피드백으로 FSH와

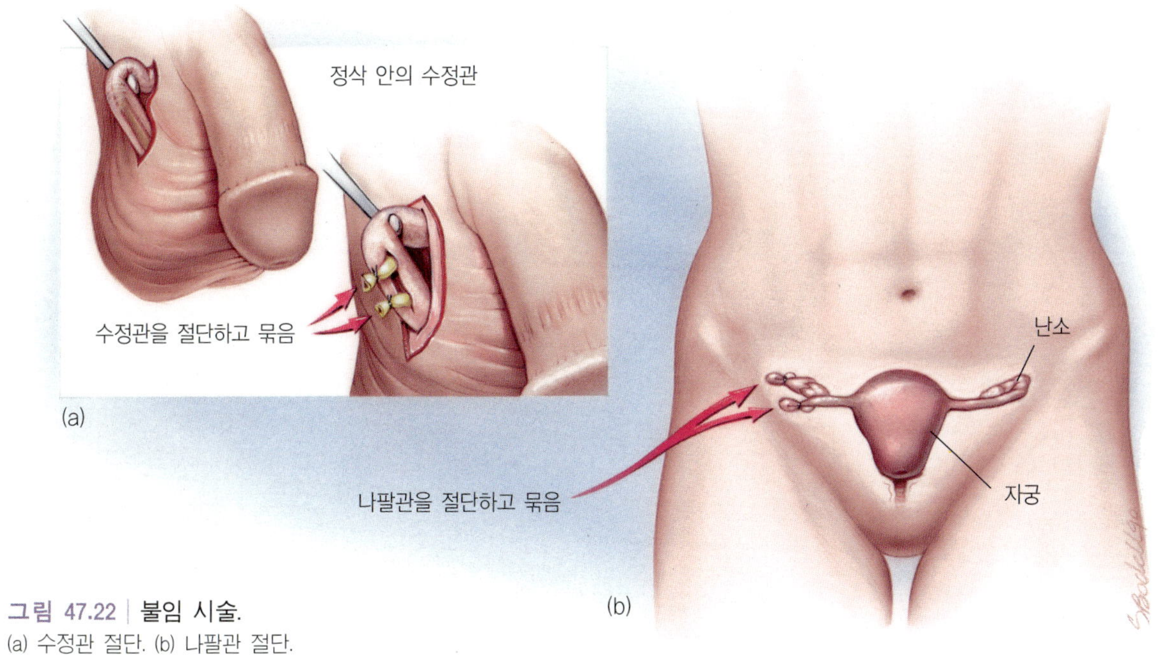

그림 47.22 | 불임 시술.
(a) 수정관 절단. (b) 나팔관 절단.

LH의 분비를 억제하여 여포 발육과 배란을 막으며, 자궁내막의 발육도 일으킨다. 피임약도 동일한 효과를 일으킨다. 여성은 보통 호르몬이 들어 있는 피임약을 3주 동안 복용하며, 4주째에는 호르몬이 들어 있지 않은 피임약을 먹이서 이 호르몬들의 혈중 농도가 떨어지게 하여 월경이 일어나게 한다. 경구 피임약은 매우 효과적인 피임 수단이며 실패율은 1~5%이다. 경구 피임약 대신에 호르몬이 들어 있는 캡슐을 피하에 이식하는 방법도 있는데, 이 방법의 피임 실패율은 1% 미만이다.

소수의 여성들이 피임약이나 캡슐 이식으로 혈액응고나 구토와 같은 부작용을 경험한다. 그러나 최근에 개발된 새로운 약품은 이런 부작용을 크게 줄이고 있다.

배의 착상 방지

자궁 안에 코일이나 다른 불규칙한 모양의 물체를 넣는 것도 피임의 효과적인 수단이 된다. 이 도구들은 자궁벽에 배의 착상을 막는다. 이 자궁 내 삽입 기구의 이용에 의한 피임 실패율은 1~5%에 불과하다. 기구의 한 번 삽입으로 장기간 피임을 할 수 있는 장점이 있으나, 이 방법을 이용하는 여성들 중 1/3 정도가 통증이나 출혈을 경험한다.

배의 착상을 막는 다른 한 가지 방법은 일반 피임약보다 50배 높은 에스트로겐 농도를 가진 고농도 피임약을 이용하는 것으로서, 이 피임약은 난사의 발육을 일시적으로 정지시키고, 수정을 막으며 수정란의 착상을 막는다. 실패율은 1~10%이지만, 많은 여성들이 부작용 때문에 이와 같은 높은 용량의 호르몬 복용을 꺼린다. 이 고농도 피임약은 비상시에만 이용하는 것이 권장되고 있다.

불임 시술

완벽한 피임 방법은 불임 시술로서, 생식소에서 나오는 배우자를 운반하는 생식관을 외과적으로 절단하는 방법이다(그림 47.22). 불임 시술은 여자 또는 남자가 할 수 있는데, 불임 시술의 결과 남자의 경우 정액으로 정자가 들어가는 것이 차단되며(수정관 절단), 여자의 경우 배란된 난모세포가 자궁에 도달하지 못하게 된다(나팔관 절단).

CHAPTER 48

척추동물의 발생

척추동물의 유성생식은 두 반수체 배우자가 하나의 2배체 세포인 접합자를 만드는 것이다. 접합자는 세포분열과 분화를 거쳐 여러 조직과 기관으로 이루어진 복잡한 다세포생물로 된다. 비록 발생 과정은 연속적인 사건이고, 자세한 내용은 동물마다 차이 나지만, 이 장에서는 척추동물의 발생을 단계로 나누어 설명하고 사람의 발생에서 나타나는 여러 가지 내용을 설명하고자 한다.

48.1 발생의 개시 : 수정

수정

척추동물의 발생 첫 단계는 웅성배우자와 자성배우자의 융합으로서, 이를 수정(fertilization)이라고 한다. 체내수정에서 정자는 생식관을 헤엄쳐 수란관에서 난자와 만나 수정한다. 수정은 침입, 활성화, 핵융합의 3단계로 일어난다.

침입

배란시 성숙된 그라프여포로부터 제2난모세포가 방출된다. 이 제2난모세포는 아직 과립막세포층으로 둘러싸인 상태이다(그림 48.1). 이 과립막세포와 난자의 원형질막 사이에는 투명대라는 당단백질층이 있다. 정자의 두부 앞 끝에는 첨체라는 세포소기관이 있는데, 그 속에는 당단백질을 소화하는 효소들이 들어 있다. 이 효소들은 정자가 과립막세포층과 투명대를 뚫고 들어갈 때 작용한다. 성게의 알은 정자가 접근할 때 세포질 돌기를 내어 정자의 두부를 삼킨다(그림 48.2).

활성화

정자 침입으로 시작되는 여러 가지 변화를 난자 활성화라고 한다. 개구리, 파충류, 조류에서는 난자에 1개 이상의 정자가 침입할 수 있지만 그 중에서 하나만 수정한다. 포유동물에서는 첫 정자의 침입은 난자의 막을 변화시켜서 다른 정자의 침입을 차단한다. 정자가 난모세포의 막과 접촉하면서 막 전위의 변화가 일어나 다른 정자가 난모세포의 막과 융합하는 것을 막

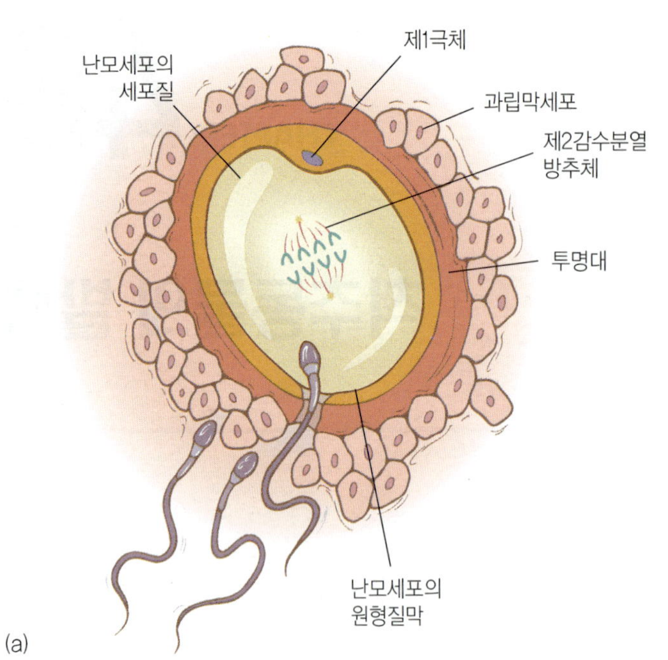

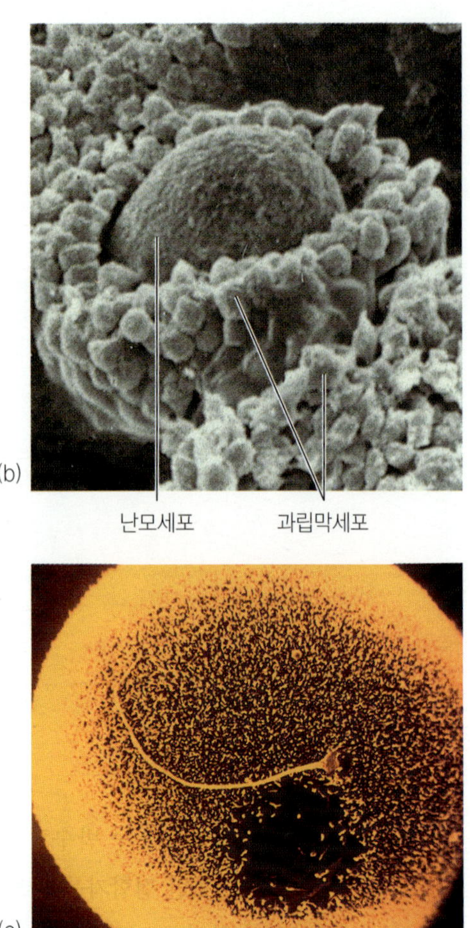

그림 48.1 | 포유동물의 생식세포.
(a) 정자가 과립막세포층과 당단백질층인 투명대를 뚫고 들어가 난모세포막에 도달하고 있다. 이 침입은 첨체에 있는 소화효소의 도움으로 이루어진다. (b) 수많은 과립막세포로 둘러싸여 있는 사람의 난모세포를 찍은 주사전자현미경 사진(90×). (c) 사람의 난자 위에 있는 정자(3000×).

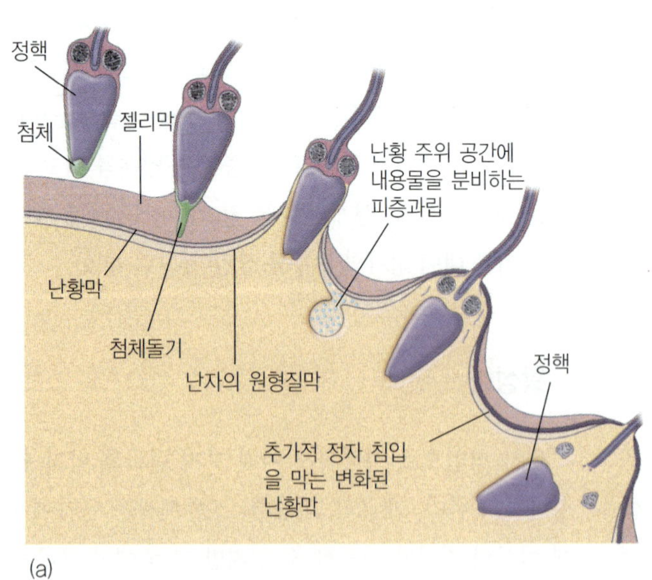

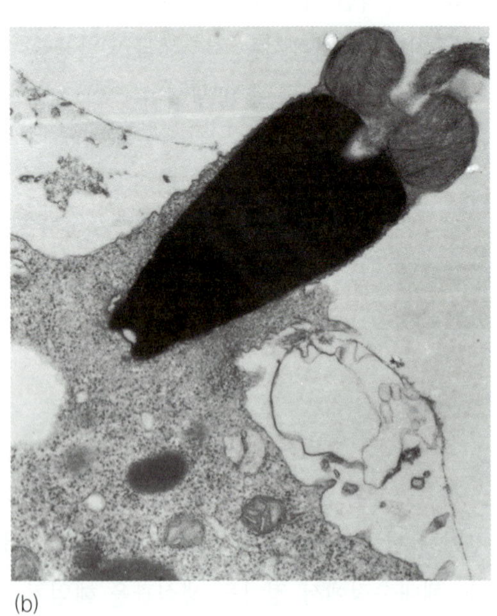

그림 48.2 | 성게 알을 침입하는 정자.
(a) 침입의 단계. 전체 과정이 약 20~30초 걸린다. (b) 침입 부위의 전자현미경 사진(50,000×).

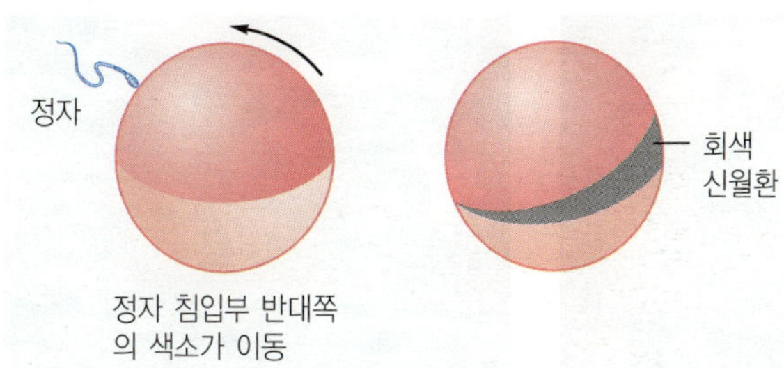

그림 48.3 | 개구리 알의 회색신월환 형성.
정자 침입부 반대쪽에 회색신월환이 형성된다.

는다. 이 변화와 아울러 정자 침입은 난자에 3가지의 다른 영향을 준다. 첫째, 포유동물에서는 정자 침입이 난핵의 염색체를 자극하여 제2감수분열을 마치고 2개의 난핵이 만들어지게 한다. 이 2개의 난핵 중 하나는 제2극체로서 난자로부터 제거되고 한 개의 반수체 핵만이 난자에 남게 된다.

둘째, 일부 동물에서 정자 침입은 침입 지점의 난자 세포질의 이동을 일으킨다. 이 세포질 이동으로 발생하는 동물은 좌우대칭을 확립하게 된다. 가령 개구리에서 정자 침입은 난사 세포질의 바깥쪽 색소대가 정자 침입 부위로 회전하여 침입 지점 반대쪽의 내부 세포질의 회색신월환이 드러나게 된다(그림 48.3). 회색신월환의 위치는 첫 난할의 방향을 결정한다. 정자 침입 지점과 회색신월환 사이를 긋는 선은 장래의 성체의 좌우 절반을 나누는 선이 된다.

셋째, 정자 침입에 의한 난자 활성화로 단백질 합성과 대사 활동의 뚜렷한 증가를 일으킨다. 실험에 의하면 활성화된 난모세포의 단백질 합성은 수정되기 이전의 난자의 세포질에 있던 mRNA에 의해 이루어진다.

일부 척추동물의 난자는 정자 침입 없이 난자의 세포막을 찔러서 활성화시킬 수 있다. 이와 같이 활성화된 난자는 단성생식적으로 발생을 계속한다. 일부 양서류, 어류, 파충류는 자연계에서 완전히 단성생식적 생식을 한다.

핵 융합

수정의 셋째 단계에서 진입하는 정자의 핵은 난핵과 융합하여 2배체 접합자 핵을 만든다. 이 융합은 난자의 활성화로 촉발된다. 만약 정자의 핵을 미세주입기로 난자를 활성화시키지 않고 난자에 주입하면 두 핵은 융합하지 않는다. 두 핵 사이에 교환되는 신호의 정체는 아직 알려지지 않았다.

48.2 난할과 포배 형성

난할 양상

수정 후 접합자는 신속히 분열하여 작고 많은 세포들을 만든다(표 48.1), 이 분열을 난할(cleavage)라고 하며 접합자 세포질의 부피 증가는 뒤따르지 않는다. 그 결과로 생기는 조밀하게 뭉쳐진 32개 세포 덩어리를 상실배(morula)라고 하며, 상실배의 각각의 세포를 할구(blastomere)라고 한다. 할구들은 계속 분열하면서 상실배 안쪽 공간에 액체를 분비한다. 결국 속이 빈 500~2,000개 세포의 포배(blastula)가 만들어진다. 포배의 안쪽, 액체로 재워진 공간을 포배강(blastocoel)이라고 한다. 난할의 양상은 난황의 위치와 존재에 영향을 받는다(그림 48.4).

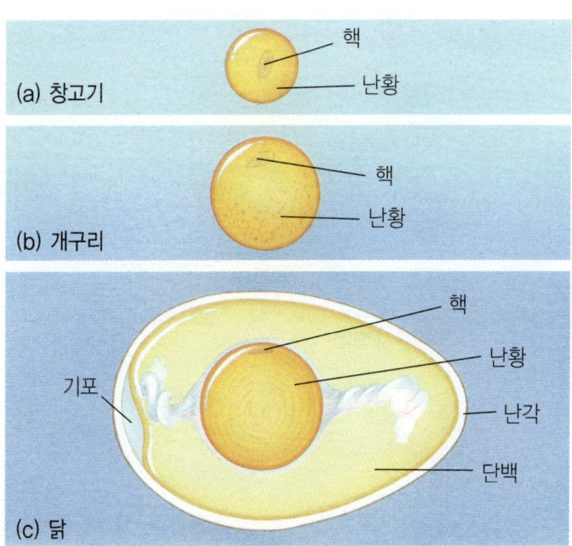

그림 48.4 | 난자의 3가지 난황 분포.
(a) 창고기에서는 난자가 중앙의 핵과 이를 둘러싸는 소량의 난황으로 구성된다. (b) 개구리의 알에서는 난황이 더 많고 핵은 한쪽 극 쪽으로 치우쳐 있다. (c) 조류의 알은 복잡한 구조를 보이며 핵은 중앙의 커다란 난황의 표면 바로 아래에 있다.

원시 척색동물

난자에 난황이 없거나 적을 때 난할은 난자 전체에서 일어나는데, 이러한 난할 양상을 전할(holoblastic cleavage)이라고 한다(그림 48.5). 이 난할 양상은 척추동물 조상의 특징이고 오늘날에도 극피동물, 피낭류, 창고기, 포유동물에서 나타난다. 이 동물들에서 전할은 거의 동일한 크기의 세포로 이루어진 대칭적인 포배를 만든다.

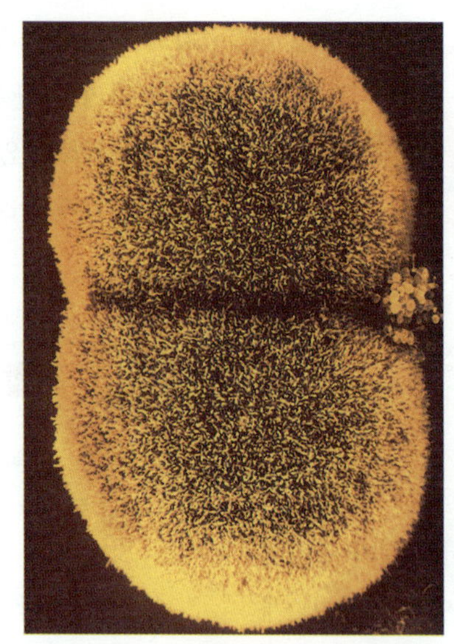

그림 48.5 | 전할(3000×). 전할은 난자 전체에 걸쳐 세포분열이 일어나는 것으로서 비교적 적은 난황을 가지는 난자의 특징이다.

그림 48.6 | 개구리 알의 난할. 가까이 보이는 동물극 쪽의 세포들은 식물극 부근의 세포들보다 빨리 분열하고 작다.

양서류와 고등 어류

경골어류와 개구리의 알에서는 한쪽 반구가 다른 쪽 반구보다 더 많은 세포질 난황을 가진다. 난황이 많은 세포는 난황이 적은 세포보다 더 느리게 분열하므로 이 난자의 전할은 한쪽 극에서 난황이 많은 큰 세포들을, 그리고 다른 쪽 극에서 난황이 적은 작은 세포들을 가지는 매우 비대칭적인 포배를 만든다. 이러한 포배에서 난황이 많은 쪽의 극을 식물극(vegetal pole), 그리고 난황이 적은 극을 동물극(animal pole)이라고 한다(그림 48.6).

표 48.1 척추동물 발생의 단계

	수정	반수체 웅성배우자와 자성배우자가 융합하여 2배체 접합자를 만듦
	난할	접합자가 신속히 분열하여 여러 세포로 됨. 분열할 때 물려받는 세포질 부위가 다르고 따라서 조절신호가 다르므로, 이 분열은 나중의 발생에 영향을 줌
외배엽 중배엽 내배엽	낭배 형성	배의 세포들이 이동하여 외배엽, 중배엽, 내배엽의 3개 배엽을 형성함
신경구 척색	신경관 형성	척색동물에서 처음 생기는 기관은 척색이며, 그 다음 생기는 것이 등쪽 신경색임
신경능선 신경구 척색	신경능선	신경형성시 신경구가 신경관을 만들면서 신경능선이 만들어짐. 신경능선은 여러 가지 특징적인 구조로 됨
	기관 형성	3개의 배엽에서 나온 세포들은 여러 가지 방식으로 결합하여 몸의 기관들을 만듦

파충류와 조류

파충류, 조류 및 일부 어류의 알은 한쪽 극에 집중된 소량의 세포질을 가지고, 거의 난황만으로 이루어져 있다. 이러한 알의 난할은 한쪽 극의 원반 모양인 작은 세포질 부위인 배반(blastodisc)에서만 일어나는 부분할(극할 : meroblastic cleavage)이다(그림 47.7). 그 결과로 생기는 배는 구형이 아니라 난황 위에 얹힌 얇은 모자 모양이다.

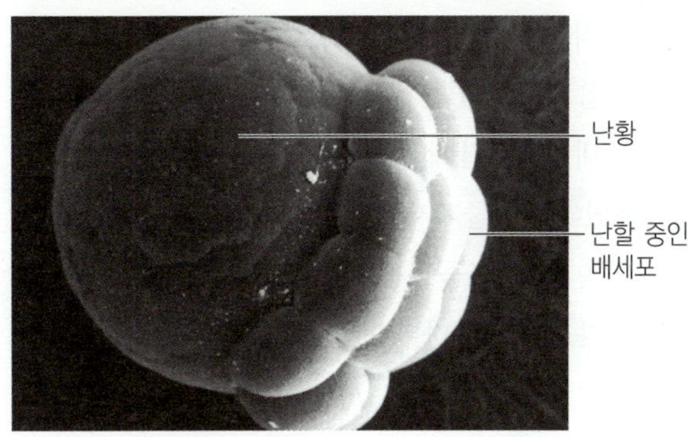

그림 48.7 | **부분할(400X).**
부분할에서는 난자의 일부분만 분열하여 하나의 세포집단을 만드는데, 많은 난황을 가진 알에서 이와 같은 난할을 볼 수 있다.

포유동물

포유동물의 알은 난황이 매우 적은 것을 제외한다면 여러 가지 면으로 파충류의 알과 유사하다. 포유동물 알의 난할은 난황에 의해 방해되지 않으므로 전할이며 포배강 전체를 세포가 둘러싼 공 모양이다. 그러나 내세포집단은 한쪽 극에 모여 있다(그림 48.8). 이 내세포집단은 파충류나 조류의 배반과 유사하다. 구의 바깥쪽 표면의 세포들은 영양막(trophoblast)이라고 하는데, 이는 파충류 알의 단단한 외각 안쪽의 막을 형성하는 세포들과 유사하다. 이 세포들은 포유동물 진화 과정에서 상이한 기능을 수행하도록 변화되었다. 즉, 영양막의 일부분이 모체의 자궁내막으로 들어가서 태반이 된다. 태반의 일부분은 태아조직(영양막)으로 되어 있는 반면 다른 부분은 모체의 변화된 자궁내막조직(기저 탈락막: decidua basalis)으로 구성되어 있다.

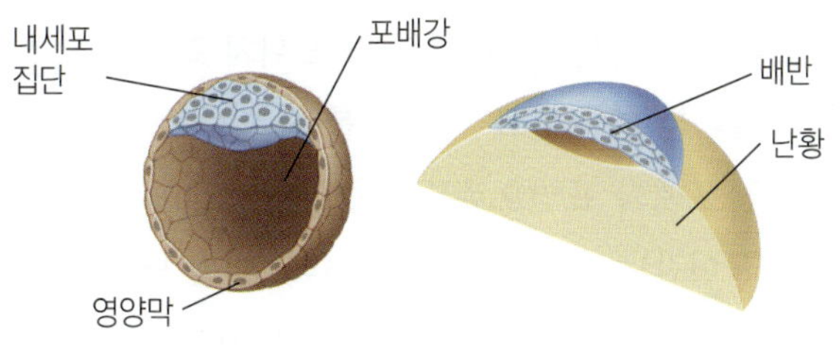

그림 48.8 | **포유동물과 조류의 배.**
(a) 배반포라고 하는 포유동물의 포배는 포배강을 둘러싸는 영양막과 내세포집단으로 구성된다. (b) 조류의 포배는 커다란 난황 위에 모자 모양으로 얹혀 있는 배반이라고 하는 세포집단으로 이루어진다. 배반은 위층과 아래층으로 나누어지고, 그리고 그 사이에 납작한 포배강이 생기게 된다.

포배

포배를 바깥쪽에서 보면 동일한 세포들로 이루어진 공 모양이지만, 여러 동물에서 이 세포들이 동일하다고 보는 것은 잘못된 것이다. 알에서 나오는 발생신호가 불균등하게 분포되어 어느 정도의 모자이크식 발생이 일어나서 이미 세포들은 서로 다른 발생 경로를 가도록 결정되어 있다. 그러나 포유동물에서는 모든 할구들은 동일한 신호들을 받고 몸의 형태는 세포와 세포 사이의 상호작용에 의해 결정된다. 포유동물의 포배를 배반포(blastocyst)라 부르는데 배반포의 각 세포는 서로 다른 인접세포들과 접촉하며 이 상호작용이 각 세포의 발생 운명에 영향을 주는 주요 요인이 된다. 이 위치 정보는 포유류 배의 방향 결정에 특히 중요하여 3개의 상이한 배축, 즉 앞-뒤, 등-배, 기부-말부에 따라 다른 발생 양상을 보인다.

자궁에 착상하기 직전의 짧은 시간 동안 포유동물의 배반포의 세포들은 몸의 210종류의 세포들 대부분으로 발생할 수 있는 능력이 있다. 생물학자들은 이 세포들을 배아줄기세포(embryonic stem cells)라고 하며, 이 세포들을 배양하여 조직을 만들어 이식수술에 이용할 수 있을 것으로 보아 왔다. 이 조직들은 환자에 이식하면 그 부위의 국부적 신호에 반응하여 새로운 조직을 만들 수도 있다. 줄기세포 배양은 1998년에 처음 성공하였는데, 이때 연구자들은 사람의 배반포의 내세포집단에서 세포를 분리하여 성공적으로 배양하였다. 이 줄기세포들은 50회 정도만 분열하고 죽는 몸 안의 세포들과는 달리 배양액 속에서 무한정으로 자라고 분열한다.

48.3 낭배 형성 및 배엽 형성

낭배 형성 과정

포배 안에서 세포질 분배와 세포 위치 결정의 첫 가시적 결과는 난할 완료 직후에 볼 수 있다. 일부 세포집단은 포배의 표면으로부터 함입(invagination, 안으로 들어감)하고 감겨 들어가는데, 이를 낭배 형성(gastrulation)이라고 한다. 낭배 형성 과정은 배의 기본 발생 양상을 결정한다. 낭배 형성 말기에 배의 세포들은 재정렬하여 세 가지 배엽층(germ layers)을 만드는데, 이들은 외배엽(ectoderm), 중배엽(mesoderm), 그리고 내배엽(endoderm)이다. 각 배엽의 세포들은 매우 다른 발생적 운명을 가진다. 일반적으로 외배엽은 표피와 신경조직으로 되고, 중배엽은 결합조직, 골격, 근육, 혈관요소 등으로 되며, 내배엽은 소화관벽과 그 부속 기관으로 된다(표 48.2).

표 48.2 배엽의 발생적 운명

외배엽	표피, 중추신경계, 감각기관, 신경능선
중배엽	골격, 근육, 혈관, 심장, 생식소
내배엽	소화관벽, 호흡관벽, 간, 이자

낭배 형성시 세포 이동은 어떻게 이루어질까? 이동하는 세포들은 액틴 필라멘트의 수축으로 모양이 변하면서 정지하고 있는 세포들 위로 기어가며 포배조직의 함입 등을 일으킨다. 이동하는 세포는 특정 세포 표면 다당류를 가지는데, 이 다당류는 다른 이동 세포의 표면에 있는 유사한 다당류에 접착한다. 이 세포 표면 분자들 사이의 상호작용은 이동 세포들로 하여금 서로 부착하여 하나의 집단으로서 움직이도록 한다.

척추동물 종류마다의 난할 양상은 알의 난황의 양과 분포에 따라 결정되므로 낭배 형성의 양상도 난할시 형성되는 포배의 모양에 따라 결정된다.

원시 척색동물의 낭배 형성

창고기와 같이 대칭적 포배로부터 발생하는 원시 척색동물에서 낭배 형성은 포배의 표면이 포배강으로 함입하면서 시작된다. 포배의 세포들 중 약 절반이 포배 안쪽으로 이동하여 안쪽으로 쭈그러들어간 테니스공 모양으로 된다(그림 48.9a,b). 결국 안으로 들어간

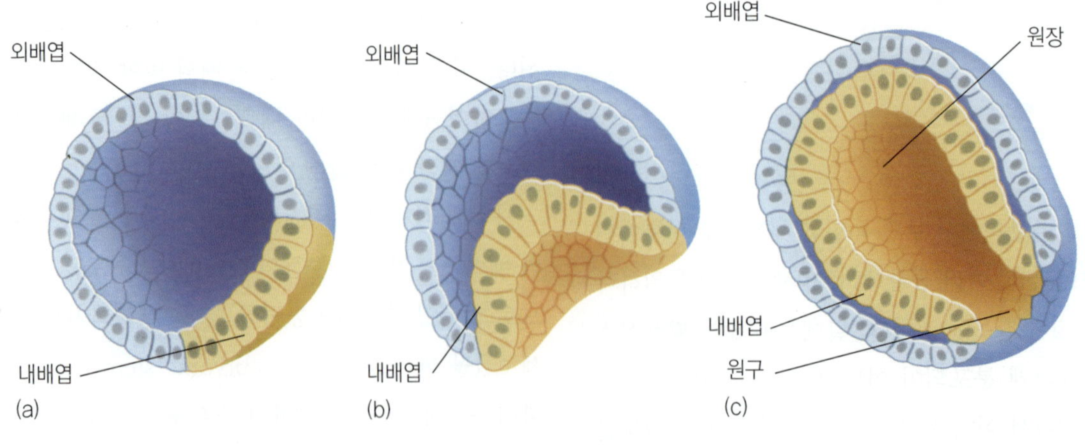

그림 48.9 | 창고기의 낭배 형성.
척색동물인 창고기에서 내배엽은 표면 세포의 함입으로 생긴다(a, b). 이 함입으로 원시적 장인 원장이 생긴다(c). 중배엽은 나중에 내배엽이 돌출하여 생긴다.

세포들의 벽이 포배의 반대쪽 면에 밀착하게 되면 이동이 정지된다. 그 결과로 생기는 두 층으로 된 컵 모양의 배를 낭배(gastrula)라고 한다(그림 48.9c). 함입 결과 생긴 강소를 원장(archenteron)이라고 하는데 나중에 소화관이 되며, 나중에 항문이 되는 원장의 입구를 원구(blastopore)라고 한다.

이 과정으로 바깥쪽 외배엽과 안쪽 내배엽의 두 세포층으로 된 배가 생긴다. 곧 이어 제3의 세포층인 중배엽이 내배엽과 외배엽 사이에 생긴다. 창고기에서 중배엽은 내배엽에서 돌출되어 나오는 주머니 모양의 구조에서 생긴다. 이 3가지 기본 배엽층의 형성은 그 후의 조직과 기관분화의 토대가 된다.

수생 척추동물의 낭배 형성

양서류나 수생 척추동물의 포배에서 식물극의 난황이 많은 세포들은 동물극의 세포들보다 수가 적고 크기가 크다. 그 결과 낭배 형성은 창고기의 경우보다 더 복잡하다. 첫째, 표면 세포층이 함입하여 작고 초승달 모양의 틈을 형성하는데 이곳에 곧 원구가 위치하게 된다. 다음으로, 동물극에서 온 세포들이 회색신월환과 같은 위치에서 원구배순 위로 감겨 들어간다(그림 48.10). 창고기에서와 같이 감겨 들어간 세포층은 결국 배의 반대쪽 면에 밀착하여 포배강을 없애고 원구를 가지는 원장을 만든다. 그러나 이 경우 원구는 난황이 풍부한 세포로 채워져 난황마개(yolk plug)을 만든다. 이들 움직임으로 생긴 바깥 세포층은 외배엽, 안쪽 세포층은 내배엽을 이룬다. 배순과 복순(둘은 난황마개에 의해 분리된다) 위를 감아 들어가는 다른 세포들은 외배엽과 내배엽 사이로 들어가 제3의 배엽인 중배엽을 형성한다(그림 48.10c).

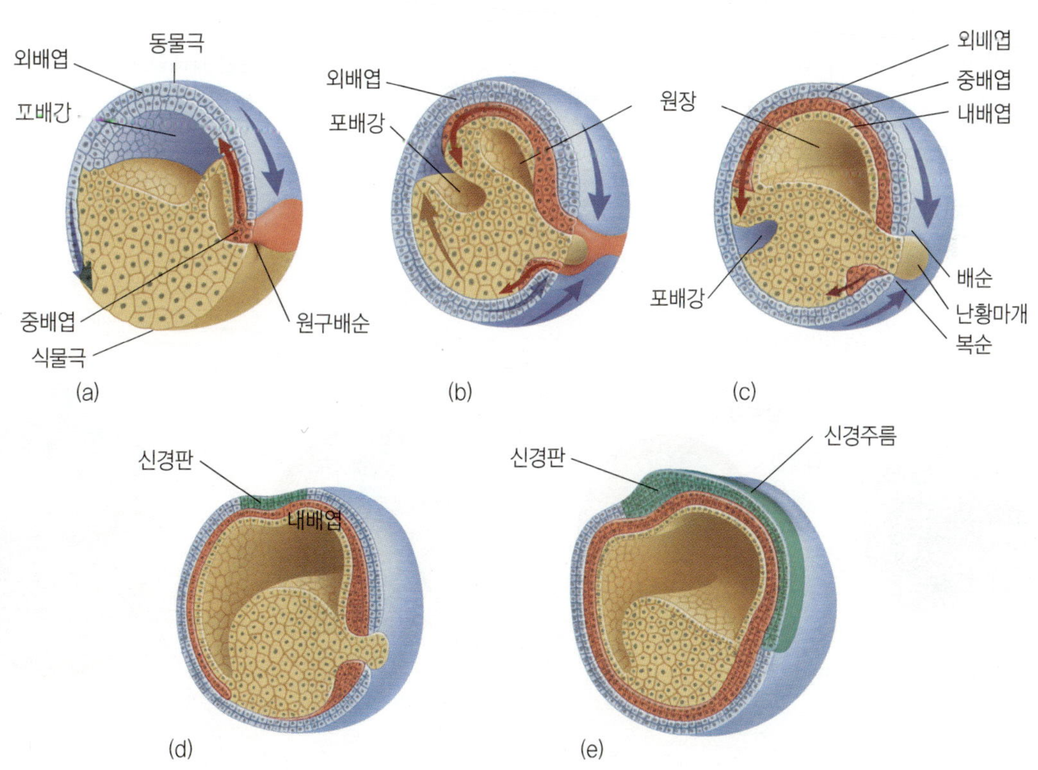

그림 48.10 | 개구리의 낭배 형성.
(a) 동물극에서 나온 세포층이 식물극 쪽으로 이동하여 원구배순을 통해 감아 들어간다. (b) 그런 다음, 배순 구역의 세포들은 포배강 안으로 들어가서 반대쪽 벽에 밀착된다. 3가지 배엽이 생기는데, 이들은 외배엽(청색), 중배엽(적색), 내배엽(노랑)이다. (c) 배순에서의 세포 이동은 새로운 내부 강소인 원장을 만들어서, 포배강을 대치한다. (d) 나중에 외배엽에서 신경판이 생긴다. (e) 배가 신경 형성 과정을 시작하면서 신경판은 신경구를 만든 다음, 신경관을 만든다. 신경 외배엽의 세포들은 녹색으로 나타내었다.

파충류, 조류, 포유류의 낭배 형성

조류와 파충류의 배반과 포유류의 내세포집단에서 발생 중인 배는 공 모양이 아니라 세포들로 된 작은 모자 모양이다. 난황이 배를 양편으로 분리하고 있지 않으므로 따라서 세포들의 이동이 없이 아래쪽 세포층은 내배엽으로 분화하고, 위쪽 세포층은 외배엽으로 분화한다. 이 두 배엽층이 형성된 직후 위층으로부터 세포들이 함입하고 감겨 들어가 중배엽이 생긴다. 표면 세포들은 중앙선으로 이동하기 시작하여 이곳에서 감겨 들어가고 옆으로 이동하여 외배엽과 내배엽 사이에 중배엽층을 형성한다. 종으로 난 중앙선을 따라 난 홈은 이 감겨 들어간 부위를 나타낸다(그림 48.11 및 48.12). 이 홈은 길쭉한 원구와 유사하며 원조(primitive streak)라고

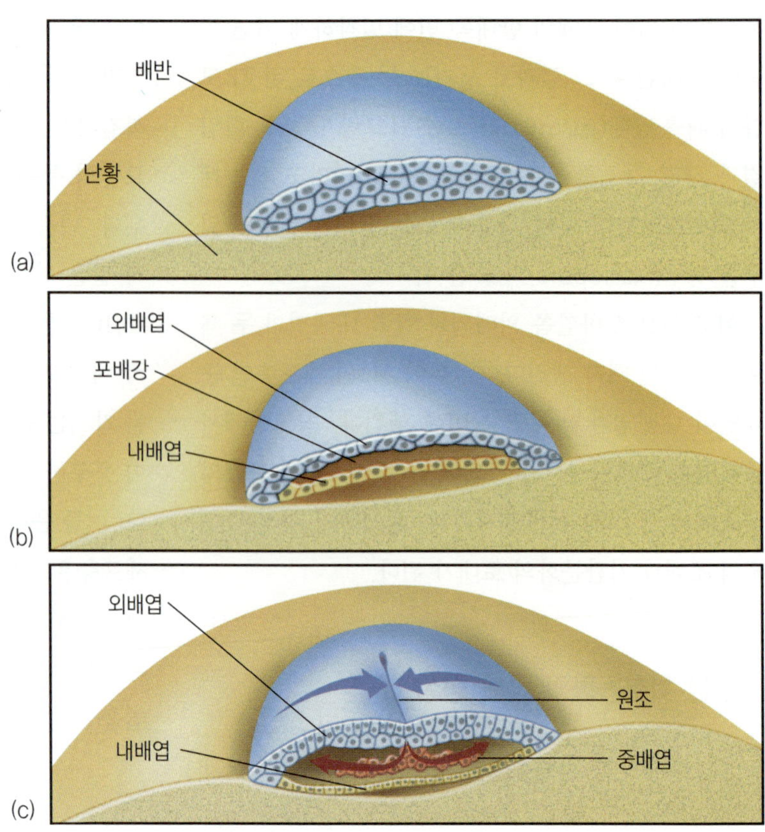

그림 48.11 | **조류의 낭배 형성.**
배반(a)의 위층은 외배엽으로 분화하고, 아래층은 내배엽으로 분화한다(b). 등쪽의 원조를 통해 안쪽으로 들어가는 세포들은 나중에 중배엽 세포로 된다(c).

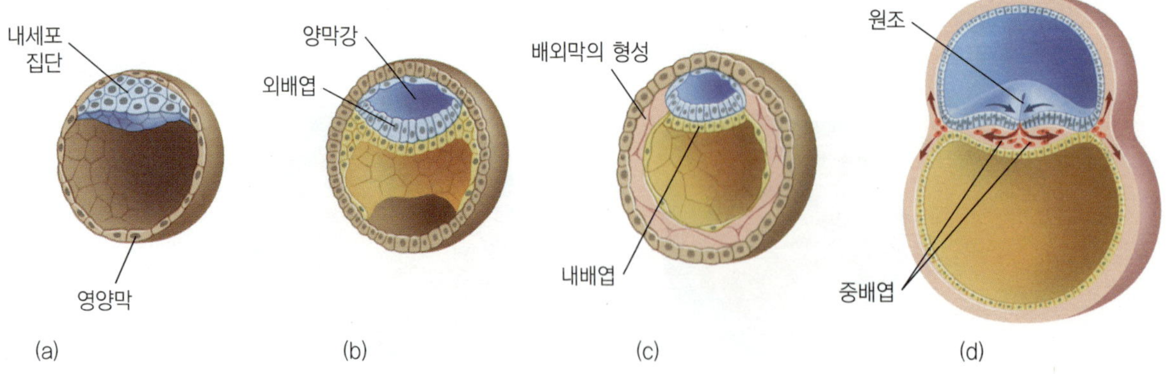

그림 48.12 | **포유동물의 낭배 형성.**
(a) 내세포집단과 그 기부 안에 양막강이 생긴다.(b, c) 조류의 배반에서처럼 외배엽층과 내배엽층이 분화한다.(d) 원조가 발달하고, 이를 통하여 중배엽이 될 세포들이 안쪽으로 이동한다. 영양막은 배로부터 멀리 떨어져 이동하고 태반 형성의 역할을 하기 시작한다.

48.4 몸의 기본 구조 형성

신경관 형성과 발생 과정

척추동물의 발생 다음 단계에서 3개 배엽층은 변형을 시작하여 몸의 조직과 기관이 된다. 조직 분화의 과정은 척색동물에서만 발견되는 두 가지 형태적 특징의 형성으로 시작되는데, 이는 척색(notochord)과 속이 빈 등쪽 신경색의 형성이다. 등쪽 신경색의 발생을 신경관 형성(neurulation)이라고 한다.

척색은 낭배 형성이 완료된 직후 처음 보이며 중배엽에서 생긴다. 척색은 탄력성 있는 막대로 모든 척색동물 배의 등쪽 중앙선을 따라 위치한다. 척추동물에서 척색의 기능은 척주로 교체된다. 척색이 형성된 후 척색의 위쪽에 위치한 외배엽세포층이 함입하여 긴 홈인 신경구(neural groove)을 형성한다. 그리고 신경구의 양쪽 주변이 서로 가까이 접근한 다음 융합하여 원통 모양의 긴 신경관(neural tube)을 형성한다(그림 48.13). 신경관은 나중에 척수와 뇌로 분화한다.

원구배순은 척색의 형성을 유도하고, 척색의 존재는 그 위에 있는 외배엽이 신경관으로 분화하도록 유도한다. 이 과정을 유도(induction)라고 한다.

외배엽으로부터 신경관이 형성될 때 몸의 나머지 기본 구조는 중배엽의 변화로 신속히 결정된다. 발생 중인 척색의 양 옆에서 중배엽은 일련의 체절화된 구획인 somitomeres로 분화되고, 이들은 개개의 단위인 체절(somite)로 분리된다. 발생이 진행되면서 더 많은 체절들이 추가된다. 나중에 체절들은 근육, 척추, 그리고 결합조직으로 된다. 두부의 중배엽은 체절로 분리되지 않고 somitomeres 상태로 연결된채 얼굴, 턱, 목의 횡문근이 된다. 신장, 부신, 생식소, 등의 기관은 체절을 따라 달리는 중배엽 가닥에서 발생한다. 중배엽의 나머지는 내배엽 주위를 돌며 결국 내배엽을 완전히 둘러싼다. 이 이동의 결과 중배엽은 두 층으로 분리된다. 바깥층은 안쪽 체벽과, 그리고 안쪽 층은 장의 외벽과 맞닿는다. 이 두 중배엽층 사이가 체강(coelom)이다.

신경능선

신경관 형성은 모든 척색동물에서 일어나며, 창고기에서 이 과정은 사람의 경우와 매우 유사하다. 그러나 척추동물에서 신경구가 닫혀서 신경관을 형성하기 직전에 그 가장자리에서 작은세포 줄기인 신경능선(neural crest)이 떨어져 나가는데, 신경능선은 신경관의 등쪽 부위에 합류한다(그림 48.13e). 신경능선의 세포들은 나중에 배의 양 옆으로 이동한다. 신경능선의 출현은 신경능선 세포들이 배의 서로 다른 부위로 이동한 뒤 결국 척추동물 몸의 특징적인 구조로 발생하므로 척추동물 진화의 주요 사건이다.

신경능선 세포들의 분화는 이들의 위치에 따라 달라진다. 배의 전단에서는 이 세포들이 뇌의 앞 부위,

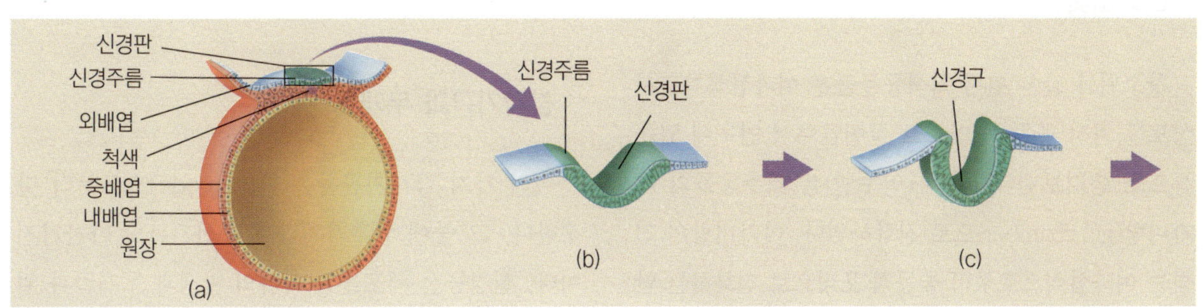

그림 48.13 | 포유동물의 신경관 형성.
(a) 척색 위에 신경판이 형성되고, (b) 신경판의 세포들이 접혀 (c) 신경구를 형성한다.

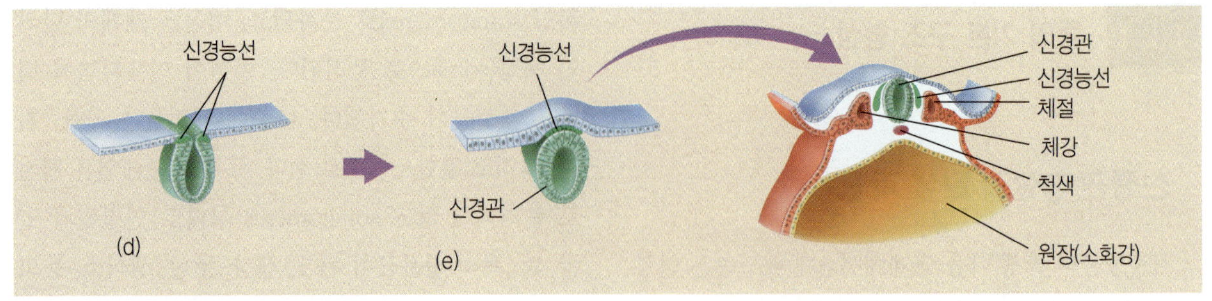

그림 48.13 | 계속
(d) 신경구는 닫혀서 신경관을 형성하고 (e) 신경관 등쪽 부위에서 일부 세포들이 신경능선으로 분화하는데 이 신경능선은 척추동물의 특징적 기관이다.

즉 전뇌와 합류하여 두부의 골격조직과 결합조직의 발생을 일으킨다. 부근의 신경능선과 연결된 외배엽 세포집단은 두꺼워져서 판(placode)으로 되는데, 유사한 세포간 상호작용으로 생기지만 이 판들은 신경능선 세포들과는 구별된다. 판들은 곧 두부의 감각기관들로 발생한다. 신경능선과 이와 연결된 판들은 두 개의 측면 줄기로 존재하는데, 이는 척추동물의 감각기관들이 쌍으로 되어 있는 이유가 된다.

뒤쪽에 있는 신경능선 세포들은 매우 다른 발생 운명을 가진다. 이 세포들은 신경관으로부터 떨어져 두부와 몸통의 다른 부위로 이동하여 신경관과 주변 조직 사이의 연결부를 이룬다. 이 새로운 부위에서 이 세포들은 척추동물에 특징적인 여러 가지 구조를 만든다. 신경능선 세포들의 이동은 낭배 형성에서 보는 것과 같은 세포들의 단순한 상대적 위치의 변화가 아니라는 점에서 독특하다. 신경능선 세포들은 실제로 다른 조직들을 통과하여 이동한다.

아가미방

창고기와 같은 원시 척색동물들은 여과섭식자로서 섬모를 쳐서 물을 몸 안으로 끌어들여서 인두에 있는 틈으로 흘려보낸다. 이 틈(인두열)은 척추동물의 아가미방(gill chamber)으로 진화하였다. 아가미방의 진화는 여과섭식으로부터 능동적 포식으로 진화하는 단계에서 일어난 중요한 변화였다.

아가미방의 발생에서 일부 신경능선 세포들이 배의 인두열들 사이에 연골 막대를 형성한다. 그리고 어떤 신경능선 세포들은 연골을 따라 근육이 형성되도록 중배엽 부위들을 유도하고, 다른 신경능선 세포들은 신경색과 이 근육들 사이에 충격을 전달하는 뉴런을 형성한다. 대동맥궁과 같은 주요 혈관이 각각의 배의 막대를 통과한다. 많은 신경능선 세포들로 둘러싸인 이들 막대들은 내부에 혈액이 공급되면서 고도로 분지되어 성체의 아가미로 된다.

신경계의 형성

일부 신경능선 세포들은 척색을 향하여 복부 쪽으로 이동하여 배근신경절(dorsal root ganglia)의 감각뉴런을 형성한다. 일부 세포들은 시반세포로 분화하고, 어떤 세포는 자율신경절과 부신수질을 만든다. 부신수질 세포들이나 자율신경계의 교감신경 뉴런들은 모두 신경능선에서 생기므로 이들이 각각 분비하는 호르몬 에피네프린과 신경전달물질 노르에피네프린의 화학적 성질이 유사한 것은 이해할 만하다.

감각기관과 두개골

여러 가지 감각기관들은 판(placode)으로부터 발생한다. 그 중에서 후각기관과 측선기관도 마찬가지이다. 신경능선 세포들은 치아의 발생과 두개골과 얼굴의 뼈 일부를 만든다.

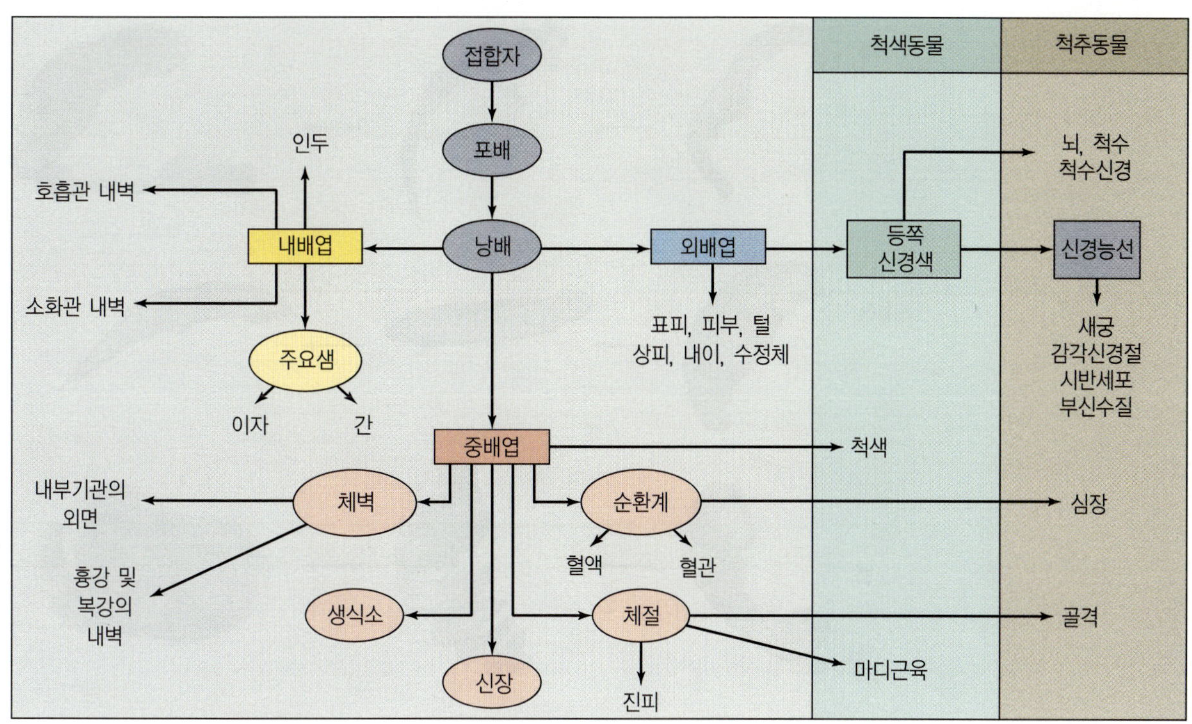

그림 48.16 | 주요 조직의 파생.
낭배 형성시 생기는 3가지 배엽은 몸의 모든 기관과 조직으로 되지만 외배엽 조직으로부터 생기는 신경능선 세포들은 아가미활(새궁)이나 시반세포와 같은 척추동물에서 볼 수 있는 구조를 이룬다.

배 발생과 척추동물의 진화

원시 척색동물은 원래 천천히 움직이는 여과섭식 동물로서 비교적 낮은 대사 속도를 가지고 있었다. 여러 가지 생태적 역할을 할 수 있게 한 척추동물들의 독특한 적응방식은 신경능선 세포들로부터 생기는 구조들과 연관되어 있다. 척추동물은 높은 대사 속도를 가지면서 재빨리 헤엄치는 포식자가 되었다. 신경능선에서 파생된 구조들과 관련된 진화적 변화로 먹이 추적을 더 잘 할 수 있게 되었고 먹이 사냥 동안에 공간적 위치 설정을 더 잘 할 수 있게 되었으며, 감각 정보에 더 빨리 반응하게 되었다. 신경능선과 이것으로부터 파생된 구조물들의 진화는 그러므로 척추동물 진화의 결정적 계기가 되었다(그림 48.16).

개체발생은 계통진화를 반복한다

가장 최근에 진화한 척추동물 집단의 발생 양상은 여러 가지 방식으로 조상형의 단순한 양상을 반영한다. 그러므로 포유동물의 발생과 조류의 발생은 파충류 발생이 더 정교화된 것이고, 파충류 발생은 양서류 발생이 정교화된 것이다(그림 48.17). 포유동물 발생 과정에서 이보다 원시적인 척색동물의 잔존물인 기관이나 부속지 흔적이 나타난다. 가령, 사람의 배 발생 단계는 어느 시기에 인두열을 가지는데, 이는 모든 척색동물에서 나타나며 어류의 아가미틈(새열)과 상동이다. 이보다 뒷 단계에서 사람의 배는 꼬리도 가진다.

척색동물의 각 집단들의 발생 양상은 이 집단의 진화적 역사 동안 그 과정의 추가를 이루어왔다. 새로운 종류의 발생적 정보는 과거 정보 위에 쌓여서 발생 과정에 단계를 추가시켰다. 이 가설은 19세기에 헤켈(E. Haeckel)이 제안하였으며, “생물기원법칙”(biogenic law)이라고 한다. 이 가설은 개체발생은 계통발생을 반복한다는 말로 표현하는데, 이는 배 발생이 진화적 기원을 암시하는 점진적 변화를 나타낸다는 뜻

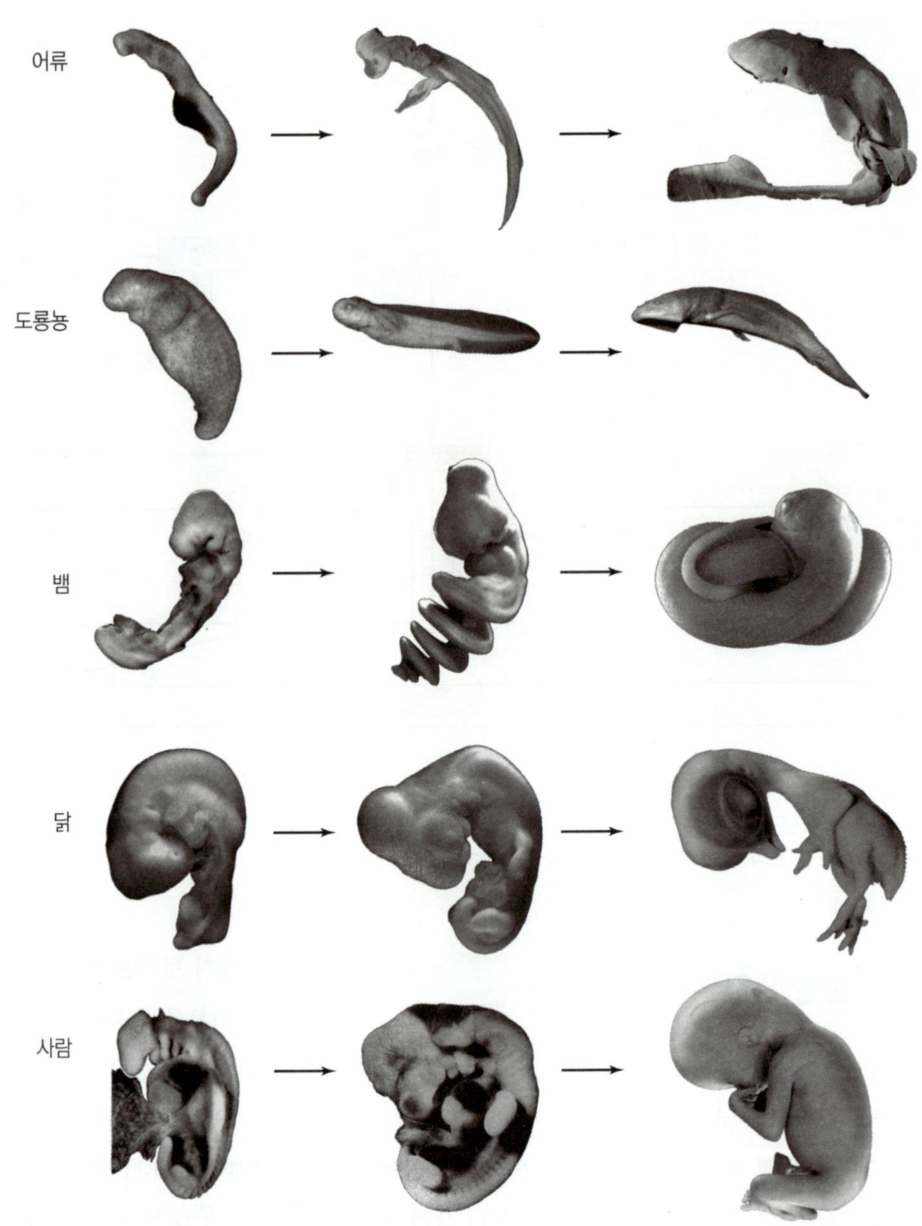

그림 48.17 | 척추동물의 배 발생. 척추동물의 진화적 역사 흔적이 배에서 나타난다. 이 사진에서 이 척추동물의 초기 배 단계는 서로 매우 유사하다. 모든 척추동물은 발생 초기에 커다란 두부, 아가미틈, 꼬리를 가진다.

이다. 이 생물기원법칙은 엄밀하게 말하면 사실이 아니다. 배의 단계들이 성체 조상형과 동일하지는 않기 때문이다. 그 대신 특정 척추동물의 배 발생 단계는 대개 그 척추동물 조상의 배 단계를 반영한다. 달리 말하면 한 포유동물 배의 인두열은 그 동물의 조상이 성체일 때 가졌던 아기미틈과 같지는 않으며, 그 대신 그 조상이 배일 때의 인두열과 같았다.

배 외막

육상생활에 대한 일종의 적응으로서 파충류, 조류, 포유동물의 배는 액체로 채워진 양막(amniotic membrane) 안에서 발생한다. 양막과 그 외의 몇 가지 막은 배의 세포들로부터 생기지만 배의 몸 바깥쪽에 위치한다. 이 때문에 이 막들을 배 외막(extraembryonic membrane)이라고 한다. 배 외막은 나중에 양막, 장막, 난황낭, 요막과 같은 배아막(fetal membrane)이 된다.

조류에서 양막(amnion)과 장막(chorion)은 배를 완전히 둘러싸게 될 두 개의 주름에서 생긴다(그림 48.18a), 양막은 배를 둘러싸는 내막으로서 배가 양수(amniotic fluid) 안에 떠 있게 하는데, 이는 어류와 양

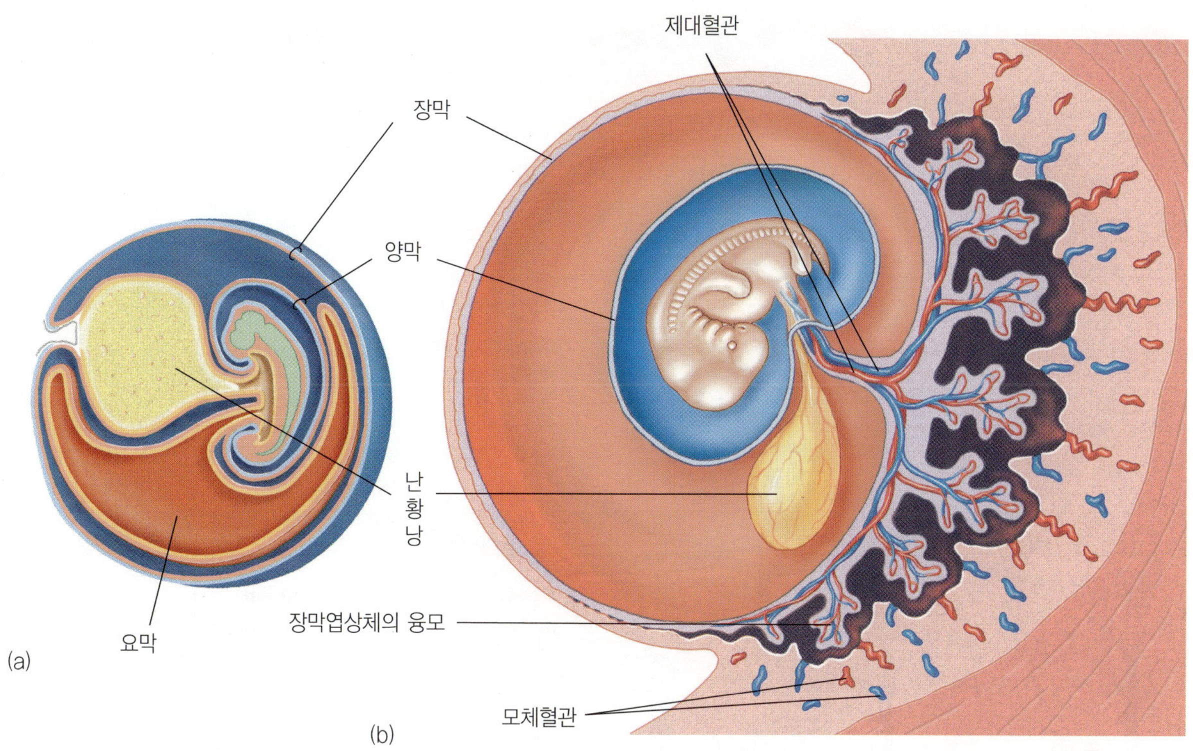

그림 48.18 | 배 외막.
닭의 배(a)와 포유동물 배(b)의 배 외막은 공통적인 특징을 보인다. 그러나 닭에서는 요막이 계속 자라서 난각 바로 안쪽에 있는 장막과 융합하여 기체 교환을 한다. 포유동물 배에서는 요막이 탯줄로 가는 혈관을 만든다.

서류 배가 사는 수중 환경을 모방한다. 장막은 난각 바로 안쪽에 있으며 배외체강(extraembryonic coelom)에 의해 다른 막들과는 분리되어 있다. 난황낭(yolk sac)은 조류와 파충류 배의 영양에 매우 중요한 역할을 하며, 포유동물에서는 난황낭이 배에 영양을 공급하지는 않는다. 요막(allantois)은 장의 돌출부로서 생기며 조류의 오줌으로 배설된 요산을 저장하는 역할을 한다. 조류의 배가 발생하는 동안 요막은 확장하여 주머니를 형성하고, 이 주머니는 그 위에 있는 장막과 융합한다. 요막과 장막의 융합은 요막에 있는 배의 혈관이 기체 교환을 위하여 구멍이 있는 난각에 가까이 위치하도록 만드는 하나의 기능적 단위가 된다. 그러므로 요막은 조류 배의 폐와 같은 기능을 한다.

포유동물에서 배의 세포들은 배의 몸이 될 내세포집단과 영양막(trophoblast)이라고 하는 주변 세포층을 형성한다. 영양막은 모체 자궁내막의 안쪽 면에 이식되어 장막이 된다(그림 48.18b). 자궁내막 조직에 접촉한 장막 부위는 태반이 된다. 포유동물의 요막은 탯줄이 될 구조물의 혈관이 되므로 태아의 혈액이 기체 교환을 위하여 태반으로 운반될 수 있다.

48.5 사람의 발생

첫 3개월

사람의 배 발생은 이의 진화적 기원을 보여준다. 사람의 발생은 조류의 발생과 유사한 방식으로 진행된다. 이 두 동물에서 배는 납작한 세포집단으로부터 발생한다(조류에서는 배반이고, 사람에서는 내세포집단이다). 조류의 배반은 난황에 눌려서 납작하지만 사람의 내세포집단은 난황괴가 없는데도 납작하다. 조류와 마찬가지로 사람에서도 원조가 생겨서 3가지 배

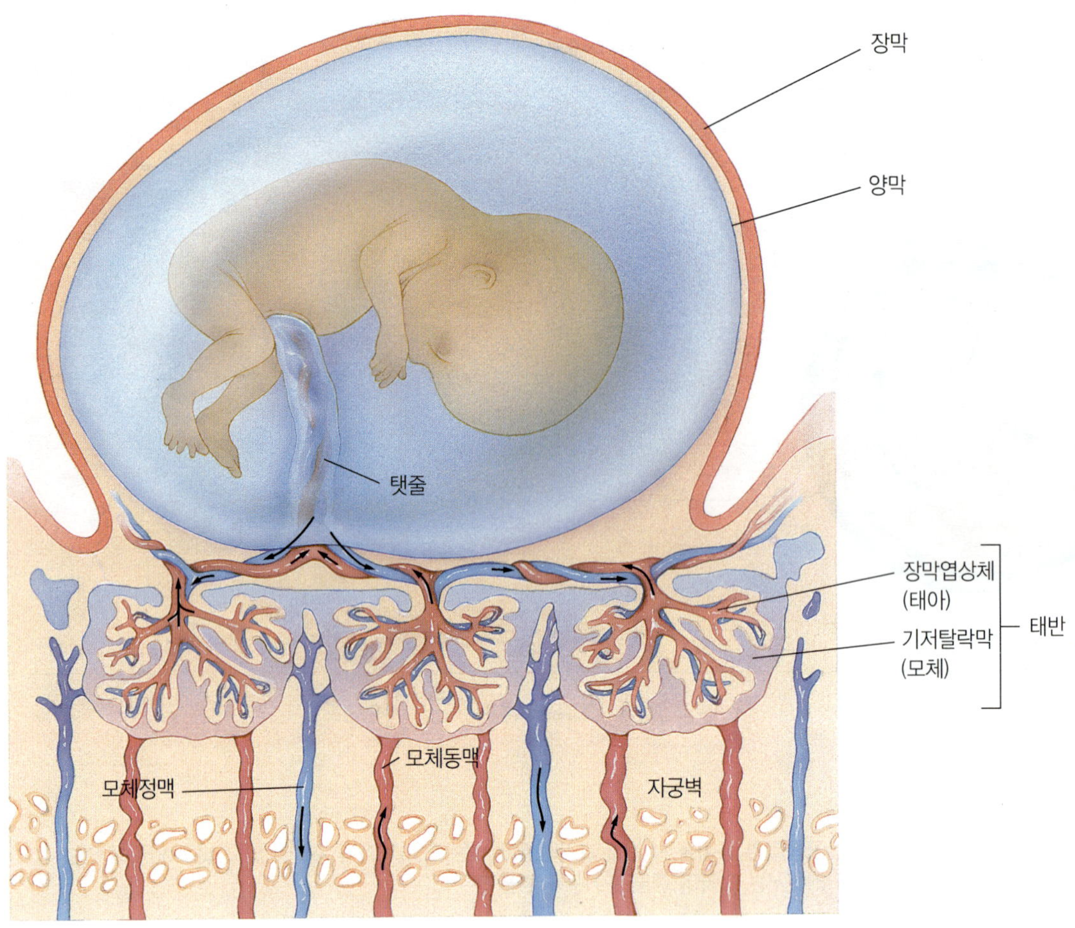

그림 48.19 | 태반의 구조.
태반은 태아 요소인 장막엽상체와 모체 요소인 기저탈락막을 가진다. 제대동맥에서 나오는 태아의 산소 없는 혈액(청색)은 태반으로 들어가서 모체의 혈액으로부터 산소와 양분을 얻는다. 산소화된 태아 혈액은 제대정맥(적색)으로 들어가서 태아에게로 돌아간다.

엽층을 형성한다. 사람의 발생은 수정에서부터 출산까지 평균 266일이 걸린다. 이 기간은 보통 3개월 단위의 3개 시기로 구분된다.

1개월째

수정 약 30시간 후 접합자는 첫 난할을 한다. 두 번째 난할은 그 후 약 30시간 후에 일어난다. 배가 자궁에 도달할 때(수정한 지 6~7일 후)는 포배인데, 이 포배를 포유동물에서는 배반포라고 한다. 배반포는 내세포집단(배의 몸이 됨)과 주변의 영양세포로 이루어진 층으로 구성된다. 배반포는 신속히 자라기 시작하여 양막과 장막을 형성하기 시작한다. 배반포는 자궁의 자궁내막의 안쪽 면을 소화하면서 뚫고 들어가는데, 이를 착상(implantation)이라고 한다.

수정 후 제2주가 되면 장막이 가지 쳐 자라서 자궁내막으로 뻗는 장막엽상체(chorionic frondosum : 태아태반)가 된다(그림 48.19). 이 확장은 주변 자궁내막 조직이 변화하여 기저탈락막(decidua basalis : 모체태반)이 되도록 유도한다. 이 장막엽상체와 기저탈락막은 함께 한 단위가 되어 태반을 이룬다(그림 48.20). 태반 안에서 모체의 혈액과 배의 혈액은 서로 섞이지는 않지만 가까이 접근한다. 그러므로 모체로부터 산소가 배로 확산해 가고, 이산화탄소가 반대 방향으로 확산한다. 기체 교환과 더불어 태반은 배에게 영양을 제공하고 배의 순환계로 가는 일부 분자들을 해독하며 호르몬을 분비한다. 알코올, 약물, 항생물질 등은 태반에서 걸러지지 않고 태아로 간다.

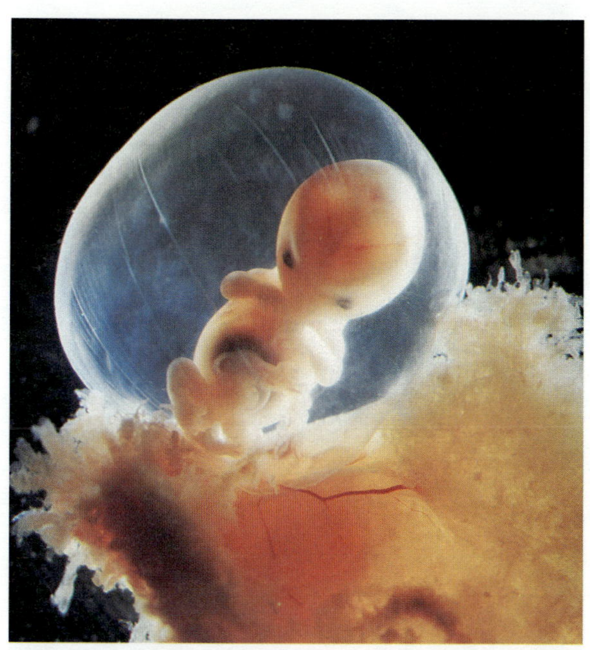

그림 48.20 | 제7주의 배와 태반.

태반에서 방출되는 호르몬 중 하나가 사람 태반성 생식선 자극호르몬(human chorionic gonadotropin : hCG)이다. 이 호르몬은 영양막 세포에서 분비하는데, 영양막이 장막이 되기 전에도 분비하며, 임신진단에 이용되는 호르몬이다. 이 호르몬은 황체호르몬과 거의 동일하게 작용하여 모체의 황체를 유지시킨다. 황체는 에스트라디올과 프로게스테론 분비를 계속하여 월경과 추가적인 배란을 막는다. 수정 후 제2주에 낭배 형성이 일어난다. 배의 표면에서 원조가 보이고 3개의 배엽이 분화된다.

제3주가 되면 신경관 형성이 일어난다. 이 단계에서 배의 등쪽 축을 따라 신경관이 생기고 첫 체절이 나타난다. 제3주의 끝 무렵에는 12개 이상의 체절이 나타나며 혈관과 장이 발생하기 시작한다. 이때 배의 길이는 약 2mm이다.

제4주에 기관 형성이 시작된다(그림 48.21a). 눈이 생기고 관상의 심장이 4개의 방을 만들며 율동적으로 박동하기 시작한다. 이때 박동 속도는 분당 70회이며, 이를 시작으로 한 개체의 70년 평생 동안 심장은 25억 회 이상 박동하게 된다. 제4주 끝에는 30쌍 이상의 체절이 나타나며 팔과 다리의 원기가 나타나기 시작한다. 배는 이때 약 5mm의 길이이다. 이 때 발생은 이미 상당히 진행되어 있음에도 불구하고 대부분의 산모는 임신한 사실을 느끼지 못한다.

초기 임신 시기는 태아 발생에 결정적 시기이므로 산모는 유해한 약물 등의 복용을 금해야 하며, 대부분의 우연한 유산은 이 때 일어난다.

2개월째

제2개월째에 형태 형성이 일어난다(그림 48.21b). 팔과 다리가 성인의 것과 비슷한 모양으로 되고 손가락과 발가락도 보이며, 뼈가 있는 작은 꼬리도 나타난다. 배의 꼬리뼈들은 나중에 융합하여 미추골(coccyx)이 된다. 복강 안에는 간, 이자, 쓸개 등의 주요 기관들이 뚜렷해진다. 2달 말기에 체중은 1g 정도이고 25mm 정도로 자라며 분명한 사람의 형태를 갖춘다.

제8주는 배가 태아로 구분되는 시기이다. 이때 몸의 모든 주요 기관들이 갖추어진 상태이다.

3개월째

제3개월에 신경계가 발생하고 발과 다리가 움직이기 시작한다(그림 48.21c). 배는 얼굴 표정을 나타내기 시작하고 깜짝 놀라거나 빠는 등의 원시적인 반사를 수행한다.

10주경에 태반에 의한 hCG 분비가 감소하며 그 결과 황체는 퇴화한다. 그러나 태반이 에스트라디올과 프로게스테론을 분비하므로 월경은 일어나지 않는다(그림 48.21). 이때 태반에서 분비되는 이 두 호르몬의 양은 그 전에 난소에서 분비되던 양보다 훨씬 많다. 임신 중에 혈액 속의 높은 에스트라디올과 프로게스테론 농도는 FSH와 LH의 방출을 억제하여, 배란을 막는다. 또, 이 두 호르몬은 자궁을 유지시키고 출산 준비를 하도록 하며, 유선 발육을 자극한다.

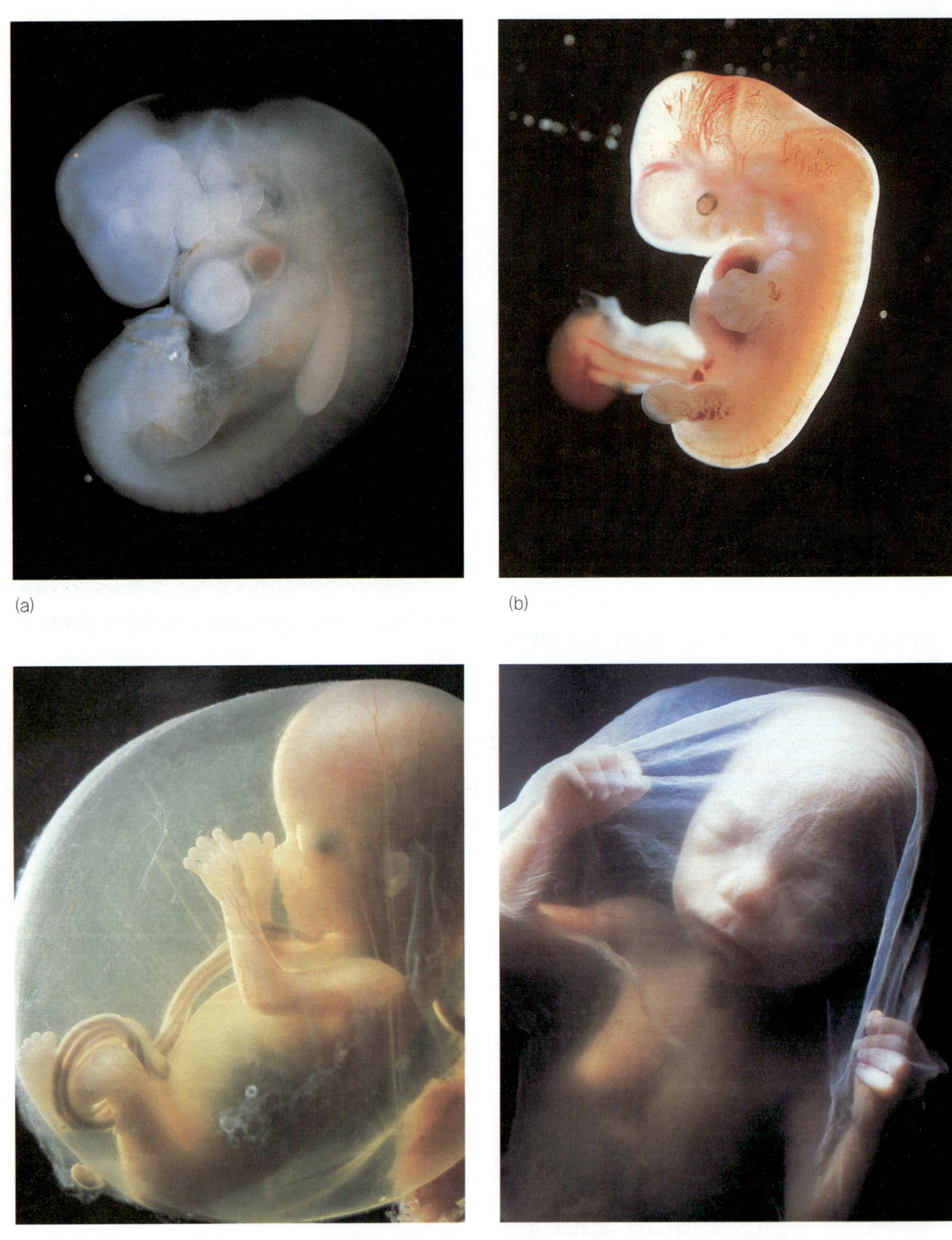

그림 48.21 | 발생 도중의 태아.
(a) 제4주. (b) 제7주. (c) 제3개월. (d) 제4개월.

둘째 및 셋째 3개월

둘째 및 셋째 3개월은 태아의 커다란 성장과 발달이 일어난다.

둘째 3개월

제4개월에 뼈가 커지고(그림 48.21d) 제4개월의 말기에 산모는 아이가 발로 차는 것을 느낄 수 있다. 제5개월에 두부와 몸은 털로 덮이는데, 이 솜털(lanugo)은 진화적 잔존물이다. 솜털은 그 후 사라진다. 제5개월 말기에 태아의 심장 박동을 청진기로 들을 수 있다. 태아는 길이가 175mm 정도이고 체중은 225g 정도이다. 제6개월에는 성장이 급속해서 6개월 말이 되면 길이는 300mm 이상, 체중은 600g에 이른다. 그러나 아직 태아는 자궁 밖에서는 살 수 없다.

셋째 3개월

세 번째 3개월 시기는 발생보다는 주로 성장이 일어나는 시기이다. 체중은 여러 배 증가한다. 뇌의 주요 신경도 이때 형성된다. 뇌의 뉴런은 분당 250,000개 이상 증가한다. 신경의 성장은 출생시에도 멈추지 않는다. 신경의 발육이 완료될 때까지 태아가 자궁 속에 남아 있다면 태아는 너무 커서 골반을 통해 출산되기 어렵게 된다. 뇌의 발육은 출생 후에도 여러 개월 동안 계속된다.

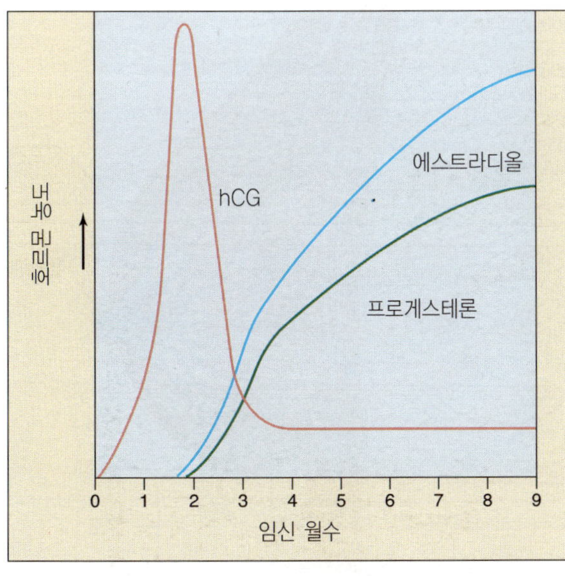

그림 48.22 | 태반에서의 호르몬 분비.
태반은 사람 태반성 생식선자극 호르몬(hCG)을 분비하는데, 이 호르몬은 임신 2개월째에 최고에 달했다가 그 뒤 줄어든다. 5주 후에 태반은 다량의 에스트라디올과 프로게스테론을 분비한다.

출산과 출생 후 발생

일부 척추동물에서 태아의 호르몬 농도 변화는 출산 과정을 개시시킨다. 이런 포유동물의 태아는 태아역(fetal zone)이라고 하는 여분의 세포층을 부신피질에 가지고 있다. 출생 전에 태아의 뇌하수체는 부신피질자극호르몬을 분비하고, 이 호르몬은 태아역을 자극하여 스테로이드 호르몬을 분비하게 한다. 이 코르티코스테로이드는 모체의 자궁이 프로스타글란딘을 만들도록 유도하고, 프로스타글란딘은 자궁 평활근의 강한 수축을 일으킨다.

사람 태아의 부신에는 태아역이 없고 출산은 이 기작으로 시작되지는 않는 것 같다. 사람에서 자궁은 프로스타글란딘을 방출하는데, 아마도 태반에서 분비되는 높은 농도의 에스트라디올 때문인 것 같다. 에스트라디올은 또 자궁을 자극하여 더 많은 옥시토신 수용체를 만들게 하고, 그 결과 자궁이 옥시토신에 더 민감하게 된다. 프로스타글란딘은 자궁 수축을 시작하지만 자궁으로부터의 감각 피드백이 모체의 뇌하수체 후엽에서의 옥시토신 방출을 자극한다. 옥시토신과 프로스타글란딘은 함께 자궁수축을 더욱 자극하고 태아를 아래로 민다(그림 48.23). 이 양성 피드백 기작은 분만시 더욱 가속화된다. 처음에는 매시간 당 소수의 수축만 일어나다가 2~3분마다 한 번씩 수축으로 빨라지다가, 나중에는 강한 수축이 나타나서 태아를 밀어낸다.

출생 후 자궁은 계속 수축하여 태반과 부속 막을 밀어낸다. 신생아는 아직 탯줄이 부착되어 있는데, 이를 의사나 산파가 자르게 된다. 자른 탯줄에서 혈액 응고

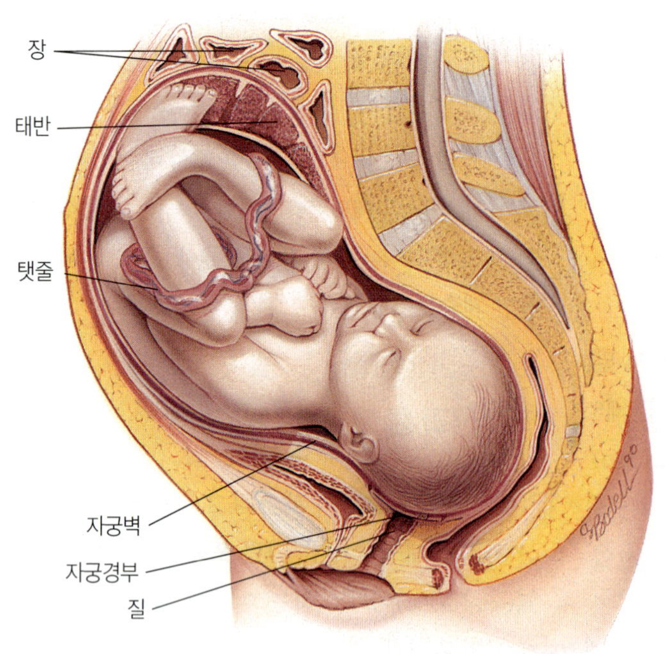

그림 48.23 | 출산 직전 태아의 자세.
태아는 엄마 몸에 해부학적으로 큰 변화를 일으킨다. 위와 장이 밀어올려지고 등 아래쪽의 압력으로 자주 큰 불편을 느끼게 된다. 자연분만시 태아가 지나서 나오기 위해서는 자궁경부가 상당히 확장되어야만 한다.

가 일어나고 근육이 수축하여 과도한 출혈을 막는다.

수유

젖의 생산은 뇌하수체 전엽 호르몬인 프로락틴에 의해 자극되어 유선의 유포에서 일어난다. 유포에서 나온 젖은 평활근으로 둘러싸인 유포관을 거쳐 젖꼭지로 나온다(그림 51.25). 임신 도중에 높은 농도의 프로게스테론은 유포의 발육을 자극하고 높은 농도의 에스트라디올은 유포관의 발육을 자극한다. 그러나 에스트라디올은 유선에 대한 프로락틴의 작용을 차단하고 시상하부에서의 프로락틴 억제호르몬의 분비를 촉진시켜서 프로락틴 분비를 억제한다. 그러므로 임신 중에는 유선에서 젖의 분비는 준비되지만 실제 분비는 억제된다.

출생 후 태반이 빠져나올 때 모체 혈액의 에스트라디올과 프로게스테론 농도는 급격히 하락한다. 이 하락은 뇌하수체 전엽의 프로락틴 분비를 허용하고, 프로락틴은 유포를 자극하여 젖을 생산하게 한다. 유아가 젖을 빨아 생긴 감각 충격은 뇌하수체 후엽을 자극하여 옥시토신을 분비하게 한다. 옥시토신은 유포관 주변의 평활근의 수축을 자극하여 젖이 분출되게 한다. 이 경로를 모유분출반사(milk-ejection reflex)라고 한다. 수유시의 옥시토신 분비는 또 자궁 수축을 일으킨다. 이 수축은 모체 자궁 근육의 정상적인 긴장상태가 회복되도록 돕는다.

출산 직후 나오는 젖은 초유(colostrum)라고 하는 노란 액체로서 영양과 다량의 모체 항체가 들어 있다. 젖의 합성은 출산 3일 후에 시작된다. 많은 어머니들이 1년 또는 그 이상 수유한다. 이 시기에 어머니와 아이 사이에 중요한 결속이 나타난다. 수유를 중단하면 유방의 젖 축적 신

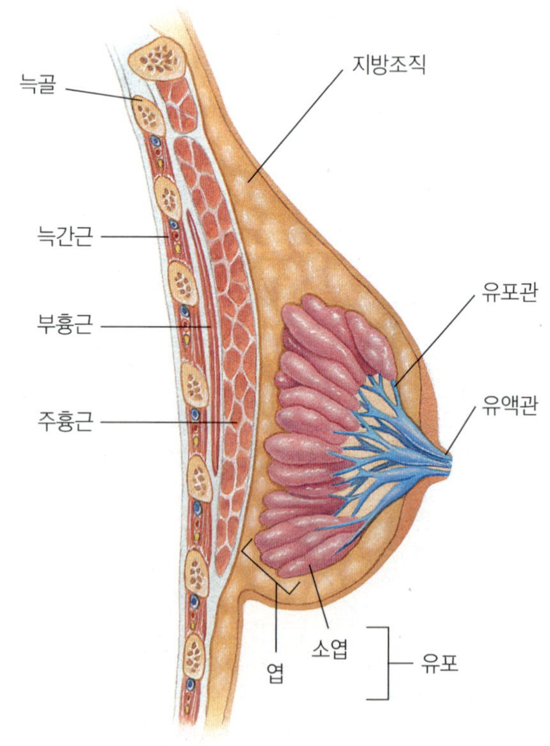

그림 48.24 | 유선의 단면.
프로락틴의 자극으로 유포에서 모유가 생산된다. 옥시토신의 자극으로 유액관을 통해 모유가 분비된다.

호가 뇌로 가서 프로락틴 분비를 중단시키고 젖의 생산은 중단된다.

출산 후의 발생

출생 후 유아는 신속히 성장하여 2개월 이내에 체중이 두 배로 된다. 기관마다 자라는 속도가 다르고 성장의 중단이 각기 다른 시기에 일어나므로 유아의 몸의 비율은 성인과 다르다. 가령, 머리는 신생아에서 상대적으로 매우 크고 출생 뒤에는 다른 부위보다 느리게 자란다. 이러한 성장을 상대생장(allometric growth)이라고 한다.

대부분의 포유동물에서 뇌의 성장은 태아에서 일어나는 현상이다. 침팬지에서 뇌와 뇌를 덮는 두개골은 출생 후 거의 성장하지 않으나 턱뼈는 계속 자란다. 그 결과 성체 침팬지의 두부는 태아 침팬지의 두부와는 매우 다른 모습이다(그림 48.25). 이와 달리 사람의 유아에서는 뇌와 뇌를 덮는 두개골은 턱과 같은 속도로 자란다. 그러므로 출생 후 턱-두개골의 비율은 변하지 않는다. 사람의 태아가 성인과 매우 닮아 있는 것은 이런 이유 때문이다. 사람의 뇌는 출생 후 수년간 크게 자라므로 적당한 영양과 안정된 환경은 시능 발달에 매우 중요하다.

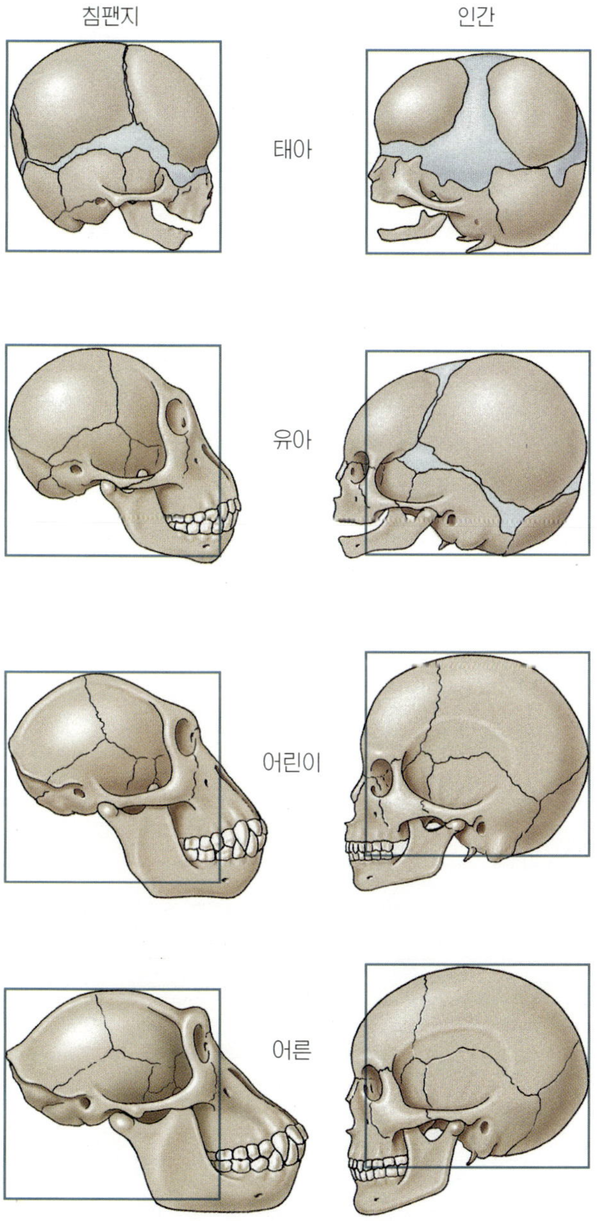

그림 48.25 | **상대생장.**
어린 침팬지는 턱이 머리의 다른 부위보다 빨리 자라서 어른 침팬지의 머리는 갓 태어났을 때 모습과 크게 다르다. 사람의 경우엔 턱과 머리의 다른 부위의 자라는 속도가 크게 다르지 않으므로 어른의 머리 모양은 갓 태어난 신생아의 머리와 비슷하다.

Part Ⅷ

생태학과 행동학

49
행동생물학

50
개체군 생태학

51
군집 생태학

52
생태계의 동태

53
생물권

CHAPTER 49

행동생물학

생물은 여러 가지 방식으로 주변 환경과 상호작용을 한다. 이 상호작용을 이해하기 위해서는 동물행동방식의 근원이 되는 내부 요인과 개체에 영향을 주는 외부 환경 양상을 이해해야 한다. 이 장에서는 동물의 행동을 결정하는 기작과 어떻게 자연선택이 진화를 통하여 행동을 형성하였는지를 연구하는 행동 생태학 영역을 알아본다.

49.1 선천적 행동

행동 연구에의 접근

지난 20년 동안 동물의 행동에 대한 연구는 생물학의 여러 분야를 연결하는 중요한 과학으로 등장하였다. 진화학, 생태학, 생리학, 유전학, 심리학은 모두 행동의 연구와 자연스럽게 관련을 맺게 되었다.

동물 행동에 대한 연구는 신경계, 아동 발달, 인간의 의견소통, 종분화 과정, 군집의 구성, 자연선택의 기작의 이해에 기여해 오고 있다. 사람 외의 다른 동물의 행동 연구는 행동의 일반 원리를 이해하도록 하였으며, 인간에게도 적용하게 되었다. 이로써 인간 행동의 기원과 우리 자신을 인식하는 방식에 대한 우리들의 사고 방식도 변화시켜 왔다.

행동(behavior)이란 한 동물이 주변 환경의 자극에 반응하는 방식이라고 정의할 수 있다. 자극은 음식의 냄새와 같이 난순한 것일 수 있다. 이런 의미에서 세균도 당의 농도가 높은 쪽으로 이동하는 "행동"을 한다. 동물은 진화하면서 서로 다른 환경을 점유하고 생존과 생식에 영향을 주는 여러 가지 문제와 마주치게 되었다. 따라서 신경계와 행동이 더 복잡하게 발전되었는데, 신경계는 환경 자극에 대한 정보를 인지하고 가공하여 행동 양식이라는 적절한 운동 반응을 나타낸다.

동물의 행동을 관찰할 때 우리는 두 가지 방식으로 이를 설명한다. 하나는 그 행동이 어떻게 일어나는가, 즉 동물의 감각, 신경망, 내부 상태가 어떻게 행동의 생리적 근거를 이루는가를 질문할 수 있다. 즉, 우리는 직접적인 원인(proximate causation)에 대한 의문을 갖게 된다. 행동의 직접적 원인을 분석하기 위하여 우리는 호르몬 농도를 측정하거나 뉴런의 충격 활동을 기록하기도 한다. 우리는 또 왜 그 행동으로 진화했는가, 즉 그 행동의 적응적 가치가 무엇인가를 질문하게 된다. 이는 궁극적 원인(ultimate causation)에 관한 질문이다. 한 행동의 궁극적 원인을 알아보기 위하여 우리는 그 행동이 어떻게 동물의 생존이나 번식 성공도에 영향을 주는가를 조사하게 된다. 그러므로 박새 수컷은 번식기에 성호르몬인 테스토스테론의 농도가 올라가 뇌의 호르몬 수용체에 결합해 노래를 하도록 자극을 하는데, 이는 새가 노래하는 직접적 원인이 된다. 그러나 수컷은 다른 수컷으로부터 영역을 방어하거나 생식하기 위하여 암컷을 유인하고자 운다. 이는 궁극적이고, 진화적인 원인 설명이 된다.

본능적 행동

동물행동학 분야의 초기 연구는 본능적인 것으로 보이는 행동 양상에 초점을 두었으며, 노벨상 공동 수상자 세 사람에 의해 주도되었는데 이 세 사람은 프리쉬, 로렌츠, 틴버겐이다(그림 49.1). 행동은 흔히 정형화되어 있으므로 이 연구자들은 행동이 신경계 안에 미리 정해진 경로를 따라 일어남이 틀림없다고 주장하였다. 그들의 견해로는 이 경로들은 유전적 청사진으로 구조화되어 있고 동물로 하여금 평생 동안 동일한 행동을 나타내게 만든다는 것이다.

이 연구자들의 견해는 거위의 알 거두어들이기와 같은 행동에 토대를 두고 있다. 거위는 둥지에서 알을 품는다. 만약 거위가 알이 둥지 밖으로 나가 있는 것을 알면 목을 뻗고 일어나서 부리 밑에 알을 끼고 목을 움직여 둥지 안으로 거두어들인다(그림 49.2). 알을 거두어들이는 동안에 알을 없애도 거위는 마치 둥지 밖의 알을 처음 보았을 때 유발된 프로그램에 의해 움직이듯이 그 행동을 완성시킨다. 행동학자들에 따르면 알 거두어들이기 행동은 둥지 밖에 알이 나타남이라는 신호자극(sign stimulus)에 의해 촉발되고, 거위의 한 신경계 요소, 즉 본능유발기작(innate releasing mechanism)이 운동 프로그램, 즉 고정작용양식(fixed action pattern)을 일으키도록 지시를 내려 이루어진다. 더 일반적인 말로 표현하면 신호자극은 행동을 일으키는 환경의 신호이다. 본능유발기작은 신호를 탐지하는 감각 기작이며, 고정작용양식은 정형화된 행동이다.

신호자극의 한 가지 흥미있는 양상은 이것이 대개 특이적이지 않아서 어떤 경우에는 여러 가지 물체가 고정작용양식을 일으킨다. 가령, 거위는 야구공도 거

그림 49.1 | 행동학의 창시자들.
프리쉬(Karl von Friesh), 로렌츠(Konrad Lorenz), 틴버겐(Niko Tinbergen)은 행동학 연구의 창시자들이다. 1973년에 그들은 노벨 생리의학상을 받았다. 프리쉬는 꿀벌의 통신과 감각 생물학을 연구하였다. 로렌츠는 사회적 발달(각인)과 공격의 자연사에 초점을 맞추었다. 틴버겐은 행동의 기능적 중요성을 연구하였고 최초의 행동 생태학자였다.

그림 49.2 | 거의 본능적 알 굴리기 반응.
거위가 알을 거두어들이는 일련의 움직임은 하나의 고정작용 양식이다. 거위는 한번 신호자극(이 경우 둥지 밖에 있는 알)을 감지하면 완전한 일련의 운동을 수행한다. 즉, 알을 향해 목을 뻗고, 일어나서, 알을 부리 아래 끼고 목을 움직여 알을 둥지 쪽으로 굴린다.

두어들이려고 한다. 더욱이, 일단 물체를 둥지 안에 거두어들인 후 거위는 이것이 알이 아니라는 것을 인식하고 제거한다. 이와 유사한 예를 큰가시고기(stickleback) 수컷에서도 볼 수 있다. 번식 시기에 수컷의 복부는 밝은 적색을 띤다. 영역을 설정한 수컷은 다른 수컷의 접근에 공격적으로 반응한다. 틴버겐이 실험실 내 수족관에 있는 큰가시고기 수컷이 창가에 붉은 소방차가 지나가자 공격적이 되는 것을 관찰했을 때 그는 적색이 신호자극임을 알게 되었다. 그 후 그는 수컷이 붉은 줄무늬가 있으면 물고기 같지 않은 것에도 반응한다는 것을 알게 되었다.

이 현상은 한 단계 더 나아가 초정상 자극(supernormal stimulus)의 발견을 낳았다. 정상 크기와 이보다 더 큰 신호자극 두 가지 중 선택하게 되면 많은 동물이 두 가지 중 큰 것에 반응한다. 그러므로 거위로 하여금 보통의 거위 알과 배구공만 한 것 중에 선택하게 하면 거위는 큰 것을 둥지로 굴리게 된다. 왜 초정상 자극이 생기는지는 항상 분명하지는 않다 그러나 한 가지 명심할 것은 많은 경우에 초정상 자극은 자연계에서 나타나지 않는다는 점이다. 그러므로 거위는 배구공만 한 크기의 알을 좋아하지만 거위가 이렇게 큰 알을 접할 일은 없다. 거위는 작고 둥근 자갈보다는 알을 돌볼 수 있도록 큰 물체에 반응하는 진화 과정을 거친 것으로 보인다.

행동 유전학

1940년대에 수행한 유명한 실험을 통하여 트라이언(R. Tryon)은 출구가 하나뿐인 미로를 이용하여 쥐가 길을 찾는 능력을 연구하였다. 출구에는 먹이가 기다리고 있었다. 어떤 쥐는 먹이를 찾아가는 길을 빨리 학습을 하였고 어떤 쥐는 학습이 느렸다. 트라이언은 빨리 길을 찾는 쥐끼리, 또 느리게 길을 찾는 쥐끼리 교배를 시켜서 그 자손들이 얼마나 빨리 미로학습을 하는지를 알아보았다. 빨리 길 찾는 쥐의 자손은 어버이보다 더 빨리 길을 찾았고, 느리게 길을 찾는 쥐의 자손은 어버이보다 더 느렸다. 트라이언은 이 교배를 몇 세대 더 반복하여 미로학습 속도가 크게 차이 나는 두 집단의 쥐를 만들었다(그림 49.3). 분명히 미로학습 능력은 어느 정도 유전적인 것이었다. 즉, 부모에게서 자손으로 전달된 유전자의 지배를 받는다. 더욱이 두 쥐 집단에서 미로학습 능력 외에 다른 형질의 차이는 나타나지 않았으므로 이 유전자는 그 행동에만 특이적이었다. 트라이언의 연구는 행동이 유전적

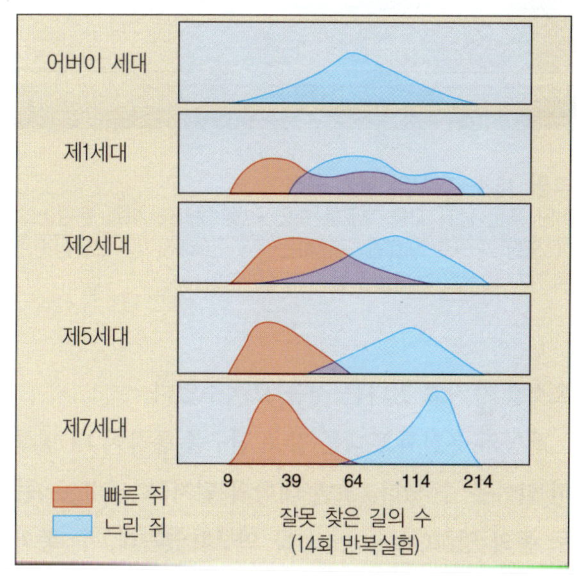

그림 49.3 | 학습의 유전.
실험실에서의 선택 실험으로 미로학습 능력 차이에 대한 유전적 토대를 확립하였다.

그림 49.4 | 잉꼬의 행동 유전.
어떤 종은 둥지 지을 재료를 측면 깃털 아래에 끼워 운반한다. 이 종을 부리로 재료를 운반하는 종과 교배시키면 그 잡종은 두 가지 방식으로 재료를 운반하려고 한다.

요소를 가지고 있다는 것을 보여주었다.

행동의 유전적 토대는 잡종 연구를 통하여 더 명확히 알아볼 수 있다. 코넬 대학의 딜저(W. Dilger)는 두 종의 잉꼬(*Agapornis*)를 연구하였는데, 두 종의 잉꼬는 둥지를 짓는 데 쓰는 재료 모으는 방식이 달랐다. *Agapornis fischeri*는 둥지의 재료를 부리로 물고 운반하며, *A. roseicollis*는 재료를 옆구리 깃털 아래에 끼어 운반한다(그림 49.4). 딜저가 이 두 종의 잡종을 만들었을 때 잡종은 두 어버이 종의 중간 형질을 나타내었다. 즉, 둥지 재료를 부리로 물었다가 날개에 끼웠다가를 반복하였다.

사람에서도 일란성 쌍생아 연구를 통하여 유전의 역할을 알아볼 수 있다. 일란성 쌍생아는 유전적으로 동일하다. 대부분의 일란성 쌍생아는 동일한 환경에서 자라므로 행동의 유전적 차이와 환경적 차이를 구별하기 어렵다. 그러나 출생하자마자 헤어져 자란 일란성 쌍생아도 있다. 최근에 이와 같은 쌍생아 50건에 대한 연구를 보면, 쌍생아는 개성, 기질, 여가시간의 행동 등이 매우 유사하였다. 비록 유전과 환경의 상대적 중요성에 대한 논란이 있지만 이 유사성은 사람에서도 유전이 행동을 결정하는 데 역할을 한다는 것을 알려준다.

행동에 대한 단일 유전자 영향

미로학습, 잡종, 일란성 쌍생아 연구는 유전자가 행동에 한 역할을 한다는 것을 알려준다, 그러나 최근의 연구는 행동의 유전적 바탕에 대한 매우 자세한 내용을 알려주고 있다. 초파리와 생쥐에서 여러 가지 돌연변이는 특정 비정상적 행동과 관련되어 있다.

예를 들어, 초파리에서 한 유전자의 다른 대립인자를 가진 개체는 유생 시기에 섭식 행동의 큰 차이를 나타낸다. 어떤 대립인자를 가진 개체는 많이 돌아다니면서 먹이를 먹고, 다른 대립인자를 가진 유생은 거의 움직이지 않는다. 또 다른 유전자에서의 여러 가지 돌연변이가 구애행동(courtship)에 영향을 주는 것이 알려져 있다.

유전자 차이가 행동에 영향을 주는 방식은 생쥐의 여러 유전자에서 알려져 있다. 예를 들어, 하나의 돌연변이를 가진 어떤 생쥐는 물체가 있는 장소에 대해 이틀 전에 학습한 정보를 기억하지 못한다. 이러한 차이는 돌연변이체 생쥐가 효소인 α-칼슘-칼모둘린 의존 키나아제 II를 만들지 못하기 때문인 것으로 밝혀졌다. 이 효소는 공간학습에 중요한 뇌의 한 부분인 해마의 기능에 중요한 역할을 한다.

오늘날의 분자생물학적 기술은 행동에 관여하는 유전자의 역할을 정확하게 연구할 수 있도록 해 준다. 예를 들어, 수컷 생쥐를 뇌의 신경전달물질인 일산화질소의 합성 능력이 없도록 유전공학적으로 처리하면 공격 행동이 커진다.

1996년에 주목할 만한 연구 결과가 나왔는데, 과학자들은 fosB라는 유전자가 쥐의 암컷이 새끼 양육을 할지를 결정한다는 것을 발견하였다. 양쪽 fosB 대립인자가 모두 결함이 있는 암컷은 태어난 새끼 쥐들을 무시하는데, 이 행동은 새끼들을 보호하고 돌보는 정상 쥐의 행동과는 대조적인 것이었다(그림 49.5).

이러한 생쥐의 비정상적인 행동은 연쇄반응의 결과였다. 새끼의 어미가 처음 새끼들을 조사할 때, 청각, 후각, 촉각으로 얻은 정보는 시상하부로 전달되어 fosB 유전자를 활성화시켜 특수 단백질을 만들게 하

(a)

(b)

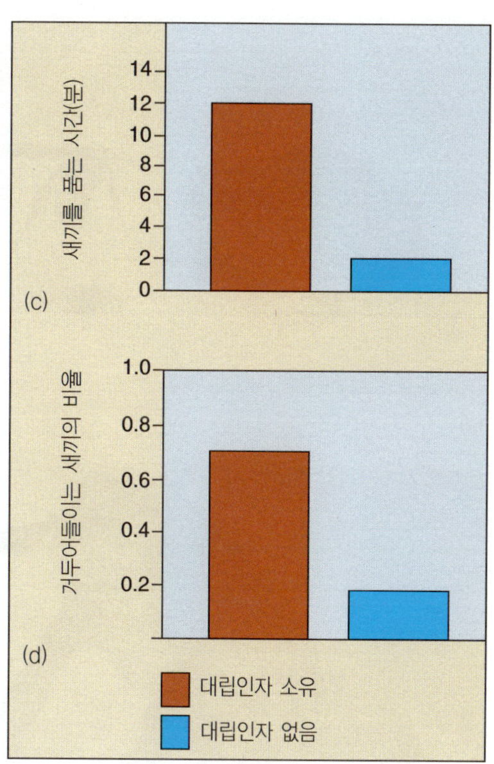

그림 49.5 **보육 행동의 유전적 결함.** (a) 생쥐에서 정상 어미는 새끼들이 멀리 가면 데려와 함께 모아 품는다. (b) 돌연변이 fosB 대립인자를 가진 어미는 이 두 가지 행동을 하지 못한다. (c) 어미쥐가 새끼를 품는 시간 (d) 새끼들을 실험적으로 떼어 놓았을 때 거두어들이는 새끼의 비율

며, 이 단백질은 시상하부 내 신경회로에 영향을 주는 다른 효소와 유전자들을 활성화시킨다. 뇌에서의 이런 변화는 암컷이 새끼에게 모성을 나타내게 한다. 이와는 대조적으로 fosB 대립인자가 없는 어미는 중간에 이 반응이 중단된다. 아무런 단백질이 활성화되지 않고, 뇌의 신경회로는 작동하지 않으며, 그 결과 모성적 행동이 나오지 않는 것이다.

49.2 학습과 행동

비연관학습과 조건지우기

동물이 나타내는 여러 가지 행동 양상 중에는 본능과 관계없는 것이 많다. 여러 가지 경우에서 동물은 이전의 경험으로 행동을 바꾸는데, 이를 학습(learning)이라고 한다.

가장 단순한 학습인 비연관학습(nonassociative learning)은 두 가지 자극 사이 또는 자극과 반응 사이에 연관이 없을 때 일어나는 학습이다. 비연관학습의 한 가지 형태는 습관화(habituation)로서, 양성적 결과도 일으키지 않고 음성적 결과도 일으키지 않는 반복 자극에 대한 반응이 줄어드는 것이다. 어떤 자극이 처음 가해질 때는 강한 반응을 불러 일으키지만 이 자극에 대하여 반복적으로 노출되면 반응은 점점 줄어든다. 가령, 어린 새는 머리 위에서 움직이는 물체에 반응하여 처음에는 몸을 웅크리고 조용히 앉아 있는다. 떨어지는 낙엽이나 동일 종의 개체가 움직이는 것을 자주 보게 되고 이런 물체들이 아무런 양성적, 음성적 영향을 주지 않으면 시간이 지나면서 어린 새는 이러한 자극에 대하여 습관화되고 반응하지 않게 된다. 그러므로 습관화는 자극에 반응하지 않는 것을 학습하는 것이라고 정의할 수 있다. 중요하지 않은 자극에 대하여 반응하지 않는 것은 복잡한 환경 속에서 여러 가지 자극을 접하는 동물에게는 중요하다. 그렇지 않으면 동물은 먹이의 발견, 포식자 회피 등과 같은 중요한 행동에 집중할 수 없게 된다.

두 자극 사이 또는 자극과 반응 사이의 연관으로 일어나는 행동 변화를 연관학습(associative learning)이라고 한다(그림 49.6). 연관을 통하여 행동이 수정

(a)

(b)

(c)

그림 49.6 | 먹을 것에 대한 학습.
연관학습은 포식자와 피식자의 작용에서도 나타난다. (a) 어린 두꺼비에게 먹이로 뒝벌을 준다, (b) 두꺼비는 벌에게 쏘이고, (c) 그 결과 벌이나 검고 노란 무늬가 있는 다른 곤충을 먹지 않게 된다. 두꺼비는 곤충의 모양과 고통을 연관지었고, 행동을 수정하게 되었다.

되는 것을 조건화(conditioned)된다고 한다. 이런 유형의 학습은 습관화보다는 더 복잡하다. 연관학습에는 두 가지가 있는데, 하나는 고전적 조건지우기(classical conditioning)이고, 다른 하나는 작동 조건지우기(operant conditioning)이다. 이 두 가지는 연관이 일어나는 방식에서 차이가 난다.

고전적 조건지우기(classical conditioning)

고전적 조건지우기에서는 두 가지 서로 다른 종류의 자극이 동물로 하여금 자극 사이의 연관을 형성하게 만든다. 고전적 조건지우기는 이를 처음 설명한 러시아 심리학자 파브로프의 이름을 따서 파브로프형 조건지우기(Pavlovian conditioning)라고도 한다. 파브로프가 무조건적 자극(unconditioned stimulus)인 고기 분말을 개에게 주었을 때 개는 무조건적 반응(unconditioned response)인 침흘리기 반응을 하였다. 만약 종을 울리는 것과 같은 관련없는 자극을 고기 분말을 줄 때 함께 주는 것을 반복하면 개는 종소리만 듣고도 침을 흘리게 된다. 개는 관련없는 소리 자극과 고기 분말 자극을 연관짓는 것을 학습하게 되었다. 그러므로 소리 자극에 대한 반응은 조건화되었고 종소리는 조건 자극(conditioned stimulus)이라고 한다.

작동 조건지우기(operant conditioning)

작동 조건지우기에서는 동물이 자신의 행동 반응을 포상이나 처벌과 연관시키는 학습을 한다. 미국의 심리학자 스키너(Skinner)는 쥐를 스키너 상자라고 하는 장치 속에 넣어 작동 조건지우기를 연구하였다. 쥐가 우연히 이 상자의 발판을 밟으면 먹이가 나온다. 처음에는 쥐가 이 발판을 무시하고 먹이만 먹고는 돌아다니기를 계속했다. 그러나 곧 발판 밟기(행동 반응)와 먹이 얻는 것(포상)을 연관짓는 것을 학습하게 되고, 배가 고프면 발판을 밟는다. 이런 시행착오 학습은 모든 척추동물에게 매우 중요하다.

비교심리학자들은 어떤 두 자극도 고전적 조건지우기에서는 연관될 수 있으며, 동물들은 작동 조건지우기를 통하여 자극에 반응하여 어떤 행동도 학습할 수 있다고 생각해 왔다. 그러나 이런 관점은 변화되었다. 오늘날에는 본능이 조건지우기를 통하여 학습될 수 있는 정보의 종류를 결정하여 학습으로 이끈다고 보고 있다.

본능과 학습

일부 동물은 특정 연관을 형성하는 본능적 경향을 분명히 갖고 있다. 가령, 쥐에게 X선을 조사하면서(나중에 구토를 일으킴) 먹이를 주면 쥐는 먹이의 맛은 기억하지만 크기는 기억하지 못한다. 이와 유사하게, 비둘기는 먹이를 색깔과 연관짓지만 소리와는 연관짓지 못하고, 반면 위험을 소리와는 연관짓지만 색깔과는 연관짓지 못한다.

이러한 학습 준비태세(learning preparedness)의 예는 동물이 학습할 수 있는 것은 생물학적인 영향을 받는다는 것을 증명한다. 즉 학습은 본능이 설정한 경계 안에서만 가능한 것이다. 본능적 프로그램은 이것이 적응적 반응을 나타내므로 진화해 온 것이다. 자연에서 쥐에게 유독한 음식은 특정 맛을 나타내기 쉽다. 그러므로 맛과 몸이 아픈 느낌을 연관짓는 것은 적응적이다. 비둘기가 먹는 씨앗은 비둘기가 볼 수 있는 분명한 색깔을 가지나 비둘기가 들을 수 있는 소리를 내지는 않는다. 학습에 대한 연구는 이것의 생태적 중요성에 대한 연구로까지 확대되어서 우리는 이제 학습의 진화까지 고려할 수 있게 되었다.

그림 49.7 | 잣까마귀의 기억력.
잣까마귀는 2,000개의 씨앗 은닉처를 몇 개월이 지난 뒤에도 모두 기억한다. 이 새는 주변 경관과 다른 주변 물체의 특징을 공간적 자료로 이용하여 은닉처의 위치를 기억한다.

물론, 동물의 생태는 동물의 정신적 능력을 이해하는 데 열쇠가 된다. 잣까마귀(clark's nutcracker)는 씨앗을 먹고산다. 이들은 씨앗이 풍부할 때 겨울에 먹기 위하여 은닉처에 묻어 놓는다. 수천 개의 은닉처에 씨앗을 숨겨놓고는 9개월이 지난 뒤에도 찾는다. 이 새는 비상한 공간 기억을 가진다(그림 49.7). 잣까마귀를 비롯하여 씨앗을 감추는 새는 매우 큰 해마를 가지는데, 해마는 뇌의 기억 저장 중추이다,

행동의 발달

행동학자들은 행동은 유전과 학습에 의해 이루어진다고 인식하고 있다. 지금까지 유전자와 학습의 영향을 구분하여 알아보았으나, 이들 인자들은 상호작용하여 행동을 이룬다.

어버이와 자손의 상호작용

동물이 성숙하면서 다른 개체와 사회적 유대를 형성하거나 나중의 행동에 영향을 미칠 선호행동을 발전시킨다. 각인(imprinting)이라고 하는 이 과정은 학습의 한 유형으로 간주되기도 한다. 친족 각인(filial imprinting)에서는 어버이와 자손 사이에 사회적 유대가 생긴다. 가령, 일부 종의 어린 새는 부화한 지 수시간 안에 어미를 따라다니기 시작하고, 이 따라가는 행동은 어미와 새끼 사이의 유대를 형성한다. 그러나 어린 새의 최초 경험은 어떤 식으로 각인을 형성할지를 결정한다. 독일의 행동학자 로렌츠(K. Lorenz)는 새는 부화하여 처음 본 물체를 따라가게 되고 이 물체에 대하여 사회적 행동을 하게 된다는 것을 보여주었다. 로렌츠는 거위의 알을 부화시켰는데, 그 자신이 각인의 모델이 되었을 때 거위 새끼들은 로렌츠를 어미인

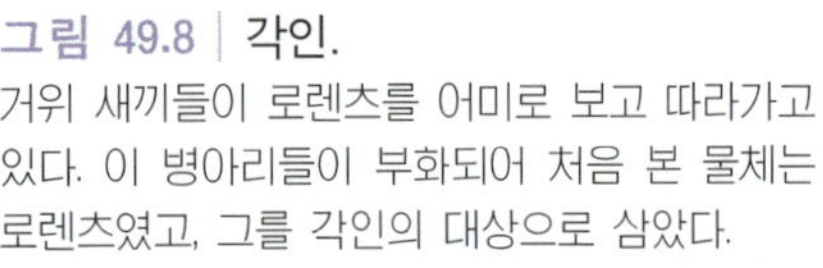

그림 49.8 | 각인.
거위 새끼들이 로렌츠를 어미로 보고 따라가고 있다. 이 병아리들이 부화되어 처음 본 물체는 로렌츠였고, 그를 각인의 대상으로 삼았다.

(a)

(b)

그림 49.9 | 각인 연구 방법.
오리 병아리는 처음 본 물체가 검은 상자(a)나 흰 공(b)일 때에도 각인이 이루어진다.

양 따라다녔다(그림 48.8). 검은 상자, 전등, 물통도 효과적인 각인 물체가 될 수 있었다(그림 48.9). 각인은 민감기(sensitive phase 또는 critical period)에 가장 효과적으로 일어나며, 거위의 경우 부화 후 13~16시간 사이이다.

여러 가지 연구에 의하면 민감기에 어버이와 자손 사이에 일어나는 사회적 상호작용은 정상 행동 발달에 매우 중요하다. 심리학자 할로(H. Harlow)는 레서스원숭이의 어린 새끼를 두 대리모와 사회적 유대를 형성하도록 하였는데, 하나는 철사 모형에 부드러운 옷을 입힌 것이고, 다른 대리모는 옷을 입히지 않은 철사 모형이었다. 원숭이 새끼는 철사 대리모가 먹이를 주는데도 불구하고 옷 입은 대리모와 가까이 하면서 시간을 보냈다. 이는 먹이를 주는 것보다는 감촉이 유아의 사회적 유대를 증진하는 어버이의 중요 성질임을 알려준다. 유아의 정상적 사회적 접촉을 막으면 발달이 비정상적으로 된다. 어린 고아에 대한 연구를 보면 지속적인 어머니 역할을 하는 존재가 정상적인 성장과 심리적 발달에 필요하다.

최근의 연구에 의하면 어릴 때 어버이와 자손 간의 상호작용 동안 일어나는 자극은 생물학적으로 필요하다. 암컷 쥐는 출산 후 새끼들을 핥는데, 이 자극은 정상 성장을 차단하는 호르몬과 유사한 화학물질의 방출을 억제한다. 정상 접촉 자극을 받은 새끼는 뇌에 더 많은 글루코코르티코이드 호르몬 수용체를 가지며, 뇌의 뉴런 수명이 더 길고, 스트레스에 대한 내성이 더 크다. 조산아를 마사지해 주면 체중 증가가 빠르다. 이런 연구들은 정상 사회적 상호작용이 뇌와 관련되어 있고 어버이와 자손 사이에 몸을 맞대는 것이나 다른 접촉은 육체적, 행동적 발달에 중요하다는 것을 말해준다.

성적 각인(sexual imprinting)은 개체가 동일종의 개체에 성적 행동을 보이도록 학습하는 과정이다. 한 종의 개체가 다른 종 어버이에 의해 길러지는 교차양육(cross-fostering)실험에서 성적 각인도 어릴 때 형성됨을 알 수 있다. 조류에서 이렇게 기른 개체는 성숙했을 때 길러준 종의 개체들과 짝짓기를 시도한다.

본능과 학습의 상호작용

말러(P. Marler)와 그의 동료들이 흰목참새(white-crowned sparrows)의 구애 노래 학습 과정을 연구한 것은 행동 발달에 있어서 본능과 학습의 상호작용을 보여주는 훌륭한 예가 된다. 구애 노래는 성숙한 수컷이 부르며 종 특이적이다. 말러는 방음 새장에 스피커와 마이크를 설치하고 수컷을 사육하면서 새에게 특정 소리를 들려주고 이 새가 내는 소리를 녹음하였다. 노래 발달 시기에 노래를 전혀 들려주지 않거나 다른 종의 노래만 들려주면서 기른 새는 성숙했을 때 노래를 제대로 부르지 못하였다(그림 49.10). 그러나 동종의 노래를 듣거나 동종의 노래와 다른 종의 노래를 함께 들으면서 자란 새는 완전한 동종의 노래를 부르게 되었다. 이 결과는 이 새가 적절한 노래를 학습하도록 유도하는 유전적 주형(genetic template) 또는 본능 프로그램을 가지고 있음을 알려준다. 발달 민감기에 이 주형은 올바른 모델이 되는 노래를 수용한다. 그러므로 노래를 부르는 것은 학습에 의존하지만, 동일종의 노래만 학습하게 된다. 학습을 위한 유전적 주형은 선택적이다. 그러나 학습도 중요한 역할을 한다. 만약 어린 흰목참새가 민감기에 동종의 노래들 들은 뒤 귀가 먹으면 성체 시기에 제대로 된 노래를 부르지 못하게 된다. 그러므로 새는 들은 노래를 불러 연습하면서 주형이 수용한 모델과 일치시켜 나간다는 것을 알 수 있다.

최근의 연구에 의하면 흰목참새 수컷은 특별한 조건 속에서 다른 종의 노래도 학습할 수 있음이 밝혀졌다. 만약 어린 흰목참새 수컷의 새장 옆에 딸기핀치새(strawberry finch) 수컷을 갖다 놓으면, 흰목참새는 딸기핀치새의 노래를 배우게 된다. 그러므로 노래발달에서 녹음된 노래보다 사회적 자극이 본능적 프로그램을 극복하는 데 더 효과가 큰 것을 알 수 있다. 어떤 종의 수컷은 동종의 노래를 들을 기회가 없다. 이런 경우 이 새는 본능적으로 동종의 노래를 안다. 가령, 뻐꾸기(cuckoos)는 탁란하는 새로서, 암컷은 다른 종의 둥지에 알을 낳고, 부화한 어린 뻐꾸기는 숙주어미에 의해 길러진다(그림 49.11). 뻐꾸기 새끼가 자라면 길러준 새의 노래가 아닌 동종의 노래를 부른다. 즉, 잘못된 자극은 무시하도록 적응된 것이다. 새끼는 동종의 성체 수컷 노래를 듣지 못하므로 정확한 노래 모델이 없다. 이런 종에서는 수컷이 유전적으로 결정된 노래만을 부르도록 자연선택이 작용한 것이다.

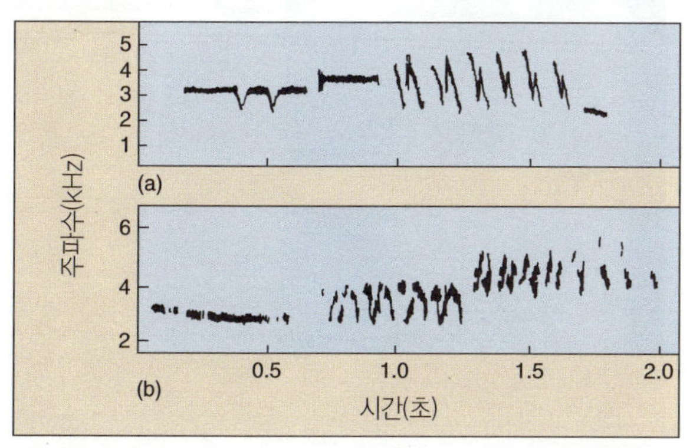

그림 49.10 | 새의 노래 발달.
(a) 발달 과정에서 동종의 노래를 듣고 자란 흰목참새 수컷 노래의 소노그램. (b) 아무 소리도 듣지 못하고 자란 수컷 노래의 소노그램. 이 차이는 정상 노래를 부르는 데는 유전적 프로그램만으로는 충분하지 못함을 알려준다.

그림 49.11 | 탁란.
뻐꾸기는 다른 종의 새 둥지에 알을 낳는다. 어린 뻐꾸기(오른쪽)는 숙주에 의해 길러지므로 동종의 노래를 들을 기회가 없으나 성체가 되면 정확한 노래를 본능적으로 부른다.

동물의 인지

동물이 어느 정도나 "생각"하는지는 의문 논란의 대상이다. 우리는 집에서 고양이나 개를 기르면서 이 동물들이 어느 정도의 논리 능력이나 생각하는 능력을 가진다고 느끼기 쉽다. 그러나 수십 년 동안 동물행동학자들은 인간 외의 동물이 생각할 수 있다는 것을 부정해 왔다.

(a)

(b)

그림 49.12 | 동물의 생각.
(a) 이 침팬지는 나뭇가지를 흰개미 집에 넣어 흰개미를 꺼내 먹는다. (b) 이 해달은 돌에 조개를 때려 조개를 깨 먹는다. 해달은 알맞은 돌이 있으면 이것을 오래 이용하며 이것을 나중에도 이용하기 위해 가지고 다닌다. 이런 행동들은 동물들이 인지능력을 가지고 있다는 것을 보여준다.

최근에 동물의 지각에 대한 면밀한 검토가 이루어지고 있다. 중심적인 의문은 동물이 인지행동(cognitive behavior)를 보여주는가, 즉 이들이 정보를 가공하고 사고라고 볼 수 있는 방법으로 반응하는가 하는 문제이다(그림 49.12). 어떤 종류의 행동이 인지를 증명할 수 있을까? 도시 지역의 어떤 새는 우유병의 포일 덮개를 뜯는데, 이 행동은 집단 사이에 널리 퍼진다. 일본원숭이는 고구마를 씻어 먹고, 모래와 섞인 곡식을 물에 던져 떠오른 곡식만 주워 먹는다. 침팬지는 나뭇가지의 잎을 떼어내고 흰개미 집에 집어넣어 흰개미를 꺼내 먹는다. 벨벳원숭이는 특정 포식자를 구별하는 소리를 낸다(그림 49.21).

동물이 문제 해결을 하는 몇 가지 예를 보면 정신적인 과정의 결과로 설명할 수밖에 없는 경우가 있다. 1920년대 행해진 고전전인 실험의 하나로서 손이 닿지 않는 천장에 바나나를 매달은 방에 침팬지를 집어넣으면 방에 놓인 상자를 여러 개 겹쳐 올려놓고 그 위에 올라가 천장에 매달린 바나나를 따낸다.

동물의 인지 능력을 보여주는 최근의 발견 하나가 있다. 갈까마귀(ravens)는 항상 매우 영리한 새라고

그림 49.13 | 갈까마귀의 문제 해결.
새로운 문제에 직면해서 갈까마귀는 줄을 조금씩 잡아당겨 발밑에 끼고 밟는 식으로 줄 끝에 매달린 고기를 얻을 방법을 찾아냈다.

이야기들 한다. 하인리히(B. Heinrich)는 야외 새장에서 기른 갈까마귀로 실험을 하였다. 하인리히는 줄에 고깃덩어리를 매달아 나뭇가지에 매어 놓았다. 이 새는 고기를 먹고 싶었으나 이전에 본적이 없는 줄에 매달려 있었기 때문에 접근할 수 없었다. 수시간 후 갈까마귀는 나무에 매인 줄을 부리로 잡아당겨 발밑에 끼면서 고깃덩어리를 끌어당겨 붙잡았다(그림 49.13). 하인리히는 갈까마귀가 인지능력을 가진다는 사실을 인정하게 되었다.

이동 행동

방향정위와 이동

동물은 먹이를 먹으러 둥지를 들락거리거나 주기적으로 한 곳에서 다른 곳으로 멀리 이동하기도 한다. 이렇게 하기 위해서는 동물이 환경의 항로 자극을 이용하여 방향을 정해야 한다. 하나의 자극을 향하여 또는 자극으로부터 멀리 움직이는 것을 주성(taxis)이라고 한다. 불빛을 향하여 곤충들이 모이는 것은 양성 주광성(positive phototaxis)의 예이고, 바퀴처럼 빛을 피하는 곤충은 음성 주광성(negative phototaxis)의 예이다. 다른 자극도 방향을 정하는 단서로 이용될 수 있다. 예를 들면 송어는 물이 내려오는 쪽으로 머리를 향한다. 그러나 모든 반응이 특정 방향정위와 관련된 것은 아니다. 어떤 동물은 자극의 강도가 증가하면서 단지 활동이 커지거나 약해지는데, 이러한 반응을 무방향 운동(kineses)이라고 한다.

장거리를 왕복하는 움직임을 이동(migration)이라고 한다. 기러기나 고니는 초겨울에 남쪽으로 날아왔다가 봄에 시베리아로 돌아간다. 북아메리카에서 왕나비는 가을에 중부와 동부에서 멕시코 중앙부의 외딴 침엽수림 지역으로 이동한다(그림 49.14). 왕나비(monarch butterflies)는 8월에 겨울을 보낼 남쪽으로 이동하기 시작하고 겨울이 끝날 무렵에 다시 북쪽으로 여름번식을 위해 돌아가기 시작하는데, 놀라운 것은 남쪽에서 북쪽으로 이동하는 도중에 2~5세대를 거친다는 것이다. 그러므로 가을에 다시 멕시코로 날아가는 나비는 전에 그곳에 가본 경험이 없다.

일부 조류의 최근의 분포지역 확장은 이동 양상이 어떻게 변화하는지를 보여주었다. 미국의 중서부와 동부에 서식하는 쌀먹이새(bobolink)의 일부 집단이 서부 지역에 이주하게 되었는데, 이들은 월동지역인 남아메리카로 직접 날아가지 않고, 그들의 조상이 살던 지역인 동쪽으로 날아갔다가 원래 이동로를 따라 다시 남쪽을 향하여 날아갔다(그림 49.15). 원래 이동 양상을 바꾸기보다 단순히 새로운 양상을 첨가한 것이다. 과학자들은 서부의 쌀먹이새들이 시간이

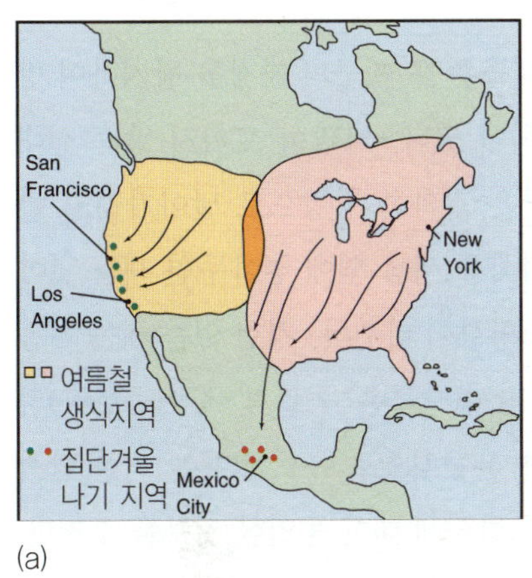

(a)

(b)

(c)

그림 49.14 | 왕나비의 이동.
(a) 북아메리카 서부의 왕나비는 태평양 연안의 온난한 기후 지역에서 월동한다. 미국 동부와 캐나다 남동부의 왕나비는 3,000km를 여행하여 멕시코로 간다. (b) 왕나비는 멕시코의 숲에 도착하여, (c) 나무줄기에 집단으로 앉아 겨울을 보낸다.

그림 49.15 | 철새의 이동.
(a) 쌀먹이새의 여름 서식지가 최근에 중서부에서 미국 서부까지 확장되었다. 서부로 이주한 쌀먹이새들은 겨울에 남아메리카로 이동할 때 직선으로 날아가지 않고 중서부로 간 다음 조상들의 이동경로로 따라 남쪽으로 간다. (b) 금물떼새는 북극의 산란지역에서 남아메리카의 남동부 월동지역까지 13,000km를 날아간다. 이들의 이동경로는 고리를 이룬다.

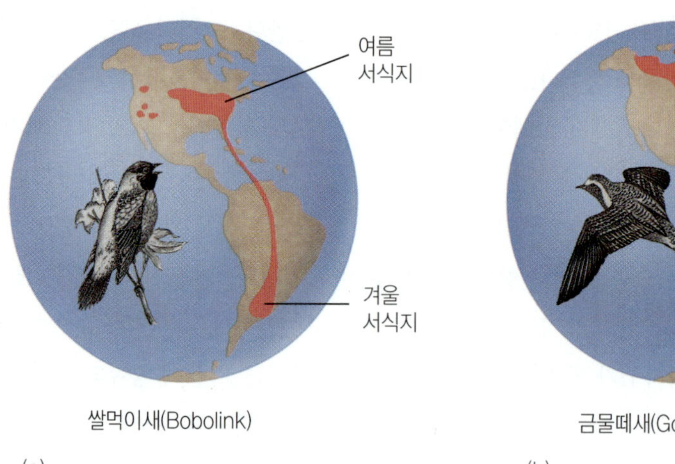

지나면 지금의 이동 경로를 바꾸어 더 효율적인 이동로를 찾게 될지 계속 주목하고 있다.

이동하는 동물의 항행

방향정위(orientation : 방위각을 따라가는 능력)와 항행(navigation : 방위각을 정하거나 조정하여 이를 따라가는 능력)은 구별된다. 방향정위는 나침반을 이용하는 것과 유사하고 후자는 지도와 함께 나침반을 이용하는 것과 같다. 실험 결과로 보면 찌르레기의 경우 경험 없는 새는 방향정위로 이동하고, 경험 많은 새는 항행으로 이동한다(그림 49.16).

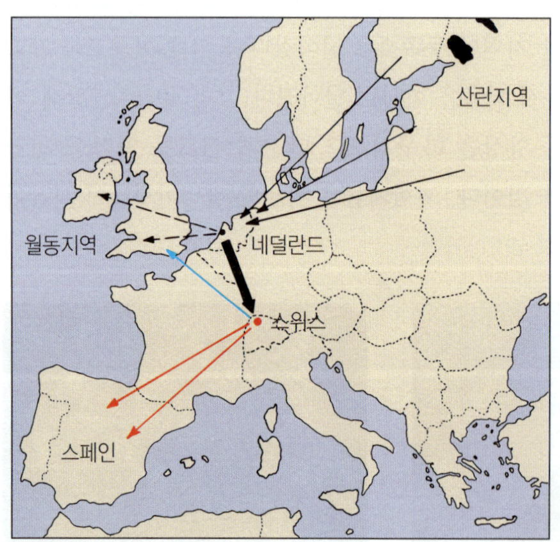

그림 49.16 | 찌르레기의 이동.
이동 경험이 없는 찌르레기와 이동 경험이 있는 찌르레기는 항행 능력에서 차이가 난다. 산란지역인 발트해에서 월동지역인 영국 사이의 중간 지역인 네덜란드에서 찌르레기를 포획한 다음 스위스로 운반해서 풀어주었다. 그 결과 경험 많은 새는 위치 변화를 보정하여 정상적인 월동지인 영국으로 날아갔고(청색선), 경험 없는 새는 날아가던 방향과 똑같은 방향을 취하여 스페인으로 갔다(적색선). 이 실험 결과는 경험 없는 새는 방향정위로 날고, 경험 있는 새는 항행으로 날아간다는 것을 알려준다.

새나 여러 동물은 해나 별을 보고 항행한다. 낮에 나는 새인 인디고멧새(indigo bunting)는 해를 지표로 이용하여 항행하는데, 낮이 지나가면서 생기는 해의 움직임을 정지하고 있는 별인 북극성을 이용하여 보정한다. 인디고멧새는 또 밤하늘의 별자리와 북극성의 위치도 이용한다. 찌르레기(starlings)나 일부 조류는 체내 시계를 이용하여 태양의 움직임을 보정한다. 이 새들을 새장에 넣고 가상적인 태양의 위치를 고정시켜 놓으면 이들은 시간당 15°의 각도로 방향정위를 바꾼다.

여러 가지 철새들은 또 지구의 자장을 탐지하여 방향을 정하는 능력이 있다. 바깥이 보이지 않는 실내 새장에서도 이들은 정확한 방향으로 날아가려고 한다. 이때 강한 자석을 새장 옆에 놓아두면 새는 날아가려고 시도하는 방향이 바뀐다. 경험 없는 새는 처음 이동할 때 천체 단서(새들은 주로 밤에 이동한다)와 지구 자장에 의해 본능적으로 유도된다. 이러한 단서들은 일반적 이동 방향에 대한 동일한 정보를 주지만, 두 가지 단서를 실험적으로 엇갈리는 방향으로 조작해 놓으면 새는 자장보다는 별자리 정보를 우선적으로 이용한다. 그러나 최근의 연구에 의하면 별자리 단서는 북반구의 새에게 남쪽으로 날아가도록 알려주고, 자장은 특정 이동 경로의 방향을 알려준다. 즉, 별자리와 자장 단서가 상호작용하여 새의 항행을 세밀하게 조정한다.

다른 동물들은 어떻게 이동하는지 아직 잘 알려져 있지 않다. 이를테면 바다거북(green sea turtles)은 브라질 중부에서 대서양을 반이나 횡단하여 동쪽의 아센션 섬으로 가서 거기에서 산란한다. 이들이 어떻게 대서양 중간에 있는 작은 섬을 찾아가고 새끼는 어떻게 브라질로 갈 수 있을까? 최근의 연구에 의하면 파도의 작용이 중요한 단서가 된다는 것을 알려주고 있다.

49.3 동물의 통신

구애행동

구애행동(courtship)을 하는 동안 동물은 신호를 내어 잠재적인 배우자나 동성의 다른 개체와 통신을 한다. 때로는 자극-반응 연쇄(stimulus-response chain)가 나타나서 한 개체의 행동이 다른 개체의 행동을 촉발한다(그림 49.17).

구애 신호

가시고기 수컷은 연못이나 개울의 바닥에 둥지를 짓고 동종의 수컷이 여기에 접근하면 공격하여 둥지를 방어한다. 틴버겐은 간단한 진흙 모형을 만들어 이 행동의 사회적 촉발원인을 연구하였다. 그는 모형의 형태와 어류와의 유사 정도는 중요하지 않고, 어떤 모형이던지 복부 쪽에 붉은 색이 있으면 수컷이 공격한다는 것을 알아냈다.

구애신호는 대개 종 특이적(species-specific)이어서 동종의 개체들 사이의 통신에만 국한되므로 생식적 격리에 중요한 역할을 한다. 반딧불이(fireflies)는 종마다 수컷의 불빛 점멸 방식이 다르고, 암컷은 동종의

그림 49.17 | 자극-반응 연쇄.
큰가시고기의 구애행동은 알을 수정할 때까지 순서적으로 일어난다.

수컷이 내는 불빛에만 반응하고 수컷은 불빛에 대한 반응으로 동종 암컷을 인식한다.

장거리 통신

동종 개체 사이의 통신에 이용되는 화학적 신호전달물질인 페로몬(pheromone)은 대개 성 유인물질의 역할을 한다. 사람의 난자도 정자와 통신하기 위하여 화학적 유인물질을 만든다. 누에나방 암컷은 생식계와 연결된 샘에서 봄비콜(bombykol)이라는 성 페로몬을 만든다. 신경생리학적 연구에 의하면 수컷의 촉각에는 봄비콜의 감각수용체가 많이 있다. 이 수용체는 매우 민감하여 수컷은 공기 중의 산소 10^{17} 분자당 봄비콜 1 분자의 농도에도 반응 행동을 나타낸다.

여러 가지 곤충, 양서류, 조류는 종 특이적인 청각 신호를 내어 짝을 유인한다. 개구리 수컷은 아래턱 밑에 있는 소리주머니에 공기를 넣었다 빼면서 소리를 낸다. 암컷은 동종의 수컷이 내는 소리를 다른 종 수컷이 내는 소리와 구별한다. 새의 수컷은 개체마다 노래의 특징이 있어서 집단 내에서 특정 개체가 구별되기도 한다. 이런 종에서는 노랫소리가 종 특이적일 뿐만 아니라 개체 특이적이기도 하다.

특이성의 정도

발신자가 내는 신호의 차이는 정보의 차이를 나타내며, 특이성의 정도(level of specificity)는 신호의 기능과 관련된다. 대개의 구애신호는 종 특이적이어서 동물의 교배 실수를 막는다. 새의 수컷의 노래는 인근 개체들에게 자신의 존재를 알리므로 개체 특이적이다. 영역을 설정하고 있을 때 수컷은 노래를 부르고 자신의 영역을 공격적으로 방어한다. 공격은 상처를 받을 위험이 있고 노래 부르는 일은 많은 에너지를 소비하게 하는 일이다. 영역의 경계가 설정되면 이때는 이미 투쟁이 끝난 상태이므로 침입자는 거의 없게 된다. 그러므로 수컷들은 소리를 듣고 이웃 수컷을 알게 되며 이 수컷의 소리를 더 이상 위협으로 받아들이지 않는다. 이와 유사하게, 포유동물은 개체의 정체성을 나타내는 페로몬으로 영역을 표시한다. 그러나 새의 떼를 지어 내는 경고음은 종 특이성이 없고 포식자의 존재를 다른 종에게도 알린다.

그림 49.18 | 청소부 어류.
이 어류(고객)는 청소부가 있는 장소로 와서 청소 준비가 되었음을 알리는 자세를 취한다. 청소부 어류는 고객의 입과 아가미로 들어가 그곳에 부착된 기생충을 뜯어 먹는다.

대개 신호는 동종 개체 사이의 통신에 이용되지만 때로는 두 종 사이에도 이루어진다. 예를 들면, 기생충을 가지는 어류는 청소부 어류에 특정 자세를 내보여서 청소 준비가 되었음을 알린다(그림 49.18). 어떤 동물은 포식자에게 신호를 보낸다. 가령, 흰꼬리사슴은 포식자로부터 도망갈 때 선명한 흰색으로 된 꼬리 아래쪽을 쳐들어 보인다. 이런 행동은 포식자에게 이미 눈치를 챘으니 추격해도 소용없다는 것을 알린다.

사회적 집단에서의 통신

여러 곤충, 어류, 조류, 그리고 포유류는 사회집단을 이루어 살면서 개체들 사이에 정보를 교환한다. 예를 들면 포유류 집단의 어떤 개체는 보초 역할을 한다. 포식자가 나타나면 보초는 경고음(alarm call)을 낸다. 개미나 꿀벌과 같은 사회적 곤충은 공격 행동을 유발하는 경고 페로몬(alarm pheromones)을 낸다. 개미는 또 집과 먹이가 있는 장소 사이에 길잡이 페로몬(trail pheromone)을 분비해 다른 개체들을 안내한다(그림 49.19). 꿀벌은 매우 복잡한 춤 언어

(dance language)로 동료들을 밀원으로 안내한다.

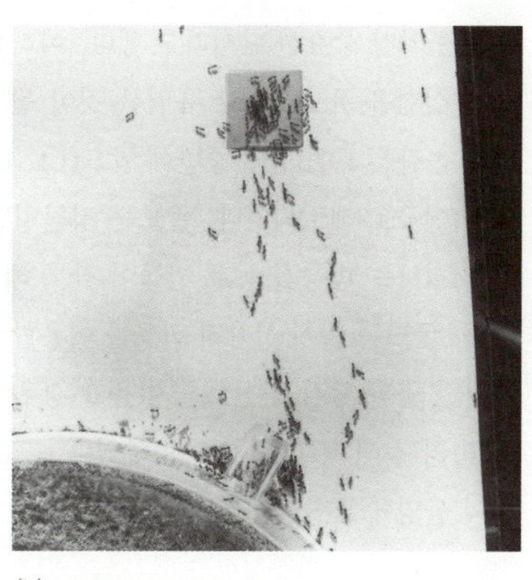

(a) (b)

그림 49.19 | 불개미 먹이 수집의 화학적 조절.
불개미의 침 근처에 있는 부속선에서 나오는 길잡이 페로몬은 협동적인 먹이 수집을 유도한다.(a) 한 개미가 먹이원까지의 길을 표시하면(b) 대부분의 다른 개미들은 이 길을 따른다.

(a)

(b)

그림 49.20 | 꿀벌의 흔들춤.
(a) 벌이 벌집에서 흔들춤을 출 때 춤의 직선 부위와 수직선 사이의 각도로서 밀원, 벌집, 태양 사이의 각도를 나타낸다. 위의 흔들춤은 춤의 직선 부위가 수직선의 오른쪽으로 20° 기울어 있고, 밀원이 태양의 오른쪽 20° 방향에 있음을 나타낸다. (b) 정찰일벌이 벌집에 도착하여 춤을 추고 있다.

꿀벌의 춤 언어

꿀벌(*Apis mellifera*)은 한 벌통에 30,000~40,000마리가 모여 산다. 일벌은 벌통에 수 마일 떨어진 곳까지 가서 꿀과 화분을 모은다. 밀원은 특정 지점에 밀집되어 있는 경우가 많다. 프리쉬(Friesch)는 여러 해 동안 꿀벌의 통신 체계를 연구하였다.

밀원을 찾아낸 정찰 일벌이 벌통에 돌아오면 수직으로 되어 있는 벌집에서 흔들춤(waggle dance)을 준다(그림 49.20). 이 춤을 추면서 벌이 지나가는 길은 8자 모양인데, 중간의 직선 부위에서는 복부를 흔들거나 진동시키면서 갑자기 소리를 낸다. 춤을 추는 꿀벌은 주기적으로 춤을 정지하여 동료들에게 가져온 꿀의 샘플을 준다. 이 개체가 춤을 추고 있는 동안에 다른 동료들은 가까이 따라간다. 그리고 곧 새로운 밀원에 나타난다.

프리쉬는 다른 벌들이 이 흔들춤의 정보를 이용하여 밀원을 알아낸다고 주장하였다. 그의 설명에 의하면 정찰일벌은 태양과 밀원과 벌통 사이의 각도를 표시하여 밀원의 방향을 나타낸다. 만약 벌이 흔들춤의 직선 부위가 수직선과 같도록 춤을 추면 밀원은 태양과 동일한 방향에 있고, 밀원이 태양으로부터 30° 로 떨어져 있다면 벌은 춤의 직선 부위가 수직선에서 30° 기울도록 위쪽 방향으로 흔들춤을 춘다. 밀원까지의 거리는 흔들춤의 속도나 강도로 표현된다.

미국 캘리포니아 대학의 웨너(A. Wenner)는 그러나 벌의 춤은 밀원과는 아무런 관계없는 것이라고 보았다. 웨너는 꽃의 향기가 벌들을 새로운 밀원으로 안내하는 가장 중요한 단서라고 했다. 이러한 논란은 새로운 실험을 유도하므로 유익한 것이 될 수 있다. 이러한 논란은 1970년대 중반에 굴드(J.L. Gould)의 창의적 연구로 해결되었다. 굴드는 정찰일벌이 추는 춤이 지시하는 방향을 동료 벌들이 잘못 해석하도록 꾸몄다. 굴드는 벌이 시각적 신호를 이용할 경우에 벌이 나타날 곳과 후각적 신호를 이용할 경우에 나타날 곳을 미리 정해 놓고 이를 확인하였다. 그 결과는 프리쉬의 설명에 부합되는 것이었다.

영장류의 언어

일부 영장류는 음성언어를 내어 다른 개체들에게 특정 포식자의 정체를 알린다. 가령, 아프리카의 벨벳원숭이는 독수리, 표범, 뱀이 나타났을 때 내는 소리가 서로 다르다(그림 49.21). 침팬지와 고릴라는 여러 가지 기호를 이해하고 이 기호를 사용하여 추상적 개념을 통신하는 것을 학습할 수 있다. 사람의 언어의 다양성은 실제로는 피상적인 것이어서, 모든 언어는 기본적으로 많은 구조적 유사성을 가진다. 사람의 약 3,000가지 언어는 40가지의 자음 소리로부터 나온 것이며(영어는 그 중 24가지를 이용한 것임), 모든 사람은 이를 배울 수 있다. 연구자들은 이 유사성이 우리의 뇌가 추상적 정보를 다루는 방식을 반영한다고 보고 있는데, 이 방식은 유전적으로 결정된 인간의 특징이다.

사람의 언어는 어린 나이에 발달한다. 유아는 언어의 특징인 40가지의 자음 소리를 구별하는 능력이 있다. 그러나 어릴 때 듣지 못했던 자음 소리는 어른이 되면 구별하거나 말하기 어렵게 된다. 이 때문에 영어를 하는 사람이 프랑스어의 "r" 발음을 내기 어렵고, 프랑스어를 말하는 사람이 영어의 "th"를 "z"로 대신해서 발음하며, 일본 사람이 영어의 "l"을 "r"로 발음하게 된다. 어린아이는 "떠듬거리는" 시기를 거치는데, 이때 시행착오로 언어 발음 방법을 배운다. 청각장애아도 몸짓언어를 사용할 때 떠듬거리는 시기를 보낸다. 어린이는 그 뒤에 신속하고도 쉽게 수천 가지 단어의 발음을 배운다. 떠듬거리는 것과 유사하게, 이 신속한 학습 시기도 유전적으로 계획되어 있는 것 같다. 그 뒤에 어린이는 간단한 문장을 만드는데 이때 이 문장은 문법적으로 부정확한 것이기 쉽다. 문법을 배우는 것은 언어 학습의 마지막 단계이다.

(a)

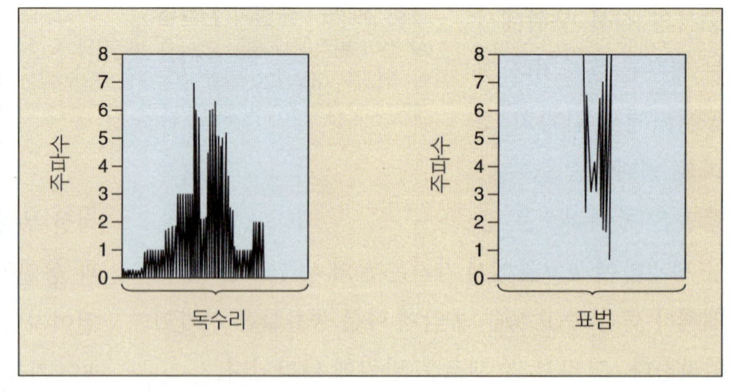

(b)

그림 49.21 | 영장류의 언어 의미.
(a) 표범과 같은 포식자는 벨벳원숭이를 포식한다. (b) 원숭이는 독수리, 표범, 뱀을 볼 때 내는 경고음이 각각 다르다. 경고음 차이에 따라 숨는 행동도 차이 난다.

49.4 행동의 진화

행동생태학

틴버겐은 동물의 행동에 대해 생물학자들이 가질 수 있는 의문들을 종류별로 요약했다. 그는 행동 연구 방향을 발생학적, 생리적, 기능적(진화적 중요성) 연구로 구분하였다. 틴버겐 자신이 수행한 한 가지 진화적 분석은 행동의 생존가(survival value)에 대한 연구였다. 예를 들어, 틴버겐은 갈매기 병아리가 부화한 뒤 어미는 둥지에서 난각을 제거한다. 이 행동이 왜 일어나는지를 알아보기 위하여 그는 계란을 페인트칠하여 주변 배경과 유사하게 하고 갈매기의 둥지에 갖다 놓았다. 그는 일부 알 옆에 부서진 난각을 갖다 놓았다. 그리고 대조군으로 어떤 둥지에는 난각 없이 의태 계란만 놓은 다음, 어떤 알이 까마귀에게 잘 발견되는지를 알아보았다. 까마귀는 깨진 난각의 흰색 안쪽 면을 보고 옆에 있는 온전한 계란을 발견하게 되므로, 틴버겐은 갈매기가 난각을 제거하는 것은 적응적 행동이라는 결론을 내렸다. 즉, 갈매기의 난각 제거는 포식을 감소시켜서 자손의 생존 확률을 높이는 행동이다.

틴버겐은 자연선택이 어떻게 행동을 형성하는지를 연구하는 행동생태학(behavioral ecology)의 창시자이다. 이 분야는 행동의 적응적 중요성(adaptive significance), 즉 행동이 어떻게 생존과 생식을 증진하는지를 연구한다. 오늘날의 행동생태학의 연구는 행동이 어떻게 한 동물의 번식 성공도, 즉 적응도(fitness)에 기여하는지에 초점을 둔다.

섭식 행동

여러 가지 동물은 먹는 먹이의 크기가 다르다. 큰 먹이는 많은 에너지를 함유하고 있으나 잡기도 어렵고 그 수도 많지 않다. 그래서 동물은 먹이의 에너지 보유량과 이를 획득하는 데 드는 손실 사이의 절충이 필요하다. 각 크기의 피식자를 먹어서 얻는 순에너지는 피식자의 에너지량에서 먹이를 잡고 다루는 데 소모된 에너지를 뺀 값이다. 최적섭식이론(optimal foraging theory)에 의하면, 자연선택은 에너지론적으로 가능한 한 효율적인 섭식행동을 하는 개체를 선택한다. 달리 말하면, 동물은 먹이 수집 시간당 얻는 순에너지가 최대인 피식자를 섭식한다는 것이다.

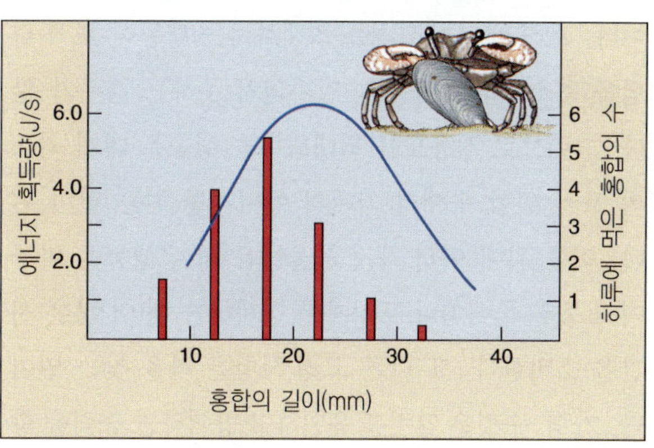

그림 49.22 | 최적의 먹이.
게는 에너지론적으로 가장 유익한 피식자를 선택한다. 곡선은 여러 가지 크기의 홍합을 먹어서 생기는 순에너지량(획득에너지에서 소비에너지를 뺀 것)을 나타낸다. 막대는 게가 먹은 홍합의 크기별 수를 나타낸다. 게는 가장 많은 에너지를 제공하는 홍합을 먹는 경향이 있다.

예를 들어, 바닷가의 게는 주로 중간 크기의 홍합을 먹는 경향이 있는데, 이 크기는 에너지 보답이 가장 크다. 큰 홍합은 더 많은 에너지를 함유하지만 그것을 부수어 여는 데는 더 많은 에너지가 소모되기 때문이다(그림 49.22).

이 최적섭식은 두 가지 가정을 낳는다. 첫째는 만약 에너지 저장 증가가 번식 성공도 증가로 연결된다면 자연선택은 에너지 획득을 최대화하는 행동을 선택하게 될 것이다. 일부의 경우 이 가정은 사실로 나타난다. 가령, 컬럼비아다람쥐에서 순에너지 획득량과 자손의 수는 직접적인 관계가 있다. 이와 유사하게 거미 일종의 번식 성공도는 그들이 먹는 먹이의 포획량과 직접적인 관련이 있다.

그러나 동물에게는 에너지 외에도 다른 필요 요건들이 있으며, 이 필요 요건들이 때로는 서로 상충한다. 한 가지 중요한 고려 사항은 포식자를 피하는 일이다. 흔히 에너지 섭취를 최대화하는 행동이 포식 위험을 최소화하는 행동과 일치되지 못하는 경우가 많다. 그러므로 적응도를 최대화하는 행동은 대개 최소의 포식 위험 속에서 최대의 에너지를 얻는 일이 된다. 이를 위해 여러 가지 동물들은 섭식 행동을 바꾸어 활동을 줄이거나 포식자를 경계하는 데 더 많은 시간을 소비한다. 또 다른 고려 사항은 짝을 찾는 일이다. 가령, 수컷은 암컷을 유인하고 방어하는 능력을 향상시키기 위하여 섭식률을 크게 줄인다. 또 섭식 안에서도 절충이 일어난다. 이는 에너지 획득을 최대화하는 것이 섭식의 유일한 목적이 아니기 때문이다. 특정 영양소도 역시 필요하다. 가령, 큰 사슴인 무스는 칼슘을 얻기 위하여 에너지가 적은 수생식물을 먹는다.

둘째 가정은 최적섭식이론이 자연선택의 결과로 생겼다는 것이다. 자연선택은 개체 간의 차이가 유전적 바탕을 가지고 있어야만 진화적 변화를 일으킬 수 있다. 에너지 획득을 최대화하는 능력의 개체 간 차이가 유전적 차이 때문인지를 연구한 예는 드물지만 일부 예외가 있다. 가령, 얼룩핀치새(zebra finch)에서 특별히 성공적으로 순에너지 획득량을 최대화한 개체는 성공적인 자손을 가지는 경향이 있다. 이 실험에서 새끼 새들이 둥지를 떠나기 전에 어미로부터 분리시켰으므로 이러한 연관성은 어미로부터 교육받아서가 아니라 유전적 바탕 때문이라고 볼 수 있다.

개체 간의 섭식행동의 차이는 나이와도 관련될 수 있다. 경험 없는 새는 먹이를 먹는 데 드는 에너지 손실이 크므로 이런 새는 작은 먹이에 집중하는 경향이 있다.

세력권 행동

동물은 대개 행동권(home range)이라는 넓은 일상적 활동 지역 내에서 움직인다. 여러 가지 종에서 개체들의 행동권은 시간적, 공간적으로 중복되지만 각 개체는 행동권의 일부분을 방어하고 독점적으로 이용한다. 한 종의 개체가 섭식 장소, 먹이, 잠재적인 짝과 같은 제한요소가 들어 있는 지역을 독점적으로 유지하는 행동을 세력권(territoriality)이라고 한다(그림 49.23). 세력권 행동의 핵심적인 양상은 다른 개체의 침입을 방어하는 것이다. 영역은 그곳이 점유 지역이라는 것을 과시하고 공격 행동을 드러내어 방어된다. 새는 영역 안의 나뭇가지에 앉아 노래를 불러서 인근의 새가 들어오는 것을 막는다. 만약 노래를 불러도 침입자가 접근하면 영역 소유자는 공격하여 격퇴하고자 한다. 그러나 영역 방어에는 손실이 생긴다. 노래 부르는 일은 에너지를 소비하는 일이고 공격은 상처를 입기 쉽다. 나아가, 노래나 시각적 과시행동으로 광고하는 것은 포식자에게 자신을 노출하는 일이 된다.

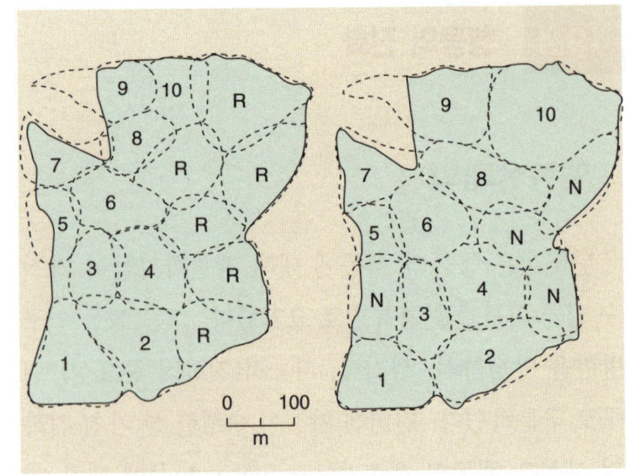

그림 49.23 | 공간 경쟁.
새의 영역 크기는 경쟁자의 수에 따라 조절된다. 박새 6쌍을 각각의 영역(왼쪽 그림의 R)에서 제거하면, 이 빈 영역은 그 지역의 다른 박새와 새로운 4쌍(오른쪽 그림의 N)에 의해 점유된다. 숫자는 실험 전과 후의 박새 수를 나타낸다.

그림 49.24 | 세력권제의 이익.
태양새는 꽃을 방어하여 꿀의 획득량을 늘린다.

동물은 왜 영역 방어에 드는 손실을 견딜까? 이 문제에 대하여 경제적 접근이 유효하다는 것이 명백해졌다. 영역 방어에는 손실이 있지만 이익도 있다. 이 이익은 먹이 획득량의 증가, 짝의 독점, 숨을 곳 등을 얻는 것이다. 꿀을 먹는 벌새(humming birds)나 태양새(sun birds)는 이에 대한 좋은 예가 되고 있다(그림 49.24). 꽃무더기를 독점적으로 가지는 새는 꿀을 효율적으로 수확하므로 이익을 얻는다. 그러나 꽃무더기를 독점하기 위해서는 새는 이를 적극적으로 방어해야 한다. 독점적 이용은 일정한 조건에서만 방어에 드는 손실보다 이익이 크게 된다. 가령, 태양새는 침입자를 격퇴하는 데 시간당 3,000cal를 소비한다. 영역 방어로서 생기는 이익이 손실을 앞설지의 여부는 꽃의 꿀의 양과 이를 수집하는 효율성에 따라 달라진다. 만약 꽃이 희귀하거나 꿀의 양이 적으면 방어에 드는 손실 에너지와 획득 에너지 사이에 균형이 깨지고, 이럴 경우 세력권을 행사하는 것은 이익이 없다. 이와 유사하게, 꽃이 매우 많아서 세력권을 행사하지 않아도 꿀을 쉽사리 얻을 수 있다면 세력권제가 필요 없게 된다. 그러므로 세력권제는 영역 방어의 이익이 손실을 앞서는 경우인 꽃의 수와 꿀의 생산량이 중간 정도의 수준일 때 생긴다.

많은 종에서 먹이 이용성보다 암컷의 독점이 수컷의 영역 크기를 결정하는 중요한 요인이 된다. 가령, 도마뱀에서 수컷은 번식 시기에 커다란 영역을 유지한다. 이 영역은 먹이 공급에 필요한 영역 크기보다 훨씬 크다. 이와는 달리 비번식 시기에는 수컷의 영역 크기가 훨씬 줄어들고 공격적 세력권 방어 행동도 줄어든다.

생식전략

번식 시기에 동물은 배우자 선택, 배우자의 수, 자손을 양육하는 데 드는 시간과 에너지 등에 관한 몇 가지 중요한 결정을 한다. 이러한 결정들은 모두 동물이 번식 성공도를 극대화하기 위한 행동으로서 생식전략(reproductive strategy)의 양상들이다. 생식전략은 부분적으로 생식에 드는 에너지 손실과 먹이 자원, 둥지를 틀기에 적합한 지역 배우자 등의 공간적 분포방식에 반응하여 진화해 왔다.

어버이투자와 배우자 선택

암컷과 수컷의 생식전략은 대개 차이 난다. 암컷은 단순히 처음 만나는 수컷과 교배하지는 않고 수컷의 질을 평가하여 교배할 것인가를 결정한다는 것을 처음 발견한 사람은 다윈이다. 이 행동을 배우자 선택(mate choice)이라고 한다.

이와는 달리 수컷에 의한 배우자 선택은 흔하지는 않다. 성 간의 생식전략의 차이는 암컷과 수컷의 어버이투자를 비교하면 이해할 수 있다. 어버이투자(parental investment)는 자손을 만들고 기르는 데 양쪽 성이 하는 기여를 말한다. 즉, 생식할 때 암컷과 수컷이 소비하는 에너지량이다.

일반적으로 어버이투자는 암컷에서 크다. 한 가지 이유는 난자가 정자보다 크기 때문인데, 사람의 경우 195,000배에 이른다. 난자에는 난황에 있는 단백질과 지질, 그리고 다른 영양소가 들어 있으나 정자는 움직이는 DNA에 지나지 않는다. 더욱이 일부 동물에서는 암컷이 임신과 수유라는 많은 에너지를 소비하는 생식기능을 가지고 있다.

이와 같은 생식적 투자의 차이 때문에 각 성은 매우 다른 선택압을 받는다. 수컷은 생식에 한 번 참여하는 데 적은 에너지 손실이 생기므로 적응도를 가장 높이는 방법은 가능한 한 많은 암컷과 교배하는 일이며, 수컷의 적응도는 생산하는 정자의 양에 의해 제한을 받는 일이 거의 없다. 이와는 달리, 암컷은 한 번 생식하는 데 많은 에너지 손실이 생기며, 생산할 수 있는 난자의 수가 대개 번식 성공도를 제한하게 된다. 이 때문에 암컷은 수컷을 고를 선택권을 갖게 되며, 자손에게 가장 많은 이익을 줄 수 있는 수컷을 고르려고 한다.

이러한 결론은 암컷의 생식적 투자가 수컷의 것보다 훨씬 클 경우에만 성립된다. 암컷과 수컷이 모두

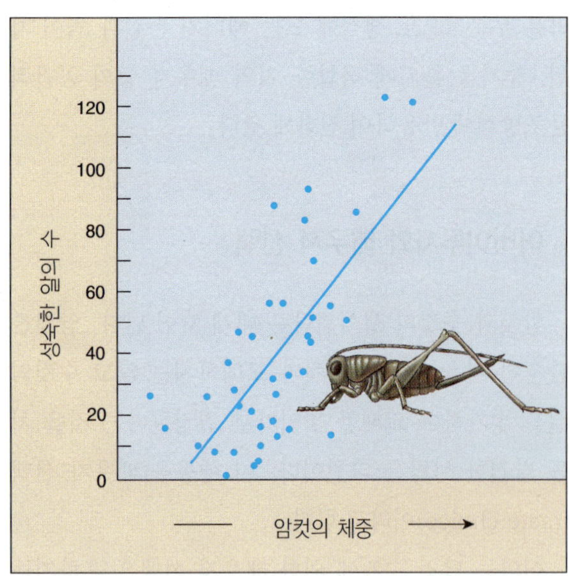

그림 49.25 | 수컷의 짝의 선택으로 생기는 이익.
모르몬귀뚜라미 수컷은 몸집이 큰 암컷을 배우자로 선택하고, 몸집이 큰 암컷은 더 많은 알을 낳는다. 따라서 수컷의 배우자 선택은 적응도를 증가시킨다.

자손을 양육하는 종에서는 배우자 선택의 정도가 두 성 사이에 동일하다. 더욱이 수컷의 어버이투자가 암컷의 것보다 더 큰 경우도 있다. 가령, 모르몬귀뚜라미(mormon crickets) 수컷은 교미할 때 단백질이 들어있는 정포를 암컷에게 전달한다. 정포의 무게는 수컷 체중의 30% 정도나 되며, 암컷에게 영양원이 되어 알을 발생시키는 데 도움을 준다. 수컷을 차지하기 위하여 암컷들은 서로 경쟁하며, 수컷이 암컷을 선택하는데, 몸집이 큰 암컷을 선택한다. 이러한 전략은 몸집이 큰 암컷이 많은 난자를 소유하므로 수컷이 더 많은 자손을 남길 수 있어 이익이 된다(그림 49.25).

수컷이 알을 돌보고 새끼를 기르는 경우도 있다. 이러한 성적 역할의 역전은 해마와 많은 조류, 곤충에서 볼 수 있는데, 이러한 종에서는 모르몬귀뚜라미에서처럼 수컷이 암컷을 선택하고, 암컷들은 수컷을 차지하기 위하여 경쟁한다.

생식적 경쟁과 성적 선택

한 개체의 번식 성공도는 여러 가지 요인에 의해 결정된다. 이를테면 개체의 수명, 교배의 빈도, 교배 횟수당 자손의 수 등이 이런 요인이 된다. 이 중 두 번째의 요인인 교배 기회를 위한 경쟁을 성선택(sexual selection)이라고 한다. 일부 학자들은 성선택이 자연선택과는 뚜렷이 구별된다고 보지만 다른 학자들은 이를 자연선택의 한 부류라고 본다.

성적 선택에는 성내 선택(intrasexual selection)과 성간 선택(intersexual selection)이 있다. 성내 선택

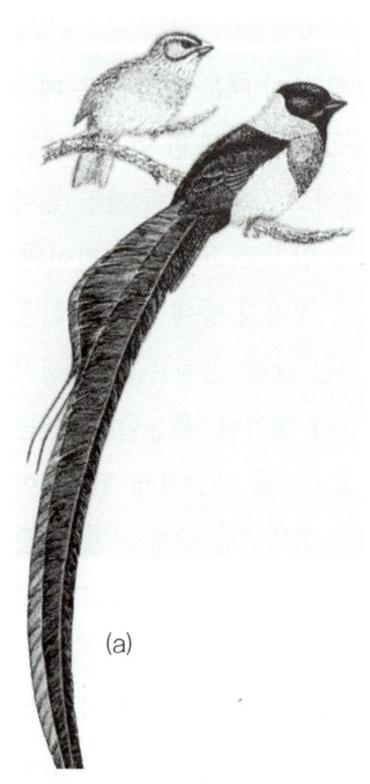

(a)

(b)

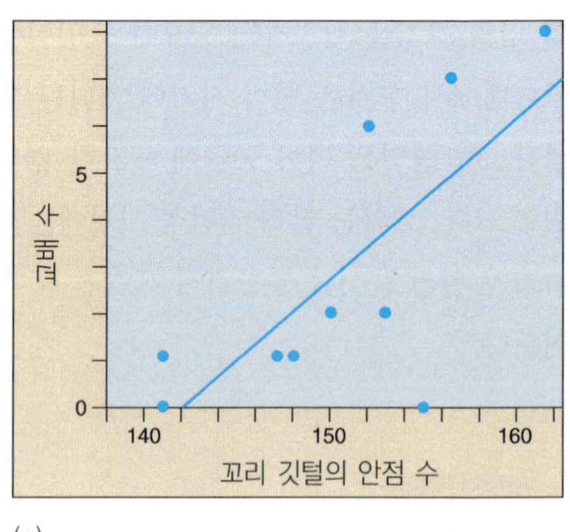

(c)

그림 49.26 | 성적 선택의 결과.
긴 깃털로 배우자를 유혹하는 것은 아프리카의 천인조(a)나 공작새(b) 등의 조류에서 볼 수 있다. 공작새 암컷은 꼬리 깃털에 많은 안점을 가진 수컷과 교미하기를 원한다(c).

은 한 성의 구성원들 간의 상호작용(다른 수컷들을 정복할 수 있는 힘)이며, 성간 선택은 본질적인 배우자 선택(유혹의 힘)이다. 성적 선택은 다른 수컷들과 투쟁하는 데 이용되는 구조물이나 상대편 성을 교배에 응하도록 설득하는 데 이용되는 장식의 진화를 일으킨다. 사슴의 뿔이나 공작새의 깃털 등은 그 예로서 이러한 특징들을 2차 성징(secondary sexual characteristics)이라고 한다.

성내 선택

많은 종에서 한쪽 성(보통 수컷)의 개체들은 상대 성의 개체들과의 교배 기회를 갖기 위하여 서로 투쟁한다. 이러한 투쟁은 암컷이 서식하는 영역의 소유권을 위하여 또는 암컷들을 직접 차지하기 위하여 일어난다. 코끼리바다표범(elephant seal) 수컷은 번식 해변 지역에서 영역을 설정하고 소수의 우세 수컷이 대부분의 암컷과 교미한다. 한 해안에서 8마리의 수컷이 348마리의 암컷을 수태시키고, 나머지 수컷은 생식에서 배제된 예도 있다.

이런 이유 때문에 다른 수컷을 물리칠 능력을 배가시키는 형질이 자연선택에서 우세하게 된다. 대개의 경우 수컷의 몸집이 클수록 우세하게 되므로, 영역을 설정하는 종에서 수컷은 암컷보다 몸집이 훨씬 커지는 방향으로 진화가 일어났다. 이러한 암수 사이의 차이를 성적이형(sexual dimorphism)이라고 한다. 어떤 종에서는 투쟁에 이용되는 도구인 뿔이나 큰 송곳니 등이 진화되었다.

때로는 경쟁이 수컷끼리 일어나는 것이 아니라 수컷의 정자 사이에서 일어나기도 하는데, 이를 정자경쟁(sperm competition)이라고 한다. 암컷이 여러 수컷과 교배하는 종에서 정자경쟁에서 이기는 여러 가지 특징이 진화되었다. 이러한 종에서는 정소가 많은 정자를 생산하도록 매우 크거나 정자 자체가 신속히 헤엄치도록 매우 큰 경우가 많다.

성간 선택

개구리 암컷은 더 복잡한 소리를 내는 수컷과 교미하기를 원한다. 이러한 교미 선호는 왜 진화했을까?

배우자 선택의 직접적 이익. 배우자 선택이 명백한 이익을 가져다주는 경우가 있다. 여러 조류나 포유류에서 수컷은 자손 양육에 협조한다. 이 경우 암컷은 자손을 가장 잘 양육할 수컷을 선택하는 것이 이롭다. 어떤 종에서는 수컷이 자손을 돌보지는 않지만 영역을 유지하여 먹이, 보금자리, 숨을 곳 등을 제공한다. 이런 경우에는 암컷이 가장 훌륭한 영역을 소유하고 있는 수컷을 선택한다.

간접적 이익. 그러나 어떤 종에서는 수컷이 암컷에게 아무런 직접적 이익을 주지 않는다. 이런 경우 암컷은 수컷을 선택함으로써 무슨 이익을 얻는지 불분명하다. 더욱이, 긴 꼬리를 가진 수컷이나 복잡한 노래를 부르는 수컷을 선택하는 것이 무슨 이익을 줄까?

이러한 선호의 진화를 설명하기 위한 여러 가지 이론이 제시되어 왔다. 한 가지 생각은 암컷이 가장 건강하거나 가장 나이 든 수컷을 선택한다는 것이다. 가령, 몸이 큰 개체는 오래 살거나 많은 먹이를 얻고 기생충이나 질병에 대한 저항력이 크다. 이와 유사하게 거피나 새의 수컷에서 화려한 체색은 영양상태나 건강을 반영한다. 이들과 교배하여 암컷은 두 가지 이익을 얻을 수 있다. 첫째, 이러한 우수성은 유전적 바탕에 의한 것일 가능성이 크다. 이러한 수컷의 우수한 유전자를 이용하여 자손을 만들면 자손의 건강이나 생존 가능성이 높아질 것이다. 둘째, 건강한 수컷은 병을 가지고 있을 확률이 적으므로 교배 중 암컷에게 병을 옮길 가능성이 적다.

그런데 이 이론에서 벗어나는 것도 있다. 일부 경우에 암컷은 생존에 불리한 형질을 가진 수컷을 선택한다(그림 49.26). 공작새 수컷의 긴 꼬리는 비행에 불리하고 포식자로부터 쉽게 노출되게 한다. 왜 암컷은 이러한 형질을 가진 수컷을 선택할까? 장애 가설

그림 49.27 | 퉁가라개구리 수컷의 구애울음.
*Physalaemus*속의 암컷은 끽끽거리는 잡음이 섞인 울음을 우는 수컷을 좋아한다. 그러나 *Physalaemus pustulosus* 종의 수컷만 이런 구애울음 소리를 낸다.

(handicap hypothesis)에 의하면 유전적으로 우수한 개체만 이런 장애를 가지면서도 생존할 수 있다는 것이다. 커다란 장애를 가진 수컷을 선택함으로써 암컷의 자손이 훌륭한 유전자들을 받을 수 있게 된다.

다른 구애행동은 암컷의 감각계가 일정한 종류의 자극에 대하여 반응을 보이는 경향 때문에 진화한 경우도 있다. 예를 들면, 암컷은 특정 색깔이나 특정 주파수의 소리를 더 잘 감지하기도 한다. 감각이용(sensory exploitation) 이론에 의하면 암컷에 이미 존재하는 감각적 편향을 이용하여 매혹적인 신호를 가진 수컷의 진화가 일어났다는 설명이다. 가령, 암컷이 적색 물체를 특히 쉽게 탐지한다면 수컷은 대개 붉은 체색을 발전시키게 된다. 퉁가라개구리(Túngara frog)의 구애 울음에 대하여 생각해 보자(그림 49.27). 다른 유연종과는 달리 이 종의 수컷은 소리에 끽끽거리는 잡음(chuck)이 들어 있다. 조사 결과 이 종의 암컷만 이런 잡음이 섞인 수컷의 울음소리를 좋아하는 것이 아니라 이 잡음을 내지 않는 다른 유연종의 암컷도 마찬가지이다. 왜 이런 선호가 진화했는지는 분명하지 않지만, 퉁가라개구리의 수컷은 이를 이용하도록 진화해 왔다.

교배 양식

한 동물이 번식 시기에 교배하는 개체의 수는 동물마다 다양하다. 교배 양식(mating system)은 일부일처제, 일부다처제(그림 49.28), 일처다부제가 있다. 배우자 선택과 마찬가지로 교배 양식도 생식적 적응도를 최대화하기 위하여 진화하였다. 교배 양식은 생태의 영향을 크게 받는다. 예를 들면, 수컷은 생식 장소나 한 마리의 암컷이 생식하는 데 필요한 먹이 자원이 있는 영역을 방어하는데, 그 영역이 한 마리 암컷에게 필요한 것 이상의 자원을 가질 수도 있다. 만약 수컷들이 지키는 영역의 질이 서로 다르다면 암컷은 높은 질을 가진 영역을 소유한 수컷과 교배하는 것이 적응도를 극대화하는 일이 된다. 암컷은 질이 낮은 영역을 방어하면서 배우자가 없는 수컷보다는 질이 좋은 영역을 소유하면서 이미 배우자를 가진 수컷과 교배하는 것이 더 유리하다. 이런 경우 자연선택은 일부다처제의 진화를 일으킨다.

교배 양식은 자손의 요구에 의해 강요되기도 한다. 만약 새끼가 성공적으로 양육되기 위해서는 양쪽 어버이의 존재가 필요하다면 일부일처제가 생긴다. 이런 교배양식은 일반적으로 조류에서 흔한데, 조류의 90% 이상의 종이 일부일처제를 택한다. 자연선택이 골라내는 전략은 자손을 먹여 기르거나 방어하는 데 수컷의 협력이 필요하느냐에 따라 달라진다. 일부 종에서 자손은 만숙성(altricial)이어서 장기간의 양육이 필요하다. 이런 종에서는 두 어버이의 보호가 필요하고 따라서 수컷은 배우자를 떠나 다른 배우자를 찾아가는 경향을 줄인다. 새끼가 조숙성(precocial)이어서 어버이의 양육이 별로 필요하지 않다면 수컷은 일부다처제를 채택하기 쉽다.

일부다처제가 훨씬 흔하지만 여러 동물에서 일처다부제도 알려져 있다. 가령, 점무늬도요에서 수컷은 알을 품고 새끼 양육을 하지만 암컷은 교미하여 알을 낳아 수컷에게 넘겨주고는 다른 수컷을 찾아간다.

그림 49.28 | 코끼리바다표범의 일부다처제.
코끼리바다표범 수컷은 영역 수호를 위해 다른 수컷과 투쟁한다. 가장 몸이 큰 수컷만 영역을 소유하면서 많은 암컷을 거느린다.

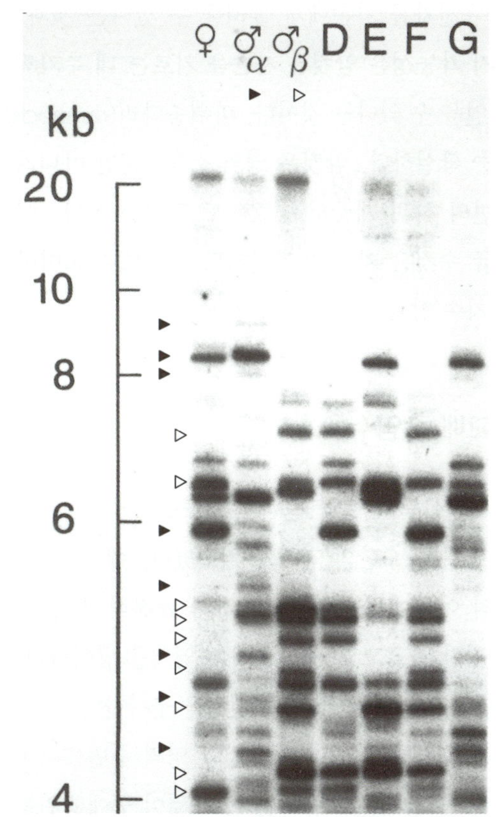

(a)

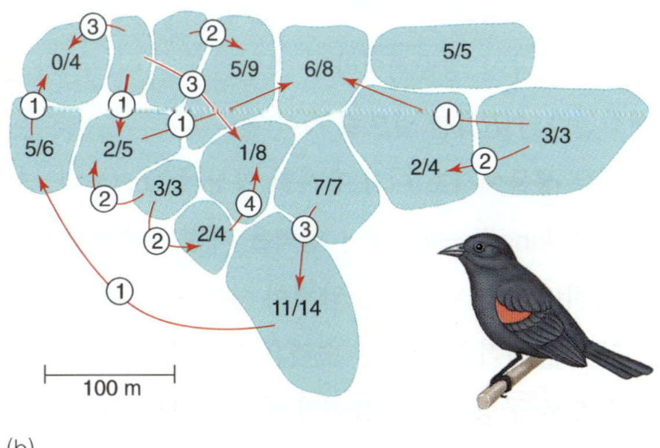

(b)

그림 49.29 | 부계성 조사.
(a) 바위종다리의 DNA 지문감식 겔이다. 띠는 길이가 서로 다른 DNA 조각을 나타낸다. 두 마리의 수컷과 교배한 한 암컷이 4마리의 자손(D–G)를 낳았는데, DNA 지문감식으로 각 새끼의 아버지가 누구인지를 알아낼 수 있다. 삼각형은 두 수컷 중 한 쪽에서만 나타나는 특징이다. 비교해 보면 수컷 *β*는 어린 새 D, E, F의 아버지임을 알 수 있다. (b) 붉은날개지빠귀의 DNA 지문감식 결과이다. 각 영역 안의 분수는 전체 새끼 중에서 영역 소유자 수컷의 자손 비율을 나타낸다. 원 안의 수와 화살표는 배우자 외 교미로 태어난 자손의 수와 이들의 아버지가 어느 곳에서 왔는지를 나타낸다.

배우자외 교미

DNA 지문감식(fingerprint)는 아버지가 누구인가를 찾아내는 데도 이용된다. 아버지와 아이의 DNA를 비교하여 누가 아이의 아버지인지를 정확하게 가려낼 수 있다. 이 방법은 동물행동학에서도 이용되고 있다. 부계성을 조사하여 각 수컷의 번식 성공도와 특정 생식전략의 성공 정도를 측정할 수 있다(그림 49.29a). 붉은날개지빠귀(red-winged blackbirds)에서 모든 둥지 중 절반은 영역 소유자 수컷이 아닌 다른 수컷에 의해 수정된 알이 적어도 한 개를 가지고 있었다(그림 49.29b). 전체적으로 자손의 20%는 이러한 배우자외 교미(extra-pair copulation)에 의해 생긴 것들이었다. DNA 지문감식 방법을 이용한 연구 결과 배우자 외 교미는 조류에서 원래 추정했던 것보다 훨씬 많이 이루어지는 것으로 나타났다.

배우자 외 교미를 왜 할까? 수컷에서는 그 이유가 명백하다. 즉 번식 성공도를 높이기 위해서이다. 암컷의 경우에는 배우자 외 교미로 더 많은 자손을 생산하는 것은 아니므로 그 이유가 덜 명백하다. 한 가지 가능성은 암컷은 유전적으로 뛰어난 개체와 교배하여 그 유전자를 자손에게 물려줄 수 있다는 것과 또 한 가지 가능성은 암컷은 자손을 기르는 데 추가적 협력을 얻을 수 있다는 것이다. 바위종다리(dunnock)에서 이는 확실하다. 암컷은 영역 소유자뿐만 아니라 영역 주변의 하위 계급의 수컷과도 교미를 한다. 이 하위 계급 수컷은 자기 새끼일지도 모르므로 교미한 암컷의 자손 양육을 돕는다.

교배 속임수

자연선택의 결과 번식 성공도를 높이기 위한 여러 가지 다른 수단의 진화가 일어났다. 예를 들어, 여러 종의 어류에서 수컷은 두 가지 유전적 종류가 있다. 한 집단은 크고 교배를 위하여 영역을 방어한다. 다른 집단은 작고 완전히 다른 전략을 구사한다. 이들은 영역을 유지하지 않고 큰 수컷의 영역 주변에서 어슬렁거린다. 영역을 소유하는 큰 수컷이 구애행위를 마치고 암컷이 금방 낳은 알에 정자를 뿌릴 즈음, 영역을 가지지 않은 작은 수컷은 돌진하면서 물에다 정자를 방출하여 알의 일부가 자신의 정자로 수정되게 만든다. 이 전략이 성공적이라면 자연선택은 이 두 가지 생식전략의 진화를 일으킬 것이다.

다른 생물에서도 이와 유사한 양상이 발견된다. 쇠똥구리(dung beetles)에서 영역을 가진 수컷은 큰 뿔을 가지며 이를 이용하여 암컷이 사는 방을 보호한다. 그러나 유전적으로 작은 수컷은 뿔이 없고, 그 대신 방 옆으로 구멍을 뚫고 들어가 암컷을 가로챈다.

위의 예는 여러 가지 교배 전략 중 일부의 예에 불과하다. 어떤 전략이든지 번식 성공도를 높이는 것이라면 자연선택의 결과 진화(발전)된다.

49.5 사회적 행동의 진화

이타적 행동과 집단 생활

이타적 행동, 즉 개체가 손해를 보면서 다른 개체의 이익이 생기도록 행동하는 것은 동물의 세계에서 외관상 많이 나타난다. 조류나 포유류에서 포식자를 감시하는 개체는 자신이 노출될 위험이 있음에도 불구하고 경고 소리를 내어 다른 개체들이 피할 수 있게 한다. 사자 암컷은 자신의 자손뿐만 아니라 무리의 다른 암컷의 새끼도 양육한다.

이타적 행동은 진화학자들에게 오래 동안 혼란을 주어 왔다. 만약 이타적 행동을 하는 개체가 손해를 본다면 어떻게 이타적 행동을 하는 대립인자가 자연선택으로 살아남을까? 이런 대립인자는 불리하므로 시간이 지나면서 유전자 풀에서 감소될 것이라고 생각할 것이다.

이타적 행동의 진화를 설명하는 여러 가지 제안이 제시되어 왔다. 한 가지 제안은 이타적 행동이 해당 종에게 유리하기 때문에 발전되었다는 것이다. 그러나 문제는 자연선택은 종 자체가 아니라 종 내의 개체에 작용한다는 것이다. 따라서 자신은 손해보면서 다른 개체에게 이익을 주도록 행동을 일으키는 인자는 자연선택에 의해 갈수록 줄어들게 된다. 어떤 경우에는 개체들의 집단에 선택이 가해지는 집단선택(group selection)도 가능하지만, 이런 선택도 드물다. 가령, 만약 동종포식을 일으키는 유전자가 집단 내에서 진화한다면 이런 인자를 가지는 개체는 먹을 것이 더 많으므로 유리해진다. 그러나 동종포식을 하는 집단은 서로 잡아먹고 결국 절멸하여 종 내에서 이런 인자는 사라지게 된다. 집단선택은 일어날 수 있지만 자연계에서 이에 필요한 조건이 충족되는 경우는 거의 생기지 않는다. 결국, "해당 종을 이롭게 하는 것"은 이타적 행동의 진화를 설명할 수 없다.

혈연 선택

이타적 행동의 기원에 대해 가장 설득력 있는 설명은 1964년에 해밀턴(W.D. Hamilton)이 제안하였다. 그는 집단유전학자 홀데인(J.B.S. Haldane)이 술집에서 한 말을 인용하였는데, 홀데인은 두 명의 형제 혹은 8명의 사촌을 위해서라면 기꺼이 목숨을 바치겠

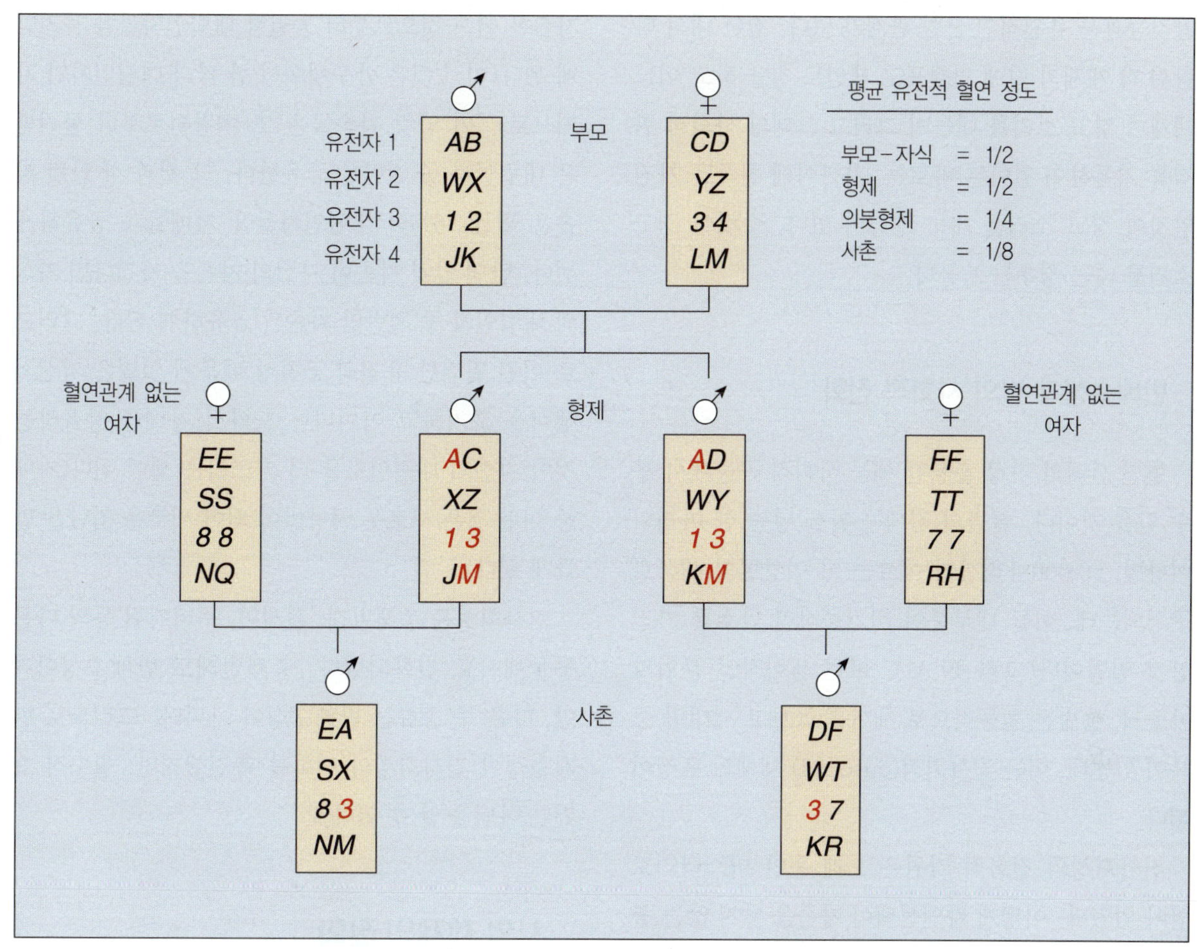

그림 49.30 | 유전적 관계의 가설적인 예.
평균적으로 형제들은 대립인자의 반이 동일하다. 대조적으로 사촌들끼리는 단지 1/8의 대립인자들만이 동일하다.

다고 말했다는 것이다. 홀데인이 부모로부터 받은 각 대립인자와 같은 것을 그의 한 형제가 부모로부터 받을 확률은 50%이다(그림 49.30). 따라서 통계학상 그의 형제 두 사람은 홀데인만큼 많은 특정 대립인자 조합을 다음 세대에 전달하게 될 것이다. 또 홀데인이 가지고 있는 대립인자 중 1/8은 조카의 것과 동일하다. 그러므로 8명의 조카는 해밀턴 자신의 유전 대립인자 모두를 다음 세대에 전달하게 될 것이다. 해밀턴은 홀데인이 말한 내용을 정확히 보고 있다. 즉 자연선택은 한 개체의 대립인자가 다음 세대로 전달될 가능성이 높은 전략을 선택한다.

그러므로 친족에게 도움을 주는 이타적 행동은 친족의 번식 성공도를 향상시켜서 자신의 적응도 하락을 보상할 수 있다는 것이다. 이와 같이 친족을 향한 이타적 행동이 선택되는 것을 혈연 선택(kin selection)이라고 한다. 만약 한 개체가 이타적 행동을 일으키는 대립인자를 우성으로 가진다면 그 행동이 개체에 해가 될지라도 다음 세대에 이 인자의 빈도를 높이는 모든 행동은 선택될 것이다.

해밀턴의 혈연 선택 모델은 이타적 행동이 친족을 향해 이루어지도록 유도될 것임을 예측한다. 두 개체가 혈연 관계가 깊을수록 이타적 행동에 따른 유전적 대가는 커진다.

동물 세계에서 혈연 선택의 여러 예가 알려져 있다. 가령, 벨딩다람쥐는 코요테나 오소리 등의 포식자를 보면 경고 울음을 낸다. 이 포식자들은 소리내는 다람쥐를 표적으로 삼을 수 있으므로 소리내는 것은 위험을 부르는 일이다. 벨딩다람쥐의 사회적 단위는 하나의 암컷과 이의 딸, 자매, 고모, 조카딸이다. 수컷은 성숙하면 멀리 분산하므로, 집단 안의 성숙한 수컷은 암컷들과는 유전적인 근친 관계가 없다. 집단 내의 다람쥐 각 개체의 털에 인식표로 페인트 칠을 하고 어느 개체가 경고 소리를 내는지 그리고 그때의 사회적 환경을 기록하여 알아본 바로는, 가까이에 친족을 가진 암컷이 경고 소리를 내는 경향이 있다. 수컷이 경고 소리를 내는 경우는 드물다.

반배수성과 벌의 사회적 진화

혈연 선택의 가장 훌륭한 예는 사회적 곤충에서 볼 수 있을 것이다. 꿀벌의 집에는 알을 낳는 한 마리의 여왕벌, 50,000마리까지 이르는 이 여왕벌의 새끼로 구성되는데, 이들 대부분이 비기능적인 난소를 가진 암컷 일벌이다(그림 49.31). 이런 생식적인 분업과 아울러, 꿀벌은 협동적으로 새끼를 돌보고 세대의 중복이 있는데, 이는 진사회적(eusocial) 체제의 표징이 된다.

진사회성의 진화적 기원은 오래 동안 미스터리로 남아 있었다. 어떻게 자연선택이 자손을 낳지 않는 불임성 일벌의 진화를 일으켰을까? 해밀턴은 벌류(벌, 개미 등)의 진사회성의 기원을 혈연 선택 모델로 설명한다. 이 곤충류에서 수컷은 반수체이고 암컷은 2배체이다. 반배수성(haplodiploidy)이라고 하는 이 특이한 성 결정 체제가 특이한 상황을 만들었다. 만약 여왕벌이 한 마리의 수컷에 의해 수정되면 모든 암컷 자손은 이 수컷으로부터 동일한 대립인자들을 물려받게 된다(이 수컷은 반수체여서 한 짝의 대립인자만 가지므로). 이 암컷 자손들은 또 여왕벌로부터 물려받은 대립인자 중 절반을 공유한다. 그 결과 각 암컷 자손은 평균 75%의 대립인자들을 자매들과 공유하게 된다. 반면 암컷 자손이 자신의 자손을 가진다면 자신의 대립인자 중 절반만 자손과 공유하게 된다. 그러므로 이런 밀접한 유전적 근친성 때문에 일벌은 자신의 생식을 포기하고 어머니를 도와서 자매를 양육하는 것이 자신의 대립인자를 더 퍼뜨리는 셈이 된다(자매 중 어떤 것은 새로운 여왕벌이 되어 새로운 집단을 만들게 된다).

그림 49.31 | 꿀벌의 생식적 분업.
여왕벌(등에 페인트로 붉은 점이 찍힌 것)은 유일하게 알을 낳고, 이의 암컷 자손들은 불임인 일벌들이다.

진사회성은 총채벌레, 흰개미, 두더지쥐 등의 다른 동물에서도 진화되었다. 총채벌레도 반배수성이지만, 다른 두 종류는 반배수성이 아니다. 그러므로 반배수성이 진사회성의 진화를 촉진했지만, 필수적 요건은 아님을 알 수 있다.

사회 체제의 진화

원생생물, 자포동물, 곤충, 어류, 조류, 사자, 고래, 침팬지와 같은 다양한 생물들이 사회적 집단을 이룬다. 사회(society)는 협동적 방식으로 구성된 동종의 생물 집단이라고 볼 수 있다.

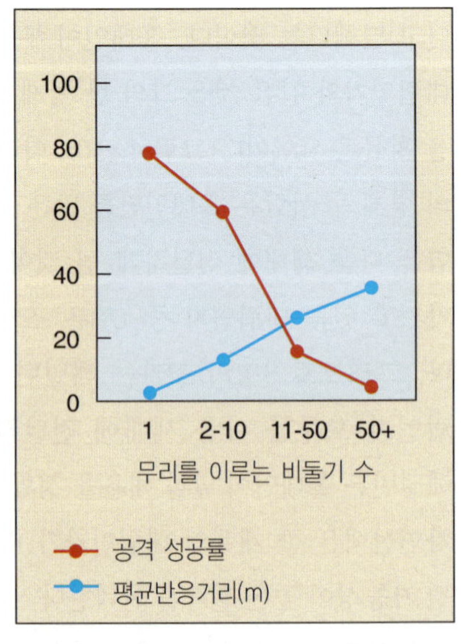

그림 49.32 | 포식을 감소시키는 무리 지음.
비둘기의 무리가 클수록 솔개는 비둘기 잡기가 어려워지고, 비둘기는 솔개를 멀리서도 탐지할 수 있다.

개체들은 사회를 이룰 때 직접적인 이익을 얻을

수 있다. 무리를 이루어 사는 새들은 포식자로부터 보호되기 쉽다. 무리의 크기가 커질수록 더 많은 개체들이 포식자를 감시할 수 있으므로 포식 위험은 더 줄어든다(그림 49.32). 포식자는 집단을 이루어 사냥할 때 큰 사냥감을 사냥하기 쉬워진다.

곤충의 사회

곤충에서의 사회성은 벌목과 흰개미목에서 주로 진화하였다. 이 사회적 곤충 집단은 서로 다른 계급(caste)으로 구성되어 있다. 이 계급은 개체의 크기, 형태가 다르고 하는 일도 다르다(그림 49.33).

꿀벌에서 여왕벌은 "여왕물질"이라는 페로몬을 분비하여 다른 암컷의 난소 발육을 억제함으로서 이 암컷들이 불임의 일벌로 되게 한다. 수벌은 교미를 위해서만 생산된다. 봄에 집단이 커지면 일부 구성원들은 여왕물질을 충분히 받지 못하므로 분봉을 준비한다. 일벌은 여러 개의 새로운 여왕벌 방을 만들고, 그 안에서 새로운 여왕벌들이 생긴다. 정찰일벌은 새로운 벌집 위치를 찾아서 그 위치를 알린다. 기존의 여왕벌과 분봉하는 암컷 일벌들은 새로운 장소로 이동한다. 남겨진 벌집에서 하나의 새로운 여왕벌이 생기고 이 여왕벌은 다른 잠재적 여왕벌들을 죽인 다음 밖으로

그림 49.33 | 개미의 계급제.
이들 세 마리의 잎자르는 개미는 다른 계급 출신이다. 큰 개미는 일개미로 잎을 둥지로 운반하고 작은 개미는 일개미를 공격으로부터 보호한다.

나와 날아서 교미를 한 다음 벌집으로 돌아온다.

잎자르는 개미(leafcutter ants)는 색다른 사회적 곤충의 모습을 보인다. 이들은 수백 만 개체에 이르는 집단을 이루어 땅속에 균류를 재배한다. 무덤 모양의 개미집 안에는 100m^{2}에 이르는 지하 도시가 있는데, 입구와 방이 수백 개이며, 땅 속으로 5m까지 뻗어 있다. 일개미들의 분업은 몸의 크기와 관련되어 있다. 날마다 일개미는 길을 따라 나무에 올라가서 잎을 작은 조각으로 잘라서 개미집으로 운반한다(그림 49.33). 더 작은 일개미는 잎 조각을 씹어서 균류 재배 방에 카펫처럼 깔아 놓는다. 이 작은 일개미는 그 위에 균류 균사를 이식하기도 한다. 최근의 분자생물학적 연구에 의하면 이 개미들은 5,000만 년 이상 균류를 길러왔다. 일부 일개미는 원치 않는 균류를 솎아내고, 보육 개미는 유생을 균류 재배 방으로 옮겨서 균류를 먹인다. 이 유생 중 일부는 여왕개미로 되어 기존의 집을 떠나 새로운 집단을 만든다.

척추동물 사회

곤충사회가 고도로 구조화되고 통합되어 있으며 그들이 놀랄 만한 이타적 행동을 보이는 것과는 대조적으로 척추동물 사회는 곤충만큼 엄격하게 조직화되어 있지 않고 구성원들의 단결력이 약하다. 곤충보다 커다란 뇌를 가지고 있고 더 복잡한 행동을 할 수 있는 척추동물이 곤충보다 보통 덜 이타적이라는 것은 모순인 것 같다. 그렇지만 몇몇 복잡한 척추동물 사회에서는 개체가 상반작용(reciprocity)과 혈연선택 이타적 행동을 보이기도 한다. 그러나 일반적으로 척추동물 사회는 곤충사회보다 구성원들 사이에 먹이와 짝을 차지하려는 갈등이 더 크다.

척추동물 사회도 특수조직 형태를 가지며, 각 사회는 일정 크기, 안정된 수의 번식능력이 있는 암수, 일정 교배양식을 갖는다. 행동생태학자들에 따르면 한 그룹이 조직되는 방식은 흔히 먹이종류와 포식자 같은 생태적 인자들의 영향을 받는다. 예로 몽구스류(meerkat)는 다른 구성원들이 먹이를 먹는 동안 교대

로 포식자들이 오는지 망을 본다.

아프리카 피리새류(African weaver birds)는 생태와 사회조직 사이의 상관 관계를 보여주는 좋은 예이다. 한 종은 숲속에 살며,위장된 독립 보금자리를 만들며, 일부일처제이고 암수가 같이 곤충을 잡아 새끼를 먹인다. 두 번째 종은 사바나지역의 나무에 군체를 이루어 보금자리를 만들며 일부다처제이고 무리를 이루어 씨앗을 먹고산다. 이들 두 종의 섭식과 둥지를 만드는 습관은 그들의 교배양식과 관련되어 있다. 숲속에선 곤충을 발견하기 어려우므로 새끼를 먹이기 위해 암수가 협력해야만 한다. 위장된 보금자리는 포식자와 관심을 끄는 것을 막는다. 반면에 개방된 사바나에서는 많지 않은 나무에 둥지를 틀어 포식자로부터 새끼를 보호하는데, 이처럼 안전하게 둥지를 틀 곳이 많지 않으므로 새들은 무리를 이루어 함께 둥지를 튼다.

그러나 먹이가 되는 씨앗은 풍부하므로 수컷의 도움 없이도 암컷은 새끼를 양육할 수 있다. 양육의 의무에서 벗어난 수컷은 많은 암컷과 교미한다(일부다처제).

척추동물 사회는 곤충만큼 조직화되어 있지 않다는 일반적 법칙의 한 가지 예외는 동부 아프리카 지역에 사는 털이 없는 두더지쥐(naked mole rat)인데, 이들은 광범위한 지역에 뻗어 있는 터널의 중앙에 둥지를 가진 개체들이 땅속에서 무리를 이루어 살며, 보통 80마리 정도가 한 무리를 이룬다. 이들은 땅속 뿌리와 줄기들을 먹고 살며 끊임없이 땅굴을 파서 먹이를 찾아낸다. 곤충처럼, 이들도 몸크기에 따라 일이 분업화 되어 있어 몸이 큰 것들은 무리를 방어하고 땅굴을 판다.

모든 번식은 한 마리의 암컷인 여왕쥐에 의해 이루어지고 한두 마리의 수컷과 교배를 한다.

암수로 이루어진 일쥐는 땅굴을 깨끗이 하고 먹이를 찾는다.

CHAPTER 50

개체군 생태학

생물 간의 관계나 생물과 환경과의 관계를 연구하는 생태학은 복잡하고도 흥미로운 분야이다. 생태학적 원리를 알아보기 위하여 먼저 생물이 어떻게 비생물 환경에 반응하며, 이 반응이 어떻게 개체군의 특성에 영향을 주어 개체군의 동태를 일으키는지 탐구해 보자. 그런 뒤, 다음 장에서 생물들이 공존하고 있는 군집과 그들 사이의 상호작용을 알아보고, 이어서 전체 생태계나 생물권의 기능을 탐구한 다음에, 결론적으로 지구 전체적인 문제와 인류가 당면한 문제를 알아보자.

50.1 환 경

환경에 대한 도전

물리적 환경의 성질은 한 지역에 사는 생물의 종류를 결정한다, 중요한 물리적 환경 요소는 다음과 같다.

온도. 대부분의 생물은 비교적 좁은 온도 범위 안에서 살도록 적응되어 있다. 가령, 식물이 생장하는 계절은 온도에 의해 영향을 받는다.

물. 모든 생물에게는 물이 필요하다. 육상에서는 대개 물이 희귀하므로 강우 양상은 생물에 중요한 영향을 준다.

햇빛. 거의 모든 생태계는 광합성으로 포착되는 에너지에 의존한다. 햇빛의 유효성은 한 생태계가 지탱할 수 있는 생물의 양에 영향을 준다.

토양. 토양의 물리적 안정성, pH, 무기질 조성은 흔히 식물의 생장을 크게 제약한다.

환경 변이에의 적응

환경 변이에 접하는 개체는 체내 환경을 일정하게 하는 항상성(homeostasis)을 유지한다. 여러 가지 동식물은 능동적으로 생리적, 형태적, 행동적 기작을 적용하여 항상성을 유지한다(그림 50.1). 그러나 어떤 생물들은 순응생물(conformer)로서 스스로 환경의 여러 가지 물리적 양상에 몸을 맞춘다.

환경 변이에 대한 반응은 단기와 장기에 걸쳐 나타날 수 있다. 단기적으로는 몇 분에서 개체의 일생 동안에 이르기까지 생물은 환경 변화에 대처하는 여러 가지 방식을 가진다. 장기적으로는 자연선택이 한 개체군을 환경에 적응하도록 만든다.

환경 변화에 대한 개체의 반응

생리. 많은 생물은 생리적 조절을 통하여 환경 변화에 적응할 수 있다. 그러므로 추운 날에 우리는 얼굴 표면에 있는 혈관을 수축시킨다. 또, 고산에 올라가는 사람은 처음에는 고산병을 경험하지만, 수일 지나면 여러 가지 생리적 변화를 통해 개선된다(표 50.1). 일부 곤충은 혈액에 항결빙제로서 글리세롤을 첨가하여 겨울에 어는 것을 막는다. 어떤 생물은 저장된 글리코겐을 알코올로 전환하여 세포막이 얼어서 생기는 손상을 막는다.

형태. 추운 환경에서 일정한 체온을 유지하는 동물은 에너지 소비를 최소화하는 방법을 가지고 있다. 여러 포유동물은 겨울에는 두꺼운 털을 만든다(그림 50.2). 그래서, 늑대의 털은 여름보다 겨울에 3배 두꺼워진다. 다른 포유동물은 겨울에 동면함으로써 일정한 체온 유지에 드는 손실에서 벗어난다.

행동. 여러 동물들은 부적당한 지역을 피하기 위하여 서식처를 변경시킴으로써 환경 변이에 대처한다. 열대지방의 도마뱀은 햇볕과 그늘 사이를 오가면서 체온을 비교적 일정하게 유지한다(그림 50.3). 그러나 그늘진 숲에서는 이와 같은 행동적 수단으로 체온을 조절할 수가 없으므로 주변 환경의 온도에 체온을 맞춘다.

행동적 적응이 극단적인 경우도 있다. 북아메리카의 사막에 사는 빨판두꺼비(*Scaphiophus*속)는 매년 땅속 1m 깊이까지 파고 들어가서 9개월 동안까지 머무르면서 대사율을 크게 낮춘 채 몸에 저장된 지방에 의존하여 산다. 습도가 높고 시원한 때가 돌아오면 땅속에서 나와서 생식한다. 어린 빨판두꺼비는 신속히 성숙한 다음 다시 땅속으로 들어간다.

표 50.1 고산에서의 생리적 변화

호흡 속도 증가
적혈구 생산 증가 및 혈액 내 헤모글로빈 양 증가
헤모글로빈의 결합 능력 감소 (조직에서의 산소 해리 속도 증가)
미토콘드리아, 모세혈관, 근육 미오글로빈의 농도 증가

그림 50.1 | 수분 획득.
서남 아프리카 나미브 사막의 건조한 사구에서 풍뎅이 *Onymacris unguicularis*는 사구 위에 올라 복부를 위로 쳐들어 안개로부터 수분을 모은다.

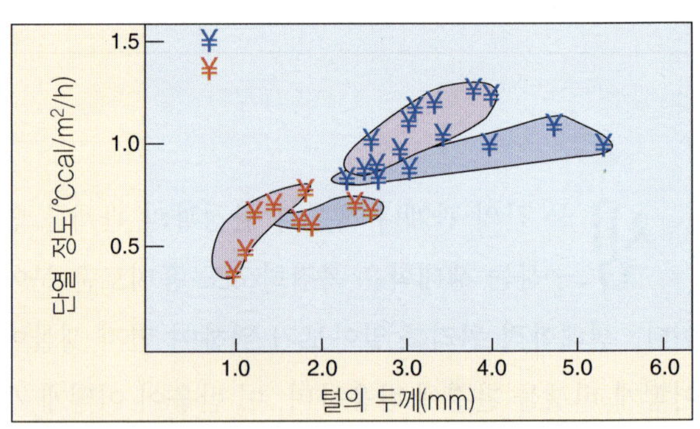

그림 50.2 | 형태적 적응.
북아메리카의 포유동물의 털 두께는 털의 단열정도에 영향을 준다.

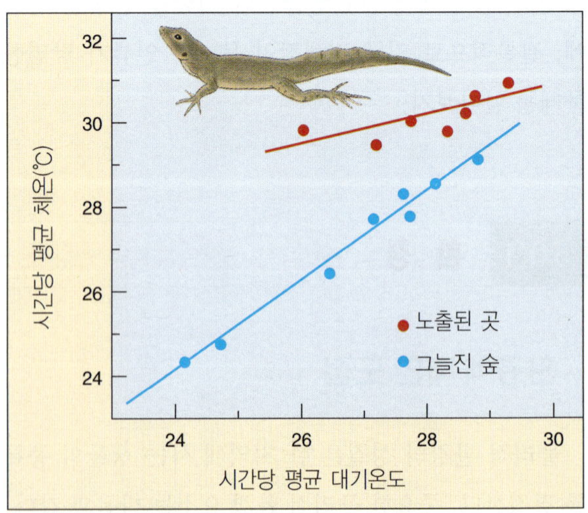

그림 50.3 | 행동적 적응.
푸에르토리코의 도마뱀 *Anolis cristatellus*는 햇볕에 나가거나 피하는 방법으로 비교적 일정한 체온을 유지한다. 그러나 그늘진 숲에서는 체온을 주변 온도에 순응한다.

환경 변이에 대한 진화적 반응.

위와 같은 예는 생물이 환경 조건의 변화에 적응하는 여러 가지 방식을 나타낸 것이다. 한 개체가 생리, 형태, 행동을 변화시키는 능력 자체는 자연선택의 결과로 생긴 일종의 진화적 적응이다. 자연선택의 결과는 서로 다른 환경에서 사는 유연관계가 깊은 종들을 비교하면 찾아볼 수 있다. 이럴 경우 종들은 대개 특정 환경에 특별하게 적응되도록 진화되었음을 알게 된다.

가령, 서로 다른 기후 속에서 사는 동물들은 여러 가지 차이를 보인다. 추운 기후에 사는 포유동물은 열 손실이 일어나는 표면적을 줄이기 위해 귀나 다리가 짧은 "앨런의 규칙"(Allen's rule)이라는 현상을 보인다. 서로 다른 기후에 사는 도마뱀들은 온도에 대한 생리적 적응 방식이 다르다. 사막 도마뱀은 북유럽 도마뱀에 치사적인 고온에서 아무런 영향을 받지 않고, 북유럽 도마뱀은 사막 도마뱀이 완전히 움직이지 못하는 저온에서도 달리고, 먹이를 잡고 먹이를 소화한다.

많은 종은 물이 적은 곳에서도 적응하는 모습을 보인다. 낙타나 사막의 동물은 물을 마시지 않고도 오래 걸을 수 있다. 개구리마저도 사막에 적응된 것이 있다. 대부분의 개구리는 물이 쉽사리 투과할 수 있는 축축한 피부를 가지며, 건조한 곳에서는 살지 못한다. 그러나 일부 개구리는 피부를 통한 수분 손실을 크게 줄여서 이 문제를 해결한다. 가령, 한 종은 특수 샘에서 왁스 물질을 분비하여 수분 손실을 95%까지 막는다.

상이한 환경에 대한 적응은 실험적으로도 연구할 수 있다. 예를 들어 대장균 균주를 고온(42℃)에서 배양하면 시간이 지나면서 자원을 이용하는 속도가 증가한다. 2,000세대 뒤에는 이 능력은 처음보다 30% 이상 증가한다. 이처럼 자원 이용 효율이 증가하는 기작은 아직 알려지지 않고 있다.

50.2 개체군

생물은 개체군의 일원으로서 산다. 개체군(population)은 한 지역과 시간에 함께 살아가는 개체들의 집합이다. 개체군 생태학에서 중요한 3가지 특징은 개체군 분포범위, 개체군의 분포 양상, 그리고 개체군의 크기이다.

개체군 분포범위

전 세계에 걸쳐 모든 서식지에 널리 분포하는 개체군은 존재하지 않는다. 대부분의 종은 제한된 지리적 범위 안에 국한되어 있으며, 어떤 종은 한 지역에서만 발견된다.

생물은 사는 곳의 환경에 적응해야 한다. 북극곰은 북극의 저온에 견디도록 적응되어 있으며, 적도지방에서 북극곰을 찾아볼 수는 없다. 어떤 원핵생물은 옐로스톤 국립공원 온천의 끓는 물에서 살 수 있으나 이 부근의 차가운 냇물에는 없다. 각 개체군은 특정 온도, 습도, 먹이 등의 특정 요구를 가지며, 이것이 살 수 있는 곳과 살 수 없는 곳을 결정한다. 또, 포식자, 경쟁자, 기생충이 개체군의 존재를 막기도 한다.

분포범위의 확장과 축소

개체군 분포범위는 정적인 것이 아니라 시간이 지남에 따라 변화한다. 이 변화는 두 가지 이유 때문에 일어난다. 어떤 경우에는 환경이 변화한다. 예를 들면 약 10,000년 전 마지막 빙하기 말에 빙하가 후퇴하면서 북아메리카의 여러 식물과 동물 개체군은 북쪽으로 확장하였다. 이와 동시에 기후가 따뜻해지면서 생물의 종들은 이들이 살 수 있는 고도로 이동하였다(그림 50.4).

개체군은 또한 이전에는 분포하지 않던 서식에 알맞은 새로운 서식처로 분포범위를 확장할 수 있다. 예를 들면, 쇠백로(cattle egret)는 아프리카가 원산지인

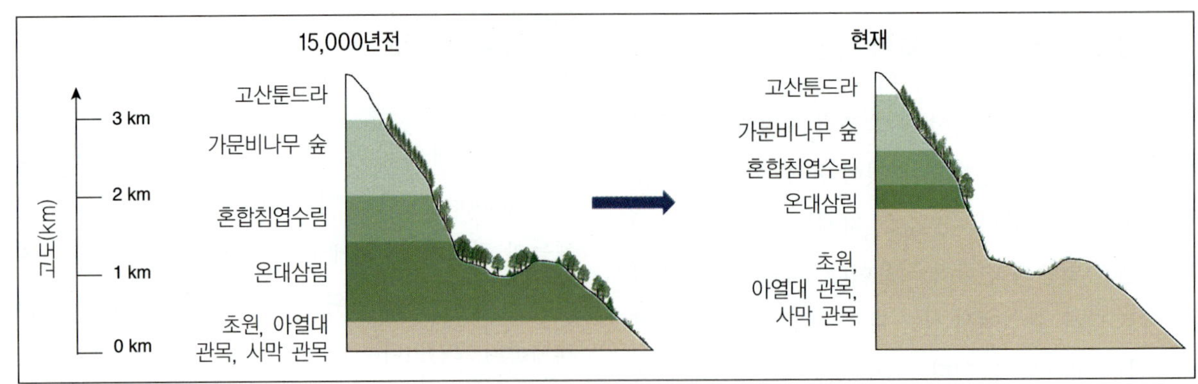

그림 50.4 | **북아메리카 남서부 산악지역에서의 개체군 분포범위의 고도 변화.**
15,000년 전의 빙하기는 오늘날보다 추웠다. 기후가 따뜻해지면서 추운 온도에서 잘 자라는 나무 종은 분포범위를 높은 고도로 옮겼다.

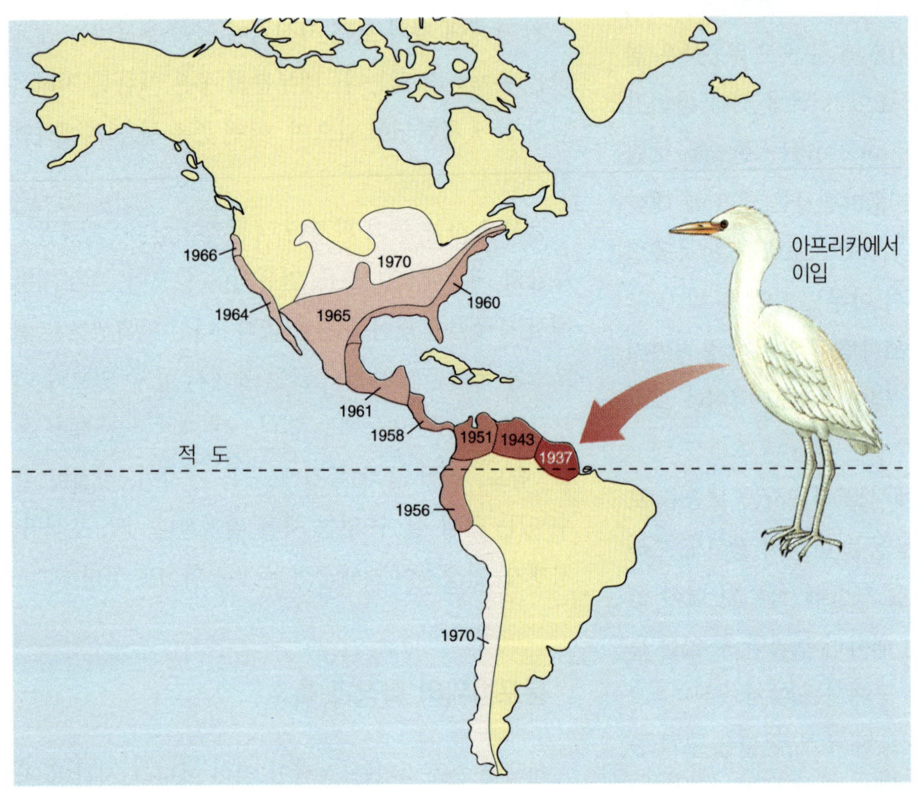

그림 50.5 | **쇠백로의 분포범위 확장.**
쇠백로는 소나 다른 발굽 달린 동물을 따라 다니면서 곤충이나 작은 척추동물을 잡아먹는데, 1800년대 후반에 남아메리카에 처음 도착하였다. 1930년대 이후 이 종의 분포범위 확장이 보고되었는데, 서쪽으로 확장하다가 북쪽의 북아메리카로, 남쪽으로는 안데스 서부를 따라 남아메리카 남부까지 확장하였다.

데, 1800년대 후반에 거의 3,200km의 대서양을 횡단해 남아메리카 북부에 처음 나타났다(강한 바람을 타고 대양을 건넌 것으로 추정됨). 그 후 이 조류는 계속 분포범위를 확장하여 현재는 미국의 대부분의 지역에서도 발견되고 있다(그림 50.5).

개체군 내 개체들의 공간 점유 양상

개체군 구조의 또다른 주요 특징은 개체들이 분포하는 방식이다. 이들은 무작위적으로 분포하거나, 균등하게 분포하거나, 군집상으로 분포한다(그림 50.6).

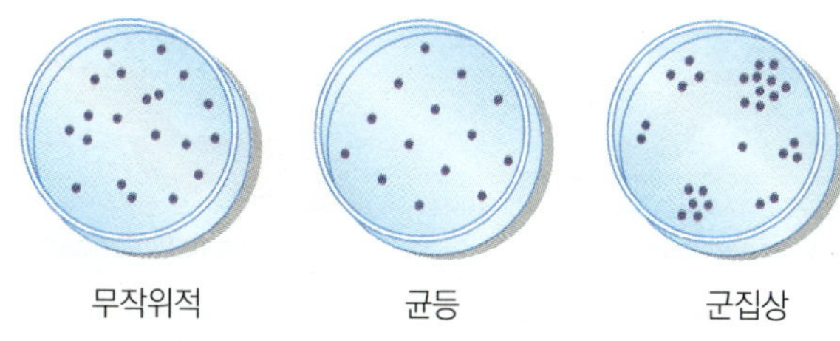

(a) 세균콜로니

(b) *Brosimum alicastrum*의 무작위적 분포

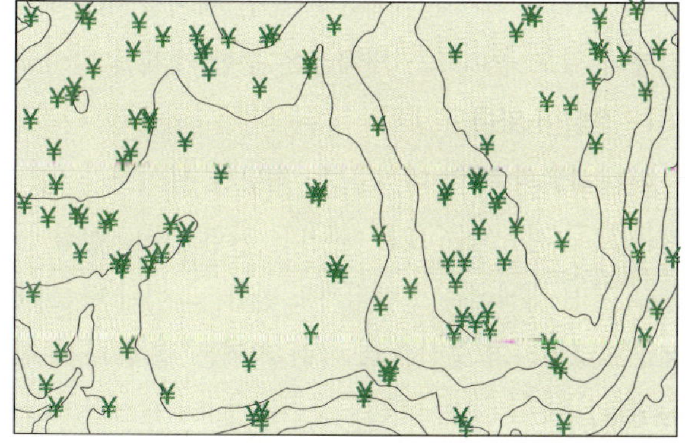

(c) *Coccoloba coronata*의 균등 분포

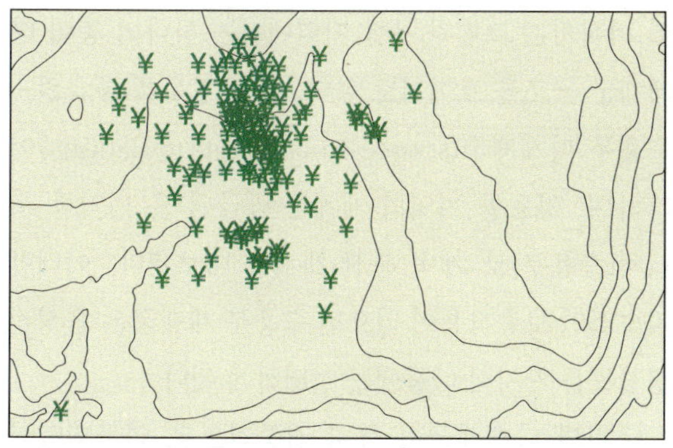

(d) *Chamguava schippii*의 군집상 분포

그림 50.6 | **개체군 분포.**
(a) 세균 콜로니의 여러 가지 배열. (b~d) 파나마의 한 지역의 3가지 식물의 분포 양상.

무작위적 분포

개체군 내에서 개체들 간에 또는 개체들과 불균등한 양상을 띠는 환경과의 사이에 강한 상호작용이 없을 경우 개체들은 무작위적으로 분포한다. 무작위적 분포는 자연계에 흔하지는 않다. 그러나 파나마 우림 지역에 사는 몇 종의 목본식물은 무작위적 분포를 보인다(그림 50.6 b-d).

균등 분포

개체군 내에서의 균등 분포는 대개 자원을 위한 경쟁 결과로 생긴다. 동물에서 균등 분포는 대개 행동적 상호작용으로 생긴다. 여러 종에서 한쪽 또는 양쪽 성의 개체들이 영역을 방어하는데, 이 영역의 소유자는 다른 개체의 접근을 막음으로써 균등 분포를 일으킨다. 영역을 설정하지 않는 종에서도 개체들은 일정한 공간을 두고 다른 개체가 접근하지 못하도록 하는 경우가 있다.

식물에서는 자원을 위한 경쟁 결과로 균등 분포가 생기는 일이 흔하다. 그러나 이 경우는 직접적인 자원 경쟁으로 균등 분포가 생긴다. 조밀하게 접근해 있는 식물들은 햇빛, 양분, 물을 위해 경쟁하게 된다. 이때 다른 식물에 그늘을 지우는 직접적 방법이나 또는 공유 지역에서 물과 양분을 경쟁적으로 흡수해 버리는 간접적 방법으로 균등분포를 이루게 된다. 어떤 식물은 다른 개체에 독성을 주는 화학물질을 토양에 방출하여 일정한 거리 안에 접근하지 못하게 한다.

군집상 분포

개체들은 자원의 불균등한 분포에 반응하여 군집상으로 분포한다. 생물들은 특정 토양 종류, 습도 등의 환경 요소를 가진 서식처를 좋아하므로 이런 분포는 자연계에 흔하다.

사회적 상호작용도 군집상 분포를 일으킨다. 많은 종이 집단을 이루어 살거나 움직인다. 이렇게 집단을

그림 50.7 | 종자의 적응.
종자는 여러 가지 분산 방법을 진화시켰다. 일부종자는 바람에 날려 먼 거리를 날아가며 부착과일이나 육질과에 들어 있는 종자는 동물에 의해 분산된다.

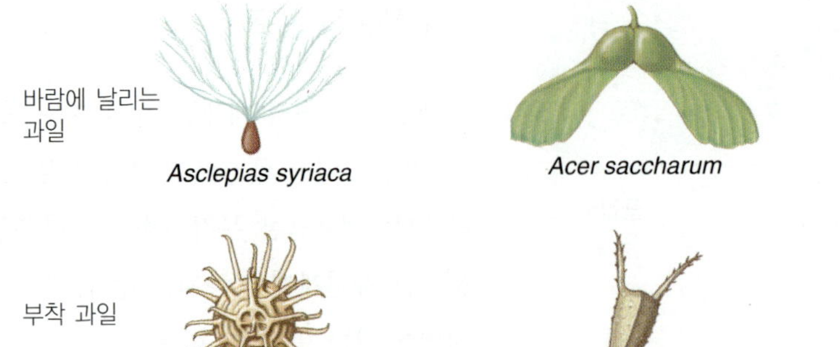

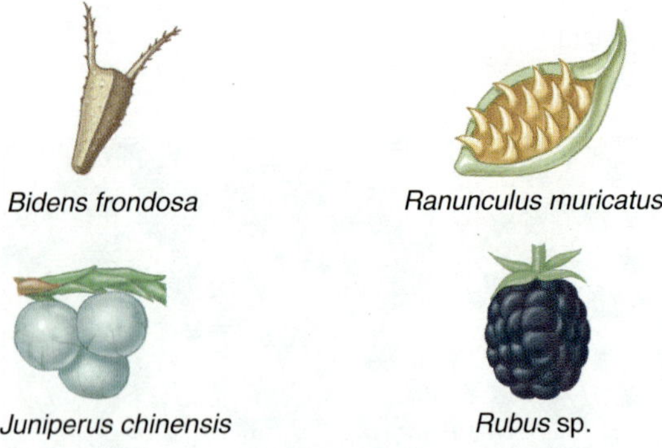

이루면 경계나 방어에 유리하기 때문이다. 개체군들은 대개 분포범위의 안쪽에 개체 밀도가 높고 주변부는 밀도가 희박한 양상을 보인다.

분산 기작

새로운 지역으로의 분산은 여러 가지 방법으로 일어난다. 가령 여러 외딴섬에 도마뱀이 정착해 살고 있는데, 이는 이들의 알이나 개체가 부유하는 식물체에 의해 운반되었을 가능성이 크다. 식물의 종자는 여러 가지 분산 방법을 가지고 있다(그림 50.7). 바람에 날리는 것, 동물체에 부착하는 것, 포유류나 조류에 먹혀서 운반되는 것 등 여러 가지이다.

사람은 환경을 변화시키거나 또는 직접 운반하여 다른 생물의 분산을 일으키기도 한다.

다개체군

여러 개체군들이 연결되고 서로 개체들을 교환하면서 상호작용하는 경우가 흔하다. 이러한 개체군들의 연결을 다개체군(metapopulation)이라고 하는데, 보통 알맞은 서식처가 드문드문 떨어져 분포하고 그 사이에 부적당한 서식처가 가로막혀 있는 지역에서 볼 수 있다.

다개체군 안에서의 개체군들의 상호작용을 하는 정도는 분산의 정도에 따라 다르고 대개 대칭적이지 못하다. 크기가 커지는 개체군은 분산 개체를 내보내는 경향이 있고 줄어드는 개체군은 분산 개체를 받아들이는 경향이 있다.

다개체군의 지역 내의 모든 적당한 서식처가 어느 때든 모두 점유되는 것은 아니다. 전염병이나 산불 등으로 어떤 개체군은 소멸되기도 한다. 그러나 다른 개체군으로부터의 분산으로 이런 지역은 결국 다시 점유된다.

일부 서식처가 장기간의 개체군 유지에 알맞고 어떤 서식처는 그렇지 못한 지역에서는 하나의 종이 다개체군 구조를 보이기도 한다. 이런 경우를 공급원–수용부 다개체군(source-sink metapopulations)이라하며, 양호한 지역의 개체군(공급원)은 빈약한 서식처(수용부)로 계속 분산 개체를 내보낸다. 이러한 지속적인 보충작용이 없으면 수용부 개체군은 음성적 생장률을 가져서 나중에는 절멸하게 된다.

나비의 다개체군이 특히 집중적으로 연구되었다(그림 50.8). 한 연구에서 연구자들은 핀란드 남서부의 1,600개 목장에서 표범나비 개체군들을 채집하였다. 매년 평균 200개 개체군이 절멸하였고 114개의 빈 목장이 새로 점유되었다. 개체군의 절멸을 일으키는 요인은 작은 개체군 크기, 공급원으로부터의 격리,

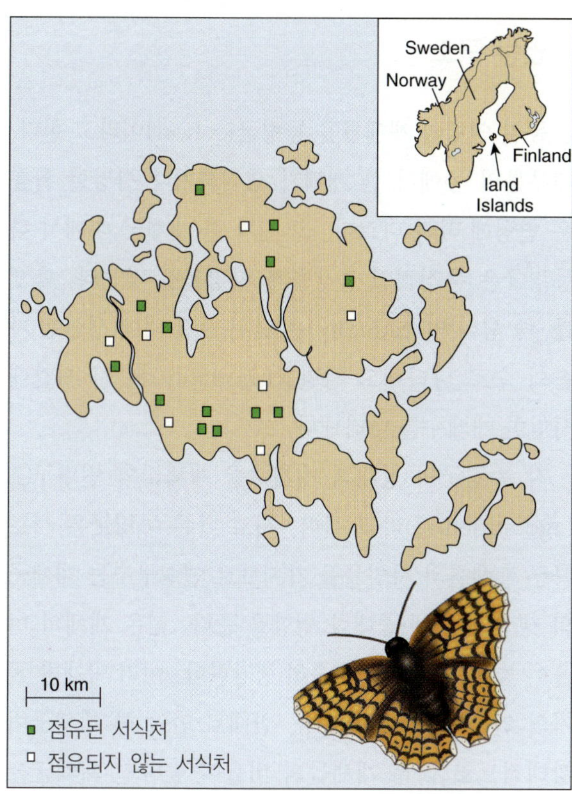

그림 50.8 | 나비의 다개체군.
핀란드 남서부의 외란드 군도에서 표범나비는 다개체군으로 존재한다. 스스로 지속될 수 있을 만큼 큰 개체군은 없으며, 다른 개세군으로부터 개세들이 계속 이입함으로써 존속된다. 또한 새로운 개체군이 계속 만들어지면서 기존 개체군의 절멸을 상쇄하곤 하는데, 근래에는 절멸지역이 새로운 점유지역수를 능가하고 있다.

낮은 자원 유효성(목초지에 있는 꽃의 수), 개체군 내 유전적 다양성 결여 등 여러 가지인 것으로 추정되었다. 연구자들은 새로운 정착보다 절멸의 수가 많은 것은 매우 건조한 여름이 길게 이어지기 때문이라고 보았다. 스스로 존속할 수 있을 만큼 충분히 큰 개체군은 없었으므로 핀란드 남서부의 종이 지속적으로 유지되기 위해서는 새로운 개체군이 계속 생기고 기존의 개체군이 이주자로 보충되는 다개체군 망의 지속적 존재가 필요하다고 판단되었다.

다개체군은 종의 분포에 대한 두 가지 중요한 의미를 가질 수 있다. 첫째, 빈 지역으로의 지속적인 정착으로 절멸을 방지한다. 만약 이러한 분산이 없으면 각 개체군은 결국 파괴되고 전 지역에서의 종의 소멸을 일으킨다. 또하나 공급원–수용부 다개체군에서 종은 다른 방식으로 점유하는 것보다도 더 넓은 지역을 점유한다. 이런 이유로 자연 서식처가 점차 작은 지역들로 나뉘어져 가는 요즘에 다개체군 연구는 보존생물학에 매우 중요한 것이 되고 있다.

50.3 개체군 동태와 연령분포

시간이 지남에 따라 개체군이 변화하는 방식, 즉 개체군 동태는 여러 가지 요인의 영향을 받는다. 한 가지 중요한 요인은 개체들의 연령분포이다.

개체군통계학

개체군통계학(demography)은 개체군에 대한 통계적 연구이다. 시간이 지남에 따라 개체군이 변하는 방식은 두 가지 수준, 즉 전체적 수준과 또 부분적으로 나누어 연구할 수 있다. 가장 총괄적 수준에서, 전체 개체군이 커가는지, 작아지는지, 또는 일정한 상태로 유지되는지를 알아볼 수 있다. 출생 수가 사망 수를 능가하면 개체군은 생장하고, 그 반대이면 줄어든다.

개체군 생장 속도에 영향을 주는 요인

생장률은 개체군의 성비(sex ratio)의 영향을 받는다. 한 개체군의 출생 수는 보통 암컷의 수와 직접 관련되며, 하나의 수컷이 여러 암컷과 교배하는 종에서는 수컷의 수와는 보통 직접적으로 관련되지는 않는다. 여러 종에서 수컷들은 암컷을 점유하기 위하여 서로 투쟁하여 소수의 수컷만 교배를 한다. 이러한 종에서는 암컷에 치우친 성비가 개체군 생장 속도에 영향을 주지는 않으며, 수컷의 수적 감소는 출생 수의 감소를 일으키지 않은 채 생식 수컷의 구성만 변화시킨다. 이와는 달리 일부일처제의 종에서는 수컷의 수적 감소가 직접 출생 수의 감소로 연결된다.

세대 시간(generation time)은 한 개체의 출생과 그 자손의 출생 사이의 평균 간격으로서, 개체군 생장

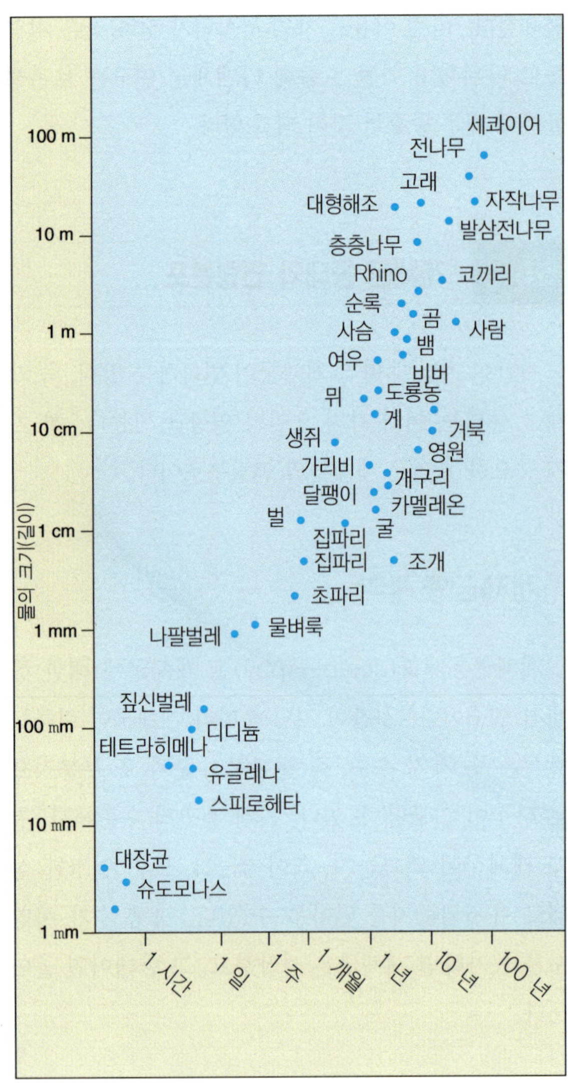

그림 50.9 | 몸의 크기와 세대 시간 사이의 관계.
일반적으로 큰 동물은 세대 시간이 길다.

속도에 영향을 준다. 종마다 세대 시간은 큰 차이를 보인다. 몸의 크기 차이는 이러한 변이를 설명해 주기도 하는데, 코끼리의 한 세대는 대략적으로 생쥐 100 세대에 해당된다(그림 50.9). 그러나 이런 관계는 항상 정확하지는 않아서 생쥐보다 작은 영원은 생쥐보다 세대 시간이 더 길다. 세대가 짧은 개체군은 세대가 긴 개체군보다 크기가 증가하는 속도가 빠르다. 이와 반대로, 세대 시간과 수명은 보통 밀접하게 관련되어 있으므로 짧은 세대 시간을 가지는 개체군은 출생률이 갑자기 감소한다면 크기가 빨리 줄어들 수 있다.

연령 구조

동일 연령의 개체들을 동령군(cohort)이라고 한다. 대부분의 종에서 한 개체가 생식하거나 사망할 확률은 연령에 따라 다르다. 그 결과 한 개체군 내에서 각 동령군은 특징적인 출생률과 사망률을 갖는다. 출생률, 즉 생식력(fecundity)은 단위 시간 내에 생산된 자손의 수로 나타내고 사망률(mortality)은 이 시간에 사망한 개체수를 나타낸다.

각 동령군의 상대적 개체수를 개체군의 연령구조(age structure)라고 한다. 서로 다른 동령군은 서로 다른 출생률과 사망률을 가지므로 연령구조는 개체군의 생장 속도에 중대한 영향을 준다. 젊은 개체의 비율이 높은 개체군은 신속히 생장한다. 여러 미개발 국가의 인구가 그 예가 된다. 반대로 만약 한 개체군이 상대적으로 늙은 개체들의 비율이 높다면 개체군은 작아진다.

생명표와 인구 변화

자연계의 개체군이 어떻게 변하는지 평가하기 위해서 생태학자들은 생명표(life table)를 이용한다. 생명표는 출생부터 사망까지 한 동령군의 운명을 표로 나타낸 것으로 매년 생산된 자손의 수와 사망하는 개체의 수를 보여준다.

표 50.2에서 첫 칸은 동령군의 연령(연구 시작부터 3달 단위로 나타냄)을 나타낸다. 둘째와 셋째 칸은 생존자의 수와 아직 생존하고 있는 원래의 동령군의 비율을 나타낸다. 다섯째 칸은 사망률(mortality rate), 즉 한 연령(시간 간격)이 시작될 때는 생존했으나 이 연령이 끝날 때는 사망한 개체의 비율을 나타낸다. 일곱째 칸은 각 생존 개체가 그 연령 동안 생산한 종자의 평균 수를 나타내고, 마지막 칸은 원래의 동령군의 크기에 비례해서 생산된 종자의 수를 나타낸다.

생명표를 보면 여러 가지를 알 수 있다. *Poa annua*의 경우 사망 확률과 생존 개체당 생산한 자손의 수는 연령 증가와 함께 계속 증가한다. 마지막 칸에 누적

표 50.2 초본식물 *Poa annua*의 843개 묘목으로 이루어진 동령군의 생명표

연령 (3개월 간격)	매 연령이 시작될 때 생존 개체수	생존 동령군의 비율 (생존률)	사망 개체수	사망률	생산된 종자 수	생존 개체당 생산된 종자 수 (생식력)	동령군의 개체당 생산된 종자 수(생식력 × 생존률)
0	843	1.000	121	0.143	0	0.00	0.00
1	722	0.857	195	0.271	303	0.42	0.36
2	527	0.625	211	0.400	622	1.18	0.74
3	316	0.357	172	0.544	430	1.36	0.51
4	144	0.171	90	0.626	210	1.46	0.25
5	54	0.064	39	0.722	60	1.11	0.07
6	15	0.018	12	0.800	30	2.00	0.04
7	3	0.004	3	1.000	10	3.33	0.01
8	0	0.000	—		계 = 1665		계 = 1.98

수를 표시하여 원래 동령군의 개체당 생산한 총 자손의 수를 알 수 있다. 그 수는 2에 가까운데, 이는 이 동령군의 각 개체는 평균 2개체를 생산하였음을 뜻한다. 이 수가 1.0일 경우는 개체군이 커지지도 않고 줄어들지도 않음을 뜻한다. 대개의 경우 생명표 분석은 이보다 복잡하다. 가령, 수명이 짧은 생물들을 제외하고는 마지막 개체가 사망할 때까지 한 동령군의 운명을 추적하기는 어렵다.

생존곡선

주어진 연령까지 생존하는 원래 개체군의 비율을 생존율(survivorship)이라고 한다. 개체군의 연령 분포 양상을 나타내는 한 가지 방법은 생존곡선(suvivorship curve)을 나타내는 것이다. 히드라에서는 모든 연령에서 개체들의 사망 확률이 동일하여 생존곡선이 직선을 나타낸다(II형)(그림 50.10). 굴은 막대한 수의 자손을 낳고 이 중 소수만 살아남아 생식한다. 그러나 개체가 한번 살아남아 생식 연령에 도달하면 사망률은 매우 낮다(III형). 사람은 여러 동물과 원핵생물처럼 생식 이후에 사망률이 급격히 커진다(I형). 이 3가지 유형은 대표적인 것으로서 여러 생물은 이보다 복잡한 양상을 나타낸다. *Poa annua*의 생존

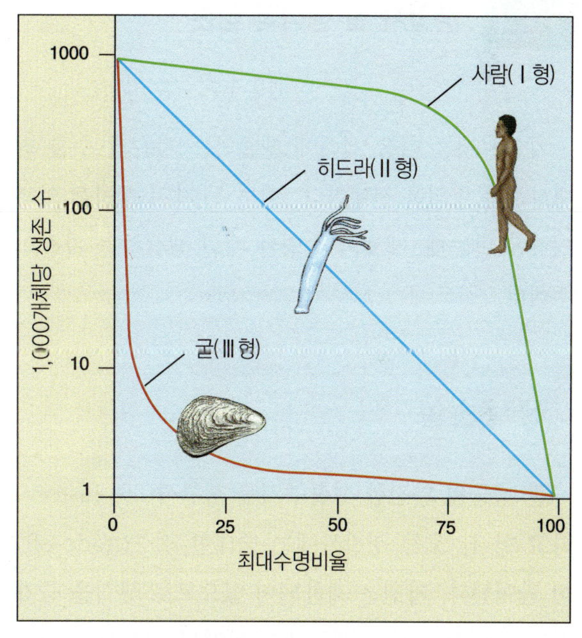

그림 50.10 | 생존곡선.
관습상 수직선상의 생존수는 로그값으로 나타낸다. 인간은 Ⅰ형 히드라는 Ⅱ형 굴은 Ⅲ형의 생활주기를 갖는다.

곡선은 II형 생존곡선과 유사하다(그림 50.11).

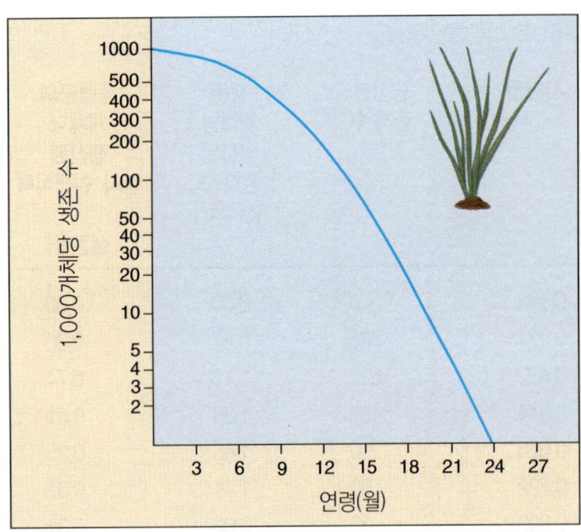

그림 50.11 | 초본식물 *Poa annua*의 한 동령군의 생존곡선.
몇 달이 지난 후에는 사망률은 일정 속도로 증가한다.

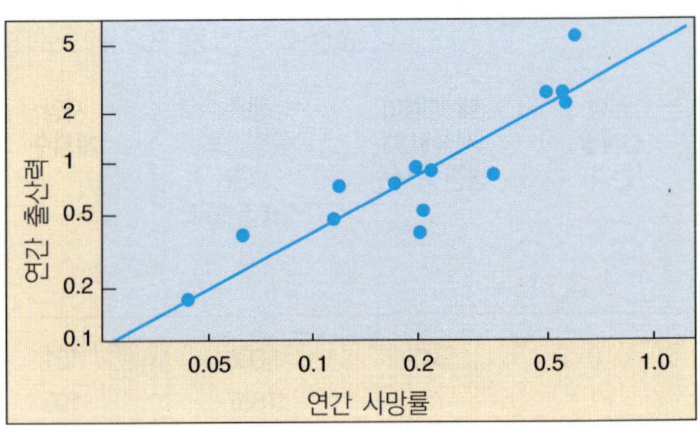

그림 50.12 | 생식의 댓가.
조류에서 생식력 증가는 높은 사망률과 관련되어 있다. 일 년에 더 많은 자손을 기르는 조류는 그해에 사망할 가능성이 높다.

50.4 생활사 및 생식과 생존

자연선택은 다음 세대에 생존하는 자손의 수를 최대화하는 형질을 선택한다. 이는 두 가지 요인에 의해 영향을 받는데, 개체의 수명과 매년 생산하는 자손의 수이다.

생식 손실

한 생물의 완전한 생활주기를 생활사(life history)라고 한다. 모든 생활사에는 중대한 절충(trade-off)이 관여된다. 자원은 제한되어 있으므로 생식을 증가시키는 어떤 변화는 생존율과 장래의 생식을 감소시킬 수 있다. 그러므로 더 많은 솔방울을 만드는 전나무는 현재의 번식 성공도는 높아지지만 생장 속도는 느려지며, 생산되는 솔방울의 수는 나무의 크기와 관계되므로 생장 속도 감소는 장래에 생산할 솔방울의 수를 감소시키게 된다. 이와 유사하게, 매년 더 많은 자손을 생산하는 새는 그해에 사망할 가능성이 높고 이듬해에 적은 수의 알을 생산하게 될 가능성이 크다(그림 50.12). 반대로 생식을 늦추는 개체는 빨리 자라고 장래의 생식력을 높이게 될 가능성이 크다.

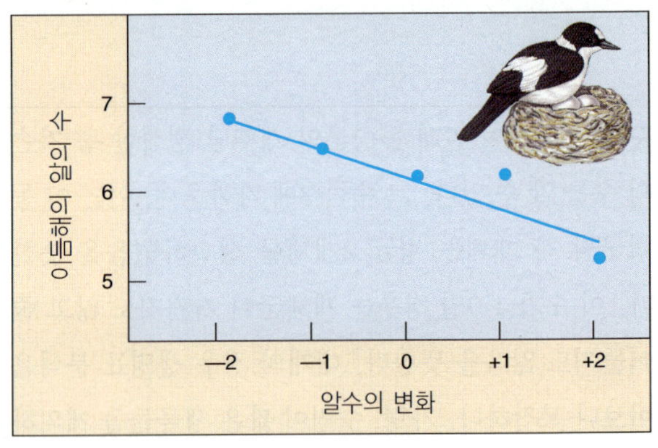

그림 50.13 | 일생 동안의 생식 횟수.
목도리딱새의 둥지에 알을 추가시키면(새끼를 돌보는 암컷의 생식노력이 증가한다) 이듬해에 낳는 한 배의 크기(알의 수)는 줄어든다. 이 실험으로 현재의 생식 노력과 장래의 번식 성공도 사이에는 절충이 이루어진다는 것을 알려준다.

목도리딱새(collared flycatcher)의 둥지에 있는 알의 수를 변화시켜 본 실험이 있다(그림 50.13). 한 배의 크기(한 번에 낳는 알의 수)를 줄였을 때 새는 이듬해 더 많은 알을 낳았고, 둥지에 더 많은 알을 갖다 놓았을 경우에는 이듬해 생산한 알의 수가 줄어들었다. 생태학자들은 현재의 생식 노력 때문에 장래의 생식 잠재력이 감소하는 것을 생식 손실(cost of reproduction)이라고 한다.

자연선택은 일생 중 번식 성공도를 높이는 생활사를 선택할 것이다. 생식 손실이 낮으면 개체는 가능한 한 많은 자손을 생산하게 된다. 낮은 생식 손실은 자원이 풍부할 때 생기기 쉽다. 전체적 사망률이 높을 때도 생식 손실은 역시 낮다. 이런 경우 개체들은 다음 산란 시기까지 생존할 가능성이 낮으므로 현재의 증가된 생식 노력이 장래의 생존율을 변화시키지는 않는다.

생식 손실이 높을 때는 현재의 생식을 최소화하고 생장과 생존율을 높임으로써 일생 중 번식 성공도를 최대화할 수 있다. 이는 생식 손실이 개체의 생존 능력에 심각하게 영향을 주고 장래 생산될 자손의 수를 감소시킬 경우에 일어나게 된다.

자손당 투자 정도

자연선택의 관점에서 볼 때 생산된 자손의 수는 자손이 생식할 때까지 생존하는 수만큼 중요하지는 않다.

핵심적인 생식 절충은 하나의 자손을 생산하는 데 얼마의 자원을 투자할 것인가와 관련되어 있다. 자손에 투자할 에너지는 한정되어 있으므로 자손의 수와 각 자손의 크기 사이에 절충이 있어야 한다(그림 50.14). 이 절충은 얼룩도마뱀 *Uta stansburiana*에서 실험적으로 증명되었다. 이 도마뱀은 한 번에 평균 4.5개의 알을 산란한다. 생식 주기 초기에 일부 알을 외과적으로 제거하면 암컷은 1~3개의 알만 산란하지만 이 알들의 난황은 많아져서 낳은 알과 부화되어 나온 새끼의 크기는 정상보다 크다(그림 50.15).

얼룩도마뱀이나 다른 종에서 자손의 크기는 생존율에 결정적으로 영향을 주어서 몸이 클수록 생존 가능

그림 50.14 | 한 배의 크기와 자손 크기 사이의 관계.
박새에서 새끼의 크기와 낳은 알의 수는 반비례한다. 먹여 길러야 할 새끼의 수가 많을수록 새끼 한 마리당 돌아가는 것은 적다.

그림 50.15 | 어린 도마뱀의 크기 변이.
외과적 수술로 일부 알을 제거한 뒤 암컷이 생산한 새끼(중앙)는 대조군의 새끼(오른쪽)보다 크다. 난황의 일부를 제거한 알에서 생긴 새끼(왼쪽)는 작다.

성이 커진다. 그러나 생존 가능성이 적은 자손을 많이 낳거나 한 마리의 특수하게 강한 자손을 낳는 것이 생존자손 수를 최대로 늘리는 방법은 아니다. 오히려 보통보다 약간 크고 수는 약간 적은 알을 낳는 것이 생존자손 수를 최대화하는 길이 된다.

일생 동안의 생식 횟수

연령과 생식력 사이의 절충은 생활사에서 중요한 역할을 한다. 일년생 식물과 대부분의 곤충은 그들의 생식 자원을 한번의 생식에 집중하고 나서 죽는다. 이러한 생활사 적응을 일회결실(semelparity)라고 한다. 이와 달리, 여러 계절에 걸쳐 여러 번 자손을 생산하는 것을 반복결실(iteroparity)이라고 한다. 연중 생식하는 종은 한 번의 생식에 과도한 투자를 하지 말아야 한다. 일회결실은 보통 수명이 짧은 종에서 볼 수 있으며, 열악한 기후에 자라는 식물이 대개 이런 생식을 한다. 또 연어와 같이 생식에 커다란 투자를 하는 종도 일회결실을 한다.

최초 생식 연령

포유동물이나 여러 동물 중에서 수명이 긴 종은 수명이 짧은 종보다 생식을 오래 미룬다. 생식 지연의

이점은 어린 개체가 높은 생식 손실을 내기 전에 경험을 얻는 것이다. 수명이 긴 동물에서는 생식보다는 생존과 성장에 투자되는 에너지가 앞선다. 반면, 수명이 짧은 동물에서는 시간이 관건이므로, 어린 개체 훈련보다는 신속한 생식이 더 중요하여 생식이 일찍 일어나는 경향이 있다.

50.5 개체군 생장과 환경

개체군 생장

개체군은 대개 자손 생산 수와 관계없이 비교적 일정한 크기로 유지된다. 개체군을 이해하기 위해서는 개체군이 어떻게 생장하고 자연계의 어떤 요인이 개체군 생장을 제한하는지 알아보아야 한다.

지수생장 모델

개체군 증가 속도 r은 출생률(b)에서 사망률(d)을 제한 값에다 순이입(i)과 순이출(e)을 가감한 것으로서, 다음과 같다.

$$r = (b-d) + (i-e)$$

개체들의 이동은 개체군 증가 속도에 큰 영향을 주는데, 20세기 말 미국에서의 인구 증가가 그 예로서, 이민자의 수가 원래 살고 있던 사람들의 출산 수보다 더 인구증가의 원인이 되었다.

가장 간단한 개체군 생장 모델은 개체군이 제한 없이 최대 속도로 생장하고 이입 속도와 이출 속도가 동일하다고 가정할 때이다. 이와 같은 증가 속도를 생물번영능력(biotic potential)이라고 하며, 한 종의 개체군이 제한 없이 생장하는 속도이다. 수학적으로 이는 다음 식으로 나타낸다.

$$\frac{dN}{dt} = r_i N$$

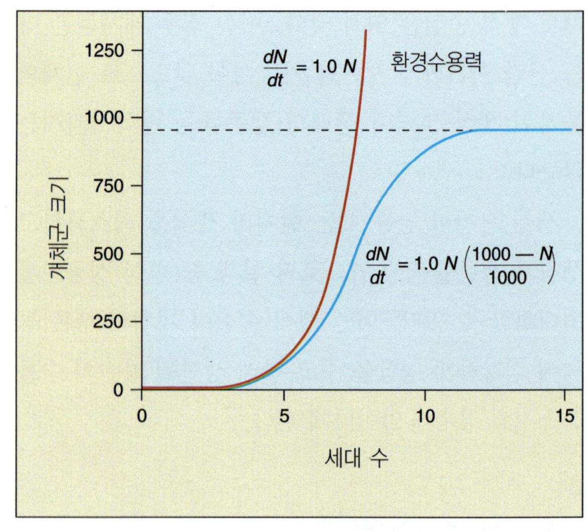

그림 50.16 | 두 가지 개체군 생장 모델.
붉은 선은 $r=1.0$을 가지는 개체군의 지수생장 모델이다. 청색 선은 $r=1.0$과 $K=1000$개체의 환경수용력을 가지는 개체군의 로지스트형 생장 모델이다. 로지스트형 생장 모델에서 처음에는 지수적으로 증가하지만, 자원의 제한 때문에 사망률이 증가하고 생장 속도는 둔화된다. 결국 출생률과 사망률이 같아질 때 생장은 멈추게 된다. 환경수용력(K)은 그 환경에서 이용할 수 있는 자원에 따라 달라진다.

위에서 N은 개체군 안의 개체수이고, dN/dt는 단위 시간 당 개체수의 변화 속도이며, r_i는 해당 개체군의 선천적 증가 속도이다.

한 개체군의 생물번영능력은 지수적이다(그림 50.16의 적색 선). 증가 속도가 일정할 때에도 실제적 개체수는 개체군의 크기가 증가하면서 급격히 가속된다. 지수적 생장의 결과는 개체군 폭발이다. 세대마다 120개의 알을 낳는 파리 한 쌍은 일년에 5조 이상의 자손을 볼 수 있다. 10년이 지나면 이 자손들은 지구 전체의 표면을 2m 두께로 덮을 수 있다. 실제로는 이렇게 무제한적인 생장은 많은 자원을 가지는 새로운 서식처에서나 일시적으로 있을 수 있다.

환경수용력

개체군이 아무리 신속히 생장한다 하더라도 결국은 공간, 햇빛, 수분, 양분 등의 중요한 환경요소의 결핍으로 한계가 생기게 된다. 개체군은 결국은 일정한 크기, 즉 서식지의 환경수용력(carrying capacity)에서

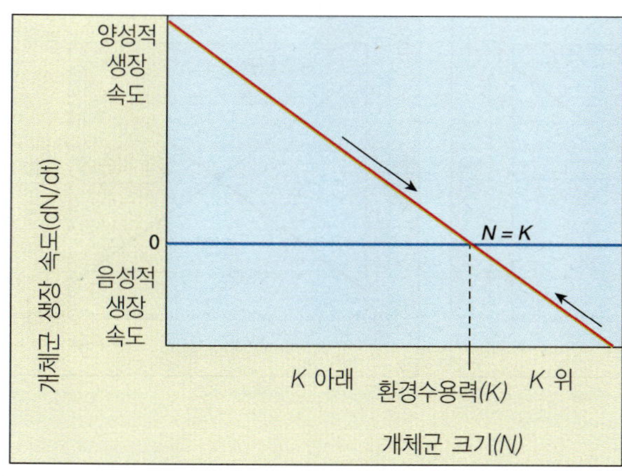

그림 50.17 | 개체군 생장 속도와 개체군 크기 사이의 관계. 환경수용력(K)에서 멀리 있는 개체군은 높은 생장 속도를 가질 것이다. 개체군이 K보다 크기가 적으면 양성적 생장속도를 보이고 K보다 크면 음성적 생장속도를 보인다. 개체군이 K에 가까와 지면 생장 속도도 0에 가까와 진다.

안정을 유지하게 된다. 환경수용력은 K로 표시하며 환경이 지탱할 수 있는 최대 개체수이다.

로지스트형 생장 모델

개체군이 환경수용력에 도달하면서 새로운 개체가 이용할 수 있는 자원이 점점 부족해지므로 개체군 생장 속도는 크게 느려진다. 이러한 개체군의 생장 곡선은 다음과 같은 로지스트형 생장 등식으로 요약될 수 있다.

$$\frac{dN}{dt} = rN\left(\frac{k-N}{k}\right)$$

이 개체군 생장 모델에서 개체군 생장 속도(dN/dt)는 선천적 증가 속도($r \times N$, 어느 시기에 존재하는 개체수)와 같고, 이용할 수 있는 자원의 양에 의해 조정된다. 이 조정은 아직 이용되지 않은 환경수용력의 비율, 즉 $(K-N)/K$과 rN의 곱으로 이루어진다. N이 증가하게 되면(개체군 크기 증가), r에 곱해지는 비율(남아 있는 자원)이 점점 작아지므로 개체군 증가 속도는 감소하게 된다.

시간에 따른 개체수 변화를 그래프로 나타내면 S자형 곡선을 얻을 수 있는데, 이 곡선이 대부분의 생물

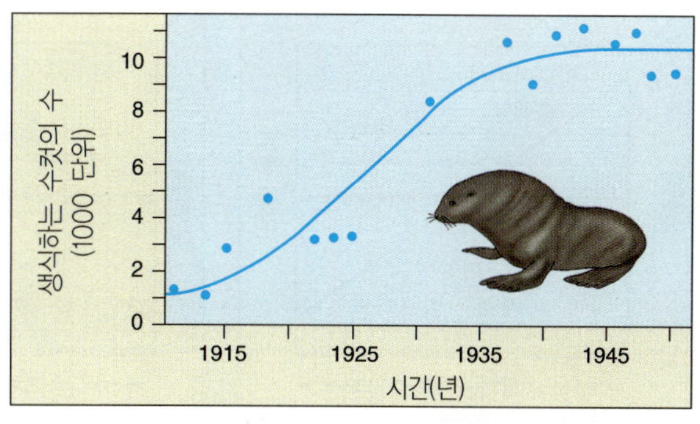

(a)

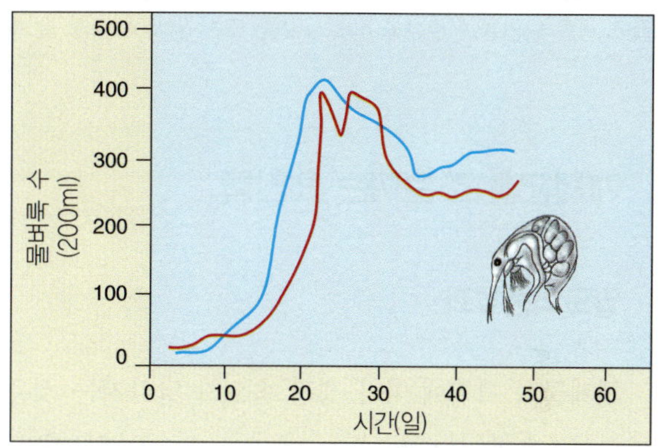

(b)

그림 50.18 | 여러 개체군들은 로지스트형 생장을 나타낸다 (a) 알라스카의 세인트폴에서의 물개(*Callorhinus ursinus*) 개체군. (b) 물벼룩 *Bosmina longirostris*의 두 실험실 개체군. 개체군은 처음에는 환경수용력을 초과하였으나 환경수용력까지 크기가 점차 감소하여 일정히 유지된다.

개체군의 특징이다. 이 곡선은 S자 모양이므로 S자형 생장곡선(sigmoidal growth curve)이라고 한다. 개체군의 크기가 환경수용력에서 안정화되면 생장 속도는 느려지게 되고 결국 멈추게 된다(그림 50.16). 수학적 관점에서 보면 N값이 K에 근접하게 되면 개체군 생장 속도는 느려지기 시작하고 N과 K가 같으면 결국 생장률은 0이 된다(그림 50.17).

많은 경우에 실제 개체군들은 실험실에서 뿐만아니라 자연계에서도 로지스트형 생장 곡선을 나타낸다(그림 50.18a). 하지만 다른 양상을 나타내는 경우도 많다(그림 50.18b).

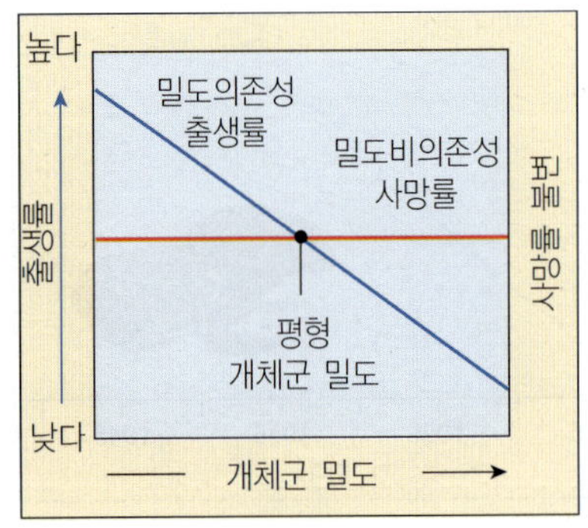

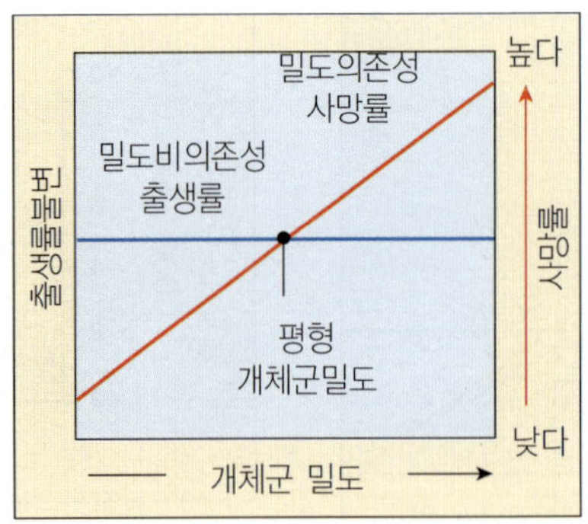

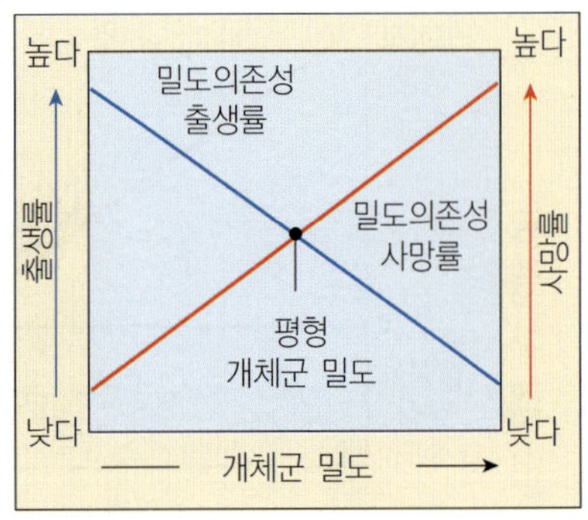

그림 50.19 | 밀도의존성 개체군 조절.
밀도 의존 요인들이 출생률이나 사망률, 또는 양자에 영향 줄 수 있다.

개체군을 조절하는 요인들

밀도의존효과

개체군의 크기에 따라 생장 속도가 달라지는 것은 밀도의존효과(density-dependent effect) 때문이다. 즉, 개체군 크기가 증가하면 생식률이 감소하거나 사망률이 증가하고, 또는 그 둘 다 일어나며 이런 현상을 음성 피드백이라 한다(그림 50.19). 개체군은 여러 방식으로 조절된다. 개체군이 환경수용력에 가까와지면 자원에 대한 경쟁이 치열해져서 출생률이 감소하고 사망의 위험이 증가한다(그림 50.20) 또한 개체군이 증가하면 포식자의 주의를 끌게되어 사망률이 증가하고, 높은 개체군 밀도로 인해 환경에 독성 노폐물이 축적되게 된다. 행동의 변화도 개체군 생장 속도에 영향을 미치는데, 한 예로 일부 설치류종은 반사회적이 되고 번식이 줄어들며 일반적 스트레스 현상을 보이는데, 이들은 호르몬 작용으로 나타나게 되

그림 50.20 | Mandarte 섬에서 멧종다리(*Melospiza melodia*)의 밀도의존성.
개체군 크기가 증가하면서 번식 성공도는 떨어지고 사망률은 증가한다.

그림 50.21 | 밀도의존 효과.
이주성 메뚜기(*Locusta migratoria*)는 아프리카와 유라시아에서 널리 나타난 끔찍한 재앙이었다. 개체군 밀도가 높을 때 메뚜기는 호르몬과 신체적 특성이 변화되어 떼를 지어 이주한다.

고 궁극적 목적은 확실치 않지만 자원이 희귀한 상황에서 적응 반응으로 진화한 것 같다. 또한 밀집된 개체군에서는 개체들이 더 좋은 조건을 찾아 다른 곳으로 이동하므로 개체군 생장 속도가 감소한다(그림 50.21).

모든 밀도의존성 요인들이 개체군 크기에 음성적인 관계를 가지는 것은 아니다. 어떤 경우에는 개체군 크기에 따라 생장 속도가 증가한다. 이런 현상을 알리 효과(Allee effect)라고 하며, 양성 피드백의 한 예이다. 알리 효과는 여러 가지 유형이 있다. 가장 뚜렷한 것은 너무 드물게 분포된 개체군들에서 개체들이 배우자를 찾기 어려워지는 것이다. 또, 어떤 종은 포식자를 피하기 위해서 또는 생식 행동이 자극되기 위해서 큰 집단을 이루어야 하는 경우도 있다.

밀도 비의존성 효과

개체군에서의 생장 속도는 가끔 로지스트형 생장 등식에 맞지 않는 경우가 있다. 여러 경우에서, 이러한 양상은 생장이 밀도비의존성 효과(density-independent effects)하에 있기 때문에 생긴다. 즉, 어떤 경우에 한 개체군의 생장 속도는 개체군 크기와는 관련되지 않은 요인에 의해 제한된다.

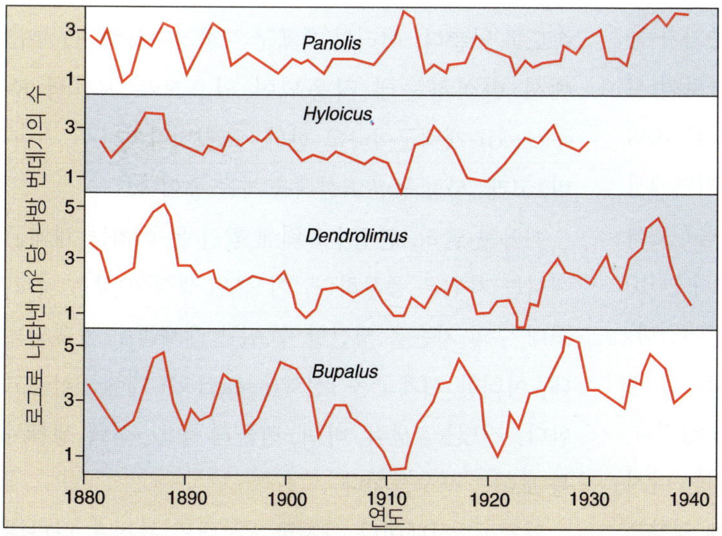

여러 가지 요인들이 밀도비의존적 방식으로 개체군에 영향 줄 수 있다. 이 요인들은 대개 극히 한냉한 겨울, 가뭄, 폭풍, 화산 폭발 등과 같은 외부 환경 조건들이다. 개체들은 흔히 개체군의 크기와는 관계없이 이러한 조건의 영향을 받는다. 이러한 현상들이 비교적 자주 나타나는 지역의 개체군은 엉뚱한 생장 양상을 나타내어, 환경조건이 온화하면 개체군은 신속히 증가하고, 조건이 열악해지면 크게 감소한다(그림 50.22). 이러한 개체군은 로지스트형 등식의 특징인 S자형 생장 곡선을 만들지 않는다.

그림 50.22 | 독일에서 나방 4종의 번데기 수의 변동.
개체군 변동은 밀도비의존성 요인들이 개체군 크기를 조절하고 있음을 알려준다. 시간에 따라 종마다 유사한 경향을 나타내는 것은 모든 종에서 동일한 요인들이 개체군 크기를 조절하고 있음을 알려준다.

개체군 주기

어떤 개체군에서는 밀도의존성 효과로 평형 상태의 개체군 크기를 이루지 않고 증가와 감소가 주기적으로 나타나는 경우가 있다. 생태학자들은 1820년대부터 눈토끼 개체군의 주기를 연구하였는데, 눈토끼(*Lepus americanus*) 개체군이 10년 주기를 가지는 것을 발견하였다. 이 주기 내에서 개체군 크기는 대략 10배에서 30배까지 변동하였다(그림 50.23). 두 가지 요인이 이 주기를 만드는 것으로 알려졌는데, 이는 먹이 식물과 포식자였다.

먹이 식물. 눈토끼가 좋아하는 먹이는 버드나무나 자작나무의 작은 가지이다. 눈토끼 밀도가 증가하면서 이들 나무 가지는 감소하고 눈토끼는 섬유질이 많은 열악한 먹이를 먹을 수밖에 없게 된다. 그 결과 낮은 출생률, 어린 개체들의 낮은 생존률, 그리고 낮은 생장 속도를 보이게 된다. 또 눈토끼는 먹이를 찾는 데 더 많은 시간을 소비하여 포식자에게 더 잘 노출된다. 그 결과 눈토끼의 수적 감소가 나타난다. 버드나무나 자작나무의 가지들이 다시 원상태로 무성해지는데는 2~

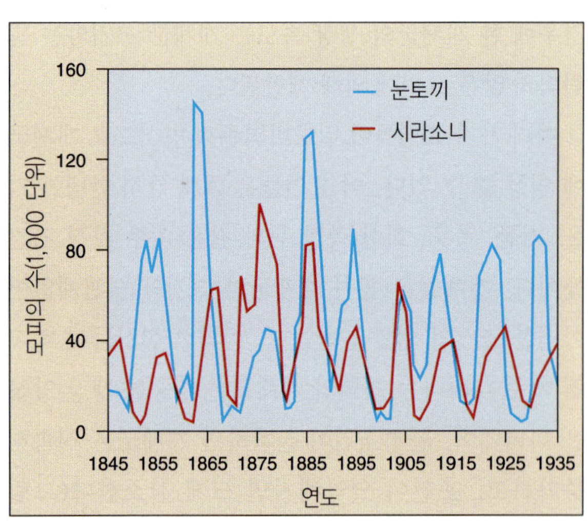

그림 50.23 | 눈토끼와 시라소니의 연관된 개체군 주기. 이 자료는 캐나다 허드슨만 지역에서의 모피 생산량 기록에 기초를 둔 것이다. 시라소니 개체군 변동은 눈토끼 개체군 변동을 뒤따라가고 있다.

3년이 걸린다.

포식자. 눈토끼의 주요 포식자는 캐나다 시라소니(*Lynx canadensis*)이다. 시라소니 개체군의 변동은 눈토끼 개체군 변동 주기를 뒤따른다(그림 50.23). 눈토끼가 증가하면 이에 따라 시라소니도 증가하고, 눈토끼가 감소하면 시라소니도 감소한다.

어떤 요인이 포식자-피식자의 변동을 일으킬까? 눈토끼의 증가가 식물의 과다 채집을 일으키는 것 때문일까?(눈토끼-식물 주기), 아니면 시라소니 증가가 눈토끼의 과다 포획을 일으키는 것 때문일까(눈토끼-시라소니 주기) 1992년의 크렙스(C. Krebs)가 한 지역에서 한 야외 실험이 해답을 내렸다. 실험 지역에서 만약 먹이를 추가하고(먹이 부족 영향이 없음) 포식자를 제거하면(포식자 영향 없음), 눈토끼의 수는 10배로 증가하고 그 상태를 유지하며 주기가 없어졌다. 그러나 두 가지 요인 중 한 가지만 작용하도록 할 경우, 즉 포식자는 제거하고 먹이는 추가시키지 않거나, 먹이는 주고 포식자는 존재하도록 하면, 주기는 다시 진행되었다. 그러므로 두 가지 요인이 주기에 영향을 주는 것이었다.

표 50.3 *r*선택 생활사 적응과 *K*선택 생활사 적응.

적응	*r*선택 개체군	*K*선택 개체군
최초 생식 연령	이르다	늦다
수명	짧다	길다
성숙 시간	짧다	길다
사망률	대개 높다	대개 낮다
한 번의 생식으로 생산되는 자손 수	많다	적다
일생 동안의 생식 횟수	보통 한 차례	대개 여러 차례
어버이 양육	없다	대개 오래 한다
자손이나 알의 크기	작다	크다

개체군 생장 속도와 생활사 모델

어떤 종은 환경수용력 부근에서 안정된 개체군 크기를 유지하지만 다른 종의 개체군 크기는 크게 변동하고 흔히 환경수용력 훨씬 밑에 있다. 개체군에 영향주는 선택 요인은 종마다 크게 다르다. 환경수용력 부근의 개체군은 제한된 자원을 얻기 위해 심한 경쟁을 하기도 한다. 이와는 달리 환경수용능력보다 훨씬 아래쪽에 있는 개체군에게는 자원은 풍부하다.

자원이 제한되어 있으면 생식 손실은 대개 매우 높고 효과적으로 경쟁할 수 있고 자원을 효율적으로 이용하는 개체들이 선택된다. 이러한 적응은 대개 생식 속도를 낮춘다. 이러한 개체군은 환경수용력(*K*) 부근에서 번식하는데 적응되어 있으므로 *K*선택(*K*-selected) 개체군이라고 한다. 코코넛야자나무, 두루미, 고래, 사람 등은 *K*선택을 하는 종이다.

이와는 달리, 환경수용력에 훨씬 못 미치는 개체군에서는 자원은 풍부하다. 이 경우 생식 손실은 낮고, 최대 수의 자손을 생산할 수 있는 개체들이 선택되는데, 이러한 개체군을 *r*선택(r-selected) 개체군이라고 한다. 진딧물, 생쥐, 바퀴, 민들레 등은 *r*선택 생활사를 보이는 생물들이다.

완전한 *r*선택이나 완전한 *K*선택의 특징을 나타내는 개체군은 거의 없고(표 50.3), 대부분의 자연 개체군은 두 가지 선택 사이의 중간 단계의 생활사 적응을 보인다.

50.6 인 구

지수적 생장의 도래

사람은 소수의 자녀만 낳고, 생식을 늦게 하며, 어버이 양육의 강도가 높은 점 등, 여러 가지 *K*선택 생활사 특징을 나타낸다. 이러한 생활사 특징은 제한된 자원이 인구를 조절하였던 인류의 초기 역사부터 진화하였다. 인류 역사 대부분을 통해 인구는 식량, 질병, 포식자에 의해 조절되어왔다. 홍수, 전염병, 가뭄 등은 인류 개체군 생장 양상에 영향을 주었지만, 전반적인 개체군 크기는 역사 초기에 완만하게 생장하였다. 2,000년 전 지구상의 인구는 약 1억 3,000만 명이었을 것으로 추산되고 있다. 이 수가 배로 되는데 1,000년이 걸렸고, 다시 배로 된 것은 1650년으로서, 이때 인구는 5억 명이었다. 즉, 16세기 동안 인구는 완만하게 증가하였다. 이런 점에서 볼 때 사람 개체군은 *K*선택 생활사의 모습을 보였다.

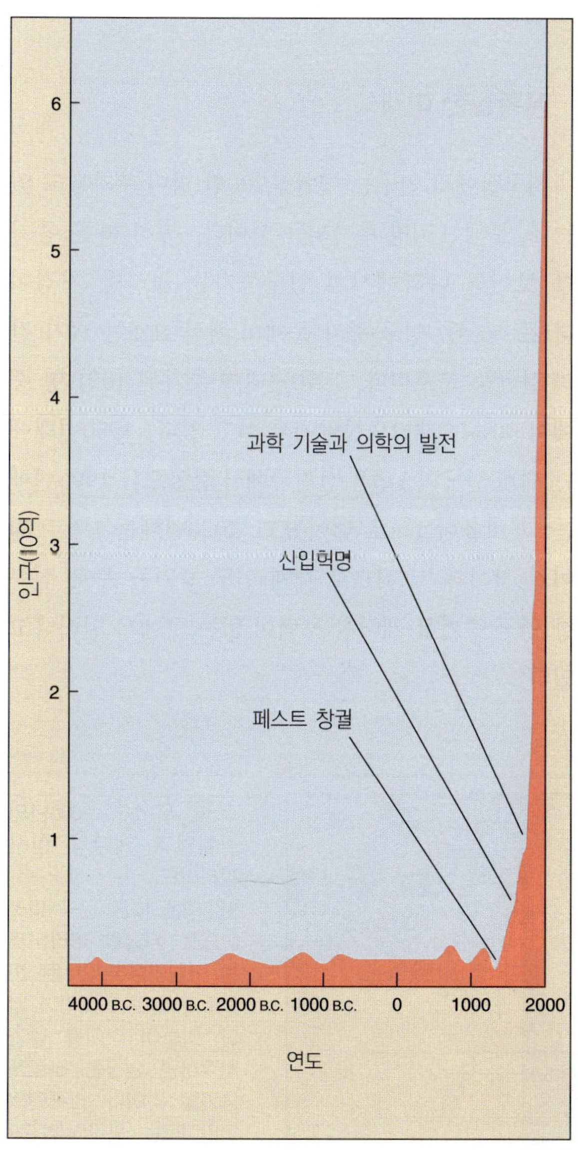

그림 50.24 | 인류 개체군 크기의 역사.
1300년대 창궐한 페스트에 의한 죽음처럼 일시적인 사망률의 증가는 지속적인 영향을 거의 주지 않는다. 1800년대 산업혁명으로 시작된 폭발적 인구 증가로 현재의 인구는 63억 명이며, 현재의 속도로 가면 인구는 53년 후 두 배로 될 것이다.

1700년대 초부터 시작하여 기술의 발전은 사람으로 하여금 식량 자원을 조절할 수 있게 하였고, 개발된 무기로 포식자를 제압할 수 있게 되었으며 여러 가지 질병을 치료할 수 있게 되었다. 동시에 주거지의 개발과 저장 능력 증진으로 기후의 불확실성을 극복할 수 있게 되었다. 이러한 변화로 인류는 서식처의 환경수용력을 확대시켜 로지스트형 생장의 억제로부터 벗어나 S자형 생장곡선의 지수적 생장기에 들어오게 되었다.

인류는 지난 300년 동안 폭발적으로 증가하였다. 출생률은 연간 1,000명당 30으로 변함없지만 사망률이 급격히 하락하여 연 1,000명당 20에서 현재의 연 1,000명당 13으로 되었다. 이러한 출생률과 사망률의 차이는 연간 인구 증가율이 2%임을 나타낸다(현재는 1.3%이다).

연간 생장 속도 1.3%는 크다고 볼 수는 없으나 현재의 인구 63억이 문제이다(그림 50.24). 이 생장 속도는 매년 8200만 명이 새로 추가되는 셈으로서, 53년후엔 인구가 배로 될 것이다.

인구 피라미드

인구는 지금도 계속 빠르게 증가하고 있으나 이 증가는 전 지구에서 균등하게 일어나지는 않고 있다. 멕시코 등의 국가에서는 출생률이 사망률을 크게 앞서고 있다(그림 50.25). 그 결과 멕시코의 인구 증가 속도가 지금과 같을 경우 2002년의 1억 200만 명에서

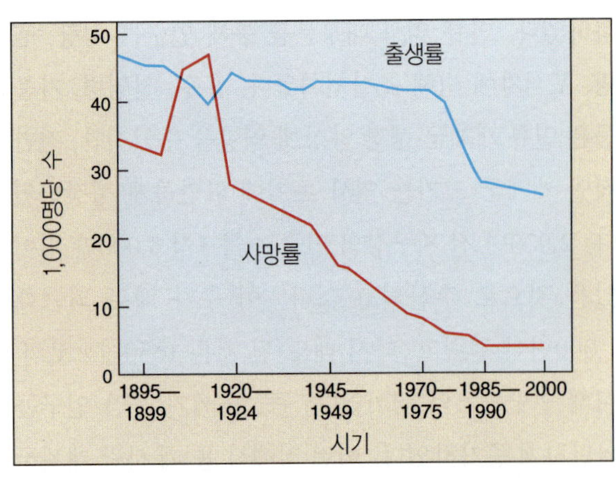

그림 50.25 | 멕시코의 인구 증가 이유.
사망률은 지난 세기 동안 계속 감소해 왔지만 출생률은 일정하다가 1970년에야 감소하기 시작하였다. 출생률과 사망률의 차이는 높은 인구 증가율의 원인이 되어 왔으며, 1970년 시작된 출생율 감소 노력은 성공을 거두었으나 인구증가율은 여전히 높다.

2050년에는 1억 5,100만 명으로 증가하게 된다. 장래의 인구 증가 속도는 인구 피라미드(populaton pyramid)로 평가할 수 있는데, 이는 각 연령군의 인구수를 막대그래프로 나타낸 것이다(그림 50.26). 편의상 남자는 왼쪽에 그리고 여자는 오른쪽에 나타낸다. 따라서 인구 피라미드는 성에 따른 인구의 연령 구성을 나타낸다. 인구 피라미드에서는 대개 여성 노인이 남성 노인보다 수가 많은데, 이는 여성의 평균수명이 길기 때문이다.

2000년의 스웨덴과 케냐의 인구 피라미드를 보면 (그림 50.26) 두 나라는 매우 다른 연령 분포를 나타낸다. 스웨덴은 거의 사각형의 인구 피라미드를 보이는데, 이는 인구가 팽창하지 않고 있음을 나타낸다. 반면, 케냐는 삼각형의 인구 피라미드를 나타내며, 이는 장래에 인구가 폭발적으로 증가할 것임을 예고해준다. 15세 미만의 인구는 스웨덴 에서는 20%에 불과하지만 케냐에서는 거의 절반에 이른다. 또, 출산율(여성당 자손 수)은 스웨덴은 1.6이지만 케냐는 4.4이다. 그 결과 케냐의 인구는 35년 이내에 배로 될 것이지만 스웨덴의 인구는 안정된 상태를 유지할 것이다.

불확실한 미래

지구상에서 인구는 매년 8,200만 명이 추가되고 있는데, 분당 150명 추가되는 셈이다. 특히 빠른 증가를 보이는 나라에서의 인구증가는 놀라울 지경이다(표 50.4). 인구 증가 문제의 핵심 요소는 국가 간의 불균등 분포이다. 1990년대에 추가된 10억 명 중에서 90%는 개발도상국에서 살고 있다. 1950년대에는 세계 인구의 1/3은 선진국에서 살았으나 1996년에는 그 비율이 1/4로 떨어졌고, 2020년에는 1/6로 떨어질 것이다. 그러므로 세계 인구 증가는 주로 신속한 인구 증가를 제어할 능력이 없는 곳에서 일어나고 있다.

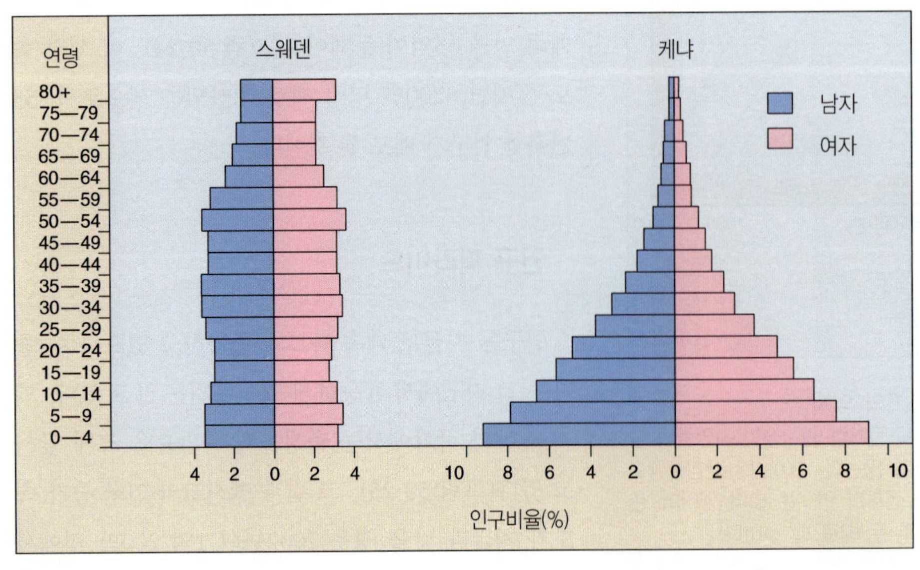

그림 50.26 | 2000년의 스웨덴과 케냐의 인구 피라미드.
연령대에 따른 인구 피라미드로 케냐의 피라미드는 가임연령이 안 된 인구수가 많아 아래쪽이 넓다. 이들이 아이를 낳기 시작하면 인구는 빠르게 증가할 것이다. 스웨덴의 피라미드는 중간연령대가 약간 부풀어 있는데, 이는 20세기 중반의 '베이비붐'의 결과이다.

표 50.4 2002년의 선진국과 개발도상국의 인구 자료 비교	미국	브라질	에티오피아
출산율	2.1	2.2	5.9
현재속도에서의 배가 시간(년)	115	53	28
유아사망률(신생아 1,000명당)	6.6	33	97
출생시 평균수명(년)	77	69	52
1인당 GNP(U.S.$)	$34,100	$7,300	$660
15세 미만 인구(%)	21	30	44

지구 생태계는 이미 상당한 스트레스를 받고 있다. 따라서 생태계의 수용능력을 무한정으로 늘릴 수 있을 것으로 보기 어렵다. 현재 육지의 전체 생물생산의 약 45%와 모든 재생 가능한 수자원의 1/2 이상이 이용되고 있는데도 불구하고 모든 인류의 1/4~1/8이 영양불량인 상태이다.

CHAPTER 51

군집 생태학

한 장소에서 함께 사는 모든 생물들을 군집이라고 한다. 열대우림에 사는 수많은 종들도 하나의 군집이다. 지구상의 모든 서식 가능한 장소는 각기 특정 생물 구성을 가진다. 시간이 지나면서 각각의 종들은 군집 내의 생활에 복잡한 방식으로 적응하면서, 함께 진화하고 군집의 특성과 안정성을 부여하는 관계를 만들어간다. 이때 경쟁과 상호부조는 중요한 역할을 하는데, 이 장에서는 이러한 현상과 군집 생태학의 다른 요인들을 알아본다.

51.1 생물 군집

지구상의 거의 모든 장소는 생물 종으로 점유되어 있다. 군집(community)이란 어느 특정 지역에 사는 종들을 말한다(그림 51.1). 군집의 구성원들 간의 상호작용으로 여러 가지 생태적, 진화적 과정이 일어난다. 포식, 상리공생 등과 같은 이러한 상호작용은 개체군 크기의 증가나 감소와 같은 특정 종의 개체군 생물학과 생태계의 에너지와 영양분의 순환방식에 영향을 준다. 더욱이, 군집의 내용은 여러 방식으로 한 종의 자연선택 양상에 영향을 주어 진화 과정에 영향을 미치게 된다.

과학자들은 여러 가시 방법으로 생물군집을 연구한다. 어떤 경우에는 군집 전체를 조명하고, 어떤 경우에는 상호작용하는 몇몇 종들만을 주목한다.

군집의 개념

군집의 기본 구조와 기능을 보는 데는 두 가지 관점이 있다. 군집에 대한 개별적 개념(individualistic concept)은 군집이란 한 종소에 함께 공존하게 된 종들의 집합에 불과하다고 보는 관점이다. 이에 반하여, 군집에 대한 전체론적 개념(holistic concept)은 군집을 하나의 통합적 단위로 본다. 이 관점에서는 군집을 이를 구성하는 종들이 한 생물을 이루는 기관들처럼 함께 공진화하여 전체의 일부분으로서 기능하고 있는 초생물(superorganism)로 본다.

이 두 가지 관점은 시간과 공간을 통한 군집의 보전성(integrity)에 대하여 서로 다른 예측을 낳게 한다. 만약 개별적 관점에서 보는 것처럼 군집이 종들의 조합에 지나지 않는다면 동일한 군집을 발견할 것으로

그림 51.1 | 탄자니아의 사바나 군집.
군집은 그 지역의 모든 종들, 즉 식물, 동물, 균류, 원생생물 그리고 원핵생물들로 구성되어 있다.

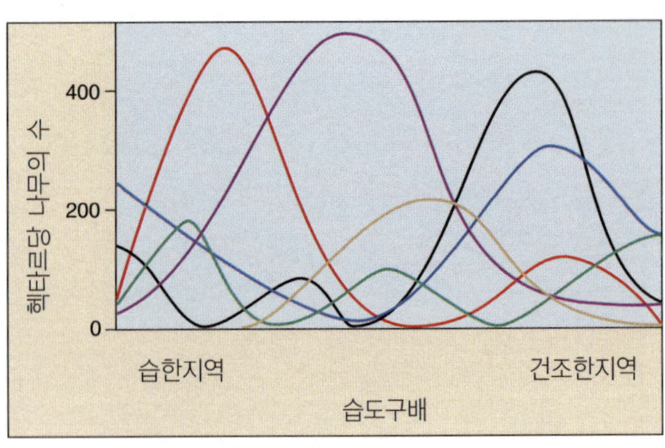

그림 51.2 | 애리조나 남동부 산타카탈리나에서의 습도 구배에 따른 나무의 수.
종에 따른 나무의 수는 서로 독립적으로 변화한다. 따라서 군집 구성은 구배에 따라 연속적으로 변화한다.

기대할 수 없다. 즉, 종들은 각자의 독특한 생태적 요구에 따라 독립적으로 나타나거나 사라지게 된다. 이와 달리, 군집이 하나의 통합적 단위라면 거대한 환경 변화로 완전히 다른 군집으로 교체되기 전까지는 시간이나 공간과 관계없이 일정하게 존속되게 된다.

공간과 시간 속에서의 군집

오늘날의 대부분의 생태학자들은 개별적 개념을 선호한다. 대개의 경우, 종들은 환경 조건의 변화에 독립적으로 반응하는 것 같다. 그 결과, 군집 구성은 어떤 종이 나타나고 어떤 종은 사라지면서 점점 변화한다. 이러한 양상의 가장 유명한 예는 애리조나의 산타카탈리나 산맥에서의 습도 구배에 따른 나무의 수의 변화이다(그림 51.2). 이 경우 서로 다른 종의 나무의 수는 독립적으로 변화하며, 그 결과 서로 다른 지역에서의 나무 군집은 완전히 구별되지 않고 하나의 연속성을 나타낸다.

고생물학적인 연구를 통하여 이와 동일한 양상을 시간적 차이를 두고 볼 수 있다. 가령, 북아메리카에서 과거 20,000년 동안에 나타난 나무와 소형 포유류에 대한 화석 기록이 있다. 유사 이전의 군집은 오늘

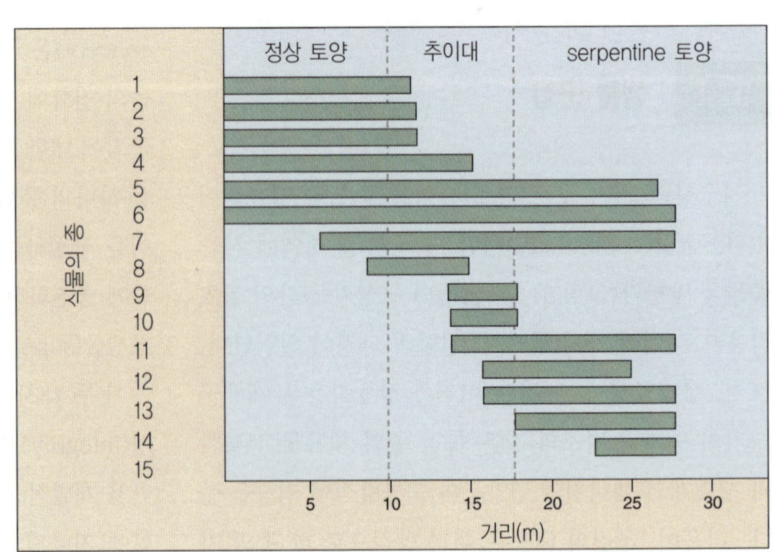

그림 51.3 | 추이대에서의 군집 구성의 변화.
정상 토양과 serpentine 토양의 식물군집은 큰 차이를 나타내며 짧은 거리에서 갑작스런 군집의 변화가 나타난다.

날의 것과 큰 차이를 보인다. 오늘날 함께 나타나는 여러 종들이 과거에는 함께 존재하지 않았다. 반대로, 동일 군집 내에서 나타났던 종들은 오늘날에는 대개 분포 지역이 중복되지 않는다. 이러한 관찰은 빙하기의 도래와 퇴조와 함께 기후가 변화하면서 종들은 그 분포 범위가 함께 변화한 것이 아니라 개별적으로 반응한 것을 알려준다.

그럼에도 불구하고 어떤 경우에 한 군집 안의 종의 수는 동시적 양상으로 지리적 변화를 이룬다. 이러한 경우는 대개 환경이 갑작스럽게 변화하는 지역인 추이대(ecotone)에서 나타난다. 가령, 미국 서부에서는 국부적으로 serpentine 토양이 나타난다. 이러한 토양은 정상 토양과는 여러 가지로 차이를 나타낸다(가령, 니켈 크롬, 철의 농도가 높거나, 구리나 칼슘의 농도가 낮다). 이렇게 서로 다른 토양에 사는 식물 종들을 비교하면 각각은 독특한 군집을 나타내며 짧은 거리에서 갑작스런 군집의 변화를 보인다(그림 51.3).

51.2 종간경쟁과 생태적 지위

기본지위와 실제지위

생태계 내의 모든 생물은 살아가는 데 여러 가지 도전에 직면한다. 어떤 생물이 생태계에서 차지하는 생태적 지위(niche)는 그들이 살고 있는 환경 내의 자원을 이용하는 모든 방법의 총합이다. 한 종의 생태적 지위는 공간이용, 먹이소비, 온도대, 짝짓기를 위한 적절한 조건, 수분요구량 그리고 여러 가지 요소로 설명될 수 있다. 생태적 지위는 생물이 살아가는 장소인 서식처(habitat)와는 다른 뜻을 가진다. 즉, 서식처는 사는 장소이며, 생태적 지위는 생활양식이라고 할 수 있다.

때때로 다른 종들이 있거나 없기 때문에 생물종들은 그 지역의 모든 생태적 지위를 차지하지 못한다. 일반적으로 두 종이 동일한 자원을 서로 이용하려고

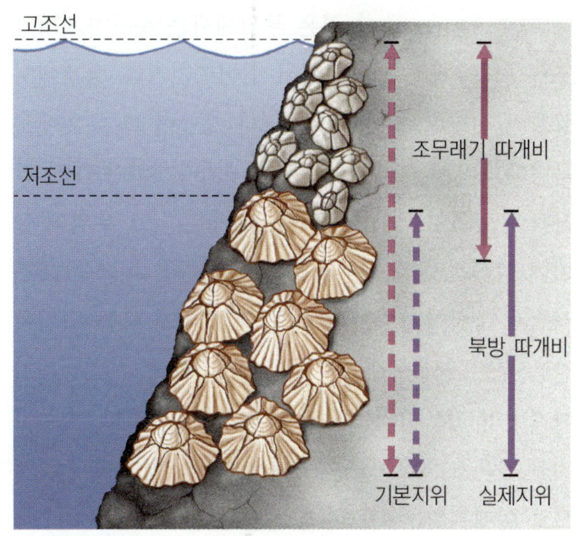

그림 51.4 | 따개비 두 종의 경쟁.
조무래기따개비(*Chthamalus*)는 얕은 곳이나 깊은 곳 모두에서 살 수 있으나 깊은 곳에서는 북방따개비(*Semibalanus*)가 조무래기따개비를 몰아낸다.

시도하는 현상을 종간경쟁(interspecific competition)이라고 한다. 이 경쟁은 두 종이 이용하기에 충분한 자원이 없을 때 같은 자원을 이용하기 위해 싸우는 것이다. 자원을 둘러싼 싸움을 방해경쟁(interference competition) 또는 간섭경쟁이라고 하며, 공동 자원을 소비하는 경쟁을 소비경쟁(exploitative competition)이라고 한다.

생리적 내성한계와 자원요구에 따라 한 종이 이용할 수 있는 전체 생태적 지위를 기본지위(fundamental niche)라고 하고 2종이 실질적으로 차지할 수 있는 지위를 실제지위(realized niche)라고 한다. 종간 상호작용으로 한 종의 실제지위는 기본지위보다 훨씬 작다.

캘리포니아 대학의 커넬(J. H. Connell)은 스코틀랜드의 해안에 살고 있는 두 종의 따개비 사이에서의 종간경쟁을 조사하였다. 따개비는 유생이 자유 유영하는 갑각류로서 유생은 유영하다가 적당한 부착 지점을 찾아 부착하여 그 지점에서 평생 살아간다. 커넬이 연구한 두 종의 따개비 중 조무래기따개비(*Chthamalus stellatus*)는 간조시 노출되는 얕은 물에 서식하고, 북방따개비(*Semibalanus balanoides*)는 간조시에도 노출되지 않는 조하대 부위에 서식한

다(그림 51.4). 물이 깊은 부위에서는 북방따개비가 조무래기따개비를 바위에서 떨어뜨리거나 경쟁에서 항상 앞선다(간섭경쟁). 그러나 케넬이 그 부위에서 북방따개비를 제거했더니 조무래기따개비가 대신 부착하여 살았다. 이는 조무래기따개비가 그 부위에 살기에 생리적인 문제는 없음을 나타낸다. 이와는 대조적으로 북방따개비는 조무래기따개비가 사는 수심이 얕은 부위에서는 생존하지 못한다. 따라서 조무래기따개비의 기본지위는 얕은 지역과 깊은 지역, 모두이지만 깊은 지역에서는 북방따개비와의 경쟁에서 밀리므로 실제지위는 이보다 훨씬 좁다.

대조적으로, 북방따개비의 실제지위와 기본지위는 일치한다. 어떤 경우엔 다른 종이 없는 것이 실제지위의 축소로 이끈다. 예로 많은 북미대륙 식물들은 곤충에 의존하여 수분이 이루어지는데, 여러 이유로 근래에 수분자 개체군들이 감소하고 있다. 만일 이 곤충들이 일부 서식지에서 사라진다면 많은 식물종들의 생태적 지위는 줄어들거나 아주 사라질 것이다.

가우스와 경쟁배타의 원리

러시아의 생태학자 가우스(G. F. Gause)는 1934년과 1935년에 짚신벌레(*Paramecium*) 3종의 경쟁에 대하여 연구하였다. 이 짚신벌레들은 시험관 안의 배양액 속에서 세균과 효모를 먹으며 잘 자란다(그림 51.5a). 그러나 *P. aurelia*와 *P. caudatum*을 동일 시험관에서 배양하면 항상 *P. caudatum*은 멸종하고 *P. aurelia*만 살아남는데(그림 51.5b), *P. aurelia*가 경쟁자인 *P. caudatum*보다 한정된 자원을 더 잘 이용하여 6배나 더 빨리 성장하기 때문이다(소비경쟁).

이러한 실험을 통해 가우스는 경쟁배타(competitive exclusion)의 원리를 창안하였다. 이 원리는 만약 두 종이 한정된 자원을 두고 경쟁한다면 자원을 더 효율적으로 이용하는 종이 다른 종을 그 지역에서 제거하게 된다는 이론으로서, 자원이 한정되어 있을 때는 동일한 생태적 지위를 갖는 어떤 두 종도 함께 공존할 수 없다는 것이다.

생태적 지위의 중복

가우스는 다른 실험에서 *P. caudatum*을 제3의 종

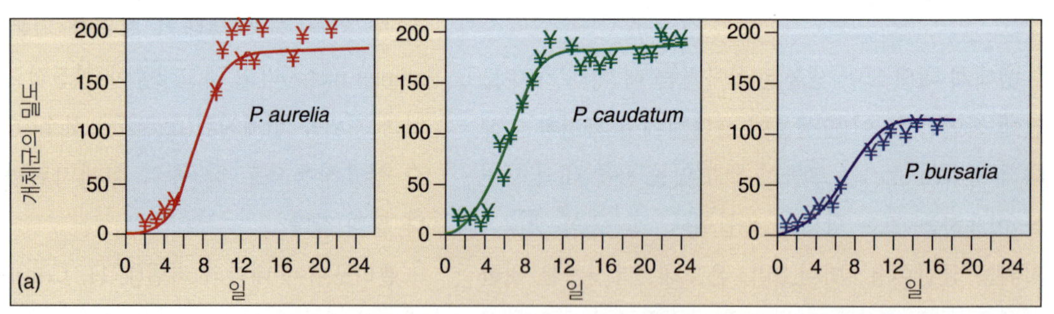

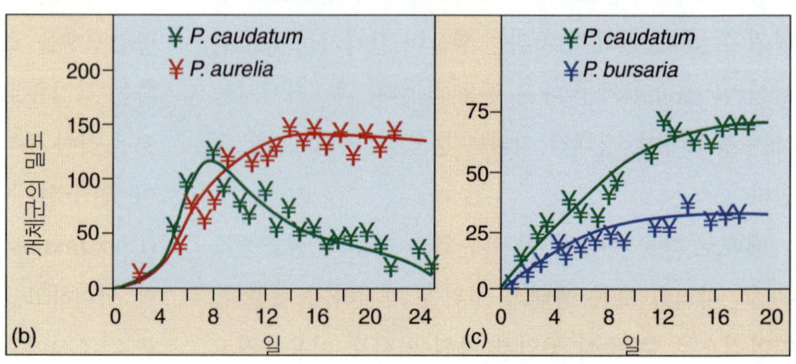

그림 51.5 | 짚신벌레 3종 사이의 경쟁배타.
(a) 짚신벌레 3종은 시험관 배양액 속에서 혼자 있을 때 잘 자란다. (b) 그러나 실제지위가 동일한 *P. caudatum*과 *P. aurelia*을 함께 배양하면 먹이자원 때문에 *P. caudatum*은 사라진다. (c) *P. caudatum*과 *P. bursaria*는 실제지위가 달라서 경쟁을 피할 수 있으므로 공존할 수 있다.

인 *P. bursaria*와 함께 배양했다. 두 종 모두 제한된 세균을 먹기 위해 경쟁할 것이고 앞선 실험에서와 마찬가지로 한 종이 이기는 결과가 나올 것으로 예측했으나, 예상과는 달리 각 종은 시험관 내에서 함께 살아갈 수 있었다. 즉, 두 종은 먹이 자원을 분배하면서 살아갈 수 있었는데, 산소 농도와 세균의 밀도가 높은 시험관 위쪽에서는 세균을 먹이로 더 잘 이용하는 *P. caudatum*이 우점하지만 산소 농도가 낮아서 효모가 번식하기에 알맞은 시험관 아래쪽에서는 효모를 먹이로 더 잘 이용하는 *P. bursaria*가 우점하였다. 두 종의 기본지위는 시험관 전체이지만, 각각의 실제지위는 시험관의 일부였다. 즉 두 종의 생태적 지위는 겹치지 않으므로 서로 살아남을 수 있었다(그림 51.5c).

경쟁배타

가우스의 경쟁배타의 원리는 "자원이 한정되어 있을 때 동일한 생태적 지위를 가진 두 종은 오랫동안 공존할 수 없다"로 표현할 수 있다. 그러나 분명히 어떤 종들은 같은 자원을 두고 경쟁하면서 공존할 가능성이 있거나 공존하고 있다. 이에 대해 가우스의 가설은 두 종이 오래도록 공존할 경우는, 자원이 한정되어 있는 것이 아니거나 그들의 생태적 지위가 한 가지 이상의 특성에서 차이를 보일 때라고 예상한다. 그렇지 않을 때는 한 종이 다른 종과의 경쟁에서 이겨서 두 번째 종은 멸종할 수밖에 없을 것이다.

자원분배

경쟁배타 원리로 중요한 결론을 맺을 수 있다. 즉, 한정된 자원에 대한 경쟁이 치열하면, 한 종이 다른 종을 절멸시키거나 자연선택으로 그들 사이의 경쟁이 감소하게 된다. 맥아더(R. MacArthur)는 숲에서 작은 벌레를 먹고 사는 명금류인 개개비(warblers) 5종을 관찰한 결과 모두 동일한 자원을 두고 경쟁하는 것을 발견했다. 그러나 더 면밀하게 관찰한 결과 각 종은 독일가문비나무의 각기 다른 부위에서 곤충을 잡아먹는 것을 발견하였다. 한 종은 가지의 끝에서 곤충을 잡아먹고, 제2의 종은 잎이 무성한 곳에서, 제3의 종은 아랫부분의 가지에서, 제4의 종은 나무의 높은 곳에서, 그리고 제5의 종은 나무의 꼭대기에서 먹이를 잡는다. 그러므로 개개비 5종은 생태적 지위를 세분하고 다른 종들과의 경쟁을 피하기 위해 유용 자원을 나누어 이용하고 있었다.

그림 51.6 | 동소적 도마뱀류의 자원분배.
워싱턴 대학의 로소스(J. Losos)가 카리브 섬에서 도마뱀류 *Anolis*종을 조사한 결과 이들은 여러 방법으로 서식지에서 자원을 분배하는 것을 발견하였다. 즉, (a) 어떤 종은 나무의 수관부를 이용하며, (b) 다른 종은 주변의 나뭇가지를 이용하고, (c) 어떤 종은 나무 몸통의 밑 부분을 이용하며, (d) 어떤 종은 개활지의 초원을 이용한다. 만약 두 종이 나무의 동일한 곳을 이용할 때는 서로 다른 크기의 곤충을 잡아먹으며, 온도에 따라 미소서식처를 나누어 생활한다. 예를 들면, 한 종은 그늘에서만 살며, 다른 한 종은 햇빛이 쪼이는 곳에서만 살아간다.

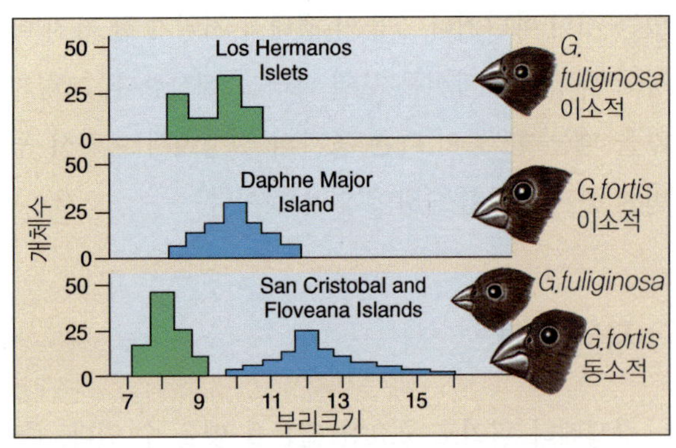

그림 51.7 | 핀치새의 형질대치.
두 종의 핀치새(*Geospiza* 속)는 이소적인 곳에서는 부리의 크기가 비슷하고, 동소적인 곳에서는 부리 크기가 차이난다.

자원분배(resource partitioning)은 대개 같은 지리적 지역을 차지하는 유사한 종들 사이에서 나타난다. 이러한 동소종(sympatric species)들은 서식지 내 다른 구역에서 살거나, 서로 다른 먹이나 다른 자원을 이용하여 경쟁을 피한다(그림 51.6). 이 자원분배양상은 초기엔 유사했던 종들이 경쟁압력을 줄이기 위해 자연선택으로 자원이용에서 분화된 결과로 여겨진다.

동일한 서식지를 차지하는 두 종이 다른 서식지를 차지하는 같은 종보다 형태와 자원이용에서 차이나는 경우가 많다. 동소종 사이에서 차이가 뚜렷하게 나타나는 형질대치(character displacement)는 서식지를 분할하기에 용이한 기작으로서 자연선택에 의해 선택되어 왔다고 볼 수 있고, 그 결과 경쟁이 감소된다. 그러므로 핀치새 두 종은 이소적일 때 부리 크기가 서로 유사하고(그림 51.7), 두 종이 동소적인 섬에서는 각각의 부리 크기가 다르게 되었는데, 한 종은 큰 종자를 먹기에 적합하게, 그리고 다른 종은 작은 종자를 먹기에 적합하게 진화되었다.

종간경쟁의 탐지

두 종이 경쟁하는지를 알아내는 것은 쉬운 일이 아니다. 두 종이 동일한 자원을 이용한다는 사실은 그 자원이 제한되어 있지 않을 경우 반드시 경쟁을 뜻하는 것은 아니다. 만약 두 종의 개체군 크기가 한 종이 큰 개체군을 갖는 곳에서 다른 종은 작은 개체군을 갖는 식으로 서로 음성적으로 관계를 가지고 있다면 이들은 동일한 한정된 자원에 대하여 경쟁하기보다는 동일한 환경 특징에 대하여 독립적으로 반응한다. 즉, 한 종은 따뜻한 기후에서 가장 잘 자라고 다른 종은 추운 기후에서 가장 잘 자라게 된다.

경쟁에 대한 실험적 연구

경쟁의 존재에 대한 가장 명확한 증거는 야외 연구를 통하여 나온다. 두 종이 각각 단독으로 존재하거나 함께 존재하도록 실험을 설계해서 한 종의 존재가 다른 종의 개체군에 음성적 영향을 주는지를 알아볼 수 있다. 가령, 북아메리카의 사막에 여러 가지 종자를 먹는 설치류가 산다. 1988년에, 연구자들은 일련의 50×50m의 사육장을 만들고 캥거루쥐(kangaroo rats)가 종자를 먹는 설치류에 주는 영향을 조사하였다. 캥거루쥐는 사육장의 반에서 제거되었고, 모든 사육장의 벽에는 적당한 크기의 구멍을 뚫어 설치류들이 드나들게 했으며, 캥거루쥐가 제거된 구역의 구멍은 너무 작아 캥거루쥐는 들어가지 못하도록 했다. 그런 다음 3년 동안 설치류들의 수를 측정했다. 캥거루쥐가 없는 곳에서 다른 설치류의 수는 굉장히 증가

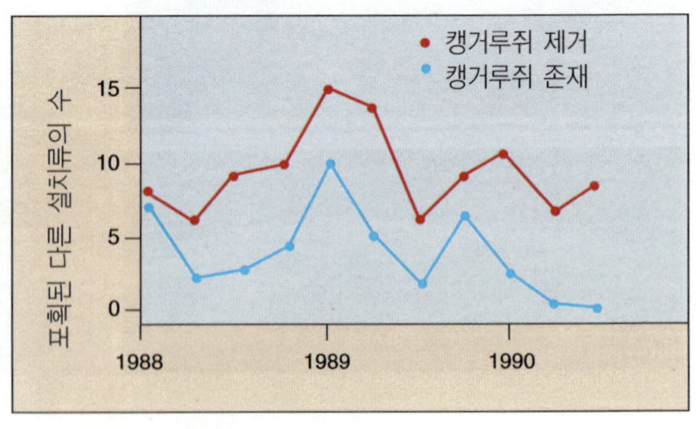

그림 51.8 | 종간경쟁의 탐지.
이 실험은 캥거루쥐를 제거하면 다른 설치류의 개체군 크기에 어떤 영향을 주는가를 알아보는 것이다. 캥거루쥐를 제거한 직후에 캥거루쥐가 존재하는 사육장보다 다른 설치류 수가 증가하였다. 개체군 크기는 두 경우가 동조를 이루며 변화하는데 기후의 변화를 반영하고 있는 것 같다.

하였으므로, 캥거루쥐가 다른 설치류와 경쟁하여 그들의 개체군 크기를 제한 한다는 것을 시사해 준다(그림 51.8).

그 외의 여러 가지 실험으로 여러 동식물 종들 사이에서 종간경쟁이 일어나는 것이 발견되었다. 경쟁의 영향은 개체군 크기 외에도 행동이나 개체의 생장 속도와 같은 개체군의 생물학적 양상에서도 볼 수 있다. 가령, 카리브해의 세인트마르텐 섬에 *Anolis*속의 도마뱀 두 종이 서식하는데, 이 중에서 *A. gingivinus* 한 종만을 12×12m 사육장 안에 넣어두면 지상 가까이에서 보통 발견되는 *A. pogus*와 함께 넣어두는 것보다 더 빨리 자라고 더 낮은 곳에 분포하게 된다.

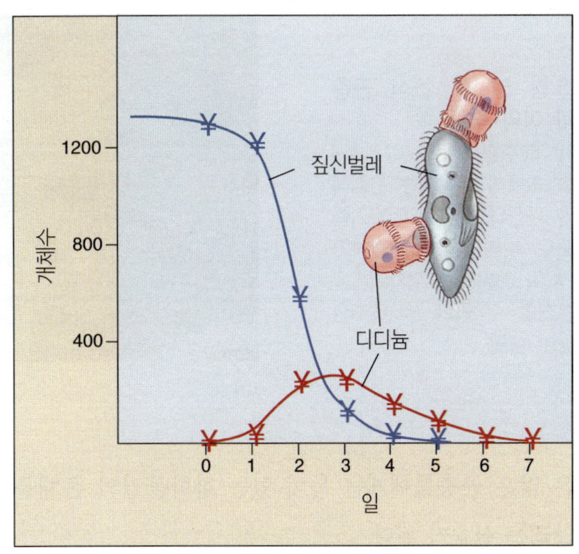

그림 51.9 | 실험관 안의 포식자와 피식자.
짚신벌레(*Paramecium*) 개체군이 들어 있는 시험관에 디디늄(*Didinium*)을 넣으면 처음에 디디늄은 증가하고 짚신벌레는 계속적으로 감소한다. 그러나 짚신벌레 개체군이 사라지고 나면 디디늄 개체군도 사라진다.

51.3 포 식

포식(predation)은 어떤 생물이 다른 생물을 소비하는 것이다. 실험적 개체군을 간단한 실험실 조건에 놓아두면 포식자는 피식자를 모두 잡아먹고 나서 먹을 것이 더 이상 없어서 자신도 죽고 만다(그림 51.9). 그러나 만약 피식자의 은신처를 만들어주면 절멸까지 가지는 않는다.

자연계에서 포식자는 대개 피식자 개체군에 큰 영향을 준다. 사람이 포식자를 한 지역에 넣어주거나 제거할 때 그 영향이 크게 나타난다. 가령, 미국 동부에서 대형 육식동물들을 제거했을 때 흰꼬리사슴(white-tailed deer) 개체군 폭발이 일어나 식생이 파괴된 적이 있다. 또, 미국 서해안에서 해달이 멸종 수준으로 감소되었을 때 성게 개체군이 폭발하였다.

반대로, 쥐, 개, 고양이를 섬에 유입시키면 토종 동물상의 파괴가 일어나는 것이 세계적으로 알려져 있다. 가령, 갈라파고스 군도의 여러 섬에 쥐, 개, 고양이를 유입시키자 거북이 멸종 위기에 처하게 되었다. 이들은 거북의 알과 어린 새끼들을 잡아먹었다.

포식은 피식자 개체군에 강력한 선택압을 가한다. 잡힐 가능성을 줄이는 형질은 강하게 선택된다. 이러한 형질의 선택은 또 포식자 개체군의 적응을 불러일으킨다. 이와 같은 식으로 방어 효율을 높이는 자연선택과 포식 효율을 높이는 자연선택이 함께 공진화를 일으킨다.

초식동물에 대한 식물의 방어

식물은 초식동물로부터 자신을 방어하기 위한 여러 가지 기작을 진화시켰다. 가장 뚜렷한 것은 가시나 바늘 모양의 돌기 등과 같은 형태적 방어이다. 분비샘, 끈적끈적한 말단부 등을 가진 식물의 털은 초식 곤충의 접근을 막는다. 잔디 같은 일부 식물들은 잎에 규소를 침적시켜 단순히 먹기에 너무 질기게 만듦으로써 스스로를 보호한다.

식물의 화학적 방어는 매우 흔하며, 가장 중요한 것은 2차 화합물(secondary chemical compounds)이다. 이는 주요 대사과정의 구성요소인 1차 화합물(primary compounds)과 구별된다. 거의 모든 식물은 다양하고도 초식동물에 유독한 2차 화합물을 만든다. 겨자과 식물은 겨자기름이라는 화학물질을 만드는데, 이 물질은 겨자, 양배추, 무, 양고추냉이 등과 같은 식물의 자극성 향과 맛을 낸다. 사람들이 즐기는 이 맛

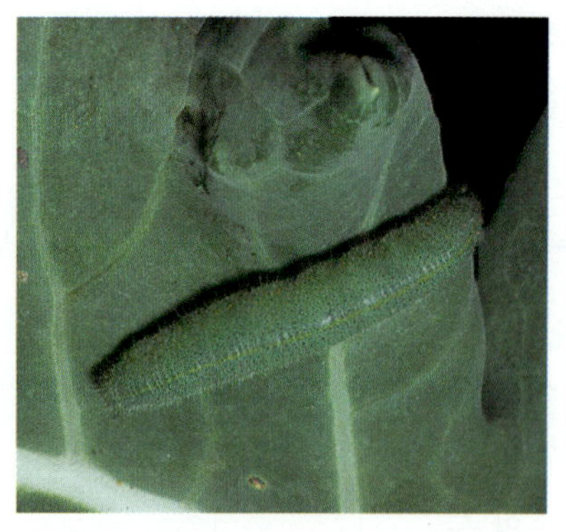

그림 51.10 | 초식 곤충과 이의 숙주.
(a) 배추흰나비(*Pieris rapae*)의 초록색 애벌레는 은폐색을 가진다. 식물은 겨자기름으로 초식동물에 대항하지만 이 애벌레는 겨자기름을 분해할 수 있다. (b) 배추흰나비 성체.

은 많은 곤충들에게는 독이 있는 화학물질의 존재를 알리는 신호가 된다.

일부 초식동물은 특정 종류의 2차 화합물로 보호받는 식물군에서 산다. 이러한 초식동물은 특정 식물을 아무 탈 없이 먹을 수 있어서 이 식물을 독점적인 먹이원으로 이용한다. 예를 들어 배추흰나비의 유충은 겨자기름을 함유하는 식물들을 독점적으로 먹는다(그림 51.10). 또, 왕나비의 유충은 박주가리(milkweed)나 개정향풀(dogbane) 등을 먹는다. 이러한 동물들은 식물의 화학적 방어를 피하는 방법을 진화시켰으며, 공진화의 한 예이다.

포식자에 대한 동물의 방어

2차 화합물이 풍부한 식물을 먹고 사는 동물은 다른 이익을 얻는다. 왕나비 유충은 박주가리를 먹은 후 이 식물의 초식동물 방어물질인 강심성 배당체(cardiac glycoside)를 분해하지 않고 이를 지방체에 농축시켜 저장한다. 유충 단계에서 축적된 이 물질은 성체는 물론 다음 세대의 알에게까지 전달되므로 포식자로부터 보호된다. 새가 왕나비를 먹으면 곧 토하게 되며, 이런 경험을 갖게 된 새는 왕나비의 특징인 오렌지와 검정색 색깔 양상을 가진 모든 곤충을 피하게 된다(그림 51.11).

화학적 방어

동물들은 몸의 방어를 위해 여러 가지 자극적 물질들을 사용한다. 벌, 나나니벌, 육식성 노린재류, 전갈, 거미 등의 절지동물은 자신을 방어하고 먹이를 죽이

그림 51.11 | 파랑어치(blue jay)는 왕나비에 독이 있다는 것을 학습한다.
(a) 왕나비를 먹어본 경험이 없는 파랑어치는 왕나비를 먹는다. (b) 왕나비를 먹고 나서 수분 후에 토한다. 쓴 경험을 한 이 새는 다시는 오렌지색과 검정색을 가진 곤충을 잡아먹으려 하지 않을 것이다.

그림 51.12 | 척추동물의 화학적 방어.
라틴아메리카의 Dendrobatidae과의 개구리는 척추동물에게 매우 유독하다. 이 개구리류는 화려한 색으로 자신이 유독함을 광고한다. 포식자는 본능과 학습으로 이러한 화려한 색깔의 개구리류를 먹지 않는다.

기 위해 화학물질을 이용한다. 해양동물, 독사, 도마뱀, 어류 등에서도 여러 가지 화학적 방어 방법이 진화해 왔다. 독을 뿜는 열대 개구리(Dendrobatidae과)는 피부가 밝은 색을 띠며 피부 점막에는 알칼로이드 독소가 들어 있다(그림 51.12). 이 독소는 매우 유독하여 소량을 주사해도 사람이 죽을 수 있다. 200여 종 이상의 알칼로이드가 이러한 개구리에서 추출되었고, 일부는 신경근 연구에 중요하게 이용되고 있다.

보호색

박주가리를 먹는 곤충들은 대개 밝은 경고색(warning coloration)을 띠어 독이 있음을 나타낸다. 선명한 체색은 포식자에게 독과 침이 있음을 알리는 동물의 일반적인 특징이며, 화학적 방어 전략이 없는 동물은 화려한 색을 띠지 않는다. 이들은 은폐색(cryptic coloration)을 이용하여 주위 환경과 조화를

그림 51.13 | 은폐색.
이 자벌레(*Necophora quernaria*)의 유충은 나뭇가지와 구별하기 힘들다.

일으켜서 포식자로부터 몸을 숨긴다(그림 51.13). 은폐색을 가진 동물들은 대개 무리지어 살지 않는다.

발견된 한 개체가 다른 개체의 존재를 알리는 단서가 될 수 있기 때문이다.

의태

베이츠 의태

베이츠 의태(Batesian mimicry)는 1857년에 이를 기록한 영국의 박물학자 베이츠(H, Bates)에서 딴 명칭이다. 그는 남아메리카의 아마존 지역을 탐사했는데, 그는 여러 가지 맛이 있는(새에게) 곤충이 밝은 체색을 가진 맛이 나쁜 종을 닮아 있는 것을 주목하였다.

베이츠 의태는 나비류와 나방류에서 가장 잘 알려져 있다. 베이츠 의태의 모델이 되는 나비의 유충은 독성 화학물질을 함유하는 특정 종류의 식물을 먹고 이 독을 몸에 축적한다. 이와는 달리 의태 나비는 유충 시기에 독이 없는 수 많은 종류의 식물을 먹고 살며 몸에 독이 없다. 북아메리카의 나비 중 의태종 한

(a) 베이츠 의태 : 왕나비는 유독하지만 태수나비는 맛이 있다.

(b) 뮬러의태 : 두 쌍의 의태자들은 모두 맛이 나쁘다.

그림 51.14 | 의태.
(a) 베이츠 의태. 왕나비(*Danaus plexippus*)는 유충 시기에 먹이로 먹은 식물에서 강심성 배당체를 얻어 몸에 축적시켜서 포식자로부터 몸을 보호한다. 왕나비는 자신이 유독함을 광고하는 경고색을 낸다. 태수나비(*Limenitis archippus*)는 왕나비의 베이츠 의태종이다. (b) 뮬러 의태. *Heliconius erato*와 *H. melpomene*, 그리고 *H. sapho*와 *H. cydno*는 동소종이다. 이 나비류는 모두 맛이 나쁘다. 이들 동소종들은 유사한 채색 양상을 진화시켜 포식을 최소화 한다. 즉, 포식자는 한 종만 경험하여도 비슷한 모든 종을 회피하는 학습을 하게 된다.

가지는 태수나비(*Limenitis archippus*)로서(그림 51.14a), 이 나비는 독이 있는 왕나비와 매우 유사하다. 이 나비의 유충은 버드나무나 미루나무를 먹고 살며, 유충이나 성체가 새에게 나쁜 맛을 주지는 않는다. 흥미롭게도 태수나비 성체는 베이츠 의태를 보이나 유충에선 보이지 않는다. 따라서, 태수나비의 유충은 화려한 경고색을 띠는 왕나비 유충과는 달리 은폐색을 띤다.

뮬러 의태

뮬러 의태(Müllerian mimicry)는 독일의 생물학자 뮬러(F. Müller)에서 딴 명칭으로서, 뮬러는 이런 종류의 의태를 1878년에 처음 기록하였다. 뮬러 의태에서는 유연관계가 없으나 보호를 받는 여러 가지 동물이 서로 유사한 경우이다(그림 51.14b). 서로 모양이 비슷한 동물들이 모두 독이 있거나 위험하다면 포식자가 이를 회피하는 학습을 신속히 하므로 서로 이익을 얻는다.

베이츠 의태나 뮬러 의태에서 의태종과 모델은 모양뿐만 아니라 행동도 유사해야 한다. 가령, 나나니벌과 유사한 여러 가지 곤충들은 행동도 나나니벌처럼, 이리저리 활발하게 날아다닌다.

51.4 군집 내 종들의 상호작용

공진화와 공생

군집을 이루고 함께사는 식물, 동물, 원생생물, 균류, 그리고 원핵생물들은 수백만 년 이상 계속 변화하고 서로에게 적응해 왔다. 예를 들면, 많은 현화식물의 특징은 동물에 의한 식물의 배우자 분산과 관계를 맺고 진화해 왔다(그림 51.15). 동물들도 마찬가지로 그들이 찾는 꽃으로부터 먹이나 다른 자원을 효율적으로 얻을 수 있는 특징을 진화시켜 왔다. 이런 상호작용이 공진화이다.

그림 51.15 | 박쥐에 의한 수분.
여러 가지 꽃들은 화분을 옮겨주는 다른 종들과 공진화하였다. 곤충 이외에 새, 박쥐, 주머니쥐 그리고 도마뱀 등이 일부 식물 종들의 수분매개자 역할을 한다.

공생의 예

공생(symbiosis)은 공진화의 한 유형으로서, 둘 이상의 생물이 상호작용하며 거의 영구적인 관계를 짓는 경우이다. 지의류는 공생의 대표적인 예로서 균류가 녹조류나 남세균와 연합하고 있는 경우이다. 또 식물의 뿌리와 균류와의 연합인 균근도 공생의 예이다. 균류는 식물의 특정 영양분의 흡수를 돕고, 식물은 균류에게 탄수화물을 제공한다. 콩과식물의 뿌리에 공생하여 대기 중의 질소를 고정하는 뿌리혹박테리아는 숙주식물이 공기 중의 질소를 이용할 수 있게 해 준다.

공생의 종류

공생의 종류는 (1) 한 종은 이익을 얻으나 상대방 종은 이익이나 해가 없는 편리공생(commensalism), (2) 두 종 모두 이익을 얻는 상리공생(mutualism),

(3) 한쪽은 이익을 얻으나 상대방은 해를 입는 기생(parasitism)으로 크게 나뉜다.

편리공생

자연계에서는 가끔 한 종이 다른 종에 달라붙는 경우를 볼 수 있다. 가령, 착생식물(epiphytes)은 다른 식물의 가지에 부착하여 자란다. 이 경우 숙주식물은 해가 없는 반면, 착생식물은 이익을 얻는다. 몇 가지 따개비류는 고래의 몸에 부착하여 산다. 이러한 착생동물은 한 장소에 머무는 것보다 움직이는 동물에 부착하여 살 때 포식자로부터 더 많이 보호를 받고 새로운 먹이원에 도달하기 쉽다.

그림 51.16 | 편리공생인가, 상리공생인가, 기생인가? 이 새는 초식동물의 몸에 붙은 기생충을 쪼아 먹으므로 상리공생 관계라고 볼 수 있다. 그러나 이 새는 때로는 숙주의 피부에 생긴 딱지까지 쪼아 먹어서 피가 나오게 하므로 기생 관계라고 볼 수도 있다. 만약 숙주가 기생충이나 새에 의해 해를 입지 않는다면, 이 새와 초식동물의 관계는 편리공생이라고 할 수 있다.

가장 잘 알려진 편리공생의 예는 소형 열대어류와 말미잘의 관계이다. 말미잘에 접근하는 다른 어류는 말미잘의 촉수의 쏘는 공격을 받지만 이 소형 어류는 촉수 사이에서 살며 숙주가 먹다 남은 먹이 부스러기를 먹고, 말미잘은 특별한 손해를 입지 않는다. 육상에서는 소나 코뿔소 등의 초식동물과 이들의 몸에 앉는 새 사이에서 편리공생을 볼 수 있다. 이 새는 숙주의 몸에 있는 기생충이나 다른 곤충을 쪼아 먹으면서 산다(그림 51.16).

공생의 경우 숙주가 이익을 얻는지 또는 아무런 이익이 없는지를 알아내기가 어려워서 편리공생과 상리공생의 구분이 모호한 경우가 많다. 가령, 말미잘에 공생하는 어류는 말미잘의 먹이 찌꺼기를 청소해 주므로 숙주에게 이익을 줄 가능성이 있으며, 초식동물의 몸에 앉아 사는 새와 숙주의 관계도 상리공생일 가능성이 있으며, 이 새는 또 숙주의 피부를 쪼아 상처를 입히고 흘러나오는 혈액을 먹기도 하므로 둘 사이는 기생 관계라고 볼 수도 있다.

상리공생

상리공생은 생물 군집의 구조를 결정하는 데 중요한 역할을 한다. 가장 뚜렷한 상리공생의 예는 현화식물과 화분을 매개하는 곤충이나 조류에서 볼 수 있다. 이때 동물은 식물로부터 꽃가루와 꿀을 얻고 식물은 생식을 할 수 있게 된다.

상리공생의 다른 한 가지 예는 개미와 진딧물 사이의 관계이다. 진딧물은 주둥이로 식물의 체관에서 수액을 흡입한다. 개미는 진딧물의 배설물을 먹으면서 진딧물을 새로운 식물로 옮겨준다.

개미와 아카시아나무

개미와 아카시아속의 한 라틴아메리카 종 사이의 상리공생의 관계를 볼 수 있다. 이 아카시아나무는 탁엽이라는 잎의 일부가 쌍을 이룬 가시로 변형되어 있다. *Psuedomyrmex*속의 침개미는 이 가시만을 서식

그림 51.17 | 개미와 아카시아나무의 상리공생.
*Pseudomyrmex*속의 개미는 라틴아메리카 아카시아나무의 속이 빈 가시 속에서 산다. 잎의 기부에 생기는 꿀과 소엽 끝의 벨트체는 개미의 먹이가 된다. 개미는 그 대신 아카시아나무에 유기물 영양을 제공하고 다른 초식동물의 접근을 막아주며, 다른 식물이 햇빛을 가리지 않게 해 준다.

처로 이용한다(그림 51.17). 식물의 다른 가시처럼 아카시아의 가시도 초식동물을 물리치는 데 이용된다. 아카시아의 소엽 끝에는 벨트체(Beltion body)라는, 단백질이 풍부한 부위가 있다. 벨트체는 개미의 주요 먹이원이 되며, 개미가 살지 않는 아카시아 종에서는 나타나지 않는다. 또 이 식물은 잎의 기부 근처의 샘에서 꿀을 분비한다. 개미들은 이 꿀도 먹으며, 이 꿀과 벨트체를 유충에게 먹인다.

개미와 유충은 부푼 가시 안에서 보호받고 당이 풍부한 꿀과 단백질이 풍부한 벨트체를 얻는다. 식물은 무엇을 얻을까? 초식동물이 개미가 사는 아카시아의 가지나 잎에 내려앉으면 개미는 즉시 초식동물을 공격한다. 개미는 또 숙주식물이 다른 식물과 경쟁하는 것을 돕는다. 개미는 숙주식물에 접촉하는 다른 식물의 가지를 잘라서 숙주식물에 햇빛이 잘 들게 해 준다. 실제로 아카시아나무에서 개미 집단을 제거하면 숲에서 아카시아나무는 다른 식물과 경쟁에서 살아남지 못한다. 개미는 또 그들 둥지에 유기물을 운반해온다. 개미가 먹고 남은 이 유기물과 개미의 배설물은 아카시아나무의 훌륭한 질소원이 된다.

아프리카에서도 개미와 아카시아의 상리공생이 발견된다. 케냐에는 여러 종의 아카시아개미가 있으며 하나의 나무에는 한 종의 개미만 서식한다. 그 중 한 종인 *Crematogaster nigriceps*는 다른 두 종과의 경쟁에는 열세이다. 이 종은 다른 종의 개미가 침입하는 것을 막기 위하여 다른 나무의 가지와 접촉할 수 있는 아카시아의 가지를 잘라서 침입자가 건너오지 못하게 한다. 이 행동은 개미에게는 이익을 주지만 나무에게는 해를 입힌다. 꽃이 생산될 조직을 파괴해 나무를 생식을 못하게 만들기 때문이다. 이 경우는 원래상리공생의 관계로 시작된 진화가 기생의 관계로 변형된 것이라고 볼 수 있다.

기생

기생은 공생의 특별한 유형이라고 볼 수 있으며, 기생자는 피식자보다 크기가 훨씬 작고 피식자에 항상 붙어 있다. 기생충은 숙주를 죽이기도 하므로 기생의 생태적 효과는 포식과 유사하다고 볼 수 있다.

한 생물의 표면에서 기생하는 기생자를 외부기생생물(ectoparasite)이라고 한다(그림 51.18). 포식기생충(parasitoid)은 살아 있는 숙주에 알을 낳는 곤충이

그림 51.18 | 외부기생.
새삼(*Cuscuta*)은 진화 과정에서 잎과 엽록체를 잃어버린 기생생물이다. 그 대신 새삼은 숙주식물로부터 영양분을 얻어서 자란다.

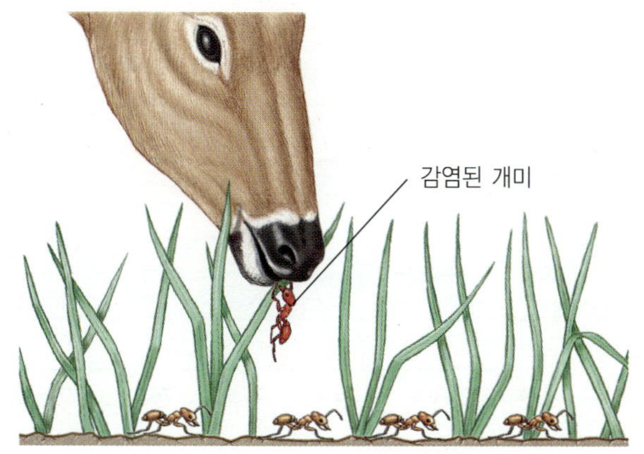

그림 51.19 | 기생충에 의한 숙주 행동의 조절.
기생충이 중간숙주인 개미의 뇌로 들어가면, 이 개미는 풀의 끝으로 기어 올라가서 풀을 뜯는 소에게 쉽사리 먹히므로 기생충이 최종숙주인 소의 몸으로 들어가게 된다.

다. 포식기생은 나나니벌(wasps)에서 흔하며 나나니벌의 유충은 숙주의 몸을 먹고 자란다.

동물의 몸속에서 기생하는 동물은 내부기생생물(endoparasite)이다. 내부기생은 일반적으로 외부기생보다 더 특수화된 양상을 보인다. 기생생물과 숙주의 생활이 밀접히 연관되어 있을수록 기생생물은 형태적으로나 행동적으로 더 많은 변이를 일으키며 진화하는 것 같다. 생물의 몸속은 외부보다 훨씬 안정된 환경을 유지한다. 그 결과 내부기생자의 몸은 보통 단순화되어 있어서, 불필요한 구조나 무기가 소실되어 있다.

여러 가지 기생충은 한 가지 이상의 숙주를 거쳐야 성장하고 생식할 수 있는 복잡한 생활주기를 가진다. 최근에는 기생충이 숙주의 행동을 변화시켜서 다음 숙주로의 이동을 쉽게 한다는 사실이 밝혀졌다. 가령, 여러 기생충은 숙주가 포식자에 먹히기 쉽도록 만들고, 숙주가 이 포식자에 먹히면 포식자에 감염한다. 가장 유명한 예의 하나가 기생성 편충류인 *Dicrocoelium dendriticum*인데, 이 기생충은 개미를 중간숙주로 삼으며 소나 사슴과 같은 대형 초식동물을 최종숙주로 삼는다. 정상적으로는 소가 개미를 먹지는 않으므로 개미에서 소로 기생충이 전달되기는 어렵다. 그러나 이 편충류는 특별한 적응 능력을 진화시켰는데, 편충류 중 하나가 개미의 뇌로 들어가서 개미가 해질 무렵에 풀의 끝으로 올라가 아래턱으로 풀에 몸을 고정하도록 만든다(그림 51.19). 그 결과 이 개미는 풀을 뜯는 소에게 쉽사리 먹히게 된다.

생태적 과정에서의 상호작용

종들 사이의 상호 관계를 알아보았는데, 자연계에서는 보통 한 가지 이상의 상호작용들이 동시에 나타난다. 많은 경우 다른 상호작용이 작용할 경우 한 가지 상호작용은 수정되거나 거꾸로 작용하기도 한다.

포식과 경쟁 감소

자원이 제한될 때 우세 경쟁자는 다른 종을 군집에서 제거하게 된다. 그러나 포식자는 경쟁 종들의 개체수를 감소시켜 이와 같은 경쟁배타를 막거나 크게 약화시킬 수 있다. 하나의 군집 내에서 포식자는 한 종 이상의 동식물을 먹고산다. 이때 포식자의 먹이 선택은 부분적으로 피식자의 상대적인 수에 따라 달라진다. 즉 A종이 흔할 때 포식자는 A종을 먹고 살지만, A종이 희귀해지면 B종을 먹고산다. 그 결과 우세 경쟁종은 다른 경쟁 종보다 압도적으로 많아지지는 않게 된다.

이러한 양상은 해양의 조간대 군집에서 흔히 특징적으로 나타난다. 가령, 불가사리는 이매패류를 선택적으로 포식함으로써 이매패류가 이 서식처에서 독점적으로 되지 못하게 한다(그림 51.20). 이때 불가사리를 제거하면 종 다양성은 떨어지고 소수의 이매패류가 군집에서 우점하게 된다. 포식은 자연군집 내 경쟁을 줄이므로 주요 포식자를 인위적으로 제거하려고 하는 것은 군집 내 생물의 다양성을 감소시킬 수 있으므로 잘못된 일이다.

경쟁에 대한 기생의 영향

기생생물은 동소종들에게 차별적으로 영향을 주어서 종간 상호작용 결과에 영향을 준다. 시카고 대학의

(a)

(b)

그림 51.20 | 포식과 경쟁의 감소.
(a) 한 실험에서 주요 포식자인 불가사리(*Pisaster*)를 제거하였더니 (b) 홍합이 폭발적 생장을 일으켜 7종의 토속종을 몰아내었다.

파크(T. Park)는 바구미 두 종 *Tribolium castaneum*과 *T. confusum*의 이들의 기생충 *Adelina*와의 상호작용을 연구하였다. 기생충이 없을 때 *T. castaneum*이 우점하고 *T. confusum*은 소멸된다. 그러나 기생충이 있으면 반대로 *T. castaneum*이 소멸된다. 이와 유사한 기생충의 영향은 여러 종에서 발견되고 있다. 가령, 카리브해의 세인트마르텐 섬에서 *Anolis*속의 도마뱀류에서 경쟁적으로 열세인 종은 도마뱀말라리아에 저항성이 있으나 다른 종은 약하다. 그래서 도마뱀말라리아 기생충이 있는 곳에서만 두 종이 공존한다.

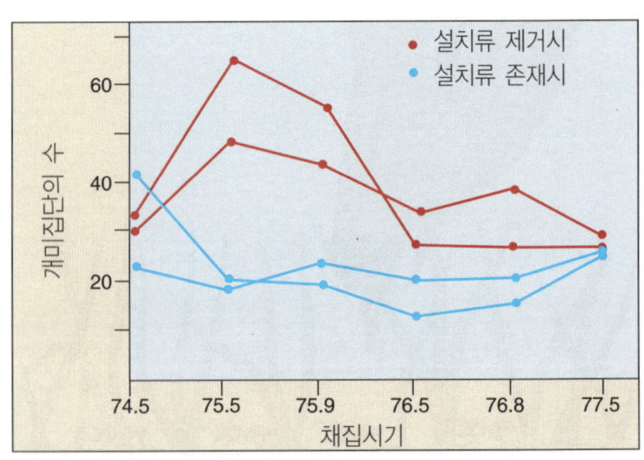

그림 51.21 | 설치류 제거와 개미 개체군 크기의 변화.
설치류 제거 후 개미 개체군은 처음에는 증가하였으나 나중에는 감소하였다.

간접적 효과

한 종이 다른 종과 직접적인 상호작용을 하지는 않지만 제3의 종과의 상호작용을 통하여 간접적으로 영향을 주는 경우도 있는데, 이러한 영향을 간접적 효과(indirect effects)라고 한다. 예를 들어, 앞에서 언급한 사막의 설치류는 종자를 먹는데, 이 군집의 개미들도 종자를 먹으므로, 양자는 경쟁할 것으로 예측할 수 있다. 그러나 사육장에서 설치류를 모두 제거하고 다시 돌아가지 못하게 하면 개미 개체군이 처음에는 증가하다가 나중에는 감소한다(그림 51.21). 설치류는 대형 종자를 먹고 개미는 작은 종자를 먹는다. 또, 대형 종자를 맺는 식물은 작은 종자를 맺는 식물보다 경쟁적으로 우세하다. 그러므로 설치류 제거는 여러 가지 대형 종자를 맺는 식물의 증가를 일으키고 개미가 먹는 소형 종자를 맺는 식물의 감소를 일으킨다. 그러므로 개미에게 주는 설치류의 영향은 복잡한 것으로서 자원경쟁으로 직접적이고도 음성적 효과를 일으키기도 하고, 식물의 경쟁을 통해 간접적이고도 양성적인 효과를 일으키기도 한다.

핵심종

군집의 구성에 특별히 강한 영향을 주는 종을 핵심종(keystone species)이라고 한다. 불가사리와 같은

그림 51.22 | 핵심종의 예.
비버는 댐을 쌓아서 계류를 연못으로 바꾸어 여러 동식물의 새로운 서식처를 만든다.

포식자는 한 종의 피식자가 독점하지 못하도록 하여 군집 내 종 다양성을 유지시키는 핵심종의 역할을 한다.

그러나 여러 가지 다양한 종류의 핵심종이 있다. 가령 비버는 계류의 흐름을 변화시킨다(그림 51.22). 또, 악어는 호수 바닥에 깊은 구멍을 파서 가뭄 때는 이 구멍에만 물이 괴어서 수생동물이 살아남게 만든다.

51.5 생태적 천이

한 지역의 기후가 계속 일정해도 군집은 점점 복잡해져 가는데 이 과정을 천이(succession)라고 한다.

천이

삼림이 벌채된 후 그대로 두면 식물은 점차 그 지역을 메워간다. 기존의 군집이 교란되었으나 토양은 남아 있는 지역에서 나타나는 이와 같은 천이를 2차 천이(secondary succession)라고 한다.

반대로 1차 천이(primary succession)는 바위처럼 생물이 없는 불모지에서 시작된다. 1차 천이는 빙하의 퇴조 후 남은 호수, 해양에서 솟아오른 화산섬 빙하퇴조로 드러난 육지 등에서 시작된다(그림 51.23). 빙하가 물러간 뒤에 남은 빙퇴석에서의 1차 천이를

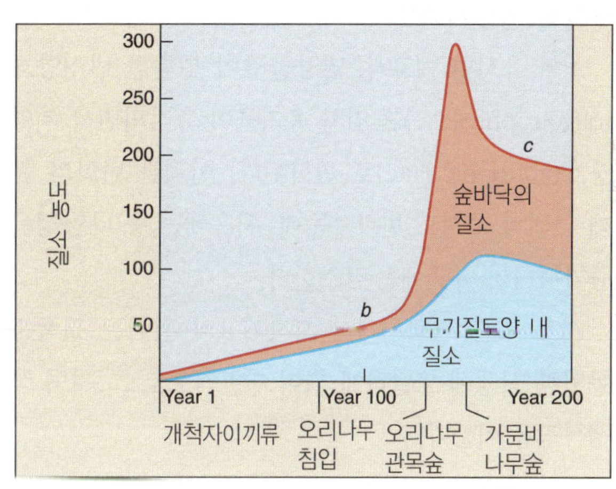

그림 51.23 | 식물의 천이와 토양의 변화.
알라스카 빙하의 빙퇴석에는 원래 토양 질소가 거의 없으나 질소를 고정하는 오리나무류가 토양에 질소를 축적하여 침엽수의 생육을 조장한다. 그래프의 문자는 그림 51.24의 b와 c에 해당한다.

(a)

(b)

(c)

그림 51.24 | 알라스카 빙하에서의 1차 천이.
(a) 빙하의 측면은 매년 8m씩 퇴조하면서 노출된 토양을 남긴다. 이처럼 노출된 토양에 처음 침입하는 개척자는 질소를 고정하는 공생성 미생물을 가지는 이끼이다. (b) 20년 이내에 어린 오리나무 관목들이 정착하면서 질소가 신속히 고정된다. 그리고 곧 울창한 오리나무 관목숲을 이룬다. (c) 토양의 질소 농도가 높아지면서 가문비나무가 성숙한 오리나무들을 몰아내고 숲을 이루게 된다.

알아보자(그림 51.24). 토양의 pH는 바위 속의 탄산염 때문에 염기성이고 질소 농도는 낮다. 이러한 조건에서 자랄 수 있는 최초의 식물은 지의류이다. 지의류는 산을 분비하여 암석을 부수고 pH를 낮추며 토양 입자가 생기게 만든다. 그 후 새로 생긴 토양에 이끼가 자라게 되며, 이끼는 토양에 양분을 축적시켜서 오리나무속 관목이 자랄 수 있는 조건을 만든다. 대기 중의 질소를 고정할 수 있는 공생 세균을 가지는 오리나무류는 100여 년이 지나는 동안 토양에 질소를 농축하고 낙엽의 분해로 토양의 pH는 더욱 낮아진다. 이 상태에서는 가문비나무가 번창하게 된다. 그리고 결국에는 오리나무류를 몰아내고 울창한 가문비나무숲을 이루게 된다.

이와 유사한 예로서, 영양물질이 부족한 빈영양호(oligotrophic lake)는 점차 유기물이 축적되면서 부영양호(eutrophic lake)로 변화된다. 이러한 변화와 함께 군집의 구성도 변화하는데, 처음에는 종 다양성이 증가하다가 나중에는 감소한다.

서로 다른 서식지에서 시작된 1차 천이는 결국은 동일한 식생에 도달하게 되어 전반적으로 그 지역 식생특징을 이룬다.

천이의 원인

천이는 어느 한 종이 서식지를 변화시켜서 다른 종들이 살기에 좋은 상태를 만들기 때문에 일어난다. 천이 과정에는 3가지 동적인 개념이 있다.

1. **내성**(tolerance). 천이 초기에는 특징적으로 불모지에서 견딜 수 있는 *r*선택을 하는 잡초 식물이 생육한다.
2. **촉진**(facilitation). 초기의 잡초는 다른 식물이 서식할 수 있도록 서식처 변화를 일으킨다.
3. **억제**(inhibition). 한 종에 의한 서식지 변화는 다른 종에겐 좋으나 이 종의 생육은 억제된다.

천이 과정을 통하여 환경이 더 우호적으로 되므로 종의 수는 증가한다, 그러나 어떤 경우에는 생태계가 성숙하면서 *r*선택 종에서 *K*선택 종으로 대치되고, 우세 경쟁자가 다른 종을 밀어내어 종 다양성을 감소시키기도 한다.

동물 군집의 천이

천이가 진행되면서 한 군집의 동물의 종도 변화한다. 이는 식생이 변화하고 종마다 요구하는 서식처의 종류가 다르기 때문에 생긴다. 한 가지 뚜렷한 예는 크라카토 섬에서 볼 수 있는데, 이 섬은 1883년에 화산 폭발로 생물상이 완전히 파괴되었다. 폭발 후 화산재뿐이었으나 그 후 식생이 유입되고 빠른 천이가 시작되었다. 폭발 후 이듬해에 소수의 풀이 나타났고 15년이 지나지 않아서 해안 식생이 형성되었으며, 안쪽은 조밀한 초원을 이루었다. 1930년에 섬 전체는 숲

(a)

(b)

그림 51.25 | 화산 폭발 후의 천이.
1883년 크라카토 섬의 화산 폭발로 섬의 모든 생물체가 전멸하였다. (a) 이 사진은 그 후에 다시 일어난 소형 폭발을 찍은 것이다. (b) 그 후 크라카토 섬에는 다시 숲이 생기고 동물이 서식하게 되었다.

으로 덮였다(그림 51.25).

크라카토의 동물상은 식생과 함께 변화하였다. 폭발 9개월 후 발견된 동물은 거미 한 마리뿐이었으나, 1908년에는 3일 동안의 조사로 200종의 동물이 발견되었다. 대부분의 초기 동물은 초원에 서식하는 종들이었으나, 나무가 우점하면서 초원에 서식하던 종들이 사라지고 숲에 서식하는 종으로 교체되었다.

동물 종의 천이는 식생의 천이에 의해 일어났지만 동물 군집의 구성 변화가 역으로 식물의 출현에도 영향을 주었다. 특히, 동물에 의해 분산되고 수분을 하는 식물은 해당 동물이 나타나기 전까지는 이 섬에 출현하지 않았다.

교란

전통적으로 많은 생태학자들은 생물 군집은 평형(equilibrium) 상태에 있어서 사람이나 자연에 의해 교란되어도 신속히 원래의 상태로 복귀한다고 생각해 왔다. 이러한 안정성은 대개 종간경쟁 과정 때문이라고 여겨졌다.

최근에 이러한 생각은 재고되고 있다. 과학자들은 기후 변화, 종의 침입, 교란 등으로 군집은 계속 변한다고 인식하게 되었다. 그 결과 많은 생태학자들은 안정보다는 변화를 강조하는 비평형(nonequilibrium) 모델을 중요시하게 되었다. 특히 군집 구조의 결정에 대한 교란의 역할에 대한 연구가 집중되고 있다.

교란은 광범위하거나 국부적일 수 있다. 산림의 화재나 가뭄, 홍수 등과 같은 심한 교란은 넓은 지역에 영향을 준다. 동물도 심한 교란을 일으킬 수 있다. 집시나방은 산림을 황폐화시킬 수 있다.

교란이 한 지역의 종 다양성을 높이는 경우도 있다. 중도교란 가설(intermediate disturbance hypothesis)에 의하면 적당한 수준의 교란을 받은 군집은 교란이 거의 없거나 많은 군집보다 종 다양성이 높아진다. 이러한 양상을 일으키는 요인은 2가지이다. 첫째, 적당한 교란을 받은 군집에서는 여러 가지 천이 단계의 서식처가 존재하므로 종의 다양성이 높아진다. 둘째, 적당한 수준의 교란은 군집이 천이의 최종 단계에 도달하는 것을 막아서 소수의 우점 종이 다른 종을 밀어내는 것을 막는다. 그러나 과도한 교란은 군집이 계속 초기 천이 단계에 머물게 해서 종의 다양성을 낮게 유지한다.

CHAPTER 52

생태계의 동태

화학물질의 관점에서 볼 때 지구는 폐쇄계이지만, 에너지의 관점에서 볼 때는 태양 덕분에 개방계이다. 생태계 내의 생물들은 함께 에너지의 포획과 소비 그리고 화학물질의 순환을 조절한다. 이 장에서 알게 되겠지만, 사람을 포함한 모든 생물은 다른 생물의 활동에 의존하여 생명의 기본이 되는 구성분을 재활용하면서 살아간다.

52.1 생태계 내의 화학물질 순환

생태계(ecosystem)는 특정 장소에 사는 모든 생물과 생물이 사는 무생물 환경으로 구성된다. 생태계 안에서는 두 가지 과정이 일어나는데, (1) 에너지가 생태계 안으로 들어가고 광합성이나 다른 기작을 통하여 화학에너지로 전환된다. 이 에너지는 그 후 유기화합물 상태로 다른 생물에 넘겨지거나 열로 방출된다. (2) 화학 원소들이 생태계 안에서 생물지구화학환(biogeochemical cycle)을 이루며 이동한다. 지구적 차원에서 볼 때 이 물질들은 소량만이 생물체의 몸 안에 들어가 있으며, 대부분은 비생명 저장소인 대기, 물, 암석에 존재한다. 생물지구화학환은 분자 수준에서 지구전체 수준까지 모든 수준에서 또, 몇 초에서 몇 백 년까지 수많은 시간에 걸쳐 일어난다.

증발이나 강수와 같은 물리적 과정은 이 원소들을 환경의 무생물 부분을 통하여 이동시킨다. 생물은 광합성을 통하여 이 원소들을 포획하여 유기화합물로 전환시키고, 이 유기화합물은 환경의 생물부분을 거쳐 결국, 이 원소들은 호흡, 분해 등의 과정을 통하여 무생물 영역으로 되돌아간다.

에너지와 화학 원소들은 주로 광합성, 섭식, 분해라는 동일한 경로를 따라 생물 환경을 통과하여 이동한다. 그럼에도 불구하고 중요한 차이가 존재한다. 물질과는 달리 에너지는 재활용할 수 없으며 궁극적으로 열로 전환된다. 그 결과 태양으로부터의 계속적인 유입이 필요하다. 그러나 물질은 계속 환경 속에서 재순환하면서 이용되고 또 재이용된다.

물의 순환

모든 생물은 물이 없으면 살 수 없다(그림 52.1). 대부분의 생물의 몸은 주로 물로 이루어져 있다. 물은 수

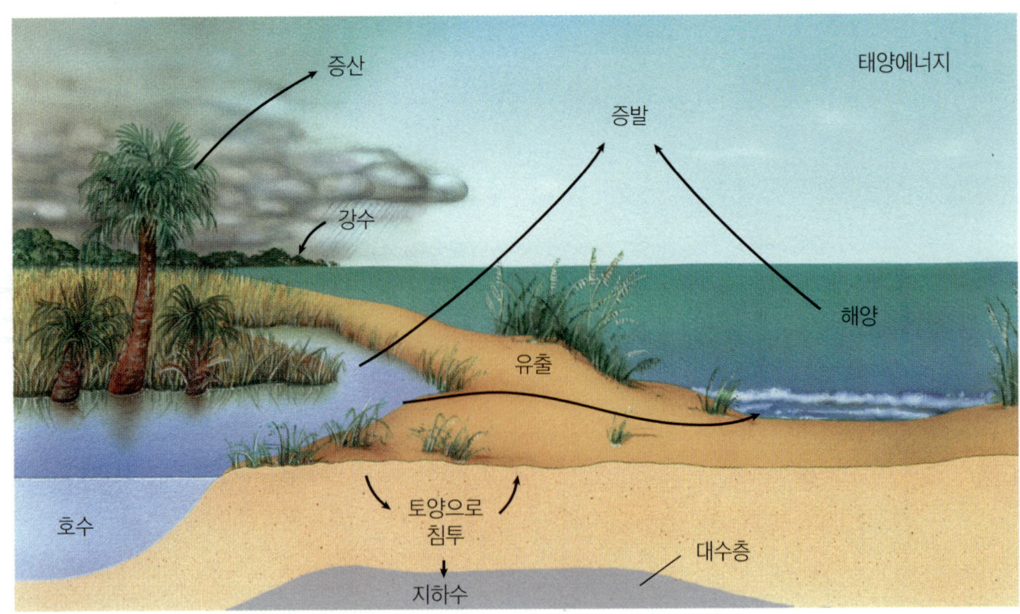

그림 52.1 | **물의 순환.** 물은 대기에서 지구로 그리고 다시 대기로 순환한다.

소이온의 원천이며, 수소이온의 움직임은 ATP의 생산을 일으킨다.

물의 이동 경로

해양은 지표면의 3/4을 차지한다. 물은 바다에서 증발하여 대기로 들어가는데, 이 과정은 태양으로부터 오는 에너지로 진행된다. 육상에서 대기로 들어가는 물의 약 90%는 식물의 증산 작용을 통하여 증발된 것이다. 대부분의 강수는 직접 바다로 떨어지지만 일부는 육지로 떨어져서 지표면을 흐르고 담수를 이룬다. 지구상의 물의 약 2%만이 얼음으로 존재하거나 토양 속에 들어가 있거나 생물체 속에 들어가 형태를 이루고 있다. 나머지는 모두 자유 수분으로서 대기와 육지 그리고 해양 사이를 순환한다.

지하수

하천, 호수, 연못에서 보는 표층수 외에 눈에 잘 띄지 않는 물로 지하수가 있는데, 대수층이라고 하는 바위, 모래, 자갈로 이루어진 투과성의 지하층에서 형성된다. 많은 지역에서 지하수는 중요한 물 저장고이다. 가령, 미국에서는 담수의 96% 이상이 지하수이다. 지하수 중 위쪽의 갇혀 있지 않은 물 부위는 지하수면을 이루며 식물이 이용할 수 있는 물이고 시내를 이루게 된다. 아래쪽의 갇혀 있는 물은 일반적으로 인간에 의해 끌어올려지기 전에는 닿을 수 없는 물이다. 지하수면은 토양을 통해 침투하는 강수나 연못, 호수, 시내 등에서 아래로 스며드는 물에 의해 보충된다. 깊은 곳에 있는 대수층의 물은 지하수면으로부터 천천히 보충된다. 지하수는 지표수에 비하여 훨씬 천천히 흐르고 장소에 따라 하루에 수mm에서 1m 정도를 흐르는 경우도 있다. 미국에서 이용되는 물의 25%는 지하수이며, 마시는 물의 50%가 지하수이다. 지하수가 많이 사용되면서, 또 지하수는 매우 천천히 흐르기 때문에 지하수의 화학적 오염은 심각한 문제가 되고 있다. 살충제, 제초제, 비료 등은 지하수 오염의 주요 원인 물질이다. 지하수는 양이 많고 순환 속도가 느리며, 접근하기 어렵기 때문에 대수층으로부터 오염물질을 제거하는 것은 사실 불가능하다.

물 순환의 파괴

열대우림과 같은 밀도가 높은 삼림생태계에서는 수분의 90% 이상이 식물에 의하여 흡수되고 대기로 증

그림 52.2 | 삼림의 파괴는 물의 순환을 방해한다.
이 동남아시아 보루네오섬에서 삼림의 남벌로 광범위한 토양침식이 일어난 것에서 보듯이 열대우림의 남벌은 시간이 감에 따라 더 심각한 결과를 가져올 수 있다.

산된다. 열대우림 속의 매우 많은 식물들이 이러한 작용을 하므로 식생은 국부적 강우의 원천이 된다. 식물들이 자신이 필요로 하는 비를 만드는 셈이다. 식물에서 대기로 나간 수분은 비의 상태로 다시 지표면으로 되돌아오는 것이다. 여기에서 삼림이 벌채되면 물 순환은 파괴되고 수분은 대기로 돌아가지 않는다. 물은 구름으로 올라가서 삼림으로 다시 떨어지는 대신 바다로 유출되어 버린다. 일찍이 독일의 학자 홈볼트(A. von Humbolt)는 1700년대 후반에 콜롬비아 열대우림에서의 벌채는 대기권으로 물이 돌아가는 것을 막아서 결국 반건조 사막지역을 만들게 된다는 것을 경고하였다(그림 52.2).

탄소 순환

이산화탄소는 공기의 0.03%를 차지한다. 지구상에서 광합성을 통하여 물과 이산화탄소로부터 유기화합물을 합성할 때 매년 대기 중의 이산화탄소 중 약 10%

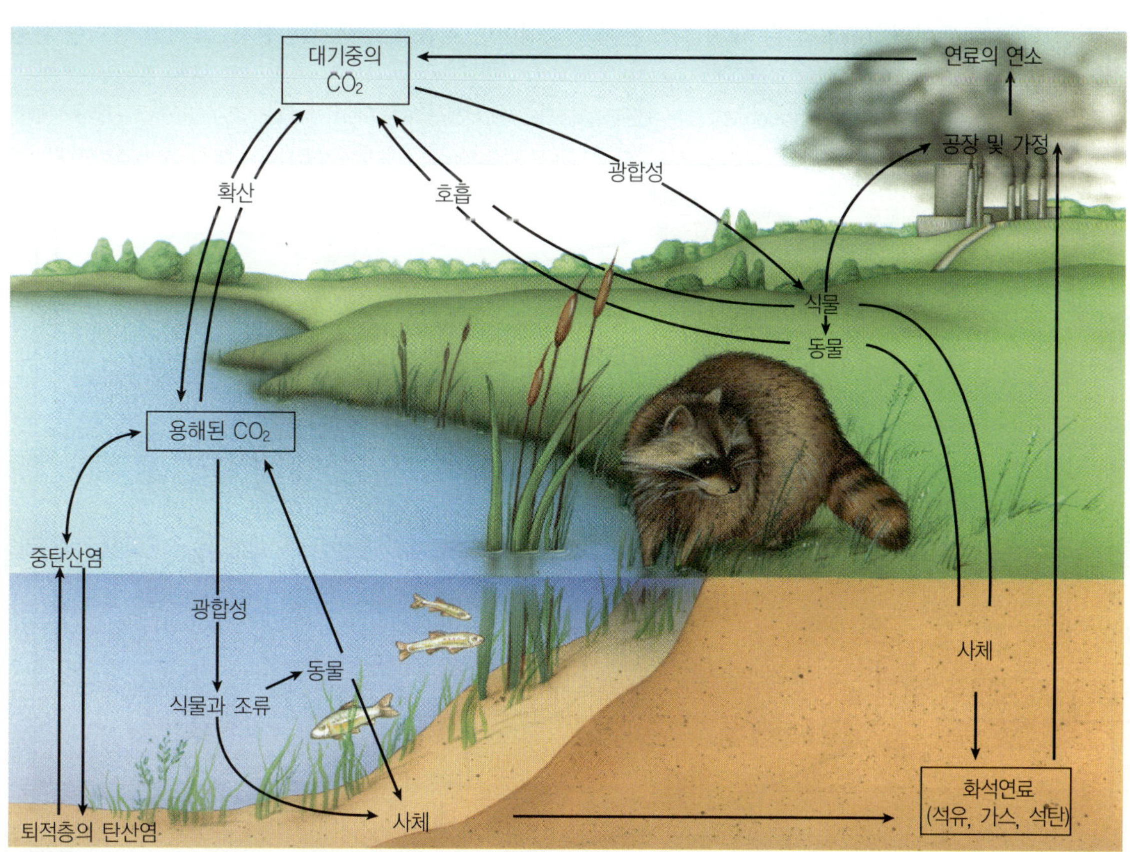

그림 52.3 | 탄소 순환.
광합성으로 포획된 탄소는 호흡을 통해 공기 중으로 되돌아간다. 수계생태계 내 용해된 이산화탄소는 대부분 물과 반응하여 중탄산염을 이룬다.

가 이용된다. 이 막대한 생물 작용은 광합성을 하는 세균, 원생생물, 그리고 식물에 의해 이루어진다. 육상의 모든 종속영양생물은 광합성 생물로부터 간접적으로 탄소를 얻는다. 생물의 사체가 미생물에 의해 분해될 때 이산화탄소는 대기 중으로 방출되거나, 물속에서는 퇴적된다. 그리고 그곳에서 다시 다른 생물체의 몸속으로 들어갈 수 있다(그림 52.3).

이산화탄소의 고정으로 광합성 생물의 몸 안에 생긴 유기화합물의 대부분은 결국 분해되어 대기나 물속으로 방출된다. 셀룰로스와 같은 일부 탄소 함유 화합물은 다른 것보다 분해되기 어려우나 일부 원핵생물이나 균류는 이를 잘 분해한다. 그러나 일부 셀룰로스는 분해되지 않은 채 토탄의 상태로 축적된다. 이 셀룰로스 속의 탄소는 결국 석유나 석탄과 같은 화석연료 속에 함유된다.

이산화탄소는 대기 중에 약 7000억 톤이 있고 해양에 약 1조 톤이 녹아 있다. 석유와 석탄 속에 들어 있는 탄소는 약 5조 톤이며, 6000억 톤 내지 1조 톤이 어느 시점에 살아 있는 생물체들 내에 들어 있다. 지구 전체적으로 볼 때 광합성과 호흡은 대략적으로 균형을 이루고 있으나, 최근에 화석연료의 사용으로 이 균형이 깨지고 있다. 석탄, 석유, 천연가스의 연소로 다량의 탄소가 이산화탄소의 형태로 대기 중으로 방출되고 있다. 이 때문에 지구의 기후가 변하고 있다.

질소 순환

질소는 단백질 등의 유기화합물을 만드는 데 필수 원소가 된다. 일부 원핵생물만이 대기 중의 질소를 생물 작용에 이용될 수 있는 형태로 전환(고정)시킬 수 있다(그림 52.4). 질소(N_2)는 두 질소원자 사이의 3중 결합 때문에 매우 안정된 기체이다. 생물계에서 대기 중의 질소 분해는 ferredoxin, nitrogen reductase, nitrogenase의 3가지 단백질로 이루어진 복합체에 의해 촉매된다. 이 과정에는 에너지원으로서 ATP, 광합성이나 호흡으로 생기는 전자, 그리고 강력한 환원 인

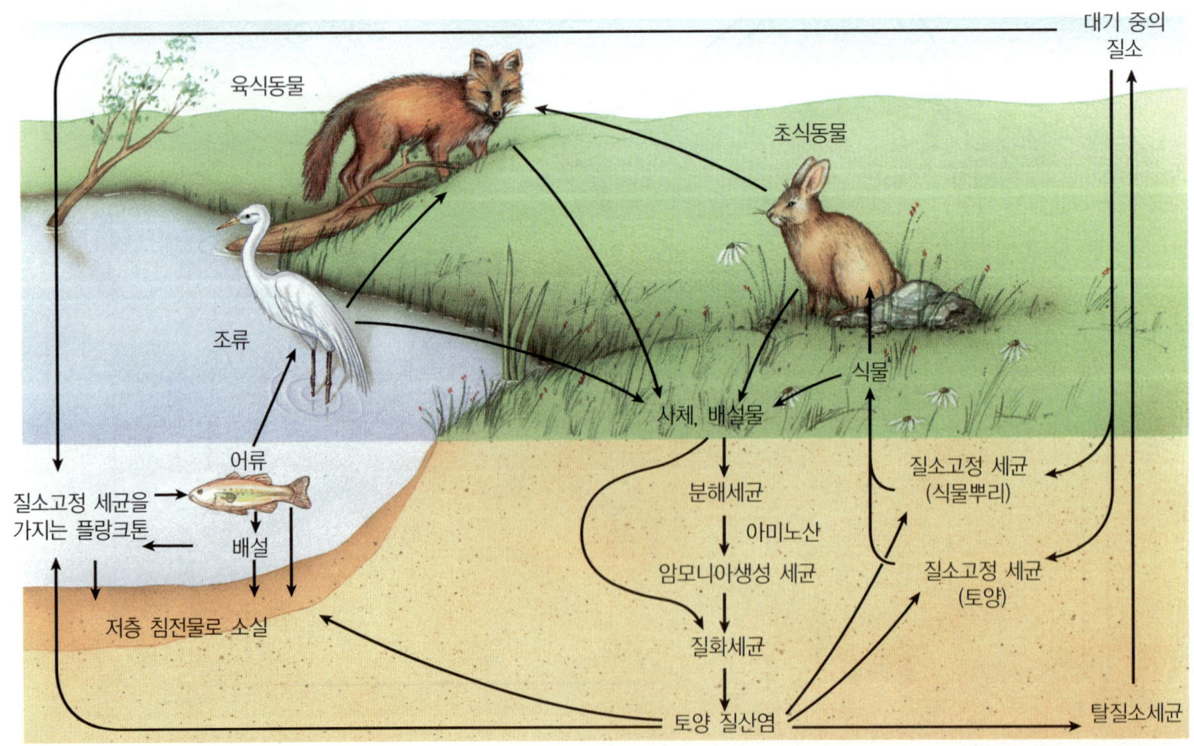

그림 52.4 | 질소 순환.
특정 세균은 공기 중 질소를 고정시켜 생물체가 이용할 수 있는 형태로 전환시킨다. 다른 세균은 식물과 동물로부터 나온 질소 함유 화합물을 분해하여 그들을 다시 공기 중으로 돌려보낸다.

자가 이용된다. 질소 고정의 전체적 반응식은 다음과 같이 나타낼 수 있다.

$$N_2 + 3H_2 \rightarrow 2NH_3$$

일부 원핵생물은 대기 중의 질소를 고정할 수 있다. 이 원핵생물들은 대부분 자유생활을 하나 일부는 콩과식물 등의 뿌리에 공생한다. 공생 세균만이 충분한 양의 질소를 고정할 수 있다. 과거에 일어난 이러한 생물들의 작용으로 대부분의 생태계에는 암모니아와 질산염의 커다란 저장고가 존재한다. 이 저장고는 생물들이 이용하는 질소 대부분의 직접적인 원천이 된다. 그러나 해양에서는 이러한 저장고가 없으므로 질소가 주요 제한 영양소가 된다.

동식물의 몸에 들어 있는 단백질과 같은 질소 함유 화합물은 일부 원핵생물과 균류에 의해 신속히 분해된다. 이 원핵생물과 균류는 분해를 통하여 얻는 아미노산을 이용하여 자신의 단백질을 합성하고 여분의 질소를 암모늄이온(NH_4^+)의 형태로 방출하는데, 이 과정을 암모니아화(ammonification)라고 한다. 암모늄이온은 동물에 의해서도 배설되는데, 일부 생물에 의해 토양의 아질산염과 질산염으로 전환되어 식물에 의해 흡수될 수 있게 된다.

토양 속에 있는 고정된 질소의 일부는 지속적으로 소실된다. 혐기성 조건에서 질산염은 흔히 질소 기체(N_2)와 일산화질소(N_2O)로 전환되어 모두 대기 중으로 돌아간다. 이 과정은 일부 세균에 의해 일어나며 탈질소반응(denitrification)이라고 한다.

다량의 질소가 비료의 형태로 토양에 뿌려지고 있으므로 사람은 지구의 질소 순환에 중요한 역할을 하고 있다.

인 순환

물, 탄소, 질소, 산소를 제외한 모든 다른 물질의 생물지구화학환에서, 영양소의 저장고는 대기가 아니라 광물질의 형태(암석)로 존재한다. 인 순환(그림 52.5)

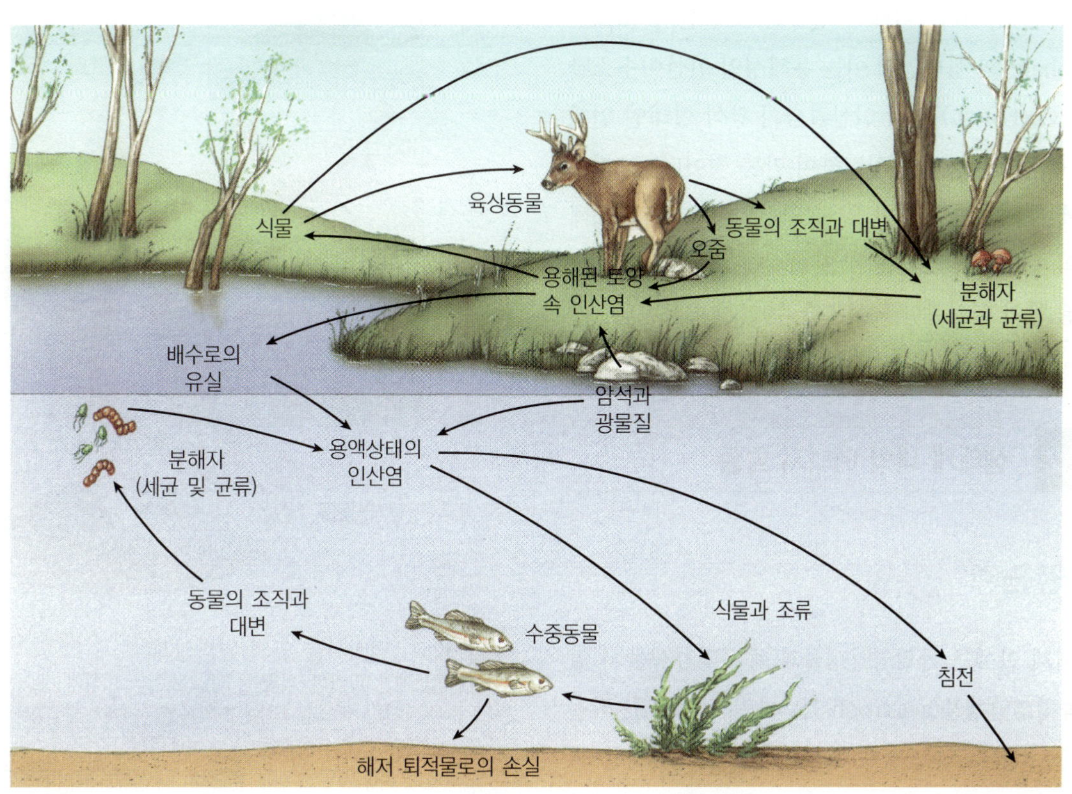

그림 52.5 | **인 순환.**
인산염은 토양에서 물로 씻겨 내려간다. 이는 식물과 동물 몸속으로 들어가 동식물이 분해될 때 토양에 다시 침적된다.

은 다른 모든 광물질 순환의 대표적인 예가 된다. ATP, 인지질, 핵산의 구성 요소인 인은 식물의 영양에 필수적인 역할을 한다.

질소를 제외한 모든 필수 영양소 중에서 인은 가장 흔하게 식물의 생장을 제한하는 희소 영양소로 작용하기 쉽다. 인산염은 인음이온의 형태로 토양에 소량으로만 존재하는데, 이는 인산염이 비교적 불용성이고 특정 종류의 암석으로만 존재하기 때문이다. 토양에서 인산염이 씻겨나갈 때 하천을 통하여 바다로 나가서 침전된다. 이 인산염은 해류의 용승으로 다시 위로 솟아오른다. 해수면으로 올라온 인산염은 조류에 의해 흡수되고 이 조류가 어류에 먹히고, 어류는 다시 새에 의해 먹힌다. 바다의 새는 인이 풍부한 다량의 배설물(구아노)을 해안에 축적한다. 구아노 퇴적물은 흔히 비료로 이용된다. 바다는 유일하게 무제한의 인 원천으로서, 상업적으로 해저 채굴의 매력이 증대되고 있다.

매년 수백만 톤의 인산염이 농지에 뿌려지고 있는데, 그 양은 일반적으로 작물이 필요로 하는 것보다 3배나 많은 양이다. 이때의 인산은 초인산염(superphosphate)의 형태인데 이는 용해성인 인산이수소칼슘, 즉 $Ca(H_2PO_4)_2$로서 인산칼슘의 광석 형태인 인회석이나 뼈를 황산으로 처리하여 만든 것이다. 그러나 농지에 뿌려지는 막대한 양의 인산염이 그에 비례해 작물의 증산을 일으키는 것은 아니다. 식물은 토양에 첨가된 인의 일정량만을 이용할 수 있기 때문이다.

52.2 생태계 내의 에너지 흐름

영양 단계

생태계 안에는 독립영양생물과 종속영양생물이 있다. 독립영양생물(autotrophs)은 자신의 먹이를 직접 만든다. 식물, 조류, 일부 원핵생물은 빛에너지를 이용하여, 또 심해의 열수구에 사는 화학 독립 영양 원핵생물은 황 화합물을 산화하여 에너지를 뽑아내어서, 무기물 분자를 먹이로 전환한다. 나머지의 종속영양생물(heterotrophs)은 독립영양생물이 합성한 유기물 분자를 얻어야 한다. 독립영양생물은 1차 생산자(primary producers)라고도 하고, 종속영양생물은 소비자(consumer)라고도 한다.

보통 광합성에 의해 에너지가 생태계에 한번 들어오면 섭취나 분해에 의해 화학에너지의 형태로 한 생물에서 다른 생물로 전달된다. 이 에너지의 상당 부분은 열로 전환되어 생명 과정에는 이용될 수 없게 된다. 생태계를 이루는 생물들은 태양으로부터 얻은 에너지를 공간으로 방출하는 것을 지연시킨다.

육상 생태계의 1차 생산자인 녹색식물은 일반적으로 잎에 도달하는 에너지의 약 1%를 포획하여 먹이에너지로 전환시킨다. 이 식물들이 다른 생물에게 먹

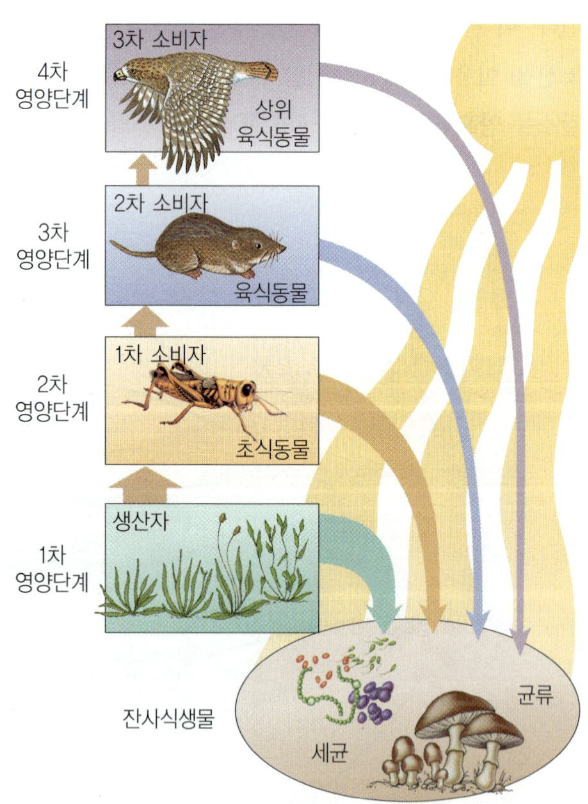

그림 52.6 | 먹이사슬 안의 영양단계.
1차 영양단계에 위치한 식물은 태양으로부터 직접 에너지를 얻는다. 메뚜기처럼 식물을 먹는 초식동물은 1차 소비자로 2차 영양단계에 속한다. 초식동물을 먹는 뾰족뒤쥐 같은 육식동물은 2차 소비자로 3차 영양단계에 속한다. 매 같은 육식동물을 먹는 상위 육식동물은 3차 소비자로 4차 영양단계에 속한다. 잔사식생물은 모든 영양단계 생물을 먹이로 이용한다.

히면 식물에 저장되어 있던 에너지의 일부분만 이를 먹은 생물의 몸을 이루는 데 이용되고 대부분은 열로 소실된다. 섭취된 에너지가 화학에너지로 저장되는 비율은 생물마다 다르다. 가령, 무척추동물에서는 섭취한 먹이의 약 10%가 자신의 몸으로 되어서 포식자의 잠재적 먹이가 된다. 이 비율은 육식동물에서 약 5%이고 초식동물에서는 약 20%이지만 평균적으로 볼 때 한 영양단계에서 다음 영양단계로 넘어가는 유기물의 에너지량은 10%이다.

여러 가지 단계의 소비자가 존재한다. 1차 소비자(primary consumer), 즉 초식동물은 녹색식물을 직접 먹는다. 2차 소비자(secondary consumer)는 육식동물과 기생충으로서 초식동물을 먹는다. 분해자(decomposer)는 다른 생물의 몸에 축적된 유기물을 분해한다. 분해자보다 더 일반적인 용어는 잔사식생물(detritivore)이다. 잔사식생물은 생태계의 폐기물을 먹고 사는데, 이에는 분해자뿐 아니라 게, 자칼, 독수리 등과 같은 부식동물도 포함된다.

하나의 생태계에는 이와 같은 모든 종류의 생물이 들어 있으며, 각각은 서로 다른 영양단계(trophic level)을 차지한다. 서로 다른 영양단계의 생물들이 먹고 먹히는 관계를 먹이사슬(food chain)이라고 한다(그림 52.6). 먹이사슬의 길이와 복잡성은 매우 다양하다. 실제로는 한 가지 생물이 다른 한 가지 생물만 먹고 사는 일은 거의 없고, 대개 2가지 이상의 생물을 먹고 또 여러 가지 생물에게 먹힌다. 이것을 모식도로 나타내면 직선이 아닌 그물 모양의 관계가 생기며, 먹이그물(food web)이라고 한다.

표 52.1 생태계의 연간 생산성

생태계의 종류	순1차 생산력(NPP) 단위 면적당 NPP(g/m^2)	지구 전체의 NPP (10^{12} kg)
열대우림	2200	37.4
습지	2000	4.0
열대계절림	1600	12.0
하구	1500	2.1
온대상록수림	1300	6.5
온대활엽수림	1200	8.4
사바나	900	13.5
한대 삼림	800	9.6
관목림	700	6.0
경작지	650	9.1
온대 초원	600	5.45
대륙붕	360	19.6
호수 및 계류	250	0.5
툰드라 및 고산지	140	1.1
원양	125	41.5
사막 및 반사막	90	1.6
극한 사막, 암석, 모래 및 얼음	3	0.07

1차 생산력

1차 생산량(primary production) 또는 1차 생산력(primary productivity)은 광합성생물이 생산하는 에너지량을 나타내는 용어이다. 1차 총생산력(gross primary productivity)은 광합성 생물이 생산한 전체 유기물량으로서 호흡으로 소비한 유기물까지 포함한 것이다. 순1차 생산력(NPP : net primary productivity)은 단위 시간에 생산된 유기물량으로서 광합성 생물의 물질대사로 소비된 것을 뺀, 순전히 종속영양생물이 이용할 수 있는 양을 말한다. 한 생태계 내에 살고 있는 모든 생물의 총 중량을 생체량(biomass)이라고 하며 순생산력의 결과로 증가하게 된다.

일부 생태계는 높은 순1차 생산력을 나타낸다. 가령, 열대우림이나 습지는 연간 m^{2}당 1,500~3,000g의 유기물을 생산한다(표 52.1). 반면에 온대림은 1,200~1,300g, 사바나는 900g, 사막은 90g의 유기물을 생산한다.

2차 생산력

종속영양생물의 생체량 생산 속도를 2차 생산력(secondary productivity)이라고 한다. 초식동물과 육식동물은 광합성을 하지 못하므로 이산화탄소로부터 직접 생물분자를 만들지 못한다. 그 대신 이들은 식물이나 다른 종속영양생물을 먹어서 이 생물분자를 얻는다. 생체량의 많은 부분이 초식동물에 의해 소비

그림 52.7 | 종속영양생물의 먹이 에너지 이용.
종속영양생물은 먹은 에너지의 소량만 흡수한다. 가령, 초식 곤충이 500J(주울)의 에너지를 먹으면 이의 약 50%(250J)는 배설물 상태로 소실되고 33%(165J)는 세포호흡에 소비되며, 약 17%(85J)은 곤충의 생체량으로 전환된다. 따라서 이 85J만이 다음 영양 단계에서 이용될 수 있다(1Joule = 0.239calories).

되지 않고 분해자 군집(원핵생물, 균류, 잔사식 동물)에 넘겨진다. 또 초식동물의 몸 안으로 들어간 에너지 중 일부는 흡수되지 않고 배설물의 상태로 분해자로 넘겨진다(그림 52.7). 초식동물이 흡수한 화학에너지가 모두 이 동물의 조직 내 유기물 분자의 화학결합 에너지로 저장되는 것이 아니라 많은 부분이 활동하면서 생기는 열로 소실된다.

먹이사슬의 에너지

일반적으로 먹이사슬은 3개 또는 4개 단계로 구성된다(그림 52.8). 각 단계에서 많은 에너지가 열로 전환되므로 4개의 영양 단계를 거친 뒤에는 남는 이용가능한 에너지는 극소량이다.

군집의 에너지 수지

코넬 대학의 코올(L. Cole)은 뉴욕주의 카유가 호수(Cayuga Lake)의 담수생태계에서의 에너지 흐름을 연구하였다. 그는 조류와 남세균이 고정하는 에너지 1,000cal당 약 150cal가 소형 종속영양생물의 몸

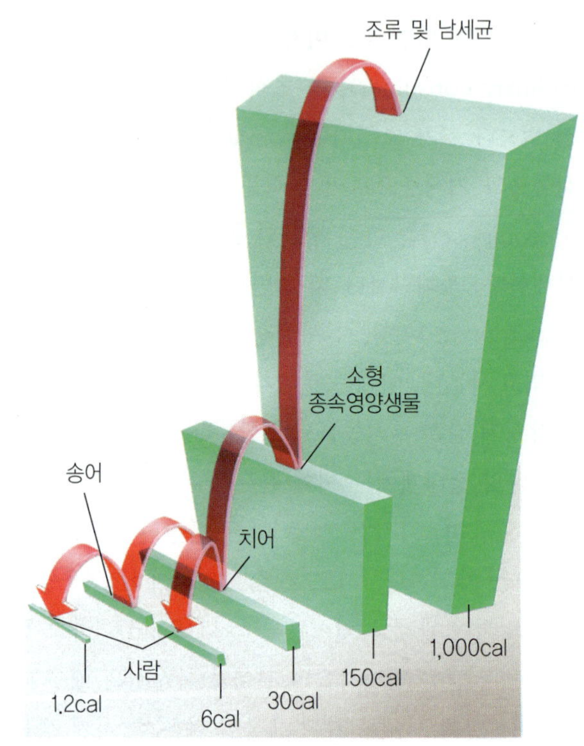

그림 52.9 | 카유가 호에서의 먹이연쇄.
독립영양플랑크톤(조류와 남세균)은 태양에너지를 고정시키고, 종속영양플랑크톤이 그들을 섭취한다. 둘은 치어에 의해 소비되고 치어는 송어에 먹힌다. 사람이 치어를 섭취하면 얻는 치어 생체량의 크기는 송어에서 얻을 수 있는 것보다 적어도 5배는 크지만 사람은 송어를 선호한다.

그림 52.8 | 먹이사슬.
각 단계에서 너무 많은 에너지가 열로 전환되므로, 먹이사슬은 보통 3~4단계로만 구성된다.

으로 전환된다고 계산하였다(그림 52.9). 이 중에서 약 30cal는 생태계의 주요 2차 소비자인 치어의 몸으로 되었다. 만약 사람이 이 치어를 먹으면 생태계에서 원래 고정한 에너지 1,000cal 중 6cal를 얻게 되며, 만약 송어가 치어를 먹고, 사람이 다시 송어를 먹으면, 사람은 1.2cal를 얻는다.

군집의 생산력을 제한하는 요인

높은 생산력을 가지는 군집은 이론적으로 긴 먹이사슬을 지탱할 수 있다. 군집의 생산력은 광합성의 양을 결정하는 이 군집이 받는 햇빛의 양에 의해 결정된다. 낙엽수림에서 생육기가 길어지면 순1차 생산력(NPP)이 증가하는 것은 이 때문이다. NPP는 추운기후보다 따뜻한 기후에서 더 높다. 이는 따뜻한 기후에서는 생육기가 길고 질소고정세균의 활동이 더 활발하여 더 많은 질소를 이용할 수 있기 때문이다.

생태 피라미드

이미 언급했듯이 식물은 잎에 도달하는 태양에너지의 약 1%를 고정한다. 먹이사슬의 각 영양 단계의 생물들은 섭취한 먹이 속에 들어 있는 에너지의 10%만 자신 몸속에 저장한다. 이 때문에 상위 영양 단계보다는 하위 영양 단계에 훨씬 많은 개체들이 소속된다. 또, 한 생태계 내에 존재하는 1차 생산자의 생체량은 1차 소비자의 생체량보다 훨씬 많고, 영양 단계가 높아질수록 생체량은 줄어든다.

이러한 관계를 모식적으로 나타내면 피라미드 모양이 된다(그림 52.10). 이 피라미드는 그 기준에 따라 생체량피라미드, 에너지피라미드, 개체수피라미드 등이 있다.

역전 피라미드

수계생태계에서는 때로는 역전된 생체량피라미드가 생길 수 있다. 가령, 물에 부유하는 소형 생물이 우

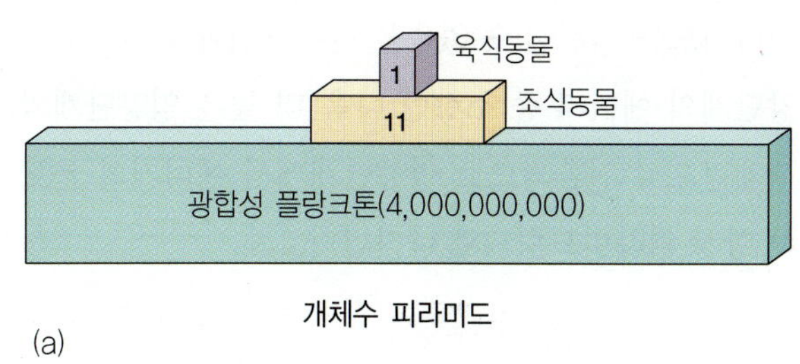

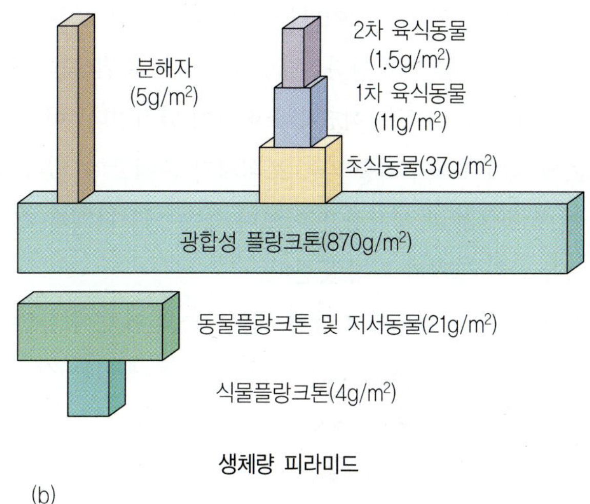

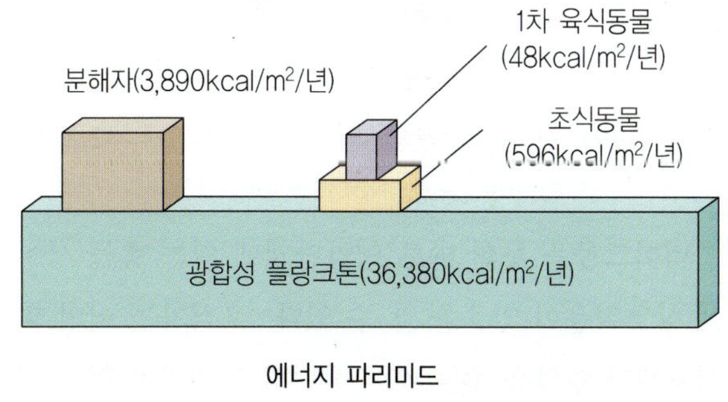

그림 52.10 | 생태 피라미드.
(a) 개체수피라미드. (b) 생체량피라미드. 정상 피라미드(위)와 역전 피라미드(아래). (c) 에너지피라미드.

점하는 플랑크톤 생태계에서는 광합성 식물플랑크톤이 동물플랑크톤에 의해 너무 빨리 소비되므로 식물플랑크톤의 개체군 크기가 커질 수가 없다. 그러나 식물플랑크톤은 매우 신속하게 생식하므로 이 군집에서는 식물플랑크톤보다 개체수와 생체량이 큰 종속영양생물 개체군을 지탱할 수 있게 된다(그림 52.10b). 이런 경우 생체량피라미드는 뒤집힌 모양이지만 에너지

피라미드는 역전될 수 없음을 알아두어야 한다. 한 영양단계의 에너지 중 소량만 다음 더 높은 영양단계의 생체량으로 전환되므로 영양단계에서 에너지의 분포는 항상 피라미드형으로 나타난다.

상위 육식동물

각 영양단계에서 일어나는 에너지 소실은 상위 육식동물의 수를 제한한다. 광합성으로 포획된 에너지 중에서 약 1/1,000만이 3차 소비자에 넘겨진다. 이 때문에 사자나 독수리를 먹는 포식자가 존재할 수 없다. 즉 이 동물들의 생체량은 이보다 높은 영양단계를 지탱할 만한 크기가 되지 못한다.

개체수피라미드에서 상위 포식자는 몸이 큰 동물인 경향이 있다. 그러므로 피라미드의 위쪽에 있는 적은 잔여생체량은 소수의 개체에 집중되어 있다.

52.3 영양단계 사이의 상호작용

영양 연쇄반응

먹이그물을 보면 다른 영양단계에 있는 종들 사이에 상호작용이 있음을 알 수 있다. 포식자는 이의 피식자에만 영향을 주는 것이 아니라 피식자가 먹는 식물에도 간접적으로 영향을 준다. 반대로 1차 생산력의 증가는 초식동물에게 더 많은 먹이를 제공할 뿐만 아니라 간접적으로 육식동물에게도 더 많은 먹이를 제공하게 된다.

왜 초식동물 개체군은 식물을 모두 먹어버릴 만큼 증가하지는 않을까? 물론 초식동물의 포식자가 초식동물의 증가를 견제하기 때문이다. 한 영양단계의 영향이 위쪽과 아래쪽 영양단계에 미치는 이런 현상을 영양 연쇄반응(trophic cascade)이라고 한다. 이 영향이 포식자로부터 하위 영양단계로 내려갈 때 이 연쇄반응은 역방향(top-down)이라고 한다.

역방향 영양 연쇄반응의 존재는 실험적으로 확인되었다. 뉴질랜드에서 한 계류에 망을 설치하여 구역으로 나누어 수행한 실험이 있다. 이 상태에서 일부 구역에 송어를 넣고 어떤 구역에는 어류를 넣지 않았다. 10일 후 송어가 들어 있는 구역의 무척추동물의 수는

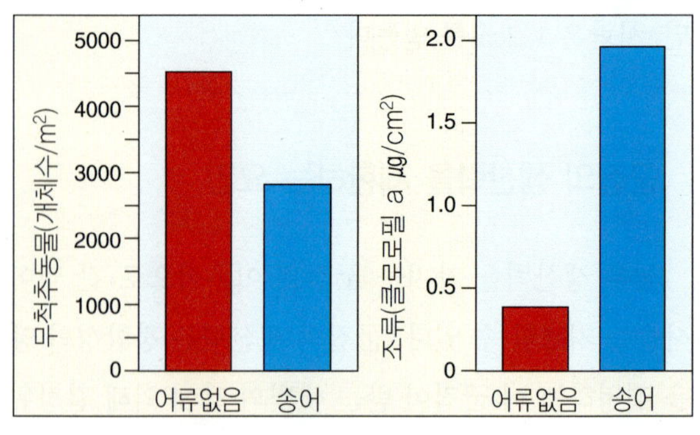

그림 52.11 | 영양 연쇄반응.
송어가 있는 계류에는 송어가 없는 계류보다 초식동물인 무척추동물의 수가 적고 조류가 많다.

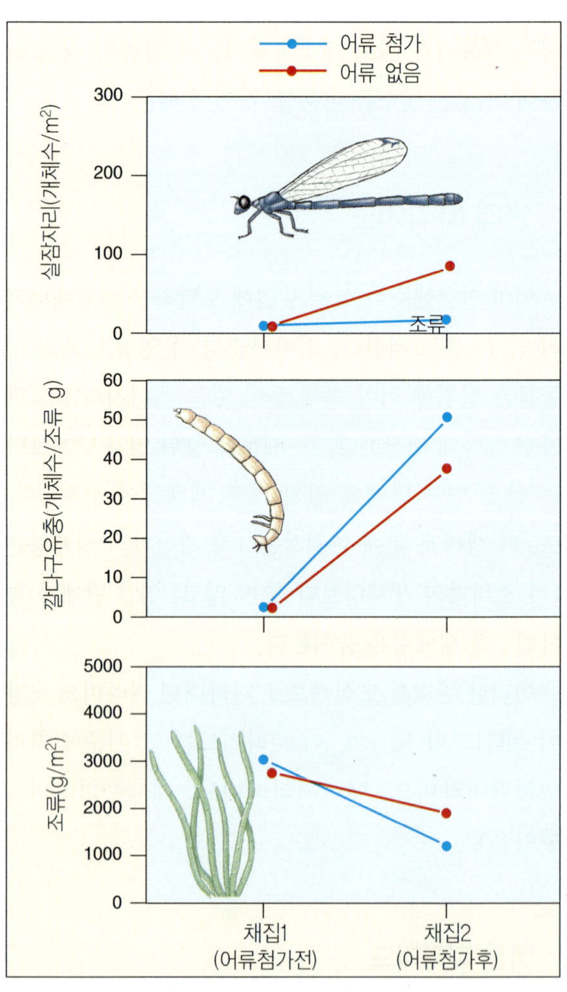

그림 52.12 | 4단계 영양 연쇄반응.
대형 육식성 어류가 있는 계류에는 실잠자리와 같은 하위 포식자의 수가 적고 초식 곤충(예 : 깔다구유충)이 많으며 조류가 적다.

대조군의 절반이었다(그림 52.11). 그러나 이 구역의 무척추동물이 먹는 조류의 생체량은 대조군보다 5배 많았다.

영양 연쇄반응의 논리를 보면 육식동물을 먹는 다른 육식동물, 즉 4차 영양단계도 연쇄반응을 일으킬 수 있다는 예측을 낳는다. 이 경우 상위 포식자는 하위 포식자 개체군을 조절하고, 이는 다시 초식동물의 수를 늘리며 식물의 수를 줄일 것이다. 앞에서 수행한 것과 비슷한 실험을 캘리포니아의 한 계류에서 수행한 바가 있다. 이 경우 대형 육식어류가 들어간 구역에서는 실잠자리애벌레와 같은 소형 포식자의 수는 크게 감소하고, 조류를 먹고사는 곤충 같은 이들의 피식자 수는 증가했으며, 따라서 조류의 생체량이 감소하였다(그림 52.12). 사람은 생태계에서 상위 육식동물을 제거함으로써 무심코 영양 연쇄반응을 일으키는 경우가 많다.

역방향 효과와는 반대로 먹이그물의 하위 단계에 작용하는 요인으로 상위 영양단계의 분화를 가져오는 순방향(bottom-up) 효과도 일으킬 수 있다. 이는 한 생태계의 생산력이 낮으면 초식동물 개체군은 너무 작아서 포식자가 존재하지 못하리라는 데 논리적 근거를 둔다. 생산력이 높으면 초식동물이 증가하고, 어느 수준이 되면 포식자가 생긴다. 그러므로 이보다 생산력이 더 증가한다면 초식동물 개체군의 증가는 일어나지 않고 포식자 개체군이 증가한다. 그리고 어느 수준이 되면 또 그보다 상위 포식자가 나타나 하위 포식자를 잡아먹게 된다. 이렇게 해서 하위 포식자 개체군이 조절되면 초식동물 개체군은 다시 증가하게 된다.

52.4 생물 다양성과 생태계 안정성

종 다양성 효과

생태학자들은 오랫동안 군집 사이의 종 다양성 차이의 중요성에 대하여 논쟁해 왔다. 한 가지 이론은 종이 풍부한 군집은 안정성이 커서 종 구성이 더 일정하고 교란에 대한 내성이 더 크다는 것이다. 이 가설은 미네소타 대학의 틸만(D. Tilman)과 공동 연구자들에 의해 정교하게 연구되었다. 그들은 207개의 작은 토지 구역(8~16m^2)을 설정하여 11년 동안 조사하였다(그림 52.13a). 그들은 각 구역 안의 식물종의 수와 식물의 생체량을 측정하였다. 연구 기간 중에 식물의 종 다양도는 군집의 안정성과 관련되어서, 종이 다양한 구역일수록 해마다의 생체량 변동이 적었다. 더욱이 두 해의 가뭄에서 생체량 감소는 종 다양도와는 역의 관계를 나타냈다. 즉, 더 많은 종을 가진 구역이 영향을 덜 받았다. 이와 관계된 실험에서 다른 종의 종자를 여러 구역에 뿌려주면 이 종들이 뿌리내릴 가능성은 종 다양도와 역의 관계를 나타냈다(그림 52.13b). 즉, 다양한 군집일수록 새로운 종의 침입을

(a)

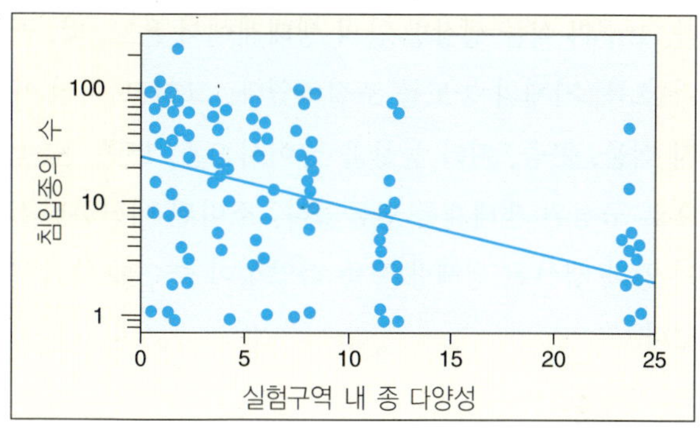

(b)

그림 52.13 | 생태계의 안정성과 생산력에 미치는 종 다양성의 영향.
(a) 실험 구역 한 가지. (b) 군집의 안정성은 종의 침입에 대한 종 다양성의 영향을 보고 측정할 수 있다. 각각의 점은 각 실험 구역에서 나온 자료이다. 종이 많은 구역일수록 인접 경작지로부터의 외래종 침입을 덜 받는다.

잘 막아냈다.

종 다양성은 생태계의 다른 과정에도 영향을 준다. 틸만 등은 종의 수가 다른 147개의 실험 구역을 설정하고 생장 정도와 토양으로부터의 질소 흡수량을 조사하였다. 그 결과 종이 많은 구역일수록 질소 흡수량과 생산된 총 생체량이 많았다. 생물 다양성 증가가 생산력 증가와 연결되었던 것이다.

실험실 연구에서도 이와 유사한 결과가 나오고 있다. 1m^{2}의 식물 생장방 안의 생태계에서 온도, 빛, 공기 흐름, 기체의 농도를 조절하였다. 그리고 여러 가지 식물, 곤충, 기타 동물을 넣어서 9종, 15종, 31종으로 구성된 생태계를 만들었다. 소비된 이산화탄소의 양과 생산된 생체량은 종 다양성이 클수록 증가하였다.

종 다양성의 원인

생태학자들은 생물학적으로 다양한 생태계일수록 일반적으로 더 안정하다는 것을 인정한다. 여러 가지 다양한 생물을 가지는 생태계는 더 복잡한 상호작용망을 이루며 교란을 보상할 수 있는 대안이 되는 종이 존재할 가능성이 크다.

종 다양성을 증진하는 요인

종 다양성을 결정하는 여러 요인 중에는 생태계의 생산력, 공간적 이질성, 그리고 기후가 있다. 그 외의 중요한 요인으로는 군집의 진화적 나이, 군집의 교란 정도 등이 있다.

생태계의 생산력. 생태계마다 생산력이 다르다. 놀랍게도, 생산력과 종 다양성은 비례하지 않고, 중간적인 생산력을 가진 생태계가 가장 많은 종을 가지는 경향이 있다(그림 52.14a). 그 이유에 대해서는 아직 논란거리이지만, 한 가지 가능한 설명은 생산력의 크기가 포식자의 수와 관련되기 때문이라는 것이다. 생산력이 낮으면 포식자가 거의 없어 우세종이 대부분의 종을 절멸시키고, 생산력이 높으면 포식자가 너무 많아져 가장 포식에 내성을 가진 종만 살아남는다. 그러나 중간 정도의 생산력을 가진 생태계는 포식자가 핵심종의 역할을 하여 종 다양성을 유지한다는 설명이다.

공간적 이질성. 다양한 토양이나 지형을 가진 환경은 다양한 서식처, 기후, 은신처 등을 제공하므로 더 많은 종을 유지할 수 있다. 일반적으로 동물의 종 다양성은 식물의 종 다양성을 반영하는 경향이 있다. 즉, 군집 내에 식물 종의 수가 많을수록 미소 서식처

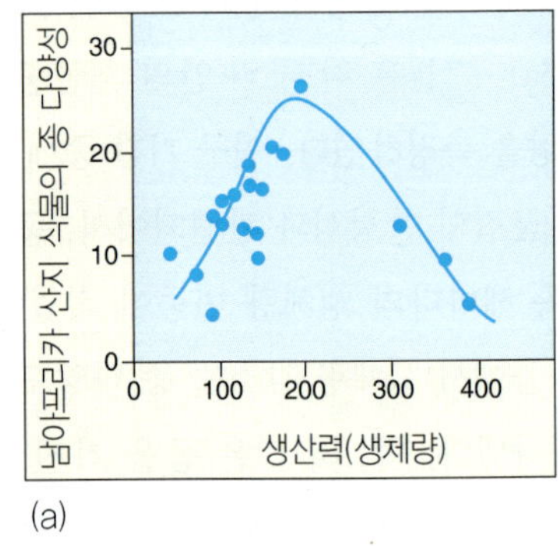

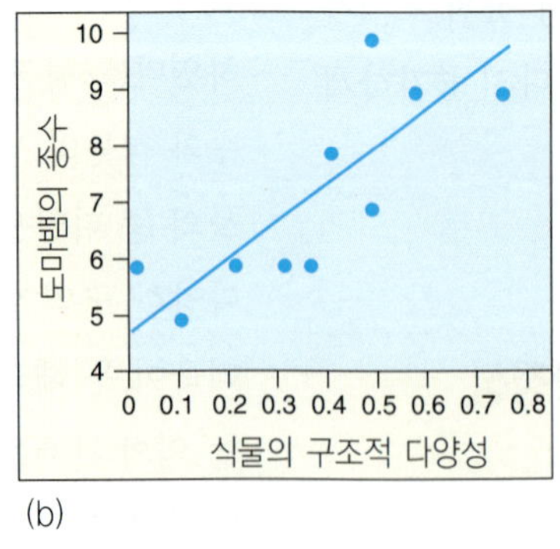

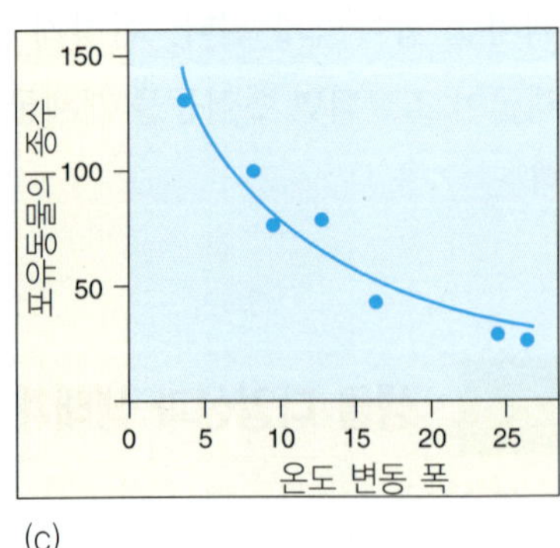

그림 52.14 | 종 다양성에 영향을 주는 요인들.
(a) 생산력 : 남아프리카 산지에서 식물의 종 다양성은 중간 수준의 생산력(생체량)을 나타내는 군집에서 최대값을 보인다. (b) 공간적 이질성 : 남서아메리카 사막의 도마뱀의 종 다양성은 식물의 구조적 다양성과 비례한다. (c) 기후 : 북아메리카 서해안에서 포유동물의 종 다양성은 월 평균온도의 변동 폭과 대략적으로 반비례한다.

의 다양성이 커지기 때문이다. 또, 식물 종의 다양성은 생태계의 공간적 이질성을 반영한다. 그러므로 아메리카 남서부에서 도마뱀의 종의 수는 그곳 식물의 구조적 다양성을 반영한다(그림 52.14b).

기후. 기후의 역할은 측정하기가 더 어렵다. 계절마다 다른 종이 서식할 것이므로 일정한 기후보다 계절적 기후 환경에 더 많은 종이 공존할 것으로 기대할 수도 있다. 그러나 달리 생각하면 안정된 기후가 변동이 큰 기후에서는 살지 못하는 특수한 종을 지탱할 수 있으므로 더 다양한 종이 서식할 것으로 볼 수도 있다. 그 외의 다른 설명도 있을 수 있지만 북아메리카 서해안의 포유동물 종에 대한 기록은 후자의 예측을 지지해 준다(그림 52.14c).

생물지리학적 양상과 종 다양성

온대지방보다 열대지방에 더 다양한 생물이 서식하는 것은 잘 알려진 사실이다. 극지방에서부터 열대로 가면서 종 다양성은 증가하는데, 이와 같은 종 다양성 구배(species diversity cline)는 식물, 새, 포유류, 파충류 등에서 이미 기록된 바이다(그림 52.15).

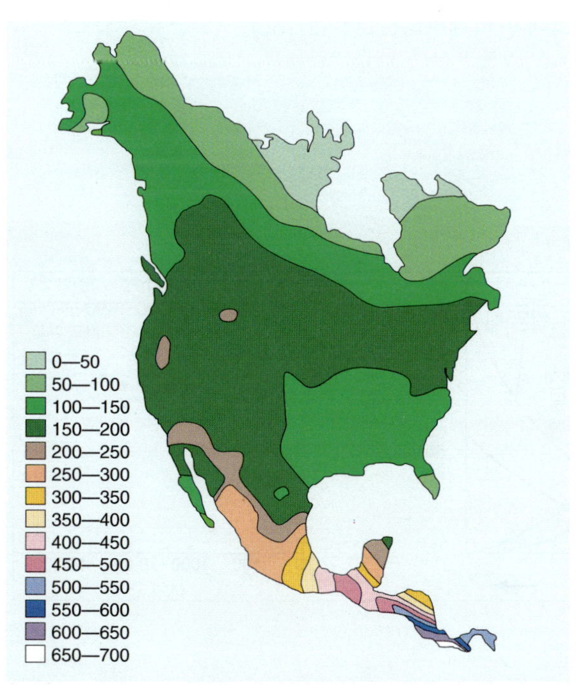

그림 52.15 | 위도에 따른 조류(새)의 종 다양성 구배. 북아메리카와 중앙아메리카에서 새의 종의 수는 열대지방으로 갈수록 매우 증가한다. 극지방에서 발견되는 새는 100종도 안되며 중앙아메리카 남부에는 600종이 넘는 새가 살고 있다.

열대지방에 왜 종이 다양한가?

열대지방에 종 다양성이 높은 이유를 설명하는 다음과 같은 여러 가지 가설이 있다.

진화적 연령. 온대지방은 계속된 빙하작용의 영향을 받은 반면 열대지방은 오랫동안 교란되지 않은 채 진화해 왔기 때문에 종의 수가 더 많다. 열대지방의 군집 연령이 길수록 그 속에서 복잡한 개체군 상호작용으로 공진화하며 큰 다양성을 이루게 되었다.

그러나 최근의 연구에 의하면 열대 군집의 장기간 안정성은 너무 과장되었음을 알려주고 있다. 토양 속의 화분 화석을 조사한 결과 빙하기에 열대삼림은 그 규모가 지금보다 훨씬 작았음이 나타나고 있다. 따라서 열대지방의 종 다양성은 장기간 지속되어 온 것은 아님을 알려준다.

높은 생산력. 열대지방은 온대보다 더 많은 태양에너지를 받기 때문에 종 다양성이 높다는 설명이다. 일년내내 계속되는 생육기와 함께 많은 태양에너지는 열대식물의 광합성 활동을 크게 증가시킨다. 그러나 앞에서 설명한 바와 같이, 종 다양성은 생산력이 중간 수준인 곳에서 가장 크다. 따라서 생산력 증가는 종 다양성의 증가가 아니라 감소로 이어지리라 예상할 수 있다. 아마도 열대우림에서는 햇빛이 식물들의 긴 통로를 통과해 아래로 내려오므로 빛의 강도와 파장이 다양하고 따라서 종 다양성도 높은 것 같다.

기후 안정성. 열대지방은 계절 변화가 적다. 이와 같은 계절적 안정성은 자원을 분배하여 경쟁을 줄이도록 생태적 지위를 세분화하는 특수화된 종의 출현을 조장한다. 이 가설을 검증하기 위한 여러 가지 야외 실험이 수행되었는데, 그 결과는 모두 이 가설을 지지해 주고 있다.

포식. 여러 가지 연구 결과에 의하면 열대지방에는 포식이 심하다. 이론적으로 포식이 강할수록 종간경쟁의 중요성은 감소되어 생태적 지위의 중복이 일어나고 따라서 종 다양성이 증진된다.

공간적 이질성. 이미 언급한 바와 같이 공간적 이질성은 종 다양성을 증진한다. 열대삼림은 다양한 미소서식처를 만들며 따라서 다양한 종이 서식할 수 있다.

섬 생물지리학

생태학적으로 명백한 사실 중의 하나는 작은 섬보다 큰 섬에서 더 많은 종이 서식한다는 점이다. 1967년에 프린스턴 대학의 맥아더(R. MacArthur)와 하버드 대학의 윌슨(E.O. Wilson)은 이 종수-면적관계(species-area relationship)는 종의 절멸과 정착 가능성이 면적과 격리의 영향을 받으므로 생긴다고 제안하였다.

평형 모델

맥아더와 윌슨은 종은 계속 섬으로 분산하므로 섬은 더 많은 종을 함유하는 경향이 있다고 설명했다. 그러나 새로운 종이 추가되는 동시에 다른 종은 절멸된다. 섬이 수용할 수 있는 종의 수는 제한되어 있으므로 원래 아무 종도 없던 섬에 종의 수가 증가하면서 정착율은 감소하고 절멸율은 증가한다. 그 결과 어느 시점에서 절멸 수와 정착 수는 동일하게 되고 종의 수는 일정하게 된다. 그러므로 어떤 종은 절멸하고 새로운 종이 정착하면서 종 구성은 변화하지만 각 섬마다 일정하게 지속되는 평형 종수가 있다(그림 52.16a).

평형 모델은 섬의 종 다양성은 정착과 절멸 사이에 동적 평형을 이룬다고 설명한다. 섬의 크기와 육지로부터의 거리는 중요한 역할을 한다.

작은 섬은 개체군들의 크기가 작으므로 절멸율이 높다고 볼 수 있다. 또, 육지로부터 거리가 먼 섬일수록 정착하는 종의 수는 적다. 그러므로 육지로부터 멀리 떨어지고 크기가 작은 섬일수록 종의 수는 적다(그림 52.16b).

이 단순한 모델이 예측하는 바는 실제로 현장에서 조사된 자료와 잘 일치한다. 실제로 아시아 쪽 태평양 섬의 새의 종수는 섬의 크기와 비례하고 육지와의 거리에 반비례한다(그림 52.16c).

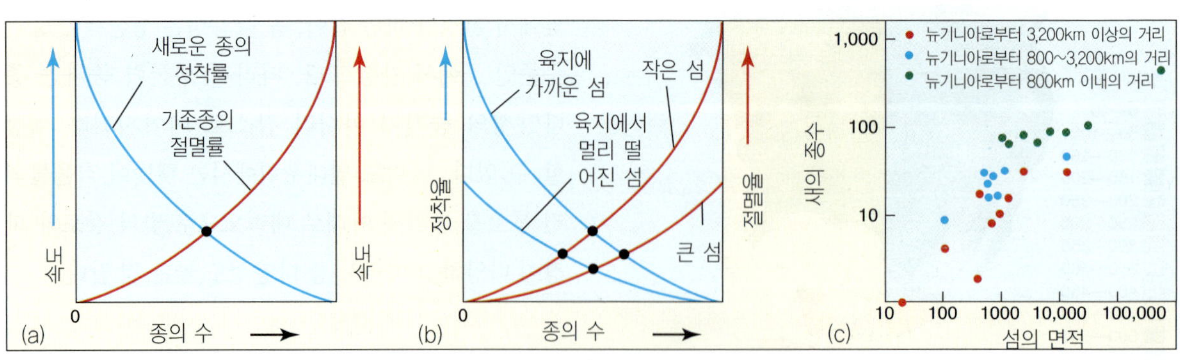

그림 52.16 | 섬 생물지리학의 평형 모델.
(a) 섬의 종 다양성은 새로운 종의 정착률과 기존 종의 절멸률이 동일할 때 평형(검은 점)에 도달한다. (b) 평형점은 정착률, 섬의 크기, 육지로부터의 거리에 따라 이동한다. 종 다양성은 섬이 클수록 커지며 육지로부터 거리가 멀수록 줄어든다. 작은 섬에서는 절멸률이 높아서 평형점은 왼쪽으로 이동한다. 이와 유사하게, 육지에서 떨어진 섬일수록 정착률은 낮아서 평형점은 역시 왼쪽으로 치우친다. (c) 본토(큰 섬)로부터의 거리의 영향은 뚜렷하여, 면적이 비슷할 경우 멀리 떨어진 섬일수록 종 다양성은 떨어진다.

CHAPTER 53

생물권

생물권은 지구상의 모든 군집들을 포함한다. 일반적으로 볼 때, 지구상의 생물 분포는 지구 환경의 다양성, 주로 온도와 수분의 유효성을 반영한다. 지구 밖에서 지구를 촬영한 위성 사진을 보면 부위마다 색깔이 다르게 나타나는데, 그 중에 클로로필의 상대적 농도를 나타내는 것은 풍부한 생물군집분포를 보여주는 좋은 지표가 되기도 한다.

53.1 기후와 생태계의 특징

생물군계의 분포는(그림 53.1) 토양의 종류, 산맥이나 계곡의 존재 등과 같은 지구의 특징과 다음 두 가지 물리적 요인의 상호작용으로 이루어진다. (1) 지표면에 도달하는 태양열의 양과 이의 계절적 변이. (2) 지구 전체의 대기순환과 그로 인한 해류. 이 요인들은 국부적 기후를 형성하고 강수의 분포와 양을 결정한다.

태양과 대기 순환의 영향

지구는 태양으로부터 단파장 방사선의 형태로 막대한 양의 열을 받고, 동일한 양의 열을 장파장 방사선의 형태로 지구 밖으로 발산한다. 매년 약 10^{24}cal가 지구의 대기 상층부에 도달하는데, 이는 분당 cm^2 낭 약 1.94cal에 해당된다. 이 에너지의 약 절반은 지표면에 도달한다. 지표면에 도달하는 파장은 대기 바깥쪽에 도달하는 파장과는 다르다. 대부분의 자외선은 대기 중 산소와 오존(O_3)에 흡수된다.

기후에 대한 태양의 영향

지구는 기후가 장소마다 너무 다르기 때문에 매우 다양한 생물군계를 가진다. 지구는 둥글기 때문에 부분마다 받는 태양에너지가 다르다. 이 차이는 기후 차이를 일으키는 원인이 되고 간접적으로는 생물군계의 다양성도 일으킨다. 열대지방은 햇빛이 수직으로 쏟아지므로 다른 곳보다 더 덥다. 극지방에서는 햇빛이 쪼이는 각도가 비스듬하여 넓은 면적에 분산되므로 단위면적당 받는 에너지는 적다(그림 53.1a).

지구의 공전과 자전도 기후를 형성하는 중요한 요인이 된다(그림 53.1b). 지구는 태양을 기준으로 약 23.5° 기울어져 있고 일 년 동안 태양 주위를 돌기

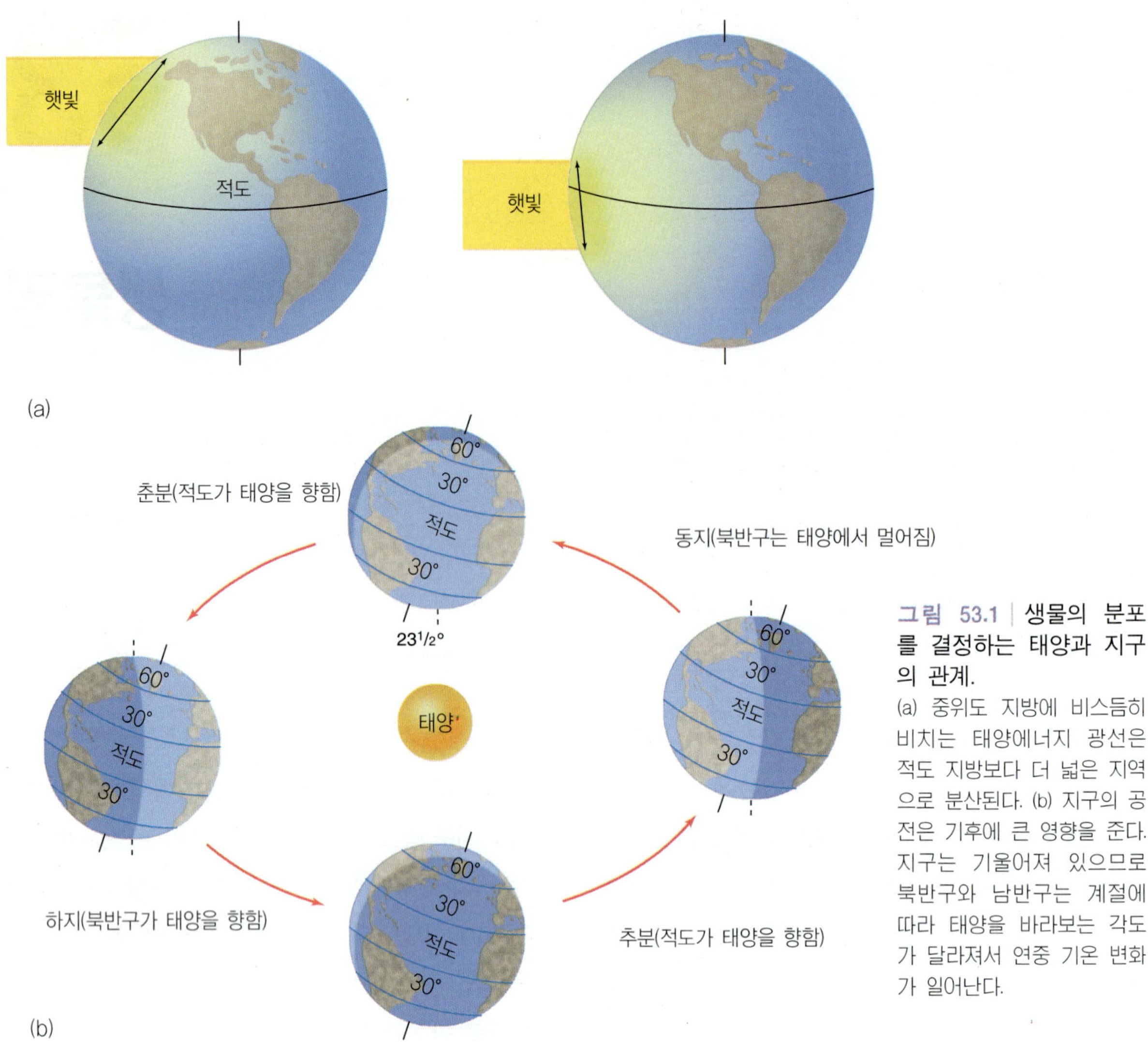

그림 53.1 | **생물의 분포를 결정하는 태양과 지구의 관계.** (a) 중위도 지방에 비스듬히 비치는 태양에너지 광선은 적도 지방보다 더 넓은 지역으로 분산된다. (b) 지구의 공전은 기후에 큰 영향을 준다. 지구는 기울어져 있으므로 북반구와 남반구는 계절에 따라 태양을 바라보는 각도가 달라져서 연중 기온 변화가 일어난다.

때문에 적도에서 떨어진 부위에는 모두 계절이 나타난다.

주요 대기순환 양상

공기는 데워질 때 습기 보유 능력이 커지고 냉각하면서 그 능력은 감소한다. 적도 부근의 고온은 증발을 일으키고 고온다습한 대기를 만든다. 이 대기가 상승하면서 북쪽과 남쪽에서 적도 쪽으로 오는 대기와 교체된다. 이 대기 이동은 가열된 열대 대기를 적도 바깥쪽으로 밀어낸다. 이 열대 대기는 적도에서 멀어지면서 냉각되고 대부분의 습기를 소실한다(그림 53.2). 그 결과 적도 부근에 많은 강수량을 만드는데, 이 부위에서 열대우림이 형성된다. 상승한 공기 덩어리가 북위와 남위 30° 부근에 도달할 때는 이미 건조하고 냉각된 상태로서, 하강하면서 다시 가열된다. 이 공기가 재가열되면서 습기를 흡수하므로 이 부위는 강수량이 적은 더운 사막지대를 형성한다. 이 공기 덩어리의 일부는 극지방의 공기보다는 따뜻한 상태로서, 극지방으로 계속 이동하다가 약 60° 부근에서 다시 상승하여 다시 높은 강수량 지대를 형성하는데, 이 부위가 침엽수림 지대이다. 이 위도에서 제2의 저기압 지역이 형성된다. 이 상승 대기의 일부는 적도로 다시 되돌아가거나, 계속 북쪽과 남쪽으로 이동하여 극지방에서 하강하면서 다시 낮은 강수량 지역을 형성한다.

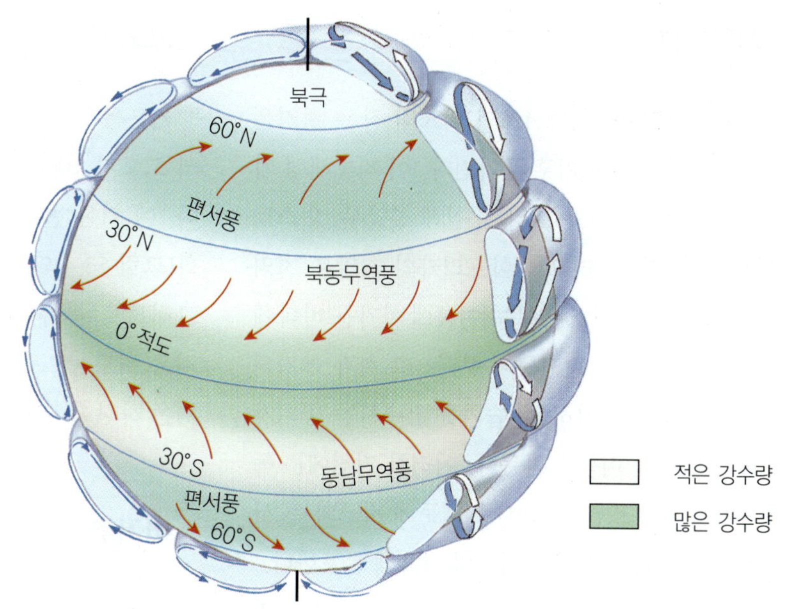

그림 53.2 | 일반적인 대기순환 양상.
냉각된 상승 기류는 적도 및 60°N와 60°S에서 높은 강수량 띠를 형성한다. 이 기류는 하강하면서 가열되어 습기를 흡수하므로 극지방 및 30°N와 30°S에서 낮은 강수량 띠를 형성한다. 공기 덩어리가 위도상의 위치를 바꾸면서 지구의 자전속도에 의해 굴절되어 편서풍과 무역풍을 형성한다.

지구의 자전과 기류

지구의 자전 속도는 적도에서 가장 크고 극지방으로 가면서 작아진다. 공기 덩어리는 동일한 위도에서 지구가 회전하는 속도와 동일하게 움직인다. 공기 덩어리가 적도 쪽으로 이동할 때 회전 속도는 그 아래의 지표면 쪽에 있는 공기의 회전 속도보다 느리다. 그 결과 공기 덩어리는 적도 남쪽에서는 북서쪽으로, 그리고 적도 북쪽에서는 남서쪽으로 굴절된다. 이와는 달리, 적도에서 먼 곳으로 이동하는 공기는 자전 속도가 느린 공기와 만나면서 그 반대 방향으로 굴절된다.

이와 같은 굴절된 공기 덩어리는 적도와 30° 사이에서는 무역풍을 만드는데, 이 바람은 연중 지속되며, 겨울에는 강하고 여름에는 약하다. 30°와 60° 사이에서는 강한 편서풍이 서쪽에서 동쪽으로 불어서 이 지역, 특히 대륙의 서쪽 부위의 기후에 영향을 준다.

대기 순환, 강수량 및 기후

강우 그늘

산맥이 해양에서 불어오는 습기를 함유한 바람을 차단하여 국지적인 사막을 형성하기도 한다. 이때 공기가 상승하고 공기의 습기 보유 능력이 떨어져서 바람이 불어오는 쪽 산맥에 강수 증가를 가져온다. 산맥 반대쪽에서 공기가 하강하면서 공기는 데워지고 습기 보유 능력은 증가하므로 강수를 차단한다. 가령 캘리포니아에서 시에라네바다 산맥 동쪽은 서쪽보다 건조하다. 이런 현상을 강우 그늘 효과(rain shadow effect)라고 한다(그림 53.3).

그림 53.3 | 강우 그늘 효과.
태평양에서 불어오는 습기를 머금은 바람은 시에라네바다 산맥을 만나 상승하면서 냉각된다. 따라서 습기 보유 능력이 감소하면서 강수가 일어나 산맥의 중위고도 부위를 세계에서 가장 강설량이 많은 곳 중 하나로 만든다. 이 때문에 이곳에 키가 큰 유명한 세쿼이아(*Sequoiadendron giganteum*) 숲이 조성되어 있다. 산맥의 동쪽에서 이 기류가 하강하면서 습기 보유 능력이 다시 증가하고 주위 습기를 흡수하여 산맥의 동쪽은 사막을 이룬다.

국지적 기후

서로 다른 대륙에 있는 4개의 비교적 작은 지역은 지중해 지역과 유사한 기후를 가진다. 이 지중해성 기후는 남부 캘리포니아와 오리건, 칠레 중앙부, 오스트레일리아 남서부, 그리고 남아프리카의 희망봉 지역에서 나타난다. 이 지역은 모두 여름에 차가운 바다에서 더운 육지 쪽으로 편서풍이 분다. 그 결과 공기의 습기 보유 능력은 증가하고, 습기를 흡수하는 공기가 뜨겁고 비가 없는 여름을 만든다. 이러한 지역에는 독특한 동식물이 분포한다. 편서풍 때문에 지구의 큰 사막과 지중해성 기후 지역은 대륙의 서쪽에 분포한다.

인도와 남아시아에서 여름에 계절풍(monsoon) 기후라는 색다른 국지적 기후가 형성된다. 겨울에는 동북부의 차가운 육지로부터 따뜻한 바다 쪽으로 무역풍이 분다. 그러나 육지가 가열되는 6월부터 10월 사이는 공기 흐르는 방향이 반대로 되어 남서쪽에서 인도대륙이나 주변 지역 쪽으로 불면서 비를 가져온다. 계절풍의 강도나 지속 기간은 많은 인구가 사는 이 지역의 식량 생산에 큰 영향을 준다.

바람의 계절적 변화는 해류의 변화를 일으키고, 깊은 바다로부터 영양이 풍부한 저온 해수의 용승을 일으키기도 한다. 이 용승류는 플랑크톤이나 다른 생물의 해수면 부근에서 대번식(bloom)을 일으킨다.

고도

기온은 고도가 높아지면서 하강한다. 동일 위도에서 고도가 1000m 올라갈 때마다 기온은 6°C 하강한다. 이 기온 변화는 위도가 달라질 때 생기는 기온 변화(그림 53.4)와 생태적 영향이 동일하다(그림 53.5). 그러므로 북아메리카에서 고도가 1000m 높아지는 것은 위도상으로 880km 북쪽으로 가는 것과 동일한 기온 하강 효과를 가져온다.

미기후

생태계에서 기후는 매우 작은 단위로 변화한다. 숲의 토양 위의 낙엽층에는 그늘진 정도가 다양하고 온

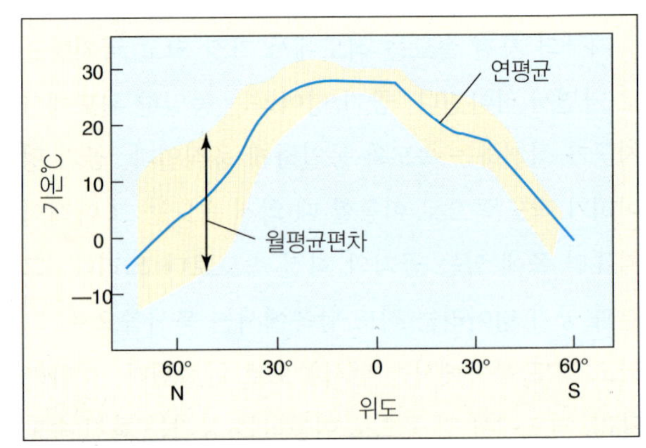

그림 53.4 | 위도에 따른 온도 변화.
청색 선은 북극에서 남극까지의 연평균 기온을 나타낸다.

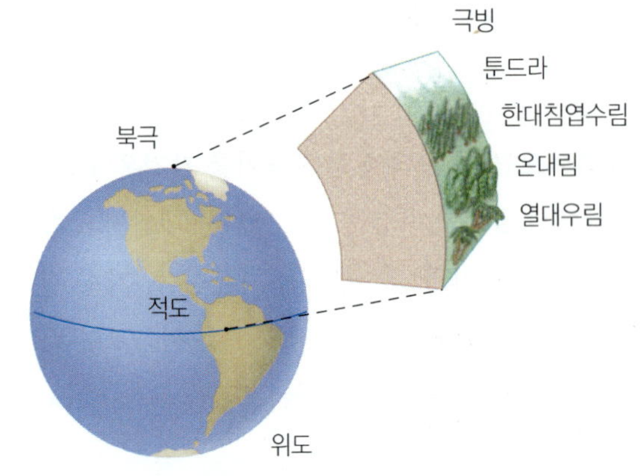

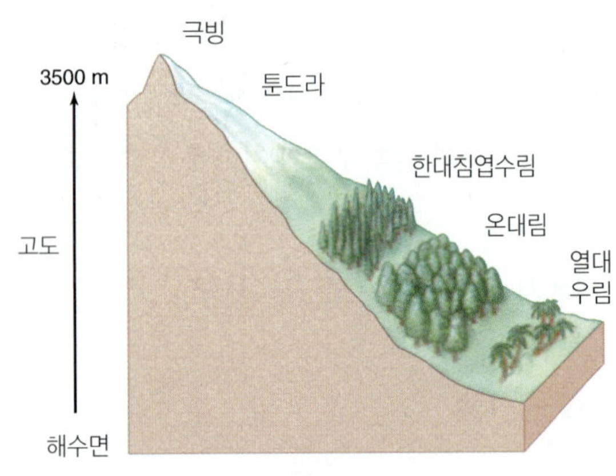

그림 53.5 | 위도 및 고도에 다른 생물군계의 분포.
위도에 따른 생물군계의 변화가 열대지방의 높은 산에서 고도변화에 따라 나타난다.

도나 증발 속도도 다양하다. 이 국부적 기후 조건을 미기후(microclimate)라고 하며 위쪽의 대기와는 매우 차이날 수가 있다. 새로 씨를 뿌린 잔디밭에 짚을 깔면 습도 높은 미기후를 만든다.

동물도 이러한 미기후의 혜택을 받는다. 가령, 나비나 도마뱀 등의 여러 변온동물은 따뜻한 미기후와 서늘한 미기후 사이를 오가면서 체온을 정교하게 조절한다.

53.2 생물군계

주요 생물군계

생물군계(biome)는 기후 차이로 구별되는 넓은 지역에 분포하며 특징적인 외관을 나타내는 주요 생물 군집이다. 생물군계를 분류하는 방식은 여러 가지이며 생태학자마다 동일 군집을 다른 생물군계로 분류하기도 한다.

육상 생물군계는 특징적인 식생 구조로 구별되며, 이는 기후의 영향을 받는다. 비슷한 기후를 가지는 지역들에 사는 식물들은 서로 유연관계가 멀더라도 유사한 적응적 반응을 나타내도록 수렴진화해 왔다.

주요 생물군계의 분포

주요 생물군계는 8가지로 구분할 수 있는데, 이는 열대우림, 사바나(열대 초원), 사막, 온대초원, 온대 낙엽수림, 온대상록수림, 한대침엽수림(타이가), 그리고 툰드라이다.

일부 생태학자들은 추가적으로 6개의 생물군계를 구별하는데, 이들은 극빙, 고산지, 지중해성관목지대(chaparral), 온습상록수림, 열대계절풍림, 그리고 반사막이다(그림 53.6).

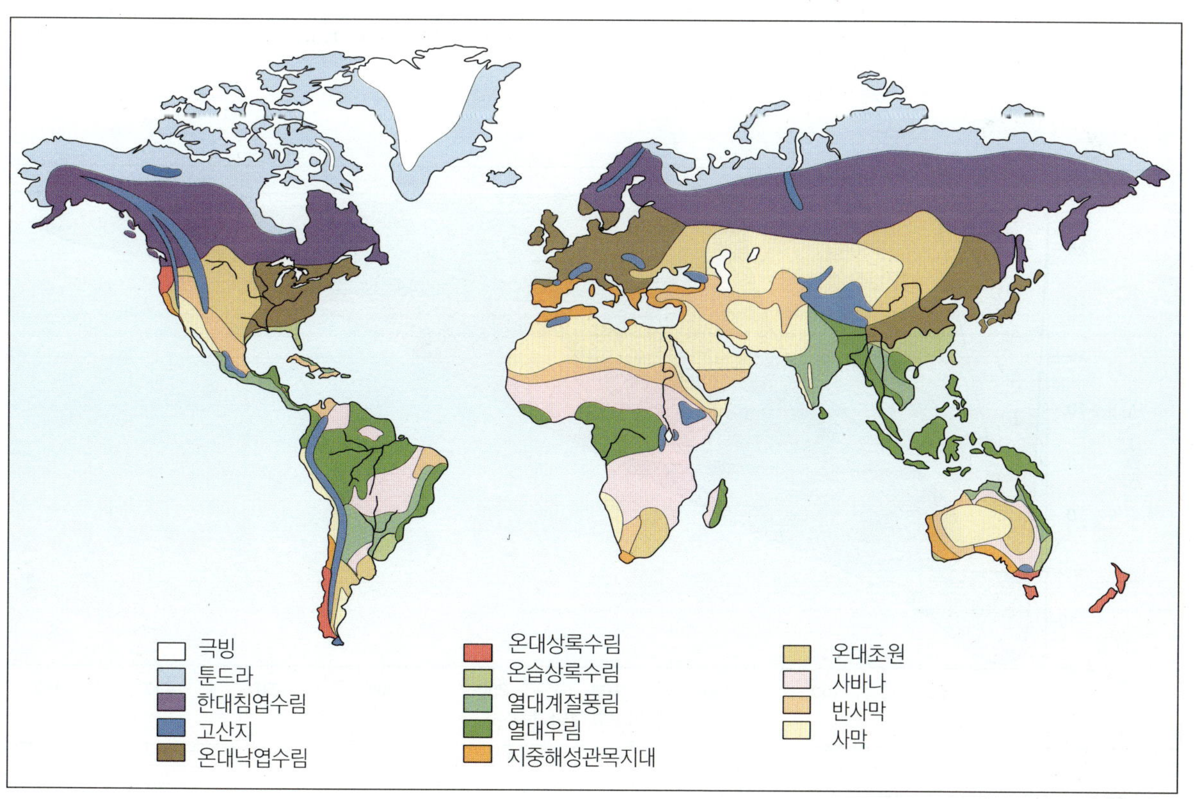

그림 53.6 | 생물군계의 분포.
각 생물군계는 지구 어느 곳에서 발생하든지 식생구조와 외관이 비슷하다.

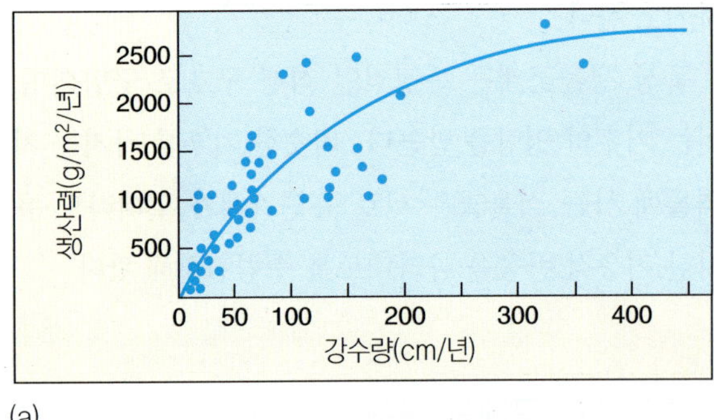

(a)

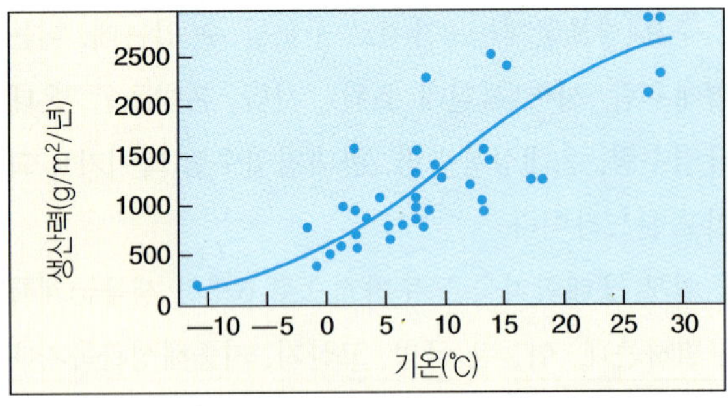

(b)

그림 53.7 | 1차 생산력에 대한 강수량과 기온의 영향.
지구상의 52개 지점에서의 생태계의 순1차 생산력은 연평균 강수량(a)과 연평균 기온(b)에 크게 의존된다.

생물군계와 기후

여러 가지 환경 요인이 어느 한 지역의 생물군계를 결정하지만, 그 중에서 가장 중요한 요인은 습도와 기온이다. 이 두 가지 요인은 또 생태계의 생산력에 큰 영향을 준다(그림 53.7). 그러나 강수량과 기온이 동일하다 하더라도 지역에 따라 생물군계가 다른 경우도 있으므로 다른 요인도 중요함을 알 수 있다. 이 다른 요인 중에는 토양 구조, 광물질 성분, 기후 변동 폭 등이 있다. 그럼에도 불구하고 강수량과 기온은 생물군계를 결정하는 가장 중요한 요인이 된다(그림 53.8).

만약 산맥이 없고, 대륙의 불규칙한 윤곽에 따른 기후변화가 없으며 해수 온도가 일정하다면 각 생물군계는 위도에 따라 일정한 띠를 형성하게 될 것이다. 즉 이 요인들도 생물군계를 결정하는 요인이 된다.

열대우림

열대우림(tropical rain forest)은 연간 140~450

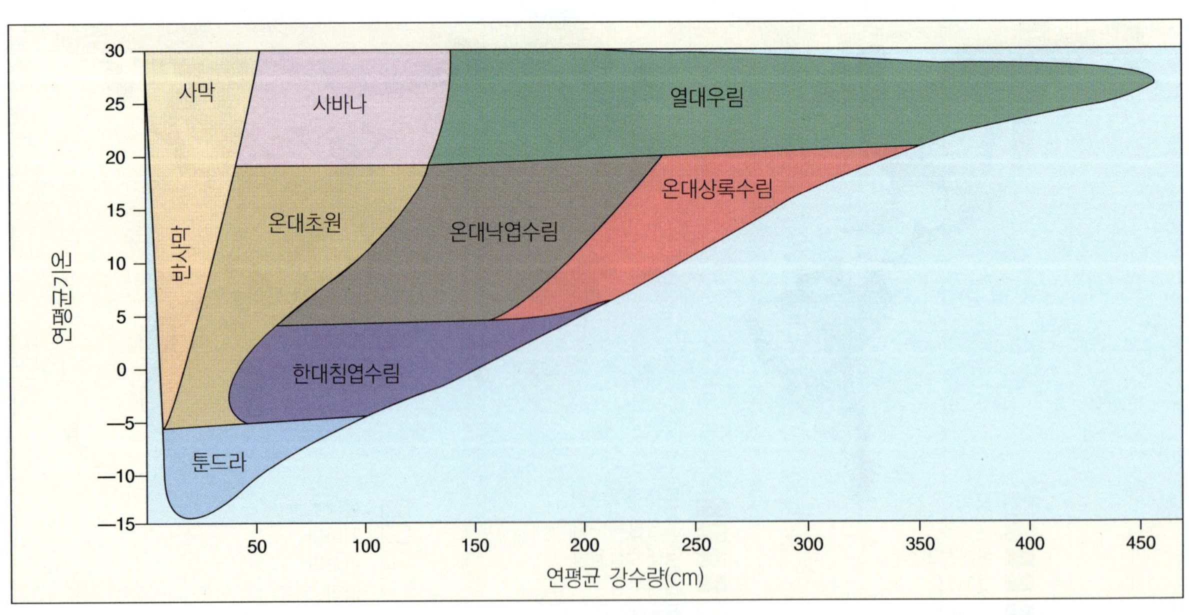

그림 53.8 | 생물군계 분포 예측.
기온과 강수량으로 생물군계 분포를 매우잘 예측해 볼 수 있다. 연평균 강수량이 50~150cm일 때는 계절적 가뭄, 산불, 방목 등의 다른 요인도 주요한 영향을 미친다.

그림 53.9 | 열대우림.

cm의 강우량을 나타내며 지구상에서 가장 생물이 풍부한 생태계이다(그림 53.9). 열대우림에는 지구상의 육상 동식물 중 절반 이상인 200만 종을 간직한다. 브라질 론도니아의 열대우림에서 제곱 마일당 1,200종의 나비가 서식하는데, 이 종수는 미국과 캐나다 전체에서 발견되는 나비류의 2배이다. 열대우림을 이루는 군집은 다양해서 대부분의 생물 종은 어느 한 지점에서는 소수의 개체만 발견된다. 넓은 열대우림은 남아메리카, 아프리카, 동남아시아에 분포한다. 그러나 지구의 열대우림은 파괴되고 있으며 수많은 종이 사라지고 있다.

사바나

열대지방 주변의 건조한 기후 구역에는 넓은 초원이 전개되는데 이것이 사바나(savanna: 열대초원)이다. 사바나의 경관은 개방되어 있고 나무가 드문드문 분포하며, 비는 계절적으로 내리고 연간 강우량은 75~125cm이다. 대부분의 동식물은 우기에만 활발하게 활동한다. 아프리카 사바나에서 커다란 집단을 이룬 초식동물들이 풀을 뜯는 모습은 우리에게 친숙한 광경으로서 플라이스토세(홍적세)에는 북아메리카에도 이런 군집이 있었다. 사바나 생물군계는 열대우림과 사막의 경계부이다. 사바나 지역은 점점 농경지화되고 있기 때문에 코끼리, 코뿔소 등이 멸종위기종으로 되고 있으며, 사자, 기린, 치타 등도 그 수가 점점 줄어들고 있다.

사막

대륙의 안쪽에는 대형 사막(desert)이 분포한다. 사막은 건조한 곳으로서 연간 강우량이 25cm 미만이어서, 식생이 드물다. 동식물은 연중 물이 존재하는 일부 시기에만 활동한다. 대부분의 사막 동물은 높은 기온을 피하기 위하여 구멍을 파고 들어가 산다. 연중 지속적으로 활동하는 동물은 온도가 내려가는 밤에만 나와 활동한다. 낙타와 같은 동물은 한번에 많은 양의 물을 마신 다음 오래 동안 물을 마시지 않고 살 수 있다.

온대초원

적도와 극지의 중간 지점에는 온대초원(temperate grassland)이 분포하며 이를 프레리(prairies)라고도 부른다. 이 초원들은 과거에 북아메리카 안쪽에도 있었고, 유라시아와 남아메리카에도 넓게 전개되어 있었다. 풀은 특징적으로 토양 속 깊게 뿌리 내리고 토양층은 깊고 비옥하다. 온대초원은 농지로 개간할 경우 생산성이 높다. 이곳에는 흔히 초식동물들이 떼를 지어 살고 있으며, 한때 북아메리카 프레리에 큰 무리를 지어 살던 들소떼와 가지뿔영양떼는 현재 거의 사라졌다.

온대낙엽수림

온대낙엽수림(temperate deciduous forest)은 온난하고 비가 풍부한 곳에 형성되며, 유라시아, 미국 북동부, 캐나다 동부에 분포한다. 낙엽수는 겨울에 잎이 떨어지는 나무이다(그림 53.10). 사슴, 곰, 비버 등이 이 구역에 흔한 동물들이다. 수백 만 년 전에는 온대낙엽수림이 유라시아와 북아메리카 전체에 넓게 뻗

그림 53.10 | 온대낙엽수림.

어 있었으므로 현재 남아 있는 동아시아와 북아메리카의 동부지역은 한때 널리 분포하던 동식물이 자라고 있다. 동아시아의 낙엽수림은 역사적으로 기후가 일정하여 많은 생물종이 살고 있다. 많은 다년생 초본식물이 이 지역에 살고 있다.

온대상록수림

온대상록수림(temperate evergreen forest)은 겨울에 춥고 심하게 건조한 계절이 있는 곳에 나타난다. 미국 서부의 소나무 숲은 전형적인 온대상록수림이다. 온대상록수림은 특징적으로 척박한 토양을 가진다. 이는 남쪽으로 온대낙엽수림과 북쪽으로 한대침엽수림 사이에 위치한 넓은 추이지역이다. 많은 이들 상록수림은 과도한 벌목으로 절멸위기에 처해 있다.

한대침엽수림

아시아와 북아메리카의 북쪽에는 침엽수림의 커다란 띠가 넓게 형성되어 있다. 침엽수는 잎이 바늘 모양이고 낙엽지지 않는다. 이러한 생태계를 한대침엽수림(taiga)이라고 하며 지구상에 가장 넓게 분포한 지역 중 하나이다. 겨울은 길고 추우며, 비는 여름에만 내린다. 한대침엽수림 지역은 작물이 자라는 시기가 짧으므로 이 지역에는 사람이 드물게 산다. 이 지역에는 고라니, 사슴, 무스 등의 초식동물과 늑대, 곰, 시라소니 등의 육식동물이 살고, 호수와 연못 습지가 흔하다. 재목 생산이 광범위하게 이루어지고 있고 대부분의 나무들은 하나나 몇몇 종들이 밀집되어 열을 이루는 식으로 분포하고 있다.

툰드라

한대침엽수림의 북쪽에는 나무가 없고 초원이 나타나는데, 이 부위가 툰드라(tundra)이다. 툰드라는 넓어서 지구 지표면의 1/5을 차지한다. 이곳에는 눈이나 비가 거의 내리지 않는다. 짧은 북극의 여름에 비가 내리면 빗물은 동결한 토양 위에 고여서 늪지를 이룬다. 영구동토(permafrost) 또는 영구적인 얼음이 지표면에서 1m 안쪽까지 존재한다. 나무는 작고 주로 호수와 계류 주변에만 분포한다. 초본식물은 짧은 여름 동안에 신속히 자라는 다년생 식물들이다. 순록, 사향소, 늑대, 여우, 시라소니, 북극쥐 등이 툰드라에 분포한다.

53.3 수계 생태계

지표면의 75% 이상은 물로 덮여 있다. 이의 대부분은 바다이고 일부 구역이 담수이다.

대양의 순환 양상

대양 순환 양상은 대기 순환 양상에 의해 결정되지만 대륙 분포에 의해 변화가 일어난다. 대양 순환은 주로 북위 30°와 남위 30° 사이의 아열대 해역을 흐

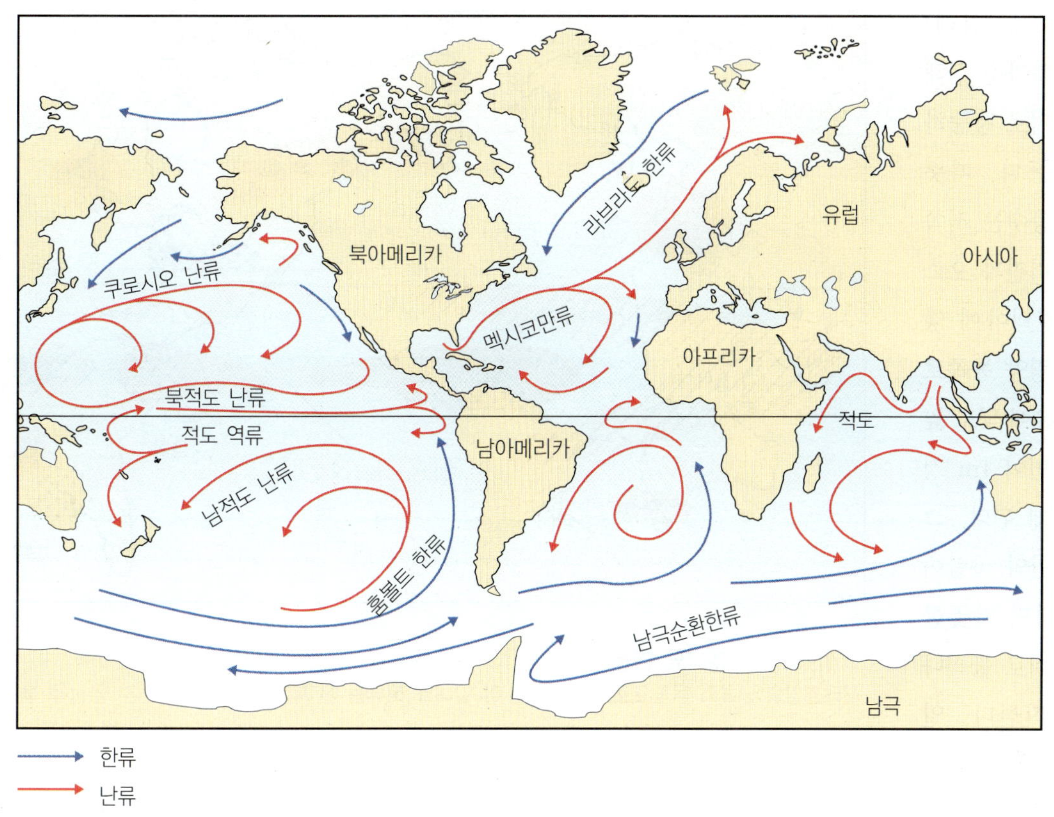

그림 53.11 | 해양의 순환.
소용돌이 치듯 표면을 흐르고 있는 거대한 해류는 인근 대륙기후에 지대한 영향을 준다.

르는 거대한 표면해류에 의해 주도된다(그림 53.11). 이 해류의 방향은 지구 자전 속도의 영향을 받는다. 그러므로 이 해류는 북반구에서는 시계 방향으로 움직이고 남반구에서는 시계 반대 방향으로 움직인다. 이 난류가 열을 재분배하는 방식에 따라 해양생물뿐만 아니라 해안의 육지생물에도 큰 영향을 준다. 가령 북대서양에서 멕시코만류는 노스캐롤라이나에서 남부영국제도까지 난류를 운반한다. 멕시코만류 때문에 서유럽은 같은 위도의 북아메리카 동부쪽 부위보다 더 온난하다. 일반적 원리로서, 북반구의 온대지방에서 대륙의 서쪽은 동쪽보다 더 온난하며, 남반구에서는 그 반대이다.

남아메리카에서는 훔볼트 한류가 인이 풍부한 해수를 북쪽으로 운반해 온다. 이 인은 태평양 쪽으로 면한 산맥의 사면을 따라 바다 쪽으로 부는 바람으로 생기는 용승류에 의해 바다의 깊은 곳으로부터 솟아오른 것이다. 이 영양이 풍부한 해류는 페루와 칠레 북부의 수산업을 일으키는 풍부한 해양생물 생산성을 일으킨다. 이 생물들을 먹고 사는 바다 새들은 상업적으로 중요한 인이 풍부한 구아노를 해안에 축적한다.

엘니뇨와 해양 생태

크리스마스 때마다 미지근한 수온의 해류가 적도 쪽에서 페루와 에콰도르 해안 쪽으로 흘러와서 어류 개체군을 감소시키고, 어부들의 활동을 위축시킨다. 어부들은 이 크리스마스 때의 해류를 엘니뇨(El Niño)라고 한다. 이제는 이 용어가 국지적으로만 나타나지 않고 전 지구적으로 2~7년마다 나타나는 보다 심각한 현상을 가리키고 있다.

과학자들은 이제 엘니뇨가 나타날 때 어떤 현상이 벌어지는지 잘 알고 있다. 정상적으로 태평양에서는 동쪽에서 서쪽으로 끊임없이 부는 무역풍이 따뜻한 표층수를 동쪽에서 서쪽으로 밀어내므로 동쪽(페루,

에콰도르, 칠레)에서 차가운 심해수가 위로 용승하게 만든다. 따뜻한 표층수는 서쪽의 필리핀과 오스트레일리아에 쌓여 태평양 동쪽보다 수온이 몇도 높고 수면이 1m 정도 높게 된다. 그러나 만약 바람이 약화되면 따뜻한 물은 뒤로 물러나기 시작한다. 일단 이런 현상이 일어나면 해양과 대기는 이 현상이 계속되도록 작용하게 된다. 즉, 동태평양이 따뜻해질수록 그 위의 공기는 따뜻해지고 가벼워져서 서쪽의 공기와 비슷해진다. 이는 대양 양쪽의 기압 차이를 줄인다. 기압 차이의 감소는 바람을 약화시키므로 무역풍은 더욱 약화되어 따뜻한 해류가 동쪽으로 계속 물러나게 된다.

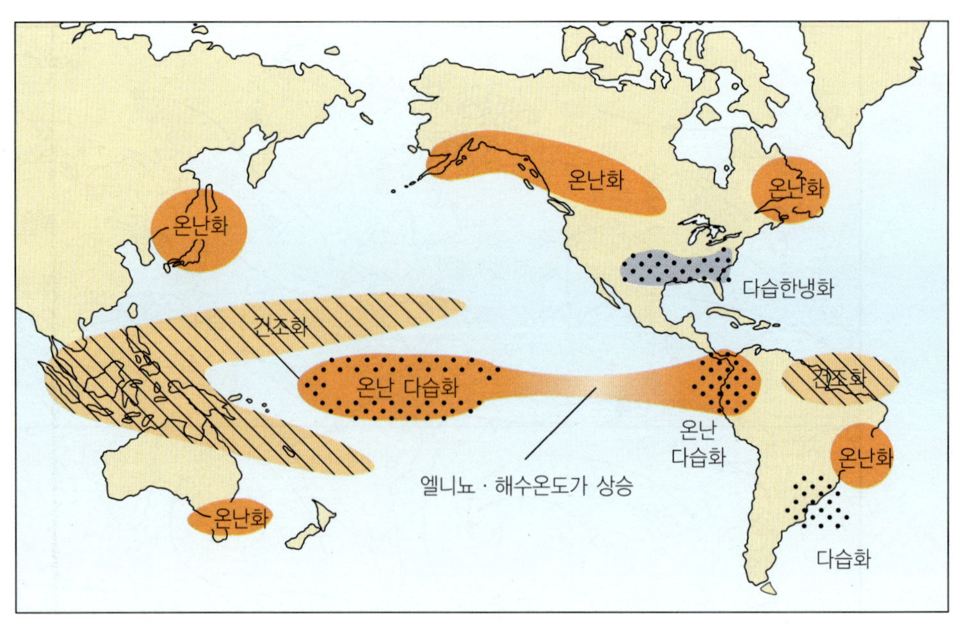

그림 53.12 | 엘니뇨 겨울.
서태평양의 난류가 동쪽으로 이동할 때, 이 엘니뇨 해류는 전 세계적으로 이상 기후 양상을 불러온다.

그 결과 서태평양의 기후 체계가 6000km 떨어진 동쪽으로 이동한다. 인도네시아와 필리핀에서 흔히 열대 폭풍우가 나타나는 것은 이 섬들 부근의 따뜻한 해수 때문에 그 위의 공기들이 위로 올라가 냉각하고 습기를 농축시켜 구름을 만들기 때문이다. 그러나 구름과 함께 따뜻한 해수가 동쪽으로 물러나면서 과거에 비가 많은 지역이 건조하게 된다. 반대로, 과거에 비가 많이 내리지 않던 남아메리카 서부는 비가 쏟아지게 되고 용승류는 약화된다. 엘니뇨가 나타날 때 페루와 칠레 북부 바다에서 어류가 차가운 해수를 찾아 남쪽으로 이동하여 이 해역의 상업성이 큰 어장이 사라지고 플랑크톤의 양은 정상보다 1/20로 떨어진다.

엘니뇨는 전 세계의 기후 체계에 영향을 준다(그림 53.12). 겨울에 캘리포니아 해안에 폭풍이 불면서 홍수가 일어나고, 플로리다와 멕시코만 연안은 서늘하고 비가 많은 겨울을 맞게 된다. 미국의 중서부나 이스라엘에는 정상보다 훨씬 많은 비가 내린다.

엘니뇨는 생태계에도 큰 재앙을 일으킨다. 가령, 갈라파고스 군도에서 바다새와 바다사자는 어류가 없어서 굶어죽는다. 반면 육상에는 비가 많이 내려서 식물의 종자가 많이 생기고 새들이 번식한다. 엘니뇨의 영향은 잘 알려져 있지만, 이것을 일으키는 원인은 아직도 알려지지 않고 있다.

해양 생태계

바다는 평균 수심이 3 km가 넘고 물의 대부분은 차고 어둡다. 종속영양생물은 태평양 서쪽에 있는 수심 11 km의 마리아나 트렌치에도 서식한다. 그러나 광합성 생물은 표층의 수백 m 이내에만 분포한다. 이 수심보다 깊은 곳에 서식하는 생물들은 대부분 표층의 광합성 생물의 활동으로 생기는 에너지에 의존한다.

물은 수온이 올라가면서 산소를 잃게 되므로 따뜻한 해수에서는 산소의 양이 생물의 제한요소가 된다. 반대로 이산화탄소는 바다에 풍부하다. 바다에는 육지보다 무기염류가 고르게 분포되어 있지만, 철, 질

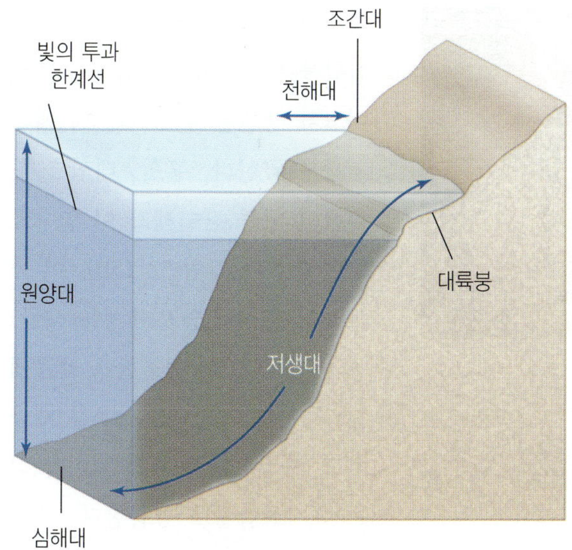

그림 53.13 | 해양생태계.
해양군집은 깊이(빛 투과량에 영향 줌)와 해변에서의 거리에 따라 천해대, 원양대, 저생대로 나뉜다. 심해대는 빛 투과 한계선 아래의 저생대 구역이다.

그림 53.14 | 연안 해역의 생물 다양성.
어류와 많은 종류의 동물들이 연안해역의 산호에서 먹이와 은신처를 찾는다.

소, 인과 같은 일부 무기염류는 그렇지 않아서 생산력에 영향을 주고 플랑크톤의 지역적 농도차를 일으킨다.

지구 전체의 1차 생산량의 약 50%는 수계 생태계에서 만들어진다. 이 생산량의 대부분은 신속히 소비되고 보충되므로 수계 생태계는 육상 생태계보다 약 3배의 동물 생산량을 만들어낸다. 해양 환경은 3가지 주요 서식처로 이루어져 있는데, 이는 (1) 천해대(neritic zone), (2) 대양저 위쪽의 수역인 원양대(pelagic zone), 그리고 (3) 저생대(benthic zone)이다(그림 53.13).

천해대

천해대는 대륙이나 섬의 연안을 따라 있는 수심 300m 이내의 구역이다. 이 구역은 면적은 작지만 많은 생물 종이 서식한다(그림 53.14). 이 구역 중에서 간조시 공기에 노출되는 부위가 조간대(intertidal region 또는 littoral region)이다. 어업은 대부분 대륙붕 위의 천해에서 이루어진다. 연안이나 용승작용이 일어나는 다른 얕은 바다에는 육상에서 나온 영양물질이 풍부하여 대륙붕 어장의 풍부한 생산력을 만든다.

원양대

원양대의 상층수에는 다양한 생물군집이 존재하는데 이들은 주로 플랑크톤(plankton)이다. 이 부위에 사는 어류나 다른 대형 동물을 유영생물(nekton)이라고 하며 플랑크톤이나 서로를 잡아먹고 산다. 이 플랑크톤 중에서 원생생물이나 세균을 포함하여 일부는 광합성을 하는데, 이는 지구에서 일어나는 광합성의 약 40%를 차지한다. 대부분의 플랑크톤은 빛이 자유롭게 투과하는 수심 100m 이내에 서식한다. 이 구역에서 일어나는 광합성의 약 절반은 직경 10㎛보다 작은 생물들에 의해 일어난다. 이들은 남세균과 조류로서 너무 작아서 이들의 수와 생태적 중요성은 최근까지도 제대로 평가되지 못했었다.

여러 종속영양 원생생물과 동물이 플랑크톤을 이루면서 광합성 생물과 서로를 포식한다. 해파리나 빗해파리 등과 같은 젤라틴 질의 동물도 흔한 플랑크톤이다. 플랑크톤을 이루는 생물들의 개체군은 신속히 증가하므로 해양의 영양물질의 전환은 신속하다. 질소와 인은 대개 소량으로만 존재하고 생물의 밀도가 상대적으로 낮으므로 생산력은 영양물질의 양보다는 이의 신속한 소비와 재이용에 의존된다.

(a)

(b)

그림 53.15 | 저생대의 생물들.
(a) 이 심해어류의 눈 밑의 발광 점은 발광 세균이 공생하므로 나타난다. 이러한 발광 신호는 심해에서 움직이는 동물에서 흔히 나타난다. (b) 이 대형 관벌레는 350°C의 물이 솟는 열수공 부근에 산다.

저생대

수심 1,000m 이하의 해저는 육지면적의 약 2배에 이른다. 해저 자체는 그 위에서 수백만 년 동안 떨어진 미세한 입자로 이루어진 두꺼운 펄로 덮여 있다. 이곳은 압력이 높고(수심이 10m 추가될 때마다 1기압이 증가됨), 온도가 낮으며(2~3°C) 어둡고, 먹이가 없기 때문에 생물학자들은 원래 해저에는 아무 것도 살지 않을 것으로 생각했다. 그러나 실제로는 여러 가지 생물이 심해에도 살고 있음이 밝혀졌다. 심해역의 많은 생물들이 그곳의 고유종이다. 이곳의 종 다양성은 열대우림과 견줄 수 있을 만큼 많다. 이곳에는 몸이 큰 동물도 있지만 대부분은 불과 수 mm 크기에 불과하다. 큰 동물 중에서 어떤 것은 발광성이어서(그림 53.15a) 이를 이용하여 개체들끼리 통신을 하고 먹이를 유인한다.

해저 동물 군집은 몇 km 위쪽에 살고 있는 생물들이 남긴 빈약한 먹이에 의존한다. 심해 동물의 밀도가 낮고 크기가 작은 것은 일부 이 먹이 제한 때문이다. 1977년에 연구용 잠수정을 타고 심해에 잠수한 해양학자들은 수심 2,500m의 지열이 솟는 지점에서 많은 대형 동물이 서식하는 것을 보고 놀랐다. 이 심해 오아시스는 심해의 지각 아래에서 솟아나오는 뜨거운 온천 주변에 형성되어 있다.

이 온천의 물은 350°C가 넘고 환원 화합물이 풍부하게 들어 있다. 황화수소 등의 이 화합물은 세균이 화학합성을 통하여 1차 생산을 일으키는 데 에너지를 제공한다. 홍합, 대합조개, 적색의 대형 관벌레가 이 열수공 주변에 산다(그림 53.15b). 이 동물들의 조직에는 원핵생물(세균)이 공생한다. 이 동물들은 세균에게 살 곳과 CO_2, H_2S, O_2를 제공하고, 세균은 동물에게 먹이가 되는 유기화합물을 공급한다. 갯지렁이류, 말미잘, 꽃양산조개류(limpets) 등은 자유생활을 하는 화학합성 세균을 먹고 산다. 게는 부식동물 또는 포식자의 열할을 하며, 역시 포식성인 어류도 있다. 이는 지구상에서 태양에너지에 의존하지 않는 생태계 중 하나이다.

담수 서식처

담수 서식처는 해양이나 육상 서식처와는 구별되지만 면적은 매우 좁다. 내륙 호수는 지표면의 약 1.8%

그림 53.16 | 부영양화된 하천.
많은 유기물이 주변 군집으로부터 하천으로 흘러 들어온다. 이는 하천의 생물학적 생산력을 증대시킨다.

를 차지하고 강이나 계류와 같은 유수는 약 0.3%를 차지한다. 모든 담수 서식처는 육상 서식처와 밀접하게 연결되어 있고 습지와 늪지가 그 중간 서식처를 이룬다. 인근의 육상 군집에서 다량의 유기물과 무기물이 담수로 들어간다(그림 53.16). 여러 가지 생물이 담수 서식처에서만 사는데, 이들은 수류를 거슬러 헤엄칠 수 있고, 쓸려 내려가지 않도록 몸을 고정시킬 수 있다.

연못과 호수

작은 담수 구역을 연못(pond)이라고 하고, 비교적 큰 담수 구역을 호수(lake)라고 한다. 물은 그 속으로 들어가는 광합성에 중요한 파장의 빛을 흡수하므로(수심 1m마다 적색광 40%와 청색광 2%를 흡수한다), 광합성 생물의 분포는 위쪽의 투광대(photic zone)에만 국한되고, 아래쪽의 박광대(disphotic zone)과 무광대(aphotic zone)에는 종속영양생물만 분포한다.

연못과 호수는 물의 깊이와 기슭으로 부터의 거리에 따라 생물이 분포하는 구역을 셋으로 구분한다(그림 53.17). 이는 기슭의 얕은 지역인 연안대(littoral zone), 기슭에서 떨어져 있고 빛이 잘 통과하며 플랑크톤과 다른 생물체가 살고 있는 표층의 준조광대(limnetic zone) 빛이 거의 들어가지 않는 심해저대(profundal zone)이다.

열층 형성

열층형성은 온대 지역의 큰 호수에서 나타나는 특징이다(그림 53.18). 여름에 따뜻한 물이 표면 부위에 층을 이루는데 이를 표수층(epilimnion)이라고 한다. 표수층 아래쪽에 약 4°C로 차가운 심수층(hypolimnion)이 있다. 이 두 층 사이에 수온이 급변하는 변온층(thermocline)이 있다. 특정 지역의 기후에 따라 표수층은 여름에 20m까지 두꺼워질 수 있다.

가을에는 표수층의 수온이 떨어져서 4°C인 심수층과 같은 수온으로 된다. 이때 표수층과 심수층이 섞이

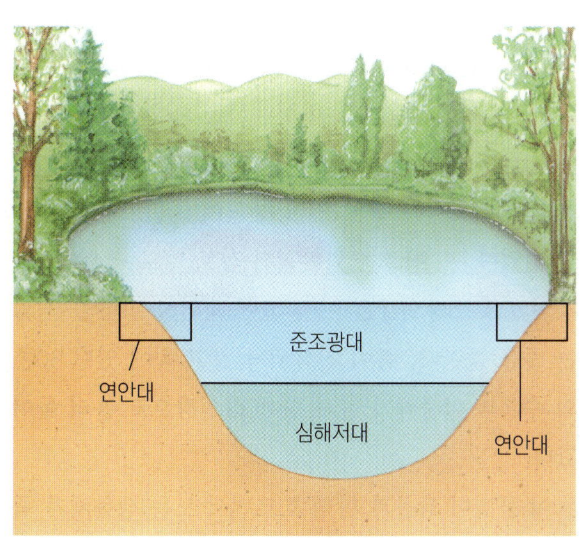

그림 53.17 | 연못과 호수의 3가지 구역.
얕은 연안대가 호수 주변부를 이루고 있고 고정된 조류와 이를 먹고사는 초식곤충이 살고 있다. 준조광대는 전체 호수를 가로지르고 있으며 부유조류와 플랑크톤, 어류가 서식하고 있다. 깊고 어두운 심해저대는 호수 바닥의 퇴적물 위에 위치하며 여러 원핵생물과 연형동물을 닮은 생물체들이 살고 있으며, 이들은 호수 바닥에 쌓이는 사체 조각들을 소비하고 산다.

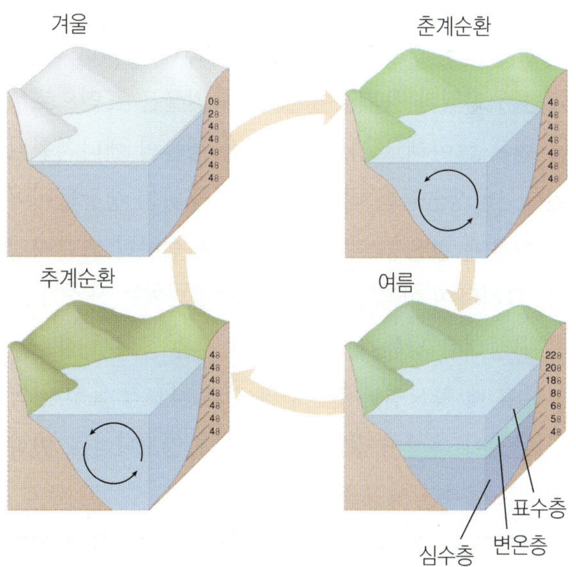

그림 53.18 | 담수의 층위현성.
온대지방의 큰 호수나 연못에서 나타나는 열층형성 양상은 춘계순환과 추계순환 때 크게 교란되어 위아래가 섞이게 된다. 심수층은 4°C의 가장 밀도가 높은 물로 구성되어 있으며 표수층은 온도가 더 높고 밀도가 더 낮은 물로 구성되어 있다. 그 사이에 온도의 급격한 변화가 일어나는 변온층이 분포하고 있다.

는데 이 과정을 추계순환(fall overturn)이라고 한다. 물은 4°C에서 밀도가 가장 높으므로, 겨울이 되어 물이 더 냉각되면 표면에서 차고 가벼운 물이 얼게 된다. 얼음 아래의 수온은 0~4°C를 유지하므로 동식물이 살아갈 수 있다. 봄에는 얼음이 녹고 표층수가 따뜻해지면서 4°C가 되면 다시 아래쪽의 물과 섞이게 된다. 이 과정을 춘계순환(spring overturn)이라고 한다. 봄과 가을에 호수의 물이 섞일 때 호수 깊은 곳에 머무르던 영양물질은 표면으로 상승하고 표층수에 들어 있는 산소는 깊은 곳으로 들어간다. 이러한 혼합이 없으면 깊은 곳이나 얕은 곳에 사는 생물들이 생존하고 생장할 수 없다.

담수 생태계의 생산력

급류와 같은 일부 수생 군집은 생산력이 낮다. 흐르는 물은 플랑크톤을 씻어내므로 군집을 지탱시키는 광합성은 바닥에 부착한 조류와 뿌리 있는 식물에 의해서만 일어난다.

호수의 생산력. 호수는 유기물 생산량을 기준으로 두 가지로 구분할 수 있다. 부영양호(eutrophic lake)에는 무기질과 유기물이 많다. 유기물은 표면으로부터 변온층 아래로 가라앉아 다른 생물의 에너지원이 된다. 이 생물들은 대개 산소를 요구하는 생물들이어서 여름에 변온층 아래에서 산소를 쉽사리 고갈시킨다. 그리하여 이 깊은 곳은 추계순환까지는 산소가 고갈된 상태로 남는다. 이와 같이 깊은 곳에서 산소가 고갈될 때 황산염과 질산염과 같은 비교적 독성이 약한 물질이 독성이 강한 황화수소나 암모니아로 변화되므로 심각한 영향을 끼친다.

빈영양호(oligotrophic lake)에서는 유기물과 영양물질이 상대적으로 희박하다. 이러한 호수는 대개 부영양호보다 깊고, 맑고 푸른색의 물을 간직하며 심수층 물은 항상 산소가 풍부하다.

인간의 활동으로 흔히 빈영양호가 부영양호로 변한다. 대개의 호수에서 인은 부족하여 생물의 생장을 제한하는 영양물질이다. 그러나 비료 유출이나 하수, 세척제 등에 함유된 과다한 인이 호수로 들어오면서 신속하게 해로운 영향을 끼친다. 이 경우 대개 남조류의 광범위한 증식이 일어난다. 그로 인해 이보다 큰 식물들이 사라지고 이를 먹고사는 동물들도 사라진다. 이들 식물 플랑크톤이 죽고 분해되면서 물 속의 산소가 고갈되어 어류나 무척추동물 개체군이 죽게 된다.

습지의 생산력. 습지(wetlands)에는 다양한 수생식물, 무척추동물, 새 등이 서식한다. 습지는 또 가장 생산력이 높은 생태계 중의 하나이고 물을 저장하여 홍수를 조절하는 중요한 생태적 역할을 한다. 사람들은 대개 습지를 쓸모없는 땅으로 여기므로 많은 습지가 사람에 의해 개간되고 있다.

53.4 생물권에 대한 인간의 위협

오염

라인강은 지구상에서 가장 아름다운 강의 하나이다. 1986년 11월 1일, 이 강이 거의 죽은 강으로 변했다. 그날 아침 스위스의 바젤에서는 소방수들이 한 화재와 싸우고 있었다. 화재는 큰 창고에서 일어났고, 소방수들은 불타고 있는 이 창고에 물줄기를 쏘아대고 있었다. 이 창고는 화학회사 산도스(Sandoz) 사의 것이었고 소방수들은 이 창고에 화학물질이 들어 있는 줄을 몰랐다. 불이 진화되자 창고 속에 있던 30톤의 수은과 살충제가 물과 함께 라인강으로 흘러 들어갔다.

이 물질이 강물과 함께 흐르면서 모든 생물체가 죽어갔다. 수백 km를 흐르는 동안 죽은 물고기들이 수면을 뒤덮었다. 라인강물을 식수로 사용하던 많은 도시들이 졸지에 큰 혼란을 겪었다. 스위스에서 독일을 거쳐 바다로 나가는 이 강물은 한 방울도 마실 수 없게 되었다.

6개월 후, 이 영향을 조사하던 스위스와 독일의 환

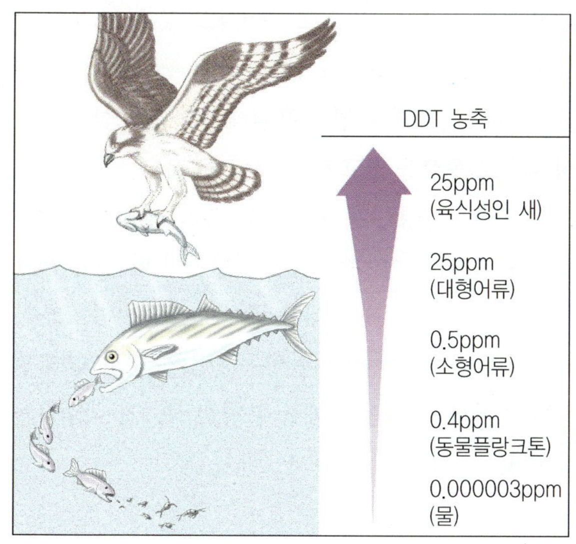

그림 53.19 | DDT의 생물농축.
DDT는 동물성 지방에 축적되므로 먹이사슬의 윗단계로 갈수록 점점 농축된다. DDT는 맹금류 알의 난각을 얇고 깨지기 쉽게 만들어 부화하는 동안 알이 깨지므로, 미국에서 DDT 사용이 금지되기 전에는 맹금류 개체군이 급격히 감소하였다.

경학자들은 이 사건으로 모든 생물이 죽은 것은 아니라는 보고서를 냈다. 많은 소형 무척추동물과 식물들이 살아남았으며 이를 기반으로 어류와 다른 수생생물들이 돌아왔으며 강물은 빠르게 정화되고 있었다.

라인강의 사고와 유사한 오염은 여러 곳에서 일어날 가능성이 있다. 모든 오염물질이 바로 독성을 나타내는 것은 아니다. 어떤 오염물질은 산업의 부산물로서 점진적으로 생긴다. 가령, 플라스틱이라고 알려진 합성물질은 자연계에서 매우 천천히 분해된다. 플라스틱은 다량으로 제조되므로, 이 물질은 중요한 오염물질이 되고 있다.

최신의 농사 방법 때문에 다량의 새로운 화학물질이 살충제, 제초제, 비료 등의 형태로 생태계에 유입되고 있다. 일부 물질은 그 독성이 알려져서 더 이상 제조되지 않고 있음에도 불구하고 지금도 생태계에서 순환하고 있다. 가령, DDT, 린덴, 디엘드린 등의 염화탄화수소화합물은 미국에서 이미 사용이 금지되고 있다. 염화탄화수소 분자는 느리게 분해되며 동물성 지방에 축적된다. 먹이사슬을 따라 이동하면서 이 물질들은 농축되는데, 이를 생물학적 농축(biological magnification)이라고 한다(그림 53.19). DDT는 맹금류의 알껍질을 쉽게 부서지게 만든다. 염화화합물은 또 동물의 체내에서 호르몬과 유사한 작용을 하여 정상 호르몬 순환을 방해하고 때로는 중대한 문제를 일으키기도 한다.

산성 강수

뉴멕시코의 포코너스 화력발전소는 65m 높이 굴뚝을 통하여 연기를 뿜어낸다. 이 연기 속에는 높은 농도의 이산화황과 황산염이 들어 있는데, 이들은 공기 중에서 수증기와 결합하면 산을 만든다. 발전소를 설계한 사람은 황이 많이 함유된 연기를 멀리 분산시켜 희석시키고자 하였으나 이 산이 환경에 심각한 영향을 끼칠 줄은 모르고 있었다.

대기 상층부에 도달한 황은 수증기와 결합하여 황산으로 되고, 이 황산은 빗물이나 눈에 녹아 들어가 산성비와 산성눈을 만든다. 자연 상태의 비는 pH 5.6보다 낮은 산도를 나타내는 경우가 드물다. 그러나 미국 동북부에 내리는 비나 눈은 pH 4.2 이하이며, 때로는 pH 3.0을 나타내기도 한다(그림 53.20).

산성 강수(acid precipitation)는 생물체를 죽인다. pH 5.0 이하에서는 여러 어류와 수생동물이 죽는다. 스웨덴 남부와 노르웨이의 수많은 호수에는 더 이상 어류가 살지 않은 채 기괴한 맑은 상태를 유지하고 있

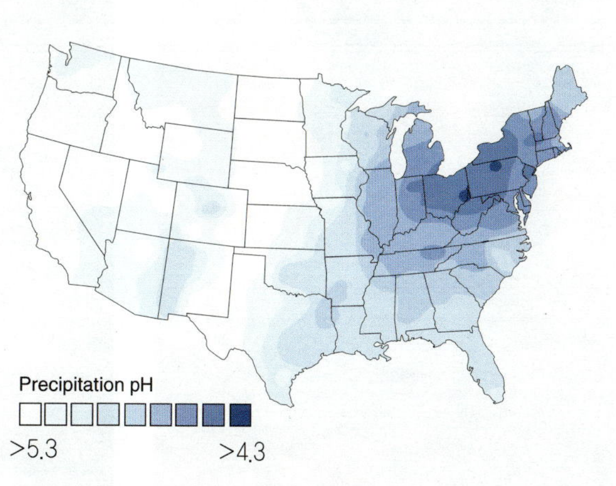

그림 53.20 | 미국에 내리는 빗물의 pH.
미국 북동부에 내리는 강수는 약 pH 5.6의 자연 강수보다 높은 산성을 띤다.

그림 53.21 | 산성비가 삼림에 주는 피해.
산성비는 나무를 약화시켜 해충이나 포식자에게 피해를 입기가 더 쉽다.

다. 미국 북동부와 캐나다 동부의 수만개의 호수들도 산성 강수로 생물학적으로 죽어가고 있다. 스웨덴 남부에서는 현재 지하수의 산도가 pH 4.0~6.0을 띠고 있다. 미국 동부와 독일의 흑림에서는 넓은 산림이 산성 강수로 손상을 입고 있다(그림 53.21).

해결책은 분명하다. 즉 오염물질을 배출하지 않는 것이다. 그러나 이 대책에는 큰 난관이 따른다. 필요한 시설을 갖추는 데 막대한 예산이 소요되며 오염물 배출원과 오염물에 피해를 입는 장소가 너무 멀리 떨어져 있어서 그 책임 소재를 분명히 하기가 어렵다는 점이다.

열대우림의 파괴

지구의 인구 중 절반 이상이 열대지방에 살고 있으며, 그 인구는 점점 더 늘어나고 있다. 지구 생태계의 안정을 위해서는 이 지역의 안정과 식량 문제가 해결되어야 한다.

열대우림은 생물학적으로 가장 풍부한 생물군계이다. 1990년대 중반에 550만 km^2의 훼손되지 않은 열대우림이 존재하고 있었는데, 이는 원래의 열대우림 면적의 절반에 해당된다. 그 후 매년 16만 km^2의 열대우림이 베어지고 있고 거의 같은 양의 열대우림이

(a)

(b)

그림 53.22 | 열대우림의 파괴.
(a) 목장으로 개간하기 위해 브라질에서 이루어지고 있는 열대우림의 인공 산불. (b) 에콰도르에서 산림의 파괴로 생기는 토양 침식(갈색 강물이 높은 수준의 토양 침식을 보여주고 있다).

농경지화, 땔감 수집, 목장화로 인하여 심각하게 훼손되고 있다. 이 속도로 가면 30년이 지나면 모든 열대우림이 사라지고 만다(그림 53.22).

열대우림의 소멸은 생물 다양성의 감소뿐만 아니라 숲의 소실 자체가 생태적으로 중대한 문제이다. 열대우림은 수만 년에 걸쳐 이루어진 복잡한 생태계를 가지고 있으며 지구상 식물군집 중 가장 높은 순1차 생산력을 가지고 있기 때문이다.

오존 구멍

그림 53.23의 위성사진에 나타난 색깔은 오존(O_3)의 농도차를 나타낸다. 오존(ozone)은 성층권을 이루는 기체로서 이 부위에서 태양으로부터 오는 자외선을 걸러낸다. 남극에는 미국보다 3배나 큰 오존 구멍이 뚫려 있는데, 이 구멍은 오존 농도가 다른 곳보다 훨씬 낮은 곳이다. 오존층이 엷어지는 현상은 1975년에 처음 나타났고, 그 후 매년 남극의 겨울에 수개월 동안 다시 나타나고 있다. 매년 오존층은 점점 엷어져 가고 있으며 오존 구멍은 점점 커지고 있다. 오존층을 파괴하는 물질은 클로로플루오로카본(프레온 : CFCs)으로서 이는 냉각기, 소화기, 스티로폼 용기에 이용되는 비활성의 화학물질로서, 공중으로 빠져나가 O_3를 O_2로 환원시킨다. CFC에서 나온 염소원자 하나는 다음 기작으로 10만 개의 오존 분자를 파괴할 수 있다.

자외선은 CFCs가 Cl 원자를 방출하게 한다:

$$CCl_3F \xrightarrow{UV} Cl + CCl_2F$$

자외선은 자유 산소를 만든다:

$$O_2 \rightarrow 2O$$

Cl 원자와 O는 오존과 반응한다:

$$2Cl + 2O_3 \rightarrow 2ClO + 2O_2$$

$$2ClO + 2O \rightarrow 2Cl + 2O_2$$

이 반응을 요약하면:

$$2O_3 \rightarrow 3O_2$$

1995년부터 각국에서는 CFCs와 다른 오존 파괴물질의 제조를 금하고 있으므로 대기 상층부의 이 물질들의 농도는 점점 감소하고 있다. 그러나 과거에 만들어진 CFCs가 천천히 상승하고 있고 대기 중에 계속 머무르고 있다. 이 때문에 금세기 후반까지도 오존층은 완전히 복구되지는 못할 것으로 추정되고 있다.

지표면으로부터 25~40km 사이의 성층권에 있는 오존층이 엷어지는 것은 중대한 문제이다. 이 층은 생물에게 해로운 자외선을 막아준다. 대기 중의 오존 농도가 1% 떨어질 때마다 피부암 발병률은 6% 증가할

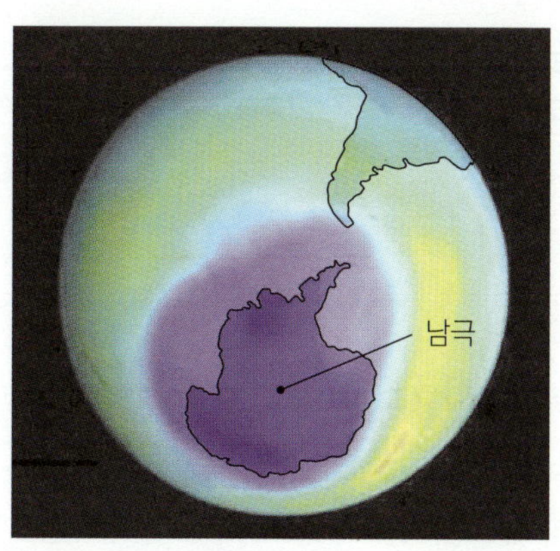

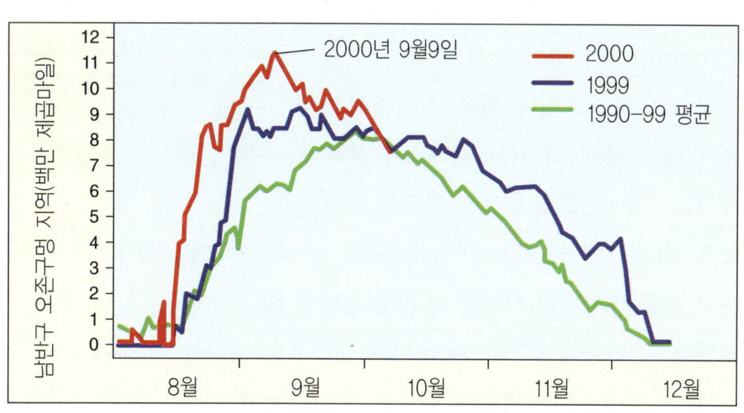

그림 53.23 | 오존 구멍.
1975년 이래 매년 남극의 겨울 동안 남극 위에 오존구멍이 나타난다. 이는 햇빛이 남극 위의 차가운 공기에 화학작용을 일으키는 8월에 나타나기 시작해 9월에 크기가 커지고, 기온이 올라가는 11월과 12월에 점점 크기가 줄어들어 사라진다. 2000년에는 크기가 미국, 캐나다, 멕시코를 합친 것보다 커서 역대 최고의 크기로 기록되었다(보라색). 2000년 9월에는 이 오존 구멍이 120,000명이 살고 있는 남부 칠레에까지 뻗어서 그곳 주민들이 높은 농도의 자외선에 노출되었다.

것으로 추정되고 있다. 피부암의 일종인 흑색종은 치명적인 암 중의 하나이다.

이산화탄소와 지구온난화

지구의 역사나 다른 천체와의 비교 연구를 통하여 과학자들은 현재 대기의 기체 농도, 특히 이산화탄소 농도는 이 기체들이 없을 경우보다 지구의 평균 기온을 25°C 더 높게 유지하도록 만들고 있다고 결론지었다. 이산화탄소나 다른 기체 입자는 지표면에서 복사되는 적외선의 장파장, 즉 열을 반사하여 대기 중에 머물도록 하여 이른바 온실효과(greenhouse effect)를 만든다(그림 53.24).

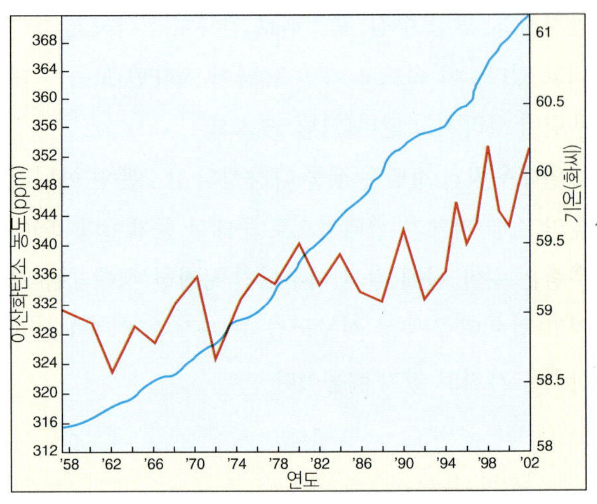

그림 53.24 | 온실 효과.
1950년대 이후 대기 중 이산화탄소 농도는 꾸준히 증가하고 있다(푸른선). 붉은 선은 같은 기간 평균 지구기온 증가를 보여주고 있다.

오늘날 대기 중에 있는 이산화탄소의 약 6배가 화석 연료 속에 함유되어 있다. 산업화되기 이전에 대기 중의 이산화탄소의 농도는 대략 260~280ppm이었다. 화석연료가 대량으로 사용되기 시작한 후 대기 중의 이산화탄소의 농도는 급속히 증가하였다. 1958년부터 25년 동안 이산화탄소의 농도는 315ppm에 340ppm 이상으로 증가하였고 그 후에도 계속 증가하고 있다. 기후학자들은 지구의 평균 기온이 1900년 이후 약 0.6°C 증가하는 지구온난화(global warming)라는 변화를 겪고 있다고 결론짓고 있다. 그러나 일부 지역에서는 온도 상승 폭이 더 커서 알라스카 북쪽에서는 2.2~3.2°C 증가한 것으로 나타나고 있다(그림 53.25). 더욱이, 1998, 2001, 2002년은 기온을 측정하기 시작한 지 가장 온난한 해로 기록되었다. 온난화의 증거는 여러 가지 방법으로 찾아볼 수 있다. 가령, 강과 호수의 얼음이 전보다 늦게 얼고 일찍 녹아서, 1세기 전보다 얼지 않는 기간이 2.5주일 길다. 또, 북극의 얼음 두께는 40% 감소하였다.

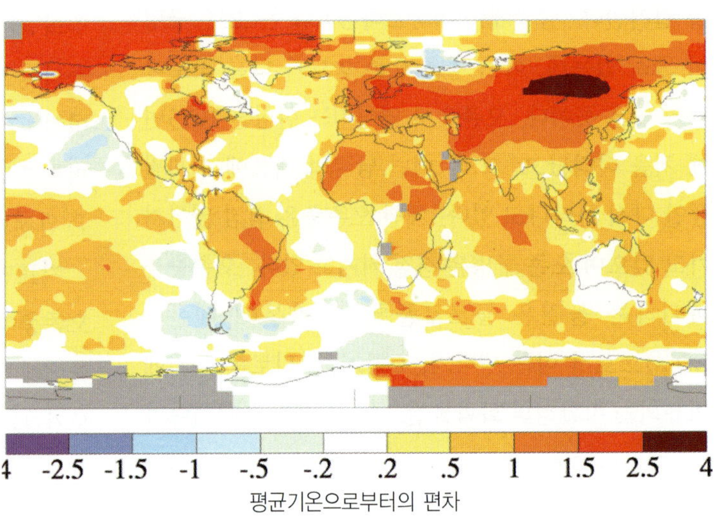

그림 53.25 | 지구온난화의 지리적 편차.
2001년과 2002년은 두 번째와 세 번째로 높은 기온을 기록하였다. 그러나 어떤 지역은 다른 지역보다 더 큰 기온 증가를 기록하였다. 색깔은 1951년에서 1980년까지 평균기온과 비교해 지역마다 다른 온난화 정도를 보여주고 있다.

과학자들은 대부분 지구 기온이 증가하고 있으며 인간이 배출하는 온실가스가 그 주요 원인이라는 데 동의하고 있다.

온실가스에는 이산화탄소 외에도 메탄, 산화질소, 오존, 하이드로 플루오로카본이 포함된다. 2100년에 이산화탄소의 농도가 490~1,250ppm이 될 것으로 예측되고 있다. 이로 인해 21세기 말에는 기온이 1.4~5.8°C 증가할 것으로 예측되고 있다. 이 정도의 기온 증가는 생태계와 인간에게 일부 이익이 되고 대부분은 재앙이 될 심각한 영향을 주게 될 것이다.

생태계에 끼치는 지구온난화의 영향

유사 이전의 기후 변화. 지구온난화와 냉각화는 과거에도 있었으며, 가장 최근에는 180만 년 전부터 시작된 빙하기에도 있었다. 이 시기에 지구 온도는 10°C 폭으로 변화하기도 하였다.

생물 종은 기후 변화에 반응하여 분포범위를 이동한다. 가령, 북아메리카에서 저온에 적응되어 북쪽과 고산에서 발견되는 여러 나무는 10,000~20,000년 전에는 이보다 훨씬 남쪽과 저지대에 분포하고 있었다.

최근의 분포범위 이동. 오늘날의 지구온난화도 이와 유사한 영향을 주고 있다. 북극지방에서 관목이 없던 지대에 관목이 침투하고 있으며, 나비 39종이 지난 27년 동안 200km 북쪽으로 분포범위를 확장하였으며(그림 53.26), 영국의 조류 12종도 지난 20년 동안 평균 400km 북쪽으로 분포범위를 확장하였다. 알프스의 고산식물의 분포도 수직으로 상승하고 있다.

생활주기 변화. 기후 변화는 여러 동식물의 온도 의존 생활주기 양상을 변화시킨다. 여러 철새는 여름번식지에 일찍 찾아오고 늦게 떠나간다. 여러 곤충과 양서류는 일찍 산란하고 여러 식물은 일찍 꽃피며, 단풍이 늦게 든다.

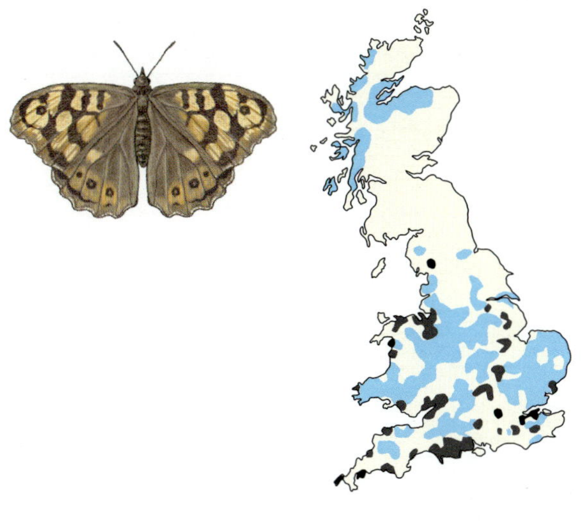

그림 53.26 | 나비 분포범위의 이동.
1915~1939년(검정)과 1970~1997년(파랑) 영국에서의 나비 *Pararge aegeria*의 분포.

종에 대한 지구온난화의 영향

일부 식물과 무척추동물은 온도나 환경 변화에 맞추어 신속히 다른 곳으로 분산하지 못한다. 유사 이전에는 여러 생물들이 자유자재로 분포범위를 이동할 수 있었으나 오늘날에는 그렇게 할 수 없다. 이는 현재 서식처가 인간에 의해 파편화되어 많은 종이나 개체군이 주변의 서식 불가능 지역으로 둘러싸여 섬과 같은 곳에 고립되어 있기 때문이다. 만약 환경 변화로 이런 서식처가 서식 불가능 지역으로 변화되면 이 섬과 같은 곳에 사는 종은 절멸하게 된다. 고산지대에 사는 동식물은 온난화될 때 더 이상 올라갈 곳이 없게 된다.

생물 종들은 또 새로운 조건에 적응하기 어려울 수도 있다. 최근의 기후 변화가 있기 전에 새의 생식 시기는 정교하게 조절되어 있어서 먹이가 풍부할 때 새끼를 낳도록 맞추어져 있었다. 그러나 일부 종에서는 산란을 자극하는 것은 일주기로서 이는 온난화와 관계없이 일정하다. 이와는 달리 기후 변화로 이들 새의 먹이가 되는 곤충은 이보다 일찍 나타나서 생식하고 사라진다. 따라서 후에 산란하는 새는 새끼를 먹일 먹이가 부족하게 된다. 그 결과 곤충을 먹는 많은 철새들이 감소하고 있는 실정이다.

지구온난화와 관련된 다른 한 문제는 온도감수성 성 결정(temperature-sensitive sex determination)을 하는 종에 관한 것이다. 이런 종에서 자손은 발생 동안 온도에 의해 성이 결정된다. 따라서 온도 변화는 성비의 불균형을 일으킨다. 가령, 거북은 고온에서는 수컷들이 나온다. 온도 변화는 종들 서로 간에 또 종들과 환경 간에 상호작용하는 방식에 영향을 준다. 어떤 변화는 유해하지 않을 수도 있고, 일부 종들은 새로운 선택압에 적응할 수도 있다. 그러나 다른 경우엔 이 결과로 생태계가 교란되고 개체군이 감소하며, 결국 절멸로 이를 수 있다.

사람에 대한 지구온난화의 영향

지구온난화는 사람의 건강이나 삶의 질에 여러 가지 방식으로 영향을 준다.

해수면 상승. 지구가 따뜻해지면 고위도와 고지대의 얼음이 녹는다. 이미 지구 여러 곳의 빙하가 빠른 속도로 물러나고 있다. 또, 북극의 얼음이 녹고 있으며, 최근에는 남극의 바다 위 얼음판이 떨어져 나가고 있다. 이 얼음들이 녹으면 금세기 말에 해수면이 약 1 m 상승할 것으로 보고 있다. 그 결과는 저지대나 사람의 주거지의 침수를 가져오고, 2억 명의 인구가 새로이 홍수 피해를 입을 것으로 보고 있다. 또 인도양의 몰디브와 같은 나라는 없어질 위기에 몰리고 있다.

기후에 대한 영향. 지구온난화는 기온상승 외에도 여러 영향을 줄 것으로 예상된다. 혹서, 가뭄, 심한 폭풍이나 태풍의 증가를 가져오고 엘니뇨의 확대가 일어날 것으로 예측된다. 강우 양상이 변화되어 물이 부족한 곳은 더 부족하게 되거나 건조한 곳에 홍수가 나서 사람을 비롯한 생태계를 교란하게 된다.

농업에 대한 영향. 지구온난화는 농업에 긍정적, 부정적 영향을 주게 될 것이다. 긍정적 측면에서 보면 따뜻한 온도와 증가된 대기 중 이산화탄소 농도는 작물의 생육 속도를 증가시키고 생산고를 높이게 된다. 그러나 대부분의 다른 작물은 빈번한 가뭄 피해를 받게 될 것으로 예측된다. 강우 양상, 기온, 해충 분포 등의 변화는 농사를 교란하게 된다. 온대지역의 작물은 더 잘 자라게 되지만 이미 극한 온도에서 자라는 열대지방의 작물은 피해를 입게 된다.

사람건강에 대한 영향. 빈번한 폭풍, 가뭄, 홍수는 사람의 건강을 해친다. 이 경우 식수가 부족해지고 콜레라 등의 전염병이 확산된다. 기온이 상승하면 열대지방에 살던 생물들이 고위도 지방으로 확산한다. 특히 문제가 되는 것은 인간의 질병을 일으키는 생물들이다. 말라리아, 뎅기열 등의 모기가 전파하는 질병의 확산이 그 한 예이다. 말라리아는 기온이 16°C 이상인 곳에서 발병하고, 황열병이나 뎅기열은 10°C 이상인 곳에서 나타난다.

지구온난화 문제를 해결하는 것은 쉽지 않을 것이다. 우선 공기중으로 방출되는 CO_2의 양을 크게 감축시켜야 할 것이다. 일부 국가에서는 이 CO_2의 방출을 줄이려는 노력을 하고 있으나 다른 국가에서는 참여하지 않고 있다. 지구 온도 증가 속도를 줄이려는 통합된 국제사회의 노력이 요구되고 있다. 지구온난화의 영향을 확실히 예측할 수는 없지만, 그 영향이 심각하리라는 데에는 대부분의 과학자들이 동의하고 있다.

[국문 찾아보기]

ㄱ

가근(rhizoid) 411
가도관(tracheids) 537, 539
가동관절(Freely movable joints) 624
가비알(gavials) 512
가설(hypothesis) 7
가수분해(hydrolysis) 26
가스트린 646
가시두더지(spiny anteater) 521
가시어류(acanthodians) 501
가시층(stratum spinosum) 752
가시(Spines) 552
가압대(cuff) 664
가우스(G. F.) 890
가인산분해효소(phosphorylase) 736
가입(recruitment) 631
각도 가속(angular acceleration) 718
각두(cupula) 717
각막(cornea) 722
각수(pedipalps) 480
각인(imprinting) 845
각질층(stratum corneum) 752
간 642
간균(bacillus) 384
간극연결(gap junction) 103, 621, 665, 691
간극유전자(gap gene) 286
간기(interphase) 157
간뇌(diencephalon) 699
간디스토마 (Clonorchis sinensis) 458
간상세포(rods) 723, 724
간접적 효과(indirect effects) 900
간질액(interstitial fluid) 654, 659
간충질(mesoglea) 451
갈라파고스 군도 9, 327
갈락토스(galactose) 43
갈조류(brown algae) 402
감각뉴런(sensory neuron) 684
감각모(sensory hairs) 485
감각수용기(sensory receptor) 684
감각이용(sensory exploitation) 860
감마인터페론 754
감수분열(meiosis) 168
감수분열 I(meiosis I) 170
감수분열 II 176
감수분열 II(meiosis II) 170, 17
감응기(sensor) 779
감자 마름병 403
감촉성(thig-monasty) 576
갑각아문(subphylum Crustacea) 478
갑상선(thyroid gland) 743
갑상선자극호르몬(TSH : thyroid-stimulating hormone, thyrotropin) 739, 741
갑상선자극호르몬방출호르몬(thyrotropin-releasing hormone : TRH) 741
갑상선종 742
갑상선호르몬 734
갑주어류(ostracoderms) 501
강(class) 364
강모(setae) 470
강심성 배당체(cardiac glycoside) 894
강우 그늘 921
강우 그늘 효과(rain shadow effect) 921
강화(rein- forcement) 354
개개비(warblers) 891
개방 해독틀(ORF, open reading frame) 254
개방순환계(open circulatory system) 444, 477, 653
개별적 개념(individualistic concept) 887
개시(initiation) 211, 220
개시복합체(initiation complex) 222, 224
개안(낱눈, ommatidium) 476
개재분열조직(intercalary meristem) 534, 555
개재판(intercalated disc) 621
개징향풀(dogbane) 894
개체군(population) 4, 869
개체군 주기 881
개체군통계학(demography) 873
개화호르몬 595
갯지렁이류 470
거대자손증후군(large offspring syndrome) 315
거든(J. Gurdon) 285
거머리강(class Hirudinea) 472
거머리류(Leeches) 472
거미강(class Arachnida) 480
거미류(Spiders) 480
거미목(order Araneae) 480
거미불가사리강(Ophiuroidea) 489
거북류(Turtles and Tortoises) 511
거북목(order Chelonia) 511
거인증(gigantism) 740
거피(Poecilia reticu-lata) 333
거핵세포(megakaryocyte) 657
건선(psoriasis) 752
검정교배(Testcross) 182
겉씨식물(gymnosperms) 410, 418
게놈 각인(genomic imprinting) 315
게놈 라이브러리(genomic library) 235
격벽(septum) 426, 432
결실(deletion) 302
결정(determination) 284
결정발생(determinate development) 445
결정인자(determinants) 283
결합조직 615

결핵균 Mycobacterium tuberculosis 391
결후(Adam's apple) 743
겸형적혈구 빈혈증(sickle cell anemia) 186, 330
겹잎(compound leaves) 551
경고색(warning coloration) 895
경고음(alarm call) 852
경고 페로몬(alarm pheromones) 852
경골어류 502
경동맥(carotid artery) 714
경동맥동(carotid sinus) 714
경쇄(light chains) 763
경쟁배타(com petitive exclusion) 890
경쟁적 억제(competitive inhibition) 113
경침(thorn) 552
곁뿌리(lateral roots) 544
계(kingdom) 53, 364
계급(caste) 865
계절풍(monsoon) 922
계통분류학(systematics) 364
계통수(phylogenetic tree) 14, 364
고막 720
고막기관(tympanal organs) 485
고삼투성(hyperosmotic) 83, 781
고세균(archaebacteria) 50
고세균계(Archaebacteria) 366
고세균도메인(archaea) 366
고실관(tympanic canal) 721
고유신호 서열(signature sequence) 367
고장성(hypertonic) 782
고전적 조건지우기(classical conditioning) 844
고정모(stereocilia) 717
고정 음이온(fixed anions) 686
고정작용양식(fixed action pattern) 840
고착성(sessile) 450
고착연접(anchoring junc- tion) 101
고콜레스테롤증(hypercholesterolemia) 84
곤충강(class Insecta) 482
골격계 623
골격근 621
골막(periosteum) 617
골세포(osteocyte) 618, 619
골소강(lacuna) 619
골소관(canaliculus) 618
골지장치(Golgi appa ratus) 66
골지체(Golgi body) 66
골지힘줄기관(Golgi tendon organ) 713
골층판(lamella) 619
골침(spicules) 450
공급원-수용부 다개체군(source-sink metapopulations) 872
공동수송(symport) 88
공동파생형질(synapomorphy) 364
공막(sclera) 722
공변세포(guard cell) 537
공생(symbiosis) 896
공생세균(endosymbiotic bacteria) 52
공수송(coupled transport) 87
공우성(codominant) 185
공유결합(covalent bonds) 18, 19
공장(jejunum) 641
과(family) 363
과당(fructose) 43
과립백혈구(granular leuko-cyte) 656
과민성 쇼크(anaphylactic shock) 774
과민증(hypersensitivity) 774
과분극(hyperpolarize) 689
과비대(hypertrophy) 633
과실(fruit) 422, 560
관다발식물(vascular plants) 409, 413, 536
관다발조직(vascular tissue) 280, 536, 557
관다발초 세포 149
관다발형성층(vascular cambium) 535, 544, 547
관문이온통로(gated ion channel) 687
관상동맥(coronary artery) 663
관절 624
관족(tube feet) 487
괄약근(sphincter) 639
광계(photosystem) 137, 140
광계 I 144
광계 II(photosystem II) 142
광독립영양생물(pho-toautotrophs) 389
광비의존성 반응(light-independent reactions) 136
광수용기(photoreceptor) 710
광우병 381
광의존성 반응(light-dependent reactions) 136
광의존적 경로 594
광자(photon) 137
광종속영양생물(photoheterotrophs) 390
광주기(photoperiodic) 594
광합성 135
광형태형성(pho-tomorphogenesis) 573
광호흡(photorespirq-tion) 148
괴사(necrosis) 291
교감신경(sympathetic) 684, 705
교감신경절 연쇄(sympathetic chain of ganglia) 706
교란 903
교류연접(communicating junction) 101, 103
교배 속임수 862
교배 양식(mating system) 860
교배인자(mating factor) 95
교정 기능(proofreading function) 208
교차(crossing over) 170, 191, 299
교차양육(cross-fostering) 846
구강(buccal cavity) 669
구균(coccus) 384
구로사와(Kurosawa) 586
구루병 381, 745
구심성소동맥(afferent arteriole) 790
구아노(guano) 789, 927
구애행동(courtship) 842, 851
구와식 관절(ball-and-socket) 624
구조적 이성질체(structural isomers) 43
구형낭(sac-cule) 718
군부류(Chitons) 466
군집(community) 887
군집상 분포 871
굴광성(phototropism) 573, 574

굴기성(aerotropism) 577
굴드(J. Gould) 337, 854
굴상성(traumotro-pism) 577
굴성(tropism) 574
굴암성(skototropism) 577
굴열성(thermotropism) 577
굴자성(geomagnetotropism) 577
굴전성(electrotropism) 577
굴지성(gravitropism) 575
굴촉성(thigmotropism) 576
굴화성(chemotropism) 577
귀납적(inductive) 6
규조류(diatoms) 403
규칙적 조밀결합조직(dense regular connective tissue) 617
균계(fungi) 366
균근(mycorrhizae) 434
균등 분포 871
균류 425
균사(hypha) 426
균사체(mycelium) 426
그라나(grana) 71, 137
그라프 여포(Graafian follicle: 삼차 여포) 809
그람(Hans Christian Gram) 60
그람 양성(Gram-positive) 60
그람 양성균(gram-positive) 386
그람 염색(gram stain) 384, 386
그람 음성(Gram-negative) 60
그레이트솔트호(Great Salt Lake) 367
그리피스(F. Griffith) 200, 382
극성(polarity) 364
극피동물문(phylum Echinodermata) 486
극한세균(extremophile) 367
극할(meroblastic cleavage) 819
극핵(polar nuclei) 423
근계(root system) 536
근상막(epimysium) 617
근섬유(muscle fibers) 621
근섬유 연축 631
근소포체(SR, sarcoplasmic reticulum) 630
근 수축 625
근원섬유(myofibril) 621, 625
근육방추장치(muscle spindle apparatus) 704
근육신장반사(muscle stretch reflex) 704
근육조직 620
근육피로 632
근절(sarcomere) 625
근친교배(inbreeding) 326
글루카곤(glucagon) 747
글루코스 1-인산 148
글루코오스 신생합성(gluconeogenesis) 649, 745
글루코코르티코이드 745
글루탐산(glutamate) 693
글리세롤(glycerol) 39
글리세르알데히드 3-인산 147
글리신(glycine) 693
글리옥시솜(glyoxisome) 68
글리코겐(glycogen) 44, 632
글리코칼릭스(glycocalyx) 77
급성 과민증(immediate hypersensitivity) 774
급성연축섬유(fast-twitch fiber) 631
기(runners) 549
기계수용기(mechanoreceptor) 710, 713
기계적 격리 352
기공(stomata) 148, 410, 537
기관(organ) 4, 612
기관(tracheae) 477, 485, 671, 672
기관계(organ system) 4, 612
기관세지(tracheole) 477, 672
기근(aerial root) 545
기낭(air sacs) 485
기는줄기(Runners) 606
기름(oil) 41
기문(spiracle) 478, 485
기본물질(ground substance) 615
기본분열조직(ground meristem) 534, 557
기본전사인자(basal transcription factor) 265
기본조직세포(ground tissue) 280, 536, 557
기본지위(fundamental niche) 889
기부감긴세뇨관(proximal convoluted tubule) 791
기생(parasitism) 394, 897
기생근(haustoria) 545
기억세포(memory cell) 757, 766
기저막(basilar membrane) 721
기저체(basal body) 74
기저층(stratum basale) 752
기저탈락막(decidua basalis) 819, 830
기질(matrix) 70, 615
기질(substrate) 110
기질수준 인산화(substrate-level phosphorylation) 119
기초대사율(basal meta-bolic rate: BMR) 649
기하급수적 증가(geometric progression) 10
기화열(heat of vaporization) 20
길잡이 페로몬(trail pheromone) 852
길항근(antagonist) 625
꽃 422
꽃받침(calyx) 598
꽃받침(sepal) 422, 598
꽃밥(anther) 422, 423, 598
꽃잎(Floral leaves) 552
꽃잎(petal) 422
꿀벌(Apis mellifera) 853
꿀샘 422
끈벌레류(Ribbon Worms) 460

ㄴ

나새류 467
나선균(spirillum) 384
나선대나선(helix-turn-helix) 258
나선형(helical) 375
나선형 난할(spiral cleavage) 445
나우플리우스(nauplius) 478
나트륨-칼륨 펌프(sodium-potassium pump) 86, 687
난관채(fimbriae) 809
난균류(oomycetes) 403
난생(oviparity) 800
난원창(oval window) 720

난자(egg) 423, 797
난태생(ovoviviparity) 800
난할(cleavage) 275, 445, 817
난할구(cleavage furrow) 160
난황 829
난황낭(yolk sac) 507, 802
난황마개(yolk plug) 821
남세균(cyanobacteria) 51, 390, 393
남조류(blue-green algae) 51
남조세균(cyanobacteria) 384
낭배(gastrula) 276, 438, 821
낭배 형성(gastrulation) 276, 820
내골격 486, 611, 623
내균근(arbuscular mycorrhizae) 434
내독소(endotoxin) 754
내막계(endomembrane system) 61, 64
내배엽(endoderm) 276, 443, 612, 820
내부공생(endosymbiosis) 368
내부공생설(endo-symbiosis) 52, 396
내부기생생물(endoparasite) 899
내부수용기(interoceptor) 710
내부체강(coelom) 611
내분비교란물질(endocrine-disrupting chemi-cals) 749
내분비선(endocrine glands) 615, 729
내분비 신호(endocrine signaling) 90
내생균류(endophytic fungi) 435
내생식물(Endophytes) 435
내생포자(endospore) 388
내성(tolerance) 902
내성전달인자(RTFs, resistence transfer factors) 299
내온동물(endotherm) 654, 779
내온성 517
내이(innerear) 721
내인성인자(intrinsic factor) 640
내장괴(visceral mass) 465
내장근(visceral muscle) 621
내주(endostyle) 493
내초(pericycle) 544
내피(endodermis) 543, 657
내피세포 666
내호흡(internal respiration) 667
냄새 715
냉수용기(cold receptor) 712
너클 보행(knuckle-walking) 523
넌센스(nonsense) 218
넌센스 코돈(nonsense codon) 224
네안데르탈인 528
네프론(nephron) 784
노랑초파리(Drosophila melanogaster) 340
노래기류(Millipedes) 481
노르에피네프린(norepinephrine) 694, 732
노화(Senescence) 292, 607
녹말(starch) 43
녹말체(amyloplast) 71, 542
녹조류(green algae) 404
녹조식물계통(Chlorophyta) 404
농도구배(concentration gradient) 82
뇌교(pons) 697
뇌량(corpus callosum) 699
뇌전도(EEG : electroencephalogram) 702
뇌졸중(stroke) 666
뇌척수막(meninges) 703
뇌하수체 전엽(anterior pituitary) 738
뇌하수체 후엽(posterior pituitary) 732, 738
뇌하수체(pituitary gland) 738
누출통로(leak channel) 686
눈토끼(Lepus americanus) 881
뉴런 684
뉴로트로핀(neurotrophins) 733
뉴클레오솜(nucleosome) 64, 155
뉴클레오티드(nucleotide) 36
능동면역(active immunity) 756
능동수송(active transport) 86
니렌버그(M. Nirenberg) 218
니코틴 696
니코틴 중독 697
니콜슨(G.J. Nicolson) 77
니트로글리세린 666
니트로셀룰로스 박막 241
니트로소노르니코틴 311
닐스 보어 15

ㄷ

다개체군(metapopulation) 872
다년생 식물(Perennial plants) 607
다당류(polysaccharides) 42
다렙스키 798
다른 자리 입체성 부위(allosteric site) 113
다른 자리 입체성 억제제(allosteric inhibitor) 113
다른 자리입체성 단백질(allosteric proteins) 261
다모강(class Polychaeta) 470
다모류(Polychaetes) 470
다발성경화증(MS, multiple sclerosis) 318
다발자국(bundle scars) 547
다세포성(multicellularity) 53
다운증후군 195
다육식물유기산 대사(CAM) 150
다이닌(dynein) 72, 73, 286
다이어프레임(diaphragm) 812
다인자 유전형질 183
다중유전자 집단(multigene families) 255
다중클론성(polyclonal) 768
다층상피(stratified epithelial membranes) 615
다층편평상피(stratified squa-mous epithelium) 615
다판강(class Polyplacophora) 466
다형적(polymorphic) 324
다형질발현(pleiotropic) 184, 356
다효소복합체(mul-tienzyme complex) 112, 124
단계적 서열판독(clone-by-clone sequencing) 252
단공류(monotremes) 521, 802
단궁류(synapsids) 509
단당류(monosaccharides) 41
단독 유전자(single-copy genes) 254
단백질 kinase 94
단백질키나제A(protein kinase-A) 736
단복상(haplodiplontic) 410

단성생식(parthenogenesis) 798
단순 반복 서열(simple sequence repeats : SSRs) 255
단순성 원칙(principle of parsimony) 365
단안(ocellum) 476
단완(shortarm) 293
단일 가닥 결합 단백질(single-strand binding protein : ssb) 210
단일계통적(monophyletic) 428
단일뉴클레오티드 다형(SNP : single nucleotide polymorphism) 256
단일식물(short-day plants) 594
단일클론 항체(monoclonal antibody) 312, 768
단층상피(simple epithelial membranes) 613
단층원주상피(simple columnar epithelium) 615
단층입방상피(simple cuboidal epithelium) 615
단층편평상피(simple squamous epithelium) 613
단풍 607
단핵백혈구(monocyte) 657, 753
단핵성(monokaryotic) 427
달톤(dalton) 16
달팽이관(cochlear duct) 721
담배 모자이크 바이러스(TMV) 370
담석(gall-stone) 643
담자균문(Basidiomycota) 430
담자기(basidium) 431
담자기과(basidiocarps) 431
담자포자(basidiospores) 431
담즙색소(bile pigments) 642
담즙(bile) 637
담즙염(bile salts) 642
당뇨병(diabetes mellitus) 648, 791
당단백질(glycoprotein) 68, 617
당부착(glycation) 293
당지질(glycolipid) 68, 99
대공(osculum) 450
대뇌(cerebrum) 699
대뇌기저핵(basal ganglia) 701
대뇌피질(cerebral cortex) 699
대동맥(aorta) 663
대동맥궁(aortic arch) 714
대동맥소체(aortic bodies) 676
대량유동가설(mass-flow hypothesis) 571
대립인자의 빈도(allele frequencies) 325
대번식(bloom) 922
대생엽 551
대식세포(macrophage) 615, 752
대엽(megaphyll) 550
대음순(labia majora) 807
대장 644
대조군 7
대조실험(control experiment) 7
대체 이어맞추기(alternative splicing) 228, 254
대포자낭(megasporangium) 420
대향류(cross-current flow) 673
덩굴손(tendril) 549
덩이줄기(tuber) 549, 606
덮개막(tectorial membrane) 721
덮개방(opercular cavity) 669
데스모솜(desmosome) 102
델타파(delta waves) 703
도메인(domain) 33, 35, 53, 364
도약전도(saltatory conduction) 691
도파민(dopamine) 694
독감 379
독립영양생물(autotrophs) 117, 389, 910
독립의 법칙(law of independent assortment) 183
독성 바이러스(virulent viruses) 376
돌나물과(crassulaceae) 150
돌리(Dolly) 285
돌연변이 300, 326
동공(pupil) 723
동령군(cohort) 874
동맥(artery) 657
동맥경화증(arteriosclerosis) 667
동맥원추(conus arteriosus) 661
동물계(animalia) 366
동물극(animal pole) 276, 818
동물의 클로닝 314
동방결절(sinoatrial node, SA node) 662, 664
동소적 종분화(Sympatric Speciation) 356
동소종(sympatric species) 892
동원체 156, 157
동원판 157
동원핵편모충류(Kinetoplastids) 399
동위원소(isotope) 16
동일한 공기 풀(uniform pool) 671
동정세포(choanocyte) 450
동정편모충류(choanoflagellates) 450
동정(collor) 450
동질배수성(autopolyploidy) 356
동행류(concurrent flow) 670
동형치열(homodont dentition) 517
동형포자(homo sporous) 413
동형핵성(homokaryotic) 427
두부(head) 495
두색동물아문(subphylum Cephalochordata) 493
두절(scolex) 459
두정안(parietal eye) 511
두정엽(parietal lobes) 699
두족강(class Cephalopoda) 468
두족류 465
두화(cephalization) 443
두흉부(cephalothorax) 476
둥근줄기(corms) 549, 606
드프리스(Hugo de Vries) 190
등골(stapes) 720
등-배 축 286
등삼투성(isosmotic) 83, 781
등장성(isometric) 375
등장액(isotonic) 783
디스토마류(Flukes) 458
디아제팜(valium) 694
디옥시헤모글로빈(deoxyhemoglobin) 678
딜저(W. Dilger) 842
딸기핀치새(strawberry finch) 847

ㄹ

라마르크(Lamarck) 323
라이센코(Lysenko) 596
라이엘(Charles Lyell) 9
락타제(lactase) 43
란비에르 결절(nodes of Ranvier) 622, 685
람브다(lambda) 233
랑게르한스섬(islets of Langerhans) 642, 747, 779
레닌(renin) 666, 796
레더(P. Leder) 219
레디아(redia) 459
레빈(P. A. Levene) 202
레이딕세포 803, 806
레티날 139
레티큘린(reticulin) 615
레플리솜(replisome) 211
렉틴(lectin) 770
렙틴(leptin) 649
로돕신(rhodo-psin) 724
로렌찌니 관상기관(the ampullae of Lorenzini) 728
로렌츠(K. Lorenz) 845
로지스트형 생장 모델 879
루이스(E. Lewis) 289
루피니소체(Ruffini corpuscle) 713
류신지퍼(leucinezipper) 260
리간드관문이온통로(ligand-gated channels) 687
리그닌(lignin) 539
리보솜(ribosome) 64, 69, 216
리보자임(ribozyme) 112
리소솜(lyso-some) 68
리소자임(lysozyme) 752
리파제 642
린네(Carolus Linnaeus) 363
릴레이 스위치 312
림포카인(lymphokines) 759, 775
림프(lymph) 654, 660
림프계(lymphatic system) 660
림프관(lymph vessels) 654
림프구(lymphocyte) 657, 756
림프심장(lymph hearts) 660

ㅁ

마름병 390
마모-손상 가설(wearand tear hypothesis) 293
마이스너소체(Meissner' s corpuscle) 713
마이어(Ernst Mayer) 351, 355
마틴 크라이트만(M. Kreitman) 324
마황류 420
막간 간격(intermembrane space) 70, 128
막 관통 단백질 77
막 관통 단백질(transmembrane proteins) 77, 79
만골드(Mangold) 288, 825
만성 B형 간염 381
만숙성(altricial) 860
말과(Equidae) 343
말기(telophase) 160
말기 I 175
말단소체(telomere) 292, 294
말라리아 331
말라리아원충 Plasmodium 401
말러(P. Marler) 846
말미잘 454
말부감긴세뇨관(distal convoluted tubule) 791
말산(malate) 126, 149
말초신경계(PNS : peripheral nervous system) 623, 684
말초화학수용기(peripheral chemoreceptors) 676, 716
말피기관(malpighian tubule) 478
망막(retina) 723
망막간상체(rhabdom) 476
망상체(reticular formation) 702
망치뼈(malleus) 720
매개체(mediators) 266
매개체(vector) 233
매독(Syphilis) 393
맥아당(maltose) 43
맥아더(R. MacArthur) 891, 918
맬서스 10
맹장(cecum) 637
먹이그물(food web) 911
먹이사슬(food chain) 911
멀리스(K. Mullis) 240
메르켈세포(Merkel cell) 713
메셀슨(M. Meselson) 205
메치니코프 769
메클린토크(McClintock) 295
메타세르카리아(metacercaria) 459
메탄균(metanogen) 367
메탄생성균(metanogen) 50, 120
메탈로티오닌(metallothionin) 248
메틸-G cap 222
메틸화(methylation) 268, 316
멕시코만류 927
멘델(Gregor Mendel) 177
멘델의 비율(Mendelian ratio) 180
멜라닌색소포자극호르몬(MSH : melanocyte-stimulating hormone) 740
멜라닌세포자극호르몬억제호르몬(melanotropin-inhibiting hor-mone: MIH) 741
멜라토닌 732, 748
면역감시(immunological surveillance) 760
면역글로불린(immunoglobulin) 762
면역내성(immunological tolerance) 764
모건(T. H. Morgan) 189
모낭수용기(hair follicle receptors) 713
모래주머니(gizzard) 637
모루뼈(침골, incus) 720
모상체(trichome) 537
모세관전 괄약근(precapillary sphincters) 658
모세포(hair cell) 717
모세혈관(capillary) 657
모유분출반사(milk-ejection reflex) 834
모자이크발생(mosaic development) 283
모티프(motif) 33, 35
목(order) 364
목도리딱새(collared flycatcher) 876

목동맥소체(carotid bodies) 676, 716
몸의 체제(body plan) 288
몽구스류(meerkat) 865
무광대(aphotic zone) 931
무궁류(anapsids) 511
무기질코르티코이드(mineralocorticoid) 746
무기호흡(anaerobic respiration) 117, 120
무릎반사 704
무미목(Anura) 506
무방향 운동(kineses) 849
무성생식 606
무수정생식(apomixis) 607
무작위적 분포 871
무조건적 반응(unconditioned response) 844
무조건적 자극(unconditioned stimulus) 844
무족류(caecilians) 504
무족목(Apoda) 507
무종자 관다발식물(seedless vascular plants) 409
무체강동물(acoelomates) 444, 456
문어류 468
문(phylum) 364
물관 요소(vessel members) 537, 539
물관부(xylem) 536, 539
물리지도(physical map) 249
물질(matter) 15
물질수송(translocation) 570
물통로(aquaporin) 565
뮬러(F. Müler) 896
뮬러 의태(Mülerian mimicry) 896
미기후(microclimate) 923
미동관절(slightly movable joints) 624
미량원소(trace elements) 651
미로(labyrinth) 718
미로학습 841
미뢰(taste bud) 714
미색 동물아문(subphylum Urochordata) 493
미세소관(microtubule) 71
미세융모(microvilli) 615, 641
미세화석(microfossils) 50
미셀(micelle) 39
미셔(F. Miescher) 202
미소체(microbody) 68
미엘린초(myelin sheath) 622, 685
미엘린화 690
미오글로빈(myoglobin) 632
미오신(myosin) 625
미오신 필라멘트 620
미절(telson) 479
미추골(coccyx) 831
미토콘드리아(mitochondria) 70, 368
미호기성생물(microaerophil) 401
민감기(sensitive phase) 846
민촌충 Taenia saginata 459
밀도비의존성 효과(density-independent effects) 881
밀도의존효과(density-dependent effect) 880
밀러(Stanley L. Miller) 47, 49
밀착연접(tight juction) 101, 276

ㅂ

바다거북(green sea turtles) 851
바다나리강(Crinoidea) 489
바무스(Harold Varmus) 187
바소체(barr body) 194
바소프레신(vasopressin) 666
바이러스(viruses) 369
바이스만(C. Weissmann) 382
바인베르크(Weinberg) 324
박광대(disphotic zone) 931
박동원(pacemaker) 665
박주가리(milk weed) 894
박테리오파지(bacteriophage) 201, 375
반감기(half-life) 17
반고리관(semicircular canals) 718
반데스모솜(hemidesmosome) 102
반딧불이(fireflies) 851
반배수성(haplodiploidy) 864
반보존적(semiconservative) 207
반복결실(iteroparity) 877
반복 집단(tandem clusters) 255
반사궁 704
반세포(companion cell) 541
반수체(n, haploid) 156, 168
반용류(pelycosaurs) 509
반수체 세대 411
반월판(semilunar valve) 663
반응기(effector) 779
반응중심(reaction center) 139
반족세포(antipodals) 423
반추동물(ruminants) 637
발기 694
발생설정(commitment) 826
발아 561
발아구(aperture) 423
발아(germination) 280
발암물질(carcinogen) 305
발열원(pyrogen) 755
발정(estrus) 802
발정기(estrus) 811
발정전기(proestrus) 811
발정주기(estrous cycle) 802, 809
발정후기(metestrus) 811
발효(fermentation) 117, 133
방간 경로(interatrial pathways) 665
방광(urinary bladder) 790
방사관(radial canals) 487
방사구체 장치(juxta-glomerular apparatus) 796
방사대칭(radial symmetry) 443
방사대칭동물(Radiata) 438, 451
방사상 난할(radial cleavage) 445
방사선 자동사진법 239
방사성 동위원소(radioactive isotope) 17
방사성 붕괴 16
방사조직(rays) 540
방사판족류(phylum Actinopoda) 406
방실결절(AV node: atrioventricular node) 665

방실판(AV판, atrioventricular valve) 663
방추 장치 158
방추체 확인점 162
방추판(spindle plaque) 427
방출인자(release factors) 226
방해경쟁(interference competition) 889
방향성 선택(directional selection) 332
방향정위(orientation) 850
배(embryo) 459
배각강(Diplopoda) 481
배갑(carapace) 511
배근신경절(dorsal root ganglia) 705, 824
배근(dorsal root) 705
배낭의 형성 600
배낭(embryo sac) 423, 599
배란 억제 812
배반엽(syncytial blastoderm) 278
배반포(blastocyst) 276, 317, 819
배반(scutellum) 562, 819
배병(suspensor) 280, 556
배부(dorsal) 443
배상세포(goblet cell) 615
배수성(polyploidy) 302, 356
배순(dorsal lip) 288
배아막(fetal membrane) 828
배아줄기세포(embryonic stem cells) 819
배아중심(germinal center) 660
배엽층(germ layers) 276, 820
배 외막(extraembryonic membrane) 828
배외세포(extraembryonic cells) 289
배외체강(extraembryonic coelom) 829
배우자 167, 797
배우자낭 430
배우자 선택(mate choice) 857
배우자외 교미(extra-pair copulation) 861
배우자합체(syngamy) 168
배우체(gametophyte) 411
배우체 불화합성(gametophytic self-incompatibility) 604
배젖조직(endosperm tissue) 424
배주(ovules) 422, 598
배 줄기세포 317
배출(exocytosis) 379
백색 섬유(white fibers) 632
백색체(leucoplast) 71
백질(white matter) 685
백혈구(leukocyte) 619, 656
뱀아목(Serpentes) 512
번데기(pupa) 486
번역(translation) 217
번역억제단백질(translation repressor protein) 273
번역인자(translation factor) 273
벌레잡이 잎(Insectivorous leaves) 553
벌새(humming birds) 857
벌집위(reticulum) 645
베네덴 167
베르니케역 703
베이츠 의태(Batesian mimicry) 895
β-갈락토시다아제 237
β-글로불린 656
β병풍 구조 35
β산화(β oxidation) 131
β세포 747
β소단위 211
베타시아닌(betacyanins) 607
베타아드레날린 수용체 735, 736
β원통(barrel) 80
베타인터페론 754
β-카로텐(provitamin A) 248
β튜불린 71
β포도당 44
베타파 702
벤조피렌(BP) 311
벤터(C. Venter) 254
벨벳원숭이 848
벨트체(Beltion body) 898
벽공기관(pit organ) 727
벽세포(parietal cell) 639
변수(variable) 7
변연계(limbic system) 702
변온동물(ectotherm) 513, 779, 802
변온층(thermocline) 931
변종(varieties) 350
변태(metamorphosis) 278, 280, 485
변태과정(metamorphosis) 507
변형세포(amoeboid cells) 450
변형체(plas-modium) 407
별자리 정보 850
병(pedicel) 422
병낭(ampulla) 488
병목현상(bottleneck effect) 327
병원균(pathogen) 756
보각(walking legs) 480
보우만주머니(Bowman' s capsule) 791
보이센-젠센(Boysen-Jensen) 582
보이어(H. Boyer) 234
보일의 법칙(Boyle' s law) 675
보전성(integrity) 887
보조인자(cofactors) 114
보조 T세포(TH) 757
보조활성화인자(coactivators) 266
보체계(complement system) 754
보호색 895
보호층(protective layer) 607
복각(uropod) 479
복갑(plastron) 511
복강(peritoneal cavity) 611
복근(ventral root) 705
복대립인자 : ABO 혈액형 185
복부(ventral) 443
복상(diplontic) 410
복안(compound eye) 476
복제 기점(replication fork) 210
복제단위(replicon) 212
복족강(class Gastropoda) 467
복족류 465
본능유발기작(innate releasing mechanism) 840

본능적 행동 840
볼복스(Volvox) 405
봄비콜(bombykol) 852
부갑상선 744
부갑상선호르몬(PTH : parathyroid hormone) 744
부교감신경(parasympathetic) 684, 705
부기관지(parabronchus) 672
부동관절(immovable joints) 624
부등교차(unequal crossing over) 299
부레(swim bladder) 502
부속지(jointed appendages) 474, 491
부속지 골격(appendicular skeleton) 623
부신 745
부신수질 732, 745
부신피질 745
부신피질자극호르몬(ACTH : adrenocorticotropic hormone, corticotropin) 739
부영양호(eutrophic lake) 902, 932
부정근(adventitious root) 545
부정묘종(Adventitious plantlets) 606
부정소(epididymis) 805
부종(edema) 648, 659
부착(adhesion) 282
부착력(adhesion) 20
부착의 상실(loss of adhesion) 282
북경원인 526
북방따개비(Semibalanus balanoides) 889
분단성 선택(disruptive selection) 331
분류군(taxon) 363
분류학(taxonomy) 363
분리의 법칙(law of segregation) 182
분리층(seperation layer) 607
분비기(secretory phase) 811
분생사(conidia) 432
분생자병(conidiophores) 432
분압(partial pressure) 669
분열(fission) 798
분열대(zone of cell division) 541, 542
분열정지중심(quiescent center) 542
분열조직(meristem) 280, 533
분자 내 촉매작용(intramolecular catalysis) 112
분자(molecule) 18
분자시계(molecular clock) 14
분지(clade) 364
분지도(cladogram) 364
분지론(cladistics) 364
분해자(decomposer) 911
분화(differentiation) 285
분화전능(totipotent) 284
불가사리강(Asteroidea) 489
불규칙적 조밀결합조직(dense irregular connective tissue) 617
불꽃세포(flame cell) 457, 783
불완전 우성(incomplete dominance) 184
불포화(unsaturated) 41
붉은날개지빠귀(red-winged blackbirds) 861
브라디키닌(bradykinin) 733
브라시노스테로이드(brassinosteroid) 574, 587
브릭스(Briggs) 583
블랙만(Blackman) 146
비결정발생(indeterminate development) 446
비경쟁적 억제(noncompetitive inhibition) 113
비과립백혈구(nongranular leukocytes) 657
비관다발식물(nonvascular plants) 409
비관다발 육상식물(nonvascular land plants) 409
비극한세균(nonextreme archaebacteria) 367
비글호 9
비내성(lactose intol-erance) 642
비늘줄기(bulb) 549, 606
비로이드(Viroids) 382
비만(obesity) 649
비만세포(mast cell) 615, 763
비멘틴(vimentin) 72
비벌레동물문(phylum Phoronida) 472
비순환성 광인산화반응(noncyclic photophospho-rylation) 143
비스테로이드성 항염증 약품(nons-teroidal anti-inflammatory drugs: NSAIDs) 733
비아그라 694
비암호화 DNA 255
비연관학습(nonassociative learning) 843
비열(specific heat) 20
비코이드(bicoid) 단백질 286
비타민(vitamins) 650
비타민 A 139, 724
비타민 B12 640
비타민C 650
비타민 D 744
비타민 K 644, 646
비평형(nonequilibrium) 903
빈도의존적 선택(frequency−dependent selection) 330
빈모강(class Oligochacta) 471
빈영양호(oligotrophic lake) 902, 932
빌라드센(S. Willadsen) 285
빗해파리류(Comb Jellies) 455
뼈 618
뾰족민물돔(Crenicichla alta) 334
뿌 리 541
뿌리골무(root cap) 541
뿌리골무 세포(root cap cells) 542
뿌리순(suckers) 606
뿌리압(root pressure) 566
뿌리줄기(rhizome) 417, 549, 606
뿌리-줄기의 축도 556
뿌리털(root hair) 537, 538, 543
뿔이끼류 413

ㅅ

사구체 784
사구체(glomerulus) 790
사람 태반성 생식선 자극호르몬(human chorionic gonadotropin) 831
사막(desert) 925
사망률(mortality rate) 874
사멸 프로그램 291
사바나(savanna) 925

사상위족(filopodia) 398
사이클로스포린(cyclosporin) 760
사이클로옥시게나제-2(cox-2) 733
사이클린의존 키나아제(cyclin-dependent kinases, Cdk' s) 162
사이클린(cyclin) 162
사이토카인(cytokines) 733
사이토키닌(cytokinins) 585, 607
사정(ejaculation) 806
사정관(ejacu-latory duct) 805
사족류(tetrapod) 496
사회(society) 864
사후강직(rigor mortis) 626
산 22
산성 강수(acid precipitation) 933
산성생장가설(acid growth hypothe-sis) 584
산술급수적 증가(arithmetic progression) 10
산탄식 서열판독(shotgun sequencing) 252
산호 454
산호충강(class Anthozoa) 454
산화(oxidation) 18, 106
산화방지제(antioxidant) 292
산화헤모글로빈(oxyhemoglobin) 678
산화－환원 반응(oxidation-reduction reactions) 106
살인독감 A(H1N1) 380
삼염색체성(trisomy) 195
삼점 교배(three-point cross) 192
삼첨판(tricuspid valve) 663
삼투 균형 781
삼투 농도(osmotic concentration) 83
삼투성(osmolality) 781
삼투수용기 666
삼투순응동물(osmo-conformers) 783
삼투압(osmotic pressure) 83, 782
삼투조절동물(osmoregu-lators) 783
삽입 불활성화(insertional inactivation) 298
상대생장(allometric growth) 835
상대정맥(superior vena cava) 663
상동염색체 156
상동적(homologous) 13, 344
상리공생(mutualism) 394, 896
상반교잡(reciprocal cross) 179
상반작용(reciprocity) 865
상 변화(phase change) 592
상보적(comple-mentary) 37, 205
상사적(analogous) 13
상승기(rising phase) 689
상실배(morula) 438, 817
상염색체(autosomes) 193
상위(epistasis) 184
상조근(synergists) 625
상피(epithelium) 613
상호 재조합(reciprocal recombination) 295
새궁(gill arch : 아가미활) 669
새사(gill fil-aments) 669
새엽(lamella) 669
색맹(color blindness) 727
색소(pigment) 138
색소체(plastids) 71
생거(Frederick Sanger) 33
생명표(life table) 874
생물군계(biome) 923
생물군집(biological community) 4
생물기원법칙(biogenic law) 827
생물번영능력(biotic potential) 878
생물정보학(bioinformatics) 254
생물지구화학환(bio geochemical cycle) 905
생물지표 433
생물학적 농축(biological magnification) 933
생식 손실(cost of reproduction) 876
생식 클로닝 314
생식력(fecundity) 874
생식샘자극호르몬(gonadotropin) 739
생식샘자극호르몬 방출호르몬(GnRH) 806
생식잎(Reproductive leaves) 552
생식적 격리 353
생식적 격리 기작(repro-ducticve isolating mechanism) 351
생식전략(reproductive strategy) 857
생존가(survival value) 855
생존곡선(suvivorship curve) 875
생체량(biomass) 911
생태계(ecosystem) 4, 905
생태적 지위의 중복 890
생태적 천이 901
생태 피라미드 913
생활사(life history) 876
샤가스병 399
샤카프(E. Chagaff) 203
샤카프의 법칙(Chargaff' s rule) 203
서던흡입법(Southern blotting) 241
서식처(habitat) 889
서열표지부위(STS, sequenced-tagged site) 250
서튼(Walter Sutton) 188
서폐(book lungs) 480
석관(stone canal) 488
석송 415
석송문(phylum Lycophyta) 550
선단비대증(acromegaly) 740
선도 사슬(leading strand) 208
선도 서열(leader sequence) 225
선모(pilus) 297, 388
선모충병(trichinosis) 461
선별(screening) 233
선태류 411
선태식물(bryophyte) 411
선택(selection) 11, 233
선택적 투과성(selectively permeable) 81
선택표지(selectable marker) 233
선형동물문(phylum Nematoda) 460
설정점(set point) 779
설탕(sucrose) 43, 148, 570
섬모 74
섬모관(corona) 462
섬모충류(Ciliates) 401
섬 생물지리학 918
섬유(red fibers) 632

섬유세포(fibrocyte) 615
섬유아세포(fibroblast) 615
성 연관 189
성 연관(sex-linked) 형질 190
성 페로몬 852
성간 선택(intersexual selection) 858
성게강(Echinoidea) 489
성내 선택(intrasexual selection) 858
성문(glottis) 638, 671
성병(Sexually Transmitted Diseases) 391
성비(sex ratio) 873
성상체 158
성선택(sexual selection) 858
성숙대(zone of maturation) 541, 543
성 스테로이드(sex steroids) 732
섭식기(feeding phase) 407
섭식생물(phagotroph) 398
섭식 행동 855
성염색체(sex chromosome) 193
성인적 상동(homoplasies) 365
성장인자(growth factors) 733
성장호르몬(GH : growth hormone, somatotropin) 739
성장호르몬억제호르몬(growth-hormone-inhibiting hormone: GHIH) 741
성적 각인(sexual imprinting) 846
성적이형(sexual dimorphism) 859
성주기(sexual cycle) 748
성충판(imaginal disc) 279
세균(bacteria) 51
세균(Helicobacter pylori) 640
세균계(Bacteria) 366
세균도메인(bacteria) 366
세균로돕신(bacter-iorhodopsin) 80, 95
세균엽록소(bacteri-ochlorophyll) 390
세대교번 599
세대 시간(generation time) 873
세력권(territoriality) 856
세력권 행동 856
세로토닌(serotonin) 694, 702
세르톨리세포(Sertoli cell) 803
세정관(seminiferous tubules) 803
세크레틴(secretin) 648
세타파(theta waves) 703
세포(cells) 4
세포골격(cytoskeleton) 62, 71
세포기질(cytosol) 64
세포내 섭취(endocytosis) 66, 84, 379, 761
세포독성 T세포(TC) 757
세포막공격복합체(membrane attack complex) 754
세포성 점균류(cellular slime molds) 407
세포성면역(cell-mediated immunity) 756
세포소기관(organelles) 4, 61
세포연접(cell juction) 101
세포외 배출(exocytosis) 86, 692
세포자살(apoptosis) 162, 291
세포질분열(cytokinesis) 160
세포체(cell body) 684
세포판(cell plate) 161
세포 표면 수용체(cell surface receptors) 93
세포 호흡 117
센티모르간(centimorgan) 192
셀레콕시브 733
셀룰로오스 42
소강(lacuna) 618
소골(ossicle) 486
소공(pore) 450
소낭(vesicle) 62
소뇌(cerebellum) 697
소동맥(arteriole) 657
소마토스타틴(somato-statin) 741
소마토트로핀(somatotropin) 248
소비경쟁(exploitative competition) 889
소비자(consumer) 910
소성결합조직(loose connective tissue) 615
소수성(hydrophobic) 21
소엽(leaflets) 551
소엽(microphyll) 550
소장 641
소정맥(venule) 657
소철류 420
소포자모세포(microspore mother cells) 599
소포체(ER, endoplasmic retuculum) 52, 64
소포체 내강(cisternal space) 64
소형 RNAs 269
소화계 635
소화관(complete digestive system) 460
속(gen era) 363
속새 416
속씨식물(angiosperms) 410, 421
솔기핵(raphe nuclei) 694
솔송 416
송과선 732, 748
쇠똥구리(dung beetles) 862
수관계(water-vascular system) 486, 487
수궁류(therapsids) 506, 509
수동면역(passive immunity) 756
수렴진화(convergent evolution) 347
수베린(suberin) 543, 607
수분(pollination) 423
수분매개자 601
수산화인회석(hydroxyapatite) 619
수상돌기(dendrite) 684
수색 이미지(search image) 330
수소결합(hydrogen bonds) 19
수술(stamen) 422, 598
수술군(androecium) 422, 598
수술대(filament) 422
수아강(subclass Theria) 521
수압(hydrostatic pressure) 83
수압절단(hydrodynamic shear forces) 235
수염뿌리(fibrous root) 545
수용기전위(receptor potential) 710
수용능(competence) 592
수용체(intracellular receptors) 92
수용체 단백질(receptor proteins) 90, 692
수용체 중개 세포내 섭취(receptor-mediated endocytosis) 84

수용체 집단(intracellular receptor superfamily) 92
수유 834
수정(fertilization) 168, 815, 606
수정관(vas deferens) 805
수정체(lens) 723
수지(resin) 419
수질네프론(jux-tamedullary nephrons) 790
수집관(collecting duct) 791
수축근 545
수축기(systole) 663
수축기 혈압(systolic pressure) 664
수축포(contractile vacuoles) 84
수퍼일산화질소 680
수프(primordial soup) 49
수피 534
수(pith) 544
숙신산(succinate) 124
숙주 범위(host range) 375
숙주세포 233
순각강(Chilopoda) 481
순응생물(conformer) 867
순1차 생산력(NPP : net primary produc tivity) 911
순종(pure-breeding) 179
순환계 654
순환성 광인산화반응(cyclic photophosphorylation) 142
숫꽃대(tassel) 603
슈도모나스 390
스나이더 318
스크래피(scrapie) 381
스키너(Skinner) 844
스키너 상자 844
스탈(F. Stahl) 205
스탠리(W. Stanley) 370
스터트반트(Sturtevant) 192, 249
스턴(Curt Stern) 191
스테로이드 호르몬 734
스트로마(stroma) 71, 137
스펙트린 79
습관성(habituation) 695
습관화(habituation) 843
습지(wetlands) 932
시냅스(synapse) 691
시냅스간극(synaptic cleft) 691
시냅스소포(synaptic vesicle) 691
시냅스 신호(synaptic signaling) 91
시냅스전 세포(presynaptic cell) 691
시냅스 통합(synaptic integration) 695
시냅스후 세포(postsynaptic cell) 691
시라소니(Lynx canadensis) 882
시반세포(schwann cell) 685
시발(priming) 209
시발체(primer) 207, 240
시상(thalamus) 699, 702
시상하부 699, 702, 740
시스레티날(cis-retinal) 724
시스터네(cisternae) 68
시알라칸트(coelacanth) 503
시엽(optic lobe) 698
시원세포(ray initials) 540
시조새 515
시토카인(cytokines) 759
시트르산(citrate) 124
시트르산회로 119
시페만(Spemann) 288, 825
식균세포 754
식균작용(phagocytosis) 68, 752
식도(gullet) 402, 639
식물계(plantae) 366
식물극(vegetal pole) 276, 818
식물의 생활사 410
식분증(coprophagy) 646
식세포(phagocytes) 769
식세포작용(phagocytosis) 84
신경(nerve) 685
신경관(neural tube) 278, 823
신경관 형성(neurulation) 278, 823
신경교(neuroglia) 685
신경교세포(neu-roglia) 622
신경구(neural groove) 823
신경근 접합부(neuromuscular junction) 692
신경내분비 반사(neuroendocrine reflexes) 738
신경능선(neural crest) 278, 495, 823
신경다발막(perineurium) 617
신경색(nerve cord) 493
신경전달물질(neurotransmitter) 91, 691
신경절(ganglia) 623
신경조정물질(neuromodulators) 694
신경조직 622
신경총(plexuses) 637
신경펩티드(neuropeptides) 694
신경 필라멘트(neurofilament) 72
신경호르몬(neurohormone) 729
신관(nephridium) 465, 784
신구(nephros-tome) 465
신생 바이러스(emerging virus) 381
신수질(renal medulla) 790
신장(elongation) 212, 220
신장대(zone of elongation) 541, 542
신장인자(elongation factors) 225
신피질(renal cortex) 790
신호 서열(signal sequence) 64
신호자극(sign stimulus) 840
신호 증폭(signal amplification) 98
실데나필 806
실무율(all-or-none law) 689
실제지위(realized niche) 889
실험(experiment) 7
심근 621
심근층(myocardium) 622
심박출량(cardiac output) 665
심방나트륨배설호르몬(atrial natriuretic hormone) 666, 749, 796
심방(atrium) 661
심수층(hypolimnion) 931
심실(ventricle) 661
심장혈관계 조절 중추(cardiovascular control centers) 665

심장혈관계 질환 666
심장 회로 663
심전도(ECG) 665
심피(carpel) 422, 598
심해저대(profundal zone) 931
십각목 갑각류(Decapod Crustaceans) 479
십이지장(duodenum) 641
십이지장궤양(duodenal ulcers) 640
싱거(S, Singer) 77
쌀먹이새(bobolink) 849
쌍궁류(diapsids) 509
쌍떡잎식물 422
쌍지배유전자(pair-rule gene) 288
쌍편모충류(Dinoflagellates) 400
쓸개 643

ㅇ

아가미 669
아가미덮개(operculum) 503, 669
아가미방(gill chamber) 824
아가미활 501
아놀드(W. Arnold) 140
아데노신 탈아미노효소(adenosine deaminase) 244
아데닐산고리화효소(adenylyl cyclase) 736
아라키돈산(arachidonic acid) 733
아리스토텔레스 363
아린(bud scale) 546
아린지국(bud scale scars) 546
아메바류(Amoebas) 406
아미노산(amino acid) 31
아민류(biogenic amines) 694
아밀로스(amylose) 43
아밀로펙틴(amylopectin) 44
아브시스산(abscisic acid) 562, 589
아세트알데히드 133
아세틸콜린(acetylcholine, ACh) 630, 692
아세틸콜린가수분해효소(AChE : acetylcholinesterase) 693
아스코르브산 650
아스피린 733
아시아독감 A(H2N2) 380
아연집게(zinc finger) 259
아종(subspecies) 350
아질산(N2O) 694
아플라톡신(aflatoxin) 436
악성빈혈(pernicious anemia) 640
악어류(crocodiles) 512
악어목(order Crocodilia) 512
안점(eyespot) 722
안정화 선택(stabilizing selection) 333
안지오텐신(angiotensin) 666
안지오텐신 I(angiotensin I) 796
안지오텐신 II 796
안지오텐시노겐(angiotensinogen) 796
안토시아닌(anthocyanins) 607
안티센스 RNA 312
알도스테론 666, 732
알라타체(corpora allata) 748
알란토인(allantoin) 789
알레르기(allergy) 774
알레르기항원(allergen) 774
알리 효과(Allee effect) 881
알부민(albumin) 620, 655
α-글로불린 656
α나선 35
α세포 649, 747
알파아드레날린 수용체 735
알파인터페론 754
α튜불린 71
α포도당 44
알파파(alpha wave) 702
α-케토글루타르산(α-ketoglutarate) 124
α-kinase 95
알프레드 윌리스 11
암(cancer) 303
암류(dark current) 726
암모늄이온(NH4+) 909
암모니아(ammonia) 788
암모니아화(ammonification) 909
암술군(gynoecium) 422, 598
암술대(style) 422, 598
암술머리(stigma) 422, 598
암유전자(oncogene) 306
암종(carcinoma) 305
암죽(chyme) 640
암호 사슬(coding strand) 219
압력수용기(baroreceptor) 665, 714
압식 호흡(positive pressure breathing) 671
애기장대(Arabidopsis) 557, 593
액아(axillary bud) 536, 546
액티빈(activin) 284
액틴(actin) 71, 625
액틴-결합 카데린 102
액틴 필라멘트(actin filament) 71, 620
앨런의 규칙(Allen' s rule) 869
앵무조개류 468
야생형(wild type) 192
야콥증후군(Jacob syndrome) 196
양막(amnion) 507, 828
양막란(amniotic egg) 802
양분 저장 558
양서류 503
양성자(proton) 15
양성잡종(dihybrid) 182
양성 주광성(positive phototaxis) 849
양성 피드백 고리(positive feedback loop) 781
양수(amniotic fluid) 828
양수검사(amniocentesis) 196
양안시(binocular vision) 727
양이온(cation) 17
양치류 416
어류의 심장 661
어버이투자(parental investment) 857
억제(inhibition) 902
억제(repression) 261
억제성 시냅스후 전위(IPSP : inhibitory postsynaptic potential) 694

억제인자(repressor) 261
억제제(inhibitor) 113
억제호르몬(inhibin) 806
얼룩핀치새(zebra finch) 856
엄마식물(maternity plant) 606
에드워드 제너 755
에디아카라(Edi-acara) 446
에를리히 769
에머슨(R. Emerson) 140
에볼라바이러스(Ebola virus) 381
에스트라디올 807, 833, 834
에이버리(O. Avery) 201
에임즈(Bruce Ames) 305
에임즈 검사(Ames test) 305
에탄올 발효 133
에틸렌(ethylene, H2C-CH2) 588
에피네프린(아드레날린) 95, 694, 707, 732
엑디손 748
엑손(exon) 226
엔도텔린(endothelin) 733
엔돌핀(endorphins) 694
엔들러(J. Endler) 334
엔케팔린(enkephalins) 694
엔탈피 108
엔테로가스트론(enterogastrones) 648
엔트로피(entropy) 107
엘니뇨(El Niñ) 927
엘라스틴(elastin) 615
엠피실린(ampicillin) 237
여과(filtration) 784
여과섭식자(filter feeder) 450, 468
여성 2차 성징(female secondary sexual characteristics) 807
여왕물질 865
여포(ovarian follicles) 807
여포기 809
여포자극호르몬(FSH : follicle-stimulating hormone) 739, 802
역류(countercurrent flow) 669
역류증폭계(countercurrent multiplier system) 793
역서열 유전자(antisense copy) 589
역수송(countertransport) 88
역위(inversion) 301
역전 피라미드 913
역전사효소(reverse transcriptase) 236, 379
역전이인자(retrotransposons) 255
역치(threshold) 688
연결 단백질(linking protein) 73
연결복합체(spliceosome) 226
연골(cartilage) 617
연골관절(cartilaginous joints) 624
연골세포(chondrocyte) 618
연골어강(class chondrichythes) 502
연관비평형(linkage disequilibrium) 256
연관학습(associative learning) 843
연동운동(peristalsis) 639
연령구조(age structure) 874
연못(pond) 931
연속변이(continuous variation) 183
연수(medulla oblongata) 676, 697, 705
연안대(littoral zone) 931
연역적(deductive) 6
연체동물(Mollusks) 463
연체동물문(phylum Mollusca) 463
연축(twitch) 631
연하중추 638
연합뉴런(interneuron) 684
연합피질(association cortex) 701
열교환(countercurrent heat exchange) 655
열대우림(tropical rain forest) 924
열성(recessive) 179
열역학(thermodynamics) 106
열역학 제1법칙(The First Law of Thermodynamics) 107
열역학 제2법칙(The Second Law of Thermodyna-mics) 107
열충격 단백질(heat shock proteins) 579
염기 22
염류샘(salt gland) 787
염산(HCl) 639
염색체(bacterial artificial chromosome) 62, 64, 252
염색체 불분리(nondisjunction) 194
염증반응 754
염화비닐 311
엽록소(chlorophyll) 70, 138
엽록조직(chlorenchy-ma) 538
엽록체 70, 135, 368
엽상경(cladophyll) 549
엽상위족(lobopodia) 398
엽상체(fronds) 417
엽신(blade) 546
엽액(axil) 546
엽육(mesophyll) 551
엽육조직(palisade mesophyll) 551
엽침(pulvinus) 577
엽흔(leaf scars) 547
영 316
영구동토(permafrost) 926
영구치 638
영양단계(trophic level) 911
영양막(trophoblast) 819, 829
영양번식(vegetative propagation) 549
영양생식(vegetative reproduction) 606
영양세포(nurse cell) 278
영양 연쇄반응(trophic cascade) 914
영역 방어 856
영장류(primates) 521
예방접종(vaccination) 755
오리너구리 521
오스트랄로피테쿠스인(Australopithecines) 524
오이스(C. Woese) 366
오존(ozone) 935
오징어류 468
오카자키 단편(Okazaki fragment) 208
오파린(Alexander Oparin) 49
오페론(operon) 261
옥살로아세트산(oxaloacetate) 124, 149
옥시토신(oxytocin) 738, 833, 834
옥시토신 수용체 833
옥신(auxin) 580

옥신반응인자 558
온대낙엽수림(temperate deciduous forest) 925
온대상록수림(temperate evergreen forest) 926
온대초원(temperate grassland) 925
온도감수성 성 결정(temperature-sensitive sex determination) 937
온도수용기(thermoreceptor) 712
온수용기(warm receptors) 712
온실효과(greenhouse effect) 936
올가미(lariat) 226
올리고사카린(oligosaccharin) 588
올퍼(T. Apler) 382
옵신(opsin) 724
와우각(cochlea) 721
와충강(class Turbellaria) 458
와충류(Turbellarians) 458
와(fovea) 724, 726
완두 178
완성연축섬유(slow-twitch fiber) 631
완전변태 486
완족동물문(phylum Brachiopoda) 473
완족류(Brachiopods) 473
완충액(buffer) 23
왓슨(J. Watson) 204
왕나비(monarch butterflies) 849
외골격(exoskeleton) 474, 476, 623
외군(outgroup) 364
외군 비교(outgroup comparison) 364
외균근(ectomycorrhizae) 434
외늑간근(external intercostal muscles) 675
외떡잎식물 422
외림프(perilymph) 718
외배엽(ectoderm) 276, 443, 612, 820
외부기생생물(ectoparasite) 898
외부수용기(exteroceptor) 710
외부아가미(external gill) 669
외분비선(exocrine glands) 615
외수피(outer bark) 548
외이도 720
외투막(mantle) 465
외피(envelope) 373
외피(pellicle) 402
외피(periderm) 548
외호흡(external respiration) 667
요관(ureter) 790
요도해면체(corpus spongiosum) 805
요막(allantois) 507, 802, 829
요산(uric acid) 789
요소(urea) 789
용균회로(lytic cycle) 375
용원성(lysogeny) 376
용원성 바이러스(lysogenic virus) 376
용원회로(lysogenic cycle) 376
우두(vaccinia) 244, 755
우리카아제(uricase) 789
우비퀴논(ubiquinone) 128
우산이끼류 412
우상복엽(pinnately compound) 551
우성(dominant) 179
우울증 694
운동뉴런(motor neuron) 684
운동단위(motor unit) 630
운동모(kinocilium) 717
운동반응기(motor effectors) 684
운동에너지(kinetic energy) 105
웃음가스 694
웅성구과(male cone) 420
웅성선숙(protandry) 798
워너(O. Werner) 293
워너 증후군(Werner' s syndrome) 293
원겉씨식물(progymnosperms) 418
원구(blastopore) 438, 821
원기(primordia) 422, 546, 550
원뿌리(taproot) 545
원생생물계(protista) 366, 397
원수 아강(subclass Prototheria) 519
원시생명체(protobiont) 49
원시암유전자(proto-oncogene) 306
원시필라멘트(protofilament) 71
원신관(protone-phridium) 783
원심성소동맥(efferent arteriole) 791
원양대 929
원원류(prosimi-ans) 522
원자(atom) 15
원자가 전자(valence electrons) 19, 126
원자번호(atomic number) 15
원장(archenteron) 446, 821
원조(primitive streak) 822
원추세포(cones) 723, 724
원표피(protoderm) 534, 557
원핵생물 59, 383, 683
원형질연락사(plasmodesmata) 103, 104, 541
월경 802, 811
월경기(menstrual phase) 811
월경주기 802, 809
웨너(A. Wenner) 853
웨버 소골(Weberian ossicles) 720
웬트(Went) 582
위 639
위궤양(gastric ulcers) 640
위수강(gastrovascular cavity) 635
위액(gastric juice) 639
위억제펩티드(GIP, gastric inhibitory peptide) 648
위유전자(pseudogene) 254
위족(pseudopods) 398
위층(gastrodermis) 451
위치에너지(potential energy) 17, 105
위치표지(positional label) 285
윌무트(I. Wilmut) 285, 314
윌슨(E.O. Wilson) 918
윌킨스(M. Wilkins) 204
유공충류(Foraminifera) 406
유글레나계통(Euglenozoa) 399
유글레나류(Euglenoids) 399
유글레나속(genus Euglena) 399
유기호흡(aerobic respiration) 117, 119

유대류(marsupials) 347, 521
유도(induction) 284, 823, 826
유동모자이크 모델(fluid mosaic model) 77
유두(papillae) 715
유리(Harold C. Urey) 47, 49
유린목(order Squamata) 511
유문 괄약근(pyloric sphincter) 640
유미목(Urodela) 507
유미유충(cercaria) 459
유미입자(chylomicron) 643
유사분열(mitosis) 154
유선(mammary glands) 517
유성생식(sexual reproduc-tion) 53, 168
유스타키오관(Eustachian tube) 720
유영지(swimmerets) 479
유자충(miracidium) 458
유전상담(genetic counseling) 196
유전의 염색체설(chromosomal theory of inheritance) 188
유전자 597
유전자 동원(gene mobilization) 298
유전자 발현(gene expression) 99, 217
유전자 재조합(genetic recombination) 191
유전자 전달(gene tranfer) 295
유전자 전달 치료(gene transfer therapy) 187
유전자 전환(gene conversion) 194, 300
유전자 지도(genetic map) 192, 249
유전자풀(gene pool) 350
유전자형(genotype) 181
유전자 흐름(gene flow) 326
유전적 부동(genetic drift) 327, 354
유전적 주형(genetic template) 847
유조직(parenchyma) 536, 538
유주자(zoospors) 403, 427
유즐동물문(Ctenophora) 455
유체정학적 골격(hydrostatic skeleton) 623
유축위족(axopodia) 398
유충(larva) 486
유충호르몬(juvenile hormone) 748
유포관 834
유형동물문(phylum Nemertea) 460
육식동물(carnivore) 635
육종(sarcoma) 304
윤생엽 551
윤충류(Rotifers) 462
윤형동물문(phylum Rotifera) 462
융모(villus) 641
은폐색(cryptic coloration) 895
은행나무 421
음경(penis) 803
음낭(scrotum) 803
음성 주광성(negative phototaxis) 849
음성 피드백 고리(negative feedback loop) 778
음세포작용(pinocytosis) 84
음압식 호흡(negative pressure breathing) 671
음엽(Shade leaves) 552
음이온(anion) 17
음핵(clitoris) 807
응애류 481
응집력(cohesion) 20
의체강(pseudocoel) 444
의체강동물(pseudocoelomates) 444, 460
의태 895
이 517
이계교배(outcross) 324
이년생 식물(Biennial plants) 607
이동(migration) 849
이동체(slug) 408
이론(theory) 7
이매패강(class Bivalvia) 467
이매패류(bivalve mollusks) 465
이배체(2n, diploid) 156
이부프로펜도 733
이분열(binary fission) 151
이분염색체 대칭(dyad symmetry) 232
이삭발아(vivipary) 590
이석기관(otolith organ) 719
이석막(otolith membrane) 718
이성질체(isomers) 43
이소시트르산(isocitrate) 124
이소적(allopatric) 355
이소적 종분화(Allopatric speciation) 355
이수성(aneuploidy) 194, 302
이어맞추기(splicing) 226
이어맞추기 복합체(spliceosome) 271
이온(ion) 17
이온결합(ionic bonds) 18
이온통로(ion channel) 81, 93, 710
이자 747
이자아밀라제 642
이자액(pancreatic juice) 637
이중층(phospholipid bilayer) 76
이중흉부 복합체(bithorax complex) 289
이질배수성(allopoly-ploidy) 356
이질염색질(heterochromatin) 155, 255
이첨판(bicuspid valve) 663
이타적 행동 862
이형세포(heterocyst) 394
이형접합성(heterozygosity) 324
이형접합자 우세(heterozygote advantage) 330
이형치열(heterodont dentition) 517
이형포자성 419
이형포자 식물(heterosporous) 415
이형핵성(heterokaryotic) 427
익티오스테가(Ichthyostega) 505
인(nucleolus) 63, 69
인간 게놈 프로젝트 253
인간 면역결핍 바이러스(HIV : human immunodeficiency virus) 771
인간장막생식소자극호르몬(hCG : human chorionic gonadotropin) 811
인구 883
인구 피라미드(populaton pyramid) 884
인대(ligament) 617
인도메타신 733
인돌아세트산(indoleacetic acid, IAA) 583
인두(pharynx) 460, 493, 672

인두낭(pharyngeal pouches) 345, 493
인두열(pharyngeal slits) 493
인디고멧새(indigo bunting) 850
인류(hominids) 523
인슐린(insulin) 747
인슐린유사 성장인자(insulin-like growth factors) 740
인원류(hominoids) 522
인위선택(artifi-cial selection) 11
인자(recognition factor) 66
인지질(phospholipid) 38, 75
인지행동(cognitive behavior) 848
인체백혈구항원(HLA : human leukocyte antigen) 758
인터루킨-1(interleukin-1) 754, 758
인터페론(interferon) 754
인테그린(integrin) 103
인테그린－세포 외 기질(ECM, integrin-to-extracellular-matrix) 283
인트론(intron) 226
인편(scale) 420
일년생 식물(Annual plants) 422, 607
일란성 쌍생아 연구 842
일반결합조직(connective tissue proper) 615
일부다처제 860
일부일처제 860
일산화질소(NO) 666, 680, 694, 805
일시적 격리 352
일액현상(guttation) 566
일염색체성(mono-somy) 195
일정성(constancy) 778
일처다부제 860
일회결실(semelparity) 877
일회호흡공기량(tidal volume) 675
임질(gonorrhea) 391
임질균 Neisseria gonor-rhoeae 391
입 638
입금편모충계통(choano flagellida) 405
입금편모충류(Choanoflagellida) 405
입방해파리강(class Cubozoa) 454
입방해파리류(Box Jellyfish) 454
입체이성질체(stereoisomer) 43
잉꼬(Agapornis) 842
잎(leaves) 536
잎자루(petiole) 546
잎자르는 개미(leafcutter ants) 865
잎차례(phyllotaxy) 546

ㅈ

자가분비 신호발생(autocrine signaling) 90
자가불화합성(self-incompatibility) 604
자가수분(self-pollination) 601, 603
자가수정(self-fertilization) 178
자궁경부암 381
자극-반응 연쇄(stimulus-response chain) 851
자극호르몬(tropic hormones 또는 tropins) 738
자극호르몬방출호르몬(gonadotropin-releasing hormone: GnRH) 741
자기-비자기 인식(self-versus-nonself recognition) 758
자기수용기(proprioceptor) 713
자낭(ascus) 431
자낭과(ascocarp) 431
자낭균문(Ascomycota) 431
자낭포자(ascospores) 432
자동 서열판독기(automated sequencer) 251
자력 728
자리바꿈(transposition) 298
자매염색분체(sister chromatid) 156
자매염색분체 응집(sister chromatid cohesion) 172
자바원인 526
자방(ovary) 422, 598
자성공(female pore) 471
자성선숙(protogyny) 798
자세포(cnidocytes) 452
자연살생세포(natural killer cell) 753
자연선택(natural selection) 8, 11, 323, 327
자엽(cotyledon) 280
자엽초 534
자웅동주(monoecious) 603
자웅동체 생식(hermaphroditism) 798
자웅이숙(dichoga-mous) 식물 604
자웅이주(dioecious) 603
자원분배(resource partitioning) 892
자유신경말단(free nerve endings) 710
자유에너지(free energy) 108
자유에너지 감소반응(exergonic reaction) 109
자유에너지 증가반응(endergonic reaction) 108
자율신경계 705
자율운동뉴런(autonomic motor neurons) 684
자율적 경로 596
자침(trigger) 452
자포(nematocyst) 452
자포동물문(Cnidaria) 452
작동유전자(operator) 261
작동 조건지우기(operant conditioning) 844
잔사식생물(detritivore) 911
잡식동물(omnivore) 635
잡종화(hybridization) 239
잣까마귀(clark' s nutcracker) 845
장기강화(LTP, long-term potentiation) 703
장 드메랑(Jean de Mairan) 578
장란기(archegonia) 412, 418
장막(chorion) 507, 802, 828
장막(serosa) 637
장막엽상체(chorionic frondosum) 830
장막융모(chorionic villi) 197
장상(F.A. Janssens) 190
장상복엽(palmately compound) 551
장애 가설(handicap hypothesis) 859
장일식물(long-day plants) 594
장정기(antheridia) 412, 418
장측흉막(visceral pleural mem-brane) 674
재조합 BST(bovine somatotropin) 248
재조합 DNA(recombinant DNA) 235
재조합 소결절(recombination nodule) 172
재프로그래밍(reprogramming) 315
재흡수(reabsorption) 784
재흡수와 분비 791

저삼투성(hypoosmotic) 83, 781
저생대 930
저수근 546
저장근 545
저장성(hypotonic) 783
적응도(fitness) 329, 855
적응방산(adaptive radiation) 357
적응적 중요성(adaptive significance) 855
적자생존(survival of the fittest) 11, 330
적조(red tide) 400
적혈구(erythrocyte) 619, 656
적혈구생산(erythropoiesis) 656, 749
적혈구생성소(erythropoietin) 656
전구동물(protostome) 444
전극(anterior pole) 286
전기 158
전기 I 172
전기수용기 728
전뇌 698
전단(anterior) 443
전두엽(frontal lobes) 699, 700
전립선(prostate gland) 805
전분화능(pluripotent) 320
전사(transcription) 217
전사 관련 인자(TAFs, transcription-associated factors) 265
전사방울(transcription bubble) 220
전압관문이온통로(voltage-gated ion channels) 688
전위(translocation) 225
전위차(potential difference) 685
전이(metastases) 304
전이성인자(transposable elements) 255
전이인자(transposon) 295, 297
전자(electron) 15
전자 공여체(electron donor) 141
전자 수용체(electron acceptor) 141
전자전달 연쇄(Electron Transport Chain) 119, 127
전접합 격리 기작(Prezygotic Isolating Mechanisms) 351
전정장치(vestibular apparatus) 719
전좌(translocation) 301
전좌다운증후군(translocation Down syndrome) 195
전체론적 개념(holistic concept) 887
전할(holoblastic cleavage) 818
전형성층(procambium) 534, 557
절(node) 546
절간(internode) 546
절간 경로(internodal pathways) 665
절전뉴런(preganglionic neuron) 706
절지동물 474
절지동물문(phylum Arthropoda) 474
절충(trade-off) 876
절편 중복(segmental duplications) 254, 255
절후뉴런(postganglionic neuron) 706
점균류(slime molds) 407
점막(mucosa) 615, 637
점막하조직(submucosa) 637
점박이송사리(Rivulus hartii) 333
점착성 말단(sticky ends) 232
접착연접(adherens junction) 103
접착용 세포족(lamellipodia) 276
접촉성 피부염(contact dermatitis) 775
접합(conjugation) 297, 402
접합(synapsis) 170
접합균문(Zygomycota) 430
접합사 복합체(synaptonemal complex) 170
접합자(zygote) 168, 556, 797
접합포자낭(zygosporangium) 430
정낭(seminal vesicle) 805
정단복합체(apical complex) 400
정단복합체충류(Apicomplexes) 400
정단분열조직(apical meristems) 280, 533, 555
정맥(vein) 657
정맥동(sinus venosus) 661, 662
정맥판막(venous valve) 659
정맥펌프(venous pump) 659
정방형(Punnett square) 181
정세포(sper-matid) 804
정신분열증 694
정아(terminal bud) 546
정원창(round window) 721
정20면체(icosahe-dron) 375
정자(spermatozoa) 797, 804
정자경쟁(sperm competition) 859
정자 수용낭(sperm receptacle) 471
정전관(vestibular canal) 721
젖니 638
젖당(lactose) 43
젖산 632
젖산 발효 134
젖산 역치 632
제2난모세포(secondary oocyte) 809, 815
제2정모세포(secondary spermatocytes) 804
제2형(type II) 747
제1난모세포(primary oocytes) 809
제1 정모세포(primary spermatocyte) 804
제1형(type I) 747
제한 단편길이다형(RFLP, restriction fragment length polymorphism) 250
제한 핵산중간가수분해효소(restriction endonuclease) 231
조간대(intertidal region) 929
조개류(Bivalves) 467
조건 자극(conditioned stimulus) 844
조건화(conditioned) 844
조골세포(osteoblast) 619
조류 513, 819
조면소포체(rough ER) 64
조무래기따개비(Chthamalus stellatus) 889
조밀결합조직(dense connective tisse) 615, 617
조상형질(원시형질 : ancestral) 364
조세포(synergids) 423
조숙성(precocial) 860
조절발생(regulative development) 283
조직(tissue) 4, 612
조직특이성 줄기세포(tissue-specific stem cell) 318
조직 플라스미노겐 활성화인자(tissue plasminogen activator) 244
조치류(thecodonts) 509

조효소(coenzyme) 114
종(species) 4, 363
종간경쟁(interspecific compe-tition) 889
종결(termination) 212, 221, 226
종 다양성 구배(species diversity cline) 917
종 다양성 효과 915
종분화(specia-tion) 349
종속영양생물(heterotrophs) 117, 390, 910
종수-면적관계(species-area relationship) 918
종양(tumor) 303
종양억제유전자(tumor-suppressor genes) 308
종자 559
종자식물 418
종피(seed coat) 422, 559
좌우 기관지(bronchus) 672
좌우대칭(bilateral symmetry) 443
좌우대칭동물(Bilateria) 438, 451
좌우대칭 무체강동물(Bilaterian Acoelomates) 456
주공(micropyle) 420, 422
주기(cell-cycle) 156
주둥이(proboscis) 460
주름위(abomasum) 645
주성(taxis) 849
주세포(chief cell) 639
주수법(douche) 812
주심(nucellus) 420
주위 모세혈관(peritubular capillaries) 791
주조직적합성복합체(MHC : major histocompatibility complex) 757
주축세포(columella cells) 542
주피(integument) 420, 422
주혈흡충증(schistosomiasis) 459
주형 사슬(template strand) 219
주홈(major groove) 257
죽상경화증(artherosclerosis) 273, 667
준비태세(learning preparedness) 845
준조광대(limnetic zone) 931
줄기(stems) 536
줄기세포 316
중간 필라멘트(intermediate filaments) 72, 102
중교(mesohyl) 450
중기(metaphse) 160
중기 I 173
중기판(metaphase plate) 160
중도교란 가설(intermediate disturbance hypothesis) 903
중량(weight) 16
중배엽(mesoderm) 277, 443, 612, 820
중복(duplica-tion) 302
중복수정(double fertilization) 424, 606
중복 순환(double circulation) 662
중성백혈구(neutrophil) 657, 753
중성원자(neutral atoms) 17
중성자(neutron) 15
중쇄(heavy chains) 763
중심 액포(central vacuole) 61
중심립(centrioles) 72, 158
중심원리(central dogma) 217
중심주(stele) 544
중심체(centrosome) 72
중엽(middle lamella) 161
중이(middle ear) 720
중이강(middle ear cavity) 721
중일식물(day-neutral plants) 595
중추신경계(CNS) 623, 684, 709
중추화학수용기(cental chemoreceptors) 676
중축골격(axial skeleton) 623
중탄산염(HCO3－) 680
중판위(omasum) 645
중합체(polymer) 26
중합효소(polymerase) 207
증산(transpiration) 539
증산 속도의 조절 568
증산작용(transpiration) 565
증식기(prolif-erative phase) 811
증진효과(enhancement effect) 143
증폭자(enhancer) 266
지구온난화(global warming) 936
지구의 자장 850
지네류(Centipedes) 481
지렁이류(Earthworms) 471
지방(fats) 40
지방산(fatty acids) 39
지방산 합성효소 복합체 112
지방세포(adipose cell) 615, 617
지베렐린(gibberellins) 586, 596
지베렐린산 562
지상계(shoot system) 536
지수생장 모델 878
지연성 과민증(delayed hypersen-sitivity) 774
지용성 호르몬(lipophilic hormone) 732
지의류(lichen) 433
지주근(prop root) 545
지지세포(supporting cell) 685
지질(lipids) 38
지체 사슬(lagging strand) 208
지하수 906
직립보행(bipedal) 523
직접 접촉(direct contact) 90
진드기류 481
진드기목(order Acari) 481
진딧물 570
진사회적(eusocial) 864
진원류(anthropoids) 522
진정염색질(euchromatin) 155
진정후생동물(Eumetazoa) 438, 451
진체강(coelom) 442, 444
진피(dermis) 752
진핵도메인(eukarya) 366
진핵세포 52, 61
진화(evolution) 8
질량(mass) 16
질소노폐물(nitrogenous wastes) 788
질소 순환 908
질화작용(nitrification) 390
집광체(antenna complex) 140
집단선택(group selection) 862

집단유전학(population genetics) 323
집적(summation) 631, 688, 710
짚신벌레(Paramecium) 401
찌르레기(starlings) 850

ㅊ

차등전위(graded potential) 687
착상(implantation) 830
착생식물(epiphytes) 897
찰스 다윈(Charles Robert Darwin, 1809~1882) 8
창고기 Amphioxus 291, 493
창사골(wishbone) 515
창시자 효과(founder effect) 327
척색(notochord) 491, 823
척색동물(craniate chordates) 495, 818
척색동물문(phylum Chordata) 491
척수 703
척주(vertebral column) 495
척추동물(Vertebrates) 495, 611
척추동물아문(subphylum Vertebrata) 495
천공소(perforin) 753
천공판(madreporite) 487
천연두 755
천이(succession) 901
천체 단서 850
천해대 929
첨체(acrosome) 804
청색광 감지 분자(cryptochrome) 595
청소골(ossicles) 720
체강(body cavity) 442
체강(coelom) 823
체강동물(coelomates) 444
체관(sieve tubes) 541
체관부(phloem) 536, 540, 570
체관 요소(sieve-tube members) 537, 540
체관적재(phloem loading) 571
체내수정(internal fertilization) 799
체성운동뉴런(somatic motor neuron) 630, 684
체세포(somatic cells) 168, 540
체세포돌연변이(somatic mutation) 764
체세포 DNA 재정렬(somatic DNA rearrange-ment) 764
체순환(systemic circulation) 661
체액성면역(humoral immunity) 756
체역(sieve areas) 540
체온 조절 779
체외수정(external fertilization) 799
체이스(M. Chase) 201
체절 278, 446, 823
체절결정 유전자(Homeotic Genes) 289
체절극성유전자(segment polarity gene) 288
체절분열(schizogany) 398
체절제(segmentation) 447
체절화(segmentation) 468, 491
체측흉막(parietal pleural membrane) 674
체판(sieve plates) 541
초생물(superorganism) 887
초식동물(herbivore) 635
초유(colost-rum) 834
초인산염(super phosphate) 910
초정상 자극(supernormal stimulus) 841
초파리(Drosophila) 357
촉각다리 복합체(antennapedia complex) 289
촉매(catalyst) 109
촉매작용(catalysis) 109, 112
촉수동물(Lophophorates) 472
촉진(facilitation) 902
촉진유전자(promoter) 217, 219, 221, 261
촉진확산(facil-itated diffusion) 82
촌충강(class Cestoda) 459
촌충류(Tapeworms) 459
총기류(lobe-finned fishes) 503
총배설강(cloaca) 636, 644
최대흡수역(absorption maximum) 724
최적섭식이론(optimal foraging theory) 855
최적온도(optimum temperature) 112
최적 pH(optimum pH) 113
최초 생식 연령 877
추간판(intervertebral discs) 624
추계순환(fall overturn) 932
추이대(ecotone) 889
추충류(Phoronids) 472
축(tetanus) 631
축색(axon) 622, 684
춘계순환(spring overturn) 932
춘화처리(vernalization) 596
출생 833
출아(budding) 379, 398
출아법(budding) 798
춤 언어(dance language) 852
충치(dental caries) 391
측두엽(temporal lobes) 699
측면슬상핵 726
측분비(paracrine) 730
측분비 신호(paracrine signal) 90
측생동물(Parazoa) 438, 449
측생분열조직(lateral meristem) 533, 555
측선계(lateral line system) 503, 716
측쇄(side group) 31
치료 클로닝(therapeutic cloning) 319
치밀골층(compact bone) 619
치사성 적혈모구증(erythroblastosis fatalis) 768
치설(radula) 465
친수성(hydrophilic) 21
친족 각인(filial imprinting) 845
침(prickle) 552
침(stylet) 460
침샘 638
침엽수 419

ㅋ

카데린(cadherin) 102, 283
카데린 도메인 283
카로티노이드 138, 607
카스파리 띠(Casparian strips) 543, 565
카우프만(T. Kaufmann) 289
카이만(caimans) 512

카테콜아민(cate cholamines) 732
칼모듈린(calmodulin) 97, 737
칼슘이온(Ca^{++}) 96, 629
칼시토닌 271, 743
캘빈회로(calvin cycle) 136, 145, 146
캠벨(K. Campbell) 285
캡시드(capsid) 373
캡형성(capping) 226
커넬(J. H. Connell) 889
케라틴(keratin) 72, 615
케틀웰(B. Kettlewell) 339
켐벨(K. Campbell) 314
코끼리바다표범(elephant seal) 859
코넥슨(connexon) 103
코돈(codon) 218
코라나(H.G. Khorana) 219
코렌스(Karl Correns) 188
코로나바이러스 381
코르크 세포(cork cells) 548
코르크피층(phelloderm) 548
코르크형성층(cork cambium) 534, 538, 548
코르티기관(organ of Corti) 721
코르티졸 732, 739, 745
코르티코스테로이드(corticosteroids) 732, 745, 774, 833
코르티코스테론 739
코르티코트로핀방출호르몬(corticotropin-releasing hormone: CRH) 741
코아세르베이트(coacervate) 50
코올(L. Cole) 912
코카인 695
코헤신(cohesin) 160
코헨(S. Cohen) 234
콘돔 812
콘드로이틴(chon-droitin) 617
콜라겐(collagen) 283, 615
콜레라 376
콜레시스토키닌(CCK, cholecystokinin) 648
쾌감경로 695
쿠에노(Cuenot) 184
쿠크(H. Cooke) 292
쿠틴(cutin) 536
퀴논 141
큐티클 536
크라카토 섬 902
크랩스(C. Krebs) 882
크랩스회로(Krebs Cycle) 112, 119, 124
크레아틴 인산 632
크레틴병(cretinism) 743
크로마뇽인 528
크로이츠펠트야콥병 381
크리스테(cristae) 70
크릭(F. Crick) 204
크립토크롬 595
큰가시고기(stickleback) 841
클라미디아(Chlamydia) 393
클라스린(clathrin) 84
클라인펠터증후군(Klinefelter syndrome) 196
클로렐라 405
클론결실(clonal deletion) 765
클론선택(clonal selection) 765
클론억제(clonal suppression) 765
키네신(kinesin) 72, 73, 286
키넥틴(kinectin) 73
키메라(chimera) 234, 284
키모트립신 642
키아스마(chiasma) 172
키아스마타(chiasmata) 170
키티나제(chitinase) 45
키틴(chitin) 45, 427, 623

ㅌ

타가수정(cross-fertilization) 178, 458
타가영양생물 437
타액 638
타화수정 603
탄산(H2CO3) 676, 680
탄산무수화효소 680
탄소 고정(carbon fixation) 146
탄소 순환 907
탄수화물(carbohydrates) 41
탈리(abscission) 607
탈리대(abscission zone) 607
탈분극(depolarize) 688
탈수합성(dehydration synthesis) 26
탈아미노작용(deamination) 131
탈질소반응(denitrification) 909
탈질소세균(denitrifiers) 393
탈피호르몬(molting hormone) 748
탈피(ecdysis) 476, 623
탐침(probe) 239
태반 517
태반 포유류(placental mammals) 521
태생(viviparity) 800
태아역(fetal zone) 833
태양새(sun birds) 857
태충류(Bryozoans) 473
태형동물문(phylum Ectoprocta) 473
탯줄 833
터너증후군(Turner syndrome) 196
터트(J. W. Tutt) 339
턱의 진화 501
턱잎(stipule) 550
털(hair) 517
털연변부(brush border) 641
텔로메라제(telomerase) 313
텔로미어(telomere) 313
톰슨 317
통각수용기(nociceptor) 712
통기근(pneumatophore) 545
통기조직(aerenchyma) 570
통풍(gout) 789
통합중추(inte-grating center) 779
투광대(photic zone) 931
투명대 815
투아타라류(Tuataras) 511
툰드라(tundra) 926

퉁가라개구리(Túgara frog) 860
트라이언(R. Tryon) 841
트랜스듀신(trasducin) 98
트랜스포사제(transposase) 298
트로코포라(trochophore) 466
트로포닌(troponin) 629
트로포닌-트로포미오신 복합체 629
트로포미오신(tropomyo-sin) 629
트리글리세리드(triglyceride) 40
트리아실글리세롤(triacylglycerol) 40
트리아진(triazine) 328
트리요도티로닌(T3) 734
트리파노소마 399, 772
트립신 642
특수결합조직(special connective tissues) 615
특이적(species-specific) 851
특이전사인자(specific transcription factors) 265
틀이동 돌연변이(frameshift mutation) 301
티록신 734, 743
틴버겐 841, 855
틸라코이드(thylacoids) 71, 137
틸만(D. Tilman) 915

ㅍ

파골세포(osteoclast) 619, 744
파보바이러스(parvovirus) 188
파브로프형 조건지우기(Pavlovian conditioning) 844
파생형질(derived) 364
파스퇴르 756
파시니소체(Pacinian corpuscle) 713
파아지(phage) 375
파아지전환(phage conversion) 376
파악기(claspers) 502
파알(Paal) 582
파지(phage) 233
파충류 507, 819
파킨슨병 694, 702
파필로마바이러스 381
판(placode) 824
판근(buttress root) 546
판피어류(placoderms) 501
팽압(turgor pressure) 84, 577
퍼스트(N. First) 314
퍼옥시솜(peroxisome) 68
페니실린 431
페닐케톤뇨증 197
페레독신(Fd, ferredoxin) 145
페로몬(pheromone) 351, 485, 730, 852
페리틴(ferrtitin) 247, 273
펩시노겐 639
펩신(pepsin) 639
펩티도글리칸(peptidoglycan) 51, 59, 386
펩티드결합(peptide bond) 31
편도체(amygdala) 702
편리공생(commensalism) 394, 896
편모 64, 74, 384, 388
편서풍 922
편절(proglottids) 459
편형동물(Flatworms) 456
편형동물문(Phylum Platyhelminthes) 456
평균곤(halteres) 484
평형 (equilibrium) 903
평형낭(statocyst) 717
평형석(statolith) 717
평형전위(equilibrium potential) 687
평활근 621
평활근층(muscularis) 637
폐(lung) 671
폐결핵 391
폐동맥(pulmonary arteries) 663
폐쇄순환계(closed circulatory system) 444
폐쇄혈관계(closed circulatory system) 653
폐순환(pulmonary circulation) 661
폐정맥(pulmonary veins) 663
폐포(alveolus) 672
폐활량(vital capacity) 675
포낭섬유증(cystic fibrosis) 187, 244
포낭충계통(Alveolata) 400
포낭 398, 400, 718
포도당(glucose) 41
포레 족 381
포르피린 138
포린(porin) 80
포만인자(satiety factor) 649
포배(blastula) 276, 438, 444, 817, 819
포배강(blastocoel) 817
포스포디에스테르 결합(phosphodiester bond) 203
포스포리파아제C 736
포스포에놀피루브산 149
포스포프락토키나아제 130
포식(predation) 893, 918
포식기생충(parasitoid) 898
포엽(bracts) 552
포유동물 819
포유류 516
포자(spore) 384, 411
포자낭(sporangium) 408, 411, 430
포자낭병(sporangiophores) 430
포자모세포(sporocyte) 411
포자체(sporophyte) 411
포자체 불화합성(sporophytic self-incompatibility) 604
포자체 조직 556
포자포낭(sporocyst) 459
포토트로핀(phototropin) 575
포톱신(photopsin) 724
포트리쿠스(I. Potrykus) 247
포화(saturated) 40
폴리펩티드(polypeptide) 33
표수층(epilimnion) 931
표식(landmarks) 249
표적세포(target cell) 729
표피(epidermis) 536, 613
표피세포(epidermal cells) 280
표피조직(dermal tissue) 537, 557
표피조직계(dermal tissue system) 536
표현형(phenotype) 181

푸르킨예섬유(Purkinje fibers) 665
푸마르산(fumarate) 124
풍매화 603
퓨린(purine) 37
프락토스이인산(fructose bisphosphate) 130
프랭클린(R. Franklin) 203
프레리(prairies) 925
프레온 935
프로락틴(PRL : prolactin) 739, 740, 834
프로락틴억제호르몬(prolactin-inhibiting factor: PIF) 741
프로스타글란딘(prostaglandins) 733, 754, 811, 833
프로파아지(prophage) 376
프루시너(S. Prusiner) 382
프리모솜(primosome) 211
프리쉬(Friesch) 853
프리온(prion) 382
플라그(plaque) 391
플라눌라(planulae) 452
플라스미드(plasmid) 233, 295
플라스토시아닌 (pC, plastocyanin) 144
플라스토퀴논, Q 144
플라젤린 384
플레밍 154
플루옥세틴 694
피(epidermis) 752
피낭(tunic) 493
피낭류(tunicates) 493
피드백 억제(feedback inhibition) 113
피루브산 123
피루브산 산화(Pyruvate Oxidation) 119
피루브산 탈수소효소(pyruvate dehydrogenase) 112, 124
피리미딘(pyrimidine) 37
피막(capsule) 388, 617
피목(lenticels) 548
피부수용기(cutaneous receptors) 712
피부호흡(cutaneous respiration) 661
피브로넥틴 283
피브리노겐(fibrinogen) 620, 656
피브린(fibrin) 657
피임(contraception) 812
피질네프론(cortical nephrons) 790
피층(cortex) 543
피크의 확산법칙(Fick' s Law of Diffusion) 667
피토크롬(phytochrome) 573, 595
피트산염(phytate) 248
피하모낭(hair follicle) 517
피하조직층(layer of subcutaneous tissue) 752
핀치새(Geospiza) 337, 358
필수무기질(essential minerals) 651
필수 아미노산(essential amino acid) 650
필수영양소(essential nutrients) 650

ㅎ

하감(chancre) 393
하강기(falling phase) 689
하대정맥(inferior vena cava) 664
하디(Hardy) 324
하디-바인베르크 평형 325
하배축 534
하버란트(Haberlandt) 585
하버스계 619
하버스관(Harversian canal) 619
하인리히(B. Heinrich) 849
학명(scientific name) 363
학습(learning) 843
한대침엽수림(taiga) 926
한타바이러스(hantavirus) 381
할구(blastomere) 275, 817
할로(H. Harlow) 846
함입(invagination) 820
합성연결자 서열(synthetic linker sequence) 235
합성 옥신 584
합체절(tagma) 476
합체절화(tagma-tization) 476
합포성 배반엽(syncytial blastoderm) 288
항문(cytoproct) 402
항상성(homeostasis) 4, 777, 867
항아리균류 Batrachochytrium dendrobatidis 435
항아리균문(Chytridiomycota) 429
항온동물(homeotherms) 802
항원(antigen) 756
항원 불연속변이(antigen shifting) 772
항원결정기 부위(antigenic determinant sites) 756
항원제시세포(anti-gen-presenting cell) 758
항이뇨호르몬(ADH : antidiuretic hormone 또는 vasopressin) 666, 738, 793
항체(antibodies) 620, 756, 763
항체의 다양성 764
항행(navigation) 850
해당과정(Glycolysis) 119, 121
해마(hippocampus) 702, 845
해면(The Sponges) 450
해면골(spongy bone) 619
해면동물문(phylum Porifera) 438, 450
해면엽육조직(spongy mesophyll) 551
해면질(spongin) 450
해면체(corpora cavernosa) 805
해밀턴(W.D. Hamilton) 862
해삼강(Holothuroidea) 489
해수면 상승 938
해우(manatee) 346
해파리(Jelly Fish) 453
해파리강(class Scyphozoa) 453
핵(nucleus) 62
핵공(nuclear pore) 63
핵막(neclear envelope) 63
핵산(nucleic acid) 36, 202
핵산가수분해효소(nuclease) 207
핵산내부가수분해효소(endonuclease) 207, 273
핵산말단가수분해효소(exonuclease) 208
핵산분해효소(nuclease) 231
핵산중간가수분해효소(restriction endonuclease) 769
핵심 촉진유전자(core promoter) 221
핵심종(keystone species) 900
핵양체(nucleoid) 151, 384, 388
핵 융합 817

핵질(nuclein) 202
핵형(karyotype) 156
행동(behavior) 839
행동권(home range) 856
행동생태학(behavioral ecology) 855
행동 유전학 841
허시(A. Hershey) 201
헌팅턴병 693
헤모글로빈(hemoglobin) 619, 678
헤모시아닌(hemocyanin) 678
헤이플릭(L. Hayflick) 292
헤이플릭 한계 292
헤켈(E. Haeckel) 827
헨레 고리(loop of Henle) 790, 791
헬리카제(helicase) 293
헴기(heme groups) 678
헴멀링(J. Hammerling) 199
현수인대(suspensory ligament) 723
혈관수축(vasoconstriction) 658
혈관확장(vasodilation) 658
혈구 656
혈뇌장벽(blood brain barrier) 676
혈당 조절 779
혈소판(thrombocyte) 619, 657
혈액 619, 655
혈연 선택(kin selection) 862, 863
혈장(plasma) 655
혈청(serum) 656
혐기성 세균(anaerobic bacteria) 50
협각(chelicerae) 480
협심증(angina pectoris) 666
형성체(organizer) 284, 825
형질대치(character displacement) 357, 892
형질상태(character state) 364
형질세포(plasma cell) 757, 762
형질전환(transformation) 201, 376
형질전환된 식물들(transgenic plants) 247
형질전환성장인자 경로(transforming growth factor pathway) 288
형태발생물질(morphogen) 284
형태형성(morphogenesis) 280, 558
호르몬(hormones) 90, 729
호르몬길항물질(hormone antagonist) 749
호르몬유사물질(hormone agonist) 749
호메오도메인(homeodomain) 259
호메오도메인 모티프 259
호메오박스(homeobox) 289
호모사피엔스(Homo sapiens) 527
호분(aleurone) 562
호삼투생물(osmotrophs) 398
호생엽 551
호수(lake) 931
호에오신성백혈구(eosinophil) 657
호열세균(extreme thermophiles) 51
호열세균(Ther-motoga) 367
호열세균(thermophiles) 367
호염기성백혈구(basophil) 657
호염세균(extreme halophiles) 51
호염세균(halophile) 367
호흡조절 676
혹위(rumen) 645
혼성세포(hybridoma) 768
홀데인(J.B.S. Haldane) 49, 862
홍조식물문(Rhodophyta) 403
홍채(iris) 722
홍콩독감 A(H3N2) 380
홑잎(simple leaves) 551
화관(corolla) 598
화분관(pollen tube) 424, 606
화분립(pollen grains) 423, 599
화탁(receptacle) 422
화학결합(chemical bond) 18
화학관문이온통로(chemical-gated channels) 93, 687
화학독립영양생물(chemoautotrophs) 389
화학삼투(chemiosmosis) 129
화학수용기(chemoreceptor) 710, 714
화학적 시냅스(chemical synapse) 91
화학적 암발생설(chemical carcinogenesis theory) 305
화학종속영양생물(chemoheterotrophs) 390
확산(diffusion) 81
확인점(checkpoint) 161
확장기(diastole) 663
확장기 혈압(diastolic pressure) 664
환경수용력(carrying capacity) 878
환대(clitellum) 471
환상관(ring canal) 487
환원(reduction) 18, 106
환원력(reducing power) 107
환형동물(annelids) 469
환형동물문(phylum Annelida) 469
활동전위(action potential) 688
활막(synovial capsule) 624
활막관절 624
활면소포체(smooth ER) 66
활성 부위(active site) 110
활성제(activator) 114
활성화 815
활성화도메인(activating domains) 268
활성화에너지(activation energy) 109
활성화인자(activator) 263, 265
활성화 효소(activating enzymes) 223
활주 기작 625
활주 집게(sliding clamp) 211
활주 필라멘트 기작(sliding filament mechanism) 625
황달(jaundice) 642
황세균(Sulfur Bacteria) 120
황체(corpus luteum) 810
황체기 810
황체용해소(luteolysin) 811
황체형성호로몬(LH) 802
황체호르몬(LH : luteinizing hormone) 739
황화수소(H2S) 120
황화현상(etiolation) 574
회백질(gray matter) 685
회색가지나방 Biston betularia 339
회색신월환 817, 825

회장(ileum) 641
회전환복제(rolling-circle replication) 297
회충(Roundworms) 460
획득형질(acquired characteristics) 323
횡격막(diaphragm) 517, 675
횡단가교(cross bridge) 625
횡단가교 형성 회로(cross-bridge cycle) 626
횡문근(striated muscle) 620
횡소관(trans-verse tubules : T소관) 630
효과인자(effector) 261
효모 인공 염색체(yeast artificial chromosome) 252
효소(enzyme) 109
효소-기질 복합체(enzyme-substrate complex) 111
효소원(zymogen) 642
후각조직 538
후각조직(collenchyma) 세포 538
후구동물(deuterostome) 445
후기 I 174
후기촉진복합체(APC, anaphase-promoting complex) 160
후단(posterior) 443
후두(larynx) 638, 672
후두개(epiglottis) 638
후두엽(occipital lobes) 699
후벽섬유(fiber) 539
후벽세포(sclereid) 539
후벽조직(sclerenchyma) 539
후성적 변화(epigenetic change) 269
후접합 격리 기작(Postzygotic Isolating Mechanisms) 352
후천성면역결핍 증후군(AIDS : acquired immune deficiency syndrome) 771
후항문 꼬리(postanal tail) 493
훔볼트 한류 927
훼두목(order Rhynchocephalia) 511
휴면 579
휴면아(dormant bud) 589
휴지막전위(resting membrane potential) 685
흉강(thoracic cavity) 611
흉막강(pleural cavity) 674
흉선 748, 756
흔들춤(waggle dance) 853
흔적 구조(vestigial structures) 346
흡충강(class Trematoda) 458
흥분성 시냅스후 전위(EPSP : excitatory postsynaptic potential) 693
흥분수축연관(excitation-contraction coupling) 630
희소돌기아교세포(oligodendrocyte) 685
흰꼬리사슴(white-tailed deer) 893
흰목참새(white-crowned sparrows) 846
히드라(Hydroids) 453
히드라충강(class Hydrozoa) 453
히스속(bundle of His) 665
히스타민 754
히스톤(histone) 64
힘줄(tendon) 617, 625

[영문 찾아보기]

A

A대(A band) 625
A 부위(aminoacyl site) 224
A. crenulata 200
A. mediterranea 200
AAV(adeno-associated virus) 188
ABO 혈액형(ABO system) 767
Acetabularia 199
acetyl-CoA 123
aconitase 273
ACTH 741
adenylyl cyclase 95
ADP(adenosine diphosphate) 115
Agrobacter-ium tumefaciens 245
AIDS (aquired immunodeficiency syndrome) 377, 812
allolactose 263
ALu 255
Amaranthus hybridus 328
aminoacyl-tRNA synthetase 223
AMP(adenine monophosphate) 114
Antenna-pedia(촉각다리 유전자) 289
antisense(−) 사슬 219
apolipoprotein B 272
aq 중합효소 240
aquaporin 83
ATP(adenosine triphosphate) 38, 114
ATP 합성효소(ATP synthase) 118
Australopithecus속 524

B

B세포 756
BAC 252
Bacillus thuringiensis 247
bakanae병 586
bax 단백질 292
bax 유전자 291
bc1 복합체 128
bcl-2 292
bicoid 287, 290
bicoid mRNA 286
bithorax(이중흉부 유전자) 289
b6−f 복합체(b6−f complex) 144

C

C기(cytokinesis) 157
C3 광합성 149
C3 광합성(C3 photosynthesis) 146
C4 광합성(C4 photosynthesis) 149
CAAT 박스 221
Caenorhabditis elegans 269, 282, 461
CAM 식물 150

cAMP(cyclic adeno-sine monophosphate) 95, 263, 408, 736
CAP(catabolite activator protein) 263
carbonic anhydrase 110
carboxypeptidase 114
catalase 69
CCR5 379
CD4$^+$ T세포 758, 771
CD4$^+$세포 378
CD8 758
cDNA 236
ced-3 291
ced-4 291
ced-9 291
cf 유전자 187
CGRP(calcitonin gene-related peptide) 271
Chlamydia trachomatis 393
Chlamydomonas 404
cis 부위 67
cM(센티모건) 249
CO 유전자 595
contig(contiguous stretch of DNA) 252
cox-1 733
cox-2 733
CpG 섬 310
CXCR4 379
CYCLOIDIA 유전자 599
cytochrome c 128

D

DDT 933
det2 돌연변이체 574
dicarboxylate cotransporter 294
dicer 269
DNA(deoxyri bonucleic acid) 36
DNA 결합 모티프(DNA-binding motif) 257
DNA 라이브러리(DNA library) 235
DNA 시발효소(primase) 209
DNA 연결효소(DNA ligase) 210, 232
DNA 지문(DNA fingerprint) 242
DNA 지문감식(fingerprint) 861
DNA 포장(packaging) 269
DNA helicase 209
Dolly 314
dorsal 287
Down 195

E

E 부위(exit site) 224
E1B 313
E2F 313
EcoRI 234
EGF 308, 312
embryonic flower 593
engrailed 290
engrailed 유전자 288
EPSP 합성효소 246
erythropoietin(EPO) 188
EST(expressed sequence tag) 254
ethidium bromide 250

F

F1 세대(first filial generation) 179
F2(second filial generation)세대 180
FAD(flavin adenine dinucleotide) 125
farnesyl transferase 312
fibronectin 283
Flavr Savr" 토마토 245
follicle 515
fosB 842
Frankia 394
FtsZ 단백질 152
Fundulus heteroclitus 328

G

G단백질 94
G단백질결합 수용체(G-protein-linked receptor) 94
G단백질(G proteins) 708, 736
G0 157
G1 157
G1/S 확인점 162
G2/M 확인점 162
G3P 122, 148
GA(gibberellic acid) 586
GABA(gamma-aminobutyric acid) 693
GC 머리핀 221
Giardia 396
Gibberella fujikuroi 586
glyphosate 246
gp120 379
GTP 결합 단백질(guanosine triphosphate-binding protein) 94
guanylyl cyclase 93
gurken 287
Gurken mRNA 287

H

H대(H band) 625
Haemophilus influenzae 254
hairy 288
Hashimoto thyroiditis(하시모토 갑상선염) 774
HER2 312
herceptin 312
Herpes simplex 244
Hfr 세포 297
HIV(human immunodeficiency virus) 377
homeodomain 290
Homo 속 524
Homo erectus 526
Homo habilis 526
Homo sapiens 529
Hox 유전자(Hox genes) 290
hunchback 유전자 288
hunchback mRNA 288
Hyracotherium 343

I

I대(I band) 625
IBA(indolebutyric acid) 584
IgA 762
IgD 762
IgE 762
IgG 762
IgM 762
immunoglobulin 101
induced fit 111
Indy 돌연변이 초파리 294
Indy 유전자 294
IP3(inositol triphosphate) 736
IP3(inositol trispho-sphate) 96

K

K선택(K-selected) 개체군 882

L

lac 오페론 261, 263
LacZ′ 유전자 233, 237
LDL(low-density lipoprotein) 84
LEAFY 유전자 593
LINE(long interspersed elements) 255
LSD(lysergic acid diethylamide) 694
LTR(long terminal repeats) 255

M

M기(mitosis) 157
M기촉진인자(M-phase-promoting factor : MPF) 162
MCS(multiple cloning site) 233
Methanococcus 51
MHC 단백질 99
MHC(major histocompatibility complex) 99
MHC-I 758
MHC-II 758
miRNAs(microRNAs) 269
MP 단백질 558
mRNA(messenger RNA) 217
myc 308

N

NAA(naphthalene acetic acid) 584
NAD^+ 123
NAD^+(nicotinamide adenine dinucleotide) 114
NADH 123
NADH 탈수소효소(NADH dehydrogenase) 128
NADPH 145
nanos 단백질 288
nanos 유전자 288
nectaries 422
nif 유전자(nif genes) 246
NMP(nicotinamide monophosphate) 114
NO(일산화질소) 93

O

ob 생쥐 649
ob 유전자 649
OriC 207
oskar 286
oskar mRNA 286

P

P물질(substance P) 694
p53 162, 309
P870 반응중심 142
palindrome 194
PCNA(Proliferating Cell Nuclear Antigen) 213
PCR 310
PCR(polymerase chain reaction) 240, 250
Pelomyxa 396
Penicillium 431
PEP carboxylase 149
Pfr 573
PGA 146
pH 척도(pH scale) 21
phospholipase C 96
phot1(pho-totropin 1) 575
plantlet 606
Plasmodium 773
Plasmodium falciparum 331
pol I 210
Pol III 210
poly-A 꼬리 222
Pr 573
Pyronestes ostrinus 331

R

r선택(r-selected) 882
R형 201
Raf 308
ras 98, 308
Ras 단백질 308, 312
Rb 313
Rb 유전자 308
REM(rapid eye movement) 703
retrovirus 236, 377
RFLP(제한 단편길이 다형성 : restriction fragment length polymorphism) 241
Rh 혈액형(Rh blood group) 185
Rh인자 767
rhesus 원숭이 185
Rhizobium 394
RISC 269
RNA 간섭(RNA interference) 269
RNA 이어맞추기(RNA splicing) 226, 271
RNA 중합효소(RNA polymerase) 217
RNA 촉매 112
RNA 편집 271
RNA pol II 221
RNA processing) 271
RNA(ribonucleic acid) 36
rRNA(ribosomal RNA) 216
rubisco(ribulose biphosphate carboxylase/ oxygenase) 146
RuBP 146

S

S 유전자좌 604
S자형 생장곡선(sigmoidal growth curve) 879
S형 201
Saccaromyces cerevisiae 428
Salmonella 390
Salmonella 균주 305
SARS(severe acute respiratory syndrome) 381
scarecrow 돌연변이체 576
sense(+) 사슬 219
separase 160
Shigella 390
short root 돌연변이체 576
SINE(short interspersed elements) 255
siRNAs(small interfering RNAs) 269
snRNPs(snurfs : small nuclear ribonucleoproteins) 271
snRNPs(snurps) 226
somitomeres 823
Src 유전자 312
SRY 유전자 798
STM 유전자 557
Stramenopila 402
Streptoc-occus pneumoniae 200
succinyl-CoA 124

T

T 계열 375
T세포 748, 756
T3(트리요오드티로닌) 743
T4(tetraiodothyronine) 734
TATA 박스(TATA box) 221
TATA box 265
telomerase 293
terminus 207
TFIID 265
Thermus aquaticus 240
Ti 플라스미드 245
topoisomerase 209
Trace 547
trans 부위 68
Treponema pallidum 393
Trichinella 461
tRNA(transfer RNA) 216
trp 오페론 261
Trypanosoma cruzi 399
TSEs(transmissible spongiform encephalopathies) 381
type III system 390

V

Vibrio cholerae 376
vomitoxin 435

W

Wiegel 596
Window leaves 552

X

X 염색체(X chromosome) 189
X선 회절 33
X선 회절 분석 204
X-gal 233, 237
Xenopus laevis 234

Y

Y 염색체(Y chromosome) 189
YAC 252
Yersinia 390
Z선(Z line) 625

역자

김명옥 김수진 김영동 김인택 김일회 도은수 문형태 문혜정
박기룡 박선주 박원학 박태규 석호영 유시욱 이경희 이길수
이대원 이정일 이종욱 이종운 이천복 장갑수 장해룡 전경희
전성호 한상진 한태진

(역자 가나다순)

생명과학 7판

2011년 2월 20일 인쇄
2011년 2월 25일 발행

저 자 Raven · Johnson · Losos · Singer
역 자 생명과학교재연구회
펴낸이 김 중 현
펴낸곳 **녹 문 당**
주 소 경기도 파주시 심학산로 12(서패동)
전 화 (031) 957-2711 FAX (031) 957-2710
신고번호 제406-1997-000055호

ISBN 978-89-88684-59-7 93470 값 38,000원

* 잘못된 책은 바꾸어 드립니다.
* 무단전재나 복제를 금합니다.